信息技术经典译丛

Fundamentals of Electric Circuits

Seventh Edition

电路基础

（原书第7版）

[美] 查尔斯·K. 亚历山大（Charles K. Alexander）
马修·N. O. 萨迪库（Matthew N. O. Sadiku）著
周巍 段哲民 尹熙鹏 李辉 译

机械工业出版社
CHINA MACHINE PRESS

本书是电路领域的经典书籍，被国内外众多高校选作教材。第 7 版延续了之前版本的优点并做了全面更新。全书简明易懂，内容丰富，条理清晰，富有趣味。每章以关于职业发展的讨论开篇，章首都有学习目标，章末都有重点内容总结；所有原理均通过清晰的逻辑推导得出，例题解答详细，习题丰富；配有 PSpice 等软件仿真内容，以及相应的习题；每章配有应用实例，帮助读者掌握相关概念和方法的应用技巧。

本书除可供电气信息类专业的学生作为教科书使用外，还适合自学者使用，或供有关人员、高校教师参考。

Charles K. Alexander, Matthew N. O. Sadiku
Fundamentals of Electric Circuits, Seventh Edition
978-1-260-22640-9

图书在版编目（CIP）数据

电路基础：原书第 7 版 /（美）查尔斯・K. 亚历山大（Charles K. Alexander），（美）马修・N. O. 萨迪库（Matthew N. O. Sadiku）著；周巍等译 .—北京：机械工业出版社，2023.4
（信息技术经典译丛）
书名原文：Fundamentals of Electric Circuits, Seventh Edition
ISBN 978-7-111-72784-2

Ⅰ. ①电…　Ⅱ. ①查… ②马… ③周…　Ⅲ. ①电路理论 – 高等学校 – 教材　Ⅳ. ① TM13

中国国家版本馆 CIP 数据核字（2023）第 047320 号

机械工业出版社（北京市百万庄大街 22 号　邮政编码 100037）
策划编辑：王　颖　　　　责任编辑：王　颖
责任校对：张昕妍　陈　洁　责任印制：郜　敏
三河市国英印务有限公司印刷
2023 年 7 月第 1 版第 1 次印刷
185mm × 260mm・44.25 印张・1210 千字
标准书号：ISBN 978-7-111-72784-2
定价：149.00 元

电话服务　　　　　　　　　网络服务
客服电话：010-88361066　　机　工　官　网：www.cmpbook.com
　　　　　010-88379833　　机　工　官　博：weibo.com/cmp1952
　　　　　010-68326294　　金　　书　　网：www.golden-book.com
封底无防伪标均为盗版　　机工教育服务网：www.cmpedu.com

译者序

“电路基础”这门课程是研究电路理论的基础课程，旨在使学生掌握电路的基本概念、基本理论和分析电路的基本方法，为学习后续课程提供必要的理论知识，也为进一步研究电路理论和进行电路设计打好基础。

Fundamentals of Electric Circuits 是由美国俄亥俄州克利夫兰州立大学的 Charles K. Alexander 教授和普雷里维尤农工大学的 Matthew N. O. Sadiku 教授为电类各专业大学生学习电路课程而编写的教科书，被众多国外著名大学选用。该书由 McGraw-Hill 公司于 2000 年出版第 1 版，2019 年出版第 7 版，译者受机械工业出版社委托对该教材第 7 版进行翻译。

本书讲述的是电路理论的基础知识，内容分为直流电路、交流电路、高级电路分析三大部分。第一部分讲述了电路分析的理论依据，包括电路的基本概念、基本定律和定理、基本分析方法和基本理论。第二部分讲述了交流电路的基本概念、基本分析方法和典型交流电路的实际应用。第三部分从更高理论层次对电路进行系统的分析。该教材内容丰富、概念清晰、层次分明、通俗易懂。每章的开篇是关于“增强技能与拓展事业”的内容，介绍了与章节内容有关的工程应用背景，每章中还包括电学发展历史上若干名人的事迹，这些内容可以使读者从不同的侧面得到有益的启示。每章的开始也给出了“学习目标”，说明了读者学习本章内容后应具备的能力。在每章的末尾给出了关键知识点的小结，有助于进一步理解所学知识，形成完整的知识体系。每章都包含大量复习题和习题，并提供部分答案，十分有利于自学。本书还十分注重理论联系实际，每一章的应用实例部分通过讨论一两个实际问题或器件为读者提供了很大帮助。总之，本书的内容相当全面，基本涵盖了电路原理的各个方面，非常适合用作学习电路基本理论的本科生教科书，也适合作为正在从事电路设计的工程人员的参考书。

西北工业大学电子信息学院的教师段哲民翻译了第 1 章～第 6 章，周巍翻译了前言、第 9 章～第 14 章，周巍、李辉翻译了第 15 章～第 19 章和附录，尹熙鹏翻译了第 7 章和第 8 章，全书由周巍审校和统稿。由于水平所限，翻译不妥或错误之处在所难免，敬请广大读者批评指正。

译者

2022 年 12 月于西北工业大学

前　言

为了与前面版本的封面保持一致，我们挑选了用美国宇航局哈勃太空望远镜拍摄的一张照片作为第 7 版的封面。与任何卫星一样，哈勃太空望远镜有许多在功能实现中发挥着关键作用的电路。

20 世纪 40 年代开始研发的大型太空望远镜——哈勃太空望远镜，是天文学中最重要的发明！为什么需要它？无论一台地面望远镜有多大、多精确，由于地球大气层的存在，它总是受到多种限制。一台在大气层上方运行的望远镜将使人们基本上观测到整个宇宙。经过几十年的研究和规划，哈勃太空望远镜最终于 1990 年 4 月 24 日发射升空。

这台令人难以置信的望远镜扩展了天文学领域和人类对宇宙的认识，远远超出发射前我们所认知的范围。它帮助确定了宇宙的年龄，使人类对太阳系有了更好的了解，能够窥视宇宙的最深处。

第 7 版的封面是哈勃拍摄的“创造之柱”的照片，这是一张在星系深处拍摄的船底座星云的照片。从星云壁升起的尘埃和冷却氢塔混合在一起，形成了这幅美丽而引人注目的图像！

特色

电路分析课程或许是电气工程学科的学生接触的第一门课程。通过这门课程，学生可以掌握电路设计的必要技能。但是，学习电路基础课程只是提升设计能力的基础，若想全面提升设计能力，学生通常需要在大四那一年积累设计经验——这并不意味着有些技能无法通过电路课程得到培养和锻炼。为了让学生学到更多理论和解决问题的方法，我们设置了让学生自己设计问题的习题，即 121 个“设计问题类习题”，这是本书的重要部分。这些习题强化的创新能力将会在学生的设计实践中发挥作用，并带来两个非常重要的结果：第一是学生会对基础理论有更好的理解，第二是学生的基础设计能力会得到加强。这些设计问题类习题中的数字可以比较简单，并且数学运算也不必太复杂。

本书中共有 2481 道例题、练习、复习题、习题和综合理解题。所有练习和奇数编号的习题都提供答案。

本书第 7 版的主要目标与前几版一样——以清晰、有趣且更易理解的方式展现电路分析过程，并且帮助学生在工程的入门阶段就感受到乐趣。具体内容设计如下。

- **每章开篇与小结**

每章开篇内容均涉及电气工程的子学科，有助于读者成功解决问题并拓展职业生涯。之后是本章学习目标和引言，引言介绍当前章节与之前章节的关联。每章最后是关键知识点和公式的小结。

- **学习目标**

每一章都有学习目标，这些目标反映了我们认为从该章中学到的最重要的内容。学习目标强调读者特别需要关注的知识。

● **解决问题的六步解题法**

第 1 章介绍了解决电路问题的六步解题法，这是贯穿全书并配有软件仿真的内容。

● **友好型书写风格**

所有定律和定理都通过逻辑清晰、层层递进的方式呈现，尽可能地避免冗长的叙述及可能会隐藏概念或引起理解障碍的细节。

● **加框的公式与关键术语**

书中的重要公式均带有方框，以帮助学生分清主次并清楚地理解关键问题。关键术语均有明确的定义，并用黑体表示出来。

● **提示**

提示作为补充内容，是书中知识的附加阐述或交叉参考信息。有的提醒读者不要犯一些特定的常见错误，有的提出了解决问题的深刻见解。

● **例题**

每一节的后面都给出了解法详尽的例题，它们是本书的重要组成部分。这些例题可以更好地理解解题过程，有助于培养学生独立解决问题的信心。部分例题给出了两三种解法，以便学生比较不同的解法，加深对所学内容的理解。

● **练习**

为了给学生提供实践的机会，例题之后安排了一道提供答案的练习，学生可以按照例题中的步骤来求解练习，无须从别处查阅或者翻看书末的答案。练习同时还可以检查学生对前述例题的理解程度，从而在学习下一节内容之前进一步掌握本节内容。

● **应用实例**

每章有一节专门介绍与本章概念相关的至少一个实际应用或实际器件，帮助学生了解如何将所学概念应用于实际系统中。

● **复习题**

每章的结尾还给出了带有答案的多项选择题作为复习题，目的是提供例题或章末习题中未涉及的一些解题的小窍门。学生可以将其作为自测练习，以了解自己对本章内容的掌握程度。

● **计算机工具**

按照 ABET 对集成计算机工具的要求，本书以友好型书写风格鼓励学生使用 PSpice、MultiSim 和 MATLAB 等计算机辅助分析软件，提高学生的设计能力。本书前面章节介绍了 PSpice 软件，为帮助学生熟练掌握这一软件，PSpice 内容贯穿全书。此外，本书也介绍了 MATLAB 软件。

● **设计问题类习题**

设计问题类习题旨在帮助学生提高设计能力。

● **历史珍闻**

本书的历史珍闻介绍了电子工程相关领域的重要先驱人物和历史事件。

● **运算放大器的讨论**

本书在较为靠前的章节中介绍了构成电路的基本元件——运算放大器。

● **傅里叶变换和拉普拉斯变换**

为了方便读者从电路课程向信号与系统课程过渡，本书简明而全面地介绍了傅里叶变换和拉普拉斯变换。感兴趣的教师可以从讲述一阶电路求解的内容过渡到第 15 章，这样也就非常自然地从拉普拉斯变换过渡到交流傅里叶分析。

- **扩展的例题**

按照六步解题法介绍的典型例题为学生提供了解题的统一途径，每章至少有一道例题以这种方式讲解。

- **每章开场白**

每章的开场白专门讨论学生应该如何掌握有效拓展工程师职业生涯所需的技能，这些技能对于学生在校学习和今后工作都是非常重要的。

- **习题**

这版包含580道新增的或修改的习题，为学生提供了充分的练习，同时帮助学生掌握关键概念。

- **习题标识**

与工程设计有关的习题以及能够利用PSpice、MultiSim或MATLAB求解的习题均采用**PS**或**ML**标识予以标注。

本书的组织结构

本书可以作为两学期或三学期的线性电路分析课程的教材，教师也可以选择适当的章节作为一学期课程的教材。全书分为三部分。

- 第一部分包括第1～8章，主要介绍直流电路，包括电路的基本定律和定理、电路分析方法以及有源元件与无源元件等。
- 第二部分包括第9～14章，主要介绍交流电路，包括相量、电路的正弦稳态分析、交流功率、交流电的有效值、三相系统以及频率响应等。
- 第三部分包括第15～19章，主要介绍高级电路分析方法，包括拉普拉斯变换、傅里叶级数、傅里叶变换以及二端口网络分析等。

这三部分所包含的内容已经超出了两学期课程的需要，因此教师应根据需要选择必要的章节。书中带剑号（†）的内容可以略去不讲或者简要讲解，也可以作为学生的作业，省略这些并不会影响内容的连贯性。每章都有按节编排的大量习题，教师可以选择其中一些作为课堂例题，另外一些作为课后作业。本书采用以下三种标识。

PS标识需要利用PSpice求解的习题，这类习题的电路比较复杂，利用PSpice或MultiSim后可以使求解过程变得更加容易。另外，需要利用PSpice和MultiSim验证结果正确性的习题也有该标识。

ML标识需要利用MATLAB求解或使用MATLAB求解更有效的复杂习题，以及需利用MATLAB验证结果正确性的习题。

ED标识有助于培养学生工程设计技能的习题。难度较大的习题前都标有星号（*）。

综合理解题安排在每章最后，它们绝大多数是应用性问题，需要利用本章学到的各种解题技能。

对先修课程的要求

作为电路分析的基础课程，在学习本书之前需要先修物理学与微积分。虽然熟悉有关复数的知识对学习本书后半部分的内容有所帮助，但它并不是必须掌握的内容。本书的主要优势在于，学生需要掌握的所有数学公式以及物理基本原理都包括在其中。

致谢

在本书出版之际，首先要感谢来自两位作者的妻子（分别是 Hannah 与 Kikelomo）、女儿（分别是 Christina、Tamara、Jennifer、Motunrayo、Ann 和 Joyce），以及其中一位作者的儿子（Baixi）和其他家庭成员的鼎力支持。我们真诚地感谢 Richard Rarick 在本书写作中给予我们的宝贵帮助。

我们要感谢麦格劳-希尔集团的编辑和工作人员：全球品牌经理 Suzy Bainbridge、产品开发人员 Tina Bower、市场经理 Shannon O'Donnell 和内容产品经理 Jason Stauter。

本书得益于诸多英才，他们对本书内容以及各种问题的改进提出了建议。特别地，我们要感谢俄亥俄州代顿市辛克莱社区学院电子工程技术系教授 Nicholas Reeder 和艾奥瓦州苏森特市多尔特学院工程系教授 Douglas De Boer 为本版本提供的详细建议和细致的校正。另外，以下人员为本书的成功出版做出了重大贡献（按字母顺序排列）：

Zekeriya Aliyazicioglu，加州州立理工大学波莫纳分校

Rajan Chandra，加州州立理工大学波莫纳分校

Mohammad Haider，阿拉巴马大学伯明翰分校

John Heathcote，里德里学院

Peter LoPresti，塔尔萨大学

Robert Norwood，约翰布朗大学

Aaron Ohta，夏威夷大学马诺分校

Salomon Oldak，加州州立理工大学波莫纳分校

Hesham Shaalan，美国商船学院

Surendra Singh，塔尔萨大学

最后，我们要感谢使用之前版本的教师和学生给我们提供反馈，希望本书也能得到这样的反馈，读者可随时给我们发送电子邮件，或者直接与出版商联系。Charles K. Alexander 的联系方式是 c. alexander@ieee. org，Matthew N. O. Sadiku 的联系方式是 sadiku@ieee. org。

Charles K. Alexander 与 Matthew N. O. Sadiku

补充资源

教辅资源[⊖]

本书的教辅资源包括练习和章末习题的答案、PSpice 和 MultiSim 问题的答案、电子课件和图像文件。

Problem Solving Made Almost Easy 是本书的配套手册，可供希望练习解决问题技巧的学生使用。该手册可在 mhhe. com/alexander7e 上找到，包含问题解决策略的讨论和 150 个附加问题，并提供完整的解决方案。

⊖ 关于本书教辅资源，只有使用本书作为教材的教师才可以申请，需要的教师可向麦格劳-希尔教育出版公司北京代表处申请，电话 010-57997618/7600，传真 010-59575582，电子邮件 instructorchina@mheducaion. com。——编辑注

给学生的建议

这可能是你学习电气工程的第一门课程。虽然电气工程是一门令人兴奋且具有挑战性的学科，但这门课程可能会让你感到害怕。写这本书是为了防止这种情况发生。一本好教科书和一位好老师是一种优势，但是学习的关键在于你自己。如果记住以下几点，你在这门课上会学得很好。

- 这门课程是大多数课程的基础。出于这个原因，尽可能努力学习，按时上课。
- 解决问题是学习过程中必不可少的一部分，学生应该尽可能多地解决问题。从每个例子开始解决实践问题，一直到章末的习题。最好的学习方法是多做习题。习题前面带星号表示该习题有挑战性。
- Spice 和 MultiSim，这两个计算机电路分析软件贯穿全书。PSpice 是 Spice 的 PC 版本，是大多数大学流行的标准电路分析软件。要努力学习 PSpice 或 MultiSim，因为你可以用它们检查任何电路问题，并确保你提交了正确的问题解决方案。
- MATLAB 是另一个在电路分析和其他课程中非常有用的软件。学习 MATLAB 最好的方法是使用它。
- 每章都有一节是应用实例。这些应用实例包含了新的且先进的技术。
- 尝试回答在每章末的复习题。它们将帮助你学习一些课堂或教科书上没有透露的“技巧”。
- 本书注重技术细节，书中包含了所需的数学和物理知识，这些知识在其他工程课程中也将非常有用。我们希望这本书能成为你的参考书，供你在学校学习、在行业工作或攻读研究生学位时使用。

愿你学得高兴！

Charles K. Alexander 与 Matthew N. O. Sadiku

目 录

第二部分 交流电路

第三部分 高级电路分析

第一部分

直流电路

第 1 章　基本概念
第 2 章　基本定律
第 3 章　分析方法
第 4 章　电路定理
第 5 章　运算放大器
第 6 章　电容与电感
第 7 章　一阶电路
第 8 章　二阶电路

第1章

基本概念

有的书只要读其中一部分，有的书只需知其梗概，而对于少数好书，则应当通读，细读，反复读。

——Francis Bacon

增强技能与拓展事业

ABET EC 2000 标准(3. a)，“应用数学，自然科学和工程知识的能力”

作为学生，你需要学习数学、自然科学与工程方面的知识，并且能够应用所学的知识解决工程问题。利用相关领域的基础知识解决实际问题是一种技能。那么，怎么才能培养和提高这种技能呢?

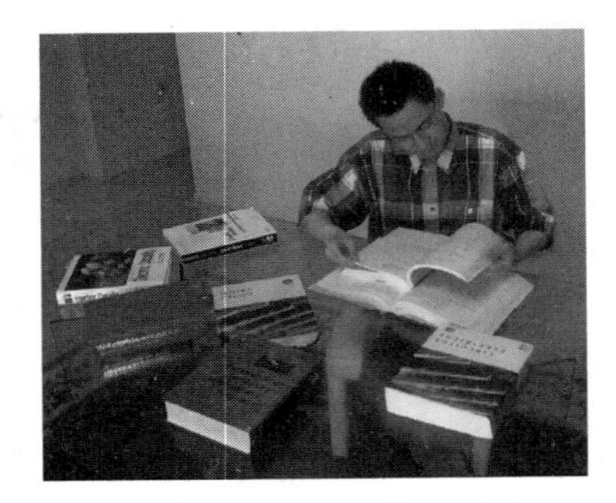

(图片来源：Charles Alexander)

最好的方法是尽可能多地解决课程学习期间遇到的问题。然而，要想真正掌握这种技能，就必须花时间来分析何时、何地、为什么会有困难，这样才能更好地解决问题。你会惊奇地发现，所求解的大部分问题都依赖于数学知识而不是对基本理论的理解。你还会发现自己解决问题的速度开始变快。花时间思考解决问题的方法可以节约时间，避免失败。

最有效的解决问题的方法就是“六步解题法”，要认真地分析解决问题过程中都会在哪里遇到困难。很多时候，出现问题的原因要么是对问题的理解不够，要么是正确运用数学知识解决问题的能力不足。这时就需要寻找那些基础的数学教材，并且认真复习相关章节的内容，有时还要求解某些例题。由此得出一个重要的经验：将所有基础的数学、自然科学以及工程教材放在手边。

不断查阅以前所学知识的过程或许看起来非常乏味，但是随着自身技能的提高和知识的增长，这个过程会变得越来越轻松。

学习目标

通过本章内容的学习和练习，你将具备以下能力：

1. 掌握工程实践中的不同单位。
2. 理解电荷与电流之间的关系并学会如何在实际中使用它们。
3. 理解电压并学会在实际中使用它。
4. 深入理解功率与能量以及它们与电压和电流的关系。
5. 试着理解电路元件的伏安特性。
6. 学习有条理地解决问题的方法并在解决电路问题中使用它。

1.1 引言

电路理论和电磁理论是电气工程的两大基础理论，电气工程的所有分支学科都是在此基础上发展起来的，如电力电子学、自动控制、电子学、通信等许多分支。因此，电路理论是电气工程专业最重要的基础课程，同时也是那些初学电气工程的学生的最佳起点。学习电路理论对于其他理工类专业的学生也是非常有用的，因为电路是一种很好的研究能量系统的模型，并且其中包含了应用数学、物理学和拓扑学等诸多内容。

在电气工程中，我们经常要研究一个点到另一个点的通信和能量传输，而实现这种功能需要将若干电气元件组合起来。这种由电气元件相互连接而成的整体称为电路(electric circuit)，电路中的每个组成部分称为元件(element)。

电路是由电气元件相互组合而成的整体。

一个简单的电路如图1-1所示，此电路由三个基本元件组成：电池、灯和导线。电路可独立存在，有多种应用，比如手电筒、探照灯等。

一个复杂的实际电路如图1-2所示，此电路是无线电发射机[㊀]的原理图。虽然看起来很复杂，但是利用本书所介绍的方法我们可以对该电路进行分析。本书的目标是学习各种电路的分析方法和计算机软件的应用方法来描述电路特性。

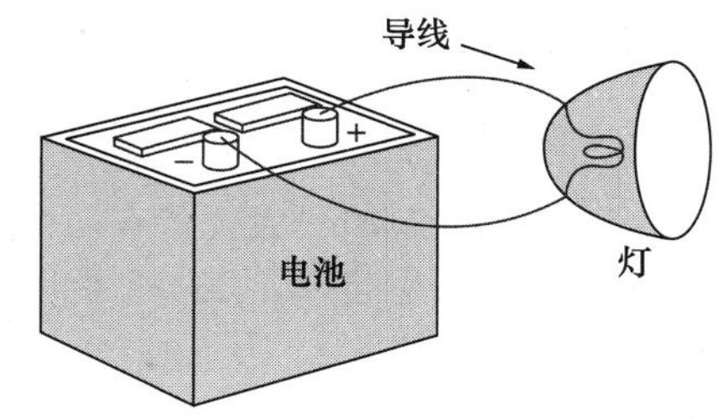

图1-1 一个简单的电路

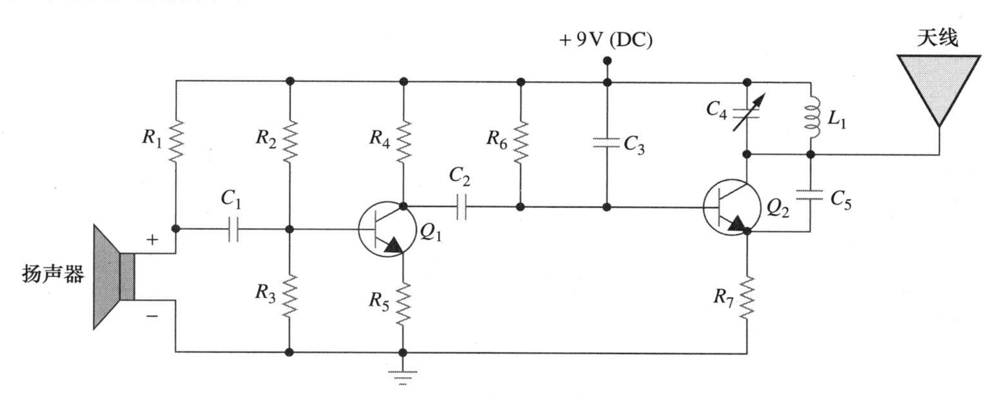

图1-2 无线电发射机的原理图[㊁]

在电气系统中，不同的电路完成不同的任务，本书的目标不是研究这些电路的不同应用，而是专注于对电路的分析，以此来研究电路的特性。例如：电路在给定激励的情况下是如何响应的？电路中相互连接的元器件是如何相互作用的？

本章首先介绍几个基本概念：电荷、电流、电压、功率和能量、电路元件。在定义这些概念之前，先来介绍本书所采用的计量单位。

1.2 计量单位制

电子工程师需要处理很多测量工作，但是无论这些工作是在哪个国家完成的，都必须采用标准语言来表示测量结果。这种国际计量语言就是国际单位制(International System of Units，SI)，它于1960年由国际度量会议确定采用。该计量单位制包括七个基本单位，由此可以推导出其他所有物理量的单位。表1-1给出了六个基本单位和一个与本书相关的导出单位。国际单位制的使用将贯穿全书。

㊀ 原文有误。——译者注

㊁ 我国标准中，电阻器的图形符号为—□—，电感器的图形符号为—⌒⌒⌒—，天线的图形符号为Y，晶体管的文字符号为VT。——编辑注

表 1-1 六个基本单位与一个和本书相关的导出单位

量的名称	单位名称	单位符号	量的名称	单位名称	单位符号
长度	米	m	热力学温度	开[尔文]	K
质量	千克(公斤)	kg	物质的量	摩[尔]	mol
时间	秒	s	发光强度	坎[德拉]	cd
电流	安[培]	A			

注：1. []内的字，在不致引起混淆、误解的情况下，可以省略。
2. ()内的名称为前面名称的同义词。

国际单位制的一大优势在于可以利用基于10的幂次方的前缀将更大或者更小的单位与基本单位联系起来，表1-2给出了国际单位制的词头及其符号。例如，以下几种形式都表示同一种距离：

$$600\,000\,000\text{mm} \quad 600\,000\text{m} \quad 600\text{km}$$

表 1-2 国际单位制词头

所表示的因数	词头名称	符号	所表示的因数	词头名称	符号
10^{18}	艾[可萨]	E	10^{-1}	分	d
10^{15}	拍[它]	P	10^{-2}	厘	c
10^{12}	太[拉]	T	10^{-3}	毫	m
10^{9}	吉[咖]	G	10^{-6}	微	μ
10^{6}	兆	M	10^{-9}	纳[诺]	n
10^{3}	千	k	10^{-12}	皮[可]	p
10^{2}	百	h	10^{-15}	飞[母托]	f
10^{1}	十	da	10^{-18}	阿[托]	a

1.3 电荷与电流

电荷的概念是解释各种电现象的基础，电路中最基本的物理量就是电荷(electric charge)。当人们脱掉羊毛衫或者在地毯上行走的时候，可能会感受到静电产生，这就是电荷的影响。

电荷是构成物质的原子的一种电气特性，单位是库仑(C)。

我们在基础物理学中学习过，所有的物质都是由原子构成的，每个原子又是由电子、质子和中子组成的。电子所带的电荷 e 是负的，其电荷量为 1.602×10^{-19}C，而质子携带的则是电荷量与电子相同的正电荷。原子中数量相等的质子和电子使其呈现中性状态。

关于电荷要注意以下三点：

(1) 对于电荷而言，库仑是一个相当大的单位，1C的电荷量中包含了 $1/(1.602\times10^{-19})=6.24\times10^{18}$ 个电子。因此，实际常用的电荷量通常是pC、nC或 μC量级[⊖]；

(2) 根据实验观测数据可知，实际产生的电荷量只能是电子电荷量 $e=-1.602\times10^{-19}$C 的整数倍；

(3) 电荷守恒定律(law of conservation of charge)说明，电荷既不能被创造，也不会被消灭，只能转移。因此一个系统中电荷量的代数和是不变的。

现在考虑电荷的流动。电荷的特征是移动性，即电荷可以从一个位置运动到另一个位置，从而转换为另一种能量形式。

⊖ 一个大的供电电容器所储存的电荷量可高达0.5C。

当一根导线(由若干原子组成)连接到电池(电动势源)两端时，就会迫使电荷运动。正电荷向一个方向移动而负电荷向相反方向移动，这种电荷的运动就产生了电流。习惯上将正电荷的运动方向作为电流的流动方向，即电流的流动方向与负电荷的流动方向相反，如图1-3所示。这种电流方向是由美国的科学家和发明家Benjamin Franklin(1706—1790)提出的。我们虽然现在已经知道，金属导体中的电流是由带负电荷的电子运动而产生的，但仍然沿用大家普遍接受的惯例，即认为电流是正电荷流。

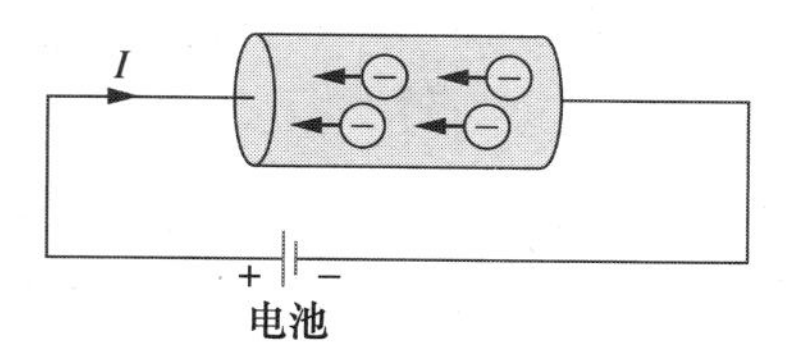

图1-3 电荷在导体内流动所产生的电流

提示：“惯例”是描述某个事物的一种标准方法，这样，业内人士就能够明白我们所说的是什么意思。本书将采用IEEE的相关国际惯例。

历史珍闻

安培(Ampere，1775—1836)，法国数学家和物理学家，电动力学的奠基人。他于19世纪20年代给出了电流的定义和一种测量电流的方法。

安培出生于法国里昂。他痴迷于数学，而当时许多著名的数学著作却是用拉丁文写成的，12岁的他，却只用几个星期就掌握了拉丁文。安培是一位卓越的科学家，也是一位富有创造力的作家。他提出了许多电磁定律，发明了电磁体和电流表。电流的单位“安培”就是用他的名字命名的。

(图片来源：Apic/Getty Images)

电流是指电荷的时间变化率，单位为安培(A)。

在数学上，电流 i，电荷 q 和时间 t 之间的关系为

$$\boxed{i \triangleq \frac{\mathrm{d}q}{\mathrm{d}t}} \tag{1.1}$$

式中，电流的单位是安培(A)，并且

$$1\mathrm{A}=1\mathrm{C/s}$$

对式(1.1)两边取积分就得到时刻 $t_0 \sim t$ 之间的电荷量，即

$$\boxed{Q \triangleq \int_{t_0}^{t} i\,\mathrm{d}t} \tag{1.2}$$

式(1.1)中电流 i 的定义方式说明电流并不是个常值函数，本章和后续章节中的大量例题和习题表明，电流的类型有若干种，即电荷以若干种不同的方式随时间变化。

有很多种方式可用来区分直流电流和交流电流。最好的定义方式为电流的两种流动方式：如果电流一直在一个方向上流动，并且不会变化方向，那么就称为*直流电流*(dc)。直流电流可以是恒定的或者随时间变化的。如果电流可以朝两个不同的方向流动，那么就称为*交流电流*(ac)。

直流电流(dc)是指只在一个方向上流动并且是恒定的或者随时间变化的。

按照国际惯例，采用符号 I 来表示恒定电流。

随时间变化的电流(dc或ac)则用符号 i 来表示，时变电流的常见形式是整流器的输出(dc)，例如 $i(t)=|5\sin(377t)|$A；或者正弦电流(ac)，例如 $i(t)=160\sin(377t)$A。

交流电流(ac)是指随时间改变方向的电流。

家中空调、冰箱、洗衣机以及其他家用电器运行所需的电流是交流电流。图1-4给出

了两类最常见的直流电流（来自电池）和交流电流（来自家用电器）的应用实例。本书随后还将讨论其他形式的电流。

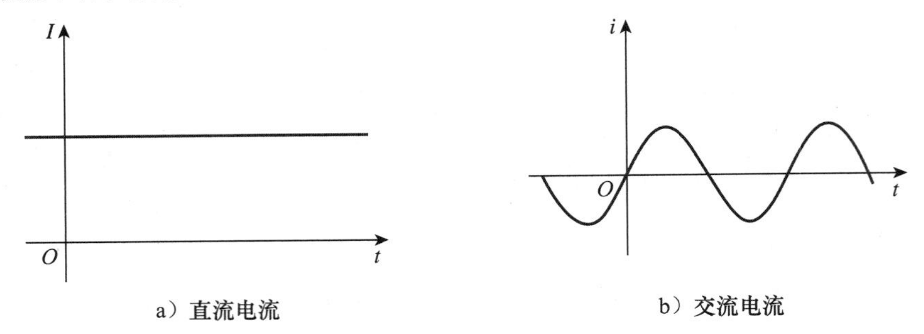

a）直流电流　　b）交流电流

图 1-4　两类常见的电流

一旦用电荷的运动定义了电流，电流就有相应的流动方向。如前所述，习惯上取正电荷的运动方向作为电流的流动方向。基于这一国际惯例，一个值为 5A 的电流既可以表示为正的，也可以表示为负的，如图 1-5 所示。换言之，图 1-5b 中沿某个方向流动的 −5A 的负电流与沿相反方向流动的 +5A 的正电流是一样的。

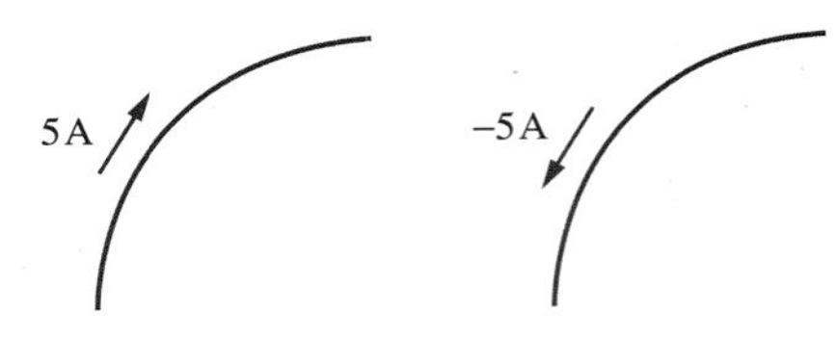

a）正电流　　b）负电流

图 1-5　电流方向

例 1-1 4600 个电子带多少电荷量？

解： 一个电子的电荷量为 1.602×10^{-19}C，因此 4600 个电子的电荷量为 $-1.602\times10^{-19}\text{C}\times4600=-7.369\times10^{-16}\text{C}$。 ◀

练习 1-1 计算 10 000 000 000 个质子所带的电荷量。　　**答案：** 1.6021×10^{-9}C。

例 1-2 流入端点的总电荷量是 $q=5t\sin4\pi t$ mC，计算 $t=0.5$s 时的电流。

解：

$$i=\frac{dq}{dt}=\frac{d}{dt}(5t\sin4\pi t)\text{mC/s}=(5\sin4\pi t+20\pi t\cos4\pi t)\text{mA}$$

当 $t=0.5$s 时，

$$i=5\sin2\pi+10\pi\cos 2\pi=0+10\pi=31.42(\text{mA})$$ ◀

练习 1-2 例 1-2 中，如果 $q=(20-15t-10e^{-3t})$mC，计算 $t=1.0$s 时的电流。

答案： −13.506mA。

例 1-3 如果流过端点的电流是 $i=(3t^2-t)$A，计算 $t=1$s 与 $t=2$s 之间流入该端点的电荷量。

解：

$$Q=\int_{t=1}^{2} i\,dt=\int_{1}^{2}(3t^2-t)dt$$
$$=\left(t^3-\frac{t^2}{2}\right)\bigg|_1^2=(8-2)-\left(1-\frac{1}{2}\right)=5.5(\text{C})$$ ◀

练习 1-3 如果流过某个元件的电流为

$$i=\begin{cases}8\text{A}, & 0<t<1\\ 8t^2\text{A}, & t>1\end{cases}$$

计算 $t=0$s 与 $t=2$s 之间流入该元件的电荷量。　　**答案：** 26.67C。

1.4 电压

如前一节所述，要使导体内的电子向某个方向运动，需要功或者能量的转换。而这种转换需要外电动势(external electromotive force，emf)的推动，典型的电动势是由如图1-3所示的电池产生的。电动势又称为*电压*(voltage)或*电位差*(potential difference)。电路中a、b两点之间的电压 v_{ab} 是指将单位电荷从点 a 移动至点 b 所需要的能量(即所做的功)。在数学上可以表示为

$$v_{ab} \triangleq \frac{dw}{dq} \tag{1.3}$$

式中，w 表示能量，单位是焦耳(J)；q 为电荷，单位是库仑(C)；电压 v_{ab} 简写为 v，单位是伏特(V)。单位伏特是为纪念发明伏打电池的意大利物理学家伏特(Alessandro AntonioVolta，1745—1827)而以他的名字命名的。由式(1.3)可以看出

$$1V=1J/C=1N\cdot m/C$$

电压(即电位差)是指移动单位电荷通过某个元件所需的能量，单位是伏特。

历史珍闻

伏特(Volta，1745—1827)，意大利物理学家，他发明了能够提供连续电流的电池和电容器。

伏特出生于意大利科莫的一个贵族家庭，18岁的时候就开始做电路试验。他于1796年发明的电池是对电能应用的一次变革。他于1800年发表的著作标志着电路理论的开端。伏特一生中赢得了众多荣誉，电压或电位差的单位"伏特"就是以他的名字命名的。

(图片来源：Universal Images Group/Getty Images)

图1-6中连接 a、b 两点之间的元件(用矩形方框表示)上的电压，正号(+)和负号(−)用于定义参考方向或电压的极性，v_{ab} 可以用如下两种方式来解释：(1)点 a 的电位比点 b 的电位高 v_{ab}；(2)相对于点 b，点 a 的电位是 v_{ab}。且有下述等式：

$$v_{ab}=-v_{ba} \tag{1.4}$$

例如，图1-7给出了同一电压的两种不同表示方法。图1-7a中，点 a 电位高于点 b 电位(+9)V；图1-7b中，点 b 高于点 a(−9)V。也可以说，图1-7a中，从点 a 到点 b 有9V的*电压降*(voltage drop)；或者等效地说，从点 b 到点 a 有9V的*电压升*(voltage rise)。换言之，从点 a 到点 b 的电压降等效于从点 b 到点 a 的电压升。

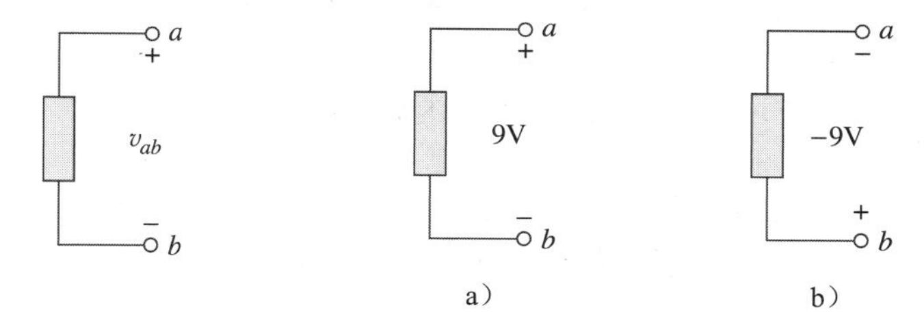

图1-6 电压 v_{ab} 的极性　　图1-7 同一电压 v_{ab} 的两种等效表示方法

提示：电流总是流经某个元件，而电压总是跨接在某个元件两端或者两点之间。

电流和电压是电路中的两个基本变量。在传递信息的过程中，常用术语信号来表示电流和电压(还有电磁波)等电学量。由于这些电学量在通信和其他学科中非常重要，所以工程技术人员习惯将这些变量称为信号，而不只是随时间变化的数学函数。与电流一样，将恒定的电压称为*直流电压*，用 V 表示，而随时间按正弦规律变化的电压称为*交流电压*，用 v 来表示。直流电压通常由电池产生，而交流电压通常由发电机产生。

1.5 功率与能量

虽然电流和电压是电路中的两个基本量，但仅使用这两个变量还远远不够。在实际应用中，我们需要知道电气设备处理的*功率*(power)。根据经验可知，100W 的灯泡要比 60W 的灯泡亮得多，并且使用和消耗的电能不同，需要向供电公司缴纳电费。因此，功率和能量的计算在电路分析中是非常重要的。

为了得到功率和能量与电压和电流之间的关系，下面回顾如下物理学知识。

功率是消耗或吸收能量的时间变化率，单位是瓦特(W)。

这一关系的数学表达式为

$$\boxed{p \triangleq \frac{\mathrm{d}w}{\mathrm{d}t}} \tag{1.5}$$

式中，p 为功率，单位是瓦特(W)；w 为能量，单位是焦耳(J)；t 为时间，单位是秒(s)。由式(1.1)、式(1.3)和式(1.5)可得

$$p=\frac{\mathrm{d}w}{\mathrm{d}t}=\frac{\mathrm{d}w}{\mathrm{d}q}\cdot\frac{\mathrm{d}q}{\mathrm{d}t}=vi \tag{1.6}$$

即

$$\boxed{p=vi} \tag{1.7}$$

式(1.7)中的功率 p 是一个时变量，称为*瞬时功率*(instantaneous power)。因此，元件吸收或提供的功率是元件两端的电压与流过该元件的电流的乘积。如果功率为正值，则该元件传递或吸收功率。反之，如果功率为负值，则该元件发出功率。但是怎样才能知道功率何时为负，何时为正呢？

确定功率正负的关键是电流的方向和电压的极性。因此，图 1-8a 中电流 i 与电压 v 之间的关系非常重要。为使功率为正值，电压极性与电流方向之间的关系必须与图 1-8a 一致。这就是*关联参考方向*(passive sign convention)。按照关联参考方向，电流从电压的正极流入元件，在这种情况下，$p=+vi$ 或 $vi>0$，表示元件吸收功率。反之如图 1-8b 所示，$p=-vi$，或 $vi<0$，表示元件释放或者发出功率。

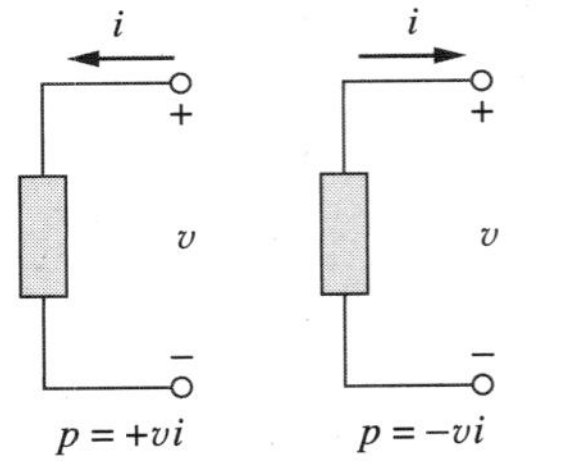

$p=+vi$　　$p=-vi$

a）吸收功率　b）发出功率

图 1-8　采用关联参考方向的功率参考极性

当电流流入元件的电压正极时，满足关联参考方向，$p=+vi$；如果电流流入元件的电压负极，则有 $p=-vi$。

除特别说明外，本书遵循关联参考方向来确定功率的符号。例如，在图 1-9 所示的两个电路中，因为正电流均从正端流入，所以元件的吸收功率为 +12W；但在图 1-10 所示的两种情况下，因为正电流均从负端流入，所以元件的发出功率为 +12W。因此吸收 −12W 的功率等效于发出 +12W 的功率。

吸收的正功率＝发出的负功率

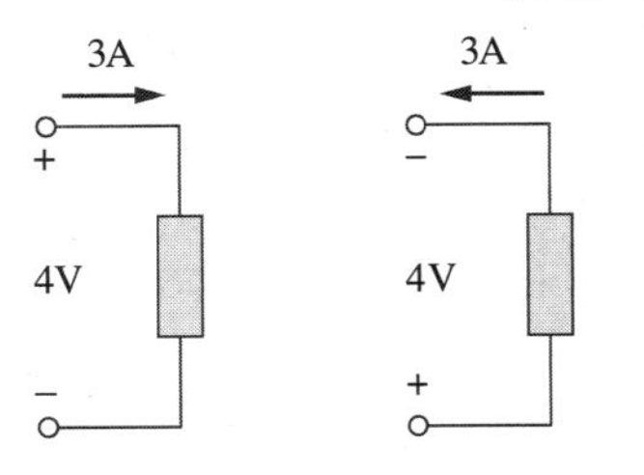

a）$p=4\times3=12$(W)　b）$p=4\times3=12$(W)

图 1-9　元件的吸收功率为 12W 的两种情况

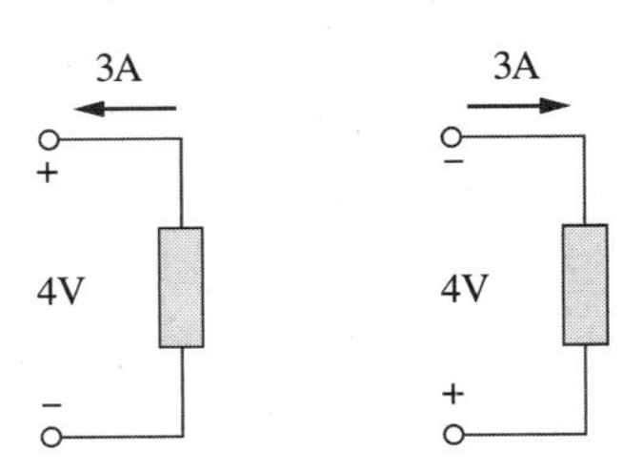

a）$p=-4\times3=-12$(W)　b）$p=-4\times3=-12$(W)

图 1-10　元件的发出功率为 12W 的两种情况

事实上，任何电路都必须遵守能量守恒定律(law of conservation of energy)，因此，任何时刻电路中功率的代数和必须为零：

$$\boxed{\sum p=0} \tag{1.8}$$

式(1.8)再一次证实，提供给电路的总功率必须与元件吸收的总功率相抵消。

由式(1.6)可得，从 t_0 时刻到 t 时刻元件所吸收或发出的能量为

$$w=\int_{t_0}^{t} p\,\mathrm{d}t=\int_{t_0}^{t} vi\,\mathrm{d}t \tag{1.9}$$

能量是指做功的能力，单位为焦耳。

电力公司以瓦·时(W·h)为单位度量能量，其中

$$1\mathrm{W}\cdot\mathrm{h}=3600\mathrm{J}$$

例 1-4 某电源使得 2A 的恒定电流流过灯泡 10s，如果灯泡以光能和热能的形式消耗的能量为 2.3kJ，计算灯泡两端的电压降。

解： 总电荷量为

$$\Delta q=i\Delta t=2\times 10=20(\mathrm{C})$$

电压降为

$$v=\frac{\Delta w}{\Delta q}=\frac{2.3\times 10^3}{20}=115(\mathrm{V})$$

◀

练习 1-4 将电荷 q 从 b 点移动到 a 点所需的能量为 100J，计算下面两种情况下的电压降 v_{ab}(a 点电压值相对于 b 点为正)。(a) $q=5\mathrm{C}$；(b) $q=-10\mathrm{C}$。

答案： (a) 20V，(b) −10V。

例 1-5 如果流入某元件正极的电流 i 为 $i=5\cos 60\pi t$(A)，且该元件两端的电压为：(a) $v=3i$；(b) $v=3\mathrm{d}i/\mathrm{d}t$。计算在 $t=3\mathrm{ms}$ 时该元件所吸收的功率。

解： (a) 电压为

$$v=3i=15\cos 60\pi t(\mathrm{V})$$

因此功率为

$$p=vi=75\cos^2 60\pi t(\mathrm{W})$$

在 $t=3\mathrm{ms}$ 时，所求功率为

$$p=75\cos^2(60\pi\times 3\times 10^{-3})=75\cos^2 0.18\pi=53.48(\mathrm{W})$$

(b) 电压和功率的计算公式如下所示：

$$v=3\frac{\mathrm{d}i}{\mathrm{d}t}=3(-60\pi)5\sin 60\pi t=-900\pi\sin 60\pi t(\mathrm{V})$$

$$p=vi=-4500\pi\sin 60\pi t\cos 60\pi t(\mathrm{W})$$

在 $t=3\mathrm{ms}$ 时，所求功率

$$\begin{aligned}p&=-4500\pi\sin 0.18\pi\cos 0.18\pi\\&=-14137.167\sin 32.4^\circ\cos 32.4^\circ=-6.396(\mathrm{kW})\end{aligned}$$

◀

练习 1-5 在例 1-5 中，如果电流保持不变，电压为：(a) $v=6i$ V；(b) $v=\left(6+10\int_0^t i\,\mathrm{d}t\right)$ V。计算 $t=5\mathrm{ms}$ 时该元件所吸收的功率。

答案： (a) 51.82W，(b) 18.264W。

例 1-6 一个 100W 的电灯泡 2h 消耗的电能是多少？

解：

$$\begin{aligned}w&=pt=100\mathrm{W}\times 2\mathrm{h}\times 60\mathrm{min/h}\times 60\mathrm{s/min}\\&=720\,000\mathrm{J}=720\mathrm{kJ}\end{aligned}$$

即

$$w = pt = 100\text{W} \times 2\text{h} = 200\text{W} \cdot \text{h}$$ ◀

练习 1-6　一个家庭电热器连接至 115V 电压的时候电流为 12A，计算此电热器工作 24h 消耗的能量为多少。

答案：33.12kW·h。

历史珍闻

1884 年展览会

（图片来源：IEEE History Center）

1884 年在美国举办的国际电气展览(International Electrical Exhibition)对电气技术的发展起到了巨大的推动作用。试想一个没有电的世界，一个靠蜡烛和煤气灯点亮的世界，一个以步行、骑马和驾驶马车作为常见交通方式的世界。在这样一个世界里，1884 年展览会横空出世，托马斯·爱迪生(Thomas Edison)成为此次展会的主角，他表现出了推广其发明和产品的超强能力。

爱德华·韦斯顿(Edward Weston)的发电机和电灯是美国电气照明公司参展的亮点，韦斯顿精心收藏的科学仪器也在本次展会中展出。

其他著名的参展者包括弗兰克·斯普雷格(Frank Sprague)、艾利和·汤普森(Elihu Thompson)以及克利夫兰电器公司(Brush Electric Company of Cleveland)。在本次展览会期间，美国电气工程师学会(American Institute of Electrical Engineers，AIEE)于 10 月 7 日至 8 日召开了首届技术专门会议。1964 年，AIEE 与无线电工程师学会(Institute of Radio Engineers，IRE)合并成立了电气与电子工程师学会(Institute of Electrical and Electronics Engineers，IEEE)。

1.6　电路元件

正如 1.1 节中所讨论的，元件是电路的基本组成部分，电路就是由若干元件相互连接构成的总体。电路分析就是确定电路中元件两端的电压(或流过元件的电流)的过程。

电路中有两种类型的元件：*无源*(passive)元件和*有源*(active)元件。有源元件能够产生能量而无源元件则不能，无源元件包括电阻、电容、电感等，典型的有源元件包括发电机、电池、运算放大器等。本节的目的是让读者熟悉几个重要的有源元件。

最重要的有源元件就是电压源和电流源，一般用于为与其相连的电路输送功率。电源又分为两种：独立源和非独立源(也称为受控源)。

理想独立源是指能够提供与其他电路元件完全无关的特定电压或电流的有源元件。

换句话说，理想的独立电压源无论提供给电路多大的电流，其两端电压始终保持不变。电池和发电机等实际电源元件可以近似认为是理想电压源。图 1-11 给出了独立电压源的表示符号。注意，图 1-11a 和图 1-11b 中的两种符号均可以表示独立电压源，但只有

图 1-11a 中的符号才能表示交流电压源。类似地，理想的独立电流源是指能够提供与其两端电压完全无关的特定电流的有源元件，也就是说，无论两端电压多大，电流源传递给电路的电流总是保持指定的电流值。独立电流源的表示符号如图 1-12 所示，图中箭头表示电流 i 的方向。

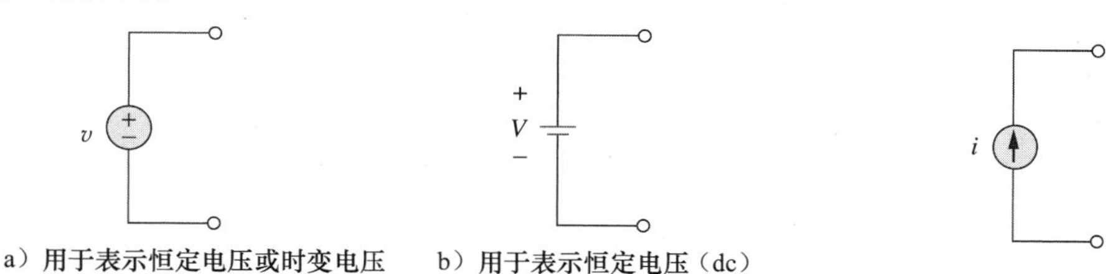

图 1-11　独立电压源的表示符号　　图 1-12　独立电流源的表示符号

理想的非独立源(受控源)是指其所提供的电压或电流受到其他电压或电流控制的有源元件。

受控电源元件通常用菱形符号表示，如图 1-13 所示。由于对受控源的控制可以通过电路中某个元件的电压或电流来实现，而且受控源既可以是电压源又可以是电流源，所以有四种形式的受控源，分别为：

1. 电压控制电压源(VCVS)；
2. 电流控制电压源(CCVS)；
3. 电压控制电流源(VCCS)；
4. 电流控制电流源(CCCS)。

受控源在建立晶体管、运算放大器以及集成电路等元件的电路模型时是很有用的。一个电流控制电压源的电路如图 1-14 所示，其中电压源的电压 $10i$ 取决于流经元件 C 的电流。读者或许会感到意外，受控电压源的值是 $10i$ V(而不是 $10i$ A)，这是因为它是一个电压源。应该记住的是，不管控制受控源的是什么电学量，电压源的符号都是用极性(+、−)表示的，而电流源是用箭头表示的。

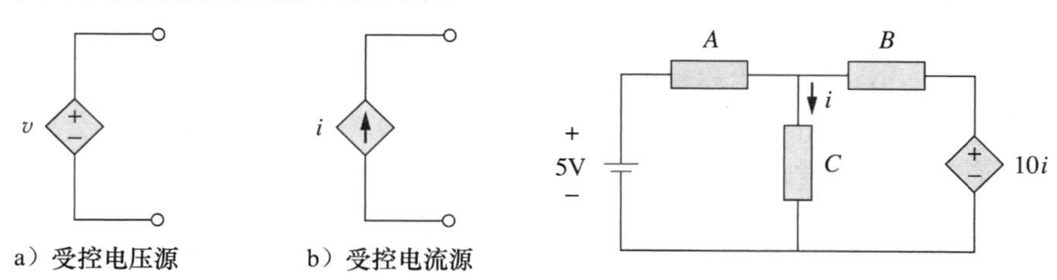

图 1-13　受控源的表示符号　　图 1-14　电路右边为一个电流控制电压源

注意，理想电压源(受控的或独立的)会产生确保其端电压所需的任何电流，而理想电流源会产生所需的电压来维持其电流。因此，从理论上讲，理想源能够提供无穷大的能量。同时还应注意到，理想源不仅可以为电路提供功率，而且还可以从电路中吸收功率。对于电压源而言，我们知道其电压，但不知道它提供或吸收的电流是多少；同理，对于电流源而言，我们只知道它提供的电流，而不知道它两端的电压是多少。

例 1-7　计算图 1-15 中各元件所发出或吸收的功率。

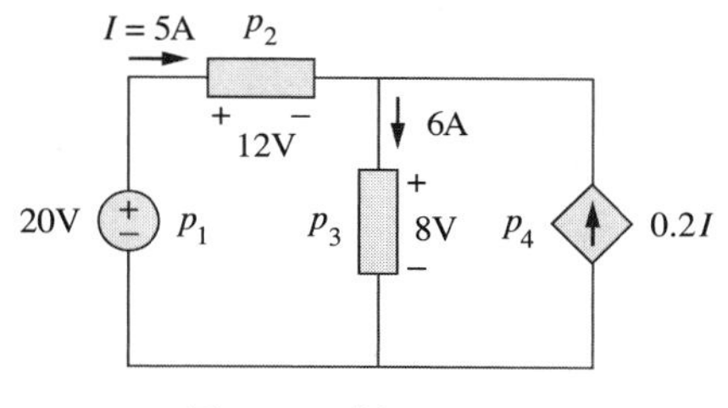

图 1-15　例 1-7 图

解：在计算时，要利用图 1-8 和图 1-9 所示的关联参考方向确定功率的符号。对于 p_1 而言，5A 电流从元件的正端流出(或者说 5A 电流流入元件的负端)，因此

$$p_1 = 20 \times (-5) = -100(\text{W})\quad 发出的功率$$

对于 p_2 和 p_3 而言，电流都是流入各个元件的正端，于是

$$p_2=12\times5=60(\text{W}) \quad \text{吸收的功率}$$

$$p_3=8\times6=48(\text{W}) \quad \text{吸收的功率}$$

对于 p_4 而言，由于该受控源的两端和无源元件 p_3 的两端相连，所以其电压与 p_3 的电压相同，为 8V(正极在上面)。(记住，电压测量是相对于电路中元件的两端来说的。)因为电流是从正端流出来的，所以

$$p_4=8\times(-0.2I)=8\times(-0.2\times5)=-8(\text{W}) \quad \text{提供的功率}$$

可以观察到，电路中 20V 的独立电压源和 $0.2I$ 的受控电流源均是为电路网络中的其他元件提供功率的，而两个无源元件则是吸收功率的，并且

$$p_1+p_2+p_3+p_4=-100+60+48-8=0$$

上述结果与式(1.8)一致，即发出的总功率等于吸收的总功率。◀

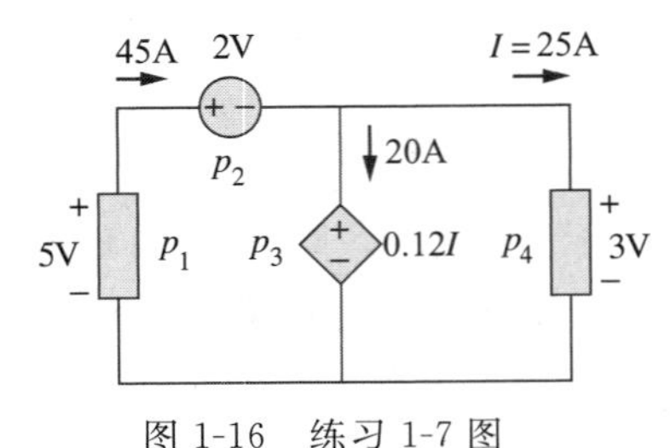

图 1-16 练习 1-7 图

练习 1-7 计算图 1-16 所示的电路中每个元件吸收的功率或发出的功率。

答案： $p_1=-225\text{W}$，$p_2=90\text{W}$，$p_3=60\text{W}$，$p_4=75\text{W}$。

†1.7 应用实例[1]

本节介绍对本章相关概念进行应用的两个实例，一个是电视显像管，另一个是电力公司如何确定用电量账单。

1.7.1 电视显像管

电子运动的一个重要应用是电视信号的发射和接收。在电视发射端，摄像管将场景的光学图像转化为电信号，光电摄像管中的电子束实现了对光学图像的扫描。

在电视接收端，利用电视机内的阴极射线管(CRT)[2]重建场景的图像，CRT 的结构如图 1-17 所示。与产生恒定强度电子束的光电摄像管不同，CRT 电子束的强度随着输入信号的强弱而变化，电子枪始终保持在高电位发射电子束。电子束穿过垂直和水平两组偏转板后发生偏转，击中荧光屏的光束点能够上下左右移动，且相应的点就会发亮。这样，就可以利用电子束在电视屏幕上“描绘”出图像。

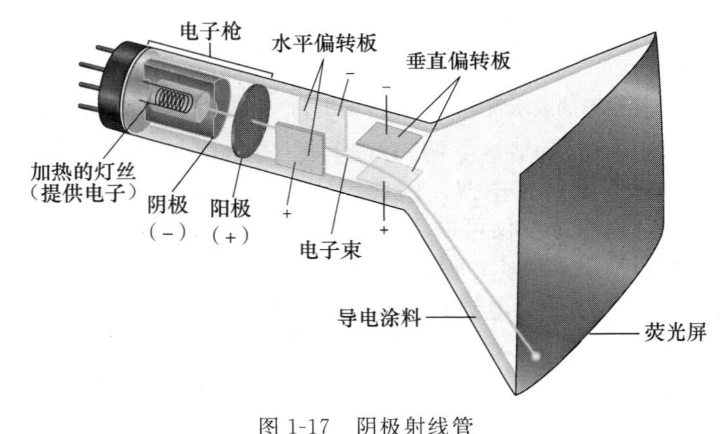

图 1-17 阴极射线管

[1] 各节标题前的剑号(†)表示该节可以跳过，也可以做简要介绍，或者留作课后作业。

[2] 现代电视显像管采用不同于 CRT 的技术。

历史珍闻

卡尔·费迪南德·布劳恩和弗拉基米尔·科斯马·兹沃尔金

斯特拉斯堡大学(University of Strasbourg)的**卡尔·费迪南德·布劳恩**(Karl Ferdinand Braun，1850—1918)于1879年发明了布劳恩阴极射线管。阴极射线管在之后许多年里成为电视显像管的基本组成部分，虽然平板显示系统发展迅速，但显像管至今仍然是最经济的部件。在布劳恩阴极射线管发明之后，又借助了**弗拉基米尔·科斯马·兹沃尔金**(Vladimir K. Zworykin，1889—1982)发明的光电摄像管这一创造性成果，才有了今天的电视机。光电摄像管发展成为正析摄像管和超正析摄像管，后两者可以捕获图像并将其转换为可发送给电视接收机的信号，电视摄像机就这样诞生了。

例1-8 如果电视显像管中的电子束每秒携带10^{15}个电子，计算加速该电子束使之达到4W的功率所需的电压V_o。

解：一个电子的电荷量为

$$e=-1.6\times10^{-19}\text{C}$$

则n个电子的电荷量为$q=ne$，并且，

$$i=\frac{dq}{dt}=e\frac{dn}{dt}=(-1.6\times10^{-19})\times10^{15}=-1.6\times10^{-4}(\text{A})$$

式中，负号表示电流方向与电子流动方向相反，如图1-18所示。图中所示为垂直偏转板不带电荷情况时的CRT简图。于是，电子束的功率为

$$p=V_o i$$

或

$$V_o=\frac{p}{i}=\frac{4}{1.6\times10^{-4}}=25\,000(\text{V})=25\text{kV}$$

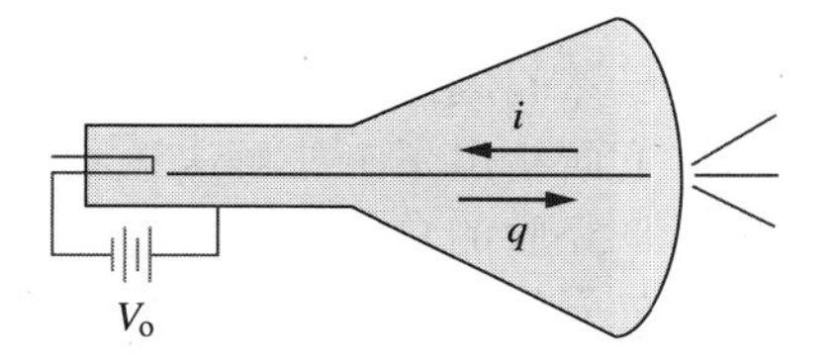

图1-18 阴极射线管简图

因此，所需加的电压为25kV。◀

练习1-8 如果电视显像管中的电子束每秒携带10^{13}个电子，通过一个电位差为25kV的平面场，计算其功率。

答案：40mW。

1.7.2 电费账单

下面讨论电力公司如何向用户收取电费。电费的多少取决于用户消耗的电能(影响电费的其他因素包括需求和功率因数，这里忽略不计)。但是在美国，用户即使不消耗任何电能，仍然需要支付维护电线正常工作的最低服务费。随着用电量的增加，每千瓦时所需支付的电费不断降低。表1-3给出了一个五口之家家用电器的每月平均耗电量。

表1-3 家用电器的每月平均耗电量(五口之家)

家用电器	耗电量(kW·h)	家用电器	耗电量(kW·h)
热水器	500	洗衣机	120
冰箱	100	电炉子	100
照明	100	烘干机	80
洗碗机	35	微波炉	25
电熨斗	15	个人计算机	12
电视机	10	收音机	8
烤面包机	4	电子钟	2

例 1-9 某家庭一月份耗电量为 700kW·h，按照如下电费标准确定该家庭当月的电费账单。

每月的基本供电服务费 12.00 美元。

每月第一个 100kW·h 按 16 美分/(kW·h)计费。

之后的 200kW·h 按 10 美分/(kW·h)计费。

超过 300kW·h 按 6 美分/(kW·h)计费。

解： 电费账单计算如下。

每月的基本供电服务费＝12.00 美元

第一个 100kW·h 的电费：100kW·h×0.16 美分/(kW·h)＝16.00 美元

之后的 200kW·h 的电费：200kW·h×0.10 美分/(kW·h)＝20.00 美元

剩余的电费：400kW·h×0.06 美分/(kW·h)＝24.00 美元

一月份的总电费＝72.00 美元

每千瓦时的平均电费＝72.00/(100＋200＋400)＝10.2(美分/kW·h) ◀

练习 1-9 参考例 1-9 中电费账单的计算方法，如果某家庭七月份大部分时间外出休假，只用了 260kW·h 的电量，计算该月每千瓦时的平均电费。

答案： 16.923 美分/(kW·h)。

†1.8 解题方法

虽然问题的复杂程度和重要程度各不相同，但解决问题所应遵循的基本原则是相同的。下面给出了一些解决工程问题和学术问题的过程和方法，这是本书作者和他们的学生多年来经验的总结。

首先简要地列出所有的步骤，之后再做详细说明。

1. **明确**所要解决的问题；
2. **列出**问题的全部已知条件；
3. 确定问题的**备选**解决方案，并且从中找出成功可能性最大的一种方案；
4. **尝试**寻求问题的解；
5. **评价**所得到的答案并检验其准确性；
6. 对结果是否**满意**？如果满意，则提交该结果；否则，返回步骤 3 重新执行这一过程。

下面详细说明：

1. **明确**所要解决的问题。这一步是整个过程中最重要的一步，因为它是进行下面所有步骤的基础。一般而言，提出的工程问题多少会有点儿不完整，所以你必须尽量使你对问题的理解与问题提出者对问题的理解完全一致。在弄清问题这一步上花一些时间将为后续各步骤节省大量的时间并避免失败。学生为了把教科书中所提出的问题理解得更清楚，可以求助于教授，而工业应用中遇到的问题可能需要你与多位相关人员商讨。在这一步，非常重要的是在解决问题之前先提出问题，如果对此有疑问则可以咨询合适的相关人员，也可以借助有关资源得到问题的答案。利用这些结果，可以进一步精练所要解决的问题，并可将精练后的问题表述用于后面的求解过程当中。

2. **列出**问题的全部已知条件。现在可以将你对问题的全部理解及其可能的解决方案写下来，这样，能够节约时间并避免失败。

3. 确定问题的**备选**解决方案，并且从中找出成功可能性最大的一种方案。几乎每一个问题都可能存在若干种途径去解决，人们非常希望得到尽可能多的解决途径。在进行这项工作的时候，还需要确定采用什么样的工具，例如能够大幅度降低计算量、提高准确度的 PSpice、MATLAB 以及其他一些软件。需要再次强调的是，第一步明确问题和这一步研究解决问题的可选方法所花费的时间将对后续问题的解决有极大的帮助，虽然评估各种方法的优劣并确定一种最可行的方法是比较困难的，但是仍然值得付出这样的努力。因为如果首次选用的方法失败，还要重新执行这一步骤。

4. **尝试**寻求问题的解。现在就可以开始解题了。必须将解题的过程很好地记录下来，如果解题成功，就可以给出详细解；如果失败，则可以检查整个过程。通过细致的检查可以找出问题并予以纠正，从而得到正确的解，也可以换一种方法求出正确的答案。一般来说，明智的做法是得到结果的表达式之后再将数据代入方程，这样有助于检查你所得到的结果。

5. **评价**所得到的答案并检验其准确性。这一步是评价你所完成的工作，确定是否得到可以让别人（你的团队、上司、教授等）接受的结果。

6. 对结果是否**满意**？如果满意，则提交该结果；否则，返回步骤 3 重新执行这一过程。此时要么提交结果，要么尝试另一种方法。如果提交了结果，解题过程一般就结束了。然而，提交答案后通常会发现更深层次的问题，仍然需要继续这一解题过程，从而最终得到满意的结论。

下面以电子与计算机工程专业学生的课程作业为例，说明上述过程（这一基本过程同样适用于几乎所有工程类课程）。虽然上述步骤用于学术问题时略显简单，但仍有必要按照这几个基本过程求解。下面就通过一个简单的例题予以说明。

例 1-10 计算图 1-19 中流过 8Ω 电阻的电流。

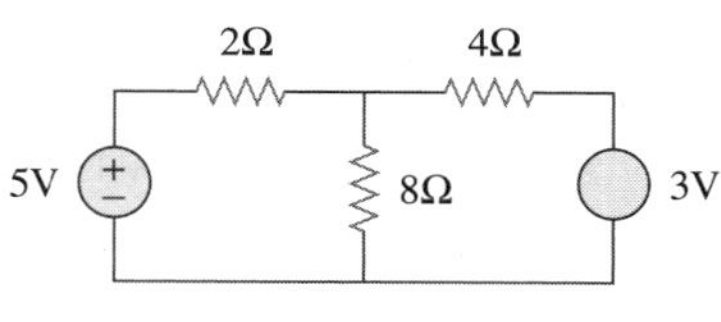

图 1-19 例 1-10 的电路图

解：

1. **明确**所要解决的问题。这只是一个简单的例子，但是由图 1-19 的电路图可见，3V 电压源的极性并不确定。有几种解决方案可供选择：可向教授询问该电压源的极性，如果无法询问且时间充裕，则可以在 3V 电压源的正极在上和正极在下两种情况下求解电流。这里假定教授告知该电压源的极性如图 1-20 所示，正极在下。

2. **列出**问题的全部已知条件。列出问题的所有已知条件，包括清楚地对电路图进行标记，从而确定要求解的量。已知电路如图 1-20 所示，试求 $i_{8\Omega}$。如果情况允许，可以和教授共同检查对问题的理解是否正确。

3. 确定问题的**备选**解决方案，并且从中找出成功可能性最大的一种方案。解决这个问题可以采用三种基本方法，即本书稍后会介绍的电路分析法（基尔霍夫定律、欧姆定律）、节点分析法和网孔分析法。

采用电路分析法求解 $i_{8\Omega}$ 可以得到该题的解，但比节点分析法和网孔分析法复杂。用网孔分析法求解 $i_{8\Omega}$ 要列写两个联立方程，并求出如图 1-21 所示的两个回路电流。采用节点分析法只需求解一个未知量，是最为简单的方法。所以选用节点分析法来求解 $i_{8\Omega}$。

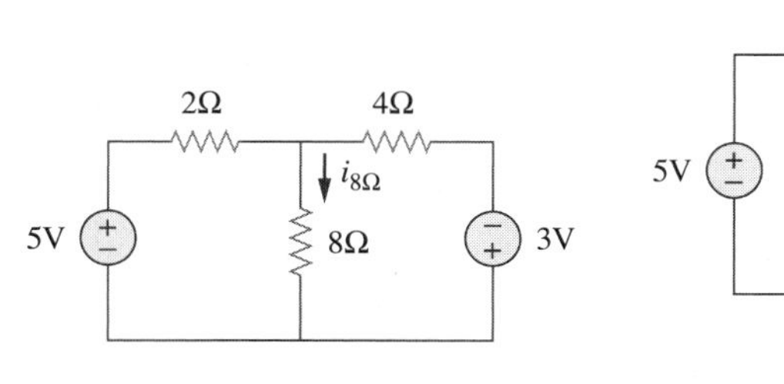

图 1-20 问题的定义

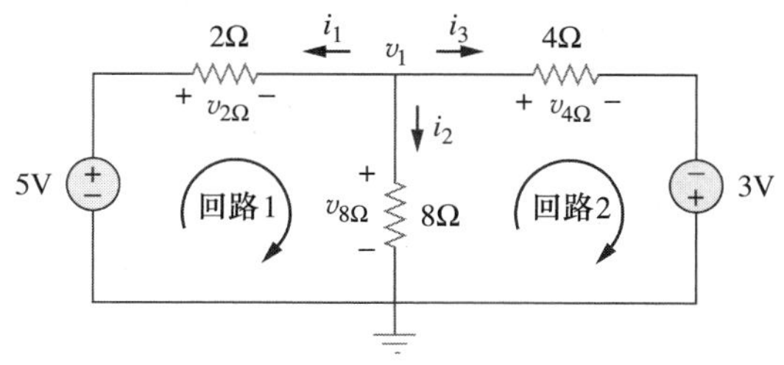

图 1-21 采用节点分析法求解的电路图

4. **尝试**寻求问题的解。首先写出求解 $i_{8\Omega}$ 所需的所有方程：

$$i_{8\Omega}=i_2,\quad i_2=\frac{v_1}{8},\quad i_{8\Omega}=\frac{v_1}{8}$$

$$\frac{v_1-5}{2}+\frac{v_1-0}{8}+\frac{v_1+3}{4}=0$$

可以得到

$$8\times\left(\frac{v_1-5}{2}+\frac{v_1-0}{8}+\frac{v_1+3}{4}\right)=0$$

从而得到

$$(4v_1-20)+(v_1)+(2v_1+6)=0$$

$$7v_1=+14\text{V},\ v_1=+2\text{V},\ i_{8\Omega}=\frac{v_1}{8}=\frac{2}{8}=\mathbf{0.25(A)}$$

5. **评价**所得到的答案并检验其准确性。可以采用基尔霍夫定律(KVL)验证所得到的结果。

$$i_1=\frac{v_1-5}{2}=\frac{2-5}{2}=-\frac{3}{2}=-1.5(\text{A})$$

$$i_2=i_{8\Omega}=0.25\text{A}$$

$$i_3=\frac{v_1+3}{4}=\frac{2+3}{4}=\frac{5}{4}=1.25(\text{A})$$

$$i_1+i_2+i_3=\mathbf{-1.5+0.25+1.25=0}(\text{验证})$$

对于回路 1 应用 KVL，

$$\begin{aligned}-5+v_{2\Omega}+v_{8\Omega}&=-5+(-i_1\times2)+(i_2\times8)\\&=-5+[-(-1.5)\times2]+(0.25\times8)\\&=\mathbf{-5+3+2=0}(\text{验证})\end{aligned}$$

对于回路 2 应用 KVL，

$$\begin{aligned}-v_{8\Omega}+v_{4\Omega}-3&=-(i_2\times8)+(i_3\times4)-3\\&=-(0.25\times8)+(1.25\times4)-3\\&=\mathbf{-2+5-3=0}(\text{验证})\end{aligned}$$

至此，所得答案完全正确。

6. 对结果是否**满意**？如果满意，则提交该结果；否则，返回步骤 3 重新执行这一过程。该题解答正确，满意。

流经 8Ω 电阻的电流是 0.25A，自上而下流过该电阻。 ◀

练习 1-10　利用上述解题过程求解本章最后的综合理解题。

1.9　本章小结

1. 电路由若干相互连接在一起的电路元件构成。
2. 国际单位制(SI)是工程技术人员互相交流的国际度量语言。由国际单位制的七个基本单位可以推导出其他的物理量单位。
3. 电流是在给定方向下某点电荷变化的速率：

$$i=\frac{\mathrm{d}q}{\mathrm{d}t}$$

4. 电压是指移动 1C 电荷所需要的能量：

$$v=\frac{\mathrm{d}w}{\mathrm{d}q}$$

5. 功率是指单位时间所发出或吸收的能量，也可以用电压与电流的乘积表示：

$$p=\frac{dw}{dt}=vi$$

6. 按照关联参考方向，如果电流从元件电压的正极流入，则功率的符号为正。
7. 一个理想的电压源，无论两端连接什么元件，总是产生特定的电位差；一个理想的电流源，无论其两端连接什么元件，总会产生特定的电流。
8. 电压源和电流源可以是受控源，也可以是独立源，受控源的大小受电路中其他变量的控制。
9. 电视显像管和电费账单的计算是本章所述概念的两个应用实例。

复习题

1 1mV 是 1V 的百万分之一。
(a) 对 (b) 错

2 词头“微”表示：
(a) 10^6 (b) 10^3
(c) 10^{-3} (d) 10^{-6}

3 2 000 000V 的电压还可以写为：
(a) 2mV (b) 2kV
(c) 2MV (d) 2GV

4 如果每秒流过某一点的电荷为 2C，则电流是 2A。
(a) 对 (b) 错

5 电流的单位是：
(a) 库仑 (b) 安培
(c) 伏特 (d) 焦耳

6 电压的度量单位是：
(a) 瓦特 (b) 安培
(c) 伏特 (d) 焦耳/秒

7 4A 的电流对一介质充电 6s 后，所储存的电荷是 24C。
(a) 对 (b) 错

8 如果 1.1kW 的烤面包机产生的电流为 10A，则其两端的电压为：
(a) 11kV (b) 1100V
(c) 110V (d) 11V

9 下述哪个量不是电学量：
(a) 电荷 (b) 时间
(c) 电压 (d) 电流
(e) 功率

10 图 1-22 中受控源是：
(a) 电压控制电流源 (b) 电压控制电压源
(c) 电流控制电压源 (d) 电流控制电流源

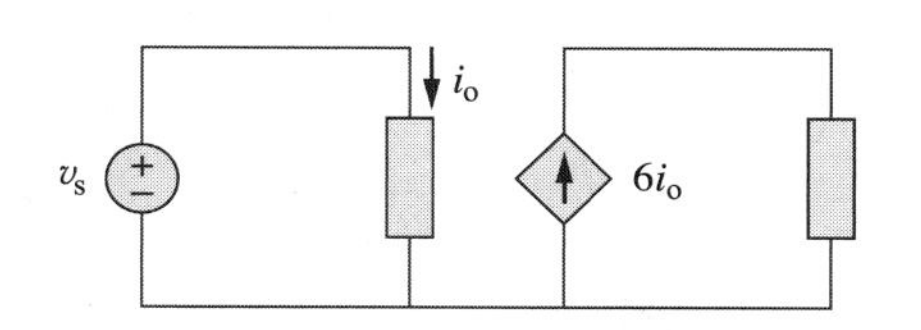

图 1-22 复习题 10 图

答案：1(b)；2(d)；3(c)；4(a)；5(b)；6(c)；7(a)；8(c)；9(b)；10(d)。

习题

1.3 节

1 下列各电子数量分别表示多少库[仑]的电荷？
(a) 6.482×10^{17} (b) 1.24×10^{18}
(c) 2.46×10^{19} (d) 1.628×10^{20}

2 如果电荷量由如下函数确定，试求流过元件的电流。
(a) $q(t)=(3t+8)$ mC
(b) $q(t)=(8t^2+4t-2)$C
(c) $q(t)=(3e^{-t}-5e^{-2t})$nC
(d) $q(t)=10\sin(120\pi t)$ pC
(e) $q(t)=20e^{-4t}\cos(50t)$ μC

3 如果流过元件的电流由如下函数确定，试求流过元件的电荷量 $q(t)$。
(a) $i(t)=3$A，$q(0)=$IC
(b) $i(t)=(2t+5)$ mA，$q(0)=0$
(c) $i(t)=20\cos(10t+\pi/6)\mu$A，$q(0)=2\mu$C
(d) $i(t)=10e^{-30t}\sin 40t$A，$q(0)=0$

4 在 20s 的时间内，7.4A 的电流流经电导体，流经任一横截面的电荷量是多少？

5 如果电流 $i(t)=\frac{1}{2}t$A，计算在 $0\leqslant t\leqslant10$s 期间传递的总电荷量。

6 流入某元件的电荷量如图 1-23 所示，计算以下各个时刻的电流。
(a) $t=1$ms (b) $t=6$ms
(c) $t=10$ms

q(t) (mC)
30
0 2 4 6 8 10 12 t (ms)

图 1-23 习题 6 图

7 流过一根导线的电荷量随时间变化的曲线如图 1-24 所示，画出相应的电流变化曲线。

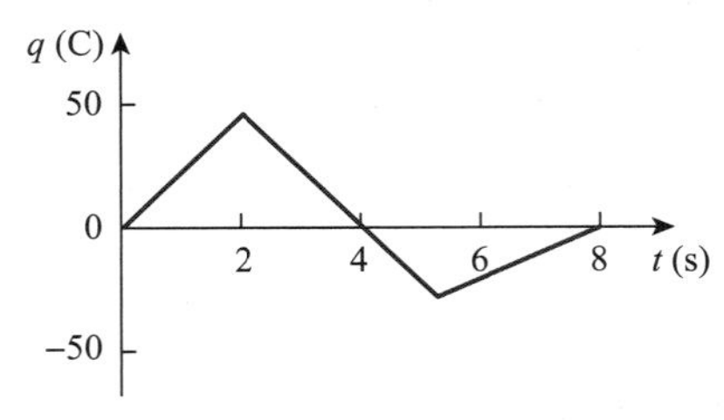

图 1-24 习题 7 图

8 流经器件中某一点的电流如图 1-25 所示，计算通过该点的总电荷量。

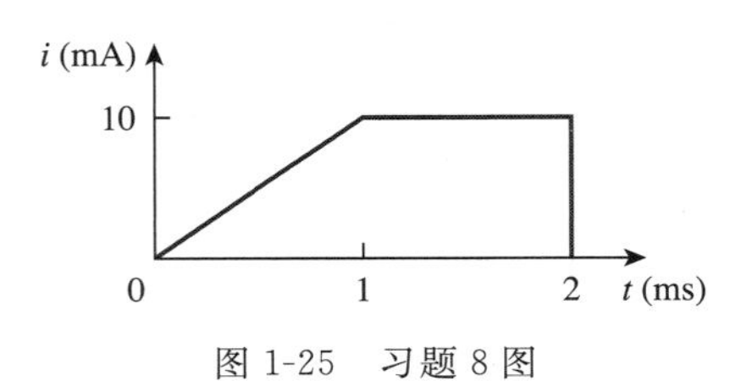

图 1-25 习题 8 图

9 流过某元件的电流如图 1-26 所示，计算下列各个时刻通过该元件的总电荷量。

(a) $t=1\text{s}$ (b) $t=3\text{s}$ (c) $t=5\text{s}$

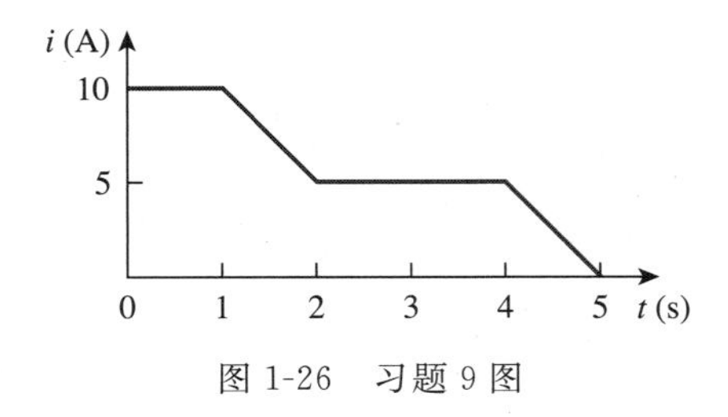

图 1-26 习题 9 图

1.4 节和 1.5 节

10 10kA 闪电击中物体的时间是 15μs，计算物体表面的总电荷量。

11 充电电池能够连续大约 12h 输出 90mA，计算以这样的速率所释放的电荷量为多少。如果其端电压为 1.5V，计算该电池输出的能量为多少。

12 如果流经某元件的电流为：

$$i(t)=\begin{cases}3t\,\text{A} & 0\leqslant t<6\text{s}\\ 18\text{A} & 6\leqslant t<10\text{s}\\ -12\text{A} & 10\leqslant t<15\text{s}\\ 0 & t\geqslant 15\text{s}\end{cases}$$

画出 $0<t<20\text{s}$ 期间该元件中储存电荷的变化曲线。

13 从某元件正极流入的电荷为 $q=5\sin 4\pi t\,\text{mC}$，且该元件两端的电压为 $v=3\cos 4\pi t\,\text{V}$。

(a) 计算在 $t=0.3\text{s}$ 时传递给该元件的功率。

(b) 计算在 0～0.6s 期间传递给该元件的能量。

14 如果某元件两端的电压 v 与流过该元件的电流 i 分别为：$v(t)=10\cos(2t)\,\text{V}$，$i(t)=20(1-\text{e}^{-0.5t})\,\text{mA}$。计算：

(a) $t=1\text{s}$，$q(0)=0$ 时，该元件中的总电荷量；

(b) $t=1\text{s}$ 时，该元件消耗的功率。

15 流入某元件正极的电流为 $i(t)=6\text{e}^{-2t}\,\text{mA}$，该元件两端的电压为 $v(t)=10\text{d}i/\text{d}t\,\text{V}$。计算：

(a) 在 $t=0$ 到 $t=2\text{s}$ 之间传递给该元件的电荷量；

(b) 该元件吸收的功率；

(c) 该元件在 $t=0$ 到 $t=3\text{s}$ 之间吸收的能量。

1.6 节

16 图 1-27 给出了某元件的电流和电压波形。

(a) 画出 $t>0\text{s}$ 时传递给该元件的功率曲线；

(b) 计算该元件在 $0<t<4\text{s}$ 期间吸收的能量。

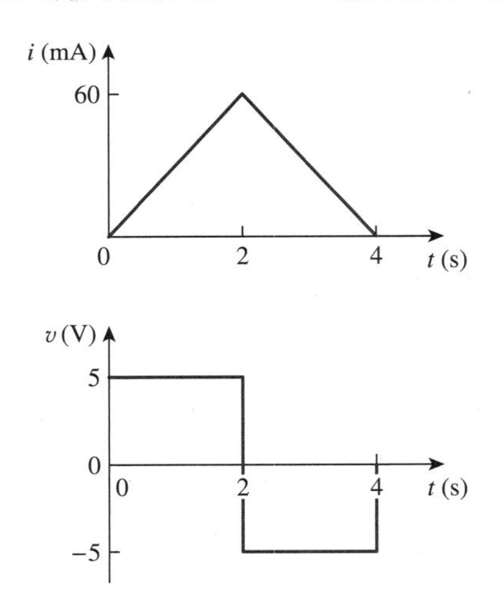

图 1-27 习题 16 图

17 图 1-28 给出一个由五个元件组成的电路，如果 $p_1=-205\text{W}$，$p_2=60\text{W}$，$p_4=45\text{W}$，$p_5=30\text{W}$，计算元件 3 所吸收的功率 p_3。

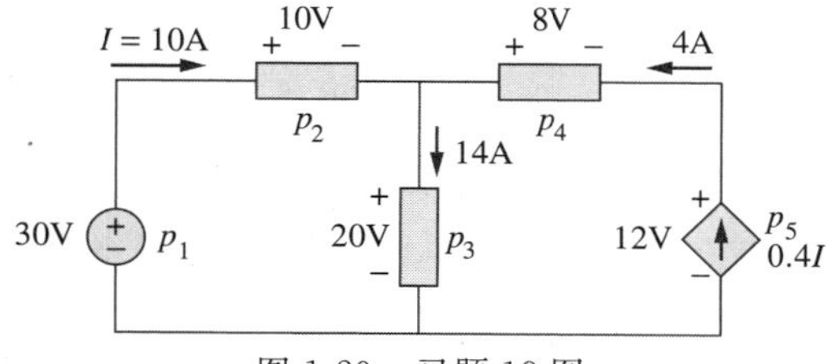

图 1-28 习题 17 图

18 计算图 1-29 中各个元件吸收的功率。

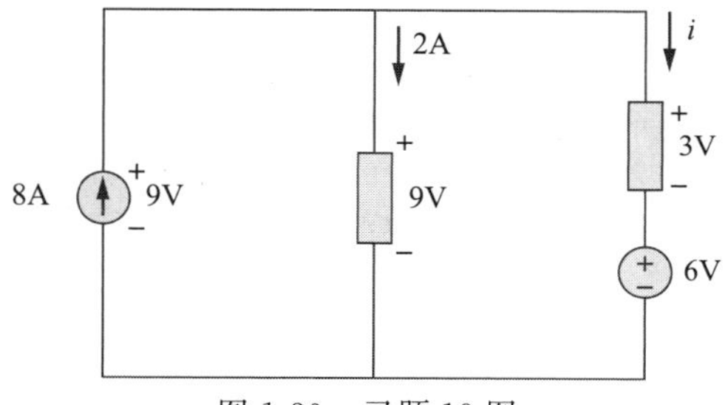

图 1-29 习题 18 图

19 计算图 1-30 所示电路网络中的 i 以及每个元件吸收的功率。

图 1-30 习题 19 图

20 计算图 1-31 中的 V_o 以及每个元件吸收的功率。

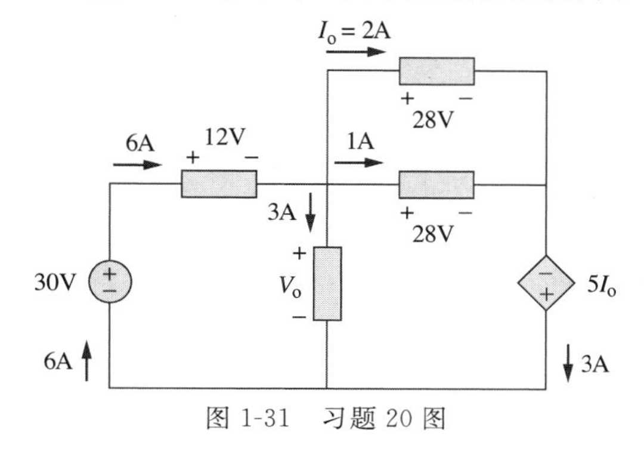

图 1-31 习题 20 图

1.7 节

21 一只 60W 的白炽灯工作在 120V 的电压下，计算一天内流过该白炽灯的电子量和电荷量分别是多少。

22 40kA 的闪电击中飞行器的时间是 1.7ms，计算分布在该飞行器上的电荷为多少库[仑]。

23 一台 1.8kW 的热水器需要 15min 烧开一定量的水，如果一天烧一次水，并且电费为 10 美分/kW·h，计算工作 30 天需要多少电费。

24 某公共事业公司的电费收费标准为 8.2 美分/(kW·h)，如果一个消费者连续一天使用一个 60W 的灯泡，计算需要交纳多少电费。

25 一台 1500W 的烤面包机大约 3.5min 烤好 4 片面包，如果每天使用一次烤面包机，计算两周(14 天)所用的电费。假定用电费用为 8.2 美分/(kW·h)。

26 一个手电筒电池 10h 内的电池容量是 0.8A·h，计算：

(a) 在 10h 的时间内它能够输出的恒定电流是多少？

(b) 如果电源电压为 6V，它在 10h 内传递的恒定功率为多少？

(c) 储存在电池中的能量为多少瓦时？

27 用 3A 的恒定电流对汽车电池充电需要 4h 完成，如果端电压为$(10+t/2)$V，t 的单位为小时，从 $t=0$ 开始。

(a) 充电结束后，充入电池的电荷量是多少？

(b) 充电消耗的电能是多少？

(c) 如果电费为 9 美分/(kW·h)，充电电费是多少？

28 一只 60W 的白炽灯，接 120V 的电源，平均每天打开 12h。

(a) 计算流过它的电流。

(b) 如果电费为 9.5 美分/(kW·h)，一年的(非闰年)电费是多少？

29 一个电炉灶有四个炉眼和一个烤箱。准备一顿饭时，各炉眼和烤箱的使用情况如下：

炉眼 1：20 分钟　炉眼 2：40 分钟

炉眼 3：15 分钟　炉眼 4：45 分钟

烤箱：30 分钟

如果各炉眼的额定功率 1.2kW，烤箱的额定功率为 1.8kW，且电费为 12 美分/(kW·h)。计算准备做这顿饭所需的电费。

30 美国得州休斯敦电力公司对客户的收费标准如下：

每月基本供电服务费 6 美元

第一个 250kW·h 按 0.02 美元/(kW·h)计费

其余的按 0.07 美元/(kW·h)计费

如果一个用户一个月用电 2436kW·h，计算电力公司应收取多少费用。

31 某家庭中，一个 120W 的计算机平均每天工作 4h，一个 60W 的灯泡平均每天工作 8h。如果公共事业公司的用电收费标准是 0.12 美元每千瓦时，计算该家庭每年需要为该计算机和灯泡支付多少电费。

综合理解题

32 流过电话线的电流为 20μA，计算通过电话线的电荷量到达 15C 需要的时间。

33 一次闪电携带 2kA 的电流并持续了 3ms。计算该闪电包含的电荷量。

34 某家用电器一天所消耗的功率如图 1-32 所示，计算：

(a) 所消耗的以千瓦时为单位的总电能；

(b) 每小时消耗的平均功率。

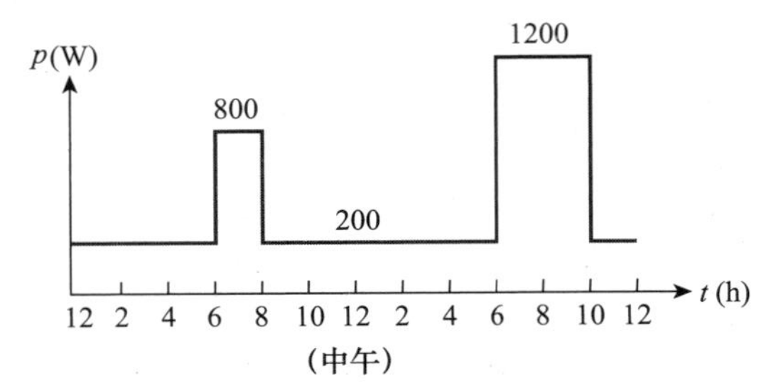

图 1-32 综合理解题 34 图

35 某工厂在上午 8:00 到 8:30 之间所消耗的功率如图 1-33 所示，计算该厂这段时间所消耗的以兆瓦时为单位的总电能。

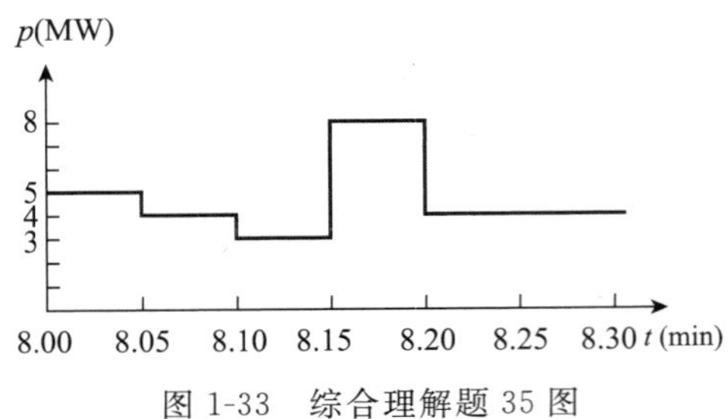

图 1-33 综合理解题 35 图

36 电池的额定功率的单位是 A·h。一个铅酸蓄电池额定功率为 160A·h。

(a) 计算该电池工作 40h 所能提供的最大电流；

(b) 如果该电池以 1mA 的电流放电，则能持续放电多少天？

37 一个 12V 的电池需要充电 40A·h，整个过程中向电池提供了多少能量？

38 计算一台 10hp(马力)的电动机在 30min 内输送的能量。(1hp＝746W)

39 一台 600W 无人观看的电视机连续 4h 开机，如果电费为 10 美分/(kW·h)，计算浪费的钱。

第2章
基本定律

人们总是祈祷能够克服像山一样的困难，然而他们往往缺乏登攀的勇气。

——佚名

增强技能与拓展事业

ABET EC 2000 标准(3. b)，“设计和完成实验的能力，以及分析和解释实验数据的能力”

工程师既要能够设计实验、完成实验，又要能够分析数据、解释数据。绝大多数的高中生和大学生都要花时间做实验，并且需要分析实验数据和解释实验数据。笔者的建议是，今后在做实验的过程中，要花更多的时间分析和解释实验数据。这是什么意思呢？

在观察电压-电阻、电流-电阻或者功率-电阻曲线时，你真正看到的是什么？这样的曲线意义何在？与所学的理论一致吗？与期望的结果一样吗？如果不是，原因何在？显然，分析和解释实验数据必将提高分析问题和解决问题的能力。

然而，如果学生做的实验很少或根本不涉及实验的设计，如何才能提高学生的技能呢？

实际上，在这种情况下培养技能并没有想象中的那么困难，你所需要做的就是做实验并分析实验。将实验分解为最简单的组成部分，通过重新组合来尽量理解实验的设计思路，最终明白实验的设计者要教会你什么知识。虽然情况并非总是如此，但是在每个实验中，设计者都在试图教会你一些知识。

学习目标

通过本章内容的学习和练习，你将具备以下能力：

1. 认识和了解电阻的电压与电流之间的关系(欧姆定律)。
2. 理解电路的基本结构，如节点、支路和回路。
3. 掌握基尔霍夫电压电流定律以及它们在分析电路中的重要性。
4. 理解串联电阻及其分压、并联电阻及其分流的原理。
5. 掌握如何将三角形电路转换成星形电路，以及如何将星形电路转换成三角形电路。

2.1 引言

第1章介绍了电路中的电流、电压和功率等基本概念，要确定这些量在给定电路中的具体数值，还需要掌握一些电路的基本定律，即欧姆定律和基尔霍夫定律，电路分析的方法和技术正是在这些基本定律的基础上建立起来的。

本章除介绍上述基本定律外，还将讨论电路分析与设计中常用的一些方法，包括电阻的串联、并联、分压、分流以及△电路与Y电路之间的互相变换等。本章将上述定律和方法的应用局限于电阻电路中，最后以照明电路和直流电表的设计为例说明基本定律和分析方法的具体应用。

2.2 欧姆定律

材料通常都具有阻止电荷流动的特性。这种物理性质，即阻碍电流的能力，称为电阻

(resistance)，用符号 R 表示。均匀截面积为 A 的任何材料的电阻取决于截面积 A 及其长度 l，如图 2-1a 所示。电阻值的数学表示式为(实验室测量)：

$$R=\rho\frac{l}{A} \tag{2.1}$$

式中，ρ 称为电阻率(resistivity)，单位为欧·米(Ω·m)。良导体的电阻率小，如铜、铝；绝缘体的电阻率高，如云母、纸张。表 2-1 给出了某些常见材料的电阻率 ρ，并标明了哪些材料是导体，哪些材料是绝缘体或半导体。

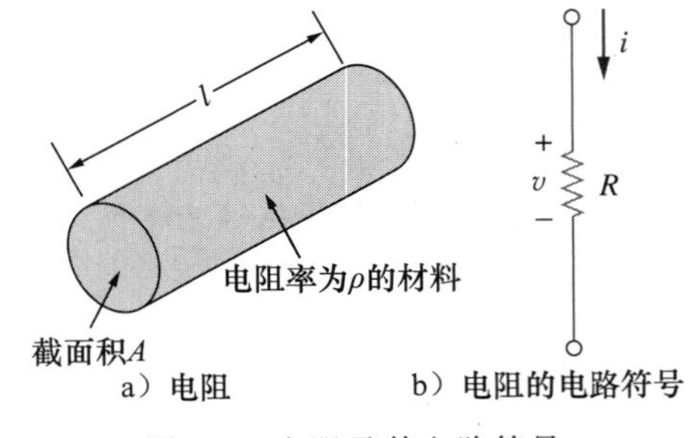

图 2-1 电阻及其电路符号

表 2-1 常见材料的电阻率

材料名称	电阻率(Ω·m)	用　途	材料名称	电阻率(Ω·m)	用　途
银	1.64×10^{-8}	导体	铜	1.72×10^{-8}	导体
铝	2.8×10^{-8}	导体	金	2.45×10^{-8}	导体
炭	4×10^{-2}	半导体	锗	47×10^{-2}	半导体
硅	6.4×10^{2}	半导体	纸张	10^{10}	绝缘体
云母	5×10^{11}	绝缘体	玻璃	10^{12}	绝缘体
聚四氟乙烯	3×10^{12}	绝缘体			

电路中对电流有抑制特性的元件称为电阻(resistor)。为了构造电路，电阻通常由合金和碳化合物制成，电阻的电路符号如图 2-1b 所示，图中 R 表示该电阻的电阻值。电阻是电路中最简单的无源元件。

德国物理学家格奥尔格·西蒙·欧姆(Georg Simon Ohm，1787—1854)因发现流过电阻的电流与电阻两端的电压之间的关系而闻名于世，该关系正是众所周知的欧姆定律(Ohm's law)。

欧姆定律：电阻两端的电压 v 与流过该电阻的电流 i 成正比。

也就是说

$$v\propto i \tag{2.2}$$

欧姆将这个比例常数定义为电阻 R(电阻是材料的一个属性，当元件的内部或外部条件改变时，例如温度发生变化，电阻值也会改变)。于是，式(2.2)可以写为：

$$\boxed{v=iR} \tag{2.3}$$

式(2.3)为欧姆定律的数学表达式，式中 R 的单位是欧姆，记作 Ω。

元件的电阻 R 表示其阻碍电流流过的能力，单位是欧姆(Ω)。

由式(2.3)可得

$$R=\frac{v}{i} \tag{2.4}$$

则

$$1\Omega=1\text{V/A}$$

应用式(2.3)的欧姆定律时，必须注意电流的方向和电压的极性。电流 i 的方向与电压 v 的极性必须符合关联参考方向，如图 2-1b 所示。当 $v=iR$ 时，电流从高电位流向低电位。反之，当 $v=-iR$ 时，电流从低电位流向高电位。

历史珍闻

格奥尔格·西蒙·欧姆(Georg Simon Ohm, 1787—1854)，德国物理学家，于1826年通过实验确定了描述电阻的电压和电流关系的基本定律——欧姆定律。欧姆的这项工作最初曾被某些反对者所否定。

(图片来源：SSPL via Getty Images)

欧姆出生于巴伐利亚州埃尔兰根的一个贫苦家庭，他一生致力于电学研究，发现了著名的欧姆定律。1841年，伦敦皇家学院授予他科普利勋章(Copley Medal)。1849年，慕尼黑大学授予他物理学首席教授职位。后人为了纪念他将电阻的单位命名为欧姆。

由于电阻值 R 可以从零变到无穷大，所以考虑两种极端情况下的电阻值 R 就很重要。$R=0$ 的电路称为*短路电路*(short circuit)，如图2-2a所示。在短路电路中，

$$v=iR=0 \tag{2.5}$$

表明电压为零，电流可以取任意值。在实际电路中，由良导体构成的导线通常为短路电路。

短路电路是电阻为零时的电路。

类似地，电阻值 $R=\infty$ 的电路称为*开路电路*(open circuit)，如图2-2b所示。对于开路电路而言，

$$i=\lim_{R\to\infty}\frac{v}{R}=0 \tag{2.6}$$

表明虽然两端的电压可以是任意值，但其电流为零。

开路电路是电阻值趋于无穷大时的电路。

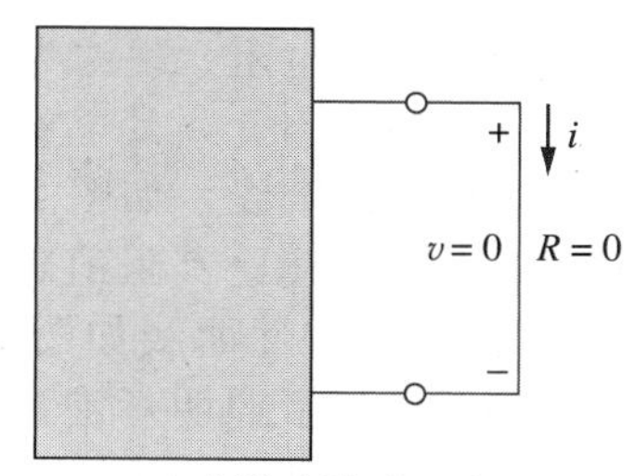

a）短路电路（R=0）

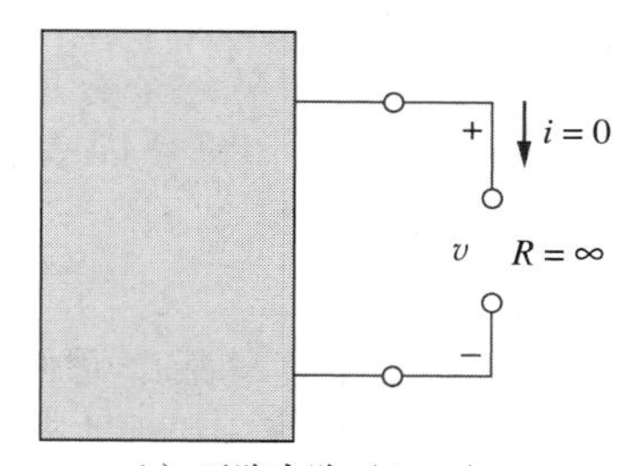

b）开路电路（R=∞）

图2-2 短路电路与开路电路

电阻既可以是固定的，也可以是可变的。大多数电阻为固定的，其阻值保持恒定(常数)。两种常见的固定电阻(绕线电阻与复合电阻)如图2-3所示。当需要较大阻值时，可以采用复合电阻。固定电阻的电路符号如图2-1b所示。可变电阻的电阻值是可以调整的，其电路符号如图2-4a所示。常用的可变电阻称为*电位器*(potentiometer)，其电路符号如图2-4b所示。电位器是一种三端元件，其中一端为滑动抽头或滑片。移动滑动抽头(或滑片)时，滑动端与两个固定端之间的电阻值随之改变。与固定电阻一样，可变电阻器既可以是线绕的(如滑动电位器)，也可以是复合的(如合成可变电阻)，如图2-5所示。虽然在电路设计中可以采用图2-3与图2-5所示的电阻，但是，包括电阻器在内的大多数现代电路元件通常是贴片的或集成的，如图2-6所示。

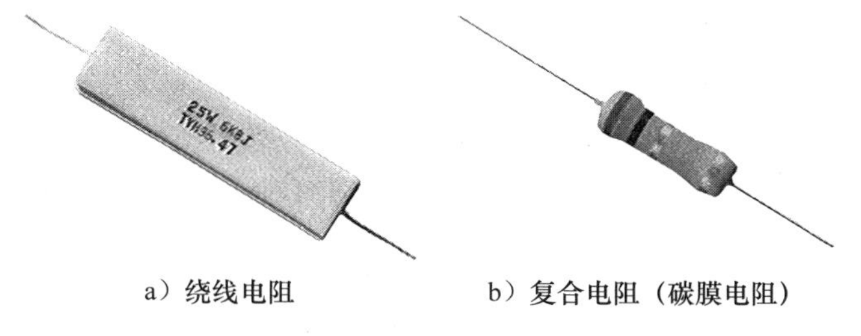

a）绕线电阻　　b）复合电阻（碳膜电阻）

图2-3 固定电阻
(图片来源：Mark Dierker/McGraw-Hill Education)

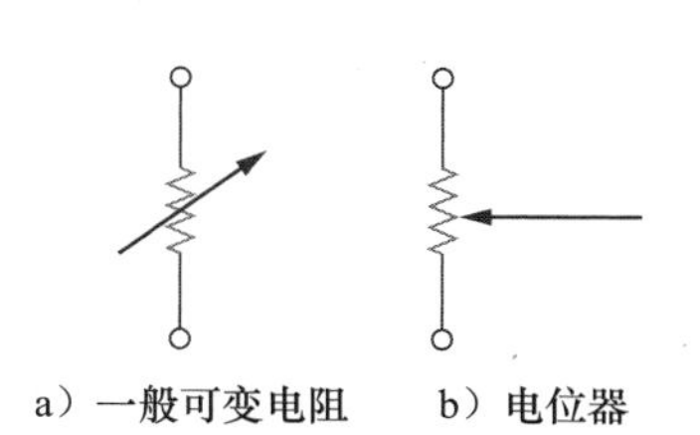
a）一般可变电阻　　b）电位器

图2-4 可变电阻的电路符号

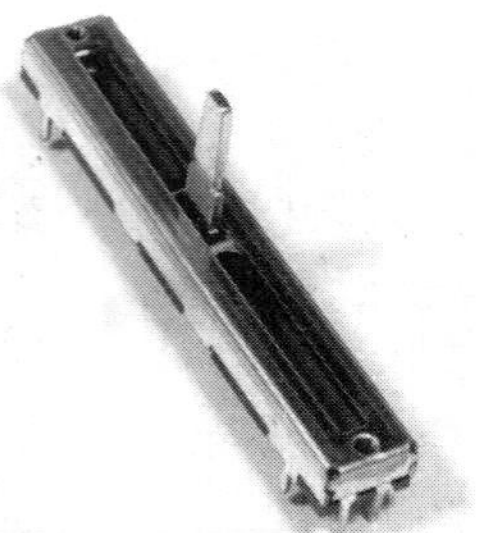

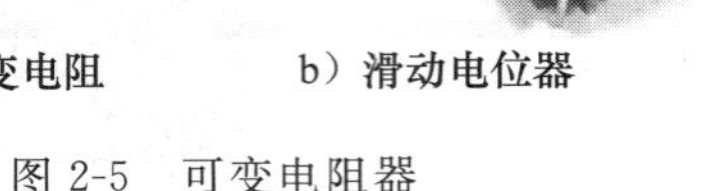

a）合成可变电阻　　b）滑动电位器

图 2-5　可变电阻器

（图片来源：Mark Dierker/McGraw-Hill Education）

图 2-6　集成电路板上的电阻

（图片来源：Eric Tormey/Alamy）

应该指出的是，并非所有的电阻器都遵守欧姆定律。遵守欧姆定律的电阻元件称为线性(linear)电阻，线性电阻具有恒定的阻值，因此，其电流-电压特性曲线($i-v$ 曲线)是一条通过原点的直线，如图 2-7a 所示。非线性(nonlinear)电阻不遵守欧姆定律，其阻值随着流过它的电流变化而变化，其典型的 $i-v$ 特性曲线如图 2-7b 所示。具有非线性电阻特性的电路元件包括照明灯泡和二极管等。虽然所有的实际电阻在某些条件下都可能表现出非线性特征，但本书假设所涉及的电阻元件均为线性电阻。

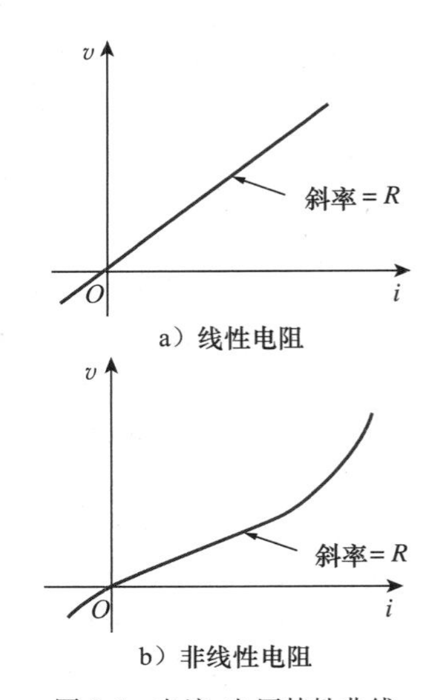

图 2-7　电流-电压特性曲线

电路分析中另一个有用的量是电阻 R 的倒数，称为电导(conductance)，用符号 G 表示：

$$\boxed{G=\frac{1}{R}=\frac{i}{v}} \tag{2.7}$$

电导用来度量某个元件传导电流的强弱程度，电导的单位是姆欧(mho)，用倒过来的欧姆符号(℧)表示。虽然工程师常使用姆欧作为电导的单位，但本书采用国际单位制中电导的单位西门子(S)，

$$1\text{S}=1\,℧=1\text{A/V} \tag{2.8}$$

电导是元件传导电流的能力，其单位是西门子或姆欧。

可以用欧姆或西门子为单位来表示同一个电阻值，例如，10Ω 就等于 0.1S。由式(2.7)可得

$$i=Gv \tag{2.9}$$

电阻所消耗的功率可以用电阻 R 来表示，由式(1.7)与式(2.3)可得

$$p=vi=i^2R=\frac{v^2}{R} \tag{2.10}$$

同样，电阻消耗的功率也可以用电导 G 来表示：

$$p=vi=v^2G=\frac{i^2}{G} \tag{2.11}$$

由式(2.10)与式(2.11)可得到如下两个结论。

1. 电阻上消耗的功率既是电流的非线性函数，又是电压的非线性函数。

2. 因为 R 和 G 都是正值，所以电阻消耗的功率总是正的。因此，电阻总是消耗来自电路的功率，这也证实了电阻是无源元件，不可能产生能量。

例 2-1 一个电熨斗接 120V 电源时产生的电流为 2A，求该熨斗的阻值。

解：由欧姆定律可得

$$R=\frac{v}{i}=\frac{120}{2}=60(\Omega)$$ ◀

练习 2-1 烤面包机的基本部件是一种将电能转换为热能的电阻元件，试求阻值为 15Ω 的烤面包机接 110V 电源时产生的电流是多少？ **答案**：7.333A。

例 2-2 电路如图 2-8 所示，试计算电流 i、电导 G 和功率 p。

解：因为电阻两端接在电压源上，所以电阻两端的电压等于电压源的电压(30V)。因此，电流为

$$i=\frac{v}{R}=\frac{30}{5\times 10^{3}}=6(\text{mA})$$

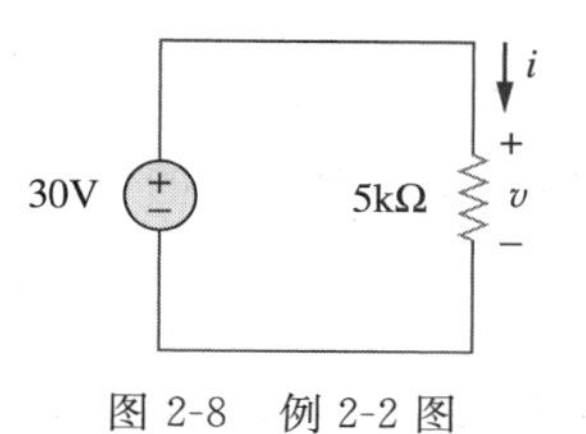

图 2-8 例 2-2 图

电导为

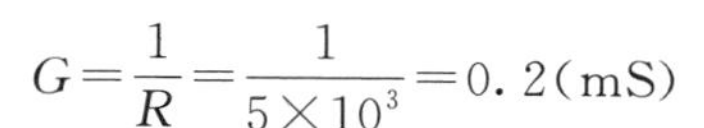

$$G=\frac{1}{R}=\frac{1}{5\times 10^{3}}=0.2(\text{mS})$$

利用式(1.7)、式(2.10)或式(2.11)可以得到计算功率的几种不同方法：

$$p=vi=30\times(6\times 10^{-3})=180(\text{mW})$$

或

$$p=i^{2}R=(6\times 10^{-3})^{2}\times 5\times 10^{3}=180(\text{mW})$$

或

$$p=v^{2}G=30^{2}\times 0.2\times 10^{-3}=180(\text{mW})$$ ◀

练习 2-2 电路如图 2-9 所示，试计算电压 v、电导 G 和功率 p。

答案：30V，100μS，90mW。

例 2-3 电压为 $20\sin\pi t$ V 的电压源连接到一个 5kΩ 的电阻上，试求流经该电阻的电流及其消耗的功率。

解：

$$i=\frac{v}{R}=\frac{20\sin\pi t}{5\times 10^{3}}=4\sin\pi t(\text{mA})$$

所以

$$p=vi=80\sin^{2}\pi t(\text{mW})$$ ◀

图 2-9 练习 2-2 图

练习 2-3 某电阻连接在电压源 $v=15\cos t$ V 两端，消耗的瞬时功率为 $30\cos^{2}t$ mW。求 i 与 R。 **答案**：$2\cos t$ mA，7.5kΩ。

†2.3 节点、支路与回路

由于电路中各元件可以用不同的方式相互连接，所以有必要理解关于网络拓扑的一些基本概念。为了区分电路与网络，可以将网络看成若干元件或器件的相互连接，而电路则是指具有一条或者多条闭合路径的网络。在讨论网络拓扑问题时，习惯采用的术语通常是网络，而不是电路。即使网络和电路指的是同一事物，本书也采用习惯方式来叙述。在网络拓扑中，我们将研究与网络中元件位置以及网络的几何结构有关的一些属性，包括节点、支路和回路等。

支路表示网络中的单个元件，例如电压源、电阻等。换言之，一条支路表示任意一个二端元件。图 2-10 所示的电路中包含 5 条支路，即 10V 电压源、2A 电流源以及三个电阻。

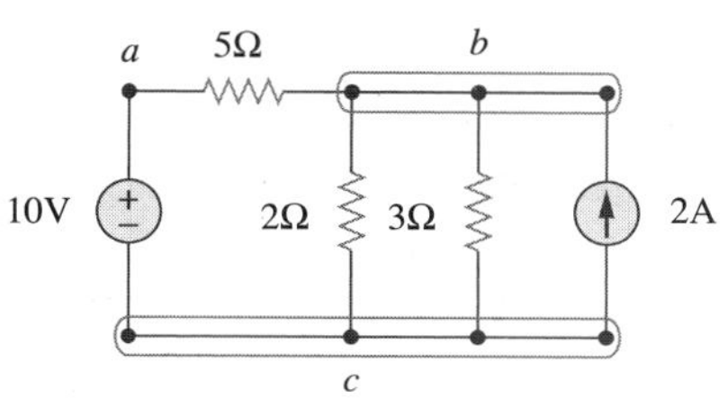

图 2-10 节点、支路与回路

节点是指两条或多条支路的连接点。

电路中的节点通常用圆点来表示。如果用一根导线来连接两个节点，则这两个节点合并为一个节点，图 2-10 所示电路中包括 a、b、c 三个节点，图中构成节点 b 的三个点由理想导线连接在一起，从而成为一个点。同理，节点 c 是由四个点合并而成的。可以将仅包含三个节点的图 2-10 所示电路改画为图 2-11 所示电路，显然图 2-10 与 2-11 中的两个电路是等效的。为了清楚起见，图 2-10 将节点 b 和节点 c 通过理想导线（导体）分散连接起来。

图 2-11　图 2-10 的三节点电路

回路是指电路中的任一闭合路径。

在电路中从一个节点出发，无重复地经过一组节点，之后再回到起始节点，所构成的一条闭合路径就称为回路。如果一个回路至少包含一条不属于其他任何闭合路径的支路，则称该回路为独立(independent)回路。由独立回路可以得到独立的方程组。

对于一组回路而言，如果其中一个回路不包含属于其他任何独立回路的支路，则可以构成一组独立回路。在图 2-11 中，第一个独立回路是包括 2Ω 电阻支路的封闭路径 $abca$，第二个独立回路是包含 3Ω 电阻和电流源的闭合路径，第三个独立回路是由 2Ω 电阻和 3Ω 电阻并联组成的闭合路径。这样就构成了一组独立回路。

包括 b 条支路、n 个节点和 l 个独立回路的网络满足如下网络拓扑的基本定理：

$$\boxed{b=l+n-1} \tag{2.12}$$

如下两个定义表明，电路拓扑对于研究电路中的电压和电流至关重要。

如果两个或多个元件共享唯一的一个节点，并传递同一电流，则称这种连接方式为串联。

如果两个或多个元件连接到相同的两个节点上，并且它们的两端是同一电压，则称这种连接方式为并联。

当不同元件顺序连接或者首尾相连时，它们就是串联的。例如，如果两个元件共享同一个节点，且没有其他元件连接到该节点上，则称这两个元件是串联的。连接到同一对端点上的元件是并联的。元件在电路中的连接可以既不串联也不并联。在图 2-10 所示的电路中，电压源和 5Ω 的电阻是串联的，因为流过它们的电流是同一电流；2Ω 电阻、3Ω 电阻和电流源是并联的，因为它们都连接到相同的两个节点 b 和 c 上，从而具有相同的端电压；而 5Ω 电阻和 2Ω 电阻既不串联也不并联。

例 2-4 确定图 2-12 所示电路中的支路数和节点数，并指出哪些元件是串联的，哪些元件是并联的。

解： 由于电路中包括四个元件，所以该电路有四条支路——10V 电压源支路、5Ω 电阻支路、6Ω 电阻支路和 2A 电流源支路。电路中包含三个节点，如图 2-13 所示。5Ω 电阻与 10V 电压源串联，因为流过它们的电流相同；6Ω 电阻与 2A 电流源并联，因为它们均与节点 2 和节点 3 相连。

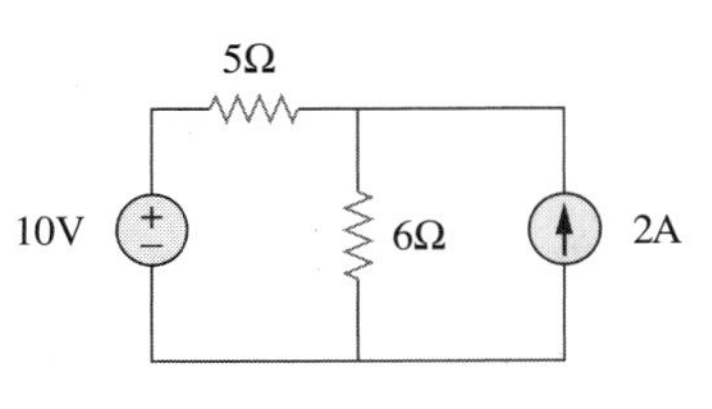

图 2-12　例 2-4 图

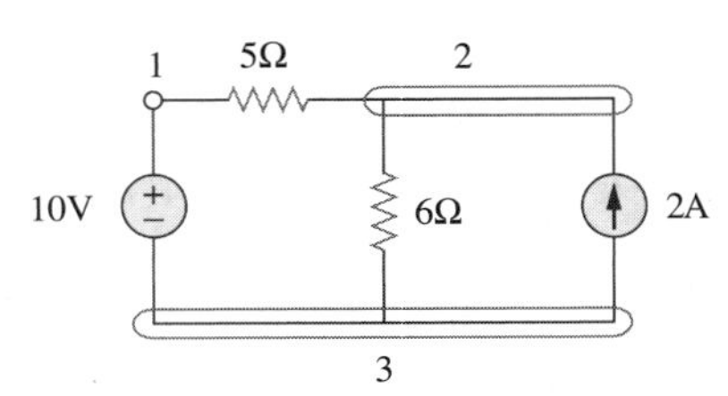

图 2-13　图 2-12 中的三个节点

练习 2-4　图 2-14 所示电路中有多少条支路，多少个节点？确定串联和并联的元件。

答案：如图 2-15 所示，电路包含 5 条支路和 3 个节点，1Ω 电阻和 2Ω 电阻是并联的，4Ω 电阻与 10V 电压源也是并联的。

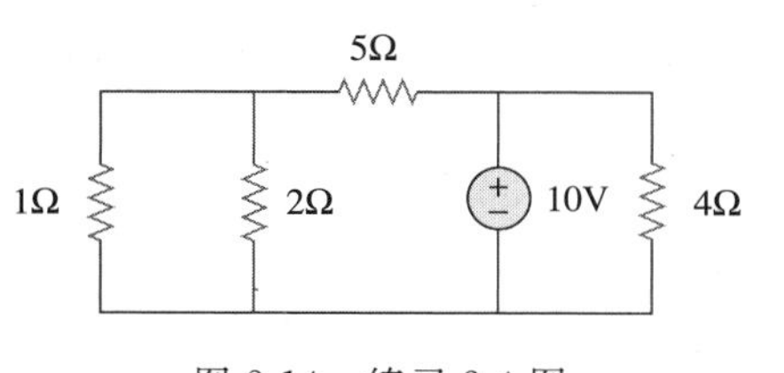

图 2-14 练习 2-4 图

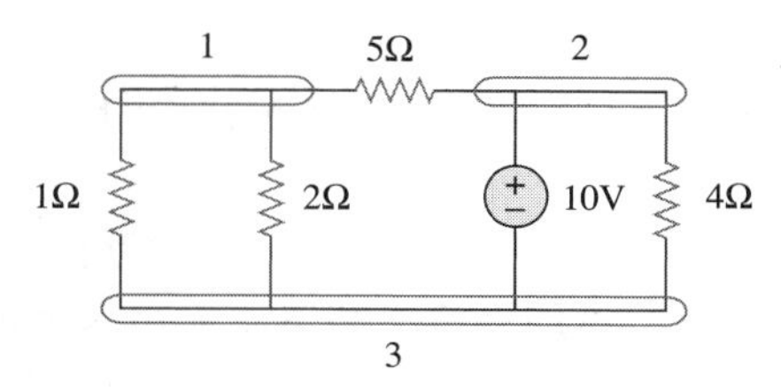

图 2-15 练习 2-4 的解答

2.4 基尔霍夫定律

分析电路时，只有欧姆定律还不够。将欧姆定律与基尔霍夫定律结合起来，就构成了分析各类电路的一组强有力的工具。基尔霍夫定律最初是由德国物理学家基尔霍夫(Kirchhoff，1824—1887)于 1847 年提出的，包括基尔霍夫电流定律(Kirchhoff's current law，KCL)和基尔霍夫电压定律(Kirchhoff's voltage law，KVL)。

基尔霍夫电流定律基于电荷守恒定律，即一个系统中电荷的代数和是不变的。

基尔霍夫电流定律(KCL)是指流入任一节点(或任一闭合界面)的电流代数和为零。

KCL 的数学表达式为

$$\boxed{\sum_{n=1}^{N} i_n = 0} \tag{2.13}$$

式中，N 为与该节点相连的支路数，i_n 为流入(或流出)该节点的第 n 条支路的电流。根据这一定律，可以认为流入节点的电流是正值，而流出节点的电流是负值，反之亦然。

历史珍闻

基尔霍夫(Kirchhoff，1824—1887)，德国物理学家，于 1847 年提出了电路网络中电压与电流关系的两个基本定律。基尔霍夫定律和欧姆定律共同构成了电路分析理论的基础。

(图片来源：Pixtal/age Fotostock RF)

基尔霍夫出生在东普鲁士柯尼斯堡的一个律师家庭，18 岁时就进入柯尼斯堡大学读书，毕业后在柏林担任讲师。他与德国化学家罗伯特·本生(Robert Bunsen)合作从事光谱学方面的研究，于 1860 年发现了铯元素，于 1861 年发现了铷元素。基尔霍夫辐射定律也使他享誉世界。基尔霍夫在工程界、化学界和物理界都是著名人物。

为了证明 KCL，假定有一组电流 $i_k(t)(k=1, 2, \cdots)$流入某节点。这些电流在该节点处的代数和为

$$i_T(t)=i_1(t)+i_2(t)+i_3(t)+\cdots+i_k(t) \tag{2.14}$$

对式(2.14)两边取积分，得到

$$q_T(t)=q_1(t)+q_2(t)+q_3(t)+\cdots+q_k(t) \tag{2.15}$$

式中，$q_k(t)=\int i_k(t)\mathrm{d}t$，$q_T(t)=\int i_T(t)\mathrm{d}t$。但是电荷守恒定律要求该节点处电荷的代数和不能发生任何变化，即该节点存储的净电荷为零。因此，$q_T(t)=0 \rightarrow i_T(t)=0$，从而

证明了 KCL 的正确性。

考虑图 2-16 中的节点，应用 KCL 定律可得

$$i_1+(-i_2)+i_3+i_4+(-i_5)=0 \tag{2.16}$$

这是因为 i_1、i_3、i_4 是流入该节点的电流，而 i_2、i_5 是流出该节点的电流，移项整理后得到

$$i_1+i_3+i_4=i_2+i_5 \tag{2.17}$$

式(2.17)可以看作 KCL 的另一种形式，即

流入节点的电流之和等于流出该节点的电流之和。

注意，KCL 也适用于任一闭合界面的情况，即 KCL 的一般情况，因为节点可以看作一个闭合面收缩后的一个点。在二维空间中，闭合界面就是一条闭合路径。正如图 2-17 所示的典型电路，流入图中闭合界面的总电流等于流出该界面的总电流。

KCL 的一个简单应用是并联电流源的合并，合并后的等效电流即各独立电流源所提供电流的代数和。如图 2-18a 所示的电流源可以合并为图 2-18b 所示的电流源。在节点 a 处应用 KCL 可以得到合并后的等效电流：

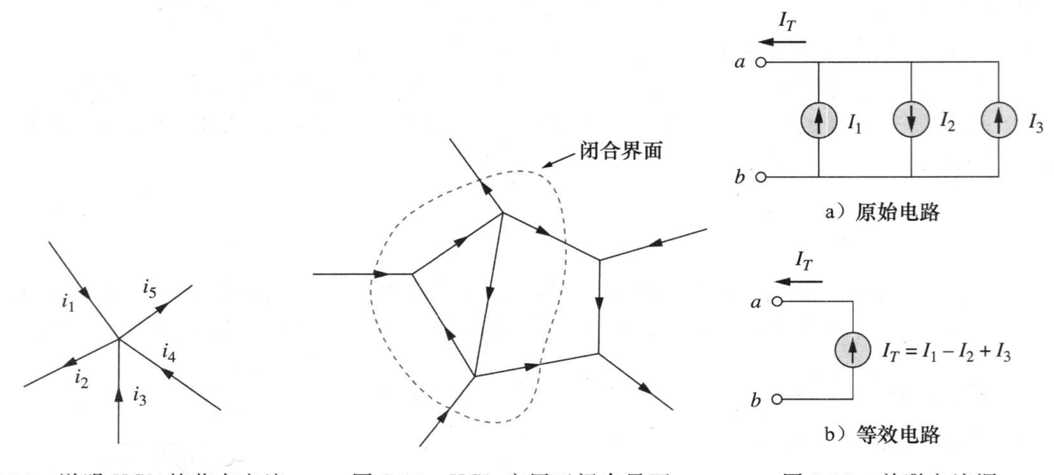

图 2-16　说明 KCL 的节点电流　　图 2-17　KCL 应用于闭合界面　　图 2-18　并联电流源

$$I_T+I_2=I_1+I_3$$

或者

$$I_T=I_1-I_2+I_3 \tag{2.18}$$

串联电路中不可能包含两个不同的电流 I_1 和 I_2，除非 $I_1=I_2$，否则就会违背基尔霍夫电流定律。

提示：两个电源(或者两个电路)在端口处具有相同的伏安关系，则称它们是等效的。

基尔霍夫电压定律是基于能量守恒原理得到的。

基尔霍夫电压定律(KVL)是指任何闭合路径(或回路)上全部电压的代数和为零。

KVL 的数学表达式为

$$\boxed{\sum_{m=1}^{M} v_m=0} \tag{2.19}$$

式中，M 为回路中的电压数量(或回路中的支路数)，v_m 为第 m 个电压。

下面利用图 2-19 所示的电路来说明 KVL。各电压的正负符号是环绕回路时首先遇到的该电压端点的极性。环绕回路可以从任何一条支路开始，环绕的方向可以是顺时针，也可以是逆时针。假定从电压源开始，以顺时针方向环绕回路，那么电压依次是 $-v_1$、$+v_2$、$+v_3$、$-v_4$、$+v_5$。例如，以顺时针方向环绕到支路 3 时，首先遇到的是 v_3 的正极，所以得

到电压 v_3 为正；而对于支路 4，首先遇到的是 v_4 的负极，所以得到电压 v_4 为负。因此，根据 KVL 得到

$$-v_1+v_2+v_3-v_4+v_5=0 \tag{2.20}$$

整理后得到

$$v_2+v_3+v_5=v_1+v_4 \tag{2.21}$$

式(2.21)可以解释为

$$\text{电压降之和}=\text{电压升之和} \tag{2.22}$$

KVL 还有另一种形式。如果按逆时针方向环绕回路，则会得到 $+v_1$、$-v_5$、$+v_4$、$-v_3$、$-v_2$，除电压符号相反外，其他都与顺时针方向环绕的情况相同。因此，式(2.20)与式(2.21)是相同的。

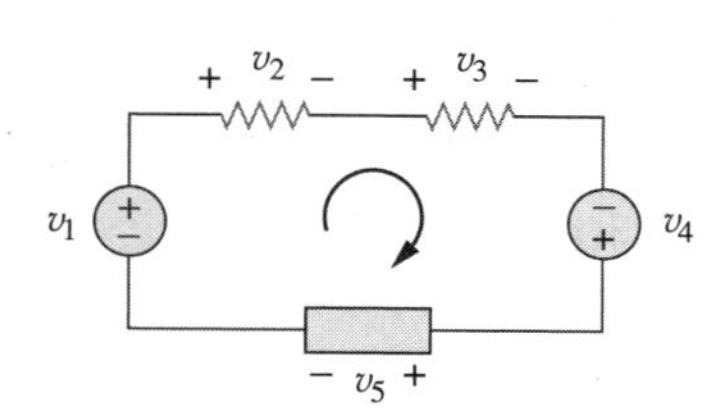

图 2-19　用于说明 KVL 的单回路电路

当电压源串联时，可以用 KVL 求出总电压，总电压等于各个电压源的代数和。例如，对于图 2-20a 所示的电压源，利用 KVL 可以得到如图 2-20b 所示的等效电压源。

$$-V_{ab}+V_1+V_2-V_3=0$$

即

$$V_{ab}=V_1+V_2-V_3 \tag{2.23}$$

为了避免违背 KVL 定律，电路中不可能并联两个不同的电压 V_1 和 V_2，除非 $V_1=V_2$。

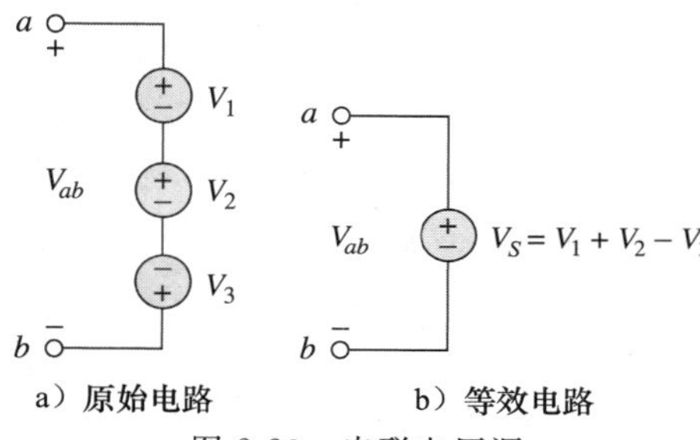

图 2-20　串联电压源

提示： 在回路中，KVL 有两种应用方式，顺时针方向或逆时针方向。无论沿哪种方向环绕，回路中电压的代数和均为零。

例 2-5　如图 2-21a 所示的电路，试求电压 v_1 和 v_2。

解： 为了求出 v_1 和 v_2，需应用欧姆定律和基尔霍夫电压定律。假定回路中电流 i 方向如图 2-21b 所示。

由欧姆定律可得

$$v_1=2i,\quad v_2=-3i \tag{2.5.1}$$

在回路中应用 KVL 定律可得

$$-20+v_1-v_2=0 \tag{2.5.2}$$

将式(2.5.1)代入式(2.5.2)得到

$$-20+2i+3i=0 \quad \text{或} \quad 5i=20 \quad \Rightarrow \quad i=4\text{A}$$

最后，将电流 i 代入式(2.5.1)得到

$$v_1=8\text{V},\qquad v_2=-12\text{V}$$

◀

练习 2-5　求图 2-22 所示电路中的 v_1 和 v_2。　**答案：** 16V，−8V。

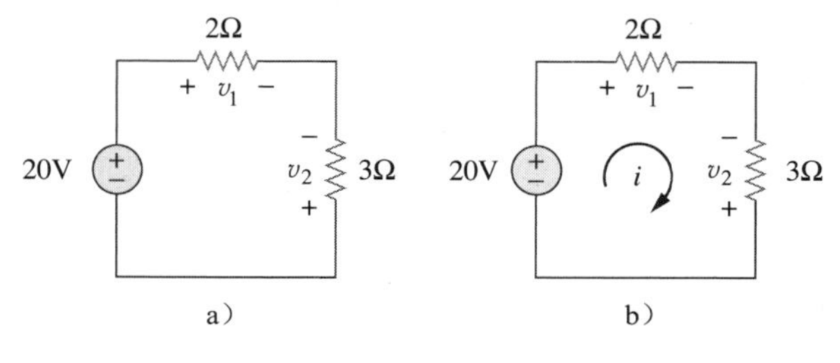

图 2-21　例 2-5 图

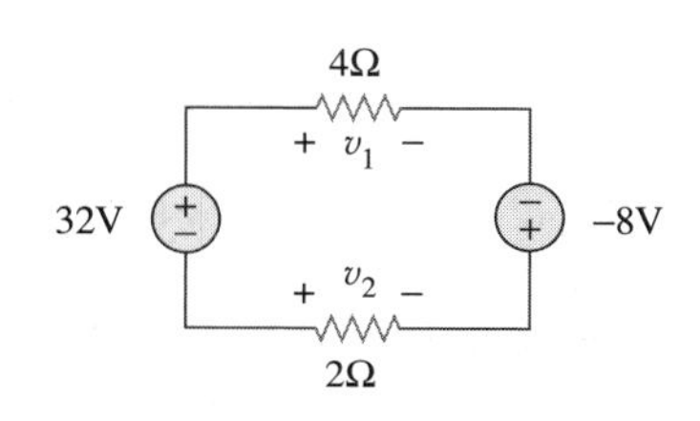

图 2-22　练习 2-5 图

例 2-6 计算图 2-23a 所示电路中的 v_o 与 i。

解： 按照图 2-23b 中所示的方向应用 KVL 定律，得到

$$-12+4i+2v_o-4+6i=0 \tag{2.6.1}$$

对 6Ω 电阻应用欧姆定律可得

$$v_o=-6i \tag{2.6.2}$$

将式(2.6.2)代入式(2.6.1)得到

$$-16+10i-12i=0 \quad \Rightarrow \quad i=-8\text{A}$$

因此，$v_o=48\text{V}$。◀

练习 2-6 求图 2-24 所示电路中的 v_x 与 v_o。　　**答案：** 20V，−10V。

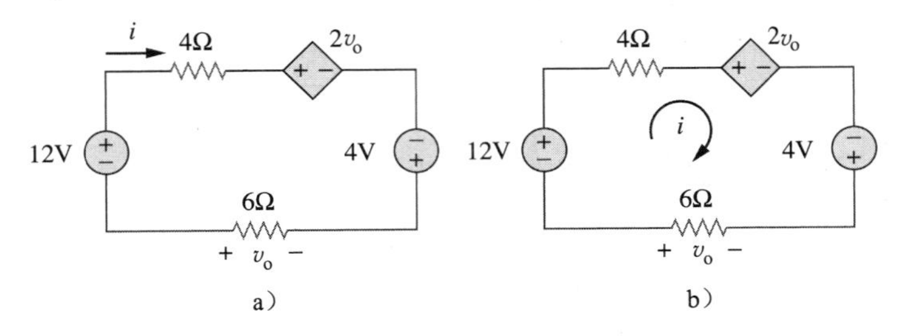

图 2-23　例 2-6 图

10Ω
+ v_x −
70V
$2v_x$
5Ω
+ v_o −

图 2-24　练习 2-6 图

例 2-7 求图 2-25 所示电路中的电流 i_o 与电压 v_o。

解： 在节点 a 处应用 KCL 定律，得到

$$3+0.5i_o=i_o \quad \Rightarrow \quad i_o=6\text{A}$$

对于 4Ω 电阻，根据欧姆定律可得

$$v_o=4i_o=24\text{V}$$ ◀

练习 2-7 求图 2-26 所示电路中的 v_o 与 i_o。　　**答案：** 12V，6A。

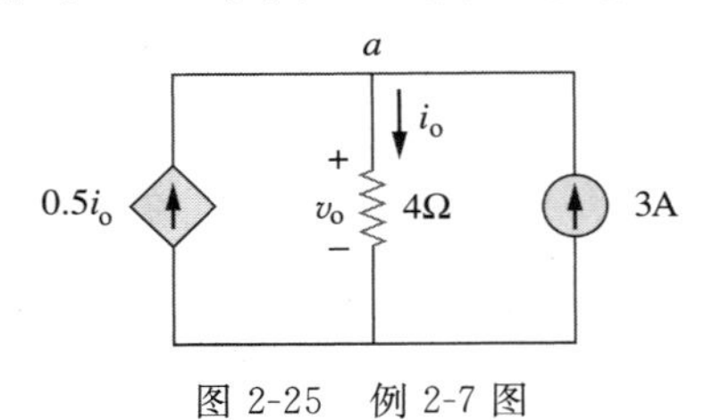

图 2-25　例 2-7 图

i_o
9A
2Ω
$0.25i_o$
8Ω
+ v_o −

图 2-26　练习 2-7 图

例 2-8 求图 2-27a 所示电路中的各个电流与电压。

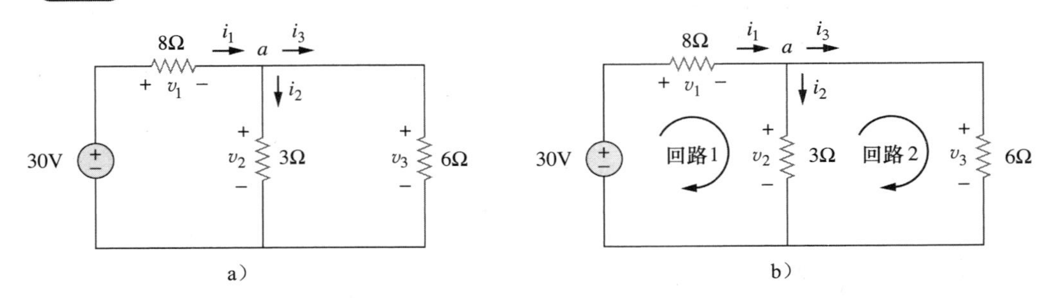

图 2-27　例 2-8 图

解： 利用欧姆定律和基尔霍夫定律求解。由欧姆定律可得

$$v_1=8i_1,\quad v_2=3i_2,\quad v_3=6i_3 \tag{2.8.1}$$

根据欧姆定律，各电阻的电压与电流具有上述确定的伏安关系，因此，需要求出的是(v_1，v_2，v_3)或(i_1，i_2，i_3)。在节点 a 处，利用KCL可以得到

$$i_1-i_2-i_3=0 \tag{2.8.2}$$

对如图2-27b所示的回路1用KVL得到

$$-30+v_1+v_2=0$$

利用式(2.8.1)中的 i_1、i_2 表示上式中的 v_1 和 v_2，得到

$$-30+8i_1+3i_2=0$$

即

$$i_1=\frac{(30-3i_2)}{8} \tag{2.8.3}$$

对回路2应用KVL定律得到

$$-v_2+v_3=0 \quad \Rightarrow \quad v_3=v_2 \tag{2.8.4}$$

这正说明两个并联电阻两端的电压是相等的。利用式(2.8.1)中的 i_2 与 i_3 来分别表示 v_2 和 v_3，则式(2.8.4)变为

$$6i_3=3i_2 \quad \Rightarrow \quad i_3=\frac{i_2}{2} \tag{2.8.5}$$

将式(2.8.3)与式(2.8.5)代入式(2.8.2)，得到

$$\frac{30-3i_2}{8}-i_2-\frac{i_2}{2}=0$$

即 $i_2=2\text{A}$。由 i_2 的值，根据式(2.8.1)～式(2.8.5)可得 $i_1=3\text{A}$，$i_3=1\text{A}$，$v_1=24\text{V}$，$v_2=6\text{V}$，$v_3=6\text{V}$。◀

练习2-8 求图2-28所示电路中的各个电流与电压值。

答案： $v_1=6\text{V}$，$v_2=4\text{V}$，$v_3=10\text{V}$，$i_1=3\text{A}$，$i_2=500\text{mA}$，$i_3=2.5\text{A}$。

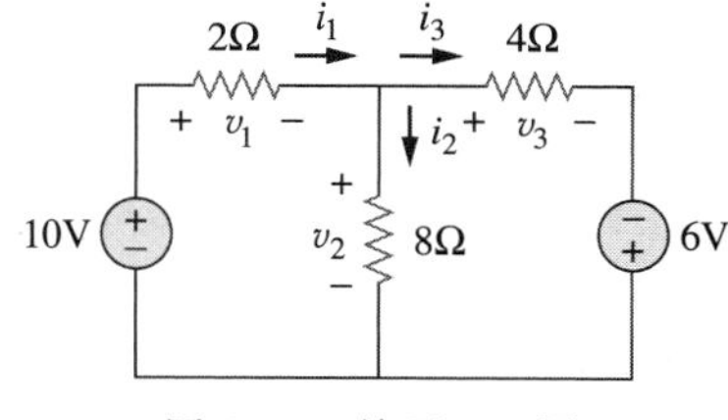

图2-28 练习2-8图

2.5 串联电阻及其分压

在电路分析中串联电阻或并联电阻的合并问题经常出现，需引起足够的重视。一次合并其中的两个电阻就可以方便地实现多个串、并联电阻的合并。据此，考虑图2-29所示的单回路电路。图中两个电阻是串联的，因为流过这两个电阻的电流是同一电流。

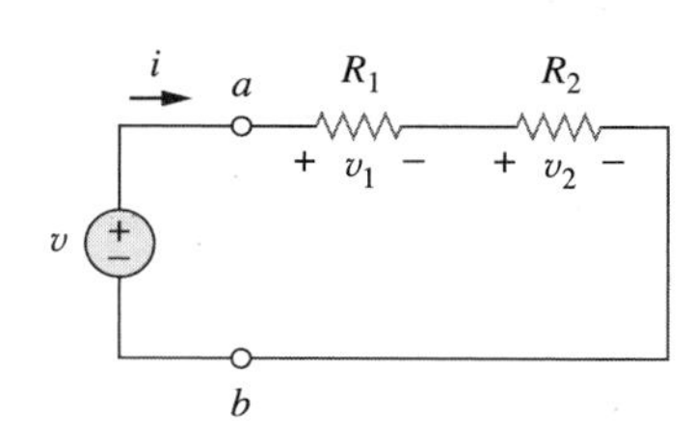

图2-29 包含两个串联电阻的单回路电路

对每个电阻应用欧姆定律，则有

$$v_1=iR_1, \quad v_2=iR_2 \tag{2.24}$$

如果对该回路(沿顺时针方向)应用KVL，则得到

$$-v+v_1+v_2=0 \tag{2.25}$$

合并式(2.24)与式(2.25)可得

$$v=v_1+v_2=i(R_1+R_2) \tag{2.26}$$

即

$$i=\frac{v}{R_1+R_2} \tag{2.27}$$

注意，式(2.26)又可以写成

$$v=iR_{\text{eq}} \tag{2.28}$$

表明这两个电阻可以用等效电阻 R_{eq} 来取代，并且

$$R_{\text{eq}}=R_1+R_2 \tag{2.29}$$

于是，图 2-29 所示的电路可以用图 2-30 中的等效电路来取代。图 2-29 与图 2-30 中的两个电路之所以等效，是因为这两个电路在 a、b 两端所呈现的电压-电流关系是完全相同的。诸如图 2-30 这样的等效电路对于简化电路的分析是非常有用的。

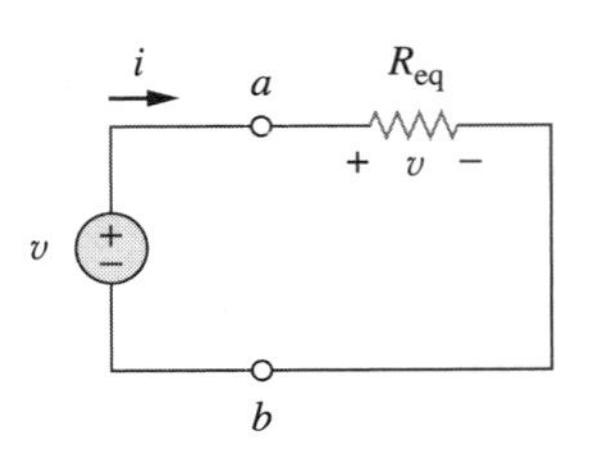

图 2-30 图 2-29 所示电路的等效电路

任意多个电阻串联后的等效电阻值等于各个电阻值之和。

对于 N 个串联的电阻，其等效电阻为

$$\boxed{R_{eq}=R_1+R_2+\cdots+R_N=\sum_{n=1}^{N}R_n} \tag{2.30}$$

提示：串联电阻的特性与阻值等于各电阻阻值之和的一个电阻的特性相同。

为了确定图 2-29 所示电路中各个电阻上的电压，可以将式(2.27)代入式(2.24)，得到

$$\boxed{v_1=\frac{R_1}{R_1+R_2}v,\qquad v_2=\frac{R_2}{R_1+R_2}v} \tag{2.31}$$

可以看出，电源电压在各电阻之间的电压分配与各电阻的阻值成正比，电阻值越大，电阻上的电压就越大，这称为分压原理(principle of voltage division)，而图 2-29 所示的电路称为分压电路(voltage divider)。一般情况下，如果电源电压为 v 的分压电路中包含 N 个电阻(R_1，R_2，…，R_N)串联，则第 n 个电阻(R_n)上的电压为

$$v_n=\frac{R_n}{R_1+R_2+\cdots+R_N}v \tag{2.32}$$

2.6 并联电阻及其分流

在如图 2-31 所示的电路中，两个电阻并联连接，因此它们两端具有相同的电压。由欧姆定律可得：

$$v=i_1R_1=i_2R_2$$

即

$$i_1=\frac{v}{R_1},\qquad i_2=\frac{v}{R_2} \tag{2.33}$$

在节点 a 处应用 KCL，得到总电流

$$i=i_1+i_2 \tag{2.34}$$

将式(2.33)代入式(2.34)可得

$$i=\frac{v}{R_1}+\frac{v}{R_2}=v\left(\frac{1}{R_1}+\frac{1}{R_2}\right)=\frac{v}{R_{eq}} \tag{2.35}$$

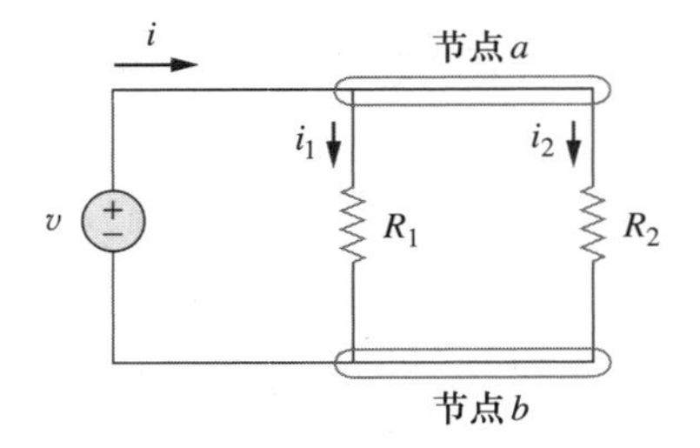

图 2-31 两个电阻的并联

式中，R_{eq} 为两个并联电阻的等效电阻值。

$$\frac{1}{R_{eq}}=\frac{1}{R_1}+\frac{1}{R_2} \tag{2.36}$$

或

$$\frac{1}{R_{eq}}=\frac{R_1+R_2}{R_1R_2}$$

即

$$\boxed{R_{eq}=\frac{R_1R_2}{R_1+R_2}} \tag{2.37}$$

两个并联电阻的等效电阻值等于各电阻值的乘积除以各电阻值之和。

必须强调的是，以上结论仅适用于两个电阻的并联。如果 $R_1=R_2$，则由式(2.37)可

得 $R_{eq}=R_1/2$。

可以将式(2.36)扩展到 N 个电阻并联的一般情况，此时的等效电阻值为

$$\boxed{\frac{1}{R_{eq}}=\frac{1}{R_1}+\frac{1}{R_2}+\cdots+\frac{1}{R_N}} \tag{2.38}$$

由此可见，等效电阻 R_{eq} 总是小于其中最小的电阻值。当 $R_1=R_2=\cdots=R_N=R$ 时，有

$$R_{eq}=\frac{R}{N} \tag{2.39}$$

例如，四个 100Ω 的电阻并联连接时的等效电阻值为 25Ω。

在处理电阻并联的问题时，采用电导通常要比采用电阻更为方便。由式(2.38)可知，N 个电阻并联后的等效电导为

$$\boxed{G_{eq}=G_1+G_2+G_3+\cdots+G_N} \tag{2.40}$$

式中，$G_{eq}=1/R_{eq}$，$G_1=1/R_1$，$G_2=1/R_2$，$G_3=1/R_3$，…，$G_N=1/R_N$。式(2.40)表明：**并联电阻的等效电导等于各个电导之和。**

提示：并联电导的特性与电导值等于各电导之和的单个电导的特性相同。

图 2-31 所示的电路可以用图 2-32 所示的电路替代。容易看出式(2.30)与式(2.40)的相似性，即并联电阻等效电导的计算方法与串联电阻等效电阻的计算方法相同。同样，串联电阻等效电导的计算方法与并联电阻等效电阻的计算方法相同。因此，N 个电阻串联(如图 2-29 所示)的等效电导 G_{eq} 为

$$\boxed{\frac{1}{G_{eq}}=\frac{1}{G_1}+\frac{1}{G_2}+\frac{1}{G_3}+\cdots+\frac{1}{G_N}} \tag{2.41}$$

假定流入图 2-31 中节点 a 的总电流为 i，如何求得电流 i_1 与 i_2？我们知道并联等效电阻具有相同的电压 v，即

$$v=iR_{eq}=\frac{iR_1R_2}{R_1+R_2} \tag{2.42}$$

合并式(2.33)与式(2.42)，得到

$$\boxed{i_1=\frac{R_2 i}{R_1+R_2},\qquad i_2=\frac{R_1 i}{R_1+R_2}} \tag{2.43}$$

式(2.43)说明总电流被两个电阻支路分享，且支路电流与电阻值成反比，这个规律被称为*分流原理*(principle of current division)，图 2-31 所示的电路被称为*分流电路*(current divider)。可以看出，较大的电流流过较小电阻的支路。

一种极端的情况是假定图 2-31 所示电路中的一个电阻为零，例如 $R_2=0$，即 R_2 短路，如图 2-33a 所示。由式(2.43)可知，$R_2=0$ 意味着 $i_1=0$，$i_2=i$，这就是说，总电流 i 不流经 R_1，而只流过 $R_2=0$ 的短路支路，即阻值最小的支路。

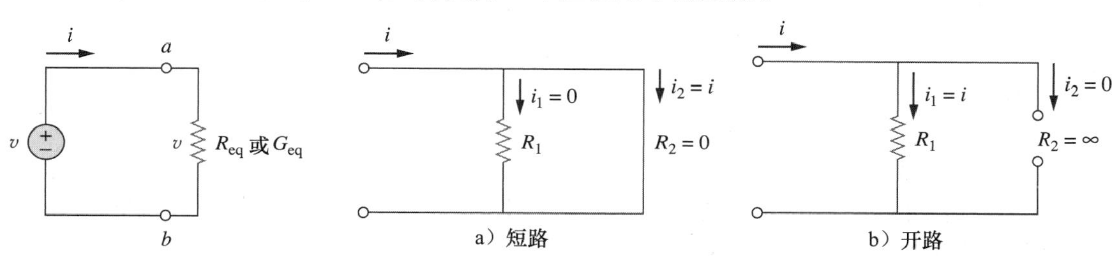

图 2-32　图 2-31 的等效电路

图 2-33　短路与开路

因此，如图 2-33a 所示，当一个电路被短路时，应该记住如下两点：

(1) 等效电阻 $R_{eq}=0$[参见 $R_2=0$ 时的式(2.37)]。

(2) 全部电流都从短路支路中流过。

另外一个极端情况是 $R_2=\infty$，即 R_2 为开路，如图 2-33b 所示。此时电流仍然从电阻最小的路径 R_1 流过。对式(2.37)取极限 $R_2\to\infty$，得到 $R_{eq}=R_1$。

若以 R_1R_2 分别去除式(2.43)的分子和分母，则有

$$i_1=\frac{G_1}{G_1+G_2}i \tag{2.44a}$$

$$i_2=\frac{G_2}{G_1+G_2}i \tag{2.44b}$$

因此，一般而言，如果电源电流为 i 的分流电路中包含 N 个电导(G_1，G_2，…，G_N)并联，则流经第 n 个电导(G_n)的电流

$$i_n=\frac{G_n}{G_1+G_2+\cdots+G_N}i \tag{2.45}$$

在电路分析过程中，通常需要合并串联和并联的电阻，从而将电阻网络简化为单个等效电阻(equivalent resistance)R_{eq}。该等效电阻即是网络端口之间的电阻，必须与原网络表现出相同的端口伏安特性。

例 2-9 求图 2-34 所示电路的 R_{eq}。

解： 为求出 R_{eq}，需要合并串联和并联的电阻。图中 6Ω 电阻与 3Ω 电阻并联，其等效电阻为(符号"‖"表示并联)

$$6\Omega\parallel 3\Omega=\frac{6\times 3}{6+3}\Omega=2\Omega$$

1Ω 电阻与 5Ω 电阻是串联的，所以其等效电阻为

$$1\Omega+5\Omega=6\Omega$$

于是，图 2-34 所示电路被简化为图 2-35a 所示的电路。由图 2-35a 可以看出两个 2Ω 的电阻是串联的，所以其等效电阻为

$$2\Omega+2\Omega=4\Omega$$

此时，该 4Ω 电阻又与 6Ω 电阻并联，其等效电阻为

$$4\Omega\parallel 6\Omega=\frac{4\times 6}{4+6}\Omega=2.4\Omega$$

这样，图 2-35a 所示的电路又可以简化为图 2-35b 所示电路。在图 2-35b 中三个电阻是串联的，因此，电路的等效电阻

$$R_{eq}=4\Omega+2.4\Omega+8\Omega=14.4\Omega$$ ◀

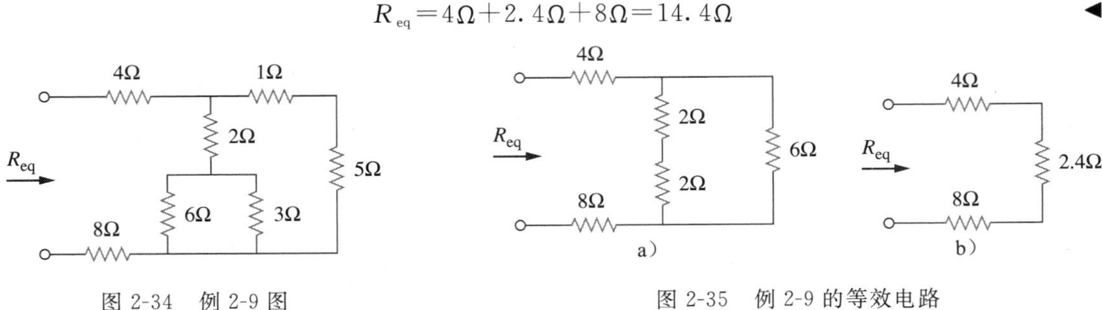

图 2-34　例 2-9 图　　图 2-35　例 2-9 的等效电路

练习 2-9　合并图 2-36 所示电路中的电阻，求出该电路的 R_{eq}。　　**答案：** 10Ω。

例 2-10 计算图 2-37 所示的电路的等效电阻 R_{ab}。

解： 3Ω 电阻与 6Ω 电阻的两端均分别接到节点 c 和节点 b，所以这两个电阻是并联的，合并后的阻值为

$$3\Omega \| 6\Omega = \frac{3 \times 6}{3+6}\Omega = 2\Omega \tag{2.10.1}$$

同理，12Ω 电阻与 4Ω 电阻的两端均分别接到节点 d 和节点 b，所以这两个电阻也是并联的，合并后的阻值为

$$12\Omega \| 4\Omega = \frac{12 \times 4}{12+4}\Omega = 3\Omega \tag{2.10.2}$$

1Ω 电阻与 5Ω 电阻是串联的，其等效电阻为

$$1\Omega + 5\Omega = 6\Omega \tag{2.10.3}$$

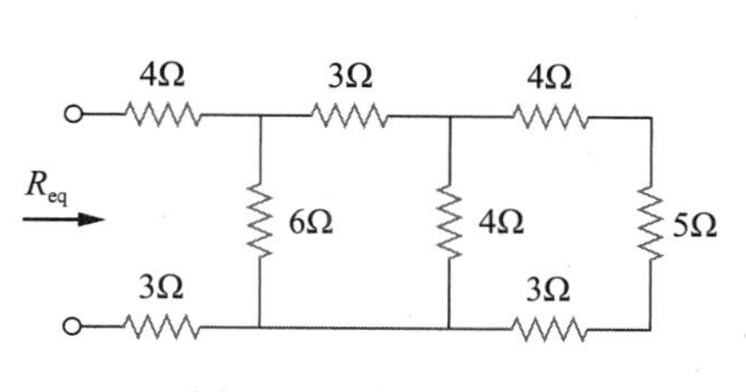

图 2-36 练习 2-9 图

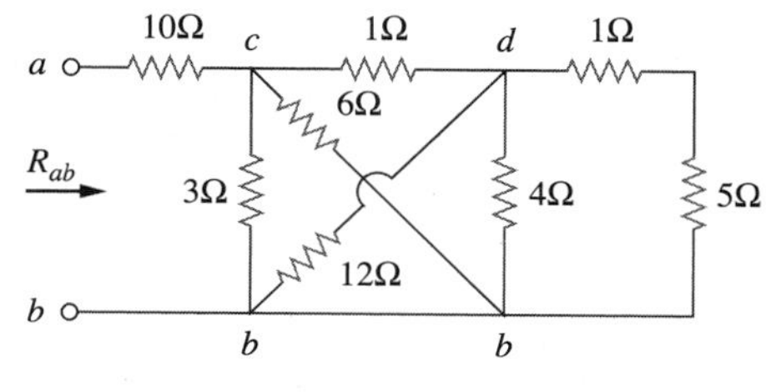

图 2-37 例 2-10 图

经上述三次合并后，图 2-37 所示的电路就简化为图 2-38a 所示的电路。而在图 2-38a 中，并联连接的 3Ω 电阻与 6Ω 电阻可合并为 2Ω 电阻，其计算方法与式(2.10.1)相同。该 2Ω 电阻又与 1Ω 电阻串联，从而可以合并为 1Ω+2Ω=3Ω 的电阻。于是，图 2-38a 所示的电路简化为图 2-38b 所示的电路，此电路中相互并联的 2Ω 电阻与 3Ω 电阻可以合并为

$$2\Omega \| 3\Omega = \frac{2 \times 3}{2+3}\Omega = 1.2\Omega$$

该 1.2Ω 电阻又与 10Ω 电阻串联，从而得到等效电阻为

$$R_{ab} = 10\Omega + 1.2\Omega = 11.2\Omega$$

◀

练习 2-10 试求如图 2-39 所示电路的 R_{ab}。 **答案：**19Ω。

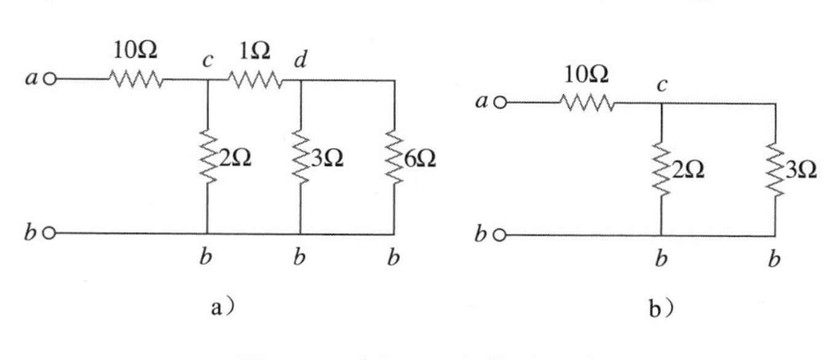

图 2-38 例 2-10 的等效电路

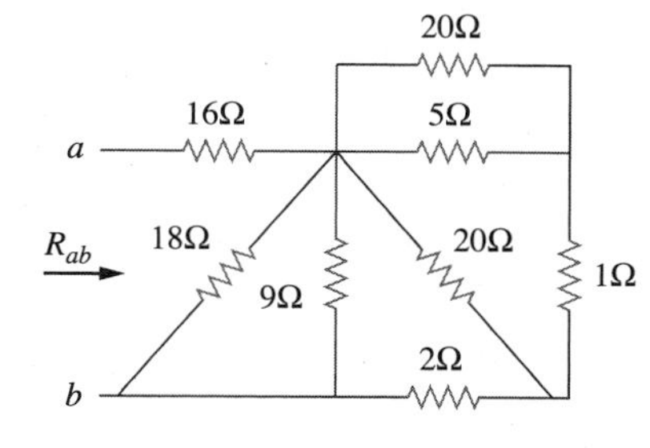

图 2-39 练习 2-10 图

例 2-11 试求如图 2-40a 所示电路的等效电导 G_{eq}。

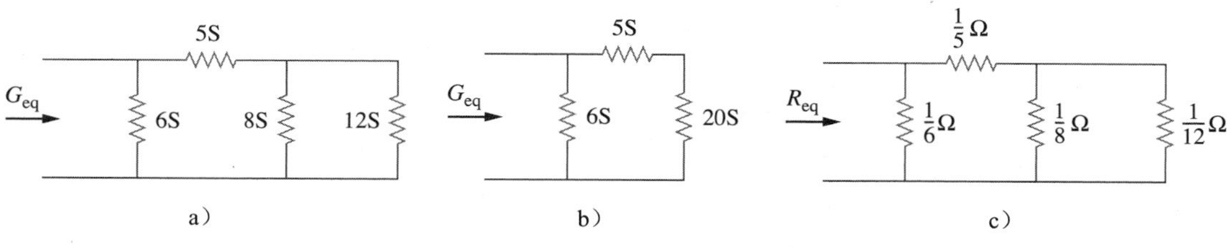

图 2-40 例 2-11 图

解：8S 电阻与 12S 电阻在电路中是并联的，所以二者的等效电导为

$$8S + 12S = 20S$$

该 20S 电阻又与 5S 电阻串联，如图 2-40b 所示，于是合并后的电导为

$$\frac{20\times5}{20+5}\mathrm{S}=4\mathrm{S}$$

该 4S 电阻又与 6S 电阻并联，因此

$$G_{eq}=6\mathrm{S}+4\mathrm{S}=10\mathrm{S}$$

注意，图 2-40a 所示的电路与图 2-40c 所示的电路是相同的，只是图 2-40a 中的电阻单位为西门子，而图 2-40c 中的电阻单位为欧姆。要证明这两个电路是相同的，需求出图 2-40c 所示电路的等效电阻。

$$R_{eq}=\frac{1}{6}\left\|\left(\frac{1}{5}+\frac{1}{8}\right\|\frac{1}{12}\right)=\frac{1}{6}\left\|\left(\frac{1}{5}+\frac{1}{20}\right)=\frac{1}{6}\right\|\frac{1}{4}=\frac{\frac{1}{6}\times\frac{1}{4}}{\frac{1}{6}+\frac{1}{4}}\Omega=\frac{1}{10}\Omega$$

$$G_{eq}=\frac{1}{R_{eq}}=10\mathrm{S}$$

与上述方法求得的 G_{eq} 一样。 ◀

练习 2-11 计算如图 2-41 所示电路的 G_{eq}。 **答案：** 4S。

例 2-12 求如图 2-42a 所示电路的 i_o 和 v_o，并计算 3Ω 电阻所消耗的功率。

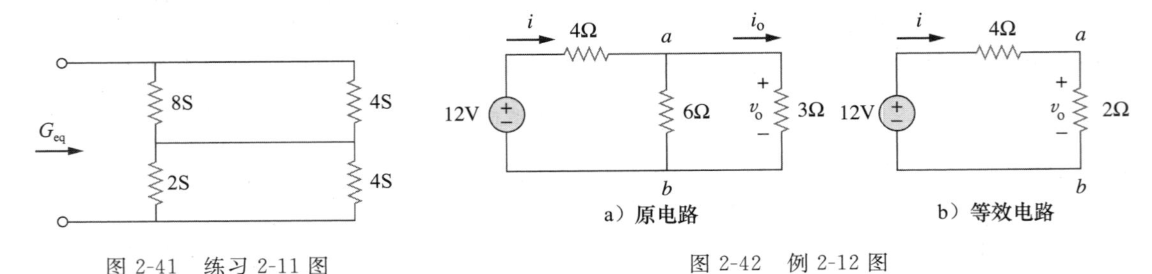

图 2-41 练习 2-11 图

图 2-42 例 2-12 图

解： 6Ω 电阻与 3Ω 电阻并联，合并后的电阻为

$$6\Omega\|3\Omega=\frac{6\times3}{6+3}\Omega=2\Omega$$

简化电路如图 2-42b 所示。注意，v_o 不会受到电阻合并的影响，因为这两个电阻是并联的，因此具有相同的端电压。根据图 2-42b，可以采用两种方法求得 v_o。

一种方法是采用欧姆定律，得到

$$i=\frac{12}{4+2}\mathrm{A}=2\mathrm{A}$$

所以，$v_o=2i=2\times2\mathrm{V}=4\mathrm{V}$。另一种方式是采用电压分压原理，由于图 2-42b 中的 12V 电压被 4Ω 电阻和 2Ω 电阻分压，所以

$$v_o=\frac{2}{2+4}\times12\mathrm{V}=4\mathrm{V}$$

类似地，也可以采用两种方法得到 i_o。一种方法是在已经求得 v_o 后，对图 2-42a 中的 3Ω 电阻支路应用欧姆定律，可得

$$v_o=3i_o=4\mathrm{V}\quad\Rightarrow\quad i_o=\frac{4}{3}\mathrm{A}$$

另一种方法是在已经求得 i 后，对图 2-42a 所示电路应用分流原理，得到

$$i_o=\frac{6}{6+3}i=\frac{2}{3}\times2\mathrm{A}=\frac{4}{3}\mathrm{A}$$

3Ω 电阻所消耗的功率为

$$p_o=v_oi_o=4\times\frac{4}{3}\text{W}=5.333\text{W}$$ ◀

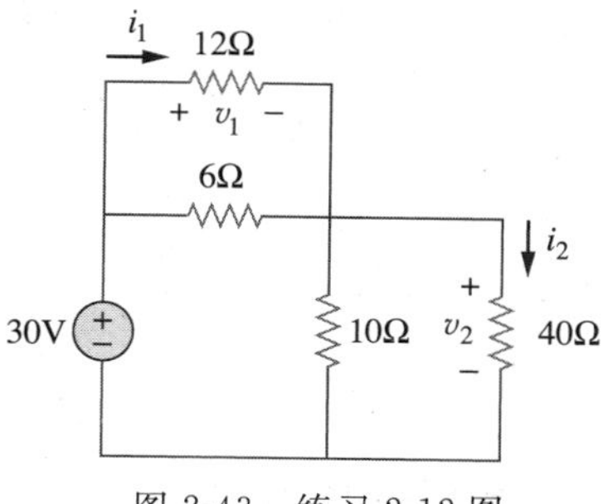

图 2-43 练习 2-12 图

练习 2-12 求图 2-43 所示电路中的 v_1 与 v_2，并计算 12Ω 电阻和 40Ω 电阻所消耗的功率。

答案： $v_1=10\text{V}$，$i_1=833.3\text{mA}$，$p_1=8.333\text{W}$，$v_2=20\text{V}$，$i_2=500\text{mA}$，$p_2=10\text{W}$。

例 2-13 在如图 2-44a 所示的电路中，求：(a) 电压 v_o；(b) 电流源提供的功率；(c) 每个电阻消耗的功率。

解： (a) 6kΩ 电阻与 12kΩ 电阻串联，合并后的电阻为 18kΩ，于是图 2-44a 所示电路可以简化为图 2-44b 所示电路。采用分流原理可以求出 i_1 与 i_2。

$$i_1=\frac{18\,000}{9\,000+18\,000}\times 30\text{mA}=20\text{mA}$$

$$i_2=\frac{9\,000}{9\,000+18\,000}\times 30\text{mA}=10\text{mA}$$

注意，9kΩ 电阻与 18kΩ 电阻两端的电压是相同的，所以，$v_o=9\,000i_1=18\,000i_2=180(\text{V})$

(b) 电流源提供的功率为

$$p_o=v_oi_o=180\times 30\text{mW}=5.4\text{W}$$

(c) 12kΩ 电阻所消耗的功率为：

$$p=iv=i_2(i_2R)=i_2^2R$$
$$=(10\times 10^{-3})^2\times 12\,000\text{W}=1.2\text{W}$$

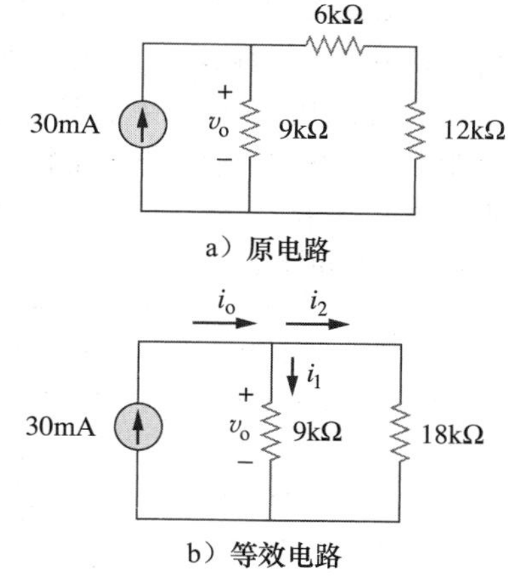

图 2-44 例 2-13 图

6kΩ 电阻所消耗的功率为：

$$p=i_2^2R=(10\times 10^{-3})^2\times 6\,000\text{W}=0.6\text{W}$$

9kΩ 电阻所消耗的功率为：

$$p=\frac{v_o^2}{R}=\frac{180^2}{9\,000}\text{W}=3.6\text{W}$$

或者

$$p=v_oi_1=180\times 20\text{mW}=3.6\text{W}$$

注意，电源提供的功率（5.4W）等于电路元件吸收（消耗）的功率[1.2+0.6+3.6=5.4(W)]，这是检查计算结果正确与否的一种方法。 ◀

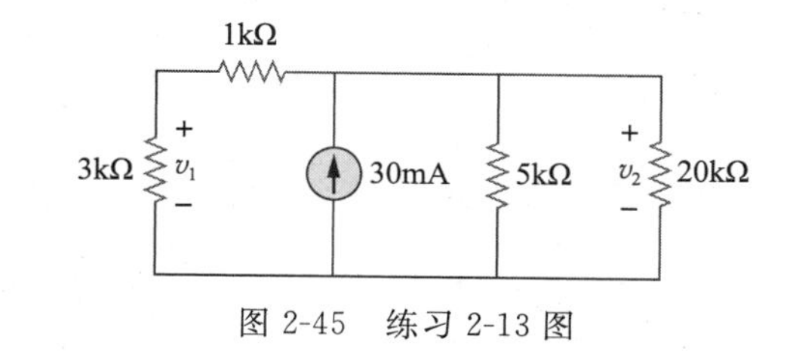

图 2-45 练习 2-13 图

练习 2-13 在图 2-45 所示的电路中，试求：(a)v_1 与 v_2；(b)3kΩ 与 20kΩ 电阻消耗的功率；(c)电流源提供的功率。

答案： (a)45V，60V；(b)675mW，180mW；(c)1.8W。

†2.7 Y 电路与△电路间的变换

在电路分析中经常会遇到电阻既非并联又非串联的情况。在图 2-46 所示的桥式电路中，电阻 $R_1\sim R_6$ 既不串联也不并联，应该如何合并？可以利用三端等效网络来化简此类电路。三端等效网络包括如图 2-47 所示的 Y 网络和 T 网络，或者如图 2-48 所示的△网络和 Π 网络。这些电路可独立存在，也可作为大型电路的一部分，用于三相电路、滤波器以及匹配电路等电路网络中。本节主要介绍在电路中如何辨认这类三端网络，以及如何在电路分析中应用 Y 电路与△电路间的变换。

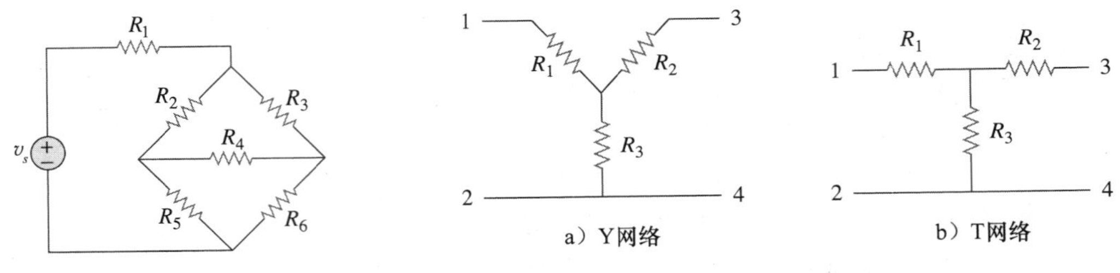

图 2-46 桥式网络

图 2-47 三端等效网络

2.7.1 △电路与 Y 电路间的变换

假设将包含△结构的电路转换为 Y 结构进行处理更为方便，用一个 Y 电路去替换一个△电路，并求出 Y 电路中的等效电阻。为了求出 Y 电路中的等效电阻，要对两个电路进行比较，并确保△(Π)电路中的每一对节点间的电阻值等于 Y(T)电路中对应的每对节点间的电阻值。以图 2-47 和图 2-48 中的节点 1 和节点 2 为例，有：

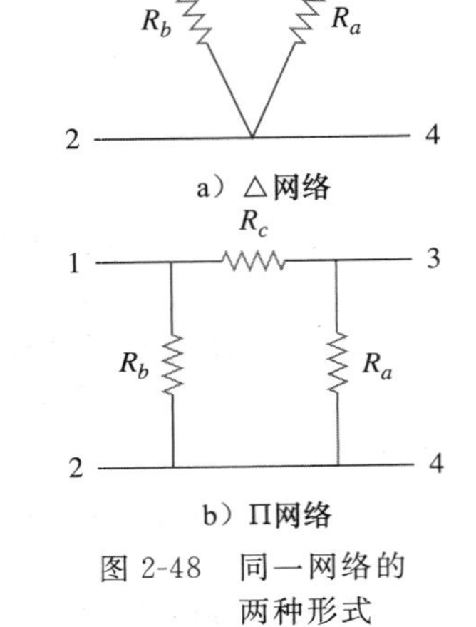

图 2-48 同一网络的两种形式

$$R_{12}(\mathrm{Y})=R_1+R_3$$

$$R_{12}(\triangle)=R_b \| (R_a+R_c) \tag{2.46}$$

令 $R_{12}(\mathrm{Y})=R_{12}(\triangle)$ 有

$$R_{12}=R_1+R_3=\frac{R_b(R_a+R_c)}{R_a+R_b+R_c} \tag{2.47a}$$

同理：

$$R_{13}=R_1+R_2=\frac{R_c(R_a+R_b)}{R_a+R_b+R_c} \tag{2.47b}$$

$$R_{34}=R_2+R_3=\frac{R_a(R_b+R_c)}{R_a+R_b+R_c} \tag{2.47c}$$

式(2.47a)减去式(2.47c)可得

$$R_1-R_2=\frac{R_c(R_b-R_a)}{R_a+R_b+R_c} \tag{2.48}$$

式(2.47b)与式(2.48)相加可得

$$\boxed{R_1=\frac{R_bR_c}{R_a+R_b+R_c}} \tag{2.49}$$

式(2.47b)减去式(2.48)可得

$$\boxed{R_2=\frac{R_cR_a}{R_a+R_b+R_c}} \tag{2.50}$$

式(2.47a)减去式(2.49)可得

$$\boxed{R_3=\frac{R_aR_b}{R_a+R_b+R_c}} \tag{2.51}$$

式(2.49)～式(2.51)无须死记，将△电路变换为 Y 电路时，可增加一个节点 n，如图 2-49 所示，并按照如下变换规则进行转换。

Y 电路各电阻值等于△电路中相邻两条支路电阻的乘积除以△电路中三个电阻的和。

根据上述变换规则即可由图 2-49 得到式(2.49)～式(2.51)。

2.7.2 Y电路与△电路间的变换

为了求出将Y电路转换为等效△电路的转换公式，首先由式(2.49)～式(2.51)可以得到

$$R_1R_2+R_2R_3+R_3R_1=\frac{R_aR_bR_c(R_a+R_b+R_c)}{(R_a+R_b+R_c)^2}=\frac{R_aR_bR_c}{R_a+R_b+R_c} \tag{2.52}$$

用式(2.49)～式(2.51)分别去除式(2.52)得到

$$\boxed{R_a=\frac{R_1R_2+R_2R_3+R_3R_1}{R_1}} \tag{2.53}$$

$$\boxed{R_b=\frac{R_1R_2+R_2R_3+R_3R_1}{R_2}} \tag{2.54}$$

$$\boxed{R_c=\frac{R_1R_2+R_2R_3+R_3R_1}{R_3}} \tag{2.55}$$

由式(2.53)～式(2.55)以及图2-49可以得出如下Y电路与△电路间的变换规则。

△电路中各电阻值等于Y电路中所有电阻两两相乘之和除以相对应的Y电路支路电阻。

如果满足以下条件，则称Y电路与△电路是平衡的：

$$R_1=R_2=R_3=R_Y,\quad R_a=R_b=R_c=R_\triangle \tag{2.56}$$

在上述条件下，变换公式变为：

$$\boxed{R_Y=\frac{R_\triangle}{3}\quad 或\quad R_\triangle=3R_Y} \tag{2.57}$$

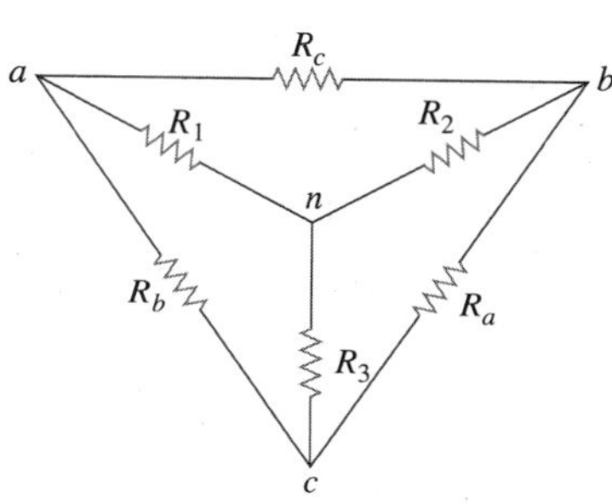

图2-49 Y电路与△电路变换电路

R_Y为什么小于$R_\triangle$呢？这是因为Y联结有点像电阻的“串联”，而△联结则像“并联”。

注意，在进行变换时，并没有对电路元件做任何增减，只是利用等效的三端网络替代原有的三端网络，从而得到一个由电阻串联或并联构成的电路，以便计算R_{eq}。

例2-14 将图2-50a所示的△电路变换为等效的Y电路。

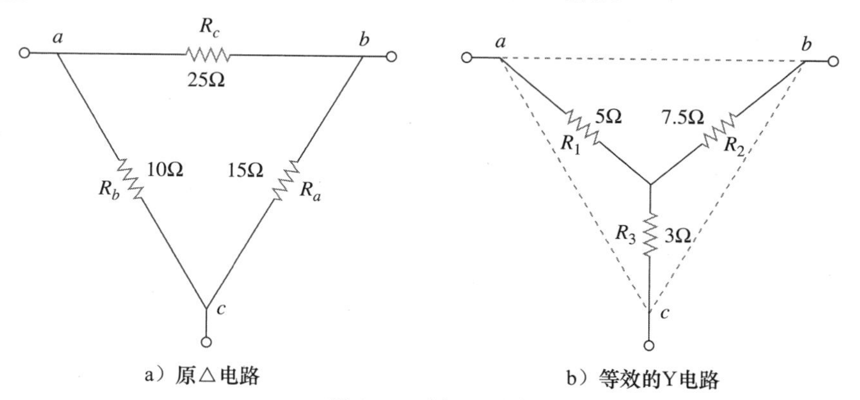

图2-50 例2-14图

解： 由式(2.49)～式(2.51)，可得

$$R_1=\frac{R_bR_c}{R_a+R_b+R_c}=\frac{10\times25}{15+10+25}=\frac{250}{50}=5(\Omega)$$

$$R_2=\frac{R_cR_a}{R_a+R_b+R_c}=\frac{25\times15}{50}=7.5(\Omega)$$

$$R_3=\frac{R_aR_b}{R_a+R_b+R_c}=\frac{15\times10}{50}=3(\Omega)$$

等效的 Y 电路如图 2-50b 所示。◀

练习 2-14　将图 2-51 所示的 Y 电路变换为△电路。

答案：$R_a=140\Omega$，$R_b=70\Omega$，$R_c=35\Omega$。

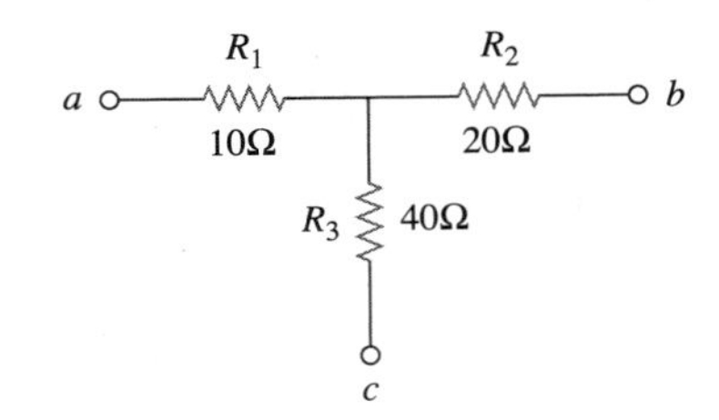

图 2-51　练习 2-14 图

例 2-15　求图 2-52 所示电路的等效电阻 R_{ab}，并由此计算电流 i。

解：1. **明确问题**。本例所要解决的问题已经很明确，但要注意，完成这一步通常会花费相当的时间。

2. **列出问题的全部已知条件**。如果去掉该电路中的电压源，显然会得到一个纯电阻电路。由于该电路既包括△电路又包括 Y 电路，因此电路元件的合并会变得更为复杂。一种方法是采用 Y 电路与△电路间的变换来求解这个问题。首先要明确 Y 电路(该电路中包括两个 Y 电路，分别位于节点 n 和节点 c)和△电路(该电路中包括三个△电路：can、abn 和 cnb)的位置。

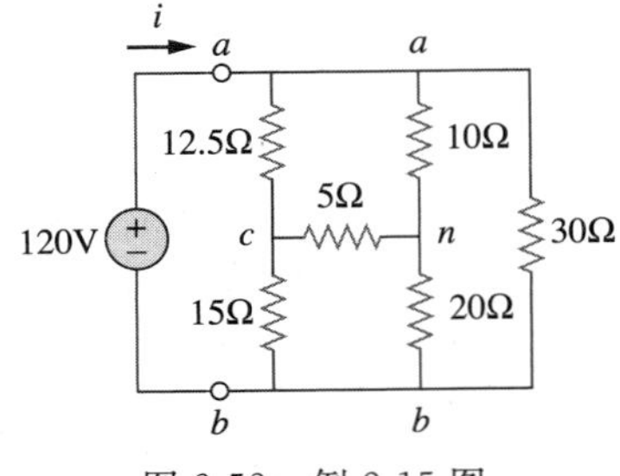

图 2-52　例 2-15 图

3. **确定备选方案**。可以采用不同的方法求解本题，由于 2.7 节讨论的主要问题是 Y 电路与△电路间的变换，所以采用该方法求解。求解等效电阻的另一个方法是在电路中插入一个放大器，并求出 ab 之间的电压，我们会在第 4 章学习这种方法。这里首先采用 Y 电路与△电路间的变换的方法来求解这个问题，之后再采用△电路与 Y 电路间的变换来检验结果的正确性。

4. **尝试求解**。该电路中有两个 Y 电路和三个△电路，只要将其中一个电路进行变换就可以简化电路。如果将由 5Ω、10Ω 和 20Ω 电阻构成的 Y 电路进行变换，并且选择：

$$R_1=10\Omega,\quad R_2=20\Omega,\quad R_3=5\Omega$$

于是，由式(2.53)～式(2.55)可得

$$R_a=\frac{R_1R_2+R_2R_3+R_3R_1}{R_1}=\frac{10\times20+20\times5+5\times10}{10}=\frac{350}{10}=35(\Omega)$$

$$R_b=\frac{R_1R_2+R_2R_3+R_3R_1}{R_2}=\frac{350}{20}=17.5(\Omega)$$

$$R_c=\frac{R_1R_2+R_2R_3+R_3R_1}{R_3}=\frac{350}{5}=70(\Omega)$$

将 Y 电路转换为△电路后的等效电路(暂时去掉电压源)如图 2-53a 所示。合并图中的三对并联电阻，得到

$$70\parallel30=\frac{70\times30}{70+30}=21(\Omega)$$

$$12.5\parallel17.5=\frac{12.5\times17.5}{12.5+17.5}=7.292(\Omega)$$

$$15\parallel35=\frac{15\times35}{15+35}=10.5(\Omega)$$

于是得到如图 2-53b 所示的等效电路。因此

$$R_{ab}=(7.292+10.5)\parallel21=\frac{17.792\times21}{17.792+21}=9.632(\Omega)$$

则

$$i=\frac{v_s}{R_{ab}}=\frac{120}{9.632}=12.458(\text{A})$$

这样就成功地解答了该问题，下面必须对答案做出评价。

5. **评价结果**。这一步必须确定所得到的答案是否正确，并对最终的结果做出评价。

检验本题的答案相当容易，下面通过△电路与Y电路间的变换求解本例来完成检验。下面将△电路 *can* 转换为Y电路。

设 $R_c=10\Omega$，$R_a=5\Omega$，由此得到(用 d 表示Y电路的中心)：

$$R_{ad}=\frac{R_cR_n}{R_a+R_c+R_n}=\frac{10\times 12.5}{5+10+12.5}=4.545(\Omega)$$

$$R_{cd}=\frac{R_aR_n}{27.5}=\frac{5\times 12.5}{27.5}=2.273(\Omega)$$

$$R_{nd}=\frac{R_aR_c}{27.5}=\frac{5\times 10}{27.5}=1.8182(\Omega)$$

于是得到如图2-53c所示的电路，该电路图中节点 d 与 b 之间的电阻为两串联电阻支路的并联等效，即

$$R_{db}=\frac{(2.273+15)\times(1.8182+20)}{2.273+15+1.8182+20}=\frac{376.9}{39.09}=9.642(\Omega)$$

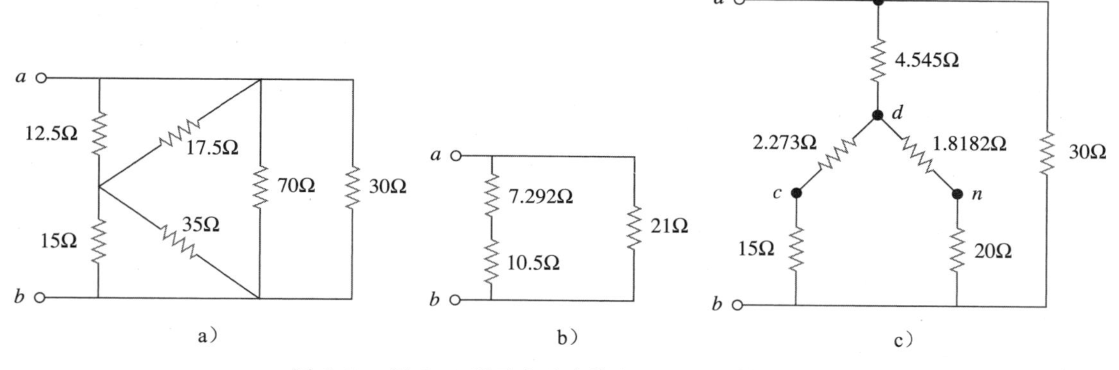

图2-53 图2-52所示电路去掉电压源后的等效电路

该电阻又与4.545Ω的电阻串联，二者串联后与30Ω的电阻并联，这样得到该电路的等效电阻为

$$R_{ab}=\frac{(9.642+4.545)\times 30}{9.642+4.545+30}=\frac{425.6}{44.19}=9.631(\Omega)$$

于是

$$i=\frac{v_s}{R_{ab}}=\frac{120}{9.631}=12.46(\text{A})$$

由此可见，采用Y电路与△电路间的互相变换会得到相同的结果，这是一个非常好的检验过程。

6. **是否满意？** 通过确定电路的等效电阻已经求出了问题的解，并对答案进行了检验，因此所得到的答案显然是满意的，此时就可以提交结果了。◀

练习2-15 试求图2-54所示桥式电路中的 R_{ab} 和 i。 **答案**：40Ω，6A。

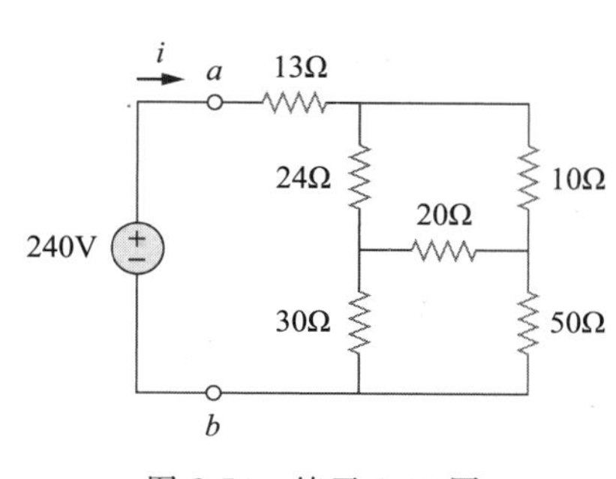

图2-54 练习2-15图

†2.8 应用实例

通常采用电阻作为将电能转换为热能或其他形式能量的电气设备的模型，这些设备包括导线、灯泡、电热器、电炉、电烤箱以及扩音器等。本节介绍与本章概念密切相关的两个实际应用问题——照明系统和直流电表的设计。

提示： 到目前为止，均假设导线为理想导体(电阻为零)，但是，在实际物理系统中，导线的电阻值可能相当大，因此，系统的建模必须包括电阻。

历史珍闻

托马斯·阿尔瓦·爱迪生(Thomas Alva Edison，1847—1931)是美国最伟大的发明家之一，他拥有1093项发明专利，包括白炽灯泡、留声机以及第一部商业电影等具有历史意义的发明。

(图片来源：Library of Congress Prints and Photographs Divison [LC-USZ62-78942])

爱迪生出身于俄亥俄州，在家里七个孩子中排行最末，他不喜欢学校，只接受了三个月的正规教育，就回到家里接受母亲对他的教育，并且很快就可以独立阅读。1868年，爱迪生读到了法拉第的一本书，从而找到了他今后的职业方向。1876年，他迁居新泽西州的门洛帕克，经营着一所由高水平研究人员组成的实验室。他的许多发明都出自该实验室，他的实验室已成为现代研究组织的典范。由于爱迪生兴趣广泛并拥有大量的发明和专利，他开始建立制造公司来制造他发明的产品，他设计了第一个提供照明电的发电站。以爱迪生作为典范和领导者的正规电气工程教育于19世纪80年代中叶开始兴起。

2.8.1 照明系统

室内灯光或圣诞树灯泡等照明系统通常由 N 个并联或串联的灯泡组成，如图2-55所示，图中各灯泡可建模为电阻。假定所有的灯泡都是一样的，并且 V_o 为电源电压，那么并联灯泡两端的电压为 V_o，串联灯泡两端的电压为 V_o/N。串联连接容易实现，但实际上很少使用，其原因有二：第一，它的可靠性差，只要一只灯泡坏了，其他灯泡全都不亮；第二，维修困难，当一只灯泡出现问题时，必须逐个检查所有灯泡才能找到出问题的灯泡。

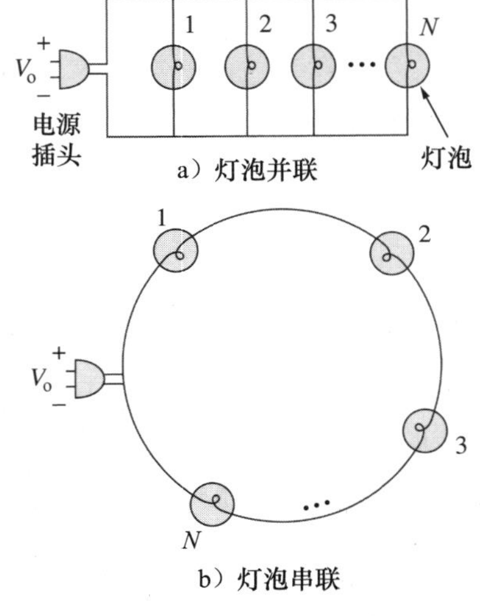

图2-55 灯泡的并联与串联

例2-16 三只灯泡如图2-56a所示与一个9V电池相接，试计算：(a) 电池提供的总电流；(b) 流过每只灯泡的电流；(c) 每只灯泡的电阻。

解： (a) 电池提供的总功率等于各灯泡消耗的总功率，即

$$p=15+10+20=45(\mathrm{W})$$

因为 $p=VI$，所以电池提供的总电流为

$$I=\frac{p}{V}=\frac{45}{9}=5(\mathrm{A})$$

(b) 可以将灯泡建模为电阻，其等效电路如图2-56b所示。由于 R_1(20W的灯泡)支路

与 R_2 和 R_3 的串联支路均与电池并联，所以

$$V_1=V_2+V_3=9\text{V}$$

流过 R_1 的电流为

$$I_1=\frac{p_1}{V_1}=\frac{20}{9}=2.222(\text{A})$$

由 KCL 可知，流过 R_2 和 R_3 串联支路的电流为

$$I_2=I-I_1=5-2.222=2.778(\text{A})$$

(c) 由于 $p=I^2R$，所以

$$R_1=\frac{p_1}{I_1^2}=\frac{20}{2.222^2}=4.05(\Omega)$$

$$R_2=\frac{p_2}{I_2^2}=\frac{15}{2.778^2}=1.944(\Omega)$$

$$R_3=\frac{p_3}{I_3^2}=\frac{10}{2.778^2}=1.296(\Omega)$$

◀

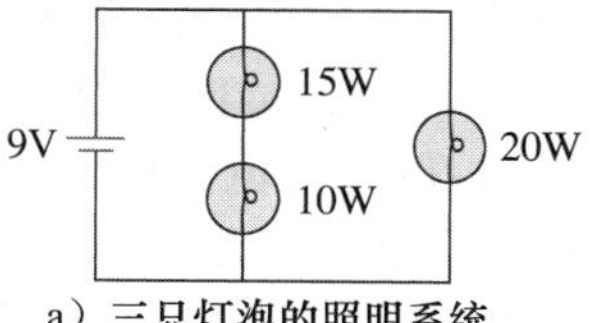

a）三只灯泡的照明系统

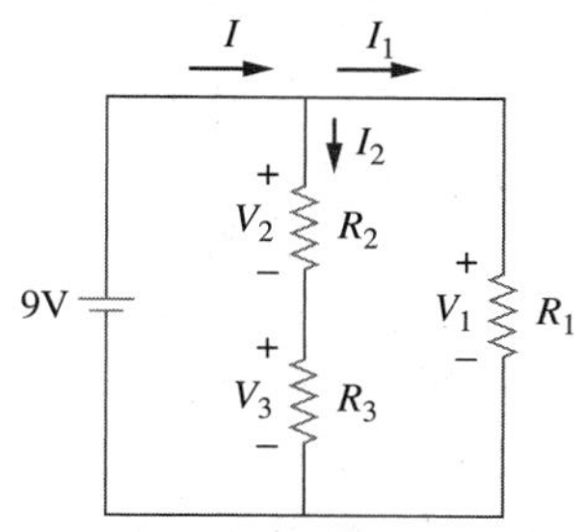

b）电阻等效电路模型

图 2-56 例 2-16 图

练习 2-16 根据图 2-55 假设有 10 只灯泡可以并联，10 只不同的灯泡可以串联。在任何一种情况下，每个灯泡都要以 40W 的功率工作。如果并联和串联的插头电压为 110V，计算两种情况下通过每个灯泡的电流。 **答案：** 364mA(并联)，3.64A(串联)。

2.8.2 直流电表的设计

电阻实际上是用于控制电流的，很多应用都利用了电阻的这一特性，例如图 2-57 所示的电位器。电位器(potentiometer)一词来源于电位(potential)和计量仪器(meter)两个词的组合，表明电位是可以测量出来的。电位器是一种遵循分压原理的三端装置，实际上就是一种可调分压器，在收音机、电视机和其他电路中常用来控制音量或作为电平的电压调节器。在图 2-57 中，

$$V_{\text{out}}=V_{bc}=\frac{R_{bc}}{R_{ac}}V_{\text{in}} \qquad (2.58)$$

式中 $R_{ac}=R_{ab}+R_{bc}$。因此，随着电位器的滑动抽头向 c 点或 a 点移动，输出电压 V_{out} 相应地降低或升高。

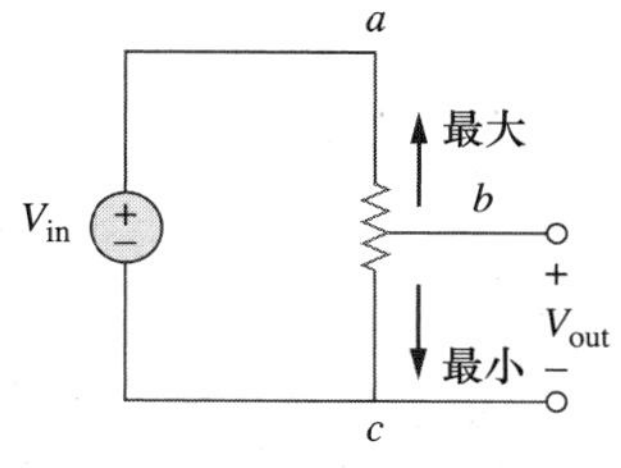

图 2-57 电位器

利用电阻控制电流的另一个应用是模拟直流电表，即分别用于测量电流、电压和电阻的电流表、电压表和电阻表。这些电表中都装有如图 2-58 所示的达松伐尔(d'Arsonval)测量转动装置。该转动装置主要由一个安装在永磁铁两极间枢轴上的可转动铁心线圈组成。电流流经线圈，产生转矩，转矩使指针偏转。流过线圈电流的大小决定了指针偏转的幅度，偏转幅度由转动装置上附加的刻度指示出来。例如，当电表转动装置的额定值为 1mA、50Ω 时，1mA 的电流就会使电表转动装置发生满刻度偏转。在达松伐尔测量转动装置的基础上附加必要的电路，就可以构成电流表、电压表或电阻表。

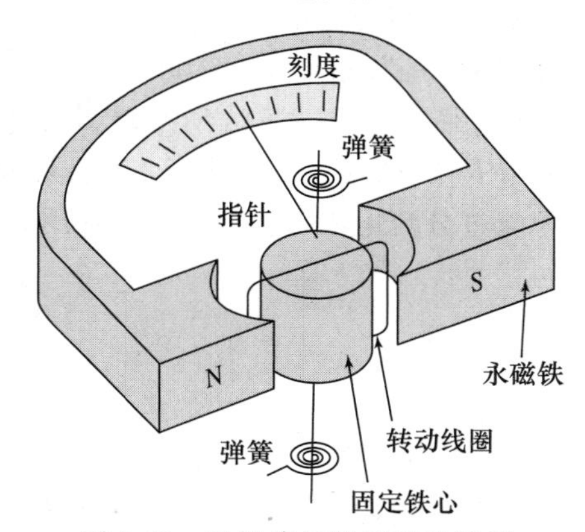

图 2-58 达松伐尔测量转动装置

提示： 能够测量电压、电流和电阻的仪表称为万用表，或伏特欧姆表(volt-ohm meter，VOM)。

图 2-59 给出了电路元件两端连接模拟电压表和

电流表的方法。电压表用于测量负载两端的电压，因此与负载元件并联连接。如图 2-60a 所示，电压表由达松伐尔转动装置与一阻值为 R_m 的电阻串联构成，慎重起见，阻值 R_m 通常设计得很大(理论上为无穷大)，以使从电路中分流的电流最小。为了扩展电压表可测电压的量程，通常将电压表与量程扩展电阻相串联，如图 2-60b 所示。当量程开关接到 R_1、R_2 或 R_3 时，图 2-60b 所示的多量程电压表可以测量的电压分别为 0～1V、0～10V 和 0～100V。

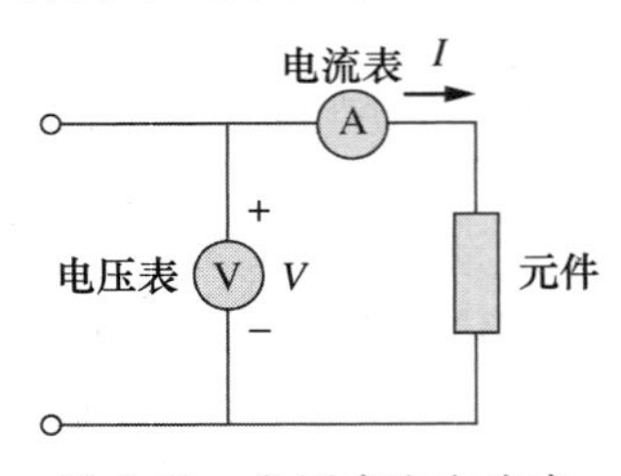

图 2-59　电压表和电流表与电路元件的连接方式

提示：负载是接收能量的元件(能量吸收器)，它与提供能量的发电机(能量源)相反，有关负载的更多讨论参见 4.9。

下面计算图 2-60a 所示单量程电压表中的量程扩展电阻 R_n，在图 2-60b 所示多量程电压表中 $R_n=R_1$、R_2 或 R_3。计算时需要明确 R_n 与电压表的内阻 R_m 是串联的。在任何设计中都需要考虑最坏情况，即满量程电流 $I_{fs}=I_m$ 流过电表的情况，此时应该对应电表的最大电压读数，即满量程电压 V_{fs}，由于量程扩展电阻 R_n 与内阻 R_m 相串联，所以

$$V_{fs}=I_{fs}(R_n+R_m) \tag{2.59}$$

由此得到

$$R_n=\frac{V_{fs}}{I_{fs}}-R_m \tag{2.60}$$

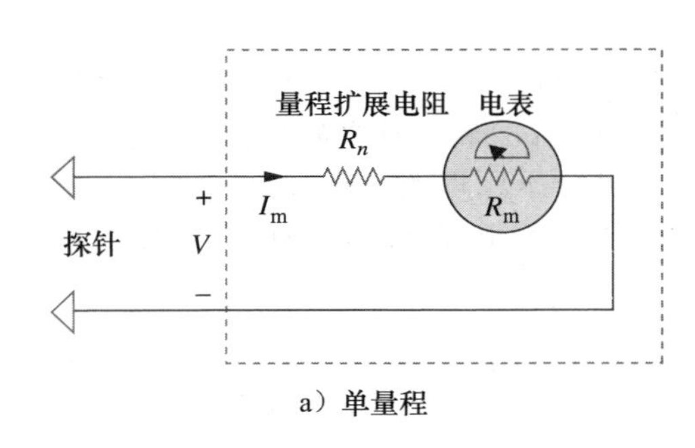

a）单量程

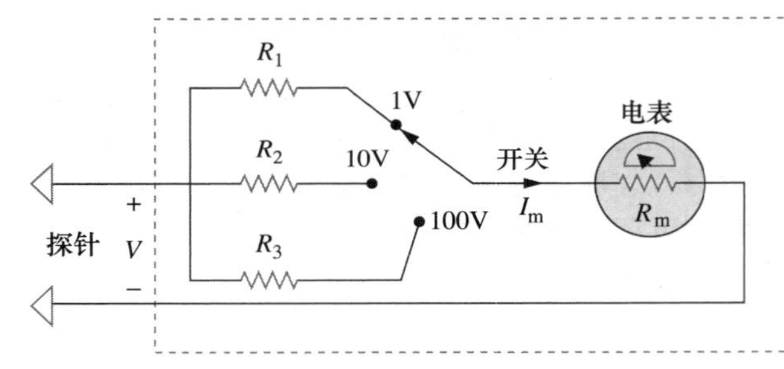

b）多量程

图 2-60　电压表

类似地，电流表用于测量流过负载的电流，因此要与被测负载串联。如图 2-61a 所示，电流表由达松伐尔转动装置与一阻值为 R_m 的电阻并联构成，阻值 R_m 通常设计得很小(理论上为零)，以使从电路中分压得到的电压最小。为了扩展电流表的量程，通常要将分流电阻与 R_m 并联，如图 2-61b 所示。当分流开关接到 R_1、R_2 或 R_3 时，电流表的量程分别为 0～10mA、0～100mA 或 0～1A。

下面计算图 2-61a 所示单量程电流表的分流电阻 R_n，在图 2-61b 所示多量程电流表中 $R_n=R_1$、R_2 或 R_3。注意，R_m 与 R_n 并联，并且在满刻度时，$I=I_{fs}=I_m+I_n$，其中 I_n 为流过分流电阻 R_n 的电流，利用分流原理有

$$I_m=\frac{R_n}{R_n+R_m}I_{fs}$$

即

$$R_n=\frac{I_m}{I_{fs}-I_m}R_m \tag{2.61}$$

线性电阻阻值 R_x 的测量方法有两种：一种是间接测量方法，如图 2-62a 所示。用电流表与该电阻串联，测量流过它的电流 I，再用电压表并联在该电阻两端，测出它的电压

V，从而得到

$$R_x = \frac{V}{I} \tag{2.62}$$

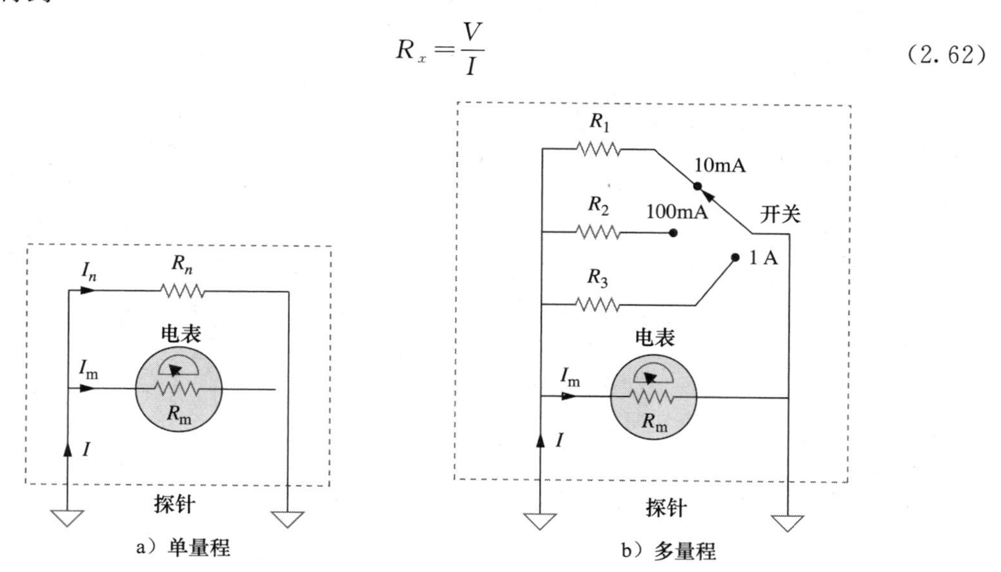

图 2-61 电流表

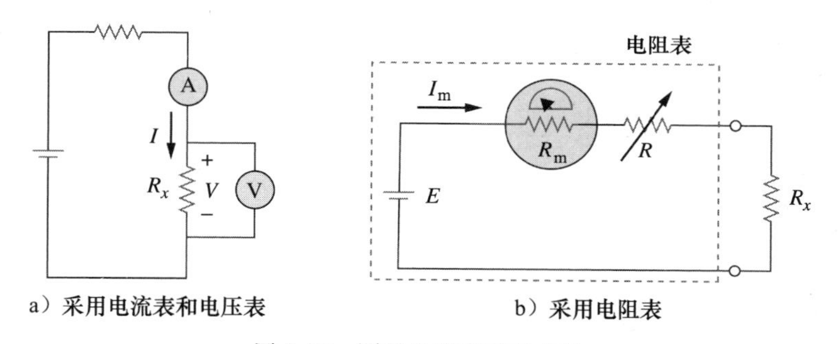

图 2-62 测量电阻的两种方法

另一种是直接测量方法，即采用电阻表测量。电阻表由达松伐尔转动装置、可变电阻或电位器以及电池组成，如图 2-62b 所示。对图 2-62b 所示的电路应用 KVL 有

$$E = (R + R_m + R_x) I_m$$

即

$$R_x = \frac{E}{I_m} - (R + R_m) \tag{2.63}$$

选取的电阻 R 应使得电表满刻度偏转，即当 $R_x = 0$ 时，$I_m = I_{fs}$。这意味着

$$E = (R + R_m) I_{fs} \tag{2.64}$$

将式(2.64)代入式(2.63)得到：

$$R_x = \left(\frac{I_{fs}}{I_m} - 1\right)(R + R_m) \tag{2.65}$$

前面已经指出，本节讨论的各种电表称为模拟电表，均以达松伐尔转动装置为基础构成。另一类电表称为数字电表，以有源电路元件如运算放大器等为基础构成。例如，数字万用表可以用离散数字显示直流或交流电压、电流以及电阻等的测量值，而不像模拟电表那样在连续刻度盘上采用指针偏转的形式指示。在现代电路实验中，数字电表可能是最常用的，但是数字电表的设计已经超出本书讨论的范畴。

历史珍闻

莫尔斯(Morse，1791—1872)，美国画家，发明了电报，首次实现了电的商业应用。

莫尔斯出生于马萨诸塞州的查尔斯顿，就读于耶鲁大学和伦敦皇家艺术学院，之后成为一名艺术家。19世纪30年代，他对发明电报产生了兴趣，于1836年研制出电报样机，并于1838年申请了专利。美国参议院为莫尔斯提供资金，用于构建巴尔的摩与华盛顿之间的电报线路。1844年5月24日，莫尔斯成功发出了第一条电报。莫尔斯还研究开发了用于发送电报信息的字母和数字点划编码。电报的发展导致了日后电话的发明。

(图片来源：Library of Congress Print and Photographs Divison[LC-DIG-cwpbh-00852])

例 2-17 根据图2-60所示电压表的结构，试设计如下多量程电压表。

(a) 0～1V (b) 0～5V (c) 0～50V (d) 0～100V

假定内阻 $R_m=2k\Omega$，满量程电流 $I_{fs}=100\mu A$。

解： 利用式(2.60)并假定 R_1、R_2、R_3 和 R_4 分别对应于0～1V、0～5V、0～50V和0～100V的电压表量程，可得

(a) 当量程为0～1V时，

$$R_1=\frac{1}{100\times10^{-6}}-2000=10\ 000-2000=8(k\Omega)$$

(b)当量程为0～5V时，

$$R_2=\frac{5}{100\times10^{-6}}-2000=50\ 000-2000=48(k\Omega)$$

(c) 当量程为0～50V时，

$$R_3=\frac{50}{100\times10^{-6}}-2000=500\ 000-2000=498(k\Omega)$$

(d) 当量程为0～100V时，

$$R_4=\frac{100V}{100\times10^{-6}}-2000=1\ 000\ 000-2000=998(k\Omega)$$

注意，对于这四个量程，其总电阻(R_m+R_n)与满刻度电压 V_{fs} 之比均为常数，且等于 $1/I_{fs}$，该比值(单位为欧/伏，Ω/V)称为电压表的灵敏度。灵敏度越高，电压表越好。◀

练习 2-17 根据图2-61所示电流表的结构，试设计如下多量程电流表。

(a)0～1A (b)0～100mA (c)0～10mA

假定满量程电流 $I_m=1mA$ 且安培表的内阻 $R_m=50\Omega$。

答案： 分流电阻分别为：50mΩ，505mΩ，5.556Ω。

2.9 本章小结

1. 电阻是电路中的无源元件，其两端的电压 v 与流过它的电流 i 成正比，即电阻为遵循欧姆定律的器件，

$$v=iR$$

   其中 R 为电阻的阻值。
2. 短路电路是阻值为零($R=0$)的电阻(即理想的导线)。开路电路是阻值为无穷大($R=\infty$)的电阻。

3. 电阻的电导 G 为该电阻阻值的倒数：

$$G=\frac{1}{R}$$

4. 支路为电路中的单个二端元件，节点为两条或两条以上支路的连接点，回路为电路中的闭合路径。电路中的支路数 b、节点数 n 与独立回路 l 满足如下关系：

$$b=l+n-1$$

5. 基尔霍夫电流定律(KCL)表明，任一节点电流的代数和为零。换言之，流入节点的电流之和等于流出该节点的电流之和。
6. 基尔霍夫电压定律(KVL)表明，闭合路径上电压的代数和为零。换言之，回路中的电压升之和等于电压降之和。
7. 两个元件首尾相连，称为串联。流过串联元件的电流相同($i_1=i_2$)。两个元件两端连到相同的两个节点上，称为并联。并联元件两端的电压相同($v_1=v_2$)。
8. 当两个电阻 $R_1(=1/G_1)$ 与 $R_2(=1/G_2)$ 串联时，其等效电阻 R_{eq} 与等效电导 G_{eq} 为

$$R_{eq}=R_1+R_2,\qquad G_{eq}=\frac{G_1G_2}{G_1+G_2}$$

9. 当两个电阻 $R_1(=1/G_1)$ 与 $R_2(=1/G_2)$ 并联时，其等效电阻 R_{eq} 与等效电导 G_{eq} 为

$$R_{eq}=\frac{R_1R_2}{R_1+R_2},\qquad G_{eq}=G_1+G_2$$

10. 两个串联电阻的分压原理可以表示为

$$v_1=\frac{R_1}{R_1+R_2}v,\qquad v_2=\frac{R_2}{R_1+R_2}v$$

11. 两个并联电阻的分流原理可以表示为

$$i_1=\frac{R_2}{R_1+R_2}i,\qquad i_2=\frac{R_1}{R_1+R_2}i$$

12. △-Y 变换公式为

$$R_1=\frac{R_bR_c}{R_a+R_b+R_c},\qquad R_2=\frac{R_cR_a}{R_a+R_b+R_c},\qquad R_3=\frac{R_aR_b}{R_a+R_b+R_c}$$

13. Y-△变换公式为

$$R_a=\frac{R_1R_2+R_2R_3+R_3R_1}{R_1},\qquad R_b=\frac{R_1R_2+R_2R_3+R_3R_1}{R_2},$$

$$R_c=\frac{R_1R_2+R_2R_3+R_3R_1}{R_3}$$

14. 本章介绍的基本定律可应用于照明系统以及直流电表设计等问题中。

复习题

1 电阻的倒数为：
(a) 电压　　(b) 电流
(c) 电导　　(d) 库伦

2 电热器从 120V 电压获取的电流为 10A，则电热器的电阻为：
(a) 1200Ω　　(b) 120Ω
(c) 12Ω　　(d) 1.2Ω

3 一台 1.5kW 烤面包机的电流为 12A，则其电压降为：
(a) 18kV　　(b) 125V
(c) 120V　　(d) 10.42V

4 一个 2W、80kΩ 的电阻安全工作时的最大电流为：
(a) 160kA　　(b) 40kA
(c) 5mA　　(d) 25μA

5 一个网络包括 12 条支路，8 条独立回路。试问：该网络中有几个节点？
(a) 19　　(b) 17
(c)5　　(d) 4

6 图 2-63 所示电路中的电流 I 为：

(a) −0.8A (b) −0.2A
(c) 0.2A (d) 0.8A

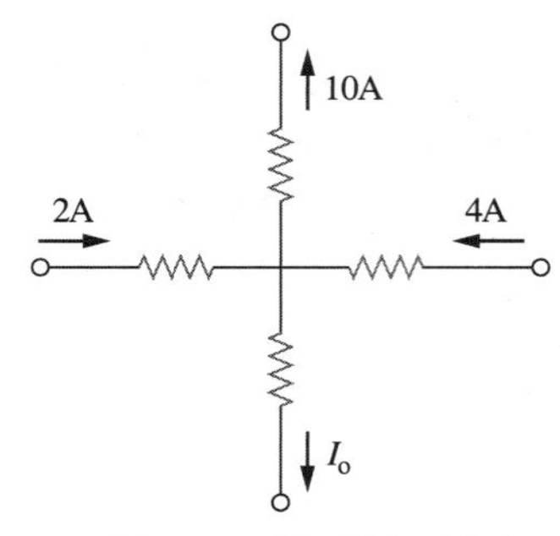

图 2-63 复习题 6 图

7 图 2-64 中的电流 I_o 为：

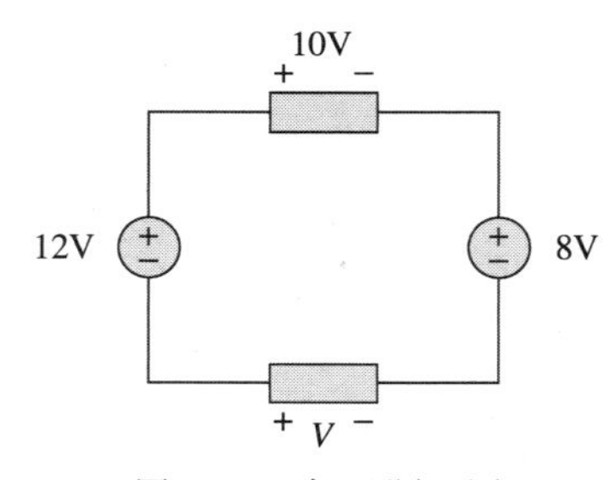

图 2-64 复习题 7 图

(a) −4A (b) −2A
(c) 4A (d) 16A

8 在图 2-65 所示电路中，V 等于：

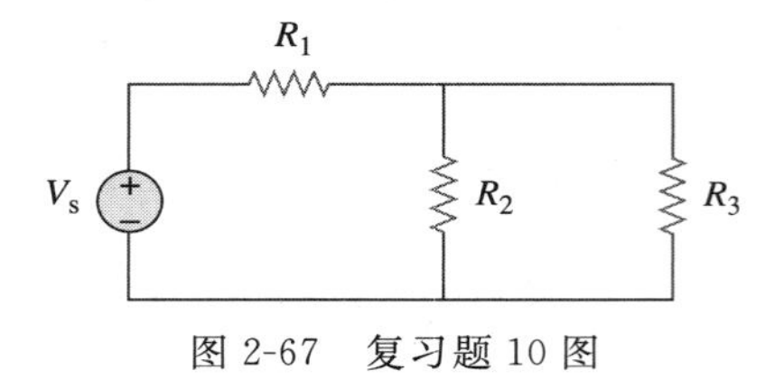

图 2-65 复习题 8 图

(a) 30V (b) 14V
(c) 10V (d) 6V

9 图 2-66 中哪一个电路的 $V_{ab}=7\text{V}$？

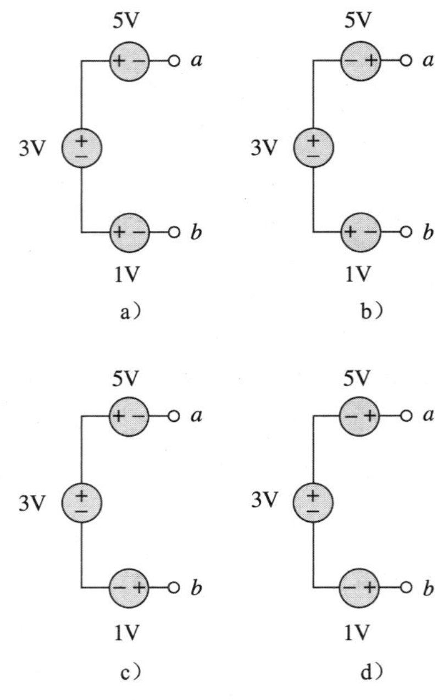

图 2-66 复习题 9 图

10 在图 2-67 所示电路中，R_3 减少会导致以下哪个量减少？

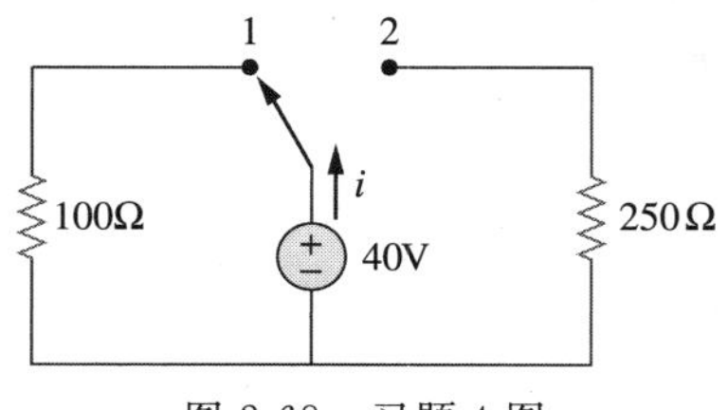

图 2-67 复习题 10 图

(a) 流过 R_3 的电流 (b) R_3 两端的电压
(c) R_1 两端的电压 (d) R_2 消耗的功率
(e) 以上选项均不正确

答案：1(c)；2(c)；3(b)；4(c)；5(c)；6(b)；7(a)；8(d)；9(d)；10(b，d)。

习题

2.2 节

1 为了更好地理解欧姆定律，设计一个电路问题，并完成解决方案。至少使用两个电阻和一个电压源。建议同时使用两个电阻，或者每次使用一个电阻。

2 试求额定值为 60W、120V 的灯泡的热电阻。

3 某圆形横截面的硅棒长 4cm，如果该硅棒在室温下的电阻值为 240Ω，试求该硅棒的截面半径为多少？

4 (a)试计算图 2-68 中开关置于位置 1 时的电流 i。(b)当开关置于位置 2 时，试求电流 i。

1 2
100Ω
i
40V
250Ω

图 2-68 习题 4 图

2.3 节

5 在图 2-69 所示的网络图中，试求其节点数、支路数和回路数。

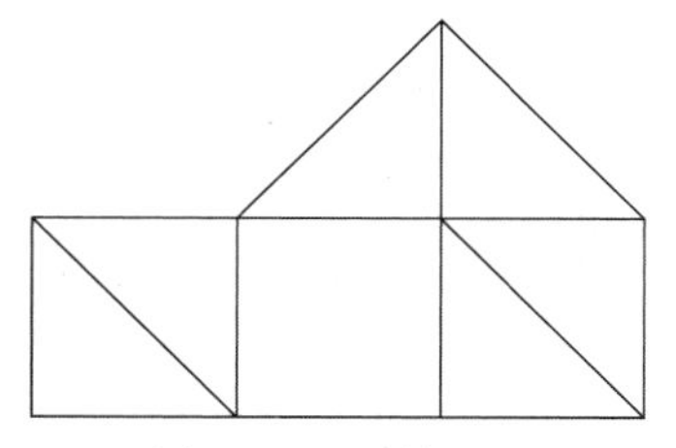

图 2-69 习题 5 图

6 在图 2-70 所示的网络图中，试确定其支路数和节点数。

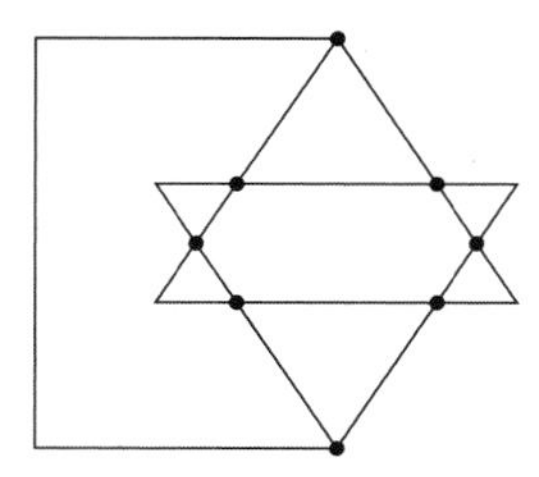

图 2-70 习题 6 图

7 试求图 2-71 所示电路的支路数和节点数。

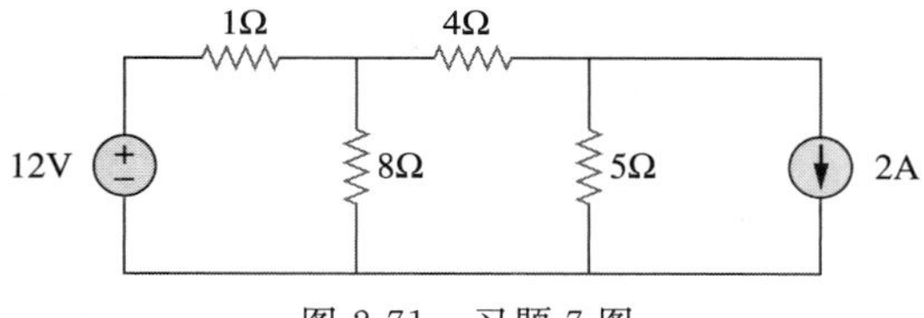

图 2-71 习题 7 图

2.4 节

8 为了更好地理解 KCL，设计一个电路问题，并完成解决方案。如图 2-72 所示，通过确定 i_a、i_b、i_c 的电流值设计电路问题，并求解电流 i_1、i_2 和 i_3。 **ED**

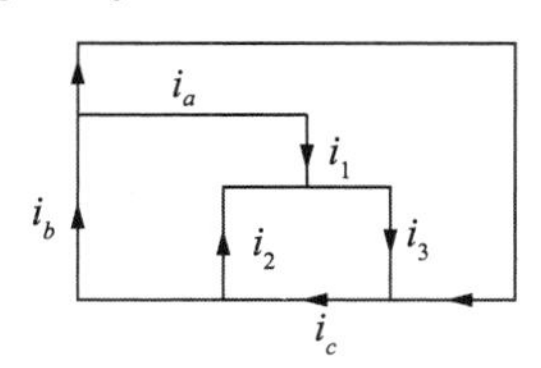

图 2-72 习题 8 图

9 求图 2-73 所示电路中的 i_1、i_2、i_3。

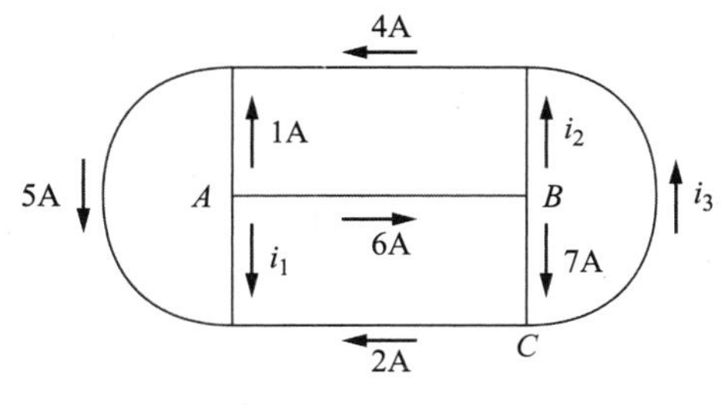

图 2-73 习题 9 图

10 求图 2-74 所示电路中的 i_1、i_2。

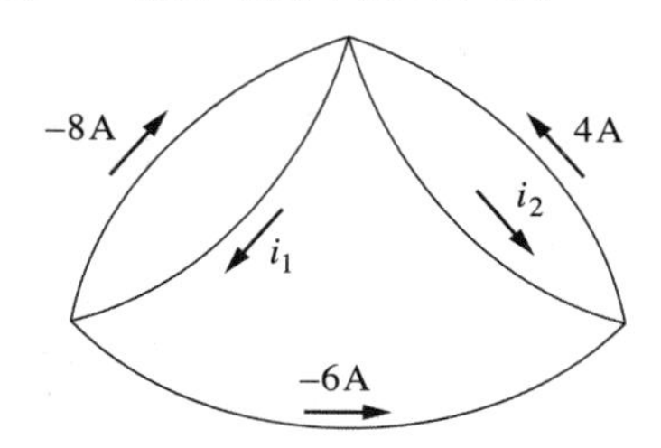

图 2-74 习题 10 图

11 在图 2-75 所示电路中，计算 V_1 和 V_2。

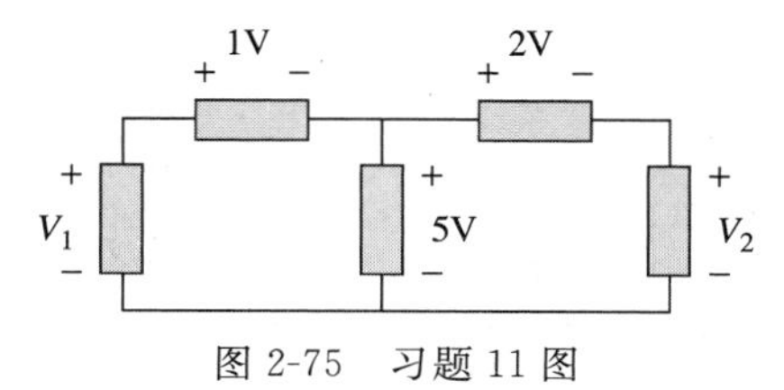

图 2-75 习题 11 图

12 在图 2-76 所示电路中，求 v_1、v_2、v_3。

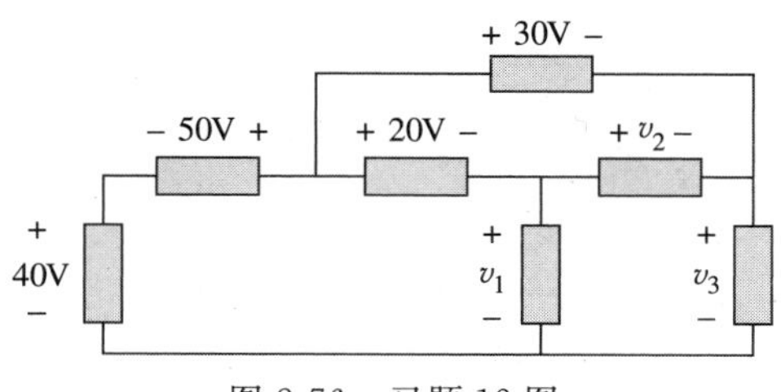

图 2-76 习题 12 图

13 如图 2-77 所示电路，利用 KCL 求出支路电流 $I_1 \sim I_4$。

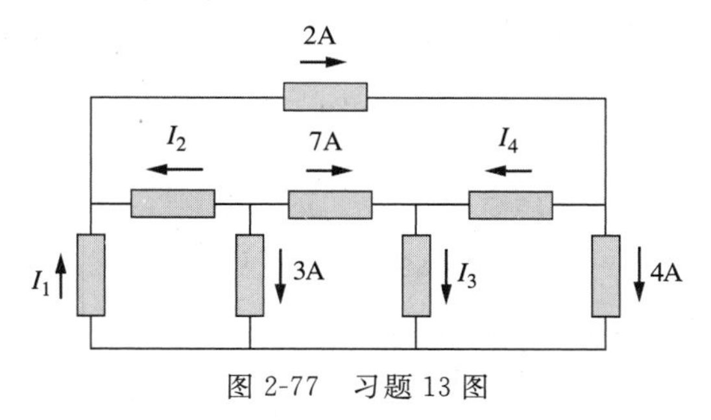

图 2-77 习题 13 图

14 在图 2-78 所示电路中，利用 KVL 计算支路电压 $V_1 \sim V_4$。

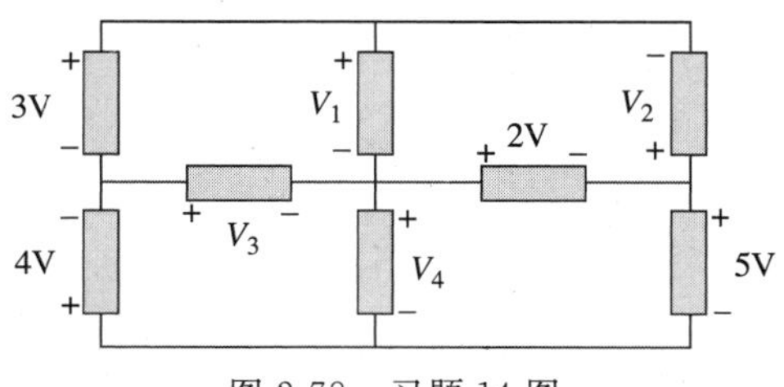

图 2-78 习题 14 图

15　计算图 2-79 所示电路中的 v 和 i_x。

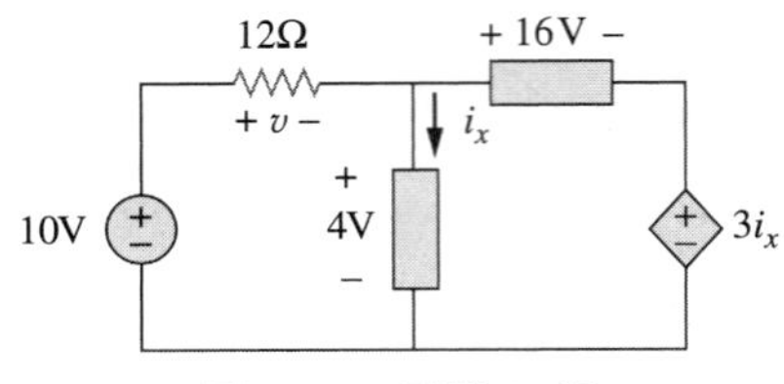

图 2-79　习题 15 图

16　求图 2-80 所示电路中的 V_o。

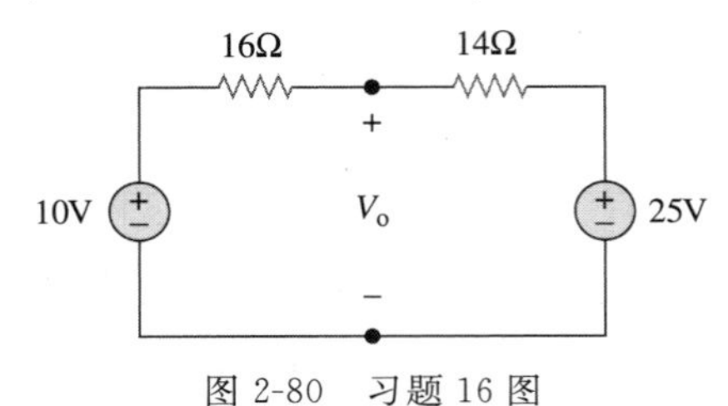

图 2-80　习题 16 图

17　求图 2-81 所示电路中的 $v_1 \sim v_3$。

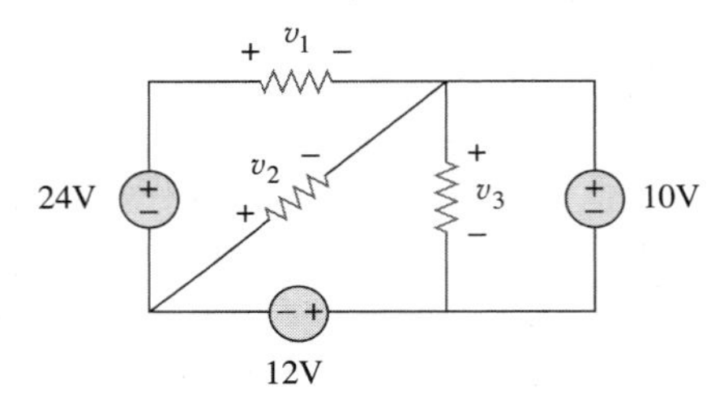

图 2-81　习题 17 图

18　求图 2-82 所示电路中的 I 和 V_{ab}。

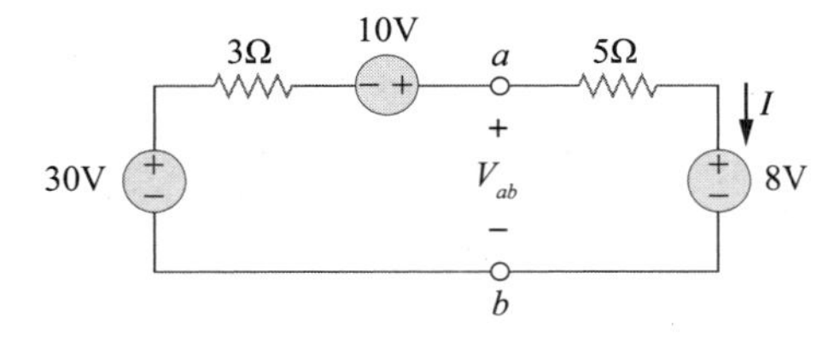

图 2-82　习题 18 图

19　在图 2-83 所示电路中，求 I、电阻消耗的功率以及各电源提供的功率。

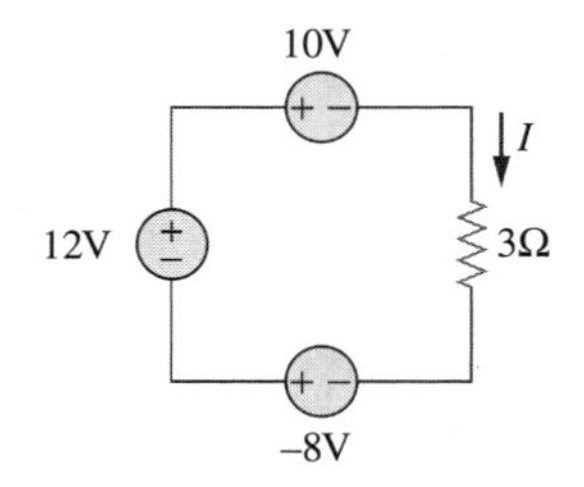

图 2-83　习题 19 图

20　确定图 2-84 所示电路中的 i_o。

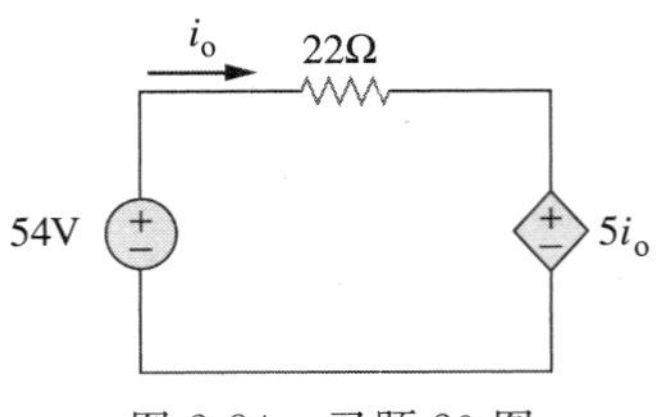

图 2-84　习题 20 图

21　求图 2-85 所示电路中的 V_x。

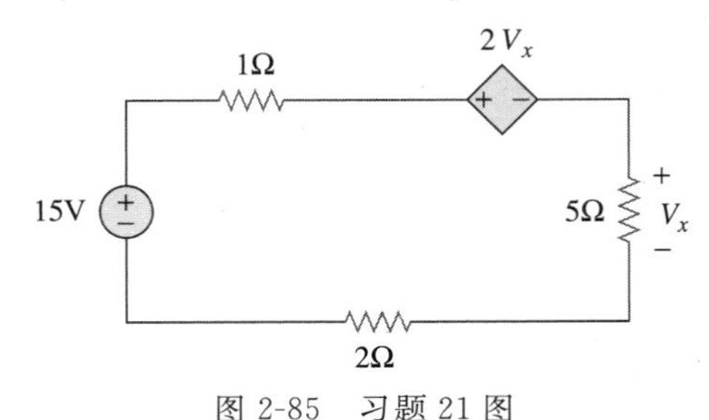

图 2-85　习题 21 图

22　求图 2-86 所示电路中的 V_o 以及受控源所消耗的功率。

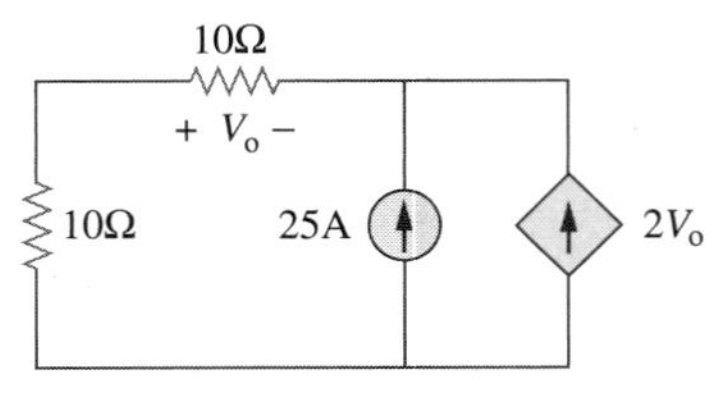

图 2-86　习题 22 图

23　在图 2-87 所示电路中，确定 v_x 以及 60Ω 电阻消耗的功率。

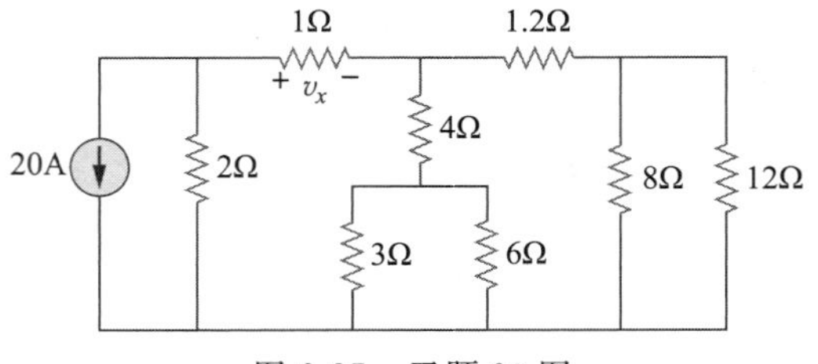

图 2-87　习题 23 图

24　对于图 2-88 所示的电路，试求用 α、R_1、R_2、R_3 和 R_4 表示的 V_o/V_s，如果 $R_1=R_2=R_3=R_4$，求 α 取何值时，$|V_o/V_s|=10$。

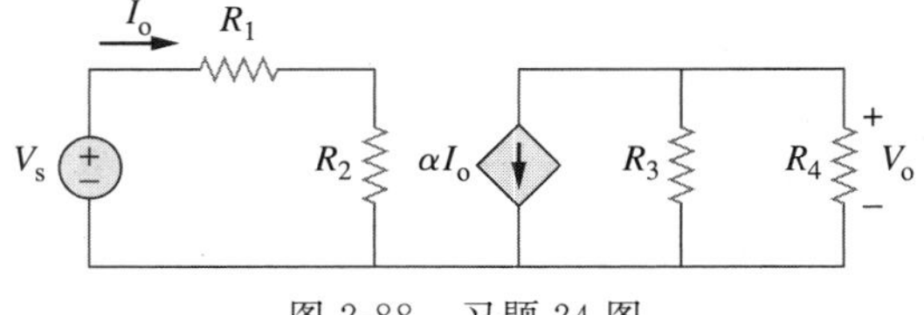

图 2-88　习题 24 图

25　在图 2-89 所示电路中，求流过 20kΩ 电阻的电流、20kΩ电阻两端的电压，以及所消耗的功率。

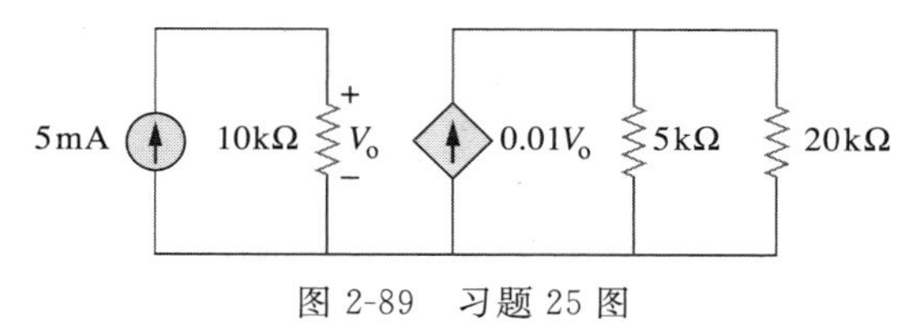

图 2-89　习题 25 图

2.5 节和 2.6 节

26　在图 2-90 所示的电路中，$i_o=3A$，计算 i_x 以及该电路消耗的总功率。

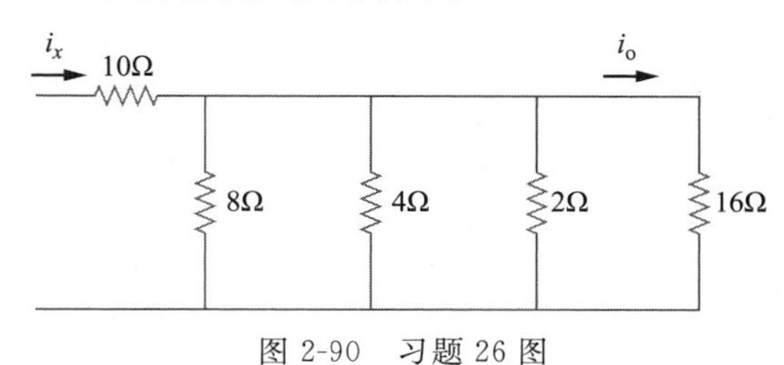

图 2-90　习题 26 图

27　计算图 2-91 所示电路中的 I_o。

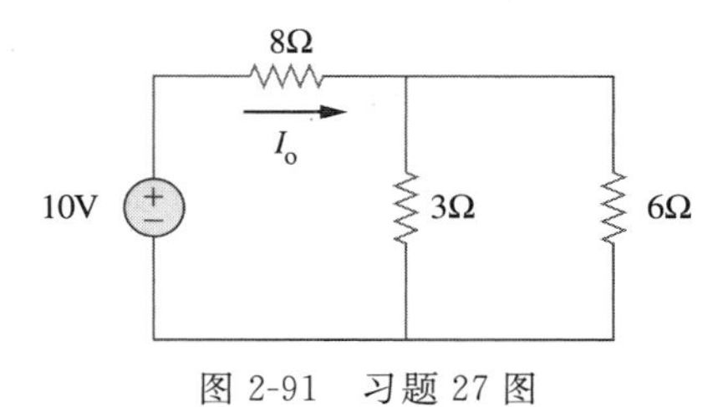

图 2-91　习题 27 图

28　为了更好地理解串联和并联电路，利用图 2-92，设计一个电路问题。 **ED**

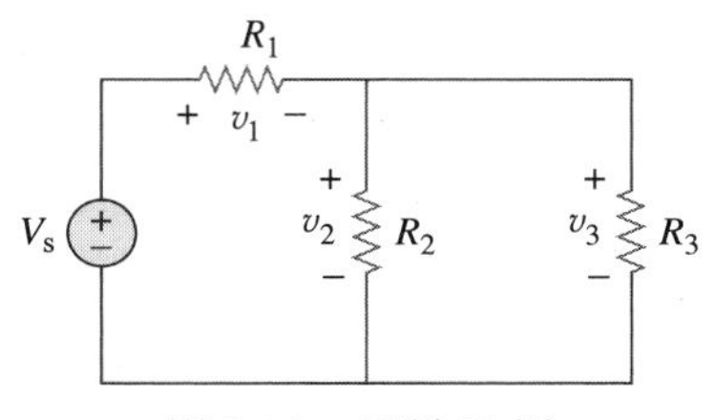

图 2-92　习题 28 图

29　图 2-93 中所有电阻均为 5Ω，求 R_{eq}。

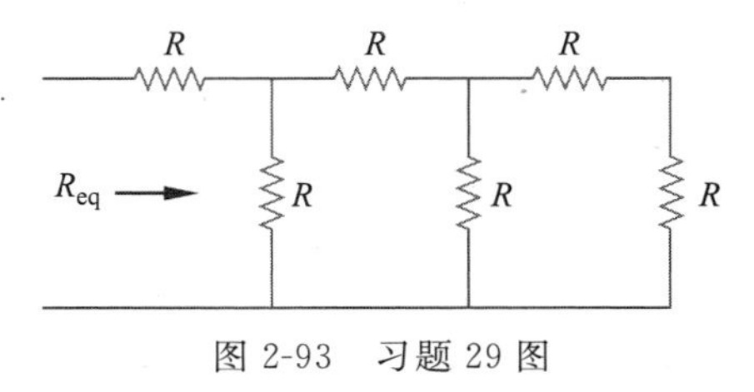

图 2-93　习题 29 图

30　求图 2-94 所示电路中的 R_{eq}。

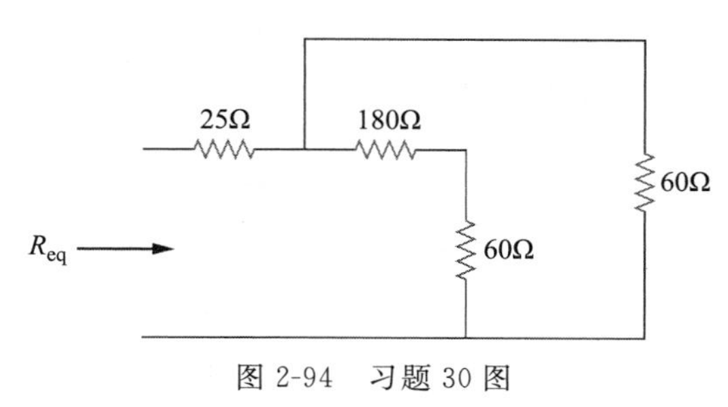

图 2-94　习题 30 图

31　对于图 2-95 所示电路，确定 $i_1 \sim i_5$。

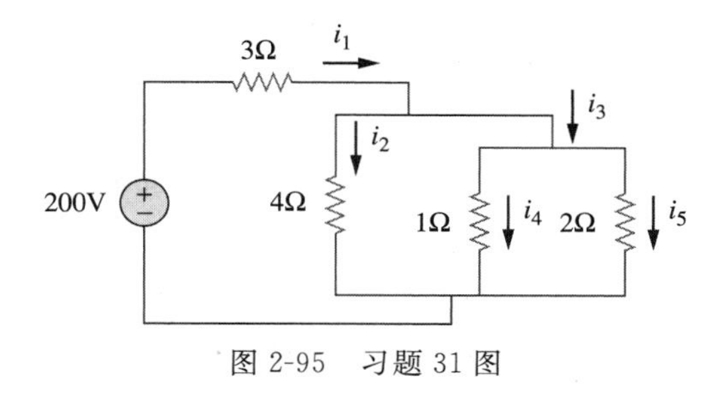

图 2-95　习题 31 图

32　求图 2-96 所示电路中的 $i_1 \sim i_4$。

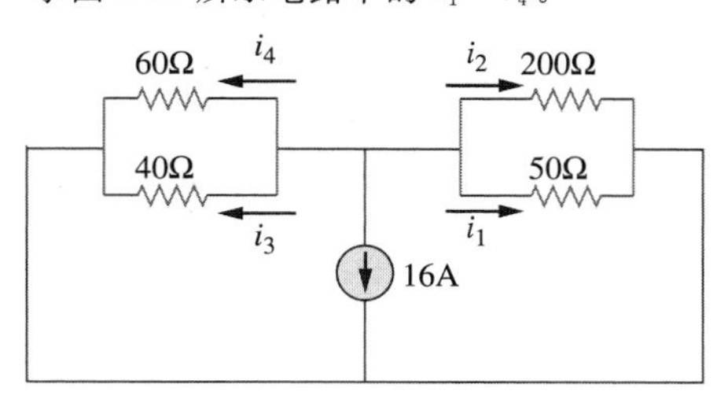

图 2-96　习题 32 图

33　求图 2-97 所示电路中的 v 和 i。

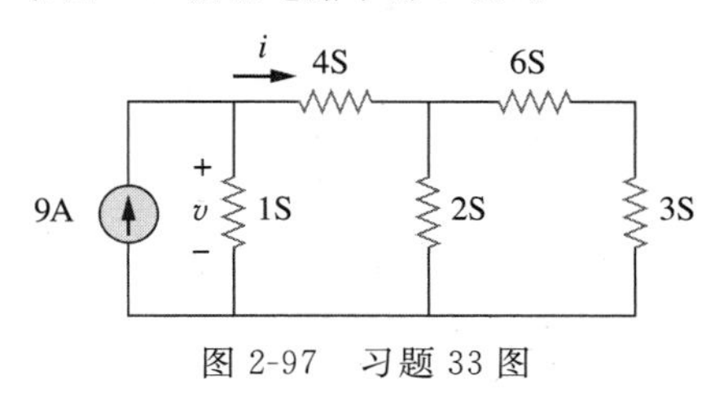

图 2-97　习题 33 图

34　利用电阻的串/并联合并，求出图 2-98 所示电路从电源端看到的等效电阻，并求该电路的总功耗。

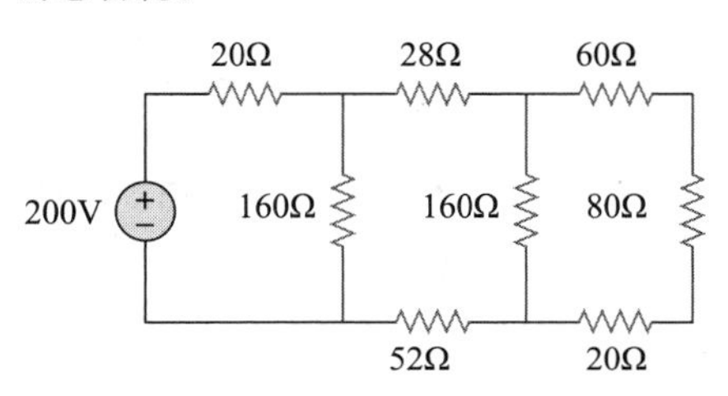

图 2-98　习题 34 图

35　计算图 2-99 所示电路中的 V_o 和 I_o。

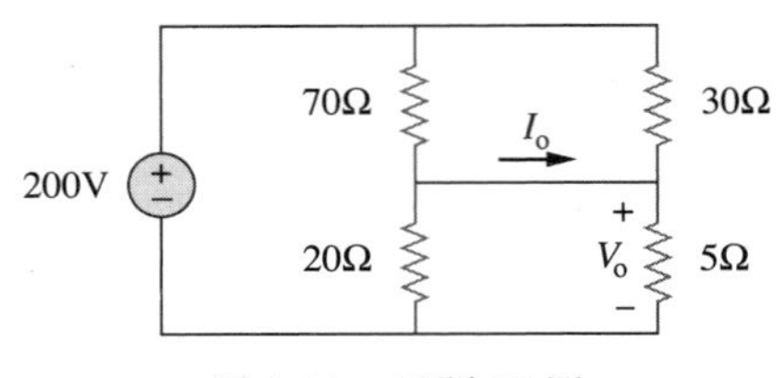

图 2-99　习题 35 图

36　求图 2-100 所示电路中的 i 和 v_o。

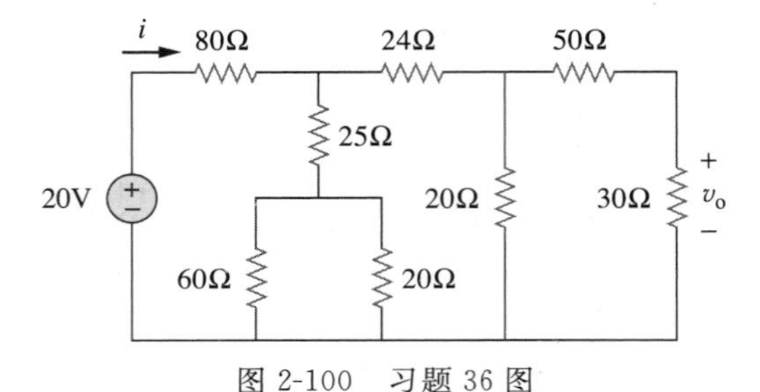

图 2-100　习题 36 图

37　求图 2-101 所示电路中的电阻 R。

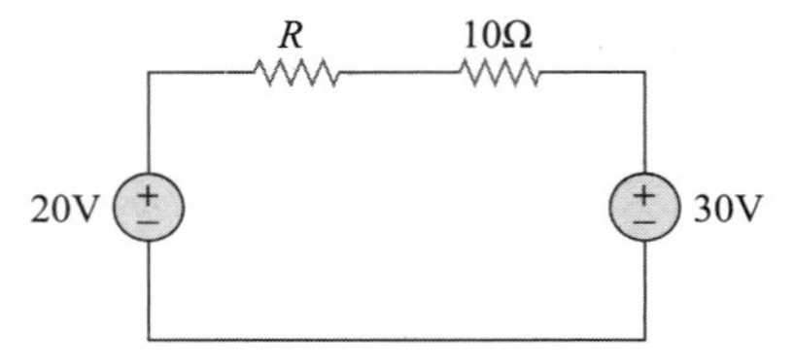

图 2-101　习题 37 图

38　求图 2-102 所示电路中的 i_o 与 R_{eq}。

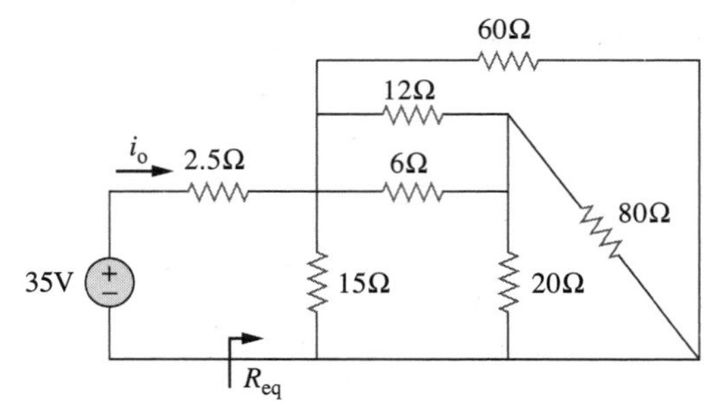

图 2-102　习题 38 图

39　计算图 2-103 所示各电路的等效电阻。

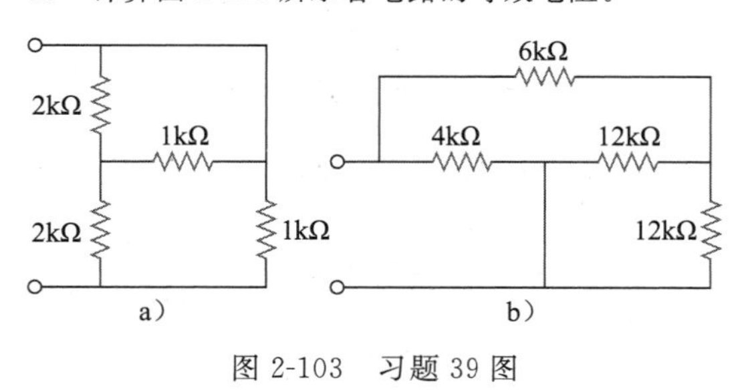

图 2-103　习题 39 图

40　在图 2-104 所示的梯形电路中，求 I 和 R_{eq}。

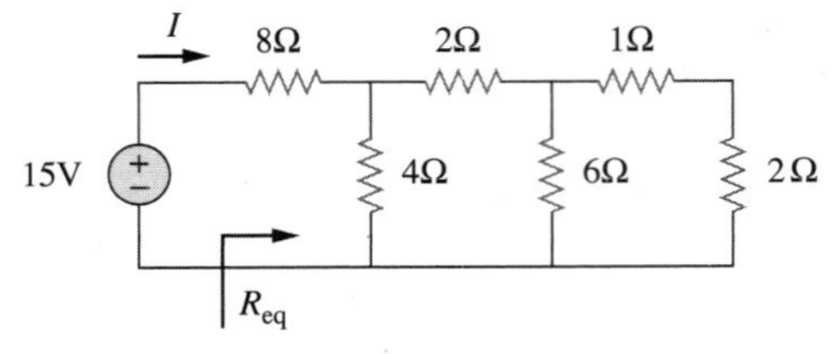

图 2-104　习题 40 图

41　如果图 2-105 所示电路中 $R_{eq}=50\Omega$，求 R。

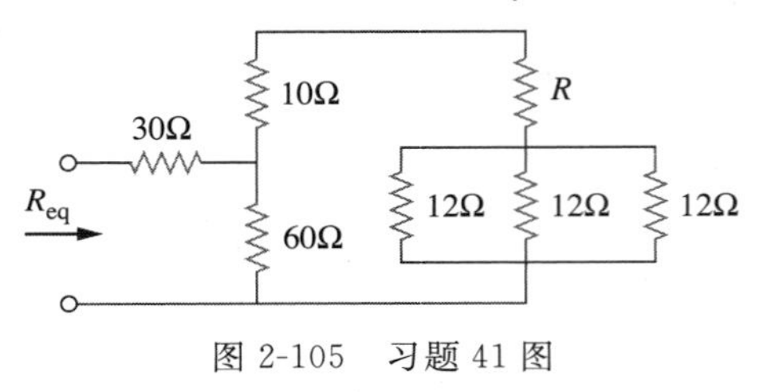

图 2-105　习题 41 图

42　将图 2-106 中各电路简化为 a、b 两端的单电阻电路。

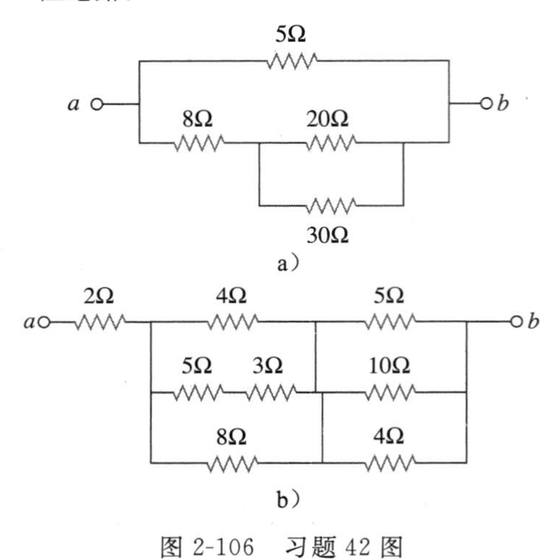

图 2-106　习题 42 图

43　计算图 2-107 所示各电路 a、b 两端的等效电阻 R_{ab}。

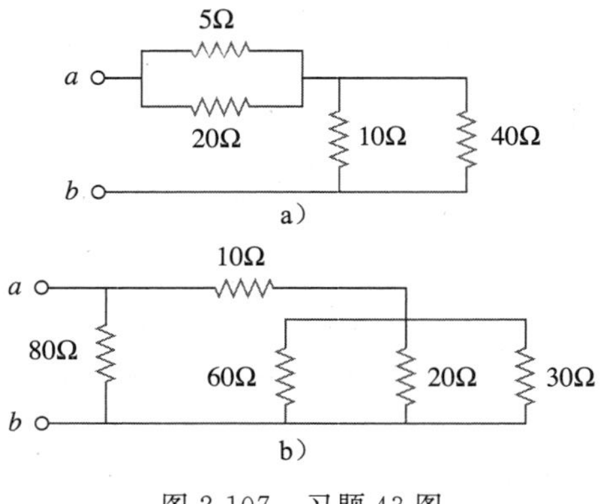

图 2-107　习题 43 图

44　求图 2-108 所示电路 a、b 两端的等效电阻。

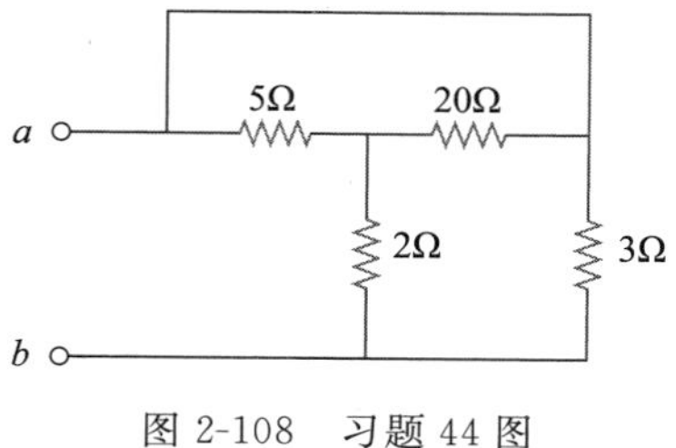

图 2-108　习题 44 图

45　求图 2-109 所示各电路中 a、b 两端的等效电阻。

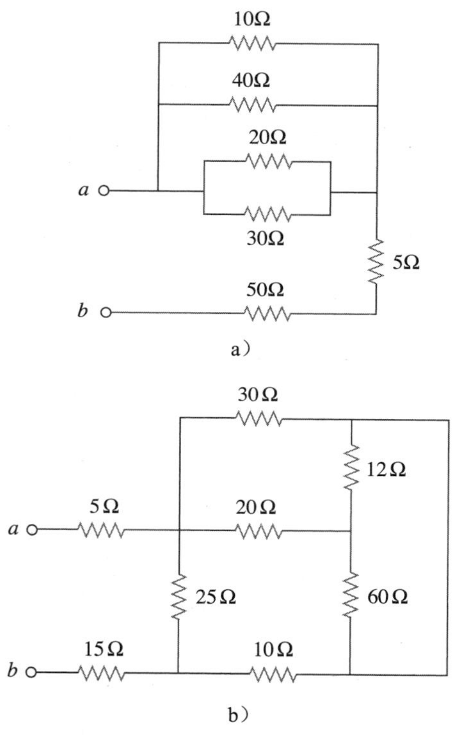

图 2-109　习题 45 图

46　求图 2-110 所示电路中的 I。

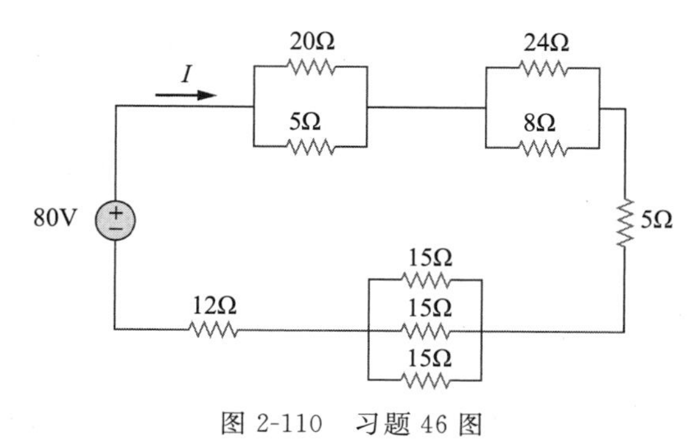

图 2-110　习题 46 图

47　求图 2-111 所示电路中的等效电阻 R_{ab}。

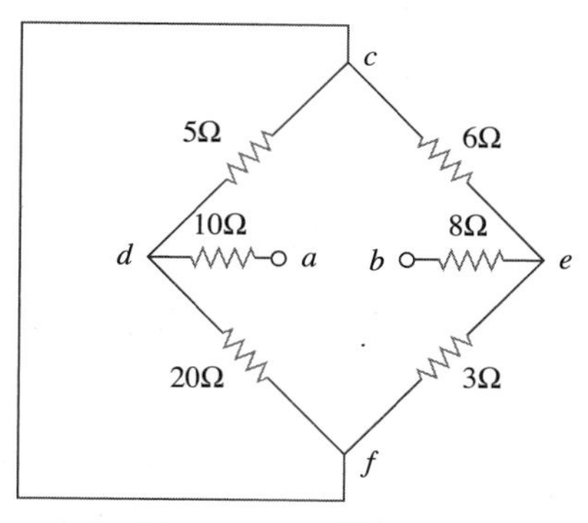

图 2-111　习题 47 图

2.7 节

48　将图 2-112 所示的两个 Y 电路变换为△电路。

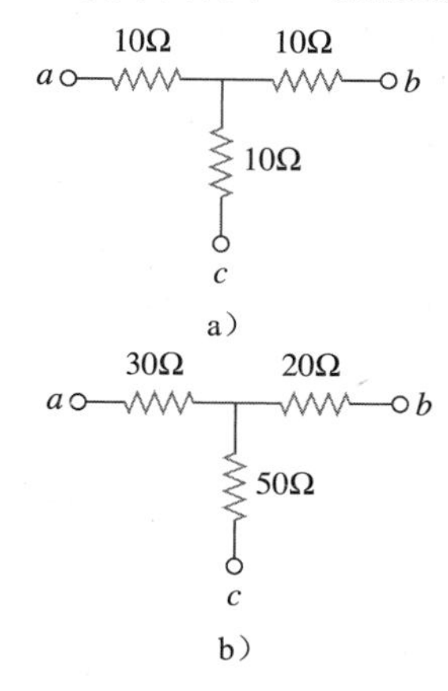

图 2-112　习题 48 图

49　将图 2-113 所示的△电路变换为 Y 电路。

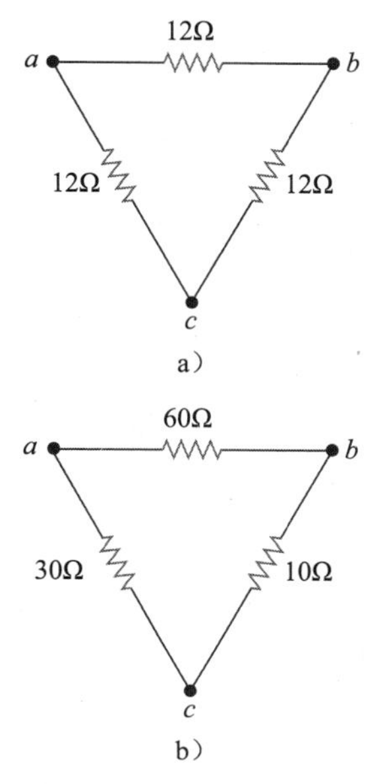

图 2-113　习题 49 图

50　为了更好地理解 Y-△变换，利用图 2-114 所示电路，设计一个电路问题。　**ED**

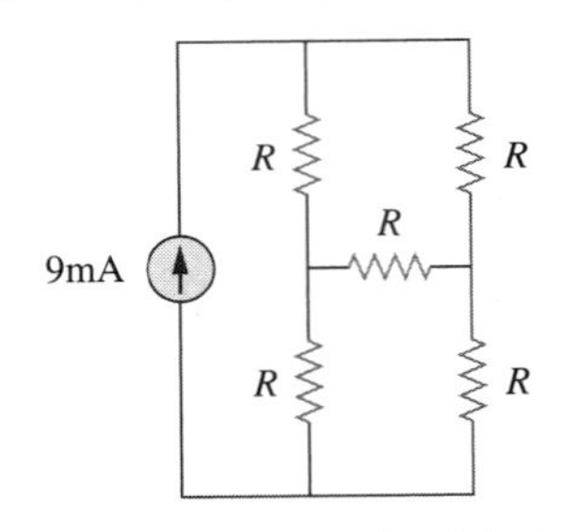

图 2-114　习题 50 图

51　对图 2-115 所示电路，求 a、b 两端的等效电阻。

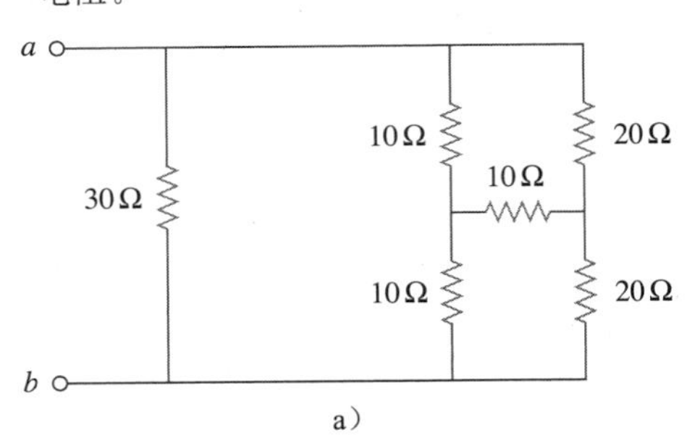

a)

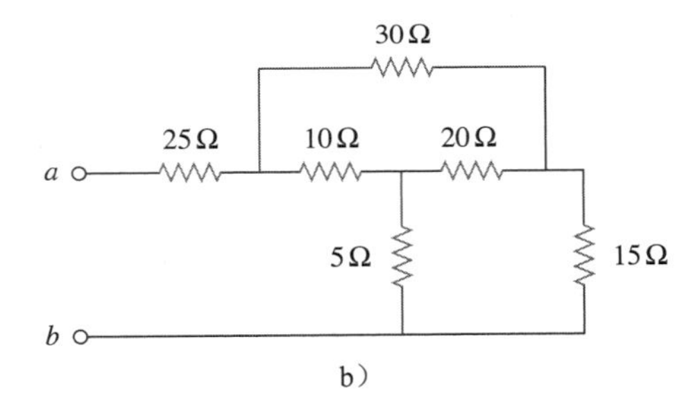

b)

图 2-115　习题 51 图

* 52　求图 2-116 所示电路中的等效电阻，该电路中所有电阻均为 3Ω。

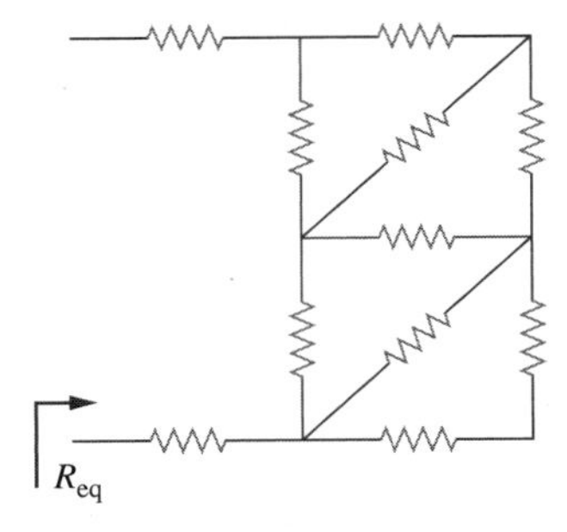

图 2-116　习题 52 图

* 53　求图 2-117 所示各电路中的等效电阻 R_{ab}，在图 2-117b 中所有电阻的阻值均为 30Ω。

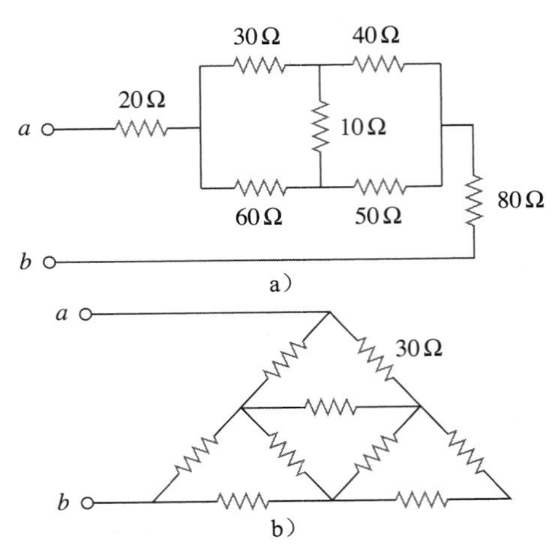

图 2-117　习题 53 图

54　在图 2-118 所示电路中，求：(a) a、b 两端的等效电阻；(b) c、d 两端的等效电阻。

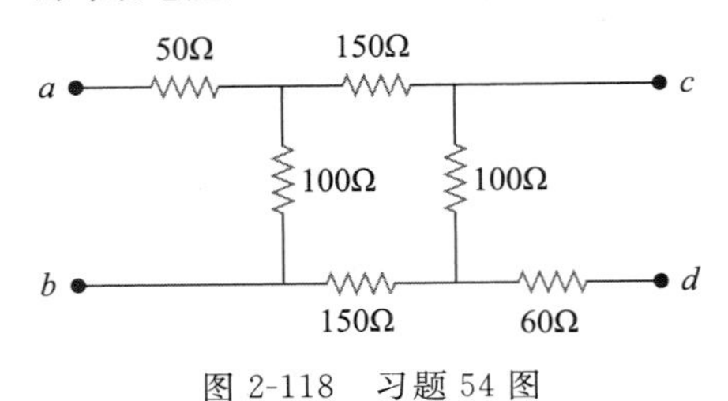

图 2-118　习题 54 图

55　计算图 2-119 所示电路中的 I_o。

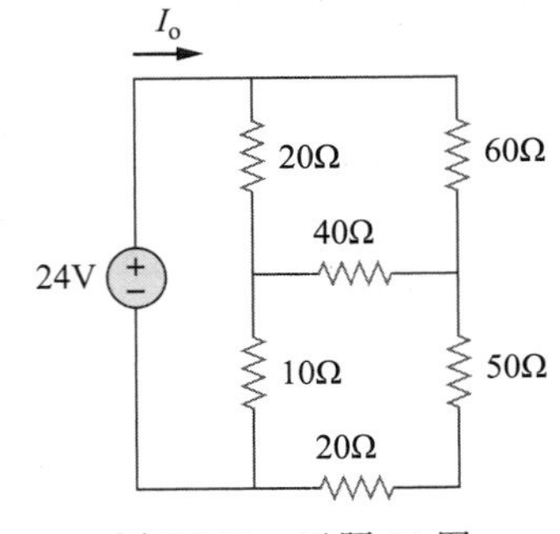

图 2-119　习题 55 图

56　计算图 2-120 所示电路中的 V。

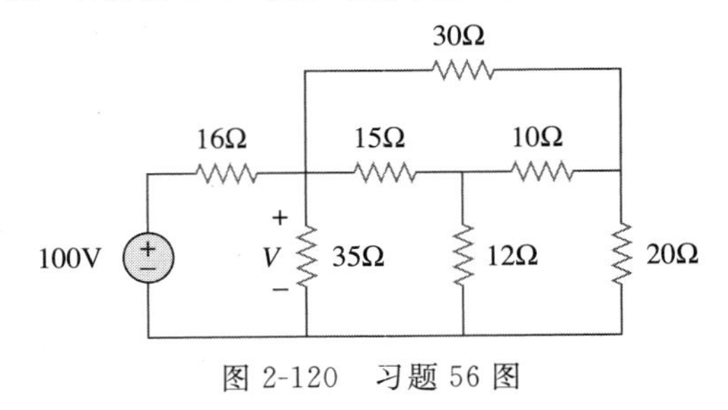

图 2-120　习题 56 图

* 57　求图 2-121 所示电路中的 R_{eq} 与 I。

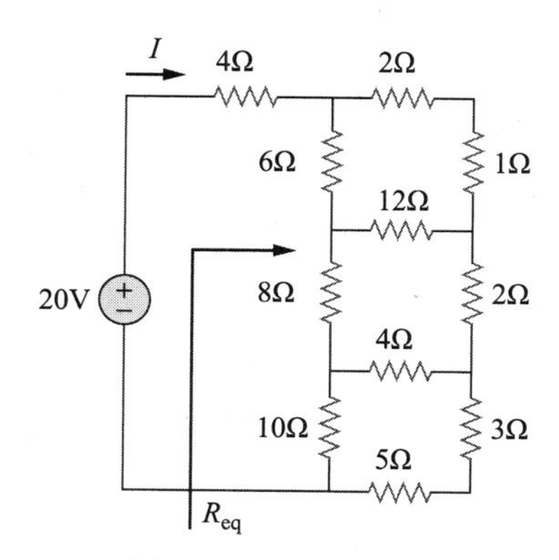

图 2-121 习题 57 图

2.8 节

58 图 2-122 所示电路中 60W 灯泡的额定电压为 120V，计算使灯泡工作在额定条件下的 V_s。

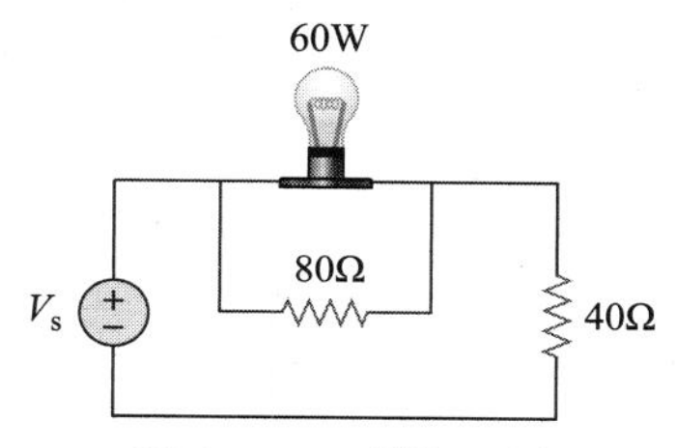

图 2-122 习题 58 图

59 三个灯泡串联在 120V 电源上，如图 2-123 所示。通过每个灯泡找到电流 I。每个灯泡的额定电压为 120V。每个灯泡消耗多少能量？它们产生的光多吗？

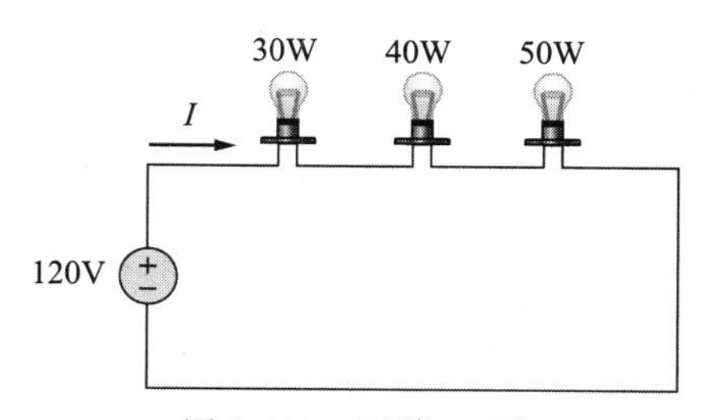

图 2-123 习题 59 图

60 如果习题 59 中的三只灯泡并联连接到 120V 的电源两端，计算流过各灯泡的电流。

61 设计一个如图 2-124 所示的照明系统，包括一个功率为 70W 的供电电源和两只灯泡。要求必须从如下三只可用灯泡中选取两只，使得所设计的系统价格最低，并且 $I=1.2\times(1\pm5\%)$A。 **ED**

$R_1=80\Omega$，价格＝0.60 美元(标准尺寸)

$R_2=90\Omega$，价格＝0.90 美元(标准尺寸)

$R_3=100\Omega$，价格＝0.75 美元(非标准尺寸)

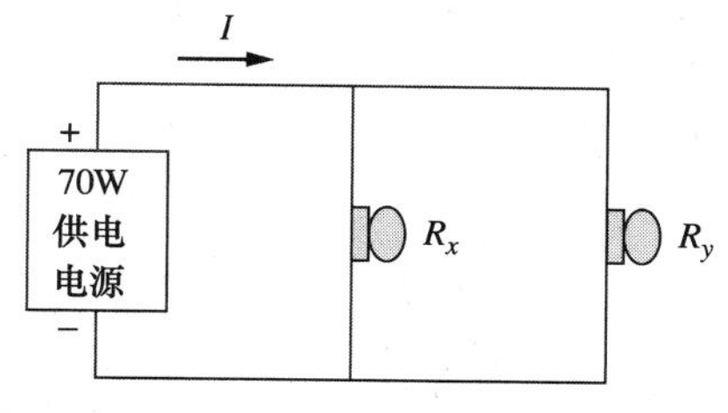

图 2-124 习题 61 图

62 某三线系统为两个负载 A 和 B 供电，如图 2-125 所示。负载 A 由电流为 8A 的电动机组成，负载 B 为电流等于 2A 的 PC。假定该系统每天工作 10h，电费为 6 美分/(kW・h)，计算一年 365 天所消耗电能的费用。

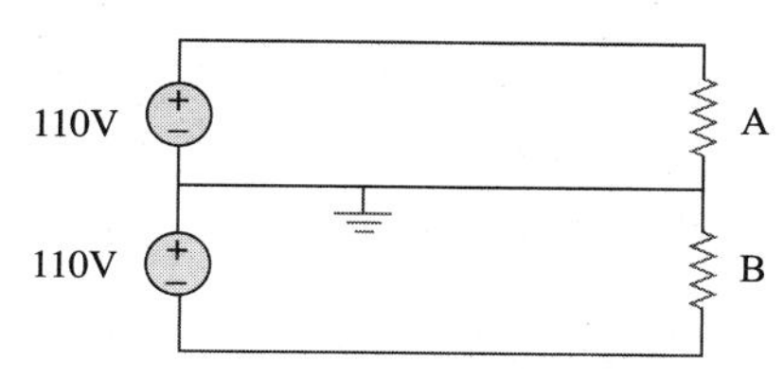

图 2-125 习题 62 图

63 如果采用内阻为 100Ω、最大电流容量为 2mA 的电流表测量 5A 的电流，确定所需的电阻值，并计算分流电阻所消耗的功率。

64 图 2-126 所示电位器(可调电阻)R_x 用于调节电流 i_x，使其变化范围为 1～10A，计算相应的 R 与 R_x 的值。

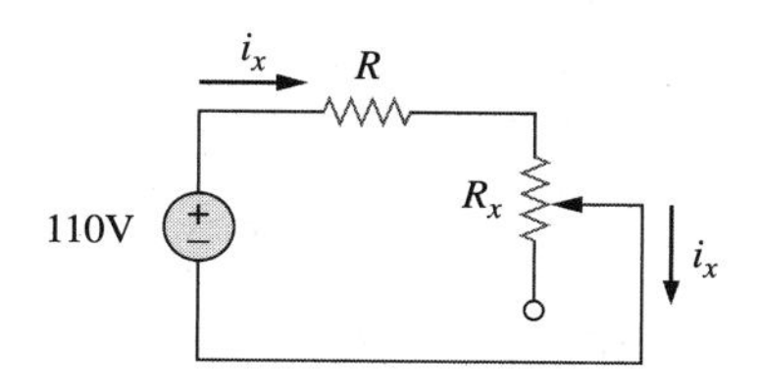

图 2-126 习题 64 图

65 一个内阻为 2kΩ 的达松伐尔电表需要 5mA 的电流才能使指针满刻度偏转。计算以 100V 为满刻度时所需连接的串联电阻值。 **ED**

66 某灵敏度为 20kΩ/V 的电压表满刻度为 10V，求：

(a) 使该表满刻度读数为 50V 时所需连接的串联电阻值；

(b) 满刻度时，该串联电阻上消耗的功率。

67 (a) 求图 2-127a 所示电路中的电压 V_o；

(b) 当一个内阻为 6kΩ 的电压表按图 2-127b 所示连接时，求电压 V_o'；

(c) 电表的有限阻值会引入测量误差，计算如下百分比误差：

$$\left|\frac{V_o-V_o'}{V_o}\right|\times100\%$$

a)

b)

图 2-127 习题 67 图

(d) 如果电压表内阻为 36kΩ，求电压表的百分比误差。

68 (a) 求图 2-128a 所示电路中的电流 I；

(b) 如果在电路中插入一个内阻为 1Ω 的电流表用于测量 I'，如图 2-128b 所示，求测得的 I'。

(c) 计算该电流表引入的百分比误差：

$$\left|\frac{I-I'}{I}\right| \times 100\%$$

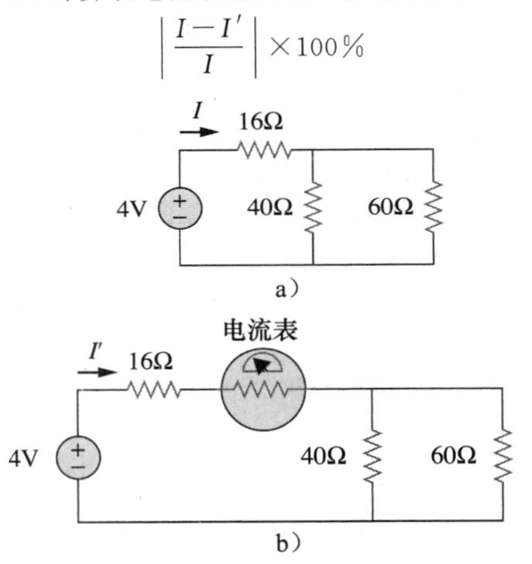

图 2-128 习题 68 图

69 采用电压表测量图 2-129 所示电路的 V_o，电压表的模型由理想电压表和与之并联的 100kΩ 内阻构成。设 $V_s=40$V，$R_s=10$kΩ，$R_1=20$kΩ，试在：(a) $R_2=1$kΩ；(b) $R_2=10$kΩ；(c) $R_2=100$kΩ 三种情况下，计算有电压表和无电压表时的 V_o。

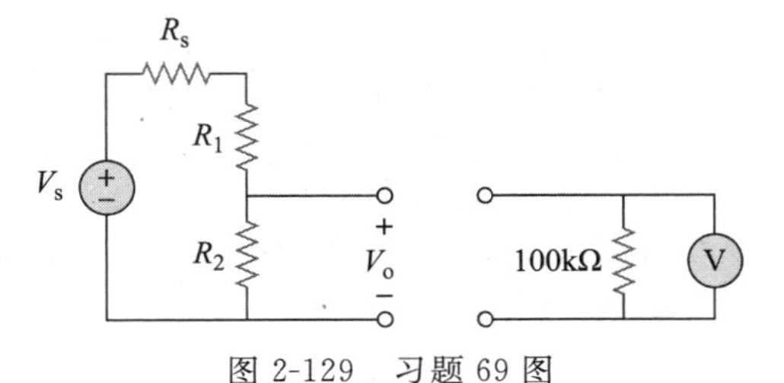

图 2-129 习题 69 图

70 (a) 计算如图 2-130 所示惠斯通电桥中的 v_a、v_b 与 v_{ab}；(b) 如果接地位置由 o 变为 a，重做(a)中的计算。

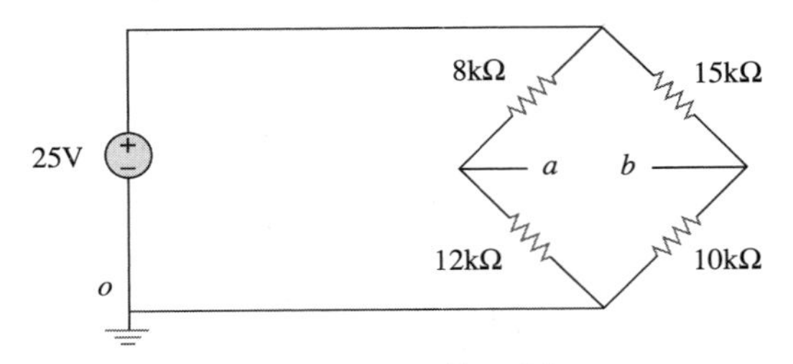

图 2-130 习题 70 图

71 图 2-131 给出了一个太阳能光电板的电路模型，如果设 $V_s=30$V，$R_1=20$kΩ，$i_L=1$A，求 R_L。

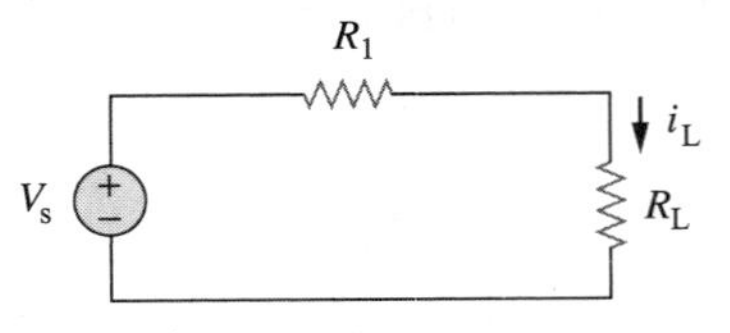

图 2-131 习题 71 图

72 求图 2-132 所示两路功率分配电路中的 V_o。

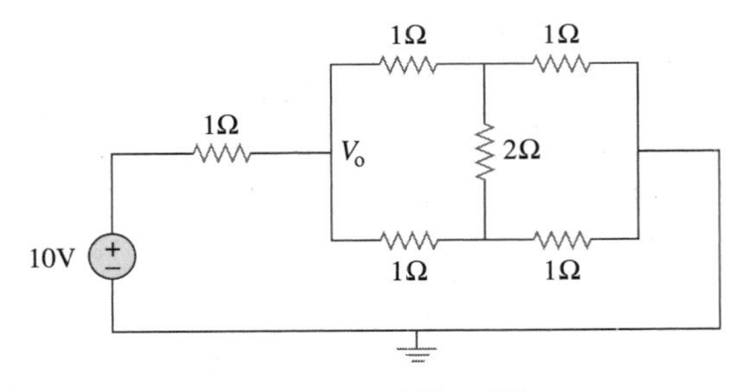

图 2-132 习题 72 图

73 电流表的模型由一个理想电流表和与之串联的 20Ω 电阻构成，该表与一电流源和一个未知电阻相连接，如图 2-133 所示。记录当前电流表的读数，增加可调电阻 R 并进行调节，直至安培表读数下降为原先记录值的一半，此时 $R=65$Ω，求 R_x 的值。

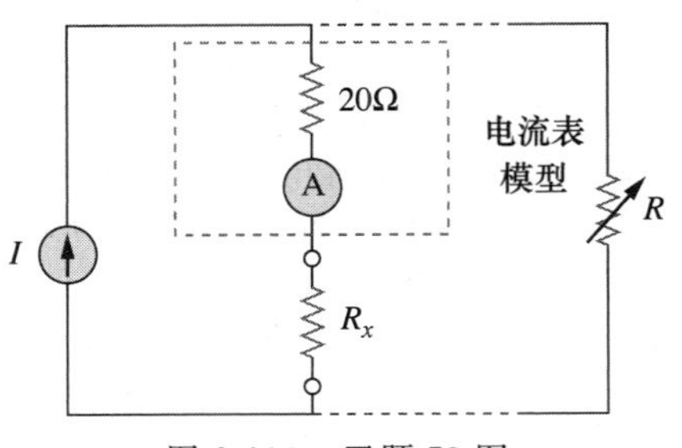

图 2-133 习题 73 图

74　图2-134所示电路用于控制电动机的转速，当开关置于高、中、低三个不同位置时，电动机电流分别为5A、3A和1A，可以用一个20mΩ的负载电阻作为该电动机的电路模型，求串联降压电阻R_1、R_2、R_3。

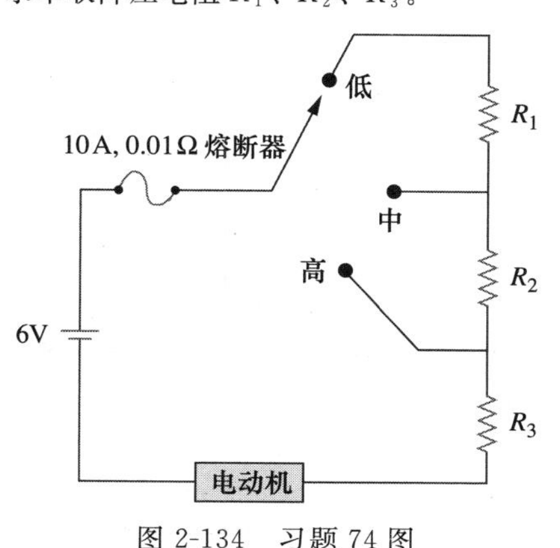

图2-134　习题74图

75　求图2-135所示四路功率分配电路中的R_{ab}，假定图中各电阻的值均为1Ω。

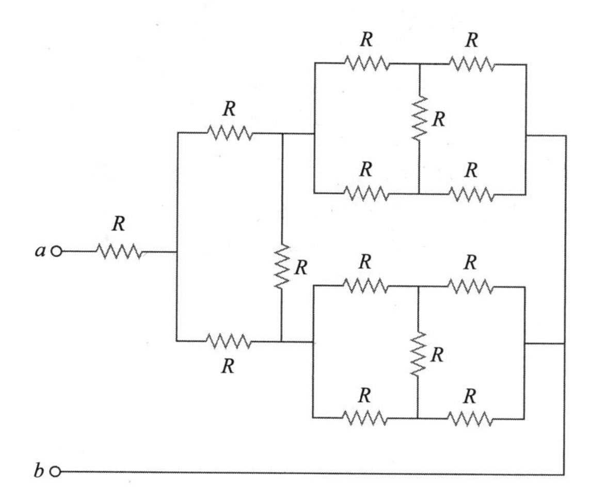

图2-135　习题75图

综合理解题

76　对图2-136所示的八路功率分配电路，重做习题2-75。

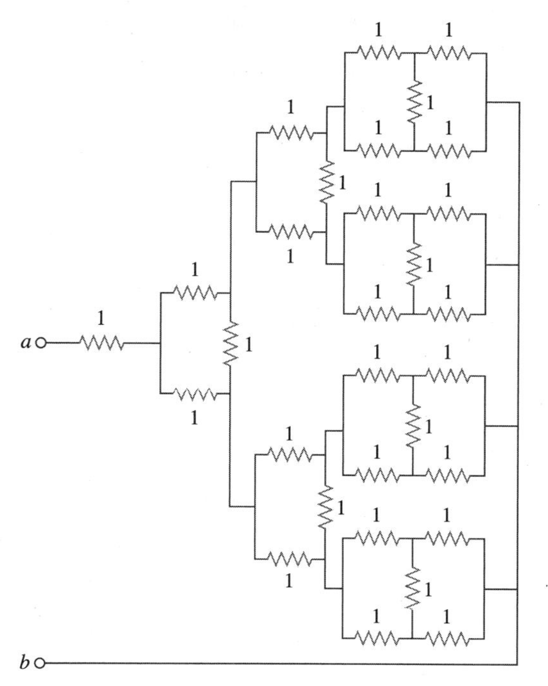

图2-136　综合理解题76图

77　假定你所在的电路实验室中有大量如下商用标称电阻：

1.8Ω　20Ω　300Ω　24kΩ　56kΩ　**ED**

利用电阻的串联并联合并和数量最少的上述电阻，得到电路设计中所需的如下阻值：

(a) 5Ω；(b) 311.8Ω；(c) 40kΩ；(d) 52.32kΩ。

78　在图2-137所示电路中，滑动端将电位器阻值调节在αR与$(1-\alpha)R$之间，$0 \leqslant \alpha \leqslant 1$，求$v_o/v_s$。

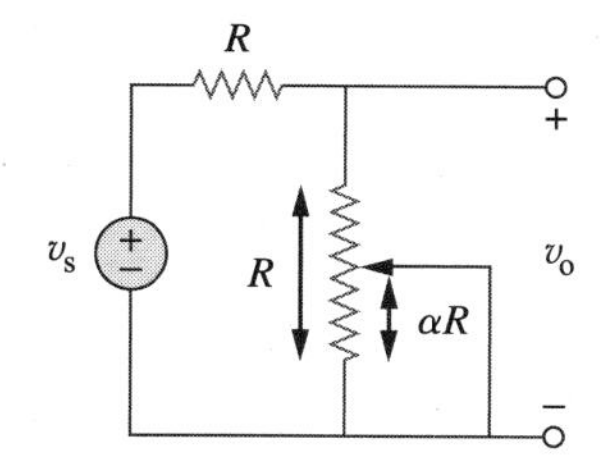

图2-137　综合理解题78图

79　将一个额定值为240mW、6V的电动削笔刀与一个9V电池相连，如图2-138所示。计算使该电动削笔刀正常工作时所需串联的分压电阻值R_x。

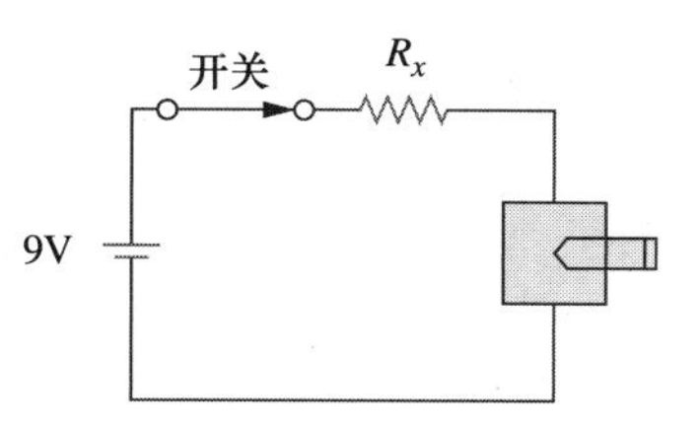

图2-138　综合理解题79图

80　扬声器与放大器连接电路如图2-139所示，如果10Ω扬声器从放大器获取的最大功率为12W，试确定一个4Ω扬声器从放大器获取的最大功率为多少？

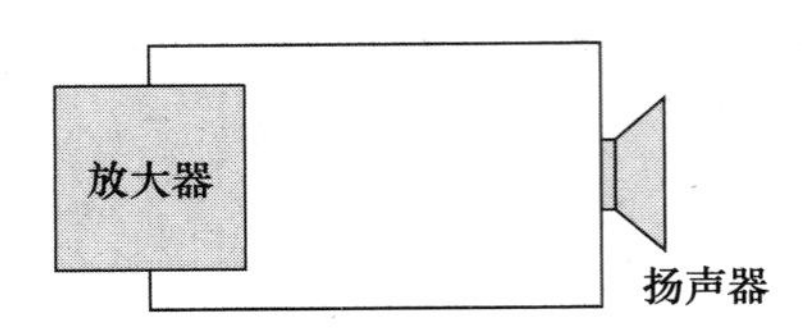

图 2-139 综合理解题 80 图

81 在某应用中，如图 2-140 所示电路的设计必须满足如下两项标准：(a) $V_o/V_s=0.05$；(b) $R_{eq}=40\text{kW}$。如果负载电阻固定为 5kΩ，求满足上述标准的电阻 R_1，R_2。

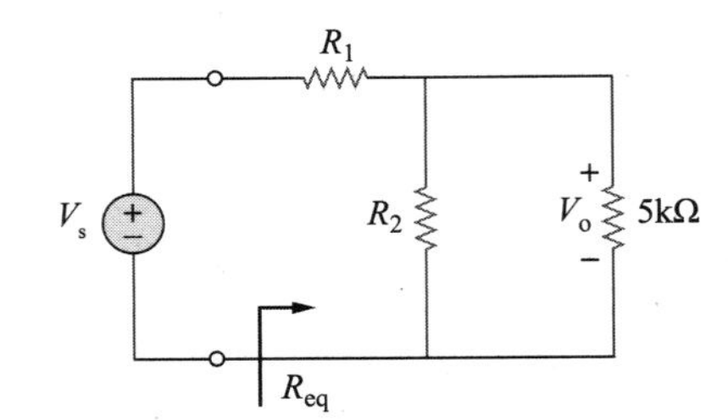

图 2-140 综合理解题 81 图

82 某电阻列阵的引脚图如图 2-141 所示，求下述引脚之间的等效电阻：(a) 1 与 2；(b) 1 与 3；(c) 1 与 4。

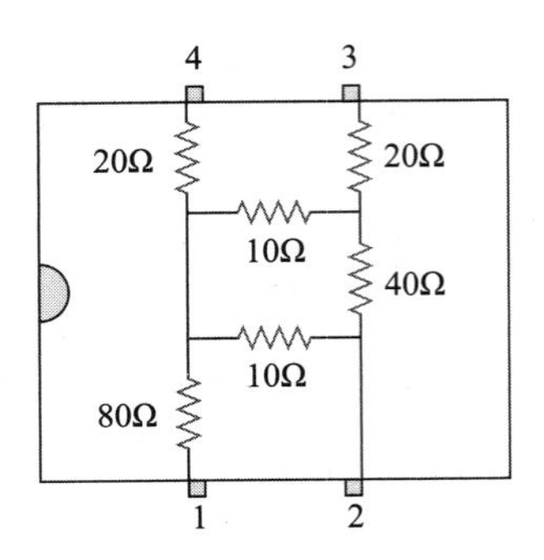

图 2-141 综合理解题 82 图

83 两精密仪器工作的额定值如图 2-142 所示，求利用 24V 电池为这两个仪器供电时所要求的 R_1，R_2。

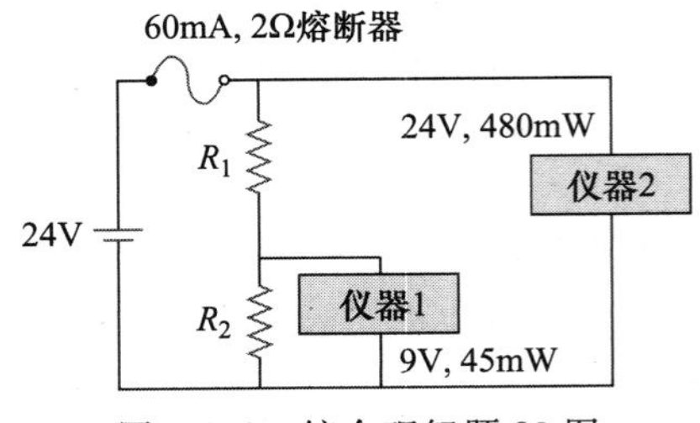

图 2-142 综合理解题 83 图

第3章 分析方法

任何伟大的事业都不是一蹴而就的。拓展一项伟大的科学发现，描绘一幅精美的画卷，创作一首不朽的诗篇，成为著名人物(如一位名垂千古的将军)，这些伟大的目标都需要时间、耐心和毅力。伟大的事业需要点点滴滴地积累，逐步地达成。

——W. J. Wilmont Buxton

拓展事业

电子学领域的职业生涯

电子学是电路分析的应用领域之一。电子学(electronics)这一术语最初用于表示电流极小的电路，但现在的情况并非如此，功率半导体器件就可在大电流下运行。目前认为电子学是电荷在气体、真空或者半导体中运动的科学。现代电子学涉及晶体管和晶体管电路。早期的电路由分立元件组成，现代电路是在半导体基片或者芯片上制成的集成电路。

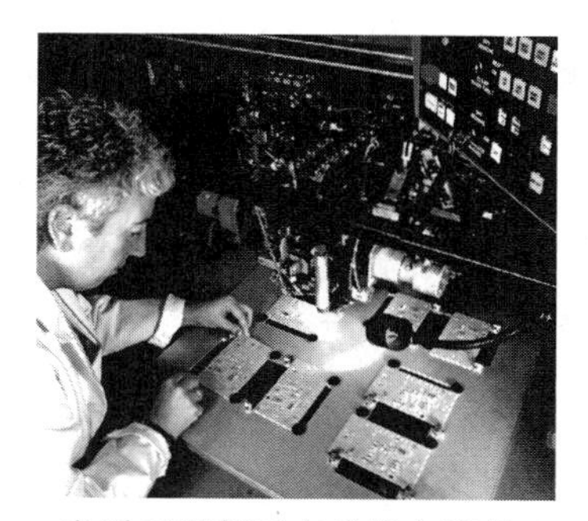

电子工程师正在检修电路板

(图片来源：Steve Allen/Stockbyte/Getty Images)

电路广泛用于自动化、通信、计算机和仪器仪表等。采用电路的设备数不胜数，收音机、电视机、计算机以及立体声系统等只是电路的几种常见应用。

电子工程师经常会使用、设计或构建由不同电路组成的电子系统，从而实现各种不同的功能。因此，理解并掌握电路的运行与分析方法对于工程师至关重要。电子学已经成为电气工程中不同于其他学科的一门专业学科。由于电子学领域的发展总是最先进的，所以电子工程师必须及时更新知识。做到这一点的最好办法就是成为专业机构中的一员，如成为电气与电子工程师协会(IEEE)的会员。IEEE是全球最大的专业技术协会，会员数量超过300 000，其会员从IEEE每年出版的大量杂志、期刊、学报和会议/论文集中受益匪浅。

学习目标

通过本章内容的学习和练习你将具备以下能力：

1. 掌握基尔霍夫电流定律。
2. 掌握基尔霍夫电压定律。
3. 深入理解如何利用基尔霍夫电流定律写节点方程以求解未知的节点电压。
4. 深入理解如何利用基尔霍夫电压定律写网孔方程以求解未知的环路电流。
5. 解释如何使用PSpice求解未知的节点电压和电流。

3.1 引言

理解了电路理论的基本定律(欧姆定律和基尔霍夫定律)之后，本章将应用这些定律来进行电路分析的两种强大的方法：基于基尔霍夫电流定律(KCL)应用的节点分析法和基于基尔霍夫电压定律(KVL)应用的网孔分析法。这两种电路分析方法非常重要，所以本章是本书中最为重要的一章，学生应该给予足够的重视。

采用本章介绍的两种分析方法可以分析任意线性电路，通过获得一组联立方程组，求解得到所需的电流值或电压值。求解联立线性方程组的一种方法是克莱姆法则，即利用方程组中系数行列式的商来计算电路变量；另一种求解联立方程组的方法是应用MATLAB。

本章还介绍了电路模拟软件——PSpice(Windows版本)的使用方法。最后，本章将应用这两种电路分析方法分析晶体管电路。

3.2　节点分析方法

节点分析法是利用节点电压作为电路变量进行电路分析。选择节点电压来代替元件电压作为电路变量使得分析过程更为方便，同时也会减少联立方程组中方程的数量。

提示： 节点分析法也称为节点电压法。

为简单起见，假设本节所分析的电路不包含电压源，而包含电压源的电路分析将在下一节予以讨论。

节点分析法就是求出节点电压，假设电路中包含 n 个节点，且不包含电压源，则电路的节点分析可按照以下三个步骤完成：

1. 选择一个节点作为参考节点，其余 $(n-1)$ 个节点电压分别是 v_1，v_2，…，v_{n-1}。这些电压都是相对于参考节点的电位。

2. 对 $(n-1)$ 个非参考节点应用KCL列写方程组，此时需根据欧姆定律用节点电压来表示各支路电流。

3. 求解联立线性方程组从而求得未知节点的电压。

下面对上述三个步骤进行解释和应用。

节点分析法的第一步是选取一个节点作为参考节点(reference node)或已知节点(datum node)，参考节点电位为零，通常称为地(ground)。参考节点可以用图3-1所示的三个符号表示。图3-1c所示的接地类型称为机壳地(chassis ground)，通常用于箱体、机壳或底盘这类作为所有电路参考节点的设备中。当以地作为参考电位时，则采用图3-1a或图3-1b的地(earth ground)符号表示。本书将采用图3-1b所示的接地符号。

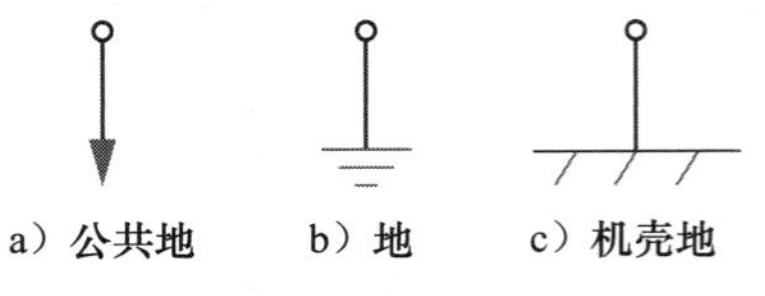

图3-1　表示参考节点的常用符号

一旦选定了参考节点，就可以为非参考节点指定电压，例如在图3-2a所示电路中，节点0为参考节点($v=0$)，而节点1和节点2的电压分别指定为 v_1 和 v_2。记住，节点电压总是相对于参考节点定义的，每个节点电压为从参考节点到相应的非参考节点的电压升，即该节点相对于参考节点的电压。

提示： 非参考节点的个数等于独立方程的个数。

节点分析法的第二步是对每个非参考节点应用KCL列方程组，为了避免在同一电路中符号过多，现将图3-2a所示电路重画成图3-2b，并在图中增加了电流 i_1、i_2 和 i_3 分别表示流过电阻 R_1、R_2 和 R_3 的电流。对节点1应用KCL定律，有

$$I_1=I_2+i_1+i_2 \tag{3.1}$$

对于节点2有：

$$I_2+i_2=i_3 \tag{3.2}$$

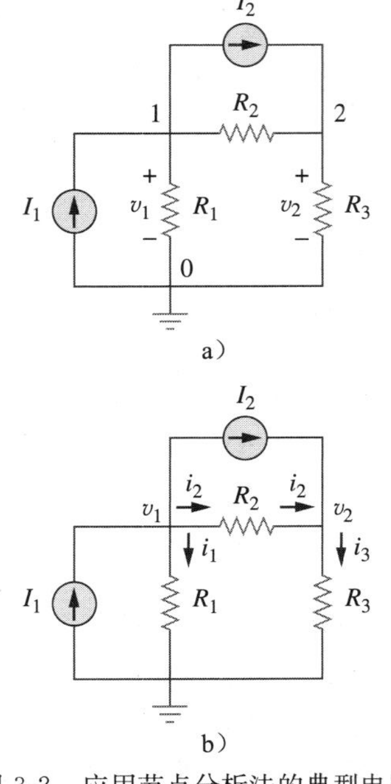

图3-2　应用节点分析法的典型电路

接着根据欧姆定律用节点电压来表示未知电流 i_1、i_2 和 i_3。必须牢记的一点是，由于电阻是无源元件，所以按照关联参考方向，电流总是从高电位流向低电位。

通过电阻的电流总是由高电位向低电位流动。

可将上述原理表示为

$$\boxed{i=\frac{v_{\text{higher}}-v_{\text{lower}}}{R}} \tag{3.3}$$

注意，该原理与第 2 章中对电阻的定义是一致的(见图 2-1)。于是，由图 3-2b 可得

$$\begin{aligned} i_1&=\frac{v_1-0}{R_1} \quad \text{或者} \quad i_1=G_1v_1 \\ i_2&=\frac{v_1-v_2}{R_2} \quad \text{或者} \quad i_2=G_2(v_1-v_2) \\ i_3&=\frac{v_2-0}{R_3} \quad \text{或者} \quad i_3=G_3v_2 \end{aligned} \tag{3.4}$$

将式(3.4)代入式(3.1)与式(3.2)，分别得到

$$I_1=I_2+\frac{v_1}{R_1}+\frac{v_1-v_2}{R_2} \tag{3.5}$$

$$I_2+\frac{v_1-v_2}{R_2}=\frac{v_2}{R_3} \tag{3.6}$$

采用电导表示时，式(3.5)与式(3.6)变为

$$I_1=I_2+G_1v_1+G_2(v_1-v_2) \tag{3.7}$$

$$I_2+G_2(v_1-v_2)=G_3v_2 \tag{3.8}$$

节点分析法的第三步是求解节点电压。如果对$(n-1)$个非参考节点应用 KCL，就可以得到$(n-1)$个联立方程组。在上例中，有两个非参考节点，得到式(3.5)和式(3.6)或者式(3.7)和式(3.8)两个联立方程组。对于图 3-2 所示电路，利用代入法、消元法、克莱姆法则或矩阵求逆法等标准方法求解式(3.5)与式(3.6)或者式(3.7)与式(3.8)，就可以得到节点电压 v_1 与 v_2。采用后两种方法时，必须将联立方程表示成矩阵形式，例如，式(3.7)与式(3.8)以矩阵形式表示为

$$\begin{bmatrix} G_1+G_2 & -G_2 \\ -G_2 & G_2+G_3 \end{bmatrix}\begin{bmatrix} v_1 \\ v_2 \end{bmatrix}=\begin{bmatrix} I_1-I_2 \\ I_2 \end{bmatrix} \tag{3.9}$$

解之即得到 v_1 与 v_2。式(3.9)的一般形式将在 3.6 节中讨论，求解联立方程还可以借助于计算器或计算机软件，如 MATLAB、Mathcad、Maple 和 Quattro Pro 等。

例 3-1 计算图 3-3a 所示电路中各节点的电压。

解：在图 3-3a 中标出相应的电压、电流，得到用于分析的图 3-3b。应该注意应用 KCL 时电流的选取方法，图中除了电流源支路外，其余电流的方向标记可以是任意的，但必须保持一致(例如，若 i_2 由左边流入 4Ω 的电阻，则 i_2 必须从电阻的右边流出该电阻)，选定参考节点后，图中的 v_1、v_2 即为所求的相应于参考节点的电压。

对于节点 1，应用 KCL 和欧姆定律可得

$$i_1=i_2+i_3 \quad \Rightarrow \quad 5=\frac{v_1-v_2}{4}+\frac{v_1-0}{2}$$

将后一个方程的两边同乘以 4，得

$$20=v_1-v_2+2v_1$$

即

$$3v_1-v_2=20 \tag{3.1.1}$$

对于节点 2，同理可得

$$i_2+i_4=i_1+i_5 \quad \Rightarrow \quad \frac{v_1-v_2}{4}+10=5+\frac{v_2-0}{6}$$

两边同乘以 12，得

$$3v_1-3v_2+120=60+2v_2$$

即

$$-3v_1+5v_2=60 \qquad (3.1.2)$$

于是，得到两个联立的方程式(3.1.1)与式(3.1.2)，采用以下任何一种解法均可求出电压 v_1 与 v_2。

方法 1　采用消元法，将式(3.1.1)和式(3.1.2)相加，得到

$$4v_2=80 \quad \Rightarrow \quad v_2=20\text{V}$$

将 $v_2=20\text{V}$ 代入式(3.1.1)，得到

$$3v_1-20=20 \quad \Rightarrow \quad v_1=\frac{40}{3}=13.333(\text{V})$$

方法 2　利用克莱姆法则，将式(3.1.1)与式(3.1.2)写成矩阵形式

$$\begin{bmatrix} 3 & -1 \\ -3 & 5 \end{bmatrix}\begin{bmatrix} v_1 \\ v_2 \end{bmatrix}=\begin{bmatrix} 20 \\ 60 \end{bmatrix} \qquad (3.1.3)$$

系数矩阵行列式的值为

$$\Delta=\begin{vmatrix} 3 & -1 \\ -3 & 5 \end{vmatrix}=15-3=12$$

于是，v_1 与 v_2 分别为

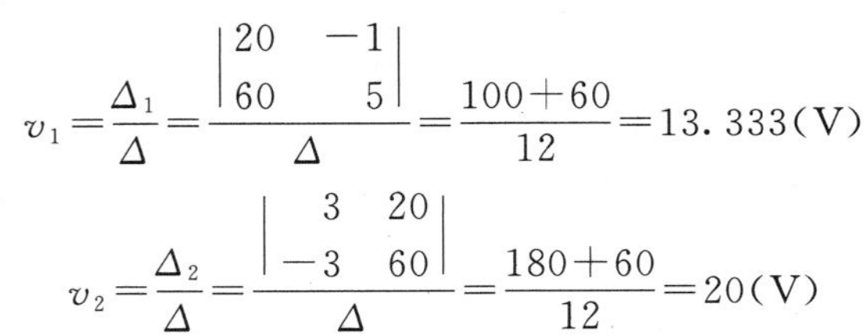

$$v_1=\frac{\Delta_1}{\Delta}=\frac{\begin{vmatrix} 20 & -1 \\ 60 & 5 \end{vmatrix}}{\Delta}=\frac{100+60}{12}=13.333(\text{V})$$

$$v_2=\frac{\Delta_2}{\Delta}=\frac{\begin{vmatrix} 3 & 20 \\ -3 & 60 \end{vmatrix}}{\Delta}=\frac{180+60}{12}=20(\text{V})$$

与采用消元法得到的结果相同。

如果要求电流值，则由节点电压值可以很容易地得到。

$$i_1=5\text{A}, \quad i_2=\frac{v_1-v_2}{4}=-1.6668(\text{A}), \quad i_3=\frac{v_1}{2}=6.666(\text{A}),$$

$$i_4=10\text{A}, \quad i_5=\frac{v_2}{6}=3.333(\text{A})$$

得到 i_2 为负值，表明其方向与假定的参考方向相反。◀

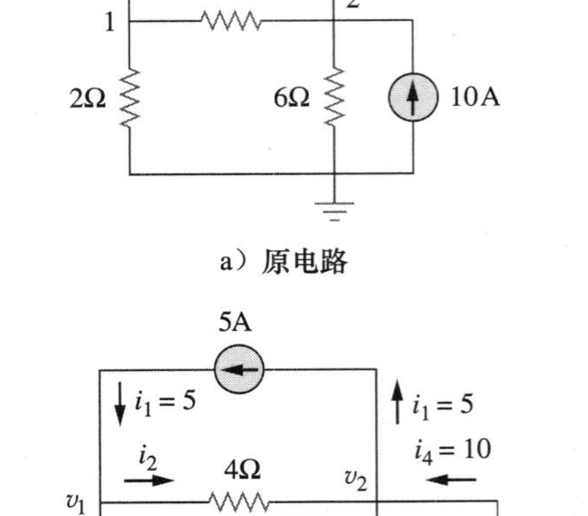

a）原电路

b）用于分析的电路

图 3-3　例 3-1 图

练习 3-1　求图 3-4 所示电路的节点电压。

答案：$v_1=-6\text{V}$，$v_2=-42\text{V}$。

例 3-2　求图 3-5a 所示电路的节点电压。

解：与例 3-1 电路包括两个非参考节点不同，本例电路中有三个非参考节点。三个节点电压 v_1、v_2、v_3 以及各支路电流的标记如图 3-5b 所示。

对于节点 1，有

$$3=i_1+i_x \quad \Rightarrow \quad 3=\frac{v_1-v_3}{4}+\frac{v_1-v_2}{2}$$

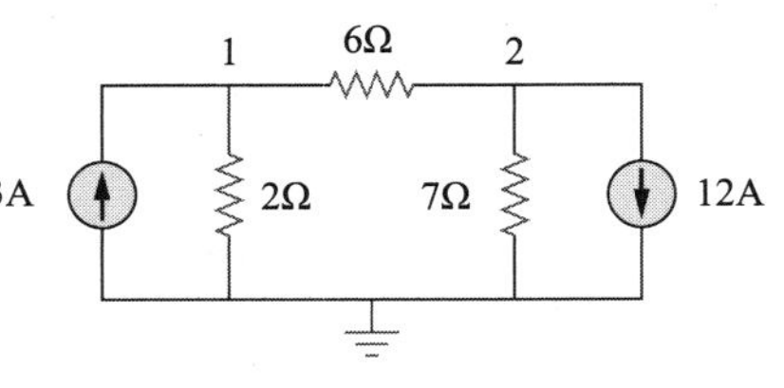

图 3-4　练习 3-1 图

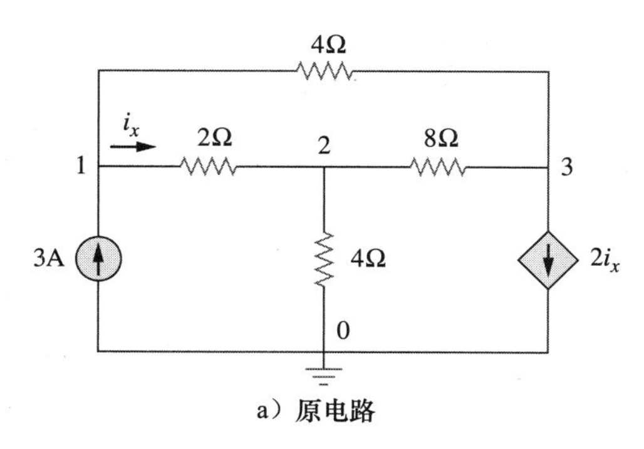

a）原电路

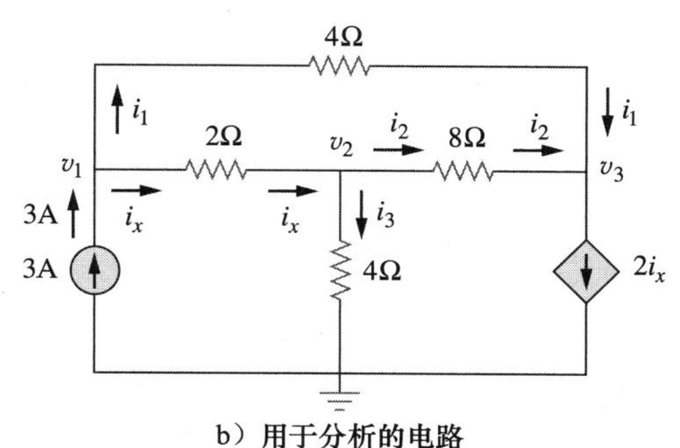

b）用于分析的电路

图 3-5 例 3-2 图

两边同时乘以 4，并移项整理得

$$3v_1-2v_2-v_3=12 \tag{3.2.1}$$

对于节点 2，有

$$i_x=i_2+i_3 \quad\Rightarrow\quad \frac{v_1-v_2}{2}=\frac{v_2-v_3}{8}+\frac{v_2-0}{4}$$

两边同乘以 8 并移项整理得

$$-4v_1+7v_2-v_3=0 \tag{3.2.2}$$

对于节点 3，有

$$i_1+i_2=2i_x \quad\Rightarrow\quad \frac{v_1-v_3}{4}+\frac{v_2-v_3}{8}=\frac{2(v_1-v_2)}{2}$$

两边同乘以 8，移项整理后再除以 3，得到

$$2v_1-3v_2+v_3=0 \tag{3.2.3}$$

于是，得到三个用于求解节点电压 v_1、v_2 和 v_3 的联立方程。下面将采用三种方法求解方程组。

方法 1 采用消元法，将式(3.2.1)与式(3.2.3)相加，得到

$$5v_1-5v_2=12$$

即

$$v_1-v_2=\frac{12}{5}=2.4(\text{V}) \tag{3.2.4}$$

将式(3.2.2)与式(3.2.3)相加，得到

$$-2v_1+4v_2=0 \quad\Rightarrow\quad v_1=2v_2 \tag{3.2.5}$$

将式(3.2.5)代入式(3.2.4)，有

$$2v_2-v_2=2.4 \quad\Rightarrow\quad v_2=2.4\text{V}，\ v_1=2v_2=4.8(\text{V})$$

由式(3.2.3)可得

$$v_3=3v_2-2v_1=3v_2-4v_2=-v_2=-2.4(\text{V})$$

综上，

$$v_1=4.8\text{V}，\quad v_2=2.4\text{V}，\ v_3=-2.4\text{V}$$

方法 2 利用克莱姆法则，将式(3.2.1)与式(3.2.3)写成矩阵形式。

$$\begin{bmatrix} 3 & -2 & -1 \\ -4 & 7 & -1 \\ 2 & -3 & 1 \end{bmatrix}\begin{bmatrix} v_1 \\ v_2 \\ v_3 \end{bmatrix}=\begin{bmatrix} 12 \\ 0 \\ 0 \end{bmatrix} \tag{3.2.6}$$

由此可得：

$$v_1=\frac{\Delta_1}{\Delta}，\quad v_2=\frac{\Delta_2}{\Delta}，\quad v_3=\frac{\Delta_3}{\Delta}$$

式中，Δ、Δ_1、Δ_2 和 Δ_3 为待计算的行列式。计算 3×3 矩阵的行列式时，应重复添加该矩阵的前两行，并交叉相乘，具体过程如下所示：

$$\Delta=\begin{vmatrix}3 & -2 & -1\\ -4 & 7 & -1\\ 2 & -3 & 1\end{vmatrix}=\begin{vmatrix}3 & -2 & -1\\ -4 & 7 & -1\\ 2 & -3 & 1\\ 3 & -2 & -1\\ -4 & 7 & -1\end{vmatrix}=21-12+4+14-9-8=10$$

同理，可以得到

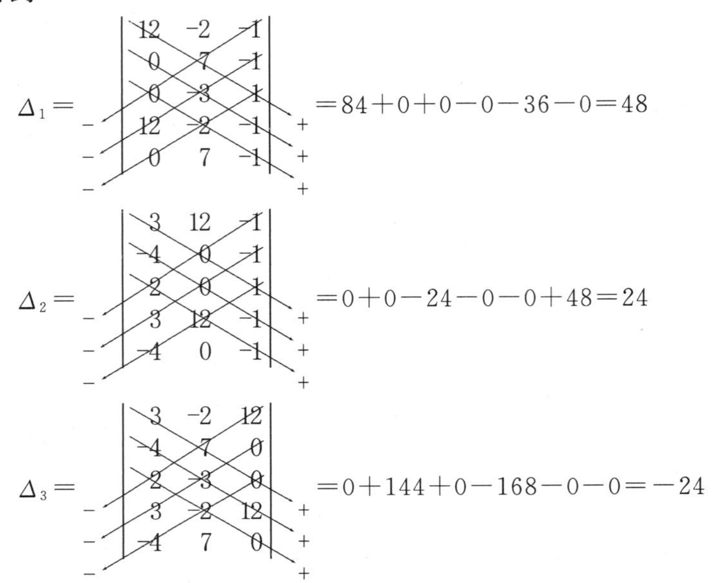

于是得到

$$v_1=\frac{\Delta_1}{\Delta}=\frac{48}{10}=4.8(\mathrm{V}),\quad v_2=\frac{\Delta_2}{\Delta}=\frac{24}{10}=2.4(\mathrm{V}),\quad v_3=\frac{\Delta_3}{\Delta}=\frac{-24}{10}=-2.4(\mathrm{V})$$

与采用方法 1 所得的结果相同。

方法 3　利用 MATLAB 求解矩阵，式(3.2.6)可以写为

$$\boldsymbol{AV}=\boldsymbol{B}\quad\Rightarrow\quad\boldsymbol{V}=\boldsymbol{A}^{-1}\boldsymbol{B}$$

式中，$\boldsymbol{A}$ 为 3×3 方阵，$\boldsymbol{B}$ 为列向量，$\boldsymbol{V}$ 为由所要求的 v_1，v_2 和 v_3 组成的列向量。利用 MATLAB 计算 $\boldsymbol{V}$ 的程序如下：

```
>> A=[3  -2  -1; -4  7  -1;  2  -3   1];
>> B=[12  0  0]';
>> V= inv(A)* B
        4.8000
  V=   2.4000
      - 2.4000
```

于是，$v_1=4.8\mathrm{V}$，$v_2=2.4\mathrm{V}$，$v_3=2.4\mathrm{V}$。与采用前两种方法得到的结果相同。◀

练习 3-2　求图 3-6 所示电路中三个非参考节点的电压。

答案：$v_1=32\mathrm{V}$，$v_2=-25.6\mathrm{V}$，$v_3=62.4\mathrm{V}$。

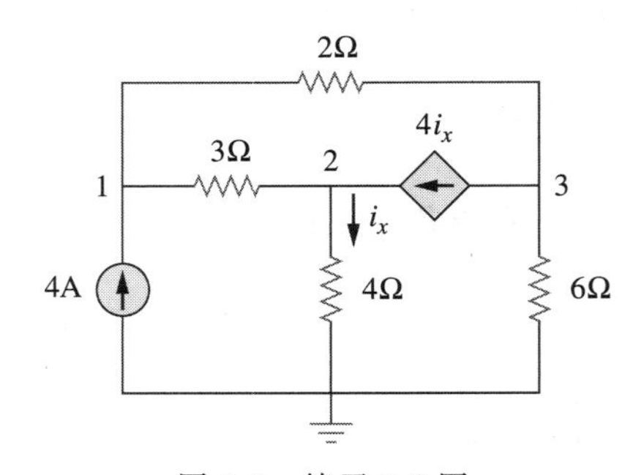

图 3-6　练习 3-2 图

3.3 含有电压源电路的节点分析法

下面讨论电压源对节点分析法的影响。以图3-7所示的电路为例，分以下两种情况进行讨论。

第1种情况 如果电压源接在参考节点与非参考节点之间，那么非参考节点的电压就等于电压源的电压。例如，在图3-7中，

$$v_1=10\text{V} \tag{3.10}$$

因此，在这种情况下可以简化电路的分析。

第2种情况 如果电压源(独立源或受控源)接在两个非参考节点之间，则这两个非参考节点构成一个*超节点*(super node)。此时可以采用KCL和KVL确定节点电压。

超节点由两个非参考节点和其间的电压源(独立源或受控源)，以及与之并联的元件所组成。

提示：超节点可以看成是包含电压源及其两个节点的一个封闭界面。

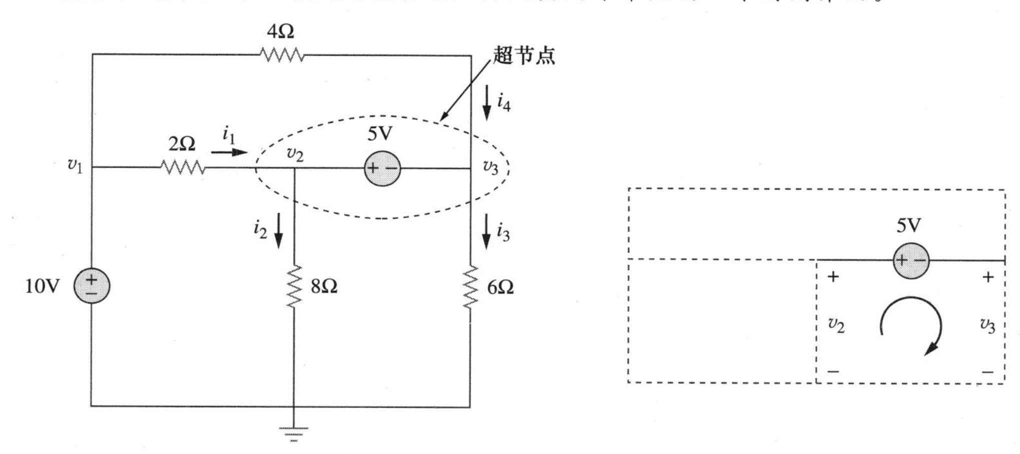

图3-7 有超节点的电路

图3-8 对超节点应用KVL

在图3-7中，节点2和节点3组成了一个超节点(超节点可以由两个以上节点组成，如图3-14所示电路)。仍然可以采用上一节介绍的三个步骤分析含有超节点的电路，只是对超节点的处理方法有所不同。这是因为节点分析法的基本要素是应用KCL，要求流过各元件的电流已知，而在超节点中，并不知道流过电压源的电流。但是，与普通节点一样，在超节点处必须满足KCL。因此，在图3-7中的超节点处，

$$i_1+i_4=i_2+i_3 \tag{3.11a}$$

即

$$\frac{v_1-v_2}{2}+\frac{v_1-v_3}{4}=\frac{v_2-0}{8}+\frac{v_3-0}{6} \tag{3.11b}$$

为了对图3-7中的超节点应用基尔霍夫电压定律，现将该节点重新画于图3-8中，顺时针方向环绕回路一周，得到

$$-v_2+5+v_3=0 \quad \Rightarrow \quad v_2-v_3=5 \tag{3.12}$$

由式(3.10)、式(3.11b)和式(3.12)就可以求得节点电压。

超节点具有如下三个属性：

1. 超节点内的电压源提供了一个求解节点电压所需的约束方程。
2. 超节点本身没有电压。
3. 超节点电路的求解要同时利用KCL和KVL。

例 3-3 求图 3-9 所示电路中的节点电压。

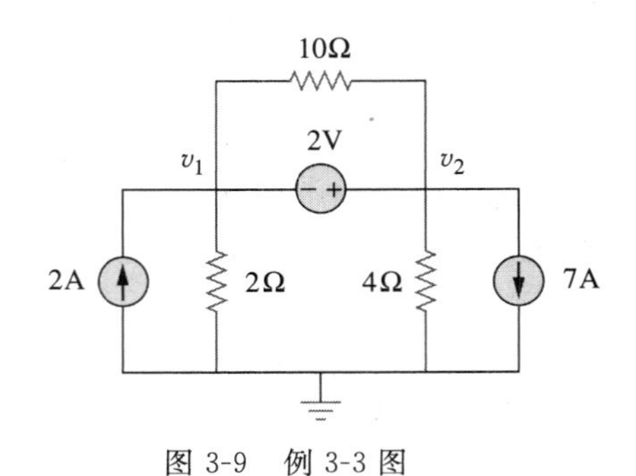

图 3-9 例 3-3 图

解： 该电路中的超节点包含 2V 电压源、节点 1、节点 2 以及 10Ω 电阻。对图 3-10a 所示电路中的超节点应用 KCL，可得

$$2=i_1+i_2+7$$

用节点电压表示 i_1 和 i_2，有

$$2=\frac{v_1-0}{2}+\frac{v_2-0}{4}+7 \quad \Rightarrow \quad 8=2v_1+v_2+28$$

即

$$v_2=-20-2v_1 \tag{3.3.1}$$

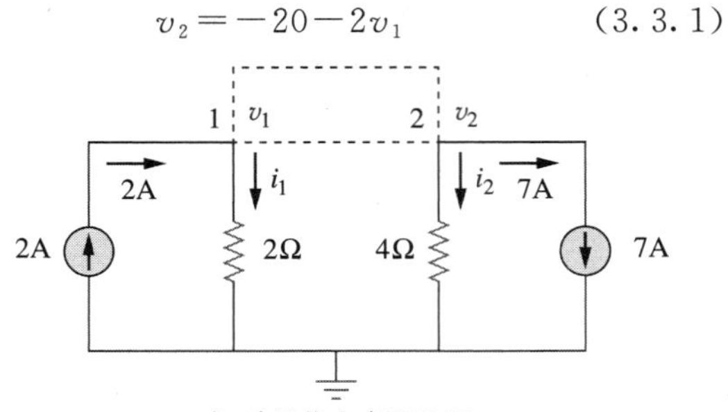

a）对超节点应用KCL

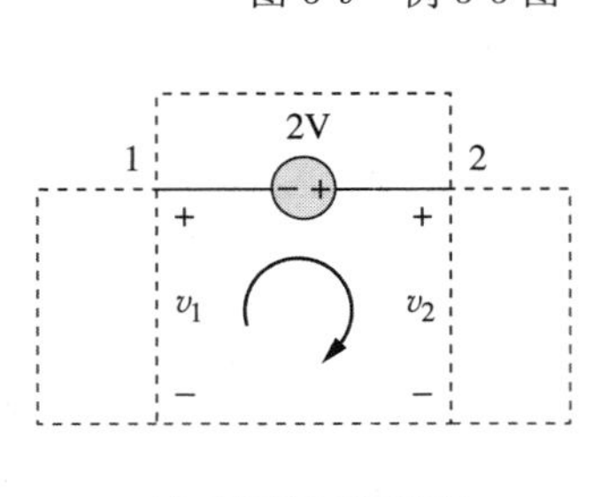

b）对回路应用KCL

图 3-10 例 3-3 分析过程

为了得到 v_1 与 v_2 之间的关系，对图 3-10b 所示的电路应用 KVL，绕回路一周可得：

$$-v_1-2+v_2=0 \quad \Rightarrow \quad v_2=v_1+2 \tag{3.3.2}$$

由式(3.3.1)与式(3.3.2)可得

$$v_2=v_1+2=-20-2v_1$$

即

$$3v_1=-22 \quad \Rightarrow \quad v_1=-7.333(\text{V})$$

并且 $v_2=v_1+2=-5.333(\text{V})$。注意，10Ω 电阻对电路的节点电压没有任何影响，因为它连接在超节点两端。◀

练习 3-3 求图 3-11 所示电路中的 v 与 i。 **答案：** -400mV，2.8A。

例 3-4 求图 3-12 所示电路中的节点电压。

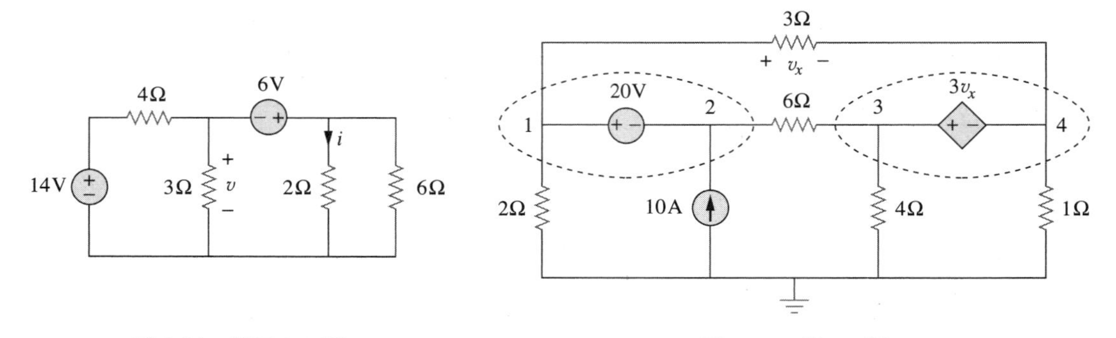

图 3-11 练习 3-3 图

图 3-12 例 3-4 图

解： 节点 1 和节点 2 组成一个超节点，节点 3 和节点 4 也组成一个超节点，对这两个超节点分别应用 KCL，如图 3-13a 所示。在超节点 1、超节点 2 处，有

$$i_3+10=i_1+i_2$$

用节点电压表示上式可得

$$\frac{v_3-v_2}{6}+10=\frac{v_1-v_4}{3}+\frac{v_1}{2}$$

即

$$5v_1+v_2-v_3-2v_4=60 \tag{3.4.1}$$

在超节点3、4处有

$$i_1=i_3+i_4+i_5 \quad \Rightarrow \quad \frac{v_1-v_4}{3}=\frac{v_3-v_2}{6}+\frac{v_4}{1}+\frac{v_3}{4}$$

即

$$4v_1+2v_2-5v_3-16v_4=0 \tag{3.4.2}$$

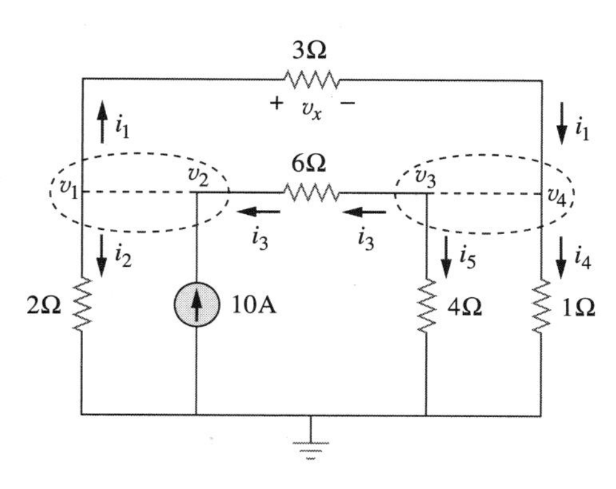

a）对两个超节点应用KCL

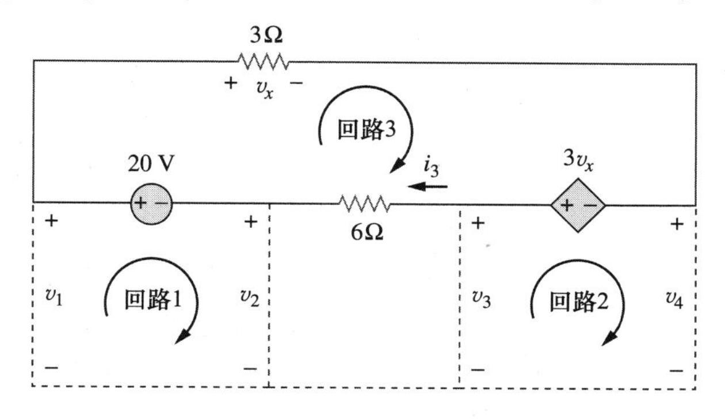

b）对回路应用KVL

图3-13　例3-4分析过程

下面对包含电压源的支路应用KVL，如图3-13b所示。对于回路1，有

$$-v_1+20+v_2=0 \quad \Rightarrow \quad v_1-v_2=20 \tag{3.4.3}$$

对于回路2，有

$$-v_3+3v_x+v_4=0$$

但是，由于$v_x=v_1-v_4$，所以

$$3v_1-v_3-2v_4=0 \tag{3.4.4}$$

对于回路3，有

$$v_x-3v_x+6i_3-20=0$$

因为$6i_3=v_3-v_2$并且$v_x=v_1-v_4$，所以

$$-2v_1-v_2+v_3+2v_4=20 \tag{3.4.5}$$

需要求解的四个节点电压为v_1、v_2、v_3和v_4，只需从式(3.4.1)～式(3.4.5)的五个方程中选取四个即可联立求解。虽然第五个方程是多余的，但可以用它来检验结果的正确性。可以直接利用MATLAB求解式(3.4.1)～式(3.4.4)，也可以消去其中的一个节点电压，求解三个联立方程。由式(3.4.3)可得$v_2=v_1-20$，将该式分别代入式(3.4.1)与式(3.4.2)，得到

$$6v_1-v_3-2v_4=80 \tag{3.4.6}$$

以及

$$6v_1-5v_3-16v_4=40 \tag{3.4.7}$$

式(3.4.4)、式(3.4.6)与式(3.4.7)写成矩阵形式为：

$$\begin{bmatrix}3 & -1 & -2\\ 6 & -1 & -2\\ 6 & -5 & -16\end{bmatrix}\begin{bmatrix}v_1\\ v_3\\ v_4\end{bmatrix}=\begin{bmatrix}0\\ 80\\ 40\end{bmatrix}$$

利用克莱姆法则，可得

$$\Delta=\begin{vmatrix}3 & -1 & -2\\ 6 & -1 & -2\\ 6 & -5 & -16\end{vmatrix}=-18,\quad \Delta_1=\begin{vmatrix}0 & 3 & -2\\ 80 & 6 & -2\\ 40 & 6 & -16\end{vmatrix}=-480$$

$$\Delta_3=\begin{vmatrix}3 & 0 & -2\\ 6 & 80 & -2\\ 6 & 40 & -16\end{vmatrix}=-3120,\quad \Delta_4=\begin{vmatrix}3 & -1 & 0\\ 6 & -1 & 80\\ 6 & -5 & 40\end{vmatrix}=840$$

因此，各个节点电压为

$$v_1=\frac{\Delta_1}{\Delta}=\frac{-480}{-18}=26.67(\text{V}),$$

$$v_3=\frac{\Delta_3}{\Delta}=\frac{-3210}{-18}=173.33(\text{V}),$$

$$v_4=\frac{\Delta_4}{\Delta}=\frac{840}{-18}=-46.67(\text{V})$$

并且 $v_2=v_1-20=6.667(\text{V})$，至此还未使用式(3.4.5)，可用其来检验结果的正确性。◀

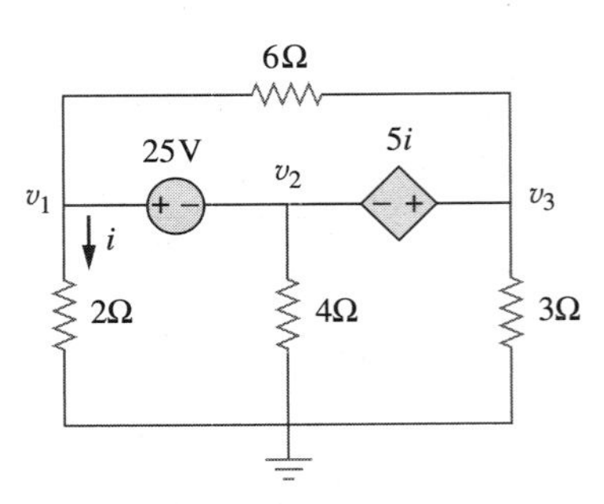

图 3-14　练习 3-4 图

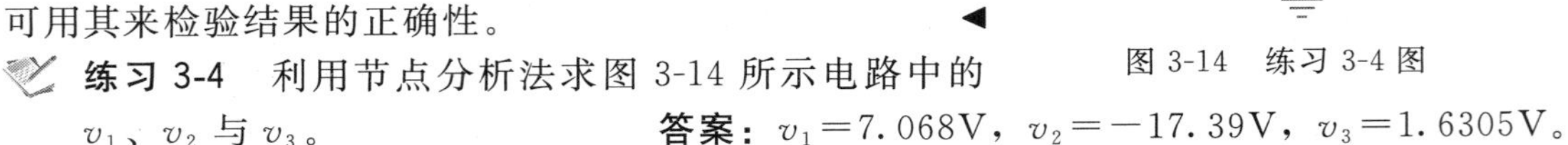

练习 3-4　利用节点分析法求图 3-14 所示电路中的 v_1、v_2 与 v_3。

答案： $v_1=7.068\text{V}$，$v_2=-17.39\text{V}$，$v_3=1.6305\text{V}$。

3.4　网孔分析法

网孔分析法是将网孔电路作为电路变量进行电路分析的另一种重要方法，以网孔电流而不是元件电流作为电路变量，分析起来很方便，而且可以减少联立方程的个数。前面已经介绍过，回路是一条封闭路径，回路上的节点在该回路中只出现一次，而网孔也是回路，并且是不包含任何其他回路的回路。

节点分析法是采用 KCL 求解给定电路的未知电压的方法，而网孔分析法则是采用 KVL 来求解未知电流的方法。网孔分析法不像节点分析法那样通用，因为它仅适用于分析平面(planar)电路。所谓平面电路是指相互连接的没有交叉支路的电路，其电路图是平面的，否则称为非平面(nonplanar)电路。有些电路看起来有交叉支路，但是如果整理重画后没有交叉支路，那么仍然是平面电路。例如，图 3-15a 所示电路有两条交叉支路，但它等效于图 3-15b 所示的电路，因此，图 3-15a 所示电路为平面电路。然而，图 3-16 所示电路为非平面电路，因为没有任何方法可以把它重画为没有交叉支路的电路，对这类非平面电路可以采用节点分析法进行分析，本书不予讨论。

提示： 网孔分析法也称为回路分析法或网孔电流法。

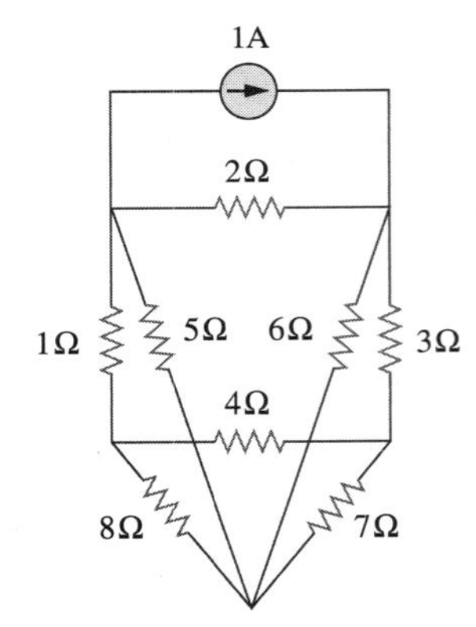

a）有交叉支路的平面电路

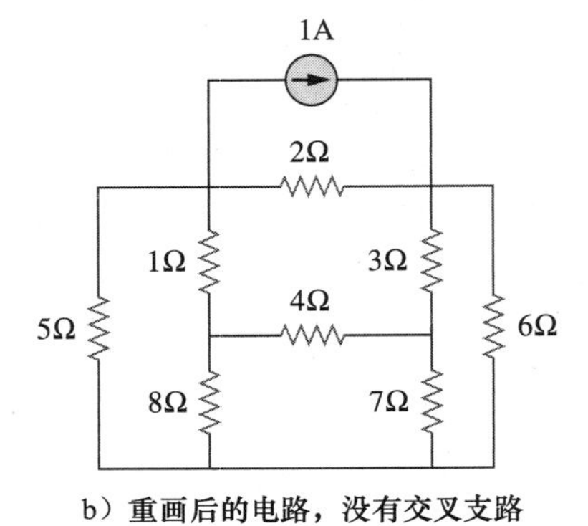

b）重画后的电路，没有交叉支路

图 3-15　平面电路

为了更好地理解网孔分析法，首先应该进一步解释网孔的概念。

网孔是指不包含任何其他回路的一条回路。

例如，在图3-17中，路径 *abefa* 和 *bcdeb* 均为网孔，但路径 *abcdefa* 就不是网孔。流经网孔的电流称为网孔电流(mesh current)，网孔分析法就是采用KVL求出给定电路的网孔电流的方法。

提示：虽然 *abcdefa* 是回路而不是网孔，但KVL仍然适用。从这个意义上讲，回路分析法与网孔分析法是一回事。

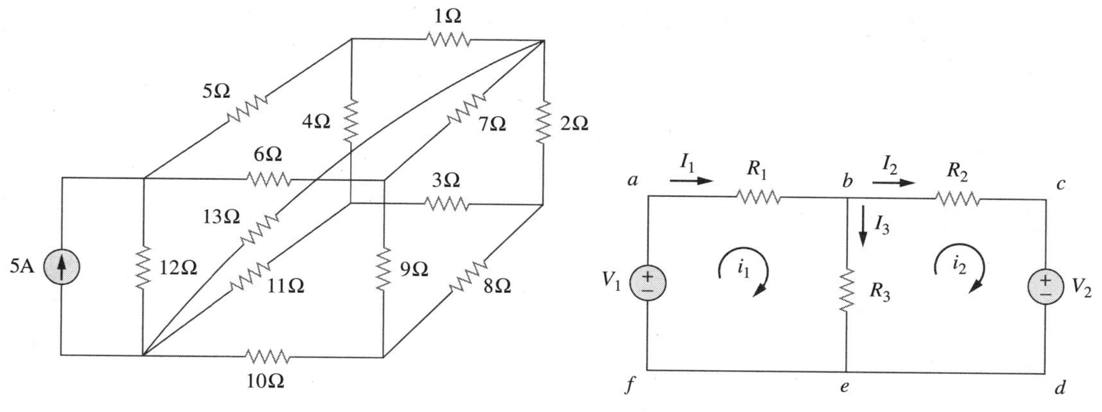

图3-16 非平面电路

图3-17 有两个网孔的电路

本节讨论不包含电流源的平面电路网孔分析法，下一节将考虑包括电流源的网孔分析法。对包含 n 个网孔的电路进行网孔分析时，应遵循如下三个步骤。

求解网孔电流的步骤：

1. 为 n 个网孔分别指定网孔电流 i_1，i_2，…，i_n。
2. 对 n 个网孔分别应用KVL，并根据欧姆定律用网孔电流来表示各个电压。
3. 求解 n 个联立方程，得到网孔电流。

下面以图3-17所示电路为例来说明上述步骤。第一步定义网孔1和网孔2的网孔电流分别为 i_1 和 i_2。虽然，各网孔电流的方向是任意的，但习惯上总是假定各网孔电流按顺时针方向流动。

提示：网孔电流的方向可以是任意的(顺时针方向或逆时针方向)，并不会影响解的有效性。

第二步，对各网孔应用KVL。对网孔1应用KVL可得

$$-V_1+R_1i_1+R_3(i_1-i_2)=0$$

或

$$(R_1+R_3)i_1-R_3i_2=V_1 \tag{3.13}$$

对网孔2应用KVL，得到

$$R_2i_2+V_2+R_3(i_2-i_1)=0$$

即

$$-R_3i_1+(R_2+R_3)i_2=-V_2 \tag{3.14}$$

注意，在式(3.13)中，i_1 的系数为第一个网孔中的电阻之和，而 i_2 的系数则是网孔1和网孔2共有电阻阻值的相反数，这一规律在式(3.14)中也是成立的。因此，上述规律可以作为写出网孔方程的快捷方法。3.6节将对此做进一步的讨论。

提示：如果一个网孔电流假定为顺时针方向，而另一个网孔电流假定为逆时针方向，这种快捷方法就不适用了。

第三步，求解网孔电流。将式(3.13)与式(3.14)写成矩阵形式，得到

$$\begin{bmatrix} R_1+R_3 & -R_3 \\ -R_3 & R_2+R_3 \end{bmatrix}\begin{bmatrix} i_1 \\ i_2 \end{bmatrix}=\begin{bmatrix} V_1 \\ -V_2 \end{bmatrix} \tag{3.15}$$

解之即可得到网孔电流 i_1 和 i_2。可以选用任何一种方法求解上述联立方程，根据式(2.12)，如果电路中包含 n 个节点，b 条支路和 l 条独立回路(即网孔)，则 $l=b-n+1$。因此，采用网孔分析法求解电路参数需要 l 个独立方程的联立求解。

注意，支路电流与网孔电流是不同的，只有在孤立网孔的情况下，两者才是相同的。为区分这两类电流，下面用 i 表示网孔电流，用 I 表示支路电流，而用 I_1、I_2、I_3 表示网孔电流的代数和。由图 3-17 易知：

$$I_1=i_1,\quad I_2=i_2,\quad I_3=i_1-i_2 \tag{3.16}$$

例 3-5 利用网孔分析法求图 3-18 所示电路中的支路电流 I_1，I_2 和 I_3。

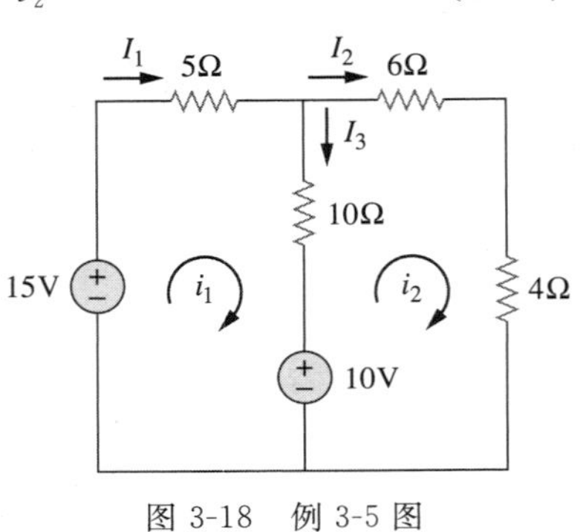

图 3-18　例 3-5 图

解：首先利用 KVL 求出网孔电流。对于网孔 1，有

$$-15+5i_1+10(i_1-i_2)+10=0$$

即

$$3i_1-2i_2=1 \tag{3.5.1}$$

对于网孔 2，有

$$6i_2+4i_2+10(i_2-i_1)-10=0$$

即

$$i_1=2i_2-1 \tag{3.5.2}$$

方法 1　采用代入法，将式(3.5.2)代入式(3.5.1)，得到

$$6i_2-3-2i_2=1 \quad \Rightarrow \quad i_2=1\text{A}$$

由式(3.5.2)，$i_1=2i_2-1=2-1=1\text{A}$，因此

$$I_1=i_1=1\text{A},\quad I_2=i_2=1\text{A},\quad I_3=i_1-i_2=0$$

方法 2　利用克莱姆法则，将式(3.5.1)与式(3.5.2)写成矩阵形式

$$\begin{bmatrix} 3 & -2 \\ -1 & 2 \end{bmatrix}\begin{bmatrix} i_1 \\ i_2 \end{bmatrix}=\begin{bmatrix} 1 \\ 1 \end{bmatrix}$$

各行列式为：

$$\Delta=\begin{vmatrix} 3 & -2 \\ -1 & 2 \end{vmatrix}=6-2=4,\ \Delta_1=\begin{vmatrix} 1 & -2 \\ 1 & 2 \end{vmatrix}=2+2=4,\ \Delta_2=\begin{vmatrix} 3 & 1 \\ -1 & 1 \end{vmatrix}=3+1=4$$

所以

$$i_1=\frac{\Delta_1}{\Delta}=1(\text{A}),\ i_2=\frac{\Delta_2}{\Delta}=1(\text{A})$$

结果与方法 1 相同。◀

练习 3-5　计算图 3-19 所示电路中的网孔电流 i_1 与 i_2。

答案：$i_1=2.5\text{A}$，$i_2=0\text{A}$。

例 3-6 利用网孔分析法求图 3-20 所示电路中的电流 I_o。

解：对三个网孔依次应用 KVL。对于网孔 1，有

$$-24+10(i_1-i_2)+12(i_1-i_3)=0$$

即

$$11i_1-5i_2-6i_3=12 \tag{3.6.1}$$

对于网孔 2，有

$$24i_2+4(i_2-i_3)+10(i_2-i_1)=0$$

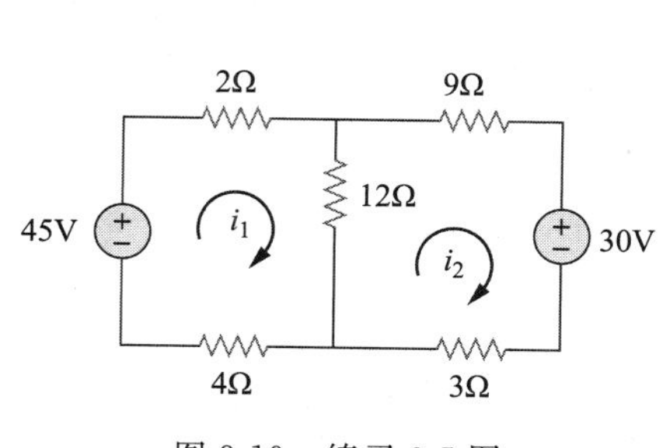

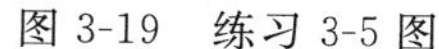
图 3-19 练习 3-5 图

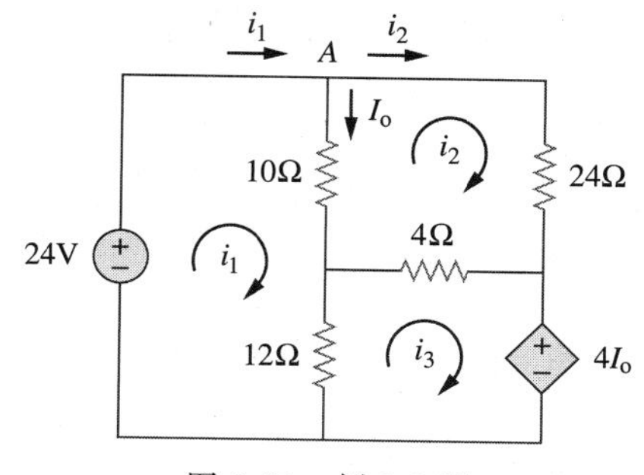

图 3-20 例 3-6 图

即

$$-5i_1+19i_2-2i_3=0 \tag{3.6.2}$$

对于网孔 3，有

$$4I_o+12(i_3-i_1)+4(i_3-i_2)=0$$

但是在节点 A 处有 $I_o=i_1-i_2$，代入上式可得

$$4(i_1-i_2)+12(i_3-i_1)+4(i_3-i_2)=0$$

即

$$-i_1-i_2+2i_3=0 \tag{3.6.3}$$

式(3.6.1)到式(3.6.3)写成矩阵形式为

$$\begin{bmatrix}11 & -5 & -6\\ -5 & 19 & -2\\ -1 & -1 & 2\end{bmatrix}\begin{bmatrix}i_1\\ i_2\\ i_3\end{bmatrix}=\begin{bmatrix}12\\ 0\\ 0\end{bmatrix}$$

得到各行列式的值为

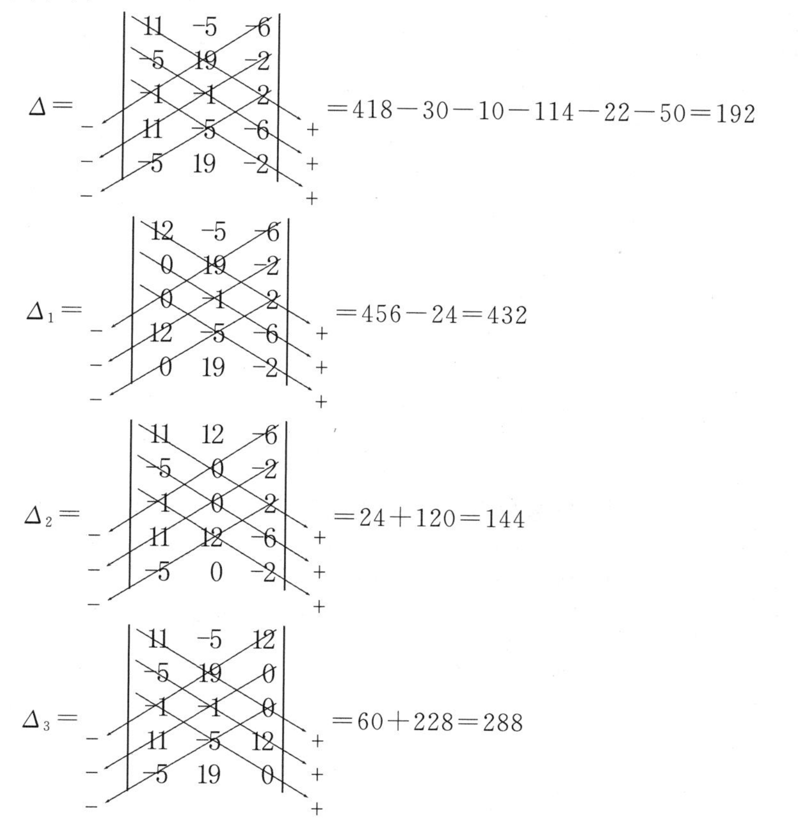

$$\Delta=\begin{vmatrix}11 & -5 & -6\\ -5 & 19 & -2\\ -1 & -1 & 2\\ 11 & -5 & -6\\ -5 & 19 & -2\end{vmatrix}=418-30-10-114-22-50=192$$

$$\Delta_1=\begin{vmatrix}12 & -5 & -6\\ 0 & 19 & -2\\ 0 & -1 & 2\\ 12 & -5 & -6\\ 0 & 19 & -2\end{vmatrix}=456-24=432$$

$$\Delta_2=\begin{vmatrix}11 & 12 & -6\\ -5 & 0 & -2\\ -1 & 0 & 2\\ 11 & 12 & -6\\ -5 & 0 & -2\end{vmatrix}=24+120=144$$

$$\Delta_3=\begin{vmatrix}11 & -5 & 12\\ -5 & 19 & 0\\ -1 & -1 & 0\\ 11 & -5 & 12\\ -5 & 19 & 0\end{vmatrix}=60+228=288$$

利用克莱姆法则计算的各网孔电流为

$$i_1=\frac{\Delta_1}{\Delta}=\frac{432}{192}=2.25(\mathrm{A}),\quad i_2=\frac{\Delta_2}{\Delta}=\frac{144}{192}=0.75(\mathrm{A}),\quad i_3=\frac{\Delta_3}{\Delta}=\frac{288}{192}=1.5(\mathrm{A})$$

所以，$I_o=i_1-i_2=1.5(\mathrm{A})$。◀

练习 3-6　利用网孔分析法计算图 3-21 所示电路中的 I_o。　**答案：**$-4\mathrm{A}$。

3.5　含有电流源电路的网孔分析法

将网孔分析法用于包含电流源（独立源或受控源）的电路时，分析过程会比较复杂。但实际上，由于电流源的存在，减少了方程的个数，求解反而会更容易些。考虑如下两种情况。

第 1 种情况　电流源仅存在于一个网孔中，如图 3-22 所示。设网孔电流 $i_2=-5\mathrm{A}$，并对另一个网孔按照通常方法写出网孔方程为

$$-10+4i_1+6(i_1-i_2)=0\quad\Rightarrow\quad i_1=-2\mathrm{A}\tag{3.17}$$

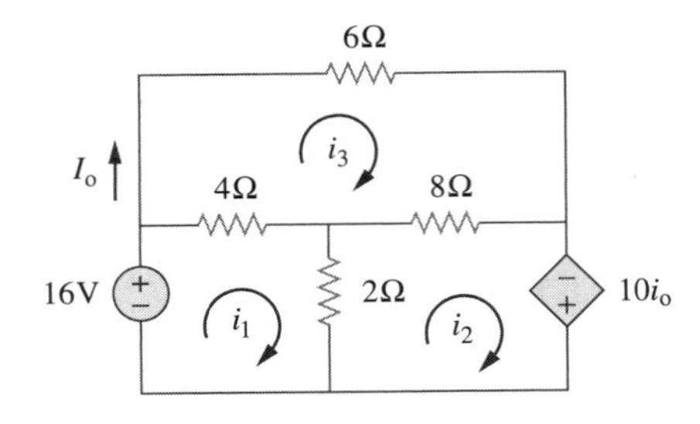

图 3-21　练习 3-6 图

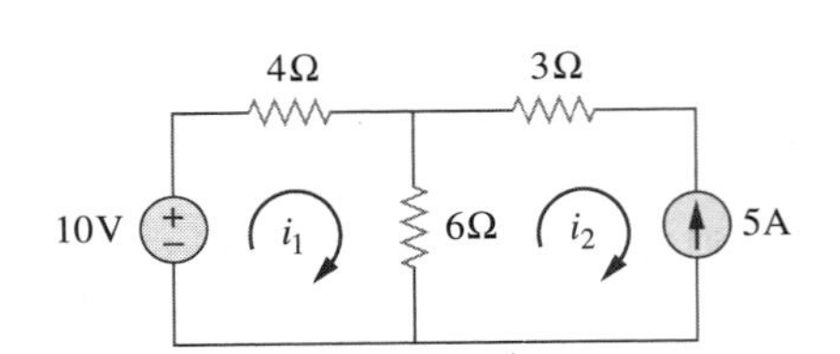

图 3-22　含有电流源电路

第 2 种情况　电流源存在于两个网孔之间，如图 3-23a 所示，将电流源和与之相串联的元件去除后，得到一个超网孔（supermesh），如图 3-23b 所示。

当两个网孔共有一个电流源（独立源或受控源）时，就产生一个超网孔。

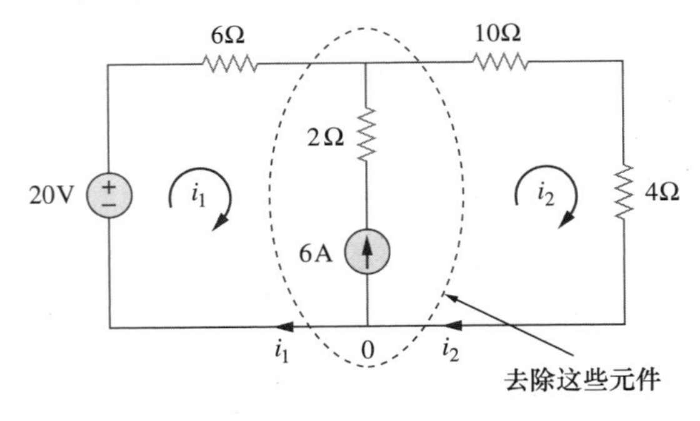

a）包含公共电流源的两个网孔

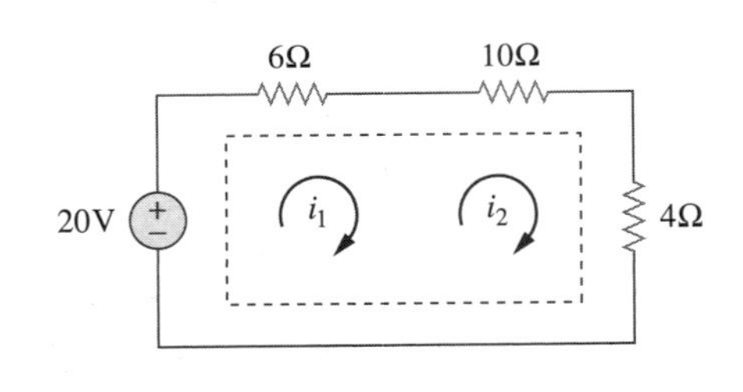

b）去除电流源后得到的超网孔

图 3-23　超网孔电路

如图 3-23b 所示，所创建的超网孔由两个网孔的外围元件构成，并对其进行了不同的处理（如果一个电路包含两个或两个以上超网孔，应将其合并为一个更大的超网孔）。为什么要对超网孔进行不同的处理呢？因为网孔分析法应用 KVL 时必须知道各支路的电压，但电流源两端的电压是未知的。然而，超网孔必须与其他网孔一样要满足 KVL 的应用条件。因此，对图 3-23b 所示的超网孔应用 KVL 有：

$$-20+6i_1+10i_2+4i_2=0$$

即

$$6i_1+14i_2=20\tag{3.18}$$

再对两个网孔共有支路上的节点应用 KCL，对图 3-23a 中的节点 0 应用 KCL 得到：

$$i_2=i_1+6 \tag{3.19}$$

解方程式(3.18)与式(3.19)，得到：

$$i_1=-3.2\text{A}, \quad i_2=2.8\text{A} \tag{3.20}$$

超网孔具有如下三个属性：

1. 超网孔中的电流源提供了求解网孔电流所需的约束方程。
2. 超网孔本身没有电流。
3. 对超网孔要同时应用 KVL 和 KCL。

例 3-7 利用网孔分析法求图 3-24 所示电路中的 $i_1 \sim i_4$。

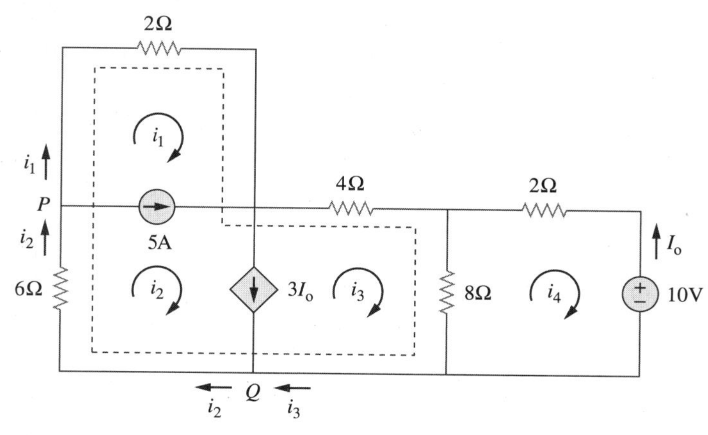

图 3-24 例 3-7 图

解： 网孔 1 与网孔 2 共有一个独立电流源，所以它们构成一个超网孔。同样，网孔 2 与网孔 3 共有一个受控电流源，所以它们又构成另一个超网孔。这两个网孔相交组成一个更大的超网孔，如图中虚线所示。对这一更大的超网孔应用 KVL，有

$$2i_1+4i_3+8(i_3-i_4)+6i_2=0$$

即

$$i_1+3i_2+6i_3-4i_4=0 \tag{3.7.1}$$

对于独立电流源，在节点 P 处应用 KCL，有

$$i_2=i_1+5 \tag{3.7.2}$$

对于受控电流源，在节点 Q 处应用 KCL，有

$$i_2=i_3+3I_o$$

但 $I_o=-i_4$，所以

$$i_2=i_3-3i_4$$

对网孔 4 应用 KVL，有：

$$2i_4+8(i_4-i_3)+10=0$$

即

$$5i_4-4i_3=-5$$

由式(3.7.1)～式(3.7.4)，得到

$$i_1=-7.5\text{A}, \quad i_2=-2.5\text{A},$$
$$i_3=3.93\text{A}, \quad i_4=2.143\text{A}$$ ◀

练习 3-7 利用网孔分析法求图 3-25 所示电路中的 i_1、i_2 和 i_3

答案： $i_1=4.632\text{A}$，$i_2=631.6\text{mA}$，$i_3=1.4736\text{A}$。

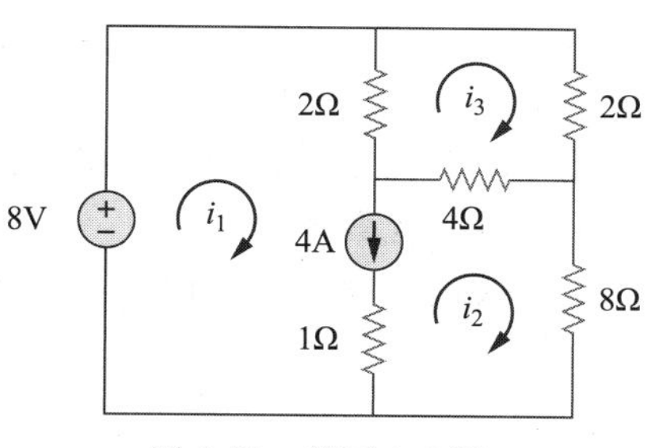

图 3-25 练习 3-7 图

†3.6 基于观察法的节点分析与网孔分析

本节给出节点分析法与网孔分析法的一般表达式，它是一种基于观察电路的快捷电路分析方法。

如果电路中的所有电源均为独立电流源，则无须像3.2节那样对各节点应用KCL得到节点电压方程，可以通过对电路的观察写出方程组。下面以图3-2所示的电路为例，为方便起见，将其重新画为图3-26a。该电路包括两个非参考节点，3.2节推导出的节点方程为

$$\begin{bmatrix} G_1+G_2 & -G_2 \\ -G_2 & G_2+G_3 \end{bmatrix}\begin{bmatrix} v_1 \\ v_2 \end{bmatrix}=\begin{bmatrix} I_1-I_2 \\ I_2 \end{bmatrix} \tag{3.21}$$

观察式(3.21)可知，对角线上的各项分别等于与节点1和节点2相连接的电导之和，而非对角线上各项等于连接于节点之间电导的相反数。同样，式(3.21)等号右边各项为流入节点电流的代数和。

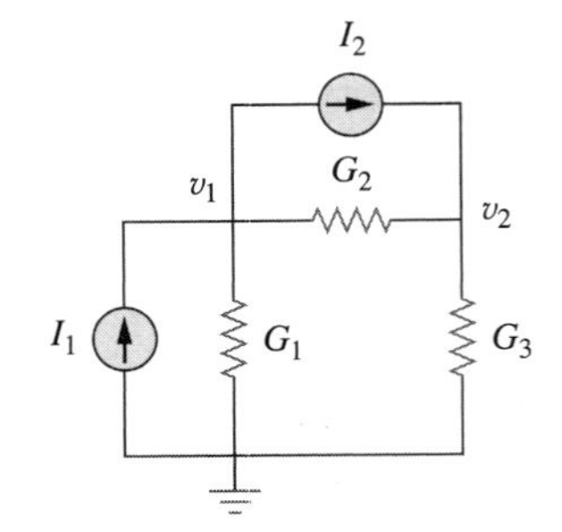

a）重画图3-2的电路

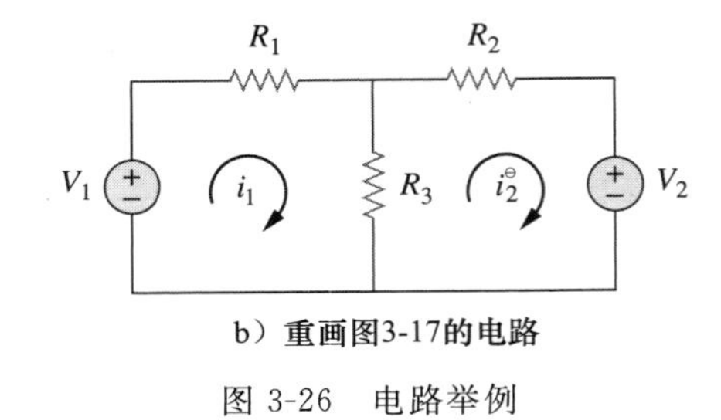

b）重画图3-17的电路

图3-26 电路举例

一般而言，如果包含独立电流源的一个电路中具有N个非参考节点，则节点电压方程可以用电导表示为如下形式：

$$\begin{bmatrix} G_{11} & G_{12} & \cdots & G_{1N} \\ G_{21} & G_{22} & \cdots & G_{2N} \\ \vdots & \vdots & \vdots & \vdots \\ G_{N1} & G_{N2} & \cdots & G_{NN} \end{bmatrix}\begin{bmatrix} v_1 \\ v_2 \\ \vdots \\ v_N \end{bmatrix}=\begin{bmatrix} i_1 \\ i_2 \\ \vdots \\ i_N \end{bmatrix} \tag{3.22}$$

或简化为

$$\mathbf{G}\boldsymbol{v}=\boldsymbol{i} \tag{3.23}$$

式中，G_{kk}＝与节点k相连接的各电导之和；$G_{kj}=G_{jk}$＝直接与节点k、j相连接的电导之和的相反数，其中$k\neq j$；v_k＝节点k处的未知电压；i_k＝直接与节点k相连接的所有独立电流源的代数和，且认为流入该节点的电流为正；$\mathbf{G}$为电导矩阵(conductance matrix)，$\boldsymbol{v}$为输出矢量，$\boldsymbol{i}$为输入矢量。

求解式(3.22)就可以得到未知的节点电压。应该记住，式(3.22)仅对具有独立电流源和线性电阻的电路有效。

同样，当线性电阻电路中仅包含独立电源时，可以用观察法得到网孔电流方程。为方便起见，将图3-17所示的电路重新画于图3-26b。该电路有两个网孔，3.4节推导出的网孔方程为

$$\begin{bmatrix} R_1+R_3 & -R_3 \\ -R_3 & R_2+R_3 \end{bmatrix}\begin{bmatrix} i_1 \\ i_2 \end{bmatrix}=\begin{bmatrix} V_1 \\ -V_2 \end{bmatrix} \tag{3.24}$$

由式(3.24)可以看出，各对角线元素为相关网孔中的电阻之和，而非对角线元素等于网孔1与网孔2共有电阻的相反数，式(3.24)右边各项为相关网孔中顺时针方向上所有独立电压源的代数和。

一般地，如果电路包含N个网孔，则其网孔电流方程可以用电阻表示为

㊀ 原书有误——译者注。

$$\begin{bmatrix} R_{11} & R_{12} & \cdots & R_{1N} \\ R_{21} & R_{22} & \cdots & R_{2N} \\ \vdots & \vdots & \vdots & \vdots \\ R_{N1} & R_{N2} & \cdots & R_{NN} \end{bmatrix} \begin{bmatrix} i_1 \\ i_2 \\ \vdots \\ i_N \end{bmatrix} = \begin{bmatrix} v_1 \\ v_2 \\ \vdots \\ v_N \end{bmatrix} \tag{3.25}$$

或简化为

$$\boldsymbol{Ri} = \boldsymbol{v} \tag{3.26}$$

式中，R_{kk} =网孔 k 中各电阻之和；$R_{kj} = R_{jk}$ =网孔 k 与网孔 j 的共有电阻之和的相反数，其中 $k \neq j$；i_k =网孔 k 中顺时针方向的未知网孔电流；v_k =网孔 k 中沿顺时针方向的所有独立电压源的代数和，其中电压升为正值。$\boldsymbol{R}$ 称为**电阻矩阵**(resistance matrix)，$\boldsymbol{i}$ 为输出矢量，$\boldsymbol{v}$ 为输入矢量。求解式(3.25)就可以得到未知的网孔电流。

例 3-8 采用观察法写出图 3-27 所示电路的节点电压矩阵方程。

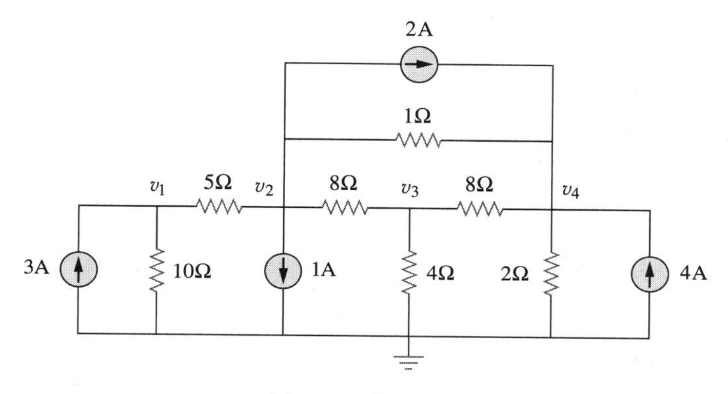

图 3-27 例 3-8 图

解： 图 3-27 所示电路包含四个非参考节点，所以需要四个节点方程。即电导矩阵 $\boldsymbol{G}$ 应为 4×4 矩阵，矩阵 $\boldsymbol{G}$ 的对角线元素如下(单位为 S)。

$$G_{11} = \frac{1}{5} + \frac{1}{10} = 0.3, \qquad G_{22} = \frac{1}{5} + \frac{1}{8} + \frac{1}{1} = 1.325,$$

$$G_{33} = \frac{1}{8} + \frac{1}{8} + \frac{1}{4} = 0.5, \quad G_{44} = \frac{1}{8} + \frac{1}{2} + \frac{1}{1} = 1.625$$

非对角线元素为

$$G_{12} = -\frac{1}{5} = -0.2, \qquad G_{13} = G_{14} = 0$$

$$G_{21} = -0.2, \qquad G_{23} = -\frac{1}{8} = 0.125, \qquad G_{24} = -\frac{1}{1} = -1$$

$$G_{31} = 0, \qquad G_{32} = -0.125, \qquad G_{34} = -\frac{1}{8} = -0.125$$

$$G_{41} = 0, \qquad G_{42} = -1, \qquad G_{43} = -0.125$$

输入电流矢量 $\boldsymbol{i}$ 的各项如下(单位为 A)。

$$\boldsymbol{i}_1 = 3, \quad \boldsymbol{i}_2 = -1-2 = -3, \quad \boldsymbol{i}_3 = 0, \quad \boldsymbol{i}_4 = 2+4 = 6$$

因此，节点电压方程为

$$\begin{bmatrix} 0.3 & -0.2 & 0 & 0 \\ -0.2 & 1.325 & -0.125 & -1 \\ 0 & -0.125 & 0.5 & -0.125 \\ 0 & -1 & -0.125 & 1.625 \end{bmatrix} \begin{bmatrix} v_1 \\ v_2 \\ v_3 \\ v_4 \end{bmatrix} = \begin{bmatrix} 3 \\ -3 \\ 0 \\ 6 \end{bmatrix}$$

可以利用 MATLAB 求解上式，得到节点电压 v_1、v_2、v_3 和 v_4。◀

练习 3-8　利用观察法写出图 3-28 所示电路的节点电压方程。

答案：
$$\begin{bmatrix} 1.25 & -0.2 & -1 & 0 \\ -0.2 & 0.2 & 0 & 0 \\ -1 & 0 & 1.25 & -0.125 \\ 0 & 0 & -0.25 & 1.25 \end{bmatrix}\begin{bmatrix} v_1 \\ v_2 \\ v_3 \\ v_4 \end{bmatrix}=\begin{bmatrix} 0 \\ 5 \\ -3 \\ 2 \end{bmatrix}$$

例 3-9 利用观察法写出图 3-29 所示电路的网孔电流方程。

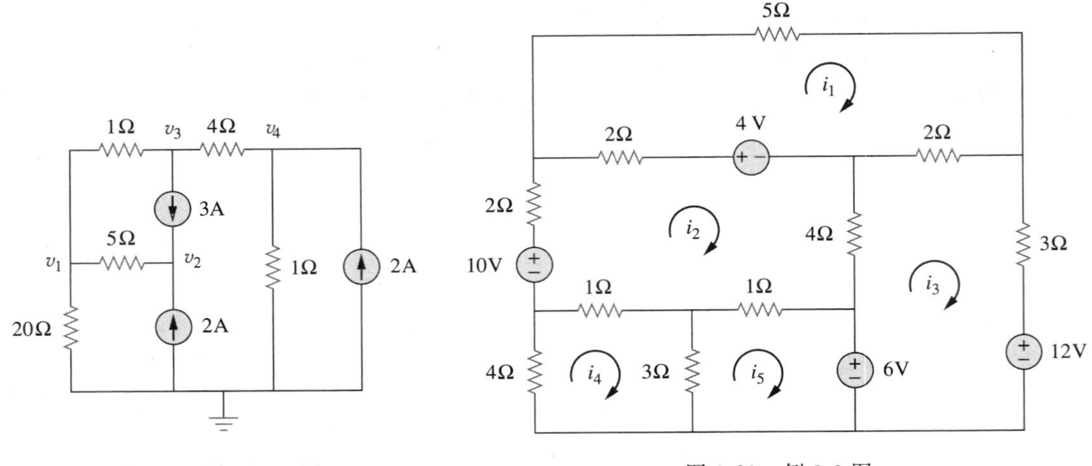

图 3-28　练习 3-8 图　　　　图 3-29　例 3-9 图

解： 图中所示电路有 5 个网孔，所以电阻矩阵为 5×5，对角线上各元素如下(单位为 Ω)。

$$R_{11}=5+2+2=9,\ R_{22}=2+4+1+1+2=10,$$
$$R_{33}=2+3+4=9,\ R_{44}=1+3+4=8,\ R_{55}=1+3=4$$

非对角线元素为

$$R_{12}=-2,\quad R_{13}=-2,\quad R_{14}=0=R_{15}$$
$$R_{21}=-2,\quad R_{23}=-4,\quad R_{24}=-1,\quad R_{25}=-1$$
$$R_{31}=-2,\quad R_{32}=-4,\quad R_{34}=0=R_{35}$$
$$R_{41}=0,\quad R_{42}=-1,\quad R_{43}=0,\quad R_{45}=-3$$
$$R_{51}=0,\quad R_{52}=-1,\quad R_{53}=0,\quad R_{54}=-3$$

输入电压矢量 v 的各项如下(单位为 V)：

$$v_1=4,\quad v_2=10-4=6,$$
$$v_3=-12+6=-6,\quad v_4=0,\quad v_5=-6$$

所以，网孔电流方程为

$$\begin{bmatrix} 9 & -2 & -2 & 0 & 0 \\ -2 & 10 & -4 & -1 & -1 \\ -2 & -4 & 9 & 0 & 0 \\ 0 & -1 & 0 & 8 & -3 \\ 0 & -1 & 0 & -3 & 4 \end{bmatrix}\begin{bmatrix} i_1 \\ i_2 \\ i_3 \\ i_4 \\ i_5 \end{bmatrix}=\begin{bmatrix} 4 \\ 6 \\ -6 \\ 0 \\ -6 \end{bmatrix}$$

由此可以利用 MATLAB 求出网孔电流 i_1、i_2、i_3、i_4 和 i_5。◀

练习 3-9　利用观察法写出图 3-30 所示电路的网孔电流方程。

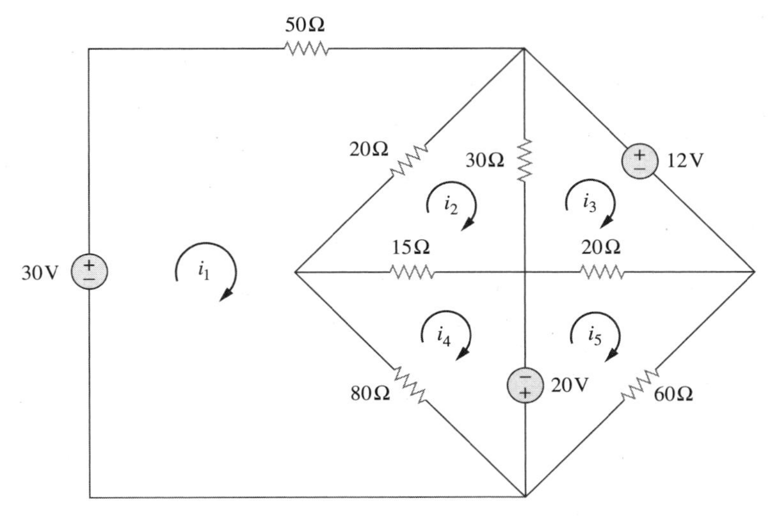

图 3-30 练习 3-9 图

答案：

$$\begin{bmatrix} 150 & -40 & 0 & 80 & 0 \\ -40 & 65 & -30 & -15 & 0 \\ 0 & -30 & 50 & 0 & -20 \\ -80 & -15 & 0 & 95 & 0 \\ 0 & 0 & -20 & 0 & 80 \end{bmatrix} \begin{bmatrix} i_1 \\ i_2 \\ i_3 \\ i_4 \\ i_5 \end{bmatrix} = \begin{bmatrix} 30 \\ 0 \\ -12 \\ 20 \\ -20 \end{bmatrix}$$

3.7 节点分析法与网孔分析法的比较

节点分析法与网孔分析法为分析复杂电路网络提供了系统的解决方法。但是有人会问：在分析电路网络时，怎样才能知道采用哪一种方法更好、更有效呢？最佳方法的选取受到两个因素的制约。

第一个因素是特定网络本身的特征。包含大量串联元件、电压源或超网孔的电路网络更适合采用网孔分析法，而包含较多并联元件、电流源或超节点的电路网络，则适合应用节点分析法。此外，节点数少于网孔数的电路网络则宜采用节点分析法，而网孔数少于节点数的电路则宜采用网孔分析法。选取哪种分析方法的关键在于采用所选定方法得到的联立方程的个数更少。

第二个因素是所求电路的参数信息。如果求节点电压，可能用节点分析法较为有利；如果求支路电流或网孔电流，采用网孔分析法则更好些。

同时掌握这两种分析方法是很有帮助的，其原因有二：首先，如果可能，可以用一种方法来验证另一种方法得到的结果的正确性；其次，由于这两种方法都有其各自的局限性，因此适用于特定问题的分析方法可能只是其中的一种方法。例如，对晶体管电路的分析只能采用网孔电流法(详见 3.9 节)，但是因为没有求解放大器端电压的直接方法，所以网孔分析法不适合用于运算放大器电路的分析，这一点将在第 5 章中予以讨论。另外，因为网孔分析法仅适用于平面电路网络，所以对非平面网络只能采用节点分析法。同时节点分析法更易于通过编程用计算机求解，从而适合解决难以通过手算来分析的复杂电路网络问题。下面就介绍一种基于节点分析法的计算机软件。

3.8 基于 PSpice 的电路分析

PSpice 是在阅读本书过程中要学习的电路分析软件。本节将举例说明如何利用

Windows 操作系统下的 PSpice 软件来分析直流电路。

在本节继续之前，读者应该先阅读本教程。应注意的是，当已知所有电路元件的数值时，PSpice 仅有助于确定分支电压和分支电流。

例 3-10 利用 PSpice 求图 3-31 所示电路中的节点电压。

解： 首先，利用 Schematics 画出给定电路，即如图 3-32 所示的电路原理图。因为要对电路作直流分析，所以应采用电压源 VDC 和电流源 IDC。同时加入伪元件 VIEWPOINTS 显示所要求的节点电压。将电路画好后保存为文件 exam310. sch，选择 Analysis/Simulate 程序运行 PSpice，计算机对电路模拟后的结果就会显示在 VIEWPOINTS 上，并存入输入文件 exam310. out 中，输出文件内容如下。

NODE VOLTAGE	NODE VOLTAGE	NODE VOLTAGE
(1) 120.0000	(2) 81.2900	(3) 89.0320

即电压 $V_1=120\text{V}$，$V_2=81.29\text{V}$，$V_3=89.032\text{V}$。◀

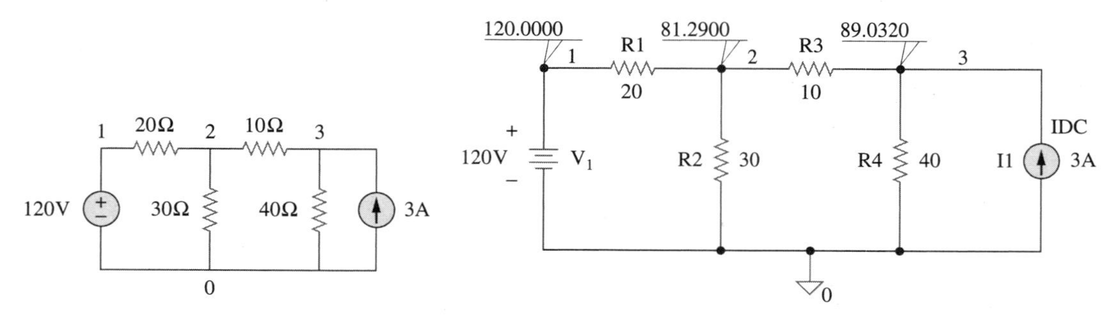

图 3-31 例 3-10 图

图 3-32 利用 PSpice 画出的图 3-31 所示电路的原理图

练习 3-10 利用 PSpice 求图 3-33 所示电路的节点电压。

答案： $V_1=-10\text{V}$，$V_2=14.286\text{V}$，$V_3=50\text{V}$。

例 3-11 试确定图 3-34 所示电路中的电流 i_1、i_2 和 i_3。

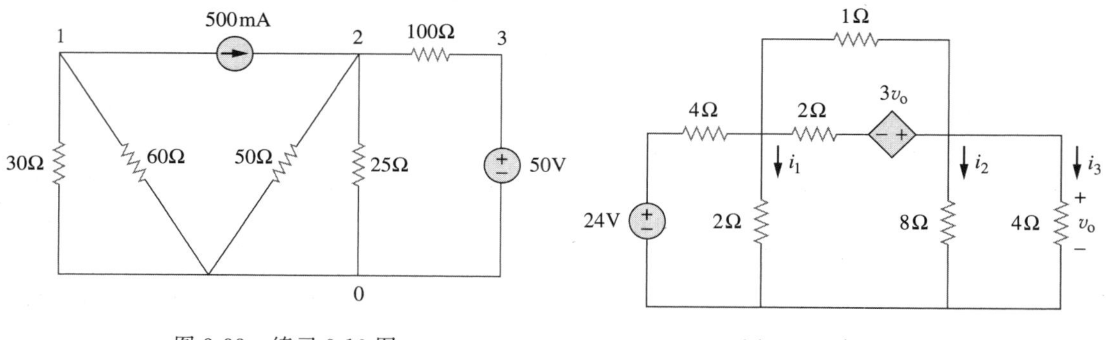

图 3-33 练习 3-10 图

图 3-34 例 3-11 图

解： 利用 Schematics 画出的电路原理图如图 3-35 所示（图 3-35 所示原理图中包含输出结果，表明该图是仿真结束后显示在屏幕上的原理图）。图 3-35 中的电压控制电压源 E1 的输入为 4Ω 电阻两端的电压，其增益设定为 3。为显示所求的电流，在相应的支路中插入伪元件 IPROBES。将该电路原理图保存在文件 exam311. sch 中并运行 **Analysis/Simulate** 程序，模拟结果显示于 IPROBES 上并保存在输出文件 exam. out 中，由输出文件或 IPROBES 可以得到 $i_1=i_2=1.333\text{A}$，$i_3=2.667\text{A}$。◀

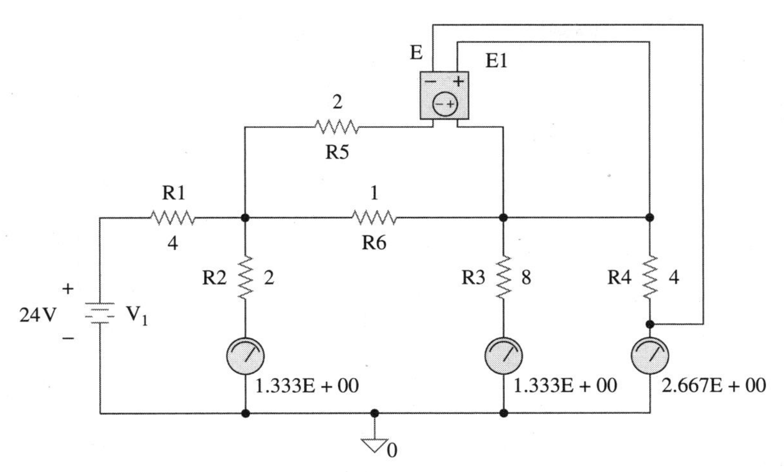

图 3-35　图 3-34 所示电路的仿真原理图

练习 3-11　用 PSpice 确定图 3-36 所示电路中的电流 i_1，i_2 和 i_3。

答案： $i_1=-428.6\text{mA}$，$i_2=2.286\text{A}$，$i_3=2\text{A}$。

†3.9　应用实例：直流晶体管电路

许多人都使用过电子产品，并且具有一定的计算机操作经验。这些电子产品以及计算机中集成电路的基本元件是大家熟知的有源三端器件——晶体管(transistor)，工程技术人员必须掌握晶体管的相关知识和使用方法才能进行电路设计。

图 3-37 给出了几种不同的商用晶体管。晶体管的基本类型有两种：双极型晶体管(bipolar junction transistor，BJT)和场效应晶体管(field-effect transistor，FET)。本节仅讨论其中第一种类型的晶体管，即至今仍经常使用的双极型晶体管。对 BJT 有足够的了解之后，读者便能够应用本章介绍的方法分析直流晶体管电路。

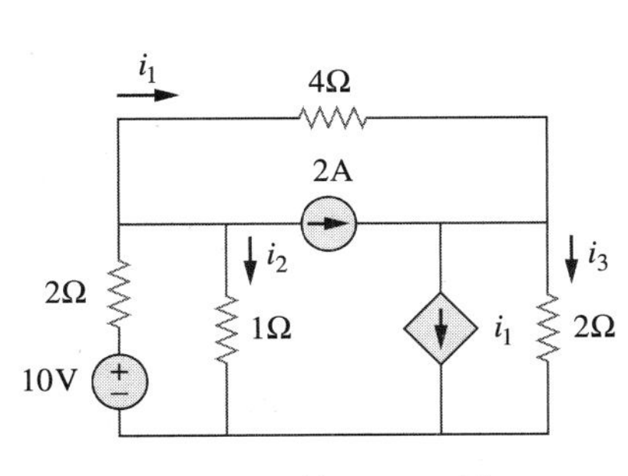

图 3-36　练习 3-11 图

图 3-37　几种不同类型的晶体管

(图片来源：Mark Dierker/McGraw-Hill Education)

历史珍闻

威廉·肖克莱(William Schockley，1910—1989)、**约翰·巴丁**(John Bardeen，1908—1991)和**沃尔特·布拉顿**(Walter Brattain，1902—1987)共同发明了晶体管。

在从“工业时代”向“工程师时代”过渡的过程中，任何事物产生的影响都不及晶体管的影响。肖克莱博士、巴丁博士和布拉顿博士也不会想到他们会对那段历史产生如此不可思议的影响。在贝尔实验室工作期间，他们成功地演示了巴丁博士与布拉顿博士于1947年发明的点接触晶体管，以及肖克莱博士于1948年设计的结型晶体管，并于1951年顺利投产。

（图片来源：Hulton Archive/Archive Photos/Stringer/Getty Images）

有趣的是，至今应用最广泛的场效应晶体管的思想是由美国的德国移民 J. E. Lilienfeld 于1925～1928年提出的，他还为此申请了专利。然而不幸的是，实现这种器件的愿望直到1954年肖克莱场效应晶体管成为现实后才如愿以偿。试想如果提前30年就制造出晶体管，当今世界又是一番何等景象。

为了表彰发明晶体管这一杰出贡献，肖克莱博士、巴丁博士和布拉顿博士于1956年被授予诺贝尔物理学奖。其中，巴丁博士是唯一两次获得诺贝尔物理学奖的科学家，在伊利诺伊大学(University of Illinois)工作期间，他因为在超导研究方面取得的重大成就而二次获奖。

双极型晶体管分为两种类型：npn型与pnp型，电路符号如图3-38所示，每一种器件都有三个极，分别命名为发射极(E)、基极(B)和集电极(C)。对于npn型晶体管，图3-39给出了其电流方向和电压极性。

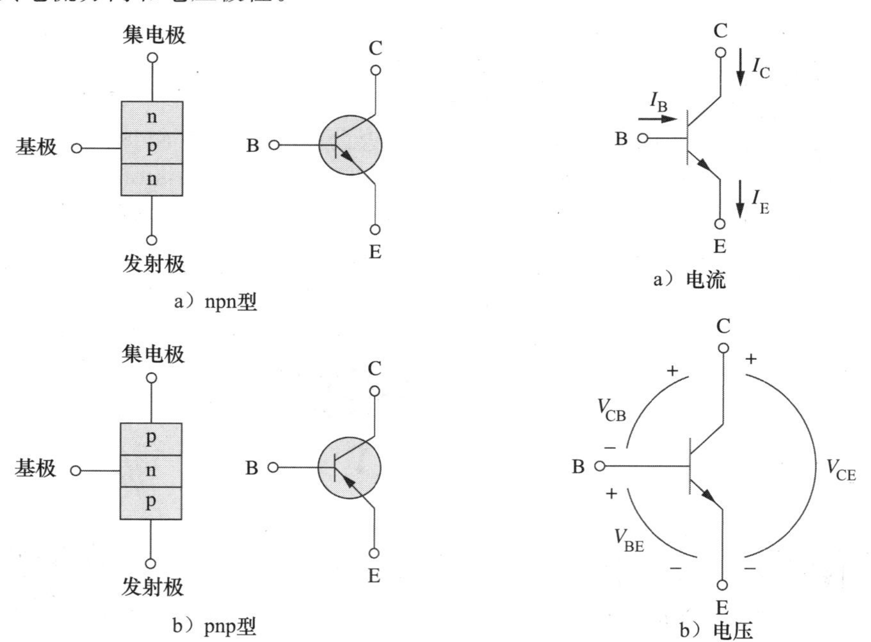

图3-38　两类双极型晶体管及其电路符号　　图3-39　npn型晶体管的电流方向和电压极性

对图3-39a应用KCL，得到

$$\boxed{I_E = I_B + I_C} \tag{3.27}$$

式中，I_E、I_C 和 I_B 分别为晶体管的发射极电流、集电极电流和基极电流。类似地，对图3-39b应用KVL，可得

$$V_{CE} + V_{EB} + V_{BC} = 0 \tag{3.28}$$

式中，V_{CE}、V_{EB} 和 V_{BC} 分别为晶体管的集电极-发射极电压、发射极-基极电压和基极-集电极电压。双极型晶体管有三种工作模式：放大、截止和饱和。当晶体管处于放大工作模

式时，V_{EB} 的典型值约为 0.7V，并且

$$I_C=\alpha I_E \tag{3.29}$$

式中，α 为共基极电流增益(common-base current gain)，表示由发射极注入的电子被集电极收集的比例。此外还有

$$\boxed{I_C=\beta I_B} \tag{3.30}$$

式中，β 为共发射极电流增益(common-emitter current gain)。α 与 β 是给定晶体管的特性参数，通常为常数，α 的典型取值范围在 0.98～0.999 之间，β 的典型取值范围在 50～1000 之间。由式(3.27)～式(3.30)可以证明

$$I_E=(1+\beta)I_B \tag{3.31}$$

且

$$\beta=\frac{\alpha}{1-\alpha} \tag{3.32}$$

上述等式表明，当双极型晶体管工作在放大模式时，可以建模为一个受控源——电流控制电流源。因此，在进行电路分析时，可以用图 3-40b 所示的直流等效模型来代替图 3-40a 所示的 npn 型晶体管。由于式(3.32)中的 β 通常较大，所以用一个很小的基极电流就可以控制输出电路中很大的电流，也就是说，双极型晶体管可以用作放大器，既提供电流增益又提供电压增益，这类放大器可用于为诸如扬声器和控制电机等转换器提供足够大的功率。

提示：实际上，对晶体管电路的研究推动着对受控源的研究。

通过下面的例题应该注意到，由于晶体管各极之间存在电位差，所以不能直接利用节点分析法来分析晶体管电路，只有在用晶体管的等效模型取代晶体管之后，才能利用节点分析法求解电路参数。

例 3-12 求图 3-41 所示晶体管电路中的 I_B、I_C 和 v_o。假定晶体管工作在放大模式，并且 $\beta=50$。

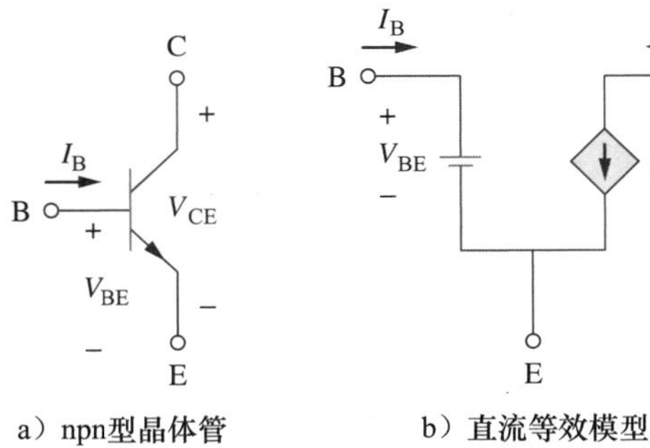

图 3-40 晶体管及其等效模型

图 3-41 例 3-12 图

解：对输入回路应用 KVL，得到

$$-4+I_B(20\times10^3)+V_{BE}=0$$

由于在放大模式下，$V_{BE}=0.7$V，所以

$$I_B=\frac{4-0.7}{20\times10^3}=165(\mu\text{A})$$

而

$$I_C=\beta I_B=50\times165\mu\text{A}=8.25\text{mA}$$

对输出回路应用 KVL，得到

$$-v_o-100I_C+6=0$$

即 $v_o=6-100I_C=6-0.825=5.175$(V)。注意，本题中 $v_o=V_{CE}$。◀

练习 3-12 在如图 3-42 示的电路中，设 $\beta=100$，$V_{BE}=0.7V$，求 v_o 和 V_{CE}。

答案： 2.876V，1.984V。

例 3-13 在如图 3-43 所示的双极型晶体管电路中，设 $\beta=150$ 且 $V_{BE}=0.7V$，求 v_o。

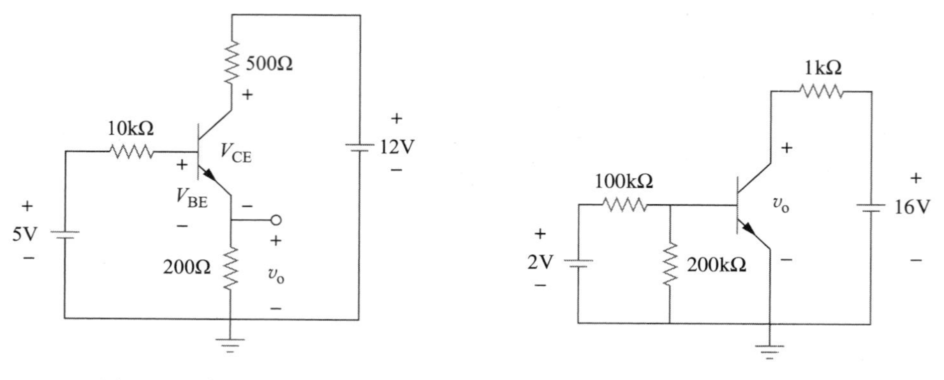

图 3-42 练习 3-12 图　　　图 3-43 例 3-13 图

解：1. 明确问题。本例所要分析的电路已经很清楚，所要解决的问题也已经很明确，没有要问的其他问题。

2. 列出已知条件。本例要求解图 3-43 所示电路的输出电压，该电路包含一个理想晶体管，其 $\beta=150$ 且 $V_{BE}=0.7V$。

3. 确定备选方案。可以采用网孔分析法求解 v_o，也可以将晶体管用其等效电路取代并采用节点分析求解。下面就采用这两种方法进行分析，并相互验证结果的正确性，第三种验证方法是利用 PSpice 对等效电路进行模拟分析。

4. 尝试求解。

方法 1 对于图 3-44a 中的第一个回路有

$$-2+100\times10^3 I_1+200\times10^3(I_1-I_2)=0$$

即

$$3I_1-2I_2=2\times10^{-5} \tag{3.13.1}$$

对于回路 2 有

$$200\times10^3(I_2-I_1)+V_{BE}=0$$

即

$$-2I_1+2I_2=-0.7\times10^{-5} \tag{3.13.2}$$

这样就得到包含两个未知变量的方程，可用于求解 I_1 与 I_2。将式(3.13.1)与式(3.13.2)相加得到

$$I_1=1.3\times10^{-5}A$$

和

$$I_2=(-0.7+2.6)10^{-5}/2=9.5(\mu A)$$

由于 $I_3=-150I_2=-1.425mA$，所以利用回路 3 可以求出 v_o：

$$-v_o+1\times10^3 I_3+16=0$$

即

$$v_o=-1.425+16=14.575(V)$$

方法 2 将晶体管用其等效电路替代后得到如图 3-44b 所示的电路，可以利用节点分析法求解 v_o。

在节点 1 处，$V_1=0.7V$

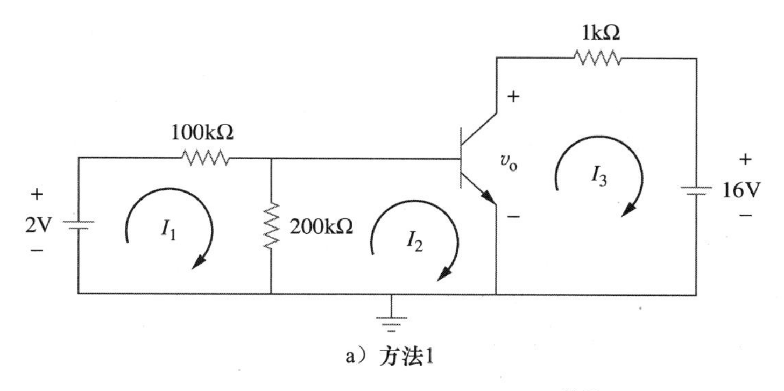

a）方法1

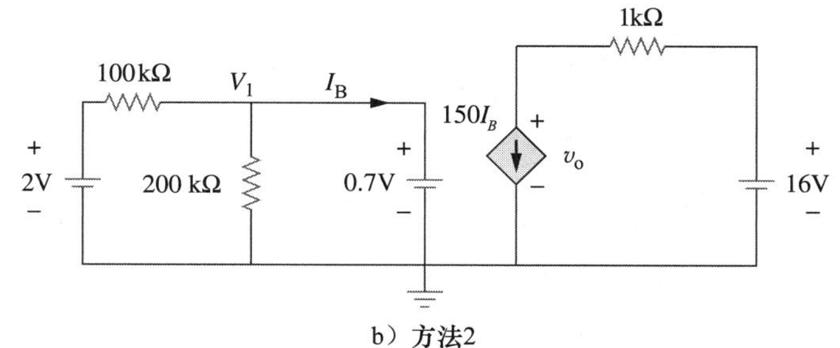

b）方法2

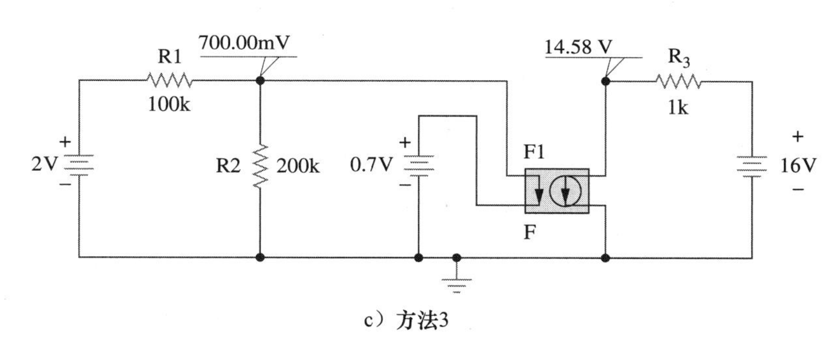

c）方法3

图 3-44　求解例 3-13 的方法

$$\frac{0.7-2}{100\times10^3}+\frac{0.7}{200\times10^3}+I_B=0$$

即

$$I_B=9.5\mu A$$

在节点 2 处，

$$150I_B+(v_o-16)/1\times10^3=0$$

即

$$v_o=16-150\times10^3\times9.5\times10^{-6}=14.575(V)$$

5. **评价结果**。对答案进行验证，可以利用 PSpice 做进一步的检验(方法 3)，得到如图 3-44c 所示的结果。

6. **是否满意**？显然，已经得到可信度很高的满意结果，可以将上述求解过程作为本题的答案。◀

练习 3-13　在图 3-45 所示的晶体管电路中 $\beta=80$，$V_{BE}=0.7V$，求 v_o 和 I_o。

答案：12V，600μA。

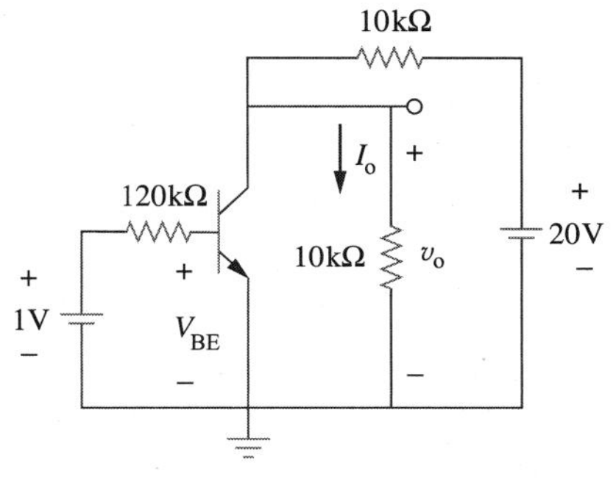

图 3-45　练习 3-13 图

3.10　本章小结

1. 节点分析法是基尔霍夫电流定律在非参考节点上的应用(该分析方法既适用于平面电路又适用于非平面电路)，分析结果用节点电压表示。通过求解联立方程组就可以得到各节点的电压。
2. 超节点由与电压源(独立源或受控源)连接的两个非参考节点组成。
3. 网孔分析法是基尔霍夫电压定律在平面电路中的应用，分析结果用网孔电流表示。通过求解联立方程组就可以得到各网孔电流。
4. 超网孔由具有公共电流源(独立源或受控源)的两个网孔所组成。
5. 当电路中节点方程数少于网孔方程数时，通常采用节点分析法，当电路中网孔方程数少于节点方程数时，通常采用网孔分析法。
6. 可以利用 PSpice 软件对电路进行模拟分析。
7. 可以利用本章所介绍的各种方法分析直流晶体管的电路。

复习题

1　对图 3-46 所示电路的节点 1 应用 KCL 可得到：

(a) $2+\frac{12-v_1}{3}=\frac{v_1}{6}+\frac{v_1-v_2}{4}$

(b) $2+\frac{v_1-12}{3}=\frac{v_1}{6}+\frac{v_2-v_1}{4}$

(c) $2+\frac{12-v_1}{3}=\frac{0-v_1}{6}+\frac{v_1-v_2}{4}$

(d) $2+\frac{v_1-12}{3}=\frac{0-v_1}{6}+\frac{v_2-v_1}{4}$

2　对图 3-46 所示电路的节点 2 应用 KCL 可得到：

(a) $\frac{v_2-v_1}{4}+\frac{v_2}{8}=\frac{v_2}{6}$

(b) $\frac{v_1-v_2}{4}+\frac{v_2}{8}=\frac{v_2}{6}$

(c) $\frac{v_1-v_2}{4}+\frac{12-v_2}{8}=\frac{v_2}{6}$

(d) $\frac{v_2-v_1}{4}+\frac{v_2-12}{8}=\frac{v_2}{6}$

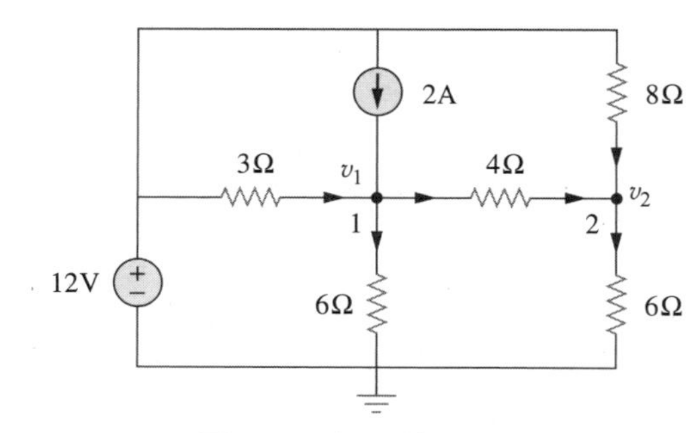

图 3-46　复习题 1、2 图

3　在图 3-47 所示电路中，v_1 与 v_2 之间的关系为：

(a) $v_1=6i+8+v_2$　　(b) $v_1=6i-8+v_2$

(c) $v_1=-6i+8+v_2$　　(d) $v_1=-6i-8+v_2$

4　在图 3-47 所示电路中，电压 v_2 为：

(a) −8V　　(b) −1.6V

(c) 1.6V　　(d) 8V

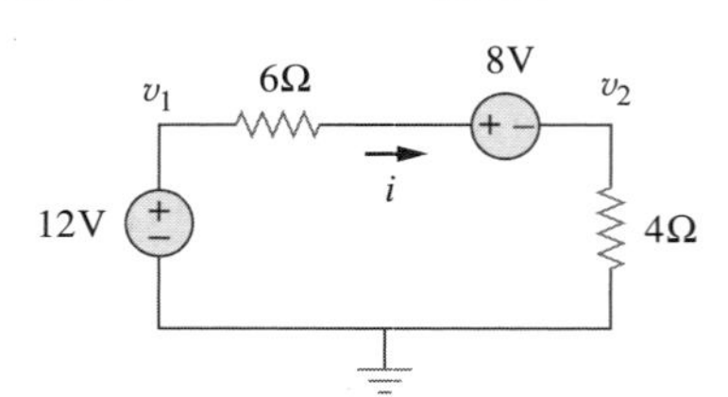

图 3-47　复习题 3、4 图

5　在图 3-48 所示电路中，电流 i 为

(a) −2.667A　　(b) −0.667A

(c) 0.667A　　(d) 2.667A

6　在图 3-48 所示电路的回路电流方程为

(a) $-10+4i+6+2i=0$

(b) $10+4i+6+2i=0$

(c) $10+4i-6+2i=0$

(d) $-10+4i-6+2i=0$

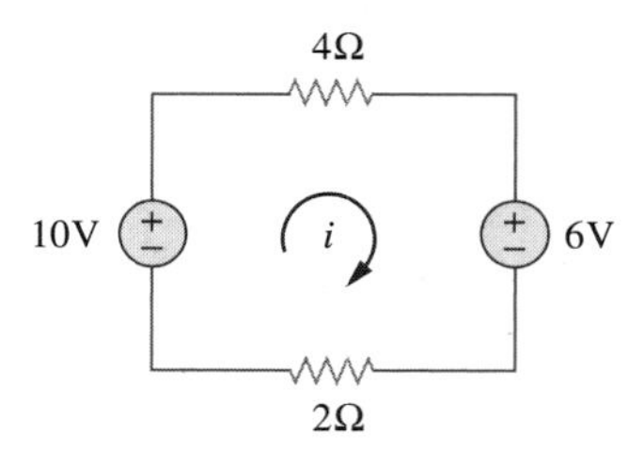

图 3-48　复习题 5、6 图

7　在图 3-49 所示电路中，电流 i_1 为

(a) 4A　(b) 3A　(c) 2A　(d) 1A

8　在图 3-49 所示电路中，电流源两端的电压 v 为

(a) 20V　(b) 15V　(c) 10V　(d) 5V

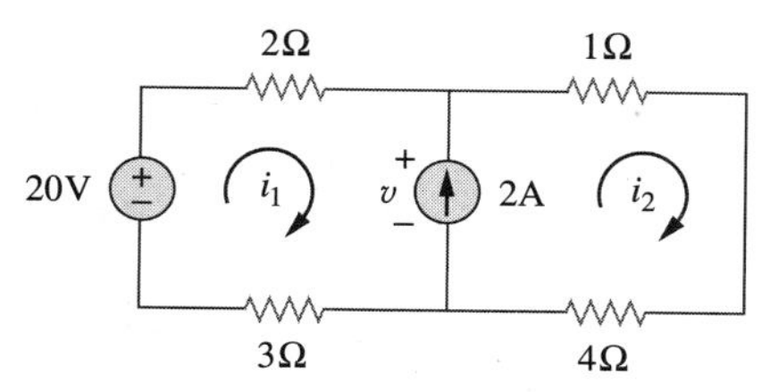

图 3-49 复习题7、8图

9 PSpice软件中，电流控制电压源的名称为
(a) EX (b)FX (c) HX (d)GX

10 以下关于伪元件IPROBE的叙述中哪些是不正确的？
(a) 它必须是串联连接
(b) 它绘制出支路电流的波形
(c) 它显示其所连接支路的电流
(d) 它并联连接后，可显示电压
(e) 它只用于直流分析
(f) 它并不应用于某个具体电路元件

答案： 1 (a)；2 (c)；3 (a)；4 (c)；5 (c)；6 (a)；7 (d)；8 (b)；9 (c)；10 (b，d)。

习题

3.2节与3.3节

1 利用图3-50，设计一个问题来更好地了解节点分析法。 **ED**

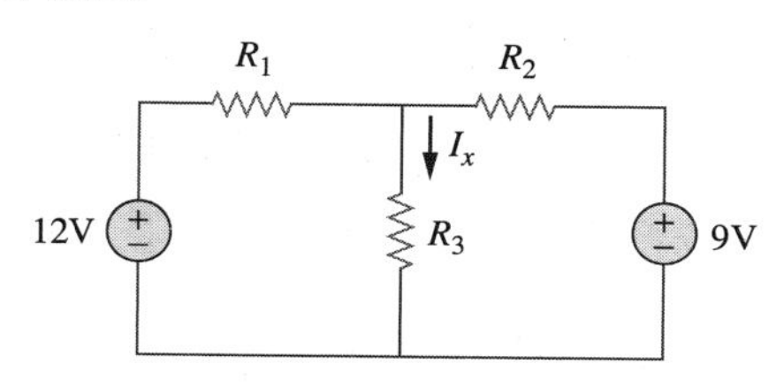

图 3-50 习题1、39图

2 计算图3-51所示电路中的 v_1 与 v_2。

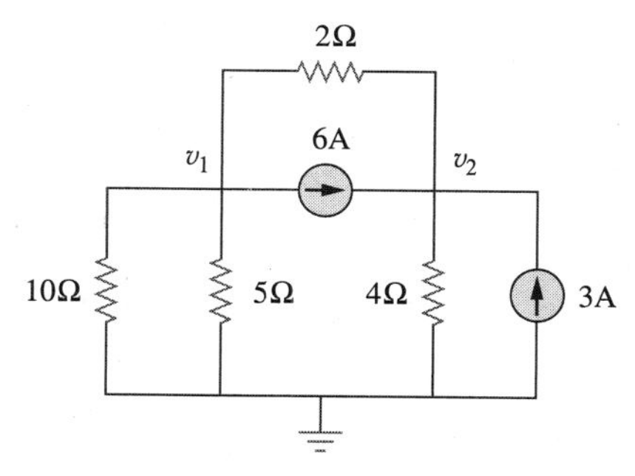

图 3-51 习题2图

3 计算图3-52所示电路中的电流 $I_1 \sim I_4$ 以及电压 v_o。

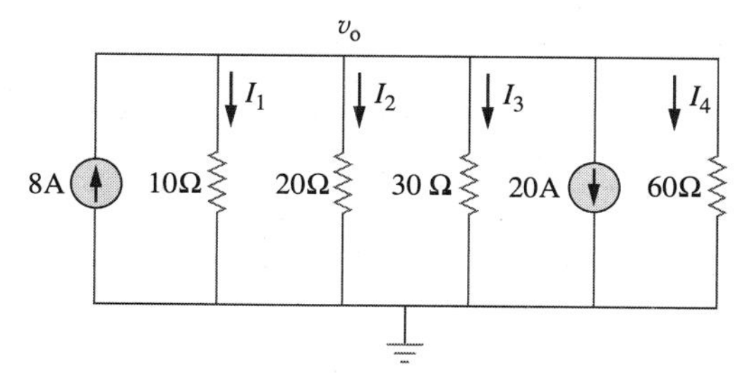

图 3-52 习题3图

4 计算图3-53所示电路中的电流 $i_1 \sim i_4$。

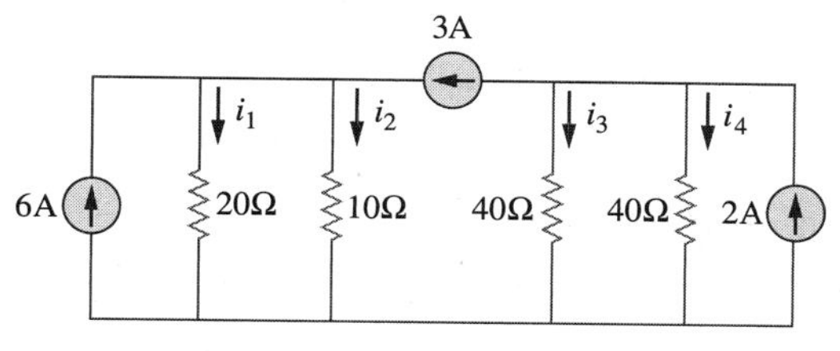

图 3-53 习题4图

5 计算图3-54所示电路中的 v_o。

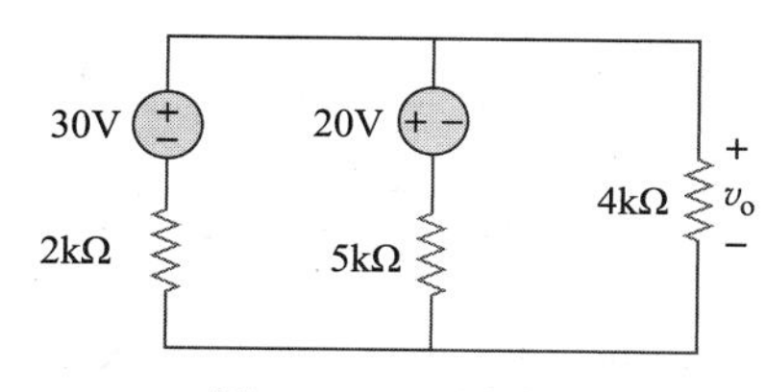

图 3-54 习题5图

6 利用节点分析法计算图3-55所示电路中的 V_1。

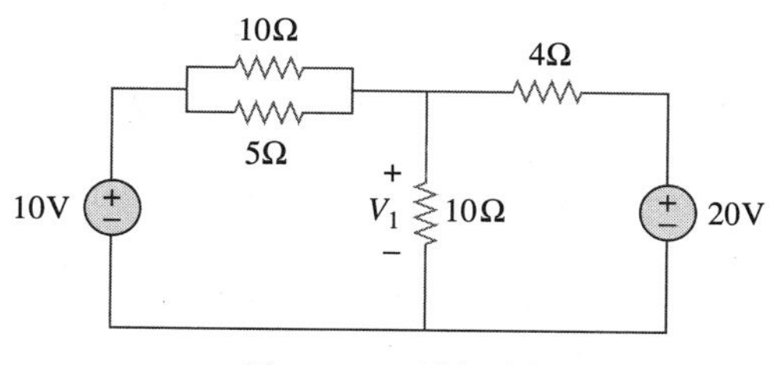

图 3-55 习题6图

7 利用节点分析法计算图3-56所示电路中的 V_x。

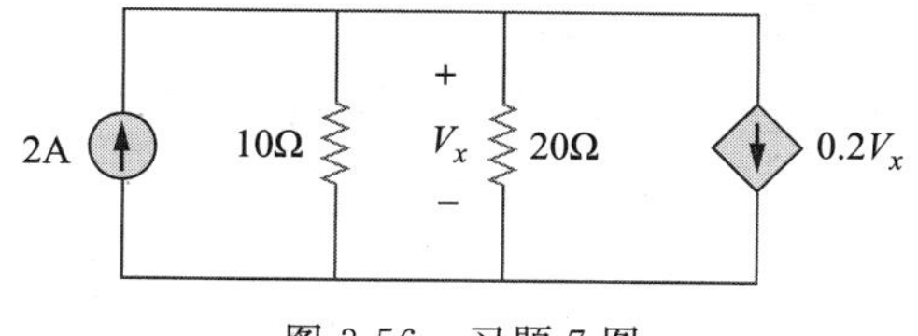

图 3-56 习题7图

8　利用节点分析法计算图 3-57 所示电路中的 v_o。

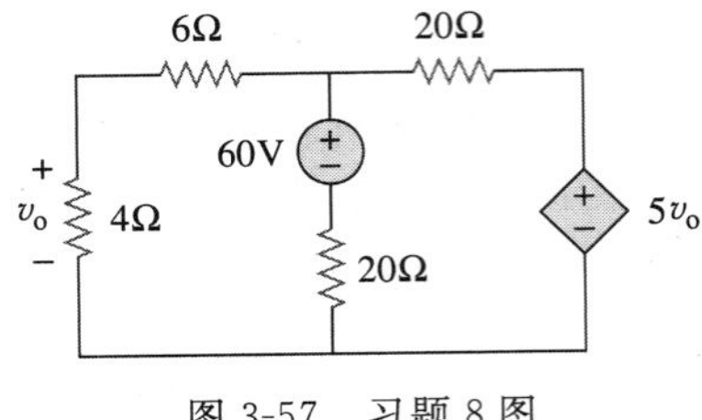

图 3-57　习题 8 图

9　利用节点分析法确定图 3-58 所示电路中的 I_b。

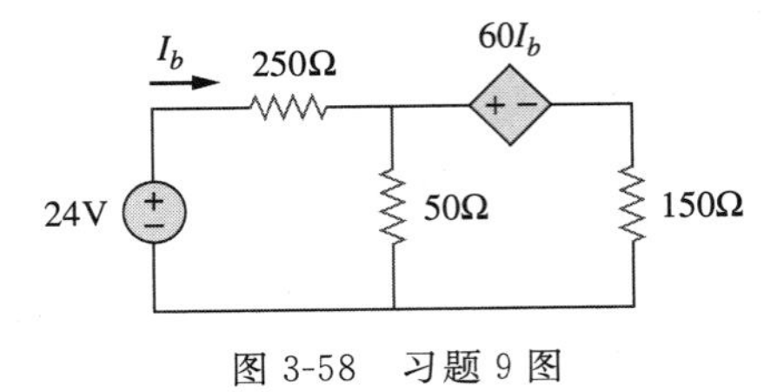

图 3-58　习题 9 图

10　计算图 3-59 所示电路中的 I_o。

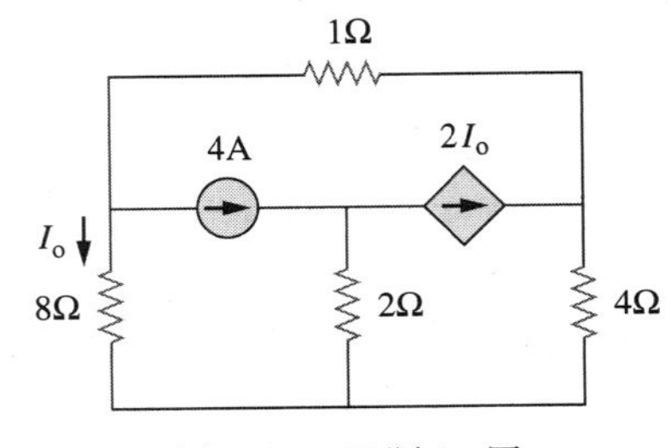

图 3-59　习题 10 图

11　计算图 3-60 所示电路中的 V_o 以及所有电阻消耗的功率。

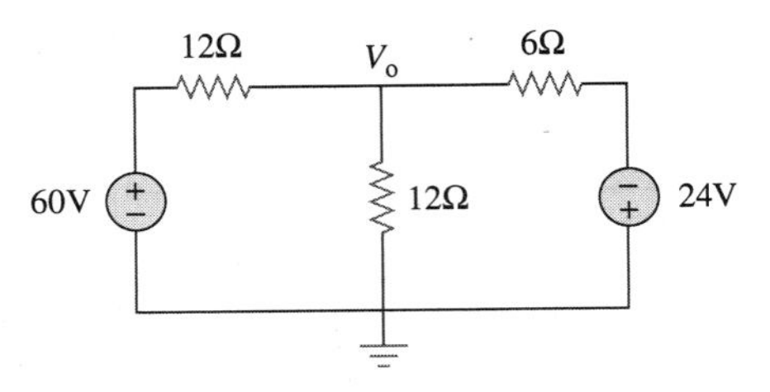

图 3-60　习题 11 图

12　利用节点分析法确定图 3-61 所示电路中的 V_o。

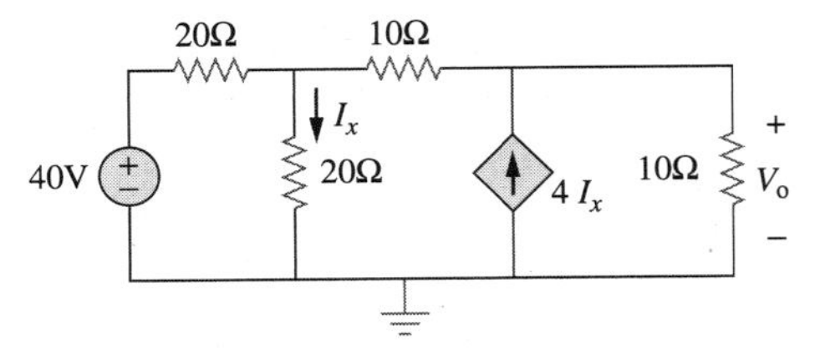

图 3-61　习题 12 图

13　利用节点分析法计算图 3-62 所示电路中的 v_1 与 v_2。

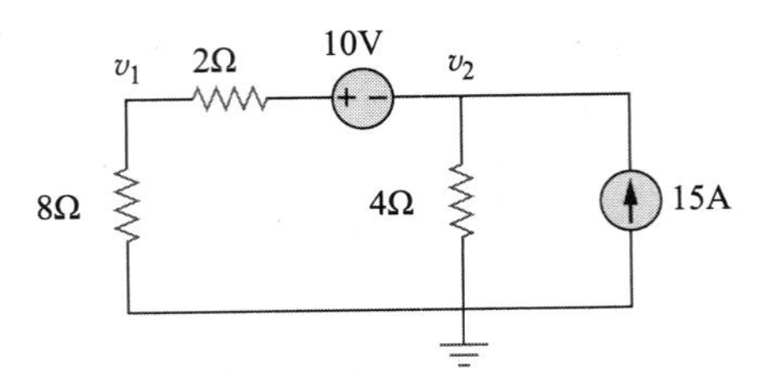

图 3-62　习题 13 图

14　利用节点分析法计算图 3-63 所示电路中的 v_o。

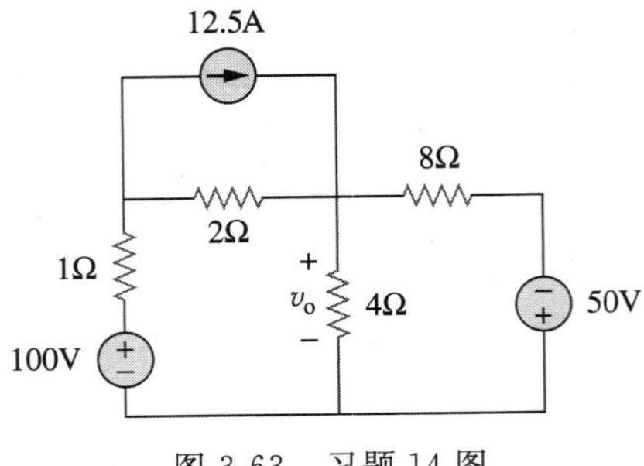

图 3-63　习题 14 图

15　利用节点分析法计算图 3-64 所示电路中的 i_o，并计算各电阻消耗的功率。

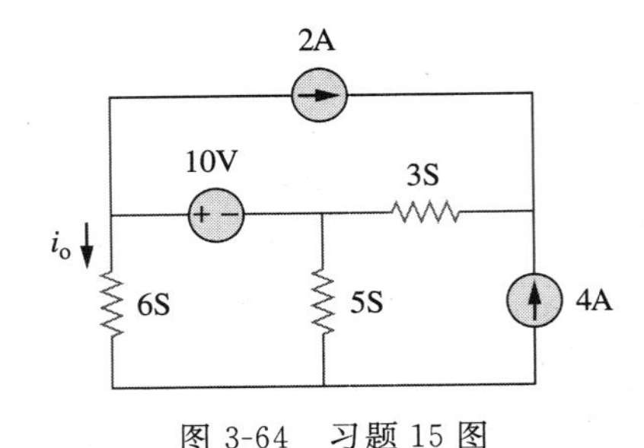

图 3-64　习题 15 图

16　利用节点分析法确定图 3-65 所示电路中的 $v_1 \sim v_3$。

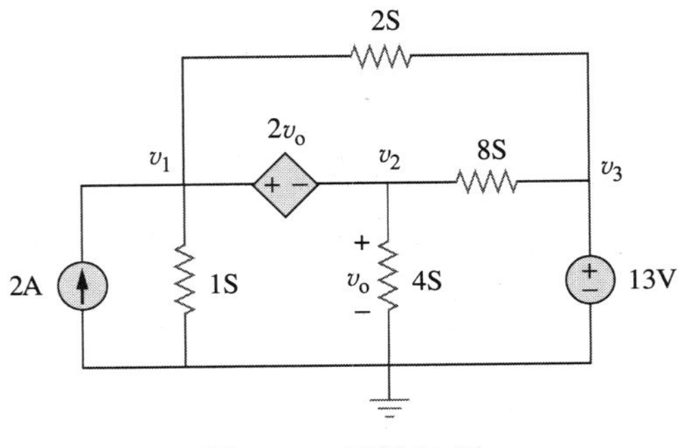

图 3-65　习题 16 图

17 利用节点分析法计算图 3-66 所示电路中的 i_o。

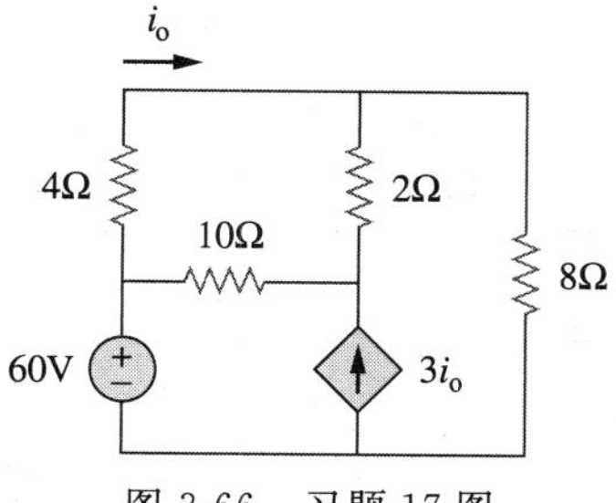

图 3-66 习题 17 图

18 利用节点分析法确定图 3-67 电路中的各节点电压。

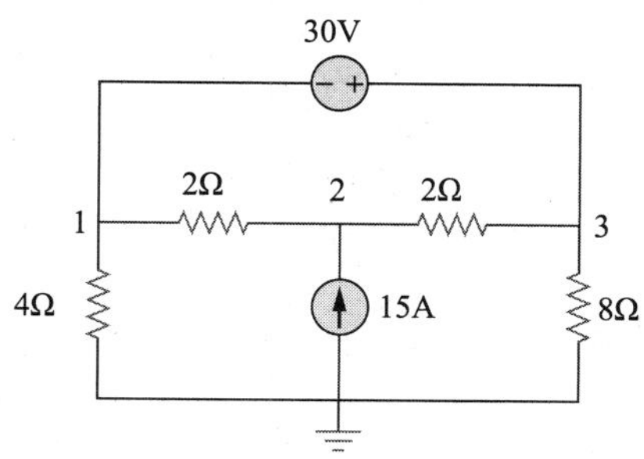

图 3-67 习题 18 图

19 利用节点分析法计算图 3-68 所示电路中的 v_1、v_2 和 v_3。 **ML**

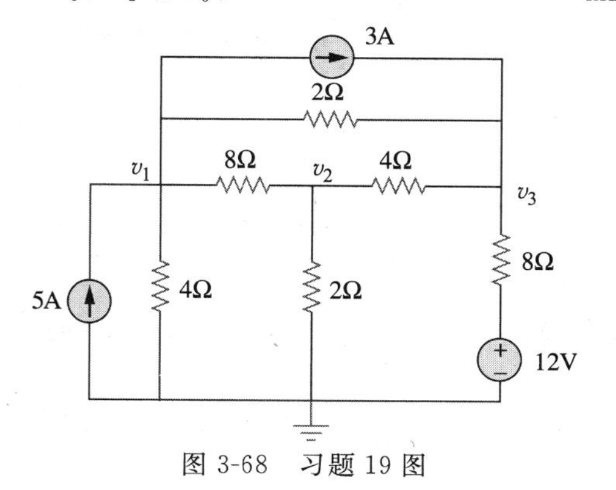

图 3-68 习题 19 图

20 利用节点分析法计算图 3-69 所示电路中的 v_1、v_2 和 v_3。

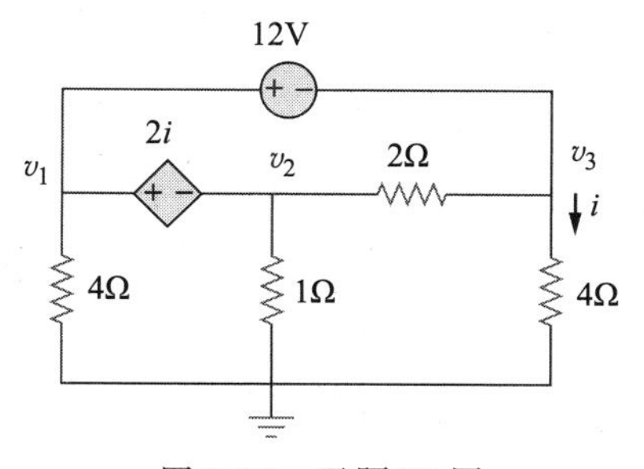

图 3-69 习题 20 图

21 利用节点分析法计算图 3-70 所示电路中的 v_1 和 v_2。

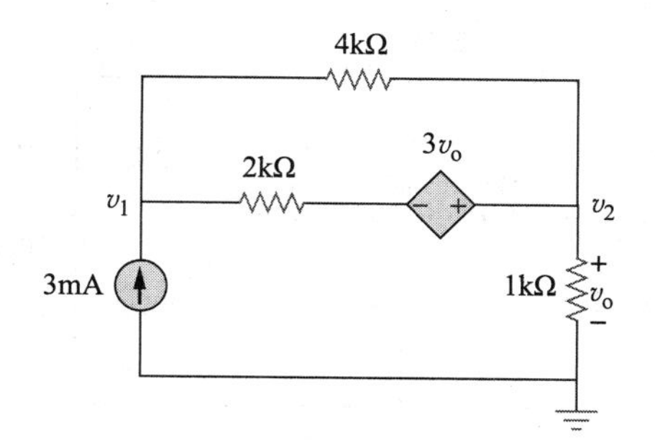

图 3-70 习题 21 图

22 确定图 3-71 所示电路中的 v_1 与 v_2。

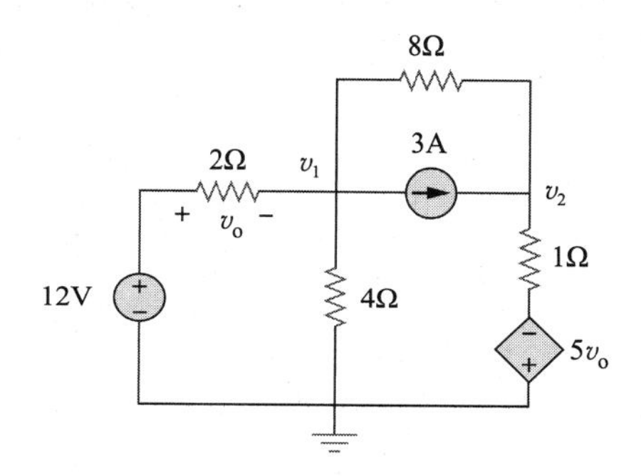

图 3-71 习题 22 图

23 利用节点分析法计算图 3-72 所示电路中的 V_o。

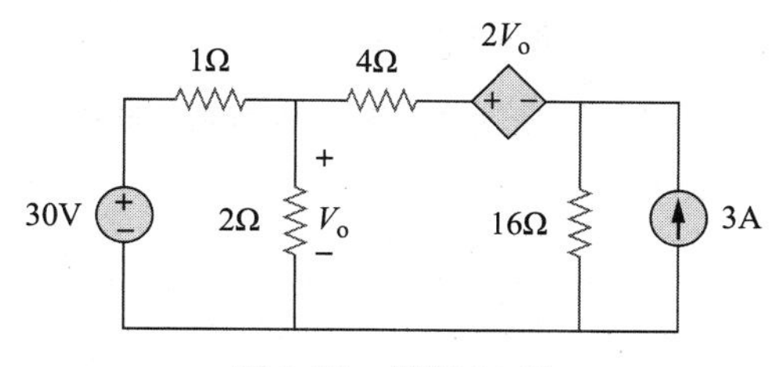

图 3-72 习题 23 图

24 利用节点分析法和 MATLAB 计算图 3-73 所示电路中的 V_o。 **ML**

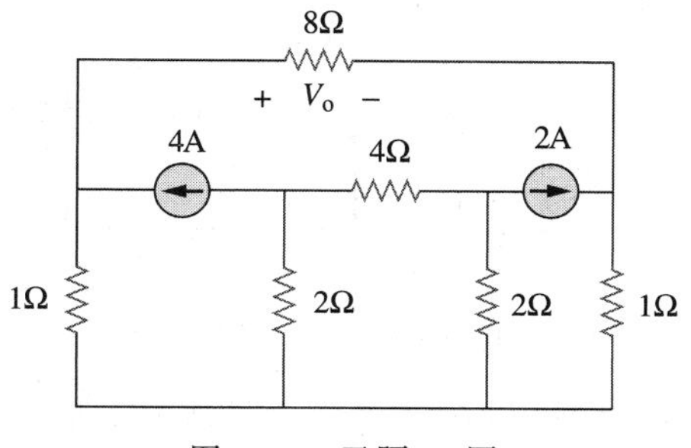

图 3-73 习题 24 图

25 利用节点分析法和 MATLAB 确定图 3-74 所示电路中的各个节点电压。 **ML**

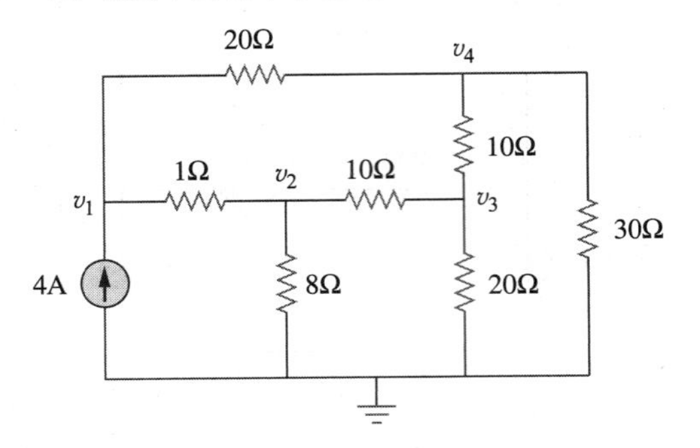

图 3-74 习题 25 图

26 计算图 3-75 所示电路中的节点电压 v_1、v_2 和 v_3。 **ML**

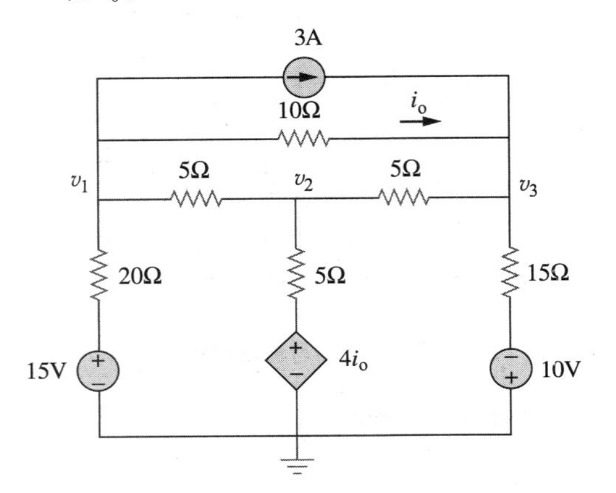

图 3-75 习题 26 图

*27 利用节点分析法确定图 3-76 所示电路中的电压 v_1、v_2 和 v_3。 **ML**

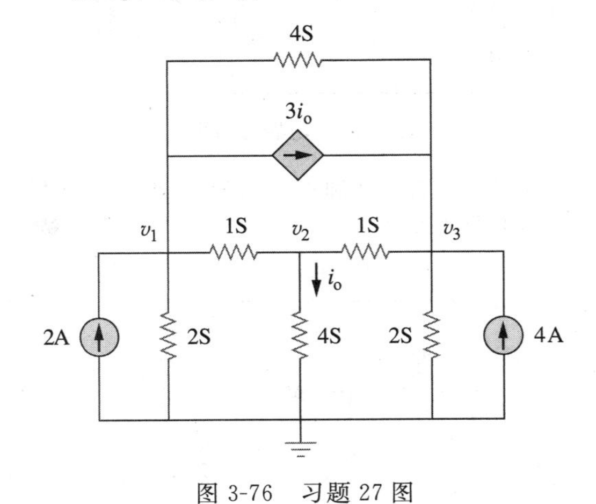

图 3-76 习题 27 图

*28 利用 MATLAB 计算图 3-77 所示电路中节点 a、b、c 和 d 的电压。 **ML**

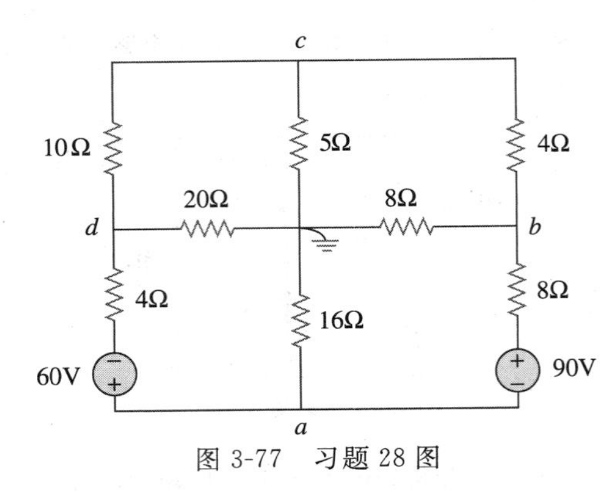

图 3-77 习题 28 图

29 利用 MATLAB 计算图 3-78 所示电路中的节点电压。 **ML**

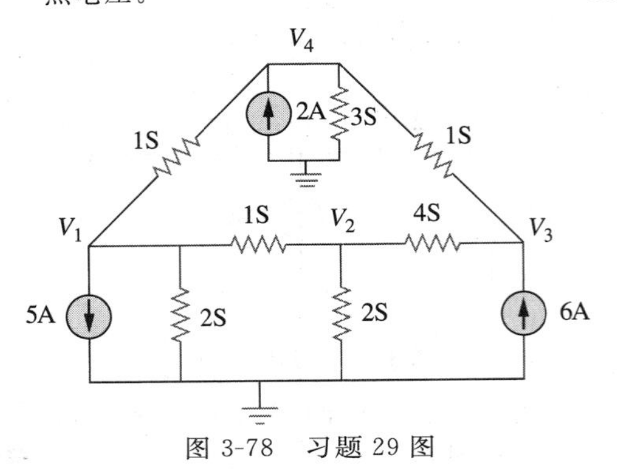

图 3-78 习题 29 图

30 利用节点分析法计算图 3-79 所示电路中的 v_o 和 I_o。

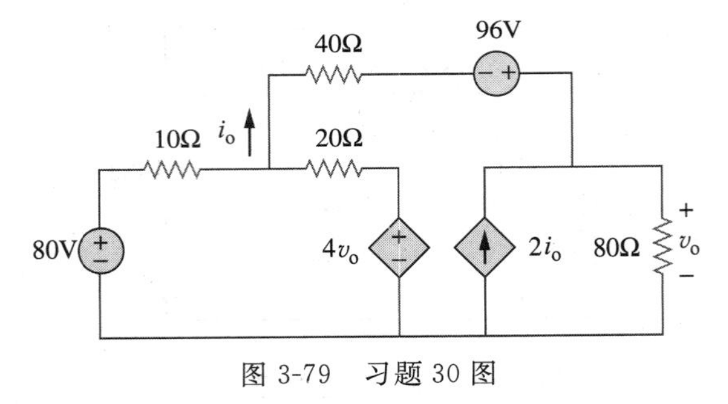

图 3-79 习题 30 图

31 求图 3-80 所示电路的节点电压。 **ML**

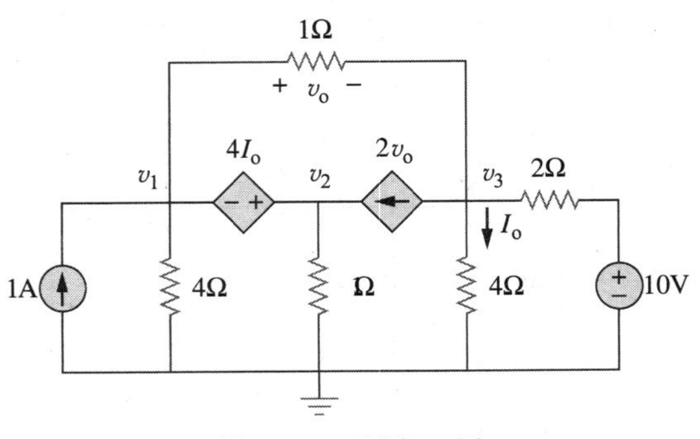

图 3-80 习题 31 图

32　确定图3-81所示电路中的节点电压 v_1、v_2 和 v_3。

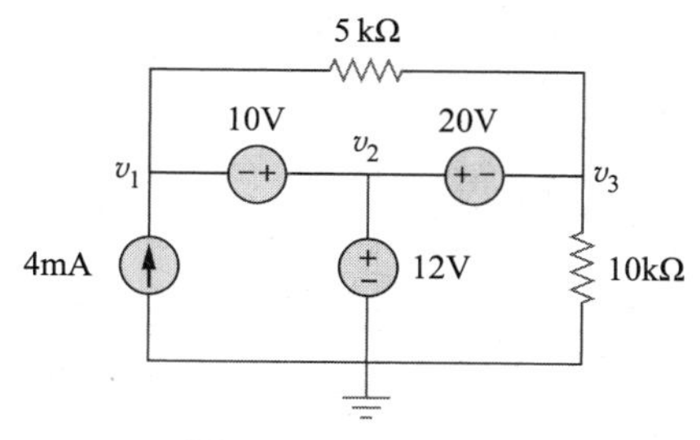

图3-81　习题32图

3.4节和3.5节

33　在图3-82所示电路中，哪一个电路是平面电路？对于平面电路，重画出没有交叉支路的电路。

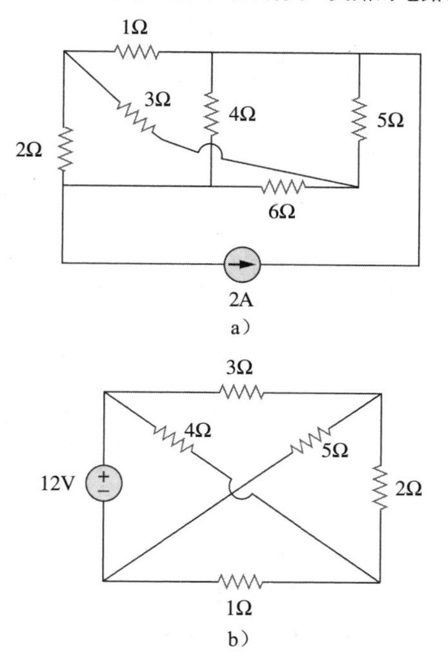

图3-82　习题33图

34　确定图3-83所示电路中哪一个是平面电路，并重新画出没有交叉支路的电路。

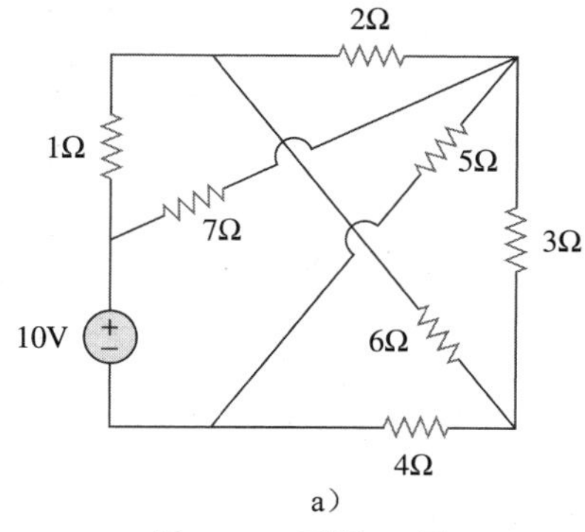

图3-83　习题34图

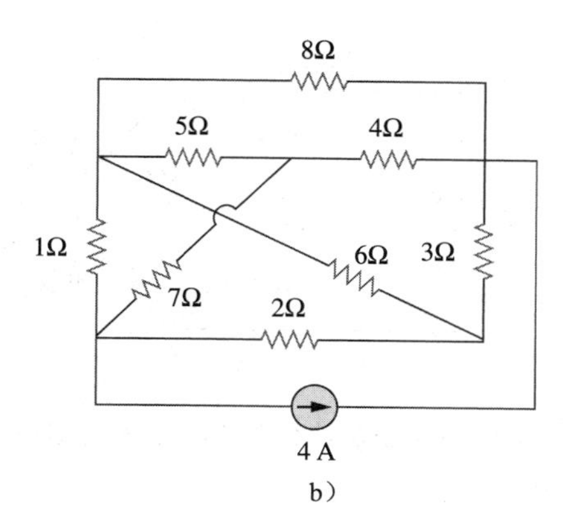

图3-83　习题34图(续)

35　利用网孔分析法重做习题5。

36　利用网孔分析法计算图3-84所示电路中的 i_1、i_2 和 i_3。

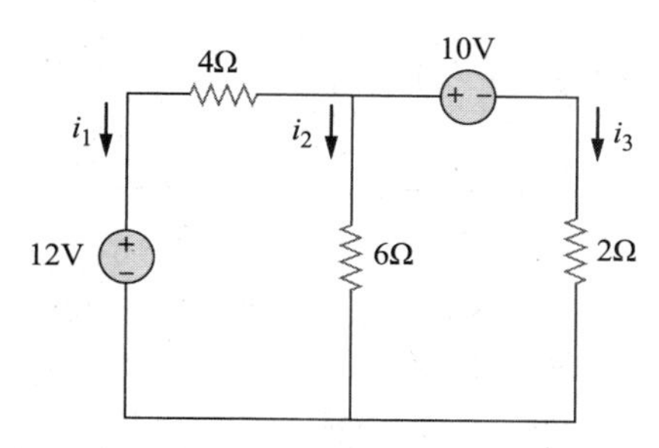

图3-84　习题36图

37　利用网孔分析法计算习题8。

38　利用网孔分析法确定图3-85所示电路中的 I_o。 **ML**

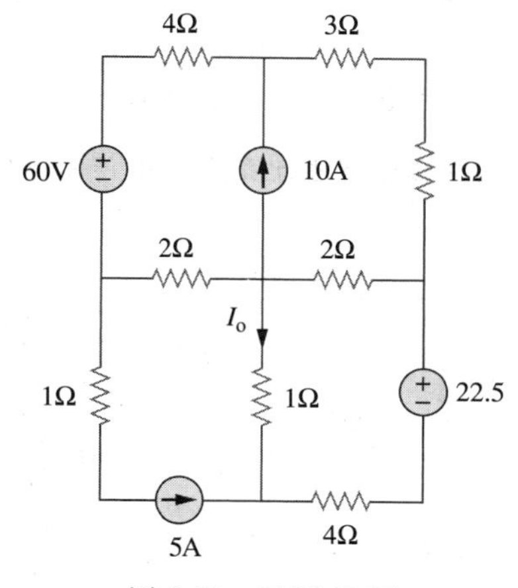

图3-85　习题38图

39　利用习题1的图3-50，设计一个问题以更好地了解网孔分析法。 **ED**

40　利用网孔分析法计算图3-86所示桥式网络中的电流 i_o。 **ML**

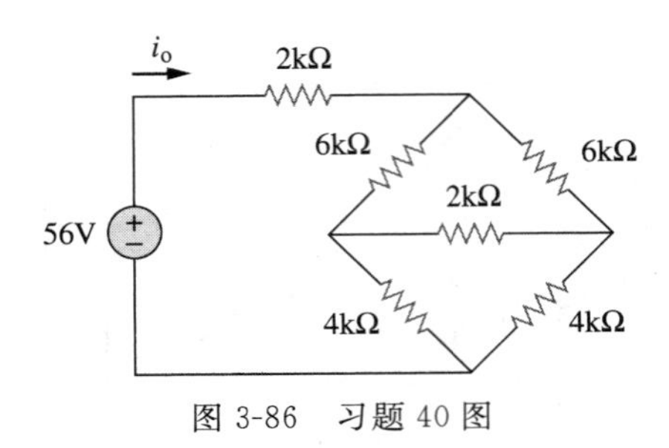

图 3-86　习题 40 图

41　利用网孔分析法计算图 3-87 所示电路中的电流 i。 **ML**

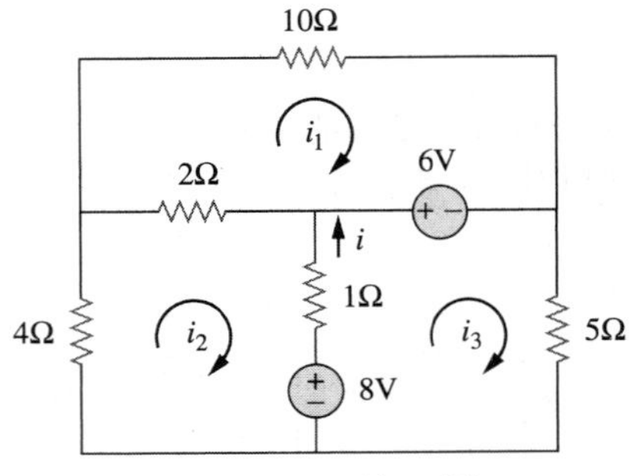

图 3-87　习题 41 图

42　利用图 3-88 所示电路，设计一个问题以更好地了解使用矩阵计算的网孔分析法。 **ED**

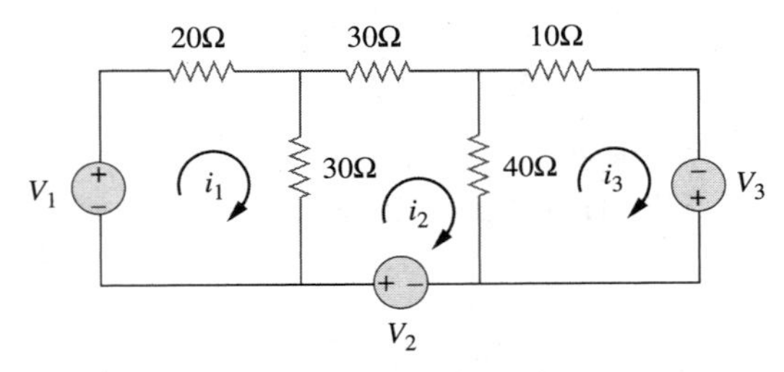

图 3-88　习题 42 图

43　利用网孔分析法计算图 3-89 所示电路中的 v_{ab} 与 i_o。 **ML**

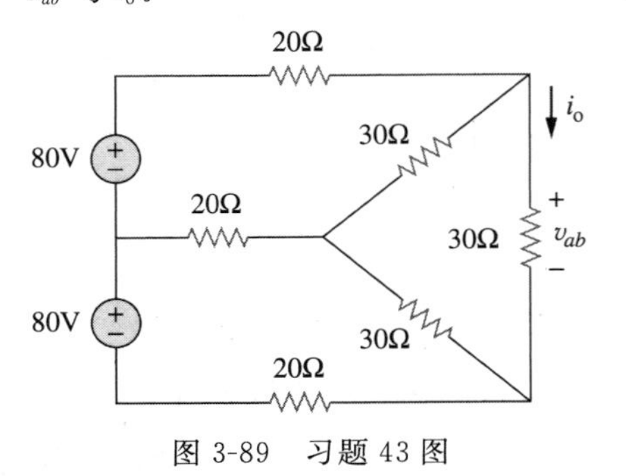

图 3-89　习题 43 图

44　利用网孔分析法计算图 3-90 所示电路中的电流 i_o。

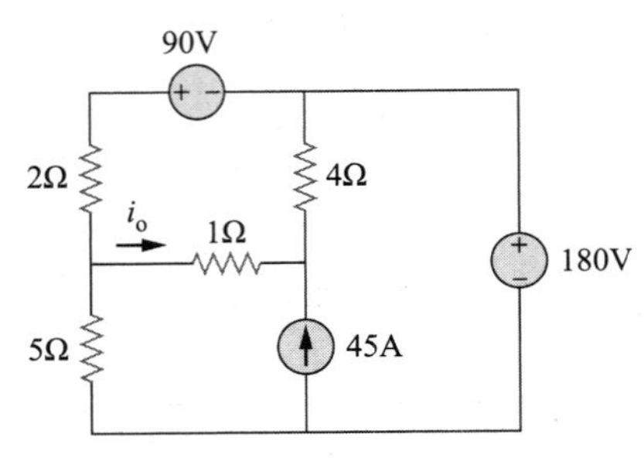

图 3-90　习题 44 图

45　求图 3-91 所示电路中的电流 i。 **ML**

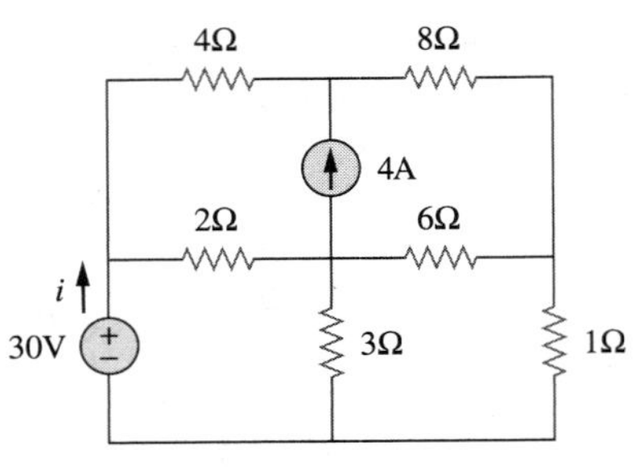

图 3-91　习题 45 图

46　计算图 3-92 所示电路中的网孔电流 i_1 和 i_2。

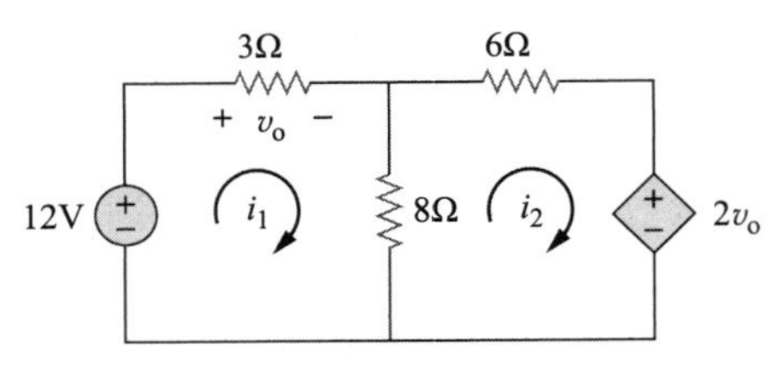

图 3-92　习题 46 图

47　利用网孔分析法重做习题 19。 **ML**

48　利用网孔分析法确定流过图 3-93 所示电路中 10kΩ 电阻的电流。 **ML**

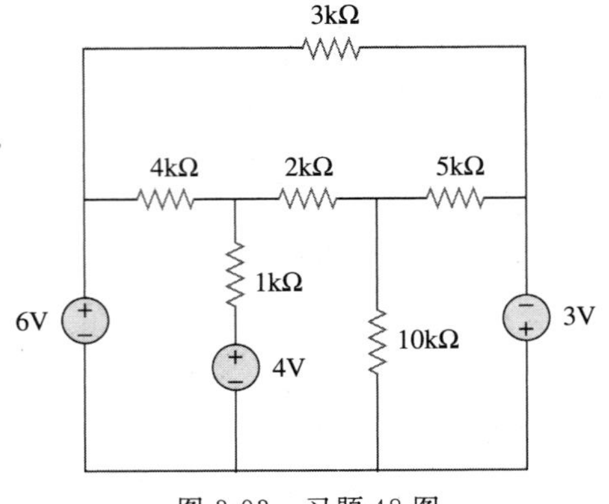

图 3-93　习题 48 图

49　求图 3-94 所示电路中的 v_o 与 i_o。

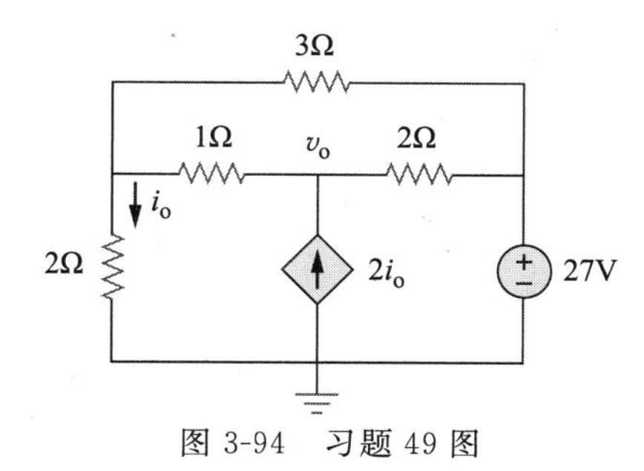

图 3-94 习题 49 图

50 利用网孔分析法确定图 3-95 所示电路中的电流 i_o。 **ML**

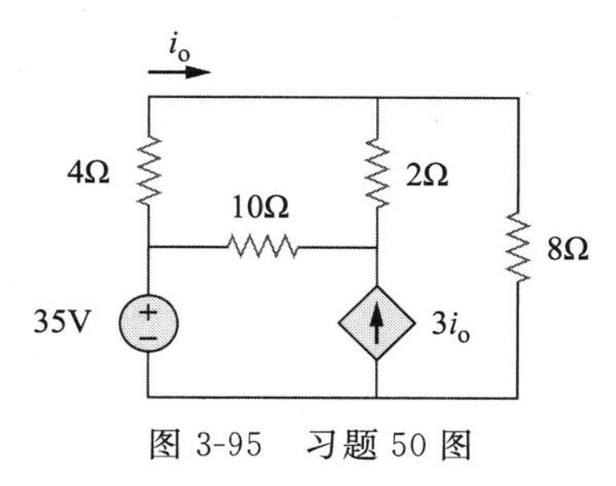

图 3-95 习题 50 图

51 利用网孔分析法确定图 3-96 所示电路中的电压 v_o。

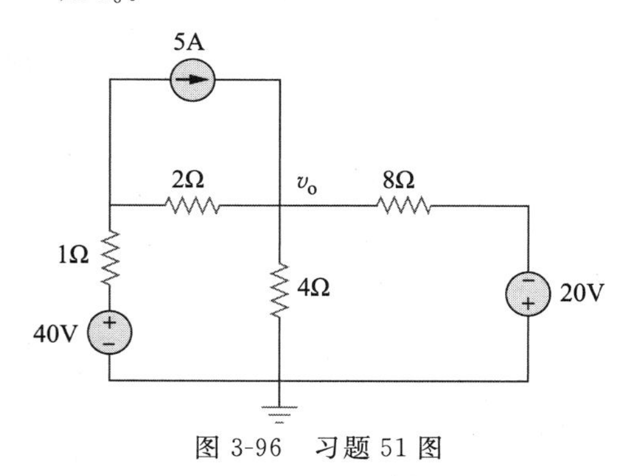

图 3-96 习题 51 图

52 利用网孔分析法确定图 3-97 所示电路中的电流 i_1、i_2 和 i_3。 **ML**

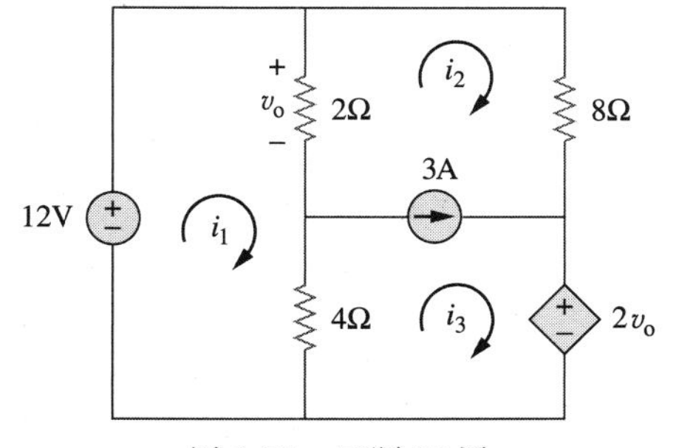

图 3-97 习题 52 图

53 利用 MATLAB 确定图 3-98 所示电路中的网孔电流 i_1、i_2 和 i_3。 **ML**

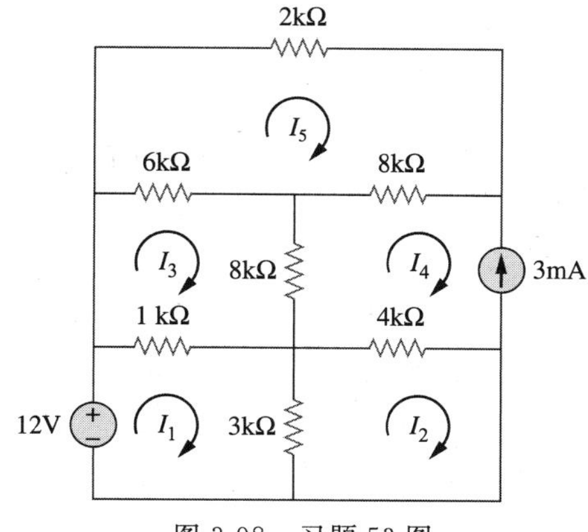

图 3-98 习题 53 图

54 求图 3-99 所示电路中的网孔电流 i_1、i_2 和 i_3。 **ML**

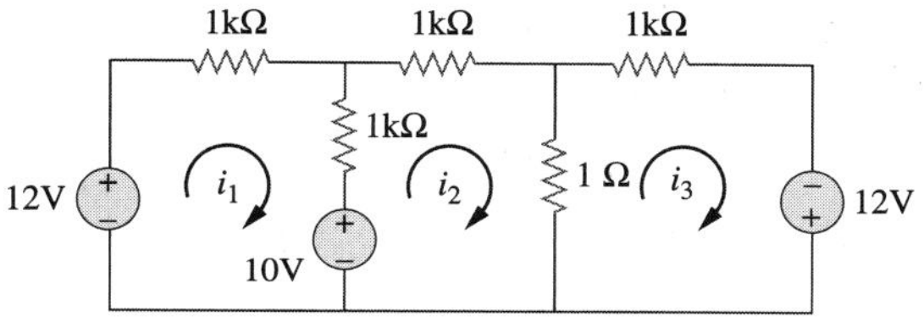

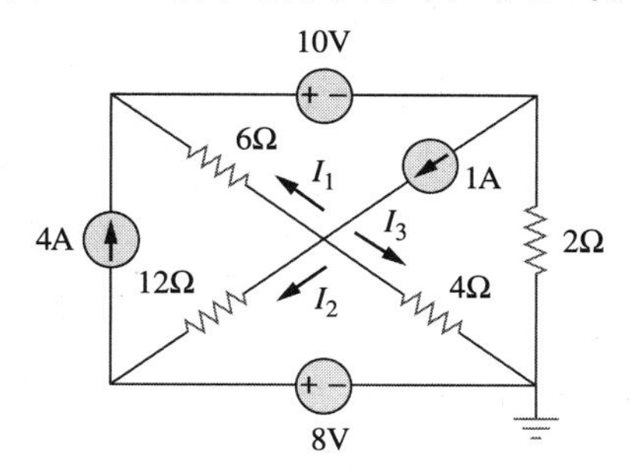

图 3-99 习题 54 图

* 55 求图 3-100 所示电路中的 I_1、I_2 和 I_3。 **ML**

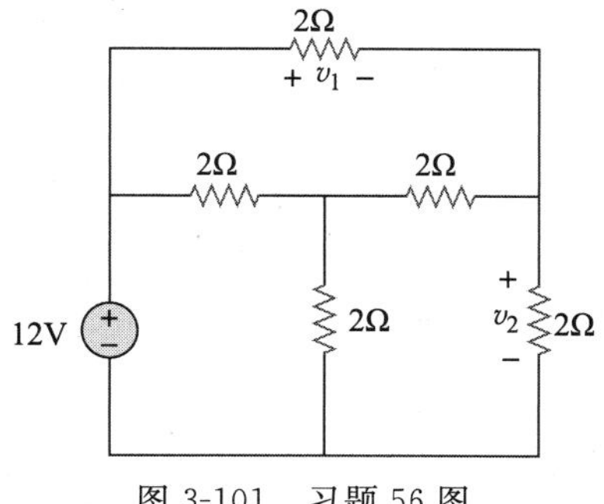

图 3-100 习题 55 图

56 求图 3-101 所示电路中的 v_1 和 v_2。

图 3-101 习题 56 图

57 在图 3-102 所示电路中，假定电流 i_o=15mA，试求 R、V_1 和 V_2 的值。

图 3-102　习题 57 图

58　求图 3-103 所示电路中的网孔电流 i_1、i_2 和 i_3。 **ML**

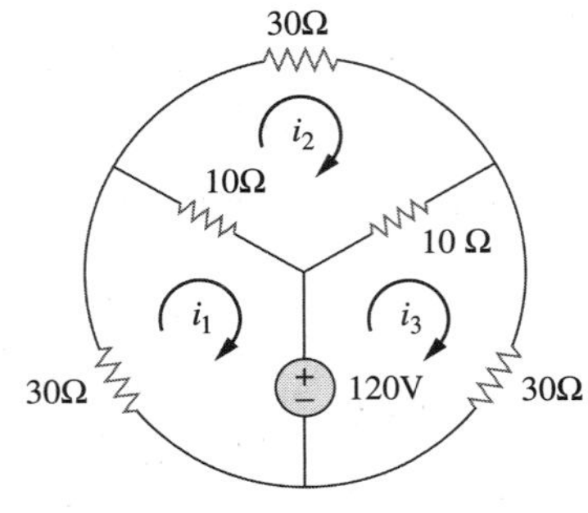

图 3-103　习题 58 图

59　利用网孔分析法重做习题 30。

60　计算图 3-104 所示电路中每个电阻消耗的功率。 **ML**

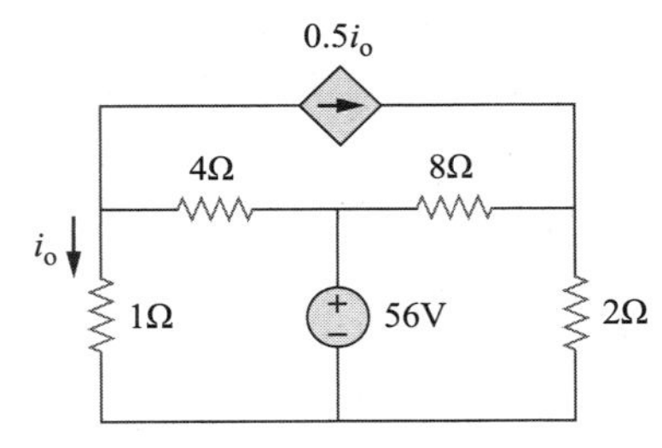

图 3-104　习题 60 图

61　计算图 3-105 所示电路中的电流增益 i_o/i_s。

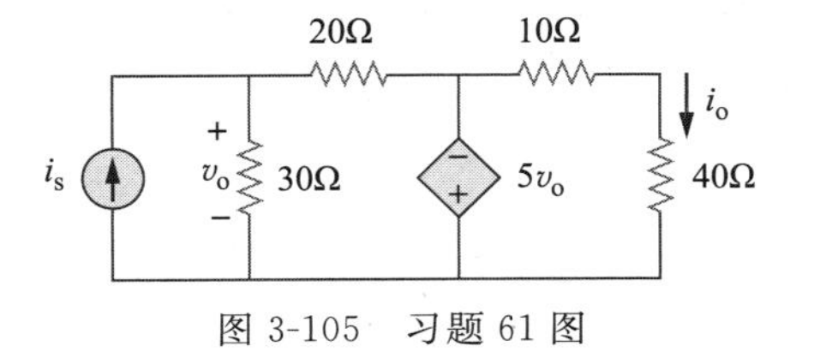

图 3-105　习题 61 图

62　求图 3-106 所示电路中的网孔电流 i_1、i_2 和 i_3。 **ML**

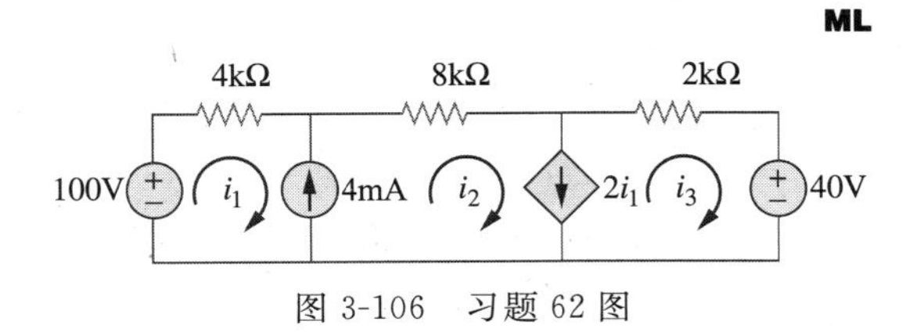

图 3-106　习题 62 图

63　求图 3-107 所示电路中的 v_x 和 i_x。

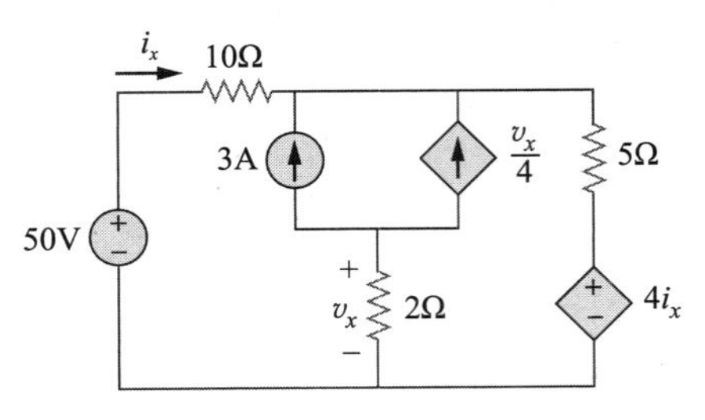

图 3-107　习题 63 图

64　求图 3-108 所示电路中的 v_o 和 i_o。 **MLPS**

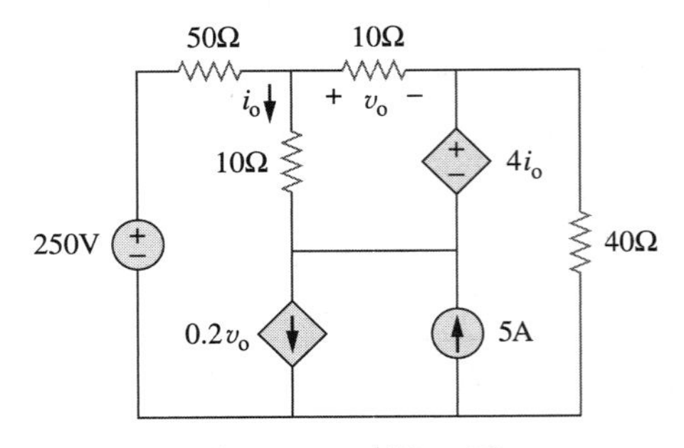

图 3-108　习题 64 图

65　利用 MATLAB 确定图 3-109 所示电路中的网孔电流。 **ML**

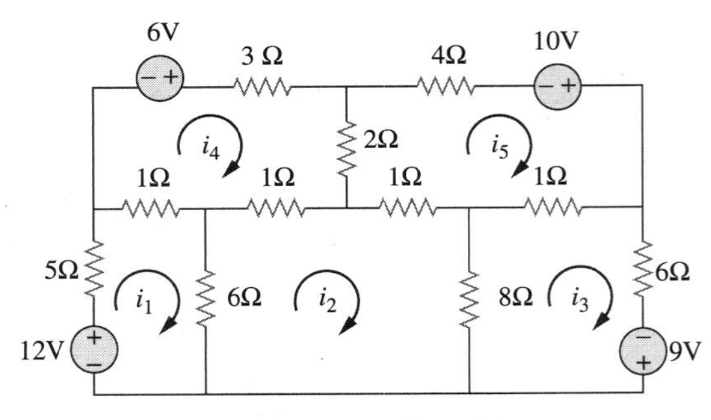

图 3-109　习题 65 图

66　写出图 3-110 所示电路的网孔方程，并利用 MATLAB 确定网孔电流。 **ML**

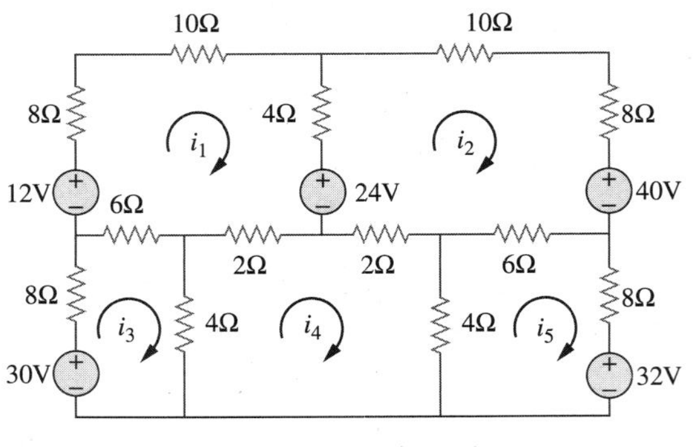

图 3-110　习题 66 图

3.6 节

67　通过观察法写出图3-111所示电路的节点电压方程，并计算电压V_o。 **ML**

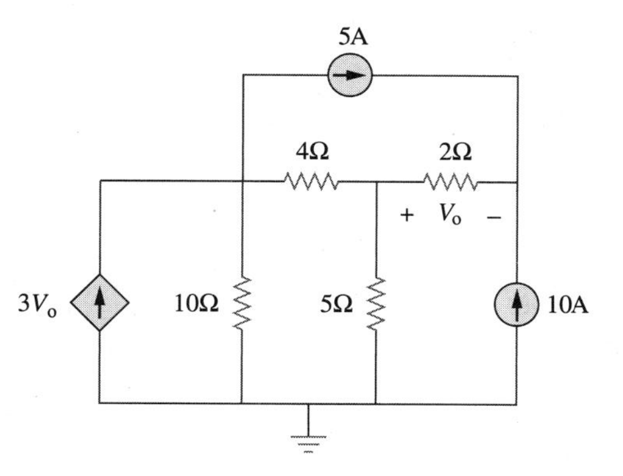

图3-111　习题67图

68　利用图3-112设计一个问题，求出电压V_o，从而更好地了解节点分析法，并尽力提出最容易计算的算法。 **ED**

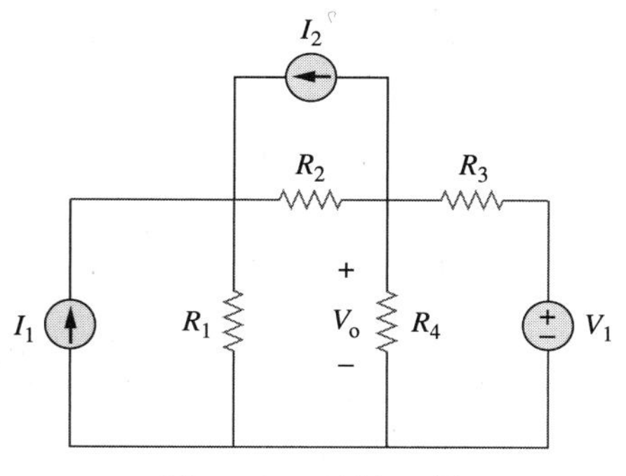

图3-112　习题68图

69　通过观察法写出图3-113所示电路的节点电压方程。

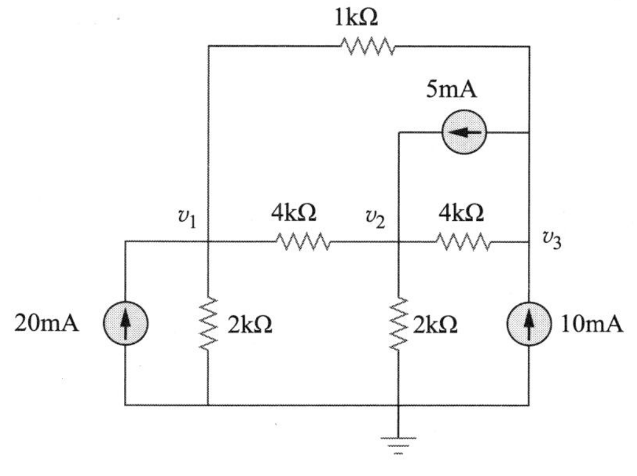

图3-113　习题69图

70　通过观察法写出图3-114所示电路的节点电压方程，并确定V_1与V_2的值。

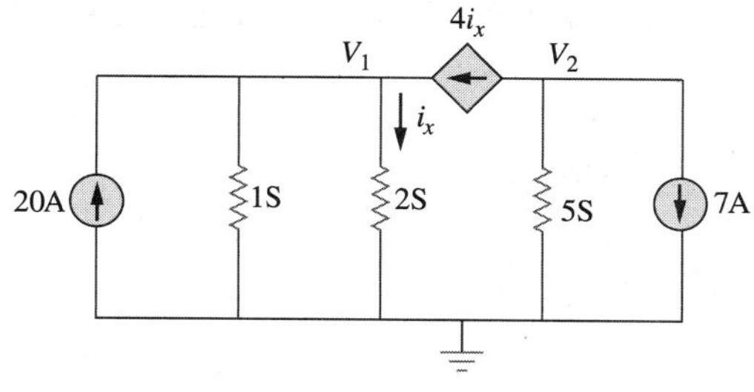

图3-114　习题70图

71　写出图3-115所示电路的网孔电流方程，之后计算i_1、i_2和i_3的值。 **ML**

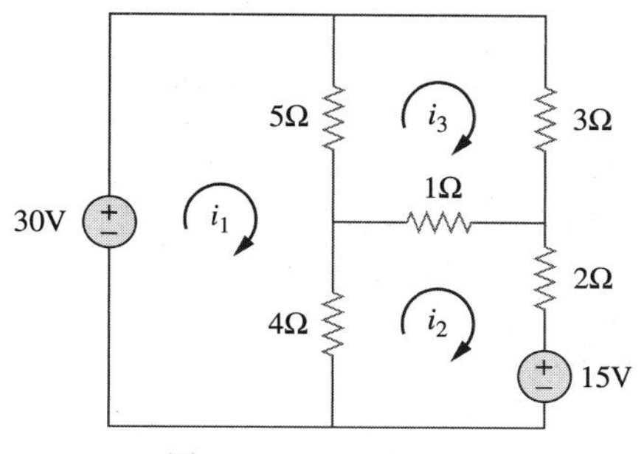

图3-115　习题71图

72　通过观察法写出图3-116所示电路的网孔电流方程。

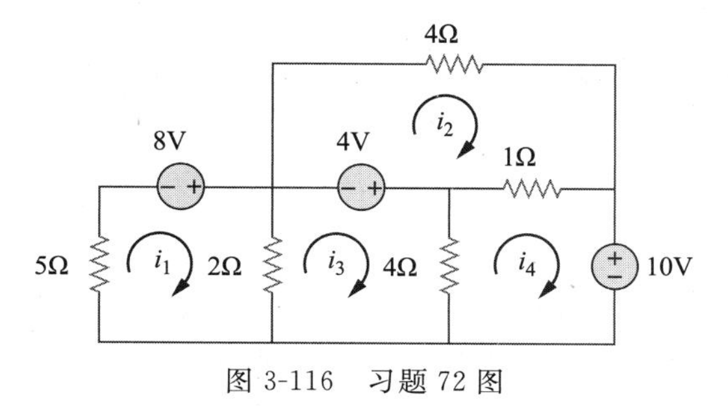

图3-116　习题72图

73　写出图3-117所示电路的网孔电流方程。

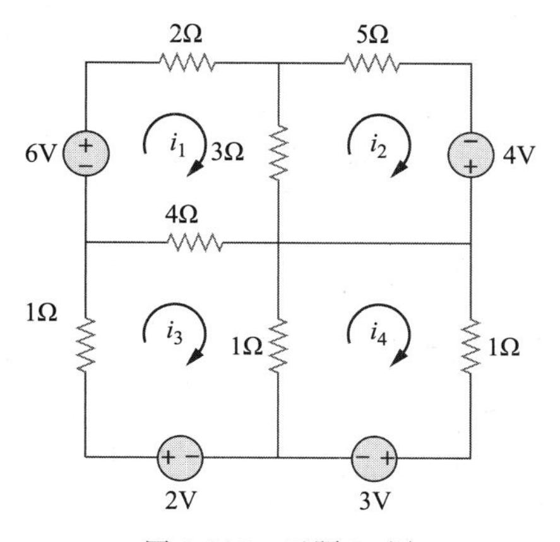

图3-117　习题73图

74　通过观察法写出图 3-118 所示电路的网孔电流方程。

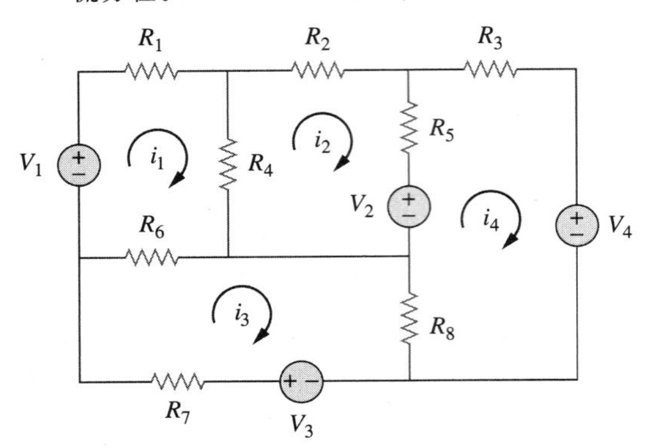

图 3-118　习题 74 图

3.8 节

75　利用 PSpice 或 MultiSim 求解习题 58。

76　利用 PSpice 或 MultiSim 求解习题 27。

77　利用 PSpice 或 MultiSim 求解图 3-119 所示电路中的 V_1 与 V_2。

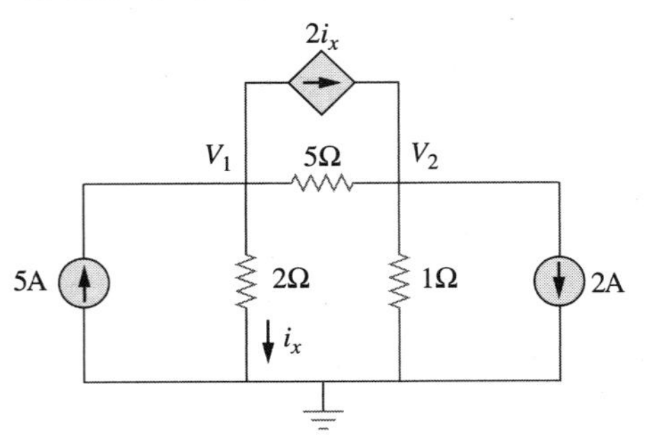

图 3-119　习题 77 图

78　利用 PSpice 或 MultiSim 求解习题 20。

79　利用 PSpice 或 MultiSim 重做习题 28。

80　利用 PSpice 或 MultiSim 求解图 3-120 所示电路中的节点电压 $v_1 \sim v_4$。　**ML**

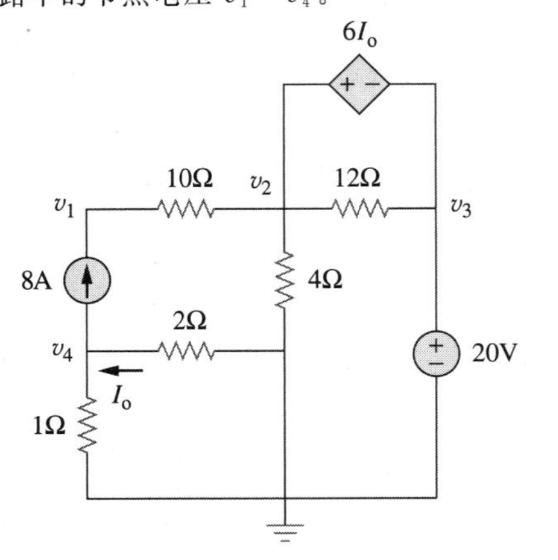

图 3-120　习题 80 图

81　利用 PSpice 或 MultiSim 求解例 3-4。

82　如果某电视网络在 PSpice 环境下的原理图网络表(Schematics Netlist)如下所示，试画出该网络的电路原理图。

```
R_R1   1  2  2K
R_R2   2  0  4K
R_R3   3  0  8K
R_R4   3  4  6K
R_R5   1  3  3K
V_VS   4  0  DC     100
I_IS   0  1  DC     4
F_F1   1  3  VF_F1  2
VF_F1  5  0  0V
E_E1   3  2  1      3    3
```

83　某特定电路的原理图网络表如下所示，试画出该网络的电路原理图并确定节点 2 的电压。

```
R_R1  1  2  20
R_R2  2  0  50
R_R3  2  3  70
R_R4  3  0  30
V_VS  1  0  20V
I_IS  2  0  DC   2A
```

3.9 节

84　计算图 3-121 所示电路中的 v_o 与 I_o。

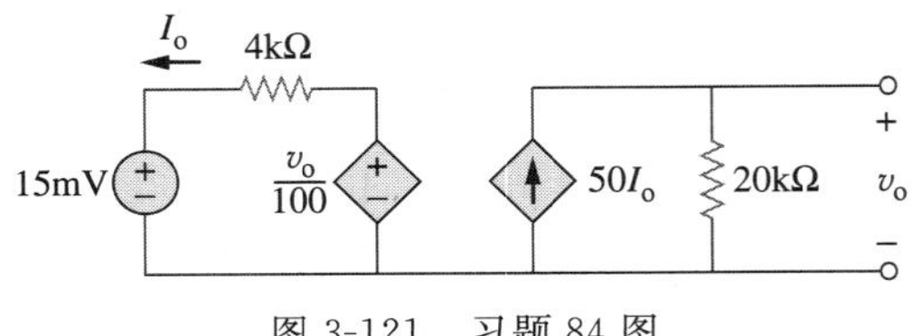

图 3-121　习题 84 图

85　阻值为 9Ω 的音频放大器为扬声器提供功率，要使所传输的功率最大，扬声器的阻值应为多少？　**ED**

86　计算图 3-122 所示简化的晶体管电路中的电压 v_o。

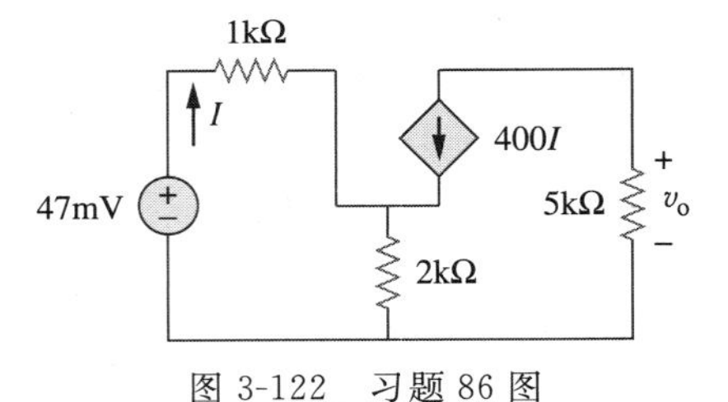

图 3-122　习题 86 图

87　求图 3-123 所示电路的增益 v_o/v_s。

图 3-123　习题 87 图

* 88　试确定图 3-124 所示晶体管放大电路的增益 v_o/v_s。

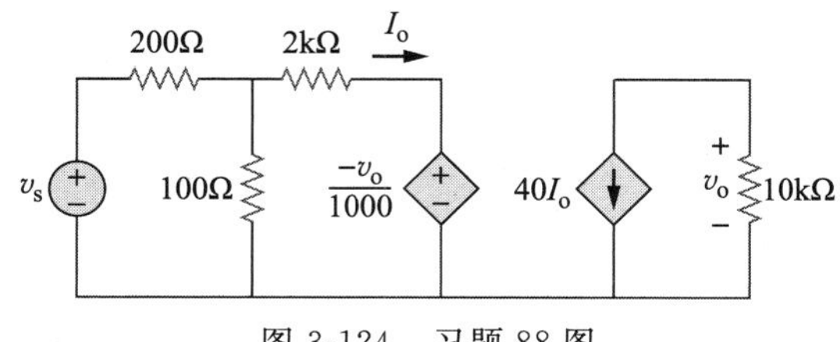

图 3-124 习题 88 图

89 在图 3-125 所示的晶体管电路中，假定 $\beta=100$，$V_{BE}=0.7V$，试求 I_B 和 V_{CE}。

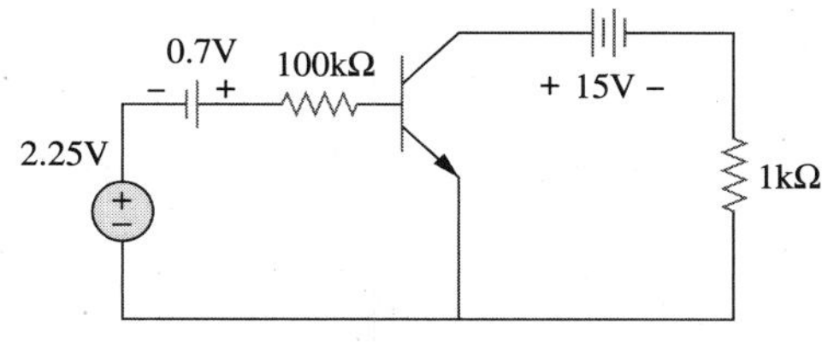

图 3-125 习题 89 图

90 在图 3-126 所示的晶体管电路中，假定 $v_o=4V$，$\beta=150$，$V_{BE}=0.7V$，计算 v_s。

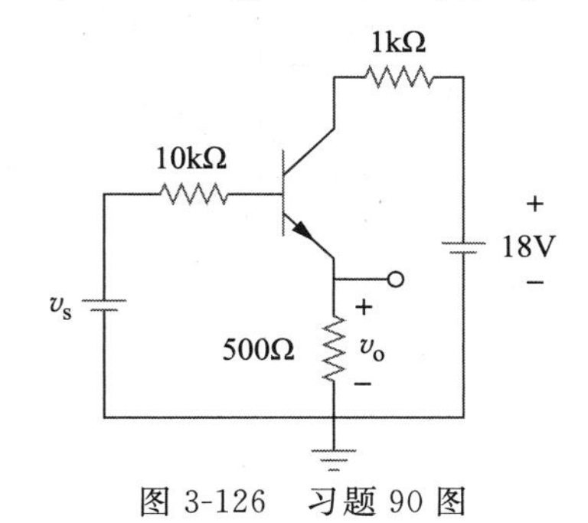

图 3-126 习题 90 图

91 在图 3-127 所示的晶体管电路中，假定 $\beta=200$，$V_{BE}=0.7V$，求 I_B、V_{CE} 和 v_o。

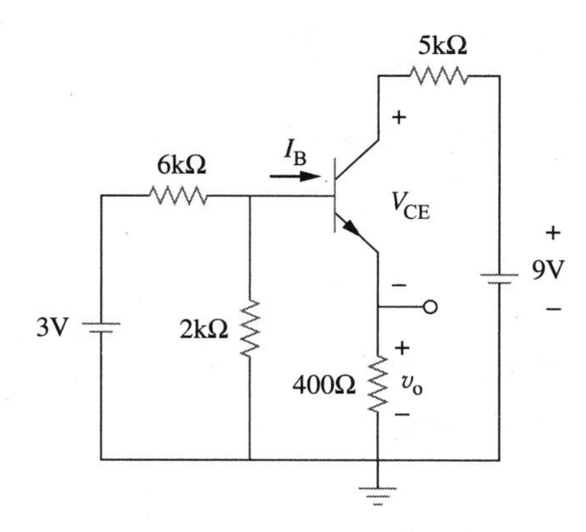

图 3-127 习题 91 图

92 利用图 3-128 所示电路，设计一个问题以更好地了解晶体管。确定你使用合理的电路参数。 **ED**

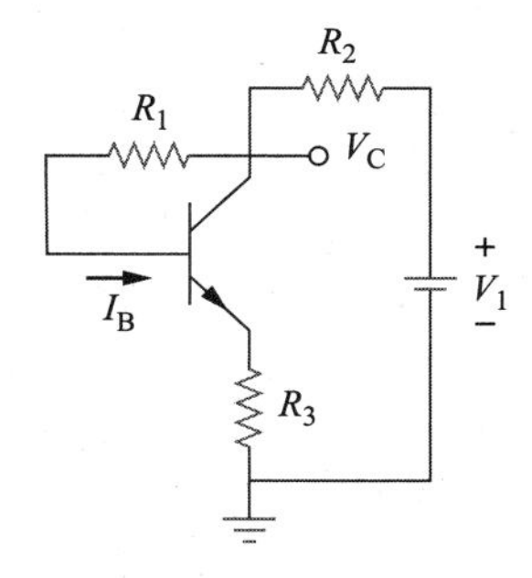

图 3-128 习题 92 图

综合理解题

* 93 试通过手算的方法重做例 3-11。

第4章

电路定理

一名工程师的成功与他的沟通能力成正比！

——Charles K. Alexander

增强技能与拓展事业

加强沟通能力

学习电路分析课程是从事电子工程师工作的第一步，在学校期间加强沟通能力是准备工作的一部分，因为我们的大部分时间都用于相互交流。

业界人士经常抱怨刚毕业的工程师在书面与口头交流方面的欠缺。具备良好沟通能力的工程师将成为更有价值的人才。

你可能会说、会写，但是如何进行卓有成效的沟通呢？有效的沟通艺术是一位工程师成功的关键。

卓有成效的交际能力被许多人认为是行政晋升中最重要的一环
（图片来源：IT Stock/Punchstock）

对于工程师而言，良好的沟通能力是不断晋升的关键。在一项由美国公司进行的关于影响管理人员晋升因素的调查中，列举了22项个人因素的问题及其在晋升中的重要性。调查结果令人大吃一惊，“基于经验的技术能力”位列倒数第四。自信、有追求、灵活、成熟、能做出合理的决定、能与人合作以及刻苦工作等品格都排在前面，而“沟通能力”则位列第一。个人事业越发展就越需要人际沟通的能力。因此，应该将卓有成效的沟通作为个人职业道路上的一项重要手段和必备能力。

掌握有效的沟通方法是你一生都必须不断学习的事情。在校学习期间是开始培养沟通能力的最佳时机，要不断寻找机会培养和提高读、写、听、说能力。可以通过课堂展示、集体课程设计、参与学生社团活动和选修交流课程等培养这方面的能力，这比工作后再注意这个问题要有益得多。

学习目标

通过本章内容的学习和练习你将具备以下能力：

1. 提高使用节点分析法和网孔分析法分析基本电路的技巧。
2. 理解基本电路中线性度的工作原理。
3. 掌握叠加定理以及怎样使用它分析电路。
4. 理解电源转换的意义以及在简化电路时的使用。
5. 了解戴维南定律和诺顿定律并且掌握它们简化电路的原理。
6. 掌握最大功率传输的概念。

4.1 引言

第3章中利用基尔霍夫定律分析电路的一个突出优点是无需对原电路结构进行任何更改即可完成电路的分析，其缺点就是对于大型的复杂电路而言，这种方法的求解过程相当烦琐。

随着电路应用领域的不断扩充，简单电路已演化为复杂电路。为了处理复杂电路，电路技术专家经过多年努力提出了一些可以简化电路分析的定理，其中包括戴维南(Thevenin)定理和诺顿(Norton)定理。由于这些定理适用于线性(linear)电路，因此本章首先讨论线性电路的概念，在此基础上进一步讨论叠加定理、电源变换以及最大功率传输等概念。最后一节将介绍运用本章知识进行电源建模和电阻测量。

4.2 线性性质

线性性质是一种描述线性因果关系的元件属性。该属性适用于许多电路元件，本章仅讨论电阻元件。线性包括齐次性(比例性)和叠加性。

齐次性是指：如果输入(也称激励)乘以一个常数，那么输出(也称响应)也相应地乘以同一个常数。以电阻为例，根据欧姆定律，输入电流 i 与输出电压 v 之间的关系为：

$$v=iR \tag{4.1}$$

如果电流乘以常量 k，那么电压也增加 k 倍，即

$$\boxed{kiR=kv} \tag{4.2}$$

叠加性是指：各个输入之和的响应等于每个输入单独作用于系统时的响应之和。仍以电阻的电压-电流关系为例，如果

$$v_1=i_1R \tag{4.3a}$$

且

$$v_2=i_2R \tag{4.3b}$$

那么当输入为(i_1+i_2)时，有

$$\boxed{v=(i_1+i_2)R=i_1R+i_2R=v_1+v_2} \tag{4.4}$$

因此，由于电阻的电压-电流关系既满足齐次性又满足叠加性，所以称电阻为线性元件。

一般而言，如果一个电路既满足齐次性又满足叠加性，则为线性电路。线性电路中仅包含线性元件、线性受控源和线性独立源。

线性电路是指输出和输入呈线性关系(或者成比例关系)的电路。

本书只讨论线性电路。注意：由于功率 $p=i^2R=v^2/R$(二次函数，而不是线性函数)，因此功率和电压(或电流)之间的关系是非线性的。所以，本章的定理不适用于功率。

提示： 例如，当电流 i_1 流过电阻 R 时，功率 $p_1=Ri_1^2$，当电流 i_2 流过电阻 R 时，功率 $p_2=Ri_2^2$。当电流(i_1+i_2)流过电阻 R 时，功率 $p_3=R(i_1+i_2)^2=Ri_1^2+Ri_2^2+2Ri_1i_2\neq p_1+p_2$。因此，功率关系是非线性的。

为了说明线性原理，以图4-1的线性电路为例。该线性电路内部没有独立源，电压源 v_s 是激励，即输入为 v_s，在电路输出端接一负载电阻 R，电阻 R 的电流 i 作为输出。假定 $v_s=10\text{V}$ 时，$i=2\text{A}$。那么根据线性原理，当 $v_s=1\text{V}$ 时，则 $i=0.2\text{A}$。同理，如果 $i=1\text{mA}$，则其输入必为 $v_s=5\text{mV}$。

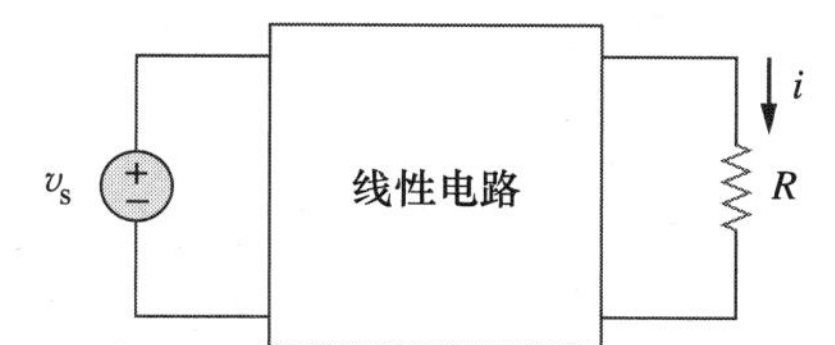

图4-1 输入为 v_s、输出为 i 的线性电路

例4-1 当 $v_s=12\text{V}$ 和 $v_s=24\text{V}$ 时，分别求解图4-2所示电路中的 I_o。

解： 对两个回路应用KVL，可得

$$12i_1-4i_2+v_s=0 \tag{4.1.1}$$

$$-4i_1+16i_2-3v_x-v_s=0 \tag{4.1.2}$$

而 $v_x=2i_1$，于是式(4.1.2)变为

$$-10i_1+16i_2-v_s=0 \tag{4.1.3}$$

将式(4.1.1)与式(4.1.3)相加，得到

$$2i_1+12i_2=0 \quad \Rightarrow \quad i_1=-6i_2$$

代入式(4.1.1)，可得

$$-76i_2+v_s=0 \quad \Rightarrow \quad i_2=\frac{v_s}{76}$$

当 $v_s=12\text{V}$ 时，

$$I_o=i_2=\frac{12}{76}=\frac{3}{19}(\text{A})$$

当 $v_s=24\text{V}$ 时，

$$I_o=i_2=\frac{24}{76}=\frac{6}{19}(\text{A})$$

这说明，当电压源为原来的 2 倍时，I_o 也变为原来的 2 倍。◀

练习 4-1　当 $i_s=30\text{A}$ 和 45A 时，求图 4-3 所示电路中的 v_o。　**答案：** 40V，60V。

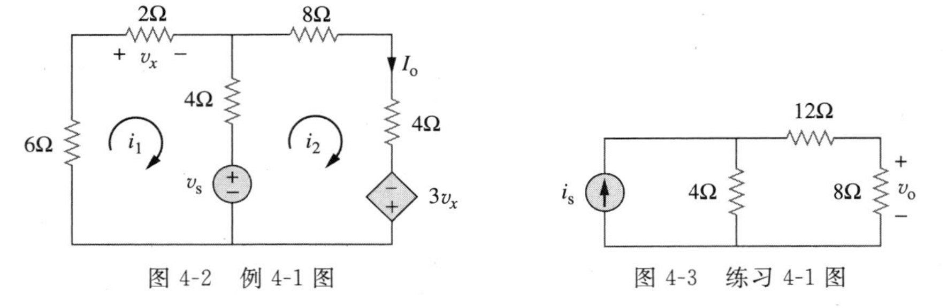

图 4-2　例 4-1 图　　图 4-3　练习 4-1 图

例 4-2 在图 4-4 所示电路中，假定 $I_o=1\text{A}$，利用线性原理确定 I_o 的实际值。

解： 如果 $I_o=1\text{A}$，则 $V_1=(3+5)I_o=8\text{V}$，并且 $I_1=V_1/4=2\text{A}$，对节点 1 应用 KCL，可得

$$I_2=I_1+I_o=3\text{A}$$

$$V_2=V_1+2I_2=8+6=14(\text{V}), \qquad I_3=\frac{V_2}{7}=2(\text{A})$$

对节点 2 应用 KCL，得

$$I_4=I_3+I_2=5\text{A}$$

因此，$I_s=5\text{A}$。这表明如果假定 $I_o=1\text{A}$，则得到电流源 $I_s=5\text{A}$，该电路中电流源实际为 15A，则此时实际得到的 $I_o=3\text{A}$。◀

练习 4-2　在图 4-5 所示电路中，假定 $V_o=1\text{V}$，试利用线性原理计算 V_o 的实际值。

答案： 16V。

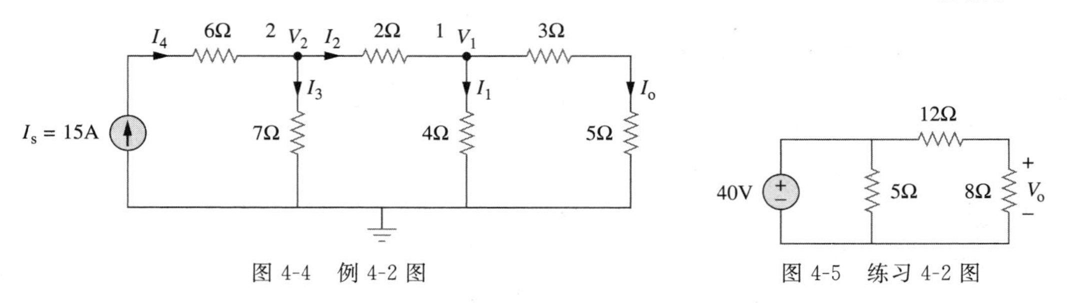

图 4-4　例 4-2 图　　图 4-5　练习 4-2 图

4.3　叠加定理

当一个电路包含两个或多个独立电源时，求解电路特定变量值(电压或电流)的一种方法是利用第 3 章所学的节点分析法或网孔分析法，另一种方法是求出各独立源单独作用时

的响应并相加，得到最终的响应，后一种方法称为叠加定理。

电路的线性性质是叠加定理的基础。

叠加定理是指线性电路中元件两端电压(或流经元件的电流)是每个独立源单独作用下在该元件两端的产生电压(或流经该元件的电流)的代数和。

提示： 叠加定理不仅仅局限于电路分析，对因果关系满足线性性质的其他许多领域同样适用。

采用叠加定理可以帮助我们分析包含多个独立源的线性电路，即分别计算各独立源对电路的贡献，之后相加得到总的响应。但是，应用叠加定理必须注意如下两点：

1. 每次计算仅考虑一个独立源，其他独立源均应关闭(turn off)，即其他各电源要用0V(短路)来替代，而各电流源要用0A(开路)来替代。这样，就可以得到更为简单，更便于处理的电路。

提示： 与关闭意思相同的常见术语包括：封闭(killed)、无效(made inactive)、失效(deadened)或置零(set equal zero)等。

2. 因为受控源受到电路变量的控制，所以应保持不变。

应用叠加定理时，必须按照如下三个步骤进行。

应用叠加定理的三个步骤：

1. 关闭除一个独立电源以外的其他所有独立电源，利用第2章和第3章介绍的分析方法，求出该独立源作用于电路的输出(电压或电流)。
2. 对其他各独立源重复步骤1。
3. 将各个独立源单独作用于电路时产生的响应相加，从而得到电路总的响应。

采用叠加定理分析电路的一个主要缺点是所涉及的计算比较多。如果待分析电路包含三个独立源，则必须分析计算三个由独立源单独作用的简化电路。叠加定理的优点在于，利用短路替代电压源，或利用开路替代电流源，的确可以降低电路的复杂程度，将复杂电路简化为简单电路。

必须牢记，叠加定理的基础是线性性质，因此它并不适用于各电源产生的功率，因为电阻吸收的功率随电压或电流的平方关系变化。如果要求功率，必须先利用叠加定理计算流经元件的电流(或元件两端的电压)，之后再计算功率。

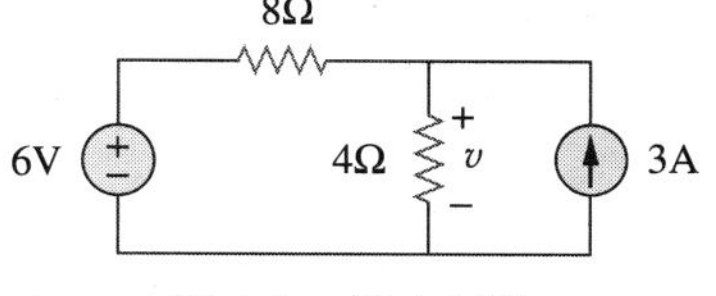

图 4-6 例 4-3 图

例 4-3 利用叠加定理计算图 4-6 所示电路中的 v。

解： 电路中包含两个电源，根据叠加定理，有

$$v=v_1+v_2$$

式中，v_1 与 v_2 分别为 6V 电压源和 3A 电流源单独作用时 v 的大小。为求出 v_1，应设电流源为零，如图 4-7a 所示，对图 4-7a 中回路应用 KVL，得到

$$12i_1-6=0 \quad \Rightarrow \quad i_1=0.5(\text{A})$$

因此，

$$v_1=4i_1=2(\text{V})$$

另外，还可以采用分压原理计算 v_1，即

$$v_1=\frac{4}{4+8}\times 6=2(\text{V})$$

为求出 v_2，应设电压源为零，如图 4-7b 所示，利用分流原理可得

$$i_3=\frac{8}{4+8}\times 3=2(\text{A})$$

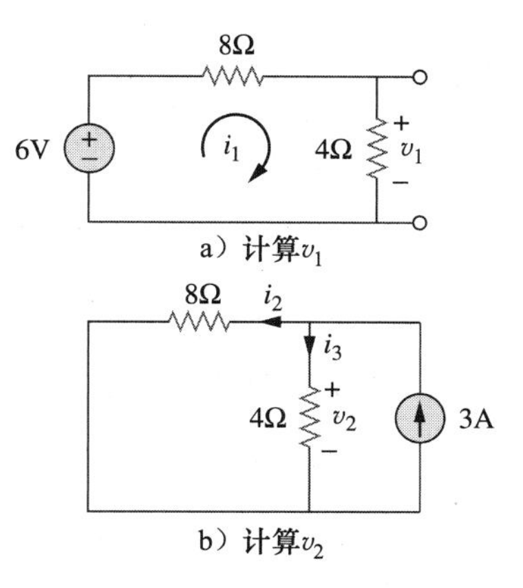

图 4-7 求解例 4-3 图

因此

$$v_2=4i_3=8(\mathrm{V})$$

所以

$$v=v_1+v_2=2+8=10(\mathrm{V})$$ ◀

练习 4-3 利用叠加定理求出图 4-8 所示电路中的 v_o。 **答案：** 7.4V。

例 4-4 利用叠加定理求出图 4-9 所示电路中的 i_o。

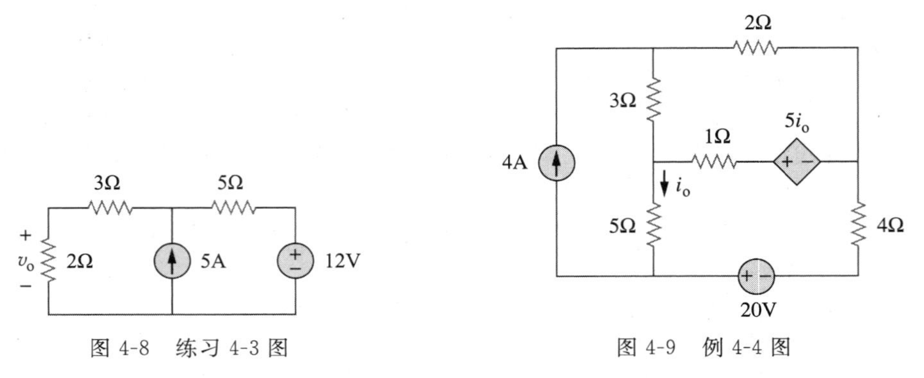

图 4-8 练习 4-3 图　　图 4-9 例 4-4 图

解： 图 4-9 所示电路中包含一个受控源，计算过程中必须保持不变。令

$$i_o=i'_o+i''_o \tag{4.4.1}$$

式中，i'_o 与 i''_o 分别为由 4A 电流源与 20V 电压源引起的响应。为求出 i'_o，须关闭 20V 电压源，从而得到如图 4-10a 所示电路。下面采用网孔分析法求 i'_o，对于回路 1，

$$i_1=4\mathrm{A} \tag{4.4.2}$$

对于回路 2，

$$-3i_1+6i_2-1i_3-5i'_o=0 \tag{4.4.3}$$

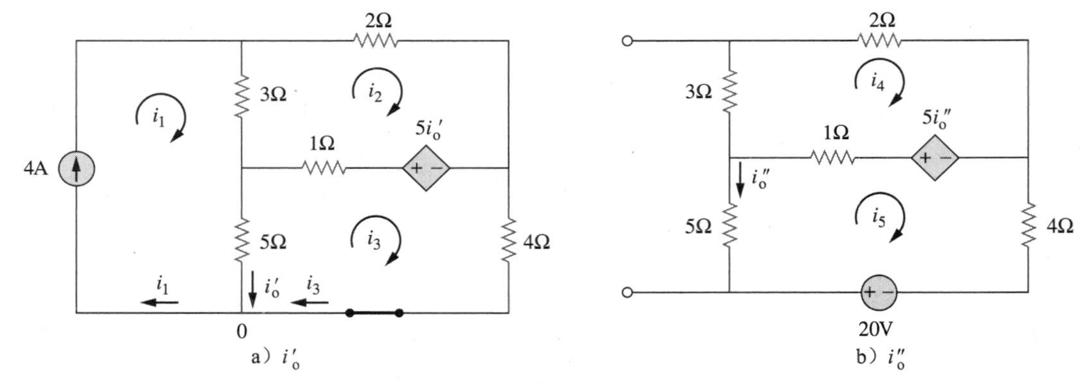

图 4-10 求解例 4-4 图

对于回路 3，

$$-5i_1-1i_2+10i_3+5i'_o=0 \tag{4.4.4}$$

但在节点 0 处，有

$$i_3=i_1-i'_o=4-i'_o \tag{4.4.5}$$

将式(4.4.2)与式(4.4.5)代入式(4.4.3)与式(4.4.4)，得到两个联立方程：

$$3i_2-2i'_o=8 \tag{4.4.6}$$

$$i_2+5i'_o=20 \tag{4.4.7}$$

解得

$$i'_o=\frac{52}{17}(\mathrm{A}) \tag{4.4.8}$$

为求 i_o''，须关闭 4A 电流源，从而得到如图 4-10b 所示电路。对回路 4 应用 KVL，可得

$$6i_4-i_5-5i_o''=0 \tag{4.4.9}$$

对回路 5，

$$-i_4+10i_5-20+5i_o''=0 \tag{4.4.10}$$

而 $i_5=-i_o''$。将其代入式(4.4.9)和式(4.4.10)可得

$$6i_4-4i_o''=0 \tag{4.4.11}$$

$$i_4+5i_o''=-20 \tag{4.4.12}$$

解得

$$i_o''=-\frac{60}{17}\text{A} \tag{4.4.13}$$

将式(4.4.8)与式(4.4.13)代入式(4.4.1)，得到

$$i_o=-\frac{8}{17}=-0.4706(\text{A})$$

◀

练习 4-4 利用叠加定理计算图 4-11 所示电路中的 v_x。 **答案：** $v_x=31.25\text{V}$。

例 4-5 利用叠加定理计算图 4-12 所示电路中的 i。

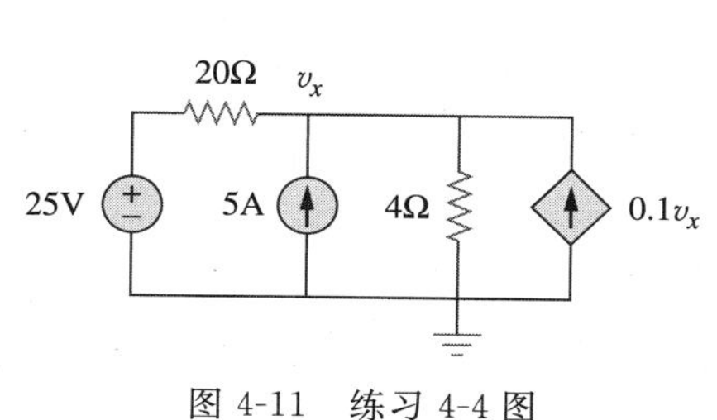

图 4-11 练习 4-4 图

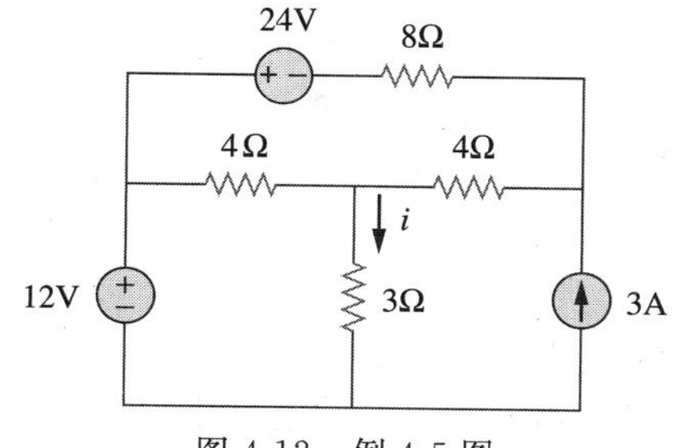

图 4-12 例 4-5 图

解： 该电路中包含三个电源，所以

$$i=i_1+i_2+i_3$$

式中，i_1、i_2、i_3 分别为 12V 电压源、24V 电压源和 3A 电流源所产生的电流。

为求出 i_1，如图 4-13a 所示电路，将 4Ω 电阻(位于右侧的)和与之串联的 8Ω 电阻合并后得 12Ω 电阻，该 12Ω 电阻又与 4Ω 电阻并联，合并后得 12×4/16=3(Ω)。因此，

$$i_1=\frac{12}{6}=2(\text{A})$$

为求出 i_2，有如图 4-13b 所示电路，采用网孔分析法可得

$$16i_a-4i_b+24=0 \quad \Rightarrow \quad 4i_a-i_b=-6 \tag{4.5.1}$$

$$7i_b-4i_a=0 \quad \Rightarrow \quad i_a=\frac{7}{4}i_b \tag{4.5.2}$$

将式(4.5.2)代入式(4.5.1)可得

$$i_2=i_b=-1\text{A}$$

为求出 i_3，有如图 4-13c 所示电路，采用节点分析法可得

$$3=\frac{v_2}{8}+\frac{v_2-v_1}{4} \quad \Rightarrow \quad 24=3v_2-2v_1 \tag{4.5.3}$$

$$\frac{v_2-v_1}{4}=\frac{v_1}{4}+\frac{v_1}{3} \quad \Rightarrow \quad v_2=\frac{10}{3}v_1 \tag{4.5.4}$$

将式(4.5.4)代入式(4.5.3)得 $v_1=3$，且

$$i_3=\frac{v_1}{3}=1(\text{A})$$

于是

$$i=i_1+i_2+i_3=2-1+1=2(\text{A})$$ ◀

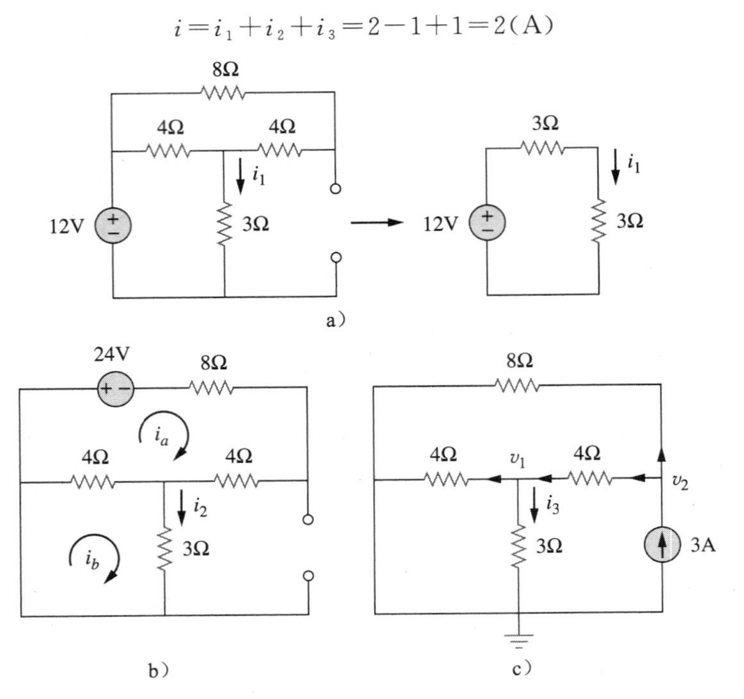

图 4-13　求解例 4-5 图

练习 4-5　利用叠加定理求出图 4-14 所示电路中的 I。　　**答案：** 375mA。

4.4　电源变换

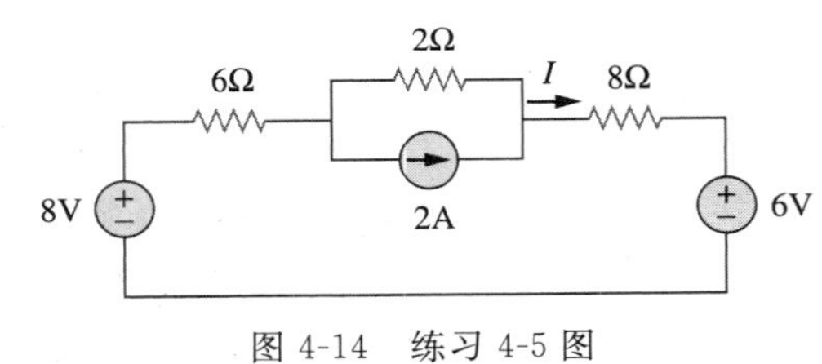

图 4-14　练习 4-5 图

由前面章节的学习可知，串-并联合并与△-Y 变换等方法有助于简化电路，本节将介绍另一个简化电路的工具——电源变换。这些工具的基础是等效的概念，即等效电路是指与原电路具有相同的 $v-i$ 特性的电路。

由 3.6 节可知，当电路中的电源均为独立电流源(或独立电压源)时，仅通过观察法就可以写出电路的节点电压(或网孔电流)方程。因此，在电路分析时，如果能像图 4-15 那样，将与电阻串联的电压源变换为与电阻并联的电流源，(反之亦然)，就会使分析变得非常简便，这种变换被称为*电源变换*(source transformation)。

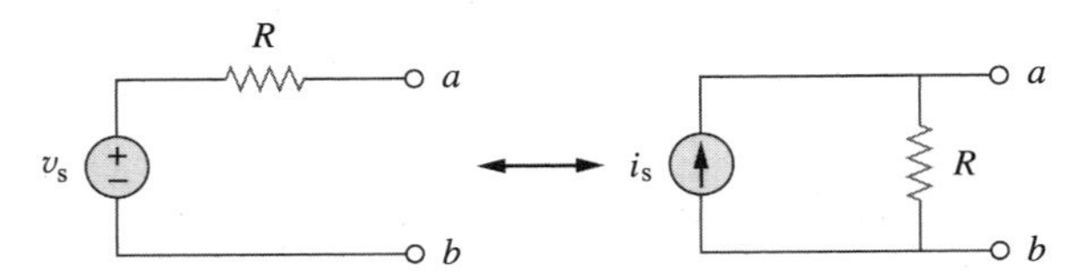

图 4-15　独立电源的变换

电源变换是指电流源 i_s 与电阻 R 的并联可以变换为电压源 v_s 与电阻 R 的串联(反之亦然)。

只要如图 4-15 所示的两个电路在端口 a-b 呈现相同的电压-电流关系，则二者就是等效的。可以很容易地证明这两个电路的等效关系，如果将两个电源均关闭，则两个电路在端口

a-b 的等效电阻均为 R。同时，当端口 a-b 短路时，则在左边电路中从 a 到 b 的短路电流为 $i_{sc}=v_s/R$，在右边电路中从 a 到 b 的短路电流为 $i_{sc}=i_s$。于是，为使这两个电路等效，就必须满足 $v_s/R=i_s$。因此，电源变换必须满足

$$v_s=i_sR \quad 或 \quad i_s=\frac{v_s}{R} \tag{4.5}$$

电源变换同样适用于受控源，但前提是必须对受控变量做细致的处理。如图 4-16 所示，受控电压源与电阻的串联可以变换为受控电流源与电阻的并联，反之亦然，但必须满足式(4.5)。

与第 2 章所学的 Y 电路与△电路间的变换一样，电源变换并不会对电路的其他部分产生任何影响，因此，电源变换是一种通过电路形式的变换简化电路分析的有力工具。但是，在进行电源变换时，必须注意如下两点：

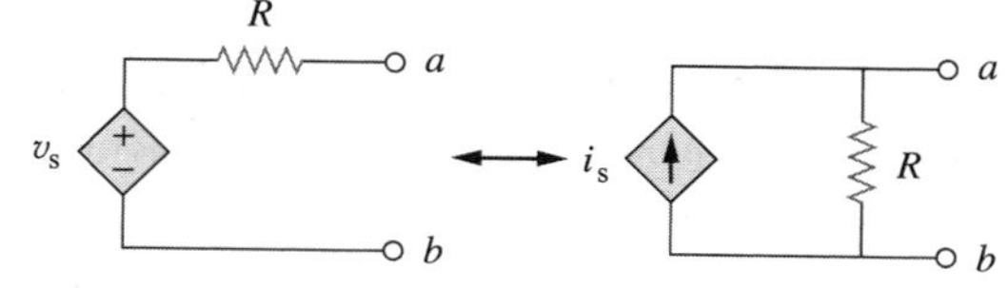

图 4-16 受控源的变换

1. 如图 4-15(或图 4-16)所示，电流源的电流方向应该指向电压源的正极。
2. 由式(4.5)可知，在 $R=0$，即理想电压源的情况下，不能进行电源变换，然而实际电路中均为非理想电压源($R\neq0$)。同样，$R=\infty$ 的理想电流源也不能用电压源来取代。本章 4.10.1 节将会对理想电源和非理想电源做进一步的讨论。

例 4-6 利用电源变换的方法求图 4-17 所示电路中的 v_o。

解： 首先对图中的电流源和电压源分别进行变换，得到如图 4-18a 所示的电路。之后，将串联的 4Ω 电阻与 2Ω 电阻合并起来，同时对 12V 电压源进行变换，得到如图 4-18b 所示的电路。接着将并联的 3Ω 电阻与 6Ω 电阻合并为一个 2Ω 电阻，将 2A 电流源与 4A 电流源合并为一个 2A 电流源。这样，重复几次电源变换后，就会得到如图 4-18c 所示的电路。

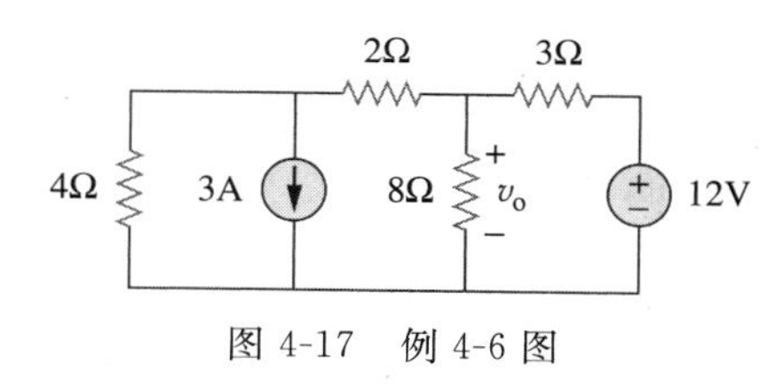

图 4-17 例 4-6 图

对图 4-18c 所示电路应用分流原理，得到

$$i=\frac{2}{2+8}\times2=0.4(\text{A})$$

且

$$v_o=8i=8\times0.4=3.2(\text{V})$$

另外，由于图 4-18c 中的 8Ω 电阻与 2Ω 电阻是并联的，其两端的电压应相同。因此，

$$v_o=(8\parallel2)\times2=\frac{8\times2}{10}\times2=3.2(\text{V})$$

◀

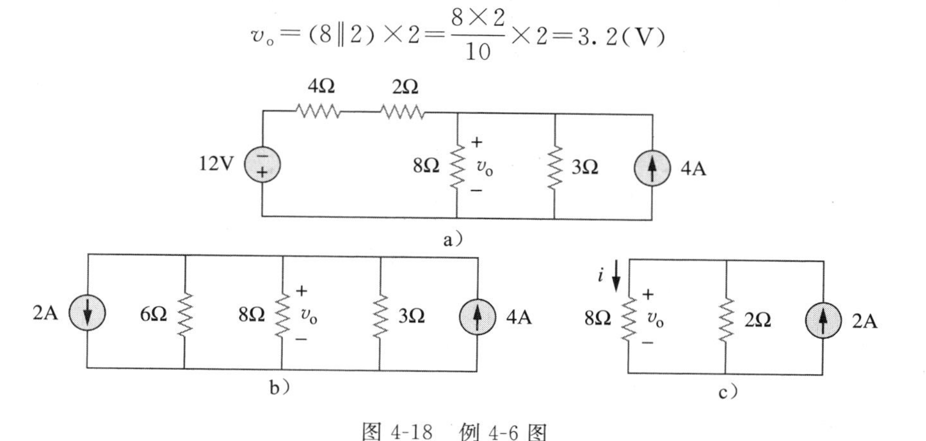

图 4-18 例 4-6 图

练习 4-6 利用电源变换的方法求图 4-19 所示电路中的 i_o。 **答案**：1.78A。

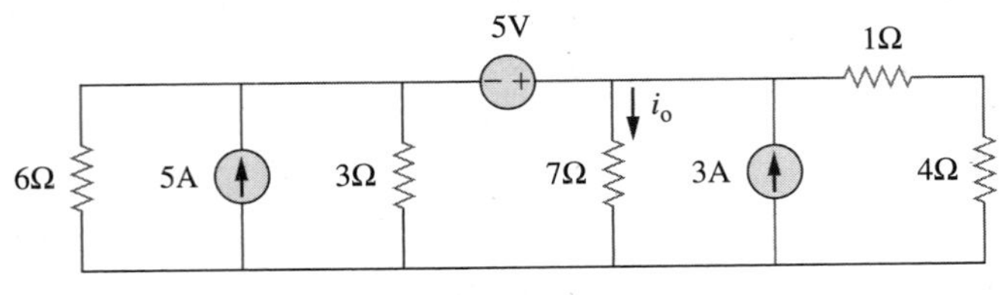

图 4-19 练习 4-6 图

例 4-7 利用电源变换的方法求图 4-20 所示电路中的 v_x。

解：图 4-20 所示电路中包含一个电压控制电流源，对该受控电流源和 6V 电压源分别进行电源变换，得到如图 4-21a 所示电路。由于 18V 电压源没有与任何电阻串联，所以不能进行电源变换，图 4-21a 中两个并联的 2Ω 电阻可以合并为 1Ω 电阻，它又与 3A 的电流源相并联。再将该电流源变换为电压源，得到如图 4-21b 所示电路，注意 v_x 的两个端点仍保持不变。对图 4-21b 的回路应用 KVL，得到

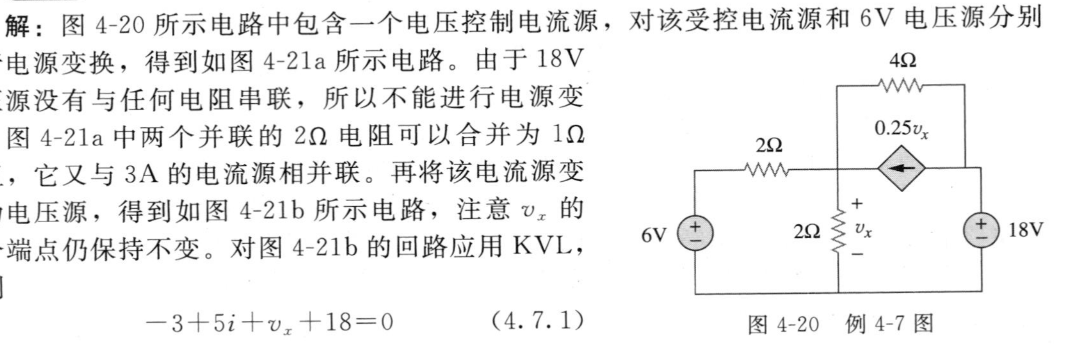

图 4-20 例 4-7 图

$$-3+5i+v_x+18=0 \qquad (4.7.1)$$

对仅包含 3V 电压源，1Ω 电阻和 v_x 的回路应用 KVL，得到

$$-3+1i+v_x=0 \quad \Rightarrow \quad v_x=3-i \qquad (4.7.2)$$

代入式(4.7.1)得到：

$$15+5i+3-i=0 \quad \Rightarrow \quad i=-4.5\text{A}$$

另外，对图 4-21b 中包含 v_x，4Ω 电阻，电压控制电压源和 18V 电压源的回路应用 KVL，同样可得

$$-v_x+4i+v_x+18=0 \quad \Rightarrow \quad i=-4.5\text{A}$$

所以

$$v_x=3-i=7.5(\text{V})$$

◀

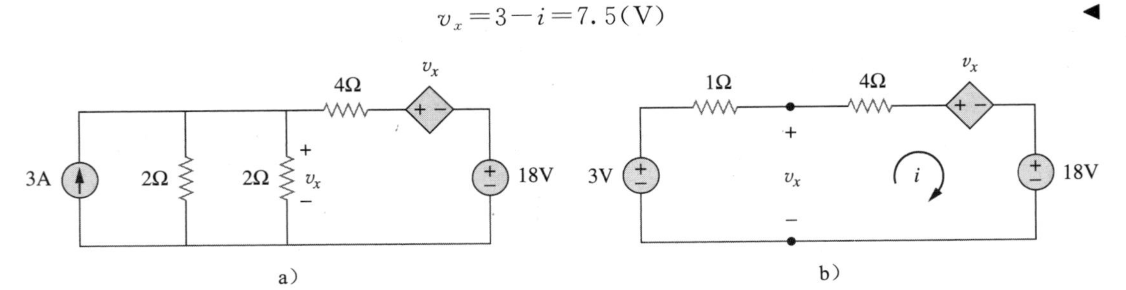

图 4-21 对图 4-20 所示电路进行电源变换后的电路图

练习 4-7 利用电源变换的方法求图 4-22 所示电路中的 i_x。 **答案**：7.059mA。

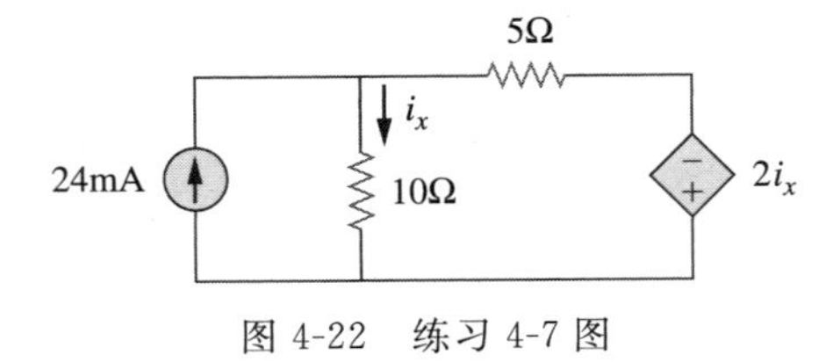

图 4-22 练习 4-7 图

4.5 戴维南定理

实际电路经常会出现这样的情况：电路中某个特定的元件(通常称为负载)是可变的，而其他元件则是固定不变的。典型的例子是家中的电源插座，它可以连接不同的家用电器，从而形成可变负载。可变元件每改变一次，就要对整个电路重新分析一遍。为了避免这个问题，戴维南定理提供了一种用等效电路取代电路中不变部分的方法。

根据戴维南定理，图 4-23a 所示的线性电路可以用图 4-23b 所示的电路来替代。(图 4-23 中的负载可以是一个电阻，也可以是另一个电路。)图 4-23b 中端口 a-b 左边的电路称为戴维南等效电路(Thevenin equivalent circuit)，它是由法国电报工程师利昂·戴维南(M. Leon Thevenin，1857—1926)于 1883 年提出的。

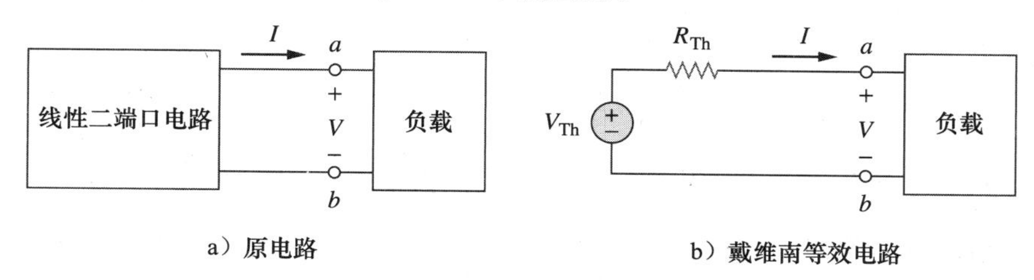

图 4-23 用戴维南等效电路替代线性二端口电路

戴维南定理是指线性二端口电路可以用一个由电压源 V_{Th} 和与之串联的电阻 R_{Th} 组成的等效电路所替代，其中 V_{Th} 为端口的开路电压，R_{Th} 为独立源关闭时端口的输入(或等效)电阻。

戴维南定理的证明将在 4.7 节中给出。现在的主要问题是如何求出戴维南等效电压 V_{Th} 与电阻 R_{Th}。为此，假设图 4-23 所示的两个电路是等效的。如果两个电路具有相同的端口电压-电流关系，则称这两个电路是等效的。下面就找出使得图 4-23 所示两个电路等效的条件。如果使端口 a-b 开路(去掉负载)，即无电流流过，那么由于两电路等效，从而图 4-23a 中 a-b 两端的开路电压必定等于图 4-23b 中的电压 V_{Th}，因此，V_{Th} 就是端口的开路电压 v_{oc}，如图 4-24a 所示，即：

$$V_{Th}=v_{oc} \tag{4.6}$$

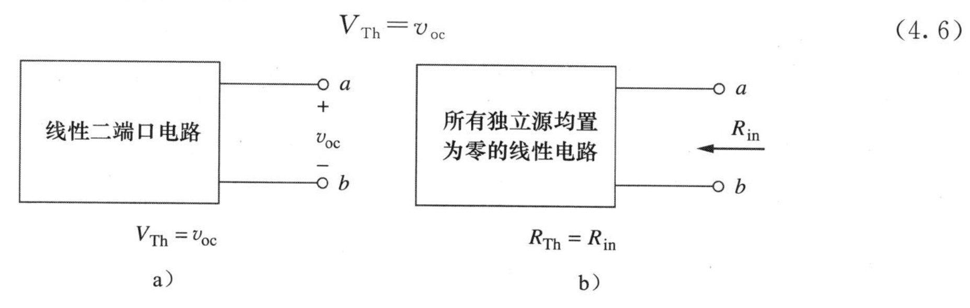

图 4-24 确定 V_{Th} 与 R_{Th}

移去负载使端口 a-b 开路的同时，将电路中的所有独立源关闭，由于两个电路是等效的，那么图 4-23a 中的 a-b 两端的输入电阻(即等效电阻)应该等于图 4-23b 中的 R_{Th}，因此，R_{Th} 就是当独立源关闭时端口的输入电阻，如图 4-24b 所示，即

$$R_{Th}=R_{in} \tag{4.7}$$

利用上述思想求戴维南电阻 R_{Th} 时，需要考虑下面两种情况。

情况 1 当网络中不含有受控源时，关闭所有独立源。R_{Th} 就是从 a-b 两端向网络看进去的输入电阻，如图 4-24b 所示。

情况 2 当网络中包含受控源时，关闭所有独立源。如叠加定理一样，由于受控源受电路电量的控制，因而不能关闭。此时可以在 a-b 两端外加一个电压源 v_o，并计算出相应的端口电流 i_o，即可得到 $R_{Th}=v_o/i_o$，如图 4-25a 所示，或者在 a-b 两端加入一个电流源 i_o，如图 4-25b 所示，并计算出端口电压 v_o，同样可得到 $R_{Th}=v_o/i_o$。利用这两种方法所得到的结果是相同的，任何一种方法都可以假设 v_o 与 i_o 取任意值，例如假设 $v_o=1\text{V}$ 或 $i_o=1\text{A}$，甚至可以对 v_o 或 i_o 的取值不做任何假设。

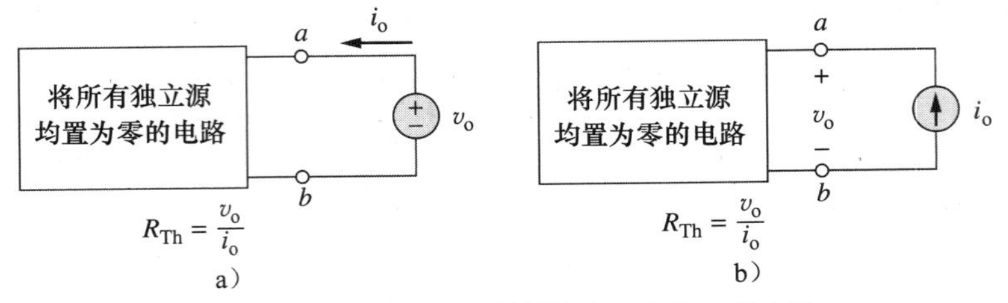

图 4-25　电路中包含受控源时，求 R_{Th} 的方法

提示： 稍后还会介绍求 R_{Th} 的另一种方法，即 $R_{Th}=\dfrac{v_{oc}}{i_{sc}}$。

经常会出现 R_{Th} 取负值的情况，此时的负电阻（$v=-iR$）表示电路是提供功率的，当电路中含有受控源时，就可能出现这种情况，例 4-10 将说明这种情况。

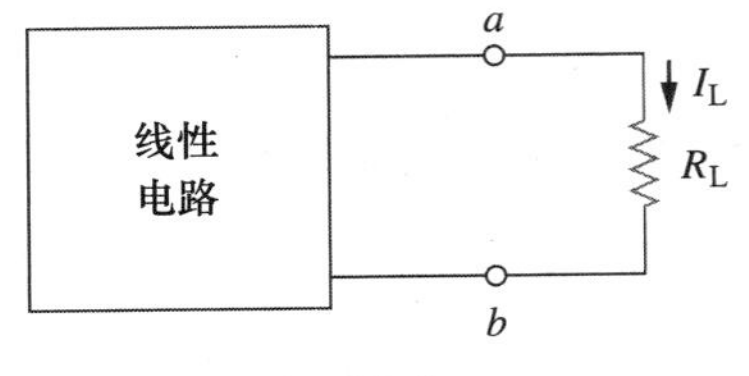

a）原电路

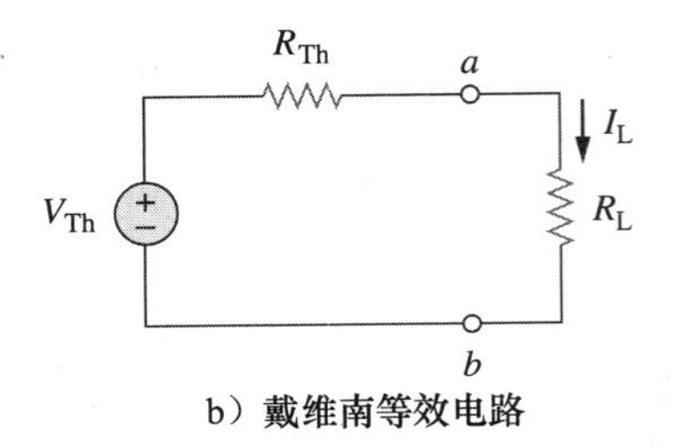

b）戴维南等效电路

图 4-26　带有负载的电路

戴维南定理在电路分析中是非常重要的。利用该定理可以简化电路，将大规模电路用一个独立电压源和一个串联电阻来替代，因而，戴维南定理在电路设计中是一个强有力的工具。

如前所述，带有可变负载的线性电路可以由戴维南等效电路替代除负载以外的电路，该等效电路的外部特性与原电路完全相同。在如图 4-26a 所示的终端接有负载 R_L 的线性电路中，一旦得到该负载端的戴维南等效电路，如图 4-26b 所示，就可以很容易地确定流过该负载的电流 I_L 和该负载两端的电压 V_L。由图 4-26b，可得：

$$I_L=\frac{V_{Th}}{R_{Th}+R_L} \tag{4.8a}$$

$$V_L=R_LI_L=\frac{R_L}{R_{Th}+R_L}V_{Th} \tag{4.8b}$$

可以看出，戴维南等效电路就是一个简单的分压器，通过观察就可以很方便地得到负载电压 V_L。

例 4-8 求图 4-27 所示电路中端口 a-b 两端左侧的戴维南等效电路，并求出当 $R_L=6\Omega$、16Ω 和 36Ω 时，流过 R_L 的电流。

图 4-27　例 4-8 图

解： 计算 R_{Th} 时，关闭 32V 电压源（短路）和 2A 电流源（开路），从而可得如图 4-28a 所示电路，于是

$$R_{Th}=4\parallel 12+1=\frac{4\times 12}{16}+1=4(\Omega)$$

下面利用图 4-28b 所示电路计算 V_{Th}，对图中两个回路应用网孔分析法，得到：

$$-32+4i_1+12(i_1-i_2)=0,\quad i_2=-2\text{A}$$

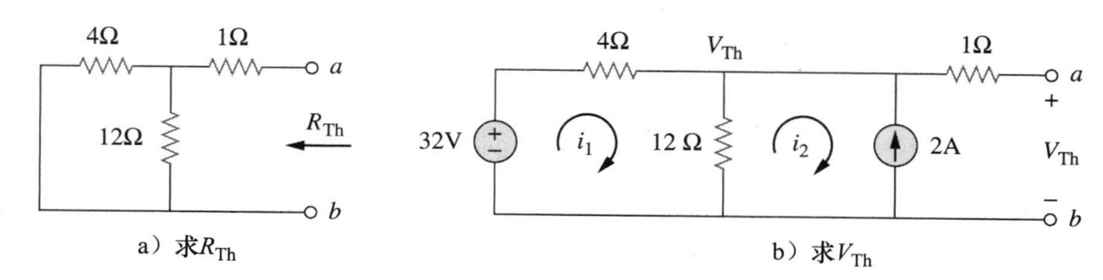

图 4-28 例 4-8 图

得到 $i_1=0.5\text{A}$，于是

$$V_{Th}=12(i_1-i_2)=12\times(0.5+2.0)=30(\text{V})$$

另外，采用节点分析法求解更容易，由于没有电流流过 1Ω 电阻，因而可以忽略该电阻。对上面的节点应用 KCL，可得

$$\frac{32-V_{Th}}{4}+2=\frac{V_{Th}}{12}$$

或

$$96-3V_{Th}+24=V_{Th} \quad \Rightarrow \quad V_{Th}=30\text{V}$$

与上述结果相同。还可以采用电源变换的方法求解 V_{Th}。

戴维南等效电路如图 4-29 所示，由此可得流过 R_L 的电流为：

$$I_L=\frac{V_{Th}}{R_{Th}+R_L}=\frac{30}{4+R_L}$$

当 $R_L=6\Omega$ 时，

$$I_L=\frac{30}{10}=3(\text{A})$$

当 $R_L=16\Omega$ 时，

$$I_L=\frac{30}{20}=1.5(\text{A})$$

当 $R_L=36\Omega$ 时，

$$I_L=\frac{30}{40}=0.75(\text{A})$$ ◀

练习 4-8 利用戴维南定理求图 4-30 所示电路中端口 a-b 左侧的等效电路，并计算电流 I。

答案： $V_{TH}=6\text{V}$，$R_{TH}=3\Omega$，$I=1.5\text{A}$。

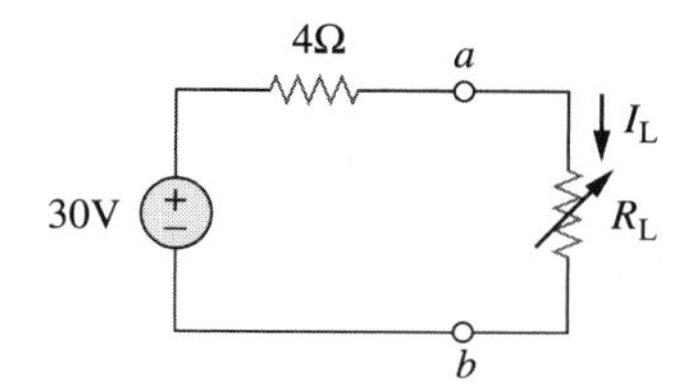

图 4-29 例 4-8 的戴维南等效电路

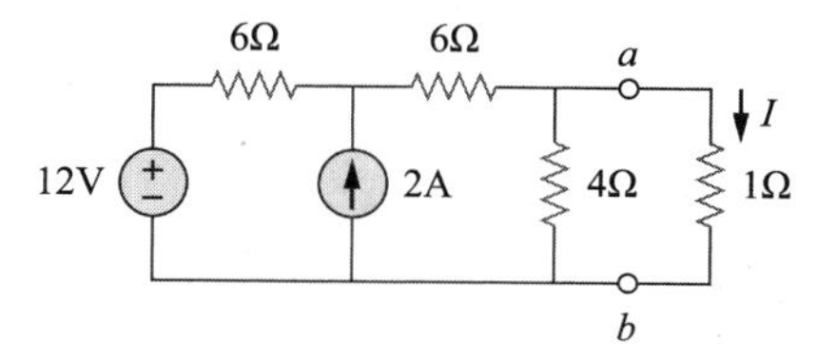

图 4-30 练习 4-8 图

例 4-9 求图 4-31 所示电路从端口 a-b 看进去的戴维南等效电路。

解： 与上例中的电路不同，本电路中含有一个受控源。为求出 R_{Th}，将独立源置为零，但受控源保留不变。然而，由于存在受控源，电路需在 a-b 两端外接一个电压源 v_o 来激励电路如图 4-32a 所示。为便于计算，可以假定 $v_o=1\text{V}$（该电路为线性电

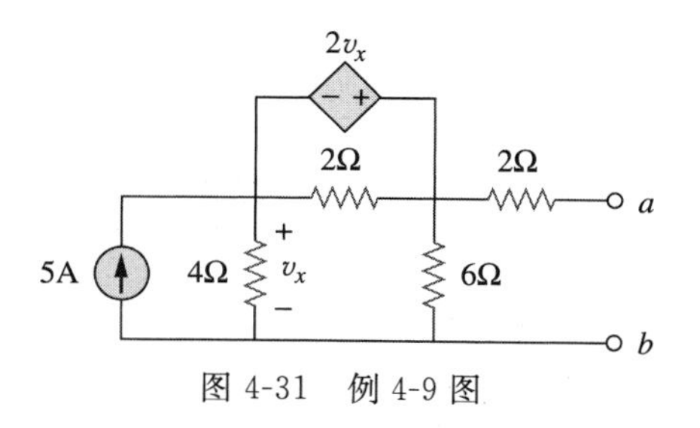

图 4-31 例 4-9 图

路)，目的是要求出流过该端口的电流 i_o，从而得到 $R_{Th}=1/i_o$(另外，也可以外接一个 1A 的电流源，求出相应的电压 v_o，从而得到 $R_{Th}=v_o/1$)。

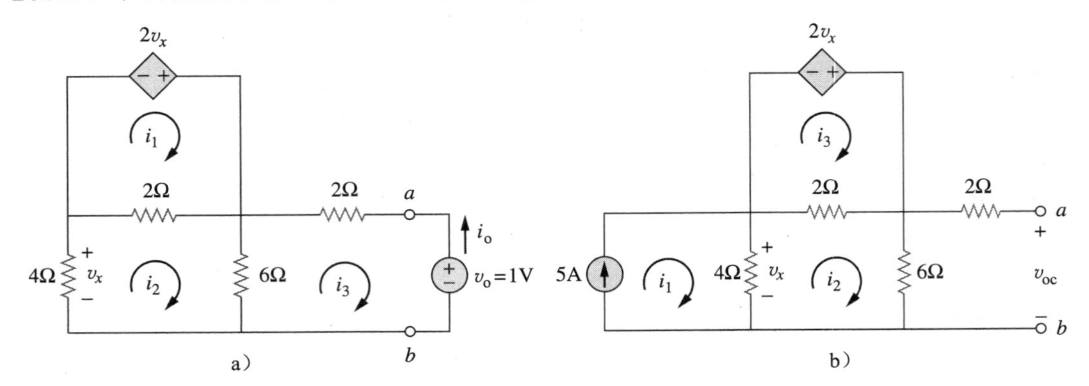

图 4-32　求例 4-9 中的 R_{Th} 与 V_{Th}

对图 4-32a 所示电路中的回路 1 应用网孔分析法，得到

$$-2v_x+2(i_1-i_2)=0 \quad 或 \quad v_x=i_1-i_2$$

而 $-4i_2=v_x=i_1-i_2$，因此，

$$i_1=-3i_2 \tag{4.9.1}$$

对回路 2 与回路 3 应用 KVL，可得

$$4i_2+2(i_2-i_1)+6(i_2-i_3)=0 \tag{4.9.2}$$

$$6(i_3-i_2)+2i_3+1=0 \tag{4.9.3}$$

解得

$$i_3=-\frac{1}{6}\text{A}$$

而 $i_o=-i_3=1/6(\text{A})$，因此，

$$R_{Th}=\frac{1}{i_o}=6(\Omega)$$

求 V_{Th} 就是求出图 4-32b 所示电路中的 v_{oc}，利用网孔分析法，可得

$$i_1=5 \tag{4.9.4}$$

$$-2v_x+2(i_3-i_2)=0 \quad \Rightarrow \quad v_x=i_3-i_2 \tag{4.9.5}$$

$$4(i_2-i_1)+2(i_2-i_3)+6i_2=0$$

即

$$12i_2-4i_1-2i_3=0 \tag{4.9.6}$$

而且，$4(i_1-i_2)=v_x$，解上述方程，可得 $i_2=\frac{10}{3}$A，因此，

$$V_{Th}=v_{oc}=6i_2=20(\text{V})$$

最后得到的戴维南等效电路如图 4-33 所示。◀

练习 4-9　求图 4-34 所示电路端口左侧的戴维南等效电路。

答案：$V_{Th}=5.333\text{V}$，$R_{Th}=444.4\text{m}\Omega$。

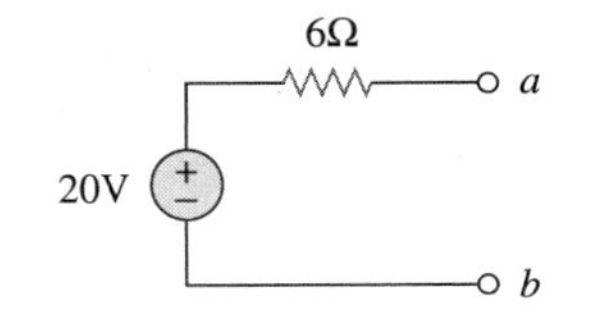

图 4-33　图 4-31 的戴维南等效电路

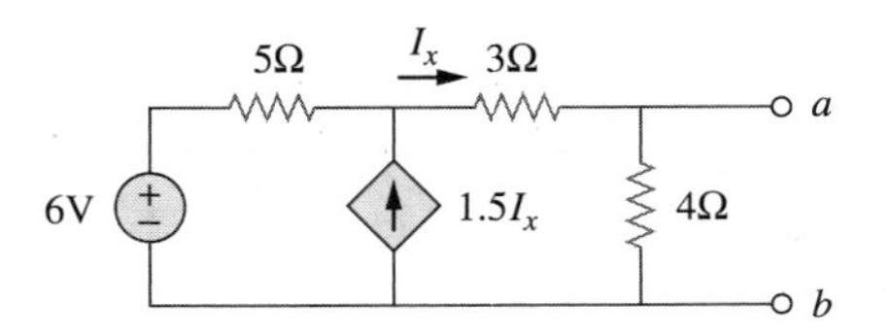

图 4-34　练习 4-9 图

例 4-10 试确定图 4-35a 所示电路从端口 a-b 看进去的戴维南等效电路。

解：1. 明确问题。本例所要解决的问题已经很清楚，即要求解图 4-35a 所示电路的戴维南等效电路。

2. 列出已知条件。本例电路中包含相互并联的 2Ω 电阻和 4Ω 电阻，这两个电阻又与受控电流源相并联，求解本题非常重要的一点是，电路中不包含独立电源。

3. 确定备选方案。首先要考虑的问题是，由于本例电路中不包括独立电源。因此必须外接电源激励该电路。另外，如果没有独立电源，就无法求出 V_{Th} 的值，而仅能求解 R_{Th} 的值。

激励本例电路最简单的方法是利用 1V 电压源或者 1A 电流源。由于本例最终要求出等效电阻(正电阻或者负电阻)，所以最好采用电流源和节点分析法，这样可以在输出端得到电阻上的电压(因为流过电路的电流为 1A，所以 v_o 就等于 1 乘以等效电阻值)。

另一种方法是，利用 1V 电压源激励该电路，并采用网孔分析法求出等效电阻。

4. 尝试求解。首先写出图 4-35b 中节点 a 处的节点方程，假定 $i_o=1\text{A}$。

$$2i_x+(v_o-0)/4+(v_o-0)/2+(-1)=0 \tag{4.10.1}$$

由于要求解的未知变量有两个，但仅有一个方程，因此，需要如下约束方程：

$$i_x=(0-v_o)/2=-v_o/2 \tag{4.10.2}$$

将式(4.10.2)代入式(4.10.1)，得到

$$2(-v_o/2)+(v_o-0)/4+(v_o-0)/2+(-1)=0$$

$$=\left(-1+\frac{1}{4}+\frac{1}{2}\right)v_o-1 \quad 或 \quad v_o=-4(\text{V})$$

由于 $v_o=1\times R_{Th}$，于是 $R_{Th}=v_o/1=-4(\Omega)$。

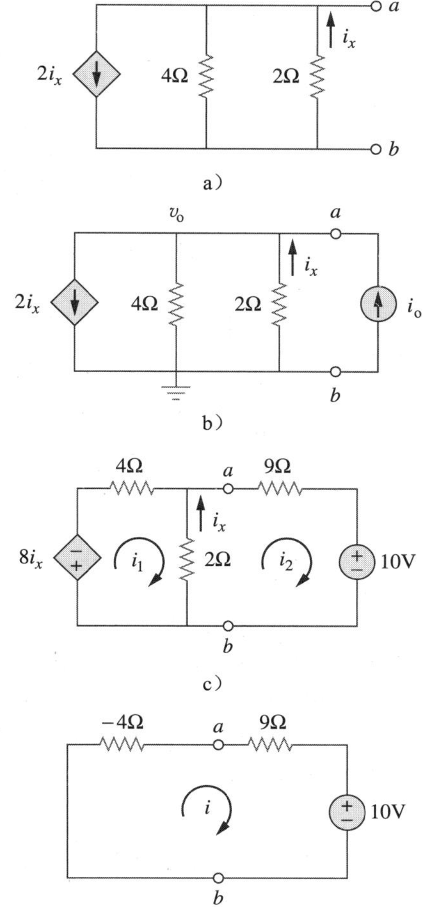

图 4-35　例 4-10 图

等效电阻值为负值表明，按照关联参考方向，图 4-35a 所示电路是提供功率的。当然，图 4-35a 中的电阻是不能提供功率的(它们吸收功率)，只有受控源是提供功率的。本例说明了如何利用受控源和电阻来模拟负电阻。

5. 评价结果。首先，所得到的等效电阻为负值，在无源电路中是不可能出现这种情况的。但在本例的电路中，确实存在一个有源器件(即受控电流源)，因此，等效电路实际上应该是一个可以提供功率的有源电路。

下面对答案进行评价。评价的最佳方式是利用另一种不同的求解方法对结果进行验证，看是否能够得到相同的解。假设在原电路输出端串联连接一个 9Ω 电阻和一个 10V 电压源，并且在戴维南等效电路的输出端也连接同样的器件。为了使电路易于求解，可以利用电源变换的方法将相互并联的受控电流源和 4Ω 电阻变换为相互串联的受控电压源和 4Ω 电阻，这样就得到如图 4-35c 所示的电路。

于是，可以写出两个网孔方程：

$$8i_x+4i_1+2(i_1-i_2)=0$$
$$2(i_2-i_1)+9i_2+10=0$$

注意，现在仅得到两个方程，但存在三个未知量，因此，需要一个约束方程，即

$$i_x = i_2 - i_1$$

这样就可以得到回路 1 的新方程，简化后可得

$$(4+2-8)i_1 + (-2+8)i_2 = 0$$

或

$$-2i_1 + 6i_2 = 0 \quad 或 \quad i_1 = 3i_2$$

$$-2i_1 + 11i_2 = -10$$

将上述第一个方程代入第二个方程可得：

$$-6i_2 + 11i_2 = -10 \quad 或 \quad i_2 = -10/5 = -2(\text{A})$$

由于图 4-35d 中仅有一个回路，所以利用戴维南等效电路很容易得到

$$-4i + 9i + 10 = 0 \quad 或 \quad i = -10/5 = -2(\text{A})$$

6. **是否满意？** 至此已经很清楚地求出了本例题所要求的等效电路，并且验证了答案的有效性(将利用等效电路得到的结果与对原电路增加负载后得到的结果进行比较)。可以将上述求解过程作为本题的答案。◀

练习 4-10　求图 4-36 所示电路的戴维南等效电路。

答案： $V_{\text{Th}} = 0\text{V}$，$R_{\text{Th}} = -7.5\Omega$。

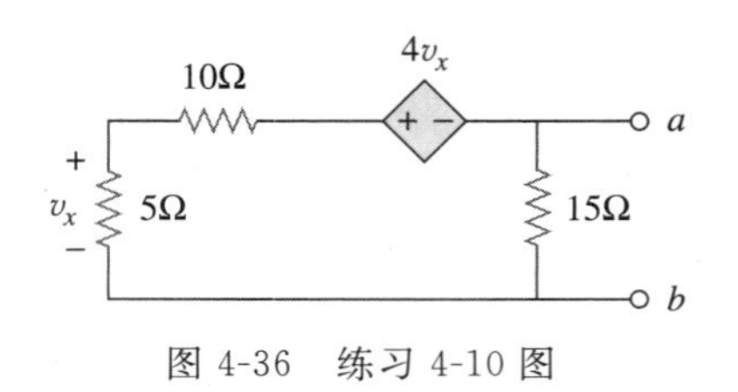

图 4-36　练习 4-10 图

4.6　诺顿定理

1926 年，也就是戴维南公布他的定理公布 43 年之后，贝尔电话实验室的美国工程师诺顿也提出了类似的定理——诺顿定理。

诺顿定理： 线性二端口电路可以用由电流源 I_N 和与之并联的电阻 R_N 构成的等效电路所替代，其中 I_N 为流过端口的短路电流，R_N 为独立电流源关闭时端口的输入电阻或等效电阻。

a）原电路

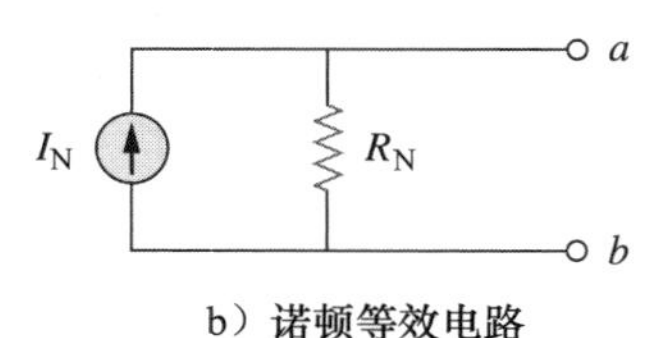

b）诺顿等效电路

图 4-37　诺顿等效电路

于是，图 4-37a 所示电路可以用图 4-37b 所示的等效电路替代。

诺顿定理的证明将在下一节中给出，本节主要讨论如何确定 R_N 与 I_N。R_N 的确定方法与上一节中 R_{Th} 的确定方法基本相同。实际上，由电源变换的关系可知，戴维南等效电阻与诺顿等效电阻是相等的，即

$$\boxed{R_N = R_{\text{Th}}} \tag{4.9}$$

求诺顿等效电流 I_N 就是要求出图 4-37 所示两个电路中端点 a 流向端点 b 的短路电流。很明显，图 4-37b 所示电路的短路电流就是 I_N，该电流必定与图 4-37a 所示电路中从端点 a 流向端点 b 的短路电流相同，因为这两个电路是等效的，于是如图 4-38 所示，有

$$I_N = i_{sc} \tag{4.10}$$

在图 4-38 中，受控源与独立源的处理方法与采用戴维南定理时的处理方法相同。

诺顿定理与戴维南定理之间的密切关系为 $R_N = R_{\text{Th}}$，即式(4.9)和

$$\boxed{I_N = \frac{V_{\text{Th}}}{R_{\text{Th}}}} \tag{4.11}$$

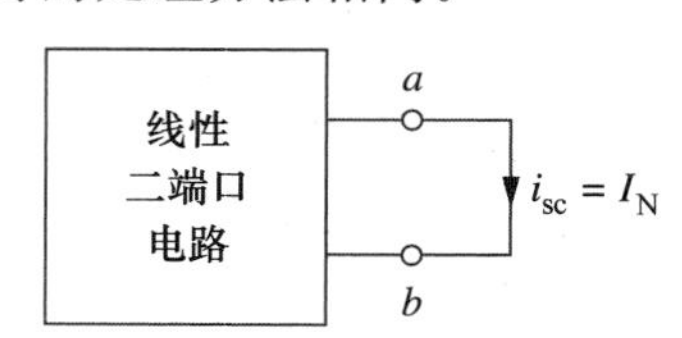

图 4-38　求诺顿等效电流 I_N

显然，这是电源变换的基本公式。正因为如此，通常也称电源变换为戴维南-诺顿变换。

提示： 戴维南等效电路与诺顿等效电路是通过电源变换联系起来的。

由于式(4.11)将 V_{Th}、I_N 和 R_{Th} 三者联系在一起，所以要确定戴维南等效电路或诺顿等效电路，就要求出：

- a-b 两端的开路电压 v_{oc}。
- 流过 a-b 的短路电流 i_{sc}。
- 所有独立源关闭时，a-b 两端的等效电阻或输入电阻 R_{in}。

只要用最简便的方法计算出上述三个参数中的两个，就可以根据欧姆定理求得第三个参数。例 4-11 将对这个问题举例说明。另外，因为

$$V_{Th}=v_{oc} \tag{4.12a}$$

$$I_N=i_{sc} \tag{4.12b}$$

$$R_{Th}=\frac{v_{oc}}{i_{sc}}=R_N \tag{4.12c}$$

所以，通过开路测试和短路测试就足以求出至少包含一个独立源电路的戴维南等效电路或诺顿等效电路。

例 4-11 试确定图 4-39 所示电路在端口 a-b 处的诺顿等效电路。

解： 采用与求解戴维南等效电路中电阻 R_{Th} 一样的方法求 R_N，设电路中的独立源为零，从而得到图 4-40a 所示电路，由该电路可以求得 R_N，即

$$R_N=5\parallel(8+4+8)=5\parallel 20=\frac{20\times 5}{25}=4(\Omega)$$

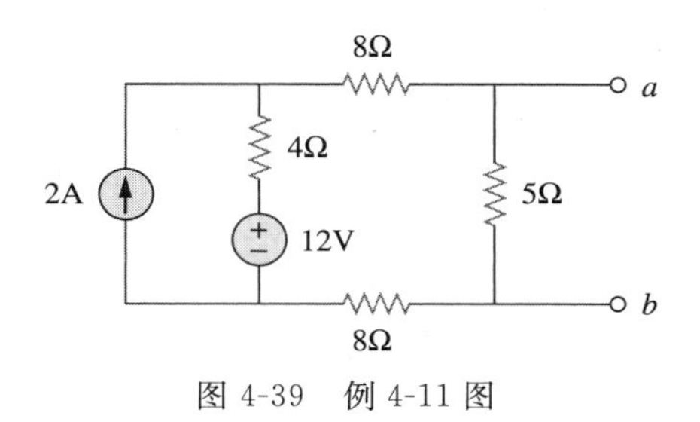

图 4-39　例 4-11 图

求 I_N 时将 a-b 两端短路，得到图 4-40b 所示电路。忽略已被短路的 5Ω 电阻，利用网孔分析法可得

$$i_1=2\text{A},\quad 20i_2-4i_1-12=0$$

由上述方程可得

$$i_2=1\text{A}=i_{sc}=I_N$$

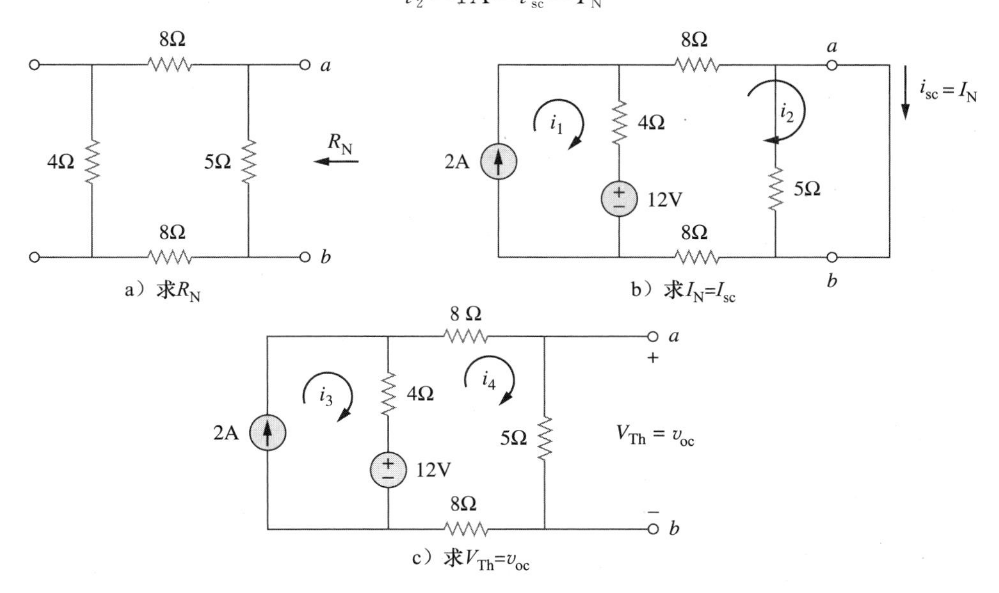

图 4-40　用于分析的电路

另外，还可以由 V_{Th}/R_{Th} 求出 I_N，其中 V_{Th} 为图 4-40c 所示电路中 a-b 两端的开路电压。利用网孔分析法，可得

$$i_3=2\text{A}$$

$$25i_4-4i_3-12=0 \quad \Rightarrow \quad i_4=0.8(\text{A})$$

且

$$v_{oc}=V_{Th}=5i_4=4(\text{V})$$

因此

$$I_N=\frac{V_{Th}}{R_{Th}}=\frac{4}{4}=1(\text{A})$$

结果与前面一样，这同时也验证了式(4.12c)，即 $R_{Th}=v_{oc}/i_{sc}=4(\Omega)$。于是诺顿等效电路如图 4-41 所示。◀

练习 4-11　求图 4-42 所示电路在端口 a-b 处的诺顿等效电路。

答案： $R_N=3\Omega$，$I_N=4.5\text{A}$。

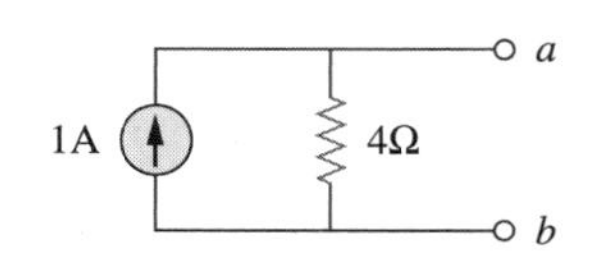

图 4-41　图 4-39 的诺顿等效电路

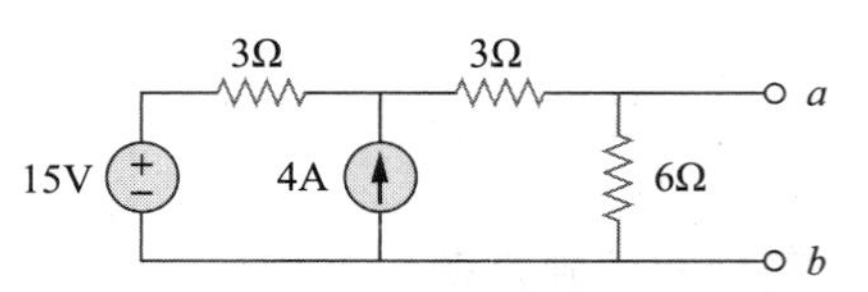

图 4-42　练习 4-11 图

例 4-12　利用诺顿定理，确定图 4-43 所示电路中端口 a-b 处的 R_N 与 I_N。

解： 计算 R_N 时，将独立电压源置为零，端口 a-b 处连接一个电压 $v_o=1\text{V}$(或任意电压值)的电压源，得到如图 4-44a 所示的电路。图中由于 4Ω 电阻被短路，故将其忽略不计。同时 5Ω 电阻、电压源和受控电流源三者是并联的，因此，$i_x=0$。在节点 a 处，有 $i_o=\frac{1v}{5\Omega}=0.2\text{A}$，并且

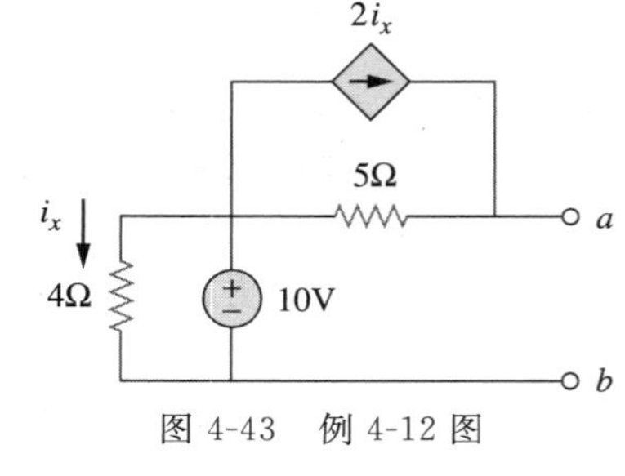

图 4-43　例 4-12 图

$$R_N=\frac{v_o}{i_o}=\frac{1}{0.2}=5(\Omega)$$

计算 I_N 时，将 a-b 两端短路，并求出如图 4-44b 所示电路中的电流 i_{sc}。可以看出，4Ω 电阻、10V 电压源、5Ω 电阻与受控电流源均为并联，因此，

$$i_x=\frac{10}{4}=2.5(\text{A})$$

在节点 a 处应用 KCL 可得

$$i_{sc}=\frac{10}{5}+2i_x=2+2\times 2.5=7(\text{A})$$

于是，

$$I_N=7\text{A}$$

◀

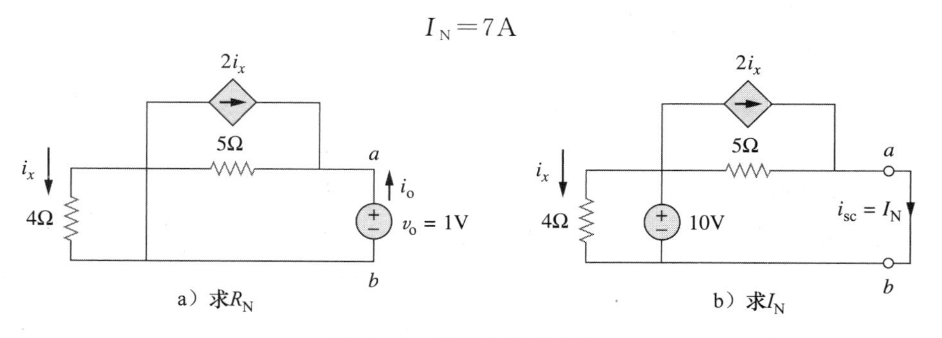

图 4-44　用于分析的电路

练习 4-12 求图 4-45 所示电路端口 a-b 处的诺顿等效电路。 **答案：** $R_N=1\Omega$，$I_N=10A$。

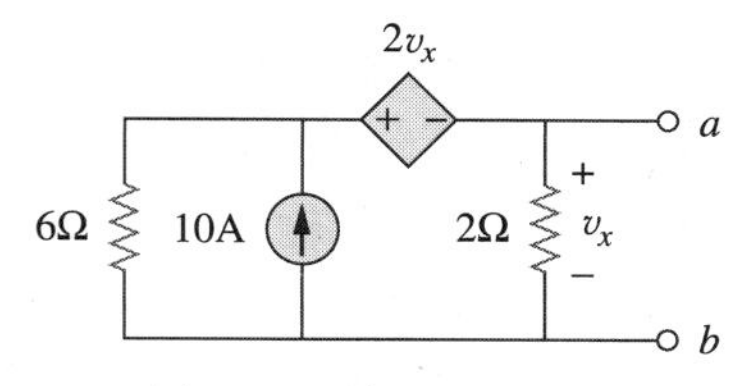

图 4-45 练习 4-12 图

†4.7 戴维南定理与诺顿定理的推导

本节将利用叠加定理证明戴维南定理与诺顿定理。

考虑如图 4-46a 所示的线性电路，假定该电路中包含有电阻、受控源和独立源。外部电源提供的电流通过端口 a-b 进入该电路。现在的目的是要证明图 4-46a 所示电路在端口 a-b 的电压-电流关系与图 4-46b 所示的戴维南等效电路在端口 a-b 的电压-电流关系相同。为简单起见，假定图 4-46a 所示的线性电路中包含两个独立电压源 v_{s1}、v_{s2} 和两个独立电流源 i_{s1}、i_{s2}。利用叠加定理可以得到任意电路变量，如端电压 v，即要考虑包括外部电源 i 在内的各独立源的贡献。根据叠加定理，端电压 v 为：

$$v=A_0i+A_1v_{s1}+A_2v_{s2}+A_3i_{s1}+A_4i_{s2} \tag{4.13}$$

式中，A_0、A_1、A_2、A_3 和 A_4 均为常数。式(4.13)等号右边各项为相关独立源的贡献，即 A_0i 是外部电流源 i 对 v 的贡献，A_1v_{s1} 是电压源 v_{s1} 对 v 的贡献，依此类推。将表示内部独立源贡献的各项合并为 B_0，则式(4.13)为

$$v=A_0i+B_0 \tag{4.14}$$

式中，$B_0=A_1v_{s1}+A_2v_{s2}+A_3i_{s1}+A_4i_{s2}$。下面计算常数 A_0 与 B_0 的值，当 a-b 两端开路时，$i=0$，并且 $v=B_0$，因此 B_0 为开路电压 v_{oc}，与 V_{Th} 相同，于是

$$B_0=V_{Th} \tag{4.15}$$

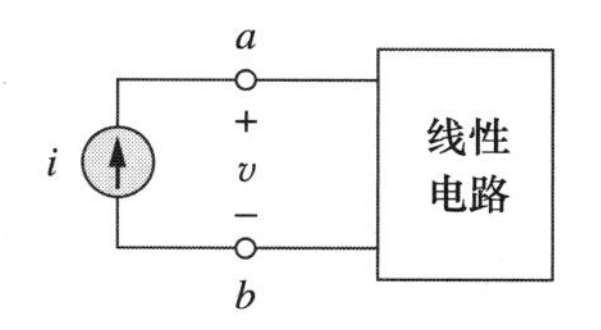

a）电流驱动电路

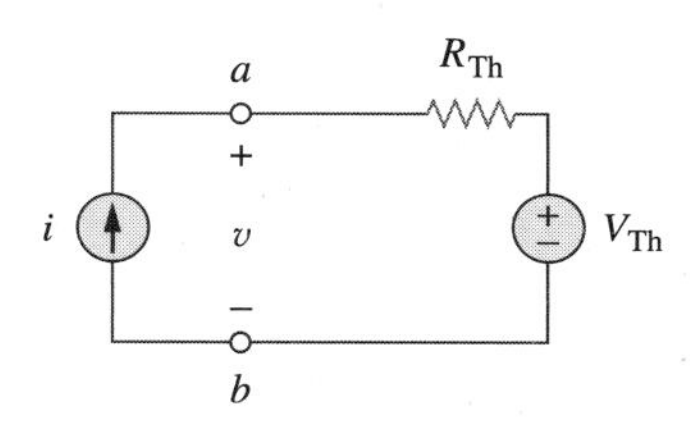

b）戴维南等效电路

图 4-46 戴维南定理的推导

当所有内部电源都关闭时，$B_0=0$，此时电路可以用等效电阻 R_{eq} 来取代，R_{eq} 与 R_{Th} 相同，于是，式(4.14)为

$$v=A_0i=R_{Th}i \quad \Rightarrow \quad A_0=R_{Th} \tag{4.16}$$

将 A_0 与 B_0 的值代入式(4.14)，得到

$$v=R_{Th}i+V_{Th} \tag{4.17}$$

即图 4-46b 所示电路在端口 a-b 的电压-电流关系。因此，证明了图 4-46a 与图 4-46b 两个电路是等效的。

如图 4-47a 所示，当用电压源 v 驱动同一线性电路时，流入该电路的电流可由叠加定理表示为

$$i=C_0v+D_0 \tag{4.18}$$

式中，C_0v 是外部电压源 v 对电流 i 的贡献，D_0 是所有内部独立源对 i 的贡献之和。当端口 a-b 被短路时，$v=0$，于是 $i=D_0=-i_{sc}$，其中 i_{sc} 为从端口 a 流出的短路电流，与诺顿电流 I_N 相同，即

$$D_0=-I_N \tag{4.19}$$

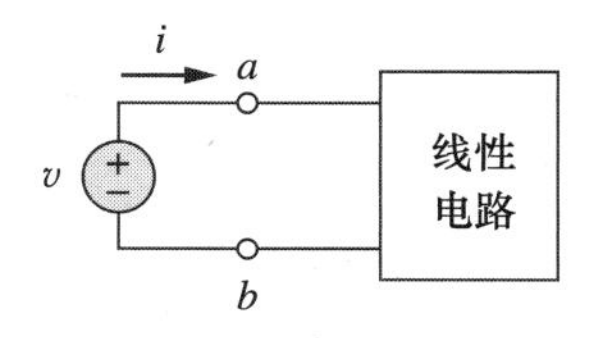

a）电压驱动电路

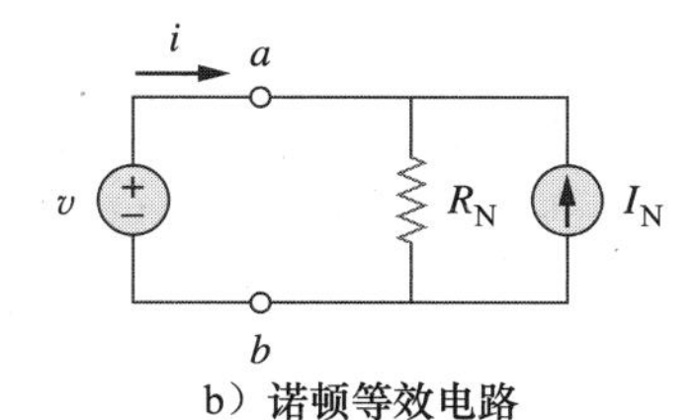

b）诺顿等效电路

图 4-47 诺顿定理的推导

当所有内部独立源均被关闭时，$D_0=0$，电路可以用等效电阻 R_{eq}（或等效电导 $G_{eq}=1/R_{eq}$）替代，R_{eq} 就是 R_{Th} 或 R_N。于是，式(4.18)变为

$$i=\frac{v}{R_{Th}}-I_N \tag{4.20}$$

即图 4-47b 所示电路在端口 a-b 处的电压-电流关系，从而证明了图 4-47a 与图 4-47b 两个电路是等效的。

4.8　最大功率传输定理

在许多实际电路的作用是为负载提供功率。在通信技术等应用中，希望传递给负载的功率最大。本节在给定系统及其内部损耗的条件下，讨论负载的最大功率传输问题。需要注意，为负载传输最大功率会造成电路内部损耗大于或等于传输给负载的功率。

在计算线性电路传输给负载的最大功率时，戴维南等效电路是非常有用的。假定电路的负载 R_L 可调，如果除负载以外的整个电路用戴维南等效电路替代，如图 4-48 所示，则传输给负载的功率为

$$p=i^2R_L=\left(\frac{V_{Th}}{R_{Th}+R_L}\right)^2R_L \tag{4.21}$$

对于给定电路，V_{Th} 与 R_{Th} 是固定的。改变负载电阻 R_L 时，传输给负载的功率曲线如图 4-49 所示。由图 4-49 可以看出，当 R_L 很小或很大时，传输给负载的功率都很小，但当 R_L 取 $0\sim\infty$之间的某个值时，传输给负载的功率存在最大值。下面证明当 $R_L=R_{Th}$ 时，功率会出现最大值。这就是**最大功率定理**(maximum power theorem)。

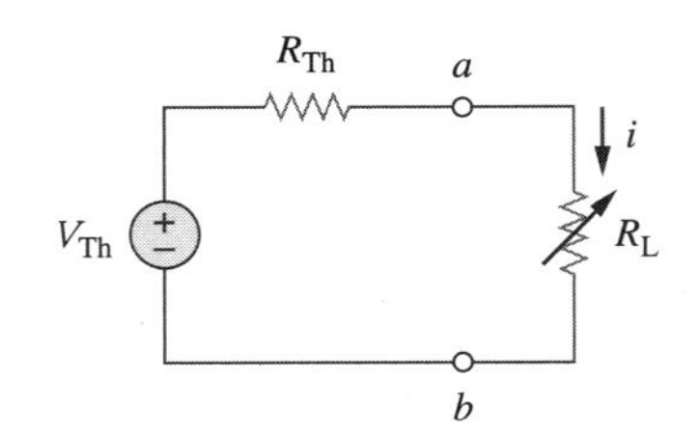

图 4-48　最大功率传输电路

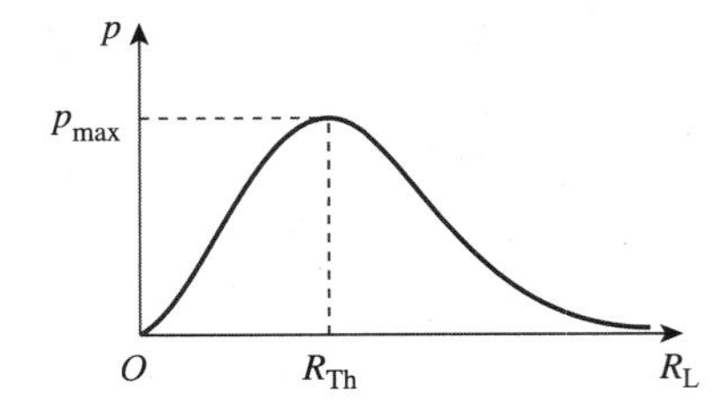

图 4-49　传递给负载的功率与电阻 R_L 之间的函数关系曲线

当负载电阻等于从负载端看进去的戴维南等效电阻($R_L=R_{Th}$)时，传输给负载的功率最大。

为了证明最大功率传输定理，对式(4.21)中的 p 关于 R_L 求微分，并令微分后的结果等于零，得到

$$\frac{dp}{dR_L}=V_{Th}^2\left[\frac{(R_{Th}+R_L)^2-2R_L(R_{Th}+R_L)}{(R_{Th}+R_L)^4}\right]$$

$$=V_{Th}^2\left[\frac{(R_{Th}+R_L-2R_L)}{(R_{Th}+R_L)^3}\right]=0$$

即

$$0=(R_{Th}+R_L-2R_L)=(R_{Th}-R_L) \tag{4.22}$$

于是得到

$$\boxed{R_L=R_{Th}} \tag{4.23}$$

式(4.23)说明当负载电阻 R_L 等于戴维南等效电阻 R_{Th} 时，可实现最大功率传输。只要证明 $d^2p/dR_L^2<0$，就可以说明满足式(4.23)的条件时，会实现最大功率传输。

将式(4.23)代入式(4.21)，得到所传输的最大功率

$$\boxed{p_{max}=\frac{V_{Th}^2}{4R_{Th}}} \tag{4.24}$$

只有当 $R_L=R_{Th}$ 时，式(4.24)成立；当 $R_L\neq R_{Th}$ 时，需利用式(4.21)计算传输给负载的功率。

提示：只有当 $R_L=R_{Th}$ 时，称电源与负载相匹配。

例 4-13 求图 4-50 所示电路中，实现最大功率传输时的负载电阻值 R_L，并计算相应的最大功率。

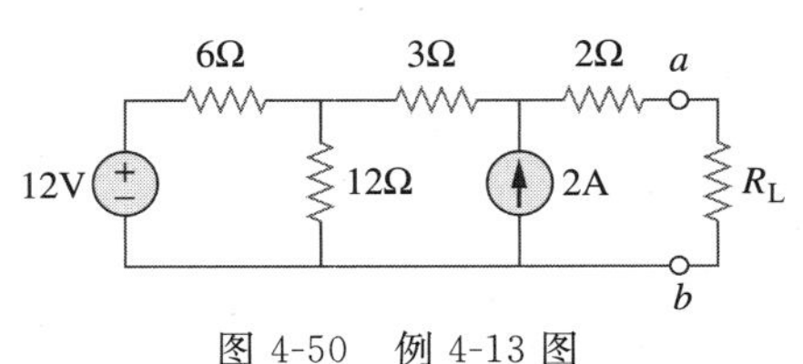

图 4-50　例 4-13 图

解： 需求出从端口 a-b 看进去的戴维南等效电阻 R_{Th} 以及端口 a-b 的戴维南电压 V_{Th}。为求出 R_{Th}，利用图 4-51a 所示电路可得

$$R_{Th}=2+3+6\parallel 12=5+\frac{6\times 12}{18}=9(\Omega)$$

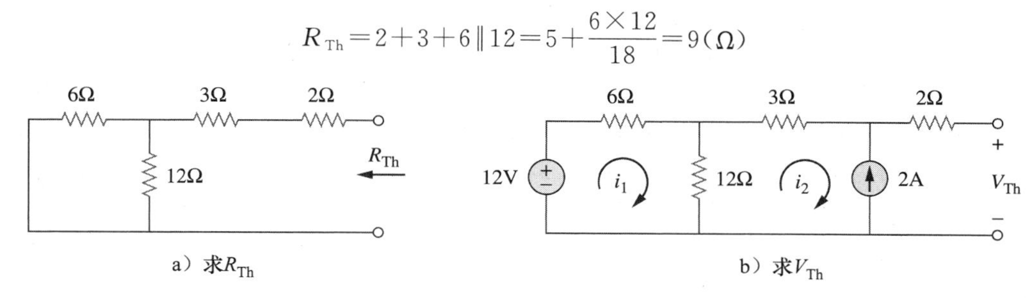

图 4-51　例 4-13 图

为求出 V_{Th}，利用图 4-51b 所示电路，由网孔分析法可得

$$-12+18i_1-12i_2=0,\quad i_2=-2\text{A}$$

解得 $i_1=(-2/3)$A。对外回路应用 KVL 计算端口 a-b 的电压 V_{Th}，可得

$$-12+6i_1+3i_2+2\times 0+V_{Th}=0\quad\Rightarrow\quad V_{Th}=22\text{V}$$

实现最大功率传输时，负载电阻为

$$R_L=R_{Th}=9(\Omega)$$

此时，负载获得的最大功率为

$$p_{max}=\frac{V_{Th}^2}{4R_L}=\frac{22^2}{4\times 9}=13.44(\text{W})$$

◀

练习 4-13　试求图 4-52 所示电路实现最大功率传输时的电阻值 R_L，并计算相应的最大功率。

答案： 4.222Ω，2.901mW。

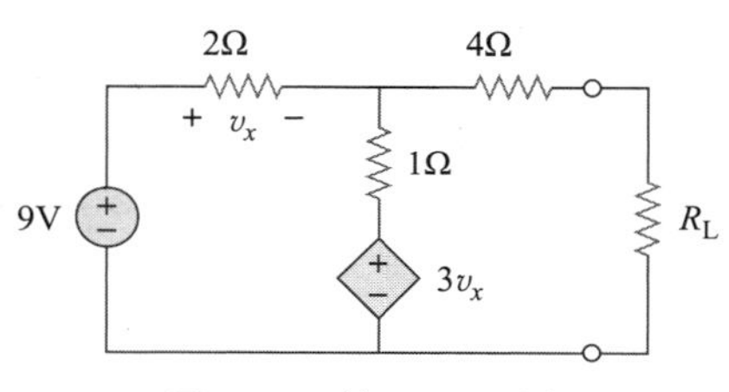

图 4-52　练习 4-13 图

4.9　基于 PSpice 的电路定理验证

本节学习如何利用 PSpice 软件验证本章介绍的电路定理。重点是利用该软件的直流扫描分析功能求解电路中任意一对节点处的戴维南等效电路和诺顿等效电路，以及传输给负载的最大功率。

为了确定电路在某开路端口处的戴维南等效电路，首先要用 PSpice 的电路原理图编辑器画出电路原理图，并在端口处插入一个探测用独立电流源 Ip。该探测电流源的部件名称为 ISRC。之后对 Ip 进行直流扫描，通过 Ip 的电流的变化范围通常在 0～1A 之间，增量步长为 0.1A。对电路执行保存和仿真操作后，可以利用探测程序显示 Ip 两端的电压与流经 Ip 的电流之间的关系曲线，该曲线中横坐标零点的截距就是戴维南等效电压，而其斜率即为戴维南等效电阻。

确定诺顿等效电路的步骤也是类似的，不同点只是在端口处应插入探测用独立电压源 Vp(元件名称为 VSRC)，之后对 Vp 运行直流扫描程序，并设置 Vp 以增量步长为 0.1V 在 0～1V 之间变化。仿真结束后，利用探测得到流经 Vp 的电流与 Vp 两端的电压之间的关系曲线，该曲线中横坐标零点的截距即为诺顿等效电流，其斜率则为诺顿等效电导。

利用 PSpice 确定传输给负载的最大功率时，需对图 4-48 所示电路中 R_L 的元件值执行直流参数扫描程序，并画出传输给负载的功率与 R_L 之间的关系曲线。由图 4-49 可知，当 $R_L=R_{Th}$ 时，传输给负载的功率最大。例 4-15 将通过一个实例予以详细的说明。

注意，独立电压源与独立电流源的部件名称分别为 VSRC 与 ISRC。

例 4-14　在如图 4-31 所示电路中(参见例 4-9)，试利用 PSpice 确定其戴维南等效电路

和诺顿等效电路。

解：(a)为了确定图 4-31 所示电路在端口 a-b 处的戴维南电阻 R_{Th} 与戴维南电压 V_{Th}，首先要利用原理图编辑器画出电路原理图，如图 4-53a 所示。注意，在该电路端口处已插入一个探测用电流源 I2。在 Analysis/Setput 菜单下，选择直流扫描(DC Sweep)。在 DC Sweep 对话框中，选择扫描类型(Sweep Type)为线性(Linear)，选择扫描参数类型(Sweep Var. Type)为电流源(Current Source)，在部件名称(Name)设置框中输入 I2，并设置起始值(Start Value)为 0，终值(End Value)为 1，增量步长(Increment)为 0.1。运行仿真程序后，在 PSpice A/D 窗口中增加轨迹曲线 V(I2：—)，即可得到如图 4-53b 所示曲线。由该曲线可知：

$$V_{Th}=\text{零点截距}=20\text{V}, \quad R_{Th}=\text{斜率}=\frac{26-20}{1}=6(\Omega)$$

该结果与例 4-9 中的理论分析一致。

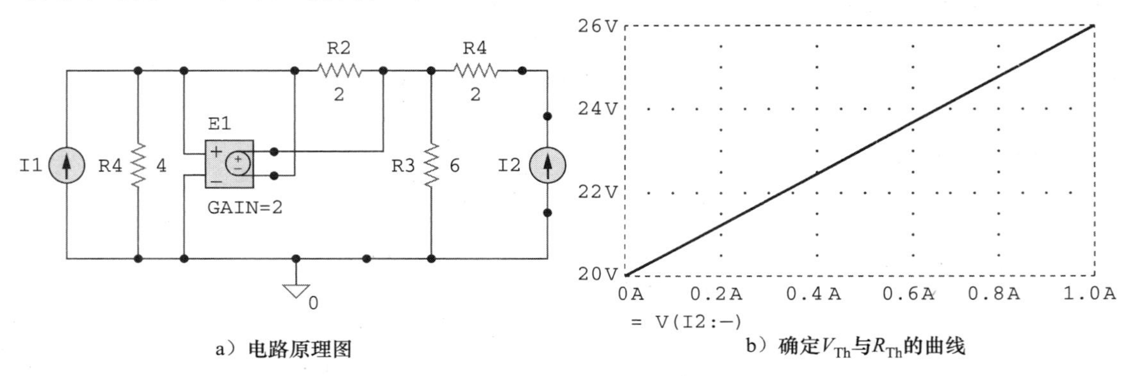

a）电路原理图　　b）确定V_{Th}与R_{Th}的曲线

图 4-53　例 4-14 图

(b)为了确定诺顿等效电路，需利用探测电压源 $V1$ 替代图 4-53a 所示电路中的探测电流源，得到如图 4-54a 所示电路。同样，在 DC Sweep 对话框中，选择扫描类型(Sweep Type)为线性(Linear)，选择扫描参数类型(Sweep Var. Type)为电压源(Voltage Source)，在部件名称(Name)设置框中输入 V1，并设置起始值(Start Value)为 0，终值(End Value)为 1，增量步长(Increment)为 0.1。在 PSpice A/D 窗口中增加轨迹曲线 I(V1)，即可得到如图 4-54b 所示的曲线。由该曲线可知：

$$I_N=\text{零点截距}=3.335\text{A}$$

$$G_N=\text{斜率}=\frac{3.335-3.165}{1}=0.17(\text{S})$$ ◀

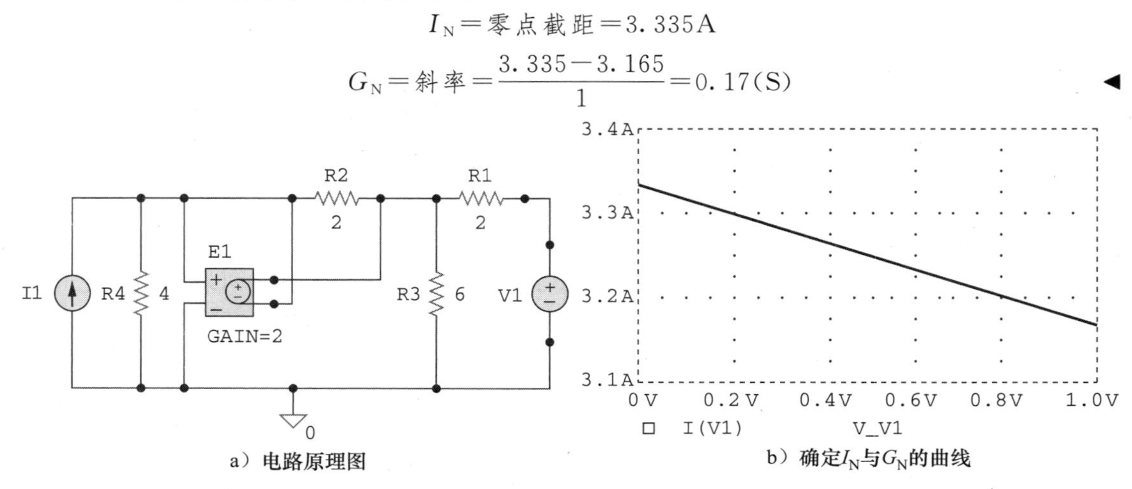

a）电路原理图　　b）确定I_N与G_N的曲线

图 4-54　求解例 4-14 图

练习 4-14 利用PSpice重做练习4-9。 **答案**：$V_{Th}=5.333V$，$R_{Th}=444.4m\Omega$。

例 4-15 如图4-55所示电路，利用PSpice确定传递给R_L的最大功率。

解：需对R_L执行直流扫描程序来确定传输给它的功率何时为最大值。首先利用原理图编辑器画出如图4-56所示的电路，之后执行如下三个步骤，做好电路直流扫描的准备工作。

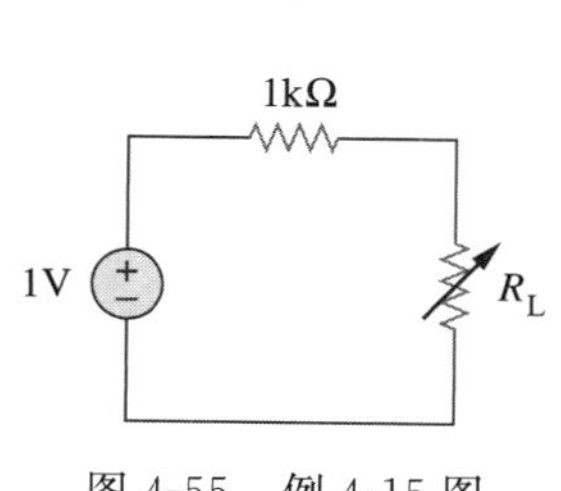

图 4-55 例 4-15 图

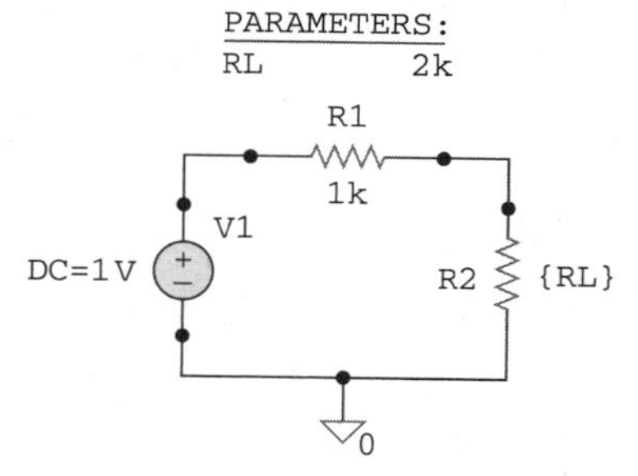

图 4-56 图 4-55 的仿真图

第一步是将R_L的阻值定义为参数，因为在之后的电路仿真中要改变其阻值。

1. **双击**(DCLICKL)阻值为1k的电阻$R2$(该电阻即R_L)，打开设置属性值(Set Attribute Value)对话框。
2. 用{R_L}取代1k，单击**OK**完成更改。注意，大括号是必需的。

第二步是定义参数，为此：

1. 选择Draw/Get New Part/Libraries.../special.slb。
2. 在部件名称(Part Name)对话框中输入PARAM，并单击OK按钮。
3. 将对话框拖至电路附近的适当位置。
4. **单击**结束放置模式。
5. **双击**打开部件名称(Part Name)PARAM对话框。
6. **单击**NAME1=，并在取值(Value)对话框中输入RL(无须大括号)，之后**单击Save Attr**接受这一更改。
7. 单击VALUE1=，并在取值(Value)对话框中输入2k，之后**单击Save Attr**接受这一更改。
8. 单击**OK**按钮。

第7步中的2k对于偏置点的计算是必需的，不能为空。

第三步是设置直流扫描(DC Sweep)并扫描参数，为此：

1. 选择**Analysis/Setput**菜单，打开直流扫描(DC Sweep)对话框。
2. 选择扫描类型(Sweep Type)为线性(Linear)(或者当R_L取值范围很大时，选择Octave)。
3. 选择扫描参数类型(Sweep Var. Type)为全局参数(Global Parameter)。
4. 在部件名称(Name)设置框中输入RL。
5. 在初始值(Start Value)设置框中输入100。
6. 在终值(End Value)设置框中输入5k。
7. 在增量步长(Increment)设置框中输入100。
8. 单击**OK**关闭对话框，表示接受上述设定的参数。

完成上述步骤并保存电路之后，就可以对电路进行仿真了。选择**Analysis/Similate**，如果没有错误，则在PSpice A/D窗口中选择**Add Trace**，并在轨迹命令(Trace Command)设置框中输入-V($R2$:2)*I($R2$)[因为I($R2$)是负的，所以需要负号。]于是，就可以得到R_L从100Ω变化到5kΩ时，传输到负载R_L的功率曲线。在轨迹命令(Trace Command)设置框中输入 V(R2：2)* V(R2：2)/RL，同样可以得到负载 R_L 吸收的功率曲线，如图 4-57 所示。由图可见，负载电阻吸收的最大功率为 250μW，注意，与理论分析的结果相同，只有当 $R_L=1\text{k}\Omega$ 时，才会出现功率的最大值。◀

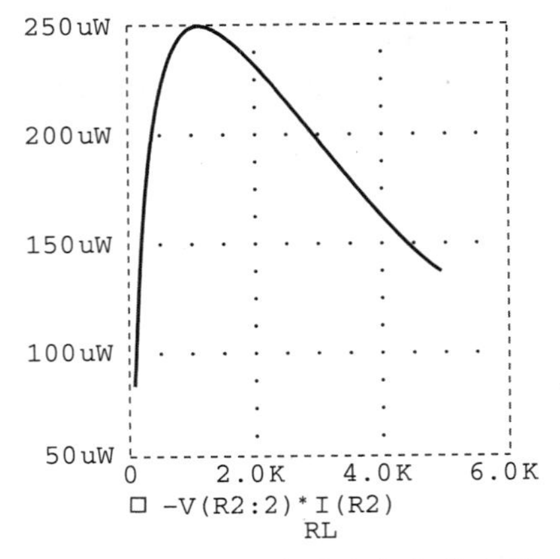

图 4-57　例 4-15 中功率与负载电阻 R_L 之间的关系曲线

练习 4-15　如果将图 4-55 所示电路中的 1kΩ 电阻替换为 2kΩ 电阻，试求传输给 R_L 的最大功率。

答案：125μW。

†4.10　应用实例

这一节讨论两个与本章概念密切相关的实际应用：电源建模与电阻测量。

4.10.1　电源建模

电源建模是体现戴维南等效电路和诺顿等效电路的实用价值的实例之一。戴维南等效电路或诺顿等效电路经常用来描述电池等有源电路的特征。对于理想电压源，无论负载从它获取多大的电流，电压源总是提供恒定的电压；而对于理想电流源，无论负载电压有多大，电流源总是提供恒定的电流。实际电压源和电流源均非理想电源，因为它们包含内部电阻或源电阻 R_s 与 R_p，如图 4-58 所示。当 $R_s\to 0$，$R_p\to\infty$ 时，实际电源就会变成理想电源。为了证明该论断的正确性，下面考虑负载对电压源的影响，如图 4-59a 所示，根据分压原理，负载电压为

$$v_L=\frac{R_L}{R_s+R_L}v_s \tag{4.25}$$

随着 R_L 的增大，负载电压趋于电源电压 v_s，如图 4-59b 所示。由式(4.25)应该注意：

1. 如果电源的内部电阻 R_s 为零，或 $R_s\ll R_L$，则负载电压将为常量，即与 R_L 相比较，R_s 越小，电压源就越接近理想电源。

2. 不接负载(即电源开路，从而 $R_L\to\infty$)时，$v_{oc}=v_s$，因此可以将 v_s 看成是空载源(unloaded source)电压。接上负载就会造成终端电压幅度的下降，这种效应被称为负载效应(loading effect)。

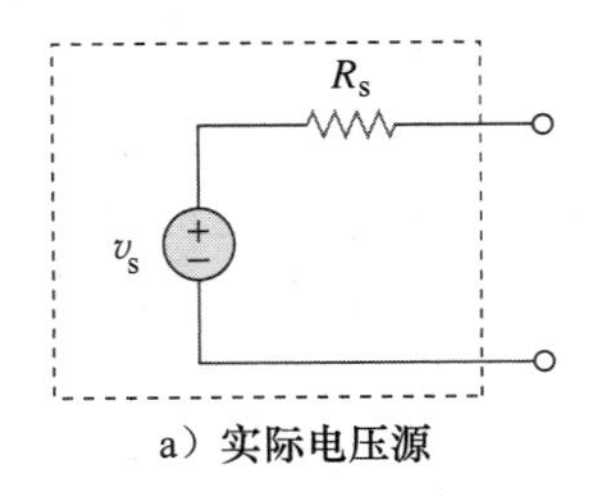

a）实际电压源

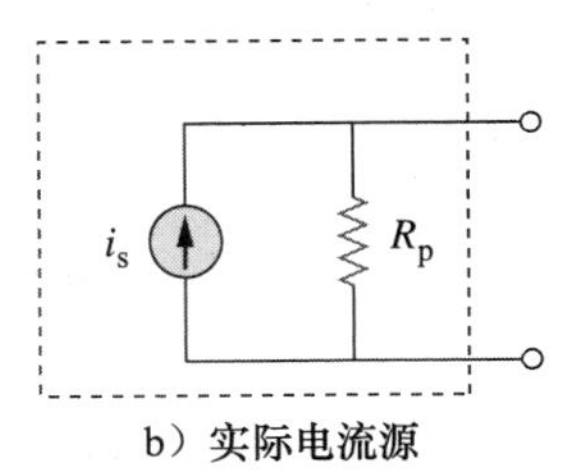

b）实际电流源

图 4-58　电压源与电流源

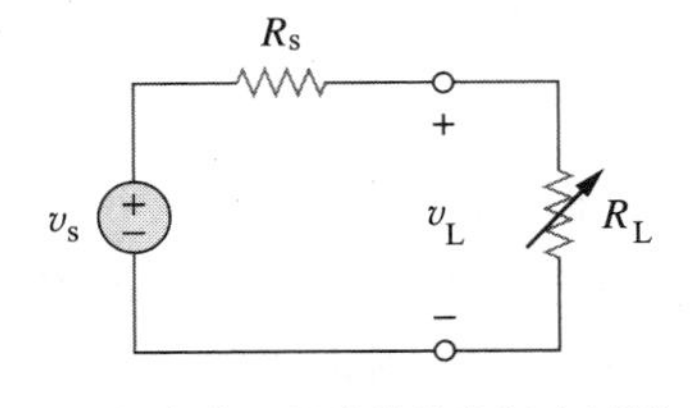

a）与负载R_L相连接的实际电压源

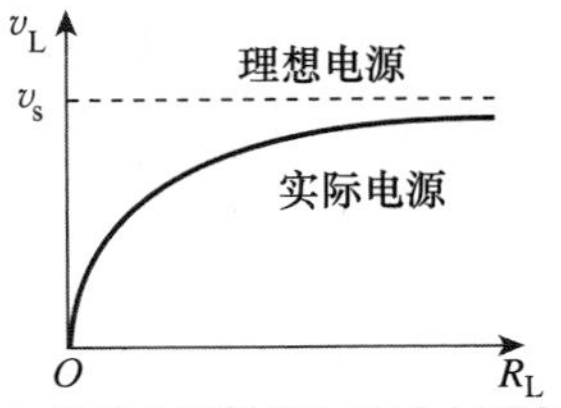

b）负载电压随着R_L的减小而降低

图 4-59　电压源及负载电压随 R_L 的变化

对于实际电流源，当负载如图 4-60a 所示连接时，也会得到相同的结论。根据分流原理可得

$$i_L=\frac{R_p}{R_p+R_L}i_s \tag{4.26}$$

图 4-60b 给出了负载电流随负载电阻增加的波动曲线。同样可以观察到由负载引起的电流下降(即负载效应)，只有在内部电阻相当大(即 $R_p\to\infty$，或者至少 $R_p\gg R_L$)的情况下，负载电流才是常量(即理想电流源)。

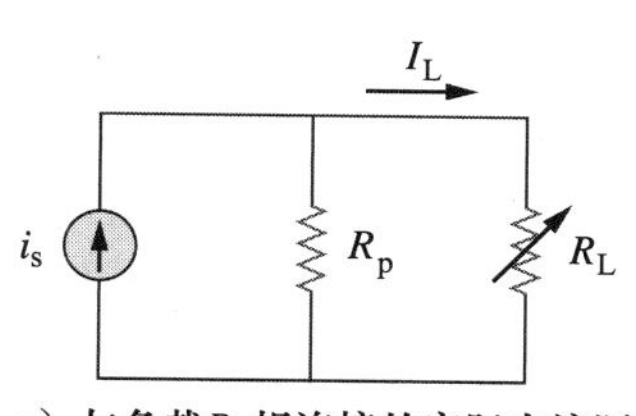

a) 与负载R_L相连接的实际电流源

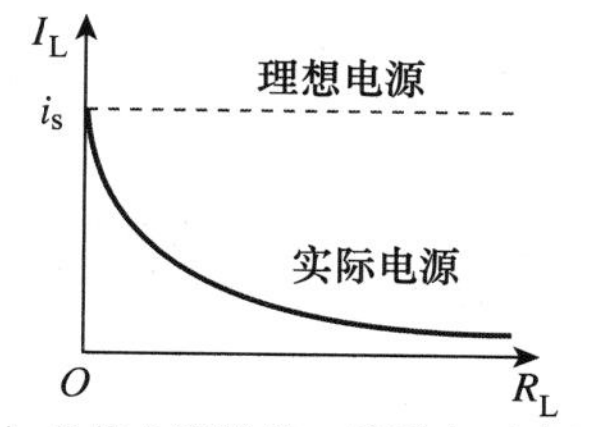

b) 负载电流随着R_L的增大而减小

图 4-60　电压源与负载电流随 R_L 的变化

有时候需要知道电压源的空载源电压 v_s 及其内阻 R_s。求解 v_s 与 R_s 时，应按照图 4-61 所示的步骤进行。首先，测量如图 4-61a 所示的开路电压 v_{oc}，令

$$v_s=v_{oc} \tag{4.27}$$

之后，在端口处连接一个可变电阻 R_L，如图 4-61b 所示，改变电阻 R_L 的阻值直到测得的负载电压恰好等于开路电压的一半($v_L=v_{oc}/2$)为止。因此此时满足 $R_L=R_{Th}=R_s$，断开电阻 R_L，并测量 R_L 的阻值，则

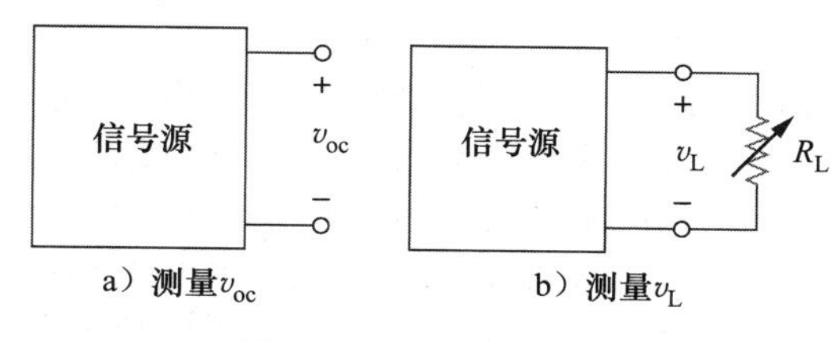

图 4-61　测量 v_{oc} 与 v_L

$$R_s=R_L \tag{4.28}$$

例如，汽车电池的电压为 $v_s=12\text{V}$，内阻为 $R_s=0.05\Omega$。

例 4-16 某电压源连接一个 2W 负载时的端电压为 12V，当断开该负载时，端电压升高至 12.4V。(a) 试计算该电压源的源电压 v_s 与内阻 R_s；(b) 当该电压源与 8Ω 负载相连时，试确定其端电压。

解：(a) 将电压源用其戴维南等效电路替代。断开负载时的端电压就是它的开路电压，即

$$v_s=v_{oc}=12.4\text{V}$$

接上负载后，如图 4-62a 所示，$v_L=12\text{V}$ 且 $p_L=2\text{W}$。因此

$$p_L=\frac{v_L^2}{R_L}\quad\Rightarrow\quad R_L=\frac{v_L^2}{p_L}=\frac{12^2}{2}=72(\Omega)$$

负载电流为：

$$i_L=\frac{v_L}{R_L}=\frac{12}{72}=\frac{1}{6}(\text{A})$$

电压源内阻 R_s 两端的电压为源电压 v_s 与负载电压 v_L 之差，即

$$12.4-12=0.4=R_si_L,\qquad R_s=\frac{0.4}{I_L}=2.4(\Omega)$$

(b) 现已确定电压源的戴维南等效电路，将 8Ω 负载连接至该戴维南等效电路两端，如图 4-62b 所示，根据分压原理可得

$$v=\frac{8}{8+2.4}\times 12.4=9.538(\text{V})$$ ◀

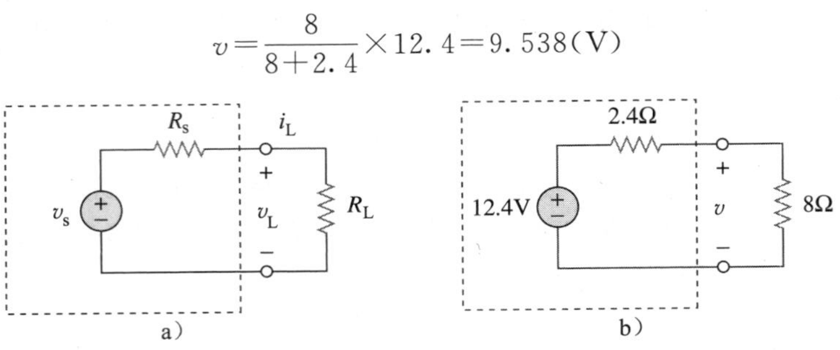

图 4-62 例 4-16 图

练习 4-16 某放大器开路时测得的开路电压为 9V，当一个 20Ω 的扬声器与该放大器相连时，其电压降至 8V。试计算一个 10Ω 的扬声器与该放大器相连时，其端电压为多少？

答案： 7.2V。

4.10.2 电阻测量

虽然利用电阻表测量电阻值是一种最简单的方法，但利用惠斯通电桥(Wheatstone bridge)测量电阻则会得到更为精确的测量结果。电阻表量程可以分为小量程、中量程和大量程，而惠斯通电桥则主要用于测量阻值位于中量程范围内的电阻，即 1Ω～1MΩ。阻值极低的电阻可以利用毫欧级绝缘电阻表(milliohmmeter)测量，而阻值极高的电阻可以利用兆欧级绝缘电阻表(Megger tester)测量。

在许多应用中都采用了惠斯通电桥电路(或称为电阻桥电路)，本节介绍如何利用它来测量未知电阻的阻值。未知电阻 R_x 与电桥的连接方式如图 4-63 所示，调节可变电阻直至无电流流过检流计为止，检流计实际上就是一套达松伐尔转动装置，与微安电流表类似，是一种灵敏的电流指示装置。在这种情况下，$v_1=v_2$，称电桥处于平衡状态(balanced)。由于没有电流流过检流计，所以 R_1 与 R_2 串联，R_3 与 R_x 串联。无电流流过检流计也说明 $v_1=v_2$，利用分压原理有：

$$v_1=\frac{R_2}{R_1+R_2}v=v_2=\frac{R_x}{R_3+R_x}v \tag{4.29}$$

因此，满足如下条件时没有电流流过检流计：

$$\frac{R_2}{R_1+R_2}=\frac{R_x}{R_3+R_x} \quad \Rightarrow \quad R_2R_3=R_1R_x$$

或

$$\boxed{R_x=\frac{R_3}{R_1}R_2} \tag{4.30}$$

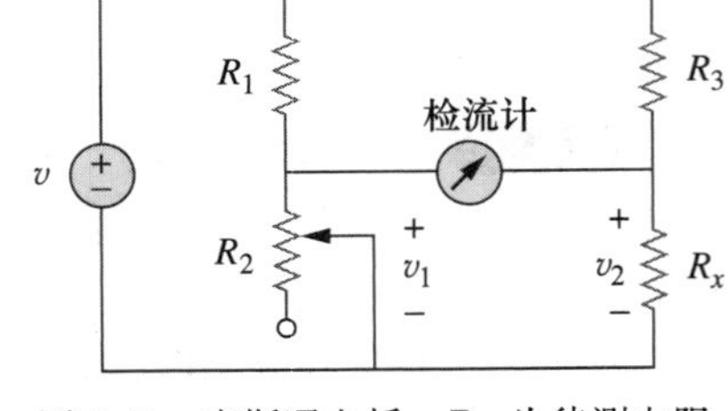

图 4-63 惠斯通电桥，R_x 为待测电阻

如果 $R_1=R_3$，并且调节 R_2 直至没有电流流过检流计，则有 $R_x=R_2$。

当惠斯通电桥不平衡时，如何确定流过检流计的电流呢？此时需要求出在检流计端口处电桥的戴维南等效电路(即求出 V_{Th} 与 R_{Th})。如果 R_m 为检流计的电阻，则在非平衡状态下流经检流计的电流为

$$I=\frac{V_{\text{Th}}}{R_{\text{Th}}+R_m} \tag{4.31}$$

例 4-18 将说明上述计算过程。

提示： 惠斯通电桥是由英国教授查尔斯·惠斯通(Charles Wheatstone，1802—1875)发明的，在美国工程师塞缪尔·摩尔斯(Samuel Morse)独立发明电报的同时，惠斯通也发明了电报。

例 4-17 在如图 4-63 所示电路中，$R_1=500\Omega$，$R_3=200\Omega$，并且当 R_2 调到 125Ω 时，电桥处于平衡状态，试求未知电阻 R_x。

解： 利用式(4.30)可得

$$R_x=\frac{R_3}{R_1}R_2=\frac{200}{500}\times 125=50(\Omega)$$

◀

练习 4-17 在惠斯通电桥电路中，$R_1=R_3=1\text{k}\Omega$，调节 R_2 直至无电流流过检流计，此时 $R_2=3.2\text{k}\Omega$，试问未知电阻的阻值是多少？ **答案：** 3.2kΩ。

例 4-18 图4-64所示电路为一不平衡电桥，如果检流计的电阻为40Ω，试求流过该检流计的电流。

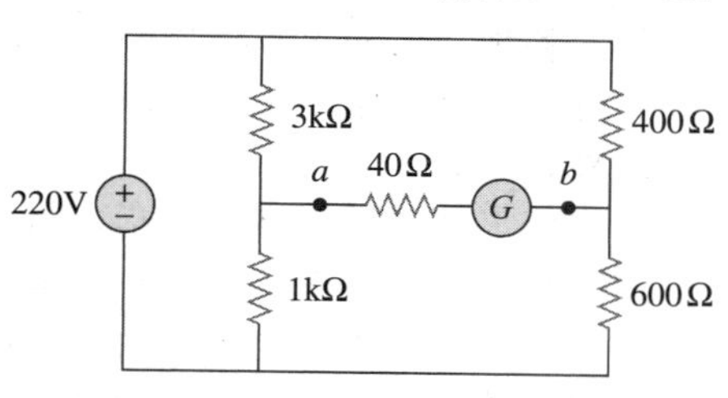

图 4-64 例4-18的不平衡电桥电路

解： 首先要利用 a-b 两端的戴维南等效电路替代原电路，戴维南电阻可以由图4-65a所示电路求得。注意，3kΩ电阻与1kΩ电阻为并联关系，同样400Ω电阻与600Ω也是并联关系。在 a-b 两端，两组并联电阻合并后又形成串联关系，因此，

$$\begin{aligned}R_{\text{Th}}&=3000\parallel 1000+400\parallel 600\\&=\frac{3000\times 1000}{3000+1000}+\frac{400\times 600}{400+600}=750+240=990(\Omega)\end{aligned}$$

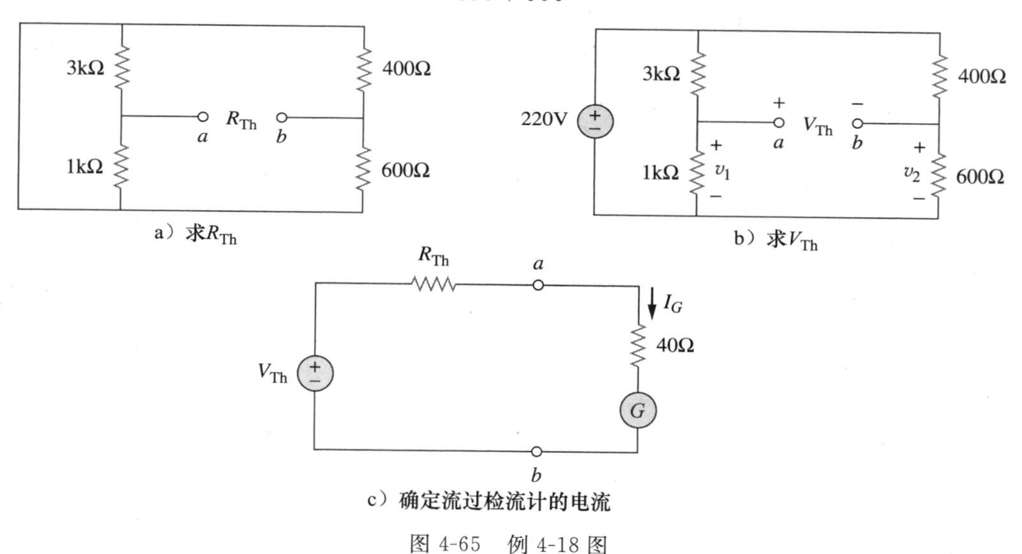

图 4-65 例4-18图

为了求出戴维南电压，需考虑如图4-65b所示电路，利用分压原理可得

$$v_1=\frac{1000}{1000+3000}\times 220=55(\text{V}),\quad v_2=\frac{600}{600+400}\times 220=132(\text{V})$$

在回路 ab 利用KVL得到

$$-v_1+V_{\text{Th}}+v_2=0 \quad 或 \quad V_{\text{Th}}=v_1-v_2=55-132=-77(\text{V})$$

确定戴维南等效电路之后，就可以利用图4-65c求出流过检流计的电流为

$$I_G=\frac{V_{\text{Th}}}{R_{\text{Th}}+R_m}=\frac{-77}{990+40}=-74.76(\text{mA})$$

式中负号表示电流的方向与假定方向相反，也就是说电流是由 b 流向 a 的。 ◀

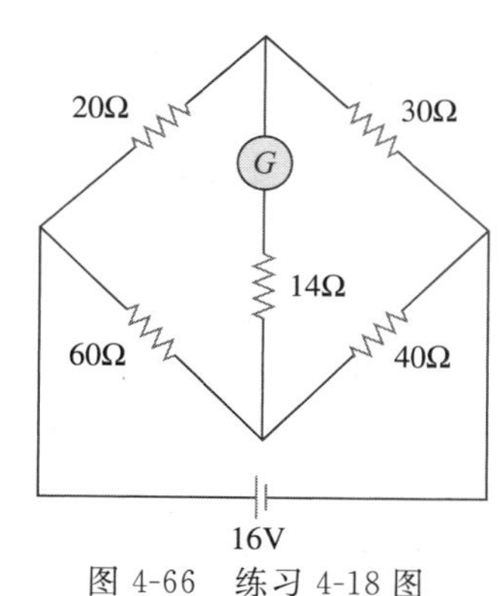

图 4-66 练习4-18图

练习 4-18 在如图4-66所示的惠斯登电桥中，试求流经阻值为14Ω的检流计的电流。 **答案：** 64mA。

4.11 本章小结

1. 线性网络由线性元件、线性受控源和线性独立电源组成。
2. 利用电路定理可以将复杂电路化简为简单电路，从而使电路分析更为简单。
3. 叠加定理是指，在包含多个独立电源的电路中，元件两端的电压(或流经元件的电流)等于各独立电源单独作用时产生的各电压(或电流)的代数和。
4. 电源变换是将电压源与电阻的串联电路变换为电流源与电阻的并联电路(反之亦然)的一种方法。
5. 戴维南定理与诺顿定理是指，将电路网络中的一部分孤立，而将该网络中的其余部分用一个等效网络来替代。戴维南等效电路由一个电压源 V_{Th} 和一个与之串联的电阻 R_{Th} 组成，而诺顿等效电路则由一个电流源 V_N 和一个与之并联的电阻 R_N 组成。这两个定理之间的关系可以用电源变换方法联系在一起：

$$R_N = R_{Th}, \qquad I_N = \frac{V_{Th}}{R_{Th}}$$

6. 对于给定的戴维南等效电路，当负载电阻等于戴维南电阻时，即 $R_L = R_{Th}$ 时，可以实现给负载的最大功率传输。
7. 最大功率传输定理是指，当负载电阻 R_L 等于该负载端口处的戴维南电阻 R_{Th} 时，由电源传输给该负载电阻 R_L 的功率最大。
8. PSpice 软件可以用来验证本章所介绍的电路定理。
9. 电源建模以及利用惠斯通电桥测量电阻是戴维南定理的两个应用实例。

复习题

1 当某线性网络的输入电压源为10V时，流过网络中某支路的电流为2A，如果电压降低至1V且极性反转，则流过该支路的电流为：
(a) −2A (b) −0.2A
(c) 0.2A (d) 2A
(e) 20A

2 利用叠加定理计算电路参数时，并不要求每次仅考虑一个独立源的作用，可以同时考虑多个独立源的作用。
(a) 正确 (b) 错误

3 叠加定理可用于计算功率。
(a) 正确 (b) 错误

4 参见图 4-67 所示电路，a-b 两端的戴维南电阻为：
(a) 25Ω (b) 20Ω (c) 5Ω (d) 4Ω

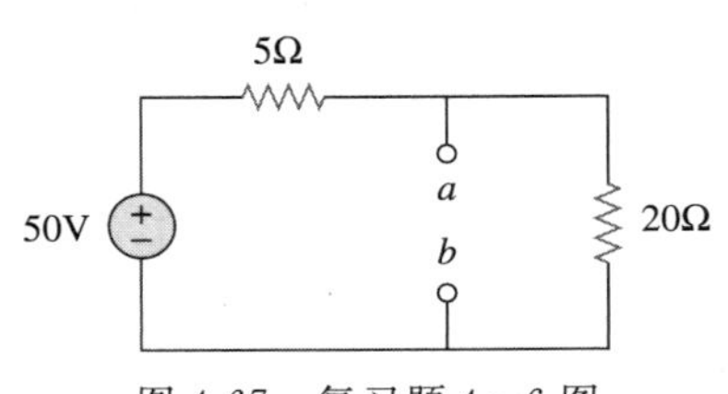

图 4-67 复习题 4～6 图

5 在图 4-67 所示电路中，a-b 两端的戴维南电压为：
(a) 50V (b) 40V (c) 20V (d) 10V

6 在图 4-67 所示电路中，a-b 两端的诺顿电流为：
(a) 10A (b) 2.5A (c) 2A (d) 0A

7 诺顿电阻 R_N 恰好等于戴维南电阻 R_{Th}。
(a) 正确 (b) 错误

8 图 4-68 所示电路中哪一对是等效的？
(a) a 与 b (b) b 与 d
(c) a 与 c (d) c 与 d

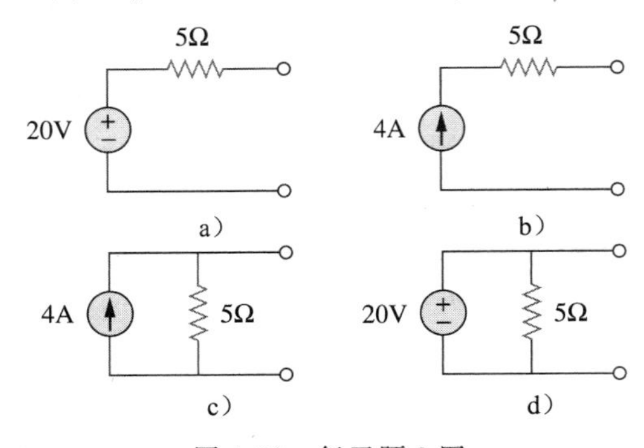

图 4-68 复习题 8 图

9 某负载与电路网络相连，如果在连接该负载的端口处，$R_{Th} = 10\Omega$，$V_{Th} = 40V$，则提供给该负载的最大功率为：

(a) 160W　　(b) 80W

(c) 40W　　(d) 1W

10　当负载电阻等于电源电阻时，电源向负载提供最大功率。

(a) 正确　　(b) 错误

答案： 1 (b)；2 (a)；3 (b)；4 (d)；5 (b)；6 (a)；7 (a)；8 (c)；9 (c)；10 (a)。

习题

4.2 节

1　计算图 4-69 所示电路中的电流 i_o。当 $i_o=5\text{A}$ 时，输入电压为多少？

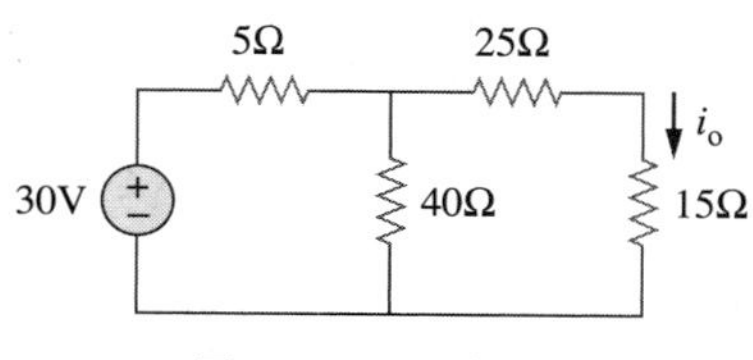

图 4-69　习题 1 图

2　利用图 4-70 所示电路，设计一个问题以更好地理解线性性质。　**ED**

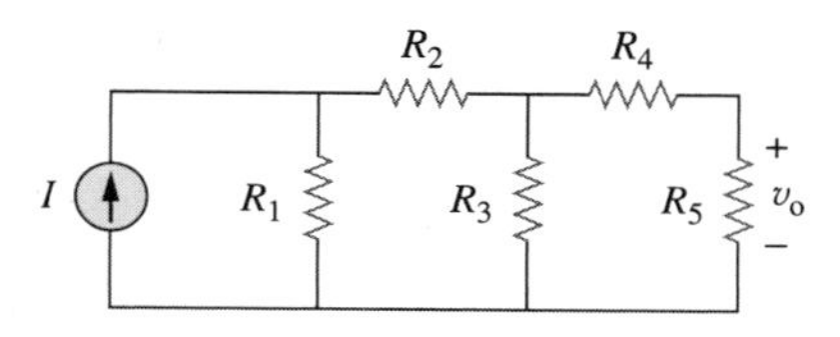

图 4-70　习题 2 图

3　(a) 在如图 4-71 所示电路中，如果 $v_s=1\text{V}$，试计算 v_o 与 i_o。

(b) 当 $v_s=10\text{V}$ 时，试计算 v_o 与 i_o。

(c) 如果用 10Ω 电阻替代图中各 1Ω 电阻，并且 $v_s=10\text{V}$，则 v_o 与 i_o 为多少？

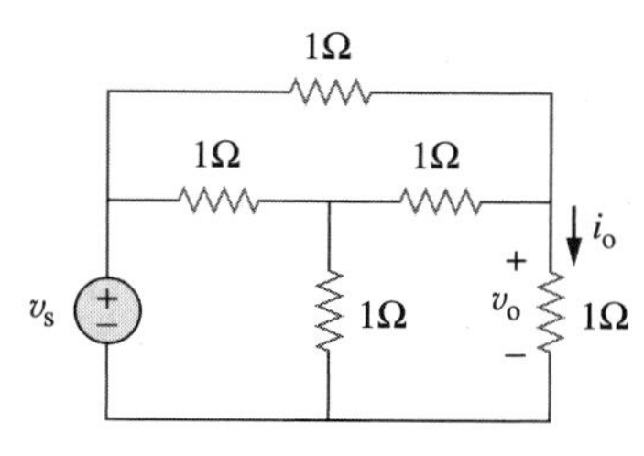

图 4-71　习题 3 图

4　利用线性性质确定图 4-72 所示电路中的 i_o。

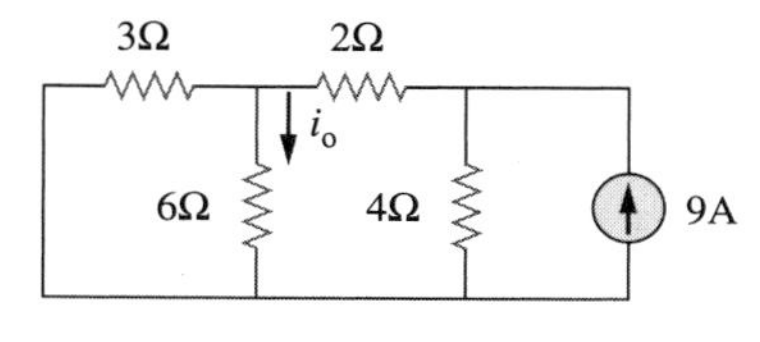

图 4-72　习题 4 图

5　在图 4-73 所示电路中，假定 $v_o=1\text{V}$，利用线性性质计算 v_o 的实际值。

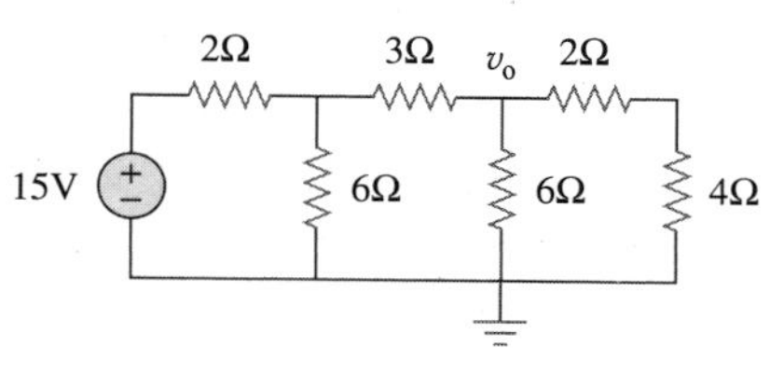

图 4-73　习题 5 图

6　在图 4-74 所示电路中，利用线性性质完成表 4-1。

表 4-1　习题 6 表格

实验	V_s	V_o
1	12V	4V
2		16V
3	1V	
4		−2V

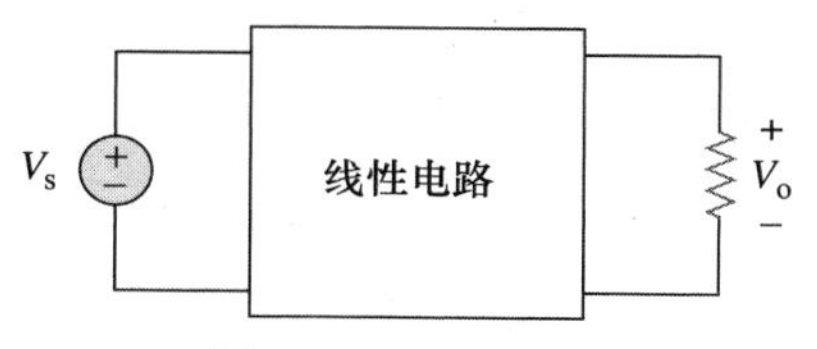

图 4-74　习题 6 图

7　在图 4-75 所示电路中，假定 $V_o=1\text{V}$，利用线性性质计算 V_o 的实际值。

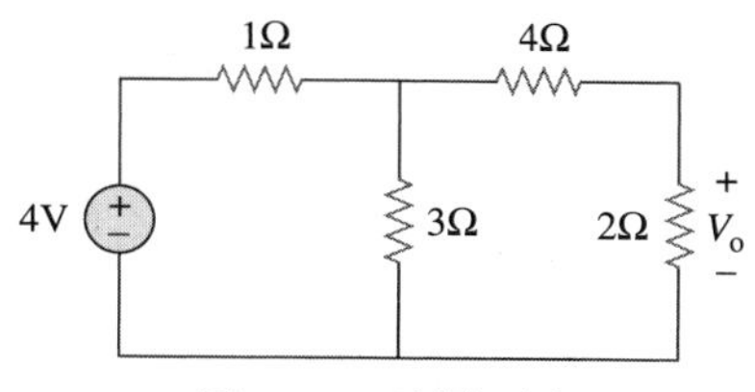

图 4-75　习题 7 图

4.3 节

8　利用叠加定理计算图 4-76 所示电路中的 V_o，并利用 PSpice 或 MultiSim 进行验证。　**PS**

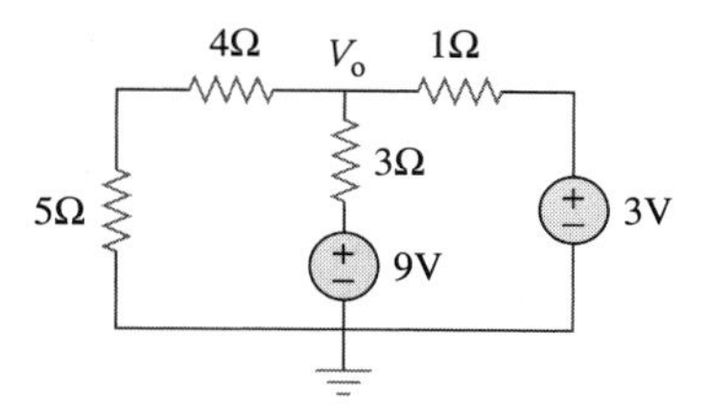

图 4-76　习题 8 图

9　在图 4-77 中，当 $V_s=40\text{V}$，$I_s=4\text{A}$ 时，$I=4\text{A}$；当 $V_s=20\text{V}$，$I_s=0$ 时，$I=1\text{A}$。利用叠加定理和线性性质计算当 $V_s=60\text{V}$，$I_s=-2\text{A}$ 时，I 的值。

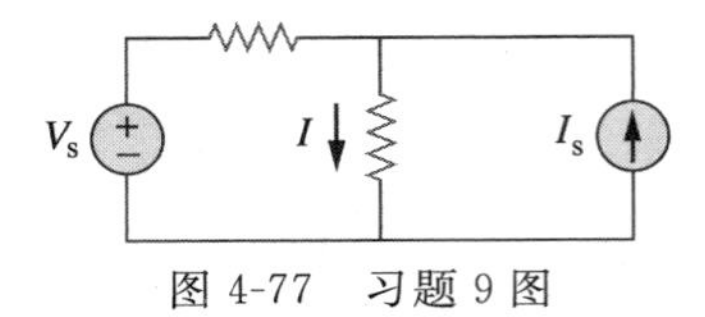

图 4-77　习题 9 图

10　利用图 4-78 所示电路，设计一个问题来加深对叠加定理的理解。注意，图中 k 可以给定一个不为零的特殊值从而使问题简单化。 **ED**

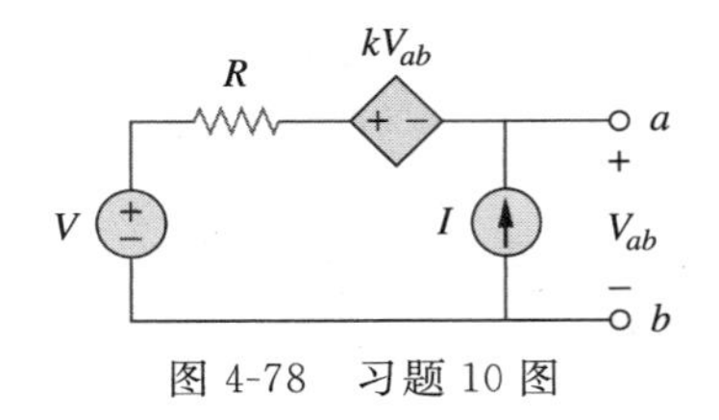

图 4-78　习题 10 图

11　利用叠加定理确定图 4-79 所示电路中的 i_o 与 v_o。 **PS**

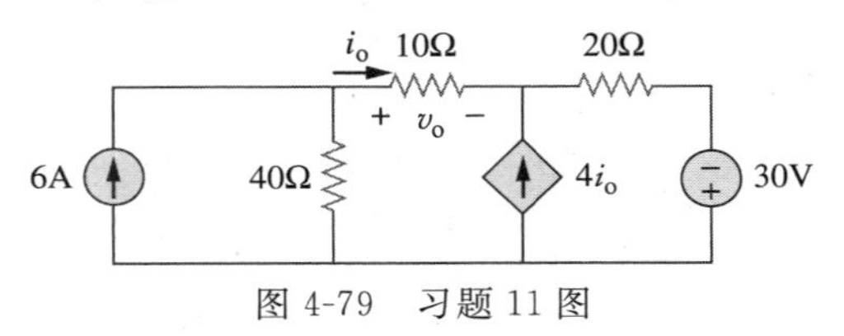

图 4-79　习题 11 图

12　利用叠加定理确定图 4-80 所示电路中的 v_o。

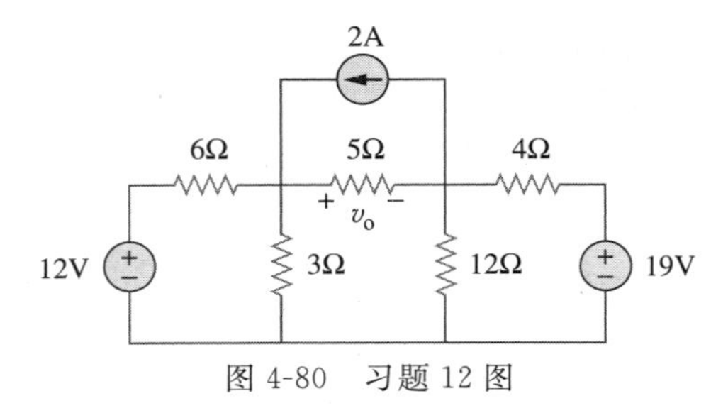

图 4-80　习题 12 图

13　利用叠加定理确定图 4-81 所示电路中的 v_o。 **PS**

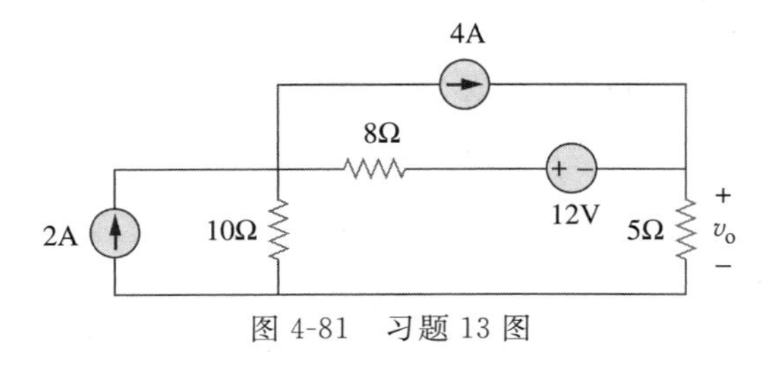

图 4-81　习题 13 图

14　利用叠加定理确定图 4-82 所示电路中的 v_o。 **PS**

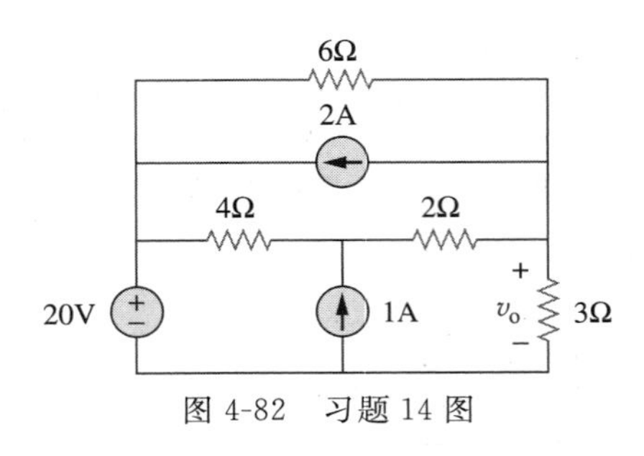

图 4-82　习题 14 图

15　利用叠加定理确定图 4-83 所示电路中的 i，并计算传输给 3Ω 电阻的功率。 **PS**

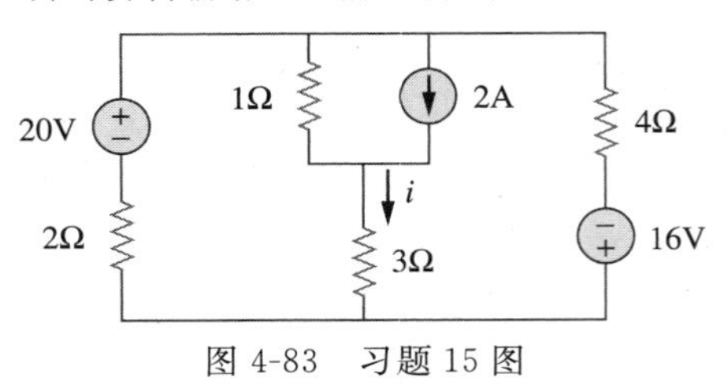

图 4-83　习题 15 图

16　利用叠加定理计算图 4-84 所示电路中的 i_o。 **PS**

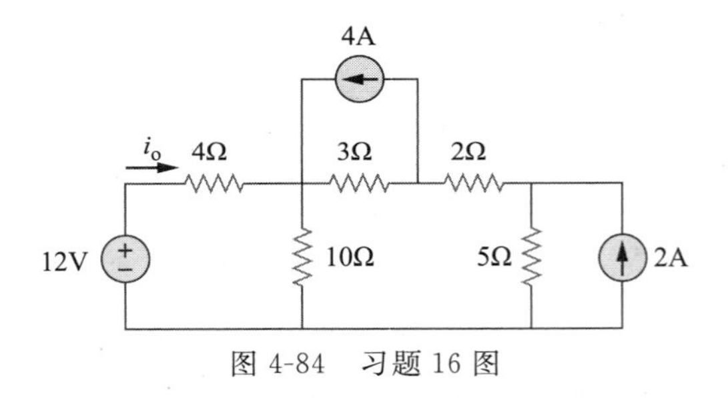

图 4-84　习题 16 图

17　利用叠加定理计算图 4-85 所示电路中的 v_x，并利用 PSpice 或 MultiSim 进行验证。 **PS ML**

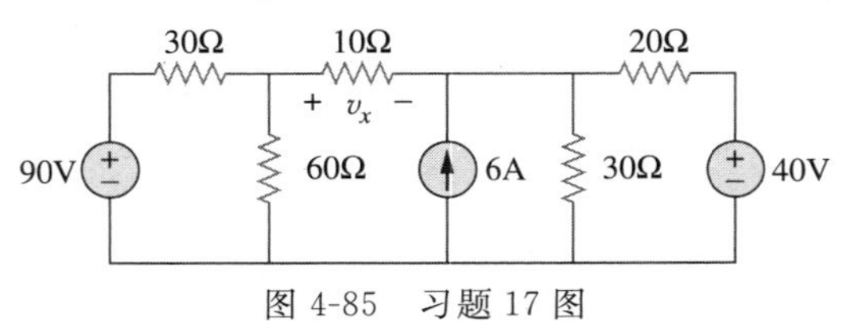

图 4-85　习题 17 图

18　利用叠加定理确定图 4-86 所示电路中的 V_o。 **PS**

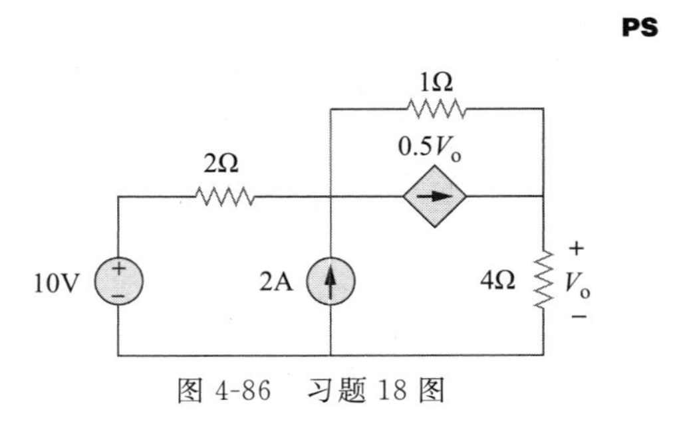

图 4-86　习题 18 图

19 利用叠加定理确定图4-87所示电路中的 v_x。 **PS**

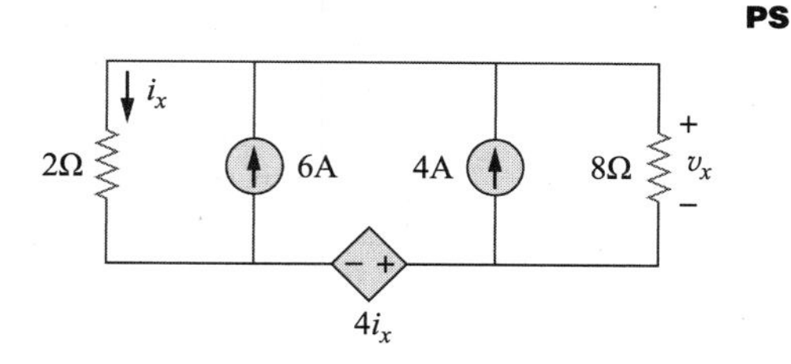

图4-87 习题19图

4.4节

20 使用电源变换将图4-88所示的端子 a 和 b 之间的电路缩减为一个带有单个电阻器的串联电压源。

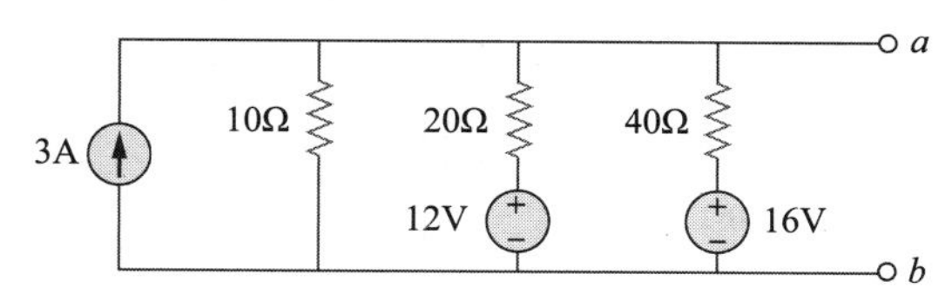

图4-88 习题20图

21 利用图4-89所示电路设计一个问题以更好地理解电源变换。 **ED**

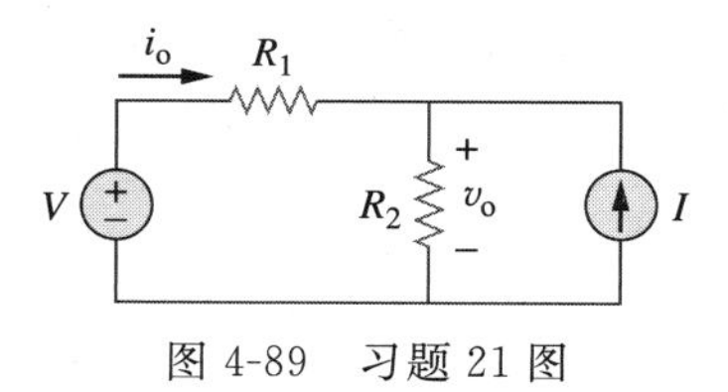

图4-89 习题21图

22 利用电源变换的方法确定图4-90所示电路中的 i。

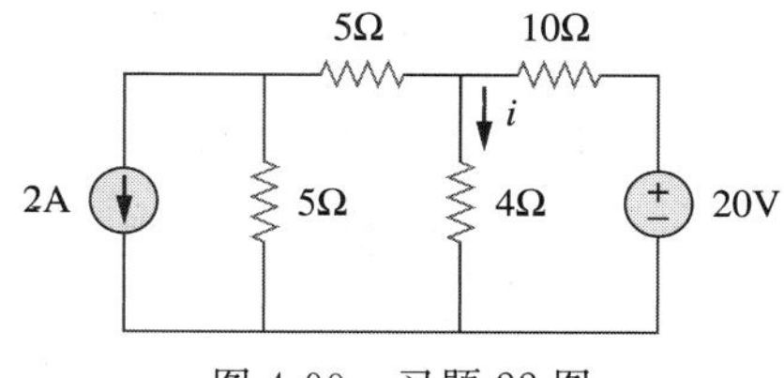

图4-90 习题22图

23 对图4-91所示电路，利用电源变换的方法确定流过图中8Ω电阻的电流及其消耗的功率。

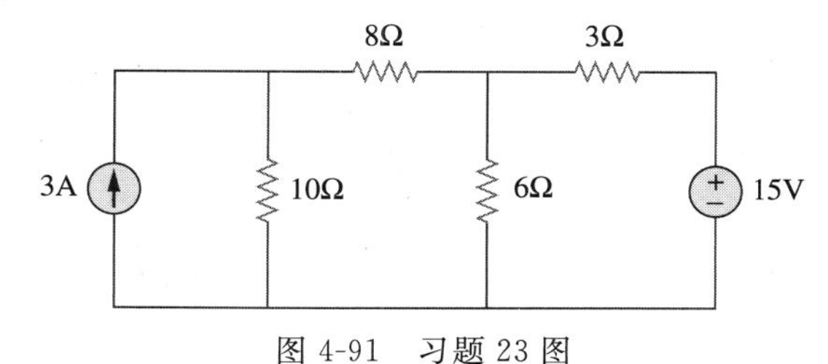

图4-91 习题23图

24 利用电源变换的方法确定图4-92所示电路中的 V_x。

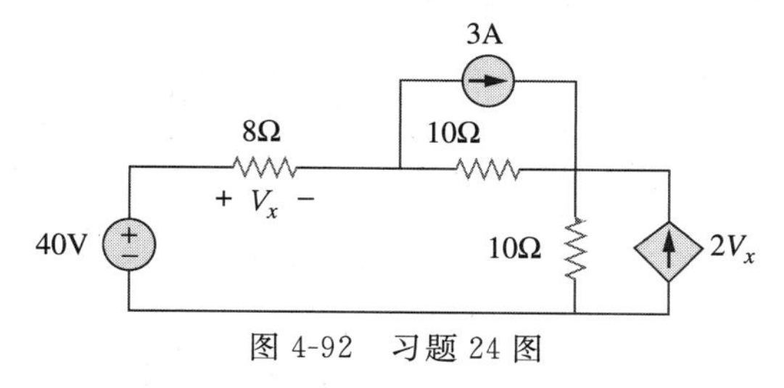

图4-92 习题24图

25 利用电源变换的方法确定图4-93所示电路中的 v_o，并利用PSpice或MultiSim进行验证。

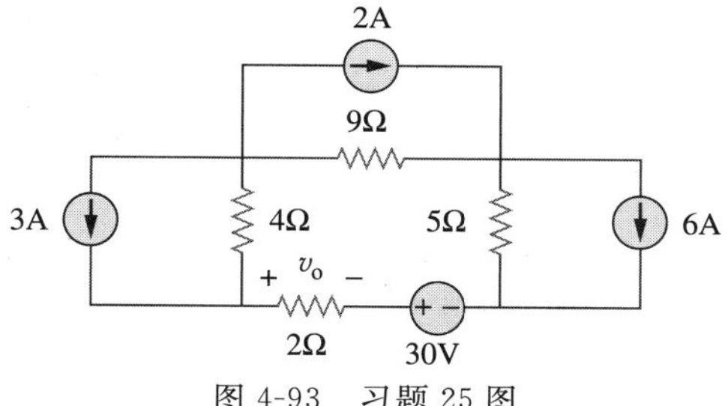

图4-93 习题25图

26 利用电源变换的方法确定图4-94所示电路中的 i_o。

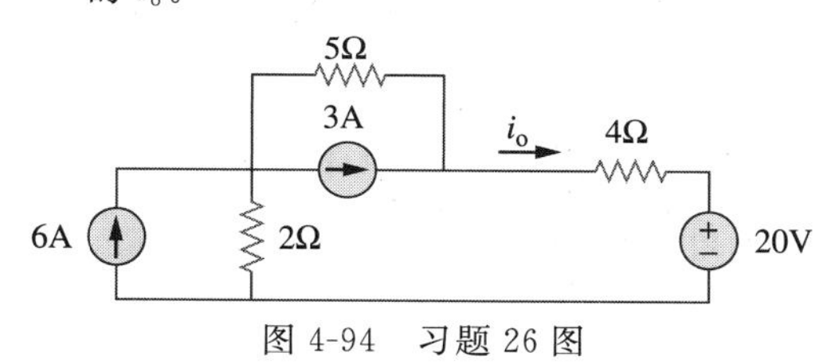

图4-94 习题26图

27 利用电源变换的方法确定图4-95所示电路中的 v_x。

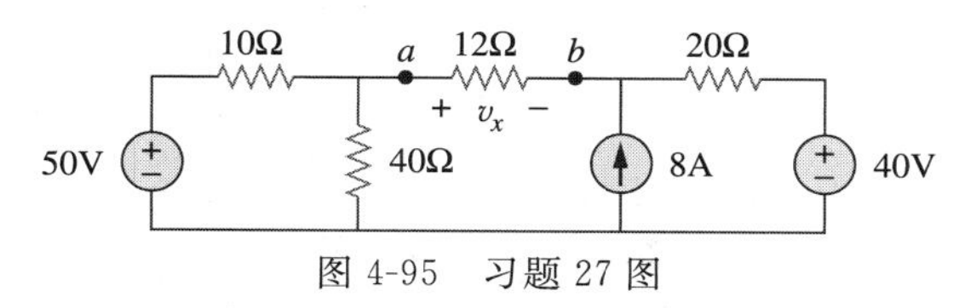

图4-95 习题27图

28 利用电源变换的方法计算图4-96所示电路中的 I_o。

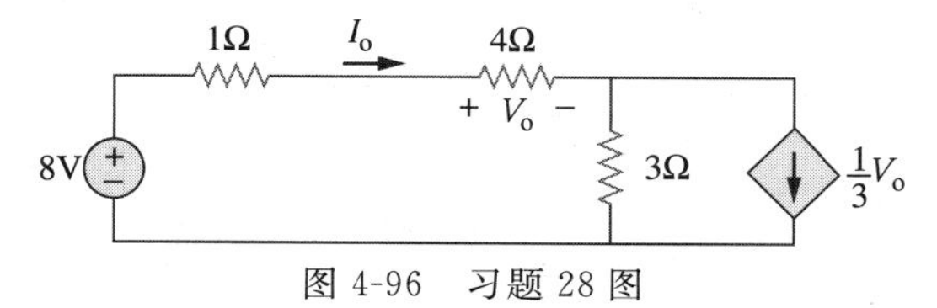

图4-96 习题28图

29 利用电源变换的方法计算图4-97所示电路中的 v_o。

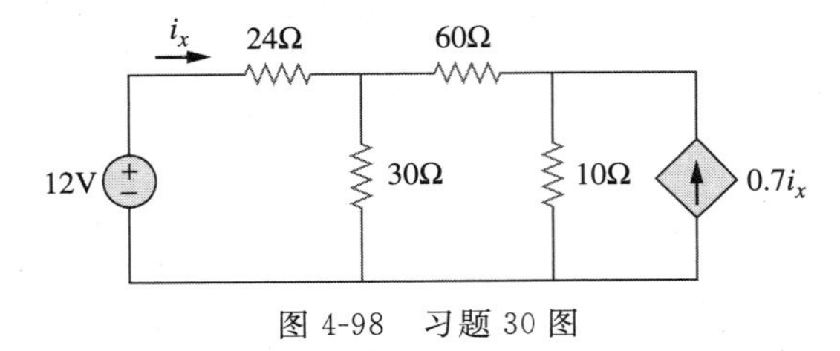

图 4-97　习题 29 图

30　利用电源变换的方法计算图 4-98 所示电路中的 i_x。

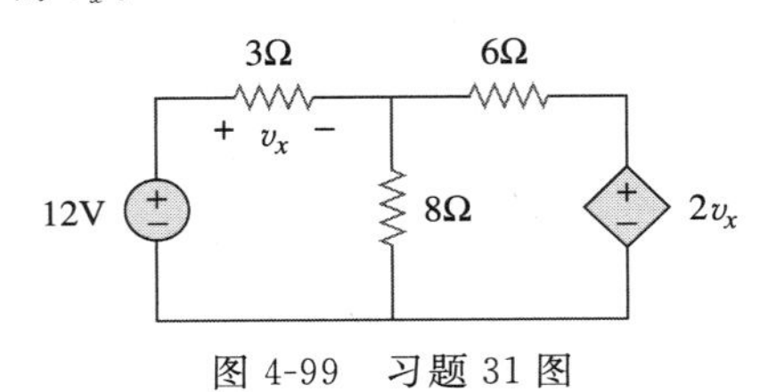

图 4-98　习题 30 图

31　利用电源变换的方法计算图 4-99 所示电路中的 v_x。

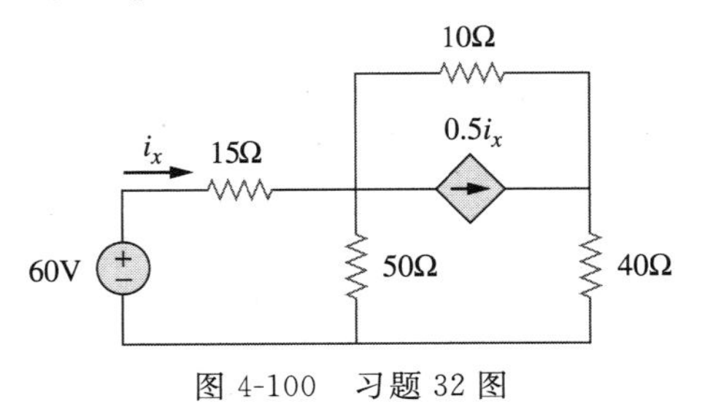

图 4-99　习题 31 图

32　利用电源变换的方法计算图 4-100 所示电路中的 i_x。

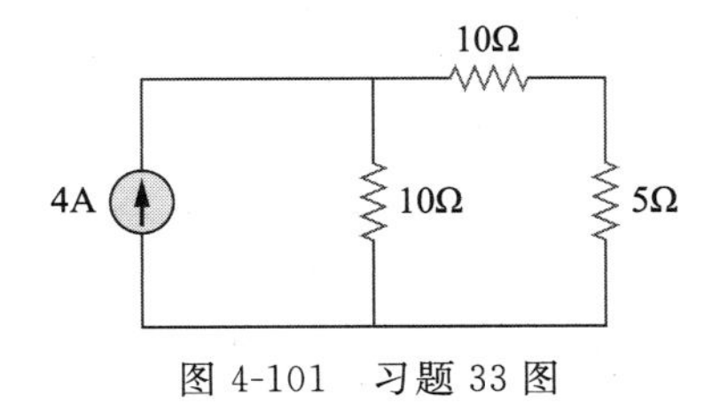

图 4-100　习题 32 图

4.5 节与 4.6 节

33　确定图 4-101 所示电路中 5Ω 电阻两端的戴维南等效电路，并计算流过 5Ω 电阻的电流。

图 4-101　习题 33 图

34　利用与 4-102 所示电路，设计一个问题以更好地理解戴维南等效电路。 **ED**

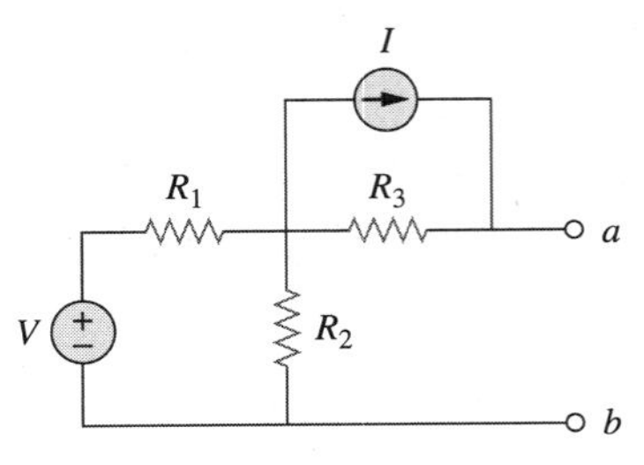

图 4-102　习题 34 图

35　利用戴维南等效电路确定习题 12 中的 v_o。

36　利用戴维南定理确定图 4-103 所示电路中的电流 i（提示：需求出 12Ω 电阻两端的戴维南等效电路）。

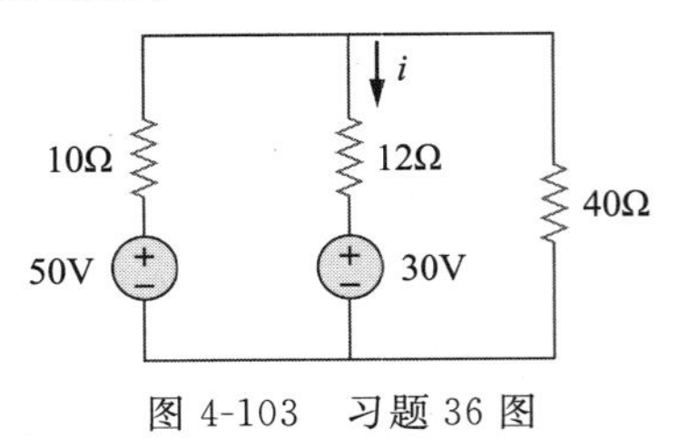

图 4-103　习题 36 图

37　求图 4-104 所示电路在端口 a-b 处的诺顿等效电路。

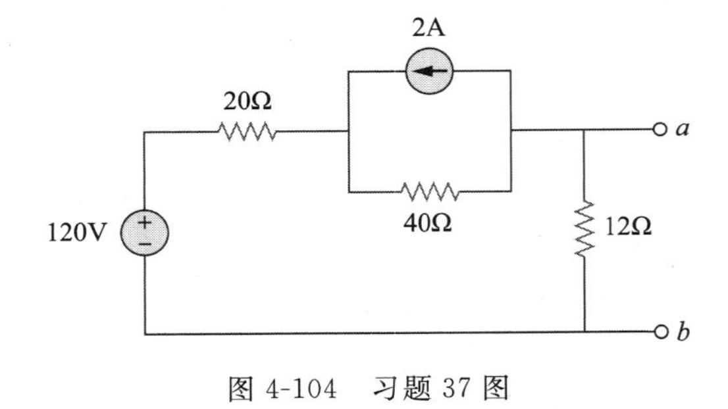

图 4-104　习题 37 图

38　利用戴维南定理确定图 4-105 所示电路中的 V_o。

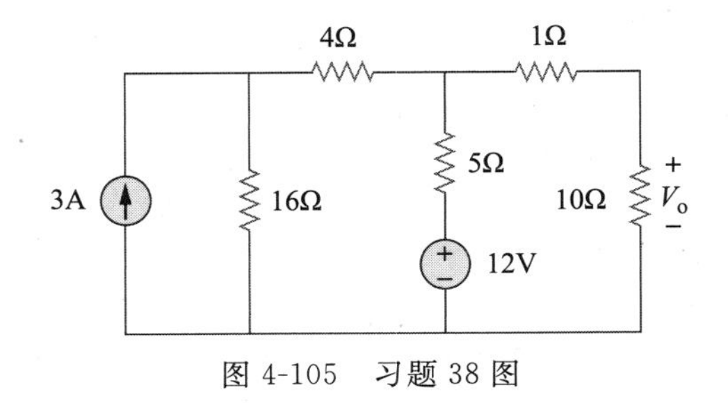

图 4-105　习题 38 图

39　求图 4-106 所示电路在端口 a-b 处的戴维南等效电路。

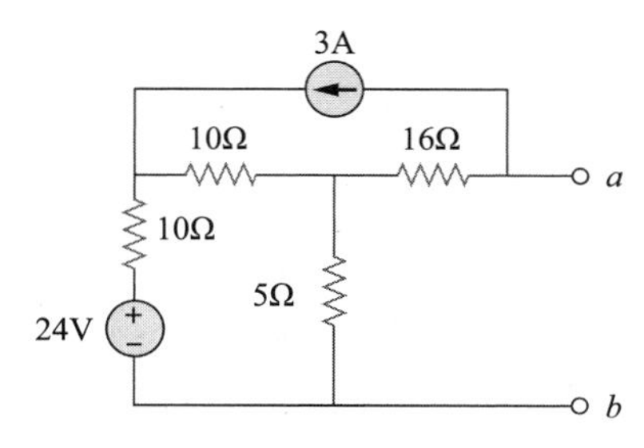

图 4-106　习题 39 图

40　求图 4-107 所示电路在端口 a-b 处的戴维南等效电路。

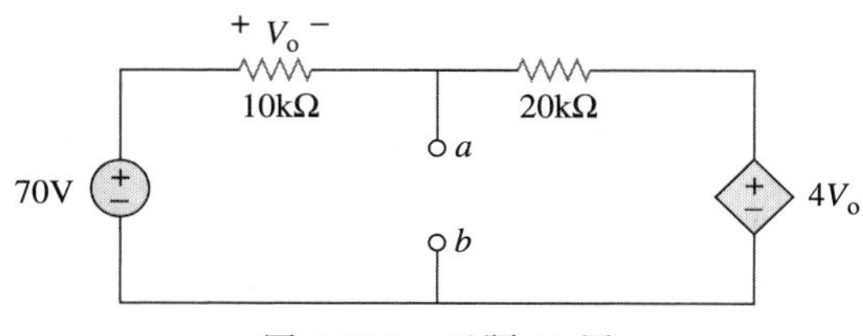

图 4-107　习题 40 图

41　求图 4-108 所示电路在端口 a-b 处的戴维南等效电路与诺顿等效电路。

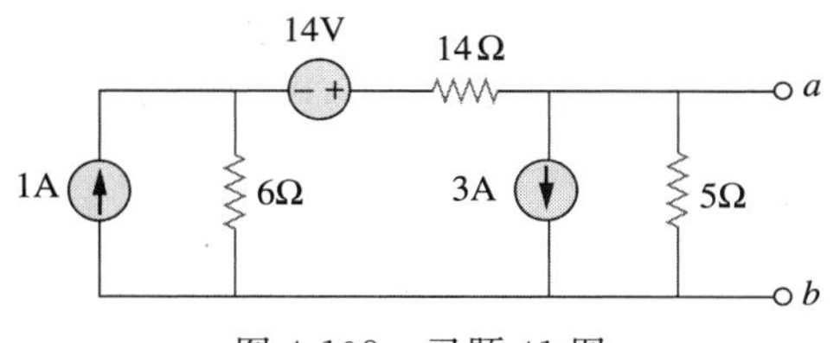

图 4-108　习题 41 图

* 42　求图 4-109 所示电路在端口 a-b 之间的戴维南等效电路。

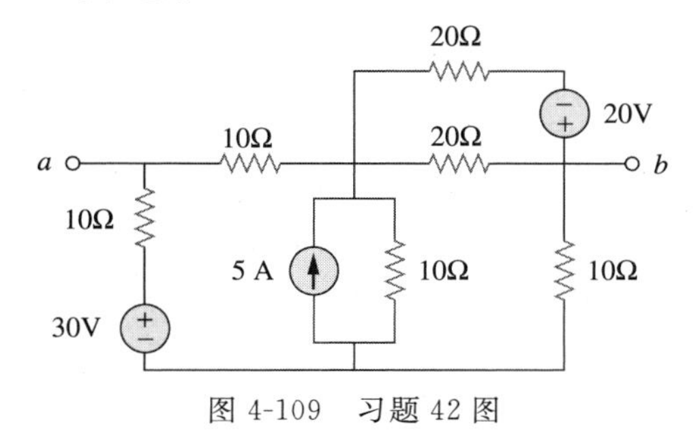

图 4-109　习题 42 图

43　求图 4-110 所示电路从端口 a-b 看进去的戴维南等效电路，并计算电流 i_x。

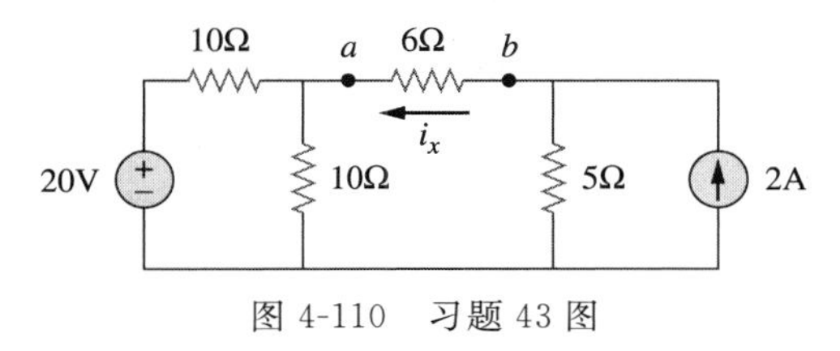

图 4-110　习题 43 图

44　在图 4-111 所示电路中，试确定从如下端口看进去的戴维南等效电路：
(a) a-b；　(b) b-c。

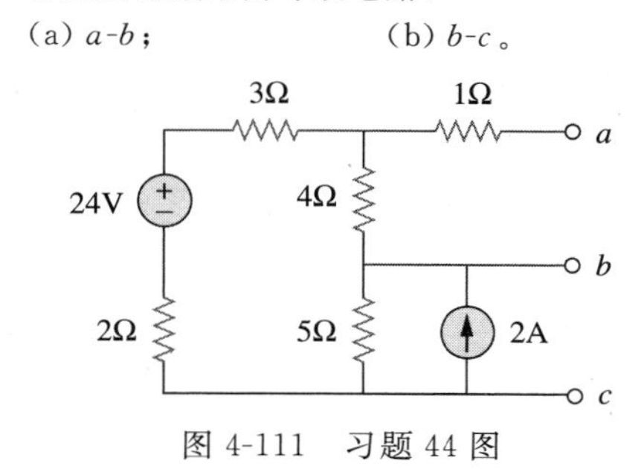

图 4-111　习题 44 图

45　求图 4-112 所示电路在端口 a-b 处的戴维南等效电路。

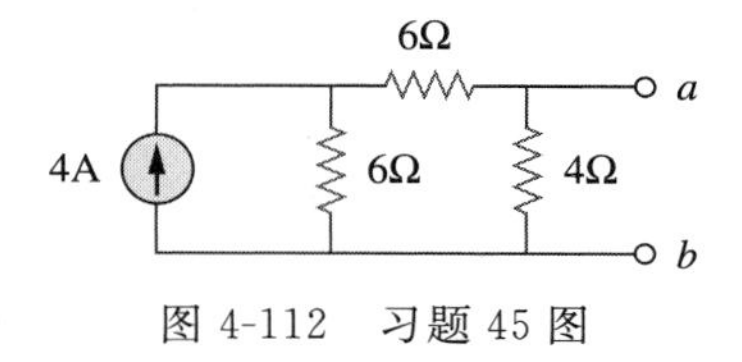

图 4-112　习题 45 图

46　利用图 4-113 所示电路，设计一个问题以更好地理解诺顿等效电路。**ED**

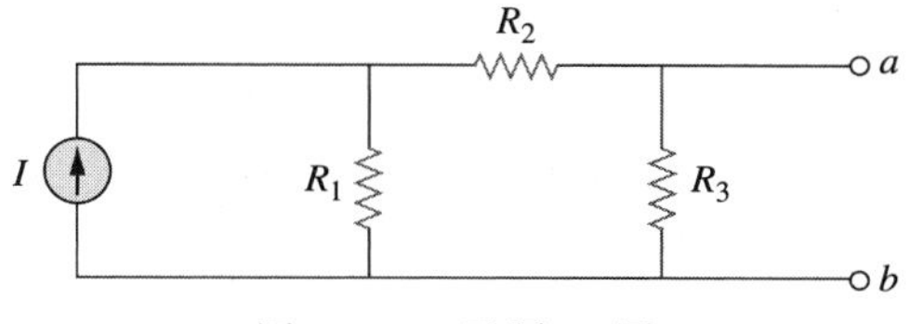

图 4-113　习题 46 图

47　求图 4-114 所示电路在端口 a-b 处的戴维南等效电路与诺顿等效电路。

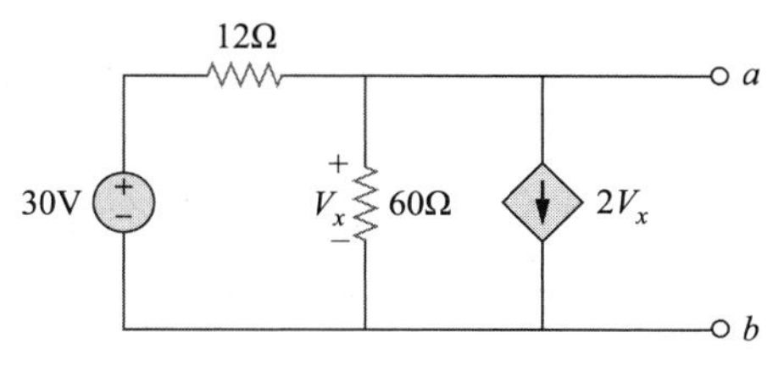

图 4-114　习题 47 图

48　确定图 4-115 所示电路在端口 a-b 处的诺顿等效电路。

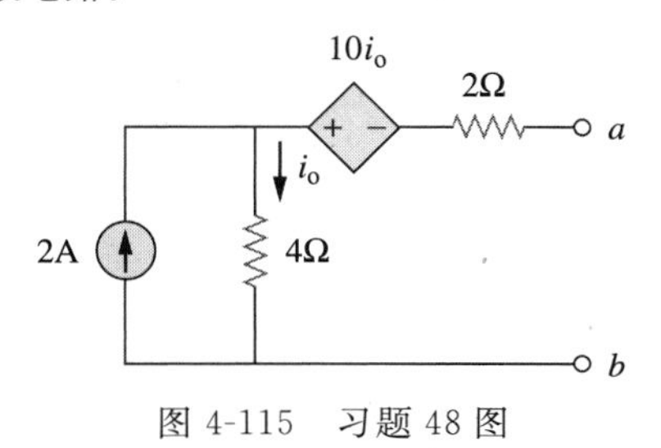

图 4-115　习题 48 图

49　求图 4-102 所示电路从端口 a-b 看进去的诺顿等效电路。这里 $V=40\text{V}$，$I=3\text{A}$，$R_1=10\Omega$，$R_2=40\Omega$，$R_3=20\Omega$。

50　求图 4-116 所示电路在端口 a-b 左侧的诺顿等效电路，并利用所得结果计算电流 i。

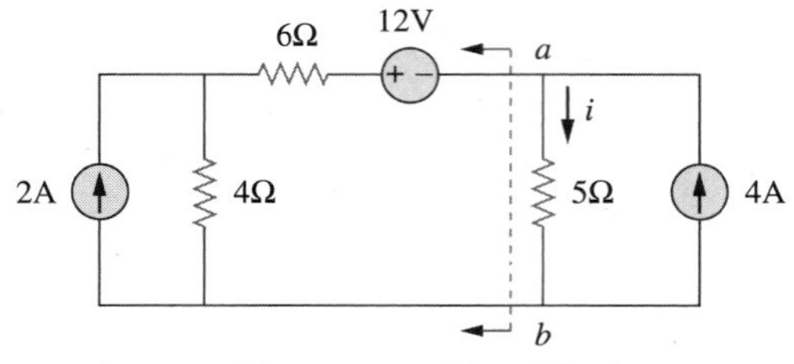

图 4-116　习题 50 图

51　在图 4-117 所示电路中，确定从如下端口看进去的诺顿等效电路：

(a) a-b　　(b) c-d

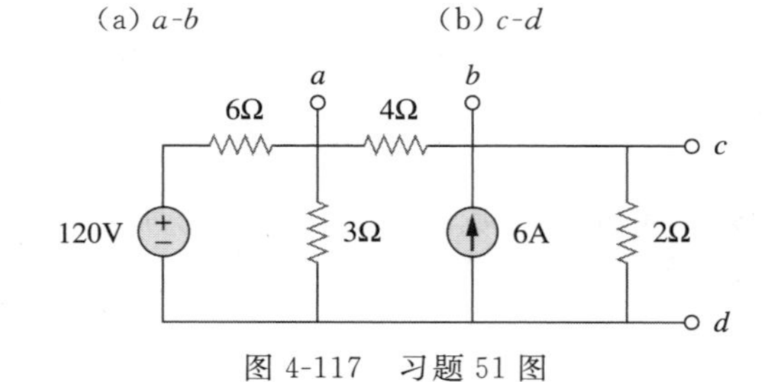

图 4-117　习题 51 图

52　在图 4-118 所示的晶体管模型中，确定从端口 a-b 看进去的戴维南等效电路。

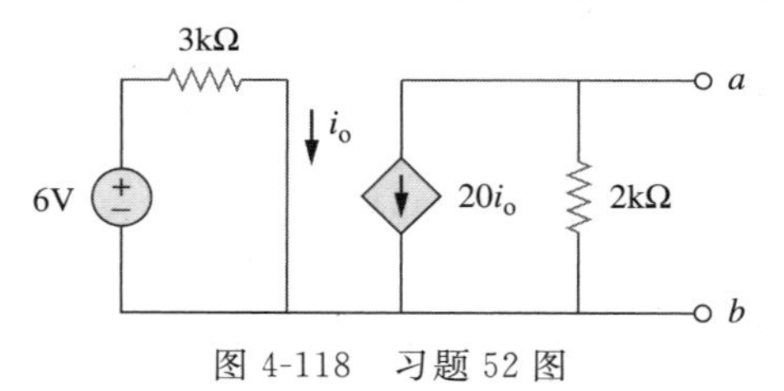

图 4-118　习题 52 图

53　求图 4-119 所示电路在端口 a-b 处的诺顿等效电路。

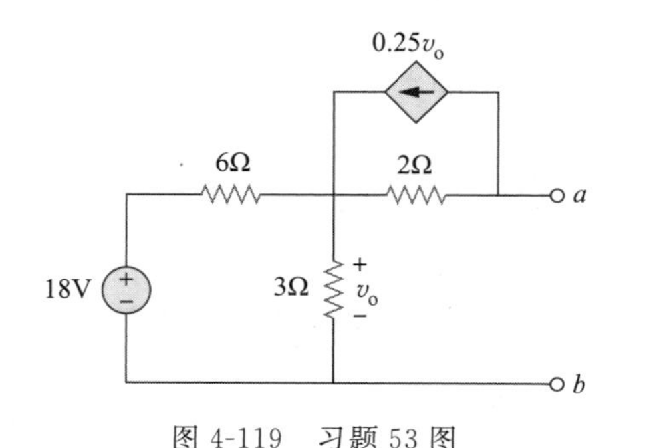

图 4-119　习题 53 图

54　求图 4-120 所示电路在端口 a-b 处的戴维南等效电路。

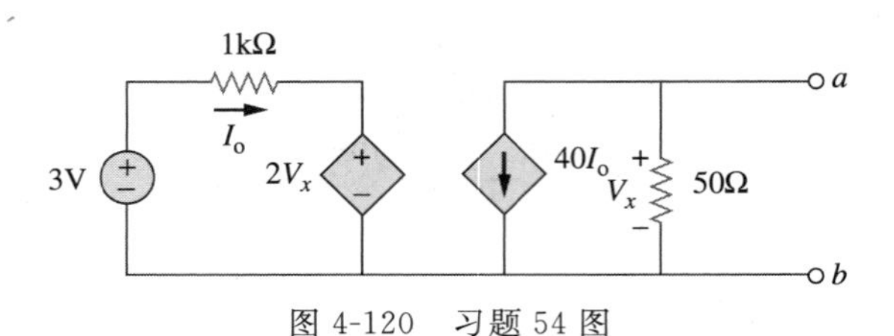

图 4-120　习题 54 图

* 55　求图 4-121 所示电路的端口 a-b 处的诺顿等效电路。

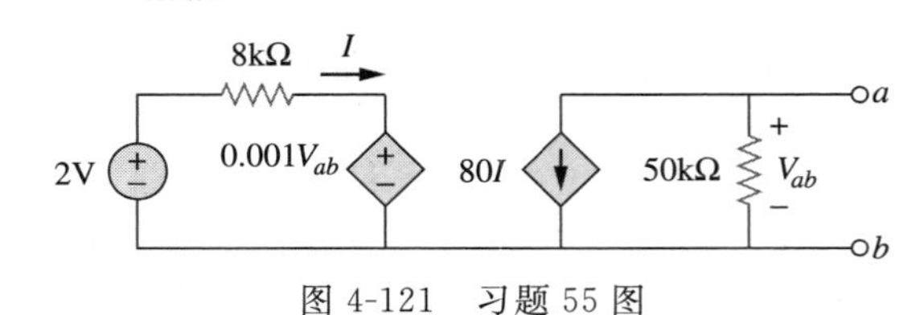

图 4-121　习题 55 图

56　利用诺顿定理计算图 4-122 所示电路中的 V_o。

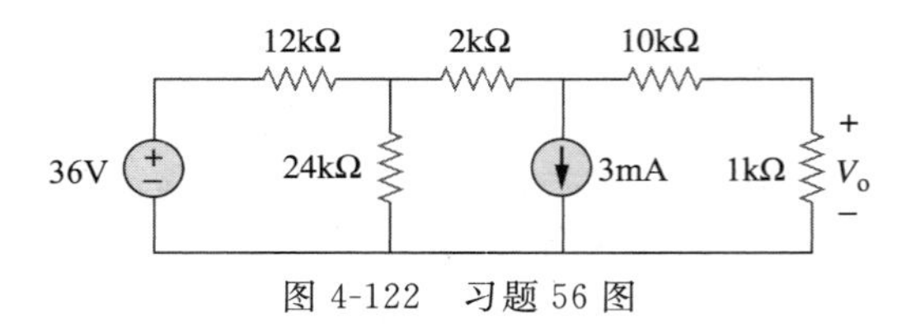

图 4-122　习题 56 图

57　求图 4-123 所示电路在端口 a-b 处的戴维南等效电路与诺顿等效电路。

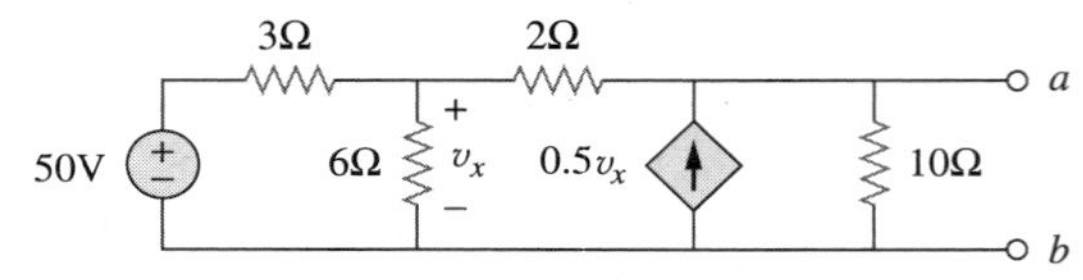

图 4-123　习题 57 与习题 79 图

58　如图 4-124 所示电路网络为与负载相连的双极型晶体管共射极放大器模型，求从负载端看进去的戴维南电阻。

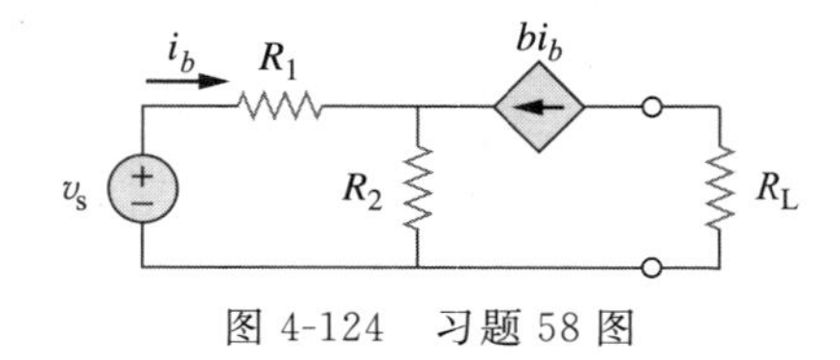

图 4-124　习题 58 图

59　求图 4-125 所示电路在端口 a-b 处的戴维南等效电路与诺顿等效电路。

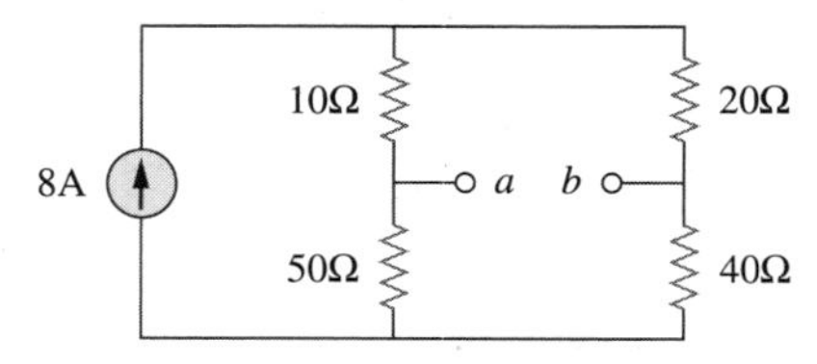

图 4-125　习题 59 与习题 80 图

*60 求图 4-126 所示电路在端口 a-b 处的戴维南等效电路与诺顿等效电路。

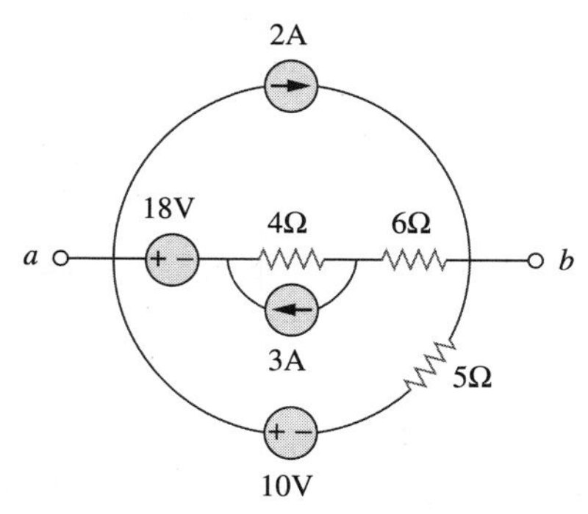

图 4-126 习题 60 与习题 81 图

*61 求图 4-127 所示电路在端口 a-b 处的戴维南等效电路与诺顿等效电路。 **ML**

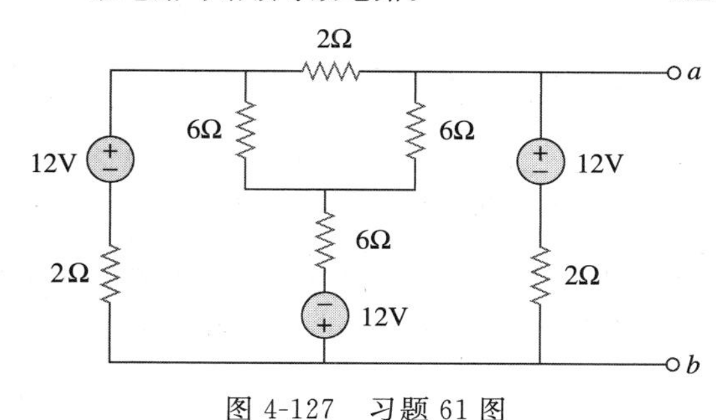

图 4-127 习题 61 图

*62 求图 4-128 所示电路的戴维南等效电路。 **ML**

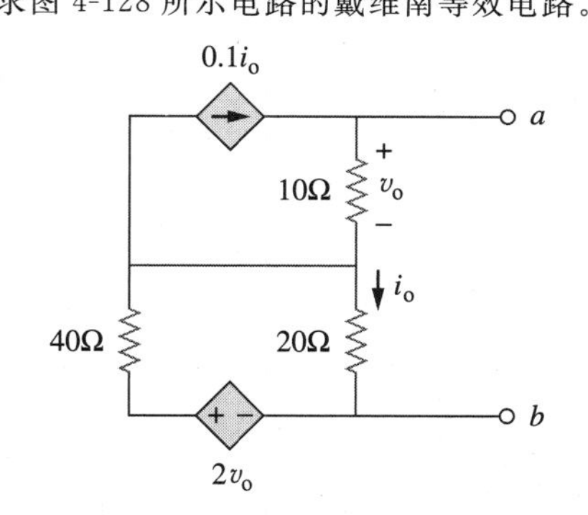

图 4-128 习题 62 图

63 求图 4-129 所示电路的诺顿等效电路。

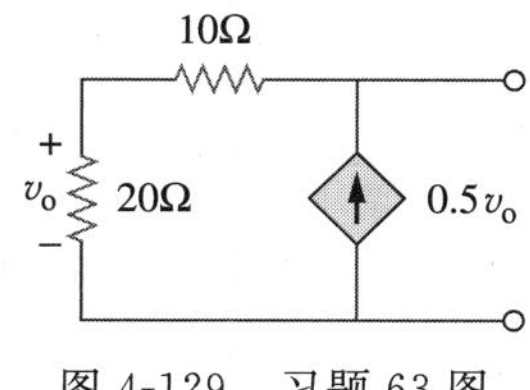

图 4-129 习题 63 图

64 求图 4-130 所示电路从端口 a-b 看进去的戴维南等效电路。

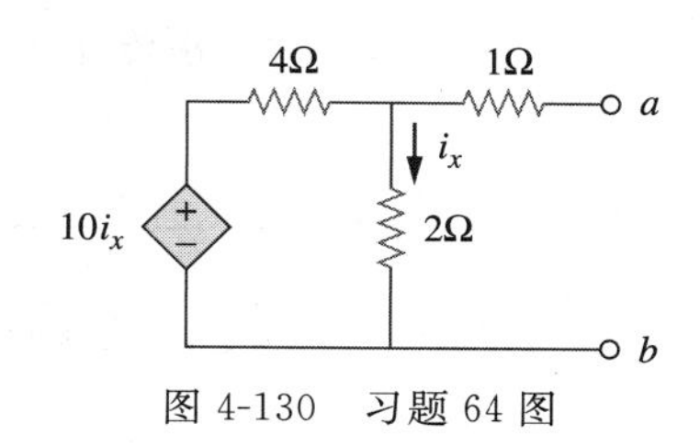

图 4-130 习题 64 图

65 在如图 4-131 所示电路中，试确定 V_o 与 I_o 之间的关系。

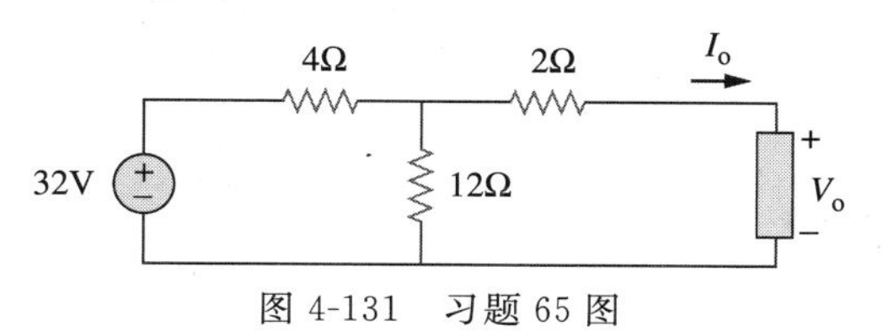

图 4-131 习题 65 图

4.8 节

66 在如图 4-132 所示电路中，试求传输给电阻 R 的最大功率。

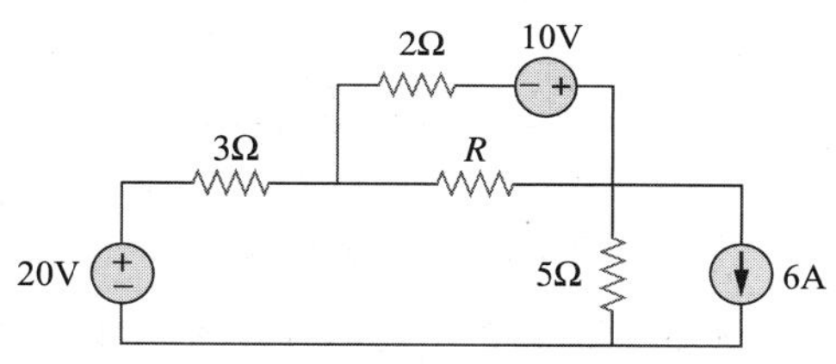

图 4-132 习题 66 图

67 在如图 4-133 所示电路中，调节可变电阻 R，直至其从电路中吸收最大功率。

(a) 试计算吸收最大功率时电阻 R 的阻值。

(b) 确定 R 吸收的最大功率的值。

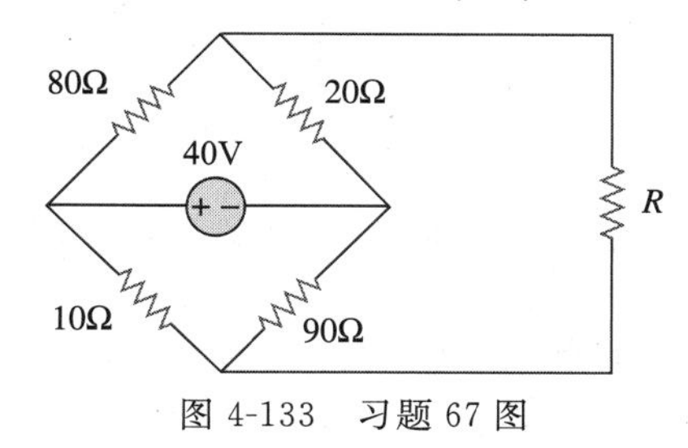

图 4-133 习题 67 图

*68 在如图 4-134 所示电路中，要使传输给 10Ω 电阻的功率最大，试计算电阻 R 的阻值，并求出相应的最大功率。

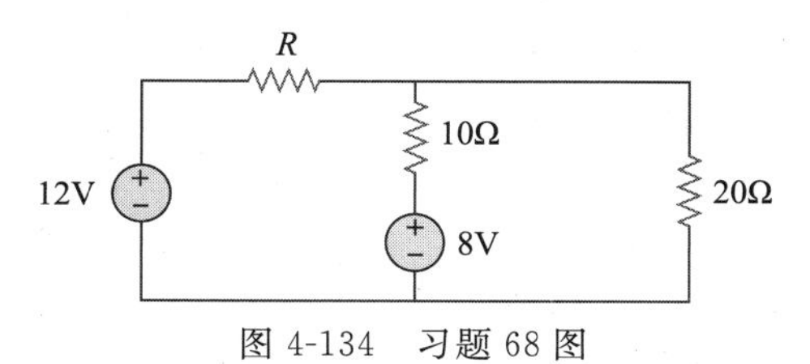

图 4-134 习题 68 图

69 在如图 4-135 所示电路中，求传输给电阻 R 的最大功率。

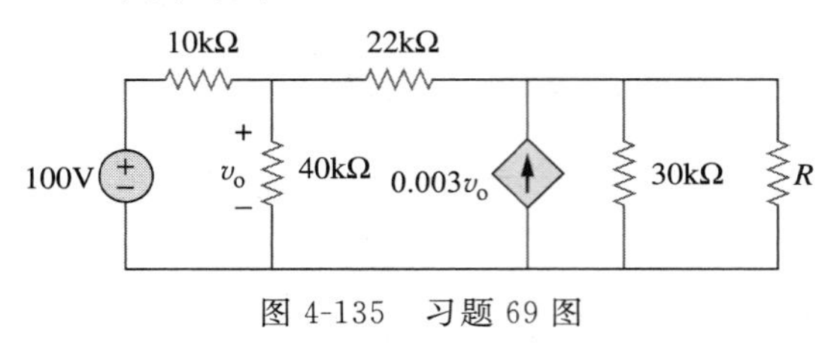

图 4-135 习题 69 图

70 在如图 4-136 所示电路中，试求传输给可变电阻 R 的最大功率。

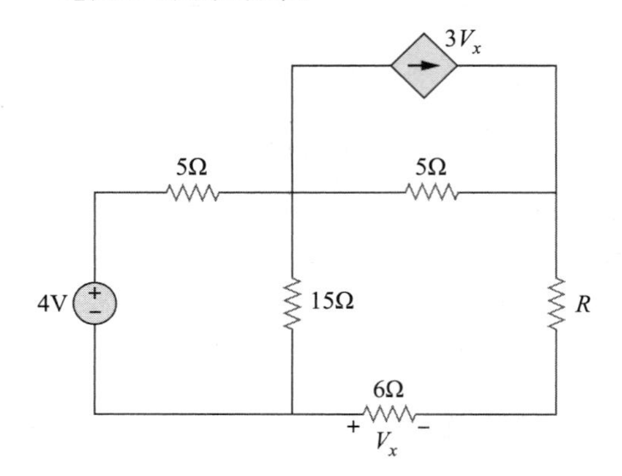

图 4-136 习题 70 图

71 在如图 4-137 所示电路中，端口 a-b 两端连接多大的电阻时才能从电路中吸收最大功率？该最大功率为多少？

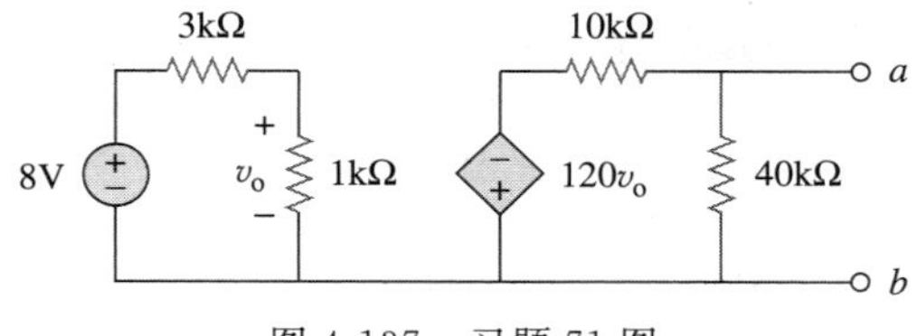

图 4-137 习题 71 图

72 (a) 求图 4-138 所示电路在端口 a-b 处的戴维南等效电路；

(b) 计算流过电阻 $R_L=8\Omega$ 的电流；

(c) 求满足最大功率传输时的电阻 R_L 的阻值；

(d) 计算该最大功率。

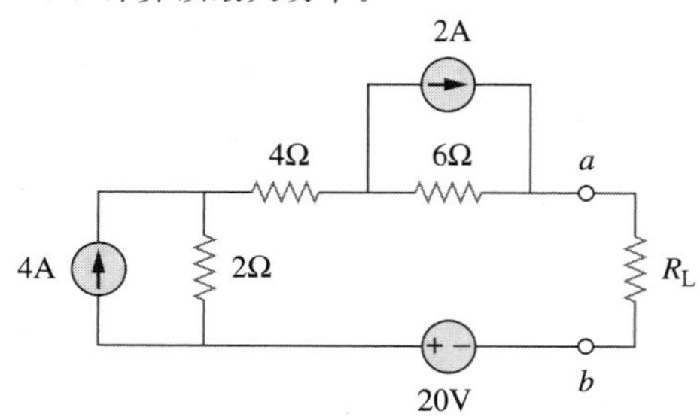

图 4-138 习题 72 图

73 在如图 4-139 所示电路中，试确定传输给可变电阻 R 的最大功率。

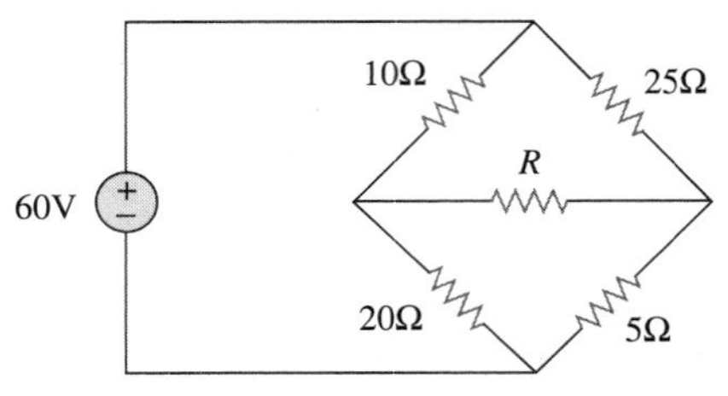

图 4-139 习题 73 图

74 在如图 4-140 所示的桥式电路中，求满足最大功率传输时的负载电阻 R_L 及其吸收的最大功率。

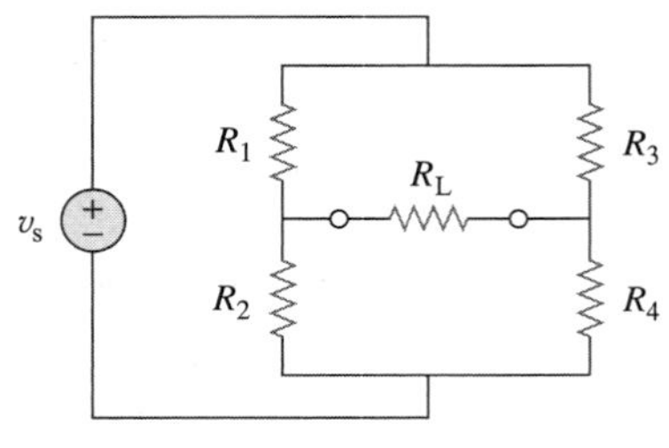

图 4-140 习题 74 图

* 75 在图 4-141 所示电路中，试确定传输给负载的最大功率为 3mW 时的电阻 R 的阻值。

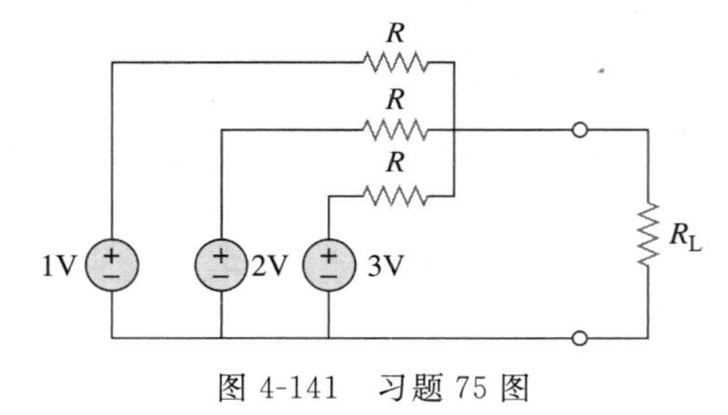

图 4-141 习题 75 图

4.9 节

76 试利用 PSpice 或 MultiSim 求解习题 34，这里 $V=40\text{V}$，$I=3\text{A}$，$R_1=10\Omega$，$R_2=40\Omega$，$R_3=20\Omega$。

77 试利用 PSpice 或 MultiSim 求解习题 44。

78 试利用 PSpice 或 MultiSim 求解习题 52。

79 试利用 PSpice 或 MultiSim 确定图 4-123 所示电路的戴维南等效电路。

80 试利用 PSpice 或 MultiSim 确定图 4-125 所示电路在端口 a-b 处的戴维南等效电路。

81 试利用 PSpice 或 MultiSim 确定图 4-126 所示电路在端口 a-b 处的戴维南等效电路。

4.10 节

82 蓄电池的短路电流为 20A，开路电压为 12V。如果蓄电池连接到电阻为 2Ω 的灯泡上，计算灯泡消耗的功率。

83　在某电阻网络的两个端点之间，端点电压为12V时，电流为0A；端点电压为0V时，电流为1.5A。试求该网络的戴维南等效电路。

84　某电池与一个4Ω电阻相连接时的端电压为10.8V，但其开路电压为12V，试求该电池的戴维南等效电路。

85　图4-142所示线性网络在端口a-b处的戴维南等效电路需通过测量确定，当端口a-b连接10kΩ电阻时，测量得到的电压V_{ab}为6V，当该端口连接30kΩ电阻时，测量得到的电压V_{ab}为12V。试确定：(a)端口a-b处的戴维南等效电路；(b)当端口a-b连接20kΩ电阻时的电压V_{ab}。

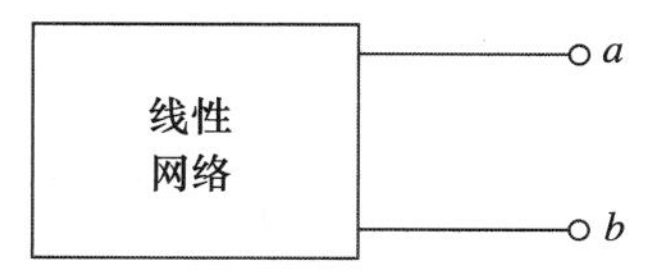

图4-142　习题85图

86　某装有电路的黑匣子与一可变电阻相连接，利用理想电流表(内部电阻为零)和理想的电压表(内部电阻为无穷大)测量该黑匣子的电流与电压，如图4-143所示。所得到的结果如下表所示：

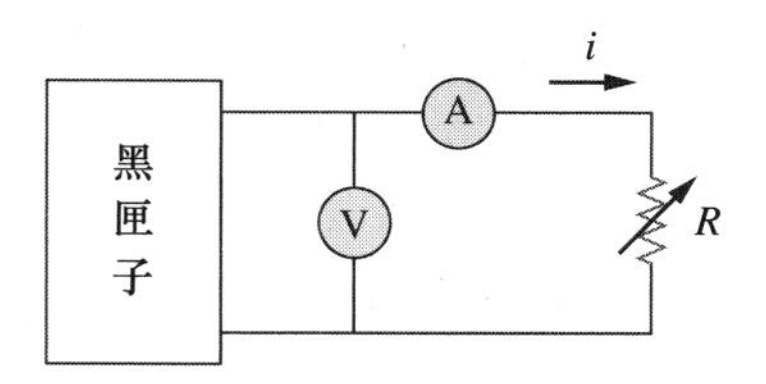

图4-143　习题86图

(a)试求$R=4\Omega$时的i；

(b)试确定从黑匣子获取的最大功率。

表4-2　习题86表格

R/Ω	V/V	i/A
2	3	1.5
8	8	1
14	10.5	0.75

87　某变换器可以建模为一个电流源I_s与一个电阻R_s的并联，利用一个内阻为20Ω的安培表测量得到的电流源端口电流为9.975mA。　**ED**

(a)如果在电流源两端增加一个2kΩ电阻，使得安培表的读数降至9.876mA，计算I_s与R_s；

(b)如果将电流源两端的电阻变为4kΩ，求安培表的读数为多少？

88　在图4-144所示电路中，将内阻为R_i的电流表连接到a与b之间用于测量I_o，当(a)$R_i=500\Omega$，(b)$R_i=0\Omega$时，确定电流表的读数(提示：需求出端口a-b处的戴维南等效电路)。

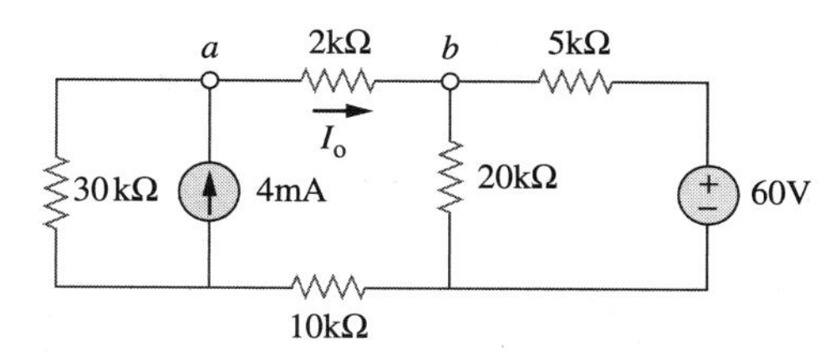

图4-144　习题88图

89　在图4-145所示电路中，(a)用内阻为0的安培表替代电阻R_L，并确定该安培表的读数；(b)为证明互易定理，将该安培表与12V电压源的位置互换，再次确定该安培表的读数。

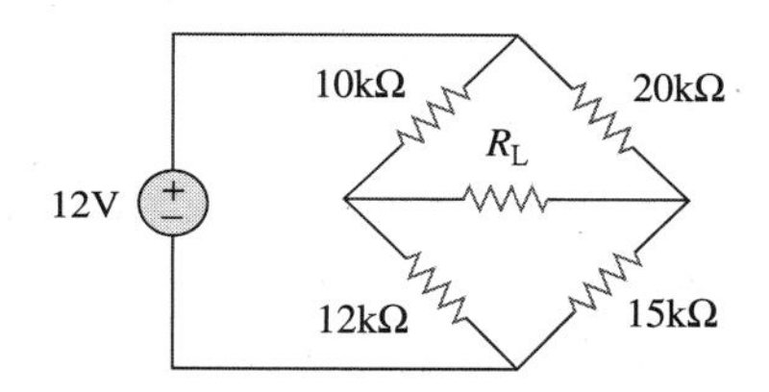

图4-145　习题89图

90　利用如图4-146所示的惠斯通电桥电路测量应变仪的电阻值，线性抽头可调电阻的最大阻值为100Ω。如果测量得到的应变仪的电阻为42.6Ω，问当电桥平衡时，滑动抽头在整个可调电阻上滑动了几分之几？　**ED**

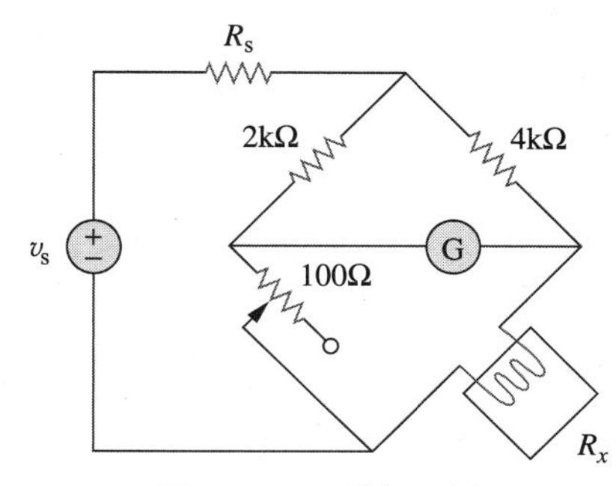

图4-146　习题90图

91　(a)在如图4-147所示的惠斯通电桥电路中，选择R_1与R_3使得该电桥可以测量的R_x的取值范围为0～10Ω。(b)如果该电桥可以测量的阻值范围为0～100Ω，试重新选择R_1与R_3。　**ED**

*92　在图4-148所示的电桥电路中，问该电桥是否平衡？如果用18kΩ电阻替代10kΩ电阻，问端口a-b两端连接多大的电阻才能使该电阻吸收功率最大？该最大功率为多少？　**ED**

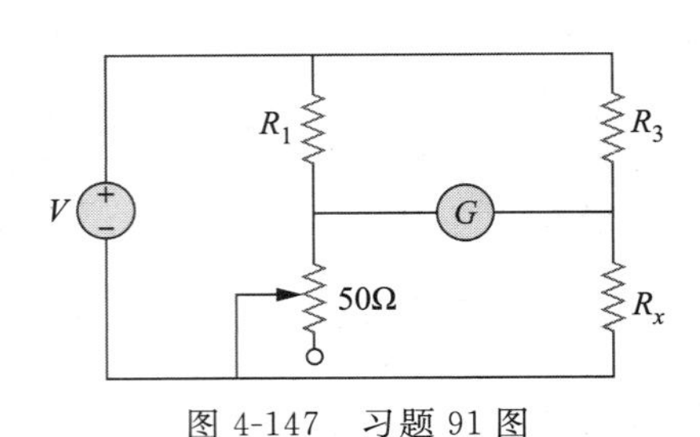

图 4-147 习题 91 图

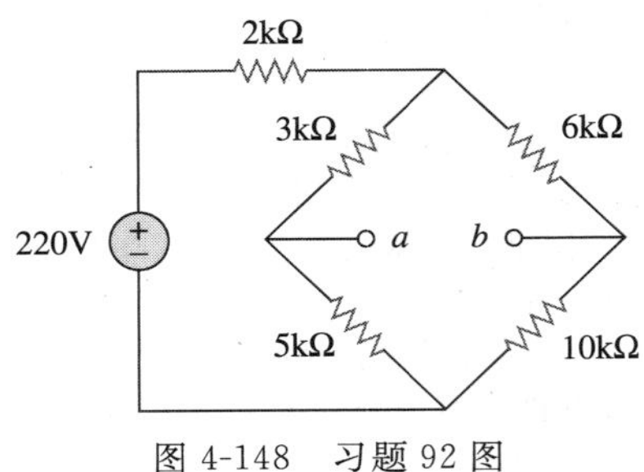

图 4-148 习题 92 图

综合理解题

93 图 4-149 所示电路为共射极晶体管放大器的一个模型，利用电源变换的方法确定 i_x。

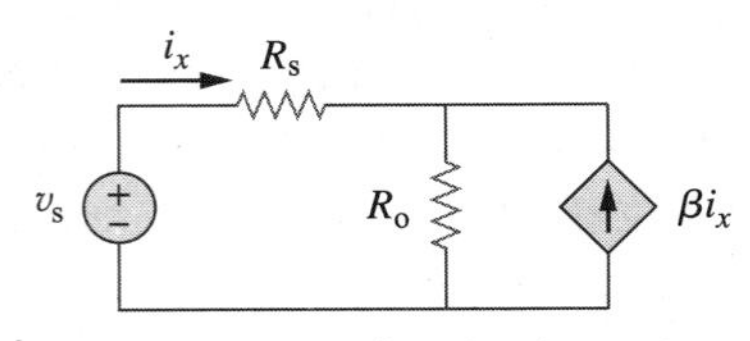

图 4-149 综合理解题 93 图

94 衰减器是一种用于降低电平但不改变输出电阻的接口电路。 **ED**

(a) 通过确定图 4-150 所示接口电路中的 R_s 与 R_p，设计一个满足如下要求的衰减器：

$$\frac{V_o}{V_g}=0.125, \quad R_{eq}=R_{Th}=R_g=100\Omega$$

(b) 利用(a)中设计的接口电路，计算当 $V_g=12V$ 时，流过负载 $R_L=50\Omega$ 的电流。

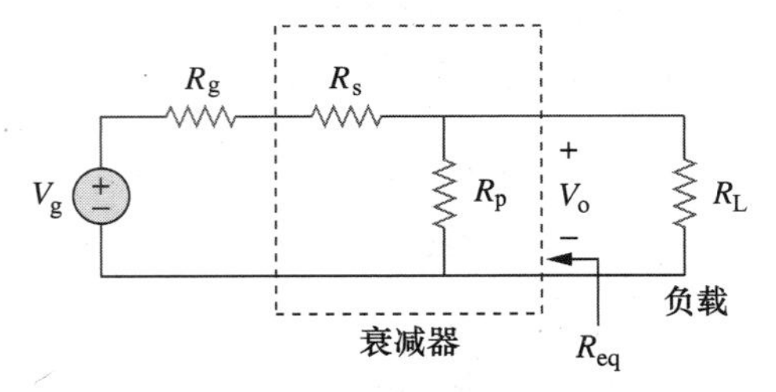

图 4-150 综合理解题 94 图

*95 利用一个灵敏度为 20kΩ/V 的直流电压表确定某线性网络的戴维南等效电路，两个量程下的读数如下：(a) 在 0～10V 量程下读数为 4V；(b) 在 0～50V 量程下读数为 5V。确定该网络的戴维南电压与戴维南电阻。 **ED**

*96 某电阻阵列与某负载电阻 R 和 9V 电池相连接，如图 4-151 所示。 **ED**

(a) 求使得 $V_o=1.8V$ 时的电阻 R；

(b) 计算吸收最大电流时的电阻 R，该最大电流为多少？

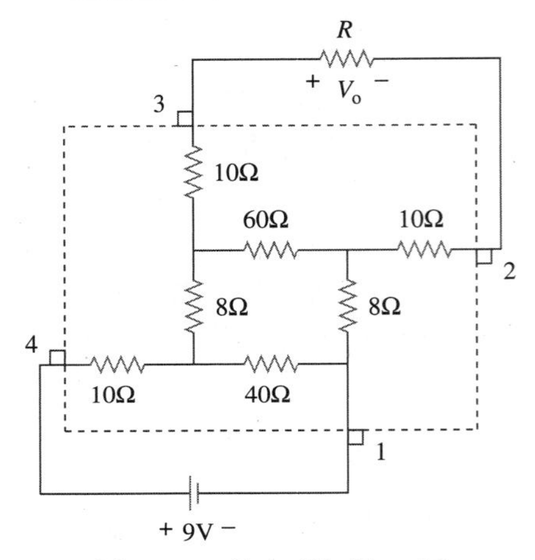

图 4-151 综合理解题 96 图

97 共射极放大器电路如图 4-152 所示，确定 B 与 E 左侧的戴维南等效电路。 **ED**

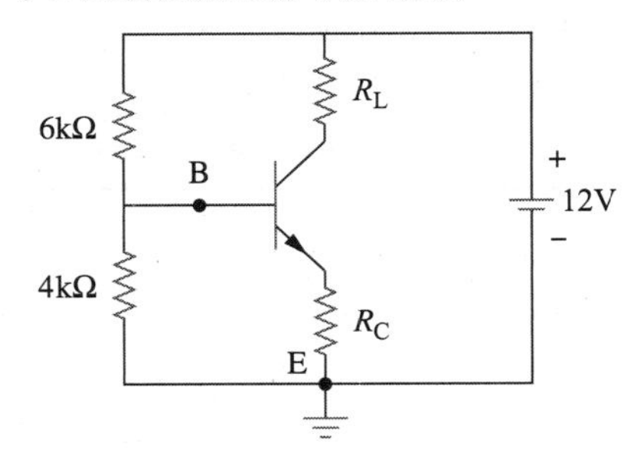

图 4-152 综合理解题 97 图

*98 确定练习 18 中流过 40Ω 电阻的电流以及该电阻消耗的功率。

第5章 运算放大器

不愿说理的人是顽固分子，不会说理的人是愚人，不敢说理的人则是奴隶。

——William Drummond

拓展事业

电子仪器领域的职业生涯

在工程学领域中，工程师应用物理学原理来设计各种造福人类的设备。但是，不通过实验测量人们就不可能掌握物理原理，更不可能去应用这些原理。物理学家常说，物理学实际上就是一门测量的科学。正如测量是理解物理世界的工具，科学仪器则是测量的工具一样。本章介绍的运算放大器是现代电子仪器的重要组成模块。因此，掌握运算放大器的基本原理对于实际电路的应用是非常重要的。

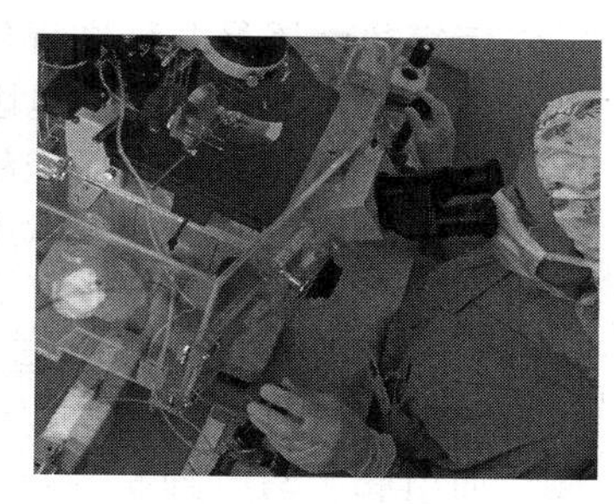

医学研究中使用的电子仪器
(图片来源：Corbis)

在科学与工程技术领域中，电子仪器的应用可谓无处不在。电子仪器迅猛普及，若在理工科教育中不接触电子仪器就是一件荒谬的事情。例如，物理学家、生理学家、化学家和生物学家都必须学会电子仪器的使用。特别是对于电子工程类专业的学生，熟练地操作数字和模拟仪器是至关重要的。这类仪器包括电流表、电压表、电阻表、示波器、频谱分析仪和信号发生器等。

除了不断提高操作仪器的技能之外，有的电子工程师还需专门学习电子仪器的设计与制造。他们乐在其中，大多数人都有所发明并申请了专利。电子仪器的专门人才可以在医学院、医院、研究所、航空工业和许多日常应用电子仪器的工业部门找到合适的工作。

学习目标

通过本章内容的学习和练习你将具备以下能力：

1. 掌握实际运算放大器的功能。
2. 理解理想运算放大器的功能与实际运算放大器基本相同，并且在很多应用电路中理想运算放大器可有效地模拟实际运算放大器。
3. 认识到基本反向运算放大器是运算放大器中的重要组成部分。
4. 使用反向运算放大器设计电路。
5. 使用运算放大器设计差分放大器。
6. 解释如何实现一系列运算放大器的串联。

5.1 引言

前面已经学习过了电路分析的基本定律和定理，本章学习一种非常重要的有源电路元件：运算放大器(operational amplifier)，或简称运放(op amp)。运放是一个多功能的电路模块。

提示： 运算放大器这一专业术语是John Ragazzini及其同事于1947年提出的，当时他们正在为美国国防研究委员会研制模拟计算机。第一个运算放大器采用的是真空管而不是晶体管。

运放是一个特性与电压控制电压源相类似的电子元件。

运算放大器也可以用于构成电压控制电流源或者电流控制电流源，它还可以对信号进行相加、放大、积分和微分等处理。因为它具有这些数字运算的能力，故被称为运算放大器，并广泛应用于模拟电路的设计之中。运算放大器有着多用途多样、价格便宜、使用方便的特点，所以在实际的电路设计中应用非常广泛。

提示： 运算放大器也可以看作是增益非常高的电压放大器。

本章首先介绍理想运算放大器，之后介绍非理想运算放大器。利用节点分析法，分析诸如反相器、电压跟随器、加法器和差分放大器等若干理想运算放大器电路。我们利用 PSpice 软件对运算放大器进行分析。最后学习如何在数-模转换器和放大器之中如何使用运算放大器。

5.2　运算放大器基础知识

当运算放大器的引脚上接入不同的电阻、电容等元件，它就能执行某些数学运算。

运算放大器是一种进行加、减、乘、除、微分与积分等运算的有源电路器件。

运算放大器是一种由电阻、电容、晶体管和二极管等构成的复杂有源电路器件，有关运算放大器内部的讨论已经超过了本书的研究范围，本书仅将运算放大器看作一个电路模块，并简单学习其引脚接入不同元件时的功能。

商用运算放大器具有多种集成电路封装形式，图 5-1 所示为一种典型的运算放大器。图 5-2a 所示的是典型的 8 脚双列直插封装(DIP)，其中引脚 8 是空引脚，而引脚 1 与引脚 5 一般不会用到。剩下 5 个重要的引脚分别为

1. 反相输入端，引脚 2；
2. 同相输入端，引脚 3；
3. 输出端，引脚 6；
4. 正电源端 V^+，引脚 7；
5. 负电源端 V^-，引脚 4。

图 5-1　一种典型的运算放大器
（图片来源：Mark Dierker/McGraw-Hill Education）

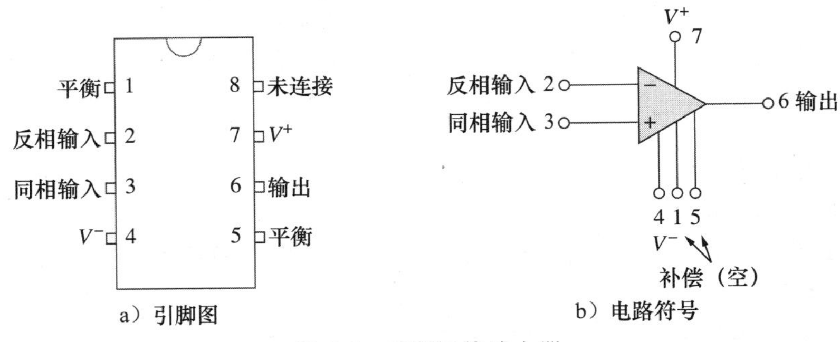

图 5-2　典型运算放大器

提示： 图 5-2a 所示的引脚图对应于仙童半导体公司(Fairchild Semiconductor)生产的 741 通用运算放大器。

如图 5-2b 所示运算放大器的电路符号为三角形，有两个输入和一个输出，两个输入以负(－)和正(＋)标记，分别指的是反相输入和同相输入。若输入加到同相端则输出与输入同相，若输入加到反相端则输出与其反相。

作为有源器件，运算放大器需要连接电压源为其供电，如图 5-3 所示。虽然在电路图中常常为了简单起见而不画出运放的电源，但是电源电流是不应该被忽视的。根据 KCL，

$$i_o = i_1 + i_2 + i_+ + i_- \tag{5.1}$$

运算放大器的等效电路模型如图 5-4 所示。其输出部分由一个受控电压源与一个电阻

R_o 的串联电路组成。由图 5-4 可知，输入电阻 R_i 是从输入端看进去的戴维南等效电阻，而输出电阻 R_o 是由输出端看进去的戴维南等效电阻。差分输入电压 v_d 为：

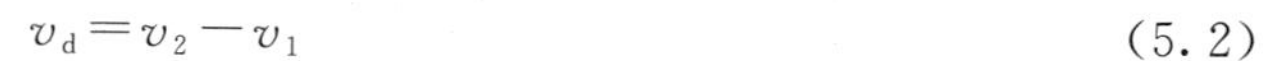

$$v_d = v_2 - v_1 \tag{5.2}$$

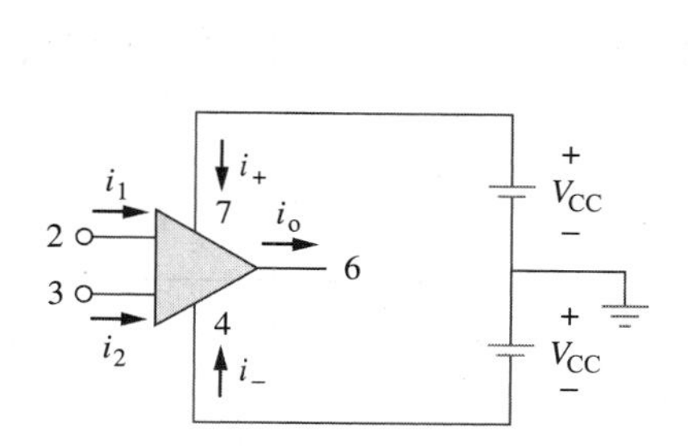

图 5-3 运算放大器供电电路

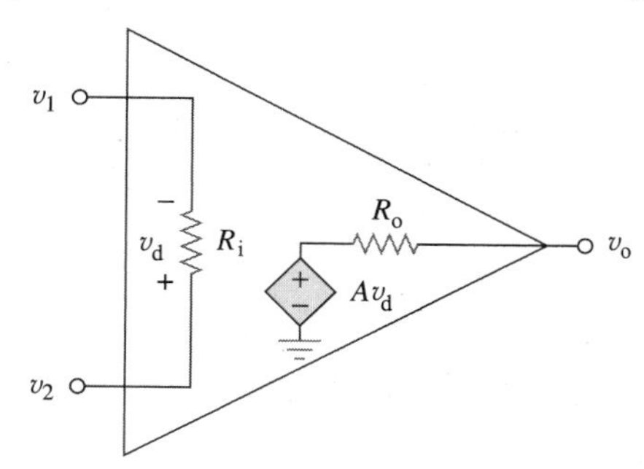

图 5-4 非理想运放等效电路

式中，v_1 是反相输入端与地之间的电压，v_2 为同相输入端与地之间的电压。运算放大器获取两输入端口之间的差分电压，然后乘以增益 A，将所得到的电压输出至输出端。因此，输出电压 v_o 为：

$$\boxed{v_o = Av_d = A(v_2 - v_1)} \tag{5.3}$$

A 称为开环电压增益，因为此时输出电压完全没有反馈到输入电压之上。表 5-1 给出了开环电压增益 A，输入电阻 R_i，输出电阻 R_o 以及电源电压 v_{CC} 的一些典型值。

表 5-1 运算放大器参数的典型取值范围

参数	典型范围	理想值	参数	典型范围	理想值
开环电压增益 A	$10^5 \sim 10^8$	∞	输出电阻 R_o	$10 \sim 100\Omega$	0Ω
输入电阻 R_i	$10^5 \sim 10^{13}\Omega$	$\infty\Omega$	电源电压 v_{CC}	$5 \sim 24$V	—

提示： 电压增益有时以分贝(dB)为单位表示，参见第 14 章的讨论。$A(\text{dB}) = 20\log_{10}A$

反馈这个概念对于学习运算放大器是十分重要的。当输出反馈至运算放大器的反相输入端时，此时就形成了一个负反馈。如例 5-1 所示，如果存在由输出到输入的反馈路径，那么此时的输出电压与输入电压之比则称为闭环增益。实验证明，在负反馈条件下，运算放大器的闭环增益与开环增益基本无关，因此实际运放也多应用于反馈电路之中。

运放的一个限制因素是不能超过 $|v_{CC}|$ 的，即输出电压受限于电源供电电压。图 5-5 表明，不同的差分输入电压 v_d 可使运放工作在三种不同的模式下：

1. 正饱和区，$v_o = V_{CC}$。
2. 线性区，$-V_{CC} \leqslant v_o = Av_d \leqslant V_{CC}$。
3. 负饱和区，$v_o = -V_{CC}$。

如果我们增加 v_d 并使其超出线性范围，运放进入饱和状态，此时输出电压 $v_o = V_{CC}$ 或 $v_o = -V_{CC}$。而本书中，假设运算放大器均工作在线性状态下，即输出电压被限制在：

$$-V_{CC} \leqslant v_o \leqslant V_{CC} \tag{5.4}$$

图 5-5 运放输出电压 v_o 与差分输入电压 v_d 的函数关系

虽然我们总是让运算放大器工作在线性状态下，但是在设计运算放大器时要时刻注意饱和状态，以避免所设计的运算放大器无法正常工作。

提示： 在本书中，我们假设运算放大器工作于线性状态，因此必须注意运算放大器的电压限制条件。

例 5-1 741 运放开环电压增益为 2×10^5，输入电阻为 2MΩ，输出电阻为 50Ω。如图 5-6a 所示电路，求其闭环增益 v_o/v_s，并确定 $v_s=2\text{V}$ 时的电流 i。

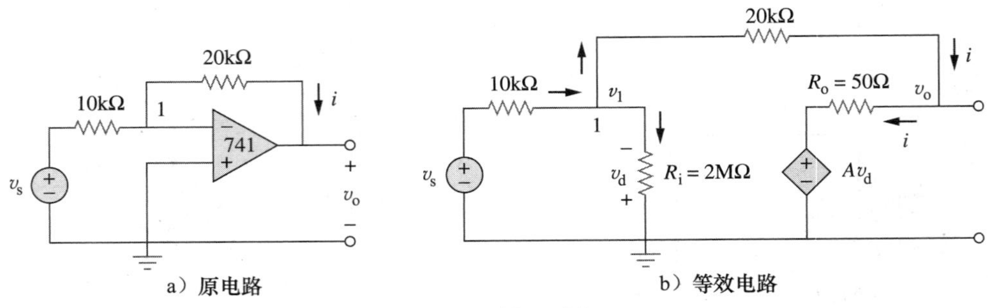

图 5-6 例 5-1 图

解： 利用图 5-4 所示非理想运放等效电路，图 5-6a 电路的等效电路如图 5-6b 所示。下面通过节点法求解，在节点 1 处应用 KCL 得

$$\frac{v_s-v_1}{10\times10^3}=\frac{v_1}{2000\times10^3}+\frac{v_1-v_o}{20\times10^3}$$

两边同乘 2000×10^3，可得

$$200v_s=301v_1-100v_o$$

即

$$2v_s\approx3v_1-v_o \quad\Rightarrow\quad v_1=\frac{2v_s+v_o}{3} \tag{5.1.1}$$

在节点 O 处，

$$\frac{v_1-v_o}{20\times10^3}=\frac{v_o-Av_d}{50}$$

又 $v_d=-v_1$ 且 $A=200\,000$，可得

$$v_1-v_o=400(v_o+200\,000v_1) \tag{5.1.2}$$

将式(5.1.1)中 v_1 代入式(5.1.2)，得

$$0\approx26\,667\,067v_o+53\,333\,333v_s \quad\Rightarrow\quad \frac{v_o}{v_s}=-1.999\,969\,9$$

这就是闭环增益，因为 20kΩ 的反馈电阻将输出端与输入端形成一闭合回路，当 $v_s=2\text{V}$ 时，$v_o=-3.999\,993\,98\text{V}$，由式(5.1.1)得 $v_1=20.066\,667\,\mu\text{V}$。因此，

$$i=\frac{v_1-v_o}{20\times10^3}=0.199\,99(\text{mA})$$

通过此例可以看出，分析非理想运算放大器要处理的数据都非常大，因此其计算是非常烦琐的。◀

练习 5-1 如果将与例 5-1 中相同的运算放大器 741 应用于图 5-7 中，计算闭环增益 v_o/v_s，并求出当 $v_s=1\text{V}$ 时的 i_o。 **答案：** 9.000 416 57μA。

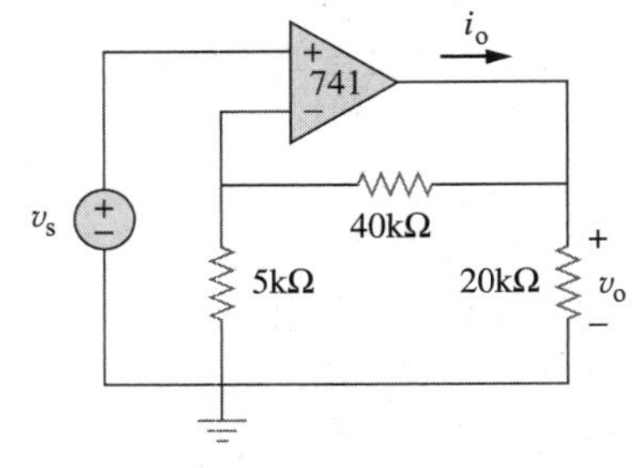

图 5-7 练习 5-1 图

5.3 理想运算放大器

为了便于理解运算放大器，假设理想运算放大器具有如下几个特点：

1. 开环增益为无穷大，$A\approx\infty$；
2. 输入电阻为无穷大，$R_i\approx\infty$；
3. 输出电阻为零，$R_o\approx0$。

理想运算放大器是一个开环增益无穷大、输入电阻无穷大、输出电阻为零的放大器。

虽然理想运算放大器只是实际运算放大器的一种近似，但是现在大多数的运算放大器都具有相当大的增益及输入电阻，因此这种近似也是十分有效的。除了特别说明以外，本书中所涉及的运算放大器均是理想运算放大器。

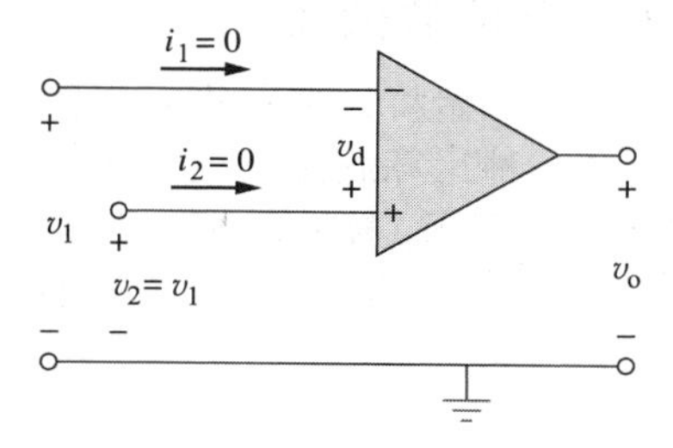

图 5-8　理想运算放大器模型

理想运算放大器模型如图 5-8 所示，它是由图 5-4 所示非理想运算放大器推导出来的。理想运算放大器具有以下两个重要性质：

(1) 两个输入端的输入电流均为零：

$$\boxed{i_1=0,\quad i_2=0} \tag{5.5}$$

这是因为输入电阻无穷大，这也就相当于输入端开路，输入电流为零。而由式(5.1)可知，输出端的电流就不一定为零了。

(2) 两输入端电压差为零：

$$v_d=v_2-v_1=0 \tag{5.6}$$

即

$$\boxed{v_1=v_2} \tag{5.7}$$

因此，理想运算放大器的输入电流为零，两输入端电压差为零。式(5.6)和(5.7)非常重要，并且是以后分析运算放大器的关键所在。

提示： 计算电压时可以把两输入端看作是短路的，而计算电流时则可以把输入端和运算放大器内部当作开路。

例 5-2 利用理想运算放大器模型，试重新分析计算练习 5-1。

解： 与例 5-1 一样，我们也可以将图 5-7 中的运算放大器用图 5-6 所示方法进行等效模型替换，但实际并不需要这样做，仅利用式(5.5)与式(5.7)分析图 5-7，可得图 5-9 所示电路。需要注意

$$v_2=v_s \tag{5.2.1}$$

因为 $i_1=0$，所以 40kΩ 电阻与 5kΩ 上流过的电流是相等的。v_1 为 5kΩ 电阻两端的电压，由分压原理得

$$v_1=\frac{5}{5+40}v_o=\frac{v_o}{9} \tag{5.2.2}$$

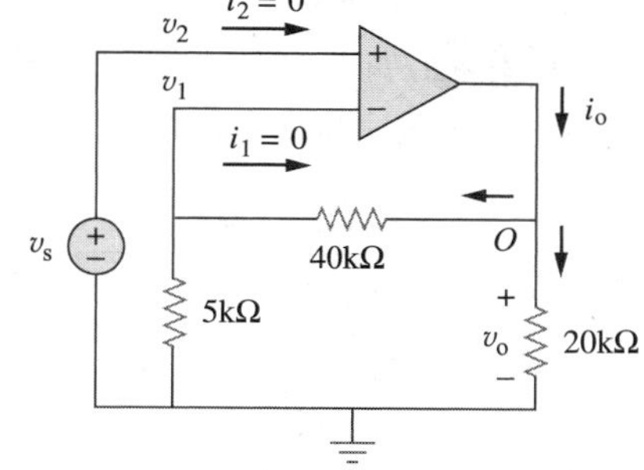

图 5-9　例 5-2 图

由式(5.7)得

$$v_2=v_1 \tag{5.2.3}$$

将式(5.2.1)与式(5.2.2)代入式(5.2.3)，得到闭环增益为

$$v_s=\frac{v_o}{9}\quad\Rightarrow\quad\frac{v_o}{v_s}=9 \tag{5.2.4}$$

该结果与练习 5-1 中采用非理想模型计算得到的闭环增益 9.000 41 非常接近。这表明理想运算放大器所带来的误差是非常小的。

在节点 O 处，

$$i_o=\frac{v_o}{40+5}+\frac{v_o}{20} \tag{5.2.5}$$

由式(5.2.4)可知，当 $v_s=1$ 时，$v_o=9\text{V}$，将 $v_o=9\text{V}$ 代入式(5.2.5)得

$$i_o=0.2+0.45=0.65(\text{mA})$$

这与练习 5-1 中采用非理想模型计算的输出电流 0.657mA 也是非常接近的。◀

练习 5-2 试利用理想运算放大器模型重新计算例 5-1。 **答案：** $-2200\mu A$。

5.4 反相放大器

本节开始将讨论一些实用的运算放大器电路，这些电路模块常用来设计更复杂的电路。第一种运算放大器就是图 5-10 所示的反相放大器。在该电路中，同相输入端接地，v_1 通过电阻 R_1 接入反相输入端，反馈电阻 R_f 接在反相输入端与输出端之间。为了找出输入电压 v_i 与输出电压 v_o 之间的关系，对节点 1 应用 KCL 得：

$$i_1 = i_2 \quad \Rightarrow \quad \frac{v_i - v_1}{R_1} = \frac{v_1 - v_o}{R_f} \tag{5.8}$$

由于同相输入端接地，所以对于理想运算放大器而言 $v_1 = v_2 = 0$，因此，

$$\frac{v_i}{R_1} = -\frac{v_o}{R_f}$$

即

$$\boxed{v_o = -\frac{R_f}{R_1} v_i} \tag{5.9}$$

电压增益为 $A_v = v_o/v_1 = -R_o/R_1$。图 5-10 所示电路之所以称为反相器就是因为增益为负值。

反相放大器在对输入信号进行放大的同时也将其极性进行了翻转。

提示： 反相放大器的关键电路结构是输入信号与反馈信号都作用在运算放大器的反相输入端上。

从上面的分析可知，闭环增益的大小即反馈电阻除以输入电阻的值，这表明该增益其实只与运算放大器连接的外部元件有关。由式(5.9)可知，反相放大器的等效电路如图 5-11 所示。反相放大器的一个应用实例就是电流-电压转换器。

提示： 有两种类型的增益：一种是这里所讲运算放大器的闭环电压增益 Av，另一种则是运算放大器本身的开环电压增益 A。

例 5-3 如图 5-12 所示的运算放大器电路中，如果 $v_i = 0.5V$，试计算：(a) 输出电压 v_o；(b) 流过 10kΩ 电阻的电流。

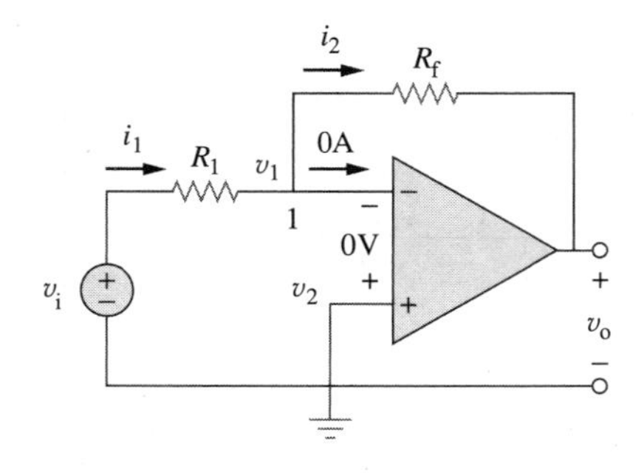

图 5-10 反相放大器

图 5-11 反相放大器等效电路

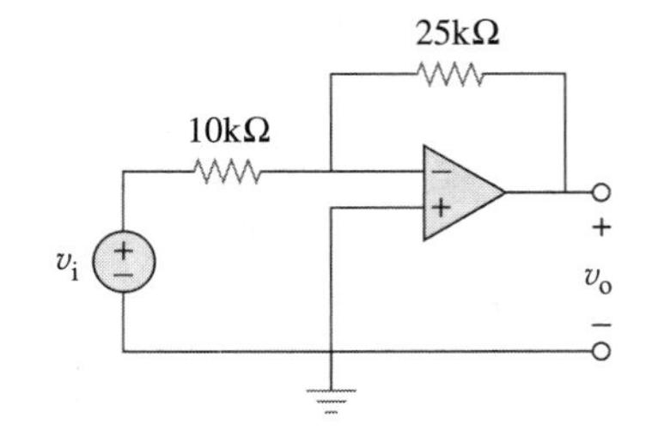

图 5-12 例 5-3 图

解： (a) 利用式(5.9)可得

$$\frac{v_o}{v_i} = -\frac{R_f}{R_1} = -\frac{25}{10} = -2.5$$

$$v_o = -2.5v_i = -2.5 \times 0.5 = -1.25(\text{V})$$

(b) 流过 10kΩ 电阻电流为

$$i = \frac{v_i - 0}{R_1} = \frac{0.5 - 0}{10 \times 10^3} = 50(\mu\text{A})$$

◀

练习 5-3 试求图 5-13 所示运算放大器的输出电压，并计算通过反馈电阻的电流。

答案：−3.15V，11.25μA。

例 5-4 试求图 5-14 所示运算放大器的输出电压 v_o。

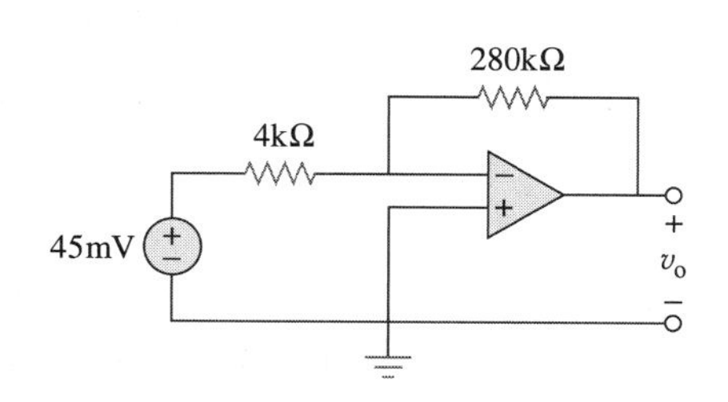

图 5-13 练习 5-3 图

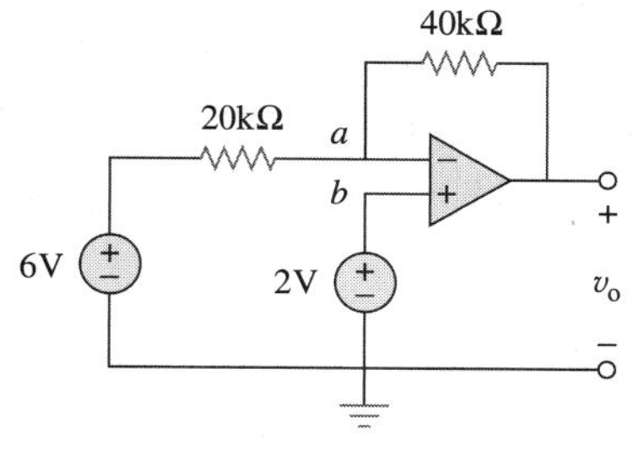

图 5-14 例 5-4 图

解：对于节点 a 应用 KCL 得

$$\frac{v_a-v_o}{40}=\frac{6-v_a}{20}$$

$$v_a-v_o=12-2v_a \quad \Rightarrow \quad v_o=3v_a-12$$

理想运算放大器两输入端电压差为零，即 $v_a=v_b=2\text{V}$，可得

$$v_o=6-12=-6\text{V}$$

若 $v_a=0=v_b$，则 $v_o=-12\text{V}$，与式(5.9)得到的结果相同。◀

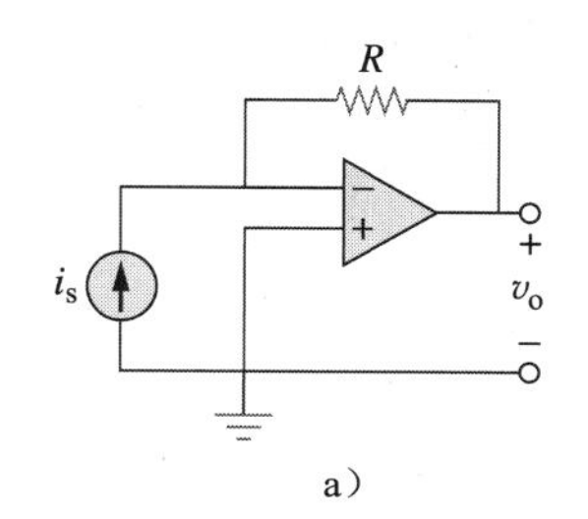

a)

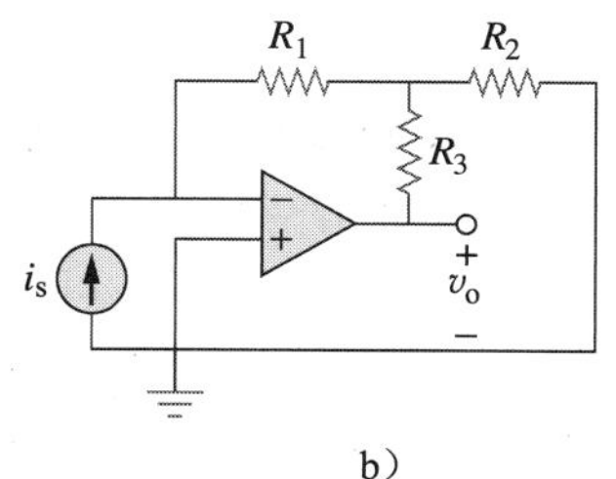

b)

图 5-15 练习 5-4 图

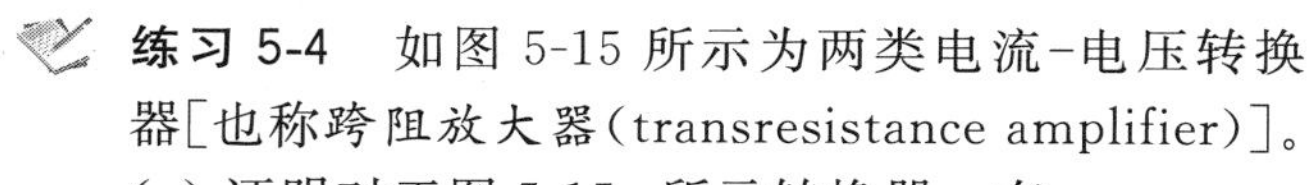

练习 5-4 如图 5-15 所示为两类电流-电压转换器[也称跨阻放大器(transresistance amplifier)]。

(a) 证明对于图 5-15a 所示转换器，有

$$\frac{v_o}{i_s}=-R$$

(b) 证明对于图 5-15b 所示转换器，有

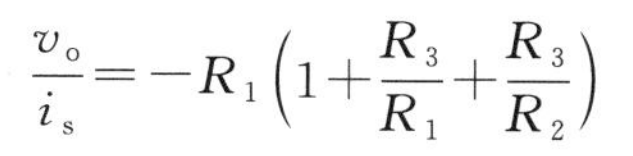

$$\frac{v_o}{i_s}=-R_1\left(1+\frac{R_3}{R_1}+\frac{R_3}{R_2}\right)$$

证明略。

5.5 同相放大器

运算放大器的另一个重要应用是如图 5-16 所示的同相放大器。在这种情况下，输入电压 v_i 直接与同相输入端相连，电阻 R_1 接在反相输入端与地之间，下面计算输出电压和电压增益。在反相输入端应用 KCL 得

$$i_1=i_2 \quad \Rightarrow \quad \frac{0-v_1}{R_1}=\frac{v_1-v_o}{R_f} \tag{5.10}$$

$v_1=v_2=v_i$，代入式(5.10)得

$$\frac{-v_i}{R_1}=\frac{v_i-v_o}{R_f}$$

即

$$\boxed{v_o=\left(1+\frac{R_f}{R_1}\right)v_i} \tag{5.11}$$

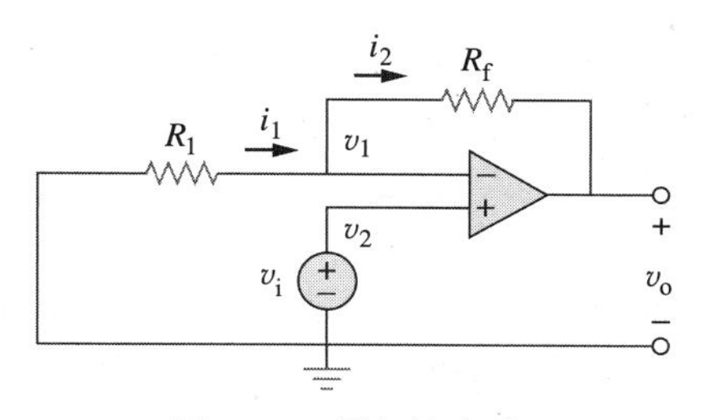

图 5-16 同相放大器

电压增益为 $A_v=v_o/v_i=1+R_f/R_1$，结果没有负号，因此输出与输入的极性是相同的，且电压增益只与外部电阻有关。

同相放大器是提供正电压增益的运算放大器电路。

注意，如果反馈电阻 $R_f=0$(短路)或者 $R_1=\infty$(开路)或者同时满足 $R_f=0$ 且 $R_1=\infty$，则电压增益为1。在这些条件($R_f=0$ 和 $R_1=\infty$)下，图5-16所示电路就变换成了图5-17中的电路，因为输入与输出相同，故称该电路为电压跟随器(或单位增益放大器)。对于电压跟随器有：

$$\boxed{v_o=v_i} \tag{5.12}$$

电压跟随器有着非常高的输入阻抗，因此可以用作中间级放大器(缓冲放大器)，对前后两级电路进行阻抗匹配。如图5-18所示，电压跟随器使两极之间相互影响最小，同时消除级间负载。

例5-5 对于图5-19所示电路，计算运算放大器输出电压 v_o。

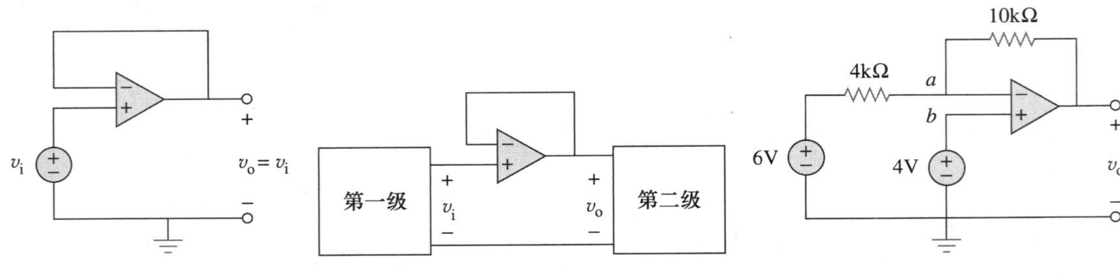

图5-17　电压跟随器　　图5-18　电压跟随器应用于两级电路间　　图5-19　例5-5图

解： 可以采用两种方法：叠加定理法和节点分析法。

方法1　由叠加定理法可得

$$v_o=v_{o1}+v_{o2}$$

式中，v_{o1} 是由6V电压源产生的输出，v_{o2} 是由4V电压源产生的输出。为了求出 v_{o1}，需要将4V电压源置零，此时的电路就相当于一个反相器，由式(5.9)得

$$v_{o1}=-\frac{10}{4}\times 6=-15(\text{V})$$

为了求出 v_{o2}，需将6V电压源置零，此时电路等相当于同相放大器，由式(5.11)得

$$v_{o2}=\left(1+\frac{10}{4}\right)\times 4=14(\text{V})$$

所以，

$$v_o=v_{o1}+v_{o2}=-15+14=-1(\text{V})$$

方法2　对于节点a应用KCL得

$$\frac{6-v_a}{4}=\frac{v_a-v_o}{10}$$

由 $v_a=v_b=4\text{V}$，得

$$\frac{6-4}{4}=\frac{4-v_o}{10} \quad\Rightarrow\quad 5=4-v_o$$

解得 $v_o=-1\text{V}$，结果与方法一相同。◀

练习5-5　计算图5-20中所示电路输出电压 v_o。

答案： 7V。

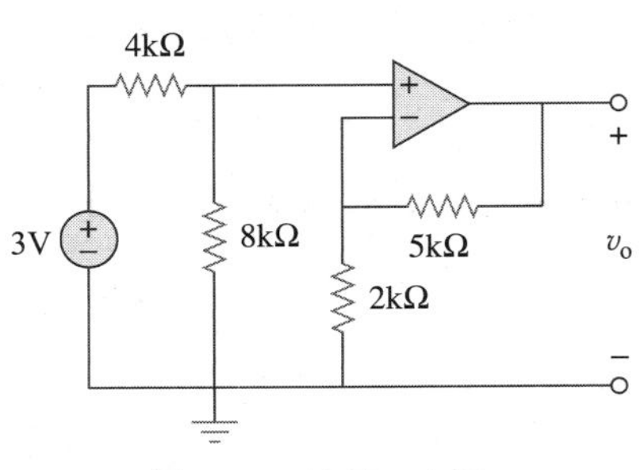

图5-20　练习5-5图

5.6　加法放大器

运算放大器除了具有放大功能之外，它还可以进行加减运算。本节所学习的加法放大器就可以实现加法运算，而下节所介绍的差分放大器则可以实现减法运算的功能。

加法放大器是将多个输入合并，并且在输出端产生这些输入加权和的运算放大器。

如图 5-21 所示加法放大器是由反相放大器变化而来，它充分利用了反相放大器能够同时处理多个输入信号的优点。对图中节点 a 应用 KCL，同时考虑到输入端流入运放电流为零，可以得到

$$i=i_1+i_2+i_3 \tag{5.13}$$

而

$$\begin{aligned} i_1&=\frac{v_1-v_a}{R_1}, \quad & i_2&=\frac{v_2-v_a}{R_2} \\ i_3&=\frac{v_3-v_a}{R_3}, \quad & i&=\frac{v_a-v_o}{R_f} \end{aligned} \tag{5.14}$$

其中 $v_a=0$，并将式(5.14)代入式(5.13)得

$$\boxed{v_o=-\left(\frac{R_f}{R_1}v_1+\frac{R_f}{R_2}v_2+\frac{R_f}{R_3}v_3\right)} \tag{5.15}$$

综上可知，输出电压为个输入电压的加权和，因此将图 5-21 所示电路称为加法器。很明显，加法器可以有三个以上的输入。

例 5-6 计算图 5-22 中运算放大器的输出电压 v_o 和输出电流 i_o。

解： 这是一个双输入的加法器，由式(5.15)得

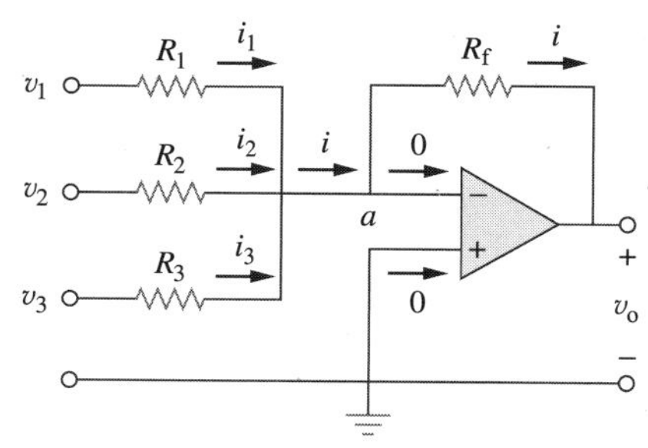

图 5-21　加法放大器

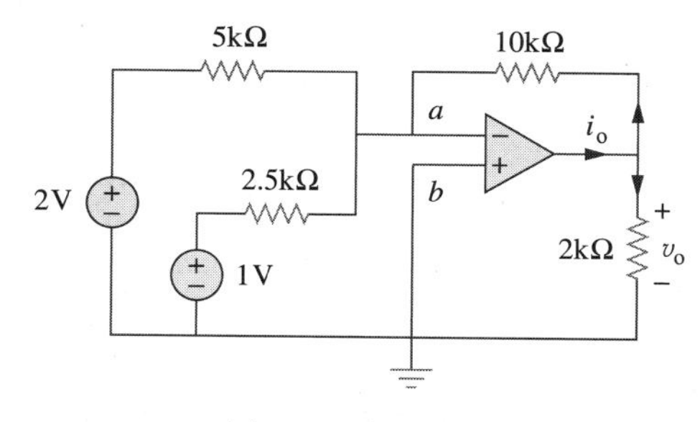

图 5-22　例 5-6 图

$$\begin{aligned} v_o&=-\left(\frac{10}{5}\times2+\frac{10}{2.5}\times1\right) \\ &=-(4+4)=-8(\text{V}) \end{aligned}$$

电流 i_o 是流过 10kΩ 和 2kΩ 电阻的电流之和，由于 $v_a=v_b=0$，所以这两个电阻两端电压均为 $v_o=-8$V，因此，

$$i_o=\frac{v_o-0}{10}+\frac{v_o-0}{2}=-0.8-4=-4.8(\text{mA})$$

◀

练习 5-6 计算图 5-23 中运放的输出电压 v_o 和输出电流 i_o。

答案： −3.8V，−1.425mA。

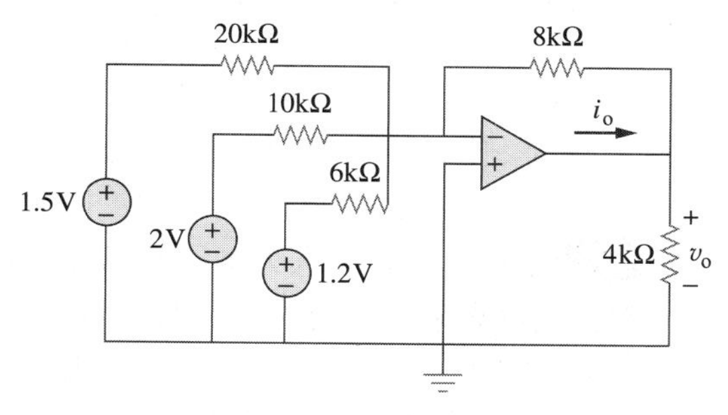

图 5-23　练习 5-6 图

5.7 差分放大器

差分(差动)放大器被广泛应用于需要放大两个输入信号之差的电路。差分放大器与普遍应用的仪表放大器(instrumentation amplifier)属于同一类放大器，后者将在5.10节中讨论。

差分放大器是只对两输入信号差值进行放大而抑制共模信号的器件。

提示： 差分放大器也称为减法器(subtractor)，原因将稍后讨论。

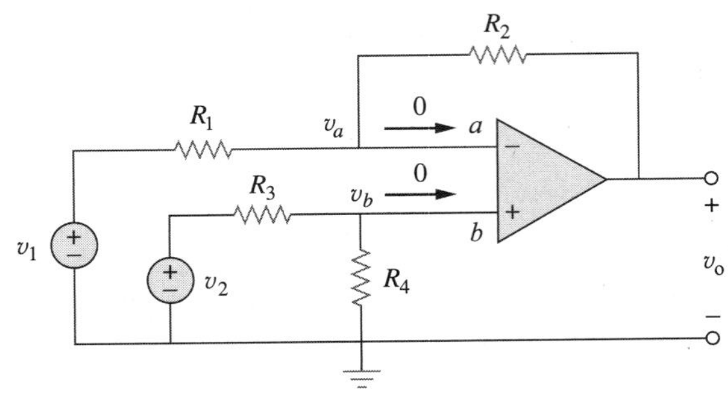

图 5-24 差分放大器

分析图5-24所示电路，在节点a处应用KCL，根据流入运放输入端电流为零，所以

$$\frac{v_1-v_a}{R_1}=\frac{v_a-v_o}{R_2}$$

即

$$v_o=\left(\frac{R_2}{R_1}+1\right)v_a-\frac{R_2}{R_1}v_1 \tag{5.16}$$

对于节点b，应用KCL得

$$\frac{v_2-v_b}{R_3}=\frac{v_b-0}{R_4}$$

即

$$v_b=\frac{R_4}{R_3+R_4}v_2 \tag{5.17}$$

而$v_a=v_b$，将式(5.17)代入式(5.16)得

$$v_o=\left(\frac{R_2}{R_1}+1\right)\frac{R_4}{R_3+R_4}v_2-\frac{R_2}{R_1}v_1$$

即

$$\boxed{v_o=\frac{R_2(1+R_1/R_2)}{R_1(1+R_3/R_4)}v_2-\frac{R_2}{R_1}v_1} \tag{5.18}$$

由于差分放大器必须抑制两个输入端的共模信号，所以当$v_1=v_2$时，放大器输出必为$v_o=0$。当满足如下条件时，该性质成立。

$$\frac{R_1}{R_2}=\frac{R_3}{R_4} \tag{5.19}$$

因此，当图5-24所示运算放大器为差分放大器时，式(5.18)变为

$$v_o=\frac{R_2}{R_1}(v_2-v_1) \tag{5.20}$$

如果$R_2=R_1$且$R_3=R_4$，差分放大器则成为一个减法器(subtractor)，其输出为

$$v_o=v_2-v_1 \tag{5.21}$$

例5-7 设计一个输入为v_1、v_2的运算放大器，使其输出$v_o=-5v_1+3v_2$。

解： 根据要求，所设计的电路应满足

$$v_o=3v_2-5v_1 \tag{5.7.1}$$

这个电路可以通过两种方法来实现。

方法1 如果仅采用一个运算放大器，则可以利用如图5-24所示的运算放大器。比较

式(5.7.1)与式(5.18)可以得出，

$$\frac{R_2}{R_1}=5 \quad \Rightarrow \quad R_2=5R_1 \tag{5.7.2}$$

且

$$5\,\frac{(1+R_1/R_2)}{(1+R_3/R_4)}=3 \quad \Rightarrow \quad \frac{\frac{6}{5}}{1+R_3/R_4}=\frac{3}{5}$$

即

$$2=1+\frac{R_3}{R_4} \quad \Rightarrow \quad R_3=R_4 \tag{5.7.3}$$

如果选择 $R_1=10\text{k}\Omega$ 且 $R_3=20\text{k}\Omega$，则 $R_2=50\text{k}\Omega$ 且 $R_4=20\text{k}\Omega$。

方法 2　如果采用多个运算放大器，则可以将一个反相放大器与一个两输入反相加法器串联，如图 5-25 所示电路。对于加法器而言，

$$v_o=-v_a-5v_1 \tag{5.7.4}$$

对于反相器而言，

$$v_a=-3v_2 \tag{5.7.5}$$

联合式(5.7.4)与式(5.7.5)可得

$$v_o=3v_2-5v_1$$

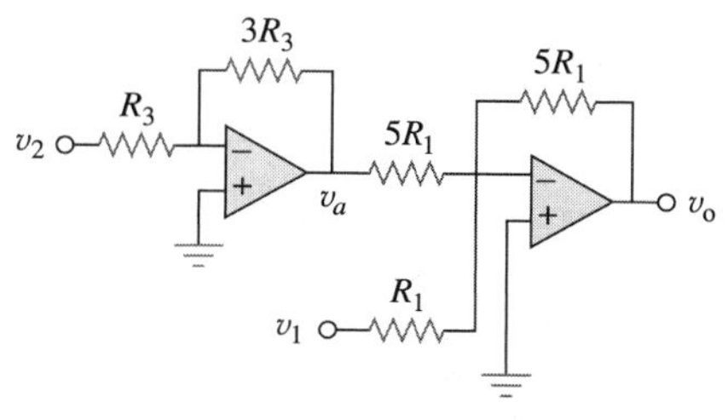

图 5-25　例 5-7 图

即所要求的设计，在图 5-25 中，可以选择 $R_1=10\text{k}\Omega$、$R_3=20\text{k}\Omega$ 或者 $R_1=R_3=10\text{k}\Omega$。◀

练习 5-7　设计一个增益为 7.5 的差分放大器。

答案： 典型值为 $R_1=R_3=20\text{k}\Omega$，$R_2=R_4=150\text{k}\Omega$。

例 5-8　图 5-26 所示的仪表放大器应用于过程控制或测量仪器中小信号进行放大，商业上一般为单片封装形式。试证明

$$v_o=\frac{R_2}{R_1}\left(1+\frac{2R_3}{R_4}\right)(v_2-v_1)$$

解： 由图 5-26 可知，A_3 是一个差分放大器，于是由式(5.20)得

$$v_o=\frac{R_2}{R_1}(v_{o2}-v_{o1}) \tag{5.8.1}$$

因为运算放大器 A_1 和 A_2 输入端没有电流流入，所以电流 i 流经三个电阻，如同三者串联一样，因此

$$v_{o1}-v_{o2}=i(R_3+R_4+R_3)=i(2R_3+R_4) \tag{5.8.2}$$

而

$$i=\frac{v_a-v_b}{R_4}$$

且 $v_a=v_1$，$v_b=v_2$。因此

$$i=\frac{v_1-v_2}{R_4} \tag{5.8.3}$$

将式(5.8.2)与式(5.8.3)代入式(5.8.1)，得

$$v_o=\frac{R_2}{R_1}\left(1+\frac{2R_3}{R_4}\right)(v_2-v_1)$$

得证。5.10 节我们会对仪表放大器进行详细讨论。◀

练习 5-8　试求图 5-27 所示仪表放大器的电流 i_o。　**答案：** 800nA

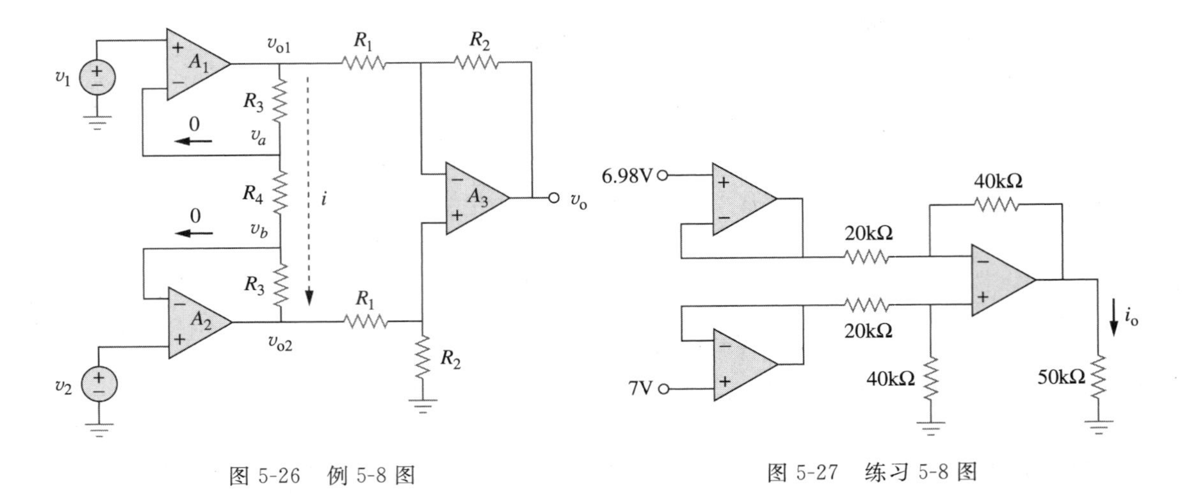

图 5-26　例 5-8 图　　　　图 5-27　练习 5-8 图

5.8　运算放大器的级联电路

运算放大器是组成复杂电路的模块之一，而在实际应用中，为了获得更大的增益，常把几个运放级联起来(例如头尾相连)。这种首尾相连的电路称为级联。

级联是指两个或多个运算放大器首尾顺序相连，使得前一级的输出为下一级的输入。

若干个运算放大器相互级联时，其中每一个电路都成为一级(stage)，原输入信号经各级运算放大器放大。运算放大器的优势在于级联并不改变各自的输入输出关系，这是因为(理想)运算放大器的输入电阻为无穷大，输出电阻为零。图 5-28 给出了三个运算放大器的级联框图，前一级的输出是下一级的输入，所以级联运算放大器的总增益为各个运算放大器的增益的乘积，即

$$A=A_1A_2A_3 \tag{5.22}$$

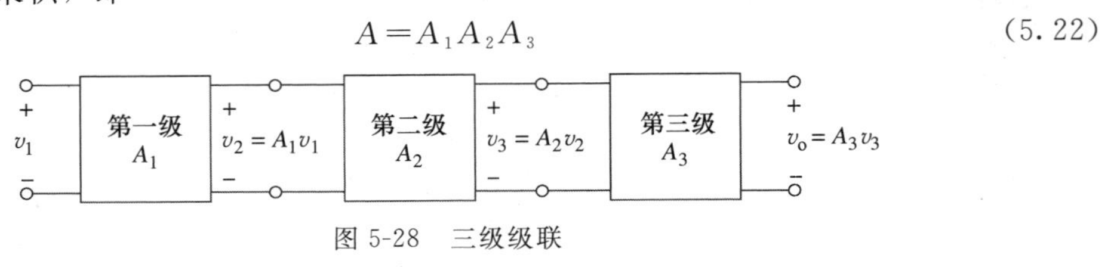

图 5-28　三级级联

虽然运算放大器的级联不影响输入输出关系，但是在实际设计运算放大器电路时，必须确保级联电路中下一级的负载不会使运算放大器的总输出处于饱和。

例 5-9 试求出图 5-29 所示电路中的 v_o 与 i_o。

解： 该电路由两个同相放大器级联而成。在第一级运算放大器的输出端，

$$v_a=\left(1+\frac{12}{3}\right)\times 20=100(\text{mV})$$

在第二级运算放大器的输出端，

$$v_o=\left(1+\frac{10}{4}\right)v_a=(1+2.5)\times 100=350(\text{mV})$$

所要求的电流 i_o 是流经 10kΩ 电阻的电流，

$$i_o=\frac{v_o-v_b}{10}(\text{mA})$$

$v_a=v_b=100\text{mV}$，所以

$$i_o=\frac{(350-100)\times 10^{-3}}{10\times 10^3}=25(\mu\text{A})$$

◀

练习 5-9　试求图 5-30 所示运算放大器电路中的 v_o 与 i_o。　**答案：** 6V，24μA。

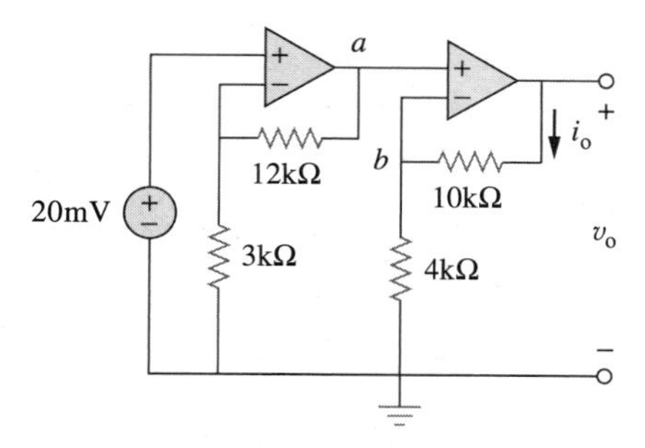

图 5-29　例 5-9 图

图 5-30　练习 5-9 图

例 5-10　如图 5-31 所示的电路中，已知 $v_1=1\text{V}$，$v_2=2\text{V}$ 试求输出电压 v_o。

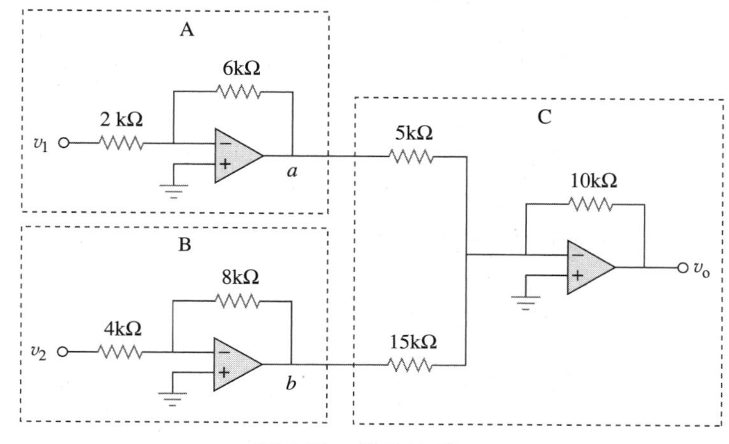

图 5-31　例 5-10 图

解：1. 明确问题。本例要解决的问题十分清楚。

2. 列出已知条件。当输入 v_1 为 1V，v_2 为 2V 时，确定图 5-31 所示电路的输出电压。该运算放大器实际上由三个电路组成。第一个电路时输入为 v_1，增益为 $-3\times(-6\text{k}\Omega/2\text{k}\Omega)$ 的放大器；第二个电路是输入为 v_2，增益为 $-2\times(-8\text{k}\Omega/4\text{k}\Omega)$ 的放大器。第三个电路是对另两个电路的输出以不同增益放大后进行求和的加法器。

3. 确定备选方案。可以采用不同的方法求解该电路，由于采用了理想运算放大器，因此纯数学的解法十分容易。第二种方法是利用 PSpice 来验证采用纯数学方法得到的结果。

4. 尝试求解。令第一个运算放大器的输出为 v_{11}，第二个运算放大器的输出为 v_{22}。于是得到：

$$v_{11}=-3v_1=-3\times1=-3(\text{V})\quad v_{22}=-2v_2=-2\times2=-4(\text{V})$$

对于第三个运算放大器，

$$\begin{aligned}v_o&=-(10\text{k}\Omega/5\text{k}\Omega)v_{11}+[-(10\text{k}\Omega/15\text{k}\Omega)v_{22}]\\&=-2\times(-3)-(2/3)\times(-4)\\&=6+2.667=\mathbf{8.667(V)}\end{aligned}$$

5. 评价结果。为了正确评价所得到的结果，需确定合理的校验方法，本题采用 PSpice 可以很容易地完成实验。下面就可以利用 PSpice 进行电路仿真，得到如图 5-32 所示的仿真结果。

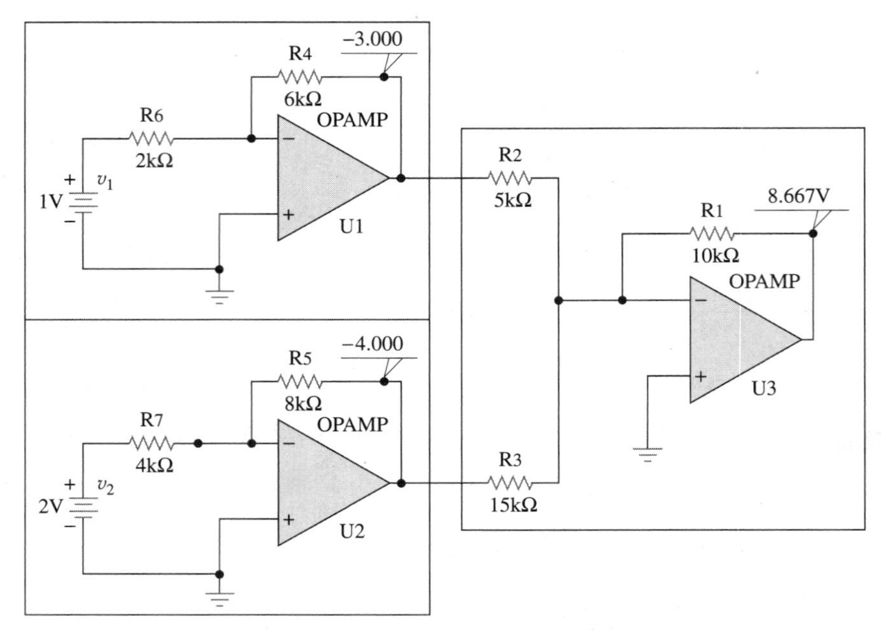

图 5-32　仿真结果

由此可见，采用两种完全不同的方法可以得到相同的结果，这是一种验证答案正确性的好方法。

6. **是否满意**？我们对所得到的结果满意，可以将上述求解过程作为该问题的正确答案。◀

练习 5-10　如图 5-33 所示电路，已知 $v_1=7\text{V}$，$v_2=3.1\text{V}$，试求 v_o。　**答案**：10V。

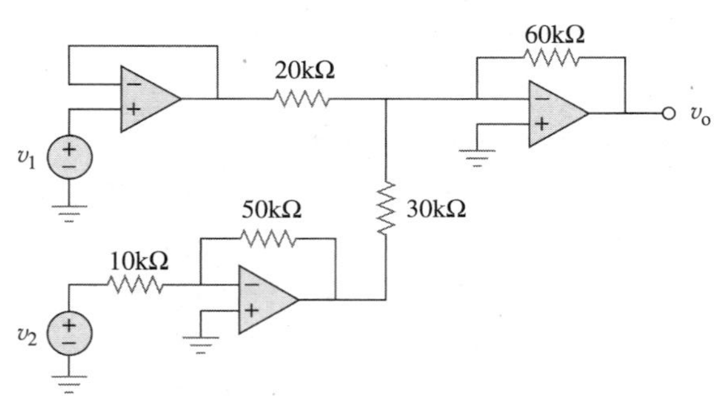

图 5-33　练习 5-10 图

5.9　基于 PSpice 运算放大器的电路分析

虽然 Windows 版本的 PSpice 软件可以利用工具(Tools)菜单中的创建子电路(Create Subcircuit)命令创建理想的运算放大器作为一个子电路，但该软件却没有理想运算放大器的模型。除通过上述方法创建理想运算放大器外，还可以利用 PSpice 库文件 eval. lab 中提供的四个非理想商用运算放大器之一进行电路仿真。这些运算放大器模型的元件名称分别为 LF411、LM111、LM324 和 uA741，如图 5-34 所示。其中运算放大器模型可以通过点击 PSpice 菜单 **Draw/Get New Part/libraries…/eval. lib** 得到，也可以简单地选择 **Draw/Get New Part**，并在部件名称(PartName)对话框中输入部件名称得到。注意，每个运算放大器模型都要求直流供电，否则运算放大器将无法正常工作。直流电源的连接方式如图 5-34 所示。

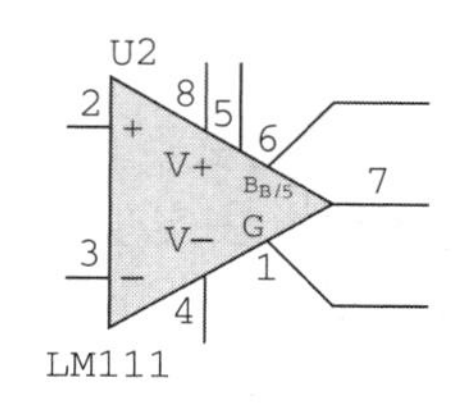

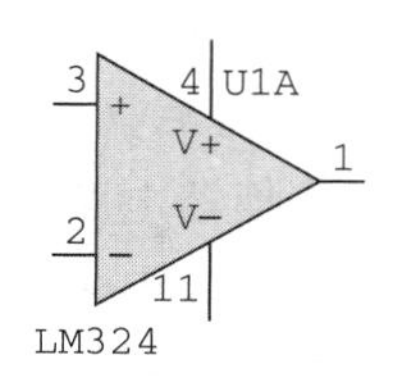

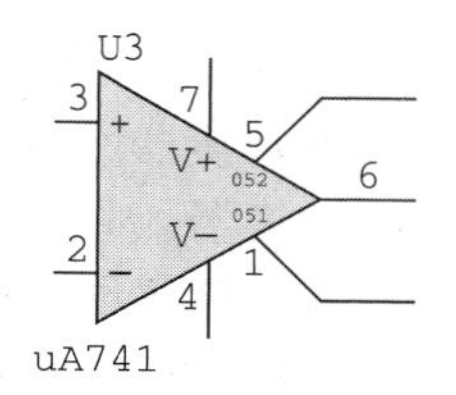

a）JFET输入的运算放大子电路　b）运算放大子电路　c）5端的运算放大子电路　d）5端的运算放大子电路

图 5-34　PSpice 中的非理想运算放大器模型

例 5-11 利用 PSpice 求解例 5-1 中的运算放大器电路。

解： 利用 PSpice 的原理图编辑器对图 5-6a 所示的电路进行绘制，结果如图 5-35 所示。注意，图 5-35 中电压源 VS 的正端通过一个 10kΩ 的电阻与运算放大器的反相端(引脚 2)相连，而运算放大器的同相输入端(引脚 3)接地，以符合图 5-6a 所示电路的要求。同时，还需注意运算放大器的供电方式，电源正极 V＋(引脚 7)与一个 15V 直流电压源相连接，而电源负极 V－(引脚 4)与一个－15V 的直流电压源相连接。由于运算放大器引脚 1 与引脚 5 用于零偏置调整，本章暂不考虑，故将二者悬空。除在图 5-6a 所示的原电路中增加了直流电源外，电路图中还分别在引脚 6 处增加了用于测量输出电压 v_o 的伪元件 VIEWPOINT 以及用于测量经过 20kΩ 电阻的电流 i_o 的伪元件 IPROBE。

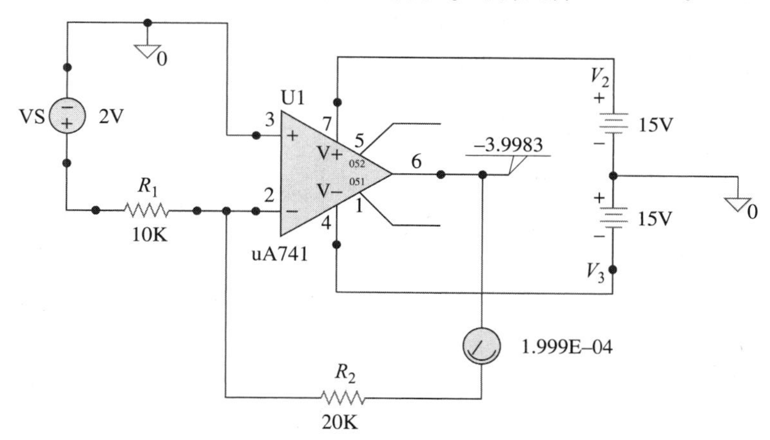

图 5-35　例 5-11 的 PSpice 电路原理图

保存电路图后，就可以运行 **Analysis/simulate** 命令对电路进行仿真，其结果显示在 VIEWPOINT 和 PROBE 上。由所显示的结果可以得到闭环增益为：

$$\frac{v_o}{v_s}=\frac{-3.9983}{2}=-1.99915$$

且 $i=0.1999\text{mA}$，与例 5-1 分析得到的结果相同。 ◀

练习 5-11 试利用 PSpice 重做练习 5-1。　　　**答案：** 9.000 27，650.2μA

†5.10 应用实例

运算放大器是现代电子仪器中最重要的功能模块，与电阻以及其他无源元件一样，被广泛应用于许多设备中，其典型的应用包括仪表放大器、数-模转换器、模拟计算机、电平移位器、滤波器、校验器、反相器、加法器、积分器、微分器、减法器、对数放大器、比较器、回转器、振荡器、检波器、调节器、电压-电流转换器、电流-电压转换器以及斩波器等。前面已经讨论过其中一些电路，本节再讨论两个应用电路：数-模转换器和仪表放大器。

5.10.1 数模转换器

数模转换器(DAC)将数字信号转换为模拟信号形式。图 5-36a 给出了一个典型的 4 比特数模转换器。4 比特数模转换器电路可以由多种方法实现，其中一种简单的实现方法是二进制加权阶梯电路(binary weighted ladder)，如图 5-36b 所示。各比特就是根据其所处位置的值确定的权重，以 R_f/R_n 递减，从而使得较低比特的权重为其相邻较高比特权重的一半。显然，这是一个反相加法放大器，其输出与输入之间的关系如式(5.15)所示，因此，

$$-V_o=\frac{R_f}{R_1}V_1+\frac{R_f}{R_2}V_2+\frac{R_f}{R_3}V_3+\frac{R_f}{R_4}V_4 \tag{5.23}$$

输入 V_1 称为最高有效位(MSB)，而输入 V_4 称为最低有效位(LSB)。可以假定四个二进制输入 V_1，…，V_4 仅有两种电平：0V 或 1V。只要适当选取输入电阻和反馈电阻，该数模转换器就能够给出一个与输入成正比的输出信号。

数字输入(0000~1111)　4bit DAC　模拟输出

a）电路框图

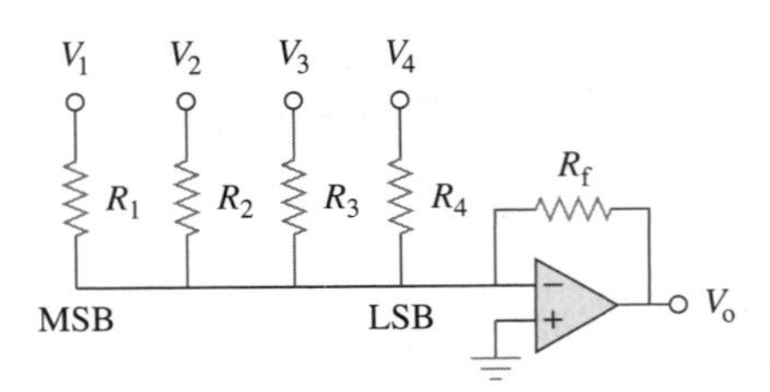

b）二进制加权阶梯电路

图 5-36　4 比特数模转换器

提示：在实际应用中，输入电平的典型值为 0V 或±5V。

例 5-12 在图 5-36b 所示的运算放大器电路中，令 $R_f=10\text{k}\Omega$，$R_1=10\text{k}\Omega$，$R_2=20\text{k}\Omega$，$R_3=40\text{k}\Omega$ 且 $R_4=80\text{k}\Omega$，试确定二进制输入为[0000]，[0001]，[0010]，…，[1111]时的模拟输出。

解：将已知的输入电阻值与反馈电阻值代入式(5.23)得

$$\begin{aligned}-V_o&=\frac{R_f}{R_1}V_1+\frac{R_f}{R_2}V_2+\frac{R_f}{R_3}V_3+\frac{R_f}{R_4}V_4\\&=V_1+0.5V_2+0.25V_3+0.125V_4\end{aligned}$$

利用该方程，当输入为$[V_1V_2V_3V_4]=[0000]$时，模拟输出为$-V_o=0\text{V}$；$[V_1V_2V_3V_4]=[0001]$时，模拟输出$-V_o=0.125\text{V}$。类似地，

$$[V_1V_2V_3V_4]=[0010] \quad\Rightarrow\quad -V_o=0.25\text{V}$$
$$[V_1V_2V_3V_4]=[0011] \quad\Rightarrow\quad -V_o=0.25+0.125=0.375(\text{V})$$
$$[V_1V_2V_3V_4]=[0100] \quad\Rightarrow\quad -V_o=0.5\text{V}$$
$$\vdots$$
$$[V_1V_2V_3V_4]=[1111] \quad\Rightarrow\quad -V_o=1+0.5+0.25+0.125=1.875(\text{V})$$ ◀

表 5-2 总结了数模转换的结果。注意，表中已经假设每个比特的值为 0.125V。因此，在该系统中，无法表示出 1.000～1.125V 的电压值，分辨率不足正是数模转换器的主要局限性。为了获得更高精度，就要采用更多比特位来表示数字量。即便如此，由数字量表示模拟电压总是无法非常精确。尽管这样，数字化设备已用于制作 CD、数字图像等大量产品。

表 5-2　4 比特数模转换器的输入输出值对照表

二进制输入 $[V_1V_2V_3V_4]$	对应十进制数	输出 $-V_o$	二进制输入 $[V_1V_2V_3V_4]$	对应十进制数	输出 $-V_o$
0000	0	0	0100	4	0.5
0001	1	0.125	0101	5	0.625
0010	2	0.25	0110	6	0.75
0011	3	0.375	0111	7	0.875

（续）

二进制输入 $[V_1V_2V_3V_4]$	对应十进制数	输出 $-V_o$	二进制输入 $[V_1V_2V_3V_4]$	对应十进制数	输出 $-V_o$
1000	8	1.0	1100	12	1.5
1001	9	1.125	1101	13	1.625
1010	10	1.25	1110	14	1.75
1011	11	1.375	1111	15	1.875

练习 5-12　一个 3 比特数模转换器如图 5-37 所示。

(a) 试确定$[V_1V_2V_3]=[010]$时的 $|V_o|$；

(b) 试确定$[V_1V_2V_3]=[110]$时的 $|V_o|$；

(c) 如果要求 $|V_o|=1.25V$，$[V_1V_2V_3]$应为多少？

(d) 如果要求 $|V_o|=1.75V$，$[V_1V_2V_3]$应为多少？

答案：0.5V，1.5V，[101]，[111]。

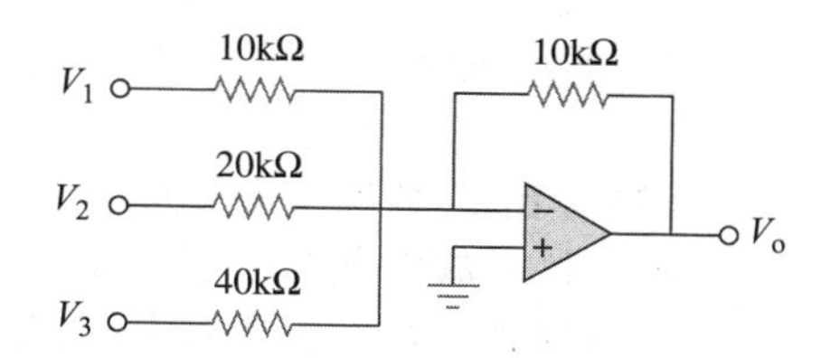

图 5-37　3 比特数模转换器

5.10.2　仪表放大器

在精密测量与过程控制方面，最有用的一类运算放大器电路即仪表放大器(instrumentation amplifier，IA)，之所以称之为仪表放大器就是因为它被广泛应用于测量系统中。IA 的典型应用包括隔离放大器、热电偶放大器和数据采集系统。

仪表放大器也属于差分法大器范畴，因为他所放大的是两个输入信号之差。如图 5-26(参见例 5-8)所示，仪表放大器通常由 3 个运算放大器和 7 个电阻构成。为分析方便，现将该放大器重画于图 5-38a。图中除连接在增益设置端之间的外接电阻 R_G 外，其他电阻都相等。图 5-38b 给出了 IA 的电路原理图符号。由例 5-8 可知

$$v_o=A_v(v_2-v_1) \tag{5.24}$$

其中电压增益为

$$A_v=1+\frac{2R}{R_G} \tag{5.25}$$

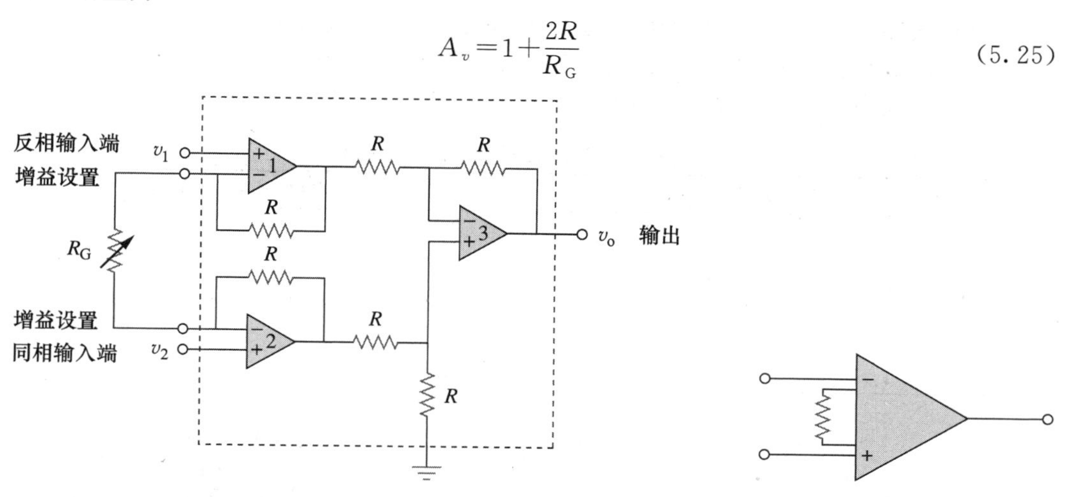

a）带外接增益调节电阻的仪表放大器

b）电路原理图符号

图 5-38　仪表放大器

如图 5-39 所示，仪表放大器可以放大叠加在较大共模电压上的差分小信号电压，因为共模电压是相等的，可以彼此抵消。

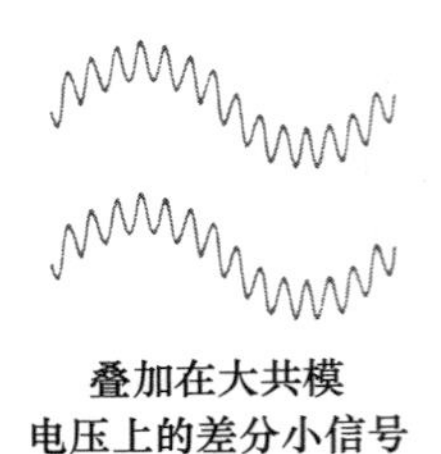

叠加在大共模
电压上的差分小信号

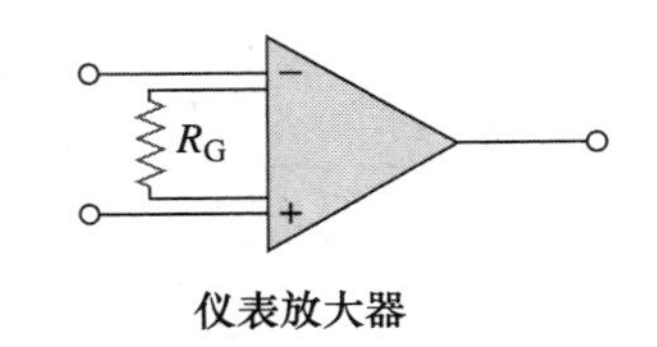

仪表放大器

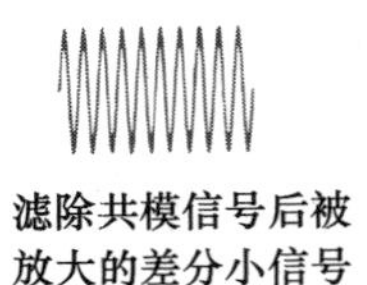

滤除共模信号后被
放大的差分小信号

图 5-39　IA 抑制共模电压后放大的小信号电压

仪表放大器具有以下三个主要特征：

(1) 电压增益通过一个外接电阻 R_G 来调整；

(2) 两个输入端之间的输入阻抗非常大，不随增益的变化而变化；

(3) 输出 v_o 取决于两个输入 v_1 与 v_2 之间的差值，而不确决于其公共电压(即共模电压)。

因为仪表放大器的应用非常广泛，制造商已经开发生产了许多单片封装的放大器单元。典型的例子是美国国家半导体公司(National Semiconductor)研制生产的 LH0036，通过外接 100Ω～10kΩ 的电阻，其相应的增益变化范围为 1～1000。

例 5-13 在图 5-38 中，设 $R=10\text{k}\Omega$，$v_1=2.011\text{V}$，$v_2=2.017\text{V}$。如果将 R_G 调节到 500Ω，试确定(a)电压增益；(b)输出电压 v_o。

解：(a) 电压增益为

$$A_v=1+\frac{2R}{R_G}=1+\frac{2\times10\,000}{500}=41$$

(b) 输出电压为

$$v_o=A_v(v_2-v_1)=41\times(2.017-2.011)=41\times6=246(\text{mV})$$ ◀

练习 5-13 如图 5-38 所示 IA 电路中，如果 $R=25\text{k}\Omega$，试确定增益为 142 时该仪表放大器所需外接电阻 R_G 的阻值。

答案：354.6Ω。

5.11　本章小结

1. 运算放大器是一种输入电阻很大，输出电阻很小的高增益放大器。
2. 表 5-3 总结了本章介绍的运算放大器电路。一般来说，无论其输入是直流、交流还是时变信号，表中所列各放大器的增益表达式都是成立的。

表 5-3　基本运算放大器电路总结

运算放大器	名称/输入输出关系
R_2, R_1, v_i, v_o	反相放大器 $v_o=-\dfrac{R_2}{R_1}v_i$
R_2, R_1, v_i, v_o	同相放大器 $v_o=\left(1+\dfrac{R_2}{R_1}\right)v_i$
v_i, v_o	电压跟随器 $v_o=v_i$

（续）

运算放大器	名称/输入输出关系
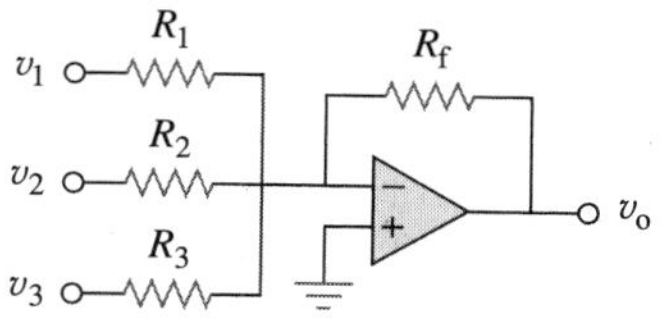	加法器 $v_o=-\left(\frac{R_f}{R_1}v_1+\frac{R_f}{R_2}v_2+\frac{R_f}{R_3}v_3\right)$
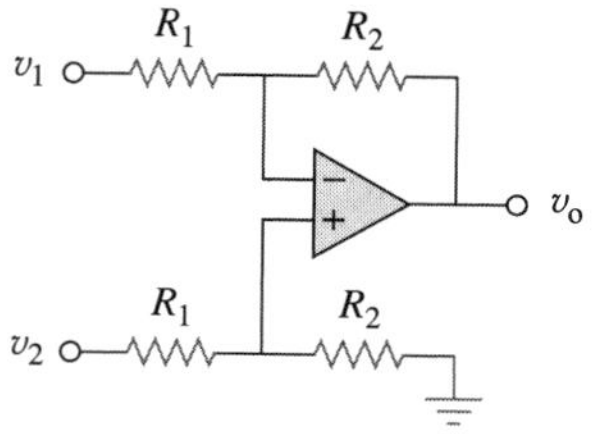	差分放大器 $v_o=\frac{R_2}{R_1}(v_2-v_1)$

3. 理想运算放大器输入电阻为无穷大，输出电阻为零，增益为无穷大。
4. 对于理想运算放大器，两个输入端的流入电流均为零，而且两个输入端之间的电压差非常小，可以忽略不计。
5. 在反相放大器中，输出电压与输入电压之间呈负倍数关系。
6. 在同相放大器中，输出电压与输入电压之间呈正倍数关系。
7. 电压跟随器的输出电压等于(跟随)输入电压。
8. 加法放大器的输出为输入的加权和。
9. 差分放大器的输出正比于两个输入信号之差。
10. 运算放大器可以级联，而且不改变各自的输入-输出关系。
11. 可以利用 PSpice 软件来分析运算放大器。
12. 本章介绍的运算放大器的典型应用包括数模转换器和仪表放大器。

复习题

1 运算放大器两个输入端的标记为：
 (a) 高与低。　(b) 正与负。
 (c) 同相端与反相端。
 (d) 差分端与非差分端。

2 对于理想运算放大器而言，以下说法不正确的是：
 (a) 输入端之间的差分电压为零。
 (b) 流入输入端的电流为零。
 (c) 输出端的电流为零。
 (d) 输入电阻为零。
 (e) 输出电阻为零。

3 图 5-40 电路中电压 v_o 是：
 (a) −6V　(b) −5V　(c) 1.2V　(d) −0.2V

4 图 5-40 电路中电流 i_x 是：
 (a) 600μA　(b) 500μA
 (c) 200μA　(d) 1/12μA

5 如果图 5-41 中 $v_s=0$，求 i_o。
 (a) −10mA　(b) −2.5mA
 (c) (10/12)mA　(d) (10/14)mA

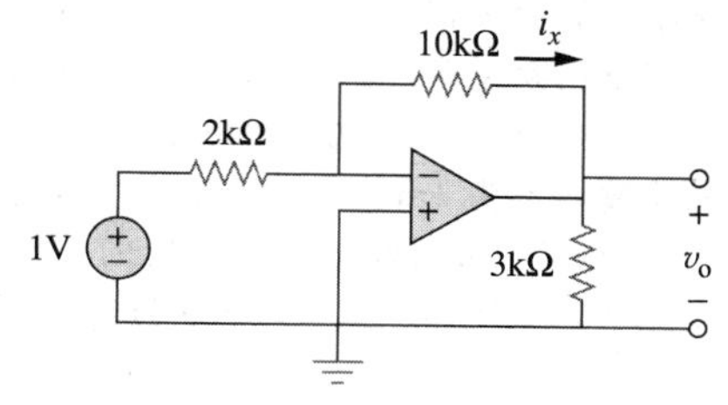

图 5-40　复习题 3、4 图

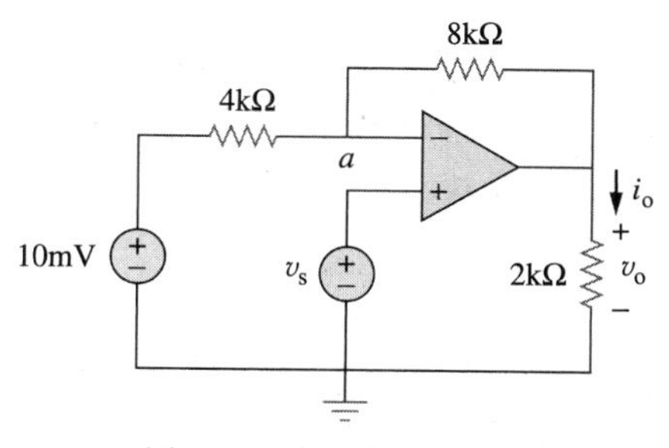

图 5-41　复习题 5～7 图

6 如果图 5-41 中 $v_s=8\text{mV}$，则输出电压为：
(a) -44mV (b) -8mV
(c) 4mV (d) 7mV

7 如果图 5-41 中 $v_s=8\text{mV}$，则电压 v_a 为：
(a) -8mV (b) 0mV
(c) 10/3mV (d) 8mV

8 图 5-42 中，4kΩ 电阻吸收的功率为：
(a) 9mV (b) 4mV (c) 2mV (d) 1mV

9 以下哪个放大器可以用于数-模转换器中？
(a) 同相器 (b) 电压跟随器
(c) 加法器 (d) 差分放大器

10 差分放大器可用于：

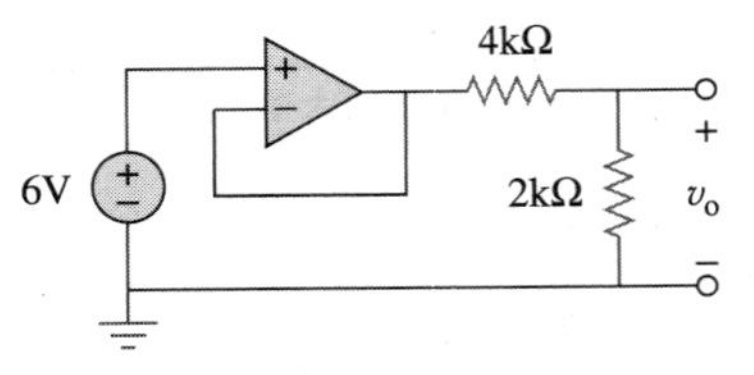

图 5-42 复习题 8 图

(a) 仪表放大器 (b) 电压跟随器
(c) 电压调节器 (d) 缓冲器
(e) 加法放大器 (f) 减法放大器

答案：1 (c)；2 (c，d)；3 (b)；4 (b)；5 (a)；6 (c)；7 (d)；8 (b)；9 (c)；10 (a，f)。

习题

5.2 节

1 某运算放大器的等效电路模型如图 5-43 所示，试确定：
(a) 输入电阻 (b) 输出电阻
(c) 单位为 dB 的电压增益

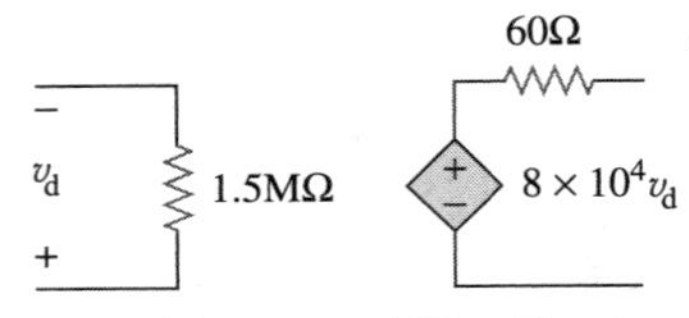

图 5-43 习题 1 图

2 某运算放大器的开环增益为 100 000，试计算当反相输入端施加 $+10\ \mu\text{V}$ 电压且同相输入端施加 $+20\ \mu\text{V}$ 电压时的电压输出。

3 假定某运算放大器的开环增益为 200 000，试计算当反相输入端施加 $20\mu\text{V}$ 电压且同相输入端施加 $+30\mu\text{V}$ 电压时的输出电压。

4 当同相输入端为 1mV 时，运算放大器的输出电压为 -4V，如果该运算放大器的开环增益为 2×10^6，试问其反相端的输入为多少？

5 对于图 5-44 所示电路，运放开环增益 100 000，输入电阻为 10kΩ，输出电阻为 100Ω，试利用非理想运放模型计算电压增益 v_o/v_i。

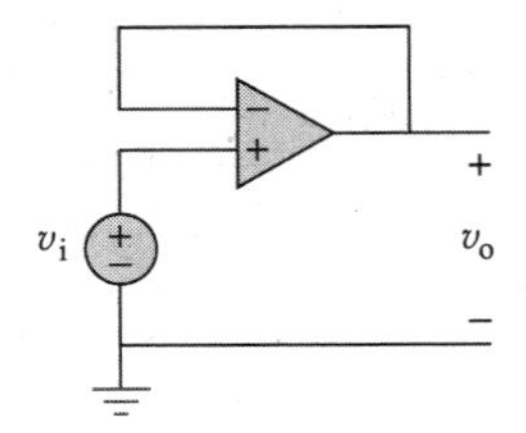

图 5-44 习题 5 图

6 试利用例 1 中所给的 741 运算放大器的参数，计算图 5-45 中的输出电压 v_o。

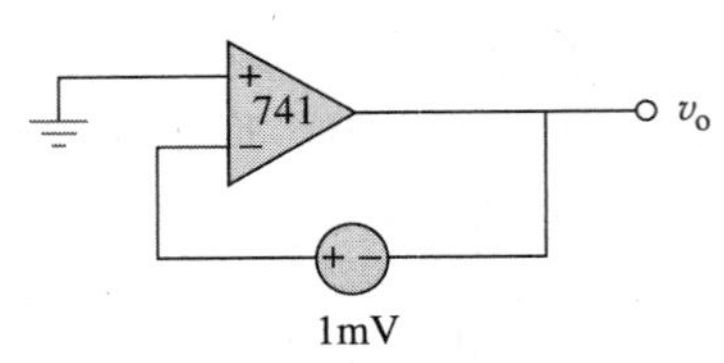

图 5-45 习题 6 图

7 如图 5-46 中的运算放大器，$R_i=100\text{k}\Omega$，$R_o=100\Omega$，$A=100\ 000$，试求其差分电压 v_d 与输出电压 v_o。

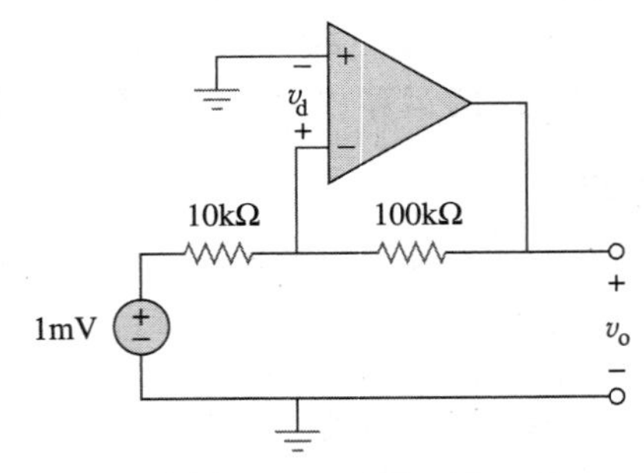

图 5-46 习题 7 图

5.3 节

8 求图 5-47 中运算放大器的输出电压 v_o。

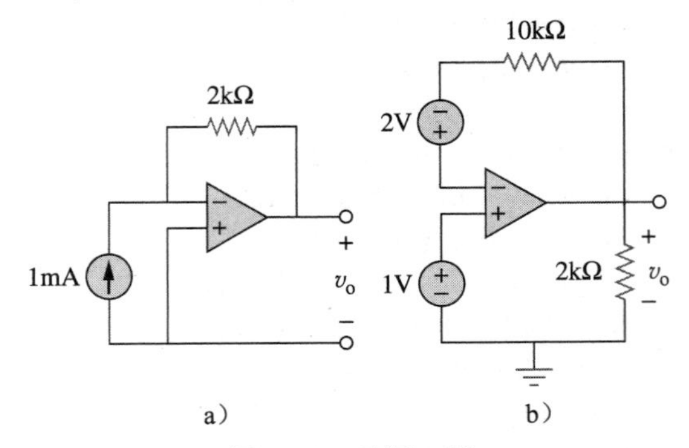

图 5-47 习题 8 图

9 试求图5-48所示的各运算放大器电路中的v_o。

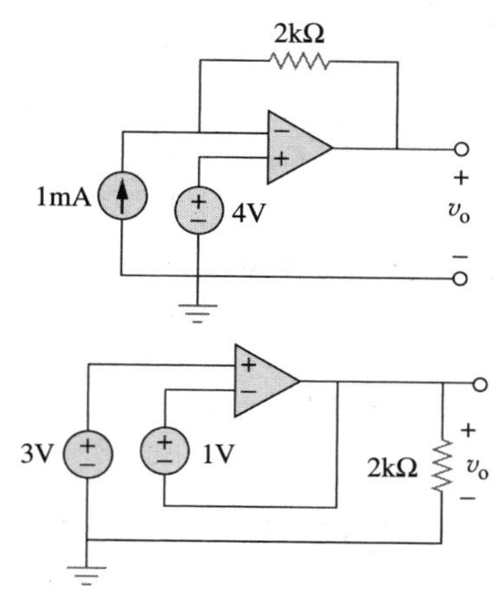

图5-48 习题9图

10 试求出图5-49电路中的增益v_o/v_s。

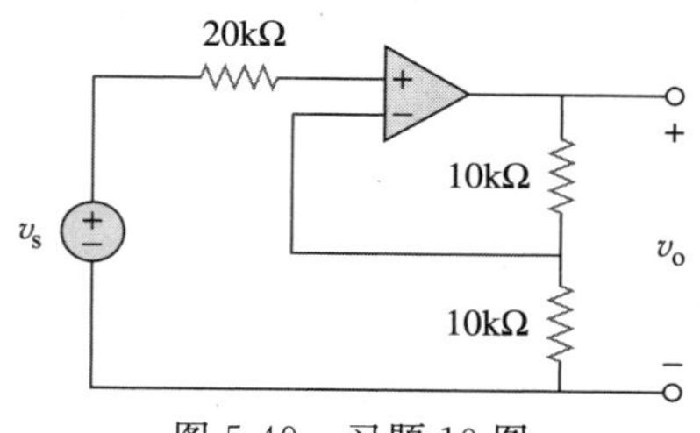

图5-49 习题10图

11 利用图5-50设计一个问题，从而更好地理解理想运放是如何工作的。 **ED**

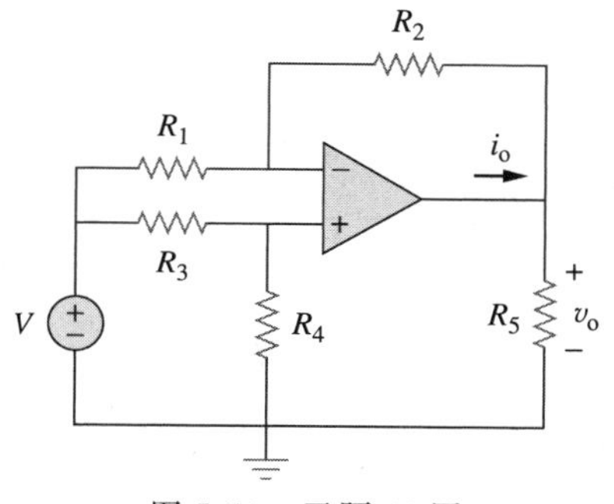

图5-50 习题11图

12 计算图5-51中的电压比v_o/v_s，假设该运算放大器是理想的。

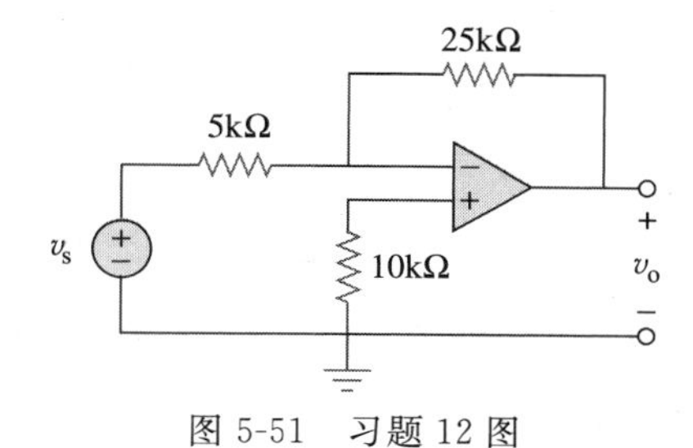

图5-51 习题12图

13 求图5-52中的v_o与i_o。

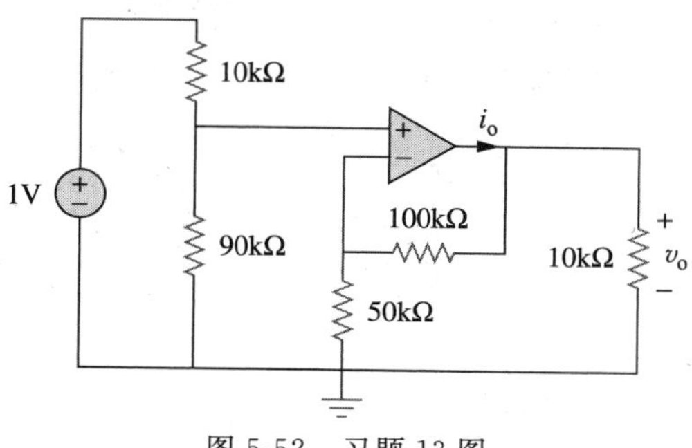

图5-52 习题13图

14 求图5-53中的输出电压v_o。

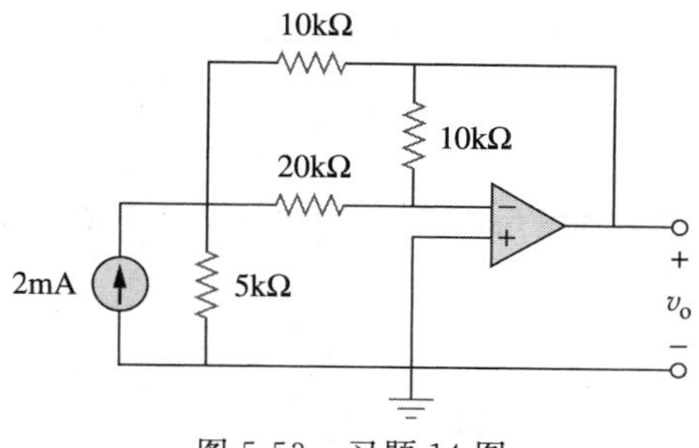

图5-53 习题14图

5.4节

15 (a)确定图5-54中的v_o/i_s值；

(b)当$R_1=20\text{k}\Omega$，$R_2=25\text{k}\Omega$，$R_3=40\text{k}\Omega$时，试计算该比值。

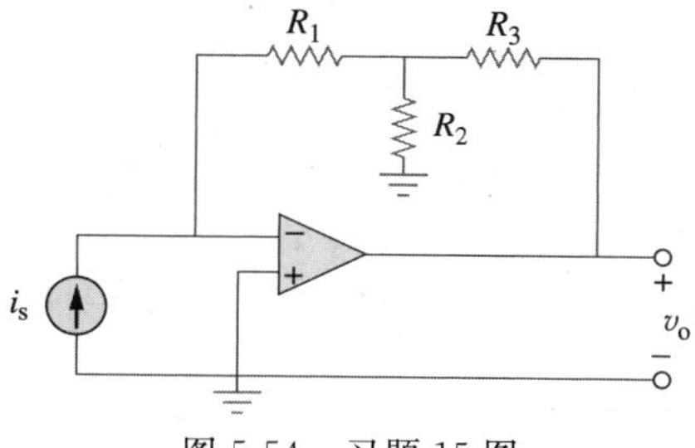

图5-54 习题15图

16 利用图5-55，设计一个问题，从而更好地理解反相放大器。 **ED**

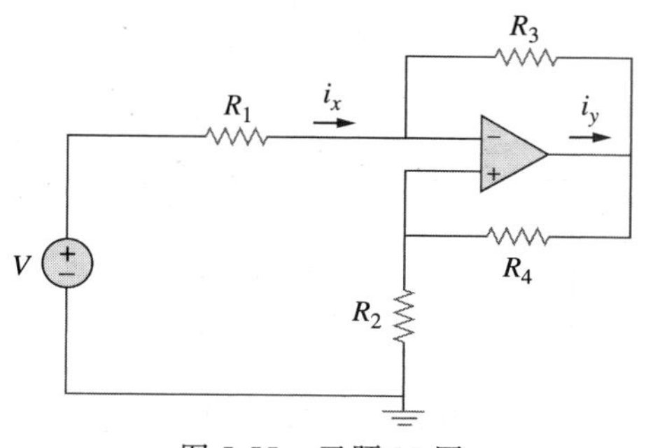

图5-55 习题16图

17 图 5-56 中，当开关分别位于以下位置时，计算电压增益 v_o/v_i。
(a) 位置 1 (b) 位置 2 (c) 位置 3

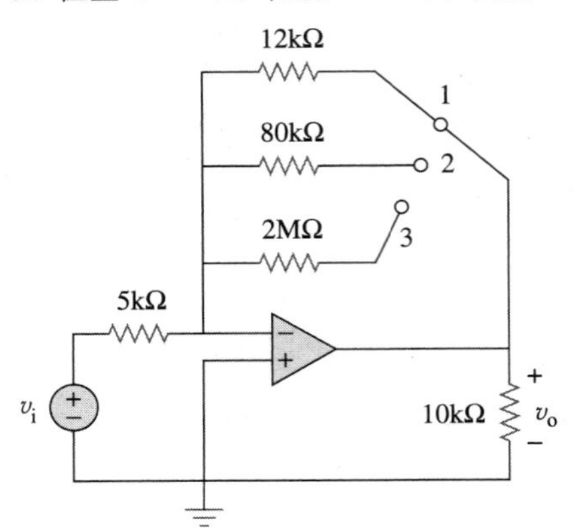

图 5-56 习题 17 图

* 18 电路如图 5-57 所示，求从端口 A-B 看进去的戴维南等效电路。

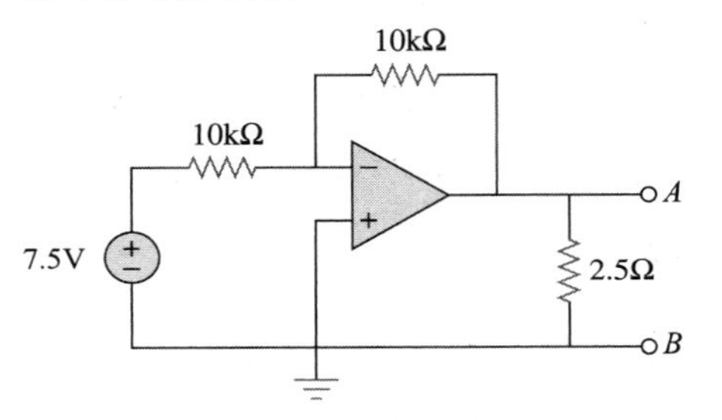

图 5-57 习题 18 图

19 求图 5-58 中的电流 i_o。

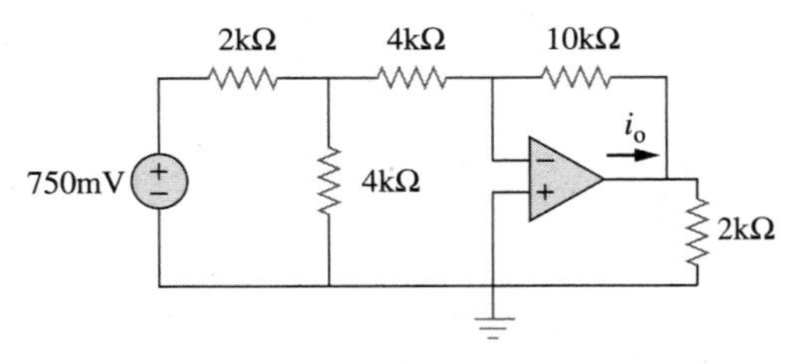

图 5-58 习题 19 图

20 当 $v_s=2V$ 时，计算图 5-59 中的电压 v_o。

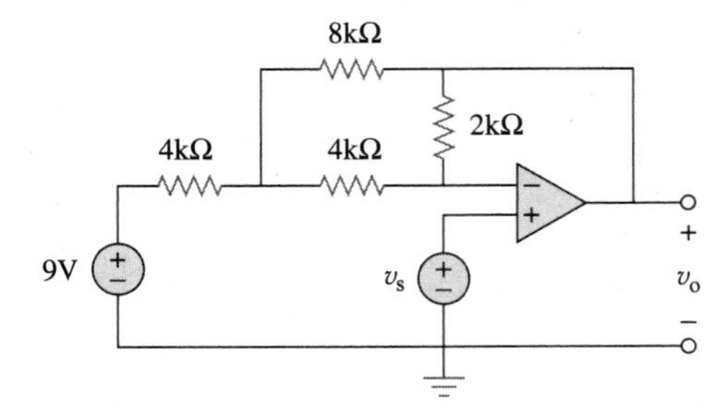

图 5-59 习题 20 图

21 计算图 5-60 中运算放大器的电压 v_o。

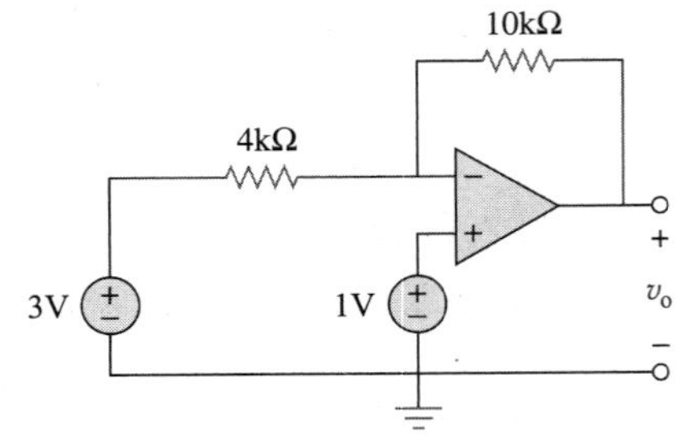

图 5-60 习题 21 图

22 设计一个增益为－15 的反相放大器。 **ED**

23 在图 5-61 所示电路中，试求电压增益 v_o/v_s。

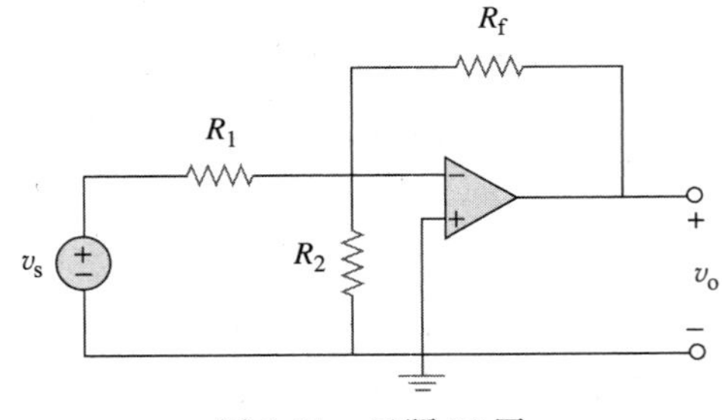

图 5-61 习题 23 图

24 在图 5-62 所示电路中，试求传输函数 $v_o=kv_s$ 中的 k。

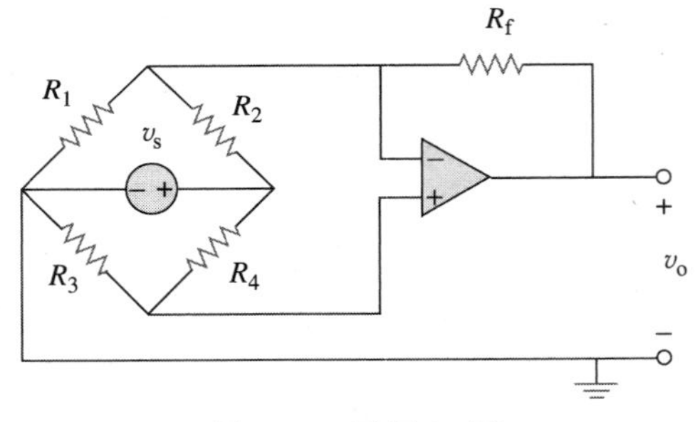

图 5-62 习题 24 图

5.5 节

25 计算图 5-63 中的 v_o。

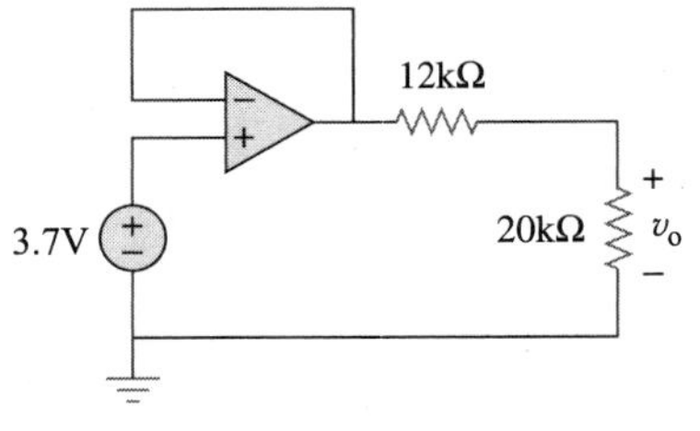

图 5-63 习题 25 图

26 利用图 5-64 设计一个问题，从而更好地理解反相放大器。 **ED**

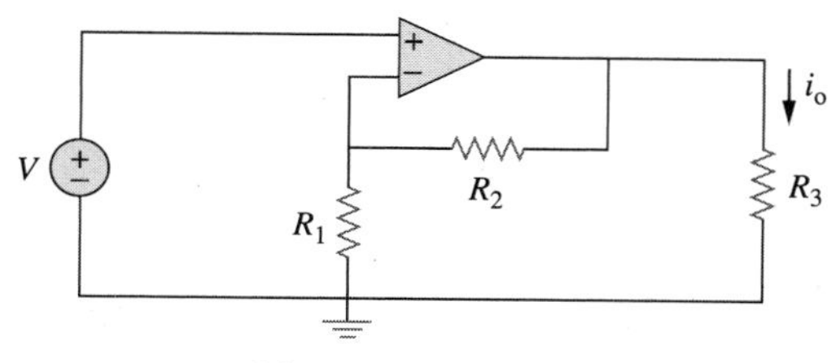

图 5-64　习题 26 图

27　求图 5-65 电路中的电压 v_o。

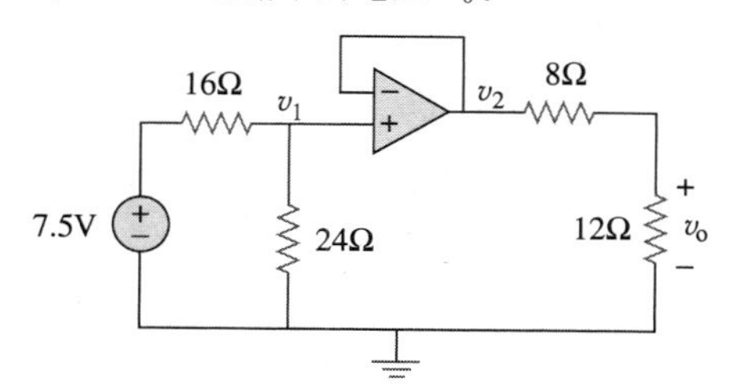

图 5-65　习题 27 图

28　求图 5-66 电路中的电流 i_o。

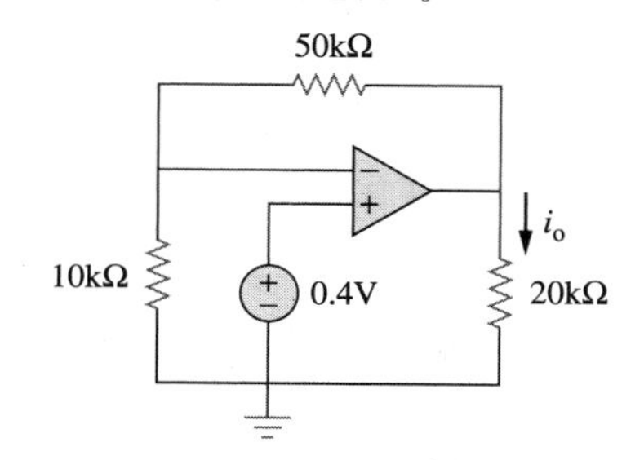

图 5-66　习题 28 图

29　求图 5-67 中运放电压增益 v_o/v_i。

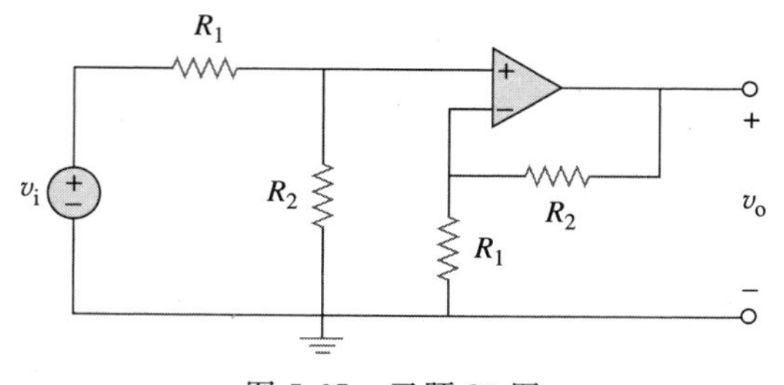

图 5-67　习题 29 图

30　图 5-68 所示电路中，计算电流 i_x 并求出 20kΩ 电阻吸收的功率。

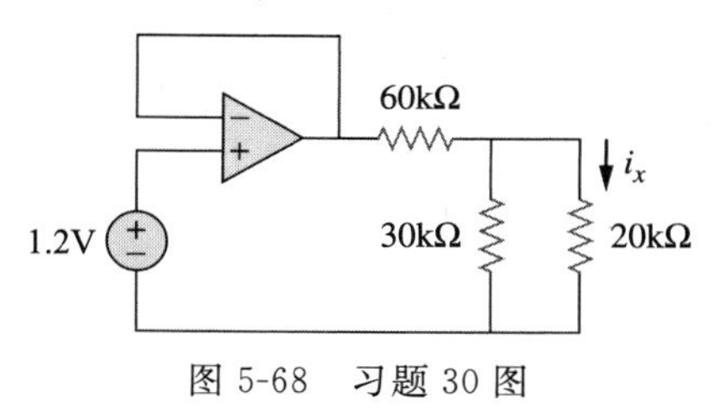

图 5-68　习题 30 图

31　求出图 5-69 中的电流 i_x。

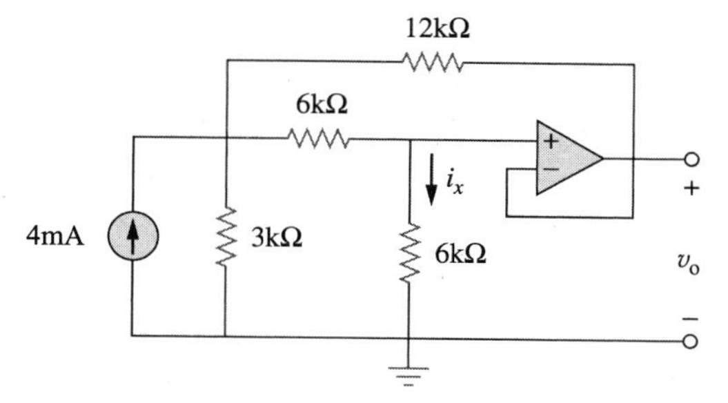

图 5-69　习题 31 图

32　计算图 5-70 电路中的 i_x 和 v_o，并求出 60kΩ 电阻吸收的功率。

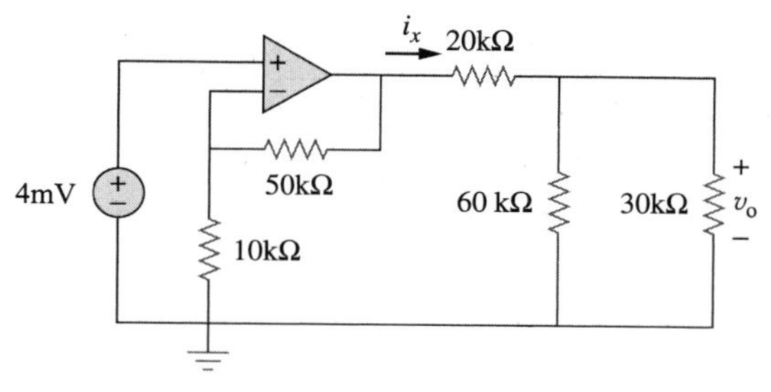

图 5-70　习题 32 图

33　计算图 5-71 电路中的 i_x，并求出 3kΩ 电阻吸收的功率。

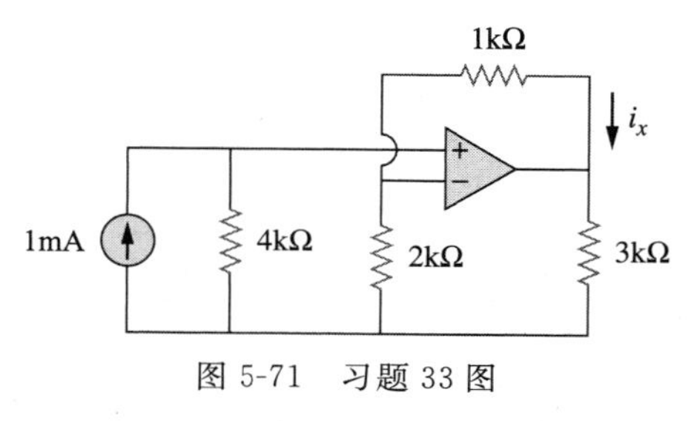

图 5-71　习题 33 图

34　如图 5-72 所示运算放大器电路，试用 v_1 和 v_2 表达出 v_o。

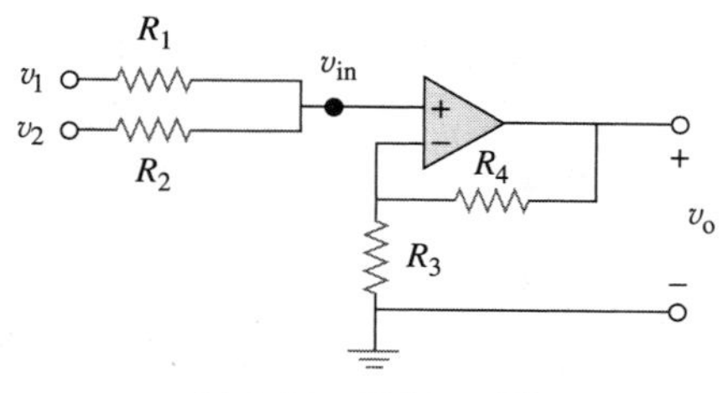

图 5-72　习题 34 图

35　设计一个增益为 7.5 的同相放大器。　**ED**

36　对于图 5-73 所示电路，求从端口 a-b 看进去的戴维南等效电路(提示：为求出 R_{Th}，需添加一个电流 i_o 并求出 v_o)。

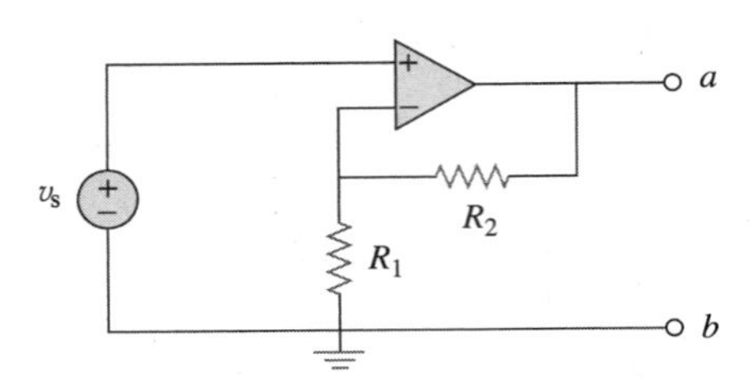

图 5-73　习题 36 图

5.6 节

37　求出图 5-74 所示加法放大器的输出电压。

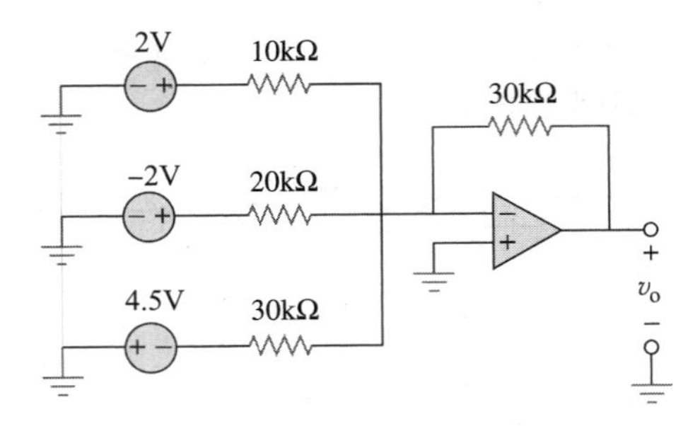

图 5-74　习题 37 图

38　利用图 5-75，设计一个问题，以更好地理解加法放大器。 **ED**

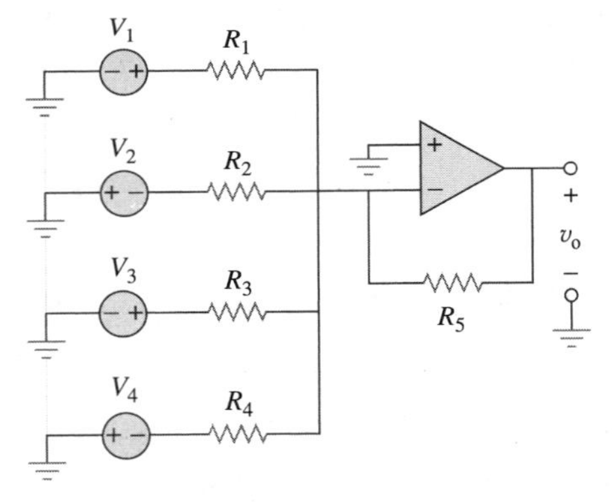

图 5-75　习题 38 图

39　图 5-76 所示电路，当 v_2 为何值时 $v_o=-16.5\text{V}$？

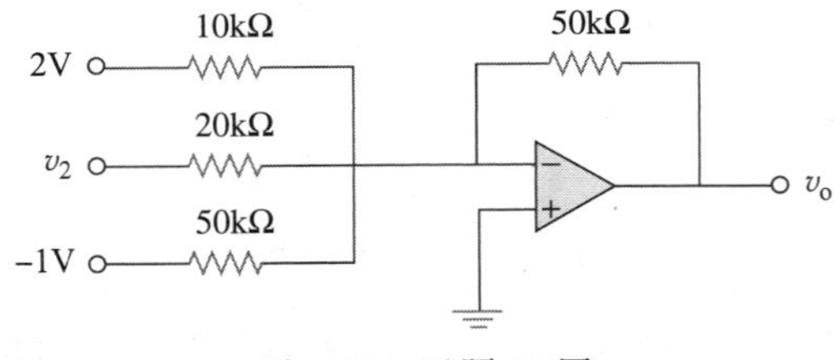

图 5-76　习题 39 图

40　如图 5-77 所示电路，试利用 v_1、v_2 表达出 v_o。

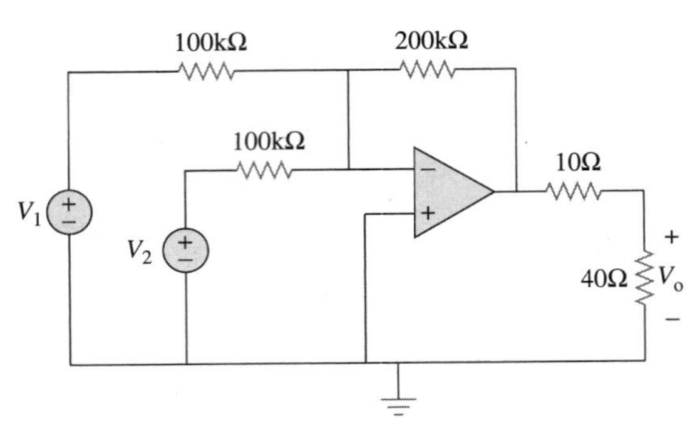

图 5-77　习题 40 图

41　均值放大器（averaging amplifier）是输出等于输入平均值的一种加法器。采用适当的输入电阻和反馈电阻，可以得到 $-v_{out}=\frac{1}{4}(v_1+v_2+v_3+v_4)$ 试采用 10kΩ 反馈电阻设计一个四输入均值放大器。 **ED**

42　三输入加法器的输入电阻为 $R_1=R_2=R_3=75\text{k}\Omega$，为了使其实现均值放大功能，所需的反馈电阻应为多大？

43　四输入加法器的输入电阻为 $R_1=R_2=R_3=R_4=80\text{k}\Omega$，为了使其实现均值放大功能，所需的反馈电阻应为多大？

44　证明图 5-78 所示电路中的输出电压为

$$v_o=\frac{(R_3+R_4)}{R_3(R_1+R_2)}(R_2v_1+R_1v_2)$$

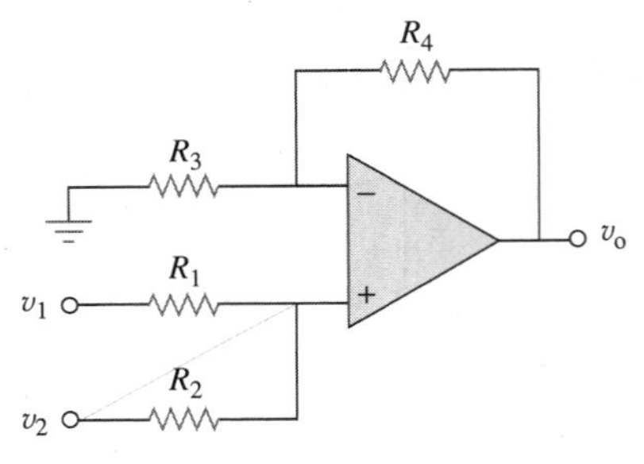

图 5-78　习题 44 图

45　设计一个功能如下的运算放大器电路： **ED**

$$v_o=3v_1-2v_2$$

电路中所有电阻都必须小于 100kΩ。

46　利用两个运算放大器设计一个功能如下的电路。 **ED**

$$-v_{out}=\frac{v_1-v_2}{3}+\frac{v_3}{2}$$

5.7 节

47　如图 5-79 所示电路为一个差分放大器，已知 $v_1=1\text{V}$，$v_2=2\text{V}$，试求 v_o。

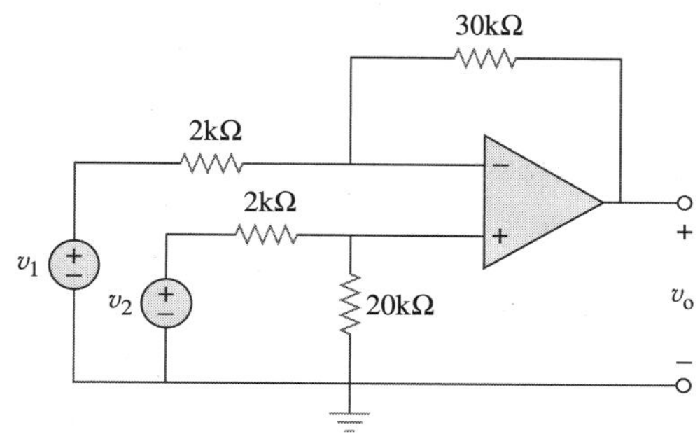

图 5-79　习题 47 图

48　图 5-80 所示电路是一个由电桥驱动的差分放大器，试求 v_o。

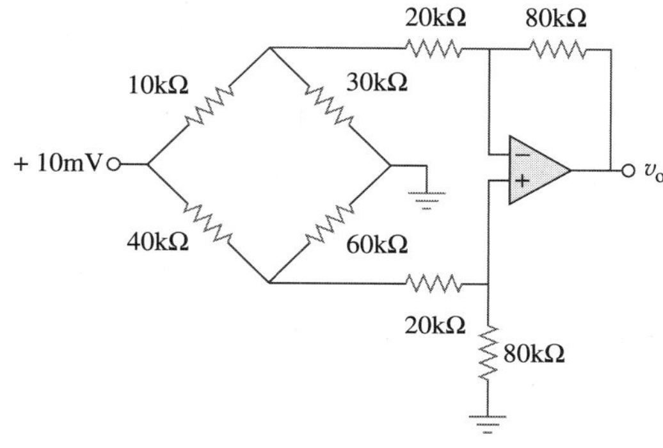

图 5-80　习题 48 图

49　设计一个增益为 4，各个输入端的共模输入电阻为 20kΩ 的差分放大器。 **ED**

50　设计一个将两输入信号之差放大 2.5 倍的电路。 **ED**

(a) 仅利用一个运算放大器。

(b) 利用两个运算放大器。

51　利用两个运算放大器设计一个减法器。 **ED**

*52　设计一个运算放大器电路，使得 **ED**

$$v_o=4v_1+6v_2-3v_3-5v_4$$

要求所有电阻均位于 20～200kΩ 范围内。

*53　增益固定的通用差分放大器如图 5-81a 所示，增益不变时，该放大器简单可靠。使得该放大器增益可调又不失简单性与精确性的一种方法是采用如图 5-81b 所示的电路，试证明：

(a) 对于图 5-81a 所示电路，有 $\dfrac{v_o}{v_i}=\dfrac{R_2}{R_1}$。

(b) 对于图 5-81b 所示电路，有

$$\frac{v_o}{v_i}=\frac{R_2}{R_1}\frac{1}{1+\dfrac{R_1}{2R_G}}。$$

(c) 对于图 5-81c 所示电路，有

$$\frac{v_o}{v_i}=\frac{R_2}{R_1}\left(1+\frac{R_2}{2R_G}\right)。$$

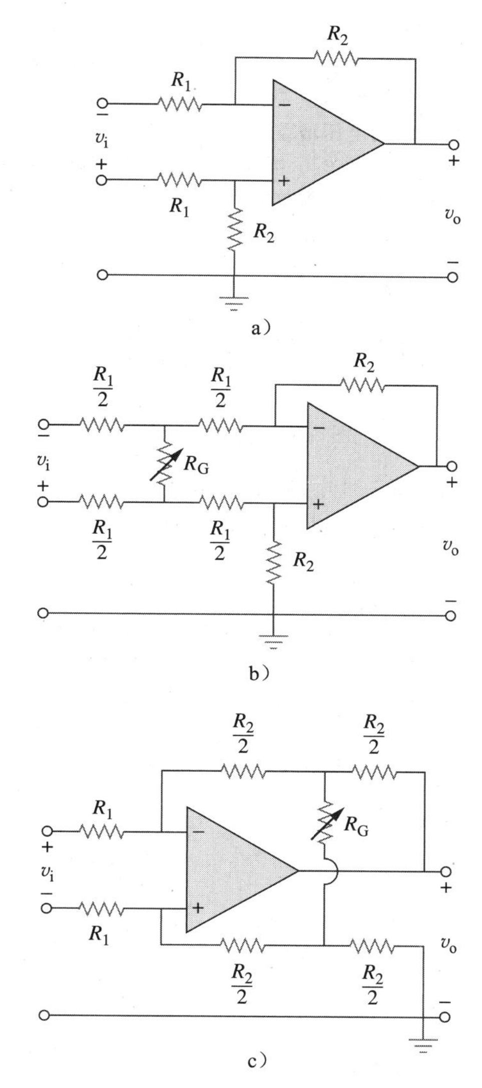

图 5-81　习题 53 图

5.8 节

54　如图 5-82 所示，当 $R=10\text{k}\Omega$ 时，求电压传输比 v_o/v_s。

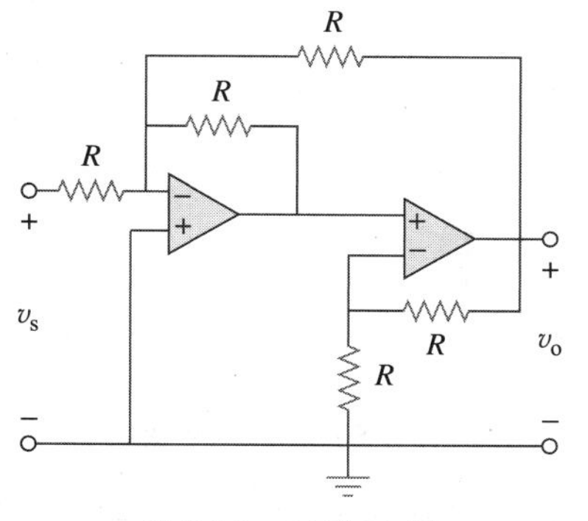

图 5-82　习题 54 图

55 在某电子设备中，需要一个总增益为 42dB 的三级放大器。其中前两级的电压增益相等，而第三级的增益是前一级增益的 1/4。试计算每一级的电压增益。

56 利用图 5-83 所示电路试设计一个问题，从而更好地理解运算放大器级联。 **ED**

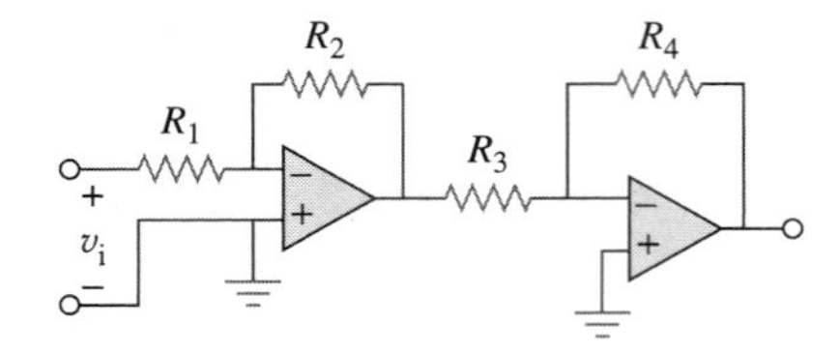

图 5-83 习题 56 图

57 试求图 5-84 电路中的输出电压 v_o。

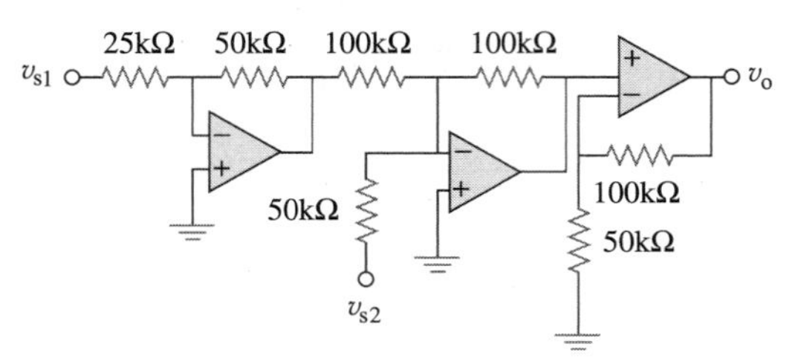

图 5-84 习题 57 图

58 求图 5-85 电路中的 i_o。

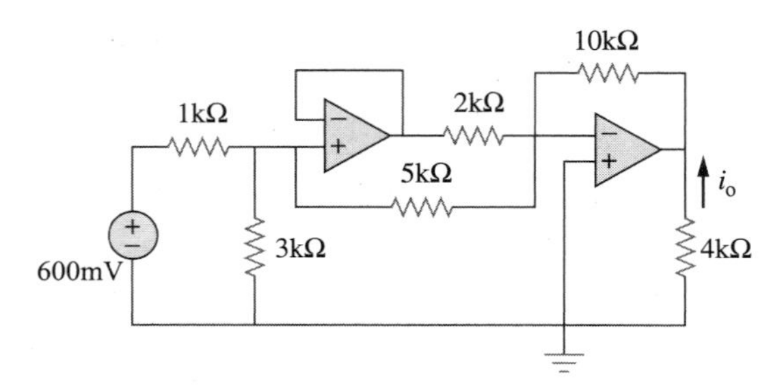

图 5-85 习题 58 图

59 在图 5-86 所示电路中，试确定电压增益 v_o/v_s。取 $R=10\text{k}\Omega$。

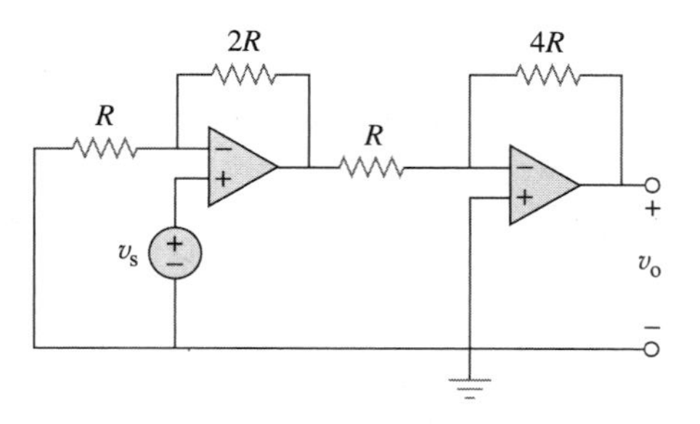

图 5-86 习题 59 图

60 在图 5-87 所示电路中，试确定电压增益 v_o/v_i。

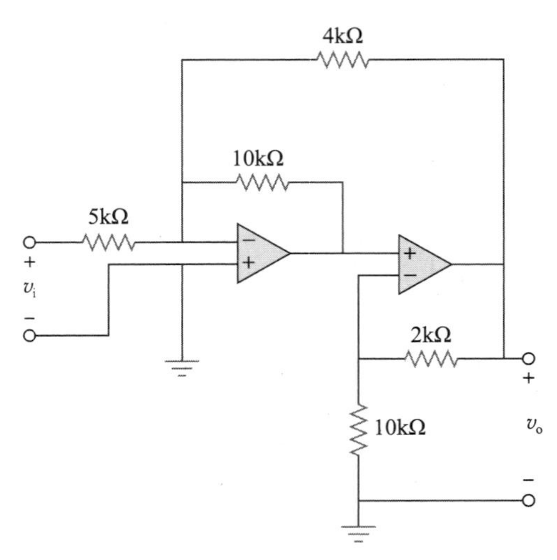

图 5-87 习题 60 图

61 求图 5-88 中的 v_o。

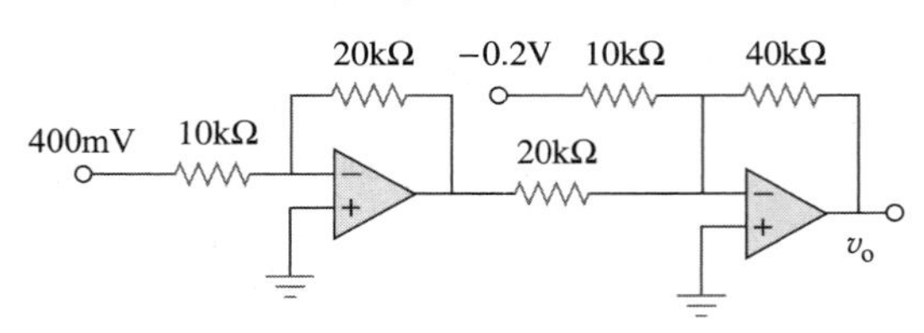

图 5-88 习题 61 图

62 求图 5-89 所示电路中的闭环电压增益 v_o/v_i。

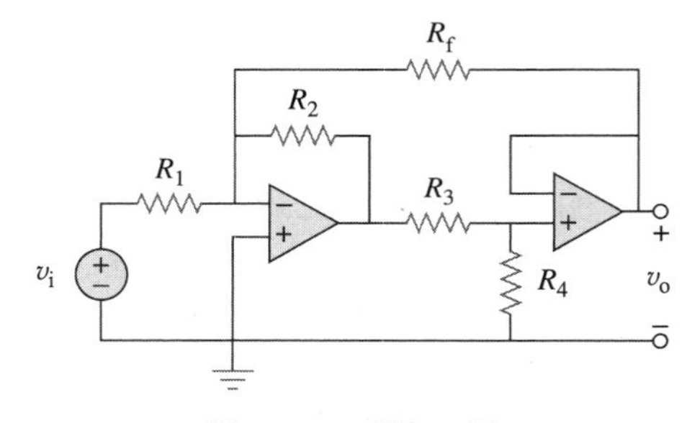

图 5-89 习题 62 图

63 求图 5-90 所示电路中的电压增益 v_o/v_i。

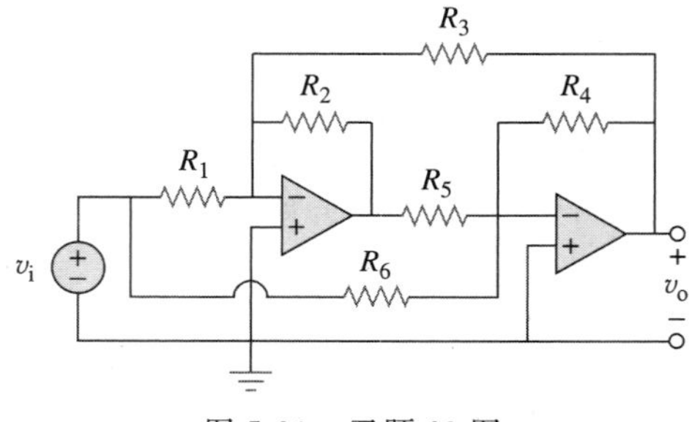

图 5-90 习题 63 图

64 求图 5-91 所示电路中的电压增益 v_o/v_s。

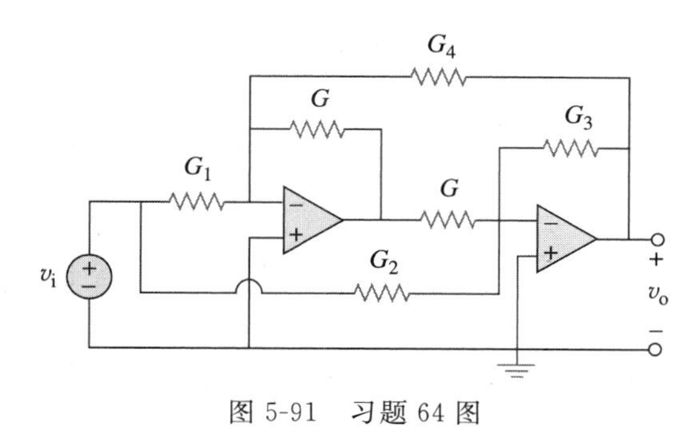

图 5-91　习题 64 图

65　计算图 5-92 电路中的 v_o。

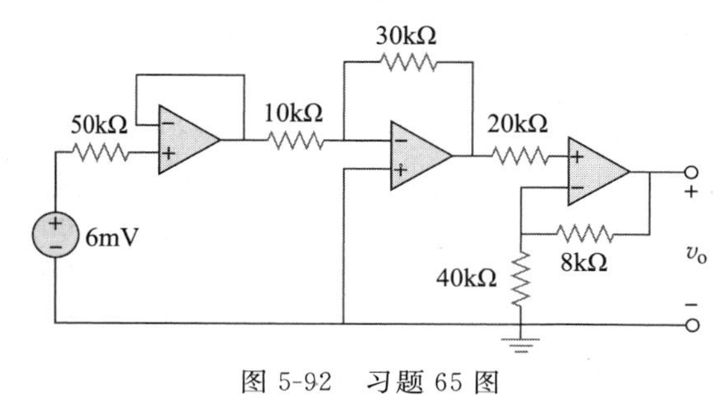

图 5-92　习题 65 图

66　计算图 5-93 电路中的 v_o。

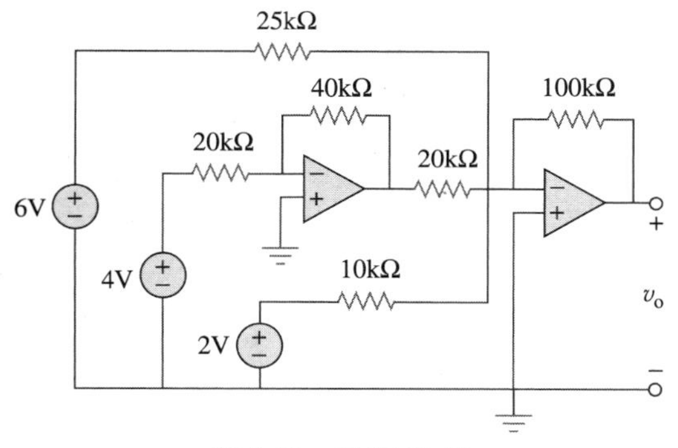

图 5-93　习题 66 图

67　求出图 5-94 中输出电压 v_o。

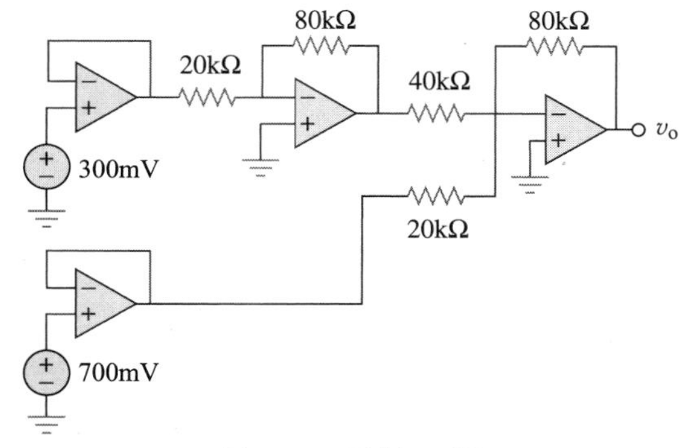

图 5-94　习题 67 图

68　求图 5-95 所示电路中 v_o，假设 $R_f=\infty$(开路)。

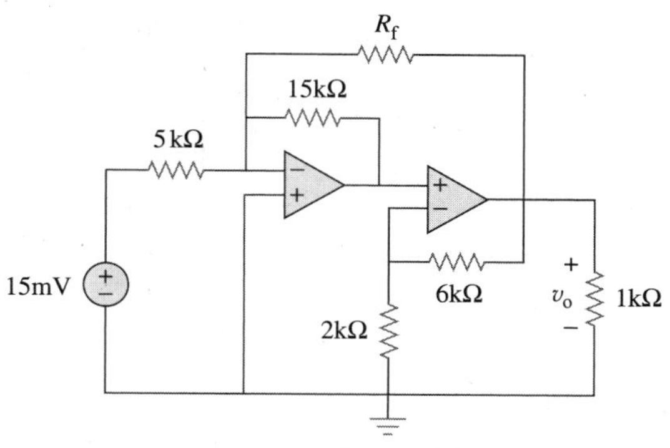

图 5-95　习题 68 图

69　如果 $R_f=10\text{k}\Omega$，重做上题。

70　求图 5-96 所示电路中 v_o。

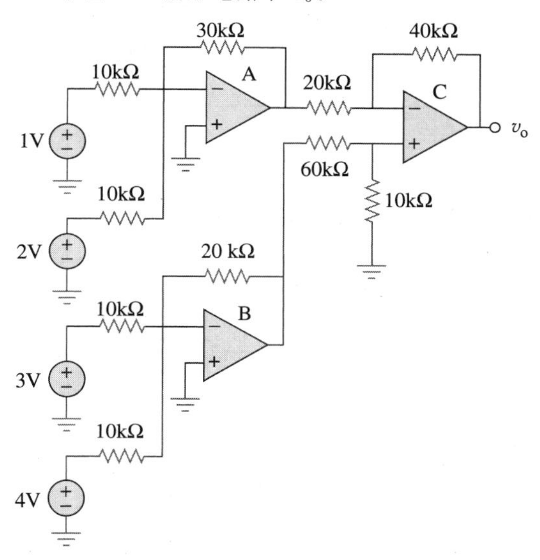

图 5-96　习题 70 图

71　求图 5-97 所示电路中 v_o。

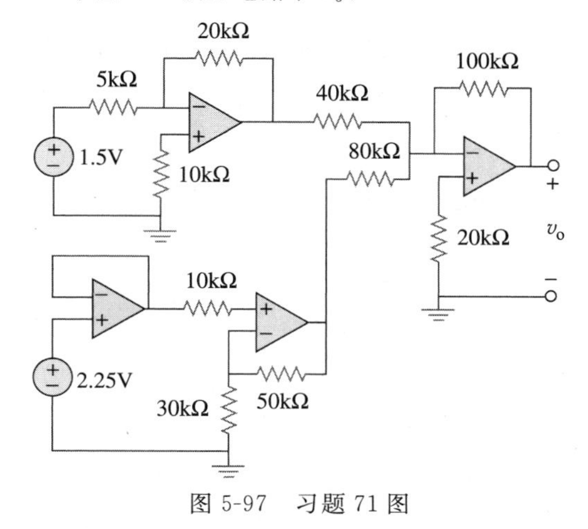

图 5-97　习题 71 图

72　求图 5-98 中的负载电压 v_L。

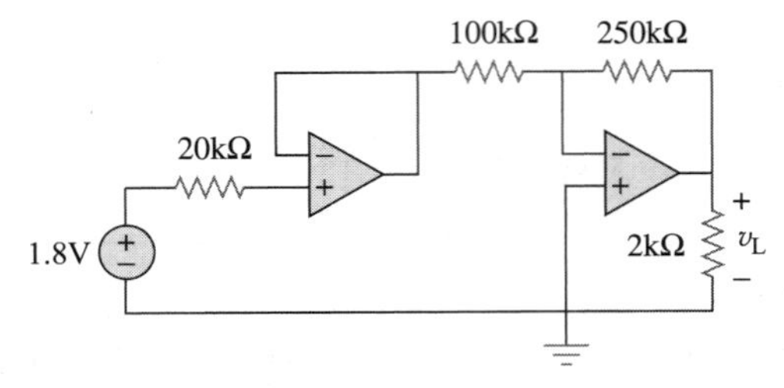

图 5-98 习题 72 图

73 求图 5-99 中的负载电压 v_L。

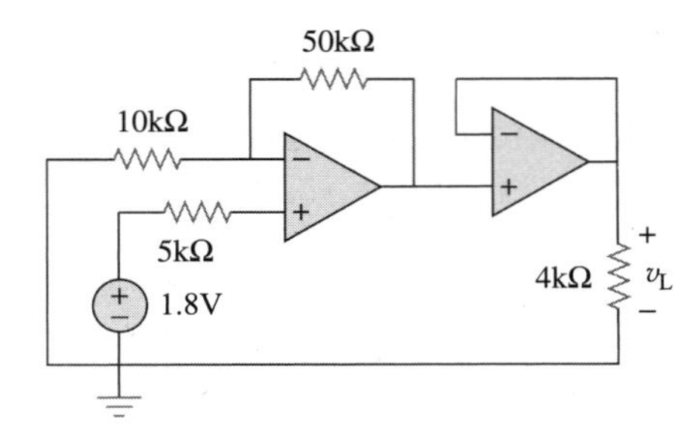

图 5-99 习题 73 图

74 求图 5-100 所示电路中 i_o。

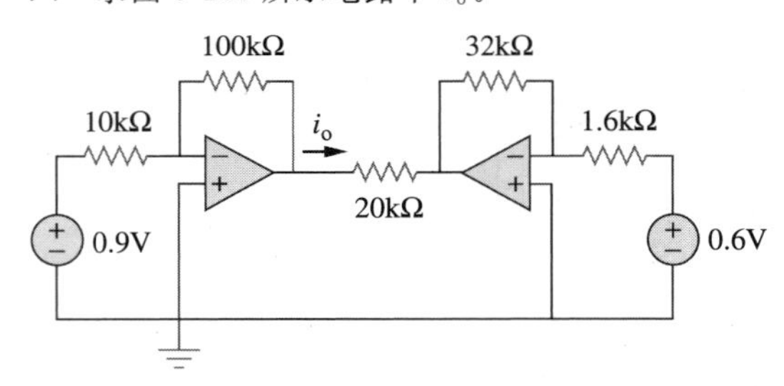

图 5-100 习题 74 图

5.9 节

75 采用非理想运算放大器 LM324 取代 uA741，重做例 11。

76 利用 PSipce 或 MultiSim 和 uA741 求解习题 19。

77 利用 PSipce 或 MultiSim 和 LM324 求解习题 48。

78 利用 PSipce 或 MultiSim 确定图 5-101 中电压 v_o。

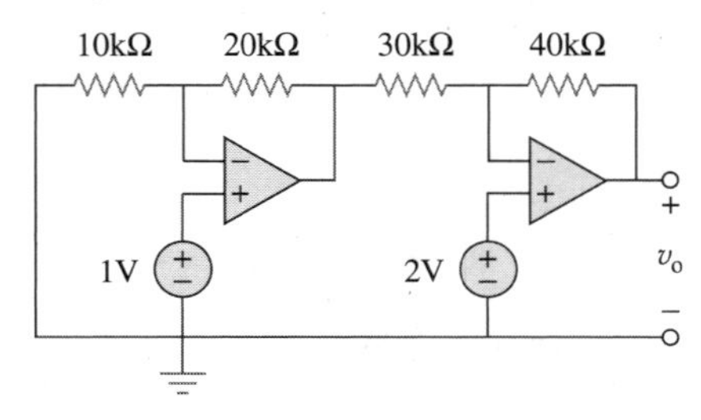

图 5-101 习题 78 图

79 利用 PSipce 或 MultiSim 确定图 5-102 中电压 v_o。

80 利用 PSipce 或 MultiSim 重新求解习题 70。

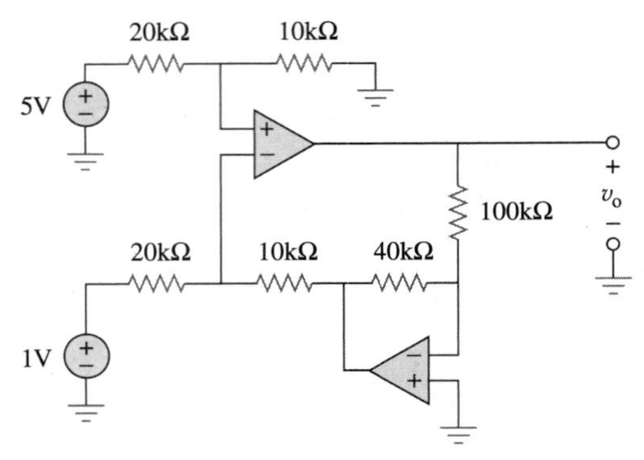

图 5-102 习题 79 图

81 利用 PSipce 或 MultiSim 验证例 9 结果，假设非理想运放为 LM324。

5.10 节

82 某 5 比特数-模转换器的输出电压范围是 0～7.75V，试计算每位表示多大的电压。 **ED**

83 设计一个 6 比特数-模转换器。 **ED**

(a) 如果要求 $|V_o|=1.1875\text{V}$，$[V_1V_2V_3V_4V_5V_6]$ 应该是什么？

(b) 如果 $[V_1V_2V_3V_4V_5V_6]=[011011]$，试计算 $|V_o|$。

(c) $|V_o|$ 的最大值为多少？

*84 某 4 比特 R-2R 数-模转换器如图 5-103 所示。

(a) 试证明其输出电压为：

$$-V_o=R_f\left(\frac{V_1}{2R}+\frac{V_2}{4R}+\frac{V_3}{8R}+\frac{V_4}{16R}\right)$$

(b) 如果 $R_f=12\text{k}\Omega$，$R=10\text{k}\Omega$，试求 $[V_1V_2V_3V_4]=[1011]$ 和 $[V_1V_2V_3V_4]=[0101]$ 时的 $|V_o|$。

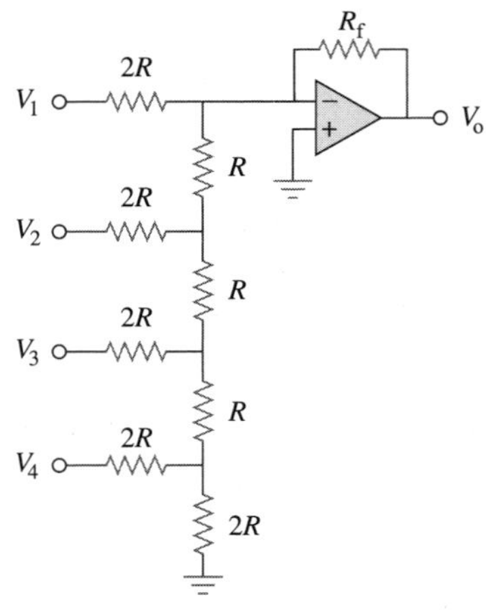

图 5-103 习题 84 图

85 图 5-104 所示电路中，v_s 为 2V，试求使得 10kΩ 电阻所吸收功率为 10mW 的电阻值 R。

86 设计一个输出电流为 $200v_s(t)\mu\text{A}$ 的理想电压控制电流源(利用运算放大器)。 **ED**

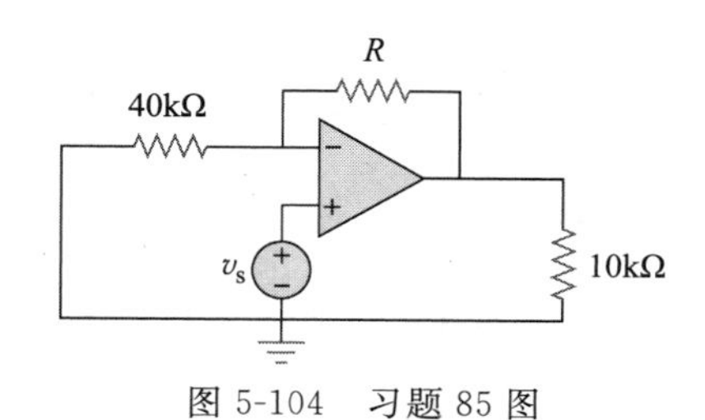

图 5-104　习题 85 图

87　图 5-105 给出了一个双仪表放大器，试推导用 v_1、v_2 表示 v_o 的表达式。如何将该运算放大器用作减法器？

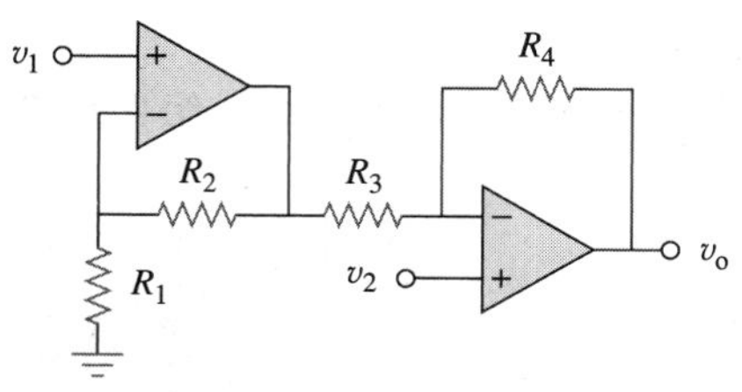

图 5-105　习题 87 图

*88　图 5-106 所示电路是一个由电桥驱动的仪表放大器，试求电压增益 v_o/v_i。

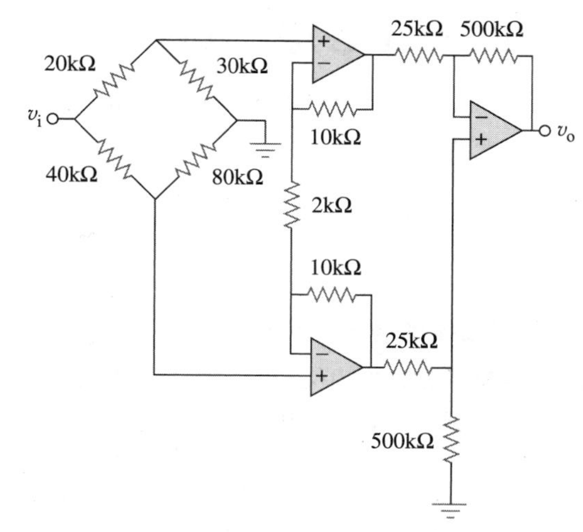

图 5-106　习题 88 图

综合理解题

89　试设计一个输出电压 v_o 与输入电压 v_s 关系为 $v_o=12v_s-10$ 的电路，可用器件包括两个运算放大器，一个 6V 电池和若干电阻。 **ED**

90　图 5-107 所示电路是一个电流放大器，试求电流增益 i_o/i_s。

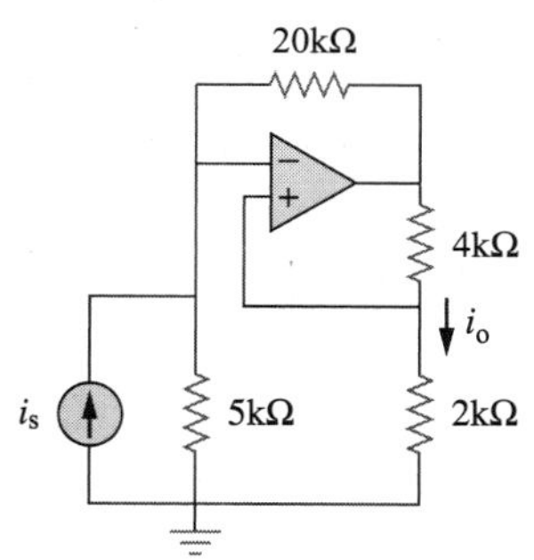

图 5-107　综合理解题 90 图

91　图 5-108 所示电路是一个同相电流放大器，试求电流增益 i_o/i_s，取 $R_1=8\text{k}\Omega$，$R_2=1\text{k}\Omega$。

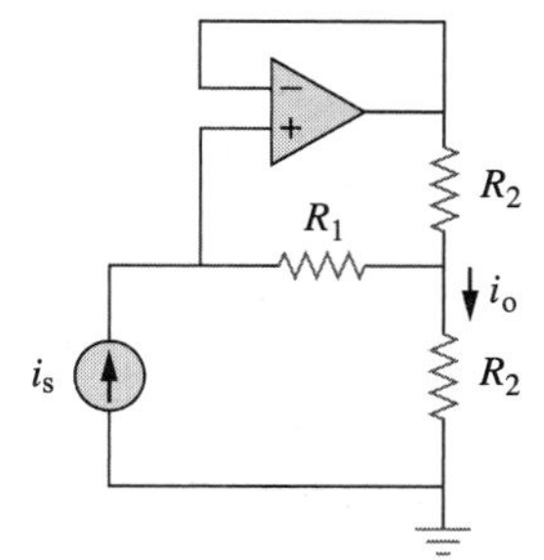

图 5-108　综合理解题 91 图

92　图 5-109 所示电路是一个桥式放大器，试求电压增益 v_o/v_i。

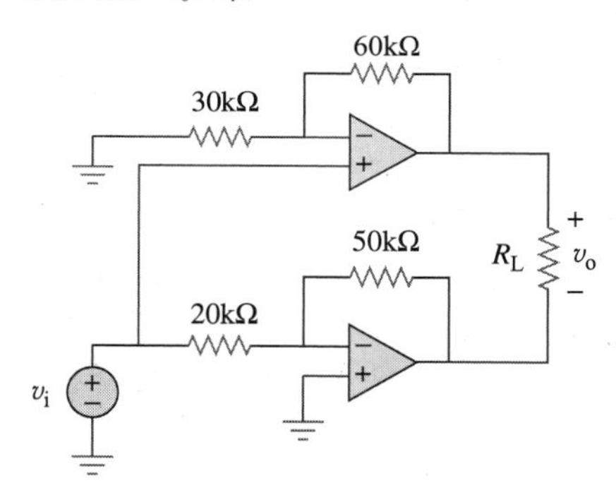

图 5-109　综合理解题 92 图

*93　图 5-110 所示一个电压-电流转换器，如果 $R_1R_2=R_3R_4$，则有 $i_L=Av_i$，试求常数 A。

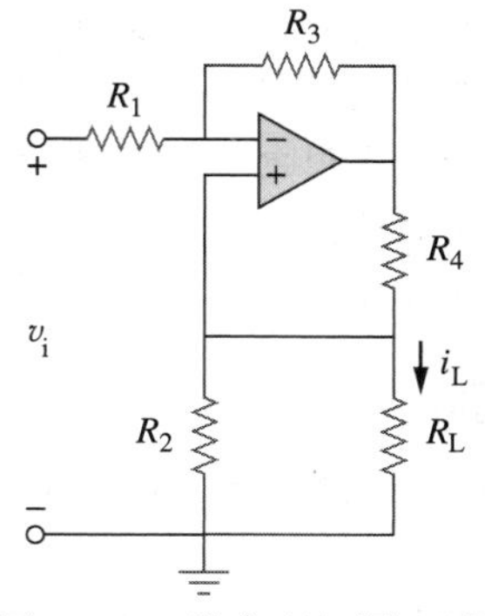

图 5-110　综合理解题 93 图

第6章
电容与电感

在科学界，荣誉不总是归于那些提出理论观点的人，而常常归于将这些理论观点带向全世界的人。

——Francis Darwin

增强技能与拓展事业

ABET EC 2000(工程技术认证委员会)工程标准 2000(3.C)“设计系统，组件或者流程以满足预期需求的能力”

“设计系统、组件或者流程以满足预期需求的能力”是成为一个称职的工程师最基本的要求，也是一个工程师最需要掌握的技能。工程师的成功与他的沟通技巧有着直接的关系，但是具有这种设计的能力是进入工程师行业的敲门砖。

(图片来源：Charles Alexander)

当你遇到一个没有固定答案的问题时，寻找解决方法就是设计的过程。本书将探索关于设计的部分方法，而继续钻研解决问题的所有步骤、过程与方法，才能使你对设计过程的重要环节有更深入的了解和认识。

或许，在设计环节中最重要的部分就是对系统、组件、流程(或者统称为问题)有一个清晰明确的定义。很少有工程师可以将任务描述得完全清楚明了。因此，作为学生，你可以通过问你自己、同学或导师来提高描述问题的能力。

研究解决问题的其他可能的方法是设计过程中的另一个重要环节。同样，作为学生，你可以在你自己的设计过程中尽可能多地考虑问题的解决方法。

评价一个工程任务的解决质量也是非常重要的，这种能力可以在任何设计实践过程中得到锻炼。

学习目标

通过本章内容的学习和练习你将具备以下能力：

1. 深入理解电容和电感的伏安特性以及它们在基本电路中的应用。
2. 掌握串联电容和并联电容是怎样工作的。
3. 掌握串联电感和并联电感是怎样工作的。
4. 了解怎样用电容和运算放大器设计积分电路。
5. 学习设计微分器及其应用范围。
6. 学习设计模拟计算器，并且理解它们是如何求解差分方程的。

6.1 概述

之前的讨论都局限在纯电阻电路中，本章将介绍两个重要的无源线性元件：电容和电感。与电阻消耗能量不同，电容和电感非但不会消耗能量，反而会将能量储存起来。因此，电容和电感又称为储能(storage)元件。

纯电阻电路的应用非常有限，通过了解电容和电感，我们将会学习到更重要而且更实用的电路。而且在第 3 章和第 4 章中学习到的电路分析方法也可以应用到包含电容和电感的电路中。

本章首先将分别介绍电容和电感以及它们的串并联方式。然后将探讨由电容与运算放大器结合组成的经典应用，如积分电路、微分电路，以及模拟计算机等。

提示：与耗能且不可逆的电阻相比，电感或电容能够储存或释放能量(具有记忆功能)。

6.2 电容

电容是一种可以存储电能的元件。和电阻一样，电容也是一种非常普遍的电子元件。电容的应用也可扩展到电子、通信、计算机以及电力系统中，如用于无线接收器的调谐电路以及作为计算机系统的动态存储元件。

电容的经典结构见图 6-1。

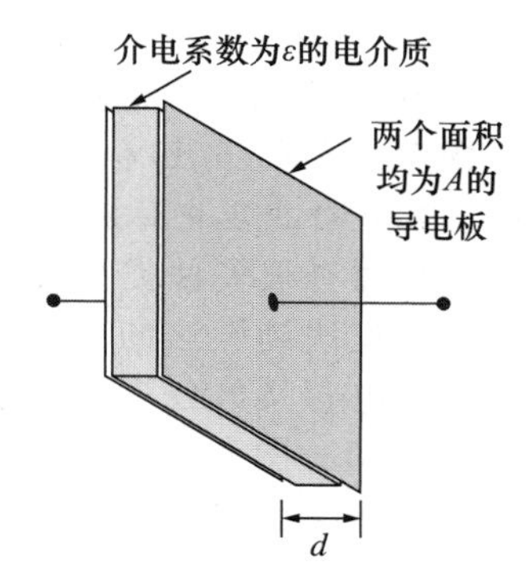

图 6-1　经典电容结构

一个电容包括两个导电板，中间由电介质隔开。

在很多实际应用中，导电板通常由铝箔制成，而电介质则由空气、陶瓷、纸或者云母充当。

当电容与电源相连时，一个导电板聚集正电荷 q，另一个导电板则聚集负电荷-q，如图 6-2 所示。所以电容是一个存储电荷的元件。如果将电容储存的电荷量用 q 表示，那么它的值与加在其上的电压值成正比：

$$\boxed{q=Cv} \tag{6.1}$$

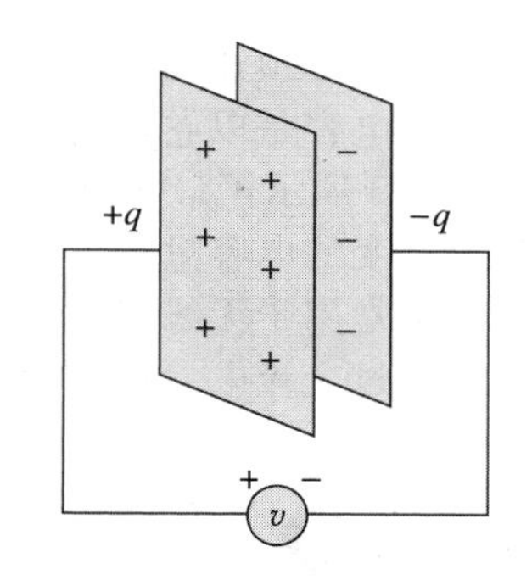

图 6-2　施加有电压 v 的电容

式中 C 是比例常数，也称作电容常数，电容的单位是法拉(F)，以纪念英国物理学家迈克尔·法拉第(1791—1867)。从式(6.1)中可以推导出如下定义：

电容的容量是电容的一个导电板所携带的电荷与两个导电板之间电压的比值，单位为法拉(F)。

因此，1F=1C/V

提示：电容的容量也可以看作单位电压差下每个导电板上储存的电荷量。

历史珍闻

迈克尔·法拉第(Michael Faraday，1791—1867)，英国化学家和物理学家，最伟大的实验物理学家之一。

法拉第出生在伦敦，在他工作了 54 年的皇家科学研究院实现了少年时的梦想，那就是和当时最伟大的化学家汉弗莱·戴维一起工作。他在所有的物理学领域中都有建树，并且提出了电解、阳极和阴极这样的专有名词。他在 1831 年发现的电磁感应是工程学领域的重大突破，因为这项发现提供了一个发电的新方法，电动机和发电机都是基于这个原理。电容的单位就是以法拉第的名字来命名的，以纪念他在这个领域中做出的杰出贡献。

(图片来源：Stock Montage/Getty Images)

虽然电容常数 C 是导电板带电量 q 与作用于其上的电压 v 的比值，但是它却不依赖于

q 和 v，而是取决于电容器的物理参数。比如，在图 6-1 中所示的平行导电板电容的电容常数定义如下：

$$C=\frac{\varepsilon A}{d} \tag{6.2}$$

式中 A 是每个导电板的表面面积，d 是两个导电板之间的距离，ε 则是导电板间电介质的介电常数。虽然式(6.2)仅仅作用于平行板电容器，但是可以看出，电容常数取决于三个因素：

1. 导电板的表面面积——面积越大，电容常数越大。
2. 导电板的间距——距离越小，电容常数越大。
3. 电介质的介电常数——介电常数越高，电容常数越大。

提示： 由式(6.1)和式(6.2)可以看出，电容的电压值与电容大小成反比，如果 d 较小且 v 较高，会出现电弧放电现象。

电容器有很多种类型和容值。通常来说，电容的容值在皮法到微法的范围内。根据填充的电介质的不同，电容又可分为固定电容(图 6-3a)和可变电容(图 6-3b)。图 6-3 分别给出了这两种电容的电路符号表达。注意到，根据无源符号约定，当 $v>0$ 且 $i>0$ 或者 $v<0$ 且 $i<0$ 时，电容被充电；当 $v\cdot i<0$ 时，电容放电。

a) 固定电容　　b) 可变电容

图 6-3　电容的电路符号

图 6-4 给出了几种常见的固定电容。聚酯电容重量轻、稳定，而且在充电时其随温度的变化也是可预知的。除了聚酯电容，其他电介质，如云母和聚苯乙烯构成的电容也很常用。薄膜电容是以卷轴的形式存在金属或者塑料薄膜中。电解电容可以达到很高的电容量。图 6-5 展示了最常见的可变电容。微调(整垫)电容器通常与其他电容并联在一起，从而获得可变的电容量。可变空气电容(网格板)则是通过转动板轴来实现可变的电容量。可变电容通常用于无线接收装置，可实现接收到不同的电台。此外，电容还可以用来阻断直流电、通过交流电、调整相位、存储能量、发动电机以及抑制噪声。

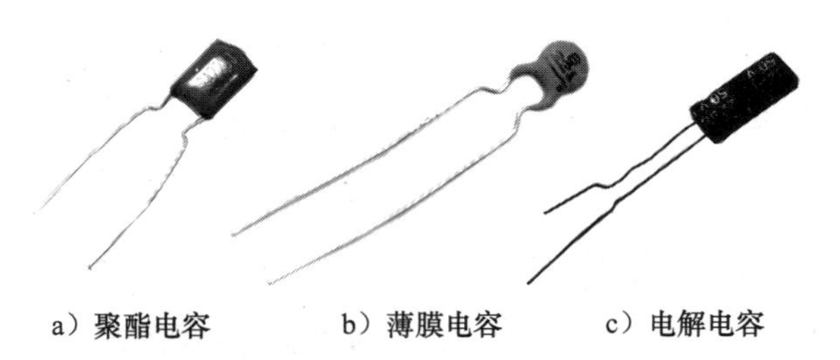

a) 聚酯电容　　b) 薄膜电容　　c) 电解电容

图 6-4　固定电容

(图片来源：Mark Dierker/McGraw-Hill Education)

图 6-5　可变电容

(图片来源：Charles Alexander)

由于

$$i=\frac{\mathrm{d}q}{\mathrm{d}t} \tag{6.3}$$

为了得到电容中的电流和电压之间的关系，我们对式(6.1)左右两边求导，得到

$$\boxed{i=C\frac{\mathrm{d}v}{\mathrm{d}t}} \tag{6.4}$$

这就是在关联参考方向下的电容中电流与电压间的关系。图 6-6 所示的曲线关系显示，电容的电容量是独立于电压的。满足式(6.4)的电容被称作线性电容。对于一个非线性电容来说，其电流与电压之间的关系曲线不是一条直线。虽然有些电容是非线性的，但

大多数是线性电容。本书中讨论的都是线性电容。

提示： 由式(6.4)可知，要使电容承载电流，其电压必须随时间变化。因此，对于恒定电压，$i=0$。

电容上的电流和电压关系可以通过对式(6.4)两端积分得到

$$v(t)=\frac{1}{C}\int_{-\infty}^{t} i(\tau)\mathrm{d}\tau \tag{6.5}$$

或者

$$\boxed{v(t)=\frac{1}{C}\int_{t_0}^{t} i(\tau)\mathrm{d}\tau+v(t_0)} \tag{6.6}$$

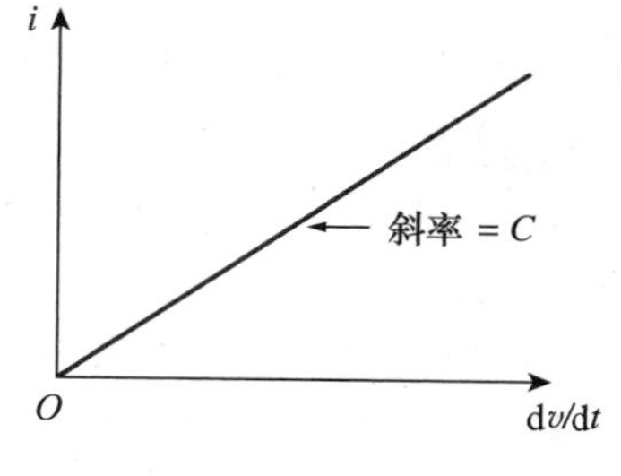

图 6-6　电容的电流和电压关系曲线

式中 $v(t_0)=q(t_0)/C$ 是在 t_0 时刻作用在电容上的电压值。式(6.6)所示的电压值依赖于之前作用其上的电流值。这样，电容就有了记忆功能，也是电容被经常利用到的功能。

传输给电容上的瞬时功率为

$$p=vi=Cv\frac{\mathrm{d}v}{\mathrm{d}t} \tag{6.7}$$

因此，电容上累积的能量即

$$w=\int_{-\infty}^{t} p(\tau)\mathrm{d}\tau=C\int_{-\infty}^{t} v\frac{\mathrm{d}v}{\mathrm{d}\tau}\mathrm{d}\tau=C\int_{v(-\infty)}^{v(t)} v\mathrm{d}v=\frac{1}{2}Cv^2\bigg|_{v(-\infty)}^{v(t)} \tag{6.8}$$

由于在 $t=-\infty$的时刻，电容处于不带电状态，因此 $v(-\infty)=0$，这样可得到如下公式：

$$\boxed{w=\frac{1}{2}Cv^2} \tag{6.9}$$

将式(6.1)代入式(6.9)，可以得到

$$w=\frac{q^2}{2C} \tag{6.10}$$

式(6.9)和式(6.10)描述了在电容的两个导电板间电场中存储的能量。由于一个理想的电容不会消耗能量，所以存储的能量是可以取回的。事实上，电容这个词的意思就是描述有容量可以存储电场能量的元件。

电容有以下这些重要的特性：

1. 从式(6.4)中可以看出，作用在电容上的电压不随时间而改变(即直流电)，通过电容的电流值为零。因此，**电容对于直流电路来说是开路的**。但是，如果一个电池(直流电压)与电容相连接，电容就会被充电。

2. 作用在电容上的电压必须是连续的。**电容上的电压不会产生突变**。电容会阻止阶跃电压对其充电。根据式(6.4)，电压的不连续变化需要无穷大的电流，这在物理学中是不可能实现的。作用在一个电容上的电压可以用图 6-7a 中的形式表达，然而实际上作用在电容上的阶跃电压却不能以图 6-7b 的形式表达。相反，通过电容的电流却可以有瞬间的改变。

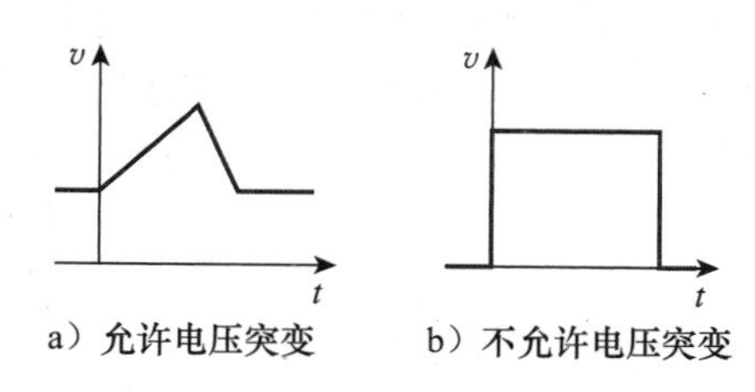

图 6-7　电容两端的电压

提示： 可以利用式(6.9)来理解电容电压不能突变的性质。该式表明电容能量与电压的平方成正比关系，而能量的注入和释放是需要通过一段时间来完成的，因此电容电压不能突变。

3. 理想的电容是不会消耗能量的。它从电路中获取能量并将其储存在电场中，然后将之前储存的能量释放到电路中。

4. 实际电容有一个平行模式漏电阻，如图 6-8 所示。然而，这个漏电阻可高达 100MΩ，因此可在很多实际应用中忽略不计。所以，本书所涉及的电容都假设为理想电容。

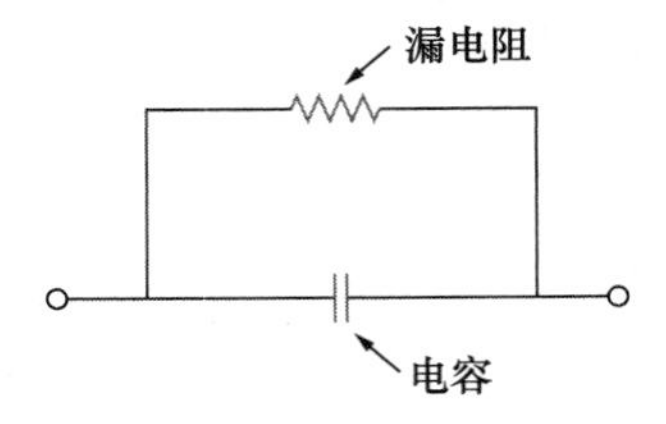

图 6-8　非理想电容的电路模型

例 6-1

(a) 一个 3pF 的电容两端加上 20V 的电压后，可以存储多少电荷？

(b) 电容可以存储的能量有多少？

解：(a) 由于 $q=Cv$，所以

$$q=3\times10^{-12}\times20=60(\text{pC})$$

(b) 存储能量值为

$$w=\frac{1}{2}Cv^2=\frac{1}{2}\times3\times10^{-12}\times400=600(\text{pJ})$$ ◀

练习 6-1　如果一个 4.5μF 的电容的一个导电板上的电荷为 0.12mC，那么作用在其上的电压是多少呢？存储了多少能量呢？　**答案：**26.67V，1.6mJ。

例 6-2 当作用在一个 5μF 的电容上的电压为 $v(t)=10\cos(6000t)$V，计算其上的电流。

解：根据定义，电流可以按下式计算

$$\begin{aligned}i&=C\frac{\mathrm{d}v}{\mathrm{d}t}=5\times10^{-6}\frac{\mathrm{d}}{\mathrm{d}t}(10\cos6000t)\\&=-5\times10^{-6}\times6000\times10\sin6000t=-0.3\sin6000t(\text{A})\end{aligned}$$ ◀

练习 6-2　当一个 10μF 的电容连接到电压源为 $v(t)=75\sin(2000t)$V，计算通过电容的电流。　**答案：**$1.5\cos(2000t)$V。

例 6-3 假设 2μF 的电容的初始电压为零，计算当通过其上的电流为 $i(t)=6\mathrm{e}^{-3000t}$mA 时，作用在其上的电压。

解：由于 $v(t)=\frac{1}{C}\int_0^t i\mathrm{d}\tau+v(0)$，且 $v(0)=0$

$$\begin{aligned}v&=\frac{1}{2\times10^{-6}}\int_0^t 6\mathrm{e}^{-3000\tau}\mathrm{d}\tau\times10^{-3}\\&=\frac{3\times10^3}{-3000}\mathrm{e}^{-3000\tau}\Big|_0^t=(1-\mathrm{e}^{-3000t})\text{V}\end{aligned}$$ ◀

练习 6-3　当通过一个 100μF 的电容的电流为 $i(t)=50\sin120\pi t$mA 时，计算在 $t=1$ms 以及 $t=5$ms 时的电压，令 $v(0)=0$。　**答案：**93.14mV，1.736V。

例 6-4 当作用在一个 200μF 的电容上的电压如图 6-9 所示时，计算通过它的电流。

解：该电压波形可以以如下数学形式表述。

$$v(t)=\begin{cases}50t\text{V}, & 0<t<1\\(100-50t)\text{V}, & 1<t<3\\(-200+50t)\text{V}, & 3<t<4\\0, & \text{其他}\end{cases}$$

由于 $i=C\frac{\mathrm{d}v}{\mathrm{d}t}$ 而且 $C=200\mu\text{F}$，对电压求导可得

$$i(t)=200\times10^{-6}\times\begin{cases}50, & 0<t<1\\-50, & 1<t<3\\50, & 3<t<4\\0, & \text{其他}\end{cases}=\begin{cases}10(\text{mA}), & 0<t<1\\-10(\text{mA}), & 1<t<3\\10(\text{mA}), & 3<t<4\\0, & \text{其他}\end{cases}$$

这样，电流波形可由图 6-10 表示。◀

练习 6-4　当一个没有充过电的 1mF 电容上的电流如图 6-11 所示，计算当 $t=2\text{ms}$ 以及 $t=5\text{ms}$ 时的电压。

答案：100mV，400mV。

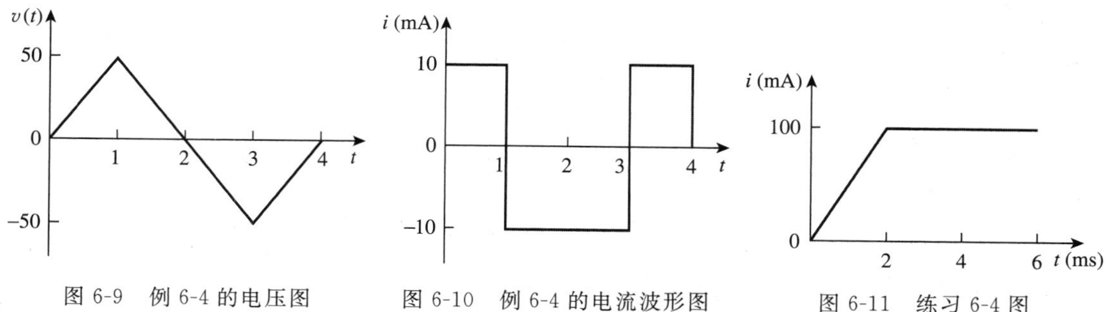

图 6-9　例 6-4 的电压图　　图 6-10　例 6-4 的电流波形图　　图 6-11　练习 6-4 图

例 6-5　计算图 6-12a 中每一个电容在直流电源下存储的能量。

解：在直流电源下，我们可以将每个电容都看作是开路，如图 6-12b 所示。在 2kΩ 和 4kΩ 串联的电阻支路上的电流为

$$i=\frac{3}{3+2+4}\times 6\text{mA}=2\text{mA}$$

这样，作用在电容上的电压 v_1 和 v_2 分别为

$$v_1=2000i=4(\text{V}),\qquad v_2=4000i=8(\text{V})$$

那么它们存储的能量为

$$w_1=\frac{1}{2}C_1v_1^2=\frac{1}{2}\times 2\times 10^{-3}\times 4^2=16(\text{mJ})$$

$$w_2=\frac{1}{2}C_2v_2^2=\frac{1}{2}\times 4\times 10^{-3}\times 8^2=128(\text{mJ})$$

◀

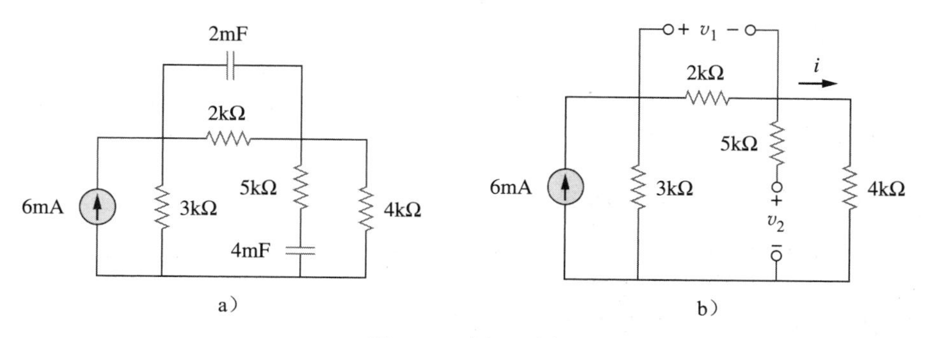

图 6-12　例 6-5 图

练习 6-5　在直流电源下，计算如图 6-13 中电容的存储能量。

答案：20.25mJ，3.375mJ。

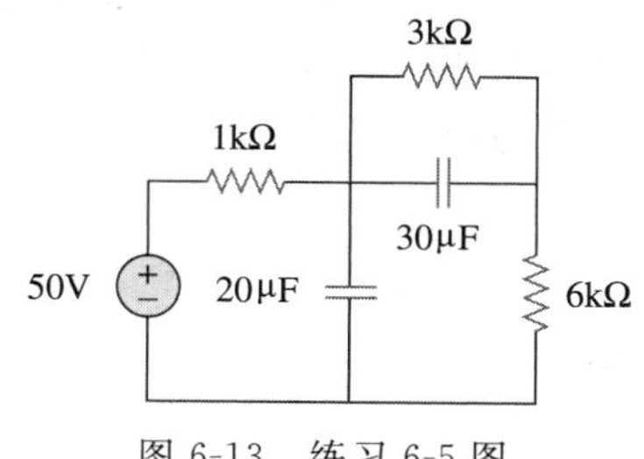

图 6-13　练习 6-5 图

6.3　电容的串并联

在电阻型电路中，串并联的结合是简化电路的一个重要工具。这个方法也可以应用到电容的串并联连接中，可以用一个简单的等效电容 C_{eq} 来代替这些电容。

为了得到 N 个并联电容的等效电容 C_{eq}，我们来考虑一下图 6-14a 的情况，其等效电路如图 6-14b 所示。这些电容两端的电压都是相同的。在

图 6-14a 上应用 KCL 可得

$$i=i_1+i_2+i_3+\cdots+i_N \tag{6.11}$$

但由于 $i_k=C_k\dfrac{dv}{dt}$，所以

$$\begin{aligned} i &= C_1\frac{dv}{dt}+C_2\frac{dv}{dt}+C_3\frac{dv}{dt}+\cdots+C_N\frac{dv}{dt} \\ &= \left(\sum_{k=1}^{N}C_k\right)\frac{dv}{dt}=C_{eq}\frac{dv}{dt} \end{aligned} \tag{6.12}$$

式中

$$\boxed{C_{eq}=C_1+C_2+C_3+\cdots+C_N} \tag{6.13}$$

N 个并联电容的等效电容是每个电容相加的总和。

可见，并联的电容和串联的电阻有同样的合并方式。

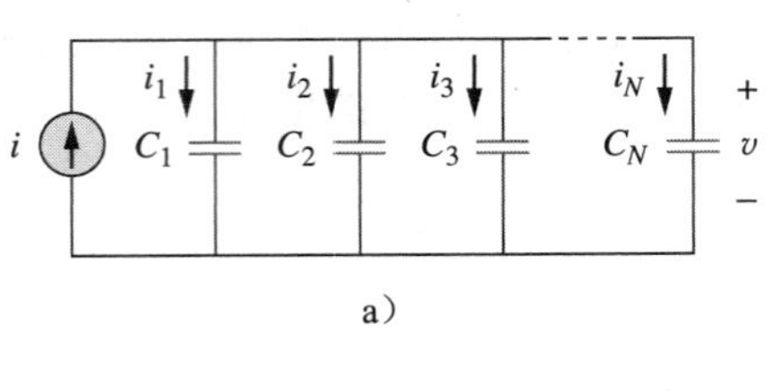

a)

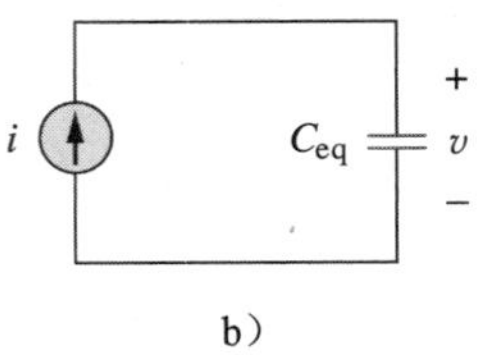

b)

图 6-14 电容的并联

下面来计算图 6-15a 中串联电容的等效电容，其等效电路如图 6-15b 所示。通过每个电容的电流量是相同的(因此具有相同的电荷量)，对这个图 6-15a 中的回路应用 KCL 可得

$$v=v_1+v_2+v_3+\cdots+v_N \tag{6.14}$$

由于 $v_k=\dfrac{1}{C_k}\displaystyle\int_{t_0}^{t}i(\tau)d\tau+v_k(t_0)$，因此，

$$\begin{aligned} v &= \frac{1}{C_1}\int_{t_0}^{t}i(\tau)d\tau+v_1(t_0)+\frac{1}{C_2}\int_{t_0}^{t}i(\tau)d\tau+v_2(t_0)+\cdots+\frac{1}{C_N}\int_{t_0}^{t}i(\tau)d\tau+v_N(t_0) \\ &= \left(\frac{1}{C_1}+\frac{1}{C_2}\cdots+\frac{1}{C_N}\right)\int_{t_0}^{t}i(\tau)d\tau+v_1(t_0)+v_2(t_0)+\cdots+v_N(t_0) \\ &= \frac{1}{C_{eq}}\int_{t_0}^{t}i(\tau)d\tau+v(t_0) \end{aligned} \tag{6.15}$$

式中

$$\frac{1}{C_{eq}}=\frac{1}{C_1}+\frac{1}{C_2}+\frac{1}{C_3}\cdots+\frac{1}{C_N} \tag{6.16}$$

根据 KVL，等效电容 C_{eq} 上的初始电压是每个电容在 t_0 时电压的总和。或者根据式(6.15)可得

$$v(t_0)=v_1(t_0)+v_2(t_0)+v_3(t_0)+\cdots+v_N(t_0)$$

串联电容的等效电容就是每个电容倒数之和的倒数。

可见，串联电容与并联电阻有同样的合并方式。当 $N=2$ 时，(即有两个电容串联)，式(6.16)可以写成

$$\frac{1}{C_{eq}}=\frac{1}{C_1}+\frac{1}{C_2}$$

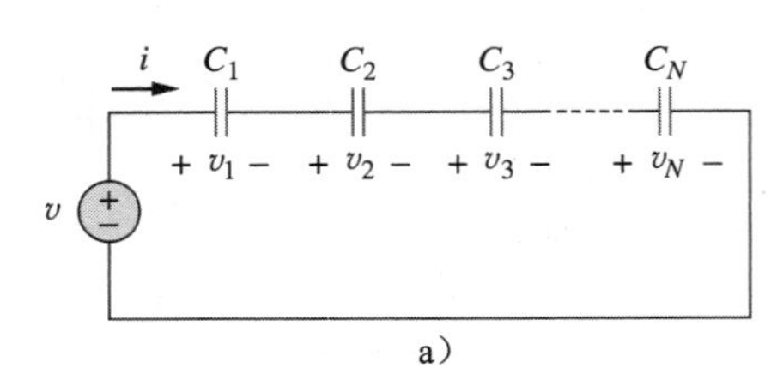

a)

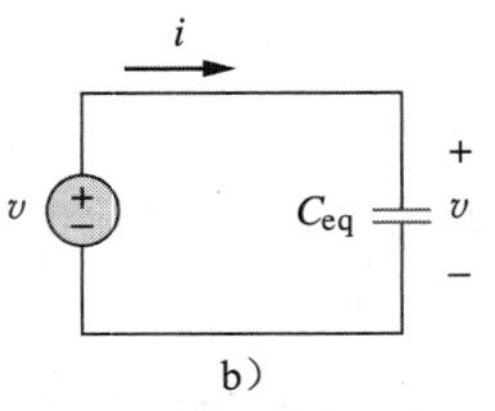

b)

图 6-15 电容的串联

即

$$\boxed{C_{eq}=\frac{C_1+C_2}{C_1C_2}} \tag{6.17}$$

例 6-6 计算在图 6-16 所示电路中 a 和 b 间的等效电容。

解： 20μF 和 5μF 电容是串联的，它们的等效电容是

$$\frac{20\times 5}{20+5}=4(\mu\text{F})$$

4μF 电容是与 6μF 以及 20μF 电容并联的，合并后的电容为

$$4+6+20=30(\mu\text{F})$$

这样 30μF 的电容又与 60μF 的电容串联，这样，整个回路的等效电容为

$$C_{\text{eq}}=\frac{30+60}{30\times 60}=20(\mu\text{F})$$

◀

练习 6-6　计算图 6-17 所示电路终端的等效电容。

答案：40μF

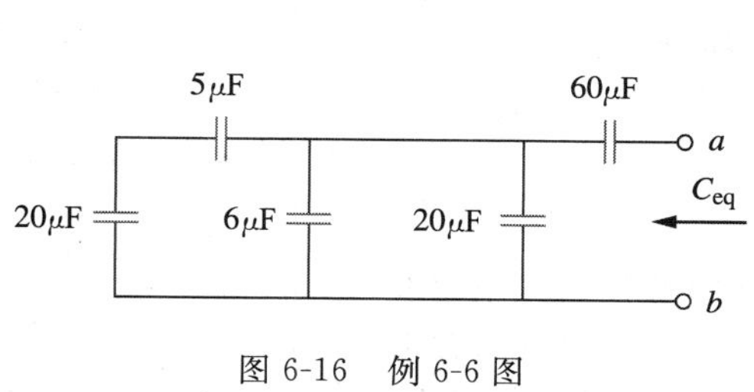

图 6-16　例 6-6 图

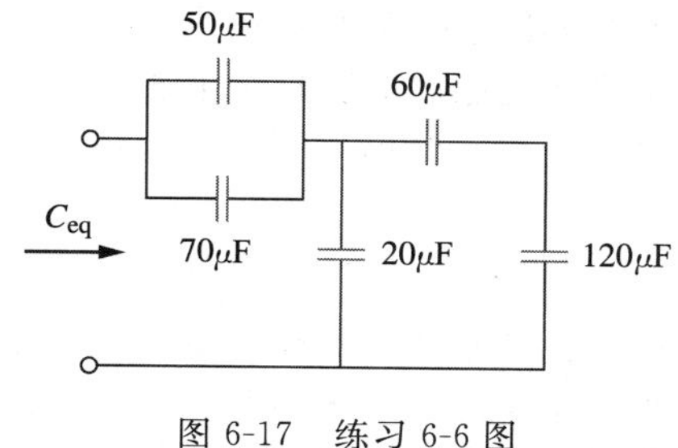

图 6-17　练习 6-6 图

例 6-7　计算图 6-18 中每个电容上的电压。

解：首先计算这个回路的等效电容，如图 6-19 所示。图 6-18 中所示的两个并联电容可以合并为 40+20=60(mF)的电容。这个 60mF 的电容又与 20mF 和 30mF 的电容串联，这样

$$C_{\text{eq}}=\frac{1}{\frac{1}{60}+\frac{1}{30}+\frac{1}{20}}\text{mF}=10\text{mF}$$

总电荷量为

$$q_{\text{eq}}=C_{\text{eq}}v=10\times 10^{-3}\times 30=0.3(\text{C})$$

这是在 20mF 与 30mF 电容上的电荷量，因为它们与 30V 的电压源串联(由于 $i=\frac{\mathrm{d}q}{\mathrm{d}t}$，因此可以简单地把这个电荷看作是电流)，所以

$$v_1=\frac{q}{C_1}=\frac{0.3}{20\times 10^{-3}}=15(\text{V})\qquad v_2=\frac{q}{C_2}=\frac{0.3}{30\times 10^{-3}}=10(\text{V})$$

当确定了 v_1 和 v_2，我们就可以应用 KVL 通过下式得到 v_3：

$$v_3=30-v_1-v_2=5(\text{V})$$

或者说，由于 40mF 和 20mF 的电容并联，加在它们上面的电压是一样的，合并后的电容为 60mF。这个合并后的电容又与 20mF 以及 30mF 的电容串联，这样它们产生的电荷量也应该是相同的。所以，

$$v_3=\frac{q}{60}=\frac{0.3}{6\times 10^{-3}}=5(\text{V})$$

◀

练习 6-7　计算图 6-20 所示每个电容上的电压。

答案：$v_1=45$V，$v_2=45$V，$v_3=15$V，$v_4=30$V。

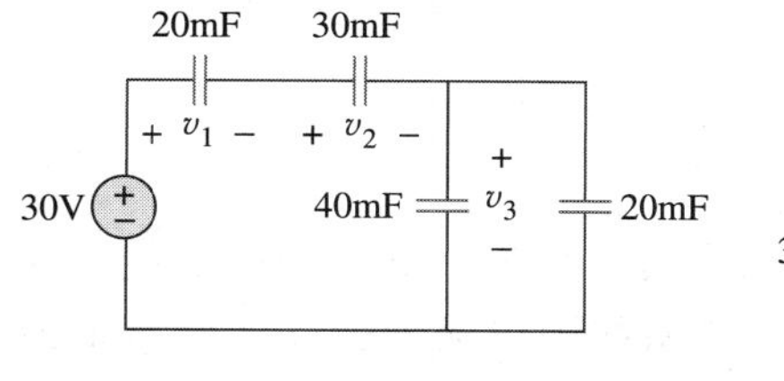

图 6-18　例 6-7 图

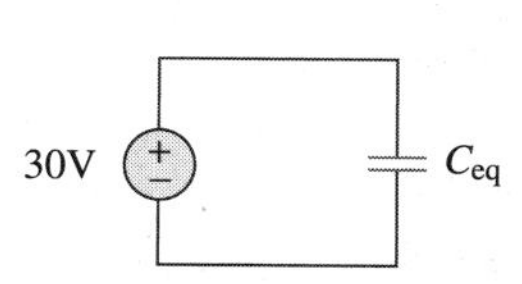

图 6-19　图 6-18 的等效图

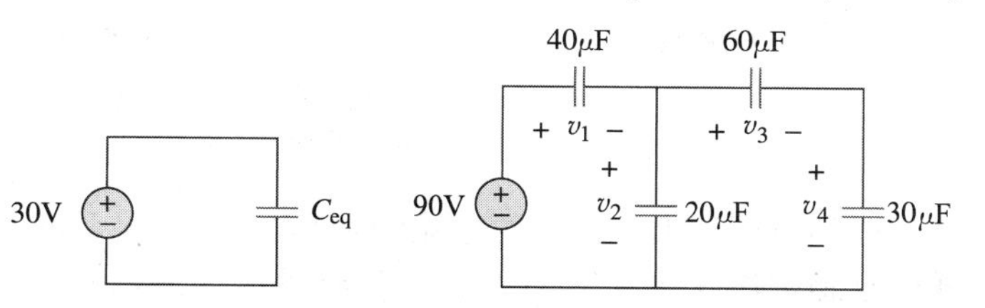

图 6-20　练习 6-7 图

6.4　电感

电感是一个可以利用其磁场储存能量的无源器件。在电子和电力系统中，电感有着广泛的应用，比如电力供应、变压器、无线电、电视机、雷达以及电动机。

任何有电流通过的导线都有感应特性，因此可以看作是一个电感。但是为了增强感应效果，一个实用的电感通常是一个由很多导线绕成的圆柱线圈，如图 6-21 所示。

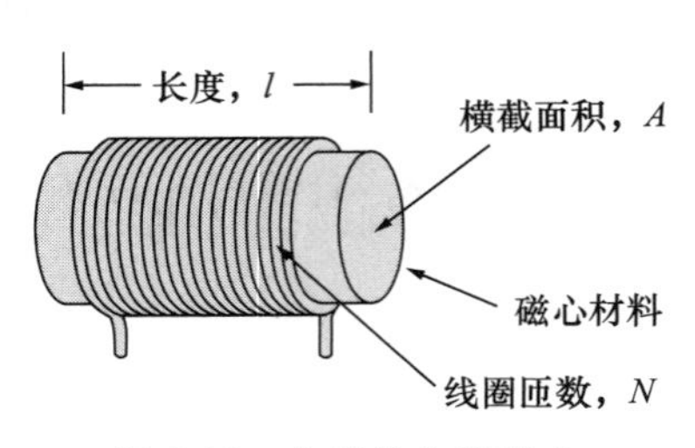

图 6-21　电感的典型形式

电感由导线绕成的线圈组成。

当电流通过电感时，这个电感上的电压与其电流变化的频率成正比。根据无源符号约定，

$$\boxed{v=L\frac{\mathrm{d}i}{\mathrm{d}t}} \tag{6.18}$$

式中，L 是比例常数，称作电感的感应系数。电感系数的单位是亨利(H)，以纪念其发明者，美国科学家约瑟夫·亨利(1797—1878)。从式(6.18)可以看出，1H=1V·s/A。

电感系数是电感在经历电流改变时产生的特性，由亨利(H)来衡量。

提示：由式(6.18)可知，要使电感两端有电压，其电流必须随时间变化。因此，对于恒定电感电流，$v=0$。

电感的感应系数取决于它的实际尺寸及其导电性能。计算不同尺寸电感的感应系数式是由电磁感应理论推导出来的，具体过程可参见标准电工手册。例如，图 6-21 所示的一个螺线管电感，其感应系数为：

$$L=\frac{N^2\mu A}{l} \tag{6.19}$$

式中，N 是线圈匝数，l 是长度，A 是横截面积，μ 则是磁导率。从式(6.19)中可以看出提高电感系数的方法有：增加线圈匝数，采用具有更高磁导率的磁心，增加横截面积以及缩短螺线管长度。

与电容一样，商用电感也有不同的容量和类型。常用电感的感应系数可从通信系统中的几个微亨到电力系统中的几十亨。电感也有固定电感和可变电感之分。磁心可由铁、钢、塑料或是空气制成。关于电感也有线圈和扼流圈这样的术语。常用电感如图 6-22 所示。在无源符号国际惯例中，电感的电路符号如图 6-23 所示。

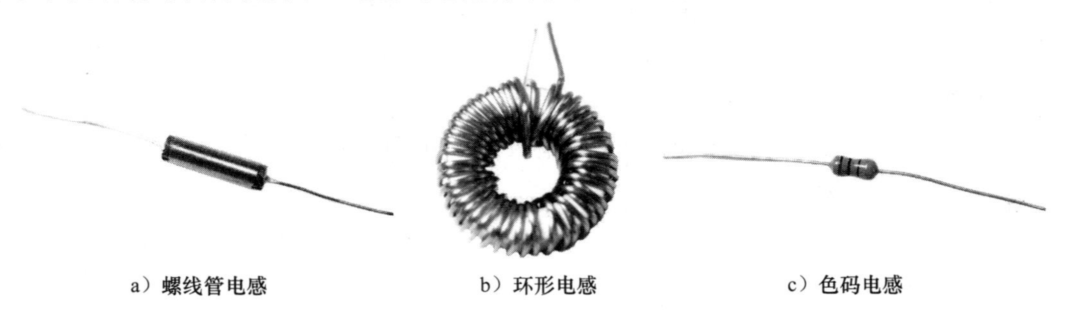

a）螺线管电感　　b）环形电感　　c）色码电感

图 6-22　不同类别的电感

（图片来源：Mark Dierker/McGraw-Hill Education）

式(6.18)给出了电感的电流和电压关系。图 6-24 是电感独立于电流的变化曲线，这样的电感称作线性电感。对于一个非线性电感，由于电感系数随电流而变化，所以根据式(6.18)所生成的曲线不是一条直线。除非特别声明，本书涉及的电感均是线性电感。

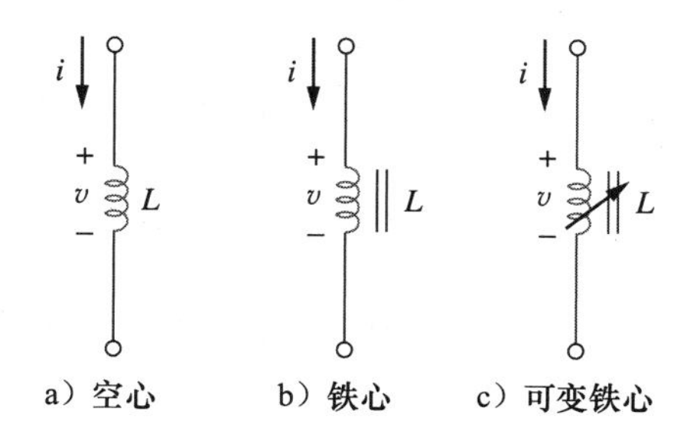

图 6-23　电感的电路符号

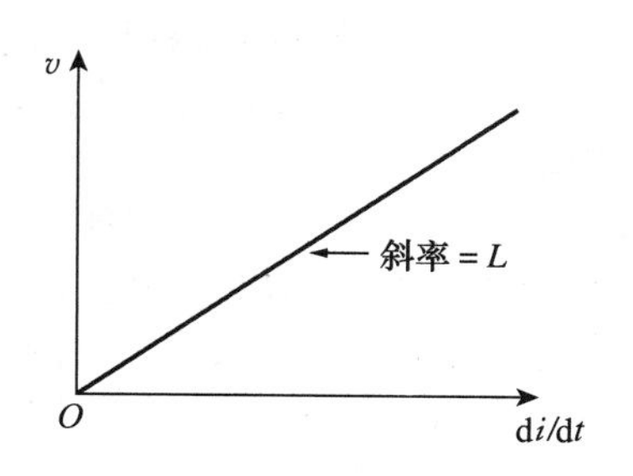

图 6-24　电感的电流和电压关系曲线

历史珍闻

约瑟夫·亨利(Joseph Henry，1797—1878)，美国物理学家，发现了电感效应并因此发明了电动机。

(图片来源：NOAA'S People Collection)

亨利出生在纽约州的奥尔巴尼市，毕业于奥尔巴尼专科学院，1832～1846 年间在普林斯顿大学任教。他是史密斯森协会(美国国立博物馆)的第一任会长。他进行了电磁感应的一系列实验并制造出可悬浮起数千磅(1 磅＝0.453 592 37kg)物体的强力磁场。有意思的是，亨利是在法拉第之前发现了电磁感应现象，但却没有成功发表他的这项研究。电感的单位“亨利”就是为了纪念他而命名的。

从式(6.18)所得到的电流和电压关系如下所示：

$$\mathrm{d}i=\frac{1}{L}v\,\mathrm{d}t$$

积分后可得

$$i=\frac{1}{L}\int_{-\infty}^{t} v(\tau)\,\mathrm{d}\tau \tag{6.20}$$

即

$$\boxed{i=\frac{1}{L}\int_{t_0}^{t} v(\tau)\,\mathrm{d}\tau+i(t_0)} \tag{6.21}$$

式中，$i(t_0)$是$-\infty<t<t_0$ 时的总电流，且 $i(-\infty)=0$。令 $i(-\infty)=0$ 是因为在之前的所有时刻中，总有一个没有电流通过电感的时刻。

电感是在其磁场中储存能量的器件，储存的能量可由式(6.18)计算。传送到电感上的功率为

$$p=vi=\left(L\,\frac{\mathrm{d}i}{\mathrm{d}t}\right)i \tag{6.22}$$

所以存储的能量为

$$\begin{aligned} w &= \int_{-\infty}^{t} p(\tau)\,\mathrm{d}\tau=L\int_{-\infty}^{t}\frac{\mathrm{d}i}{\mathrm{d}\tau}i\,\mathrm{d}\tau \\ &=L\int_{-\infty}^{t} i\,\mathrm{d}i=\frac{1}{2}Li^2(t)-\frac{1}{2}Li^2(-\infty) \end{aligned} \tag{6.23}$$

因为 $i(-\infty)=0$，所以

$$\boxed{w=\frac{1}{2}Li^2(t)} \tag{6.24}$$

电感具有如下的重要特性：

1. 从式(6.18)，可以看出，当电流恒定时，电感上的电压为零。**在直流电路中，电感相当于短路**。

2. 电感还有一个重要特性就是阻碍通过它的交变电流。通过电感的电流不能发生瞬时的改变。根据式(6.18)，如果电感上的电流产生不连续的变化需要无限的电压，物理上不可能实现。因此，电感会妨碍其上电流的阶跃变化。比如，通过一个电感的电流如图 6-25a 所示，而实际上，由于不连续性，通过电感的电流却不能像图 6-25b 所示那样。但是，电感上的电压却可以有阶跃性的变化。

3. 就理想的电容一样，理想的电感也不会消耗能量，因此储存的能量可以供以后使用。电感从电路中获取能量并储存起来，之后会将储存的能量释放到电路中。

4. 实际上电感都不是理想的，因此它们在一定程度上可被看作是电阻元件，如图 6-26 所示。这是由于实际电感都由导体材料制成，比如铜，这些导体材料多少都会产生电阻。这种电阻又称作绕组电阻 R_w，相当于在电路中与电感串联的电阻。R_w 的存在使得电感成为一个既储存能量又消耗能量的器件。由于 R_w 通常很小，因此在很多情况下可忽略不计。另外，由于线圈间的电容耦合，非理想电感还会产生相应的绕组电容 C_w。C_w 也非常小，因此除非在高频的情况下，C_w 通常也忽略不计。本书中所涉及的电感都假设为理想电感。

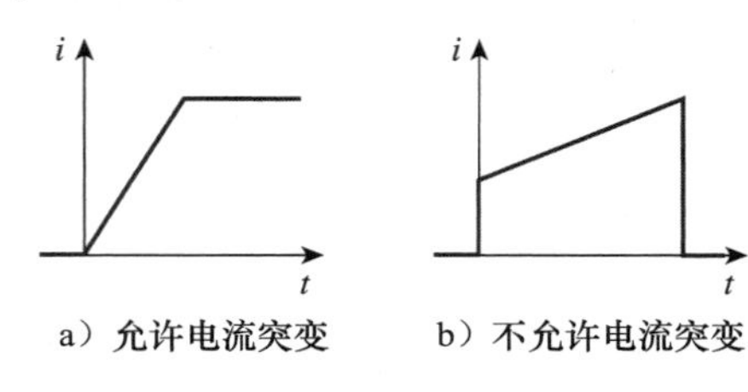

图 6-25 流经电感器的电流

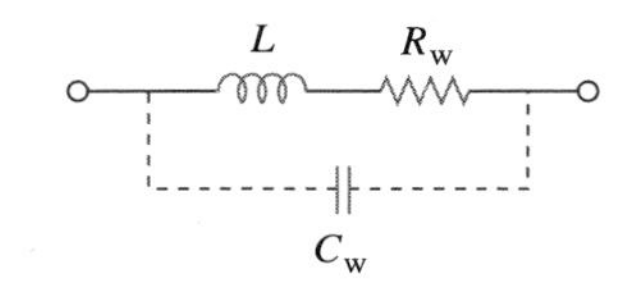

图 6-26 实际电感器的电路模型

例 6-8 通过一个 0.1H 电感的电流为 $i(t)=10te^{-5t}$ A，计算该电感的两端的电压及其存储的能量。

解：由于 $v=L\dfrac{di}{dt}$并且 $L=0.1$H，所以

$$v=0.1\frac{d}{dt}(10te^{-5t})=e^{-5t}+t\times(-5)e^{-5t}=e^{-5t}(1-5t)(V)$$

储存的能量为

$$w=\frac{1}{2}Li^2=\frac{1}{2}\times0.1\times100t^2e^{-10t}=5t^2e^{-10t}(J)$$ ◀

练习 6-8 通过一个 1mH 电感的电流为 $i(t)=60\cos(100t)$mA，计算其两端电压以及储存的能量。

答案：$-6\sin(100t)$mV，$1.8\cos^2(100t)\mu$J。

例 6-9 当加在 5H 电感两端的电压为

$$v=\begin{cases}30t^2, & t>0\\ 0, & t<0\end{cases}$$

计算通过该电感的电流。并假设 $i(v)>0$，计算当 $t=5$s 时，该电感所存储的能量。

解：由于 $i=\dfrac{1}{L}\displaystyle\int_{t_0}^{t}v(\tau)d\tau+i(t_0)$且 $L=5$H，所以

$$i=\frac{1}{5}\int_0^t 30\tau^2d\tau+0=6\times\frac{t^3}{3}=2t^3(A)$$

功率为 $p=vi=60t^5$，所以存储的能量为

$$w=\int p\,\mathrm{d}t=\int_0^5 60t^5\,\mathrm{d}t=60\times\frac{t^6}{6}\bigg|_0^5=156.25(\mathrm{kJ})$$

或者，我们可以通过式(6.24)计算出能量值为

$$w\big|_0^5=\frac{1}{2}Li^2(5)-\frac{1}{2}Li^2(0)=\frac{1}{2}\times5\times(2\times5^3)^2-0=156.25(\mathrm{kJ})$$

结果与之前的计算相同。◀

练习 6-9 一个 2H 电感的终端电压为 $v=10(1-t)$V。计算在 $t=4$s 时，通过其上的电流以及该时刻存储的能量，假设 $i(0)=2$A。 **答案：** −18A，324J。

例 6-10 如图 6-27a 所示电路中，在直流电源下，计算：(a) i，v_C，以及 i_L；(b) 存储在电容和电感中的能量。

解： (a) 在直流电源下，将电容做开路处理，电感做短路处理，如图 6-27b 所示。因此

$$i=i_L=\frac{12}{1+5}=2(\mathrm{A})$$

电压 v_C 与加在 5Ω 电阻上的电压相等，因此

$$v_C=5i=10(\mathrm{V})$$

(b) 电容存储能量为

$$w_C=\frac{1}{2}Cv_C^2=\frac{1}{2}\times1\times10^2=50(\mathrm{J})$$

所以电感所储存的能量为

$$w_L=\frac{1}{2}Li_L^2=\frac{1}{2}\times2\times2^2=4(\mathrm{J})$$ ◀

练习 6-10 在直流电源下，计算图 6-28 所示电路中，电容和电感所对应的电压、电流以及它们所储存的能量。 **答案：** 15V，7.5A，450J，168.75J。

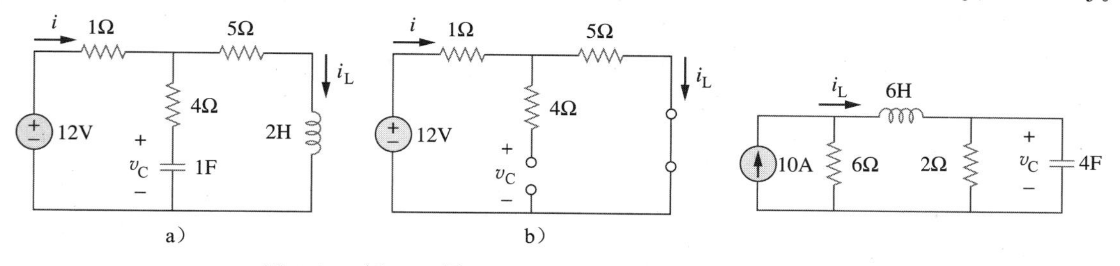

图 6-27 例 6-10 图

图 6-28 练习 6-10 图

6.5 电感的串并联

电感是一种无源元件，因此它们的串并联合并是十分重要的，需要了解怎样在实际电路中找到串并联电感的等效电感。

考虑一个由 N 个电感串联组成的电路，如图 6-29a 所示，它的等效电路如图 6-29b 所示。流经这些电感的电流是一样的，对该回路应用 KVL，可得

$$v=v_1+v_2+v_3+\cdots+v_N \tag{6.25}$$

将 $v_k=L_k\dfrac{\mathrm{d}i}{\mathrm{d}t}$ 代入得：

$$\begin{aligned}v&=L_1\frac{\mathrm{d}i}{\mathrm{d}t}+L_2\frac{\mathrm{d}i}{\mathrm{d}t}+L_3\frac{\mathrm{d}i}{\mathrm{d}t}+\cdots+L_N\frac{\mathrm{d}i}{\mathrm{d}t}\\&=(L_1+L_2+L_3+\cdots+L_N)\frac{\mathrm{d}i}{\mathrm{d}t}=\left(\sum_{k=1}^{N}L_k\right)\frac{\mathrm{d}i}{\mathrm{d}t}=L_{\mathrm{eq}}\frac{\mathrm{d}i}{\mathrm{d}t}\end{aligned} \tag{6.26}$$

式中

$$\boxed{L_{eq}=L_1+L_2+L_3+\cdots+L_N} \tag{6.27}$$

串联电感的等效电感系数是各电感的感应系数之和。

电感的串联组合与电阻的串联组合性质相同。

再来考虑一下由 N 个电感并联所组成的回路，如图 6-30a，其等效电路如图 6-30b 所示。这些电感两端所加电压是一样的，使用 KCL 可得

$$i=i_1+i_2+i_3+\cdots+i_N \tag{6.28}$$

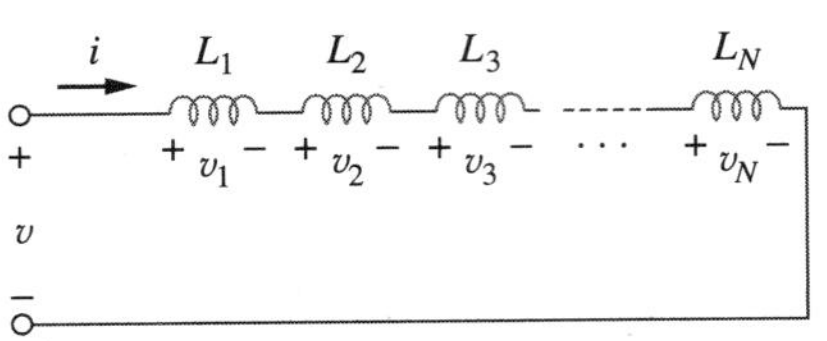

a）N个电感的串联

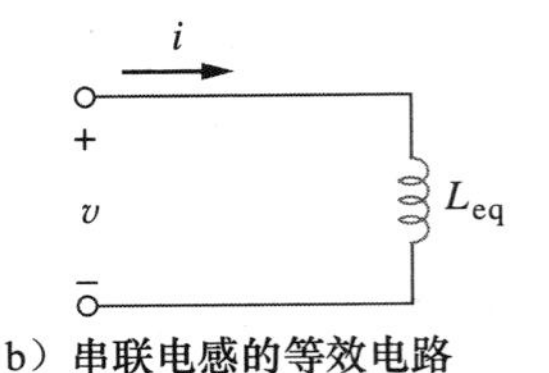

b）串联电感的等效电路

图 6-29　电感的串联

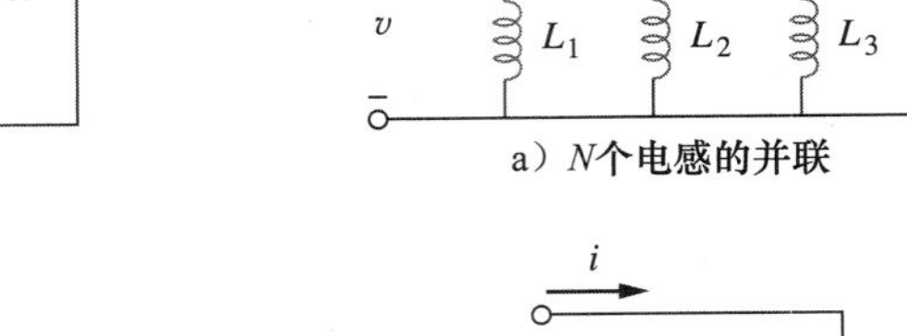

a）N个电感的并联

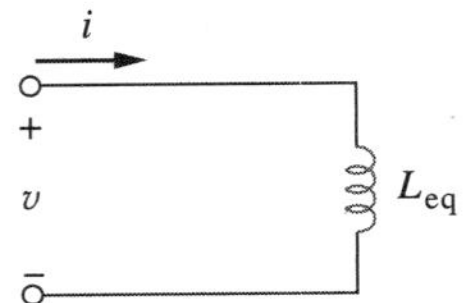

b）并联电感的等效电路

图 6-30　电感器的并联

由于 $i_k=\frac{1}{L_k}\int_{t_0}^{t}v(\tau)\mathrm{d}\tau+i_k(t_0)$，因此，

$$\begin{aligned}
i&=\frac{1}{L_1}\int_{t_0}^{t}v(\tau)\mathrm{d}\tau+i_1(t_0)+\frac{1}{L_2}\int_{t_0}^{t}v(\tau)\mathrm{d}\tau+i_2(t_0)+\cdots+\frac{1}{L_N}\int_{t_0}^{t}v(\tau)\mathrm{d}\tau+i_N(t_0)\\
&=\left(\frac{1}{L_1}+\frac{1}{L_2}+\cdots+\frac{1}{L_N}\right)\int_{t_0}^{t}v(\tau)\mathrm{d}\tau+i_1(t_0)+i_2(t_0)+\cdots+i_N(t_0)\\
&=\frac{1}{L_{eq}}\int_{t_0}^{t}v(\tau)\mathrm{d}\tau+i(t_0)
\end{aligned} \tag{6.29}$$

式中

$$\boxed{\frac{1}{L_{eq}}=\frac{1}{L_1}+\frac{1}{L_2}+\frac{1}{L_3}\cdots+\frac{1}{L_N}} \tag{6.30}$$

根据 KCL，在 $t=t_0$ 时刻通过 L_{eq} 的初始电流 $i(t_0)$是在 t_0 时刻通过所有电感的电流之和。因此，参照式(6.29)可得

$$i(t_0)=i_1(t_0)+i_2(t_0)+i_3(t_0)+\cdots+i_N(t_0)$$

并联电感的等效电感系数是每个电感的感应系数倒数和的倒数。

电感的并联与电阻的并联也具有相同的合并方式。

对于两个并联的电感($N=2$)，式(6.30)又可写作

$$\frac{1}{L_{eq}}=\frac{1}{L_1}+\frac{1}{L_2}\quad 或\quad L_{eq}=\frac{L_1+L_2}{L_1L_2} \tag{6.31}$$

只要所有元件的类型都相同，那么在 2.7 节中所讨论的关于电阻的△-Y 变换都可以扩展到电容和电感的应用中来。

现在总结一下学过的三个基本电路元件的重要特性，见表 6-1。

表 6-1　三个基本电路元件的重要特性[⊖]

关系	电阻(R)	电容(C)	电感(L)
电压-电流	$v=iR$	$v=\frac{1}{C}\int_{t_0}^{t} i(\tau)\mathrm{d}\tau+v(t_0)$	$v=L\frac{\mathrm{d}i}{\mathrm{d}t}$
电流-电压	$i=\frac{v}{R}$	$i=C\frac{\mathrm{d}v}{\mathrm{d}t}$	$i=\frac{1}{L}\int_{t_0}^{t} v(\tau)\mathrm{d}\tau+i(t_0)$
功率或能量	$p=i^2R=\frac{v^2}{R}$	$w=\frac{1}{2}Cv^2$	$w=\frac{1}{2}Li^2$
串联	$R_{eq}=R_1+R_2$	$C_{eq}=\frac{C_1+C_2}{C_1C_2}$	$L_{eq}=L_1+L_2$
并联	$R_{eq}=\frac{R_1R_2}{R_1+R_2}$	$C_{eq}=C_1+C_2$	$L_{eq}=\frac{L_1L_2}{L_1+L_2}$
直流激励	相同	开路	短路
不能突变电路变量	无	v	i

例 6-11 计算图 6-31 所示电路的等效电感。

解： 10H、12H 和 20H 的电感串联，合并后它们相当于一个 42H 的电感。这个 42H 的电感又与 7H 的电感并联，因此合并后为

$$\frac{7\times42}{7+42}=6(\mathrm{H})$$

这个 6H 的电感与 4H 以及 8H 的电感串联，得到

$$L_{eq}=4+6+8=18(\mathrm{H})$$

◀

练习 6-11　计算图 6-32 中梯形电感网络的等效电感。　**答案：** 25mH。

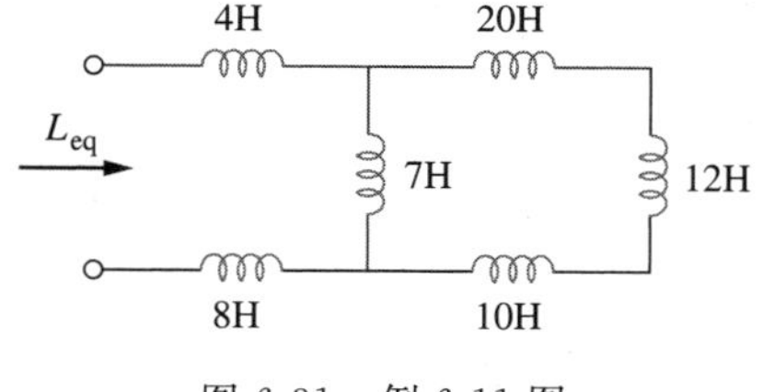

图 6-31　例 6-11 图

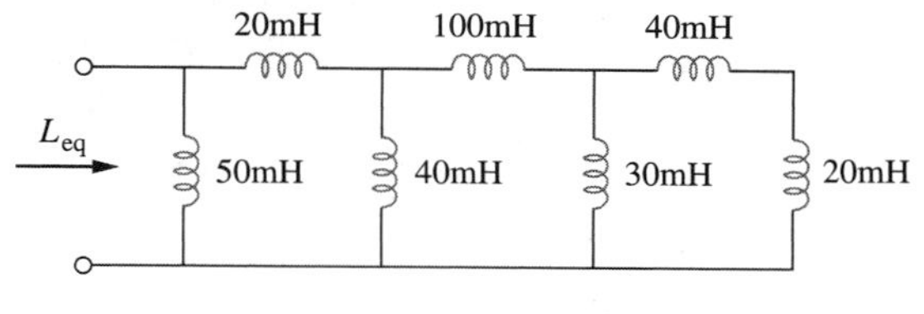

图 6-32　练习 6-11 图

例 6-12 图 6-33 所示电路中，$i(t)=4(2-\mathrm{e}^{-10t})\mathrm{mA}$，当 $i_2(0)=-1\mathrm{mA}$ 时，计算：(a) $i_1(0)$；(b) $v(t)$、$v_1(t)$和 $v_2(t)$；(c) $i_1(t)$和 $i_2(t)$。

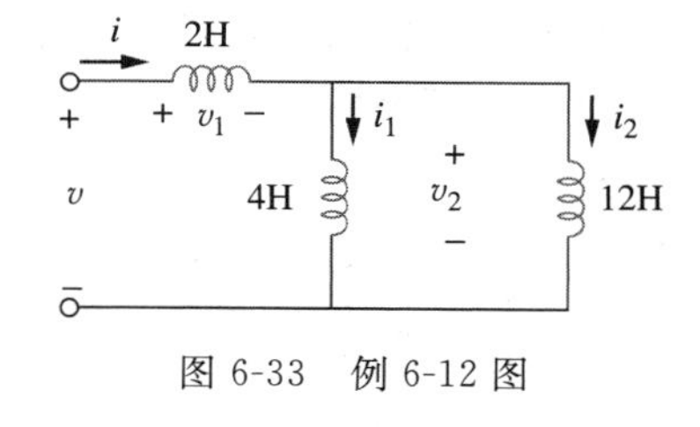

图 6-33　例 6-12 图

解： (a)因为 $i(t)=4(2-\mathrm{e}^{-10t})\mathrm{mA}$，所以 $i(0)=4\times(2-1)=4(\mathrm{mA})$。由于 $i=i_1+i_2$，所以 $i_1(0)=i(0)-i_2(0)=4-(-1)=5(\mathrm{mA})$

(b) 等效电感为 $L_{eq}=2+\frac{4\times12}{4+12}=5(\mathrm{H})$

所以，

$$v(t)=L_{eq}\frac{\mathrm{d}i}{\mathrm{d}t}=5\times4\times(-1)\times(-10)\mathrm{e}^{-10t}\,\mathrm{mV}=200\mathrm{e}^{-10t}\,\mathrm{mV}$$

并且

⊖ 采用关联参考方向约定。

$$v_1(t)=2\frac{\mathrm{d}i}{\mathrm{d}t}=2\times(-4)\times(-10)\mathrm{e}^{-10t}\,\mathrm{mV}=80\mathrm{e}^{-10t}\,\mathrm{mV}$$

由于 $v=v_1+v_2$，所以

$$v_2(t)=v(t)-v_1(t)=120\mathrm{e}^{-10t}\,\mathrm{mV}$$

(c) 电流 i_1 可由下式得到：

$$i_1(t)=\frac{1}{4}\int_0^t v_2\mathrm{d}t+i_1(0)=\left(\frac{120}{4}\int_0^t \mathrm{e}^{-10t}\mathrm{d}t+5\right)\mathrm{mA}$$
$$=(-3\mathrm{e}^{-10t}\big|_0^t+5)\,\mathrm{mA}=-3\mathrm{e}^{-10t}+3+5=(8-3\mathrm{e}^{-10t})\,\mathrm{mA}$$

同理，

$$i_2(t)=\frac{1}{12}\int_0^t v_2\mathrm{d}t+i_2(0)=\left(\frac{120}{12}\int_0^t \mathrm{e}^{-10t}\mathrm{d}t-1\right)\mathrm{mA}$$
$$=(-\mathrm{e}^{-10t}\big|_0^t-1)\,\mathrm{mA}=-\mathrm{e}^{-10t}+1-1=-\mathrm{e}^{-10t}\,\mathrm{mA}$$

可见，$i_1(t)+i_2(t)=i(t)$。◀

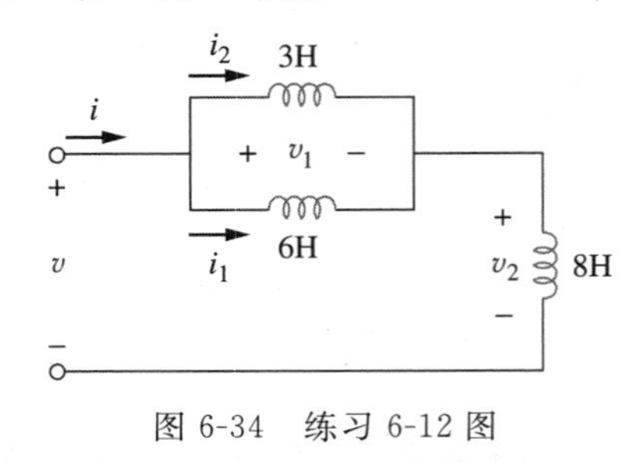

图 6-34　练习 6-12 图

练习 6-12　在图 6-34 所示电路中，$i_1(t)=600\mathrm{e}^{-2t}\,\mathrm{mA}$，如果 $i(0)=1.4\mathrm{A}$，计算：(a) $i_2(0)$；(b) $i_2(t)$和 $i(t)$；(c) $v_1(t)$、$v_2(t)$和 $v(t)$。

答案：(a) 800mA；(b) $(-0.4+12\mathrm{e}^{-2t})\mathrm{A}$，$(-0.4+1.8\mathrm{e}^{-2t})\mathrm{A}$；(c) $-36\mathrm{e}^{-2t}\mathrm{V}$，$-7.2\mathrm{e}^{-2t}\mathrm{V}$，$-28.8\mathrm{e}^{-2t}\mathrm{V}$。

†6.6　应用实例

电阻和电容被广泛地应用在分离或集成电路中，而电感则不同，由于它呈现明显的感应现象，因此很难将其应用到集成电路中。电感(线圈)通常采用分离的形式，从而更昂贵而且尺寸也较大，这个原因限制了电感的应用环境。然而，在某些特定的领域，电感的作用却无可替代。电感通常被应用在继电、延迟、传感装置、读取探针、电话线路、收音机、电视机、电力供应、电动机、传声器、音响等电路或电子产品中。

电容和电感的如下特性使得它们成为电路中非常实用的器件：

1. 储存能量的特性使它们可以被用作暂时的电压源或电流源。所以，可用其在很短的时间内产生较大电流或电压。

2. 电容会阻碍阶跃电压的产生，而电感则限制阶跃电流的产生。这个特性使得电感通常用来消除电火花或者电弧，以及将脉冲直流电压转化成相对平稳的直流电。

3. 电容和电感均对频率敏感，因此可用其进行频率鉴别。

前两个特性主要用在直流源电路中，而第三个特性则在交流电路中发挥作用。之后的章节中会讨论这些特性的用法，本章先来了解关于电容和运算放大器的三个应用：积分器、差分器以及模拟计算机。

6.6.1　积分器

主要的运放电路(包括积分器和差分器)都使用能量储存器件。由于电感(线圈)往往更贵而且体积也较大，所以运放电路通常只包括电阻和电容。

运放积分电路有很多用途，尤其是在 6.6.3 节所介绍的模拟计算机中。

积分器是一个运算放大电路，它的输出与输入信号的积分成正比。

若反馈电阻 R_f 在类似的反向放大器中被一个电容所取代，如图 6-35a 所示，就可以得到一个理想的积分器，如图 6-35b 所示。下面推导这个积分电路的数学表达式，对图 6-35b 中的节点 a，

$$i_R=i_C \tag{6.32}$$

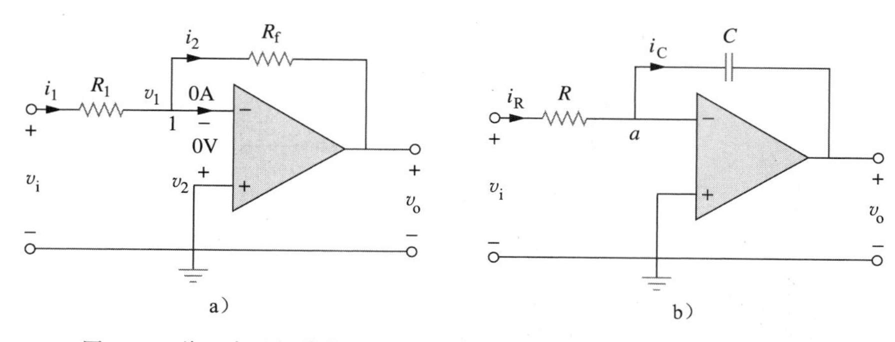

图 6-35　将 a 中反相放大器的反馈电阻用电容取代后得到 b 中的积分器

而
$$i_R=\frac{v_i}{R}\quad i_C=-C\frac{dv_o}{dt}$$

将式(6.32)代入，得

$$\frac{v_i}{R}=-C\frac{dv_o}{dt}\tag{6.33a}$$

$$dv_o=-\frac{1}{RC}v_i dt\tag{6.33b}$$

对等式两边积分得

$$v_o(t)-v_o(0)=-\frac{1}{RC}\int_0^t v_i(\tau)d\tau\tag{6.34}$$

为了确保 $v_o(0)=0$，需保证积分电路中的电容在信号输入以前已放电。所以，假设 $v_o(0)=0$，则

$$\boxed{v_o(t)=-\frac{1}{RC}\int_0^t v_i(\tau)d\tau}\tag{6.35}$$

可见，图 6-35b 所示电路的输出电压与输入信号的积分成正比。实际上，运放积分器需要一个反馈电阻来减少直流增益并防止过饱和，所以在做运放处理的时候必须要注意它的线性区间以防止饱和。

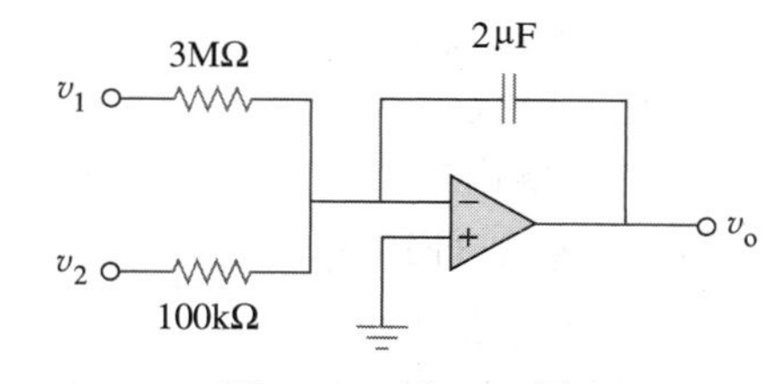

图 6-36　例 6-13 图

例 6-13　当 $v_1=10\cos 2t$ mV 并且 $v_2=0.5t$ mV，计算在图 6-36 中所示运算放大电路的 v_o，假设电容上的初始电压为零。

解： 这是一个加法积分器，所以

$$\begin{aligned}v_o&=-\frac{1}{R_1C}\int v_1 dt-\frac{1}{R_2C}\int v_2 dt\\&=-\frac{1}{3\times10^6\times2\times10^{-6}}\int_0^t 10\cos(2\tau)d\tau-\frac{1}{100\times10^3\times2\times10^{-6}}\int_0^t 0.5\tau d\tau\\&=-\frac{1}{6}\times\frac{10}{2}\sin 2t-\frac{1}{0.2}\times\frac{0.5t^2}{2}=(-0.833\sin 2t-1.25t^2)\text{mV}\end{aligned}$$ ◀

练习 6-13　若图 6-35b 所示积分器中 $R=100\text{k}\Omega$，$C=20\mu\text{F}$。计算在 2.5mV 直流电源下，$t=0$ 时刻的输出电压。假设该运算放大器没有初始信号。　**答案：** $-1.25t$ mV。

6.6.2　差分器

差分器是一个运算放大电路，它的输出与输入信号的变化成正比。

在图 6-35a 中，如果输入阻抗被一个电容取代，那么这个电路就成为一个差分器，如

图 6-37 所示。在节点 a 应用 KCL 可得

$$i_R = i_C \tag{6.36}$$

而

$$i_R = -\frac{v_o}{R} \quad i_C = C\frac{dv_i}{dt}$$

将式(6.36)代入得

$$\boxed{v_o = -RC\frac{dv_i}{dt}} \tag{6.37}$$

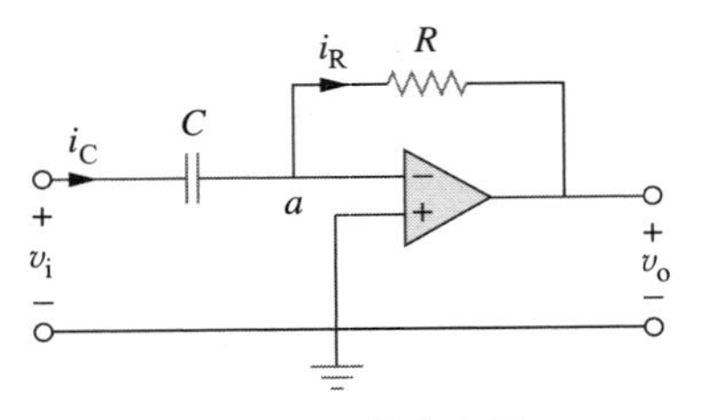

图 6-37　差分电路

这表明该电路的输出是输入信号的微分。差分电路并不稳定，因为电路中的任何电子噪声都可以被差分器放大。因此图 6-37 所示的差分电路没有积分电路普遍，在实际中也很少出现。

例 6-14 已知输入电压如图 6-38b 所示，画出图 6-38a 所示电路的输出电压。在 $t=0$ 时，令 $v_o=0$。

解： 这是一个微分器，所以

$$RC = 5\times10^3\times0.2\times10^{-6} = 10^{-3}(\text{s})$$

当 $0<t<4\text{ms}$ 时，可以将图 6-38b 所示输入电压表达如下：

$$v_i = \begin{cases} 2000t, & 0<t<2\text{ms} \\ 8-2000t, & 2<t<4\text{ms} \end{cases}$$

当 $4\text{ms}<t<8\text{ms}$ 时重复上述电压，利用式(6.37)，可得输出为：

$$v_o = -RC\frac{dv_i}{dt} = \begin{cases} -2\text{V}, & 0<t<2\text{ms} \\ 2\text{V}, & 2<t<4\text{ms} \end{cases}$$

所以，输出电压波形如图 6-39 所示。◀

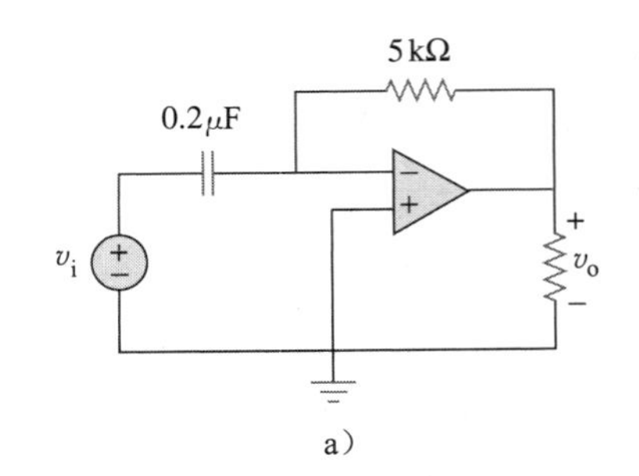

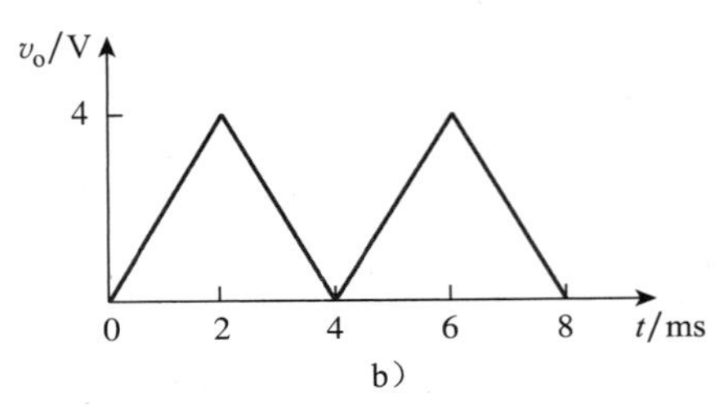

图 6-38　例 6-14 图

练习 6-14　在图 6-37 所示差分电路中，$R=100\text{k}\Omega$，$C=0.1\mu\text{F}$。已知 $v_i=1.25t\text{V}$，计算输出电压 v_o。　**答案：** -12.5mV。

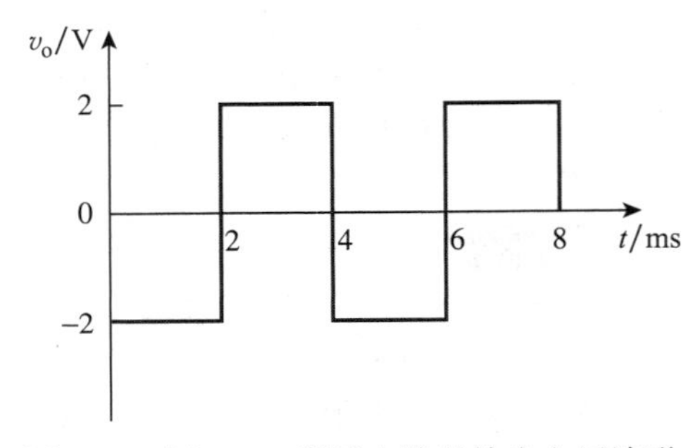

图 6-39　图 6-38a 所示电路的输出电压波形

6.6.3　模拟计算机

运放电路最初是为电子模拟计算机所设计的，模拟计算机可以通过编程解决机械或电子系统中的数学模型。这些模型通常是用差分方程来表示的。

使用模拟计算机解决简单的差分方程需要将三个运算放大器电路串联，分别是：积分电路，加法放大器以及用来标定正负的正/反相放大器。下面通过一个具体的例子来深入地了解模拟计算机怎样处理差分方程。

假设如下方程的解为 $x(t)$，

$$a\frac{d^2x}{dt^2} + b\frac{dx}{dt} + cx = f(t), \quad t>0 \tag{6.38}$$

式中，a、b 和 c 是常量，$f(t)$ 是任意初始函数。首先从最高阶的导数开始求解，因为 d^2x/dt^2 满足

$$\frac{d^2x}{dt^2} = \frac{f(t)}{a} - \frac{b}{a}\frac{dx}{dt} - \frac{c}{a}x \tag{6.39}$$

为了得到 dx/dt，可以对 d^2x/dt^2 积分后反向。最后将 dx/dt 积分后反向即可得 x 的值。所以，实现求解 6-38 所示方程的模拟计算机可由一些必要的加法器、反相器以及积分器组成。绘图仪或者示波器可以连接在系统中的不同位置以显示输出的信号波形，如 x、dx/dt 或者 d^2x/dt^2。

虽然上述例子只给出对二阶差分方程的求解，实际上由积分器、反相器和反相加法器的不同组合构成的模拟计算机可以求解任何差分方程。但是在选择其中的电阻和电容时，需要十分谨慎，以保证运算放大电路在计算间歇时不会饱和。

电子管模拟计算机产生于 20 世纪 50～60 年代，但随着现代数字计算机的出现，它们已很少应用了。但是仍然需要学习模拟计算机的原因有二：首先，集成运放电路使得模拟计算机的制作更加简单和经济；其次，对模拟计算机的认识也可以帮助我们理解数字计算机。

例 6-15 设计一个模拟计算机电路以求解以下差分方程：

$$\frac{d^2v_o}{dt^2}+2\frac{dv_o}{dt}+v_o=10\sin 4t, \qquad t>0$$

假设 $t=0$ 时，$v_o(0)=-4V$，$v_o'(0)=1V$。

解： 1. **明确问题**。首先要明确问题以及将要采用的解决方案。其实在很多时候，我们对问题没有进行很好的分析就开始做研究，事实上分析问题的过程非常重要，也需要花很多精力来完成。如果你也是这样的话，请注意，在对问题分析上所花的时间和精力，其实可以帮你节省时间并且在处理问题的过程中少走弯路。

2. **列出已知条件**。显然，运用 6.6.3 节所介绍的器件可以建立一个模拟计算机电路，所以需要一个积分电路(也可增添加法功能)，以及一个或多个反相电路。

3. **确定备选方案**。解决这个问题的方法很直接，需要选择合适的电阻和电容来实现求解的过程。电路的最后输出即是问题的答案。

4. **尝试求解**。不同的电阻和电容有无限多种组合方式，其中很多都可以获得正确的结果。然而如果选择太极端的话，也会导致错误的输出。比如，采用过小的电阻会使电路过载，而选用过大的电阻则会使这个运算放大器失去理想的功效。选择的区间由实际运算放大器的具体特性决定。

首先求解二次导数，

$$\frac{d^2v_o}{dt^2}=10\sin 4t-2\frac{dv_o}{dt}-v_o \tag{6.15.1}$$

解决这个问题需要一些数学运算，包括相加、缩放以及积分。对等式(6.15.1)两端积分可以得到

$$\frac{dv_o}{dt}=-\int_0^t\left[-10\sin 4\tau+2\frac{dv_o(\tau)}{d\tau}+v_o(\tau)\right]d\tau+v_o'(0) \tag{6.15.2}$$

式中，$v_o'(0)=1$。我们利用如图 6-40a 所示的加法积分器来计算式(6.15.2)。电阻和电容的选取满足使下式中的 $RC=1$，

$$-\frac{1}{RC}\int_0^t v_o(\tau)d\tau$$

式(6.15.2)所描述的加法积分器也可采用其他形式实现。$dv_o(0)/dt=1$ 的初始状态可由图 6-40a 中所示的电路满足，即在电容两端加载 1V 的电池，并由一个开关进行控制。

下面我们可以通过对 dv_o/dt 积分并反向来计算 $v_o(0)$，

$$v_o=-\int_0^t\left[-\frac{dv_o(\tau)}{d\tau}\right]d\tau+v_o(0) \tag{6.15.3}$$

式(6.15.3)可以由图 6-40b 所示电路实现，并且利用电池满足了 $-4V$ 的初始条件。

下面将图 6-40a 以及 6—40b 所示电路合并得到完整的电路，如图 6-40c 所示。当加载输入信号源 $10\sin 4t$ 后，在 $t=0$ 时刻打开开关，就可以在示波器上观察到 v_o 的输出波形。

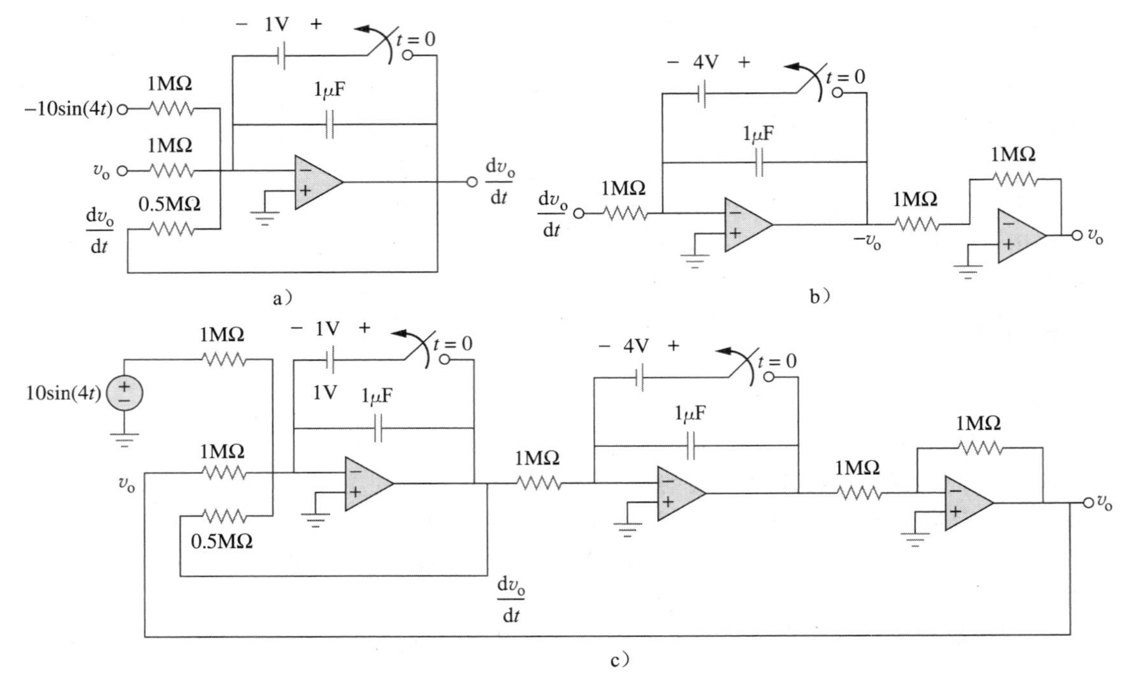

图 6-40　例 6-15 图

5. **评价结果**。答案看起来是正确的，但实际上呢？如果 v_o 的结果满足预期，那么验证它的一个方法就是使用 PSpice 验证这个电路，并且可以将答案与用 MATLAB 实现的其他方法计算出的答案相比较。

由于需要检查电路并确定它可以描述给出的方程，那么还有一个更简单的办法，即将整个电路再运行一遍，看看是否可以得到想要的方程。

然而，检查电路的方法仍有很多。比如说从左到右，但即使使用同样初始方程，这个方法仍会得到多种可能的结果。所以更简单的办法就是从右到左检查答案是否正确。

从输出 v_o 开始，运算放大器的右边电路仅仅是一个增益为 1 的反相器。这意味着整个电路的中间节点的输出是 $-v_o$，下面的表达式说明了中间电路的作用。

$$-v_o=-\left\{\int_0^t\left[-\frac{dv_o}{d\tau}\right]d\tau+v_o(0)\right\}=-\left[v_o\big|_0^t+v_o(0)\right]$$
$$=-\left[v_o(t)-v_o(0)+v_o(0)\right]$$

式中 $v_o(0)=-4\text{V}$ 是作用在电容上的初始电压。

我们用同样的方法检查左边的电路。

$$\frac{dv_o}{dt}=-\left[\int_0^t-\frac{d^2v_o}{d\tau^2}d\tau+v_o'(0)\right]=-\left[-\frac{dv_o}{dt}+v_o'(0)-v_o'(0)\right]$$

现在需要验证第一个运放的输入为 $-d^2v_o/dt^2$，并使其满足

$$-10\sin 4t+v_o+\frac{1/10^{-6}}{0.5}\frac{dv_o}{dt}=-10\sin 4t+v_o+2\frac{dv_o}{dt}$$

这样可以由初始方程得到 $-d^2v_o/dt^2$。

6. **是否满意？**对得到的结果很满意，可以正式提交这个问题的解决方案了。◀

练习 6.15　设计一个模拟计算机电路求解差分方程：

$$\frac{d^2 v_o}{dt^2}+3\frac{dv_o}{dt}+2v_o=4\cos 10t, \quad t>0$$

令 $v_o(0)=2$，$v_o'(0)=0$。

答案：见图 6-41，其中 $RC=1s$。

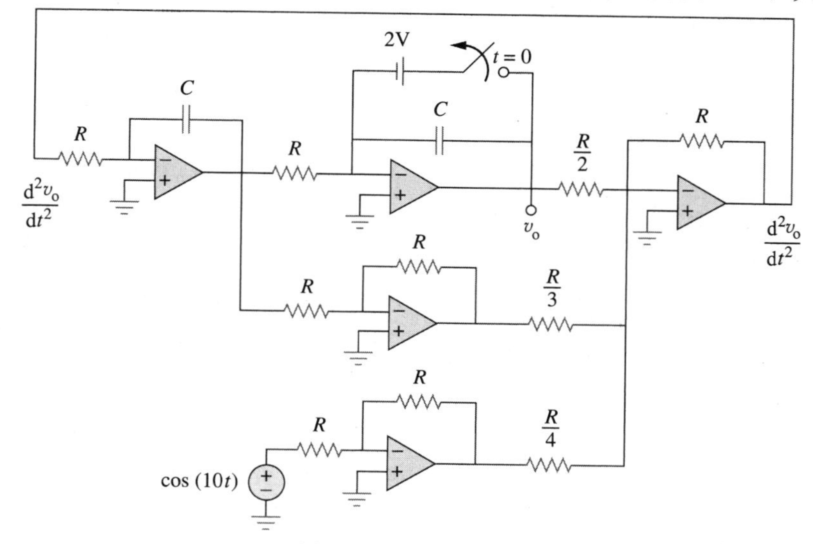

图 6-41 练习 6-15 图

6.7 本章小结

1. 通过电容的电流与加在其上的电压变化率成正比。

$$i=C\frac{dv}{dt}$$

除非电容两端的电压有改变，否则通过电容的电流为零。因此，电容在直流电路中可被看作是开路。

2. 电容两端的电压与通过其电流对时间的积分成正比。

$$v=\frac{1}{C}\int_{-\infty}^{t} i\,dt=\frac{1}{C}\int_{t_0}^{t} i\,dt+v(t_0)$$

电容上的电压不会有瞬时的改变。

3. 电容可以像导体那样进行串并联。
4. 电感两端的电压与通过其上的电流变化率成正比

$$v=L\frac{di}{dt}$$

除非电感上的电流改变，否则电感两端电压为零。因此，电感在直流回路中可被看作是短路。

5. 通过电感的电流与其两端电压对时间的积分成正比。

$$i=\frac{1}{L}\int_{-\infty}^{t} v\,dt=\frac{1}{L}\int_{t_0}^{t} v\,dt+i(t_0)$$

通过电感的电流不会有瞬时的改变。

6. 电感的串并联方式与电阻的串并联方式相同。
7. 在任意时间 t，电容中所存的能量是$\frac{1}{2}Cv^2$，而电感中所存的能量是$\frac{1}{2}Li^2$。
8. 积分器、差分器以及模拟计算机这三种实用电路都可以用电阻、电容以及运算放大器来实现。

复习题

1 当一个 5F 的电容连接在 120V 电压源上时，它能存储的电荷是多少？
(a) 600C (b) 300C
(c) 24C (d) 12C

2 电容以如下哪个单位计量？
(a) 库仑 (b) 焦耳
(c) 亨利 (d) 法拉

3 当电容上所存的总电荷量翻倍时，其存储的能量是原来的：
(a) 保持一样 (b) 1/2
(c) 2 倍 (d) 4 倍

4 在一个实际电容上是否可产生如图 6-42 所示波形电压。

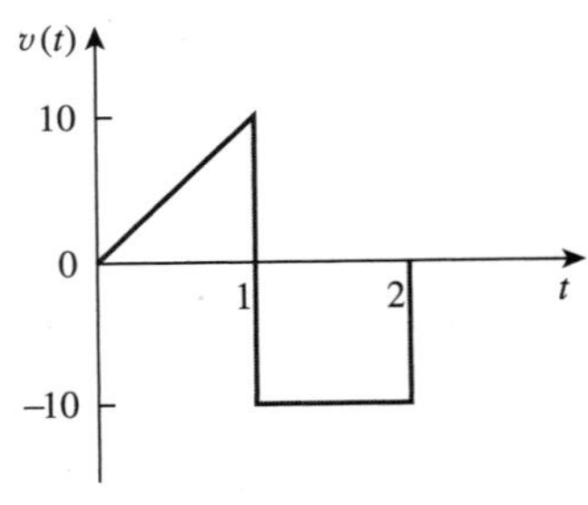

图 6-42 复习题 4 图

5 两个 40mF 电容串联后，与一个 4mF 的电容并联，总电容是：
(a) 3.8mF (b) 5mF
(c) 24mF (d) 44mF
(e) 84mF

6 如图 6-43 所示，当电流 $i=\cos 4t$，电压 $v=\sin 4t$ 时，电路元件是：

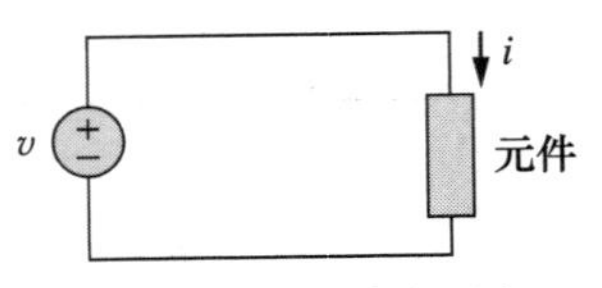

图 6-43 复习题 6 图

(a) 电阻 (b) 电容 (c) 电感

7 一个 5H 的电感在 3A 的电流下充电 0.2s，它两端所产生的电压是：
(a) 75V (b) 8.888V
(c) 3V (d) 1.2V

8 当通过一个 10mH 电感的电流从 0 增加到 2A，它可以存储的能量是多少？
(a) 40mJ (b) 20mJ
(c) 10mJ (d) 5mJ

9 电感的并联与电阻的并联效果一样。
(a) 正确 (b)错误

10 图 6-44 所示电路中，符合电压分配的方程是
(a) $v_1=\frac{L_1+L_2}{L_1}v_s$ (b) $v_1=\frac{L_1+L_2}{L_2}v_s$
(c) $v_1=\frac{L_2}{L_1+L_2}v_s$ (d) $v_1=\frac{L_1}{L_1+L_2}v_s$

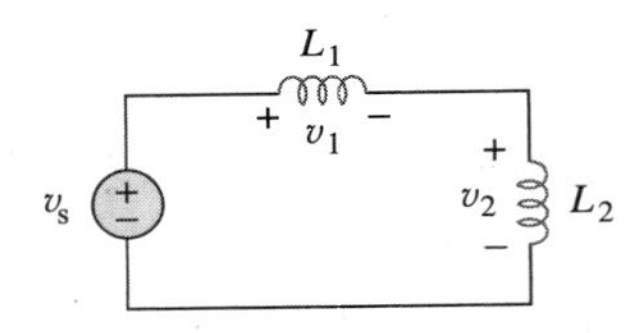

图 6-44 复习题 10 图

答案： 1 (a)；2 (d)；3 (d)；4 (b)；5 (c)；6 (b)；7 (a)；8 (b)；9 (a)；10 (d)。

习题

6.2 节

1 如果 7.5F 电容上的电压为 $2te^{-3t}$V，计算通过它的电流及功率。

2 一个 50μF 的电容所存能量为 $w(t)=10\cos^2 377t$J，计算通过该电容的电流。

3 设计一个问题以更好地了解电容如何工作。 **ED**

4 给定 $v(0)=1$V，流过 5F 电容器的电流为 $4\sin 4t$A。求电容器上的电压 $v(t)$。

5 若加载在 10μF 电容上的电压如图 6-45 所示，画出其上的电流波形。

6 当波形如图 6-46 所示电压加在一个 55μF 的电容上，画出通过其上的电路波形。

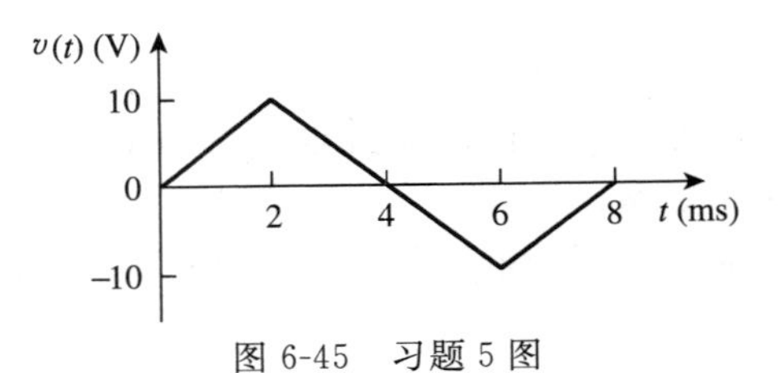

图 6-45 习题 5 图

图 6-46 习题 6 图

7　当 $t=0$ 时刻，一个 25mF 电容两端电压为 10V。计算在 $t>0$，电流为 5tmA 时，该电容两端的电压。

8　一个 4mF 的电容两端电压如下所示：

$$v=\begin{cases}50\text{V}, & t\leqslant 0\\ (A\text{e}^{-100t}+B\text{e}^{-600t})\text{V}, & t\geqslant 0\end{cases}$$

如果它的初始电流为 2A，计算：

(a) 常数 A 和 B；

(b) 在 $t=0$ 时刻电容所存储的能量；

(c) 当 $t>0$ 时，通过电容的电路。

9　通过 0.5F 电容的电流是 $6(1-\text{e}^{-t})$A，计算 $t=2$s 的电压，假设 $v(0)=0$。

10　加在 5mF 电感上的电压如图 6-47 所示，计算通过该电容的电流。

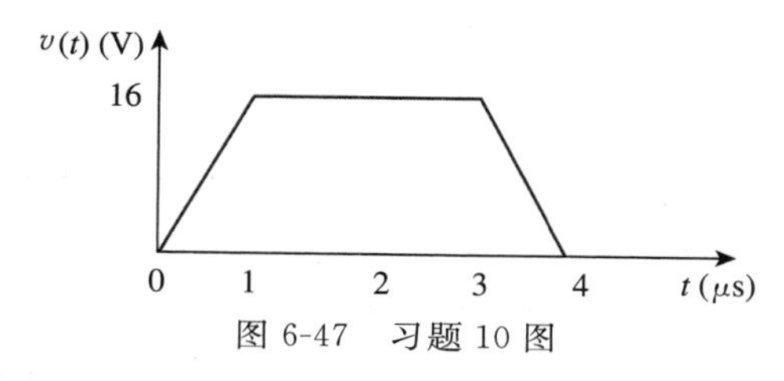

图 6-47　习题 10 图

11　如果通过一个 4mF 电容的电流波形如图 6-48 所示，假设 $v(0)=10$V，画出电压 $v(t)$的波形。

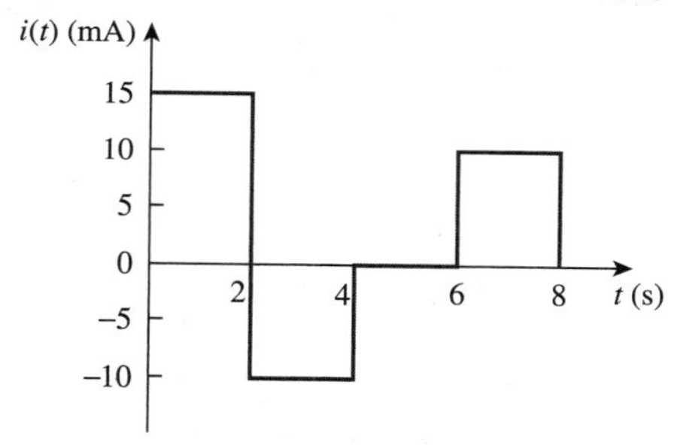

图 6-48　习题 11 图

12　一个 100mF 的电容与一个 12Ω 的电阻并联后连接在电压为 45e^{-2000t} V 的电压源上，计算这个并联电路吸收的功率。

13　在如图 6-49 所示直流电路中，计算电容两端的电压。

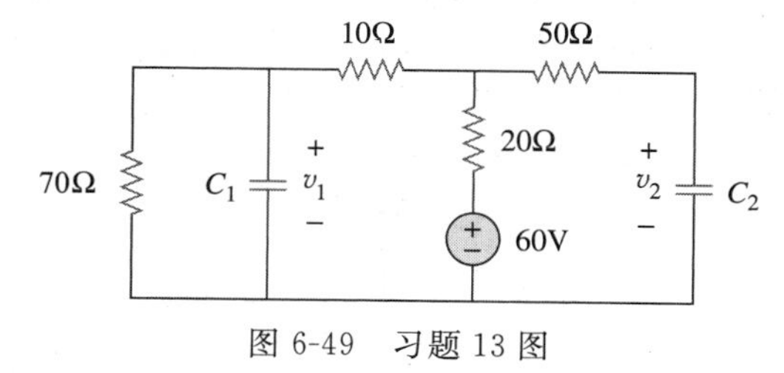

图 6-49　习题 13 图

6.3 节

14　一个 20pF 电容与一个 60pF 电容串联后，与串联的 30pF 电容和 70pF 电容并联，计算它们的等效电容。

15　两个电容(25μF 与 75μF)连接在 100V 的电压源上，分别计算当它们串联和并联时，每个电容所存储的能量。

16　图 6-50 所示终端 a-b 间的等效电容为 30μF，计算电容 C 的值。

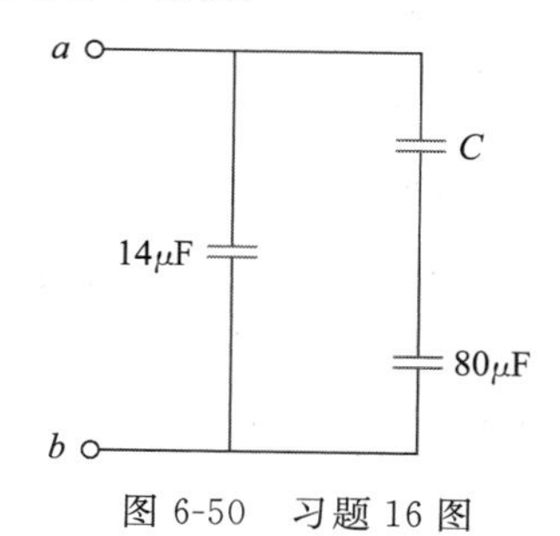

图 6-50　习题 16 图

17　计算图 6-51 中每个回路的等效电容。

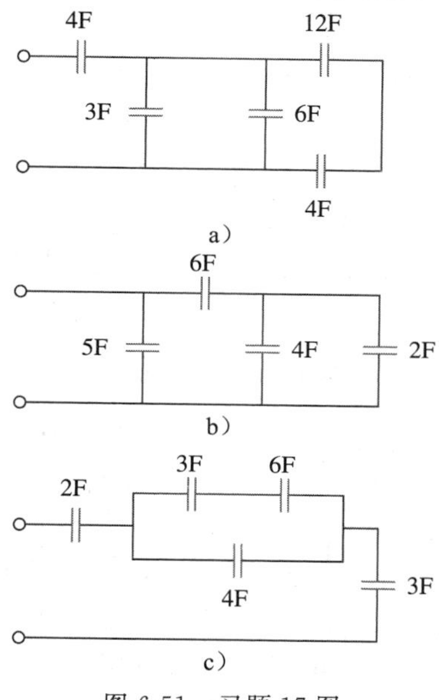

图 6-51　习题 17 图

18　如果图 6-52 中所有电容都为 4μF，计算所示终端间的等效电容。

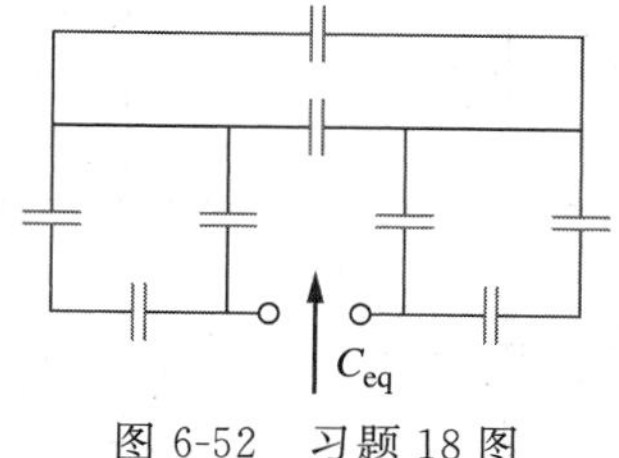

图 6-52　习题 18 图

19　计算图 6-53 所示电路终端 a 和 b 间的等效电容，所有电容单位均为 μF。

图 6-53　习题 19 图

20　计算图 6-54 所示电路终端 a 和 b 间的等效电容。

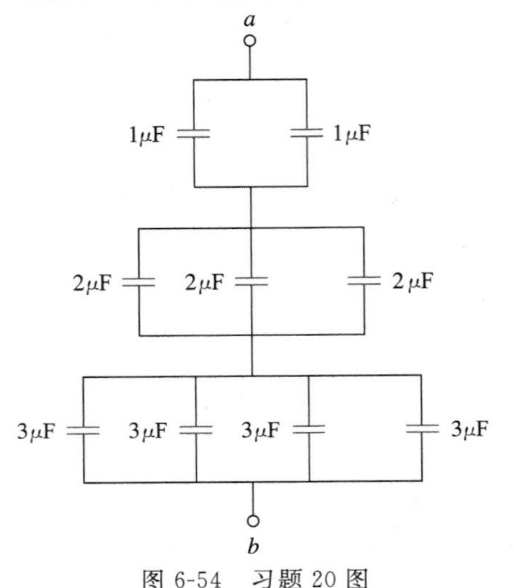

图 6-54　习题 20 图

21　计算图 6-55 所示电路终端 a 和 b 间的等效电容。

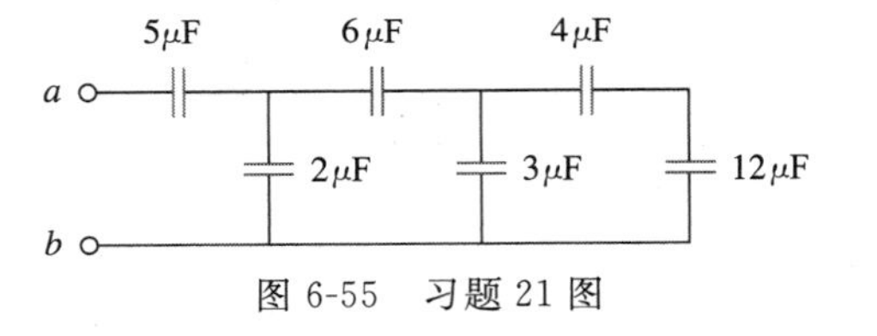

图 6-55　习题 21 图

22　计算图 6-56 所示电路终端 a 和 b 间的等效电容。

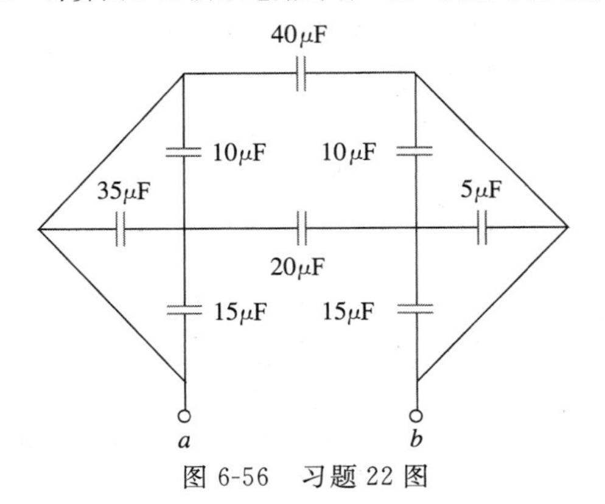

图 6-56　习题 22 图

23　利用图 6-57，设计一个问题来更好地理解电容在串并联时的工作方式。 **ED**

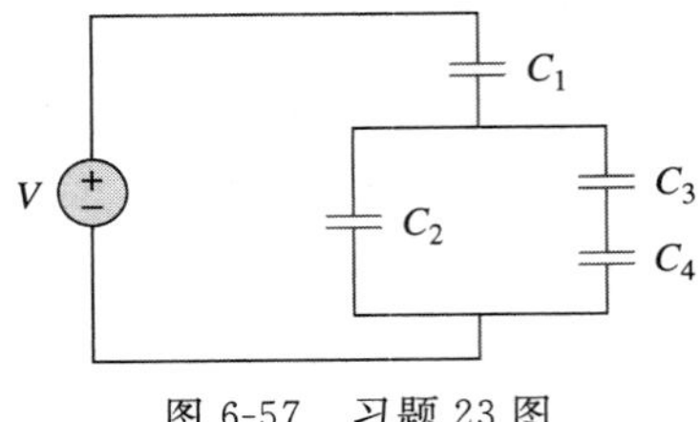

图 6-57　习题 23 图

24　对于图 6-58 所示电路，假设所有电容器最初都不充电，电源从零开始逐渐增加到 90V。每个电容器上的最终电压和存储的能量是多少？

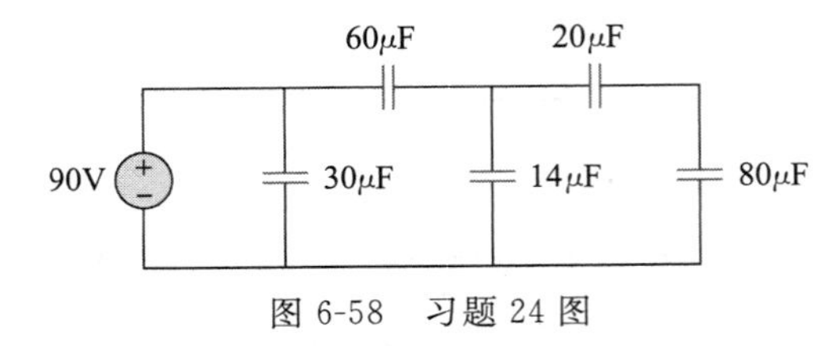

图 6-58　习题 24 图

25　(a) 两个电容如图 6-59a 所示方式串联，计算电压分布，假设初始状态为零。

(b) 两个电容如图 6-59b 所示方式并联，计算电压分布，假设初始状态为零。

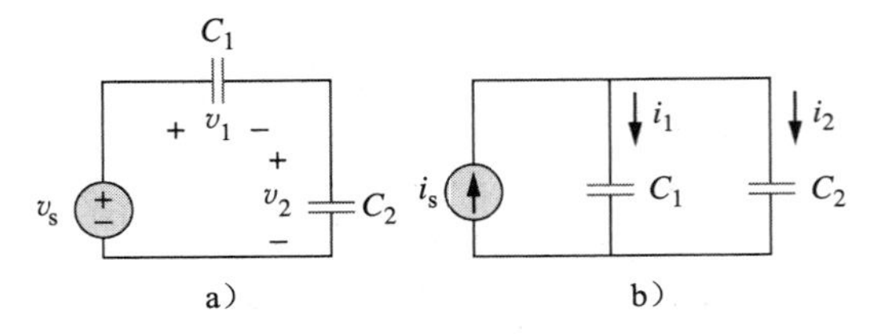

图 6-59　习题 25 图

26　三个分别是 5μF，10μF 以及 20μF 的电容并联在 150V 的电压源上，计算：

(a) 总电容；

(b) 每个电容上的电荷量；

(c) 并联后所存储的总能量。

27　四个 4μF 的电容有多种串并联的组合方式，计算可得到的最小及最大的等效电容。 **ED**

* 28　计算图 6-60 所示网络的等效电容。

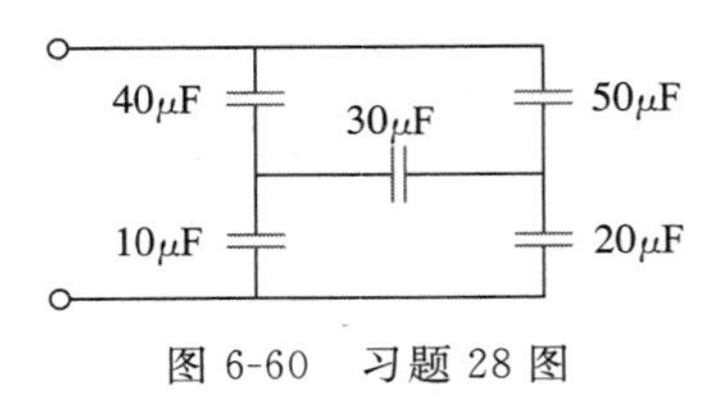

图 6-60　习题 28 图

29　计算图 6-61 所示每个电路的等效电容。

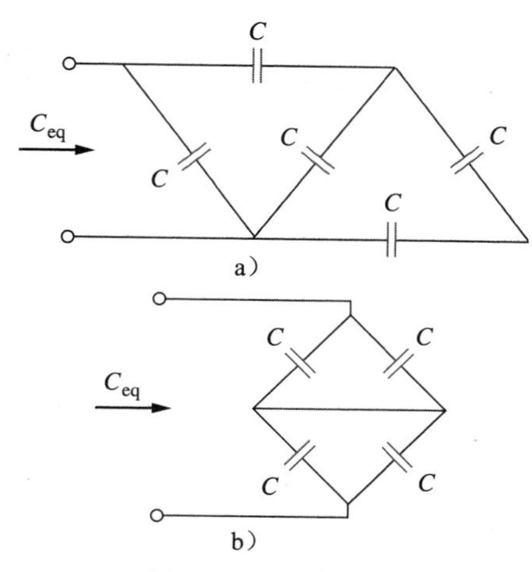

图 6-61　习题 29 图

30　假设电容初始状态未充电，计算图 6-62 所示电路中电压 $v_o(t)$。

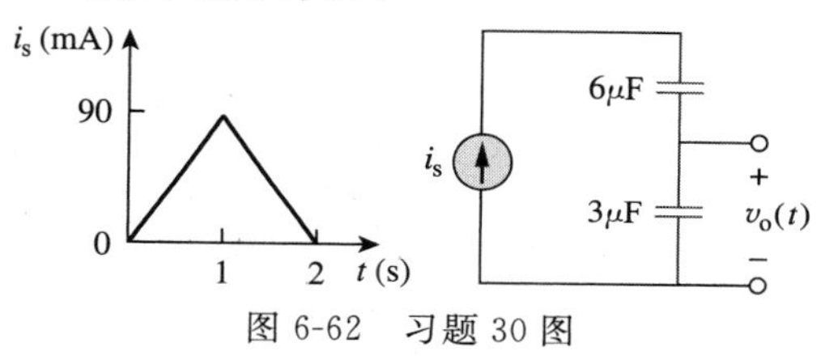

图 6-62　习题 30 图

31　当 $v(0)=0$ 时，计算图 6-63 所示电路中的 $v(t)$、$i_1(t)$、$i_2(t)$。

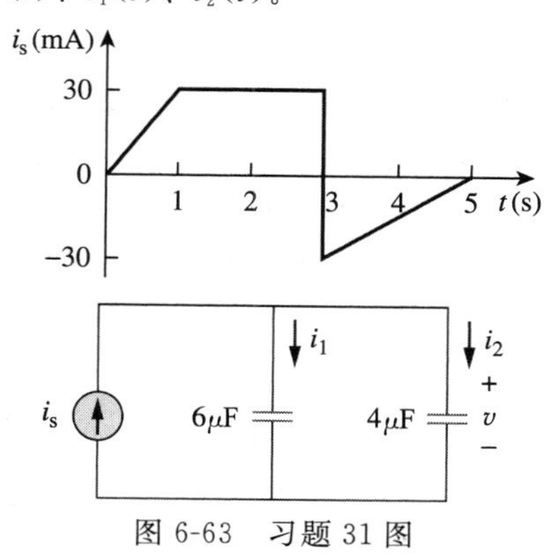

图 6-63　习题 31 图

32　在图 6-64 所示电路中，当 $i_s=50e^{-2t}$，$v_1(0)=50V$，$v_2(0)=20V$。计算：(a) $v_1(t)$ 和 $v_2(t)$；(b) 在 $t=0.5s$ 时每个电容所存储的能量。

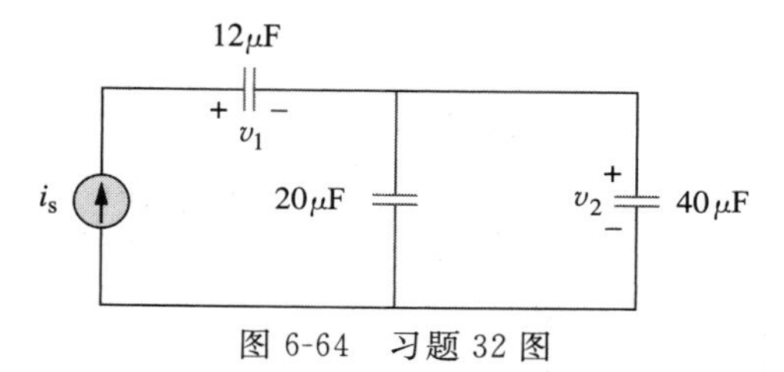

图 6-64　习题 32 图

33　计算图 6-65 所示电路的戴维南等效电路参数。注意包含电感和电阻的电路，其戴维南等效电路通常不存在，但本题是个特例。

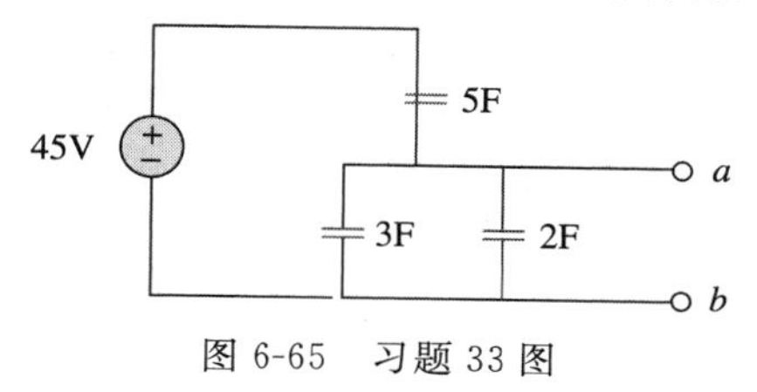

图 6-65　习题 33 图

6.4 节

34　通过一个 10mH 电感的电流是 $10e^{-t/2}$，计算在 $t=3s$ 时电感上的电压和功率。

35　一个电感上的电流在 2ms 内，由 50～100mA 线性变化，并产生 160mV 的电压，计算该电感值。

36　设计一个问题以更好地了解电感怎样工作。**ED**

37　通过一个 12mH 电感的电流为 $4\sin 100t$ A，计算电感两端的电压，并且计算在 $t=(\pi/200)s$ 时其上所存储的能量。

38　通过一个 40mH 电感的电流为

$$i(t)=\begin{cases}0, & t<0\\ te^{-2t}\text{A}, & t>0\end{cases}$$

计算电压 $v(t)$。

39　通过一个 50mH 电感的电压为 $v(t)=(3t^2+2t+4)V$，$t>0$。计算通过其上电流 $i(t)$，假设 $i(0)=0A$。

40　通过一个 5mH 电感的电流波形如图 6-66 所示，计算在 $t=1ms$、2ms 和 5ms 时电感两端电压。

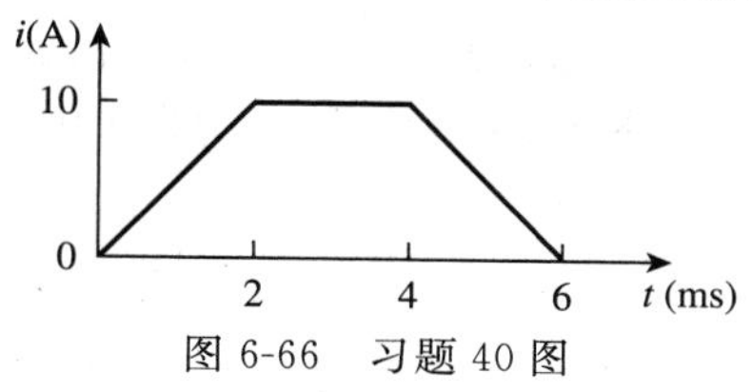

图 6-66　习题 40 图

41　通过一个 2H 电感的电压为 $20(1-e^{-2t})V$，若初始电流为 0.3A，计算在 $t=1s$ 时电感上的电流及其所存储能量。

42　如果在一个 5H 电感两端所加电压波形如图 6-67 所示，计算流经其电流，假设 $i(0)=-1A$。

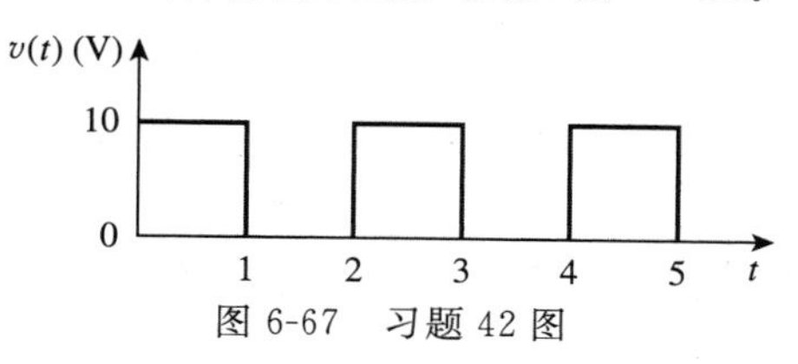

图 6-67　习题 42 图

43　当一个 80mH 电感上的电流从 0 增加到 60mA

(稳态)时，它所存储的能量是多少？

*44　一个 100mH 的电感与一个 2kΩ 的电阻并联，流经电感的电流为 $i(t)=50e^{-400t}$ mA。
(a) 计算电感两端电压 v_L。(b)计算电阻两端电压 v_R。(c) $v_R(t)+v_L(t)=0$ 吗？(d)计算在 $t=0$ 时刻，电感所存储能量。

45　当作用在一个 10mH 电感上的电压波形如图 6-68 所示，计算 $0<t<2$s 时电感上的电流 $i(t)$，假设 $i(0)=0$。

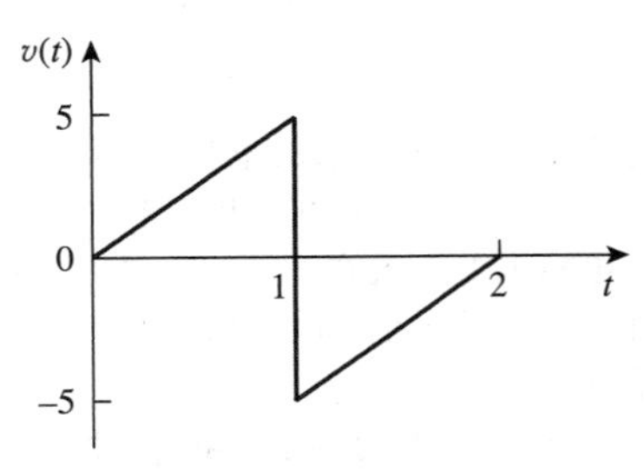

图 6-68　习题 45 图

46　计算在图 6-69 所示直流电路中，计算电容上的电压 v_C、电感上的电流 i_L，以及它们分别储存的能量。

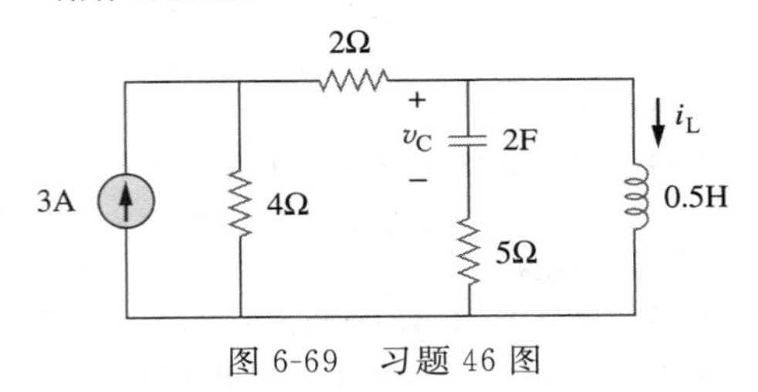

图 6-69　习题 46 图

47　如图 6-70 所示直流电路，计算电阻 R 的值，以满足电感与电容存储相同的能量值。　**ED**

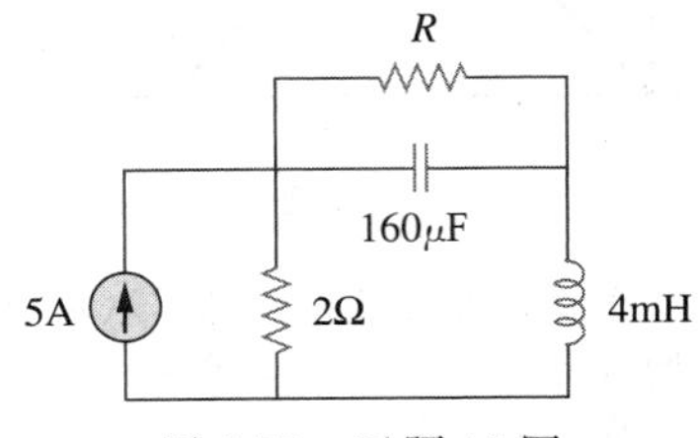

图 6-70　习题 47 图

48　假设图 6-71 所示直流电路已达到稳态，计算电流 i 以及电流 v。

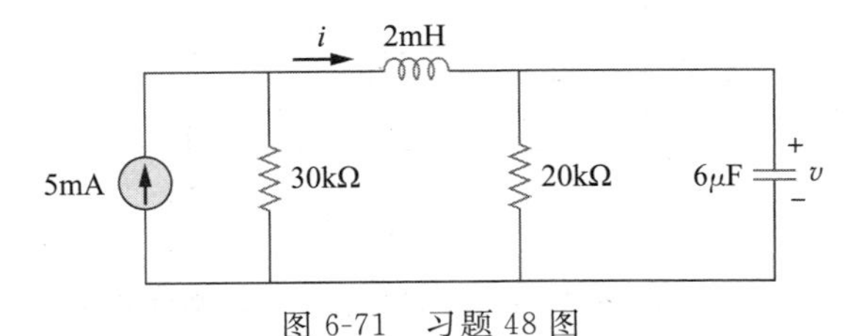

图 6-71　习题 48 图

6.5 节

49　计算图 6-72 所示电路的等效电感，假设所有电感均为 10mH。

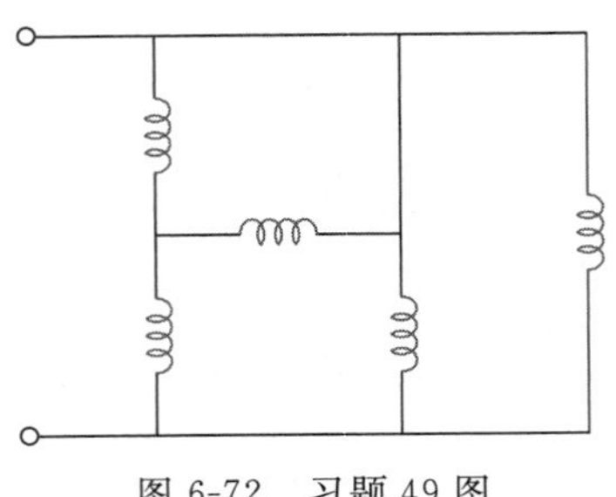

图 6-72　习题 49 图

50　一个能量存储网络中，16mH 和 14mH 电感串联后，与 24mH 和 36mH 串联后的电感并联，计算它们的等效电感。

51　计算如图 6-73 所示电路 a-b 终端间的等效电感。

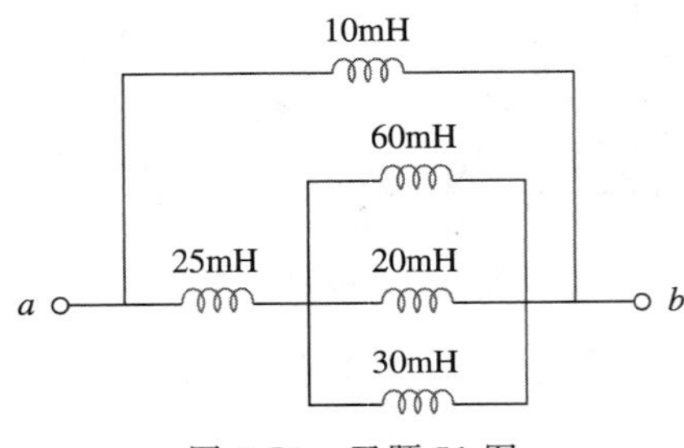

图 6-73　习题 51 图

52　利用图 6-74，设计一个问题来更好地了解电感的串并联关系。　**ED**

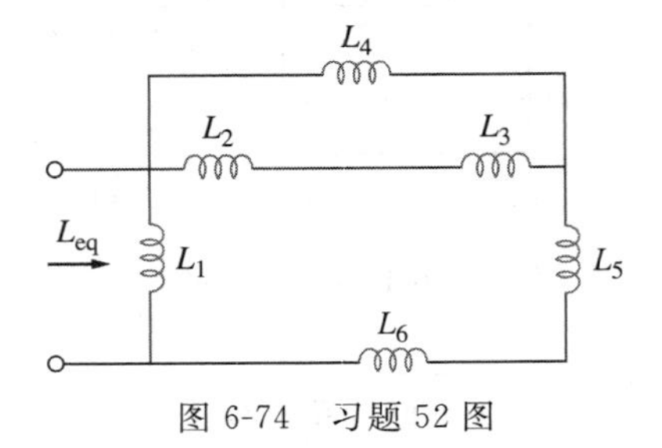

图 6-74　习题 52 图

53　计算图 6-75 所示电路终端间的等效电感。

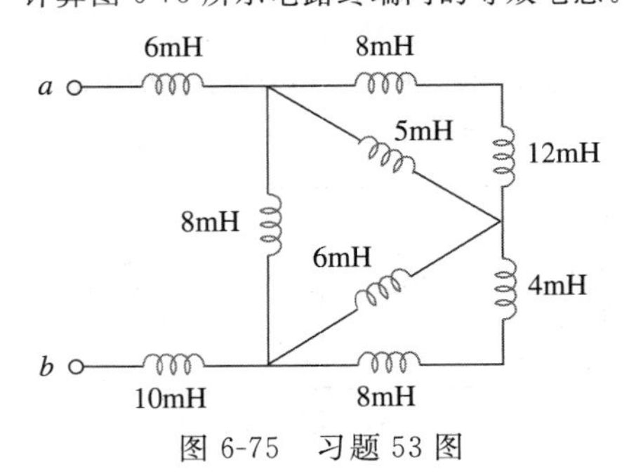

图 6-75　习题 53 图

54　计算图 6-76 所示电路终端间的等效电感。

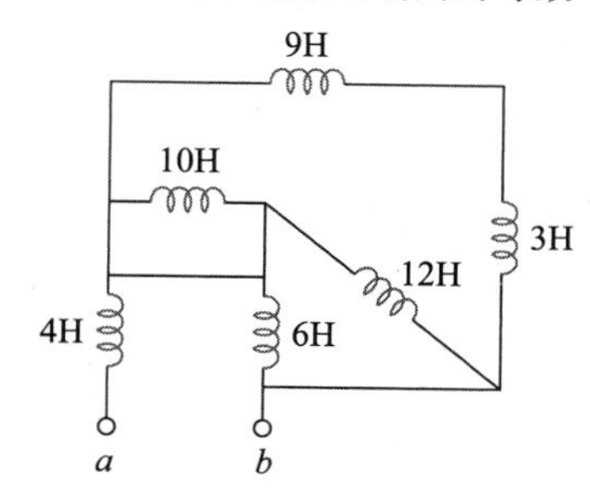

图 6-76　习题 54 图

55　计算图 6-77 所示电路终端间的等效电感。

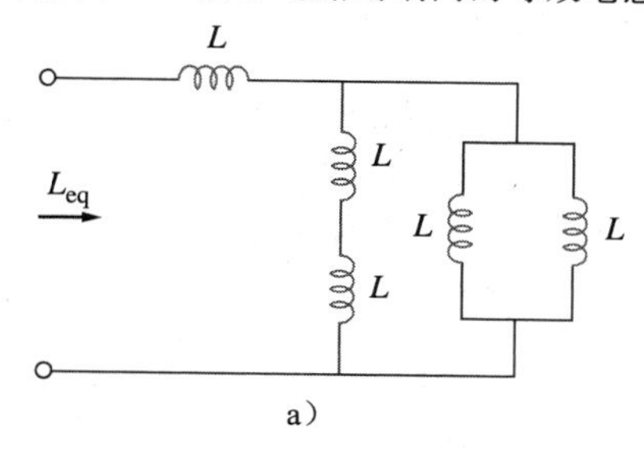

a）

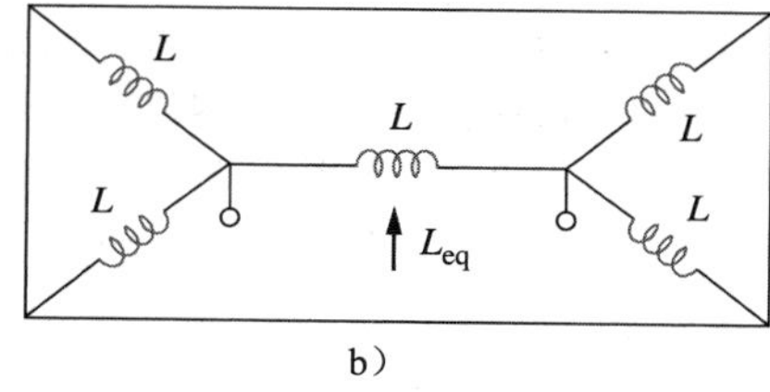

b）

图 6-77　习题 55 图

56　计算图 6-78 所示电路终端间的等效电感。

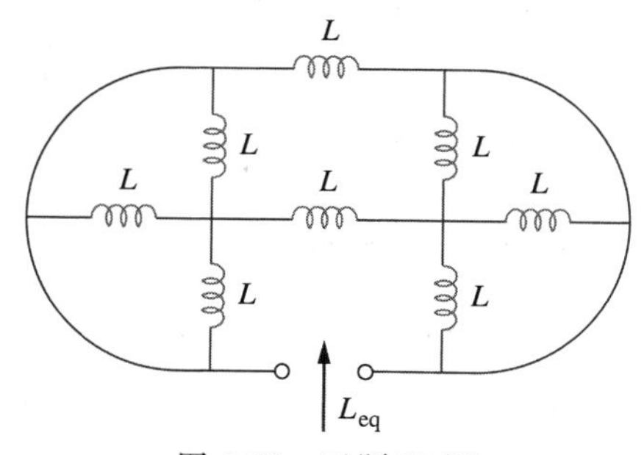

图 6-78　习题 56 图

*57　计算图 6-79 所示电路终端间的等效电感。

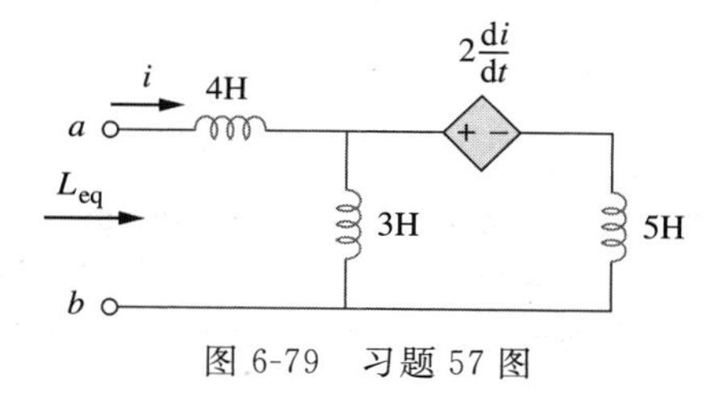

图 6-79　习题 57 图

58　流经一个 3H 电感的电流波形如图 6-80 所示，画出在 $0<t<6$s 内电感两端的电压波形。

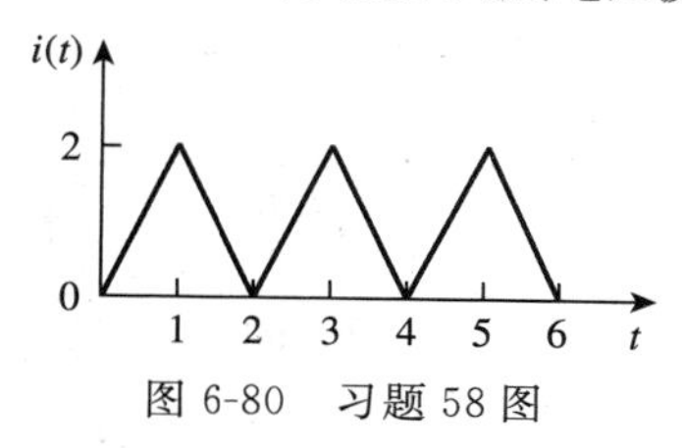

图 6-80　习题 58 图

59　(a) 两电感串联如图 6-81a 所示，试推导出如下式：

$$v_1=\frac{L_1}{L_1+L_2}v_s,\qquad v_2=\frac{L_2}{L_1+L_2}v_s$$

假设初始状态为零。

(b) 两电感并联如图 6-81b 所示，试推导出如下式：

$$i_1=\frac{L_2}{L_1+L_2}i_s,\qquad i_2=\frac{L_1}{L_1+L_2}i_s$$

假设初始状态为零。

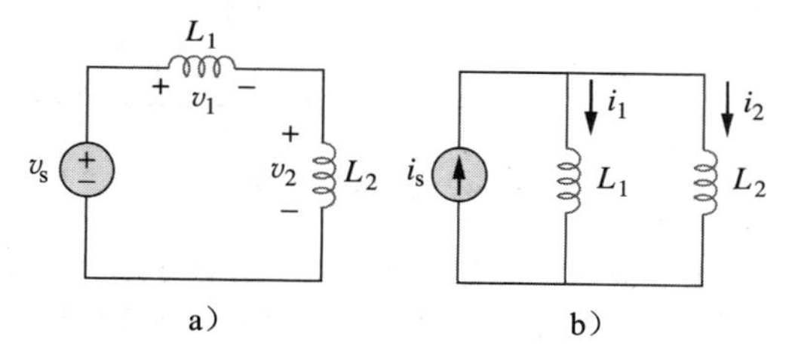

图 6-81　习题 59 图

60　分析图 6-82 所示电路，$i_o(0)=2$A，计算 $t>0$ 时，$i_o(t)$ 和 $v_o(t)$。

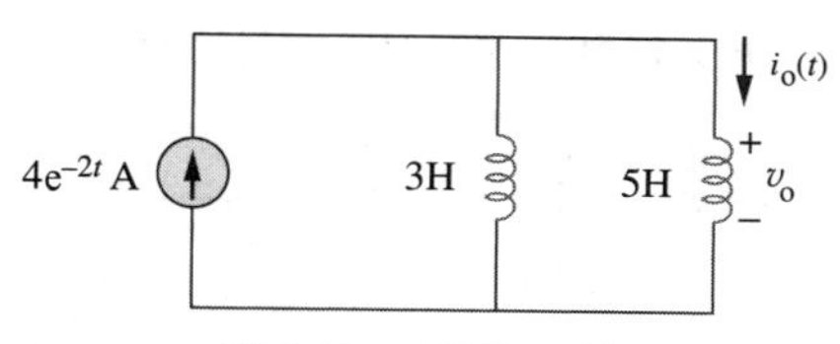

图 6-82　习题 60 图

61　分析图 6-83 所示电路，计算：(a) 在 $i_s=3e^t$ mA 时的 L_{eq}、$i_1(t)$ 和 $i_2(t)$；(b) 在 $t=1$s 时，20mH 的电感上所存储的能量。

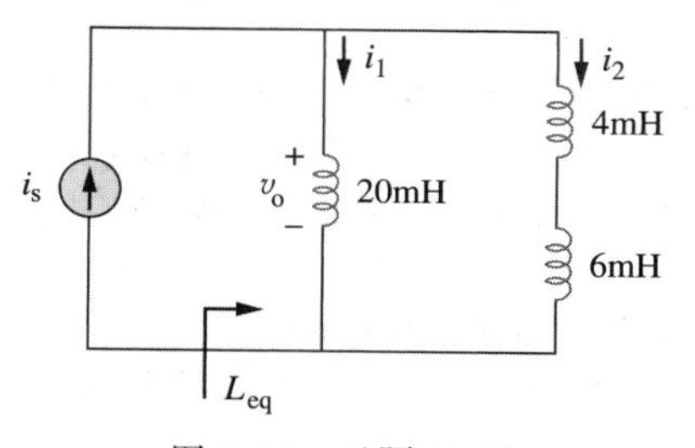

图 6-83　习题 61 图

62 分析图 6-84 所示电路，计算在 $t>0$、$v(t)=12e^{-3t}$ mV、$i_1(0)=-10$mA 时，计算：
(a) $i_2(0)$；(b) $i_1(t)$和 $i_2(t)$。

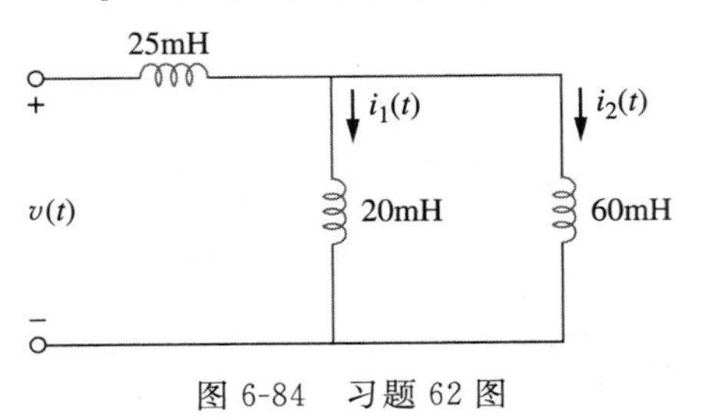

图 6-84 习题 62 图

63 分析图 6-85 所示电路，画出电压 v_o。

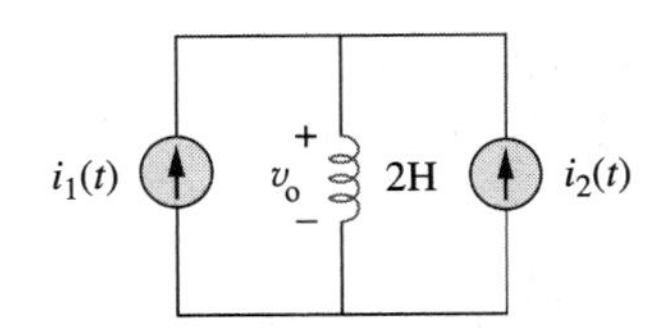

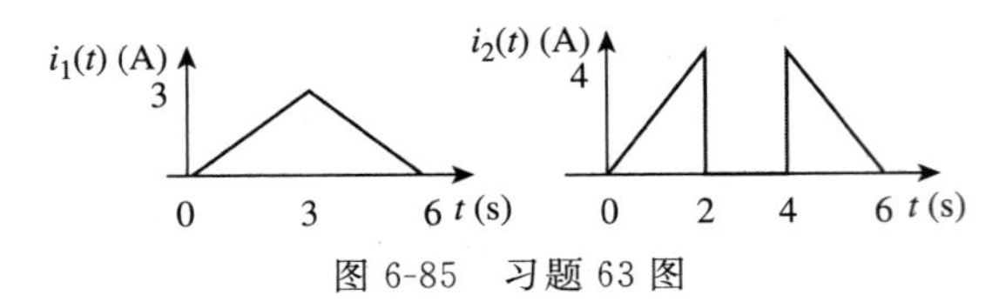

图 6-85 习题 63 图

64 图 6-86 所示电路中的开关一直处于 A 位置，在 $t=0$ 时刻，开关从 A 拨到 B。该开关是一个断通开关，因此电感上的电流不会受外界影响。计算：
(a) 当 $t>0$ 时的 $i(t)$；
(b) 开关刚打到 B 位置时 v 的值；
(c) 开关打到 B 位置很长时间后的 $v(t)$。

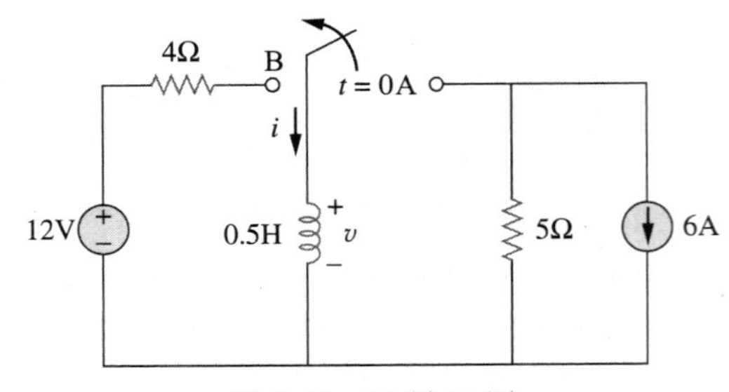

图 6-86 习题 64 图

65 如图 6-87 所示电路中的电感初始状态被充电，在 $t=0$ 时与一个黑盒子相连。在 $t\geqslant 0$，$i_1(0)=4$A、$i_2(0)=-2$A，并且 $v(t)=50e^{200t}$ mV 时，计算：
(a) 每个电感初始能量；
(b) 在 $t=0$ 到 $t=\infty$ 间，向黑盒子输入的能量；
(c) 在 $t\geqslant 0$ 时，$i_1(t)$以及 $i_2(t)$；
(d) 在 $t\geqslant 0$ 时，$i(t)$。

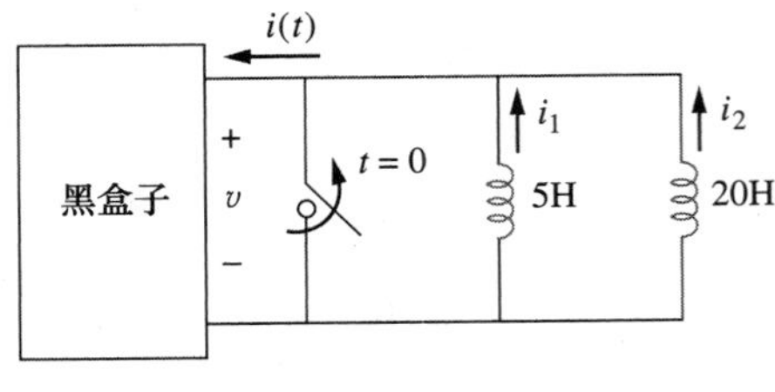

图 6-87 习题 65 图

66 假设通过 20mH 电感的电流 $i(t)$，在任何时候都与电感上的电压在数量上保持相等，当 $i(0)=2$A 时，计算 $i(t)$。

6.6 节

67 一个运算放大积分器包括一个 50kΩ 的电阻，一个 0.04μF 的电容。如果输入电压 $v_i=10\sin 50t$ mV，计算输出电压，假设在零时刻的输出为零。

68 一个 10V 的直流电源在 $t=0$ 时刻作用在一个 $R=50$kΩ，$C=100\mu$F 组成的积分电路上，如果该电路的饱和电压为正负 12V，那么需要多长时间电路达到饱和？假设初始电压为零。

69 一个包含 4MΩ 电阻和 1μF 电容的运算放大积分器的输入电流波形如图 6-88 所示，描绘其输出电压波形。

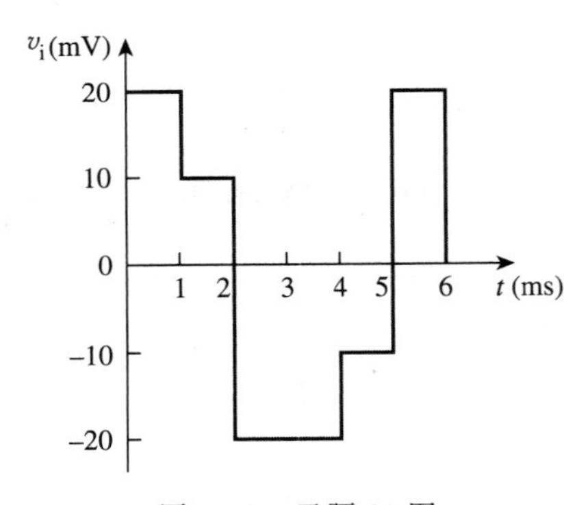

图 6-88 习题 69 图

70 假设在 $t=0$ 时刻，$v_o=0$。利用一个简单的运算放大电路，一个电容以及一个 100kΩ 的电阻，设计一个电路以实现如下方程： **ED**

$$v_o=-50\int_0^t v_i(\tau)\mathrm{d}\tau$$

71 怎样利用一个运算放大电路实现如下方程：

$$v_o=-\int_0^t (v_1+4v_2+10v_3)\mathrm{d}t$$

假设其中的电容是 2μF，计算其他元件的值。

72 在 $t=1.5$ms 时，计算如图 6-89 所示的级联积分器的电压 v_o。假设在 $t=0$ 时刻，积分器没有工作。

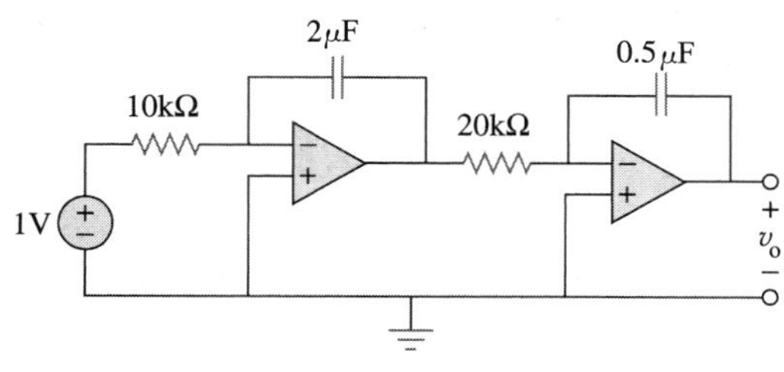

图 6-89　习题 72 图

73　分析为什么图 6-90 所示电路是一个同向积分器。

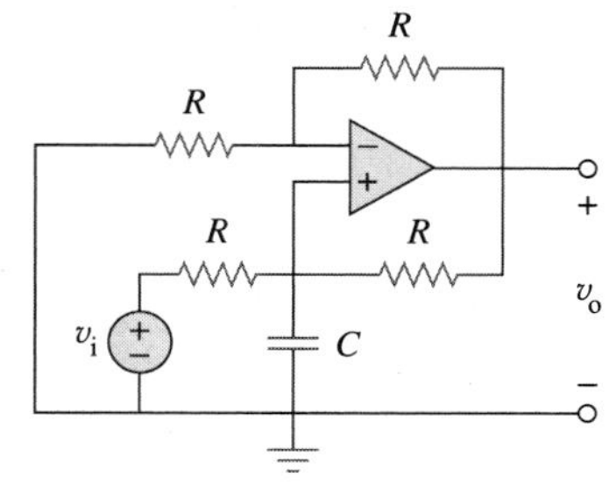

图 6-90　习题 73 图

74　图 6-91a 所示的三角波形作用在图 6-91b 所示的运算差分器上，绘出输出波形。

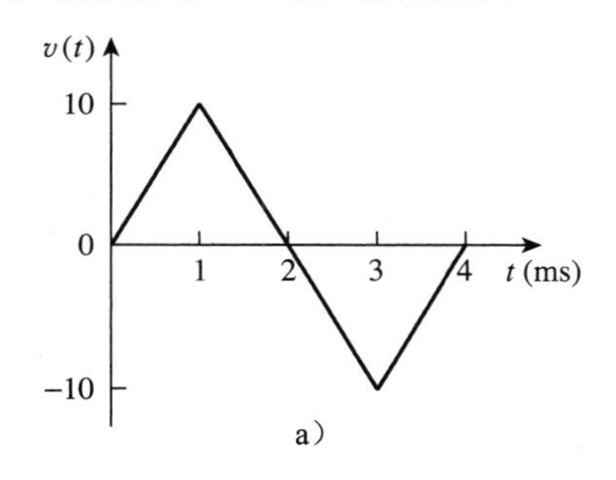

a)

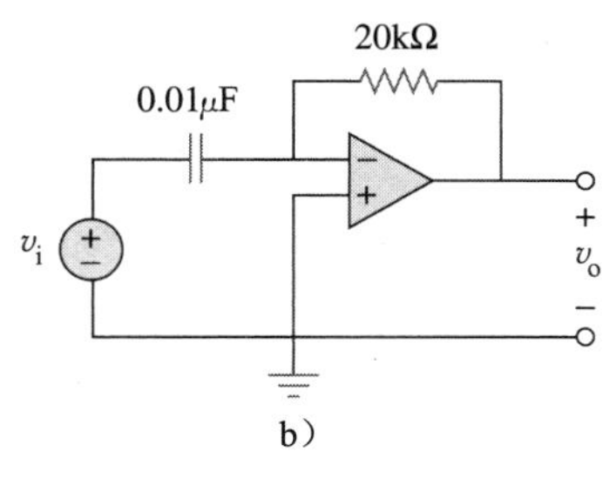

b)

图 6-91　习题 74 图

75　一个运算差分器包含一个 250kΩ 的电阻，一个 10μF 的电容。输入为 $r(t)=12t$mV 的扫描电压，计算输出电压。

76　一个电压波形满足如下特性：20V/s 持续 5ms，随后 10V/s 持续 10ms，如果这个电压作用在包含 50kΩ 电阻和 10μF 电容的差分器上，它的输出电压波形是什么？

*77　图 6-92a 所示运算放大电路的输出电压 v_o 如图 6-92b 所示，令 $R_i=R_f=1\text{M}\Omega$，并且 $C=1\mu\text{F}$。绘制输入电压波形。

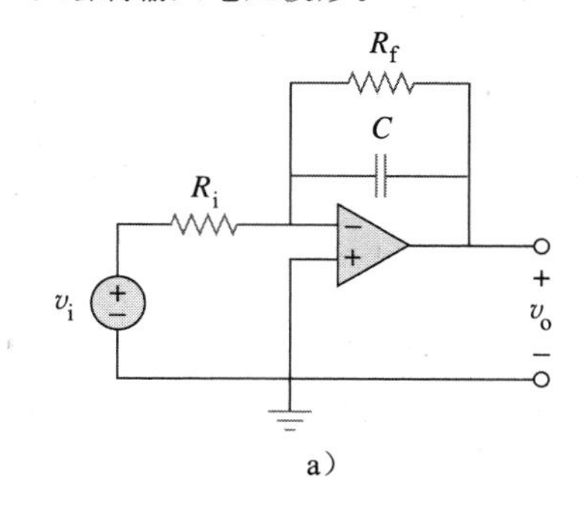

a)

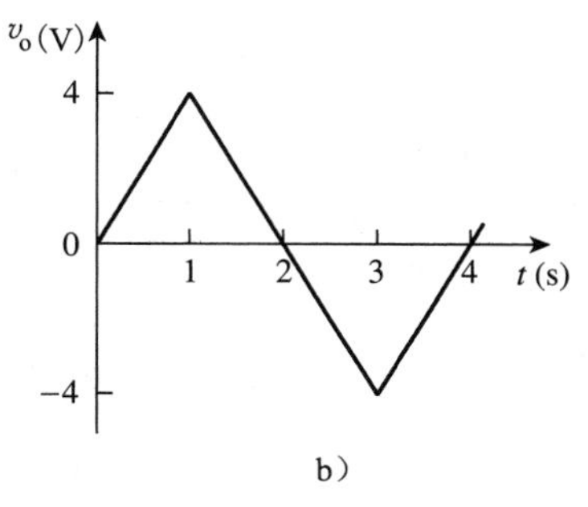

b)

图 6-92　习题 77 图

78　设计一个模拟计算机使其可以计算如下方程：　**ED**

$$\frac{d^2 v_o}{dt^2}+2\frac{dv_o}{dt}+v_o=10\sin 2t$$

式中 $v_o(0)=2\text{V}$ 并且 $v_o'(0)=0$。

79　设计一个模拟计算电路，可以求解如下差分方程：　**ED**

$$\frac{dy(t)}{dt}+4y(t)=f(t)$$

式中 $y(0)=1\text{V}$。

80　分析图 6-93 所示设计好的模拟计算电路，计算其可求解的差分方程。

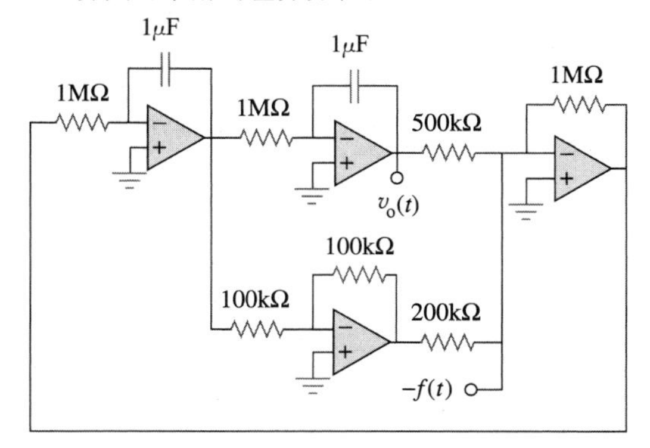

图 6-93　习题 80 图

81 假设初始条件为零，设计一个模拟计算电路求解如下方程： **ED**

$$\frac{d^2 v}{dt^2}+5v=-2f(t)$$

82 设计一个运算放大电路求解如下方程： **ED**

$$v_o = 10v_s + 2\int v_s dt$$

式中 v_s 和 v_o 分别是输入和输出电压。

综合理解题

83 假设你的实验室有足够多 300V 的 10μF 电容，若要实现 600V、40μF 的电容，需要用到多少 10μF 电容，你会怎样连接它们呢？ **ED**

84 一个 8mH 的电感用于聚变能量实验中，如果流经该电感的电流是 $i(t)=5\sin^2\pi t$ mA，$t>0$，计算在 $t=0.5$s 时，输送到电感上的功率及其所存储的能量。

85 一个方波发生器产生如图 6-94a 所示波形，什么样的电路可以将该方波波形转换成如图 6-94b 所示的三角波？在初始状态未充电的前提下，给出各元器件的值。

86 一个电动机模型可以用一个 12Ω 的电阻和一个 20mH 的电感构成。如果流经串联回路的电流是 $i(t)=2te^{-10t}$。试求该串联电路两端的电压。

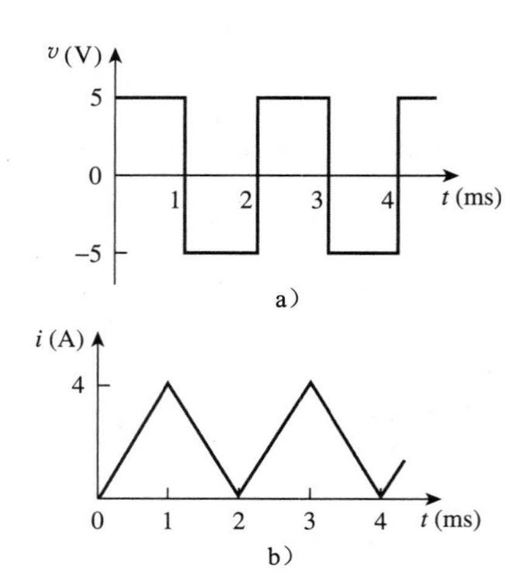

图 6-94 综合理解题 85 图

第7章
一阶电路

我相信21世纪是工程师的时代！计算机是工程师成功实现这一目标的最重要因素！这就是为什么计算机软件和计算机硬件如此重要！

——Charles K. Alexander

拓展事业

计算机工程领域的职业生涯

最近几十年，电气工程教育经历了巨大的变化。由于计算机的快速发展，许多大学的系名已经逐渐更名为电气与计算机工程系。在现代科学和教育中，计算机占有重要地位。它们已经全面普及并且帮助改变了研究、开发、生产、商业和娱乐的现状。科学家、工程师、医生、律师、老师、航空公司的飞行员、商人——几乎任何人都得益于计算机储存的大量信息和计算机短时间内处理那些信息的能力。互联网这种计算机通信网络在商业、教育和图书馆学等领域至关重要。计算机的应用正在飞速发展。

计算机中的超大规模集成电路
(图片来源：Courtesy Brian Fast，Cleveland State University)

计算机工程教育应该提供软件、硬件设计，以及基本的建模技术，它应该包括数据结构、数字系统、计算机体系结构、微处理器、接口、软件工程、操作系统等课程。

计算机工程专业的电气工程师可以在计算机产业和众多使用计算机的行业找到工作。软件公司的数量和规模快速增长，为那些熟练编程的人提供了就业机会。加入IEEE计算机学会是学习计算机知识的好办法，该学会赞助了多种杂志、期刊和会议。

学习目标

通过本章内容的学习和练习你将具备以下能力：

1. 理解一阶常微分方程在电路中的应用及求解。
2. 理解奇异方程及其在求解一阶微分方程中的重要性。
3. 理解单位阶跃信号在一阶微分方程中的作用。
4. 能够解释独立源及运算放大器对一阶电路中微分方程的影响。
5. 利用PSpice软件求解简单的暂态电感电路或暂态电容电路。

7.1 概述

现在，我们已经学习了三个无源元件(电阻、电容和电感)和一个有源元件(运算放大器)，接下来将讨论包含两个或三个的无源元件的各种组合电路。在本章中，我们将研究两种类型的简单的电路：一种电路包括一个电阻和一个电容，另一种电路包括一个电阻和一个电感。它们分别被称为RC电路和RL电路，在电子、通信和控制系统中有着广泛的应用。

像分析电阻电路一样，我们将分析在RC或RL电路中基尔霍夫定律的应用。唯一的区别是对纯电阻电路使用基尔霍夫定律产生代数方程，而对RC和RL电路使用基尔霍夫定律产生微分方程，这比代数方程更难以解决。RC 和 RL 的微分方程电路是一阶的，因此，该类电路被统称为一阶电路。

一阶电路的特点是其响应能由一阶微分方程描述。

对于两种类型的一阶电路(RC 和 RL)，有两种方法来激发电路。第一种方式是通过电路中储能元件的初始条件。在这些所谓的*无源电路*(source-free circuit)中，我们假设能量初始存储在电容或电感元件中。该能量使得电流流入电路，并在电阻上逐渐消耗。无源电路不包含独立电源，但可能包含非独立电源。第二种激发一阶电路的方式是独立电源。在这一章中，独立电源为直流电源(在后面的章节中，我们将考虑正弦和指数电源)。我们将在本章中学习两种类型的一阶电路及其两种激发方式，共计四种情况。

最后，介绍 RC 和 RL 电路的四种典型应用：延迟电路、继电器电路、闪光灯单元和汽车点火电路。

7.2 无源 RC 电路

当 RC 电路的直流电源突然中断时，一个无源 RC 电路形成，已经存储在电容中的能量被释放到电阻上。考虑到一个电阻和一个已经充电的电容的串联组合，如图 7-1 中所示。(电阻和电容可能是由电阻和电容重新组合的等效电阻和等效电容。)

提示：电路的响应就是电路对于激励的反应行为。

为了确定电路响应，我们假设认为电容上的电压为 $v(t)$。因为电容已充电，我们可以假定在时间 $t=0$ 时，初始电压是

$$v(0)=V_0 \tag{7.1}$$

与之对应，所存储的能量

$$w(0)=\frac{1}{2}CV_0^2 \tag{7.2}$$

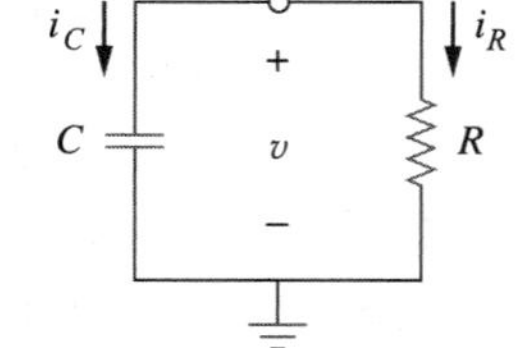

图 7-1 无源 RC 电路

在该电路的顶部节点应用 KCL 方程

$$i_C+i_R=0 \tag{7.3}$$

根据定义，$i_C=C\mathrm{d}v/\mathrm{d}t$ 和 $i_R=v/R$，因此

$$C\frac{\mathrm{d}v}{\mathrm{d}t}+\frac{v}{R}=0 \tag{7.4a}$$

即

$$\frac{\mathrm{d}v}{\mathrm{d}t}+\frac{v}{RC}=0 \tag{7.4b}$$

这是一个一阶微分方程，因为其中只含有 v 的一阶导数。为了解决这个问题，我们重新变换公式，得到

$$\frac{\mathrm{d}v}{v}=-\frac{1}{RC}\mathrm{d}t \tag{7.5}$$

两边积分，我们得到

$$\ln v=-\frac{t}{RC}+\ln A$$

$\ln A$ 是积分常数。因此，

$$\ln\frac{v}{A}=-\frac{t}{RC} \tag{7.6}$$

解得

$$v(t)=A\mathrm{e}^{-t/RC}$$

由初始条件 $v(0)=A=V_0$ 可得

$$v(t)=V_0\mathrm{e}^{-t/RC} \tag{7.7}$$

这表明，RC 电路的电压响应是初始电压的指数衰减。由于响应源于初始存储能量和电路的物理特性，而非外部电压源或电流源，因此该响应被称为电路的自然响应(natural response)。

电路的自然响应指电路本身在没有外部源激发的条件下的电压和电流变化。

提示：自由响应只与电路自身的性质有关，不涉及外部电源。实际上，电路发生自由响应仅仅是因为电容器中的初始储能。

图 7-2 中说明了自然响应。请注意，在 $t=0$ 时，初始条件为式(7.1)。随着 t 的增加，电压减小到零。电压减小的速度由时间常数(time constant)表示，用希腊字母 τ 表示。

电路的时间常数表示响应衰减到它的初始值的 1/e 或 36.8%所需要的时间。[⊖]

这意味着，在 $t=\tau$，式(7.7)变为

$$V_0\mathrm{e}^{-\tau/RC}=V_0\mathrm{e}^{-1}=0.368V_0$$

即

$$\boxed{\tau=RC} \tag{7.8}$$

代入时间常数，式(7.7)可写为

$$\boxed{v(t)=V_0\mathrm{e}^{-t/\tau}} \tag{7.9}$$

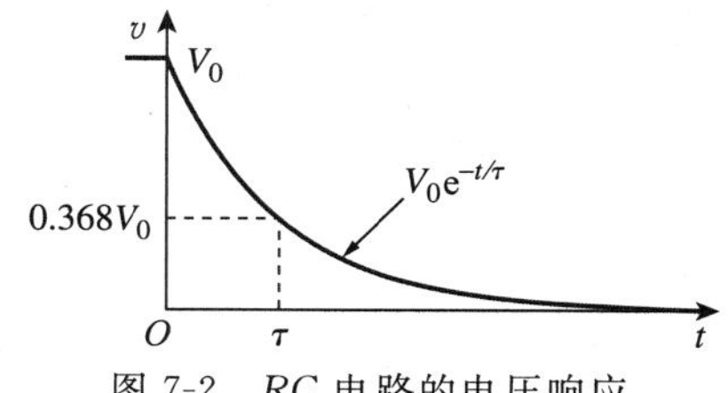

图 7-2 RC 电路的电压响应

借助计算器很容易求出 $v(t)/V_0$ 的值，从表 7-1 中可以明显看出，电压 $v(t)$ 在 5τ(5 个时间常数)后不到原电压值的 1%。因此，我们往往习惯假设电容器在 5 个时间常数后完全放电(或充电)。换句话说，如果电路不再充电，它需要 5τ 的时间达到其最终状态或稳定状态。请注意，每经过一个时间间隔 τ，电压降低至其前一个值的 36.8%，$v(t+\tau)=v(t)/\mathrm{e}=0.368v(t)$，与 t 的值无关。

表 7-1 $v(t)/V_0=\mathrm{e}^{-t/\tau}$ 的值

t	τ	2τ	3τ	4τ	5τ
$v(t)/V_0$	0.367 88	0.135 34	0.049 79	0.018 32	0.006 74

由式(7.8)可知，时间常数越小，电压降低得越快，即响应速度越快。如图 7-4 中所

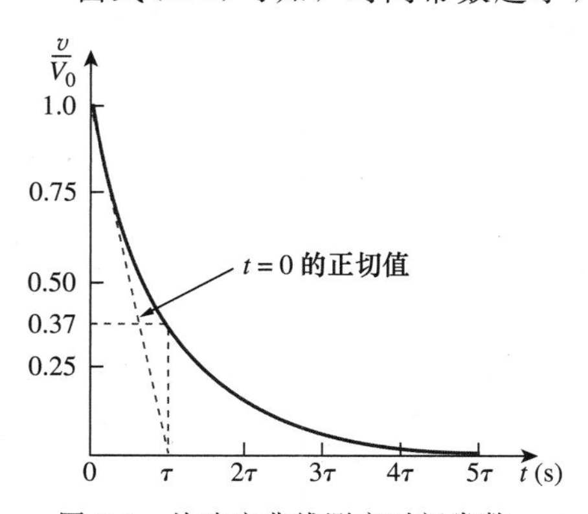

图 7-3 从响应曲线测定时间常数 τ

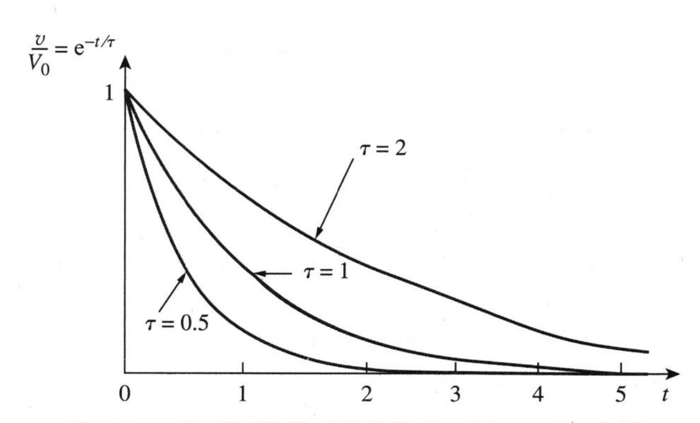

图 7-4 τ 取不同值的时间常数的 $v/V_0=\mathrm{e}^{-t/\tau}$ 曲线

⊖ 可以从另外一个角度来看待时间常数，在式(7.7)中求 $v(t)$，当 $t=0$ 时有

$$\frac{\mathrm{d}}{\mathrm{d}t}\left(\frac{v}{V_0}\right)\Big|_{t=0}=-\frac{1}{\tau}\mathrm{e}^{-t/\tau}\Big|_{t=0}=-\frac{1}{\tau}$$

因此，时间常数是初始衰减率，即从某一特定值以恒定的速率衰减到零所需要的时间。时间常数的初始斜率解释通常用于确定示波器上显示的响应曲线的 τ，画出图 7-3 中($t=0$ 时响应曲线)的切线，切线与时间轴相交于 $t=\tau$ 点。

示，由于电路中存储的能量快速损耗，时间常数小的电路能快速响应，迅速达到稳定状态（或最终状态）；而时间常数大的电路响应较慢，需要更长的时间才能达到稳定状态。无论时间常数是大还是小，电路在 5 个时间常数内都能达到稳定状态。

随着式(7.9)中电压 $v(t)$，我们可以发现电流 $i_R(t)$

$$i_R(t)=\frac{v(t)}{R}=\frac{V_0}{R}e^{-t/\tau} \tag{7.10}$$

在电阻上消耗的功率是

$$p(t)=vi_R=\frac{V_0^2}{R}e^{-2t/\tau} \tag{7.11}$$

到时间 t 时电阻器吸收的能量是

$$\begin{aligned}w_R(t)&=\int_0^t p(\lambda)d\lambda=\int_0^t\frac{V_0^2}{R}e^{-2\lambda/\tau}d\lambda\\&=-\frac{\tau V_0^2}{2R}e^{-2\lambda/\tau}\Big|_0^t=\frac{1}{2}CV_0^2(1-e^{-2t/\tau}),\qquad \tau=RC\end{aligned} \tag{7.12}$$

请注意，$t\rightarrow\infty$，$w_R(\infty)\rightarrow\frac{1}{2}CV_0^2$，与最初存储在电容器中的能量 $w_C(0)$是相同的。最初存储在电容器中的能量最终被耗散在电阻上。

提示：当电路是由一个电容、几个电阻和受控源组成时，电容两端的电阻可以由一个戴维南等效电阻替代，从而形成一个简单的 RC 电路。同样，几个电容也可以用戴维南定理来等效为一个电容。

总结：

处理无源 RC 电路的关键是找出：

1. 通过电容器的初始电压 $v(0)=V_0$。
2. 时间常数 τ。

根据这两条，我们求得电容器电压的响应 $v_C(t)=v(t)=v(0)e^{-t/\tau}$。一旦得到电容器电压，其他变量(电容器电流 i_R，电阻器上的电压 v_R 和电阻器的电流 i_R)可以被确定。利用公式 $\tau=RC$ 找到的时间常数，R 通常是电容器两端的戴维南等效电阻，即取出电容器 C 并且计算出在其端口的等效电阻 $R=R_{Th}$。

提示：无论输出如何定义，时间常数都是相同的。

例 7-1　令 $v_C(0)=15V$，当 $t>0$ 时，计算 v_C、v_x 和 i_x。

解：我们首先需要使图 7-5 中的电路符合图 7-1 的标准 RC 电路。求出电容器两端的等效电阻或是等效的戴维南电阻，得到电容器电压 v_C。在此基础上我们就可以得出 v_x 和 v_i。

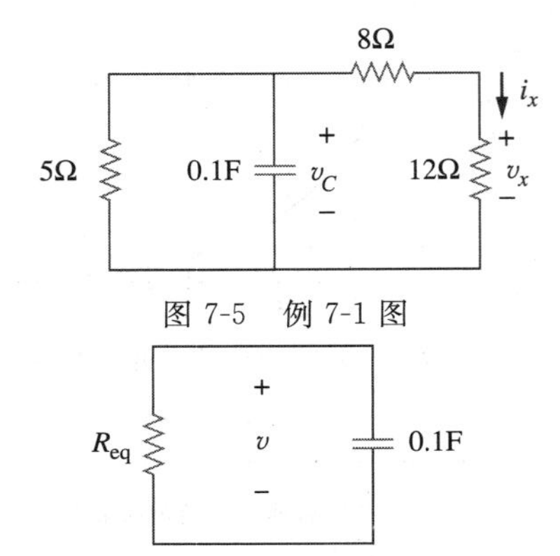

图 7-5　例 7-1 图

图 7-6　图 7-5 的等效电路

8Ω 电阻和 12Ω 电阻串联得到 20Ω 电阻，20Ω 电阻与 5Ω 电阻并联，所以等效电阻为

$$R_{eq}=\frac{20\times5}{20+5}=4(\Omega)$$

因此，其等效电路如图 7-6 所示，这类似于图 7-1。时间常数为

$$\tau=R_{eq}C=4\times0.1=0.4(s)$$

因此

$$v=v(0)e^{-t/\tau}=15e^{-t/0.4}(V),\qquad v_C=v=15e^{-2.5t}(V)$$

在图 7-5 中，我们可以使用分压原理得到 v_x

$$v_x=\frac{12}{12+8}v=0.6\times15\mathrm{e}^{-2.5t}=9\mathrm{e}^{-2.5t}(\mathrm{V})$$

最终

$$i_x=\frac{v_x}{12}=0.75\mathrm{e}^{-2.5t}(\mathrm{A})$$ ◀

练习 7-1　在图 7-7 中，让 $v_C(0)=60\mathrm{V}$，当 $t\geqslant0$ 时确定 v_C、v_x 和 i_o。

答案： $60\mathrm{e}^{-0.25t}\mathrm{V}$，$20\mathrm{e}^{-0.25t}\mathrm{V}$，$-5\mathrm{e}^{-0.25t}\mathrm{A}$。

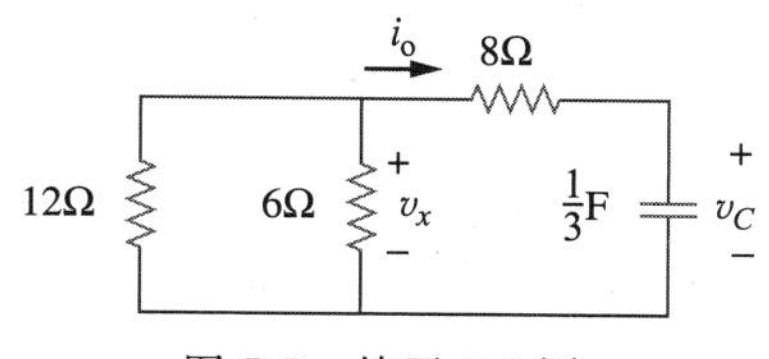

图 7-7　练习 7-1 图

例 7-2　图 7-8 所示的电路中的开关已闭合很长一段时间，它在 $t=0$ 时打开。求 $t\geqslant0$ 的 $v(t)$，并计算存储在电容器中的初始能量。

解： $t<0$ 时，该开关是闭合的，对直流电源来说电容器相当于断路，如图 7-9a 所示。使用分压原理有

$$v_C(t)=\frac{9}{9+3}\times20=15(\mathrm{V}),\quad t<0$$

由于电容两端的电压不能瞬时变化，电容两端电压在 $t=0^-$ 与 $t=0$ 是相同的，即

$$v_C(0)=V_0=15\mathrm{V}$$

当 $t>0$ 时，开关打开，得到如图 7-9b 所示的 RC 电路。（注意，图 7-9b 所示的 RC 电路是无源的，图 7-8 中的独立源是需要提供 V_0 或在电容器中的初始能量。）1Ω 电阻和 9Ω 电阻串联得

$$R_{\mathrm{eq}}=1+9=10(\Omega)$$

时间常数为

$$\tau=R_{\mathrm{eq}}C=10\times20\times10^{-3}=0.2(\mathrm{s})$$

因此，$t\geqslant0$ 时，电容两端的电压是

$$v(t)=v_C(0)\mathrm{e}^{-t/\tau}=15\mathrm{e}^{-t/0.2}(\mathrm{V})$$

即

$$v(t)=15\mathrm{e}^{-5t}(\mathrm{V})$$

在电容器中存储的初始能量是

$$w_C(0)=\frac{1}{2}Cv_C^2(0)=\frac{1}{2}\times20\times10^{-3}\times15^2=2.25(\mathrm{J})$$ ◀

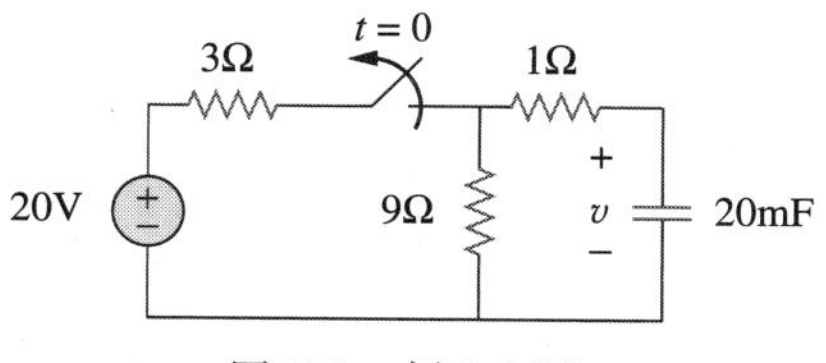

图 7-8　例 7-2 图

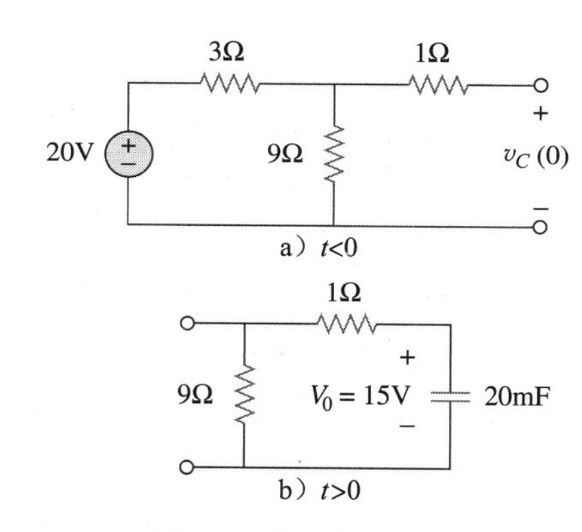

图 7-9　求解例 7-2 图

练习 7-2　在图 7-10 所示电路中，当 $t=0$ 时，开关打开，当 $t\geqslant0$ 计算 $v(t)$ 和 $w_C(0)$。

答案： $8\mathrm{e}^{-2t}\mathrm{V}$，5.33J。

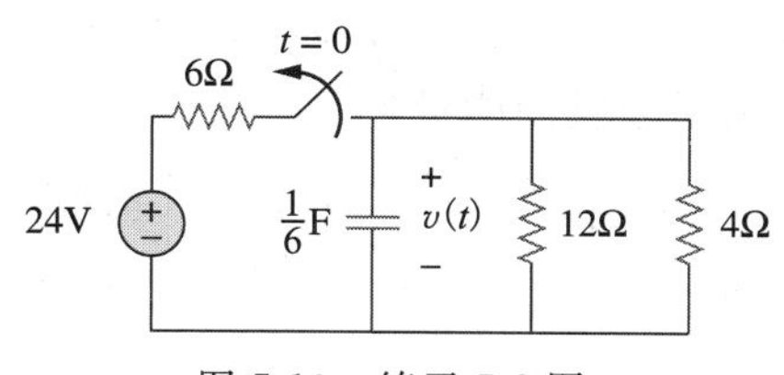

图 7-10　练习 7-2 图

7.3　无源 *RL* 电路

如图 7-11 所示，电路中电阻器和电感器的串联。为了确定电路响应，假设通过电感的电流为 $i(t)$。选择电感器电流作为响应，以充分利用电感电流不能瞬时改变的性质。在 $t=0$ 时，我们假设该电感器具有的初始电流 I_0，即

$$i(0)=I_0\tag{7.13}$$

与之相应的存储在电感中的能量

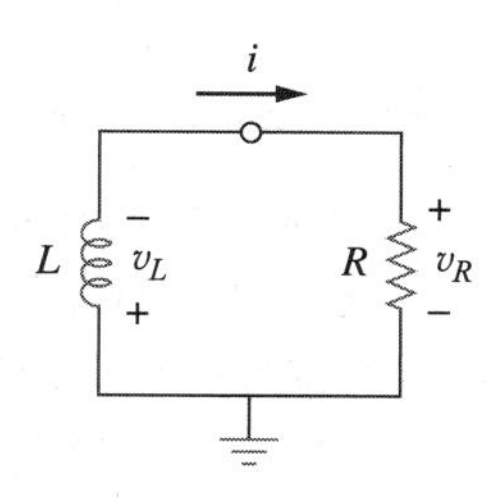

图 7-11　无源 *RL* 电路

$$w(0)=\frac{1}{2}LI_0^2 \tag{7.14}$$

对图 7-11 中的回路应用 KVL 可得

$$v_L+v_R=0 \tag{7.15}$$

因为 $v_1=L\,\mathrm{d}i/\mathrm{d}t$，$v_R=iR$，所以

$$L\frac{\mathrm{d}i}{\mathrm{d}t}+Ri=0$$

即

$$\frac{\mathrm{d}i}{\mathrm{d}t}+\frac{R}{L}i=0 \tag{7.16}$$

整理可得

$$\int_{I_0}^{i(t)}\frac{\mathrm{d}i}{i}=-\int_0^t\frac{R}{L}\mathrm{d}t$$

$$\ln i\Big|_{I_0}^{i(t)}=-\frac{Rt}{L}\Big|_0^t \Rightarrow \ln i(t)-\ln I_0=-\frac{Rt}{L}+0$$

即

$$\ln\frac{i(t)}{I_0}=-\frac{Rt}{L} \tag{7.17}$$

可得

$$i(t)=I_0\mathrm{e}^{-Rt/L} \tag{7.18}$$

这表明，RL 电路的自由响应是初始电流的指数衰减。电流响应显示在图 7-12 中。从式(7.18)中可得 RL 电路的时间常数的是

$$\boxed{\tau=\frac{L}{R}} \tag{7.19}$$

代入式(7.18)，可得

$$\boxed{i(t)=I_0\mathrm{e}^{-t/\tau}} \tag{7.20}$$

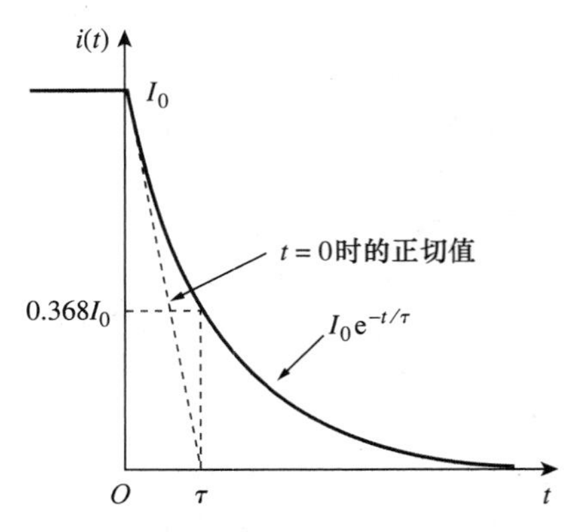

图 7-12 电流响应的 RL 电路

在式(7.20)中，我们可以发现电阻上的电压是

$$v_R(t)=iR=I_0R\mathrm{e}^{-t/\tau} \tag{7.21}$$

电阻的功率是

$$p=v_Ri=I_0^2R\mathrm{e}^{-2t/\tau} \tag{7.22}$$

电阻吸收的能量是

$$w_R(t)=\int_0^t p(\lambda)\mathrm{d}\lambda=\int_0^t I_0^2\mathrm{e}^{-2\lambda/\tau}\mathrm{d}\lambda=-\frac{\tau}{2}I_0^2R\mathrm{e}^{-2\lambda/\tau}\Big|_0^t,\quad \tau=\frac{L}{R}$$

即

$$w_R(t)=\frac{1}{2}LI_0^2(1-\mathrm{e}^{-2t/\tau}) \tag{7.23}$$

注意，$t\to\infty$，$w_R(\infty)\to\frac{1}{2}LI_0^2$，与最初存储在电感上的能量 $w_L(0)$一样，见式(7.14)。可见，最初存储在电感中的能量最终耗散在电阻上。

提示： 电路的时间常数越小，响应衰减速度越快。电路的时间常数越大，响应衰减速度越慢。无论时间常数的大小如何，响应衰减在 5τ 后的都不到初始值的 1%(即达到稳定状态)。

图 7-12 给出了关于 τ 的初始斜率解释的图解。

总结：

处理无源 RL 电路的关键是找到：

1. 通过电感器的初始电流 $i(0)=I_0$。
2. 电路的时间常数 τ。

根据这两条，我们能得到电感器的电流响应 $i_L(t)=i(t)=i(0)e^{-t/\tau}$。一旦确定了电感电流 i_L，其他变量（电感电压 v_L、电阻上的电压 v_R 和电阻电流 i_R）可以由公式求得。需要注意的是，在一般情况下，式(7.19)中的 R 是电感器两端的戴维南电阻。

提示：当电路由一个电感、几个电阻和受控源组成时，电感两端的电阻可以由一个戴维南等效电阻替代，从而形成一个简单的 RL 电路。同样，几个电感也可以用戴维南定理来等效为一个电感。

例 7-3 在图 7-13 中，假设 $i(0)=10\text{A}$，计算 $i(t)$ 和 $i_x(t)$。

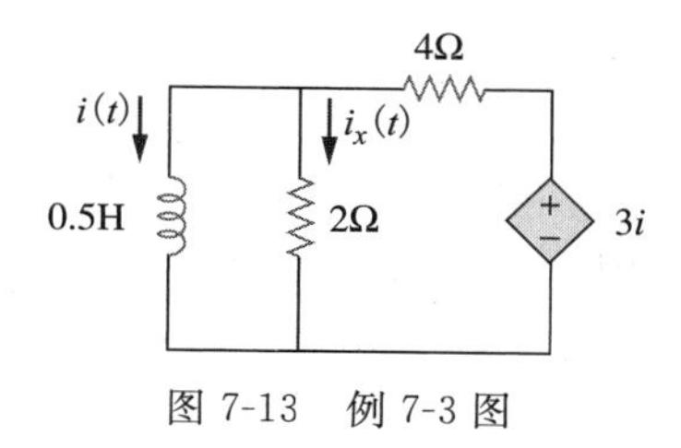

图 7-13　例 7-3 图

解：有两种方法可以解决这个问题。其中一个方法是，先求得电感端子的等效电阻，然后使用式(7.20)计算电流。另一种方法是通过基尔霍夫电压法计算电流。无论采取哪种方法，都要先求出通过电感的电流。

方法一　等效电阻与电感两端的戴维南电阻是一样的。由于存在非独立源，在电感的 $a-b$ 两端插入一个电压源 $v_o=1\text{V}$，如图 7-14a 所示。（也可以在两端插入一个 1A 电流源）对两个环路应用 KVL 可得

$$2(i_1-i_2)+1=0 \quad \Rightarrow \quad i_1-i_2=-\frac{1}{2} \tag{7.3.1}$$

$$6i_2-2i_1-3i_1=0 \quad \Rightarrow \quad i_2=\frac{5}{6}i_1 \tag{7.3.2}$$

将式(7.3.2)代入式(7.3.1)给出

$$i_1=-3\text{A}, \quad i_o=-i_1=3\text{A}$$

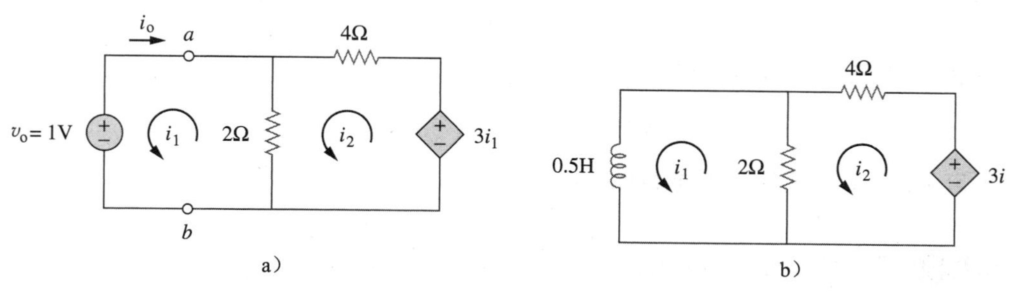

图 7-14　求解例 7-3 的电路

因此，

$$R_{eq}=R_{Th}=\frac{v_o}{i_o}=\frac{1}{3}\Omega$$

时间常数为

$$\tau=\frac{L}{R_{eq}}=\frac{\frac{1}{2}}{\frac{1}{3}}=\frac{3}{2}(\text{s})$$

因此，通过电感的电流是

$$i(t)=i(0)e^{-t/\tau}=10e^{-(2/3)t}\text{A}, \quad t>0$$

方法二　在图 7-14b 所示的电路中，可以直接应用 KVL。对于回路 1，

$$\frac{1}{2}\frac{di_1}{dt}+2(i_1-i_2)=0$$

即

$$\frac{di_1}{dt}+4i_1-4i_2=0 \tag{7.3.3}$$

对于回路 2，

$$6i_2-2i_1-3i_1=0 \quad \Rightarrow \quad i_2=\frac{5}{6}i_1 \tag{7.3.4}$$

将式(7.3.4)代入式(7.3.3)得出

$$\frac{di_1}{dt}+\frac{2}{3}i_1=0$$

变换得

$$\frac{di_1}{i_1}=-\frac{2}{3}dt$$

因为 $i_1=i$，用 i 来代替 i_1 可得

$$\ln i\Big|_{i(0)}^{i(t)}=-\frac{2}{3}t\Big|_0^t$$

即

$$\ln\frac{i(t)}{i(0)}=-\frac{2}{3}t$$

可得

$$i(t)=i(0)e^{-(2/3)t}=10e^{-(2/3)t}\text{A}, \quad t>0$$

这与方法一结果相同。

电感两端的电压是

$$v=L\frac{di}{dt}=0.5\times10\times\left(-\frac{2}{3}\right)e^{-(2/3)t}=-\frac{10}{3}e^{-(2/3)t}(\text{V})$$

由于电感和 2Ω 电阻并联，所以

$$i_x(t)=\frac{v}{2}=-1.6667e^{-(2/3)t}(\text{A}), \quad t>0$$

◀

练习 7-3 在如图 7-15 的电路中，假设 $i(0)=12\text{A}$，计算 i 和 v_x。

答案：$12e^{-2t}\text{A}$，$-12e^{-2t}\text{V}$，$t>0$。

例 7-4 图 7-16 所示的电路中，开关一直处于关闭状态，当 $t=0$ 时，开关打开，求 $t>0$ 时的响应 $i(t)$。

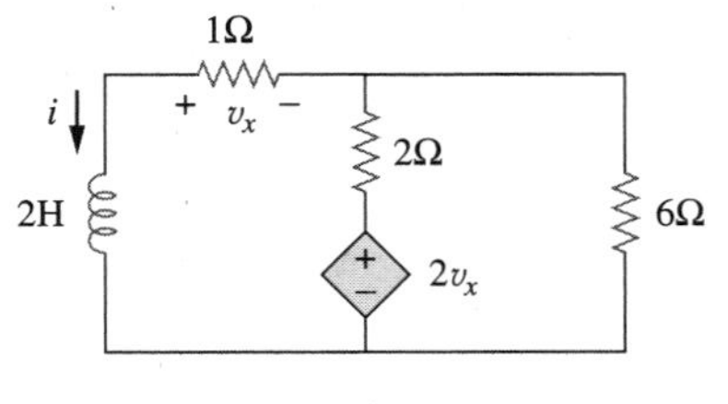

图 7-15 练习 7-3 图

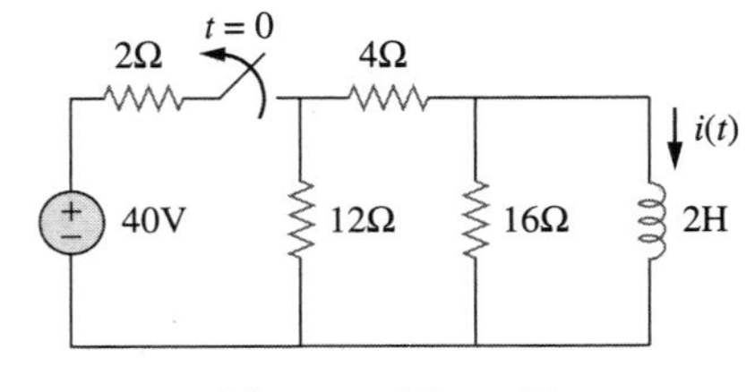

图 7-16 例 7-4 图

解：当 $t<0$ 时，开关关闭，对于直流电，电感相当于短路电路。16Ω 电阻被短路，所得到的电路如图 7-17a 所示。为求出图 7-17a 中的 i_1，将 4Ω 电阻和 12Ω 电阻并联，以获得

$$\frac{4\times12}{4+12}=3(\Omega)$$

因此

$$i_1=\frac{40}{2+3}=8(\mathrm{A})$$

图 7-17a 中，用分流法可得

$$i(t)=\frac{12}{12+4}i_1=6(\mathrm{A}),\qquad t<0$$

因为通过电感的电流不能瞬时改变

$$i(0)=i(0^-)=6\mathrm{A}$$

当 $t>0$ 时，开关打开，电压源断开，得到无源 RL 电路如图 7-17b 所示，则总电阻为

$$R_{\mathrm{eq}}=(12+4)\parallel 16=8(\Omega)$$

时间常数为

$$\tau=\frac{L}{R_{\mathrm{eq}}}=\frac{2}{8}=\frac{1}{4}(\mathrm{s})$$

因此，

$$i(t)=i(0)\mathrm{e}^{-t/\tau}=6\mathrm{e}^{-4t}(\mathrm{A})$$

◀

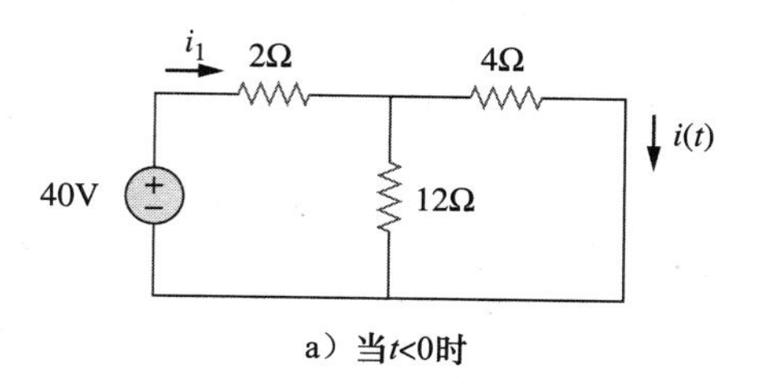

a）当$t<0$时

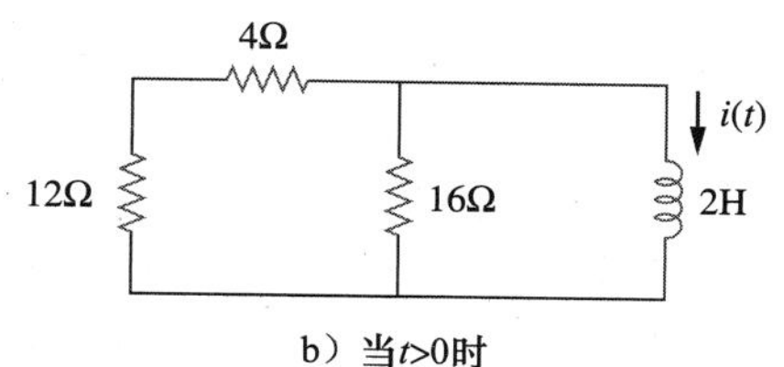

b）当$t>0$时

图 7-17　求解例 7-4 的电路

练习 7-4　在图 7-18 所示电路中，当 $t>0$ 时求 $i(t)$。　**答案：** $5\mathrm{e}^{-2t}\mathrm{A}$，$t>0$。

例 7-5　在图 7-19 所示电路中，假设开关打开，电路已达稳定，求 i_o，v_o 和 i。

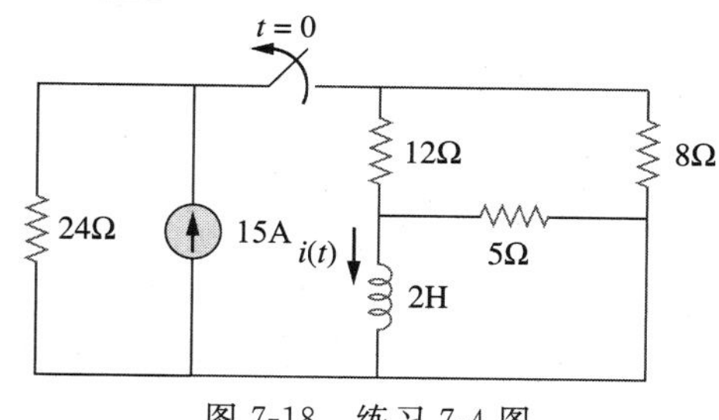

图 7-18　练习 7-4 图

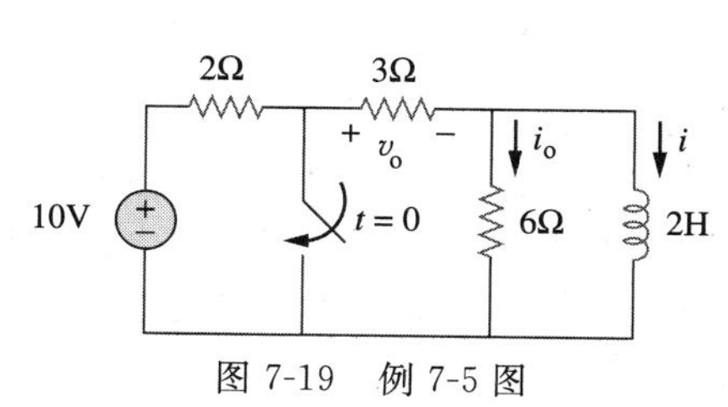

图 7-19　例 7-5 图

解： 首先求出通过电感的电流 i，然后通过它得到其他的值。当 $t<0$ 时，开关处于打开状态，电感相当于短路，6Ω 电阻被短路，如图 7-20a 所示。其中，$i_o=0$ 并且

$$i(t)=\frac{10}{2+3}=2(\mathrm{A}),\qquad t<0$$

$$v_o(t)=3i(t)=6\mathrm{V},\qquad t<0$$

因此，$i(0)=2\mathrm{A}$。

当 $t>0$ 时，开关闭合，使得电压源被短路，得到无源 RL 电路如图 7-20b 所示。在电感的两端，等效电阻为

$$R_{\mathrm{Th}}=3\parallel 6=2(\Omega)$$

时间常数为

$$\tau=\frac{L}{R_{\mathrm{Th}}}=1(\mathrm{s})$$

因此，

$$i(t)=i(0)\mathrm{e}^{-t/\tau}=2\mathrm{e}^{-t}(\mathrm{A}),\qquad t>0$$

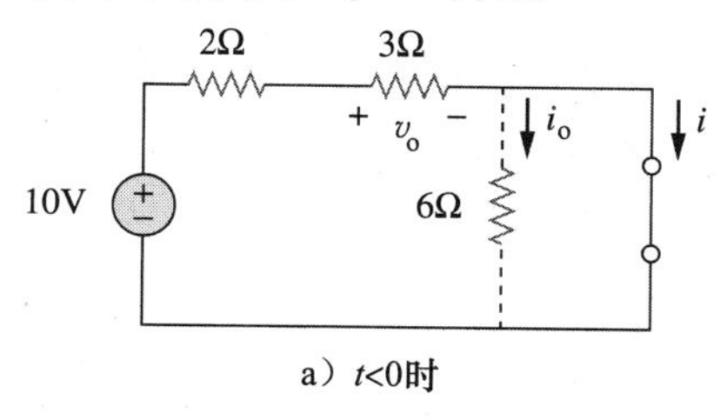

a）$t<0$时

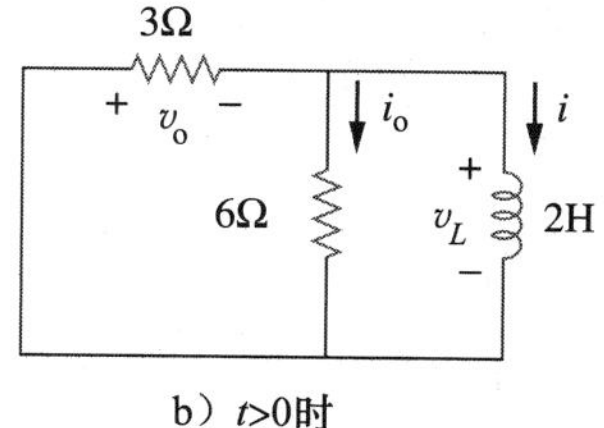

b）$t>0$时

图 7-20　例 7-5 图

由于电感和 6Ω 电阻及 3Ω 电阻并联，所以

$$v_o(t)=-v_L=-L\frac{\mathrm{d}i}{\mathrm{d}t}=-2\times(-2\mathrm{e}^{-t})=4\mathrm{e}^{-t}(\mathrm{V}),\qquad t>0$$

$$i_o(t)=\frac{v_L}{6}=-\frac{2}{3}e^{-t}(A),\quad t>0$$

因此，对于所有的时间段，

$$i_o(t)=\begin{cases}0A, & t<0\\ -\frac{2}{3}e^{-t}A, & t>0\end{cases},\quad v_o(t)=\begin{cases}6V, & t<0\\ 4e^{-t}V, & t>0\end{cases}$$

$$i(t)=\begin{cases}2A, & t<0\\ 2e^{-t}A, & t\geqslant 0\end{cases}$$

注意，当 $t=0$ 时，电感的电流是连续的，而通过 6Ω 电阻的电流从 0 下降到 −2/3A，3Ω 电阻两端的电压从 6V 降到 4V。还应注意，无论图 7-21 中的 i 和 i_o 哪个被定义为输出，时间常数都是相同的。◀

练习 7-5　对如图 7-22 所示电路，求对所有 t 的 i、i_0 和 v_0。假设开关已闭合且稳态，注意，打开与理想电流源串联的开关将在电流源两端形成无穷大的电压，显然这是不可能的。为了解决这个问题，可以在电流源上并联一个分流电阻(等效为一个电压源与一个电阻串联)。在大多数情况下，像这样的电流源电路更符合实际。这些电路允许电源像一个理想的电流源一样工作，且可以超出它的工作范围，但当负载变得太大(比如开路)时电压会受到限制。

答案： $i=\begin{cases}16A, & t<0\\ 16e^{-2t}A, & t\geqslant 0\end{cases}$，$i_o=\begin{cases}8A, & t<0\\ -5.333e^{-2t}A, & t>0\end{cases}$，$v_o=\begin{cases}32V, & t<0\\ 10.667e^{-2t}V, & t>0\end{cases}$

7.4　奇异函数

我们在学习本章下半部分之前，需要考虑到一些数学概念，这将有助于我们对暂态分析的理解。奇异函数的基本概念将帮助我们理解一阶电路对于独立直流电压或者电流源的暂态响应。

奇异函数(也称开关函数)在电路分析中是非常有用的。它们近似于电路中的开关操作产生的信号，在电路一些现象的细节描述中非常有效，特别是接下来的章节中将要讨论的 *RC* 或 *RL* 电路的阶跃响应。

奇异函数及其导数都是不连续的。

电路分析中最广泛使用的三种奇异函数是单位阶跃(unit step)函数、单位冲激(unit impulse)函数和单位斜坡(unit ramp)函数。

单位阶跃函数 $u(t)$ 在 t 的值是负数时为 0，在 t 的值是正数时为 1。

数学表示为

$$\boxed{u(t)=\begin{cases}0, & t<0\\ 1, & t>0\end{cases}}\tag{7.24}$$

单位阶跃函数当 $t=0$ 时是不确定的，此刻函数值突然从 0 变为 1。它像其他的数学函数如正弦和余弦一样是无量纲的。图 7-23 所示即为单位阶跃函数。如果在 $t=t_0(t_0>0)$ 时发生突变，单元阶跃函数变为

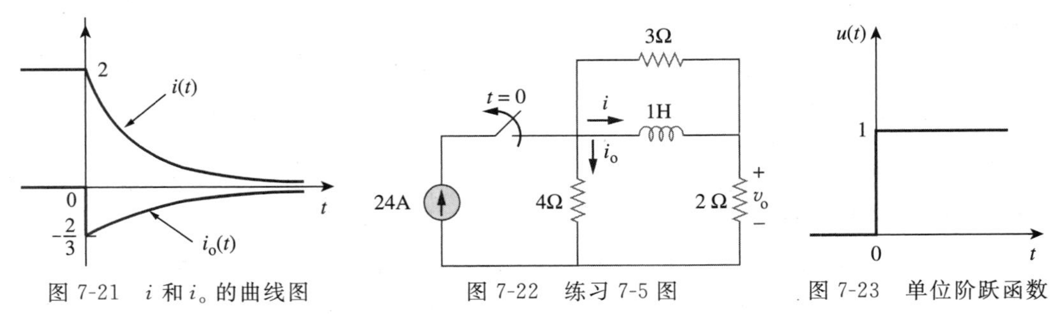

图 7-21　i 和 i_o 的曲线图　　图 7-22　练习 7-5 图　　图 7-23　单位阶跃函数

$$u(t-t_0)=\begin{cases}0, & t<t_0\\1, & t>t_0\end{cases} \tag{7.25}$$

表示 $u(t)$ 被延迟 t_0，如图 7-24a 所示。只需将 t 替换成 $t-t_0$，式(7.24)即可变成式(7.25)。如果在 $t=-t_0$ 时发生突变，单位阶跃函数变为

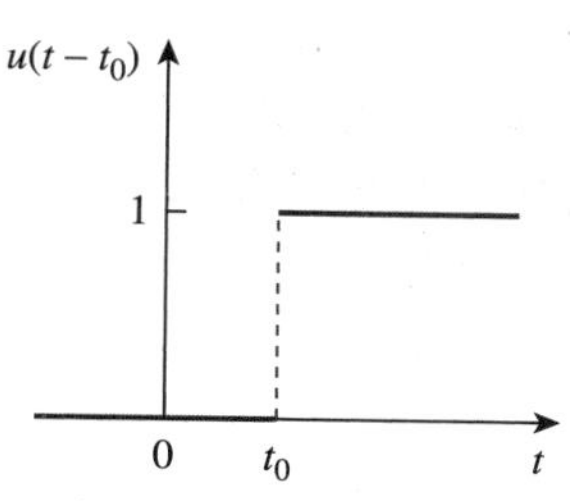

a）延迟 t_0 的单位阶跃函数

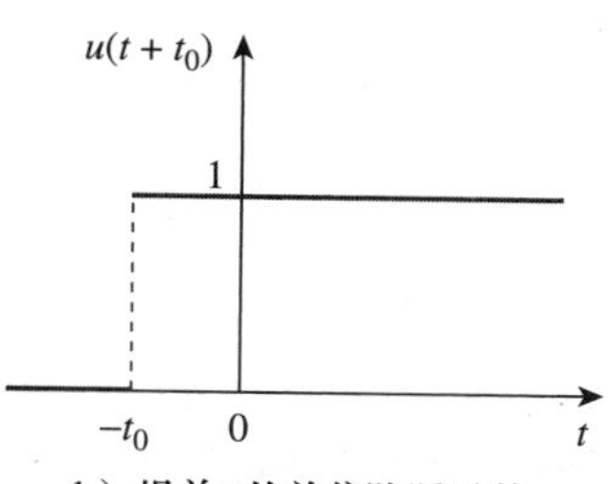

b）提前 t_0 的单位阶跃函数

图 7-24　延迟和提前 t_0 的单位阶跃函数

$$u(t+t_0)=\begin{cases}0, & t<-t_0\\1, & t>-t_0\end{cases} \tag{7.26}$$

表示 $u(t)$ 被提前 t_0，如图 7-24b 所示。

提示：可以写成 $u[f(t)]=1$，$f(t)>0$，这里 $f(t)$ 可能是 $(t-t_0)$ 或 $(t+t_0)$，由式(7.24)可得出式(7-25)和式(7-26)。

使用阶跃函数可以表示电压或电流的急剧变化，类似于控制系统和数字计算机的电路中发生的变化。例如，电压

$$v(t)=\begin{cases}0, & t<t_0\\V_0, & t>t_0\end{cases} \tag{7.27}$$

可以表示为单位阶跃函数

$$v(t)=V_0u(t-t_0) \tag{7.28}$$

如果令 $t_0=0$，那么 $v(t)$ 便成为阶跃电压 $V_0u(t)$，如图 7-25a 中所示，其等效电路如图 7-25b 所示。在图 7-25b 中可知，当 $t<0$ 时，a-b 端是短路的，$t=0$ 时，端电压 $v=V_0$。

同样地，图 7-26 中的电流源 $I_0u(t)$，其等效电路如图 7-26b 所示。注意，当 $t<0$ 时，电路开路($i=0$)，当 $t>0$ 时，$i=I_0$。

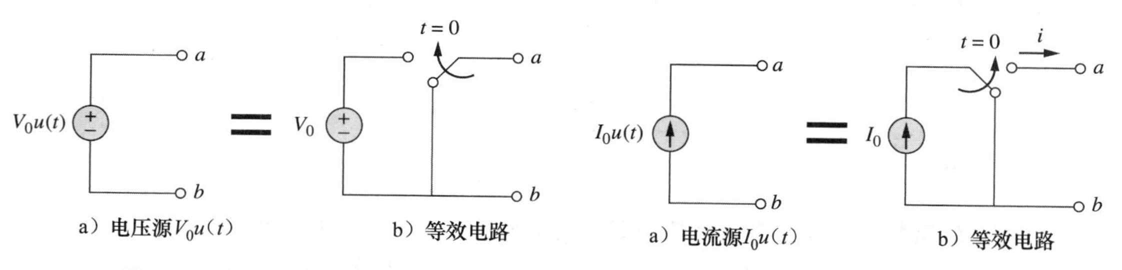

a）电压源 $V_0u(t)$　　b）等效电路

图 7-25　电压源及其等效电路

a）电流源 $I_0u(t)$　　b）等效电路

图 7-26　电流源及其等效电路

单位阶跃函数 $u(t)$ 的导数是单位冲激函数 $\delta(t)$，记作

$$\boxed{\delta(t)=\frac{\mathrm{d}}{\mathrm{d}t}u(t)=\begin{cases}0, & t<0\\ \text{未定义}, & t=0\\ 0, & t>0\end{cases}} \tag{7.29}$$

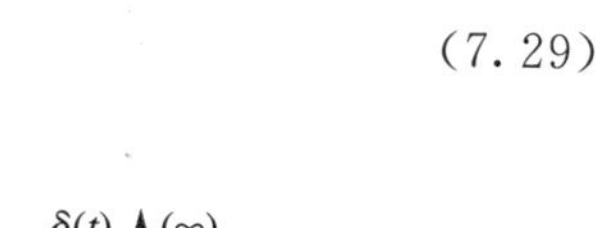

单位冲激函数也被称为狄拉克函数，如图 7-27 所示。

单位冲激函数 $\boldsymbol{\delta(t)}$ 除了在 $\boldsymbol{t=0}$ 时值是不确定的，其余处处为零。

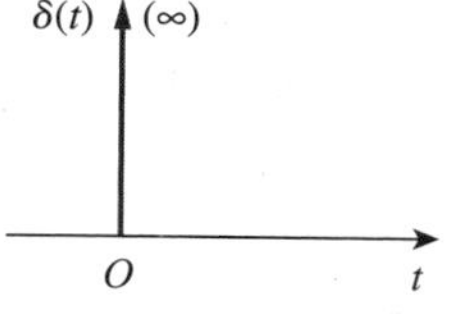

图 7-27　单位冲激函数

电流和电压的脉冲会在电路有开关操作或有脉冲源的时候产生。虽然单位冲激函数在物理上不可实现(就像理想电源、理想电阻等)，但它是一个非常有用的数学工具。

单位脉冲可被视为施加或所得的尖锥，它可视化为一个非常短持续时间脉冲的单位面积。数学表示为

$$\int_{0^-}^{0^+}\delta(t)\,\mathrm{d}t=1 \tag{7.30}$$

式中 $t=0^-$ 表示 $t=0$ 时刻之前，$t=0^+$ 表示 $t=0$ 时刻之后。出于这个原因，一般习惯在箭头旁边写 1(表示单位面积)，用来象征单位冲激函数，如图 7-27 所示。冲激函数的单位面积被称为冲激函数的强度(strength)。当一个冲激函数的强度大于单位冲激函数时，那么它的面积等同于它的强度。例如，冲激函数 $10\delta(t)$ 的面积为 10。图 7-28 显示了 $5\delta(t+2)$、$10\delta(t)$ 和 $-4\delta(t-3)$ 三种冲激函数。

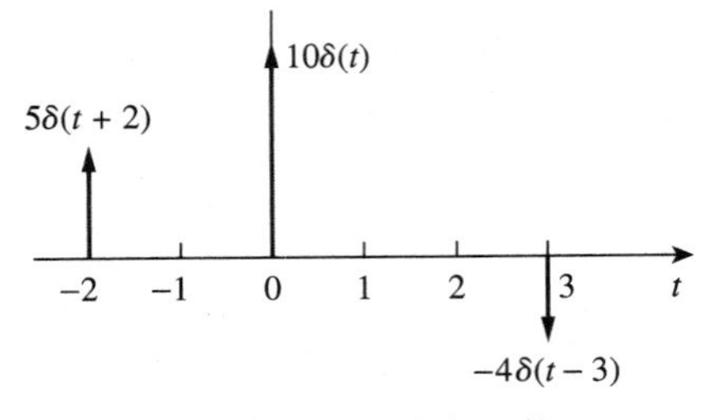

图 7-28　三种冲激函数

为了说明冲激函数如何影响其他函数，对其积分得

$$\int_a^b f(t)\delta(t-t_0)\mathrm{d}t \tag{7.31}$$

$a<t_0<b$ 时，因为除 $t=t_0$ 点之外 $\delta(t-t_0)=0$，所以除 t_0 点之外的被积函数为零。所以，

$$\int_a^b f(t)\delta(t-t_0)\mathrm{d}t=\int_a^b f(t_0)\delta(t-t_0)\mathrm{d}t=f(t_0)\int_a^b \delta(t-t_0)\mathrm{d}t=f(t_0)$$

即

$$\boxed{\int_a^b f(t)\delta(t-t_0)\mathrm{d}t=f(t_0)} \tag{7.32}$$

这表明，当一个函数与冲激函数相乘时，得到的值出现在冲激函数发生的点上。这就是冲激函数的抽样或筛选(Sampling or Sifting)性质。式(7.31)的特殊值出现在 $t_0=0$ 时，此时式(7.32)可写为

$$\int_{0^-}^{0^+} f(t)\delta(t)\mathrm{d}t=f(0) \tag{7.33}$$

单位斜坡函数 $r(t)$ 是单位阶跃函数 $u(t)$ 的变形，记作

$$r(t)=\int_{-\infty}^{t} u(\lambda)\mathrm{d}\lambda=tu(t) \tag{7.34}$$

即

$$\boxed{r(t)=\begin{cases}0, & t\leqslant 0\\ t, & t\geqslant 0\end{cases}} \tag{7.35}$$

单位斜坡函数在 t 的值为负时值为零，在 t 的值为正时存在单元斜率

图 7-29 所示为单位斜坡函数。在一般情况下，斜坡函数以恒定的速率变化。

如图 7-30 所示，单位斜坡函数可以被延迟或提前，对于延迟的单位斜坡函数，

$$r(t-t_0)=\begin{cases}0, & t\leqslant t_0\\ t-t_0, & t\geqslant t_0\end{cases} \tag{7.36}$$

对于提前的单位斜坡函数，

$$r(t+t_0)=\begin{cases}0, & t\leqslant -t_0\\ t+t_0, & t\geqslant -t_0\end{cases} \tag{7.37}$$

我们应该记住这三个奇异函数(冲激、阶跃、斜坡)之间的关系：

$$\delta(t)=\frac{\mathrm{d}u(t)}{\mathrm{d}t},\quad u(t)=\frac{\mathrm{d}r(t)}{\mathrm{d}t} \tag{7.38}$$

或变为积分形式：

$$u(t)=\int_{-\infty}^{t}\delta(\lambda)\mathrm{d}\lambda,\quad r(t)=\int_{-\infty}^{t}u(\lambda)\mathrm{d}\lambda \tag{7.39}$$

虽然还有许多其他的奇异函数，但本章只讨论这三个(冲激函数、单位阶跃函数和斜坡函数)奇异函数。

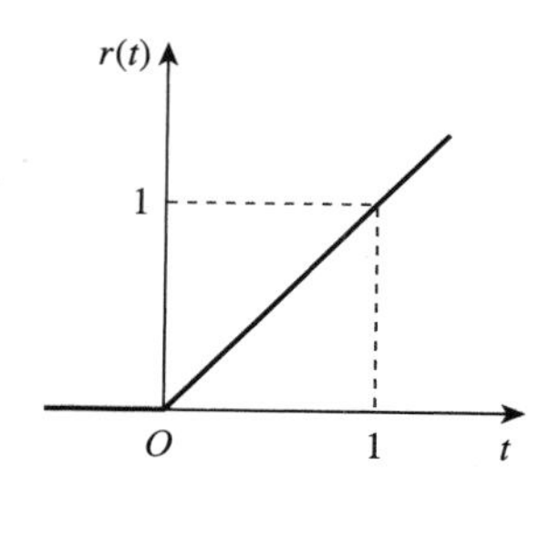

图 7-29 单位斜坡函数

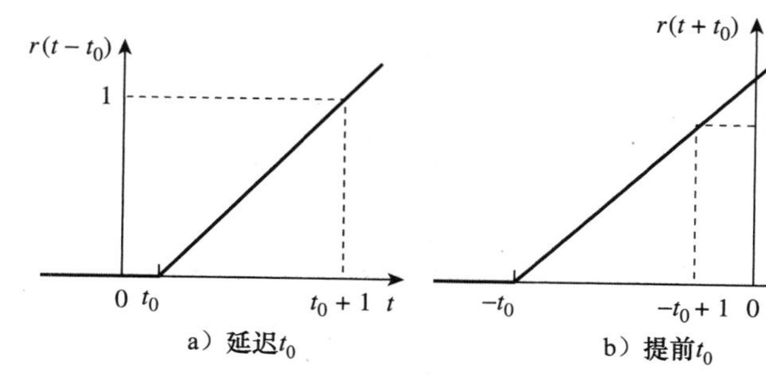

图 7-30 延迟 t_0 与提前 t_0 的单位斜坡函数

例 7-6 表示图 7-31 中的单位阶跃电压，计算并画出它的导数。

提示： 门函数常被用于控制其他信号的通过或被阻止。

解： 图 7-31 中这种类型的脉冲被称为门函数。门函数可以视为另一种阶跃函数，在 t 等于某个值时打开，在 t 等于另一个值时关闭。如图 7-31 中所示的门函数，在 $t=2\text{s}$ 时打开，在 $t=5\text{s}$ 时关闭。如图 7-32a 所示，该门函数由两个阶跃函数组成。从图中可明显看出

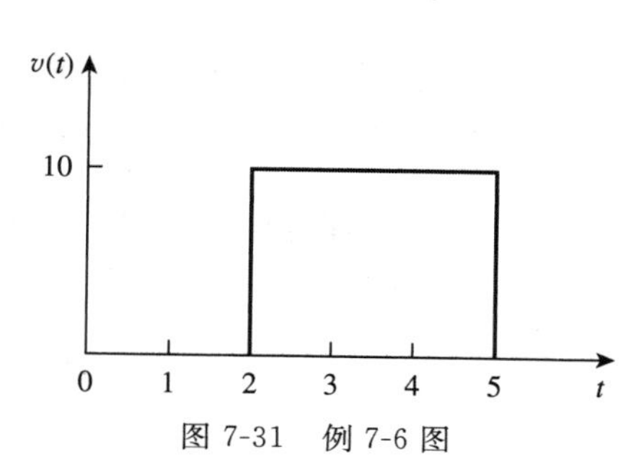

图 7-31 例 7-6 图

$$v(t)=10u(t-2)-10u(t-5)=10[u(t-2)-u(t-5)]$$

求导可得

$$\frac{\mathrm{d}v}{\mathrm{d}t}=10[\delta(t-2)-\delta(t-5)]$$

导数如图 7-32b 所示，图 7-32b 可通过观察直接由图 7-31 得出：当 $t=2\text{s}$ 时，电压瞬间增加 10V，导致 $10\delta(t-2)$；当 $t=5\text{s}$ 时，电压瞬间降低 10V，导致 $-10\delta(t-5)$。◀

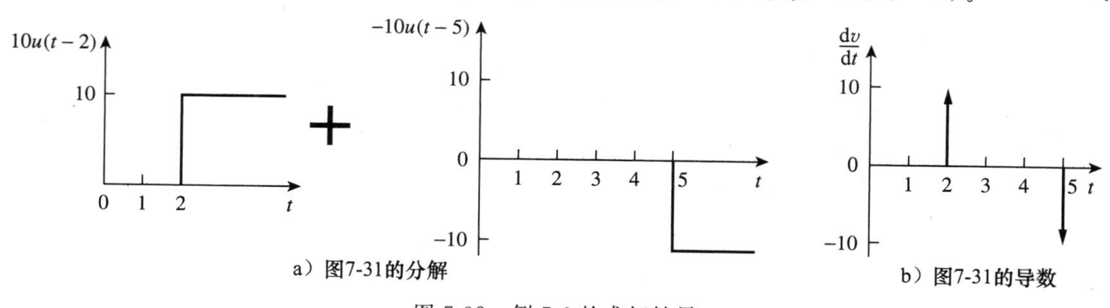

图 7-32 例 7-6 的求解结果

练习 7-6 表示图 7-33 中所示的阶跃电流，求其积分并画图。

答案： $10[u(t)-2u(t-2)+u(t-4)]$，$10[r(t)-2r(t-2)+r(t-4)]$，见图 7-34。

例 7-7 用奇异函数来表示图 7-35 中的锯齿波(sawtooth)函数。

解： 解决此问题有三种方法。第一种方法只需观察给定的函数，而其他方法涉及一些图形操作的函数。

方法 1 通过观察图 7-35 中的 $v(t)$，不难注意到 $v(t)$ 由几个奇异函数组成。所以，我们令

$$v(t)=v_1(t)+v_2(t)+\cdots \tag{7.7.1}$$

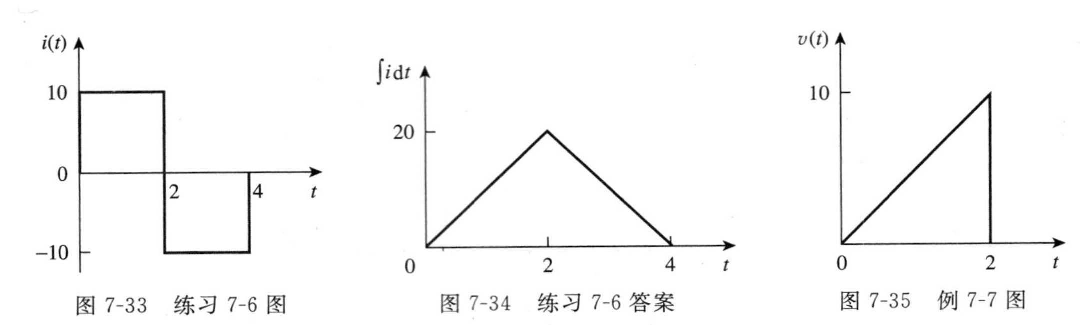

图 7-33　练习 7-6 图　　图 7-34　练习 7-6 答案　　图 7-35　例 7-7 图

函数 $v_1(t)$的斜率为 5，如图 7-36a 所示，即

$$v_1(t)=5r(t) \tag{7.7.2}$$

由于 $v_1(t)$将趋于无穷大，为了得到 $v(t)$，在 $t=2$s 时需要加入另一个函数。令这个函数为 v_2，它的斜率为−5，如图 7-36b 所示，即

$$v_2(t)=-5r(t-2) \tag{7.7.3}$$

将 v_1 和 v_2 相加得到如图 7-36c 所示的信号。显然，这个信号与图 7-35 中所表示的 $v(t)$不同。不同之处是当 $t>2$s 时有一个常数 10，所以还需增加第三个信号 v_3，即

$$v_3=-10u(t-2) \tag{7.7.4}$$

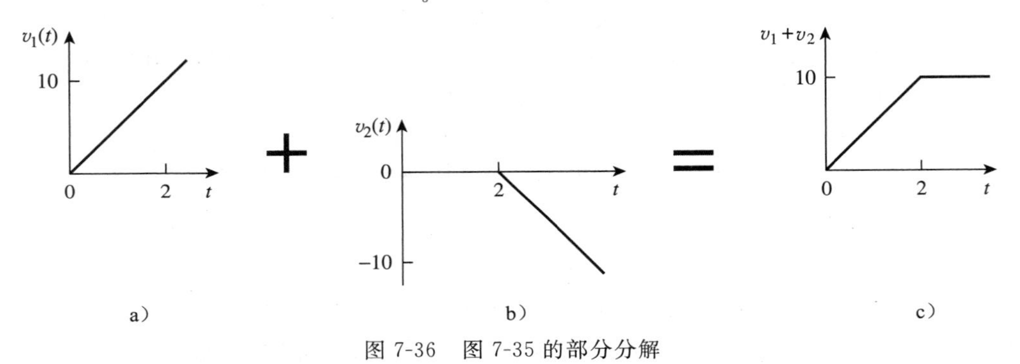

图 7-36　图 7-35 的部分分解

至此，得到图 7-37 所示的 $v(t)$，将式(7.7.2)～式(7.7.4)代入式(7.7.1)可得

$$v(t)=5r(t)-5r(t-2)-10u(t-2)$$

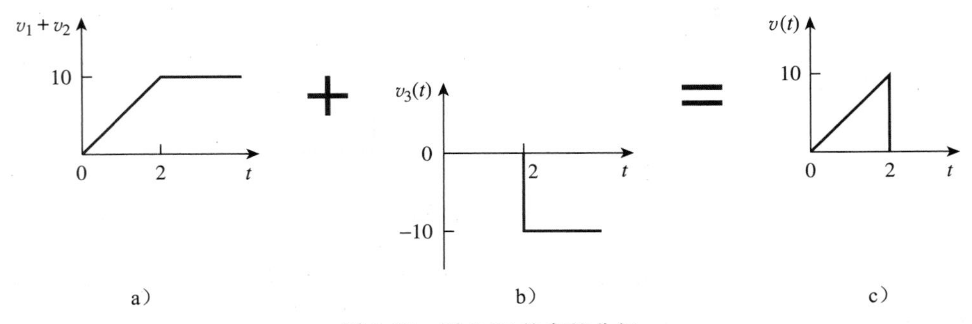

图 7-37　图 7-35 的完整分解

方法 2　仔细观察图 7-35 可知，$v(t)$是由一个斜坡函数和一个门函数组成的，因此，

$$\begin{aligned}v(t)&=5t[u(t)-u(t-2)]\\&=5tu(t)-5tu(t-2)\\&=5r(t)-5(t-2+2)u(t-2)\\&=5r(t)-5(t-2)u(t-2)-10u(t-2)\end{aligned}$$

$$=5r(t)-5r(t-2)-10u(t-2)$$

与方法1的结果一致。

方法3 此方法类似于方法2。观察图7-35可知：$v(t)$是由一个斜坡函数和一个单位阶跃函数组成的，如图7-38所示。因此，

$$v(t)=5r(t)u(-t+2)$$

如果可以用$[1-u(t)]$来代替$u(-t)$，那么也可以用$[1-u(t-2)]$来代替$u(-t+2)$，因此，

$$v(t)=5r(t)[1-u(t-2)]$$

与方法2一样可以简单地得到正确答案。 ◀

练习7-7 用奇异函数表示图7-39中的$i(t)$。

答案：$[2u(t)-2r(t)+4r(t-2)-2r(t-3)]$A。

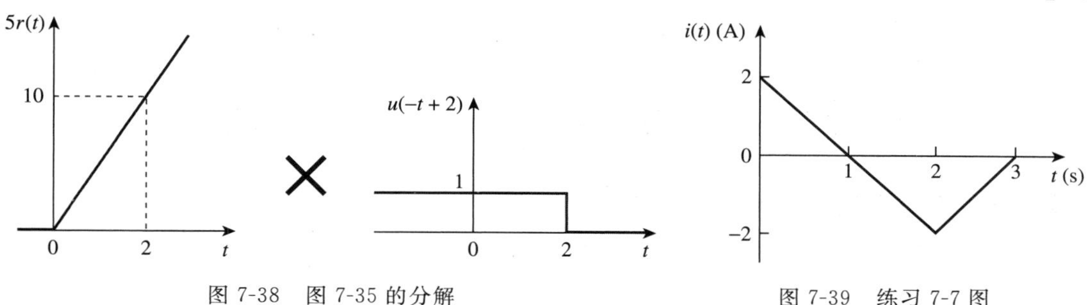

图7-38 图7-35的分解

图7-39 练习7-7图

例7-8 信号为

$$g(t)=\begin{cases}3, & t<0\\ -2, & 0<t<1\\ 2t-4, & t>1\end{cases}$$

试用阶跃函数和斜坡函数表示$g(t)$。

解：信号$g(t)$可以被视为在$t<0$、$0<t<1$和$t>1$这三个区间内三个特定函数的组合。

当$t<0$时，$g(t)$可被看作3乘以$u(-t)$，其中$u(-t)=1$；当$t>0$时，$u(-t)=0$。当$0<t<1$时，函数可以被看作-2乘以一个门函数$[u(t)-u(t-1)]$。当$t>1$时，函数可以被看作$(2t-4)$乘以单位阶跃函数$u(t-1)$，因此，

$$\begin{aligned}g(t)&=3u(-t)-2[u(t)-u(t-1)]+(2t-4)u(t-1)\\&=3u(-t)-2u(t)+(2t-4+2)u(t-1)\\&=3u(-t)-2u(t)+2(t-1)u(t-1)\\&=3u(-t)-2u(t)+2r(t-1)\end{aligned}$$

用$[1-u(t)]$代替$u(-t)$可以避免一些麻烦，得到

$$g(t)=3[1-u(t)]-2u(t)+2r(t-1)=3-5u(t)+2r(t-1)$$

另外，也可以用例7-7中的方法1来求$g(t)$。 ◀

练习7-8 如果

$$h(t)=\begin{cases}0, & t<0\\ -4, & 0<t<2\\ 3t-8, & 2<t<6\\ 0, & t>6\end{cases}$$

用奇异函数表达出$h(t)$。

答案：$-4u(t)+2u(t-2)+3r(t-2)-10u(t-6)-3r(t-6)$。

例 7-9 计算下列冲激函数的积分：

$$\int_0^{10}(t^2+4t-2)\delta(t-2)\mathrm{d}t$$

$$\int_{-\infty}^{\infty}[\delta(t-1)\mathrm{e}^{-t}\cos t+\delta(t+1)\mathrm{e}^{-t}\sin t]\mathrm{d}t$$

解：对于第一个积分，利用式(7.32)的筛选性质可得

$$\int_0^{10}(t^2+4t-2)\delta(t-2)\mathrm{d}t=(t^2+4t-2)\big|_{t=2}=4+8-2=10$$

类似地，对于第二个积分，

$$\begin{aligned}&\int_{-\infty}^{\infty}[\delta(t-1)\mathrm{e}^{-t}\cos t+\delta(t+1)\mathrm{e}^{-t}\sin t]\mathrm{d}t\\&=\mathrm{e}^{-t}\cos t\big|_{t=1}+\mathrm{e}^{-t}\sin t\big|_{t=-1}\\&=\mathrm{e}^{-1}\cos 1+\mathrm{e}^{1}\sin(-1)=0.1988-2.2873=-2.0885\end{aligned}$$

◀

练习 7-9 求下列积分：　　**答案：**28，－1。

$$\int_{-\infty}^{\infty}(t^3+5t^2+10)\delta(t+3)\mathrm{d}t,\qquad \int_0^{10}\delta(t-\pi)\cos 3t\,\mathrm{d}t$$

7.5 *RC* 电路的阶跃响应

当直流电源突然作用于 *RC* 电路时，这个电压或电流源可以建模为一个阶跃函数，电路的响应被称为阶跃响应。

电路的阶跃响应是电路受到阶跃函数激励时的行为，激发它的可以是电压源或电流源。

图 7-40a 中所示的 *RC* 电路可以用图 7-40b 中所示电路代替，V_s 是一个连续直流电压源。选择电容上的电压作为电路响应，假设在电容上的初始电压为 V_0，虽然这对阶跃响应来说不是必要的。因为电容的电压不能瞬时改变，所以

$$v(0^-)=v(0^+)=V_0 \tag{7.40}$$

式中 $v(0^-)$是在开关切换之前电容两端的电压，$v(0^+)$是开关切换后的电压。应用 KCL，可得

$$C\frac{\mathrm{d}v}{\mathrm{d}t}+\frac{v-V_s u(t)}{R}=0$$

即

$$\frac{\mathrm{d}v}{\mathrm{d}t}+\frac{v}{RC}=\frac{V_s}{RC}u(t) \tag{7.41}$$

式中 v 是电容两端的电压。当 $t>0$ 时，式(7.41)可以写成

$$\frac{\mathrm{d}v}{\mathrm{d}t}+\frac{v}{RC}=\frac{V_s}{RC} \tag{7.42}$$

重新整理可得

$$\frac{\mathrm{d}v}{\mathrm{d}t}=-\frac{v-V_s}{RC}$$

即

$$\frac{\mathrm{d}v}{v-V_s}=-\frac{\mathrm{d}t}{RC} \tag{7.43}$$

两边积分，并加入初始条件，可得

$$\ln(v-V_s)\Big|_{V_0}^{v(t)}=-\frac{t}{RC}\Big|_0^t$$

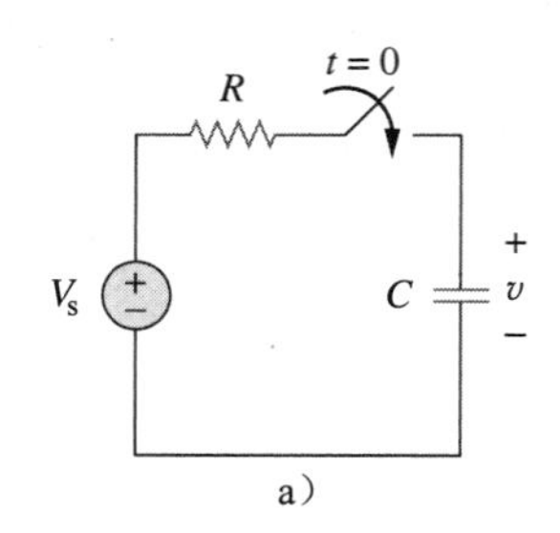

a)

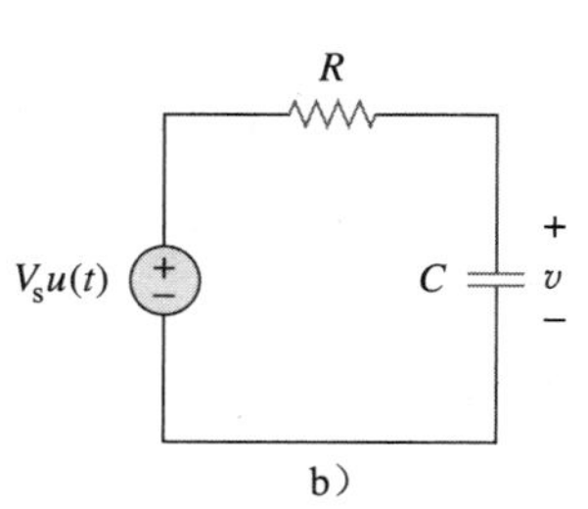

b)

图 7-40　输入为电压阶跃的 *RC* 电路

$$\ln[v(t)-V_s]-\ln(V_0-V_s)=-\frac{t}{RC}+0$$

即。

$$\ln\frac{v-V_s}{V_0-V_s}=-\frac{t}{RC} \tag{7.44}$$

以指数形式表示为

$$\frac{v-V_s}{V_0-V_s}=e^{-t/\tau},\quad \tau=RC$$

$$v-V_s=(V_0-V_s)e^{-t/\tau}$$

即

$$v(t)=V_s+(V_0-V_s)e^{-t/\tau},\quad t>0 \tag{7.45}$$

因此，

$$\boxed{v(t)=\begin{cases}V_0, & t<0\\ V_s+(V_0-V_s)e^{-t/\tau}, & t>0\end{cases}} \tag{7.46}$$

当一个直流电压源突然作用于 RC 电路上时，假设电容早已完成初始充电，电路的响应被称为完全响应(complete response，或全响应)。对术语“完全”的理解将在后面的学习中更加深刻。假设 $V_s>V_0$，$v(t)$如图 7-41 所示。

如果假设电容最初不带电，式(7—46)中，使 $V_0=0$，可得

$$v(t)=\begin{cases}0, & t<0\\ V_s(1-e^{-t/\tau}), & t>0\end{cases} \tag{7.47}$$

也可转换为

$$v(t)=V_s(1-e^{-t/\tau})u(t) \tag{7.48}$$

这是一个 RC 电路在电容最初不带电条件下的完整阶跃响应。通过电容的电流可在式 $i(t)=C\mathrm{d}v/\mathrm{d}t$ 中代入式(7.47)得到

$$i(t)=C\frac{\mathrm{d}v}{\mathrm{d}t}=\frac{C}{\tau}V_se^{-t/\tau},\quad \tau=RC,\quad t>0$$

即

$$i(t)=\frac{V_s}{R}e^{-t/\tau}u(t) \tag{7.49}$$

图 7-42 显示了电容上的电压 $v(t)$和通过电容的电流 $i(t)$。

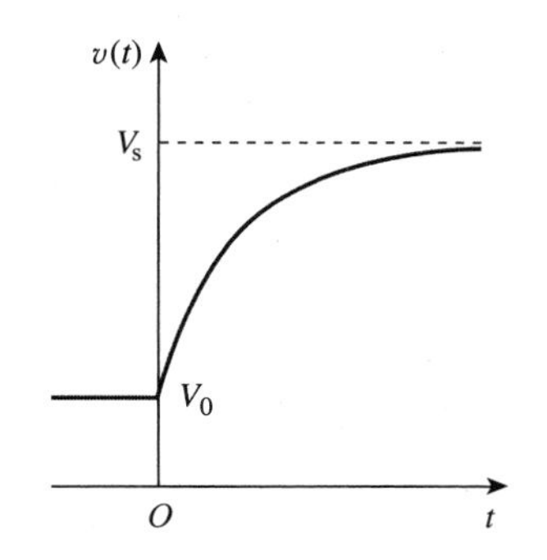

图 7-41　初始电容充电的 RC 电路的响应

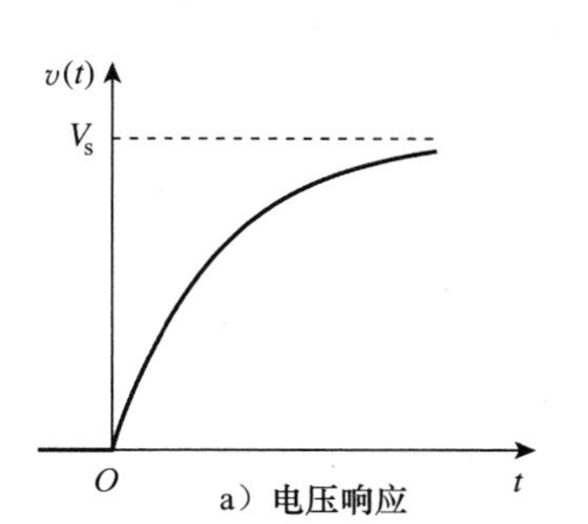

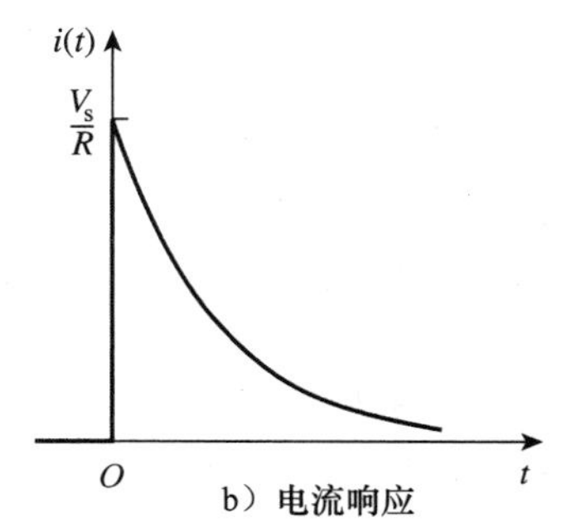

图 7-42　初始电容未充电的 RC 电路阶跃响应

除了上面公式的推导，还有一个系统化的方法，或者说更简便的方法，来求出 RC 或 RL 电路的阶跃响应。仔细观察式(7.45)，它比式(7.48)更一般化。显而易见的是，$v(t)$

由两部分组成，有两种经典方法可以分解这两部分。第一种是把它拆分成一个“自由响应和一个强迫响应”，第二种是把它拆分成“一个瞬态响应和一个稳态响应”。用自由响应和强迫响应写出完全响应或全响应的公式：

$$\boxed{\text{全响应}=\underset{\text{存储的能量}}{\text{自由响应}}+\underset{\text{独立源}}{\text{强迫响应}}}$$

即

$$v=v_n+v_f \tag{7.50}$$

其中

$$v_n=V_0 e^{-t/\tau}$$

并且

$$v_f=V_s(1-e^{-t/\tau})$$

我们所熟悉的电路的自由响应 v_n，已经在7.2节讨论过。v_f 被称为强迫响应，因为它是电路在受到外部“能量”（这里是电压源)的影响下产生的。它代表了电路被输入激励迫使产生的响应。随着自由响应和强迫响应的瞬态分量的消失，只留下强迫响应的稳态分量。

另一种方法是将全响应拆分成两个部分：瞬态响应和稳态响应。

$$\boxed{\text{全响应}=\underset{\text{暂时部分}}{\text{瞬态响应}}+\underset{\text{永久部分}}{\text{稳态响应}}}$$

即

$$v=v_t+v_{ss} \tag{7.51}$$

其中

$$v_t=(V_0-V_s)e^{-t/\tau} \tag{7.52a}$$

并且

$$v_{ss}=V_s \tag{7.52b}$$

瞬态响应(transient response)v_t 是暂时的，它是全响应中随着时间接近无穷大衰减至零的那部分。

瞬态响应是电路的暂时响应，随着时间的推移会完全消失。

稳态响应(steady-state response)v_{ss} 是全响应中除去瞬态响应后剩下的部分。

电路的稳态响应是施加外部激励后很长一段时间后电路的响应。

全响应的第一部分是对电源的响应，而第二部分是响应的永久的部分。在一定的条件下，自由响应和瞬态响应是相同的，此时强迫响应和稳态响应也是一样的。

无论采用哪种方法，式(7.45)中的全响应都可写成

$$\boxed{v(t)=v(\infty)+[v(0)-v(\infty)]e^{-t/\tau}} \tag{7.53}$$

提示： 式(7.53)表明完整的响应是瞬态响应和稳态响应的和。

其中 $v(0)$ 是 $t=0^+$ 时的初始电压，$v(\infty)$ 是最终稳态值。因此，求得 RC 电路的阶跃响应需要求出下列三个值：

1. 电容初始电压 $v(0)$。
2. 最后的电容电压 $v(\infty)$。
3. 时间常数 τ。

提示： 一旦知道 $v(0)$、$v(\infty)$ 和 τ，那我们可以用公式 $x(t)=x(\infty)+[x(0)-x(\infty)]e^{-t/\tau}$ 来求本章内几乎所有的电路问题。

根据给定的电路，我们可以求得当 $t<0$ 时的 $v(0)$ 和当 $t>0$ 时的 $v(\infty)$ 和 τ。这些一旦被确定，就可以用式(7.53)来确定响应。在下一节可以看到，这样的方法也适用于 RL 电路。

需要注意的是，如果开关切换的时间不是在 $t=0$ 时刻，而是有一个时间延迟 $t=t_0$，那么响应就会有一个时间延迟，此时式(7.53)就可写成

$$v(t)=v(\infty)+[v(t_0)-v(\infty)]e^{-(t-t_0)/\tau} \tag{7.54}$$

记住，$v(t_0)$是 $t=t_0^+$ 时的方程初始值，式(7.53)或式(7.54)仅适用于阶跃响应，即输入激励是恒定的。

例 7-10 如图 7-43 所示，开关在 A 位置已达稳态，当 $t=0$ 时，开关拨到 B 位置，求当 $t>0$ 时的 $v(t)$，并计算当 $t=1\text{s}$ 和 4s 时的 $v(t)$。

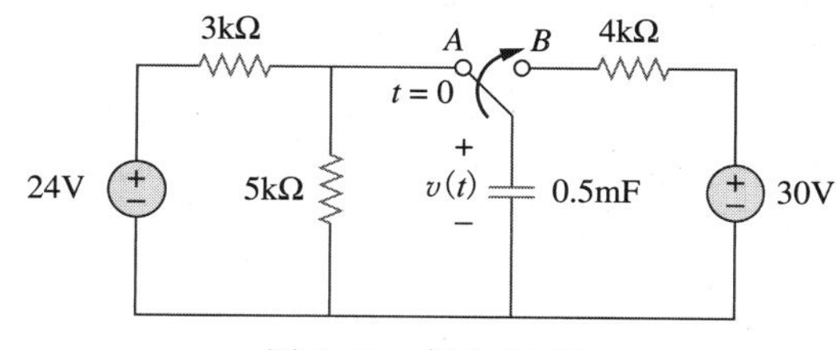

图 7-43 例 7-10 图

解： 当 $t<0$ 时，开关处于 A 位置，电容对于直流电源来说就是开路，但是电压 v 与 5kΩ 电阻上的电压一致。因此，在 $t=0$ 之前电容器两端的电压通过分压原理可得

$$v(0^-)=\frac{5}{5+3}\times 24=15(\text{V})$$

因为电容的电压的不能瞬时变化，所以

$$v(0)=v(0^-)=v(0^+)=15\text{V}$$

当 $t>0$ 时，开关处于 B 位置。与电容相连的戴维南等效电阻 $R_{\text{Th}}=4\text{k}\Omega$，时间常数是

$$\tau=R_{\text{Th}}C=4\times10^3\times0.5\times10^{-3}=2(\text{s})$$

由于电容为稳态时对于直流电源就像一个开路，$v(\infty)=30\text{V}$，因此

$$\begin{aligned}v(t)&=v(\infty)+[v(0)-v(\infty)]e^{-t/\tau}\\&=30+(15-30)e^{-t/2}=(30-15e^{-0.5t})\text{V}\end{aligned}$$

当 $t=1\text{s}$ 时，

$$v(1)=30-15e^{-0.5}=20.9(\text{V})$$

当 $t=4\text{s}$ 时，

$$v(4)=30-15e^{-2}=27.97(\text{V})$$

◀

练习 7-10 如图 7-44 所示电路中，假设开关处于打开状态且电路已达稳态，当 $t=0$ 时开关闭合，求 $t>0$ 时的 $v(t)$，并求当 $t=0.5$ 时的电压值。

答案： $(9.375+5.625e^{-2t})\text{V}$，11.444V。

例 7-11 如图 7-45 所示，开关处于闭合状态已达稳态，当 $t=0$ 时开关打开。求所有时刻的 i 和 v。

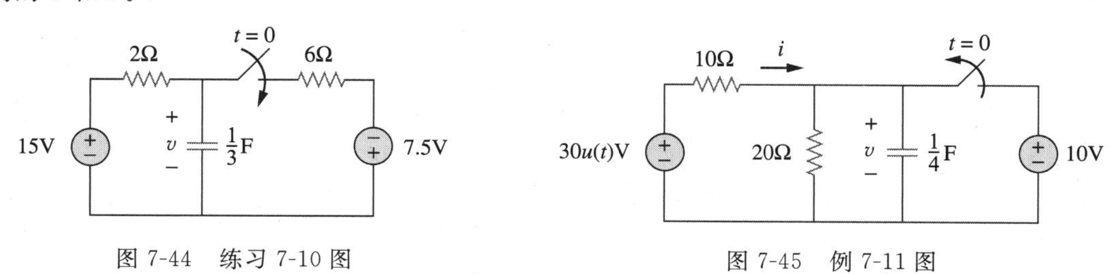

图 7-44 练习 7-10 图　　　图 7-45 例 7-11 图

解： 通过电阻的电流 i 可以是不连续的，而电容电压必须连续。因此，最好我们先求得 v，再通过 v 求得 i。

按单位阶跃函数的定义，有

$$30u(t)=\begin{cases}0, & t<0\\30, & t>0\end{cases}$$

当 $t<0$ 时，开关被关闭，并且 $30u(t)=0$，所以，$30u(t)$的电压源被短路，可视为对于 v

没有任何贡献。开关长时间关闭，电路已达稳态，电容电压也已经达到稳态且电容可被视为一个开路。因此，当 $t<0$ 时，电路如图 7-46a 所示，可得

$$v=10\text{V},\quad i=-\frac{v}{10}=-1(\text{A})$$

由于电容的电压不能瞬时改变，所以

$$v(0)=v(0^-)=10\text{V}$$

当 $t>0$ 时，开关被打开，10V 的电压源从电路中断开。$30u(t)$ 电压源开始生效，因此，电路变成图 7-46b 所示。很长一段时间后，电路达到稳定状态并且电容再次开路，通过分压法可得 $u(\infty)$，

$$v(\infty)=\frac{20}{20+10}\times30=20(\text{V})$$

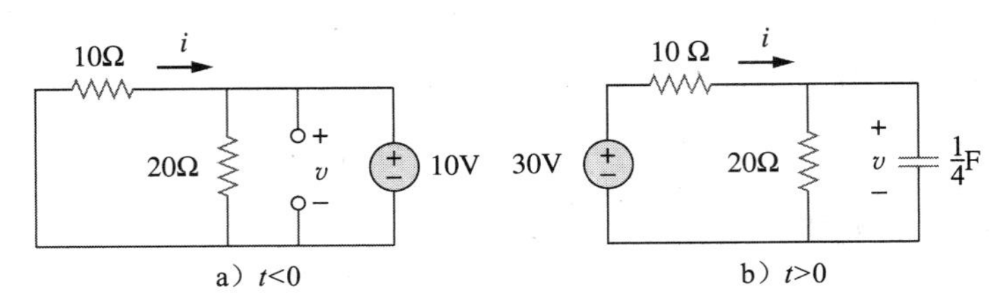

图 7-46　求解例 7-11 图

电容器两端的戴维南等效电阻是

$$R_{\text{Th}}=10\parallel20=\frac{10\times20}{30}=\frac{20}{3}(\Omega)$$

时间常数为

$$\tau=R_{\text{Th}}C=\frac{20}{3}\times\frac{1}{4}=\frac{5}{3}(\text{s})$$

因此，

$$\begin{aligned}v(t)&=v(\infty)+[v(0)-v(\infty)]\text{e}^{-t/\tau}\\&=20+(10-20)\text{e}^{-(3/5)t}=(20-10\text{e}^{-0.6t})\text{V}\end{aligned}$$

接下来求解 i，从图 7-46b 中可以看出，i 是通过 20Ω 电阻和电容的电流总和，即

$$i=\frac{v}{20}+C\frac{\text{d}v}{\text{d}t}=1-0.5\text{e}^{-0.6t}+0.25\times(-0.6)\times(-10)\text{e}^{-0.6t}=(1+\text{e}^{-0.6t})\text{A}$$

从图 7-46b 可知，$v+10i=30$，因此

$$v=\begin{cases}10\text{V}, & t<0\\(20-10\text{e}^{-0.6t})\text{V}, & t\geqslant0\end{cases}$$

$$i=\begin{cases}-1\text{A}, & t<0\\(1+\text{e}^{-0.6t})\text{A}, & t>0\end{cases}$$

注意，电容的电压是连续的，而电阻的电流不是。◀

练习 7-11　如图 7-47 所示，当 $t=0$ 时开关闭合，求所有时刻的 $i(t)$ 和 $v(t)$。注意当 $t<0$ 时 $u(-t)=1$，当 $t>0$ 时 $u(-t)=0$。同样 $u(-t)=1-u(t)$。

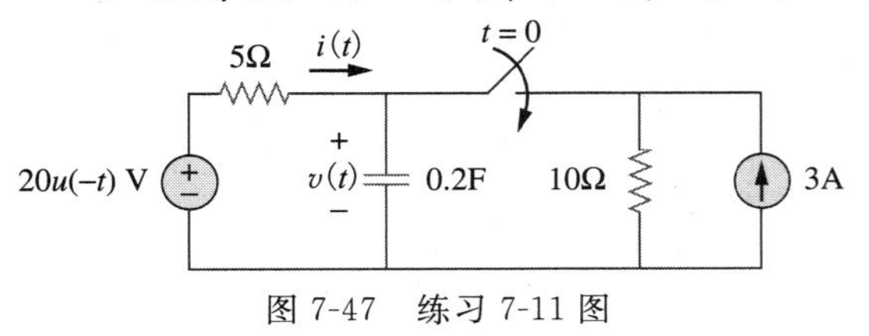

图 7-47　练习 7-11 图

答案：

$$v=\begin{cases}20\text{V}, & t<0\\10(1+\text{e}^{-1.5t})\text{V}, & t>0\end{cases}$$

$$i(t)=\begin{cases}0, & t<0\\-2(1+\text{e}^{-1.5t})\text{A}, & t>0\end{cases}$$

7.6　RL 电路的阶跃响应

图 7-48a 所示的 RL 电路可替换为图 7-48b 中所示电路。我们的目标是求出通过电感的电流 i，即电路的响应，通过式(7.50)～式(7.53)，而非基尔霍夫定律。令响应为瞬态响应和稳态响应的和，有

$$i=i_{\mathrm{t}}+i_{\mathrm{ss}} \tag{7.55}$$

瞬态响应始终是呈指数衰减的，即

$$i_{\mathrm{t}}=A\mathrm{e}^{-t/\tau},\quad \tau=\frac{L}{R} \tag{7.56}$$

式中 A 是一个常数。

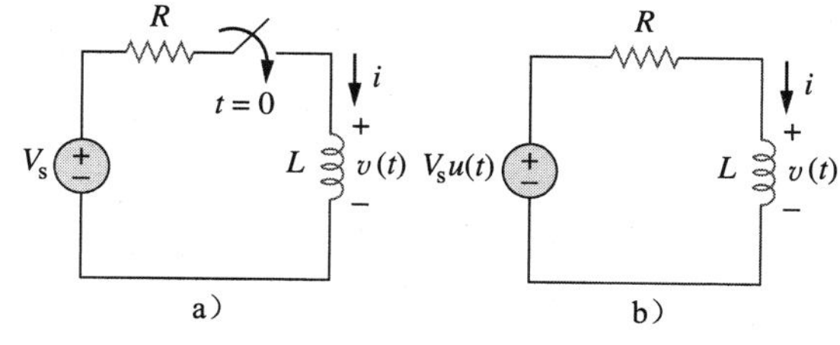

图 7-48　输入为阶跃响应的 RL 电路

在图 7-48b 中所示电路，稳态响应的值是开关关闭且电路已达稳态时的电流值。我们知道，瞬态响应在 5 个时间常数后基本消失。在那个时候，电感变成短路，它两端的电压是零。整个电源电压加到电阻 R 上。因此，稳态响应为

$$i_{\mathrm{ss}}=\frac{V_{\mathrm{s}}}{R} \tag{7.57}$$

将式(7.56)和式(7.57)代入式(7.55)中可得

$$i=A\mathrm{e}^{-t/\tau}+\frac{V_{\mathrm{s}}}{R} \tag{7.58}$$

现在，由 i 的初始值确定常数 A 的值。令 I_0 作为通过电感的初始电流，由电源 V_{s} 以外的电源提供，由于通过电感的电流不能瞬间改变，所以

$$i(0^+)=i(0^-)=I_0 \tag{7.59}$$

当 $t=0$ 时，式(7.58)变成

$$I_0=A+\frac{V_{\mathrm{s}}}{R}$$

基于上式，可得 A 为

$$A=I_0-\frac{V_{\mathrm{s}}}{R}$$

把 A 代入式(7.58)可得

$$i(t)=\frac{V_{\mathrm{s}}}{R}+\left(I_0-\frac{V_{\mathrm{s}}}{R}\right)\mathrm{e}^{-t/\tau} \tag{7.60}$$

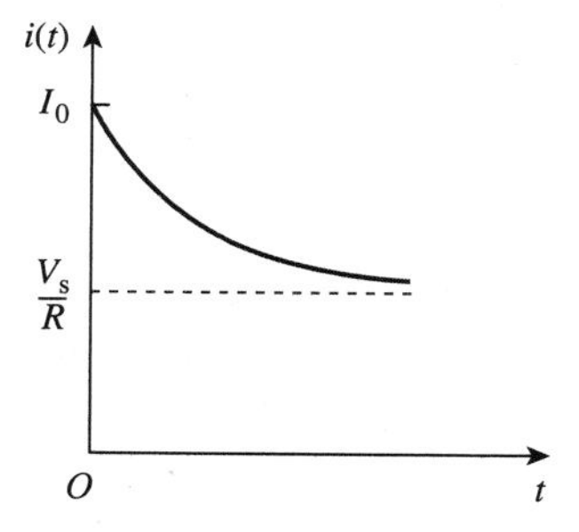

图 7-49　初始电流为 I_0 的 RL 电路的全响应

这是 RL 电路的全响应，如图 7-49 中所示。式(7.60)也可写为

$$\boxed{i(t)=i(\infty)+[i(0)-i(\infty)]\mathrm{e}^{-t/\tau}} \tag{7.61}$$

式中 $i(0)$ 和 $i(\infty)$ 分别是 i 的初始值和最终值。因此，求得 RL 电路的阶跃响应需要求出下列三个值：

1. $t=0$ 时通过电感的初始电流 $i(0)$。
2. t 接近无穷大时通过电感的电流 $i(\infty)$。
3. 时间常数 τ。

根据给定的条件，我们可以求得当 $t<0$ 时的 $i(0)$ 和当 $t>0$ 时的 $i(\infty)$ 和 τ。这些值一旦被确定，我们就可以用式(7.61)来确定响应。需要注意的是，这种方法仅适用于阶跃响应。

同样，如果开关切换的时刻不是在 $t=0$ 时刻，而是有一个时间延迟 $t=t_0$，那么响应就会有一个时间延迟，此时式(7.61)可写成

$$i(t)=i(\infty)+[i(t_0)-i(\infty)]\mathrm{e}^{-(t-t_0)/\tau} \tag{7.62}$$

如果 $I_0=0$，那么

$$i(t)=\begin{cases}0, & t<0\\ \dfrac{V_s}{R}(1-\mathrm{e}^{-t/\tau}), & t>0\end{cases} \tag{7.63a}$$

即

$$i(t)=\frac{V_s}{R}(1-\mathrm{e}^{-t/\tau})u(t) \tag{7.63b}$$

这是在没有初始电感电流的条件下的 RL 电路的阶跃响应。电感两端的电压由 $v=L\mathrm{d}i/\mathrm{d}t$ 结合式(7.63)可得

$$v(t)=L\frac{\mathrm{d}i}{\mathrm{d}t}=V_s\frac{L}{\tau R}\mathrm{e}^{-t/\tau},\quad \tau=\frac{L}{R},\quad t>0$$

即

$$v(t)=V_s\mathrm{e}^{-t/\tau}u(t) \tag{7.64}$$

图 7-50 表示式(7.63)和式(7.64)中的阶跃响应。

例 7-12 如图 7-51 所示电路，假设开关关闭且电路已达稳态，求 $t>0$ 时的 $i(t)$。

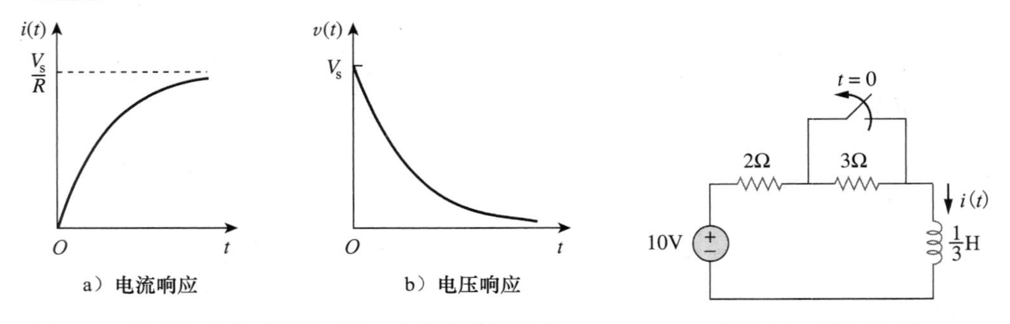

图 7-50　没有初始电感电流时 RL 电路的阶跃响应　　图 7-51　例 7-12 图

解： 当 $t<0$ 时，3Ω 的电阻被短路，并且此时电感短路。当 $t=0^-$ 时(即仅在 $t=0$ 前一瞬间)通过电感的电流是

$$i(0^-)=\frac{10}{2}=5(\mathrm{A})$$

由于电感的电流不能瞬时改变，所以

$$i(0)=i(0^+)=i(0^-)=5\mathrm{A}$$

当 $t>0$ 时，开关打开。2Ω 和 3Ω 电阻是串联的，所以

$$i(\infty)=\frac{10}{2+3}=2(\mathrm{A})$$

电感两端的戴维南等效电阻是

$$R_{\mathrm{Th}}=2+3=5(\Omega)$$

时间常数为

$$\tau=\frac{L}{R_{\mathrm{Th}}}=\frac{\frac{1}{3}}{5}=\frac{1}{15}(\mathrm{s})$$

因此，

$$i(t)=i(\infty)+[i(0)-i(\infty)]\mathrm{e}^{-t/\tau}=2+(5-2)\mathrm{e}^{-15t}=(2+3\mathrm{e}^{-15t})\mathrm{A},\quad t>0$$

检查：在图 7-51 中 KVL 一定满足，即

$$10=5i+L\frac{di}{dt}$$

$$5i+L\frac{di}{dt}=[10+15e^{-15t}]+\left[\frac{1}{3}(3)(-15)e^{-15t}\right]=10$$

这证实了结果。◀

练习 7-12 图 7-52 中的开关关闭且电路已达稳态，当 $t=0$ 时开关打开，求当 $t>0$ 时的 $i(t)$。 **答案**：$(4+2e^{-10t})$A。

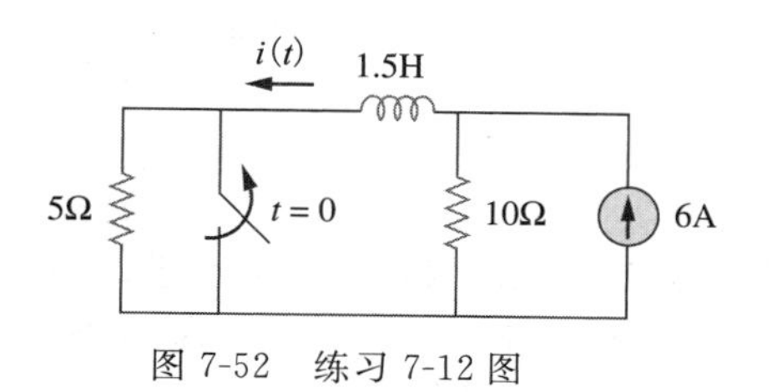

图 7-52 练习 7-12 图

例 7-13 如图 7-53 所示，当 $t=0$ 时开关 S_1 关闭，开关 S_2 在 4s 后关闭，求当 $t>0$ 时的 $i(t)$，确定当 $t=2$s 和 $t=5$s 时 $i(t)$的值。

解：我们需要考虑三个时间区间：$t<0$、$0\leqslant t\leqslant 4$ 和 $t>4$，当 $t<0$ 时开关 S_1 和 S_2 是处于打开状态，所以 $i(t)=0$。由于电感电流不能瞬间改变，

$$i(0^-)=i(0)=i(0^+)=0$$

当 $0\leqslant t\leqslant 4$，S_1 关闭，所以 4Ω 和 6Ω 是串联的。(记住，此时 S_2 仍然是打开的。)因此，假设现在 S_1 永远关闭，

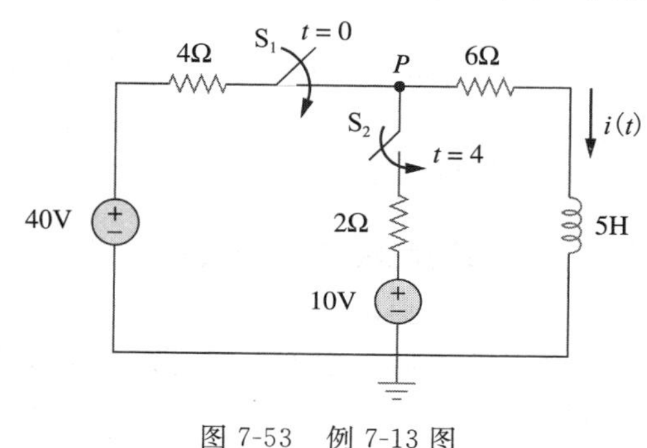

图 7-53 例 7-13 图

$$i(\infty)=\frac{40}{4+6}=4(\text{A}),\quad R_{\text{Th}}=4+6=10(\Omega)$$

$$\tau=\frac{L}{R_{\text{Th}}}=\frac{5}{10}=\frac{1}{2}(\text{s})$$

因此，

$$i(t)=i(\infty)+[i(0)-i(\infty)]e^{-t/\tau}=4+(0-4)e^{-2t}=4(1-e^{-2t})\text{A},\quad 0\leqslant t\leqslant 4$$

对于 $t>4$，S_2 是关闭的，10V 的电压源连接到电路。这个突然的变化不会影响电感电流，因为电流不能瞬时改变。因此，最初的电流是

$$i(4)=i(4^-)=4\times(1-e^{-8})\approx 4(\text{A})$$

为求出 $i(\infty)$，将图 7-53 中的点 P 处的电压设为 v，由 KCL 方程可得

$$\frac{40-v}{4}+\frac{10-v}{2}=\frac{v}{6}\quad\Rightarrow\quad v=\frac{180}{11}(\text{V})$$

$$i(\infty)=\frac{v}{6}=\frac{30}{11}=2.727(\text{A})$$

电感两端的戴维南等效电阻为

$$R_{\text{Th}}=4\parallel 2+6=\frac{4\times 2}{6}+6=\frac{22}{3}(\Omega)$$

时间常数为

$$\tau=\frac{L}{R_{\text{Th}}}=\frac{5}{\frac{22}{3}}=\frac{15}{22}(\text{s})$$

因此，

$$i(t)=i(\infty)+[i(4)-i(\infty)]e^{-(t-4)/\tau},\quad t>4$$

由于有时间延迟，e 的指数需为$(t-4)$，因此

$$i(t)=2.727+(4-2.727)e^{-(t-4)/\tau},\quad \tau=\frac{15}{22}$$

$$=2.727+1.273e^{-1.4667(t-4)},\quad t>4$$

综上可得

$$i(t)=\begin{cases}0, & t<0\\ 4(1-e^{-2t}), & 0<t<4\\ 2.727+1.273e^{-1.4667(t-4)}, & t>4\end{cases}$$

$t=2$s 时，

$$i(2)=4\times(1-e^{-4})=3.93(\text{A})$$

$t=5$s 时，

$$i(5)=2.727+1.273e^{-1.4667}=3.02(\text{A})$$

◀

练习 7-13　如图 7-54 所示，当 $t=0$ 时开关 S_1 关闭，当 $t=2$s 时开关 S_2 关闭，求所有时刻下的 $i(t)$，计算 $i(1)$和 $i(3)$。

答案：

$$i(t)=\begin{cases}0, & t<0\\ 4(1-e^{-9t}), & 0\leqslant t\leqslant 2\\ 7.2-3.2e^{-5(t-2)}, & t>2\end{cases}$$

$i(1)=1.9997$A，　$i(3)=3.589$A。

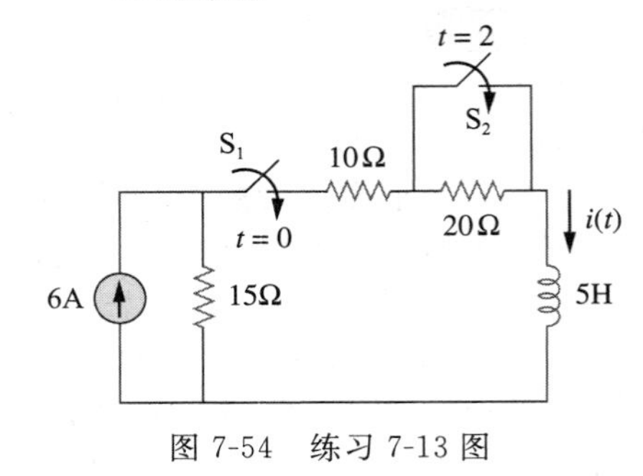

图 7-54　练习 7-13 图

†7.7　一阶运算放大电路

运算放大器电路包含一个具有一阶作用的存储单元，6.6 节中的差分器和积分器是一阶运算放大电路的实例。同样，由于现实的原因，电感很难运用到在运放电路中。因此，我们考虑的运算放大器是 RC 类型的电路。

像往常一样，我们用节点分析法来分析运算放大器电路。有时，戴维南等效电路可以降低运算放大器电路的难度。下面的三个例子将会阐释这些概念，第一个处理无源运算放大器电路，而其他两个涉及阶跃响应。这三个经过精心挑选的例子涵盖了所有可能的 RC 类型的运算放大器电路，电路的类型则取决于电容的位置，电容可以放在输入、输出或在反馈回路中。

例 7-14　在图 7-55a 所示的运算放大电路中，$v(0)=3$V，$R_f=80$kΩ，$R_1=20$kΩ，$C=5\mu$F，求当 $t>0$ 时的 v_o。

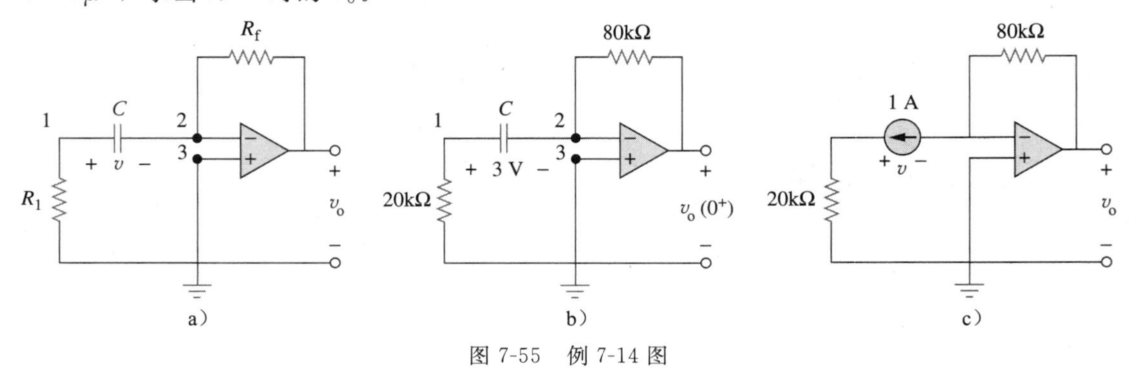

图 7-55　例 7-14 图

解： 该题有两种方法可解。

方法一　如图 7-55a 所示电路，利用节点分析法推导出相应的差分方程。假设点 1 处的电压为 v_1，则在此点应用 KCL 得

$$\frac{0-v_1}{R_1}=C\,\frac{\mathrm{d}v}{\mathrm{d}t}\tag{7.14.1}$$

因为节点 2 和节点 3 电位一定相同，所以节点 2 处的电位是零。因此 $v_1-0=v$ 或 $v_1=v$，

式(7.14.1)可写成

$$\frac{\mathrm{d}v}{\mathrm{d}t}+\frac{v}{CR_1}=0 \tag{7.14.2}$$

此方程与式(7.4b)类似，所以我们可以同样用7.2节中的方法来解决此问题。求解过程如下，

$$v(t)=V_0\mathrm{e}^{-t/\tau},\qquad \tau=R_1C \tag{7.14.3}$$

式中，V_0 是电容两端的初始电压。$v(0)=3\mathrm{V}=V_0$ 且 $\tau=20\times10^3\times5\times10^{-6}=0.1(\mathrm{s})$。因此，

$$v(t)=3\mathrm{e}^{-10t} \tag{7.14.4}$$

在节点2应用KCL，

$$C\frac{\mathrm{d}v}{\mathrm{d}t}=\frac{0-v_o}{R_f}$$

即

$$v_o=-R_fC\frac{\mathrm{d}v}{\mathrm{d}t} \tag{7.14.5}$$

现在可求得

$$v_o=-80\times10^3\times5\times10^{-6}\times(-30\mathrm{e}^{-10t})=12\mathrm{e}^{-10t}(\mathrm{V}),\qquad t>0$$

方法二 采用式(7.53)中的方法，需要求出 $v_o(0^+)$、$v_o(\infty)$ 和 τ，由于 $v_0(0^+)=v_0(0^-)=3\mathrm{V}$，在图7-55b中的节点2处应用KCL，可得

$$\frac{3}{20\,000}+\frac{0-v_o(0^+)}{80\,000}=0$$

或 $v_o(0^+)=12\mathrm{V}$。由于电路是无源的，$v(\infty)=0\mathrm{V}$。为了求 τ，需要算出电容两端的等效电阻。假设将电容挪走，取而代之的是一个1A的电流源，如图7-55c所示，对输入回路应用KVL方程，

$$20\,000\times1-v=0\quad\Rightarrow\quad v=20\mathrm{kV}$$

且

$$R_{eq}=\frac{v}{1}=20(\mathrm{k\Omega})$$

因为 $\tau=R_{eq}C=0.1\mathrm{s}$，所以

$$\begin{aligned}v_o(t)&=v_o(\infty)+[v_o(0)-v_o(\infty)]\mathrm{e}^{-t/\tau}\\&=0+(12-0)\mathrm{e}^{-10t}=12^{-10t}(\mathrm{V}),\qquad t>0\end{aligned}$$

结果与方法一的相同。◀

练习7-14 图7-56所示的运算放大电路中，假设 $v(0)=4\mathrm{V}$，$R_f=50\mathrm{k\Omega}$，$R_1=10\mathrm{k\Omega}$，$C=10\mu\mathrm{F}$，求当 $t>0$ 时的 v_o。 **答案：** $-4\mathrm{e}^{-2t}\mathrm{V}$，$t>0$。

例7-15 图7-57所示电路中，求得 $v(t)$ 和 $v_o(t)$

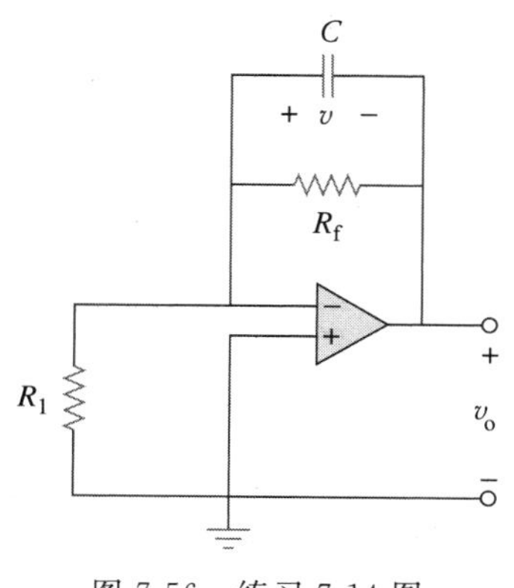

图7-56 练习7-14图

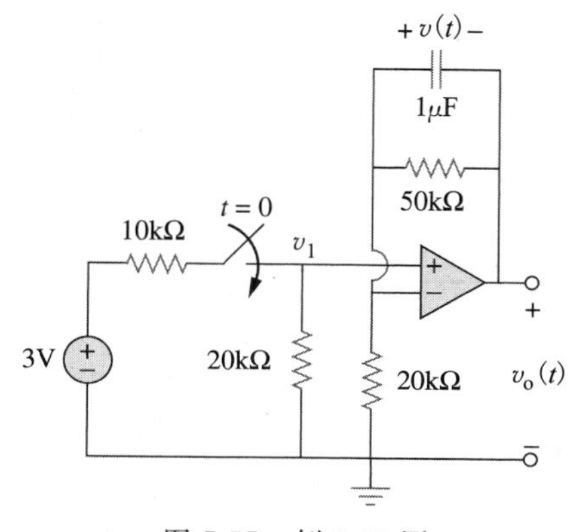

图7-57 例7-15图

解： 这个问题有两种方法可以解决，就像例 7-14 一样。这里我们只用第二种方法。由于解决的是阶跃响应，可以将式(7.53)写成

$$v(t)=v(\infty)+[v(0)-v(\infty)]e^{-t/\tau} \qquad t>0 \tag{7.15.1}$$

其中，我们只需要找到的时间常数 τ、初始值 $v(0)$和的最终值 $v(\infty)$。因为输入为阶跃信号，所以电压直接作用到电容上。因为没有电流进入到运算放大器的输入端，所以运算放大器的反馈回路构成一个 RC 电路，其时间常数为

$$\tau=RC=50\times10^3\times10^{-6}=0.05(\mathrm{s}) \tag{7.15.2}$$

当 $t<0$ 时，开关打开，电容两端没有电压。因此 $v(0)=0$。当 $t>0$ 时，节点 1 处的电压由分压法可得

$$v_1=\frac{20}{20+10}\times3=2(\mathrm{V}) \tag{7.15.3}$$

因为在输入回路中没有存储元件，v_1 对于所有的 t 保持不变。在稳定状态下，电容相当于开路，所以这个运算放大器电路是同相放大器。从而

$$v_o(\infty)=\left(1+\frac{50}{20}\right)v_1=3.5\times2=7(\mathrm{V}) \tag{7.15.4}$$

但是

$$v_1-v_o=v \tag{7.15.5}$$

所以

$$v(\infty)=2-7=-5(\mathrm{V})$$

将 τ、$v(0)$和 $v(\infty)$代入式(7.15.1)可得

$$v(t)=-5+[0-(-5)]e^{-20t}=5(e^{-20t}-1)\mathrm{V}, \qquad t>0 \tag{7.15.6}$$

从式(7.15.3)、式(7－15－5)和式(7－15－6)中可得：

$$v_o(t)=v_1(t)-v(t)=(7-5e^{-20t})\mathrm{V}, \qquad t>0 \tag{7.15.7}$$ ◀

练习 7-15 在图 7-58 所示运算放大电路中，求得 $v(t)$和 $v_o(t)$。

答案：(注意，当 $t<0$ 时，因为输入端一直为 0V，所以电容上的电压和输出电压全都等于 0V。)$40(1-e^{-10t})u(t)$mV，$40(e^{-10t}-1)u(t)$mV。

例 7-16 在图 7-59 所示运算放大电路中，$v_i=2u(t)$V，$R_1=20\mathrm{k\Omega}$，$R_f=50\mathrm{k\Omega}$，$R_2=R_3=10\mathrm{k\Omega}$，$C=2\mu\mathrm{F}$。求当 $t>0$ 时的响应 $v_o(t)$。

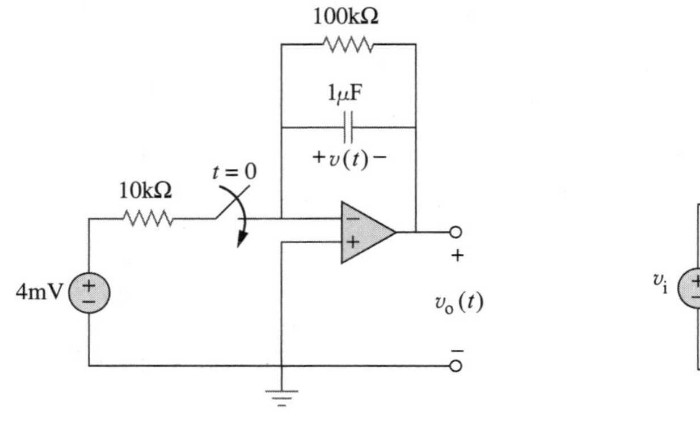

图 7-58 练习 7-15 图

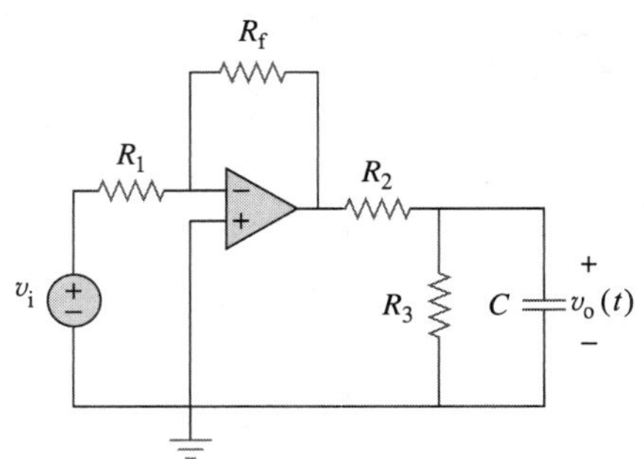

图 7-59 例 7-16 图

解： 注意，在例 7-14 中的电容位于输入回路中，例 7-15 中的电容位于反馈回路中。在这个例子中，电容位于运算放大器的输出端。同样，可以直接使用节点分析法解决这个问题。使用戴维南等效电路可以简化该问题。

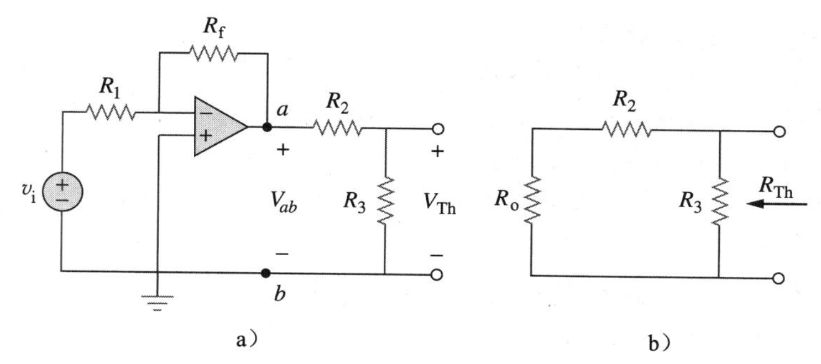

图 7-60　求解图 7-59 中电容两端的 V_{Th} 和 R_{Th}

暂时移除电容并求出其两端的戴维南等效电阻。为了获得 V_{Th}，由图 7-60a 中的电路可知，该电路是一个反相放大器，有

$$V_{ab}=-\frac{R_f}{R_1}v_i$$

由分压法可得

$$V_{Th}=\frac{R_3}{R_2+R_3}V_{ab}=-\frac{R_3}{R_2+R_3}\frac{R_f}{R_1}v_i$$

为了求出 R_{Th}，考虑图 7-60b 所示电路。这里的 R_o 是运算放大器的输出电阻。假设运算放大器是理想的，$R_o=0$，并且

$$R_{Th}=R_2\parallel R_3=\frac{R_2R_3}{R_2+R_3}$$

将给定的数值代入，得

$$V_{Th}=-\frac{R_3}{R_2+R_3}\frac{R_f}{R_1}v_i=-\frac{10}{20}\times\frac{50}{20}\times 2u(t)=-2.5u(t)$$

$$R_{Th}=\frac{R_2R_3}{R_2+R_3}=5\text{k}\Omega$$

图 7-61 所示的戴维南等效电路与图 7-40 类似。因此，解决方案与式(7.48)类似，即

$$v_o(t)=-2.5(1-e^{-t/\tau})u(t)$$

这里 $\tau=R_{Th}C=5\times10^3\times2\times10^{-6}=0.01(\text{s})$，因此 $t>0$ 时的阶跃响应为

$$v_o(t)=2.5(e^{-100t}-1)u(t)\text{V}$$

◀

练习 7-16　图 7-62 中，$v_i=4.5u(t)$V，$R_1=20\text{k}\Omega$，$R_f=40\text{k}\Omega$，$R_2=R_3=10\text{k}\Omega$，$C=2\mu$F，求阶跃响应 $v_o(t)$

答案： $13.5(1-e^{-50t})u(t)$V。

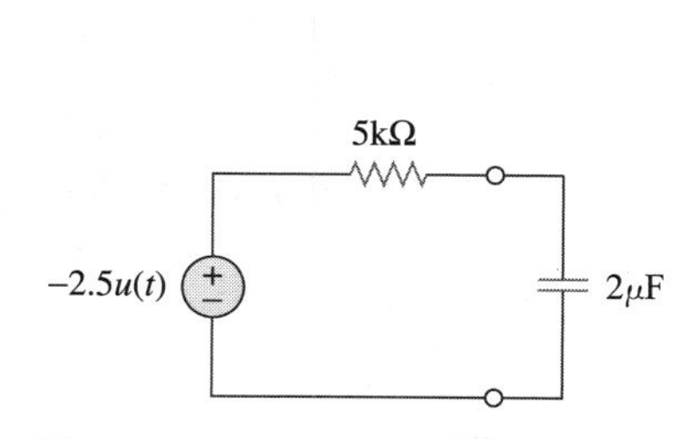

图 7-61　图 7-59 的戴维南等效电路

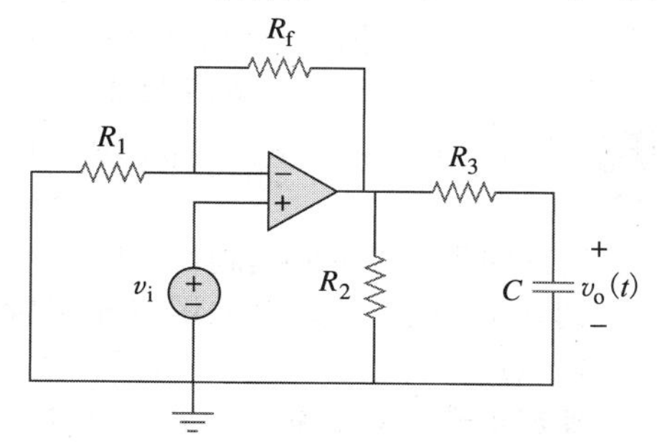

图 7-62　练习 7-16 图

7.8　基于 PSpice 的瞬态分析

正如我们在 7.5 节中讨论的那样，电路临时的瞬态响应会很快消失。PSpice 可用于获

得有存储元件的电路的瞬态响应。

必要时可以进行直流电路仿真程序的分析，以确定初始条件。然后在瞬态电路仿真程序中使用初始条件来得到瞬态响应。在直流分析中，推荐(非必要)的做法是，所有的电容应该是开路，而所有的电感器应该是短路。

提示： PSpice 中“瞬态”的意思是“时间的函数”，因此，在 PSpice 中的瞬态响应可能不会如预期一样消失。

例 7-17 在图 7-63 中，使用 PSpice 求出 $t>0$ 时的 $i(t)$。

解： 令 $i(0)=0$，$i(\infty)=2A$，$R_{\mathrm{Th}}=6\Omega$，$\tau=3/6=0.5(\mathrm{s})$，所以

$$i(t)=i(\infty)+[i(0)-i(\infty)]\mathrm{e}^{-t/\tau}=2(1-\mathrm{e}^{-2t}),\quad t>0$$

要使用 PSpice，首先应当绘制如 7-64 所示的原理图。在电路仿真程序中，闭合的开关部分名称闭合开关。我们并不需要到指定电感的初始条件，因为电路仿真程序将从电路中确定初始条件。通过选择 Analysis(分析)/Setup(设置)/Transient(瞬态分析)，设置 Print Step(打印步长)为 25ms，Final Step(终止时间)为 $5\tau=2.5\mathrm{s}$。保存电路后，通过选择 Analysis(分析)/Simulate(模拟)来仿真电路。在电路仿真程序的 A/D 窗口中，选择 Trace(跟踪)/Add(添加)并显示通过电感的电流-I(L1)。图 7-65 所示为 $i(t)$，与人工计算一致。

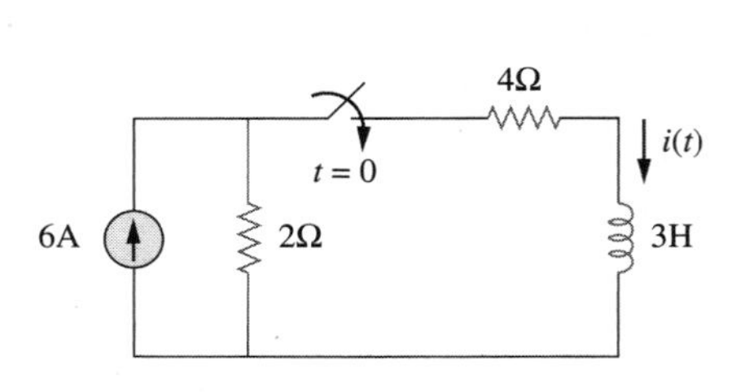

图 7-63　例 7-17 图

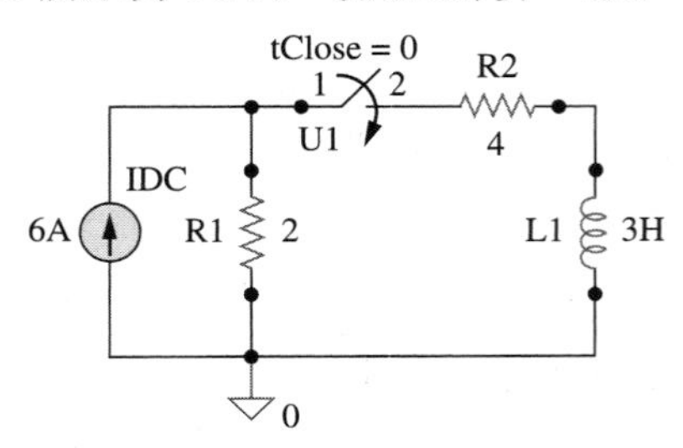

图 7-64　图 7-63 的电路原理图

注意，I(L1)上的负号是必须存在的，因为电流进入并通过电感的上端，而这恰好是一个逆时针旋转的负端。一种来避免负号产生的方法是，确保该电流进入电感器的 1 脚。为了获得所需的正电流方向，最初水平的电感符号应该逆时针旋转 270°并放置在所需的位置。◀

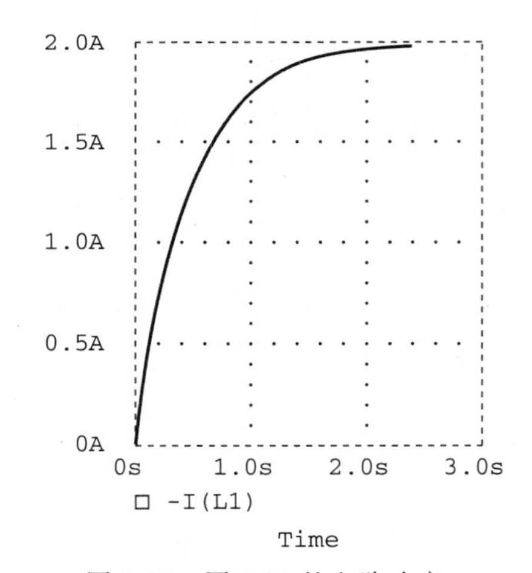

图 7-65　图 7-63 的电路响应

练习 7-17 对于图 7-66 所示的电路，利用 PSpice 求出当 $t>0$ 时的 $v(t)$。

答案： $v(t)=8(1-\mathrm{e}^{-t})\mathrm{V}$，$t>0$。响应与图 7-65 近似。

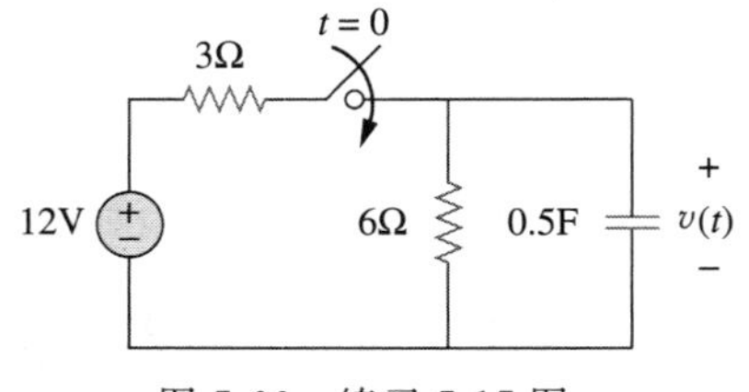

图 7-66　练习 7-17 图

例 7-18 在图 7-67 的电路中，求响应 $v(t)$。

解：

1. **明确问题**。仔细阅读题目，明确标注各物理量。

2. **列出已知条件**。考虑图 7-67a 所示的电路，确定响应 $v(t)$。

3. **确定备选方案**。我们可以采用电路分析方法，如节点分析、网孔分析或 PSpice 分析等方法来求解这个电路。在此使用电路分析方法(等效电路)来求解，然后用 PSpice 检查。

4. **尝试求解**。$t<0$ 时，左侧的开关打开，右边

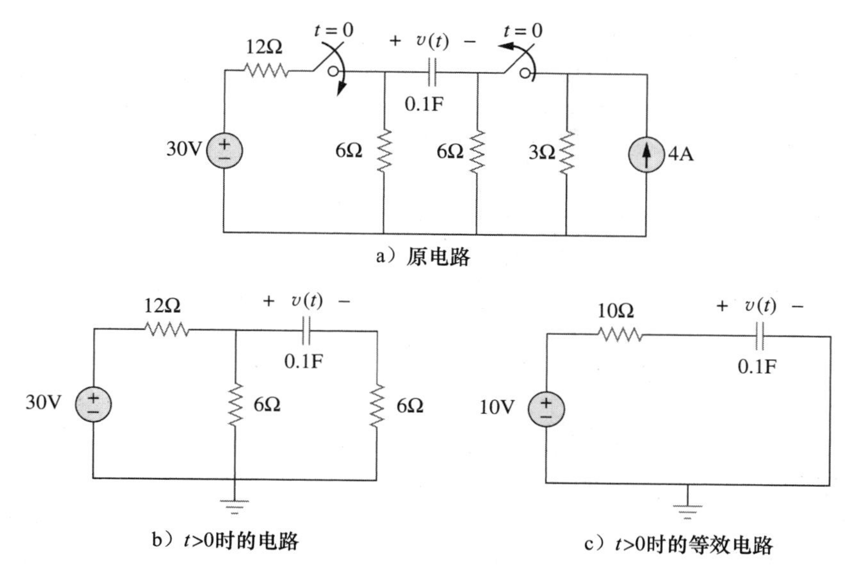

a）原电路

b）$t>0$时的电路

c）$t>0$时的等效电路

图 7-67 例 7-18 图

的开关关闭。假设右边的开关已经被关闭了足够长的时间来使电路达到稳定状态。电容相当于开路，电流从 4A 电流源流经 6Ω 电流和 3Ω 电阻的并联电路组合[$6\|3=18/9=2(\Omega)$]，产生的电压等于 $2\times4=8(\text{V})=-v(0)$。

在 $t=0$ 时，左边开关闭合，右边开关打开，产生的电路如图 7-67b 所示。

最简单的求解方式是求解电容两端的等效电路。开路的电压（移除电容）等于通过左边 6Ω 电阻的电压降，即 10V（电压在 12Ω 的电阻上电压降为 20V，在 6Ω 电阻上电压降为 10V）。这个电压就是 V_{Th}。在电容中的电阻等于 $12\|\ 6+6=72/18+6=10(\Omega)$，即 R_{eq}。从而得到图 7-67 的等效电路。匹配边界值（$v(0)=-8\text{V}$ 和 $v(\infty)=10\text{V}$）和 $T=RC=1$，得到 $v(t)=(10-18e^{-t})\text{V}$

5. 评价结果。利用电路仿真程序的两种方法验证。

方法 1 首先进行 PSpice 直流分析，确定电容的初始电压。图 7-68a 是电路的原理图。加入两个伪元件 VIEWPOINT 测量节点 1 和 2 的电压。仿真电路得到 $\text{V}_1=0\text{V}$ 和 $\text{V}_2=8\text{V}$，如图 7-68a 所示。因此，电容的初始电压是 $v(0)=\text{V}_1-\text{V}_2=-8\text{V}$。在图 7-68b 中，电路仿真程序的瞬态分析中将使用该值。当图 7-68b 绘制完成，设定电容的初始电压为 IC=−8。选择 Analysis/Setup/Transient，设定 Print Step 为 0.1s，Final Step 为 $4\tau=4\text{s}$。保存电路后，选择 Analysis/Simulate 来仿真电路。在 A/D 窗口中，选择 Trace/Add 并显示 V(R2:2)−V(R3:2)或 V(C1:1)−V(C1:2)作为电容电压 $v(t)$。图 7-69 展示了电容电压的波形，这与通过手工计算得到的结果是一致的。

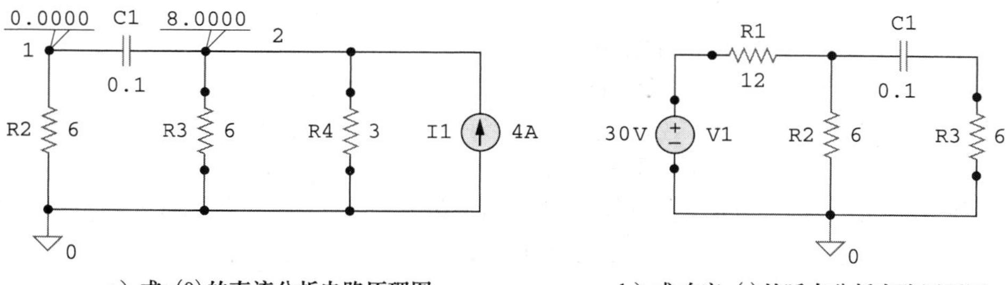

a）求$v(0)$的直流分析电路原理图

b）求响应$v(t)$的瞬态分析电路原理图

图 7-68 求解原理图

方法 2 可以直接用图 7-67 进行仿真，因为 PSpice 可以处理打开和关闭的开关，并自动确定初始条件。方法 2 的电路原理图如图 7-70 所示。绘制电路后，我们选择 Analysis/Setup/Transient，设定 Print Step 为 0.1s，Final Step 为 $4\tau=4s$。保存电路，然后选择 Analysis/Simulate 来仿真电路。在 A/D 窗口，我们选择 Trace/Add 并显示 V(R2:2) −V(R3:3)作为电容电压 $v(t)$。$v(t)$的电容电压的波形如图 7-69 所示。

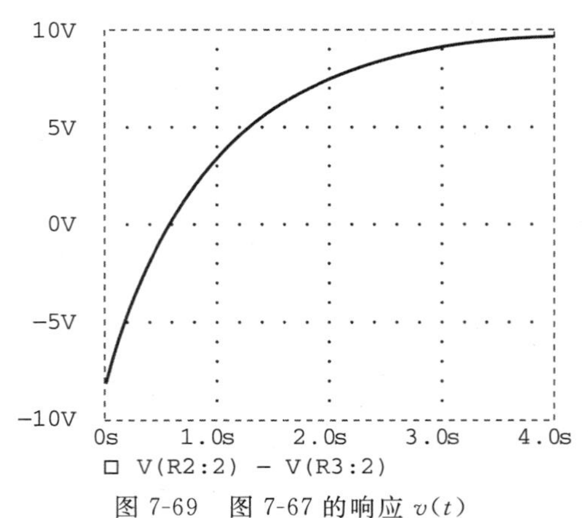

图 7-69 图 7-67 的响应 $v(t)$

6. 是否满意？ 我们已求得输出响应 $v(t)$。检查步骤和答案验证，即可提交。

练习 7-18 图 7-71 的开关开了很长一段时间，但是在 $t=0$ 关闭。如果 $i(0)=10A$，分别通过手工计算和 PSpice 求出 $t=0$ 时的 $i(t)$。

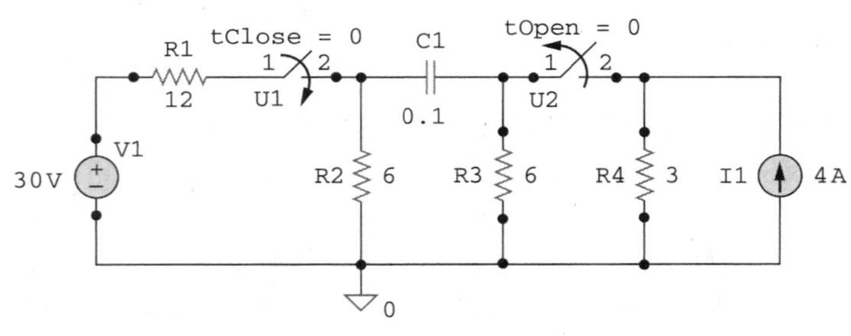

图 7-70 方法 2 电路原理图

图 7-71 练习 7-18 图

答案：$i(t)=(6+4e^{-5t})A$。$i(t)$的波形可以通过 PSpice 分析得出，如图 7-72 所示。

†7.9 应用实例

RC 和 *RL* 电路在各种设备中应用广泛，包括直流电源中的滤波，数字电信中的平滑电路、微分器、积分器、延迟电路和继电器电路。其中的一些应用或多或少地利用了 *RC* 或 *RL* 电路的时间常数。本节将讨论四个简单的应用实例。前两个是 *RC* 电路，后两个是 *RL* 电路。

7.9.1 延迟电路

RC 电路可以提供不同的时间延迟。图 7-73 展示了这样的电路，它包含一个 *RC* 电路以及一个与电容并联的氖光灯。电压源可以提供足够的电压来点亮灯泡。当开关关闭时，电容电压逐渐增加到 110V，增加速率由电路的时间常数$(R_1+R_2)C$确定。灯泡将处于开路并且不发光，直到它两端的电压超过特定值，例如 70V 的电压。当电压水平达到时，灯泡亮起，并且电容通过灯泡放电。由于灯亮时灯泡的电阻较低，电容电压下降较快。灯泡将再次开路且电容将重新充电。通过调整 R_2，可以得到不同的延迟时间，并且使灯以时间常数 $\tau=(R_1+R_2)C$ 反复地点亮、充电、点亮。其中需要一个时间段 τ 来使电容器的电压足够高以点亮灯泡或者足够低以关闭灯泡。

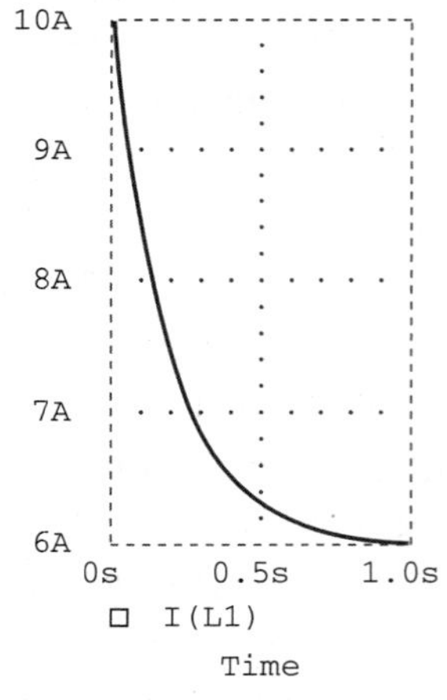

图 7-72 练习 7-18 答案

建立在道路施工现场的警告灯就是 RC 延迟电路的应用实例。

例 7-19 思考图 7-73 中的电路图，并假定 $R_1=1.5M\Omega$，$0<R_2<2.5M\Omega$。(a) 计算

电路中时间常数的最大值与最小值。(b)在开关关闭后，灯第一次发光需要多长时间？假设 R_2 取其最大值。

解：(a) R_2 的最小值是 0Ω，电路相应的时间常数是

$$\tau=(R_1+R_2)C=(1.5\times10^6+0)\times0.1\times10^{-6}=0.15(\mathrm{s})$$

R_2 的最大值是 2.5MΩ，电路相应的时间常数是

$$\tau=(R_1+R_2)C=(1.5+2.5)\times10^6\times0.1\times10^{-6}=0.4(\mathrm{s})$$

因此，通过适当的电路设计，可以合理地调整电路的延迟时间。

(b)假定电容器最初不带电荷，$v_C(0)=0\mathrm{V}$，$v_C(\infty)=110\mathrm{V}$，有

$$v_C(t)=v_C(\infty)+[v_C(0)-v_C(\infty)]\mathrm{e}^{-t/\tau}=110(1-\mathrm{e}^{-t/\tau})\mathrm{V}$$

在(a)部分中已计算得出 $\tau=0.4\mathrm{s}$。当 $v_C=70\mathrm{V}$ 时灯亮。如果在 $t=t_0$ 时，$v_C(t)=70\mathrm{V}$，那么

$$70=110(1-\mathrm{e}^{-t_0/\tau}) \quad\Rightarrow\quad \frac{7}{11}=1-\mathrm{e}^{-t_0/\tau}$$

即

$$\mathrm{e}^{-t_0/\tau}=\frac{4}{11} \quad\Rightarrow\quad \mathrm{e}^{t_0/\tau}=\frac{11}{4}$$

两边都取自然对数，得

$$t_0=\tau\ln\frac{11}{4}=0.4\ln2.75=0.4046(\mathrm{s})$$

一个更普遍的 t_0 表达式是

$$t_0=\tau\ln\frac{-v(\infty)}{v(t_0)-v(\infty)}$$

当且仅当 $v(t_0)<v(\infty)$ 时，每个 t_0 灯会点亮。◀

练习 7-19 图 7-74 的 RC 电路用来控制一个警铃，当通过警铃的电流超过 120μA 时警铃启动。如果 $0\leqslant R\leqslant6\mathrm{k\Omega}$，求出可变电阻可产生的时间延迟范围。

答案：47.23～124ms。

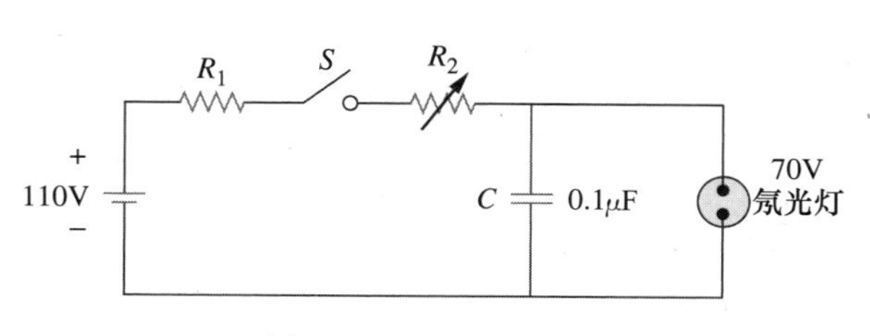

图 7-73 RC 延迟电路

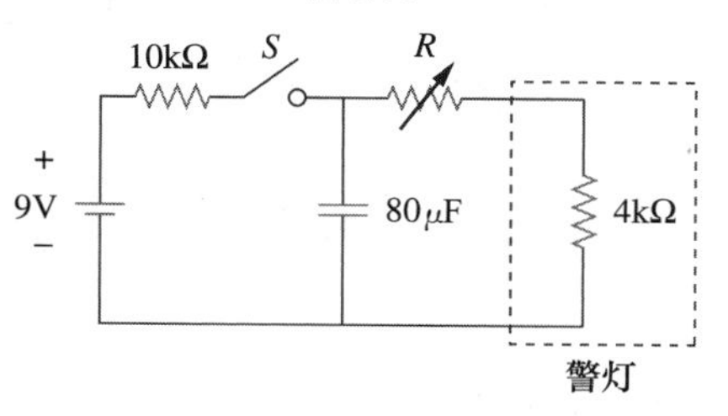

图 7-74 练习 7-19 图

7.9.2 闪光灯单元

电子闪光灯单元是 RC 电路的一个常见例子。此应用利用了电容的性质，即不允许发生任何突然的电压变化。图 7-75 展示了一个简化的电路。它由一个高电压的直流电源、一个限制电流的低电阻和一个电容 C 组成，电容 C 与低电阻 R_2 并联。当开关处于位置 1 时，由于时间常数($\tau_1=R_1C$)较大，电容充电缓慢。如图 7-76a 所示，电容中的电压从零逐渐上升到 V_s，而它的电流从 $I_1=V_s/R_1$ 逐渐减小到零。充电

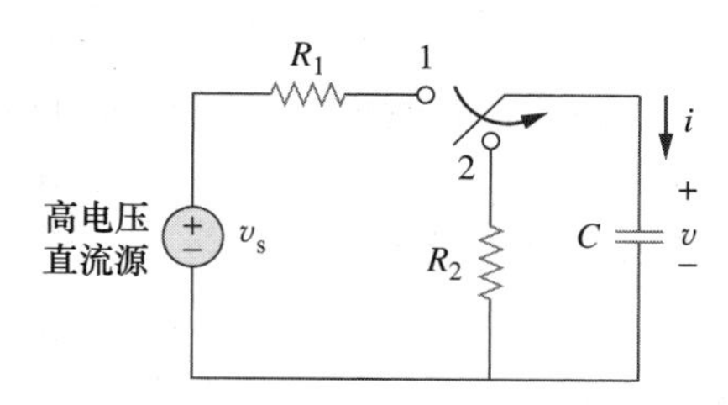

图 7-75 闪光灯单元电路(在位置 1 时缓慢充电，在位置 2 时迅速放电)

时间大约为时间常数的 5 倍，即

$$t_{charge}=5R_1C \tag{7.65}$$

开关移至位置 2 后，电容放电。闪光灯的低电阻 R_2 允许在短时间内存在高放电电流，这个电流的峰值为 $I_2=V_s/R_2$，如图 7-76b 所示。

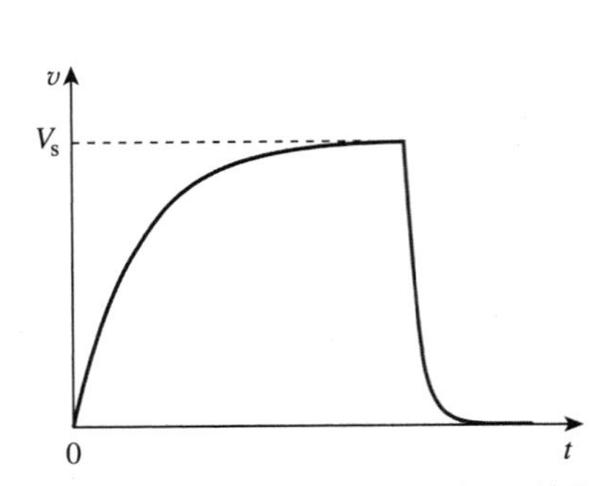

a）电容电压变化体现了电容充电缓慢、放电迅速

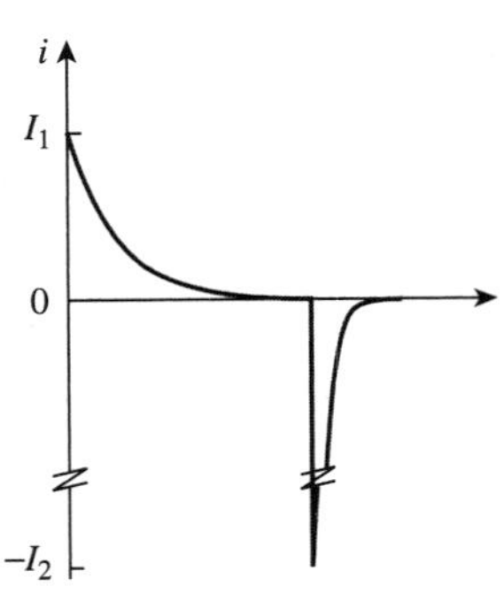

b）电容电流变化体现了低充电电流($I_1=V_s/R_1$)和高放电电流($I_2=V_s/R_2$)

图 7-76 电容的电压、电流变化

放电时间大约为时间常数的 5 倍，即

$$t_{discharge}=5R_2C \tag{7.66}$$

因此，图 7-75 中的简单的 RC 电路提供了一个持续时间短的大电流脉冲。这样的电路也可以应用于电动式点焊装置和雷达发射管。

例 7-20 一种电子闪光灯具有一个 6kΩ 的限流电阻和 2000μF 的电解电容，电容充电至 240V。如果灯的电阻是 12Ω，求：(a) 该充电电流的峰值。(b) 电容完全充满电所需要的时间。(c) 该放电电流的峰值。(d) 存储在电容器中的总能量。(e) 灯平均所耗散的功率。

解：(a) 该充电电流的峰值是

$$I_1=\frac{V_s}{R_1}=\frac{240}{6\times10^3}=40(\text{mA})$$

(b) 由式(7.65)可得

$$t_{charge}=5R_1C=5\times6\times10^3\times2000\times10^{-6}=60(\text{s})$$

(c) 放电电路的峰值是

$$I_2=\frac{V_s}{R_2}=\frac{240}{12}=20(\text{A})$$

(d) 存储的能量为

$$W=\frac{1}{2}CV_s^2=\frac{1}{2}\times2000\times10^{-6}\times240^2=57.6(\text{J})$$

(e) 在放电期间，通过灯泡所消耗的存储在电容器中的能量，从式(7.66)可得

$$t_{discharge}=5R_2C=5\times12\times2000\times10^{-6}=0.12(\text{s})$$

因此，平均功耗为

$$p=\frac{W}{t_{discharge}}=\frac{57.6}{0.12}=480(\text{W})$$

◀

练习 7-20 相机的闪光灯有一个 2mF 电容且充电至 80V。求：

(a) 电容上存储的电荷量。

(b) 在电容中存储的能量是多少？

(c) 如果闪光灯闪光 0.8ms，通过闪光灯的平均电流是多少？

(d) 有多少能量传递到闪光灯?

(e) 拍摄照片后，电容需要由一个最大值为5mA的能量单元重新充电，对电容充电需要多少时间?

答案：(a)160mC；(b)6.4J；(c)200A；(d)8kW；(e)32s。

7.9.3　继电器电路

磁力控制开关被称为继电器(relay)。继电器是基本的电磁装置，用来打开或关闭开关，该开关用于控制另一电路。图7-77a展示了一个典型的继电器电路。线圈电路是一个RL电路，如图7-77b所示，其中R和L是线圈的电阻和电感。当图7-77a中的开关关闭时，线圈电路通电。线圈中的电流逐渐增大，并产生一个磁场。最终，电磁场达到足够强来拉动另一个电路中的可动触点，并关闭开关S_2。此时，我们称继电器被吸合(pulled in)。在开关S_1和S_2关闭之间的时间间隔t_d被称为继电器的延迟时间(relay time)。继电器被用在早期的数字电路中，并且现在仍然用于转换高功率电路。

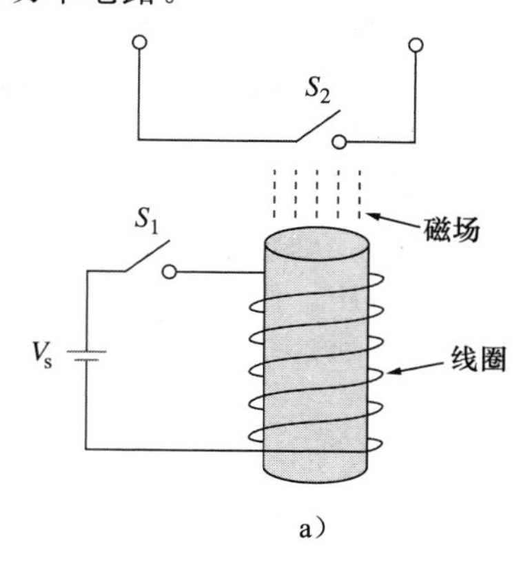

a)

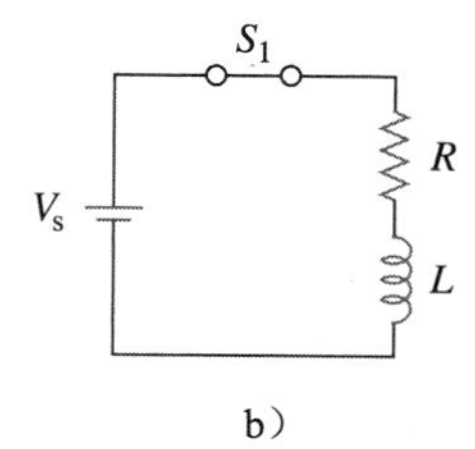

b)

图7-77　继电器电路

例7-21　某个特定继电器的线圈由一个12V的电池供电。如果该线圈具有150Ω的电阻、30mH的电感，并且所需的电流为50mA，计算继电器的延迟时间。

解：通过线圈的电流为

$$i(t)=i(\infty)+[i(0)-i(\infty)]\mathrm{e}^{-t/\tau}$$

式中

$$i(0)=0,\quad i(\infty)=\frac{12}{150}=80(\mathrm{mA})$$

$$\tau=\frac{L}{R}=\frac{30\times10^{-3}}{150}=0.2(\mathrm{ms})$$

因此，

$$i(t)=80[1-\mathrm{e}^{-t/\tau}]\mathrm{mA}$$

如果$i(t_d)=50\mathrm{mA}$，那么

$$50=80\times[1-\mathrm{e}^{-t_d/\tau}]\quad\Rightarrow\quad\frac{5}{8}=1-\mathrm{e}^{-t_d/\tau}$$

即

$$\mathrm{e}^{-t_d/\tau}=\frac{3}{8}\quad\Rightarrow\quad\mathrm{e}^{t_d/\tau}=\frac{8}{3}$$

通过求出公式两边的自然对数，可以得到

$$t_d=\tau\ln\frac{8}{3}=0.2\ln\frac{8}{3}=0.1962(\mathrm{ms})$$

此外，也可以用以下的公式求t_d：

$$t_d=\tau\ln\frac{i(0)-i(\infty)}{i(t_d)-i(\infty)}$$

◀

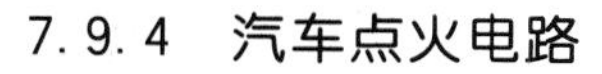**练习7-21**　一个继电器包含200Ω的电阻和500mH的电感。通过线圈的电流达到350mA时，继电器触点闭合。在110V电压下，求触点闭合的时间间隔。

答案：2.529ms。

7.9.4　汽车点火电路

电感抵抗电流快速变化的能力有助于电弧或电火花的产生。汽车点火系统利用的就是这个特点。

汽油发动机的启动需要每个气缸的混合燃料在适当的时间里被点燃，这是由火花塞装

置来实现的(见图7-78)，它基本上是由一个由空气间隙隔开的电极对。通过在电极之间施加一个大的电压(几千伏)，形成横跨空气的间隙电火花，从而点燃燃料。但是，如何才能在仅能提供12V电压的汽车电池里获得如此大的电压呢？这由电感(点火线圈)L来实现。由于电感两端的电压是$v=L\mathrm{d}i/\mathrm{d}t$，我们可以在一个非常短的时间内使电流发生巨大变化，从而产生大电压。当点火开关切换到关闭状态时，通过电感的电流增加并逐渐达到$i=V_s/R$的最终值，此处$V_s=12\mathrm{V}$。另外，电感充电所花费的时间是电路的时间常数($\tau=L/R$)的5倍。

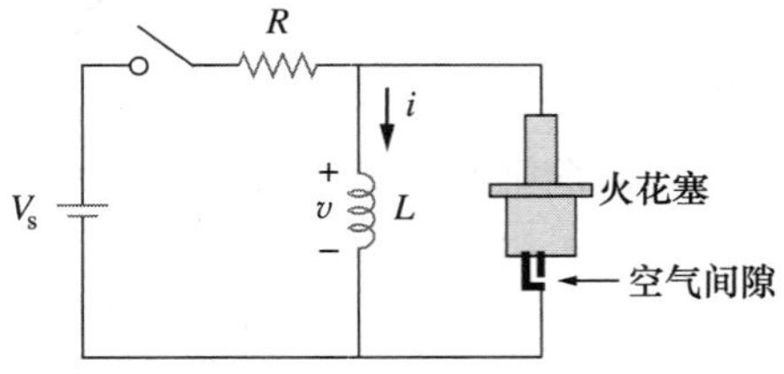

图7-78　汽车点火电路

$$t_{\text{charge}}=5\frac{L}{R} \tag{7.67}$$

在稳定状态下，i是常数，$\mathrm{d}i/\mathrm{d}t=0$，感应电压$v=0$。当开关突然打开时，电感两端产生一个大的电压(由于磁场迅速崩溃)，在空气间隙引起火花或电弧。火花一直继续，直到电感存储的能量在火花放电中耗散。在实验室中操作感性电路时，同样的效果会让人休克，必须谨慎操作。

例7-22　4Ω电阻和6mH的电感用于同图7-78相似的汽车点火电路中。如果电池电压为12V，确定：当开关关闭时，通过线圈的最终电流；存储在线圈中的能量和空气间隙两端的电压。假定开关打开需要1ms的时间。

解： 通过线圈的最终电流为

$$I=\frac{V_s}{R}=\frac{12}{4}=3(\mathrm{A})$$

存储在线圈中的能量为

$$W=\frac{1}{2}LI^2=\frac{1}{2}\times6\times10^{-3}\times3^2=27(\mathrm{mJ})$$

空气间隙两端的电压为

$$V=L\frac{\Delta I}{\Delta t}=6\times10^{-3}\times\frac{3}{1\times10^{-6}}=18(\mathrm{kV})$$ ◀

练习7-22　汽车自动点火系统的点火线圈具有一个20mH电感和一个5Ω电阻。当电源电压为12V时，计算：为线圈充满电所需的时间、存储在线圈中的能量，以及开关开到2μs时空气间隙两端的电压。　**答案：** 20ms，57.6mJ，24kV。

7.10　本章小结

1. 本章的分析适用于任何电路，可以等效为一个电阻和一个单一的储能元件(电感或电容)的电路。这样的电路是一阶电路，其响应可以由一阶差分方程表述。分析RC和RL电路时，必须记住这一点：在稳态直流条件下电容相当于开路，而电感相当于短路。
2. 没有独立电源时，电路响应为自由响应。它的一般表达式为

$$x(t)=x(0)\mathrm{e}^{-t/\tau}$$

式中x代表通过电阻、电容或电感的电流(或其两端的电压)，$x(0)$是x的初始值。因为实际的电阻、电容和电感总是有损耗的，所以自由响应是一个瞬变的反应，也就是说，它会随着时间的推移而消失。
3. 时间常数τ是电路响应衰减到初始值的1/e所需要的时间。对于RC电路，$\tau=RC$；对于RL电路，$\tau=L/R$。

4. 奇异函数包括单位阶跃函数、单位斜坡函数和单位冲激函数。单位阶跃函数 $u(t)$ 的表达式是

$$u(t)=\begin{cases}0, & t<0\\ 1, & t>0\end{cases}$$

单位冲激函数的表达式是

$$\delta(t)=\begin{cases}0, & t<0\\ \text{未定义}, & t=0\\ 0, & t>0\end{cases}$$

单位斜坡函数的表达式是

$$r(t)=\begin{cases}0, & t\leqslant 0\\ t, & t\geqslant 0\end{cases}$$

5. 稳态响应是在独立源已作用很长时间之后的电路的响应。瞬态响应是全响应的一部分，它会随着时间的推移而消失。
6. 全响应由稳态响应和瞬态响应组成。
7. 阶跃响应是电路对突然施加的直流电流或电压的响应。求解一阶电路的阶跃响应需要初始值 $x(0^+)$、终值 $x(\infty)$ 和时间常数 τ。有了这三个量，可以得到的阶跃响应的表达式：

$$x(t)=x(\infty)+[x(0^+)-x(\infty)]e^{-t/\tau}$$

这个方程更普遍的形式是

$$x(t)=x(\infty)+[x(t_0^+)-x(\infty)]e^{-(t-t_0)/\tau}$$

或者，也可以写成

$$\text{瞬时值}=\text{终值}+(\text{初值}-\text{终值})e^{-(t-t_0)/\tau}$$

8. 电路仿真程序 PSpice 是求解电路的瞬态响应的有效工具。
9. RC 和 RL 电路的四个实际的应用是：延迟电路，闪光灯单元，继电器电路和汽车的点火电路。

复习题

1 在 RC 电路中，$R=2\Omega$，$C=4\text{F}$，求时间常数。
(a) 0.5s (b) 2s (c) 4s
(d) 8s (e) 15s

2 在 RL 电路中，$R=2\Omega$，$L=4\text{H}$，求时间常数。
(a) 0.5s (b) 2s (c) 4s
(d) 8s (e) 15s

3 在 RC 电路中，$R=2\Omega$，$C=4\text{F}$，求电容电压降到稳态值的 63.2% 时所需时间。
(a) 2s (b) 4s (c) 8s
(d) 16s (e) 上述都不是

4 在 RL 电路中，$R=2\Omega$，$L=4\text{H}$，求电感电流降到稳态值的 40% 时所需时间。
(a) 0.5s (b) 1s (c) 2s
(d) 4s (e) 上述都不是

5 如图 7-79 所示电路，在 $t=0$ 之前的电容电压为：
(a) 10V (b) 7V (c) 6V
(d) 4V (e) 0V

6 如图 7-79 所示电路，$v(\infty)$ 等于：
(a) 10V (b) 7V (c) 6V
(d) 4V (e) 0V

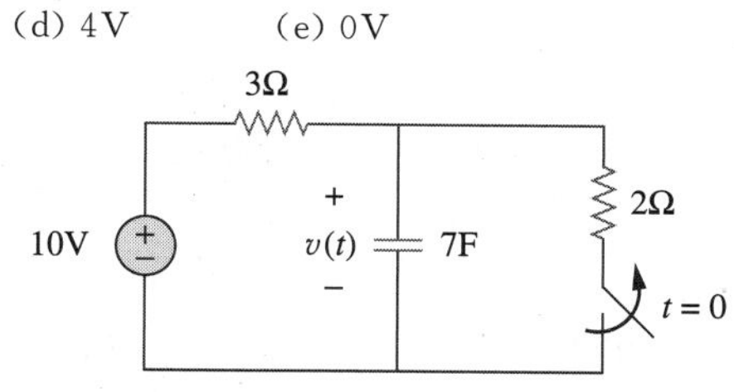

图 7-79 复习题 5 和复习题 6 图

7 如图 7-80 所示电路，在 $t=0$ 之前的电感电流等于：
(a) 8A (b) 6A (c) 4A
(d) 2A (e) 0A

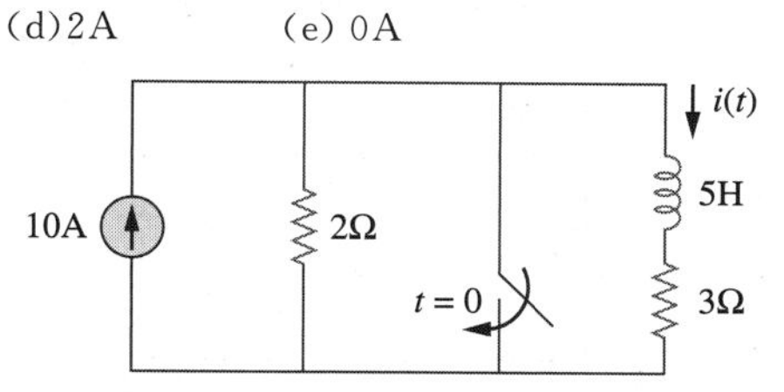

图 7-80 复习题 7 和复习题 8 图

8　如图 7-80 所示，$i(\infty)$等于

(a) 10A　(b) 6A　(c) 4A

(d) 2A　(e) 0A

9　如果 v_s 在 $t=0$ 时由 2V 变成 4V，我们可以将 v_s 表示成：

(a) $\delta(t)$V　(b) $2u(t)$V

(c) $[2u(-t)+4u(t)]$V　(d) $[2+2u(t)]$V

(e) $[4u(t)-2]$V

10　如图 7-106a 所示的脉冲，可由奇异函数表示：

(a) $[2u(t)+2u(t-1)]$V

(b) $[2u(t)-2u(t-1)]$V

(c) $[2u(t)-4u(t-1)]$V

(d) $[2u(t)+4u(t-1)]$V

答案： 1 (d)；2 (b)；3 (c)；4 (b)；5 (d)；6 (a)；7 (c)；8 (e)；9 (c、d)；10 (b)。

习题

7.2 节

1　图 7-81 所示电路中，$v(t)=56e^{-200t}$V，$t>0$；$i(t)=8e^{-200t}$mA，$t>0$。

(a) 求 R 和 C。

(b) 求时间常数 τ。

(c) 求从 $t=0$ 开始电压减小到其初始值的一半时所需要的时间。

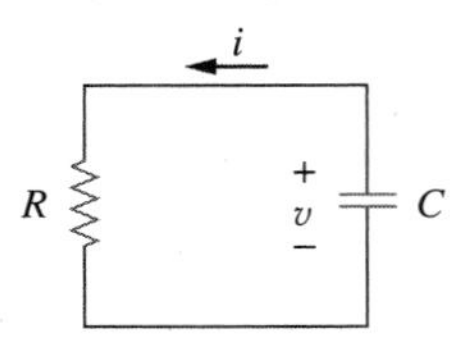

图 7-81　习题 1 图

2　求图 7-82 所示的 RC 电路的时间常数 τ。

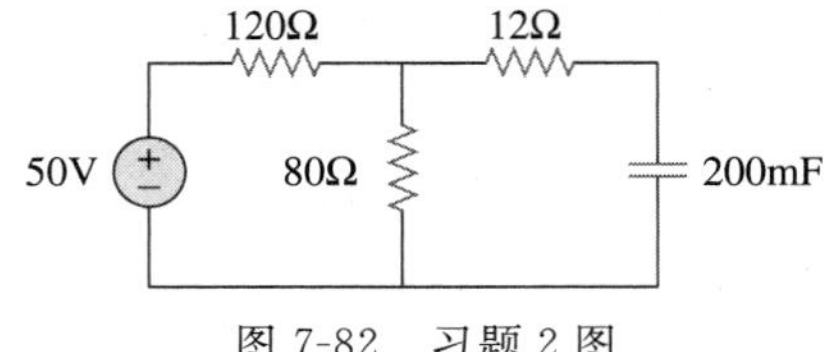

图 7-82　习题 2 图

3　求图 7-83 所示电路的时间常数 τ。

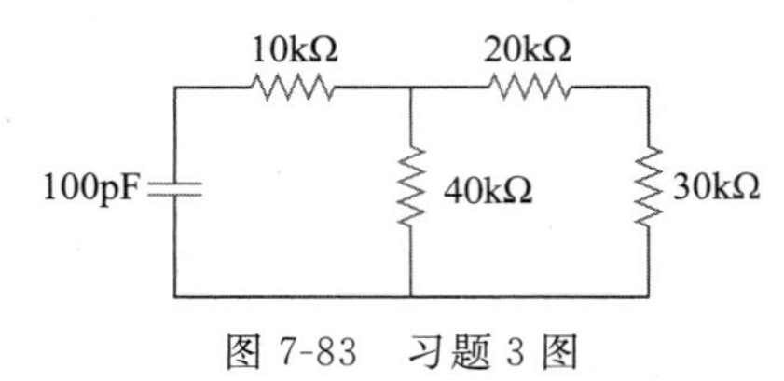

图 7-83　习题 3 图

4　图 7-84 中，开关在 A 位置已达稳态，假设开关在 $t=0$ 时从 A 位置切换到 B 位置。当 $t>0$ 时，求 v。

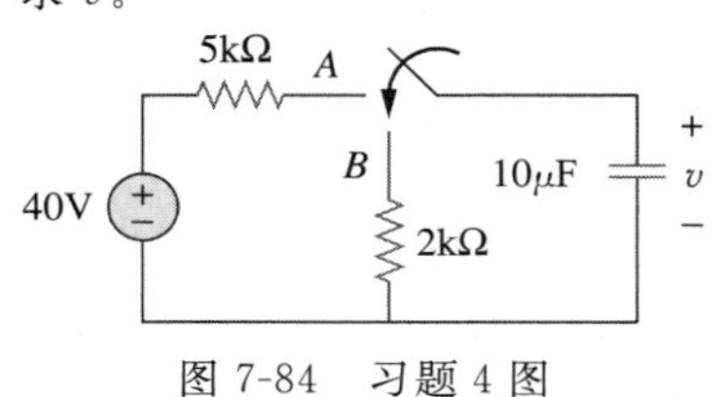

图 7-84　习题 4 图

5　利用图 7-85，设计一个问题来更好地理解无源 RC 电路。**ED**

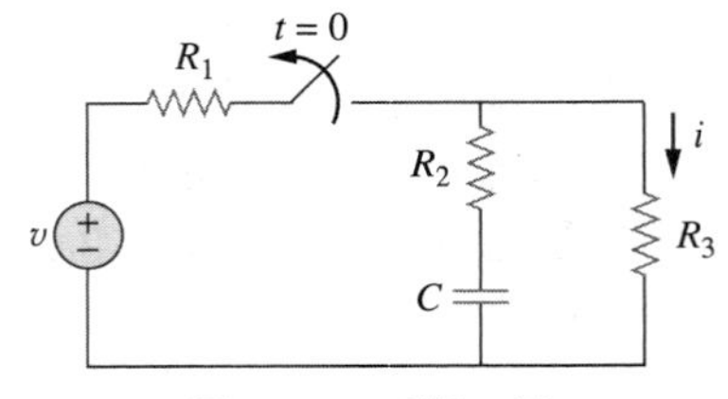

图 7-85　习题 5 图

6　图 7-86 中，开关处于关闭状态且电路已达稳态，当 $t=0$ 时开关关闭。求当 $t\geqslant0$ 时 $v(t)$。

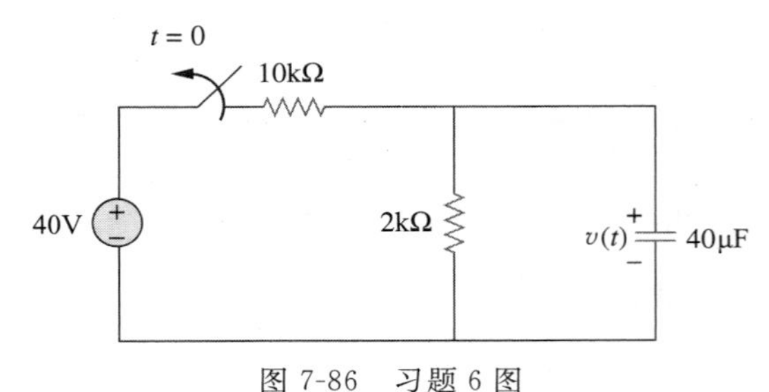

图 7-86　习题 6 图

7　图 7-87 中，假设开关在 A 位置已达稳态，当 $t=0$ 时开关切换到 B 位置，当 $t=1$s 时，开关由 B 切换到 C，求当 $t\geqslant0$ 时的 $v_C(t)$。

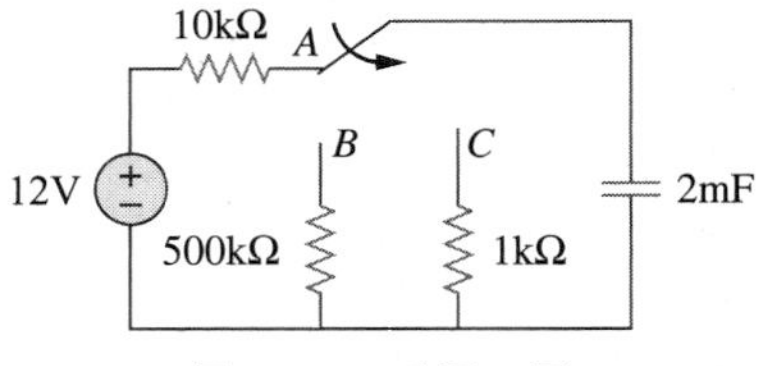

图 7-87　习题 7 图

8　在图 7-88 所示电路中，如果当 $t>0$ 时 $v=10e^{-4t}$V，$i=0.2e^{-4t}$A

(a) 求 R 和 C；

(b) 求时间常数 τ；

(c) 求电容的初始能量；

(d) 求存储能量降到初始值的 50% 时所需的时间。

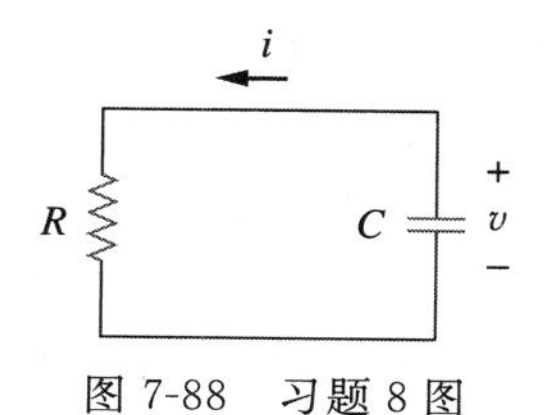

图 7-88 习题 8 图

9 在图 7-89 中，开关在 $t=0$ 时打开，求当 $t>0$ 时的 v_o。

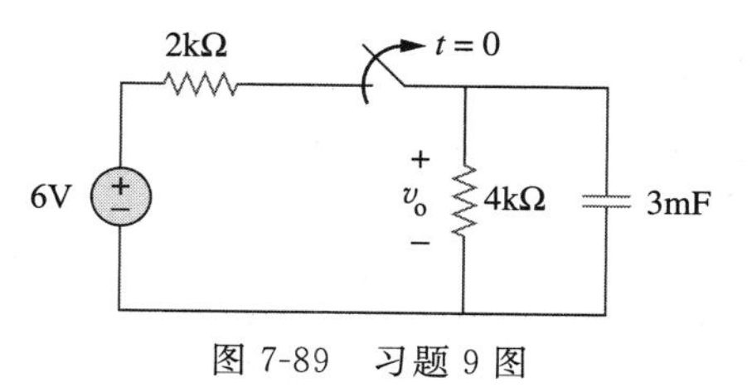

图 7-89 习题 9 图

10 在图 7-90 中，求当 $t>0$ 时的 τ，以及电容电压从 $t=0$ 开始降到其初始值的 1/3 时所需的时间。

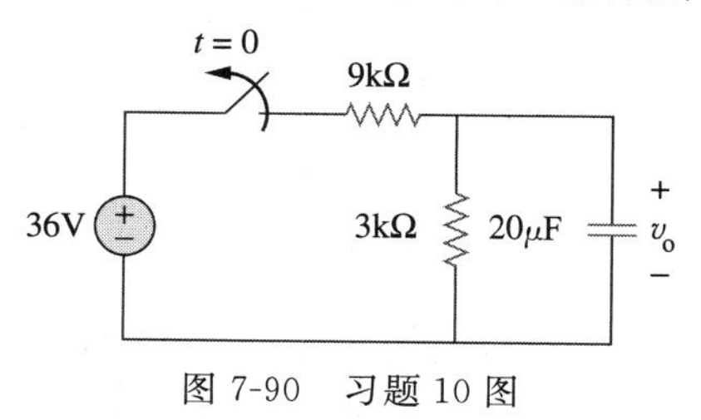

图 7-90 习题 10 图

7.3 节

11 在图 7-91 中，求 $t>0$ 时的 i_o。

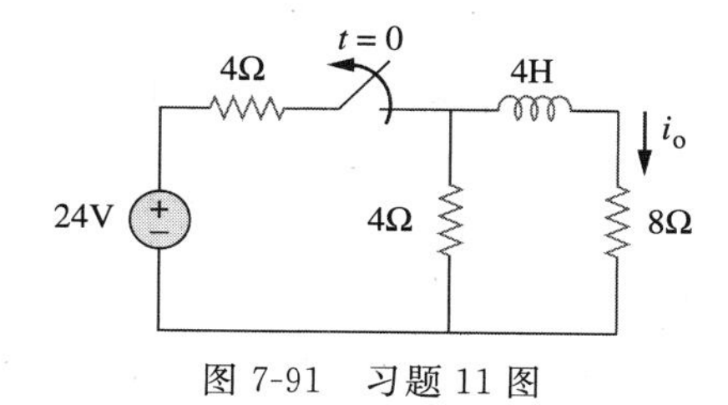

图 7-91 习题 11 图

12 利用图 7-92，设计一个问题来更好地理解无源 RL 电路。 **ED**

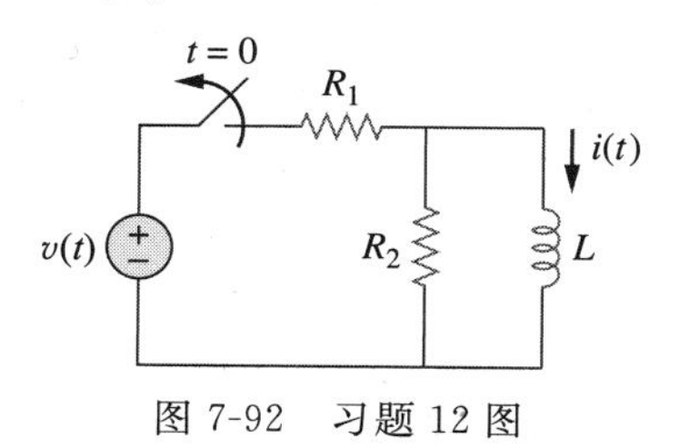

图 7-92 习题 12 图

13 图 7-93 所示电路中，$v(t)=80e^{-10^3 t}$V，$t>0$；$i(t)=5e^{-10^3 t}$mA，$t>0$。

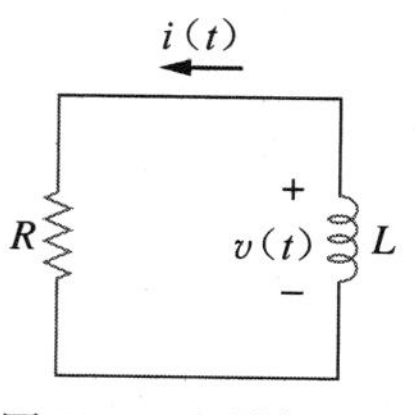

图 7-93 习题 13 图

(a) 求 R、L 和 τ。

(b) 求在 $0<t<0.5$ms 内电阻上消耗的能量。

14 求如图 7-94 所示电路中的时间常数。

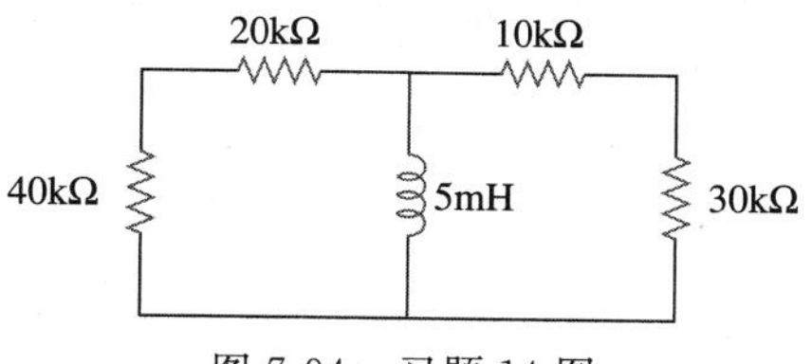

图 7-94 习题 14 图

15 求如图 7-95 所示的各个电路中的时间常数 τ。

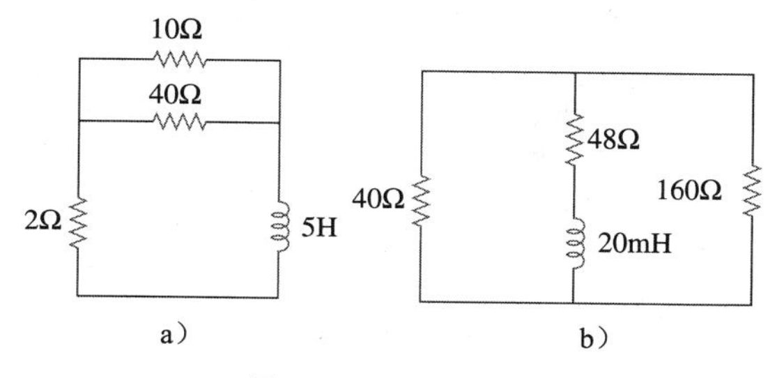

图 7-95 习题 15 图

16 求如图 7-96 所示的各个电路中的时间常数 τ。

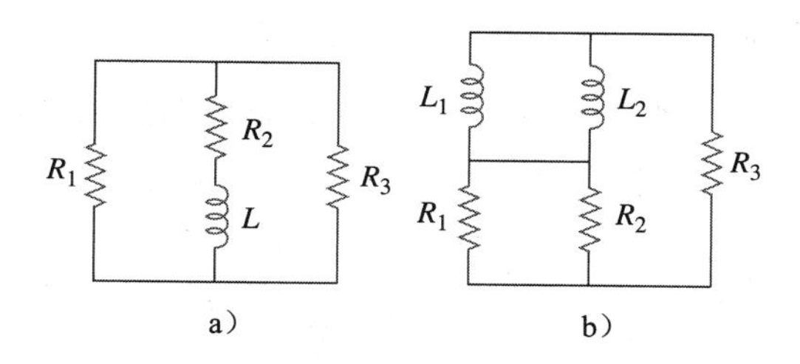

图 7-96 习题 16 图

17 在图 7-97 所示电路中，若 $i(0)=6$A，并且 $v(t)=0$，求 $v_o(t)$。

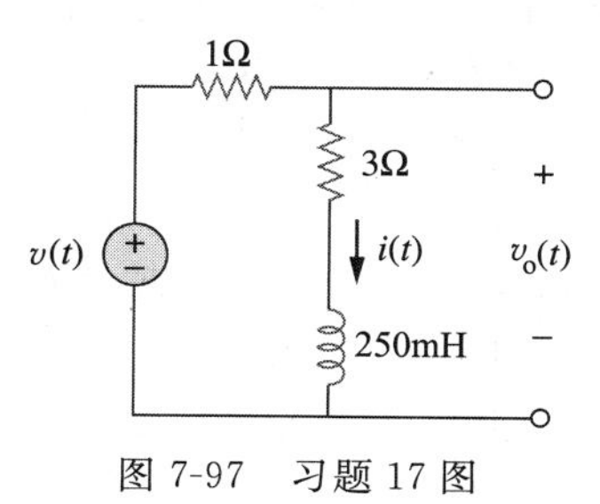

图 7-97 习题 17 图

18 在图 7-98 所示电路中，若 $i(0)=5\mathrm{A}$，并且 $v(t)=0$，求 $v_o(t)$。

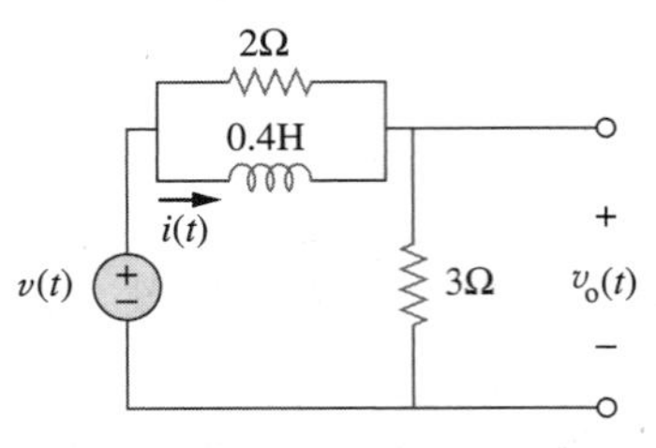

图 7-98 习题 18 图

19 在图 7-99 所示电路中，若 $i(0)=6\mathrm{A}$，求当 $t>0$ 时的 $i(t)$。

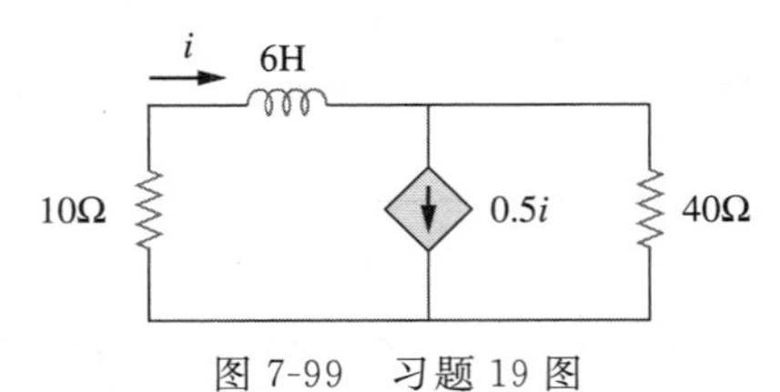

图 7-99 习题 19 图

20 在图 7-100 所示电路中，$v=90\mathrm{e}^{-50t}\mathrm{V}$ 且 $t>0$ 时 $i=30\mathrm{e}^{-50t}\mathrm{A}$。

(a) 求 L 和 R。

(b) 求时间常数 τ。

(c) 在 10ms 内初始能量减少多少。

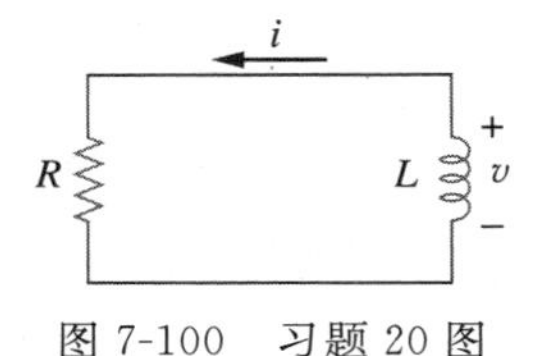

图 7-100 习题 20 图

21 如图 7-101 所示，当电容存储的稳态能量是 1J 时，求 R 的值。 **ED**

40Ω R 60V 80Ω 2H

图 7-101 习题 21 图

22 在图 7-102 所示电路中，假设 $i(0)=10\mathrm{A}$，求当 $t>0$ 时的 $i(t)$ 和 $v(t)$。

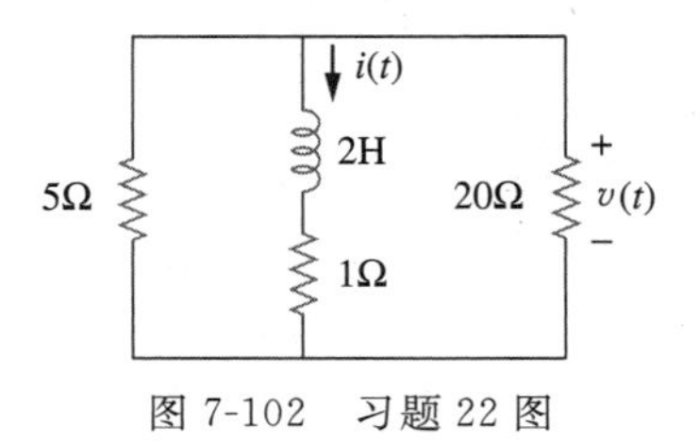

图 7-102 习题 22 图

23 在图 7-103 所示电路中，$v_o(0)=10\mathrm{V}$，当 $t>0$ 时，求 v_o 和 v_x。

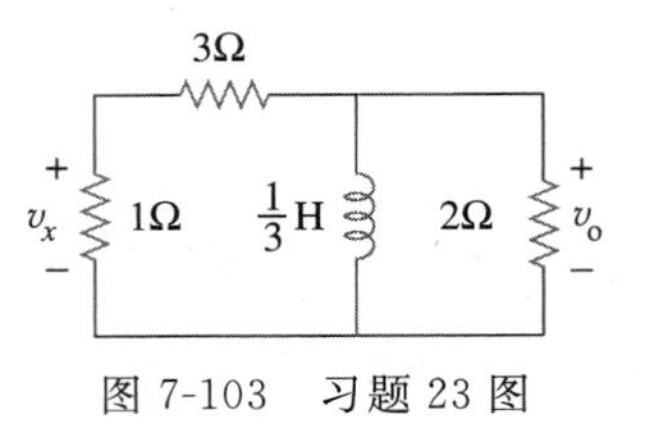

图 7-103 习题 23 图

7.4 节

24 用奇异函数来表达下列信号。

(a) $v(t)=\begin{cases} 0, & t<0 \\ -5, & t>0 \end{cases}$

(b) $i(t)=\begin{cases} 0, & t<1 \\ -10, & 1<t<3 \\ 10, & 3<t<5 \\ 0, & t>5 \end{cases}$

(c) $x(t)=\begin{cases} t-1, & 1<t<2 \\ 1, & 2<t<3 \\ 4-t, & 3<t<4 \\ 0, & \text{其他} \end{cases}$

(d) $y(t)=\begin{cases} 2, & t<0 \\ -5, & 0<t<1 \\ 0, & t>1 \end{cases}$

25 设计一个问题以更好地理解奇异函数。 **ED**

26 用奇异函数表示图 7-104 中所示信号。

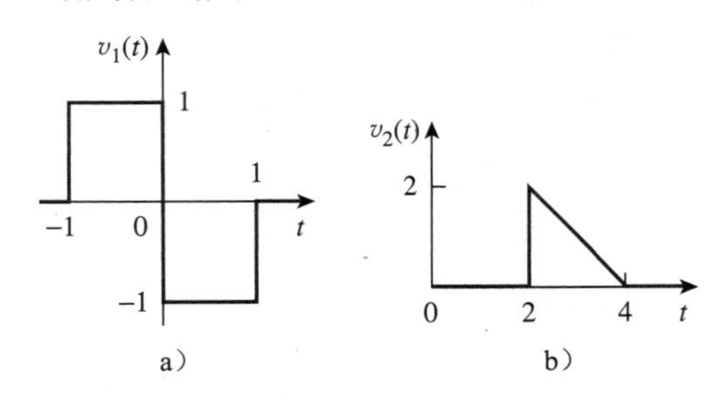

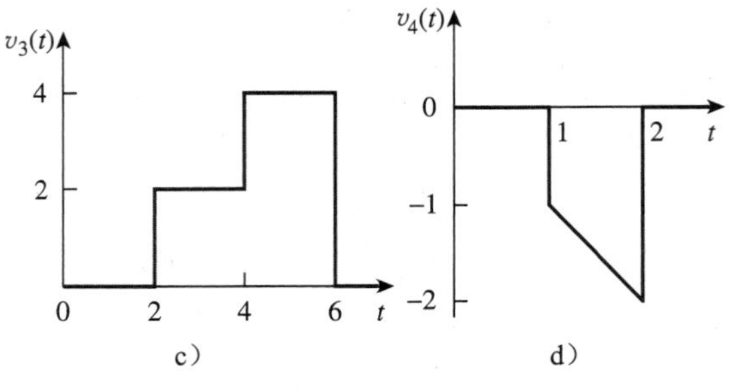

图 7-104 习题 26 图

27 用阶跃函数表示出图 7-105 所示的 $v(t)$。

28 画出下列式子代表的波形：

$$i(t)=r(t)-r(t-1)-u(t-2)-r(t-2)+r(t-3)+u(t-4)$$

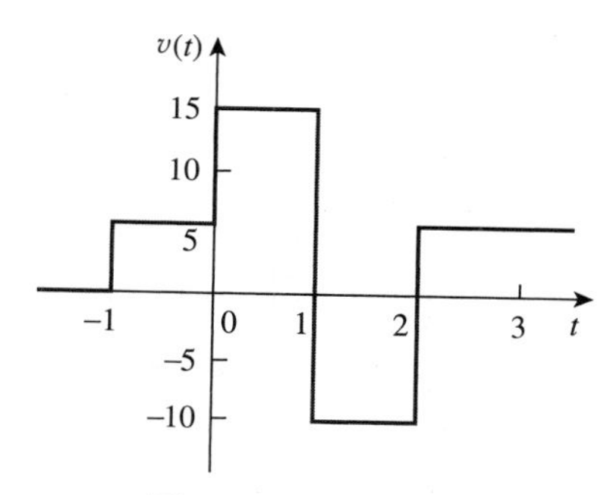

图 7-105 习题 27 图

29 画出下列函数的曲线。

(a) $x(t)=10e^{-t}u(t-1)$，

(b) $y(t)=10e^{-(t-1)}u(t)$，

(c) $z(t)=\cos 4t\delta(t-1)$

30 计算下列冲激函数的积分：

(a) $\int_{-\infty}^{\infty} 4t^2\delta(t-1)dt$

(b) $\int_{-\infty}^{\infty} 4t^2\cos 2\pi t\delta(t-0.5)dt$

31 计算下列积分：

(a) $\int_{-\infty}^{\infty} e^{-4t^2}\delta(t-2)dt$

(b) $\int_{-\infty}^{\infty} [5\delta(t)+e^{-t}\delta(t)+\cos 2\pi t\delta(t)]dt$

32 计算下列积分：

(a) $\int_{1}^{t} u(\lambda)d\lambda$

(b) $\int_{0}^{4} r(t-1)dt$

(c) $\int_{1}^{5} (t-6)^2\delta(t-2)dt$

33 在 10mH 电感上的电压为 $15\delta(t-2)$mV，假设电感初始未充电，求电感电流。

34 计算下列微分：

(a) $\frac{d}{dt}[u(t-1)u(t+1)]$

(b) $\frac{d}{dt}[r(t-6)u(t-2)]$

(c) $\frac{d}{dt}[\sin 4tu(t-3)]$

35 计算下列等式：

(a) $\frac{dv}{dt}+2v=0,\quad v(0)=-1V$

(b) $2\frac{di}{dt}-3i=0,\quad i(0)=2A$

36 参照初始条件，对下列不等式求 v。

(a) $dv/dt+v=u(t),\quad v(0)=0$

(b) $2dv/dt-v=3u(t),\quad v(0)=-6$

37 电路的描述如下：

$$4\frac{dv}{dt}+v=10$$

(a) 求电路的时间常数 τ。

(b) 求 v 的最终值 $v(\infty)$。

(c) 如果 $v(0)=2$，求 $t\geqslant 0$ 时的 $v(t)$。

38 电路的描述如下：

$$\frac{di}{dt}+3i=2u(t)$$

如果 $i(0)=0$，求当 $t>0$ 时的 $i(t)$。

7.5 节

39 在图 7-106 所示的电路中，求每个电路 $t<0$ 和 $t>0$ 时的电容电压。

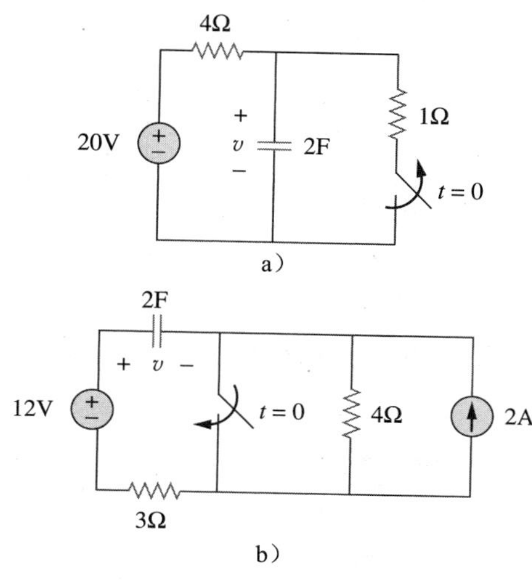

图 7-106 习题 39 图

40 在图 7-107 所示的电路中，求每个电路 $t<0$ 和 $t>0$ 时的电容电压。

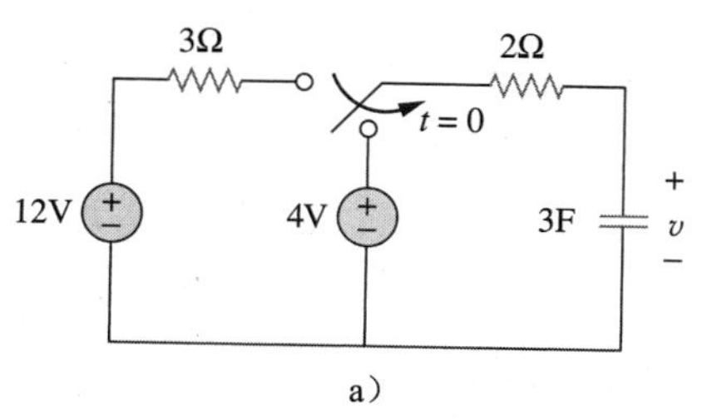

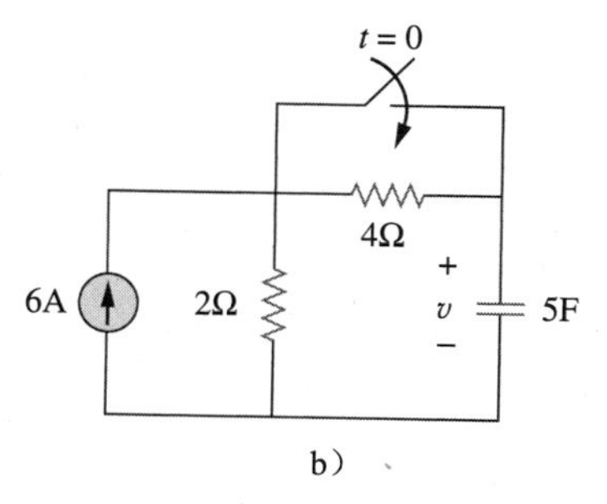

图 7-107 习题 40 图

41 利用图 7-108，设计一个问题以更好地理解 RC 电路的阶跃响应。 **ED**

图 7-108　习题 41 图

42　(a) 在图 7-109 中，开关处于打开状态且电路已达稳态，当 $t=0$ 时关闭，求 $v_o(t)$。

(b) 开关处于关闭状态已达稳态，当 $t=0$ 时打开，求 $v_o(t)$。

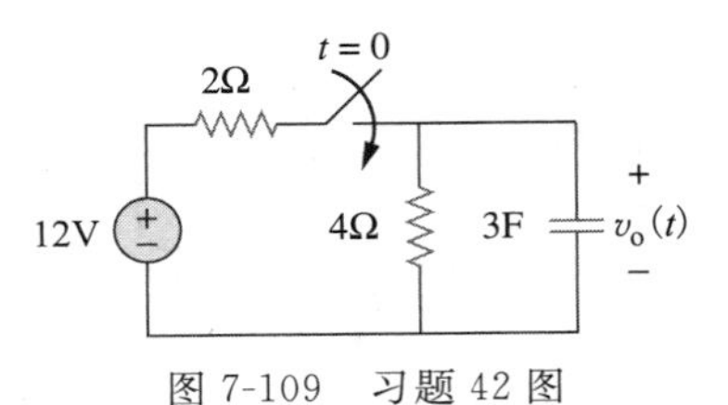

图 7-109　习题 42 图

43　在图 7-110 所示电路中，求 $t<0$ 和 $t>0$ 时的 $i(t)$。

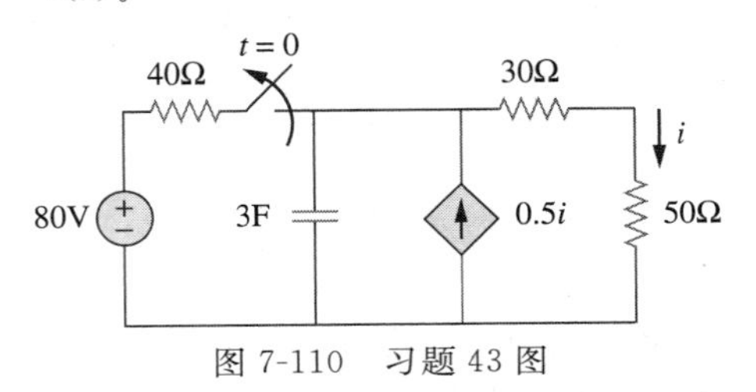

图 7-110　习题 43 图

44　在图 7-111 所示电路中，开关处于 a 位置且电路已达稳态，当 $t=0$ 时，开关切换到 b 位置，求 $t>0$ 时的 $i(t)$。

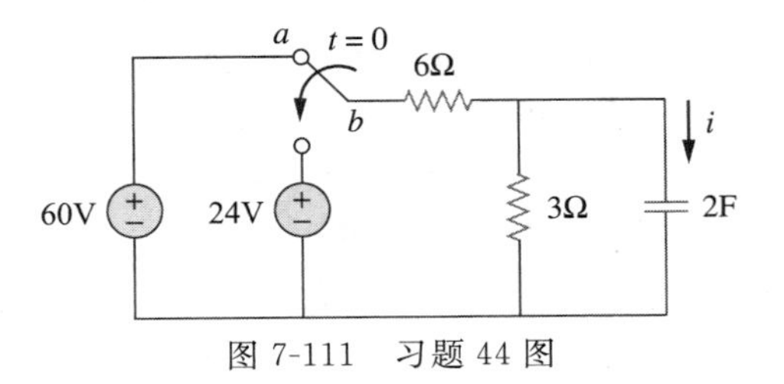

图 7-111　习题 44 图

45　在图 7-112 所示电路中，$v_s=30u(t)$，假设 $v_o(0)=5\text{V}$，求 v_o。

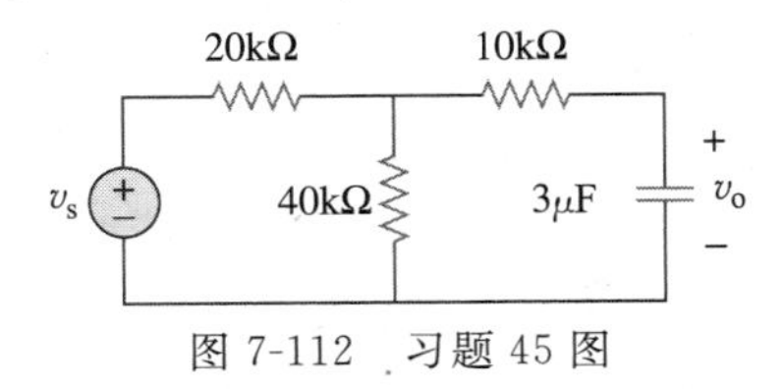

图 7-112　习题 45 图

46　在图 7-113 所示电路中，$i_s(t)=5u(t)$，求 $v(t)$。

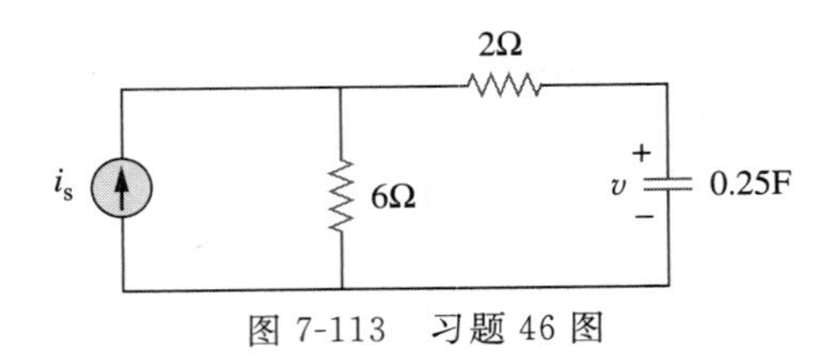

图 7-113　习题 46 图

47　在图 7-114 所示电路中，如果 $v(0)=0$，求当 $t>0$ 时的 $v(t)$。

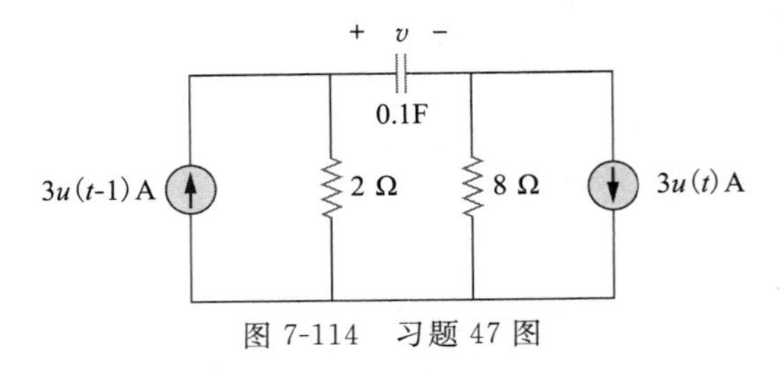

图 7-114　习题 47 图

48　在图 7-115 所示电路中，求 $v(t)$和 $i(t)$。

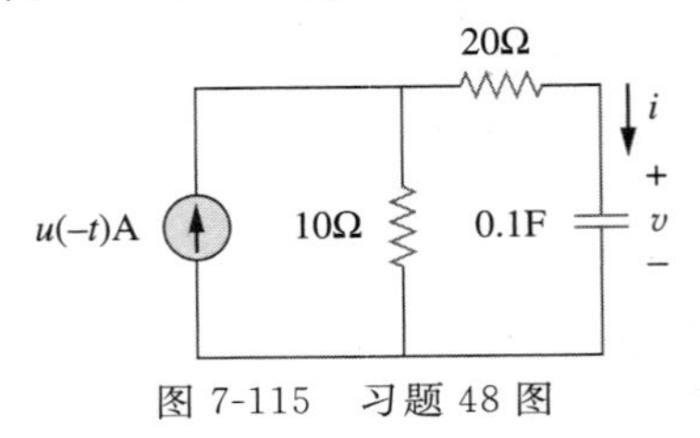

图 7-115　习题 48 图

49　图 7-116a 所示波形应用在图 7-116b 所示电路上，假设 $v(0)=0$，求 $v(t)$。

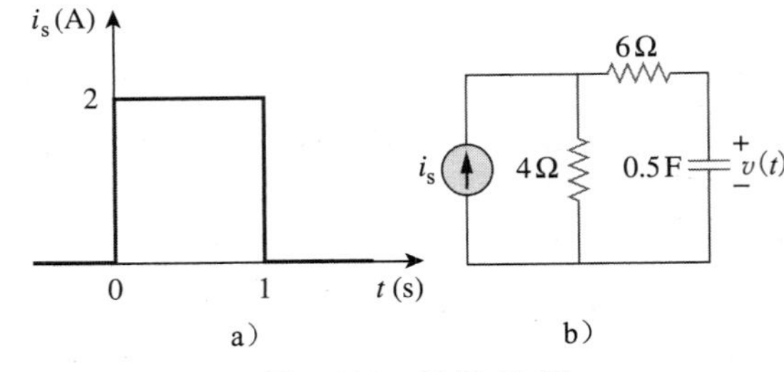

图 7-116　习题 49 图

*50　在图 7-117 所示电路中，如果 $R_1=R_2=1\text{k}\Omega$，$R_3=2\text{k}\Omega$，且 $C=0.125\text{mF}$，当 $t>0$ 时，求 i_x。

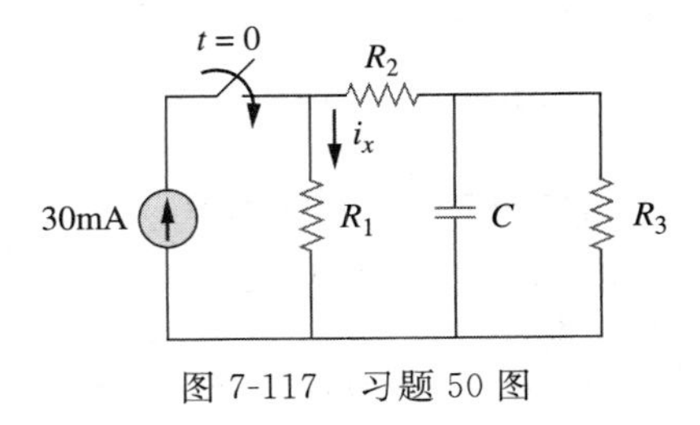

图 7-117　习题 50 图

7.6 节

51　在 7.6 节中，用 KVL 方程而不是用短路方法来求式(7.60)。

52 利用图7-118，设计一个问题以更好地理解 RL 电路的阶跃响应。 **ED**

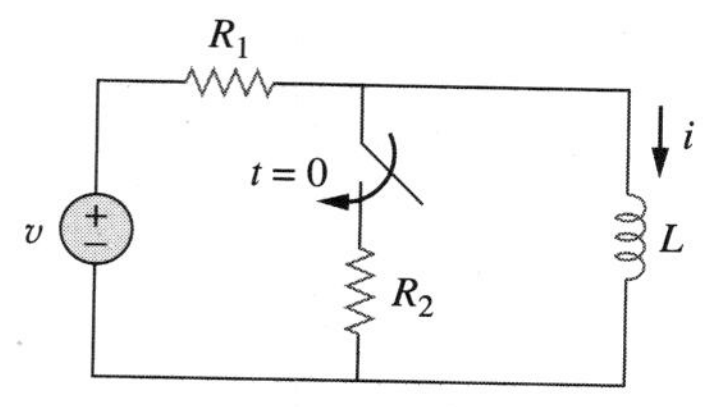

图7-118 习题52图

53 在图7-119中，求每个电路在 $t<0$ 和 $t>0$ 时的电感电流 $i(t)$。

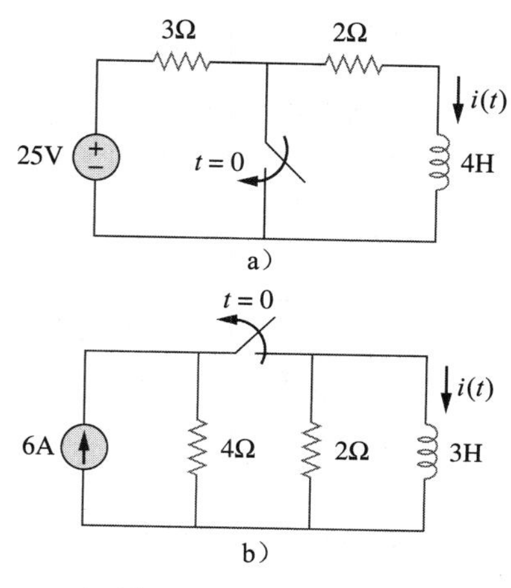

图7-119 习题53图

54 在图7-120中，求每个电路在 $t<0$ 和 $t>0$ 时的电感电流。

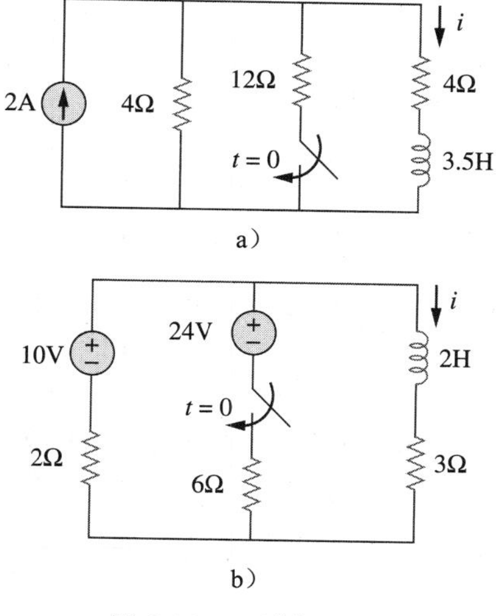

图7-120 习题54图

55 在图7-121所示电路中，求当 $t<0$ 和 $t>0$ 时的 $v(t)$。

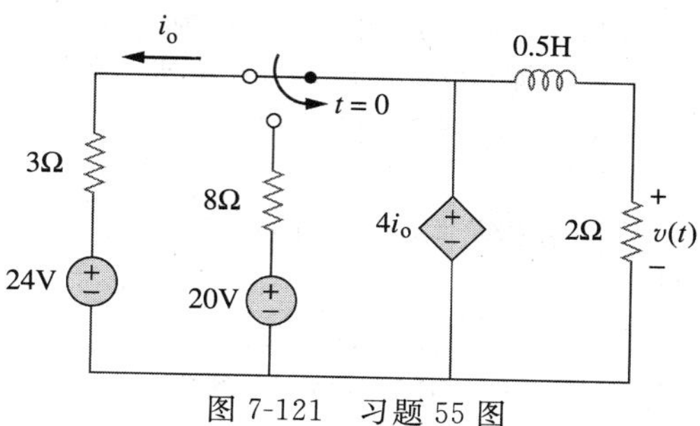

图7-121 习题55图

56 在图7-122所示电路中，求当 $t>0$ 时的 $v(t)$。

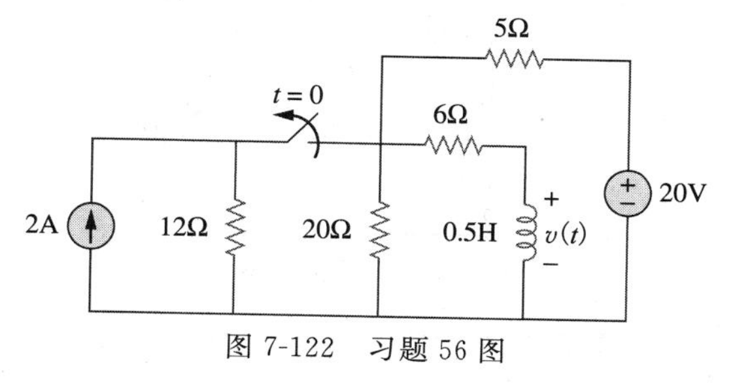

图7-122 习题56图

57 如图7-123所示电路，求当 $t>0$ 时的 $i_1(t)$ 和 $i_2(t)$。

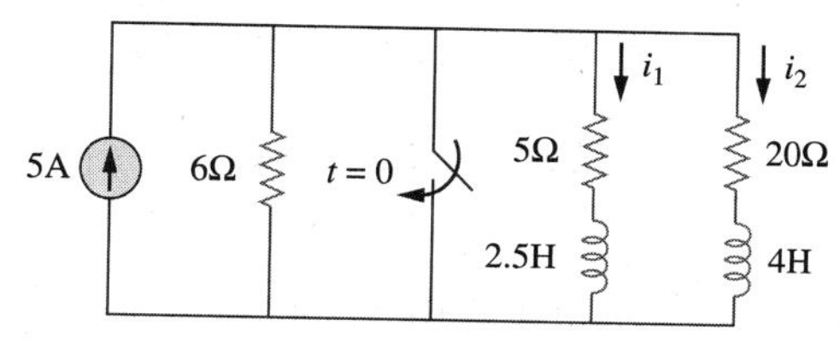

图7-123 习题57图

58 在习题17中，若 $i(0)=10\text{A}$ 且 $v(t)=20u(t)\text{V}$，重做该题。

59 在图7-124中，若 $u_s=18u(t)$，求阶跃响应 $v_o(t)$。

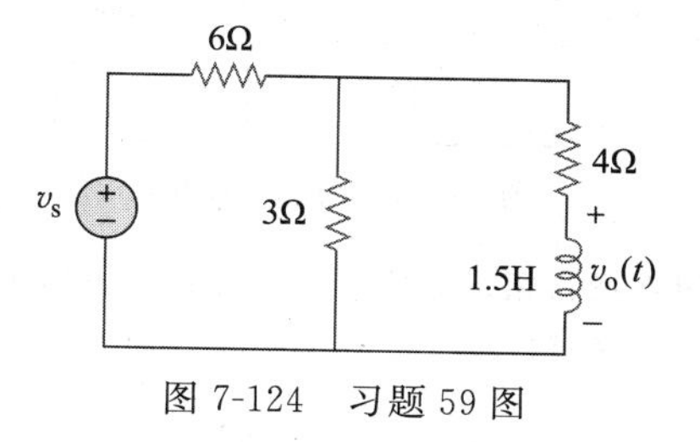

图7-124 习题59图

60 在图7-125中，如果电感初始电流为零，求当 $t>0$ 时的 $v(t)$。

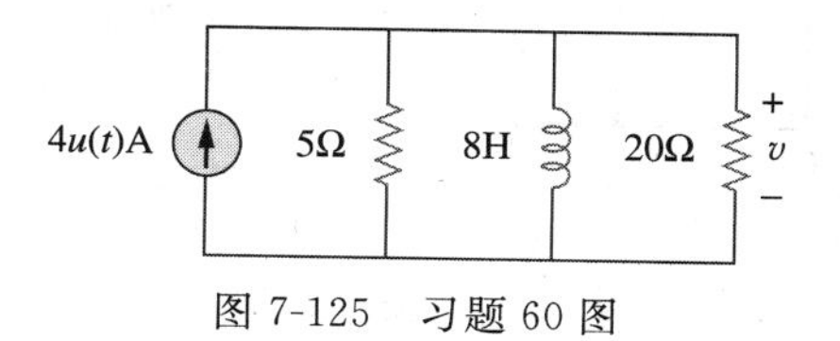

图7-125 习题60图

61 在图 7-126 所示电路中，当 $t=0$ 时 i_s 从 5A 改到 10A，即 $i_s=5u(-t)+10u(t)$，求 v 和 i。

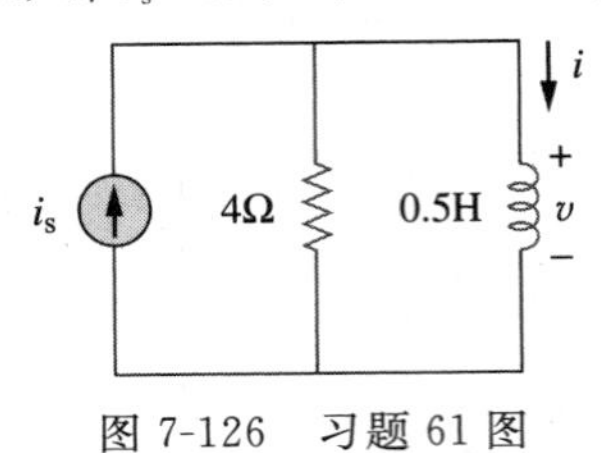

图 7-126 习题 61 图

62 在图 7-127 所示电路中，如果 $i(0)=0$，求 $i(t)$。

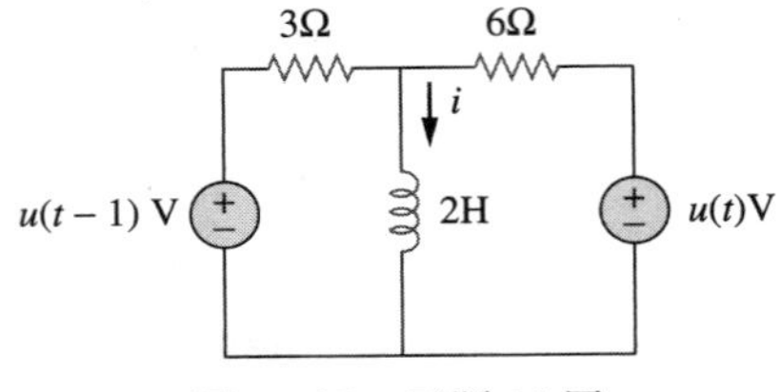

图 7-127 习题 62 图

63 在图 7-128 所示电路中，求 $v(t)$ 和 $i(t)$。

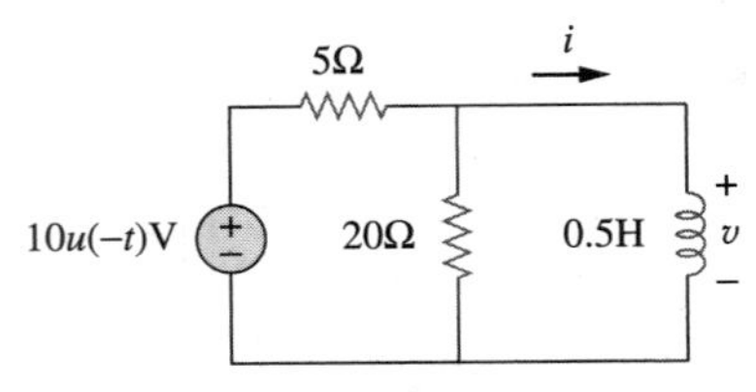

图 7-128 习题 63 图

64 在图 7-129 所示电路中，$v_{in}(t)=[40-40u(t)]$V，求 $i_L(t)$ 和电路在 $t=0$s 到 $t=\infty$s 时所消耗的能量。

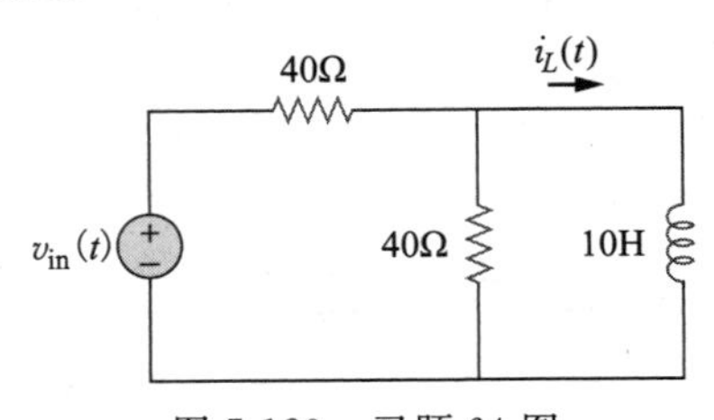

图 7-129 习题 64 图

65 图 7-130a 所示波形应用在图 7-130b 所示电路上，求 $i(t)$。

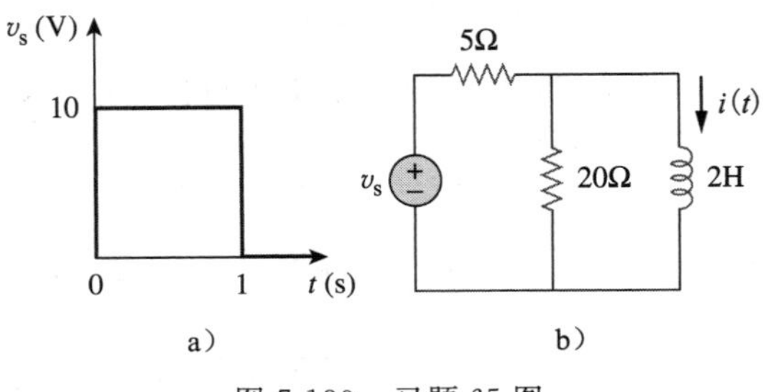

图 7-130 习题 65 图

7.7 节

66 利用图 7-131 所示电路，设计一个问题来更好地理解一阶运算放大电路。 **ED**

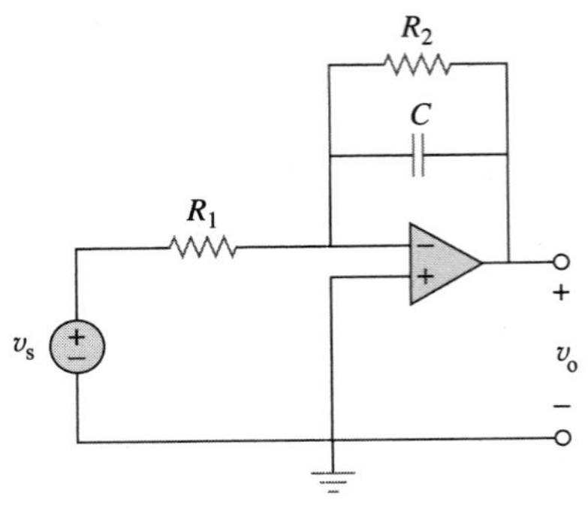

图 7-131 习题 66 图

67 在图 7-132 所示电路中，$v(0)=5$V，$R=10$kΩ，$C=1\mu$F。求当 $t>0$ 时的 $v_o(t)$。

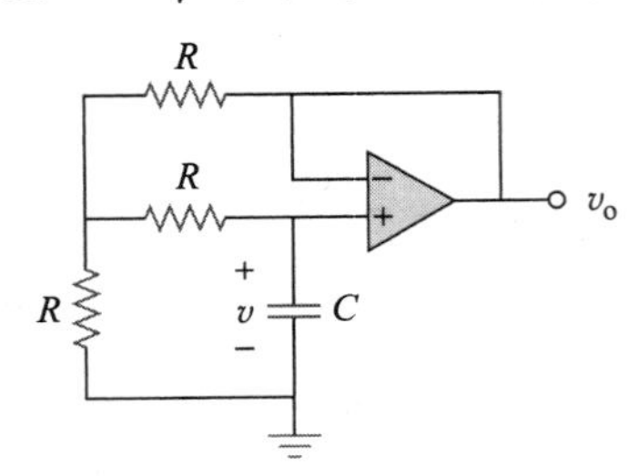

图 7-132 习题 67 图

68 在图 7-133 所示电路中，求当 $t>0$ 时的 v_o。

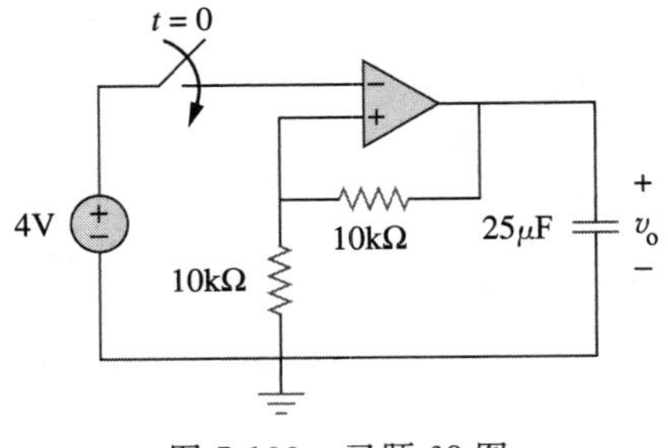

图 7-133 习题 68 图

69 在图 7-134 所示电路中，求当 $t>0$ 时的 $v_o(t)$。

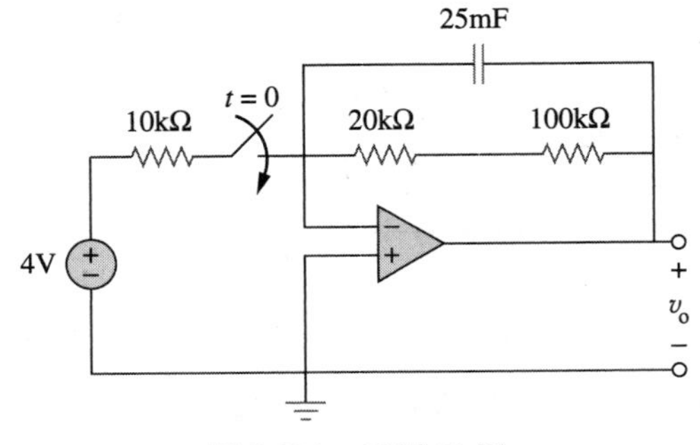

图 7-134 习题 69 图

70 在图7-135所示运放电路中，$v_s=20\text{mV}$，求当$t>0$时$v(t)$。

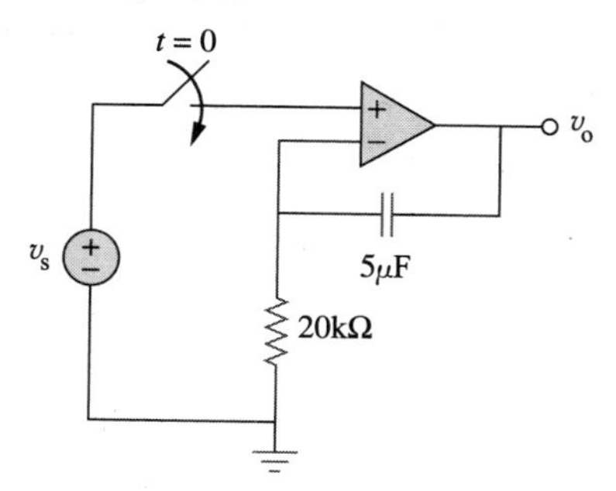

图7-135 习题70图

71 在图7-136所示运放电路中，$v_o=0$且$v_s=3\text{V}$，求当$t>0$时的$v(t)$。

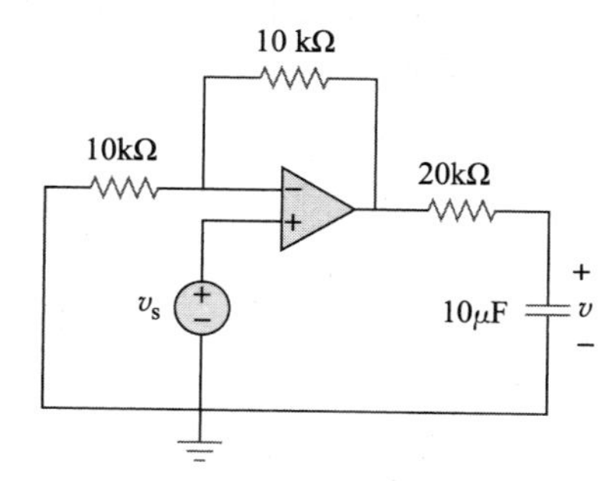

图7-136 习题71图

72 在图7-137所示运放电路中，假设$v(0)=-2\text{V}$，$R=10\text{k}\Omega$，$C=10\mu\text{F}$，求i_o。

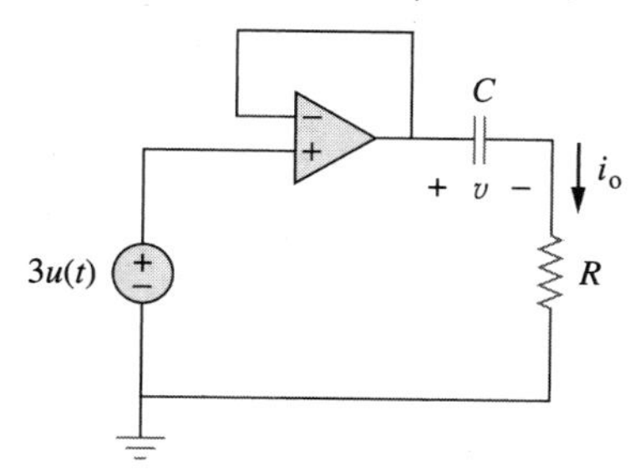

图7-137 习题72图

73 在图7-138所示运放电路中，让$R_1=10\text{k}\Omega$，$R_f=20\text{k}\Omega$，$C=20\mu\text{F}$，且$v(0)=1\text{V}$，求v_o。

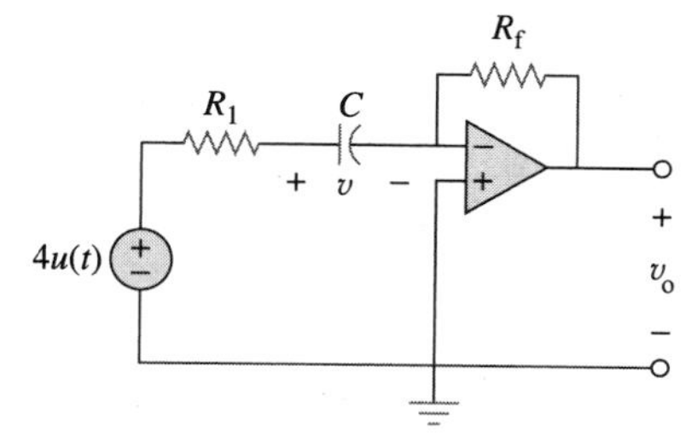

图7-138 习题73图

74 在图7-139所示电路中，$i_s=10u(t)\mu\text{A}$，假设电容最初没有充电，求当$t>0$时的$v_o(t)$。

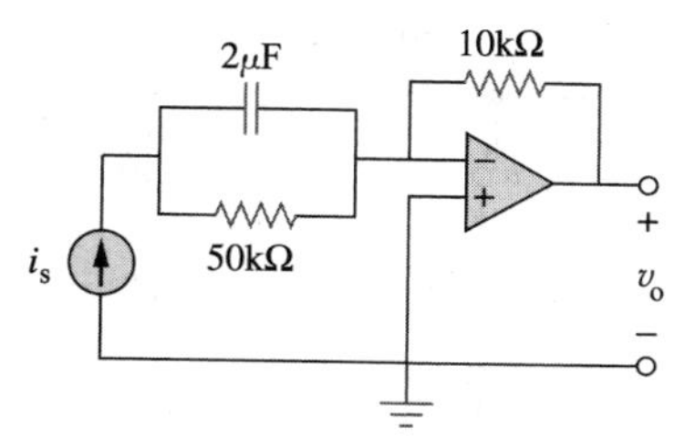

图7-139 习题74图

75 在图7-140所示电路中，$v_s=4u(t)\text{V}$，$v(0)=1\text{V}$求v_o和i_o。

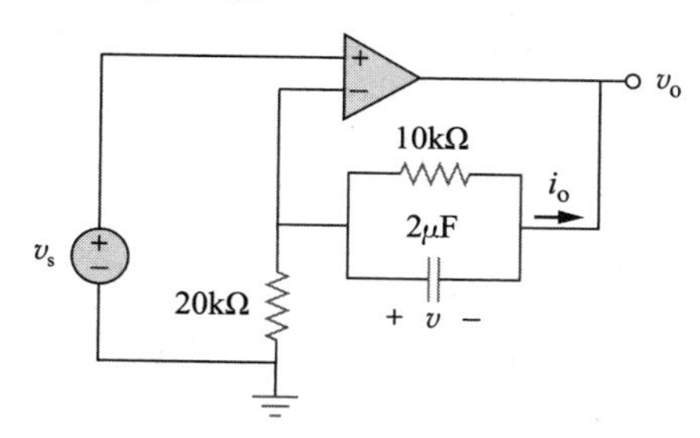

图7-140 习题75图

7.8节

76 用PSpice或MultiSim软件重做习题49。

77 在图7-141所示电路中，开关在当$t=0$时开关打开，用PSpice或MultiSim软件来求当$t>0$时的$v(t)$。

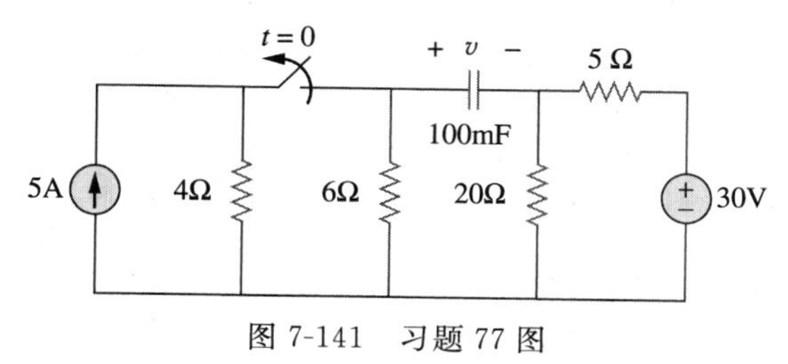

图7-141 习题77图

78 在图7-142所示电路中，当$t=0$时开关由a切换到b，PSpice或MultiSim软件来求当$t>0$时的$i(t)$。

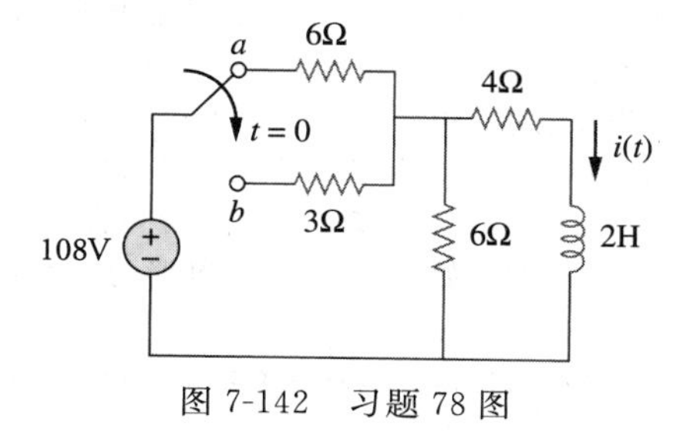

图7-142 习题78图

79 在图7-143所示电路中，开关在a位置且电路已达稳态，当 $t=0$ 时迅速切换到 b 位置，求 $i_o(t)$。

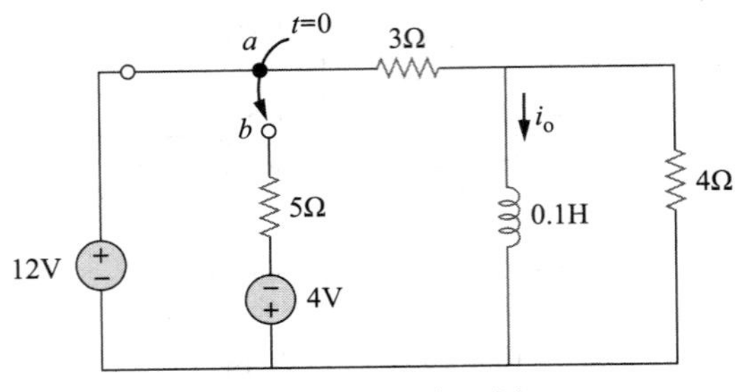

图 7-143 习题 79 图

80 在图 7-144 所示电路中，假设开关在 a 位置且电路已达稳态，求：

(a) $i_1(0)$、$i_2(0)$和 $v_o(0)$。

(b) $i_L(t)$。

(c) $i_1(\infty)$、$i_2(\infty)$和 $v_o(\infty)$。

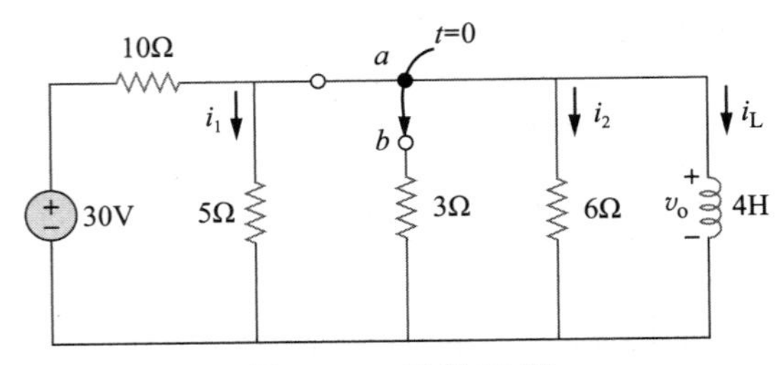

图 7-144 习题 80 图

81 用 PSpice 或 MultiSim 软件重做习题 65。

7.9 节

82 设计一个信号开关电路，如果 100μF 电容的时间常数是 3ms，则该电路需要多大的电阻。

83 160mH 线圈的电阻是 8Ω，当线圈上施加电压时，求电流达到其最终值 60%时所需的时间。 **ED**

84 假设电容器是充电的，10mF 的电容的漏阻为 2MΩ。电容两端的电压衰减到电容器充电初始电压的 40%需要多长时间？

85 在图 7-145 所示电路中，当电压到 75V 时氖光灯亮，当电压下降到 30V 时灯灭。当灯打开时它的电阻是 120Ω，当它关闭时，电阻无穷大。 **ED**

(a) 电容每次放的电可以让灯亮多久？

(b) 灯的两次点亮中间间隔多长时间？

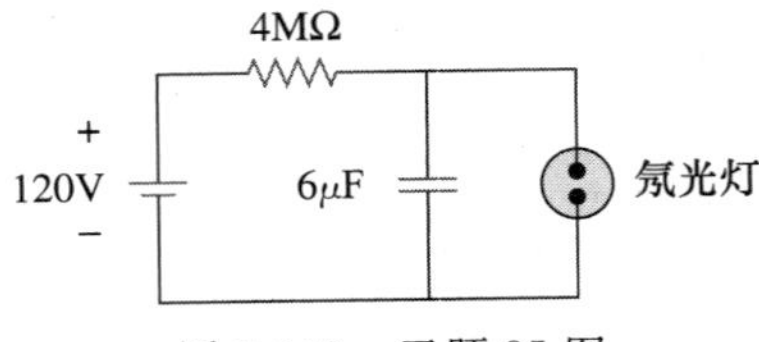

图 7-145 习题 85 图

86 在图 7-146 所示电路中，该电路是用来设定焊接机器上电极的电压的时间长度的。这段时间等于电容从 0V 充电到 8V 所需时间。求通过可变电阻可以控制的所有时间范围。 **ED**

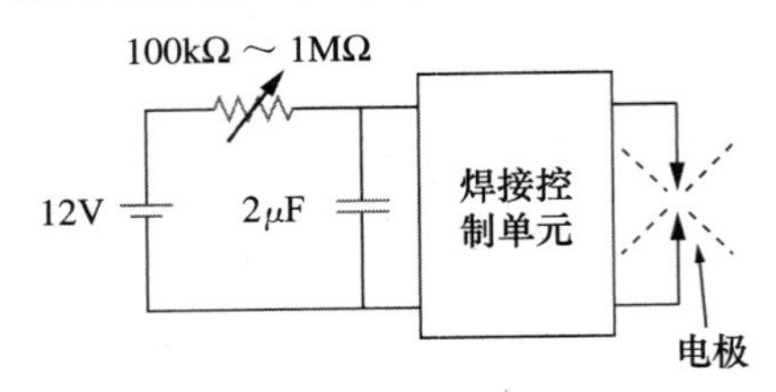

图 7-146 习题 86 图

87 一个 120Ω 的直流电机带动一个具有 50H 的电感和 100Ω 的电阻的电动机，如图 7-147 所示，该电动机与一个 400Ω 的电阻并联以避免被损坏。系统处在一个稳定状态，求当开关闭合后 100ms 内电阻上通过的电流。

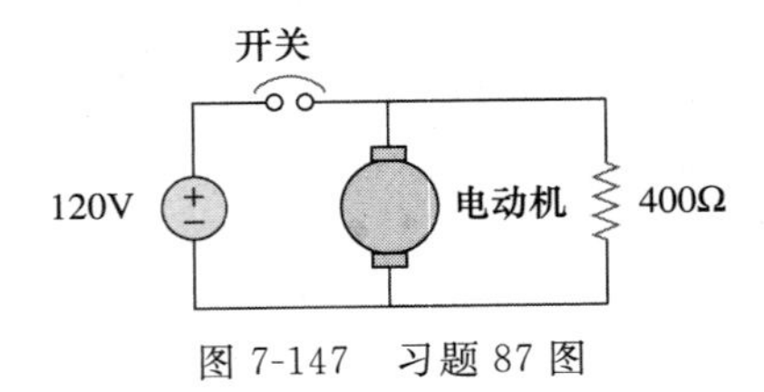

图 7-147 习题 87 图

综合理解题

88 在图 7-148a 所示电路中，根据输出端所用电阻或者电感，可以将该电路设计成一个微分或者积分电路。电路的时间常数 $\tau=RC$，输入如图 7-148b 所示时间长度为 τ 的信号。当 $\tau \ll T$ 时，如 $\tau<0.1T$，该电路为微分电路；或者，当 $\tau \gg T$ 时，如 $\tau<10T$，该电路为一个积分电路。

(a) 允许通过微分电路的输出端的电容上的最小脉冲长度是多少？

(b) 如果输出端时输入端的积分形式，那么可以被允许的脉冲的最大值是多少？

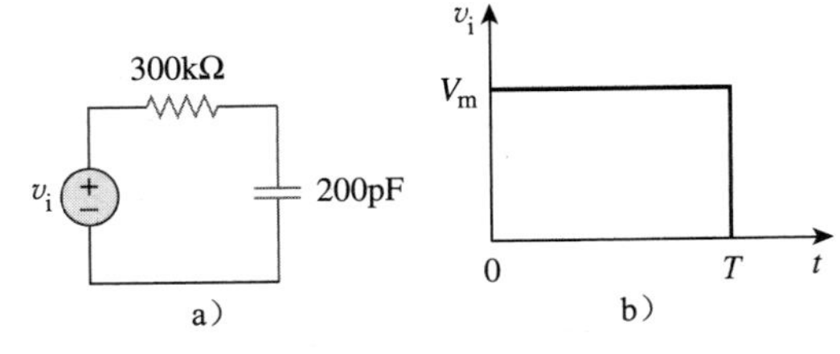

图 7-148 综合理解题 88 图

89 一个 RL 电路，当输出端加上一个电容就可被改成一个微分电路，且 $\tau \ll T(\tau < 0.1T)$，这里的 T 是指输入信号的时间宽度。如果 R 被固定在 200kΩ，当 $T=10\mu s$ 时求该微分电路所需要的 L 的最大值。 **ED**

90 一个带有示波器的衰减器的电子探针，以 10 的倍数来减小输入电压 v_i 的大小，如图 7-149 所示。该示波器有内部电阻 R_s 和电容 C_s，探针有内部电阻 C_s，当 R_p 固定在 6MΩ，且时间常数为 15μs 时，求 R_s 和 C_s **ED**

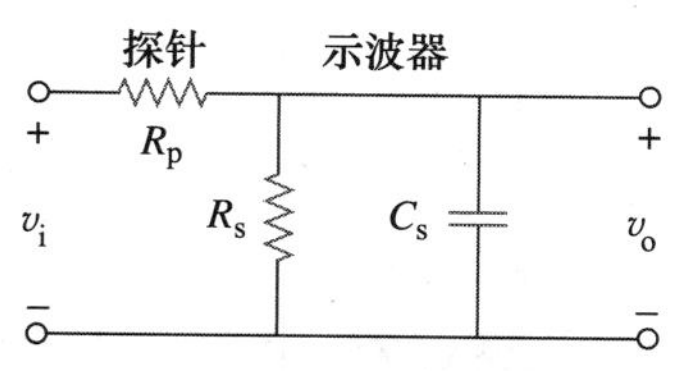

图 7-149 综合理解题 90 图

91 图 7-150 所示的电路用于“蛙跳”的生物研究，开关关闭时会有轻微跳动，但是开关打开时青蛙会剧烈跳动 5s，假设需要 10mA 来引起青蛙剧烈的跳动，把青蛙作为一个电阻并计算它的电阻值。 **ED**

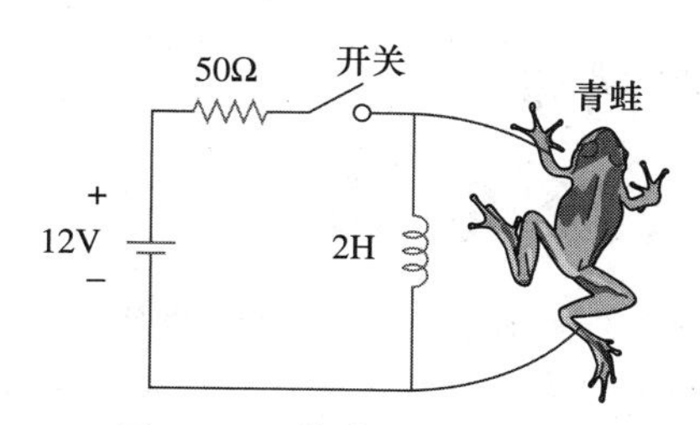

图 7-150 综合理解题 91 图

92 若要移动屏幕上的一个阴极射线管的一个点（见图 7-151），需要通过一个倾斜的金属片来使电压有一个线性增加，假设金属片的电容为 4nF，画出流经金属片的电流。

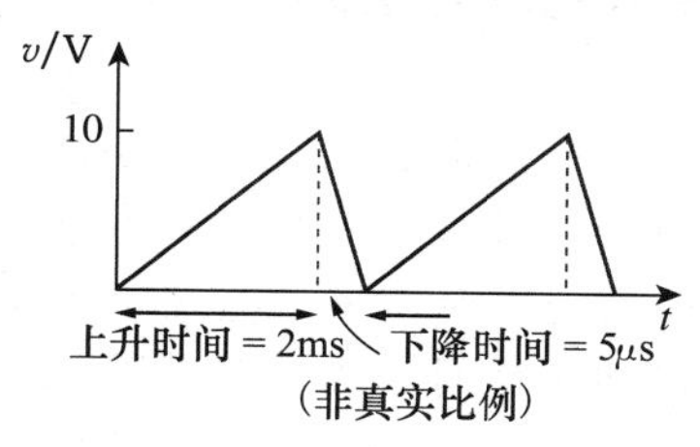

图 7-151 综合理解题 92 图

第8章
二阶电路

如果有能力获得工程硕士学位，就一定要去实现它，这能使你的事业获得更大的成功。如果想要进行科学研究，或者在工程方面有更高的造诣，抑或在大学教书，拥有自己的企业，那就需要攻读博士学位。

——Charles K. Alexander

增强技能与拓展事业

在毕业后，为了增加就业机会，你需要透彻理解一系列工程领域的基本知识。如果可能的话，当完成本科学位后，最好能够通过努力获得硕士学位。

在工程上，每个学位代表一个学生所获得的某种技能。在学士期间，你学习的是工程语言以及工程设计的基础。在硕士期间，你将获得处理先进工程项目和在口头、书面方面有效沟通的能力。博士学位代表你彻底掌握了解决工程尖端问题的能力，并且能够与别人沟通成果。

如果你不知道毕业后从事什么样的工作，攻读硕士学位将增强你的职业选择能力。因为学士学位你只获得工程基础知识，工程硕士学位将补充管理类的相关知识。获得MBA最好的时间是若你成为工程师几年后想通过加强商业技能来进一步发展事业，是攻读MBA学位的最佳时机。

工程师应不断进行自我学习，无论是在职的或全职的。或许没有比加入一个专业团体(如IEEE)并成为一个活跃的成员这样更好的方法来拓展你的事业。

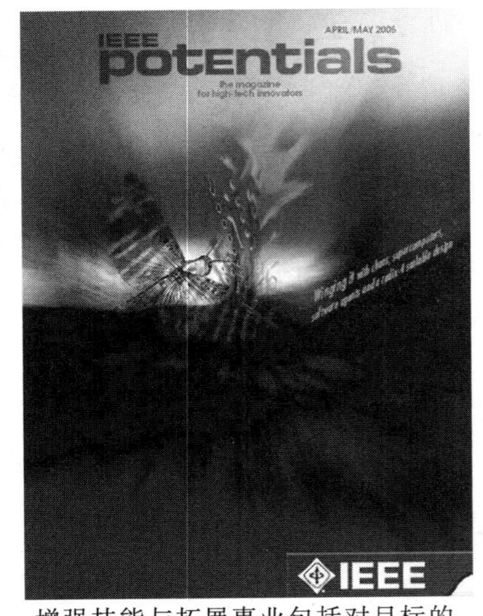

增强技能与拓展事业包括对目标的理解、对变化的适应、对机遇到来的预期和对个人所处环境的规划

(图片来源：IEEE Magazine)

学习目标

通过本章内容的学习和练习你将具备以下能力：

1. 深入理解二阶差分方程的解法。
2. 学习如何确定初值和终值。
3. 掌握无源串行 *RLC* 电路的响应。
4. 掌握无源并行 *RLC* 电路的响应。
5. 掌握串行 *RLC* 电路的阶跃响应。
6. 掌握并行 *RLC* 电路的阶跃响应。
7. 掌握一般二阶电路。
8. 掌握带运算放大器的一般二阶电路。

8.1 引言

前一章中，我们讨论了带有单个储能元件(一个电容或一个电感)的电路，因为它们的响应是用一阶微分方程描述的，所以称为一阶电路。在这一章中，我们将考虑包含两个储能元件且响应由包含二阶导数的微分方程描述的电路，即二阶(second-order)电路。

二阶电路的典型例子是 RLC 电路，其中三种无源器件均存在。图 8-1a 和图 8-1b 就是这种电路的例子，图 8-1c 和图 8-1d 分别是 RL 和 RC 电路。从图 8-1 中可以看出，一个二阶电路可能有两个不同类型或同一类型的储能元件(相同类型的元件不能用一个等效元件来替代)。含有两个储能元件的运算放大器电路也可以是二阶电路。与一阶电路相比，二阶电路包含几个电阻以及有源和无源的电源。

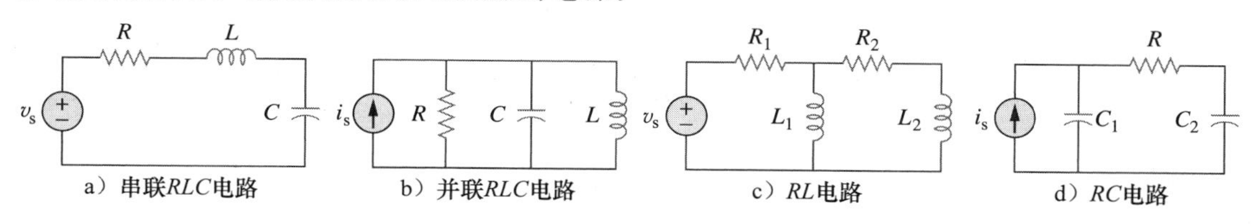

图 8-1　二阶电路的典型例子

二阶电路的特点是其响应能由二阶微分方程描述，它包含电阻和两个等效的储能元件。

对于二阶电路的分析类似于一阶电路，首先考虑由存储元件初始条件激励的电路。尽管这些电路可能包含非独立电源，但它们依然是无源电路，并将发生自然响应。稍后将考虑有独立源激励的电路，这些电路有自由响应和强迫响应。这一章主要考虑直流独立源，正弦源和指数源的情况将在后面的章节介绍。

本章首先学习如何计算电路变量及其导数的初始条件，因为这对于分析二阶电路非常重要。然后考虑图 8-1 所示串联及并联 RLC 电路在两种情况下的激励：能量存储元件的初始条件和阶跃输入。接下来学习其他类型的二阶电路，包括运算放大器电路。之后还将讨论二阶电路的 PSpice 分析。最后将会讨论汽车点火系统和滤波电路，它们是这一章电路的典型应用。其他应用(如谐振电路和滤波器)将在后面章节介绍。

8.2　计算初值和终值

在处理二阶电路时面临的主要问题是获得电路变量的初值和终值，通常比较容易得到 v 和 i 的初值和终值，但是求解它们的导数(dv/dt、di/dt)是比较困难的，因此本节将详细讲解 $v(0)$、$i(0)$、$dv(0)/dt$、$dv(0)/dt$、$di(0)/dt$、$i(\infty)$、$v(\infty)$的求解。除了特别说明外，本章中的 v 代表电容电压，i 代表电感电流。

在确定初始条件时需要牢记两点：

首先，在进行电路分析时，必须谨慎处理电容电压 $v(t)$的极性和电感电流 $i(t)$的方向。v 和 i 的定义必须严格遵守无源符号的国际惯例(见图 6-3、图 6-23)。应该仔细观察这些符号是如何定义及应用的。

其次，记住电容电压总是连续的，故

$$v(0^+)=v(0^-) \tag{8.1a}$$

电感电流也是连续的，故

$$i(0^+)=i(0^-) \tag{8.1b}$$

式中，假设开关切换发生在 $t=0$，$t=0^-$ 表示开关闭合前时刻，$t=0^+$ 表示开关闭合后的时刻。

因此，在计算初始条件时，首先关注那些不能立即改变的变量，利用式(8.1)求解电容电压和电感电流。下面的例子给出了具体的计算方法。

例 8-1 图 8-2 中的开关已经闭合了很长时间，在 $t=0$ 时刻将其打开。求解：(a) $i(0^+)$，$v(0^+)$；(b) $di(0^+)/dt$，$dv(0^+)/dt$；(c) $i(\infty)$，$v(\infty)$。

解：(a) 如果在 $t=0$ 时刻之前开关已经闭合了很长时间，就意味着在 $t=0$ 时刻电路已经达到了直流稳态。在直流稳态时，电感相当于短路，而电容相当于断路，故我们可以得到如图 8-3a 所示的电路。在 $t=0^-$ 时，有

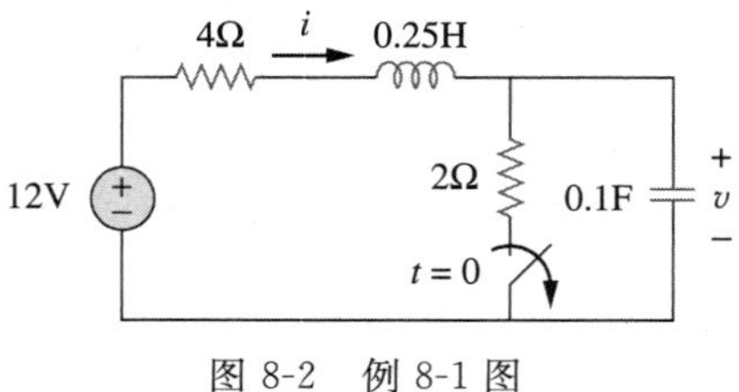

图 8-2 例 8-1 图

$$i(0^-)=\frac{12}{4+2}=2(\text{A}),\qquad v(0^-)=2i(0^-)=4(\text{V})$$

由于电感电流和电容电压不会突变，所以

$$i(0^+)=i(0^-)=2\text{A},\qquad v(0^+)=v(0^-)=4\text{V}$$

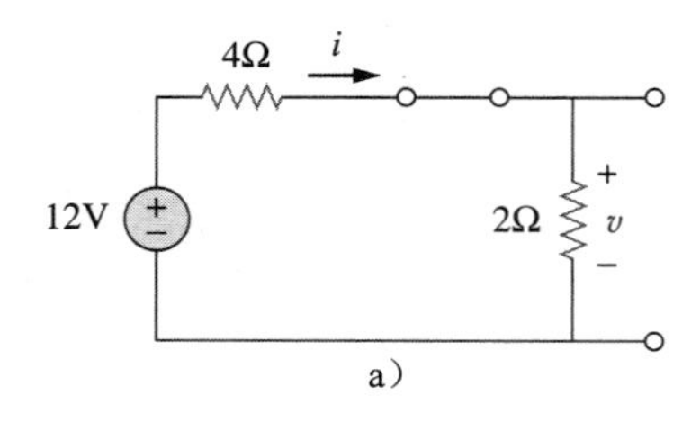

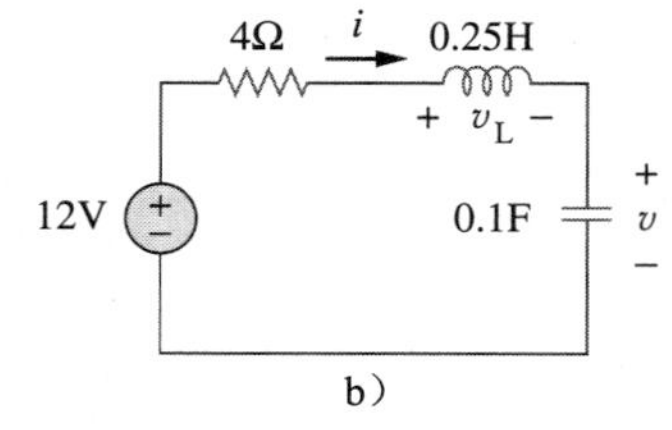

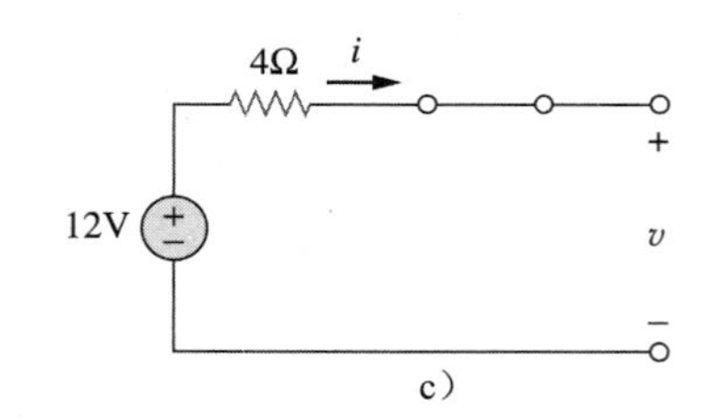

图 8-3 图 8-2 的等效电路

(b) 在 $t=0^+$ 时刻，开关打开；等效电路图如 8-3b 所示。相同的电流流过电感和电容。因此，

$$i_C(0^+)=i_C(0^-)=2\text{A}$$

由于 $C\mathrm{d}v/\mathrm{d}t=i_C$，$\mathrm{d}v/\mathrm{d}t=i_C/C$ 得到

$$\frac{\mathrm{d}v(0^+)}{\mathrm{d}t}=\frac{i_C(0^+)}{C}=\frac{2}{0.1}=20(\text{V/s})$$

同理，由于 $L\mathrm{d}i/\mathrm{d}t=v_L$，$\mathrm{d}i/\mathrm{d}t=v_L/L$，在图 8-3b 中应用 KVL 可以得到 v_L。结果如下：

$$-12+4i(0^+)+v_L(0^+)+v(0^+)=0$$

即

$$v_L(0^+)=12-8-4=0$$

所以

$$\frac{\mathrm{d}i(0^+)}{\mathrm{d}t}=\frac{v_L(0^+)}{L}=\frac{0}{0.25}=0(\text{A/s})$$

(c) $t>0$ 时电路发生暂态变化。但当 $t\to\infty$ 时，电路又重新达到稳定状态。电感相当于短路，电容相当于开路，所以电路转化成图 8-3c 所示形式，可以得到

$$i(\infty)=0\text{A},\qquad v(\infty)=12\text{V}$$ ◀

练习 8-1 图 8-4 中的开关已经打开很长时间，但是在 $t=0$ 时关闭。求解：(a) $i(0^+)$，$v(0^+)$；(b) $\mathrm{d}i(0^+)/\mathrm{d}t$，$\mathrm{d}v(0^+)/\mathrm{d}t$；(c) $i(\infty)$，$v(\infty)$。

答案：(a) 2A，4V，(b) 50A/s，0V/s，(c) 12A，24V

例 8-2 在图 8-5 所示的电路图中，计算：(a) $i_L(0^+)$，$v_C(0^+)$，$v_R(0^+)$；(b) $\mathrm{d}i_L(0^+)/\mathrm{d}t$，$\mathrm{d}v_C(0^+)/\mathrm{d}t$，$\mathrm{d}v_R(0^+)/\mathrm{d}t$；(c) $i_L(\infty)$，$v_C(\infty)$，$v_R(\infty)$。

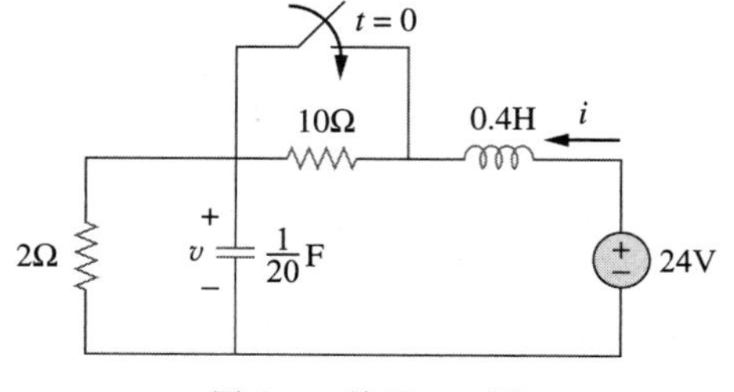

图 8-4 练习 8-1 图

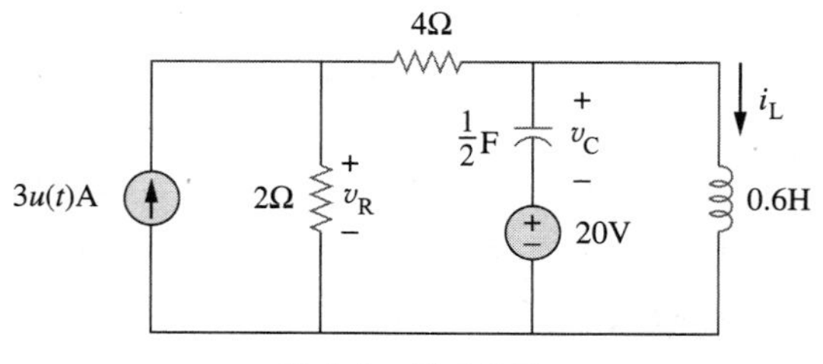

图 8-5 例 8-2 图

解：(a)当 $t<0$ 时，$3u(t)=0$。当 $t=0^-$ 时，电路已经达到了稳定状态，电感相当于短路，电容相当于开路，如图 8-6 所示。可得

$$i_L(0^-)=0, \quad v_R(0^-)=0, \quad v_C(0^-)=-20\text{V} \tag{8.2.1}$$

虽然在 $t=0^-$ 时刻，不要求计算这些参量的导数，但很明显它们都是 0，因为电路已经达到稳定状态，并未发生改变。

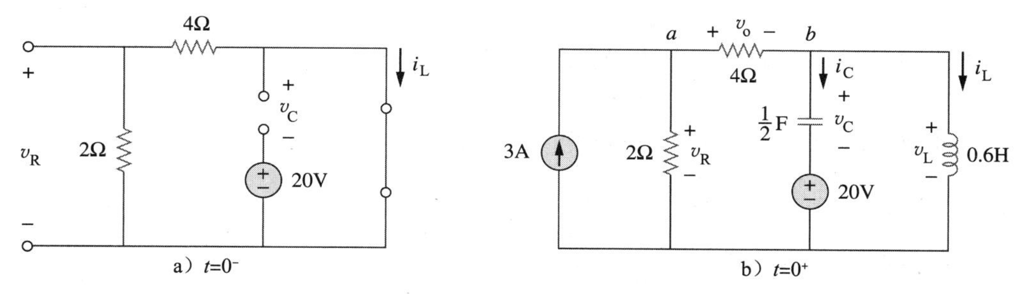

图 8-6 图 8-5 中电路的两种情况

当 $t>0$ 时，$3u(t)=3$，故等效电路图如图 8-6b 所示。由于电感电路和电容电压不会立即发生改变，所以

$$i_L(0^+)=i_L(0^-)=0, \quad v_C(0^+)=v_C(0^-)=-20\text{V} \tag{8.2.2}$$

尽管不要求计算 4Ω 电阻对应的电压，但可以通过它利用 KVL 和 KCL 定理。将其定义为 v_o。针对节点 a 使用 KCL 定理得到

$$3=\frac{v_R(0^+)}{2}+\frac{v_o(0^+)}{4} \tag{8.2.3}$$

对图 8-6b 的中间环路应用 KVL 定理得到

$$-v_R(0^+)+v_o(0^+)+v_C(0^+)+20=0 \tag{8.2.4}$$

因为 $v_C(0^+)=-20\text{V}$，从式(8.2.2)和式(8.2.4)推出

$$v_R(0^+)=v_o(0^+) \tag{8.2.5}$$

根据式(8.2.3)和式(8.2.5)得到

$$v_R(0^+)=v_o(0^+)=4\text{V} \tag{8.2.6}$$

(b) 由于 $L\text{d}i/\text{d}t=v_L$，可得

$$\frac{\text{d}i_L(0^+)}{\text{d}t}=\frac{v_L(0^+)}{L}$$

根据图 8-6b 的右边环路，应用 KVL 定理可以得到

$$v_L(0^+)=v_C(0^+)+20=0$$

所以

$$\frac{\text{d}i_L(0^+)}{\text{d}t}=0 \tag{8.2.7}$$

同理，由于 $C\text{d}v_C/\text{d}t=i_C$，所以 $\text{d}V_C/\text{d}t=i_C/C$。针对图 8-6b 中节点 b 利用 KCL 定理可以得到 i_C

$$\frac{v_o(0^+)}{4}=i_C(0^+)+i_L(0^+) \tag{8.2.8}$$

由于 $v_o(0^+)=4\text{V}$，$i_L(0^+)=0$，$i_C(0^+)=4/4=1(\text{A})$

所以

$$\frac{\text{d}v_C(0^+)}{\text{d}t}=\frac{i_C(0^+)}{C}=\frac{1}{0.5}=2(\text{V/s}) \tag{8.2.9}$$

为了得到 $dv_R(0^+)/dt$，针对节点 a 利用 KCL 得到

$$3=\frac{v_R}{2}+\frac{v_o}{4}$$

对上式每项求导，并令 $t=0^+$，得到

$$0=2\frac{dv_R(0^+)}{dt}+\frac{dv_o(0^+)}{dt} \tag{8.2.10}$$

同样对图 8-6b 的中间环路利用 KVL 得到

$$-v_R+v_C+20+v_o=0$$

对上式每项进行求导，令 $t=0^+$，得到

$$-\frac{dv_R(0^+)}{dt}+\frac{dv_C(0^+)}{dt}+\frac{dv_o(0^+)}{dt}=0$$

将 $dv_C(0^+)/dt=2$ 代入得到

$$\frac{dv_R(0^+)}{dt}=2+\frac{dv_o(0^+)}{dt} \tag{8.2.11}$$

通过式(8.2.10)和式(8.2.11)得到

$$\frac{dv_R(0^+)}{dt}=\frac{2}{3}\text{V/s}$$

还可以求解出 $di_R(0^+)/dt$。由于 $v_R=5i_R$，所以

$$\frac{di_R(0^+)}{dt}=\frac{1}{5}\frac{dv_R(0^+)}{dt}=\frac{1}{5}\times\frac{2}{3}=\frac{2}{15}(\text{A/s})$$

(c) 当 $t\to\infty$ 时，电路达到稳定状态，得到等效电路如图 8-6a 所示，3A 电流源有效，根据分流原理可得

$$i_L(\infty)=\frac{2}{2+4}\times 3\text{A}=1\text{A}$$

$$v_R(\infty)=\frac{4}{2+4}\times 3\times 2=4(\text{V}),\qquad v_C(\infty)=-20\text{V} \tag{8.2.12}$$ ◀

练习 8-2 电路图如图 8-7 所示，求解：(a) $i_L(0^+)$，$v_C(0^+)$，$v_R(0^+)$；(b) $di_L(0^+)/dt$，$dv_C(0^+)/dt$，$dv_R(0^+)/dt$；(c) $i_L(\infty)$，$v_C(\infty)$，$v_R(\infty)$。

答案：(a) −6A，0，0；(b) 0，20V/s，0；(c) −2A，20V，20V。

8.3 无源串联 *RLC* 电路

理解串联 *RLC* 电路的自然响应是理解滤波器设计和通信网络研究的基础。

分析图 8-8 中的串联 *RLC* 电路。电路中包含存储在电容和电感的初始能量，其中能量用初始电容电压 V_0 和初始电感电流 I_0 表示。因此，在 $t=0$ 时刻

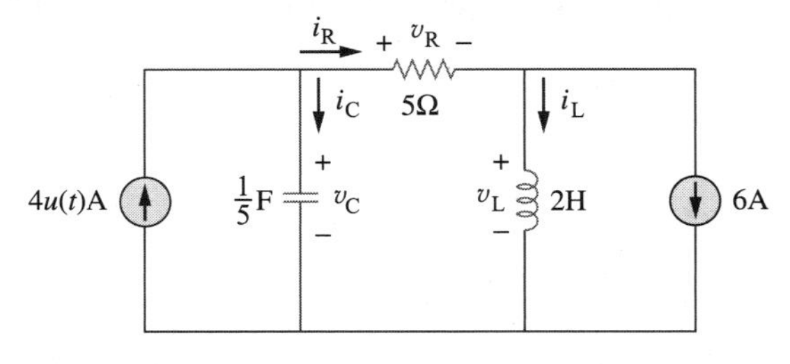

图 8-7 练习 8-2 图

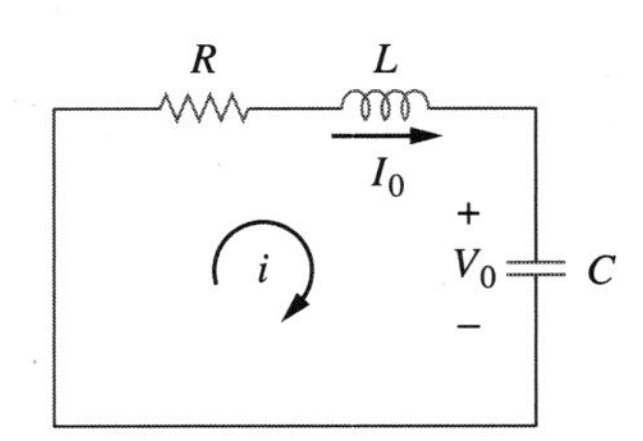

图 8-8 无源串联 *RLC* 电路

$$v(0)=\frac{1}{C}\int_{-\infty}^{0}\mathrm{d}t=V_0 \tag{8.2a}$$

$$i(0)=I_0 \tag{8.2b}$$

对于图8-8中的环路利用KVL定理得

$$Ri+L\frac{\mathrm{d}i}{\mathrm{d}t}+\frac{1}{C}\int_{-\infty}^{t}i(\tau)\mathrm{d}t=0 \tag{8.3}$$

为消除式(8—3)中的积分，对 t 进行求导并整理得到

$$\frac{\mathrm{d}^2 i}{\mathrm{d}t^2}+\frac{R}{L}\frac{\mathrm{d}i}{\mathrm{d}t}+\frac{i}{LC}=0 \tag{8.4}$$

上式是一个二阶差分方程(second-order differential equation)，所以本章中的 RLC 电路称为二阶电路。为了求解式(8.4)，需要知道两个初始条件，即 i 的初始值及其一阶导数，或是某个 i 和 v 的初值。i 的初值可以通过式(8.2b)求解。通过式(8.2a)和式(8.3)可以得到 i 的一阶导数的初值。即

$$Ri(0)+L\frac{\mathrm{d}i(0)}{\mathrm{d}t}+V_0=0$$

即

$$\frac{\mathrm{d}i(0)}{\mathrm{d}t}=-\frac{1}{L}(RI_0+V_0) \tag{8.5}$$

利用式(8.2b)和式(8.5)的两个初始条件可以求解式(8.4)。在上一章中求解一阶电路的经验是采用指数形式，因此，令

$$i=A\mathrm{e}^{st} \tag{8.6}$$

式中 A 和 s 是需要求解的常数。将式(8.6)代入式(8.4)中，并求一阶导数，可以得到

$$As^2\mathrm{e}^{st}+\frac{AR}{L}s\mathrm{e}^{st}+\frac{A}{LC}\mathrm{e}^{st}=0$$

即

$$A^{st}\left(s^2+\frac{R}{L}s+\frac{1}{LC}\right)=0 \tag{8.7}$$

由于 $i=A\mathrm{e}^{st}$ 是需要求解的，故只有括号中的表达式为0：

$$s^2+\frac{R}{L}s+\frac{1}{LC}=0 \tag{8.8}$$

这个二次方程是微分方程式(8.4)的特征方程。方程的根取决于 i 的特征。故式(8.8)的两个根为

$$s_1=-\frac{R}{2L}+\sqrt{\left(\frac{R}{2L}\right)^2-\frac{1}{LC}} \tag{8.9a}$$

$$s_2=-\frac{R}{2L}-\sqrt{\left(\frac{R}{2L}\right)^2-\frac{1}{LC}} \tag{8.9b}$$

进一步化简上式得到

$$\boxed{s_1=-\alpha+\sqrt{\alpha^2-\omega_0^2},\qquad s_2=-\alpha-\sqrt{\alpha^2-\omega_0^2}} \tag{8.10}$$

其中

$$\boxed{\alpha=\frac{R}{2L},\quad \omega_0=\frac{1}{\sqrt{LC}}} \tag{8.11}$$

式中，s_1 和 s_2 称为自然频率(单位为Np/s)，因为它们与电路的自然响应有关系。ω_0 是谐振频率或无阻尼固有频率，表示每秒转过的弧度。α 是奈培频率或阻尼系数。将 α 和 ω_0 代

入后，式(8.8)可以表示为

$$s^2+2\alpha s+\omega_0^2=0$$

提示： Np是以苏格兰数学家约翰·奈培(1550—1617)命名的无量纲单位。

变量 ω 和 s 是比较重要的，我们将在后面部分介绍。

提示： α/ω_0 是阻尼系数 ξ。

式(8.10)中 s 的两个值表明 i 有两个解，每个解对应式(8.6)的一种形式。即

$$i_1=A_1\mathrm{e}^{s_1 t},\quad i_2=A_2\mathrm{e}^{s_2 t} \tag{8.12}$$

由于式(8.4)是一个线性方程，所以两个解 i_1 和 i_2 的线性组合也是式(8.4)的解。即式(8.4)的完整解或者全解是 i_1 和 i_2 的线性组合。因此，串联 RLC 电路的自然响应如下：

$$i(t)=A_1\mathrm{e}^{s_1 t}+A_2\mathrm{e}^{s_2 t} \tag{8.13}$$

其中常量 A_1 和 A_2 取决于式(8.2b)和式(8.5)的初值 $i(0)$ 和 $\mathrm{d}i(0)/\mathrm{d}t$。

通过式(8.10)，我们可以推测出解的3种形式：

1. 当 $\alpha>\omega_0$，为过阻尼情况；
2. 当 $\alpha=\omega_0$，为临界阻尼情况；
3. 当 $\alpha<\omega_0$，为欠阻尼情况。

提示： 当电路的特征方程的两个根不相等且为实数时，响应为过阻尼；当根相等且为实数时，响应为临界阻尼；当根为复数时，响应为欠阻尼。

下面将分别讨论以上各种情况。

过阻尼情况($\boldsymbol{\alpha>\omega_0}$)：

从式(8.9)和式(8.10)可以看出，当 $\alpha>\omega_0$ 时，$C>4L/R^2$。此时根 s_1 和 s_2 为正实根。解为

$$\boxed{i(t)=A_1\mathrm{e}^{s_1 t}+A_2\mathrm{e}^{s_2 t}} \tag{8.14}$$

随着 t 的增大，解的值减小且趋近于0。图8-9a是过阻尼响应的典型例子。

临界阻尼情况($\boldsymbol{\alpha=\omega_0}$)：

当 $\alpha=\omega_0$，$C=4L/R^2$ 时，得到

$$s_1=s_2=-\alpha=-\frac{R}{2L} \tag{8.15}$$

此时，式(8.13)需要满足

$$i(t)=A_1\mathrm{e}^{-\alpha t}+A_2\mathrm{e}^{-\alpha t}=A_3\mathrm{e}^{-\alpha t}$$

式中 $A_3=A_1+A_2$。这不能作为方程解，因为两个初始条件不能满足于单一的常数 A_3。错误出在何处？在临界阻尼的特殊情况下，复指数解决方案的假设是不正确的。现在回到式(8.4)，当 $\alpha=\omega_0=R/2L$，式(8.4)变为

$$\frac{\mathrm{d}^2 i}{\mathrm{d}t^2}+2\alpha\frac{\mathrm{d}i}{\mathrm{d}t}+\alpha^2 i=0$$

即

$$\frac{\mathrm{d}}{\mathrm{d}t}\left(\frac{\mathrm{d}i}{\mathrm{d}t}+\alpha i\right)+\alpha\left(\frac{\mathrm{d}i}{\mathrm{d}t}+\alpha i\right)=0 \tag{8.16}$$

假设

$$f=\frac{\mathrm{d}i}{\mathrm{d}t}+\alpha i \tag{8.17}$$

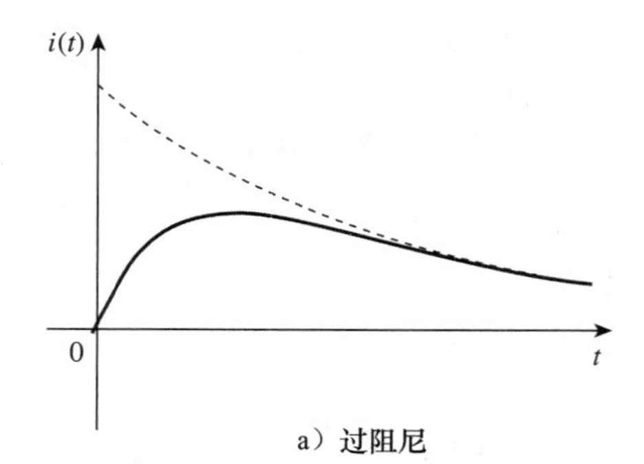

a）过阻尼

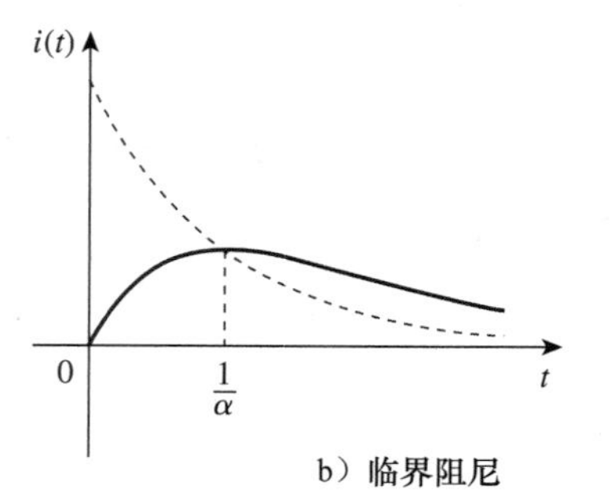

b）临界阻尼

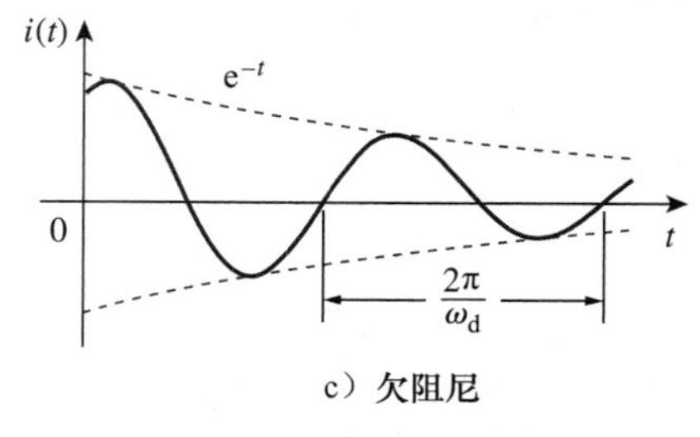

c）欠阻尼

图8-9　三种阻尼情况

则式(8.16)变为

$$\frac{\mathrm{d}f}{\mathrm{d}t}+\alpha i=0$$

上式为一阶微分方程，解为 $f=A_1\mathrm{e}^{-\alpha t}$，$A_1$ 为常数。式(8.17)变为

$$\frac{\mathrm{d}i}{\mathrm{d}t}+\alpha i=A_1\mathrm{e}^{-\alpha t}$$

即

$$\mathrm{e}^{\alpha t}\frac{\mathrm{d}i}{\mathrm{d}t}+\mathrm{e}^{\alpha t}\alpha i=A_1 \tag{8.18}$$

上式可以转变为

$$\frac{\mathrm{d}}{\mathrm{d}t}(\mathrm{e}^{\alpha t}i)=A_1 \tag{8.19}$$

对左右两边进行积分为

$$\mathrm{e}^{\alpha t}i=A_1t+A_2$$

即

$$i=(A_1t+A_2)\mathrm{e}^{\alpha t} \tag{8.20}$$

式中 A_2 也为常数。因此，临界阻尼电路的自然响应是两项之和：负指数项和负指数乘以线性项。

$$\boxed{i(t)=(A_2+A_1t)\mathrm{e}^{-\alpha t}} \tag{8.21}$$

典型的临界阻尼响应如图 8-9b 所示。事实上，图 8-9b 是 $i(t)=t\mathrm{e}^{-\alpha t}$ 的形式。当 $t=1/\alpha$ 时，达到最大值，即常数 e^{-1}/α，之后慢慢减小并趋近于 0。

欠阻尼情况($\boldsymbol{\alpha<\omega_0}$)：

当 $\alpha<\omega_0$ 时，$C<4L/R$。根的形式如下

$$s_1=-\alpha+\sqrt{-(\omega_0^2-\alpha^2)}=-\alpha+\mathrm{j}\omega_\mathrm{d} \tag{8.22a}$$

$$s_2=-\alpha-\sqrt{-(\omega_0^2-\alpha^2)}=-\alpha+\mathrm{j}\omega_\mathrm{d} \tag{8.22b}$$

式中，$\mathrm{j}=\sqrt{-1}$，$\omega_\mathrm{d}=\sqrt{\omega_0^2-\alpha^2}$，表示阻尼频率。$\omega_0$ 和 ω_d 都是自然频率，因为它们决定自然响应；ω_0 称为欠阻尼频率，ω_d 称为过阻尼频率。自然响应为

$$i(t)=A_1\mathrm{e}^{-(\alpha-\mathrm{j}\omega_\mathrm{d})t}+A_2\mathrm{e}^{-(\alpha+\mathrm{j}\omega_\mathrm{d})t}=\mathrm{e}^{-\alpha t}(A_1\mathrm{e}^{\mathrm{j}\omega_\mathrm{d}}+A_2\mathrm{e}^{-\mathrm{j}\omega_\mathrm{d}}) \tag{8.23}$$

运用欧拉公式：

$$\mathrm{e}^{\mathrm{j}\theta}=\cos\theta+\mathrm{j}\sin\theta,\qquad \mathrm{e}^{-\mathrm{j}\theta}=\cos\theta-\mathrm{j}\sin\theta \tag{8.24}$$

得到

$$\begin{aligned} i(t)&=\mathrm{e}^{-\alpha t}[A_1(\cos\omega_\mathrm{d}t+\mathrm{j}\sin\omega_\mathrm{d}t)+A_2(\cos\omega_\mathrm{d}t-\mathrm{j}\sin\omega_\mathrm{d}t)]\\ &=\mathrm{e}^{-\alpha t}[(A_1+A_2)\cos\omega_\mathrm{d}t+\mathrm{j}(A_1-A_2)\sin\omega_\mathrm{d}t]\end{aligned} \tag{8.25}$$

令 $A_1+A_2=B_1$，$\mathrm{j}(A_1-A_2)=B_2$，上式转换为

$$\boxed{i(t)=\mathrm{e}^{-\alpha t}(B_1\cos\omega_\mathrm{d}t+B_2\sin\omega_\mathrm{d}t)} \tag{8.26}$$

根据正弦和余弦函数的性质，可以看出此时自然响应具有指数衰减和振荡的性质。该响应的时间常数为 $1/\alpha$，周期为 $T=2\pi/\omega_\mathrm{d}$。图 8-9c 是一个典型的欠阻尼响应。(在图 8-9 中，假设 $i(0)=0$。)

一旦确定上述串联 *RLC* 电路中的电感电流 $i(t)$，则元件电压等其他电路参量也很容易确定。例如，电阻电压为 $v_\mathrm{R}=Ri$，电感电压为 $v_\mathrm{L}=L\mathrm{d}i/\mathrm{d}t$。首先计算关键变量电感电流 $i(t)$，可以方便利用式(8.1b)计算其他参量。

RLC 网络的特性总结如下：

1. 可以从阻尼的角度来描述 *RLC* 网络，即初始储能逐渐损耗，这一点从持续下降的

幅度响应便可证实。阻尼效应是由电阻 R 引起的，阻尼因子 α 决定了阻尼响应的频率。如果 $R=0$，则 $\alpha=0$，得到 LC 电路，其中欠阻尼自然频率为 $1/\sqrt{LC}$。由于这种情况中的 $\alpha<\omega_0$，该响应为无阻尼振荡。这个电路被称为无损电路，因为没有损耗或阻尼元件。通过调整 R 的值，响应可以为无阻尼、过阻尼或欠阻尼情况。

提示： $R=0$ 产生理想的正弦响应。由于 L 和 C 的内在损耗，在实际中并不能用 L 和 C 来实现正弦响应。参见图 6-8 和图 6-26，可以利用振荡器来实现理想的正弦响应。

提示： 例 8-5 和例 8-7 证明了调整 R 带来的影响。

提示： 如图 8-1c 和图 8-1d 所示，带有两个相同类型储能元件的二阶电路的响应不能振荡。

2. 由于存在两种类型的储能元件，有可能发生振荡响应，能量在 L 和 C 两个元件之间来回流动。由于欠阻尼响应出现的阻尼振荡现象被称为振铃。它源于储能元件 L 和 C 的能力，能量将在二者之间来回转移。

3. 通过观察图 8-9 可以发现，不同响应的波形是不同的，过阻尼和临界阻尼响应的波形较难区分。临界阻尼是欠阻尼和过阻尼之间的边界，它衰减得最快。相同初始条件下，过阻尼情况拥有最长的稳定时间，因为它需要最长的时间损耗初始存储能量。如果期望得到最快无振荡或振铃的响应，临界阻尼电路是正确的选择。

提示： 在实际的电路中，要寻找的过阻尼电路应尽可能地与临界阻尼电路接近。

例 8-3 在图 8-8 中 $R=40\Omega$，$L=4\text{H}$，$C=\dfrac{1}{4}\text{F}$，计算电路的特征根。判断自然响应为过阻尼、欠阻尼还是临界阻尼？

解： 首先计算

$$\alpha=\frac{R}{2L}=\frac{40}{2\times 4}=5,\quad \omega_0=\frac{1}{\sqrt{LC}}=\frac{1}{\sqrt{4\times\frac{1}{4}}}=1$$

根为

$$s_{1,2}=-\alpha\pm\sqrt{\alpha^2-\omega_0^2}=-5\pm\sqrt{25-1}$$

即

$$s_1=-1.101,\quad s_2=-9.899$$

由于 $\alpha>\omega_0$，所以该响应为过阻尼的。也可从负实根得出相同的结论。◀

练习 8-3 如果图 8-8 中的 $R=10\Omega$，$L=5\text{H}$，$C=2\text{mF}$ 求解 α、ω_0、s_1、s_2。电路中的自然响应为哪种类型？

答案： 1，10，$-1\pm j9.95$，欠阻尼。

例 8-4 求出图 8-10 电路中的 $i(t)$。假设电路在 $t=0^-$ 时刻达到稳定状态。

解： $t<0$ 时，开关闭合，电容相当于开路，电感相当于短路。等效电路如图 8-11a 所示。因此，在 $t=0$ 时，

$$i(0)=\frac{10}{4+6}=1(\text{A}),\quad v(0)=6i(0)=6(\text{V})$$

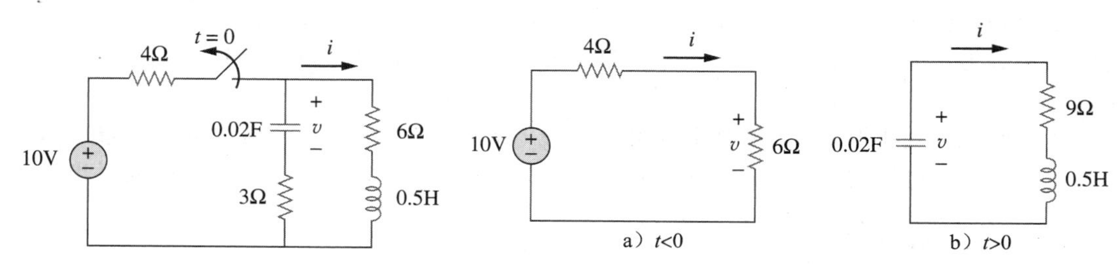

图 8-10　例 8-4 图

图 8-11　图 8-10 的等效电路

其中 $i(0)$ 为初始电感电流，$v(0)$ 为电容电压初始值。

当 $t>0$ 时，开关打开，电压源断开。等效电路如图 8-11b 所示，为无源系列 *RLC* 电路。观察 3Ω 和 6Ω 电阻，在开关打开时(见图 8-10)为串联，结合图 8-11b 给出的 $R=9\Omega$，根的计算如下：

$$\alpha=\frac{R}{2L}=\frac{9}{2\times\frac{1}{2}}=9,\quad \omega_0=\frac{1}{\sqrt{LC}}=\frac{1}{\sqrt{\frac{1}{2}\times\frac{1}{50}}}=10$$

$$s_{1,2}=-\alpha\pm\sqrt{\alpha^2-\omega_0^2}=-9\pm\sqrt{81-100}$$

即

$$s_{1,2}=-9\pm j4.359$$

因此，该响应为欠阻尼($\alpha<\omega$)，即

$$i(t)=e^{-9t}(A_1\cos 4.359t+A_2\sin 4.359t) \tag{8.4.1}$$

下面利用初始条件计算 A_1 和 A_2。当 $t=0$ 时，

$$i(0)=1=A_1 \tag{8.4.2}$$

通过式(8.5)得

$$\left.\frac{di}{dt}\right|_{t=0}=-\frac{1}{L}[Ri(0)+v(0)]=-2(9\times1-6)=-6(\mathrm{A/s}) \tag{8.4.3}$$

其中 $v(0)=v_0=-6\mathrm{V}$，这是因为图 8-11b 中 v 的极性和图 8-8 中的是相反的。对式(8.4.1)中的 $i(t)$ 求微分得

$$\frac{di}{dt}=-9e^{-9t}(A_1\cos 4.359t+A_2\sin 4.359t)+4.359e^{-9t}(-A_1\sin 4.359t+A_2\cos 4.359t)$$

对式(8.4.3)在 $t=0$ 时刻得到

$$-6=-9(A_1+0)+4.359(-0+A_2)$$

式(8.4.2)中的 $A_1=1$，则

$$-6=-9+4.359A_2$$

$$A_2=0.6882$$

将 A_1 和 A_2 的值代入到式(8.4.1)中得到最终的答案：

$$i(t)=e^{-9t}(\cos 4.359t+0.6882\sin 4.359t)\mathrm{A}$$ ◀

练习 8-4 图 8-12 中的电路在 $t=0^-$ 时刻已经达到稳定状态。在 $t=0^-$ 时刻，将之前闭合于 a 位置的开关移动到 b 位置，计算 $t>0$ 时刻 $i(t)$ 的值。

答案：$e^{-2.5t}(10\cos 1.6583t-15.076\sin 1.6583t)\mathrm{A}$。

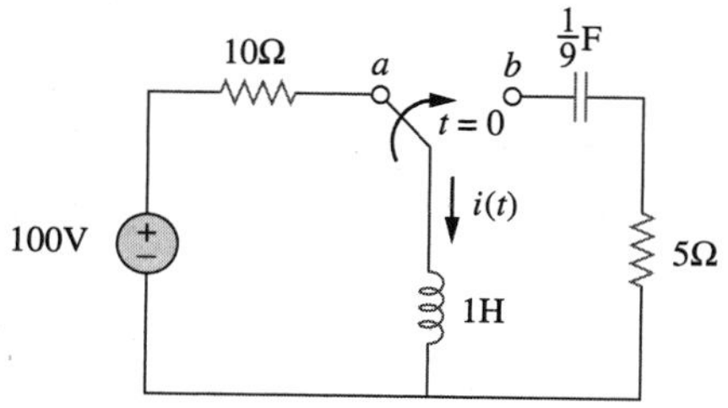

图 8-12 练习 8-4 图

8.4 无源并联 *RLC* 电路

并联 *RLC* 电路具有很多实际的应用，尤其是在通信网络和滤波器的设计中。

考虑图 8-13 中的并联 *RLC* 电路。假设电感电流的初始值为 I_0，电容电压的初始值为 V_0，得到

$$i(0)=I_0=\frac{1}{L}\int_{-\infty}^{0}v(t)dt \tag{8.27a}$$

$$v(0)=V_0 \tag{8.27b}$$

由于三个元件是并联的，它们具有相同的电压 v。

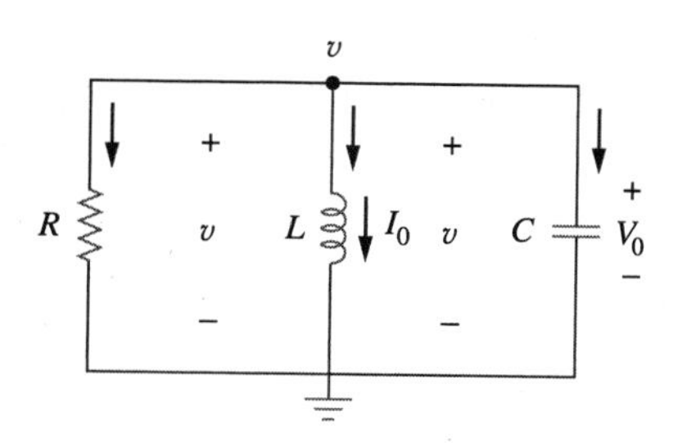

图 8-13 无源并联 *RLC* 电路

根据无源符号约定，电流从顶部节点进入每个元件，在顶点处运用 KCL 定理得到

$$\frac{v}{R}+\frac{1}{L}\int_{-\infty}^{t} v\mathrm{d}t+C\frac{\mathrm{d}v}{\mathrm{d}t}=0 \tag{8.28}$$

对上式中的 t 进行微分并除以 C 得到

$$\frac{\mathrm{d}^2 v}{\mathrm{d}t^2}+\frac{1}{RC}\frac{\mathrm{d}v}{\mathrm{d}t}+\frac{1}{LC}v=0 \tag{8.29}$$

用 s 代替一阶微分，s^2 代替二阶微分，便可得到特征方程。与通过式(8.8)建立式(8.4)的方法相同，得到的特征方程如下：

$$s^2+\frac{1}{RC}s+\frac{1}{LC}=0 \tag{8.30}$$

特征方程的根为

$$s_{1,2}=-\frac{1}{2RC}\pm\sqrt{\left(\frac{1}{2RC}\right)^2-\frac{1}{LC}}$$

即

$$\boxed{s_{1,2}=-\alpha\pm\sqrt{\alpha^2-\omega_0^2}} \tag{8.31}$$

其中，

$$\boxed{\alpha=\frac{1}{2RC},\qquad \omega_0=\frac{1}{\sqrt{LC}}} \tag{8.32}$$

这些表示跟前面章节中的一致，因为它们的作用相同。解的可能情况也有三种，取决于 $\alpha>\omega_0$，$\alpha=\omega_0$ 还是 $\alpha<\omega_0$。下面分别讨论各种情况。

过阻尼情况($\alpha>\omega_0$)：

通过式(8.32)可知，当 $L>4R^2C$ 时，$\alpha>\omega_0$。特征方程的根为正实根。响应为

$$\boxed{v(t)=A_1\mathrm{e}^{s_1 t}+A_2\mathrm{e}^{s_2 t}} \tag{8.33}$$

临界阻尼情况($\alpha=\omega_0$)：

当 $L=4R^2C$ 时，$\alpha=\omega$。根相同并且都是实数，响应为

$$\boxed{v(t)=(A_1+A_2 t)\mathrm{e}^{-\alpha t}} \tag{8.34}$$

欠阻尼情况($\alpha<\omega_0$)：

当 $L<4R^2C$ 时，$\alpha<\omega_0$。在这种情况下，根为复数，可以用下式描述：

$$s_{1,2}=-\alpha\pm\mathrm{j}\omega_\mathrm{d} \tag{8.35}$$

其中

$$\omega_\mathrm{d}=\sqrt{\omega_0^2-\alpha^2} \tag{8.36}$$

响应为

$$\boxed{v(t)=\mathrm{e}^{-\alpha t}(A_1\cos\omega_\mathrm{d}t+A_2\sin\omega_\mathrm{d}t)} \tag{8.37}$$

三种情况中的常数 A_1 和 A_2 可以由初始条件决定。为此需要 $v(0)$和 $\mathrm{d}v(0)/\mathrm{d}t$ 的值。第一项可以根据式(8.27b)得到。结合式(8.27)和式(8.28)可以得到第二项的值，结果如下：

$$\frac{V_0}{R}+I_0+C\frac{\mathrm{d}v(0)}{\mathrm{d}t}=0$$

即

$$\frac{\mathrm{d}v(0)}{\mathrm{d}t}=-\frac{(V_0+RI_0)}{RC} \tag{8.38}$$

电压的波形和图 8-9 相似，取决于该电路是过阻尼、欠阻尼或者临界阻尼。

按照如上所述求解并联 RLC 电路中的电压 $v(t)$，可以很容易地获得元件电流等其他电路参量。例如，电阻电流为 $i_R=v/R$，电容电流为 $i_C=C\mathrm{d}v/\mathrm{d}t$。首先计算关键变量电容电压 $v(t)$，可以方便利用式(8.1a)计算其他参量。注意，第一次求解电感电流 $i(t)$ 是在 RLC 串联电路，然而求解电容电压 $v(t)$ 是在并联 RLC 电路中。

例 8-5 在图 8-13 中的并联电路中，求解当 $t>0$ 时的 $v(t)$，假设 $v(0)=5\text{V}$，$i(0)=0$，$L=1\text{H}$，$C=10\text{mF}$，考虑电阻分别为 $R=1.923\Omega$，$R=5\Omega$，$R=6.25\Omega$ 的情况。

解：第 1 种情况 当 $R=1.923\Omega$ 时，

$$\alpha=\frac{1}{2RC}=\frac{1}{2\times1.923\times10\times10^{-3}}=26$$

$$\omega_0=\frac{1}{\sqrt{LC}}=\frac{1}{\sqrt{1\times10\times10^{-3}}}=10$$

由于 $\alpha>\omega_0$，在这种情况中，响应为过阻尼。特征方程的根为

$$s_{1,2}=-\alpha\pm\sqrt{\alpha^2-\omega_0^2}=-2,\ -50$$

响应为

$$v(t)=A_1\mathrm{e}^{-2t}+A_2\mathrm{e}^{-50t} \tag{8.5.1}$$

运用初始条件求解 A_1 和 A_2，可得

$$v(0)=5=A_1+A_2 \tag{8.5.2}$$

$$\frac{\mathrm{d}v(0)}{\mathrm{d}t}=-\frac{v(0)+Ri(0)}{RC}=\frac{5+0}{1.923\times10\times10^{-3}}=260$$

对式(8.5.1)求微分得到

$$\frac{\mathrm{d}v}{\mathrm{d}t}=-2A_1\mathrm{e}^{-2t}-50A_2\mathrm{e}^{-50t}$$

在 $t=0$ 时刻，

$$-260=-2A_1-50A_2 \tag{8.5.3}$$

根据式(8.5.2)和(8.5.3)，可以得到 $A_1=-0.2083$，$A_2=5.208$。将 A_1 和 A_2 代入式(8.5.1)得到

$$v(t)=-0.2083\mathrm{e}^{-2t}+5.208\mathrm{e}^{-50t} \tag{8.5.4}$$

第 2 种情况 当 $R=5\Omega$ 时，

$$\alpha=\frac{1}{2RC}=\frac{1}{2\times5\times10\times10^{-3}}=10$$

ω_0 仍为 10，所以 $\alpha=\omega_0=10$，该响应为临界阻尼。因此，$s_1=s_2=-10$，且

$$v(t)=(A_1+A_2t)\mathrm{e}^{-10t} \tag{8.5.5}$$

利用初始条件求解 A_1 和 A_2，可得

$$v(0)=5=A_1 \tag{8.5.6}$$

$$\frac{\mathrm{d}v(0)}{\mathrm{d}t}=-\frac{v(0)+Ri(0)}{RC}=\frac{5+0}{5\times10\times10^{-3}}=100$$

对式(8.5.5)求解微分可得

$$\frac{\mathrm{d}v}{\mathrm{d}t}=(-10A_1-10A_2t+A_2)\mathrm{e}^{-10t}$$

在 $t=0$ 时刻，

$$100=-10A_1+A_2 \tag{8.5.7}$$

根据式(8.5.6)和式(8.5.7)，可以得到 $A_1=5$ 和 $A_2=-50$，因此

$$v(t)=(5-50t)\mathrm{e}^{-10t}\,\text{V} \tag{8.5.8}$$

第 3 种情况　当 $R=6.25\Omega$ 时，

$$\alpha=\frac{1}{2RC}=\frac{1}{2\times 6.25\times 10\times 10^{-3}}=8$$

ω_0 仍为 10，所以 $\alpha<\omega_0$，该响应为欠阻尼情况。特征方程的根为

$$s_{1,2}=-\alpha\pm\sqrt{\alpha^2-\omega_0^2}=-8\pm \mathrm{j}6$$

因此，

$$v(t)=(A_1\cos 6t+A_2\sin 6t)\mathrm{e}^{-8t} \tag{8.5.9}$$

求解 A_1 和 A_2：

$$v(0)=5=A_1 \tag{8.5.10}$$

$$\frac{\mathrm{d}v(0)}{\mathrm{d}t}=-\frac{v(0)+Ri(0)}{RC}=\frac{5+0}{6.25\times 10\times 10^{-3}}=-80$$

对式(8.5.9)求解微分，可得

$$\frac{\mathrm{d}v}{\mathrm{d}t}=(-8A_1\cos 6t-8A_2\sin 6t-6A_1\sin 6t+6A_2\cos 6t)\mathrm{e}^{-8t}$$

在 $t=0$ 时刻，

$$-80=-8A_1+6A_2 \tag{8.5.11}$$

根据式(8.5.10)和式(8.5.11)，可以得到 $A_1=5$ 和 $A_2=-6.667$。因此

$$v(t)=(5\cos 6t-6.667\sin 6t)\mathrm{e}^{-8t} \tag{8.5.12}$$

注意，随着 R 值的增加，阻尼的程度降低，响应情况也有所不同。三种情况如图 8-14 所示。◀

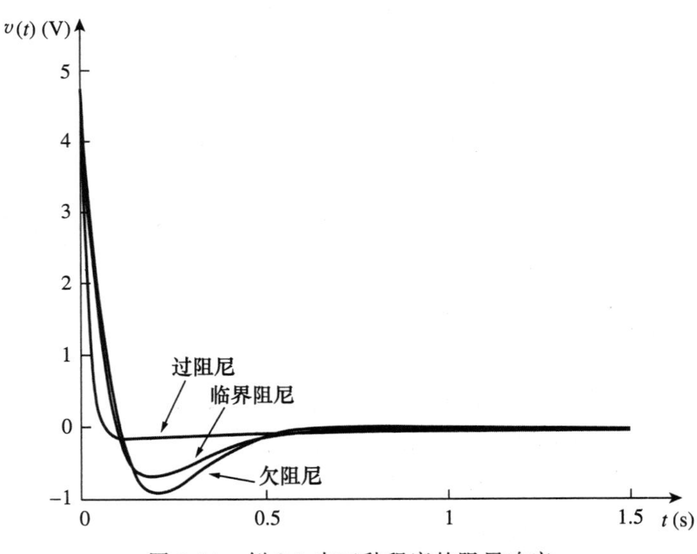

图 8-14　例 8-5 中三种程度的阻尼响应

练习 8-5　在图 8-13 中，令 $R=2\Omega$，$L=0.4\text{H}$，$C=25\text{mH}$，$v(0)=0$，$i(0)=50\text{mA}$，求 $t>0$ 时的 $v(t)$。

答案：$-2t\mathrm{e}^{-10t}u(t)\text{V}$。

例 8-6　$t>0$ 时，求解图 8-15 中的 RLC 电路中的 $v(t)$。

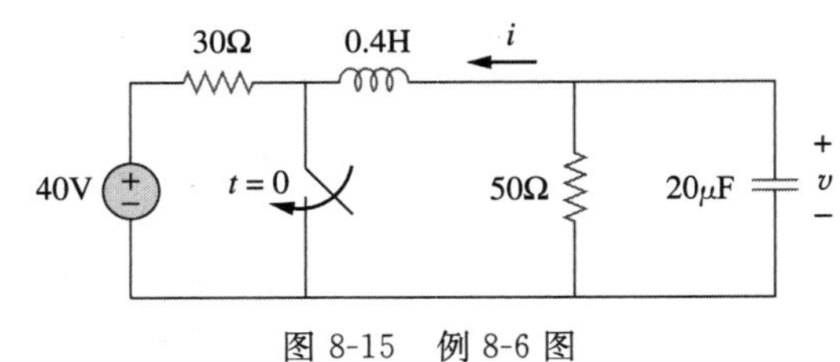

图 8-15　例 8-6 图

解：当 $t<0$ 时，开关打开，电感相当于短路，电容相当于开路。电容的初始电压相当于 50Ω 电阻的电压，即

$$v(0)=\frac{50}{30+50}\times 40=\frac{5}{8}\times 40=25(\mathrm{V}) \tag{8.6.1}$$

电感值的初始电流为

$$i(0)=-\frac{40}{30+50}=-0.5(\mathrm{A})$$

电流的方向如图 8-15 所示，与图 8-13 中 I_0 的方向一致，这和电流从电感器正端流入的法则是一致的(见图 6-23)。为了求解 v，需要将式 $\mathrm{d}v/\mathrm{d}t$，写为

$$\frac{\mathrm{d}v(0)}{\mathrm{d}t}=-\frac{v(0)+Ri(0)}{RC}=-\frac{25-50\times 0.5}{50\times 20\times 10^{-6}}=0 \tag{8.6.2}$$

当 $t>0$ 时，开关闭合。与 30Ω 电阻连接的电压源与其他电路分离，并行 RLC 电路类似于独立电压源，如图 8-16 所示。求解特征方程的根为：

$$\alpha=\frac{1}{2RC}=\frac{1}{2\times 50\times 20\times 10^{-6}}=500$$

$$\omega_0=\frac{1}{\sqrt{LC}}=\frac{1}{\sqrt{0.4\times 20\times 10^{-6}}}=354$$

$$s_{1,2}=-\alpha\pm\sqrt{\alpha^2-\omega_0^2}=-500\pm\sqrt{250\,000-124\,997.6}=-500\pm 354$$

即

$$s_1=-854,\quad s_2=-146$$

由于 $\alpha>\omega_0$，得到过阻尼响应为

$$v(t)=A_1\mathrm{e}^{-854t}+A_2\mathrm{e}^{-146t} \tag{8.6.3}$$

当 $t=0$ 时，代入式(8.6.1)的条件得到

$$v(0)=25=A_1+A_2 \quad\Rightarrow\quad A_2=25-A_1 \tag{8.6.4}$$

对式(8.6.3)中的 v 进行求导得到

$$\frac{\mathrm{d}v}{\mathrm{d}t}=-854A_1\mathrm{e}^{-854t}-146A_2\mathrm{e}^{-164t}$$

代入式(8.6.2)的条件得到

$$\frac{\mathrm{d}v(0)}{\mathrm{d}t}=0=-854A_1-146A_2$$

即

$$0=854A_1+146A_2 \tag{8.6.5}$$

求解式(8.6.4)和式(8.6.5)得到

$$A_1=-5.156,\quad A_2=30.16$$

因此式(8.6.3)被转换为

$$v(t)=-5.156\mathrm{e}^{-854t}+30.16\mathrm{e}^{-146t}(\mathrm{V})$$

◀

练习 8-6 对于图 8-17 中的电路，求解当 $t>0$ 时的 $v(t)$。**答案**：$150(\mathrm{e}^{-10t}-\mathrm{e}^{-2.5t})\mathrm{V}$

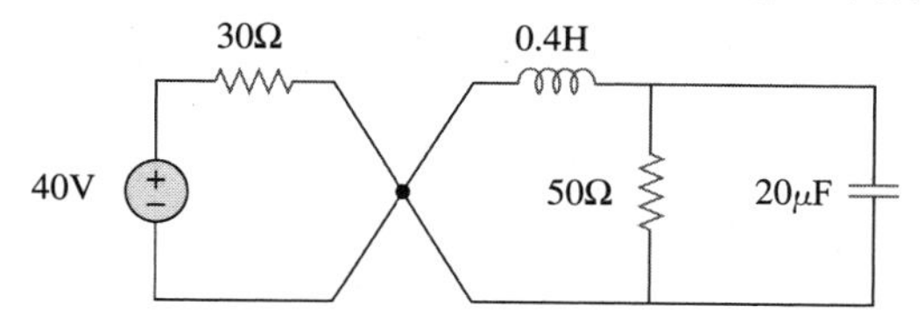

图 8-16 $t>0$ 时的电路，右边的并联 RLC 电路与左边的电路相互独立

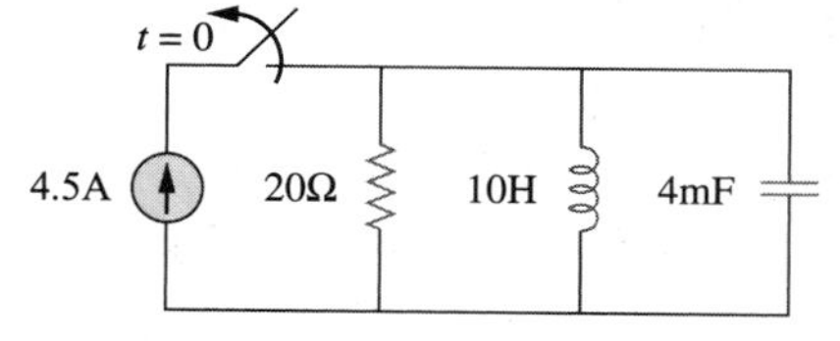

图 8-17 练习 8-6 图

8.5 串联 *RLC* 电路的阶跃响应

正如前一章所学习的，直流电源的突然作用会产生阶跃响应。在图 8-18 所示的串联

RLC 电路中，当 $t>0$ 时，针对环路应用 KVL 定理，得到

$$L\frac{\mathrm{d}i}{\mathrm{d}t}+Ri+v=V_s \tag{8.39}$$

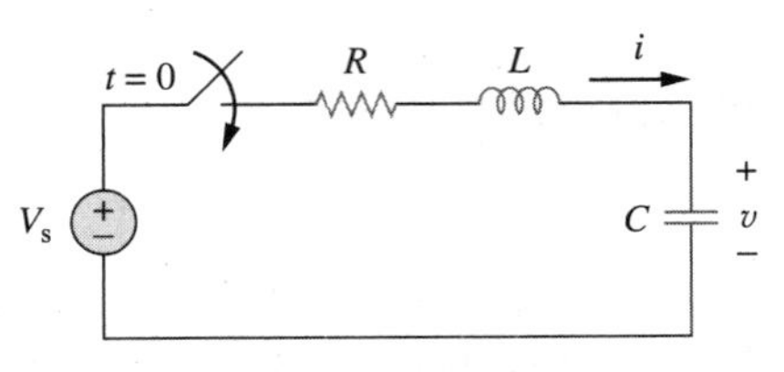

图 8-18 串联 RLC 电路的阶跃响应

其中

$$i=C\frac{\mathrm{d}v}{\mathrm{d}t}$$

将 i 代入到式(8.39)中，整理得到

$$\frac{\mathrm{d}^2v}{\mathrm{d}t^2}+\frac{R}{L}\frac{\mathrm{d}v}{\mathrm{d}t}+\frac{v}{LC}=\frac{V_s}{LC} \tag{8.40}$$

式(8.40)的形式和式(8.4)相同。它们系数相同(其在决定频率参数时是至关重要的)，但是变量不同。[同样地，观察式(8.47)。]因此，串联 RLC 电路的特征方程并未受到直流电源的影响。

式(8.40)的解中包含两个部分：暂态响应 $v_t(t)$ 和稳态响应 $v_{ss}(t)$，即

$$v(t)=v_t(t)+v_{ss}(t) \tag{8.41}$$

暂态响应就是当 $V_s=0$ 时式(8.40)的解，和 8.3 节的求解方式是相同的。过阻尼情况、欠阻尼情况、临界阻尼情况的自然频率 v_t 如下：

$$v_t(t)=A_1\mathrm{e}^{s_1t}+A_2\mathrm{e}^{s_2t}\text{（过阻尼）} \tag{8.42a}$$

$$v_t(t)=(A_1+A_2t)\mathrm{e}^{-\alpha t}\text{（临界阻尼）} \tag{8.42b}$$

$$v_t(t)=(A_1\cos\omega_dt+A_2\sin\omega_dt)\mathrm{e}^{-\alpha t}\text{（欠阻尼）} \tag{8.42c}$$

稳态响应为平稳阶段或者最终情况下 $v(t)$。在图 8-18 的电路中，电容电压的值和电源电压 V_s 是相同的。故

$$v_{ss}(t)=v(\infty)=V_s \tag{8.43}$$

因此，过阻尼、欠阻尼、临界阻尼情况下的全解为

$$\boxed{v(t)=V_s+A_1\mathrm{e}^{s_1t}+A_2\mathrm{e}^{s_2t}\quad\text{（过阻尼）}} \tag{8.44a}$$

$$\boxed{v(t)=V_s+(A_1+A_2t)\mathrm{e}^{-\alpha t}\quad\text{（临界阻尼）}} \tag{8.44b}$$

$$\boxed{v(t)=V_s+(A_1\cos\omega_dt+A_2\sin\omega_dt)\mathrm{e}^{-\alpha t}\quad\text{（欠阻尼）}} \tag{8.44c}$$

常数 A_1 和 A_2 可以通过初始条件 $v(0)$ 和 $\mathrm{d}v(0)/\mathrm{d}t$ 获得。记住，v 和 i 分别为电容电压和电感电流。因此，式(8.44)仅仅用来求解 v。由于电容电压 $v_C=v$，可以得到 $i=C\mathrm{d}v/\mathrm{d}t$，通过电容、电感、电阻的电流是相同的。故电阻电压为 $v_R=iR$，电感电压为 $v_L=L\mathrm{d}i/\mathrm{d}t$。

另外，可以直接求解任何变量 $x(t)$ 的全响应，通解形式为

$$x(t)=x_{ss}(t)+x_t(t) \tag{8.45}$$

式中，终值为 $x_{ss}(t)=x(\infty)$，$x_t(t)$ 为暂态响应。终值的求解如 8.2 节所述。暂态响应和式(8.42)形式相同，有关常量可以通过式(8.44)、$x(0)$ 和 $\mathrm{d}x(0)/\mathrm{d}t$ 求解。

例 8-7 图 8-19 所示的电路中，求解 $t>0$ 时 $v(t)$ 和 $i(t)$。考虑以下几种情况：$R=5\Omega$，$R=4\Omega$，$R=1\Omega$。

解：第 1 种情况 $R=5\Omega$。当 $t<0$ 时，开关闭合，电容相当于开路，电感相当于短路，初始电流为

$$i(0)=\frac{24}{5+1}=4(\mathrm{A})$$

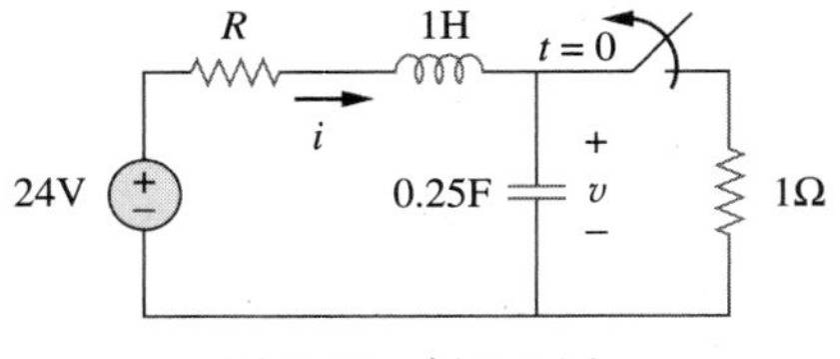

图 8-19 例 8-7 图

电容的电压和 1Ω 电阻两端的电压是相同的。即

$$v(0)=1i(0)=4(\mathrm{V})$$

当 $t>0$ 时，开关打开，1Ω 电阻没有连接上。剩下的是串联 RLC 电路中的电压源。特征

根如下：

$$\alpha=\frac{R}{2L}=\frac{5}{2\times1}=2.5,\quad \omega_0=\frac{1}{\sqrt{LC}}=\frac{1}{\sqrt{1\times0.25}}=2$$

$$s_{1,2}=-\alpha\pm\sqrt{\alpha^2-\omega_0^2}=-1,\ -4$$

由于 $\alpha>\omega_0$，得到过阻尼自然响应。全响应为

$$v(t)=v_{ss}+(A_1\mathrm{e}^{-t}+A_2\mathrm{e}^{-4t})$$

式中 v_{ss} 为稳定响应，它是电容电压的终值。在图 8-19 中，$v_{ss}=24\mathrm{V}$。所以，

$$v(t)=24+(A_1\mathrm{e}^{-t}+A_2\mathrm{e}^{-4t}) \tag{8.7.1}$$

利用初始条件求解常数 A_1 和 A_2，可得

$$v(0)=4=24+A_1+A_2$$

即

$$-20=A_1+A_2 \tag{8.7.2}$$

电感电流的值并不能立刻改变，因为电感和电容是串联的，所以它的值和电容在 $t=0^+$ 时刻的电流值相同，因此，

$$i(0)=C\frac{\mathrm{d}v(0)}{\mathrm{d}t}=4 \quad\Rightarrow\quad \frac{\mathrm{d}v(0)}{\mathrm{d}t}=\frac{4}{C}=\frac{4}{0.25}=16$$

在利用该条件之前，需要对式(8.7.1)进行求导，可得

$$\frac{\mathrm{d}v}{\mathrm{d}t}=-A_1\mathrm{e}^{-t}-4A_2\mathrm{e}^{-4t} \tag{8.7.3}$$

当 $t=0$ 时，

$$\frac{\mathrm{d}v(0)}{\mathrm{d}t}=16=-A_1-4A_2 \tag{8.7.4}$$

通过式(8.7.2)和式(8.7.4)可以求出，$A_1=-64/3$，$A_2=4/3$。将 A_1 和 A_2 的值代入到式(8.7.1)，得到

$$v(t)=24+\frac{4}{3}(-16\mathrm{e}^{-t}+\mathrm{e}^{-4t}) \tag{8.7.5}$$

由于 $t>0$ 时，电感和电容串联，故电感电流和电容电流是相同的。所以，

$$i(t)=C\frac{\mathrm{d}v}{\mathrm{d}t}$$

将式(8.7.3)乘以 $C=0.25$，并将 A_1 和 A_2 的值代入得到

$$i(t)=\frac{4}{3}(4\mathrm{e}^{-t}-\mathrm{e}^{-4t}) \tag{8.7.6}$$

注意，$i(0)=4\mathrm{A}$，与期望的相同。

第 2 种情况 $R=4\Omega$。当 $t<0$ 时，开关闭合，电容相当于开路，电感相当于短路，初始电流为

$$i(0)=\frac{24}{4+1}=4.8(\mathrm{A})$$

初始电容电压为

$$v(0)=1i(t)=4.8(\mathrm{V})$$

特征根为

$$\alpha=\frac{R}{2L}=\frac{4}{2\times1}=2$$

ω_0 仍为 2。这种情况下，$s_1=s_2=-\alpha=-2$，得到临界阻尼自然响应。全响应为

$$v(t)=v_{ss}+(A_1+A_2t)\mathrm{e}^{-2t}$$

其中，$v_{ss}=24\text{V}$，得到

$$v(t)=24+(A_1+A_2t)\mathrm{e}^{-2t} \tag{8.7.7}$$

需要利用初始条件求解常数 A_1 和 A_2，可得

$$v(0)=4.8=24+A_1 \quad \Rightarrow \quad A_1=-19.2 \tag{8.7.8}$$

因为 $i(0)=C\mathrm{d}v(0)/\mathrm{d}t=4.8$，所以

$$\frac{\mathrm{d}v(0)}{\mathrm{d}t}=\frac{4.8}{C}=19.2$$

通过式(8.7.7)可得

$$\frac{\mathrm{d}v}{\mathrm{d}t}=(-2A_1-2A_2t+A_2)\mathrm{e}^{-2t} \tag{8.7.9}$$

当 $t=0$ 时，

$$\frac{\mathrm{d}v(0)}{\mathrm{d}t}=19.2=-2A_1+A_2 \tag{8.7.10}$$

通过式(8.7.8)和式(8.7.10)可以求出，$A_1=-19.2$，$A_2=-19.2$。将 A_1 和 A_2 的值代入到式(8.7.7)，得到

$$v(t)=24-19.2(1+t)\mathrm{e}^{-2t} \tag{8.7.11}$$

电感电流和电容电流是相同的。所以

$$i(t)=C\frac{\mathrm{d}v}{\mathrm{d}t}$$

将式(8.7.9)乘以 $C=0.25$，并将 A_1 和 A_2 的值代入得到

$$i(t)=(4.8+9.6t)\mathrm{e}^{-2t} \tag{8.7.12}$$

注意，$i(0)=4.8\text{A}$，与期望的相同。

第 3 种情况 $R=1\Omega$。初始电感电流为

$$i(0)=\frac{24}{1+1}=12(\text{A})$$

电容初始电压和 1Ω 电阻两端电压是相同的，所以，

$$v(0)=1i(0)=12\text{V}$$

$$\alpha=\frac{R}{2L}=\frac{1}{2\times 1}=0.5$$

由于 $\alpha=0.5$，$\omega_0=2$。得到欠阻尼响应为

$$s_{1,2}=-\alpha\pm\sqrt{\alpha^2-\omega_0^2}=-0.5\pm \mathrm{j}1.936$$

全响应为

$$v(t)=24+(A_1\cos 1.936t+A_2\sin 1.936t)\mathrm{e}^{-0.5t} \tag{8.7.13}$$

求解 A_1 和 A_2，可得

$$v(0)=12=24+A_1 \quad \Rightarrow \quad A_1=-12 \tag{8.7.14}$$

因为 $i(0)=C\mathrm{d}v(0)/\mathrm{d}t=12$，所以

$$\frac{\mathrm{d}v(0)}{\mathrm{d}t}=\frac{12}{C}=48 \tag{8.7.15}$$

由于

$$\begin{aligned}\frac{\mathrm{d}v}{\mathrm{d}t}=&\mathrm{e}^{-0.5t}(-1.936A_1\sin 1.936t+1.936A_2\cos 1.936t)-\\&0.5\mathrm{e}^{-0.5t}(A_1\cos 1.936t+A_2\sin 1.936t)\end{aligned} \tag{8.7.16}$$

当 $t=0$ 时，

$$\frac{dv(0)}{dt}=48=(-0+1.936A_2)-0.5(A_1+0)$$

将 $A_1=-12$，$A_2=21.694$ 代入，式(8.7.13)变为

$$v(t)=24+(21.694\sin 1.936t-12\cos 1.936t)e^{-0.5t} \tag{8.7.17}$$

电感电流为

$$i(t)=C\frac{dv}{dt}$$

将式(8.7.9)乘以 $C=0.25$，并将 A_1 和 A_2 的值代入得到

$$i(t)=(3.1\sin 1.936t+12\cos 1.936t)e^{-0.5t} \tag{8.7.18}$$

注意，$i(0)=12\text{A}$，与期望的相同。

图 8-20 画出了三种情况下的响应，可以看出临界阻尼响应在 24V 附近增长最快。 ◀

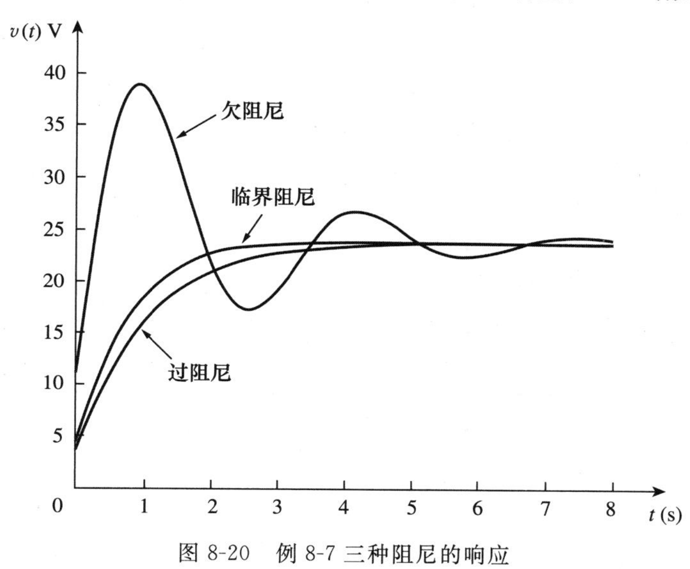

图 8-20 例 8-7 三种阻尼的响应

练习 8-7 在图 8-21 中，开关在 a 位置闭合很长时间，在 $t=0$ 时刻，开关移动到 b 位置。求 $t>0$ 时的 $v(t)$ 和 $v_R(t)$。

答案：$[15-(1.7321\sin 3.464t+3\cos 3.464t)e^{-2t}]$V，$(3.464e^{-2t}\sin 3.464t)$V。

8.6 并联 *RLC* 电路的阶跃响应

图 8-22 所示的并联 *RLC* 电路中，需要求解由于直流电流源的突然作用而产生的 i。针对顶点节点运用 KCL 定理，得到

$$\frac{v}{R}+i+C\frac{dv}{dt}=I_s \tag{8.46}$$

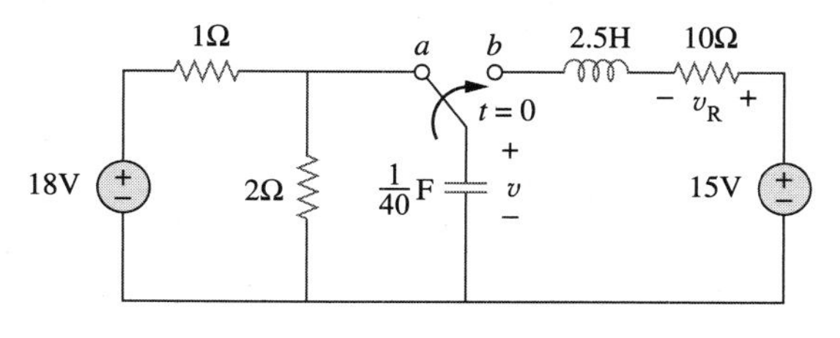

图 8-21 练习 8-7 图

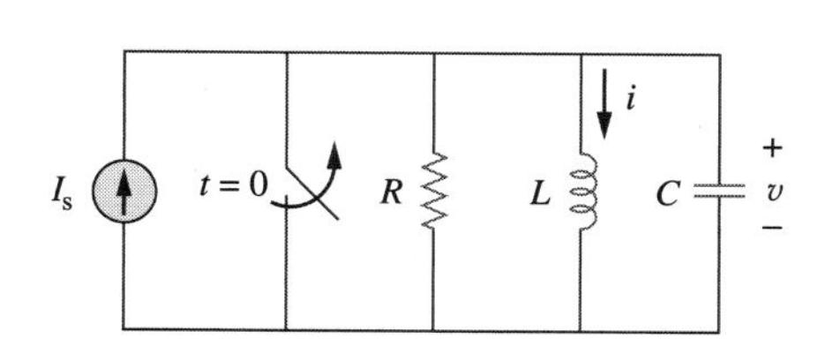

图 8-22 带有电流的并联 *RLC* 电路

由于

$$v=L\frac{\mathrm{d}i}{\mathrm{d}t}$$

将 v 代入式(8.46)并在两边同时除以 LC 得到

$$\frac{\mathrm{d}^2 i}{\mathrm{d}t^2}+\frac{1}{RC}\frac{\mathrm{d}i}{\mathrm{d}t}+\frac{i}{LC}=\frac{I_s}{LC} \tag{8.47}$$

式(8.47)与式(8.29)具有相同的特征方程。

式(8.47)的全解包括暂态响应 $i_t(t)$ 和稳态响应 $i_{ss}(t)$，即

$$i(t)=i_t(t)+i_{ss}(t) \tag{8.48}$$

暂态响应与之前8.3节得到的相同。稳态响应为稳定状态或者最终的 i 值。在图8-22所示电路中，电感电流的终值与电源电流 I_s 相同。故

$$\boxed{\begin{aligned}&i(t)=I_s+A_1\mathrm{e}^{s_1t}+A_2\mathrm{e}^{s_2t}\quad(\text{过阻尼})\\&i(t)=I_s+(A_1+A_2t)\mathrm{e}^{-\alpha t}\quad(\text{临界阻尼})\\&i(t)=I_s+(A_1\cos\omega_d t+A_2\sin\omega_d t)\mathrm{e}^{-\alpha t}\quad(\text{欠阻尼})\end{aligned}} \tag{8.49}$$

每一项中的常数 A_1 和 A_2 可以通过初始条件 i 和 $\mathrm{d}i/\mathrm{d}t$ 决定。记住，式(8.49)中仅仅利用了电感电流 i。然而电阻电流为 $i_R=v/R$，同样电容电流为 $i_C=C\mathrm{d}v/\mathrm{d}t$。另外，任何变量 $x(t)$ 的全响应的直接形式如下：

$$x(t)=x_{ss}(t)+x_t(t) \tag{8.50}$$

式中 x_{ss} 和 x_t 分别为它的终值和暂态响应。

例 8-8 在图8-23所示的电路中，求 $t>0$ 时的 $i(t)$ 和 $i_R(t)$。

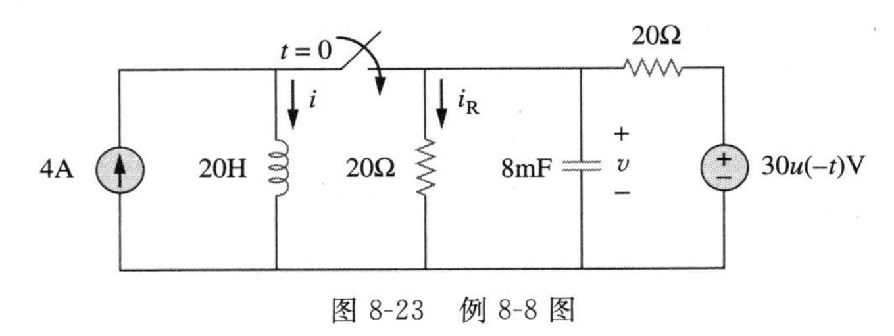

图 8-23　例 8-8 图

解：当 $t<0$ 时，开关断开，电路被分成两个独立的子电路。4A的电流经过电感，所以

$$i(0)=4\mathrm{A}$$

当 $t<0$ 时，$30u(-t)=30$，当 $t>0$ 时，为 $30u(-t)=0$。所以当 $t<0$ 时，电源电压有效。电容相当于开路，它两端的电压和20Ω电阻两端的电压相同。分压后，初始电容电压为

$$v(0)=\frac{20}{20+20}\times 30=15(\mathrm{V})$$

当 $t>0$ 时，开关闭合，得到仅有一个电流源的并联 RLC 电路。电压源为0相当于短路。两个20Ω电阻并联，并联后的电阻为 $R=20\Omega\|20\Omega=10\Omega$。特征根为

$$\alpha=\frac{1}{2RC}=\frac{1}{2\times 10\times 8\times 10^{-3}}=6.25$$

$$\omega_0=\frac{1}{\sqrt{LC}}=\frac{1}{\sqrt{20\times 8\times 10^{-3}}}=2.5$$

$$s_{1,2}=-\alpha\pm\sqrt{\alpha^2-\omega_0^2}=-6.25\pm\sqrt{39.0625-6.25}=-6.25\pm 5.7282$$

即

$$s_1=-11.978,\qquad s_2=-0.5218$$

由于$\alpha>\omega_0$，得到过阻尼的情况。因此

$$i(t)=I_s+A_1\mathrm{e}^{-11.978t}+A_2\mathrm{e}^{-0.5218t} \tag{8.8.1}$$

其中$I_s=4$，为$i(t)$的终值。利用初值条件求解A_1和A_2。当$t=0$时，

$$i(0)=4=4+A_1+A_2$$

$$A_2=-A_1 \tag{8.8.2}$$

对式(8.8.1)中的$i(t)$进行求导，可得

$$\frac{\mathrm{d}i}{\mathrm{d}t}=-11.978A_1\mathrm{e}^{-11.978t}-0.5218A_2\mathrm{e}^{-0.5218t}$$

所以当$t=0$时，

$$\frac{\mathrm{d}i(0)}{\mathrm{d}t}=-11.978A_1-0.5218A_2 \tag{8.8.3}$$

由于

$$L\frac{\mathrm{d}i(0)}{\mathrm{d}t}=v(0)=15 \quad\Rightarrow\quad \frac{\mathrm{d}i(0)}{\mathrm{d}t}=\frac{15}{L}=\frac{15}{20}=0.75$$

将上式代入到式(8.8.3)并结合式(8.8.2)，得到

$$0.75=(11.978-0.5218)A_2 \quad\Rightarrow\quad A_2=0.0655$$

所以，$A_1=-0.0655$，$A_2=0.0655$。将A_1和A_2的值代入到式(8.8.1)得到全解为

$$i(t)=4+0.0655(\mathrm{e}^{-0.5218t}-\mathrm{e}^{-11.978t})$$

利用$i(t)$，得到$v(t)=L\mathrm{d}i/\mathrm{d}t$，且

$$i_R(t)=\frac{v(t)}{20}=\frac{L}{20}\frac{\mathrm{d}i}{\mathrm{d}t}=0.785\mathrm{e}^{-11.978t}-0.0342\mathrm{e}^{-0.5218t}$$ ◀

练习 8-8 图 8-24 所示电路中，求$t>0$时的$i(t)$和$v(t)$。

答案：$[10(1-\cos 0.25t)]$A，$(50\sin 0.25t)$V。

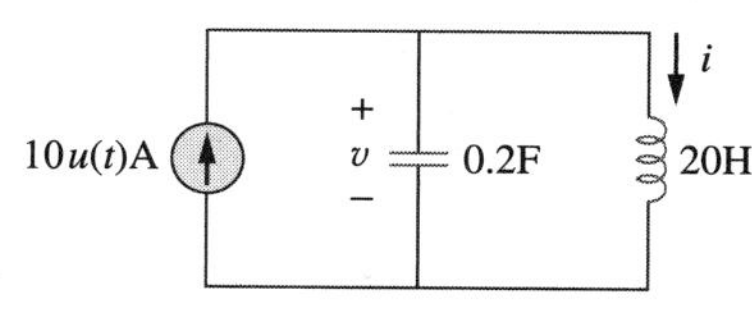

图 8-24 练习 8-8 图

8.7 一般二阶电路

现在我们已经掌握了串联和并联RLC电路，下面将在此基础上学习二阶电路。尽管串联和并联RLC电路是人们研究最多的，但运放等其他二阶电路也很有用。对于任意二阶电路，设阶跃响应为$x(t)$(可能为电压或电流)，则求解$x(t)$的具体步骤为：

1. 假设初始条件为$x(0)$和$\mathrm{d}x(0)/\mathrm{d}t$，终值为$x(\infty)$，如 8.2 节介绍的方法。

2. 关闭独立电源并利用 KCL 和 KVL 定理求解暂态响应$x_t(t)$。得到二阶微分方程后，求解特征根。判断该响应是过阻尼、临界阻尼或欠阻尼情况，求解响应中的未知常数。

提示：一个电路刚看起来可能比较复杂，但是为了求解暂态响应，关闭电源后，合并储能元件，那么这个电路可简化为一阶电路，或者构成并联/串联RLC电路。如果能简化为一阶电路，解答便和第 7 章所述一样简单。如果能构成并联/串联RLC电路，可以采用这章前面介绍的解法

3. 求解出稳态响应：

$$x_{ss}(t)=x(\infty) \tag{8.51}$$

其中$x(\infty)$为x的终值，根据步骤 1 求解。

4. 全响应包括暂态响应和稳态响应：

$$x(t)=x_t(t)+x_{ss}(t) \tag{8.52}$$

最终根据初始条件$x(0)$和$\mathrm{d}x(0)/\mathrm{d}t$，求解响应中的常数，如步骤 1。

可运用上述的步骤求解任意二阶电路的阶跃响应，包括放大器等。后面的例子将解释上面的 4 个步骤。

提示：本章的问题也可以用拉普拉斯变换来解答，具体方法将在第 15 章和 16 章讨论。

例 8-9 图 8-25 所示电路中，求 $t>0$ 时的全响应 v 和 i。

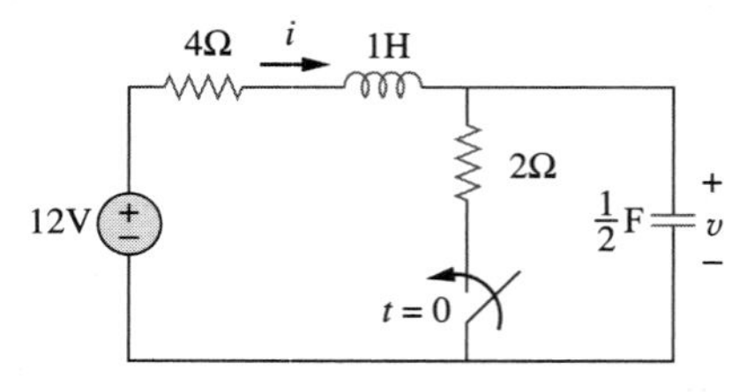

图 8-25 例 8-9 图

解：首先求初值和终值。当 $t=0^-$ 时，电路到达稳定状态。开关打开，等效电路如图 8-26a 所示。得到

$$v(0^-)=12\text{V},\quad i(0^-)=0$$

当 $t=0^+$ 时，开关闭合，等效电路 8.26b 所示。通过连续电容电压和电感电流，可知

$$v(0^+)=v(0^-)=12\text{V},\quad i(0^+)=i(0^-)=0 \tag{8.9.1}$$

运用 $C\mathrm{d}u/\mathrm{d}t=i_C$ 或者 $\mathrm{d}u/\mathrm{d}t=i_C/C$ 得到 $\mathrm{d}v(0^+)/\mathrm{d}t$。针对图 8-26b 中的节点 a 利用 KCL 定理得到

$$i(0^+)=i_C(0^-)+\frac{v(0^+)}{2}$$

$$0=i_C(0^+)+\frac{12}{2}\quad\Rightarrow\quad i_C(0^+)=-6\text{A}$$

因此，

$$\frac{\mathrm{d}v(0^+)}{\mathrm{d}t}=\frac{-6}{0.5}=-12(\text{V/s}) \tag{8.9.2}$$

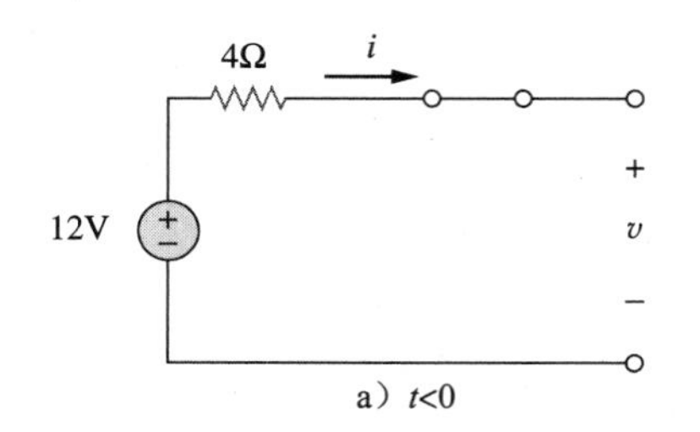

a) t<0

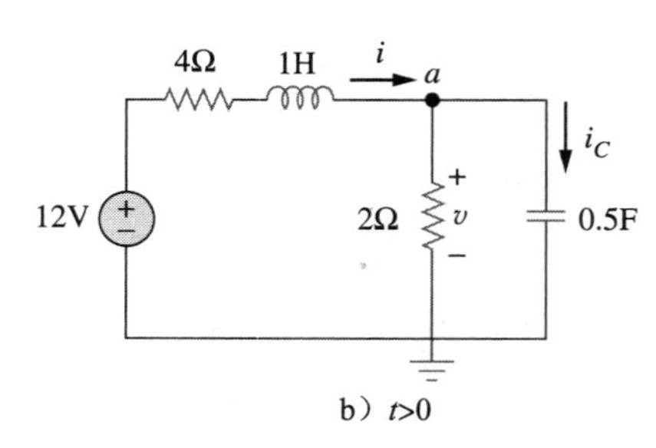

b) t>0

图 8-26 图 8-25 的等效电路

如图 8-26b 所示，电感相当于短路，电容相当于开路后，可以求出终值，即

$$i(\infty)=\frac{12}{4+2}=2(\text{A}),\quad v(\infty)=2i(\infty)=4(\text{V}) \tag{8.9.3}$$

下面求当 $t>0$ 时的暂态响应。关闭 12V 的电压源，得到图 8-27 所示的电路。针对图 8-27 中的节点 a 利用 KCL 定理得到：

$$i=\frac{v}{2}+\frac{1}{2}\frac{\mathrm{d}v}{\mathrm{d}t} \tag{8.9.4}$$

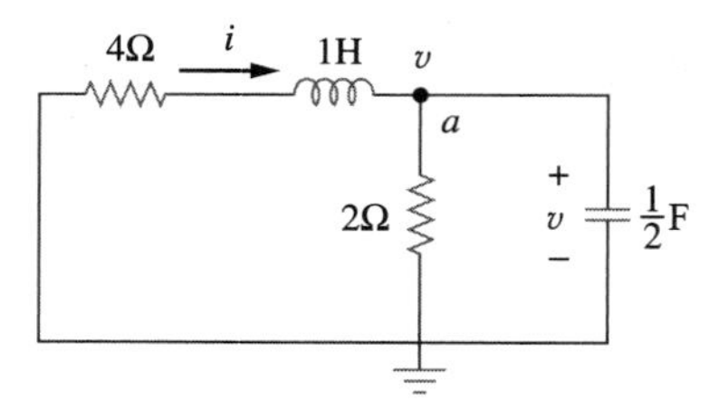

图 8-27 例 8-9 的暂态响应

针对左边的回路利用 KVL 定理得到

$$4i+1\frac{\mathrm{d}i}{\mathrm{d}t}+v=0 \tag{8.9.5}$$

由于需要求解电压 v，将式(8.9.4)中的 i 代入到式(8.9.5)中，得到

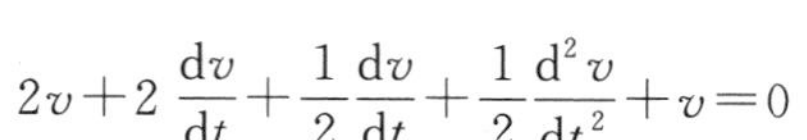

$$2v+2\frac{\mathrm{d}v}{\mathrm{d}t}+\frac{1}{2}\frac{\mathrm{d}v}{\mathrm{d}t}+\frac{1}{2}\frac{\mathrm{d}^2v}{\mathrm{d}t^2}+v=0$$

即

$$\frac{\mathrm{d}^2v}{\mathrm{d}t^2}+5\frac{\mathrm{d}v}{\mathrm{d}t}+6v=0$$

由此可以得到特征方程如下

$$s^2+5s+6=0$$

根分别为 $s=-2$，$s=-3$。所以自由响应为

$$v_t(t)=Ae^{-2t}+Be^{-3t} \tag{8.9.6}$$

其中 A 和 B 是后面需要求解的常数。稳态响应为

$$v_{ss}(t)=v(\infty)=4 \tag{8.9.7}$$

全响应为

$$v(t)=v_t+v_{ss}=4+Ae^{-2t}+Be^{-3t} \tag{8.9.8}$$

现在利用初值求解常数 A 和 B。通过式(8.9.1)得到 $v(0)=12$，将其代入到式(8.9.8)中得到

$$12=4+A+B \quad \Rightarrow \quad A+B=8 \tag{8.9.9}$$

对式(8.9.8)中的 v 进行求导得到

$$\frac{dv}{dt}=-2Ae^{-2t}-3Be^{-3t} \tag{8.9.10}$$

将式(8.9.2)代入到式(8.9.10)中得到

$$-12=-2A-3B \quad \Rightarrow \quad 2A+3B=12 \tag{8.9.11}$$

通过式(8.9.9)和式(8.9.11)得到

$$A=12, \quad B=-4$$

因此式(8.9.8)变为

$$v(t)=4+12e^{-2t}-4e^{-3t}(\text{V}), \quad t>0 \tag{8.9.12}$$

通过 v 可以得到图 8-26b 中其他变量的值，例如：

$$\begin{aligned} i &= \frac{v}{2}+\frac{1}{2}\frac{dv}{dt}=2+6e^{-2t}-2e^{-3t}-12e^{-2t}+6e^{-3t} \\ &=2-6e^{-2t}+4e^{-3t}(\text{A}), \quad t>0 \end{aligned} \tag{8.9.13}$$

注意，$i(0)=0$ 与式(8.9.1)的相同。◀

练习 8-9 图 8-28 所示的电路中，求 $t>0$ 时的 v 和 i，参考练习 7-5。

答案：$12(1-e^{-5t})$V，$3(1-e^{-5t})$A。

例 8-10 如图 8-29 所示，求 $t>0$ 时的 $v_o(t)$。

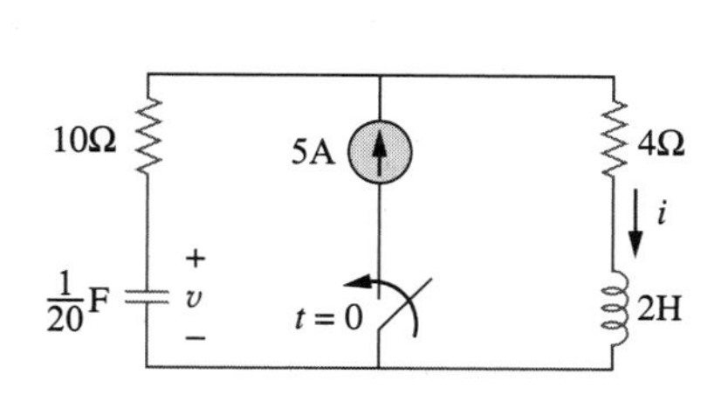

图 8-28 练习 8-9 图

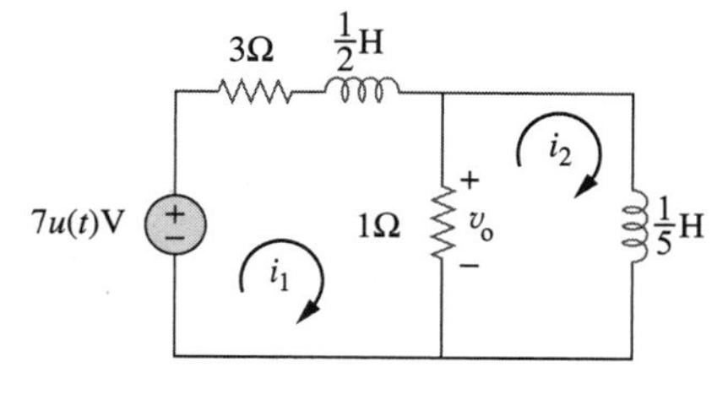

图 8-29 例 8-10 图

解：这是带有两个电感的二阶电路，首先确定网络电流 i_1 和 i_2，它们恰好是流过电感的电流，需要确定这些电流的初值和终值。

当 $t<0$ 时，$7u(t)=0$，因此 $i_1(0^+)=0=i_2(0^+)$。当 $t>0$ 时，$7u(t)=7$ 所以等效电路如图 8-30a 所示。由于电感电流的连续性，有

$$i_1(0^+)=i_1(0^-)=0, \quad i_2(0^+)=i_2(0^-)=0 \tag{8.10.1}$$

$$v_{L2}(0^+)=v_o(0^+)=1[i_1(0^+)-i_2(0^+)]=0 \tag{8.10.2}$$

对左边的回路在 $t=0^+$ 时应用 KVL 得

$$7=3i_1(0^+)+v_{L1}(0^+)+v_o(0^+)$$

即

$$v_{L1}(0^+)=7\text{V}$$

由于 $L_1 di_1/dt=v_{L1}$，所以

$$\frac{di_1(0^+)}{dt}=\frac{v_{L1}}{L_1}=\frac{7}{\frac{1}{2}}=14(V/s) \tag{8.10.3}$$

类似地，由于 $L_2 di_2/dt=v_{L2}$，所以

$$\frac{di_2(0^+)}{dt}=\frac{v_{L2}}{L_2}=0 \tag{8.10.4}$$

在 $t\to\infty$时，电路达到稳定状态，电感可以用短路来代替，如图 8-30b 所示。由此可以得到

$$i_1(\infty)=i_2(\infty)=\frac{7}{3}A \tag{8.10.5}$$

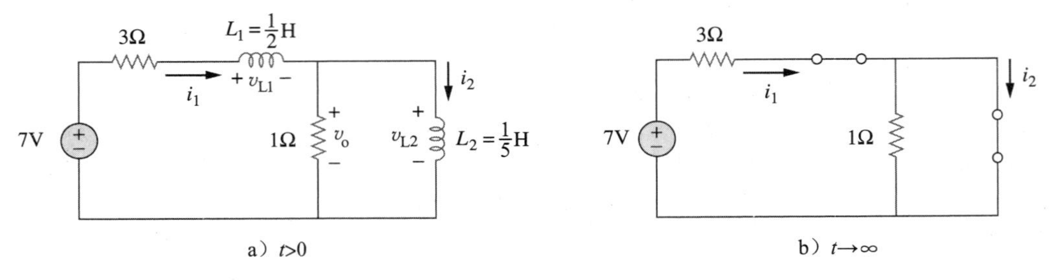

图 8-30　图 8-29 的等效电路

接下来，我们通过移除电压源的方法来获得暂态响应，如图 8-31 所示。在两个网孔中应用 KVL 得到

$$4i_1-i_2+\frac{1}{2}\frac{di_1}{dt}=0 \tag{8.10.6}$$

和

$$i_2+\frac{1}{5}\frac{di_2}{dt}-i_1=0 \tag{8.10.7}$$

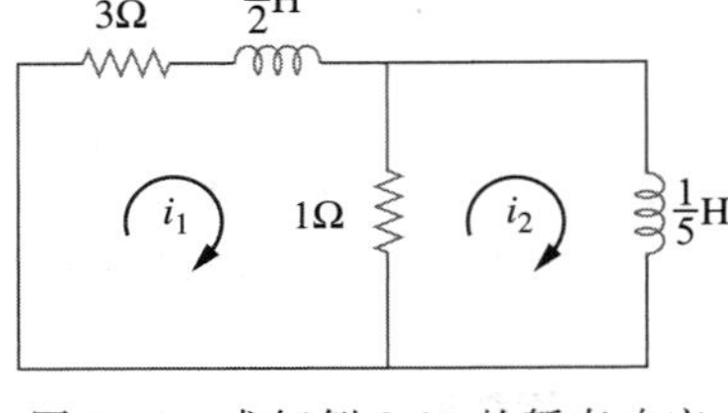

图 8-31　求解例 8-10 的暂态响应

由公式(8.10.6)可得

$$i_2=4i_1+\frac{1}{2}\frac{di_2}{dt} \tag{8.10.8}$$

把公式(8.10.8)代入(8.10.7)可得

$$4i_1+\frac{1}{2}\frac{di_1}{dt}+\frac{4}{5}\frac{di_1}{dt}+\frac{1}{10}\frac{d^2i_1}{dt^2}-i_1=0$$

$$\frac{d^2i_1}{dt^2}+13\frac{di_1}{dt}+30i_1=0$$

从这些公式中可以得到特征方程：

$$s^2+13s+30=0$$

根 $s=-3$ 和 $s=-10$。因此，暂态响应是

$$i_{1n}=Ae^{-3t}+Be^{-10t} \tag{8.10.9}$$

其中 A 和 B 是常数。稳态响应是

$$i_{1ss}=i_1(\infty)=\frac{7}{3}A \tag{8.10.10}$$

从式(8.10.9)和式(8.10.10)可得全响应是

$$i_1(t)=\frac{7}{3}+Ae^{-3t}+Be^{-10t} \tag{8.10.11}$$

最终由初值求得 A 和 B。从式(8.10.1)和式(8.10.11)得到

$$0=\frac{7}{3}+A+B \tag{8.10.12}$$

对式(8.10.11)求导，之后设 $t=0$，计算式(8.10.3)，可得

$$14=-3A-10B \tag{8.10.13}$$

由式(8.10.12)和式(8.10.13)可得 $A=-4/3$，$B=-1$。因此

$$i_1(t)=\frac{7}{3}-\frac{4}{3}\mathrm{e}^{-3t}-\mathrm{e}^{-10t} \tag{8.10.14}$$

现在由 i_1 求解 i_2，对图 8-30a 左边回路应用 KVL 得到

$$7=4i_1-i_2+\frac{1}{2}\frac{\mathrm{d}i_1}{\mathrm{d}t} \quad \Rightarrow \quad i_2=-7+4i_1+\frac{1}{2}\frac{\mathrm{d}i_1}{\mathrm{d}t}$$

把 i_1 代入式(8.10.14)可得

$$i_2(t)=-7+\frac{28}{3}-\frac{16}{3}\mathrm{e}^{-3t}-4\mathrm{e}^{-10t}+2\mathrm{e}^{-3t}+5\mathrm{e}^{-10t}=\frac{7}{3}-\frac{10}{3}\mathrm{e}^{-3t}+\mathrm{e}^{-10t} \tag{8.10.15}$$

从图 8-29 可得

$$v_o(t)=1[i_1(t)-i_2(t)] \tag{8.10.16}$$

把式(8.10.14)和式(8.10.15)代入式(8.10.16)得到

$$v_o(t)=2(\mathrm{e}^{-3t}-\mathrm{e}^{-10t}) \tag{8.10.17}$$

注意 $v_o=0$，符合式(8.10.2)的初值。◀

练习 8-10 求图 8-32 所示电路在 $t>0$ 时的 $v_o(t)$。(提示：首先求出 v_1 和 v_2)

答案：$8(\mathrm{e}^{-t}-\mathrm{e}^{-6t})\mathrm{V}$，$t>0$。

8.8 二阶运算放大器电路

如果一个运算放大器电路带有两个储能元件，而这两个元件又不能合并为一个独立的元件，那么这个电路就是二阶的。因为电感体积大且笨重，所以很少用在实际的运算放大器电路中。因此，本节仅考虑 *RC* 二阶运算放大器电路，这种电路应用广泛，例如滤波器和振荡器。

提示：在二阶电路中使用运算放大器可以不必使用电感，这在有些不适于出现电感的应用中是很有用的。

二阶运算放大器电路的计算遵循 8.7 节给出的四个步骤。

例 8-11 在图 8-33 所示的运算放大器中，计算 $v_s=10u(t)\mathrm{mV}$ 且 $t>0$ 时的 $v_o(t)$。令 $R_1=R_2=10\mathrm{k\Omega}$，$C1=20\mu\mathrm{F}$，$C2=100\mu\mathrm{F}$。

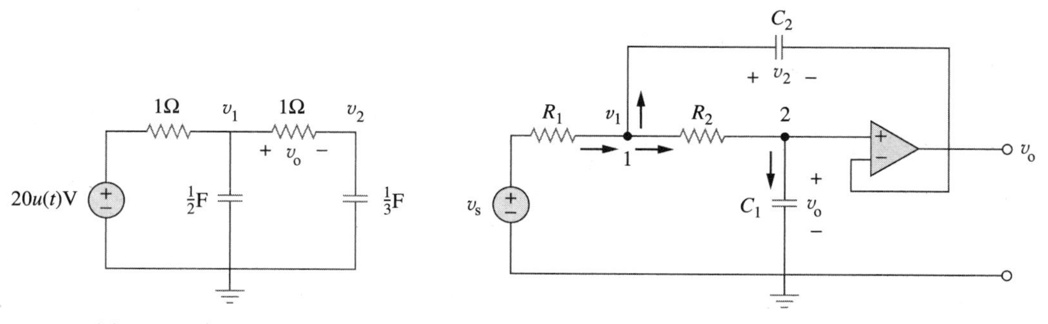

图 8-32 练习 8-10 图

图 8-33 例 8-11 图

解：尽管可以利用前面给出的四个步骤来解决这个问题，但是求解过程还是会有一些不同。电压跟随器的结构使得 C_1 两端的电压是 v_o。在节点 1 利用 KVL 得

$$\frac{v_s-v_1}{R_1}=C_2\frac{\mathrm{d}v_2}{\mathrm{d}t}+\frac{v_1-v_o}{R_2} \tag{8.11.1}$$

在节点 2，利用 KCL 得

$$\frac{v_1-v_o}{R_2}=C_1\frac{\mathrm{d}v_0}{\mathrm{d}t} \tag{8.11.2}$$

其中

$$v_2=v_1-v_0 \tag{8.11.3}$$

尝试消去式(8.11.2)～式(8.11.3)中的 v_1 和 v_2。把式(8.11.2)和式(8.11.3)代入式(8.11.1)中，得

$$\frac{v_s-v_1}{R_1}=C_2\frac{\mathrm{d}v_1}{\mathrm{d}t}-C_2\frac{\mathrm{d}v_o}{\mathrm{d}t}+C_1\frac{\mathrm{d}v_o}{\mathrm{d}t} \tag{8.11.4}$$

从式(8.11.2)可得

$$v_1=v_o+R_2C_1\frac{\mathrm{d}v_o}{\mathrm{d}t} \tag{8.11.5}$$

把式(8.11.5)代入式(8.11.4)中，得到

$$\frac{v_s}{R_1}=\frac{v_o}{R_1}+\frac{R_2C_1}{R_1}\frac{\mathrm{d}v_o}{\mathrm{d}t}+C_2\frac{\mathrm{d}v_o}{\mathrm{d}t}+R_2C_1C_2\frac{\mathrm{d}^2v_o}{\mathrm{d}t^2}-C_2\frac{\mathrm{d}v_o}{\mathrm{d}t}+C_1\frac{\mathrm{d}v_o}{\mathrm{d}t}$$

即

$$\frac{\mathrm{d}^2v_o}{\mathrm{d}t^2}+\left(\frac{1}{R_1C_2}+\frac{1}{R_2C_2}\right)\frac{\mathrm{d}v_o}{\mathrm{d}t}+\frac{v_o}{R_1R_2C_1C_2}=\frac{v_s}{R_1R_2C_1C_2} \tag{8.11.6}$$

代入 R_1、R_2、C_1、C_2，式(8.11.6)变成

$$\frac{\mathrm{d}^2v_o}{\mathrm{d}t^2}+2\frac{\mathrm{d}v_o}{\mathrm{d}t}+5v_o=5v_s \tag{8.11.7}$$

为了获得暂态响应，设式(8.11.7)的 $v_s=0$，和关闭电源的效果相同。特征方程是

$$s^2+2s+5=0$$

复数根 $s_{1,2}=-1\pm \mathrm{j}2$。因此，暂态响应是

$$v_{ot}=\mathrm{e}^{-t}(A\cos 2t+B\sin 2t) \tag{8.11.8}$$

其中 A 和 B 是需要确认的未知常数。

当 $t\to\infty$时，电路达到稳定状态，电容可以用开路来代替。因为在稳定状态下，没有电流流过 C_1 和 C_2，而且没有电流进入理想运算放大器的输入端，电流不会流过 R_1 和 R_2。

因此，

$$v_o(\infty)=v_1(\infty)=v_s$$

那么稳态响应是

$$v_{oss}=v_o(\infty)=v_s=10\mathrm{mV},\ t>0 \tag{8.11.9}$$

全响应是

$$v_o(t)=v_{ot}+v_{oss}=10+\mathrm{e}^{-t}(A\cos 2t+B\sin 2t)(\mathrm{mV}) \tag{8.11.10}$$

为了确定 A 和 B，需要初始值。当 $t<0$，$v_s=0$。因此，

$$v_o(0^-)=v_2(0^-)=0$$

当 $t>0$，电源开始工作。然而，由于电容电压的连续性，所以

$$v_o(0^+)=v_2(0^+)=0 \tag{8.11.11}$$

由式(8.11.3)可得

$$v_1(0^+)=v_2(0^+)+v_o(0^+)=0$$

因此，由式(8.11.2)得

$$\frac{\mathrm{d}v_o(0^+)}{\mathrm{d}t}=\frac{v_1-v_o}{R_2C_2}=0 \tag{8.11.12}$$

现在将式(8.11.11)代入全响应的表达式(8.11.10)，在 $t=0$ 时，

$$0=10+A \quad \Rightarrow \quad A=-10 \tag{8.11.13}$$

对式(8.11.10)求导得

$$\frac{\mathrm{d}v_o}{\mathrm{d}t}=\mathrm{e}^{-t}(-A\cos 2t-B\sin 2t-2A\sin 2t+2B\cos 2t)$$

设 $t=0$，并结合式(8.11.12)，得到

$$0=-A+2B \tag{8.11.14}$$

从式(8.11.13)和式(8.11.14)可得 $A=-10$，$B=-5$。因此，阶跃响应变为

$$v_o(t)=10-\mathrm{e}^{-t}(10\cos 2t+5\sin 2t)(\mathrm{mV}),\ t>0$$

◀

练习 8-11 图 8-34 所示的运算放大器电路中，$v_s=10u(t)$V。计算 $t>0$ 时的 $v_o(t)$。假设 $R_1=R_2=10\mathrm{k}\Omega$，$C_1=20\mu\mathrm{F}$，$C_2=100\mu\mathrm{F}$。

答案：$(10-12.5\mathrm{e}^{-t}+2.5\mathrm{e}^{-5t})$V，$t>0$。

8.9 基于 PSpice 的 *RLC* 电路分析

如同第 7 章的 *RC* 或 *RL* 电路一样，利用 PSpice 可以很方便地对 *RLC* 电路进行分析。接下来用两个例题进行解释说明。

例 8-12 图 8-35a 的输入电压对应图 8-35b 中的 v_s。利用 PSpice 画出 $v(t)$在 $0<t<4$s 的波形。

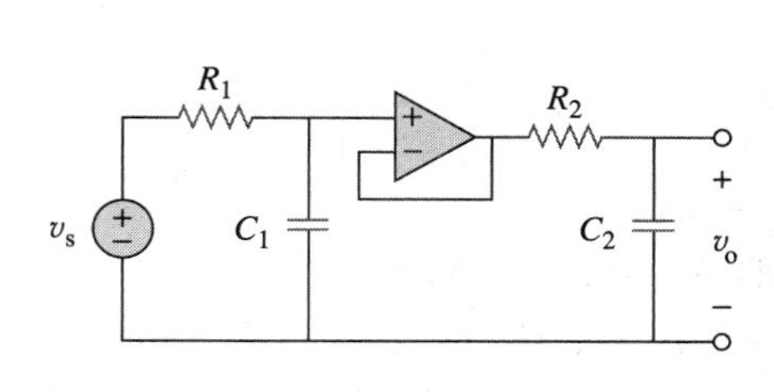

图 8-34 练习 8-11 图

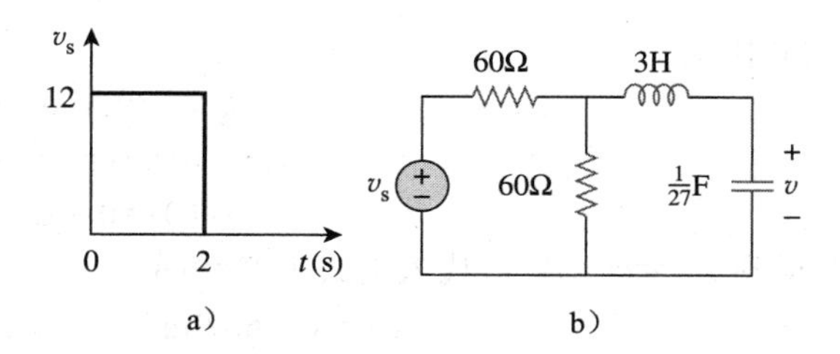

图 8-35 例 8-12 图

解：1. **明确问题**。正如大多数题目一样，问题已经很明确了。

2. **列出已知条件**。输入是一个时长为 2s、幅度为 12V 的方波，可以利用 PSpice 画出输出波形。

3. **确定备选方案**。因为需要使用 PSpice，这仅仅是方案之一。但是，可以用在 8.5 节所述方法来验证它(串联 *RLC* 电路的阶跃响应)。

4. **尝试求解**。原理图如图 8-36 所示。用 VPWL 电压源限定脉冲，但也可以使用 VPULSE 来替代它。利用分段线性函数，设置 VPWL 参数如下：T1=0，V1=0，T2=0.001，V2=12……如图 8-36 所示。插入两个电压探针来绘制输入输出电压波形。画出电路

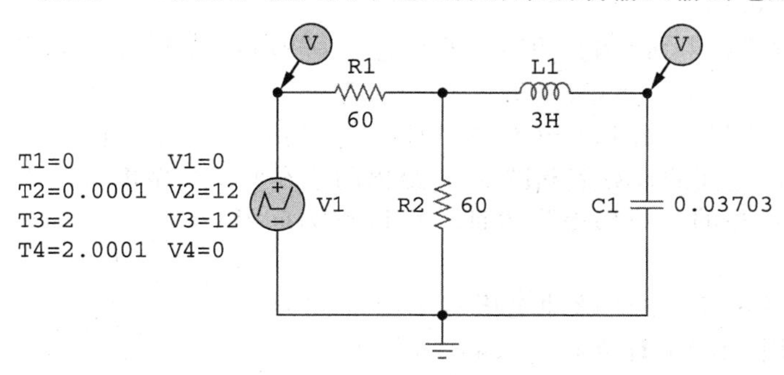

图 8-36 图 8-35b 中电路的原理图

图且设置好参数后，选择 Analysis/Setup/Transient 打开暂态分析对话框。对于并联 RLC 电路，特征方程的根是 -1 和 -9。因此，可以设置终止时间为 4s(较小根幅度的 4 倍)。保存好原理图后，选择 Analysis/Simulate 获得输入输出电压的波形图，PSpice A/D 窗口如图 8-37 所示。

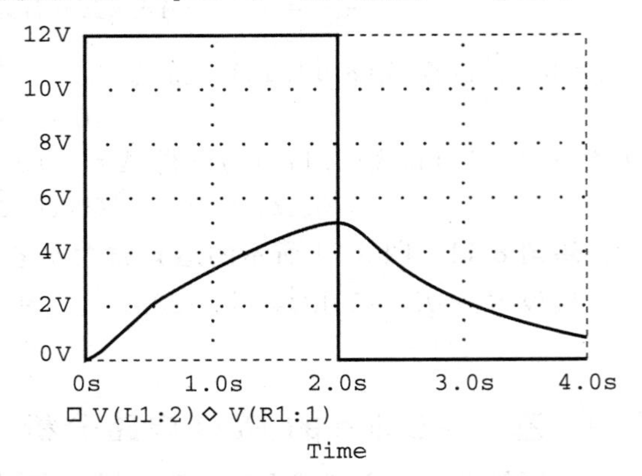

图 8-37　例 8-12 的输入和输出电压波形图

现在用 8.5 节的方法来进行验证。首先计算电源和电阻串联支路两端的戴维南等效电压，$v_{Th}=12/2=6(V)$(开路时两个电阻平分电压)，等效阻抗是 $30\Omega(60\|60)$。因此，可以利用 $R=30\Omega$，$L=3H$，$C=1/27F$ 来求解响应。

首先，需要求解 α 和 ω_0。

$$\alpha=R/(2L)=30/6=5$$

$$\omega_0=\frac{1}{\sqrt{3\times\frac{1}{27}}}=3$$

因为 $5>3$，所以为过阻尼情况。

$$s_{1,2}=-5\pm\sqrt{5^2-9}=-1,\ -9,\ v(0)=0,\ v(\infty)=6V,\ i(0)=0$$

$$i(t)=C\frac{dv(t)}{dt}$$

式中

$$v(t)=A_1e^{-t}+A_2e^{-9t}+6$$
$$v(0)=0=A_1+A_2+6$$
$$i(0)=0=C(-A_1-9A_2)$$

得到 $A_1=-9A_2$，代入上式得 $0=9A_2-A_2+6$，即 $A_2=0.75$，$A_1=-6.75$。

$$v(t)=(-6.75e^{-t}+0.75e^{-9t}+6)u(t),\quad 0<t<2s$$

当 $t=1s$ 时，$v(1)=-6.75e^{-1}+0.75e^{-9}+6=-2.483+0.0001+6=3.552(V)$。当 $t=2s$ 时，$v(2)=-6.75e^{-2}+0+6=5.086(V)$。

注意 $2<t<4s$，$V_{Th}=0$，这表明 $v(\infty)=0$。从而，$v(t)=(A_3e^{-(t-2)}+A_4e^{-9(t-2)})u(t-2)$。当 $t=2s$，$A_3+A_4=5.086$。

$$i(t)=\frac{-A_3e^{-(t-2)}-9A_4e^{-9(t-2)}}{27}$$

和

$$i(2)=\frac{6.75e^{-2}-6.75e^{-18}}{27}=33.83(mA)$$

因此 $-A_3-9A_4=0.9135$。

联立两个方程式，得到 $-A_3-9(5.086-A_3)=0.9135$，解得 $A_3=5.835$，$A_4=-0.749$。

$$v(t)=(5.835e^{-(t-2)}-0.749e^{-9(t-2)})u(t-2)$$

当 $t=3s$ 时，$v(3)=(2.147-0)=2.147(V)$；当 $t=4s$，$v(4)=0.789V$。

5. **评价结果**。上面的计算值和图 8-37 绘出的值在所示的精度范围内符合程度很高。

6. **是否满意**？是的，结果得到验证，可以作为问题的解决方案。◀

练习 8-12　图 8-35a 中的脉冲电压对应图 8-38 电路中的 v_s，利用 PSpice 计算 $0<t<4s$ 时的 $i(t)$。

答案：结果如图 8-39 所示。

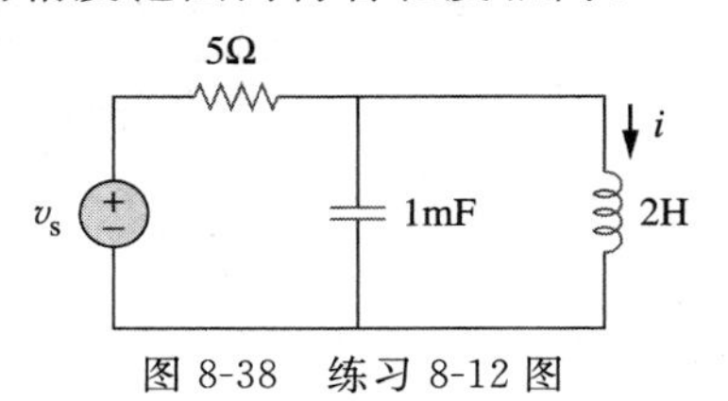

图 8-38　练习 8-12 图

例 8-13 对于图 8-40 的电路来讲，利用 PSpice 来获得在 $0<t<3s$ 的 $i(t)$。

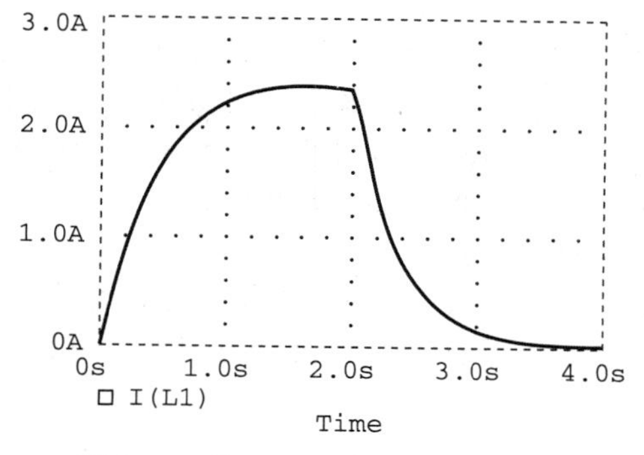

图 8-39　练习 8-12 中 $i(t)$的波形图

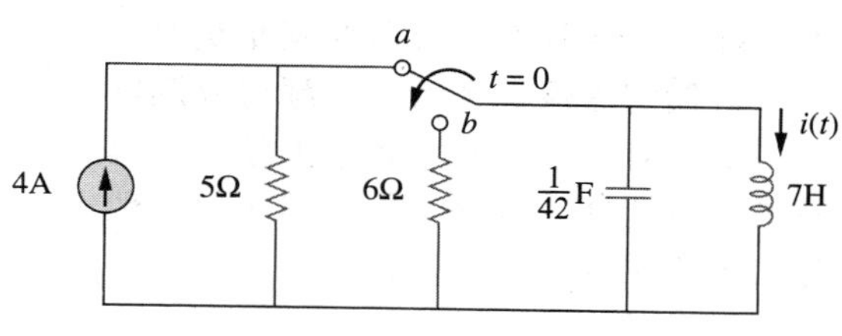

图 8-40　例 8-13 图

解：当开关处在 a 位置时，6Ω 电阻未连入电路。这种情况的原理图如图 8-41a 所示。为了确保 $i(t)$流入探针，在电感放入电路前将其旋转 3 次，对电容实施同样的操作。加入伪元件 VIEWPOINT 和 IPROBE 来确定初始电容电压和初始电感器电流。选择 Analysis/Simulate 进行直流 PSpice 分析。如图 8-41a 所示，从直流分析获得的初始电容电压是 0V，初始电感电流 $i(t)$为 4A。这些初始值会在暂态分析中用到。

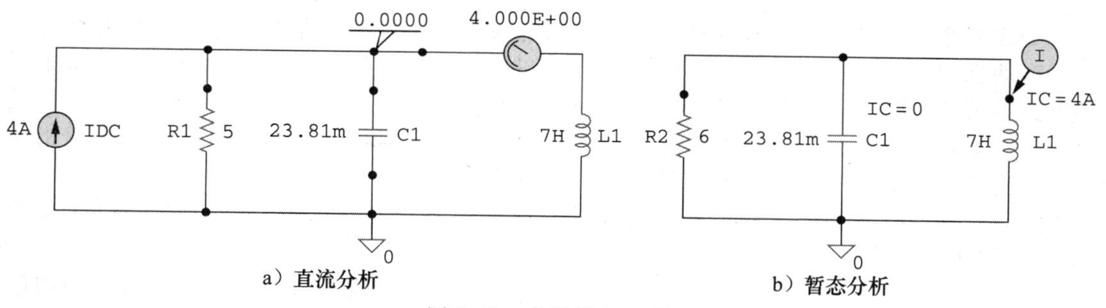

图 8-41　求解例 8-13 图

当开关处于 b 位置时，电路变成一个无源的并联 RLC 电路，原理图如图 8-41b 所示。设置初始状态：对于电容 IC=0，对于电感 IC=4A。把电流标签标在电感的引脚 1 处，选择 Analysis/Setup/Transient 打开暂态分析对话框，并设置终止时间为 3s。在保存好原理图后，选择 Analysis/Transient。$i(t)$的波形图如图 8-42 所示。波形图符合 $i(t)=(4.8e^{-t}-0.8e^{-6t})$A，即符合手工计算的结果。◀

练习 8-13　对于图 8-21 的电路(参见练习 8.7)，利用 PSpice 求 $0<t<2$ 时 $v(t)$的波形。

答案：见图 8-43。

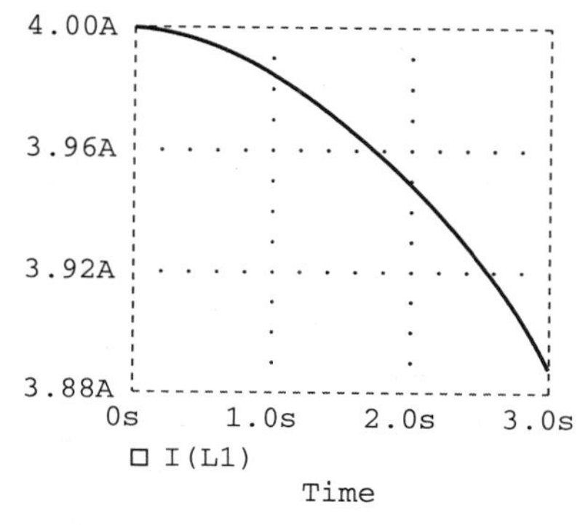

图 8-42　例 8-13 中 $i(t)$的波形图

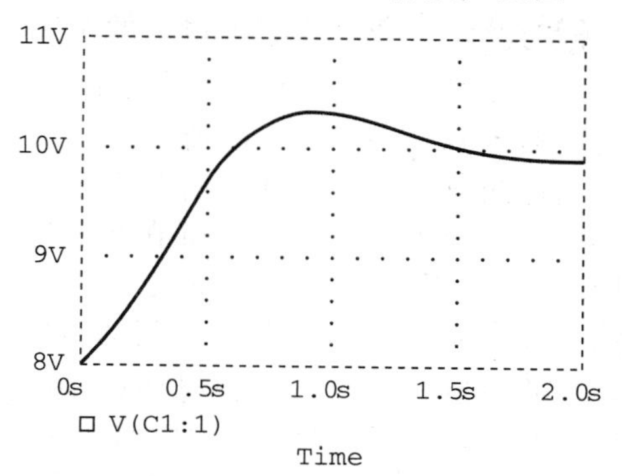

图 8-43　练习 8-13$v(t)$的波形图

†8.10 对偶原理

利用对偶的概念解决电路问题是一种省时且有效的方法。考虑式(8.4)和式(8.29)之间的相似性，这两个公式是一样的，除了必须交换以下参量：(1) 电压和电流；(2) 电阻和电导；(3) 电容和电感。因此，虽然有时两个电路并不相同，但它们的方程和解是一样的，除了某些补充元素需要互相交换。这种可交换性就是对偶(duality)原理。

对偶定理保证了特征方程对以及电子电路定理之间的平行性。

对偶对如表 8-1 所示。注意，功率并没有出现在表 8-1 中，这是因为它是非线性的，不具备对偶性，因此不能应用对偶原理。另外从表 8-1 也可看出，对偶定理扩展了电路元件、电路结构和电路理论。

表 8-1 对偶对

电阻 R	电导 G	串联	并联
电感 L	电容 C	开路	短路
电压 v	电流 i	KVL	KCL
电压源	电流源	戴维南	诺顿
节点	网孔		

如果两个电路可以用带有互补参量的相同的特征方程表述，那么称它们是对偶的。

对偶性定理的有用性是不言而喻的。一旦知道某种电路的解决方案，便自动获得了对偶电路的解决方案。很明显，图 8-8 和图 8-13 是对偶电路，因此，式(8.32)与式(8.11)是对偶的。必须清楚的是，这里的对偶性方法仅限于平面电路，非平面电路的对偶性超出了本书的范围，因为非平面电路不能描述为网孔方程系统。

提示： 即使满足线性定理，一个电路或变量也可能没有对偶量。例如，互感(参见第 13 章)没有对偶量。

为了求出给定电路的对偶电路，没有必要写出网孔方程或节点方程，而可以使用图解技术。对于给定的平面电路，通常通过以下三个步骤来构建对偶电路：

1. 在给定电路的每个网络的每个中心点标定节点，在给定电路的外部放置对偶电路的参考节点(接地)。

2. 在节点之间划线，这样每条线可以穿过一个元件。用对偶性替代那个元件。

3. 为了确定电压源的极性以及电流源的方向，按照以下原则：电压源产生一个正面(顺时针)的网孔电流，它的对偶电流源的参考方向从地到参考节点。

如果还有疑问，可以通过写出节点或网孔方程来验证对偶电路。原始电路的网孔(节点)方程和对偶电路的节点(网孔)方程是相似的。以下两个例题可以解释对偶原理。

例 8-14 构建如图 8-44 所示的对偶电路。

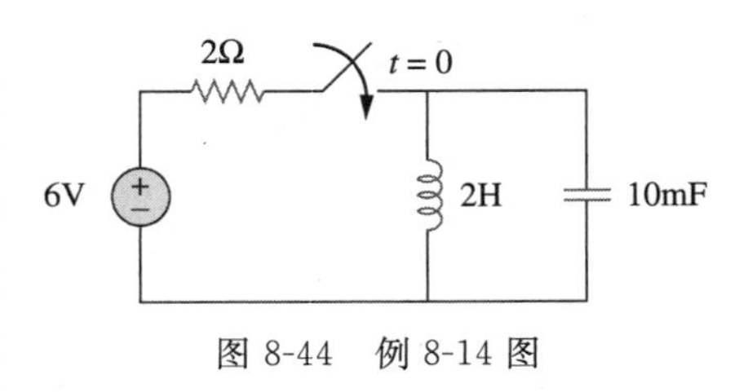

图 8-44 例 8-14 图

解： 如图 8-45a 所示，首先在两个网格上标定对偶电路节点 1、2 以及接地点 0。连接不同的节点，使连线穿过一个元件。用对偶原理替换连线穿过的元件。例如，在节点 1 和节点 2 之间的线穿过 2H 的电感，因此需要把 2F 的电容(电感的对偶)放在线上。在节点 1 和节点 0 之间的线穿过 6V 电压源，因此替换为一个 6A 的电流源。画出穿过所有元件的连线，便画出了如图 8-45a 所示电路的对偶电路。清楚的对偶电路如图 8-45b 所示。 ◀

练习 8-14 构建图 8-46 所示电路的对偶电路。 **答案：** 见图 8-47。

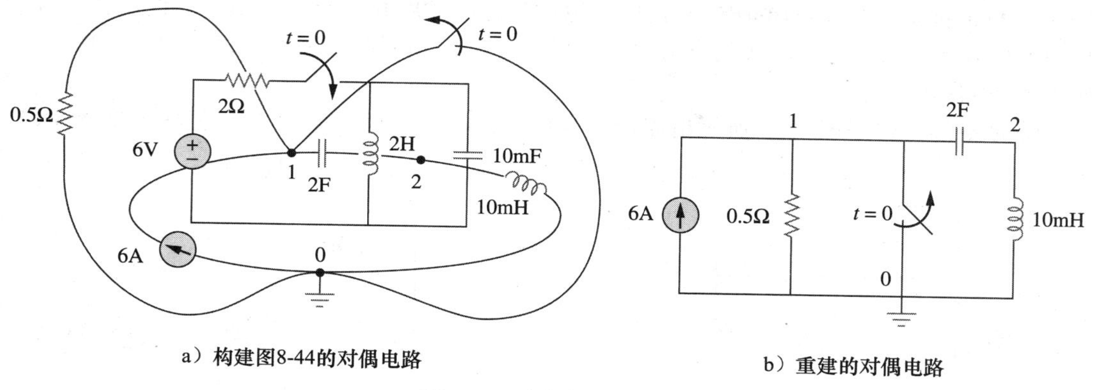

a）构建图8-44的对偶电路　　b）重建的对偶电路

图 8-45　求解例 8-14 图

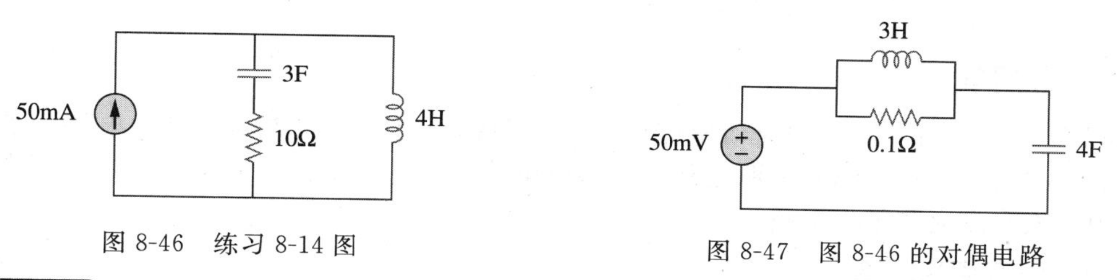

图 8-46　练习 8-14 图　　图 8-47　图 8-46 的对偶电路

例 8-15 求图 8-48 的对偶电路。

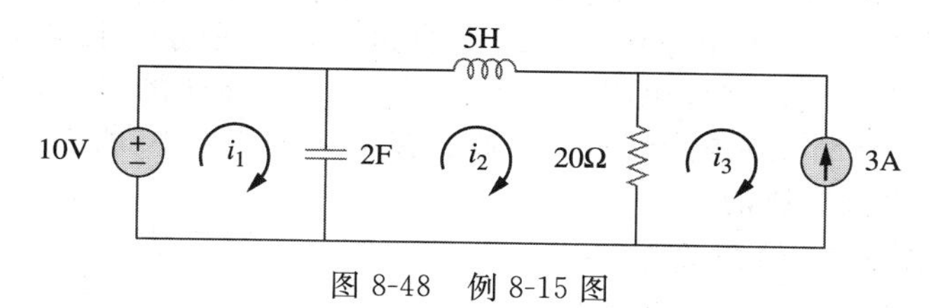

图 8-48　例 8-15 图

解：原始电路的对偶电路如图 8-49a 所示。首先标记节点 1、2、3 和参考节点 0。连接节点 1 和 2，把穿过这两点的 2F 电容用 2H 电感来代替。

连接节点 2 和 3，把穿过这两点的 20Ω 电阻用$\frac{1}{20}\Omega$电阻代替。重复这样的操作直到所有的元件都完成替换。结果如图 8-49a 所示。重建的对偶电路如图 8-49b 所示。

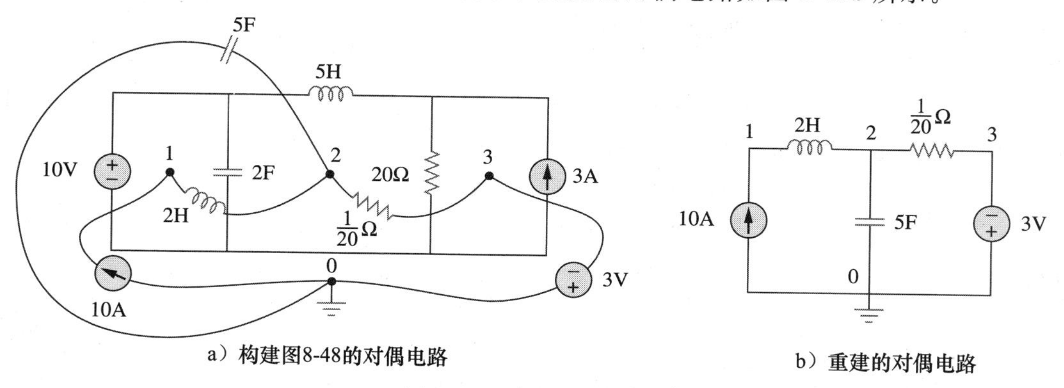

a）构建图8-48的对偶电路　　b）重建的对偶电路

图 8-49　求解例 8-15 图

为了验证电压源和电流源的方向，可以使用图 8-48 所示的原始电路的网孔电流 i_1、i_2、

i_3(所有电流都是顺时针方向)。10V 的电压源产生正向的网孔电流 i_1，所以它的对偶元件便是一个从节点 0 流向 1 的 10A 的电流源。同理，图 8-48 所示的 $i_3=-3$A 的对偶 $v_3=-3$V，如图 8-49b 所示。◀

练习 8-15　构建图 8-50 所示电路的对偶电路。　**答案**：见图 8-51。

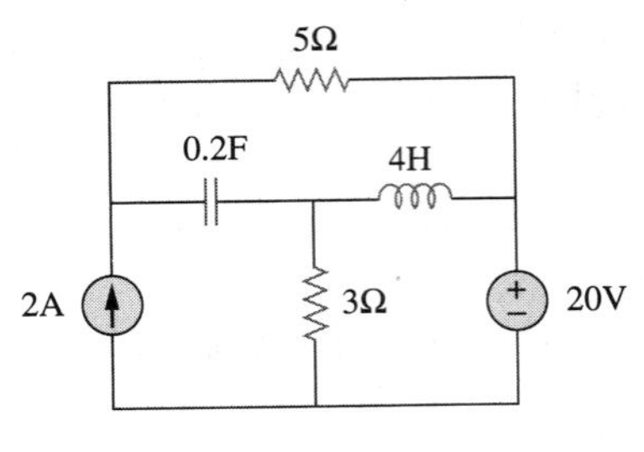

图 8-50　练习 8-15 图

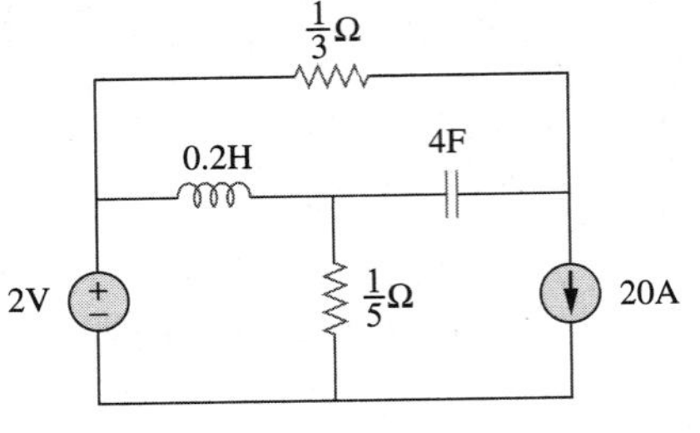

图 8-51　图 8-50 的对偶电路

†8.11　应用实例

RLC 电路可用于控制和通信电路中，例如振铃电路、校正电路、谐振电路、平滑电路以及滤波器等。在介绍交流源之前，大部分电路还没有涉及，因此本节仅讨论两个简单的应用：汽车点火和平滑电路。

8.11.1　汽车点火系统

在 7.9.4 节中，我们把汽车点火系统看成是一个充电系统，而这仅仅是系统的一部分。本节考虑另一部分——发电系统。系统模型如图 8-52 所示，12V 的电源由电池和交流发电机供应，4Ω 电阻表示接线电阻，点火线圈表示为 8mH 的电感，1μH 的电容(汽车的机械电容器)和开关(断点或电子点火)串联。接下来的例 8-16 将会解释图 8-52 所示的 *RLC* 电路是如何产生高电压的。

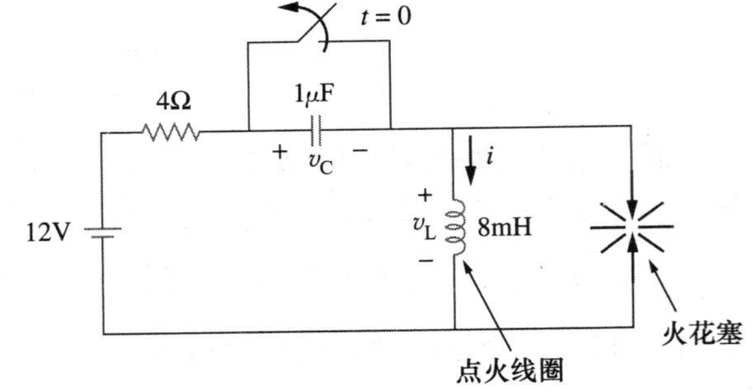

图 8-52　汽车点火电路

例 8-16　假设图 8-52 的开关在 $t=0^-$ 之前处于闭合状态，求 $t>0$ 时的电感电压 v_L。

解：如果开关在 $t=0^-$ 之前闭合，且电路处于稳定状态，那么

$$i(0^-)=\frac{12}{4}=3(\text{A}),\quad v_C(0^-)=0$$

在 $t=0^+$ 时，开关断开。由连续性条件可得

$$i(0^+)=3\text{A},\quad v_C(0^+)=0 \tag{8.16.1}$$

由 $v_L(0^+)$ 求得 $di(0^+)/dt$。在 $t=0^+$ 时，利用 KVL 可得

$$-12+4i(0^+)+v_L(0^+)+v_C(0^+)=0$$
$$-12+4\times3+v_L(0^+)+0=0 \quad\Rightarrow\quad v_L(0^+)=0$$

因此，

$$\frac{di(0^+)}{dt}=\frac{v_L(0^+)}{L}=0 \tag{8.16.2}$$

随着 $t\to\infty$ 系统达到稳定状态，电容表现为开路。因此

$$i(\infty)=0 \tag{8.16.3}$$

在 $t>0$ 时，应用 KVL 定理，得到

$$12=Ri+L\frac{\mathrm{d}i}{\mathrm{d}t}+\frac{1}{C}\int_0^t i\,\mathrm{d}t+v_C(0)$$

对每一项求导，得到

$$\frac{\mathrm{d}^2 i}{\mathrm{d}t}+\frac{R}{L}\frac{\mathrm{d}i}{\mathrm{d}t}+\frac{i}{LC}=0 \tag{8.16.4}$$

采取 8.3 的步骤可以求得暂态响应。代入 $R=4\Omega$，$L=8\mathrm{mH}$，$C=1\mu\mathrm{F}$，得到

$$\alpha=\frac{R}{2L}=250,\ \omega_0=\frac{1}{\sqrt{LC}}=1.118\times10^4$$

因为 $\alpha<\omega_0$，所以响应是欠阻尼的。阻尼频率是

$$\omega_d=\sqrt{\omega_0^2-\alpha^2}\approx\omega_0=1.118\times10^4$$

暂态响应是

$$i_t(t)=\mathrm{e}^{-\alpha}(A\cos\omega_d+B\sin\omega_d t) \tag{8.16.5}$$

其中 A 和 B 是常数。稳态响应是

$$i_{ss}(t)=i(\infty)=0 \tag{8.16.6}$$

所以完全响应是

$$i(t)=i_t(t)+i_{ss}(t)=\mathrm{e}^{-250t}(A\cos 11\,180t+B\sin 11\,180t) \tag{8.16.7}$$

现在确定 A 和 B。

$$i(0)=3=A+0\ \Rightarrow\ A=3$$

对式(8.16.7)求导，得到

$$\frac{\mathrm{d}i}{\mathrm{d}t}=\mathrm{e}^{-250t}(A\cos 11\,180t+B\sin 11\,180t)+\mathrm{e}^{-250t}(-11\,180A\sin 11\,180t+11\,180B\cos 11\,180t)$$

取 $t=0$，结合式(8.16.2)可得

$$0=-250A+11\,180B\ \Rightarrow\ B=0.0671$$

所以

$$i(t)=\mathrm{e}^{-250t}(3\cos 11\,180t+0.0671\sin 11\,180t) \tag{8.16.8}$$

电感的电压是

$$v_L(t)=L\frac{\mathrm{d}i}{\mathrm{d}t}=-268\mathrm{e}^{-250t}\sin 11\,180t \tag{8.16.9}$$

当正弦值为 1 时得到最大值，即 $11\,180t_0=\pi/2$ 或者 $t_0=140.5\mu\mathrm{s}$。在 t_0 时刻，电感电压峰值为

$$v_L(t_0)=-268\mathrm{e}^{-250t_0}=-259\mathrm{V} \tag{8.16.10}$$

尽管这个值远小于汽车点燃火花塞所需的 6000～10 000V 的电压范围，但可以应用变压器把电感电压提高到所需要的水平。◀

练习 8-16　在图 8-52 中，计算 $t>0$ 时的电容电压。

答案：$(12-12\mathrm{e}^{-250t}\cos 11\,180t+267.7\mathrm{e}^{-250t}\sin 11\,180t)(\mathrm{V})$

8.11.2　平滑电路

在典型的数字通信系统中，传输的信号首先要经过采样。采样是从待处理信号中选择信号的过程，而不是处理全部信号。每个采样信号转换成用一系列脉冲表示的二进制数字。这些脉冲经传输线传输，例如同轴电缆、双绞线、光纤等。在接收端，信号由数模转换器(D/A)进行恢复，而数模转换器的输出具有梯子功能，即每个时间间隔都是固定的。为了恢复模拟信号，需要一个平滑电路来平滑输出信号，如图 8-53 所示，

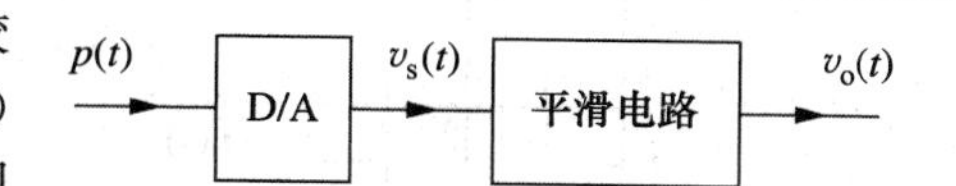

图 8-53　数模转换器的输入为一系列脉冲，输出用于平滑电路

RLC 电路可以实现这一功能。

例 8-17 D/A 转换器的输出如图 8-54a 所示。图 8-54a 的 *RLC* 电路用作平滑电路，可以确定电压 $v_o(t)$。

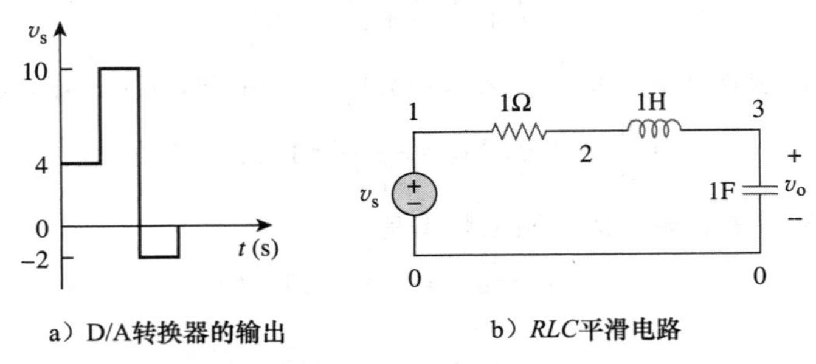

a）D/A转换器的输出　　b）*RLC*平滑电路

图 8-54　例 8-17 图

解：最好的解决方案是利用 PSpice 仿真。原理图如图 8-55a 所示。

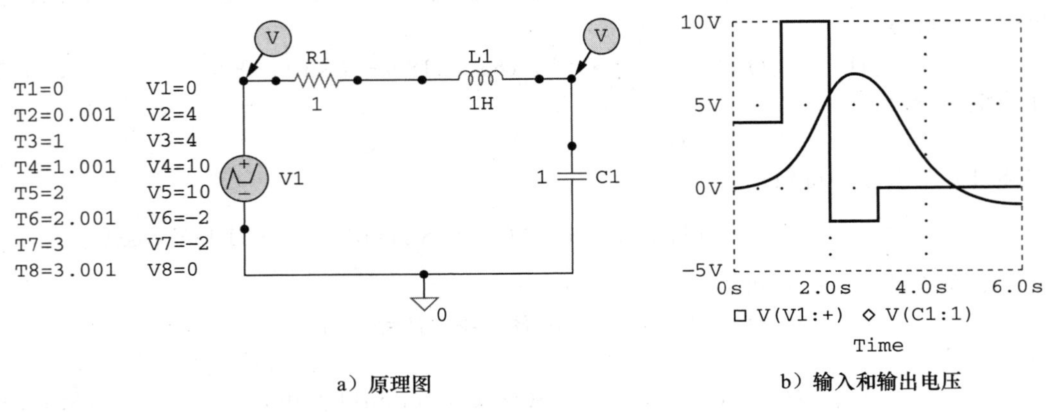

a）原理图　　b）输入和输出电压

图 8-55　例 8-17 图

图 8-54a 的脉冲利用分段线性函数来输入。V1 的参数设置为：T1=0，V1=0，T2=0.001，V2=4，V3=4……为了画出输入和输出电压的波形，可以插入两个电压探针。在打开的暂态分析对话框中，选择 Analysis/Setup/Transient 并设置终止时间为 6s。保存完原理图后，选择 Analysis/Simulate 运行可以获得图 8-55b 所示的图形。◀

练习 8-17　如果 D/A 转换器的输出如图 8-56 所示，重做例 8-17。

答案：如图 8-57 所示。

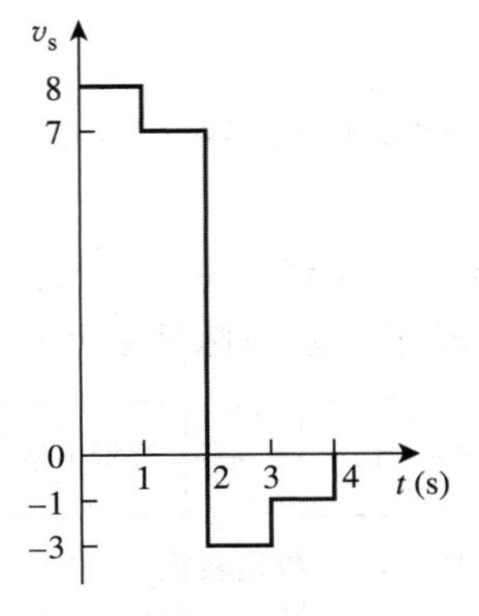

图 8-56　练习 8-17 图

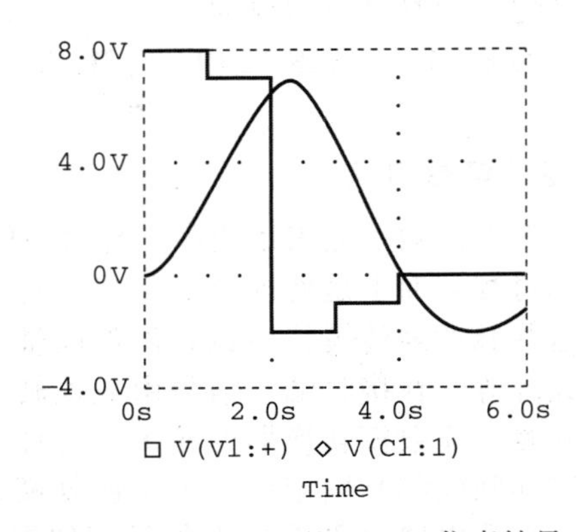

图 8-57　练习 8-17 的 PSpice 仿真结果

8.12　本章小结

1. 确定初始值 $x(0)$、$dx(0)$ 和最终值 $x(\infty)$ 对分析二阶电路非常重要。
2. RLC 电路是二阶电路，因为它是用二阶差分方程表征的。它的表达式是 $s^2+2\alpha s+\omega_0^2=0$，其中，$\alpha$ 是阻尼系数，ω_0 是非阻尼自然频率。串联电路的 $\alpha=\dfrac{R}{2L}$，并联电路的 $\alpha=\dfrac{1}{2RC}$，这两种情况的 $\omega_0=1/\sqrt{LC}$。
3. 如果电路开关关闭（或者其他突变）后，电路中没有独立电源，可以认为电路是无电源的。其全解就是自然响应。
4. 一个 RLC 电路的自然响应是过阻尼、欠阻尼或者临界阻尼，取决于特征方程的根。根相等的话是临界阻尼（$s_1=s_2$ 或者 $\alpha=\omega_0$），根是实部而且不相等（$s_1\neq s_2$ 或 $\alpha>\omega_0$）代表过阻尼，根是共轭复数（$s_1=s_2^*$ 或 $\alpha>\omega_0$）代表欠阻尼。
5. 如果在开关断开之后，独立电源还存在，那么完全响应就是暂态响应和稳态响应之和。
6. 利用 PSpice 仿真分析 RLC 电路和分析 RC 电路、RL 电路一样。
7. 如果一个电路的网孔方程与另一个电路的节点方程具有相同的形式，那么这两个电路是对偶的。对一个电路的分析可转换为对其对偶电路的分析。
8. 汽车点火系统和平滑电路是本章典型的实际应用。

复习题

1　图 8-58 中，在 $t=0^-$（在开关闭合前）的电容电压是
(a) 0V　(b) 4V　(c) 8V　(d) 12V

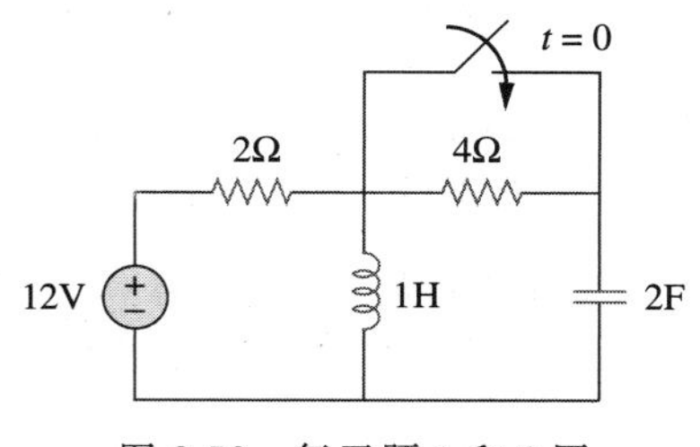

图 8-58　复习题 1 和 2 图

2　图 8-58 中，电感初始电流（在 $t=0$ 时）是
(a) 0A　(b) 2A　(c) 6A　(d) 12A

3　把阶跃输入应用到二阶电路时，电路变量的最终值可以通过以下哪个途径获得 (a) 用闭路代替电容，用电感代替开路；(b) 用开路代替电容，用电感代替闭路；(c) 以上都不是。

4　如果一个 RLC 电路的特征方程的根是 -2 和 -3，那么响应是
(a) $(A\cos 2t+B\sin 2t)e^{-3t}$
(b) $(A+2Bt)e^{-3t}$
(c) $Ae^{-2t}+Bte^{-3t}$
(d) $Ae^{-2t}+Be^{-3t}$

5　在一个串联电路里，设置 $R=0$ 将会产生
(a) 过阻尼响应　(b) 临界阻尼响应
(c) 欠阻尼响应　(d) 以上都不是

6　串联 RLC 电路中：$L=2H$，$C=0.25F$。将会产生单位阻尼系数的 R 值是
(a) 0.5Ω　(b) 1Ω　(c) 2Ω　(d) 4Ω

7　图 8-59 所示的串联 RLC 电路。将会产生如下哪种响应
(a) 过阻尼　(b) 欠阻尼
(c) 临界阻尼　(d) 以上都不是

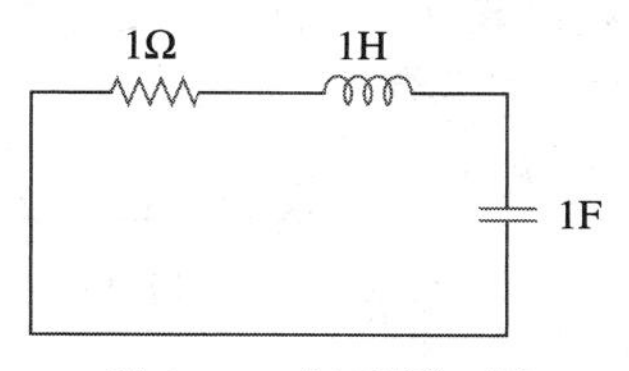

图 8-59　复习题 7 图

8　图 8-60 所示的并联 RLC 电路。将会产生下列哪种响应
(a) 过阻尼　(b) 欠阻尼
(c) 临界阻尼　(d) 以上都不是

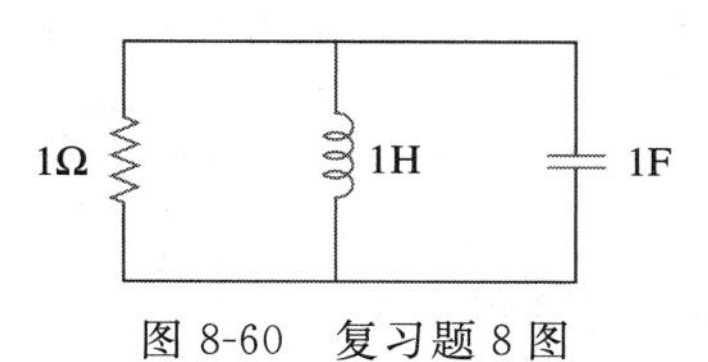

图 8-60　复习题 8 图

9　下列哪项可以匹配图 8-61 所示的电路
(a) 一阶电路　(b) 二阶串联电路

(c) 二阶并联电路　　(d) 以上都不是

a)　　b)

c)　　d)

图 8-61　复习题 9 图

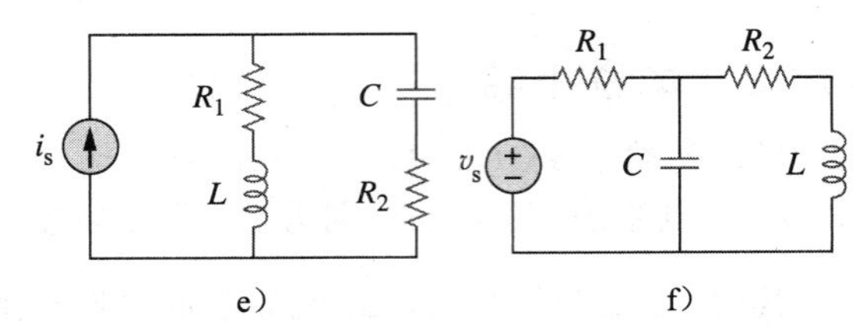

图 8-61　复习题 9 图(续)

10　在一个电子电路中，电阻的对偶是

(a) 电导　　(b) 电感

(c) 电容　　(d) 开路

(e) 短路

答案：1 (a)；2 (c)；3 (b)；4 (d)；5 (d)；6 (c)；7 (b)；8 (b)；9 (c，b、e，a，d、f)；10 (a)。

习题

8.2 节

1　对于图 8-62 所示的电路，计算：(a) $i(0^+)$ 和 $v(0^+)$；(b) $di(0^+)/dt$ 和 $dv(0^+)/dt$；(c) $i(\infty)$ 和 $v(\infty)$。

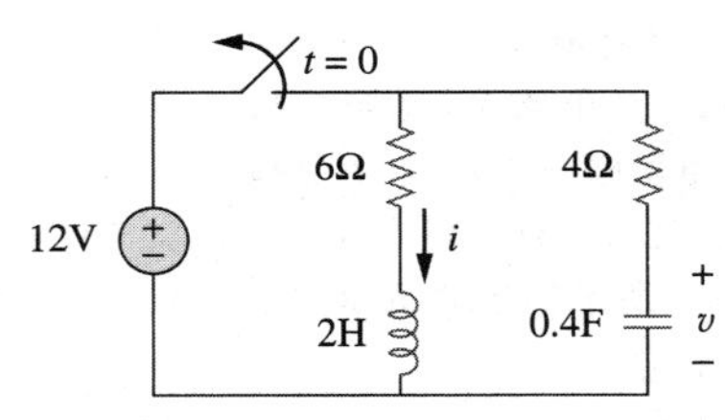

图 8-62　习题 1 图

2　利用图 8-63 设计一个问题以更好地理解初始值和最终值的求解。**ED**

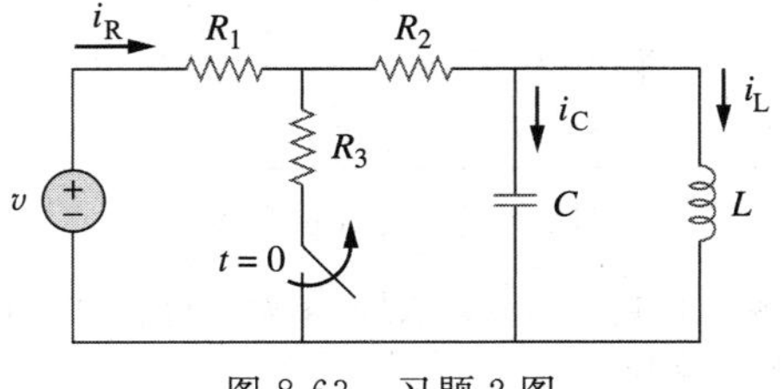

图 8-63　习题 2 图

3　对于图 8-64 所示电路，计算：(a) $i_L(0^+)$、$v_C(0^+)$ 和 $v_R(0^+)$；(b) $di_L(0^+)/dt$、$dv_C(0^+)/dt$ 和 $dv_R(0^+)/dt$；(c) $i_L(\infty)$、$v_C(\infty)$ 和 $v_R(\infty)$。

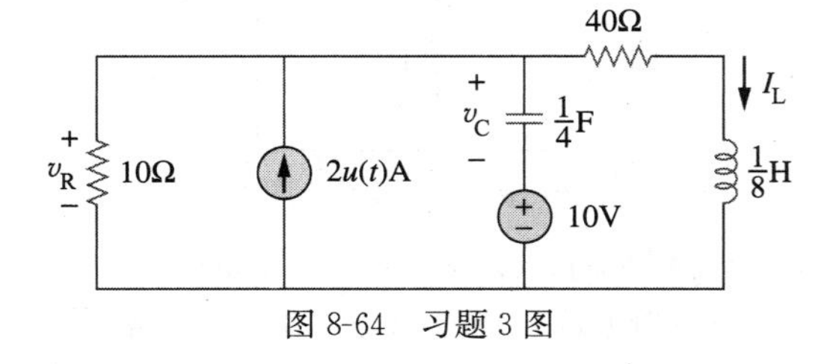

图 8-64　习题 3 图

4　对于图 8-65 所示的电路，计算 (a) $v(0^+)$ 和 $i(0^+)$；(b) $dv(0^+)/dt$ 和 $di(0^+)/dt$；(c) $v(\infty)$ 和 $i(\infty)$。

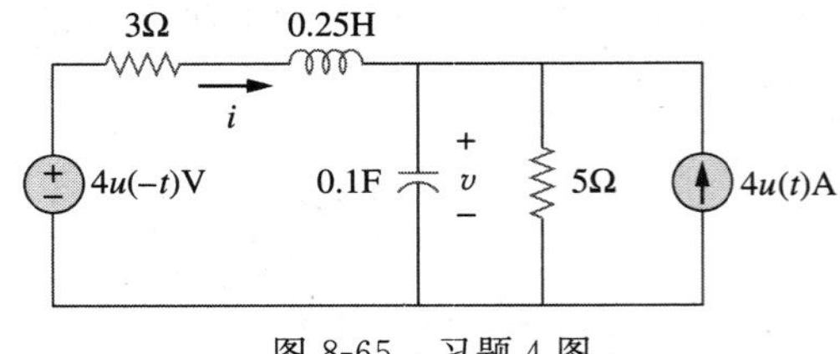

图 8-65　习题 4 图

5　对于图 8-66 所示的电路，计算 (a) $i(0^+)$ 和 $v(0^+)$；(b) $di(0^+)/dt$ 和 $dv(0^+)/dt$；(c) $i(\infty)$ 和 $v(\infty)$。

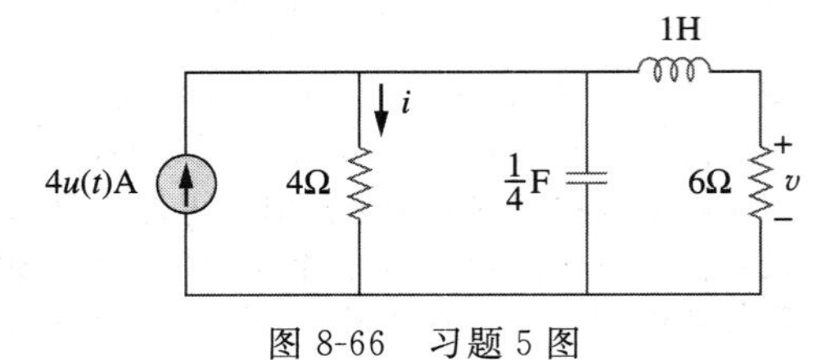

图 8-66　习题 5 图

6　对于图 8-67 的电路，计算 (a) $v_R(0^+)$ 和 $v_L(0^+)$；(b) $dv_R(0^+)/dt$ 和 $dv_L(0^+)/dt$；(c) $v_R(\infty)$ 和 $v_L(\infty)$

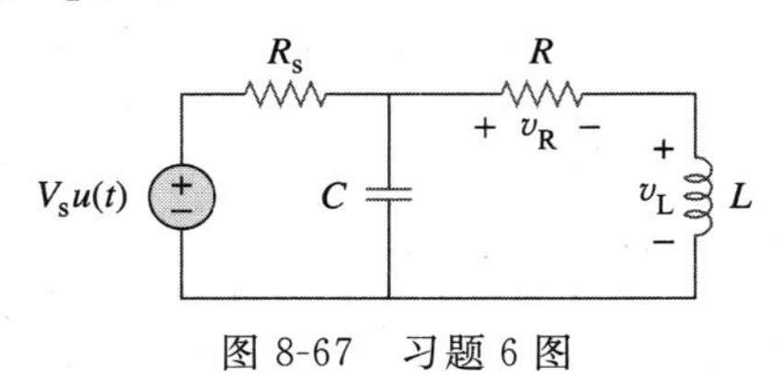

图 8-67　习题 6 图

8.3 节

7　串联 RLC 电路中，$R=20\text{k}\Omega$，$L=0.2\text{mH}$，$C=5\mu\text{F}$。电路表现为以下哪种阻尼形式？

8　设计一个问题来更好地理解无电源 RLC 电路。 **ED**

9　RLC 电路的电流可表述为$\frac{\text{d}^2 i}{\text{d}t^2}+10\frac{\text{d}i}{\text{d}t}+25i=0$。如果 $i(0)=10\text{A}$，$\text{d}i(0)/\text{d}t=0$。求当 $t>0$ 时的 $i(t)$。

10　RLC 网络中描述电压的差分方程为

$$\frac{\text{d}^2 v}{\text{d}t^2}+5\frac{\text{d}v}{\text{d}t}+4v=0$$

如果 $v(0)=0$，$\text{d}v(0)/\text{d}t=10(\text{V/s})$，求 $i(t)$。

11　RLC 电路的自然响应可由差分方程描述，$\frac{\text{d}^2 v}{\text{d}t^2}+2\frac{\text{d}v}{\text{d}t}+v=0$。初始条件 $v(0)=10\text{V}$，$\text{d}v(0)/\text{d}t=0$。求 $v(t)$。

12　如果 $R=50\Omega$，$L=1.5\text{H}$，C 取何值可以构成以下形式的 RLC 串联电路：(a) 过阻尼；(b) 临界阻尼；(c) 欠阻尼。

13　对于图 8-68 所示的电路，计算构成临界阻尼响应的 R 值。

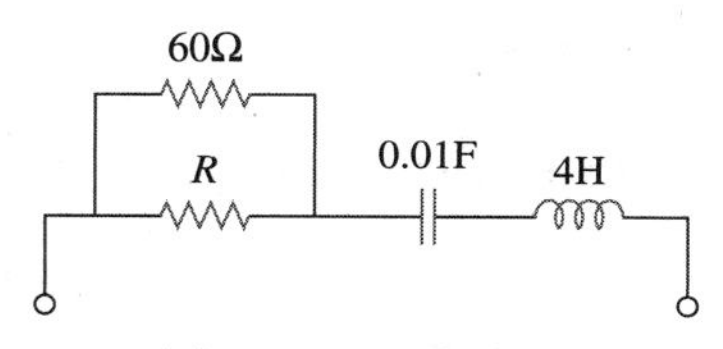

图 8-68　习题 13 图

14　在 $t=0$ 时，图 8-69 中的开关由 A 转向 B（确认开关必须在 A 断开前，连接到点 B，断开前连接开关）。令 $v(0)=0$，找出 $t>0$ 时的 $v(t)$。

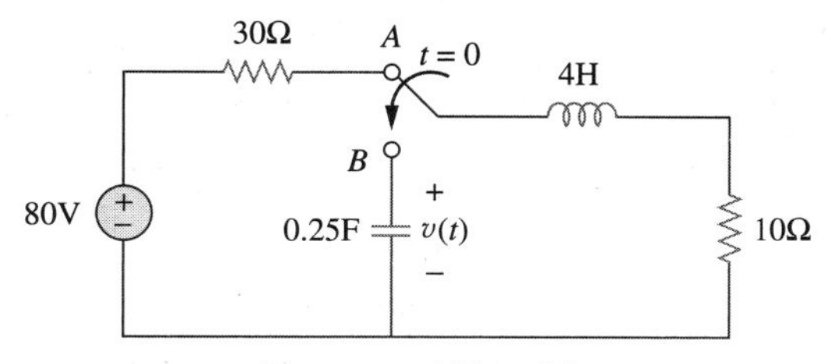

图 8-69　习题 14 图

15　串联 RLC 电路的响应是

$$v_C(t)=30-e^{-20t}+30e^{-10t}(\text{V})$$
$$i_L(t)=40e^{-20t}-60e^{-10t}(\text{mA})$$

式中 v_C 和 i_L 分别是电容电压和电感电流。确定 R、L、C 值。

16　计算图 8-70 所示电路在 $t>0$ 时的 $i(t)$。

17　在图 8-71 的电路中，开关瞬间由 A 转向 B。确定 $t>0$ 时的 $v(t)$。

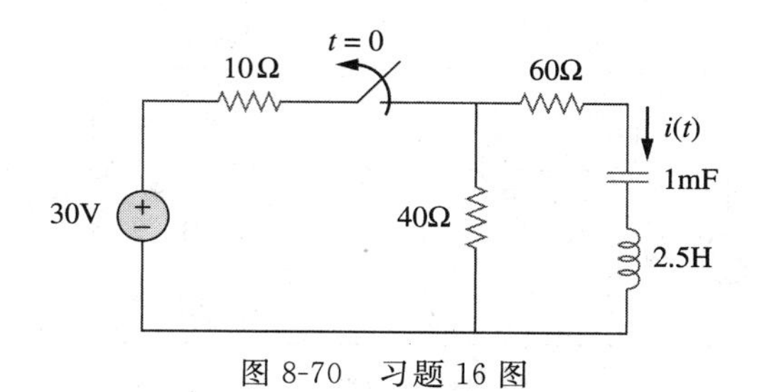

图 8-70　习题 16 图

图 8-71　习题 17 图

18　对于图 8-72 所示的电路，计算 $t>0$ 时的电容电压，假设 $t=0^-$ 时已达稳态。

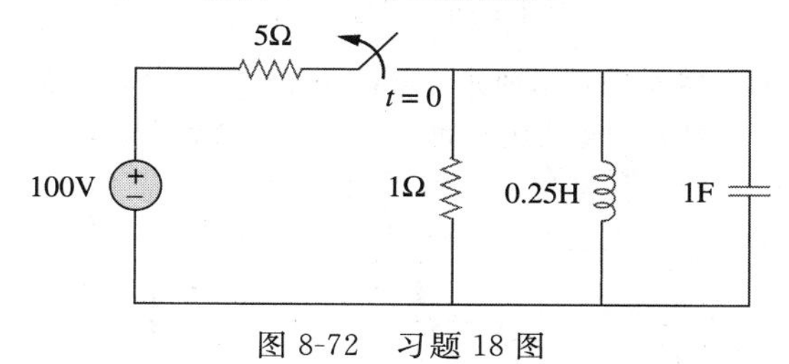

图 8-72　习题 18 图

19　对图 8-73 所示的电路，计算 $t>0$ 时的 $v(t)$。

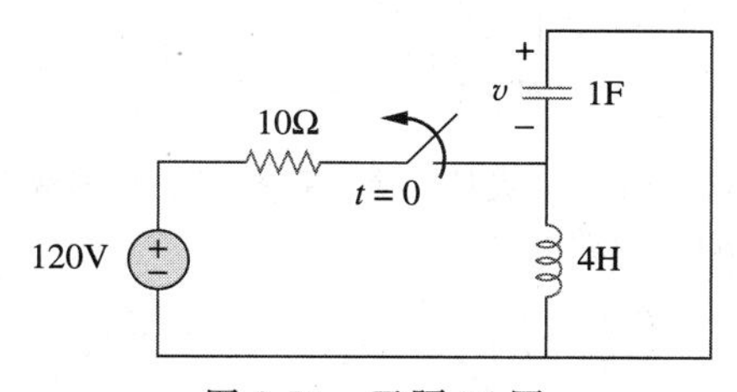

图 8-73　习题 19 图

20　图 8-74 所示电路的开关长期处于闭合状态，在 $t=0$ 时断开。确定 $t>0$ 时的 $i(t)$。

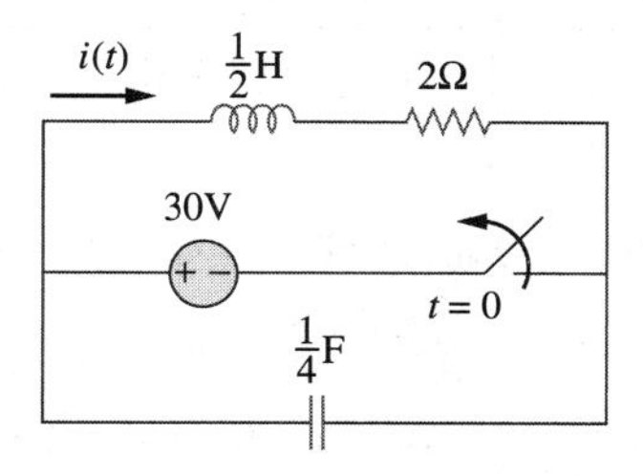

图 8-74　习题 20 图

*21　计算图 8-75 所示电路在 $t>0$ 时的 $v(t)$。 **PS**

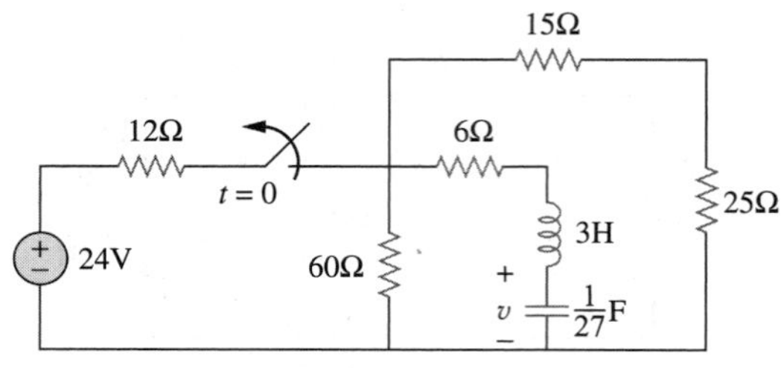

图 8-75 习题 21 图

8.4 节

22 假设 $R=2\text{k}\Omega$，设计一个具有如下特征方程的并联 RLC 电路：

$$s^2+100s+10^6=0$$

23 图 8-76 所示的电路中，C 取何值时电路为欠阻尼且阻尼系数为 1($\alpha=1$)?

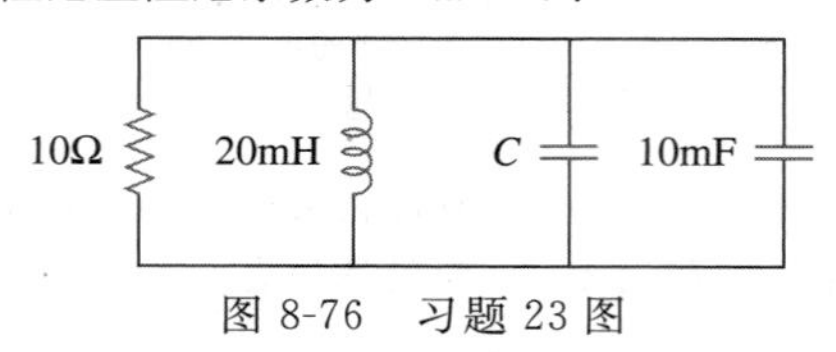

图 8-76 习题 23 图

24 图 8-77 所示的开关在 $t=0$ 时从 A 转向 B(确认开关必须在 A 断开前，连接到点 B，即先通后断开关)。求 $t>0$ 时的 $i(t)$。

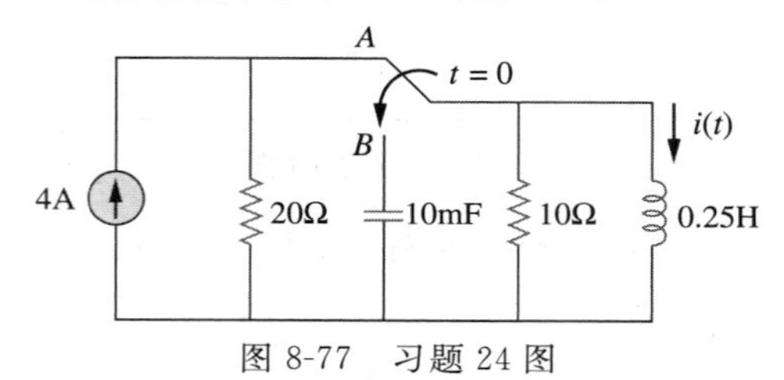

图 8-77 习题 24 图

25 利用图 8-78 设计一个问题来更好地理解无源 RLC 电路。 **ED**

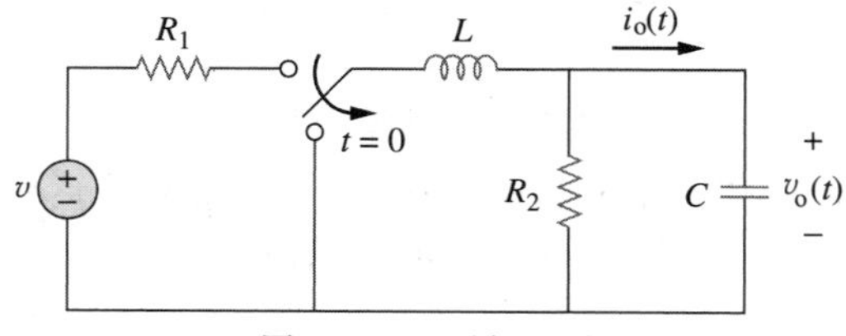

图 8-78 习题 25 图

8.5 节

26 一个 RLC 电路的阶跃响应如下所示：

$$\frac{\mathrm{d}^2 i}{\mathrm{d}t^2}+2\frac{\mathrm{d}i}{\mathrm{d}t}+5i=0$$

如果 $i(0)=2$，$i(0)=2$，$\mathrm{d}i(0)/\mathrm{d}t=4$，求 $i(t)$。

27 RLC 电路的支路电压表达式为：

$$\frac{\mathrm{d}^2 v}{\mathrm{d}t^2}+4\frac{\mathrm{d}v}{\mathrm{d}t}+8v=24$$

如果初始状态为 $v(0)=0=\mathrm{d}v(0)/\mathrm{d}t$，确定 $v(t)$。

28 串联 RLC 电路的表达式为：

$$L\frac{\mathrm{d}^2 i}{\mathrm{d}t^2}+R\frac{\mathrm{d}i}{\mathrm{d}t}+\frac{i}{c}=10$$

当 $L=0.5\text{H}$，$R=4\Omega$，$C=0.2\text{F}$ 时，求电路的响应。令 $i(0)=1$，$\mathrm{d}i(0)/\mathrm{d}t=0$。

29 计算下列给定初始条件下的各项的差分方程。

(a) $\mathrm{d}^2v/\mathrm{d}t^2+4v=12$，$v(0)=0$，$\mathrm{d}v(0)/\mathrm{d}t=2$；

(b) $\mathrm{d}^2i/\mathrm{d}t^2+5\mathrm{d}i/\mathrm{d}t+4i=8$，$i(0)=-1$ $\mathrm{d}i(0)/\mathrm{d}t=0$；

(c) $\mathrm{d}^2v/\mathrm{d}t^2+2\mathrm{d}v/\mathrm{d}t+v=3$，$v(0)=5$ $\mathrm{d}v(0)/\mathrm{d}t=1$；

(d) $\mathrm{d}^2i/\mathrm{d}t^2+2\mathrm{d}i/\mathrm{d}t+5i=10$，$i(0)=4$ $\mathrm{d}i(0)/\mathrm{d}t=-2$。

30 串联 RLC 电路的阶跃响应是

$$v_C=(40-10\mathrm{e}^{-2000t}-10\mathrm{e}^{-4000t})\text{V},\ t>0$$

$$i_L(t)=(3\mathrm{e}^{-2000t}+6\mathrm{e}^{-4000t})\text{mA},\ t>0$$

(a) 计算 C；(b) 确定该电路的阻尼类型。

31 对于图 8-79 所示电路。计算 $v_L(0^+)$ 以及 $v_C(0^+)$。 **PS**

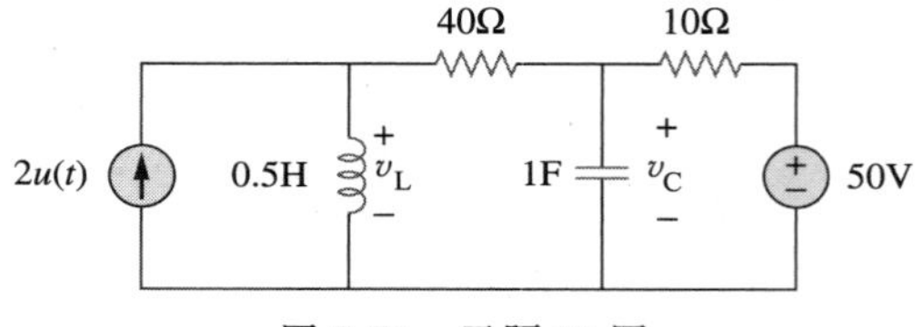

图 8-79 习题 31 图

32 对于图 8-80 所示的电路，计算 $t>0$ 时的 $v(t)$。 **PS**

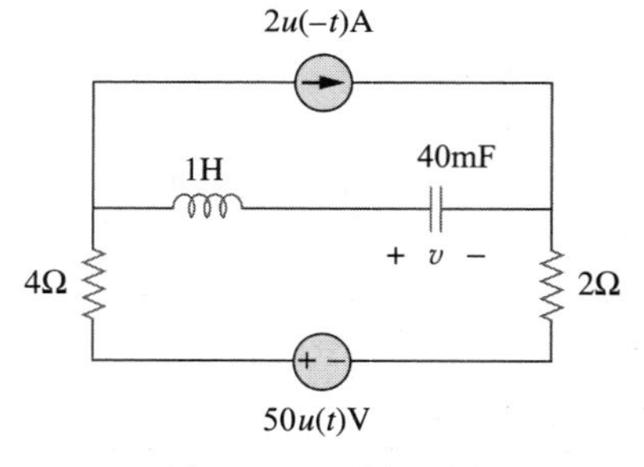

图 8-80 习题 32 图

33 对于图 8-81 的电路，计算 $t>0$ 时的 $v(t)$。**PS**

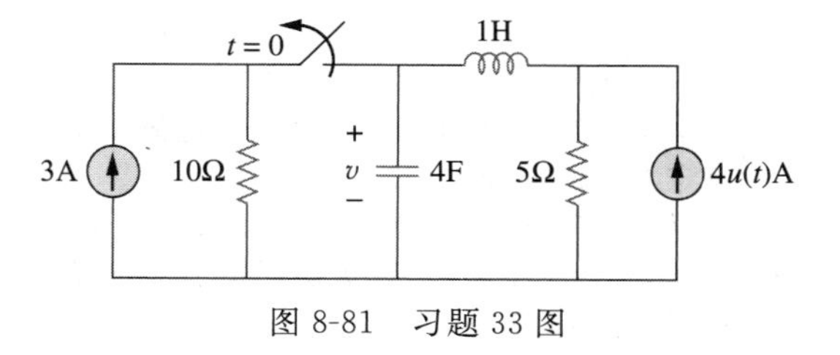

图 8-81 习题 33 图

34　对于图 8-82 的电路，计算 $t>0$ 时的 $i(t)$。

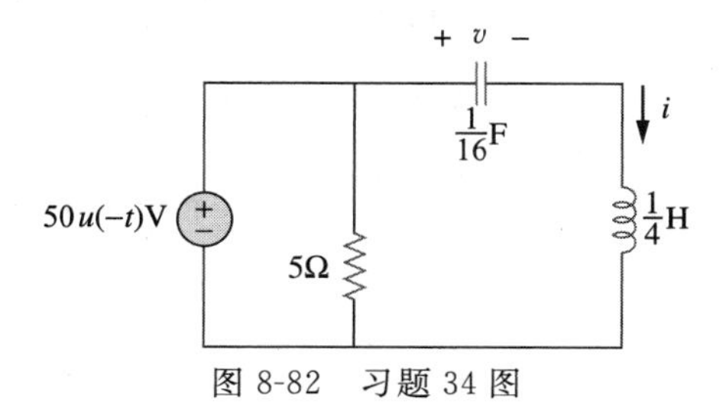

图 8-82　习题 34 图

35　利用图 8-83 设计一个问题来更好地理解串联 RLC 电路的阶跃响应。 **ED**

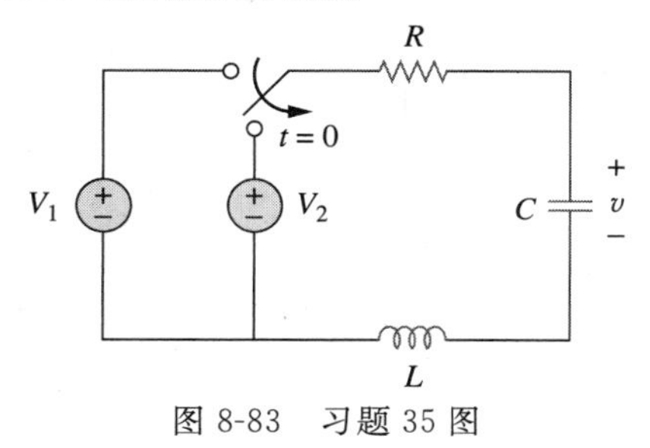

图 8-83　习题 35 图

36　对于图 8-84 所示电路，计算 $t>0$ 时的 $v(t)$ 和 $i(t)$。

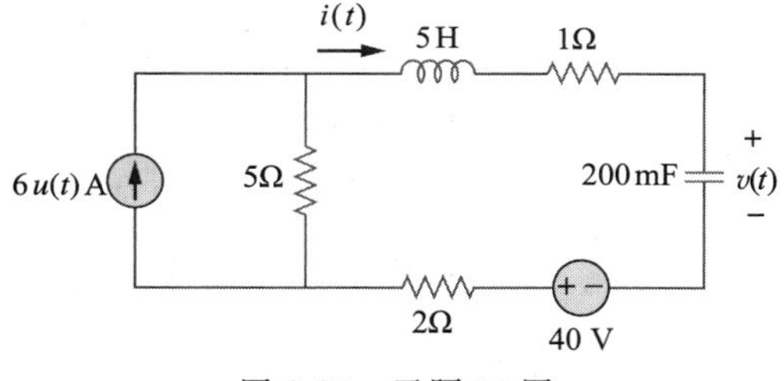

图 8-84　习题 36 图

* 37　对于图 8-85 所示的电路，确定 $t>0$ 时的 $i(t)$。

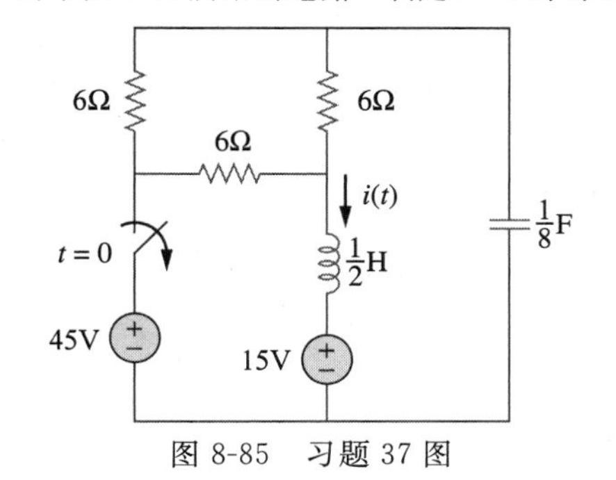

图 8-85　习题 37 图

38　对于图 8-86 所示电路，确定 $t>0$ 时的 $i(t)$。

39　对于图 8-87 所示电路，计算 $t>0$ 时的 $v(t)$。

40　图 8-88 所示电路中，开关在 $t=0$ 时，由 a 转向 b，假设 $t=0$ 时电容上的电压为 0，计算 $t>0$ 时的 $i(t)$。 **PS**

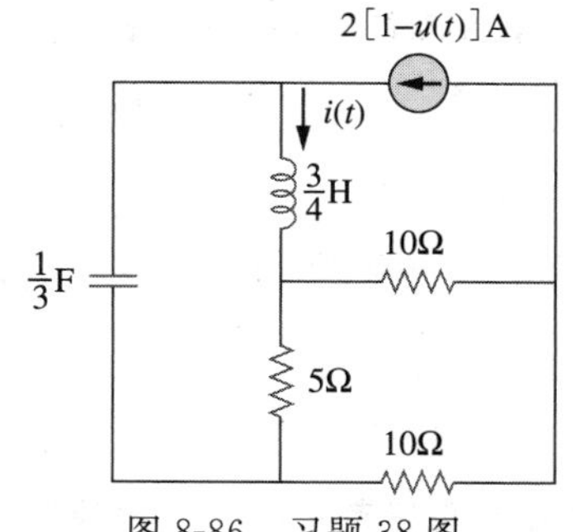

图 8-86　习题 38 图

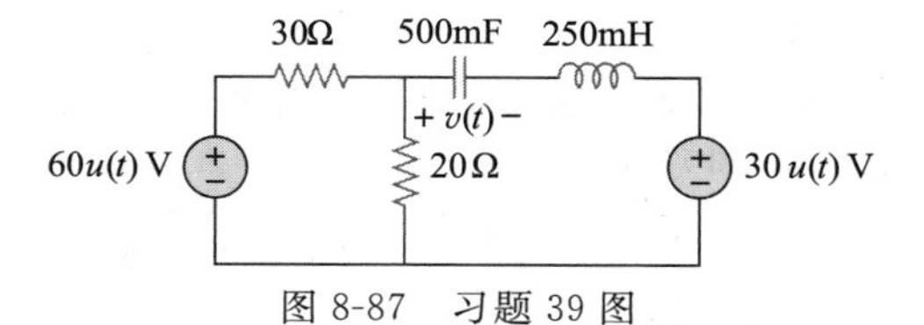

图 8-87　习题 39 图

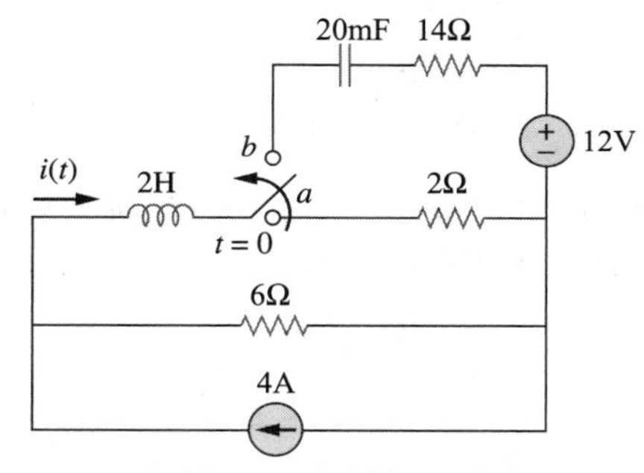

图 8-88　习题 40 图

* 41　对于图 8-89 所示电路，计算 $t>0$ 时的 $i(t)$。

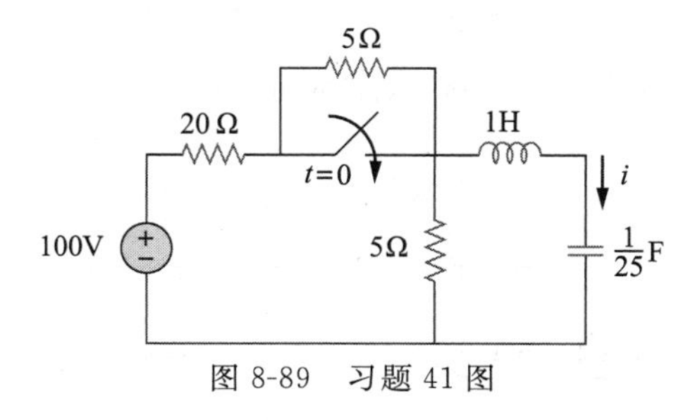

图 8-89　习题 41 图

* 42　对于图 8-90 所示的网络，计算 $t>0$ 时的 $v(t)$。

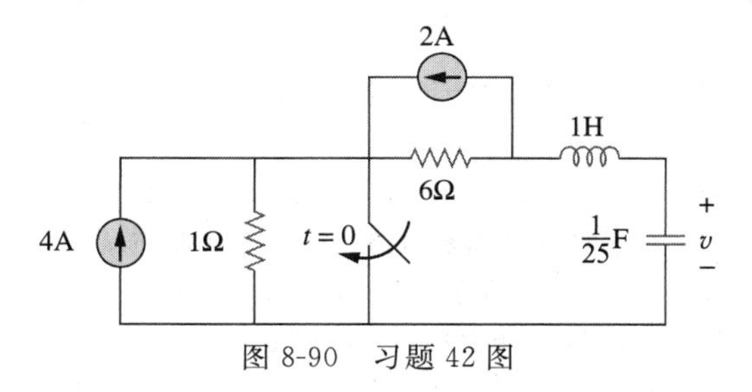

图 8-90　习题 42 图

43　图 8-91 所示电路达到稳态后，在 $t=0$ 时刻断开。计算 R 和 C 使得 $\alpha=8\text{Np/s}$，$\omega_d=30\text{rad/s}$。

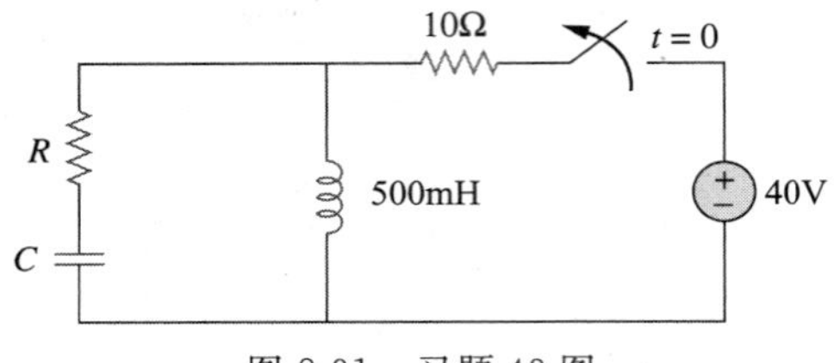

图 8-91 习题 43 图

44 串联 RLC 电路参数如下：$R=1\text{k}\Omega$，$L=1\text{H}$，$C=10\text{nH}$。电路表现为哪种阻尼形式？

8.6 节

45 对于图 8-92 所示的电路，计算 $t>0$ 时的 $v(t)$和 $i(t)$。

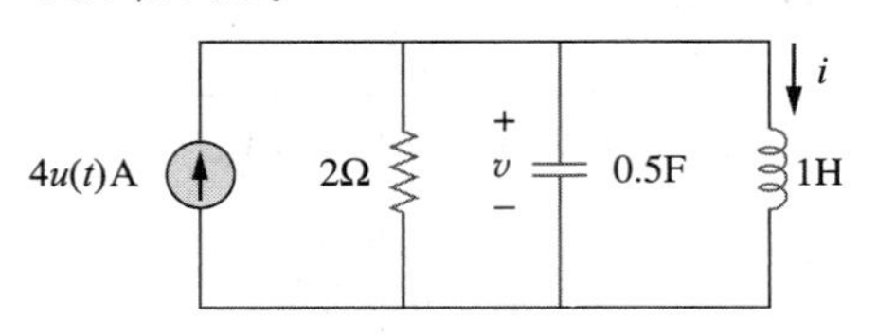

图 8-92 习题 45 图

46 利用图 8-93 设计一个问题来更好地理解并联 RLC 电路的阶跃响应。 **ED**

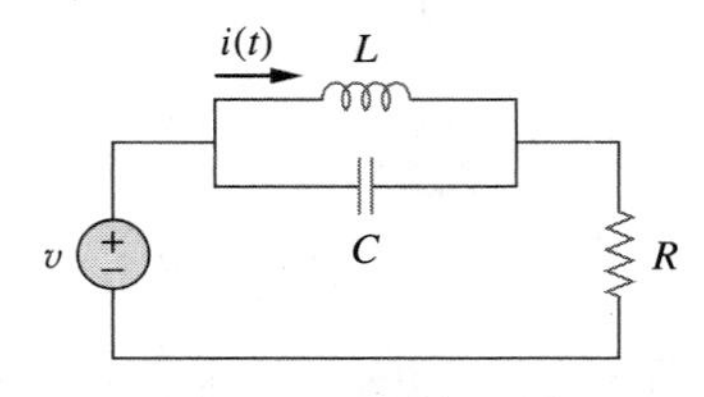

图 8-93 习题 46 图

47 计算图 8-94 所示电路的输出电压 $v_o(t)$。

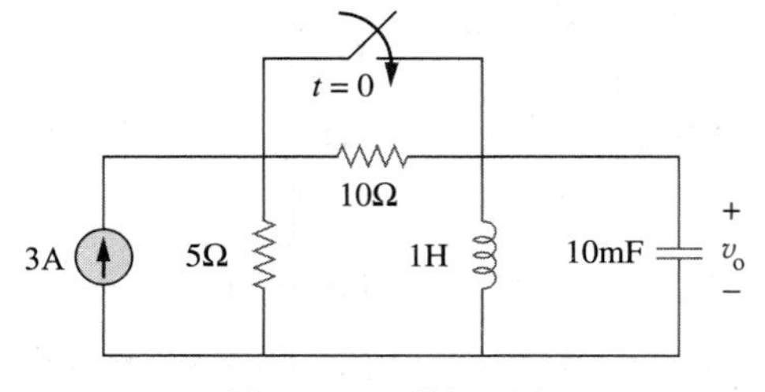

图 8-94 习题 47 图

48 对于图 8-95 所示电路，计算 $t>0$ 时的 $v(t)$ 和 $i(t)$。

49 对于图 8-96 所示电路，计算 $t>0$ 时的 $i(t)$。

50 对于图 8-97 所示电路，计算 $t>0$ 时的 $i(t)$。

51 对于图 8-98 所示的电路，计算 $t>0$ 时的 $v(t)$。

52 并联 RLC 电路的阶跃响应是

$$v=[10+20e^{-300t}(\cos400t-2\sin400t)]\text{V},\ t\geqslant0$$

当电感是 50mH 时。计算 R 和 C。

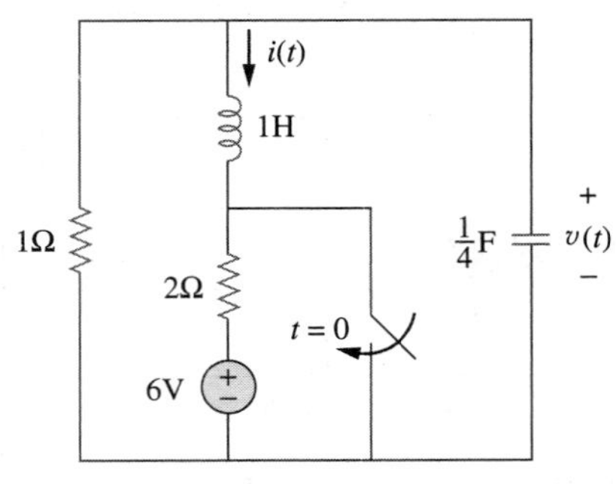

图 8-95 习题 48 图

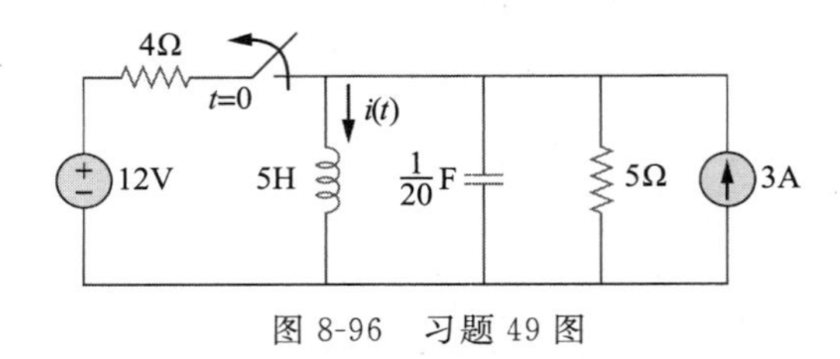

图 8-96 习题 49 图

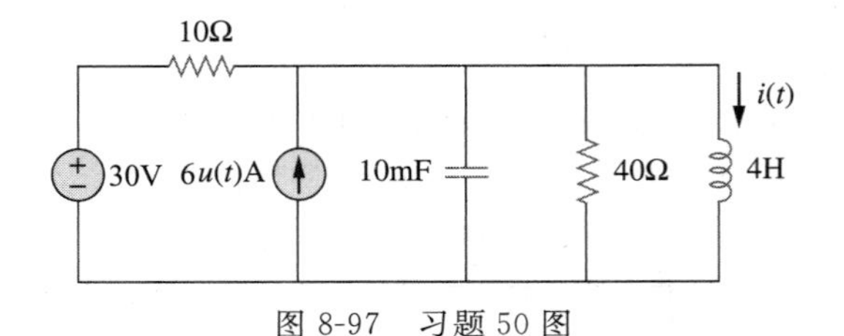

图 8-97 习题 50 图

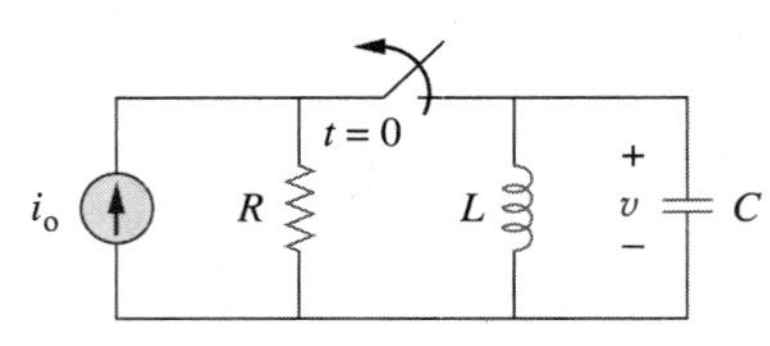

图 8-98 习题 51 图

8.7 节

53 图 8-99 所示电路中，已断开一天的开关在 $t=0$ 时闭合。计算 $t>0$ 时用来描述 $i(t)$的差分电路。

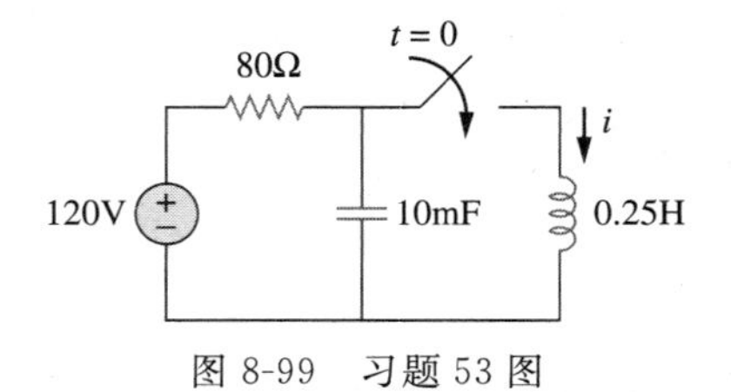

图 8-99 习题 53 图

54 利用图 8-100 设计一个问题，从而更好地理解一般二阶电路。 **ED**

55 对于图 8-101 所示的电路，计算 $t>0$ 时的 $v(t)$。假设 $v(0^+)=4\text{V}$，$i(0^+)=2\text{A}$。

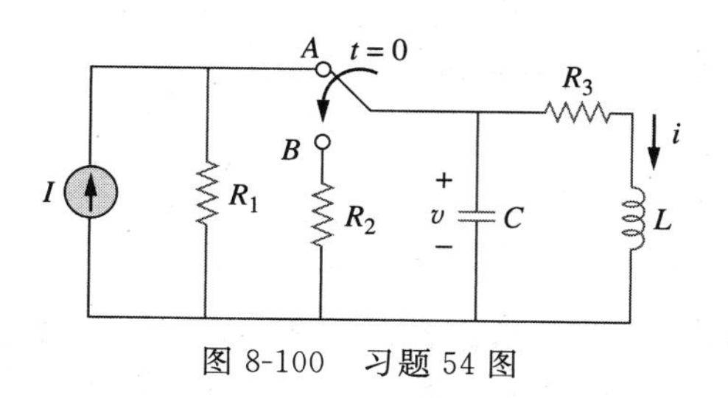

图 8-100　习题 54 图

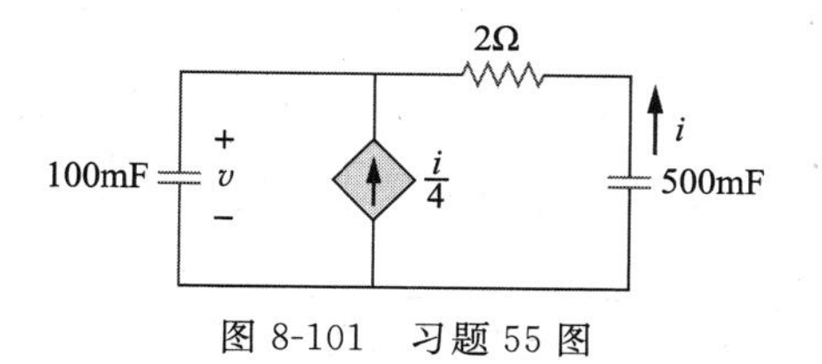

图 8-101　习题 55 图

56　对于图 8-102 所示的电路，计算 $t>0$ 时的 $i(t)$。

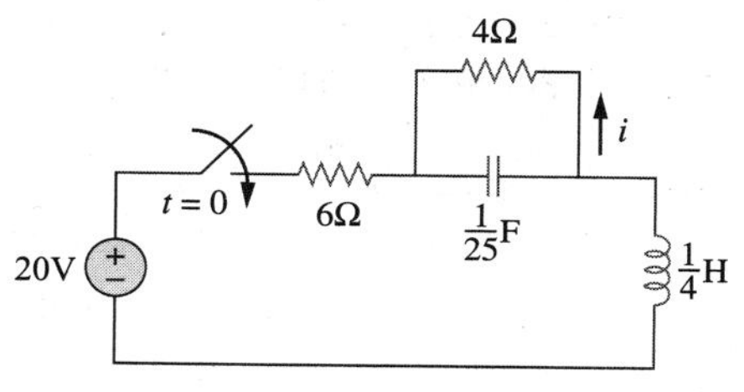

图 8-102　习题 56 图

57　如果图 8-103 所示电路中的开关已经长时间关闭。$t=0$ 时刻开关打开，求电路的特征方程与 $t>0$ 时的 i_x 和 v_R

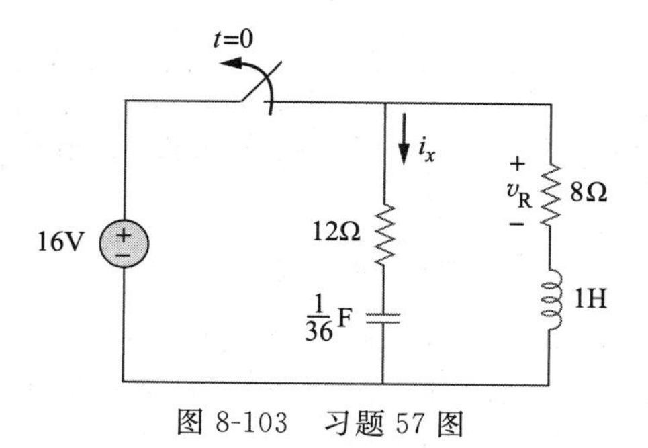

图 8-103　习题 57 图

58　图 8-104 的电路长期处于 1 状态，在 $t=0$ 时转向 2。计算：

(a) $v(0^+)$，$dv(0^+)/dt$；(b) 在 $t\geqslant 0$ 时的 $v(t)$。

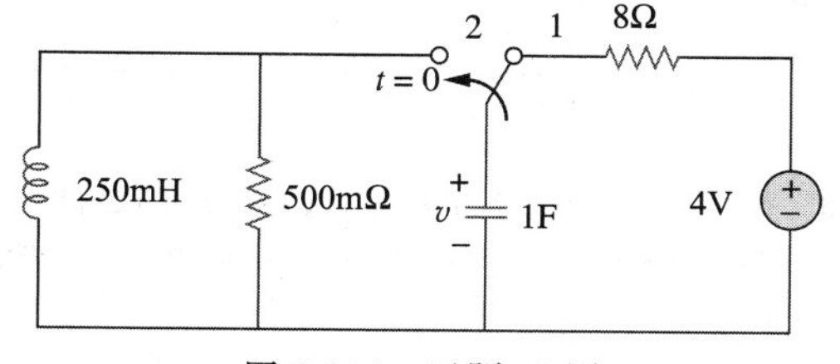

图 8-104　习题 58 图

59　在 $t<0$ 时，图 8-105 的开关处于位置 1。在 $t=0$ 时，开关转向电容顶部。注意这是一个先通后断开关，即开关一直和位置 1 相连，直到它和电容顶部的连接建立后才断开与位置 1 的连接。计算 $v(t)$。

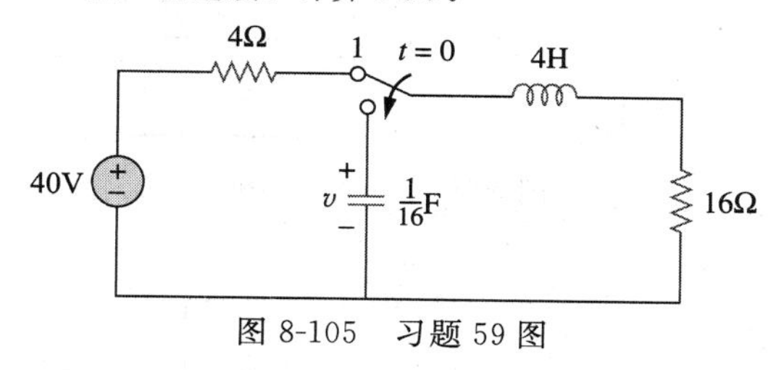

图 8-105　习题 59 图

60　对于图 8-106 的电路，计算 $t>0$ 时的 i_1 和 i_2。

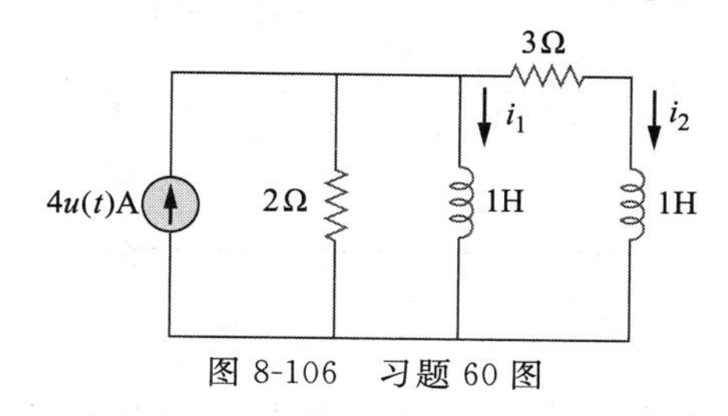

图 8-106　习题 60 图

61　对于习题 5 所示的电路，计算 $t>0$ 时的 i 和 v。

62　对于图 8-107 所示的电路，令 $R=3\Omega$，$L=2\text{H}$，$C=1/18\text{F}$，计算 $t>0$ 时的响应 $v_R(t)$。

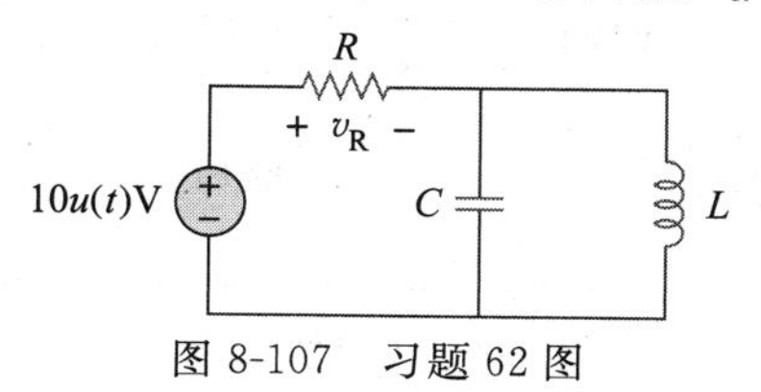

图 8-107　习题 62 图

8.8 节

63　对于图 8-108 所示的运算放大器电路，计算 $i(t)$ 的差分电路。

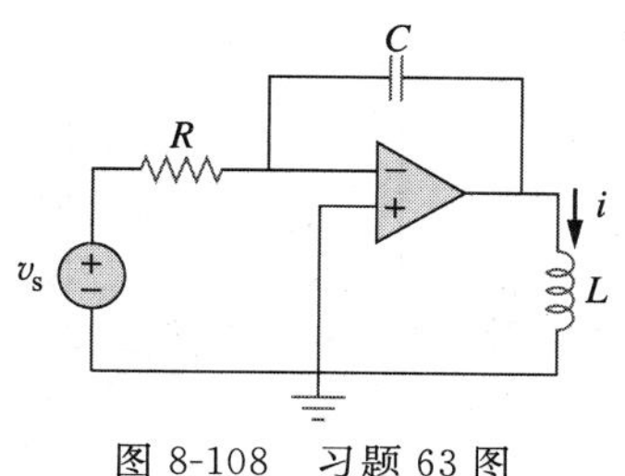

图 8-108　习题 63 图

64　利用图 8-109 设计一个问题，以更好地理解二阶运算放大器电路。**ED**

65　计算图 8-110 所示的运算放大器电路的差分方程。如果 $v_1(0^+)=2\text{V}$，$v_2(0^+)=0\text{V}$，计算在 $t>0$ 时的 v_o。令 $R=100\text{k}\Omega$，$C=1\mu\text{F}$。

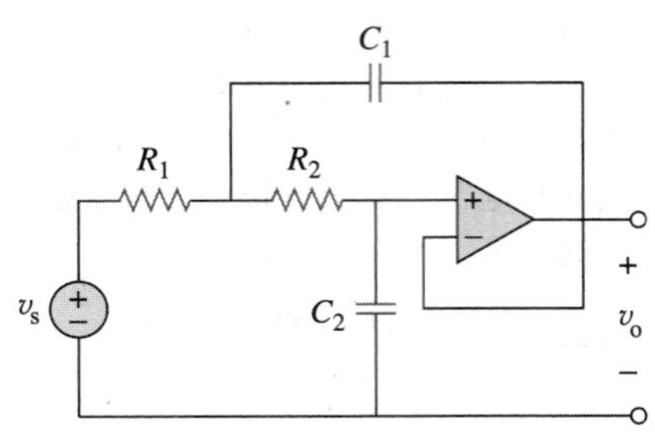

图 8-109　习题 64 图

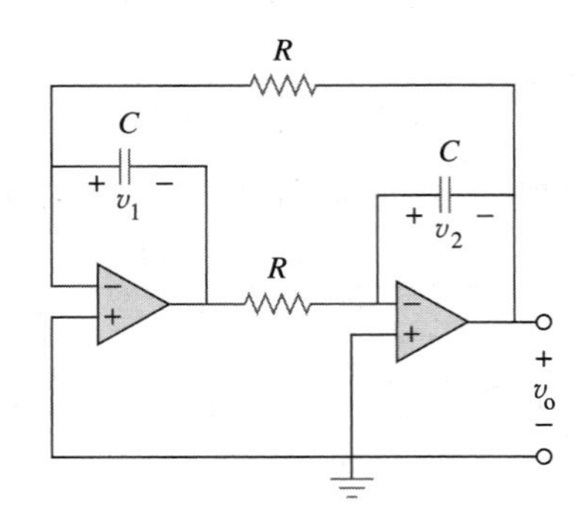

图 8-110　习题 65 图

66　计算图 8-111 所示的运算放大器电路 $v_o(t)$ 的差分方程。

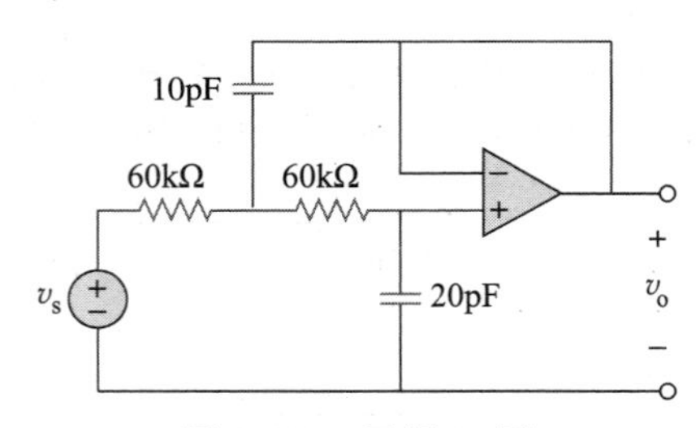

图 8-111　习题 66 图

*67　在图 8-112 所示的运算放大器电路中，计算 $t>0$ 时的 $v_o(t)$。令 $v_{in}=u(t)$，$R_1=R_2=10\text{k}\Omega$，$C1=C2=100\mu\text{F}$。

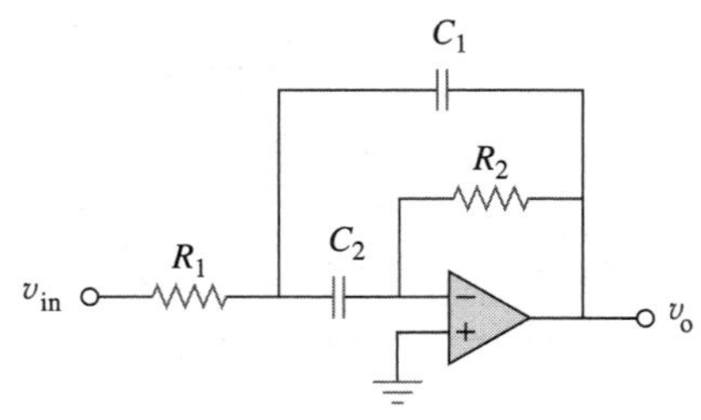

图 8-112　习题 67 图

8.9 节

68　对于阶跃函数 $v_s=u(t)$，利用 PSpice 或者 Multism 求解图 8-113 所示电路在 $0<t<6\text{s}$ 时的响应 $v(t)$。　**PS**

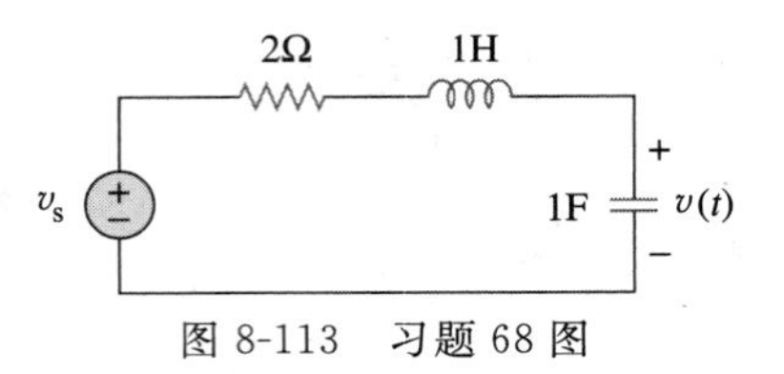

图 8-113　习题 68 图

69　对于图 8-114 所示的无源电路，利用 PSpice 或者 Multisim 求解 $0<t<20\text{s}$ 时的 $i(t)$。令 $v(0)=30\text{V}$，$i(0)=2\text{A}$。

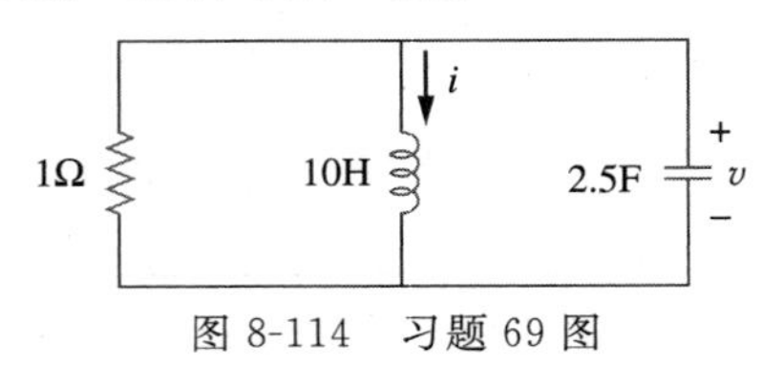

图 8-114　习题 69 图

70　利用 PSpice 或者 MultiSim 求解图 8-115 所示电路在 $0<t<20\text{s}$ 时的响应 $v(t)$。假设电容电压和电感电流在 $t=0$ 时都为零。

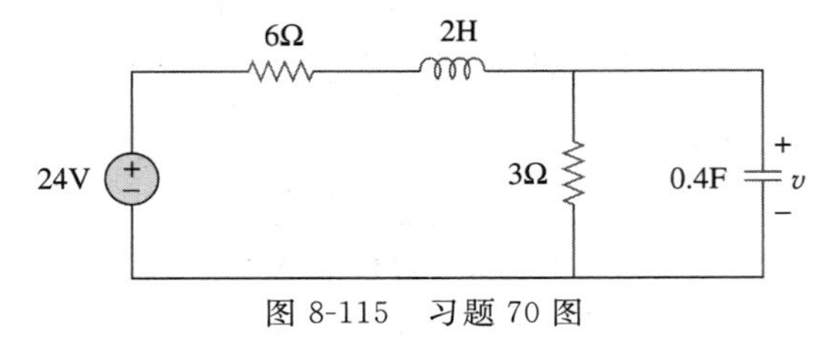

图 8-115　习题 70 图

71　利用 PSpice 或者 MultiSim 求解图 8-116 所示电路在 $0<t<4\text{s}$ 时的 $v(t)$。

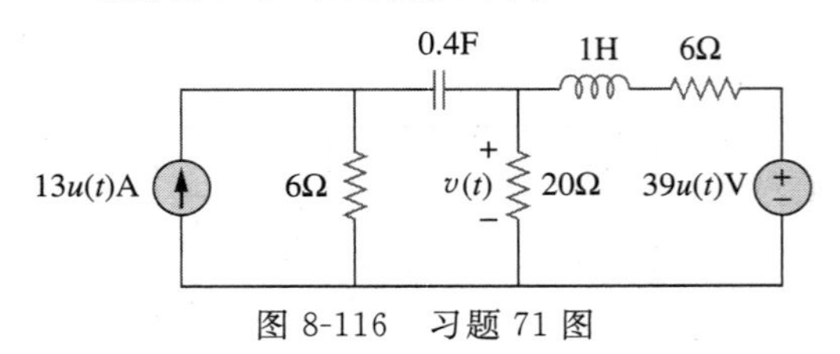

图 8-116　习题 71 图

72　图 8-117 的开关处于位置 1 很长时间，在 $t=0$ 时，它转向位置 2。利用 PSpice 或者 MultiSim 求解 $0<t<0.2\text{s}$ 的 $i(t)$。

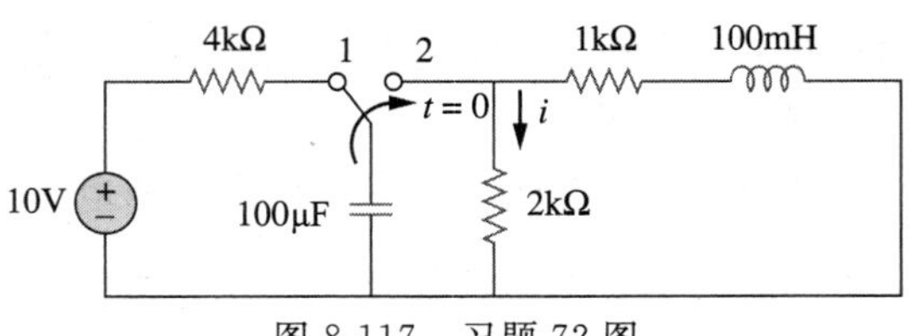

图 8-117　习题 72 图

73　设计一个利用 PSpice 或者 MultiSim 求解的问题，从而更好地理解无源 *RLC* 电路。　**ED**

8.10 节

74　画出图 8-118 所示电路的对偶性。

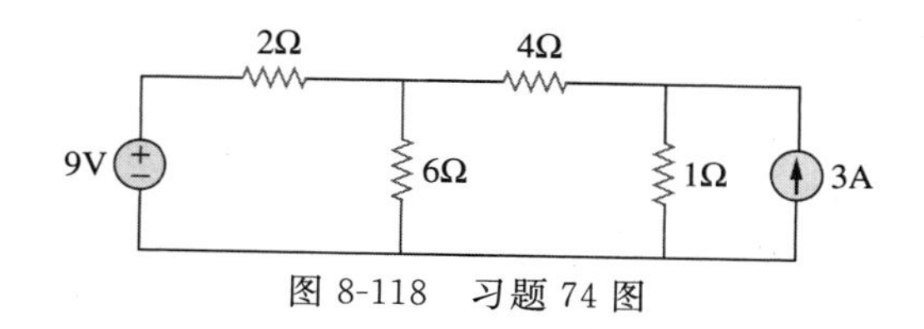

图 8-118　习题 74 图

75　画出图 8-119 所示电路的对偶电路。

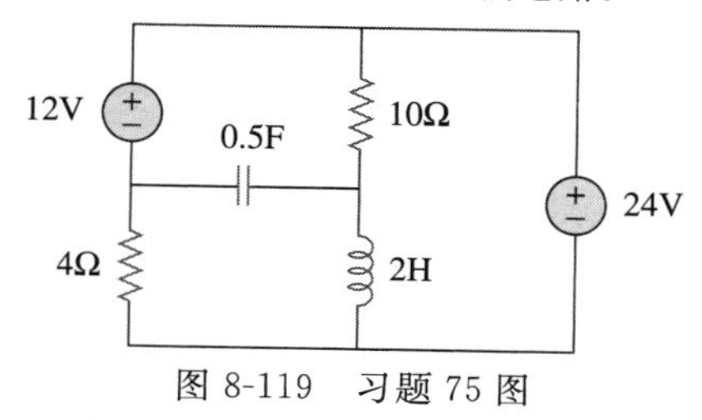

图 8-119　习题 75 图

76　画出图 8-120 所示电路的对偶电路。

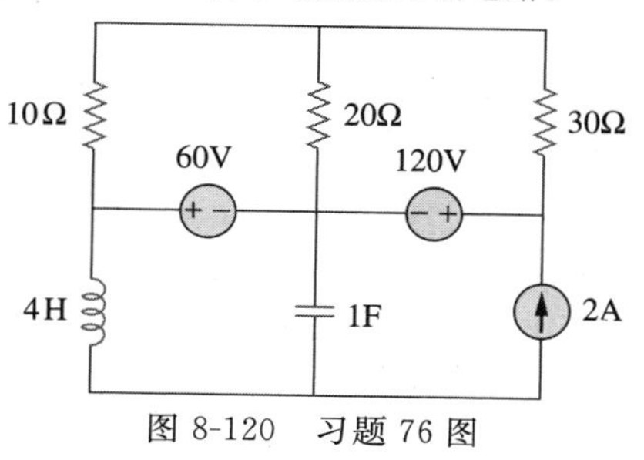

图 8-120　习题 76 图

综合理解题

80　通过串联 RLC 电路来建模的机械系统中。需要产生时间常数为 0.1ms 和 0.5ms 的过阻尼响应。如果串联电阻为 50kΩ，计算 L 和 C 的值。**ED**

81　用并联 RLC 二阶电路建模一个波形。需要在 200Ω 电阻上提供一个欠阻尼电压。如果阻尼频率是 4kHz，而且包络的时间常数是 0.25s，求 L 和 C 值。**ED**

82　图 8-123 所示电路是人体函数的电子模拟部分，用于医学院中抽搐学的研究。模拟方式如下：

C_1＝药品的流体体积；C_2＝给定区域的血流体积；R_1＝从输入到血流的药品通路的电阻；R_2＝分泌物路径的阻抗，例如肾脏等；v_o＝药品剂量的初始浓度；$v(t)$＝血流中药物的百分数。

在 $C_1=0.5\mu F$，$C_2=5\mu F$，$R_1=5M\Omega$ 以及 $v_o=60u(t)V$ 时，确定 $t>0$ 时的 $v(t)$。

77　画出图 8-121 所示电路的对偶电路。

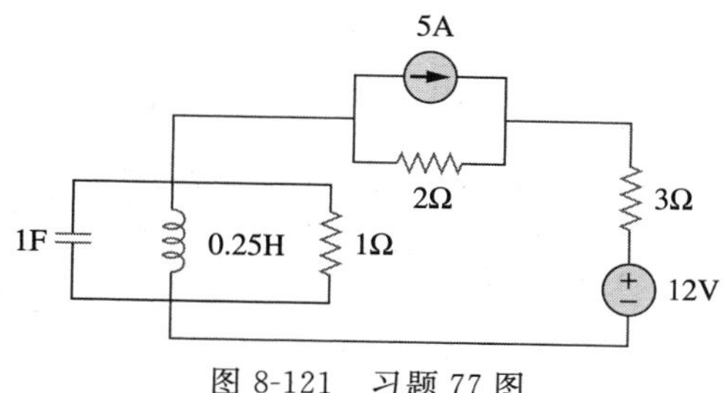

图 8-121　习题 77 图

8.11 节

78　汽车气囊点火器的模型如图 8-122 所示。计算开关由 A 转向 B 时，点火器电压达到峰值所需要的时间。

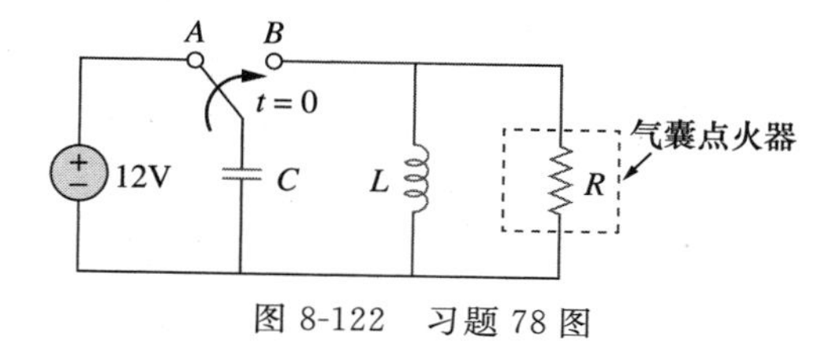

图 8-122　习题 78 图

79　某负载为 250mH 的电感与 12Ω 的电阻并联。电容需要连接负载，以使电路在 60Hz 时产生临界阻尼响应。计算所需的电容值。

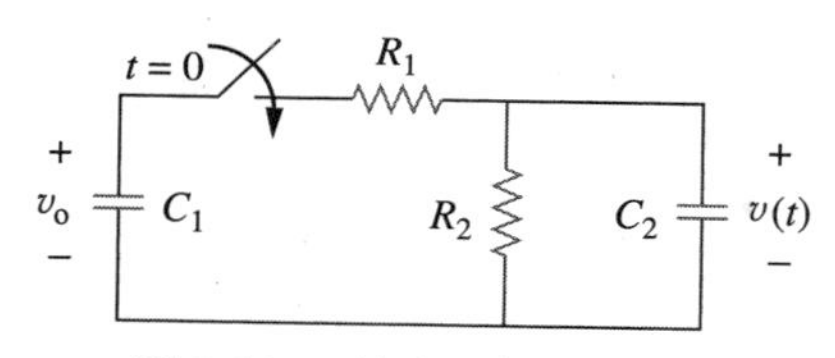

图 8-123　综合理解题 82 图

83　图 8-124 是一个典型的隧道二极管振荡器电路。二极管模型是一个非线性电阻，$i_D=f(v_D)$，二极管电流是穿过二极管的电压的非线性函数。试用 v 和 i_D 导出电路的差分方程。**ED**

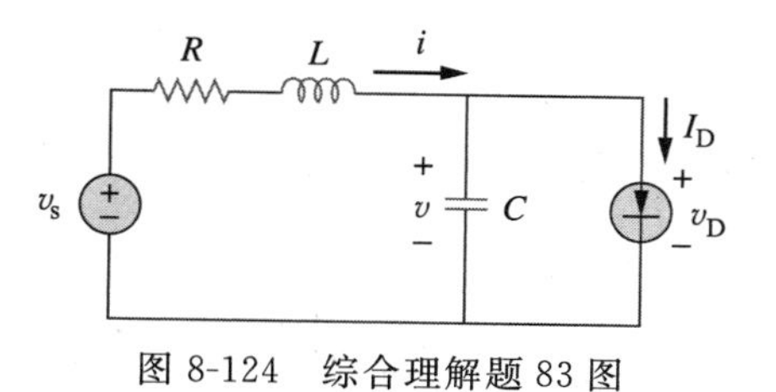

图 8-124　综合理解题 83 图

第二部分

交流电路

第9章　正弦量与相量
第10章　正弦稳态分析
第11章　交流功率分析
第12章　三相电路
第13章　磁耦合电路
第14章　频率响应

第9章

正弦量与相量

无知而不知者，是愚人——躲开他；无知而知之者，是孩童——教育他；知之而不知者，在熟睡——唤醒他；知之而知之者，是智者——追随他。

——波斯格言

增强技能与拓展事业

ABET 工程标准 2000(3. d)，“在多学科团队中发挥作用的能力”

“在多学科团队中发挥作用的能力”对于职业工程师而言是极为重要的。工程师很少独立地从事某项工作，他们通常是某个团队的组成部分，并在团队中工作。需要提醒学生的是，你并不需要与团队中的任何人一样，只要能够成为团队中有作用的一分子即可。

团队中通常包括许多具有不同学科背景的工程师，以及市场、金融等非工科学科的工作人员。

学生通过参加所选课程的学习小组就可以很容易地培养并增强这方面的技能。显然，在非工程课程学习小组以及非本专业工程课程学习小组工作，同样会帮助学生获得在多学科团队中发挥作用的宝贵经验。

(图片来源：Charles Alexander)

历史珍闻

尼古拉·特斯拉(Nikola Tesla，1856—1943)与**乔治·威斯丁豪斯**(George Westinghouse，1846—1914)提出了电能传输与配送的重要模式——交流电。

如今，交流发电已经成为电能高效、经济传输的重要形式，然而，在19世纪末期，交流电与直流电之间哪种电能传输形式更好一直是争论的热点，双方都有强有力的支持者。直流电一方的倡导者托马斯·爱迪生因其大量卓越的贡献而赢得了极高的声誉。正是特斯拉的成功才使交流发电得到认可，而交流发电真正的商业成功则源于乔治·威斯丁豪斯及其领导的包括特斯拉在内的杰出团队。另外两个有影响的人物是斯科特(Scott)与拉曼(Lamme)。

乔治·威斯丁豪斯

(图片来源：Bettmann/Getty Images)

对交流发电的早期成功做出重要贡献的是特斯拉于1888年获得的多相交流电动机的专利。感应电动机和多相发电与配电系统的成功实现使交流电战胜直流电成为主要的能源形式。

学习目标

通过本章内容的学习和练习你将具备以下能力：

1. 深刻理解正弦量。

2. 理解相量。
3. 理解各种电路元件的相量关系。
4. 认识和理解阻抗和导纳的概念。
5. 理解频域的基尔霍夫定律。
6. 理解相量转换的概念。
7. 理解交流电桥的概念。

9.1 引言

到目前为止，前面各章主要限于讨论直流电路，即由恒定电源（时不变电源）激励的电路。为简单起见，同时也是出于教学和历史发展的考虑，限定电路的强迫函数为直流电源。从历史发展的角度来看，在19世纪末之前，直流电源一直是提供电力的主要方式。19世纪末，直流电与交流电之争开始显现，双方都有相应的电气工程师作为支持者，但由于交流电在长距离传送中更为高效、经济，二者之争最终以交流电系统的胜利而告终。因此，本教材也按照历史事件的发展顺序，首先介绍直流电源的有关内容。

下面开始介绍电源电压或电源电流随时间变化的电路分析问题，本章专门讨论正弦时变激励，即激励为正弦信号的电路分析。

正弦信号是指具有正弦或余弦函数形式的信号。

正弦电流通常称为交流电（alternating current，ac），这种电流以规则的时间间隔出现极性反转，并交替地表现出正值和负值。由正弦电流源或正弦电压源激励的电路称为交流电路（ac circuit）。

之所以要讨论正弦交流电路有很多原因。首先，许多自然现象本身呈现出正弦特性。例如钟摆的运动、琴弦的振动、海洋表面的波纹、欠阻尼二阶系统的自然响应等，而这些仅仅是自然现象的一小部分实例。其次，正弦信号易于产生和传输，世界各国输送给家庭、工厂、实验室等的电压均呈正弦交流形式。同时，正弦信号也是通信系统和电力工业系统中主要的信号传输形式。再次，由傅里叶分析可知，任何实际的周期信号都可以表示为许多正弦信号之和，因此，在周期信号分析中，正弦信号起着重要的作用。最后，正弦信号在数学上易于处理，其导数与积分仍然是正弦信号。正是基于上述原因，使得正弦激励函数成为电路分析中一个极为重要的函数。

与第7章和第8章介绍的阶跃函数类似，正弦激励函数也会引起暂态响应与稳态响应。其中暂态响应随时间而消失，最终仅存在稳态响应，当暂态响应与稳态响应相比可以忽略时，则称电路工作在正弦稳定状态下。本章讨论的主要内容即正弦稳态响应（sinusoidal steady-state response）。

本章首先介绍正弦信号与相量的基本知识，之后介绍阻抗与导纳的概念，接着将直流电路中介绍过的基尔霍夫定律和欧姆定律等基本电路定律引入交流电路，最后讨论交流电路在移相器电路和桥式电路中的应用。

9.2 正弦信号

正弦电压可以表示为

$$v(t)=V_{\mathrm{m}}\sin\omega t \tag{9.1}$$

式中，V_{m} 为正弦电压的幅度或振幅（amplitude）；ω 为角频率（angular frequency），单位是 rad/s；ωt 为正弦电压的辐角（argument）。

该正弦电压 $v(t)$ 与其辐角 ωt 之间的函数关系如图9-1a所示，$v(t)$ 与时间 t 之间的函数关系如图9-1b所示。显然，该正弦电压每隔 T 就会重复一遍，所以称 T 为该正弦电压的周期（period）。由图9-1所示的两个波形可知，$\omega T=2\pi$，即

$$T=\frac{2\pi}{\omega} \tag{9.2}$$

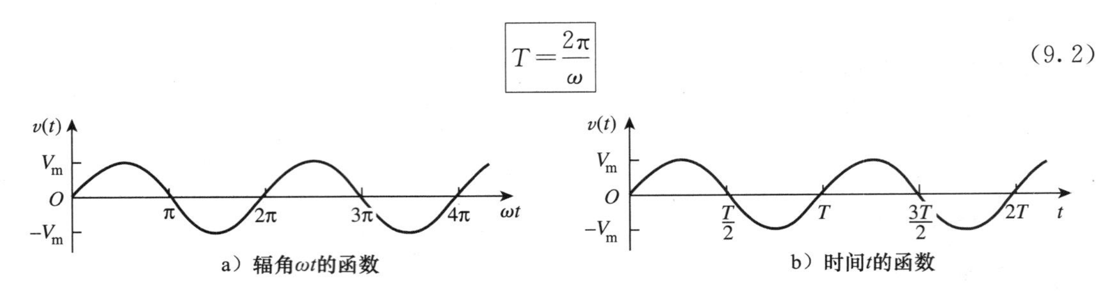

图 9-1 $V_m \sin\omega t$ 的波形

将式(9.1)中的 t 用$(t+T)$代替，即可证明 $v(t)$每隔 T 重复一次，即

$$\begin{aligned} v(t+T) &= V_m\sin\omega(t+T)=V_m\sin\omega\left(t+\frac{2\pi}{\omega}\right) \\ &= V_m\sin(\omega t+2\pi)=V_m\sin\omega t=v(t) \end{aligned} \tag{9.3}$$

因此，

$$v(t+T)=v(t) \tag{9.4}$$

也就是说，在$(t+T)$和 t 两个时刻，v 取值相同，因此称 $v(t)$是周期性的(periodic)。一般而言，

周期函数是指对所有时间 T 和所有整数 n，满足条件 $f(t)=f(t+nT)$的函数。

周期函数的周期(period)T 是指一个完整循环的时间(秒)或者每个循环的秒数，周期的倒数是指每秒的循环个数，称为正弦信号的循环频率(cyclic frequency)f。因此，

$$f=\frac{1}{T} \tag{9.5}$$

显然，由式(9.2)与式(9.5)可以得到

$$\omega=2\pi f \tag{9.6}$$

式中，ω 的单位为弧度/秒(rad/s)，f 的单位为赫兹(Hz)。

提示：频率 f 的单位是以德国物理学家赫兹(1857—1894)的名字命名的。

历史珍闻

赫兹(Hertz，1857—1894)，德国实验物理学家，证明了电磁波遵循与光波相同的基本定律。他的研究工作证实了麦克斯韦(Maxwell)于 1864 年提出的著名理论以及电磁波存在的预言。

赫兹出生在德国汉堡的一个富裕家庭，就读于柏林大学，并师从著名物理学家赫尔曼·冯·赫尔姆霍茨(Hermann von Helmholtz)攻读博士学位，之后在卡尔斯鲁厄大学担任教授，并开始了对电磁波的研究与探索。赫兹成功地制造并检测到电磁波，成为首位证明光是一种电磁能量的科学家，1877 年，赫兹首先发现了分子结构中电子的光电效应。虽然赫兹的一生仅有短短 37 年，但他对电磁波的发现为电磁波成功用于无线电、电视、通信系统等领域铺平了道路。后人将频率的单位以他的名字命名，就是为了纪念赫兹做出的杰出贡献。

(图片来源：Hulton Archive/Getty Images)

下面考虑正弦电压的一般表达式：

$$v(t)=V_m\sin(\omega t+\phi) \tag{9.7}$$

式中，$(\omega t+\phi)$为辐角，ϕ为相位(phase)，辐角与相位的单位均为弧度或度。

下面考察如图9-2所示的两个正弦电压信号$v_1(t)$与$v_2(t)$：

$$v_1(t)=V_m\sin\omega t,\qquad v_2(t)=V_m\sin(\omega t+\phi) \tag{9.8}$$

图9-2中v_2的起点在时间上先出现，因此称v_2超前(lead)v_1相位ϕ或称v_1滞后(lag)v_2相位ϕ。如果$\phi\neq0$，则称v_1与v_2不同相(out of phase)。如果$\phi=0$，则称v_1与v_2同相(in phase)，即二者到达最小值和最大值的时刻完全相同。以上对v_1与v_2进行比较的条件是二者具有相同的频率，但未必具有相同的幅度。

正弦信号既可以用正弦函数表示，也可以用余弦函数表示。对两个正弦信号进行比较时，将二者表示为幅度为正的正弦函数或余弦函数会比较方便。在表示正弦信号时通常会用到如下三角函数恒等式：

$$\begin{aligned}\sin(A\pm B)&=\sin A\cos B\pm\cos A\sin B\\ \cos(A\pm B)&=\cos A\cos B\mp\sin A\sin B\end{aligned} \tag{9.9}$$

利用上述恒等式容易证明

$$\begin{aligned}\sin(\omega t\pm180°)&=-\sin\omega t\\ \cos(\omega t\pm180°)&=-\cos\omega t\\ \sin(\omega t\pm90°)&=\pm\cos\omega t\\ \cos(\omega t\pm90°)&=\mp\sin\omega t\end{aligned} \tag{9.10}$$

利用这些关系式即可将正弦函数转换为余弦函数，反之亦然。

除利用式(9.9)与式(9.10)给出的三角恒等式表示正、余弦函数之间的关系外，还可以采用图形方法对正、余弦信号进行联系和比较。在图9-3a所示的坐标系中，水平轴表示余弦分量的幅度，垂直轴(箭头向下)表示正弦分量的幅度。角度的正负与常用的极坐标系的规定相同，即从水平轴开始，逆时针为正。这种图形表示方法可用于确定两个正弦信号之间的关系，例如，由图9-3a可见，$\cos\omega t$的辐角减去90°就得到$\sin\omega t$，即$\cos(\omega t-90°)=\sin\omega t$。类似地，$\sin\omega t$的辐角加上180°就得到$-\sin\omega t$，即$\sin(\omega t+180°)=-\sin\omega t$，如图9-3b所示。

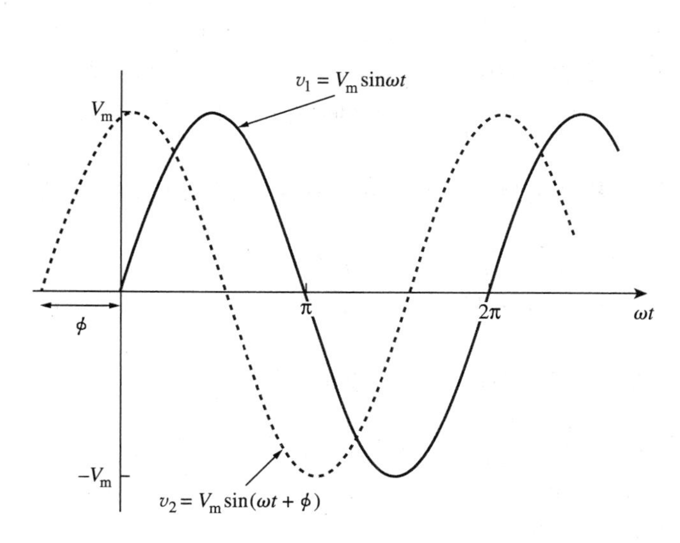

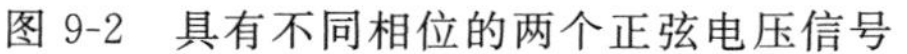

图9-2　具有不同相位的两个正弦电压信号

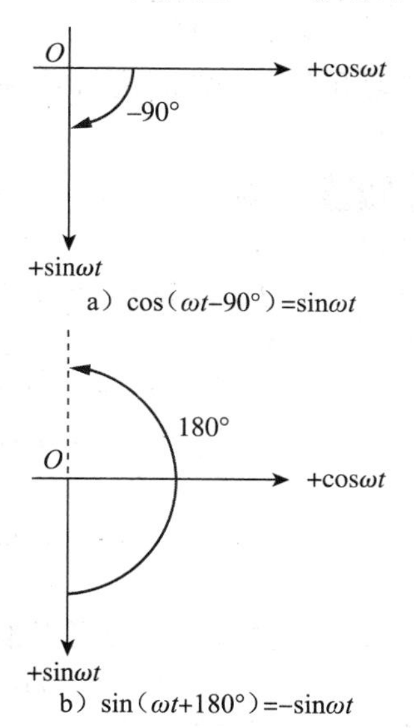

图9-3　联系余弦函数与正弦函数的图形方法

当一个信号具有正弦形式，另一个信号具有余弦形式，且二者频率相同时，还可利用上述图形方法实现这两个同频正弦信号的相加运算。如图9-4a所示，要实现信号$A\cos\omega t$

与 $B\sin\omega t$ 的相加运算，其中 A 为 $\cos\omega t$ 的幅度，B 为 $\sin\omega t$ 的幅度，则相加后用余弦函数表示的正弦信号的幅度和相位可以用三角关系得到，即

$$A\cos\omega t+B\sin\omega t=C\cos(\omega t-\theta) \tag{9.11}$$

式中，

$$C=\sqrt{A^2+B^2},\quad \theta=\arctan\frac{B}{A} \tag{9.12}$$

例如，$3\cos\omega t$ 与 $-4\sin\omega t$ 相加的图形表示如图 9-4 所示，由此可以得到

$$3\cos\omega t-4\sin\omega t=5\cos(\omega t+53.1^\circ) \tag{9.13}$$

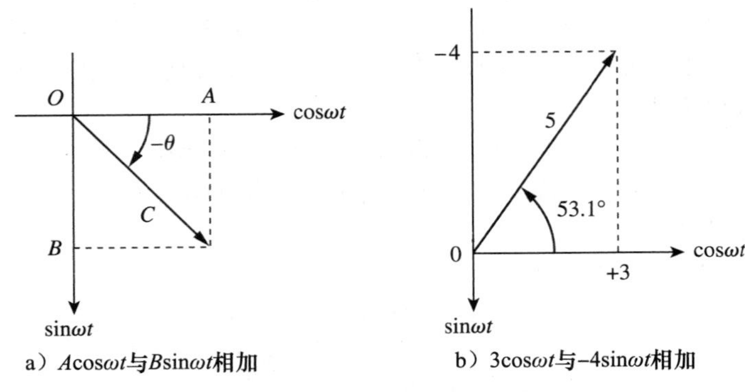

a）$A\cos\omega t$与$B\sin\omega t$相加　　b）$3\cos\omega t$与$-4\sin\omega t$相加

图 9-4　图形方法实现同频正弦信号的相加运算

与式(9.9)、式(9.10)给出的三角恒等式相比，上述图形方法的优点是无须记忆。但是，一定不要将图形方法中的正弦坐标轴和余弦坐标轴与下一节即将讨论的复数坐标轴混淆。对于图 9-3 与图 9-4 还应该注意的是，虽然垂直坐标轴的正方向通常是向上的，但在图形法中正弦函数的正方向是向下的。

例 9-1 试求正弦信号 $v(t)=12\cos(50t+10^\circ)$V 的幅度、相位、周期和频率。

解：幅度 $V_m=12$V，相位 $\phi=10^\circ$，角频率 $\omega=50$rad/s，周期 $T=2\pi/\omega=0.1257$s，频率 $f=1/T=7.958$Hz。◀

练习 9-1　已知正弦信号 $30\sin(4\pi t-45^\circ)$，试计算其幅度、相位、角频率、周期和频率。　**答案**：30，-75°，12.57rad/s，500ms，2Hz。

例 9-2 计算 $v_1=-10\cos(\omega t+50^\circ)$与 $v_2=12\sin(\omega t-10^\circ)$之间的相位角，并说明哪一个信号超前。

方法 1　为了比较 v_1 与 v_2，必须将二者表达为相同的形式。如果用幅度为正的余弦函数表示，则有

$$v_1=-10\cos(\omega t+50^\circ)=10\cos(\omega t+50^\circ-180^\circ)$$
$$v_1=10\cos(\omega t-130^\circ)\quad 或\quad v_1=10\cos(\omega t+230^\circ) \tag{9.2.1}$$

而且，

$$v_2=12\sin(\omega t-10^\circ)=12\cos(\omega t-10^\circ-90^\circ)$$
$$v_2=12\cos(\omega t-100^\circ) \tag{9.2.2}$$

由式(9.2.1)与式(9.2.2)可以推出，v_1 与 v_2 之间的相位差为 30°，可以将 v_2 写成

$$v_2=12\cos(\omega t-130^\circ+30^\circ)\quad 或\quad v_2=12\cos(\omega t+260^\circ) \tag{9.2.3}$$

比较式(9.2.1)与式(9.2.3)可知，v_2 比 v_1 超前 30°。

方法 2　将 v_1 利用正弦函数表示为

$$v_1=-10\cos(\omega t+50^\circ)=10\sin(\omega t+50^\circ-90^\circ)$$
$$=10\sin(\omega t-40^\circ)=10\sin(\omega t-10^\circ-30^\circ)\text{(V)}$$

而 $v_2=12\sin(\omega t-10°)$。比较二者可知，v_1 较 v_2 滞后 30°，与 v_2 较 v_1 超前 30°是一样的。

方法 3　可将 v_1 看成是相移为 +50°的 $-10\cos\omega t$，如图 9-5 所示。类似地，可将 v_2 看作相移为 −10°的 $12\sin\omega t$。可见，$v2$ 超前 $v1$ 的相位为 30°，即 90°−50°−10°=30°。◀

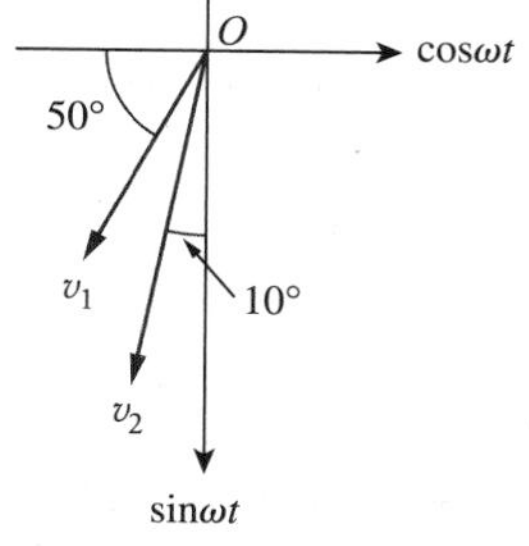

图 9-5　例 9-2 的图

练习 9-2　求 $i_1=-4\sin(377t+55°)$ 与 $i_2=5\cos(377t-65°)$ 之间的相位角，并判断 i_1 是超前还是滞后于 i_2。

答案：210°，i_1 超前于 i_2。

9.3　相量

正弦信号可以很容易地用相量来表示，处理相量要比处理正、余弦函数更为方便。

相量是一个表示正弦信号的幅度和相位的复数。

相量提供了一种分析由正弦电源激励的线性电路的简单方法，否则这类电路的求解将很困难，利用相量求解交流电路的概念是由斯坦梅茨于 1893 年首次提出的。在定义相量并将其用于电路分析之前，需要完整地复习有关复数的知识。

提示：查尔斯·普洛特斯·斯坦梅茨(Charles Proteus Steinmetz，1865—1923)是一位德裔奥地利数学家和电气工程师。

历史珍闻

查尔斯·普洛特斯·斯坦梅茨(Charles Proteus Steinmetz，1865—1923)，德裔奥地利数学家和工程师，在交流电路的分析中引入了相量方法(本章将予以介绍)，并以其在磁滞理论方面的出色研究而闻名。

(图片来源：Bettmann/Getty Images)

斯坦梅茨出生于德国的布雷斯劳，一岁时就失去了母亲。青年时期他由于自己的政治活动被迫离开德国，当时，他在布雷斯劳大学即将完成其数学博士论文。他移居瑞士后不久又去了美国，并于 1893 年受雇于通用电气公司。同年，他发表了一篇论文，首次将复数应用于交流电路的分析中。他一生出版了多部教科书，基于那篇论文的一部著作《交流现象的理论与计算》于 1897 年由麦格劳-希尔(McGraw-Hill)出版社出版。1901 年，斯坦梅茨成为美国电气工程协会(即后来的 IEEE)的主席。

复数 z 的直角坐标形式为：

$$z=x+\mathrm{j}y \tag{9.14a}$$

式中，$\mathrm{j}=\sqrt{-1}$，x 是 z 的实部，y 是 z 的虚部。这里变量 x 与 y 并不表示二维矢量分析中的具体位置，而是复数 z 在复平面上的实部和虚部。尽管如此，复数运算与二维矢量运算之间仍然存在一定的相似性。

复数 z 也可以表示为极坐标形式或指数形式：

$$z=r\angle\phi=r\mathrm{e}^{\mathrm{j}\phi} \tag{9.14b}$$

式中，r 为 z 的模，ϕ 为 z 的相位。至此，我们得到复数 z 的三种表示形式：

$$\begin{aligned} z&=x+\mathrm{j}y && \text{直角坐标形式}\\ z&=r\angle\phi && \text{极坐标形式}\\ z&=r\mathrm{e}^{\mathrm{j}\phi} && \text{指数形式}\end{aligned} \tag{9.15}$$

直角坐标形式与极坐标形式之间的关系如图 9-6 所示，图中 x 轴表示复数 z 的实部，y 轴表示复数 z 的虚部。给定 x 与 y，即可得到 r 与 ϕ：

$$r=\sqrt{x^2+y^2}, \quad \phi=\arctan\frac{y}{x} \tag{9.16a}$$

反之，如果已知 r 与 ϕ，也可以求得 x 与 y：

$$x=r\cos\phi, \quad y=r\sin\phi \tag{9.16b}$$

于是，复数 z 可以写作

$$\boxed{z=x+\mathrm{j}y=r\underline{/\phi}=r(\cos\phi+\mathrm{j}\sin\phi)} \tag{9.17}$$

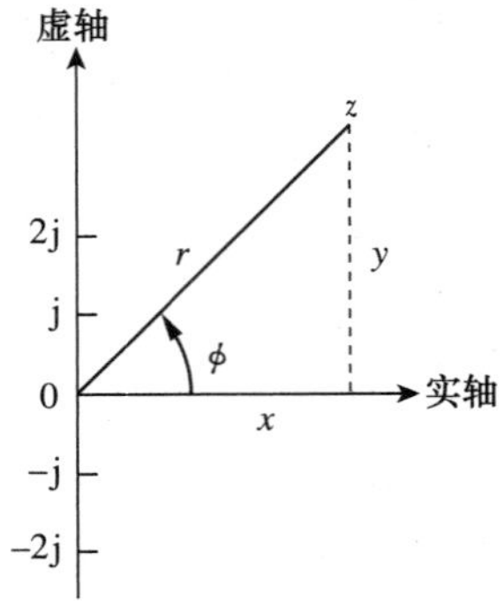

图 9-6 复数 $z=x+\mathrm{j}y=r\underline{/\phi}$ 的表示方法

复数的加减运算利用直角坐标表示更为方便，而乘除运算则用极坐标更好。已知复数：

$$z=x+\mathrm{j}y=r\underline{/\phi}, \quad z_1=x_1+\mathrm{j}y_1=r_1\underline{/\phi_1}$$

$$z_2=x_2+\mathrm{j}y_2=r_2\underline{/\phi_2}$$

则有如下运算公式。

加法：

$$z_1+z_2=(x_1+x_2)+\mathrm{j}(y_1+y_2) \tag{9.18a}$$

减法：

$$z_1-z_2=(x_1-x_2)+\mathrm{j}(y_1-y_2) \tag{9.18b}$$

乘法：

$$z_1z_2=r_1r_2\underline{/\phi_1+\phi_2} \tag{9.18c}$$

除法：

$$\frac{z_1}{z_2}=\frac{r_1}{r_2}\underline{/\phi_1-\phi_2} \tag{9.18d}$$

倒数：

$$\frac{1}{z}=\frac{1}{r}\underline{/-\phi} \tag{9.18e}$$

平方根：

$$\sqrt{z}=\sqrt{r}\,\underline{/\phi/2} \tag{9.18f}$$

共轭复数：

$$z^*=x-\mathrm{j}y=r\underline{/-\phi}=r\mathrm{e}^{-\mathrm{j}\phi} \tag{9.18g}$$

由式(9-18e)可以看出：

$$\frac{1}{\mathrm{j}}=-\mathrm{j} \tag{9.18h}$$

相量表达方式的依据是欧拉恒等式。一般而言，

$$\boxed{\mathrm{e}^{\pm\mathrm{j}\phi}=\cos\phi\pm\mathrm{j}\sin\phi} \tag{9.19}$$

上式表明可以将 $\cos\phi$ 与 $\sin\phi$ 分别看作 $\mathrm{e}^{\mathrm{j}\phi}$ 的实部与虚部，即

$$\cos\phi=\mathrm{Re}(\mathrm{e}^{\mathrm{j}\phi}) \tag{9.20a}$$

$$\sin\phi=\mathrm{Im}(\mathrm{e}^{\mathrm{j}\phi}) \tag{9.20b}$$

式中，Re 与 Im 分列表示实部(real part)与虚部(imaginary part)。已知正弦信号 $v(t)=V_\mathrm{m}\cos(\omega t+\phi)$，则利用式(9.20a)可将 $v(t)$ 表示为

$$v(t)=V_\mathrm{m}\cos(\omega t+\phi)=\mathrm{Re}(V_\mathrm{m}\mathrm{e}^{\mathrm{j}(\omega t+\phi)}) \tag{9.21}$$

即

$$v(t)=\mathrm{Re}(V_\mathrm{m}\mathrm{e}^{\mathrm{j}\phi}\mathrm{e}^{\mathrm{j}\omega t}) \tag{9.22}$$

因此，

$$\boxed{v(t)=\mathrm{Re}(\boldsymbol{V}e^{j\omega t})} \tag{9.23}$$

其中，

$$\boldsymbol{V}=V_m e^{j\phi}=V_m\angle\phi \tag{9.24}$$

$\boldsymbol{V}$ 称为正弦信号 $v(t)$的相量表示，换句话说，相量就是正弦信号的幅度与相位的复数表示。式(9.20a)或式(9.20b)均可用于推导相量的概念，但习惯上通常采用式(9.20a)作为标准形式。

提示：相量可以看作省略了时间依赖关系的正弦信号的等效数学表达式。

理解式(9.23)与式(9.24)的一种方法是在复平面上画出正弦矢量 $\boldsymbol{V}e^{j\omega t}=V_m e^{j(\omega t+\phi)}$，随着时间的增加，该正弦矢量在半径为 V_m 的圆周上沿逆时针方向以角速度 ω 做圆周运动，如图 9-7a 所示。$v(t)$可以看作正弦矢量 $\boldsymbol{V}e^{j\omega t}$ 在实轴上的投影，如图 9-7b 所示。正弦矢量在 $t=0$ 时刻的值就是正弦信号 $v(t)$的相量 $\boldsymbol{V}$，正弦矢量也可以看作旋转相量。所以，只要将正弦信号表示为一个相量，其中便隐含 $e^{j\omega t}$ 项。因此，在进行相量运算时，切记相量的频率 ω 是非常重要的，否则，就会出现严重的错误。

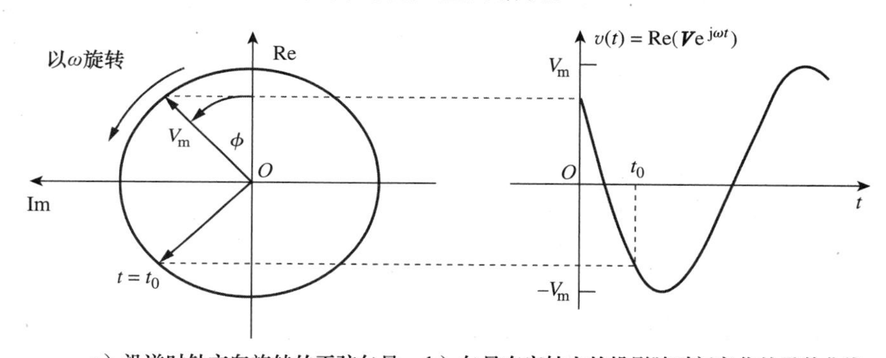

a）沿逆时针方向旋转的正弦矢量　b）矢量在实轴上的投影随时间变化的函数曲线

图 9-7　$\boldsymbol{V}e^{j\omega t}$ 的表示方法

提示：如果利用正弦函数取代余弦函数表示相量，则 $v(t)=V_m\sin(\omega t+\phi)=\mathrm{Im}[V_m e^{j(\omega t+\phi)}]$，并且对应的相量与式(9.24)具有相同的形式。

式(9.23)表明，要得到对应已知相量 $\boldsymbol{V}$ 的正弦信号，只需用时间因子 $e^{j\omega t}$ 乘以该相量后取实部即可。相量作为一个复数，同样可以表示为直角坐标形式、极坐标形式和指数形式。相量也有模值和相位(方向)，因此与矢量具有类似的特性，常用黑斜体字母表示。例如，相量 $\boldsymbol{V}=V_m\angle\phi$ 与 $\boldsymbol{I}=I_m\angle-\theta$ 的图形表示如图 9-8 所示。这种相量的图形表示法称为相量图。

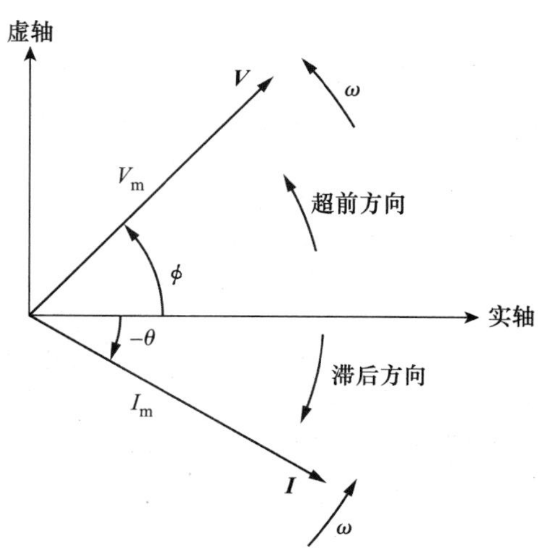

图 9-8　$\boldsymbol{V}=V_m\angle\phi$ 和 $\boldsymbol{I}=I_m\angle-\theta$ 的相量图

提示：通常采用小写斜体字母(如 z)表示复数，采用黑斜体字母(如 $\boldsymbol{V}$)表示相量，因为相量与矢量是类似的。

式(9.21)～式(9.23)表明，求取与正弦信号相对应的相量时，首先要将正弦信号表示为余弦函数形式，以便将正弦信号写成复数的实部，之后去掉时间因子 $e^{j\omega t}$，其余部分即对应于正弦信号的相量。通过去掉时间因子的方法，即可将正弦信号从时域转换到相量域，该转换关系可以归纳为：

$$\underset{(\text{时域表示})}{v(t)=V_m\cos(\omega t+\phi)} \quad \Leftrightarrow \quad \underset{(\text{相量域表示})}{\mathbf{V}=V_m\angle\phi} \tag{9.25}$$

已知正弦信号 $v(t)=V_m\cos(\omega t+\phi)$，则其对应的相量为 $\mathbf{V}=V_m\angle\phi$，以表格形式表示的式(9.25)如表 9-1 所示，表中不但给出了余弦函数对应的相量，而且给出了正弦函数对应的相量。由式(9.25)可见，确定正弦信号的相量表示时，只需将该信号表示为余弦函数形式，之后取其幅度和相位即可。反过来，如果已知相量，也可以将该相量在时域表示为余弦函数形式，该余弦函数的幅度与相量的幅度相等，辐角等于 ωt 加上相量的相位角。这种在不同的域表示信息的思想在工程领域中是至关重要的。

表 9-1　正弦信号－相量的转换关系

时域表示	$V_m\cos(\omega t+\phi)$	$V_m\sin(\omega t+\phi)$	$I_m\cos(\omega t+\theta)$	$I_m\sin(\omega t+\theta)$
相量域表示	$V_m\angle\phi$	$V_m\angle\phi-90°$	$I_m\angle\theta$	$I_m\angle\theta-90°$

注意，在式(9.25)中去掉了频率(时间)因子 $e^{j\omega t}$，因为 ω 是常量，所以在相量域表示中没有明确写出频率。然而，电路的响应仍然取决于频率。因此，相量域通常也称为频率域。

由式(9.23)与式(9.24)可知 $v(t)=\mathrm{Re}(\mathbf{V}e^{j\omega t})=V_m\cos(\omega t+\phi)$，因此，

$$\begin{aligned}\frac{dv}{dt}&=-\omega V_m\sin(\omega t+\phi)=\omega V_m\cos(\omega t+\phi+90°)\\&=\mathrm{Re}(\omega V_m e^{j\omega t}e^{j\phi}e^{j90°})=\mathrm{Re}(j\omega\mathbf{V}e^{j\omega t})\end{aligned} \tag{9.26}$$

这说明 $v(t)$的导数被转换为相量域中的 $j\omega\mathbf{V}$，即

$$\underset{(\text{时域})}{\frac{dv}{dt}} \quad \Leftrightarrow \quad \underset{(\text{相量域})}{j\omega\mathbf{V}} \tag{9.27}$$

提示：正弦信号的微分等效于其对应的相量乘以 $j\omega$。

类似地，$v(t)$的积分被转换为相量域中的 $\mathbf{V}/\omega t$，即

$$\underset{(\text{时域})}{\int v\,dt} \quad \Leftrightarrow \quad \underset{(\text{相量域})}{\frac{\mathbf{V}}{j\omega}} \tag{9.28}$$

提示：正弦信号的积分等效于其对应的相量除以 $j\omega$。

式(9.27)表明信号在时域中的微分对应于相量域中乘以 $j\omega$，而式(9.28)表明信号在时域中的积分对应于相量域中除以 $j\omega$。式(9.27)与式(9.28)在确定电路的稳态解时非常有用，而且无须知道所求电路变量的初始值，这也是相量的重要应用之一。

除了在时域微分与时域积分中的应用外，相量的另一重要应用是同频正弦信号的叠加，后面通过例 9-6 可以很好地说明这种应用。

提示：同频正弦信号的叠加等效于它们的对应相量叠加。

$v(t)$与 $\mathbf{V}$ 之间的区别可归纳如下：

1. $v(t)$是瞬时或时域表示，而 $\mathbf{V}$ 是频域或相量域表示。
2. $v(t)$是与时间有关的，而 $\mathbf{V}$ 与时间无关(学生常常会忘记这一区别)。
3. $v(t)$始终是没有复数项的实数，而 $\mathbf{V}$ 通常为复数。

最后，必须牢记的是，相量分析仅适用于频率恒定的情况，即只有当两个或多个正弦信号具有相同的频率时，才能应用相量进行运算。

例 9-3 计算如下复数的值：

(a) $(40\angle 50°+20\angle -30°)^{1/2}$

(b) $\dfrac{10\angle -30°+(3-j4)}{(2+j4)(3-j5)^*}$

解：(a) 利用极坐标与直角坐标之间的转换关系可得

$$40\angle 50^\circ=40(\cos 50^\circ+\mathrm{j}\sin 50^\circ)=25.71+\mathrm{j}30.64$$

$$20\angle -30^\circ=20[\cos(-30^\circ)+\mathrm{j}\sin(-30^\circ)]=17.32-\mathrm{j}10$$

相加后得到

$$40\angle 50^\circ+20\angle -30^\circ=43.03+\mathrm{j}20.64=47.72\angle 25.63^\circ$$

取其平方根后得到

$$(40\angle 50^\circ+20\angle -30^\circ)^{1/2}=6.91\angle 12.81^\circ$$

(b) 利用极坐标与直角坐标转换关系，经过相加、相乘和相除的运算，可得

$$\frac{10\angle -30^\circ+(3-\mathrm{j}4)}{(2+\mathrm{j}4)(3-\mathrm{j}5)^*}=\frac{8.66-\mathrm{j}5+(3-\mathrm{j}4)}{(2+\mathrm{j}4)(3+\mathrm{j}5)}$$

$$=\frac{11.66-\mathrm{j}9}{-14+\mathrm{j}22}=\frac{14.73\angle -37.66^\circ}{26.08\angle 122.47^\circ}=0.565\angle -160.13^\circ$$ ◀

练习 9-3 试计算下列复数的值：

(a) $[(5+\mathrm{j}2)(-1+\mathrm{j}4)-5\angle 60^\circ]^*$

(b) $\dfrac{10+\mathrm{j}5+3\angle 40^\circ}{-3+\mathrm{j}4}+10\angle 30^\circ+\mathrm{j}5$

答案：(a) $-15.5-\mathrm{j}13.67$；(b) $8.293+\mathrm{j}7.2$。

例 9-4 试将下列正弦信号转换为相量：

(a) $i=6\cos(50t-40^\circ)\mathrm{A}$

(b) $v=-4\sin(30t+50^\circ)\mathrm{V}$

解：(a) $i=6\cos(50t-40^\circ)$的相量为

$$\boldsymbol{I}=6\angle -40^\circ\mathrm{A}$$

(b) 由于$-\sin A=\cos(A+90^\circ)$，则

$$v=-4\sin(30t+50^\circ)=4\cos(30t+50^\circ+90^\circ)=4\cos(30t+140^\circ)(\mathrm{V})$$

于是v的相量为

$$\boldsymbol{V}=4\angle 140^\circ\mathrm{V}$$ ◀

练习 9-4 试以相量来表示下列正弦量：

(a) $v=7\cos(2t+40^\circ)\mathrm{V}$

(b) $i=-4\sin(10t+10^\circ)\mathrm{A}$

答案：

(a) $\boldsymbol{V}=7\angle 40^\circ\mathrm{V}$；(b) $\boldsymbol{I}=4\angle 100^\circ\mathrm{A}$。

例 9-5 试求如下相量所表示的正弦信号：

(a) $\boldsymbol{I}=-3+\mathrm{j}4(\mathrm{A})$

(b) $\boldsymbol{V}=\mathrm{j}8\mathrm{e}^{-\mathrm{j}20^\circ}(\mathrm{V})$

解：(a) $\boldsymbol{I}=-3+\mathrm{j}4=5\angle 126.87^\circ(\mathrm{A})$，将其转换到时域，有

$$i(t)=5\cos(\omega t+126.87^\circ)\mathrm{A}$$

(b) 由$\mathrm{j}=1\angle 90^\circ$，所以，

$$\boldsymbol{V}=\mathrm{j}8\angle -20^\circ=(1\angle 90^\circ)(8\angle -20^\circ)$$

$$=8\angle 90^\circ-20^\circ=8\angle 70^\circ(\mathrm{V})$$

将其转到时域，可得

$$v(t)=8\cos(\omega t+70^\circ)\mathrm{V}$$ ◀

练习 9-5 试求对应于如下相量的正弦信号：

(a) $\boldsymbol{V}=-25\angle 40°\text{V}$

(b) $\boldsymbol{I}=\text{j}(12-\text{j}5)\text{A}$

答案：

(a) $v(t)=25\cos(\omega t-140°)\text{V}$ 或 $25\cos(\omega t+220°)\text{V}$；

(b) $i(t)=13\cos(\omega t+67.38°)\text{A}$。

例 9-6 已知 $i_1(t)=4\cos(\omega t+30°)\text{A}$，$i_2(t)=5\sin(\omega t-20°)\text{A}$，试求上述两信号之和。

解：本题用于说明相量的一个重要应用：用于计算同频正弦信号之和。电流 $i_1(t)$ 为标准形式，其相量为

$$\boldsymbol{I}_1=4\angle 30°\text{A}$$

下面将 $i_2(t)$ 表示为余弦函数的标准形式，将正弦函数转换为余弦函数的方法是减 90°，于是，

$$i_2=5\cos(\omega t-20°-90°)=5\cos(\omega t-110°)(\text{A})$$

其相量为

$$\boldsymbol{I}_2=5\angle -110°\text{A}$$

如果令 $i=i_1+i_2$，则有

$$\begin{aligned}\boldsymbol{I}=\boldsymbol{I}_1+\boldsymbol{I}_2&=4\angle 30°+5\angle -110°\\&=3.464+\text{j}2-1.71-\text{j}4.698=1.754-\text{j}2.698=3.218\angle -56.97°(\text{A})\end{aligned}$$

将上述结果转换到时域，得到

$$i(t)=3.218\cos(\omega t-56.97°)\text{A}$$

当然，也可以利用式(9.9)计算(i_1+i_2)，但这种方法较为困难。◀

练习 9-6 如果 $v_1=-10\sin(\omega t-30°)\text{V}$，$v_2=20\cos(\omega t+45°)\text{V}$，试求 $v=v_1+v_2$。

答案： $v(t)=29.77\cos(\omega t+49.98°)\text{V}$。

例 9-7 试利用相量方法，确定由如下微积分方程描述的电路中的电流 $i(t)$。

$$4i+8\int i\,\text{d}t-3\frac{\text{d}i}{\text{d}t}=50\cos(2t+75°)$$

解：首先将方程中的每一项都由时域转换到相量域。利用式(9.27)与式(9.28)即可得到该方程的相量形式，即

$$4\boldsymbol{I}+\frac{8\boldsymbol{I}}{\text{j}\omega}-3\text{j}\omega\boldsymbol{I}=50\angle 75°$$

由于 $\omega=2$，所以

$$\boldsymbol{I}(4-\text{j}4-\text{j}6)=50\angle 75°$$

$$\boldsymbol{I}=\frac{50\angle 75°}{4-\text{j}10}=\frac{50\angle 75°}{10.77\angle -68.2°}=4.642\angle 143.2°(\text{A})$$

将上述相量转换到时域，有

$$i(t)=4.642\cos(2t+143.2°)\text{A}$$

需要注意的是，这仅仅是电路的稳态解，无须知道其初始值即可求解。◀

练习 9-7 利用相量方法，确定由如下微积分方程描述的电路中的电压 $v(t)$。

$$2\frac{\text{d}v}{\text{d}t}+5v+10\int v\,\text{d}t=50\cos(5t-30°)$$

答案： $v(t)=5.3\cos(5t-88°)\text{V}$。

9.4 电路元件的相量关系

掌握了如何在相量域或频域中表示电压和电流之后，如何将相量方法应用于包含无源

元件 R、L、C 的电路中呢？方法是将电路中各元件的电压-电流关系由时域转换到频域。转换时仍需遵循无源符号国际惯例。

首先介绍电阻。如果流过电阻 R 的电流为 $i=I_m\cos(\omega t+\phi)$，则由欧姆定律可知，其两端的电压为

$$v=iR=RI_m\cos(\omega t+\phi) \tag{9.29}$$

该电压的相量表示为

$$\boldsymbol{V}=RI_m\angle\phi \tag{9.30}$$

而电流的相量表示为 $\boldsymbol{I}=I_m\angle\phi$，因此，

$$\boldsymbol{V}=R\boldsymbol{I} \tag{9.31}$$

式(9.31)表明，电阻在相量域中的电压-电流关系服从欧姆定律，与时域的情况相同，图 9-9 给出了相量域中电阻的电压-电流关系。由式(9.31)可以看出，电阻的电压与电流是同相的，如图 9-10 的相量图所示。

对于电感而言，假设流过电感的电流为 $i=I_m\cos(\omega t+\phi)$，则电感两端电压为

$$v=L\frac{\mathrm{d}i}{\mathrm{d}t}=-\omega LI_m\sin(\omega t+\phi) \tag{9.32}$$

由式(9.10)可知 $-\sin A=\cos(A+90°)$，于是电感两端的电压可以写为

$$v=\omega LI_m\cos(\omega t+\phi+90°) \tag{9.33}$$

转换为相量，得到

$$\boldsymbol{V}=\omega LI_m\mathrm{e}^{\mathrm{j}(\phi+90°)}=\omega LI_m\mathrm{e}^{\mathrm{j}\phi}\mathrm{e}^{\mathrm{j}90°}=\omega LI_m\angle\phi+90° \tag{9.34}$$

而 $I_m\angle\phi=\boldsymbol{I}$，且由式(9.19)可知 $\mathrm{e}^{\mathrm{j}90°}=\mathrm{j}$，因此

$$\boldsymbol{V}=\mathrm{j}\omega L\boldsymbol{I} \tag{9.35}$$

式(9.35)表明，电感两端电压的幅度为 ωLI_m，相位为$(\phi+90°)$，电压与电流的相位差为 90°并且电流滞后于电压。图 9-11 给出了电感的电压-电流关系，图 9-12 为二者的相量图。

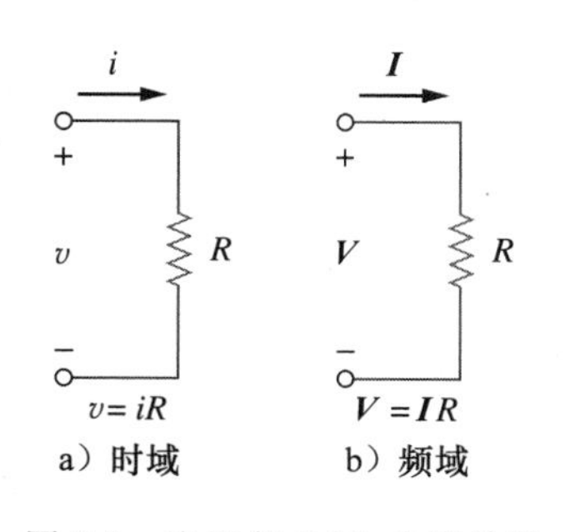

图 9-9　电阻的电压-电流关系

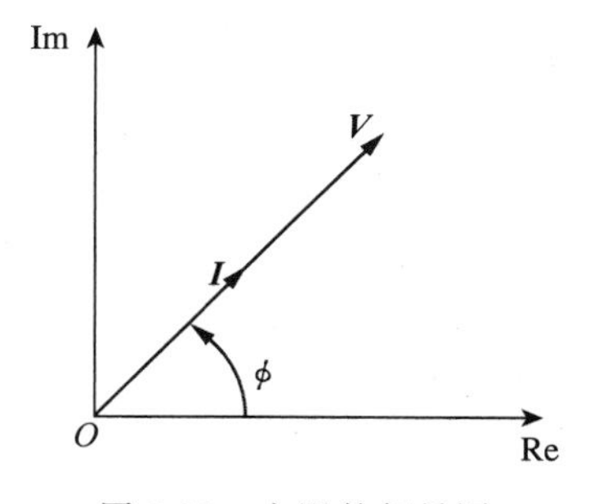

图 9-10　电阻的相量图

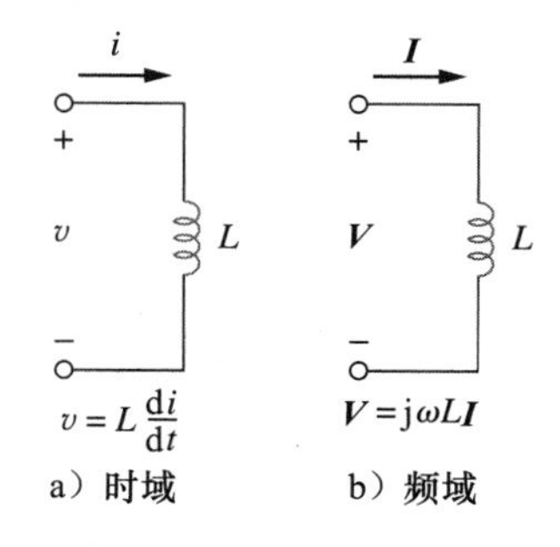

图 9-11　电感的电压-电流关系

提示： 虽然说电感的电压超前于电流 90°同样是正确的，但习惯上通常说电流相对于电压的相位关系。

对于电容 C 而言，假设电容两端的电压为 $v=V_m\cos(\omega t+\phi)$，则流过电容的电流为

$$i=C\frac{\mathrm{d}v}{\mathrm{d}t} \tag{9.36}$$

可以按照分析电感的步骤，或将式(9.27)用于式(9.36)，得到

$$\boldsymbol{I}=\mathrm{j}\omega C\boldsymbol{V}\quad\Rightarrow\quad\boldsymbol{V}=\frac{\boldsymbol{I}}{\mathrm{j}\omega C} \tag{9.37}$$

式(9.37)表明，对于电容而言，电压与电流的相位差为 90°，且电流超前于电压。图 9-13 给出了电容的电压-电流关系，图 9-14 为二者的相量图。表 9-2 总结了电路无源元件的时域与频域表示。

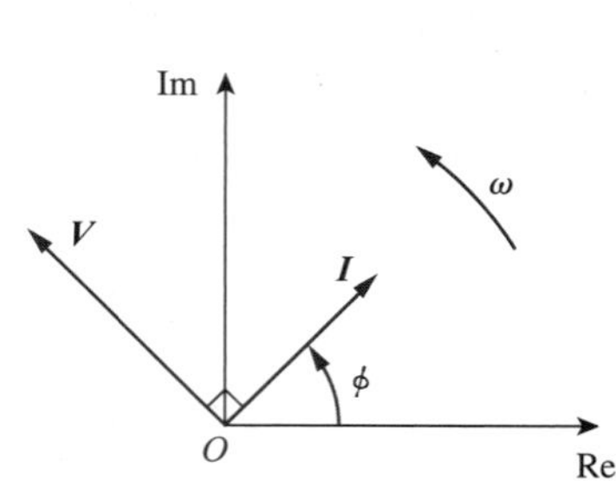

图 9-12 电感的相量图（$\boldsymbol{I}$ 滞后于 $\boldsymbol{V}$）

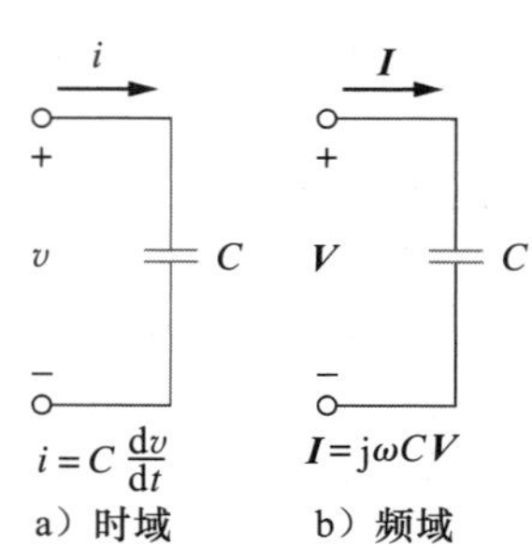

图 9-13 电容的电压-电流关系

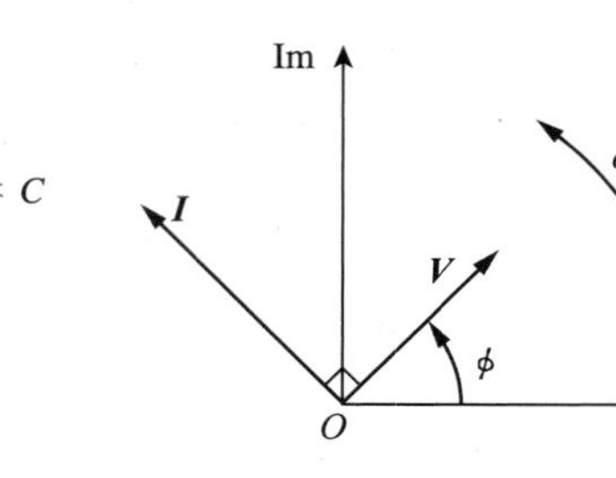

图 9-14 电感的相量图

例 9-8 0.1H 电感两端的电压为 $v=12\cos(60t+45°)$，计算该电感的稳态电流。

解：对于电感器而言，$\boldsymbol{V}=\mathrm{j}\omega L\boldsymbol{I}$，其中 $\omega=60\mathrm{rad/s}$，$\boldsymbol{V}=12\underline{/45°}$，因此，

$$\boldsymbol{I}=\frac{\boldsymbol{V}}{\mathrm{j}\omega L}=\frac{12\underline{/45°}}{\mathrm{j}60\times0.1}=\frac{12\underline{/45°}}{6\underline{/90°}}=2\underline{/-45°}(\mathrm{A})$$

将该电流转换到时域，得到

$$i(t)=2\cos(60t-45°)\mathrm{A}$$

◀

表 9-2 电路无源元件的时域与频域表示

元件	时域	频域
R	$v=Ri$	$\boldsymbol{V}=R\boldsymbol{I}$
L	$v=L\dfrac{\mathrm{d}i}{\mathrm{d}t}$	$\boldsymbol{V}=\mathrm{j}\omega L\boldsymbol{I}$
C	$i=C\dfrac{\mathrm{d}v}{\mathrm{d}t}$	$\boldsymbol{V}=\dfrac{\boldsymbol{I}}{\mathrm{j}\omega C}$

练习 9-8 若 50μF 电容两端的电压为 $v=10\cos(100t+30°)\mathrm{V}$，计算流过该电容的电流。

答案：$50\cos(100t+120°)\mathrm{mA}$。

9.5 阻抗与导纳

前一节介绍了三个无源元件 R、L、C 的电压-电流关系为

$$\boldsymbol{V}=R\boldsymbol{I},\quad \boldsymbol{V}=\mathrm{j}\omega L\boldsymbol{I},\quad \boldsymbol{V}=\frac{\boldsymbol{I}}{\mathrm{j}\omega C}\tag{9.38}$$

利用相量电压与相量电流之比表示上述方程可得

$$\frac{\boldsymbol{V}}{\boldsymbol{I}}=R,\quad \frac{\boldsymbol{V}}{\boldsymbol{I}}=\mathrm{j}\omega L,\quad \frac{\boldsymbol{V}}{\boldsymbol{I}}=\frac{1}{\mathrm{j}\omega C}\tag{9.39}$$

由以上三个表达式，即可得到任意一种无源元件欧姆定律的相量形式，即

$$\boxed{\boldsymbol{Z}=\frac{\boldsymbol{V}}{\boldsymbol{I}}\quad 或\quad \boldsymbol{V}=\boldsymbol{Z}\boldsymbol{I}}\tag{9.40}$$

式中，$\boldsymbol{Z}$ 是一个与频率有关的量，称之为阻抗(impedance)，单位为 Ω。

电路的阻抗是指相量电压 $\boldsymbol{V}$ 与相量电流 $\boldsymbol{I}$ 之比，单位为 Ω。

阻抗表示电路对正弦电流的阻碍程度。虽然阻抗是两个相量之比，但它本身不是相量，因为阻抗并不遵循正弦规律变化。

由式(9.39)可以得到电阻、电感与电容的阻抗。表 9-3 总结了这些元件的阻抗与导纳。由表可知：$\boldsymbol{Z}_L=\mathrm{j}\omega L$，$\boldsymbol{Z}_C=-\mathrm{j}/\omega C$。下面考虑角频率的两个极端情况，当 $\omega=0$ 时(直流源)，$\boldsymbol{Z}_L=0$，$\boldsymbol{Z}_C\to\infty$，证实了以前学过的知识，电感对直流相当于短路，电容对直流相当于开路；当 $\omega\to\infty$ 时(高频情况)，$\boldsymbol{Z}_L\to\infty$，$\boldsymbol{Z}_C=0$，表明对高频而言，电感相当于开路，电容相当于短路。图 9-15 说明了上述两种极端情况。

表 9-3 无源元件的阻抗与导纳

元件	阻抗	导纳
R	$\boldsymbol{Z}=R$	$\boldsymbol{Y}=\dfrac{1}{R}$
L	$\boldsymbol{Z}=\mathrm{j}\omega L$	$\boldsymbol{Y}=\dfrac{1}{\mathrm{j}\omega L}$
C	$\boldsymbol{Z}=\dfrac{1}{\mathrm{j}\omega C}$	$\boldsymbol{Y}=\mathrm{j}\omega C$

阻抗作为一个复数，可以用直角坐标形式表示为

$$\boldsymbol{Z}=R\pm \mathrm{j}X \tag{9.41}$$

式中 $R=\mathrm{Re}\boldsymbol{Z}$ 为电阻(resistance)，$X=\mathrm{Im}\boldsymbol{Z}$ 为电抗(reactance)。电抗 X 可以为正值，也可以为负值。如果 X 为正值，则称阻抗为感性的，如果 X 为负值，则称阻抗为容性的。因此，阻抗 $\boldsymbol{Z}=R+\mathrm{j}X$ 称为感性(inductive)阻抗或滞后阻抗，因为流过该阻抗的电流滞后于该阻抗两端的电压。而阻抗 $\boldsymbol{Z}=R-\mathrm{j}X$ 则称为容性(canacitive)阻抗或超前阻抗，因为流过该阻抗的电流超前于该阻抗两端的电压。阻抗、电阻、电抗的单位均为欧姆。阻抗也可以表示为极坐标形式：

$$\boldsymbol{Z}=|\boldsymbol{Z}|\angle\theta \tag{9.42}$$

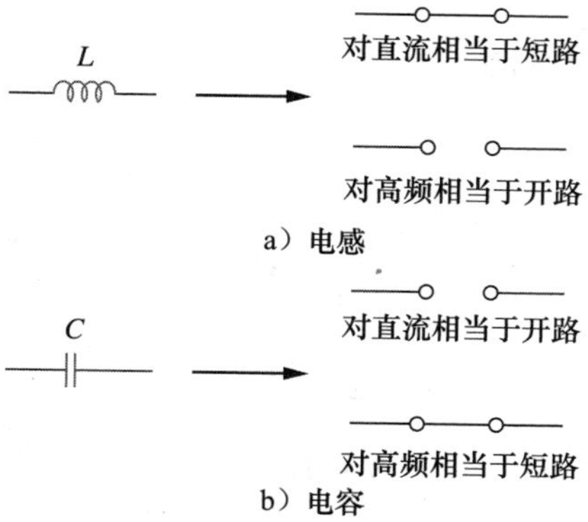

L

对直流相当于短路

对高频相当于开路

a）电感

C

对直流相当于开路

对高频相当于短路

b）电容

图 9-15　直流与高频时的等效电路

比较式(9.41)与式(9.42)可以推出

$$\boxed{\boldsymbol{Z}=R\pm \mathrm{j}X=|\boldsymbol{Z}|\angle\theta} \tag{9.43}$$

式中

$$|\boldsymbol{Z}|=\sqrt{R^2+X^2},\qquad \theta=\arctan\frac{\pm X}{R} \tag{9.44}$$

且

$$R=|\boldsymbol{Z}|\cos\theta,\qquad X=|\boldsymbol{Z}|\sin\theta \tag{9.45}$$

有时候采用阻抗的倒数，即导纳(admittance)运算起来比较方便。

导纳 Y 定义为阻抗的倒数，单位为西门子(S)。

元件(电路)的导纳 $\boldsymbol{Y}$ 等于流过该元件(电路)的相量电流与该元件(电路)两端的相量电压之比，即

$$\boxed{\boldsymbol{Y}=\frac{1}{\boldsymbol{Z}}=\frac{\boldsymbol{I}}{\boldsymbol{V}}} \tag{9.46}$$

由式(9.39)可以得到电阻、电感与电容的导纳，表 9-3 已将其总结在内。导纳 $\boldsymbol{Y}$ 作为一个复数，可以表示为

$$\boxed{\boldsymbol{Y}=G+\mathrm{j}B} \tag{9.47}$$

式中，$G=\mathrm{Re}\boldsymbol{Y}$ 称为电导(conductance)，而 $B=\mathrm{Im}\boldsymbol{Y}$ 称为电纳(susceptance)。导纳、电导与电纳的单位均为西门子(S)。由式(9.41)与式(9.47)可得

$$G+\mathrm{j}B=\frac{1}{R+\mathrm{j}X} \tag{9.48}$$

分母有理化后得到

$$G+\mathrm{j}B=\frac{1}{R+\mathrm{j}X}\cdot\frac{R-\mathrm{j}X}{R-\mathrm{j}X}=\frac{R-\mathrm{j}X}{R^2+X^2} \tag{9.49}$$

由实部、虚部分别对应相等，得到

$$G=\frac{R}{R^2+X^2},\qquad B=-\frac{X}{R^2+X^2} \tag{9.50}$$

由此可见，$G\neq 1/R$，这与纯电阻电路不同。当然，如果 $X=0$，则有 $G=1/R$。

例 9-9 试求如图 9-16 所示电路的 $v(t)$ 与 $i(t)$。

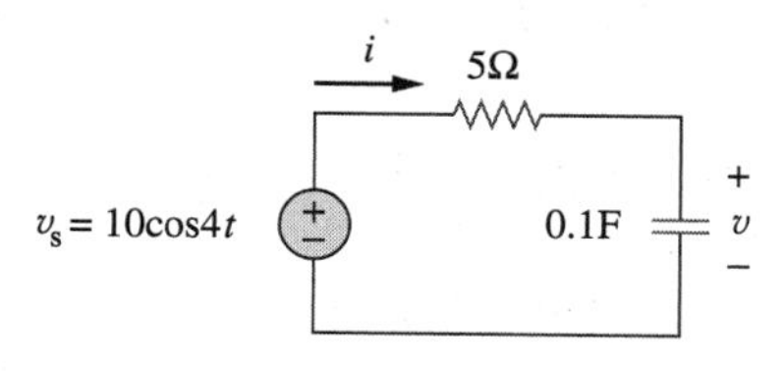

图 9-16　例 9-9 图

解：由电压源 $v_s=10\cos4t$，$\omega=4$，可得

$$\mathbf{V}_s=10\underline{/0^\circ}\text{V}$$

其阻抗为

$$\mathbf{Z}=5+\frac{1}{\text{j}\omega C}=5+\frac{1}{\text{j}4\times0.1}=(5-\text{j}2.5)\Omega$$

于是电流为

$$\mathbf{I}=\frac{\mathbf{V}_s}{\mathbf{Z}}=\frac{10\underline{/0^\circ}}{5-\text{j}2.5}=\frac{10(5+\text{j}2.5)}{5^2+2.5^2}=1.6+\text{j}0.8=1.789\underline{/26.57^\circ}(\text{A}) \tag{9.9.1}$$

电容两端的电压为

$$\mathbf{V}=\mathbf{I}\mathbf{Z}_C=\frac{\mathbf{I}}{\text{j}\omega C}=\frac{1.789\underline{/26.57^\circ}}{\text{j}4\times0.1}=\frac{1.789\underline{/26.57^\circ}}{0.4\underline{/90^\circ}}=4.47\underline{/-63.43^\circ}(\text{V}) \tag{9.9.2}$$

将式(9.9.1)与式(9.9.2)中的 $\mathbf{I}$ 与 $\mathbf{V}$ 转换到时域，得到

$$i(t)=1.789\cos(4t+26.57^\circ)\text{A}$$
$$v(t)=4.47\cos(4t-63.43^\circ)\text{V}$$

可以看出，$i(t)$超前 $v(t)90^\circ$，与预期一致。◀

练习 9-9　求图 9-17 所示电路中的 $v(t)$与 $i(t)$。

答案：$8.944\sin(10t+93.43^\circ)$ V，$4.472\sin(10t+3.43^\circ)$A。

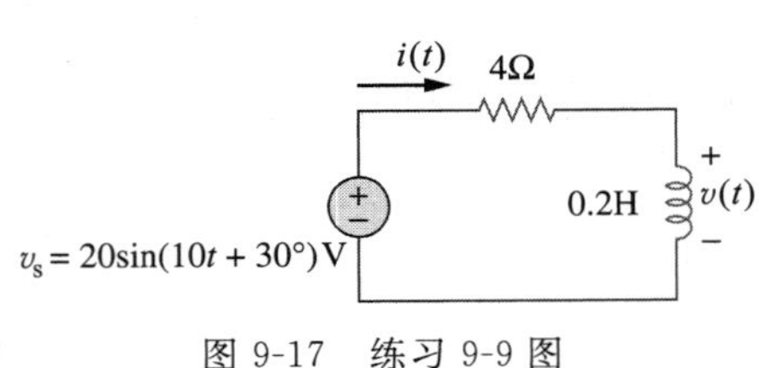

图 9-17　练习 9-9 图

†9.6　频域中的基尔霍夫定律

在频域中进行电路分析时，必须利用基尔霍夫电流定律和电压定律。因此，本节将推导这两个定律在频域中的形式。

对于 KVL 而言，设 v_1，v_2，…，v_n 为闭合回路中的电压，则有

$$v_1+v_2+\cdots+v_n=0 \tag{9.51}$$

在正弦稳定状态下，各电压可以用余弦函数表示。于是，式(9.51)变为

$$V_{m1}\cos(\omega t+\theta_1)+V_{m2}\cos(\omega t+\theta_2)+\cdots+V_{mn}\cos(\omega t+\theta_n)=0 \tag{9.52}$$

也可以写为

$$\text{Re}(V_{m1}\text{e}^{\text{j}\theta_1}\text{e}^{\text{j}\omega t})+\text{Re}(V_{m2}\text{e}^{\text{j}\theta_2}\text{e}^{\text{j}\omega t})+\cdots+\text{Re}(V_{mn}\text{e}^{\text{j}\theta n}\text{e}^{\text{j}\omega t})=0$$

即

$$\text{Re}[(V_{m1}\text{e}^{\text{j}\theta_1}+V_{m2}\text{e}^{\text{j}\theta_2}+\cdots+V_{mn}\text{e}^{\text{j}\theta_n})\text{e}^{\text{j}\omega t}]=0 \tag{9.53}$$

如果令 $\mathbf{V}_k=V_{mk}\text{e}^{\text{j}\theta_k}$，则

$$\text{Re}[(\mathbf{V}_1+\mathbf{V}_2+\cdots+\mathbf{V}_n)\text{e}^{\text{j}\omega t}]=0 \tag{9.54}$$

由于 $\text{e}^{\text{j}\omega t}\neq0$，所以

$$\mathbf{V}_1+\mathbf{V}_2+\cdots+\mathbf{V}_n=0 \tag{9.55}$$

表明基尔霍夫电压定律对于相量依然成立。

按照类似的推导过程，可以证明基尔霍夫电流定律同样对相量成立。如果令 i_1，i_2，…，i_n 为 t 时刻流入或流出网络中一个闭合平面的电流，则有

$$i_1+i_2+\cdots+i_n=0 \tag{9.56}$$

如果 $\mathbf{I}_1$，$\mathbf{I}_2$，…，$\mathbf{I}_n$ 为正弦信号 i_1，i_2，…，i_n 的相量形式，则

$$\mathbf{I}_1+\mathbf{I}_2+\cdots+\mathbf{I}_n=0 \tag{9.57}$$

此即频域中的基尔霍夫电流定律。

一旦证明了 KCL 与 KVL 在频域中成立，即可很容易地进行电路分析，如阻抗合并、

节点分析与网孔分析、叠加定理以及电源转换等。

9.7　阻抗合并

考虑如图 9-18 所示的 N 个串联阻抗，流过各阻抗的电流为同一电流 $\mathbf{I}$。沿该回路应用 KVL，可得

$$\mathbf{V}=\mathbf{V}_1+\mathbf{V}_2+\cdots+\mathbf{V}_N=\mathbf{I}(\mathbf{Z}_1+\mathbf{Z}_2+\cdots+\mathbf{Z}_N) \tag{9.58}$$

输入端的等效阻抗为

$$\mathbf{Z}_{\mathrm{eq}}=\frac{\mathbf{V}}{\mathbf{I}}=\mathbf{Z}_1+\mathbf{Z}_2+\cdots+\mathbf{Z}_N$$

即

$$\boxed{\mathbf{Z}_{\mathrm{eq}}=\mathbf{Z}_1+\mathbf{Z}_2+\cdots+\mathbf{Z}_N} \tag{9.59}$$

上式表明，串联阻抗的总阻抗(等效阻抗)等于各个阻抗之和，这与电阻串联的结论类似。

如果 $N=2$，如图 9-19 所示，则流过阻抗的电流为

$$\mathbf{I}=\frac{\mathbf{V}}{\mathbf{Z}_1+\mathbf{Z}_2} \tag{9.60}$$

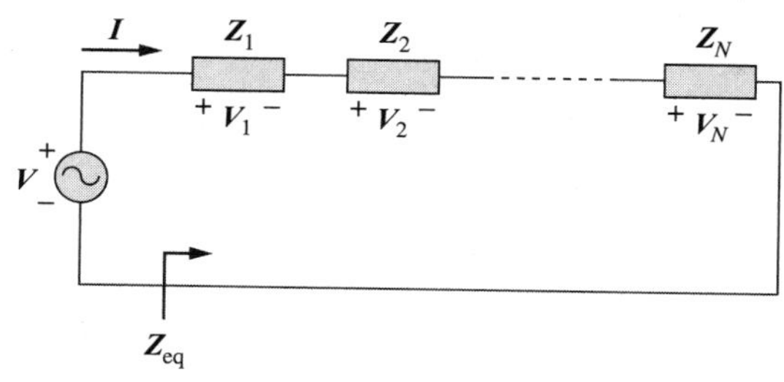

图 9-18　N 个阻抗的串联

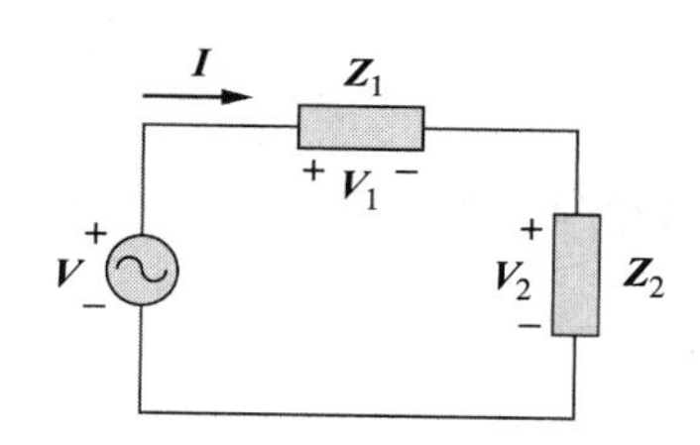

图 9-19　分压原理

由于 $\mathbf{V}_1=\mathbf{Z}_1\mathbf{I}$ 且 $\mathbf{V}_2=\mathbf{Z}_2\mathbf{I}$，所以

$$\boxed{\mathbf{V}_1=\frac{\mathbf{Z}_1}{\mathbf{Z}_1+\mathbf{Z}_2}\mathbf{V},\qquad \mathbf{V}_2=\frac{\mathbf{Z}_2}{\mathbf{Z}_1+\mathbf{Z}_2}\mathbf{V}} \tag{9.61}$$

即分压公式。

同理，可以得到图 9-20 所示的 N 个并联阻抗的等效阻抗或等效导纳，各阻抗两端的电压是相同的，对顶部节点应用 KCL，可以得到

$$\begin{aligned}\mathbf{I}&=\mathbf{I}_1+\mathbf{I}_2+\cdots+\mathbf{I}_N\\&=\mathbf{V}\left(\frac{1}{\mathbf{Z}_1}+\frac{1}{\mathbf{Z}_2}+\cdots+\frac{1}{\mathbf{Z}_N}\right)\end{aligned} \tag{9.62}$$

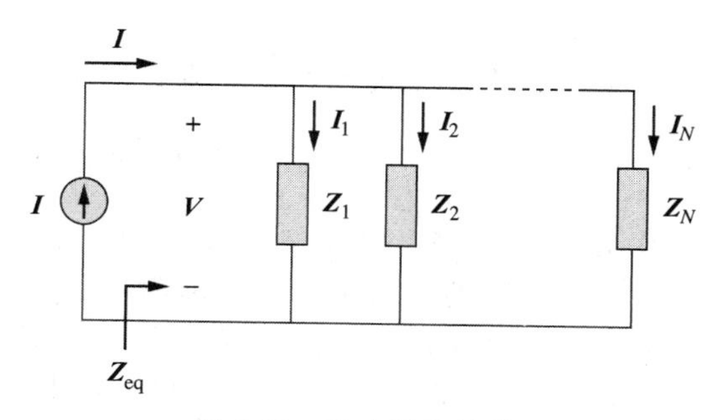

图 9-20　N 个阻抗并联

其等效阻抗为

$$\frac{1}{\mathbf{Z}_{\mathrm{eq}}}=\frac{\mathbf{I}}{\mathbf{V}}=\frac{1}{\mathbf{Z}_1}+\frac{1}{\mathbf{Z}_2}+\cdots+\frac{1}{\mathbf{Z}_N} \tag{9.63}$$

等效导纳为

$$\boxed{\mathbf{Y}_{\mathrm{eq}}=\mathbf{Y}_1+\mathbf{Y}_2+\cdots+\mathbf{Y}_N} \tag{9.64}$$

式(9.64)表明，并联导纳的等效导纳等于各导纳之和。

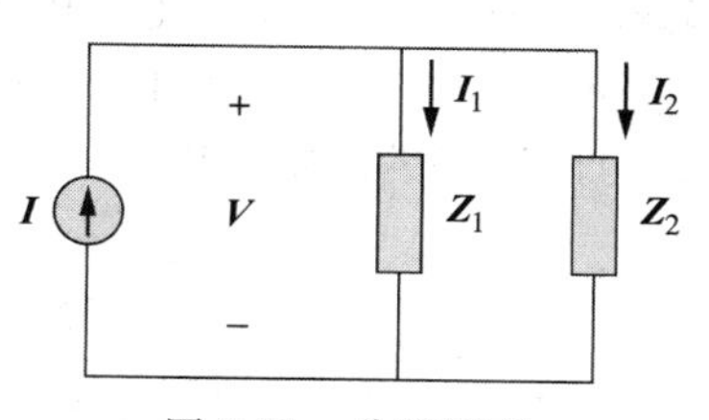

图 9-21　分流原理

当 $N=2$ 时，如图 9-21 所示，其等效

阻抗为

$$Z_{eq}=\frac{1}{Y_{eq}}=\frac{1}{Y_1+Y_2}=\frac{1}{1/Z_1+1/Z_2}=\frac{Z_1Z_2}{Z_1+Z_2} \tag{9.65}$$

又因为

$$V=IZ_{eq}=I_1Z_1=I_2Z_2$$

因此，流过各阻抗的电流为

$$\boxed{I_1=\frac{Z_2}{Z_1+Z_2}I, \quad I_2=\frac{Z_1}{Z_1+Z_2}I} \tag{9.66}$$

即分流原理。

电阻电路 Y 电路与△电路间的变换与△电路与 Y 电路间的变换同样适用于阻抗电路。对于图 9-22 所示的阻抗电路，其变换公式如下。

Y 电路与△的电路间的变换：

$$\boxed{\begin{aligned} Z_a&=\frac{Z_1Z_2+Z_2Z_3+Z_3Z_1}{Z_1}\\ Z_b&=\frac{Z_1Z_2+Z_2Z_3+Z_3Z_1}{Z_2}\\ Z_c&=\frac{Z_1Z_2+Z_2Z_3+Z_3Z_1}{Z_3}\end{aligned}} \tag{9.67}$$

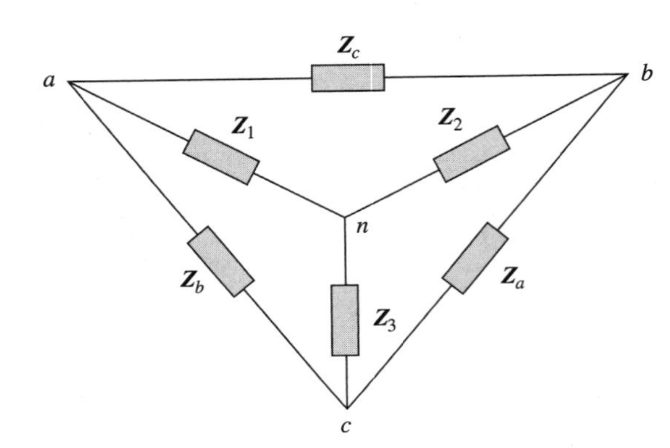

图 9-22　叠加的 Y 电路与△电路

△电路与 Y 的电路间的变换：

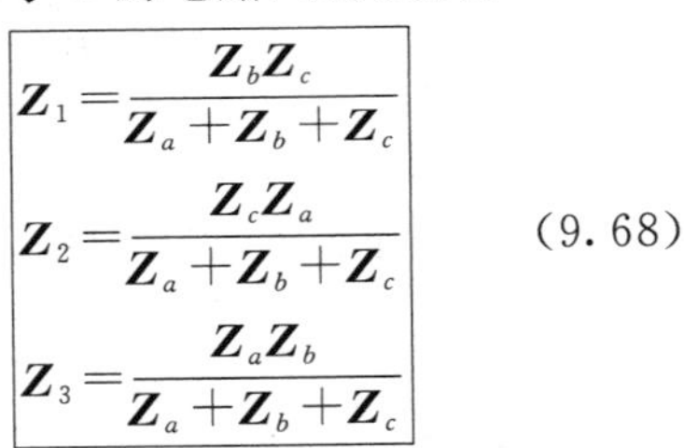

$$\boxed{\begin{aligned} Z_1&=\frac{Z_bZ_c}{Z_a+Z_b+Z_c}\\ Z_2&=\frac{Z_cZ_a}{Z_a+Z_b+Z_c}\\ Z_3&=\frac{Z_aZ_b}{Z_a+Z_b+Z_c}\end{aligned}} \tag{9.68}$$

在△电路或 Y 电路中，如果其三条支路上的阻抗均相等，则称该△电路或者 Y 电路为平衡的。

如果△-Y 电路是平衡的，则式(9.67)与式(9.68)变为

$$\boxed{Z_\triangle=3Z_Y \quad 或 \quad Z_Y=\frac{1}{3}Z_\triangle} \tag{9.69}$$

式中 $Z_Y=Z_1=Z_2=Z_3$，$Z_\triangle=Z_a=Z_b=Z_c$

通过本节的学习可知，之前学习的分压原理、分流原理、电路化简、阻抗等效以及 Y-△变换等均适用于交流电路。第 10 章还将证明，与直流电路分析相同，叠加定理、节点分析法、网孔分析法、电源变换、戴维南定理以及诺顿定理等电路分析方法同样适用于交流电路分析。

例 9-10 求如图 9-23 所示电路的输入阻抗，假定电路的工作角频率为 $\omega=50\text{rad/s}$。

解： 设 Z_1 为 2mF 电容的阻抗，Z_2 为 3Ω 电阻与 10mF 电容串联的阻抗，Z_3 为 0.2H 电感与 8Ω 电阻串联的阻抗，则有

$$Z_1=\frac{1}{j\omega C}=\frac{1}{j50\times2\times10^{-3}}=-j10(\Omega)$$

$$Z_2=3+\frac{1}{j\omega C}=3+\frac{1}{j50\times10\times10^{-3}}=(3-j2)(\Omega)$$

$$Z_3=8+j\omega L=8+j50\times0.2=(8+j10)(\Omega)$$

于是，输入阻抗为

$$Z_{in}=Z_1+Z_2\parallel Z_3=-j10+\frac{(3-j2)(8+j10)}{11+j8}$$

$$=-j10+\frac{(44+j14)(11-j8)}{11^2+8^2}=(-j10+3.22-j1.07)(\Omega)$$

因此，

$$Z_{in}=(3.22-j11.07)\Omega$$

◀

练习 9-10 计算图 9-24 所示电路在 $\omega=10\text{rad/s}$ 时的输入阻抗。

答案：$(149.52-j195)\Omega$

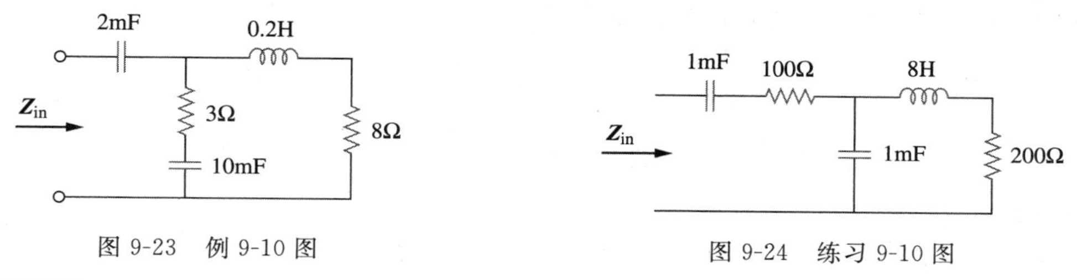

图 9-23 例 9-10 图

图 9-24 练习 9-10 图

例 9-11 求图 9-25 所示电路中的 $v_o(t)$。

解：为了进行频域分析，首先必须将如图 9-25 所示的时域电路转换为如图 9-26 所示的频域等效电路，转换过程如下。

$$v_s=20\cos(4t-15^\circ)\text{V}\quad\Rightarrow\quad \mathbf{V}_s=20\angle-15^\circ\text{V},\quad \omega=4\text{rad/s}$$

$$10\text{mF}\quad\Rightarrow\quad \frac{1}{j\omega C}=\frac{1}{j4\times10\times10^{-3}}=-j25(\Omega)$$

$$5\text{H}\quad\Rightarrow\quad j\omega L=j4\times5=j20(\Omega)$$

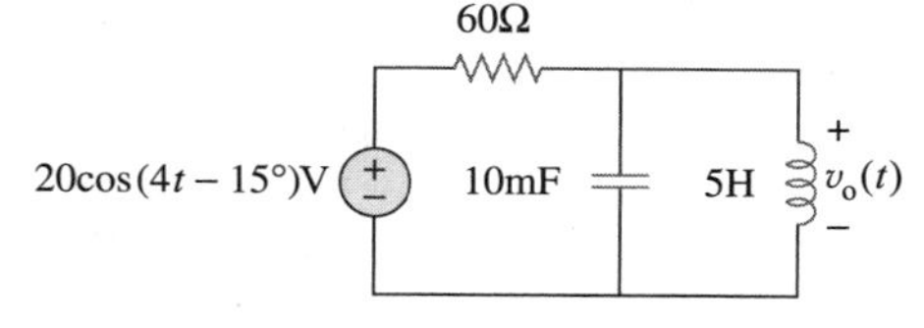

图 9-25 例 9-11 图

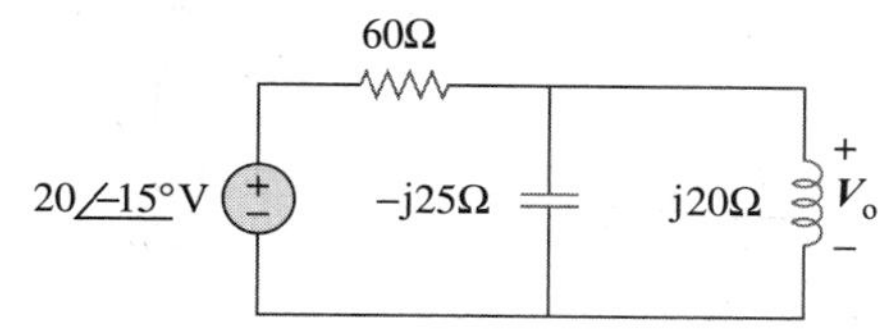

图 9-26 图 9-25 所示电路的频域等效电路

设 Z_1 为 60Ω 电阻器的阻抗，Z_2 为 10mF 电容器与 5H 电感器的并联阻抗，则 $Z_1=60\Omega$ 且

$$Z_2=-j25\parallel j20=\frac{-j25\times j20}{-j25+j20}=j100(\Omega)$$

由分压原理可得

$$\mathbf{V}_o=\frac{Z_2}{Z_1+Z_2}\mathbf{V}_s=\frac{j100}{60+j100}(20\angle-15^\circ)$$

$$=(0.8575\angle30.96^\circ)(20\angle-15^\circ)=17.15\angle15.96^\circ(\text{V})$$

将其转换到时域得到

$$v_o(t)=17.15\cos(4t+15.96^\circ)\text{V}$$

◀

练习 9-11 计算如图 9-27 所示电路中的 v_o。 **答案**：$v_o(t)=35.36\cos(10t-105^\circ)\text{V}$。

例 9-12 计算图 9-28 所示电路中的电流 $\mathbf{I}$。

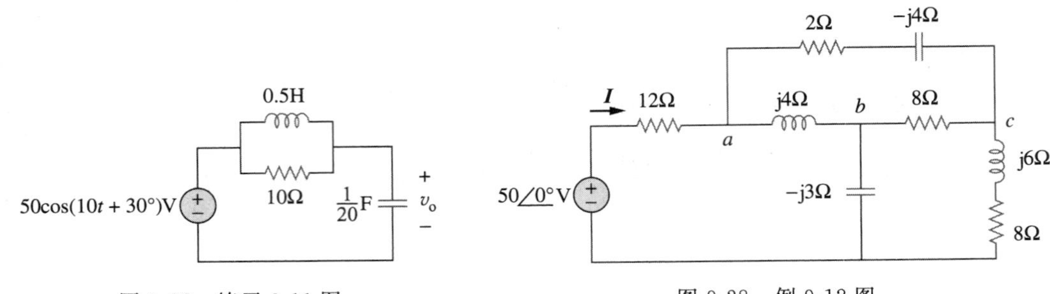

图 9-27　练习 9-11 图

图 9-28　例 9-12 图

解：电路中与节点 a，b，c 相连接的△电路可以转换为如图 9-29 所示的 Y 电路。利用式(9.68)可以求出该 Y 网络中的各阻抗为

$$\boldsymbol{Z}_{an}=\frac{\mathrm{j}4(2-\mathrm{j}4)}{\mathrm{j}4+2-\mathrm{j}4+8}=\frac{4(4+\mathrm{j}2)}{10}=1.6+\mathrm{j}0.8(\Omega)$$

$$\boldsymbol{Z}_{bn}=\frac{\mathrm{j}4\times 8}{10}=\mathrm{j}3.2\Omega,\qquad \boldsymbol{Z}_{cn}=\frac{8(2-\mathrm{j}4)}{10}=1.6-\mathrm{j}3.2(\Omega)$$

电源两端的总阻抗为

$$\boldsymbol{Z}=12+\boldsymbol{Z}_{an}+(\boldsymbol{Z}_{bn}-\mathrm{j}3)\parallel(\boldsymbol{Z}_{cn}+\mathrm{j}6+8)=12+1.6+\mathrm{j}0.8+(\mathrm{j}0.2)\parallel(9.6+\mathrm{j}2.8)$$

$$=13.6+\mathrm{j}0.8+\frac{\mathrm{j}0.2(9.6+\mathrm{j}2.8)}{9.6+\mathrm{j}3}=13.6+\mathrm{j}1=13.64\angle 4.204^\circ(\Omega)$$

所求的电流为

$$\boldsymbol{I}=\frac{\mathbf{V}}{\boldsymbol{Z}}=\frac{50\angle 0^\circ}{13.64\angle 4.204^\circ}=3.666\angle -4.204^\circ(\mathrm{A})$$ ◀

练习 9-12　试求如图 9-30 所示电路中的 $\boldsymbol{I}$。　　**答案**：$9.546\angle 33.8^\circ\mathrm{A}$。

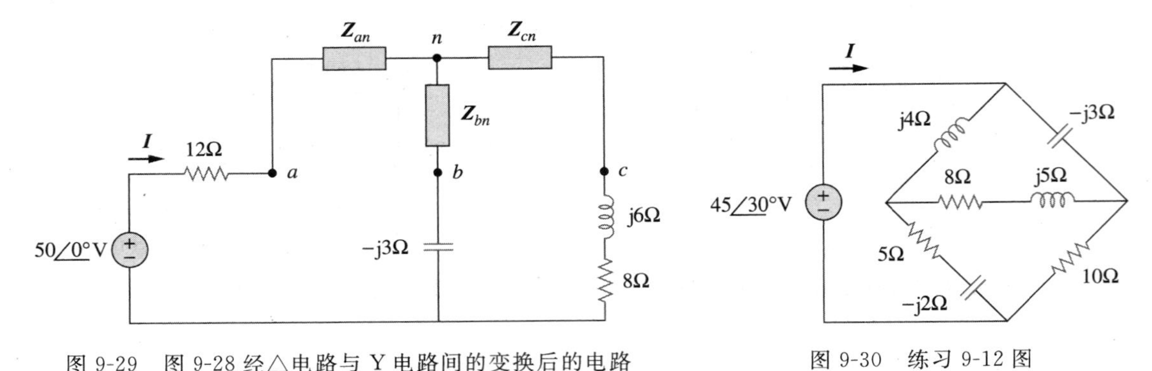

图 9-29　图 9-28 经△电路与 Y 电路间的变换后的电路

图 9-30　练习 9-12 图

†9.8　应用实例

第 7 章与第 8 章已经介绍了 RC、RL 和 RLC 电路在直流电路中的应用实例，这些电路同样可以用于交流电路，例如耦合电路、移相电路、滤波器、振荡电路、交流电桥电路和变压器等。本节仅讨论两个简单实例：RC 移相电路与交流电桥电路。其他部分电路将在后续章节中讨论。

9.8.1　移相器

移相电路通常用于校正电路中不必要的相移或者用于产生某种特定的效果，采用 RC 电路即可达到这一目的，因为该电路中的电容会使得电路电流超前于激励电压。两种常用的 RC 电路如图 9-31 所示。(RL 电路或任意电抗性电路也可以用作移相电路)。

在图 9-31a 所示电路中，电流 $\boldsymbol{I}$ 超前于激励电压 $\boldsymbol{V}_i$ 相位角 θ，$0<\theta<90°$，θ 的大小取决于 R 和 C 的值。如果 $X_C=-1/\omega C$，则电路的总阻抗为 $\boldsymbol{Z}=R+jX_C$，其相移为

$$\theta=\arctan\frac{X_C}{R} \tag{9.70}$$

式(9.70)表明，相移的大小取决于 R 和 C 的值以及工作频率。由于电阻两端的输出电压 $\boldsymbol{V}_o$ 与电流同相，所以 $\boldsymbol{V}_o$ 超前于 $\boldsymbol{V}_i$（正相移），如图 9-32a 所示。

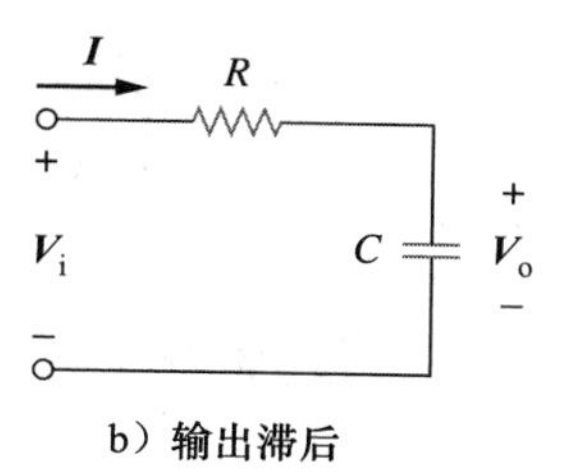

图 9-31 RC 串联移相电路

在图 9-31a 所示电路中，输出为电容两端电压，电流 $\boldsymbol{I}$ 超前于输入电压 $\boldsymbol{V}_i$ 相位角 θ，但是电容两端的输出电压 $\boldsymbol{V}_o(t)$ 滞后于输入电压 $\boldsymbol{V}_i(t)$（负相移），如图 9-32b 所示。

注意，图 9-31 所示的简单 RC 电路也可以用作分压电路，因此，当相移 θ 趋近于 90°时，其输出电压 $\boldsymbol{V}_o$ 也趋近于零。正是基于上述原因，仅在所需的相移量很小时才使用这类简单的 RC 电路。如果要求相移量大于 60°，则可以将简单的 RC 电路级联起来，从而使得级联后的总相移量等于各个相移量之和。实际上，除非采用运算放大器将前后级隔离开，否则由于后级作为前级的负载，各级的相移并不相等。

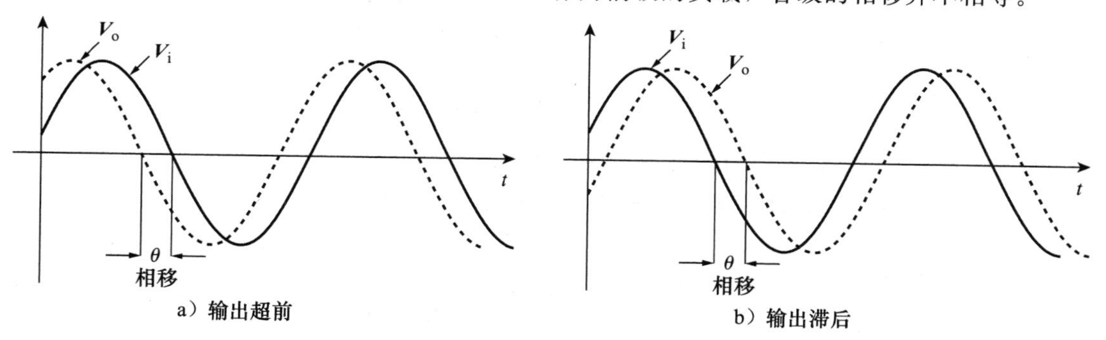

图 9-32 RC 电路中的相移

例 9-13 设计一个可以提供 90°超前相位的 RC 电路。

解：如果在某特定频率处，使得电路元件具有相等的欧姆值，例如 $R=|X_C|=20\Omega$，则由式(9.70)可知，相移量恰好为 45°。将图 9-31a 所示的两个 RC 电路级联起来，就得到图 9-33 所示的电路，该电路提供了 90°的超前相移或正相移，下面将予以证明。利用串并联合并方法，可以得到图 9-33 所示电路的阻抗 $\boldsymbol{Z}$ 为

$$\boldsymbol{Z}=20\parallel(20-j20)=\frac{20(20-j20)}{40-j20}=12-j4(\Omega) \tag{9.13.1}$$

由分压公式可得

$$\boldsymbol{V}_1=\frac{\boldsymbol{Z}}{\boldsymbol{Z}-j20}\boldsymbol{V}_i=\frac{12-j4}{12-j24}\boldsymbol{V}_i=\frac{\sqrt{2}}{3}\angle 45°\boldsymbol{V}_i \tag{9.13.2}$$

且

$$\boldsymbol{V}_o=\frac{20}{20-j20}\boldsymbol{V}_1=\frac{\sqrt{2}}{2}\angle 45°\boldsymbol{V}_1 \tag{9.13.3}$$

将式(9.13.2)代入式(9.13.3)得到：

$$\boldsymbol{V}_o=\left(\frac{\sqrt{2}}{2}\angle 45°\right)\left(\frac{\sqrt{2}}{3}\angle 45°\boldsymbol{V}_i\right)=\frac{1}{3}\angle 90°\boldsymbol{V}_i$$

因此，输出较输入超前 90°，但其幅度只是输入的 33%。◀

练习 9-13 设计一个 RC 电路，实现输出电压相位滞后输入电压相位 90°，如果将方均根值为 60V 的交流电压作用于该电路，试求输出电压。

答案：电路的典型设计如图 9-34 所示，输出电压为 20V(rms)。

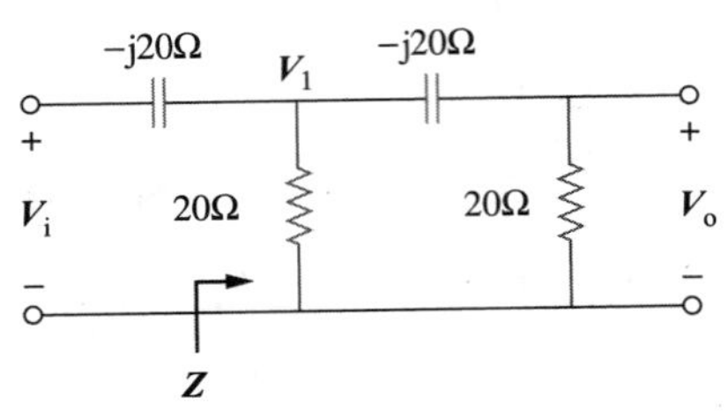

图 9-33 例 9-13 超前 90°的 RC 移相电路

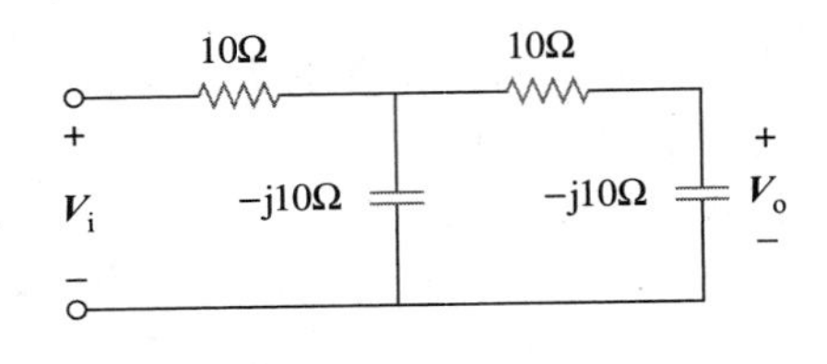

图 9-34 练习 9-13 图

例 9-14 对于如图 9-35a 所示的 RL 电路，计算频率为 2kHz 时的相移量。

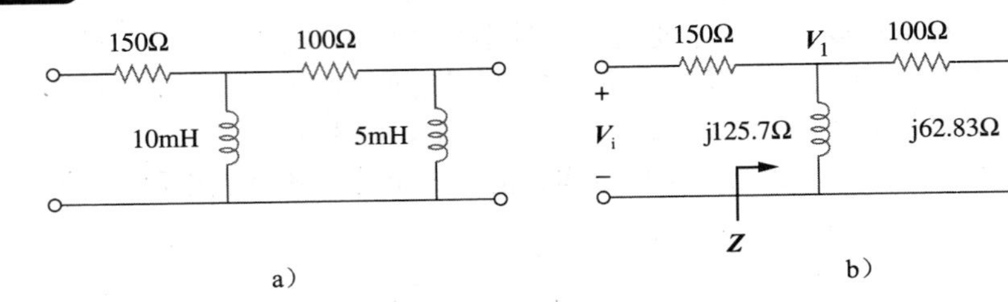

图 9-35 例 9-14 图

解：当频率为 2kHz 时，10mH 与 5mH 电感对应的阻抗为

$$10\text{mH} \Rightarrow X_L=\omega L=2\pi\times 2\times 10^3\times 10\times 10^{-3}=40\pi=125.7(\Omega)$$

$$5\text{mH} \Rightarrow X_L=\omega L=2\pi\times 2\times 10^3\times 5\times 10^{-3}=20\pi=62.83(\Omega)$$

在如图 9-35b 所示电路中，阻抗 $\boldsymbol{Z}$ 为 j125.7Ω 与(100+j62.83)Ω 的并联，因此，

$$\boldsymbol{Z}=\mathrm{j}125.7\parallel(100+\mathrm{j}62.83)=\frac{\mathrm{j}125.7(100+\mathrm{j}62.83)}{100+\mathrm{j}188.5}=69.56\angle 60.1^\circ(\Omega) \quad (9.14.1)$$

利用分压公式得到

$$\boldsymbol{V}_1=\frac{\boldsymbol{Z}}{\boldsymbol{Z}+150}\boldsymbol{V}_\mathrm{i}=\frac{69.56\angle 60.1^\circ}{184.7+\mathrm{j}60.3}\boldsymbol{V}_\mathrm{i}=0.3582\angle 42.02^\circ\boldsymbol{V}_\mathrm{i} \quad (9.14.2)$$

且

$$\boldsymbol{V}_\mathrm{o}=\frac{\mathrm{j}62.832}{100+\mathrm{j}62.832}\boldsymbol{V}_1=0.532\angle 57.86^\circ\boldsymbol{V}_1 \quad (9.14.3)$$

将式(9.14.2)与式(9.14.3)合并后可得

$$\boldsymbol{V}_\mathrm{o}=(0.532\angle 57.86^\circ)(0.3582\angle 42.02^\circ)\boldsymbol{V}_\mathrm{i}=0.1906\angle 100^\circ\boldsymbol{V}_\mathrm{i}$$

上式表明，输出电压的幅度仅为输入电压的幅度的 19%，但相位较输入超前 100°。如果在电路终端连接一个负载，则负载将会影响相移量。◀

练习 9-14 对于如图 9-36 所示的 RL 电路，如果输入电压为 10V，试求输出电压在频率为 5kHz 时的幅度和相移，并确定相移是超前还是滞后。

答案：1.7161V，120.39°，滞后。

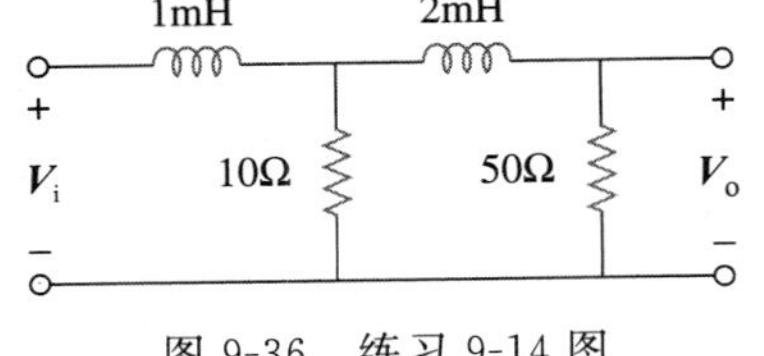

图 9-36 练习 9-14 图

9.8.2　交流电桥

交流电桥电路用于测量电感器的电感 L 或电容器的电容 C，与测量未知电阻的惠斯通电桥(参见 4.10 节)形式类似且原理相同。但是在测量 L 和 C 时，需要用交流电源和交流电表来取代检流计，交流电表可以是灵敏的交流电流表或交流电压表。

交流电桥电路的一般形式如图 9-37 所示。当无电流流过交流电表时，该电桥是平衡的，意味着 $\mathbf{V}_1=\mathbf{V}_2$，由分压原理可知

$$\mathbf{V}_1=\frac{\mathbf{Z}_2}{\mathbf{Z}_1+\mathbf{Z}_2}\mathbf{V}_s=\mathbf{V}_2=\frac{\mathbf{Z}_x}{\mathbf{Z}_3+\mathbf{Z}_x}\mathbf{V}_s \tag{9.71}$$

因此，

$$\frac{\mathbf{Z}_2}{\mathbf{Z}_1+\mathbf{Z}_2}=\frac{\mathbf{Z}_x}{\mathbf{Z}_3+\mathbf{Z}_x} \quad \Rightarrow \quad \mathbf{Z}_2\mathbf{Z}_3=\mathbf{Z}_1\mathbf{Z}_x \tag{9.72}$$

即

$$\boxed{\mathbf{Z}_x=\frac{\mathbf{Z}_3}{\mathbf{Z}_1}\mathbf{Z}_2} \tag{9.73}$$

此即交流电桥电路的平衡方程，与式(4.30)表示的电阻电桥平衡方程类似，只是用 $\mathbf{Z}$ 取代了 R。

用于测量 L 与 C 的交流电桥电路如图 9-38 所示，其中 L_x 与 C_x 分别为待测未知电感与电容，而 L_s 和 C_s 分别为标准电感与电容(其值已知，具有很高精度)。在图 9-38 所示两种情况下，通过改变两个电阻 R_1 与 R_2 的值使得交流电表读数为零，从而使电桥进入平衡状态。由式(9.73)可以得到

$$L_x=\frac{R_2}{R_1}L_s \tag{9.74}$$

$$C_x=\frac{R_1}{R_2}C_s \tag{9.75}$$

注意，图 9-38 所示交流电桥的平衡并不取决交流电源的频率 f。因为式(9.74)与式(9.75)中未出现频率 f。

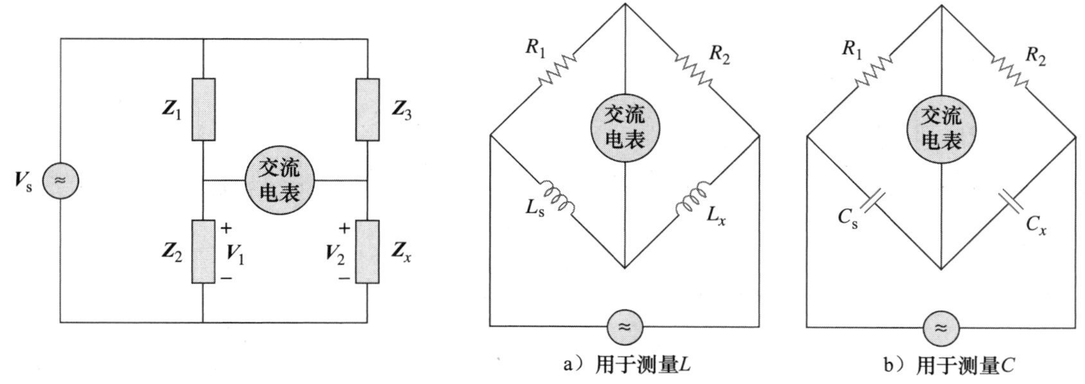

图 9-37　交流电桥　　　图 9-38　特殊交流电桥

例 9-15 在图 9-37 所示的交流电桥电路中，$\mathbf{Z}_1$ 是 1kΩ 电阻，$\mathbf{Z}_2$ 为 4.2kΩ 电阻，$\mathbf{Z}_3$ 是 1.5MΩ 电阻与 12pF 电容的并联，且 $f=2\text{kHz}$ 时，该电桥达到平衡，试求：(a) 组成 $\mathbf{Z}_x$ 的串联元件；(b) 组成 $\mathbf{Z}_x$ 的并联元件。

解： 1. **明确问题**。本例所要求解的电路已阐述清楚。

2. **列出已知条件**。本例要求确定使得给定量平衡的未知条件，由于该电路存在并联

等效和串联等效，需将两者均求出。

3. **确定备选方案**。虽然求解未知量的方法不止一种，但直接等效法最佳。一旦得到**答案**，即可通过节点分析或者利用 PSpice 进行验证。

4. **尝试求解**。由式(9.73)可得

$$\boldsymbol{Z}_x=\frac{\boldsymbol{Z}_3}{\boldsymbol{Z}_1}\boldsymbol{Z}_2 \tag{9.15.1}$$

式中 $\boldsymbol{Z}_x=R_x+\mathrm{j}X_x$，

$$\boldsymbol{Z}_1=1000\Omega,\quad \boldsymbol{Z}_2=4200\Omega \tag{9.15.2}$$

和

$$\boldsymbol{Z}_3=R_3\parallel\frac{1}{\mathrm{j}\omega C_3}=\frac{\dfrac{R_3}{\mathrm{j}\omega C_3}}{R_3+1/\mathrm{j}\omega C_3}=\frac{R_3}{1+\mathrm{j}\omega R_3C_3}$$

当 $R_3=1.5\mathrm{M}\Omega$，$C_3=12\mathrm{pF}$ 时，

$$\boldsymbol{Z}_3=\frac{1.5\times10^6}{1+\mathrm{j}2\pi\times2\times10^3\times1.5\times10^6\times12\times10^{-12}}=\frac{1.5\times10^6}{1+\mathrm{j}0.2262}(\Omega)$$

即

$$\boldsymbol{Z}_3=(1.427-\mathrm{j}0.3228)\mathrm{M}\Omega \tag{9.15.3}$$

(a) 假定 $\boldsymbol{Z}_x$ 由串联元件组成，将式(9.15.2)与式(9.15.3)代入式(9.15.1)，可得

$$R_x+\mathrm{j}X_x=\frac{4200}{1000}(1.427-\mathrm{j}0.3228)\times10^6\Omega=(5.993-\mathrm{j}1.356)\mathrm{M}\Omega \tag{9.15.4}$$

令实部与虚部分别对应相等，可得 $R_X=5.993\mathrm{M}\Omega$，且容性电抗为

$$X_x=\frac{1}{\omega C}=1.356\times10^6\ \Omega$$

即

$$C=\frac{1}{\omega X_x}=\frac{1}{2\pi\times2\times10^3\times1.356\times10^6}=58.69(\mathrm{pF})$$

(b) $\boldsymbol{Z}_x$ 与式(9.15.4)保持不变，但 R_x 与 X_x 为并联关系，假定 RC 进行并联合并，可得：

$$\boldsymbol{Z}_x=(5.993-\mathrm{j}1.356)\mathrm{M}\Omega=R_x\parallel\frac{1}{\mathrm{j}\omega C_x}=\frac{R_x}{1+\mathrm{j}\omega R_xC_x}$$

令实部与虚部分别对应相等可得

$$R_x=\frac{\mathrm{Re}(\boldsymbol{Z}_x)^2+\mathrm{Im}(\boldsymbol{Z}_x)^2}{\mathrm{Re}(\boldsymbol{Z}_x)}=\frac{5.993^2+1.356^2}{5.993}=6.3(\mathrm{M}\Omega)$$

$$\begin{aligned}C_x&=-\frac{\mathrm{Im}(\boldsymbol{Z}_x)}{\omega[\mathrm{Re}(\boldsymbol{Z}_x)^2+\mathrm{Im}(\boldsymbol{Z}_x)^2]}\\&=-\frac{-1.356}{2\pi\times2000\times(5.917^2+1.356^2)}=2.852(\mu\mathrm{F})\end{aligned}$$

在这种情况下，假设一个并联的 RC 组合。

5. **评价结果**。下面利用 PSpice 验证结果的正确性，对等效电路进行 PSpice 程序，将电路的“电桥”部分开路，并施加 10V 输入电压，在“电桥”输出端得到相对于电路参考点的电压如下：

```
FREQ        VM($N_0002)  VP($N_0002)
2.000E+03   9.993E+00   -8.634E-03
2.000E+03   9.993E+00   -8.637E-03
```

由于电压基本相同，所以对于连接电桥两端的任意元件而言，无可测电流流过“电桥”部分，从而得到所期望的平衡电桥。这表明我们已经正确地确定了未知量。

对于上述运算而言，还存在一个非常重要的问题！通过以上计算过程得到的是理想的“理论”解，但对于实际系统而言，并不是一个很好的答案。这是因为上下两条支路的阻抗差别过大，在实际电桥电路中无法接受。对于高精度测量而言，总阻抗大小至少要在同一数量级。为了提高解的精度，建议将上面支路阻抗的大小增加到 500kΩ～1.5MΩ。对于实际系统的另一个问题是：这些阻抗的大小在实际测量时同样会造成严重的问题，因此必须利用适当的仪器以达到使电路负载最小的目的(负载可能会改变实际的电压读数)。

6. **是否满意**？通过前面的步骤已经求出未知量并进行了验证，结果有效，可以将上述求解过程作为本题的答案。◀

练习 9-15　在图 9-37 所示的交流电桥电路中，$\mathbf{Z}_1$ 为 4.8kΩ 电阻，$\mathbf{Z}_2$ 为 10Ω 电阻与 0.25μH 电感的串联，$\mathbf{Z}_3$ 为 12kΩ 电阻，当 $f=6\text{MHz}$ 时，电桥达到平衡状态，确定组成 $\mathbf{Z}_x$ 的串联元件值。

答案：25Ω 电阻与 0.625μH 电感串联。

9.9　本章小结

1. 正弦信号是具有正弦函数或余弦函数形式的信号，其一般表达式为

$$v(t)=V_{\mathrm{m}}\sin(\omega t+\phi)$$

式中，V_{m} 为幅度或振幅，$\omega=2\pi f$ 为角频率，$(\omega t+\phi)$为辐角，ϕ 为相位。

2. 相量是一个表示正弦信号幅度与相位的复数。给定正弦信号 $v(t)=V_{\mathrm{m}}\cos(\omega t+\phi)$其相量 $\mathbf{V}$ 为

$$\mathbf{V}=V_{\mathrm{m}}\underline{/\phi}$$

3. 在交流电路中，电压相位与电流相位在任何时刻均存在固定的关系。如果 $v(t)=V_{\mathrm{m}}\cos(\omega t+\phi_v)$表示元件两端的电压，$i(t)=I_{\mathrm{m}}\cos(\omega t+\phi_i)$表示流过该元件的电流，则对于电阻元件而言，$\phi_i=\phi_v$)；对于电容元件而言，$\phi_i$ 超前 ϕ_v 90°；对于电感元件而言，ϕ_i 较 ϕ_v 滞后 90°。

4. 电路的阻抗 $\mathbf{Z}$ 等于该电路两端的电压相量与流过它的电流相量之比：

$$\mathbf{Z}=\frac{\mathbf{V}}{\mathbf{I}}=R(\omega)+\mathrm{j}X(\omega)$$

导纳 $\mathbf{Y}$ 是阻抗的倒数：

$$\mathbf{Y}=\frac{1}{\mathbf{Z}}=G(\omega)+\mathrm{j}B(\omega)$$

串并联的阻抗合并方法与串并联电阻的合并方法相同，即串联时阻抗相加，并联时导纳相加。

5. 电阻的阻抗为 $\mathbf{Z}=R$，电感的阻抗为 $\mathbf{Z}=\mathrm{j}X=\mathrm{j}\omega L$，电容的阻抗为 $\mathbf{Z}=-\mathrm{j}X=1/\mathrm{j}\omega C$。

6. 电路的基本定律(欧姆定律和基尔霍夫定律)同样适用于交流电路，其形式与直流电路中的基本定律相同，即

$$\mathbf{V}=\mathbf{Z}\mathbf{I}$$

$$\sum \mathbf{I}_k=0(\mathrm{KCL})$$

$$\sum \mathbf{V}_k=0(\mathrm{KVL})$$

7. 分压/分流原理、阻抗/导纳的串联/并联合并、电路的化简以及 Y-△转换等方法均适用于交流电路的分析。

8. 交流电路可应用于移相电路与电桥电路中。

复习题

1 下列哪一项不能正确地表示正弦信号 $A\cos\omega t$？
(a) $A\cos 2\pi ft$ (b) $A\cos(2\pi t/T)$
(c) $A\cos\omega(t-T)$ (d) $A\sin(\omega t-90°)$

2 以固定间隔重复本身的函数称为：
(a) 相量 (b) 谐波
(c) 周期性 (d) 电抗

3 下列频率中，哪一个的周期较短？
(a) 1krad/s (b) 1kHz

4 如果 $v_1=30\sin(\omega t+10°)$，$v_2=20\sin(\omega t+50°)$，下述哪项叙述是正确的？
(a) v_1 超前 v_2 (b) v_2 超前 v_1
(c) v_2 滞后 v_1 (d) v_1 滞后 v_2
(e) v_1 与 v_2 同相

5 电感两端的电压较流过它的电流超前 90°。
(a) 正确 (b) 错误

6 阻抗的虚部称为：
(a) 电阻 (b) 导纳
(c) 电纳 (d) 电导
(e) 电抗

7 电容的阻抗随频率的增加而增加。
(a) 正确 (b) 错误

8 如图 9-39 所示电路在什么频率下的输出电压 $v_o(t)$ 等于输入电压 $v(t)$？
(a) 0rad/s (b) 1rad/s
(c) 4rad/s (d) ∞rad/s
(e) 都不是

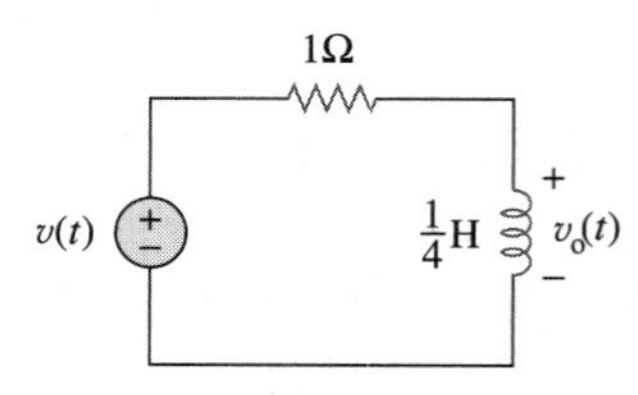

图 9-39 复习题 8 图

9 某 RC 串联电路中，$|V_R|=12$V，$|V_C|=5$V，则其供电电压的幅度为
(a) −7V (b) 7V
(c) 13V (d) 17V

10 某 RLC 串联电路的 $R=30\Omega$，$X_C=50\Omega$，$X_L=90\Omega$，则该电路的阻抗为
(a) 30+j140Ω (b) 30+j40Ω
(c) 30−j40Ω (d) −30−j40Ω
(e) −30+j40Ω

答案： 1 (d)；2 (c)；3 (b)；4 (b，d)；5 (a)；6 (e)；7 (b)；8 (d)；9 (c)；10 (b)。

习题

9.2 节

1 已知正弦电压 $v(t)=50\cos(30t+10°)$V。试求：(a) 振幅 V_m；(b) 周期 T；(c) 频率 f；(d) $f=10$ms 时的 $v(t)$。

2 某线性电路中的电流为 $i_s=15\cos(25\pi t+25°)$A。
(a) 该电流的振幅为多少？
(b) 角频率为多少？
(c) 试求该电流的频率 f。
(d) 计算 $t=2$ms 时的 i_s。

3 将如下函数表达为余弦函数形式。
(a) $10\sin(\omega t+30°)$
(b) $-9\sin(8t)$
(c) $-20\sin(\omega t+45°)$

4 设计一个问题以更好地理解正弦曲线。 **ED**

5 已知 $v_1=45\sin(\omega t+30°)$V 和 $v_2=50\cos(\omega t-30°)$V，试确定这两个正弦信号之间的相位角，并指出哪一个是滞后的。

6 对于如下各组正弦信号，试确定哪一个是超前的，超前多少？
(a) $v(t)=10\cos(4t-60°)$ 和 $i(t)=4\sin(4t+50°)$
(b) $v_1(t)=4\cos(377t+10°)$ 和 $v_2(t)=-20\cos 377t$
(c) $x(t)=13\cos 2t+5\sin 2t$ 和 $y(t)=15\cos(2t-11.8°)$

9.3 节

7 如果 $f(\phi)\cos\phi+\mathrm{j}\sin\phi$，试证明 $f(\phi)=e^{\mathrm{j}\phi}$。

8 计算下列各复数，并将计算结果表示为直角坐标形式。
(a) $\dfrac{60\angle 45°}{7.5-\mathrm{j}10}+\mathrm{j}2$
(b) $\dfrac{32\angle -20°}{(6-\mathrm{j}8)(4+\mathrm{j}2)}+\dfrac{20}{-10+\mathrm{j}24}$
(c) $20+(16\angle -50°)(5+\mathrm{j}12)$

9 试计算下列各复数，并将计算结果表示为极坐标形式。
(a) $5\angle 30°\left(6-\mathrm{j}8+\dfrac{3\angle 60°}{2+\mathrm{j}}\right)$
(b) $\dfrac{(10\angle 60°)(35\angle -50°)}{(2+\mathrm{j}6)-(5+\mathrm{j})}$

10 设计一个问题以更好地理解相量。 **ED**

11 试求如下信号对应的相量。
(a) $v(t)=21\cos(4t-15°)$V

(b) $i(t)=-8\sin(10t+70°)$mA

(c) $v(t)=120\sin(10t-50°)$V

(d) $i(t)=-60\cos(30t+10°)$mA。

12　设 $X=4\angle 40°$，$Y=20\angle -30°$，计算以下各量并将计算结果表示为极坐标形式。

(a) $(\boldsymbol{X}+\boldsymbol{Y})\boldsymbol{X}^*$

(b) $(\boldsymbol{X}-\boldsymbol{Y})^*$

(c) $(\boldsymbol{X}+\boldsymbol{Y})/\boldsymbol{X}$

13　计算如下复数：

(a) $\dfrac{2+\mathrm{j}3}{1-\mathrm{j}6}+\dfrac{7-\mathrm{j}8}{-5+\mathrm{j}11}$

(b) $\dfrac{(5\angle 10°)(10\angle -40°)}{(4\angle -80°)(-6\angle 50°)}$

(c) $\begin{vmatrix} 2+\mathrm{j}3 & -\mathrm{j}2 \\ -\mathrm{j}2 & 8-\mathrm{j}5 \end{vmatrix}$

14　化简如下各表达式：

(a) $\dfrac{(5-\mathrm{j}6)-(2+\mathrm{j}8)}{(-3+\mathrm{j}4)(5-\mathrm{j})+(4-\mathrm{j}6)}$

(b) $\dfrac{(240\angle 75°+160\angle -30°)(60-\mathrm{j}80)}{(67+\mathrm{j}84)(20\angle 32°)}$

(c) $\left(\dfrac{10+\mathrm{j}20}{3+\mathrm{j}4}\right)^2\sqrt{(10+\mathrm{j}5)(16-\mathrm{j}20)}$

15　计算如下各行列式的值：

(a) $\begin{vmatrix} 10+\mathrm{j}6 & 2-\mathrm{j}3 \\ -5 & -1+\mathrm{j} \end{vmatrix}$

(b) $\begin{vmatrix} 20\angle -30° & -4\angle -10° \\ 16\angle 0° & 3\angle 45° \end{vmatrix}$

(c) $\begin{vmatrix} 1-\mathrm{j} & -\mathrm{j} & 0 \\ \mathrm{j} & 1 & -\mathrm{j} \\ 1 & \mathrm{j} & 1+\mathrm{j} \end{vmatrix}$

16　将如下各正弦信号转换为相量：

(a) $-20\cos(4t+135°)$

(b) $8\sin(20t+30°)$

(c) $20\cos 2t+15\sin 2t$

17　电压 v_1 与 v_2 串联时，其和为 $v=v_1+v_2$。如果 $v_1=10\cos(50t-\pi/3)$V，$v_2=12\cos(50t+30°)$V，试求 v。

18　计算如下各相量所对应的正弦信号。

(a) $\boldsymbol{V}_1=60\angle 15°$V，$\omega=1$

(b) $\boldsymbol{V}_2=6+\mathrm{j}8$V，$\omega=40$

(c) $\boldsymbol{I}_1=2.8\mathrm{e}^{-\mathrm{j}\pi/3}$A，$\omega=377$

(d) $\boldsymbol{I}_2=-0.5-\mathrm{j}1.2$A，$\omega=10^3$

19　利用相量计算如下各式的值。

(a) $3\cos(20t+10°)-5\cos(20t-30°)$

(b) $40\sin 50t+30\cos(50t-45°)$

(c) $20\sin 400t+10\cos(400t+60°)-5\sin(400t-20°)$

20　某线性网络的输入电流为 $7.5\cos(10t+30°)$A，输入电压为 $120\cos(10t+75°)$V，计算相应的阻抗。

21　化简如下各式：

(a) $f(t)=5\cos(2t+15°)-4\sin(2t-30°)$

(b) $g(t)=8\sin t+4\cos(t+50°)$

(c) $h(t)=\int_0^t(10\cos 40t+50\sin 40t)\mathrm{d}t$

22　某交流电压为 $v(t)=55\cos(5t+45°)$V，利用相量计算 $10v(t)+4\dfrac{\mathrm{d}v}{\mathrm{d}t}-2\int_{-\infty}^t v(t)\mathrm{d}t$ 假定 $t=-\infty$ 时的积分值为 0。

23　利用相量分析计算如下各式：

(a) $v=[110\sin(20t+30°)+220\cos(20t-90°)]$V

(b) $i=[30\cos(5t+60°)-20\sin(5t+60°)]$A

24　利用向量法确定下列微积分方程中的 $v(t)$

(a) $v(t)+\int v\mathrm{d}t=10\cos t$

(b) $\dfrac{\mathrm{d}v}{\mathrm{d}t}+5v(t)+4\int v\mathrm{d}t=20\sin(4t+10°)$

25　利用相量法确定下列方程中的 $i(t)$。

(a) $2\dfrac{\mathrm{d}i}{\mathrm{d}t}+3i(t)=4\cos(2t-45°)$

(b) $10\int i\mathrm{d}t+\dfrac{\mathrm{d}i}{\mathrm{d}t}+6i(t)=5\cos(5t+22°)$A

26　某 RLC 串联电路的回路方程为

$$\frac{\mathrm{d}i}{\mathrm{d}t}+2i+\int_{-\infty}^t i\mathrm{d}t=\cos 2t\,\mathrm{A}$$

假定 $t=-\infty$ 时的积分值为 0，利用相量法求 $i(t)$。

27　某 RLC 并联电路的节点方程为

$$\frac{\mathrm{d}v}{\mathrm{d}t}+50v+100\int v\mathrm{d}t=110\cos(377t-10°)\mathrm{V}$$

假定 $t=-\infty$ 时的积分值为 0，试利用相量法确定 $v(t)$。

9.4 节

28　计算流过一个与电压源 $v_s=156\cos(377t+45°)$V 相连接的 15Ω 电阻的电流。

29　给定 $v_c(0)=2\cos(155°)$V，如果流过一个 2μF 电容的电流为 $i=4\sin(10^6t+25°)$A，试求电容两端的瞬时电压。

30　将电压 $v(t)=100\cos(60t+20°)$V 作用于相互并联的 40kΩ 电阻与 50μF 电容两端，求流过该电阻与电容的稳态电流。

31　某 RLC 串联电路中，$R=80\Omega$，$L=240$mH，$C=5$mF，如果输入电压为 $v(t)=10\cos 2t$，求流过该电路的电流。

32　利用图 9-40 所示电路，试设计一个问题，以更好地理解电路元件的相量关系。 **ED**

图 9-40　习题 32 图

33　某 RL 串联电路接到 110V 交流电源上，如果电阻两端的电压为 85V，求电感两端的电压。

34　角频率 ω 取何值时，图 9-41 所示电路的强迫相应 v_o 为零？

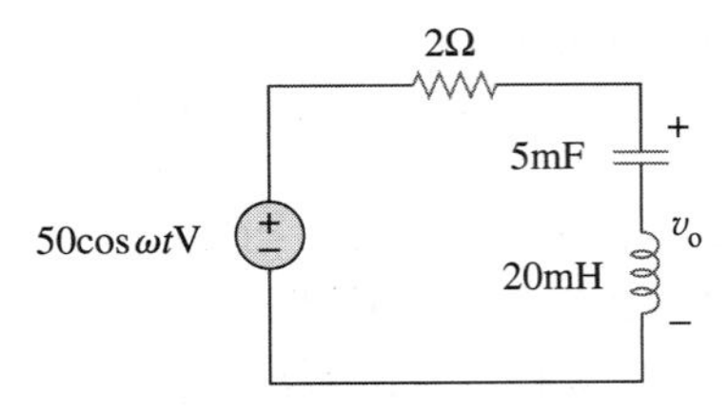

图 9-41　习题 34 图

9.5 节

35　在图 9-42 所示电路中，求 $v_s(t)=50\cos 200t\,\text{V}$ 时的稳态电流 i。

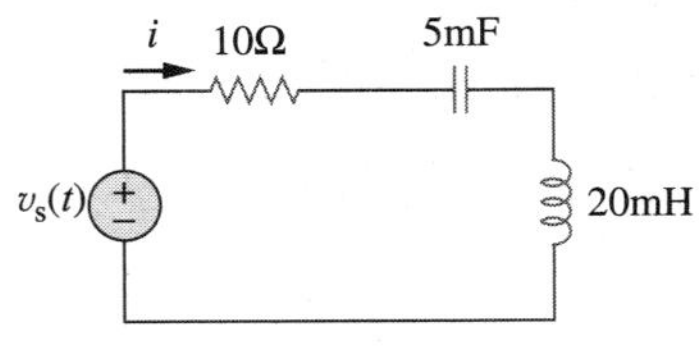

图 9-42　习题 35 图

36　利用图 9-43 所示电路设计一个问题，以更好地理解阻抗。 **ED**

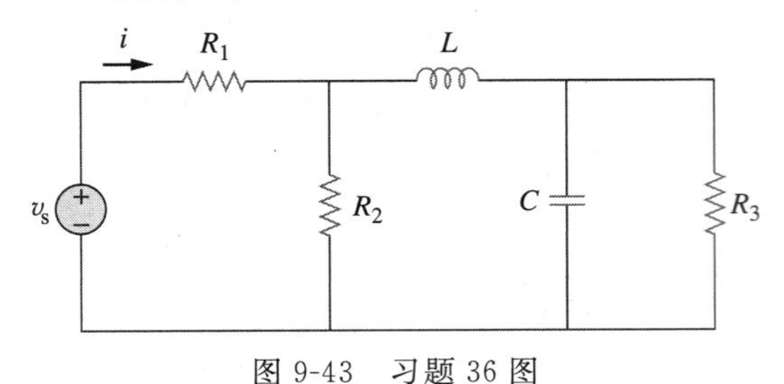

图 9-43　习题 36 图

37　计算图 9-44 所示电路中的导纳 $\boldsymbol{Y}$。

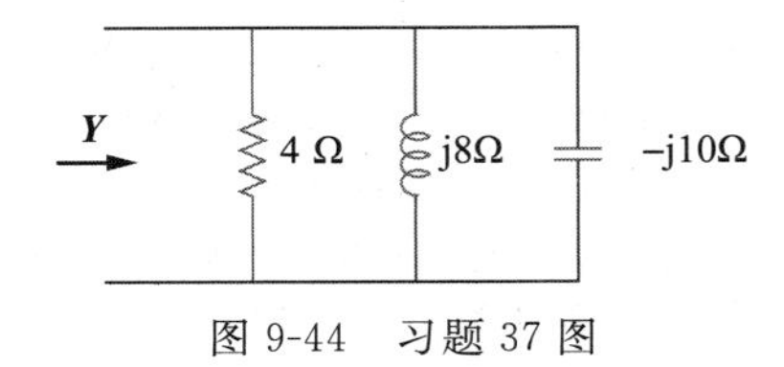

图 9-44　习题 37 图

38　利用图 9-45 设计一个问题以更好地理解导纳。 **ED**

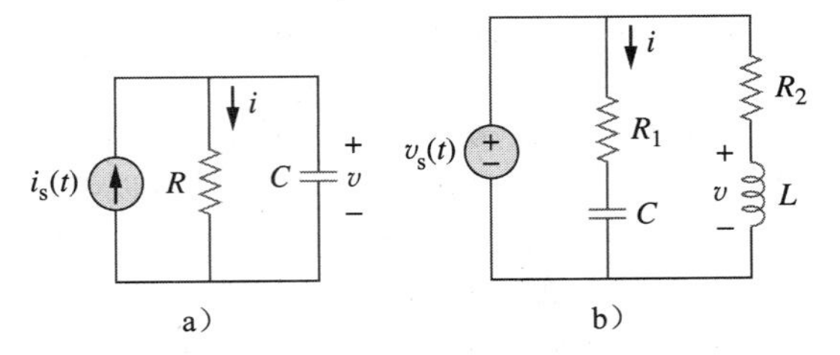

图 9-45　习题 38 图

39　计算图 9-46 所示电路中的 Z_{eq}，并利用该结果计算电流 $\boldsymbol{I}$，假设 $\omega=10\text{rad/s}$。

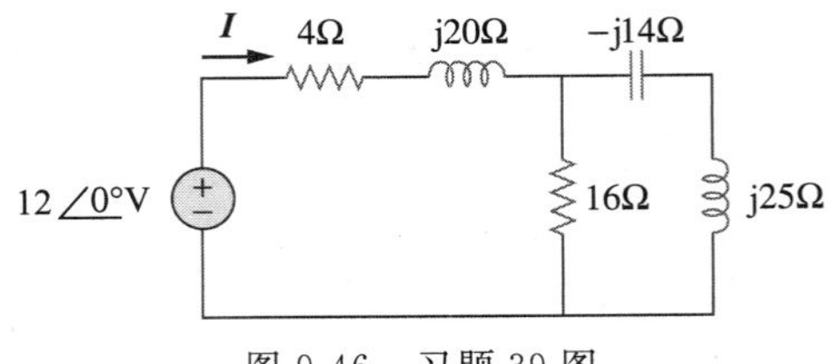

图 9-46　习题 39 图

40　计算图 9-47 所示电路在下列几种情况下的 i_o：

(a) $\omega=1\text{rad/s}$；

(b) $\omega=5\text{rad/s}$；

(c) $\omega=10\text{rad/s}$。

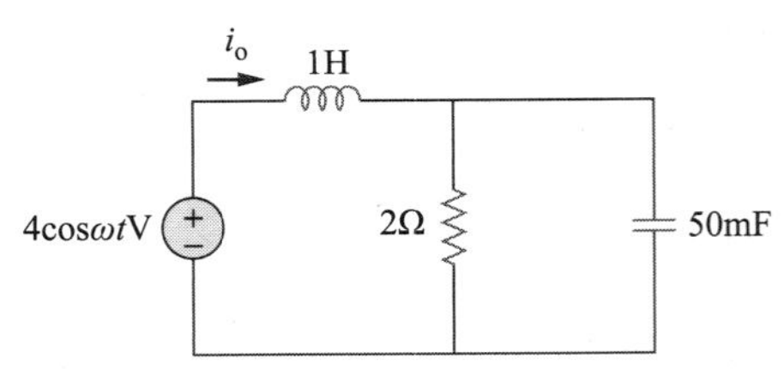

图 9-47　习题 40 图

41　计算图 9-48 所示 RLC 电路中的 $v(t)$。

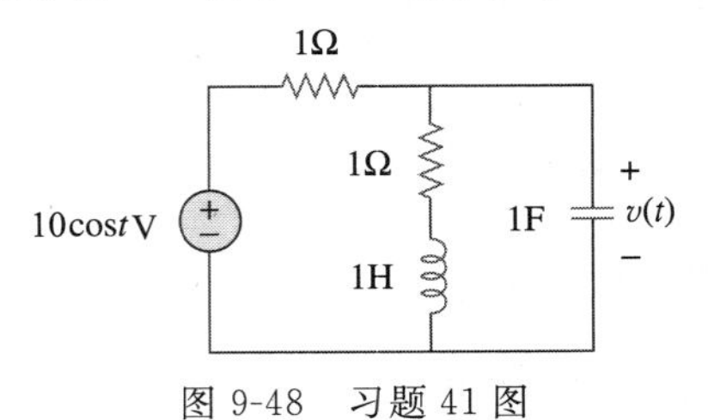

图 9-48　习题 41 图

42　计算如图 9-49 所示电路总的 $v_o(t)$。

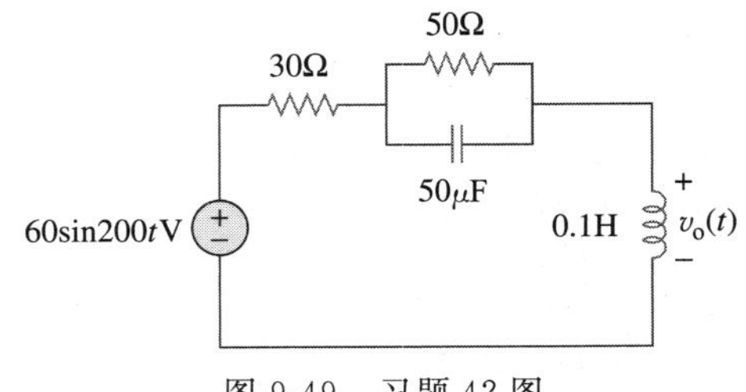

图 9-49　习题 42 图

43　计算如图 9-50 所示电路总的 $\boldsymbol{I}_o$。

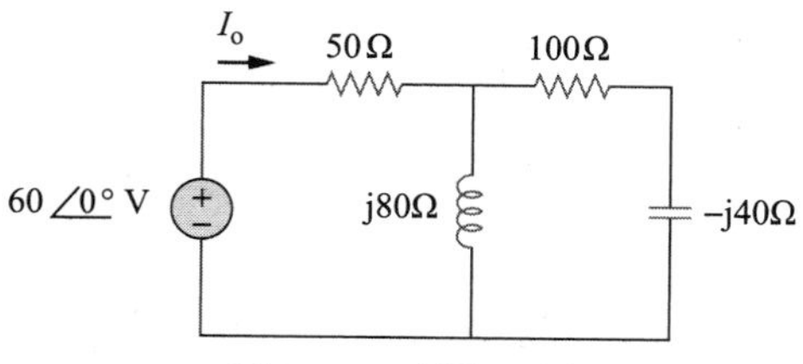

图 9-50　习题 43 图

44　计算如图 9-51 所示电路总的 $i(t)$。

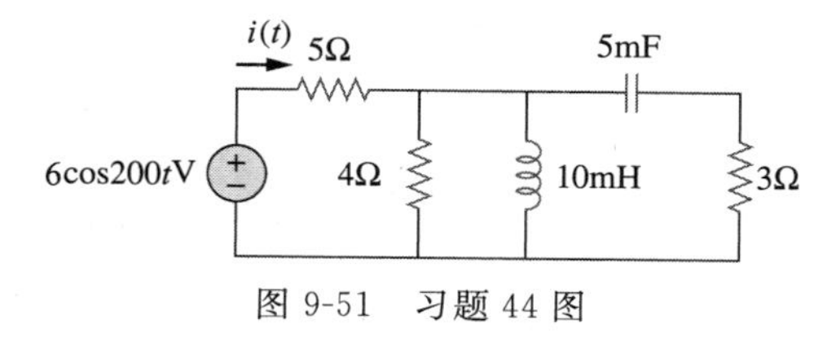

图 9-51　习题 44 图

45　计算图 9-52 所示电路中的电流 $\boldsymbol{I}_o$。　**PS　ML**

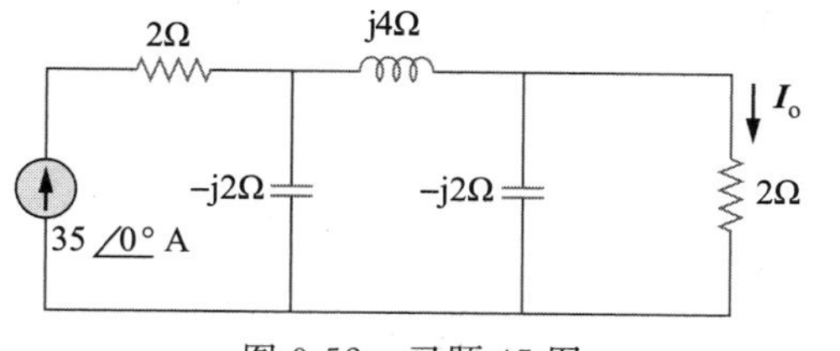

图 9-52　习题 45 图

46　如果如图 9-53 所示电路中的 $i_s=5\cos(10t+40°)$A，试求 i_o。　**PS**

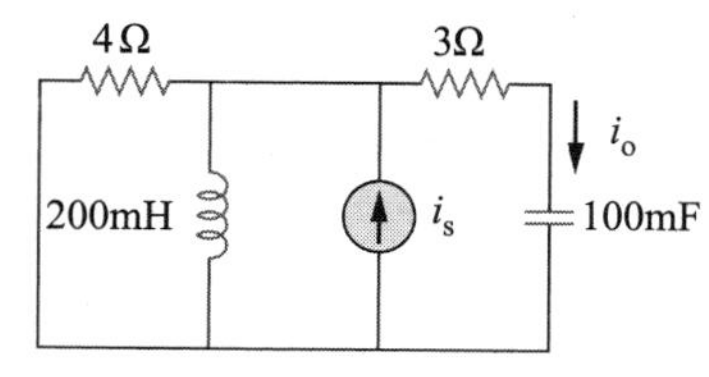

图 9-53　习题 46 图

47　计算如图 9-54 所示电路中的 $i_s(t)$。

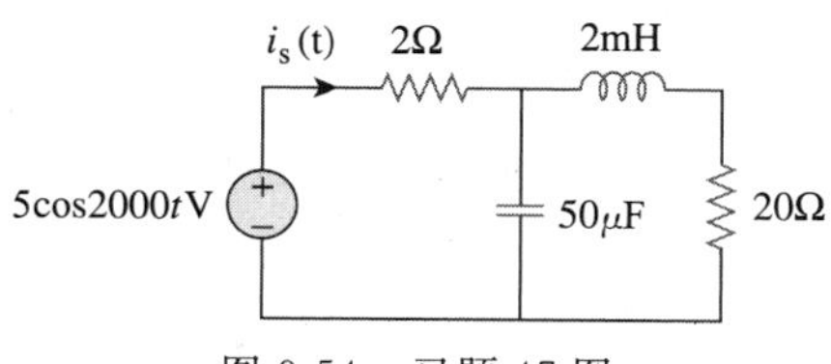

图 9-54　习题 47 图

48　如果图 9-55 所示电路中的 $v_s(t)=20\cos(100t-40°)$，试确定 $i_x(t)$。　**PS**

49　如果流过图 9-56 所示电路中 1Ω 电阻的电流 i_x 为 $500\sin 200t$mA，试求 $v_s(t)$。

50　计算图 9-57 所示电路中 v_x，假定 $i_s(t)=5\cos(100t+40°)$A。

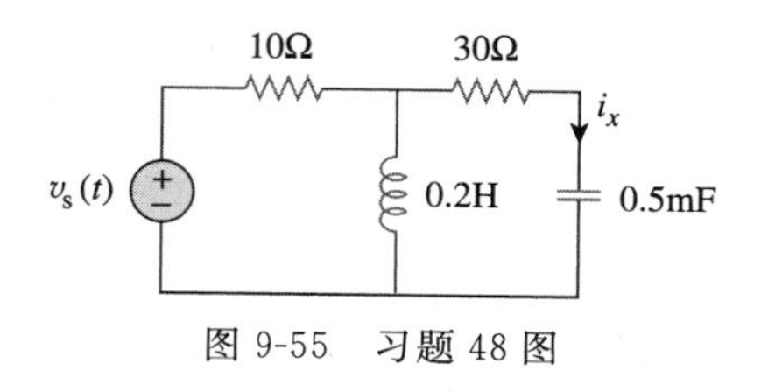

图 9-55　习题 48 图

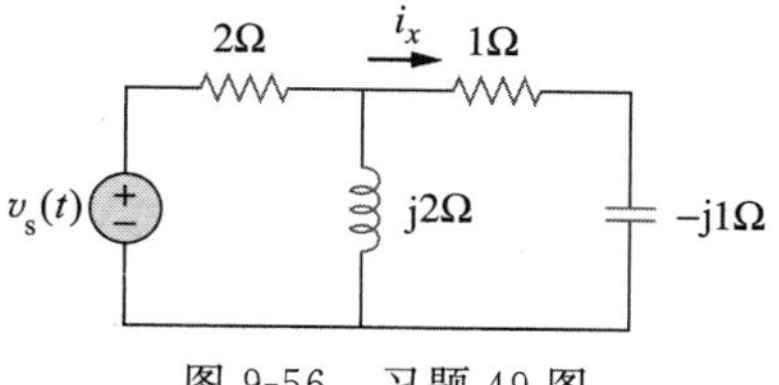

图 9-56　习题 49 图

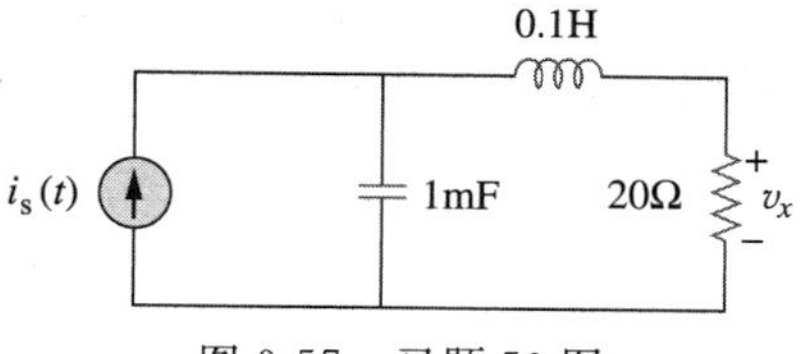

图 9-57　习题 50 图

51　如果图 9-58 所示电路中 2Ω 电阻两端的电压 v_o 为 $10\cos 2t$V，试求 i_s。

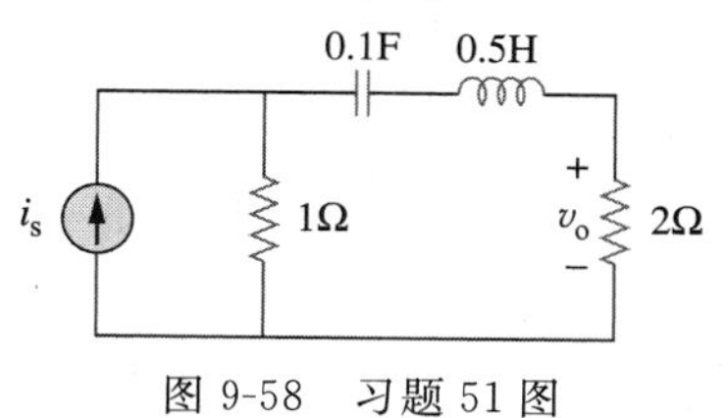

图 9-58　习题 51 图

52　如果图 9-59 所示电路中 $\boldsymbol{V}_o=8\angle 30°$V，试求 $\boldsymbol{I}_s$。

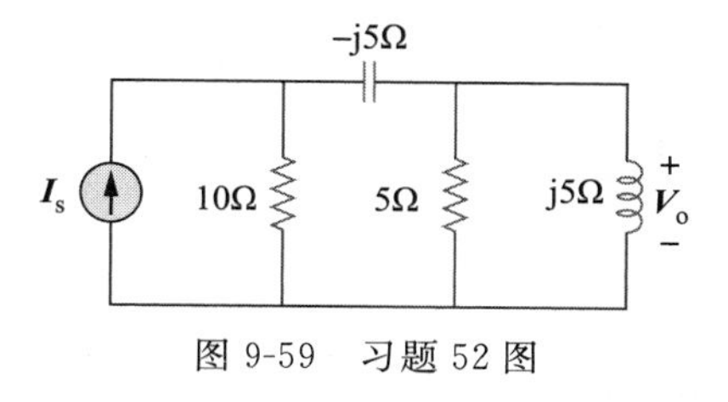

图 9-59　习题 52 图

53　计算图 9-60 所示电路中的电流 $\boldsymbol{I}_o$。　**PS　ML**

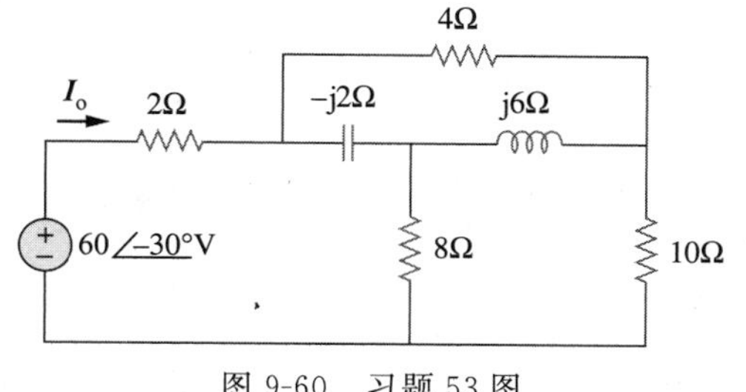

图 9-60　习题 53 图

54　在图 9-61 所示电路中 $\boldsymbol{I}_o=2\angle 0^\circ$A，试求 $\boldsymbol{V}_s$。

PS　ML

图 9-61　习题 54 图

* 55　计算图 9-62 所示电路中的 $\boldsymbol{Z}$，假定 $\boldsymbol{V}_o=4\angle 0^\circ$V。

ML

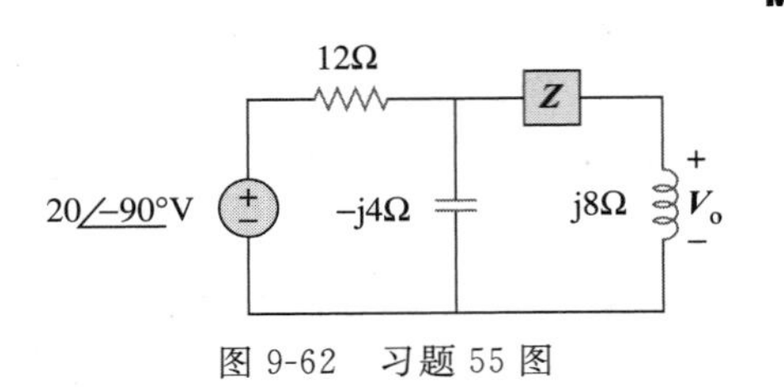

图 9-62　习题 55 图

9.7 节

56　计算图 9-63 所示电路在 $\omega=377$rad/s 时的输入阻抗。

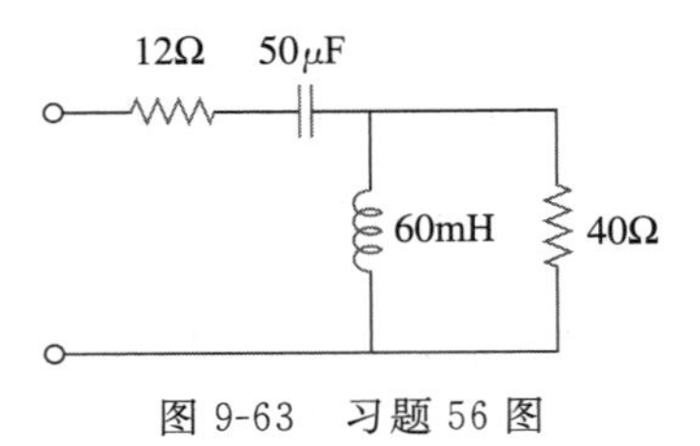

图 9-63　习题 56 图

57　计算图 9-64 所示电路在 $\omega=1$rad/s 时的输入导纳。

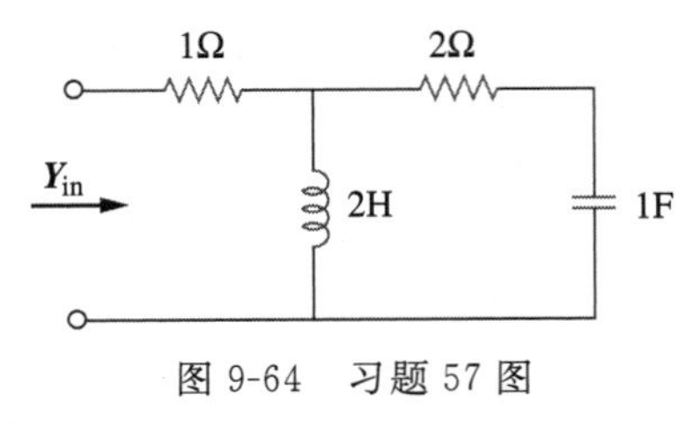

图 9-64　习题 57 图

58　利用图 9-65 所示电路设计一个问题以更好地理解阻抗合并。

ED

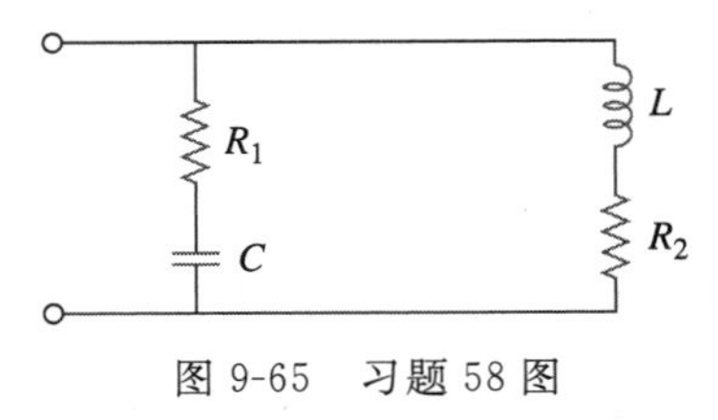

图 9-65　习题 58 图

59　计算图 9-66 所示电路在 $\omega=10$rad/s 时的输入阻抗 $\boldsymbol{Z}_{in}$。

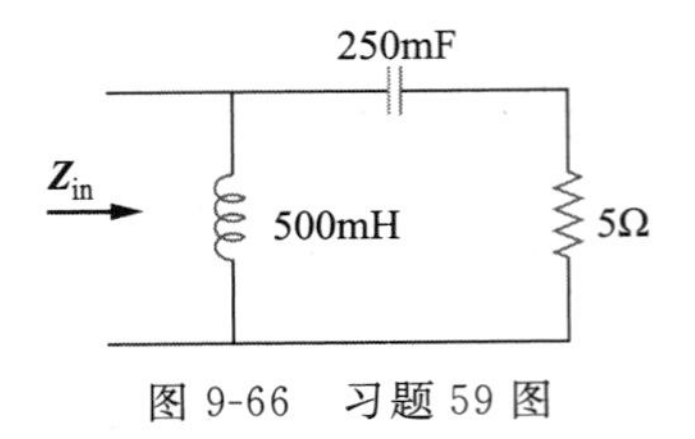

图 9-66　习题 59 图

60　求如图 9-67 所示电路中的 $\boldsymbol{Z}_{in}$。

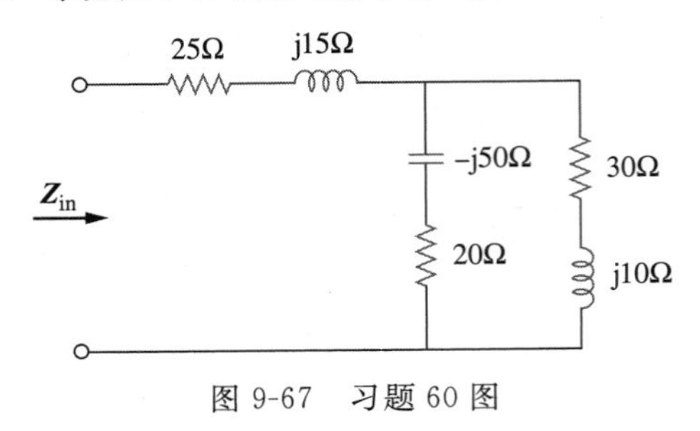

图 9-67　习题 60 图

61　试求如图 9-68 所示电路中的 $\boldsymbol{Z}_{eq}$。

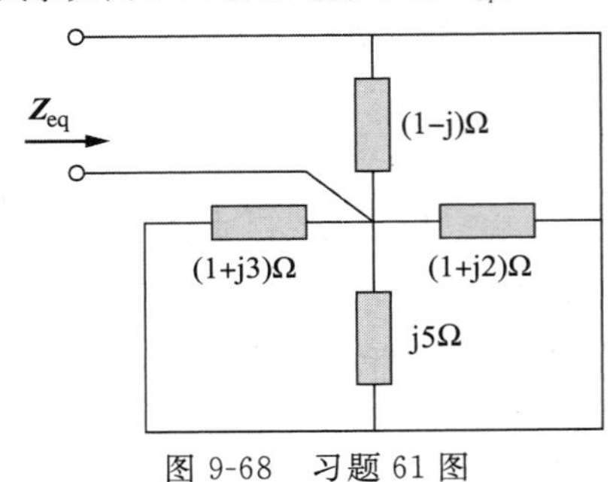

图 9-68　习题 61 图

62　计算图 9-69 所示电路在 $\omega=10$krad/s 时的输入阻抗 $\boldsymbol{Z}_{in}$。

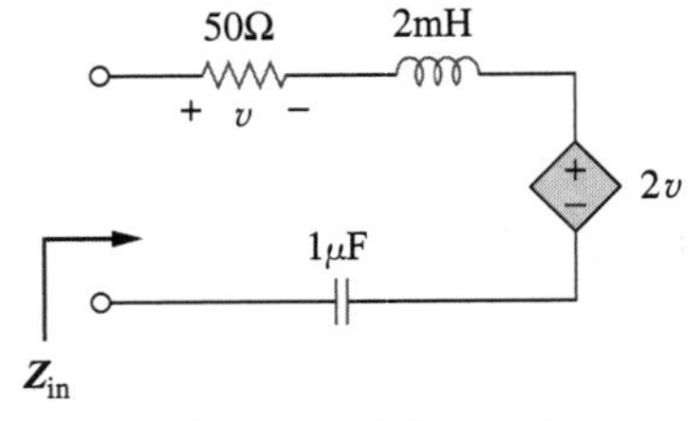

图 9-69　习题 62 图

63　计算图 9-70 所示电路中的 $\boldsymbol{Z}_T$。

ML

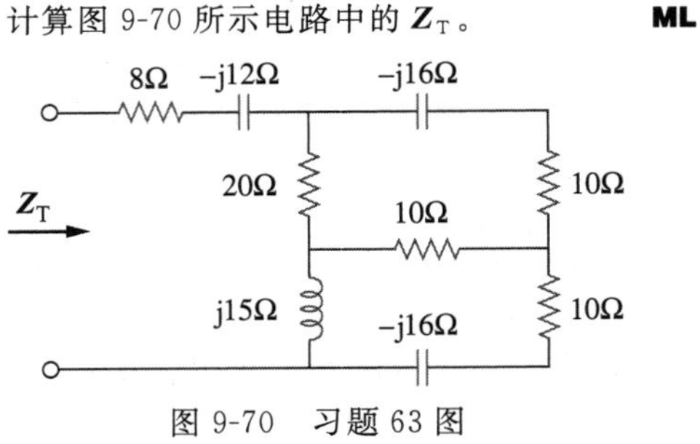

图 9-70　习题 63 图

64　求如图 9-71 所示电路的 $\boldsymbol{Z}_T$ 与 $\boldsymbol{I}$。

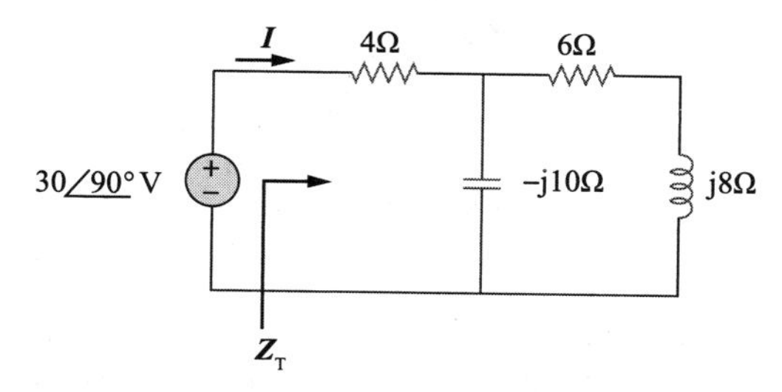

图 9-71　习题 64 图

65　求如图 9-72 所示电路的 $\boldsymbol{Z}_T$ 与 $\boldsymbol{I}$。

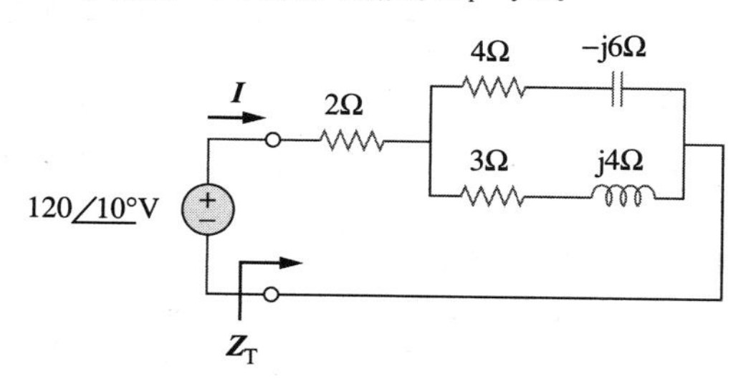

图 9-72　习题 65 图

66　计算图 9-73 所示电路中的 $\boldsymbol{Z}_T$ 与 $\boldsymbol{V}_{ab}$。

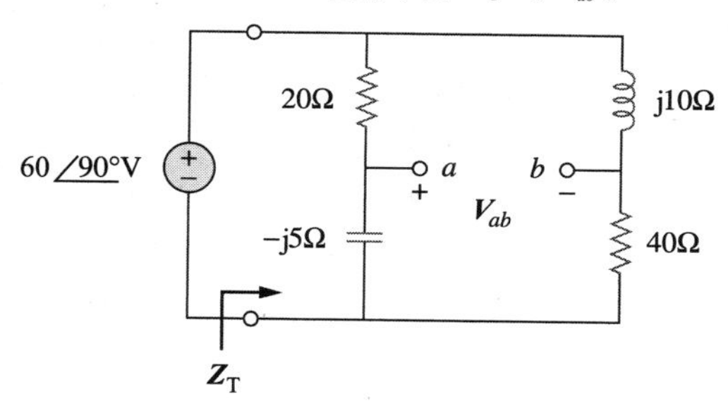

图 9-73　习题 66 图

67　计算图 9-74 所示各电路在 $\omega=10^3\,\text{rad/s}$ 时的输入导纳。

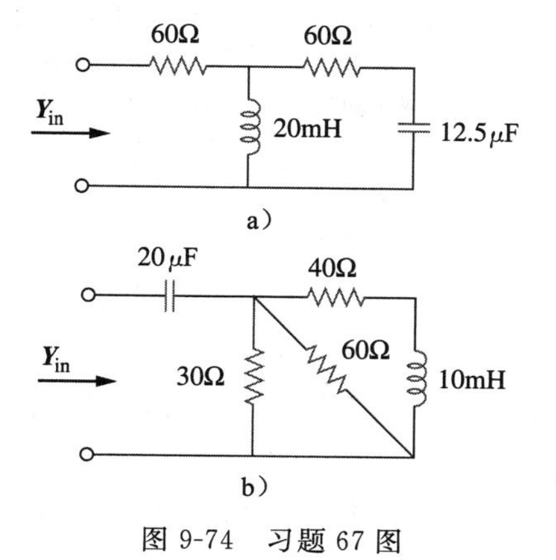

图 9-74　习题 67 图

68　求图 9-75 所示电路中的 $\boldsymbol{Y}_{eq}$。

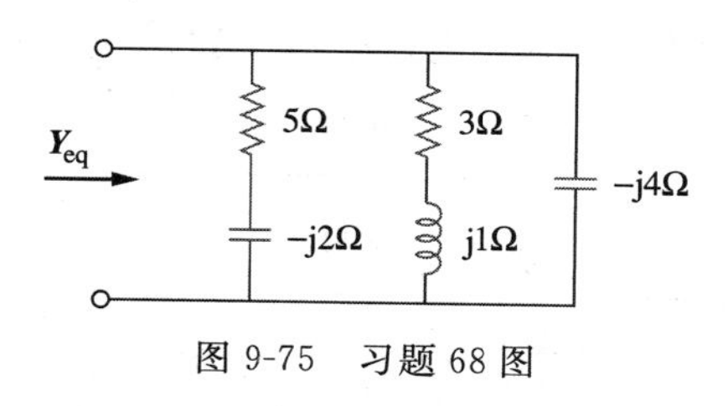

图 9-75　习题 68 图

69　求图 9-76 所示电路的等效导纳 $\boldsymbol{Y}_{eq}$。

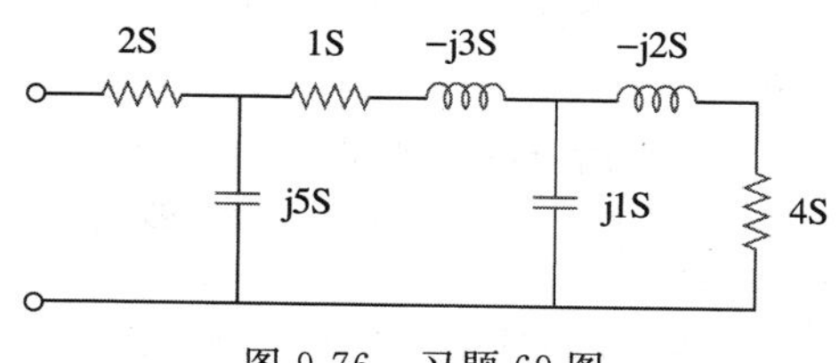

图 9-76　习题 69 图

70　求图 9-77 所示电路的等效阻抗。　**ML**

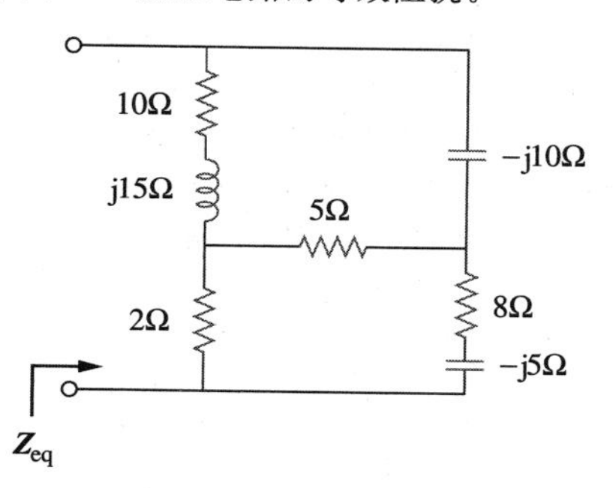

图 9-77　习题 70 图

71　求图 9-78 所示电路的等效阻抗。　**ML**

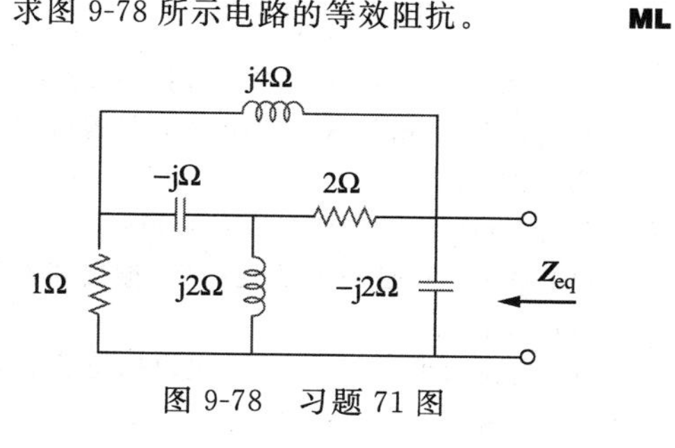

图 9-78　习题 71 图

72　求图 9-79 所示网络的 $\boldsymbol{Z}_{ab}$。　**ML**

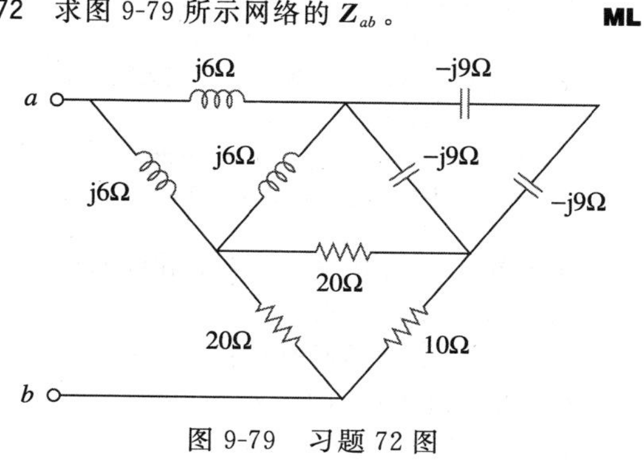

图 9-79　习题 72 图

73 求图 9-80 所示电路的等效阻抗。 **ML**

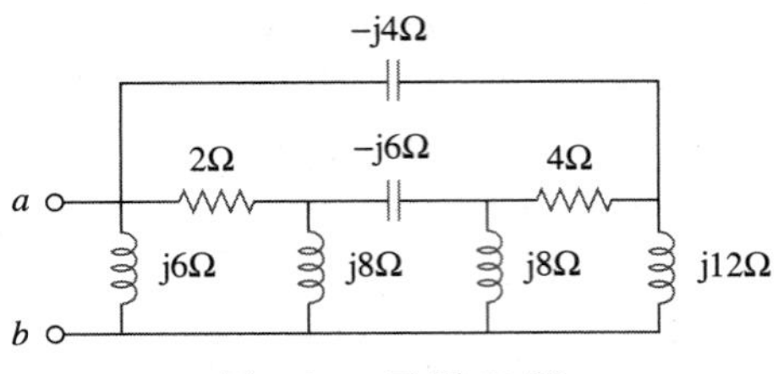

图 9-80 习题 73 图

9.8 节

74 设计一个 RL 电路，实现超前相移 90°。 **ED**

75 设计一个电路，将正弦电压输入转换为余弦电压输出。 **ED**

76 对如下各组信号，试确定 v_1 超前 v_2 还是滞后，以及超前或滞后的相角大小。

(a) $v_1=10\cos(5t-20°)$，$v_2=8\sin 5t$

(b) $v_1=19\cos(2t+90°)$，$v_2=6\sin 2t$

(c) $v_1=-4\cos 10t$，$v_2=15\sin 10t$。

77 对于如图 9-81 所示的 RC 电路。

(a) 计算频率为 2MHz 时的相移。

(b) 计算相移为 45°时的频率。

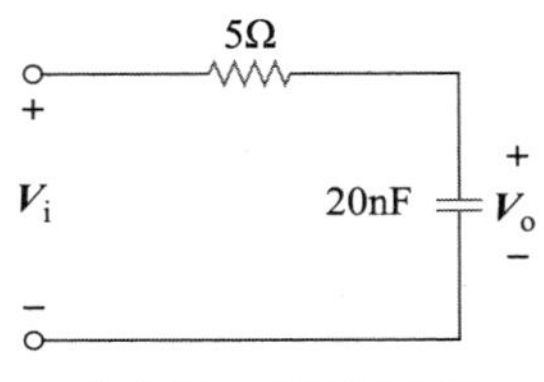

图 9-81 习题 77 图

78 阻抗为$(8+j6\Omega)$的线圈与容抗 X 相串联后，再与电阻 R 相并联，如果该电路的等效阻抗为 $5\angle 0°\Omega$，试求 R 与 X 的值。

79 (a)计算如图 9-82 所示电路的相移。

(b) 说明相移是超前还是滞后(输出相对于输入的相移)。

(c) 当输入为 120V 时，试确定输出的幅度。

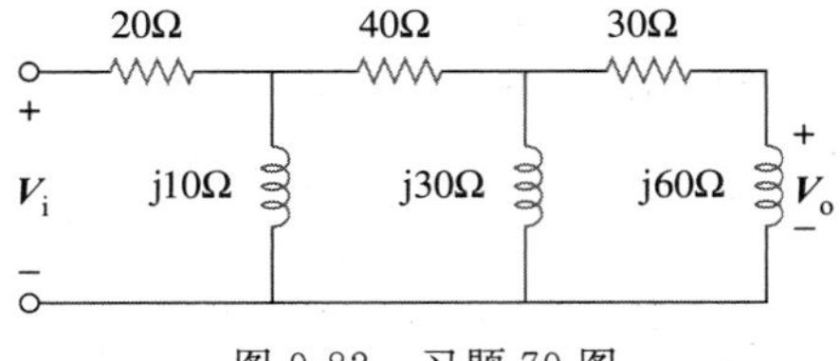

图 9-82 习题 79 图

80 考虑图 9-83 所示的相移电路，在频率为 60Hz 时，$\mathbf{V}_i=120\text{V}$。试求：

(a) 当 R 为最大值时的 $\mathbf{V}_o$；

(b) 当 R 为最小值时的 $\mathbf{V}_o$；

(c) 产生相移为 45°时的 R 值。

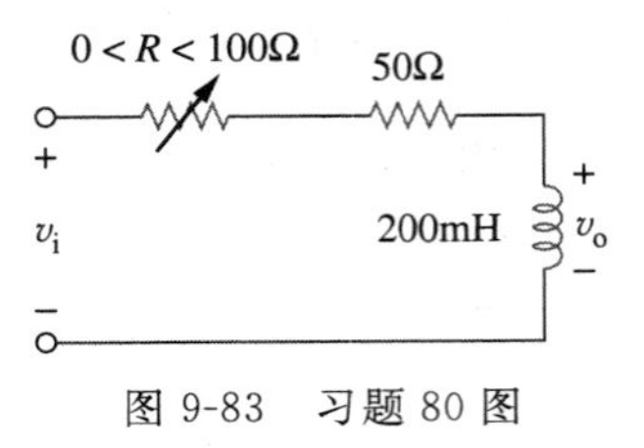

图 9-83 习题 80 图

81 当 $R_1=400\Omega$，$R_2=600\Omega$，$R_3=1.2\text{k}\Omega$，$C_2=0.3\mu\text{F}$ 时，图 9-37 所示的交流电桥平衡，试求 R_x 与 C_x。假定 R_2 与 C_2 相互串联。

82 当 $R_1=100\Omega$，$R_2=2\text{k}\Omega$，$C_s=40\mu\text{F}$ 时，电容电桥平衡，求待测电容器 C_x 的电容值为多少？

83 当 $R_1=1.2\text{k}\Omega$，$R_2=500\Omega$，$L_s=250\text{mH}$ 时，电感电桥平衡，求待测电感器 L_x 的电感值为多少？

84 图 9-84 所示的交流电桥称为麦克斯韦电桥，可用于精确测量线圈的电感与电阻，其中 C_s 为标准电容，试证明电桥平衡时，如下关系式成立：

$$L_x=R_2R_3C_s \quad 和 \quad R_x=\frac{R_2}{R_1}R_3$$

当 $R_1=40\text{k}\Omega$，$R_2=1.6\text{k}\Omega$，$R_3=4\text{k}\Omega$，$C_s=0.45\mu\text{F}$ 时，计算 L_x 和 R_x 的值。

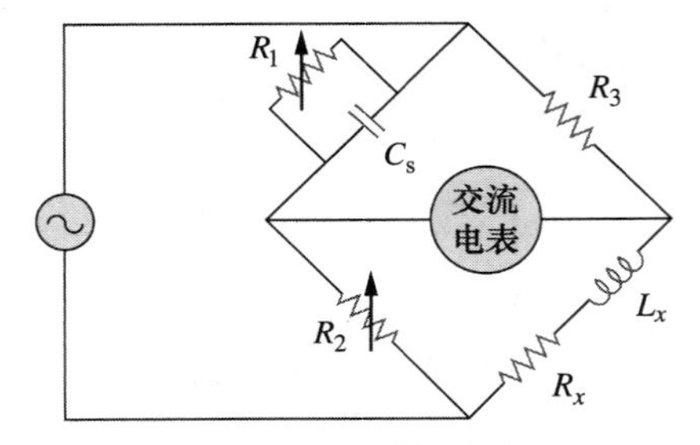

图 9-84 习题 84 图

85 如图 9-85 所示的交流电桥称为维恩电桥(Wien bridge)，可用于测量电源的频率。试证明电桥平衡时，所测得的频率为

$$f=\frac{1}{2\pi\sqrt{R_2R_4C_2C_4}}$$

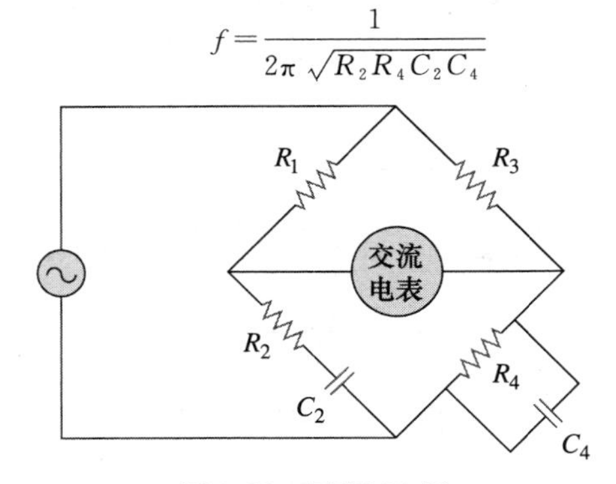

图 9-85 习题 85 图

综合理解题

86　图 9-86 所示为电视接收器电路，试求该电路的总阻抗。

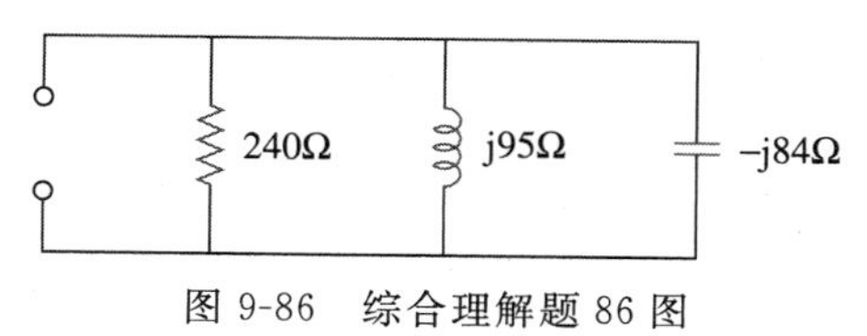

图 9-86　综合理解题 86 图

87　图 9-87 所示为某工业电子传感器电路的组成部分，试求该电路在 2kHz 时的总阻抗。

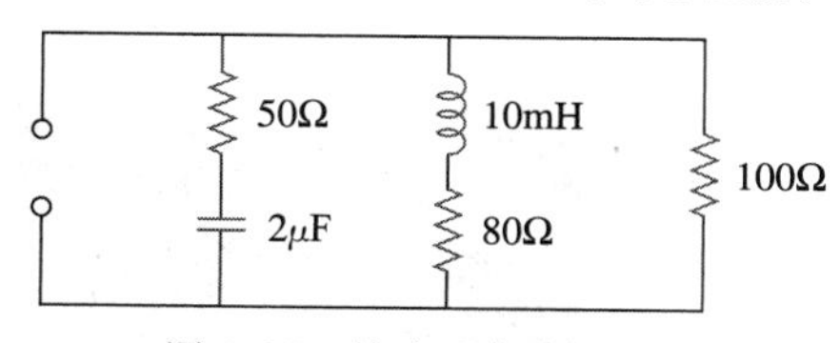

图 9-87　综合理解题 87 图

88　某串联音频电路如图 9-88 所示。

(a) 该电路的阻抗为多少？

(b) 如果频率减半，该电路的阻抗为多少？

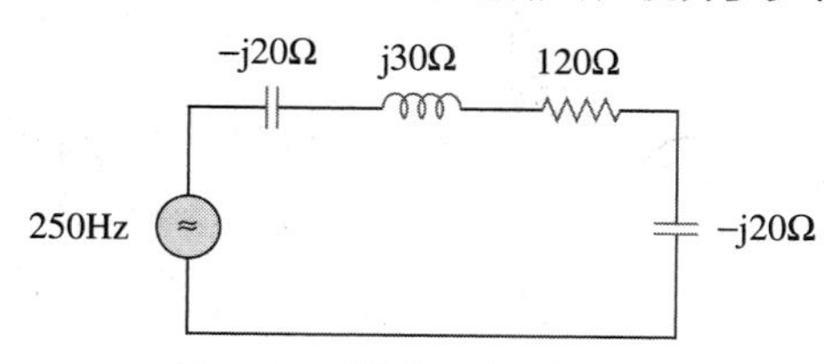

图 9-88　综合理解题 88 图

89　某工业负载可建模为图 9-89 所示电容与电阻的串联组合。该串联电路两端应连接多大的电容 C，才能在 2kHz 频率处使得电路阻抗呈电阻性？

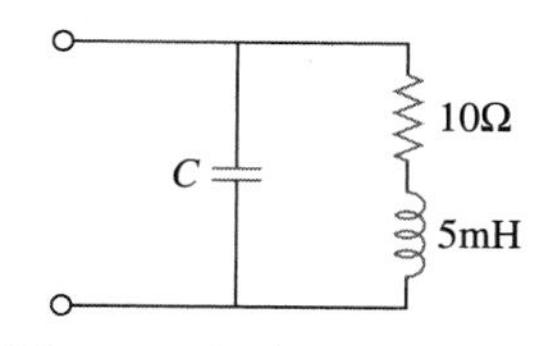

图 9-89　综合理解题 89 图

90　某工业线圈可建模为电感 L 与电阻 R 的串联组合，如图 9-90 所示。当电路工作在稳定状态下，工作频率为 60Hz 时，利用交流电压表测得的正弦信号幅度为

$$|\boldsymbol{V}_s|=145\text{V},\quad |\boldsymbol{V}_1|=50\text{V},\quad |\boldsymbol{V}_o|=110\text{V}$$

利用上述测量结果确定 L 与 R 的值。

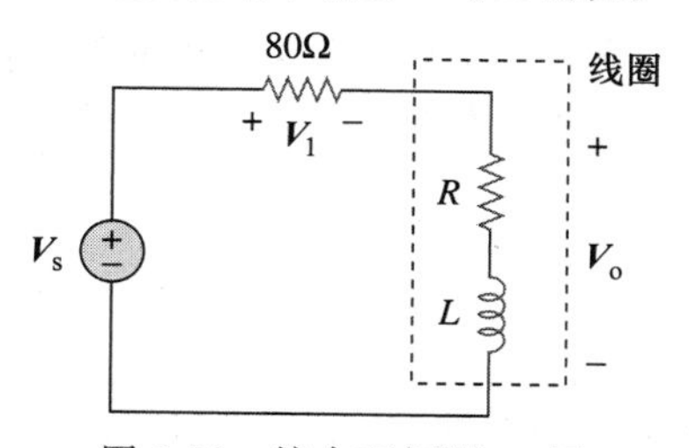

图 9-90　综合理解题 90 图

91　图 9-91 所示为一个电感与一个电阻的并联组合，如果要求该并联组合串联一个电容，使得电路阻抗在频率为 10MHz 时呈电阻性。试问：所需的 C 值为多少？

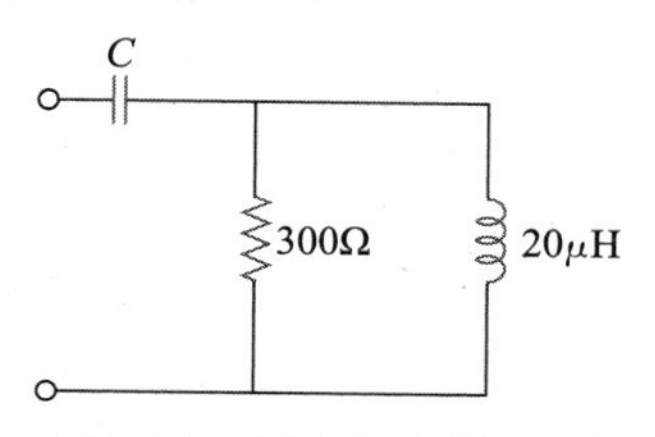

图 9-91　综合理解题 91 图

92　某传输线的串联阻抗为 $\boldsymbol{Z}=100\angle 75^\circ\,\Omega$，分流导纳为 $\boldsymbol{Y}=450\angle 48^\circ\,\mu\text{S}$。试求：(a) 特性阻抗 $\boldsymbol{Z}_o=\sqrt{\boldsymbol{Z}/\boldsymbol{Y}}$；(b) 传播常数 $\gamma=\sqrt{\boldsymbol{ZY}}$。

93　某功率传输系统的模型如图 9-92 所示，已知：$\boldsymbol{V}_s=115\angle 0^\circ$，电源阻抗为 $\boldsymbol{Z}_s=(1+\text{j}0.5)\,\Omega$，线阻抗为 $\boldsymbol{Z}_l=(0.4+\text{j}0.3)\,\Omega$，负载阻抗为 $\boldsymbol{Z}_L=(23.2+\text{j}18.9)\,\Omega$，试求负载电流 $\boldsymbol{I}_L$。

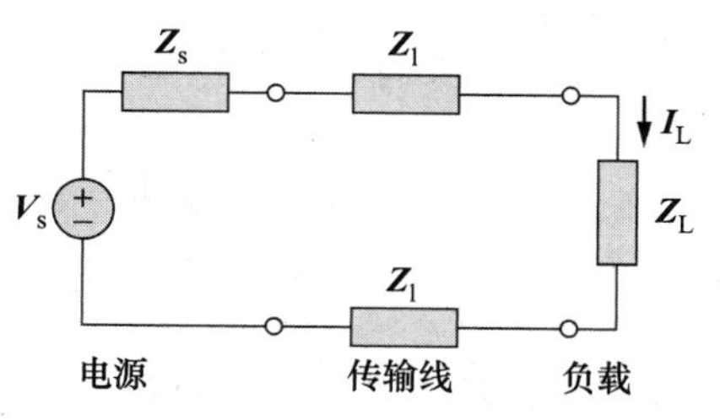

图 9-92　综合理解题 93 图

第10章 正弦稳态分析

我的朋友分为三类：爱我的人、恨我的人和不关心我的人。爱我的人让我学会温柔善良，恨我的人让我学会小心谨慎，不关心我的人让我学会独立。

——Ivan Panin

拓展事业

软件工程领域的职业生涯

软件工程是指在计算机程序的设计、构建以及验证过程中处理科学计算的实际应用问题，以及开发、处理和维护相关文档的工程领域。软件工程是电子工程的一个分支。目前，需要采用各类软件执行程序任务的学科越来越多，可编程微电子系统的应用越来越广泛，因此软件工程也变得日益重要。

NASA 飞轮的 AutoCAD 模型三维打印技术

（图片来源：Charles K. Alexander）

不能将软件工程师的角色与计算机科学家的角色相混淆。软件工程师是一个实践工作者，而不是理论家。软件工程师必须具备良好的计算机编程技能，熟悉编程语言，特别是熟悉应用日益普及的C++语言。由于软件与硬件是密切相关的，因此，软件工程师必须全面掌握硬件设计的相关知识。最重要的是，软件工程师还应该具备一定的与所开发软件的具体应用领域相关的专业知识。

总之，软件工程领域为乐于从事编程和软件开发的人士提供了广阔的职业空间，大量有趣的、具有挑战性的机遇都青睐受过研究生教育的人，同样，更高的回报总是属于那些准备充分的人。

学习目标

通过本章内容的学习和练习你将具备以下能力：

1. 使用节点分析法在频域中分析电路
2. 使用网孔分析法在频域中分析电路
3. 在频域电路中应用叠加定理
4. 在频域中应用源转换
5. 理解频域中应用戴维南和诺顿等效电路的原理
6. 分析运算放大器电路

10.1 引言

第9章介绍了利用相量法确定电路对正弦输入信号的强迫响应或稳态响应的方法，并且证明了欧姆定律与基尔霍夫定律同样适用于交流电路。本章将介绍如何利用节点分析法、网孔分析法、戴维南定理、诺顿定理、叠加定理以及电源变换等分析交流电路。由于这些方法已经在直流电路的分析中讲解过，因此本章的重点在于举例说明。

分析交流电路通常包括三个步骤：

1. 将电路转换到相量域或频域。
2. 利用相应的电路分析方法(节点分析法、网孔分析法、叠加定理等)求解电路。
3. 将所求得的相量转换到时域。

如果所求解的问题已经属于频域，则无须进行步骤 1。在步骤 2 中，分析方法与直流电路的分析方法相同，只是在交流电路分析中出现了复数运算的问题。掌握了第 9 章的知识，步骤 3 就变得易于处理了。

本章最后介绍如何应用 PSpice 软件求解交流电路，并将交流电路分析方法应用于两个实际的交流电路中：振荡器与交流晶体管电路。

提示：利用相量实现交流电路的频域分析要比时域分析容易得多。

10.2　节点分析法

节点分析法的基础是基尔霍夫电流定律。正如 9.6 节所述，由于 KCL 同样适用于相量，因此，可以利用节点分析法求解交流电路。下面通过例题予以说明。

例 10-1 利用节点分析法求如图 10-1 所示电路中的 i_x。

解：首先将该电路转换到频域。

$$20\cos 4t \Rightarrow 20\underline{/0^\circ},\quad \omega=4\text{rad/s}$$
$$1\text{H} \Rightarrow j\omega L=j4$$
$$0.5\text{H} \Rightarrow j\omega L=j2$$
$$0.1\text{F} \Rightarrow \frac{1}{j\omega C}=-j2.5$$

于是，得到频域中的等效电路如图 10-2 所示。

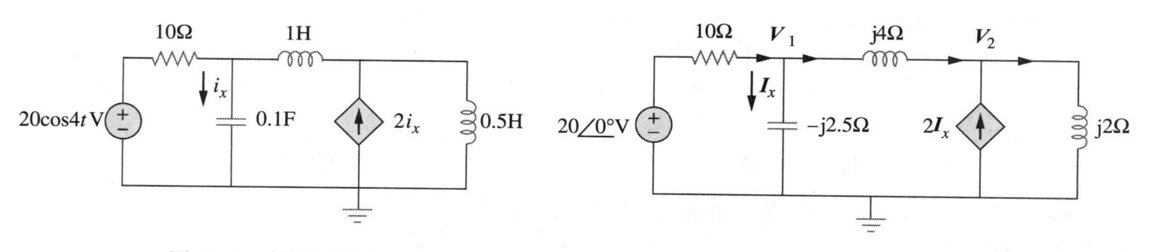

图 10-1　例 10-1 图　　图 10-2　图 10-1 的频域等效电路

在节点 1 处应用 KCL，得到

$$\frac{20-\boldsymbol{V}_1}{10}=\frac{\boldsymbol{V}_1}{-j2.5}+\frac{\boldsymbol{V}_1-\boldsymbol{V}_2}{j4}$$

即

$$(1+j1.5)\boldsymbol{V}_1+j2.5\boldsymbol{V}_2=20 \tag{10.1.1}$$

在节点 2 处有

$$2\boldsymbol{I}_x+\frac{\boldsymbol{V}_1-\boldsymbol{V}_2}{j4}=\frac{\boldsymbol{V}_2}{j2}$$

但 $\boldsymbol{I}_x=\boldsymbol{V}_1/-j2.5$，将其代入后得到

$$\frac{2\boldsymbol{V}_1}{-j2.5}+\frac{\boldsymbol{V}_1-\boldsymbol{V}_2}{j4}=\frac{\boldsymbol{V}_2}{j2}$$

化简后得到

$$11\boldsymbol{V}_1+15\boldsymbol{V}_2=0 \tag{10.1.2}$$

将式(10.1.1)与式(10.1.2)写成矩阵形式为

$$\begin{bmatrix}1+\mathrm{j}1.5 & \mathrm{j}2.5\\ 11 & 15\end{bmatrix}\begin{bmatrix}\boldsymbol{V}_1\\ \boldsymbol{V}_2\end{bmatrix}=\begin{bmatrix}20\\ 0\end{bmatrix}$$

相关的行列式为

$$\Delta=\begin{vmatrix}1+\mathrm{j}1.5 & \mathrm{j}2.5\\ 11 & 15\end{vmatrix}=15-\mathrm{j}5$$

$$\Delta_1=\begin{vmatrix}20 & \mathrm{j}2.5\\ 0 & 15\end{vmatrix}=300,\quad \Delta_2=\begin{vmatrix}1+\mathrm{j}1.5 & 20\\ 11 & 0\end{vmatrix}=-220$$

于是，

$$\boldsymbol{V}_1=\frac{\Delta_1}{\Delta}=\frac{300}{15-\mathrm{j}5}=18.97\underline{/18.43^\circ}\,\mathrm{V}$$

$$\boldsymbol{V}_2=\frac{\Delta_2}{\Delta}=\frac{-220}{15-\mathrm{j}5}=13.91\underline{/198.3^\circ}\,\mathrm{V}$$

将上述结果转换到时域，可得

$$i_x=7.59\cos(4t+108.4^\circ)\,\mathrm{A}$$ ◀

练习 10-1　利用节点分析法求如图 10-3 所示电路中的 $v_1(t)$ 与 $v_2(t)$。

答案：$v_1(t)=11.325\cos(2t+60.01^\circ)\,\mathrm{V}$，$v_2(t)=33.02\cos(2t+57.12^\circ)\,\mathrm{V}$。

例 10-2　计算如图 10-4 所示电路中的 $\boldsymbol{V}_1$ 与 $\boldsymbol{V}_2$。

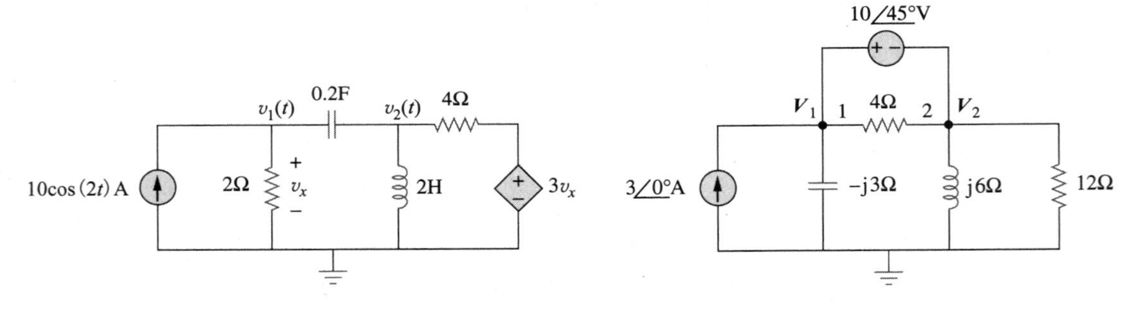

图 10-3　练习 10-1 图　　　　图 10-4　例 10-2 图

解：节点 1 与节点 2 组成一个超节点(广义节点)，如图 10-5 所示。在该超节点处应用 KCL，得到

$$3=\frac{\boldsymbol{V}_1}{-\mathrm{j}3}+\frac{\boldsymbol{V}_2}{\mathrm{j}6}+\frac{\boldsymbol{V}_2}{12}$$

即

$$36=\mathrm{j}4\boldsymbol{V}_1+(1-\mathrm{j}2)\boldsymbol{V}_2 \tag{10.2.1}$$

电压源连接在节点 1 与节点 2 之间，所以

$$\boldsymbol{V}_1=\boldsymbol{V}_2+10\underline{/45^\circ} \tag{10.2.2}$$

将式(10.2.2)代入式(10.2.1)，得到

$$36-40\underline{/135^\circ}=(1+\mathrm{j}2)\boldsymbol{V}_2\quad\Rightarrow\quad \boldsymbol{V}_2=31.41\underline{/-87.18^\circ}\,\mathrm{V}$$

由式(10.2.2)可得

$$\boldsymbol{V}_1=\boldsymbol{V}_2+10\underline{/45^\circ}=25.78\underline{/-70.48^\circ}\,\mathrm{V}$$ ◀

练习 10-2　计算如图 10-6 所示电路中的 $\boldsymbol{V}_1$ 与 $\boldsymbol{V}_2$。

答：

$$\boldsymbol{V}_1=96.8\underline{/69.66^\circ}\,\mathrm{V},\ \boldsymbol{V}_2=16.88\underline{/165.72^\circ}\,\mathrm{V}。$$

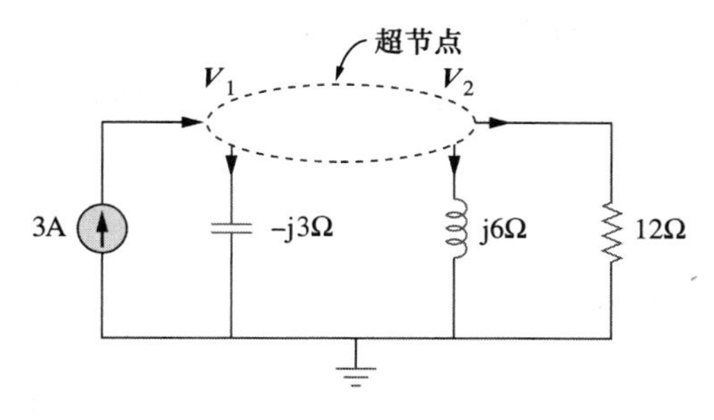

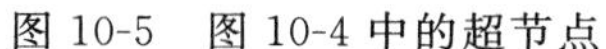
图 10-5　图 10-4 中的超节点

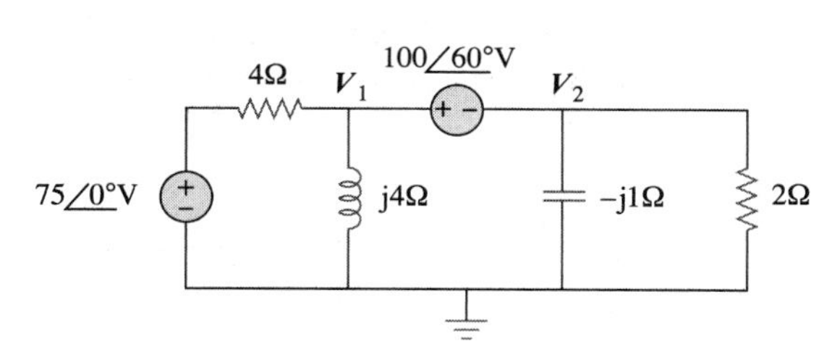

图 10-6　练习 10-2 图

10.3　网孔分析法

网孔分析法的基础是基尔霍夫电压定律。9.6 节已经说明 KVL 对于交流电路的有效性，下面通过举例予以说明。注意，网孔分析法本质上仅适用于平面电路。

例 10-3　试利用网孔分析法确定如图 10-7 所示电路中的电流。

解：对网孔 1 应用 KVL，可得

$$(8+\mathrm{j}10-\mathrm{j}2)\boldsymbol{I}_1-(-\mathrm{j}2)\boldsymbol{I}_2-\mathrm{j}10\boldsymbol{I}_3=0 \tag{10.3.1}$$

对网孔 2 应用 KVL，可得

$$(4-\mathrm{j}2-\mathrm{j}2)\boldsymbol{I}_2-(-\mathrm{j}2)\boldsymbol{I}_1-(-\mathrm{j}2)\boldsymbol{I}_3+20\angle 90^\circ=0 \tag{10.3.2}$$

对网孔 3 而言，$\boldsymbol{I}_3=5\mathrm{A}$，将其代入式(10.3.1)与式(10.3.2)，得到

$$(8+\mathrm{j}8)\boldsymbol{I}_1+\mathrm{j}2\boldsymbol{I}_2=\mathrm{j}50 \tag{10.3.3}$$

$$\mathrm{j}2\boldsymbol{I}_1+(4-\mathrm{j}4)\boldsymbol{I}_2=-\mathrm{j}20-\mathrm{j}10 \tag{10.3.4}$$

将式(10.3.3)与式(10.3.4)写成矩阵形式为：

$$\begin{bmatrix}8+\mathrm{j}8 & \mathrm{j}2\\ \mathrm{j}2 & 4-\mathrm{j}4\end{bmatrix}\begin{bmatrix}\boldsymbol{I}_1\\ \boldsymbol{I}_2\end{bmatrix}=\begin{bmatrix}\mathrm{j}50\\ -\mathrm{j}30\end{bmatrix}$$

相关的行列式为

$$\Delta=\begin{vmatrix}8+\mathrm{j}8 & \mathrm{j}2\\ \mathrm{j}2 & 4-\mathrm{j}4\end{vmatrix}=32(1+\mathrm{j})(1-\mathrm{j})+4=68$$

$$\Delta_2=\begin{vmatrix}8+\mathrm{j}8 & \mathrm{j}50\\ \mathrm{j}2 & -\mathrm{j}30\end{vmatrix}=340-\mathrm{j}240=416.17\angle -35.22^\circ$$

$$\boldsymbol{I}_2=\frac{\Delta_2}{\Delta}=\frac{416.17\angle -35.22^\circ}{68}=6.12\angle -35.22^\circ\mathrm{A}$$

所求的电流为

$$\boldsymbol{I}_o=-\boldsymbol{I}_2=6.12\angle 144.78^\circ\mathrm{A}$$ ◀

练习 10-3　利用网孔分析法求图 10-8 所示电路中的 $\boldsymbol{I}_o$。　**答案**：$5.969\angle 65.45^\circ\mathrm{A}$。

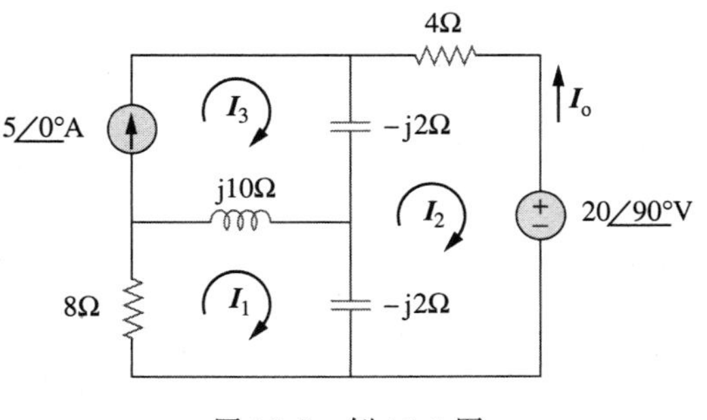

图 10-7　例 10-3 图

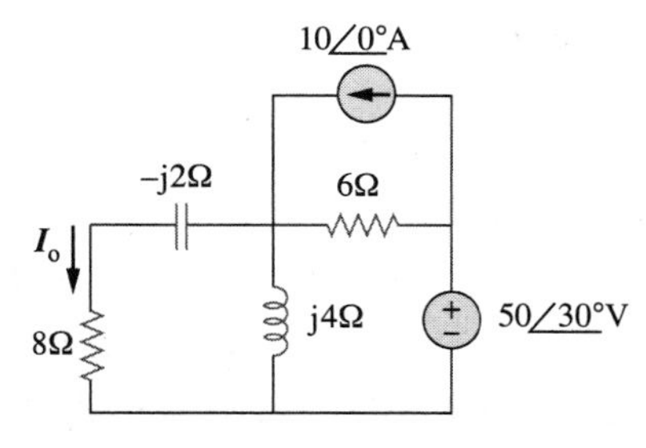

图 10-8　练习 10-3 图

例 10-4 利用网孔分析法求解如图 10-9 所示电路中的 $\boldsymbol{V}_o$。

解： 由于网孔 3 与网孔 4 之间包括电流源，所以网孔 3 与网孔 4 组成一个超网孔（广义网孔）。如图 10-10 所示。对网孔 1 运用 KVL，可得

$$-10+(8-j2)\boldsymbol{I}_1-(-j2)\boldsymbol{I}_2-8\boldsymbol{I}_3=0$$

即

$$(8-j2)\boldsymbol{I}_1+j2\boldsymbol{I}_2-8\boldsymbol{I}_3=10 \tag{10.4.1}$$

对于网孔 2，有

$$\boldsymbol{I}_2=-3 \tag{10.4.2}$$

对于超网孔，有

$$(8-j4)\boldsymbol{I}_3-8\boldsymbol{I}_1+(6+j5)\boldsymbol{I}_4-j5\boldsymbol{I}_2=0 \tag{10.4.3}$$

由于网孔 3 与网孔 4 之间存在电流源，因此在节点 A 处，有

$$\boldsymbol{I}_4=\boldsymbol{I}_3+4 \tag{10.4.4}$$

方法 1 将上述四个方程的求解通过消元化简为两个方程。

将式(10.4.1)与式(10.4.2)合并后得到

$$(8-j2)\boldsymbol{I}_1-8\boldsymbol{I}_3=10+j6 \tag{10.4.5}$$

将式(10.4.2)～式(10.4.4)合并后得到

$$-8\boldsymbol{I}_1+(14+j)\boldsymbol{I}_3=-24-j35 \tag{10.4.6}$$

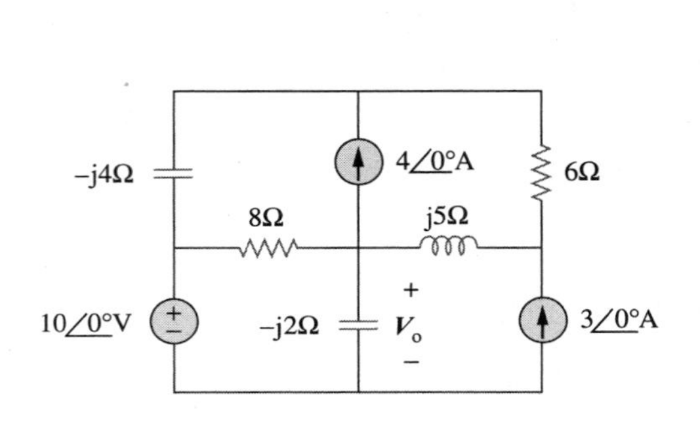

图 10-9 例 10-4 图

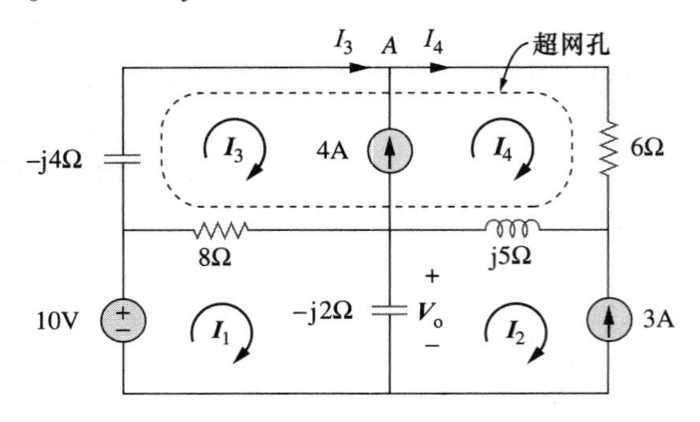

图 10-10 图 10-9 的电路分析

由式(10.4.5)与式(10.4.6)可得矩阵方程为

$$\begin{bmatrix}8-j2 & -8\\ -8 & 14+j\end{bmatrix}\begin{bmatrix}\boldsymbol{I}_1\\ \boldsymbol{I}_3\end{bmatrix}=\begin{bmatrix}10+j6\\ -24-j35\end{bmatrix}$$

相关的行列式为

$$\Delta=\begin{vmatrix}8-j2 & -8\\ -8 & 14+j\end{vmatrix}=112+j8-j28+2-64=50-j20$$

$$\Delta_1=\begin{vmatrix}10+j6 & -8\\ -24-j35 & 14+j\end{vmatrix}=140+j10+j84-6-192-j280=-58-j186$$

于是，电流 $\boldsymbol{I}_1$ 为

$$\boldsymbol{I}_1=\frac{\Delta_1}{\Delta}=\frac{-58-j186}{50-j20}=3.618\angle 274.5^\circ(\text{A})$$

所求电压 $\boldsymbol{V}_o$ 为

$$\begin{aligned}\boldsymbol{V}_o&=-j2(\boldsymbol{I}_1-\boldsymbol{I}_2)=-j2(3.618\angle 274.5^\circ+3)\\&=-7.2134-j6.568=9.756\angle 222.32^\circ(\text{V})\end{aligned}$$

方法 2 利用 MATLAB 求解式(10.4.1)～式(10.4.4)，首先将上述四个方程写成矩阵形式为

$$\begin{bmatrix} 8-j2 & j2 & -8 & 0 \\ 0 & 1 & 0 & 0 \\ -8 & -j5 & 8-j4 & 6+j5 \\ 0 & 0 & -1 & 1 \end{bmatrix}\begin{bmatrix} \boldsymbol{I}_1 \\ \boldsymbol{I}_2 \\ \boldsymbol{I}_3 \\ \boldsymbol{I}_4 \end{bmatrix}=\begin{bmatrix} 10 \\ -3 \\ 0 \\ 4 \end{bmatrix} \tag{10.4.7a}$$

即　$\boldsymbol{AI}=\boldsymbol{B}$

求 $\boldsymbol{A}$ 的逆矩阵即可得到 $\boldsymbol{I}$：

$$\boldsymbol{I}=\boldsymbol{A}^{-1}\boldsymbol{B} \tag{10.4.7b}$$

以下为利用 MATLAB 求解的程序和得到的结果：

```
>> A = [(8-j*2)  j*2    -8        0;
        0        1      0         0;
        -8       -j*5   (8-j*4)   (6+j*5);
        0        0      -1        1];
>> B = [10 -3 0 4]';
>> I = inv(A)*B

I =
   0.2828 - 3.6069i
  -3.0000
  -1.8690 - 4.4276i
   2.1310 - 4.4276i
>> Vo = -2*j*(I(1) - I(2))

Vo =
  -7.2138 - 6.5655i
```

与采用方法 1 得到的结果相同。◀

练习 10-4　计算如图 10-11 所示电路中的电流 $\boldsymbol{I}_o$。　**答案**：$6.089\angle 5.94°$A。

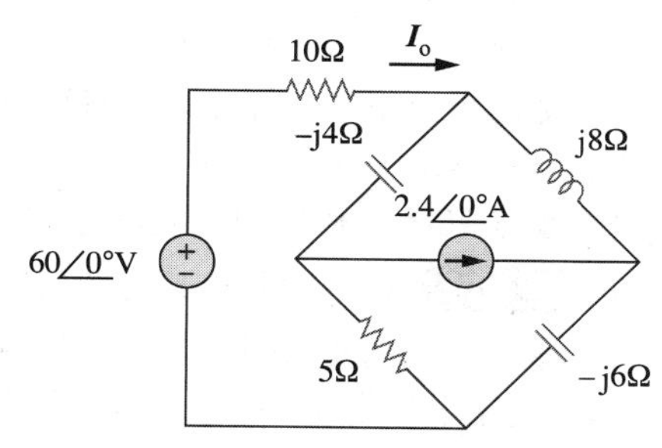

图 10-11　练习 10-4 图

10.4　叠加定理

由于交流电路是线性电路，所以叠加定理在交流电路中的应用与在直流电路中的应用是相同的。如果电路中包括以不同频率工作的若干个电源，叠加定理将变得更为重要。在这种情况下，由于阻抗取决于频率，因此对于不同的频率必须采用不同的频域电路，总响应则是时域中各个响应之和。在向量域或频域中叠加响应是不正确的，因为在正弦分析中，指数因子 $e^{j\omega t}$ 是隐含的，即对于不同的角频率该指数因子是变化的，因此，在相量域中不同频率响应的叠加是没有任何意义的。因此，当电路中包括以不同频率工作的电源时，必须在时域中完成各频率响应的叠加。

例 10-5　利用叠加定理计算图 10-7 所示电路中的 $\boldsymbol{I}_o$。

解：令

$$\boldsymbol{I}_o=\boldsymbol{I}'_o+\boldsymbol{I}''_o \tag{10.5.1}$$

其中，$\boldsymbol{I}'_o$ 和 $\boldsymbol{I}''_o$ 分别为由电压源与电流源引起的电流。为了求解 $\boldsymbol{I}'_o$，考虑图 10-12a 所示的电路。如果设 $\boldsymbol{Z}$ 为 $-j2$ 与 $8+j10$ 的并联阻抗，则有

$$\boldsymbol{Z}=\frac{-j2(8+j10)}{-2j+8+j10}=0.25-j2.25$$

于是，电流 $\boldsymbol{I}'_o$ 为

$$\boldsymbol{I}'_o=\frac{j20}{4-j2+\boldsymbol{Z}}=\frac{j20}{4.25-j4.25}$$

即

$$\boldsymbol{I}'_o=-2.353+j2.353 \tag{10.5.2}$$

为了求解 I''_o，考虑图 10-12b 所示电路。对于网孔 1，有

$$(8+j8)I_1-j10I_3+j2I_2=0 \tag{10.5.3}$$

对于网孔 2，有

$$(4-j4)I_2+j2I_1+j2I_3=0 \tag{10.5.4}$$

对于网孔 3，有

$$I_3=5 \tag{10.5.5}$$

由式(10.5.4)与式(10.5.5)可得

$$(4-j4)I_2+j2I_1+j10=0$$

利用 I_2 表示 I_1 可得

$$I_1=(2+j2)I_2-5 \tag{10.5.6}$$

将式(10.5.5)与式(10.5.6)代入式(10.5.3)得到

$$(8+j8)[(2+j2)I_2-5]-j50+j2I_2=0$$

即

$$I_2=\frac{90-j40}{34}=2.647-j1.176$$

于是，电流 I''_o 为

$$I''_o=-I_2=-2.647+j1.176 \tag{10.5.7}$$

由式(10.5.2)与式(10.5.7)可得

$$I_o=I'_o+I''_o=-5+j3.529=6.12\underline{/144.78^\circ}(\text{A})$$

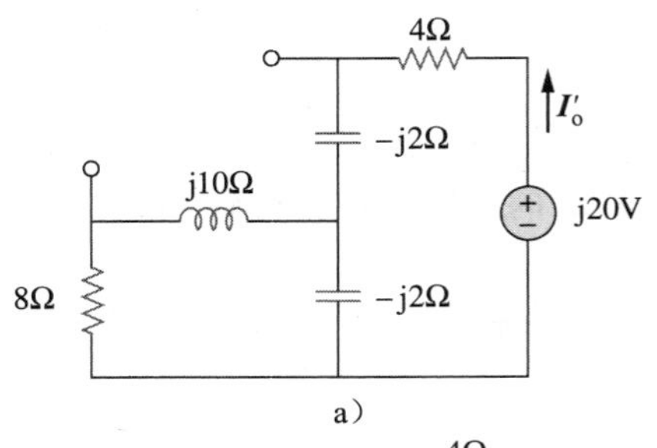

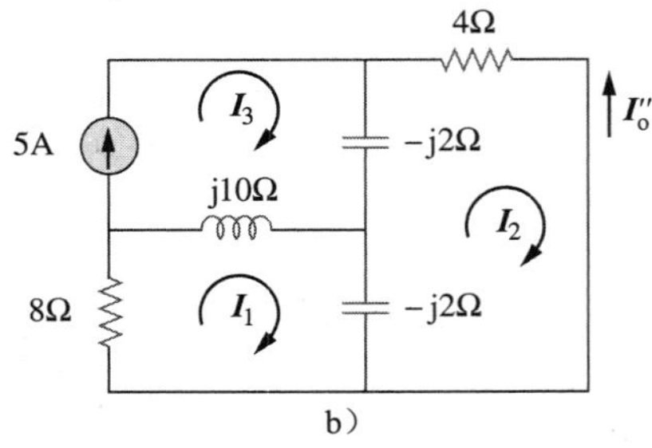

图 10-12　求解例 10-5 图

与例 10-3 得到的结果一致。可以看出，利用叠加定理求解本例并非最佳方法，求解过程要比用原电路求解复杂一倍。然而，从下面的例 10-6 中可以看到，利用叠加定理求解该例则是最简单的办法。◀

练习 10-5　利用叠加定理求解如图 10-8 所示电路中的 I_o。　**答案**：$5.97\underline{/65.45^\circ}$A。

例 10-6　利用叠加定理求解如图 10-13 所示电路中的 v_o。

解：本题的电路工作在三个不同的频率(直流电压源的 $\omega=0$)下，求解本例的一种方法是利用叠加定理，将所求的响应分解为三个单一频率响应的叠加。因此，设

$$v_o=v_1+v_2+v_3 \tag{10.6.1}$$

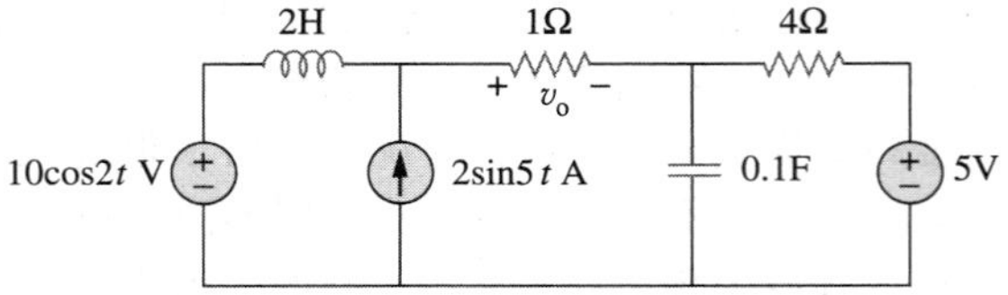

图 10-13　例 10-6 图

式中，v_1 为由 5V 直流电压源引起的响应，v_2 为由 $10\cos 2t$V 电压源引起的响应，v_3 为由 $2\sin 5t$A 电流源引起的响应。

为了求出 v_1，需将除 5V 直流电压源以外的其他电源均设置为零。我们知道在稳定状态下，电容对直流相当于开路，电感对直流相当于短路，或者从另一个角度讲，由于 $\omega=0$，所以 $j\omega L=0$，$1/j\omega C=\infty$。此时的等效电路如图 10-14a 所示。由分压原理可知

$$-v_1=\frac{1}{1+4}\times 5=1(\text{V}) \tag{10.6.2}$$

为了求出 v_2，需将 5V 直流电源与 $2\sin 5t$A 电流源设置为零，并将该电路转换到频域：

$$10\cos 2t \quad \Rightarrow \quad 10\underline{/0^\circ}, \quad \omega=2\text{rad/s}$$

$$2\text{H} \quad \Rightarrow \quad j\omega L=j4\Omega$$

$$0.1\text{F} \quad \Rightarrow \quad \frac{1}{j\omega C}=-j5\Omega$$

此时的等效电路如图 10-14b 所示。设

$$\boldsymbol{Z}=-\mathrm{j}5\,\|\,4=\frac{-\mathrm{j}5\times4}{4-\mathrm{j}5}=2.439-\mathrm{j}1.951$$

由分压原理可知

$$\boldsymbol{V}_2=\frac{1}{1+\mathrm{j}4+\boldsymbol{Z}}(10\angle0^\circ)=\frac{10}{3.439+\mathrm{j}2.049}=2.498\angle-30.79^\circ$$

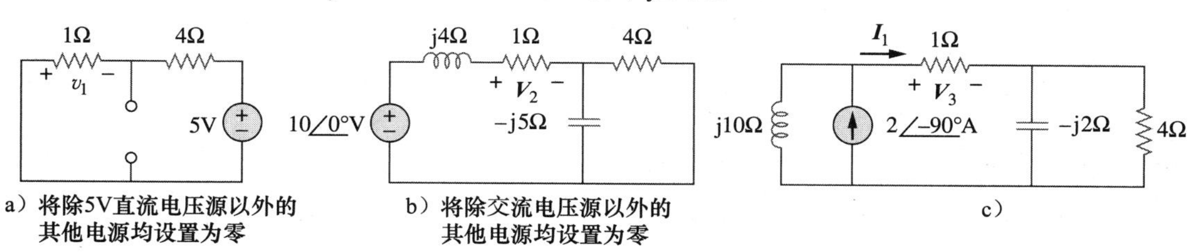

a）将除5V直流电压源以外的其他电源均设置为零　b）将除交流电压源以外的其他电源均设置为零　c）

图 10-14　求解例 10-6 图

变换到时域为

$$v_2=2.498\cos(2t-30.79^\circ)\tag{10.6.3}$$

为了求出 v_3，需将两个电压源均设置为零，并将相应的电路转换到频域。

$$2\sin5t\quad\Rightarrow\quad2\angle-90^\circ,\qquad\omega=5\mathrm{rad/s}$$

$$2\mathrm{H}\quad\Rightarrow\quad\mathrm{j}\omega L=\mathrm{j}10\Omega$$

$$0.1\mathrm{F}\quad\Rightarrow\quad\frac{1}{\mathrm{j}\omega C}=-\mathrm{j}2\Omega$$

此时的等效电路如图 10-14c 所示。设

$$\boldsymbol{Z}_1=-\mathrm{j}2\,\|\,4=\frac{-\mathrm{j}2\times4}{4-\mathrm{j}2}=0.8-\mathrm{j}1.6\Omega$$

由分流原理可知

$$\boldsymbol{I}_1=\frac{\mathrm{j}10}{\mathrm{j}10+1+\boldsymbol{Z}_1}(2\angle-90^\circ)\mathrm{A}$$

$$\boldsymbol{V}_3=\boldsymbol{I}_1\times1=\frac{\mathrm{j}10}{1.8+\mathrm{j}8.4}\times(-\mathrm{j}2)=2.328\angle-80^\circ(\mathrm{V})$$

转换到时域为

$$v_3=2.33\cos(5t-80^\circ)=2.33\sin(5t+10^\circ)(\mathrm{V})\tag{10.6.4}$$

将式(10.6.2)～式(10.6.4)代入式(10.6.1)，可得

$$v_o(t)=-1+2.498\cos(2t-30.79^\circ)+2.33\sin(5t+10^\circ)(\mathrm{V})$$ ◀

练习 10-6　利用叠加定理计算如图 10-15 所示电路中的 v_o。

答案：$[4.631\sin(5t-81.12^\circ)+1.051\cos(10t-86.24^\circ)]$V。

10.5　电源变换

频域中的电源变换包括将与阻抗串联的电压源转换为阻抗并联的电流源，或反之，如图 10-16 所示。将一种类型的电源转换成另一种类型的电源时，必须牢记如下关系：

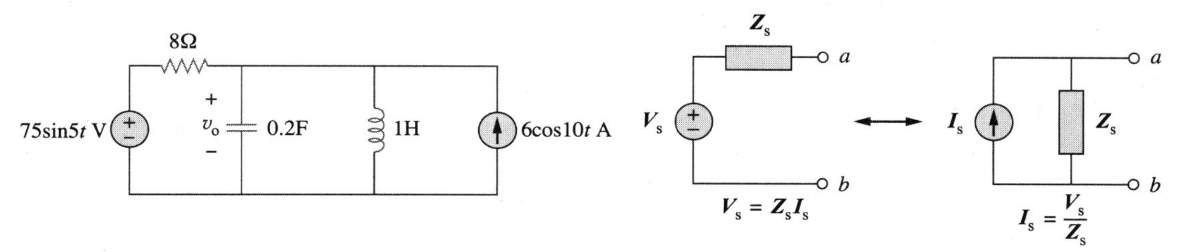

图 10-15　练习 10-6 图　　图 10-16　电源变换

$$\boxed{\boldsymbol{V}_s=\boldsymbol{Z}_s\boldsymbol{I}_s \quad \Leftrightarrow \quad \boldsymbol{I}_s=\frac{\boldsymbol{V}_s}{\boldsymbol{Z}_s}} \tag{10.1}$$

例 10-7 利用电压源变换方法计算如图 10-17 所示电路中的 $\boldsymbol{V}_x$。

解：将图 10-17 中的电压源转换为电流源，得到如图 10-18a 所示的电路，其中，

$$\boldsymbol{I}_s=\frac{20\angle -90^\circ}{5}=4\angle -90^\circ=-\mathrm{j}4(\mathrm{A})$$

5Ω 电阻与(3+j4)Ω 阻抗并联后，得到

$$\boldsymbol{Z}_1=\frac{5(3+\mathrm{j}4)}{8+\mathrm{j}4}=2.5+\mathrm{j}1.25\Omega$$

图 10-17 例 10-7 图

再将电流源转换为电压源，得到如图 10-18b 所示的电路，其中，

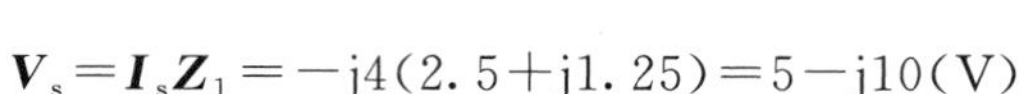

$$\boldsymbol{V}_s=\boldsymbol{I}_s\boldsymbol{Z}_1=-\mathrm{j}4(2.5+\mathrm{j}1.25)=5-\mathrm{j}10(\mathrm{V})$$

由分压原理可知

$$\boldsymbol{V}_x=\frac{10}{10+2.5+\mathrm{j}1.25+4-\mathrm{j}13}(5-\mathrm{j}10)=5.519\angle -28^\circ(\mathrm{V})$$ ◀

a） b）

图 10-18 求解例 10-7 图

练习 10-7 利用电源变换的概念求解图 10-19 所示电路中的 $\boldsymbol{I}_o$。

答案：$9.863\angle 99.46^\circ$A。

10.6 戴维南等效电路与诺顿等效电路

戴维南定理与诺顿定理在交流电路中的应用与在直流电路中的应用是相同的，唯一的不同只是需要进行复数运算。戴维南等效电路的频域形式如图 10-20 所示，其中的线性电路用一个电压源和与之串联的阻抗来取代。诺顿等效电路的频域形式如图 10-21 所示，其中的线性电路用一个电流源和与之并联的阻抗来取代。上述两种等效电路之间的关系为：

$$\boxed{\boldsymbol{V}_{Th}=\boldsymbol{Z}_N\boldsymbol{I}_N, \quad \boldsymbol{Z}_{Th}=\boldsymbol{Z}_N} \tag{10.2}$$

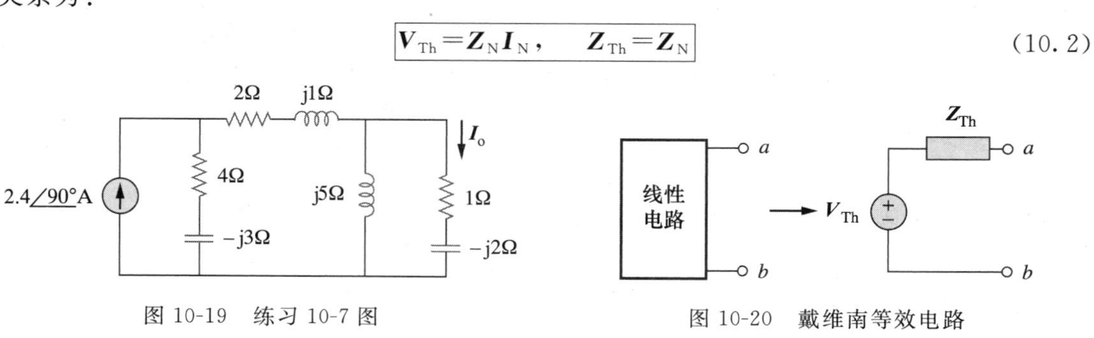

图 10-19 练习 10-7 图

图 10-20 戴维南等效电路

这组关系恰好是前一节介绍的电源变换关系，其中 $\boldsymbol{V}_{Th}$ 为开路电压，$\boldsymbol{I}_N$ 为短路电流。

如果电路中包括以不同频率工作的电源（见例10-6），就必须针对各个频率确定其戴维南等效电路或诺顿等效电路。这样就会得到若干个完全不同的等效电路，每一个电路对应一个不同的频率，而不是用等效电源和等效阻抗组成等效电路。

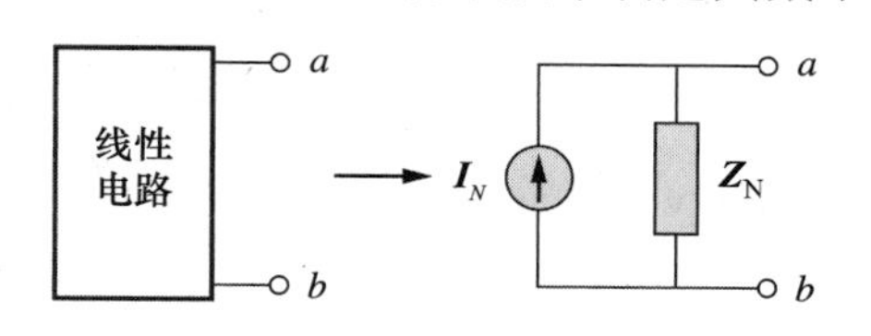

图10-21 诺顿等效电路

例10-8 确定如图10-22所示电路在端口 a-b 处的戴维南等效电路。

解：将电压源设置为零即可求出 $\boldsymbol{Z}_{Th}$。如图10-23a所示，8Ω电阻与−j6Ω电抗相并联，于是，合并后的阻抗为

$$\boldsymbol{Z}_1 = -j6 \| 8 = \frac{-j6 \times 8}{8-j6} = 2.88 - j3.84(\Omega)$$

同理，4Ω电阻与j12Ω电抗相并联，合并后的电阻为

$$\boldsymbol{Z}_2 = 4 \| j12 = \frac{j12 \times 4}{4+j12} = 3.6 + j1.2(\Omega)$$

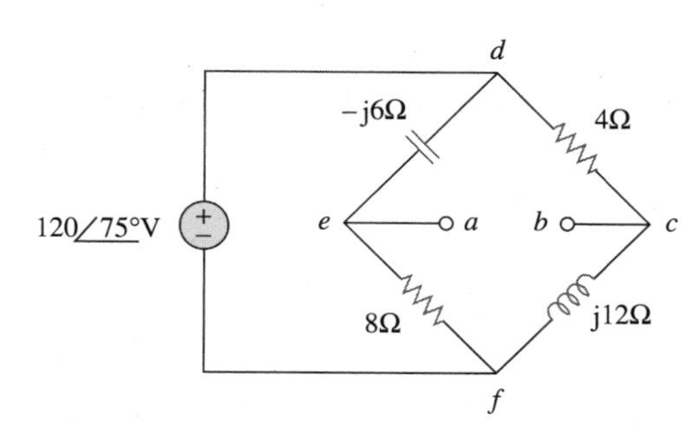

图10-22 例10-8图

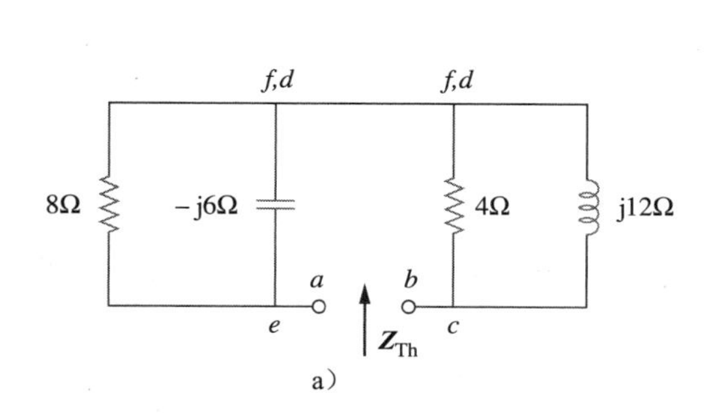

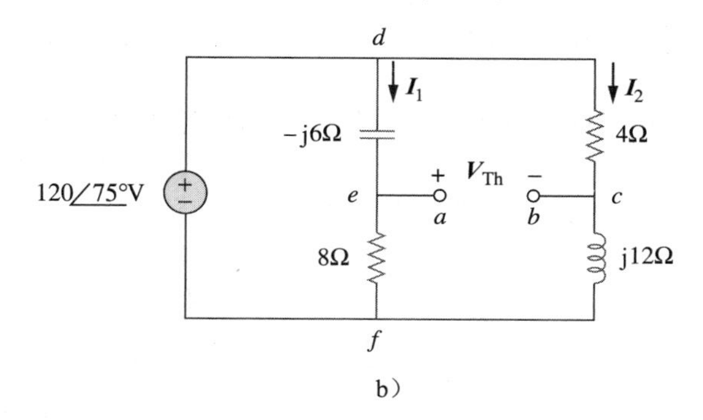

图10-23 求解例10-8图

戴维南阻抗为 $\boldsymbol{Z}_1$ 与 $\boldsymbol{Z}_2$ 的串联，即

$$\boldsymbol{Z}_{Th} = \boldsymbol{Z}_1 + \boldsymbol{Z}_2 = (6.48 - j2.64)\Omega$$

为了求解 $\boldsymbol{V}_{Th}$，考虑图10-23b所示电路，图中 $\boldsymbol{I}_1$ 与 $\boldsymbol{I}_2$ 分别为

$$\boldsymbol{I}_1 = \frac{120\angle 75^\circ}{8-j6}\text{A}, \quad \boldsymbol{I}_2 = \frac{120\angle 75^\circ}{4+j12}\text{A}$$

沿图10-23b所示电路中的回路 $bcdeab$ 应用KVL，得到

$$\boldsymbol{V}_{Th} - 4\boldsymbol{I}_2 + (-j6)\boldsymbol{I}_1 = 0$$

于是，

$$\begin{aligned}\boldsymbol{V}_{Th} = 4\boldsymbol{I}_2 + j6\boldsymbol{I}_1 &= \frac{480\angle 75^\circ}{4+j12} + \frac{720\angle 75^\circ + 90^\circ}{8-j6} \\ &= 37.95\angle 3.43^\circ + 72\angle 201.87^\circ \\ &= -28.936 - j24.55 = 37.95\angle 220.31^\circ(\text{V})\end{aligned}$$

◀

练习10-8 求如图10-24所示电路在端口 a-b 处的戴维南等效电路。

答案：$\boldsymbol{Z}_{Th} = (12.4 - j3.2)\Omega$，$\boldsymbol{V}_{Th} = 63.24\angle -51.57^\circ\text{V}$。

例10-9 求图10-25所示电路从端口 a-b 看进去的戴维南等效电路。

解：为了求出 $\boldsymbol{V}_{Th}$，对如图10-26a所示电路中的节点1应用KCL，可得

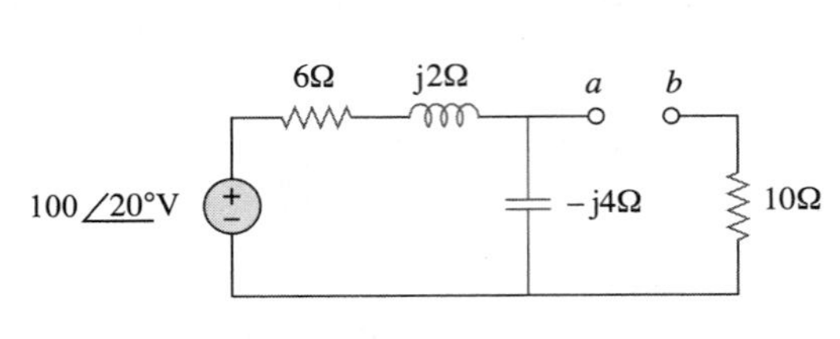

图 10-24 练习 10-8 图

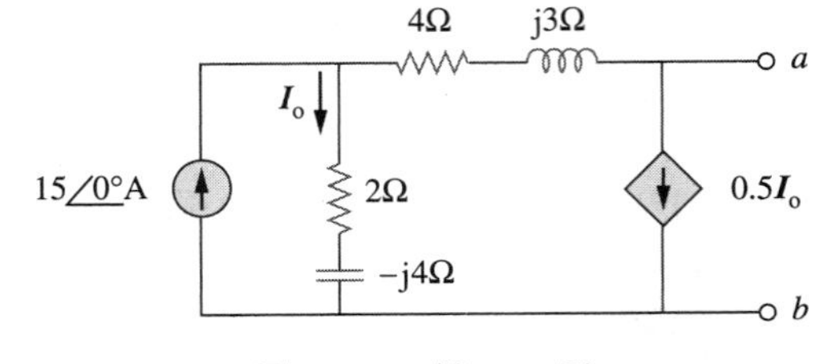

图 10-25 例 10-9 图

$$15=\boldsymbol{I}_o+0.5\boldsymbol{I}_o \quad \Rightarrow \quad \boldsymbol{I}_o=10\text{A}$$

对如图 10-26a 所示电路的右边回路应用 KVL，得到

$$-\boldsymbol{I}_o(2-\text{j}4)+0.5\boldsymbol{I}_o(4+\text{j}3)+\boldsymbol{V}_{\text{Th}}=0$$

即

$$\boldsymbol{V}_{\text{Th}}=10(2-\text{j}4)-5(4+\text{j}3)=-\text{j}55$$

于是，戴维南电压为

$$\boldsymbol{V}_{\text{Th}}=55\angle-90^\circ\text{V}$$

为了求出 $\boldsymbol{Z}_{\text{Th}}$，需将独立电源去掉，由于存在受控电流源，所以需要在端口 a-b 处连接一个 3A 的电流源(这里的 3A 是为了运算方便任意选取的，是一个可以被离开节点的总电流整除的数)，如图 10-26b 所示。在节点处应用 KCL，可得

$$3=\boldsymbol{I}_o+0.5\boldsymbol{I}_o \quad \Rightarrow \quad \boldsymbol{I}_o=2\text{A}$$

对图 10-26b 中的外围回路应用 KVL，有

$$\boldsymbol{V}_s=\boldsymbol{I}_o(4+\text{j}3+2-\text{j}4)=2(6-\text{j})$$

于是，戴维南阻抗为

$$\boldsymbol{Z}_{\text{Th}}=\frac{\boldsymbol{V}_s}{\boldsymbol{I}_s}=\frac{2(6-\text{j})}{3}=(4-\text{j}0.6667)\Omega$$ ◀

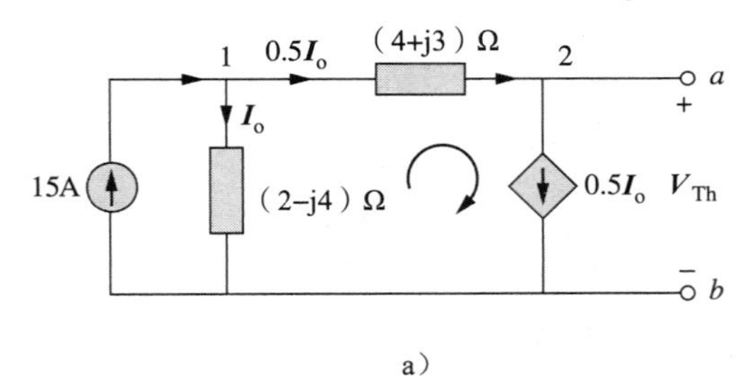

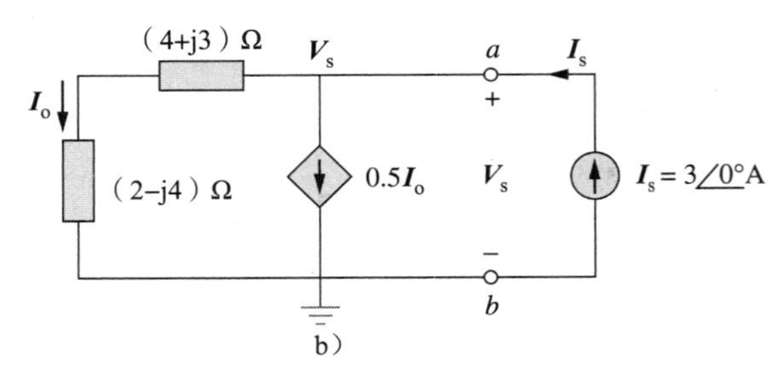

a) b)

图 10-26 求解例 10-9 图

练习 10-9 确定图 10-27 所示电路从端口 a-b 看进去的戴维南等效电路。

答案：$\boldsymbol{Z}_{\text{Th}}=4.473\angle-7.64^\circ\Omega$，$\boldsymbol{V}_{\text{Th}}=7.35\angle72.9^\circ\text{V}$。

例 10-10 利用诺顿定理计算图 10-28 所示电路中的电流 $\boldsymbol{I}_o$。

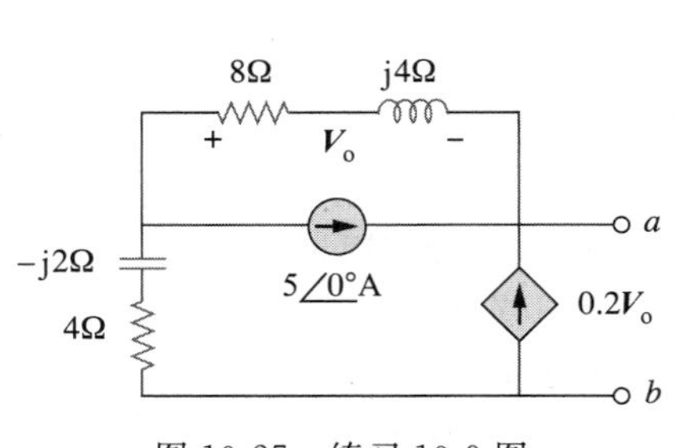

图 10-27 练习 10-9 图

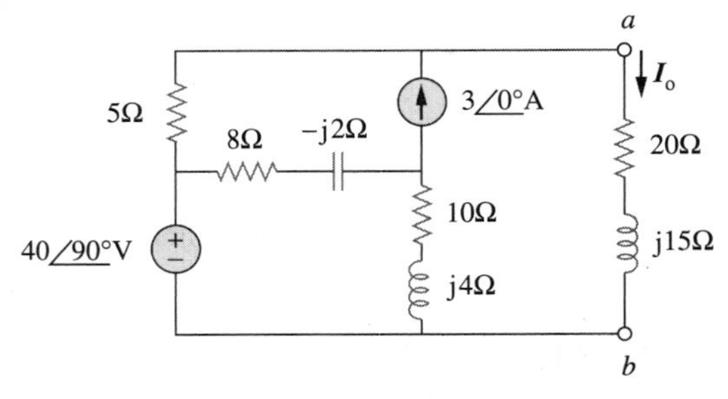

图 10-28 例 10-10 图

解：首先要确定端口 a-b 处的诺顿等效电路。$\boldsymbol{Z}_{\mathrm{N}}$ 的求法与 $\boldsymbol{Z}_{\mathrm{Th}}$ 的求法相同，将各电源设置为零，得到图 10-29a 所示电路，其中阻抗(8−j2)与(10+j4)被短路了，于是

$$\boldsymbol{Z}_{\mathrm{N}}=5\Omega$$

为了求出 $\boldsymbol{I}_{\mathrm{N}}$，将端口 a-b 短路，如图 10-29b 所示，利用网孔分析法求解。由于网孔 2 与网孔 3 之间存在电流源，所以网孔 2 与网孔 3 形成一个超网孔。对于网孔 1，有

$$-\mathrm{j}40+(18+\mathrm{j}2)\boldsymbol{I}_1-(8-\mathrm{j}2)\boldsymbol{I}_2-(10+\mathrm{j}4)\boldsymbol{I}_3=0 \qquad (10.10.1)$$

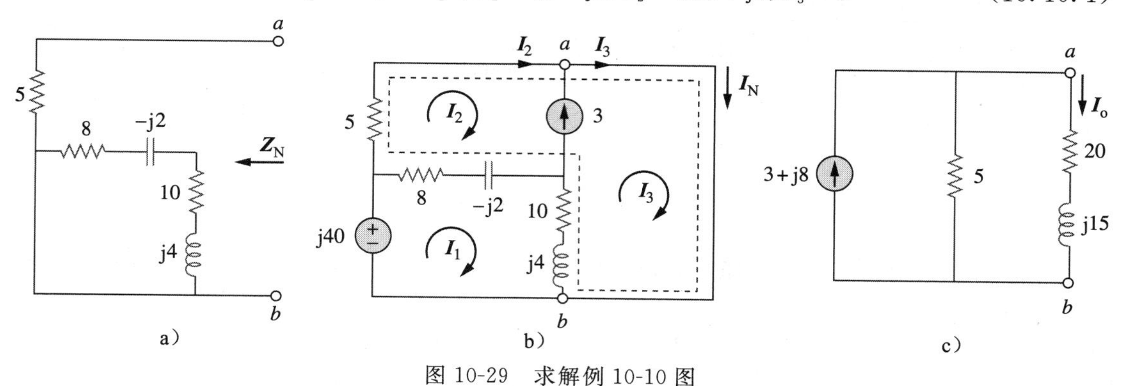

图 10-29　求解例 10-10 图

对于超网孔，有

$$(13-\mathrm{j}2)\boldsymbol{I}_2+(10+\mathrm{j}4)\boldsymbol{I}_3-(18+\mathrm{j}2)\boldsymbol{I}_1=0 \qquad (10.10.2)$$

由于网孔 2 与网孔 3 之间电流源的存在，于是在节点 a 处有

$$\boldsymbol{I}_3=\boldsymbol{I}_2+3 \qquad (10.10.3)$$

将式(10.10.1)和(10.10.2)相加，得到

$$-\mathrm{j}40+5\boldsymbol{I}_2=0 \quad \Rightarrow \quad \boldsymbol{I}_2=\mathrm{j}8$$

由式(10.10.3)可得

$$\boldsymbol{I}_3=\boldsymbol{I}_2+3=3+\mathrm{j}8$$

于是，诺顿电流为

$$\boldsymbol{I}_{\mathrm{N}}=\boldsymbol{I}_3=(3+\mathrm{j}8)\mathrm{A}$$

图 10-29c 给出了诺顿等效电路以及端口 a-b 两端的负载阻抗。由分流原理，可得

$$\boldsymbol{I}_{\mathrm{o}}=\frac{5}{5+20+\mathrm{j}15}\boldsymbol{I}_{\mathrm{N}}=\frac{3+\mathrm{j}8}{5+\mathrm{j}3}=1.465\angle 38.48^{\circ}\mathrm{A}$$ ◀

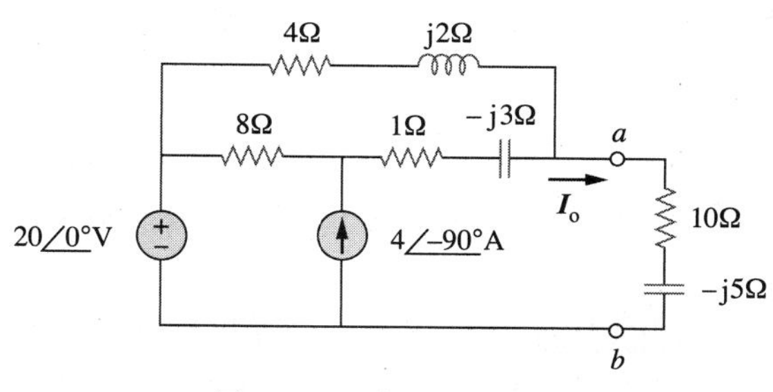

图 10-30　练习 10-10 图

练习 10-10　确定如图 10-30 所示电路从端口 a-b 看进去的诺顿等效电路，并利用所求出的等效电路求出 $\boldsymbol{I}_{\mathrm{o}}$。

答案：$\boldsymbol{Z}_{\mathrm{N}}=3.176+\mathrm{j}0.706\Omega$，$\boldsymbol{I}_{\mathrm{N}}=8.396\angle -32.68^{\circ}\mathrm{A}$，$\boldsymbol{I}_{\mathrm{o}}=1.9714\angle -2.10^{\circ}\mathrm{A}$。

10.7　交流运算放大器电路

只要运算放大器工作在线性区域，10.1 节介绍的分析交流电路的三个步骤就同样适用于运算放大器电路。通常假设运算放大器是理想的(参见 5.2 节)，正如第 5 章所讨论的，分析运算放大器电路的关键是牢记理想运算放大器的两个重要特性：

1. 运算放大器两个输入端无电流流入。
2. 运算放大器输入端的电压为零。

下面举例说明交流运算放大器电路的分析。

例 10-11 计算图 10-31a 所示运算放大器电路的 $v_o(t)$，假定 $v_s(t)=3\cos 1000t$ V。

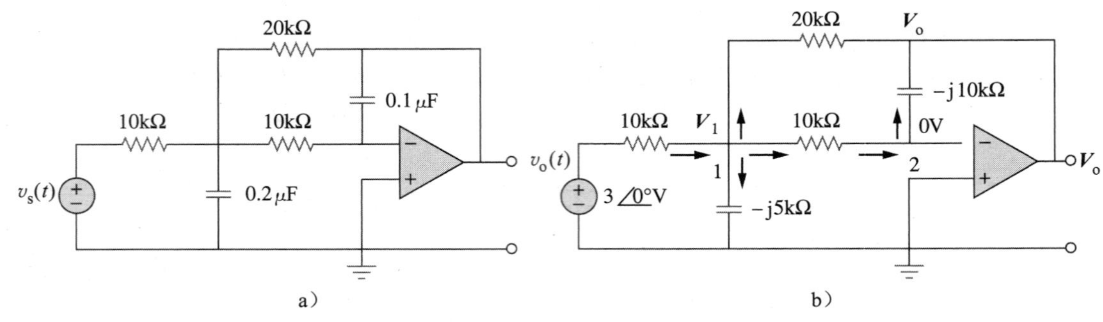

图 10-31 例 10-11 图

解：首先将电路转换到频域，如图 10-31b 所示，图中 $\mathbf{V}_s=3\underline{/0^\circ}$，$\omega=1000$rad/s。在节点 1 处应用 KCL 得到

$$\frac{3\underline{/0^\circ}-\mathbf{V}_1}{10}=\frac{\mathbf{V}_1}{-\mathrm{j}5}+\frac{\mathbf{V}_1-0}{10}+\frac{\mathbf{V}_1-\mathbf{V}_o}{20}$$

即

$$6=(5+\mathrm{j}4)\mathbf{V}_1-\mathbf{V}_o \tag{10.11.1}$$

在节点 2 处应用 KCL 得到

$$\frac{\mathbf{V}_1-0}{10}=\frac{0-\mathbf{V}_o}{-\mathrm{j}10}$$

即

$$\mathbf{V}_1=-\mathrm{j}\mathbf{V}_o \tag{10.11.2}$$

将式(10.11.2)代入式(10.11.1)有

$$6=-\mathrm{j}(5+\mathrm{j}4)\mathbf{V}_o-\mathbf{V}_o=(3-\mathrm{j}5)\mathbf{V}_o$$

$$\mathbf{V}_o=\frac{6}{3-\mathrm{j}5}=1.029\underline{/59.04^\circ}$$

所以，

$$v_o(t)=1.029\cos(1000t+59.04^\circ)\text{V}$$ ◀

练习 10-11 试求图 10-32 所示运算放大器电路的 v_o 与 i_o，假定 $v_s=12\cos 5000t$ V。

答案：$4\sin 5000t$ V，$400\sin 5000t$ μA。

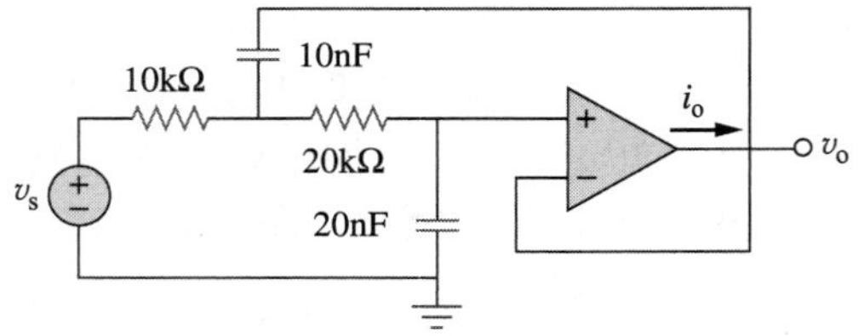

图 10-32 练习 10-11 图

例 10-12 计算图 10-33 所示电路的闭环增益与相移，假定 $R_1=R_2=10\text{k}\Omega$，$C_1=2\text{F}$，$C_2=1\text{F}$，$\omega=200$rad/s。

解：图 10-33 中反馈阻抗和输入阻抗分别为

$$\mathbf{Z}_f=R_2\left\|\frac{1}{\mathrm{j}\omega C_2}=\frac{R_2}{1+\mathrm{j}\omega R_2C_2}\right.$$

$$\mathbf{Z}_i=R_1+\frac{1}{\mathrm{j}\omega C_1}=\frac{1+\mathrm{j}\omega R_1C_1}{\mathrm{j}\omega C_1}$$

由于图 10-33 所示电路是一个反相放大器，因此闭环增益为

$$\mathbf{G}=\frac{\mathbf{V}_o}{\mathbf{V}_s}=-\frac{\mathbf{Z}_f}{\mathbf{Z}_i}=\frac{-\mathrm{j}\omega C_1R_2}{(1+\mathrm{j}\omega R_1C_1)(1+\mathrm{j}\omega R_2C_2)}$$

将给定的 R_1、R_2、C_1、C_2、ω 的值代入后得到

$$G=\frac{-j4}{(1+j4)(1+j2)}=0.434\angle 130.6°$$

所以，该运算放大器电路的闭环增益为 0.434，相移为 130.6°。

练习 10-12 试求如图 10-34 所示电路的闭环增益与相移，假定 $R=10\text{k}\Omega$，$C=1\mu\text{F}$，$\omega=1000\text{rad/s}$。

答案：1.0147，−5.6°。

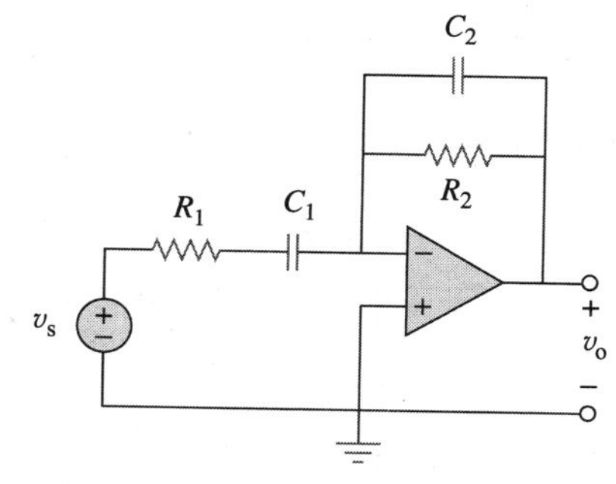

图 10-33 例 10-12 图

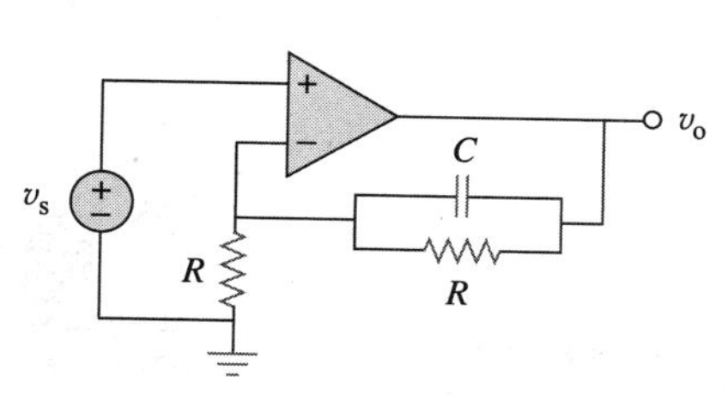

图 10-34 练习 10-12 图

10.8 基于 PSpice 的交流电路分析

PSpice 软件为交流电路分析中繁杂的复数运算提供了极大的方便。利用 PSpice 分析交流电路的过程与分析直流电路的过程基本相同。交流电路分析是在相量域或频域中进行的，所有电源必须具有相同的频率。虽然 PSpice 中的交流分析包括 AC Sweep 命令，但本章所涉及的交流电路分析仅限于单个频率 $f=\frac{\omega}{2\pi}$。PSpice 的输出文件包括电压相量与电流相量。如果需要，还可以利用输出文件中的电压与电流计算输出阻抗。

例 10-13 利用 PSpice 计算图 10-35 所示电路中的 v_o 与 i_o。

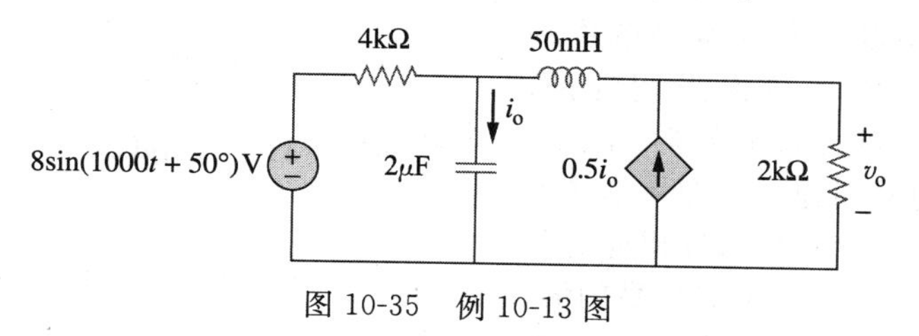

图 10-35 例 10-13 图

解：首先将正弦函数转换为余弦函数，得到

$$8\sin(1000t+50°)=8\cos(1000t+50°-90°)$$
$$=8\cos(1000t-40°)$$

由 ω 可求出频率：

$$f=\frac{\omega}{2\pi}=\frac{1000}{2\pi}=159.155\text{Hz}$$

该电路的原理图如图 10-36 所示。注意，图中连接的电流控制电流源 F1 使得电流从节点 0 流向节点 3，从而与图 10-35 所示原始电路的电流方向保持一致。由于本例仅需求出与的幅度和相位，因此需将 IPRINT 与 VPRINT1 的属性分别设置为 AC=yes，MAG=yes，PHASE=yes。对于单一频率分析而言，选择菜单 Analysis/Setup/AC Sweep，并在对话框中键入 Total Pts=1，Start Freq=159.155，Final Freq=159.155。保存电路之后，即可运行 Analysis/Simulate 对电路进行模拟。输出文件除包括伪元件 IPRINT 与 VPRINT1 的属性外，还包括电源频率。

```
FREQ          IM(V_PRINT3)    IP(V_PRINT3)
1.592E+02     3.264E-03       -3.743E+01

FREQ          VM(3)           VP(3)
1.592E+02     1.550E+00       -9.518E+01
```

由输出文件可得

$$\mathbf{V}_o = 1.55\underline{/-95.18^\circ}\text{V}, \quad \mathbf{I}_o = 3.264\underline{/-37.43^\circ}\text{mA}$$

将上述相量转换到时域得到

$$v_o = 1.55\cos(1000t - 95.18^\circ) = 1.55\sin(1000t - 5.18^\circ)\text{V}$$

和

$$i_o = 3.264\cos(1000t - 37.43^\circ)\text{mA}$$

◀

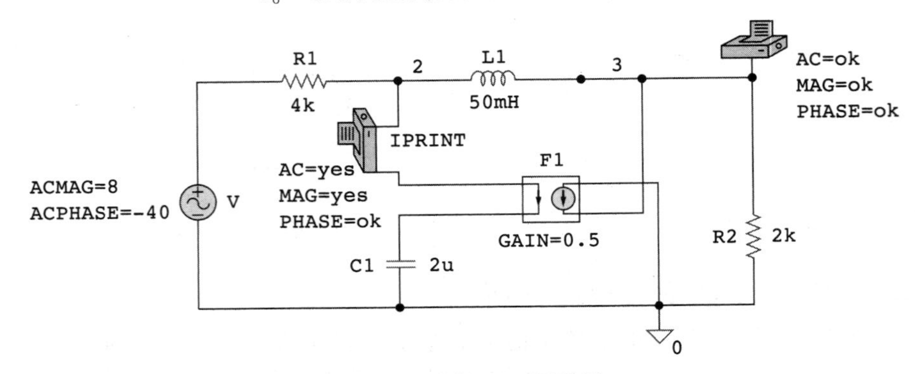

图 10-36 图 10-35 原理图

练习 10-13 利用 PSpice 确定如图 10-37 所示电路中的 v_o 与 i_o。

答案： $536.4\cos(3000t - 154.6^\circ)$mV，$1.088\cos(3000t - 55.12^\circ)$mA。

例 10-14 计算图 10-38 所示电路中的 $\mathbf{V}_1$ 与 $\mathbf{V}_2$。

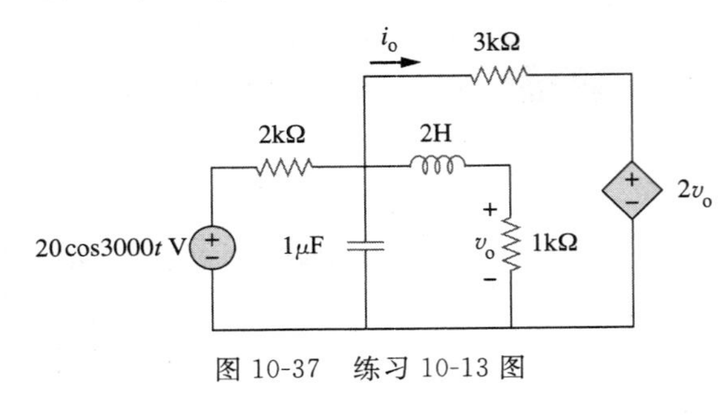

图 10-37 练习 10-13 图

解： 1. **明确问题**。本例所要解决的问题已阐述清楚。需要再次强调的是，这一步骤花费的时间必将节省后续计算的时间！可能出现的问题是，如果本题的参数不全，就需要问清楚命题者相应的参数。如果问不到结果，则需假设参数的值，之后阐明所做出的处理及其原因。

2. **列出已知条件**。已知电路为频域电路，且未知节点电压 $\mathbf{V}_1$ 与 $\mathbf{V}_2$ 同样为频域量。显然，需要在频域中求解这些未知量。

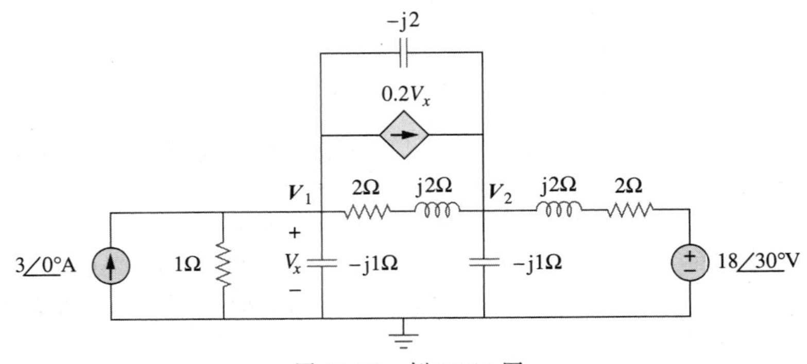

图 10-38 例 10-14 图

3. **确定备选方案**。求解本例的方法有两种，即直接利用节点分析法求解，或者利用 PSpice 软件求解。由于 10.8 节的重点是 PSpice 仿真，因此就选择 PSpice 求解 $\boldsymbol{V}_1$ 与 $\boldsymbol{V}_2$。之后再利用节点分析法验证所得到的答案。

4. **尝试不同的工作频率**。图 10-35 所示电路是时域电路，而图 10-38 所示电路是频域电路。由于没有给出利用 PSpice 分析电路所需的工作频率，因此可以选择一个与给定阻抗相一致的任意工作频率。例如，当选择 $\omega=1\text{rad/s}$ 时，相应的工作频率为 $f=\omega/2\pi=0.159\,16\text{Hz}$。因此可以求出电容值（$C=1/\omega X_C$）和电感值（$L=X_L/\omega$）。由此得到的电路原理图如图 10-39 所示。为便于连线，将电压控制电流源 G1 与 $(2+\text{j}2)\Omega$ 阻抗位置互换。可以看出，G1 的电流方向是从节点 1 流向节点 3，而控制电压则是电容器 C2 两端的电压，与图 10-38 要求的一致。伪元件 VPRINT1 的属性设置已在图 10-39 中标明。对于单一频率分析而言，选择 Analysis/Setup/AC Sweep 菜单，并在对话框中输入 Total Pts＝1，Start Freq＝0.159 16，Final Freq＝0.159 16。保存电路之后，执行 Analysis/Simulate 命令对电路进行仿真，得到如下输出文件：

```
FREQ         VM(1)        VP(1)
1.592E-01    2.708E+00    -5.673E+01

FREQ         VM(3)        VP(3)
1.592E-01    4.468E+00    -1.026E+02
```

由此可求出

$$\mathrm{V}_1=2.708\underline{/-56.74^\circ}\text{V}\quad \text{和}\quad \mathrm{V}_2=6.911\underline{/-80.72^\circ}\text{V}。$$

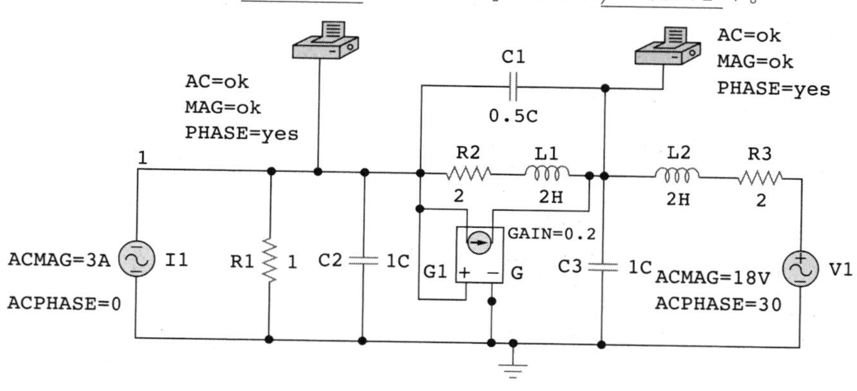

图 10-39　图 10-38 的原理图

5. **评价结果**。注意，利用 PSpice 等分析软件进行电路分析时，仍然需要验证结果的正确性。导致错误的可能性很多，包括遇到 PSpice 的 bug 而导致不正确的结果。

如何验证所得到的结果呢？显然，可以利用节点分析法重新求解本例，或者利用 MATLAB 重新计算，看是否得到相同的结果。这里采用另一种方法进行验证：写出节点方程，并将 PSpice 计算的结果代入，看节点方程是否成立。

该电路的节点方程如下，注意，方程中已经将 $\boldsymbol{V}_1=\boldsymbol{V}_x$ 代入受控源：

$$-3+\frac{\boldsymbol{V}_1-0}{1}+\frac{\boldsymbol{V}_1-0}{-\text{j}1}+\frac{\boldsymbol{V}_1-\boldsymbol{V}_2}{2+\text{j}2}+0.2\boldsymbol{V}_1+\frac{\boldsymbol{V}_1-\boldsymbol{V}_2}{-\text{j}2}=0$$

$$(1+\text{j}+0.25-\text{j}0.25+0.2+\text{j}0.5)\boldsymbol{V}_1-(0.25-\text{j}0.25+\text{j}0.5)\boldsymbol{V}_2=3$$

$$(1.45+\text{j}1.25)\boldsymbol{V}_1-(0.25+\text{j}0.25)\boldsymbol{V}_2=3$$

$$1.9144\underline{/40.76^\circ}\boldsymbol{V}_1-0.3536\underline{/45^\circ}\boldsymbol{V}_2=3$$

下面即可将 PSpice 运算的结果代入方程中验证答案的正确性，即

$$1.9144\underline{/40.76^\circ}\times2.708\underline{/-56.74^\circ}-0.3536\underline{/45^\circ}\times6.911\underline{/-80.72^\circ}$$
$$=5.184\underline{/-15.98^\circ}-2.444\underline{/-35.72^\circ}$$

$$=4.984-j1.4272-1.9842+j1.4269$$

$$=3-j0.0003\qquad \text{答案得到验证}$$

6. **是否满意？** 虽然仅利用节点 1 的方程检验所得到的答案，但这足以说明由 PSpice 得到的结果的有效性，因此可以将上述求解过程作为本题的答案。◀

练习 10-14　计算图 10-40 所示电路中的 $\boldsymbol{V}_x$ 与 $\boldsymbol{I}_x$。

答案： $39.37\angle 44.78°$ V，$10.336\angle 158°$ A。

†10.9　应用实例

本章所学的概念将在后续章节中计算电功率、确定频率响应时用到，同时还可以用于分析磁耦合电路、三相电路、交流晶体管电路、滤波器、振荡器和其他交流电路。本节将所学概念应用于两个实际的交流电路，即电容倍增器与正弦波振荡器。

10.9.1　电容倍增器

图 10-41 所示运算放大器电路称为**电容倍增器**(capacitance multiplier)，稍后将解释命名原因。该电路常用于集成电路中，当集成电路需要大电容时，通过该电路可以将一个小的物理电容 C 倍增为若干倍。图 10-41 所示电路的倍增因子高达 1000。例如，10pF 电容器通过该电路后，其作用相当于 100nF 电容器。

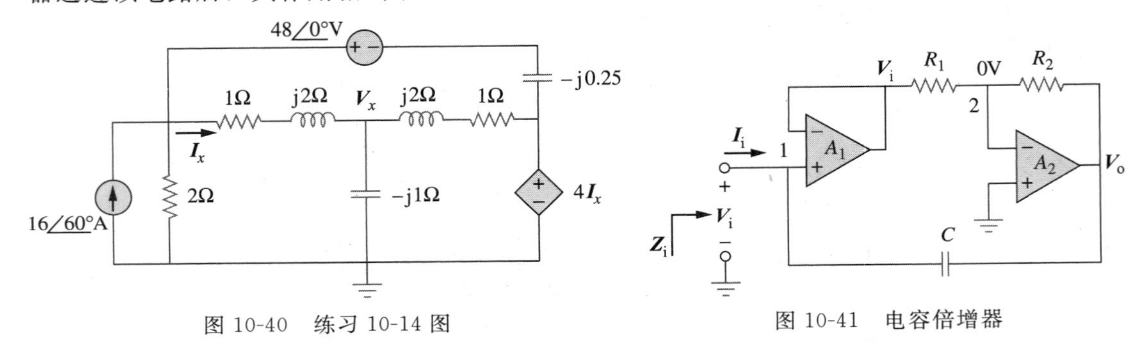

图 10-40　练习 10-14 图　　　　图 10-41　电容倍增器

在图 10-41 所示电路中，第一级运算放大器为电压跟随器，而第二级则为反相放大器。电压跟随器将电路的电容与反相放大器负载隔离开来。因为无电流流入运算放大器的输入端，所以输入电流 $\boldsymbol{I}_i$ 流过反馈电容器，因此，在节点 1 处有

$$\boldsymbol{I}_i=\frac{\boldsymbol{V}_i-\boldsymbol{V}_o}{1/j\omega C}=j\omega C(\boldsymbol{V}_i-\boldsymbol{V}_o)\tag{10.3}$$

对节点 2 应用 KCL，得到

$$\frac{\boldsymbol{V}_i-0}{R_1}=\frac{0-\boldsymbol{V}_o}{R_2}$$

即

$$\boldsymbol{V}_o=-\frac{R_2}{R_1}\boldsymbol{V}_i\tag{10.4}$$

将式(10.4)代入式(10.3)得到

$$\boldsymbol{I}_i=j\omega C\left(1+\frac{R_2}{R_1}\right)\boldsymbol{V}_i$$

即

$$\frac{\boldsymbol{I}_i}{\boldsymbol{V}_i}=j\omega\left(1+\frac{R_2}{R_1}\right)C\tag{10.5}$$

于是，输入阻抗为

$$\boldsymbol{Z}_i=\frac{\boldsymbol{V}_i}{\boldsymbol{I}_i}=\frac{1}{j\omega C_{eq}}\tag{10.6}$$

式中，

$$C_{eq}=\left(1+\frac{R_2}{R_1}\right)C \tag{10.7}$$

因此，适当地选取电阻值 R_1 与 R_2，图 10-41 所示的运算放大器电路就可以在输入端与地之间产生一个有效电容量，其电容值为实际电容 C 的若干倍。有效电容量的大小实际上受到反相输出电压的限制。因此，电容倍增因子越大，允许的输入电压就越小，这样才能避免运算放大器进入饱和状态。

同理，也可以设计出用于模拟电感的运算放大器电路(参见习题 89)以及实现电阻倍增的运算放大器电路。

例 10-15 计算图 10-41 所示电路中的 C_{eq}，假设 $R_1=10\text{k}\Omega$，$R_2=1\text{M}\Omega$，$C=1\text{nF}$。

解：由式(10.70)可得

$$C_{eq}=\left(1+\frac{R_2}{R_1}\right)C=\left(1+\frac{1\times10^6}{10\times10^3}\right)1\text{nF}=101\text{nF}$$ ◀

练习 10-15 计算图 10-41 所示运算放大器电路的等效电容，假定 $R_1=10\text{k}\Omega$，$R_2=1\text{M}\Omega$，$C=1\text{nF}$。

答案：$10\mu\text{F}$。

10.9.2 振荡器

直流电可以用电池产生，那么，交流电如何产生呢？一种方法是利用振荡器(oscillator)将直流电转换为交流电。

振荡器是一种以直流电驱动的，输出为交流波形的电路。

振荡器所需要的唯一外部电源是直流供电电源。有趣的是，直流供电电源通常将供电公司发出的交流电转换为直流电。为什么又要利用振荡器再一次将直流电转换为交流电呢？这是因为美国供电公司提供的交流电频率预定为 60Hz(其他一些国家为 50Hz)，而在电子电路、通信系统以及微波设备等大量实际应用中所需要的频率范围却是 0～10GHz，甚至更高。因此，就需要利用振荡器来产生这些频率的交流信号。

提示：频率 60Hz 对应于角频率 $\omega=2\pi f=377\text{rad/s}$。

为了使正弦波振荡器保持振荡，必须满足如下巴克豪森准则(Barkhausen Criteria)：

1. 振荡器的总增益必须等于或大于 1，因此，电路损耗必须通过放大设备予以补偿。
2. 电路的总相移(从输入到输出再反馈到输入)必须为零。

常见的三种正弦波振荡器包括移相型振荡器、双 T 形振荡器和维恩桥式振荡器，本节仅讨论维恩桥式振荡器。

维恩桥式振荡器(Wien-bridge oscillator)被广泛应用于产生频率低于 1MHz 的正弦波。它是一个仅由少量元件组成的 RC 运算放大器电路，便于调节，易于设计。如图 10-42 所示，这种振荡器主要由包括 2 条反馈支路的同相放大器组成；同相输入端的正反馈支路用于产生振荡，而反相输入端的负反馈支路则用于调整增益。如果定义 RC 串联阻抗与并联阻抗分别为 $\mathbf{Z}_s$ 与 $\mathbf{Z}_p$，则

$$\mathbf{Z}_s=R_1+\frac{1}{j\omega C_1}=R_1-\frac{j}{\omega C_1} \tag{10.8}$$

$$\mathbf{Z}_p=R_2\parallel\frac{1}{j\omega C_2}=\frac{R_2}{1+j\omega R_2C_2} \tag{10.9}$$

反馈系数为

$$\frac{\mathbf{V}_2}{\mathbf{V}_o}=\frac{\mathbf{Z}_p}{\mathbf{Z}_s+\mathbf{Z}_p} \tag{10.10}$$

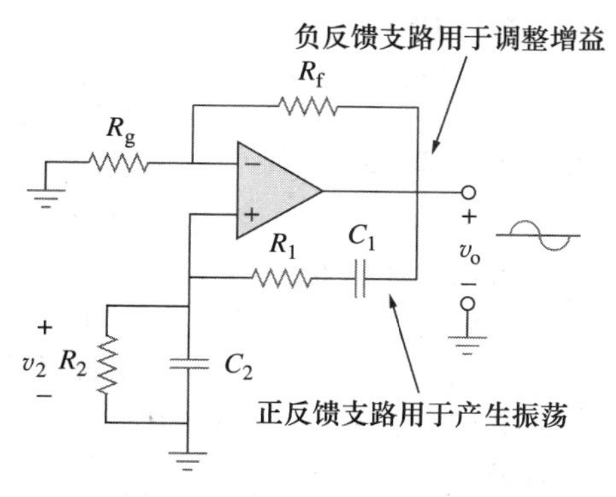

图 10-42　维恩桥式振荡器

将式(10.8)与式(10.9)代入式(10.10)，得到

$$\frac{\mathbf{V}_2}{\mathbf{V}_o}=\frac{R_2}{R_2+\left(R_1-\frac{\mathrm{j}}{\omega C_1}\right)(1+\mathrm{j}\omega R_2C_2)}=\frac{\omega R_2C_1}{\omega(R_2C_1+R_1C_1+R_2C_2)+\mathrm{j}(\omega^2R_1C_1R_2C_2-1)} \tag{10.11}$$

为了满足巴克豪森准则二，$\mathbf{V}_2$ 与 $\mathbf{V}_o$ 必须同相，这意味着式(10.11)的反馈系数必须为纯实数，也就是说，虚部必须为零。由虚部为零可以得到振荡频率 ω_o 为

$$\omega_o^2R_1C_1R_2C_2-1=0$$

即

$$\omega_o=\frac{1}{\sqrt{R_1R_2C_1C_2}} \tag{10.12}$$

在许多实际应用中，$R_1=R_2=R$ 且 $C_1=C_2=C$，于是有

$$\omega_o=\frac{1}{RC}=2\pi f_o \tag{10.13}$$

即

$$\boxed{f_o=\frac{1}{2\pi RC}} \tag{10.14}$$

将式(10.13)以及 $R_1=R_2=R$，$C_1=C_2=C$ 代入式(10.11)，得到

$$\frac{\mathbf{V}_2}{\mathbf{V}_o}=\frac{1}{3} \tag{10.15}$$

因此，为了满足巴克豪森准则一，运算放大器的补偿增益必须大于等于3，从而使总增益大于等于1。我们已经知道，对于同相放大器而言，

$$\frac{\mathbf{V}_o}{\mathbf{V}_2}=1+\frac{R_f}{R_g}=3 \tag{10.16}$$

即

$$R_f=2R_g \tag{10.17}$$

由于维恩桥式振荡器由于运算放大器所固有的延时，其振荡频率仅限于1MHz或以下。

例 10-16 设计一个振荡频率为10kHz的维恩桥式电路。

解：由式(10.14)得到的电路时间常数为

$$RC=\frac{1}{2\pi f_o}=\frac{1}{2\pi\times100\times10^3}=1.59\times10^{-6} \tag{10.16.1}$$

如果选择 $R=10\text{k}\Omega$，则由式(10.16.1)可得 $C=159\text{pF}$。由于增益必须为3，所以 $R_f/R_g=2$，可选择 $R_f=20\text{k}\Omega$，则 $R_g=10\text{k}\Omega$。◀

练习 10-16 在图10-42所示的维恩桥式振荡器电路中，如果 $R_1=R_2=2.5\text{k}\Omega$，$C_1=C_2=1\text{nF}$，试确定振荡器的振荡频率 f_o。

答案：63.66kHz。

10.10 本章小结

1. 由于KCL与KVL适用于电路的相量形式，所以节点电压分析法与网孔电流分析法同样可以用于分析交流电路。
2. 在求解电路的稳态响应时，如果电路中包含不同频率的多个独立源，则必须分别考虑每个独立源。分析这类电路最基本的方法是采用叠加定理。对应于不同频率的相量电路必须单独求解，并将相应的响应转换为时域响应，电路总响应则为各个相量电路的时域响应之和。
3. 电源转换的概念同样适用于频域。

4. 交流电路的戴维南等效电路由等效电压源 $\boldsymbol{V}_{Th}$ 和与之串联的戴维南阻抗 $\boldsymbol{Z}_{Th}$ 组成。
5. 交流电路的诺顿等效电路由等效电流源 $\boldsymbol{I}_{N}$ 和与之并联的诺顿阻抗 $\boldsymbol{Z}_{N}(=\boldsymbol{Z}_{Th})$组成。
6. PSpice 软件是求解交流电路的一个简单而有力的工具，它极大地简化了电路稳态分析过程中遇到的繁杂的复数运算问题。
7. 电容倍增器与交流振荡器是本章中的两个典型应用实例。电容倍增器是一个运算放大器电路，所实现的等效电容是某实际电容容量的若干倍。交流振荡器则是直流输入产生交流输出的一种电路设备。

复习题

1 图 10-43 所示电路中，电容两端的电压 $\boldsymbol{V}_o$ 为

(a) $5\angle 0^\circ$V (b) $7.071\angle 45^\circ$V
(c) $7.071\angle -45^\circ$V (d) $5\angle -45^\circ$V

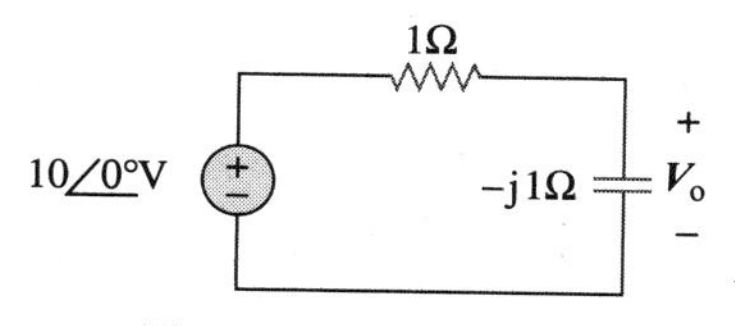

图 10-43 复习题 1 图

2 图 10-44 所示电路中电流 $\boldsymbol{I}_o$ 为

(a) $4\angle 0^\circ$A (b) $2.4\angle -90^\circ$A
(c) $0.6\angle 0^\circ$A (d) −1A

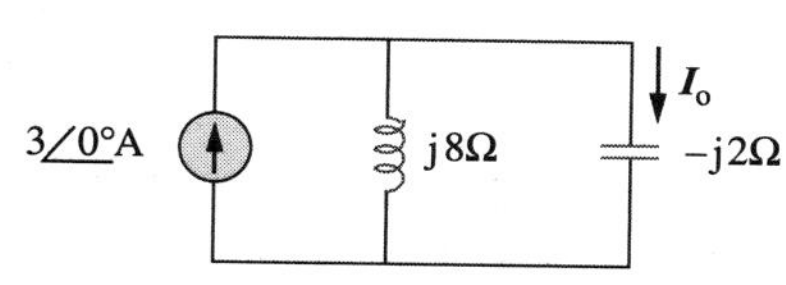

图 10-44 复习题 2 图

3 利用节点分析法求出图 10-45 所示电路中 $\boldsymbol{V}_o$。

(a) −24V (b) −8V
(c) 8V (d) 24V

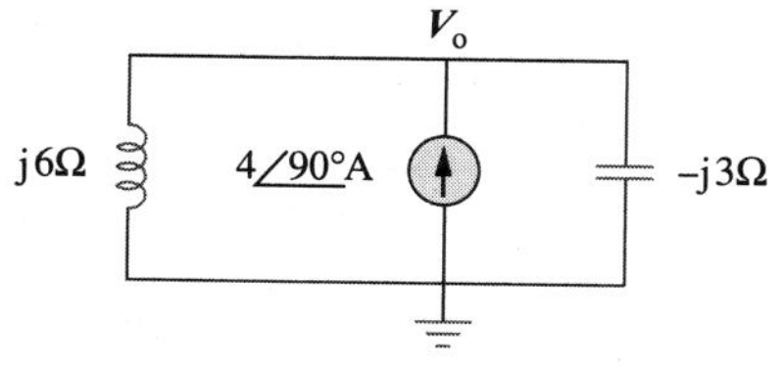

图 10-45 复习题 3 图

4 在图 10-46 所示电路中，电流 $i(t)$为

(a) $10\cos t$ A (b) $10\sin t$ A
(c) $5\cos t$ A (d) $5\sin t$ A

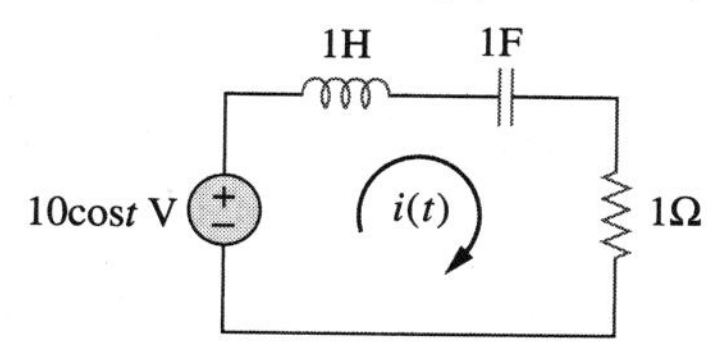

图 10-46 复习题 4 图

(e) $4.472\cos(t-63.43^\circ)$A

5 在图 10-47 所示电路中，两个电源具有不同频率，试问电流 $i_x(t)$可以由以下哪种方法求得？

(a) 电源变换 (b) 叠加定理
(c) PSpice

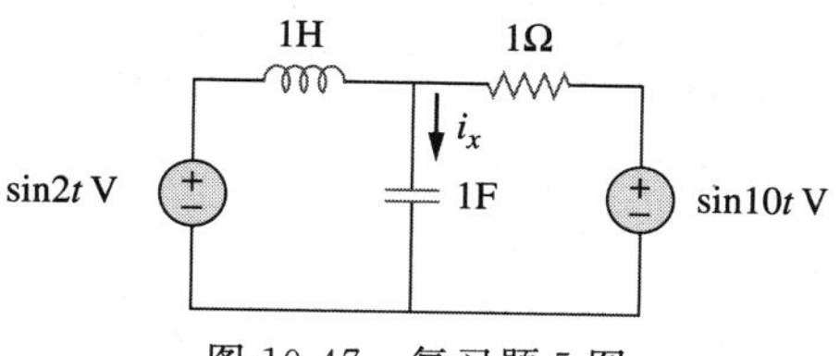

图 10-47 复习题 5 图

6 对于图 10-48 所示电路，端口 *a*-*b* 处的戴维南阻抗为

(a) 1Ω (b) (0.5−j0.5)Ω
(c) (0.5+j0.5)Ω (d) (1+j2)Ω
(e) (1−j2)Ω

7 在图 10-48 所示电路中，端口 *a*-*b* 处的戴维南电压为

(a) $3.535\angle -45^\circ$V (b) $3.535\angle 45^\circ$V
(c) $7.071\angle -45^\circ$V (d) $7.071\angle 45^\circ$V

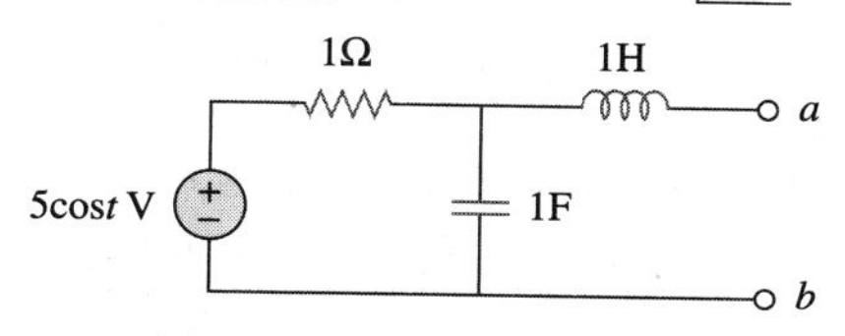

图 10-48 复习题 6 和 7 图

8 在图 10-49 所示电路中，端口 *a*-*b* 处的诺顿等效阻抗为

(a) −j4Ω (b) −j2Ω
(c) j2Ω (d) j4Ω

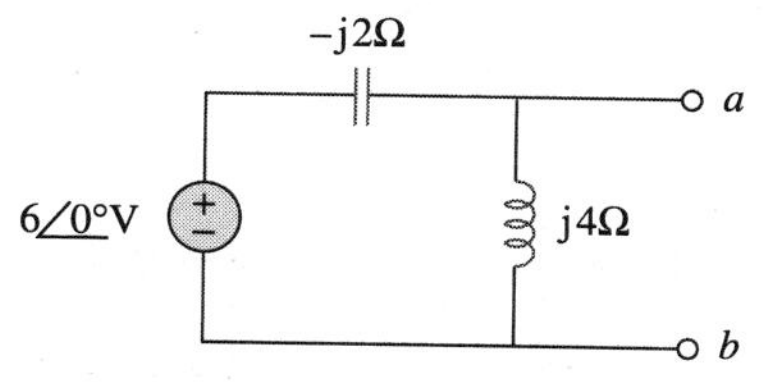

图 10-49 复习题 8 和 9 图

9　图 10-49 所示电路在端口 a-b 处的诺顿电流为

(a) $1\angle 0^\circ$A　　(b) $1.5\angle -90^\circ$A

(c) $1.5\angle 90^\circ$A　　(d) $3\angle 90^\circ$A

10　PSpice 软件包可以处理包括两个不同频率独立电源的电路。

(a) 正确　　(b) 错误

答案：1 (c)；2 (a)；3 (d)；4 (a)；5 (b)；6 (c)；7 (a)；8 (a)；9 (d)；10 (b)。

习题

10.2 节

1　计算图 10-50 所示电路中的 i_o。

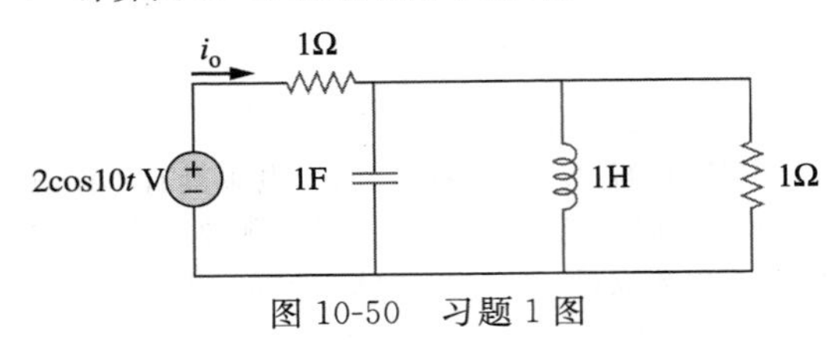

图 10-50　习题 1 图

2　利用图 10-51 所示电路设计一个问题，从而更好地理解节点分析法。 **ED**

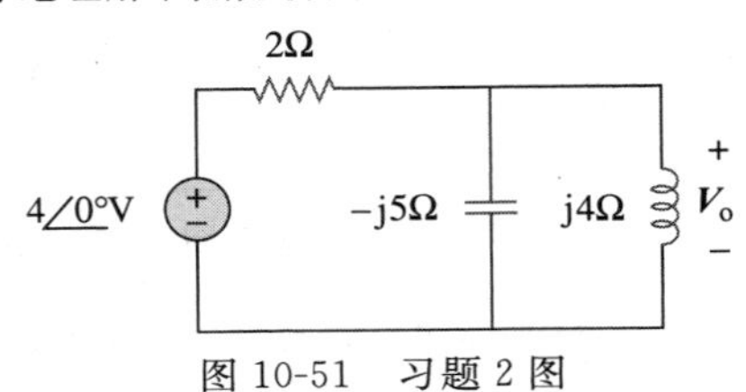

图 10-51　习题 2 图

3　计算图 10-52 所示电路中的 v_o。

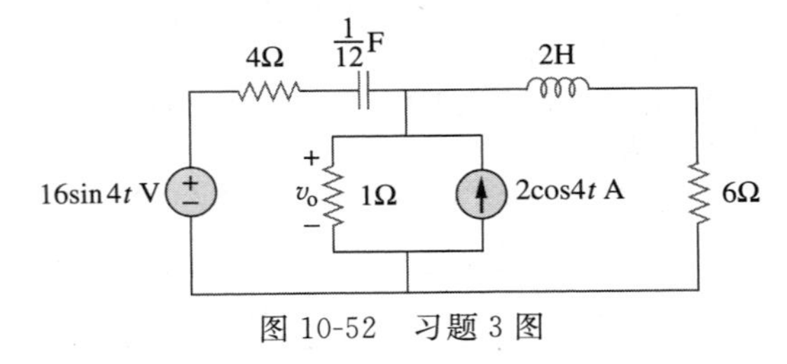

图 10-52　习题 3 图

4　计算图 10-53 所示电路中的 $v_o(t)$

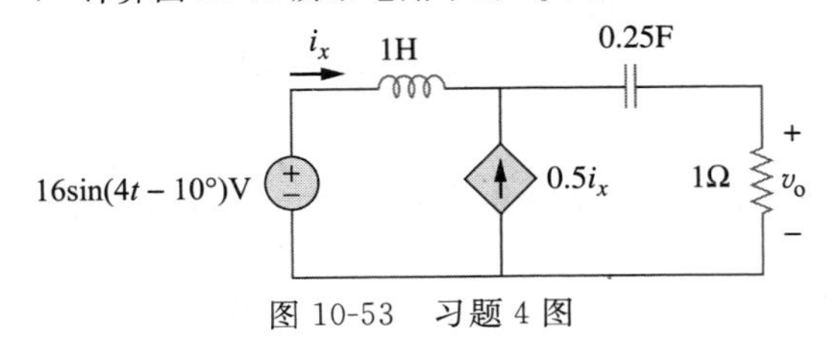

图 10-53　习题 4 图

5　计算图 10-54 所示电路中的 i_o。 **PS**

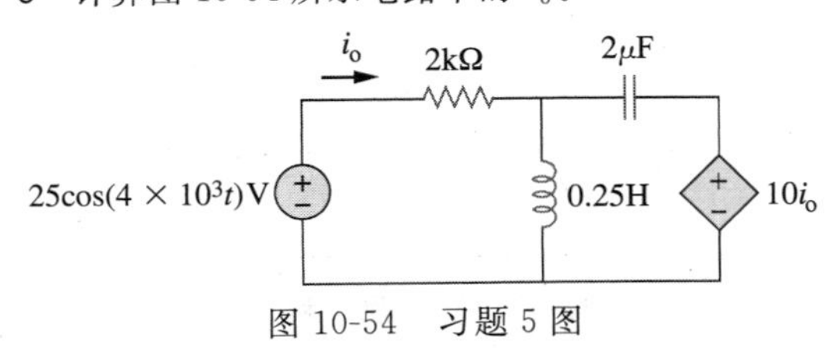

图 10-54　习题 5 图

6　计算图 10-55 所示电路中的 $\boldsymbol{V}_x$

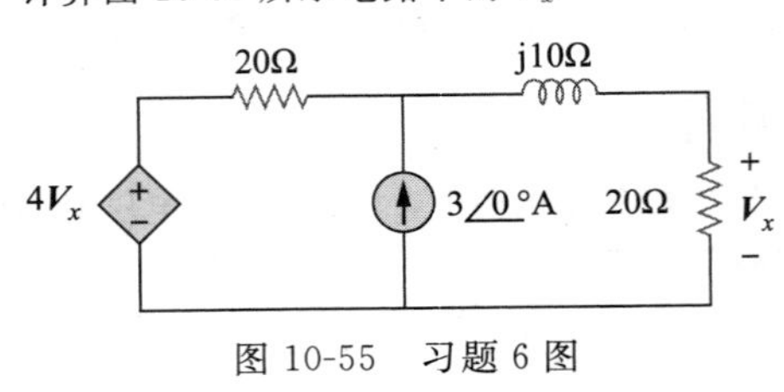

图 10-55　习题 6 图

7　利用节点分析法计算图 10-56 所示电路中的 $\boldsymbol{V}_o$。

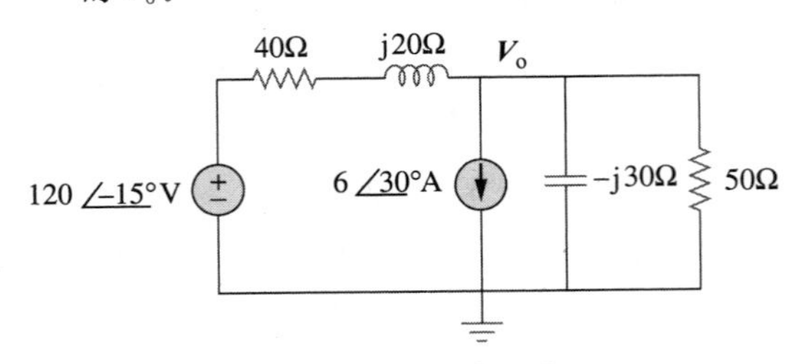

图 10-56　习题 7 图

8　利用节点分析法确定如图 10-57 所示电路中的 i_o，假定 $i_s = 6\cos(200t + 15^\circ)$。 **PS　ML**

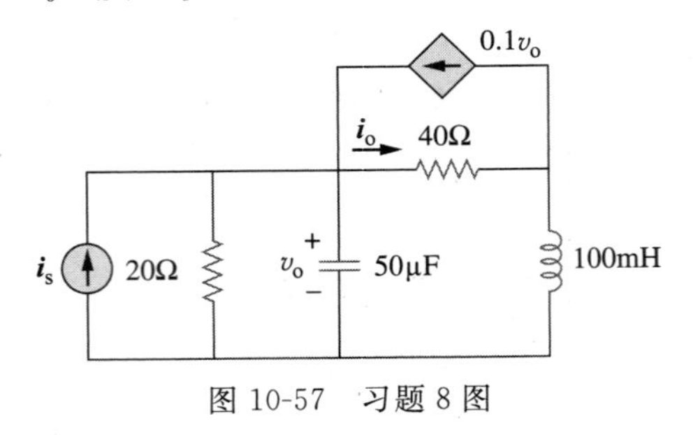

图 10-57　习题 8 图

9　利用节点分析法计算图 10-58 所示电路中的 v_o。 **PS　ML**

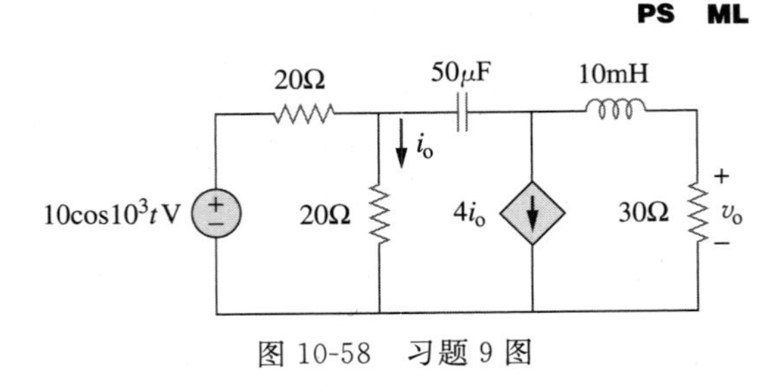

图 10-58　习题 9 图

10　利用节点分析法确定如图 10-59 所示电路中的 v_o，假定 $\omega = 2$krad/s。 **PS　ML**

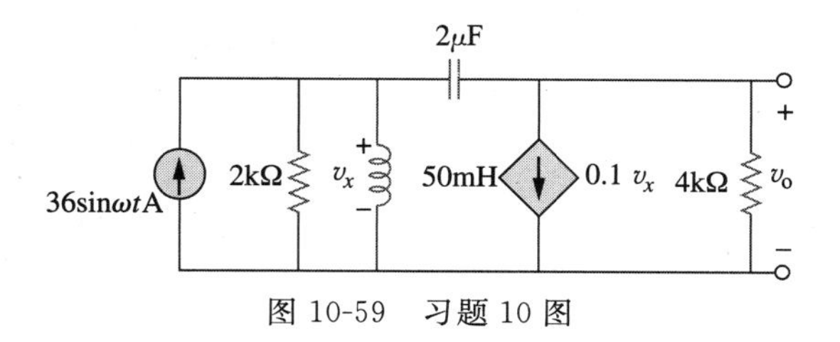

图 10-59　习题 10 图

11　利用节点分析法确定如图 10-60 所示电路中的 $i_o(t)$。　**PS　ML**

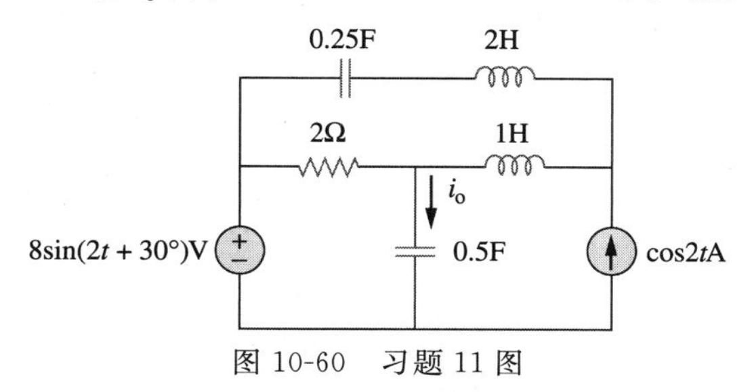

图 10-60　习题 11 图

12　利用图 10-61 所示电路设计一个问题，以更好地理解节点分析法。　**ED**

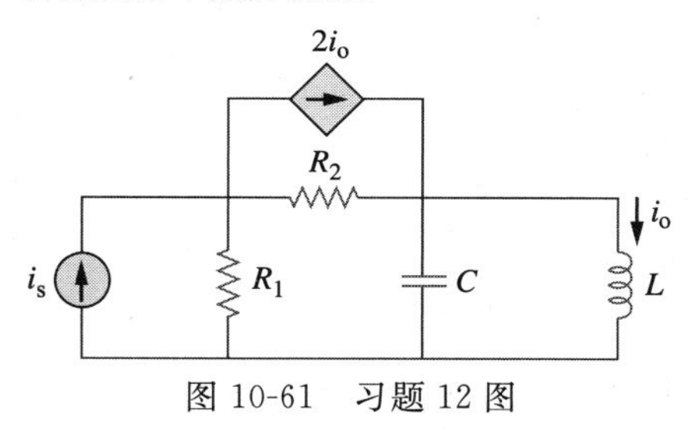

图 10-61　习题 12 图

13　自行选择方法计算图 10-62 所示电路中 $\boldsymbol{V}_x$。　**PS　ML**

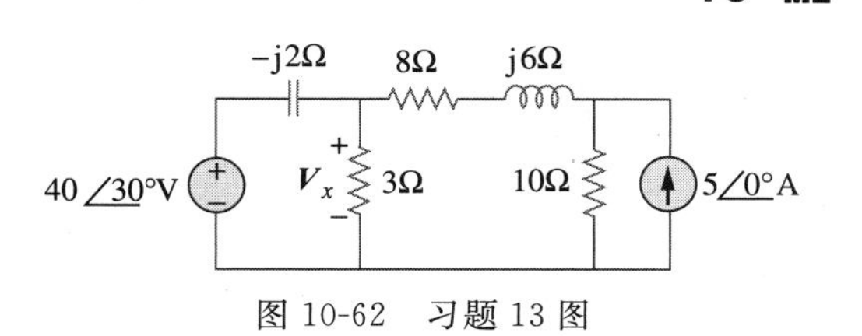

图 10-62　习题 13 图

14　利用节点分析法计算如图 10-63 所示电路中节点 1 与节点 2 的电压。　**PS　ML**

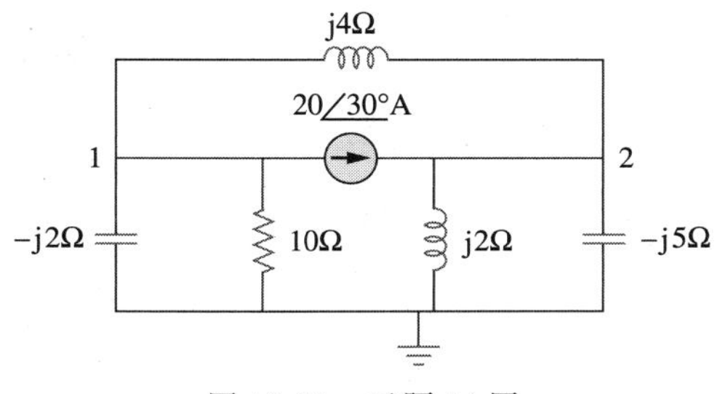

图 10-63　习题 14 图

15　利用节点分析法求解如图 10-64 所示电路中的电流 $\boldsymbol{I}$。　**PS　ML**

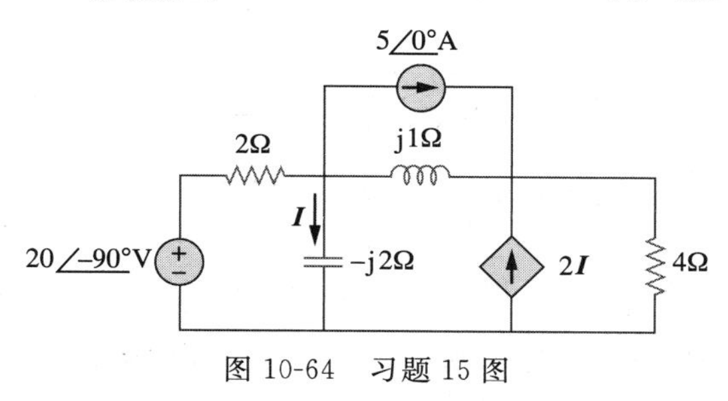

图 10-64　习题 15 图

16　利用节点分析法计算如图 10-65 所示电路中的电压 $\boldsymbol{V}_x$。　**PS　ML**

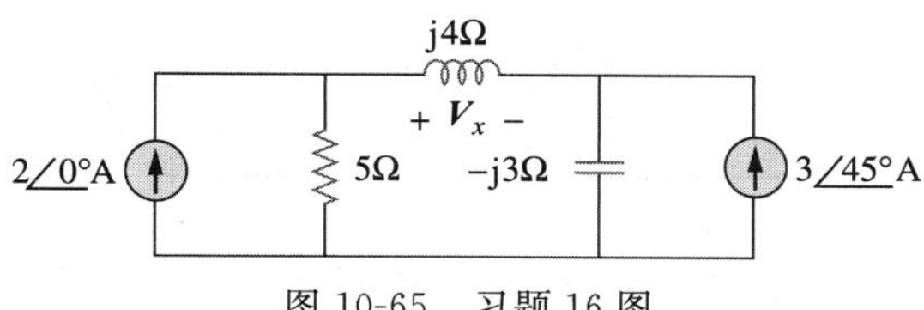

图 10-65　习题 16 图

17　利用节点分析法计算如图 10-66 所示电路中的电流 $\boldsymbol{I}_o$。　**PS　ML**

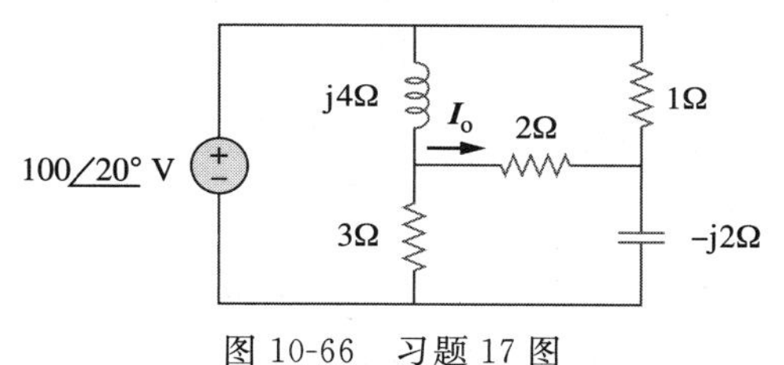

图 10-66　习题 17 图

18　利用节点分析法计算如图 10-67 所示电路中的电压 $\boldsymbol{V}_o$　**PS　ML**

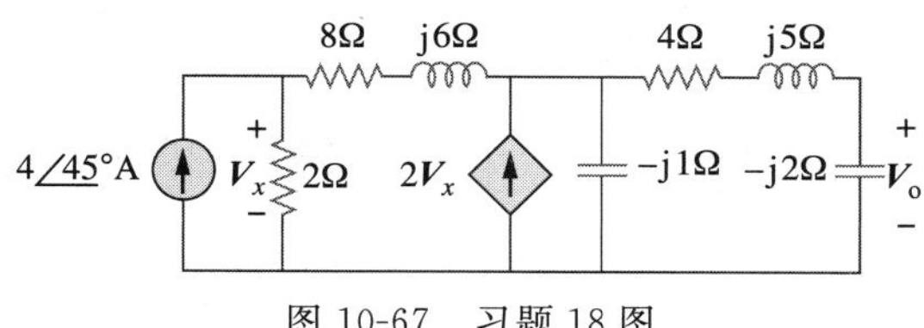

图 10-67　习题 18 图

19　利用节点分析法计算如图 10-68 所示电路中的电压 $\boldsymbol{V}_o$　**PS　ML**

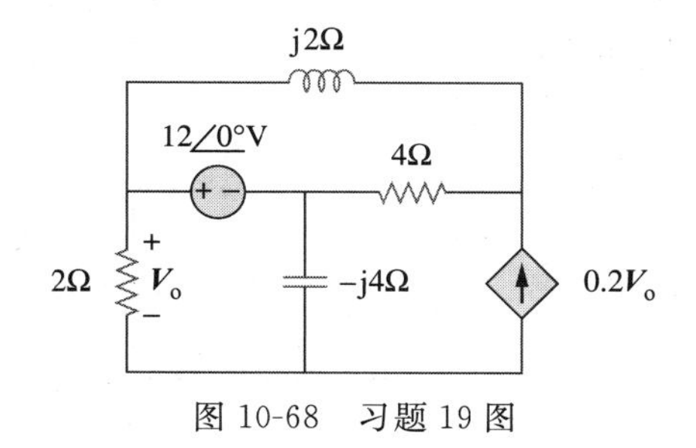

图 10-68　习题 19 图

20　在图 10-69 所示电路中，$v_s(t)=V_m\sin\omega t$，$v_o(t)=A\sin(\omega t+\phi)$，试推导 A 与 ϕ 的表达式。

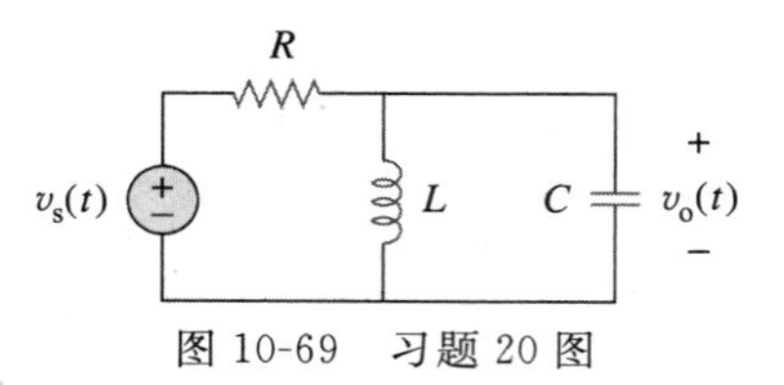

图 10-69　习题 20 图

21　对于图 10-70 所示各电路，试求 $\omega=0$，$\omega\to\infty$ 以及 $\omega^2=1/LC$ 是的 $\mathbf{V}_o/\mathbf{V}_i$。

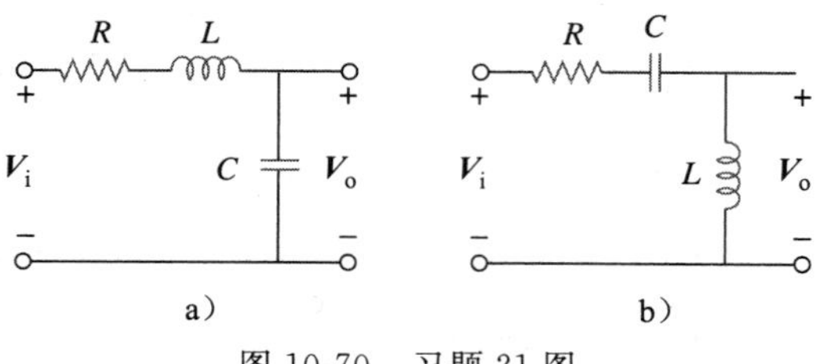

图 10-70　习题 21 图

22　计算图 10-71 所示电路中的 $\mathbf{V}_o/\mathbf{V}_s$。

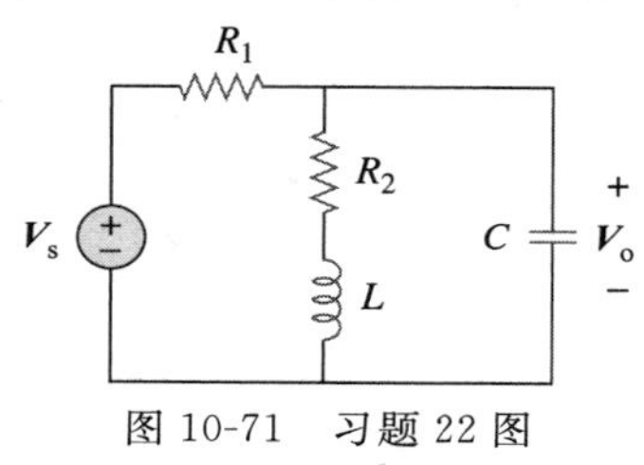

图 10-71　习题 22 图

23　利用节点分析法计算图 10-72 所示电路中的电压 $\mathbf{V}$。

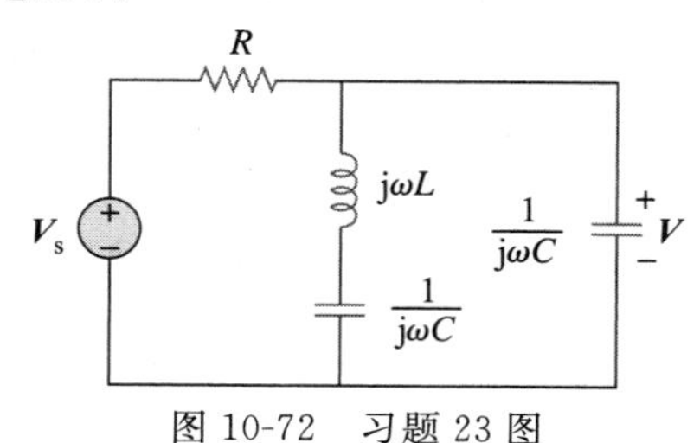

图 10-72　习题 23 图

10.3 节

24　设计一个问题以更好地理解网孔分析法。**ED**

25　利用网孔分析法计算图 10-73 所示电路中的 i_o。**ML**

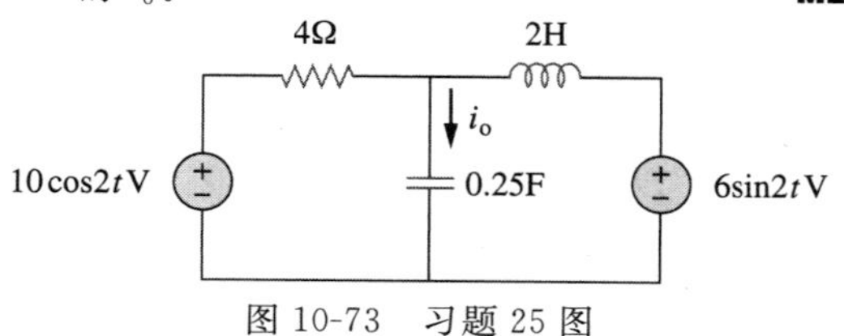

图 10-73　习题 25 图

26　利用网孔分析法计算图 10-74 所示电路中的 i_o。

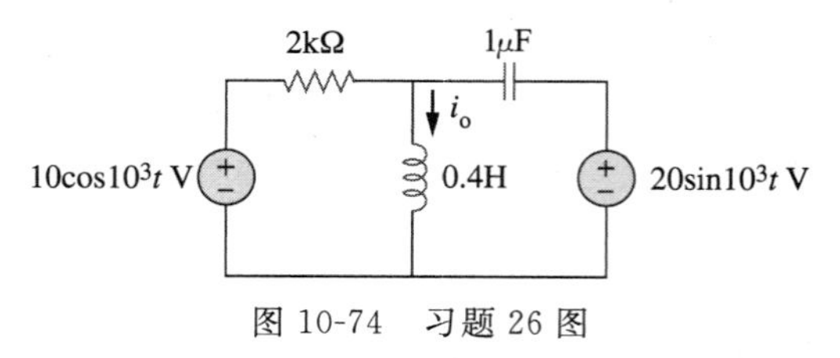

图 10-74　习题 26 图

27　利用网孔分析法求解习题 10-75 电路中的电流 $\boldsymbol{I}_1$ 与 $\boldsymbol{I}_2$。**ML**

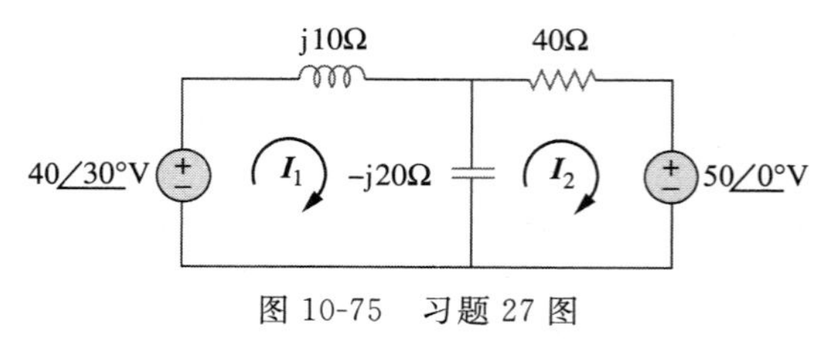

图 10-75　习题 27 图

28　图 10-76 所示电路中，假设 $v_1=10\cos4t\,\text{V}$，$v_2=20\cos(4t-30°)\,\text{V}$，计算网孔电流 i_1 与 i_2。**ML**

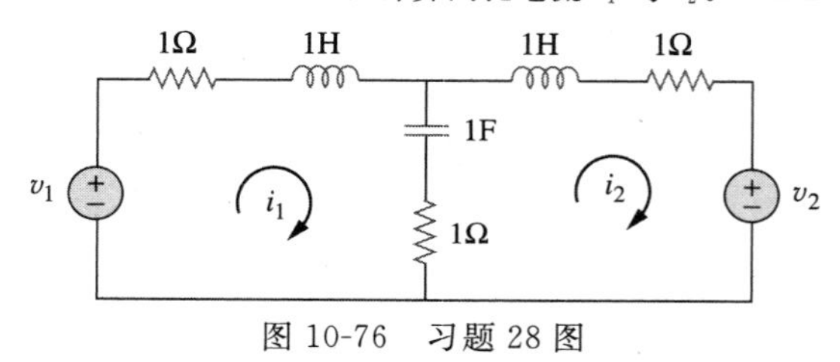

图 10-76　习题 28 图

29　利用图 10-77 所示电路设计一个问题，以更好地理解网孔分析法。**ED**

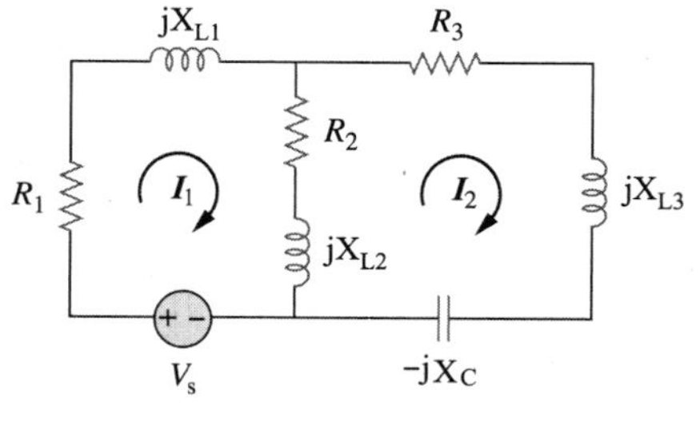

图 10-77　习题 29 图

30　利用网孔分析法计算图 10-78 所示电路中的 v_o，假定 $v_{s1}=120\cos(100t+90°)\,\text{V}$，$v_{s2}=80\cos100t\,\text{V}$。**PS　ML**

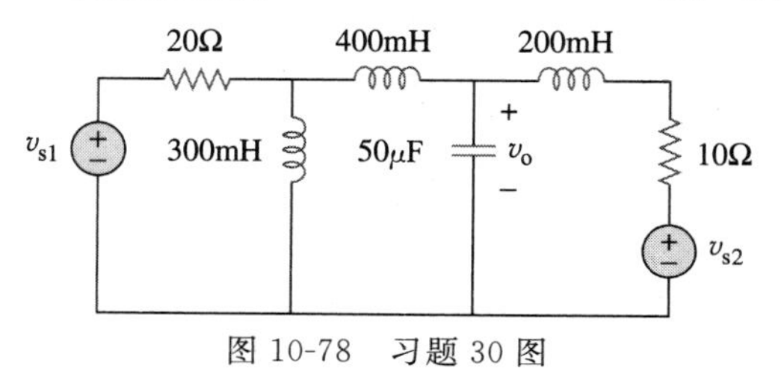

图 10-78　习题 30 图

31　利用网孔分析法计算图 10-79 所示电路中的电流 $\boldsymbol{I}_o$。　**PS　ML**

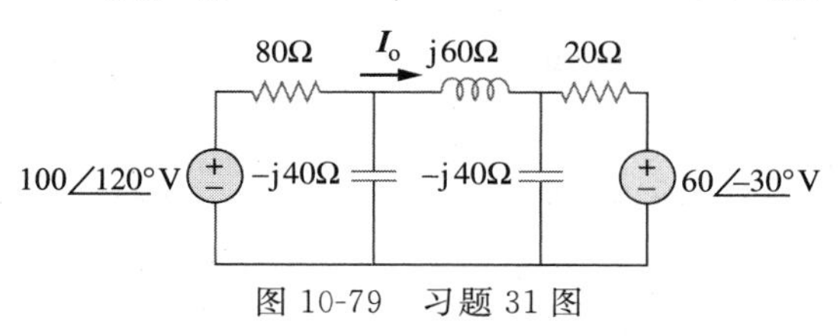

图 10-79　习题 31 图

32　利用网孔分析法计算图 10-80 所示电路中的 $\boldsymbol{V}_o$ 与 $\boldsymbol{I}_o$。　**PS　ML**

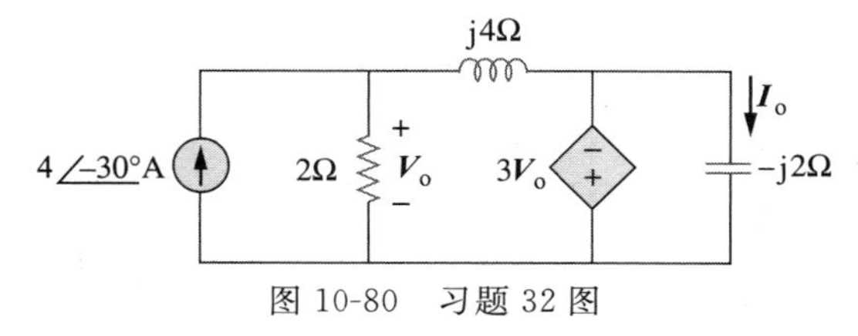

图 10-80　习题 32 图

33　利用网孔分析法计算习题 10-15 中的 $\boldsymbol{I}_o$。　**PS　ML**

34　利用网孔分析法求解图 10-28 所示电路(例 10-10)中的 $\boldsymbol{I}_o$。　**PS　ML**

35　利用网孔分析法计算图 10-30 所示电路(练习 10-10)中的 $\boldsymbol{I}_o$。　**PS　ML**

36　利用网孔分析法计算如图 10-81 所示电路中的 $\boldsymbol{V}_o$。　**PS　ML**

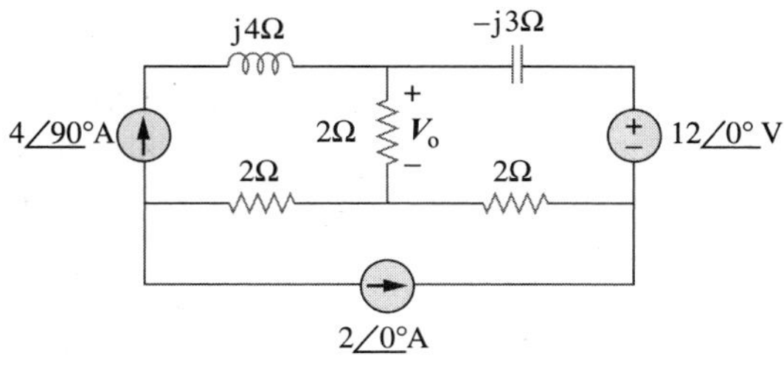

图 10-81　习题 36 图

37　利用网孔分析法求解如图 10-82 所示电路中的 $\boldsymbol{I}_1$、$\boldsymbol{I}_2$ 与 $\boldsymbol{I}_3$。　**PS　ML**

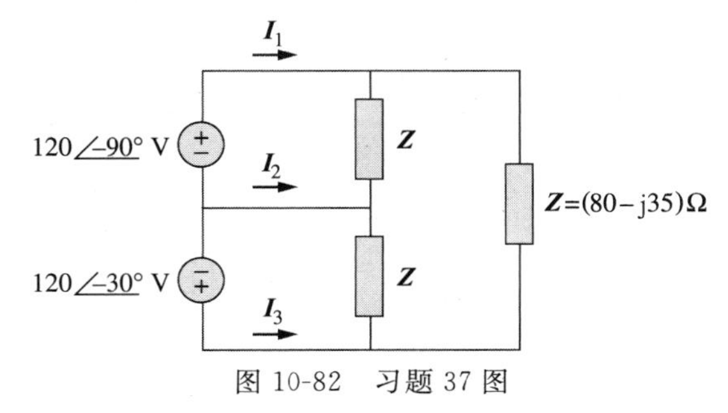

图 10-82　习题 37 图

38　利用网孔分析法求解如图 10-83 所示电路中的 $\boldsymbol{I}_o$。　**PS　ML**

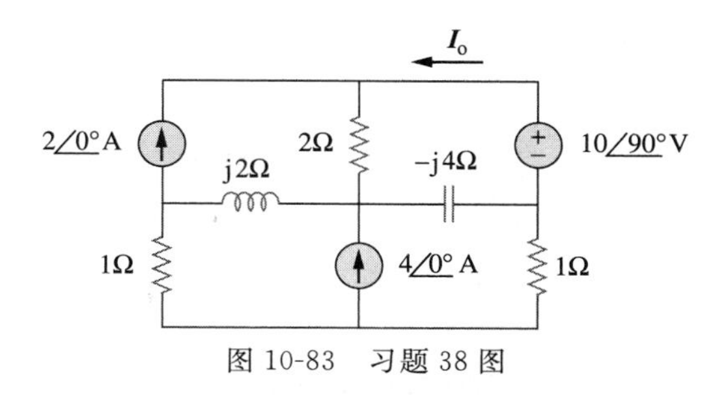

图 10-83　习题 38 图

39　计算图 84 所示电路中的 $\boldsymbol{I}_1$、$\boldsymbol{I}_2$、$\boldsymbol{I}_3$ 与 $\boldsymbol{I}_x$。　**PS　ML**

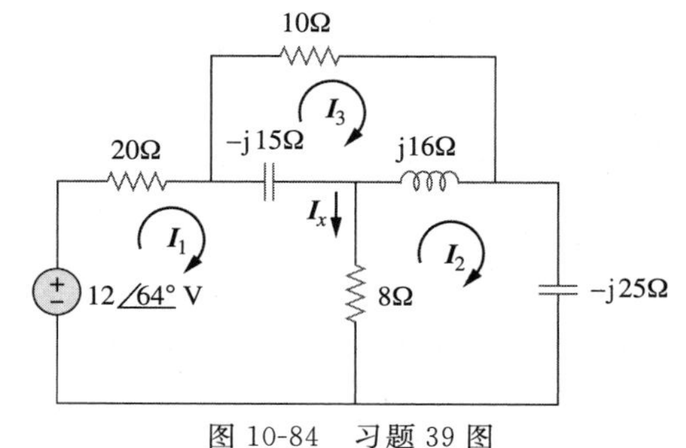

图 10-84　习题 39 图

10.4 节

40　利用叠加定理求解如图 10-85 所示电路中的 i_o。

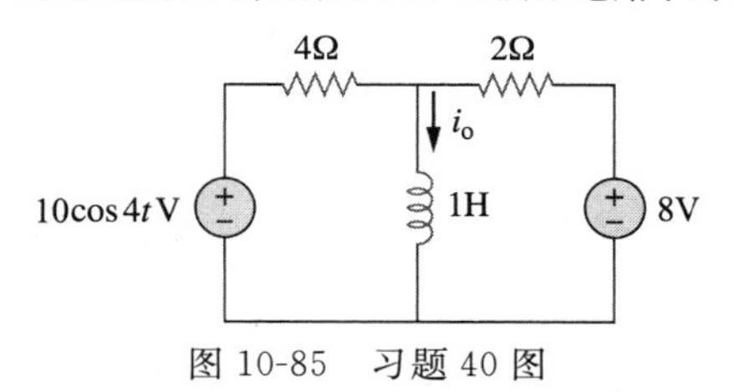

图 10-85　习题 40 图

41　计算图 10-86 所示电路中的 v_o，假设 $v_s=[6\cos(2t)+4\sin(4t)]$V。

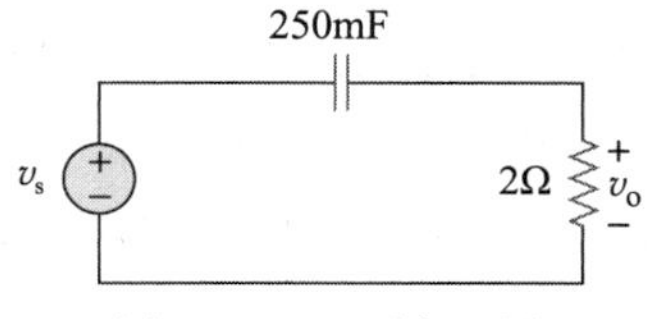

图 10-86　习题 41 图

42　利用图 10-87 所示电路设计一个问题，以更好地理解叠加定理。　**ED**

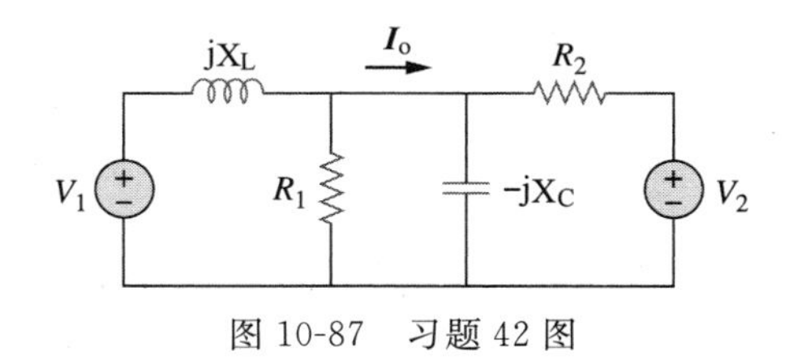

图 10-87　习题 42 图

43　利用叠加定理计算图 10-88 所示电路中的 i_x。

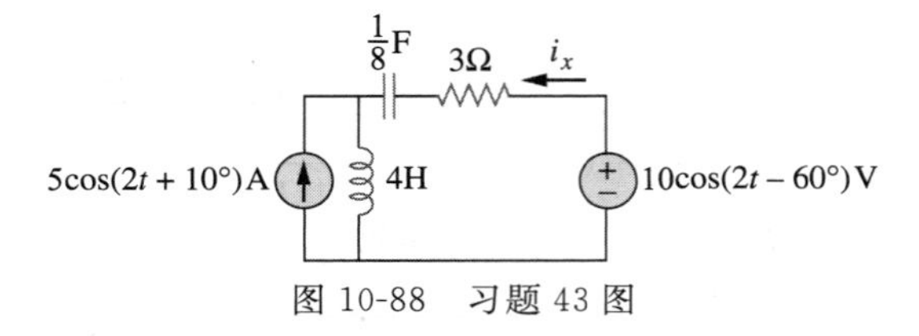

图 10-88　习题 43 图

44　假定 $v_s = 50\sin 2t$ V，$i_s = 12\cos(6t + 10°)$ A。利用叠加定理求解如图 10-89 所示电路中的 v_x。

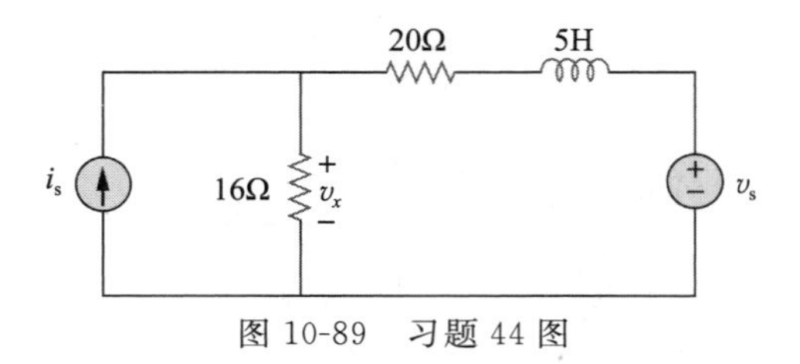

图 10-89　习题 44 图

45　利用叠加定理计算图 10-90 所示电路中的 $i(t)$。

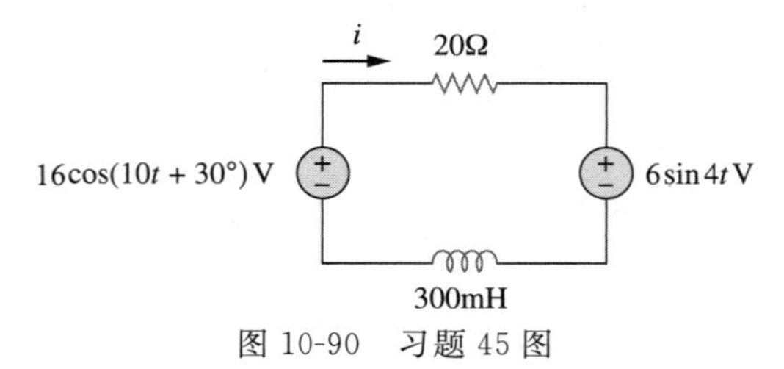

图 10-90　习题 45 图

46　利用叠加定理计算图 10-91 所示电路中的 $v_o(t)$。

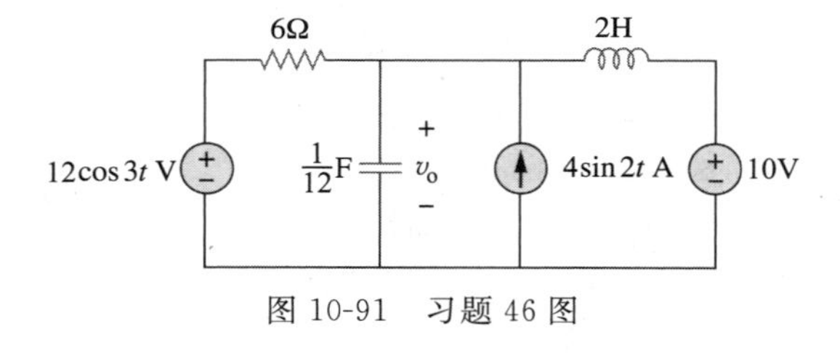

图 10-91　习题 46 图

47　利用叠加定理计算图 10-92 所示电路中的 i_o。 **PS　ML**

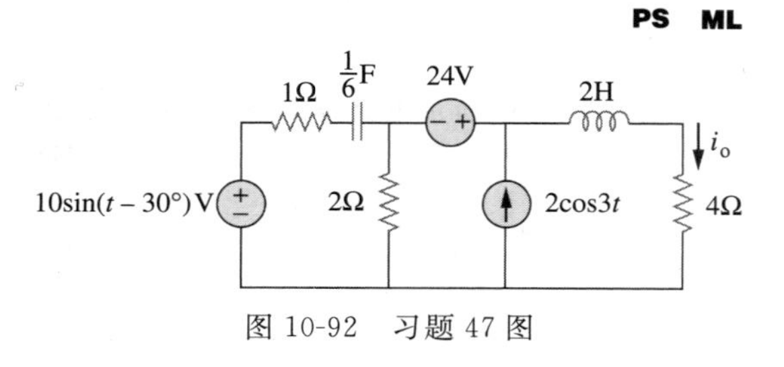

图 10-92　习题 47 图

48　利用叠加定理计算图 10-93 所示电路中的 i_o。 **PS　ML**

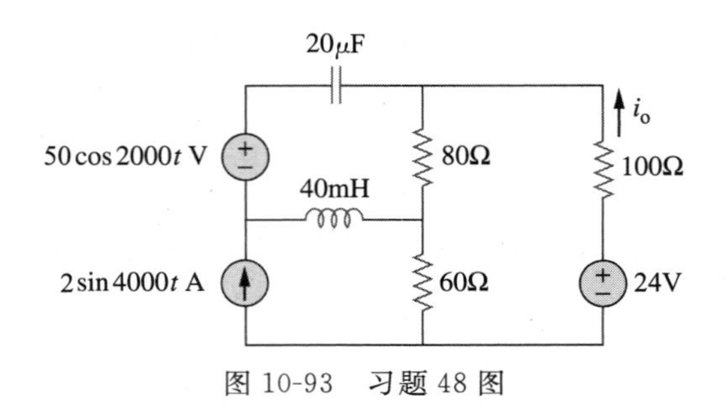

图 10-93　习题 48 图

49　利用电源变换方法求解如图 10-94 所示电路中的 i。

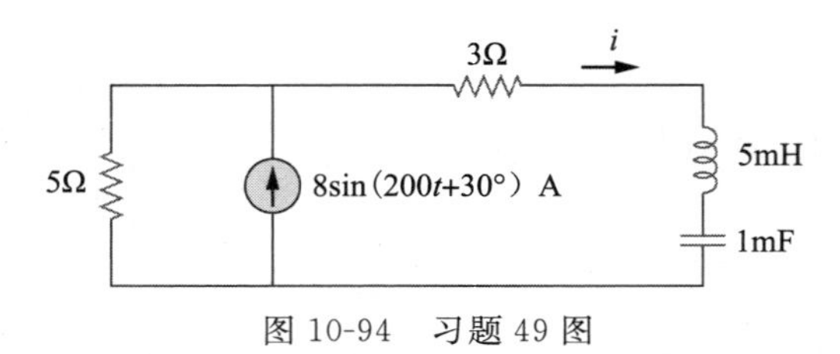

图 10-94　习题 49 图

50　利用图 10-95 所示电路设计一个问题，以更好地理解电源变换方法。 **ED**

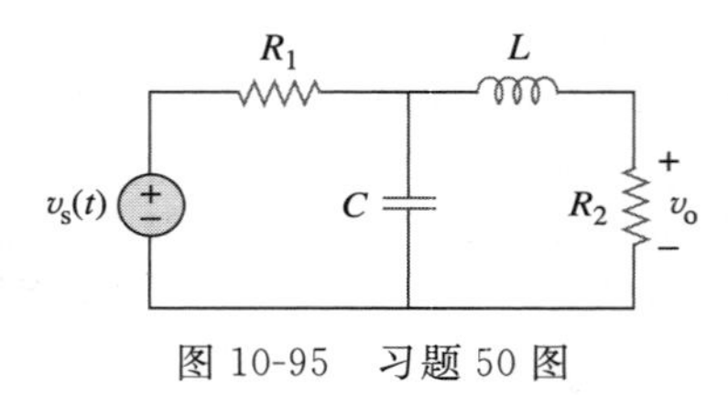

图 10-95　习题 50 图

51　利用电源变换方法求解习题 42 电路中的 $\boldsymbol{I}_o$。

52　利用电源变换方法求解如图 10-96 所示电路中的 $\boldsymbol{I}_x$。 **PS**

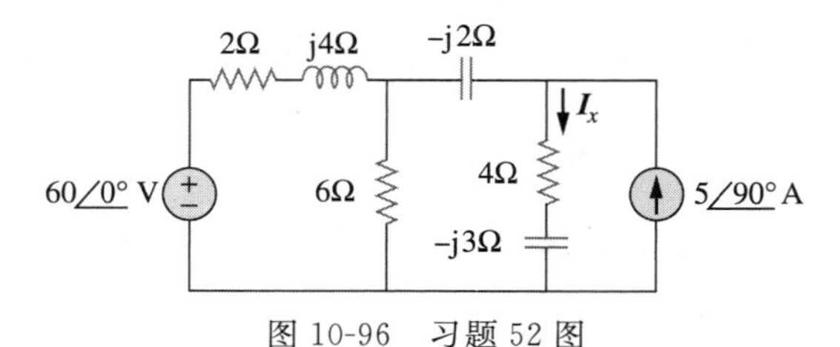

图 10-96　习题 52 图

53　利用电源变换方法求解如图 10-97 所示电路中的 $\boldsymbol{V}_o$。 **PS**

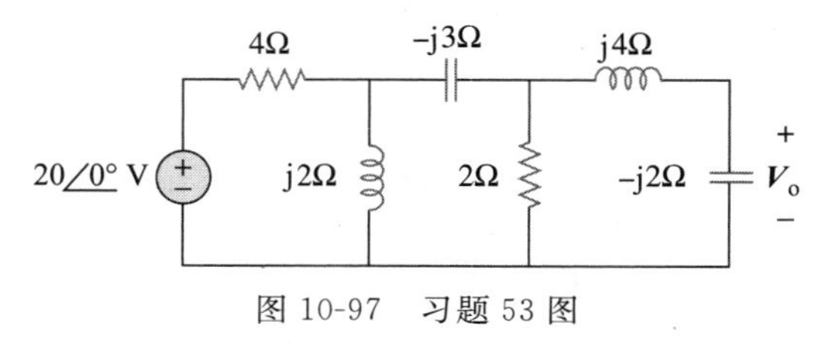

图 10-97　习题 53 图

54　利用电源变换方法重做习题 7。

10.6 节

55　求图 10-98 所示各电路在端口 a-b 处的戴维南等效电路与诺顿等效电路。

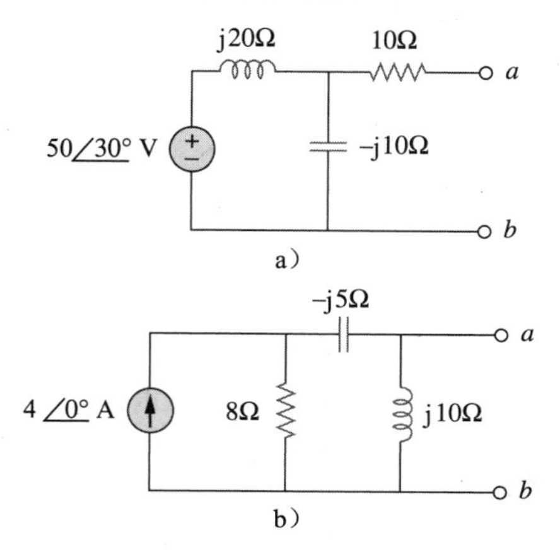

图 10-98　习题 55 图

56　求图 10-99 所示各电路在端口 a-b 处的戴维南等效电路与诺顿等效电路。

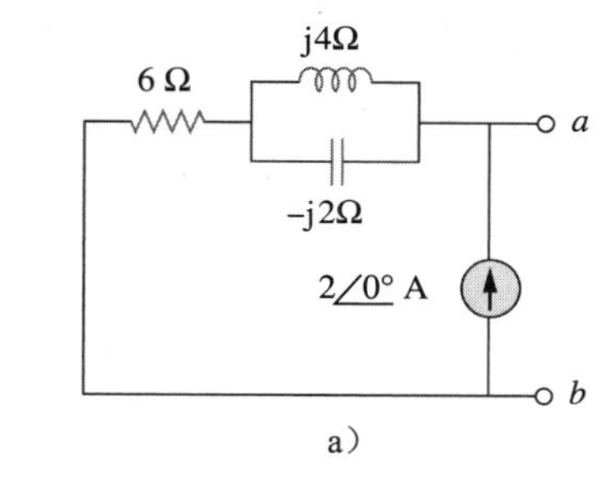

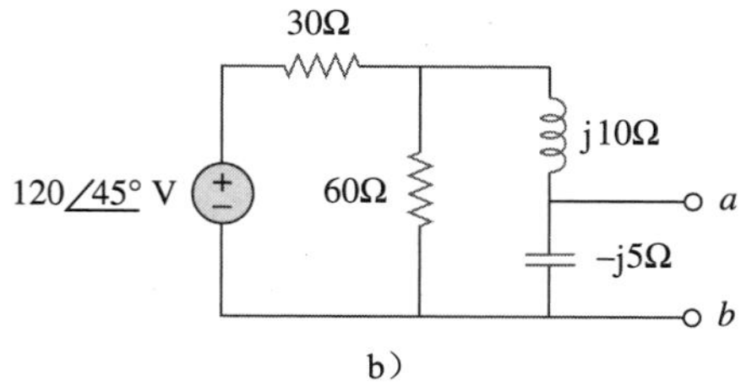

图 10-99　习题 56 图

57　利用图 10-100 设计一个问题，以更好地理解戴维南等效电路和诺顿等效电路。　**ED**

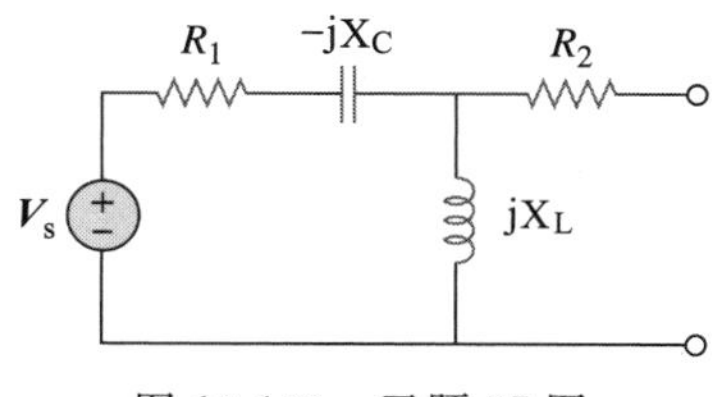

图 10-100　习题 57 图

58　求图 10-101 所示各电路在端口 a-b 处的戴维南等效电路。

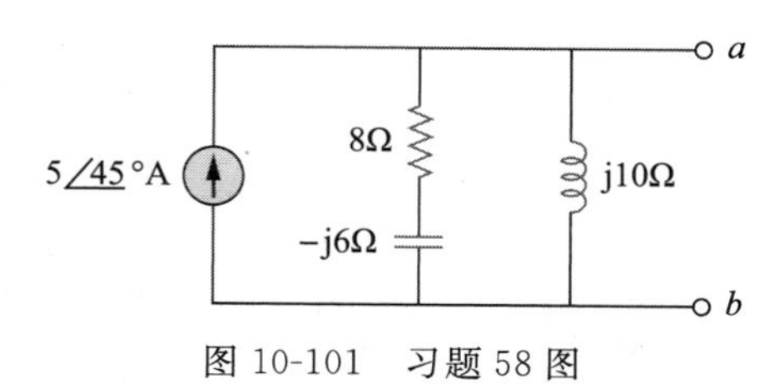

图 10-101　习题 58 图

59　计算如图 10-102 所示电路的输出阻抗。

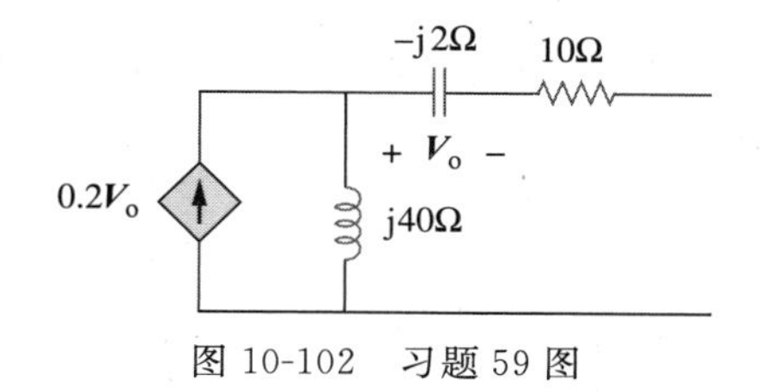

图 10-102　习题 59 图

60　求图 10-103 所示电路从如下端口看进去的戴维南等效电路：　**PS**

(a) 端口 a-b；(b)端口 c-d。

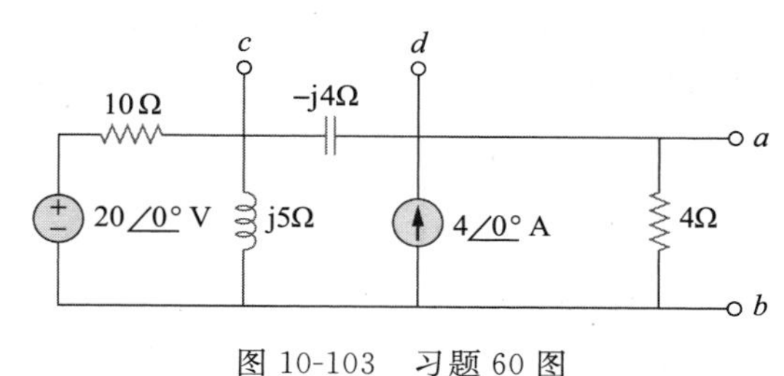

图 10-103　习题 60 图

61　求图 10-104 所示电路在端口 a-b 处的戴维南等效电路。　**PS**　**ML**

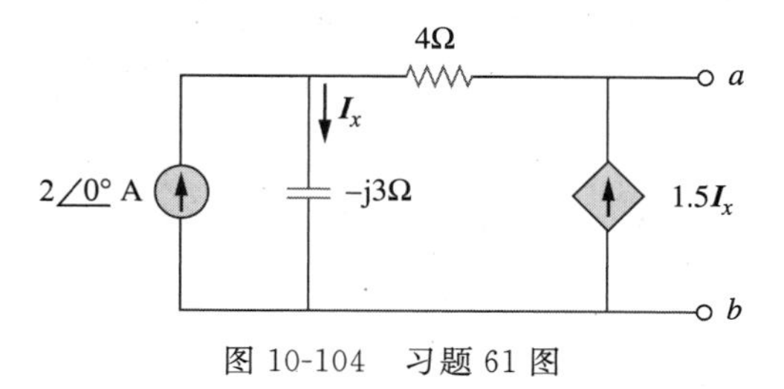

图 10-104　习题 61 图

62　利用戴维南定理计算图 10-105 所示电路中的 v_o。　**PS**

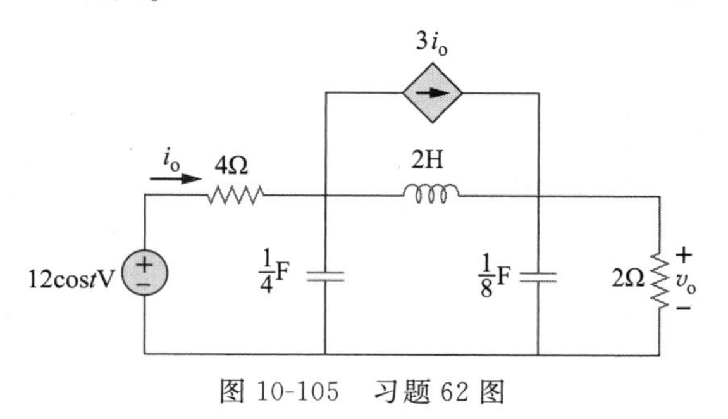

图 10-105　习题 62 图

63　求图 10-106 所示电路在端口 a-b 处的诺顿等效电路。 **PS**

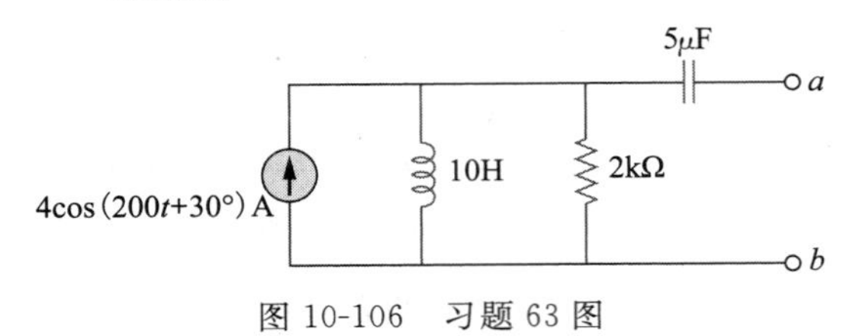

图 10-106　习题 63 图

64　求图 10-107 所示电路在端口 a-b 处的诺顿等效电路。 **PS**

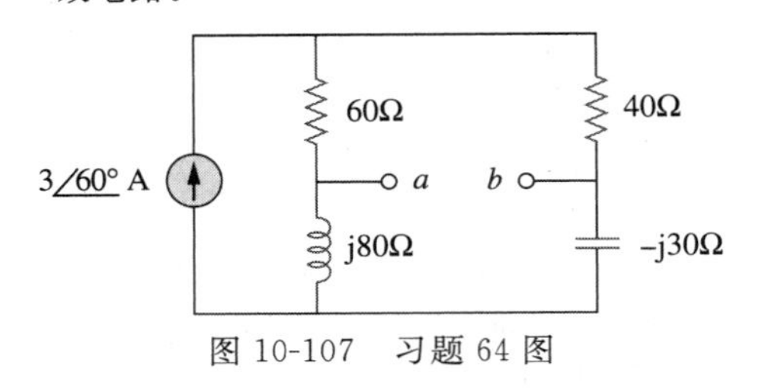

图 10-107　习题 64 图

65　利用图 10-108 所示电路设计一个问题，以更好地理解诺顿定理。 **ED**

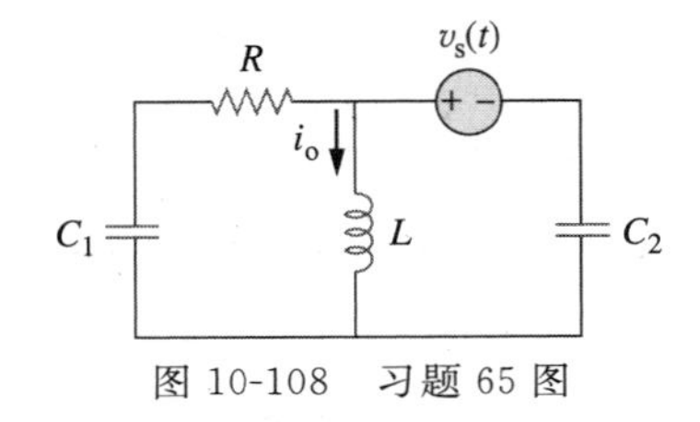

图 10-108　习题 65 图

66　求图 10-109 所示电路在端口 a-b 处的戴维南等效电路与诺顿等效电路，假设 $\omega=10\text{rad/s}$。 **PS**

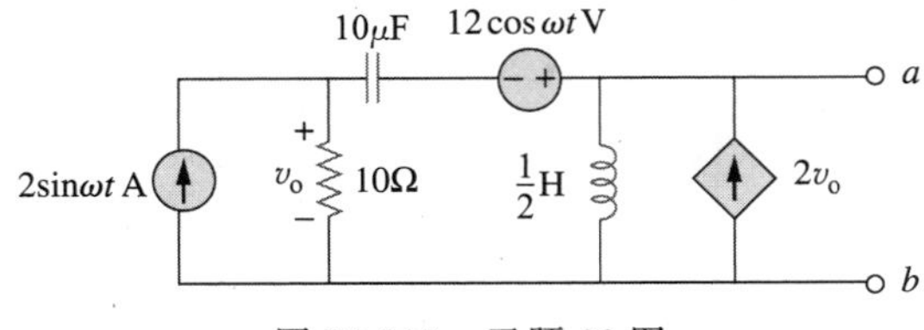

图 10-109　习题 66 图

67　求图 10-110 所示电路在端口 a-b 处的戴维南等效电路与诺顿等效电路。 **PS　ML**

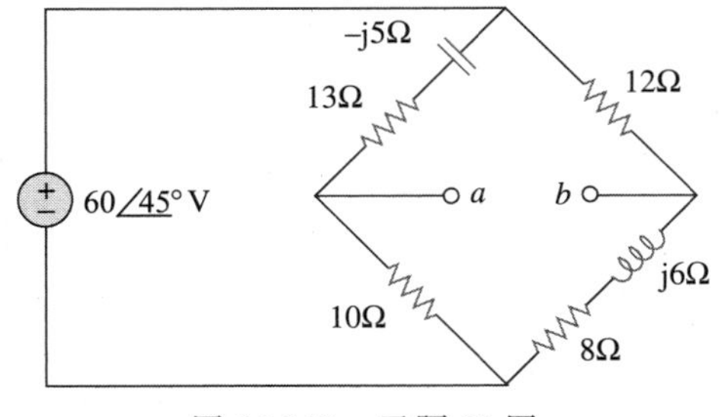

图 10-110　习题 67 图

10.7 节

68　求图 10-111 所示电路在端口 a-b 处的戴维南等效电路。 **PS　ML**

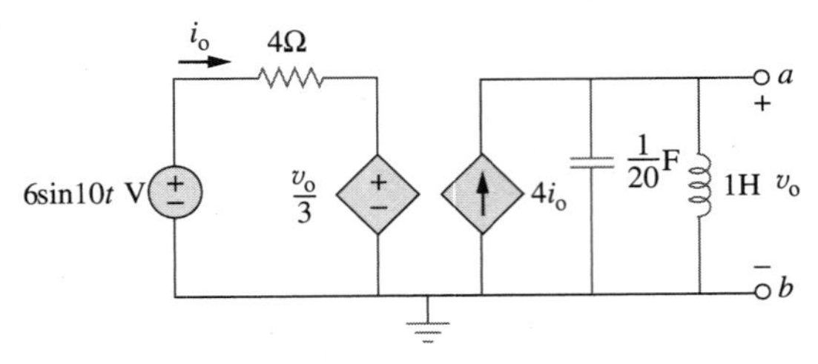

图 10-111　习题 68 图

69　对于图 10-112 所示的微分器电路，计算 $\mathbf{V}_o/\mathbf{V}_s$，并求出当 $v_s(t)=V_m\sin\omega t$ 且 $\omega=1/RC$ 时的输出 $v_o(t)$。

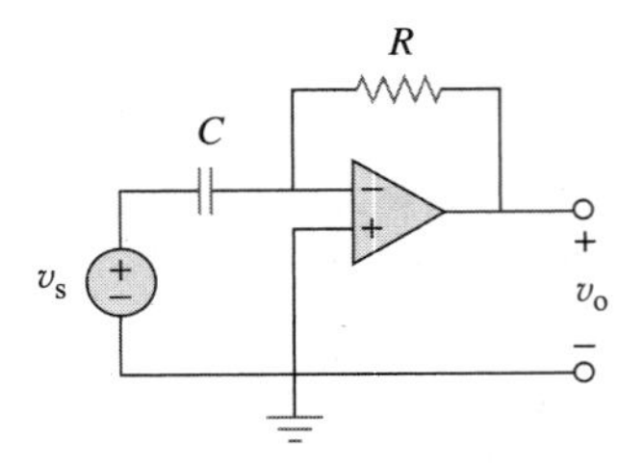

图 10-112　习题 69 图

70　利用图 10-113 所示电路设计一个问题，以更好地理解交流运算放大器电路。 **ED**

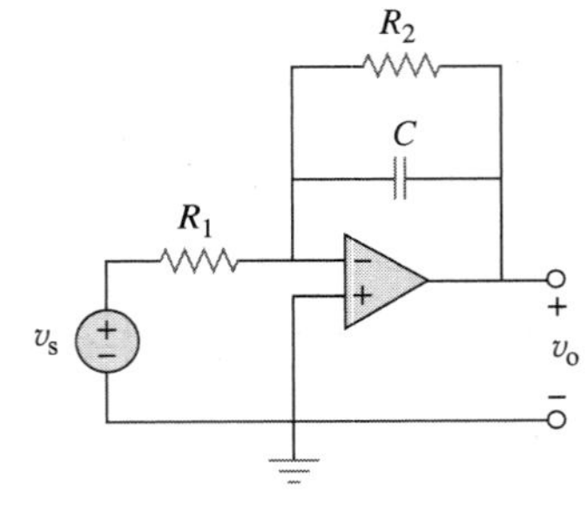

图 10-113　习题 70 图

71　计算图 10-114 所示运算放大器电路的 v_o。

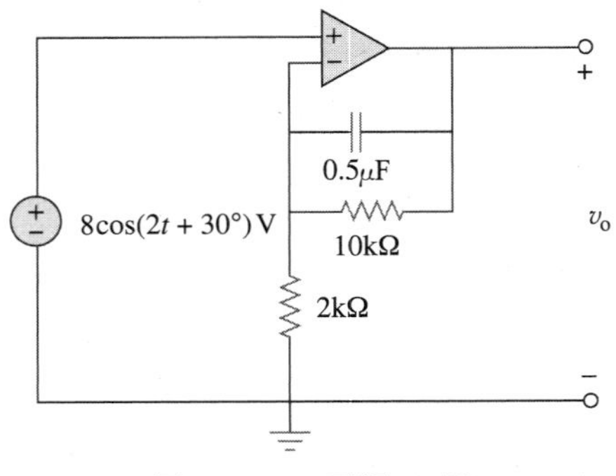

图 10-114　习题 71 图

72 计算图10-115所示运算放大器电路在 $v_s = 4\cos 10^4 t$ V时的 v_o。

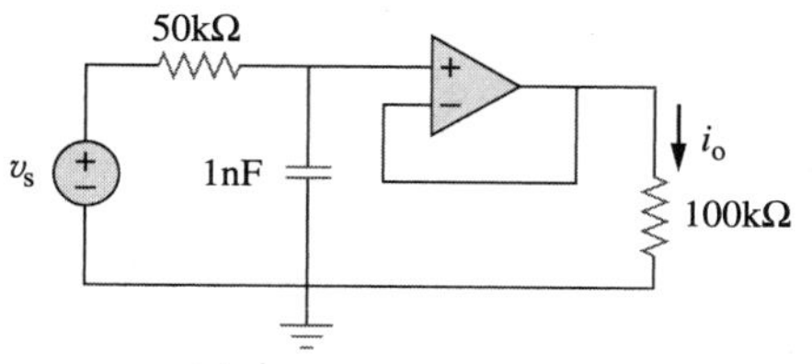

图10-115 习题72图

73 如果输入阻抗定义为 $\boldsymbol{Z}_{in} = \boldsymbol{V}_s / \boldsymbol{I}_s$，试求在 $R_1 = 10\text{k}\Omega$，$R_2 = 20\text{k}\Omega$，$C_1 = 10\text{nF}$，$C_2 = 20\text{nF}$，$\omega = 5000\text{rad/s}$ 时如图10-116所示运算放大器的输入阻抗。

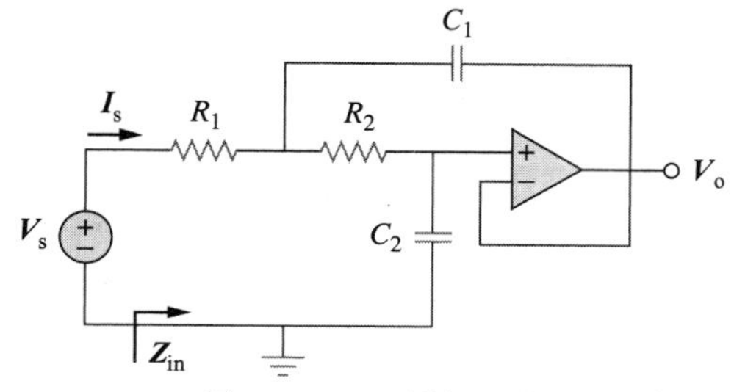

图10-116 习题73图

74 计算图10-117所示运算放大器电路的电压增益 $\boldsymbol{A}_v = \boldsymbol{V}_o / \boldsymbol{V}_s$，并求出 $\omega = 0$、$\omega \to \infty$、$\omega = 1/R_1C_1$、$\omega = 1/R_2C_2$ 四种情况下的 $\boldsymbol{A}_v$。

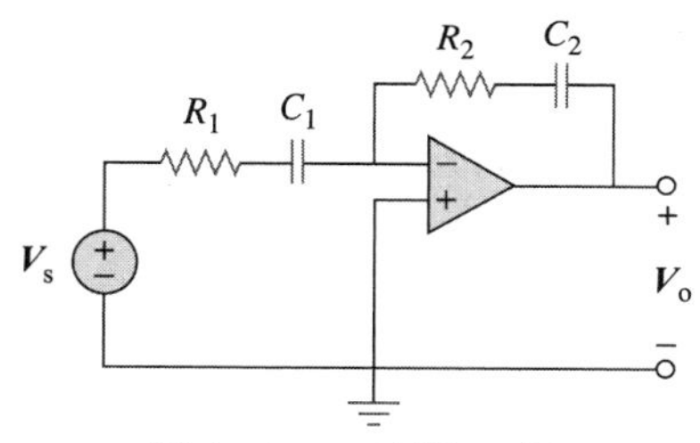

图10-117 习题74图

75 在图10-118所示运算放大器电路中，如果 $C_1 = C_2 = 1\text{nF}$，$R_1 = R_2 = 100\text{k}\Omega$，$R_3 = 20\text{k}\Omega$，$R_4 = 40\text{k}\Omega$，$\omega = 2000\text{rad/s}$，试求闭环增益与输出电压相对于输入电压的相移。 **PS ML**

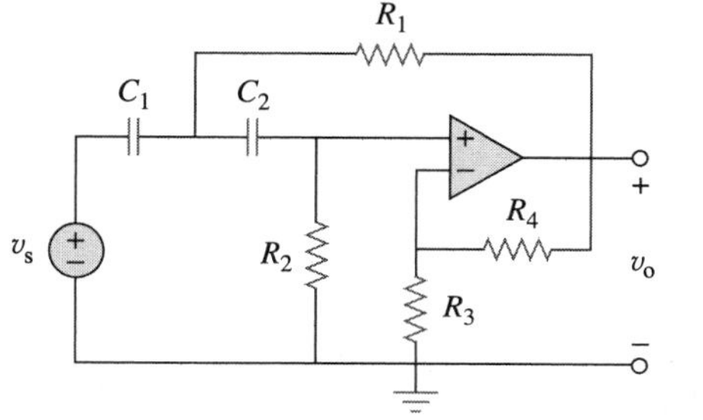

图10-118 习题75图

76 计算图10-119所示运算放大器电路中的 $\boldsymbol{V}_o$ 与 $\boldsymbol{I}_o$。 **PS ML**

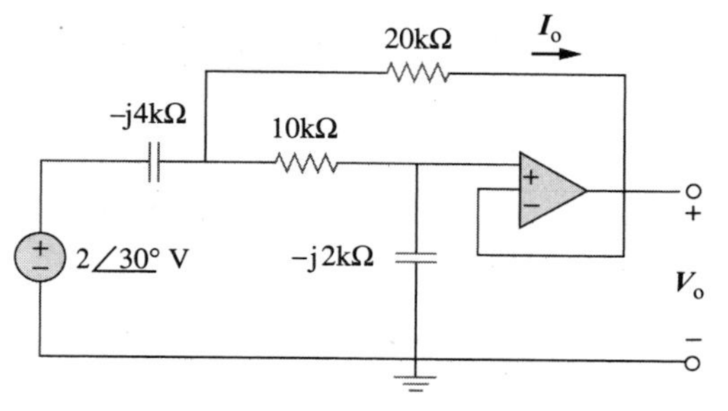

图10-119 习题76图

77 计算如图10-120所示运算放大器电路的闭环增益 $\boldsymbol{V}_o / \boldsymbol{V}_s$。 **PS ML**

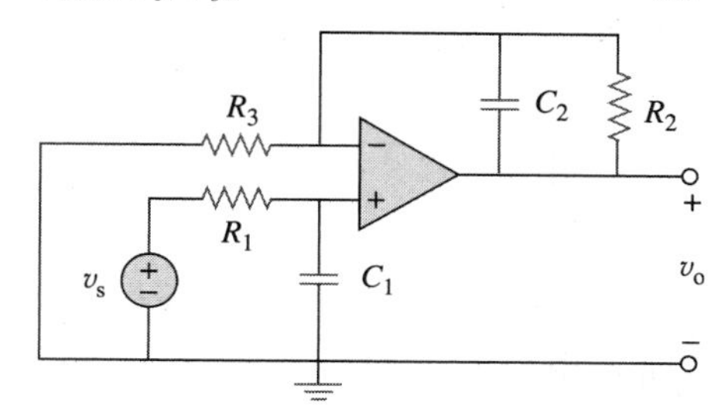

图10-120 习题77图

78 计算图10-121所示运算放大器电路的 $v_o(t)$。 **PS ML**

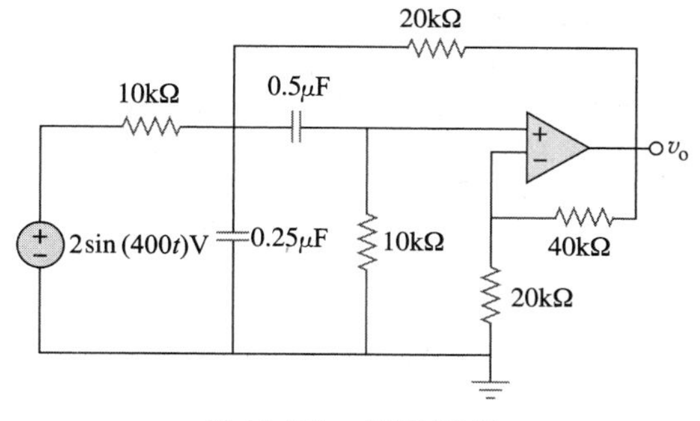

图10-121 习题78图

79 计算图10-122所示运算放大器电路的 $v_o(t)$。

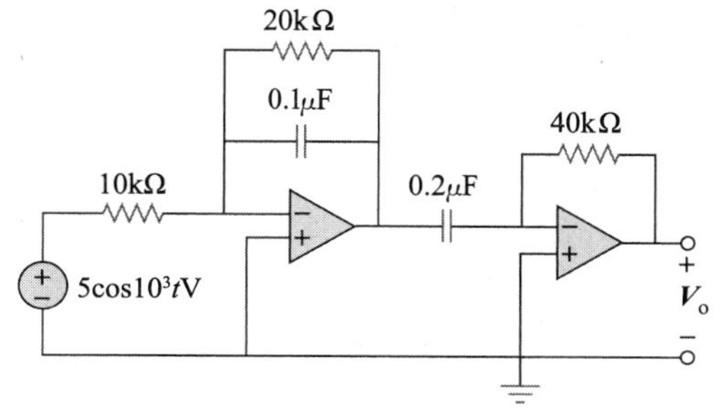

图10-122 习题79图

80 计算图 10-123 所示运算放大器电路在 $v_s=4\cos(1000t-60°)$V 时的 $v_o(t)$。 **PS ML**

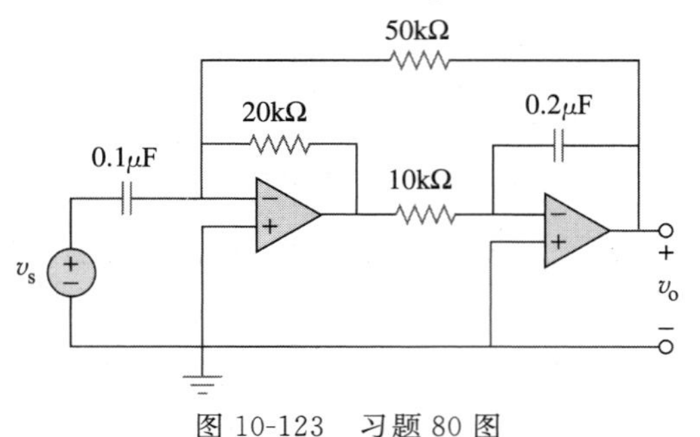

图 10-123 习题 80 图

10.8 节

81 利用 PSpice 或 MultiSim 求解图 10-124 所示电路中的 $\mathbf{V}_o$，假设 $\omega=1$rad/s。

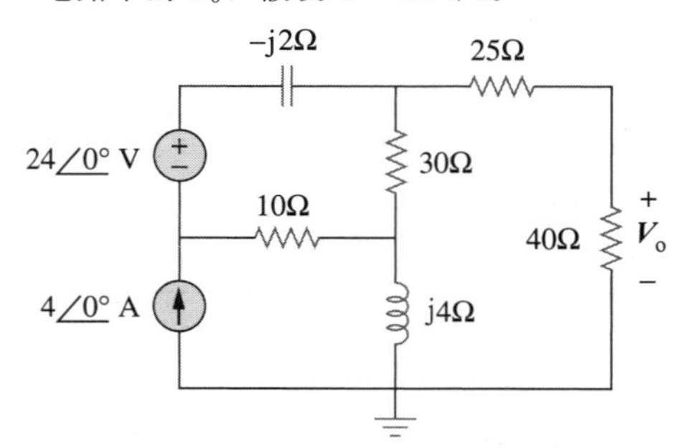

图 10-124 习题 81 图

82 利用 PSpice 或 MultiSim 求解习题 19。

83 利用 PSpice 或 MultiSim 求解图 10-125 所示电路中的 $v_o(t)$，假设 $i_s=2\cos 103t$ A。

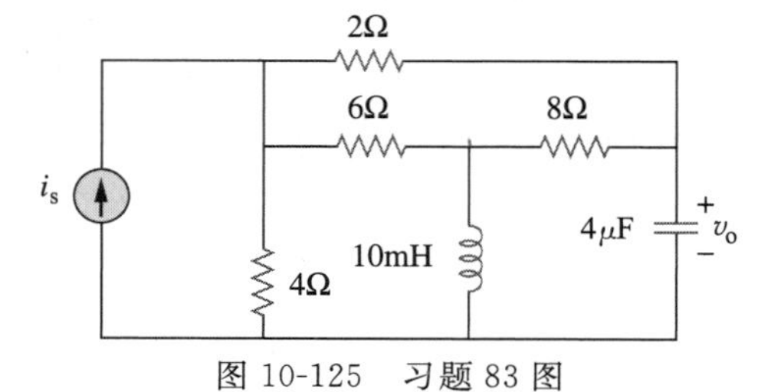

图 10-125 习题 83 图

84 利用 PSpice 或 MultiSim 求解图 10-126 所示电路中的 $\mathbf{V}_o$。

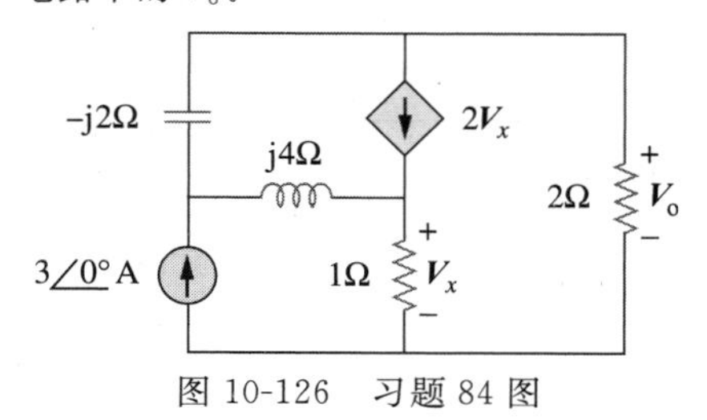

图 10-126 习题 84 图

85 利用图 10-127 设计一个问题，以更好地理解使用 PSpice 或者 MultiSim 进行交流分析。 **ED**

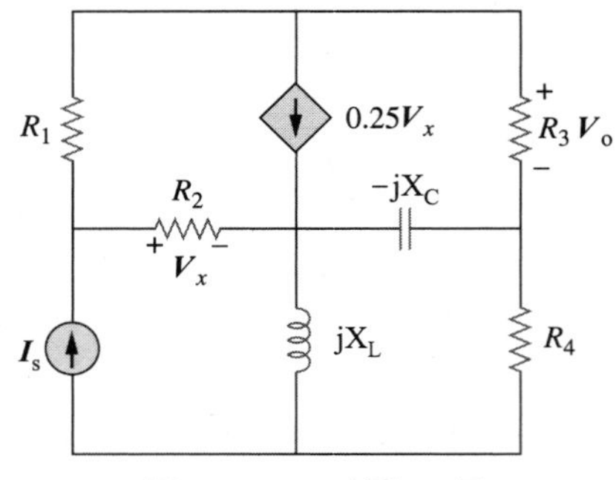

图 10-127 习题 85 图

86 利用 PSpice 或 MultiSim 求解图 10-128 所示网络中的 $\mathbf{V}_1$、$\mathbf{V}_2$ 与 $\mathbf{V}_3$。

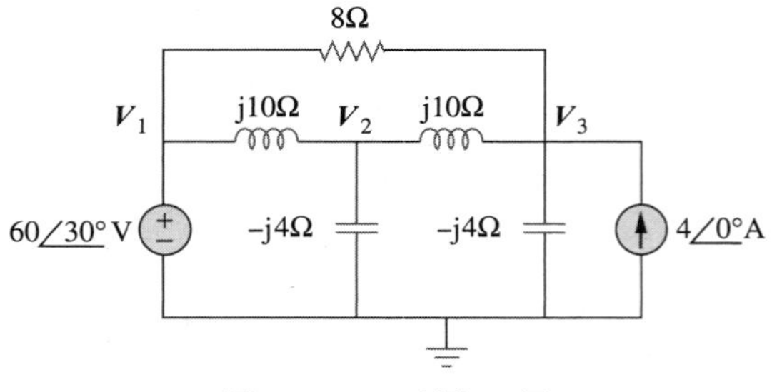

图 10-128 习题 86 图

87 利用 PSpice 或 MultiSim 求解图 10-129 所示电路中的 $\mathbf{V}_1$、$\mathbf{V}_2$ 与 $\mathbf{V}_3$。

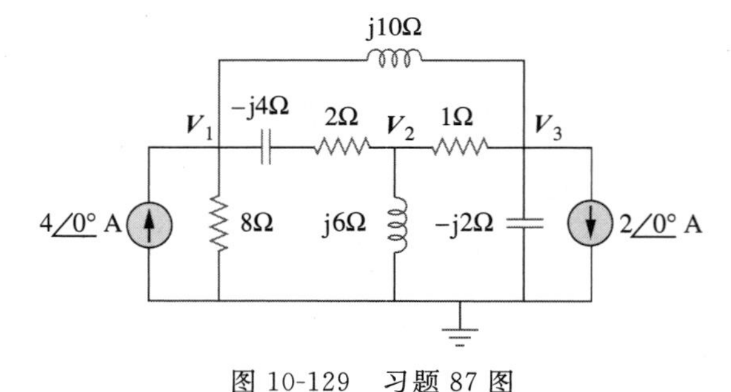

图 10-129 习题 87 图

88 利用 PSpice 或 MultiSim 求解图 10-130 所示电路中的 v_o 与 i_o。

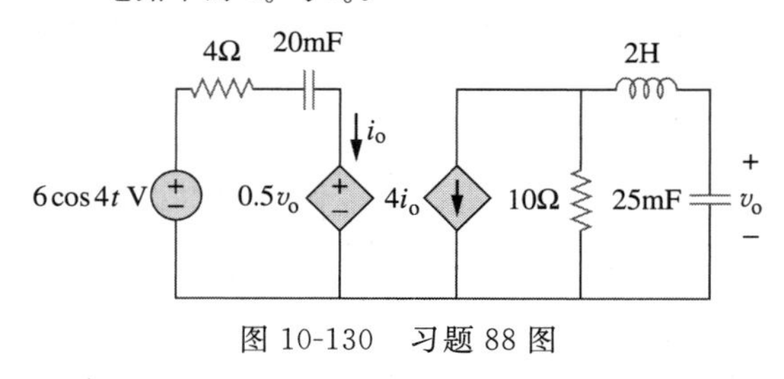

图 10-130 习题 88 图

10.9 节

89 图 10-131 所示运算放大器电路称为电感模拟

器，证明其输入阻抗为 $Z_{im}=\frac{V_{in}}{I_{in}}=j\omega L_{eq}$，其中 $L_{eq}=\frac{R_1R_3R_4}{R_2}C$。

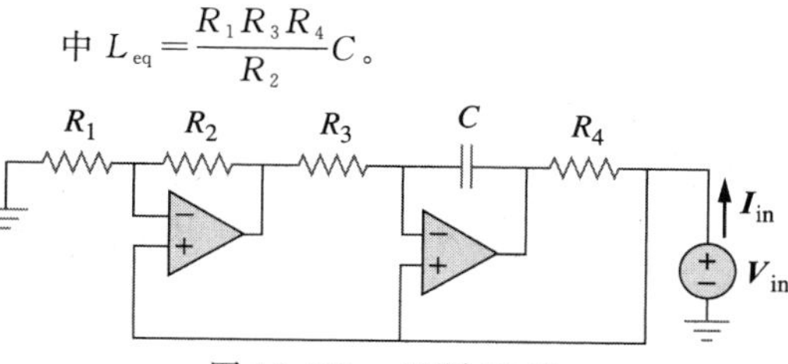

图 10-131　习题 89 图

90　图 10-132 所示为维恩电桥网络，试证明输入信号与输出信号相移为零时的频率为 $f=\frac{1}{2\pi}RC$，并且在该频率处所需的增益为 $A_v=V_o/V_i=3$。

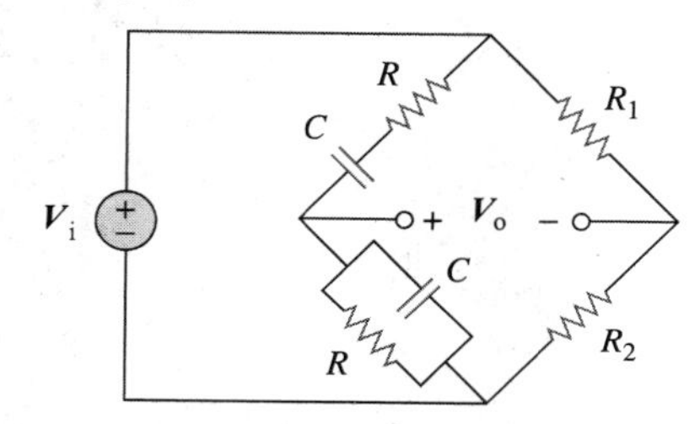

图 10-132　习题 90 图

91　对于图 10-133 所示的振荡器电路，(a) 确定其振荡频率；(b) 确定振荡器起振时所需的 R 的最小值。

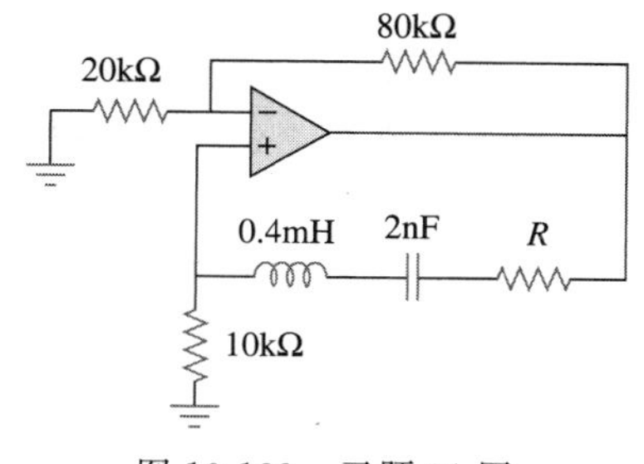

图 10-133　习题 91 图

92　图 10-134 所示振荡器电路采用理想运算放大器。
(a) 计算振荡器起振时所需的最小电阻值 R_o。
(b) 求振荡频率。

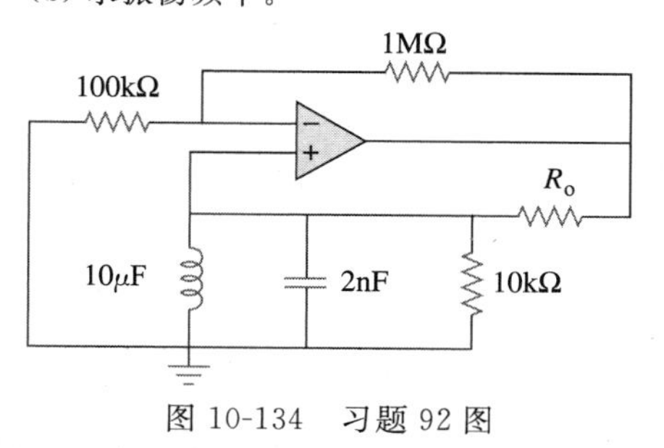

图 10-134　习题 92 图

93　图 10-135 所示为考比次振荡器，证明其振荡频率为 $f_o=\frac{1}{2\pi\sqrt{LC_T}}$。其中，$C_T=C_1C_2/(C_1+C_2)$，假定 $R_i\gg X_{C_2}$。(提示：将反馈电路中阻抗的虚部设置为零)。 **ED**

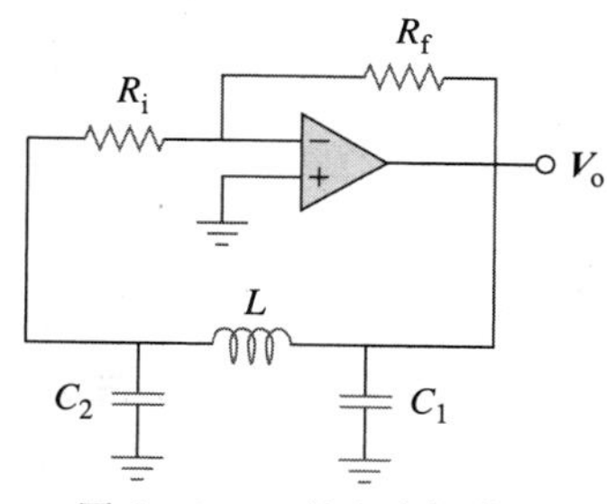

图 10-135　考比次振荡器

94　设计一个工作频率为 50kHz 的考比次振荡器。 **ED**

95　图 10-136 所示为一个哈特莱振荡器，证明其振荡频率为

$$f_o=\frac{1}{2\pi\sqrt{C(L_1+L_2)}}$$

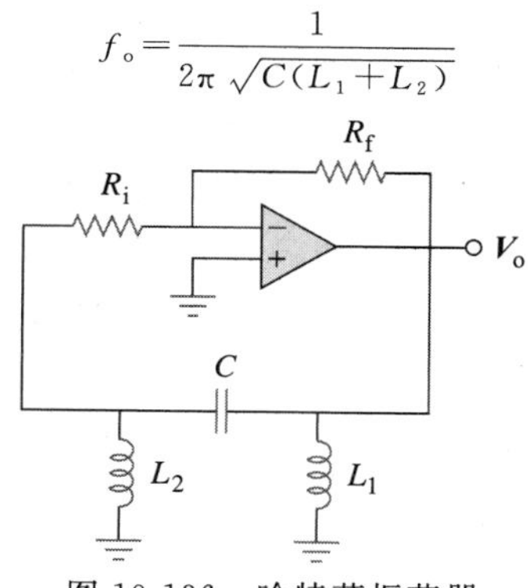

图 10-136　哈特莱振荡器

96　振荡器如图 10-137 所示。
(a) 证明

$$\frac{V_2}{V_o}=\frac{1}{3+j(\omega L/R-R/\omega L)}$$

(b) 确定其振荡频率 f_o。
(c) 确定使得振荡器起振时的 R_1 与 R_2 之间的关系。

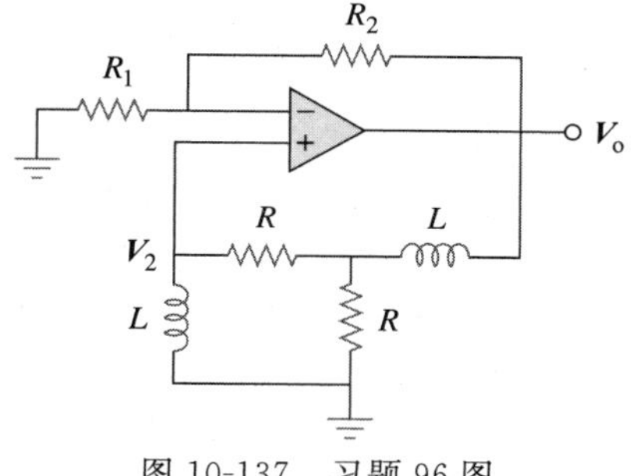

图 10-137　习题 96 图

第11章 交流功率分析

有四件事是永远不可挽回的：说出去的话、射出去的箭、流逝的时间和错过的机会。

——Omar Ibn Al-Halif

拓展事业

电力系统工程领域的职业生涯

1831 年，迈克尔·法拉第(Michael Faraday)发现交流发电机的基本原理是工程领域中一项重大突破，它提供了一种产生电能的便捷途径，而电能恰恰是我们目前日常使用的各类电子、电气以及机电设备所必需的能源。

三线式配电系统的低压杆式变压器
(图片来源：Dennis Wise/Getty Images)

电能是由诸如矿物燃料(天然气，石油、煤)、核燃料(铀)、水利能源(江河落差)、地热能(热水、热流)、风能、湖汐能以及生物能(垃圾)等不同形式的能源转换得到的，在电力工程领域中会详细研究电能产生的各种不同途径，而且电力工程已经成为电子工程中一门不可或缺的子学科。电气工程师应该熟练掌握电能的分析、产生、传输，配送以及成本计算等基本知识。

电力行业包括成千上万个电力供应系统，大到为各大区域供电的大型互联电网，小到为各个社区和工厂供电的小型电力公司。由于电力行业所固有的复杂性，使得其不同的部门需要大量的电气工程工作人员，如发电厂、输电与配电、电力系统维护、科学研究、数据获取与数据流控制，以及管理等等。由于各地都需要用电，电力公司也就各处都有，同时也提供了令人兴奋的培训机会和稳定的就业机会。

学习目标

通过本章内容的学习和练习你将具备以下能力：

1. 深刻理解瞬时功率和平均功率。
2. 理解最大平均功率的基础知识。
3. 理解有效值，会计算有效值，并且知道它的重要性。
4. 理解视在功率(复杂功率)、功率、无功功率和功率因数。
5. 理解功率因数校正和它的应用的重要性。

11.1 引言

之前对交流电路的分析主要集中于电压与电流的计算，本章主要介绍交流电路的功率分析。

交流功率分析具有极其重要的意义。功率是电气设备、电子系统与通信系统中最为重要的物理量，因为上述系统中均存在从一点到另一点的功率传输。同时，各种工业用电设备或家用电子设备——电扇、电动机、照明灯、熨斗、电视机、个人计算机等都有一个额定功率值，即设备正常工作所要求的功率，如果超过额定功率将造成设备的永久性损坏。最常用的电功率为 50Hz 或 60Hz 的交流电。用交流电取代直流电即可实现从发电厂到用户的高压电传输。

本章首先定义并推导瞬时功率与平均功率，之后介绍其他功率的概念。作为这些概念的实际应用，本章将讨论如何测量交流功率，以及供电公司如何收取电费。

11.2　瞬时功率与平均功率

第 2 章已经介绍过，元件吸收的瞬时功率 $p(t)$等于该元件两端的瞬时电压 $v(t)$与流经该元件的瞬时电流 $i(t)$的乘积。假设采用无源符号的国际惯例，则有

$$\boxed{p(t)=v(t)i(t)} \tag{11.1}$$

瞬时功率(单位为瓦特)是指任一瞬间的功率。

瞬时功率是元件吸收能量的速率。

提示：瞬时功率也可以认为是电路元件在某个特定时刻所吸收的功率，瞬时功率通常用小写字母表示。

下面考虑电路元件的任意组合在正弦信号激励下吸收的瞬时功率的一般情况，如图 11-1 所示。令电路终端的电压与电流为：

$$v(t)=V_m\cos(\omega t+\theta_v) \tag{11.2a}$$

$$i(t)=I_m\cos(\omega t+\theta_i) \tag{11.2b}$$

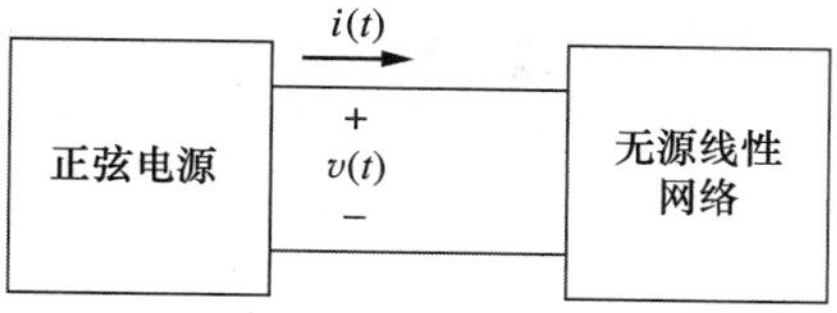

正弦电源　$i(t)$　+ $v(t)$ −　无源线性网络

图 11-1　正弦电源与无源线性网络

式中，V_m 与 I_m 为振幅(即峰值)，θ_v 与 θ_i 分别为电压与电流的相位角。于是，电路吸收的瞬时功率为

$$p(t)=v(t)i(t)=V_mI_m\cos(\omega t+\theta_v)\cos(\omega t+\theta_i) \tag{11.3}$$

利用三角恒等式：

$$\cos A\cos B=\frac{1}{2}[\cos(A-B)+\cos(A+B)] \tag{11.4}$$

将式(11.3)写为

$$p(t)=\frac{1}{2}V_mI_m\cos(\theta_v-\theta_i)+\frac{1}{2}V_mI_m\cos(2\omega t+\theta_v+\theta_i) \tag{11.5}$$

上式表明，瞬时功率包括两部分，第一部分为常量，与时间无关，其值取决于电压与电流之间的相位差，第二部分为正弦函数，其频率为 2ω，是电压角频率或电流角频率的两倍。

式(11.5)中 $p(t)$的波形图如图 11-2 所示，图中 $T=2\pi/\omega$ 为电压或电流的周期。由图可见，$p(t)$为周期信号，$p(t)=p(t+T_0)$，其周期为 $T_0=T/2$，因为 $p(t)$的频率是电压频率或电流频率的 2 倍。同时还可以观察到，在一个周期的部分时间 $p(t)$为正，其余时间 $p(t)$为负，当 $p(t)$为正时，电路吸收功率；而当 $p(t)$为负时，电源吸收功率，也就是说功率由电路传送到电源，这种情况在电路中包括储能元件(电感器电容)时是可能的。

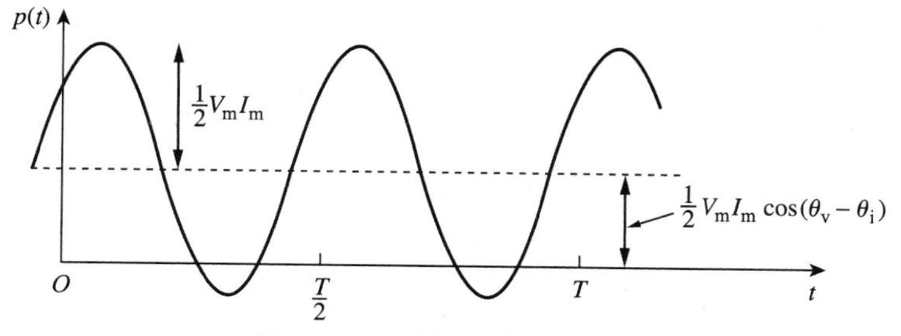

图 11-2　电路的瞬时功率 $p(t)$

由于瞬时功率是随时间而变化的，因此难以测量。平均功率则容易测量。实际上，用于测量功率的仪器——功率表(瓦特计)所测得的就是平均功率。

平均功率(单位为瓦特)是指一个周期内瞬时功率的平均值。

平均功率可以表示为

$$P=\frac{1}{T}\int_{0}^{T}p(t)\mathrm{d}t \tag{11.6}$$

式(11.6)是对周期 T 取平均的，如果在 $p(t)$的实际周期，即 $T_0=T/2$ 内取积分，同样会得到相同的结果。

将式(11.5)中的 $p(t)$代入式(11.6)，有

$$\begin{aligned}P&=\frac{1}{T}\int_{0}^{T}\frac{1}{2}V_{\mathrm{m}}I_{\mathrm{m}}\cos(\theta_{\mathrm{v}}-\theta_{\mathrm{i}})\mathrm{d}t+\frac{1}{T}\int_{0}^{T}\frac{1}{2}V_{\mathrm{m}}I_{\mathrm{m}}\cos(2\omega t+\theta_{\mathrm{v}}+\theta_{\mathrm{i}})\mathrm{d}t\\&=\frac{1}{2}V_{\mathrm{m}}I_{\mathrm{m}}\cos(\theta_{\mathrm{v}}-\theta_{\mathrm{i}})\frac{1}{T}\int_{0}^{T}\mathrm{d}t+\frac{1}{2}V_{\mathrm{m}}I_{\mathrm{m}}\frac{1}{T}\int_{0}^{T}\cos(2\omega t+\theta_{\mathrm{v}}+\theta_{\mathrm{i}})\mathrm{d}t\end{aligned} \tag{11.7}$$

式(11.7)中的第一项为常数，常数的平均仍为原来的常数，第二项为正弦函数的积分，因为正弦函数正半周的面积与其负半周的面积相互抵消，所以正弦函数在一个周期内的平均为零，因此，式(11.7)中的第二项为零，于是平均功率为

$$P=\frac{1}{2}V_{\mathrm{m}}I_{\mathrm{m}}\cos(\theta_{\mathrm{v}}-\theta_{\mathrm{i}}) \tag{11.8}$$

由于 $\cos(\theta_{\mathrm{v}}-\theta_{\mathrm{i}})=\cos(\theta_{\mathrm{i}}-\theta_{\mathrm{v}})$，所以重要的是电压与电流之间的相位差。

注意，$p(t)$是随时间变化的，而 P 是与时间无关的。如果要求瞬时功率．必须求出时域中的 $v(t)$ 与 $i(t)$，但是要求平均功率时，只需要电压与电流可以在时域中表达，如式(11.8)，或可以在频域中表达。式(11.2)中 $v(t)$与 $i(t)$的向量形式分别为 $\boldsymbol{V}=V_{\mathrm{m}}\angle\theta_{\mathrm{v}}$ 与 $\boldsymbol{I}=I_{\mathrm{m}}\angle\theta_{\mathrm{i}}$，$P$ 既可以用式(11.8)计算，也可以用向量 $\boldsymbol{V}$ 与 $\boldsymbol{I}$ 计算。利用相量计算时，由于

$$\frac{1}{2}\boldsymbol{V}\boldsymbol{I}^{*}=\frac{1}{2}V_{\mathrm{m}}I_{\mathrm{m}}\angle\theta_{\mathrm{v}}-\theta_{\mathrm{i}}=\frac{1}{2}V_{\mathrm{m}}I_{\mathrm{m}}[\cos(\theta_{\mathrm{v}}-\theta_{\mathrm{i}})+\mathrm{j}\sin(\theta_{\mathrm{v}}-\theta_{\mathrm{i}})] \tag{11.9}$$

可以看出，式(11.9)中的实部即式(11.8)所定义的平均功率 P，于是：

$$\boxed{P=\frac{1}{2}\mathrm{Re}[\boldsymbol{V}\boldsymbol{I}^{*}]=\frac{1}{2}V_{\mathrm{m}}I_{\mathrm{m}}\cos(\theta_{\mathrm{v}}-\theta_{\mathrm{i}})} \tag{11.10}$$

下面考虑式(11.10)的两种特殊情况。当 $\theta_{\mathrm{v}}=\theta_{\mathrm{i}}$ 时，电压与电流同相，意指纯电阻电路或电阻性负载 R，并且

$$P=\frac{1}{2}V_{\mathrm{m}}I_{\mathrm{m}}=\frac{1}{2}I_{\mathrm{m}}^{2}R=\frac{1}{2}|\boldsymbol{I}|^{2}R \tag{11.11}$$

式中，$|\boldsymbol{I}|^{2}=\boldsymbol{I}\times\boldsymbol{I}*$。式(11.11)表明，纯电阻电路在任何时刻均吸收功率。当 $\theta_{\mathrm{v}}-\theta_{\mathrm{i}}=\pm90°$时，为纯电抗电路，且

$$P=\frac{1}{2}V_{\mathrm{m}}I_{\mathrm{m}}\cos90°=0 \tag{11.12}$$

表明纯电抗电路吸收的平均功率为零。总之，

电阻性负载($\boldsymbol{R}$)在任何时刻均吸收功率，而电抗负载($\boldsymbol{L}$ 或 $\boldsymbol{C}$)吸收的平均功率为零。

例 11-1 已知 $v(t)=120\cos(377t+45°)\mathrm{V}$，$i(t)=10\cos(377t-10°)\mathrm{A}$，求图 11-1 所示无源线性网络所吸收的瞬时功率与平均功率。

解：瞬时功率为

$$p=vi=1200\cos(377t+45°)\cos(377t-10°)$$

利用三角恒等式：

$$\cos A\cos B=\frac{1}{2}[\cos(A+B)+\cos(A-B)]$$

得到

$$p=600[\cos(754t+35^\circ)+\cos 55^\circ]$$

即

$$p(t)=[344.2+600\cos(754t+35^\circ)]\mathrm{W}$$

平均功率为

$$P=\frac{1}{2}V_m I_m\cos(\theta_v-\theta_i)=\frac{1}{2}\times 120\times 10\times\cos[45^\circ-(-10^\circ)]=600\cos 55^\circ=344.2(\mathrm{W})$$

即上述 $p(t)$ 中的常数项。◀

练习 11-1 已知 $v(t)=330\cos(10t+20^\circ)\mathrm{V}$，$i(t)=33\sin(10t+60^\circ)\mathrm{A}$，试计算如图 11-1 所示无源线性网络所吸收的瞬时功率与平均功率。

答案：$3.5+5.445\cos(20t-10^\circ)\mathrm{kW}$，3.5kW。

例 11-2 当阻抗 $\boldsymbol{Z}=30-\mathrm{j}70\Omega$ 两端的电压 $\boldsymbol{V}=120\angle 0^\circ$ 时，计算该负载吸收的平均功率。

解：流过该阻抗的电流为

$$\boldsymbol{I}=\frac{\boldsymbol{V}}{\boldsymbol{Z}}=\frac{120\angle 0^\circ}{30-\mathrm{j}70}=\frac{120\angle 0^\circ}{76.16\angle -66.8^\circ}=1.576\angle 66.8^\circ\ \mathrm{A}$$

平均功率为

$$P=12V_m I_m\cos(\theta_v-\theta_i)=12\times 120\times 1.576\cos(0-66.8^\circ)=37.24(\mathrm{W})$$ ◀

练习 11-2 如果流过阻抗 $\boldsymbol{Z}=40\angle -22^\circ\ \Omega$ 的电流为 $\boldsymbol{I}=33\angle 30^\circ\ \mathrm{A}$，试求传递给阻抗的平均功率。

答案：20.19kW

例 11-3 对于如图 11-3 所示电路，求电源提供的平均功率与电阻器吸收的平均功率。

解：电路中电流 $\boldsymbol{I}$ 为

$$\boldsymbol{I}=\frac{5\angle 30^\circ}{4-\mathrm{j}2}=\frac{5\angle 30^\circ}{4.472\angle -26.57^\circ}=1.118\angle 56.57^\circ(\mathrm{A})$$

图 11-3 例 11-3 图

电压源提供的平均功率为

$$P=\frac{1}{2}\times 5\times 1.118\cos(30^\circ-56.57^\circ)=2.5(\mathrm{W})$$

流过电阻的电流为

$$\boldsymbol{I}_R=\boldsymbol{I}=1.118\angle 56.57^\circ\ \mathrm{A}$$

电阻两端的电压为

$$\boldsymbol{V}_R=4\boldsymbol{I}_R=4.47256.57^\circ(\mathrm{V})$$

该电阻器吸收的平均功率为

$$P=12\times 4.472\times 1.118=2.5(\mathrm{W})$$

由此可见，电阻吸收的平均功率与电源提供的平均功率相同，电容吸收的平均功率为零。◀

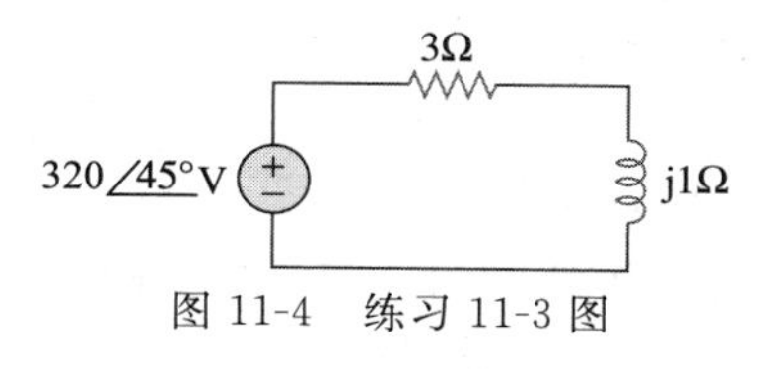

图 11-4 练习 11-3 图

练习 11-3 在如图 11-4 所示电路中，试计算电阻与电感吸收的平均功率，并求电压源提供的平均功率。

答案：15.361kW，0W，15.361kW。

例 11-4 求图 11-5a 所示电路中各电源产生的平均功率以及各无源元件吸收的平均功率。

解：应用网孔分析法，如图 11-5b 所示。

对于网孔 1，有

$$\boldsymbol{I}_1=4\mathrm{A}$$

对于网孔 2，有

$$(\mathrm{j}10-\mathrm{j}5)\boldsymbol{I}_2-\mathrm{j}10\boldsymbol{I}_1+60\angle 30^\circ=0,\quad \boldsymbol{I}_1=4\mathrm{A}$$

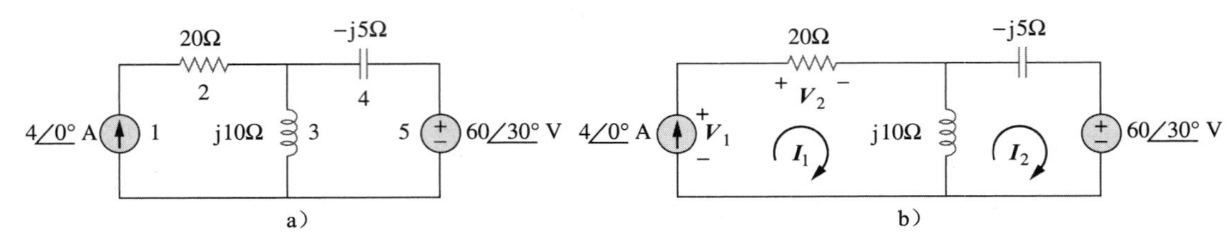

图 11-5　例 11-4 图

即 $j5\boldsymbol{I}_2=-60\angle 30°+j40 \quad \Rightarrow \quad \boldsymbol{I}_2=-12\angle -60°+8=10.58\angle 79.1°(\text{A})$

对于电压源而言，流过它的电流为 $\boldsymbol{I}_2=10.58\angle 79.1°$ A，其两端的电压为 $60\angle 30°$ V，于是平均功率为

$$P_5=\frac{1}{2}\times 60\times 10.58\cos(30°-79.1°)=207.8(\text{W})$$

按照无源符号规约(见图 11-8)，从 $\boldsymbol{I}_2$ 的方向与电压源的极性来看，这个平均功率是被电压源吸收的，也就是说，该电路将平均功率传递给电压源。

对于电流源而言，流过它的电流为 $\boldsymbol{I}_1=4\angle 0°$，它两端的电压为

$$\boldsymbol{V}_1=20\boldsymbol{I}_1+j10(\boldsymbol{I}_1-\boldsymbol{I}_2)=80+j10(4-2-j10.39)=183.9+j20=184.9846.21°(\text{V})$$

于是，该电流源提供的平均功率为

$$P_1=-\frac{1}{2}\times 184.984\times 4\cos(6.21°-0)=-367.8(\text{W})$$

根据无源符号规约，平均功率为负，表示该电流源向电路提供功率。

对于电阻而言，流过它的电流为 $\boldsymbol{I}_1=4\angle 0°$，其两端的电压为 $20\boldsymbol{I}_1=80\angle 0°$，于是，该电阻吸收的功率为

$$P_2=12\times 80\times 4=160(\text{W})$$

对于电容而言，流过它的电流为 $\boldsymbol{I}_2=10.58\angle 79.1°$ A，其两端的电压为 $-j5\boldsymbol{I}_2=(5\angle -90°)(10.58\angle 79.1°)=52.9\angle 79.1°-90°$，因此，电容吸收的平均功率为

$$P_4=12\times 52.9\times 10.58\cos(-90°)=0$$

对于电感而言，流过它的电流为 $\boldsymbol{I}_1-\boldsymbol{I}_2=2-j10.39=10.58\angle 79.1°$，其两端的电压为 $j10(\boldsymbol{I}_1-\boldsymbol{I}_2)=105.8\angle -79.1°+90°$，因此，电感吸收的平均功率为

$$P_3=12\times 105.8\times 10.58\cos 90°=0$$

可见，电感器与电容器吸收的功率均为零，并且电流源提供的总功率等于电阻器与电压源吸收的功率，即

$$P_1+P_2+P_3+P_4+P_5=207.8+-367.8+160+0+0=0$$

表明功率是守恒的。◀

练习 11-4　试计算如图 11-6 所示电路中五个元件分别吸收的平均功率。

答案： 40V 电压源，−60W，j20V 电压源，−40W；电阻，100W，其他，0W。

11.3　最大平均功率传输

4.8 节解决了电阻性供电网络为其负载 R_L 提供功率的最大功率传输问题。如果用戴维南等效表示供电电路，则可以证明，当负载电阻等于戴维南电阻，即 $R_L=R_{Th}$ 时，传输给负载的功率最大。下面将该结果扩展到交流电路中。

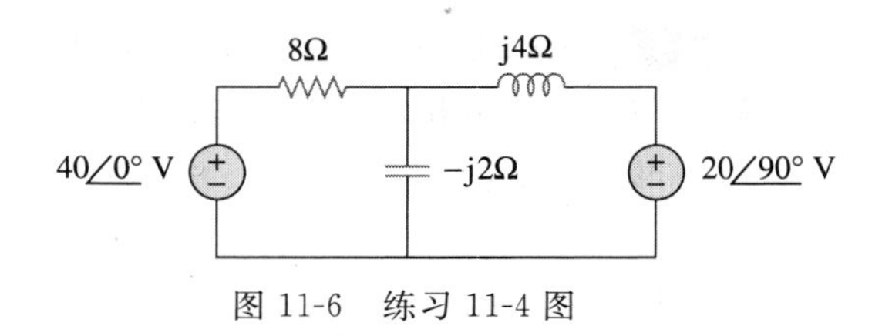

图 11-6　练习 11-4 图

考虑如图 11-7 所示电路，图中交流电路与负载 $\boldsymbol{Z}_{\mathrm{L}}$ 相连接，并以戴维南等效电路表示该交流电路。负载通常用阻抗表示，可以是电动机、天线、电视机等的模型。戴维南阻抗 $\boldsymbol{Z}_{\mathrm{Th}}$ 与负载阻抗 $\boldsymbol{Z}_{\mathrm{L}}$ 的直角坐标表示式为

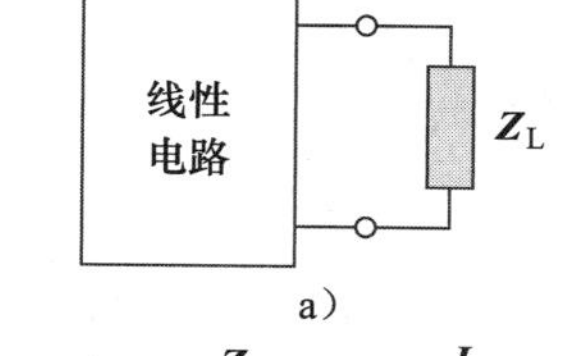

a)

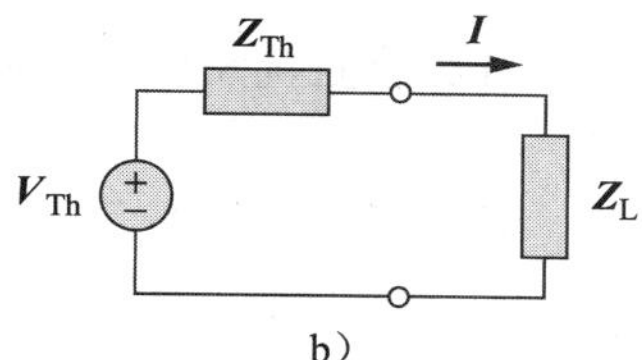

b)

图 11-7　确定最大平均功率传输条件

$$\boldsymbol{Z}_{\mathrm{Th}}=R_{\mathrm{Th}}+\mathrm{j}X_{\mathrm{Th}} \tag{11.13a}$$

$$\boldsymbol{Z}_{\mathrm{L}}=R_{\mathrm{L}}+\mathrm{j}X_{\mathrm{L}} \tag{11.13b}$$

流过负载的电流为

$$\boldsymbol{I}=\frac{\boldsymbol{V}_{\mathrm{Th}}}{\boldsymbol{Z}_{\mathrm{Th}}+\boldsymbol{Z}_{\mathrm{L}}}=\frac{\boldsymbol{V}_{\mathrm{Th}}}{(R_{\mathrm{Th}}+\mathrm{j}X_{\mathrm{Th}})(R_{\mathrm{L}}+\mathrm{j}X_{\mathrm{L}})} \tag{11.14}$$

由式(11.11)可知，传递给负载的平均功率为

$$P=\frac{1}{2}\left|\boldsymbol{I}\right|^2R_{\mathrm{L}}=\frac{|\boldsymbol{V}_{\mathrm{Th}}|^2R_{\mathrm{L}}/2}{(R_{\mathrm{Th}}+R_{\mathrm{L}})^2+(X_{\mathrm{Th}}+X_{\mathrm{L}})^2} \tag{11.15}$$

需要调节负载参数 R_{L} 与 X_{L}，使得 P 最大。为此，令 $\partial P/\partial R_{\mathrm{L}}=0$，$\partial P/\partial X_{\mathrm{L}}=0$。由式(11.15)可得

$$\frac{\partial P}{\partial X_{\mathrm{L}}}=\frac{|\boldsymbol{V}_{\mathrm{Th}}|^2R_{\mathrm{L}}(X_{\mathrm{Th}}+X_{\mathrm{L}})}{[(R_{\mathrm{Th}}+R_{\mathrm{L}})^2+(X_{\mathrm{Th}}+X_{\mathrm{L}})^2]^2} \tag{11.16a}$$

$$\frac{\partial P}{\partial R_{\mathrm{L}}}=\frac{|\boldsymbol{V}_{\mathrm{Th}}|^2[(R_{\mathrm{Th}}+R_{\mathrm{L}})^2+(X_{\mathrm{Th}}+X_{\mathrm{L}})^2-2R_{\mathrm{L}}(R_{\mathrm{Th}}+R_{\mathrm{L}})]}{2[(R_{\mathrm{Th}}+R_{\mathrm{L}})^2+(X_{\mathrm{Th}}+X_{\mathrm{L}})^2]^2} \tag{11.16b}$$

令 $\partial P/\partial X_{\mathrm{L}}=0$ 得到

$$X_{\mathrm{L}}=-X_{\mathrm{Th}} \tag{11.17}$$

令 $\partial P/\partial R_{\mathrm{L}}=0$ 得到

$$R_{\mathrm{L}}=\sqrt{R_{\mathrm{Th}}^2+(X_{\mathrm{Th}}+X_{\mathrm{L}})^2} \tag{11.18}$$

合并式(11.17)与式(11.18)得到如下结论：为实现最大平均功率传输，所选择的 $\boldsymbol{Z}_{\mathrm{L}}$ 必须满足 $X_{\mathrm{L}}=-X_{\mathrm{Th}}$ 且 $R_{\mathrm{L}}=-R_{\mathrm{Th}}$，即

$$\boldsymbol{Z}_{\mathrm{L}}=R_{\mathrm{L}}+\mathrm{j}X_{\mathrm{L}}=R_{\mathrm{Th}}-\mathrm{j}X_{\mathrm{Th}}=\boldsymbol{Z}_{\mathrm{Th}}^* \tag{11.19}$$

对于最大平均功率传输而言，负载阻抗 $\boldsymbol{Z}_{\mathrm{L}}$ 必须等于戴维南阻抗 $\boldsymbol{Z}_{\mathrm{Th}}$ 的共轭复数。

提示：当 $\boldsymbol{Z}_{\mathrm{L}}=\boldsymbol{Z}_{\mathrm{Th}}^*$ 时，称负载与电源是匹配的。

上述结果称为正弦稳态条件下的最大平均功率传输定理(maximum average power transfer theorem)在式(11.15)中令 $R_{\mathrm{L}}=R_{\mathrm{Th}}$ 且 $X_{\mathrm{L}}=-X_{\mathrm{Th}}$，得到最大平均功率为

$$\boxed{P_{\max}=\frac{|\boldsymbol{V}_{\mathrm{Th}}|^2}{8R_{\mathrm{Th}}}} \tag{11.20}$$

在负载为纯实数的情况下，在式(11.18)中，令 $X_{\mathrm{L}}=0$，可以得到最大功率传输条件为

$$R_{\mathrm{L}}=\sqrt{R_{\mathrm{Th}}^2+(X_{\mathrm{Th}})^2}=|\boldsymbol{Z}_{\mathrm{Th}}| \tag{11.21}$$

式(11.21)表明，对于纯电阻负载而言，最大功率传输条件为：负载阻抗(即电阻)等于戴维南阻抗的模。

例 11-5 求图 11-8 所示电路中负载阻抗 $\boldsymbol{Z}_{\mathrm{L}}$ 的值，并计算相应的最大平均功率。

解：首先确定负载两端的戴维南等效电路。由图 11-9a 所示电路可以求出

$$\boldsymbol{Z}_{\mathrm{Th}}=(\mathrm{j}5+4)\parallel(8-\mathrm{j}6)=\mathrm{j}5+\frac{4(8-\mathrm{j}6)}{4+8-\mathrm{j}6}=2.933+\mathrm{j}4.467(\Omega)$$

由图 11-9b 所示的电路可以求出 $\boldsymbol{V}_{\mathrm{Th}}$，由分压原理，

$$\boldsymbol{V}_{\mathrm{Th}}=\frac{8-\mathrm{j}6}{4+8-\mathrm{j}6}\times10=7.454\underline{/-10.3^\circ}(\mathrm{V})$$

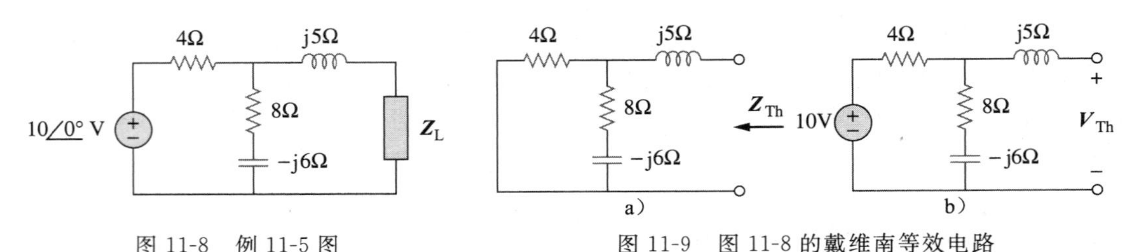

图 11-8 例 11-5 图　　图 11-9 图 11-8 的戴维南等效电路

当负载阻抗从电路中吸收的平均功率最大时，其阻抗为

$$\boldsymbol{Z}_L=\boldsymbol{Z}_{Th}^*=(2.933-j4.467)\Omega$$

根据式(11.20)，最大平均功率为

$$P_{max}=\frac{|\boldsymbol{V}_{Th}|^2}{8R_{Th}}=\frac{(7.454)^2}{8\times 2.933}=2.368(\text{W})$$ ◀

练习 11-5 对于图 11-10 所示电路，试求吸收最大平均功率时的负载阻抗 $\boldsymbol{Z}_L$，并计算该最大平均功率。

答案：(3.415−j0.7317)Ω，51.47W。

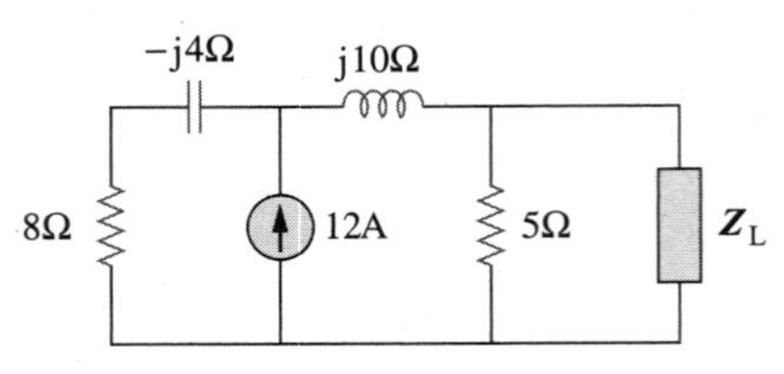

图 11-10 练习 11-5 图

例 11-6 在如图 11-11 所示电路中，求吸收最大平均功率时的 R_L 值，并计算该功率。

解：首先求出 R_L 两端的戴维南等效电路。

$$\boldsymbol{Z}_{Th}=(40-j30)\parallel j20=\frac{j20(40-j30)}{j20+40-j30}=9.412+j22.35\Omega$$

由分压原理，有

$$\boldsymbol{V}_{Th}=\frac{j20}{j20+40-j30}\times 150\angle 30^\circ=72.76\angle 134^\circ(\text{V})$$

吸收最大平均功率的 R_L 值为

$$R_L=|\boldsymbol{Z}_{Th}|=\sqrt{9.412^2+22.35^2}=24.25(\Omega)$$

流过该负载的电流为

$$\boldsymbol{I}=\frac{\boldsymbol{V}_{Th}}{\boldsymbol{Z}_{Th}+R_L}=\frac{72.76\angle 134^\circ}{33.66+j22.35}=1.8\angle 100.42^\circ(\text{A})$$

R_L 吸收的最大平均功率为

$$P_{max}=\frac{1}{2}|\boldsymbol{I}|^2R_L=\frac{1}{2}\times 1.8^2\times 24.25=39.29(\text{W})$$ ◀

练习 11-6 在图 11-12 所示电路中，调节电阻器 R_L 至能吸收最大平均功率，试计算 R_L 其吸收的最大平均功率值。 **答案**：30Ω，6.863W。

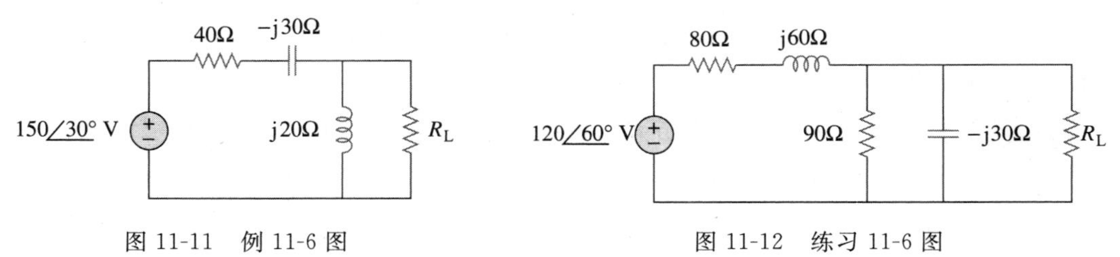

图 11-11 例 11-6 图　　图 11-12 练习 11-6 图

11.4 有效值

有效值的概念源于对测量交流电压源或电流源传递给电阻性负载的有效功率的需求。

周期性电流的有效值是指与该周期性电流传递给电阻器的平均功率相等的直流电流值。

在图 11-13 所示电路中，图 11-13a 中的电路为交流电路，图 11-13b 中的电路为直流电路。我们的目的是求出与正弦电流 i 传递给电阻器 R 的平均功率相等的有效值电流 I_{eff}，该交流电路中，电阻吸收的平均功率为：

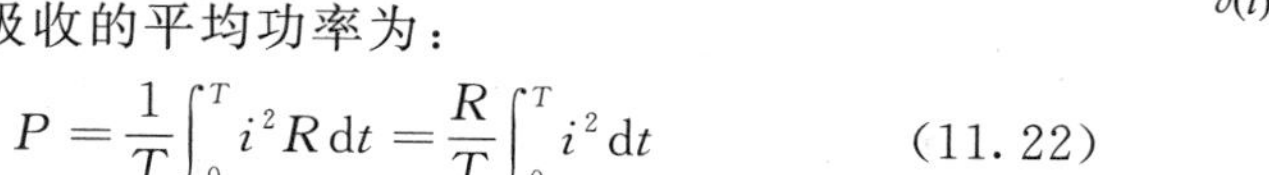

$$P=\frac{1}{T}\int_0^T i^2 R\,dt=\frac{R}{T}\int_0^T i^2\,dt \tag{11.22}$$

而在直流电路中，电阻吸收的功率为

$$P=I_{eff}^2 R \tag{11.23}$$

令式(11.22)与式(11.23)相等，即可求出

$$I_{eff}=\sqrt{\frac{1}{T}\int_0^T i^2\,dt} \tag{11.24}$$

交流电压有效值的求解方法与交流电流有效值的求解方法相同，即

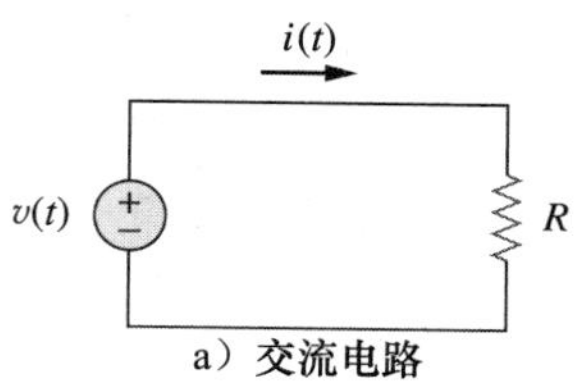

a）交流电路

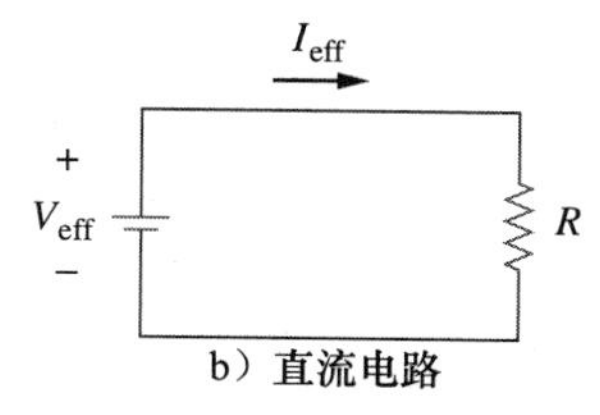

b）直流电路

图 11-13　求解有效值电流

$$V_{eff}=\sqrt{\frac{1}{T}\int_0^T v^2\,dt} \tag{11.25}$$

上式表明，有效值就是周期信号平方的方均根。因此，有效值通常也称为方均根值(root-mean-square)，简称 rms 值，写作

$$I_{eff}=I_{rms},\quad V_{eff}=V_{rms} \tag{11.26}$$

对于任意周期函数 $x(t)$，其有效值(rms 值)为

$$\boxed{X_{rms}=\sqrt{\frac{1}{T}\int_0^T x^2\,dt}} \tag{11.27}$$

周期信号的有效值就是它的方均根(rms)值。

式(11.27)表明，为了求得 $x(t)$的 rms 值，首先求出其平方值 x^2，之后求平均值，即

$$\frac{1}{T}\int_0^T x^2\,dt$$

最后再求该均值的平方根($\sqrt{\quad}$)。常数的 rms 值仍然是它本身，正弦信号 $i(t)=I_m\cos\omega t$ 的有效值或 rms 值为

$$I_{rms}=\sqrt{\frac{1}{T}\int_0^T I_m^2\cos^2\omega t\,dt}=\sqrt{\frac{I_m^2}{T}\int_0^T \frac{1}{2}(1+\cos 2\omega t)\,dt}=\frac{I_m}{\sqrt{2}} \tag{11.28}$$

同理，对于 $v(t)=V_m\cos\omega t$，其有效值为

$$V_{rms}=\frac{V_m}{\sqrt{2}} \tag{11.29}$$

必须牢记的是，式(11.28)与式(11.29)仅适用于正弦信号。

利用 rms 值来表示式(11.8)中的平均功率，可得

$$P=\frac{1}{2}V_m I_m\cos(\theta_v-\theta_i)=\frac{V_m}{\sqrt{2}}\frac{I_m}{\sqrt{2}}\cos(\theta_v-\theta_i)=V_{rms}I_{rms}\cos(\theta_v-\theta_i) \tag{11.30}$$

类似地，式(11.11)表示的电阻 R 吸收的平均功率可以写为

$$P=I_{rms}^2 R=\frac{V_{rms}^2}{R} \tag{11.31}$$

对于给定的正弦电压电流而言，由于其平均值为零，所以通常用它的最大值或 rms 值来表示。电力公司一般用 rms 值而不是峰值标称相量大小，例如，民用电压 110 V(我国

为 220 V)就是电力公司供电电压的 rms 值。在功率分析中，利用有效值表示电压与电流是比较方便的。另外，模拟电压表与电流表的读数分别为被测电压或电流的 rms 值。

例 11-7 求图 11-14 所示电流波形的 rms 值，如果该电流流过一个 2Ω 电阻，试求该电阻吸收的平均功率。

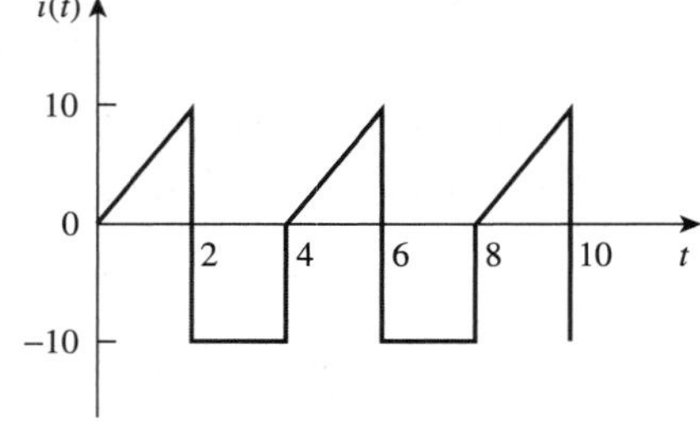

图 11-14　例 11-7 图

解： 图示电流波形的周期为 $T=4$，一个周期内该电流波形的表达式为

$$i(t)=\begin{cases}5t, & 0<t<2\\ -10, & 2<t<4\end{cases}$$

其 rms 值为

$$I_{\mathrm{rms}}=\sqrt{\frac{1}{T}\int_0^T i^2\mathrm{d}t}=\sqrt{\frac{1}{4}\left[\int_0^2(5t)^2\mathrm{d}t+\int_2^4(-10)^2\mathrm{d}t\right]}$$

$$=\sqrt{\frac{1}{4}\left[25\times\frac{t^3}{3}\bigg|_0^2+100t\bigg|_2^4\right]}=\sqrt{\frac{1}{4}\left(\frac{200}{3}+200\right)}=8.165(\mathrm{A})$$

2Ω 电阻吸收的平均功率为

$$P=I_{\mathrm{rms}}^2R=8.165^2\times2=133.3(\mathrm{W})$$ ◀

练习 11-7 求如图 11-15 所示电流波形的 rms 值，如果该电流流过一个 9Ω 电阻，计算该电阻吸收的平均功率。　　**答案：** 9.238A，768W。

例 11-8 如图 11-16 所示波形为半波整流正弦波，试求其 rms 值以及 10Ω 电阻消耗的平均功率。

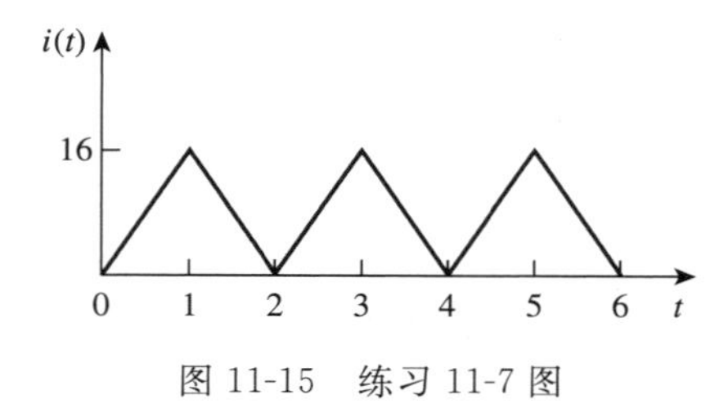

图 11-15　练习 11-7 图

图 11-16　例 11-8 图

解： 该电压波形的周期为 $T=2\pi$，并且 $v(t)$ 可表示为

$$v(t)=\begin{cases}10\sin t, & 0<t<\pi\\ 0, & \pi<t<2\pi\end{cases}$$

其 rms 值为

$$V_{\mathrm{rms}}^2=\frac{1}{T}\int_0^T v^2(t)\mathrm{d}t=\frac{1}{2\pi}\left[\int_0^\pi(10\sin t)^2\mathrm{d}t+\int_\pi^{2\pi}0^2\mathrm{d}t\right]$$

但由于 $\sin^2 t=\frac{1}{2}(1-\cos2t)$，所以

$$V_{\mathrm{rms}}^2=\frac{1}{2\pi}\int_0^\pi\frac{100}{2}(1-\cos2t)\mathrm{d}t=\frac{50}{2\pi}\left(t-\frac{\sin2t}{2}\right)\bigg|_0^\pi$$

$$=\frac{50}{2\pi}\left(\pi-\frac{1}{2}\sin2\pi-0\right)=25,\qquad V_{\mathrm{rms}}=5\mathrm{V}$$

电阻吸收的平均功率为

$$P=\frac{V_{\mathrm{rms}}^2}{R}=\frac{5^2}{10}=2.5(\mathrm{W})$$ ◀

练习 11-8　求图 11-17 所示的全波整流正弦波的 rms 值，并计算 6Ω 电阻消耗的平均功率。　　**答案**：70.71V，833.3W。

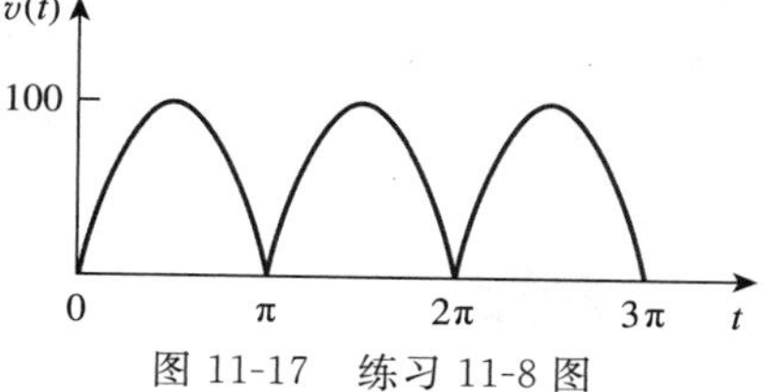

图 11-17　练习 11-8 图

11.5　视在功率与功率因数

由 11.2 节可知，如果电路终端的电压与电流为

$$v(t)=V_m\cos(\omega t+\theta_v),\quad i(t)=I_m\cos(\omega t+\theta_i) \tag{11.32}$$

或用相量形式表示为 $\mathbf{V}=V_m\angle\theta_v$，$\mathbf{I}=I_m\angle\theta_i$ 则其平均功率为

$$P=\frac{1}{2}V_mI_m\cos(\theta_v-\theta_i) \tag{11.33}$$

由 11.4 节可知

$$P=V_{rms}I_{rms}\cos(\theta_v-\theta_i)=S\cos(\theta_v-\theta_i) \tag{11.34}$$

式(11.34)中出现了新的一项：

$$\boxed{S=V_{rms}I_{rms}} \tag{11.35}$$

平均功率为两项的乘积，其中乘积 $V_{rms}I_{rms}$ 被称为*视在功率*(apparent power)S，因子 $\cos(\theta_v-\theta_i)$ 称为功率因数(power factor，pf)。

视在功率(单位为 V·A)是指电压与电流的有效值乘积。

之所以称为视在功率。是因为与直流电阻性电路相类似，功率表面上看应该是电压与电流之乘积。视在功率的单位为伏安或 V·A，以区别于单位为瓦特的平均功率或有功功率。功率因数是无量纲的，它等于平均功率与视在功率之比，即

$$\boxed{\text{pf}=\frac{P}{S}=\cos(\theta_v-\theta_i)} \tag{11.36}$$

由于角度 $(\theta_v-\theta_i)$ 的余弦值为功率因数，因此将该角度称为*功率因数角*(power factor angle)。如果 **V 为负载两端的电压，I** 为流过负载的电流，则功率因数角等于负载阻抗的辐角。这是因为

$$\mathbf{Z}=\frac{\mathbf{V}}{\mathbf{I}}=\frac{V_m\angle\theta_v}{I_m\angle\theta_i}=\frac{V_m}{I_m}\angle\theta_v-\theta_i \tag{11.37}$$

另外，由于

$$\mathbf{V}_{rms}=\frac{\mathbf{V}}{\sqrt{2}}=V_{rms}\angle\theta_v \tag{11.38a}$$

和

$$\mathbf{I}_{rms}=\frac{\mathbf{I}}{\sqrt{2}}=I_{rms}\angle\theta_i \tag{11.38b}$$

则阻抗为

$$\mathbf{Z}=\frac{\mathbf{V}}{\mathbf{I}}=\frac{\mathbf{V}_{rms}}{\mathbf{I}_{rms}}=\frac{V_{rms}}{I_{rms}}\angle\theta_v-\theta_i \tag{11.39}$$

功率因数是电压与电流的相位角之差的余弦值。同时也是负载阻抗辐角的余弦值。

由式(11.36)可知，功率因数可以看作由视在功率得到有功功率或平均功率所必须相乘的一个因子，其值在 0～1 之间。对于纯电阻性负载而言，电压与电流是同相的，所以 $\theta_v-\theta_i=0$ 且 pf＝1，也就是说，此时视在功率等于平均功率。对于纯电抗负载而言，$(\theta_v-\theta_i)=\pm90°$ 且 pf＝0，此时平均功率为零。在这两种极端情况之间，pf 可以说是超前

的或滞后的。超前功率因数是指电流超前于电压，此时电路负载呈电容性，滞后功率因数是指电流滞后于电压，此时电路负载呈电感性。在 11.9.2 节还会看到，功率因数会影响用户支付给供电公司的电费。

提示： 由式(11.36)可知，功率因数也可以看成是负载消耗的有功功率与负载的视在功率之比。

例 11-9 当激励电压为 $v(t)=120\cos(100\,\pi t-20°)$ V 时，流过某串接负载的电流为 $i(t)=4\cos(100\,\pi t+10°)$ A，试求该负载的视在功率与功率因数，并确定构成该串接负载的元件值。

解： 视在功率为

$$S=V_{\text{rms}}I_{\text{rms}}=\frac{120}{\sqrt{2}}\frac{4}{\sqrt{2}}=240(\text{V}\cdot\text{A})$$

功率因数为

$$\text{pf}=\cos(\theta_{\text{v}}-\theta_{\text{i}})=\cos(-20°-10°)=0.866(\text{超前})$$

由于电流超前于电压，因此 pf 为超前的。功率因数还可以由负载阻抗求得，

$$\boldsymbol{Z}=\frac{\boldsymbol{V}}{\boldsymbol{I}}=\frac{120\angle{-20°}}{4\angle{10°}}=30\angle{-30°}=25.98-\text{j}15(\Omega)$$

$$\text{pf}=\cos(-30°)=0.866(\text{超前})$$

负载阻抗 $\boldsymbol{Z}$ 可以看作一个 25.98Ω 的电阻与一个电容的串联，该电容的容抗为

$$X_{\text{C}}=-15=-\frac{1}{\omega C}$$

即

$$C=\frac{1}{15\omega}=\frac{1}{15\times100\pi}=212.2(\mu\text{F})$$

◀

练习 11-9 当激励电压为 $v(t)=320\cos(377t+10°)$ V 时，确定阻抗为 $\boldsymbol{Z}=(60+\text{j}40)\Omega$ 的负载的视在功率与功率因数。 **答案：** 0.8321(滞后)，$710\angle{33.69°}$ V·A。

例 11-10 试确定如图 11-18 所示电路从电源端看进去的功率因数，并计算电源输出的平均功率。

解： 电路的总阻抗为

$$\boldsymbol{Z}=6+4\parallel(-\text{j}2)=6+\frac{-\text{j}2\times4}{4-\text{j}2}=6.8-\text{j}1.6=7\angle{-13.24°}(\Omega)$$

由于阻抗为电容性的，故功率因数为

$$\text{pf}=\cos(-13.24)=0.9734(\text{超前})$$

电路的 rms 值为

$$\boldsymbol{I}_{\text{rms}}=\frac{\boldsymbol{V}_{\text{rms}}}{\boldsymbol{Z}}=\frac{30\angle{0°}}{7\angle{-13.24°}}=4.286\angle{13.24°}(\text{A})$$

电源提供的平均功率为

$$P=V_{\text{rms}}I_{\text{rms}}\text{pf}=30\times4.286\times0.9734=125(\text{W})$$

即

$$P=I_{\text{rms}}^2R=4.286^2\times6.8=125(\text{W})$$

式中，R 为阻抗 Z 的电阻部分。 ◀

练习 11-10 计算图 11-19 所示电路从电源端看进去的功率因数，以及该电源提供的平均功率。 **答案：** 0.936(滞后)，2.008kW。

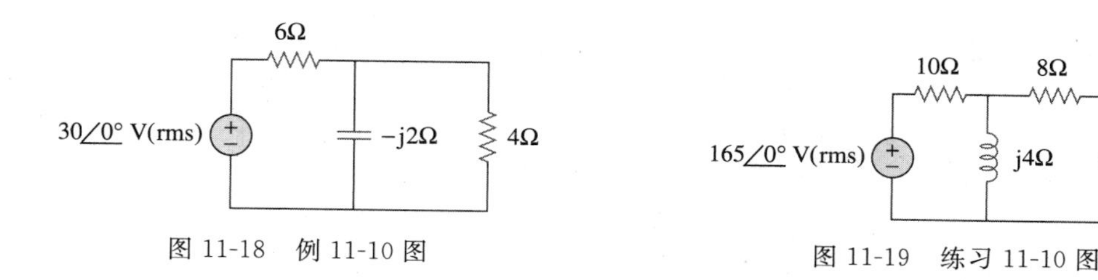

图 11-18　例 11-10 图　　　图 11-19　练习 11-10 图

11.6　复功率

为了得到尽可能简单的功率关系式，提出了复功率(complex power)的概念，可用于表示并联负载的全部影响。由于复功率包含了给定负载吸收功率的全部信息，所以复功率在功率分析中是一个非常重要的概念。

考虑如图 11-20 所示的交流负载。如果给定电压 $v(t)$与电流 $i(t)$形式为$\boldsymbol{V}=V_{\mathrm{m}} \angle\theta_{\mathrm{v}}$与$\boldsymbol{I}=I_{\mathrm{m}} \angle\theta_{\mathrm{i}}$假定采用无源符号规约(见图 11-20)，则该交流负载所吸收的复功率 $\boldsymbol{S}$ 为电压与电流共轭复数的乘积，即

$$\boldsymbol{S}=\frac{1}{2}\boldsymbol{V}\boldsymbol{I}^{*} \tag{11.40}$$

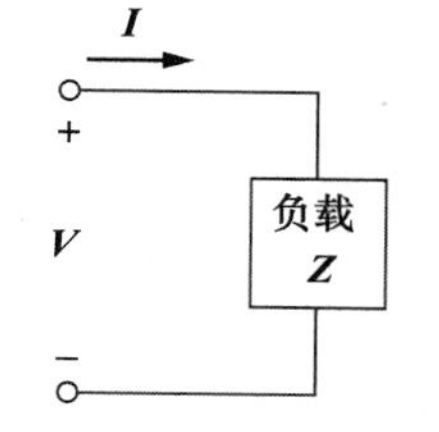

图 11-20　某负载的电压相量与电流相量

用有效值表示为

$$\boldsymbol{S}=\boldsymbol{V}_{\mathrm{rms}}\boldsymbol{I}_{\mathrm{rms}}^{*} \tag{11.41}$$

式中，

$$\boldsymbol{V}_{\mathrm{rms}}=\frac{\boldsymbol{V}}{\sqrt{2}}=V_{\mathrm{rms}} \angle\theta_{\mathrm{v}} \tag{11.42}$$

$$\boldsymbol{I}_{\mathrm{rms}}=\frac{\boldsymbol{I}}{\sqrt{2}}=I_{\mathrm{rms}} \angle\theta_{\mathrm{i}} \tag{11.43}$$

于是，式(11.42)可以写为

$$\boldsymbol{S}=V_{\mathrm{rms}}I_{\mathrm{rms}} \angle\theta_{\mathrm{v}}-\theta_{\mathrm{i}}=V_{\mathrm{rms}}I_{\mathrm{rms}}\cos(\theta_{\mathrm{v}}-\theta_{\mathrm{i}})+\mathrm{j}V_{\mathrm{rms}}I_{\mathrm{rms}}\sin(\theta_{\mathrm{v}}-\theta_{\mathrm{i}}) \tag{11.44}$$

该式同样可以由式(11.9)得到。由式(11.44)可以看出，复功率的大小即为视在功率，因此，复功率的单位为伏·安(V·A)，而且，复功率的辐角就是功率因数角。

提示：在不致混淆的情况下，电压或电流有效值的下标 rms 通常可以省略。

复功率还可以用负载阻抗 $\boldsymbol{Z}$ 表示，由式(11.37)可知，负载阻抗 $\boldsymbol{Z}$ 可以写为

$$\boldsymbol{Z}=\frac{\boldsymbol{V}}{\boldsymbol{I}}=\frac{\boldsymbol{V}_{\mathrm{rms}}}{\boldsymbol{I}_{\mathrm{rms}}}=\frac{V_{\mathrm{rms}}}{I_{\mathrm{rms}}} \angle\theta_{\mathrm{v}}-\theta_{\mathrm{i}} \tag{11.45}$$

因此，$\boldsymbol{V}_{\mathrm{rms}}=\boldsymbol{Z}\boldsymbol{I}_{\mathrm{rms}}$，将该关系代入式(11.41)可得

$$\boldsymbol{S}=\boldsymbol{I}_{\mathrm{rms}}^{2}\boldsymbol{Z}=\frac{V_{\mathrm{rms}}^{2}}{\boldsymbol{Z}^{*}}=\boldsymbol{V}_{\mathrm{rms}}\boldsymbol{I}_{\mathrm{rms}}^{*} \tag{11.46}$$

又因 $\boldsymbol{Z}=R+\mathrm{j}X$，则式(11.46)变为

$$\boldsymbol{S}=I_{\mathrm{rms}}^{2}(R+\mathrm{j}X)=P+\mathrm{j}Q \tag{11.47}$$

式中，P 与 Q 分别为复功率的实部与虚部，即

$$P=\mathrm{Re}(\boldsymbol{S})=I_{\mathrm{rms}}^{2}R \tag{11.48}$$

$$Q=\mathrm{Im}(\boldsymbol{S})=I_{\mathrm{rms}}^{2}X \tag{11.49}$$

P 为平均功率或有功功率，其值取决于负载电阻 R，而 Q 为无功功率(或正交功率)，其值取决于负载的电抗 X。

比较式(11.44)与式(11.47)可得

$$P=V_{\mathrm{rms}}I_{\mathrm{rms}}\cos(\theta_{\mathrm{v}}-\theta_{\mathrm{i}}),\qquad Q=V_{\mathrm{rms}}I_{\mathrm{rms}}\sin(\theta_{\mathrm{v}}-\theta_{\mathrm{i}}) \tag{11.50}$$

有功功率 P 就是传递给负载的平均功率，单位为瓦特，是唯一有用的功率，也是负载实际消耗的功率。无功功率 Q 是电源与负载电抗部分能量交换的一个度量，单位为乏(volt-amperereactive，var)，区别于有功功率的单位瓦特(W)。由第 6 章可知，电路中的储能元件既不消耗功率也不提供功率，只是与网络中的其他部分来回交换能量。同样，无功功率也是在负载与电源之间来回转换，且在转换过程中没有损耗。应该注意到：

1. 对于电阻性负载(pf=1)，$Q=0$。
2. 对于电容性负载(超前 pf)，$Q<0$。
3. 对于电感性负载(滞后 pf)，$Q>0$。

复功率(单位为 V·A)是电压相量有效值与电流相量有效值的共轭复数的乘积，它的值是一个复数，其实部为有功功率 P，虚部为无功功率 Q。

引入复功率后，就可以由电压相量与电流相量直接得到有功功率和无功功率：

$$\begin{aligned}
&\text{复功率}=\boldsymbol{S}=P+\mathrm{j}Q=\boldsymbol{V}_{\mathrm{rms}}(\boldsymbol{I}_{\mathrm{rms}})^{*}=|\boldsymbol{V}_{\mathrm{rms}}|\,|\boldsymbol{I}_{\mathrm{rms}}|\,\underline{/\theta_{\mathrm{v}}-\theta_{\mathrm{i}}}\\
&\text{视在功率}=S=|\boldsymbol{S}|=|\boldsymbol{V}_{\mathrm{rms}}|\,|\boldsymbol{I}_{\mathrm{rms}}|=\sqrt{P^{2}+Q^{2}}\\
&\text{有功功率}=P=\mathrm{Re}(\boldsymbol{S})=S\cos(\theta_{\mathrm{v}}-\theta_{\mathrm{i}})\\
&\text{无功功率}=Q=\mathrm{Im}(\boldsymbol{S})=S\sin(\theta_{\mathrm{v}}-\theta_{\mathrm{i}})\\
&\text{功率因数}=\frac{P}{S}=\cos(\theta_{\mathrm{v}}-\theta_{\mathrm{i}})
\end{aligned}\tag{11.51}$$

可见，复功率是包含了给定负载的所有与功率有关的信息。

通常利用三角形法表示 $\boldsymbol{S}$、P、Q 三者之间的关系，称为功率三角形(power triangle)，如图 11-21a 所示，它与图 11-21b 所示的表示 $|\boldsymbol{Z}|$、R、X 三者之间关系的阻抗三角形类似，功率三角形包括四项——视在功率/复数功率、有功功率、无功功率与功率因数角。给定其中两项，就可以很方便地由功率三角形得到另外两项。如图 11-22 所示，当 $\boldsymbol{S}$ 位于第一象限时，则达到电感性负载和滞后的功率因数；位于第四象限时，则得到电容性负载和超前的功率因数。当然，复功率 $\boldsymbol{S}$ 也可能位于第二象限或第三象限，这就要求负载阻抗具有负电阻，这种情况在有源电路中是可能的。

S　Q　θ　P　|Z|　X　θ　R

a）功率三角形　b）阻抗三角形

图 11-21　功率和阻抗三角形

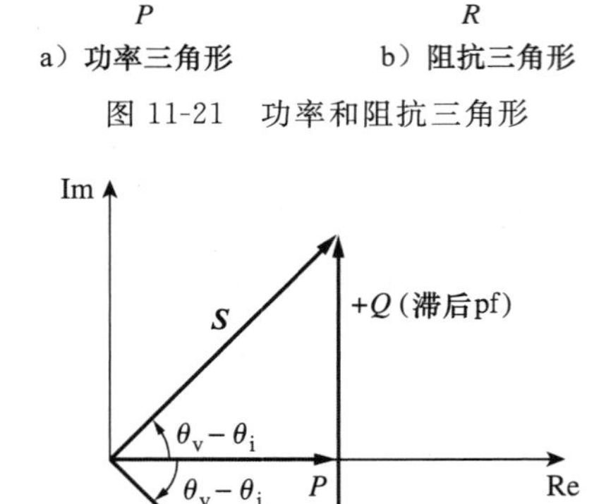

图 11-22　功率三角形

提示：复功率 $\boldsymbol{S}$ 包含了负载的所有功率信息，$\boldsymbol{S}$ 的实部为有功功率 P，虚部为无功功率 Q，$\boldsymbol{S}$ 的幅度为视在功率 S，其相位角的余弦值为功率因数 pf。

例 11-11　某负载两端的电压为 $v(t)=60\cos(\omega t-10°)$ V，而沿电压降落方向流过该负载的电流为 $i(t)=1.5\cos(\omega t+50°)$ A。试求：(a) 复功率与视在功率；(b) 有功功率与无功功率；(c) 功率因数与负载阻抗。

解：(a) 电压相量与电流相量的 rms 值为

$$\boldsymbol{V}_{\mathrm{rms}}=\frac{60}{\sqrt{2}}\underline{/-10°}\ \mathrm{V},\qquad \boldsymbol{I}_{\mathrm{rms}}=\frac{1.5}{\sqrt{2}}\underline{/+50°}\ \mathrm{A}$$

复功率为

$$\boldsymbol{S}=\boldsymbol{V}_{\mathrm{rms}}\boldsymbol{I}_{\mathrm{rms}}^{*}=\left(\frac{60}{\sqrt{2}}\underline{/-10°}\right)\left(\frac{1.5}{\sqrt{2}}\underline{/-50°}\right)=45\ \underline{/-60°}\ \mathrm{V\cdot A}$$

视在功率为

$$S=|\boldsymbol{S}|=45\text{V}\cdot\text{A}$$

(b) 将复功率写为直角坐标形式，得到

$$\boldsymbol{S}=45\angle{-60^\circ}=45[\cos(-60^\circ)+\text{j}\sin(-60^\circ)]=22.5-\text{j}38.97(\text{V}\cdot\text{A})$$

由于 $\boldsymbol{S}=P+jQ$，因此有功功率为

$$P=22.5\text{W}$$

无功功率为

$$Q=-38.97\text{var}$$

(c) 功率因数为

$$\text{pf}=\cos(-60^\circ)=0.5(\text{超前})$$

无功功率是负的，表示 pf 是超前的。负载阻抗为

$$\boldsymbol{Z}=\frac{\boldsymbol{V}}{\boldsymbol{I}}=\frac{60\angle{-10^\circ}}{1.5\angle{+50^\circ}}=40\angle{-60^\circ}(\Omega)$$

这是一个电容性阻抗。◀

练习 11-11　某负载的 $\boldsymbol{V}_{\text{rms}}=110\angle{85^\circ}$ V，$\boldsymbol{I}_{\text{rms}}=400\angle{15^\circ}$ mA，试求：(a) 复功率与视在功率；(b) 有功功率；(c) 功率因数与负载阻抗。

答案：(a) $44\angle{70^\circ}$ V·A，44 V·A；(b) 15.05W，41.35var；(c) 0.342(滞后)，(94.06+j258.4)Ω。

例 11-12　某负载从有效值 120V 的正弦电源中提取了 12kV·A 的功率，其功率因数为 0.856(滞后)，试计算：(a) 传递给该负载的平均功率与无功功率；(b) 峰值电流；(c) 负载阻抗。

解：(a) 已知 $\text{pf}=\cos\theta=0.856$，于是功率角为 $\theta=\arccos0.856=31.13^\circ$。如果视在功率为 $S=12\,000\text{V}\cdot\text{A}$，则平均功率为

$$P=S\cos\theta=12\,000\times0.856=10.272(\text{kW})$$

无功功率为

$$Q=S\sin\theta=12\,000\times0.517=6.204(\text{kV}\cdot\text{A})$$

(b) 由于 pf 是滞后的，所以复功率为

$$\boldsymbol{S}=P+\text{j}Q=10.272+\text{j}6.204(\text{kV}\cdot\text{A})$$

由 $\boldsymbol{S}=\boldsymbol{V}_{\text{rms}}\boldsymbol{I}^*_{\text{rms}}$ 可得

$$\boldsymbol{I}^*_{\text{rms}}=\frac{\boldsymbol{S}}{\boldsymbol{V}_{\text{rms}}}=\frac{10\,272+\text{j}6204}{120\angle{0^\circ}}=85.6+\text{j}51.7=100\angle{31.13^\circ}(\text{A})$$

即 $\boldsymbol{I}_{\text{rms}}=100\angle{-31.13^\circ}$，其峰值电流为

$$I_{\text{m}}=\sqrt{2}I_{\text{rms}}=\sqrt{2}\times100=141.4(\text{A})$$

(c) 负载阻抗为

$$\boldsymbol{Z}=\frac{\boldsymbol{V}_{\text{rms}}}{\boldsymbol{I}_{\text{rms}}}=\frac{120\angle{0^\circ}}{100\angle{-31.13^\circ}}=1.2\angle{31.13^\circ}(\Omega)$$

这是一个电感性阻抗。◀

练习 11-12　某正弦电源给负载 $\boldsymbol{Z}=250\angle{-75^\circ}$ Ω 提供的无功功率为 100kvar，试确定：(a) 功率因数；(b) 传递给该负载的视在功率；(c) rms 值电压。

答案：(a) 0.2588(超前)；(b) 103.53kvar；(c) 5.087kV。

†11.7　交流功率守恒

功率守恒原理不仅适用于直流电路(参见 1.5 节)，而且适用于交流电路。为了说明这

一原理，考虑如图 11-23a 所示电路，图中负载 $\boldsymbol{Z}_1$ 与 $\boldsymbol{Z}_2$ 并联在交流电压源 V 两端，利用 KCL，可得

$$\boldsymbol{I}=\boldsymbol{I}_1+\boldsymbol{I}_2 \tag{11.52}$$

实际上，在例 11-3 与例 11-4 中已经可以看到，交流电路中的平均功率是守恒的。该电源提供的复功率为

$$\boldsymbol{S}=\boldsymbol{V}\boldsymbol{I}^*=\boldsymbol{V}(\boldsymbol{I}_1^*+\boldsymbol{I}_2^*)=\boldsymbol{V}\boldsymbol{I}_1^*+\boldsymbol{V}\boldsymbol{I}_2^*=\boldsymbol{S}_1+\boldsymbol{S}_2 \tag{11.53}$$

式中，$\boldsymbol{S}_1$ 与 $\boldsymbol{S}_2$ 分别表示传递给负载 $\boldsymbol{Z}_1$ 与 $\boldsymbol{Z}_2$ 的复功率。

如果两个负载与电压源相串联，如图 11-23b 所示，则由 KVL 可知

$$\boldsymbol{V}=\boldsymbol{V}_1+\boldsymbol{V}_2 \tag{11.54}$$

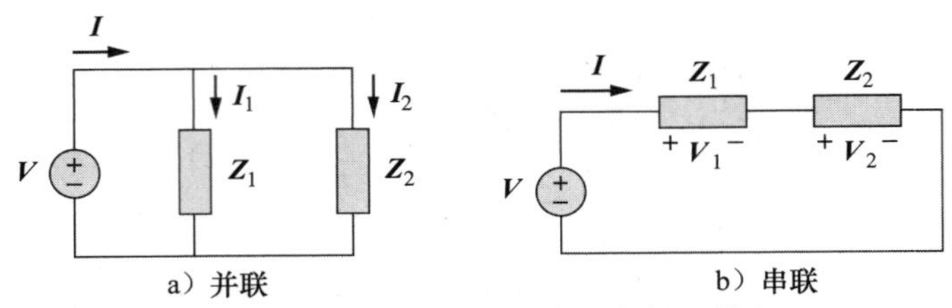

图 11-23　交流电压源给几个负载的供电

电源提供的复功率为

$$\boldsymbol{S}=\boldsymbol{V}\boldsymbol{I}^*=(\boldsymbol{V}_1+\boldsymbol{V}_2)\boldsymbol{I}^*=\boldsymbol{V}_1\boldsymbol{I}^*+\boldsymbol{V}_2\boldsymbol{I}^*=\boldsymbol{S}_1+\boldsymbol{S}_2 \tag{11.55}$$

其中，$\boldsymbol{S}_1$ 与 $\boldsymbol{S}_2$ 分别表示传送到负载 $\boldsymbol{Z}_1$ 与 $\boldsymbol{Z}_2$ 上的复功率。

由式(11.53)与式(11.55)可得出结论：无论负载是串联的还是并联的(或是混联的)，电源提供的总功率就等于传递给负载的总功率。一般而言，如果电源连接 N 个负载。则有

$$\boxed{\boldsymbol{S}=\boldsymbol{S}_1+\boldsymbol{S}_2+\cdots+\boldsymbol{S}_N} \tag{11.56}$$

上式表明网络中总的复功率等于各元件复功率之和(该关系对于有功功率与无功功率也成立，但对于视在功率不成立)。这就是交流功率守恒原理：

电源的复功率、有功功率、无功功率分别等于各个负载上的复功率、有功功率、无功功率之和。

由上述分析可知，网络中来自电源的有功(无功)功率等于流入到电路其他元件中的有功(无功)功率。

提示： 事实上，交流功率的所有形式——瞬时功率、有功功率、无功功率与复功率都是守恒的。

例 11-13 图 11-24 所示为一个电压源通过传输线给一个负载供电，传输线的阻抗可以表示为一个(4+j2)Ω 的阻抗和一个回路，试求(a)电源吸收的有功功率与无功功率；(b)传输线吸收的有功功率与无功功率；(c)负载吸收的有功功率与无功功率。

解： 总阻抗为

$$\boldsymbol{Z}=(4+\mathrm{j}2)+(15-\mathrm{j}10)=19-\mathrm{j}8=20.62\angle{-22.83^\circ}(\Omega)$$

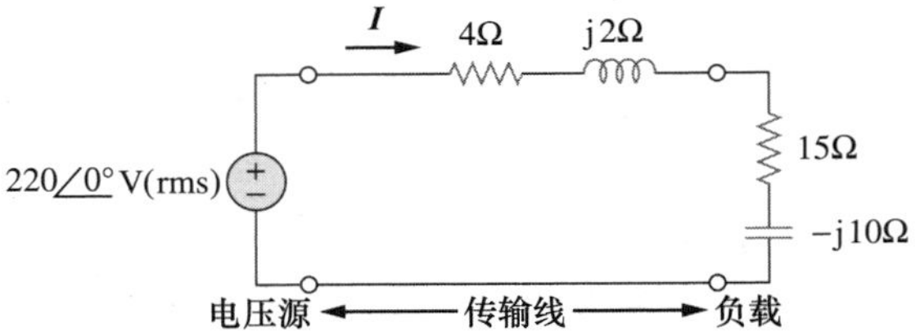

流过电路的电流为

$$\boldsymbol{I}=\frac{\boldsymbol{V}_s}{\boldsymbol{Z}}=\frac{220\angle 0^\circ}{20.62\angle{-22.83^\circ}}=10.67\angle 22.83^\circ(\mathrm{A})\mathrm{rms}$$

图 11-24　例 11-13 图

(a) 对于电源而言，复功率为

$$\boldsymbol{S}_s=\boldsymbol{V}_s\boldsymbol{I}^*=(220\angle 0^\circ)(10.67\angle{-22.83^\circ})=2347.4\angle{-22.83^\circ}=(2163.5-\mathrm{j}910.8)\mathrm{V\cdot A}$$

由此可得，电源吸收的有功功率为 2163.5W，无功功率为 910.8var(超前)。

(b) 对于传输线而言，电压为

$$\mathbf{V}_{\text{line}}=(4+\text{j}2)\mathbf{I}=(4.472\angle 26.57^\circ)(10.67\angle 22.83^\circ)=47.72\angle 49.4^\circ(\text{V})\text{rms}$$

传输线吸收的复功率为

$$\mathbf{S}_{\text{line}}=\mathbf{V}_{\text{line}}\mathbf{I}^*=(47.72\angle 49.4^\circ)(10.67\angle -22.83^\circ)=509.2\angle 26.57^\circ=455.4+\text{j}227.7(\text{V}\cdot\text{A})$$

即

$$\mathbf{S}_{\text{line}}=|\mathbf{I}|^2\mathbf{Z}_{\text{line}}=10.67^2(4+\text{j}2)=455.4+\text{j}227.7(\text{V}\cdot\text{A})$$

(c) 对于负载而言，电压为

$$\mathbf{V}_{\text{L}}=(15-\text{j}10)\mathbf{I}=(18.03\angle -33.7^\circ)(10.67\angle 22.83^\circ)=192.38\angle -10.87^\circ(\text{V})\text{rms}$$

负载吸收的复功率为

$$\mathbf{S}_{\text{L}}=\mathbf{V}_{\text{L}}\mathbf{I}^*=(192.38\angle -10.87^\circ)(10.67\angle -22.83^\circ)=2053\angle -33.7^\circ=(1708-\text{j}1139)(\text{V}\cdot\text{A})$$

由此可得，负载吸收的有功功率为 1708W，无功功率为 1139var(超前)。可以注意到 $\mathbf{S}_{\text{s}}=\mathbf{S}_{\text{line}}+\mathbf{S}_{\text{L}}$，以上计算利用的是电压与电流的有效值。◀

练习 11-13　在如图 11-25 所示电路中，60Ω 电阻吸收的平均功率为 240W，试求 $\mathbf{V}$ 与电路中各支路的复功率，该电路总的复功率为多少(假设流过 60Ω 电阻的电流无相移)？

答案：$240.7\angle 21.45^\circ$ V(rms)；20Ω 电阻，656V·A；(30−j10)Ω 阻抗，(480−j160)V·A；(60+j20)Ω 阻抗，(240+j80)V·A；总的复功率，(1376−j80)V·A。

例 11-14　在图 11-26 所示电路中，$\mathbf{Z}_1=60\angle -30^\circ\ \Omega$ 和 $\mathbf{Z}_2=40\angle 45^\circ\ \Omega$，计算电源提供的且从电源端口看进去的总的：(a) 视在功率；(b) 有功功率；(c) 无功功率；(d) pf。

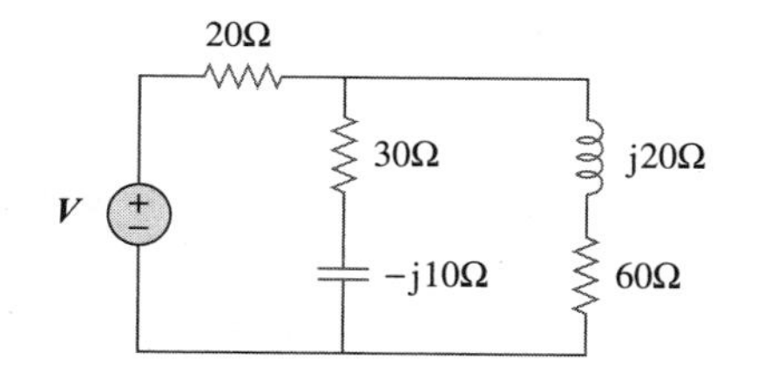

图 11-25　练习 11-13 图

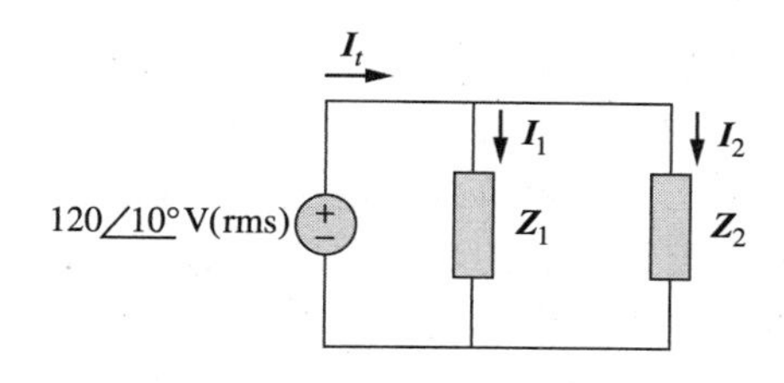

图 11-26　例 11-14 图

解：流过 $\mathbf{Z}_1$ 的电流为

$$\mathbf{I}_1=\frac{\mathbf{V}}{\mathbf{Z}_1}=\frac{120\angle 10^\circ}{60\angle -30^\circ}=2\angle 40^\circ(\text{A})\text{rms}$$

流过 $\mathbf{Z}_2$ 的电流为

$$\mathbf{I}_2=\frac{\mathbf{V}}{\mathbf{Z}_2}=\frac{120\angle 10^\circ}{40\angle 45^\circ}=3\angle -35^\circ(\text{A})\text{rms}$$

阻抗吸收的复功率分别为

$$\mathbf{S}_1=\frac{V_{\text{rms}}^2}{\mathbf{Z}_1^*}=\frac{120^2}{60\angle 30^\circ}=240\angle -30^\circ=207.85-\text{j}120(\text{V}\cdot\text{A})$$

$$\mathbf{S}_2=\frac{V_{\text{rms}}^2}{\mathbf{Z}_2^*}=\frac{120^2}{40\angle -45^\circ}=360\angle 45^\circ=254.6+\text{j}254.6(\text{V}\cdot\text{A})$$

总的复功率为

$$\mathbf{S}_{\text{t}}=\mathbf{S}_1+\mathbf{S}_2=(462.4+\text{j}134.6)\text{V}\cdot\text{A}$$

(a) 总的视在功率为

$$|\mathbf{S}_{\text{t}}|=\sqrt{462.4^2+134.6^2}=481.6(\text{V}\cdot\text{A})$$

(b) 总的有功功率为

$$P_t=\mathrm{Re}(\boldsymbol{S}_t)=462.4\mathrm{W}, \quad P_t=P_1+P_2$$

(c) 总的无功功率为

$$Q_t=\mathrm{Im}(\boldsymbol{S}_t)=134.6\mathrm{var}, \quad Q_t=Q_1+Q_2$$

(d) $\mathrm{pf}=P_t/|\boldsymbol{S}_t|=462.4/481.6=0.96$(滞后)

通过求解电源提供的复功率 $\boldsymbol{S}_s$ 可以检验上述结果的正确性。

$$\begin{aligned}\boldsymbol{I}_t=\boldsymbol{I}_1+\boldsymbol{I}_2 &=(1.532+\mathrm{j}1.286)+(2.457-\mathrm{j}1.721)\\ &=4-\mathrm{j}0.435=4.024\angle{-6.21^\circ}(\mathrm{A})\mathrm{rms}\\ \boldsymbol{S}_s=\boldsymbol{V}\boldsymbol{I}_t^* &=(120\angle{10^\circ})(4.024\angle{6.21^\circ})\\ &=482.88\angle{16.21^\circ}=463+\mathrm{j}135(\mathrm{V\cdot A})\end{aligned}$$

与上面结果一致。◀

练习 11-14　两个相互并联负载分别为 2kW、pf=0.75(超前)和 4kW、pf=0.95(滞后)。试计算这两个负载的 pf，并求解电源提供的复功率。

答案：0.9972(超前)，(6−j0.4495)kV·A。

11.8　功率因数的校正

大多数家用负载(如洗衣机、空调器、电冰箱等)以及工业负载(如感应电动机)通常呈现电感性负载特性且功率因数(滞后)较小。虽然负载的电感性不能改变，但是可以提高其功率因数。

不改变原始负载的电压或电流，提高功率因数的过程称为功率因数校正(power factor correction)。

提示：换言之，功率因数校正可以看作是增加一个与负载并联的电抗元件(一般是电容)，从而使功率因数接近于单位 1 的过程。

由于大多数负载是电感性的，如图 11-27a 所示，所以给负载并联一个电容就可以改善或者校正负载的功率因数，如图 11-27b 所示。增加电容后的效果既可以用功率三角形予以说明，也可以用相关电流的相量图予以说明。图 11-28 给出了用于说明并联电容作用的相量图，假设图 11-27a 所示电路的功率因数为 $\cos\theta_1$，而图 11-27b 所示电路的功率因数为 $\cos\theta_2$。显然，如图 11-28 所示，并联电容后，供电电压与电流之间的相位角从 θ_1 减小到 θ_2，因而提高了功率因数。同时，由图 11-28 所示的相量幅度可见，在相同供电电压下，图 11-27a 所示电路提取的电流要比图 11-27b 所示电路提取的电流 I 要大。电流越大，损耗的功率就越大(因为 $P=I_L^2R$，两者呈平方关系)，供电公司收取用户的电费也就越多。因此，减小电流或提高功率因数使其尽可能接近单位 1，对于供电公司和用户都是有利的。选取适当的电容，就可以使电压与电流完全同相，从而使功率因数等于 1。

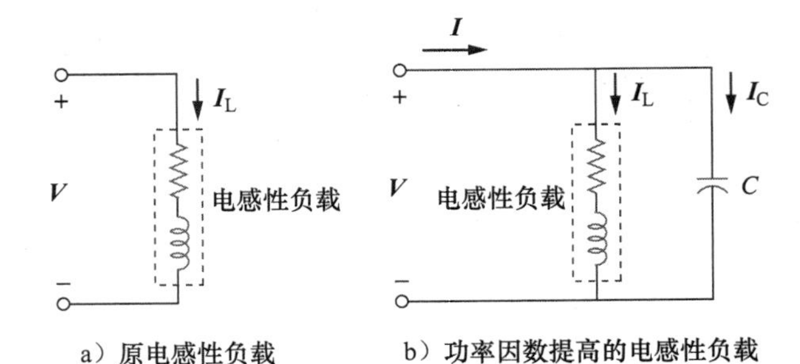

a) 原电感性负载　　b) 功率因数提高的电感性负载

图 11-27　功率因数校正

提示：电感性负载可以建模为电感与电阻的串联组合。

也可以从另一个角度来研究功率因数校正问题。考虑如图 11-29 所示的功率三角形，如果原始电感性负载的视在功率为 S_1，则有

$$P=S_1\cos\theta_1, \quad Q_1=S_1\sin\theta_1=P\tan\theta_1 \tag{11.57}$$

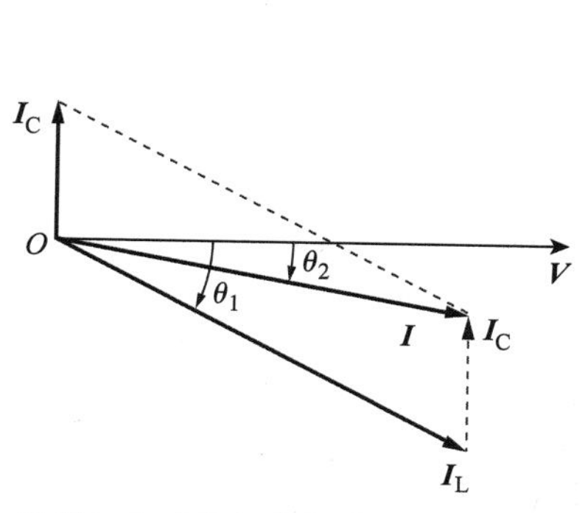

图 11-28 说明与电感性负载相并联的电容作用的相量图

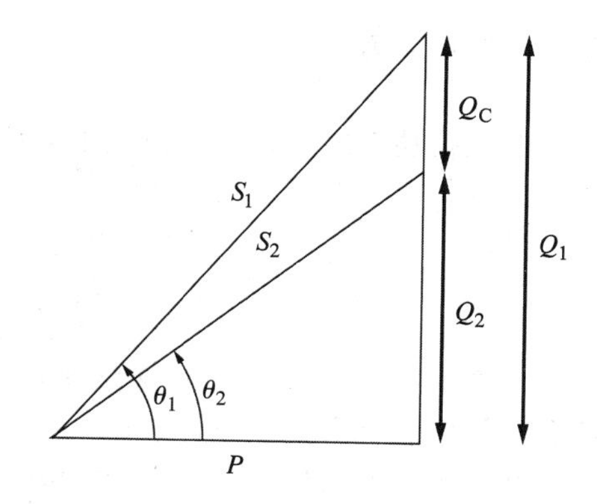

图 11-29 说明功率因数校正的功率三角形

在不改变有功功率的情况下，如果将功率因数从 $\cos\theta_1$ 提高到 $\cos\theta_2$，即 $P=S_2\cos\theta_2$，则新的无功功率为

$$Q_2=P\tan\theta_2 \tag{11.58}$$

无功功率的降低是由并联电容引起的，也就是说，

$$Q_C=Q_1-Q_2=P(\tan\theta_1-\tan\theta_2) \tag{11.59}$$

但由式(11.46)可知 $Q_C=V_{rms}^2/X_C=\omega CV_{rms}^2$，于是，所需的并联电容的容值 C 可由下式确定：

$$\boxed{C=\frac{Q_C}{\omega V_{rms}^2}=\frac{P(\tan\theta_1-\tan\theta_2)}{\omega V_{rms}^2}} \tag{11.60}$$

应注意的是，由于电容消耗的平均功率为零，所以负载消耗的有功功率不会受到功率因数校正的影响。

虽然实际的负载大多是电感性负载，但也有可能出现电容性负载，即负载工作时的功率因数超前的。在这种情况下，负载两端应该连接一个电感以实现功率因数校正，所需的分流电感的电感值可按下式计算：

$$Q_L=\frac{V_{rms}^2}{X_L}=\frac{V_{rms}^2}{\omega L} \quad \Rightarrow \quad L=\frac{V_{rms}^2}{\omega Q_L} \tag{11.61}$$

式中，$Q_L=Q_1-Q_2$，为新、旧无功功率之差。

例 11-15 某负载与 120V(rms)、60Hz 电力线相连后，在滞后功率因数为 0.8 时，该负载吸收的功率为 4kW。求将 pf 提高到 0.95 所需并联的电容量。

解： 如果 pf=0.8，则有

$$\cos\theta_1=0.8 \quad \Rightarrow \quad \theta_1=36.87^\circ$$

其中 θ_1 为电压与电流之间的相位差。由已知的有功功率与 pf 可以得到视在功率为

$$S_1=\frac{P}{\cos\theta_1}=\frac{4000}{0.8}=5000(\text{V}\cdot\text{A})$$

无功功率为

$$Q_1=S_1\sin\theta=5000\sin36.87=3000(\text{var})$$

当 pf 提高到 0.95 时，

$$\cos\theta_2=0.95 \quad \Rightarrow \quad \theta_2=18.19^\circ$$

有功功率 P 并未改变，但视在功率发生了变化，其新值为

$$S_2=\frac{P}{\cos\theta_2}=\frac{4000}{0.95}=4210.5(\text{V}\cdot\text{A})$$

新的无功功率为

$$Q_2 = S_2 \sin\theta_2 = 1314.4\text{var}$$

新、旧无功功率之差是由于负载上并联了电容，因此由电容引起的无功功率为

$$Q_C = Q_1 - Q_2 = 3000 - 1314.4 = 1685.6(\text{var})$$

且

$$C = \frac{Q_C}{\omega V_{\text{rms}}^2} = \frac{1685.6}{2\pi \times 60 \times 120^2} = 310.5(\mu\text{F})$$

注意：购买电容通常要满足所需的电压，在本例中，电容的最大峰值电压为 170V，因此建议购买标称的 200V 电容。◀

练习 11-15 某负载在 pf＝0.85(滞后)时的功率为 140kvar，求该负载的 pf 从 0.85(滞后)提高到 1 所需并联的电容值，假定利用 110V(rms)、60Hz 电力线给负载供电。

答案：30.69mF。

†11.9 应用实例

本节讨论两个重要的应用，即如何测量功率以及供电公司如何确定用户的电费。

11.9.1 功率测量

负载吸收的平均功率可以利用*功率表*(wattmeter)来测量。

功率表是测量平均功率的仪器。

提示： 无功功率可以利用称作无功功率表的仪器来测量，无功功率表与负载的连接方式和瓦特表与负载的连接方式相同。

图 11-30 给出了由电流绕组与电压绕组组成的功率表的结构示意图。阻抗值极低(理想情况下为零)的电流绕组与负载串联(见图 11-31)，并对负载电流产生响应；阻抗值极高(理想情况下为无穷大)的电压绕组与负载并联(见图 11-31)，并对负载电压产生响应。电流绕组阻抗极低，在电路中相当于短路；而电压绕组阻抗高，在电路中相当于开路。因此，功率表的接入并不会对电路产生干扰，也不会影响功率的测量。

提示： 某些功率表中没有绕组，这里仅考虑电磁式功率表。

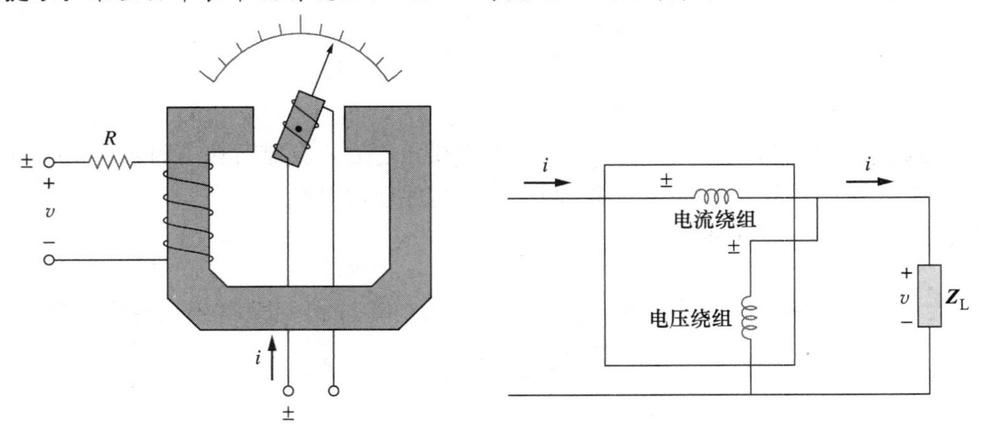

图 11-30 功率表　　　　图 11-31 与负载相连的功率表

当两个绕组通以电流后，功率表转动系统的机械转动惯量产生与一个乘积 $v(t)i(t)$ 的均值成正比的偏转角。如果负载的电压与电流分别为 $v(t) = V_m\cos(\omega t + \theta_v)$，$i(t) = I_m\cos(\omega t + \theta_i)$，则相应的方均根相量为

$$V_{\text{rms}} = \frac{V_m}{\sqrt{2}}\angle\theta_v, \quad I_{\text{rms}} = \frac{I_m}{\sqrt{2}}\angle\theta_i \tag{11.62}$$

功率表测得的平均功率为

$$P=|\boldsymbol{V}_{\mathrm{rms}}||\boldsymbol{I}_{\mathrm{rms}}|\cos(\theta_{\mathrm{v}}-\theta_{\mathrm{i}})=V_{\mathrm{rms}}I_{\mathrm{rms}}\cos(\theta_{\mathrm{v}}-\theta_{\mathrm{i}}) \tag{11.63}$$

如图11-31所示，功率表的每个绕组有两个端子，其中一个端子标有“±”。为了保证偏转角正向增大，电流绕组的“±”端子应朝向电源，电压绕组的“±”端子应与电流绕组连接到同一根线上。如果两个绕组都反接，则偏转角仍然会正向增大。然而，如果仅反接其中一个，则偏转角就会反向减小，功率表也就没有读数了。

例11-16 试求如图11-32所示电路中功率表的读数。

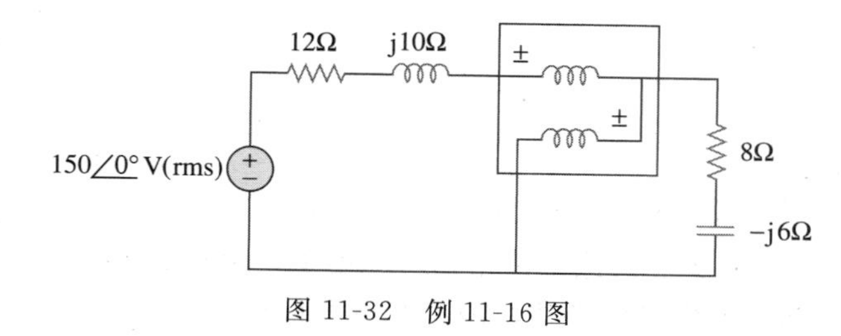

图11-32　例11-16图

解：1. 明确问题。本题所要解决的问题已定义清楚。学生在实验室可以利用功率表对所求得的结果进行验证。

2. 列出已知条件。本题要求确定与阻抗串联的外部电源传递给负载的平均功率。

3. 确定备选方案。本题是一道简单的电路分析问题，所需求解的就是流过负载的电流幅度与辐角，以及负载两端电压的幅度与辐角。还可以利用PSpice求解上述变量，本题将利用PSpice对结果进行验证。

4. 尝试求解。在图11-32所示电路中，由于电流绕组与(8−j6)Ω负载阻抗串联，而电压绕组与该负载阻抗并联，所以功率表读数为(8−j6)Ω阻抗所吸收的平均功率。流过该电路的电流为：

$$\boldsymbol{I}_{\mathrm{rms}}=\frac{150\angle 0^\circ}{(12+\mathrm{j}10)+(8-\mathrm{j}6)}=\frac{150}{20+\mathrm{j}4}(\mathrm{A})$$

(8−j6)Ω阻抗两端的电压为

$$\boldsymbol{V}_{\mathrm{rms}}=\boldsymbol{I}_{\mathrm{rms}}(8-\mathrm{j}6)=\frac{150(8-\mathrm{j}6)}{20+\mathrm{j}4}(\mathrm{V})$$

于是，复功率为

$$\boldsymbol{S}=\boldsymbol{V}_{\mathrm{rms}}\boldsymbol{I}_{\mathrm{rms}}^{*}=\frac{150(8-\mathrm{j}6)}{20+\mathrm{j}4}\times\frac{150}{20-\mathrm{j}4}=\frac{150^2(8-\mathrm{j}6)}{20^2+4^2}=423.7-\mathrm{j}324.6(\mathrm{V\cdot A})$$

功率表读数为

$$P=\mathrm{Re}(\boldsymbol{S})=432.7\mathrm{W}$$

5. 评价结果。可以利用PSpice验证所得到的结果：

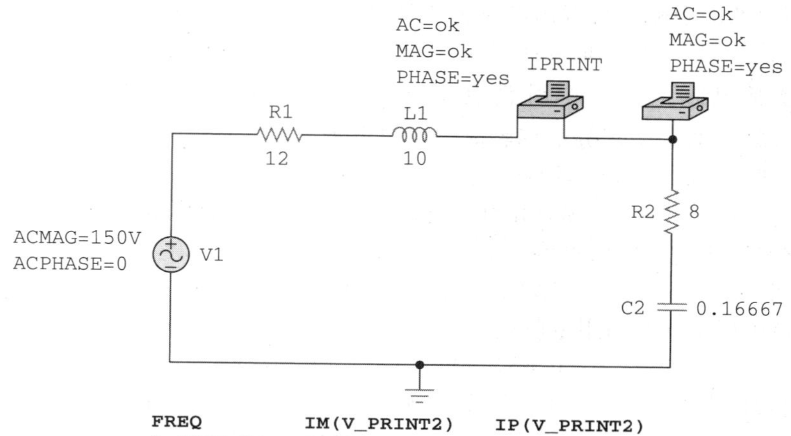

且

```
FREQ          VM($N_0004)   VP($N_0004)
1.592E-01     7.354E+01     -4.818E+01
```

◀

练习 11-16　对于图 11-33 所示电路，求功率表的读数。　　**答案**：1437W。

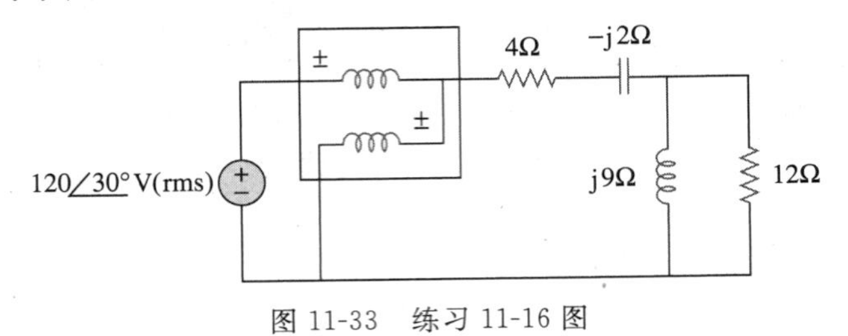

图 11-33　练习 11-16 图

11.9.2　电费的计算

1.7 节讨论了确定用户电费的一种简化模型，但当时的计算中并未涉及功率因数的概念，下面将讨论功率因数在电费计算中的重要作用。

正如 11.8 节所述，功率因数低的负载所需的电流大，因此电费就高。理想情况应该是从供电系统提取的电流最小，从而使得 $S=P$，$Q=0$。无功功率 Q 不等于零的负载意味着能量要在负载与电源之间来回交换，因而造成额外的功率损耗。因此，供电公司总是鼓励其用户将负载的功率因数尽可能接近于 1，并对不改善负载功率因数的部分用户予以一定的“惩罚”。

供电公司通常将其用户分为如下几类：居民用户(本地用户)，商业用户以及工业用户，或者分为大、中、小型耗电用户。各类用户均设定不同的费率标准。单位为千瓦时(kW・h)的用户的用电量是由安装在用户室内的电表(千瓦时表)来计量的。

虽然供电公司采用不同的方法收取用户的电费，但其收费价格表上一般都分为两个部分。第一部分是固定的，对应于满足用户负载需求所必需的发电、输电和配电的费用，这部分费用通常用最大用电需求量的每千瓦价格来计算。或者考虑到用户的功率因数(pf)，用最大用电需求量的千伏安来算。当用户功率因数低于某个规定值，例如 0.85 或 0.9 时，就会向用户收取一定的功率因数罚金．例如当功率因数每比标准低 0.01，就要收取其最大需求千瓦或 kVA 一定百分比的费用作为罚金。另一方面，当用户功率因数高于某规定值时，每比标准高 0.01 就会给用户一定比例的奖励。

收费价格表上的第二部分正比于用电量．单位是 kW・h，这部分费用可以分级收取，例如，第一个 100kW・h 为 16 美分/(kW・h)，下一个 200kW・h 为 10 美分/(kW・h)等等。因此，用户的电费账单可以用如下公式计算：

$$\text{总电费}=\text{固定费用}+\text{消耗电能的费用} \tag{11.64}$$

例 11-17 某制造工厂一个月消耗的电能为 200MW・h，如果其最大需求量为 1600kW，试计算按如下两部分费率收取的用户电费：

需求量收费：5.00 美元每月每千瓦。

用电收费：第一个 50 000kW・h 为 8 美分/(kW・h)，其余用电量为 5 美分/(kW・h)。

解： 需求量决定的固定收费为

$$5.00\times1600=8000(\text{美元}) \tag{11.17.1}$$

第一个 50 000kW・h 的用电收费是

$$0.08\times50\,000=4000(\text{美元}) \tag{11.17.2}$$

其余用电量为 200 000kW・h−50 000kW・h=150 000kW・h，相应的电费为

$$0.05\times150\,000=7500(\text{美元}) \tag{11.17.3}$$

将式(11.17.1)~式(11.17.3)加起来，得到

$$一个月总的账单=8000+4000+7500=19\,500(美元)$$

看起来电费太高了，但这部分费用通常仅是该工厂生产出产品的总产值或成品销售额的很小一部分。◀

练习 11-17　某造纸厂一个月的电表读数为：

最大需求：32 000kW。

电能消耗：500MW・h。

试利用例 11-17 给出的两部分费率，计算该造纸厂当月的电费。 **答案**：186 500 美元。

例 11-18 某 300kW 负载在 13kV(rms)供电电压下，一个月里以功率因数 0.8 工作了 520 小时。计算按如下简单费率确定的每月平均用电支出：

电能收费：6 美分/kW・h。

功率因数罚金：较 0.85 每降低 0.01 要增收电能收费的 0.1%。

功率因数奖励：较 0.85 每高于 0.01 要奖励电能收费的 0.1%。

解：所消耗的电能为

$$W=300\text{kW}\times 520\text{h}=156\,000\text{kW}\cdot\text{h}$$

负载工作时的功率因数 pf=80%=0.8，较预定值 0.85 低 0.05。由于 pf 每降低 0.01 要加收 0.1 的电能收费，所以功率因数罚金为 0.5%，相应的电能为

$$\Delta W=156\,000\times\frac{5\times 0.1}{100}=780\text{kW}\cdot\text{h}$$

因此，总的收费能量为

$$W_1=W+\Delta W=156\,000+780=156\,780(\text{kW}\cdot\text{h})$$

每月应收取的电费为

$$电费=6\times W_1=0.06\times 156\,780=9406.80(美元)$$ ◀

练习 11-18　某 800kW 的感应电炉以 0.88 功率因数每天工作 20h，一个月工作 26 天，试按照例 11-8 中的费率确定每月的电费。 **答案**：24 885.12 美元。

11.10　本章小结

1. 某元件吸收的瞬时功率等于该元件两端的电压与流过该元件的电流的乘积：

$$p=vi$$

2. 平均功率或有功功率 P(单位为瓦特)等于瞬时功率 p 的平均值：

$$P=\frac{1}{T}\int_0^T p\,\mathrm{d}t$$

如果 $v(t)=V_m\cos(\omega t+\theta_v)$，$i(t)=I_m\cos(\omega t+\theta_i)$，则 $V_{rms}=V_m/\sqrt{2}$，$I_{rms}=I_m/\sqrt{2}$，且

$$P=\frac{1}{2}V_mI_m\cos(\theta_v-\theta_i)=V_{rms}I_{rms}\cos(\theta_v-\theta_i)$$

电感与电容不吸收平均功率，电阻吸收的平均功率为 $(1/2)I_m^2R=I_{rms}^2R$。

3. 当负载阻抗等于从负载端看进去的戴维南阻抗的共轭复数，即 $\boldsymbol{Z}_L=\boldsymbol{Z}_{Th}^*$ 时，传递给负载的平均功率最大。

4. 周期信号 $x(t)$ 的有效值即它的方均根(rms)值：

$$X_{eff}=X_{rms}=\sqrt{\frac{1}{T}\int_0^T x^2\,\mathrm{d}t}$$

对于正弦信号而言，有效值等于其幅度的 $1/\sqrt{2}$。

5. 功率因数等于电压与电流相位差的余弦值：

$$\text{pf}=\cos(\theta_v-\theta_i)$$

功率因数也等于负载阻抗辐角的余弦值，或者是有功功率与无功功率之比。如果电流滞后于电压(电感性负载)，则 pf 是滞后的；如果电流超前于电压(电容性负载)，则 pf 是超前的。

6. 视在功率 S(单位为 V·A)等于电压有效值与电流有效值的乘积：

$$S=V_{rms}I_{rms}$$

另外，$S=|\boldsymbol{S}|=\sqrt{P^2+Q^2}$，其中 P 为有功功率，Q 为无功功率。

7. 无功功率 Q(单位为 var)为

$$Q=\frac{1}{2}V_m I_m\sin(\theta_v-\theta_i)=V_{rms}I_{rms}\sin(\theta_v-\theta_i)$$

8. 复功率 $\boldsymbol{S}$(单位为 V·A)等于电压相量有效值与电流相量有效值的共轭复数的乘积，也等于有功功率 P 与无功功率 Q 的复数和：

$$\boldsymbol{S}=\boldsymbol{V}_{rms}\boldsymbol{I}_{rms}^{*}=V_{rms}I_{rms}\underline{/\theta_v-\theta_i}=P+jQ$$

或

$$\boldsymbol{S}=I_{rms}^2\boldsymbol{Z}=\frac{V_{rms}^2}{\boldsymbol{Z}^*}$$

9. 电路网络总的复功率等于各个元件的复功率之和，同理，总的有功功率与无功功率也分别等于各个元件的有功功率与无功功率之和。但是，总的视在功率的计算方法并不同于上述计算方法。
10. 若考虑经济因素，则功率因数校正是必需的。降低总的无功功率即可改善负载的功率因数。
11. 功率表是测量平均功率的仪器。用电量可以用电能表来度量。

复习题

1 电感器吸收的平均功率为零。
(a) 正确 (b) 错误

2 从负载两端看进去的网络的戴维南阻抗为(80+j55)Ω，要实现负载的最大功率传送，负载阻抗应为
(a) (−80+j55)Ω (b) (−80−j55)Ω
(c) (80−j55)Ω (d) (80+j55)Ω

3 家用电源插座上的 60Hz、120V 电源的幅度为
(a) 110V (b) 120V
(c) 170V (d) 210V

4 如果负载阻抗为(20−j20)Ω，则功率因数为
(a) ∠−45° (b) 0
(c) 1 (d) 0.7071
(e) 以上均错误

5 包含给定负载所有功率信息的量是
(a) 功率因数 (b) 视在功率
(c) 平均功率 (d) 无功功率
(e) 复功率

6 无功功率的度量单位为
(a) W (b) V·A
(c) var (d) 以上均错误

7 在图 11-34 所示的功率三角形中，无功功率为
(a) 1000var 超前 (b) 1000var 滞后
(c) 866var 超前 (d) 866var 滞后

8 在图 11-34b 所示的功率三角形中，视在功率为
(a) 2000V·A (b) 1000var
(c) 866var (d) 5000var

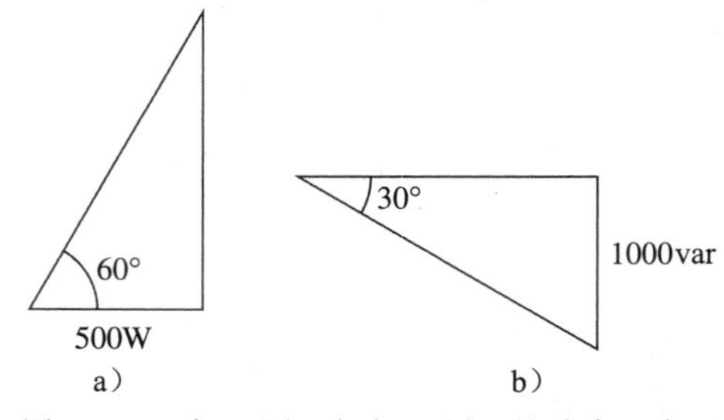

图 11-34 复习题 7 与复习题 8 的功率三角形

9 某电源与三个负载 $\boldsymbol{Z}_1$、$\boldsymbol{Z}_2$ 与 $\boldsymbol{Z}_3$ 并联相接，下列哪项是错误的？
(a) $P=P_1+P_2+P_3$ (b) $Q=Q_1+Q_2+Q_3$
(c) $S=S_1+S_2+S_3$ (d) $\boldsymbol{S}=\boldsymbol{S}_1+\boldsymbol{S}_2+\boldsymbol{S}_3$

10 测量平均功率的仪器是

(a) 电压表　　(b) 电流表
(c) 瓦特表　　(d) var 表
(e)电能表

答案：1 (a)；2 (c)；3 (c)；4 (d)；5 (e)；6 (c)；7 (d)；8 (a)；9 (c)；10 (c)。

习题[⊖]

1 如果 $v(t)=160\cos 50t\,\text{V}$，$i(t)=-33\sin(50t-30^\circ)\text{A}$。计算瞬时功率与平均功率。

2 已知图 11-35 所示电路，试求各元件提供或吸收的平均功率。

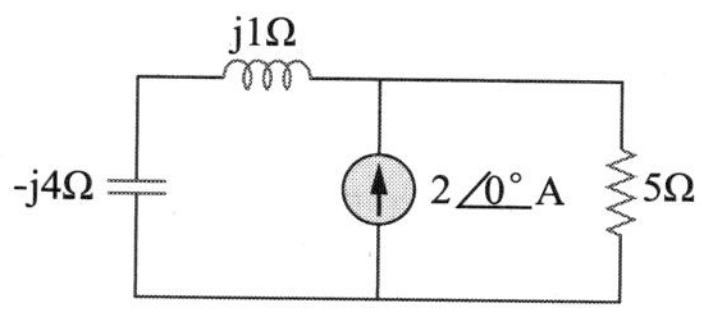

图 11-35　习题 2 图

3 某负载由 60Ω 电阻与 90μF 电容并联组成，如果该负载与电压源 $v_s(t)\pm160\cos 2000t\,\text{V}$ 相连，试求传递给负载的平均功率。

4 利用图 11-36 所示电路设计一个问题，从而更好地理解瞬时功率和平均功率。**ED**

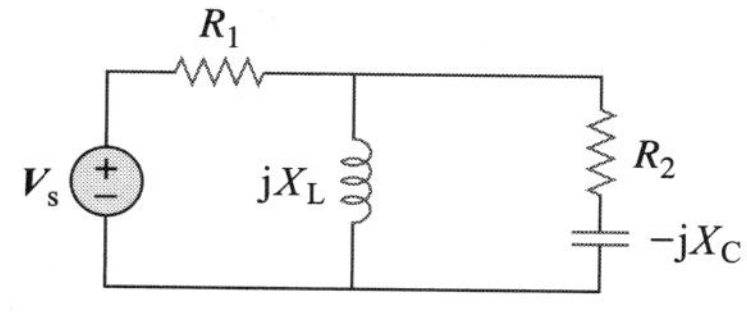

图 11-36　习题 4 图

5 假定图 11-37 所示电路中，$v_s=8\cos(2t-40^\circ)\text{V}$，试求传递给各无源元件的平均功率。

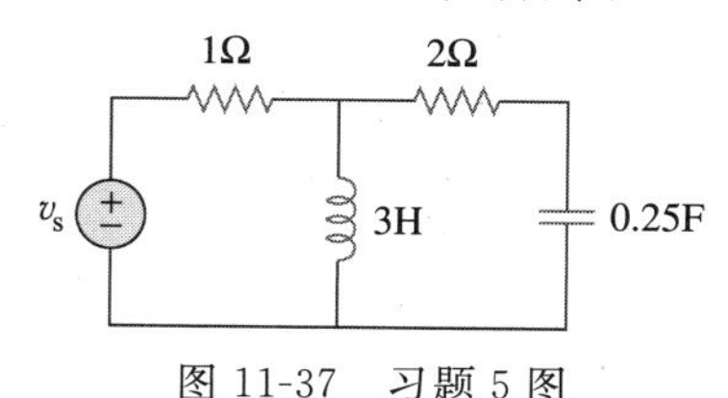

图 11-37　习题 5 图

6 在图 11-38 所示电路中，$i_s=6\cos 10^3 t\,\text{A}$，试求 50Ω 电阻吸收的平均功率。

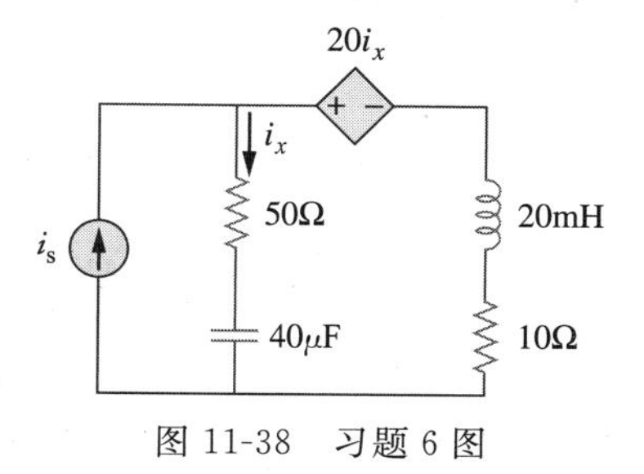

图 11-38　习题 6 图

7 已知如图 11-39 所示电路，试求 10Ω 电阻吸收的平均功率。

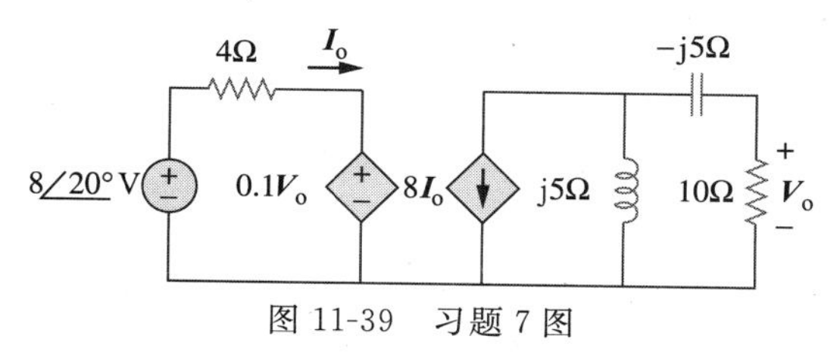

图 11-39　习题 7 图

8 在图 11-40 所示电路中，试确定 40Ω 电阻吸收的平均功率。

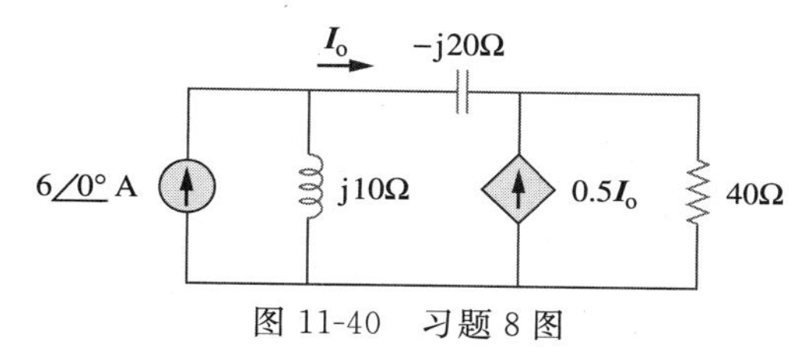

图 11-40　习题 8 图

9 在图 11-41 所示的运算放大器电路中，$V_s=10\angle 30^\circ\text{V}$，试求 20kΩ 电阻吸收的平均功率。

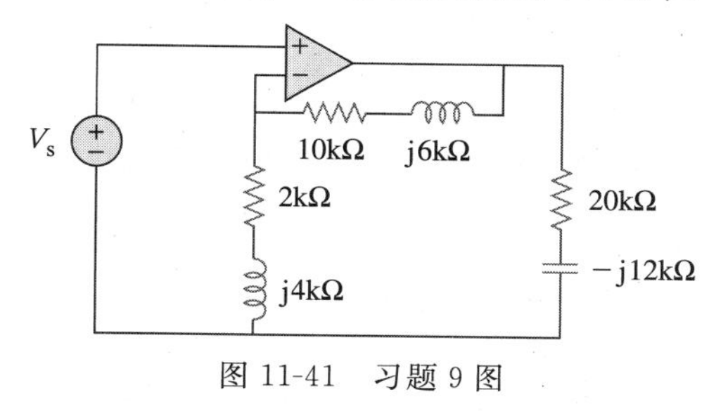

图 11-41　习题 9 图

10 在图 11-42 所示的运算放大器电路中，试求电阻吸收的总的平均功率。

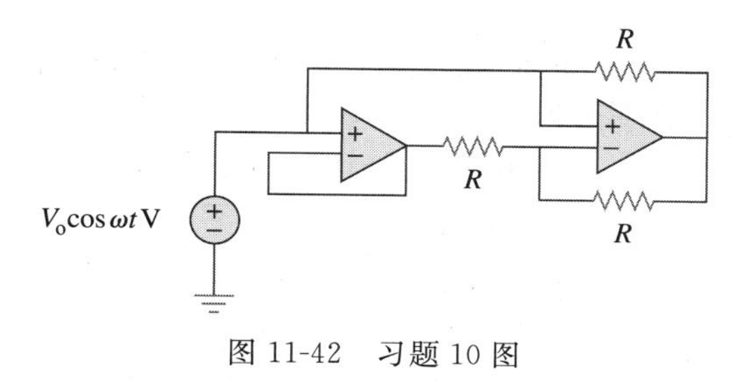

图 11-42　习题 10 图

11 在如图 11-43 所示的网络中，假定端口阻抗为

⊖ 从习题 22 开始，除非特殊说明，所有电流和电压值为 rms 值。

$$Z_{ab}=\frac{R}{\sqrt{1+\omega^2R^2C^2}}\angle -\arctan\omega RC$$

求 $R=10\text{k}\Omega$，$C=200\text{nF}$，$i=33\sin(377t+22^\circ)$ 时，该网络消耗的平均功率。

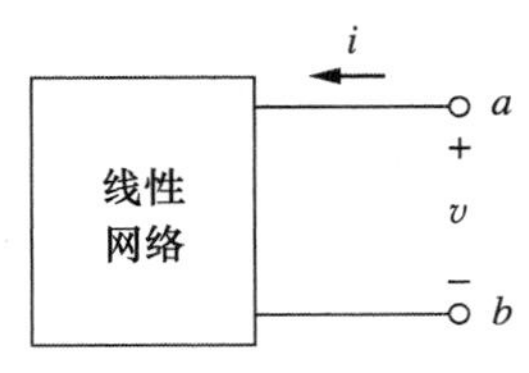

图 11-43 习题 11 图

11.3 节

12 对于图 11-44 所示电路，试确定实现最大功率传输（对于 Z_L）时的负载阻抗 Z_L，并计算负载吸收的最大功率值。

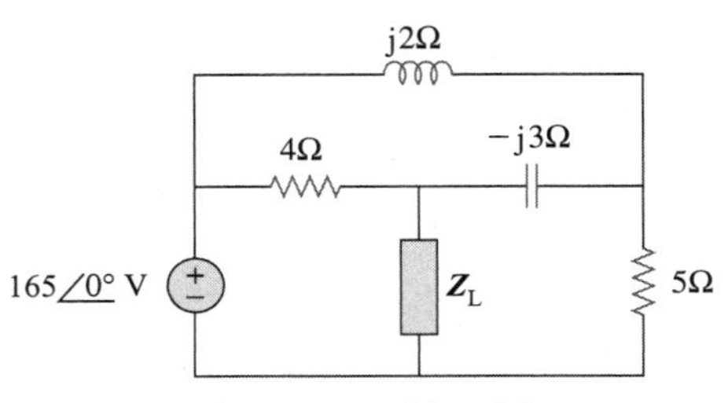

图 11-44 习题 12 图

13 电源的戴维南阻抗为 $Z_{Th}=(120+\text{j}60)\Omega$，戴维南峰值电压为 $V_{Th}=(110+\text{j}0)\text{V}$，试确定该电源可提供的最大平均功率。

14 利用图 11-45 所示电路设计一个问题，从而更好地理解传输到负载 Z 的最大平均功率。 **ED**

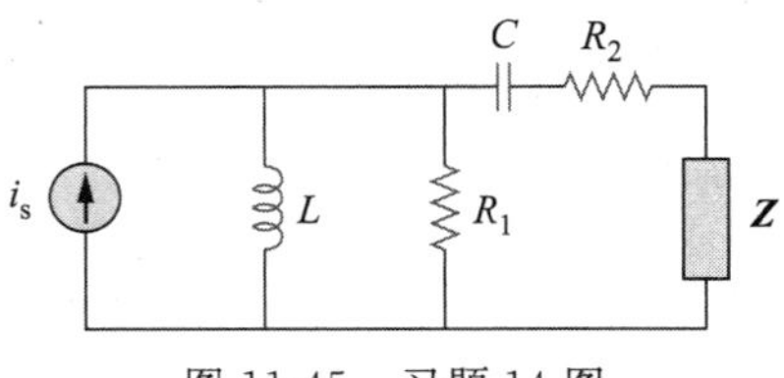

图 11-45 习题 14 图

15 在 11-46 所示电路中，试确定吸收最大功率的阻抗 Z_L 以及该最大功率。

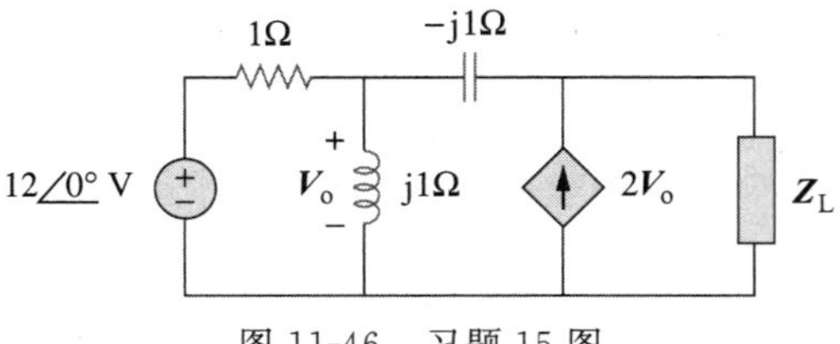

图 11-46 习题 15 图

16 在图 11-47 所示电路中，试求传递给负载 Z_L 的最大功率和此时的 Z_L 值。

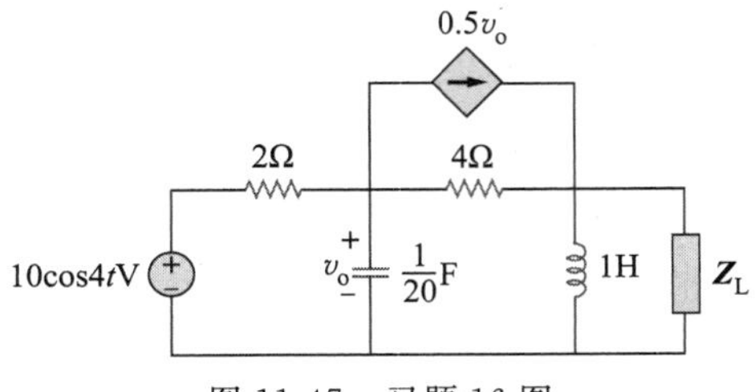

图 11-47 习题 16 图

17 计算图 11-48 所示电路中 Z_L，使得 Z_L 吸收的平均功率最大，并求出 Z_L 吸收的最大平均功率的值？

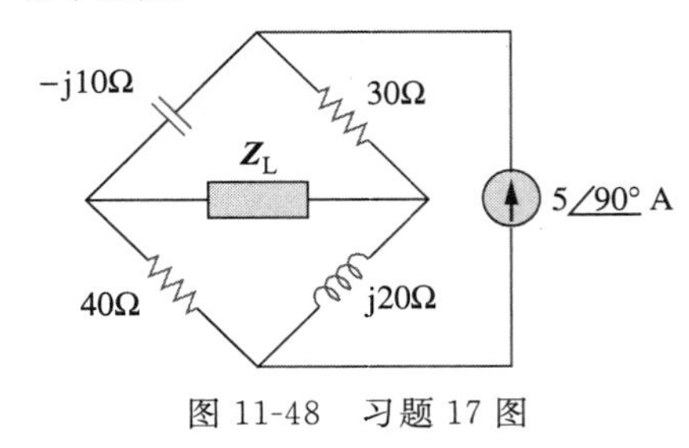

图 11-48 习题 17 图

18 求如图 11-49 所示电路中实现最大功率传输的 Z_L。

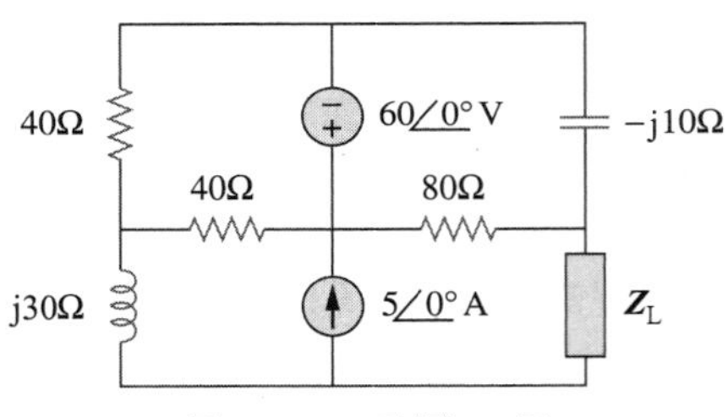

图 11-49 习题 18 图

19 调节图 11-50 所示电路中的可变电阻 R 使其吸收最大的平均功率，试求该电阻值以及所吸收的最大平均功率。

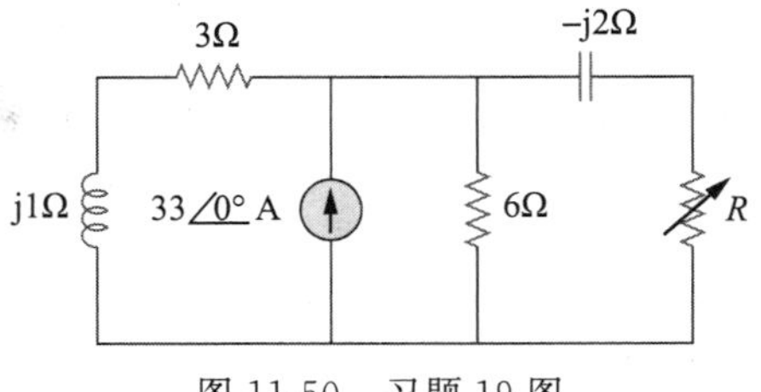

图 11-50 习题 19 图

20 调节图 11-51 所示电路中的负载电阻 R_L 使其吸收最大的平均功率，试计算该电阻值 R_L 以及所吸收的最大平均功率。

21 假定负载阻抗为纯电阻，试问如图 11-52 所示电路中端口 $a-b$ 两端应该连接多大的负载才能使传递给该负载的功率最大？

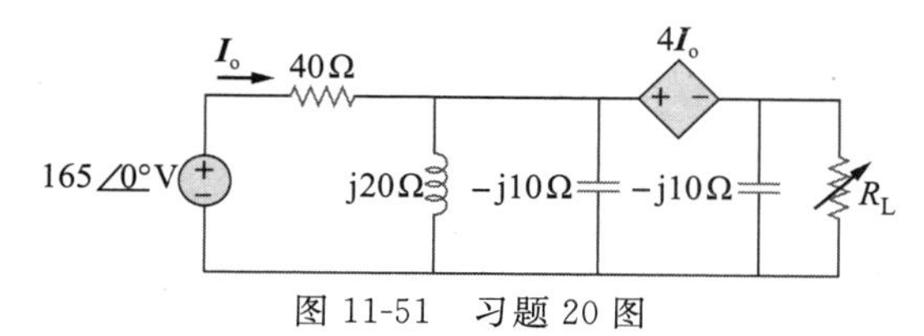

图 11-51 习题 20 图

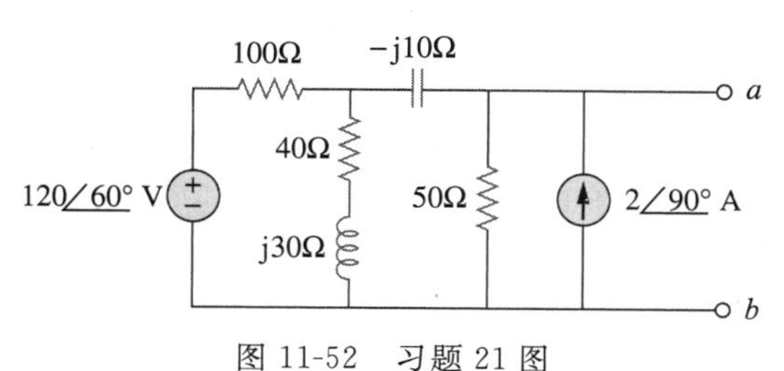

图 11-52 习题 21 图

11.4 节

22 求如图 11-53 所示移位正弦波的 rms 值。

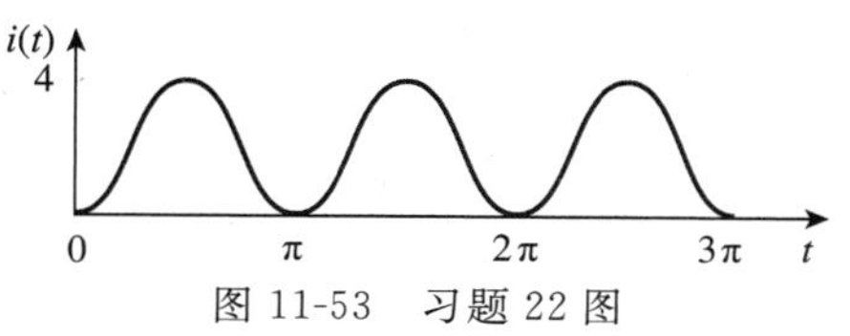

图 11-53 习题 22 图

23 利用图 11-54 所示的电压波形图设计一个问题，从而更好地理解波形的 rms 值。 **ED**

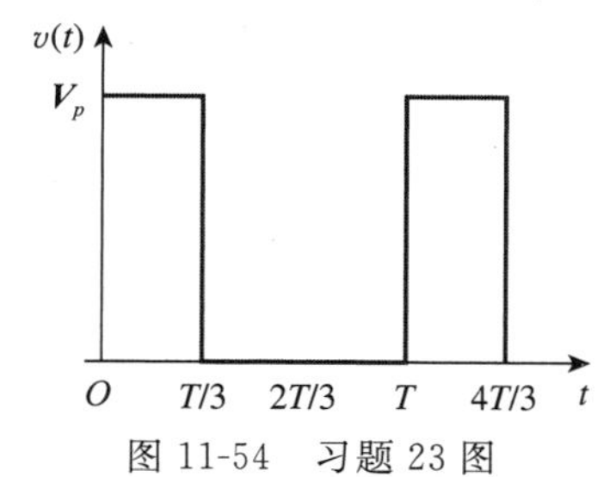

图 11-54 习题 23 图

24 确定图 11-55 所示波形的 rms 值。

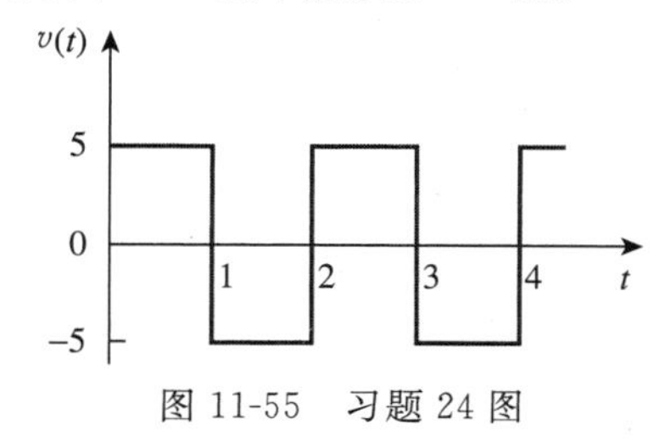

图 11-55 习题 24 图

25 求图 11-56 所示信号的 rms 值。

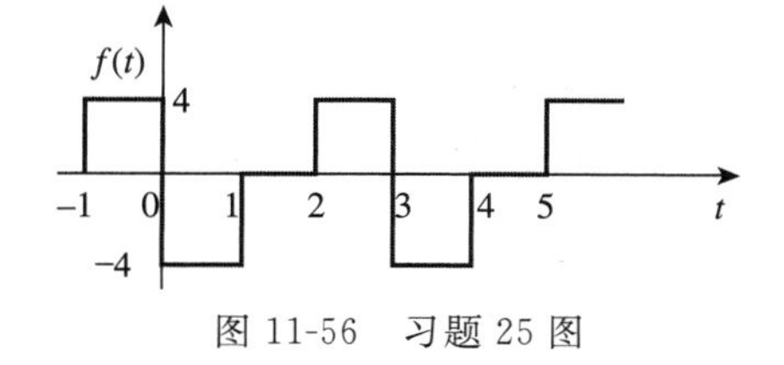

图 11-56 习题 25 图

26 求图 11-57 所示电压波形的有效值。

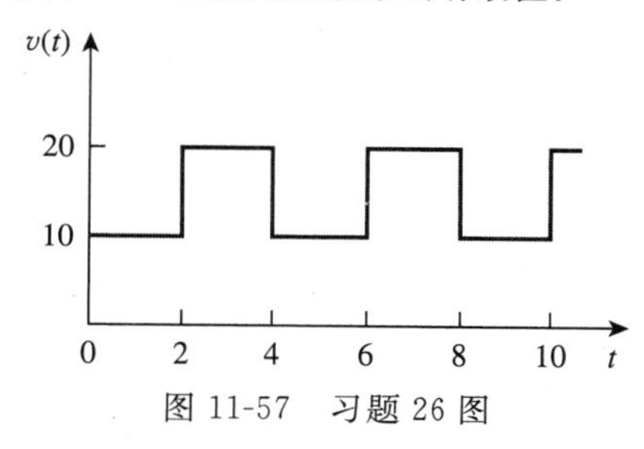

图 11-57 习题 26 图

27 计算图 11-58 所示电流波形的 rms 值。

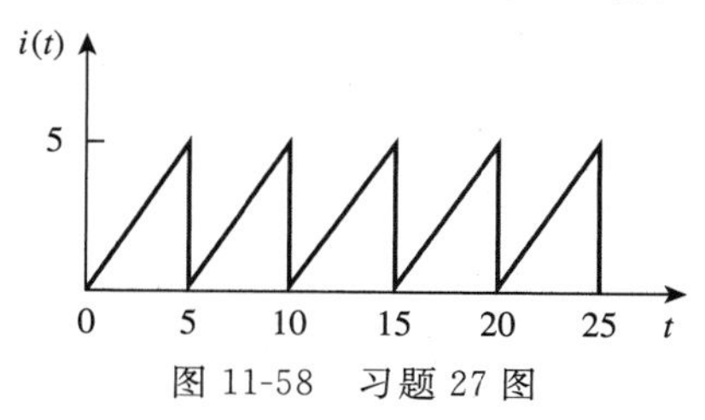

图 11-58 习题 27 图

28 求图 11-59 所示电压波形的 rms 值，以及将该电压施加于 2Ω 电阻两端时，该电阻吸收的平均功率。

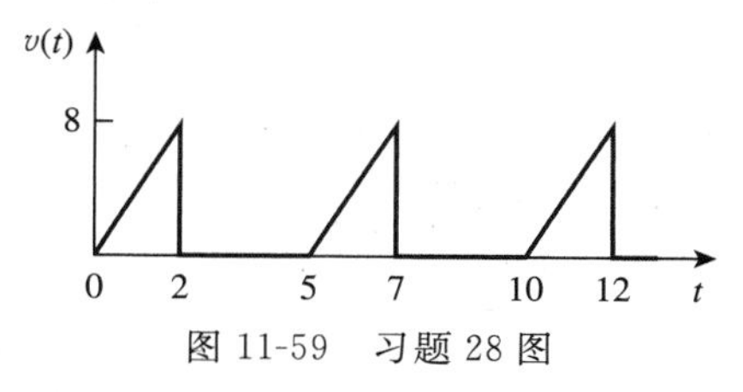

图 11-59 习题 28 图

29 计算图 11-60 所示电流波形的有效值，以及该电流通过 12Ω 电阻时，传递给电阻的平均功率。

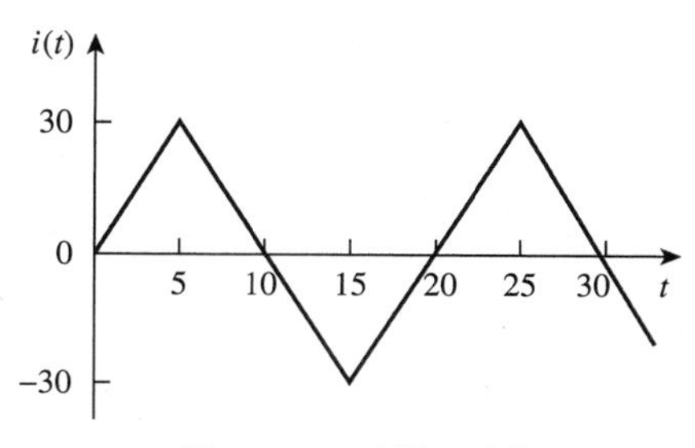

图 11-60 习题 29 图

30 计算图 11-61 所示波形的 rms 值。

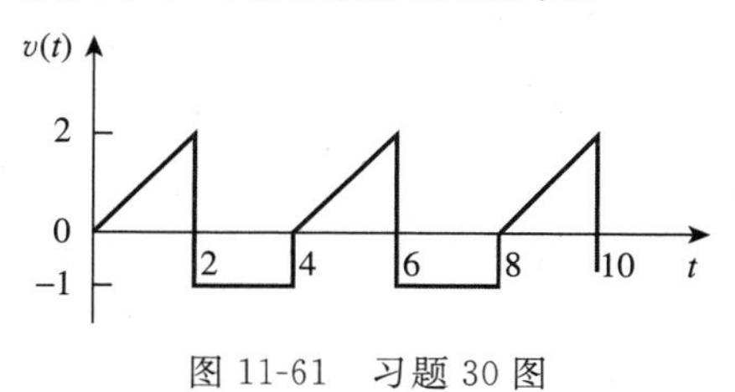

图 11-61 习题 30 图

31　求图 11-62 所示信号的 rms 值。

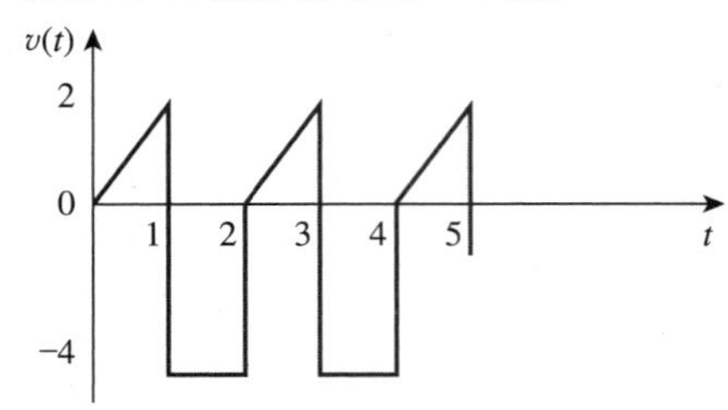

图 11-62　习题 31 图

32　试确定如图 11-63 所示电流波形的 rms 值。

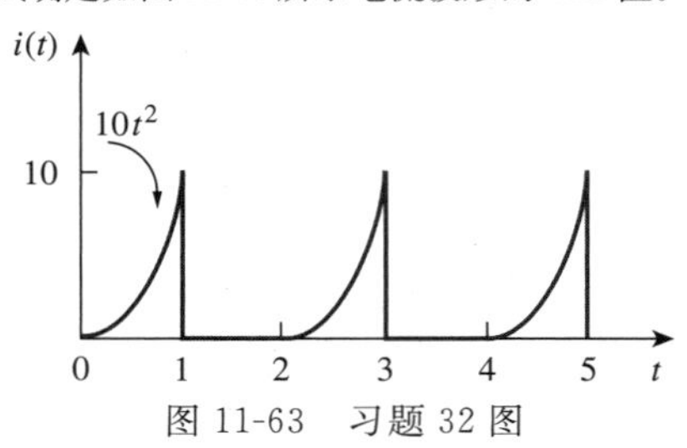

图 11-63　习题 32 图

33　确定如图 11-64 所示波形的 rms 值。

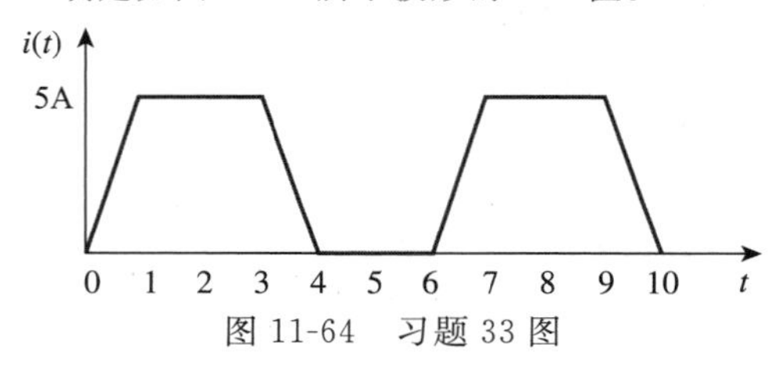

图 11-64　习题 33 图

34　求图 11-65 所示信号 $f(t)$ 的有效值。

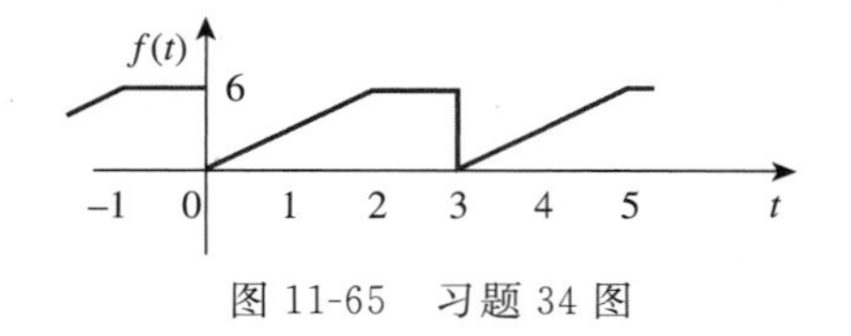

图 11-65　习题 34 图

35　某周期电压波形的一个周期如图 11-66 所示，试求该电压的有效值。注意，该周期的起点为 $t=0$，终点为 $t=6\text{s}$。

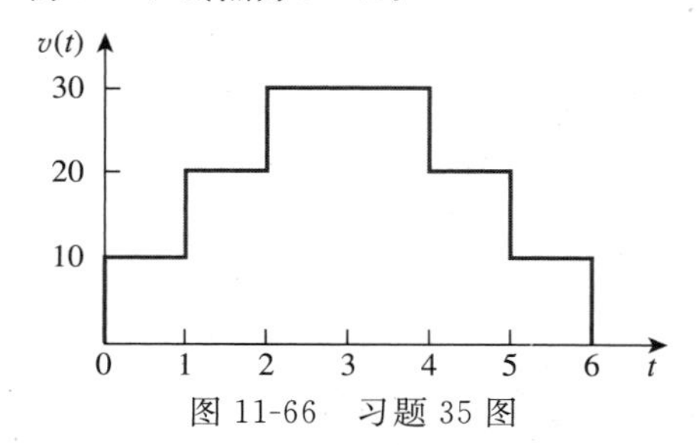

图 11-66　习题 35 图

36　计算如下各函数的 rms 值。

(a) $i(t)=10\text{A}$

(b) $v(t)=(4+3\cos 5t)\text{V}$

(c) $i(t)=(8-6\sin 2t)\text{A}$

(d) $v(t)=(5\sin t+4\cos t)\text{V}$

37　设计一个问题，从而更好地理解多个电流信号之和的 rms 值的计算方法。　**ED**

11.5 节

38　对于如图 11-67 所示的电力系统，试求：(a) 平均功率；(b) 无功功率；(c) 功率因数。注意，220V 为 rms 值。

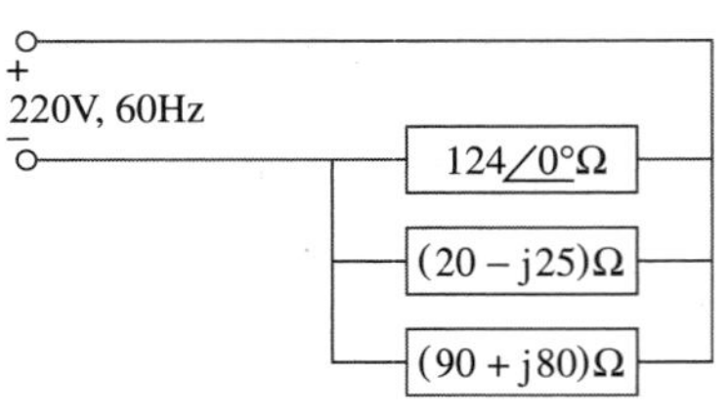

图 11-67　习题 38 图

39　给阻抗为 $\mathbf{Z}_L=(4.2+j3.6)\Omega$ 的某交流电动机供电的电源为 220V、60Hz，(a) 试求 pf、P、Q；(b) 试确定将功率因数校正为 1 的与该电动机并联的电容值。

40　设计一个问题，从而更好地理解视在功率和功率因数。　**ED**

41　确定图 11-68 所示各电路的功率因数，并指出各功率因数是超前的还是滞后的。

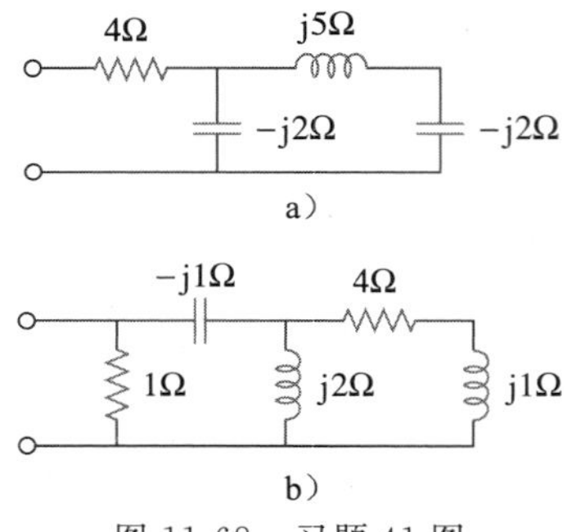

图 11-68　习题 41 图

11.6 节

42　将 110V(rms)、60Hz 电源作用于负载阻抗 Z，功率因数为 0.707(滞后)时进入该负载的视在功率为 120V · A。

(a) 试计算复功率；

(b) 试求流过该负载的 rms 电流值；

(c) 试确定 Z；

(d) 假定 $Z=R+j\omega L$，试求 R 与 L 的值。

43　设计一个问题以更好地理解复功率。　**ED**

44　试求 v_s 传递给如图 11-69 所示网络的复功率，设 $v_s=100\cos 2000t\text{V}$。

45　某负载两端的电压以及流过该负载的电流为：

$$v(t)=20+60\cos 100t\text{V},$$

$$i(t)=(1-0.5\sin 100t)\text{A}$$

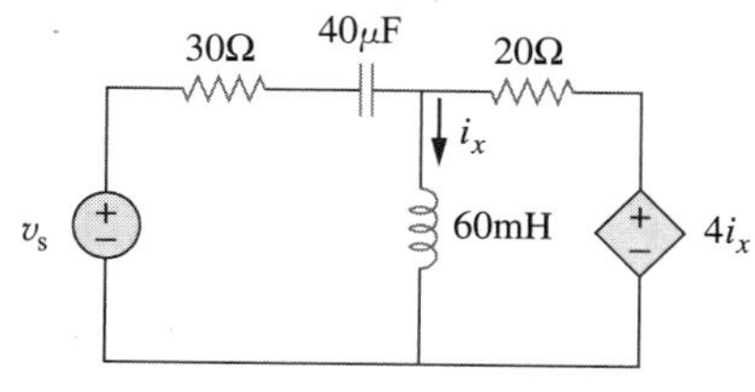

图 11-69　习题 44 图

试求：

(a) 该电压与电流的 rms 值；

(b) 该负载消耗的平均功率。

46　对如下电压与电流相量，试计算复功率、视在功率、有功功率和无功功率，并指出 pf 是超前的还是滞后的。

(a) $\boldsymbol{V}=220\angle 30°$ V(rms)，$\boldsymbol{I}=0.5\angle 60°$ A(rms)。

(b) $\boldsymbol{V}=250\angle -10°$ V(rms)，

$\boldsymbol{I}=6.2\angle -25°$ A(rms)。

(c) $\boldsymbol{V}=20\angle 30°$ V(rms)，

$\boldsymbol{I}=2.4\angle -15°$ A(rms)。

(d) $\boldsymbol{V}=160\angle 45°$ V(rms)，$\boldsymbol{I}=8.5\angle 90°$ A(rms)。

47　对于如下几种情况，试求其复功率、平均功率与无功功率。

(a) $v(t)=112\cos(\omega t+10°)$V，

$i(t)=4\cos(\omega t-50°)$A。

(b) $v(t)=160\cos(377t)$V，

$i(t)=4\cos(377t+45°)$A。

(c) $\boldsymbol{V}=80\angle 60°$ V(rms)，$\boldsymbol{Z}=50\angle 30°$ Ω。

(d) $\boldsymbol{I}=10\angle 60°$ A(rms)，$\boldsymbol{Z}=100\angle 45°$ Ω。

48　试确定以下几种情况下的复功率。

(a) $P=269$W，$Q=150$var(电容性)。

(b) $Q=2000$var，pf=0.9(超前)。

(c) $S=600$V·A，$Q=450$var(电感性)。

(d) $V_{rms}=220$V，1kW，$|\boldsymbol{Z}|=40\Omega$(电感性)。

49　确定以下几种情况的复功率。

(a) $P=4$kW，pf=0.86(超前)。

(b) $S=2$kV·A，$P=1.6$kW(电容性)。

(c) $\boldsymbol{V}_{rms}=208\angle 20°$ V，$\boldsymbol{I}_{rms}=6.5\angle -50°$ A。

(d) $\boldsymbol{V}_{rms}=120\angle 30°$ V，$\boldsymbol{Z}=(40+j60)\Omega$。

50　试确定以下几种情况下的总阻抗。

(a) $P=1000$W，pf=0.8(超前)，$V_{rms}=220$V；

(b) $P=1500$W，$Q=2000$var(电感性)，

$I_{rms}=12$A；

(c) $\boldsymbol{S}=4500\angle 60°$ V·A，$\boldsymbol{V}=120\angle 45°$ V。

51　对于如图 11-70 所示的整体电路，试计算：

(a) 功率因数；(b) 电源传递的平均功率；(c) 无功功率；(d) 视在功率；(e) 复功率。

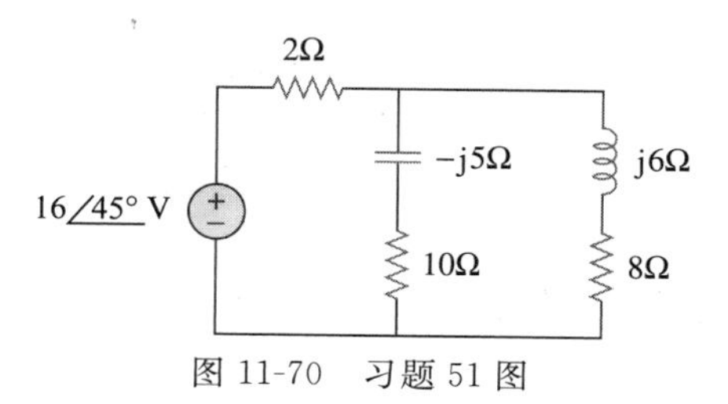

图 11-70　习题 51 图

52　在图 11-71 所示电路中，器件 A 在功率因数为 0.8(滞后)下接收的功率为 2kW，器件 B 在功率因数为 0.4(超前)下接收的功率为 3kV·A，器件 C 为感性元件，消耗的功率为 1kW，接收的功率为 500var。

(a) 试确定整个系统的功率因数。

(b) 试求 $\boldsymbol{V}_s=120\angle 45°$ V(rms)时的 $\boldsymbol{I}$。

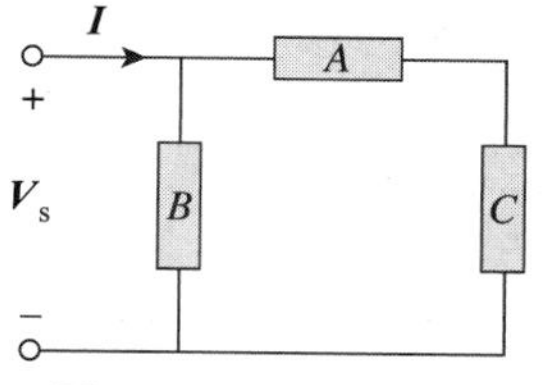

图 11-71　习题 52 图

53　在图 11-72 所示电路中，负载 A 在功率因数为 0.8(超前)下接收的功率为 4kV·A，负载 B 在功率因数为 0.6(滞后)下接收的功率为 2.4kV·A，器件 C 为感性负载，消耗的功率为 1kW，接收的功率为 500var。

(a) 试确定 $\boldsymbol{I}$；

(b) 试计算该电路组合的功率因数。

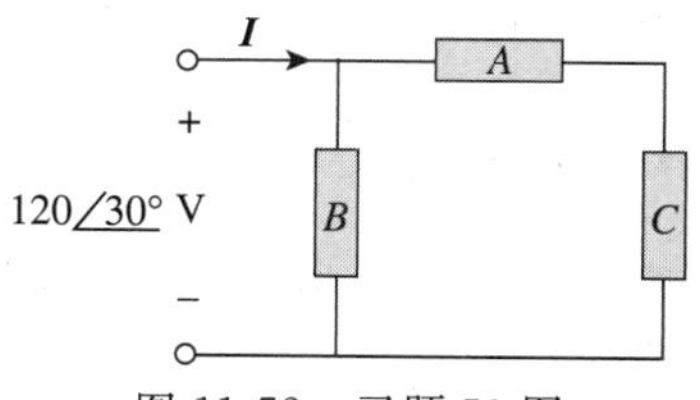

图 11-72　习题 53 图

11.7 节

54　对于图 11-73 所示网络，试求各元件吸收的复功率。

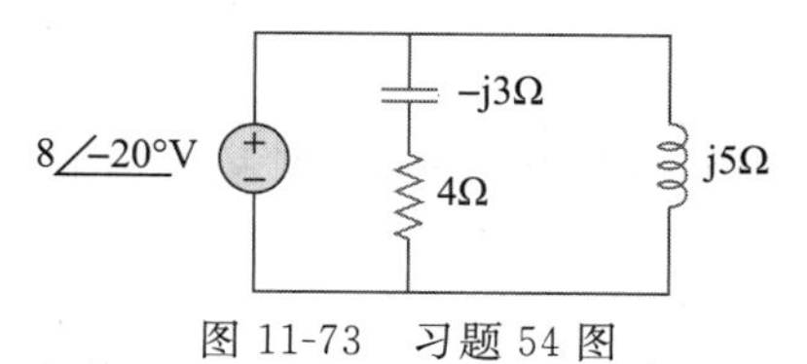

图 11-73　习题 54 图

55　利用图 11-74 所示电路设计一个问题，从而更好地理解交流电路的功率守恒定理。　**ED**

56　确定图 11-75 所示电路中的电源传递的复功率。　**PS　ML**

图 11-74　习题 55 图

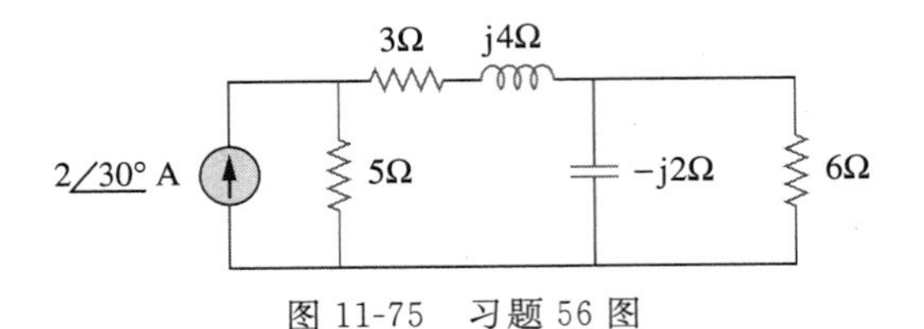

图 11-75　习题 56 图

57　对于图 11-76 所示电路，试求独立电流源传递的平均功率、无功功率与复功率。 **PS** **ML**

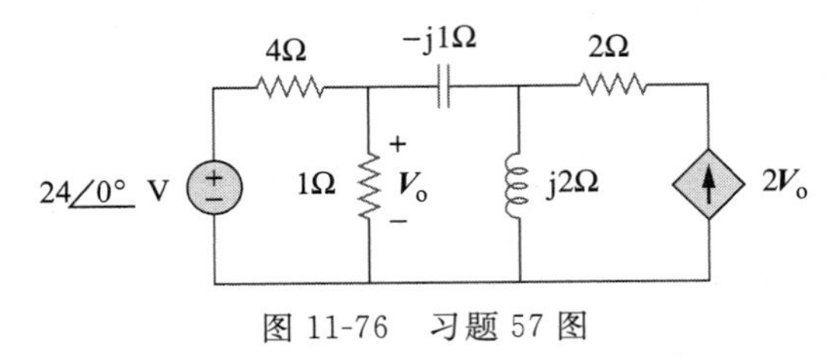

图 11-76　习题 57 图

58　求传递给图 11-77 所示电路中 10kΩ 电阻的复功率。 **ML**

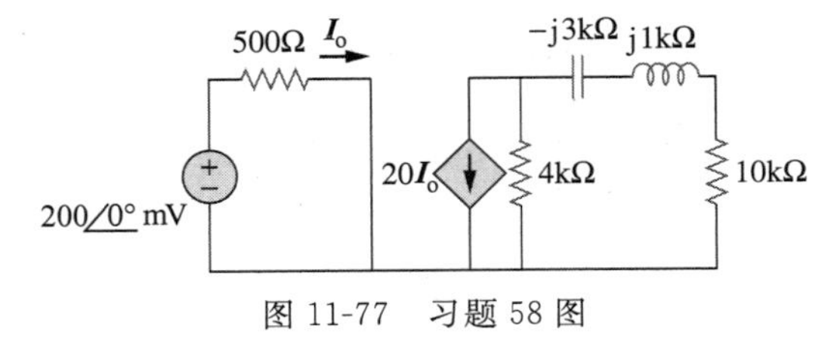

图 11-77　习题 58 图

59　计算如图 11-78 所示电路中电感与电容的无功功率。 **ML**

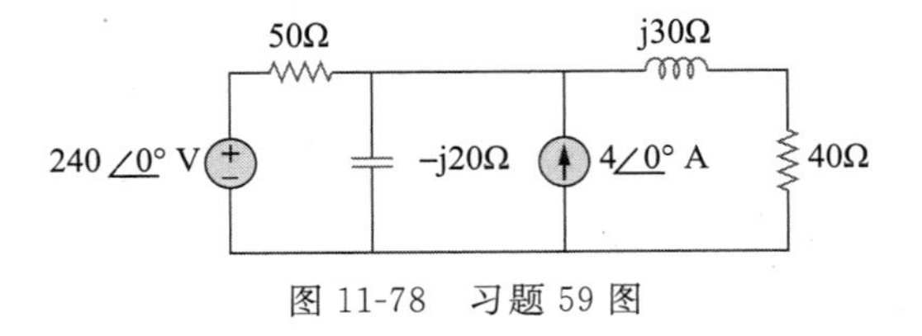

图 11-78　习题 59 图

60　对于图 11-79 所示电路，试求 $\boldsymbol{V}_o$ 与输入功率因数。

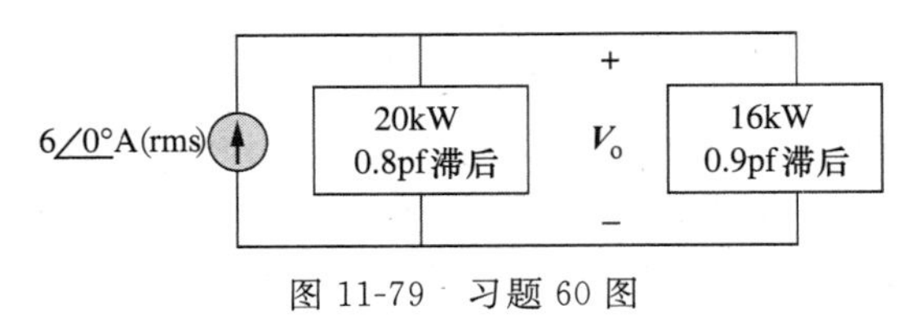

图 11-79　习题 60 图

61　已知如图 11-80 所示电路，试求 $\boldsymbol{I}_o$ 与电源提供的总的复功率。

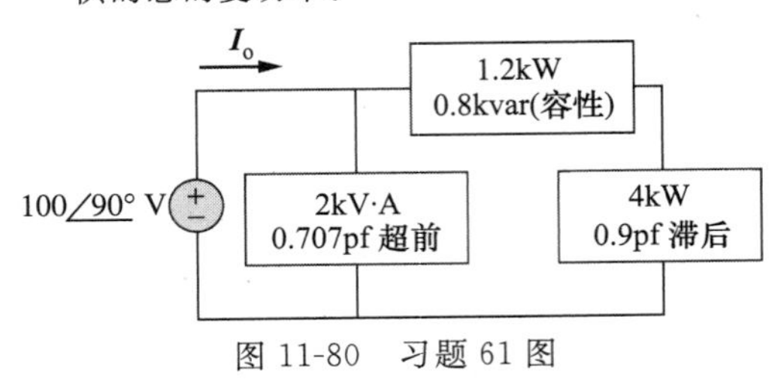

图 11-80　习题 61 图

62　对于图 11-81 所示电路，试求 $\boldsymbol{V}_s$。

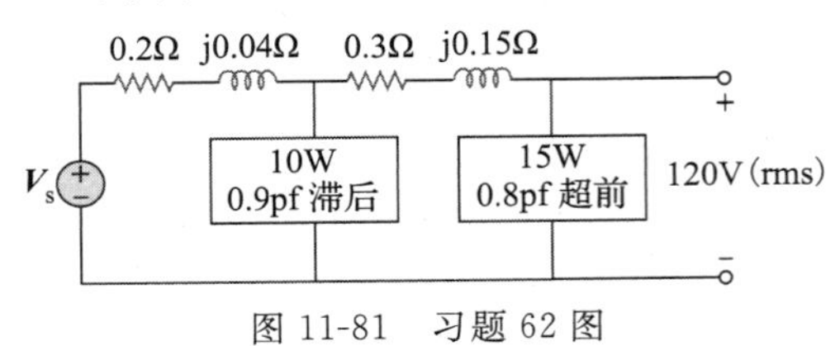

图 11-81　习题 62 图

63　求图 11-82 所示电路中的 $\boldsymbol{I}_o$。

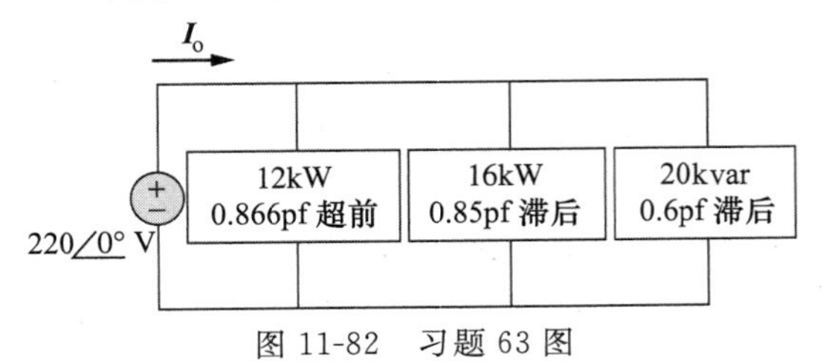

图 11-82　习题 63 图

64　在图 11-83 所示电路中，如果电压源提供的功率为 2.5kW 与 0.4kvar(超前)，试确定 $\boldsymbol{I}_s$。

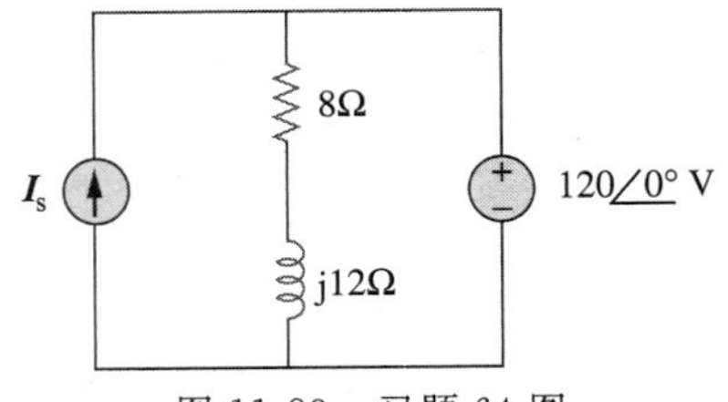

图 11-83　习题 64 图

65　在图 11-84 所示运算放大器电路中，如果 $v_s = 4\cos 10^4 t$，试求传递给 50kΩ 电阻的平均功率。

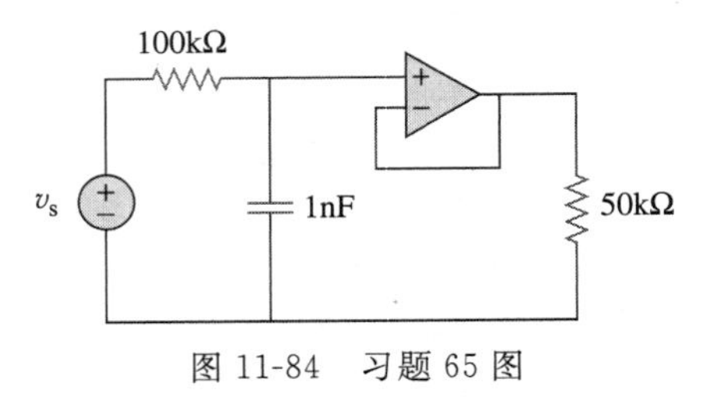

图 11-84　习题 65 图

66　确定图 11-85 所示运算放大器电路中，6Ω 电阻器吸收的平均功率。

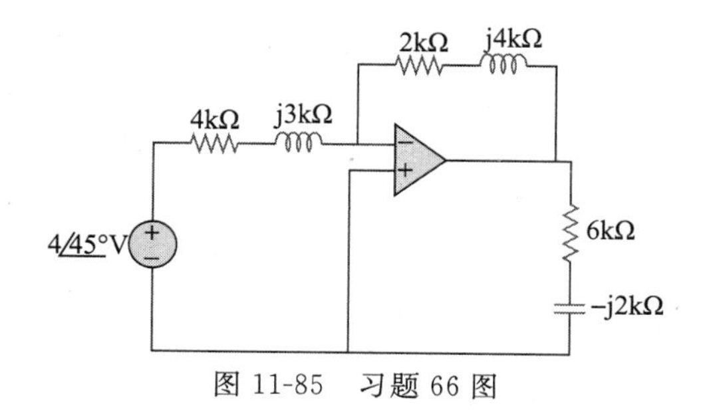

图 11-85　习题 66 图

67　对于图 11-86 所示的运算放大器电路，试计算：

(a) 电压源传递的复功率；

(b) 12Ω 电阻消耗的平均功率。

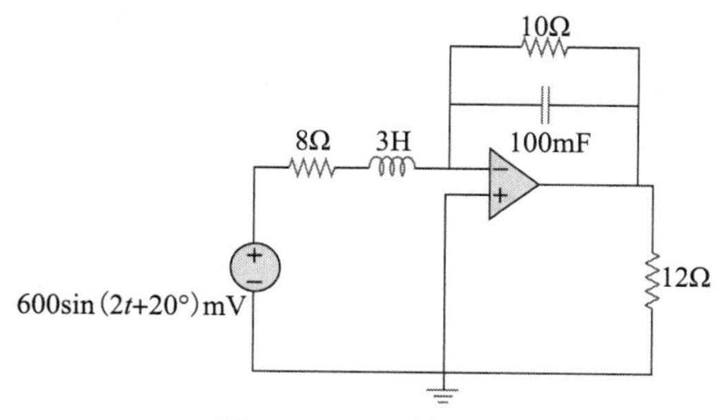

图 11-86　习题 67 图

68　计算如图 11-87 所示 RLC 串联电路中，电流源提供的复功率。

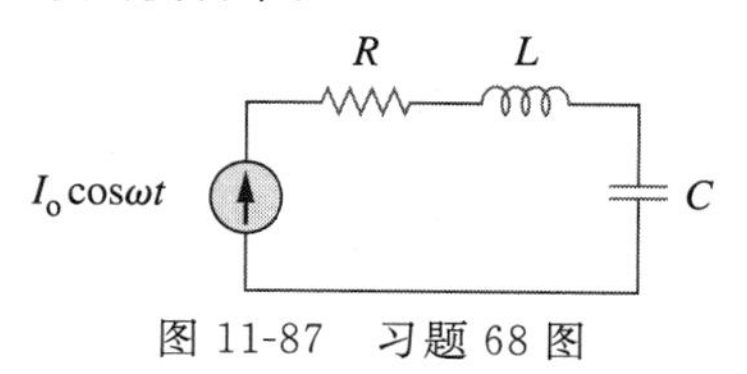

图 11-87　习题 68 图

11.8 节

69　参见如图 11-88 所示电路。

(a) 功率因数为多少？

(b) 消耗的平均功率为多少？

(c) 能够将功率因数校正为单位 1 的与负载并联的电容的容值为多少？

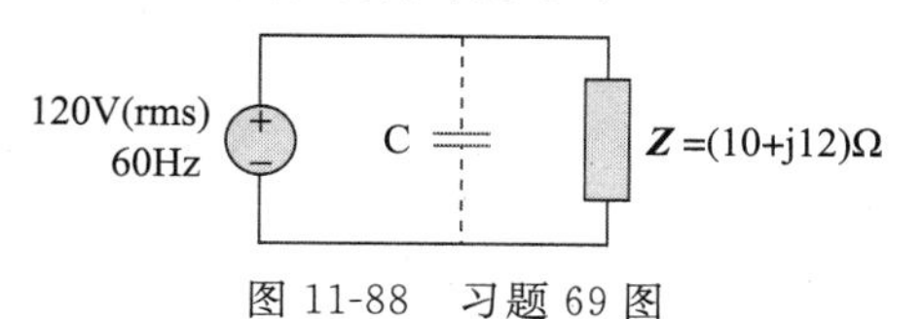

图 11-88　习题 69 图

70　设计一个问题，从而更好地理解功率因数校正。 **ED**

71　三个负载与 $120\underline{/0^\circ}$ V(rms)电源并联连接，在 pf＝0.85(滞后)时，负载 1 吸收的功率为 60kvar，在 pf＝1 时，负载 2 吸收的功率为 90kW 与 50kvar 超前，负载 3 吸收的功率为 100kW。

(a) 试求等效阻抗；

(b) 试计算该并联电路的功率因数；

(c) 试确定电源提供的电流。

72　相互并联的两个负载在功率因数为 0.8(滞后)时从 120V(rms)、60Hz 电力线提取的总功率为 2.4kW，其中一个负载在功率因数为 0.707(滞后)下吸收的功率为 1.5kW. 试确定：

(a) 第二个负载的功率因数；

(b) 将两个负载的功率因数校正为 0.9(滞后)所需的并联元件值。

73　某 240V(rms)，60Hz 电源某负载供电，该负载为 10kW(电阻性)、15kvar(电容性)以及 22kvar(电感性)，试求：

(a) 视在功率；

(b) 从电流源提取的电流；

(c) 额定的无功功率以及将功率因数提高到 0.96(滞后)所需的电容值。

(d) 在新的功率因数条件下，从电源提取的电流。

74　某 120V(rms)、60Hz 电源给两个相互并联的负载供电，如图 11-89 所示。

(a) 试求该并联负载的功率因数；

(b) 试计算将功率因数提高到 1，所需并联的电容值。

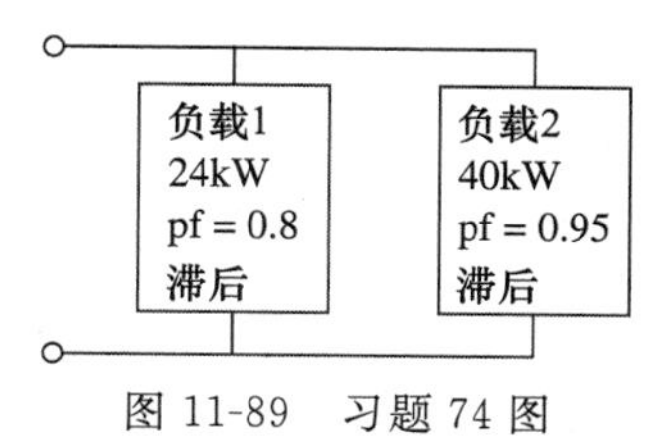

图 11-89　习题 74 图

75　对于图 11-90 所示的供电系统，试计算：

(a) 总的复功率；

(b) 功率因数；

(c) 构建单位功率因数所需的并联电容。

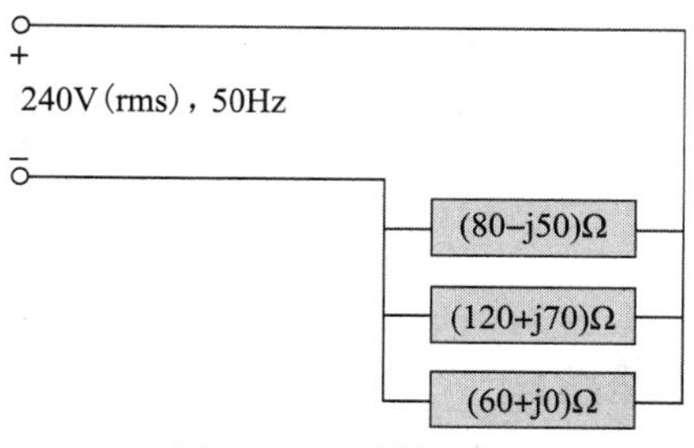

图 11-90　习题 75 图

11.9 节

76　确定如图 11-91 所示电路中功率表的读数。

77　在图 11-92 所示网络中，功率表的读数是多少？

图 11-91 习题 76 图

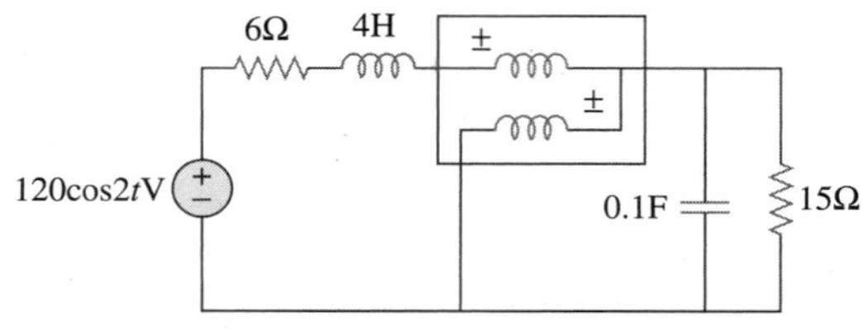

图 11-92 习题 77 图

78 求图 11-93 所示电路中功率表的读数。

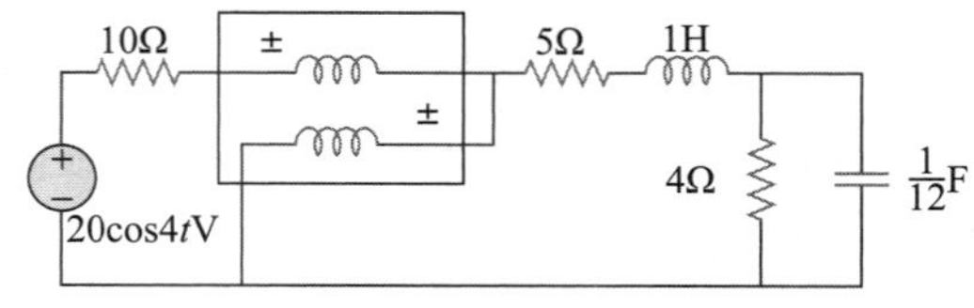

图 11-93 习题 78 图

79 确定图 11-94 所示电路中功率表的读数。

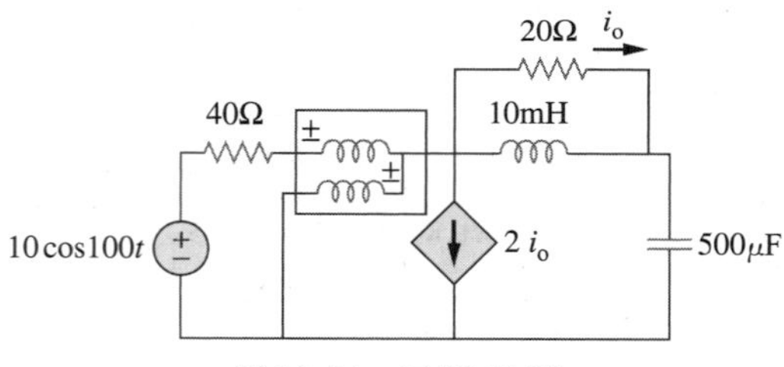

图 11-94 习题 79 图

80 图 11-95 所示为功率表接入某交流网络中的电路图。

(a) 试求负载电流的大小；

(b) 试计算功率表的读数。

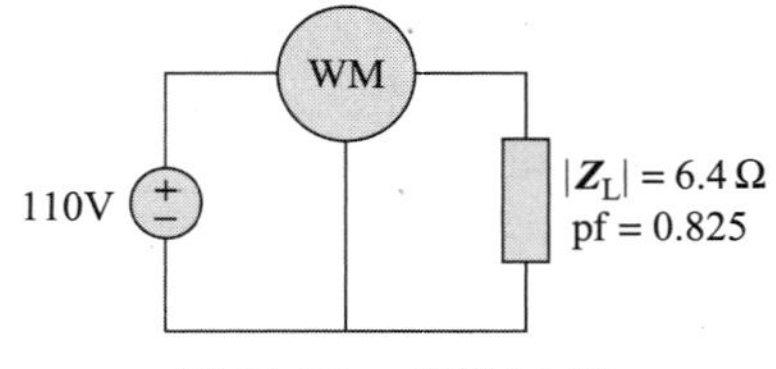

图 11-95 习题 80 图

81 设计一个问题，从而更好地理解如何将功率因数校正为单位 1 以外的其他值。 **ED**

82 某 240V(rms)、60Hz 电源给由一个 5kW 加热器与一个 30kV·A 感应电动机组成的并联负载供电，该负载的功率因数为 0.82，试确定：

(a) 该系统的视在功率；

(b) 该系统的无功功率；

(c) 将该系统的功率因数调节为 0.9(滞后)所需的电容器的额定视在功率；

(d) 所需的电容器值。

83 示波器测试结果显示某负载两端的电压与流过该负载的电流分别为 $210\angle 60°$ V 与 $8\angle 25°$ A，试确定：(a) 有功功率；(b) 视在功率；(c) 无功功率；(d) 功率因数。

84 某用户月耗电 1200MW·h，最大需求为 2.4 MV·A，最大需求收费为 30 美元每 kV·A 每年，电能收费为 4 美分每 kW·h。 **ED**

(a) 试确定每年的电费；

(b) 如果供电公司两部分的收入保持相同，试计算统一费率下每千瓦·时电能的收费。

85 某单相三线电路的常规家电系统允许使用 120V 与 240V、60Hz 两种家用电器，该家用电路的模型如图 11-96 所示。试计算：

(a) 电流 $\boldsymbol{I}_1$、$\boldsymbol{I}_2$ 与 $\boldsymbol{I}_n$；

(b) 电源提供的总的复功率；

(c) 电路的总的功率因数。

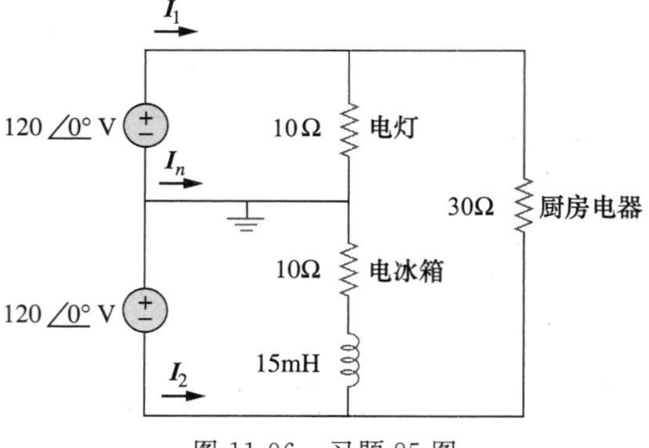

图 11-96 习题 85 图

综合理解题

86 当天线调整为与 75Ω 电阻和 4μH 电感相串联的负载等效时，发射机传递给该天线的功率最大。如果发射机的工作频率为 4.12MHz，试求其内部阻抗。 **ED**

87 在电视发射机中，某串联电路的阻抗为 3kΩ，总电流为 50mA。如果该电阻器两端的电压为 80V，试问该电路的功率因数为多少？

88 某个电子电路与 110V 交流电源相连接，所提取的电流方均根值为 2A，相位角为 55°。

(a) 试求该电路所提取的有功功率；

(b) 试计算视在功率。

89　某工业用加热器的标示牌上显示 210V、60Hz、12kW・A、0.78pf 滞后，试确定：**ED**

(a) 视在功率与复功率；

(b) 该加热器的阻抗。

*90　某功率因数为 0.85 的 2000kW 涡轮发电机工作在额定负载条件下，接入另一个 300kW、功率因数为 0.8 的负载，试问使该涡轮发电机正常运转且不至过载所需的电容的无功功率为多少？

91　某电动机的标示牌上显示：**ED**

电源电压：220V(rms)

电源电流：15A(rms)

电源频率：60Hz

功率：2700W

试确定该电动机的功率因数(滞后)，并求出使该电动机的 pf 提高到 1 所需并联电容器的容值 C。

92　如图 11-97 所示，550V 馈电线路给某工厂供电，该工厂负载包括功率因数为 0.75 电感性的 60kW 电动机、标称值为 20kvar 的电容以及 20kW 照明系统。

(a) 试计算该工厂吸收的总的无功功率与视在功率；

(b) 试确定总的功率因数；

(c) 试求馈电线路中的电流。

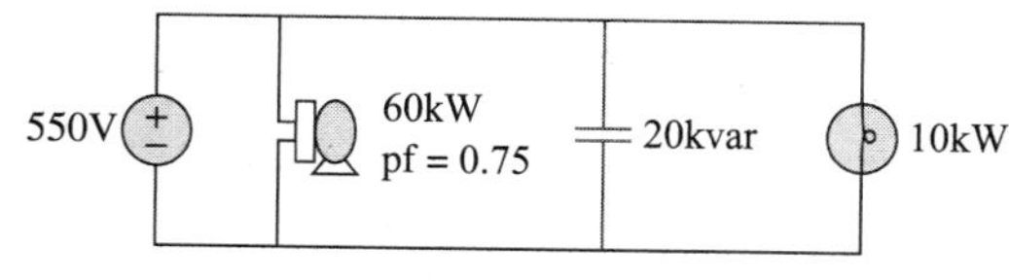

图 11-97　综合理解题 92 图

93　某工厂的四种主要负载如下：

- 1 个额定功率为 5 马力的电动机，pf＝0.8(滞后)，1 马力＝0.7457kW；
- 1 个额定功率为 1.2kW 的加热器，pf＝1.0；
- 10 个 120W 的灯泡；
- 一个额定功率为 1.6kV・A 的同步电机，pf＝0.6(超前)；

(a) 试计算总的有功功率与无功功率；

(b) 试求总的功率因数。

94　某 1MV・A 的电力分站以功率因数 0.7 满负荷运转。现欲通过安装电容器将功率因数提高到 0.95。假设安装新分站和配电设施的费用为 120 美元/(kV・A)、安装电容器的费用为 30 美元/kV・A。**ED**

(a) 试计算安装电容器所需的费用；

(b) 试求分站容量的释放所节省的费用；

(c) 试问安装电容器与释放电站容量哪个更为合算？

95　耦合电容器可用于阻隔来自放大器的直流电流，如图 11-98a 所示。放大器与电容器均可以看作电源，而扬声器则是负载，如图 11-98b 所示。**ED**

(a) 试问在什么频率下，传递给扬声器的功率最大？

(b) 如果 $v_s=4.6\text{V(rms)}$，在该频率下，传递给扬声器的功率为多大？

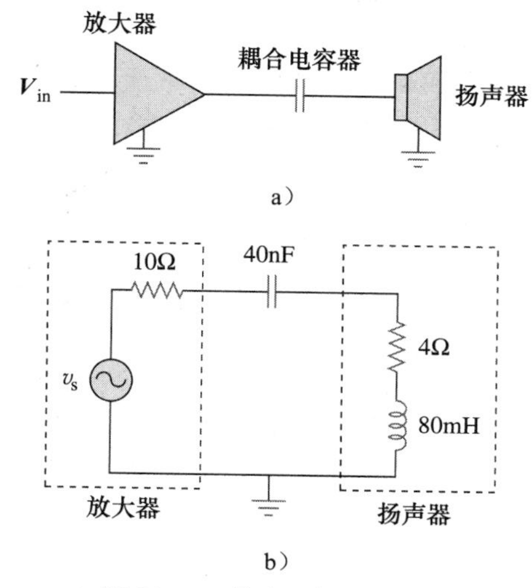

图 11-98　综合理解题 95 图

96　某功率放大器的输出阻抗为(40＋j8)Ω，当频率为 300Hz 时，该放大器的无负载输出电压为 146V。(a) 试确定实现最大功率传输的负载阻抗；(b) 试计算在匹配条件下的负载功率。**ED**

97　某电力传输系统的模型如图 11-99 所示，如果 $\mathbf{V}_s=240\underline{/0^\circ}\ \text{V(rms)}$，试求负载吸收的平均功率。

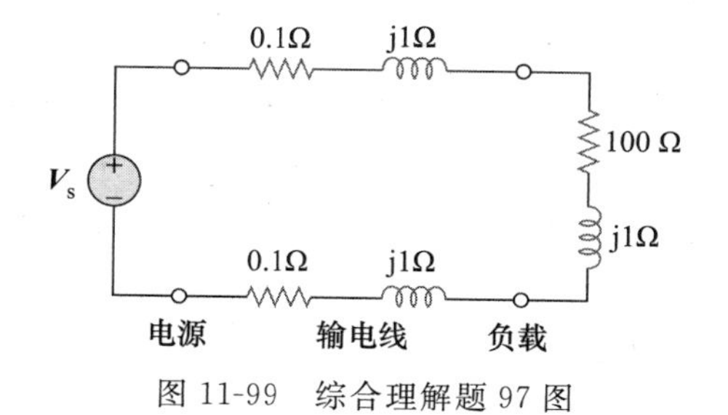

图 11-99　综合理解题 97 图

第12章 三相电路

不能原谅别人的人，实际上也就毁坏了自己必须通过的桥。

——George Herbert

增强技能与拓展事业

ABET EC 2000 标准(3.e)，“确认、表达并解决工程问题的能力”

培养和提高“确认、表达并解决工程问题的能力”是本书的主要任务。按照本书提出的六步法，求解问题的过程就是实践这一技能的最佳方式，建议读者在任何可能的情况下，都采用这六个步骤解题。你会发现，这一解题过程对于非工程课程也有很好的效果。

ABET EC 2000 标准(f)，“对于职业责任与伦理道德的理解”

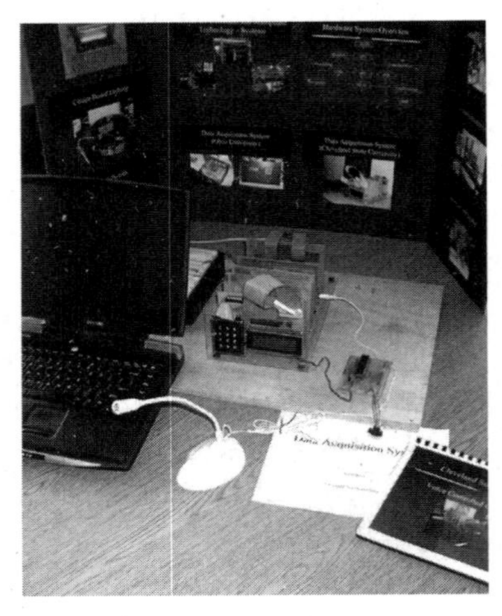

(图片来源：Clearles Alexander)

“对于职业责任与伦理道德的理解”是每个工程师都必须思考的。从某种程度上说，这种理解对于我们每一个人而言都非常重要。下面就通过一些实例帮助读者理解这句话的含义。最佳实例之一是工程师有责任回答“尚未提出的问题”。打个比方，你打算出售一辆传动系统有问题的小汽车，在售车过程中，可能的买主会问你右前轮轴承是否有问题，你回答没问题。但是，作为一名工程师，即便买主没有询问，你也必须告知买主该车的传动系统有问题。

一个人的职业与道德责任表现为不损害周围人以及你所负责的人的利益。显然，培养这种能力需要一定的时间和成熟度。建议读者在日常活动中不断地探索职业道德以加深自己的理解。

学习目标

通过本章内容的学习和练习你将具备以下能力：

1. 理解对称三相电压。
2. 分析对称 Y-Y 电路。
3. 理解分析对称 Y-△电路。
4. 分析对称△-△电路。
5. 理解分析对称△-Y 电路。
6. 解释分析对称三相电路中的电源。
7. 分析不对称三相电路。

12.1 引言

至此，本书介绍的内容仅涉及单相电路。单相交流电力系统由负载与发电机组成，二者通过一对电线(传输线)相连，图 12-1a 所示为一个单相两线系统。图中 V_p 为电源电压的幅度，ϕ 为相位。实际应用中更常见的是如图 12-1b 所示的单相三线系统，该系统包括两个完全相同的电源(相同的振幅、相同的相位)，通过两根外接线与一根中性线与两个负载相连接。例如，常见的家用供电系统就是单相三线系统，因为其终端电压具有相同的振幅和相同的相位。这种系统允许接入 120V 或 240V 的用电设备。

提示： 爱迪生利用三线取代四线，从而发明了三线系统。

交流电源以相同的频率、不同的相位工作的电路或系统称为多相(polyphase)系统，图 12-2 所示为一个两相三线系统，图 12-3 所示为一个三相四线系统。与单相系统不同，两相系统中的发电机包括两个相互垂直的绕组，其产生的两个电压相位相差 90°。同理，三相系统中的发电机包括三个幅度与频率相同但相位彼此相差 120°的绕组。三相系统是迄今为止应用最普遍、最经济的多相系统，因此，本章主要讨论三相系统。

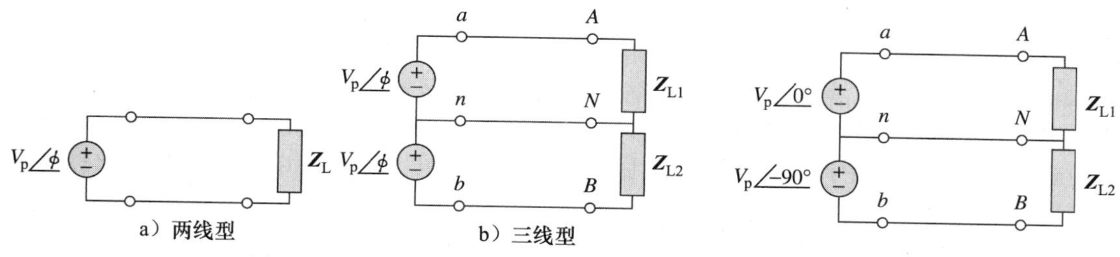

图 12-1 单相系统

图 12-2 两相三线系统

三相系统之所以重要，至少有三个原因。首先，几乎所有的电厂产生并配送的都是三相电，其工作频率在美国是 60Hz($\omega=377$rad/s)，而在其他一些国家和地区是 50Hz($\omega=314$rad/s)。当需要单相或两相输入时，可以从三相系统中提取，而无须独立产生。即使需求超过三相时，例如铝厂为了将铝熔化，需要 48 相电源，这时也可以通过对已有三相电源进行一定的处理而获得。其次，三相系统的瞬时功率是恒定的(而非波动的)，详见 12.7 节的讨论。这样可以实现均匀的功率传输，并且减少三相机器的振动。最后，对于相同的功率而言，三相系统较单相系统更为经济，而且三相系统所需的传输线数量少于等效的单相系统所需的传输线数量。

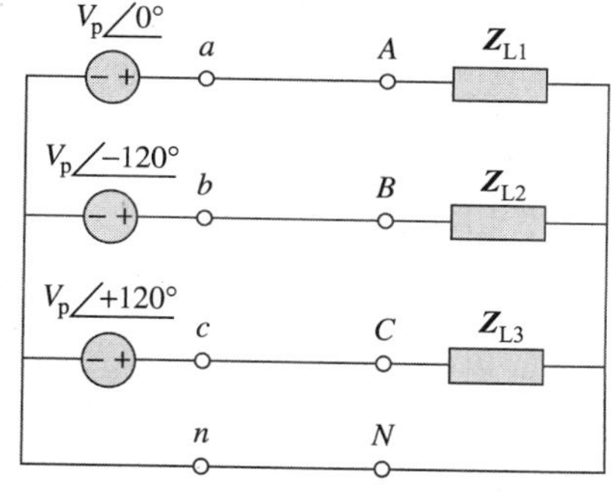

图 12-3 三相四线系统

历史珍闻

尼古拉·特斯拉(Nikola Tesla，1856—1943)，克罗地亚裔美国工程师，在他的多项发明中，感应电动机与首个多相交流电源系统对交、直流电之争的尘埃落定产生了极大的影响，有力地促进了交流电的普及与应用。同时，他还负责确定了美国地区的交流供电系统的标准工作频率为 60Hz。

(图片来源：Library of Congress(LC-USZ62-61761)

特斯拉出生于奥匈帝国(现在的克罗地亚)的一个牧师家庭。他拥有惊人的记忆力，对数学有极其浓厚的兴趣。1884 年，特斯拉移居美国并首次为托马斯·爱迪生工作。当时美国正处于“电流之争”中，以乔治·威斯丁豪斯(George Westinghouse，1846—1914)为首的一方主张采用交流电，而以托马斯·爱迪生为首的坚持采用直流电。由于特斯拉对于交流电的浓厚兴趣，他离开了爱迪生。并加入了威斯丁豪斯的行列。通过与威斯丁豪斯的合作，特斯拉提出的多相交流发电、输电和配电系统赢得了极高的声誉并被业界所接受。他一生拥有 700 多项专利，他的其他发明包括高压设备(特斯拉线圈)以及无线传输系统等。磁通密度的单位——特斯拉，就是为了纪念他而以他的名字命名的。

本章首先讨论平衡(对称)三相电压，之后分析对称三相系统的四种可能结构，并讨论非平衡(非对称)三相系统。本章还将讲授如何利用 Windows 系统下的 PSpice 软件包分析对称与非对称三相系统。最后，本章讨论介绍的概念在三相功率测量以及民用供电系统中的实际应用问题。

12.2　对称三相电压

三相电压通常是由三相交流发电机产生的，交流发电机的横截面图如图 12-4 所示。发电机主要由转动磁铁(称为转子)及其周围环绕的静止绕组(称为定子)组成，端子为 a-a'、b-b'和 c-c'的三个分离绕组在物理上围绕定子 120°等间隔排列。例如，端子 a-a'表示绕组的一端进入纸面，而另一端则从纸面出来。随着转子的转动，其磁场“切割”来自三个绕组的磁通量而在绕组中产生感应电压。因为绕组彼此间隔 120°，所以绕组中产生的感应电压幅度相等，相位相差 120°(如图 12-5 所示)。由于每个绕组本身可以看作是一个单相发电机，所以三相发电机既可以给单相负载供电，也可以给三相负载供电。

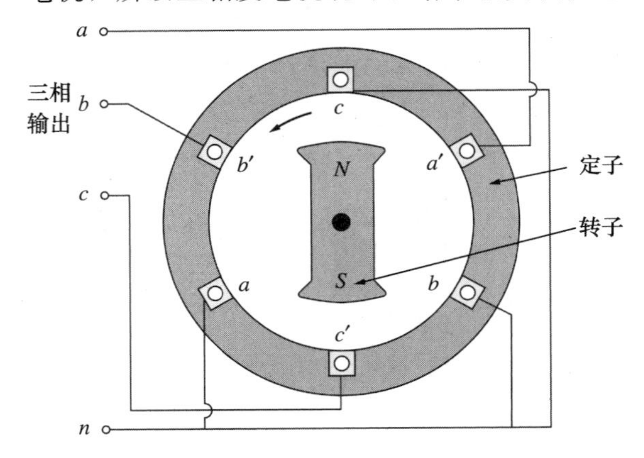

图 12-4　三相发电机横截面

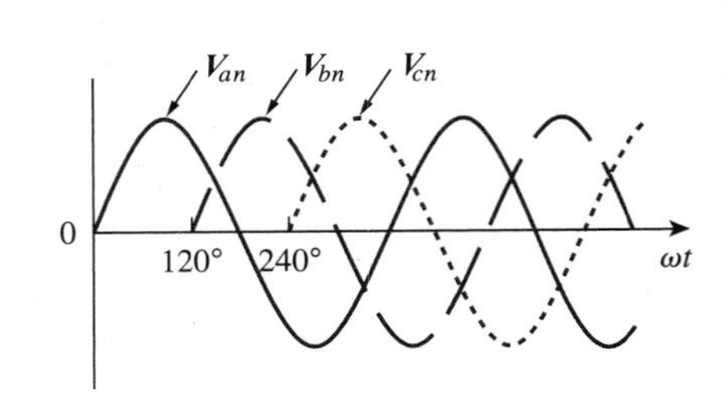

图 12-5　相位彼此相差 120°的发电机输出电压

典型的三相系统是由通过三条或四条线路(即传输线)与负载相连接的三个电压源组成的(三相电流源是极其少见的)。三相系统与三个单相电路是等效的。三相系统中的电压源既可以是 Y 联结(星形联结)，如图 12-6a 所示；也可以是△联结(三角形联结)，如图 12-6b 所示。

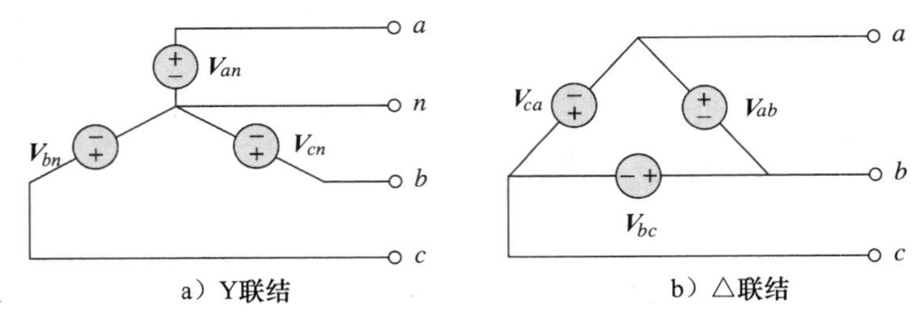

图 12-6　三相电压源

首先讨论如图 12-6a 所示的 Y 联结电压源。电压 $\mathbf{V}_{an}$、$\mathbf{V}_{bn}$ 与 $\mathbf{V}_{cn}$ 分别表示线路 a、b、c 与中性线 n 之间的电压，这些电压称为相电压(phase voltage)。如果这些电压源具有相同的幅度和频率，单相位彼此相差 120°，则称这组电压为平衡的或对称的(balanced)。对称三相意味着：

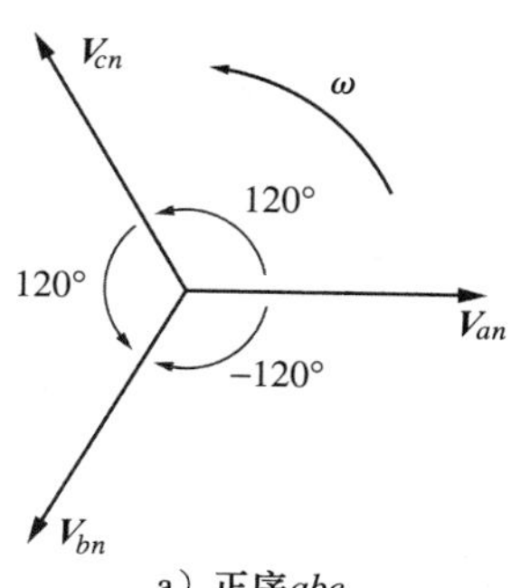

a）正序 abc

$$\boldsymbol{V}_{an}+\boldsymbol{V}_{bn}+\boldsymbol{V}_{cn}=0 \tag{12.1}$$

$$|\boldsymbol{V}_{an}|=|\boldsymbol{V}_{bn}|=|\boldsymbol{V}_{cn}| \tag{12.2}$$

对称相电压是幅度相等，但相位彼此相差 120°的电压。

由于三相电压相位彼此相差 120°，所以就会出现两种可能的组合方式。一种如图 12-7a 所示，其数学表达式如下：

$$\boxed{\begin{aligned}\boldsymbol{V}_{an}&=V_{\mathrm{p}}\angle 0^{\circ}\\ \boldsymbol{V}_{bn}&=V_{\mathrm{p}}\angle -120^{\circ}\\ \boldsymbol{V}_{cn}&=V_{\mathrm{p}}\angle -240^{\circ}=V_{\mathrm{p}}\angle +120^{\circ}\end{aligned}} \tag{12.3}$$

式中，V_{p} 为相电压的有效值，即 rms 值。这种组合成为 abc 顺序(abc sequence) 或正序(positive sequence)。按照这种相序，$\boldsymbol{V}_{an}$ 超前于 $\boldsymbol{V}_{bn}$，从而 $\boldsymbol{V}_{bn}$ 超前于 $\boldsymbol{V}_{cn}$。当图 12-4 中的转子沿逆时针方向转动时，就会得到这种相序。另一种可能如图 12-7b 所示，其数学表达式为：

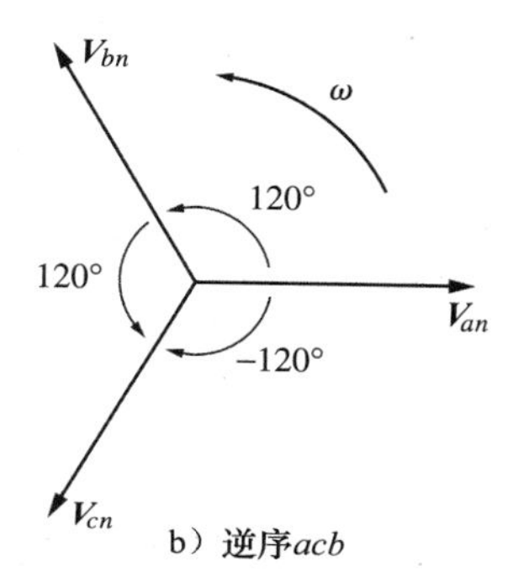

b）逆序 acb

图 12-7　相序

$$\boxed{\begin{aligned}\boldsymbol{V}_{an}&=V_{\mathrm{p}}\angle 0^{\circ}\\ \boldsymbol{V}_{cn}&=V_{\mathrm{p}}\angle -120^{\circ}\\ \boldsymbol{V}_{bn}&=V_{\mathrm{p}}\angle -240^{\circ}=V_{\mathrm{p}}\angle +120^{\circ}\end{aligned}} \tag{12.4}$$

提示：按照电力系统的一般习惯，除非特别说明，本章出现的电压与电流均指有效值。

这种组合称为 acb 顺序(acb sequence)或逆序(negative sequence)。对于这种相序而言，$\boldsymbol{V}_{an}$ 超前于 $\boldsymbol{V}_{cn}$，从而 $\boldsymbol{V}_{cn}$ 超前于 $\boldsymbol{V}_{bn}$。当图 12-4 中转子沿顺时针方向转动时，就会产生 acb 顺序。容易证明，式(12.3)与式(12.4)中的电压满足式(12.1)与式(12.2)。例如，由式(12.3)可得

$$\begin{aligned}\boldsymbol{V}_{an}+\boldsymbol{V}_{bn}+\boldsymbol{V}_{cn}&=V_{\mathrm{p}}\angle 0^{\circ}+V_{\mathrm{p}}\angle -120^{\circ}+V_{\mathrm{p}}\angle +120^{\circ}\\&=V_{\mathrm{p}}(1.0-0.5-\mathrm{j}0.866-0.5+\mathrm{j}0.866)=0\end{aligned} \tag{12.5}$$

相序是指电压经过各自最大值的时间次序。

相序由相量图中相量经过某一固定点的次序来决定。

提示：随着时间增加，各相量(即正弦矢量)以角速度 ω 转动。

在图 12-7a 中，当相量以频率 ω 沿逆时针方向转动时，它们以次序 $abcabca$……经过水平轴，因此，相序为 abc 或 bca 或 cab。同理，图 12-7b 中的相量沿逆时针方向转动时，它们经过水平轴的次序为 $acbacba$……，此即 acb 顺序。相序在三相电配电系统中是非常重要的，它决定了与电源相联结的电动机的转动方向。

与发电机的联结方式类似，根据终端应用的不同，三相负载的联结也可以分为 Y 联结与△联结。Y 联结负载如图 12-8a 所示，△形连接负载如图 12-8b 所示。图 12-8a 中的中性线可以有，也可以没有，取决于该系统为四线系统还是三线系统(当然，中性线联结对于△联结在拓扑结构上是不可能的)。如果各相负载阻抗的大小和相位不相等，则相应的 Y

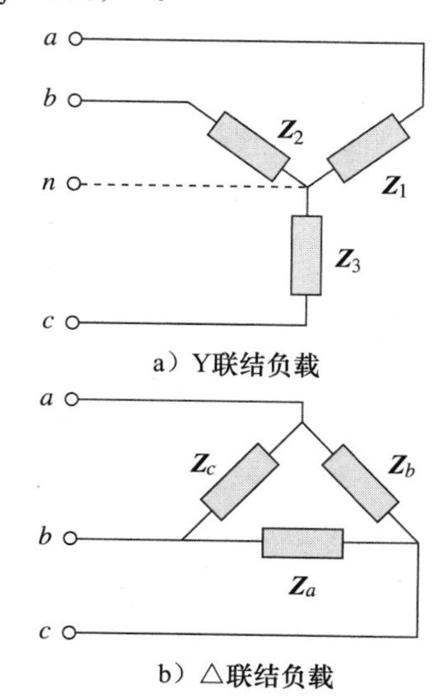

a）Y联结负载

b）△联结负载

图 12-8　三相负载联结的两种可能结构

联结或△联结负载称为非平衡的或非对称的(unbalanced)。

对称负载是指各相阻抗在大小和相位上都相等的负载。

对于对称Y型联结负载而言：

$$\boldsymbol{Z}_1=\boldsymbol{Z}_2=\boldsymbol{Z}_3=\boldsymbol{Z}_{\mathrm{Y}} \tag{12.6}$$

其中，$\boldsymbol{Z}_{\mathrm{Y}}$ 为每一相的负载阻抗。对于△联结负载而言，

$$\boldsymbol{Z}_a=\boldsymbol{Z}_b=\boldsymbol{Z}_c=\boldsymbol{Z}_{\triangle} \tag{12.7}$$

其中，$\boldsymbol{Z}_{\triangle}$ 为每一相的负载阻抗。由式(9.69)可知：

$$\boldsymbol{Z}_{\triangle}=3\boldsymbol{Z}_{\mathrm{Y}}, \quad \boldsymbol{Z}_{\mathrm{Y}}=\frac{1}{3}\boldsymbol{Z}_{\triangle} \tag{12.8}$$

因此，利用式(12.8)即可实现Y联结负载与△联结负载之间的相互转换。

提示： Y形连接负载由与中性线节点相联结的三个阻抗组成，而△形连接负载由联结成回路的三个阻抗组成。在两种联结情况下，三个阻抗相等时称负载是平衡的或对称的。

由于三相电源与三相负载都可以采用Y型联结或△联结，所以就会出现四种可能的联结情况：

- Y-Y联结(即Y联结的电源与Y联结的负载)
- Y-△联结
- △-△联结
- △-Y联结

以下几节将逐个讨论这些可能的联结结构。

这里应该指出的是，负载的对称△联结要比对称联结更为常用。这是因为在负载的△联结中可以很方便地每一相中增加或去掉负载。而对于负载的Y联结而言，由于中性线可以不接，所以每一相负载的增减就非常困难。另外，电源的△联结实际上不是常用的，因为如果三相电压稍不平衡，就会出现环路电流而构成△网孔。

例 12-1 确定以下电压组的相序：

$$v_{an}=200\cos(\omega t+10^\circ)$$
$$v_{bn}=200\cos(\omega t-230^\circ), \quad v_{cn}=200\cos(\omega t-110^\circ)$$

解：

将已知电压用相量形式表示为

$$\boldsymbol{V}_{an}=200\,\underline{/10^\circ}\ \mathrm{V}, \quad \boldsymbol{V}_{bn}=200\,\underline{/-230^\circ}\ \mathrm{V}, \quad \boldsymbol{V}_{cn}=200\,\underline{/-110^\circ}\ \mathrm{V}$$

由此可见，$\boldsymbol{V}_{an}$ 超前 $\boldsymbol{V}_{cn}$ 120°，$\boldsymbol{V}_{cn}$ 又超前 $\boldsymbol{V}_{bn}$ 120°，因次，相序为 acb 相序。◀

练习 12-1 已知 $\boldsymbol{V}_{bn}=110\,\underline{/30^\circ}$，试求 $\boldsymbol{V}_{an}$ 与 $\boldsymbol{V}_{cn}$，假定为正序(abc)。

答案： $110\,\underline{/150^\circ}$ V，$110\,\underline{/-90^\circ}$ V。

12.3 对称Y-Y联结

由于任何对称的三相系统都可以化简为等效的Y-Y联结系统，因此本节首先分析Y-Y系统。对该系统的分析是解决所有对称三相系统的关键所在。

对称Y-Y系统是一个由对称Y联结电源与对称Y联结负载构成的三相系统。

考虑如图12-9所示为对称四线Y-Y系统，图中Y联结负载与Y联结电源相连。假定负载是对称的，即各负载阻抗是相等的。虽然阻抗 $\boldsymbol{Z}_{\mathrm{Y}}$ 表示各相的总的负载阻抗，但它可看作各相的源阻抗 $\boldsymbol{Z}_{\mathrm{s}}$、线阻抗 $\boldsymbol{Z}_{\mathrm{l}}$ 与负载阻抗 $\boldsymbol{Z}_{\mathrm{L}}$ 之和，因为这三个阻抗是相互串联的。如图12-9所示，$\boldsymbol{Z}_{\mathrm{s}}$ 表示发电机各相绕组的内阻抗，$\boldsymbol{Z}_{\mathrm{l}}$ 表示连接电源相与负载相之间的线阻抗，$\boldsymbol{Z}_{\mathrm{L}}$ 表示各相的负载阻抗，$\boldsymbol{Z}_{\mathrm{n}}$ 为中性线阻抗。因此，一般有

$$\boldsymbol{Z}_{\mathrm{Y}}=\boldsymbol{Z}_{\mathrm{s}}+\boldsymbol{Z}_{\mathrm{l}}+\boldsymbol{Z}_{\mathrm{L}} \tag{12.9}$$

与 $\boldsymbol{Z}_{\mathrm{L}}$ 相比，$\boldsymbol{Z}_{\mathrm{s}}$ 与 $\boldsymbol{Z}_{\mathrm{l}}$ 通常是非常小的，如果没有给出电源阻抗或线阻抗，可以假定 $\boldsymbol{Z}_{\mathrm{Y}}=\boldsymbol{Z}_{\mathrm{L}}$。无论怎样，总可以将阻抗合并在一起，如图 12-9 所示的 Y-Y 系统即可简化为如图 12-10 所示的系统。

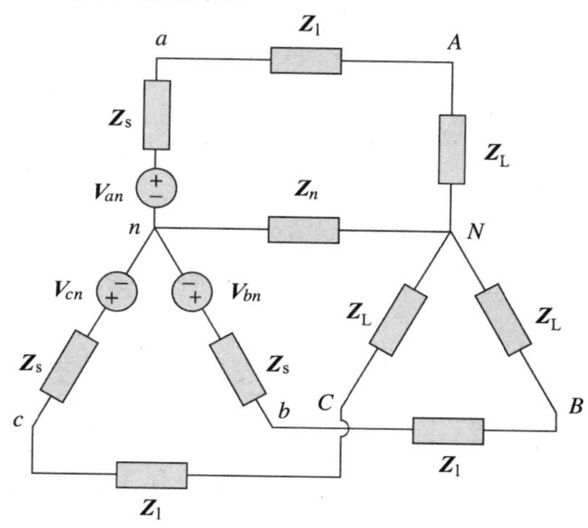

图 12-9 包括电源阻抗、输电线阻抗和负载阻抗在内的对称 Y-Y 系统

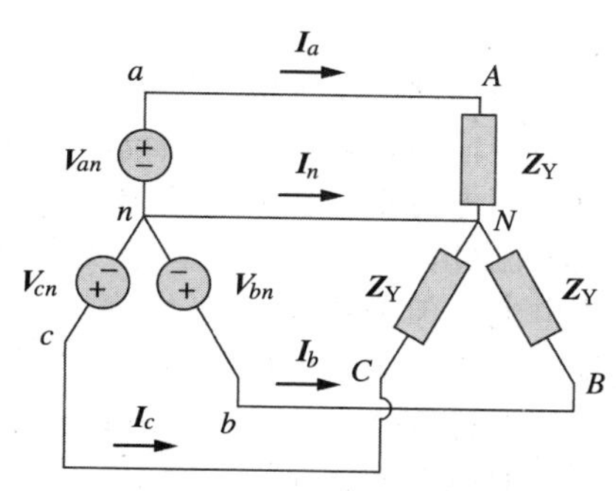

图 12-10 对称 Y-Y 联结

对于正序而言，相电压(即输电线与中性线之间的电压)为：

$$\boldsymbol{V}_{an}=V_{\mathrm{p}}\underline{/0^\circ}$$

$$\boldsymbol{V}_{bn}=V_{\mathrm{p}}\underline{/-120^\circ},\qquad \boldsymbol{V}_{cn}=V_{\mathrm{p}}\underline{/+120^\circ} \tag{12.10}$$

而输电线与输电线之间的电压简称线电压(line voltage)，线电压 $\boldsymbol{V}_{ab}$、$\boldsymbol{V}_{bc}$、$\boldsymbol{V}_{ca}$ 是与相电压有关的。例如，

$$\begin{aligned}\boldsymbol{V}_{ab}&=\boldsymbol{V}_{an}+\boldsymbol{V}_{nb}=\boldsymbol{V}_{an}-\boldsymbol{V}_{bn}=V_{\mathrm{p}}\underline{/0^\circ}-V_{\mathrm{p}}\underline{/-120^\circ}\\&=V_{\mathrm{p}}\left(1+\frac{1}{2}+\mathrm{j}\frac{\sqrt{3}}{2}\right)=\sqrt{3}V_{\mathrm{p}}\underline{/30^\circ}\end{aligned} \tag{12.11a}$$

同理，可以得到

$$\boldsymbol{V}_{bc}=\boldsymbol{V}_{bn}-\boldsymbol{V}_{cn}=\sqrt{3}V_{\mathrm{p}}\underline{/-90^\circ} \tag{12.11b}$$

$$\boldsymbol{V}_{ca}=\boldsymbol{V}_{cn}-\boldsymbol{V}_{an}=\sqrt{3}V_{\mathrm{p}}\underline{/-210^\circ} \tag{12.11c}$$

因此，线电压 V_{L} 的幅度是相电压 V_{p} 的$\sqrt{3}$倍，即

$$\boxed{V_{\mathrm{L}}=\sqrt{3}V_{\mathrm{p}}} \tag{12.12}$$

式中，

$$V_{\mathrm{p}}=|\boldsymbol{V}_{an}|=|\boldsymbol{V}_{bn}|=|\boldsymbol{V}_{cn}| \tag{12.13}$$

且

$$V_{\mathrm{L}}=|\boldsymbol{V}_{ab}|=|\boldsymbol{V}_{bc}|=|\boldsymbol{V}_{ca}| \tag{12.14}$$

而且，线电压超前相应的相电压 30°，图 12-11a 也可以说明这种情况，图中还指出如何由相电压来确定线电压 $\boldsymbol{V}_{ab}$。而图 12-11b 所示为三个线电压的相量图，由该图可见，$\boldsymbol{V}_{ab}$ 超前 $\boldsymbol{V}_{bc}$ 120°，$\boldsymbol{V}_{bc}$ 超前 $\boldsymbol{V}_{ca}$ 120°，所以与相电压一样，线电压之和也为零。

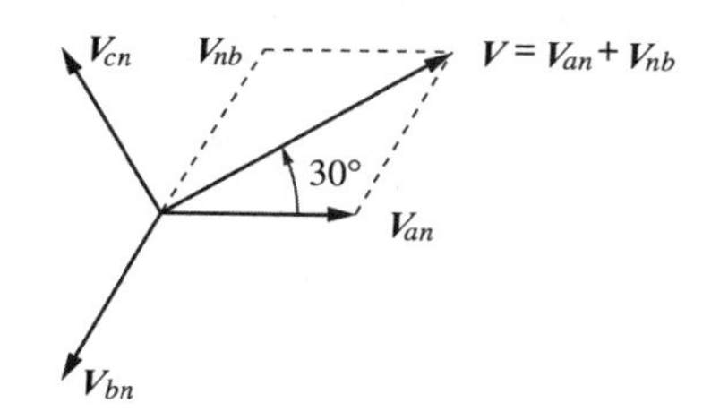

a)

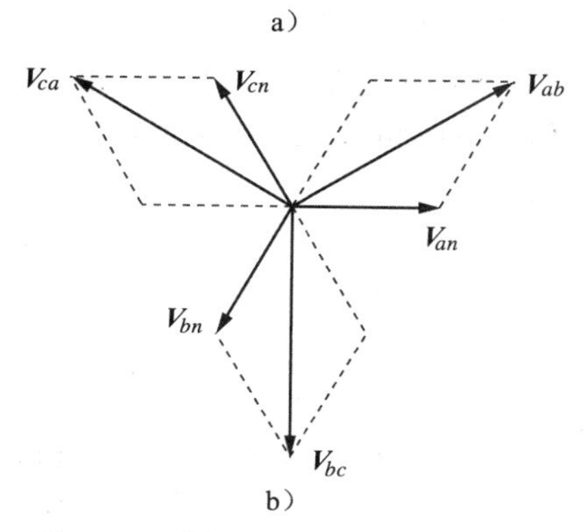

b)

图 12-11 说明线电压与相电压之间关系的相量图

对图 12-10 中的各相应用 KVL，得到线电流为

$$\boldsymbol{I}_a=\frac{\boldsymbol{V}_{an}}{\boldsymbol{Z}_{\mathrm{Y}}},\qquad \boldsymbol{I}_b=\frac{\boldsymbol{V}_{bn}}{\boldsymbol{Z}_{\mathrm{Y}}}=\frac{\boldsymbol{V}_{an}\underline{/-120^\circ}}{\boldsymbol{Z}_{\mathrm{Y}}}=\boldsymbol{I}_a\underline{/-120^\circ}$$

$$\boldsymbol{I}_c=\frac{\boldsymbol{V}_{cn}}{\boldsymbol{Z}_Y}=\frac{\boldsymbol{V}_{an}\ \angle -240^\circ}{\boldsymbol{Z}_Y}=\boldsymbol{I}_a\ \angle -240^\circ \tag{12.15}$$

可以推断出，线电流之和为零，即

$$\boldsymbol{I}_a+\boldsymbol{I}_b+\boldsymbol{I}_c=0 \tag{12.16}$$

于是有

$$\boldsymbol{I}_n=-(\boldsymbol{I}_a+\boldsymbol{I}_b+\boldsymbol{I}_c)=0 \tag{12.17a}$$

或

$$\boldsymbol{V}_{nN}=\boldsymbol{Z}_n\boldsymbol{I}_n=0 \tag{12.17b}$$

即中性线两端的电压为零。因此，去掉中性线并不会对系统产生任何影响。实际上，在长距离电力传输中，多个三线系统的导体就是利用大地本身作为系统的中性线导体。以这种方式设计的电力系统在所有关键点都要良好接地，以保证安全。

线电流(line current)是各条线路中的电流，而相电流(phase current)则是电源或负载的各相电流。但是在 Y-Y 系统中，线电流与相电流是相等的，习惯上总是假定线电流是由电源流向负载的，所以仅用一个下标字母表示线电流。

分析对称 Y-Y 系统的另一种方法是按“每一相”来计算。首先看其中一相，例如 a 相，其等效电路如图 12-12 所示。通过单相分析，得到线电流 $\boldsymbol{I}_a$ 为

$$\boldsymbol{I}_a=\frac{\boldsymbol{V}_{an}}{\boldsymbol{Z}_Y} \tag{12.18}$$

由 $\boldsymbol{I}_a$ 以及相序关系，可以确定其他线电流。因此，只要系统是对称的，仅分析其中一相即可，即使在没有中性线的情况下，也可以采用与三线系统相同的分析方法。

例 12-2 计算图 12-13 所示三线 Y-Y 系统的线电流。

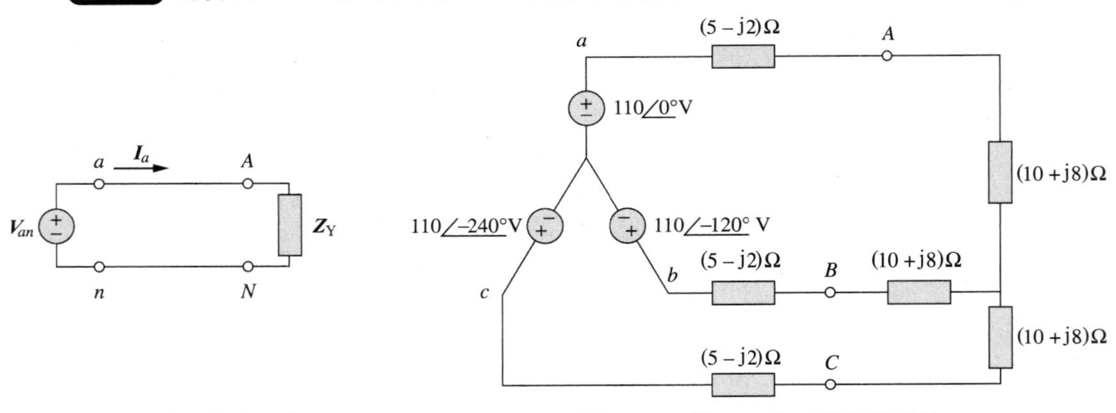

图 12-12 单相等效电路

图 12-13 例 12-2 的三线 Y-Y 系统

解：图 12-13 所示的三相电路是对称的，可以用如图 12-12 所示的单相等效电路来取代。由单相电路分析可以确定 $\boldsymbol{I}_a$ 为

$$\boldsymbol{I}_a=\frac{\boldsymbol{V}_{an}}{\boldsymbol{Z}_Y}$$

其中，$\boldsymbol{Z}_Y=(5-\mathrm{j}2)+(10+\mathrm{j}8)=15+\mathrm{j}6=16.155\ \angle 21.8^\circ\ \Omega$。因此，

$$\boldsymbol{I}_a=\frac{110\ \angle 0^\circ}{16.155\ \angle 21.8^\circ}=6.81\ \angle -21.8^\circ(\mathrm{A})$$

由于图 12-13 的源电压是正序的，所以线电流也是**正序**的，于是

$$\boldsymbol{I}_b=\boldsymbol{I}_a\ \angle -120^\circ=6.81\ \angle -141.8^\circ(\mathrm{A})$$

$$\boldsymbol{I}_c=\boldsymbol{I}_a\ \angle -240^\circ=6.81\ \angle -261.8^\circ\ \mathrm{A}=6.81\ \angle 98.2^\circ(\mathrm{A})$$

◀

练习 12-2 各相阻抗为(0.4+j0.3)Ω 的 Y 联结对称三相发电机与各相负载阻抗为(24+j19)Ω 的 Y 联结对称负载相连。联结发电机与负载的线路阻抗为每相(0.6+j0.7)Ω，假定电源电压为正序，并且 $\mathbf{V}_{an}=120\angle 30^\circ$ V。试求：(a) 线电压，(b) 线电流。

答案：(a) $207.85\angle 60^\circ$ V，$207.85\angle -60^\circ$ V，$207.85\angle -180^\circ$ V。
(b) $3.75\angle -8.66^\circ$ A，$3.75\angle -128.66^\circ$ A，$3.75\angle -111.34^\circ$ A。

12.4 对称 Y-△联结

对称 Y-△系统是指由对称 Y 联结电源与对称△联结负载构成的系统。

对称 Y-△系统如图 12-14 所示，图中电源为 Y 联结，而负载为△联结。当然，这样的系统中没有从电源到负载的中性线。假定电源为正序，则各相电压为

$$\mathbf{V}_{an}=V_{\mathrm{p}}\angle 0^\circ$$
$$\mathbf{V}_{bn}=V_{\mathrm{p}}\angle -120^\circ,\quad \mathbf{V}_{cn}=V_{\mathrm{p}}\angle +120^\circ \tag{12.19}$$

提示：这种系统是实际中使用最多的三相系统，因为三相电源通常是 Y 联结的，而三相负载通常是△联结的。

由 12.3 节可知，线电压为

$$\mathbf{V}_{ab}=\sqrt{3}V_{\mathrm{p}}\angle 30^\circ=\mathbf{V}_{AB},\quad \mathbf{V}_{bc}=\sqrt{3}V_{\mathrm{p}}\angle -90^\circ=\mathbf{V}_{BC}$$
$$\mathbf{V}_{ca}=\sqrt{3}V_{\mathrm{p}}\angle -210^\circ=\mathbf{V}_{CA} \tag{12.20}$$

由此可见，在该系统结构中，线电压等于负载阻抗两端的电压，由这些电压可以确定各相电流为

$$\mathbf{I}_{AB}=\frac{\mathbf{V}_{AB}}{\mathbf{Z}_\triangle},\quad \mathbf{I}_{BC}=\frac{\mathbf{V}_{BC}}{\mathbf{Z}_\triangle},\quad \mathbf{I}_{CA}=\frac{\mathbf{V}_{CA}}{\mathbf{Z}_\triangle} \tag{12.21}$$

上述负载电流具有相同的幅度，但相位相差 120°。

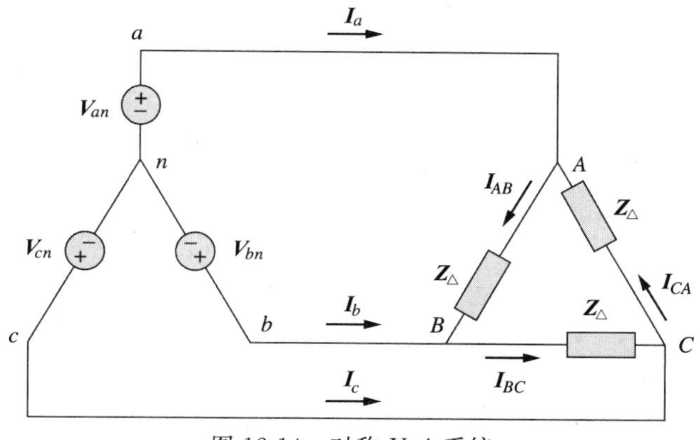

图 12-14 对称 Y-△系统

求解相电流的另一种方法是应用 KVL。例如，对回路 $aABbna$ 应用 KVL，可以得到

$$-\mathbf{V}_{an}+\mathbf{Z}_\triangle\mathbf{I}_{AB}+\mathbf{V}_{bn}=0$$

即

$$\mathbf{I}_{AB}=\frac{\mathbf{V}_{an}-\mathbf{V}_{bn}}{\mathbf{Z}_\triangle}=\frac{\mathbf{V}_{ab}}{\mathbf{Z}_\triangle}=\frac{\mathbf{V}_{AB}}{\mathbf{Z}_\triangle} \tag{12.22}$$

与式(12.21)一样。这是求解相电流的更一般的方法。

在节点 A、B、C 处应用 KCL，即可由相电流求得线电流，于是

$$\mathbf{I}_a=\mathbf{I}_{AB}-\mathbf{I}_{CA},\quad \mathbf{I}_b=\mathbf{I}_{BC}-\mathbf{I}_{AB},\quad \mathbf{I}_c=\mathbf{I}_{CA}-\mathbf{I}_{BC} \tag{12.23}$$

因为 $\mathbf{I}_{CA}=\mathbf{I}_{AB}\angle -240^\circ$，所以

$$\begin{aligned}\boldsymbol{I}_a &= \boldsymbol{I}_{AB} - \boldsymbol{I}_{CA} = \boldsymbol{I}_{AB}(1 - 1\angle -240^\circ) \\ &= \boldsymbol{I}_{AB}(1 + 0.5 - j0.866) = \boldsymbol{I}_{AB}\sqrt{3}\angle -30^\circ\end{aligned} \tag{12.24}$$

表明线电流 I_L 的大小是相电流 I_p 的$\sqrt{3}$倍，即

$$\boxed{I_L = \sqrt{3} I_p} \tag{12.25}$$

其中，

$$I_L = |\boldsymbol{I}_a| = |\boldsymbol{I}_b| = |\boldsymbol{I}_c| \tag{12.26}$$

且

$$I_p = |\boldsymbol{I}_{AB}| = |\boldsymbol{I}_{BC}| = |\boldsymbol{I}_{CA}| \tag{12.27}$$

而且，在正序假定下，线电流较其相应的相电流滞后30°。图 12-15 为说明相电流与线电流之间关系的相量图。

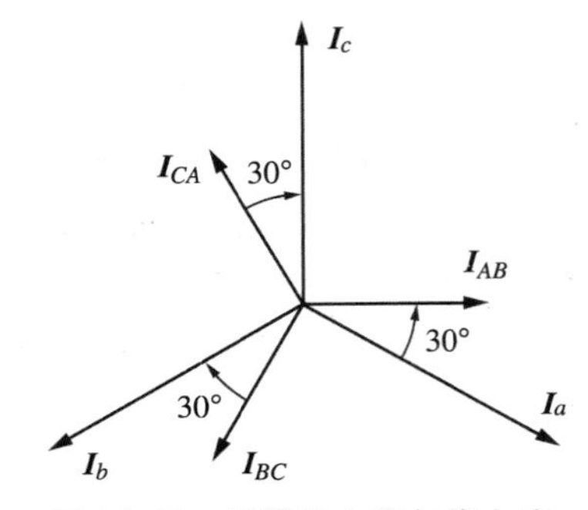

图 12-15 说明相电流与线电流之间关系的相量图

分析 Y-△电路的另一种方法是将△联结的负载转换为等效的 Y 联结负载。由式(12.8)给出△-Y 的转换公式可得

$$\boxed{\boldsymbol{Z}_Y = \frac{\boldsymbol{Z}_\triangle}{3}} \tag{12.28}$$

转换后即可得到如图 12-10 所示的 Y-Y 系统。图 12-14 所示三相的 Y-△系统可以用图 12-16 所示的单相等效电路来取代。这样就可以仅计算线电流，之后再利用式(12.25)以及各相电流超前于其对应的线电流 30°的性质确定相电流。

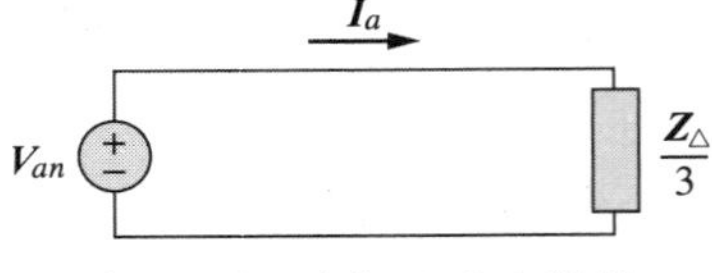

图 12-16 对称 Y-△电路的单相等效电路

例 12-3 某对称 abc 相序 Y 联结电源 $\boldsymbol{V}_{an} = 100\angle 10^\circ$ V，与一个各相阻抗为(8+j4)Ω 的对称△联结负载相连，计算相电流与线电流。

解： 本例可以用两种方法求解。

方法 1 负载阻抗为：

$$\boldsymbol{Z}_\triangle = 8 + j4 = 8.944\angle 26.57^\circ\ \Omega$$

如果相电压 $\boldsymbol{V}_{an} = 100\angle 10^\circ$，则线电压为：

$$\boldsymbol{V}_{ab} = \boldsymbol{V}_{an}\sqrt{3}\angle 30^\circ = 100\sqrt{3}\angle 10^\circ + 30^\circ = \boldsymbol{V}_{AB}$$

即

$$\boldsymbol{V}_{AB} = 173.2\angle 40^\circ\ \text{V}$$

相电流为：

$$\boldsymbol{I}_{AB} = \frac{\boldsymbol{V}_{AB}}{\boldsymbol{Z}_\triangle} = \frac{173.2\angle 40^\circ}{8.944\angle 26.57^\circ}\text{A} = 19.36\angle 13.43^\circ\ \text{A}$$

$$\boldsymbol{I}_{BC} = \boldsymbol{I}_{AB}\angle -120^\circ = 19.36\angle -106.57^\circ\ \text{A}$$

$$\boldsymbol{I}_{CA} = \boldsymbol{I}_{AB}\angle +120^\circ = 19.36\angle 133.43^\circ\ \text{A}$$

线电流为：

$$\boldsymbol{I}_a = \boldsymbol{I}_{AB}\sqrt{3}\angle -30^\circ = \sqrt{3} \times 19.36\angle 13.43^\circ - 30^\circ\ \text{A} = 33.53\angle -16.57^\circ\ \text{A}$$

$$\boldsymbol{I}_b = \boldsymbol{I}_a\angle -120^\circ = 33.53\angle -136.57^\circ\ \text{A}$$

$$\boldsymbol{I}_c = \boldsymbol{I}_a\angle +120^\circ = 33.53\angle 103.43^\circ\ \text{A}$$

方法 2 由单相电路分析，可得

$$\boldsymbol{I}_a = \frac{\boldsymbol{V}_{an}}{\boldsymbol{Z}_\triangle/3} = \frac{100\angle 10^\circ}{2.981\angle 26.57^\circ}\text{A} = 33.54\angle -16.57^\circ\ \text{A}$$

与方法 1 所得结果相同。其他线电流可以利用 abc 相序确定。 ◀

练习 12-3 对称Y联结电源的一个线电压为 $\boldsymbol{V}_{AB}=120\angle -20^\circ$ V，如果该电源与负载为 $20\angle 40^\circ\ \Omega$ 的负载△联结，试在 abc 相序情况下，求相电流与线电流。

答案：$6\angle -60^\circ$ A，$6\angle -180^\circ$ A，$6\angle 60^\circ$ A，$10.392\angle -90^\circ$ A，$10.392\angle 150^\circ$ A，$10.392\angle 30^\circ$ A。

12.5 对称△-△联结

一个对称△-△系统是指电源与负载均为△对称联结的系统。

电源与负载均为联结的系统如图12-17所示。为了确定相电流与线电流，假定采用正序，则△联结电源的相电压为：

$$\boldsymbol{V}_{ab}=V_p\angle 0^\circ,\quad \boldsymbol{V}_{bc}=V_p\angle -120^\circ,\quad \boldsymbol{V}_{ca}=V_p\angle +120^\circ \tag{12.29}$$

线电压与相电压相同。对如图12-17所示系统，假设无输电线阻抗，则△联结电源的相电压等于负载阻抗两端的电压，即

$$\boldsymbol{V}_{ab}=\boldsymbol{V}_{AB},\quad \boldsymbol{V}_{bc}=\boldsymbol{V}_{BC},\quad \boldsymbol{V}_{ca}=\boldsymbol{V}_{CA} \tag{12.30}$$

因此，相电流为：

$$\boldsymbol{I}_{AB}=\frac{\boldsymbol{V}_{AB}}{Z_\triangle}=\frac{\boldsymbol{V}_{ab}}{Z_\triangle},\quad \boldsymbol{I}_{BC}=\frac{\boldsymbol{V}_{BC}}{Z_\triangle}=\frac{\boldsymbol{V}_{bc}}{Z_\triangle},\quad \boldsymbol{I}_{CA}=\frac{\boldsymbol{V}_{CA}}{Z_\triangle}=\frac{\boldsymbol{V}_{ca}}{Z_\triangle} \tag{12.31}$$

与前一节相同，负载为△联结，所以前一节推导的部分公式在这里仍然适用。在节点 A、B、C 处应用KCL，即可由相电流确定线电流，即

$$\boldsymbol{I}_a=\boldsymbol{I}_{AB}-\boldsymbol{I}_{CA},\quad \boldsymbol{I}_b=\boldsymbol{I}_{BC}-\boldsymbol{I}_{AB},\quad \boldsymbol{I}_c=\boldsymbol{I}_{CA}-\boldsymbol{I}_{BC} \tag{12.32}$$

而且，正如前一节所述，各线电流较其相应的相电流相位滞后30°，线电流 I_L 的大小为相电流 I_P 的 $\sqrt{3}$ 倍：

$$I_L=\sqrt{3}I_p \tag{12.33}$$

分析△-△型电路的另一种方法是将电源与负载转换为等效的Y联结。我们已经知道 $Z_Y=Z_\triangle/3$，将△联结的电源转换为Y联结电源的方法，参见下一节的内容。

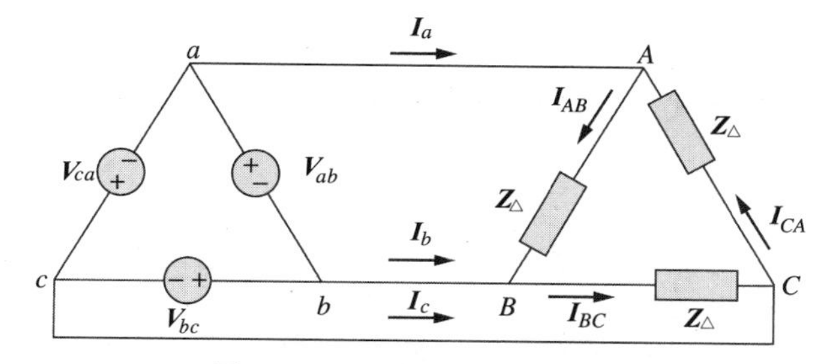

图12-17 对称△-△联结

例12-4 阻抗为(20−j15)Ω对称△联结负载接到一个对称△联结正序发电机 $\boldsymbol{V}_{ab}=330\angle 0^\circ$ V。计算负载的相电流与线电流。

解：每相的负载阻抗为

$$\boldsymbol{Z}_\triangle=20-\text{j}15=25\angle -36.87^\circ(\Omega)$$

由于 $\boldsymbol{V}_{AB}=\boldsymbol{V}_{ab}$，所以相电流为

$$\boldsymbol{I}_{AB}=\frac{\boldsymbol{V}_{AB}}{\boldsymbol{Z}_\triangle}=\frac{330\angle 0^\circ}{25\angle -36.87}=13.2\angle 36.87^\circ(\text{A})$$

$$\boldsymbol{I}_{BC}=\boldsymbol{I}_{AB}\angle -120^\circ=13.2\angle -83.13^\circ(\text{A})$$

$$\boldsymbol{I}_{CA}=\boldsymbol{I}_{AB}\angle +120^\circ=13.2\angle 156.87^\circ(\text{A})$$

对于△负载而言，其线电流总是滞后于其相应的相电流30°，并且其幅度为相电流的 $\sqrt{3}$ 倍。所以，线电流为

$$\boldsymbol{I}_a=\boldsymbol{I}_{AB}\sqrt{3}\angle -30^\circ=(13.2\angle 36.87^\circ)(\sqrt{3}\angle -30^\circ)=22.86\angle 6.87^\circ\text{ A}$$

$$\boldsymbol{I}_b=\boldsymbol{I}_a\angle -120^\circ=22.86\angle -113.13^\circ\text{ A}$$

$$\boldsymbol{I}_c=\boldsymbol{I}_a\angle +120^\circ=22.86\angle 126.87^\circ\text{ A}$$

◀

练习 12-4 某正序、对称△联结的电源为一对称△联结的负载供电，如果负载的各相阻抗为(18+j12)Ω 且 $\boldsymbol{I}_a=9.609\angle 35°$，试求 $\boldsymbol{I}_{AB}$ 与 $\boldsymbol{V}_{AB}$。

答案： 5.548 $\angle 65°$ A，120 $\angle 98.69°$ V。

12.6 对称△-Y 联结

△-Y 对称系统是指由对称△联结的电源与对称 Y 联结的负载组成的系统。

考虑如图 12-18 所示的电路。假定采用 abc 相序，则△联结电源的相电压为：

$$\boldsymbol{V}_{ab}=V_p\angle 0°,\quad \boldsymbol{V}_{bc}=V_p\angle -120°,\quad \boldsymbol{V}_{ca}=V_p\angle +120° \tag{12.34}$$

上述电压既是相电压，也是线电压。

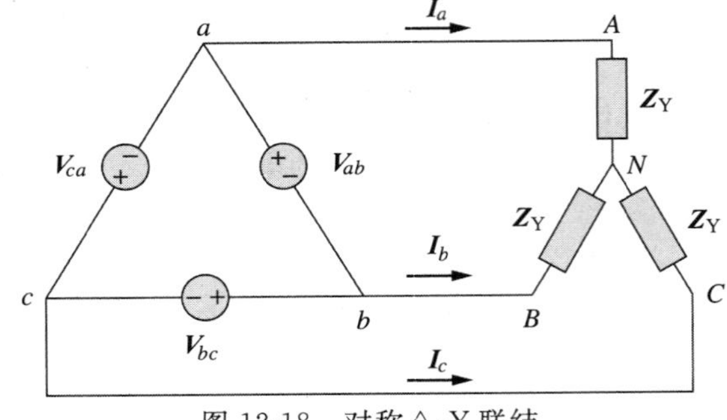

图 12-18 对称△-Y 联结

计算线电流的方法很多。其中一种方法是对如图 12-18 所示的回路 $aANBba$ 应用 KVL，得到

$$-\boldsymbol{V}_{ab}+\boldsymbol{Z}_Y\boldsymbol{I}_a-\boldsymbol{Z}_Y\boldsymbol{I}_b=0$$

即

$$\boldsymbol{Z}_Y(\boldsymbol{I}_a-\boldsymbol{I}_b)=\boldsymbol{V}_{ab}=V_p\angle 0°$$

于是，

$$\boldsymbol{I}_a-\boldsymbol{I}_b=\frac{V_p\angle 0°}{\boldsymbol{Z}_Y} \tag{12.35}$$

但是，按照 abc 相序，$\boldsymbol{I}_b$ 较 $\boldsymbol{I}_a$ 滞后 120°，即 $\boldsymbol{I}_b=\boldsymbol{I}_a\angle -120°$，因此：

$$\boldsymbol{I}_a-\boldsymbol{I}_b=\boldsymbol{I}_a(1-1\angle -120°)=\boldsymbol{I}_a\left(1+\frac{1}{2}+\mathrm{j}\frac{\sqrt{3}}{2}\right)=\boldsymbol{I}_a\sqrt{3}\angle 30° \tag{12.36}$$

将式(12.36)代入式(12.35)，得到

$$\boldsymbol{I}_a=\frac{V_p/\sqrt{3}\angle -30°}{\boldsymbol{Z}_Y} \tag{12.37}$$

考虑到正序关系，即可确定其他线电流 $\boldsymbol{I}_b$ 与 $\boldsymbol{I}_c$，即**可确定** $\boldsymbol{I}_b=\boldsymbol{I}_a\angle -120°$，$\boldsymbol{I}_c=\boldsymbol{I}_a\angle +120°$。负载的相电流等于线电流。

确定线电流的另一种方法是将△联结的电源利用其等效的 Y 联结电源来取代，如图 12-19 所示。由 12.3 节可知，Y 联结电源的线电压较其相应的相电压超前。因此，将 Y 联结电源相应的线电压除以$\sqrt{3}$，并移相−30°，就可以得到等效 Y 联结的各相电压，于是，等效 Y 联结电源的相电压为

$$\boldsymbol{V}_{an}=\frac{V_p}{\sqrt{3}}\angle -30°,\quad \boldsymbol{V}_{bn}=\frac{V_p}{\sqrt{3}}\angle -150°,\quad \boldsymbol{V}_{cn}=\frac{V_p}{\sqrt{3}}\angle +90° \tag{12.38}$$

如果△联结电源的各相源阻抗为 $\boldsymbol{Z}_s$，则由式(9.69)可知，等效的 Y 联结电源的各相源阻抗为 $\boldsymbol{Z}_s/3$。

一旦将电源转换为 Y 联结，电路就成为一个 Y-Y 系统。因此，可以利用如图 12-20 所示的单相等效电路进行分析，由此可得 a 相的线电流为

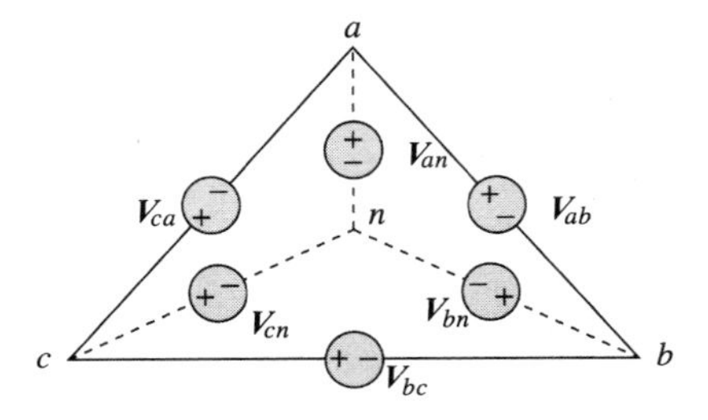

图 12-19 电源的△联结转换为等效 Y 联结

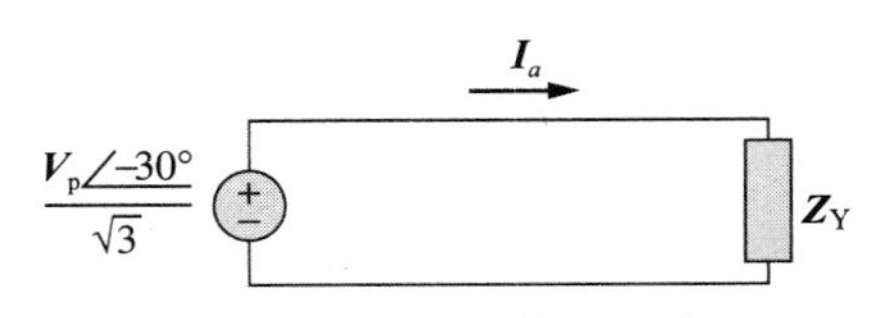

图 12-20 单相等效电路

$$\boldsymbol{I}_a=\frac{V_p/\sqrt{3}\angle-30^\circ}{\boldsymbol{Z}_Y} \tag{12.39}$$

与式(12.37)是相同的。

另外，还可以将Y联结负载转换为等效的△联结负载，所得到的系统为△-△系统，其分析方法参见12.5节。可以注意到

$$\boldsymbol{V}_{AN}=\boldsymbol{I}_a\boldsymbol{Z}_Y=\frac{V_p}{\sqrt{3}}\angle-30^\circ$$

$$\boldsymbol{V}_{BN}=\boldsymbol{V}_{AN}\angle-120^\circ,\quad \boldsymbol{V}_{CN}=\boldsymbol{V}_{AN}\angle+120^\circ \tag{12.40}$$

如前所述，△联结负载要比Y联结负载更符合实际需求，由于各负载通过传输线之间相连，所以改变△联结负载的任何一相负载是非常方便的。然而，△联结电源是很不实用的，因为相电压出现任意小的不平衡，都会导致不希望出现的环路电流。

表12-1总结了四种联结方式的相电流/电压和线电流/电压的计算公式。建议不必记忆这些公式，而要理解公式的推导过程。对相应的三相电路直接应用KCL与KVL即可推导出表中所列的公式。

表12-1　对称三相系统相电压/电流和线电压/电流的公式总结

联结方式	相电压/电流	线电压/电流
Y-Y	$\boldsymbol{V}_{an}=V_p\angle 0^\circ$ $\boldsymbol{V}_{bn}=V_p\angle-120^\circ$ $\boldsymbol{V}_{cn}=V_p\angle+120^\circ$ 同线电流	$\boldsymbol{V}_{ab}=\sqrt{3}V_p\angle 30^\circ$ $\boldsymbol{V}_{bc}=\boldsymbol{V}_{ab}\angle-120^\circ$ $\boldsymbol{V}_{ca}=\boldsymbol{V}_{ab}\angle+120^\circ$ $\boldsymbol{I}_a=\boldsymbol{V}_{an}/\boldsymbol{Z}_Y$ $\boldsymbol{I}_b=\boldsymbol{I}_a\angle-120^\circ$ $\boldsymbol{I}_c=\boldsymbol{I}_a\angle+120^\circ$
Y-△	$\boldsymbol{V}_{an}=V_p\angle 0^\circ$ $\boldsymbol{V}_{bn}=V_p\angle-120^\circ$ $\boldsymbol{V}_{cn}=V_p\angle+120^\circ$ $\boldsymbol{I}_{AB}=\boldsymbol{V}_{AB}/\boldsymbol{Z}_\triangle$ $\boldsymbol{I}_{BC}=\boldsymbol{V}_{BC}/\boldsymbol{Z}_\triangle$ $\boldsymbol{I}_{CA}=\boldsymbol{V}_{CA}/\boldsymbol{Z}_\triangle$	$\boldsymbol{V}_{ab}=\boldsymbol{V}_{AB}=\sqrt{3}V_p\angle 30^\circ$ $\boldsymbol{V}_{bc}=\boldsymbol{V}_{BC}=\boldsymbol{V}_{ab}\angle-120^\circ$ $\boldsymbol{V}_{ca}=\boldsymbol{V}_{CA}=\boldsymbol{V}_{ab}\angle+120^\circ$ $\boldsymbol{I}_a=\boldsymbol{I}_{AB}\sqrt{3}\angle-30^\circ$ $\boldsymbol{I}_b=\boldsymbol{I}_a\angle-120^\circ$ $\boldsymbol{I}_c=\boldsymbol{I}_a\angle+120^\circ$ 同相电压
△-△	$\boldsymbol{V}_{ab}=V_p\angle 0^\circ$ $\boldsymbol{V}_{bc}=V_p\angle-120^\circ$ $\boldsymbol{V}_{ca}=V_p\angle+120^\circ$ $\boldsymbol{I}_{AB}=\boldsymbol{V}_{ab}/\boldsymbol{Z}_\triangle$ $\boldsymbol{I}_{BC}=\boldsymbol{V}_{bc}/\boldsymbol{Z}_\triangle$ $\boldsymbol{I}_{CA}=\boldsymbol{V}_{ca}/\boldsymbol{Z}_\triangle$	$\boldsymbol{I}_a=\boldsymbol{I}_{AB}\sqrt{3}\angle-30^\circ$ $\boldsymbol{I}_b=\boldsymbol{I}_a\angle-120^\circ$ $\boldsymbol{I}_c=\boldsymbol{I}_a\angle+120^\circ$ 同相电压
△-Y	$\boldsymbol{V}_{ab}=V_p\angle 0^\circ$ $\boldsymbol{V}_{bc}=V_p\angle-120^\circ$ $\boldsymbol{V}_{ca}=V_p\angle+120^\circ$ 同线电流	$\boldsymbol{I}_a=\frac{V_p\angle-30^\circ}{\sqrt{3}\boldsymbol{Z}_Y}$ $\boldsymbol{I}_b=\boldsymbol{I}_a\angle-120^\circ$ $\boldsymbol{I}_c=\boldsymbol{I}_a\angle+120^\circ$

注：假设电源为正序或 abc 相序。

例12-5 一相阻抗为(40+j25)Ω的对称Y联结负载由线电压为210V的对称、正序△联结的电源供电，如果以 $\boldsymbol{V}_{ab}$ 作为参考电压，计算相电流。

解：负载阻抗为

$$\boldsymbol{Z}_Y=40+j25=47.17\angle 32^\circ(\Omega)$$

电源电压为

$$\boldsymbol{V}_{ab}=210\angle 0^\circ\ \text{V}$$

将△联结电源转换为Y联结电源，有

$$\boldsymbol{V}_{an}=\frac{\boldsymbol{V}_{ab}}{\sqrt{3}}\angle -30^\circ=121.2\angle -30^\circ(\text{V})$$

于是线电流为

$$\boldsymbol{I}_a=\frac{\boldsymbol{V}_{an}}{\boldsymbol{Z}_Y}=\frac{121.2\angle -30^\circ}{47.12\angle 32^\circ}=2.57\angle -62^\circ(\text{A})$$

$$\boldsymbol{I}_b=\boldsymbol{I}_a\angle -120^\circ=2.57\angle -178^\circ(\text{A})$$

$$\boldsymbol{I}_c=\boldsymbol{I}_a\angle 120^\circ=2.57\angle 58^\circ(\text{A})$$

相电流与线电流相同。 ◀

练习 12-5 在某对称△-Y电路中，$\boldsymbol{V}_{ab}=240\angle 15^\circ$，$\boldsymbol{Z}_Y=(12+j15)\Omega$，计算线电流。

答案：$7.21\angle -66.34^\circ$ A，$7.21\angle +173.66^\circ$ A，$7.21\angle 53.66^\circ$ A。

12.7 对称系统中的功率

本节讨论对称三相系统中的功率。首先计算负载吸收的瞬时功率，为此要求在时域中分析电路，对于Y联结负载而言，其相电压为

$$v_{AN}=\sqrt{2}V_p\cos\omega t,\quad v_{BN}=\sqrt{2}V_p\cos(\omega t-120^\circ)$$
$$v_{CN}=\sqrt{2}V_p\cos(\omega t+120^\circ) \tag{12.41}$$

由于 V_p 定义为相电压的有效值，所以因子$\sqrt{2}$是必须的。如果 $\boldsymbol{Z}_Y=Z\angle\theta$，则相电流较其相电压滞后 θ 角，因此，

$$i_a=\sqrt{2}I_p\cos(\omega t-\theta),\quad i_b=\sqrt{2}I_p\cos(\omega t-\theta-120^\circ)$$
$$i_c=\sqrt{2}I_p\cos(\omega t-\theta+120^\circ) \tag{12.42}$$

其中，I_p 为相电流的有效值。负载的总的瞬时功率等于三相瞬时功率之和，即

$$\begin{aligned}p&=p_a+p_b+p_c=v_{AN}i_a+v_{BN}i_b+v_{CN}i_c\\&=2V_pI_p[\cos\omega t\cos(\omega t-\theta)+\cos(\omega t-120^\circ)\cos(\omega t-\theta-120^\circ)+\\&\quad\cos(\omega t+120^\circ)\cos(\omega t-\theta+120^\circ)]\end{aligned} \tag{12.43}$$

利用三角恒等式

$$\cos A\cos B=\frac{1}{2}[\cos(A+B)+\cos(A-B)] \tag{12.44}$$

可以得到

$$\begin{aligned}p&=V_pI_p[3\cos\theta+\cos(2\omega t-\theta)+\cos(2\omega t-\theta-240^\circ)+\cos(2\omega t-\theta+240^\circ)]\\&=V_pI_p(3\cos\theta+\cos\alpha+\cos\alpha\cos240^\circ+\sin\alpha\sin240^\circ+\cos\alpha\cos240^\circ-\sin\alpha\sin240^\circ)\end{aligned} \tag{12.45}$$

其中，

$$\alpha=2\omega t-\theta=V_pI_p\left[3\cos\theta+\cos\alpha+2\left(-\frac{1}{2}\right)\cos\alpha\right]=3V_pI_p\cos\theta$$

因此，对称三相系统中总的瞬时功率是恒定的，而不像各相的瞬时功率那样随时间而变化，无论负载是Y联结还是△联结，这个结果都是成立的。这是采用三相系统发电、配电的重要原因之一。稍后将介绍另一个原因。

由下总的瞬时功率不随时间变化，所以无论是△联结负载还是Y联结负载，其各相的

平均功率 P_p 为 $p/3$，即

$$P_p = V_p I_p \cos\theta \tag{12.46}$$

各项的无功功率为

$$Q_p = V_p I_p \sin\theta \tag{12.47}$$

各项的视在功率为

$$S_p = V_p I_p \tag{12.48}$$

各项的复功率为

$$\boldsymbol{S}_p = P_p + jQ_p = \boldsymbol{V}_p \boldsymbol{I}_p^* \tag{12.49}$$

其中，$\boldsymbol{V}_p$ 和 $\boldsymbol{I}_p$ 分别是幅度为 V_p 和 I_p 的相电压和相电流。总的平均功率为各相平均功率之和，

$$P = P_a + P_b + P_c = 3P_p = 3V_p I_p \cos\theta = \sqrt{3} V_L I_L \cos\theta \tag{12.50}$$

对于Y联结负载而言，$I_L = I_p$，但 $V_L = \sqrt{3} V_p$，而对于△联结负载而言，$I_L = \sqrt{3} I_p$，但 $V_L = V_p$。因此式(12.50)既适用于Y联结负载，又适用于△联结负载。同理，总的无功功率为

$$Q = 3V_p I_p \sin\theta = 3Q_p = \sqrt{3} V_L I_L \sin\theta \tag{12.51}$$

总的复功率为

$$\boxed{\boldsymbol{S} = 3\boldsymbol{S}_p = 3\boldsymbol{V}_p \boldsymbol{I}_p^* = 3I_p^2 \boldsymbol{Z}_p = \frac{3V_p^2}{\boldsymbol{Z}_p^*}} \tag{12.52}$$

其中，$\boldsymbol{Z}_p = Z_p \angle\theta$ 为各项的负载阻抗（$\boldsymbol{Z}_p$ 可以是 $\boldsymbol{Z}_Y$ 或 $\boldsymbol{Z}_\triangle$）。另外，式(12.52)还可以写为

$$\boxed{\boldsymbol{S} = P + jQ = \sqrt{3} V_L I_L \angle\theta} \tag{12.53}$$

需要记住的是，V_p、I_p、V_L 与 I_L 均为有效值，θ 为负载阻抗的辐角，也是相电压与相电流之间的相位差。

采用三相系统进行配电的另一个重要优势在于：与单相系统相比，在相同线电压与相同吸收功率 P_L 的条件下，三相系统所需的输电线比单相系统少。下面将对这两种情况进行比较，假定两系统中的输电线采用相同的材料（例如电阻率为 ρ 的铜材），输电线具有相同的长度 l，并且负载为电阻性的（功率因数为1）。对于如图12-21a所示的两线单相系统而言，$I_L = P_L / V_L$，于是两线系统中的功率损耗为

$$P_{\text{loss}} = 2I_L^2 R = 2R \frac{P_L^2}{V_L^2} \tag{12.54}$$

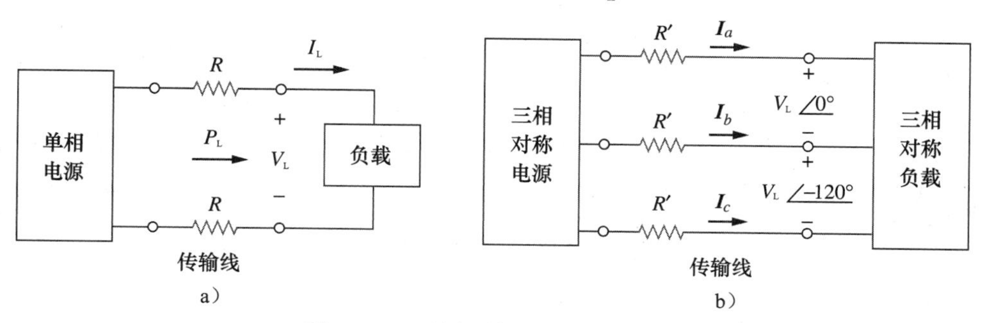

图12-21 不同系统功率损耗的比较

对于如图12-21b所示的三相三线系统而言，由式(12.50)可得，

$$I_L' = |\boldsymbol{I}_a| = |\boldsymbol{I}_b| = |\boldsymbol{I}_c| = P_L / \sqrt{3} V_L,$$

于是，三相系统的功率损耗为：

$$P_{\text{loss}}' = 3I_L'^2 R' = 3R' \frac{P_L^2}{3V_L^2} = R' \frac{P_L^2}{V_L^2} \tag{12.55}$$

式(12.54)与式(12.55)表明，对于传递相同的总功率 P_L 以及相同的线电压 V_L，有

$$\frac{P_{loss}}{P'_{loss}}=\frac{2R}{R'} \tag{12.56}$$

但由第2章可知，$R=\rho l/(\pi r^2)$ 且 $R'=\rho l/(\pi r'^2)$，其中 r 和 r' 为导线的半径，因此，

$$\frac{P_{loss}}{P'_{loss}}=\frac{2r'^2}{r^2} \tag{12.57}$$

如果两个系统的损耗功耗相同，则 $r^2=r'^2$。两系统所需的材料之比由输电线数量及其体积决定，且

$$\frac{\text{单相系统的材料}}{\text{三相系统的材料}}=\frac{2(\pi r^2 l)}{3(\pi r'^2 l)}=\frac{2r^2}{3r'^2}=\frac{2}{3}\times 2=1.333 \tag{12.58}$$

式(12.58)表明，单相系统所用的材料比三相系统多33%，或者说，三相系统仅使用等效单相系统所需材料的75%即可，换而言之，传递相同的功率时，三相系统所需的材料要比单相系统所需的材料少得多。

例 12-6 参看如图12-13所示电路(例12-2图)，确定电源与负载总的平均功率、无功功率及复功率。

解：由于系统是对称的，所以仅参考一项即可，对于 a 相有

$$\boldsymbol{V}_p=110\underline{/0^\circ}\ \text{V} \quad 和 \quad \boldsymbol{I}_p=6.81\underline{/-21.8^\circ}\ \text{A}$$

于是电源吸收的负功率为

$$\boldsymbol{S}_s=-3\boldsymbol{V}_p\boldsymbol{I}_p^*=-3(110\underline{/0^\circ})(6.81\underline{/21.8^\circ})=-2247\underline{/21.8^\circ}=-(2087+\text{j}834.6)\text{V}\cdot\text{A}$$

即电源提供的有效功率为−2087W，无功功率为−834.6var。

负载吸收的复功率为

$$\boldsymbol{S}_L=3|\boldsymbol{I}_p|^2\boldsymbol{Z}_p$$

式中，

$$\boldsymbol{Z}_p=10+\text{j}8=12.81\underline{/38.66^\circ} \quad 且 \quad \boldsymbol{I}_p=\boldsymbol{I}_a=6.81\underline{/-21.8^\circ}。$$

因此，

$$\boldsymbol{S}_L=3(6.81)^2 12.81\underline{/38.66^\circ}=1782\underline{/38.66^\circ}=(1392+\text{j}1113)(\text{V}\cdot\text{A})$$

于是，负载吸收的有功功率为1391.7W，无功功率为1113.3var。两复功率之差为线路阻抗(5−j2)Ω吸收的复功率。下面求出线路吸收的复功率予以验证：

$$\boldsymbol{S}_l=3|\boldsymbol{I}_p|^2\boldsymbol{Z}_l=3\times 6.81^2\times(5-\text{j}2)=(695.6-\text{j}278.3)(\text{V}\cdot\text{A})$$

恰好是 $\boldsymbol{S}_s$ 与 $\boldsymbol{S}_L$ 之差，即，结果得到验证。 ◀

练习 12-6 在练习题12-2的Y-Y电路中，试计算电源端负载端的复功率。

答案：−(1054+j843.3)V·A，(1012+j801.6)V·A。

例 12-7 三相电动机可看作是对称Y负载。当供电线电压为220V，线电流为18.2A时，电动机吸收的功率为5.6kW，确定该电动机的功率因数。

解：

视在功率为

$$S=\sqrt{3}V_L I_L=\sqrt{3}\times 220\times 18.2=6935.13(\text{V}\cdot\text{A})$$

由于有功功率为

$$P=S\cos\theta=5600(\text{W})$$

所以，功率因数为

$$\text{pf}=\cos\theta=\frac{P}{S}=\frac{5600}{6935.13}=0.8075$$ ◀

练习 12-7　某功率因数为 0.85(滞后)的 30kW 三相电动机与线电压为 440V 的对称电源相连，试计算该电动机所需的线电流。

答案：46.31A。

例 12-8　两个对你负载与 240kV(rms)、60Hz 电力线相连，如图 12-22a 所示，负载 1 在功率因数为 0.6(滞后)时提取的功率为 30kW，负载 2 在功率因数为 0.8(滞后)时提取的功率为 45kvar，假定相序为 abc。

试求：(a) 合并负载吸收的复功率、有功功率与无功功率；

(b) 线电流；

(c) 将功率因数提高到 0.9(滞后)，求与负载相并联的三个△联结电容器的额定功率(kvar)以及每个电容器的容值。

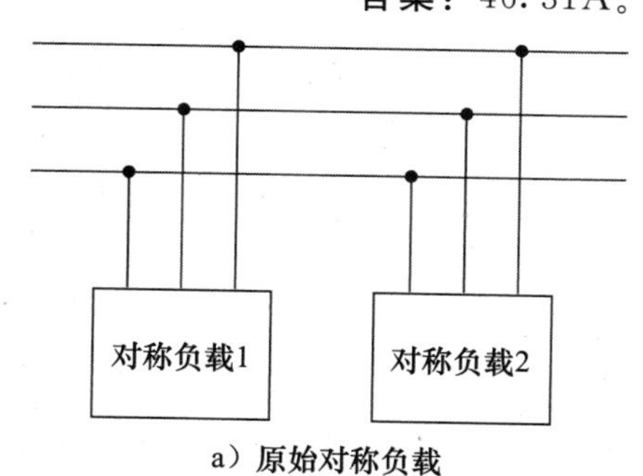

a）原始对称负载

合并负载

C

b）功率因数提高的合并负载

图 12-22　例 12-8 图

解：

(a) 对于负载 1，已知 $P_1=30\text{kW}$ 且 $\cos\theta_1=0.6$，则 $\sin\theta_1=0.8$，所以

$$S_1=\frac{P_1}{\cos\theta_1}=\frac{30\text{kW}}{0.6}=50\text{kV}\cdot\text{A}$$

且 $Q_1=S_1\sin\theta_1=50\times0.8\text{kvar}=40\text{kvar}$，所以负载 1 的复功率为

$$\boldsymbol{S}_1=P_1+\text{j}Q_1=(30+\text{j}40)\text{kV}\cdot\text{A} \tag{12.8.1}$$

对于负载 2，已知 $Q_2=45\text{kvar}$ 且 $\cos\theta_2=0.8$ 则有 $\sin\theta_2=0.6$ 所以

$$S_2=\frac{Q_2}{\sin\theta_2}=\frac{45\text{kV}\cdot\text{A}}{0.6}=75\text{kV}\cdot\text{A} \tag{12.8.2}$$

且 $P_2=S_2\cos\theta_2=75\times0.8=60\text{kW}$，因此，负载 2 的复功率为

$$\boldsymbol{S}_2=P_2+\text{j}Q_2=(60+\text{j}45)\text{kV}\cdot\text{A} \tag{12.8.3}$$

其功率因数为 cos43.36°=0.727(滞后)，有功功率为 90kW，无功功率为 85kvar。

(b) 由于 $S=\sqrt{3}V_\text{L}I_\text{L}$，所以线电流为

$$I_\text{L}=\frac{S}{\sqrt{3}V_\text{L}} \tag{12.8.4}$$

将其用于计算各负载的线电流，需要注意的是各负载两端的线电压均为 $V_\text{L}=240\text{kV}$。于是对于负载 1，

$$I_{\text{L}1}=\frac{50\ 000}{\sqrt{3}\times240\ 000}=120.28(\text{mA})$$

由于功率因数是滞后的，所以线电流滞后于线电压 $\theta_1=\arccos0.6=53.13°$，因此，

$$\boldsymbol{I}_{a1}=120.28\ \underline{/-53.13°}\ \text{mA}$$

对于负载 2：

$$I_{\text{L}2}=\frac{75\ 000}{\sqrt{3}\times240\ 000}=180.42(\text{mA})$$

线电流滞后于线电压 $\theta_2=\arccos0.8=36.87°$，所以

$$\boldsymbol{I}_{a2}=180.42\ \underline{/-36.87°}\ \text{mA}$$

所以总的线电流为

$$\boldsymbol{I}_a=\boldsymbol{I}_{a1}+\boldsymbol{I}_{a2}=120.28\,\underline{/-53.13^\circ}+180.42\,\underline{/-36.87^\circ}$$
$$=(72.168-\mathrm{j}96.224)+(144.336-\mathrm{j}108.252)$$
$$=216.5-\mathrm{j}204.472=297.8\,\underline{/-43.36^\circ}(\mathrm{mA})$$

另外，利用式(12.8.4)也可以由总的复功率确定线电流，

$$I_\mathrm{L}=\frac{123\,800}{\sqrt{3}\times 240\,000}=297.82(\mathrm{mA})$$

且

$$\boldsymbol{I}_a=297.82\,\underline{/-43.36^\circ}\ \mathrm{mA}$$

与前面计算出的结果是一致的。另外两相的线电流 $\boldsymbol{I}_b$ 与 $\boldsymbol{I}_c$ 可以按照 abc 相序得到(即 $\boldsymbol{I}_b=297.82\,\underline{/-163.36^\circ}$ mA 且 $\boldsymbol{I}_c=297.82\,\underline{/76.64^\circ}$ mA)。

(c) 要将功率因数提高到 0.9(滞后)，所需要的无功功率可以利用式(11.59)求出，

$$Q_\mathrm{C}=P(\tan\theta_\mathrm{old}-\tan\theta_\mathrm{new})$$

其中，$P=90\mathrm{kW}$，$\theta_\mathrm{old}=43.36^\circ$，$\theta_\mathrm{new}=\arccos 0.9=25.84^\circ$。所以

$$Q_\mathrm{C}=90\,000(\tan 43.36^\circ-\tan 25.84^\circ)=41.4\mathrm{kvar}$$

此即三个电容器的无功功率，于是，每个电容器的额定功率应为 $Q_\mathrm{C}'=13.8\mathrm{kvar}$。由式(11.66)可得各电容器的电容值为

$$C=\frac{Q_\mathrm{C}'}{\omega V_\mathrm{rms}^2}$$

由于电容器是△联结，如图 12-22b 所示，所以上式中的 V_rms 为线电压，即 240kW，于是

$$C=\frac{13\,800}{2\pi\times 60\times 240\,000^2}=635.5\mathrm{pF}$$

◀

练习 12-8　假定如图 12-22a 所示的两个对称负载由 840V(rms)、60Hz 电源供电。负载 1 为 Y 联结，每相的阻抗为(30+j40)Ω。负载 2 为对称三相电动机，在功率因数为 0.8 滞后时提取的功率为 48kW。假定相序为 abc，试计算：(a) 合并负载吸收的复功率；(b) 将功率因数提高到 1，与负载相并联的三个△联结电容器的额定功率(kvar)；(c) 在功率因数为 1 的情况下，从电源提取的电流。

答案：(a) (56.47+j47.29)kV·A；(b) 15.7kvar；(c) 38.813A。

†12.8　非对称三相系统

如果不讨论非对称系统，本章的知识结构就显得不完整。在如下两种可能的情况下会出现非对称系统：(1)电源的大小不相等，或者相位角不相等；(2)负载阻抗不相等。

非对称系统是由非对称的电压源或非对称负载形成的。

为了简化分析，假定电源电压是对称的，而负载是非对称的。

非对称系统可以直接利用网孔分析法和节点分析法求解。图 12-23 所示为一个非对称三相系统，该系统由对称的电源电压(图中未画出)与非对称 Y 联结负载(图中已画出)组成。由于负载是非对称的，所以 $\boldsymbol{Z}_A$、$\boldsymbol{Z}_B$、$\boldsymbol{Z}_C$ 不相等。由欧姆定律确定的线电流为

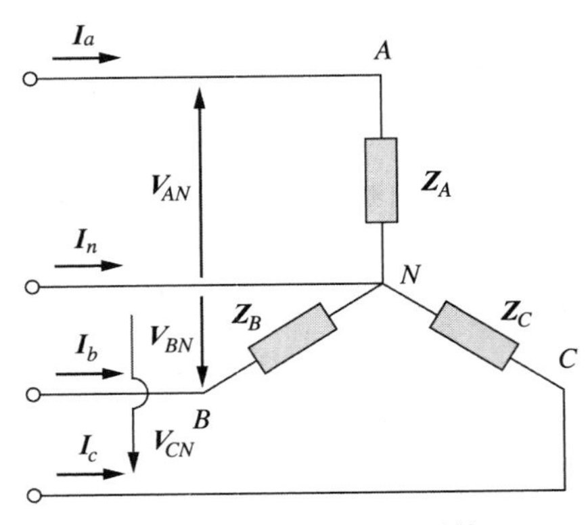

图 12-23　非对称三相系统

$$\boldsymbol{I}_a=\frac{\boldsymbol{V}_{AN}}{\boldsymbol{Z}_A},\quad \boldsymbol{I}_b=\frac{\boldsymbol{V}_{BN}}{\boldsymbol{Z}_B},\quad \boldsymbol{I}_c=\frac{\boldsymbol{V}_{CN}}{\boldsymbol{Z}_C}\tag{12.59}$$

这组非对称线电流会在中性线中产生电流，而对称

系统中的中性线电流为零。在节点 N 处应用 KCL 可以得到中性线电流为

$$\boxed{\mathbf{I}_n=-(\mathbf{I}_a+\mathbf{I}_b+\mathbf{I}_c)} \tag{12.60}$$

在没有中性线的三线系统中，仍然可以利用网孔分析法求出线电流 $\mathbf{I}_a$、$\mathbf{I}_b$ 与 $\mathbf{I}_c$。在这种情况下，节点 N 处必须满足 KCL，于是有 $\mathbf{I}_a+\mathbf{I}_b+\mathbf{I}_c=0$。对于△-Y、Y-△或△-△非对称三线系统的分析也是相同的。前面已经提到，在远距离电力传输中需要采用多路三线系统，并以大地本身作为中性线的导体。

计算非对称三相系统的功率必须先利用式(12.46)～式(12.49)分别求出每相的功率，但总功率不是单相功率的3倍，而是全部三相功率之和。

提示：专门处理非对称三相系统的方法称为对称元件法，已超出本书的讨论范围。

例12-9 图12-23所示的非对称Y联结负载由100V对称电压，*abc* 相序电源供电。如果 $\mathbf{Z}_A=15\Omega$，$\mathbf{Z}_B=(10+\mathrm{j}5)\Omega$，$\mathbf{Z}_C=(6-\mathrm{j}8)\Omega$，计算线电流与中性线电流。

解：利用式(12.59)可求得线电流

$$\mathbf{I}_a=\frac{100\angle 0^\circ}{15}=6.67\angle 0^\circ(\mathrm{A})$$

$$\mathbf{I}_b=\frac{100\angle 120^\circ}{10+\mathrm{j}5}=\frac{100\angle 120^\circ}{11.18\angle 26.56^\circ}=8.94\angle 93.44^\circ(\mathrm{A})$$

$$\mathbf{I}_c=\frac{100\angle -120^\circ}{6-\mathrm{j}8}=\frac{100\angle -120^\circ}{10\angle -53.13^\circ}=10\angle -66.87^\circ(\mathrm{A})$$

利用式(12.60)，得到中性线电流为

$$\begin{aligned}\mathbf{I}_n&=-(\mathbf{I}_a+\mathbf{I}_b+\mathbf{I}_c)\\&=-(6.67-0.54+\mathrm{j}8.92+3.93-\mathrm{j}9.2)\\&=-10.06+\mathrm{j}0.28=10.06\angle 178.4^\circ(\mathrm{A})\end{aligned}$$

练习12-9 图12-24所示的非对称△联结负载，由线电压为200V的正序对称电源供电。以 $\mathbf{V}_{ab}$ 作为参考电压求线电流。

答案：$39.71\angle -41.06^\circ$ A，$64.12\angle -139.8^\circ$ A，$70.13\angle 74.27^\circ$ A。

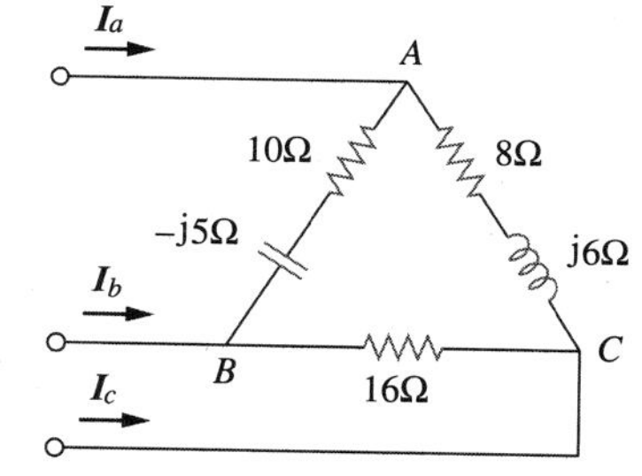

图12-24 练习12-9的非对称△联结负载

例12-10 对于图12-25所示的非对称电路，试求：(a) 线电流；(b) 负载吸收的总复功率；(c) 电源提供的总复功率。

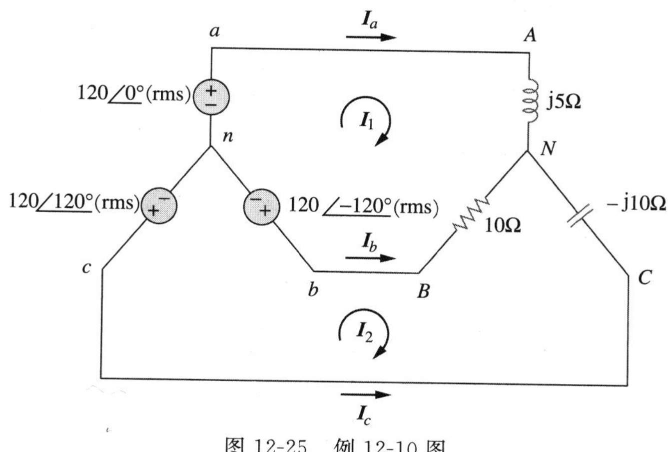

图12-25 例12-10图

解：(a) 利用网孔分析法求解线电流。对于网孔 1，有

$$120\angle{-120^\circ}-120\angle{0^\circ}+(10+\mathrm{j}5)\boldsymbol{I}_1-10\boldsymbol{I}_2=0$$

即

$$(10+\mathrm{j}5)\boldsymbol{I}_1-10\boldsymbol{I}_2=120\sqrt{3}\angle{30^\circ} \tag{12.10.1}$$

对于网孔 2，有

$$120\angle{120^\circ}-120\angle{-120^\circ}+(10-\mathrm{j}10)\boldsymbol{I}_2-10\boldsymbol{I}_1=0$$

即

$$-10\boldsymbol{I}_1+(10-\mathrm{j}10)\boldsymbol{I}_2=120\sqrt{3}\angle{-90^\circ} \tag{12.10.2}$$

式(12.10.1)与式(12.10.2)构成的矩阵方程为

$$\begin{bmatrix}10+\mathrm{j}5 & -10\\ -10 & 10-\mathrm{j}10\end{bmatrix}\begin{bmatrix}\boldsymbol{I}_1\\ \boldsymbol{I}_2\end{bmatrix}=\begin{bmatrix}120\sqrt{3}\angle{30^\circ}\\ 120\sqrt{3}\angle{-90^\circ}\end{bmatrix}$$

其行列式为

$$\Delta=\begin{vmatrix}10+\mathrm{j}5 & -10\\ -10 & 10-\mathrm{j}10\end{vmatrix}=50-\mathrm{j}50=70.71\angle{-45^\circ}$$

$$\Delta_1=\begin{vmatrix}120\sqrt{3}\angle{30^\circ} & -10\\ 120\sqrt{3}\angle{-90^\circ} & 10-\mathrm{j}10\end{vmatrix}=207.85(13.66-\mathrm{j}13.66)=4015\angle{-45^\circ}$$

$$\Delta_2=\begin{vmatrix}10+\mathrm{j}5 & 120\sqrt{3}\angle{30^\circ}\\ -10 & 120\sqrt{3}\angle{-90^\circ}\end{vmatrix}=207.85(13.66-\mathrm{j}5)=3023.4\angle{-20.1^\circ}$$

于是，网孔电流为

$$\boldsymbol{I}_1=\frac{\Delta_1}{\Delta}=\frac{4015.23\angle{-45^\circ}}{70.71\angle{-45^\circ}}=56.78(\mathrm{A})$$

$$\boldsymbol{I}_2=\frac{\Delta_2}{\Delta}=\frac{3023.4\angle{-20.1^\circ}}{70.71\angle{-45^\circ}}=42.75\angle{24.9^\circ}(\mathrm{A})$$

因此，线电流为

$$\boldsymbol{I}_a=\boldsymbol{I}_1=56.78\mathrm{A},\qquad \boldsymbol{I}_c=-\boldsymbol{I}_2=42.75\angle{-155.1^\circ}\ \mathrm{A}$$

$$\boldsymbol{I}_b=\boldsymbol{I}_2-\boldsymbol{I}_1=38.78+\mathrm{j}18-56.78=25.46\angle{135^\circ}(\mathrm{A})$$

(b) 下面计算负载吸收的复功率。对于 A 相，有

$$\boldsymbol{S}_A=|\boldsymbol{I}_a|^2\boldsymbol{Z}_A=56.78^2\times\mathrm{j}5=\mathrm{j}16\,120(\mathrm{V\cdot A})$$

对于 B 相，有

$$\boldsymbol{S}_B=|\boldsymbol{I}_b|^2\boldsymbol{Z}_B=25.46^2\times10=6480(\mathrm{V\cdot A})$$

对于 C 相，有

$$\boldsymbol{S}_C=|\boldsymbol{I}_c|^2\boldsymbol{Z}_C=42.75^2\times-\mathrm{j}10=-\mathrm{j}18\,276(\mathrm{V\cdot A})$$

于是，负载吸收的总复功率为

$$\boldsymbol{S}_\mathrm{L}=\boldsymbol{S}_A+\boldsymbol{S}_B+\boldsymbol{S}_C=6480-\mathrm{j}2156(\mathrm{V\cdot A})$$

(c) 下面通过求解电源吸收的功率来验证上述结果。对于 A 相电压源，有

$$\boldsymbol{S}_a=-\boldsymbol{V}_{an}\boldsymbol{I}_a^*=-(120\angle{0^\circ})\times56.78=-6813.6(\mathrm{V\cdot A})$$

对于 B 相电压源，有

$$\begin{aligned}\boldsymbol{S}_b=-\boldsymbol{V}_{bn}\boldsymbol{I}_b^* &=-(120\angle{-120^\circ})(25.46\angle{-135^\circ})\\ &=-3055.2\angle{105^\circ}=790-\mathrm{j}2951.1(\mathrm{V\cdot A})\end{aligned}$$

对于 C 相电压源，有

$$\begin{aligned}\boldsymbol{S}_c=-\boldsymbol{V}_{cn}\boldsymbol{I}_c^* &=-(120\angle{120^\circ})(42.75\angle{155.1^\circ})\\ &=-5130\angle{275.1^\circ}=-456.03+\mathrm{j}5109.7(\mathrm{V\cdot A})\end{aligned}$$

三相电源吸收的总复功率为

$$\boldsymbol{S}_s=\boldsymbol{S}_a+\boldsymbol{S}_b+\boldsymbol{S}_c=(-6480+j2156)\mathrm{V\cdot A}$$

显然，$\boldsymbol{S}_s+\boldsymbol{S}_L=0$，证实了交流功率守恒原理。◀

练习 12-10　试求如图 12-26 所示非对称三相电路的线电流以及负载吸收的有功功率。

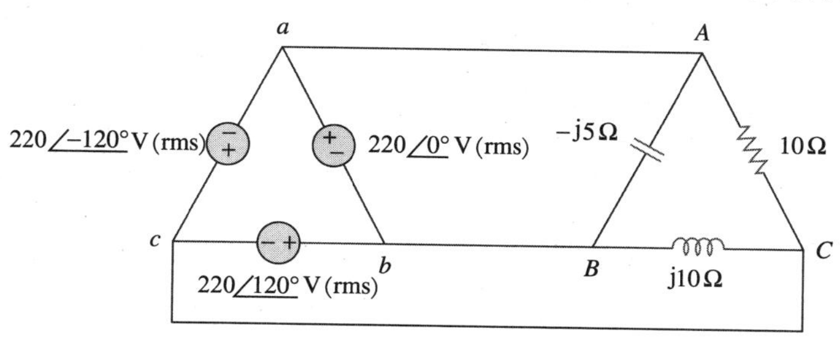

图 12-26　练习 12-10 图

答案：$64\angle 80.1^\circ$ A，$38.1\angle -60^\circ$ A，$42.5\angle -135^\circ$ A，4.84kW。

12.9　基于 PSpice 的三相电路分析

PSpice 软件既可用于分析对称三相电路又可用于分析非对称三相电路，其分析方法与单相交流电路的分析方法相同。但是，利用 PSpice 分析△联结电源时，存在两个主要问题。第一，△联结电源形成一个电压源回路．这是 PSpice 不能接受的形式。为了避免这个问题，在△联结电源的每一相中串联一个可以忽略的电阻(例如 1μΩ)。第二，△联结电源没有一个方便的节点作为地参考节点，而这是在运行 PSpice 程序时所必需的，在△联结的电源中插入一个对称 Y 联结的大电阻(例如，1MΩ 每相)，使得该 Y 联结电阻的中性线节点作为地节点 0，即可解决这个问题。例 12-12 将说明上述问题。

例 12-11　对于图 12-27 所示的对称 Y-△电路，利用 PSpice 求解线电流 $\boldsymbol{I}_{aA}$、相电压 $\boldsymbol{V}_{AB}$ 以及相电流 $\boldsymbol{I}_{AC}$，假定电源频率为 60Hz。

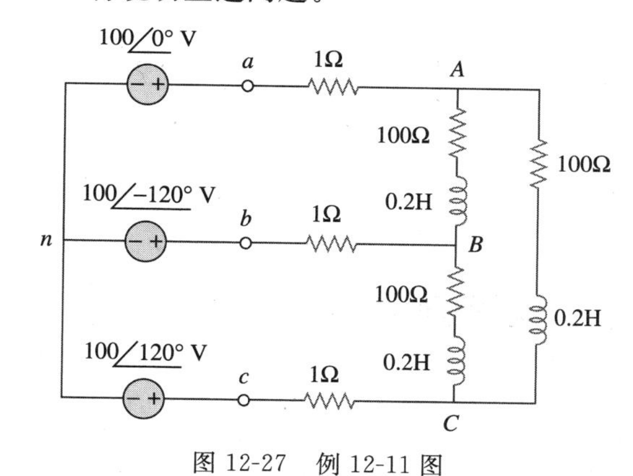

图 12-27　例 12-11 图

解：电路的 PSpice 原理图如图 12-28 所示，在适当的线路中加入伪组件 IPRINT 以确定 $\boldsymbol{I}_{aA}$ 与 $\boldsymbol{I}_{AC}$，在节点 A 与节点 B 之间加入 VPRINT2 以得到电压差 $\boldsymbol{V}_{AB}$。将 IPRINT 和 VPRINT2 的属性设为 AC=yes，MAG=yes，PHASE=yes，从而仅输出电流与电压的幅度和相位。

对于单频分析，选择 Analysis/setup/AC Sweep，并在对话框中键入 Total Pts=1、Start Freq=60 和 Final Freq=60，保存电路图后，即可运行 Analysis/simulate 程序模拟电路，得到如下输出文件：

```
FREQ          V(A,B)          VP(A,B)
6.000E+01     1.699E+02       3.081E+01

FREQ          IM(V_PRINT2)    IP(V_PRINT2)
6.000E+01     2.350E+00       -3.620E+01

FREQ          IM(V_PRINT3)    IP(V_PRINT3)
6.000E+01     1.357E+00       -6.620E+01
```

由此得到

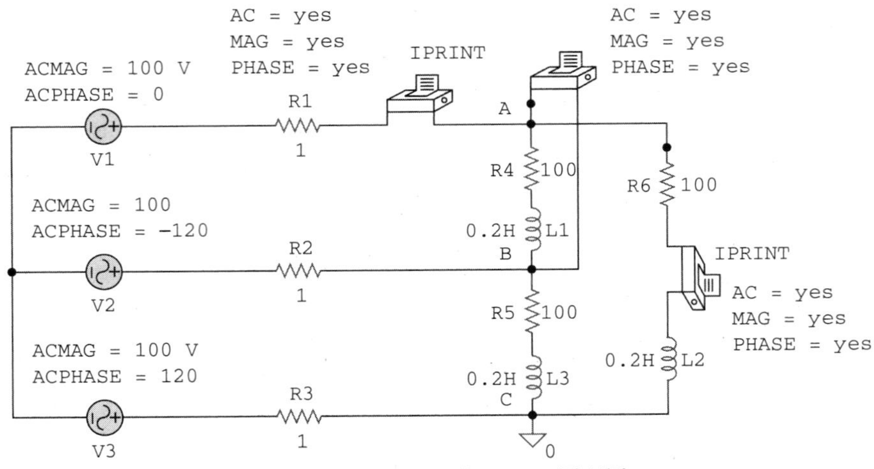

图 12-28　图 12-27 的 PSpice 原理图

$I_{aA}=2.35\,\underline{/-36.2^\circ}$ A，　$V_{AB}=169.9\,\underline{/30.81^\circ}$ V，　$I_{AC}=1.357\,\underline{/-66.2^\circ}$ A ◀

练习 12-11　对于如图 12-29 所示的对称 Y-Y 电路，利用 PSpice 求解线电流 $\boldsymbol{I}_{AB}$ 与相电压 $\boldsymbol{V}_{AN}$，假定 $f=100\text{Hz}$。

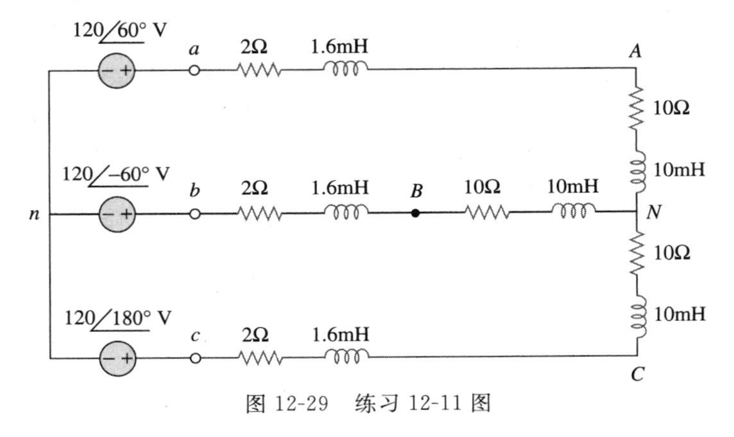

图 12-29　练习 12-11 图

答案：100.9 $\underline{/60.87^\circ}$ V，8.547 $\underline{/-91.27^\circ}$ A。

例 12-12 对于图 12-30 所示的非对称△-△电路，试利用 PSpice 求解发电机电流 $\boldsymbol{I}_{ab}$、线电流 $\boldsymbol{I}_{bB}$ 以及相电流 $\boldsymbol{I}_{BC}$。

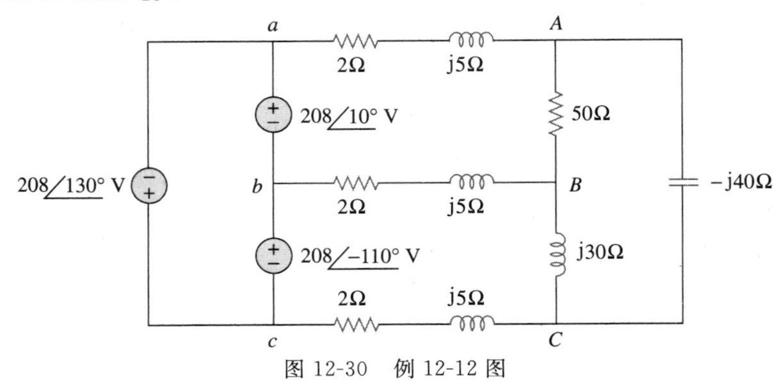

图 12-30　例 12-12 图

解：1. **明确问题**。本题所要解决的问题以及求解过程均已明确。

2. **列出已知条件**。本题要求确定从 a 至 b 的发电机电流、从 b 到 B 的线电流，以及从 B 到 C 的相电流。

3. **确定备选方案**。虽然可以利用不同的方法求解本题，但要求必须使用 PSpice，因此，这里不会采用其他方法求解。

4. **尝试求解**。如前所述，在△联结电源中串联 $1\mu\Omega$ 电阻，即可避免形成电压源回路。为了提供地节点 0，在△联结电源中加入对称 Y 联结电阻(每相 $1\text{M}\Omega$)，如图 12-31 所示。加入三个伪元件 IPRINT 并设置其属性，从而得到所求的电流 $\boldsymbol{I}_{ab}$、$\boldsymbol{I}_{bB}$ 和 $\boldsymbol{I}_{Bc}$。由于未指定工作频率，且需要确定电感值与电容值，所以假设 $\omega=1\text{rad/s}$，于是 $f=\dfrac{1}{2\pi}=0.159\ 155\text{Hz}$，所以

$$L=\frac{X_{\text{L}}}{\omega},\qquad C=\frac{1}{\omega X_{\text{C}}}$$

选择 Analysis/Setup/AC Sweep，并输入 Total Pts=1、Start Freq=0.159 155 以及 Final Freq=0.159 155。保存电路之后，运行程序 Analysis/Simulate 对电路进行仿真，得到输出文件为：

```
FREQ          IM(V_PRINT1)    IP(V_PRINT1)
1.592E-01     9.106E+00       1.685E+02

FREQ          IM(V_PRINT2)    IP(V_PRINT2)
1.592E-01     5.959E+00       -1.772E+02

FREQ          IM(V_PRINT3)    IP(V_PRINT3)
1.592E-01     5.500E+00       1.725E+02
```

由此得到

$$\boldsymbol{I}_{ab}=5.595\underline{/-177.2^{\circ}}\ \text{A},\qquad \boldsymbol{I}_{bB}=9.106\underline{/168.5^{\circ}}\ \text{A},\qquad \boldsymbol{I}_{BC}=5.5\underline{/172.5^{\circ}}\ \text{A}$$

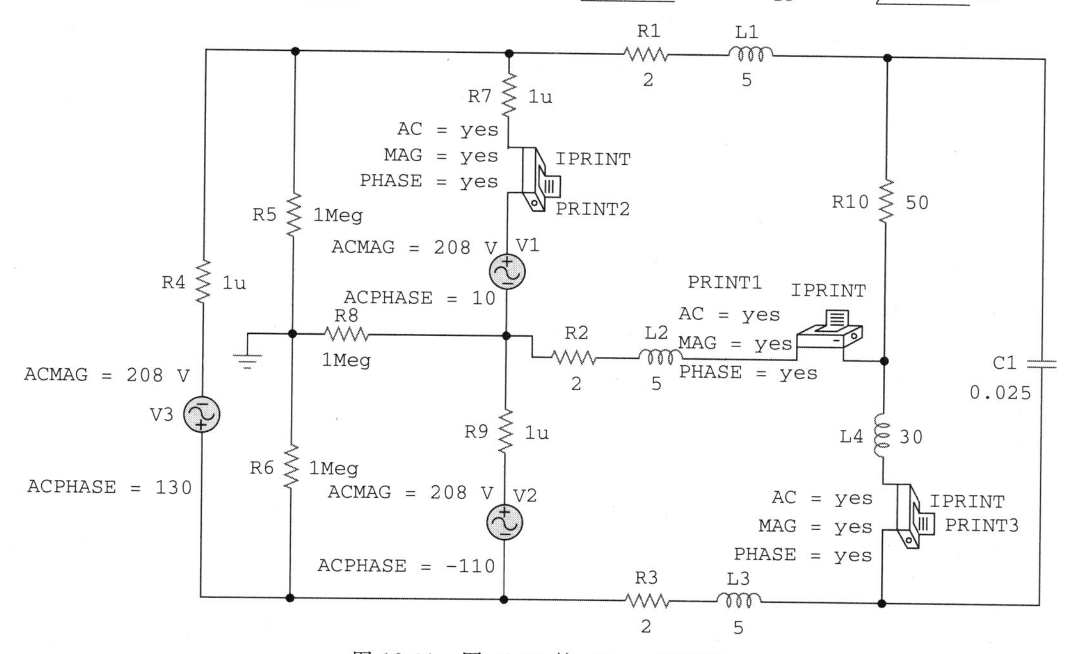

图 12-31 图 12-30 的 PSpice 原理图

5. **评价结果**。利用网孔分析法验证所得到的结果。设网孔 $aABb$ 为网孔 1，网孔 $bBCc$ 为网孔 2，网孔 ACB 为网孔 3，并且三个网孔电流均为顺时针方向。从而得到如下网孔方程。

网孔 1：

$$(54+j10)\boldsymbol{I}_1-(2+j5)\boldsymbol{I}_2-50\boldsymbol{I}_3=208\angle 10^\circ=204.8+j36.12$$

网孔 2：

$$-(2+j5)\boldsymbol{I}_1+(4+j40)\boldsymbol{I}_2-j30\boldsymbol{I}_3=208\angle -110^\circ=-71.14-j195.46$$

网孔 3：

$$-50\boldsymbol{I}_1-(j30)\boldsymbol{I}_2+(50-j10)\boldsymbol{I}_3=0$$

利用 MATLAB 求解可得

```
>>Z=[(54+10i),(-2-5i),-50;(-2-5i),(4+40i),
-30i;-50,-30i,(50-10i)]

Z=
54.0000+10.0000i-2.0000-5.0000i-50.0000
-2.0000-5.0000i  4.0000+40.0000i  0-30.0000i
-50.0000  0-30.0000i  50.0000-10.0000i
>>V=[(204.8+36.12i);(-71.14-195.46i);0]

V=
1.0e+002*
2.0480+0.3612i
-0.7114-1.9546i
     0
>>I=inv(Z)*V

I=
8.9317+2.6983i
0.0096+4.5175i
5.4619+3.7964i
```

$$\boldsymbol{I}_{bB}=-\boldsymbol{I}_1+\boldsymbol{I}_2=-(8.932+j2.698)+(0.0096+j4.518)$$
$$=-8.922+j1.82=9.106\angle 168.47^\circ(\mathrm{A})$$ 答案得到验证。

$$\boldsymbol{I}_{BC}=\boldsymbol{I}_2-\boldsymbol{I}_3=(0.0096+j4.518)-(5.462+j3.796)$$
$$=-5.452+j0.722=5.5\angle 172.46^\circ(\mathrm{A})$$ 答案得到验证。

下面求解 $\boldsymbol{I}_{ab}$。如果假定各电源的内部阻抗很小，则可得到 $\boldsymbol{I}_{ab}$ 的合理估计。加入 0.01Ω 的内部电阻以及电源电路周围的第四个回路，得到如下网孔方程。

网孔 1：

$$(54.01+j10)\boldsymbol{I}_1-(2+j5)\boldsymbol{I}_2-50\boldsymbol{I}_3-0.01\boldsymbol{I}_4=208\angle 10^\circ=204.8+j36.12$$

网孔 2：

$$-(2+j5)\boldsymbol{I}_1+(4.01+j40)\boldsymbol{I}_2-j30\boldsymbol{I}_3-0.01\boldsymbol{I}_4=208\angle -110^\circ=-71.14-j195.46$$

网孔 3：

$$-50\boldsymbol{I}_1-j30\boldsymbol{I}_2+(50-j10)\boldsymbol{I}_3=0$$

网孔 4：

$$-0.01\boldsymbol{I}_1-0.01\boldsymbol{I}_2+0.03\boldsymbol{I}_4=0$$

```
>>Z=[(54.01+10i),(-2-5i),-50,-0.01;(-2-5i),
(4.01+40i),-30i,-0.01;-50,-30i,(50-10i),
0;-0.01,-0.01,0,0.03]

Z=
54.0100+10.0000i  -2.0000-5.0000i,  -50.0000  -0.0100
-2.0000-5.0000i  4.0100-40.0000i  0-30.0000i  0.0100
-50.0000  0-30.0000i  50.0000-10.0000i  0
-0.0100  -0.0100  0  0.0300
```

```
>>V=[(204.8+36.12i);(-71.14-195.46i);0;0]
V=

1.0e+002*

2.0480+0.3612i
-0.7114-1.9546i
     0
     0
>>I=inv(Z)*V

I=

8.9309+2.6973i
0.0093+4.5159i
5.4623+3.7954i
2.9801+2.4044i
```

$$\boldsymbol{I}_{ab}=-\boldsymbol{I}_1+\boldsymbol{I}_4=-(8.931+\mathrm{j}2.697)+(2.98+\mathrm{j}2.404)$$

$$=-5.951-\mathrm{j}0.293=5.958\angle{-177.18^\circ}\,(\mathrm{A})$$　答案得到验证。

6. **是否满意？** 本题的求解过程是令人满意的，而且对答案进行了充分验证，可以将所求得的结果作为本题的答案。◀

练习 12-12　对于图 12-32 所示的非对称电路，试利用 PSpice 求解发电机电流 $\boldsymbol{I}_{ca}$、线电流 $\boldsymbol{I}_{cC}$ 以及相电流 $\boldsymbol{I}_{AB}$。

答案：$24.68\angle{-90^\circ}$ A，$37.25\angle{83.79^\circ}$ A，$15.55\angle{-75.01^\circ}$ A。

†12.10　应用案例

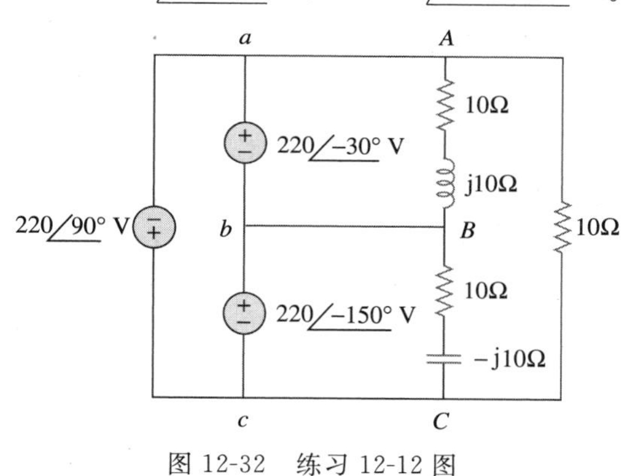

图 12-32　练习 12-12 图

三相电源的 Y 联结与△联结都有重要的应用。Y 联结电源用于远距离电力传输，此时的传输线电阻损耗(I^2R)最小，这是因为 Y 联结的线电压是△联结的 3 倍，因此传输相同的功率时，其线电流较△联结的线电流小。△联结电源主要用在需要由三相电源得到三个单相电路的场合，因为家庭照明与家用电器均为单相电源供电，所以在住宅供电系统中通常需要将三相电转换为单相电。三相电用在功率需求较大的工业供电线路方面，在一些应用中，负载是 Y 联结还是△联结并不重要。例如，感应电动机既可以采用 Y 联结，也可以采用△联结。实际上，有些制造商将电动机在 220V 时连接为△联结，在 440V 时连接为 Y 联结，这样电动机的一条线路就可以适应于两种不同的电压。

本节讨论两个实际应用，三相电路的功率测量以及住宅供电线路问题。

12.10.1　三相功率测量

本书 11.9 节介绍了测量单相电路中平均功率(即有功功率)的仪器——功率表。单相功率表也可以测量对称三相系统的平均功率，因为 $P_1=P_2=P_3$，所以总平均功率即一只功率表读数的三倍。然而，如果系统是非对称的，则需要用两只或三只单相功率表测量功率。图 12-33 所示是三表功率测量法，无论负载是对称或非对称、是 Y 联结或△联结，这种方法都是适用的。三表功率测量法对于功率因数经常变化的三相系统是非常适用的，总的平均功率为三个功率表读数的代数和，即

$$P_{\mathrm{T}}=P_1+P_2+P_3 \tag{12.61}$$

其中，P_1、P_2 与 P_3 分别对应于功率表 W_1、W_2 与 W_3 的读数。注意，图 12-33 中的公用参考点 o 的选取是任意的。如果负载为 Y 联结，则参考点 o 可以连接至其中性线点 n 上。

如果负载为△联结，则参考点 o 可以连接至任意一点。例如，当点 o 与点 b 相连时，功率表 W_2 的电压绕组读数为零，即 $P_2=0$，表示功率表 W_2 不是必需的。因此，只需两个功率表即可测量系统的总功率。

两表功率测量法是最常用的三相功率测量方法。如图 12-34 所示，两个功率表必须正确地与任意两相相连接，应该注意的是，图中各功率表的电流绕组测量的是线电流，而相应的电压绕组连接在该相线路与第三相线路之间，测量的是线电压。还要注意，电压绕组的“±”端要接到与之相应的电流绕组的“±”端上。虽然各功率表的读数不再是任一相的功率值，但是无论负载是 Y 联结还是△联结，无论负载是对称还是非对称的，两个功率表读数的代数和仍等于负载吸收的总平均功率，即总平均功率等于两功率表读数的代数和：

$$P_T = P_1 + P_2 \tag{12.62}$$

下面将证明该方法对于对称三相系统是成立的。

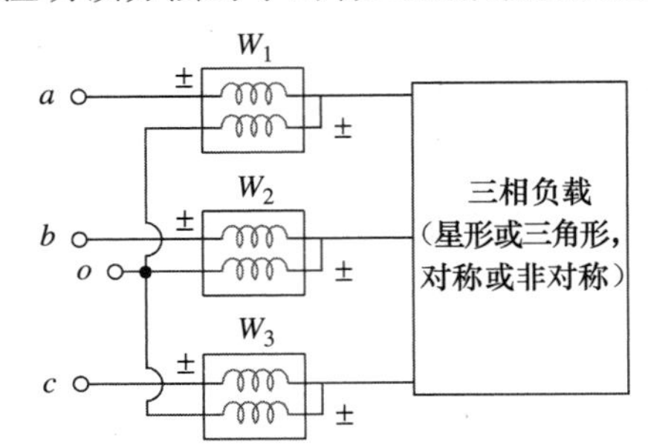

图 12-33　测量三相功率的三表法

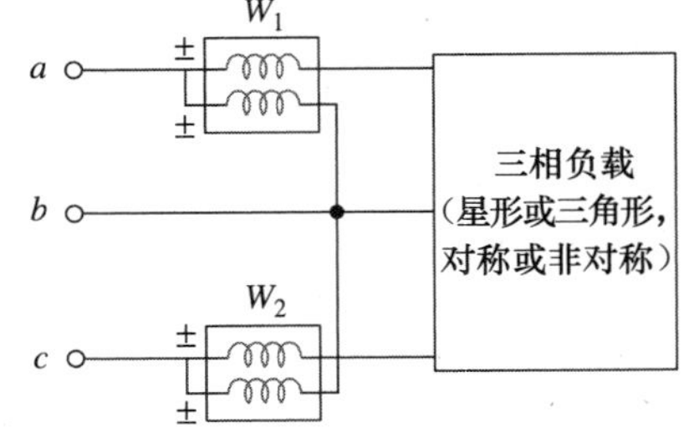

图 12-34　测量三相功率的两表法

考虑图 12-35 所示的对称 Y 联结负载，下面利用两表法确定负载吸收的平均功率。假设电源相序为 abc，负载阻抗为 $\mathbf{Z}_Y = Z_Y \angle\theta$。由于接入负载阻抗，各表的电压绕组超前于其电流绕组 θ，所以功率因数为 $\cos\theta$。已知各线电压超前于相应的相电压，因此，相电流 $\mathbf{I}_a$ 与线电压 $\mathbf{V}_{ab}$ 之间总的相位差为$(\theta+30°)$，并且功率表 W_1 平均功率的读数为

$$P_1 = \mathrm{Re}[\mathbf{V}_{ab}\mathbf{I}_a^*] = V_{ab}I_a\cos(\theta+30°) = V_L I_L \cos(\theta+30°) \tag{12.63}$$

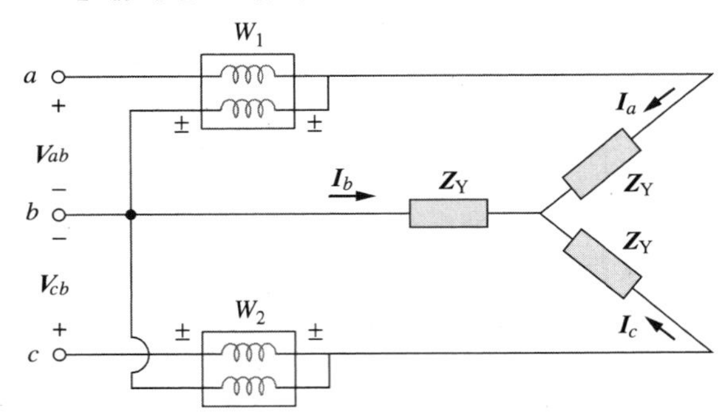

图 12-35　二表功率测量法用于对称 Y 联结负载

同理，可以证明功率表平均功率的读数为

$$P_2 = \mathrm{Re}[\mathbf{V}_{cb}\mathbf{I}_c^*] = V_{cb}I_c\cos(\theta-30°) = V_L I_L \cos(\theta-30°) \tag{12.64}$$

下面利用如下三角恒等式：

$$\begin{aligned}\cos(A+B) &= \cos A\cos B - \sin A\sin B \\ \cos(A-B) &= \cos A\cos B + \sin A\sin B\end{aligned} \tag{12.65}$$

确定式(12.63)与式(12.64)中两个功率表读数的和与差。

$$\begin{aligned}P_1+P_2 &= V_L I_L[\cos(\theta+30°)+\cos(\theta-30°)] \\ &= V_L I_L(\cos\theta\cos30° - \sin\theta\sin30° + \cos\theta\cos30° + \sin\theta\sin30°)\end{aligned}$$

$$=V_L I_L 2\cos30°\cos\theta=\sqrt{3}V_L I_L\cos\theta \tag{12.66}$$

式中，$2\cos30°=\sqrt{3}$，比较式(12.66)与式(12.50)表明，功率表读数之和即为总的平均功率：

$$\boxed{P_T=P_1+P_2} \tag{12.67}$$

同理，

$$\begin{aligned}P_1-P_2&=V_L I_L[\cos(\theta+30°)-\cos(\theta-30°)]\\&=V_L I_L(\cos\theta\cos30°-\sin\theta\sin30°-\cos\theta\cos30°-\sin\theta\sin30°)\\&=-V_L I_L 2\sin30°\sin\theta\end{aligned}$$

$$P_2-P_1=V_L I_L\sin\theta \tag{12.68}$$

式中，$2\sin30°=1$。比较式(12.68)与式(12.51)表明，两个功率表读数之差正比于总的无功功率，即

$$\boxed{Q_T=\sqrt{3}(P_2-P_1)} \tag{12.69}$$

由式(12.67)与式(12.69)，可得总的视在功率为

$$S_T=\sqrt{P_T^2+Q_T^2} \tag{12.70}$$

用式(12.67)去除以式(12.69)即得到功率因数角的正切值为

$$\tan\theta=\frac{Q_T}{P_T}=\sqrt{3}\frac{P_2-P_1}{P_2+P_1} \tag{12.71}$$

由此，可以求得功率因数为 $\cos\theta$。综上所述，两表法不仅可以测量总的有功功率与无功功率，还可以用于计算功率因数。由式(12.67)、式(12.69)与式(12.71)可得如下结论：

1. 如果 $P_2=P_1$，则负载为电阻性的。
2. 如果 $P_2>P_1$，则负载为电感性的。
3. 如果 $P_2<P_1$，则负载为电容性的。

虽然上述结果是利用对称 Y 联结负载推导出来的，但是对于对称△联结负载同样是有效的。然而，两表功率测量法不适用于中性线电流非零的三相四线系统。通常采用三表功率测量法测量三相四线系统的有功功率。

例 12-13 三个功率表 W_1、W_2、W_3 分别与 a、b、c 三相连接，用于测量例 12-9（见图 12-33）中非对称 Y 联结负载吸收的总功率。(a) 预测功率表的读数；(b) 求负载吸收的总功率。

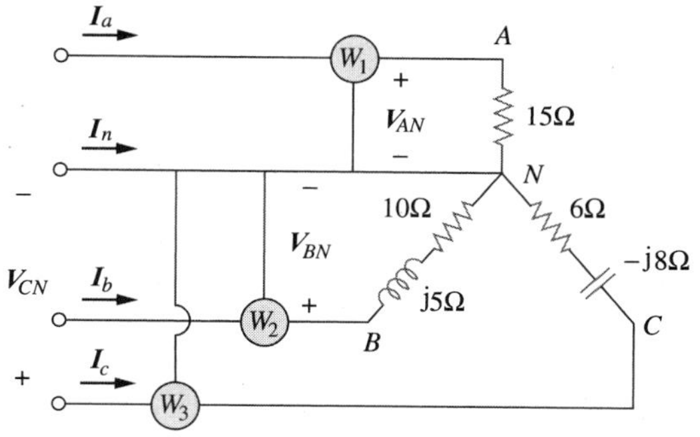

图 12-36　例 12-13 图

解：本题的一部分已在例 12-9 中解决了。假设功率表按照如图 12-36 所示方式连接。

(a) 由例 12-9 可知

$$\mathbf{V}_{AN}=100\angle 0°\ \text{V},\quad \mathbf{V}_{BN}=100\angle 120°\ \text{V},\quad \mathbf{V}_{CN}=100\angle -120°\ \text{V}$$

且

$$\mathbf{I}_a=6.67\angle 0°\ \text{A},\quad \mathbf{I}_b=8.94\angle 93.44°\ \text{A},\quad \mathbf{I}_c=10\angle -66.87°\ \text{A}$$

功率表读数可计算如下：

$$\begin{aligned}P_1&=\text{Re}(\mathbf{V}_{AN}\mathbf{I}_a^*)=V_{AN}I_a\cos(\theta_{\mathbf{V}_{AN}}-\theta_{\mathbf{I}_a})\\&=100\times6.67\times\cos(0°-0°)=667(\text{W})\\P_2&=\text{Re}(\mathbf{V}_{BN}\mathbf{I}_b^*)=V_{BN}I_b\cos(\theta_{\mathbf{V}_{BN}}-\theta_{\mathbf{I}_b})\\&=100\times8.94\times\cos(120°-93.44°)=800(\text{W})\end{aligned}$$

$$P_3=\mathrm{Re}(\boldsymbol{V}_{CN}\boldsymbol{I}_c^*)=V_{CN}I_c\cos(\theta_{\boldsymbol{V}_{CN}}-\theta_{\boldsymbol{I}_c})$$
$$=100\times10\times\cos(-120^\circ+66.87^\circ)=600(\mathrm{W})$$

(b) 负载吸收的总功率为

$$P_\mathrm{T}=P_1+P_2+P_3=667+800+600=2067(\mathrm{W})$$

求出如图 12-36 所示各电阻吸收的功率，即可验证上述结果的正确性。

$$P_\mathrm{T}=|\boldsymbol{I}_a|^2\times15+|\boldsymbol{I}_b|^2\times10+|\boldsymbol{I}_c|^2\times6$$
$$=6.67^2\times15+8.94^2\times10+10^2\times6$$
$$=667+800+600=2067(\mathrm{W})$$

结果与上式相同。◀

练习 12-13　对于图 12-24 所示网络(见练习 12-9)重做例 12-13。提示：将图 12-33 中的参考点 o 连接到点 B。　**答案**：(a) 13.175kW，0W，29.91kW；(b) 43.08kW。

例 12-14 利用两表法测量△联结负载的功率时，功率表的读数为 $P_1=1560\mathrm{W}$，$P_2=2100\mathrm{W}$，如果线电压为 220V，试计算：(a) 每相的平均功率；(b) 每相的无功功率；(c) 功率因数；(d) 相阻抗。

解：将已知结果应用于△联结负载上。

(a) 总的有功功率，即总的平均功率为

$$P_\mathrm{T}=P_1+P_2=1560+2100=3660(\mathrm{W})$$

于是，每相的平均功率为

$$P_\mathrm{p}=\frac{1}{3}P_\mathrm{T}=1220(\mathrm{W})$$

(b) 总的无功功率为

$$Q_\mathrm{T}=\sqrt{3}(P_2-P_1)=\sqrt{3}(2100-1560)=935.3(\mathrm{var})$$

于是，每相的无功功率为

$$Q_\mathrm{p}=\frac{1}{3}Q_\mathrm{T}=311.77(\mathrm{var})$$

(c) 功率角为

$$\theta=\arctan\frac{Q_\mathrm{T}}{P_\mathrm{T}}=\arctan\frac{935.3}{3660}=14.33^\circ$$

因此，功率因数为

$$\cos\theta=0.9689(\text{滞后})$$

由于 Q_T 为正，即 $P_2>P_1$，所以功率因数是滞后的。

(d) 相阻抗为 $\boldsymbol{Z}_\mathrm{p}=Z_\mathrm{p}\angle\theta$，其中 θ 就是功率因数角，即 $\theta=14.33^\circ$，所以

$$Z_\mathrm{p}=\frac{V_\mathrm{p}}{I_\mathrm{p}}$$

对于△联结负载而言，则由式(12.46)可得

$$P_\mathrm{p}=V_\mathrm{p}I_\mathrm{p}\cos\theta\quad\Rightarrow\quad I_\mathrm{p}=\frac{1220}{220\times0.9689}=5.723(\mathrm{A})$$

因此，

$$Z_\mathrm{p}=\frac{V_\mathrm{p}}{I_\mathrm{p}}=\frac{220}{5.723}=38.44(\Omega)$$

且

$$\boldsymbol{Z}_\mathrm{p}=38.44\angle14.33^\circ\ \Omega$$ ◀

练习 12-14　假设图 12-35 所示对称系统中，线电压为 $V_\mathrm{L}=208\mathrm{V}$，功率表读数为 $P_1=-560\mathrm{W}$，$P_2=800\mathrm{W}$，试确定：(a) 总平均功率；(b) 总无功功率；(c) 功率因

数；(d) 相阻抗，并说明该阻抗是电感性的还是电容性的。

答案：(a) 240W；(b) 2355.6var；(c) 0.1014；(d) 18.25 $\angle 84.18^\circ$ Ω，电感性。

例 12-15 图 12-35 所示的三相平衡负载，其每相的阻抗为 $\boldsymbol{Z}_Y=(8+j6)\Omega$，如果将该负载连接到 208V 电源上，试预测功率表 W_1 与 W_2 的读数，并求 P_T 与 Q_T。

解：每相的阻抗为

$$\boldsymbol{Z}_Y=8+j6=10\angle 36.87^\circ(\Omega)$$

所以，功率因数角为 36.87°。又因线电压为 $V_L=208V$，于是线电流为

$$I_L=\frac{V_p}{|\boldsymbol{Z}_Y|}=\frac{208/\sqrt{3}}{10}=12(A)$$

因此，

$$P_1=V_LI_L\cos(\theta+30^\circ)=208\times12\times\cos(36.87^\circ+30^\circ)=980.48(W)$$

$$P_2=V_LI_L\cos(\theta-30^\circ)=208\times12\times\cos(36.87^\circ-30^\circ)=2478.1(W)$$

即功率表 1 的读数为 980.48W，功率表 2 的读数为 2478.1W。由于 $P_2>P_1$，负载为电感性的，这从负载 $\boldsymbol{Z}_Y$ 本身也显然可知。于是，

$$P_T=P_1+P_2=3.459\text{kW}$$

且

$$Q_T=\sqrt{3}(P_2-P_1)=\sqrt{3}\times1497.6\text{var}=2.594\text{kvar}$$ ◀

练习 12-15 如果图 12-35 中的负载为△联结，且每相阻抗 $\boldsymbol{Z}_p=(30-j40)\Omega$，$V_L=440V$，试预测功率表 W_1 与 W_2 的读数，并计算 P_T 与 Q_T。

答案：6.167W，0.8021kW，6.969kW，−9.292kvar。

12.10.2 住宅供电线路

在美国，绝大多数家用电器都采用 120V、60Hz 单相交流电(不同区域，供电电压可能是 110V、115V 或 117V)。当地供电公司采用三线交流系统为住宅供电，如图 12-37 所示为一种典型的配电情况，12 000V 线电压经过变压器降至 120V/240V(有关变压器的详细介绍参见下一章)。变压器输出的三路线通常用不同的颜色加以区分：红色(相线)、黑色(相线)、白色(中性线)。如图 12-38 所示，两个 120V 电压相位相反，相加后为零。也就是说，$\boldsymbol{V}_W=0\angle 0^\circ$，$\boldsymbol{V}_B=120\angle 0^\circ$，$\boldsymbol{V}_R=120\angle 180^\circ=-\boldsymbol{V}_B$。

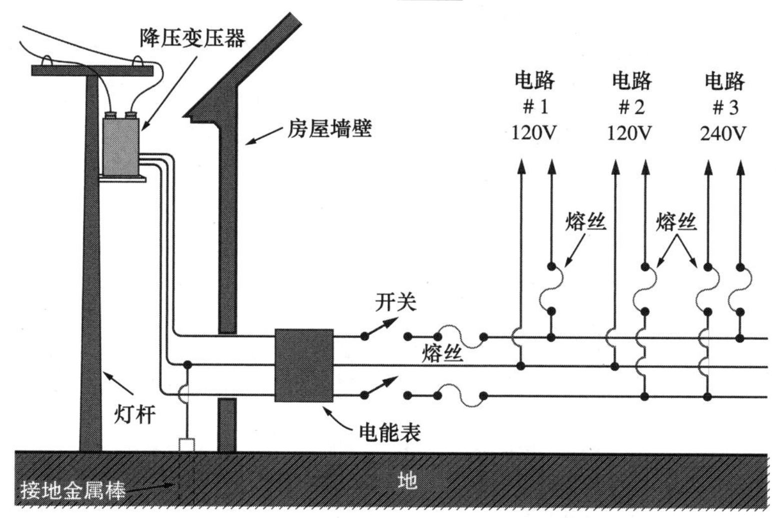

图 12-37 120V/240V 民用住宅供电系统

(图片来源：Marcus, A., and C. M. Thomson. *Electricity for Technicians*. 2nd ed. Upper Saddle River, NJ: Pearson Education, Inc. 1975, 324.)

$$V_{BR}=V_B-V_R=V_B-(-V_B)=2V_B=240\ \underline{/0^{\circ}} \tag{12.72}$$

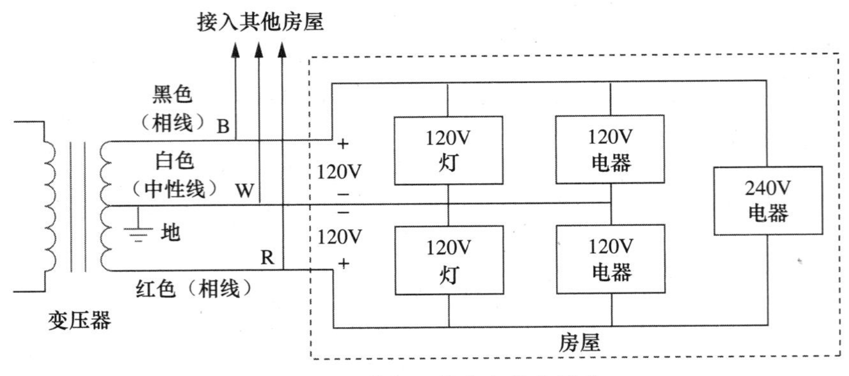

图 12-38 单相三线住宅供电线路

由于绝大多数家用电器的工作电压都是 120V，因此室内照明以及家用电器均与 120V 线路相连，如图 12-39 所示。由图 12-37 可见，所有的家用电器都是并联连接的。耗电量比较大的一些电器，如空调、洗碗机、电炉以及洗衣机等，均接至 240V 电源线上。

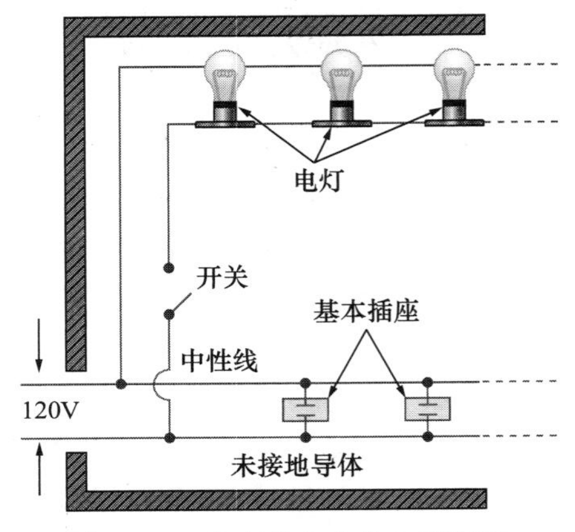

图 12-39 典型的室内供电线路图

（图片来源：Marcus，A.，and C. M. Thomson，*Electricity for Technicians*，2nd ed，Upper Saddle River，NJ：Pearson Education，Inc.，1975，324.）

由于用电的危险性，住宅供电线路必须严格按照当地法规以及美国国家电气规程（National Electricity Code，NEC）予以规范。为了避免事故发生，须采用隔离、接地、熔断以及电路断路器等措施。现代线路规程要求第三路线单独接地，地线与中性线一样不用于输电，但使得电气设备可以单独接地。图 12-40 所示为电源插座与 120V（rms）电源线和地线的连接情况，如图所示，中性线在许多关键位置均与地（大地）相连。虽然地线看起来是多余的，但是接地之所以重要的原因是多方面的：首先，接地 NEC 规程所要求的；其次，接地为雷击放电提供了便捷信道，可以防治雷击破坏输电线路；最后，接地可以最大限度地降低点击触电的危险性。电击现象是电流从人体的某一部分流向另一部分引起的。人体呈现为一个大电阻 R，若 V 是人体与地之间的电位差，则流过人体的电流由欧姆定律决定：

$$I=\frac{V}{R} \tag{12.73}$$

熔丝或断路器
相线
插座
120V(rms)
接其他电器
中性线
电力系统接地
供电配电盘接地
地线

图 12-40 插座与相线和地线的连接方式

R 的值因人而异，并且与人体的干湿程度有关。电击严重程度或致命程度取决于流过人体的电流量、电流流过人体的路径以及人体触电的时间长度。小于 1mA 的电流，应该说不会对人体造成任何危害，但大于 10mA 的电流就会导致严重的电击。在电击的可能性最大的户外电路以及浴室电路，通常采用现代安全设备——接地故障电路断路器(ground-fault circuit interrupter，GFCI)。它实际上就是一个电路断路器，当流过红、白、黑线的电流之和不为零时，即 $i_R+i_B+i_W\neq 0$ 时，断路器就会打开从而使电路断开。

避免电击的最好办法是遵守与电气系统和电气装置有关的安全操作规程，下面是其中的一部分：

- 千万不要假设电路是不带电的，一定要检查并确认。
- 必要时应使用安全器具，着适当服装(绝缘靴、绝缘手套等)。
- 切勿同时使用两只手检测高压电路，因为从一只手流到另一只手的电流路径直接经过心脏和胸膛。
- 双手潮湿时，切勿触摸电气设备。牢记水是导电的。
- 收音机、电视机等家用电器中均有大容量电容器，在电源关闭后，需要一段时间才能放电完毕，因此，操作时此类电气设备一定要极为谨慎。
- 在接线或检修时，一定要有另一人在场，以防意外发生。

12.11　本章小结

1. 相序是三相发电机相电压产生的时间顺序。在相序为 abc 的对称电源系统中，$\mathbf{V}_{an}$ 超前 $\mathbf{V}_{bn}$ 120°，$\mathbf{V}_{bn}$ 超前 $\mathbf{V}_{cn}$ 120°。在相序为 acb 的对称电源系统中，$\mathbf{V}_{an}$ 超前 $\mathbf{V}_{cn}$ 120°，$\mathbf{V}_{cn}$ 超前 $\mathbf{V}_{bn}$ 120°。
2. 对于对称 Y 联结负载或对称△联结负载而言，其三相阻抗均是相等的。
3. 对称三相电路最简便的分析方法是将电源与负载都转换为 Y-Y 系统，之后分析其单相等效电路。表 12-1 列出了四种可能结构的相电流与相电压、线电流与线电压的计算公式。
4. 在三相系统中，线电流是指各传输线路中从发电机流向负载的电流，线电压是指除中性线(如果有)以外的每一对线之间的电压。相电流是指流过三相负载每一相的电流，而相电压则是每一相的电压。对于 Y 联结负载，

$$V_L=3V_p,\qquad I_L=I_p$$

对于△联结负载，

$$V_L=V_p,\ I_L=3I_p$$

5. 对称三相系统的总瞬时功率是恒定的，且等于其平均功率。
6. 对称三相 Y 联结或△联结负载吸收的总复功率为

$$\mathbf{S}=P+\mathrm{j}Q=3V_L I_L\,\underline{/\theta}$$

其中，θ 为负载阻抗的辐角。

7. 非对称三相系统的分析可以采用节点电压法或网孔电流法。
8. 应用 PSpice 分析三相电路的方法与分析单相电路时的方法相同。
9. 三相系统总有功功率的测量既可以采用三表功率测量法，也可以采用两表功率测量法。
10. 住宅输电线路采用 120V/240V 单相三线系统。

复习题

1　某三相电动机的 $\mathbf{V}_{AN}=220\,\underline{/-100^\circ}$ V　$\mathbf{V}_{BN}=220\,\underline{/140^\circ}$ V 试问其相序为：

(a) abc　　(b) acb

2　如果在 acb 相序下，$\mathbf{V}_{an}=100\,\underline{/-20^\circ}$，则 $\mathbf{V}_{cn}$ 为：

(a) $100\,\underline{/-140^\circ}$　　(b) $100\,\underline{/100^\circ}$

(c) $100\,\underline{/-50^\circ}$　　(d) $100\,\underline{/10^\circ}$

3　对于对称系统，下列条件哪个不是必需的？

(a) $|\mathbf{V}_{an}|=|\mathbf{V}_{bn}|=|\mathbf{V}_{cn}|$

(b) $\boldsymbol{I}_a+\boldsymbol{I}_b+\boldsymbol{I}_c=0$

(c) $V_{an}+V_{bn}+V_{cn}=0$

(d) 电源电压彼此之间的相位差为 120°

(e) 三相的负载阻抗是相等的

4　在 Y 联结负载中，线电流与相电流是相等的。

(a) 正确　　(b) 错误

5　在△联结负载中，线电流与相电流是相等的。

(a) 正确　　(b) 错误

6　Y-Y 系统中，220V 线电压产生的相电压为

(a) 381V　　(b) 311V

(c) 220V　　(d) 156V

(e)127V

7　在△-△系统中，100V 的相电压产生的线电压为

(a) 58V　　(b) 71V

(c) 100V　　(d) 173V

(e)141V

8　当利用 abc 相序的电源为 Y 联结负载供电时，线电压较相应的相电压滞后。

(a) 正确　　(b) 错误

9　在对称三相电路中，总的瞬时功率等于其平均功率。

(a) 正确　　(b) 错误

10　提供给对称△形联结负载的总功率的计算方法与对称 Y 形联结负载总功率的计算方法相同。

(a) 正确　　(b) 错误

答案：1 (a)；2 (a)；3 (c)；4 (a)；5 (b)；6 (e)；7 (c)；8 (b)；9 (a)；10 (a)。

习题

12.2 节

1　如果某对称 Y 联结三相发电机的 $\boldsymbol{V}_{ab}=400$V，试求如下两种相序的相电压。

(a) abc　　(b) acb

2　如果某对称三相电路的 $\boldsymbol{V}_{an}=120\angle 30°$ V 和 $\boldsymbol{V}_{cn}=120\angle -90°$ V，试问该电路的相序是什么？并确定。

3　给定一个电压值为 $\boldsymbol{V}_{bn}=440\angle 130°$ V 和 $\boldsymbol{V}_{cn}=440\angle 10°$ V 的对称 Y 联结三相发电机，确定其相序并求出 $\boldsymbol{V}_{an}$ 的值。

4　某相序为 abc、$\boldsymbol{V}_L=440$V 的三相系统为阻抗为 $\boldsymbol{Z}_L=4030°\Omega$ 的 Y 形联结负载供电，试求线电流。

5　对于某 Y 联结的负载，终端处三路输电线与中性线之间电压的时域表达式为：

$$v_{AN}=120\cos(\omega t+32°)\text{V}$$
$$v_{BN}=120\cos(\omega t-88°)\text{V}$$
$$v_{CN}=120\cos(\omega t+152°)\text{V}$$

写出线电压 v_{AB}、v_{BC} 以及 v_{CA} 的时域表达式。

12.3 节

6　利用图 12-41 所示电路设计一个问题，以更好地理解 Y-Y 联结电路。 **ED**

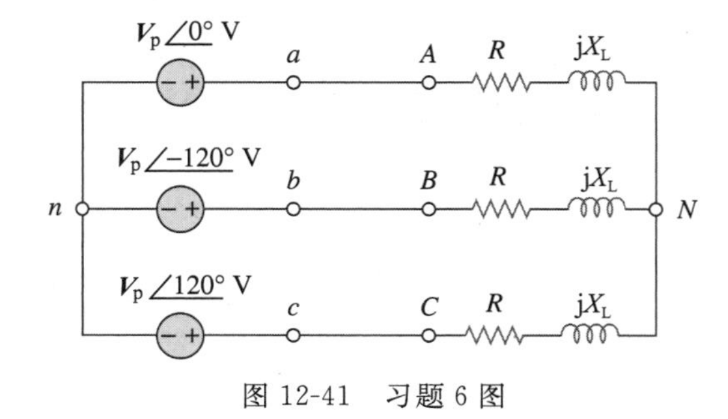

图 12-41　习题 6 图

7　确定如图 12-42 所示三相电路的线电流。

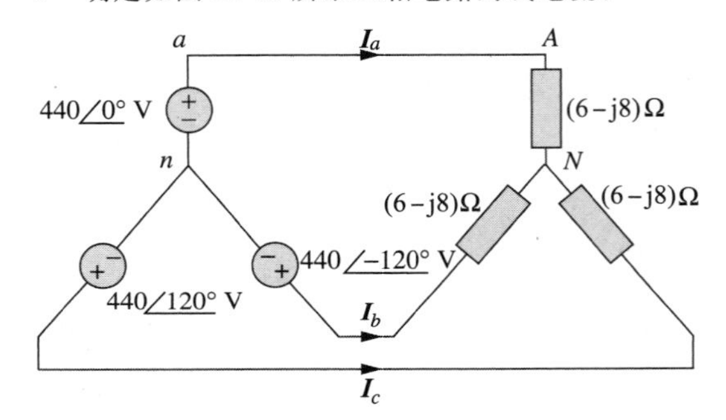

图 12-42　习题 7 图

8　在某对称三相 Y-Y 系统中，电压源为 abc 相序，且 $\boldsymbol{V}_{an}=100\angle 20°$ V(rms)，每相的线路阻抗为 $(0.6+\text{j}1.2)\Omega$，而负载的每相阻抗为 $(10+\text{j}14)\Omega$。试计算电流与负载电压。

9　某对称 Y-Y 四线系统的相电压为：

$$\boldsymbol{V}_{an}=120\angle 0°,\quad \boldsymbol{V}_{bn}=120\angle -120°$$
$$\boldsymbol{V}_{cn}=120\angle 120°\ \text{V}$$

每相的负载阻抗为 $(19+\text{j}13)\Omega$，每相的线路阻抗为 $(1+\text{j}2)\Omega$，试求线电流与中性线电流。

10　对于图 12-43 所示电路，试确定中性线电流。

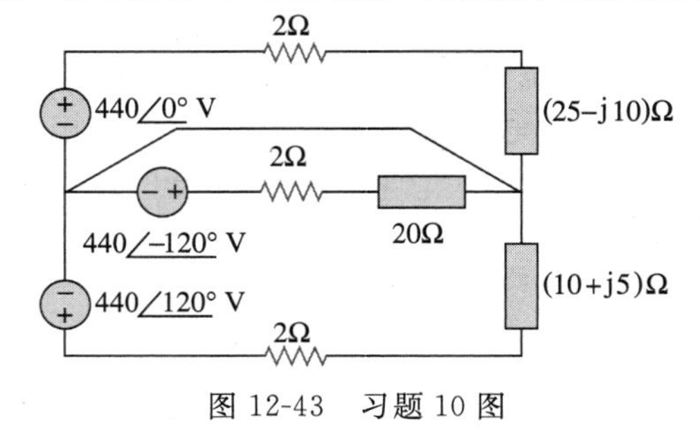

图 12-43　习题 10 图

12.4节

11 在图12-44所示的系统中，电源为正序，$\boldsymbol{V}_{an}=240\angle 0°\ \mathrm{V}$，且相阻抗为$\boldsymbol{Z}_p=(2-\mathrm{j}3)\Omega$。试计算线电压与线电流。

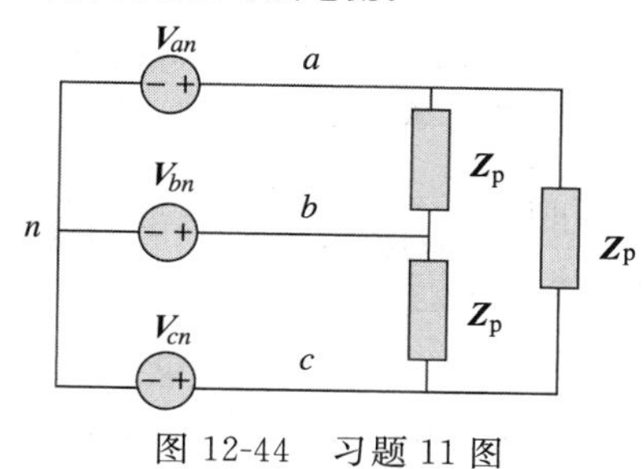

图12-44 习题11图

12 利用图12-45所示电路设计一个问题，以更好地理解Y-△联结电路。 **ED**

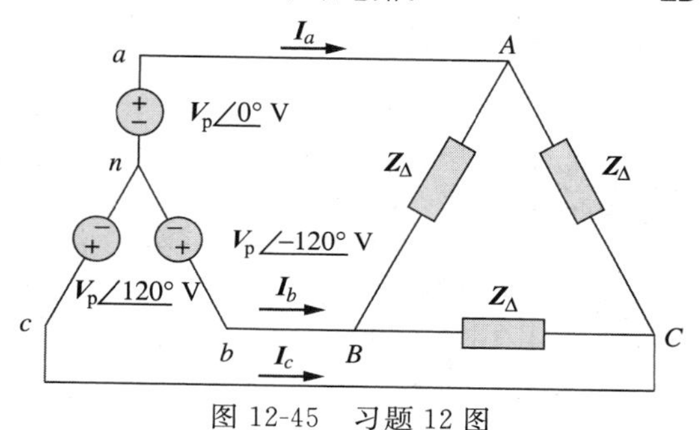

图12-45 习题12图

13 在图12-46所示对称Y-△三相系统中，试求线电流I_L以及传递给负载的平均功率。 **PS** **ML**

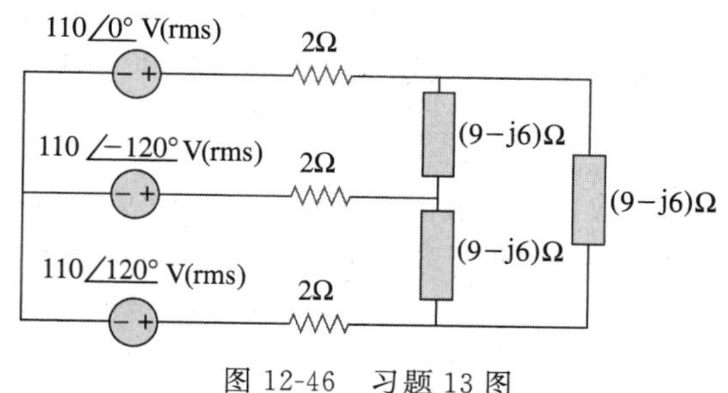

图12-46 习题13图

14 确定如图12-47所示三相电路中的线电流。 **PS**

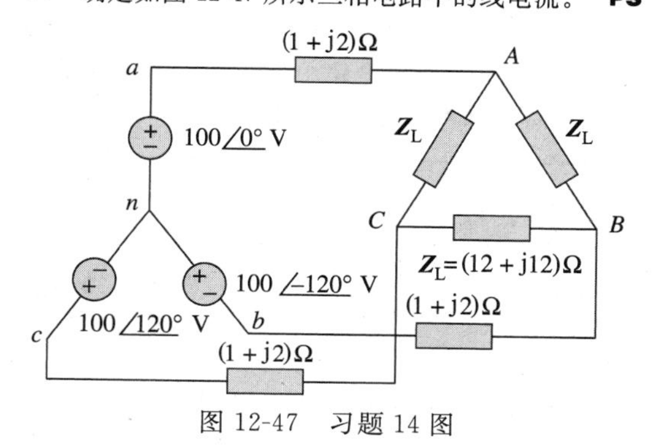

图12-47 习题14图

15 图12-48所示电路由线电压为210V的对称三相电源激励，如果$\boldsymbol{Z}_L=(1+\mathrm{j}1)\Omega$，$\boldsymbol{Z}_\triangle=(24-\mathrm{j}30)\Omega$且$\boldsymbol{Z}_Y=(12+\mathrm{j}5)\Omega$，试确定合并负载的线电流大小。 **PS**

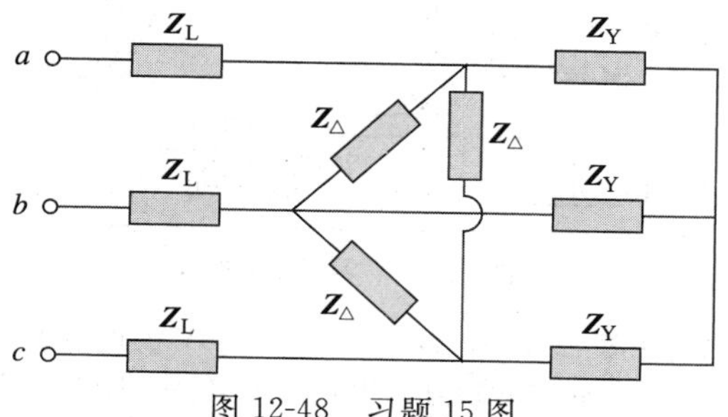

图12-48 习题15图

16 某对称△联结负载的相电流$\boldsymbol{I}_{AC}=5\angle -30°\ \mathrm{A}$。(a)假设电路按正序工作，试确定三个线电流；(b)如果线电压$\boldsymbol{V}_{AB}=110\angle 0°\ \mathrm{V}$，试计算负载阻抗。

17 某对称△联结的线电流为$\boldsymbol{I}_a=5\angle -25°\ \mathrm{A}$，求其相电流$\boldsymbol{I}_{AB}$，$\boldsymbol{I}_{BC}$，$\boldsymbol{I}_{CA}$。

18 图12-49所示网络中，如果$\boldsymbol{V}_{an}=220\angle 60°\ \mathrm{V}$，试求负载相电流$\boldsymbol{I}_{AB}$、$\boldsymbol{I}_{BC}$与$\boldsymbol{I}_{CA}$。

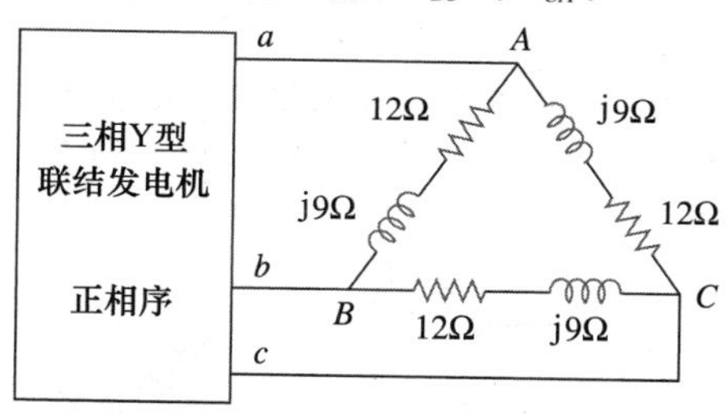

图12-49 习题18图

12.5节

19 对于图12-50所示的△-△联结电路，试计算相电流和线电流。

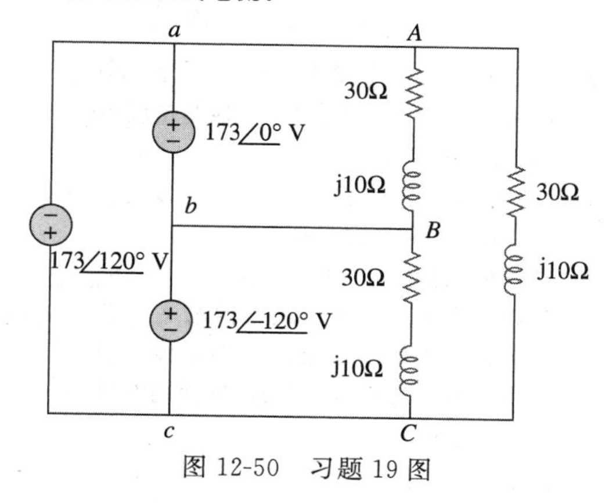

图12-50 习题19图

20 利用图12-51所示电路设计一个问题，以更好地理解△-△联结电路。 **ED**

图 12-51 习题 20 图

21 在图 12-52 所示电路中，由 230V 发电机组成的△联结电源与每相阻抗为 $\boldsymbol{Z}_L=(10+j8)\Omega$ 的对称△联结负载相连。

(a) 确定 $\boldsymbol{I}_{AC}$；

(b) 求 $\boldsymbol{I}_b$ 的值

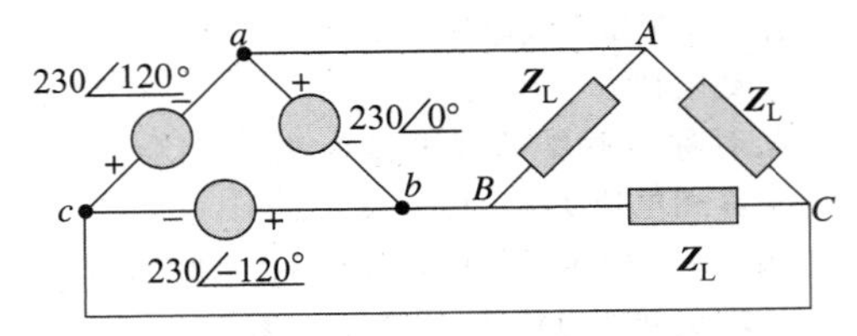

图 12-52 习题 21 图

22 求图 12-53 所示三相网络的线电流 $\boldsymbol{I}_a$，$\boldsymbol{I}_b$，$\boldsymbol{I}_c$。假设 $\boldsymbol{Z}_\triangle=(12-j15)\Omega$，$\boldsymbol{Z}_Y=(4+j6)\Omega$，$\boldsymbol{Z}_L=2\Omega$。 **PS**

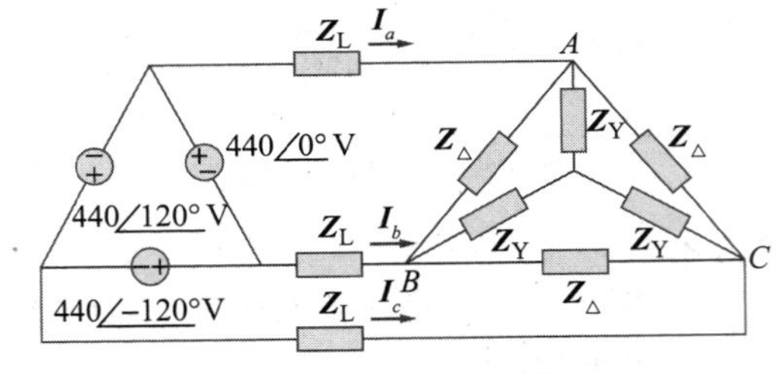

图 12-53 习题 22 图

23 一个对称的 Y 联结电源线电压为 208V(rms)，与大小为 $\boldsymbol{Z}_p=5\angle 60^\circ\ \Omega$ 的△联结负载相连。

(a) 求线电流；

(b) 用两个功率表连接线 A 与线 C，确定负载所消耗的总功率。

24 某对称△联结电源的相电压 $\boldsymbol{V}_{ab}=416\angle 30^\circ$ V，且相序为正序。如果该电源与一对称△联结负载相连，试求线电流与相电流。假设每相的负载阻抗为 $60\angle 30^\circ\ \Omega$，每相的线路阻抗为 $(1+j1)\Omega$。

12.6 节

25 在图 12-54 所示电路中，如果 $\boldsymbol{V}_{ab}=440\angle 10^\circ$ V，$\boldsymbol{V}_{bc}=440\angle -110^\circ$ V，$\boldsymbol{V}_{ca}=440\angle 130^\circ$ V，试求各线电流。 **PS**

图 12-54 习题 25 图

26 利用图 12-55 所示电路设计一个问题，以更好地理解对称△联结电源如何向对称 Y 联结的负载供电。 **ED**

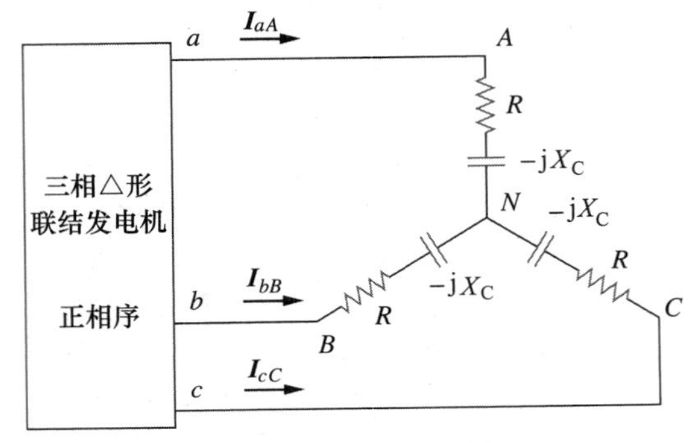

图 12-55 习题 26 图

27 某△联结电源为三相对称系统中的 Y 联结负载供电，如果每相的线路阻抗为 $(2+j1)\Omega$，每相的负载阻抗为 $(6+j4)\Omega$，试求负载线电压的大小。假设电源相电压为 $\boldsymbol{V}_{ab}=208\angle 0^\circ$ V(rms)。 **PS**

28 某 Y 联结负载的线电压大小为 440V，且在 60Hz 时的相序为正序。如果对称负载 $\boldsymbol{Z}_1=\boldsymbol{Z}_2=\boldsymbol{Z}_3=25\angle 30^\circ\ \Omega$，试求所有线电流与相电压。

12.7 节

29 某对称三相 Y-△系统中，$\boldsymbol{V}_{an}=2400^\circ$V，$\boldsymbol{Z}_\triangle=(51+j45)\Omega$，如果每相的线阻抗为 $(0.4+j1.2)\Omega$，试求传递给负载的总复功率。 **PS**

30 在图 12-56 所示电路中，线电压的 rms 值为 208V，试求传递给负载的平均功率。

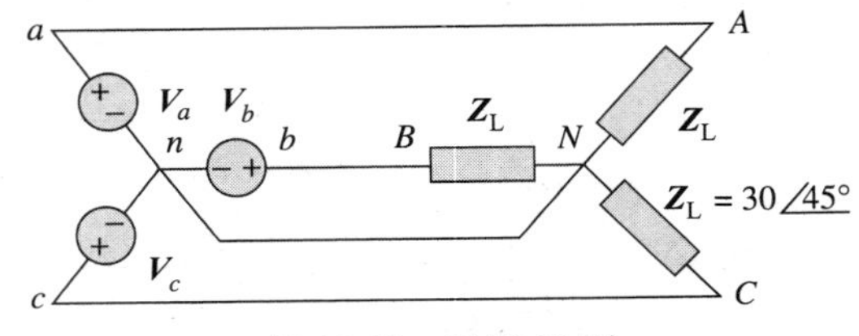

图 12-56 习题 30 图

31 线电压为 240V 的 60Hz 三相电源给某对称△联结负载供电，各相负载在功率因数为 0.8（滞后）时提取的功率为 6kW。试求：(a) 每相的负载阻抗；(b) 线电流；(c) 使得从电源获得的电流最小所需的与各相负载相并联的电容值。

32 设计一个问题以更好地理解对称三相系统中的功率。 **ED**

33 某三相电源传递给相电压为 208V、功率因数为 0.9（滞后）的某 Y 联结负载的功率为 4800V · A。试计算电源的线电流与线电压。

34 某相阻抗为(10－j16)Ω 的对称 Y 联结负载与线电压为 220V 的对称三相发电机相连接，试确定线电流与负载吸收的复功率。

35 三个(60＋j30)Ω 阻抗组成△联结负载，与 230V(有效值)三相电路相连接。另外三个(40＋j10)Ω 阻抗组成 Y 联结负载，并与相同的三相电路相连接。试确定：(a) 线电流；(b) 提供给两个负载的总复功率；(c) 两个负载的功率因数。 **PS**

36 某 4200V 三相输电线的各相负载为(4＋j)Ω，如果在功率因数为 0.75（滞后）时提供给负载的功率为 1MV · A，试求：

(a) 复功率；

(b) 线路的功率损耗；

(c) 发送端电压。

37 为某 Y 联结负载供电的三相系统在功率因数为 0.6（超前）时测得的总功率为 12kW，如果线电压为 208V，试计算线电流 $\boldsymbol{I}_L$ 与负载阻抗 $\boldsymbol{Z}_Y$。

38 已知图 12-57 所示电路，试求负载吸收的总复功率。 **PS**

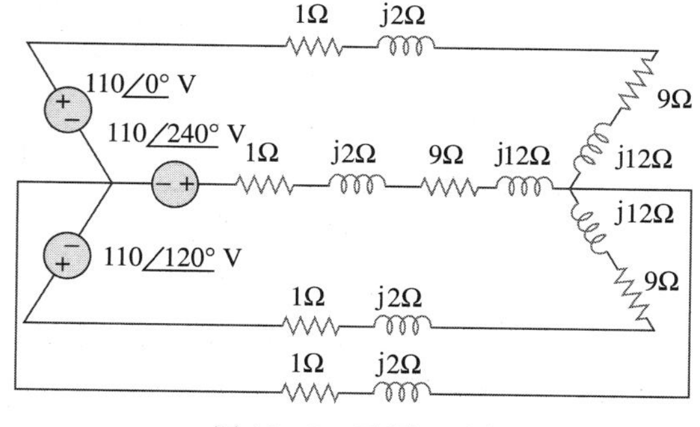

图 12-57　习题 38 图

39 试求如图 12-58 所示电路中负载吸收的有功功率。 **PS**

40 对图 12-59 所示的三相电路，试求△联结负载吸收的平均功率。其中，$\boldsymbol{Z}_\triangle$＝(21＋j24)Ω。 **PS**

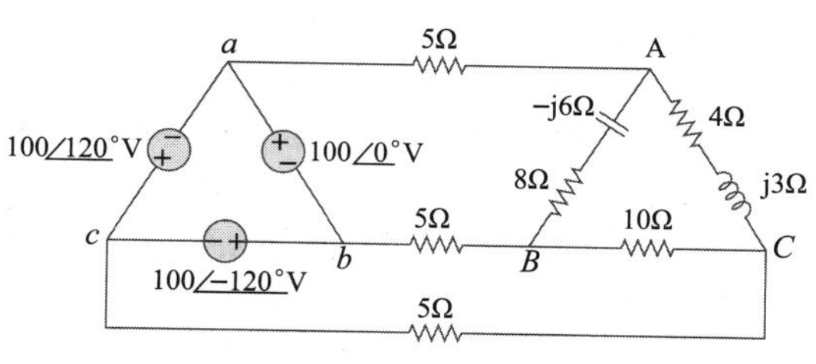

图 12-58　习题 39 图

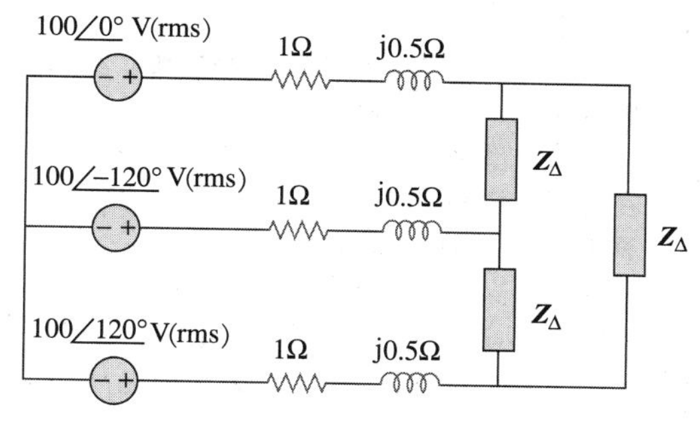

图 12-59　习题 40 图

41 某对称△联结负载在功率因数为 0.8（滞后）时，从电源提取的功率为 5kW。如果三相系统的线电压有效值为 400V，试求线电流。

42 某对称三相发电机传递给各相阻抗为(30－j40)Ω 的 Y 联结负载的功率为 7.2kW，试求线电流与线电压。

43 在图 12-48 所示电路中，试确定合并负载吸收的复功率。 **PS**

44 某三相输电线路的每相阻抗为(1＋j3)Ω，该输电线给对称△联结负载供电。负载吸收的总复功率为(12＋j5)kV · A，如果负载端的线电压大小为 240V，试计算电源端的线电压大小与电源的功率因数。 **PS**

45 某对称 Y 联结负载通过每相阻抗为(0.5＋j2)Ω 的对称输电线与发电机相连。如果负载额定值为 450kW，功率因数 0.708（滞后），线电压 440V，试求发电机的线电压。

46 某三相负载由三个 100Ω 电阻器构成，既可以联结为星形，又可以联结为三角形。试确定三相电源线电压为 110V 时，哪一种联结从电源吸收的平均功率最大。假设输电线路阻抗为零。

47 如下三个相互并联的三相负载由对称三相电源供电：

负载 1：250kV · A，pf＝0.8（滞后）

负载 2：300kV · A，pf＝0.95（超前）

负载 3：450kV · A，pf＝1

如果线电压为 13.8kV，试计算线电流与电源的功率因数。假设输电线路阻抗为零。

48 某对称正序 Y 联结电源的 $\mathbf{V}_{an}=240\,\underline{/0^\circ}\ \mathrm{V}$，并且通过各相阻抗为$(2+\mathrm{j}3)\Omega$的输电线路给非对称△联结负载供电。(a) 试计算线电流，假设 $\mathbf{Z}_{AB}=(40+\mathrm{j}15)\Omega$，$\mathbf{Z}_{BC}=60\Omega$，$\mathbf{Z}_{CA}=(18-\mathrm{j}12)\Omega$；(b) 试求电源提供的复功率。 **PS**

49 各相阻抗由 20Ω 电阻与 10Ω 感性电抗组成，如果线电压为 220V(rms)，试计算如下两种情况下负载吸收的平均功率：(a) 三相负载为△联结；(b) 三相负载为 Y 联结。

50 某 $V_L=240\mathrm{V(rms)}$的对称三相电源，在功率因数为 0.6(滞后)时为两个 Y 联结并联负载提供的功率为 8kV·A，如果其中一个负载在功率因数为 1 时吸收的功率为 3kW，试计算第二个负载的各相阻抗。

12.8 节

51 考虑图 12-60 所示 Y-△系统，如果 $\mathbf{Z}_1=(8+\mathrm{j}6)\Omega$，$\mathbf{Z}_2=(4.2-\mathrm{j}2.2)\Omega$，$\mathbf{Z}_3=10\Omega$。求(a) 相电流 $\mathbf{I}_{AB}$、$\mathbf{I}_{BC}$、$\mathbf{I}_{CA}$；(b) 线电流 $\mathbf{I}_{aA}$、$\mathbf{I}_{bB}$、$\mathbf{I}_{cC}$。

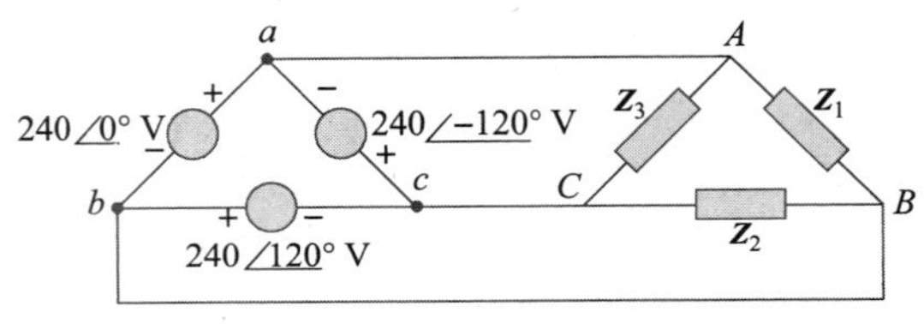

图 12-60 习题 51 图

52 某四线 Y-Y 电路中，$\mathbf{V}_{an}=120\,\underline{/120^\circ}$，$\mathbf{V}_{bn}=120\,\underline{/0^\circ}$，$\mathbf{V}_{cn}=120\,\underline{/-120^\circ}\ \mathrm{V}$。如果阻抗为 $\mathbf{Z}_{AN}=206\,\underline{/0^\circ}\ \Omega$，$\mathbf{Z}_{BN}=30\,\underline{/0^\circ}\ \Omega$，$\mathbf{Z}_{CN}=40\,\underline{/30^\circ}\ \Omega$ 试求中性线电流。

53 利用图 12-61 所示电路设计一个问题，以更好地理解非对称三相系统。 **ED**

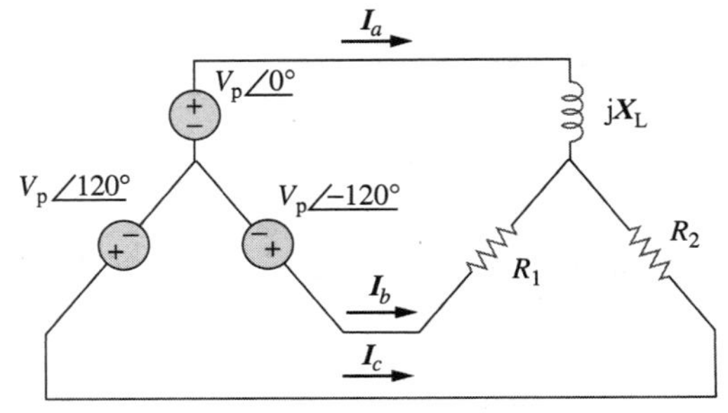

图 12-61 习题 53 图

54 某 $V_P=210\mathrm{V(rms)}$的对称三相 Y 联结电源三相阻抗为 $\mathbf{Z}_A=80\Omega$、$\mathbf{Z}_B=(60+\mathrm{j}90)\Omega$、$\mathbf{Z}_C=\mathrm{j}80\Omega$ 的 Y 联结三相负载供电，试计算线电流以及传递给负载的复功率。假设电路中连接有中性线。

55 线电压为 240V(rms)的正序三相电源驱动图 12-62 所示的非对称负载，试求相电流与总复功率。

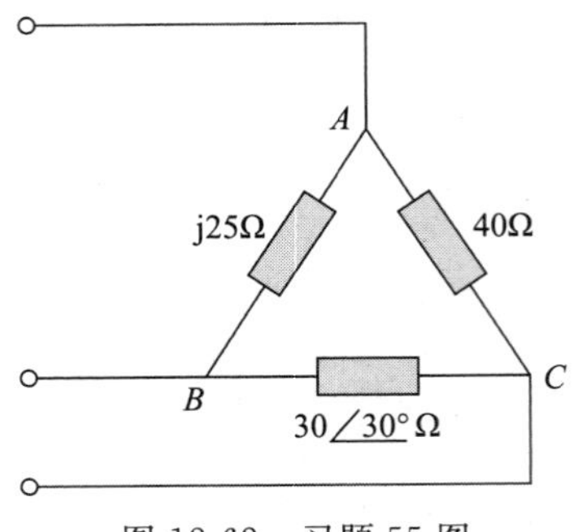

图 12-62 习题 55 图

56 利用图 12-63 所示电路设计一个问题，以更好地理解非对称三相系统。 **ED**

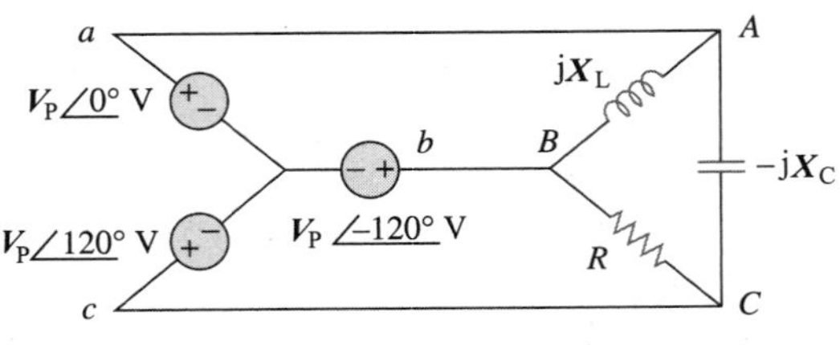

图 12-63 习题 56 图

57 试确定图 12-64 所示的三相电路的线电流。假设 $\mathbf{V}_a=110\,\underline{/0^\circ}\ \mathrm{V}$，$\mathbf{V}_b=110\,\underline{/-120^\circ}\ \mathrm{V}$，$\mathbf{V}_c=110\,\underline{/120^\circ}\ \mathrm{V}$。

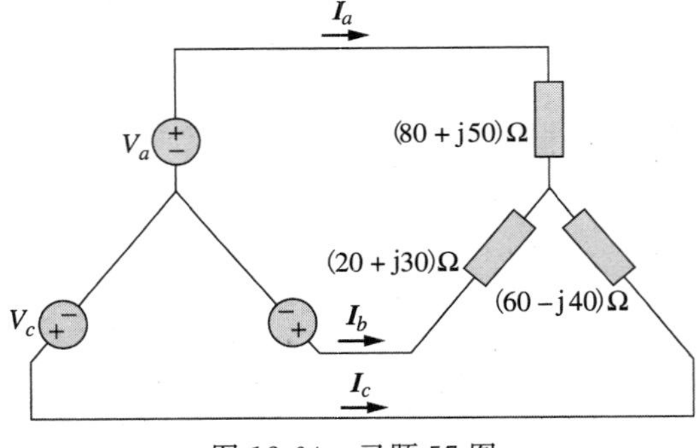

图 12-64 习题 57 图

12.9 节

58 利用 PSpice 或 MultiSim 求解习题 10。

59 图 12-65 所示电源为对称正序三相电源，如果 $f=60\mathrm{Hz}$，试利用 PSpice 或 MultiSim 求解 $\mathbf{V}_{AN}$、$\mathbf{V}_{BN}$ 和 $\mathbf{V}_{CN}$。

60 利用 PSpice 或者 MultiSim 来确定图 12-66 所示单向三线电流中的 $\mathbf{I}_o$，假设 $\mathbf{Z}_1=(15-\mathrm{j}10)\Omega$，$\mathbf{Z}_2=(30+\mathrm{j}20)\Omega$，$\mathbf{Z}_3=(12+\mathrm{j}5)\Omega$。

61 已知图 12-67 所示电路，试利用 PSpice 或 MultiSim 确定电流 $\mathbf{I}_{aA}$ 与电压 $\mathbf{V}_{BN}$。

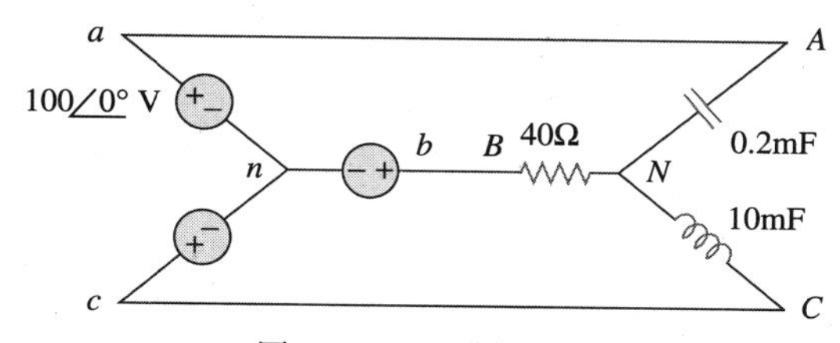

图 12-65 习题 59 图

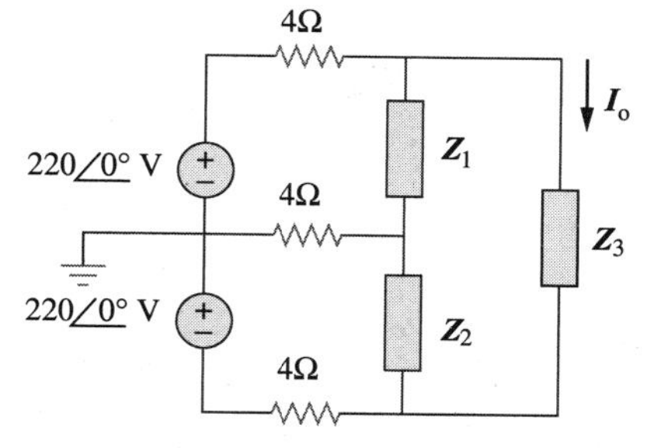

图 12-66 习题 60 图

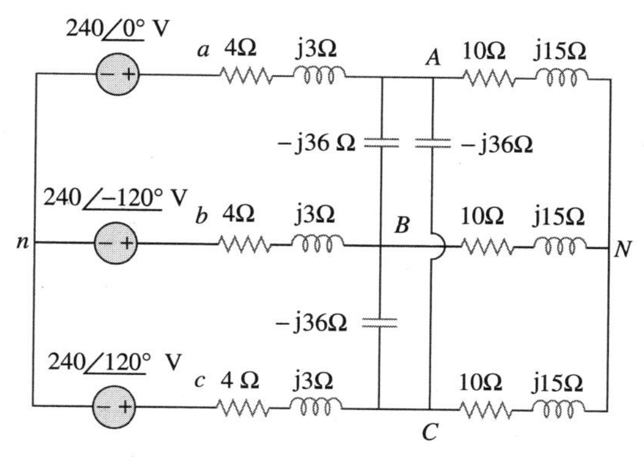

图 12-67 习题 61 图

62 利用图 12-68 所示电路设计一个问题，以更好地理解如何运用 PSpice 或 MultiSim 仿真三相电路。 **ED**

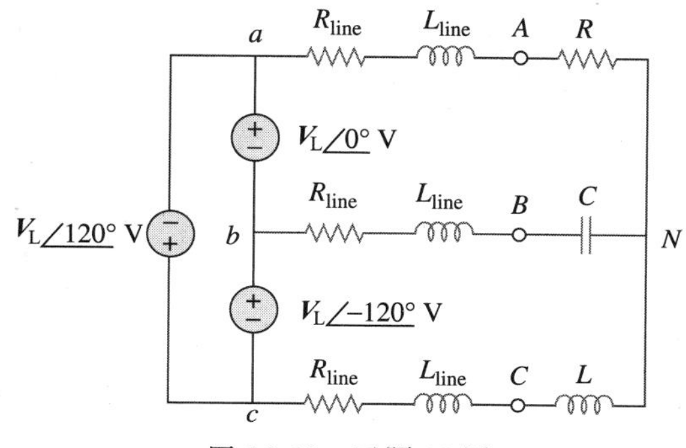

图 12-68 习题 62 图

63 利用 PSpice 或 MultiSim 求解图 12-69 所示对称三相系统中的电流 $\boldsymbol{I}_{aA}$ 与 $\boldsymbol{I}_{AC}$，假设 $\boldsymbol{Z}_1=(2+\mathrm{j})\Omega$，$\boldsymbol{Z}_1=(40+\mathrm{j}20)\Omega$，$\boldsymbol{Z}_2=(50-\mathrm{j}30)\Omega$，$\boldsymbol{Z}_3=25\Omega$。

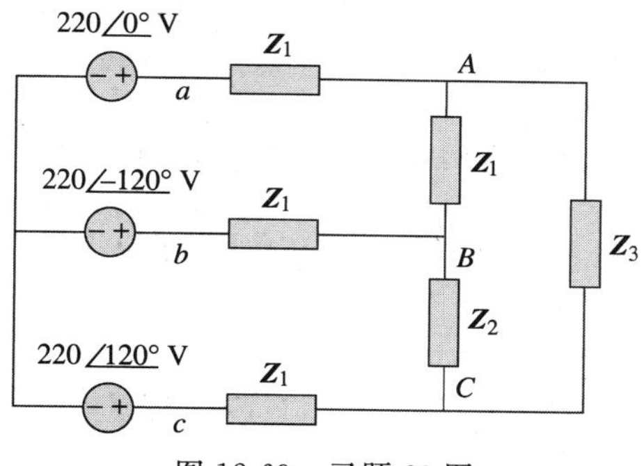

图 12-69 习题 63 图

64 对图 12-58 所示电路，试利用 PSpice 或 MultiSim 求解线电流与相电流。

65 某对称三相电路如图 12-70 所示，试利用 PSpice 或 MultiSim 求解线电流 $\boldsymbol{I}_{aA}$、$\boldsymbol{I}_{bB}$ 与 $\boldsymbol{I}_{cC}$。

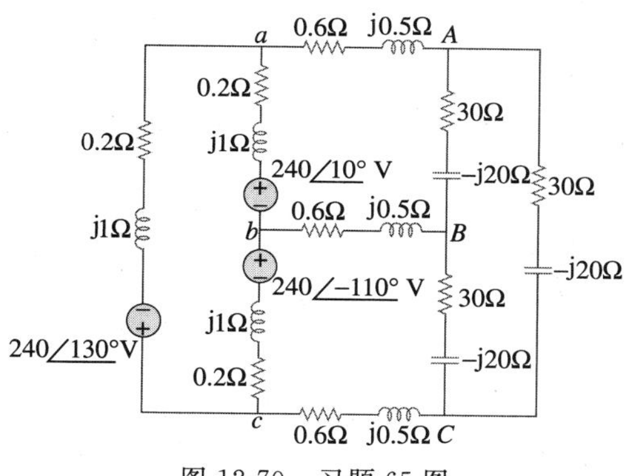

图 12-70 习题 65 图

12.10 节

66 图 12-71 所示的三相四线系统的线电压为 208V，电源电压是对称的，利用三表法测量 Y 联结电阻性负载吸收的功率。试计算：(a) 中性线电压；(b) 电流 $\boldsymbol{I}_1$、$\boldsymbol{I}_2$、$\boldsymbol{I}_3$ 与 $\boldsymbol{I}_n$；(c) 三个功率表的读数；(d) 负载吸收的总功率。

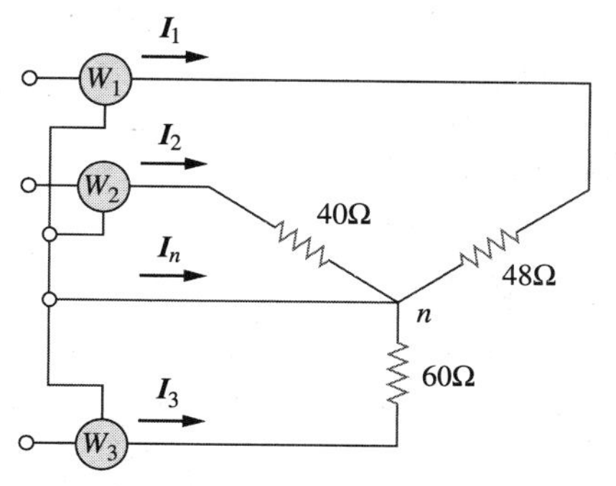

图 12-71 习题 66 图

*67 如图 12-72 所示，相电压为 120V(rms) 的正序三相四线输电线给对称电动机负载供电，

在功率因数为0.85(滞后)时，负载功率为260kV·A，电动机负载与三路主线 a、b、c 相连接，另外，白炽灯负载(pf=1)的连接方式为：24kW白炽灯连接在线路 a 与中性线之间，15kW白炽灯连接在线路 b 与中性线之间；9kW白炽灯连接在线路 c 与中性线之间。 **ED**

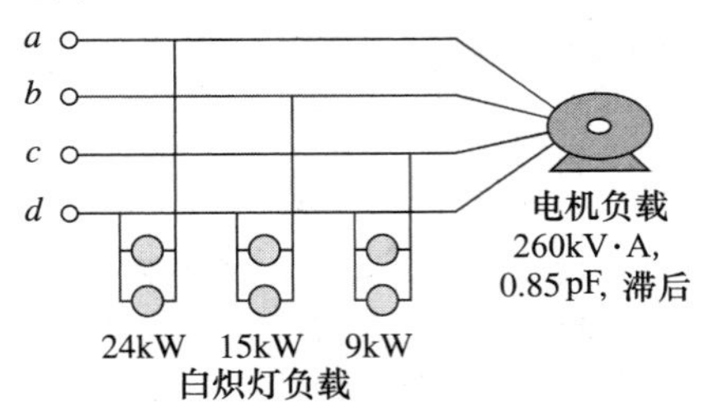

图12-72　习题67图

68 给某电动机供电的三相Y形联结交流发电机的电表读数表明，线电压为330V，线电流为8.4A，总的线功率为4.5kW，试求：(a)单位为V·A的负载功率；(b)负载的功率因数；(c)相电流；(d)相电压。

69 商店有三个对称三相负载，这三个负载分别为：
负载1：16kV·A[功率因数为0.85(滞后)]。
负载2：12kV·A[功率因数为0.6(滞后)]。
负载3：8kW[功率因数为1]。
负载线电压在60Hz时为208V(rms)，线阻抗为(0.4+j0.8)Ω。确定线电流与传递给负载的复功率。

70 两表法测得三相电动机在240V输电线路下的 $P_1=1200\text{W}$，$P_2=-400\text{W}$。假设电动机负载为Y联结，提取的线电流为6A，试计算电动机的功率因数及其相阻抗。

71 在图12-73所示电路中，两个功率表与非对称负载相连接，使得正序供电对称电源的 $\boldsymbol{V}_{ab}=208\angle 0^\circ\ \text{V}$。(a)试确定每个功率表的读数；(b)计算负载吸收的总视在功率。

72 如果功率表 W_1 与 W_2 按二表法分别接到图12-44的线路 a 与线路6以及线路 b 与线路 c 线之间，以测量△形联结负载吸收的功率。试预测两个功率表读数。

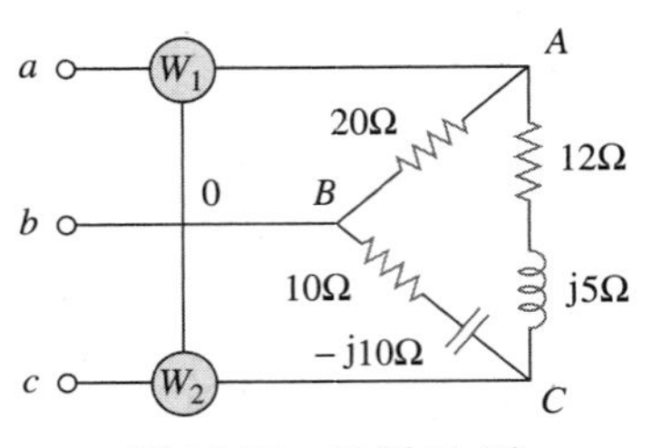

图12-73　习题71图

73 对于如图12-74所示电路，求图中功率表的读数。

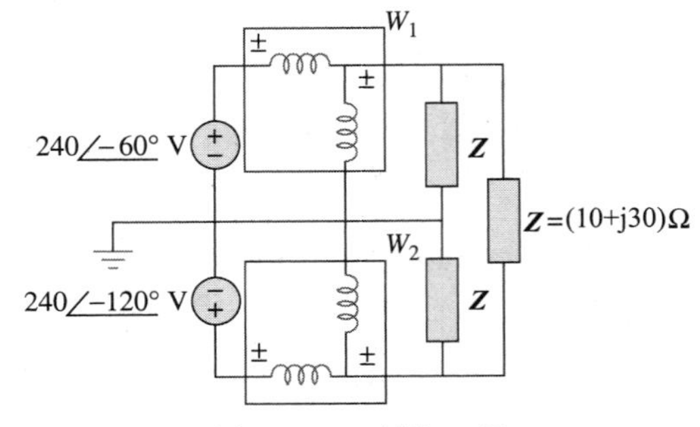

图12-74　习题73图

74 预测如图12-75所示电路中功率表的读数。

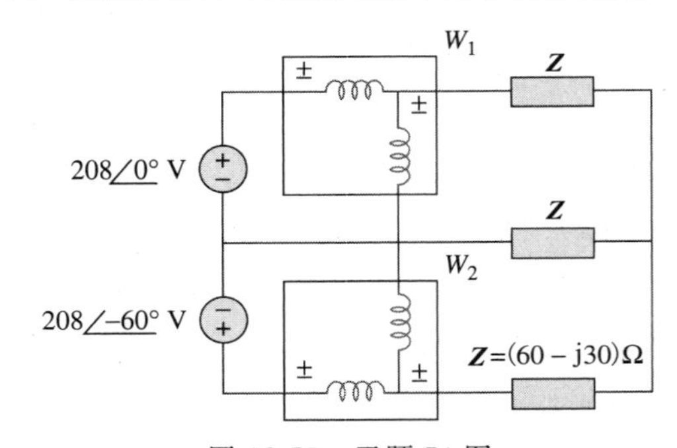

图12-75　习题74图

75 某人的人体电阻为600Ω，问在如下两种情况下，流过其未接地身体的电流为多少？
(a)当他接触12V电池的两极时，(b)当他的手指插入120V照明插座时。

76 试证明在相同额定功率条件下，120V电器的功率损耗高于240V电器的损耗。 **ED**

综合理解题

77 某三相发电机在功率因数为0.85(滞后)时，提供的功率为3.6kV·A，如果传递给负载的功率为2500W，并且每相的线路损耗为80W，试问发电机的内部损耗为多少？

78 某Y联结的三相440V、51kW、60kV·A电感性负载工作频率为60Hz，现欲将其功率因数提高到0.95(滞后)，试问与各负载阻抗相并联的电容器容值为多少？

79 某对称三相发电机的相序为abc，相电压为 $\boldsymbol{V}_{an}=255\angle 0^\circ\ \text{V}$，利用该发电机给一个各相阻抗为(12+j5)Ω的Y联结感应电动机供电。试求线电流与负载电压。假设每相的线路阻抗为2Ω。

80 某对称三相电源为如下三个负载提供功率：

负载 1：功率因数为 0.83（滞后）时为 6kV·A。

负载 2：未知。

负载 3：功率因数为 0.7071(超前)时为 8kW。

如果线电流为 84.6A(rms)，负载的线电压为 208V(rms)，合并负载的功率因数为 0.8(滞后)。试确定未知负载。

81 某职业中心由对称三相电源供电，该中心有如下四个对称三相负载：

负载 1：功率因数为 0.8(超前)时为 150kV·A。

负载 2：功率因数为 1 时为 100kW。

负载 3：功率因数为 0.6(滞后)时为 200kV·A。

负载 4：80kW 与 95kvar(电感性)。

如果每相的线阻抗为(0.02＋j0.05)Ω，负载端的线电压为 480V，试求电源端的线电压。

82 某对称三相系统采用各相阻抗为(2＋j6)Ω 的相负载供电，其中第一个负载为对称 Y 联结负载，在功率因数为 0.8(滞后)时吸收的功率为 400kV·A，第二个负载为各相阻抗等于(10＋j8)Ω 的对称△联结负载。如果负载端的线电压幅度为 2400V(rms)，试计算电源端的线电压幅度以及提供给两个负载的总复功率。

83 某商用三相感应电动机以满载 120 马力(1 马力＝735W)运行，在滞后功率因数为 0.707 时的工作效率为 95%。该电动机在功率因数为 1 时与一个 80kW 对称三相加热器相并联，如果线电压幅度为 480V(rms)，试计算线电流。

*84 图 12-76 所示为与 440V 线电压相连的一个三相△联结电动机负载，在功率因数为 72%(滞后)时提取的功率为 4kV·A。另外，一个 1.8kvar 电容器接在线路 a 与线路 b 之间，一个 800W 照明负载接在线路 c 与中性线之间。假设相序为 abc，$\boldsymbol{V}_{an}=V_p\angle 0^\circ$ V，求 $\boldsymbol{I}_a$、$\boldsymbol{I}_b$、$\boldsymbol{I}_c$ 与 $\boldsymbol{I}_n$。

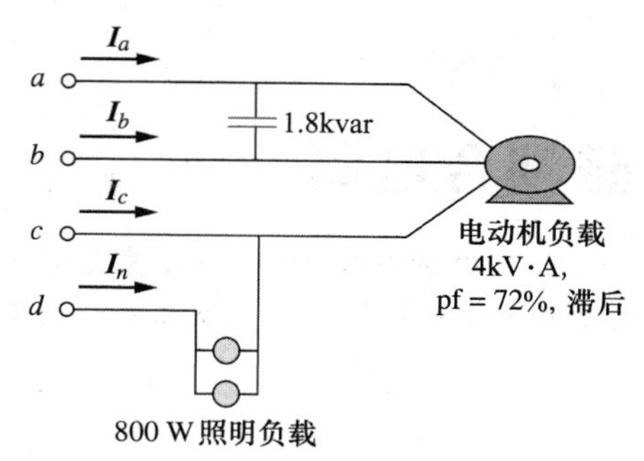

图 12-76 综合理解题 84 图

85 试利用 Y 联结纯电阻设计一个具有对称负载的三相加热器，假设该加热器的供电线电压为 240V，输出的热功率为 27kW。 **ED**

86 对于图 12-77 所示的单相三线系统，试求 $\boldsymbol{I}_{aA}$、$\boldsymbol{I}_{bB}$ 与 $\boldsymbol{I}_{nN}$。

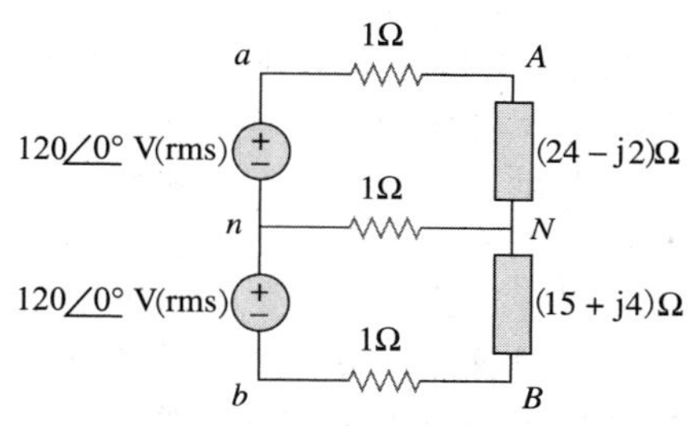

图 12-77 综合理解题 86 图

87 对于图 12-78 所示的单相三线系统，试求中性线电流与各电压源提供的复功率，假设电压源为 $\boldsymbol{V}_s=115\angle 0^\circ$ V，$f=60$Hz。

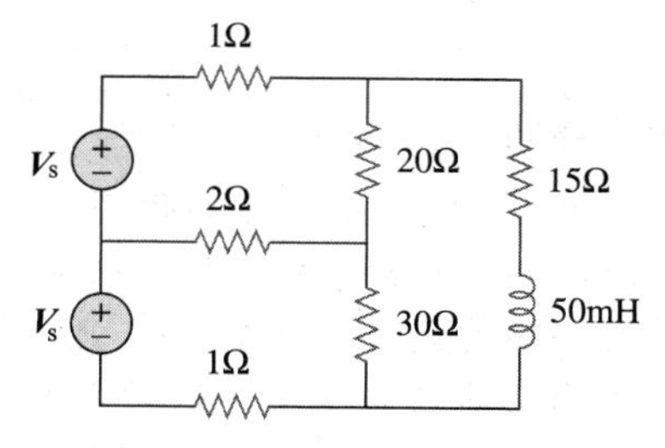

图 12-78 综合理解题 87 图

第13章

磁耦合电路

如果你想快乐长寿，就请宽恕邻居的无心之错、忘记朋友的怪癖，只记住他们令你欣慰的闪光之处；抹去昨天发生的一切不快，在今天的崭新篇章上写下快乐与幸福。

——佚名

拓展事业

电磁学领域的职业生涯

电磁学是电子工程(物理学)的一个分支学科，主要研究电磁场理论及其应用。在电磁学中，电子电路分析方法适用于低频范围。

空间卫星遥测接收站

(图片来源：Digital Vision/Getty Images)

电磁学(EM)原理在许多相关学科中应用广泛，例如电子机械、机电能量转换、雷达气象、遥感、卫星通信、生物电磁学、电磁干扰与电磁兼容、等离子体以及光纤等。EM设备包括电动机、发电机、变压器、电磁铁、磁悬浮、天线、雷达、微波炉、微波清洗机、超导体和心电记录仪等。要完成这些设备的设计就必须完全掌握电磁学定律与电磁学原理的相关知识。

电磁学被认为是电子工程领域中较难的学科，原因之一在于电磁现象相当抽象。但是，你如果对数学感兴趣并且能将看不见的电磁现象可视化，就应该考虑成为一个电磁学专家，因为该领域的电子工程师是非常少的。在微波工业、广播/电视发射站、电磁研究实验室以及很多通信行业都需要电磁学领域的电子工程师。

历史珍闻

詹姆斯·克拉克·麦克斯韦(James Clerk Maxwell，1831—1879)，剑桥大学数学专业毕业。1865年他发表了生平最有影响的论文，从数学上统一了法拉第定律与安培定律，由此所确立的电场与磁场之间的关系成为电子工程中的一个重要研究领域——电磁场与电磁波的理论基础。美国电气与电子工程师协会(IEEE)将该原理的图形表示为其标识商标，其中直线箭头代表电流，曲线箭头代表电磁场。该关系正是大家熟知的**右手定则**(right-hand rule)。麦克斯韦是一位非常活跃的理论家、科学家，因“麦克斯韦方程”而闻名于世，磁通量的单位——麦克斯韦，就是以他的名字命名的。

(图片来源：Bettmann/Getty Images)

学习目标

通过本章内容的学习和练习你将具备以下能力：

1. 理解互耦电路的物理原理和分析包含互耦电感电路的方法。

2. 理解在互耦电路中能量的存储方法。
3. 理解线性变压器的工作原理以及分析包含线性变压器电路的方法。
4. 理解理想变压器的工作原理以及分析包含理想变压器电路的方法。
5. 理解理想自耦变压器的工作原理并且会分析它们的应用电路。

13.1　引言

前面章节介绍的电路可以看作是传导耦合(conductively coupled)的，因为一个回路通过电流的传导而影响其相邻回路。当两个相互接触或者不接触的回路之间通过其中一个回路所产生的磁场而相互影响时，则称为*磁耦合*(magnetically coupled)。

变压器就是基于磁耦合概念设计出来的一种电子设备，即利用磁耦合绕组将能量从一个电路转换到另一个电路。变压器是电子电路中的关键电路元件，在电力系统中，利用变压器实现交流电压或交流电流的升高或降低。在无线电广播与电视接收机电路中，利用变压器实现阻抗匹配，将电路的两部分相互隔离开来，同样也可实现交流电压或交流电流的升高或降低。

本章首先介绍互感的概念，从而引入确定电流耦合元件电压极性的同名端标记法则。之后基于互感的概念介绍一种重要的电路元件——*变压器*(transformer)，包括线性变压器、理想变压器、自耦变压器以及三相变压器等。最后，在许多重要的应用中，讨论了变压器作为隔离与匹配器件的应用，以及它们在电力配送系统中的应用。

13.2　互感

当两个电感器(或线圈)距离较近时，电流在一个线圈中引起的磁通量会对另一个线圈产生影响，从而在另一个线圈中产生感应电压，这种现象称为*互感*(mutual inductance)。

首先讨论一个由 N 匝线圈构成的电感，当电流 i 流过该线圈时，在其周围产生磁通量 ϕ(见图 13-1)，按照法拉第定律，该线圈中的感应电压正比于线圈的匝数 N 以及磁通量 ϕ 关于时间的变化率，即：

$$v=N\frac{\mathrm{d}\phi}{\mathrm{d}t}\tag{13.1}$$

但是，磁通量 ϕ 是由电流 i 产生的，所以磁通量的任何变化都是由电流的变化引起的，于是，式(13.1)可以写为

$$v=N\frac{\mathrm{d}\phi}{\mathrm{d}i}\frac{\mathrm{d}i}{\mathrm{d}t}\tag{13.2}$$

即

$$v=L\frac{\mathrm{d}i}{\mathrm{d}t}\tag{13.3}$$

图 13-1　N 匝线圈产生的磁通量

此即电感器的电压-电流关系，由式(13.2)与式(13.3)可以得到电感器的电感值 L 为

$$L=N\frac{\mathrm{d}\phi}{\mathrm{d}i}\tag{13.4}$$

该电感通常称为*自感*(self-inductance)，因为表示的是同一线圈中时变电流与其感应电压之间的关系。

下面考虑两个彼此相邻的，自感分别为 L_1 与 L_2 的线圈(见图 13-2)。线圈 1 有 N_1 匝，线圈 2 有 N_2 匝。为简单起见，假定第 2 个电感器中无电流，此时，由线圈 1 引起的磁通量 ϕ_1 由两个分量组成：一个分量 ϕ_{11} 仅与线圈 1 交链，而另一个分量 ϕ_{12} 与两个线圈交链。因此，

$$\phi_1=\phi_{11}+\phi_{12}\tag{13.5}$$

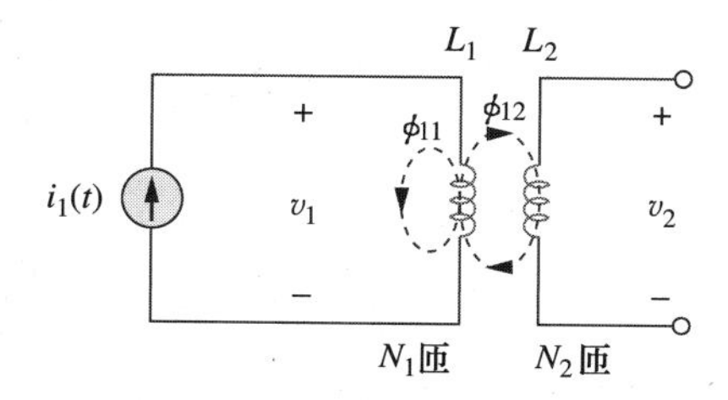

图 13-2　线圈 2 相对于线圈 1 的互感量 M_{21}

虽然这两个线圈在物理上是分离的，但称之为*磁耦合*(magnetically coupled)。因为全部磁通量 ϕ_1 与线圈 1 交链，所以线圈 1 的感应电压为

$$v_1=N_1\frac{\mathrm{d}\phi_1}{\mathrm{d}t} \tag{13.6}$$

仅磁通量 ϕ_{12} 与线圈 2 交链，因此，线圈 2 的感应电压为

$$v_2=N_2\frac{\mathrm{d}\phi_{12}}{\mathrm{d}t} \tag{13.7}$$

另外，考虑到磁通量是电流 i 流过线圈 1 产生的，所以式(13.6)可以写成

$$v_1=N_1\frac{\mathrm{d}\phi_1}{\mathrm{d}i_1}\frac{\mathrm{d}i_1}{\mathrm{d}t}=L_1\frac{\mathrm{d}i_1}{\mathrm{d}t} \tag{13.8}$$

式中，$L_1=N_1\mathrm{d}\phi_1/\mathrm{d}i_1$ 为线圈 1 的自感量。同理，式(13.7)可以写为

$$v_2=N_2\frac{\mathrm{d}\phi_{12}}{\mathrm{d}i_1}\frac{\mathrm{d}i_1}{\mathrm{d}t}=M_{21}\frac{\mathrm{d}i_1}{\mathrm{d}t} \tag{13.9}$$

式中，

$$M_{21}=N_2\frac{\mathrm{d}\phi_{12}}{\mathrm{d}i_1} \tag{13.10}$$

M_{21} 成为线圈 2 相对于线圈 1 的*互感*(mutual inductance)，下标 21 表示互感 M_{21} 是联系线圈 2 的感应电压与线圈 1 中的电流的物理量。因此，线圈 2 两端的开路互感电压(感应电压)为

$$\boxed{v_2=M_{21}\frac{\mathrm{d}i_1}{\mathrm{d}t}} \tag{13.11}$$

下面假定流过线圈 2 的电流为 i_2，而线圈 1 中无电流(见图 13-3)，则由线圈 2 引起的磁通量 ϕ_2 由 ϕ_{22} 与 ϕ_{21} 组成，其中 ϕ_{22} 仅与线圈 2 交链，ϕ_{21} 与两个线圈交链，所以

$$\phi_2=\phi_{21}+\phi_{22} \tag{13.12}$$

整个磁通量 ϕ_2 与线圈 2 交链，所以，线圈 2 的感应电压为

$$v_2=N_2\frac{\mathrm{d}\phi_2}{\mathrm{d}t}=N_2\frac{\mathrm{d}\phi_2}{\mathrm{d}i_2}\frac{\mathrm{d}i_2}{\mathrm{d}t}=L_2\frac{\mathrm{d}i_2}{\mathrm{d}t} \tag{13.13}$$

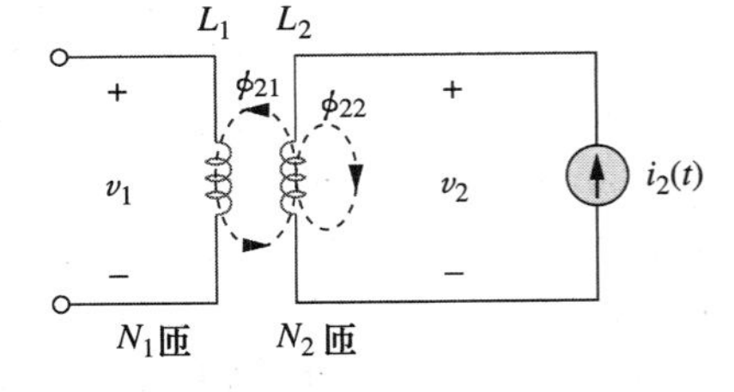

图 13-3　线圈 1 相对于线圈 2 的互感量 M_{12}

式中，$L_2=N_2\mathrm{d}\phi_2/\mathrm{d}i_2$ 为线圈 2 的自感。由于仅磁通量 ϕ_{21} 与线圈 1 交链，所以线圈 1 中的感应电压为

$$v_1=N_1\frac{\mathrm{d}\phi_{21}}{\mathrm{d}t}=N_1\frac{\mathrm{d}\phi_{21}}{\mathrm{d}i_2}\frac{\mathrm{d}i_2}{\mathrm{d}t}=M_{12}\frac{\mathrm{d}i_2}{\mathrm{d}t} \tag{13.14}$$

式中

$$M_{12}=N_1\frac{\mathrm{d}\phi_{21}}{\mathrm{d}i_2} \tag{13.15}$$

M_{12} 称为线圈 1 相对于线圈 2 的互感，因此，线圈 1 两端的开路互感电压为：

$$\boxed{v_1=M_{12}\frac{\mathrm{d}i_2}{\mathrm{d}t}} \tag{13.16}$$

下一节中将会证明 M_{12} 与 M_{21} 是相等的，即

$$M_{12}=M_{21}=M \tag{13.17}$$

M 称为两个线圈之间的互感，与自感 L 相同，互感 M 的单位为亨利(H)。注意，仅当两个电感器或线圈距离很近，且电路由时变电源驱动时，才存在互感耦合。前面章节已经介

绍过，电感器对于直流电路而言相当于短路。

由图 13-2 与图 13-3 两种情况可以看出，如果感应电压是由另一个电路中的时变电流引起的，则有互感存在。这是电感器的一个特性，即电感器产生的电压会反作用于靠近它的另一个电感器中的时变电流。

互感是指一个电感器在与其相邻的电感器两端感应出电压的能力，单位为亨利(H)。

虽然互感 M 总是正的，但是，与自感电压 $L\mathrm{d}i/\mathrm{d}t$ 一样，互感电压 $M\mathrm{d}i/\mathrm{d}t$ 既可以是正的也可以是负的。然而，与自感电压 $L\mathrm{d}i/\mathrm{d}t$ 的极性由电流参考方向和电压参考极性(符合无源符号约定)决定不同，确定互感电压 $M\mathrm{d}i/\mathrm{d}t$ 的极性并不是很容易，因为互感包含四个端点。正确选择 $M\mathrm{d}i/\mathrm{d}t$ 极性的方法是：检查两个线圈的物理缠绕方向，并利用楞次定律与右手准则来判定感应电压的极性。但是，由于在电路图中画出线圈的缠绕结构是很不方便的，因此在电路分析中通常采用同名端规则予以简化。按照规则，在两个磁耦合线圈的一端标上一个圆点，表示电流由该点流入线圈时磁通量的方向，如图 13-4 所示。在电路中，线圈外通常已经标记了圆点，无需担心应如何标示。通过圆点与同名端规则即可确定互感电压的极性。

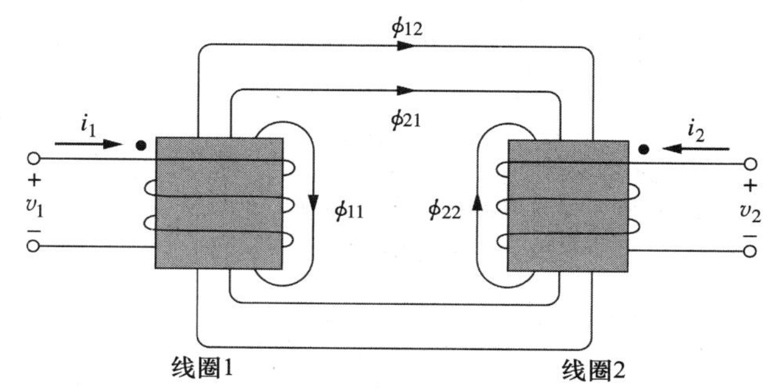

图 13-4　同名端规则的说明

如果电流进入一个线圈的同名端，则在第二个线圈的同名端处，互感电压的参考极性为正。

如果电流从一个线圈的同名端流出，则在第二个线圈的同名端处，互感电压的参数极性为负。

因此，互感电压的参数极性取决于施感电流的参考方向与耦合线圈的同名端。同名端规则在四对互感耦合线圈中的应用如图 13-5 所示。对于图 13-5a 所示的耦合线圈，互感电压 v_2 的符号取决于 v_2 的参考极性与电流 i_1 的方向。由于 i_1 进入线圈 1 的同名端且 v_2 在线圈 2 同名端处为正，所以互感电压为 $+M\mathrm{d}i_1/\mathrm{d}t$。对于图 13-5b 所示的线圈，电流 i_1 进入线圈 1 的同名端，且互感电压 v_2 在线圈 2 的同名端处为负，所以互感电压为 $-M\mathrm{d}i_1/\mathrm{d}t$。按照同样的方法可以得到如图 13-5c 与图 13-5d 所示线圈的互感电压。

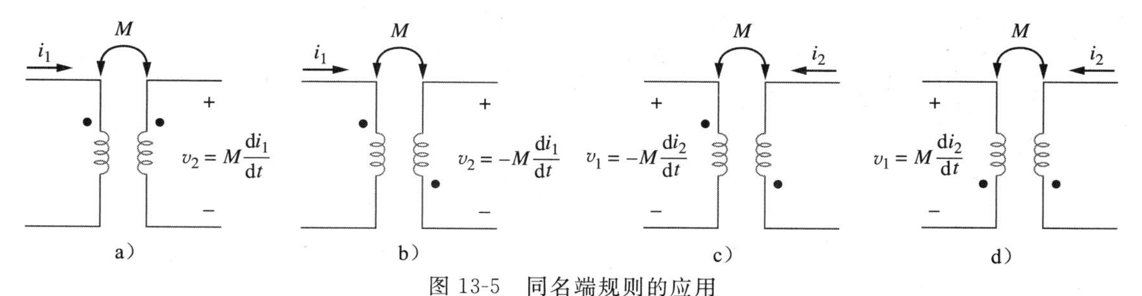

图 13-5　同名端规则的应用

如图 13-6 所示为串联耦合线圈的同名端规则。对于如图 13-6a 所示线圈，总的电感量为

$$\boxed{L = L_1 + L_2 + 2M \quad (\text{同向串联连接})} \tag{13.18}$$

对于如图 13-6b 所示线圈，有

$$\boxed{L = L_1 + L_2 - 2M \quad (\text{反向串联连接})} \tag{13.19}$$

掌握确定互感电压极性的方法之后，就可以分析包含互感的电路。首先考虑如图 13-7a 所示电路。对于线圈 1 应用 KVL，可得

$$v_1 = i_1 R_1 + L_1 \frac{di_1}{dt} + M \frac{di_2}{dt} \tag{13.20a}$$

对于线圈 2 应用 KVL，可得

$$v_2 = i_2 R_2 + L_2 \frac{di_2}{dt} + M \frac{di_1}{dt} \tag{13.20b}$$

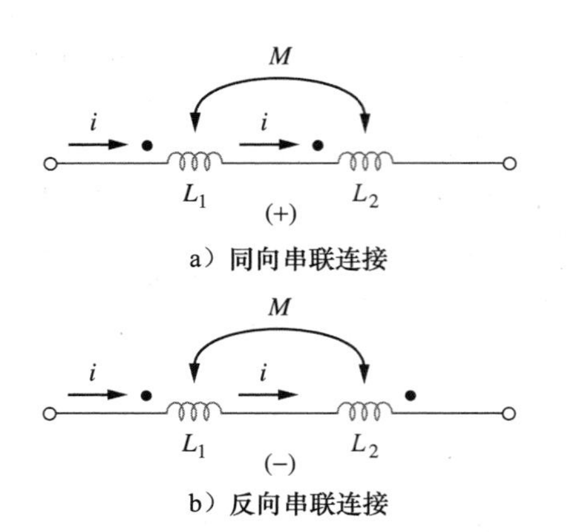

图 13-6 串联线圈的同名端规则，正负号表示互感电压的极性

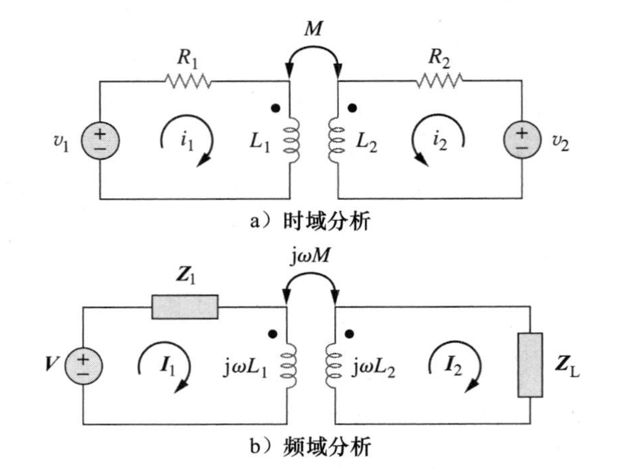

图 13-7 包含耦合线圈的电路分析

式(13.20)的频域表示为

$$\boldsymbol{V}_1 = (R_1 + j\omega L_1)\boldsymbol{I}_1 + j\omega M\boldsymbol{I}_2 \tag{13.21a}$$

$$\boldsymbol{V}_2 = j\omega M\boldsymbol{I}_1 + (R_2 + j\omega L_2)\boldsymbol{I}_2 \tag{13.21b}$$

另一个例子是在频域中分析如图 13-7b 所示电路，对线圈 1 应用 KVL，得到

$$\boldsymbol{V} = (\boldsymbol{Z}_1 + j\omega L_1)\boldsymbol{I}_1 - j\omega M\boldsymbol{I}_2 \tag{13.22a}$$

对线圈 2 应用 KVL，得到

$$0 = -j\omega M\boldsymbol{I}_1 + (\boldsymbol{Z}_L + j\omega L_2)\boldsymbol{I}_2 \tag{13.22b}$$

求解式(13.2)与式(13.22)即可确定各电流。

为了准确地解决问题，检查每一个步骤并验证每一个假设是非常重要的。解决互感耦合电路问题通常需要两步或更多的步骤来确定符号和互感电压。

实验表明，如果根据所求值和符号将问题分成多个步骤，将会使问题更加容易解决。在分析包含图 13-8a 所示的互感耦合电路时，建议使用图 13-8b 所示的模型。

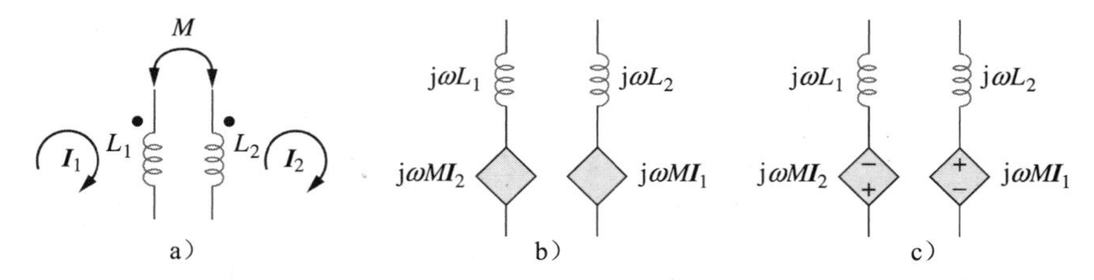

图 13-8 互感耦合的简易分析模型

注意，模型中并不包含符号，因为确定电压值之后才能确定相应的符号。显然，电流 $\boldsymbol{I}_1$ 引起的感应电压在第二个线圈中的值为 $j\omega\boldsymbol{I}_1$，$\boldsymbol{I}_2$ 引起的感应电压在第一个线圈中的值为 $j\omega\boldsymbol{I}_2$。得到这两个值后，可以通过图 13-8c 所示的两个电路来确定正确的符号。

由于 $\boldsymbol{I}_1$ 从 L_1 的同名端流入，所以它在 L_2 中产生的感应电压使得电流从 L_2 的同名端流出，即电源的上端为正、下端为负，如图 13-8c 所示。$\boldsymbol{I}_2$ 从 L_2 的同名端流出，它在 L_1

中产生的感应电压使得电流从 L_1 的同名端流入，即非独立源的下端为正、上端为负，如图 13-8c 所示。现在需要分析两个非独立源，分析过程中可以对每一步假设进行验证。

现阶段不需要关注互感线圈的同名端确定问题，与电路中 R、L、C 的计算类似，互感 M 的计算要求将电磁学理论应用于实际线圈的物理属性中。本书假设电路问题中的互感与同名端的位置是“已知的”，即与电路元件 R、L、C 同等看待。

例 13-1 计算图 13-9 所示电路中的相量电流 $\boldsymbol{I}_1$ 和 $\boldsymbol{I}_2$。

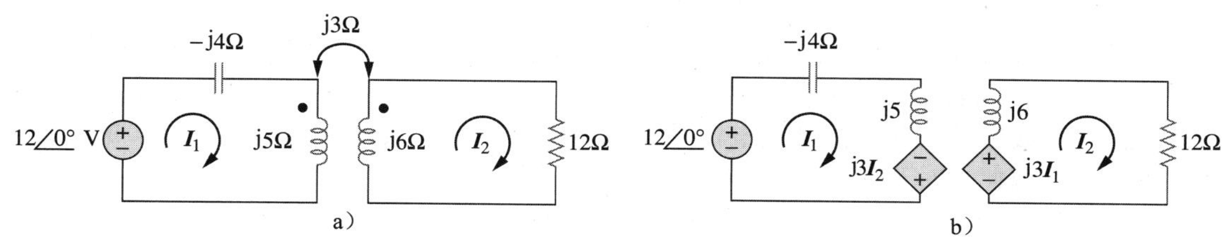

图 13-9 例 13-1 图

解：对于线圈 1 应用 KVL，得到

$$-12+(-j4+j5)\boldsymbol{I}_1-j3\boldsymbol{I}_2=0$$

即

$$j\boldsymbol{I}_1-j3\boldsymbol{I}_2=12 \tag{13.1.1}$$

对于线圈 2 应用 KVL，得到

$$-j3\boldsymbol{I}_1+(12+j6)\boldsymbol{I}_2=0$$

即

$$\boldsymbol{I}_1=\frac{(12+j6)\boldsymbol{I}_2}{j3}=(2-j4)\boldsymbol{I}_2 \tag{13.1.2}$$

将上式代入式(13.1.1)，可以得到：

$$(j2+4-j3)\boldsymbol{I}_2=(4-j)\boldsymbol{I}_2=12$$

即

$$\boldsymbol{I}_2=\frac{12}{4-j}=2.91\ \underline{/14.04^\circ}\ \text{A} \tag{13.1.3}$$

由式(13.1.2)与式(13.1.3)得到：

$$\begin{aligned}\boldsymbol{I}_1=(2-j4)\boldsymbol{I}_2&=(4.472\ \underline{/-63.43^\circ})(2.91\ \underline{/14.04^\circ})\\&=13.01\ \underline{/-49.39^\circ}\ \text{A}\end{aligned}$$

◀

练习 13-1 计算图 13-10 所示电路中的电压 $\boldsymbol{V}_o$。 **答案**：$20\ \underline{/-135^\circ}$ V。

例 13-2 计算如图 13-11 所示电路的网孔电流。

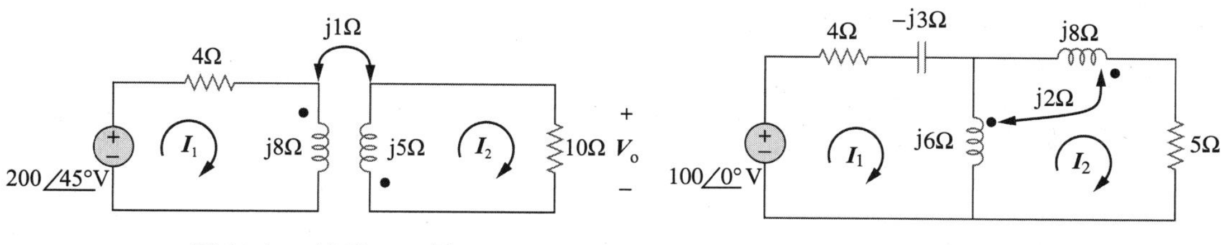

图 13-10 练习 13-1 图　　　图 13-11 例 13-2 图

解：分析磁耦合电路的关键是要知道互感电压的极性，这就需要利用同名端规则。在图 13-11 所示电路中，假设线圈 1 是电抗为 6Ω 的线圈，线圈 2 是电抗为 8Ω 的线圈。为了判断电流 $\boldsymbol{I}_2$ 在线圈 1 中产生的互感电压的极性，观察到 $\boldsymbol{I}_2$ 是从线圈 2 的同名端流出的，

由于 KVL 是沿顺时针方向应用的，因此互感电压极性为负，即$-j2\boldsymbol{I}_2$。

另外，还可以重新画出相关的电路以确定互感电压的极性，如图 13-12 所示，由此即可方便地确定互感电压为$\boldsymbol{V}_1=-2j\boldsymbol{I}_2$。

因此，对于如图 13-11 所示电路的网孔 1，应用 KVL 可得：

$$-100+\boldsymbol{I}_1(4-j3+j6)-j6\boldsymbol{I}_2-j2\boldsymbol{I}_2=0$$

即

$$100=(4+j3)\boldsymbol{I}_1-j8\boldsymbol{I}_2 \tag{13.2.1}$$

同理，为了确定由电流$\boldsymbol{I}_1$在线圈 2 中产生的互感电压，需将电路的相关部分重绘于图 13-12b，利用同名端规则可得互感电压$\boldsymbol{V}_2=-2j\boldsymbol{I}_1$。另外，由图 13-11 可见，电流$\boldsymbol{I}_2$所经过的两个线圈是串联的。且该电流是流出两个线圈的同名端的，所以式(13.18)适用于这种情况。因此，对于如图 13-11 所示电路的网孔 2，应用 KVL 可得：

$$0=-2j\boldsymbol{I}_1-j6\boldsymbol{I}_1+(j6+j8+j2\times 2+5)\boldsymbol{I}_2$$

即

$$0=-j8\boldsymbol{I}_1+(5+j18)\boldsymbol{I}_2 \tag{13.2.2}$$

将式(13.2.1)与式(13.2.2)写成矩阵形式，得到

$$\begin{bmatrix}100\\0\end{bmatrix}=\begin{bmatrix}4+j3 & -j8\\-j8 & 5+j18\end{bmatrix}\begin{bmatrix}\boldsymbol{I}_1\\\boldsymbol{I}_2\end{bmatrix}$$

相关的行列式为

$$\Delta=\begin{vmatrix}4+j3 & -j8\\-j8 & 5+j18\end{vmatrix}=30+j87$$

$$\Delta_1=\begin{vmatrix}100 & -j8\\0 & 5+j18\end{vmatrix}=100(5+j18)$$

$$\Delta_2=\begin{vmatrix}4+j3 & 100\\-j8 & 0\end{vmatrix}=j800$$

于是，得到网孔电流为

$$\boldsymbol{I}_1=\frac{\Delta_1}{\Delta}=\frac{100(5+j18)}{30+j87}=\frac{1868.2\angle 74.5^\circ}{92.03\angle 71^\circ}=20.3\angle 3.5^\circ(\text{A})$$

$$\boldsymbol{I}_2=\frac{\Delta_2}{\Delta}=\frac{j800}{30+j87}=\frac{800\angle 90^\circ}{92.03\angle 71^\circ}=8.693\angle 19^\circ(\text{A})$$ ◀

练习 13-2　计算图 13-13 所示电路中的电流相量$\boldsymbol{I}_1$与$\boldsymbol{I}_2$。

答案：$\boldsymbol{I}_1=17.889\angle 86.57^\circ$ A，$\boldsymbol{I}_2=26.83\angle 86.57^\circ$ A。

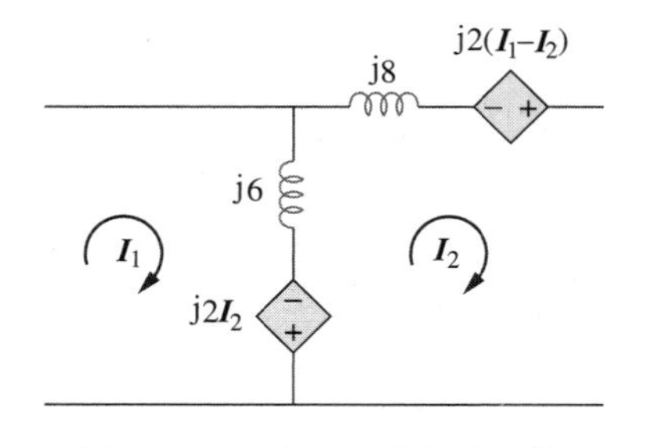

图 13-12　例 13-2 的电路重绘

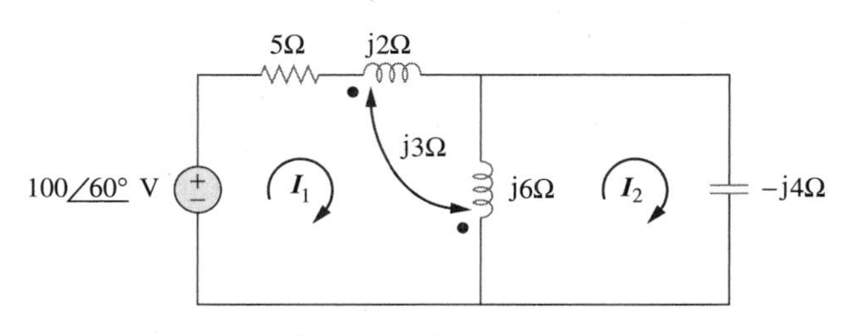

图 13-13　练习 13-2 图

13.3　耦合电路中的能量

由本书第 6 章可知，电感器中存储的能量为：

$$w=\frac{1}{2}Li^2 \tag{13.23}$$

下面将确定磁耦合线圈中储存的能量。

考虑图 13-14 所示电路。假设电流 i_1 与 i_2 的初始值均为零，于是线圈中的初始储能为零。如果令 i_1 由 0 增加到 $\boldsymbol{I}_1$，且 $i_2=0$ 保持不变，则线圈 1 中的功率为

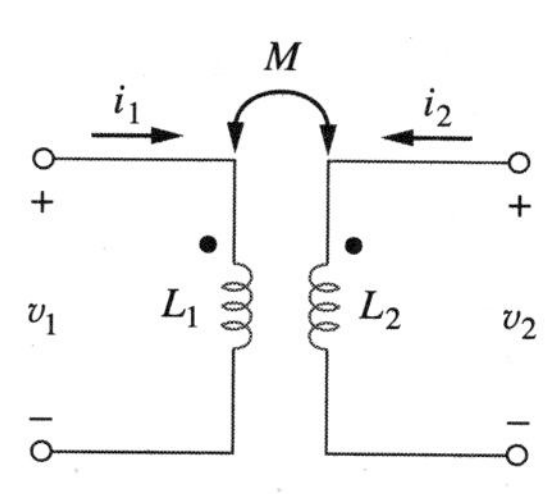

图 13-14　推导耦合电路存储的能量

$$p_1(t)=v_1i_1=i_1L_1\frac{\mathrm{d}i_1}{\mathrm{d}t} \tag{13.24}$$

该电路中储存的能量为

$$w_1=\int p_1\mathrm{d}t=L_1\int_0^{I_1}i_1\mathrm{d}i_1=\frac{1}{2}L_1I_1^2 \tag{13.25}$$

如果 $i_1=i_1$ 保持不变，但 i_2 从 0 增加到 I_2，则在线圈 1 中的互感电压为 $M_{12}\mathrm{d}i_2/\mathrm{d}t$，由于 i_1 保持不变，所以线圈 2 中的互感电压为 0。于是线圈中的功率为

$$p_2(t)=i_1M_{12}\frac{\mathrm{d}i_2}{\mathrm{d}t}+i_2v_2=I_1M_{12}\frac{\mathrm{d}i_2}{\mathrm{d}t}+i_2L_2\frac{\mathrm{d}i_2}{\mathrm{d}t} \tag{13.26}$$

该电路中储存的能量为

$$w_2=\int p_2\mathrm{d}t=M_{12}I_1\int_0^{I_2}\mathrm{d}i_2+L_2\int_0^{I_2}i_2\mathrm{d}i_2=M_{12}I_1I_2+\frac{1}{2}L_2I_2^2 \tag{13.27}$$

当 i_1 与 i_2 均到达恒定值时，线圈中储存的总能量为

$$w=w_1+w_2=\frac{1}{2}L_1I_1^2+\frac{1}{2}L_2I_2^2+M_{12}I_1I_2 \tag{13.28}$$

如果交换上述电流达到其终端的顺序，即 i_2 先从 0 增加到 I_2，之后 i_1 再从 0 增加到 I_1，则线圈中储存的总能量为：

$$w=\frac{1}{2}L_1I_1^2+\frac{1}{2}L_2I_2^2+M_{21}I_1I_2 \tag{13.29}$$

由于无论电流如何到达其终值，电路中所储存的能量都是相同的，因此，比较式(13.28)与式(13.29)，得到如下结论

$$M_{12}=M_{21}=M \tag{13.30a}$$

且

$$w=\frac{1}{2}L_1I_1^2+\frac{1}{2}L_2I_2^2+MI_1I_2 \tag{13.30b}$$

推导上式的设定条件是，线圈电流均从同名端流入，如果一个电流从一个同名端流入，另一个电流从另一个同名端流出，则互感电压为负，因此，互感能量 MI_1I_2 也为负，在这种情况下：

$$w=\frac{1}{2}L_1I_1^2+\frac{1}{2}L_2I_2^2-MI_1I_2 \tag{13.31}$$

另外，由 I_1 与 I_2 为任意值，所以可以用 i_1 与 i_2 取代，于是得到电路中储存的瞬时能量的一般表达式为

$$\boxed{w=\frac{1}{2}L_1i_1^2+\frac{1}{2}L_2i_2^2\pm Mi_1i_2} \tag{13.32}$$

当两个电流均从线圈的同名端流入或者流出时，上式中的互感项取正号，否则，互感项取负号。

现在推导互感 M 的上限。由于无源电路中储存的能量不可能为负的，所以$\left(\frac{1}{2}L_1i_1^2+\frac{1}{2}L_2i_2^2-Mi_1i_2\right)$必须大于或等于零：

$$\frac{1}{2}L_1 i_1^2+\frac{1}{2}L_2 i_2^2-M i_1 i_2 \geqslant 0 \tag{13.33}$$

为了得到完全平方，在式(13.33)右边加一项并减一项 $i_1 i_2 \sqrt{L_1 L_2}$，从而得到

$$\frac{1}{2}(i_1\sqrt{L_1}-i_2\sqrt{L_2})^2+i_1 i_2(\sqrt{L_1 L_2}-M)\geqslant 0 \tag{13.34}$$

式中，第一项平方项不可能为负，其最小值为零。因此，式(13.34)右边第二项必须大于零，即

$$\sqrt{L_1 L_2}-M\geqslant 0$$

即

$$M\leqslant\sqrt{L_1 L_2} \tag{13.35}$$

因此，互感 M 不能大于线圈自感的几何平均值。互感 M 接近于其上限的程度由**耦合系数**(coefficient of coupling)k 决定：

$$k=\frac{M}{\sqrt{L_1 L_2}} \tag{13.36}$$

即

$$\boxed{M=k\sqrt{L_1 L_2}} \tag{13.37}$$

式中，$0\leqslant k\leqslant 1$，或 $0\leqslant M\leqslant\sqrt{L_1 L_2}$。耦合系数是指由一个线圈产生的总磁通量中与另一个线圈交链的部分。例如，在图 13-2 所示电路中，

$$k=\frac{\phi_{12}}{\phi_1}=\frac{\phi_{12}}{\phi_{11}+\phi_{12}} \tag{13.38}$$

而在图 13-3 所示电路中，

$$k=\frac{\phi_{21}}{\phi_2}=\frac{\phi_{21}}{\phi_{21}+\phi_{22}} \tag{13.39}$$

如果一个线圈产生的磁通全部与另一线圈交链，则 $k=1$，即为 100%耦合，或者称这两个线圈是完全耦合的(perfectly coupled)。当 $k<0.5$ 时，称这两个线圈为**松散耦合**(loosely coupled)；当 $k>0.5$ 时，称这两个线圈为紧耦合(tightly coupled)。

耦合系数 k 是两个线圈之间磁耦合程度的一种度量：$0\leqslant k\leqslant 1$。

k 值的大小取决于两个线圈的接近程度、磁心、方向以及缠绕方式。图 13-15 所示为松散耦合线圈与和紧耦合线圈两种情况。射频电路中使用的空心变压器一般是松散耦合的，而电力系统中使用的铁心变压器都是紧耦合的。13.4 节讨论的线性变压器大多数是空心的，而 13.5 节与 13.6 节讨论的理想变压器基本上都是铁心变压器。

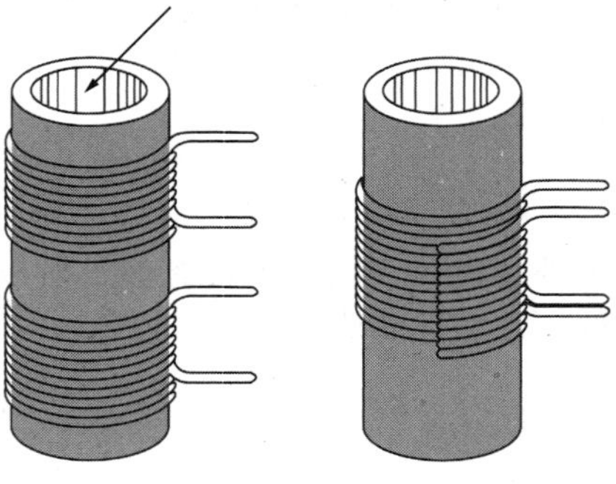

空气或铁氧体磁心

a）松散耦合　b）紧耦合

图 13-15　线圈剖面视图

例 13-3 对于图 13-16 所示电路，计算耦合系数，并计算当 $v=60\cos(4t+30°)$V 时，耦合电感器在 $t=1$s 时储存的能量。

解：耦合系数为

$$k=\frac{M}{\sqrt{L_1 L_2}}=\frac{2.5}{\sqrt{20}}=0.56$$

表明两个电感器是紧耦合的，为了求出所存储的能量，需计算出电流，而要得到电流，就必须确定该电路的频域等效电路。

$$60\cos(4t+30°)\quad\Rightarrow\quad 60\underline{/30°},\quad \omega=4\text{rad/s}$$

$$5\text{H} \Rightarrow \text{j}\omega L_1 = \text{j}20\Omega$$
$$2.5\text{H} \Rightarrow \text{j}\omega M = \text{j}10\Omega$$
$$4\text{H} \Rightarrow \text{j}\omega L_2 = \text{j}16\Omega$$
$$\frac{1}{16}\text{F} \Rightarrow \frac{1}{\text{j}\omega C} = -\text{j}4\Omega$$

频域等效电路如图 13-17 所示。下面利用网孔分析法确定电流。对于网孔 1，有：

$$(10+\text{j}20)\boldsymbol{I}_1 + \text{j}10\boldsymbol{I}_2 = 60\angle 30° \tag{13.3.1}$$

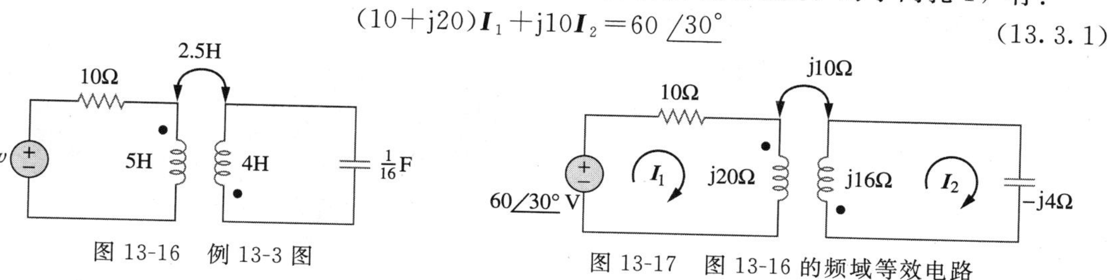

图 13-16　例 13-3 图

图 13-17　图 13-16 的频域等效电路

对于网孔 2，有

$$\text{j}10\boldsymbol{I}_1 + (\text{j}16-\text{j}4)\boldsymbol{I}_2 = 0$$

即

$$\boldsymbol{I}_1 = -1.2\boldsymbol{I}_2 \tag{13.3.2}$$

将上式代入式(13.3.1)，得到

$$\boldsymbol{I}_2(-12-\text{j}14) = 60\angle 30° \Rightarrow \boldsymbol{I}_2 = 3.254\angle 160.6°\ \text{A}$$

并且，

$$\boldsymbol{I}_1 = -1.2\boldsymbol{I}_2 = 3.905\angle -19.4°\ \text{A}$$

变换到时域，有

$$i_1 = 3.905\cos(4t-19.4°)\text{A}, \quad i_2 = 3.254\cos(4t+160.6°)\text{A}$$

当 $t=1s$ 时，$4t=4\text{rad}=229.2°$，所以

$$i_1 = 3.905\cos(229.2°-19.4°) = -3.389(\text{A})$$
$$i_2 = 3.254\cos(229.2°+160.6°) = 2.824(\text{A})$$

耦合线圈中存储的总能量为

$$\begin{aligned} w &= \frac{1}{2}L_1 i_1^2 + \frac{1}{2}L_2 i_2^2 + M i_1 i_2 \\ &= \frac{1}{2}\times 5\times(-3.389)^2 + \frac{1}{2}\times 4\times(2.824)^2 + 2.5\times(-3.389)\times 2.824 = 20.73(\text{J}) \end{aligned}$$ ◀

练习 13-3　对于如图 13-18 所示电路，试确定耦合系数，并计算当 $t=1.5$s 时，耦合电感器中存储的能量。

答案：0.7071，246.2J。

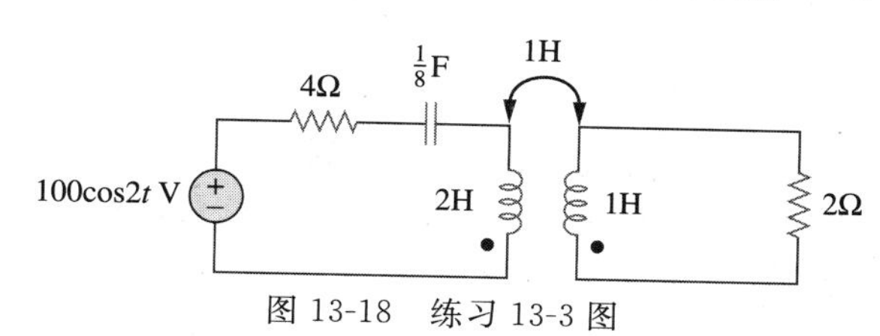

图 13-18　练习 13-3 图

13.4　线性变压器

本节介绍一个新的电路元件——变压器，变压器是利用互感现象设计的一种磁耦合器件。

变压器一般是由两个(或多个)磁耦合线圈组成的四端器件。

如图 13-19 所示，直接与电压源相连接的线圈称为一次绕组(primary winding)，而与负载相连接的线圈称为二次绕组(secondary winding)，图中 R_1 与 R_2 用于计算绕组的消耗(功率)。绕组缠绕在磁性线性材料上制成的变压器称为线性变压器，所谓磁性线性材料是指磁导率为常数的材料，例如空气、塑料、胶木与木头等。实际上，绝大多数材料都是磁性线性的。有时候也将线性变压器称为空心变压器(air-core transformer)，尽管其磁心未必都是空气的。线性变压器通常用于收音机与电视机等装置中，图 13-20 给出了各种不同类型的变压器。

提示：也可以将线性变压器看作磁通量与绕组内电流成正比的变压器。

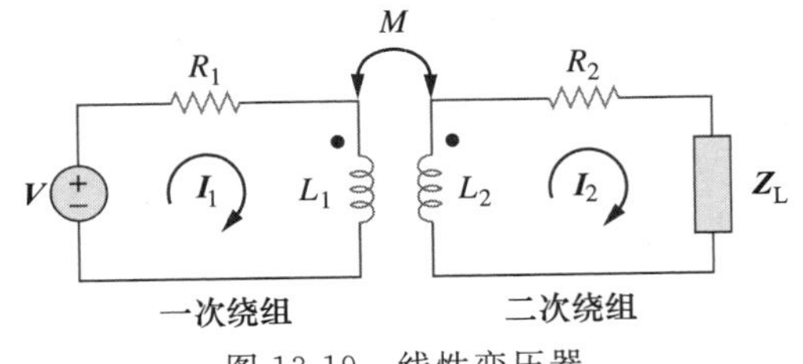

图 13-19 线性变压器

a）大型变电站变压器

（图片来源：James Watson）

b）音频变压器

（图片来源：Jensen Transformers,Inc.，Chatsworth，CA）

图 13-20 不同类型的变压器

下面确定从电源端看进去的变压器输入阻抗 $\boldsymbol{Z}_{\text{in}}$，$\boldsymbol{Z}_{\text{in}}$ 决定了一次电路的特征，对图 13-19 所示电路中的两个网孔应用 KVL，得到

$$\mathbf{V}=(R_1+\mathrm{j}\omega L_1)\boldsymbol{I}_1-\mathrm{j}\omega M\boldsymbol{I}_2 \tag{13.40a}$$

$$0=-\mathrm{j}\omega M\boldsymbol{I}_1+(R_2+\mathrm{j}\omega L_2+\boldsymbol{Z}_{\mathrm{L}})\boldsymbol{I}_2 \tag{13.40b}$$

式(13.40b)中，用 $\boldsymbol{I}_1$ 表示 $\boldsymbol{I}_2$，并代入式(13.40a)，得到输入阻抗为

$$\boldsymbol{Z}_{\text{in}}=\frac{\mathbf{V}}{\boldsymbol{I}_1}=R_1+\mathrm{j}\omega L_1+\frac{\omega^2M^2}{R_2+\mathrm{j}\omega L_2+\boldsymbol{Z}_{\mathrm{L}}} \tag{13.41}$$

上式表明，输入阻抗由两项组成，第一项$(R_1+\mathrm{j}\omega L_1)$为一次阻抗，第二项为一次绕组与二次绕组之间的耦合产生的阻抗，可以看作是由二次阻抗映射到一次阻抗，因此，也称为反射阻抗(reflected impedance)$\boldsymbol{Z}_{\mathrm{R}}$，即

$$\boxed{\boldsymbol{Z}_{\mathrm{R}}=\frac{\omega^2M^2}{R_2+\mathrm{j}\omega L_2+\boldsymbol{Z}_{\mathrm{L}}}} \tag{13.42}$$

注意，式(13.41)或式(13.44)给出的结果并不会受到变压器同名端位置的影响，因为利用$-M$ 取代式中的M 后，其结果是相同的。

提示：有些学者也将反射阻抗称为耦合阻抗。

通过 13.2 节与 13.3 节磁耦合电路分析的过程可知，这类电路的分析不像前面几章介绍的电路分析那样容易。因此，通常用没有磁耦合的等效电路来取代磁耦合电路，以便于分析。下面就利用没有互感的 T 形等效电路或 Π 形等效电路取代图 13-21 所示的线性变压器。

一次绕组与二次绕组的电压电流关系矩阵方程为：

$$\boxed{\begin{bmatrix}\boldsymbol{V}_1\\\boldsymbol{V}_2\end{bmatrix}=\begin{bmatrix}\mathrm{j}\omega L_1 & \mathrm{j}\omega M\\\mathrm{j}\omega M & \mathrm{j}\omega L_2\end{bmatrix}\begin{bmatrix}\boldsymbol{I}_1\\\boldsymbol{I}_2\end{bmatrix}}\tag{13.43}$$

由矩阵求逆，可得

$$\begin{bmatrix}\boldsymbol{I}_1\\\boldsymbol{I}_2\end{bmatrix}=\begin{bmatrix}\dfrac{L_2}{\mathrm{j}\omega(L_1L_2-M^2)} & \dfrac{-M}{\mathrm{j}\omega(L_1L_2-M^2)}\\\dfrac{-M}{\mathrm{j}\omega(L_1L_2-M^2)} & \dfrac{L_1}{\mathrm{j}\omega(L_1L_2-M^2)}\end{bmatrix}\begin{bmatrix}\boldsymbol{V}_1\\\boldsymbol{V}_2\end{bmatrix}\tag{13.44}$$

现在需要将式(13.43)与式(13.44)同相应的 T 网络和 Π 网络的方程匹配。

对于图 13-22 所示的 T(Y)网络而言，由网孔分析法得到的矩阵方程为

$$\begin{bmatrix}\boldsymbol{V}_1\\\boldsymbol{V}_2\end{bmatrix}=\begin{bmatrix}\mathrm{j}\omega(L_a+L_c) & \mathrm{j}\omega L_c\\\mathrm{j}\omega L_c & \mathrm{j}\omega(L_b+L_c)\end{bmatrix}\begin{bmatrix}\boldsymbol{I}_1\\\boldsymbol{I}_2\end{bmatrix}\tag{13.45}$$

如果图 13-21 与图 13-22 所示电路是等效的，则式(13.43)与式(13.45)必须相同。由式(13.43)与式(13.45)中阻抗矩阵各项相等，可得

$$\boxed{L_a=L_1-M,\quad L_b=L_2-M,\quad L_c=M}\tag{13.46}$$

对于如图 13-23 所示的 Π(或△)网络而言，由节点分析法得到矩阵方程为

$$\begin{bmatrix}\boldsymbol{I}_1\\\boldsymbol{I}_2\end{bmatrix}=\begin{bmatrix}\dfrac{1}{\mathrm{j}\omega L_A}+\dfrac{1}{\mathrm{j}\omega L_C} & -\dfrac{1}{\mathrm{j}\omega L_C}\\-\dfrac{1}{\mathrm{j}\omega L_C} & \dfrac{1}{\mathrm{j}\omega L_B}+\dfrac{1}{\mathrm{j}\omega L_C}\end{bmatrix}\begin{bmatrix}\boldsymbol{V}_1\\\boldsymbol{V}_2\end{bmatrix}\tag{13.47}$$

令式(13.44)与式(13.47)中导纳矩阵各项相等，可得

$$\boxed{L_A=\frac{L_1L_2-M^2}{L_2-M},\quad L_B=\frac{L_1L_2-M^2}{L_1-M},\quad L_C=\frac{L_1L_2-M^2}{M}}\tag{13.48}$$

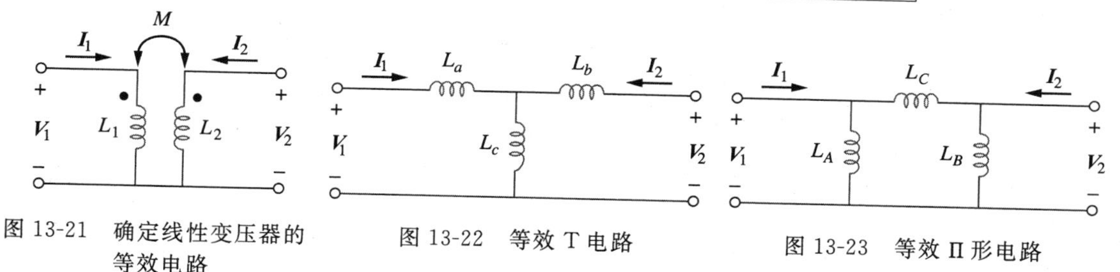

图 13-21　确定线性变压器的等效电路　　图 13-22　等效 T 电路　　图 13-23　等效 Π 形电路

注意，在图 13-22 与图 13-23 中，各电感是没有磁耦合的，同时，改变图 13-21 所示电路中同名端的位置会使得 M 变为 $-M$。例 13-6 将会说明，M 为负值在物理上是不可实现的，但是其等效电路模型在数学意义上仍然是有效的。

例 13-4 在图 13-24 所示电路中。试计算输入阻抗与电流 $\boldsymbol{I}_1$。假定 $\boldsymbol{Z}_1=(60-\mathrm{j}100)\Omega$，$\boldsymbol{Z}_2=(30+\mathrm{j}40)\Omega$ 且 $\boldsymbol{Z}_\mathrm{L}=(80+\mathrm{j}60)\Omega$。

解：由式(13.41)可得

$$\begin{aligned}\boldsymbol{Z}_\mathrm{in}&=\boldsymbol{Z}_1+\mathrm{j}20+\frac{5^2}{\mathrm{j}40+\boldsymbol{Z}_2+\boldsymbol{Z}_\mathrm{L}}=60-\mathrm{j}100+\mathrm{j}20+\frac{25}{110+\mathrm{j}140}\\&=60-\mathrm{j}80+0.14\,\underline{/-51.84^\circ}=60.09-\mathrm{j}80.11=100.14\,\underline{/-53.1^\circ}(\Omega)\end{aligned}$$

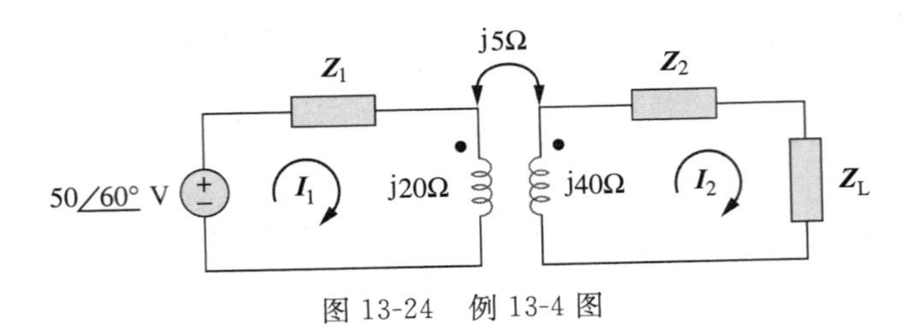

图 13-24　例 13-4 图

因此，

$$I_1=\frac{V}{Z_{in}}=\frac{50\angle 60^\circ}{100.14\angle -53.1^\circ}=0.5\angle 113.1^\circ(\mathrm{A})$$

练习 13-4　求图 13-25 所示电路的输入阻抗以及电压源的电流。

答案：$8.58\angle 58.05^\circ\ \Omega$，$4.662\angle -58.05^\circ$ A。

例 13-5 确定图 13-26a 所示线性变压器的 T 等效电路。

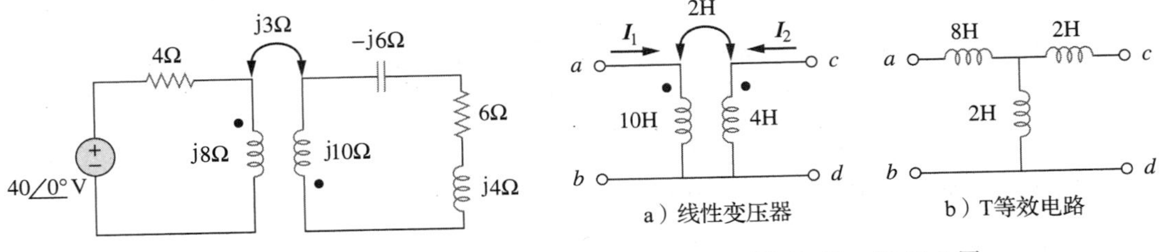

图 13-25　练习 13-4 图　　　　图 13-26　例 13-5 图

解：已知 $L_1=10\mathrm{H}$，$L_2=4\mathrm{H}$，$M=2\mathrm{H}$，于是，T 网络的参数如下。

$$L_a=L_1-M=10-2=8(\mathrm{H})$$

$$L_b=L_2-M=4-2=2(\mathrm{H})\quad L_c=M=2\mathrm{H}$$

T 等效电路如图 13-26b 所示。已经假定一次绕组与二次绕组的电流参考方向和电压极性符合图 13-21 所示情况。否则就需要用 M 取代 $-M$，参见例 13-6。

练习 13-5　求图 13-26a 所示线性变压器的 Π 等效网络。

答案：$L_A=18\mathrm{H}$，$L_B=4.5\mathrm{H}$，$L_C=18\mathrm{H}$。

例 13-6 利用线性变压器的 T 等效电路求解图 13-27(与练习 13-1 的电路相同)所示电路中的 I_1、I_2 与 V_o。

解：图 13-27 所示电路与图 13-10 所示电路相同，只是电流 I_2 的参考方向相反，仅需使磁耦合绕组的电流参考方向符合图 13-21 所示情况即可。

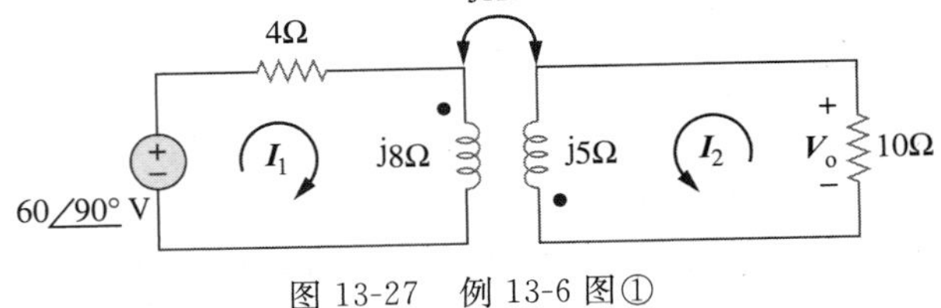

图 13-27　例 13-6 图①

将磁耦合绕组用其等效 T 电路取代，图 13-27 所示电路的相关部分如图 13-28a 所示。比较图 13-28a 与图 13-21 可知，有两处不同。首先，由于电流参考方向与电压极性不同，必须用 $-M$ 取代 M，从而使得图 13-28a 所示电路符合图 13-21 所示情况。其次，图 13-21 所示电路为时

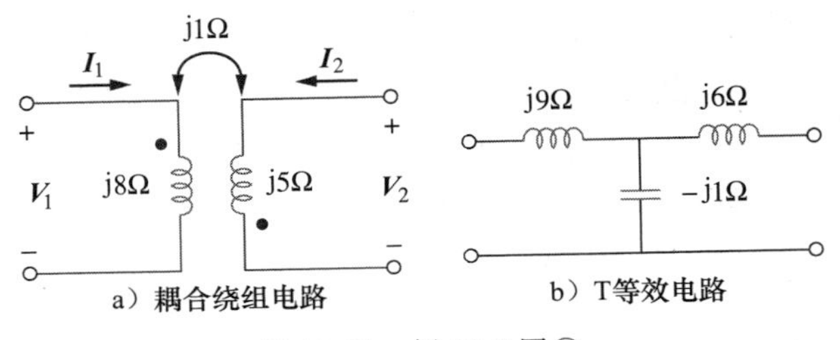

图 13-28　例 13-6 图②

域电路，而图13-28a所示电路为频域电路，不同之处在于因子$j\omega$，也就是说，图13-21中的L应该用$j\omega L$取代，M应该用$j\omega M$取代。由于本题并未规定ω的值，因此可以假定$\omega=1\text{rad/s}$或者其他值，这并不会影响本题的求解。明确以上两处不同后，可得

$$L_a=L_1-(-M)=8+1=9(\text{H})$$

$$L_b=L_2-(-M)=5+1=6(\text{H}),\quad L_c=-M=-1\text{H}$$

于是，耦合绕组的T等效电路如图13-28b所示。

利用如图13-28b所示的T等效电路取代图13-27中的两个耦合绕组，得到如图13-29所示的等效电路，于是就可以利用节点电压分析法或网孔电流分析法求解该电路。由网孔电流分析法，可得

$$j6=\boldsymbol{I}_1(4+j9-j1)+\boldsymbol{I}_2(-j1)\quad(13.6.1)$$

和

$$0=\boldsymbol{I}_1(-j1)+\boldsymbol{I}_2(10+j6-j1)\quad(13.6.2)$$

由式(13.6.2)可得

$$\boldsymbol{I}_1=\frac{(10+j5)}{j}\boldsymbol{I}_2=(5-j10)\boldsymbol{I}_2\quad(13.6.3)$$

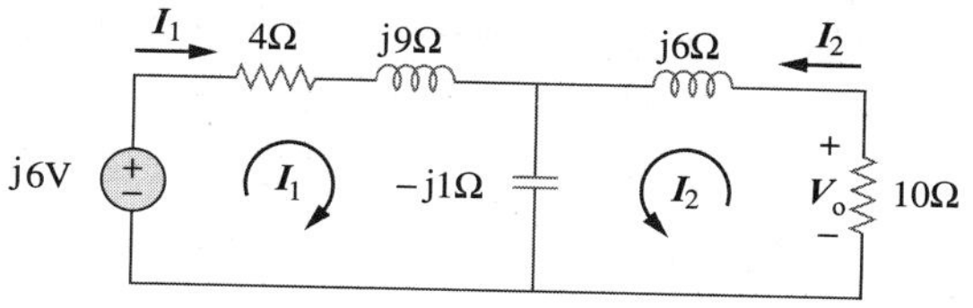

图13-29　例13-6图③

将式(13.6.3)代入式(13.6.1)得到

$$j6=(4+j8)(5-j10)\boldsymbol{I}_2-j\boldsymbol{I}_2=(100-j)\boldsymbol{I}_2\approx100\boldsymbol{I}_2$$

由于100比1大得多，所以上式中(100－j)的虚部可以忽略，于是，(100－j)约等于100。因此，

$$\boldsymbol{I}_2=\frac{j6}{100}=j0.06=0.06\angle90^\circ(\text{A})$$

由式(13.6.3)得到

$$\boldsymbol{I}_1=(5-j10)j0.06=(0.6+j0.3)\text{A}$$

和

$$\boldsymbol{V}_o=-10\boldsymbol{I}_2=-j0.6=0.6\angle-90^\circ(\text{V})$$

上述结果与练习题13-1的答案一致。当然，图13-10中的$\boldsymbol{I}_2$方向与图13-27中$\boldsymbol{I}_2$的方向相反，但是这并不会影响$\boldsymbol{V}_o$。只是本题中$\boldsymbol{I}_2$的值与练习题13-1中$\boldsymbol{I}_2$的值符号相反。利用T等效模型取代磁耦合绕组的优点是，在图13-29所示电路中无再考虑考虑耦合绕组中的同名端问题。◀

练习13-6　试利用T等效电路取代磁耦合绕组，求解例13-1(见图13-9)。

答案：$13\angle-49.4^\circ$ A，$2.91\angle14.04^\circ$ A。

13.5　理想变压器

理想变压器是一种完全耦合(即$k=1$)的变压器。它由缠绕在高磁导串的公共磁心上的绕组构成(两个或多个线圈)，由于磁心的磁导率高，所以磁通量与所有绕组交链，从而得到完全耦合的变压器。

为了说明理想变压器是两个完全耦合的电感值趋于无穷的耦合绕组的极限情况，下面考虑如图13-14所示电路。在频域中可以得到

$$\boldsymbol{V}_1=j\omega L_1\boldsymbol{I}_1+j\omega M\boldsymbol{I}_2\quad(13.49\text{a})$$

$$\boldsymbol{V}_2=j\omega M\boldsymbol{I}_1+j\omega L_2\boldsymbol{I}_2\quad(13.49\text{b})$$

由式(13.49a)可得$\boldsymbol{I}_1=(\boldsymbol{V}_1-j\omega M\boldsymbol{I}_2)/j\omega L_1$(也可以从此式得到电流之比，以替代下面要用到的功率守恒方法)，将其代入式(13.49b)得到

$$\boldsymbol{V}_2=j\omega L_2\boldsymbol{I}_2+\frac{M\boldsymbol{V}_1}{L_1}-\frac{j\omega M^2\boldsymbol{I}_2}{L_1}$$

但在完全耦合($k=1$)条件下，$M=\sqrt{L_1L_2}$，所以，

$$\mathbf{V}_2=\mathrm{j}\omega L_2\mathbf{I}_2+\frac{\sqrt{L_1L_2}\mathbf{V}_1}{L_1}-\frac{\mathrm{j}\omega L_1L_2\mathbf{I}_2}{L_1}=\sqrt{\frac{L_2}{L_1}}\mathbf{V}_1=n\mathbf{V}_1$$

式中，$n=\sqrt{L_2L_1}$，称为完全耦合变压器的匝数比(turns ratio)。当 L_1、L_2、$M\to\infty$，且 n 保持不变时，耦合绕组就变为理想变压器了。因此，当变压器具有如下属性时，称之为理想变器。

1. 绕组具有非常大的电抗(L_1、L_2、$M\to\infty$)；
2. 耦合系数等于单位 1($k=1$)；
3. 一次绕组与二次绕组是无损耗的($R_1=0=R_2$)。

理想变压器是一次绕组与二次绕组具有无穷大自感的、完全耦合的、无损变压器。

铁心变压器是理想变压器的最佳近似，通常用于电力系统或电子设备中。

图 13-30a 所示为一个典型的理想变压器，其电路符号如图 13-30b 所示，图中两绕组之间的竖线表示铁心，以区别于线性变压器中的空气心。一次绕组为 N_1 匝，二次绕组为 N_2 匝。

当正弦电压作用于变压器的一次绕组上时，如图 13-31 所示，两个绕组中通过的磁通量相同，按照法拉第定理，一次绕组两端的电压为

$$v_1=N_1\frac{\mathrm{d}\phi}{\mathrm{d}t} \tag{13.50a}$$

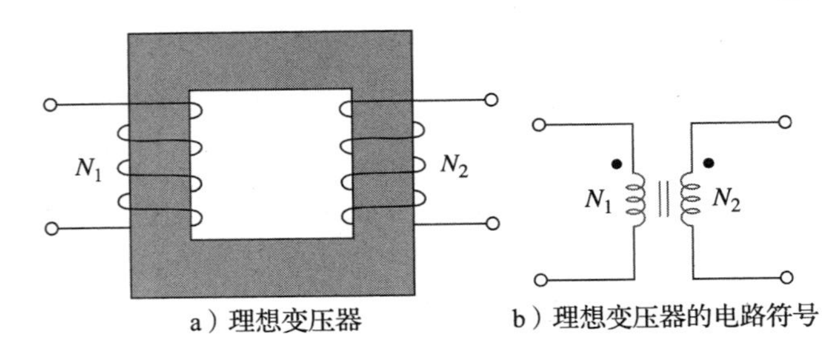

a）理想变压器　　b）理想变压器的电路符号

图 13-30　理想变压器及其电路符号

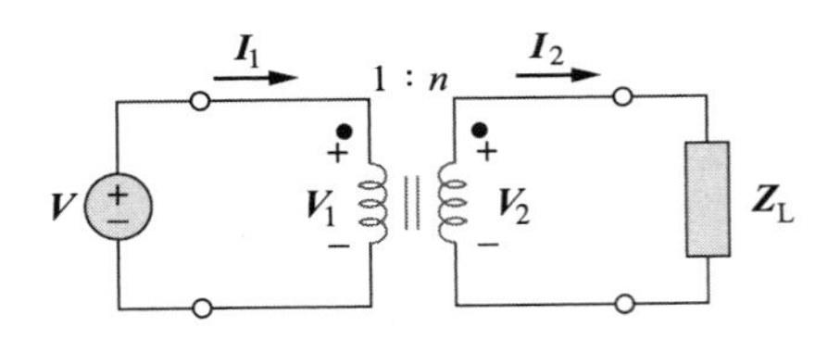

图 13-31　理想变压器中一次变量与二次变量之间的关系

而二次绕组两端的电压为

$$v_2=N_2\frac{\mathrm{d}\phi}{\mathrm{d}t} \tag{13.50b}$$

用式(13.50b) 除以式(13.50a)，得到

$$\frac{v_2}{v_1}=\frac{N_2}{N_1}=n \tag{13.51}$$

式中，n 仍然是匝数比。利用相量电压 $\mathbf{V}_1$ 与 $\mathbf{V}_2$，而不是瞬时值 v_1 与 v_2 表示时，式(13.51)可以写为

$$\boxed{\frac{\mathbf{V}_2}{\mathbf{V}_1}=\frac{N_2}{N_1}=n} \tag{13.52}$$

按照功率守恒定理，由于理想变压器没有任何损耗，所以一次绕组提供的能量必定等于二次绕组吸收的能量，这意味着

$$v_1i_1=v_2i_2 \tag{13.53}$$

采用相量表示后，由式(13.53)与式(13.52)可得

$$\frac{\mathbf{I}_1}{\mathbf{I}_2}=\frac{\mathbf{V}_2}{\mathbf{V}_1}=n \tag{13.54}$$

即一次电流、二次电流与匝数比之间的关系同电压与匝数比之间的关系是相反的，因此，

$$\boxed{\frac{\boldsymbol{I}_2}{\boldsymbol{I}_1}=\frac{N_1}{N_2}=\frac{1}{n}} \tag{13.55}$$

当 $n=1$ 时，一般称该变压器为隔离变压器(isolation transformer)，13.9.1 节将说明其原因；当 $n>1$ 时，称为升压变压器(step-up transformer)，因为从一次电压到二次电压是升高的($\boldsymbol{V}_2>\boldsymbol{V}_1$)；当 $n<1$ 时，称为降压变压器(step-down transformer)，因为从一次电压到二次电压是降低的($\boldsymbol{V}_2<\boldsymbol{V}_1$)。

降压变压器是指二次电压低于一次电压的变压器。

升压变压器是指二次电压大于一次电压的变压器。

变压器的额定值通常用 V_1/V_2 来表示。额定值为 2400V/120V 的变压器，是指其一次电压为 2400V，二次电压为 120V(降压变压器)。注意，额定电压值均指有效值。

电力公司通常产生适当大小的电压，并利用升压变压器将电压升高，从而在传输线上实现以极高的电压和很低的电流输送电力，以节省大量的相关费用。而到了用户住宅附近，再利用降压变压器使电压降至 120V，13.9.3 节将详细讨论这一问题。

掌握如何确定图 13-31 所示变压器的电压极性与电流方向非常重要。如果图中 $\boldsymbol{V}_1$ 或 $\boldsymbol{V}_2$ 的极性改变，或者 $\boldsymbol{I}_1$ 或 $\boldsymbol{I}_2$ 的方向改变，都应该将式(13.51)～式(13.55)中的 n 替换为 $-n$。于是，得到如下两个简单规则：

1. 如果同名端处的 $\boldsymbol{V}_1$ 与 $\boldsymbol{V}_2$ 均为正，或者均为负，则在式(13.52)中采用 $+n$，否则，就采用 $-n$。

2. 如果 $\boldsymbol{I}_1$ 与 $\boldsymbol{I}_2$ 均进入或者均流出同名端，则在式(13.55)中采用 $-n$，否则，就采用 $+n$。

图 13-32 所示的四个电路可以很好地说明上述规则。

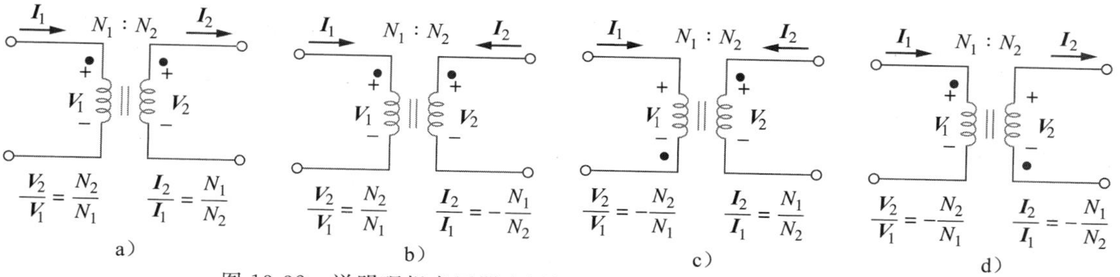

a) $\frac{V_2}{V_1}=\frac{N_2}{N_1}$，$\frac{I_2}{I_1}=\frac{N_1}{N_2}$

b) $\frac{V_2}{V_1}=\frac{N_2}{N_1}$，$\frac{I_2}{I_1}=-\frac{N_1}{N_2}$

c) $\frac{V_2}{V_1}=-\frac{N_2}{N_1}$，$\frac{I_2}{I_1}=\frac{N_1}{N_2}$

d) $\frac{V_2}{V_1}=-\frac{N_2}{N_1}$，$\frac{I_2}{I_1}=-\frac{N_1}{N_2}$

图 13-32 说明理想变压器电压极性与电流方向的四个典型电路

利用式(13.52)与式(13.55)，便可以用 $\boldsymbol{V}_2$ 来表示 $\boldsymbol{V}_1$，用 $\boldsymbol{I}_2$ 来表示 $\boldsymbol{I}_1$，反之亦然，所以

$$\boldsymbol{V}_1=\frac{\boldsymbol{V}_2}{n},\quad \boldsymbol{V}_2=n\boldsymbol{V}_1 \tag{13.56}$$

$$\boldsymbol{I}_1=n\boldsymbol{I}_2,\quad \boldsymbol{I}_2=\frac{\boldsymbol{I}_1}{n} \tag{13.57}$$

一次绕组的复功率为

$$\boxed{\boldsymbol{S}_1=\boldsymbol{V}_1\boldsymbol{I}_1^*=\frac{\boldsymbol{V}_2}{n}(n\boldsymbol{I}_2)^*=\boldsymbol{V}_2\boldsymbol{I}_2^*=\boldsymbol{S}_2} \tag{13.58}$$

上式表明，一次复功率没有损耗地都传送到二次侧，即变压器不吸收功率，这一结论应该是可以预期的，因为理想变压器是无损耗的。由式(13.56)与式(13.57)可以得出从图 13-31 所示电路电源端看进去的输入阻抗为

$$\boldsymbol{Z}_{\text{in}}=\frac{\boldsymbol{V}_1}{\boldsymbol{I}_1}=\frac{1}{n^2}\frac{\boldsymbol{V}_2}{\boldsymbol{I}_2} \tag{13.59}$$

由图 13-31 可见，$\boldsymbol{V}_2/\boldsymbol{I}_2=\boldsymbol{Z}_L$，因此，

$$\boxed{\boldsymbol{Z}_{in}=\frac{\boldsymbol{Z}_L}{n^2}} \tag{13.60}$$

由于输入阻抗看起来好像是负载阻抗反射到一次阻抗，因此也称为反射阻抗(reflected impedance)。变压器的这种将给定阻抗变换为另一阻抗的能力提供了一种实现最大功率传输的阻抗匹配(impedance matching)方法。阻抗匹配的思想在实际中非常有用，13.9.2 节将详细地讨论这一问题。

提示： 理想变压器将阻抗映射为匝数比的平方倍。

在分析包含理想变压器的电路时，通常是将阻抗与电源从变压器一侧映射到另一侧，以消除电路中的变压器。例如，在图 13-33 所示电路中，假设要将变压器的二次电路映射到一次电路。需求出端口 a-b 右侧电路的戴维南等效电路，其中 $\boldsymbol{V}_{Th}$ 为端口处的开路电压，如图 13-34a 所示。

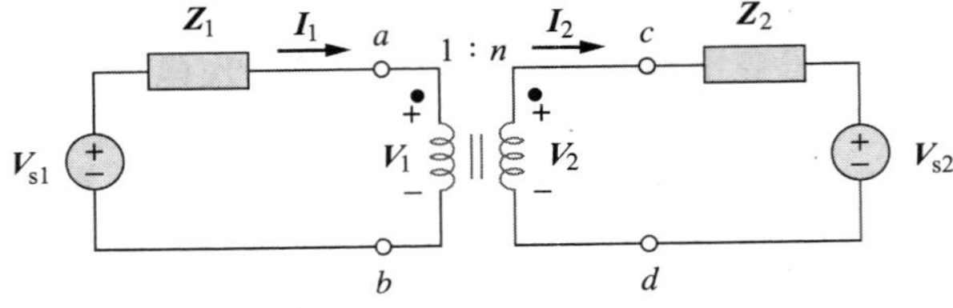

图 13-33 求理想变压器的等效电路

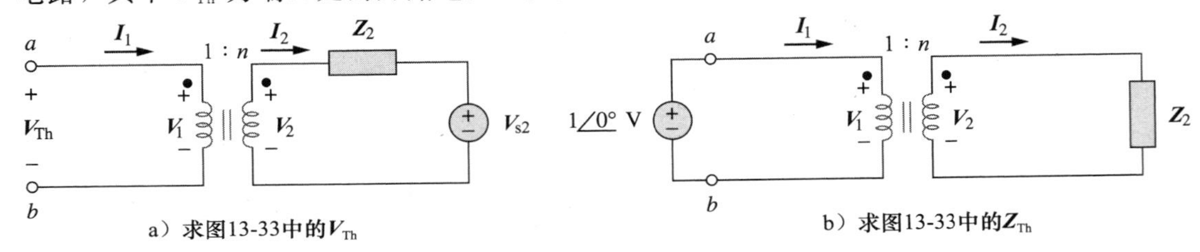

图 13-34 求 $\boldsymbol{V}_{Th}$ 和 $\boldsymbol{Z}_{Th}$

由于端口 a-b 是开路的，所以 $\boldsymbol{I}_1=0=\boldsymbol{I}_2$，从而 $\boldsymbol{V}_2=\boldsymbol{V}_{s2}$。因此，由式(13.56)可以得到

$$\boldsymbol{V}_{Th}=\boldsymbol{V}_1=\frac{\boldsymbol{V}_2}{n}=\frac{\boldsymbol{V}_{s2}}{n} \tag{13.61}$$

为了确定 $\boldsymbol{Z}_{Th}$，将二次绕组的电压源短路，并在端口 a-b 处输入一个单位电压源，如图 13-34b 所示。由式(13.56)与式(13.57)可得，$\boldsymbol{I}_1=n\boldsymbol{I}_2$ 且 $\boldsymbol{V}_1=\boldsymbol{V}_2/n$，于是，

$$\boldsymbol{Z}_{Th}=\frac{\boldsymbol{V}_1}{\boldsymbol{I}_1}=\frac{\boldsymbol{V}_2/n}{n\boldsymbol{I}_2}=\frac{\boldsymbol{Z}_2}{n^2},\quad \boldsymbol{V}_2=\boldsymbol{Z}_2\boldsymbol{I}_2 \tag{13.62}$$

这也是由式(13.60)可以预期的结果。一旦求出 $\boldsymbol{V}_{Th}$ 与 $\boldsymbol{Z}_{Th}$，即可用该戴维南等效电路取代图 13-33 所示电路端口 a-b 右侧的部分，得到图 13-35 所示电路。

将二次电路映射到一次电路从而消去变压器的一般规则是：二次阻抗除以 n^2，二次电压除以 n，并且二次电流乘以 n。

当然，也可以将图 13-33 所示电路的一次电路映射到二次电路，得到图 13-36 所示的等效电路。

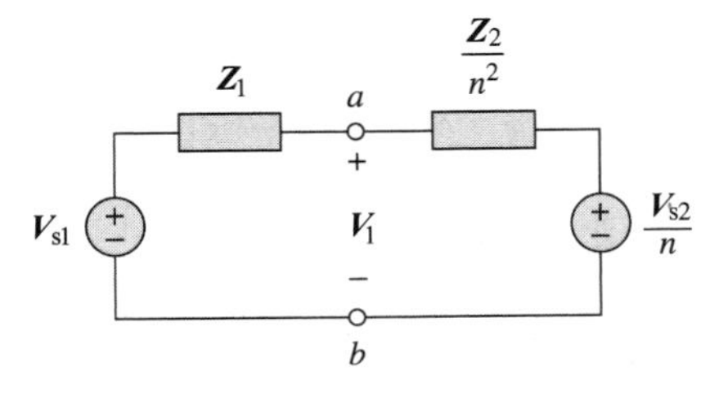

图 13-35 将一次电路映射到二次电路得到的图 13-33 的等效电路

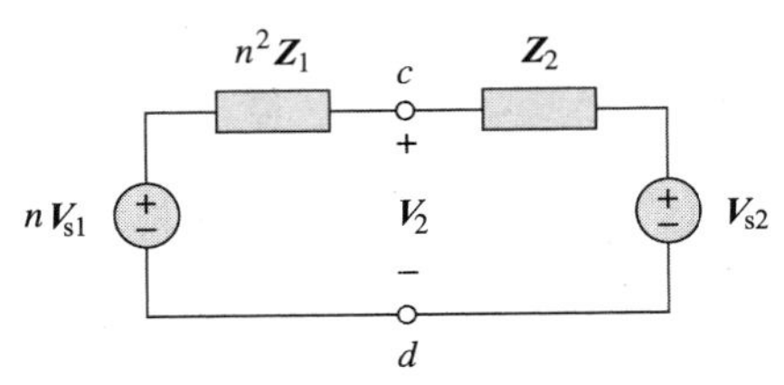

图 13-36 将一次电路映射到二次电路得到的图 13-33 的等效电路

将一次电路映射到二次电路从而消去变压器的般规则是，一次阻抗乘以 n^2，一次电压乘以 n，并且一次电流除以 n。

根据式(13.58)，不论是按一次电路还是二次电路计算，功率是保持不变的。但是，需要注意的是，这种映射方法仅适用于一次绕组与二次绕组之间无外部连接的情况。当一次绕组与二次绕组之间有外部连接时，通常采用网孔分析法与节点分析法来求解电路。一次绕组与二次绕组之间有外部连接的电路实例如图 13-39 与图 13-40 所示。另外，如果图 13-33 中的同名端位置发生变化，则为了遵循同名端规则，就需要用 $-n$ 取代 n，如图 13-32 所示。

例 13-7 某理想变压器的额定值为 2400/120V，9.6kV・A，且二次绕组为 50 匝，试计算：(a) 匝数比；(b) 一次绕组的匝数；(c) 一次绕组与二次绕组的额定电流值。

解：(a) 由于 $V_1=2400V>V_2=120V$，所以这是一个降压变压器。匝数比为

$$n=\frac{V_2}{V_1}=\frac{120}{2400}=0.05$$

(b)
$$n=\frac{N_2}{N_1}\quad\Rightarrow\quad 0.05=\frac{50}{N_1}$$

即

$$N_1=\frac{50}{0.05}=1000(\text{匝})$$

(c) $S=V_1I_1=V_2I_2=9.6\text{kV}\cdot\text{A}$。因此，

$$I_1=\frac{9600}{V_1}=\frac{9600}{2400}=4(\text{A})\qquad I_2=\frac{9600}{V_2}=\frac{9600}{120}=80(\text{A})$$

或

$$I_2=\frac{I_1}{n}=\frac{4}{0.05}=80(\text{A})$$ ◀

练习 13-7 某额定值为 2200V/110V 的理想变压器的一次电流为 5A，试计算：(a) 匝数比；(b) kV・A 额定值；(c) 二次电流。 **答案：**(a) 1/20；(b) 11kV・A；(c) 100A。

例 13-8 对于图 13-37 所示的理想变压器电路，试求：(a) 电源电流 $\boldsymbol{I}_1$；(b) 输出电压 $\boldsymbol{V}_o$；(c) 电源提供的复功率。

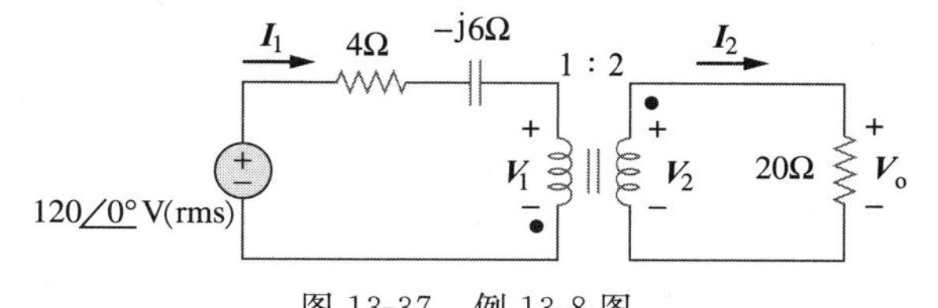

图 13-37　例 13-8 图

解：(a) 20Ω 阻抗可以反射到一次电路，得到

$$\boldsymbol{Z}_R=\frac{20}{n^2}=\frac{20}{4}=5(\Omega)$$

于是，

$$\boldsymbol{Z}_{in}=4-j6+\boldsymbol{Z}_R=9-j6=10.82\angle{-33.69^\circ}(\Omega)$$

$$\boldsymbol{I}_1=\frac{120\angle{0^\circ}}{\boldsymbol{Z}_{in}}=\frac{120\angle{0^\circ}}{10.82\angle{-33.69^\circ}}=11.09\angle{33.69^\circ}(\text{A})$$

(b) 由于 $\boldsymbol{I}_1$ 与 $\boldsymbol{I}_2$ 均从同名端流出，所以

$$\boldsymbol{I}_2=-\frac{1}{n}\boldsymbol{I}_1=-5.545\angle{33.69^\circ}\text{ A}$$

$$\boldsymbol{V}_o=20\boldsymbol{I}_2=110.9\angle{213.69^\circ}\text{ V}$$

(c) 电源提供的复功率为

$$\boldsymbol{S}=\boldsymbol{V}_s\boldsymbol{I}_1^*=(120\angle{0^\circ})(11.09\angle{-33.69^\circ})=1330.8\angle{-33.69^\circ}(\text{V}\cdot\text{A})$$ ◀

练习 13-8 在图 13-38 所示的理想变压器电路中，试求 $\boldsymbol{V}_o$ 与电源提供的复功率。

答案：429.4 $\underline{/116.57^\circ}$ V，17.174 $\underline{/-26.57^\circ}$ kV・A。

例 13-9 计算图 13-39 所示的理想变压器电路中提供给 10Ω 电阻的功率。

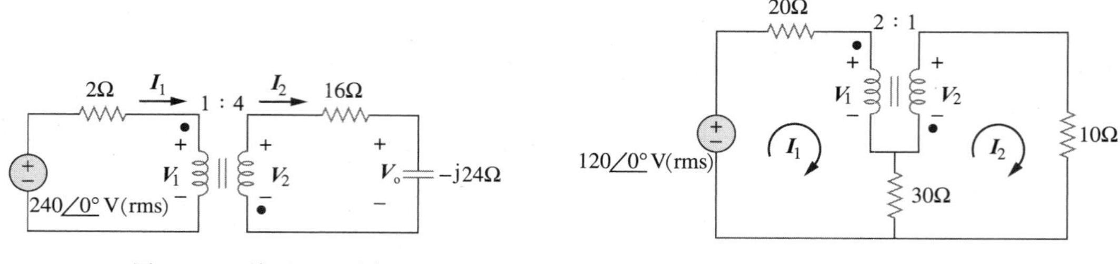

图 13-38　练习 13-8 图　　图 13-39　例 13-9 图

解：由于本题电路中一次电路与二次电路之间通过一个 30Ω 电阻器直接相连，所以既不能将该电路映射到二次电路，也不能映射到一次电路。需应用网孔分析法求解，对于网孔 1，有

$$-120+(20+30)\boldsymbol{I}_1-30\boldsymbol{I}_2+\boldsymbol{V}_1=0$$

即

$$50\boldsymbol{I}_1-30\boldsymbol{I}_2+\boldsymbol{V}_1=120 \tag{13.9.1}$$

对于网孔 2，有

$$-\boldsymbol{V}_2+(10+30)\boldsymbol{I}_2-30\boldsymbol{I}_1=0$$

即

$$-30\boldsymbol{I}_1+40\boldsymbol{I}_2-\boldsymbol{V}_2=0 \tag{13.9.2}$$

在变压器两端，有

$$\boldsymbol{V}_2=-\frac{1}{2}\boldsymbol{V}_1 \tag{13.9.3}$$

$$\boldsymbol{I}_2=-2\boldsymbol{I}_1 \tag{13.9.4}$$

（注意，$n=1/2$）于是得到包含四个未知数的四个方程，但本题需要求出的是 $\boldsymbol{I}_2$，所以在式(13.9.1)与式(13.9.2)中，利用 $\boldsymbol{V}_2$ 与 $\boldsymbol{I}_2$ 取代 $\boldsymbol{V}_1$ 与 $\boldsymbol{I}_1$，式(13.9.1)成为

$$-55\boldsymbol{I}_2-2\boldsymbol{V}_2=120 \tag{13.9.5}$$

式(13.9.2)变为

$$15\boldsymbol{I}_2+40\boldsymbol{I}_2-\boldsymbol{V}_2=0 \quad\Rightarrow\quad \boldsymbol{V}_2=55\boldsymbol{I}_2 \tag{13.9.6}$$

将式(13.9.6)代入式(13.9.5)，得到

$$-165\boldsymbol{I}_2=120 \quad\Rightarrow\quad \boldsymbol{I}_2=-\frac{120}{165}=-0.7272(\mathrm{A})$$

于是，10Ω 电阻器吸收的功率为

$$P=(-0.7272)^2\times 10=5.3(\mathrm{W})$$ ◀

练习 13-9　求图 13-40 所示电路中的 $\boldsymbol{V}_o$。

答案：48V。

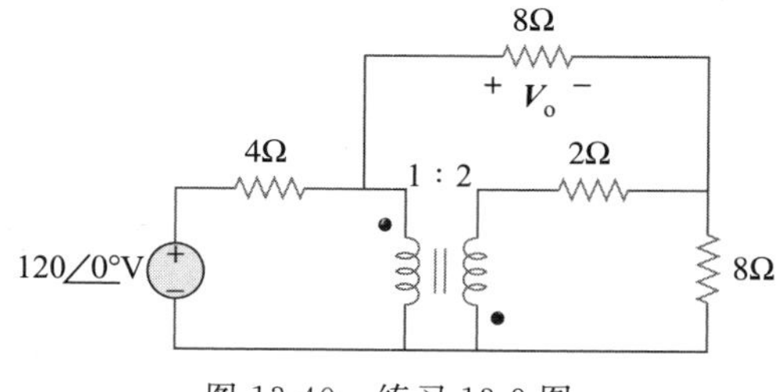

图 13-40　练习 13-9 图

13.6　理想自耦变压器

与之前介绍的传统的两绕组变压器不同，自耦变压器(autotransformer)仅包括一个连续绕组，其一次电路与二次电路之间通过一个称为抽头(tap)的连接点相互关联。抽头通常是可调整的，用以提供升压或降压时所需的匝数比。这样，自耦变压器就可以为其负载提供可变的电压。

自耦变压器是指一次电路与二次电路为同一个绕组的变压器。

图 13-41 所示为一个典型的自耦变压器。如图 13-42 所示，自耦变压器既可以工作在降压模式，也可以工作在升压模式。自耦变压器是功率变压器的一种，它较两绕组的变压器的优势在于，自耦变压器能够实现较大视在功率的传递，例 13-10 将对此予以说明。自耦变压器的另一优势在于，其体积比等效的两绕组变压器更小，其重量比等效的两绕组变压器更轻。但是，由于一次绕组与二次绕组为同一个绕组，因而就失去了电气隔离（electrical isolation，没有直接的电气连接）的功能（13.9.1 节将介绍电气隔离属性在传统变压器中的实际应用）。一次绕组与二次绕组之间缺乏电气隔离正是自耦变压器的主要缺点。

图 13-41 典型的自耦变压器
（图片来源：Sandrexim/Shutterstock）

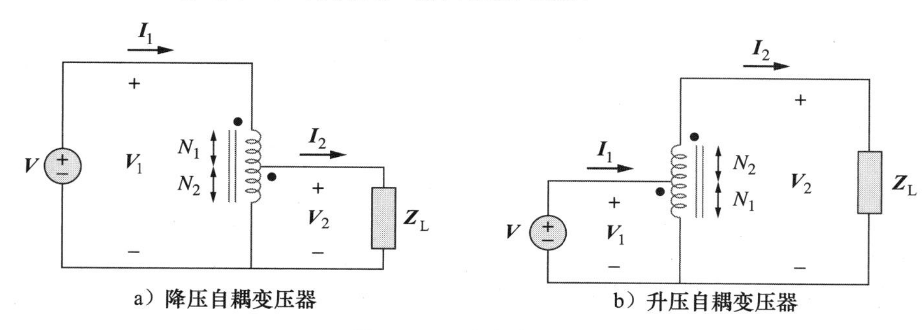

图 13-42 自耦变压器

之前推导的理想变压器的一些公式同样适用于自耦变压器。对于图 13-42a 所示的降压自耦变压器，由式(13.52)可得

$$\boxed{\frac{\boldsymbol{V}_1}{\boldsymbol{V}_2}=\frac{N_1+N_2}{N_2}=1+\frac{N_1}{N_2}} \tag{13.63}$$

对于理想自耦变压器，同样没有功率损耗，所以一次绕组与二次绕组中的复功率是相同的

$$\boldsymbol{S}_1=\boldsymbol{V}_1\boldsymbol{I}_1^*=\boldsymbol{S}_2=\boldsymbol{V}_2\boldsymbol{I}_2^* \tag{13.64}$$

式(13.64)还可以表示为

$$\boldsymbol{V}_1\boldsymbol{I}_1=\boldsymbol{V}_2\boldsymbol{I}_2$$

即

$$\frac{\boldsymbol{V}_2}{\boldsymbol{V}_1}=\frac{\boldsymbol{I}_1}{\boldsymbol{I}_2} \tag{13.65}$$

于是，一次电流与二次电流关系为

$$\frac{\boldsymbol{I}_1}{\boldsymbol{I}_2}=\frac{N_2}{N_1+N_2} \tag{13.66}$$

对于如图 13-42b 所示的升压自耦变压器，有

$$\frac{\boldsymbol{V}_1}{N_1}=\frac{\boldsymbol{V}_2}{N_1+N_2}$$

即

$$\boxed{\frac{\boldsymbol{V}_1}{\boldsymbol{V}_2}=\frac{N_1}{N_1+N_2}} \tag{13.67}$$

式(13.64)给出的复功率同样适用于升压自耦变压器，因此式(13.65)对于升压自耦变压器

也是成立的，于是，一次电流与二次电流关系为

$$\frac{\boldsymbol{I}_1}{\boldsymbol{I}_2}=\frac{N_1+N_2}{N_1}=1+\frac{N_2}{N_1} \tag{13.68}$$

传统变压器与自耦变压器之间的主要区别在于：自耦变压器的初级与次级之间不仅存在磁耦合，而且存在电导耦合。在不需要电气隔离的应用场合，可以利用自耦变压器取代传统变压器。

例 13-10 比较图 13-43a 所示的两绕组变压器与图 13-43b 所示的自耦变压器的额定功率值。

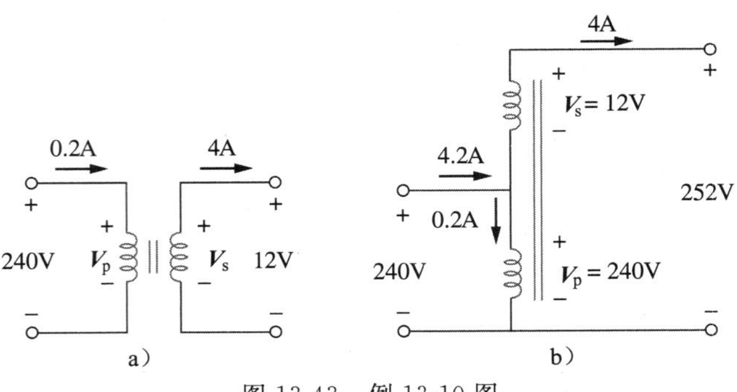

图 13-43　例 13-10 图

解： 虽然自耦变压器的一次绕组与二次绕组是同一个连续绕组，但在图 13-43b 中，为了清楚起见，将它们分开画出。注意，图 13-43b 所示自耦变压器各绕组中的电流和电压与图 13-43a 所示两绕组变压器的电流和电压是相同的，这是比较这两个变压器额定功率的基础。

对于两绕组变压器而言，其额定功率为

$$S_1=0.2\times240=48(\mathrm{V\cdot A}),\qquad S_2=4\times12=48(\mathrm{V\cdot A})$$

对于自耦变压器而言，其额定功率为：

$$S_1=4.2\times240=1008(\mathrm{V\cdot A}),\qquad S_2=4\times252=1008(\mathrm{V\cdot A})$$

显然，自耦变压器的额定功率是两绕组变压器的 21 倍。◀

练习 13-10 参见图 13-43 所示电路，如果两绕组变压器是个 60V·A、120V/10V 的变压器，试问自耦变压器的额定功率为多少？ **答案：** 780V·A。

例 13-11 参见图 13-44 所示的自耦变压器电路，试计算：(a) 当 $\boldsymbol{Z}_L=(8+j6)\Omega$ 时的 $\boldsymbol{I}_1$、$\boldsymbol{I}_2$ 与 $\boldsymbol{I}_o$；(b) 提供给负载的复功率。

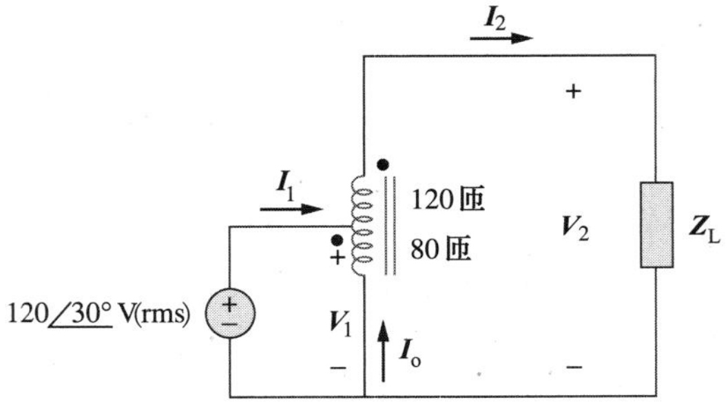

解： (a) 这是一个 $N_1=80$、$N_2=120$ 的升压自耦变压器，由于 $\boldsymbol{V}_1=120\,\underline{/30^\circ}$，于是由式(13.67)可以求出 $\boldsymbol{V}_2$。

$$\frac{\boldsymbol{V}_1}{\boldsymbol{V}_2}=\frac{N_1}{N_1+N_2}=\frac{80}{200}$$

图 13-44　例 13-11 图

即

$$\boldsymbol{V}_2=\frac{200}{80}\boldsymbol{V}_1=\frac{200}{80}\times120\,\underline{/30^\circ}=300\,\underline{/30^\circ}(\mathrm{V})$$

$$\boldsymbol{I}_2=\frac{\boldsymbol{V}_2}{\boldsymbol{Z}_L}=\frac{300\,\underline{/30^\circ}}{8+j6}=\frac{300\,\underline{/30^\circ}}{10\,\underline{/36.87^\circ}}=30\,\underline{/-6.87^\circ}(\mathrm{A})$$

但是

$$\frac{\boldsymbol{I}_1}{\boldsymbol{I}_2}=\frac{N_1+N_2}{N_1}=\frac{200}{80}$$

即

$$\boldsymbol{I}_1=\frac{200}{80}\boldsymbol{I}_2=\frac{200}{80}(30\angle{-6.87^\circ})=75\angle{-6.87^\circ}(\mathrm{A})$$

在抽头处利用 KCL，可以得到

$$\boldsymbol{I}_1+\boldsymbol{I}_o=\boldsymbol{I}_2$$

即

$$\boldsymbol{I}_o=\boldsymbol{I}_2-\boldsymbol{I}_1=30\angle{-6.87^\circ}-75\angle{-6.87^\circ}=45\angle{173.13^\circ}(\mathrm{A})$$

(b) 提供给负载的复功率为

$$\boldsymbol{S}_2=\boldsymbol{V}_2\boldsymbol{I}_2^*=|\boldsymbol{I}_2|^2\boldsymbol{Z}_L=30^2\times10\angle{36.87^\circ}=9\angle{36.87^\circ}(\mathrm{kV\cdot A})$$ ◀

练习 13-11 在图 13-45 所示的自耦变压器电路中，试求电流 $\boldsymbol{I}_1$、$\boldsymbol{I}_2$ 与 $\boldsymbol{I}_o$。假定 $\boldsymbol{V}_1=2.5\mathrm{kV}$，$\boldsymbol{V}_2=1\mathrm{kV}$。 **答案**：6.4A，16A，9.6A。

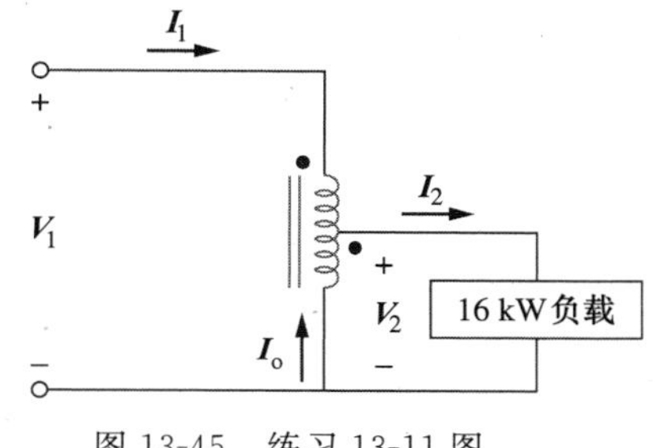

图 13-45 练习 13-11 图

†13.7 三相变压器

为满足三相电传输的要求，就需要与三相电工作相兼容的变压器连接。可以通过如下两种方式实现上述变压器连接：一种是连接三个单相变压器，构成所谓的变压器组(transformer bank)，另一种是采用专用的三相变压器。对于相同的 kV·A 额定功率，三相变压器比三个单相变压器体积小、价格低。如果采用单相变压器，必须保证三个变压器的匝数比 n 一致，从而构成平衡的三相系统。在三相系统中，三个单相变压器或者三相变压器有四种标准的联结方式：Y-Y、△-△、Y-△与△-Y。

无论何种联结方式，其总的视在功率 S_T、有功功率 P_T 与无功功率 Q_T 为：

$$S_T=\sqrt{3}V_LI_L \tag{13.69a}$$

$$P_T=S_T\cos\theta=\sqrt{3}V_LI_L\cos\theta \tag{13.69b}$$

$$Q_T=S_T\sin\theta=\sqrt{3}V_LI_L\sin\theta \tag{13.69c}$$

式中，V_L 与 I_L 分别等于一次线电压 V_{Lp} 与一次线电流 I_{Lp}，或者分别等于二次线电压 V_{Ls} 与二次线电流 I_{Ls}。因为功率在理想变压器中必须是守恒的，所以由式(13.69)可知，对于四种联结中的每一种，都有 $V_{Ls}I_{Ls}=V_{Lp}I_{Lp}$。

对于如图 13-46 所示的 Y-Y 联结，由式(13.52)与式(13.55)可知，一次线电压 V_{Lp}、二次线电压 V_{Ls}、一次线电流 I_{Lp} 和二次线电流 I_{Ls} 与变压器每一相的匝比 n 之间的关系为

$$V_{Ls}=nV_{Lp} \tag{13.70a}$$

$$I_{Ls}=\frac{I_{Lp}}{n} \tag{13.70b}$$

对于如图 13-47 所示的△-△联结，式(13.70)同样适用于其线电压与线电流。这种联结的一个独特的性质是：如果其中某个变压器需要取走进行维修或维护，其他两个变压器构成开路△联结，则仍然能够以原三相变压器的简化方式提供三相电压。

对于如图 13-48 所示的 Y-△联结，除变压器的每相匝比 n 以外，其线-相值之间还存在一个$\sqrt{3}$的因子，所以

$$V_{Ls}=\frac{nV_{Lp}}{\sqrt{3}} \tag{13.71a}$$

$$I_{Ls}=\frac{\sqrt{3}I_{Lp}}{n} \tag{13.71b}$$

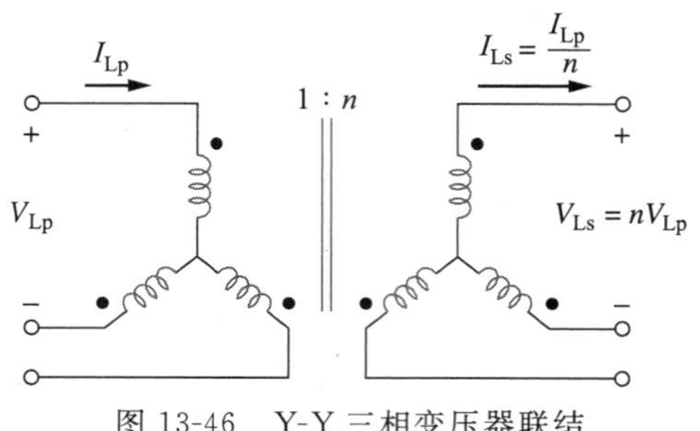

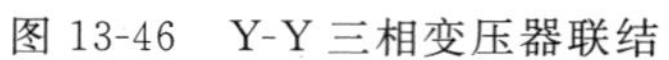
图 13-46　Y-Y 三相变压器联结

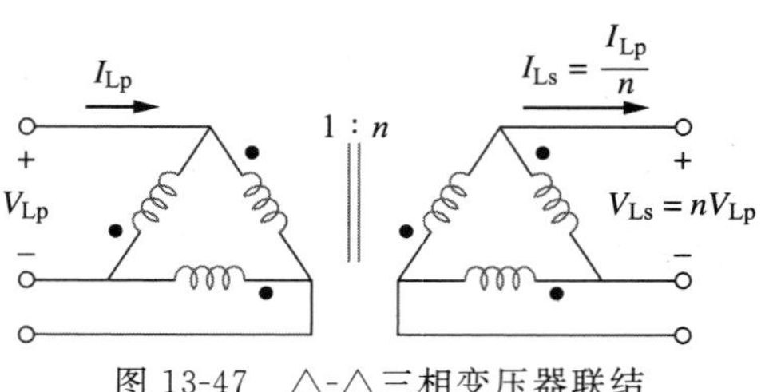

图 13-47　△-△三相变压器联结

同理，对于如图 13-49 所示的△-Y 联结，有

$$V_{Ls}=n\sqrt{3}V_{Lp} \tag{13.72a}$$

$$I_{Ls}=\frac{I_{Lp}}{n\sqrt{3}} \tag{13.72b}$$

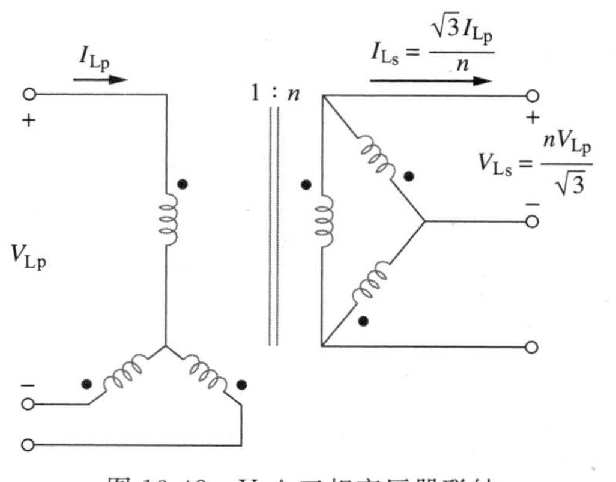

图 13-48　Y-△三相变压器联结

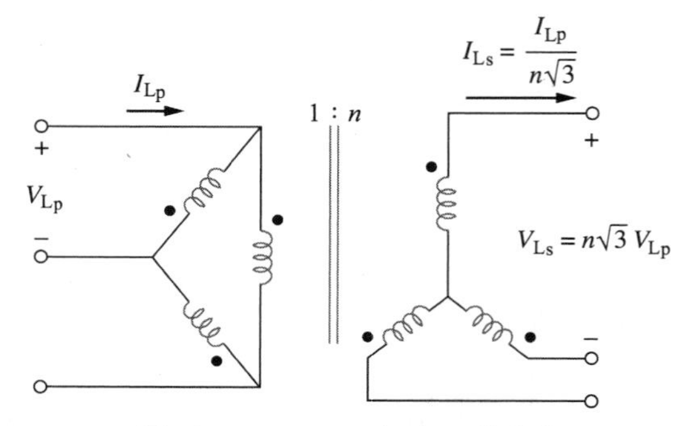

图 13-49　△-Y 三相变压器联结

例 13-12 某三相变压器为图 13-50 所示的 42kV·A 对称三相负载供电。(a) 确定变压器的连接方式；(b) 求一次线电压与一次线电流；(c) 确定变压器组中每个变压器的 kV·A 额定功率。假设变压器均为理想的。

解：(a) 仔细观察如图 13-50 所示电路可知，变压器的一次电路为 Y 联结，而二次电路为△联结，因此三相变压器为 Y-△联结，与图 13-48 所示相同。

(b) 已知负载总的视在功率为 $S_T=42\text{kVA}$，匝比为 $n=5$，二次线电压为 $V_{Ls}=240\text{V}$，利用式(13.69a)可以求出二次线电流为

$$I_{Ls}=\frac{S_T}{\sqrt{3}V_{Ls}}=\frac{42\,000}{\sqrt{3}\times 240}=101(\text{A})$$

由式(13.7)可以得到

$$I_{Lp}=\frac{n}{\sqrt{3}}I_{Ls}=\frac{5\times 101}{\sqrt{3}}=292(\text{A})$$

$$V_{Lp}=\frac{\sqrt{3}}{n}V_{Ls}=\frac{\sqrt{3}\times 240}{5}=83.14(\text{V})$$

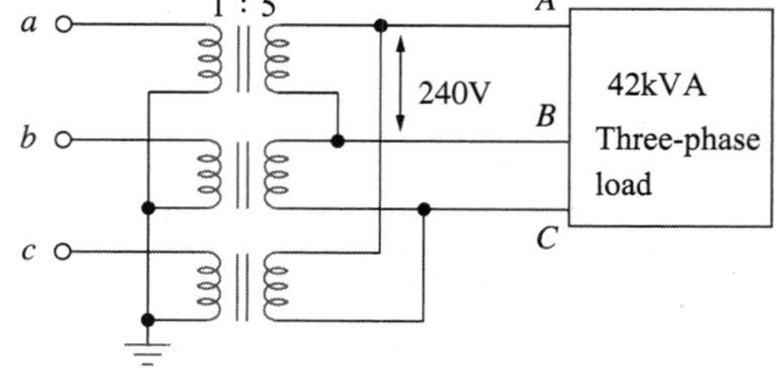

图 13-50　例 13-12 图

(c) 由于负载是对称的，并且变压器为无功耗的理想变压器，所以每个变压器平分其总负载，即每个变压器的 kV·A 额定功率为 $S=S_T/3=14\text{kV}\cdot\text{A}$。另外，变压器的额定功率也可以由其一次或二次相电流与相电压的乘积确定。例如，本题的一次绕组为△联结，所以相电压与线电压相等，均为 240V，而相电流为 $I_{Lp}/3=58.34\text{A}$，因此，$S=240\times 58.34=14(\text{kV}\cdot\text{A})$。◀

练习 13-12 利用一个三相△-△变压器降低 625kV 线电压，为工作线电压为 12.5kV 的一家工厂供电，该工厂在功率因数为 85%(滞后)时提取的功率为 40MW。试求：(a) 工厂所提取的电流；(b) 匝数比；(c) 变压器的一次电流；(d) 各变压器的负载功率。 **答案**：(a) 2.174kA；(b) 0.02；(c) 43.47A；(d) 15.69MV · A。

13.8 基于 PSpice 的磁耦合电路分析

除必须遵循同名端规则外，利用 PSpice 软件分析磁耦合电路与分析电感器电路的方法是类似的。在 PSpice 电路原理图中，当电感器 L 无旋转水平放置时，同名端总是位于电感器的引脚 1 处，即左边端点。所以当电感器逆时针旋转 90°时，同名端即引脚 1 将位于下方，因为旋转总是围绕引脚 1 进行的。磁耦合电感器按照同名端规则放置在电路中，并设定好其取值，单位为亨利(H)，就可以利用耦合符号 K_LINEAR 来定义耦合属性。对于每一对耦合电感器，应按照如下步骤予以定义：

1. 选择 Draw/Get New Part 菜单并输入 K_LINEAR。

2. 回车或单击 OK 按钮，将 K_LINEAR 符号放置在电路原理图中，如图 13-51 所示(注意，K_LINEAR 并不是一个实际的元件，因此没有引脚)。

K K1
K_Linear
COUPLING = 1

图 13-51 定义耦合系数的 K_LINEAR

3. 双击耦合框 COUPLING，设置耦合系数值 k。

4. 双击耦合符号框 K，输入耦合电感器的部件名 L_i，$i=1, 2, \cdots, 6$。例如，当 L_{20} 与 L_{23} 为耦合电感器时，则设置 $L_1=L_{20}$ 且 $L_2=L_{23}$。L_1 与至少另一个 L_i 必须被赋值，而其他 Li 则可以空白。

在步骤 4 中，最多可以定义 6 个耦合系数相同的耦合电感器。

对于空心变压器，部件名称为 XFRM_LINEAR，选择 Draw/Get Part Name 菜单，并输入部件名称即可将其插入电路，或者从库文件 analog.slb 中选择部件名称插入电路。如图 13-52a 所示，线性变压器的主要属性包括：耦合系数 k，电感值 L_1 与 L_2(单位为 H)。如果定义互感 M，则必须利用 M 与 L_1、L_2 的值计算 k 值，注意，$0<k<1$。

对于理想变压器，部件名称为 XFRM_NONLINEAR，可以在库文件 breakout.slb 中找到，选择并单击 Draw/Get Part Name，即可输入其部件名称。其属性为耦合系数以及 L_1、L_2 的匝数，如图 13-52b 所示，互耦合系数的值为 $k=1$。PSpice 软件中该提供另外一些变压器结构，本书暂不讨论。

例 13-13 利用 PSpice 求解如图 13-53 所示电路中的 i_1、i_2 与 i_3。

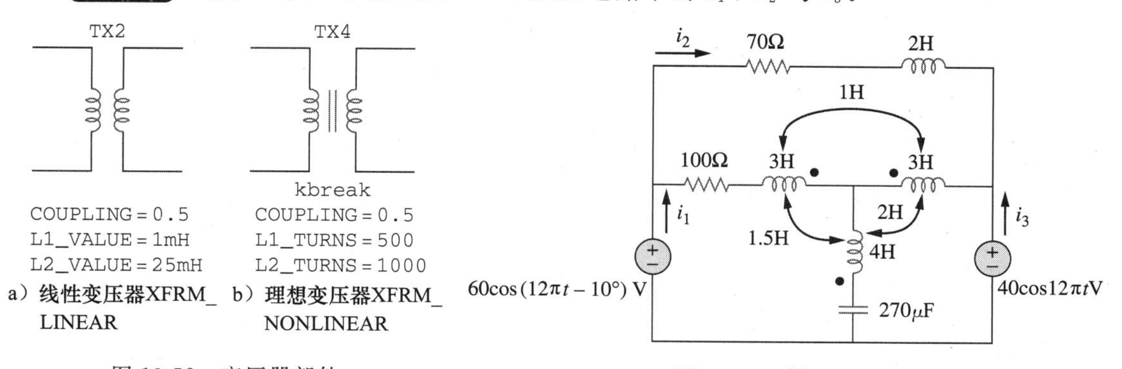

图 13-52 变压器部件

图 13-53 例 13-13 图

解：三个耦合电感器的耦合系数为

$$k_{12}=\frac{M_{12}}{\sqrt{L_1 L_2}}=\frac{1}{\sqrt{3\times 3}}=0.3333$$

$$k_{13}=\frac{M_{13}}{\sqrt{L_1L_3}}=\frac{1.5}{\sqrt{3\times4}}=0.433$$

$$k_{23}=\frac{M_{23}}{\sqrt{L_2L_3}}=\frac{2}{\sqrt{3\times4}}=0.5774$$

由图 13-53 可得其工作频率为 $\omega=12\pi=2\pi f\to f=6\text{Hz}$。

该电路的 PSpice 原理图如图 13-54 所示，注意同名端规则在该图中是如何体现的。对于 L2 而言，同名端位于引脚 1(电感器左端)，因此其位置无须旋转，对于 L1 而言，为了使同名端位于电感器的右端，该电感器必须旋转 180°；对于 L3 而言，电感必须转 90°，这样同名端才能位于下端。注意，2H 电感器(L4)是无耦合电感。对于上述三个耦合电感器，利用库文件 analog. lib 中提供的三个 K_LINEAR 部件设置其属性(双击对话框中的符号 K)：

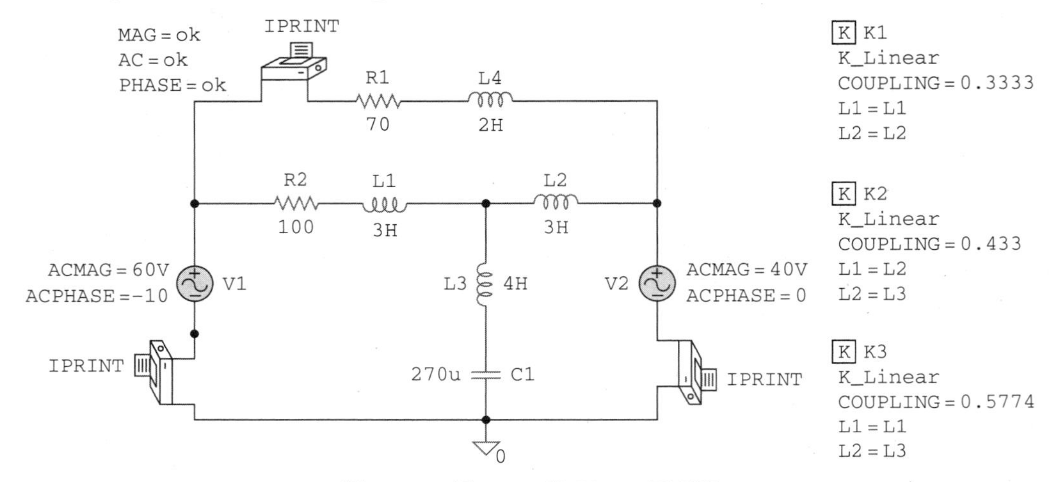

图 13-54 图 13-53 的 PSpice 原理图

```
K1  -  K_LINEAR
L1  =  L1
L2  =  L2
COUPLING  =  0.3333
K2  -  K_LINEAR
L1  =  L2
L2  =  L3
COUPLING  =  0.433
K3  -  K_LINEAR
L1  =  L1
L2  =  L3
COUPLING  =  0.5774
```

提示：上述值是电路原理图中电感器的参考命名。

在适当的支路加入三个伪元件 IPRINT，用于确定所要求解的电流 i_1、i_2 与 i_3。对于交流单频分析，选择 Analysis/Setup/AC Sweep 并在对话框中键入 Total Pts＝1，Start Freq＝6 和 Final Freq＝6，存储电路原理图之后，运行 Analysis/Simulate 程序对电路进行模拟，得到如下输出文件：

```
FREQ          IM(V_PRINT2)   IP(V_PRINT2)
6.000E+00     2.114E-01      -7.575E+01
FREQ          IM(V_PRINT1)   IP(V_PRINT1)
6.000E+00     4.654E-01      -7.025E+01
FREQ          IM(V_PRINT3)   IP(V_PRINT3)
6.000E+00     1.095E-01      1.715E+01
```

由此得到

$$\boldsymbol{I}_1=0.4654\angle{-70.25°}$$

$$\boldsymbol{I}_2=0.2114\angle{-75.75°},\quad \boldsymbol{I}_3=0.1095\angle{17.15°}$$

于是，其时域表达式为

$$i_1=0.4654\cos(12\pi t-70.25°)\text{A}$$
$$i_2=0.2114\cos(12\pi t-75.75°)\text{A}$$
$$i_3=0.1095\cos(12\pi t+17.15°)\text{A}$$

◀

练习 13-13　利用 PSpice 求解如图 13-55 所示电路中的 i_o。

答案：$2.012\cos(4t+68.52°)\text{A}$。

例 13-14　利用 PSpice 求解图 13-56 所示理想变压器电路中的 $\boldsymbol{V}_1$ 与 $\boldsymbol{V}_2$。

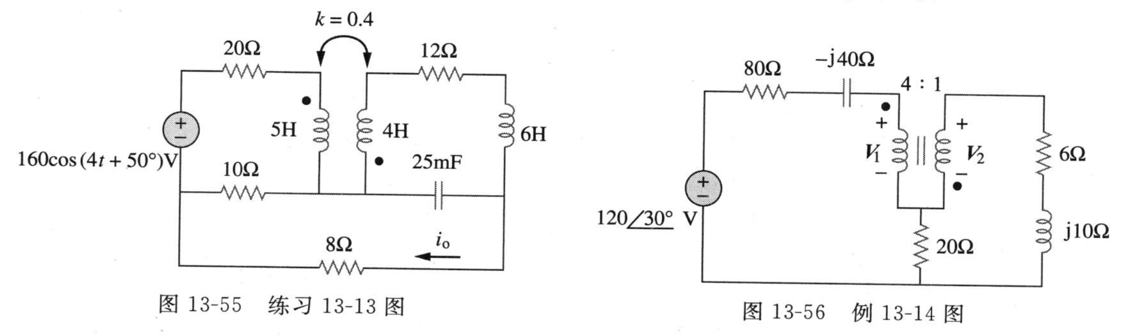

图 13-55　练习 13-13 图　　　　图 13-56　例 13-14 图

解：1. **明确问题**。本例所要解决的问题已明确，可以进行下一个步骤。

2. **列出已知条件**。本题要求确定理想变压器的输入电压与输出电压，同时要求利用 PSpice 求解这些电压。

3. **确定备选方案**。本题要求利用 PSpice 求解，之后可以利用网孔分析法进行验证。

4. **尝试求解**。假设 $\omega=1$，可求出相应元件的电容值与电感值。

$$\text{j}10=\text{j}\omega L\quad\Rightarrow\quad L=10\text{H}$$

$$-\text{j}40=\frac{1}{\text{j}\omega C}\quad\Rightarrow\quad C=25\text{mF}$$

图 13-57 所示为 PSpice 电路原理图，对于理想变压器，设耦合系数为 0.999 99，匝数为 400 000 和 100 000。将两个伪元件 VPRINT2 连接在变压器两端，以便确定 $\boldsymbol{V}_1$ 与 $\boldsymbol{V}_2$。对于单频分析，应在 Analysis/Setup/AC Sweep 对话框中键入 Total Pts=1，Start Freq=0.1592，Final Freq=0.1592。存储电路原理图后，运行 Analysis/simulate 程序模拟电路，得到如下输出文件：

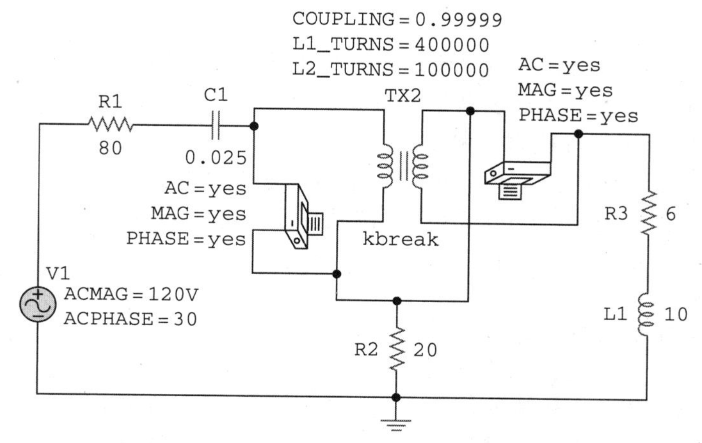

图 13-57　图 13-56 的 PSpice 原理图

```
FREQ        VM($N_0003,$N_0006) VP($N_0003,$N_0006)
1.592E-01   9.112E+01           3.792E+01

FREQ        VM($N_0006,$N_0005) VP($N_0006,$N_0005)
1.592E-01   2.278E+01           -1.421E+02
```

由此可以得到

$$\mathbf{V}_1=\mathbf{91.12\ \underline{/37.92^\circ}\ V},\quad \mathbf{V}_2=\mathbf{22.78\ \underline{/-142.1^\circ}\ V}$$

提示：对于理想变压器而言，其一次绕组与二次绕组的电感值均为无穷大。

5. **评价结果**。下面网孔分析法验证所得到的结果。

对于网孔 1，

$$-120\ \underline{/30^\circ}+(80-j40)\mathbf{I}_1+\mathbf{V}_1+20(\mathbf{I}_1-\mathbf{I}_2)=0$$

对于网孔 2，

$$20(-\mathbf{I}_1+\mathbf{I}_2)-\mathbf{V}_2+(6+j10)\mathbf{I}_2=0$$

$\mathbf{V}_2=-\mathbf{V}_1/4$，$\mathbf{I}_2=-4\mathbf{I}_1$，由此得到

$$-120\ \underline{/30^\circ}+(80-j40)\mathbf{I}_1+\mathbf{V}_1+20(\mathbf{I}_1+4\mathbf{I}_1)=0$$

$$(180-j40)\mathbf{I}_1+\mathbf{V}_1=120\ \underline{/30^\circ}$$

$$20(-\mathbf{I}_1-4\mathbf{I}_1)+\mathbf{V}_1/4+(6+j10)(-4\mathbf{I}_1)=0$$

$$(-124-j40)\mathbf{I}_1+0.25\mathbf{V}_1=0,\quad \mathbf{I}_1=\mathbf{V}_1/(496+j160)$$

将其代入第一个方程可以得到

$$(180-j40)\mathbf{V}_1/(496+j160)+\mathbf{V}_1=120\ \underline{/30^\circ}$$

$$(184.39\ \underline{/-12.53^\circ}/521.2\ \underline{/17.88^\circ})\mathbf{V}_1+\mathbf{V}_1=(0.3538\ \underline{/-30.41^\circ}+1)\mathbf{V}_1$$

$$=(0.3051+1-j0.17909)\mathbf{V}_1=120\ \underline{/30^\circ}$$

$$\mathbf{V}_1=120\ \underline{/30^\circ}/1.3173\ \underline{/-7.81^\circ}=\mathbf{91.1\ \underline{/37.81^\circ}\ V},\quad \mathbf{V}_2=\mathbf{22.78\ \underline{/-142.19^\circ}\ V}$$

验证了所得到的答案。

6. **是否满意**？本题的求解过程与答案的验证均令人满意，可以将其作为本题的答案。◀

练习 13-14 利用 PSpice 求解如图 13-58 所示电路中的 $\mathbf{V}_1$ 与 $\mathbf{V}_2$。

答案：$\mathbf{V}_1=153\ \underline{/2.18^\circ}$ V，$\mathbf{V}_2=230.2\ \underline{/2.09^\circ}$ V。

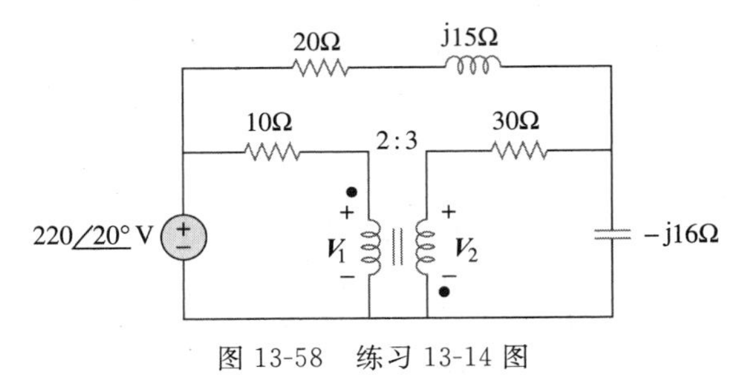

图 13-58 练习 13-14 图

†13.9 应用实例

变压器通常是体积最大，重量最重，也是价格最贵的电路元件。但是，它却是电子电路中不可缺少的无源设备。在众多高效设备中，变压器的效率一般为 95%，但是也可以达到 99%。变压器的应用不胜枚举，例如：

- 升高或降低电压与电流，使其适合于电力传输与分配。
- 将电路的一部分与另一部分隔离(即在没有任何电气连接的情况下传输功率)。
- 用作阻抗匹配设备，以实现最大功率传输。
- 用于感应性响应的选频电路中。

由于变压器应用的多样性，所以出现了许多专用变压器(本章仅讨论其中几种类型)，如电压变压器、电流变换器、功率转换器、配电变压器、阻抗匹配变压器、声频变压器、单相变压器、三相变压器、整流变压器、反相变压器等。本节仅介绍变压器的三种重要应用：变压器作为隔离设备、变压器作为匹配器以及电力配电系统。

提示：关于各类变压器的详细介绍，可以参阅 W. M. FIanagan 编著的 *Handbook of Transfomer Design and Applications*，*2nd ed*（纽约：McGraw-Hill 出版集团，1993）。

13.9.1 隔离变压器

当两个设备之间不存在物理连接时，则称这两个设备之间电气隔离。变压器的一次电路与二次电路之间无电气连接，能量是通过磁耦合传输的。下面介绍利用变压器电气隔离特性的三种实际应用。

首先，考虑图 13-59 所示电路。图中整流器是将交流电转换为直流电的电路，变压器在该电路中的作用是将交流电耦合到整流器中。这里的变压器起两个作用：第一个作用是升高或降低电压；第二个作用是在交流电源与整流器之间提供电气隔离，从而降低电子电路在工作时出现电击的危险性。

隔离变压器的第二个应用实例是用于耦合放大器的两级，从而防止前一级的直流电压影响下一级的直流偏置，直流偏置是晶体管放大器或其他电子电路在要求模式下工作所需的直流电压。放大器的各级都有其在特定模式下工作所需的偏置电压，如果没有变压器提供直流隔离，就会影响各级特定的工作模式。如图 13-60 所示，接入变压器后，仅交流信号从前一级耦合到后一级，直流电压源中是不存在磁耦合的。在无线电接收机或电视接收机中，变压器通常用于高频放大器各级之间的耦合。当变压器仅用于提供电气隔离时，应将其匝数比制作为 1，即隔离变压器的 $n=1$。

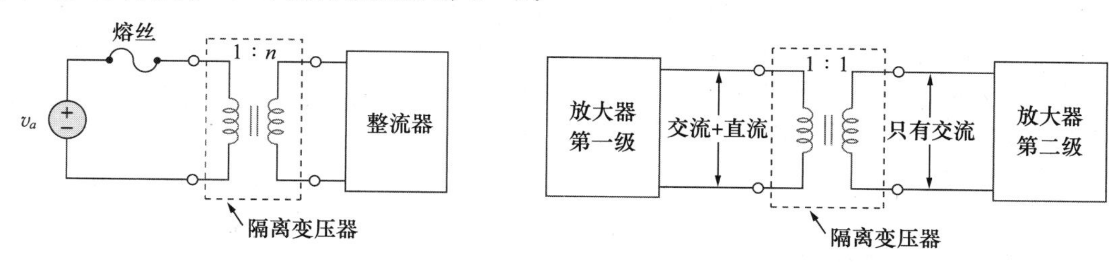

图 13-59　用于隔离交流电源与整流器的变压器　　图 13-60　在放大器两级之间提供电气隔离的变压器

隔离变压器的第三个应用实例是测量 13.2kV 线路两端的电压。将电压表直接接到这种高压线路中是非常不安全的。此时采用变压器既可以起到隔离电力线与电压表的作用，又可以将电压降至安全的电平，如图 13-61 所示。如果利用电压表测量变压器的二次电压，则可根据匝数比确定其一次线电压。

例 13-15 确定图 13-62 所示电路中负载两端的电压。

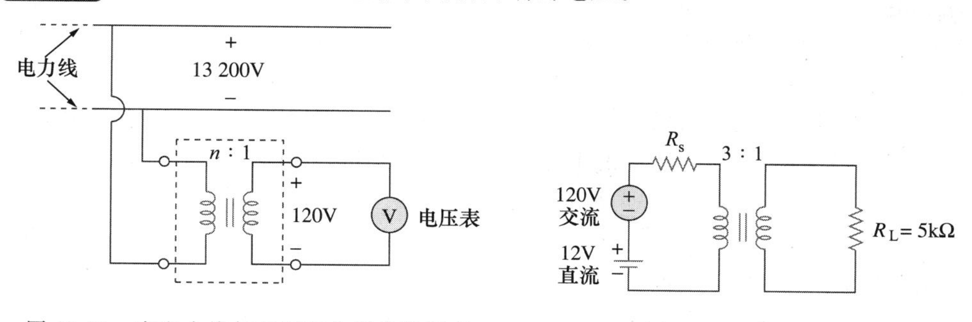

图 13-61　在电力线与电压表之间提供隔离　　图 13-62　例 13-15 图

解：利用叠加原理求解负载电压，令 $v_L = v_{L1} + v_{L2}$，其中 v_{L1} 为由直流电源在负载上产生的电压，v_{L2} 为由交流电源在负载上产生的电压。仅包含直流电源与交流电源的电路分别如图 13-63 所示。由直流电源引起的负载电压为零，因为要在次级电路中产生感应电压，初级必须是时变电压源，于是，$v_{L1}=0$。对于交流电源，其内阻 R_S 很小可以忽略。

$$\frac{\boldsymbol{V}_2}{\boldsymbol{V}_1}=\frac{\boldsymbol{V}_2}{120}=\frac{1}{3},\quad \boldsymbol{V}_2=\frac{120}{3}=40(\mathrm{V})$$

因此，$\boldsymbol{V}_{L2}=40\mathrm{V}$(交流)，即 $v_{L2}=40\cos\omega t$。也就是说，只有交流电压才能通过变压器达到负载。本例也说明了变压器的直流隔离作用。

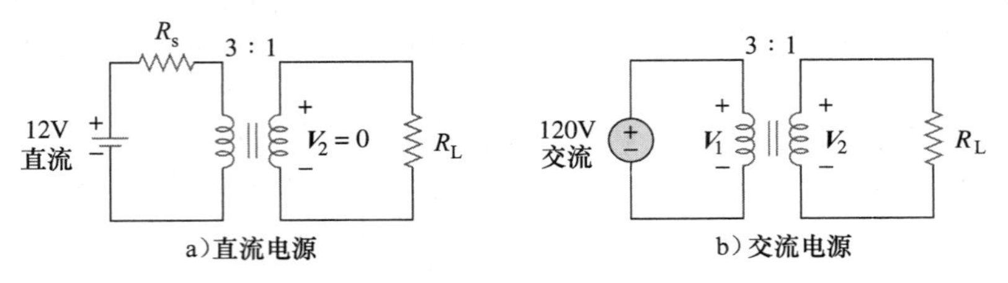

图 13-63　求解例 13-15 图

练习 13-15　参见图 13-61 所示电路，试计算将 13.2kV 线电压降至 120V 安全电压所要求的变压器的匝数比。　**答案**：110。

13.9.2　匹配变压器

之前已经介绍过，实现最大功率传输的条件是负载电阻 R_L 必须与电源电阻 R_S 匹配，但在大多数情况下，R_L 与 R_S 是不匹配的，而且两者都是固定的，不能改变。然而，可以利用铁心变压器实现负载电阻与电源电阻相匹配，该过程称为阻抗匹配。例如，扬声器与音频功率放大器相连接时，就需要采用变压器，因为扬声器的电阻只有几欧姆，而音频功率放大器的内部电阻却高达几千欧姆。

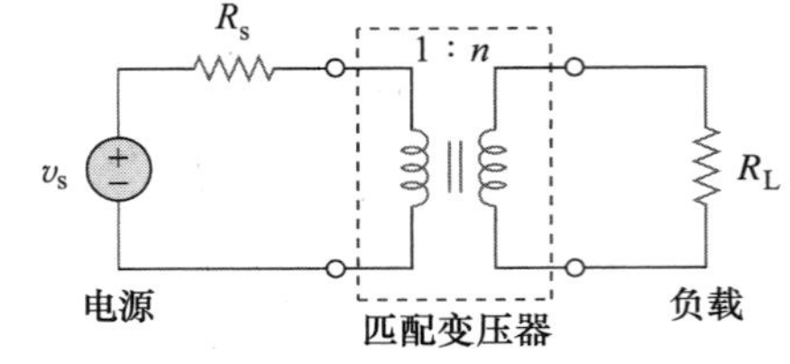

图 13-64　用于阻抗匹配的变压器

考虑图 13-64 所示电路，由式(13.60)可知，理想变压器将其负载阻抗通过比例因子 n^2 反射到初级。为使反射负载 R_L/n^2 与电源电阻 R_S 相匹配，应该使得

$$R_s=\frac{R_L}{n^2} \tag{13.73}$$

选择适当的匝比 n 就可以满足式(13.73)。由式(13.73)可知，当 $R_S>R_L$ 时，需采用降压变压器($n<1$)实现阻抗匹配；当 $R_S<R_L$ 时，则需采用升降变压器($n>1$)实现阻抗匹配。

例 13-16 图 13-65 所示的理想变压器用于匹配放大电路与扬声器，从而使扬声器的功率最大，放大器的戴维南阻抗(即输出阻抗)为 192Ω，而扬声器的内部阻抗为 12Ω，试确定变压器的匝数比。

解：利用戴维南等效电路取代放大器，并将扬声器的阻抗 $Z_L=12\Omega$ 反射到理想变压器的一次电路，得到图 13-66 所示的电路。要实现最大功率传输，必须满足

$$\boldsymbol{Z}_{Th}=\frac{\boldsymbol{Z}_L}{n^2},\quad n^2=\frac{\boldsymbol{Z}_L}{\boldsymbol{Z}_{Th}}=\frac{12}{192}=\frac{1}{16}$$

所以，匝数比为 $n=1/4=0.25$。

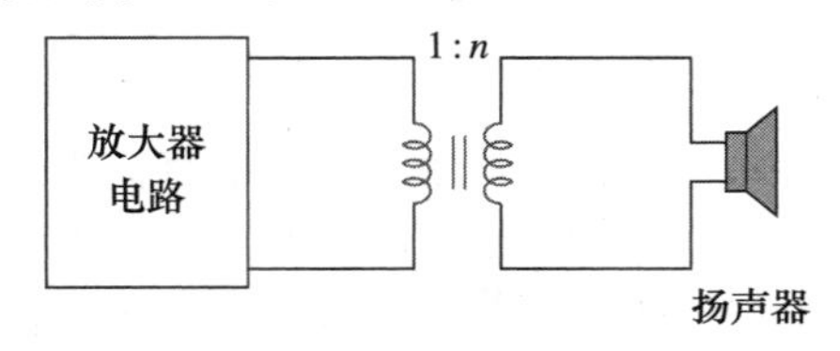

图 13-65　例 13-16 图

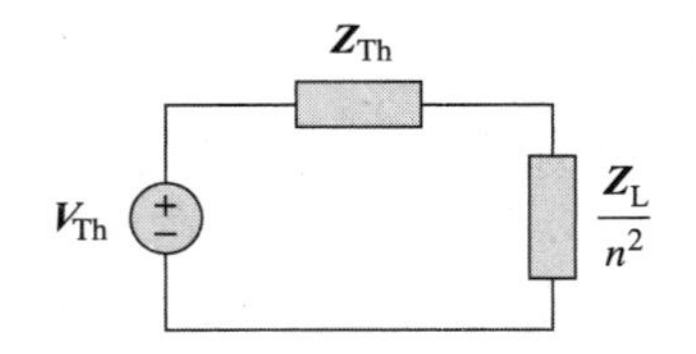

图 13-66　图 13-65 的等效电路

利用 $P=I^2R$ 可以证明，传送给扬声器的功率的确比不采用理想变压器时大得多，如果不采用理想变压器，将放大器与扬声器直接相连，则传送给扬声器的功率为

$$P_L=\left(\frac{\mathbf{V}_{Th}}{\mathbf{Z}_{Th}+\mathbf{Z}_L}\right)^2\mathbf{Z}_L=288\mathbf{V}_{Th}^2(\mu W)$$

采用变压器后，一次电流与二次电流为

$$I_p=\frac{\mathbf{V}_{Th}}{\mathbf{Z}_{Th}+\mathbf{Z}_L/n^2},\quad I_s=\frac{I_p}{n}$$

因此，

$$P_L=I_s^2\mathbf{Z}_L=\left(\frac{\mathbf{V}_{Th}/n}{\mathbf{Z}_{Th}+\mathbf{Z}_L/n^2}\right)^2\mathbf{Z}_L=\left(\frac{n\mathbf{V}_{Th}}{n^2\mathbf{Z}_{Th}+\mathbf{Z}_L}\right)^2\mathbf{Z}_L=1302\mathbf{V}_{Th}^2(\mu W)$$

证实了前面的说法。◀

练习 13-16　要实现 2.5kΩ 负载与内部阻抗为 400Ω 的电源匹配，试计算所需理想变压器的匝比，并求出电源电压为 60V 时的负载电压。

答案：0.4，12V。

13.9.3　电力配送

电力系统主要由三部分组成：发电、输电与配电。本地电力公司的发电厂在大约 18kV 时发出几百兆伏安(MV·A)的功率，利用三相升压变压器将所产生的电功率输送至传输线上，如图 13-67 所示。为什么要用升压器呢？假设要将 100 000V·A 的电功率输送到 50km 以外的地方，由于 $S=VI$，如果线电压为 1000V，则传输线上必须承载 100A 的电流负荷，这就要求传输线的直径很大。但是，如果线电压为 10 000V，则传输线的电流负荷仅 10A，电流减小使得所需的导线尺寸也相应地减小，在最小化传输线损耗 I^2R 的同时，也大大节省了材料开销。为了使损耗最小，就需要采用一个升压变压器。否则，就会有大部分电功率消耗在传输线上。变压器能够实现升压、降压以及经济的配电功能正是电力传输中广泛采用交流发电而不是直流发电的主要原因之一。因此，在一定的发电功率下，电压越高越好。目前，实用中的最高电压为 1MV，随着研究和实验的进展，电压还有可能进一步提高。

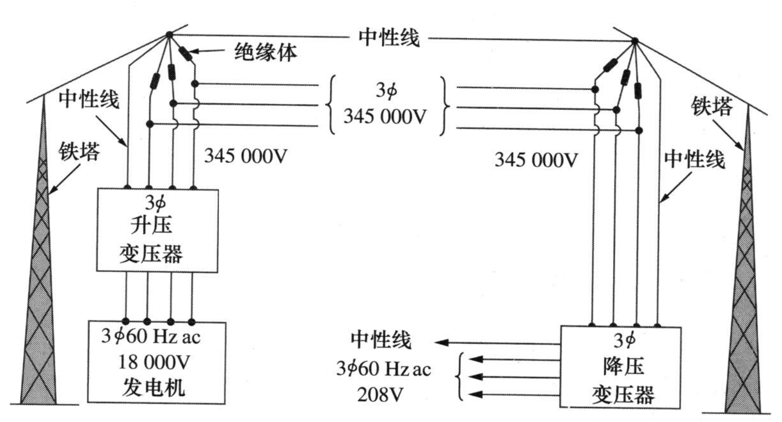

图 13-67　典型的电力输送配电系统

（图片来源：Marcus，Abraham，and Charles M. Thomson. *Electricity for Technicians*. 2nd ed. Upper Saddle River，NJ：Pearson Education，Inc.，1975，337.）

提示：为什么升高电压不会增大电流，从而使损耗 I^2R 也增加呢？因为 $I=V_1/R$，其中 V_1 为传输线发送端与接收端之间的电位差，而被升高的电压为发送端的电压 V，而不是 V_1。如果接收端电压为 V_R，则 $V_1=V-V_R$。因为 V 与 V_R 非常接近，所以即使电压 V 升高了，V_1 仍然是很小的。

除发电厂外，电能通过电力网(power grid)发送到几百英里(1英里=1609.344m)以外的地方。电网中三相电是通过架设在各种尺寸、各种形状的铁塔上的传输线输送的。(铝制、钢加强型)传输线的典型直径高达40mm，并能承载高达1380A的电流负荷。

在变电站，利用配电变压器降压，降压过程通常是分级进行的。电力既可以通过架设的电缆，也可以通过地下电缆配送给本地用户。变电站负责给居民、商业或工业用户配电。在接收端，居民用户最终得到的是120V/240V电源，而工业或商业用户的馈电电压更高，如460V/208V等。居民用户的供电通常由架设在电力公司电线杆上的配电变压器实现。在需要直流电的情况下，可以将交流电转换为直流电。

例 13-17 某配送变压器用于为家庭供电，如图13-68所示。用电负载包括：8只100W灯泡、一台350W电视机以及一个15kW厨房用具。如果变压器的二次绕组为72匝，试计算：

(a) 一次绕组的匝数；(b) 一次绕组中的电流 I_p。

解：(a) 由于本题仅关心电压与电流的大小，所以绕组同名端的位置并不重要，由于

$$\frac{N_p}{N_s}=\frac{V_p}{V_s}$$

得到：

$$N_p=N_s\frac{V_p}{V_s}=72\times\frac{2400}{240}=720(\text{匝})$$

(b) 负载吸收的总功率为

$$S=8\times100+350+15\,000=16.15(\text{kW})$$

$S=V_pI_p=V_sI_s$，所以

$$I_p=\frac{S}{V_p}=\frac{16\,150}{2400}=6.729\text{A}$$ ◀

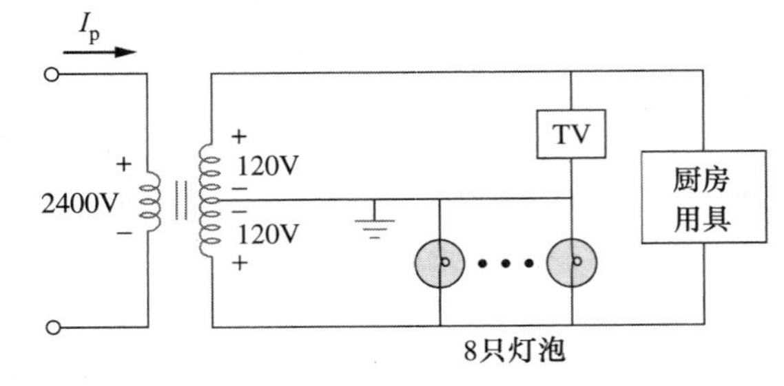

图 13-68　例 13-17 图

练习 13-17　在例13-17中，如果利用12只60W的灯泡取代8只100W的灯泡，并且利用4.5kW空调器取代厨房用具，试求：(a) 电源提供的总功率；(b) 一次绕组中的电流 I_p。

答案：(a) 5.57kW；(b) 2.321A。

13.10　本章小结

1. 如果一个线圈的磁通量 ϕ 穿过另一个线圈，则称这两个线圈是相互耦合的，两个线圈之间的互感值为

$$M=kL_1L_2$$

其中，k 为耦合系数，且 $0<k<1$。

2. 如果 v_1 与 i_1 为线圈1中的电压与电流，v_2 与 i_2 为线圈2中的电压与电流，则有：

$$v_1=L_1\frac{di_1}{dt}+M\frac{di_2}{dt},\qquad v_2=L_2\frac{di_2}{dt}+M\frac{di_1}{dt}$$

因此，耦合线圈中的感应电压由自感电压和互感电压两部分组成。

3. 互感电压的极性在电路中的表示需遵循同名端规则。

4. 存储在两个耦合线圈中的能量为

$$\frac{1}{2}L_1i_1^2+\frac{1}{2}L_2i_2^2\pm Mi_1i_2$$

5. 变压器是一种包含两个或两个以上的磁耦合绕组的四端设备，用于改变电路中的电流、电压与阻抗。

6. 线性(或松散耦合)变压器的绕组缠绕在磁性线性材料上，为了便于分析，可以利用等效的T形网络或Π形网络取代线性变压器。

7. 理想(或铁心)变压器是耦合系数 $k=1$，电感值为无穷大(L_1、L_2、$M\to\infty$)的无损($R_1=R_2=0$)变压器。
8. 对于理想变压器，有

$$\boldsymbol{V}_2=n\boldsymbol{V}_1,\quad \boldsymbol{I}_2=\frac{\boldsymbol{I}_1}{n},\quad \boldsymbol{S}_1=\boldsymbol{S}_2,\quad \boldsymbol{Z}_{\mathrm{R}}=\frac{\boldsymbol{Z}_{\mathrm{L}}}{n^2}$$

式中，$n=N_2/N_1$ 为匝数比，N_1 为一次绕组的匝数，N_2 为二次绕组的匝数。当 $n>1$ 时，变压器将一次电压升高；当 $n<1$ 时，变压器将一次电压降低；而当 $n=1$ 时，变压器为匹配隔离装置。
9. 自耦变压器是一次电路与二次电路共用一个绕组的变压器。
10. PSpice 软件是分析磁耦合电路的有用工具。
11. 在配电系统的各个输送环节都需要采用变压器，三相电压可以通过变压器实现升压或降压。
12. 变压器在电子系统中的重要应用包括电气隔离装置与阻抗匹配装置。

复习题

1 图 13-69a 所示的两个磁耦合绕组的互感电压极性为：
(a) 正　　(b) 负

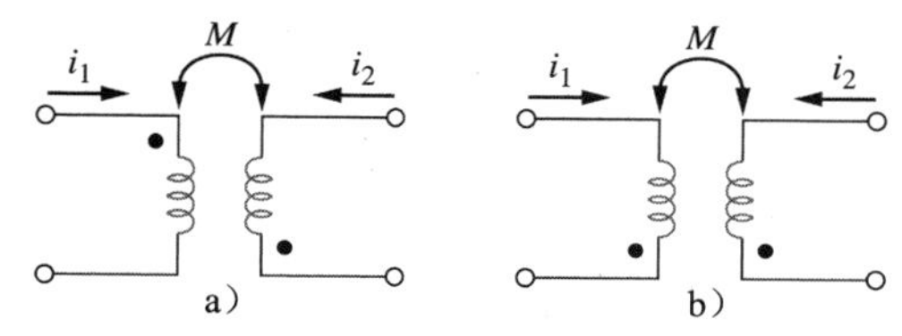

图 13-69　复习题 1 与复习题 2 图

2 图 13-69b 所示的两个磁耦合绕组的互感电压极性为：
(a) 正　　(b) 负

3 $L_1=2\text{H}$、$L_2=8\text{H}$、$M=3\text{H}$ 的两个耦合绕组的耦合系数为：
(a) 0.1875　　(b) 0.75
(c) 1.333　　(d) 5.333

4 变压器是用于升高或降低什么的？
(a) 直流电压　　(b) 交流电压
(c) 直流电压与交流电压

5 图 13-70a 所示理想变压器的匝数比 $N_2/N_1=10$，则 $\boldsymbol{V}_2/\boldsymbol{V}_1$ 为
(a) 10　　(b) 0.1
(c) −0.1　　(d) −10

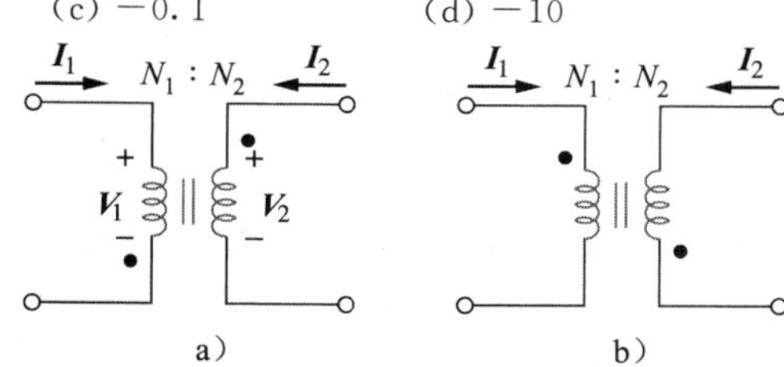

图 13-70　复习题 5 与复习题 6 图

6 图 13-70b 所示理想变压器的匝数比 $N_2/N_1=10$，则 $\boldsymbol{I}_2/\boldsymbol{I}_1$ 为：
(a) 10　　(b) 0.1
(c) −0.1　　(d) −10

7 某三绕组变压器的连接如图 13-71a 所示，输出电压 V_o 的值为：
(a) 10　　(b) 6
(c) −6　　(d) −10

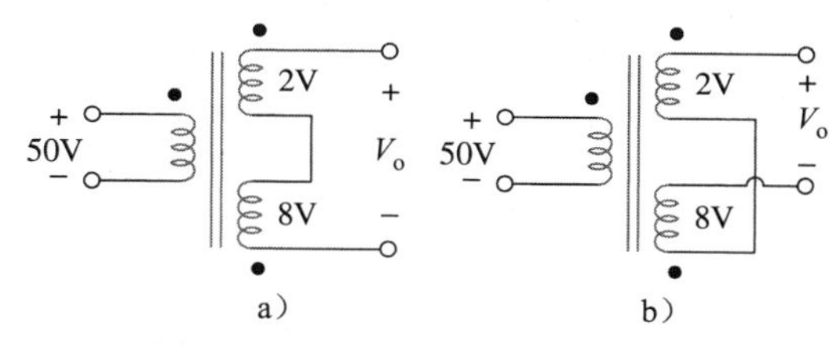

图 13-71　复习题 7 与复习题 8 图

8 某三绕组变压器的连接如图 13-71b 所示，则输出电压 V_o 为：
(a) 10　　(b) 6
(c) −6　　(d) −10

9 为使内部阻抗为 500Ω 的电源与 15Ω 的负载相匹配，需要如下哪种设备？
(a) 升压线性变压器　　(b) 降压线性变压器
(c) 升压理想变压器　　(d) 降压理想变压器
(e) 自耦变压器

10 以下哪种变压器可以用作隔离装置？
(a) 线性变压器
(b) 理想变压器
(c) 自耦变压器
(d) 上述三种变压器均可

答案：(1) b；(2) a；(3) b；(4) b；(5) d；(6) b；(7) c；(8) a；(9) d；(10) b。

习题

13.2 节

1　对于如图 13-72 所示的三个耦合绕组，试计算其总电感值。

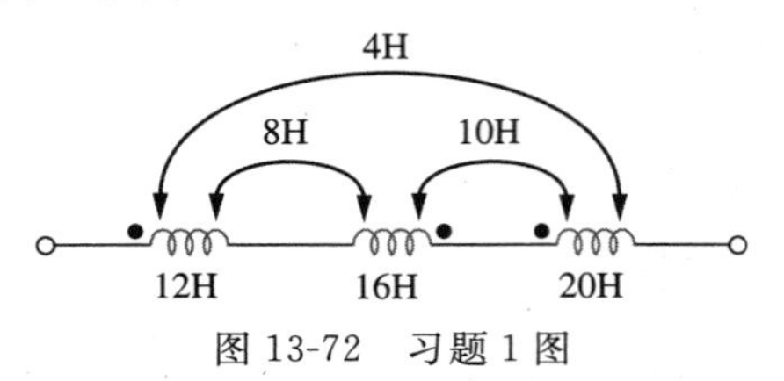

图 13-72　习题 1 图

2　利用图 13-73 所示电路设计一个问题，以更好地理解互感。 **ED**

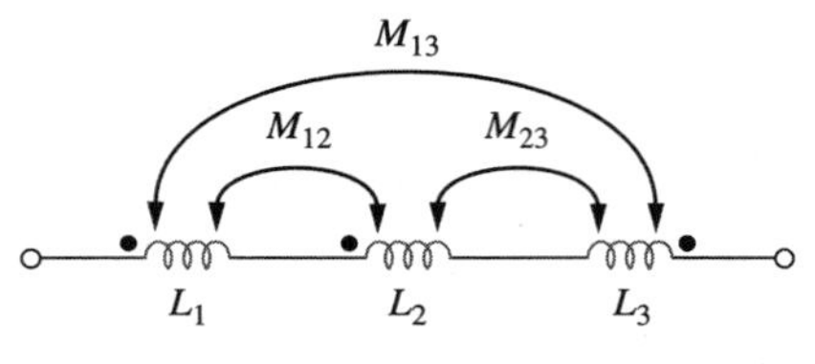

图 13-73　习题 2 图

3　正向串联的两个绕组的总电感为 250mH，当这两个绕组反向串联时，总电感为 150mH，如果其中一个绕组(L_1)的电感为另一个绕组的三倍，试求 L_1、L_2 与 M，并计算耦合系数 k。

4　(a) 对于如图 13-74a 所示的耦合绕组，试证明

$$L_{eq}=L_1+L_2+2M$$

(b) 对于如对图 13-74b 的耦合线圈，试证明

$$L_{eq}=\frac{L_1L_2-M^2}{L_1+L_2-2M}$$

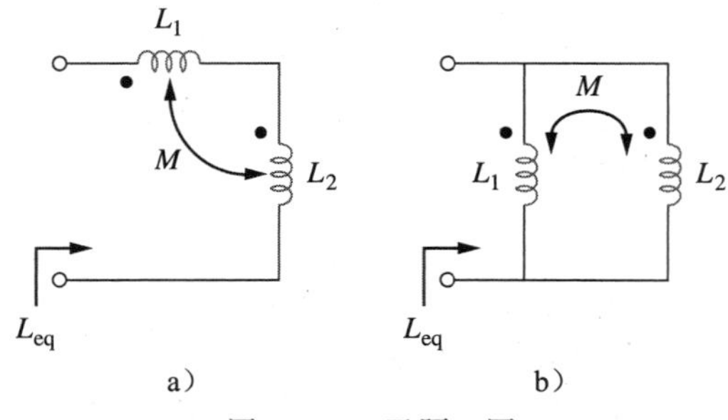

图 13-74　习题 4 图

5　两个绕组相互耦合，$L_1=25\text{mH}$，$L_2=60\text{mH}$，$k=0.5$，计算如下两种情况下的最大等效电感：

(a) 两个绕组串联；

(b) 两个绕组并联。

6　图 13-75 所示电路中 $L_1=40\text{mH}$，$L_2=5\text{mH}$，耦合系数为 $k=0.6$，给定 $v_1=20\cos\omega t\,\text{V}$，$i_2=4\sin\omega t\,\text{A}$，$\omega=2000\text{rad/s}$，求 $i_1(t)$和 $v_2(t)$。

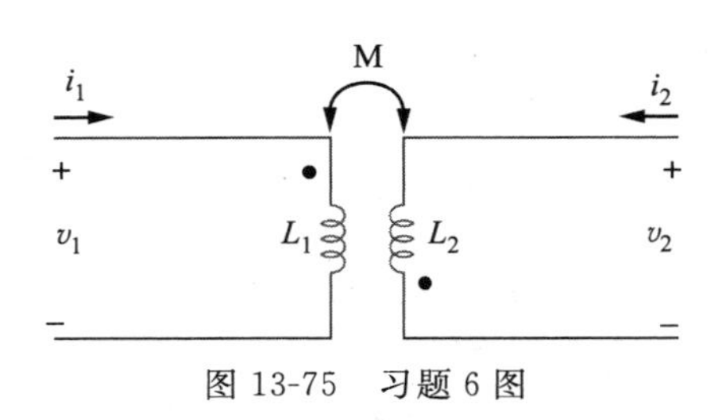

图 13-75　习题 6 图

7　计算图 13-76 所示电路中的 V_o。 **PS　ML**

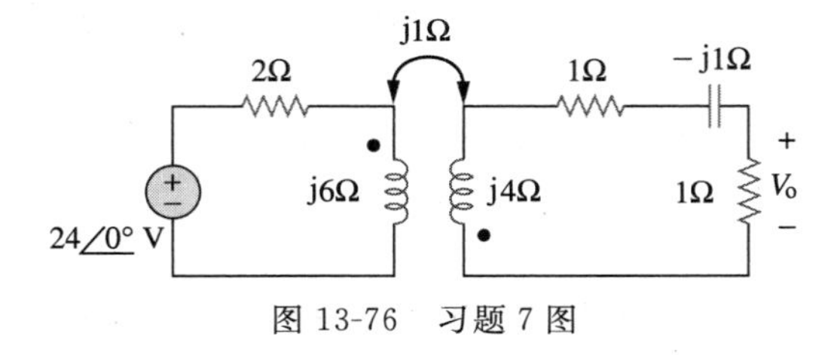

图 13-76　习题 7 图

8　计算图 13-77 所示电路中的 $v(t)$。 **PS　ML**

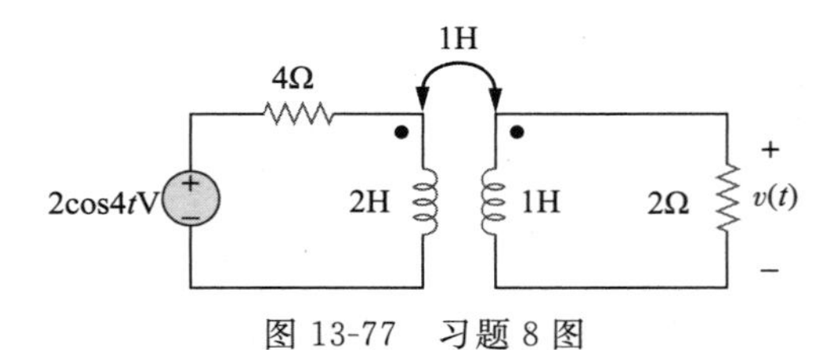

图 13-77　习题 8 图

9　计算图 13-78 所示网络中的 $\mathbf{V}_x$。 **PS　ML**

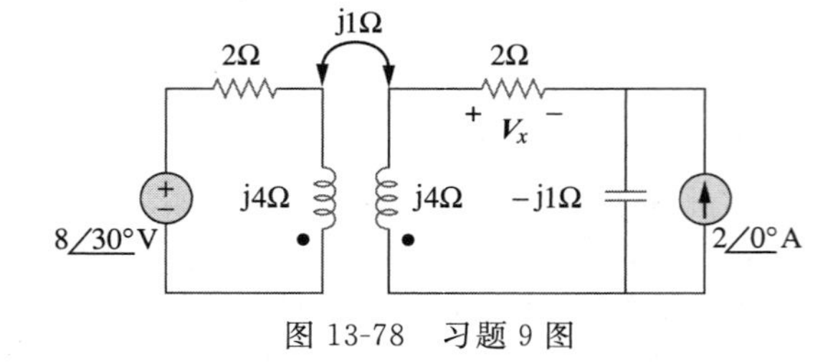

图 13-78　习题 9 图

10　计算图 13-79 所示电路中的 v_o。 **PS　ML**

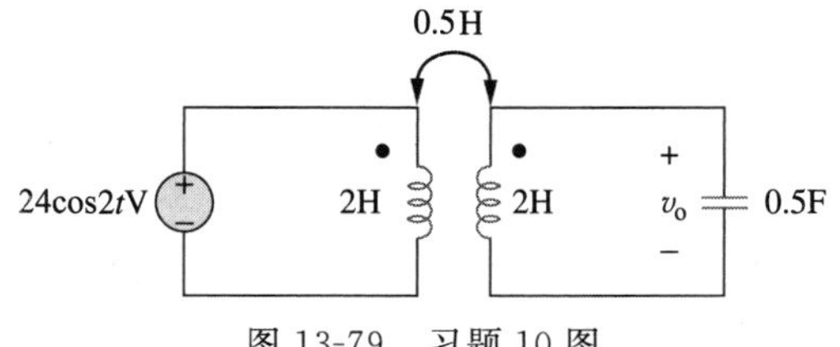

图 13-79　习题 10 图

11　利用网孔分析法求解图 13-80 所示电路中的 i_x，其中 $i_s=4\cos600t\,\text{A}$，$v_s=110\cos(600t+30°)\text{V}$。 **ML**

12　计算图 13-81 所示电路中等效电感 L_{eq}。

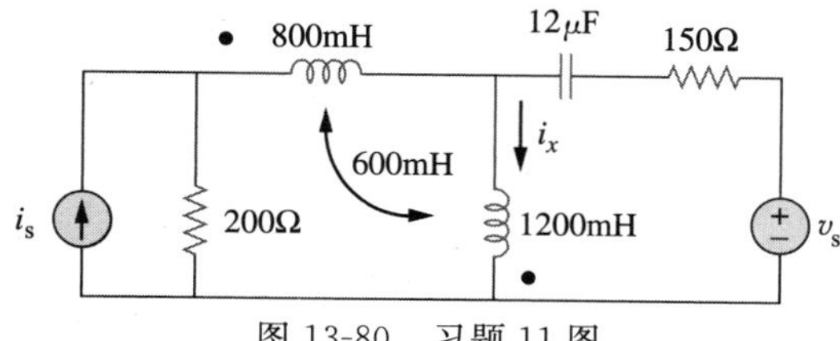

图 13-80　习题 11 图

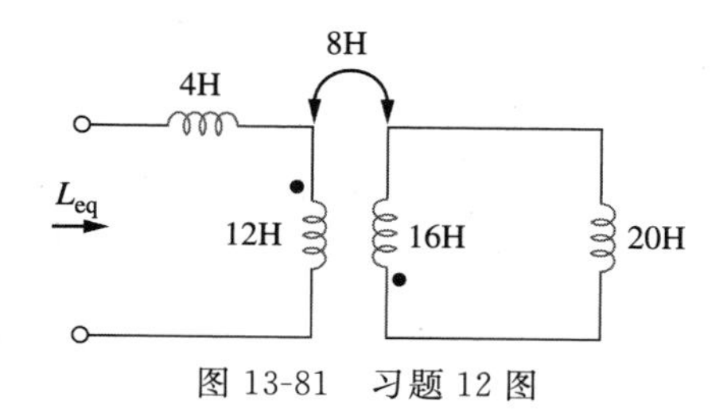

图 13-81　习题 12 图

13　对于图 13-82 所示电路，计算从电源端看进去的阻抗。　**PS　ML**

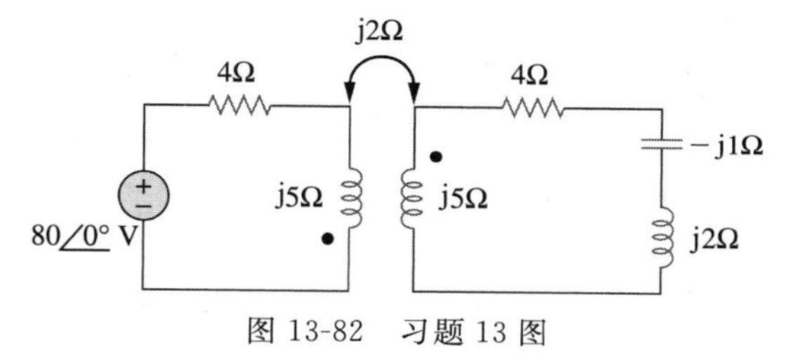

图 13-82　习题 13 图

14　求图 13-83 所示电路在端口 a-b 处的戴维南等效电路。

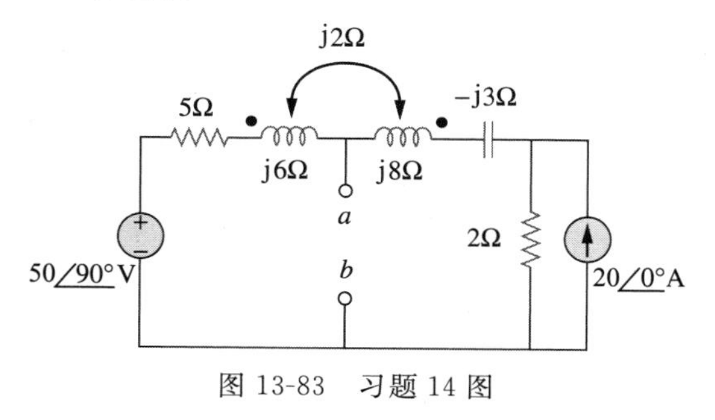

图 13-83　习题 14 图

15　求图 13-84 所示电路在端口 a-b 处的诺顿等效电路。

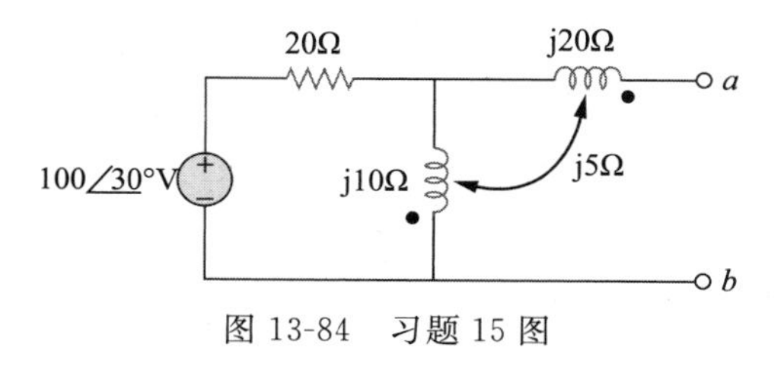

图 13-84　习题 15 图

16　求图 13-85 所示电路在端口 a-b 处的诺顿等效电路。　**PS　ML**

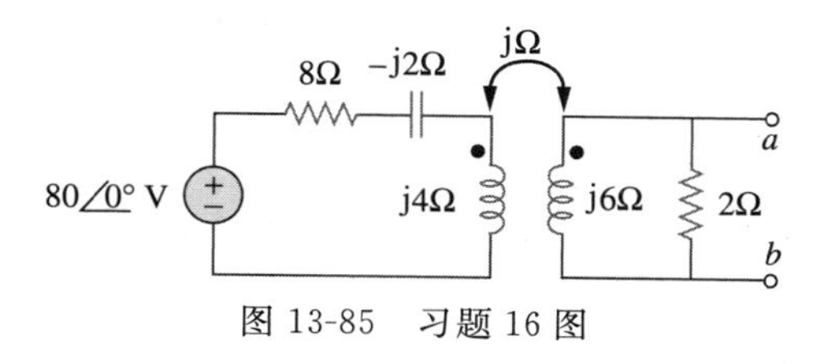

图 13-85　习题 16 图

17　在图 13-86 所示电路中，$\boldsymbol{Z}_L$ 为 5mH 电感，阻抗为 j40Ω。计算 $k=0.6$ 时的 $\boldsymbol{Z}_{in}$。　**ML**

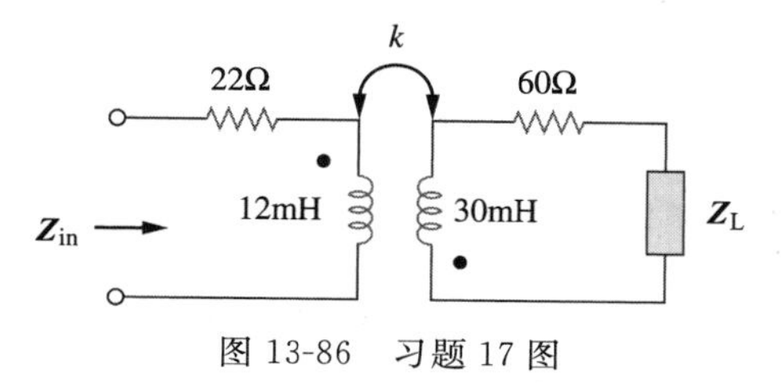

图 13-86　习题 17 图

18　求图 13-87 所示电路在负载 $\boldsymbol{Z}$ 左侧的戴维南等效电路。　**PS　ML**

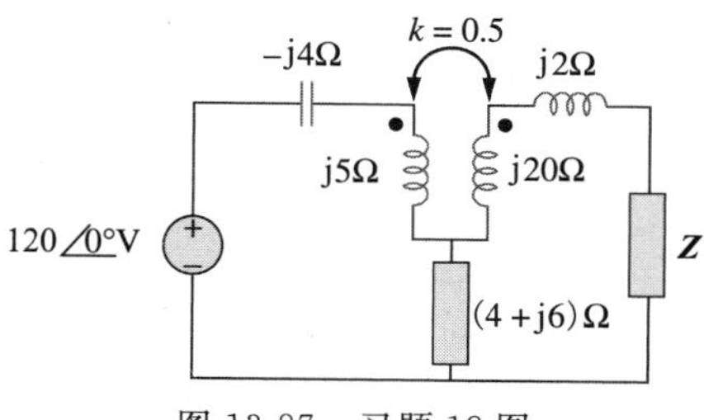

图 13-87　习题 18 图

19　求可用于取代图 13-88 所示变压器的等效 T 形电路。

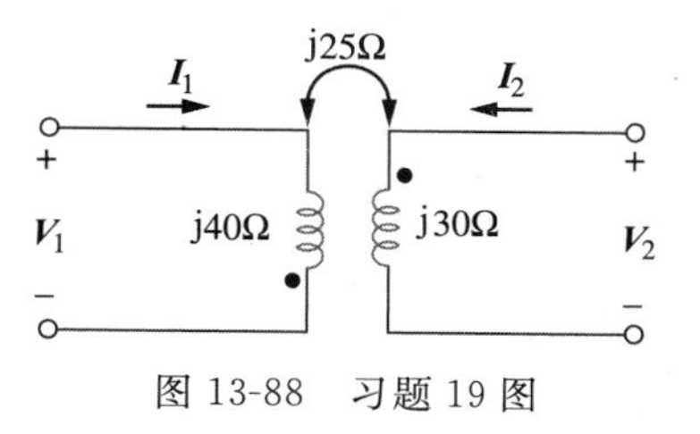

图 13-88　习题 19 图

13.3 节

20　计算图 13-89 所示电路中的电流 $\boldsymbol{I}_1$、$\boldsymbol{I}_2$ 与 $\boldsymbol{I}_3$，并求出 $t=2$ms 时耦合绕组中存储的能量。假设角频率 $\omega=1000$rad/s。　**PS　ML**

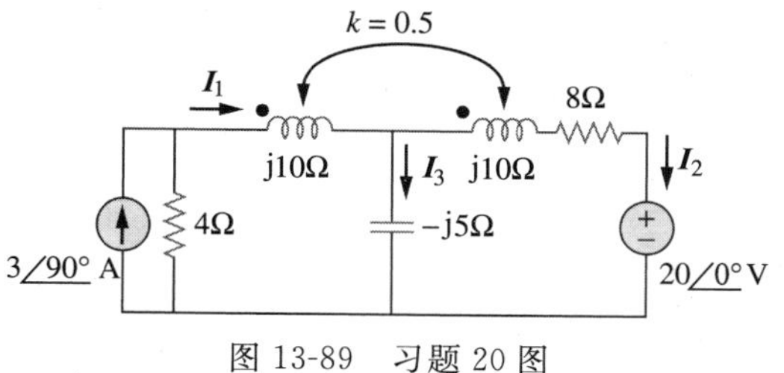

图 13-89　习题 20 图

21　利用图 13-90 所示电路设计一个问题，以更好地理解耦合电路能量。　**ED**

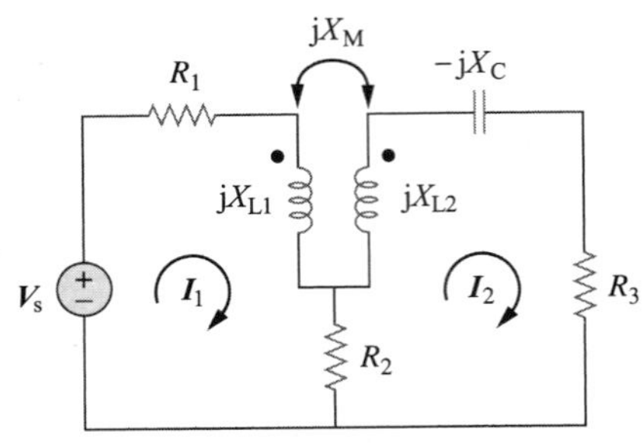

图 13-90　习题 21 图

*22　计算图 13-91 所示电路中的 I_o。

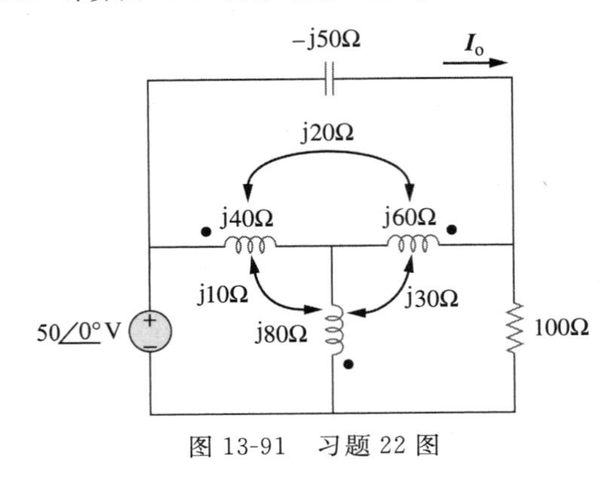

图 13-91　习题 22 图

23　在图 13-92 所示电路中，当 $M=0.2\text{H}$，$v_s=12\cos 10t\text{V}$ 时，计算电流 $i_1(t)$ 和 $i_2(t)$，并且计算在 $t=15\text{ms}$ 时储存在耦合线圈中的能量。　**PS　ML**

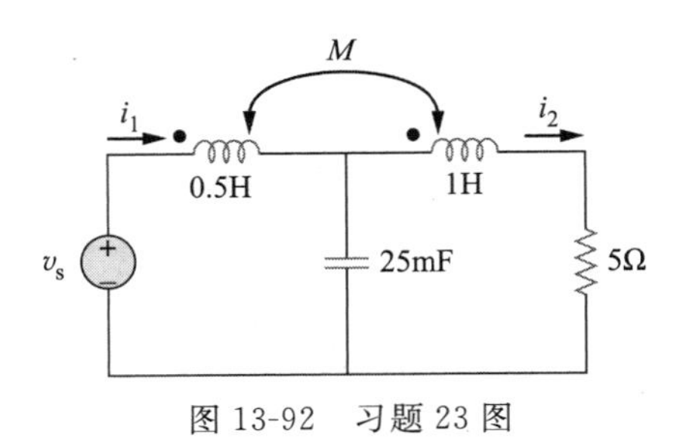

图 13-92　习题 23 图

24　在图 13-93 所示电路中，(a) 求耦合系数；(b) 计算 v_o；(c) 确定 $t=2\text{s}$ 时耦合电感器中存储的能量。　**PS　ML**

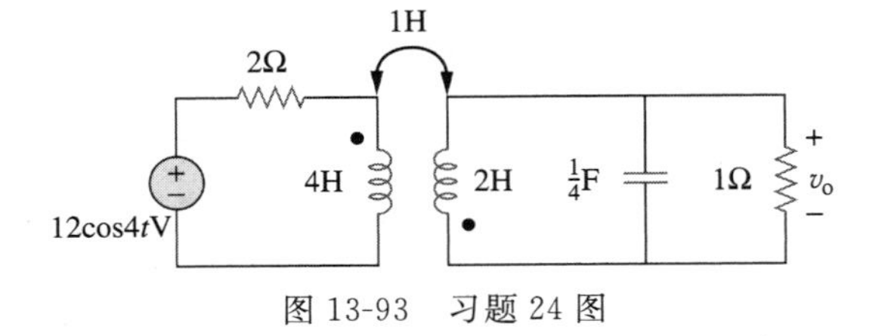

图 13-93　习题 24 图

25　在图 13-94 所示网络中，求 Z_{ab} 与 I_o。　**PS　ML**

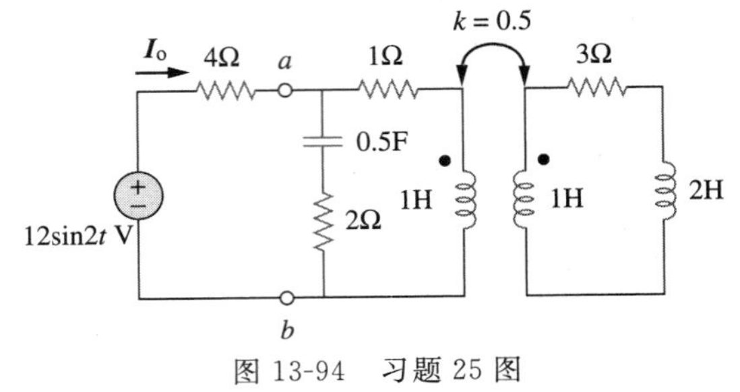

图 13-94　习题 25 图

26　图 13-95 所示电路中的 I_o。如果将右边绕组的同名端更换，再求 I_o。　**PS　ML**

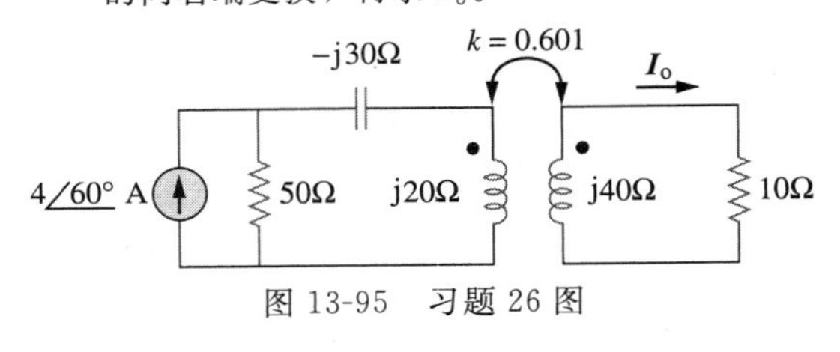

图 13-95　习题 26 图

27　图 13-96 所示电路传递给 50Ω 电阻的平均功率。　**PS　ML**

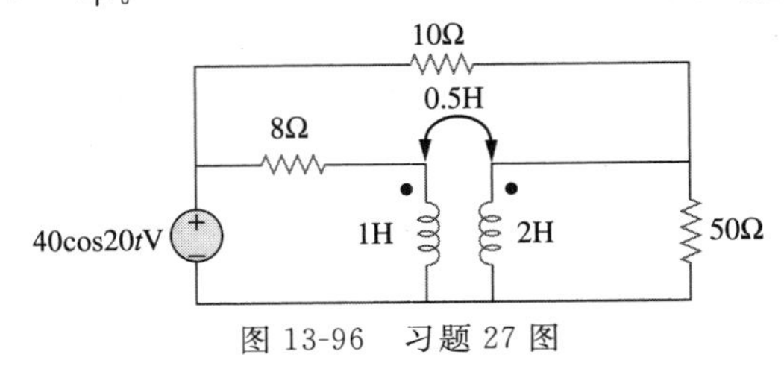

图 13-96　习题 27 图

*28　在图 13-97 所示电路中，计算传递给 20Ω 负载的功率最大时的 X 值。　**ML**

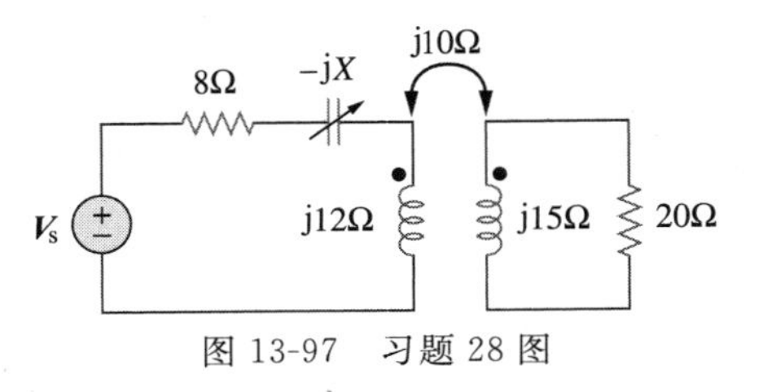

图 13-97　习题 28 图

13.4 节

29　在图 13-98 所示电路中，计算使 10Ω 电阻消耗的功率为 320W 的耦合系数 k 的值。对于该 k 值，计算 $t=1.5\text{s}$ 时耦合线圈中储存的能量。

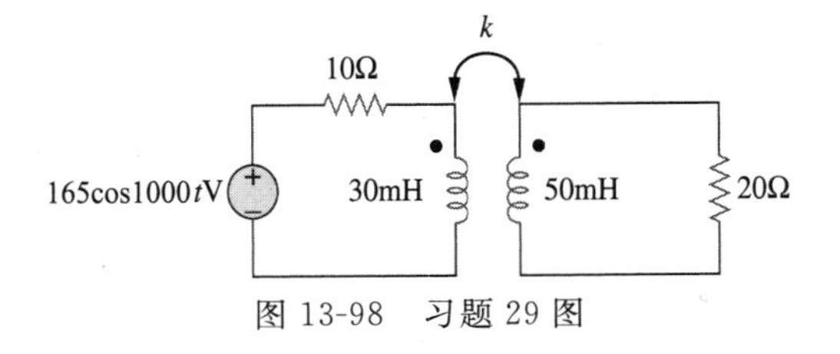

图 13-98　习题 29 图

30　(a) 利用反射阻抗的概念计算图 13-99 所示电路的输入阻抗；(b) 利用 T 等效电路取代线性变压器，计算输入阻抗。

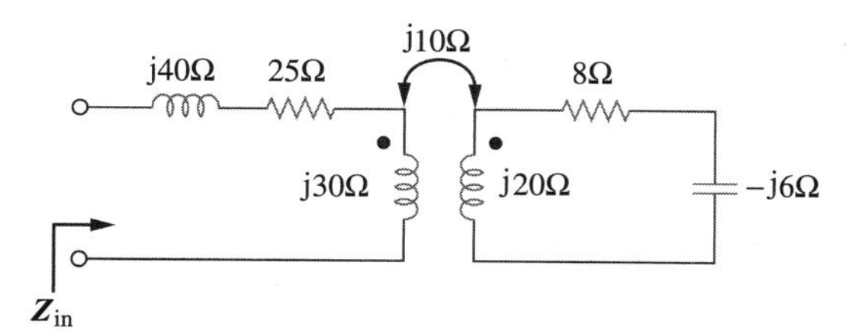

图 13-99　习题 30 图

31　利用图 13-100 所示电路设计一个问题，以更好地理解线性变压器及其 T 电路和 Π 电路的转换方法。 **ED**

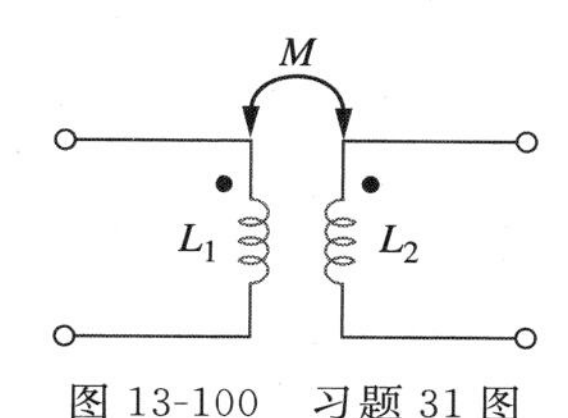

图 13-100　习题 31 图

*32　两个相互串联的线性变压器如图 13-101 所示，试证明：

$$Z_{\text{in}}=\frac{\omega^2 R(L_a^2+L_aL_b-M_a^2)+\text{j}\omega^3(L_a^2L_b+L_aL_b^2-L_aM_b^2-L_bM_a^2)}{\omega^2(L_aL_b+L_b^2-M_b^2)-\text{j}\omega R(L_a+L_b)}$$

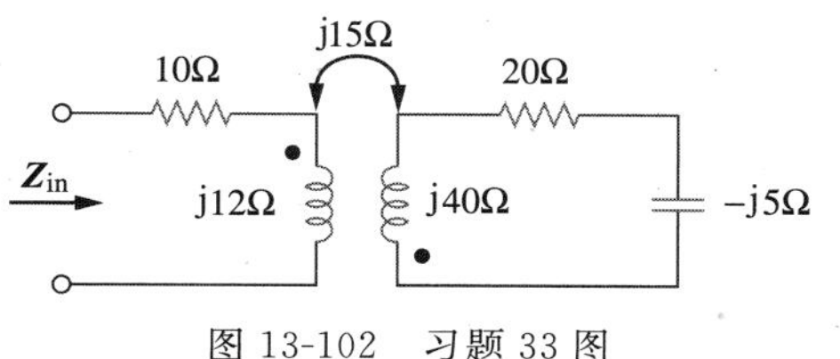

图 13-101　习题 32 图

33　计算图 13-102 所示空心变压器电路的输入阻抗。 **ML**

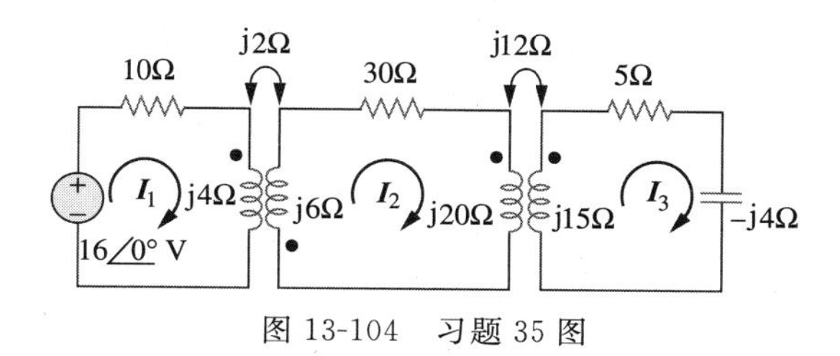

图 13-102　习题 33 图

34　利用图 13-103 所示电路设计一个问题，以更好地理解变压器电路的输入阻抗。 **ED**

*35　计算图 13-104 所示电路中的 $\boldsymbol{I}_1$、$\boldsymbol{I}_2$、$\boldsymbol{I}_3$。 **PS　ML**

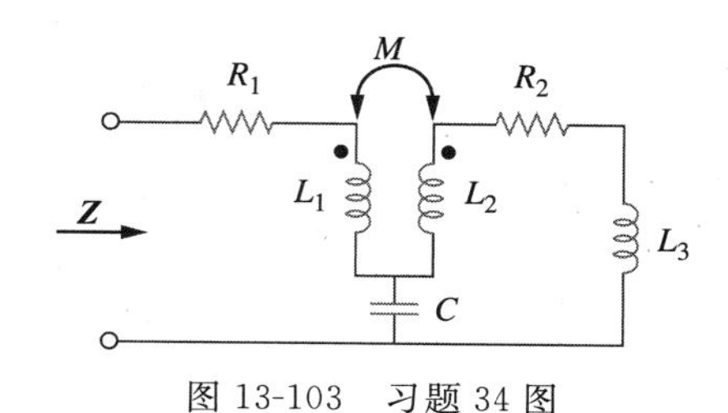

图 13-103　习题 34 图

图 13-104　习题 35 图

13.5 节

36　类似图 13-32，计算图 13-105 所示各理想变压器的端电压与电流之间的关系。

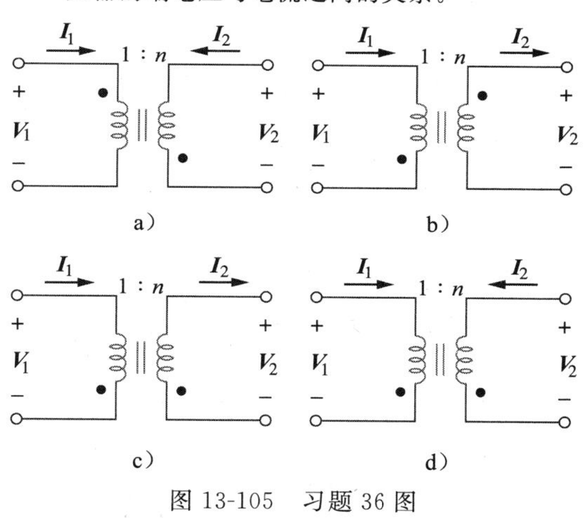

图 13-105　习题 36 图

37　某 480V/2400V(有效值)升压理想变压器传递给电阻性负载的功率为 50kW，计算：(a) 匝数比；(b) 一次电流；(c) 二次电流。

38　设计一个问题以更好地理解理想变压器。 **ED**

39　某 1200V/240V(有效值)变压器高压端的阻抗为 $60\angle{-30^\circ}\ \Omega$，如果变压器的低压端连接一个 $0.8\angle{10^\circ}\ \Omega$ 负载，确定该变压器输入电压为 1200V(有效值)的一次电流与二次电流。

40　某匝数比为 5 的理想变压器一次绕组与戴维南等效电压为 $v_{\text{Th}}=10\cos 2000t$ V、等效电阻为 $R_{\text{th}}=100\Omega$ 的电压源相连接，计算传递给与二次绕组相连的 200Ω 电阻的平均功率。

41　计算图 13-106 中 $\boldsymbol{I}_1$ 和 $\boldsymbol{I}_2$ 的值。 **PS　ED**

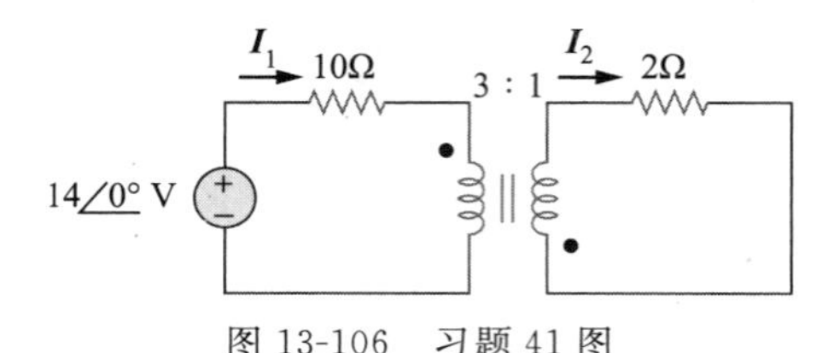

图 13-106　习题 41 图

42　对于图 13-107 所示电路，计算 2Ω 电阻吸收的功率，假设图中 80V 为有效值。　**PS　ML**

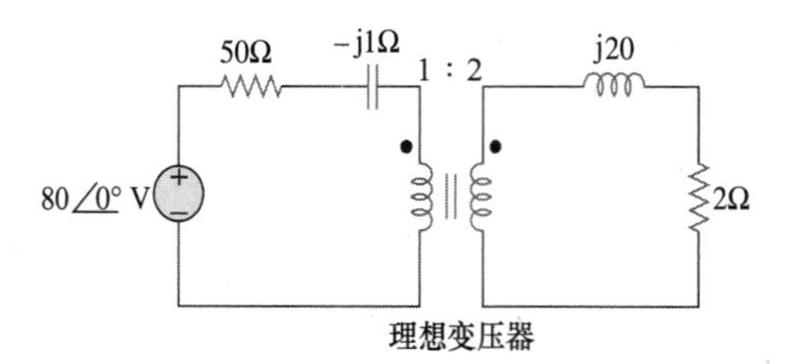

图 13-107　习题 42 图

43　计算图 13-108 所示理想变压器电路的 $\boldsymbol{V}_1$ 与 $\boldsymbol{V}_2$。　**PS　ML**

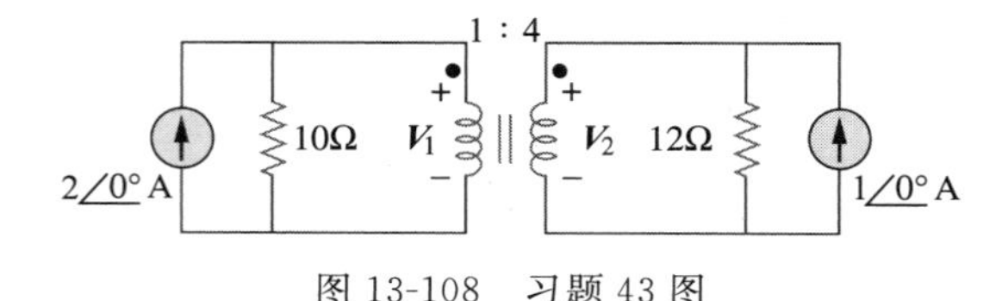

图 13-108　习题 43 图

* 44　在图 13-109 所示理想变压器电路中，求 $i_1(t)$ 与 $i_2(t)$。

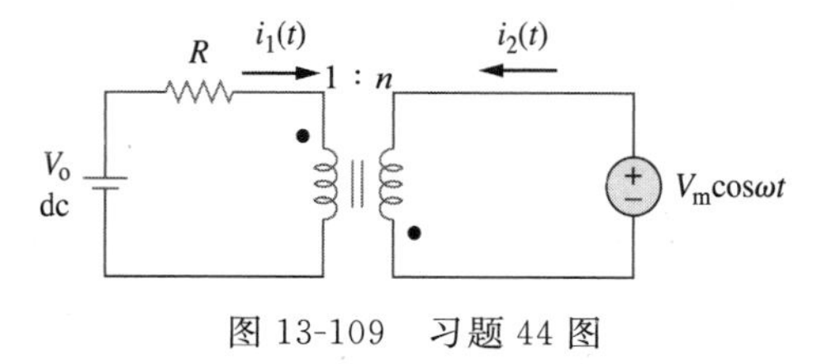

图 13-109　习题 44 图

45　对于图 13-110 所示电路，求 8Ω 电阻吸收的平均功率。　**PS　ML**

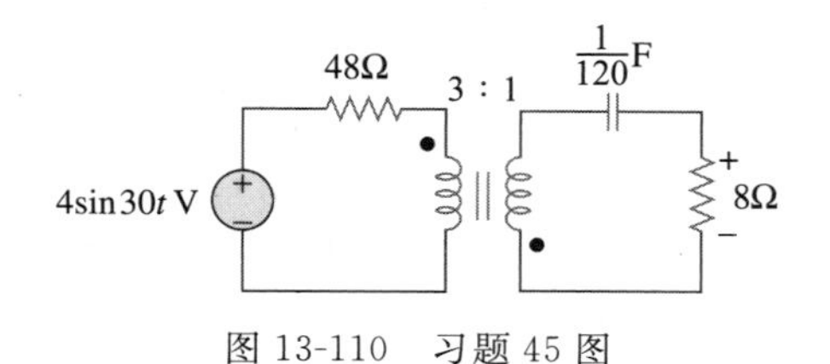

图 13-110　习题 45 图

46　(a) 求图 13-111 所示电路中的 $\boldsymbol{I}_1$ 与 $\boldsymbol{I}_2$；(b) 将其中一个绕组的同名端改变，重新求解 $\boldsymbol{I}_1$ 与 $\boldsymbol{I}_2$。　**PS　ML**

47　计算图 13-112 所示电路中的 $v(t)$。　**PS　ML**

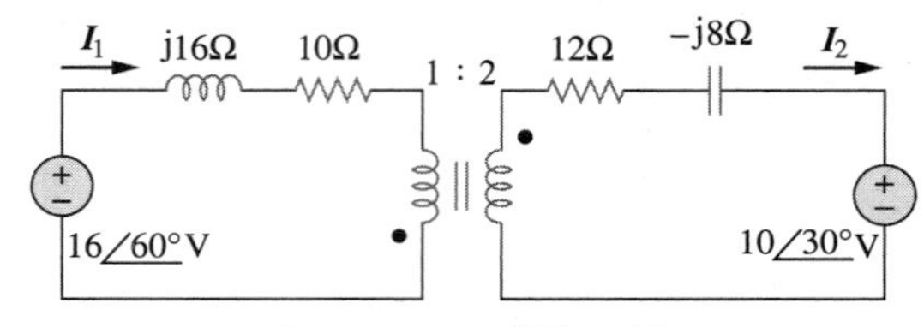

图 13-111　习题 46 图

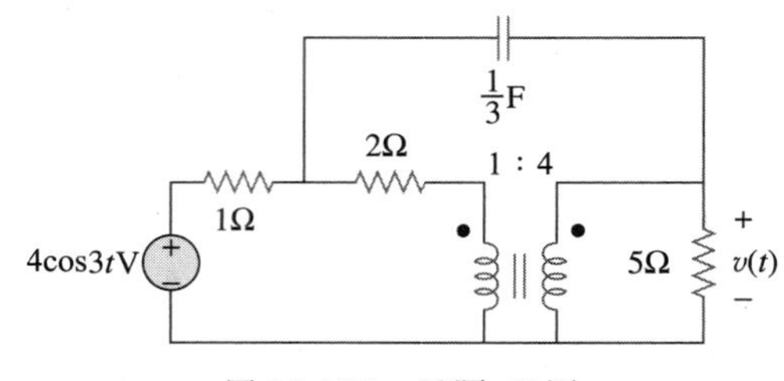

图 13-112　习题 47 图

48　利用图 13-113 所示电路设计一个问题，以更好地理解理想变压器的工作原理。　**ED**

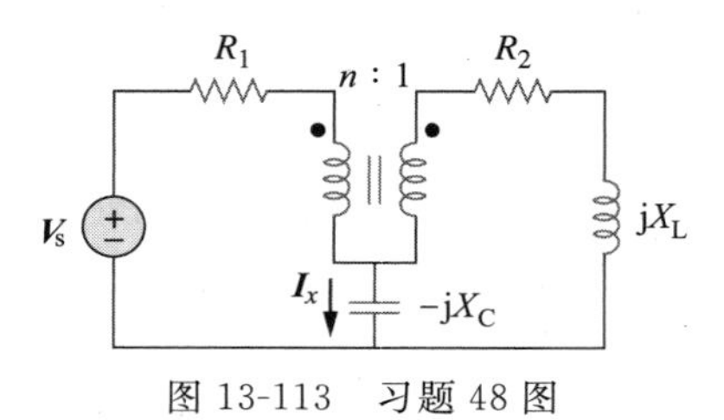

图 13-113　习题 48 图

49　计算图 13-114 所示理想变压器电路中的 i_x　**PS　ML**

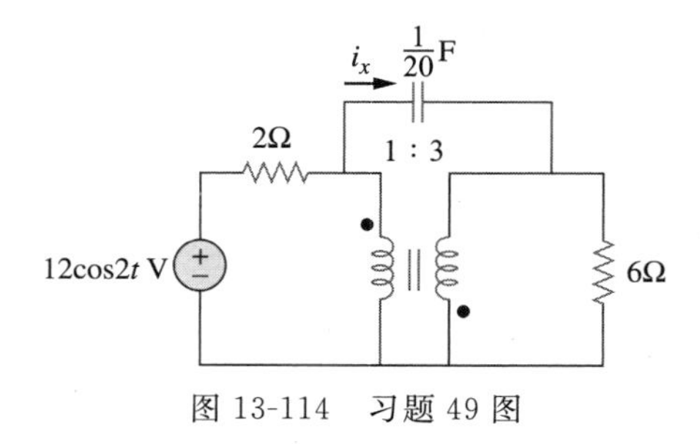

图 13-114　习题 49 图

50　计算图 13-115 所示网络的输入阻抗。　**ML**

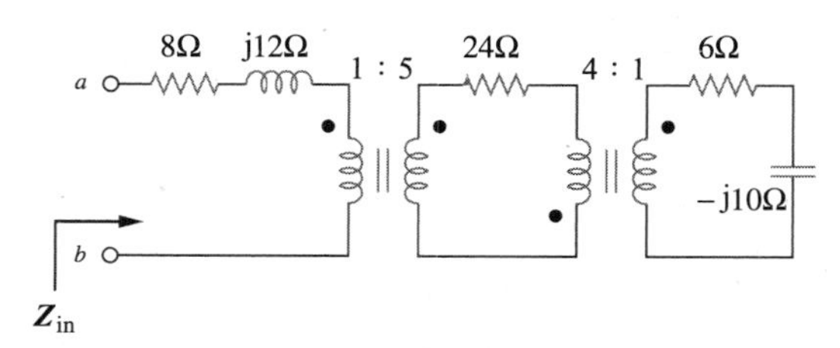

图 13-115　习题 50 图

51　利用反射阻抗的概念求解图 13-116 所示电路的输入阻抗与电流 $\boldsymbol{I}_1$。　**ML**

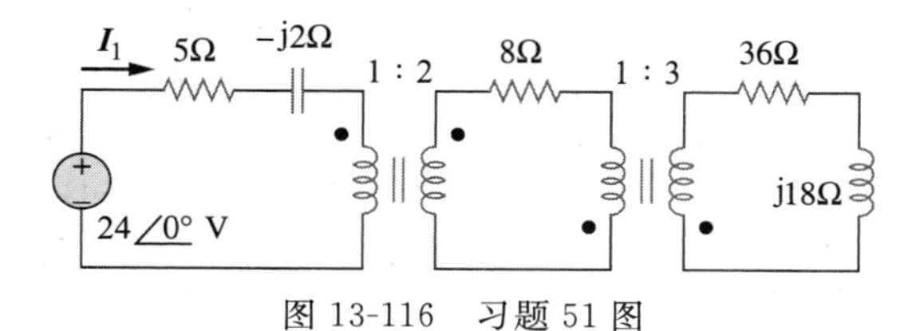

图 13-116　习题 51 图

52　对于图 13-117 所示电路，计算传递给负载的平均功率最大时的变压器匝数比 n，并计算该最大平均功率。 **ED**

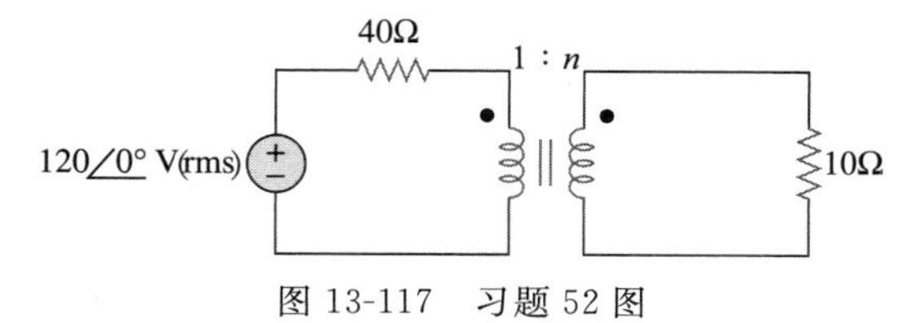

图 13-117　习题 52 图

53　对于图 13-118 所示网络，(a) 试求传递给 200Ω 负载功率最大时的匝数比 n；(b) 如果 $n=10$，计算 200Ω 负载的功率。 **ML**

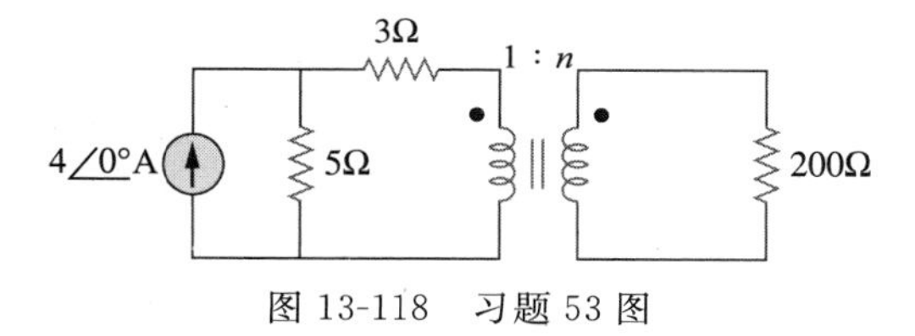

图 13-118　习题 53 图

54　在图 13-119 所示电路中，变压器用于实现放大器与 8Ω 负载的匹配，放大器的戴维南等效参数为：$V_{\mathrm{Th}}=10\mathrm{V}$，$Z_{\mathrm{Th}}=128\Omega$。(a) 求实现最大功率传输时所需的匝数比；(b) 计算一次电流与二次电流；(c) 计算一次电压与二次电压。 **ED**

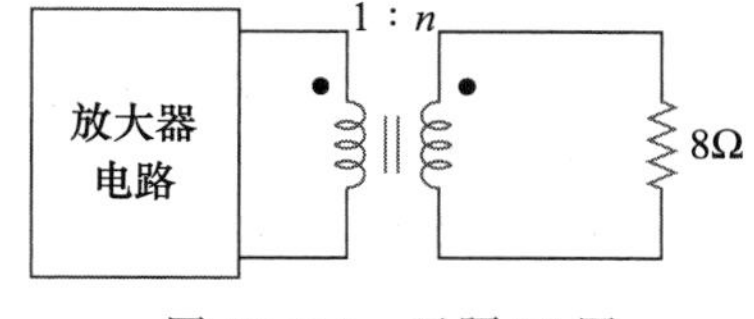

图 13-119　习题 54 图

55　对于图 13-120 所示电路，计算等效电阻。 **ML**

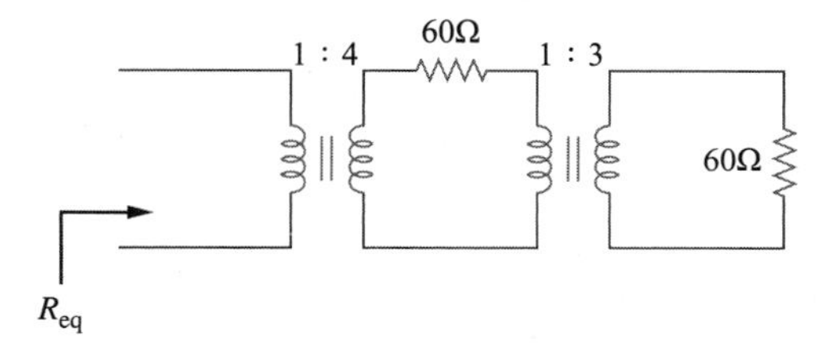

图 13-120　习题 55 图

56　计算图 13-121 所示理想变压器电路中 10Ω 电阻吸收的功率。 **PS　ML**

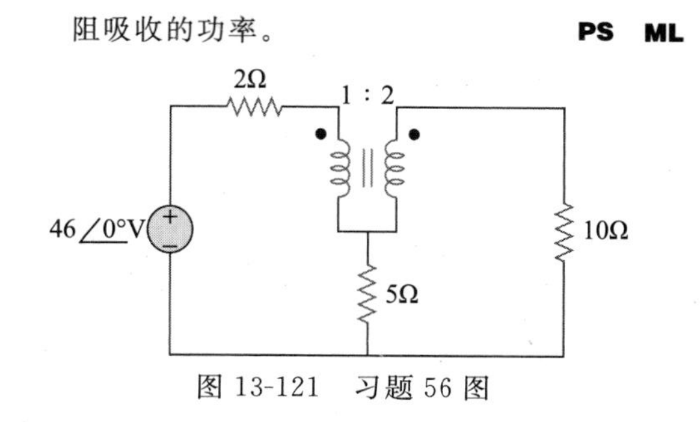

图 13-121　习题 56 图

57　对于图 13-122 所示理想变压器电路，试求：(a) $\boldsymbol{I}_1$ 与 $\boldsymbol{I}_2$；(b) $\boldsymbol{V}_1$ 与 $\boldsymbol{V}_2$；(c) 电源提供的复功率。 **PS　ML**

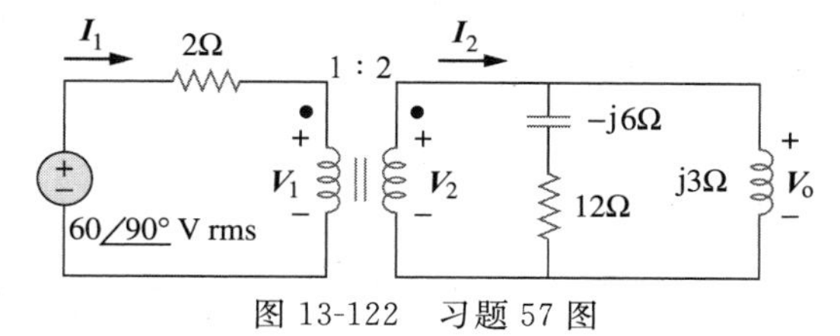

图 13-122　习题 57 图

58　计算图 13-123 所示电路中各电阻吸收的平均功率。 **PS　ML**

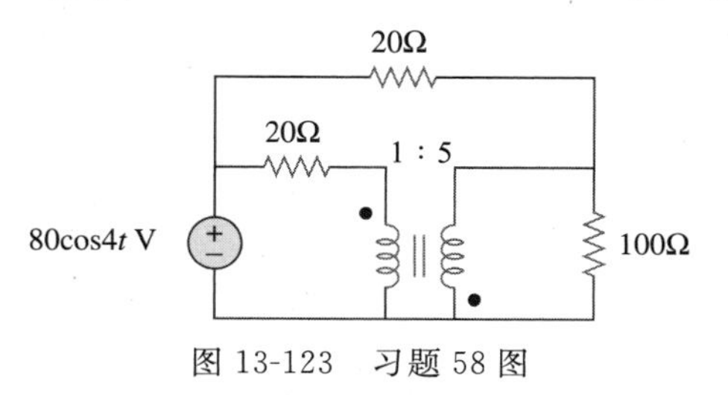

图 13-123　习题 58 图

59　在图 13-124 所示电路中，设 $v_s=165\sin 1000t\,\mathrm{V}$，求传递给各电阻的平均功率。 **PS　ML**

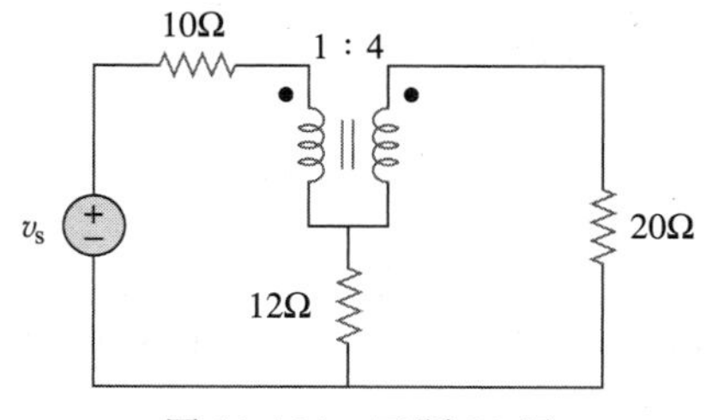

图 13-124　习题 59 图

60　在图 13-125 所示电路中，(a) 求电流 $\boldsymbol{I}_1$、$\boldsymbol{I}_2$ 与 $\boldsymbol{I}_3$；(b) 求 400Ω 电阻器消耗的功率。 **PS　ML**

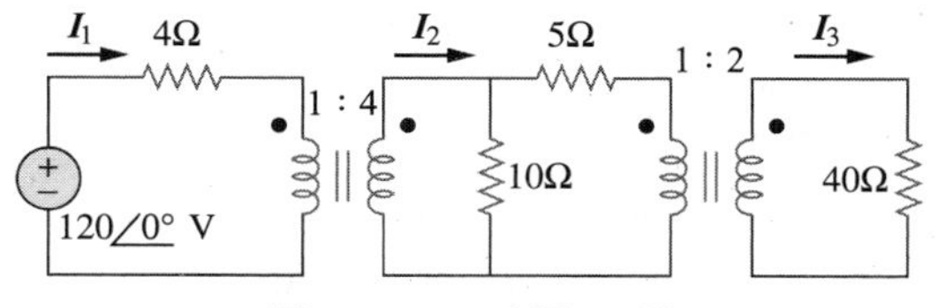

图 13-125　习题 60 图

*61 计算图 13-126 所示电路中的 $\boldsymbol{I}_1$、$\boldsymbol{I}_2$ 与 $\boldsymbol{V}_o$。 **PS ML**

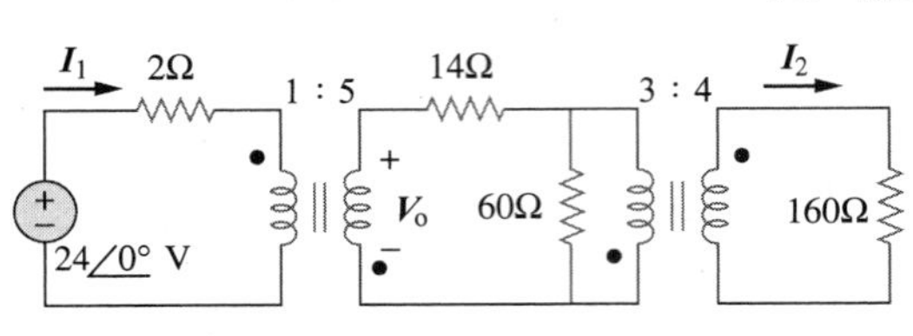

图 13-126 习题 61 图

62 对于图 13-127 所示网络，试求： **PS ML**
(a) 电源提供的复功率；(b) 传递给 18Ω 电阻的平均功率。

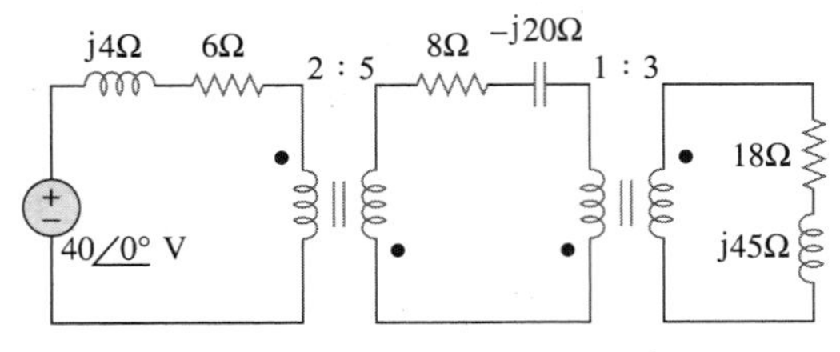

图 13-127 习题 62 图

63 计算图 13-128 所示电路中的网孔电流。 **ML**

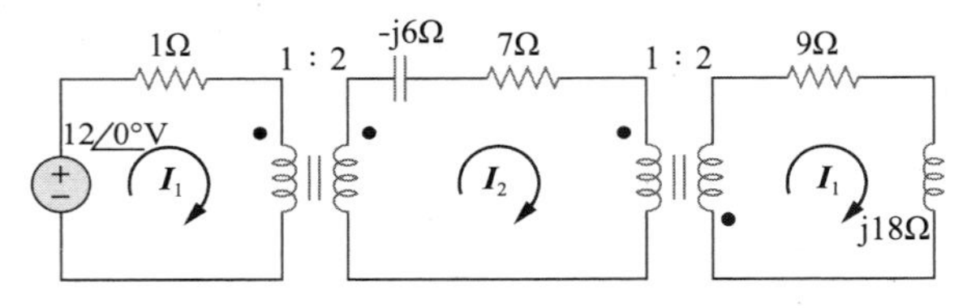

图 13-128 习题 63 图

64 对于图 13-129 所示电路，求传递给 30kΩ 电阻器功率最大时的匝数比。 **PS ML**

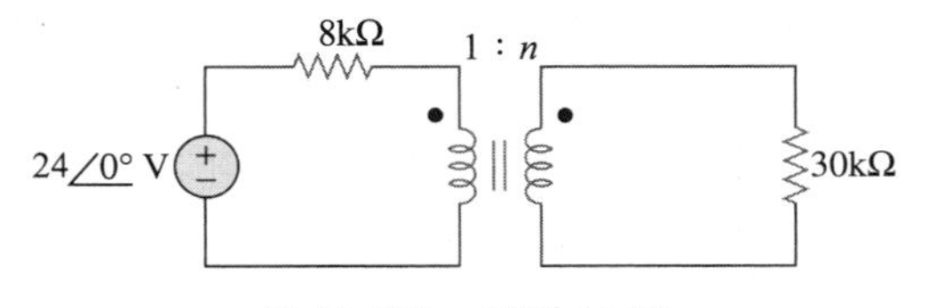

图 13-129 习题 64 图

*65 计算图 13-130 所示电路中 20Ω 电阻消耗的平均功率。 **PS ML**

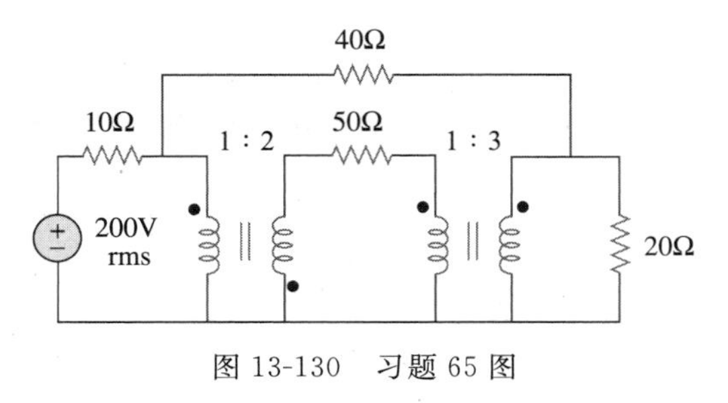

图 13-130 习题 65 图

13.6 节

66 设计一个问题以更好地理解理想自耦变压器的工作原理。 **ED**

67 抽头比为 40% 的自耦变压器由 400V、60Hz 电源供电，并工作在升压状态下。某单位功率因数下的 5kV·A 负载与该变压器的二次侧相连。试求：(a) 二次电压；(b) 二次电流；(c) 一次电流。

68 在图 13-131 所示理想自耦变压器电路中，计算 $\boldsymbol{I}_1$、$\boldsymbol{I}_2$ 与 $\boldsymbol{I}_o$，以及传递给负载的平均功率。 **ML**

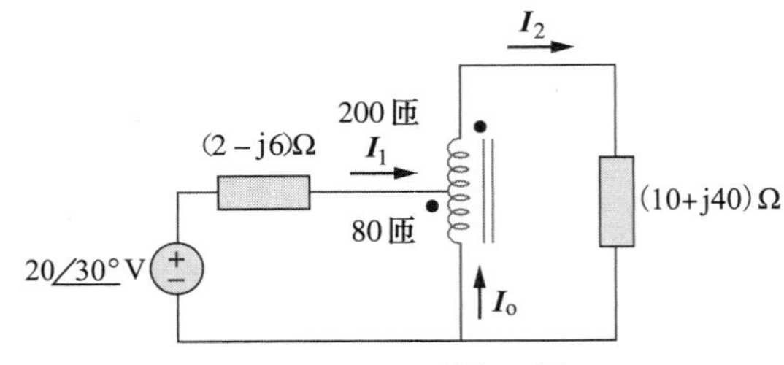

图 13-131 习题 68 图

*69 在图 13-132 所示电路中，调整 $\boldsymbol{Z}_L$ 的大小直到 $\boldsymbol{Z}_L$ 上的平均功率最大。如果 $N_1=600$ 匝，$N_2=200$ 匝，求 $\boldsymbol{Z}_L$ 以及 $\boldsymbol{Z}_L$ 消耗的最大平均功率。 **ED**

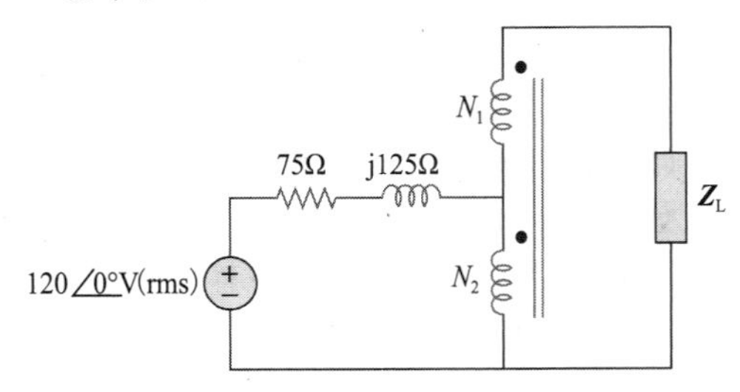

图 13-132 习题 69 图

70 在图 13-133 所示理想变压器电路中，计算传递给负载的平均功率。 **ML**

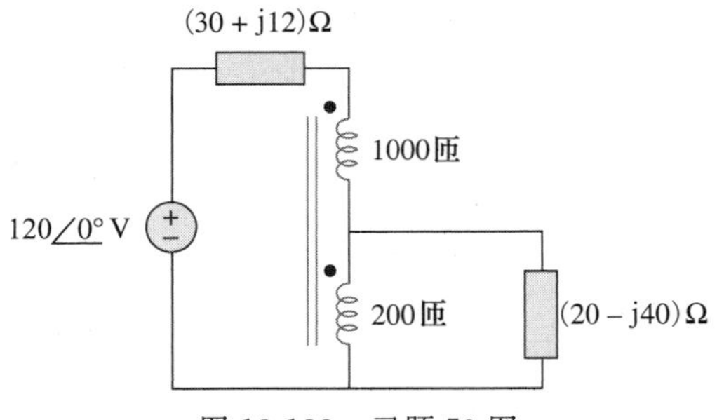

图 13-133 习题 70 图

71 如图 13-134 所示，求证

$$\boldsymbol{Z}_{in}=\left(1+\frac{N_1}{N_2}\right)^2\boldsymbol{Z}_L$$

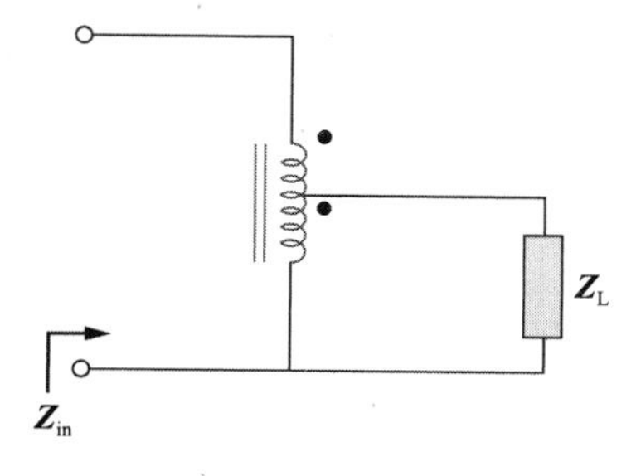

图 13-134　习题 71 图

13.7 节

72　为了应急需要，将三个 12 470V(rms)/7200V(rms)单相变压器接成△-Y 联结，从而构成一个由 12 470V 输电线供电的三相变压器，如果该变压器给负载提供 60MV・A 的功率，试求：(a) 各变压器的匝数比；(b) 变压器一次绕组与二次绕组中的电流；(c) 流入与流出传输线的电流。 **ED**

73　图 13-135 所示为一个给 Y 联结负载供电的三相变压器。(a) 说明变压器的联结方法；(b) 计算电流 $\boldsymbol{I}_2$ 与 $\boldsymbol{I}_c$；(c) 求负载吸收的平均功率。 **ML**

74　对于图 13-136 所示的三相变压器电路，其一次馈电电压是线电压为 2.4kV(rms)的三相电源，而二次绕组为 pf＝0.8 的三相对称负载提供 120kW 功率，试确定：(a) 变压器的联结类型；(b) I_{Ls} 与 I_{Ps} 的值；(c) I_{Lp} 与 I_{Pp} 的值；(d) 变压器各相的功率。

75　图 13-137 所示的△-Y 联结对称三相变压器组用于将 4500V(rms)线电压降至 900V，如果变压器给 120kV・A 负载供电，试求：(a) 变压器的匝数比；(b) 一次线电流与二次线电流。

76　利用图 13-138 所示电路设计一个问题，以更好地理解 Y-△形三相变压器及其工作原理。 **ED**

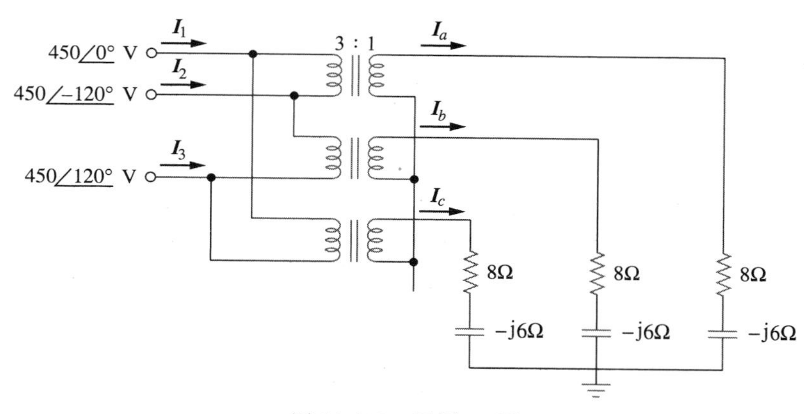

图 13-135　习题 73 图

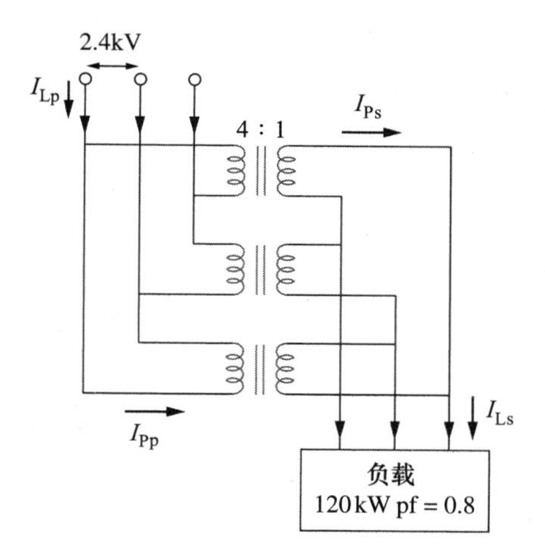

图 13-136　习题 74 图

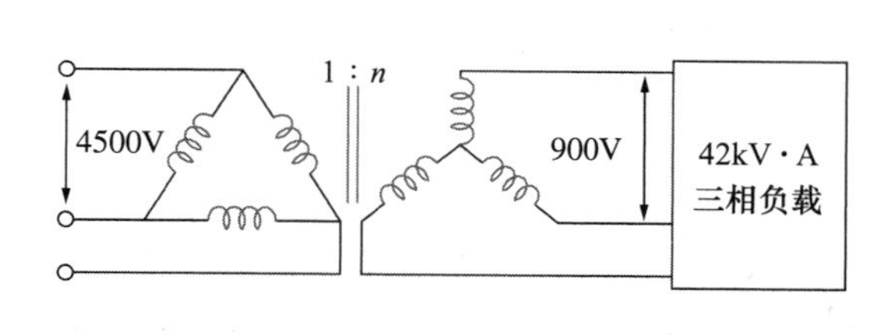

图 13-137　习题 75 图

图 13-138　习题 76 图

77　某城市配电三相系统的线电压为 13.2kV，架设在电线杆上的变压器与一条线路相连，并将高压线降至 120V(rms)供住宅用户使用，如图 13-139 所示。(a) 计算得到 120V 电压所采用的变压器的匝数比。(b) 计算与 120V 相线相连的一个 100W 灯泡从高压线上提取的电流。　**ED**

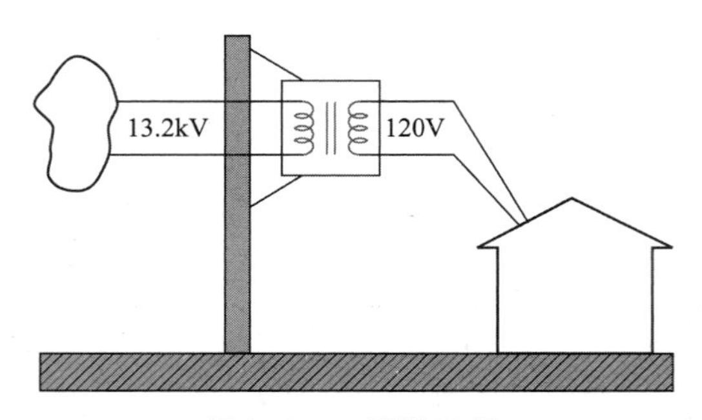

图 13-139　习题 77 图

13.8 节

78　利用 PSpice 或 MultiSim 计算图 13-140 所示电路中的网孔电流，假设 $\omega = 1\text{rad/s}$，$k = 0.5$。　**PS**

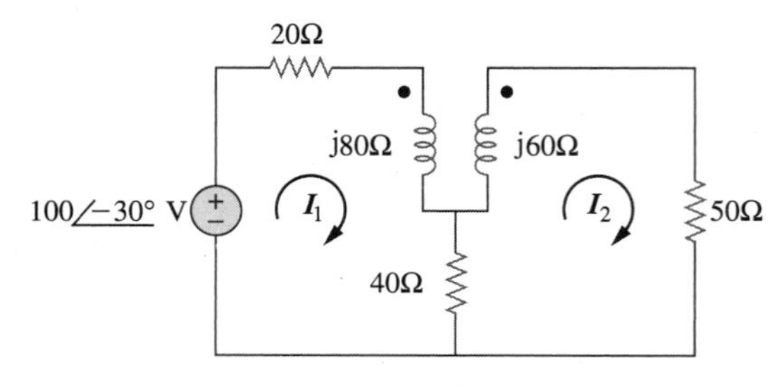

图 13-140　习题 78 图

79　利用 PSpice 或 MultiSim 计算图 13-141 所示电路中的 $\boldsymbol{I}_1$、$\boldsymbol{I}_2$ 与 $\boldsymbol{I}_3$。

80　利用 PSpice 或 MultiSim 重做习题 22。

81　利用 PSpice 或 MultiSim 计算图 13-142 所示电路中的 $\boldsymbol{I}_1$、$\boldsymbol{I}_2$ 与 $\boldsymbol{I}_3$。

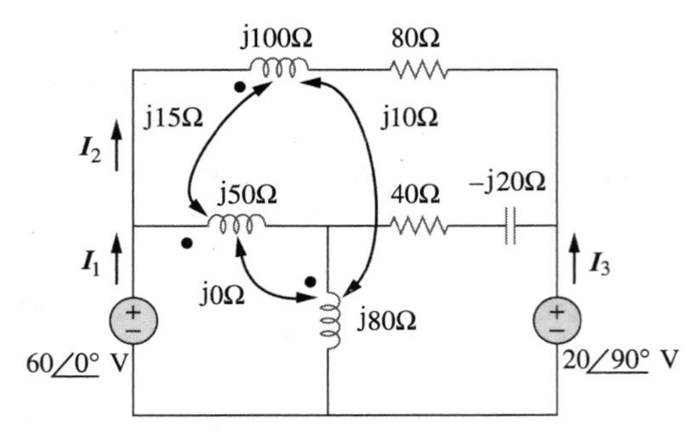

图 13-141　习题 79 图

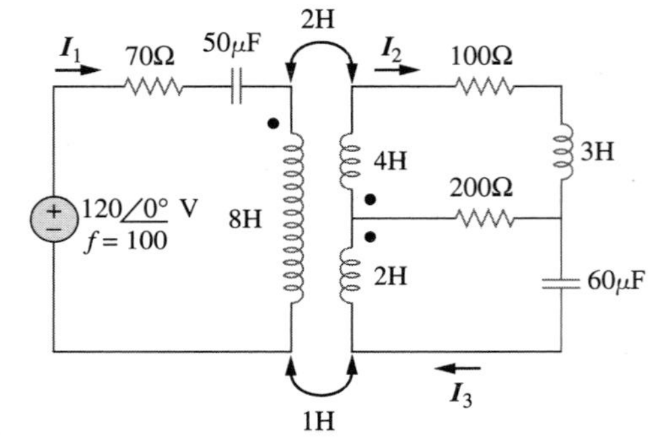

图 13-142　习题 81 图

82　利用 PSpice 或 MultiSim 计算图 13-143 所示电路中的 $\boldsymbol{V}_1$、$\boldsymbol{V}_2$ 与 $\boldsymbol{I}_o$。

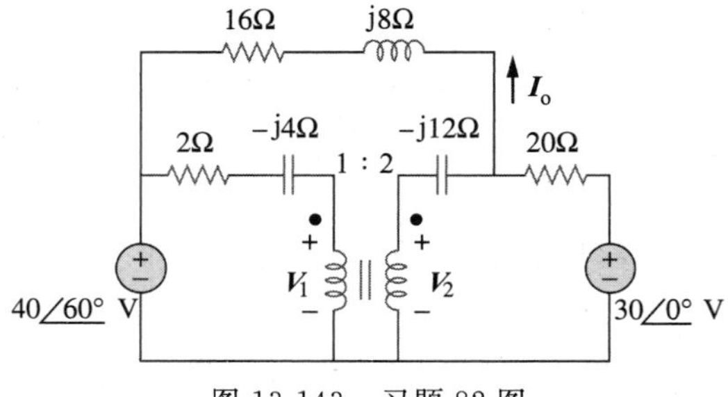

图 13-143　习题 82 图

83　利用 PSpice 或 MultiSim 计算图 13-144 所示电路中的 $\boldsymbol{I}_x$ 与 $\boldsymbol{V}_x$。

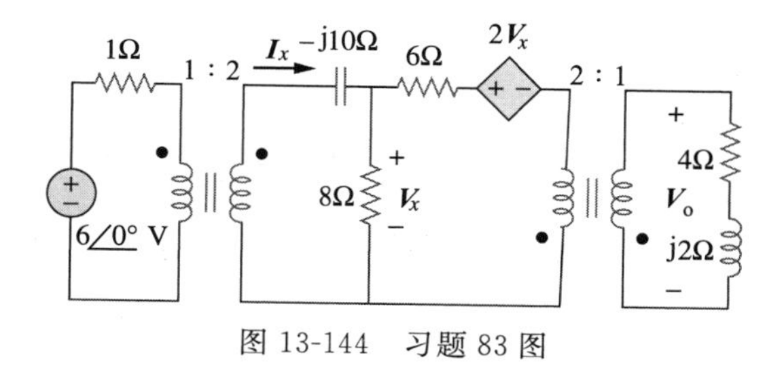

图 13-144 习题 83 图

84 利用 PSpice 或 MultiSim 计算图 13-145 所示理想变压器电路中的 I_1、I_2 与 I_3。

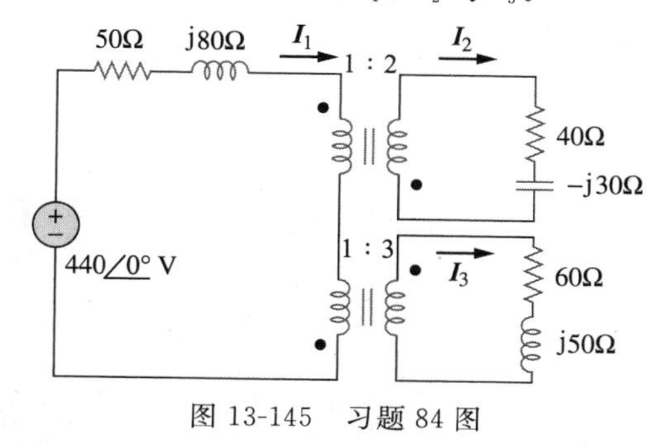

图 13-145 习题 84 图

13.9 节

85 某输出阻抗为 7.2kΩ 的立体声放大电路通过一个一次匝数为 3000 的变压器与一个输入阻抗为 8Ω 的扬声器相匹配，计算该变压器二次绕组的匝数。

86 某一次匝数为 2400、二次匝数为 48 的变压器用作阻抗匹配器件，试问与二次侧相连接的 3Ω 负载的反射阻抗为多少？

87 某无线电接收机的输入电阻为 300Ω，当它与特征阻抗为 75Ω 的天线系统直接相连时，阻抗是不匹配的。在接收机之前连接一个阻抗匹配变压器，即可实现最大功率传送。计算所需的变压器匝数比。 **ED**

88 某匝数比为 $n=0.1$ 的降压变压器给某电阻性负载提供 12.6V(rms)的电压，如果其一次电流为 2.5A(rms)，试问传递给该负载的功率为多少？

89 某 240V/120V(rms)电源变压器的额定功率为 10kV · A，计算其匝数比、一次电流和二次电流。

90 某 4kV · A、2400V(rms)/240V(rms)变压器的一次绕组匝数为 250，试计算：(a) 匝数比；(b) 二次绕组匝数；(c) 一次电流与二次电流。

91 某 25 000V/240V(rms)配电变压器一次电流的额定值为 75A。(a) 求变压器的额定 kV · A 功率；(b) 计算二次电流。

92 4800V(rms)的传输线给一次匝数为 1200、二次匝数为 28 的配电变压器供电，当二次负载为 10Ω 时，求：(a) 二次电压；(b) 一次电流与二次电流；(c) 提供给负载的功率。

综合理解题

93 图 13-146 所示的四绕组变压器通常用在既可以在 110V 电压下工作又可以在 220V 电压下工作的设备(如计算机、录像机等)中，这就使得这类设备既可以在国内使用，也可以在国外使用，试说明提供如下电压所需的变压器连接方式。(a) 输入 1100V 时，输出 14V；(b) 输入 220V 时，输出 50V。

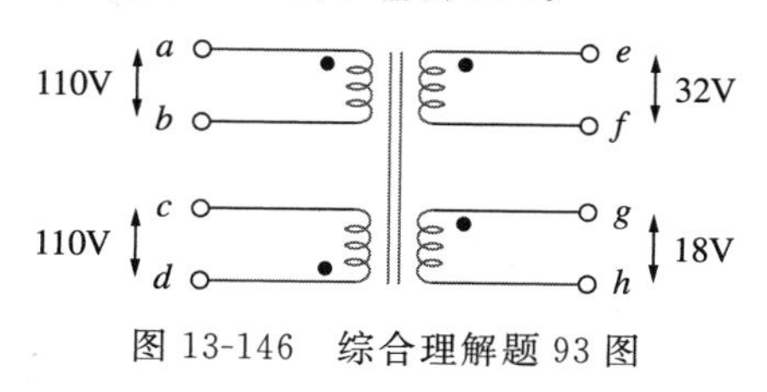

图 13-146 综合理解题 93 图

*94 440V/110V 理想变压器可以连接成 550V/440V 理想自耦变压器，四种可能的连接方式中有两种连接是错误的，求：(a) 错误连接的输出电压；(b) 正确连接的输出电压。

95 10 只相互并联的灯泡由 7200V/120V 变压器供电，如图 13-147 所示，灯泡可以建模为 144Ω 的电阻，求：(a) 变压器的匝数比 n；(b) 流过一次绕组的电流。

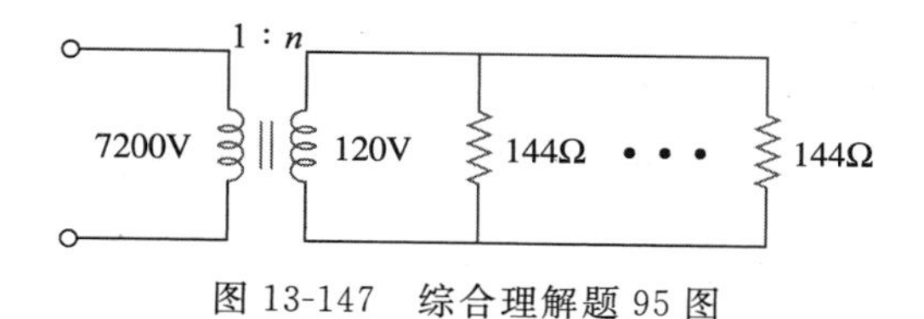

图 13-147 综合理解题 95 图

第14章 频率响应

热爱生命吗？那就珍惜时间吧，因为生命是由时间构成的。

——Benjamin Franklin

拓展事业

控制系统领域的职业生涯

控制系统是电子工程学科中应用电路分析的另一个领域，所设计的控制系统按照某种期望的方式调整一个或多个变量的行为特征。控制系统在人们的日常生活中起着非常重要的作用，如供暖系统与空调系统等家用电器、开关调温器，洗衣机与烘干机、机动车巡航控制器、电梯、交通指示灯、导航系统等都会用到控制系统。在航空航天技术领域中，太空探测器的精确导航、航天飞机的运行模式控制，以及宇宙飞船的地面遥控等都需要控制系统的知识。在制造业领域，批量生产流水线的控制日益依赖于机器人来完成，而机器人则是一个可编程控制系统，可以长期不知疲劳地工作。

（图片来源：Glow Images）

控制工程涵盖了电路理论与通信理论的知识。它并不局限于某一学科知识，而可能包含环境学、化学，航空学、机械学、土木工程学以及电子工程学等。例如，控制系统工程师的一项重要任务是设计一个磁盘驱动器读写头的转速调节器。系统地理解控制系统的各项技术是对电子工程师的基本要求，这对于设计实现特定功能的控制系统具有极大的实际意义。

学习目标

通过本章内容的学习和练习你将具备以下能力：

1. 理解传输功能并且知道它们的计算方法。
2. 理解分贝标度，以及它的使用原因和使用方法。
3. 理解波特图，以及它的使用原因和计算方法。
4. 理解串联和并联谐振，理解其重要性以及确定方法。
5. 理解无源滤波器。
6. 理解有源滤波器。
7. 讨论幅度和频率调节，知道它们为何是重要的。

14.1 引言

在正弦电路分析中我们已经学习了如何求解固定频率正弦电源激励的电压与电流。如果假设正弦电源的幅度保持不变，而改变其频率，则会得到电路的频率响应(frequency response)。频率响应可以看作是电路的正弦稳态特性随频率变化的一种完整描述。

电路的频率响应是指电路的行为特征随信号频率变化而发生的变化。

在许多应用中，特别是通信系统与控制系统中，电路的正弦稳态频率响应起到非常重要的作用。其中一种特殊的应用是电子滤波器，滤波器可以阻止或消除不需要的频率信号，而让所需频率的信号通过。在无线电收音机、电视机与电话机等系统中滤波器用于将不同广播频率相互隔离开。

提示：可以将电路的频率响应看作电路的增益与相位随频率变化而发生的变化。

本章首先利用传输函数来分析简单电路的频率响应，之后介绍描述频率响应的工业标准方法——伯德图。同时学习串联谐振电路与并联谐振电路，并建立一些重要概念，如谐振、品质因数、截止频率及带宽等。接着再讨论几种不同的滤波器及电路参量的比例变换问题，最后一节介绍谐振电路的一个应用实例和滤波器的两个应用实例。

14.2 传输函数

传输函数 $\boldsymbol{H}(\omega)$[也称网络函数(network function)]是求解电路频率响应的一种有用的数学工具。实际上，电路的频率响应就是传输函数 $\boldsymbol{H}(\omega)$随 ω 由 0～∞变化的关系曲线。

传输函数是电路依赖于频率的受迫函数与激励函数(或输出信号与输入信号)之比。前面章节在利用阻抗或导纳表示电压与电流的关系时，实际上隐含了传输函数的概念。一般而言，线性网络可以利用图 14-1 所示的方框图表示。

电路的传输函数 $\boldsymbol{H}(\omega)$是随着频率而变化的输出相量 $\boldsymbol{Y}(\omega)$(元件的电压或电流)与输入相量 $\boldsymbol{X}(\omega)$(源电压或电流)之比。

提示：本书中，$\boldsymbol{X}(\omega)$与 $\boldsymbol{Y}(\omega)$分别表示网络的输入相量与输出相量，不要和表示电抗与导纳的符号相混淆。由于没有足够的英文符号可以将所有的电路变量区分开来，所以用某些符号表示多种含义一般来讲是允许的。

于是，传输函数可以表示为

$$\boxed{\boldsymbol{H}(\omega)=\frac{\boldsymbol{Y}(\omega)}{\boldsymbol{X}(\omega)}} \tag{14.1}$$

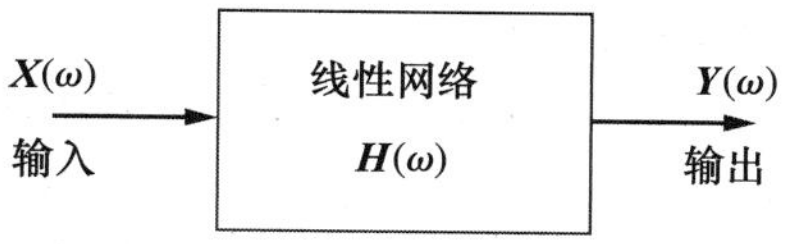

图 14-1 线性网络的方框图

式中假定初始条件为零。由于输入与输出可以是电路中任意位置的电压或电流，所以存在四种可能的传输函数：

$$\boldsymbol{H}(\omega)=\text{电压增益}=\frac{\boldsymbol{V}_o(\omega)}{\boldsymbol{V}_i(\omega)} \tag{14.2a}$$

$$\boldsymbol{H}(\omega)=\text{电流增益}=\frac{\boldsymbol{I}_o(\omega)}{\boldsymbol{I}_i(\omega)} \tag{14.2b}$$

$$\boldsymbol{H}(\omega)=\text{转移阻抗}=\frac{\boldsymbol{V}_o(\omega)}{\boldsymbol{I}_i(\omega)} \tag{14.2c}$$

$$\boldsymbol{H}(\omega)=\text{转移导纳}=\frac{\boldsymbol{I}_o(\omega)}{\boldsymbol{V}_i(\omega)} \tag{14.2d}$$

式中，下标 i 与 o 分别表示输入与输出。$\boldsymbol{H}(\omega)$是一个复数量，其模值 $H(\omega)$，相角为 ϕ，也就是说，$\boldsymbol{H}(\omega)=H(\omega)\angle\phi$。

提示：有些学者喜欢用 $\boldsymbol{H}(\mathrm{j}\omega)$表示传输函数而不用 $\boldsymbol{H}(\omega)$，因为 ω 与 j 常常一起使用。

利用式(14.2)确定传输函数时，首先要将电路中的电阻、电感与电容用它们的阻抗 R、$\mathrm{j}\omega L$ 与 $1/\mathrm{j}\omega L$ 取代，得到频域等效电路，之后再利用已经掌握的电路分析方法确定式(14.2)中的相关变量。这样，就可以画出电路传输函数的模与相位随频率变化的曲线，从而得到电路的频率响应。利用计算机绘制传输函数能够节省大量的时间。

传输函数 $\boldsymbol{H}(\omega)$也可以用其分子多项式 $\boldsymbol{N}(\omega)$与分母多项式 $\boldsymbol{D}(\omega)$之比来表示：

$$\boxed{\boldsymbol{H}(\omega)=\frac{\boldsymbol{N}(\omega)}{\boldsymbol{D}(\omega)}} \tag{14.3}$$

式中，$\boldsymbol{N}(\omega)$与 $\boldsymbol{D}(\omega)$未必和输出函数与输入函数具有同样的表达式。式(14.3)中，假设 $\boldsymbol{H}(\omega)$的表达式中分子与分母的公因式已经消去，得到的是最简多项式之比。$\boldsymbol{N}(\omega)=0$ 的

根称为 $\boldsymbol{H}(\omega)$的零点(zero)，通常用 $j\omega=z_1$，z_2，…表示。类似地，$\boldsymbol{D}(\omega)=0$ 的根称为 $\boldsymbol{H}(\omega)$的极点(pole)，用 $j\omega=p_1$，p_2，…表示。

零点是分子多项式的根，它是使得传输函数等于零的点；极点是分母多项式的根，它是使得传输函数趋于无穷大的点。

提示： 可以将零点看作是使得 $\boldsymbol{H}(s)$为零的 $s=j\omega$ 值，极点则是使得 $\boldsymbol{H}(s)$为无穷大的 $s=j\omega$ 值。

为了避免复数的运算，在计算 $j\omega$ 时，可以暂时利用 s 取代 $j\omega$，这样会比较方便，而在计算完毕后，再将 s 替换为 $j\omega$。

例 14-1 对于如图 14-2a 所示的 RC 电路，计算传输函数 $\mathbf{V}_o/\mathbf{V}_s$ 及其频率响应。假定 $v_s=V_m\cos\omega t$。

解： 该电路的频域等效电路如图 14-2b 所示，根据分压原理，其传输函数为

$$\boldsymbol{H}(\omega)=\frac{\mathbf{V}_o}{\mathbf{V}_s}=\frac{1/j\omega C}{R+1/j\omega C}=\frac{1}{1+j\omega RC}$$

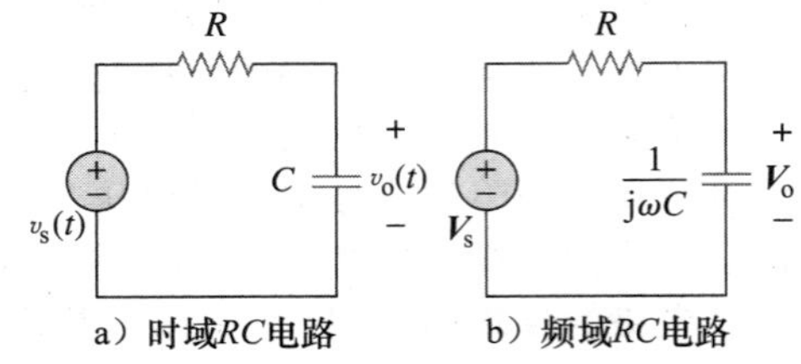

a）时域RC电路　b）频域RC电路

图 14-2　例 14-1 图

上式与式(9.18e) 比较即可得到 $\boldsymbol{H}(\omega)$的模与相位为

$$H=\frac{1}{\sqrt{1+(\omega/\omega_0)^2}},\qquad \phi=-\arctan\frac{\omega}{\omega_0}$$

式中，$\omega_0=1/\mathrm{RC}$。要画出 $0<\omega<\infty$时 H 与 Φ 的变化曲线，需确定一些关键点处的值，以便绘图。

当 $\omega=0$ 时，$H=1$ 且 $\Phi=0$；当 $\omega=\infty$时，$H=0$ 且 $jw=-90°$；当 $\omega=\omega_0$ 时，$H=1/\sqrt{2}$且 $\Phi=-45°$。利用上述各点以及表 14-1 所示的若干点，即可求得如图 14-3 所示的频率响应。图 14-3 中频率响应曲线的某些特征将在 14.6.1 节介绍低频滤波器时予以说明。

表 14-1　例 14-1 中的相关数据

ω/ω_0	H	ϕ	ω/ω_0	H	ϕ
0	1	0	10	0.1	−84°
1	0.71	−45°	20	0.05	−87°
2	0.45	−63°	100	0.01	−89°
3	0.32	−72°	∞	0	−90°

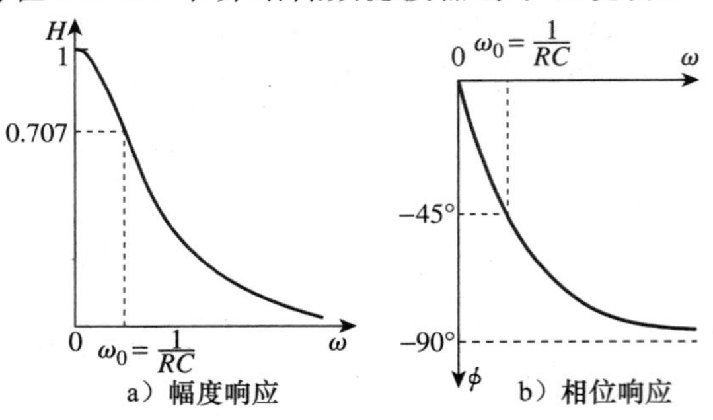

a）幅度响应　b）相位响应

图 14-3　RC 电路的频率响应 ◀

练习 14-1 计算图 14-4 所示 RL 电路的传输函数 $\mathbf{V}_o/\mathbf{V}_s$，并画出频率响应曲线。假设 $v_s=V_m\cos\omega t$。

答案： $j\omega L/(R+j\omega L)$；频率响应如图 14-5 所示。

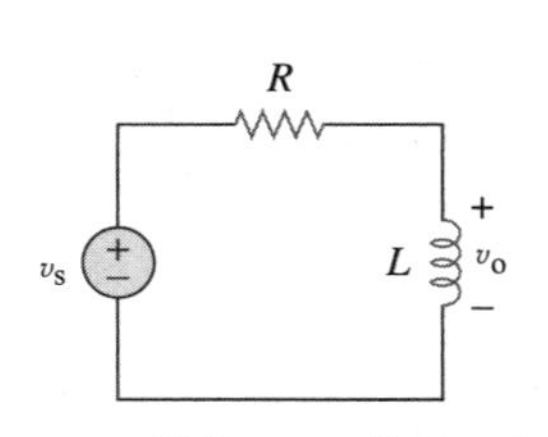

图 14-4　练习 14-1 的 RL 电路

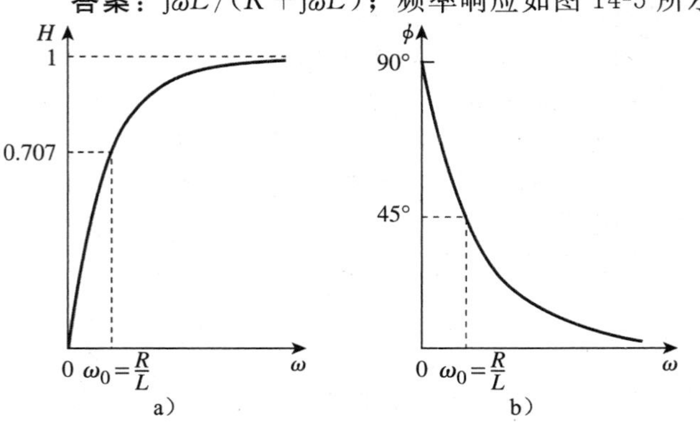

a）　b）

图 14-5　图 14-4 的频率响应

例 14-2 对于图 14-6 所示电路，计算增益 $\boldsymbol{I}_o(\omega)/\boldsymbol{I}_i(\omega)$ 即其极点与零点。

解： 根据分流原理可得

$$\boldsymbol{I}_o(\omega)=\frac{4+j2\omega}{4+j2\omega+1/j0.5\omega}\boldsymbol{I}_i(\omega)$$

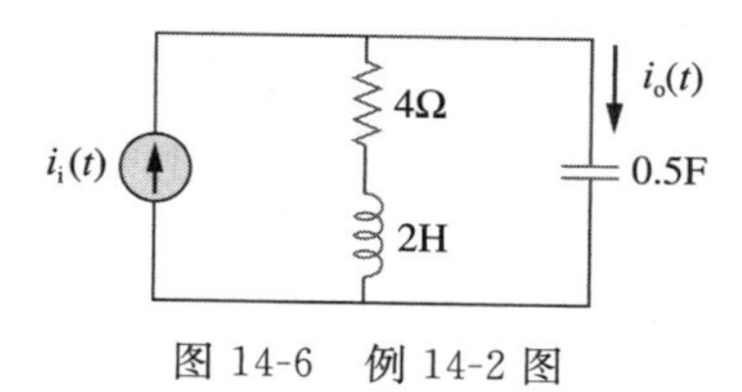

图 14-6 例 14-2 图

即

$$\frac{\boldsymbol{I}_o(\omega)}{\boldsymbol{I}_i(\omega)}=\frac{j0.5\omega(4+j2\omega)}{1+j2\omega+(j\omega)^2}=\frac{s(s+2)}{s^2+2s+1},\quad s=j\omega$$

其零点为

$$s(s+2)=0\quad\Rightarrow\quad z_1=0,\qquad z_2=-2$$

其极点为

$$s^2+2s+1=(s+1)^2=0$$

因此，在 $p=-1$ 处有一个重复极点（二重极点）。

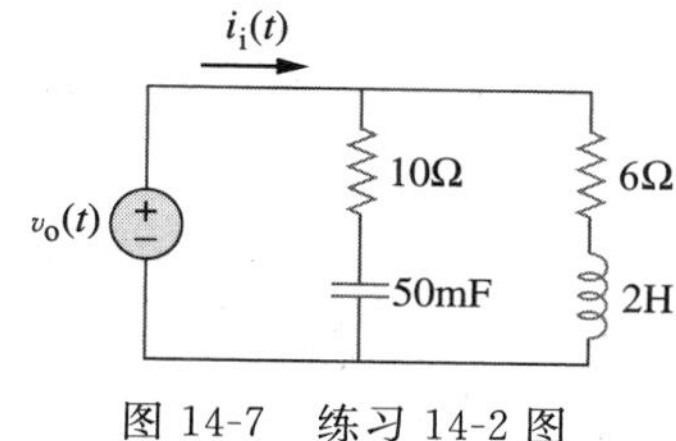

图 14-7 练习 14-2 图

练习 14-2 求图 14-7 所示电路的传输函数 $\mathbf{V}_o(\omega)/\boldsymbol{I}_i(\omega)$，并确定其零点与极点。

答案： $\dfrac{10(s+2)(s+3)}{s^2+10s+10}$，$s=j\omega$；零点：$-2$，$-3$；极点：$-1.5505$，$-6.449$。

†14.3 分贝表示法

绘制传输函数的幅频特性与相频特性通常不会像上述例题那么容易。确定频率响应的一种更为系统的方法是利用伯德图。在学习绘制伯德图之前，首先明确两个重要问题：在增益表达式中对数的使用方法与分贝的使用方法。

由于伯德图是基于对数坐标的，所以牢记如下对数性质是非常重要的：

1. $\log P_1P_2=\log P_1+\log P_2$
2. $\log P_1/P_2=\log P_1-\log P_2$
3. $\log P^n=n\log P$
4. $\log 1=0$

在通信系统中，增益以贝尔(bel)为单位来度量。从历史上看，贝尔是用来度量两个功率电平之比的，即功率增益 G：

$$G=\text{贝尔数值}=\log_{10}\frac{P_2}{P_1}\tag{14.4}$$

提示： 用 bel 作为单位以纪念电话的发明者贝尔。

历史珍闻

亚历山大·格雷厄姆·贝尔（Alexander Grahanm Bell，1847—1922），苏格兰裔美国科学家，电话的发明人。

（图片来源：Ingram Publishing）

贝尔出生在苏格兰的爱丁堡，其父亲亚历山大·梅尔维尔·贝尔是一位著名的语言教师。小亚历山大从爱丁堡大学和伦敦大学毕业后也成为一位语言教师。1866 年，他对语音的点传输产生了浓厚的兴趣。在其兄长因肺结核病去世之后，父亲决定移居加拿大。此后小亚历山大来到波士顿一家聋哑学校工作，在那里他结识了托马斯·沃森（Thomas A. Waison），沃森后来成为他从事电磁发射实验研究的助手。1876 年 3 月 10 日，亚历山大发送了著名的第一条电话消息：

"Watson，come here I want you." 本章介绍的对数单位"贝尔"就是为了纪念他而以他的名字命名的。

分贝(dB)是一个比贝尔更小一些的单位，相当 1/10 贝尔，即

$$\boxed{G_{\mathrm{dB}}=10\log_{10}\frac{P_2}{P_1}} \tag{14.5}$$

当 $P_1=P_2$ 时，功率没有变化，增益为 0dB。$P_2=2P_1$ 时，增益为

$$G_{\mathrm{dB}}=10\log_{10}2\approx 3\mathrm{dB} \tag{14.6}$$

当 $P_1=0.5P_2$ 时，增益为

$$G_{\mathrm{dB}}=10\log_{10}0.5\approx -3\mathrm{dB} \tag{14.7}$$

式(14.6)与式(14.7)也说明了对数应用广泛的另一个原因，即一个变量倒数的对数就等于该变量对数的相反数。

另外，增益 G 还可以用电压比或电流比来表达。为了说明这个问题，考虑图 14-8 所示的网络，如果 P_1 为输入功率，P_2 为输出(负载)功率，R_1 为输入电阻，R_2 为负载电阻，则 $P_1=0.5V_1^2/R_1$，$P_2=0.5V_2^2/R_2$，于是，方程(14.5)变为

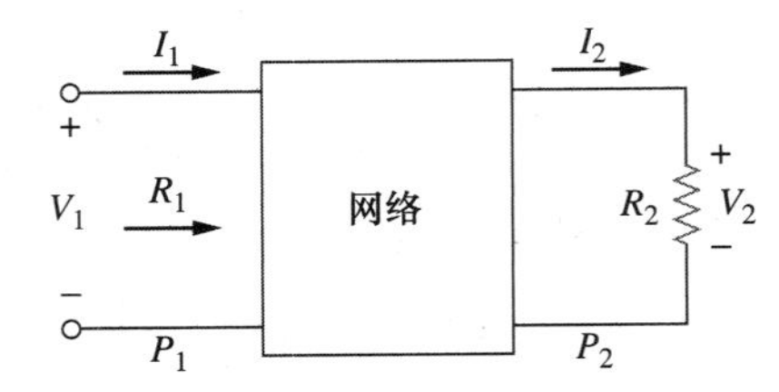

图 14-8 四端网络的电压-电流关系

$$G_{\mathrm{dB}}=10\log_{10}\frac{P_2}{P_1}=10\log_{10}\frac{V_2^2/R_2}{V_1^2/R_1}=10\log_{10}\left(\frac{V_2}{V_1}\right)^2+10\log_{10}\frac{R_1}{R_2} \tag{14.8}$$

$$G_{\mathrm{dB}}=20\log_{10}\frac{V_2}{V_1}-10\log_{10}\frac{R_2}{R_1} \tag{14.9}$$

在比较两个电压电平时通常假定 $R_1=R_2$，于是，式(14.9)变为

$$\boxed{G_{\mathrm{dB}}=20\log_{10}\frac{V_2}{V_1}} \tag{14.10}$$

对于电流而言，如果 $P_1=I_1^2R_1$，$P_2=I_2^2R_2$，则当 $R_1=R_2$ 时有

$$G_{\mathrm{dB}}=20\log_{10}\frac{I_2}{I_1} \tag{14.11}$$

由式(14.5)、式(14.10)与式(14.11)可知，如下三点非常重要：

1. 由于功率与电压或电流之间呈平方关系($P=V^2/R=I^2R$)，所以"$10\log_{10}$"用于对功率取对数，而"$20\log_{10}$"用于对电压或电流取对数。

2. dB 是同类型的一个变量与另一个变量之比的对数度量。因此，适合于表达式(14.2a)与式(14.2b)所示的无量纲传输函数 H，而不适合表达式(14.2c)与式(14.2d)中的 H。

3. 注意，在式(14.10)与式(14.11)中仅采用了电压与电流的幅度，负号与角度将做单独的处理，参见 14.4 节的内容。

下面利用对数与分贝的概念学习伯德图的绘制。

14.4 伯德图

14.2 节中由传输函数确定频率响应是一项很困难的任务，频率响应所涉及的频率范围通常是非常宽的，如果频率轴采用线性刻度就显得很不方便；另外，确定传输函数的幅度与相位的重要特征也有更为系统的方法。鉴于上述原因，在实际中通常利用半对数坐标系绘制传输函数，即以频率的对数作为横坐标，幅度谱纵坐标是分贝为单位的幅度值，而另一幅图的相位谱纵坐标是度为单位的相位值。传输函数的这种半对数幅频、相频曲线就

称为伯德图(Bode plot)，现已成为一种工业标准。

提示： 亨德里克·W. 伯德(Hendrik W. Bode，1905—1982)是贝尔电话实验室的工程师，伯德图就是以他的名字命名的，以纪念他在20世纪30年代到40年代期间所做的前瞻性工作。

伯德图是传输函数的模(单位为分贝)与相位(单位为度)的关于频率的半对数曲线图。

伯德图与前一节介绍的非对数曲线包含有同样的信息，但是稍后会看到，伯德图绘制起来却容易得多。

传输函数可以写为

$$\boldsymbol{H}=H\angle\phi=H\mathrm{e}^{\mathrm{j}\phi} \tag{14.12}$$

两边取自然对数可以得到

$$\ln\boldsymbol{H}=\ln H+\ln\mathrm{e}^{\mathrm{j}\phi}=\ln H+\mathrm{j}\phi \tag{14.13}$$

因此，$\ln H$ 的实部是幅度的函数，而其虚部就是相位。在幅度伯德图中，增益为

$$\boxed{H_{\mathrm{dB}}=20\log_{10}H} \tag{14.14}$$

增益曲线是一个分贝(dB)-频率关系曲线，表14-2给出了一些 H 值及其对应的分贝值。在相位伯德图中，相位的单位为度。幅频曲线与相频曲线均绘制在半对数坐标纸上。

表14-2　某些特定的增益值及其分贝值

幅度 H	$20\log_{10}H$(dB)	幅度 H	$20\log_{10}H$(dB)	幅度 H	$20\log_{10}H$(dB)
0.001	−60	$1/\sqrt{2}$	−3	10	20
0.01	−40	1	0	20	26
0.1	−20	$\sqrt{2}$	3	100	40
0.5	−6	2	6	1000	60

式(14.3)所示的传输函数可以用带有实部和虚部的因式来表示，其中一种表示方法可以写为

$$\boldsymbol{H}(\omega)=\frac{K(\mathrm{j}\omega)^{\pm1}(1+\mathrm{j}\omega/z_1)[1+\mathrm{j}2\zeta_1\omega/\omega_k+(\mathrm{j}\omega/\omega_k)^2]\cdots}{(1+\mathrm{j}\omega/p_1)[1+\mathrm{j}2\zeta_2\omega/\omega_n+(\mathrm{j}\omega/\omega_n)^2]\cdots} \tag{14.15}$$

上式可以通过分配 $\boldsymbol{H}(\omega)$ 中的极点与零点而得到。式(14.5)所示的 $\boldsymbol{H}(\omega)$ 的表达式称为标准形式(standard form)。$\boldsymbol{H}(\omega)$ 中可以包含多达七种不同的因子，这些因子可以是传输函数中各种不同的组合，它们是

1. 增益 K；
2. 在原点的极点 $(\mathrm{j}\omega)^{-1}$ 或零点 $\mathrm{j}\omega$；
3. 单极点 $1/(1+\mathrm{j}\omega/p_1)$ 或单零点 $(1+\mathrm{j}\omega/z_1)$；
4. 二阶极点 $1/[1+\mathrm{j}2\zeta_2\omega/\omega n+(\mathrm{j}\omega/\omega n)^2]$ 或二阶零点 $[1+\mathrm{j}2\zeta_1\omega/\omega_k+(\mathrm{j}\omega/\omega_k)^2]$。

在绘制伯德图时，首先分别绘制各因子的曲线，之后再将其相加起来。由于采用了对数运算，所以各因子可以单独考虑，再将它们相加组合成伯德图。正是因为对数在数学上便于处理，使得伯德图成为一种强有力的工程工具。

提示： 原点位于 $\omega=1$，即 $\log\omega=0$ 处，且原点处的增益为零。

下面画出以上所列各因子的直线伯德图，这些直线伯德图是真实伯德图的合理近似。

常数项： 对于增益 K，其幅度为 $20\log_{10}K$，相位为0°，两者均与频率无关。于是，增益的幅频特性与相频特性曲线如图14-9所示。如果 K 是负的，其幅度仍然为 $20\log_{10}|K|$，而相位为±180°。

位于原点处的极点/零点： 对于原点处的零点(jω)，其幅度为20log10ω，相位为90°。其伯德图如图14-10所示。由图可见，幅频特性曲线的斜率为20dB/dec，而相频特性与频率无关。

极点 $(\mathrm{j}\omega)^{-1}$ 的伯德图与零点类似，只是幅频特性曲线的斜率为−20dB/dec，而相位为

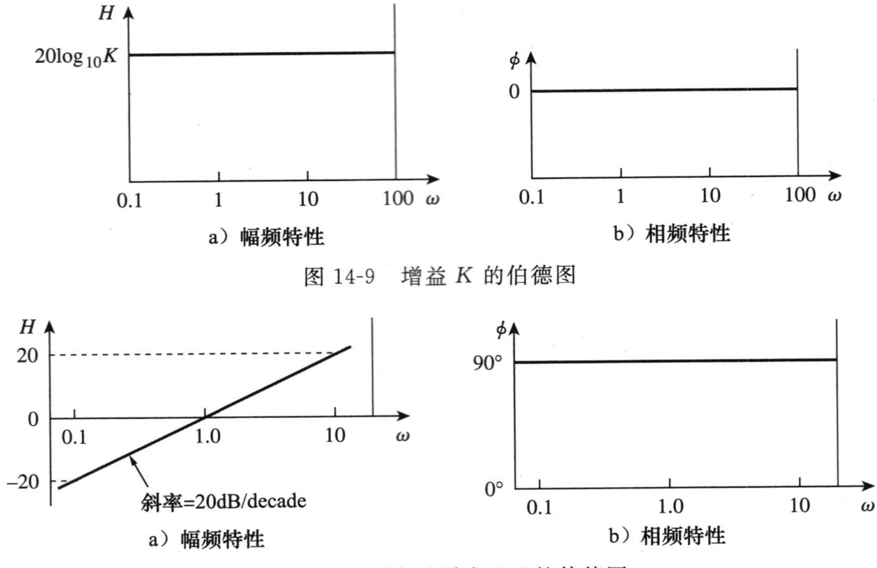

图 14-9　增益 K 的伯德图

图 14-10　原点处零点(jω)的伯德图

$-90°$。对于一般情况下的$(j\omega)^N$，N 为整数，其幅频特性曲线的斜率为 $2N$dB/dec，而相位为 $90N$ 度。

提示： 十倍频(dec 或 decade)是指频率之比为 10 的两个频率之间的间隔，例如 ω_0 与 $10\omega_0$ 之间的间隔，或者 10Hz 与 100Hz 之间的间隔，所以 20dB/dec 表示频率每变化十倍频程，其幅度就改变 20dB。

单极点/单零点： 对于单零点$(1+j\omega/z_1)$，其幅度为 $20\log_{10}|1+j\omega/z_1|$，相位为 $\arctan(\omega/z_1)$。于是：

$$H_{\mathrm{dB}}=20\log_{10}\left|1+\frac{j\omega}{z_1}\right| \quad \Rightarrow \quad 20\log_{10}1=0, \quad \omega\to 0 \tag{14.16}$$

$$H_{\mathrm{dB}}=20\log_{10}\left|1+\frac{j\omega}{z_1}\right| \quad \Rightarrow \quad 20\log_{10}\frac{\omega}{z_1}, \quad \omega\to\infty \tag{14.17}$$

由此可见，当 ω 较小时，可以用零(斜率为零的直线)作为其幅频特性曲线的近似，而当 ω 较大时，可以用斜率为 20dB/dec 的直线作为其幅频特性曲线的近似。两渐近线相交处的频率 $\omega=z_1$ 称为截止频率(corner frequency 或 break frequency)。于是，近似幅频特性曲线如图 14-11a 所示。图中也给出了实际的幅频特性曲线，可见，除了在 $\omega=z_1$ 的截止频率处，近似曲线非常接近于实际曲线，而在该频率处，其偏差为 $20\log_{10}|(1+j1)|=20\log_{10}\sqrt{2}\approx 3$dB。

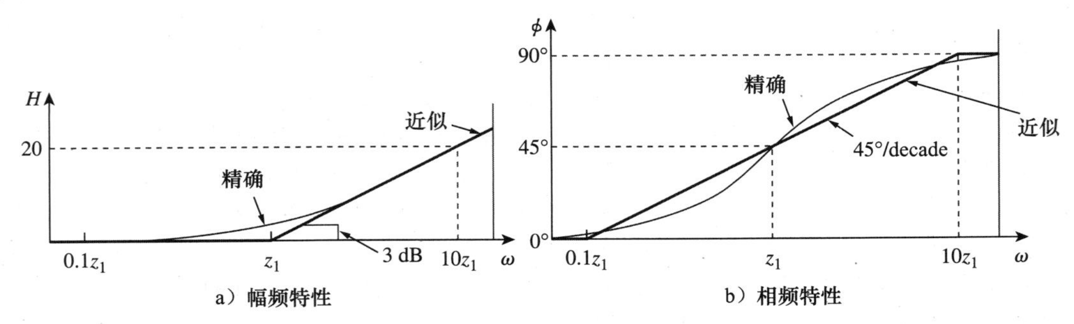

图 14-11　零点$(1+j\omega/z_1)$的伯德图

相位 $\arctan(\omega/z_1)$可以表示为

$$\phi=\arctan\left(\frac{\omega}{z_1}\right)=\begin{cases}0, & \omega=0\\ 45°, & \omega=z_1\\ 90°, & \omega\to\infty\end{cases} \tag{14.18}$$

作为直线近似，当 $\omega_1\leqslant z_1/10$ 时，令 $\phi\approx 0$；当 $\omega_1=z_1$ 时，令 $\phi\approx 45°$；当 $\omega_1\geqslant 10z_1$ 时，令 $\phi\approx 90°$。如图 14-11b 所示，图中也给出了实际的相频特性曲线，直线的斜率为 45°/dec。

极点 $1/(1+\mathrm{j}\omega/p_1)$ 的伯德图与图 14-11 类似，只是截止频率为 $\omega=p_1$，幅频特性曲线的斜率为 −20dB/dec，相频特性曲线的斜率为 −45°/dec。

提示：因为 $\log 0=-\infty$，所以在伯德图上不会出现直流($\omega=0$)的特例。这意味着零频率位于伯德图原点左侧无穷远处。

二阶极点/二阶零点：二阶极点 $1/[1+\mathrm{j}2\zeta_2\omega/\omega_n+(\mathrm{j}\omega/\omega_n)^2]$ 的幅度为 $-20\log_{10}|1+\mathrm{j}2\zeta_2\omega/\omega_n+(\mathrm{j}\omega/\omega_n)2|$，其相位为 $\arctan(2\zeta_2\omega/\omega_n)/(1-\omega^2/\omega_n^2)$。且有

$$H_{\mathrm{dB}}=-20\log_{10}\left|1+\frac{\mathrm{j}2\zeta_2\omega}{\omega_n}+\left(\frac{\mathrm{j}\omega}{\omega_n}\right)^2\right| \Rightarrow 0,\quad \omega\to 0\text{ 时} \tag{14.19}$$

$$H_{\mathrm{dB}}=-20\log_{10}\left|1+\frac{\mathrm{j}2\zeta_2\omega}{\omega_n}+\left(\frac{\mathrm{j}\omega}{\omega_n}\right)^2\right| \Rightarrow -40\log_{10}\frac{\omega}{\omega_n},\quad \omega\to\infty\text{时} \tag{14.20}$$

因此，幅频特性曲线由两条渐近直线组成：一条是 $\omega<\omega_n$ 时，斜率为零的直线，另一条是 $\omega>\omega_n$ 时斜率为 −40dB/dec 的直线，其中 ω_n 为截止频率。图 14-12a 所示为近似幅频特性曲线与实际幅频特性曲线，可见，实际的幅频特性取决于阻尼因子 ζ_2 与截止频率 ω_n。如果需要高精度的幅频特性，则需要在直线近似的截止频率的邻域内叠加一个明显的峰值。但是，为了简单起见，仍然可以采用直线近似。

二阶极点的相位可以表示为

$$\phi=-\arctan\frac{2\zeta_2\omega/\omega_n}{1-\omega^2/\omega_n^2}=\begin{cases}0, & \omega=0\\ -90°, & \omega=\omega_n\\ -180°, & \omega\to\infty\end{cases} \tag{14.21}$$

该相频特性曲线是一条斜率为 90°/dec 的直线，其起点位于 $\omega_n/10$ 处，终点位于 $10\omega_n$ 处，如图 14-12b 所示。同样可以观察到由阻尼因子引起的实际曲线与近似直线之间的差别。二阶极点的幅频特性与相频特性的直线近似与重极点[即 $(1+\mathrm{j}\omega/\omega_n)^2$]的情况相同，这是因为重极点 $1+(\mathrm{j}\omega/\omega_n)^2$ 就等于 $\zeta_2=1$ 时的二阶极点 $1/[1+\mathrm{j}2\,\zeta_2\omega/\omega_n+(\mathrm{j}\omega/\omega_n)^2]$。因此，只要采用直线近似，二阶极点与重极点就可以同等处理。

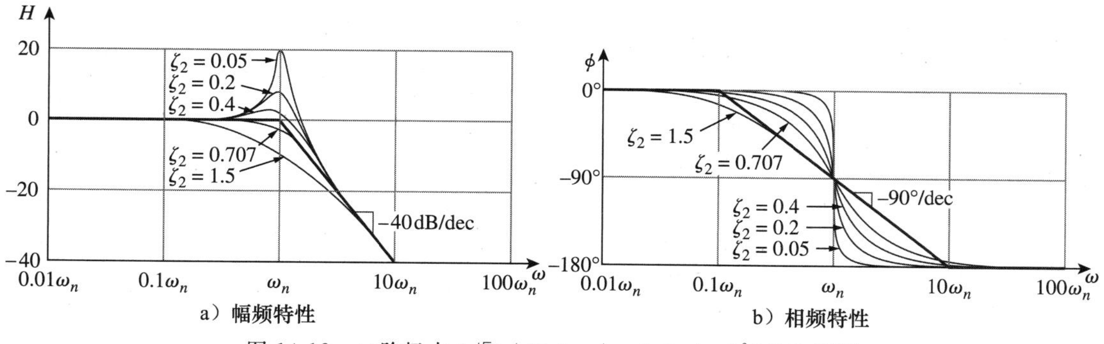

a）幅频特性　　b）相频特性

图 14-12　二阶极点 $1/[1+\mathrm{j}2\,\zeta_2\omega/\omega_n+(\mathrm{j}\omega/\omega_n)^2]$ 的伯德图

提示：还有一种速度更快、效率更高的伯德图绘制方法。该方法利用零点使斜率增大，极点使斜率下降的特性。从伯德图的低频渐近线开始，沿频率轴移动，在每个转移频率处增大或减小斜率，这样就可以快速地由传输函数绘制出伯德图，而无须逐个画出后再相加。在熟练掌握本节介绍的方法之后，就可以试着利用上述过程来绘制伯德图。

数字计算机已不再采用本节介绍的方法绘制伯德图。PSpice、MATLAB、Mathcad 和 Micro-Cap 等软件都可以绘制频率响应曲线，稍后将讨论利用 PSpice 绘制伯德图。

对于二阶零点$[1+j2\zeta_1\omega/\omega_k+(j\omega/\omega_k)^2]$，由于其幅频特性曲线的斜率为 40dB/dec，而相频特性曲线的斜率为 90°/dec，所以其伯德图只需将图 14-12 所示曲线反转即可。

表 14-3 总结了上述 7 种因子的伯德图，当然，并非每个传输函数都包含上述七个因子。为了画出式(14.15)所示传输函数 $\boldsymbol{H}(\omega)$的伯德图，首先要在半对数坐标纸上标记出各截止频率点，按上述方法画出每个因子的伯德图，之后将各个图形相加合并，从而得到传输函数的伯德图。合并的过程通常是从左到右，每次在截止频率处斜率发生变化。以下的例题将说明上述绘制伯德图的过程。

表 14-3　幅频和相频直线伯德图总结

因子	幅频	相频
K	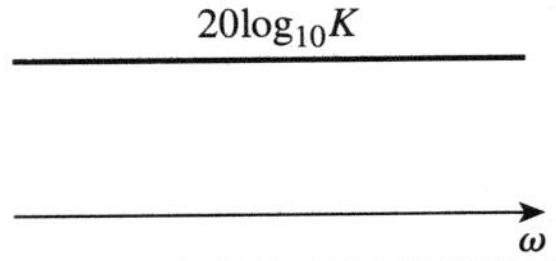 $20\log_{10}K$；ω	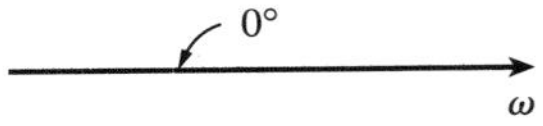 $0°$；ω
$(j\omega)^N$	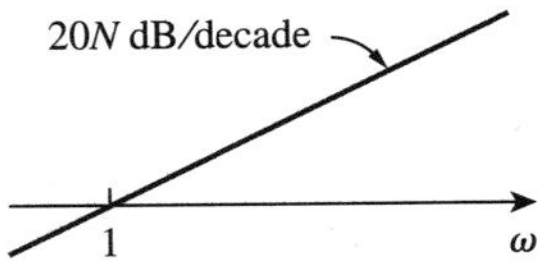 $20N$ dB/decade；1；ω	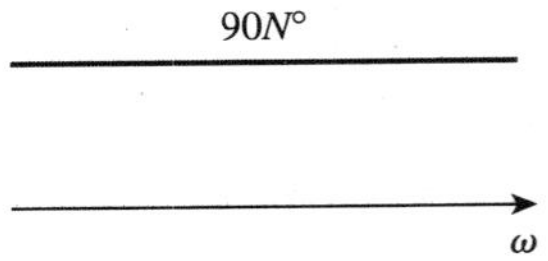 $90N°$；ω
$\dfrac{1}{(j\omega)^N}$	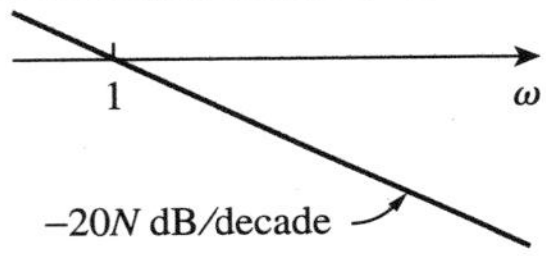 1；ω；$-20N$ dB/decade	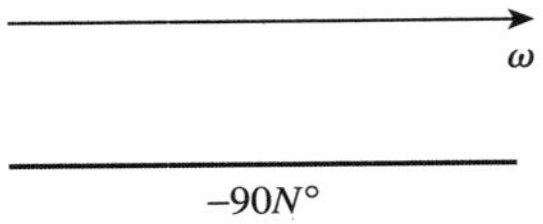 ω；$-90N°$
$\left(1+\dfrac{j\omega}{z}\right)^N$	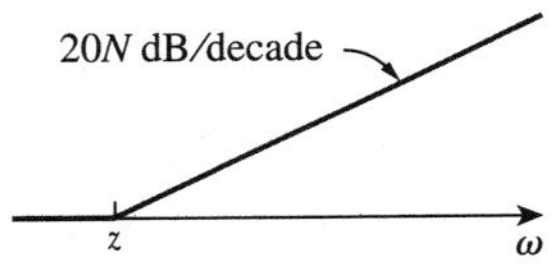 $20N$ dB/decade；z；ω	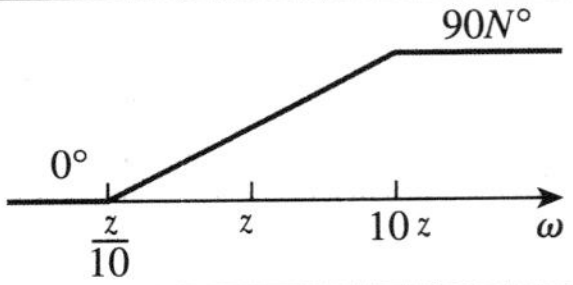 $90N°$；$0°$；$\dfrac{z}{10}$；z；$10z$；ω
$\dfrac{1}{(1+j\omega/p)^N}$	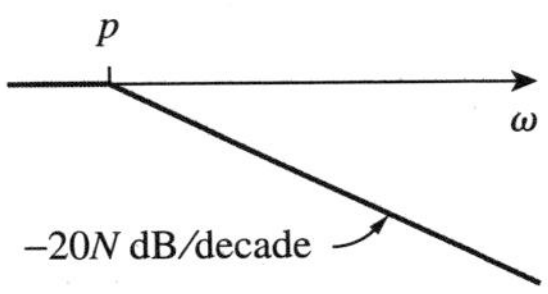 p；ω；$-20N$ dB/decade	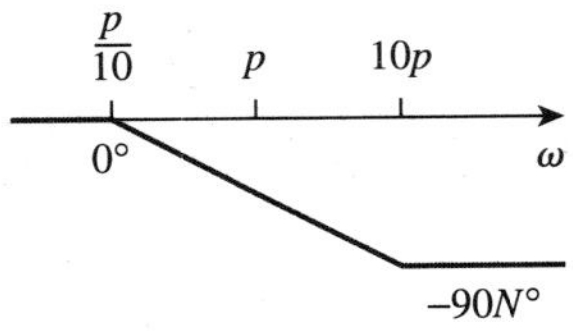 $\dfrac{p}{10}$；p；$10p$；$0°$；ω；$-90N°$
$\left[1+\dfrac{2j\omega\zeta}{\omega_n}+\left(\dfrac{j\omega}{\omega_n}\right)^2\right]^N$	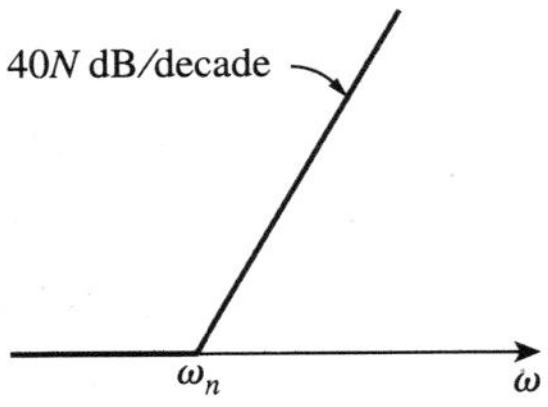 $40N$ dB/decade；ω_n；ω	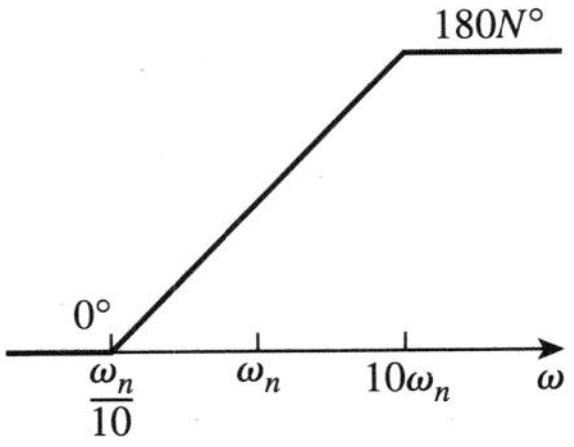 $180N°$；$0°$；$\dfrac{\omega_n}{10}$；ω_n；$10\omega_n$；ω
$\dfrac{1}{[1+2j\omega\zeta/\omega_k+(j\omega/\omega_k)^2]^N}$	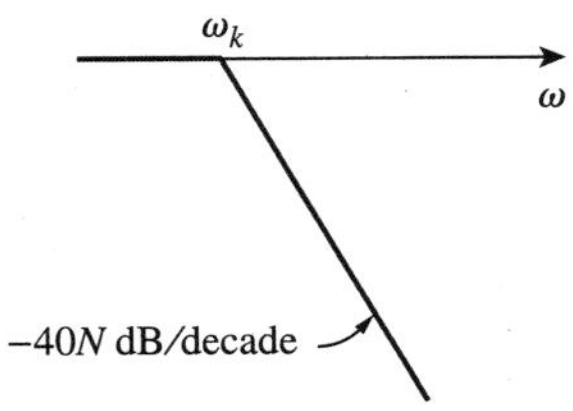 ω_k；ω；$-40N$ dB/decade	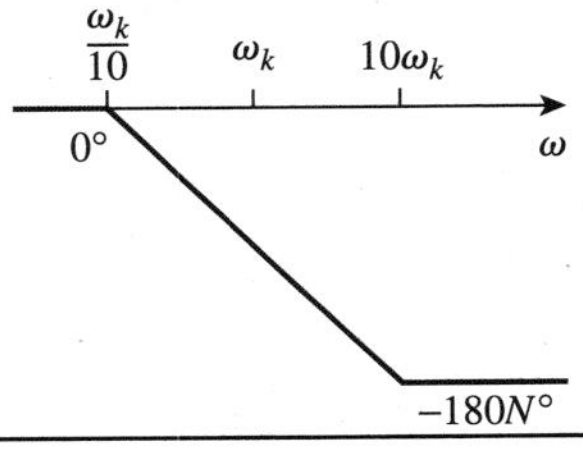 $\dfrac{\omega_k}{10}$；ω_k；$10\omega_k$；$0°$；ω；$-180N°$

例 14-3 画出如下传输函数的伯德图。

$$\boldsymbol{H}(\omega)=\frac{200\mathrm{j}\omega}{(\mathrm{j}\omega+2)(\mathrm{j}\omega+10)}$$

解： 首先将 $\boldsymbol{H}(\omega)$的分子、分母分别除以极点与零点，得到其标准形式为

$$\boldsymbol{H}(\omega)=\frac{10\mathrm{j}\omega}{(1+\mathrm{j}\omega/2)(1+\mathrm{j}\omega/10)}=\frac{10|\mathrm{j}\omega|}{|1+\mathrm{j}\omega/2||1+\mathrm{j}\omega/10|}\underline{/90^\circ-\arctan(\omega/2)-\arctan(\omega/10)}$$

$\boldsymbol{H}(\omega)$的幅度与相位分别为

$$H_{\mathrm{dB}}=20\log_{10}10+20\log_{10}|\mathrm{j}\omega|-20\log_{10}\left|1+\frac{\mathrm{j}\omega}{2}\right|-20\log_{10}\left|1+\frac{\mathrm{j}\omega}{10}\right|$$

$$\phi=90^\circ-\arctan\frac{\omega}{2}-\arctan\frac{\omega}{10}$$

由此可见，两个截止频率分别位于 $\omega=2$、10 处，画出其幅频特性与相频特性中每一项的伯德图，如图 14-13 中虚线所示，之后进行相加合并，得到实线所示总的伯德图。

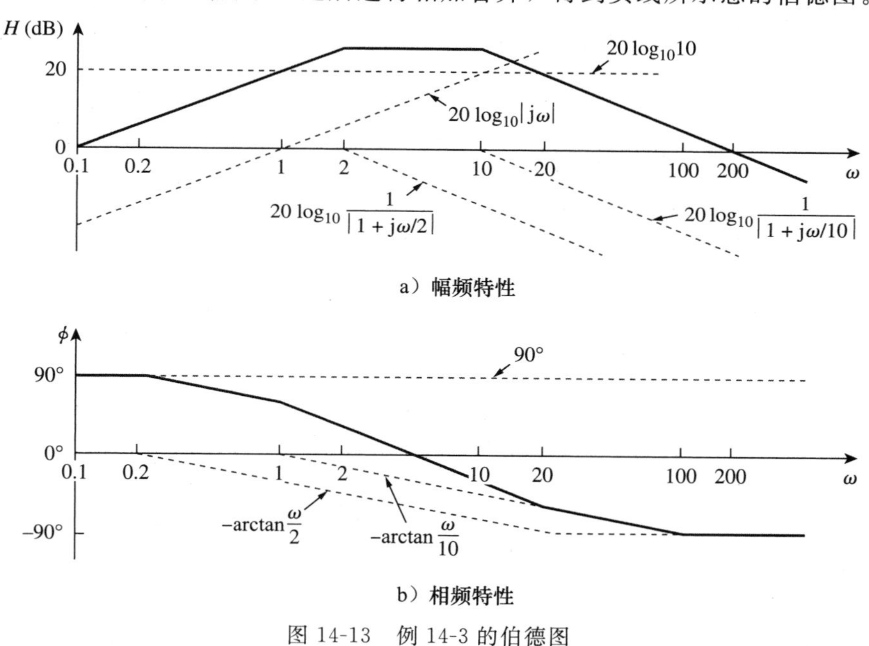

a）幅频特性

b）相频特性

图 14-13　例 14-3 的伯德图

练习 14-3　画出如下传输函数的伯德图

$$\boldsymbol{H}(\omega)=\frac{5(\mathrm{j}\omega+2)}{\mathrm{j}\omega(\mathrm{j}\omega+10)}$$

答案： 见图 14-14。

a）幅频特性

图 14-14　练习 14-3 的伯德图

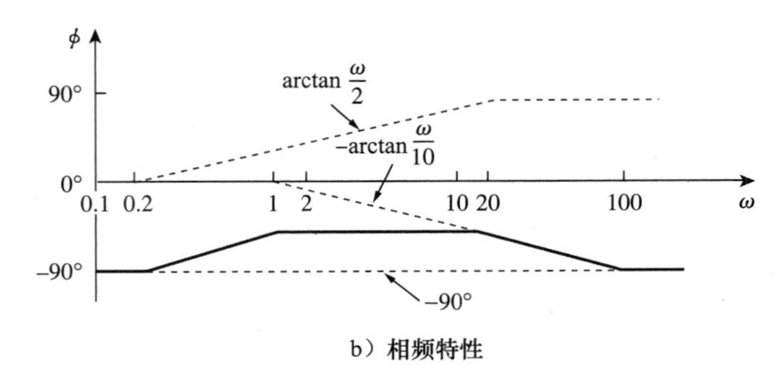

b）相频特性

图 14-14　练习 14-3 的伯德图(续)

例 14-4 画出如下传输函数的伯德图。

$$\boldsymbol{H}(\omega)=\frac{\mathrm{j}\omega+10}{\mathrm{j}\omega(\mathrm{j}\omega+5)^2}$$

解：将 $\boldsymbol{H}(\omega)$转化为标准形式，有

$$\boldsymbol{H}(\omega)=\frac{0.4(1+\mathrm{j}\omega/10)}{\mathrm{j}\omega(1+\mathrm{j}\omega/5)^2}$$

由标准形式得到的幅度与相位分别为

$$H_{\mathrm{dB}}=20\log_{10}0.4+20\log_{10}\left|1+\frac{\mathrm{j}\omega}{10}\right|-20\log_{10}|\mathrm{j}\omega|-40\log_{10}\left|1+\frac{\mathrm{j}\omega}{5}\right|$$

$$\phi=0^{\circ}+\arctan\frac{\omega}{10}-90^{\circ}-2\arctan\frac{\omega}{5}$$

由此可见，两个截止频率分别位于 $\omega=5$，10rad/s 处，在截止频率 $\omega=5$ 处得极点，由于是平方因子，所以其幅频特性曲线的斜率为−40dB/dec，相频特性曲线的斜率为−90°/dec。$H(\omega)$中各项的幅频特性曲线与相频特性曲线(虚线所示)以及整个伯德图(实线所示)如图 14-15 所示。

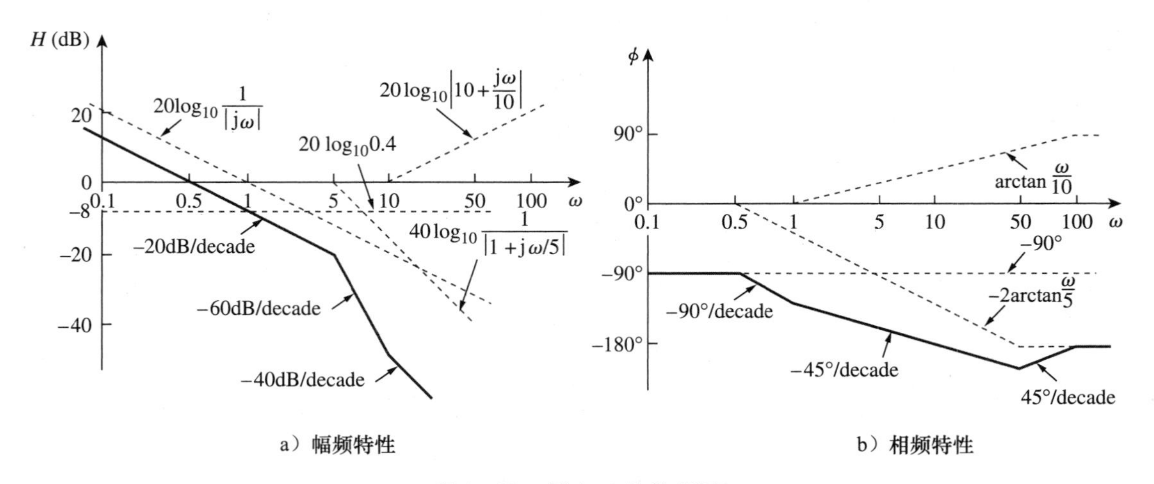

a）幅频特性　　　　b）相频特性

图 14-15　例 14-4 的伯德图　◀

练习 14-4　画出如下传输函数的伯德图。

$$\boldsymbol{H}(\omega)=\frac{50\mathrm{j}\omega}{(\mathrm{j}\omega+4)(\mathrm{j}\omega+10)^2}$$

答案：参见图 14-16。

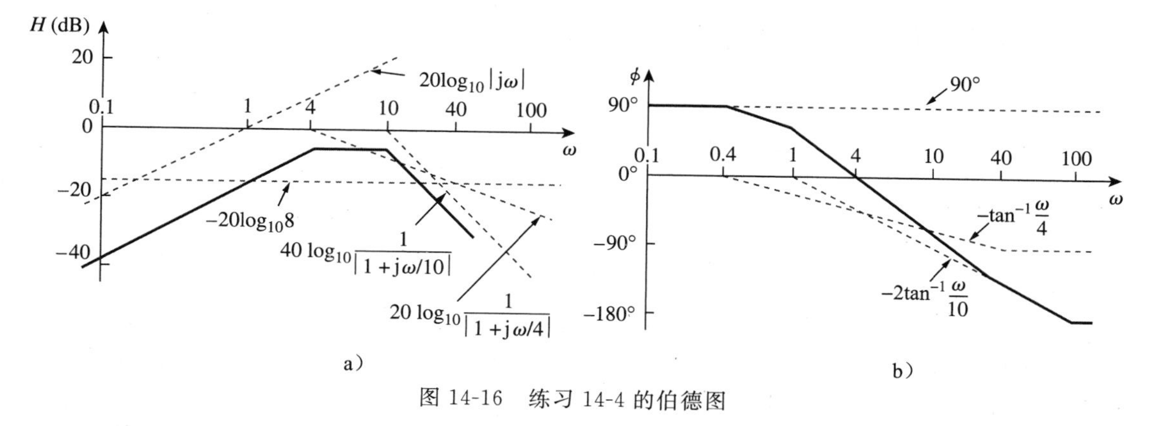

图 14-16 练习 14-4 的伯德图

例 14-5 画出如下传输函数的伯德图。

$$\boldsymbol{H}(s)=\frac{s+1}{s^2+12s+100}$$

解：1. 明确问题。本例所要解决的问题已明确，可以按照本章介绍的方法进行求解。

2. 列出已知条件。本题要求确定给定传输函数的近似伯德图。

3. 确定备选方案。求解本题最为有效的两种方法分别是本章介绍的近似方法，以及可以绘制精确伯德图的 MATLAB。这里采用前者。

4. 尝试求解。将 $\boldsymbol{H}(s)$表达为标准形式：

$$\boldsymbol{H}(\omega)=\frac{1/100(1+\mathrm{j}\omega)}{1+\mathrm{j}\omega 1.2/10+(\mathrm{j}\omega/10)^2}$$

在截止频率 $\omega_n=10\mathrm{rad/s}$ 处为传输函数的二阶极点。$H(\omega)$的幅度与相位分别为

$$H_{\mathrm{dB}}=-20\log_{10}100+20\log_{10}|1+\mathrm{j}\omega|-20\log_{10}\left|1+\frac{\mathrm{j}\omega 1.2}{10}-\frac{\omega^2}{100}\right|$$

$$\phi=0°+\arctan\omega-\arctan\left[\frac{\omega 1.2/10}{1-\omega^2/100}\right]$$

$\boldsymbol{H}(\omega)$的伯德图如图 14-17 所示。注意将二阶极点当作重极点来处理，在 $\omega=\omega_k$ 处为$(1+\mathrm{j}\omega/\omega_k)^2$，这是一种近似的方法。

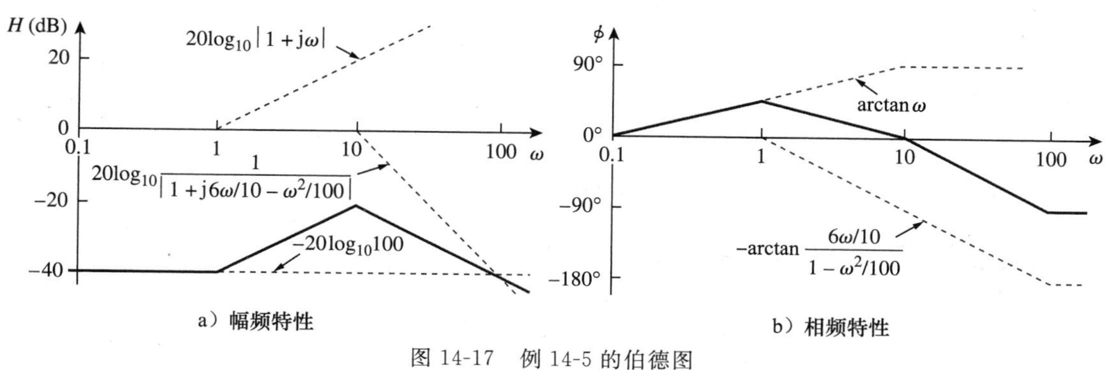

图 14-17 例 14-5 的伯德图

5. 评价结果。虽然可以利用 MATLAB 验证所得到的结果，但这里采用更为直接的方法进行验证。首先，必须明确在近似方法中，假设分母 $\zeta=0$。于是，可以利用如下方程验证答案：

$$\boldsymbol{H}(s)\approx\frac{s+1}{s^2+10^2}$$

同时，需要求解 H_{dB} 及其相应的相位 ϕ。首先，令 $\omega=0$，则有

$$H_{dB}=20\log_{10}(1/100)=-40, \quad \phi=0°$$

令 $\omega=1$，则有

$$H_{dB}=20\log_{10}(1.4142/99)=-36.9\text{dB}$$

比截止频率处高 3dB。

$$\boldsymbol{H}(j)=\frac{j+1}{-1+100} \Rightarrow \phi=45°$$

当 $\omega=100$ 时，则有

$$H_{dB}=20\log_{10}(100)-20\log_{10}(9900)=39.91\text{dB}$$

由分子处的 90°减 180°可得 ϕ 为−90°。至此，已经验证了三个不同的频率点，得到一致的结果，这是一种近似方法，我们对上述求解过程是有信心的。

为什么不在 $\omega=10$ 处进行验证呢？如果仅利用以上近似值，则会得到一个无穷大的值，这是由 $\zeta=0$ 可以估计到的(见图 14-12a)。由于 $\zeta=0.6$，如果利用 $\boldsymbol{H}$(j10)的实际值，仍然会得到与近似值偏离很大的值，并且图 14-12a 也给出了偏离值。在 $\zeta=0.707$ 时重做本题，就可以得到与近似值更接近的结果。但是，目前的点已经足够，无须再做这样的计算。

提示：利用 MATLAB 绘制伯德图的方法参见 14.11 节。

6. **是否满意**？本题的求解过程令人满意，可以将其作为本题的答案。◀

练习 14-5 画出如下传输函数的伯德图。

$$H(s)=\frac{10}{s(s^2+80s+400)}$$

答案：参见图 14-18。

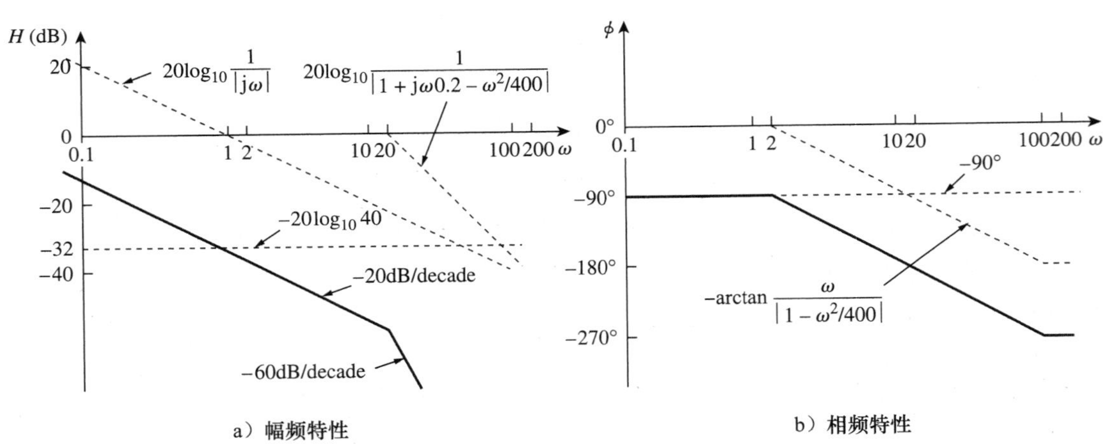

a）幅频特性 b）相频特性

图 14-18 练习 14-5 的伯德图

例 14-6 已知伯德图如图 14-19 所示，试确定传输函数 $\boldsymbol{H}(\omega)$。

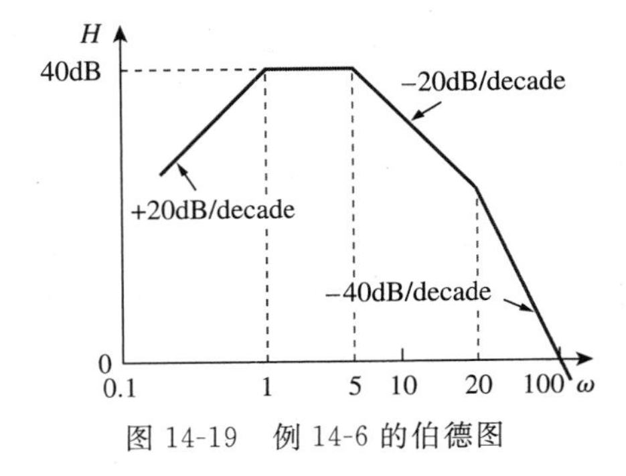

图 14-19 例 14-6 的伯德图

解：由伯德图确定 $\boldsymbol{H}(\omega)$时，必须记住零点总是在截止频率处引起向上的转折，而极点总是在截止频率处引起向下的转折。由图 14-19 可见，斜率为+20dB/dec 的直线表明在原点处有一个零点 jω，与频率轴的交点为 $\omega=1$，该直线平移 40dB 表明增益为 40dB，即

$$40=20\log_{10}K \Rightarrow \log_{10}K=2$$

即

$$K=10^2=100$$

除了原点处的零点 $j\omega$ 之外，从图 14-19 可见，还有三个截止频率分别为 $\omega=1\text{rad/s}$、5rad/s 和 20rad/s 的因子，因此

1. 在 $p=1$ 处的极点，其斜率为 -20dB/dec，该极点使曲线向下转折并与原点处的零点相互抵消。$p=1$ 处的极点由因子 $1/(1+j\omega/1)$ 确定。

2. 在 $p=5$ 处的另一个极点，其斜率为 -20dB/dec，使曲线向下转折，该极点由因子 $1/(1+j\omega/5)$ 确定。

3. 第三个极点在 $p=20$ 处，其斜率为 -20dB/dec，使曲线进一步向下转折，该极点由因子 $1/(1+j\omega/20)$ 确定。

将以上各式合并，即可得到相应的传输函数为

$$\boldsymbol{H}(\omega)=\frac{100j\omega}{(1+j\omega/1)(1+j\omega/5)(1+j\omega/20)}=\frac{j\omega 10^4}{(j\omega+1)(j\omega+5)(j\omega+20)}$$

即

$$\boldsymbol{H}(s)=\frac{10^4 s}{(s+1)(s+5)(s+20)},\quad s=j\omega$$ ◀

练习 14-6 确定与图 14-20 所示伯德图相对应的传输函数 $\boldsymbol{H}(\omega)$。

答案：$\boldsymbol{H}(\omega)=\dfrac{2\,000\,000(s+5)}{(s+10)(s+100)^2}$。

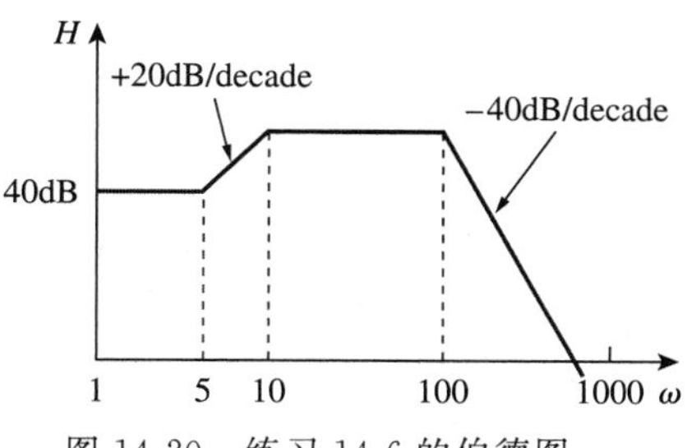

图 14-20 练习 14-6 的伯德图

14.5 串联谐振电路

电路频率响应的最为显著的特征是其幅频特性中所呈现的尖峰，也称谐振峰。谐振的概念出现在科学与工程的诸多领域中，任何包含复共轭极点对的系统都会出现谐振，这是存储能量从一种形式转换为另一种形式的振荡产生的根源。这种现象在通信网络中可以用于频率识别。在至少包含一个电容器与一个电感器的任何电路中，均有可能出现谐振现象。

谐振是 *RLC* 电路中容性电抗与感性电抗大小相等时呈现的一种状态，此时该电路呈现出纯电阻的阻抗性质。

谐振电路(串联或并联)对于传输函数具有高度频率选择性的滤波器的设计是非常有用的，在无线电收音机与电视机的选频电路等许多应用中都会用到谐振电路。

考虑图 14-21 所示的频域 RLC 串联电路，其输入阻抗为

$$\boldsymbol{Z}=\boldsymbol{H}(\omega)=\frac{\boldsymbol{V}_s}{\boldsymbol{I}}=R+j\omega L+\frac{1}{j\omega C}\tag{14.22}$$

即

$$\boldsymbol{Z}=R+j\left(\omega L-\frac{1}{\omega C}\right)\tag{14.23}$$

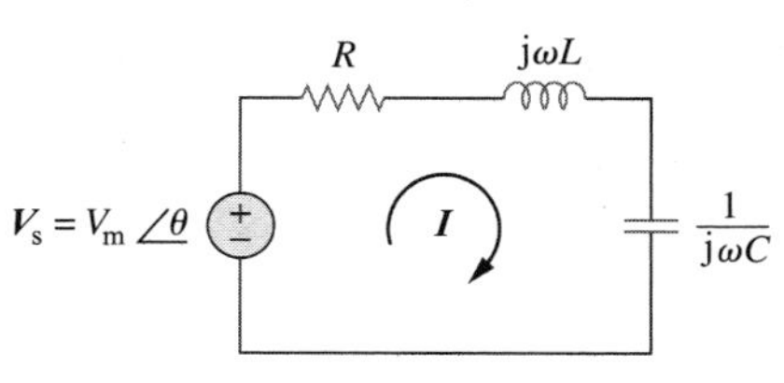

图 14-21 串联谐振电路

当传输函数的虚部为零时，就会产生谐振，即

$$\text{Im}(\boldsymbol{Z})=\omega L-\frac{1}{\omega C}=0\tag{14.24}$$

满足上述条件的 ω 值称为谐振频率(resonant frequency)ω_0，因此谐振的条件为

$$\omega_0 L=\frac{1}{\omega_0 C}\tag{14.25}$$

即

$$\boxed{\omega_0=\frac{1}{\sqrt{LC}}\text{rad/s}} \tag{14.26}$$

因为 $\omega_0=2\pi f_0$，所以

$$f_0=\frac{1}{2\pi\sqrt{LC}}\text{Hz} \tag{14.27}$$

注意，在谐振条件下有如下性质：

1. 阻抗为纯电阻，即 $\boldsymbol{Z}=R$。换言之，LC 串联组合相当于短路，整个电压都加在电阻 R 两端。

2. 电压 $\boldsymbol{V}_s$ 与电流 $\boldsymbol{I}$ 是同相的，因此功率因数为 1。

3. 传输函数 $\boldsymbol{H}(\omega)=\boldsymbol{Z}(\omega)$的幅度最小。

4. 电感器两端的电压与电容器两端的电压比电源电压高得多。

提示：第 4 点可由如下关系证实。

$$|\boldsymbol{V}_L|=\frac{V_m}{R}\omega_0 L=QV_m$$

$$|\boldsymbol{V}_C|=\frac{V_m}{R}\frac{1}{\omega_0 C}=QV_m$$

式中，Q 为由式(14.38)定义的品质因数。

RLC 电路电流幅度的频率响应为

$$I=|\boldsymbol{I}|=\frac{V_m}{\sqrt{R^2+(\omega L-1/\omega C)^2}} \tag{14.28}$$

如图 14-22 所示，当频率轴为对数坐标时，该图仅说明对称特性。RLC 电路消耗的平均功率为

$$P(\omega)=\frac{1}{2}I^2R \tag{14.29}$$

当 $I=V_m/R$，即谐振时，电路消耗的功率最大，因此

$$P(\omega_0)=\frac{1}{2}\frac{V_m^2}{R} \tag{14.30}$$

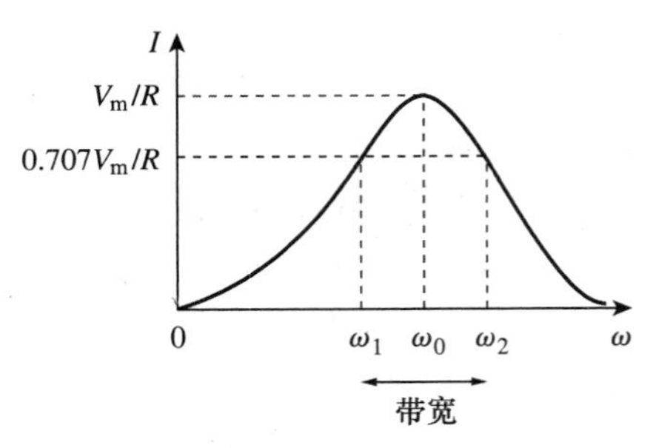

图 14-22 图 14-21 所示串联谐振电路的电流幅度与频率之间的关系曲线

在频率 $\omega=\omega_1$、ω_2 处，电路消耗的功率为上述最大功率的一半，即

$$P(\omega_1)=P(\omega_2)=\frac{(V_m/\sqrt{2})^2}{2R}=\frac{V_m^2}{4R} \tag{14.31}$$

因此，ω_1、ω_2 称为半功率频率(half-power frequency)。

半功率频率可以通过设置 $Z=\sqrt{2}R$ 得到，即

$$\sqrt{R^2+\left(\omega L-\frac{1}{\omega C}\right)^2}=\sqrt{2}R \tag{14.32}$$

求解 ω 得到

$$\boxed{\begin{aligned}\omega_1&=-\frac{R}{2L}+\sqrt{\left(\frac{R}{2L}\right)^2+\frac{1}{LC}}\\ \omega_2&=\frac{R}{2L}+\sqrt{\left(\frac{R}{2L}\right)^2+\frac{1}{LC}}\end{aligned}} \tag{14.33}$$

由式(14.26)与式(14.33)，可以得到半功率频率与谐振频率之间的关系为

$$\omega_0=\sqrt{\omega_1\omega_2} \tag{14.34}$$

即谐振频率为半功率频率的几何平均值。注意，由于频率响应一般是不对称的，所以ω_1、ω_2通常也不是关于谐振频率ω_0对称的。但是，稍后会说明，半功率频率关于谐振频率的对称性通常是一个比较合理的近似。

虽然如图14-22所示谐振曲线的峰值取决于电阻R，但是该曲线的宽度取决于其他因素，即响应曲线的宽度取决带宽B，带宽定义为两个半功率频率之差：

$$B=\omega_2-\omega_1 \tag{14.35}$$

带宽的这种定义只是几种常用定义之一。严格地讲，式(14.35)所定义的带宽称为半功率带宽，因为它是半功率频率之间的谐振曲线的频带宽度。

谐振电路中谐振曲线的“锐度”在数量上用品质因数(quality factor)Q来度量。电路谐振时，电路中的电抗能量在电感器与电容器之间来回振荡。品质因数建立了谐振时电路存储的最大能量(即峰值能量)与电路在一个震荡周期所消耗的能量之间的关系：

$$Q=2\pi\frac{\text{电路存储的峰值能量}}{\text{电路在一个振荡周期所消耗的能量}} \tag{14.36}$$

提示： 虽然符号Q与表示无功功率的符号相同，但二者并不相等，不应将它们混淆。这里的品质因数Q是无量纲的，而无功功率Q的单位是var，通过单位可能会便于二者的区分。

品质因数也是电路的储能属性及其耗能属性之间关系的一个度量。在RLC串联电路中，储能的峰值为$1/2LI^2$，一个周期的耗能为$1/2(I^2R)(1/f_0)$，因此

$$Q=2\pi\frac{\frac{1}{2}LI^2}{\frac{1}{2}I^2R(1/f_0)}=\frac{2\pi f_0L}{R} \tag{14.37}$$

即

$$\boxed{Q=\frac{\omega_0L}{R}=\frac{1}{\omega_0CR}} \tag{14.38}$$

注意，品质因数是无量纲的，将式(14.33)代入式(14.35)，并利用式(14.38)的关系即可确定带宽B与品质因数Q之间的关系：

$$\boxed{B=\frac{R}{L}=\frac{\omega_0}{Q}} \tag{14.39}$$

即

$$B=\omega_0^2CR$$

谐振电路的品质因数是其谐振频率与带宽之比。

注意，式(14.26)、式(14.33)、式(14.38)以及式(14.39)仅适合于RLC串联电路。

Q值越高，电路的频率选择性越好，但其带宽也越窄，如图14-23所示。RLC电路的选择性(selectivity)是指电路响应某个频率以及辨别其他频率的一种能力。如果被选择或者被拒绝的频带很窄，则要求谐振电路的品质因数必须很高，反之如果频带比较宽，则品质因数应相应地降低。

提示： 品质因数是电路选择性(谐振“锐度”)的一种度量。

谐振电路通常应工作在谐振频率或其邻近频率处。

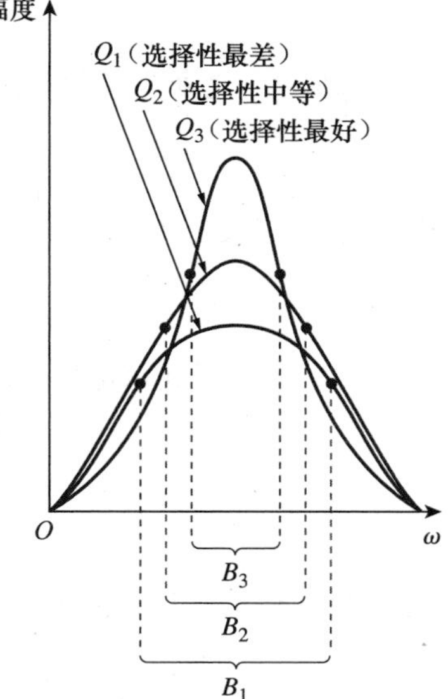

图14-23 电路的Q值越高，其带宽越窄

当电路的品质因数大于或等于 10 时，称之为高 Q 值电路(high-Q circuit)。在高 Q 值电路的所有实际应用中，其半功率频率均关于谐振频率对称，而且可以近似地表示为

$$\boxed{\omega_1 \approx \omega_0 - \frac{B}{2}, \qquad \omega_2 \approx \omega_0 + \frac{B}{2}} \tag{14.40}$$

高 Q 值电路通常用在通信网络中。

由此可见，谐振电路可以用如下五个相关参数来表征：两个半功率频率 ω_1 与 ω_2，谐振频率 ω_0，带宽 B 以及品质因数 Q。

例 14-7 在图 14-24 所示电路中，$R=2\Omega$，$L=1\text{mH}$，$C=0.4\mu\text{F}$。

(a) 求谐振频率与半功率频率；

(b) 计算品质因数与带宽；

(c) 确定在 ω_0、ω_1 与 ω_2 处的电流幅度。

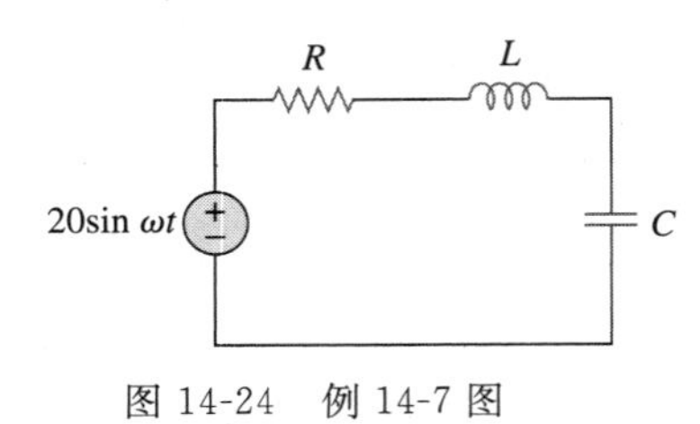

图 14-24 例 14-7 图

解：(a) 谐振频率为

$$\omega_0 = \frac{1}{\sqrt{LC}} = \frac{1}{\sqrt{10^{-3}\times 0.4\times 10^{-6}}} = 50(\text{krad/s})$$

方法 1 小于谐振频率的半功率频率为

$$\omega_1 = -\frac{R}{2L} + \sqrt{\left(\frac{R}{2L}\right)^2 + \frac{1}{LC}} = -\frac{2}{2\times 10^{-3}} + \sqrt{(10^3)^2 + (50\times 10^3)^2} = -1 + \sqrt{1+2500}\,\text{s} = 49(\text{krad/s})$$

同理，大于谐振频率的半功率频率为

$$\omega_2 = (1+\sqrt{1+2500})\text{krad/s} = 51\text{krad/s}$$

(b) 带宽为

$$B = \omega_2 - \omega_1 = 2\text{krad/s}$$

即

$$B = \frac{R}{L} = \frac{2}{10^{-3}} = 2(\text{krad/s})$$

品质因数为

$$Q = \frac{\omega_0}{B} = \frac{50}{2} = 25$$

方法 2 求解品质因数的另一种方法为

$$Q = \frac{\omega_0 L}{R} = \frac{50\times 10^3\times 10^{-3}}{2} = 25$$

由 Q 值可以求得带宽 B 为

$$B = \frac{\omega_0}{Q} = \frac{50\times 10^3}{25} = 2(\text{krad/s})$$

由于 $Q>10$，因此该电路为高 Q 值电路，其半功率频率为

$$\omega_1 = \omega_0 - \frac{B}{2} = 50 - 1 = 49(\text{krad/s})$$

$$\omega_2 = \omega_0 + \frac{B}{2} = 50 + 1 = 51(\text{krad/s})$$

与前面一种方法求得的结果相同。

(c) 当 $\omega=\omega_0$ 时，

$$I = \frac{V_m}{R} = \frac{20}{2} = 10(\text{A})$$

当 $\omega=\omega_1$、ω_2，时，

$$I=\frac{V_m}{\sqrt{2}R}=\frac{10}{\sqrt{2}}=7.071(\text{A})$$

◀

练习 14-7　某串联电路中，$R=4\Omega$，$L=25\text{mH}$。(a) 试计算要得到品质因数 50 时的电容器 C 值；(b) 求 ω_1、ω_2 与 B；(c) 求 $\omega=\omega_0$、ω_1、ω_2 时电路消耗的平均功率，假设 $V_m=100\text{V}$。　**答案**：(a) 0.625uF；(b) 7920rad/s，8080rad/s，160rad/s；(c) 1.25kW，0.625kW，0.625kW。

14.6　并联谐振电路

图 14-25 所示的并联谐振电路时 RLC 串联谐振电路的对偶电路。为避免不必要的重复，由对偶性质可以直接得到导纳为

$$\boldsymbol{Y}=H(\omega)=\frac{\boldsymbol{I}}{\boldsymbol{V}}=\frac{1}{R}+\text{j}\omega C+\frac{1}{\text{j}\omega L} \tag{14.41}$$

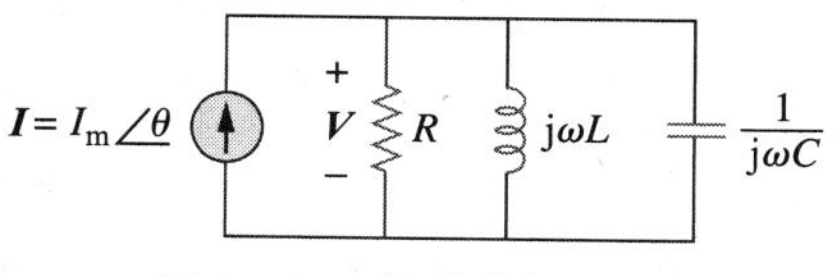

图 14-25　并联谐振电路

即

$$\boldsymbol{Y}=\frac{1}{R}+\text{j}\left(\omega C-\frac{1}{\omega L}\right) \tag{14.42}$$

当 $\boldsymbol{Y}$ 的虚部为零时，产生谐振，此时

$$\omega C-\frac{1}{\omega L}=0 \tag{14.43}$$

即

$$\boxed{\omega_0=\frac{1}{\sqrt{LC}}\text{rad/s}} \tag{14.44}$$

上式与串联谐振电路的式(14.26)是相同的。并联谐振电路的电压 $|\boldsymbol{V}|$ 与频率之间的关系如图 14-26 所示。由此可见，在谐振频率处，LC 并联组合相当于开路，电流全部流经 R。并且在谐振时，流经电感与电容的电流比电源电流大得多。

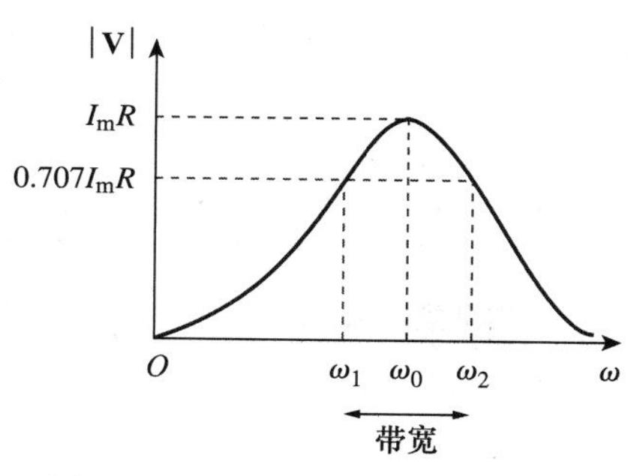

图 14-26　图 14-25 所示并联谐振电路的电压幅度与频率之间的关系曲线

提示：

$$|\boldsymbol{I}_L|=\frac{I_m R}{\omega_0 L}=QI_m$$

$$|\boldsymbol{I}_C|=\omega_0 C I_m R=QI_m$$

可以看出，流经电感与电容的电流比电源电流大得多。式中 Q 为由式(14.47)定义的品质因数。

比较式(14.42)与式(14.23)，可以利用图 14-21 与图 14-25 之间的对偶性质，将串联谐振电路表达式中的 R、L、C 分别利用 $1/R$、$1/C$、$1/L$ 取代，即可得到并联谐振电路的如下表达式：

$$\boxed{\begin{aligned}\omega_1&=-\frac{1}{2RC}+\sqrt{\left(\frac{1}{2RC}\right)^2+\frac{1}{LC}}\\ \omega_2&=\frac{1}{2RC}+\sqrt{\left(\frac{1}{2RC}\right)^2+\frac{1}{LC}}\end{aligned}} \tag{14.45}$$

$$\boxed{B=\omega_2-\omega_1=\frac{1}{RC}} \tag{14.46}$$

$$\boxed{Q=\frac{\omega_0}{B}=\omega_0 RC=\frac{R}{\omega_0 L}} \tag{14.47}$$

注意，式(14.45)～式(14.47)仅适用于 RLC 并联谐振电路。利用式(14.45)与式(14.47)可以得到半功率频率与品质因数之间的关系，即

$$\omega_1=\omega_0\sqrt{1+\left(\frac{1}{2Q}\right)^2}-\frac{\omega_0}{2Q},\qquad \omega_2=\omega_0\sqrt{1+\left(\frac{1}{2Q}\right)^2}+\frac{\omega_0}{2Q} \tag{14.48}$$

同理，对于高 Q 值电路($Q\geqslant 10$)有

$$\boxed{\omega_1\approx\omega_0-\frac{B}{2},\qquad \omega_2\approx\omega_0+\frac{B}{2}} \tag{14.49}$$

表 14-4 总结了串联谐振电路与并联谐振电路的主要特性。除了本章讨论的 RLC 串联与并联电路外，还存在其他形式的谐振电路，例 10-9 就是一个典型的例子。

表 14-4　*RLC* 谐振电路特性总结

特　性	串联电路	并联电路	特　性	串联电路	并联电路
谐振频率 ω_0	$\frac{1}{\sqrt{LC}}$	$\frac{1}{\sqrt{LC}}$	品质因数 Q	$\frac{\omega_0 L}{R}$或$\frac{1}{\omega_0 RC}$	$\frac{R}{\omega_0 L}$或$\omega_0 RC$
频带宽度 B	$\frac{\omega_0}{Q}$	$\frac{\omega_0}{Q}$	半功率频率 ω_1、ω_2	$\omega_0\sqrt{1+\left(\frac{1}{2Q}\right)^2}\pm\frac{\omega_0}{2Q}$	$\omega_0\sqrt{1+\left(\frac{1}{2Q}\right)^2}\pm\frac{\omega_0}{2Q}$
$Q\geqslant 10$ 时的 ω_1、ω_2	$\omega_0\pm\frac{B}{2}$	$\omega_0\pm\frac{B}{2}$			

例 14-8 在图 14-27 所示的 RLC 并联电路中，设 $R=8\text{k}\Omega$，$L=0.2\text{mH}$，$C=8\mu\text{F}$。(a) 计算 ω_0，Q 与 B；(b) 求 ω_1 与 ω_2；(c) 计算 ω_0、ω_1 与 ω_2 各处所消耗的功率。

解：(a)

$$\omega_0=\frac{1}{\sqrt{LC}}=\frac{1}{\sqrt{0.2\times10^{-3}\times8\times10^{-6}}}=\frac{10^5}{4}=25(\text{krad/s})$$

$$Q=\frac{R}{\omega_0 L}=\frac{8\times10^3}{25\times10^3\times0.2\times10^{-3}}=1600$$

$$B=\frac{\omega_0}{Q}=15.625\text{rad/s}$$

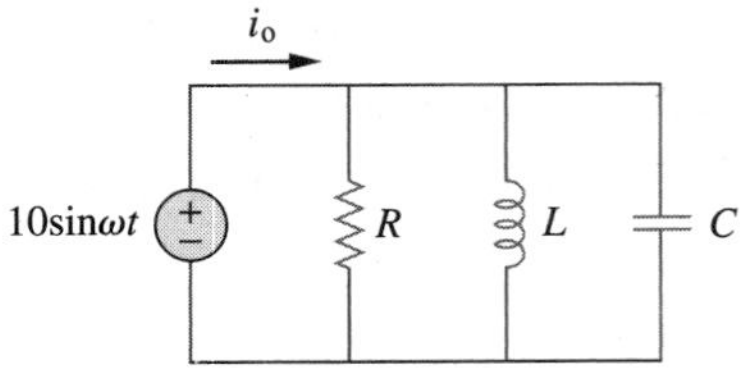

图 14-27　例 14-8 图

(b) 由于 Q 值很高($Q>10$)，可以看作高 Q 值电路，于是，

$$\omega_1=\omega_0-\frac{B}{2}=25\,000-7.812=24\,992(\text{rad/s})$$

$$\omega_2=\omega_0+\frac{B}{2}=25\,000+7.812=25\,008(\text{rad/s})$$

(c) 在 $\omega=\omega_0$，$\boldsymbol{Y}=1/R$，即 $\boldsymbol{Z}=R=8\text{k}\Omega$，因此

$$\boldsymbol{I}_o=\frac{\mathbf{V}}{\boldsymbol{Z}}=\frac{10\angle-90^\circ}{8000}=1.25\angle-90^\circ(\text{mA})$$

因为在谐振时，全部电流都流经 R，所以当 $\omega=\omega_0$ 时消耗的平均功率为

$$P=\frac{1}{2}\left|\boldsymbol{I}_o\right|^2 R=\frac{1}{2}(1.25\times10^{-3})^2(8\times10^3)=6.25(\text{mW})$$

即

$$P=\frac{V_m^2}{2R}=\frac{100}{2\times8\times10^3}=6.25(\text{mW})$$

当 $\omega=\omega_1$、ω_2 时，

$$P=\frac{V_m^2}{4R}=3.125(\text{mW})$$ ◀

练习 14-8 某并联谐振电路中，$R=100\text{k}\Omega$，$L=20\text{mH}$ 和 $C=5\text{nF}$，计算 ω_0、ω_1 与 ω_2，Q 和 B。 **答案**：100krad/s，99krad/s，101krad/s，50，2krad/s。

例 14-9 计算图 14-28 所示电路的谐振频率。

解：该电路的输入导纳为

$$\boldsymbol{Y}=\text{j}\omega 0.1+\frac{1}{10}+\frac{1}{2+\text{j}\omega 2}=0.1+\text{j}\omega 0.1+\frac{2-\text{j}\omega 2}{4+4\omega^2}$$

谐振时，$\text{Im}(\boldsymbol{Y})=0$，即

$$\omega_0 0.1-\frac{2\omega_0}{4+4\omega_0^2}=0 \quad \Rightarrow \quad \omega_0=2\text{rad/s}$$ ◀

练习 14-9 计算如图 14-29 所示电路的谐振频率。 **答案**：435.9rad/s。

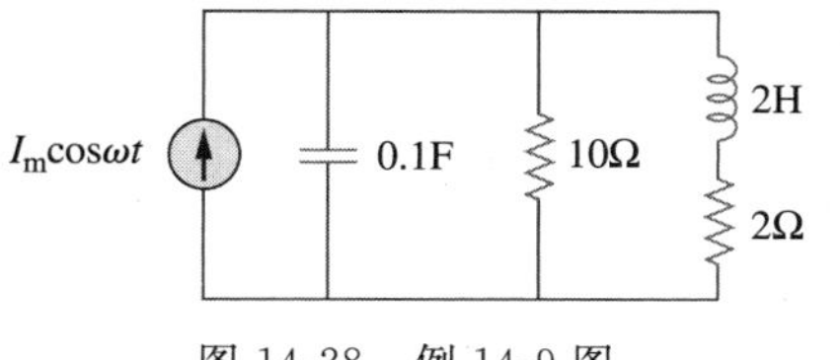

图 14-28 例 14-9 图

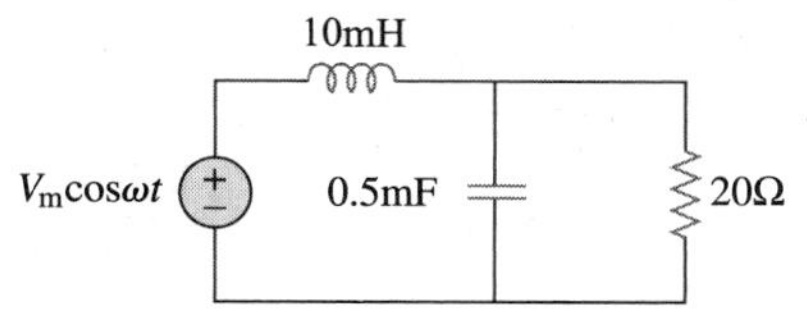

图 14-29 练习 14-9 图

14.7 无源滤波器

滤波器的概念从一开始就是电子工程发展中一个不可或缺的组成部分，没有电子滤波器，某些技术成果将是不可能实现的。鉴于滤波器的突出作用，许多学者和工程技术人员在其理论、设计与制造等问题上付出了大量的努力，发表并出版了很多关于滤波器的论文和专著。本章对滤波器的讨论只是一个简要介绍。

滤波器是一个使期望频率的信号通过、同时阻止或衰退其他频率信号的电路。

滤波器作为一种频率选择装置，可以用来将信号的频谱限制在某个特定的频带宽度范围内。在无线电接收机与电视机中，可以利用滤波器从空间中大量的广播信号中选出所需的信号频道。

如果滤波器电路仅由无源元件 R、L、C 组成，则称为*无源滤波器*(passive filter)；如果构成滤波器的元件除无源元件 R、L、C 外，还包括有源器件(如晶体管、运算放大器等)，则称为*有源滤波器*(active filter)。本节先讨论无源滤波器，下一节再讨论有源滤波器。在实际应用中，LC 滤波器的级联已经超过八阶，在均衡器、阻抗匹配网络、变压器、成形网络、功率分配器、衰减器及方向耦合器等电路中应用广泛，为工程技术人员提供了大量的创新和实践机会。除这几节要学习的 LC 滤波器外，还有一些其他类型的滤波器，如数字滤波器、机电滤波器，微波滤波器等，均已超出本书的讨论范围，因此不再论及。

无论是无源滤波器还是有源滤波器，都有图 14-30 所示的四种形式。

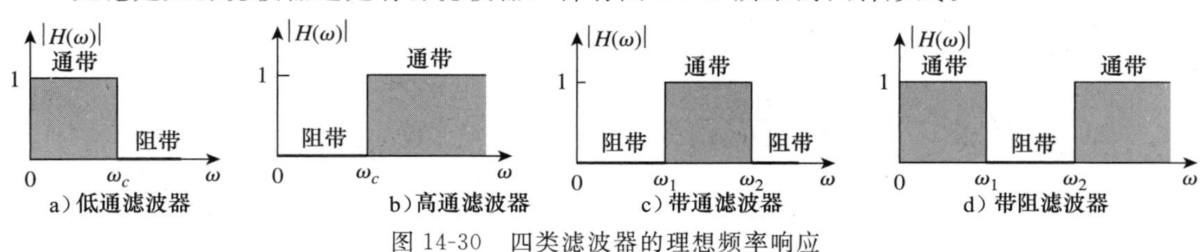

图 14-30 四类滤波器的理想频率响应

1. 低通滤波器(lowpass filter)：允许低频通过，阻止高频通过，其理想频率响应如图 14-30a 所示。

2. 高通滤波器(highpass filter)：允许高频通过，阻止低频通过，其理想频率响应如图 14-30b 所示。

3. 带通滤波器(bandpass filter)：允许某个频带范围内的频率通过，阻止或衰减该频带之外的频率，其理想频率响应如图 14-30c 所示。

4. 带阻滤波器(bandstop filter)：允许某个频带范围外的频带通过，阻止或衰减该频带内的频率，其理想频率响应如图 14-30d 所示。

表 14-5　各类滤波器特性的总结

滤波器类型	$H(0)$	$H(\infty)$	$H(\omega)$ 或 $H(\omega_0)$
低通	1	0	$1/\sqrt{2}$
高通	0	1	$1/\sqrt{2}$
带通	0	0	1
带阻	1	1	0

表 14-5 总结了以上四类滤波器的特性，该表中所列的特性仅适用于一阶或二阶滤波器电路，滤波器的种类不只表 14-5 中所列的几种。下面讨论实现表 14-5 中所列各种滤波器的典型电路。

14.7.1　低通滤波器

当 RC 电路的输出取自电容两端的电压时，就构成一个典型的低通滤波器，如图 14-31 所示。该电路的传输函数(也可参见例 14-1)为

$$\boldsymbol{H}(\omega)=\frac{\mathbf{V}_o}{\mathbf{V}_i}=\frac{1/\mathrm{j}\omega C}{R+1/\mathrm{j}\omega C}$$

$$\boldsymbol{H}(\omega)=\frac{1}{1+\mathrm{j}\omega RC} \tag{14.50}$$

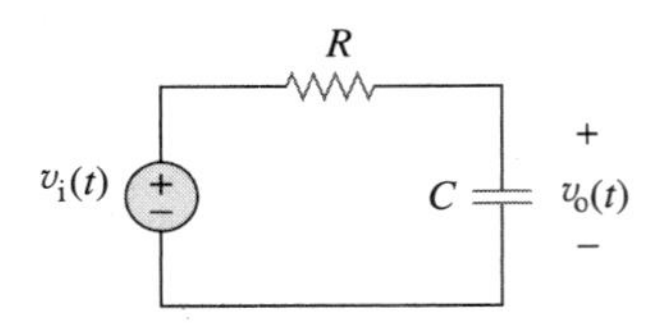

图 14-31　低通滤波器

可见，$\boldsymbol{H}(0)=1$，$\boldsymbol{H}(\infty)=0$。图 14-32 所示为 $|H(\omega)|$ 的频率特性曲线以及理想的频率特性曲线，图中的半功率频率相当于伯德图中的截止频率，但在滤波器中通常称为截止频率(cutoff frequency)ω_c，令 $\boldsymbol{H}(\omega)$ 的模等于 $1/\sqrt{2}$，即可得到截止频率为

$$H(\omega_c)=\frac{1}{\sqrt{1+\omega_c^2R^2C^2}}=\frac{1}{\sqrt{2}}$$

即

$$\omega_c=\frac{1}{RC} \tag{14.51}$$

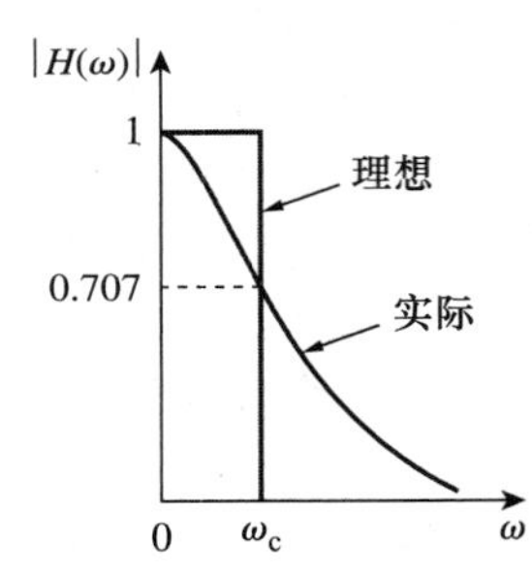

图 14-32　低通滤波器的特性曲线

截止频率也可以称为滚降频率(rolloff frequency)。

低通滤波器是只允许从直流到截止频率 $\boldsymbol{\omega_c}$ 的频率信号通过的滤波器。

提示：截止频率是传输函数 $\boldsymbol{H}$ 的模降至最大值的 70.71%时所对应的频率，也可以认为是电路消耗的功率为其最大值的一半时所对应的频率。

当 RL 电路的输出取自电阻两端的电压时，也可以构成低通滤波器。当然，低通滤波器还存在其他多种电路形式。

14.7.2　高通滤波器

当 RC 电路的输出取自电阻两端的电压时，就构成了高通滤波器，如图 14-33 所示。其传输函数为

$$\boldsymbol{H}(\omega)=\frac{\mathbf{V}_o}{\mathbf{V}_i}=\frac{R}{R+1/\mathrm{j}\omega C}$$

$$\boldsymbol{H}(\omega)=\frac{\mathrm{j}\omega RC}{1+\mathrm{j}\omega RC} \tag{14.52}$$

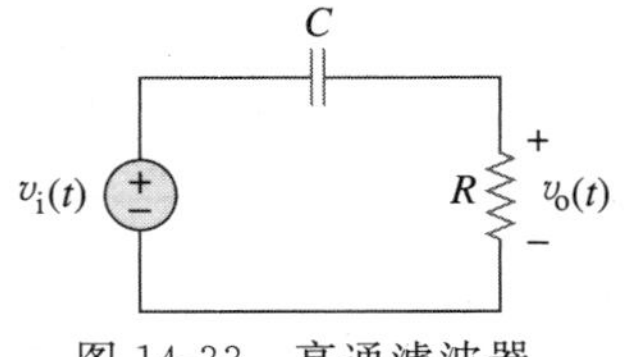

图 14-33　高通滤波器

可见，$\boldsymbol{H}(0)=0$，$\boldsymbol{H}(\infty)=1$。图 14-34 所示为$|H(\omega)|$的频率特性曲线，其截止频率或截止频率为

$$\omega_c=\frac{1}{RC} \tag{14.53}$$

高通滤波器是指高于其截止频率 ω_c 的频率信号通过的滤波器。

当 RL 电路的输出取自电感两端时，也可以构成一个高通滤波器。

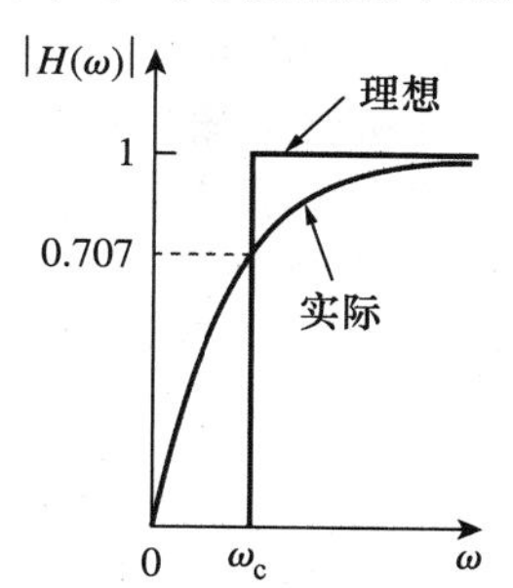

图 14-34　高通滤波器的理想频率响应与实际频率响应

14.7.3　带通滤波器

如果以 RLC 串联谐振电路中电阻两端的电压作为输出，就构成一个带通滤波器，如图 14-35 所示，其传输函数为

$$\boldsymbol{H}(\omega)=\frac{\boldsymbol{V}_o}{\boldsymbol{V}_i}=\frac{R}{R+j(\omega L-1/\omega C)} \tag{14.54}$$

可见，$\boldsymbol{H}(0)=0$，$\boldsymbol{H}(\infty)=0$。图 14-36 所示为$|H(\omega)|$的幅频特性曲线。带通滤波器使得以 ω_0 为中心的一个频带($\omega_0<\omega_1<\omega_2$)内的信号通过，其中心频率由下式确定。

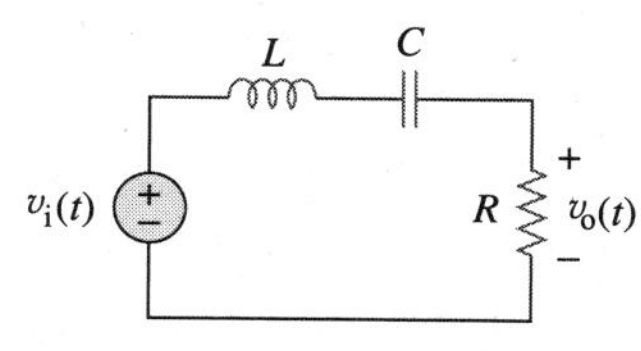

图 14-35　带通滤波器

$$\omega_0=\frac{1}{\sqrt{LC}} \tag{14.55}$$

带通滤波器是允许频带($\omega_0<\omega_1<\omega_2$)内所有频率通过的滤波器。

由于图 14-35 所示的带通滤波是一个串联谐振电路，所以该滤波器的半功率频率、带宽以及品质因数均可由 14.5 节的公式确定。带通滤波器也可以由如图 14-31 所示的低通滤波器(其 $\omega_2=\omega_c$)与如图 14-33 所示的高通滤波器(其 $\omega_1=\omega_c$)级联构成。然而，其结果并不仅仅是将低通滤波器的输出叠加到高通滤波器的输入，因为其中一个电路是另一个电路的负载，改变了所期望的传输函数。

14.7.4　带阻滤波器

阻止两个指定频率($\omega_1=\omega_2$)之间的频带信号通过的滤波器称之为带阻滤波器(bandstop/bandreject filter)或陷波滤波器(notch filter)。当 RLC 串联谐振电路的输出取自 LC 串联组合两端时，即构成带阻滤波器。如图 14-37 所示，其传输函数为

$$\boldsymbol{H}(\omega)=\frac{\boldsymbol{V}_o}{\boldsymbol{V}_i}=\frac{j(\omega L-1/\omega C)}{R+j(\omega L-1/\omega C)} \tag{14.56}$$

可见，$\boldsymbol{H}(0)=1$，$\boldsymbol{H}(\infty)=1$。图 14-38 所示为$|H(\omega)|$的幅频特性曲线，其中心频率为

$$\omega_0=\frac{1}{\sqrt{LC}} \tag{14.57}$$

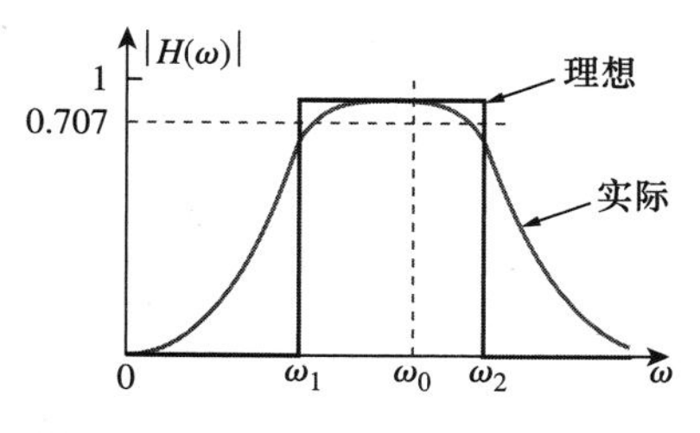

图 14-36　带通滤波器的理想频率响应与实际频率响应

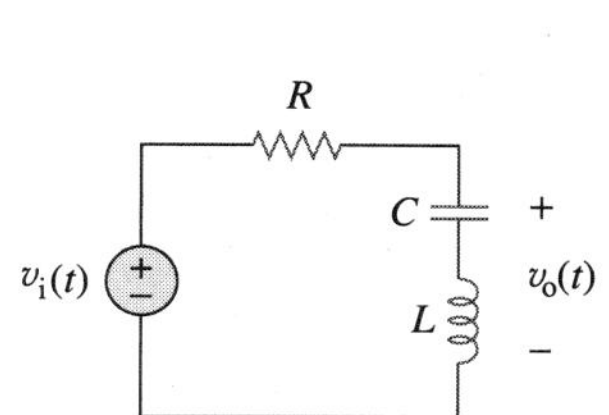

图 14-37　带阻滤波器

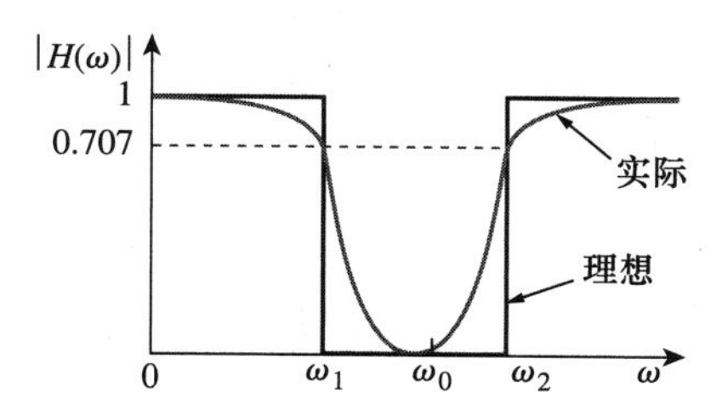

图 14-38　带阻滤波器的理想频率响应与实际频率响应

同理，带阻滤波器的半功率频率、带宽以及品质因数仍然可以利用 14.5 节中的谐振电路

的公式来计算，这里的 ω_0 称为抑制频率(frequency of rejection)。而相应的带宽($B=\omega_2-\omega_1$)称为抑制带宽(bandwidth of rejection)。

带阻滤波器是抑制或消除在频带 $\omega_1<\omega<\omega_2$ 内所有频率成分的滤波器。

注意，具有相同 R、L、C 的带通滤波器的传输函数与带阻滤波器的传输函数相加得到的结果是在任何频率下都为 1。这一结论一般而言是不成立的，但对于本节讨论的电路是成立的，这是因为这两个电路其中一个电路的特性恰好与另一个电路的特性相反。

本节的最后总结几点注意事项：

1. 由式(14.50)、式(14.52)、式(14.54)以及式(14.56)可知，无源滤波器的最大增益为 1，要想得到大于 1 的增益，应该采用下一节介绍的有源滤波器。

2. 还可以采用其他方法得到本节介绍的各种类型的滤波器。

3. 本节讨论的滤波器都比较简单，其他许多滤波器还具有锐度更高的选择特性和复杂的频率响应。

例 14-10 确定图 14-39 所示滤波器的类型，并计算其截止频率。假设电路中 $R=2\text{k}\Omega$，$L=2\text{H}$ 和 $C=2\mu\text{F}$。

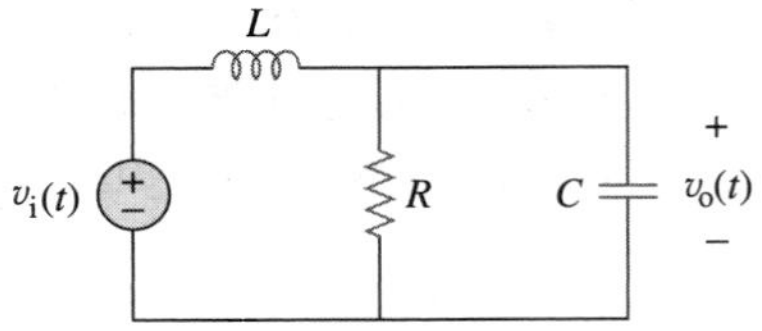

L
$v_i(t)$
R
C
+
$v_o(t)$
−

图 14-39 例 14-10 图

解：电路的传输函数为

$$\boldsymbol{H}(s)=\frac{\mathbf{V}_o}{\mathbf{V}_i}=\frac{R\parallel 1/sC}{sL+R\parallel 1/sC},\quad s=\mathrm{j}\omega \tag{14.10.1}$$

式中，

$$R\left\|\frac{1}{sC}=\frac{R/sC}{R+1/sC}=\frac{R}{1+sRC}\right.$$

将其代入式(14.10.1)，可得

$$\boldsymbol{H}(s)=\frac{R/(1+sRC)}{sL+R/(1+sRC)}=\frac{R}{s^2RLC+sL+R},\quad s=\mathrm{j}\omega$$

即

$$\boldsymbol{H}(\omega)=\frac{R}{-\omega^2RLC+\mathrm{j}\omega L+R} \tag{14.10.2}$$

由于 $\boldsymbol{H}(0)=1$，$\boldsymbol{H}(\infty)=0$，所以由表 14-5 可知图 14-39 所示电路是一个二阶低通滤波器。$\boldsymbol{H}$ 的模为

$$H=\frac{R}{\sqrt{(R-\omega^2RLC)^2+\omega^2L^2}} \tag{14.10.3}$$

其截止频率就是 $\boldsymbol{H}$ 下降至其 $1/\sqrt{2}$ 时的半功率频率。由于 $\boldsymbol{H}(\omega)$ 的直流值为 1，所以在截止频率处，式(14.10.3)两边取平方可以得到

$$H^2=\frac{1}{2}=\frac{R^2}{(R-\omega_c^2RLC)^2+\omega_c^2L^2}$$

即

$$2=(1-\omega_c^2LC)^2+\left(\frac{\omega_cL}{R}\right)^2$$

将 R、L、C 的值代入后得到

$$2=(1-\omega_c^2 4\times10^{-6})^2+(\omega_c 10^{-3})^2$$

假定 ω_c 的单位为 krad/s，则有

$$2=(1-4\omega_c^2)^2+\omega_c^2\quad \text{or}\quad 16\omega_c^4-7\omega_c^2-1=0$$

求解关于 ω^2 的二次方程，得到 $\omega_c^2=0.5509$ 或 -0.1134，由于 ω_c 为实数，所以

$$\omega_c = 0.742\text{krad/s} = 742\text{rad/s}$$ ◀

练习 14-10 对于图 14-40 所示电路，求传输函数 $\mathbf{V}_o(\omega)/\mathbf{V}_i(\omega)$，并判断该电路代表的滤波器类型，同时确定其截止频率。假设 $R_1 = 2\text{k}\Omega = R_2$，$L = 2\text{mH}$。

答案：$\dfrac{R_2}{R_1+R_2}\left(\dfrac{\text{j}\omega}{\text{j}\omega+\omega_c}\right)$，高通滤波器，$\omega_c = \dfrac{R_1R_2}{(R_1+R_2)L} = 25\text{krad/s}$。

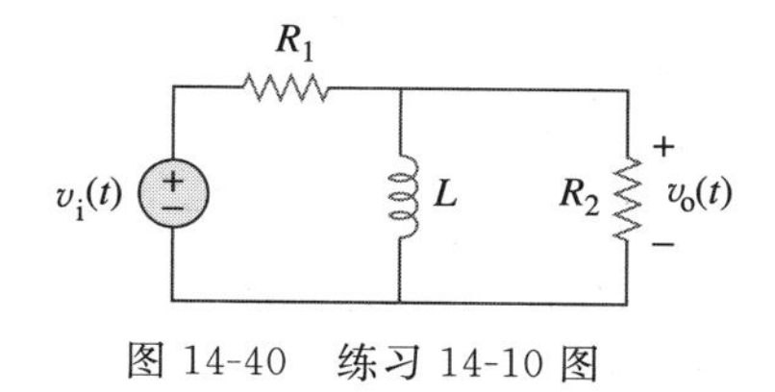

图 14-40 练习 14-10 图

例 14-11 如果图 14-37 所示的带阻滤波器阻止 200Hz 的正弦信号而允许其他频率通过，试计算其 L 与 C 值。假设 $R = 150\Omega$，带宽为 100Hz。

解：利用 14.5 节串联谐振电路的公式，可以得到

$$B = 2\pi \times 100 = 200\pi(\text{rad/s})$$

根据

$$B = \frac{R}{L} \quad \Rightarrow \quad L = \frac{R}{B} = \frac{150}{200\pi} = 0.2387(\text{H})$$

抑制 200Hz 的正弦信号表明 $f_0 = 200\text{Hz}$，于是图 14-38 中的 ω_0 为

$$\omega_0 = 2\pi f_0 = 2\pi \times 200 = 400\pi(\text{Hz})$$

由于 $\omega_0 = 1/\sqrt{LC}$，所以

$$C = \frac{1}{\omega_0^2 L} = \frac{1}{(400\pi)^2 \times 0.2387} = 2.653(\mu\text{F})$$ ◀

练习 14-11 设计一个如图 14-35 所示形式的带通滤波器，其低截止频率为 20.1kHz，高截止频率为 20.3kHz。假定 $R = 20\text{k}\Omega$，试计算 L、C 与 Q。

答案：15.915H，3.9pF，101。

14.8 有源滤波器

前一节介绍的无源滤波器存在三个主要的限制。首先，不能产生大于 1 的增益，无源元件不能增加网络中的能量；其次，可能会用到体积笨重、价格昂贵的电感元件；第三，在低于音频范围($300\text{Hz} < f < 3000\text{Hz}$)工作时，滤波器性能很差。然而，无源滤波器在高频时是非常有用的。

有源滤波器由电阻、电容以及运算放大器组成，与无源 RLC 滤波器相比，有源滤波器的优势在于：第一，由于有源滤波器不需要电感，因而器件体积较小、价格不是很贵，这使得滤波器的集成电路实现成为可能；第二，有源滤波器除了提供与 RLC 滤波器相同的频率响应外，还可以提供放大器增益；第三，有源滤波器可以与缓冲放大器(电压跟随器)结合使用，从而实现滤波器各级与电源和负载阻抗效应的隔离。利用这种隔离特性，就可以独立设计滤波器各级，之后再将其级联起来实现所要求的传输函数(传输函数级联时，伯德图因为是对数关系所以可以直接相加)。然而，有源滤波器的可靠性和稳定性差，大多数有源滤波器的实际工作频率限制在 100kHz 以下，即多数有源滤波器在 100kHz 以下可以正常工作。

通常可以按照滤波器的阶数(即极点数)或者特定的设计类型对滤波器进行分类。

14.8.1 一阶低通滤波器

一阶滤波器的一种形式如图 14-41 所示，其中器件 $\mathbf{Z}_i$ 和 $\mathbf{Z}_f$ 的不同选择决定了滤波器是低通的还是高通的，但其中一个元件必须是电抗元件。

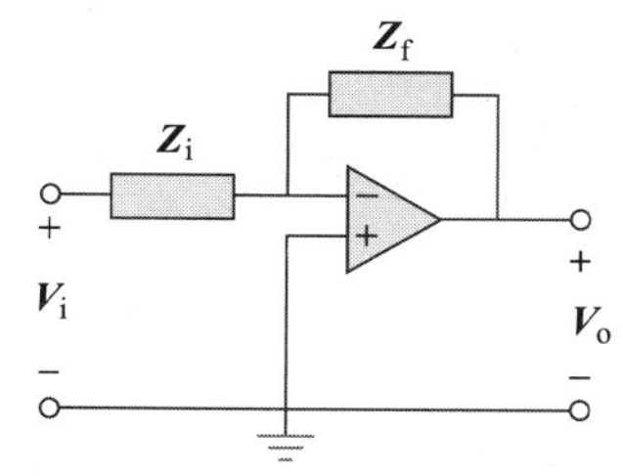

图 14-41 通用的一阶有源滤波器

图 14-42 所示为一个典型的有源低通滤波器，该滤波器的传输函数为

$$\boldsymbol{H}(\omega)=\frac{\boldsymbol{V}_{\mathrm{o}}}{\boldsymbol{V}_{\mathrm{i}}}=-\frac{\boldsymbol{Z}_{\mathrm{f}}}{\boldsymbol{Z}_{\mathrm{i}}} \tag{14.58}$$

式中，$\boldsymbol{Z}_{\mathrm{i}}=R_{\mathrm{i}}$，并且

$$\boldsymbol{Z}_{\mathrm{f}}=R_{\mathrm{f}}\left\|\frac{1}{\mathrm{j}\omega C_{\mathrm{f}}}=\frac{R_{\mathrm{f}}/\mathrm{j}\omega C_{\mathrm{f}}}{R_{\mathrm{f}}+1/\mathrm{j}\omega C_{\mathrm{f}}}=\frac{R_{\mathrm{f}}}{1+\mathrm{j}\omega C_{\mathrm{f}}R_{\mathrm{f}}}\right. \tag{14.59}$$

因此

$$\boldsymbol{H}(\omega)=-\frac{R_{\mathrm{f}}}{R_{\mathrm{i}}}\frac{1}{1+\mathrm{j}\omega C_{\mathrm{f}}R_{\mathrm{f}}} \tag{14.60}$$

由此可见，式(14.60)与式(14.50)基本相同，只是相差一个低频增益($\omega\to 0$)，即$-R_{\mathrm{f}}/R_{\mathrm{i}}$的直流增益。此外，其截止频率为

$$\omega_{\mathrm{c}}=\frac{1}{R_{\mathrm{f}}C_{\mathrm{f}}} \tag{14.61}$$

图 14-42　有源一阶低通滤波器

由此可见，ω_{c}不依赖于R_{i}。这意味着可以将几个不同的输入R_{i}相加起来，但各输入的截止频率保持不变。

14.8.2　一阶高通滤波器

图 14-43 所示为一个典型的高通滤波器，其传输函数为

$$\boldsymbol{H}(\omega)=\frac{\boldsymbol{V}_{\mathrm{o}}}{\boldsymbol{V}_{\mathrm{i}}}=-\frac{\boldsymbol{Z}_{\mathrm{f}}}{\boldsymbol{Z}_{\mathrm{i}}} \tag{14.62}$$

式中$\boldsymbol{Z}_{\mathrm{i}}=R_{\mathrm{i}}+1/\mathrm{j}\omega C_{\mathrm{i}}$，$\boldsymbol{Z}_{\mathrm{f}}=R_{\mathrm{f}}$，因此

$$\boldsymbol{H}(\omega)=-\frac{R_{\mathrm{f}}}{R_{\mathrm{i}}+1/\mathrm{j}\omega C_{\mathrm{i}}}=-\frac{\mathrm{j}\omega C_{\mathrm{i}}R_{\mathrm{f}}}{1+\mathrm{j}\omega C_{\mathrm{i}}R_{\mathrm{i}}} \tag{14.63}$$

式(14.63)与(14.52)类似，只是在频率很高($\omega\to\infty$)时，其增益趋于$-R_{\mathrm{f}}/R_{\mathrm{i}}$，截止频率为

$$\omega_{\mathrm{c}}=\frac{1}{R_{\mathrm{i}}C_{\mathrm{i}}} \tag{14.64}$$

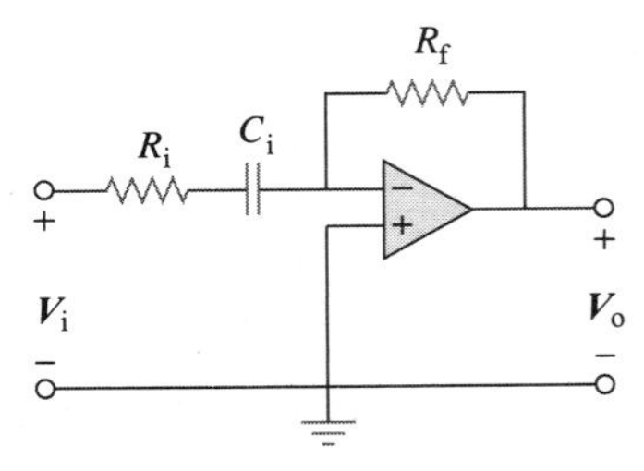

图 14-43　有源一阶高通滤波器

14.8.3　带通滤波器

将图 14-42 所示低通滤波器与图 14-43 所示高通滤波器组合起来，就可以构成一个在所需频带内增益为K的带通滤波器。将单位增益的低通滤波器、单位增益的高通滤波器与增益为$-R_{\mathrm{f}}/R_{\mathrm{i}}$的反相放大器级联即可构成一个带通滤波器，其框图如图 14-44a 所示，其频率响应如图 14-44b 所示。带通滤波器的实际电路结构如图 14-45 所示。

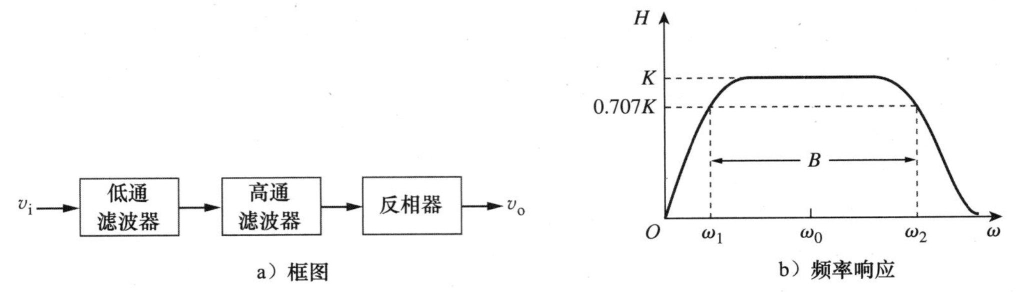

a）框图　　b）频率响应

图 14-44　有源带通滤波器

提示： 这种构成带通滤波器的方法未必是最好的方法，但可能是最容易理解的。

带通滤波器的分析相当简单，其传输函数为式(14.60)、式(14.63)与反相器增益三者

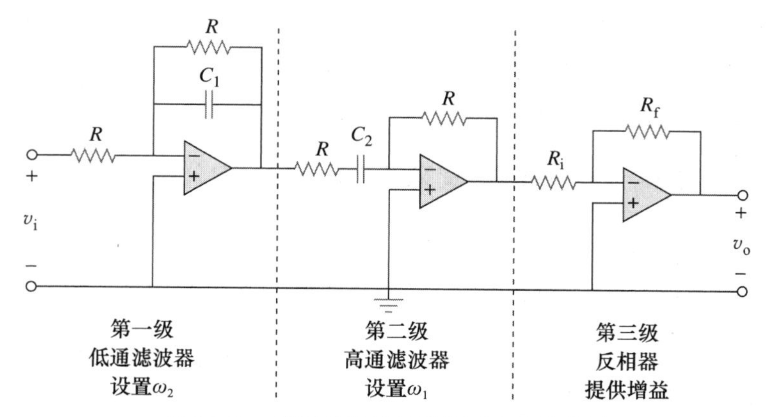

图 14-45　有源带通滤波器实际电路结构图

的乘积，即

$$\begin{aligned}\boldsymbol{H}(\omega)&=\frac{\boldsymbol{V}_o}{\boldsymbol{V}_i}=\left(-\frac{1}{1+j\omega C_1 R}\right)\left(-\frac{j\omega C_2 R}{1+j\omega C_2 R}\right)\left(-\frac{R_f}{R_i}\right)\\&=-\frac{R_f}{R_i}\frac{1}{1+j\omega C_1 R}\frac{j\omega C_2 R}{1+j\omega C_2 R}\end{aligned} \tag{14.65}$$

低通部分设定了带通滤波器的上截止频率

$$\omega_2=\frac{1}{RC_1} \tag{14.66}$$

而高通部分设定了带通滤波器的下截止频率

$$\omega_1=\frac{1}{RC_2} \tag{14.67}$$

由 ω_1 与 ω_2 的值即可确定带通滤波器的中心频率、带宽以及品质因数。

$$\omega_0=\sqrt{\omega_1\omega_2} \tag{14.68}$$

$$B=\omega_2-\omega_1 \tag{14.69}$$

$$Q=\frac{\omega_0}{B} \tag{14.70}$$

为了确定带通滤波器的通带增益 K，将式(14.65)的传输函数化为式(14.15)所示的标准形式。

$$\boldsymbol{H}(\omega)=-\frac{R_f}{R_i}\frac{j\omega/\omega_1}{(1+j\omega/\omega_1)(1+j\omega/\omega_2)}=-\frac{R_f}{R_i}\frac{j\omega\omega_2}{(\omega_1+j\omega)(\omega_2+j\omega)} \tag{14.71}$$

在中心频率 $\omega_0=\sqrt{\omega_1\omega_2}$ 处，传输函数的模为

$$|\boldsymbol{H}(\omega_0)|=\left|\frac{R_f}{R_i}\frac{j\omega_0\omega_2}{(\omega_1+j\omega_0)(\omega_2+j\omega_0)}\right|=\frac{R_f}{R_i}\frac{\omega_2}{\omega_1+\omega_2} \tag{14.72}$$

于是，其带通增益为

$$K=\frac{R_f}{R_i}\frac{\omega_2}{\omega_1+\omega_2} \tag{14.73}$$

14.8.4　带阻(陷波)滤波器

低通滤波器与高通滤波器的并联组合再加上一个求和放大器就可以构成带阻滤波器，其方框图如图 14-46a 所示。带阻滤波器的下截止频率由低通滤波器设定，而上截止频率 ω_2 由高通滤波器设定。ω_1 与 ω_2 之间的频带宽度为带阻滤波器的带宽，如图 14-46b 所示，

带阻滤波器允许低于 ω_1 和高于 ω_2 的频带通过。图 14-46a 所示方框图的实际电路结构如图 14-47 所示，带阻滤波器的传输函数为

$$\boldsymbol{H}(\omega)=\frac{\boldsymbol{V}_o}{\boldsymbol{V}_i}=-\frac{R_f}{R_i}\left(-\frac{1}{1+j\omega C_1R}-\frac{j\omega C_2R}{1+j\omega C_2R}\right) \tag{14.74}$$

计算其截止频率 ω_1 和 ω_2、中心频率、带宽以及品质因数的公式与式(14.66)～式(14.70)相同。

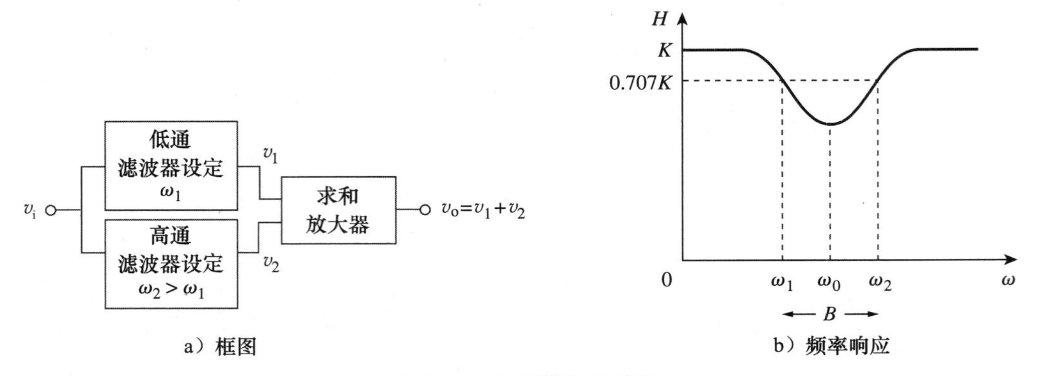

a）框图　　b）频率响应

图 14-46　有源带阻滤波器

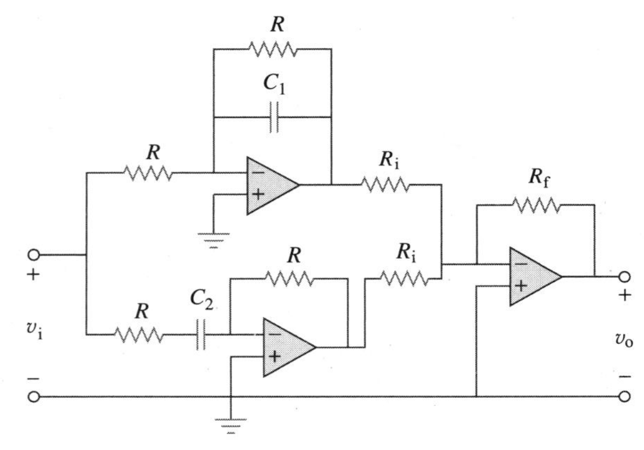

图 14-47　有源带阻滤波器实际电路结构图

为了确定带阻滤波器的带通增益 K，可以用上、下截止频率表示式(14.74)，得到

$$\boldsymbol{H}(\omega)=\frac{R_f}{R_i}\left(\frac{1}{1+j\omega/\omega_2}+\frac{j\omega/\omega_1}{1+j\omega/\omega_1}\right)=\frac{R_f}{R_i}\frac{(1+j2\omega/\omega_1+(j\omega)^2/\omega_1\omega_1)}{(1+j\omega/\omega_2)(1+j\omega/\omega_1)} \tag{14.75}$$

将式(14.75)与式(14.15)所示的传输函数标准形式相比较可知，在两通带($\omega\to0$ 与 $\omega\to\infty$)内，其增益为

$$K=\frac{R_f}{R_i} \tag{14.76}$$

也可以通过中心频率 $\omega_0=\sqrt{\omega_1\omega_2}$ 处传输函数的模确定其通带增益，即

$$H(\omega_0)=\left|\frac{R_f}{R_i}\frac{(1+j2\omega_0/\omega_1+(j\omega_0)^2/\omega_1\omega_1)}{(1+j\omega_0/\omega_2)(1+j\omega_0/\omega_1)}\right|=\frac{R_f}{R_i}\frac{2\omega_1}{\omega_1+\omega_2} \tag{14.77}$$

同样，本节介绍的滤波器仅是一些典型的结构，还有许多更为复杂的其他类型的有源滤波器。

例 14-12 设计一个直流增益为 4、截止频率为 500Hz 的低通有源滤波器。

解：由式(14.61)可得

$$\omega_c = 2\pi f_c = 2\pi \times 500 = \frac{1}{R_f C_f} \tag{14.12.1}$$

其直流增益为

$$H(0) = -\frac{R_f}{R_i} = -4 \tag{14.12.2}$$

现在得到包含的三个未知数的两个方程，如果选定 $C_f = 0.2\mu F$，则有

$$R_f = \frac{1}{2\pi \times 500 \times 0.2 \times 10^{-6}} = 1.59(k\Omega)$$

和

$$R_i = \frac{R_f}{4} = 397.5\Omega$$

取 $R_f = 1.6k\Omega$，$R_i = 400\Omega$，所设计的低通有源滤波器如图 14-42 所示。◀

练习 14-12 设计一个高频增益为 5，截止频率为 2kHz 的高通滤波器，设计时采用 $0.1\mu F$ 的电容器。

答案：$R_i = 800\Omega$，$R_f = 4k\Omega$。

例 14-13 设计一个如图 14-45 所示的带通滤波器，允许 250～3kHz 范围内的频率成分通过，增益 $K = 10$，假定电阻 $R = 20k\Omega$。

解：1. **明确问题**。本例所要解决的问题已阐述清楚，设计中所采用的电路也已明确规定。

2. **列出已知条件**。本题要求使用图 14-45 所示的运算放大器电路设计一个带通滤波器，已经给定电阻 R 的值(20kΩ)，另外，可以通过的信号频率范围为 250Hz～3kHz。

3. **确定备选方案**。采用 14.8.3 节推导的公式求解本例，之后利用所得到的传输函数验证答案的正确性。

4. **尝试求解**。因为 $\omega_1 = 1/RC_2$，所以

$$C_2 = \frac{1}{R\omega_1} = \frac{1}{2\pi f_1 R} = \frac{1}{2\pi \times 250 \times 20 \times 10^3} = \mathbf{31.83(nF)}$$

同理，由于 $\omega_2 = 1/RC_1$，则

$$C_1 = \frac{1}{R\omega_2} = \frac{1}{2\pi f_2 R} = \frac{1}{2\pi \times 3000 \times 20 \times 10^3} = \mathbf{2.65(nF)}$$

由式(14.73)可得

$$\frac{R_f}{R_i} = K\frac{\omega_1 + \omega_2}{\omega_2} = K\frac{f_1 + f_2}{f_2} = \frac{10 \times 3250}{3000} = 10.83$$

如果选择 $R_i = \mathbf{10k\Omega}$，则有 $R_f = 10.83\quad R_i \approx \mathbf{108.3k\Omega}$。

5. **评价结果**。第一个运算放大器的输出为

$$\frac{V_i - 0}{20k\Omega} + \frac{V_1 - 0}{20k\Omega} + \frac{s2.65 \times 10^{-9}(V_1 - 0)}{1} = 0 \to V_1 = -\frac{V_i}{1 + 5.3 \times 10^{-5}s}$$

第二个运算放大器的输出为

$$\frac{V_1 - 0}{20k\Omega + \dfrac{1}{s31.83nF}} + \frac{V_2 - 0}{20k\Omega} = 0 \to$$

$$V_2 = -\frac{6.366 \times 10^{-4} sV_1}{1 + 6.366 \times 10^{-4}s} = \frac{6.366 \times 10^{-4} sV_i}{(1 + 6.366 \times 10^{-4}s)(1 + 5.3 \times 10^{-5}s)}$$

第三个运算放大器的输出为

$$\frac{V_2-0}{10\text{k}\Omega}+\frac{V_o-0}{108.3\text{k}\Omega}=0\rightarrow V_o=10.83V_2\rightarrow \text{j}2\pi\times 25°$$

$$V_o=-\frac{6.894\times 10^{-3}sV_i}{(1+6.366\times 10^{-4}s)(1+5.3\times 10^{-5}s)}$$

令 $s=\text{j}2\pi\times 25°$并求出 V_o/V_i 的模：

$$\frac{V_o}{V_i}=\frac{-\text{j}10.829}{(1+\text{j}1)\times 1}$$

$|V_o/V_i|=\mathbf{0.7071\times 10.829}$，即低截止频率点。

令 $s=\text{j}2\pi\times 3000=\text{j}18.849\text{k}\Omega$，则有

$$\frac{V_o}{V_i}=\frac{-\text{j}129.94}{(1+\text{j}12)(1+\text{j}1)}=\frac{129.94\ \angle -90°}{(12.042\ \angle 85.24°)(1.4142\ \angle 45°)}=\mathbf{0.7071}\times\mathbf{10.791}\ \angle\mathbf{-18.61°}$$

显然，这是上截止频率，答案得到验证。

6. **是否满意**？本题所设计的电路令人满意，可以将其作为本题的答案。◀

练习 14-13 设计一个如图 14-47 所示的陷波滤波器，其 $\omega_0=20\text{krad/s}$，$K=5$ 并且 $Q=10$，假定 $R=R_1=10\text{k}\Omega$。 **答案**：$C_1=4.762\text{nF}$，$C_2=5.263\text{nF}$，$R_f=50\text{k}\Omega$。

14.9 比例转换

在设计、分析滤波器与谐振电路的过程中，或是在一般的电路分析过程中，先采用 1Ω、1H 或 1F 的元件值，之后再将这些值比例转换为实际值。通常会简化电路的分析与设计。在本书大量的例题与习题中，未采用元件的实际值就是利用了这一思想的优点。利用方便的元件值进行分析设计可以使读者更容易掌握电路分析方法，由于可以通过比例转换得到实际值，所以能够简化电路的计算。

电路的比例转换包括两个方面：一是幅度或阻抗的比例转换；二是频率的比例转换。二者在频率响应的比例转换以及将电路元件变换为实际值时是非常有用的，虽然模的比例运算保持电路的频率响应不变，但频率的比例转换却将频率响应沿频谱上下移动。

14.9.1 幅值的比例转换

幅值的比例转换是指将电路网络中的所有阻抗都增大某个因子，而不改变其频率响应的过程。

电路中的各元件 R、L、C 的阻抗分别为

$$\mathbf{Z}_R=R,\quad \mathbf{Z}_L=\text{j}\omega L,\quad \mathbf{Z}_C=\frac{1}{\text{j}\omega C}\tag{14.78}$$

在进行幅值的比例转换时，各电路元件的阻抗都乘以因子 K_m，同时保持其频率不变。于是，得到新的阻抗为

$$\mathbf{Z}'_R=K_m\mathbf{Z}_R=K_mR,\quad \mathbf{Z}'_L=K_m\mathbf{Z}_L=\text{j}\omega K_mL$$
$$\mathbf{Z}'_C=K_m\mathbf{Z}_C=\frac{1}{\text{j}\omega C/K_m}\tag{14.79}$$

比较式(14.79)与式(14.78)可知，元件值的变化如下：$R\rightarrow K_mR$，$L\rightarrow K_mL$，$C\rightarrow C/K_m$。因此，在进行幅值的比例转换时，各个元件的新值与频率分别为

$$\boxed{R'=K_mR,\quad L'=K_mL,\quad C'=\frac{C}{K_m},\quad \omega'=\omega}\tag{14.80}$$

式中，带“′”号的变量为新值，而不带“′”号的变量为原来的值。对于 RLC 串联或并联电路而言，比例转换前后的关系为

$$\omega'_0=\frac{1}{\sqrt{L'C'}}=\frac{1}{\sqrt{K_mLC/K_m}}=\frac{1}{\sqrt{LC}}=\omega_0\tag{14.81}$$

这说明比例转换前后的谐振频率是不变的。同样，品质因数与带宽也不会受到比例转换的影响。而且，幅值的比例转换也不会影响式(14.2a)与式(14.2b)所示的无量纲传输函数的形式。

14.9.2 频率比例变换

频率比例变换是指将网络的频率响应沿频率轴上、下移动并保持阻抗不变的过程。

将频率乘以因子 K_f，并保持阻抗不变就可以实现频率比例变换。

提示： 频率比例转换等效于对频率响应曲线中的频率轴进行重新标定，在将谐振频率、截止频率、带宽等平移至其实际值时，就必须用到频率转换。同时，还可以利用频率比例转换使电容值与电感值变换到方便处理的范围内。

由式(14.78)可见，L 与 C 的阻抗是与频率有关的，如果对式(14.78)中的 $Z_L(\omega)$ 与 $Z_C(\omega)$ 应用频率比例转换，由于电感与电容的阻抗在转换前后保持不变，于是得到

$$\mathbf{Z}_L = j(\omega K_f)L' = j\omega L \quad \Rightarrow \quad L' = \frac{L}{K_f} \tag{14.82a}$$

$$\mathbf{Z}_C = \frac{1}{j(\omega K_f)C'} = \frac{1}{j\omega C} \quad \Rightarrow \quad C' = \frac{C}{K_f} \tag{14.82b}$$

由此可见，元件值得变化如下：$L \rightarrow L/K_f$，$C \rightarrow C/K_f$。由于 R 的阻抗是与频率无关的，所以 R 的值不受任何影响。因此，在进行频率比例转换时，电路元件的新值与频率为

$$\boxed{R' = R, \quad L' = \frac{L}{K_f}, \quad C' = \frac{C}{K_f}, \quad \omega' = K_f\omega} \tag{14.83}$$

对于 RLC 串联或并联电路，其谐振频率为

$$\omega_0' = \frac{1}{\sqrt{L'C'}} = \frac{1}{\sqrt{(L/K_f)(C/K_f)}} = \frac{K_f}{\sqrt{LC}} = K_f\omega_0 \tag{14.84}$$

其带宽为

$$B' = K_f B \tag{14.85}$$

但是其品质因数仍保持不变($Q' = Q$)。

14.9.3 幅值与频率的比例转换

如果对电路同时进行幅值的比例转换与频率的比例转换，则有

$$\boxed{R' = K_m R, \quad L' = \frac{K_m}{K_f}L, \quad C' = \frac{1}{K_m K_f}C, \quad \omega' = K_f\omega} \tag{14.86}$$

以上公式是比式(14.80)与式(14.83)更为一般的公式。在不进行幅值的比例转换的情况下，则令式(14.86)中的 $K_m = 1$；在不进行频率比例转换的情况下，则令式(14.86)中的 $K_f = 1$。

例 14-14 某四阶巴特沃思(Butterworth)低通滤波器如图 14-48a 所示。该滤波器的截止频率设计为 $\omega_c = 1\text{rad/s}$。试利用 10kΩ 电阻器将该电路的截止频率变换为 50kHz。

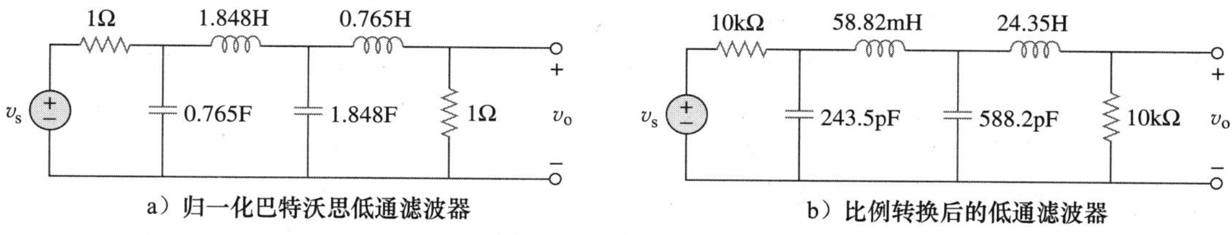

图 14-48 例 14-14 图

解： 要将截止频率从 $\omega_c = 1\text{rad/s}$ 平移至 $\omega_c' = 2\pi \times 50\text{krad/s}$，则频率比例因子为

$$K_f=\frac{\omega_c'}{\omega_c}=\frac{100\pi\times10^3}{1}=\pi\times10^5$$

并且，如果用 10kΩ 电阻取代各 1Ω 电阻，则幅值比例因子为

$$K_m=\frac{R'}{R}=\frac{10\times10^3}{1}=10^4$$

利用式(14.86)，可以得到

$$L_1'=\frac{K_m}{K_f}L_1=\frac{10^4}{\pi\times10^5}\times1.848=58.82(\text{mH})$$

$$L_2'=\frac{K_m}{K_f}L_2=\frac{10^4}{\pi\times10^5}\times0.765=24.35(\text{mH})$$

$$C_1'=\frac{C_1}{K_mK_f}=\frac{0.765}{\pi\times10^9}=243.5(\text{pF})$$

$$C_2'=\frac{C_2}{K_mK_f}=\frac{1.848}{\pi\times10^9}=588.2(\text{pF})$$

比例转换后的电路如图 14-84b 所示，该电路采用实际的元件值，并且其传输函数与图 14-48b 所示的原型一样，只是频率出现了平移。◀

练习 14-14 某三阶巴特沃思滤波器的归一化频率为 $\omega_c=1\text{rad/s}$，如图 14-49 所示。试利用 15nF 电容器通过比例转换确定截止频率为 10kHz 时的电路参数。

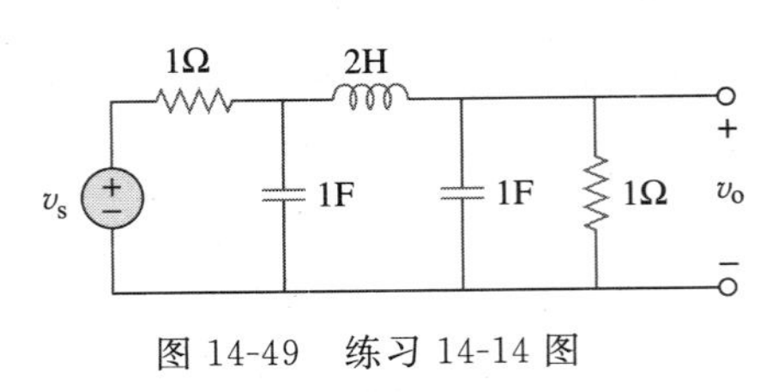

图 14-49 练习 14-14 图

答案：$R_1'=R_2'=1.061\text{k}\Omega$，$C_1'=C_2'=15\text{nF}$，$L'=33.77\text{mH}$。

14.10 基于 PSpice 的频率响应计算

对于现代电路工程师而言，PSpice 软件是计算电路频率响应的有力工具。利用 PSpice 中的 AC Sweep 功能确定电路的频率响应，要求在 AC Sweep 对话框中设定 Total Pts、Start Freq、End Freq 的值，并指定扫描类型，Total Pts 为频率扫描中的点数，Start Freq 与 End Freq 分别为起始频率与终止频率，单位为 Hz。为了确定 Start Freq 与 End Freq 两个频率值，必须通过绘制粗略的频率响应曲线，得出所需的频段范围。对于复杂电路而言，上述估计可能无法实现，只能采用试探性的方法来确定。

扫描类型包括三种：

- Linear(线性)：在 Start Freq 与 End Freq 之间的频率范围内，Total Pts(响应)等间隔线性变化。
- Octave(八倍频程)：在 Start Freq 到 End Freq 之间的频率范围内，以八倍频程对频率进行对数扫描，其中每八倍频程包括 Total Pts 个点。所谓八倍频程是指因子为 2 的频率范围(例如，2～4Hz，4～8Hz，8～16Hz)。
- Decade(十倍频程)：在 Start Freq 到 End Freq 之间的频率范围内，从十倍频程对频率进行对数扫描，其中每十倍频程包括 Total Pts 个点。所谓十倍频程指因子为 10 的频率范围(例如，2～20Hz，20～200Hz，200～2000Hz)。

对于窄频率范围的显示，最好采用线性扫描，因为线性扫描显示窄频率范围较好。反之，对于宽频率范围的显示，最好采用对数扫描(八倍频程或十倍频程)。如果对宽频率范围采用线性扫描，则会出现几乎所有数据都集中在高频端或低频端，而在另一端没有足够数据的情况。

设定上述参数后，PSpice 对所有独立源的频率从 Start Freq 到 End Freq 进行扫描，

从而实现对电路的正弦稳态分析，得到频率响应。

利用PSpice的A/D程序会给出图形输出，输出数据的类型可以在Trace Command Box窗口中对V或I增加如下后缀来确定：

M 正弦信号的幅度

P 正弦信号的相位

dB 正弦信号幅度的单位为分贝，即20log10(幅度)。

例14-15 确定图14-50所示电路的频率响应。

解：令输入电压v_s是幅度为1V，相位为0°的正弦信号。图14-51为该电路的PSpice原理图，图中电容器逆时针方向旋转270°，确保引脚1(正极)位于上方，电压探测器设在电容器两端输出电压上。要对1Hz<f<1000Hz之间50个点进行线性扫描，需选择Analysis/Setup/AC Sweep菜单，双击Linear，在Total Pts对话框中输入50，在Start Freq对话框中输入1，在End Freq对话框中输入1000，保存电路文件后，运行Analysis/Simulate程序对电路进行仿真。如果没有错误，PSpice A/D窗口中会显示V(C1：1)的波形图，与V_o即$H(\omega)=V_o/1$相同，如图14-52a所示，此即幅频特性曲线，因为V(C1：1)与VM(C1：1)相同。要确定相频特性曲线，应在PSpice A/D菜单中选择Trace/Add程序，并在Trace Command对话框中输入VP(C1：1)，从而得到图14-52b所示的相频特性曲线。手工计算的传输函数为

$$\boldsymbol{H}(\omega)=\frac{V_o}{V_s}=\frac{1000}{9000+j\omega 8}$$

即

$$\boldsymbol{H}(\omega)=\frac{1}{9+j16\pi\times 10^{-3}}$$

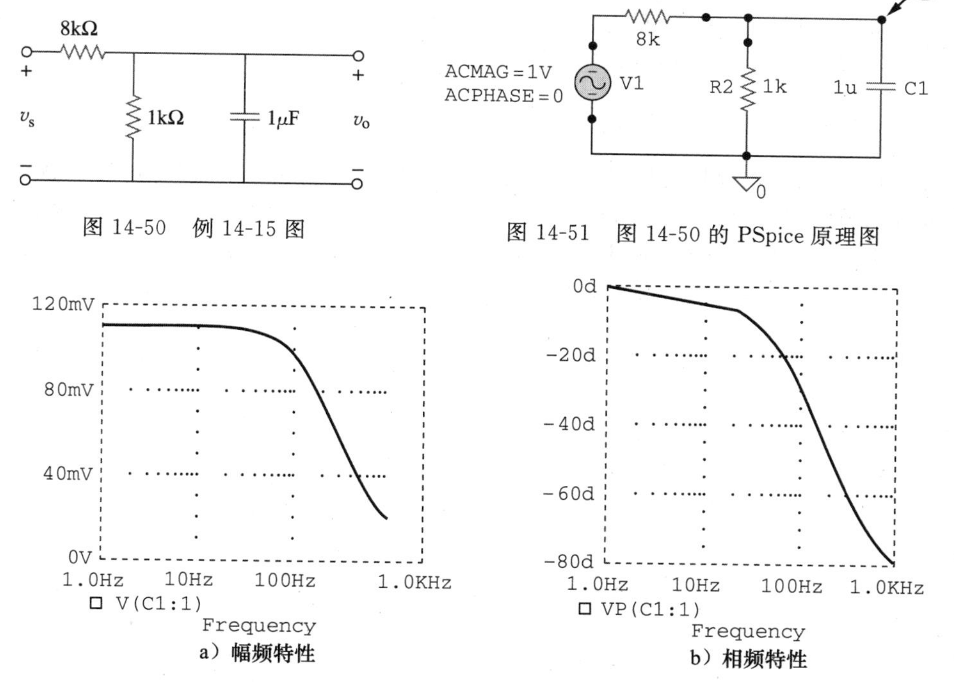

图14-50 例14-15图

图14-51 图14-50的PSpice原理图

a）幅频特性

b）相频特性

图14-52 例14-15的伯德图

由此可见，该电路为低通滤波器，其特性如图 14-52 所示。注意，图 14-52 与图 14-3 类似（图 14-52 中的纵轴为对数坐标，而图 14-3 中的纵坐标为线性坐标）。◀

练习 14-15 利用 PSpice 绘制图 14-53 所示电路的频率响应。采用线性频率扫描，并且在 $1\text{Hz}<f<1000\text{Hz}$ 频率范围内包括 100 个点。

答案：参见图 14-54。

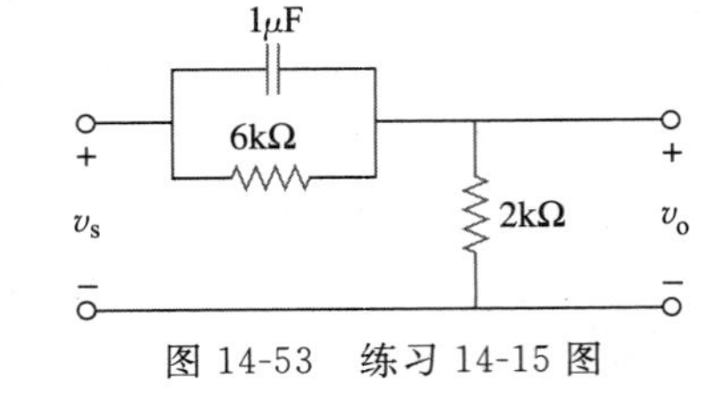

图 14-53 练习 14-15 图

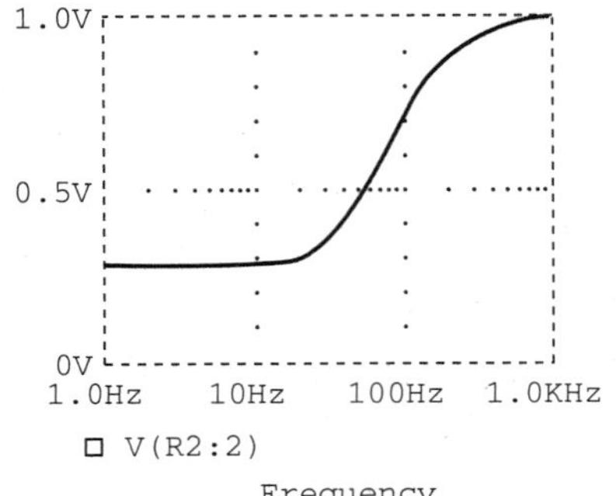

a）幅频曲线

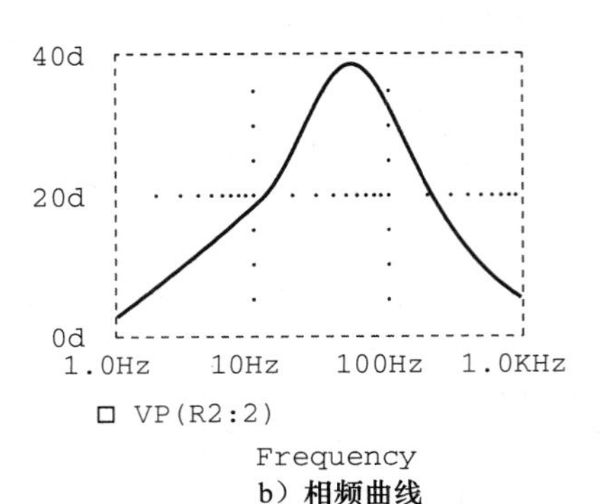

b）相频曲线

图 14-54 练习 14-15 的伯德图

例 14-16 利用 PSpice 绘制图 14-55 所示电路中 V 的增益伯德图与相位伯德图。

解：例 14-15 中的电路为一阶电路，本例中的电路为二阶电路。因为要绘制伯德图，所以选用十倍频程扫描，且设定在 $300\text{Hz}<f<3000\text{Hz}$ 范围内每十倍频程包括 50 个点。根据电路参数可知，该电路的谐振频率就位于频率范围内，因此选定该频率范围作为扫描区间。由电路参数可得

$$\omega_0=\frac{1}{\sqrt{LC}}=5\text{krad/s},\qquad f_0=\frac{\omega}{2\pi}=795.8\text{Hz}$$

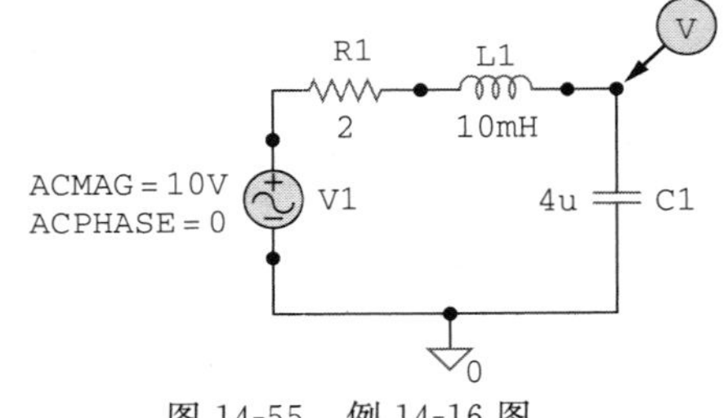

图 14-55 例 14-16 图

绘制好如图 14-55 所示电路原理图后，选择 Analysis/Setup/AC Sweep 菜单，双击 Decade，在 Total Pts 对话框中键入 50，在 Start Freq 对话框中键入 300，在 End Freq 对话框中键入 3000。保存电路文件后，运行 Analysis/Simulate 程序对电路进行模拟。之后就会自动出现

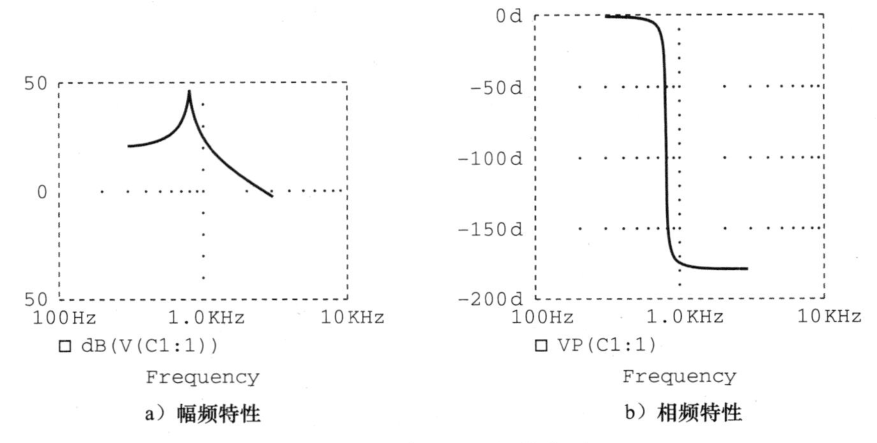

a）幅频特性

b）相频特性

图 14-56 例 14-16 的伯德图

PSpice A/D窗口，如果仿真无误，则显示V(C1：1)的波形图。由于要绘制伯德图，所以应在PSpice A/D菜单中选择Trace/Add程序，并在Trace Command对话框中键入dB(C1：1)，所得到的幅频特性伯德图如图14-56a所示。对于相频特性曲线，在PSpice A/D菜单中选择Trace/Add程序，并在Trace Command对话框中键入VP(C1：1)，于是得到如图14-56b所示的相频特性伯德图。以上两图均证实了谐振频率为795.8Hz。◀

练习 14-16　对于图14-57所示网络，利用PSpice确定频率从1～100kHz的V_o的伯德图，在该频率范围内每十倍频程20个点。

答案：参见图14-58。

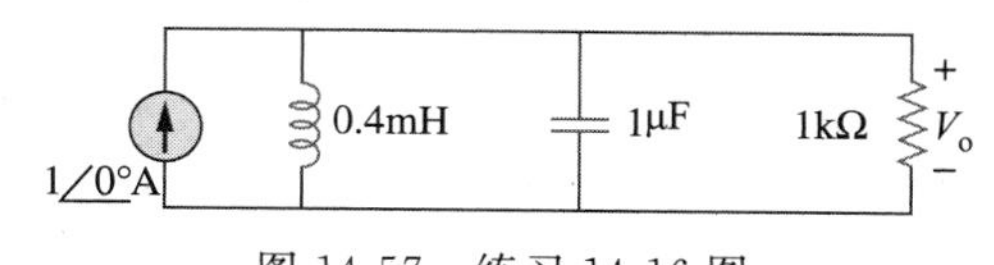

图14-57　练习14-16图

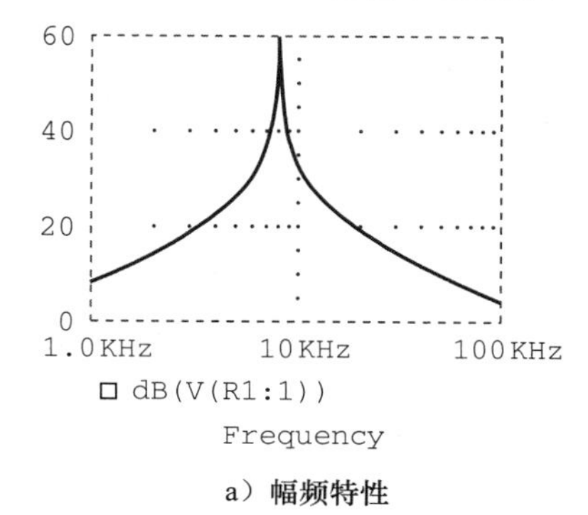

a）幅频特性

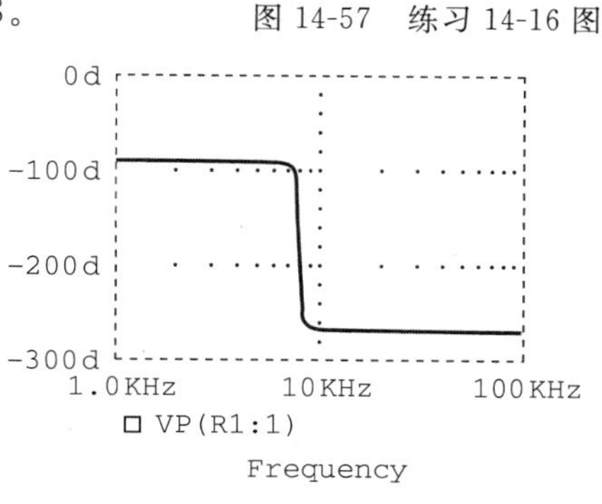

b）相频特性

图14-58　练习14-16的伯德图

14.11　基于MATLAB的频率响应计算

MATLAB是工程计算与仿真中应用非常广泛的一款软件，本节介绍如何利用该软件对本章及第15章介绍的运算进行数值仿真。利用MATLAB描述系统的关键是确定传输函数的分子(num)与分母(den)，之后就可以利用MATLAB的相关命令绘制系统的伯德图(频率响应)，并确定系统对给定输入的响应。

利用bode命令可以得到给定传输函数$H(s)$的伯德图(包括幅频特性与相频特性)，该命令的格式为bode(num, den)，其中num为$H(s)$的分子，den为$H(s)$的分母，仿真的频率范围与采样点数是自动选取的。例如，对于例14-3中的传输函数，首先应将其分子与分母写为多项式形式，得到

$$H(s)=\frac{200\text{j}\omega}{(\text{j}\omega+2)(\text{j}\omega+10)}=\frac{200s}{s^2+12s+20},\quad s=\text{j}\omega$$

利用如下命令即可产生图14-59所示的伯德图。如果需要，可以采用logspace产生对数间隔的频率，并利用semilogx生成半对数坐标。

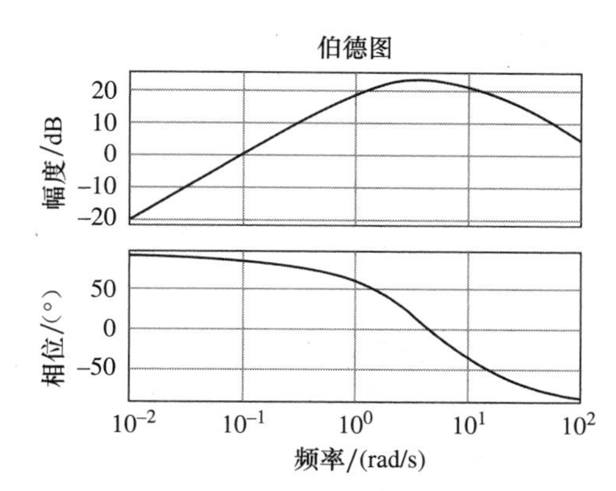

图14-59　幅频与相频曲线

```
>> num = [200 0];      % specify the numerator of H(s)
>> den = [1 12 20];    % specify the denominator of H(s)
>> bode(num, den);     % determine and draw Bode plots
```

系统的阶跃响应$y(t)$是指当系统输入$x(t)$为单位阶跃函数时的输出，如果已知系统传输函数的分子与分母，则可利用step命令绘制出系统的阶跃响应曲线，其时间范围与扫描点数也是自动选取的。例如，某二阶传统的传输函数为

$$H(s)=\frac{12}{s^2+3s+12}$$

利用如下命令即可确定如图 14-60 所示的系统阶跃响应。

```
>> n = 12;
>> d = [1 3 12];
>> step(n,d);
```

求出 $y(t)=x(t)*u(t)$或者 $Y(s)=X(s)H(s)$即可验证图 14-60 所示的曲线。

命令 lsim 比 step 更为通用，利用该命令可以计算系统对任意输入信号的时间响应，其命令格式为 $y=$lsim(num，den，x，t)，其中 $x(t)$为输入信号，t 为时间矢量，$y(t)$为所产生的输出。例如，假定描述系统的传输函数为：

$$H(s)=\frac{s+4}{s^3+2s^2+5s+10}$$

为了求解系统对输入信号 $x(t)=10\mathrm{e}^{-t}u(t)$的响应 $y(t)$，可以采用如下 MATLAB 命令，响应 $y(t)$与输入 $x(t)$的曲线如图 14-61 所示。

```
>> t = 0:0.02:5; % time vector 0 < t < 5 with increment
     0.02
>> x = 10*exp(-t);
>> num = [1  4];
>> den = [1  2  5  10];
>> y = lsim(num,den,x,t);
>> plot(t,x,t,y)
```

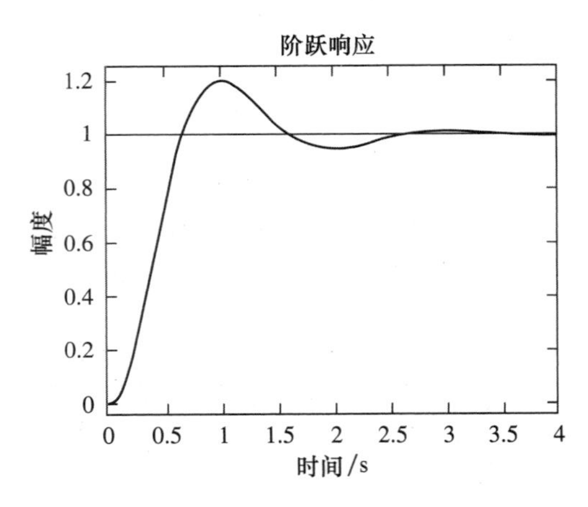

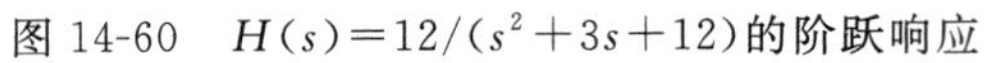

图 14-60 $H(s)=12/(s^2+3s+12)$的阶跃响应

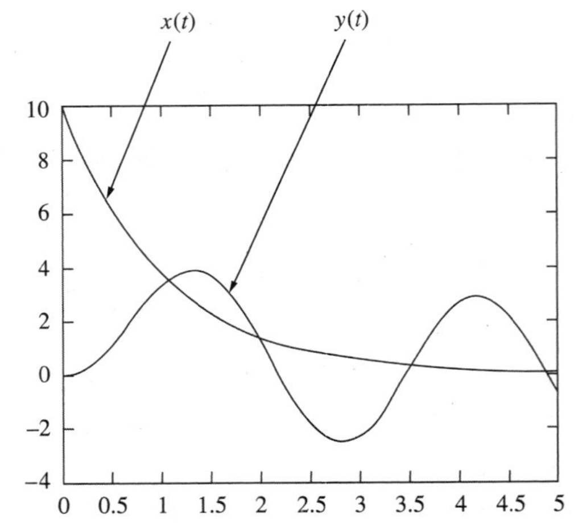

图 14-61 由 $H(s)=(s+4)/(s^3+2s^2+5s+10)$描述的系统对指数输入信号的阶跃响应

†14.12 应用实例

谐振电路与滤波器的应用非常广泛，特别是在电子学、电力系统与通信系统中的应用最多。例如，截止频率为 60Hz 的陷波滤波器可以用于消除各种通信电子系统的 60Hz 电力线噪声。在通信系统中，为了从相同频率范围内的大量信号中选取出所需的信号就必须对信号进行滤波(与接下来将要讨论的无线电接收机情况相同)，滤波同时也使得噪声与干扰对所需信号的影响最小。本节讨论谐振电路的一种应用实例以及滤波器的两种应用实例，学习的重点应该放在如何将本章介绍的电路用于实际设备中，而不是各种设备的工作细节。

14.12.1 无线电接收机

收音机与电视接收机中一般采用串联与并联谐振电路实现选台，并从射频载波中分离出音频信号。例如，在图 14-62 所示的调幅(AM)收音机电路框图中，入射调幅无线电波

(来自不同广播电台的成千上万个不同频率的电波)由天线接收，之后通过谐振电路(带通滤波器)选出其中一路入射无线电波，所选出的信号通常很微弱，因而需要多级放大，以便产生可听到的音频信号。因此，需要利用射频(RF)放大器对选出的广播信号进行放大，需要中频(IF)放大器对由RF信号产生的内部信号进行放大，同时需要音频放大器对进入扬声器之前的音频信号进行放大。利用不同的放大器分三级对信号进行放大要比构造一个在通带内实现相同放大功能的放大器容易得多。

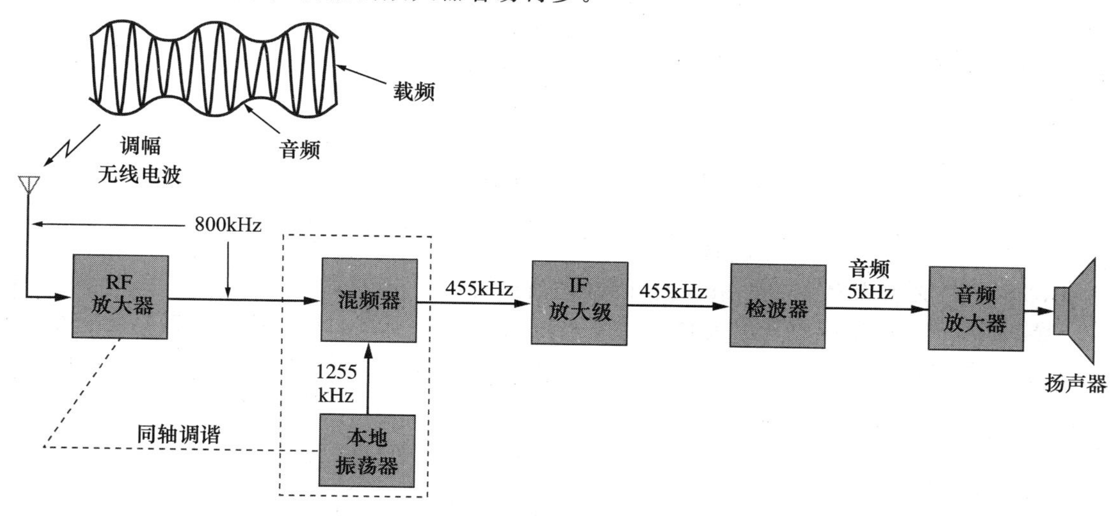

图 14-62　超外差调幅收音机的简化框图

图14-62所示的调幅收音机称为*超外差接收机*(superheterodyne receiver)，在收音机发展的早期，各级放大必须调谐至入射信号的频率。因此，各级放大器必须包括若干个调谐电路才能覆盖整个AM波段(540～1600kHz)。为了避免采用若干个谐振电路的问题，现代收音机均采用*混频器*(frequency mixer)或*外差电路*(heterodyne circuit)，其输出总是具有相同频率(445kHz)的中频(IF)信号，但入射信号中携带的音频频率保持不变。为了产生恒定的中频频率，两个独立的可变电容器调节装置在机械上相互耦合，这样就可以通过单个控制部件实现同轴转动调节，称为*同轴调谐*(ganged tuning)。RF放大器同轴调谐的*本地振荡器*(local oscillator)产生的射频信号与入射波通过混频器进行混频，从而产生包含两个信号频率差与频率和的输出信号。例如，当谐振电路调谐到接收800kHz信号时，本地振荡器必须产生1255kHz的信号，于是，混频器输出端的信号频率包括两者之和(1255kHz+800kHz=2055kHz)及两者之差(1255kHz−800kHz=455kHz)。然而，实际中仅采用其差频(455kHz)信号，无论调谐到哪个电台，这一差频也是各级中频放大器的唯一调谐频率。检波器提取出原始的音频信号(包括“智能信息”)，因此，检波器的主要功能是去除中频信号，同时保留音频信号。音频信号经放大后驱动扬声器，扬声器实际上就是一个将电信号转换为声音信号的能量转换器。

本节关心的主要问题是调幅收音机的调谐电路。调频收音机的工作原理不同于本节讨论的调幅收音机，其工作频率范围更宽，但是二者的调谐电路基本相同。

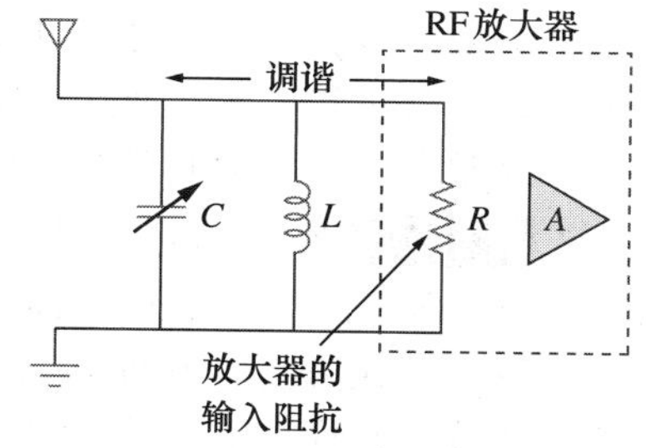

图 14-63　例14-17的调谐电路

例 14-17 图14-63所示为调幅收音机的调谐电路，已知$L=1\mu H$，试确定使谐振频率覆盖全部AM频段所需的电容C的取值范围。

解：调幅广播的频率范围为540～1600kHz，本例需要考虑该频段的低端和高端，由于如图 14-63 所示调谐电路为并联型的，所以可以利用 14.6 节的公式进行计算。由式(14-44)可知

$$\omega_0=2\pi f_0=\frac{1}{\sqrt{LC}}$$

即

$$C=\frac{1}{4\pi^2 f_0^2 L}$$

对于 AM 频段的高端，$f_0=1600\text{kHz}$，相应的电容值 C 为

$$C_1=\frac{1}{4\pi^2\times1600^2\times10^6\times10^{-6}}=9.9\text{nF}$$

对于 AM 频段的低端，$f_0=540\text{kHz}$，相应的电容值 C 为

$$C_2=\frac{1}{4\pi^2\times540^2\times10^6\times10^{-6}}=86.9\text{nF}$$

因此，电容 C 必须为 9.9～86.9nF 的可调(同轴)电容。◀

练习 14-17 某调频收音机接收波的频率范围为 88～108MHz，其调谐电路是一个包括 4μH 线圈的 RLC 并联电路，试计算覆盖整个频段所需的可变电容器的容值范围。

答案：0.543～0.818pF。

14.12.2 按键式电话机

滤波器的一种典型应用是图 14-64 所示的按键式电话机，其键盘包括 12 个按钮，排列为四行三列。

这种排列方式通过分为两组的 7 种频率提供了 12 个不同的信号，这两组频率分别为：低频组(697～941Hz)与高频组(1209～1477Hz)。按下某个按钮时即产生唯一对应于该按钮的一对频率的两个正弦量之和。例如，按下按钮“6”就会产生频率为 770Hz 与 1477Hz 的两个正弦信号之和。

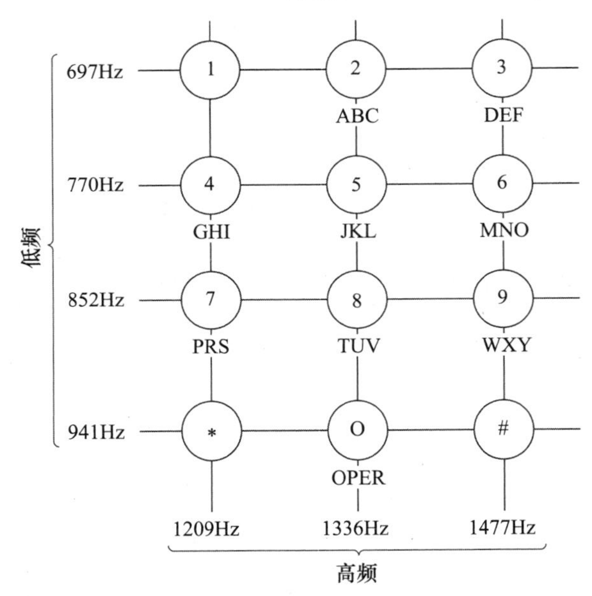

图 14-64 按键式电话机拨号的频率排列

拨打电话时，将一组信号传递到电话局，通过检测这组信号中包括的频率实现对按键的解码。图 14-65 给出了拨号检测方案框图。信号首先经过放大，之后通过低通滤波器(LP)与高通滤波器(HP)将信号分到各自相应的频率组，利用限幅器(L)将各组信号转换为方波。接着，利用 7 个带通滤波器(BP)识别出不同频率的单音信号，即各带通滤波器仅允许其中一个频率通过，而阻止其他频率通过。各滤波器之后为一个检波器(D)，当其输入电压超过某个电平时就触发工作。检波器的输出为交换系统将主叫连接至被叫所需的直流信号。

例 14-18 在电话电路中，采用标准的 600Ω 电阻器与 RLC 串联电路，试设计如图 14-65 所示的带通滤波器 BP_2。

解：带通滤波器为如图 14-35 所示的 RLC 串联电路，由于 BP_2 允许 697～852Hz 的频率通过，并且其中心频率为 $f_0=770\text{Hz}$，因此，该带通滤波器的带宽为

$$B=2\pi(f_2-f_1)=2\pi(852-697)=973.89(\text{rad/s})$$

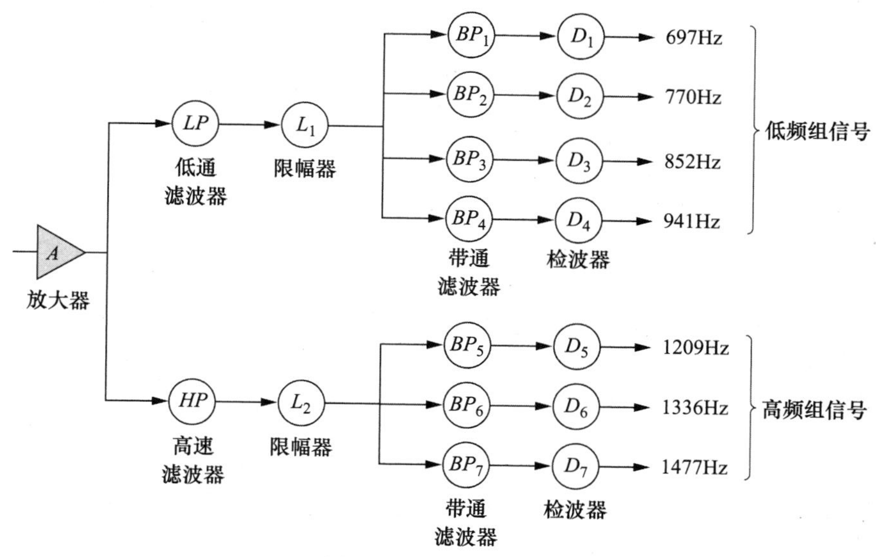

图 14-65　例 14-18 图

由式(14.39)可得

$$L=\frac{R}{B}=\frac{600}{973.89}=0.616\mathrm{H}$$

由式(14.27)或者式(14.57)可得

$$C=\frac{1}{\omega_0^2 L}=\frac{1}{4\pi^2 f_0^2 L}=\frac{1}{4\pi^2\times 770^2\times 0.616}=69.36(\mathrm{nF})$$ ◀

练习 14-18　对于带通滤波器 BP_6，重做例 14-18 的设计。

答案：0.356mH，39.83nF。

14.12.3　交叉网络

滤波器的另一个典型应用是将音频放大器耦合至低频扬声器与高频扬声器的交叉网络(crossover network)，如图 14-66a 所示。交叉网络主要由一个高通 RC 滤波器与一个低通 RL 滤波器组成，它将高于某预定交叉频率 f_c 的高频信号送至高频扬声器，而将低于 f_c 的低频信号送至低频扬声器。这些扬声器的设计适应某种频率响应。低频扬声器是重现信号低频部分的低频扬声器，其最高频率约 3kHz，而高频扬声器则重现 3～20kHz 的音频信号。两类扬声器相结合即可重现整个音频范围的信号，并给出最优频率响应。

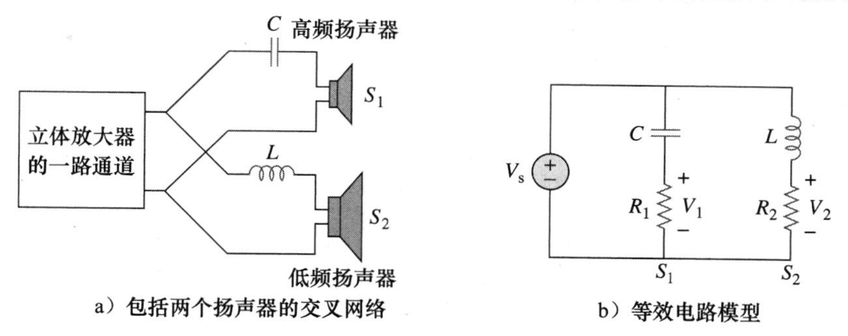

图 14-66　扬声器及等效电路

利用电压源取代放大器即可得到如图 14-66b 所示的交叉网络的近似等效电路，图中扬声器的电路模型为电阻。高通滤波器的传输函数 V_1/V_s 为

$$H_1(\omega)=\frac{V_1}{V_s}=\frac{j\omega R_1C}{1+j\omega R_1C} \tag{14.87}$$

同理，低通滤波器的传输函数为

$$H_2(\omega)=\frac{V_2}{V_s}=\frac{R_2}{R_2+j\omega L} \tag{14.88}$$

选择 R_1、R_2、L 与 C 的值，可以使两个滤波器具有相同的截止频率，即交叉频率(crossover frequency)，如图 14-67 所示。

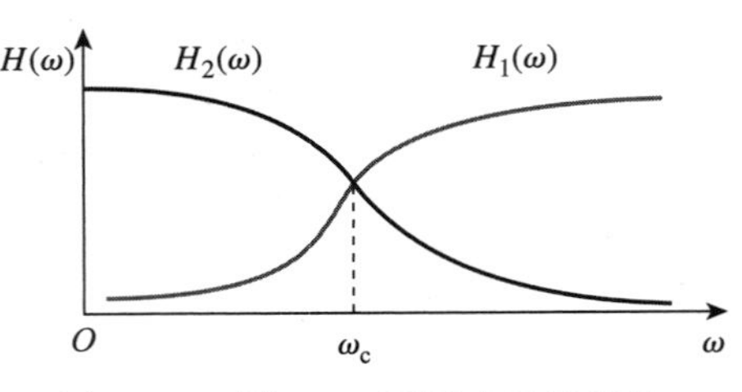

图 14-67　图 14-66 所示交叉网络的频率响应

交叉网络的基本原理也用于电视接收机的谐振电路中，因为电视接收机的谐振电路需将 RF 载波中的视频波段与音频波段分离开。低频段(即频率为 30Hz～4MHz 的图像信息)信号通过交叉网络进入电视接收机的视频放大器，而高频段(4.5MHz 左右的声音信息)信号通过交叉网络进入电视接收机的声音放大器。

例 14-19 在图 14-66 所示的交叉网络中，假设各扬声器的等效电阻为 6Ω，试求交叉频率为 2.5kHz 时的 C 与 L。

解：对于高通滤波器，有

$$\omega_c=2\pi f_c=\frac{1}{R_1C}$$

即

$$C=\frac{1}{2\pi f_c R_1}=\frac{1}{2\pi\times 2.5\times 10^3\times 6}=10.61\mu\text{F}$$

对于低通滤波器，有

$$\omega_c=2\pi f_c=\frac{R_2}{L}$$

即

$$L=\frac{R_2}{2\pi f_c}=\frac{6}{2\pi\times 2.5\times 10^3}=382\mu\text{H}$$ ◀

练习 14-19　如果图 14-63 中各扬声器的电阻为 8Ω 且 $C=10\mu$F，求 L 与交叉频率。

答案：0.64mH，1.989kHz。

14.13　本章小结

1. 传输函数 $\boldsymbol{H}(\omega)$ 为输出响应 $\boldsymbol{Y}(\omega)$ 与输入激励 $\boldsymbol{X}(\omega)$ 之比，即 $\boldsymbol{H}(\omega)=\boldsymbol{Y}(\omega)/\boldsymbol{X}(\omega)$。
2. 频率响应是指传输函数随频率的变化关系。
3. 传输函数 $\boldsymbol{H}(s)$ 的零点是指使 $\boldsymbol{H}(s)=0$ 的 $s=j\omega$ 的值，而极点是指使 $H(s)\to\infty$ 的 s 值。
4. 分贝是对数增益的单位，如果电压增益或电流增益为 G，则其等效的分贝值为 $G_{dB}=20\log_{10}G$。
5. 伯德图是传输函数的幅度与相位随频率变化的半对数曲线，利用由 $\boldsymbol{H}(\omega)$ 的极点与零点定义的截止频率可以绘制 H(单位为 dB)与 ϕ[单位为(°)]的直线近似。
6. 谐振频率是指传输函数的虚部趋于零时的频率。对于 RLC 串联与并联电路而言，
$$\omega_0=\frac{1}{\sqrt{LC}}$$
7. 半功率频率(ω_1，ω_2)是指在该频率处所消耗的功率等于在谐振频率处所消耗功率一半的频率，半功率频率的几何平均值就是谐振频率，即
$$\omega_0=\sqrt{\omega_1\omega_2}$$

8. 带宽是指两个半功率频率之间的频带宽度，即

$$B=\omega_2-\omega_1$$

9. 品质因数是谐振峰“锐度”的一种度量，它等于谐振(角)频率与带宽之比：

$$Q=\frac{\omega_0}{B}$$

10. 滤波器是一种使某个频带信号通过而阻止其他频带信号通过的电路，无源滤波器由电阻、电容与电感构成。有源滤波器由电阻、电容与有源器件组成，常用的有源器件为运算放大器。
11. 常用的四类滤波器包括低通滤波器、高通滤波器、带通滤波器与带阻滤波器。低通滤波器仅允许频率低于截止频率 ω_c 的信号通过，高通滤波器仅允许频率高于截止频率 ω_c 的信号通过，带通滤波器仅允许频率位于规定范围($\omega_1<\omega<\omega_2$)以内的信号通过，带阻滤波器仅允许频率位于规定频率范围($\omega_1<\omega<\omega_2$)以外的信号通过。
12. 比例转换是指通过幅度比例因子 K_m 或者频率比例因子 K_f 将非实际元件值变换为实际值的过程。

$$R'=K_mR,\quad L'=\frac{K_m}{K_f}L,\quad C'=\frac{1}{K_mK_f}C$$

13. 在 PSpice 的 AC Sweep 中设定好电路响应的频率范围及该范围内所需的扫描点数后，就可以利用 PSpice 确定电路的频率响应。
14. 无线电接收机是谐振电路的应用之一，它可以利用带通谐振电路从天线接收到的所有广播信号中调谐出其中一个频率。
15. 按键式电话机与交叉网络是滤波器的两个典型应用实例。按键式电话系统利用滤波器将不同频率的单音信号分离开，用于驱动电子交换机。交叉网络将不同频率范围的信号分离开，以便将其传送到不同的设备中，对音响系统而言，就是传送到低频扬声器与高频扬声器。

复习题

1 传输函数

$$H(s)=\frac{10(s+1)}{(s+2)(s+3)}$$

的一个零点为

(a) 10　(b) −1

(c) −2　(d) −3

2 在幅度伯德图中，对于较大的 ω 值，极点 $1/(5+j\omega)^2$ 的斜率为

(a) 20dB/dec　(b) 40dB/dec

(c) −40dB/dec　(d) −20dB/dec

3 在相位伯德图中，$0.5<\omega<50$，$(1+j10\omega-\omega^2/25)^2$ 的斜率为

(a) 45°/decade　(b) 90°/decade

(c) 135°/decade　(d) 180°/decade

4 由 12nF 电容构成的谐振电路谐振于 5kHz 时所需的电感值为多少？

(a) 2652H　(b) 11.844H

(c) 3.333H　(d) 84.43H

5 半功率频率之差称为：

(a) 品质因数　(b) 谐振频率

(c) 带宽　(d) 截止频率

6 在 RLC 串联电路中，以下哪个品质因数在谐振频率处具有最陡峭的幅频响应曲线。

(a) $Q=20$　(b) $Q=12$

(c) $Q=8$　(d) $Q=4$

7 在 RLC 并联电路中，带宽 B 与 R 成正比。

(a) 正确　(b) 错误

8 RLC 电路的元件既做了幅度比例转换又做了频率比例变换，下列哪个量不会受影响？

(a) 电阻　(b) 谐振频率

(c) 带宽　(d) 品质因数

9 以下哪类滤波器可用于选择某个无线电台的信号？

(a) 低通　(b) 高通

(c) 带通　(d) 带阻

10 某电压源为 RC 低通滤波器提供频率为 0～40kHz、幅度恒定的信号，与电容并联的负载电阻电压最大的频率位于

(a) 直流　(b) 10kHz

(c) 20kHz　(d) 40kHz

答案：(1) b；(2) c；(3) d；(4) d；(5) c；(6) a；(7) b；(8) d；(9) c；(10) a。

习题

14.2 节

1 求图 14-68 所示 RC 电路的传输函数 v_o/v_i，利用 $\omega_0=1/RC$ 表示该传输函数。

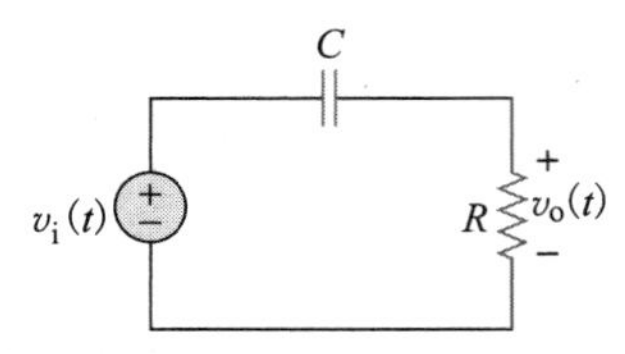

图 14-68 习题 1 图

2 利用图 14-69 所示电路设计一个问题，以更好地理解传输函数的求解方法。 **ED**

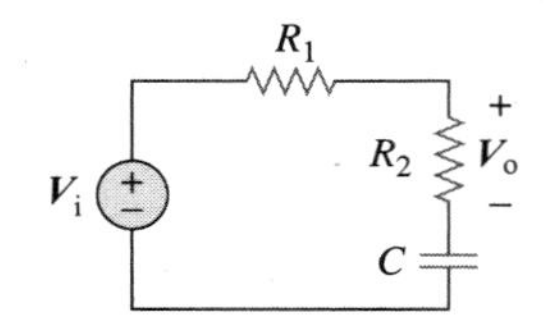

图 14-69 习题 2 图

3 对于图 14-70 所示电路，计算 $\boldsymbol{H}(s)=\boldsymbol{V}_o(s)/\boldsymbol{V}_i(s)$。

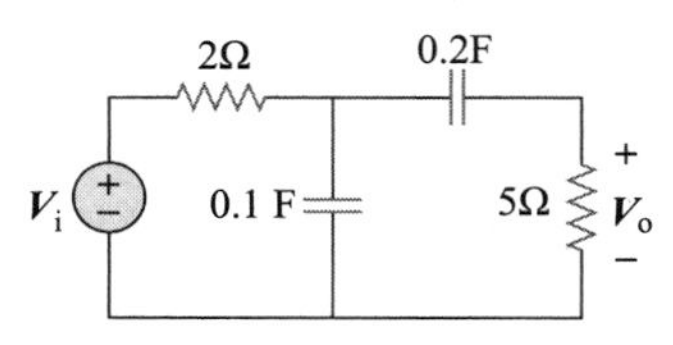

图 14-70 习题 3 图

4 求图 14-71 所示电路的传输函数 $\boldsymbol{H}(s)=\boldsymbol{V}_o/\boldsymbol{V}_i$。

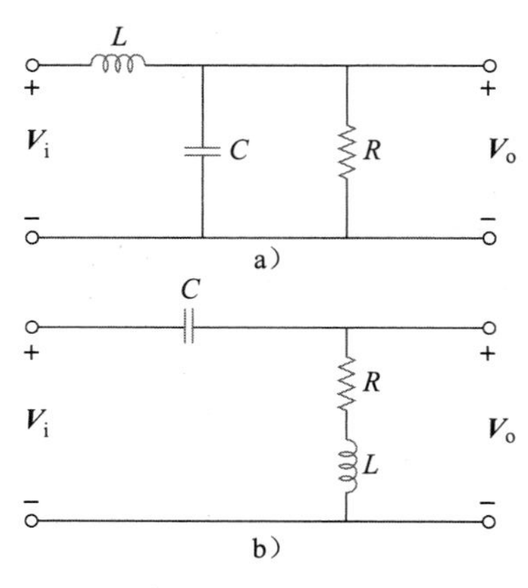

图 14-71 习题 4 图

5 对于如图 14-72 所示各电路，试求 $\boldsymbol{H}(s)=\boldsymbol{V}_o/\boldsymbol{I}_s$。

6 对于图 14-73 所示电路，求 $\boldsymbol{H}(s)=\boldsymbol{I}_o(s)/\boldsymbol{I}_s(s)$。

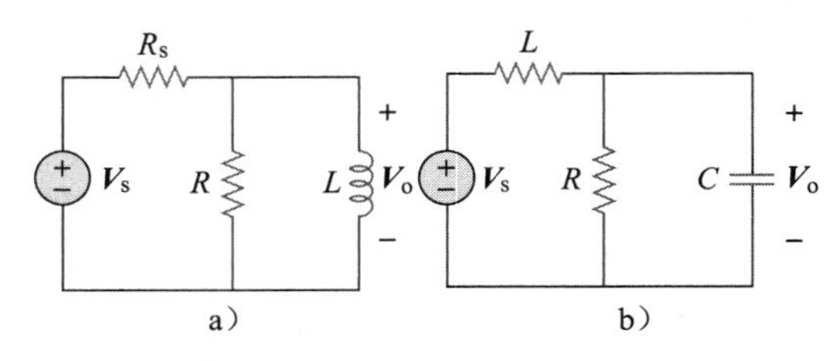

图 14-72 习题 5 图

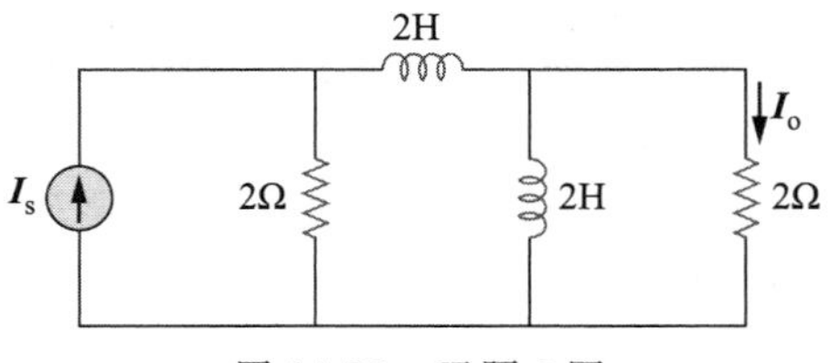

图 14-73 习题 6 图

14.3 节

7 如果 H_{dB} 等于：(a) 0.05dB；(b) −6.2dB；(c) 104.7dB。试计算相应的 $|H(\omega)|$。

8 设计一个问题，帮助其他同学计算某一频率 ω 下不同传输函数的幅度(dB)和相位(°)。 **ED**

14.4 节

9 某阶梯网络的电压增益为

$$\boldsymbol{H}(\omega)=\frac{10}{(1+j\omega)(10+j\omega)}$$

画出该增益的伯德图。

10 设计一个问题，以更好地理解如何计算给定传输函数在频率为 $j\omega$ 时的幅度伯德图和相位伯德图。 **ED**

11 画出如下函数的伯德图。

$$\boldsymbol{H}(\omega)=\frac{0.2(10+j\omega)}{j\omega(2+j\omega)}$$

12 传输函数为

$$T(s)=\frac{100(s+10)}{s(s+10)}$$

画出其幅度伯德图和相位伯德图。

13 画出如下函数的伯德图。

$$G(s)=\frac{0.1(s+1)}{s^2(s+10)},\quad s=j\omega$$

14 画出如下函数的伯德图。

$$\boldsymbol{H}(\omega)=\frac{250(j\omega+1)}{j\omega(-\omega^2+10j\omega+25)}$$

15 画出如下函数的幅度伯德图和相位伯德图。

$$H(s)=\frac{2(s+1)}{(s+2)(s+10)},\quad s=j\omega$$

16 画出如下函数的幅度伯德图和相位伯德图。

$$H(s)=\frac{1.6}{s(s^2+s+16)},\quad s=j\omega$$

17 画出如下函数的伯德图。

$$G(s)=\frac{s}{(s+2)^2(s+1)},\quad s=\mathrm{j}\omega$$

18　某线性网络的传输函数为　**ML**

$$H(s)=\frac{7s^2+s+4}{s^3+8s^2+14s+5},\quad s=\mathrm{j}\omega$$

利用MATLAB绘制该传输函数的幅频特性曲线与相频特性曲线。假定 $0.1\mathrm{rad/s}<\omega<10\mathrm{rad/s}$。

19　画出如下传输函数幅度与相位的近似伯德图。

$$H(s)=\frac{80s}{(s+10)(s+20)(s+40)},\quad s=\mathrm{j}\omega$$

20　为了使同学们更好地理解如何计算幅度伯德图和相位伯德图，设计一个比习题10更复杂的问题，计算传输函数在频率的幅度伯德图和相位伯德图，并包括至少一个二阶复根。　**ED**

21　画出如下传输函数的幅度伯德图：

$$H(s)=\frac{10s(s+20)}{(s+1)(s^2+60s+400)},\quad s=\mathrm{j}\omega$$

22　求图14-74所示幅度伯德图的传输函数 $H(\omega)$。

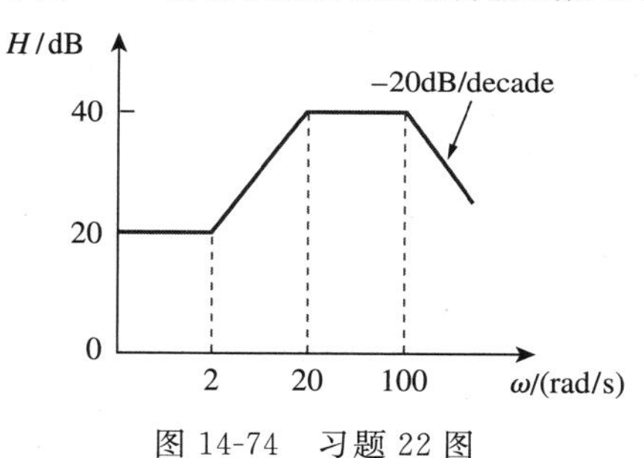

图14-74　习题22图

23　$\boldsymbol{H}(\omega)$的幅度伯德图如图14-75所示，求$\boldsymbol{H}(\omega)$。

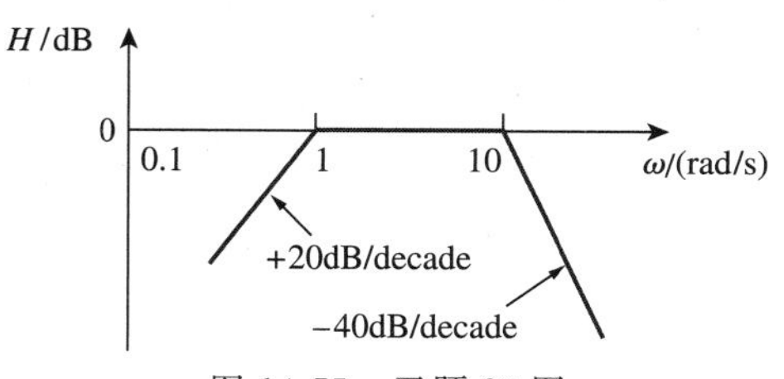

图14-75　习题23图

24　图14-76所示幅频特性曲线表示某前置放大器的传输函数，求 $H(s)$。

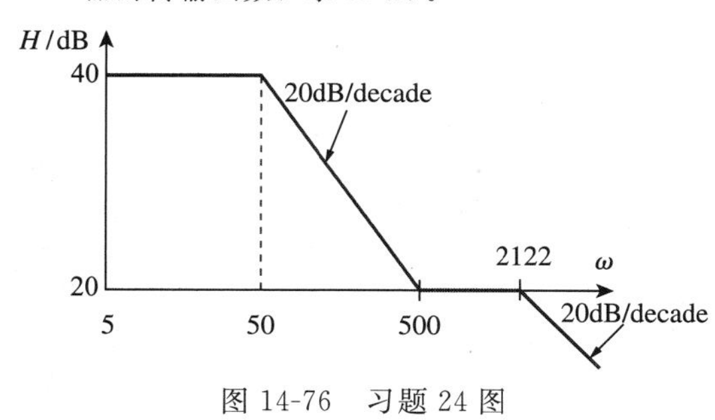

图14-76　习题24图

14.5节

25　某 RLC 串联网络中，$R=2\mathrm{k}\Omega$，$L=40\mathrm{mH}$，$C=1\mu\mathrm{F}$，求谐振时的阻抗以及在1/4、1/2、2、4倍谐振频率处的阻抗。

26　设计一个问题，以更好地理解 RLC 串联电路谐振时的 ω_0、Q 和 B。　**ED**

27　设计一个谐振频率为 $\omega_0=40\mathrm{rad/s}$，带宽为 $B=10\mathrm{rad/s}$ 的 RLC 串联谐振电路。　**ED**

28　设计一个带宽为 $B=20\mathrm{rad/s}$，谐振频率为 $\omega_0=1000\mathrm{rad/s}$ 的 RLC 串联谐振电路，并求该电路的 Q 值。假设 $R=10\Omega$。

29　在图14-77所示电路中，$v_s=20\cos at\,\mathrm{V}$，求从电容两端看进去的 ω_0、Q 和 B。

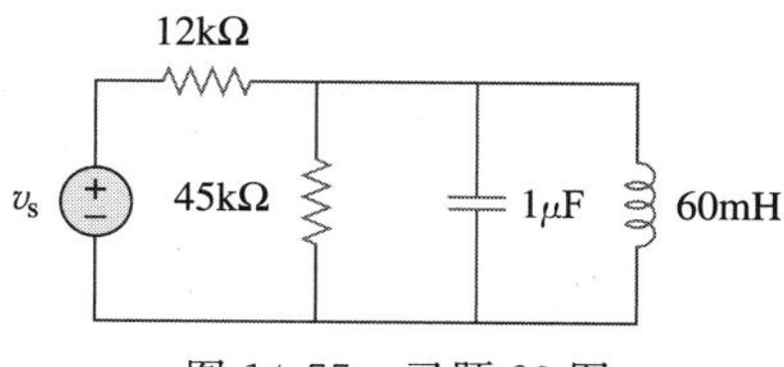

图14-77　习题29图

30　电路由电感值为10mH、电阻值为20Ω的线圈，电容和电压均值为120V的信号发生器串联组成。试求：(a) 使电路在15kHz时发生谐振的电容值；(b) 谐振时通过线圈的电流；(c) 电路的 Q 值。

14.6节

31　设计一个 $\omega_0=10\mathrm{krad/s}$，$Q$ 值为20的 RLC 并联谐振电路，计算带宽的值。　**ED**

32　设计一个问题，以更好地理解并联 RLC 电路的品质因数、谐振频率和带宽。　**ED**

33　某并联谐振电路的品质因数为120，谐振频率为 $6\times10^6\mathrm{rad/s}$。计算带宽和半功率频率。

34　某 RLC 并联电路谐振频率为5.6MHz，品质因数 Q 为80，电阻分支为40kΩ，求另外两个分支 L 和 C 的值。

35　某 RLC 并联电路有 $R=5\mathrm{k}\Omega$，$L=8\mathrm{mH}$，以及 $C=60\mu\mathrm{F}$，计算：

(1) 谐振频率；(2) 带宽；(3) 品质因数。

36　某 RLC 并联谐振电路的中心频率导纳为 $25\times10^{-3}\mathrm{S}$，品质因数为80，谐振频率为200krad/s，计算其 R、L、C 的值，并求出带宽与半功率频率。

37　如果元件改为并联，重做习题25。

38　求图14-78所示电路的谐振频率。

39　求图14-79所示储能电路的谐振频率。

40　某并联谐振电路的电阻为2kΩ，半功率频率为86kHz与90kHz，计算：(a) 电容值；(b) 电感值；(c) 谐振频率；(d) 带宽；(e) 品质因数。

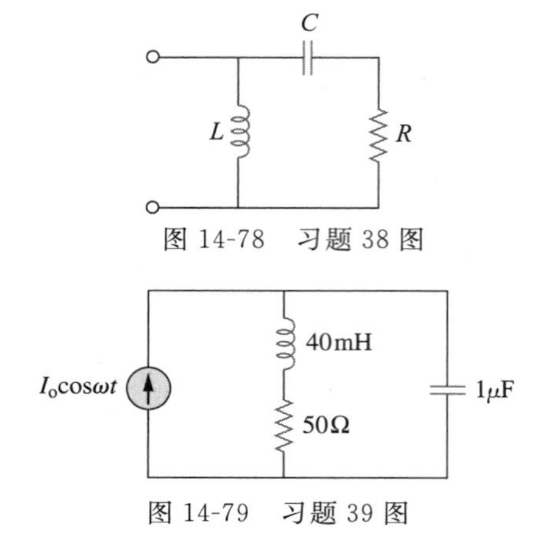

图 14-78 习题 38 图

图 14-79 习题 39 图

41 利用图 14-80 所示电路设计一个问题，以更好地理解 *RLC* 电路的品质因数、谐振频率和带宽。 **ED**

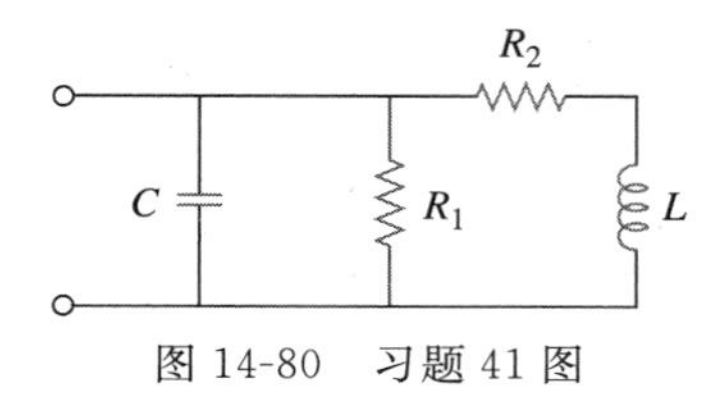

图 14-80 习题 41 图

42 对于图 14-81 所示电路，试求谐振频率 ω_0，品质因数 Q 以及带宽 B。

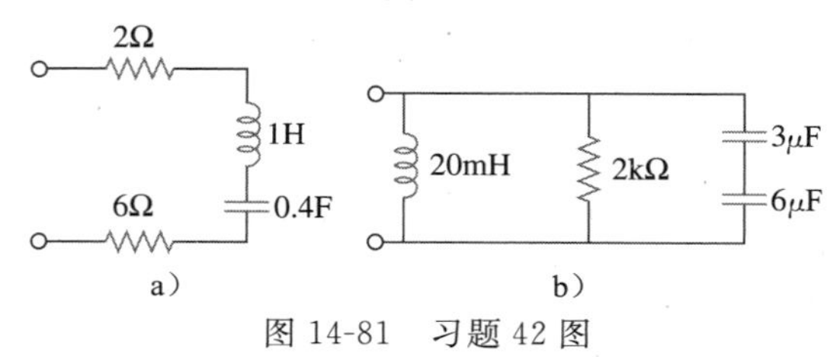

图 14-81 习题 42 图

43 计算如图 14-82 所示各电路的谐振频率。

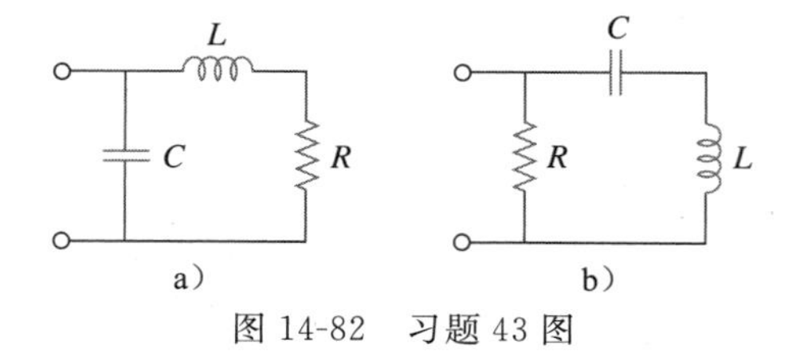

图 14-82 习题 43 图

* 44 对于图 14-83 所示电路，求：(a) 谐振频率 ω_0；(b) $\boldsymbol{Z}_{in}(\omega_0)$。

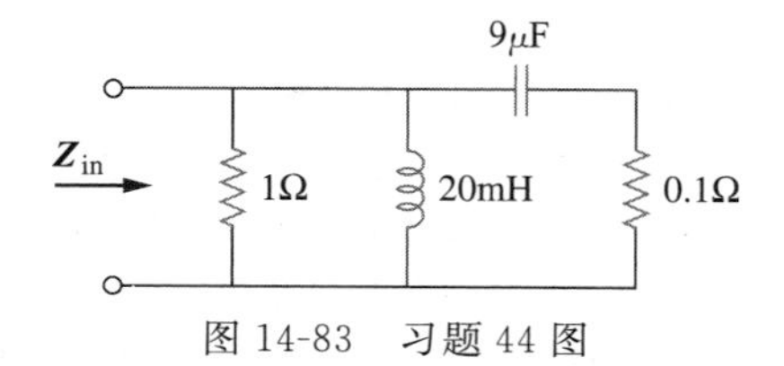

图 14-83 习题 44 图

45 对于图 14-84 所示电路，求从电感两端看进去的 ω_0、Q 以及 B。

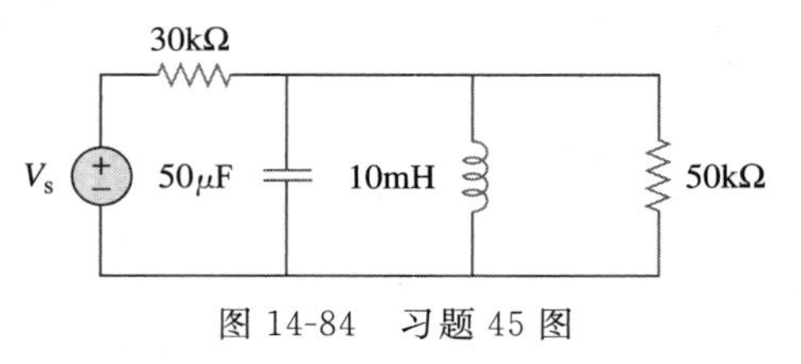

图 14-84 习题 45 图

46 对于图 14-85 所示网络，求：(a) 传输函数 $\boldsymbol{H}(\omega)=\boldsymbol{V}_o(\omega)/\boldsymbol{I}(\omega)$；(b) $\omega_0=1\text{rad/s}$ 时 $\boldsymbol{H}$ 的幅度。

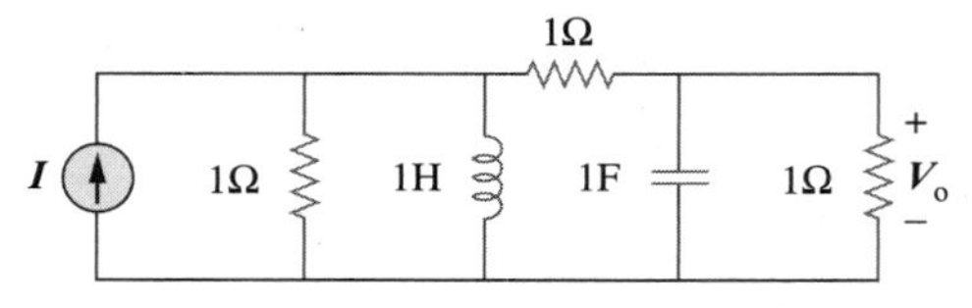

图 14-85 习题 46、习题 78 与习题 92 图

14.7 节

47 证明当输出取自电阻两端时，*LR* 串联电路为低通滤波器，并计算当 $L=2\text{mH}$ 且 $R=10\text{k}\Omega$ 时的截止频率 f_c。

48 求图 14-86 所示电路的传输函数 $\boldsymbol{V}_o/\boldsymbol{V}_s$，并证明该电路为低通滤波器。

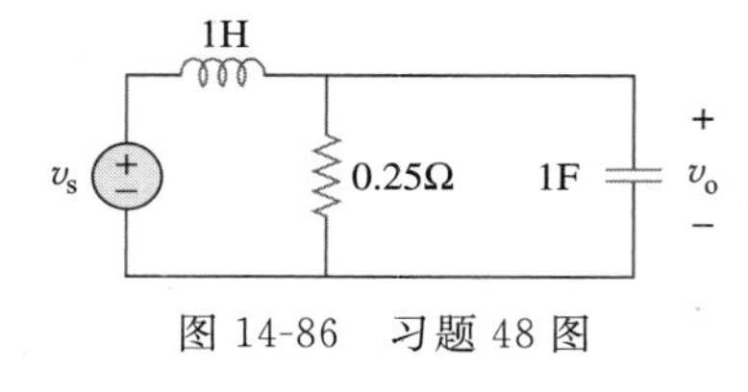

图 14-86 习题 48 图

49 设计一个问题，以更好地理解传输函数描述的低通滤波器。 **ED**

50 确定图 14-87 所示滤波器的类型，并计算截止频率 f_c。

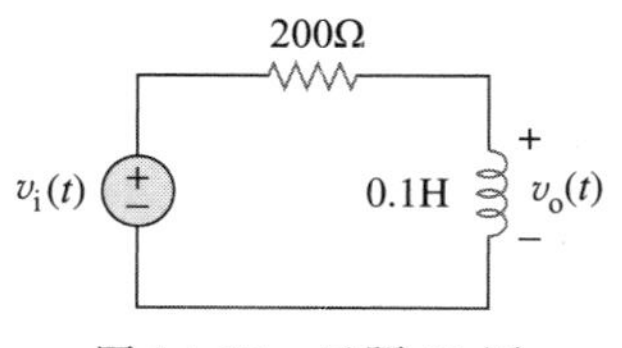

图 14-87 习题 50 图

51 利用一个 40mH 线圈设计一个截止频率为 5kHz 的 *RL* 低通滤波器。 **ED**

52 设计一个问题以更好地理解无源高通滤波器。 **ED**

53 设计一个截止频率为 10kHz 与 11kHz 的 *RLC* 串联带通滤波器，假设 $C=80\text{pF}$，求 R、L 与 Q。 **ED**

54　设计一个 $\omega_0=10\text{rad/s}$，$Q=20$ 的无源带通滤波器。　**ED**

55　确定 $R=10\text{k}\Omega$，$L=25\text{mH}$，$C=0.4\mu\text{F}$ 的 RLC 串联带通滤波器的频率范围，并计算其品质因数。

56　(a) 证明带通滤波器的传输函数为

$$\boldsymbol{H}(s)=\frac{sB}{s^2+sB+\omega_0^2},\qquad s=\mathrm{j}\omega$$

式中，B 是滤波器的带宽，ω_0 是中心频率。

(b) 证明带阻滤波器的传输函数为

$$\boldsymbol{H}(s)=\frac{s^2+\omega_0^2}{s^2+sB+\omega_0^2},\qquad s=\mathrm{j}\omega$$

57　计算图 14-88 所示带通滤波器的中心频率与带宽。

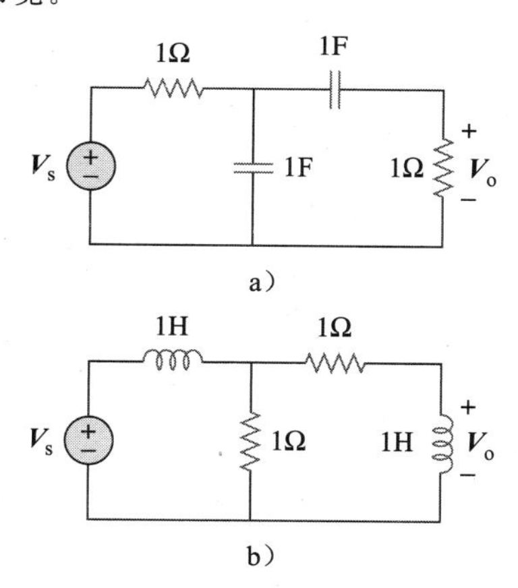

图 14-88　习题 57 图

58　某 RLC 串联带阻滤波器的电路参数为：$R=2\text{k}\Omega$，$L=100\text{mH}$，$C=40\text{pF}$，计算：
(a) 中心频率；(b) 半功率频率；(c) 品质因数。

59　计算图 14-89 所示带阻滤波器的带宽与中心频率。

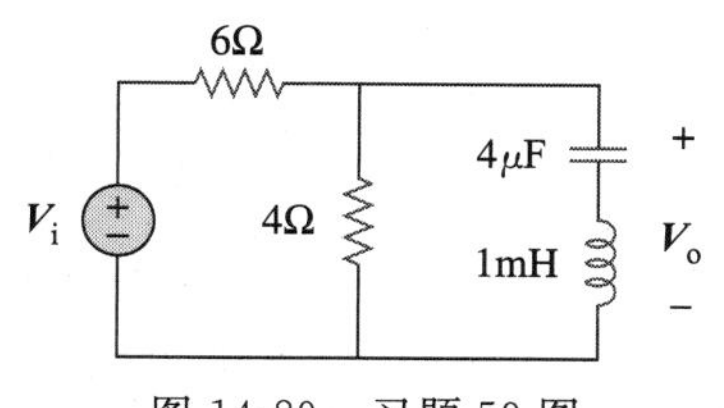

图 14-89　习题 59 图

14.8 节

60　求通带增益为 10，截止频率为 50rad/s 的高通滤波器的传输函数。

61　求图 14-90 所示各有源滤波器的传输函数。

62　图 14-90b 所示滤波器的 3dB 截止频率为 1kHz。如果输入与一个 120mV 频率可变信号相连，求如下频率处的输出电压：(a) 200Hz；(b) 2kHz；(c) 10kHz。

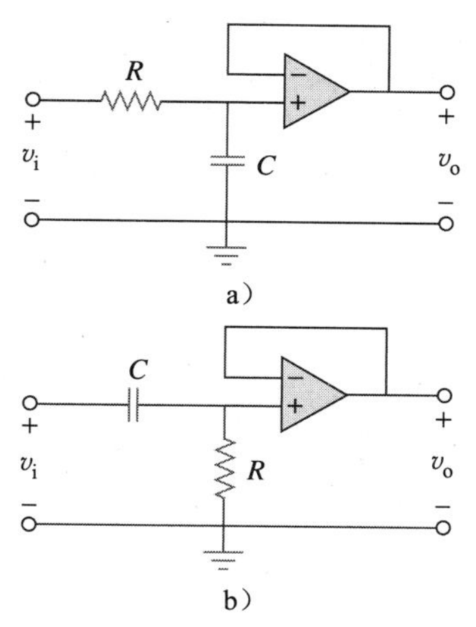

图 14-90　习题 61 与习题 62 图

63　利用 1μF 电容设计一个传输函数为　**ED**

$$\boldsymbol{H}(s)=-\frac{100s}{s+10},\qquad s=\mathrm{j}\omega$$

的一阶有源高通滤波器。

64　确定图 14-91 所示有源滤波器的传输函数，并说明该滤波器属于哪种类型。

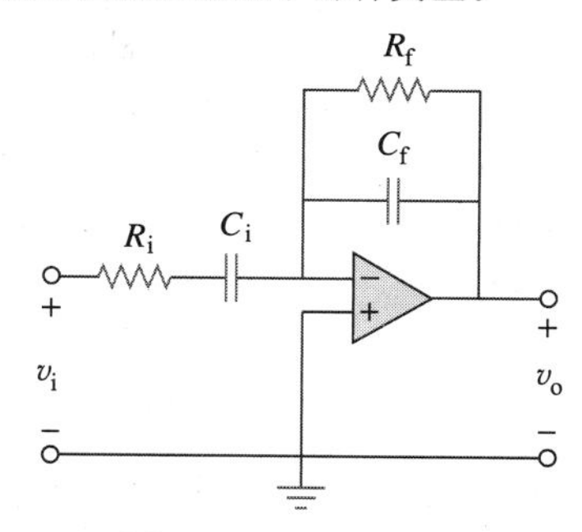

图 14-91　习题 64 图

65　某高通滤波器如图 14-92 所示，试证明其传输函数为

$$\boldsymbol{H}(\omega)=\left(1+\frac{R_f}{R_i}\right)\frac{\mathrm{j}\omega RC}{1+\mathrm{j}\omega RC}$$

图 14-92　习题 65 图

66　通用一阶滤波器如图 14-93 所示，(a) 证明其传输函数为

$$H(s)=\frac{R_4}{R_3+R_4}\times\frac{s+(1/R_1C)[R_1/R_2-R_3/R_4]}{s+1/R_2C}$$

$$s=j\omega$$

(b) 要使电路成为一个高通滤波器，必须满足什么条件？

(c) 要使电路成为一个低通滤波器，必须满足什么条件？

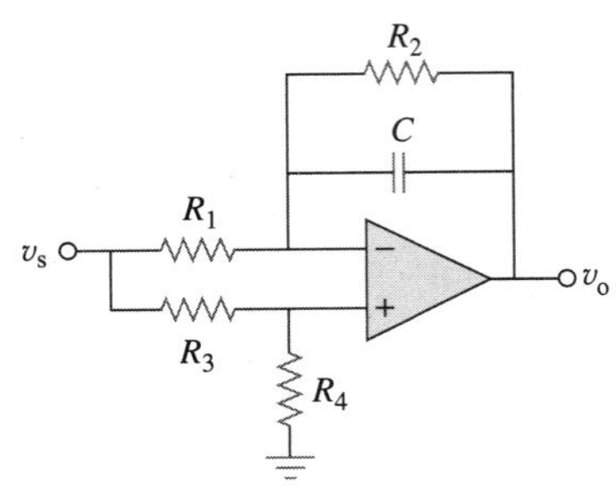

图 14-93　习题 66 图

67　设计一个直流增益为 0.25，截止频率为 500Hz 的有源低通滤波器。 **ED**

68　设计一个问题以更好地理解有源高通滤波器的设计。其中，高频增益和截止频率已给定。 **ED**

69　设计满足下列要求的如图 14-94 所示的滤波器：(a) 滤波器在 2kHz 时的输出信号比 10MHz 时的输出信号衰减 3dB；(b) 滤波器对于输入 $v_s(t)=4\sin(2\pi\times108t)$V 的稳态输出为 $v_o(t)=10\sin(2\pi\times108t+180°)$V。 **ED**

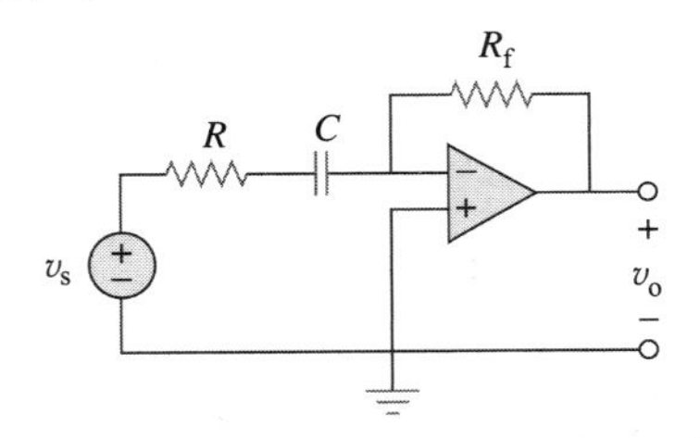

图 14-94　习题 69 图

*70　某二阶有源巴特沃思滤波器如图 14-95 所示。 **ED**

(a) 求传输函数 $\mathbf{V}_o/\mathbf{V}_i$；

(b) 证明该滤波器为低通滤波器。

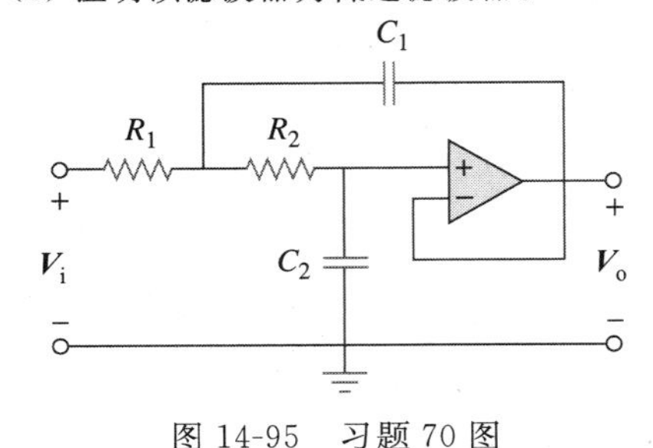

图 14-95　习题 70 图

14.9 节

71　利用幅度与频率比例变换求图 14-79 所示电路的等效电路，图中电感与电容分别为 1H 与 1F。

72　设计一个问题以更好地理解幅度比例转换和频率比例转换。 **ED**

73　当幅度转换比例为 800，频率转换比例为 1000 时，计算得到 $R=12\text{k}\Omega$，$L=40\mu\text{H}$，$C=300\text{nF}$ 所需的 R、L、C 的值。

74　某电路的 $R_1=3\Omega$，$R_2=10\Omega$，$L=2\text{H}$，$C=1/10\text{F}$，电路转换的幅度比例因子为 100，频率比例因子为 106，求电路元件的新值。

75　在某 RLC 电路中，$R=20\Omega$，$L=4\text{H}$，$C=1\text{F}$，对该电路进行转换的幅度比例因子为 10，频率比例因子为 105，计算元件的新值。

76　已知某 RLC 并联电路的 $R=5\text{k}\Omega$，$L=10\text{mH}$，$C=20\mu\text{F}$，如果该电路的幅度比例转换因子为 $K_m=500$，频率比例转换因子 $K_f=105$，求所得到的 R、L 与 C 的值。

77　某 RLC 串联电路的 $R=10\Omega$，$\omega_0=40\text{rad/s}$，$B=5\text{rad/s}$，求电路进行如下比例转换后的 L 与 C 的值。(a) 幅度比例转换因子 $K_m=600$；(b) 频率比例转换因子 $K_f=1000$；(c) 幅度比例转换因子 $K_m=400$ 且频率比例因子 $K_f=105$。

78　重新设计图 14-85 所示电路，使所有电阻元件的比例转换因子为 1000，所有频率元件的比例转换为 104。

*79　对于图 14-96 所示网络：(a) 求 $\mathbf{Z}_{in}(s)$；(b) 通过 $K_m=10$，$K_f=100$ 对元件进行比例转换，求 $\mathbf{Z}_{in}(s)$ 与 ω_0。

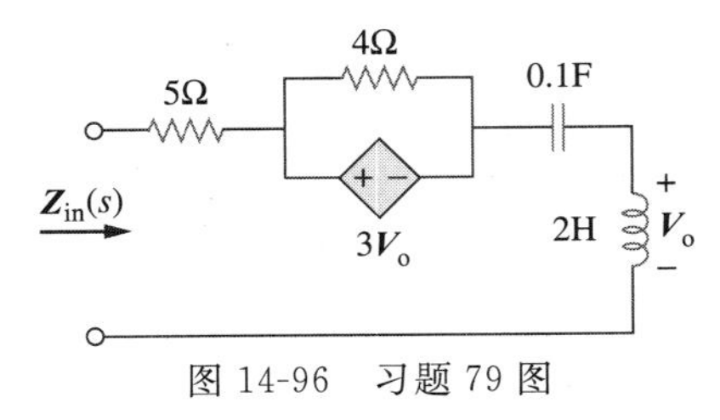

图 14-96　习题 79 图

80　(a) 对于图 14-97 所示电路，画出经 $K_m=200$ 与 $K_f=104$ 比例转换后的新电路。(b) 确定转换后的新电路在 $\omega=104\text{rad/s}$ 时从端口 a-b 处看进去的戴维南等效阻抗。

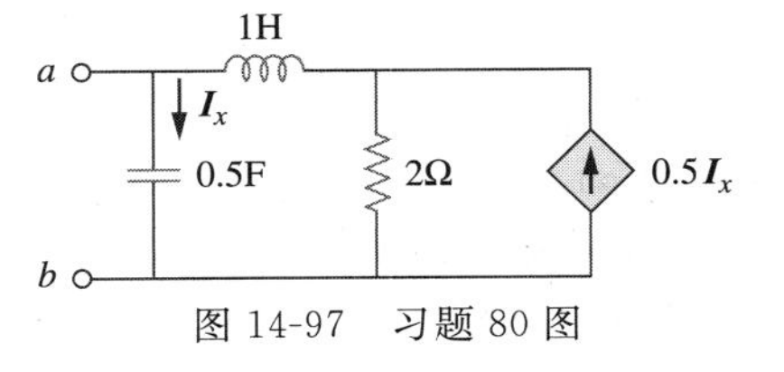

图 14-97　习题 80 图

81　图 14-98 所示电路的阻抗为

$$Z(s)=\frac{1000(s+1)}{(s+1+j50)(s+1-j50)},\quad s=j\omega$$

求：(a) R、L、C 与 G 的值；(b) 通过频率比例转换将谐振频率提高 10^3 倍的元件值。

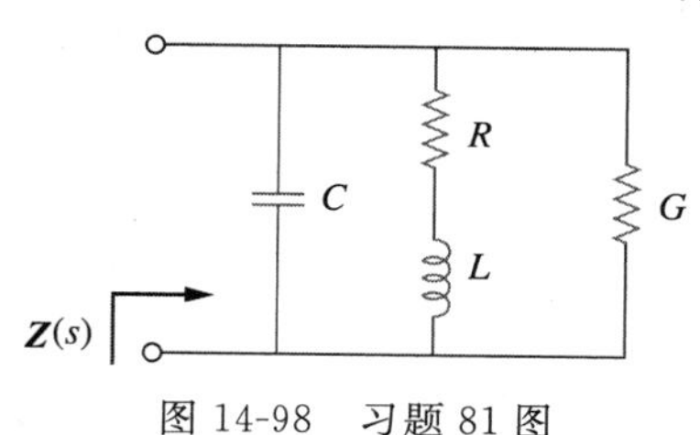

图 14-98　习题 81 图

82　对图 14-99 所示有源低通滤波器进行比例转换，使其截止频率从 1rad/s 升高至 200rad/s。采用 1μF 电容器。

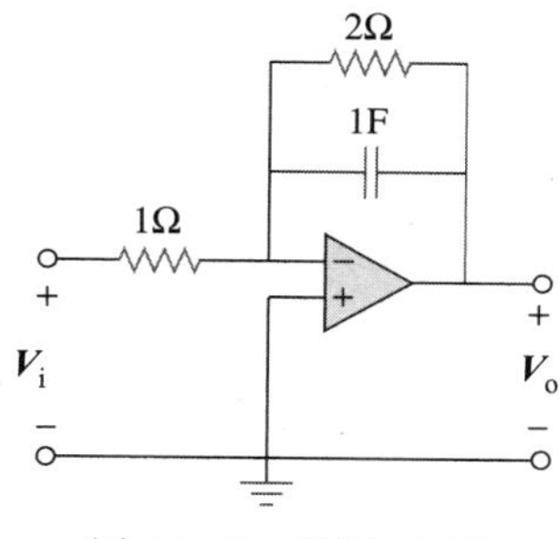

图 14-99　习题 82 图

83　图 14-100 所示运算放大器电路的幅度比例转换因子为 100，频率比例转换因子为 105，求得到的元件值。

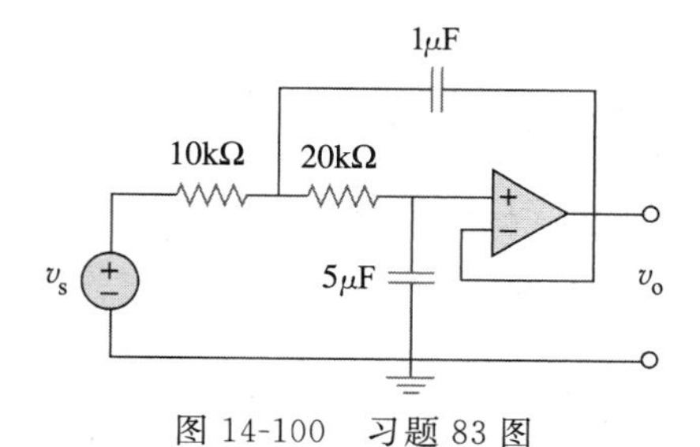

图 14-100　习题 83 图

14.10 节

84　利用 PSpice 或 MultiSim 确定图 14-101 所示电路的频率响应。

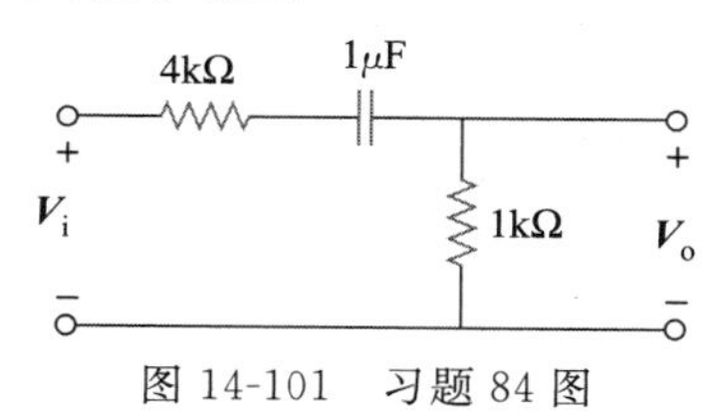

图 14-101　习题 84 图

85　利用 PSpice 或 MultiSim 确定图 14-102 所示电路 $\mathbf{V}_o/\mathbf{V}_s$ 的幅频特性曲线与相频特性曲线。

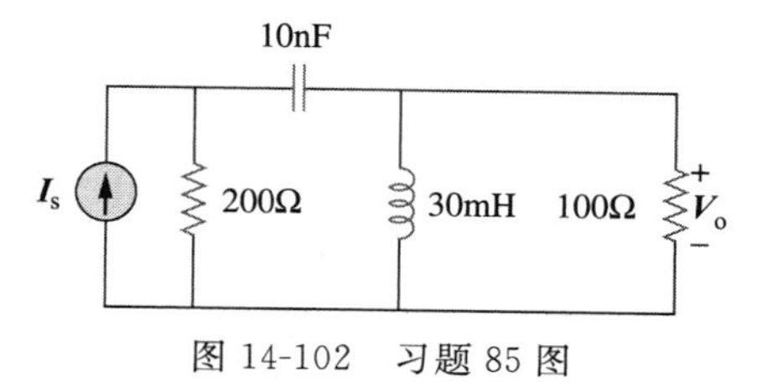

图 14-102　习题 85 图

86　利用图 14-103 所示电路设计一个问题，以更好地理解如何运用 PSpice 求解频率响应（$\mathbf{I}$ 的幅频和相频响应）。 **ED**

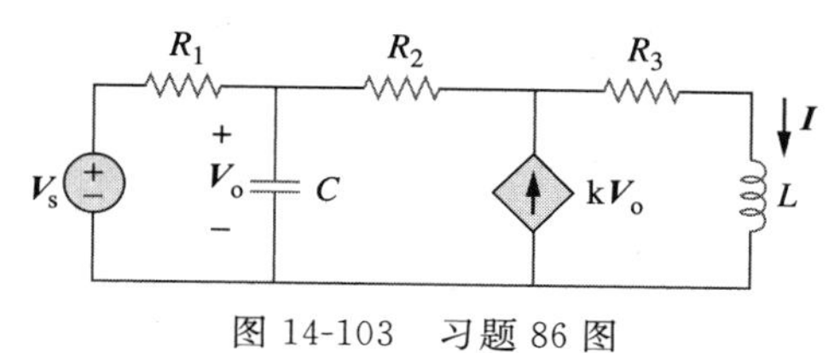

图 14-103　习题 86 图

87　画出图 14-104 所示网络在区间 $0.1\text{Hz}<f<100\text{Hz}$ 内的响应曲线，并确定该滤波器的类型及 ω_0。

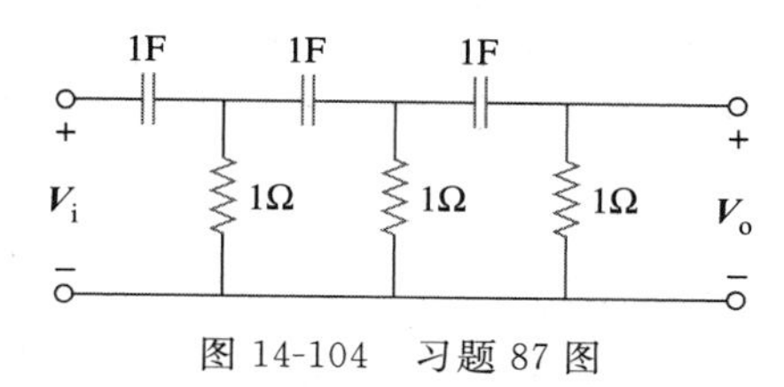

图 14-104　习题 87 图

88　利用 PSpice 或 MultiSim 绘制图 14-105 所示电路中 $\mathbf{V}_o$ 的幅度伯德图与相位伯德图。

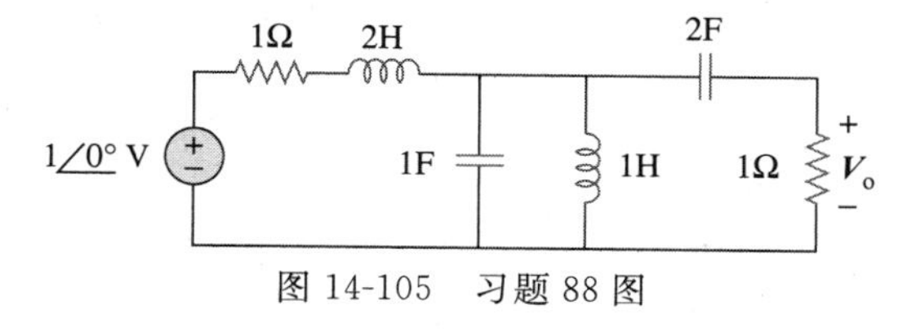

图 14-105　习题 88 图

89　确定图 14-106 所示网络中响应 $\mathbf{V}_o$ 在频率区间 $100\text{Hz}<f<1000\text{Hz}$ 内的幅频特性曲线。

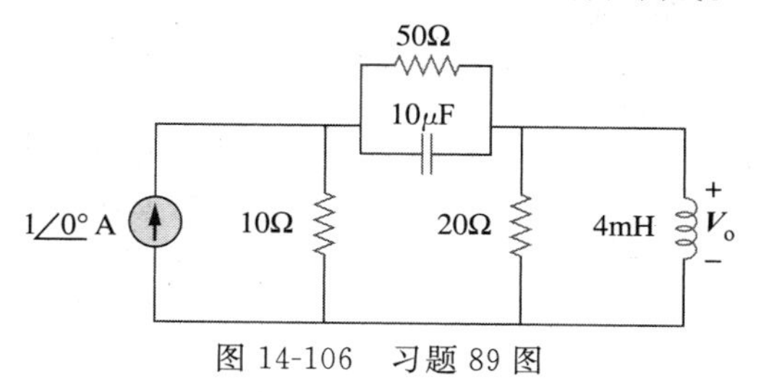

图 14-106　习题 89 图

90　确定图 14-40 所示电路（见练习 14-10）的频率响应，假设 $R_1=R_2=100\Omega$，$L=2\text{mH}$ 且频

率区间为 $1\text{Hz}<f<100\,000\text{Hz}$。

91 对于图 14-79 所示储能电路，利用 PSpice 或 MultiSim 确定(电容两端电压的)频率响应，并计算该电路的谐振频率。

92 利用 PSpice 或 MultiSim 绘制图 14-85 所示电路的幅频特性曲线。

14.12 节

93 对于图 14-107 所示的移相器电路，求 $\boldsymbol{H}=\boldsymbol{V}_o/\boldsymbol{V}_s$。

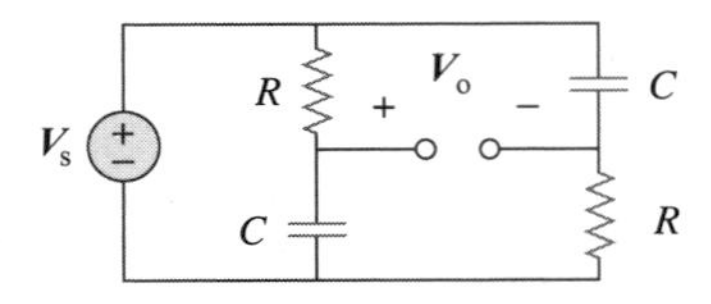

图 14-107 习题 93 图

94 某紧急情况下，工程师需要构造一个 RC 高通滤波器，现有 10pF 电容、30pF 电容、1.8kΩ 电阻及 3.3kΩ 电阻各一个。求利用上述元件可能得到的最高截止频率。 **ED**

95 某串联调谐天线电路由可变电容器(40～360pF)与直流电阻值为 12Ω 的 240μH 天线线圈构成。(a) 求该收音机可调谐的无线电信号的频率范围；(b) 计算该频率范围两端的 Q 值。 **ED**

96 图 14-108 所示的交叉电路是与低频扬声器相连的低通滤波器，求传输函数 $\boldsymbol{H}(\omega)=\boldsymbol{V}_o(\omega)/\boldsymbol{V}_i(\omega)$。 **ED**

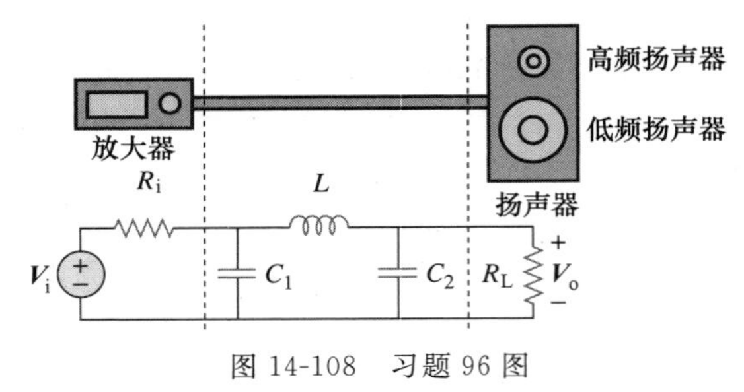

图 14-108 习题 96 图

97 图 14-109 所示的交叉电路是与高频扬声器相连的高通滤波器，求传输函数 $\boldsymbol{H}(\omega)=\boldsymbol{V}_o(\omega)/\boldsymbol{V}_i(\omega)$。

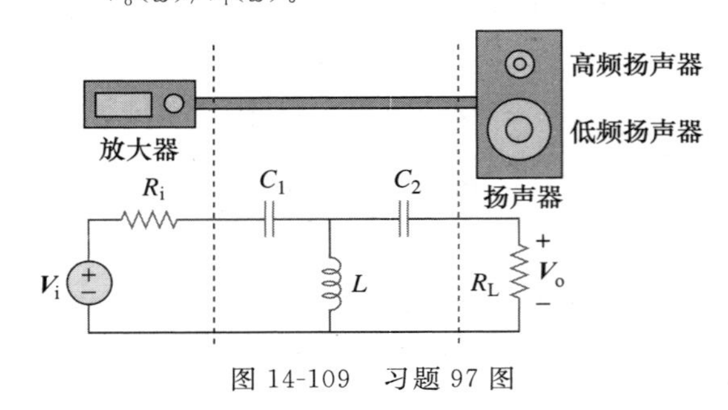

图 14-109 习题 97 图

综合理解题

98 一个电子测试电路产生的谐振曲线的半功率频率为 432Hz 与 454Hz，如果 $Q=20$，求该电路的谐振频率。

99 某电子设备中使用了一个串联电路，该串联电路在 2MHz 时的电阻值为 100Ω，容性电抗为 5kΩ，感性电抗为 300Ω，求电路的谐振频率与带宽。

100 在某应用中需设计一个简单的 RC 低通滤波器降低高频噪声。如果所需的截止频率为 20kHz、$C=0.5\mu\text{F}$，求电阻值 R。

101 在放大器电路中需要采用一个简单的高通 RC 滤波器来阻隔直流分量，同时通过时变分量，如果要求滚降频率为 15Hz、$C=10\mu\text{F}$，求电阻值 R。

102 实际的 RC 滤波器应包括电源电阻与负载电阻，如图 14-110 所示，如果 $R=4\text{k}\Omega$，$C=40\text{nF}$，确定如下两种情况下的截止频率：(a) $R_s=0$，$R_L=\infty$；(b) $R_s=1\text{k}\Omega$，$R_L=5\text{k}\Omega$。

103 在系统设计中采用图 14-111 所示的 RC 电路作相位超前补偿器，确定该电路的传输函数。

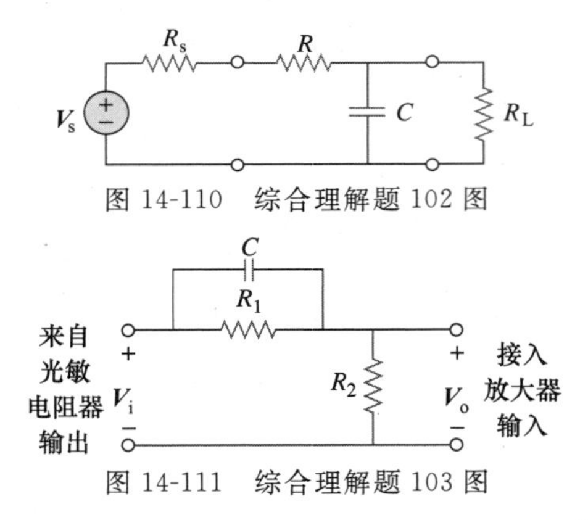

图 14-110 综合理解题 102 图

图 14-111 综合理解题 103 图

104 某低品质因数、双调谐带通滤波器如图 14-112 所示，利用 PSpice 或 MultiSim 绘制 $\boldsymbol{V}_o(\omega)$ 的幅频特性曲线。 **PS**

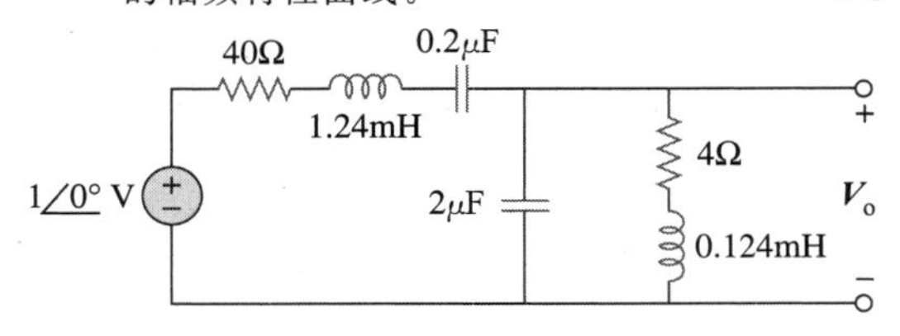

图 14-112 综合理解题 104 图

第三部分

高级电路分析

第15章
拉普拉斯变换简介

对于一个问题而言，最重要的不是它的解决方法，而是在寻求解决方法的过程中获得的进步。

——佚名

增强技能与拓展事业

ABET EC 2000 标准(3.h)，“足够的教育广度以了解工程解决方案在全球和社会中产生的影响”

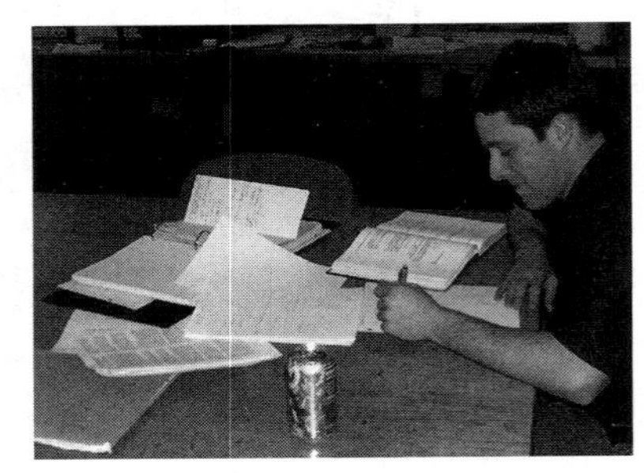

(图片来源：Charles Alexander)

作为一名学生，你必须具备这种“足够的教育广度以了解工程解决方案在全球和社会中产生的影响”。如果你所在学校的专业培养方案已通过ABET工程认证，则某些必修课必然要满足上述要求。我的建议是，如果你所在的院系已经通过ABET认证，则可以全面地考虑各种选修课，从中选择那些能扩展自己在全球和社会层面上的知识广度的课程来学习。作为未来的工程师，你们必须认识到自己及自己的行为将以某种方式影响到所有人。

ABET EC 2000 标准(3.i)，“具有致力于终身学习所需的能力。”

你必须充分认识到“具有致力于终身学习所需的能力”的重要性。目前，科技知识呈爆炸性增长，我们只有坚持不断学习，才能跟上时代步伐。这里的学习既包括非技术问题，也包括技术领域的最新进展。

跟上科技前沿领域最好的方式就是与同事和通过参加学术组织(比如IEEE)的活动所结识的同行进行充分的交流。此外，阅读最前沿领域的技术文章也是一种很好的方法。

历史珍闻

(图片来源：Georgios Kollidas/Shutterstock)

皮埃尔·西蒙·拉普拉斯(Pierre Simon Laplace，1749—1827)，法国天文学家和数学家。他于1779年首次提出拉普拉斯变换，并将其应用于求解微分方程。拉普拉斯出生于法国诺曼底博蒙昂诺日的一个贫困家庭，20岁时成为一名数学教授。他的数学方面的能力激励了著名的数学家西米恩·泊松(Simeon Posson)。泊松将拉普拉斯称为法国的艾萨克·牛顿。拉普拉斯在位势理论、概率论、天文学和天体力学等方面做出了重大贡献。他的著作《天体力学》在天文学领域推广了牛顿理论。本章主题“拉普拉斯变换”就是以他的名字命名的。

学习目标

通过本章内容的学习和练习你将具备以下能力：

1. 理解拉普拉斯变换及其在电路分析中的重要性，学会求解常见电路的拉普拉斯变换。

2. 掌握拉普拉斯变换的性质。
3. 掌握拉普拉斯及变换以及求解它在 s 域中的给定函数的方法。
4. 掌握卷积积分及其在时域和 s 域的等价使用方法。

15.1 引言

本章和下一章将讨论具有不同激励和响应的电路的分析方法。这样的电路可建模为微分方程(differential equation)，方程的解描述了电路的全响应。求解微分方程可采用系统的数学方法，本章介绍一种强有力的方法——拉普拉斯变换(Laplace transformation)，它将微分方程转换成代数方程(algebraic equation)，因此使求解过程更加方便。

变换的思想现在已经广为人知。使用相量分析电路时，我们把电路从时域转换到频域或相量域。获得相量域的结果后，再把它转换到时域。拉普拉斯变换法遵循相同的过程：首先用拉普拉斯变换将电路由时域转换成频域，并求解频域方程，然后再用拉普拉斯反变换将其结果变换回时域。

拉普拉斯变换非常重要，首先，相比于相量分析法，它适应于更多种类的输入；其次，对于求解具有初始条件的电路问题，拉斯变换法提供了一种简易方法，因为它求解的是代数方程而不是微分方程；最后，拉普拉斯变换能够一次求得电路的全部响应，包括自然响应和强迫响应。

本章首先给出拉普拉斯的定义及其基本性质。分析拉普拉斯变换的性质，不仅有助于掌握变换的过程和原理，也有助于更深刻地理解数学变换的思想。之后重点介绍电路分析中常用的几个性质，此外还将介绍拉普拉斯反变换、传输函数和卷积的概念。本章集中研究拉普拉斯变换的数学性质，第16章将主要研究拉普拉斯变换在电路分析、网络稳定性分析和网络综合中的应用。

15.2 拉普拉斯变换的定义

给定函数 $f(t)$，其拉普拉斯变换，表示为 $F(s)$或者 $L[f(t)]$，定义为

$$\boxed{L[f(t)]=F(s)=\int_{0^-}^{\infty} f(t)\mathrm{e}^{-st}\,\mathrm{d}t} \tag{15.1}$$

式中 s 是一个复数变量：

$$s=\sigma+\mathrm{j}\omega \tag{15.2}$$

式(15.1)中 e 的指数 st 是无量纲的，s 的量纲为“s^{-1}”或“频率”。在式(15.1)中，下限 0^- 表示时间刚好在 $t=0$ 之前，包含起始条件，考虑了函数 $f(t)$在 $t=0$ 时刻的不连续性，可处理奇异函数等在 $t=0$ 时的不连续函数。

提示：对于普通函数 $f(t)$，下限可以用 0 代替。

注意，式(15.1)的积分是一个关于时间的定积分。因此，积分结果与时间无关，仅涉及变量“s”。

式(15.1)表明了变换的一般概念。函数 $f(t)$被变换成函数 $F(s)$。前者以 t 为变量，后者以 s 为变量，变换是从 t 域到 s 域的变换。若把 s 解释为频率，便可把拉普拉斯变换描述为：

拉普拉斯变换是将函数 $f(t)$从时域变换到复频域的积分变换，变换结果记为 $F(s)$。

将拉普拉斯变换用于电路分析时，对表示电路时域模型的微分方程两边做拉普拉斯变换，用 $F(s)$代替微分方程中的 $f(t)$，将产生 s 域代数方程，它代表电路的频域模型。

假设不考虑式(15.1)中 $t<0$ 时的情况，通常将函数乘以单位阶跃函数。因此，$f(t)$被写成 $f(t)u(t)$或者 $f(t)$，$t\geqslant 0$。

式(15.1)中的拉普拉斯变换被称为单边拉普拉斯变换。双边拉普拉斯变换表示为

$$F(s)=\int_{-\infty}^{\infty} f(t)\mathrm{e}^{-st}\mathrm{d}t \tag{15.3}$$

式(15.1)中的单边拉普拉斯变换，足以满足需求。本书只研究单边拉普拉斯变换。

函数 $f(t)$的拉普拉斯变换可能不存在。为了使 $f(t)$的拉普拉斯变换存在，式(15.1)中的积分必须收敛到一个有限值。因为对任意的 t 有 $|\mathrm{e}^{\mathrm{j}\omega t}|=1$，所以对于实数 $\sigma=\sigma_c$，积分收敛的条件为

$$\int_{0^-}^{\infty} \mathrm{e}^{-\sigma t}|f(t)|\mathrm{d}t<\infty \tag{15.4}$$

提示： $|\mathrm{e}^{\mathrm{j}\omega t}|=\sqrt{\cos^2\omega t+\sin^2\omega t}=1$。

因此，拉普拉斯变换的收敛域为 $\mathrm{Re}(s)=\sigma>\sigma_c$，如图 15-1 所示。在这个区域，$|F(s)|<\infty$ 且 $F(s)$存在。在收敛域外，$F(s)$未定义。特别指出的是，本书电路分析中的所有函数都满足式(15.4)的收敛准则，且其拉普拉斯变换存在。因此，在以后的讨论中，没有必要指定 σ_c 的值。

与式(15.1)所示拉普拉斯正变换相对应的拉普拉斯反变换表示为

$$L^{-1}[F(s)]=f(t)=\frac{1}{2\pi\mathrm{j}}\int_{\sigma_1-\mathrm{j}\infty}^{\sigma_1+\mathrm{j}\infty} F(s)\mathrm{e}^{st}\mathrm{d}s \tag{15.5}$$

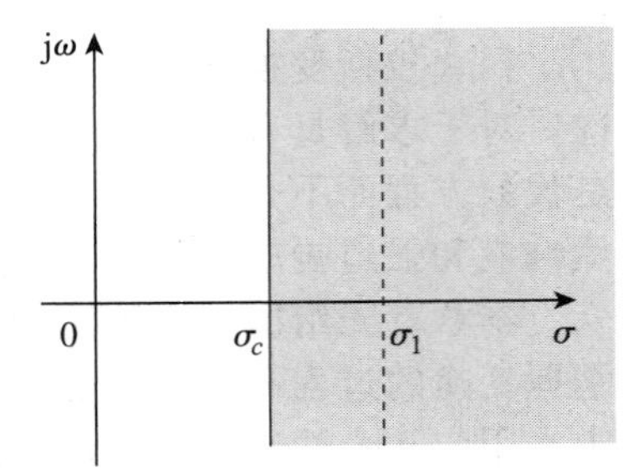

图 15-1　拉普拉斯变换的收敛域

式中积分沿收敛域内直线($\sigma_1+\mathrm{j}\omega$，$-\infty<\omega<\infty$)进行计算，$\sigma_1>\sigma_c$，见图 15-1。直接应用式(15.5)，需要某些复分析的知识，这超出了本书范围。因此，通常不用式(15.5)求拉普拉斯反变换，而用查表法求反拉普拉斯变换，这将在 15.3 节介绍。函数 $f(t)$和 $F(s)$被视为一个拉普拉斯变换对：

$$f(t) \quad \Leftrightarrow \quad F(s) \tag{15.6}$$

$f(t)$和 $F(s)$之间是一一对应的。下面通过例题推导某些重要函数的拉普拉斯变换。

例 15-1 试确定下列函数的拉普拉斯变换：(1) $u(t)$；(2) $\mathrm{e}^{-at}u(t)$，$a\geqslant 0$；(3) $\delta(t)$。

解： ①单位阶跃函数 $u(t)$如图 15-2a 所示，拉普拉斯变换是

$$L[u(t)]=\int_{0^-}^{\infty} 1\mathrm{e}^{-st}\mathrm{d}t=-\frac{1}{s}\mathrm{e}^{-st}\Big|_0^{\infty} \tag{15.1.1}$$

$$=-\frac{1}{s}\times 0+\frac{1}{s}\times 1=\frac{1}{s}$$

②指数函数如图 15-2b 所示，拉普拉斯变换是

$$L[\mathrm{e}^{-at}u(t)]=\int_{0^-}^{\infty} \mathrm{e}^{-at}\mathrm{e}^{-st}\mathrm{d}t=-\frac{1}{s+a}\mathrm{e}^{-(s+a)t}\Big|_0^{\infty}=\frac{1}{s+a} \tag{15.1.2}$$

③单位冲激函数如图 15-2c 所示，拉普拉斯变换是

$$L[\delta(t)]=\int_{0^-}^{\infty} \delta(t)\mathrm{e}^{-st}\mathrm{d}t=\mathrm{e}^{-0}=1 \tag{15.1.3}$$

因为冲激函数除 $t=0$ 时刻外，$\delta(t)=0$。式(15.1.3)使用了式(7.33)中 $\delta(t)$函数的筛选性。◀

练习 15-1 求斜坡函数 $r(t)=tu(t)$、$A\mathrm{e}^{-at}u(t)$和 $B\mathrm{e}^{-\mathrm{j}\omega t}u(t)$的拉普拉斯变换。

答案： $1/s^2$，$A/(s+a)$，$B/(s+\mathrm{j}\omega)$。

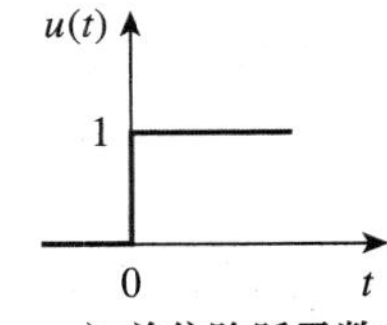

a）单位阶跃函数

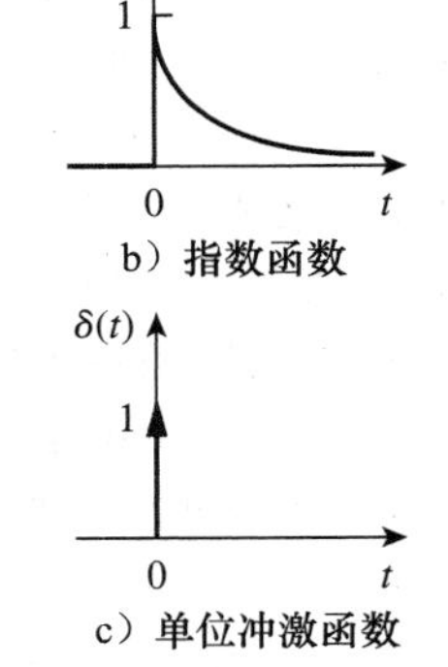

b）指数函数

c）单位冲激函数

图 15-2　例 15-1 图

例 15-2 求 $f(t)=\sin\omega t\,u(t)$的拉普拉斯变换。

解：利用式(15.1)，求得正弦函数的拉普拉斯变换为

$$F(s)=L[\sin\omega t]=\int_{0}^{\infty}(\sin\omega t)\mathrm{e}^{-st}\mathrm{d}t=\int_{0}^{\infty}\left(\frac{\mathrm{e}^{\mathrm{j}\omega t}-\mathrm{e}^{-\mathrm{j}\omega t}}{2\mathrm{j}}\right)\mathrm{e}^{-st}\mathrm{d}t$$

$$=\frac{1}{2\mathrm{j}}\int_{0}^{\infty}(\mathrm{e}^{-(s-\mathrm{j}\omega)t}-\mathrm{e}^{-(s+\mathrm{j}\omega)t})\mathrm{d}t=\frac{1}{2\mathrm{j}}\left(\frac{1}{s-\mathrm{j}\omega}-\frac{1}{s+\mathrm{j}\omega}\right)=\frac{\omega}{s^{2}+\omega^{2}}$$ ◀

练习 15-2　求 $f(t)=50\cos(\omega t)u(t)$ 的拉普拉斯变换。　**答案**：$50s/(s^2+\omega^2)$。

15.3 拉普拉斯变换的性质

运用拉普拉斯变换的性质有助于求解拉普拉斯变换对，而不需要像例 15-1 和例 15-2 那样直接使用式(15.1)。推导这些性质时，要牢记式(15.1)拉普拉斯变换的定义式。

1. 线性性质

如果 $F_1(s)$、$F_2(s)$ 分别是函数 $f_1(t)$ 和 $f_2(t)$ 的拉普拉斯变换，则

$$\boxed{L[a_1f_1(t)+a_2f_2(t)]=a_1F_1(s)+a_2F_2(s)} \tag{15.7}$$

式中，a_1 和 a_2 是常数。式(15.7)表明了拉普拉斯变换的线性性质。从拉普拉斯变换的定义式(15.1)容易证明式(15.7)。

例如，由式(15.7)的线性性质可以得到：

$$L[\cos\omega t\, u(t)]=L\left[\frac{1}{2}(\mathrm{e}^{\mathrm{j}\omega t}+\mathrm{e}^{-\mathrm{j}\omega t})\right]=\frac{1}{2}L[\mathrm{e}^{\mathrm{j}\omega t}]+\frac{1}{2}L[\mathrm{e}^{-\mathrm{j}\omega t}] \tag{15.8}$$

但由例 15-1(b)知，$L[\mathrm{e}^{-at}]=1/(s+a)$。因此，

$$L[\cos\omega t\, u(t)]=\frac{1}{2}\left(\frac{1}{s-\mathrm{j}\omega}+\frac{1}{s+\mathrm{j}\omega}\right)=\frac{s}{s^{2}+\omega^{2}} \tag{15.9}$$

2. 尺度变换性质

若 $F(s)$ 是 $f(t)$ 的拉普拉斯变换，则

$$L[f(at)]=\int_{0^-}^{\infty}f(at)\mathrm{e}^{-st}\mathrm{d}t \tag{15.10}$$

式中，a 是一个常数且 $a>0$。设 $x=at$，$\mathrm{d}x=a\mathrm{d}t$，则有

$$L[f(at)]=\int_{0^-}^{\infty}f(x)\mathrm{e}^{-x(s/a)}\frac{\mathrm{d}x}{a}=\frac{1}{a}\int_{0^-}^{\infty}f(x)\mathrm{e}^{-x(s/a)}\mathrm{d}x \tag{15.11}$$

与拉普拉斯变换的定义式(15.1)相比较，这个积分表明式(15.1)中的 s 被 s/a 代替，而积分变量 t 被 x 代替。因此，比例性质如下：

$$\boxed{L[f(at)]=\frac{1}{a}F\left(\frac{s}{a}\right)} \tag{15.12}$$

例如，由例 15-2 知

$$L[\sin\omega t\, u(t)]=\frac{\omega}{s^{2}+\omega^{2}} \tag{15.13}$$

使用尺度变换式(15.12)，则有

$$L[\sin 2\omega t\, u(t)]=\frac{1}{2}\frac{\omega}{(s/2)^{2}+\omega^{2}}=\frac{2\omega}{s^{2}+4\omega^{2}} \tag{15.14}$$

将式(15.13)中的 ω 用 2ω 代替，也可得到该式。

3. 时域平移性质

若 $F(s)$ 是 $f(t)$ 的拉普拉斯变换，则

$$L[f(t-a)u(t-a)]=\int_{0^-}^{\infty}f(t-a)u(t-a)\mathrm{e}^{-st}\mathrm{d}t\quad a\geqslant 0 \tag{15.15}$$

当 $t<a$ 时 $u(t-a)=0$ 且当 $t>a$ 时 $u(t-a)=1$。因此有

$$L[f(t-a)u(t-a)]=\int_{a}^{\infty} f(t-a)\mathrm{e}^{-st}\mathrm{d}t \tag{15.16}$$

令 $x=t-a$，则 $\mathrm{d}x=\mathrm{d}t$，$t=x+a$。当 $t\to a$ 时，$x\to 0$；当 $t\to\infty$时，$x\to\infty$。因此，

$$L[f(t-a)u(t-a)]=\int_{0^-}^{\infty} f(x)\mathrm{e}^{-s(x+a)}\mathrm{d}x=\mathrm{e}^{-as}\int_{0^-}^{\infty} f(x)\mathrm{e}^{-sx}\mathrm{d}x=\mathrm{e}^{-as}F(s)$$

即

$$\boxed{L[f(t-a)u(t-a)]=\mathrm{e}^{-as}F(s)} \tag{15.17}$$

这意味着，如果一个函数在时域延迟 a，则其拉普拉斯变换在 s 域乘以 e^{-as}(没有延迟)，这称为拉普拉斯变换的时延或时域平移性质。

例如，由式(15.9)可知

$$L[\cos(\omega t)u(t)]=\frac{s}{s^2+\omega^2}$$

使用式(15.7)的时域平移性质性，有

$$L[\cos\omega(t-a)u(t-a)]=\mathrm{e}^{-as}\frac{s}{s^2+\omega^2} \tag{15.18}$$

4. **频域平移性质**

若 $F(s)$是 $f(t)$的拉普拉斯变换，则

$$L[\mathrm{e}^{-at}f(t)u(t)]=\int_{0}^{\infty}\mathrm{e}^{-at}f(t)\mathrm{e}^{-st}\mathrm{d}t=\int_{0}^{\infty}f(t)\mathrm{e}^{-(s+a)t}\mathrm{d}t=F(s+a)$$

即

$$\boxed{L[\mathrm{e}^{-at}f(t)u(t)]=F(s+a)} \tag{15.19}$$

将 $f(t)$的拉普拉斯变换中的每一个 s 用 $s+a$ 代替，即可得到 $\mathrm{e}^{-at}f(t)$的拉普拉斯变换，称为频域平移性质。

例如，已知

$$\cos\omega t\, u(t) \quad\Leftrightarrow\quad \frac{s}{s^2+\omega^2} \tag{15.20}$$

和

$$\sin\omega t\, u(t) \quad\Leftrightarrow\quad \frac{\omega}{s^2+\omega^2}$$

利用式(15.19)的频域平移性质，得到衰减的正弦和余弦函数的拉普拉斯变换为：

$$L[\mathrm{e}^{-at}\cos\omega t\, u(t)]=\frac{s+a}{(s+a)^2+\omega^2} \tag{15.21a}$$

$$L[\mathrm{e}^{-at}\sin\omega t\, u(t)]=\frac{\omega}{(s+a)^2+\omega^2} \tag{15.21b}$$

5. **时域微分性质**

若 $F(s)$是 $f(t)$的拉普拉斯变换，则它的导数的拉普拉斯变换为

$$L\left[\frac{\mathrm{d}f}{\mathrm{d}t}u(t)\right]=\int_{0^-}^{\infty}\frac{\mathrm{d}f}{\mathrm{d}t}\mathrm{e}^{-st}\mathrm{d}t \tag{15.22}$$

用分部积分法求积分，令 $u=\mathrm{e}^{-st}$，$\mathrm{d}u=-s\mathrm{e}^{-st}\mathrm{d}t$，$\mathrm{d}v=(\mathrm{d}f/\mathrm{d}t)\mathrm{d}t=\mathrm{d}f(t)$，$v=f(t)$，则有

$$\begin{aligned}L\left[\frac{\mathrm{d}f}{\mathrm{d}t}u(t)\right]&=f(t)\mathrm{e}^{-st}\Big|_{0^-}^{\infty}-\int_{0^-}^{\infty}f(t)[-s\mathrm{e}^{-st}]\mathrm{d}t\\&=0-f(0^-)+s\int_{0^-}^{\infty}f(t)\mathrm{e}^{-st}\mathrm{d}t=sF(s)-f(0^-)\end{aligned}$$

即

$$\boxed{L[f'(t)]=sF(s)-f(0^-)} \tag{15.23}$$

重复应用式(15.23)可求得 $f(t)$二阶导数的拉普拉斯变换

$$L\left[\frac{\mathrm{d}^2 f}{\mathrm{d}t^2}\right]=sL[f'(t)]-f'(0^-)=s[sF(s)-f(0^-)]-f'(0^-)=s^2F(s)-sf(0^-)-f'(0^-)$$

即

$$\boxed{L[f''(t)]=s^2F(s)-sf(0^-)-f'(0^-)} \tag{15.24}$$

继续以这种方式，可以求得 $f(t)$的 n 阶导数的拉普拉斯变换：

$$\boxed{L\left[\frac{\mathrm{d}^n f}{\mathrm{d}t^n}\right]=s^nF(s)-s^{n-1}f(0^-)-s^{n-2}f'(0^-)-\cdots-s^0f^{(n-1)}(0^-)} \tag{15.25}$$

例如，可以使用式(15.23)从余弦函数的拉普拉斯变换得到正弦函数的拉普拉斯变换。如果设 $f(t)=\cos(\omega t)u(t)$，那么 $f(0)=1$，$f'(t)=-\omega\sin(\omega t)u(t)$。由式(15.23)和比例性质，则有

$$L[\sin(\omega t)u(t)]=-\frac{1}{\omega}L[f'(t)]=-\frac{1}{\omega}[sF(s)-f(0^-)]=-\frac{1}{\omega}\left(s\frac{s}{s^2+\omega^2}-1\right)=\frac{\omega}{s^2+\omega^2} \tag{15.26}$$

和已知结果相同。

6. **时域积分性质**

若 $F(s)$是 $f(t)$的拉普拉斯变换，则它的积分的拉普拉斯变换为

$$L\left[\int_0^t f(x)\mathrm{d}x\right]=\int_{0^-}^{\infty}\left[\int_0^t f(x)\mathrm{d}x\right]\mathrm{e}^{-st}\mathrm{d}t \tag{15.27}$$

用分部积分法求积分，令

$$\mathrm{d}u=\int_0^t f(x)\mathrm{d}x,\qquad \mathrm{d}u=f(t)\mathrm{d}t$$

和

$$\mathrm{d}v=\mathrm{e}^{-st}\mathrm{d}t,\qquad v=-\frac{1}{s}\mathrm{e}^{-st}$$

则

$$L\left[\int_0^t f(x)\mathrm{d}x\right]=\left[\int_0^t f(x)\mathrm{d}x\right]\left(-\frac{1}{s}\mathrm{e}^{-st}\right)\Bigg|_{0^-}^{\infty}-\int_{0^-}^{\infty}\left(-\frac{1}{s}\right)\mathrm{e}^{-st}f(t)\mathrm{d}t$$

等式右边的第一项在 $t=\infty$时的值为 0，因为 $\mathrm{e}^{-s\infty}$为 0；它在 $t=0$ 时的值为 $\frac{1}{s}\int_0^0 f(x)\mathrm{d}x=0$。因此，第一项为 0，故

$$L\left[\int_0^t f(x)\mathrm{d}x\right]=\frac{1}{s}\int_{0^-}^{\infty}f(t)\mathrm{e}^{-st}\mathrm{d}t=\frac{1}{s}F(s)$$

或者简写为

$$\boxed{L\left[\int_0^t f(x)\mathrm{d}x\right]=\frac{1}{s}F(s)} \tag{15.28}$$

例如，如果令 $f(t)=u(t)$，由例 15-1(a)知，$F(s)=1/s$。由式(15.28)可知，

$$L\left[\int_0^t f(x)\mathrm{d}x\right]=L[t]=\frac{1}{s}\times\frac{1}{s}$$

因此，斜坡函数的拉普拉斯变换为

$$L[t]=\frac{1}{s^2} \tag{15.29}$$

继续使用式(15.28)，则有

$$L\left[\int_0^t x\,\mathrm{d}x\right]=L\left[\frac{t^2}{2}\right]=\frac{1}{s}\ \frac{1}{s^2}$$

即

$$L[t^2]=\frac{2}{s^3} \tag{15.30}$$

重复使用式(15.28)得

$$L[t^n]=\frac{n!}{s^{n+1}} \tag{15.31}$$

同样，用分部积分法，可以证明

$$L\left[\int_{-\infty}^t f(x)\mathrm{d}x\right]=\frac{1}{s}F(s)+\frac{1}{s}f^{-1}(0^-) \tag{15.32}$$

式中，

$$f^{-1}(0^-)=\int_{-\infty}^{0^-} f(t)\mathrm{d}t$$

7. 频域微分性质

若 $F(s)$是 $f(t)$的拉普拉斯变换，则

$$F(s)=\int_{0^-}^{\infty} f(t)\mathrm{e}^{-st}\mathrm{d}t$$

对 s 求导，则有

$$\frac{\mathrm{d}F(s)}{\mathrm{d}s}=\int_{0^-}^{\infty} f(t)(-t\mathrm{e}^{-st})\mathrm{d}t=\int_{0^-}^{\infty}[-tf(t)]\mathrm{e}^{-st}\mathrm{d}t=L[-tf(t)]$$

于是，频域微分性质变为

$$\boxed{L[tf(t)]=-\frac{\mathrm{d}F(s)}{\mathrm{d}s}} \tag{15.33}$$

重复运用这个等式，则有

$$L[t^n f(t)]=(-1)^n\frac{\mathrm{d}^n F(s)}{\mathrm{d}s^n} \tag{15.34}$$

举例，由例 15-1(b)可知 $L[\mathrm{e}^{-at}]=1/(s+a)$。使用式(15.33)，有

$$L[t\mathrm{e}^{-at}u(t)]=-\frac{\mathrm{d}}{\mathrm{d}s}\left(\frac{1}{s+a}\right)=\frac{1}{(s+a)^2} \tag{15.35}$$

注意如果 $a=0$，则像式(15.29)一样有 $L[t]=1/s^2$，重复使用式(15.33)，则得式(15.31)。

8. 时域周期性质

如果函数 $f(t)$是一个如图 15-3 所示的周期函数，它可以被表示成图 15-4 所示的时移函数求和的形式。因此

$$\begin{aligned}f(t)&=f_1(t)+f_2(t)+f_3(t)+\cdots\\&=f_1(t)+f_1(t-T)u(t-T)+f_1(t-2T)u(t-2T)+\cdots\end{aligned} \tag{15.36}$$

式中 $f_1(t)$是函数 $f(t)$在区间 $0<t<T$ 中的部分，即

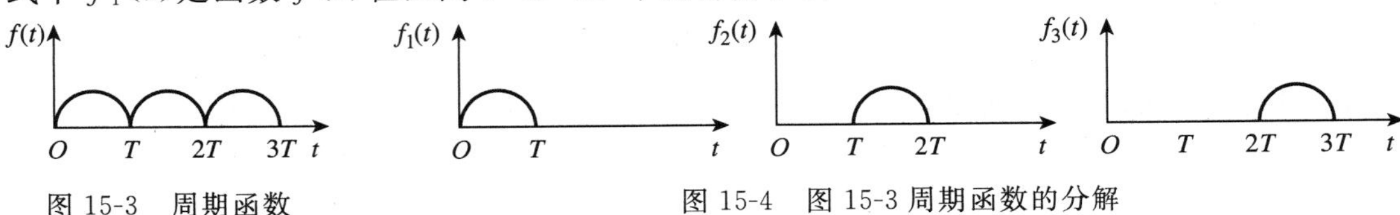

图 15-3　周期函数

图 15-4　图 15-3 周期函数的分解

$$f_1(t)=f(t)[u(t)-u(t-T)] \tag{15.37a}$$

或

$$f_1(t)=\begin{cases} f(t), & 0<t<T \\ 0, & 其他 \end{cases} \tag{15.37b}$$

对式(15.36)中的各项求变换，并应用时域平移性质，得

$$\begin{aligned} F(s)&=F_1(s)+F_1(s)\mathrm{e}^{-Ts}+F_1(s)\mathrm{e}^{-2Ts}+F_1(s)\mathrm{e}^{-3Ts}+\cdots \\ &=F_1(s)[1+\mathrm{e}^{-Ts}+\mathrm{e}^{-2Ts}+\mathrm{e}^{-3Ts}+\cdots] \end{aligned} \tag{15.38}$$

如果 $|x|<1$，则有

$$1+x+x^2+x^3+\cdots=\frac{1}{1-x} \tag{15.39}$$

因此，

$$\boxed{F(s)=\frac{F_1(s)}{1-\mathrm{e}^{-Ts}}} \tag{15.40}$$

式中，$F_1(s)$是 $f_1(t)$的拉普拉斯变换，即 $F_1(s)$是 $f(t)$在第一周期部分的拉普拉斯变换。式(15.40)表明周期函数的拉普拉斯变换是函数的第一周期的拉普拉斯变换除以 $1-\mathrm{e}^{-Ts}$。

9. 初值定理和终值定理

利用初值定理和终值定理，可以直接由拉普拉斯变换 $F(s)$求得函数 $f(t)$的初值 $f(0)$和终值 $f(\infty)$。为了得到这些定理，从式(15.23)的微分性质出发，即

$$sF(s)-f(0)=L\left[\frac{\mathrm{d}f}{\mathrm{d}t}\right]=\int_{0^-}^{\infty}\frac{\mathrm{d}f}{\mathrm{d}t}\mathrm{e}^{-st}\,\mathrm{d}t \tag{15.41}$$

如果令 $s\to\infty$，由于指数衰减因子变为 0，式(15.41)变为

$$\lim_{s\to\infty}[sF(s)-f(0)]=0$$

因为 $f(0)$独立于 s，由此可得

$$\boxed{f(0)=\lim_{s\to\infty}sF(s)} \tag{15.42}$$

式(15.42)被称为初值定理。例如，由式(15.21a)可知

$$f(t)=\mathrm{e}^{-2t}\cos 10t \quad\Leftrightarrow\quad F(s)=\frac{s+2}{(s+2)^2+10^2} \tag{15.43}$$

使用初值定理，则有

$$f(0)=\lim_{s\to\infty}sF(s)=\lim_{s\to\infty}\frac{s^2+2s}{s^2+4s+104}=\lim_{s\to\infty}\frac{1+2/s}{1+4/s+104/s^2}=1$$

这恰好是从 $f(t)$中获得的初值。

在式(15.41)，令 $s\to 0$，则有

$$\lim_{s\to\infty}[sF(s)-f(0^-)]=\int_{0^-}^{\infty}\frac{\mathrm{d}f}{\mathrm{d}t}\mathrm{e}^{0t}\,\mathrm{d}t=\int_{0^-}^{\infty}\mathrm{d}f=f(\infty)-f(0^-)$$

即

$$\boxed{f(\infty)=\lim_{s\to 0}sF(s)} \tag{15.44}$$

式(15.44)称为终值定理。为了使终值定理成立，$F(s)$的所有极点必须在 s 平面的左半平面(见图 15-1 和图 15-9)，即极点必须有负实部。唯一例外是 $F(s)$在 $s=0$ 有单极点，此时，式(15.44)中的 $sF(s)$将会抵消 $1/s$ 的影响。例如，由式(15.21b)可知

$$f(t)=\mathrm{e}^{-2t}\sin(5t)u(t) \quad\Leftrightarrow\quad F(s)=\frac{5}{(s+2)^2+5^2} \tag{15.45}$$

应用终值定理，有

$$f(\infty)=\lim_{s\to 0} sF(s)=\lim_{s\to 0}\frac{5s}{s^2+4s+29}=0$$

与由 $f(t)$ 求得的终值一样。另一个例子是

$$f(t)=\sin t\,u(t) \quad\Leftrightarrow\quad F(s)=\frac{1}{s^2+1} \tag{15.46}$$

故有

$$f(\infty)=\lim_{s\to 0} sF(s)=\lim_{s\to 0}\frac{s}{s^2+1}=0$$

这是不正确的，因为 $f(t)=\sin t$ 当 $t\to\infty$ 在 $+1$ 和 -1 之间摆动，没有极限。因此，终值定理不能用来求 $f(t)=\sin t$ 的终值，这是因为 $F(s)$ 的极点在 $s=\pm \mathrm{j}$，并非在 s 平面的左半平面。通常，终值定理不用于求正弦函数的终值——这些函数永远振荡没有终值。

初值和终值定理描述了在时域和 s 域的原点和无穷远点的关系。可用于拉普拉斯变换的验证。

表 15-1 总结了拉普拉斯变换的性质。最后一个性质（关于卷积）将在 15.5 节证明。还有其他一些性质，但就目前的需求而言，这些性质已经足够用了。表 15-2 总结了一些常用函数的拉普拉斯变换。表中除必须之处外，均略去了因子 $u(t)$。

表 15-1 拉普拉斯变换的性质

性质	$f(t)$	$F(s)$
线性性质	$a_1f_1(t)+a_2f_2(t)$	$a_1F_1(s)+a_2F_2(s)$
尺度变换性质	$f(at)$	$\frac{1}{a}F\left(\frac{s}{a}\right)$
时域平移性质	$f(t-a)u(t-a)$	$\mathrm{e}^{-as}F(s)$
频域平移性质	$\mathrm{e}^{-at}f(t)$	$F(s+a)$
时域微分性质	$\frac{\mathrm{d}f}{\mathrm{d}t}$	$sF(s)-f(0^-)$
	$\frac{\mathrm{d}^2f}{\mathrm{d}t^2}$	$s^2F(s)-sf(0^-)-f'(0^-)$
	$\frac{\mathrm{d}^3f}{\mathrm{d}t^3}$	$s^3F(s)-s^2f(0^-)-sf'(0^-)-f''(0^-)$
	$\frac{\mathrm{d}^nf}{\mathrm{d}t^n}$	$s^nF(s)-s^{n-1}f(0^-)-s^{n-2}f'(0^-)-\cdots-f^{(n-1)}(0^-)$
时域积分性质	$\int_0^t f(x)\mathrm{d}x$	$\frac{1}{s}F(s)$
频域微分性质	$tf(t)$	$-\frac{\mathrm{d}}{\mathrm{d}s}F(s)$
频域积分性质	$\frac{f(t)}{t}$	$\int_s^{\infty}F(s)\mathrm{d}s$
时域周期性质	$f(t)=f(t+nT)$	$\frac{F_1(s)}{1-\mathrm{e}^{-sT}}$
初值定理	$f(0)$	$\lim_{s\to\infty} sF(s)$
终值定理	$f(\infty)$	$\lim_{s\to 0} sF(s)$
卷积性质	$f_1(t)*f_2(t)$	$F_1(s)F_2(s)$

表 15-2 拉普拉斯变换对①

$f(t)$	$F(s)$
$\delta(t)$	1
$u(t)$	$\frac{1}{s}$
e^{-at}	$\frac{1}{s+a}$
t	$\frac{1}{s^2}$
t^n	$\frac{n!}{s^{n+1}}$
$t\mathrm{e}^{-at}$	$\frac{1}{(s+a)^2}$
$t^n\mathrm{e}^{-at}$	$\frac{n!}{(s+a)^{n+1}}$
$\sin\omega t$	$\frac{\omega}{s^2+\omega^2}$
$\cos\omega t$	$\frac{s}{s^2+\omega^2}$
$\sin(\omega t+\theta)$	$\frac{s\sin\theta+\omega\cos\theta}{s^2+\omega^2}$
$\cos(\omega t+\theta)$	$\frac{s\cos\theta-\omega\sin\theta}{s^2+\omega^2}$
$\mathrm{e}^{-at}\sin\omega t$	$\frac{\omega}{(s+a)^2+\omega^2}$
$\mathrm{e}^{-at}\cos\omega t$	$\frac{s+a}{(s+a)^2+\omega^2}$

①在 $t\geqslant 0$ 时成立；$t<0$ 时，$f(t)=0$。

Mathcad，MATLAB，Maple 和 Mathematica 等软件可提供变换的数学符号。例如 Mathcad 包含拉普拉斯变换，傅里叶变换和 Z 变换及其反函数的数学符号。

例 15-3 求函数 $f(t)=\delta(t)+2u(t)-3\mathrm{e}^{-2t}u(t)$ 的拉普拉斯变换。

解： 由线性性质知

$$F(s)=L[\delta(t)]+2L[u(t)]-3L[\mathrm{e}^{-2t}u(t)]=1+2\frac{1}{s}-3\frac{1}{s+2}=\frac{s^2+s+4}{s(s+2)}$$ ◀

练习 15-3 求 $f(t)=(\cos 2t+\mathrm{e}^{-4t})u(t)$的拉普拉斯变换。 **答案：**$\dfrac{2s^2+4s+4}{(s+4)(s^2+4)}$。

例 15-4 求 $f(t)=t^2\sin 2tu(t)$的拉普拉斯变换。

解：已知

$$L[\sin 2t]=\frac{2}{s^2+2^2}$$

使用式(15.34)的频域微分性，可得

$$F(s)=L[t^2\sin 2t]=(-1)^2\frac{\mathrm{d}^2}{\mathrm{d}s^2}\left(\frac{2}{s^2+4}\right)=\frac{\mathrm{d}}{\mathrm{d}s}\left(\frac{-4s}{(s^2+4)^2}\right)=\frac{12s^2-16}{(s^2+4)^3}$$ ◀

练习 15-4 求 $f(t)=t^2\cos 3t\, u(t)$的拉普拉斯变换。 **答案：**$\dfrac{2s(s^2-27)}{(s^2+9)^3}$。

例 15-5 求图 15-5 所示门函数的拉普拉斯变换。

解：图 15-5 所示的门函数表示为

$$g(t)=10[u(t-2)-u(t-3)]$$

既然已知 $u(t)$的拉普拉斯变换，运用时移性可得

$$G(s)=10\left(\frac{\mathrm{e}^{-2s}}{s}-\frac{\mathrm{e}^{-3s}}{s}\right)=\frac{10}{s}(\mathrm{e}^{-2s}-\mathrm{e}^{-3s})$$ ◀

图 15-5 例 15-5 的门函数

练习 15-5 求图 15-6 所示函数 $h(t)$的拉普拉斯变换。

答案：$\dfrac{10}{s}(2-\mathrm{e}^{-4s}-\mathrm{e}^{-8s})$。

例 15-6 计算图 15-7 所示的周期函数的拉普拉斯变换。

解：函数的周期 $T=2$。为了应用式(15.40)，我们先求函数第一周期的变换。

$$\begin{aligned}f_1(t)&=2t[u(t)-u(t-1)]=2tu(t)-2tu(t-1)=2tu(t)-2(t-1+1)u(t-1)\\&=2tu(t)-2(t-1)u(t-1)-2u(t-1)\end{aligned}$$

使用时域平移性质，可得

$$F_1(s)=\frac{2}{s^2}-2\frac{\mathrm{e}^{-s}}{s^2}-\frac{2}{s}\mathrm{e}^{-s}=\frac{2}{s^2}(1-\mathrm{e}^{-s}-s\mathrm{e}^{-s})$$

因此，如图 15-7 的周期函数的变换为

$$F(s)=\frac{F_1(s)}{1-\mathrm{e}^{-Ts}}=\frac{2}{s^2(1-\mathrm{e}^{-2s})}(1-\mathrm{e}^{-s}-s\mathrm{e}^{-s})$$ ◀

练习 15-6 求图 15-8 周期函数的拉普拉斯变换。 **答案：**$\dfrac{1-\mathrm{e}^{-2s}}{s(1-\mathrm{e}^{-5s})}$。

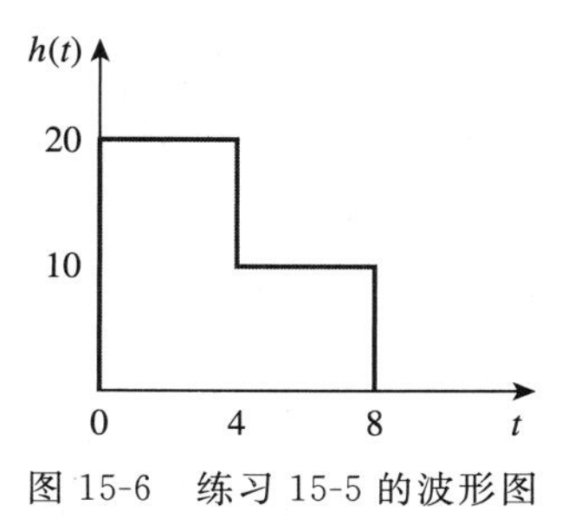

图 15-6 练习 15-5 的波形图

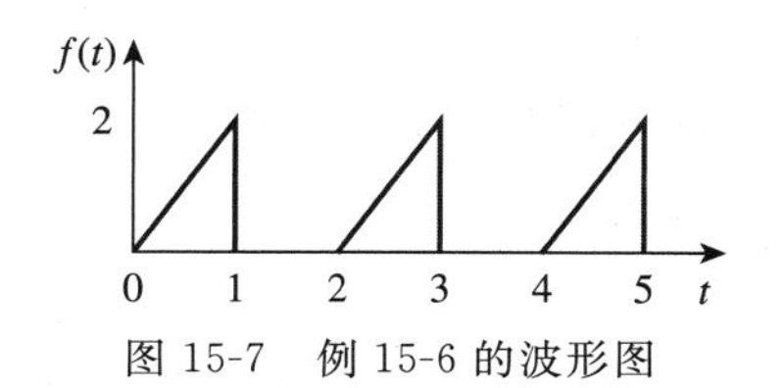

图 15-7 例 15-6 的波形图

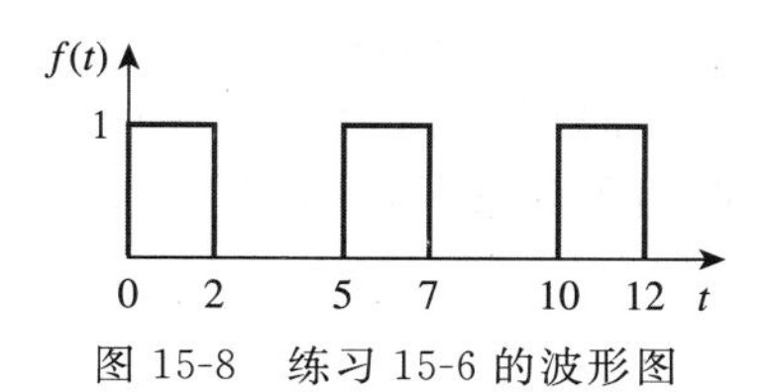

图 15-8 练习 15-6 的波形图

例 15-7 已知函数的拉普拉斯变换为 $H(s)$，求其初值和终值。

$$H(s)=\frac{20}{(s+3)(s^2+8s+25)}$$

解：由初值定理可得

$$h(0)=\lim_{s\to\infty}sH(s)=\lim_{s\to\infty}\frac{20s}{(s+3)(s^2+8s+25)}$$

$$=\lim_{s\to\infty}\frac{20/s^2}{(1+3/s)(1+8/s+25/s^2)}=\frac{0}{(1+0)(1+0+0)}=0$$

为了确保终值定理可用，应检查 $H(s)$的极点位置。$H(s)$的极点是 $s=-3$，-4，$\pm$j3，它们都有负实部，且位于 s 平面的左半平面（见图 15-9）。因此，终值定理适用，并且

$$h(\infty)=\lim_{s\to 0}sH(s)=\lim_{s\to 0}\frac{20s}{(s+3)(s^2+8s+25)}$$

$$=\frac{0}{(0+3)(0+0+25)}=0$$

如果已知 $h(t)$，初值和终值都可以由 $h(t)$确定。参见例 15-11，其中 $h(t)$是给定函数。◀

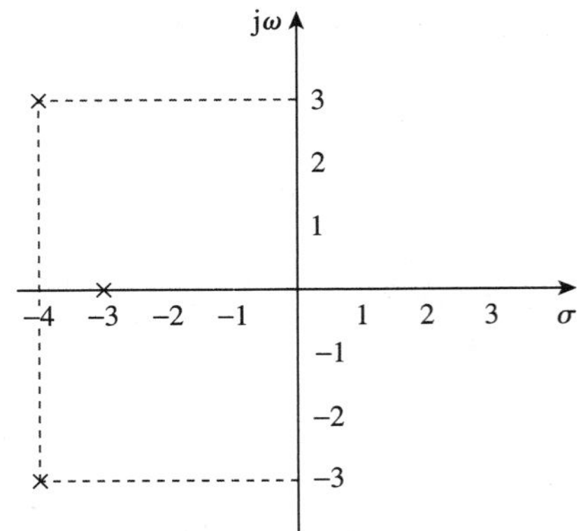

图 15-9　例 15-7 中 $H(s)$的极点分布图

练习 15-7　已知

$$G(s)=\frac{6s^3+2s+5}{s(s+2)^2(s+3)}$$

求其初值和终值。　　**答案**：6，0.4167。

15.4　拉普拉斯反变换

给定 $F(s)$，怎样把它变换回时域，得到相应的 $f(t)$呢？通过查找表 15-2 的相应条目，可以避免用式(15.5)来求 $f(t)$。

假设 $F(s)$有一般的形式

$$F(s)=\frac{N(s)}{D(s)} \tag{15.47}$$

式中，$N(s)$是分子多项式，$D(s)$是分母多项式。$N(s)=0$ 的根被称为 $F(s)$的零点(zero)，$D(s)=0$ 的根被称为 $F(s)$的极点(pole)。尽管式(15.47)的形式与式(14.3)很相似，但 $F(s)$是函数的拉普拉斯变换，未必是一个传输函数。用部分分式法将 $F(s)$分解成简单的项之和，这些简单项的反变换可以从表 15-2 查到。因此，求 $F(s)$的反变换分成两步。

求解拉普拉斯反变换的步骤：

1. 用部分分式展开法将 $F(s)$分解成简单项之和。
2. 查表 15-2 求得每一展开项的反变换。

下面考虑 $F(s)$三种可能的形式，分析对于每一种形式的 $F(s)$如何运用两步法求拉普拉斯反变换。

提示：利用 MATLAB、Mathcad、Maple 可以非常容易地进行部分分式分解。

15.4.1　单极点

回顾第 14 章单极点是一阶极点的情况。如果 $F(s)$只有一阶极点，那么 $D(s)$变成一阶因子的乘积，得到

$$F(s)=\frac{N(s)}{(s+p_1)(s+p_2)\cdots(s+p_n)} \tag{15.48}$$

提示：必须先用长除法，求得 $F(s)=\dfrac{N(s)}{D(s)}=Q(s)+\dfrac{R(s)}{D(s)}$，其中，长除法的余式

$R(s)$的幂次小于$D(s)$的幂次。

式中，$s=-p_1, -p_2, \cdots, -p_n$ 是单极点，且对于任何 $i \neq j$ 有 $p_i \neq p_j$(极点不同)。假设 $N(s)$的阶数小于 $D(s)$的阶数，用式(15.48)的部分分式法分解 $F(s)$，则有

$$F(s)=\frac{k_1}{s+p_1}+\frac{k_2}{s+p_2}+\cdots+\frac{k_n}{s+p_n} \tag{15.49}$$

展开系数 $k_1, k_2, \cdots, k_n$ 被称为 $F(s)$的留数。有很多种方法求出展开系数，一种方法便是留数法。式(15.49)两边同乘以$(s+p_1)$，得

$$(s+p_1)F(s)=k_1+\frac{(s+p_1)k_2}{s+p_2}+\cdots+\frac{(s+p_1)k_n}{s+p_n} \tag{15.50}$$

因为 $p_i \neq p_j$，在式(15.50)中，令 $s=-p_1$，式(15.50)的右边仅剩 k_1。因此，

$$(s+p_1)F(s)|_{s=-p_1}=k_1 \tag{15.51}$$

因此，一般表达式为

$$\boxed{k_i=(s+p_i)F(s)|_{s=-p_i}} \tag{15.52}$$

式(15.52)被称为海维西特定理(Heaviside's theorem)。一旦值 k_i 已知，用式(15.49)即可得到 $F(s)$的反变换。因为式(15.49)每一项的反变换为 $L^{-1}[k/(s+a)]=k\mathrm{e}^{-at}u(t)$，从表 15-2 可得

$$f(t)=(k_1\mathrm{e}^{-p_1t}+k_2\mathrm{e}^{-p_2t}+\cdots+k_n\mathrm{e}^{-p_nt})u(t) \tag{15.53}$$

提示：奥利弗·海维西特(1850—1925)，英国工程师，运算微积分的先驱。

15.4.2 多重极点

假定 $F(s)$在 $s=-p$ 处有 n 重极点。则可以把 $F(s)$表示为

$$F(s)=\frac{k_n}{(s+p)^n}+\frac{k_{n-1}}{(s+p)^{n-1}}+\cdots+\frac{k_2}{(s+p)^2}+\frac{k_1}{s+p}+F_1(s) \tag{15.54}$$

式中，$F_1(s)$是在 $s=-p$ 处没有极点的部分。按前述方法，可求得展开系数 k_n 为

$$k_n=(s+p)^nF(s)|_{s=-p} \tag{15.55}$$

为了确定 k_{n-1}，将式(15.54)的每一项乘以$(s+p)^n$ 并对其微分以除去 k_n，然后令 $s=-p$ 除去除 k_{n-1} 以外的其他系数。于是得到

$$k_{n-1}=\frac{\mathrm{d}}{\mathrm{d}s}[(s+p)^nF(s)]|_{s=-p} \tag{15.56}$$

重复上述步骤得

$$k_{n-2}=\frac{1}{2!}\frac{\mathrm{d}^2}{\mathrm{d}s^2}[(s+p)^nF(s)]|_{s=-p} \tag{15.57}$$

第 m 项变为

$$k_{n-m}=\frac{1}{m!}\frac{\mathrm{d}^m}{\mathrm{d}s^m}[(s+p)^nF(s)]|_{s=-p} \tag{15.58}$$

其中 $m=1, 2, \cdots, n-1$。随着 m 的增加，微分变得难处理。用部分分式法获得 $k_1, k_2, \cdots, k_n$ 后，用反变换式

$$L^{-1}\left[\frac{1}{(s+a)^n}\right]=\frac{t^{n-1}\mathrm{e}^{-at}}{(n-1)!}u(t) \tag{15.59}$$

求式(15.54)右边的每一项的反变换，得到

$$\boxed{f(t)=\left[k_1\mathrm{e}^{-pt}+k_2t\mathrm{e}^{-pt}+\frac{k_3}{2!}t^2\mathrm{e}^{-pt}+\cdots+\frac{k_n}{(n+1)!}t^{n-1}\mathrm{e}^{-pt}\right]u(t)+f_1(t)} \tag{15.60}$$

15.4.3 复极点

不重复的一对复极点称为简单复极点，重复的复极点称为双重或多重的复极点。简单

复极点可以和简单的实极点一样处理，但是因为涉及复数，运算比较麻烦。一个简单的方法被称为完全平方法，其思想是把 $D(s)$的每对复极点对(或者二次项)表示为形如$[(s+\alpha)^2+\beta^2]$的完全平方，然后用表 15-2 来求出该项的反变换。

由于 $N(s)$和 $D(s)$具有实系数，故其复根一定是共轭成对出现的，所以我们 $F(s)$的一般形式表示为

$$F(s)=\frac{A_1 s+A_2}{s^2+as+b}+F_1(s) \tag{15.61}$$

式中，$F_1(s)$是 $F(s)$中不含有共轭极点对的部分。为了构造完全平方，令

$$s^2+as+b=s^2+2\alpha s+\alpha^2+\beta^2=(s+\alpha)^2+\beta^2 \tag{15.62}$$

同时令

$$A_1 s+A_2=A_1(s+\alpha)+B_1\beta \tag{15.63}$$

则式(15.61)变为

$$F(s)=\frac{A_1(s+\alpha)}{(s+\alpha)^2+\beta^2}+\frac{B_1\beta}{(s+\alpha)^2+\beta^2}+F_1(s) \tag{15.64}$$

从表 15-2 知，反变换为

$$\boxed{f(t)=(A_1 e^{-\alpha t}\cos\beta t+B_1 e^{-\alpha t}\sin\beta t)u(t)+f_1(t)} \tag{15.65}$$

正弦和余弦项可以根据式(9.11)组合。

无论单极点，多重极点或者复极点，计算展开系数的一般方法是代数方法，正像例 15-9 和 15-11 所示的一样。为了应用这种方法，首先令 $F(s)=N(s)/D(s)$等于一个含有未知常数的展开式，再用公共分母乘以展开式，然后令其系数相等，即可确定未知常数。(即通过代数方法，求解一组由比较 s 的同次幂系数所得的联立方程)。

另一种一般方法是，代入特定的、方便计算的 s 值，得到方程个数与未知系数个数相同的联立方程，然后确定这些未知系数。应用此法时，必须确保每一个挑选的 s 值不是 $F(s)$的极点。例 15-11 展示了这种思想。

例 15-8 求

$$F(s)=\frac{3}{s}-\frac{5}{s+1}+\frac{6}{s^2+4}$$

的拉普拉斯反变换。

解：反变换为

$$\begin{aligned}f(t)&=L^{-1}[F(s)]=L^{-1}\left(\frac{3}{s}\right)-L^{-1}\left(\frac{5}{s+1}\right)+L^{-1}\left(\frac{6}{s^2+4}\right)\\&=(3-5e^{-t}+3\sin 2t)u(t),\quad t\geqslant 0\end{aligned}$$

每一项的反变换可以查表 15-2 得到。 ◀

练习 15-8 确定

$$F(s)=5+\frac{6}{s+4}-\frac{7s}{s^2+25}$$

的拉普拉斯反变换。 **答案**：$5\delta(t)+(6e^{-4t}-7\cos 5t)u(t)$

例 15-9 已知

$$F(s)=\frac{s^2+12}{s(s+2)(s+3)}$$

求出 $f(t)$。

解：前面的例题中，部分分式已经给出。对于本题，首先要求出部分分式展开式。因为它有 3 个极点，令

$$\frac{s^2+12}{s(s+2)(s+3)}=\frac{A}{s}+\frac{B}{s+2}+\frac{C}{s+3} \tag{15.9.1}$$

其中 A、B 和 C 是待定常数。可用两种方法确定这些待定常数。

方法 1 留数法

$$A=sF(s)\big|_{s=0}=\frac{s^2+12}{(s+2)(s+3)}\bigg|_{s=0}=\frac{12}{2\times 3}=2$$

$$B=(s+2)F(s)\big|_{s=-2}=\frac{s^2+12}{s(s+3)}\bigg|_{s=-2}=\frac{4+12}{-2\times 1}=-8$$

$$C=(s+3)F(s)\big|_{s=-3}=\frac{s^2+12}{s(s+2)}\bigg|_{s=-3}=\frac{9+12}{-3\times -1}=7$$

方法 2 代数法 式(15.9.1)两边同乘以 $s(s+2)(s+3)$得

$$s^2+12=A(s+2)(s+3)+Bs(s+3)+Cs(s+2)$$

即

$$s^2+12=A(s^2+5s+6)+B(s^2+3s)+C(s^2+2s)$$

令 s 的同次幂的系数相等，得

常数： $12=6A\Rightarrow A=2$

s： $0=5A+3B+2C\Rightarrow 3B+2C=-10$

s^2： $1=A+B+C\Rightarrow B+C=-1$

因此，$A=2$，$B=-8$，$C=7$，式(15.9.1)变为

$$F(s)=\frac{2}{s}-\frac{8}{s+2}+\frac{7}{s+3}$$

求出每一项的反变换，得到

$$f(t)=(2-8e^{-2t}+7e^{-3t})u(t)$$ ◀

练习 15-9 已知 $F(s)$，求 $f(t)$。

$$F(s)=\frac{6(s+2)}{(s+1)(s+3)(s+4)}$$

答案：$f(t)=(e^{-t}+3e^{-3t}-4e^{-4t})u(t)$。

例 15-10 已知 $V(s)$，求 $v(t)$。

$$V(s)=\frac{10s^2+4}{s(s+1)(s+2)^2}$$

解：前面的例题中，函数具有单根，本例中，函数 $V(s)$有重根。令

$$V(s)=\frac{10s^2+4}{s(s+1)(s+2)^2}=\frac{A}{s}+\frac{B}{s+1}+\frac{C}{(s+2)^2}+\frac{D}{s+2} \tag{15.10.1}$$

方法 1 留数法

$$A=sV(s)\big|_{s=0}=\frac{10s^2+4}{(s+1)(s+2)^2}\bigg|_{s=0}=\frac{4}{1\times 2^2}=1$$

$$B=(s+1)V(s)\big|_{s=-1}=\frac{10s^2+4}{s(s+2)^2}\bigg|_{s=-1}=\frac{14}{-1\times 2^2}=-14$$

$$C=(s+2)^2V(s)\big|_{s=-2}=\frac{10s^2+4}{s(s+1)}\bigg|_{s=-2}=\frac{44}{(-2)\times(-1)}=22$$

$$D=\frac{d}{ds}[(s+2)^2V(s)]\big|_{s=-2}=\frac{d}{ds}\left(\frac{10s^2+4}{s^2+s}\right)\bigg|_{s=-2}$$

$$=\frac{(s^2+s)(20s)-(10s^2+4)(2s+1)}{(s^2+s)^2}\bigg|_{s=-2}=\frac{52}{4}=13$$

方法 2　代数法　式(15.10.1)两端同乘以 $s(s+1)(s+2)^2$，得

$$10s^2+4=A(s+1)(s+2)^2+Bs(s+2)^2+Cs(s+1)+Ds(s+1)(s+2)$$

即

$$10s^2+4=A(s^3+5s^2+8s+4)+B(s^3+4s^2+4s)+C(s^2+s)+D(s^3+3s^2+2s)$$

令 s 的同次幂系数相等，得

常数：　$4=4A \Rightarrow A=1$

s：　$0=8A+4B+C+2D \Rightarrow 4B+C+2D=-8$

s^2：　$10=5A+4B+C+3D \Rightarrow 4B+C+3D=5$

s^3：　$0=A+B+D \Rightarrow B+D=-1$

解联立方程得 $A=1$，$B=-14$，$C=22$，$D=13$，所以

$$V(s)=\frac{1}{s}-\frac{14}{s+1}+\frac{13}{s+2}+\frac{22}{(s+2)^2}$$

求各项的反变换，得

$$v(t)=(1-14e^{-t}+13e^{-2t}+22te^{-2t})u(t)$$ ◀

练习 15-10　已知 $G(s)$，求 $g(t)$。

$$G(s)=\frac{s^3+2s+6}{s(s+1)^2(s+3)}$$

答案：$(2-3.25e^{-t}-1.5te^{-t}+2.25e^{-3t})u(t)$。

例 15-11 求例 15-7 频域函数的反变换。

$$H(s)=\frac{20}{(s+3)(s^2+8s+25)}$$

解：本例中，$H(s)$在 $s^2+8s+25=0$ 处有一对复极点 $s=-4\pm j3$。令

$$H(s)=\frac{20}{(s+3)(s^2+8s+25)}=\frac{A}{s+3}+\frac{Bs+C}{(s^2+8s+25)} \tag{15.11.1}$$

现在用两种方法确定展开系数。

方法 1　组合法　使用留数法获得 A，

$$A=(s+3)H(s)\big|_{s=-3}=\frac{20}{s^2+8s+25}\bigg|_{s=-3}=\frac{20}{10}=2$$

尽管 B 和 C 也可以使用留数法获得，但是为了避免复数运算，此处不用此法。而是将 s 的两个特定值代入式(15.11.1)(如 $s=0$，1，它们不是 $F(s)$的极点)。这将产生两个求解 B 和 C 的联立方程。如果在式(15.11.1)中令 $s=0$，有

$$\frac{20}{75}=\frac{A}{3}+\frac{C}{25}$$

即

$$20=25A+3C \tag{15.11.2}$$

因为 $A=2$，由式(15.11.2)知，$C=-10$。将 $s=1$ 代入式(15.11.1)，得

$$\frac{20}{4\times 34}=\frac{A}{4}+\frac{B+C}{34}$$

即

$$20=34A+4B+4C \tag{15.11.3}$$

因为 $A=2$，$C=-10$，因此，由式(15.11.3)得 $B=-2$。

方法 2　代数法　式(15.11.1)两边同乘以$(s+3)(s^2+8s+25)$，得

$$\begin{aligned}20&=A(s^2+8s+25)+(Bs+C)(s+3)\\&=A(s^2+8s+25)+B(s^2+3s)+C(s+3)\end{aligned} \tag{15.11.4}$$

令 s 的同次幂的系数相等，得

$$s^2:\quad 0=A+B\Rightarrow A=-B$$

$$s:\quad 0=8A+3B+C=5A+C\Rightarrow C=-5A$$

$$\text{常数}:\quad 20=25A+3C=25A-15A\Rightarrow A=2$$

即 $B=-2$，$C=-10$。因此，

$$H(s)=\frac{2}{s+3}-\frac{2s+10}{(s^2+8s+25)}=\frac{2}{s+3}-\frac{2(s+4)+2}{(s+4)^2+9}$$

$$=\frac{2}{s+3}-\frac{2(s+4)}{(s+4)^2+9}-\frac{2}{3}\frac{3}{(s+4)^2+9}$$

求出每一项的反变换，得到

$$h(t)=\left(2\mathrm{e}^{-3t}-2\mathrm{e}^{-4t}\cos 3t-\frac{2}{3}\mathrm{e}^{-4t}\sin 3t\right)u(t) \tag{15.11.5}$$

式(15.11.5)可以作为最终结果，然而也可把余弦项和正弦项合并，得到

$$h(t)=[2\mathrm{e}^{-3t}-R\mathrm{e}^{-4t}\cos(3t-\theta)]u(t) \tag{15.11.6}$$

为从式(15.11.5)得到式(15.11.6)，运用式(9.11)。下一步确定系数 R 和相位角 θ。

$$R=\sqrt{2^2+\left(\frac{2}{3}\right)^2}=2.108,\qquad \theta=\arctan\frac{\frac{2}{3}}{2}=18.43°$$

因此，

$$h(t)=[2\mathrm{e}^{-3t}-2.108\mathrm{e}^{-4t}\cos(3t-18.43°)]u(t)$$ ◀

练习 15-11 已知 $G(s)$，求 $g(t)$。

$$G(s)=\frac{60}{(s+1)(s^2+4s+13)}$$

答案：$6\mathrm{e}^{-t}-6\mathrm{e}^{-2t}\cos 3t-2\mathrm{e}^{-2t}\sin 3t$，$t\geqslant 0$。

15.5 卷积积分

卷积(convolution)的意思就是“折叠”。卷积对于工程师来说是一个非常重要的工具，它提供了洞察和描述物理系统的方法。比如，已知系统的冲激响应 $h(t)$时，求解系统对于激励 $x(t)$的响应 $y(t)$。可通过卷积积分实现，系统的响应为

$$y(t)=\int_{-\infty}^{\infty}x(\lambda)h(t-\lambda)\mathrm{d}\lambda \tag{15.66}$$

或简写成

$$y(t)=x(t)*h(t) \tag{15.67}$$

式中，λ 是一个虚拟变量，星号表示卷积。式(15.66)和式(15.67)表明输出等于输入与单位冲激响应的卷积。卷积过程是可以交换的：

$$y(t)=x(t)*h(t)=h(t)*x(t) \tag{15.68a}$$

即

$$y(t)=\int_{-\infty}^{\infty}x(\lambda)h(t-\lambda)\mathrm{d}\lambda=\int_{-\infty}^{\infty}h(\lambda)x(t-\lambda)\mathrm{d}\lambda \tag{15.68b}$$

这表明两个函数卷积的顺序是不重要的。后面将介绍如何利用卷积积分的可交换性质来完成它的图解计算。

两个信号的卷积过程：将其中一个信号按时间反折、平移，并与第二个信号逐点相乘，然后对其结果求积分。

式(15.66)的卷积积分是一种一般形式，它适合任何线性系统。但是，如果系统有如

下两个性质，那么卷积积分可以被简化。首先，如果当 $t<0$ 时，$x(t)=0$，那么

$$y(t)=\int_{-\infty}^{\infty} x(\lambda)h(t-\lambda)\mathrm{d}\lambda=\int_{0}^{\infty} x(\lambda)h(t-\lambda)\mathrm{d}\lambda \tag{15.69}$$

其次，如果系统的冲激响应是因果的(即当 $t<0$ 时有 $h(t)=0$)，那么对于 $t-\lambda<0(\lambda>t)$ 有 $h(t-\lambda)=0$，所以，式(15.69)变为

$$\boxed{y(t)=h(t)*x(t)=\int_{0}^{t} x(\lambda)h(t-\lambda)\mathrm{d}\lambda} \tag{15.70}$$

下面是卷积积分的一些性质。

1. $x(t)*h(t)=h(t)*x(t)$(可交换性)
2. $f(t)*[x(t)+y(t)]=f(t)*x(t)+f(t)*y(t)$(分配性)
3. $f(t)*[x(t)*y(t)]=[f(t)*x(t)]*y(t)$(结合性)
4. $f(t)*\delta(t)=\int_{-\infty}^{\infty} f(\lambda)\delta(t-\lambda)\mathrm{d}\lambda=f(t)$
5. $f(t)*\delta(t-t_0)=f(t-t_0)$
6. $f(t)*\delta'(t)=\int_{-\infty}^{\infty} f(\lambda)\delta'(t-\lambda)\mathrm{d}\lambda=f'(t)$
7. $f(t)*u(t)=\int_{-\infty}^{\infty} f(\lambda)u(t-\lambda)\mathrm{d}\lambda=\int_{-\infty}^{t} f(\lambda)\mathrm{d}\lambda$

在学习如何计算式(15.70)的卷积积分之前，首先建立拉普拉斯变换和卷积积分之间的联系。给定两个函数 $f_1(t)$和 $f_2(t)$及其相应的拉普拉斯变换 $F_1(s)$和 $F_2(s)$，它们的卷积是

$$f(t)=f_1(t)*f_2(t)=\int_{0}^{t} f_1(\lambda)f_2(t-\lambda)\mathrm{d}\lambda \tag{15.71}$$

两边取拉普拉斯变换，得

$$F(s)=L[f_1(t)*f_2(t)]=F_1(s)F_2(s) \tag{15.72}$$

为了证明式(15.72)的正确性，从 $F_1(s)$的定义出发

$$F_1(s)=\int_{0^-}^{\infty} f_1(\lambda)\mathrm{e}^{-s\lambda}\mathrm{d}\lambda \tag{15.73}$$

两边同乘以 $F_2(s)$，得

$$F_1(s)F_2(s)=\int_{0^-}^{\infty} f_1(\lambda)[F_2(s)\mathrm{e}^{-s\lambda}]\mathrm{d}\lambda \tag{15.74}$$

考虑式(15.17)的时移性质，括号里的项可以写为

$$F_2(s)\mathrm{e}^{-s\lambda}=L[f_2(t-\lambda)u(t-\lambda)]=\int_{0}^{\infty} f_2(t-\lambda)u(t-\lambda)\mathrm{e}^{-st}\mathrm{d}t \tag{15.75}$$

将式(15.75)代入式(15.74)，有

$$F_1(s)F_2(s)=\int_{0}^{\infty} f_1(\lambda)\left[\int_{0}^{\infty} f_2(t-\lambda)u(t-\lambda)\mathrm{e}^{-st}\mathrm{d}t\right]\mathrm{d}\lambda \tag{15.76}$$

交换积分的次序，得

$$F_1(s)F_2(s)=\int_{0}^{\infty}\left[\int_{0}^{t} f_1(\lambda)f_2(t-\lambda)\mathrm{d}\lambda\right]\mathrm{e}^{-st}\mathrm{d}t \tag{15.77}$$

括号内的积分仅从 $0\sim t$。因为，延迟的单位阶跃信号 $u(t-\lambda)$在 $\lambda<t$ 时为1，在 $\lambda>t$ 时，为0。注意积分就是式(15.71)中的 $f_1(t)$和 $f_2(t)$的卷积。因此

$$\boxed{F_1(s)F_2(s)=L[f_1(t)*f_2(t)]} \tag{15.78}$$

此即期望的结果。这表明时域的卷积等同于 s 域的相乘。比如，如果 $x(t)=4\mathrm{e}^{-t}$，$h(t)=5\mathrm{e}^{-2t}$，由式(15.78)可得

$$\begin{aligned}h(t)*x(t)&=L^{-1}[H(s)X(s)]=L^{-1}\left[\left(\frac{5}{s+2}\right)\left(\frac{4}{s+1}\right)\right]\\&=L^{-1}\left[\frac{20}{s+1}+\frac{-20}{s+2}\right]=20(\mathrm{e}^{-t}-\mathrm{e}^{-2t}),\quad t\geqslant 0\end{aligned} \tag{15.79}$$

尽管用式(15.78)可以获得两个信号的卷积，就像刚才做的那样，但是如果 $F_1(s)F_2(s)$非常复杂，求出它的反变换也是很困难的。并且，$f_1(t)$和 $f_2(t)$可能是实验数据，没有明确的拉普拉斯变换。在这种情况下，必须在时域做卷积。

在时域，可以从图形角度更好地理解卷积两个信号的过程。用图解法计算式(15.70)的卷积积分包含四个步骤。

计算卷积积分的步骤：

1. 折叠：取 $h(\lambda)$关于纵坐标的镜像，得到 $h(-\lambda)$。
2. 移位：将 $h(-\lambda)$移动或延迟 t，得到 $h(t-\lambda)$。
3. 相乘：求出 $h(t-\lambda)$和 $x(\lambda)$的乘积。
4. 积分：对于给定的时间 t，计算乘积 $h(t-\lambda)x(\lambda)$在区间 $0<\lambda<t$ 的面积，得到 $y(t)$。

第一步的折叠运算是术语卷积的来源。函数 $h(t-\lambda)$扫描或掠过 $x(\lambda)$。由于这一叠加过程，卷积积分也被叫作叠加积分。

为了应用这四步，需要能画出 $x(\lambda)$和 $h(t-\lambda)$的草图。从原始的 $x(t)$函数获得 $x(\lambda)$仅仅只需要将 t 用 λ 替换。画出 $h(t-\lambda)$的草图是卷积过程的关键。它涉及将 $h(\lambda)$关于纵坐标反折并且移动 t。解析上，通过将 $h(t)$中的每一个 t 用 $t-\lambda$ 替换获得 $h(t-\lambda)$。由于卷积是可以交换的，代替 $h(t)$对 $x(t)$用步骤 1 和 2 可能更方便。展示这些程序的最好方法就是举例。

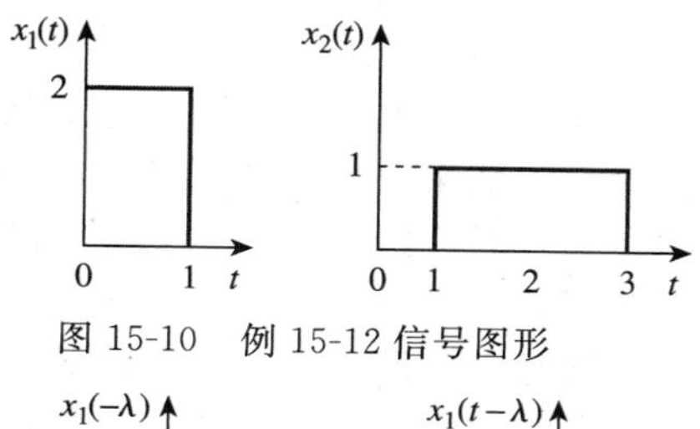

图 15-10　例 15-12 信号图形

例 15-12 求出图 15-10 所示两个信号的卷积。

解： 按照计算卷积积分的四个步骤计算 $y(t)=x_1(t)*x_2(t)$。首先折叠 $x_1(t)$如图 15-11a 所示，然后平移 t 如图 15-11b 所示。对于不同的 t 值，将两个函数相乘，然后积分确定重叠区域的面积。

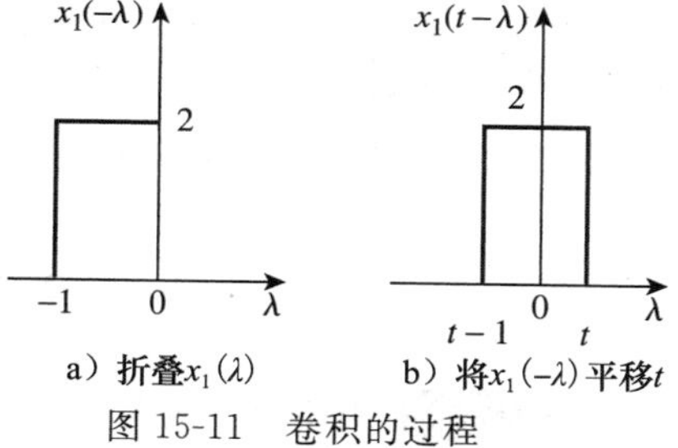

a）折叠$x_1(\lambda)$　b）将$x_1(-\lambda)$平移t

图 15-11　卷积的过程

当 $0<t<1$ 时，如图 15-12a 所示，两个函数没有交叠。因此，

$$y(t)=x_1(t)*x_2(t)=0,\quad 0<t<1 \tag{15.12.1}$$

当 $1<t<2$ 时，如图 15-12b 所示，两个信号在 1 和 t 之间交叠。

$$y(t)=\int_1^t 2\times 1\mathrm{d}\lambda=2\lambda\,\big|_1^t=2(t-1),\quad 1<t<2 \tag{15.12.2}$$

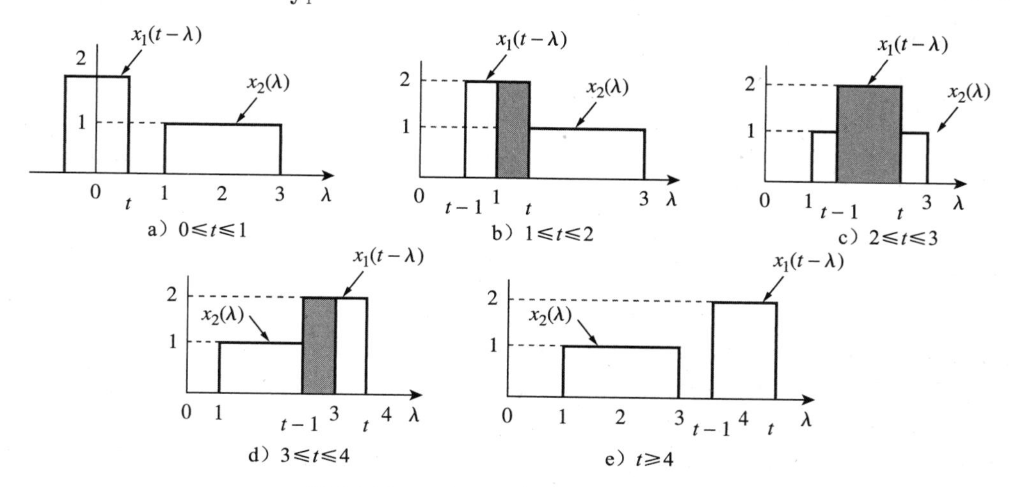

图 15-12　$x_1(t-\lambda)$和 $x_2(\lambda)$的交叠区

当 $2<t<3$ 时，两个信号在 $(t-1)\sim t$ 之间完全交叠，如图 15-12c 所示。容易看出曲线内的面积为 2。即

$$y(t)=\int_{t-1}^{t} 2\times 1\mathrm{d}\lambda=2\lambda\Big|_{t-1}^{t}=2,\qquad 2<t<3 \tag{15.12.3}$$

当 $3<t<4$ 时，两个信号在 $(t-1)\sim 3$ 之间有交叠，如图 15-12d 所示。

$$y(t)=\int_{t-1}^{3} 2\times 1\mathrm{d}\lambda=2\lambda\Big|_{t-1}^{3}=2(3-t+1)=8-2t,\qquad 3<t<4 \tag{15.12.4}$$

当 $t>4$ 时，两个信号没有交叠(见图 15-12e)，并且

$$y(t)=0,\qquad t>4 \tag{15.12.5}$$

结合式(15.12.1)～式(15.12.5)，得

$$y(t)=\begin{cases} 0, & 0\leqslant t\leqslant 1 \\ 2t-2, & 1\leqslant t\leqslant 2 \\ 2, & 2\leqslant t\leqslant 3 \\ 8-2t, & 3\leqslant t\leqslant 4 \\ 0, & t\geqslant 4 \end{cases} \tag{15.12.6}$$

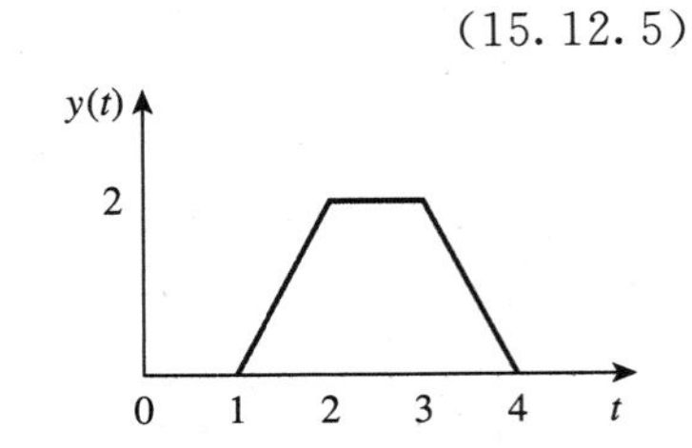

图 15-13　图 15-10 中信号 $x_1(t)$ 和 $x_2(t)$ 的卷积

图 15-13 是式(15.12.6)的草图，注意，式中 $y(t)$ 是连续的，这可以用于检验当 t 从一个区域向另一区域移动时的结果。可以不用图解法计算式(15.12.6)表示的结果，而直接使用式(15.70)和阶跃函数的性质计算卷积积分。这将在例 15-14 中予以说明。◀

练习 15-12　用图解法计算图 15-14 所示两个函数的卷积。为了显示 s 域方法的高效性，可在 s 域计算该卷积积分，证实你的答案。

答案：卷积 $y(t)$ 的结果如图 15-15 所示，

$$y(t)=\begin{cases} t, & 0\leqslant t\leqslant 2 \\ 6-2t, & 2\leqslant t\leqslant 3 \\ 0, & \text{其他} \end{cases}$$

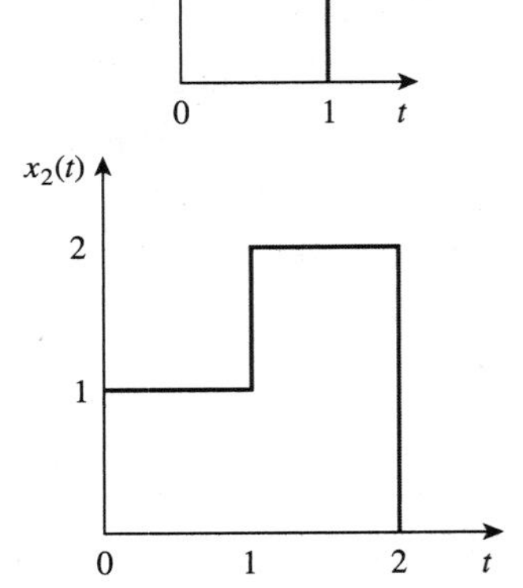

图 15-14　练习 15-12 的信号图形

例 15-13　用图解法计算图 15-16 所示 $g(t)$ 和 $u(t)$ 的卷积。

解：令 $y(t)=g(t)*u(t)$。以两种方法求 $y(t)$。

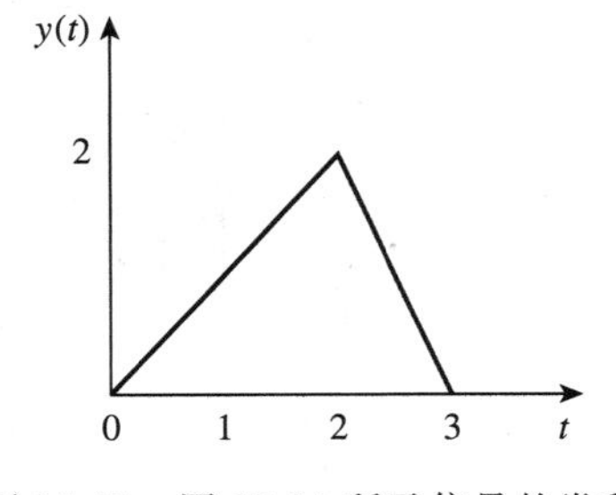

图 15-15　图 15-14 所示信号的卷积

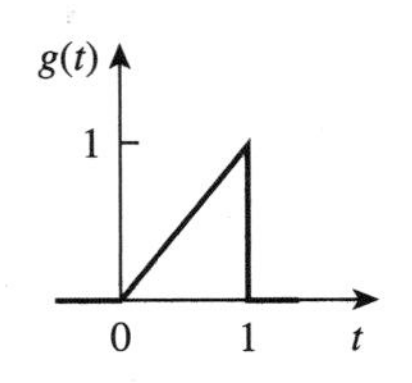

图 15-16　例 15-13 图

方法 1　假设折叠 $g(t)$，如图 15-17a 所示，然后将折叠后的 $g(t)$ 平移 t，如图 15-17b 所示。因为当 $0<t<1$ 时 $g(t)=t$，故当 $0<t-\lambda<1$ 或 $t-1<\lambda<t$ 时，$g(t-\lambda)=t-\lambda$。当 $t<0$ 时两个函数没有交叠，因此 $y(0)=0$。

当 $0<t<1$ 时，$g(t-\lambda)$ 和 $u(\lambda)$ 在 $0\sim t$ 之间交叠，如图 15-17b 所示。因此

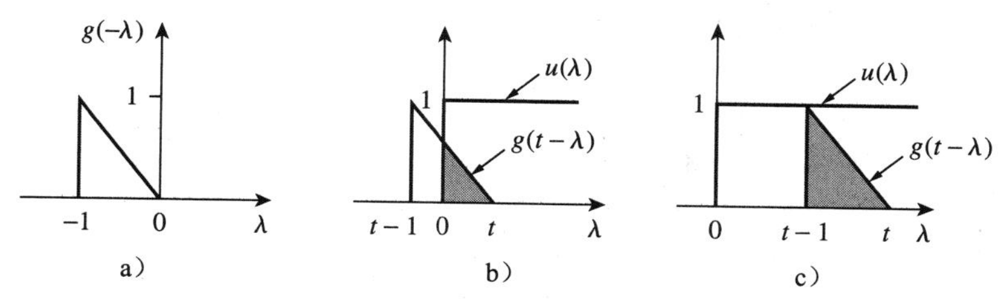

图 15-17　图 15-16 所示信号 $g(t)$ 和 $u(t)$ 的卷积，折叠 $g(t)$

$$y(t)=\int_0^t 1\times(t-\lambda)\mathrm{d}\lambda=\left(t\lambda-\frac{1}{2}\lambda^2\right)\Big|_0^t=t^2-\frac{t^2}{2}=\frac{t^2}{2},\qquad 0\leqslant t\leqslant 1 \tag{15.13.1}$$

当 $t>1$ 时，两个函数在 $(t-1)\sim t$ 之间完全交叠，如图 15-17c 所示。因此

$$y(t)=\int_{t-1}^t 1\times(t-\lambda)\mathrm{d}\lambda=\left(t\lambda-\frac{1}{2}\lambda^2\right)\Big|_{t-1}^t=\frac{1}{2},\qquad t\geqslant 1 \tag{15.13.2}$$

因此，结合式(15.13.1)和式(15.13.2)，得

$$y(t)=\begin{cases}\dfrac{1}{2}t^2, & 0\leqslant t\leqslant 1\\[2mm] \dfrac{1}{2}, & t\geqslant 1\end{cases}$$

方法 2　假设不折叠 $g(t)$，而折叠单位阶跃函数 $u(t)$，如图 15-18a 所示，然后将折叠后的 $u(t)$ 平移 t，如图 15-18b 所示。因为 $t>0$ 时 $u(t)=1$，$t-\lambda>0$ 或 $\lambda<t$ 时 $u(t-\lambda)=1$，所以两个函数在 $0\sim t$ 之间交叠，因此

$$y(t)=\int_0^t 1\times\lambda\mathrm{d}\lambda=\frac{1}{2}\lambda^2\Big|_0^t=\frac{t^2}{2},\qquad 0\leqslant t\leqslant 1 \tag{15.13.3}$$

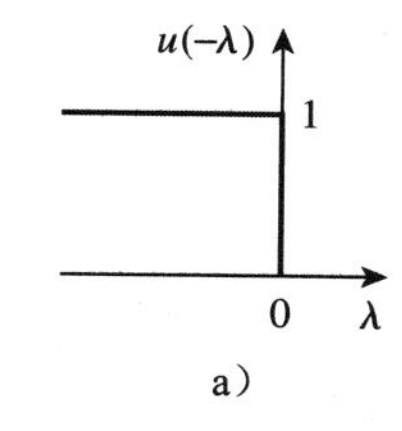

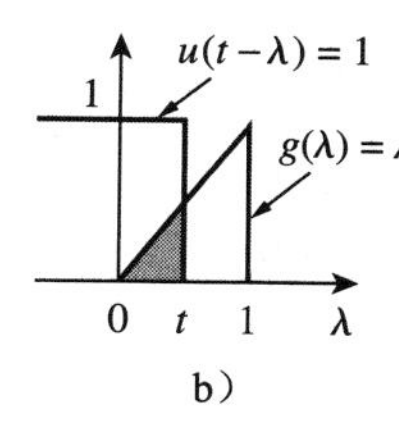

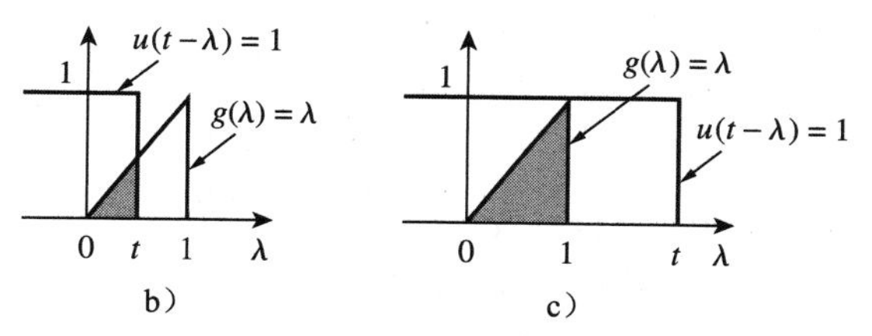

图 15-18　图 15-16 所示信号 $g(t)$ 和 $u(t)$ 的卷积，折叠 $u(t)$

当 $t>1$ 时，这两个函数在 $0\sim1$ 之间交叠，如图 15-18(c)所示。因此，

$$y(t)=\int_0^1 1\times\lambda\mathrm{d}\lambda=\frac{1}{2}\lambda^2\Big|_0^t=\frac{1}{2},\qquad t\geqslant 1 \tag{15.13.4}$$

由式(15.13.3)和式(15.13.4)得

$$y(t)=\begin{cases}\dfrac{1}{2}t^2, & 0\leqslant t\leqslant 1\\[2mm] \dfrac{1}{2}, & t\geqslant 1\end{cases}$$

尽管两种方法得到的结果相同，但本例中折叠单位阶跃函数 $u(t)$ 比折叠 $g(t)$ 更简单。图 15-19 给出了 $y(t)$ 的图形。◀

练习 15-13　对于图 15-20 所示的 $g(t)$ 和 $f(t)$ 波形，用图解法求 $y(t)=g(t)*f(t)$。

答案：$y(t)=\begin{cases}3(1-\mathrm{e}^{-t}), & 0\leqslant t\leqslant 1\\ 3(\mathrm{e}-1)\mathrm{e}^{-t}, & t\geqslant 1\\ 0, & 其他。\end{cases}$

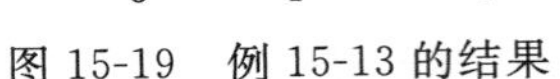

图 15-19　例 15-13 的结果

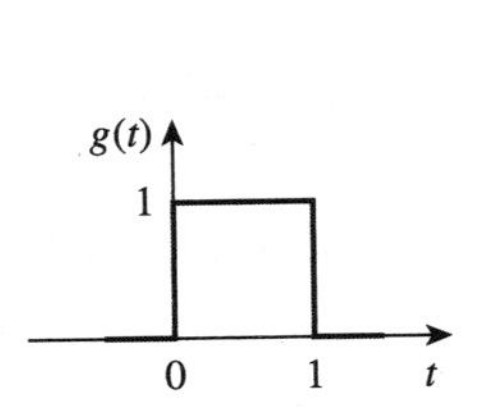

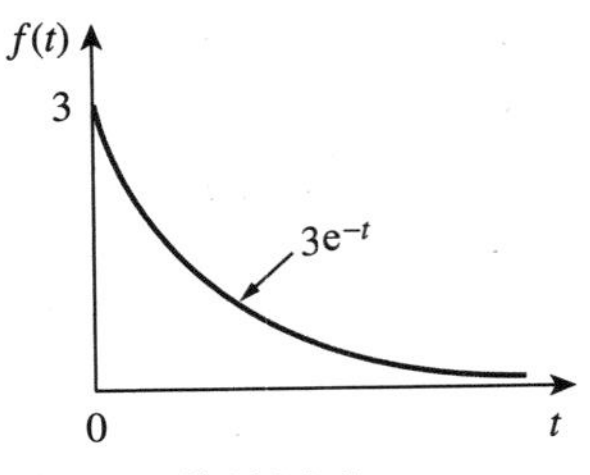

图 15-20　练习 15-13 的信号图形

例 15-14 对图 15-21a 所示 RL 电路，使用卷积积分求出图 15-21b 所示的激励产生的响应 $i_o(t)$。

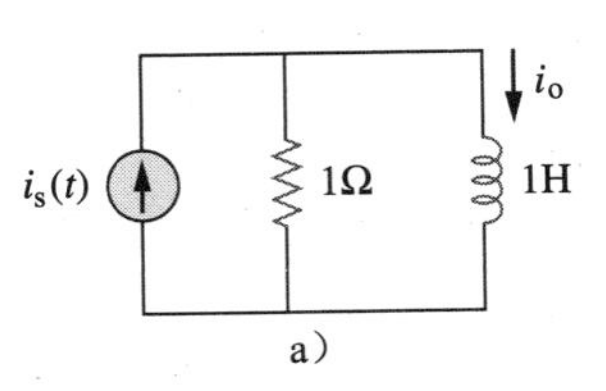

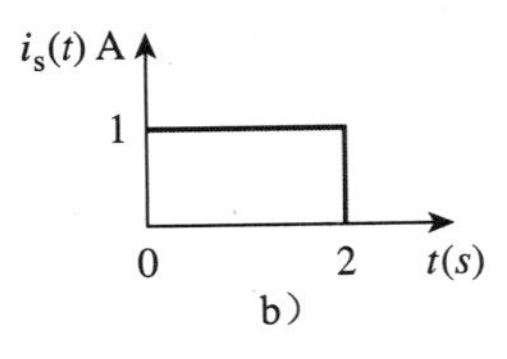

图 15-21　例 15-14 图

解：1. 明确问题。问题描述清晰，求解方法也已详细说明。

2. 列出已知条件。使用卷积积分来求解图 15-21b 中的 $i_s(t)$产生的响应 $i_o(t)$。

3. 确定备选方案。已经学习过用卷积积分计算卷积和用图解法计算卷积积分。此外，也可以用 s 域方法求解电流 $i_o(t)$。对于本例，使用卷积积分来求解电流 $i_o(t)$，然后使用图解法进行验证。

4. 尝试求解。如上所述，这个问题可以用两种方法解决：直接使用卷积积分或者使用图解法。使用任何一种方法，首先要知道电路的单位冲激响应 $h(t)$。在 s 域，对图 15-22a 所示电路应用分流原理，得

$$I_o=\frac{1}{s+1}I_s$$

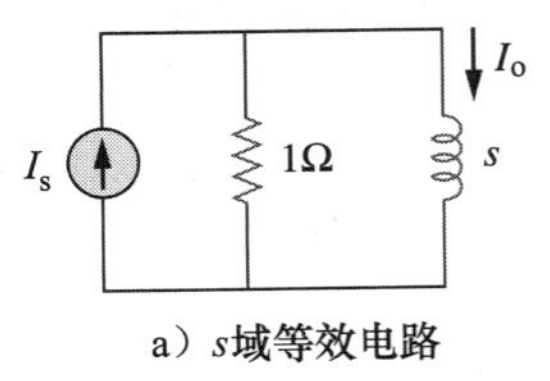

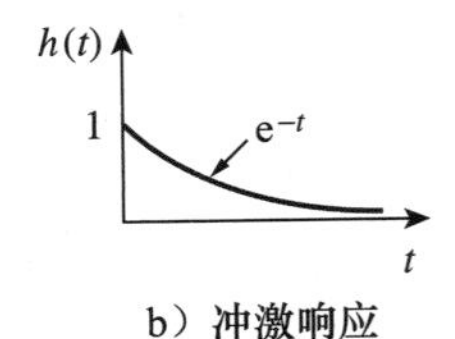

图 15-22　图 15-21a 的电路

因此

$$H(s)=\frac{I_o}{I_s}=\frac{1}{s+1} \tag{15.14.1}$$

其拉普拉斯反变换为

$$h(t)=e^{-t}u(t) \tag{15.14.2}$$

图 15-22(b)为电路的冲激响应 $h(t)$的图形。

为了直接用卷积积分，利用 s 域中的响应：

$$I_o(s)=H(s)I_s(s)$$

对于图 15-21(b)给出的激励 $i_s(t)$，有

$$i_s(t)=u(t)-u(t-2)$$

因此

$$i_o(t)=h(t)*i_s(t)=\int_0^t i_s(\lambda)h(t-\lambda)\mathrm{d}\lambda=\int_0^t[u(\lambda)-u(\lambda-2)]e^{-(t-\lambda)}\mathrm{d}\lambda \tag{15.14.3}$$

因为当 $0<\lambda<2$ 时，$u(\lambda-2)=0$，所以与 $u(\lambda)$相关的积分函数对任意 $\lambda>0$ 都是非 0 的，而涉及 $u(\lambda-2)$的积分函数，仅当 $\lambda>2$ 时非 0。计算积分的最好方法就是两部分分开处理。当 $0<\lambda<2$ 时，

$$i'_0(t)=\int_0^t 1\times e^{-(t-\lambda)}\mathrm{d}\lambda=e^{-t}\int_0^t(1)e^{\lambda}\mathrm{d}\lambda=e^{-t}(e^t-1)=1-e^{-t},\quad 0<t<2 \tag{15.14.4}$$

当 $t>2$ 时，

$$i''_0(t)=\int_2^t 1\times e^{-(t-\lambda)}\mathrm{d}\lambda=e^{-t}\int_2^t e^{\lambda}\mathrm{d}\lambda=e^{-t}(e^t-e^2)=1-e^2e^{-t},\quad t>2 \tag{15.14.5}$$

将式(15.14.4)和式(15.14.5)代入(15.14.3)得

$$i_o(t)=i_o'(t)-i_o''(t)=(1-\mathrm{e}^{-t})[u(t-2)-u(t)]-(1-\mathrm{e}^2\mathrm{e}^{-t})u(t-2)$$

$$=\begin{cases}1-\mathrm{e}^{-t}\,\mathrm{A}, & 0\leqslant t<2\\ (\mathrm{e}^2-1)\mathrm{e}^{-t}\,\mathrm{A}, & t\geqslant 2\end{cases}\tag{15.14.6}$$

5. 评价结果。为了应用图解法，折叠图 15-21b 的 $i_s(t)$ 并平移 t，如图 15-23a 所示。当 $0<t<2$ 时，$i_s(t-\lambda)$ 和 $h(\lambda)$ 之间的交叠区间为 $0\sim t$，因此

$$i_o(t)=\int_0^t 1\times\mathrm{e}^{-\lambda}\mathrm{d}\lambda=-\mathrm{e}^{-\lambda}\Big|_0^t=(1-\mathrm{e}^{-\lambda}),\quad 0\leqslant t\leqslant 2\tag{15.14.7}$$

当 $t>2$ 时，如图 15-23(b)所示，两个函数在 $(t-2)\sim t$ 交叠。因此

$$i_o=\int_{t-2}^t 1\times\mathrm{e}^{-\lambda}\mathrm{d}\lambda=-\mathrm{e}^{-\lambda}\Big|_{t-2}^t$$

$$=-\mathrm{e}^{-t}+\mathrm{e}^{-(t-2)}=(\mathrm{e}^2-1)\mathrm{e}^{-t},\quad t\geqslant 0\tag{15.14.8}$$

由式(15.14.7)和式(15.14.8)可知，响应为

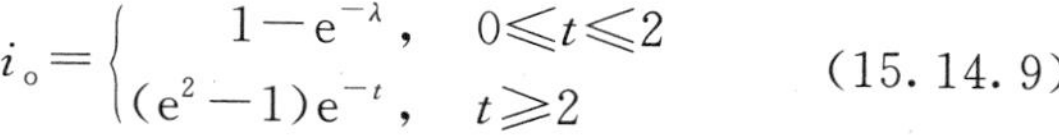

$$i_o=\begin{cases}1-\mathrm{e}^{-\lambda}, & 0\leqslant t\leqslant 2\\ (\mathrm{e}^2-1)\mathrm{e}^{-t}, & t\geqslant 2\end{cases}\tag{15.14.9}$$

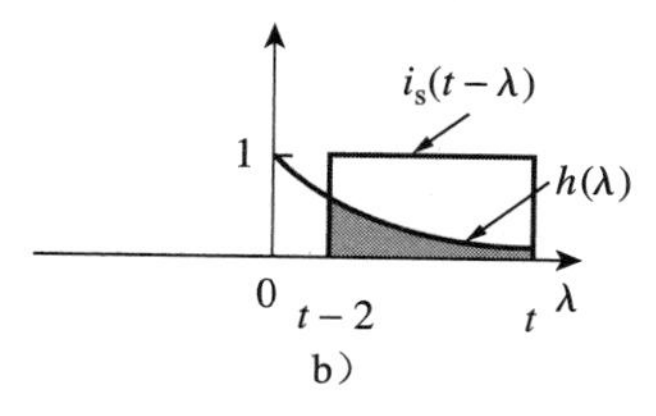

图 15-23　例 15-14 的图解过程

结果与式(15.14.6)相同。响应 $i_o(t)$ 和激励 $i_s(t)$ 示于图 15-24。

6. 是否满意？成功地解决了这个问题，可以提交解决方案。◀

练习 15-14　用卷积法求图 15-25a 所示电路的 $v_o(t)$，它的激励信号如图 15-25b 所示。为了显示 s 域方法的强大，用 s 域方法验证结果。　**答案**：$20(\mathrm{e}^{-t}-\mathrm{e}^{-2t})u(t)\mathrm{V}$。

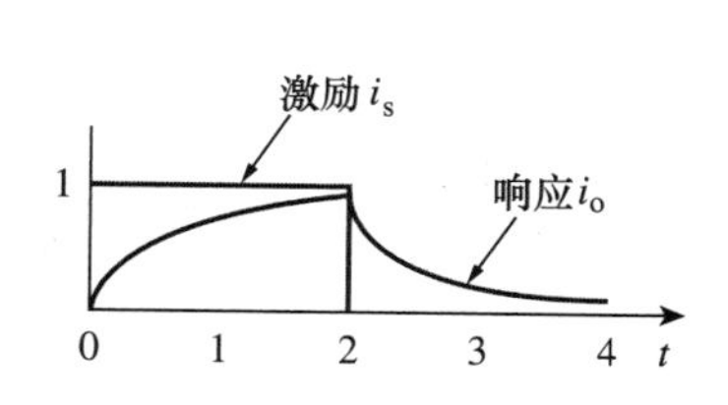

图 15-24　例 15-14 的激励和响应波形

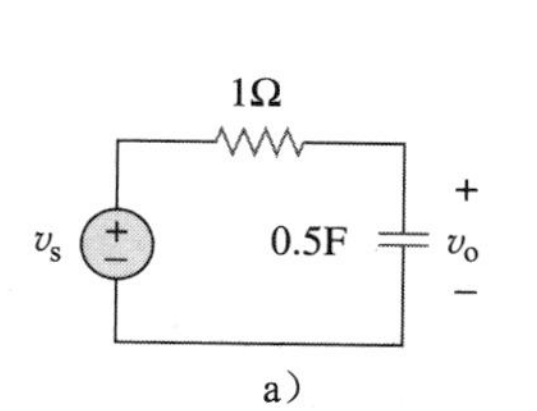

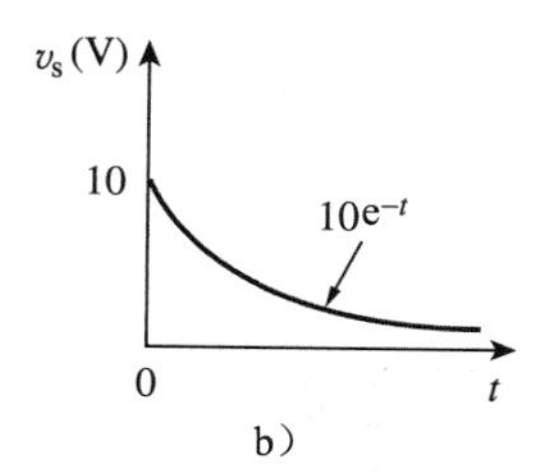

图 15-25　练习 15-14 的电路图及激励信号的波形图

† 15.6　拉普拉斯变换在微积分方程求解中的应用

拉普拉斯变换在求解线性微积分方程上是很有用的。利用拉普拉斯变换的微分和积分性质，对微积分方程的每一项做拉普拉斯变换，使时域的微积分方程变成了 s 域的代数方程，且初始条件自动包含在内。求解 s 域的代数方程，然后再通过反变换将结果转换回时域，下面的例子描述了这个过程。

例 15-15　用拉普拉斯变换求解微分方程

$$\frac{\mathrm{d}^2v(t)}{\mathrm{d}t^2}+6\frac{\mathrm{d}v(t)}{\mathrm{d}t}+8v(t)=2u(t)$$

初始条件为 $v(0)=1$，$v'(0)=-2$。

解：对微分方程的两边做拉普拉斯变换，由拉氏变换的线性性质可得

$$[s^2V(s)-sv(0)-v'(0)]+6[sV(s)-v(0)]+8V(s)=\frac{2}{s}$$

代入初始值 $v(0)=1$，$v'(0)=-2$，有

$$s^2V(s)-s+2+6sV(s)-6+8V(s)=\frac{2}{s}$$

即

$$(s^2+6s+8)V(s)=s+4+\frac{2}{s}=\frac{s^2+4s+2}{s}$$

因此

$$V(s)=\frac{s^2+4s+2}{s(s+2)(s+4)}=\frac{A}{s}+\frac{B}{s+2}+\frac{C}{s+4}$$

式中

$$A=sV(s)\big|_{s=0}=\frac{s^2+4s+2}{(s+2)(s+4)}\bigg|_{s=0}=\frac{2}{2\times 4}=\frac{1}{4}$$

$$B=(s+2)V(s)\big|_{s=-2}=\frac{s^2+4s+2}{s(s+4)}\bigg|_{s=-2}=\frac{-2}{(-2)\times 2}=\frac{1}{2}$$

$$C=(s+4)V(s)\big|_{s=-4}=\frac{s^2+4s+2}{s(s+2)}\bigg|_{s=-4}=\frac{2}{(-4)\times(-2)}=\frac{1}{4}$$

因此

$$V(s)=\frac{\frac{1}{4}}{s}+\frac{\frac{1}{2}}{s+2}+\frac{\frac{1}{4}}{s+4}$$

求拉普拉斯反变换，得

$$v(t)=\frac{1}{4}(1+2e^{-2t}+e^{-4t})u(t)$$ ◀

练习 15-15 用拉普拉斯变换法求解微分方程，其中 $v(0)=v'(0)=2$。

$$\frac{d^2v(t)}{dt^2}+4\frac{dv(t)}{dt}+4v(t)=2e^{-t}$$

答案：$(2e^{-t}+4te^{-2t})u(t)$。

例 15-16 求解下列微积分方程的响应 $y(t)$。

$$\frac{dy}{dt}+5y(t)+6\int_0^t y(\tau)d\tau=u(t),\quad y(0)=2$$

解：对微积分方程的两边做拉普拉斯变换，由拉氏变换的线性性质可得

$$[sY(s)-y(0)]+5Y(s)+\frac{6}{s}Y(s)=\frac{1}{s}$$

代入 $y(0)=2$，两边乘以 s，得

$$Y(s)(s^2+5s+6)=1+2s$$

即

$$Y(s)=\frac{1+2s}{(s+2)(s+3)}=\frac{A}{s+2}+\frac{B}{s+3}$$

式中

$$A=(s+2)Y(s)\big|_{s=-2}=\frac{2s+1}{s+3}\bigg|_{s=-2}=\frac{-3}{1}=-3$$

$$B=(s+32)Y(s)\big|_{s=-3}=\frac{2s+1}{s+2}\bigg|_{s=-3}=\frac{-5}{-1}=5$$

因此

$$Y(s)=\frac{-3}{s+2}+\frac{5}{s+3}$$

其反变换为

$$y(t)=(-3e^{-2t}+5e^{-3t})u(t)$$ ◀

练习 15-16　用拉普拉斯变换法求解微积分方程

$$\frac{dy}{dt}+3y(t)+2\int_0^t y(\tau)d\tau=2e^{-3t},\qquad y(0)=0$$

答案：$(-e^{-t}+4e^{-2t}-3e^{-3t})u(t)$。

15.7　本章小结

1. 拉普拉斯变换使时域函数表示的信号，可在 s 域(复频域)进行分析。它的定义为

$$L[f(t)]=F(s)=\int_0^{\infty}f(t)e^{-st}dt$$

2. 表 15-1 列出了拉普拉斯变换的性质，表 15-2 中列出了基本常用函数的拉普拉斯变换。
3. 拉普拉斯反变换可以使用部分分式展开法结合表 15-2 提供的拉普拉斯变换对，通过查表的方法求得。实极点产生指数函数，复极点产生阻尼正弦振荡。
4. 两个信号的卷积过程：将其中一个信号进行时间翻折，平移，和第二个信号逐点相乘，再将乘积积分。两个信号在时域的卷积积分等于它们的拉普拉斯变换相乘的反变换：

$$L^{-1}[F_1(s)F_2(s)]=f_1(t)*f_2(t)=\int_0^t f_1(\lambda)f_2(t-\lambda)d\lambda$$

5. 在时域中，网络输出 $y(t)$ 是其冲激响应 $h(t)$ 和输入信号 $x(t)$ 的卷积：

$$y(t)=h(t)*x(t)$$

卷积可以视为翻折、移位、相乘、求面积的过程。

6. 拉普拉斯变换可以用来解线性微积分方程。

复习题

1　任意函数 $f(t)$ 都有拉普拉斯变换。
(a) 真　(b) 假

2　拉普拉斯变换 $H(s)$ 中的变量 s 被称为
(a) 复频率　(b) 传输函数
(c) 零点　(d) 极点

3　$u(t-2)$ 的拉普拉斯变换是
(a) $\frac{1}{s+2}$　(b) $\frac{1}{s-2}$
(c) $\frac{e^{2s}}{s}$　(d) $\frac{e^{-2s}}{s}$

4　函数 $F(s)=\frac{s+1}{(s+2)(s+3)(s+4)}$ 的零点是
(a) -4　(b) -3
(c) -2　(d) -1

5　函数 $F(s)=\frac{s+1}{(s+2)(s+3)(s+4)}$ 的极点是
(a) -4　(b) -3
(c) -2　(d) -1

6　如果 $F(s)=\frac{1}{(s+2)}$，那么 $f(t)$ 为
(a) $e^{2t}u(t)$　(b) $e^{-2t}u(t)$
(c) $u(t-2)$　(d) $u(t+2)$

7　$F(s)=e^{-2s}/(s+1)$，那么 $f(t)$ 为
(a) $e^{-2(t-1)}u(t-1)$　(b) $e^{-(t-2)}u(t-2)$
(c) $e^{-t}u(t-2)$　(d) $e^{-t}u(t+1)$
(e) $e^{-(t-2)}u(t)$

8　已知 $F(s)=\frac{s+1}{(s+2)(s+3)}$，求 $f(t)$ 的初值。
(a) 不存在　(b) ∞
(c) 0　(d) 1
(e) $\frac{1}{6}$

9　函数 $\frac{s+2}{(s+2)^2+1}$ 的拉普拉斯反变换为
(a) $e^{-t}\cos 2t$　(b) $e^{-t}\sin 2t$
(c) $e^{-2t}\cos t$　(d) $e^{-2t}\sin 2t$
(e) 以上都不是

10　$u(t)*u(t)$ 的结果是：
(a) $u^2(t)$　(b) $tu(t)$
(c) $t^2u(t)$　(d) $\delta(t)$

答案：(1) b；(2) a；(3) d；(4) d；(5) a，b，c；(6) b；(7) b；(8) d；(9) c；(10) b。

习题

15.2 和 15.3 节

1　求(a) $\cosh(at)$(b) $\sinh(at)$的拉普拉斯变换。

(提示：$\cosh x=\dfrac{e^{x}+e^{-x}}{2}$，$\sinh x=\dfrac{e^{x}-e^{-x}}{2}$。)

2　求 $\cos(\omega t+\theta)$和 $\sin(\omega t+\theta)$的拉普拉斯变换。

3　求出下列各函数的拉普拉斯变换。

(a) $e^{-2t}\cos 3t\,u(t)$　(b) $e^{-2t}\sin 4t\,u(t)$

(c) $e^{-3t}\cosh 2t\,u(t)$　(d) $e^{-4t}\sinh t\,u(t)$

(e) $te^{-t}\sin 2t\,u(t)$

4　设计一个问题以更好地理解如何求出不同时变函数的拉普拉斯变换。**ED**

5　求下列各函数的拉普拉斯变换。

(a) $t^2\cos(2t+30°)u(t)$　(b) $3t^4 te^{-2t}u(t)$

(c) $2tu(t)-4\dfrac{d}{dt}\delta(t)$　(d) $2e^{-(t-1)}u(t)$

(e) $5u(t/2)$　(f) $6e^{-t/3}u(t)\dfrac{d^n}{dt^n}\delta(t)$

6　求 $f(t)$的拉普拉斯变换 $F(s)$。

$$f(t)=\begin{cases}5t, & 0<t<1\text{s}\\ -5t, & 1<t<2\text{s}\\ 0, & \text{其他}\end{cases}$$

7　求出下列信号的拉普拉斯变换。

(a) $f(t)=(2t+4)u(t)$

(b) $g(t)=(4+3e^{-2t})u(t)$

(c) $h(t)=(6\sin 3t+8\cos 3t)u(t)$

(d) $x(t)=(e^{-2t}\cosh 4t)u(t)$

8　确定下列信号的拉普拉斯变换 $F(s)$。

(a) $2tu(t-4)$

(b) $5\cos(t)\delta(t-2)$

(c) $e^{-t}u(t-\tau)$

(d) $\sin(2t)u(t-\tau)$

9　确定下列信号的拉普拉斯变换。

(a) $f(t)=(t-4)u(t-2)$

(b) $g(t)=2e^{-4t}u(t-1)$

(c) $h(t)=5\cos(2t-1)u(t)$

(d) $p(t)=6[u(t-2)-u(t-4)]$

10　用两种方法求 $g(t)=\dfrac{d}{dt}(te^{-t}\cos t)$的拉普拉斯变换

11　(a) $f(t)=6e^{-t}\cosh 2t$；(b) $f(t)=3te^{-2t}\sinh 4t$；(c) $f(t)=8e^{-3t}\cosh tu(t-2)$。求 $F(s)$。

12　如果 $g(t)=e^{-2t}\cos 4t$，求 $G(s)$。

13　求出下列函数的拉普拉斯变换。

(a) $t\cos tu(t)$　(b) $e^{-t}t\sin tu(t)$

(c) $\dfrac{\sin\beta t}{t}u(t)$

14　求出图 15-26 所示信号的拉普拉斯变换。

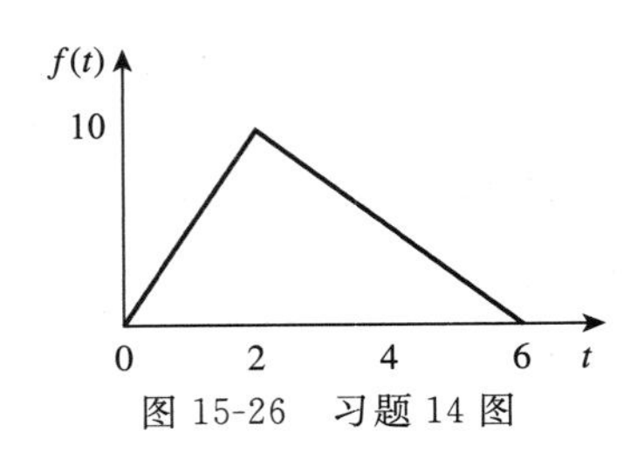

图 15-26　习题 14 图

15　求出图 15-27 所示函数的拉普拉斯变换。

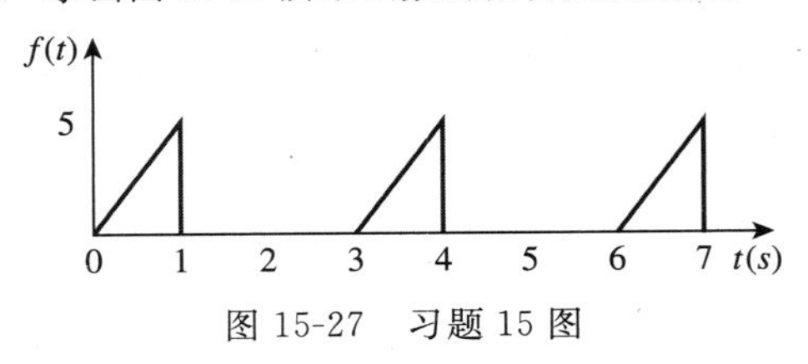

图 15-27　习题 15 图

16　求出图 15-28 所示信号 $f(t)$的拉普拉斯反变换。

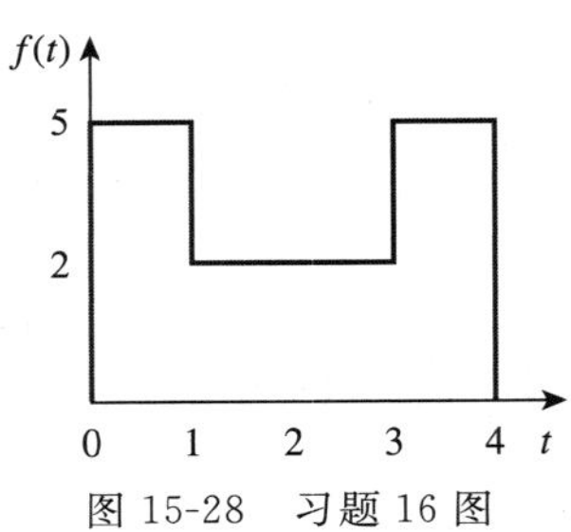

图 15-28　习题 16 图

17　利用图 15-29 设计一个习题以更好地理解如何求出一个简单周期波形函数的拉普拉斯变换。**ED**

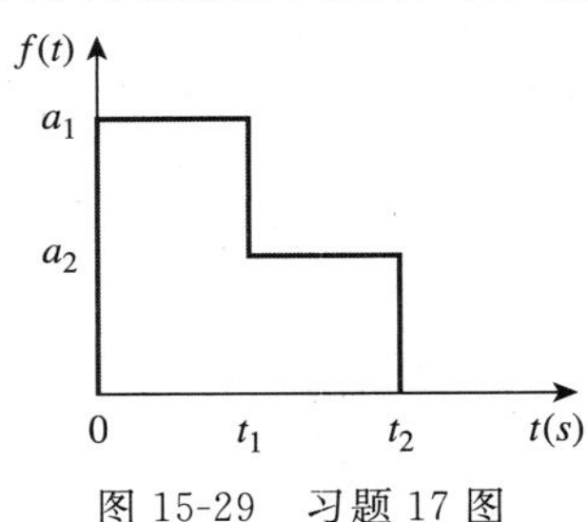

图 15-29　习题 17 图

18　求出图 15-30 中函数的拉普拉斯变换。

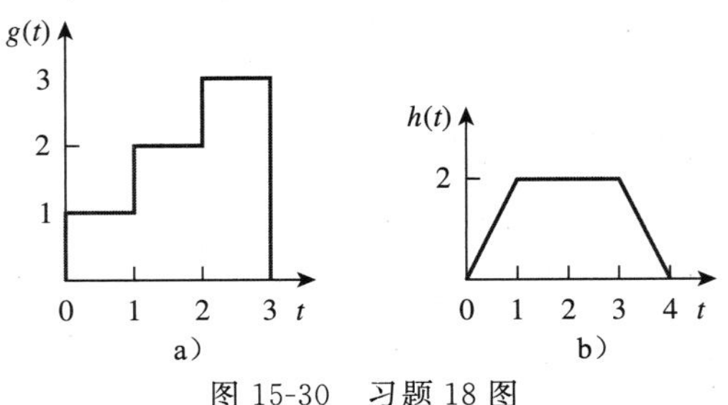

图 15-30　习题 18 图

19　求图 15-31 所示无限单位冲激序列的拉普拉斯变换。

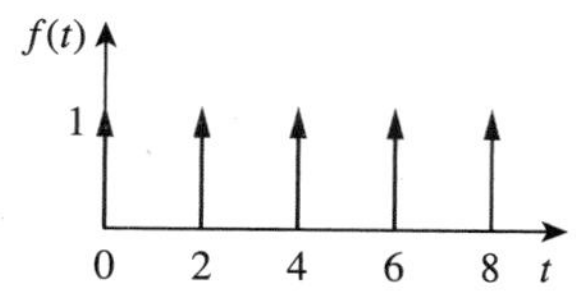

图 15-31　无限单位冲激序列

20　利用图 15-32，设计一个习题以更好地理解如何求出一个简单周期波形函数的拉普拉斯变换。 **ED**

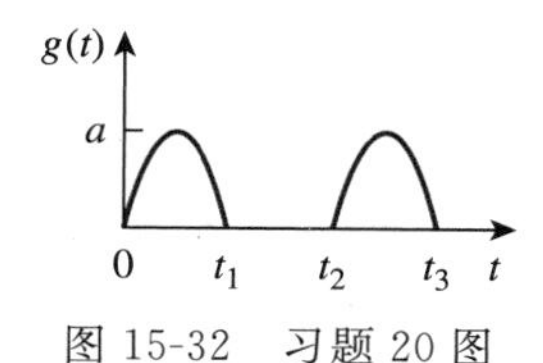

图 15-32　习题 20 图

21　求出图 15-33 所示周期波形的拉普拉斯变换。

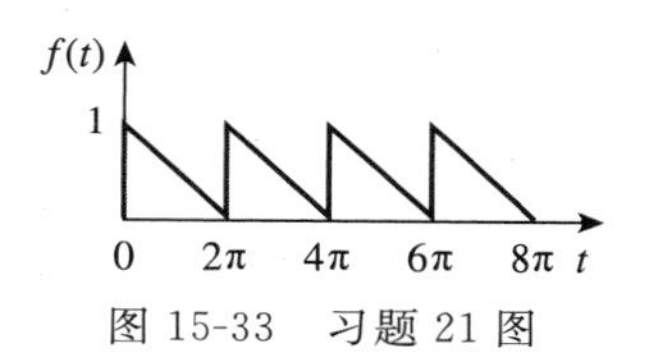

图 15-33　习题 21 图

22　求出图 15-34 所示函数的拉普拉斯变换。

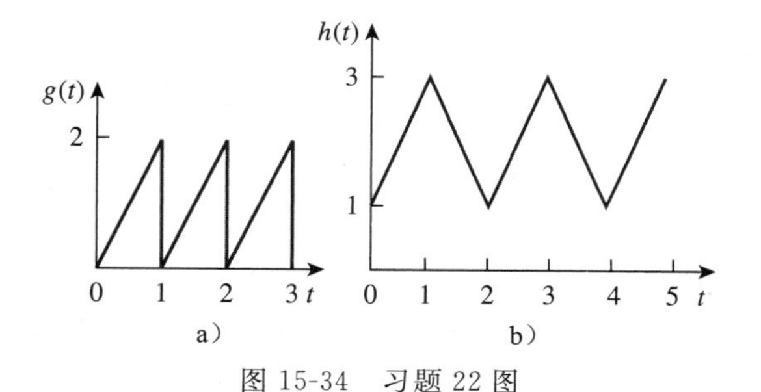

图 15-34　习题 22 图

23　确定图 15-35 所示周期函数的拉普拉斯变换。

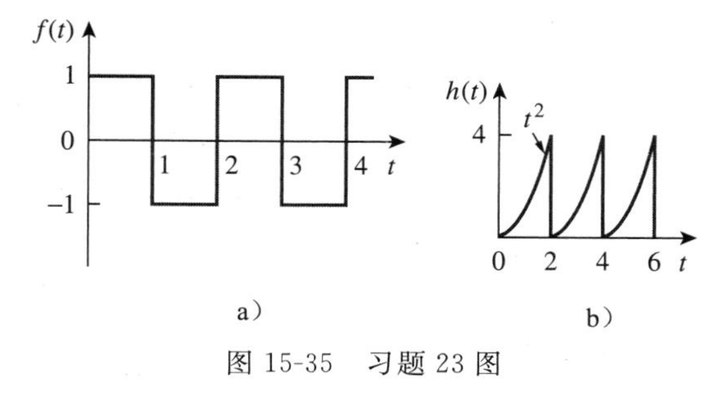

图 15-35　习题 23 图

24　设计一个问题以更好地理解如何求传输函数的初值和终值。 **ED**

25　已知

$$F(s)=\frac{5(s+1)}{(s+2)(s+3)}$$

(a) 使用初值和终值定理求 $f(0)$ 和 $f(\infty)$。

(b) 用部分分式法求 $f(t)$，验证(a)的答案。

26　假定 $F(s)$ 的形式如下，判断 $f(t)$ 的初值和终值是否存在，如果存在，求出 $f(t)$ 的初值和终值。

(a) $F(s)=\dfrac{5s^2+3}{s^3+4s^2+6}$

(b) $F(s)=\dfrac{s^2-2s+1}{4(s-2)(s^2+2s+4)}$

15.4 节

27　求下列函数的拉普拉斯反变换。

(a) $F(s)=\dfrac{1}{s}+\dfrac{2}{s+1}$

(b) $G(s)=\dfrac{3s+1}{s+4}$

(c) $H(s)=\dfrac{4}{(s+1)(s+3)}$

(d) $J(s)=\dfrac{12}{(s+2)^2(s+4)}$

28　设计一个问题以更好地理解如何求拉普拉斯反变换。 **ED**

29　求 $F(s)=\dfrac{2s+26}{s^3+4s^2+13s}$ 拉普拉斯反变换。

30　求出下列函数的拉普拉斯反变换。

(a) $F_1(s)=\dfrac{6s^2+8s+3}{s(s^2+2s+5)}$

(b) $F_2(s)=\dfrac{s^2+5s+6}{(s+1)^2(s+4)}$

(c) $F_3(s)=\dfrac{10}{(s+1)(s^2+4s+8)}$

31　求与下列各 $F(s)$ 对应的 $f(t)$。

(a) $\dfrac{10s}{(s+1)(s+2)(s+3)}$

(b) $\dfrac{2s^2+4s+1}{(s+1)(s+2)^3}$

(c) $\dfrac{s+1}{(s+2)(s^2+2s+5)}$

32　求出下列各函数的拉普拉斯反变换。

(a) $\dfrac{8(s+1)(s+3)}{s(s+2)(s+4)}$

(b) $\dfrac{s^2-2s+4}{(s+1)(s+2)^2}$

(c) $\dfrac{s^2+1}{(s+3)(s^2+4s+5)}$

33　计算下列函数的拉普拉斯反变换。

(a) $\dfrac{6(s-1)}{s^4-1}$　(b) $\dfrac{s\mathrm{e}^{-\pi s}}{s^2+1}$　(c) $\dfrac{8}{s(s+1)^3}$

34　求下列拉普拉斯变换对应的时域函数。

(a) $F(s)=10+\dfrac{s^2+1}{s^2+4}$

(b) $G(s)=\dfrac{e^{-s}+4e^{-2s}}{s^2+6s+8}$

(c) $H(s)=\dfrac{(s+1)e^{-2s}}{s(s+3)(s+4)}$

35 求出与下列变换对应的 $f(t)$。

(a) $F(s)=\dfrac{(s+3)e^{-6s}}{(s+1)(s+2)}$

(b) $F(s)=\dfrac{4-e^{-2s}}{s^2+5s+4}$

(c) $F(s)=\dfrac{se^{-s}}{(s+3)(s^2+4)}$

36 求下列函数的拉普拉斯反变换。

(a) $X(s)=\dfrac{3}{s^2(s+2)(s+3)}$

(b) $Y(s)=\dfrac{2}{s(s+1)^2}$

(c) $Z(s)=\dfrac{5}{s(s+1)(s^2+6s+10)}$

37 求出下列函数的拉普拉斯反变换。

(a) $H(s)=\dfrac{s+4}{s(s+2)}$

(b) $G(s)=\dfrac{s^2+4s+5}{(s+3)(s^2+2s+2)}$

(c) $F(s)=\dfrac{e^{-4s}}{s+2}$

(d) $D(s)=\dfrac{10s}{(s^2+1)(s^2+4)}$

38 求下列变换的 $f(t)$。

(a) $F(s)=\dfrac{s^2+4s}{s^2+10s+26}$

(b) $F(s)=\dfrac{5s^2+7s+29}{s(s^2+4s+29)}$

*39 求下列变换 $f(t)$。

(a) $F(s)=\dfrac{2s^3+4s^2+1}{(s^2+2s+17)(s^2+4s+20)}$

(b) $F(s)=\dfrac{s^2+4}{(s^2+9)(s^2+6s+3)}$

40 证明 $L^{-1}\left[\dfrac{4s^2+7s+13}{(s+2)(s^2+2s+5)}\right]=[\sqrt{2}\,e^{-t}\cos(2t+45°)+3e^{-2t}]u(t)$。

15.5 节

*41 设 $x(t)$ 和 $y(t)$ 的波形如图 15-36 所示，求 $z(t)=x(t)*y(t)$。

42 设计一个问题以更好地理解如何计算两个函数的卷积。 **ED**

43 对图 15-37 所示的每一组 $x(t)$ 和 $h(t)$，求 $y(t)=x(t)*h(t)$。

44 求出图 15-38 中每一对信号的卷积。

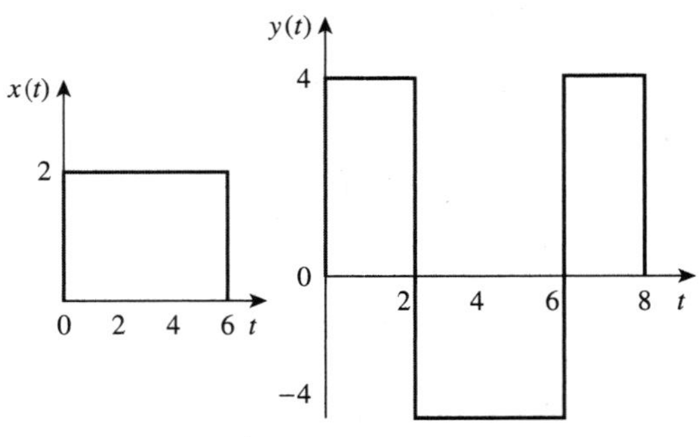

图 15-36 习题 41 图

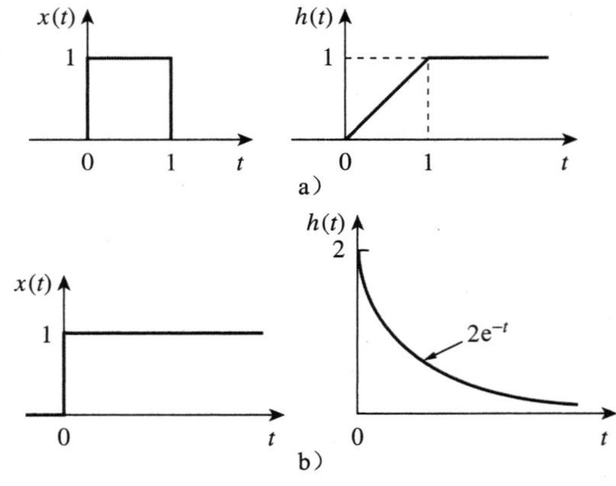

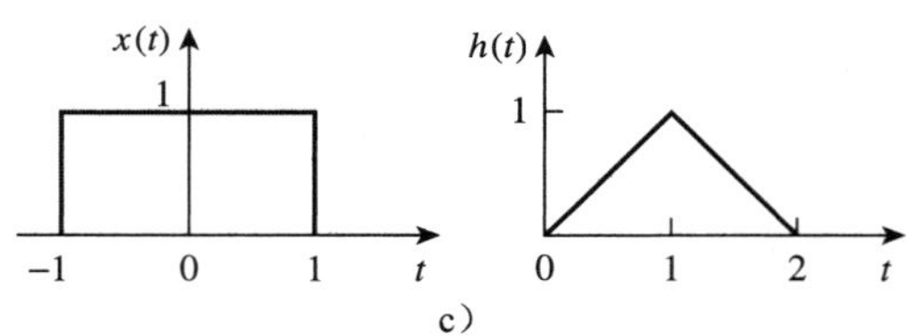

图 15-37 习题 43 图

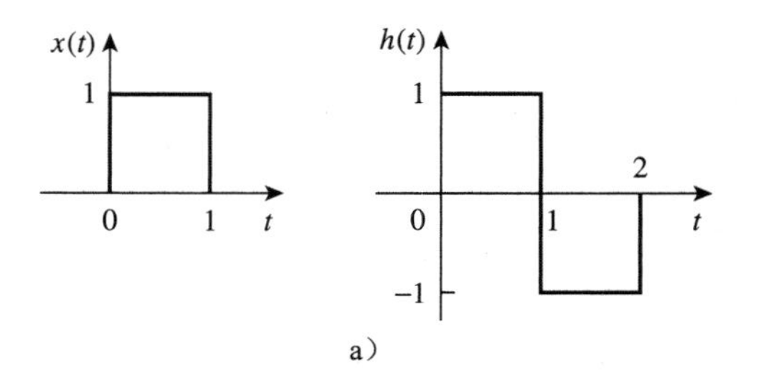

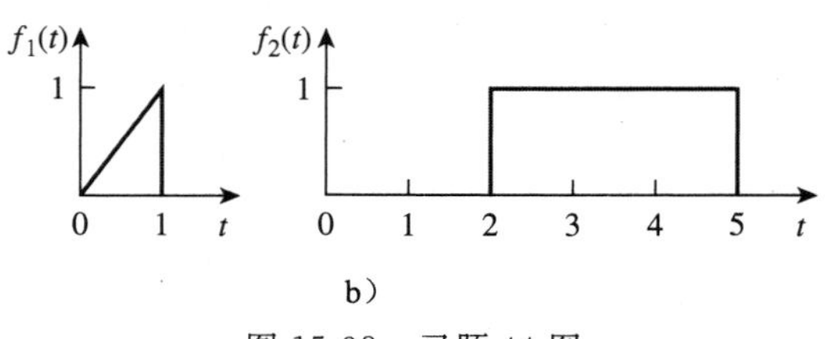

图 15-38 习题 44 图

45 给定 $h(t)=4e^{-2t}u(t)$，$x(t)=\delta(t)-2e^{-2t}u(t)$，求 $y(t)=x(t)*h(t)$。

46 给定函数 $x(t)=2\delta(t)$，$y(t)=4u(t)$，$z(t)=e^{-2t}u(t)$，计算下列卷积。

(a) $x(t)*y(t)$

(b) $x(t)*z(t)$

(c) $y(t)*z(t)$

(d) $y(t)*[y(t)+z(t)]$

47 系统的传输函数 $H(s)=\dfrac{s}{(s+1)(s+2)}$

(a) 求系统的冲激响应。

(b) 假定输入为 $x(t)=u(t)$，求系统的输出 $y(t)$。

48 用卷积法求下列变换函数对应的 $f(t)$。

(a) $F(s)=\dfrac{4}{(s^2+2s+5)^2}$

(b) $F(s)=\dfrac{2s}{(s+1)(s^2+4)}$

*49 用卷积积分法求：

(a) $t*e^{at}u(t)$

(b) $\cos(t)*\cos(t)u(t)$

15.6节 微积分方程的应用

50 用拉普拉斯变换求解微分方程 $\dfrac{d^2v(t)}{dt^2}+2\dfrac{dv(t)}{dt}+10v(t)=3\cos 2t$，初值 $v(0)=1$，$\left.\dfrac{dv}{dt}\right|_{t=0}=-2$。

51 假定初值 $v(0)=5$，$\left.\dfrac{dv}{dt}\right|_{t=0}=10$，求解微分方程

$$\frac{d^2v}{dt^2}+5\frac{dv}{dt}+6v=10e^{-t}u(t)$$

52 如果 $\dfrac{d^2i}{dt^2}+3\dfrac{di}{dt}+2i+\delta(t)=0$，$i(0)=0$，$i'(0)=3$，用拉普拉斯变换求 $t>0$ 时的 $i(t)$。

*53 用拉普拉斯变换法求解

$$x(t)=\cos t+\int_0^t e^{\lambda-t}x(\lambda)d\lambda$$

54 设计一个问题以更好地理解有时变输入的二阶微分方程。 **ED**

55 如果初始条件为0，求解下面微分方程中的 $y(t)$。

$$\frac{d^3y}{dt^3}+6\frac{d^2y}{dt^2}+8\frac{dy}{dt}=e^{-t}\cos 2t$$

56 假定 $v(0)=2$，求解微积分方程 $4\dfrac{dv}{dt}+12\int_0^t v d\tau=0$ 中的 $v(t)$。

57 设计一个问题以更好地理解用拉普拉斯变换解一个具有周期性输入的微积分方程。 **ED**

58 假定 $\dfrac{dv}{dt}+2v+5\int_0^t v(\lambda)d\lambda=4u(t)$，其中 $v(0)=-1$，求 $t>0$ 时的 $v(t)$。

59 求解微积分方程

$$\frac{dy}{dt}+4y+3\int_0^t y d\tau=6e^{-2t}u(t),\quad y(0)=-1$$

60 求解微积分方程

$$2\frac{dx}{dt}+5x+3\int_0^t x dt+4=\sin 4t,\quad x(0)=1$$

61 在特定初始值条件下求解下列微分方程。

(a) $d^2v(t)/dt^2+4v=12$，$v(0)=0$，$\left.\dfrac{dv}{dt}\right|_{t=0}=2$

(b) $d^2i/dt^2+5di/dt+4i=8$，$i(0)=-1$，$\left.\dfrac{di}{dt}\right|_{t=0}=0$

(c) $d^2v/dt^2+2dv/dt+v=3$，$v(0)=5$，$\left.\dfrac{dv}{dt}\right|_{t=0}=1$

(d) $d^2i/dt^2+2di/dt+5i=10$，$i(0)=4$，$\left.\dfrac{di}{dt}\right|_{t=0}=-2$

第16章 拉普拉斯变换的应用

沟通能力是工程师必备的重要能力，其中非常关键的一点是能够提出问题和理解答案。这件事情看似简单，却决定着成败。

——James A. Waston

增强技能与扩展事业

提出问题

在30多年的教学生涯中，笔者一直都在探索如何帮助学生提高学习效果。对学生而言，不管在一门功课上花费多少时间，最有效的学习方式是学会如何提问并在课堂上提出这些问题。通过提问环节，学生变被动接受为主动获取知识。这种主动获取知识的能力在学习过程中非常重要，是培养现代工程师的非常重要的环节。事实上，提出问题是科学工作者的基本素质，正如Charles P. Steinmetz所言："不提问题的人会变成傻瓜。"

提出问题似乎是非常直接和简单的事情，我们的生活中不是每天都在做这件事么？其实不尽然，问题要以恰当的方式提出，而且必须深思熟虑，才能取得最好效果。

大家可以采用许多有效的模式提出问题。这里我来与大家分享一下我是怎样做的。首先，不必一开始就形成一个完美的问题。问答形式可以使你的问题在反复探讨中不断深化，照此，最初的问题就能提炼成一个完美的问题。我经常建议学生们在课堂上读出他们的问题，这也是一个很好的方式。

其次，在提出问题时要谨记如下三点：第一，精心准备问题，如果你很腼腆，很少在课堂上提问，那么可以在课前将问题记下来；第二，等到一个恰当的时机提问，这要根据你自己的判断来把握；第三，准备好解释你的问题，或用另一种方法表达，以防被要求复述问题。

最后，给大家一点建议：并非所有教授都喜欢学生在课堂上提问，即使他们可能说允许学生提问，因此你需要弄清哪些教授喜欢课堂提问。祝同学们不断提升专业技能，成为一名优秀的工程师。

（图片来源：Charles Alexander）

学习目标

通过本章内容的学习和练习你将具备以下能力：

1. 在 s 域中有效地使用电路元件模型。
2. 掌握 s 域中电路分析方法以及将结果转换到时域的方法。
3. 掌握转换函数以及使用方法。
4. 掌握状态变量以及电路分析中的应用。

16.1 引言

第15章介绍了拉普拉斯变换，本章将介绍其应用。拉普拉斯变换是电路分析、综合和设计的最有力的数学工具之一。在 s 域分析电路和系统能帮助我们理解电路和系统的实际功能。本章将深入研究电路的 s 域分析方法如何使问题得到简化。此外还将简要分析物理系统。本章假定读者已经有了一些机械系统方面的知识，会用微分方程来描述它们，就像描述电路一样。事实上，我们所处的物理世界具有惊人的相似性，微分方程可以用来描述任何线性电路、系统或过程。其中的关键是线性性质。

系统是物理过程的数学模型，用以描述其输入-输出关系。

把电路视为系统是完全合适的。历史上曾将电路与系统分开讨论。本章将讨论电路和系统的联系，并认为电路只是一类电气系统。

记住，本章和上一章所讨论内容仅适用于线性系统。在上一章讨论了如何利用拉普拉斯变换求解线性微分方程和积分方程。本章将引入建立电路的 s 域模型的概念——使用该模型可以求解任何线性电路，之后将简要介绍多输入多输出系统的状态变量分析法，最后研究拉普拉斯变换在电路稳定性分析和网络综合中的应用。

16.2　电路元件的 s 域模型

掌握了求拉普拉斯变换和反变换求解方法后，现在准备用拉普拉斯变换来分析电路。这包括三个步骤。

应用拉普拉斯变换求解问题的步骤：

1. 把电路从时域变换到 s 域。
2. 用节点分析法、网孔分析法、电源变换、叠加定理或其他电路分析方法求解 s 域电路。
3. 求频域解的反变换，得到电路的时域解。

三个步骤中，只有第一步是新的，将在下面讨论。正如相量分析过程一样，对组成电路的每一元件求得其变换域模型(求元件时域特性方程的拉普拉斯变换)，将会把电路由时域转换到频域或 s 域。

提示： 由第二个步骤可知，适用于直流电路的所有电路分析方法同样可以用到 s 域的电路分析中。

对于电阻，其时域的电压电流关系为

$$v(t)=Ri(t) \tag{16.1}$$

对式(16.1)两边做拉普拉斯变换，得

$$\boxed{V(s)=RI(s)} \tag{16.2}$$

对于电感，它的电流和电压的时域关系为

$$v(t)=L\frac{\mathrm{d}i(t)}{\mathrm{d}t} \tag{16.3}$$

对式(16.3)两边做拉普拉斯变换，得

$$V(s)=L[sI(s)-i(0^-)]=sLI(s)-Li(0^-) \tag{16.4}$$

即

$$\boxed{I(s)=\frac{1}{sL}V(s)+\frac{i(0^-)}{s}} \tag{16.5}$$

图 16-1 是该电路的 s 域等效电路，其初始条件被建模为一个电压源或电流源。

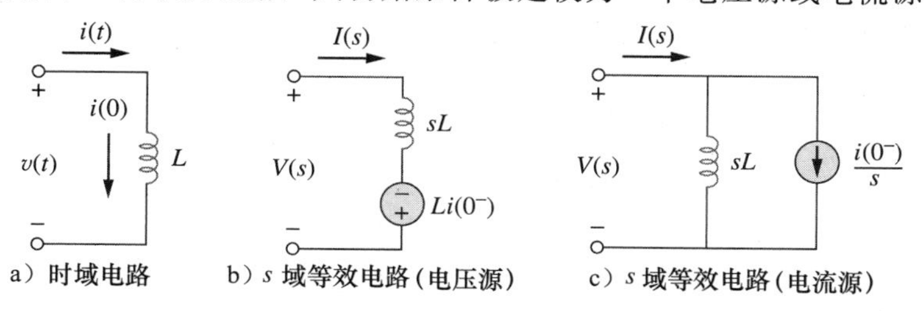

图 16-1　电感的电路模型

对于电容，它的时域电流电压关系为

$$i(t)=C\frac{\mathrm{d}v(t)}{\mathrm{d}t} \tag{16.6}$$

s 域关系变为

$$I(s)=C[sV(s)-v(0^-)]=sCV(s)-Cv(0^-) \tag{16.7}$$

即

$$\boxed{V(s)=\frac{1}{sC}I(s)+\frac{v(0^-)}{s}} \tag{16.8}$$

它的 s 域等效电路如图 16-2 所示。使用 s 域等效电路，可以用拉普拉斯变换来解第 7 章和第 8 章讨论的一阶或二阶电路。观察式(16.3)～式(16.8)可知，初始条件是变换的一部分。这是用拉普拉斯变换分析电路的一个优点。拉普拉斯变换法的另一优点是：一次可以求得电路的全响应——暂态和稳态响应。例 16-2 和 16-3 将展示这些优点。观察式(16.5)～式(16.8)的对偶性，就会验证在第 8 章已知的对偶关系(见表 8-1)，如 L 和 C，$I(s)$和 $V(s)$，$v(0)$和 $i(0)$都是对偶对。

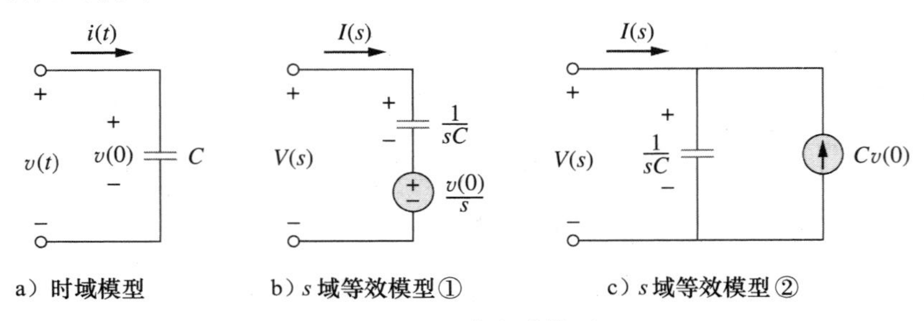

a）时域模型　　b）s 域等效模型①　　c）s 域等效模型②

图 16-2　电容电路模型

提示：在电路分析中使用拉普拉斯变换的简明之处在于：变换过程中将初始条件自动包含其中，因而得到的是全响应(暂态响应和稳态响应)。

如果假定电感和电容的初始条件为零，则上面的方程化简为

$$\begin{aligned}&\text{电阻：}V(s)=RI(s)\\&\text{电感：}V(s)=sLI(s)\\&\text{电容：}V(s)=\frac{1}{sC}I(s)\end{aligned} \tag{16.9}$$

s 域等效电路如图 16-3 所示。

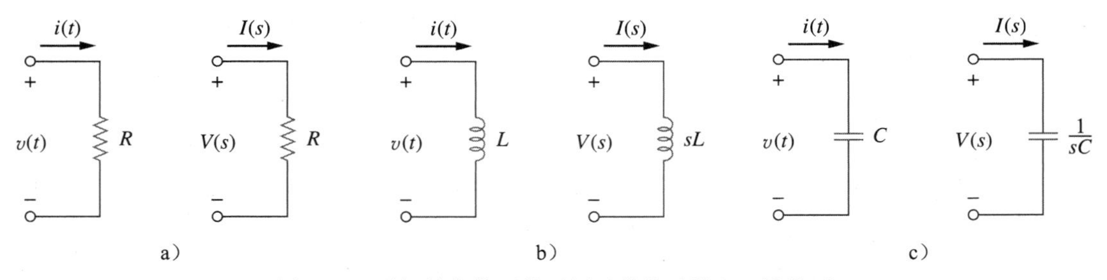

图 16-3　零初始条件下的无源元件的时域和 s 域模型

定义 s 域阻抗为零初始条件下的变换电压与变换电流之比，即

$$Z(s)=\frac{V(s)}{I(s)} \tag{16.10}$$

因此，上述三个电路元件的阻抗为

$$电阻：Z(s)=R$$
$$电感：Z(s)=sL$$
$$电容：Z(s)=\frac{1}{sC} \tag{16.11}$$

表 16-1 对此做了总结。s 域导纳是阻抗的倒数，即

$$Y(s)=\frac{1}{Z(s)}=\frac{I(s)}{V(s)} \tag{16.12}$$

表 16-1　s 域元件的阻抗

元件	$Z(s)=V(s)/I(s)$①
电阻	R
电感	sL
电容	$1/sC$

①假定电路处于零初始条件。

在电路分析中，使用拉普拉斯变换方便处理各种信号源，比如冲激信号、阶跃信号、斜坡信号、指数和正弦信号。

由拉普拉斯变换的线性性质，若 $f(t)$的拉普拉斯变换是 $F(s)$，那么 $af(t)$的拉普拉斯变换是 $aF(s)$，便于建立控源和运算放大器的模型。由于仅涉及单值函数，受控源的模型比较简单。受控源仅有两个控制变量——电流或电压，其输出为电压乘以常数或电流乘以常数。因此

$$L[av(t)]=aV(s) \tag{16.13}$$
$$L[ai(t)]=aI(s) \tag{16.14}$$

理想运算放大器可以当作一个电阻。无论运放是实际的还是理想的，在其内部都是将输入电压乘以常数。因此，利用输入电压和输入电流为零的理想运放条件，即可写出运算放大器的方程。

例 16-1 求出图 16-4 所示电路的 $v_o(t)$，假设初始条件为零。

解： 首先将电路由时域转换到 s 域。

$$u(t) \Rightarrow \frac{1}{s}$$
$$1\text{H} \Rightarrow sL=s$$
$$\frac{1}{3}\text{F} \Rightarrow \frac{1}{sC}=\frac{3}{s}$$

产生的 s 域电路如图 16-5 所示，应用网孔分析法分析电路。

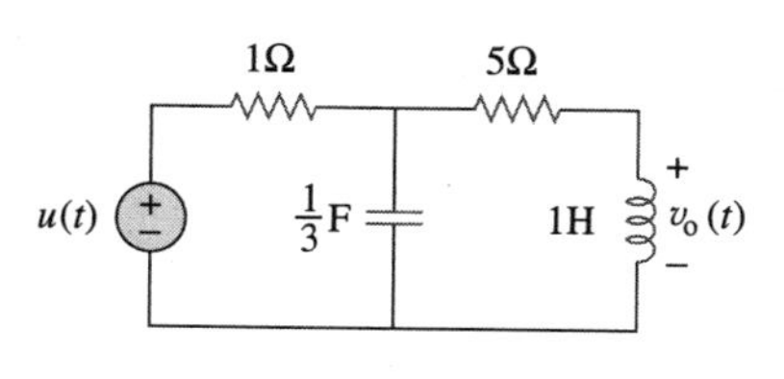

图 16-4　例 16-1 图

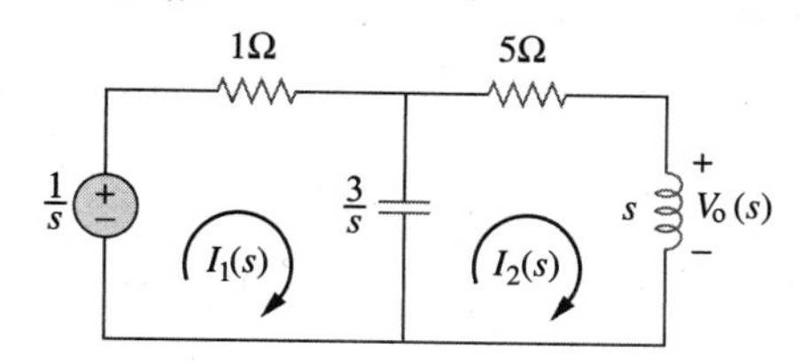

图 16-5　图 16-4 频域等效电路的网孔分析

对于网孔 1，

$$\frac{1}{s}=\left(1+\frac{3}{s}\right)I_1-\frac{3}{s}I_2 \tag{16.1.1}$$

对于网孔 2，

$$0=-\frac{3}{s}I_1+\left(s+5+\frac{3}{s}\right)I_2$$

即

$$I_1=\frac{1}{3}(s^2+5s+3)I_2 \tag{16.1.2}$$

将式(16.1.2)代入式(16.1.1)，得

$$\frac{1}{s}=\left(1+\frac{3}{s}\right)\frac{1}{3}(s^2+5s+3)I_2-\frac{3}{s}I_2$$

两边乘以 $3s$ 得

$$3=(s^3+8s^2+18s)I_2 \quad \Rightarrow \quad I_2=\frac{3}{s^3+8s^2+18s}$$

$$V_o(s)=sI_2=\frac{3}{s^2+8s+18}=\frac{3}{\sqrt{2}}\times\frac{\sqrt{2}}{(s+4)^2+(\sqrt{2})^2}$$

做反变换，得

$$v_o(t)=\frac{3}{\sqrt{2}}\mathrm{e}^{-4t}\sin\sqrt{2}t\ \mathrm{V},\qquad t\geqslant 0$$ ◀

练习 16-1 求图 16-6 所示电路的 $v_o(t)$，假设初始条件为零。 **答案：** $40(1-\mathrm{e}^{-2t}-2t\mathrm{e}^{-2t})u(t)\mathrm{V}$。

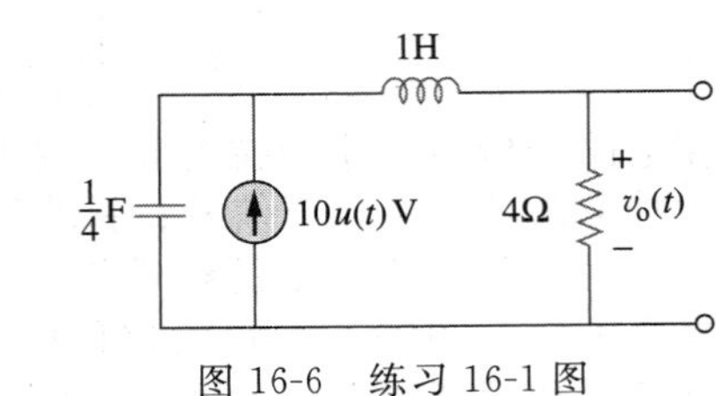

图 16-6 练习 16-1 图

例 16-2 求图 16-7 所示电路中的 $v_o(t)$。假设 $v_o(0)=5\mathrm{V}$。

解： 将电路转换到 s 域，如图 16-8 所示。初始条件以电流源 $Cv_o(0)=0.1\times5=0.5(\mathrm{A})$的形式包含于电路中（见图 16-2c）。采用节点分析法，对顶端的节点，有

$$\frac{10/(s+1)-V_o}{10}+2+0.5=\frac{V_o}{10}+\frac{V_o}{10/s}$$

即

$$\frac{1}{s+1}+2.5=\frac{2V_o}{10}+\frac{sV_o}{10}=\frac{1}{10}V_o(s+2)$$

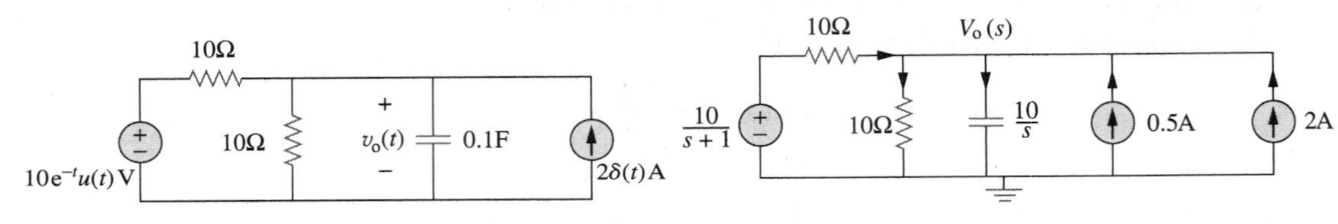

图 16-7 例 16-2 图

图 16-8 图 16-7 等效电路的节点法分析

两边乘以 10，得

$$\frac{10}{s+1}+25=V_o(s+2)$$

即

$$V_o=\frac{25s+35}{(s+1)(s+2)}=\frac{A}{s+1}+\frac{B}{s+2}$$

式中，

$$A=(s+1)V_o(s)\big|_{s=-1}=\frac{25s+35}{(s+2)}\bigg|_{s=-1}=\frac{10}{1}=10$$

$$B=(s+2)V_o(s)\big|_{s=-2}=\frac{-15}{-1}=15$$

因此

$$V_o(s)=\frac{10}{s+1}+\frac{15}{s+2}$$

通过拉普拉斯反变换，得

$$v_o(t)=(10\mathrm{e}^{-t}+15\mathrm{e}^{-2t})u(t)\mathrm{V}$$ ◀

练习 16-2 在图 16-9 所示的电路中，求 $v_o(t)$。注意，因为输入电压与 $u(t)$相乘，因此当 $t<0$ 时，电压源短路，且 $i_L(0)=0$。 **答案：** $(60\mathrm{e}^{-2t}-10\mathrm{e}^{-t/3})u(t)\mathrm{V}$。

例 16-3 在图 16-10a 所示的电路中，开关在 $t=0$ 时刻从位置 a 切换至 b 位置。求 $t>0$ 时的 $i(t)$。

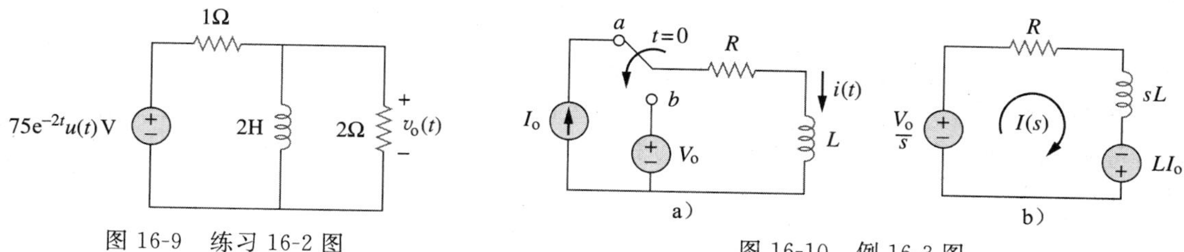

图 16-9　练习 16-2 图

图 16-10　例 16-3 图

解：电感的初始电流是 $i(0)=I_o$。图 16-10b 是 $t>0$ 时的 s 域电路。初始条件以电压源 $Li(0)=LI_o$ 的形式包含其中。使用网孔分析法可得

$$I(s)(R+sL)-LI_o-\frac{V_o}{s}=0 \tag{16.3.1}$$

即

$$I(s)=\frac{LI_o}{R+sL}+\frac{V_o}{s(R+sL)}=\frac{I_o}{s+R/L}+\frac{V_o/L}{s(s+R/L)} \tag{16.3.2}$$

将式(16.3.2)右边第二项用部分分式展开，得

$$I(s)=\frac{I_o}{s+R/L}+\frac{V_o/R}{s}-\frac{V_o/R}{s+R/L} \tag{16.3.3}$$

拉普拉斯反变换为

$$i(t)=\left(I_o-\frac{V_o}{R}\right)e^{-t/\tau}+\frac{V_o}{R},\qquad t\geqslant 0 \tag{16.3.4}$$

式中 $\tau=R/L$。式(16.3.4)中的第一项是暂态响应，第二项是稳态响应。即终值是 $i(\infty)=V_o/R$，对式(16.3.2)或式(16.3.3)应用终值定理可得到相同结果，即

$$\lim_{s\to\infty}sI(s)=\lim_{s\to\infty}\left(\frac{sI_o}{s+R/L}+\frac{V_o/L}{s+R/L}\right)=\frac{V_o}{R} \tag{16.3.5}$$

式(16.3.4)也可以写为

$$i(t)=I_o e^{-t/\tau}+\frac{V_o}{R}(1-e^{-t/\tau}),\qquad t\geqslant 0 \tag{16.3.6}$$

第一项是自然响应，第二项是强迫响应。如果初始条件 $I_o=0$，式(16.3.6)变为

$$i(t)=\frac{V_o}{R}(1-e^{-t/\tau}),\qquad t\geqslant 0 \tag{16.3.7}$$

此即阶跃响应，它是由阶跃输入 V_o 作用于零状态电路时产生的响应。◀

练习 16-3　在图 16-11 所示电路中，开关长时间处在 b 位置。在 $t=0$ 时刻开关移向 a 处。求 $t>0$ 时的 $v(t)$。

答案：$v(t)=(V_o-I_oR)e^{-t/\tau}+I_oR$，$t>0$，其中 $\tau=RC$。

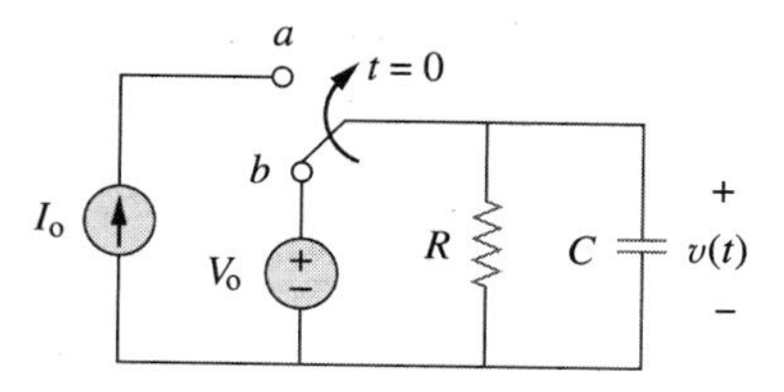

图 16-11　练习 16-3 图

16.3　电路分析

在 s 域进行电路分析相对比较简单，一组复杂的时域数学关系转换到 s 域后，时域的微积分运算转换成简单的乘子 s 和 $\frac{1}{s}$。这样需要建立和求解的电路方程变成了代数方程，而且所有直流电路中的定理和关系在 s 域中均成立。

记住，带有电感和电容的等效电路仅仅存在于 s 域，它们不能反变换至时域。

例 16-4　考虑图 16-12a 所示的电路。假设 $v_s=10u(t)$，且当 $t=0$ 时，流过电感的电

流为－1A，电容两端的电压为＋5V，求电容两端电压值。

解：图16-12b是包括了初始条件的 s 域电路。采用节点分析法。因为 V_1 的值也是时域电容电压值，是唯一未知的节点电压，故只需写出一个方程

$$\frac{V_1-10/s}{10/3}+\frac{V_1-0}{5s}+\frac{i(0)}{s}+\frac{V_1-[v(0)/s]}{1/(0.1s)}=0 \quad (16.4.1)$$

即

$$0.1\left(s+3+\frac{2}{s}\right)V_1=\frac{3}{s}+\frac{1}{s}+0.5 \quad (16.4.2)$$

式中 $v(0)=5\text{V}$，$i(0)=-1\text{A}$。化简后得到

$$(s^2+3s+2)V_1=40+5s$$

即

$$V_1=\frac{40+5s}{(s+1)(s+2)}=\frac{35}{s+1}-\frac{30}{s+2} \quad (16.4.3)$$

求拉普拉斯反变换，得

$$v_1(t)=(35\text{e}^{-t}-30\text{e}^{-2t})u(t) \quad (16.4.4)◀$$

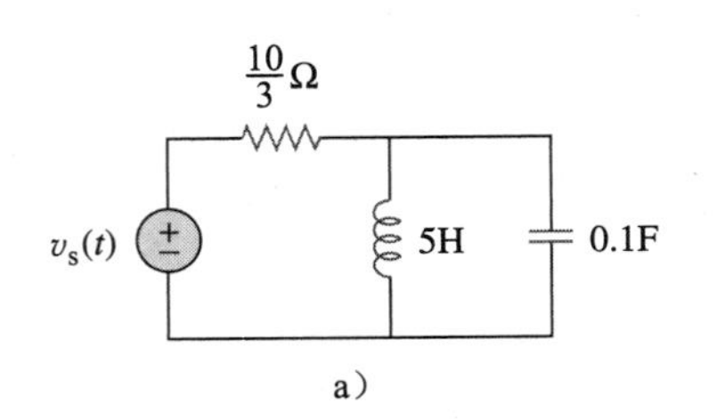

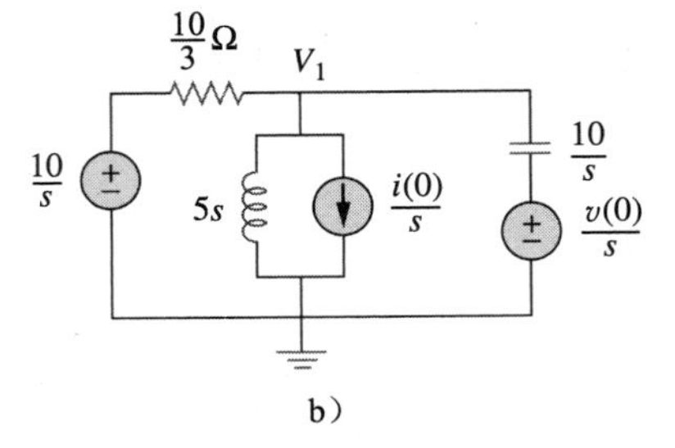

图16-12　例16-4图

练习16-4　对于图16-12所示电路，初始条件相同，求 $t>0$ 时电感电流。

答案：$i(t)=(3-7\text{e}^{-t}+3\text{e}^{-2t})u(t)$。

例16-5　对于图16-12所示电路，其初始条件同例16-4，用叠加定理求电容电压。

解：由于 s 域电路实际上含有三个独立源，求解时一次考虑一个独立源。图16-13是每次只考虑一个电源的 s 域电路。现在有三个节点分析问题。首先，求解图16-13a所示电路的电容电压。

$$\frac{V_1-10/s}{10/3}+\frac{V_1-0}{5s}+0+\frac{V_1-0}{1/(0.1s)}=0$$

即

$$0.1\left(s+3+\frac{2}{s}\right)V_1=\frac{3}{s}$$

化简得

$$(s^2+3s+2)V_1=30$$

$$V_1=\frac{30}{(s+1)(s+2)}=\frac{30}{s+1}-\frac{30}{s+2}$$

即

$$v_1(t)=(30\text{e}^{-t}-30\text{e}^{-2t})u(t) \quad (16.5.1)$$

对图16-13b有

$$\frac{V_2-0}{10/3}+\frac{V_2-0}{5s}-\frac{1}{s}+\frac{V_2-0}{1/(0.1s)}=0$$

即

$$0.1\left(s+3+\frac{2}{s}\right)V_2=\frac{1}{s}$$

由上式得

$$V_2=\frac{10}{(s+1)(s+2)}=\frac{10}{s+1}-\frac{10}{s+2}$$

求拉普拉斯反变换得

$$v_2(t)=(10\text{e}^{-t}-10\text{e}^{-2t})u(t) \quad (16.5.2)$$

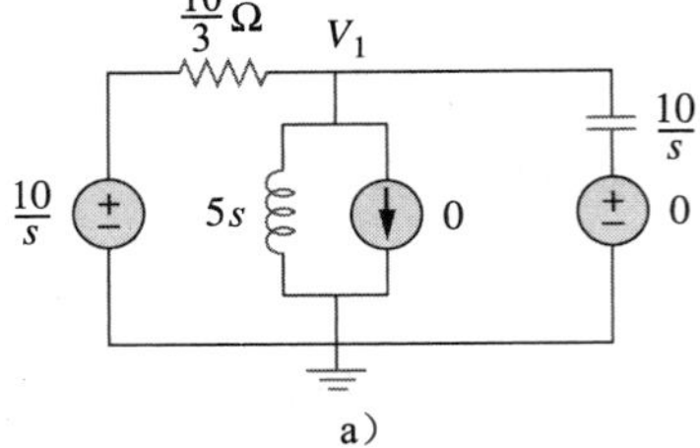

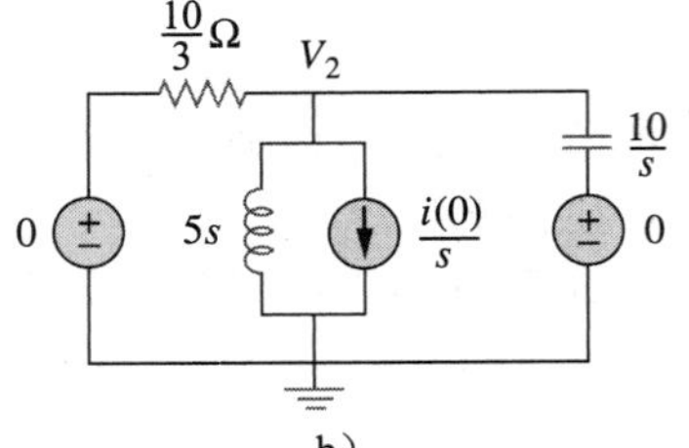

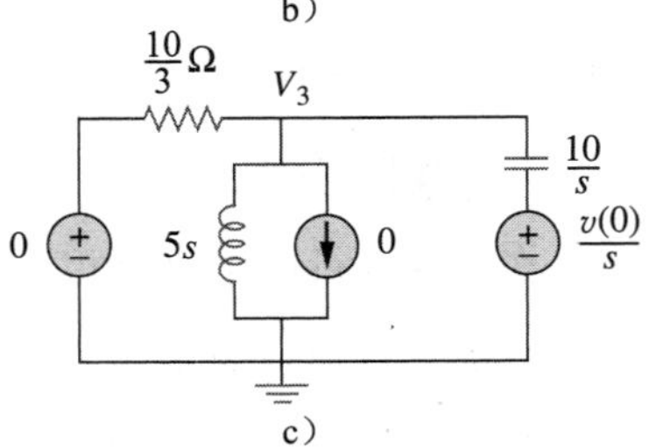

图16-13　例16-5图

对图 16-13c 有：

$$\frac{V_3-0}{10/3}+\frac{V_3-0}{5s}-0+\frac{V_3-5/s}{1/(0.1s)}=0$$

即

$$0.1\left(s+3+\frac{2}{s}\right)V_3=0.5$$

$$V_3=\frac{5s}{(s+1)(s+2)}=\frac{-5}{s+1}+\frac{10}{s+2}$$

由此可得

$$v_3(t)=(-5\mathrm{e}^{-t}+10\mathrm{e}^{-2t})u(t) \tag{16.5.3}$$

结合式(16.5.1)、式(16.5.2)和式(16.5.3)，得

$$v(t)=v_1(t)+v_2(t)+v_3(t)=[(30+10-5)\mathrm{e}^{-t}+(-30+10-10)\mathrm{e}^{-2t}]u(t)$$

即

$$v(t)=(35\mathrm{e}^{-t}-30\mathrm{e}^{-2t})u(t)$$

与例 16-4 答案相同。◀

练习 16-5　图 16-12 所示电路，初始条件与例 16-4 初始条件相同，用叠加定理求 $t>0$ 时的电感电流。

答案： $i(t)=(3-7\mathrm{e}^{-t}+3\mathrm{e}^{-2t})u(t)$。

例 16-6　假定在图 16-14 所示的电路中，$t=0$ 时无初始储能，且 $i_s=10u(t)$。(a) 用戴维南定理求出 $V_o(s)$；(b) 用初值和终值定理求 $v_o(0^+)$和 $v_o(\infty)$；(c) 求 $v_o(t)$。

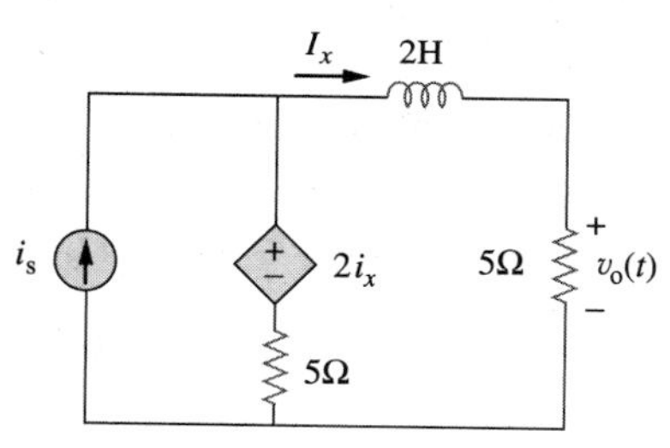

图 16-14　例 16-6 的电路图

解： 因为电路中没有初始储能，因此假设在 $t=0$ 时，电感初始电流和电容初始电压都是 0。

(a) 为求戴维南等效电路，移去 5Ω 的电阻，然后求出 $V_{oc}(V_{Th})$和 I_{sc}。为求 V_{Th}，考虑图 16-15a 所示的拉普拉斯变换电路。因为 $I_x=0$，受控电压源不起作用，因此

$$V_{oc}=V_{Th}=5\times\frac{10}{s}=\frac{50}{s}$$

为了求得 Z_{Th}，考虑图 16-15b 所示的电路，先求 I_{sc}。用节点分析法求解 V_1，得 $I_{sc}(I_{sc}=I_x=V_1/2s)$。

$$-\frac{10}{s}+\frac{(V_1-2I_x)-0}{5}+\frac{V_1-0}{2s}=0$$

并且

$$I_x=\frac{V_1}{2s}$$

由此得

$$V_1=\frac{100}{2s+3}$$

因此

$$I_{sc}=\frac{V_1}{2s}=\frac{100/(2s+3)}{2s}=\frac{50}{s(2s+3)}$$

和

$$Z_{Th}=\frac{V_{oc}}{I_{sc}}=\frac{50/s}{50/[s(2s+3)]}=2s+3$$

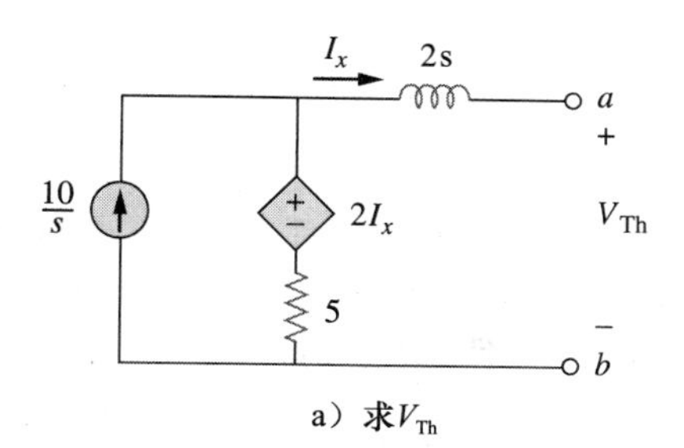

a）求V_{Th}

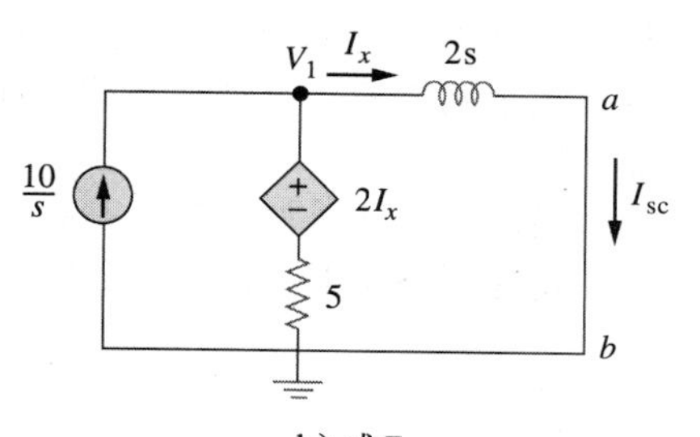

b）求Z_{Th}

图 16-15　求解例 16-6 图

在图 16-16 中，用戴维南等效电路代替端点 a 和 b 的电路，由此可得

$$V_o=\frac{5}{5+Z_{Th}}V_{Th}=\frac{5}{5+2s+3}\times\frac{50}{s}=\frac{250}{s(2s+8)}=\frac{125}{s(s+4)}$$

（b）由初值定理得

$$v_o(0)=\lim_{s\to\infty}sV_o(s)=\lim_{s\to\infty}\frac{125}{s+4}=\lim_{s\to\infty}\frac{125/s}{1+4/s}=\frac{0}{1}=0$$

由终值定理得

$$v_o(\infty)=\lim_{s\to 0}sV_o(s)=\lim_{s\to 0}\frac{125}{s+4}=\frac{125}{4}=31.25(\text{V})$$

（c）通过部分分式展开，得

$$V_o=\frac{125}{s(s+4)}=\frac{A}{s}+\frac{B}{s+4}$$

$$A=sV_o(s)\big|_{s=0}=\frac{125}{s+4}\bigg|_{s=0}=31.25$$

$$B=(s+4)V_o(s)\big|_{s=-4}=\frac{125}{s}\bigg|_{s=-4}=-31.25$$

$$V_o=\frac{31.25}{s}-\frac{31.25}{s+4}$$

求拉普拉斯反变换得

$$v_o(t)=31.25(1-e^{-4t})u(t)$$

这个结果也验证了在(b)中求得的 $v_o(0)$和 $v_o(\infty)$。◀

练习 16-6　图 16-17 所示的电路，在 $t=0$ 时的初始储能为 0。假设 $v_s=30u(t)$。(a) 用戴维南定理求 $V_o(s)$；(b) 用初值和终值定理求出 $v_o(0)$和 $v_o(\infty)$；(c) 求 $v_o(t)$。

答案：(a) $V_o(s)=\dfrac{24(s+0.25)}{s(s+0.3)}$；(b) 24V，20V；(c) $(20+4e^{-0.3t})u(t)$。

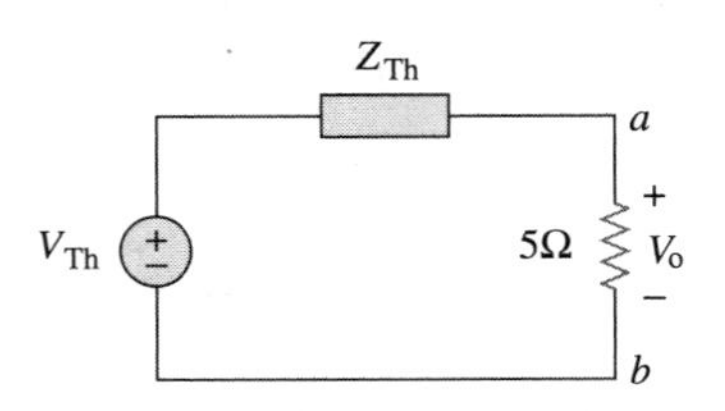

图 16-16　图 16-14 所示电路的 s 域戴维南等效电路

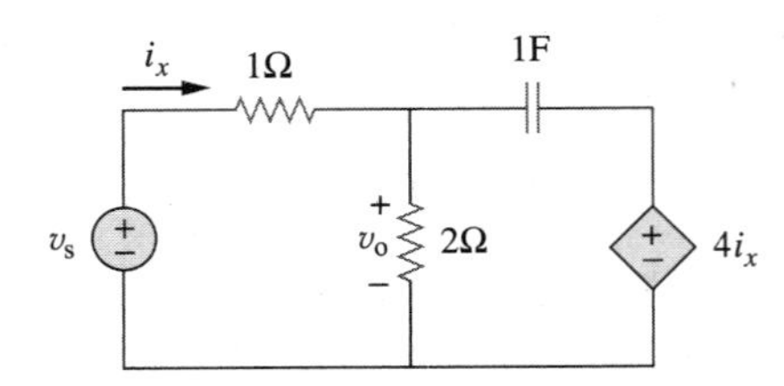

图 16-17　练习 16-6 图

16.4　传输函数

传输函数是信号处理中的一个重要的概念，因为它表明信号在通过网络时是如何被处理的。是求解网络响应、确定(设计)网络稳定性和网络综合的恰当的工具。网络的传输函数描述了网络输出是如何随输入而变化的。它描述了 s 域无初始能量时从输入到输出的传递情况。

提示：对于电路网络，传输函数也被称为网络函数。

传输函数 $H(s)$ 是 0 初始条件下的输出响应 $Y(s)$ 和输入激励 $X(s)$ 之比。

$$\boxed{H(s)=\frac{Y(s)}{X(s)}} \tag{16.15}$$

传输函数与所定义的输入和输出有关。因为输入和输出可以是电路任何地方的电流或电压，所以有四种可能的传输函数：

$$H(s)=\text{电压增益}=\frac{V_o(s)}{V_i(s)} \tag{16.16a}$$

$$H(s)=\text{电流增益}=\frac{I_o(s)}{I_i(s)} \tag{16.16b}$$

$$H(s)=\text{阻抗}=\frac{V(s)}{I(s)} \tag{16.16c}$$

$$H(s)=\text{导纳}=\frac{I(s)}{V(s)} \tag{16.16d}$$

因此，一个电路可能有多个传输函数。注意，式(16.16a)和式(16.16b)中的 $H(s)$ 是无量纲的。

提示： 一些学者可能认为式(16.16c)和式(16.16d)不是传输函数。

式(16.16)中的每一个传输函数都可以用两种方法来求。一种方法是假设任意便于计算的输入 $X(s)$，使用任意的电路分析方法(比如分流或分压原理，节点或网孔分析法)求出输出 $Y(s)$，然后求得两者的比值。另一种方法是梯形电路分析法，该方法遍历整个电路。假设电路的输出是 1V 或 1A，用欧姆定律和基尔霍夫定律(仅 KCL)求得输入，则传输函数便为 1 除以输入。该方法在电路有多个回路或多个节点时更方便，而用节点或网孔分析法则较为麻烦。第一种方法，假设输入求输出；第二种方法，假设输出求得输入，用输出和输入的比值来计算 $H(s)$。两种方法仅依赖线性性质，因为本书只处理线性电路。例 16-8 说明了这些方法。

式(16.15)假设 $X(s)$ 和 $Y(s)$ 已知。有时，已知是输入 $X(s)$ 和传输函数 $H(s)$，则可求出输出 $Y(s)$ 为

$$Y(s)=H(s)X(s) \tag{16.17}$$

求反变换得到 $y(t)$。一个特殊情况是当输入是单位冲激函数时，$x(t)=\delta(t)$，它的拉普拉斯变换 $X(s)=1$。对此，有

$$Y(s)=H(s), \qquad y(t)=h(t) \tag{16.18}$$

式中，

$$h(t)=L^{-1}[H(s)] \tag{16.19}$$

$h(t)$ 为单位冲激响应——它是网络对单位冲激信号的时域响应。因此，式(16.19)是传输函数一种新的表示方法：$H(s)$ 是网络单位冲激响应的拉普拉斯变换。一旦知道了网络的冲激响应 $h(t)$，便可以对任何输入信号用式(16.17)在 s 域求得网络的响应，或者在时域用卷积积分(参见 15.5 节)求得网络的响应。

提示： 单位冲激响应是指输入为单位冲激函数时电路的输出响应。

例 16-7 某线性系统当输入 $x(t)=e^{-t}u(t)$ 时，输出 $y(t)=10e^{-t}u(t)\cos 4t$，求系统的传输函数和冲激响应。

解： 如果 $x(t)=e^{-t}u(t)$ 且 $y(t)=10e^{-t}u(t)\cos 4t$，则

$$X(s)=\frac{1}{s+1} \quad \text{和} \quad Y(s)=\frac{10(s+1)}{(s+1)^2+4^2}$$

因此，

$$H(s)=\frac{Y(s)}{X(s)}=\frac{10(s+1)^2}{(s+1)^2+16}=\frac{10(s^2+2s+1)}{s^2+2s+17}$$

为求 $h(t)$，将 $H(s)$ 表示为

$$H(s)=10-40\times\frac{4}{(s+1)^2+4^2}$$

由表 15-2 得

$$h(t)=10\delta(t)-40e^{-t}u(t)\sin 4t$$

◀

练习 16-7 线性系统的传输函数为

$$H(s)=\frac{2s}{s+6}$$

求输入 $10e^{-3t}u(t)$ 产生的输出 $y(t)$ 及其冲激响应。

答案： $-20e^{-3t}+40e^{-6t}$，$t\geqslant 0$，$2\delta(t)-12e^{-6t}u(t)$。

例 16-8 对于图 16-18 所示电路，求传输函数 $H(s)=V_o(s)/I_o(s)$。

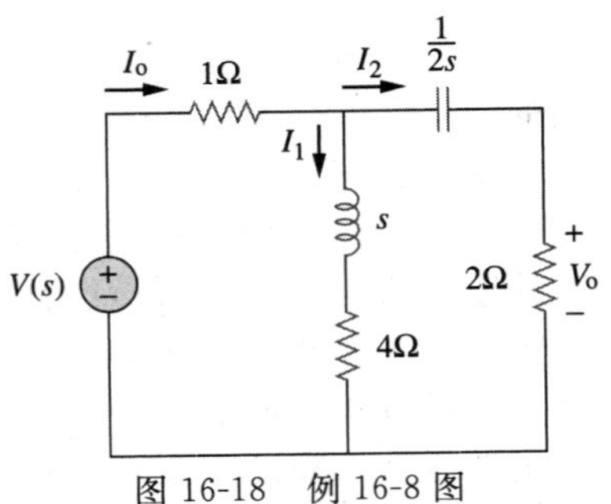

图 16-18 例 16-8 图

解：方法 1 由分流公式，有

$$I_2=\frac{(s+4)I_o}{s+4+2+1/2s}$$

而

$$V_o=2I_2=\frac{2(s+4)I_o}{s+6+1/2s}$$

因此：

$$H(s)=\frac{V_o(s)}{I_o(s)}=\frac{4s(s+4)}{2s^2+12s+1}$$

方法 2 用梯形电路分析法。令 $V_o=1\text{V}$。由欧姆定律，$I_2=V_o/2=1/2\text{A}$。$(2+1/2s)\Omega$ 阻抗两端的电压为

$$V_1=I_2\left(2+\frac{1}{2s}\right)=1+\frac{1}{4s}=\frac{4s+1}{4s}$$

这与 $(s+4)$ 阻抗两端的电压相同。因此

$$I_1=\frac{V_1}{s+4}=\frac{4s+1}{4s(s+1)}$$

对顶部节点写 KCL 方程，得

$$I_o=I_1+I_2=\frac{4s+1}{4s(s+4)}+\frac{1}{2}=\frac{2s^2+12s+1}{4s(s+4)}$$

因此，

$$H(s)=\frac{V_o}{I_o}=\frac{1}{I_o}=\frac{4s(s+4)}{2s^2+12s+1}$$

和方法 1 结果一样。

◀

练习 16-8 求图 16-18 所示电路图中的传输函数 $H(s)=I_1(s)/I_o(s)$。 **答案：** $\frac{4s+1}{2s^2+12s+1}$。

图 16-19 例 16-9 图

例 16-9 对于图 16-19 所示的 s 域电路，求：(a) 传输函数 $H(s)=V_o/V_i$；(b) 冲激响应；(c) 当 $v_i(t)=u(t)$ 时的响应；(d) 当 $v_i(t)=8\cos 2t\,\text{V}$ 时的响应。

解： (a) 用分压法求解，得

$$V_o=\frac{1}{s+1}V_{ab} \tag{16.9.1}$$

而

$$V_{ab}=\frac{1\|(s+1)}{1+1\|(s+1)}V_i=\frac{(s+1)/(s+2)}{1+(s+1)/(s+2)}V_i$$

即

$$V_{ab}=\frac{s+1}{2s+3}V_{\mathrm{i}} \tag{16.9.2}$$

将式(16.9.2)代入式(16.9.1)得

$$V_{\mathrm{o}}=\frac{V_{\mathrm{i}}}{2s+3}$$

因此，传输函数为

$$H(s)=\frac{V_{\mathrm{o}}}{V_{\mathrm{i}}}=\frac{1}{2s+3}$$

(b) 把 $H(s)$写为

$$H(s)=\frac{1}{2}\frac{1}{s+3/2}$$

它的拉普拉斯反变换就是所要求的冲激响应：

$$h(t)=\frac{1}{2}\mathrm{e}^{-3t/2}u(t)$$

(c) 若 $v_{\mathrm{i}}(t)=u(t)$，$V_{\mathrm{i}}(s)=1/s$，则

$$V_{\mathrm{o}}(s)=H(s)V_{\mathrm{i}}(s)=\frac{1}{2s(s+3/2)}=\frac{A}{s}+\frac{B}{s+3/2}$$

式中，

$$A=sV_{\mathrm{o}}(s)\big|_{s=0}=\frac{1}{2(s+3/2)}\bigg|_{s=0}=\frac{1}{3}$$

$$B=(s+3/2)V_{\mathrm{o}}(s)\big|_{s=-3/2}=\frac{1}{2s}\bigg|_{s=-3/2}=-\frac{1}{3}$$

因此，当 $v_{\mathrm{i}}(t)=u(t)$时，

$$V_{\mathrm{o}}(s)=\frac{1}{3}\left(\frac{1}{s}-\frac{1}{s+3/2}\right)$$

它的拉普拉斯反变换为

$$v_{\mathrm{o}}(t)=\frac{1}{3}(1-\mathrm{e}^{-3t/2})u(t)$$

(d) 当 $v_{\mathrm{i}}(t)=8\cos 2t$，$V_{\mathrm{i}}(s)=\frac{8s}{s^2+4}$，则

$$V_{\mathrm{o}}(s)=H(s)V_{\mathrm{i}}(s)=\frac{4s}{\left(s+\frac{3}{2}\right)(s^2+4)}=\frac{A}{s+\frac{3}{2}}+\frac{Bs+C}{s^2+4} \tag{16.9.3}$$

式中，

$$A=\left(s+\frac{3}{2}\right)V_{\mathrm{o}}(s)\big|_{s=-3/2}=\frac{4s}{s^2+4}\bigg|_{s=-3/2}=-\frac{24}{25}$$

为求 B 和 C，将方程(16.9.3)乘以$(s+3/2)(s^2+4)$，得

$$4s=A(s^2+4)+B\left(s^2+\frac{3}{2}s\right)+C\left(s+\frac{3}{2}\right)$$

令 s 的同次幂的系数相等，得

$$\text{常数：}\quad 0=4A+\frac{3}{2}C \quad\Rightarrow\quad C=-\frac{8}{3}A$$

$$s\text{：}\quad 4=\frac{3}{2}B+C$$

$$s^2\text{：}\quad 0=A+B \quad\Rightarrow\quad B=-A$$

解方程得 $A=-24/25$，$B=24/25$，$C=64/25$。因此，当 $v_i(t)=8\cos 2t$ 时，

$$V_o(s)=\frac{-\frac{24}{25}}{s+\frac{3}{2}}+\frac{24}{25}\frac{s}{s^2+4}+\frac{32}{25}\frac{2}{s^2+4}$$

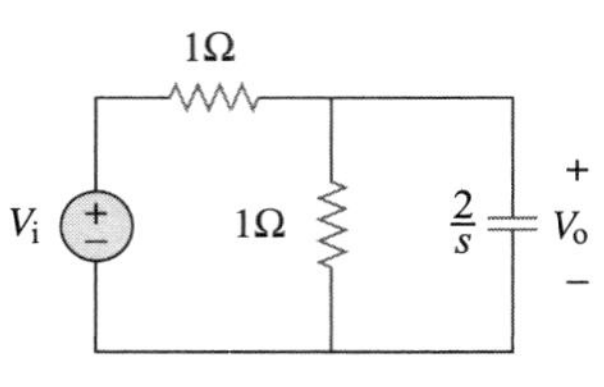

图 16-20　练习 16-9 图

其反变换为

$$v_o(t)=\frac{24}{25}\left(-e^{-3t/2}+\cos 2t+\frac{4}{3}\sin 2t\right)u(t)$$ ◀

练习 16-9　对于图 16-20 所示电路，重做例 16-9。

答案：(a) $2/(s+4)$；(b) $2e^{-4t}u(t)$；(c) $\frac{1}{2}(1-e^{-4t})u(t)$；

(d) $3.2\left(-e^{-4t}+\cos 2t+\frac{1}{2}\sin 2t\right)u(t)$。

16.5　状态变量

前面章节仅考虑了单输入-单输出系统的分析技术。然而，许多实际的工程系统是多输入-多输出系统，如图 16-21 所示。状态变量法是分析和理解这种高度复杂系统的非常重要的工具。因此，状态变量模型比单输入单输出系统模型(如传输函数)更为广泛。状态变量模型内容广泛，不可能用一章的篇幅论述清楚，一节的篇幅就更不可能了，此处只做简要概述。

在状态变量模型中，指定一些描述系统内部行为的变量集合，这些变量称为系统的状态变量。当系统的当前状态和输入信号已知时，状态变量能决定系统的未来行为。即当状态变量已知时，系统的其他参数仅用代数方程即可确定。

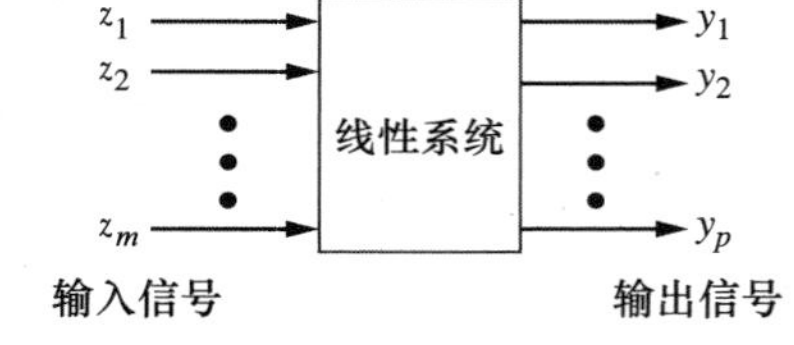

图 16-21　具有 m 个输入 p 个输出的线性系统

状态变量是描述系统状态的物理特性，而与系统如何达到该状态无关。

常见的状态变量有压力、体积和温度。电路系统的状态变量是电感电流和电容电压，因为它们共同描述了系统的能量状态。

表示状态方程的标准方法是把它们写成一阶微分方程的集合：

$$\dot{\mathbf{x}}=\mathbf{A}\mathbf{x}+\mathbf{B}\mathbf{z} \tag{16.20}$$

式中，

$$\mathbf{x}(t)=\begin{bmatrix}x_1(t)\\x_2(t)\\\vdots\\x_n(t)\end{bmatrix}=\text{代表 } n \text{ 个状态变量的状态向量}$$

“·”代表关于时间的一阶导数，即

$$\dot{\mathbf{x}}(t)=\begin{bmatrix}\dot{x}_1(t)\\\dot{x}_2(t)\\\vdots\\\dot{x}_n(t)\end{bmatrix}$$

和

$$\mathbf{z}(t)=\begin{bmatrix} z_1(t) \\ z_2(t) \\ \vdots \\ z_m(t) \end{bmatrix} \text{代表 } m \text{ 个输入的输入矢量}$$

$\boldsymbol{A}$ 和 $\boldsymbol{B}$ 分别为 $n\times n$ 和 $n\times m$ 阶矩阵。除了式(16.20)所示的状态方程外，还需要输出方程，完整的状态模型或状态空间方程为

$$\dot{\boldsymbol{x}}=\boldsymbol{A}\boldsymbol{x}+\boldsymbol{B}\boldsymbol{z} \tag{16.21a}$$

$$\boldsymbol{y}=\boldsymbol{C}\boldsymbol{x}+\boldsymbol{D}\boldsymbol{z} \tag{16.21b}$$

式中，

$$\mathbf{y}(t)=\begin{bmatrix} y_1(t) \\ y_2(t) \\ \vdots \\ y_p(t) \end{bmatrix} \text{代表 } p \text{ 个输出的输出矢量}$$

$\boldsymbol{C}$ 和 $\boldsymbol{D}$ 分别代表 $p\times n$ 和 $p\times m$ 阶矩阵。对于单输入单输出这种特例，$n=m=p=1$。

假定初始条件为零，对式(16.21a)做拉普拉斯变换可求得系统的传输函数，由此可得

$$s\boldsymbol{X}(s)=\boldsymbol{A}\boldsymbol{X}(s)+\boldsymbol{B}\boldsymbol{Z}(s)\rightarrow(s\boldsymbol{I}-\boldsymbol{A})\boldsymbol{X}(s)=\boldsymbol{B}\boldsymbol{Z}(s)$$

即

$$\boldsymbol{X}(s)=(s\boldsymbol{I}-\boldsymbol{A})^{-1}\boldsymbol{B}\boldsymbol{Z}(s) \tag{16.22}$$

式中，$\boldsymbol{I}$ 是单位矩阵。对式(16.21b)求拉普拉斯变换，得

$$\boldsymbol{Y}(s)=\boldsymbol{C}\boldsymbol{X}(s)+\boldsymbol{D}\boldsymbol{Z}(s) \tag{16.23}$$

将式(16.22)代入式(16.23)，然后再除以 $\boldsymbol{Z}(s)$得传输函数为

$$\boldsymbol{H}(s)=\frac{\boldsymbol{Y}(s)}{\boldsymbol{Z}(s)}=\boldsymbol{C}(s\boldsymbol{I}-\boldsymbol{A})^{-1}\boldsymbol{B}+\boldsymbol{D} \tag{16.24}$$

式中，$\boldsymbol{A}$ 为系统矩阵；$\boldsymbol{B}$ 为输入耦合矩阵；$\boldsymbol{C}$ 为输出矩阵；$\boldsymbol{D}$ 为前馈矩阵。

在大多数情况下，$\boldsymbol{D}=\boldsymbol{0}$，故式(16.24)中 $\boldsymbol{H}(s)$的分子的阶数比分母的阶数低。因此，

$$\boxed{\boldsymbol{H}(s)=\boldsymbol{C}(s\boldsymbol{I}-\boldsymbol{A})^{-1}\boldsymbol{B}} \tag{16.25}$$

因为涉及矩阵计算，所以可用 MATLAB 求得传输函数。

用状态变量法分析电路，需遵循下面三步骤。

用状态变量法进行电路分析的步骤：

1. 选电感电流 i 和电容电压 v 作为状态变量，确保符合无源符号约定。
2. 对电路应用 KCL 和 KVL，并且以状态变量表示电路变量(电压和电流)。这将产生一组一阶微分方程，它们对确定所有的状态变量是充分必要的。
3. 写出输出方程，并将最终结果用状态空间表示。

第一步和第三步通常很简单，主要工作在第二步。下面举例说明状态变量法的应用。

例 16-10 对图 16-22 所示电路，写出状态空间方程，并求以 v_s 为输入、以 i_x 为输出时电路的传输函数。已知 $R=1\Omega$，$C=0.25\text{F}$，$L=0.5\text{H}$。

解： 取电感电流 i 和电容电压 v 作为状态变量。

$$v_L=L\frac{\mathrm{d}i}{\mathrm{d}t} \tag{16.10.1}$$

$$i_C=C\frac{\mathrm{d}v}{\mathrm{d}t} \tag{16.10.2}$$

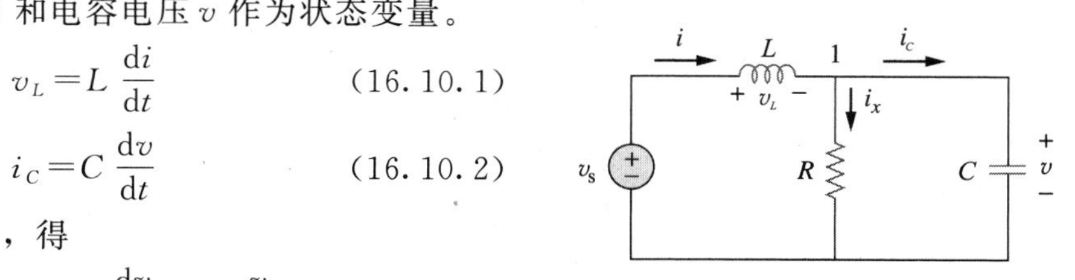

图 16-22　例 16-10 图

对节点 1 写 KCL 方程，得

$$i=i_x+i_C\rightarrow C\frac{\mathrm{d}v}{\mathrm{d}t}=i-\frac{v}{R}$$

即

$$\dot{v}=-\frac{v}{RC}+\frac{i}{C} \tag{16.10.3}$$

因为 R 和 C 两端的电压相同，沿外回路写 KVL 方程，有

$$v_s=v_L+v\rightarrow L\frac{\mathrm{d}i}{\mathrm{d}t}=-v+v_s \quad \dot{i}=-\frac{v}{L}+\frac{v_s}{L} \tag{16.10.4}$$

式(16.10.3)和式(16.10.4)构成状态方程。如果将 i_x 作为输出，

$$i_x=\frac{v}{R} \tag{16.10.5}$$

将式(16.10.3)、式(16.10.4)和式(16.10.5)表示成标准形式，得

$$\begin{bmatrix}\dot{v}\\ \dot{i}\end{bmatrix}=\begin{bmatrix}\frac{-1}{RC} & \frac{1}{C}\\ \frac{-1}{L} & 0\end{bmatrix}\begin{bmatrix}v\\ i\end{bmatrix}+\begin{bmatrix}0\\ \frac{1}{L}\end{bmatrix}v_s \tag{16.10.6a}$$

$$i_x=\begin{bmatrix}\frac{1}{R} & 0\end{bmatrix}\begin{bmatrix}v\\ i\end{bmatrix} \tag{16.10.6b}$$

代入 $R=1$，$C=\frac{1}{4}$，$L=\frac{1}{2}$，由式(16.10.6)得矩阵

$$\boldsymbol{A}=\begin{bmatrix}\frac{-1}{RC} & \frac{1}{C}\\ \frac{-1}{L} & 0\end{bmatrix}=\begin{bmatrix}-4 & 4\\ -2 & 0\end{bmatrix},\quad \boldsymbol{B}=\begin{bmatrix}0\\ \frac{1}{L}\end{bmatrix}=\begin{bmatrix}0\\ 2\end{bmatrix},\quad \boldsymbol{C}=\begin{bmatrix}\frac{1}{R} & 0\end{bmatrix}=\begin{bmatrix}1 & 0\end{bmatrix}$$

$$s\boldsymbol{I}-\boldsymbol{A}=\begin{bmatrix}s & 0\\ 0 & s\end{bmatrix}-\begin{bmatrix}-4 & 4\\ -2 & 0\end{bmatrix}=\begin{bmatrix}s+4 & -4\\ 2 & s\end{bmatrix}$$

求该矩阵的逆矩阵，得

$$(s\boldsymbol{I}-\boldsymbol{A})^{-1}=\frac{\boldsymbol{A}\text{ 的伴随矩阵}}{\boldsymbol{A}\text{ 的行列式}}=\frac{\begin{bmatrix}s & 4\\ -2 & s+4\end{bmatrix}}{s^2+4s+8}$$

因此，传输函数为

$$\boldsymbol{H}(s)=\boldsymbol{C}(s\boldsymbol{I}-\boldsymbol{A})^{-1}\boldsymbol{B}=\frac{\begin{bmatrix}1 & 0\end{bmatrix}\begin{bmatrix}s & 4\\ -2 & s+4\end{bmatrix}\begin{bmatrix}0\\ 2\end{bmatrix}}{s^2+4s+8}=\frac{\begin{bmatrix}1 & 0\end{bmatrix}\begin{bmatrix}8\\ 2s+8\end{bmatrix}}{s^2+4s+8}=\frac{8}{s^2+4s+8}$$

这和对电路直接用拉普拉斯变换，然后求 $\boldsymbol{H}(s)=I_x(s)/V_s(s)$ 得到的结果是一样的。状态变量法的真正优势在于处理多输入多输出系统。本例中，系统有一个输入 v_s 和一个输出 i_x。在下面的例题中，系统有两个输入和两个输出。◀

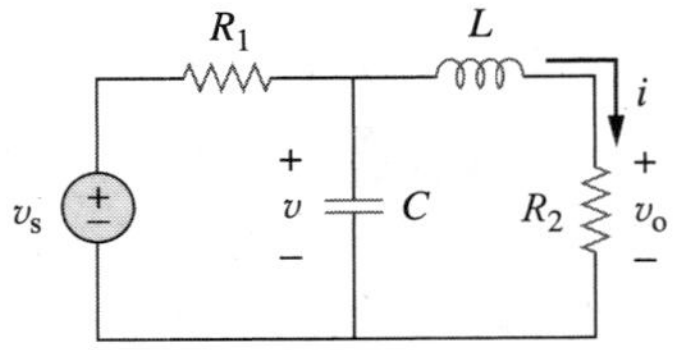

图 16-23　练习 16-10 图

练习 16-10　对于图 16-23 所示电路，求状态变量模型。设 $R_1=1\Omega$，$R_2=2\Omega$，$C=0.5\text{F}$，$L=0.2\text{H}$，求电路的传输函数。

答案：$\begin{bmatrix}\dot{v}\\ \dot{i}\end{bmatrix}=\begin{bmatrix}\frac{-1}{R_1C} & \frac{-1}{C}\\ \frac{1}{L} & \frac{-R_2}{L}\end{bmatrix}\begin{bmatrix}v\\ i\end{bmatrix}+\begin{bmatrix}\frac{1}{R_1C}\\ 0\end{bmatrix}v_s$，$v_o=\begin{bmatrix}0 & R_2\end{bmatrix}\begin{bmatrix}v\\ i\end{bmatrix}$，$\boldsymbol{H}(s)=\frac{20}{s^2+12s+30}$

例 16-11　图 16-24 所示电路是一个两输入-两输出系统。确定其状态变量模型并求出

系统的传输函数。

解：本例中，有两个输入 v_s 和 v_i，两个输出 v_o 和 i_o。依然选择电感电流 i 和电容电压 v 作为状态变量。对于左边的回路用 KVL，得

$$-v_s+i_1+\frac{1}{6}\dot{i}=0\rightarrow\dot{i}=6v_s-6i_1 \tag{16.11.1}$$

为了消去非状态变量 i_1，对于包含 v_s、1Ω 电阻、2Ω 电阻和$\frac{1}{3}$F 电容的回路应用 KVL，得

$$v_s=i_1+v_o+v \tag{16.11.2}$$

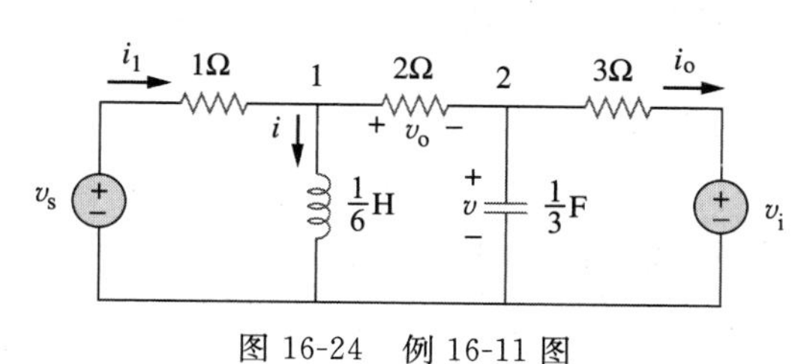

图 16-24　例 16-11 图

节点 1 的 KCL 方程为

$$i_1=i+\frac{v_o}{2}\rightarrow v_o=2(i_1-i) \tag{16.11.3}$$

将式(16.11.3)代入式(16.11.2)，有

$$v_s=3i_1+v-2i\rightarrow i_1=\frac{2i-v+v_s}{3} \tag{16.11.4}$$

将式(16.11.4)代入式(16.11.1)，得

$$\dot{i}=2v-4i+4v_s \tag{16.11.5}$$

这是一个状态方程。为了获得第二个状态方程，写出节点 2 的 KCL 方程。

$$\frac{v_o}{2}=\frac{1}{3}\dot{v}+i_o\rightarrow\dot{v}=\frac{3}{2}v_o-3i_o \tag{16.11.6}$$

需要消去非状态变量 v_o 和 i_o。对电路的右边回路，显然有

$$i_o=\frac{v-v_i}{3} \tag{16.11.7}$$

将式(16.11.4)代入式(16.11.3)，得

$$v_o=2\left(\frac{2i-v+v_s}{3}-i\right)=-\frac{2}{3}(v+i-v_s) \tag{16.11.8}$$

将式(16.11.7)和式(16.11.8)代入式(16.11.6)，得到第二个状态方程

$$\dot{v}=-2v-i+v_s+v_i \tag{16.11.9}$$

式(16.11.7)和式(16.11.8)已给出了两个输出方程。将式(16.11.5)、式(16.11.7)～式(16.11.9)一起用标准形式表示，得到电路的状态模型为

$$\begin{bmatrix}\dot{v}\\ \dot{i}\end{bmatrix}=\begin{bmatrix}-2 & -1\\ 2 & -4\end{bmatrix}\begin{bmatrix}v\\ i\end{bmatrix}+\begin{bmatrix}1 & 1\\ 4 & 0\end{bmatrix}\begin{bmatrix}v_s\\ v_i\end{bmatrix} \tag{16.11.10a}$$

$$\begin{bmatrix}v_o\\ i_o\end{bmatrix}=\begin{bmatrix}-\frac{2}{3} & -\frac{2}{3}\\ \frac{1}{3} & 0\end{bmatrix}\begin{bmatrix}v\\ i\end{bmatrix}+\begin{bmatrix}\frac{2}{3} & 0\\ 0 & -\frac{1}{3}\end{bmatrix}\begin{bmatrix}v_s\\ v_i\end{bmatrix} \tag{16.11.10b}$$ ◀

练习 16-11　对于图 16-25 所示电路，求其状态模型。以 v_o 和 i_o 作为输出变量。

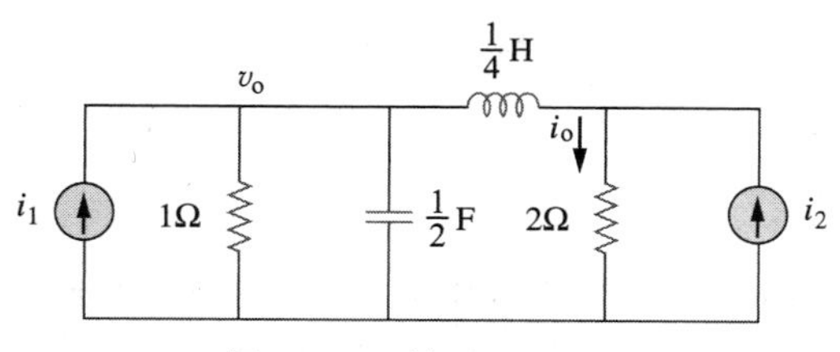

图 16-25　练习 16-11 图

答案：$\begin{bmatrix}\dot{v}\\ \dot{i}\end{bmatrix}=\begin{bmatrix}-2 & -2\\ 4 & -8\end{bmatrix}\begin{bmatrix}v\\ i\end{bmatrix}+\begin{bmatrix}2 & 0\\ 0 & -8\end{bmatrix}\begin{bmatrix}i_1\\ i_2\end{bmatrix}$

$\begin{bmatrix}v_o\\ i_o\end{bmatrix}=\begin{bmatrix}1 & 0\\ 0 & 1\end{bmatrix}\begin{bmatrix}v\\ i\end{bmatrix}+\begin{bmatrix}0 & 0\\ 0 & 1\end{bmatrix}\begin{bmatrix}i_1\\ i_2\end{bmatrix}$

例 16-12 假设系统的输出是 $y(t)$，输入是 $z(t)$，描述系统输入和输出关系的微分方程为

$$\frac{d^2y(t)}{dt^2}+3\frac{dy(t)}{dt}+2y(t)=5z(t) \tag{16.12.1}$$

求系统的状态模型和传输函数。

解： 首先，选择状态变量。令 $x_1(t)=y(t)$，因此

$$\dot{x}=\dot{y}(t) \tag{16.12.2}$$

设

$$x_2=\dot{x}=\dot{y}(t) \tag{16.12.3}$$

注意系统是二阶的，状态方程应包含两个一阶方程。

现在有 $\dot{x}_2=\ddot{y}(t)$，从式(16.12.1)可求出 $\dot{x}_2$ 的值，即

$$\dot{x}_2=\ddot{y}(t)=-2y(t)-3\dot{y}(t)+5z(t)=-2x_1-3x_2+5z(t) \tag{16.12.4}$$

根据式(16.12.2)～式(16.12.4)，可写出下面的矩阵方程：

$$\begin{bmatrix}\dot{x}_1\\ \dot{x}_2\end{bmatrix}=\begin{bmatrix}0 & 1\\ -2 & -3\end{bmatrix}\begin{bmatrix}x_1\\ x_2\end{bmatrix}+\begin{bmatrix}0\\ 5\end{bmatrix}z(t) \tag{16.12.5}$$

$$y(t)=\begin{bmatrix}1 & 0\end{bmatrix}\begin{bmatrix}x_1\\ x_2\end{bmatrix} \tag{16.12.6}$$

现在求传输函数：

$$s\boldsymbol{I}-\boldsymbol{A}=s\begin{bmatrix}1 & 0\\ 0 & 1\end{bmatrix}-\begin{bmatrix}0 & 1\\ -2 & -3\end{bmatrix}=\begin{bmatrix}s & -1\\ 2 & s+3\end{bmatrix}$$

求逆得

$$(s\boldsymbol{I}-\boldsymbol{A})^{-1}=\frac{\begin{bmatrix}s+3 & 1\\ -2 & s\end{bmatrix}}{s(s+3)+2}$$

所以，传输函数为

$$\boldsymbol{H}(s)=\boldsymbol{C}(s\boldsymbol{I}-\boldsymbol{A})^{-1}\boldsymbol{B}=\frac{\begin{bmatrix}1 & 0\end{bmatrix}\begin{bmatrix}s+3 & 1\\ -2 & s\end{bmatrix}\begin{bmatrix}0\\ 5\end{bmatrix}}{s(s+3)+2}=\frac{\begin{bmatrix}1 & 0\end{bmatrix}\begin{bmatrix}5\\ 5s\end{bmatrix}}{s(s+3)+2}=\frac{5}{(s+1)(s+2)}$$

为了检验结果的正确性，对式(16.12.1)的每一项直接求拉普拉斯变换。因为初始条件为零，故有

$$[s^2+3s+2]Y(s)=5Z(s)\to H(s)=\frac{Y(s)}{Z(s)}=\frac{5}{s^2+3s+2}$$

与前面的结果相同。 ◀

练习 16-12 写出如下微分方程所描述的系统的状态变量方程。

$$\frac{d^3y}{dt^3}+18\frac{d^2y}{dt^2}+20\frac{dy}{dt}+5y=z(t)$$

答案： $\boldsymbol{A}=\begin{bmatrix}0 & 1 & 0\\ 0 & 0 & 1\\ -5 & -20 & -18\end{bmatrix}$，$\boldsymbol{B}=\begin{bmatrix}0\\ 0\\ 1\end{bmatrix}$，$\boldsymbol{C}=\begin{bmatrix}1 & 0 & 0\end{bmatrix}$。

†16.6 应用实例

前面已经讨论了拉普拉斯变换的三种应用：电路分析、求传输函数和解线性微积分方程。拉普拉斯变换在其他领域也有广泛使用，如信号处理和控制系统。这里将考虑两种更

重要的应用：网络稳定性和网络综合。

16.6.1 网络稳定性

如果电路的冲激响应在 $t \to \infty$ 时是有界的[$h(t)$收敛于一个有限值]，则电路是稳定的；如果在 $t \to \infty$ 时 $h(t)$的增长没有边界，则电路是不稳定的。用数学语言表示，电路稳定的条件为

$$\lim_{t \to \infty} |h(t)| = \text{有限值} \tag{16.26}$$

因为传输函数 $H(s)$是冲激响应 $h(t)$的拉普拉斯变换，为了使式(16.26)成立，$H(s)$必须满足一定要求。$H(s)$可以表示为

$$H(s) = \frac{N(s)}{D(s)} \tag{16.27}$$

式中，$N(s)=0$ 的根称为 $H(s)$的零点，因为它们使 $H(s)=0$；$D(s)=0$ 的根称为 $H(S)$的极点，因为它们使 $H(S) \to \infty$。$H(s)$的零点和极点通常位于图 16-26a 所示的 s 平面内。参考式(15.47)和式(15.48)，$H(s)$还可以写成极点形式：

$$H(s) = \frac{N(s)}{D(s)} = \frac{N(s)}{(s+p_1)(s+p_2)\cdots(s+p_n)} \tag{16.28}$$

为使电路稳定，$H(s)$必须满足两个要求。首先，$N(s)$的阶数必须低于 $D(s)$的阶数；否则，用长除法将 $H(s)$表示为

$$H(s) = k_n s^n + k_{n-1} s^{n-1} + \cdots + k_1 s + k_0 + \frac{R(s)}{D(s)} \tag{16.29}$$

式中，$R(s)$是长除法的余项，它的阶数比 $D(s)$的阶数低。式(16.29)中 $H(s)$的反变换不满足式(16.26)的条件。其次，式(16.27)中 $H(s)$的所有极点(即 $D(s)=0$ 的根)必须有负实部，即所有的极点必须落在 s 平面的左半平面，如图 16-26b 所示。为此，若对式(16.27)中的 $H(s)$做拉普拉斯反变换，其理由将更加明显。因为式(16.28)与式(15.48)相似，它的部分分式展开与式(15.49)相似，因而 $H(s)$的反变换与式(15.53)相似。因此，

$$h(t) = (k_1 e^{-p_1 t} + k_2 e^{-p_2 t} + \cdots + k_n e^{-p_n t}) u(t) \tag{16.30}$$

由式(16.30)知，为了使 $e^{-p_i t}$ 随着 t 的增加而减小，每个 p_i 必须是正的(极点 $s=-p_i$ 在 s 平面的左半平面)。

当传输函数 $H(s)$的所有极点落在 s 域平面的左半平面时，电路稳定。

不稳定的电路不会达到稳定状态，因为其暂态响应不会衰减到零。因此，稳态分析仅适用于稳定电路。

仅由无源元件(R、L 和 C)和独立电源组成的电路是稳定的，否则，当电源为零时，一些支路电流和电压将无限增长。无源元件不能产生这样无限增长的响应。无源电路要么是稳定的，要么有零实部的极点。为了表明这种情况，考虑图 16-27 所示串联 RLC 电路。其传输函数为

$$H(s) = \frac{V_o}{V_s} = \frac{1/sC}{R + sL + 1/sC}$$

即

$$H(s) = \frac{1/L}{s^2 + sR/L + 1/LC} \tag{16.31}$$

注意：$D(s) = s^2 + sR/L + 1/LC = 0$ 和串联 RLC 电路的特征方程[式(8.8)]一样。电路的极点为

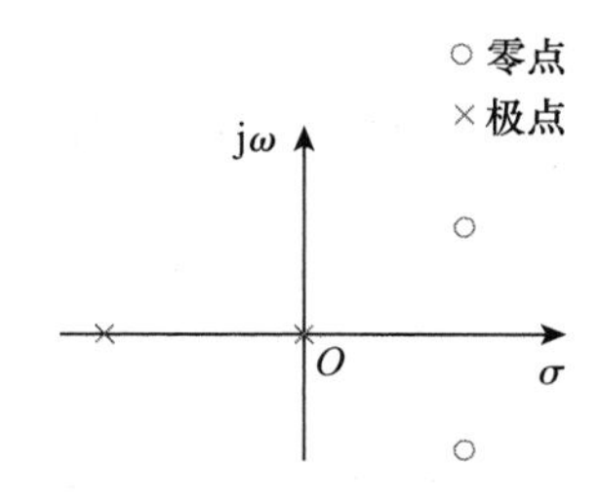

a) 极点与零点

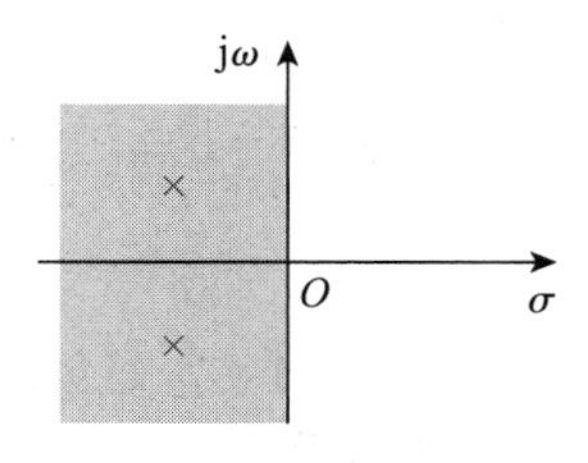

b) 左半平面

图 16-26 s 平面

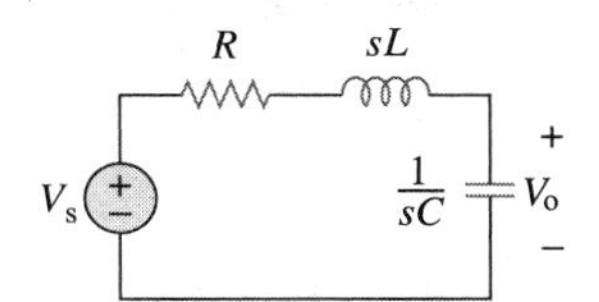

图 16-27 一个典型的串联 RLC 电路

$$p_{1,2}=-\alpha\pm\sqrt{\alpha^{2}-\omega_{0}^{2}} \tag{16.32}$$

式中

$$\alpha=\frac{R}{2L},\quad \omega_{0}=\frac{1}{LC}$$

当 R、L、$C>0$ 时，两个极点总是落在 s 平面的左半平面，表明电路总是稳定的。但是，当 $R=0$，$\alpha=0$ 时电路变得不稳定。尽管理想条件下，可能出现不稳定状态，但实际上不会真正发生，因为 R 不可能为 0。

另一方面，有源电路或含有受控源的无源电路能提供能量，它们可能是不稳定的。事实上，振荡器就是设计成不稳定电路的一个典型的例子。振荡器的传输函数为

$$H(S)=\frac{N(S)}{s^{2}+\omega_{0}^{2}}=\frac{N(S)}{(s+\mathrm{j}\omega_{0})(s-\mathrm{j}\omega_{0})}$$

因此，它的输出是正弦波。

例 16-13 对图 16-28 所示的电路，确定使电路稳定的 k 值。

解： 对图 16-28 所示的一阶电路运用网孔分析法，得

$$V_{\mathrm{i}}=\left(R+\frac{1}{sC}\right)I_{1}-\frac{I_{2}}{sC} \tag{16.13.1}$$

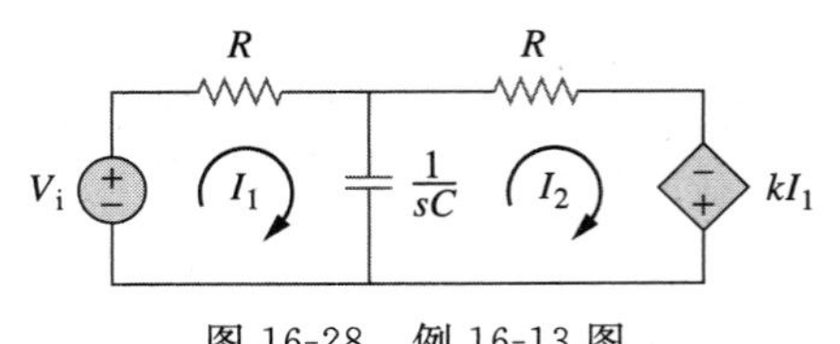

图 16-28 例 16-13 图

和

$$0=-kI_{1}+\left(R+\frac{1}{sC}\right)I_{2}-\frac{I_{1}}{sC}$$

或者

$$0=-\left(k+\frac{1}{sC}\right)I_{1}+\left(R+\frac{1}{sC}\right)I_{2} \tag{16.13.2}$$

以矩阵形式表示式(16.13.1)和式(16.13.2)，得

$$\begin{bmatrix}V_{\mathrm{i}}\\0\end{bmatrix}=\begin{bmatrix}\left(R+\frac{1}{sC}\right) & -\frac{1}{sC}\\-\left(k+\frac{1}{sC}\right) & \left(R+\frac{1}{sC}\right)\end{bmatrix}\begin{bmatrix}I_{1}\\I_{2}\end{bmatrix}$$

行列式为

$$\Delta=\left(R+\frac{1}{sC}\right)^{2}-\frac{k}{sC}-\frac{1}{s^{2}C^{2}}=\frac{sR^{2}C+2R-k}{sC} \tag{16.13.3}$$

特征方程($\Delta=0$)给出单极点

$$p=\frac{k-2R}{R^{2}C}$$

当 $k<2R$ 时，p 是负的。因此，当 $k<2R$ 时电路稳定，当 $k>2R$ 时电路不稳定。◀

练习 16-13 对于图 16-29 所示电路，确定使电路稳定的 β 值。 **答案：** $\beta>-1/R$。

图 16-29 练习 16-13 图

例 16-14 有源滤波器的传输函数如下，求使滤波器稳定的 k 值。

$$H(s)=\frac{k}{s^{2}+s(4-k)+1}$$

解： 该滤波器是二阶滤波器，其传输函数 $H(s)$ 可以写为

$$H(s)=\frac{N(s)}{s^{2}+bs+c}$$

其中，$b=4-k$，$c=1$，$N(s)=k$。当 $p^2+bp+c=0$ 时有极点，极点是

$$p_{1,2}=\frac{-b\pm\sqrt{b^2-4c}}{2}$$

为使电路稳定，极点必须位于 s 域平面的左半平面。这表明 $b>0$。

将其用于给定的 $H(s)$，表明为使电路稳定，应有 $4-k>0$，即 $k<4$。◀

练习 16-14 二阶有源电路的传输函数为

$$H(s)=\frac{1}{s^2+s(25+\alpha)+25}$$

求使电路稳定的 α 的取值范围。产生振荡的 α 值是多少？ **答案：** $\alpha>-25$，$\alpha=-25$。

16.6.2 网络综合

网络综合可以视为用一个适当的网络表示给定的传输函数的过程。网络综合在 s 域中比在时域中简单。

网络分析的任务是求给定网络的传输函数。在网络综合中，过程反过来：给定传输函数，要设计一个合适的网络实现它。

网络综合就是寻找一个网络表示给定传输函数的过程。

记住，在网络综合中，同一问题，可能有多个不同的解，但也可能没解——因为有多个电路可表示同一传输函数；而在网络分析中，只有一个解。

网络综合是一个极具工程重要性的领域。考察传输函数并且提出能表示该传输函数的电路，这对电路设计者来说既是一项令人兴奋的挑战也是一种重要的能力。尽管网络综合本身就是一门课程且需要实践经验，但为激起大家研究网络综合的兴趣，设计了下面两道例题。

例 16-15 若系统的传输函数为

$$H(s)=\frac{V_o(s)}{V_i(s)}=\frac{10}{s^2+3s+10}$$

用图 16-30a 所示电路实现这个函数。(a) 若 $R=5\Omega$，求 L 和 C。(b) 若 $R=1\Omega$，求 L 和 C。

解：1. 明确问题。 问题已被清晰且完整地定义。这个问题是综合问题：给定传输函数，综合一个能产生该传输函数的电路。但是，为使问题便于处理，给出了期望的电路模型。

如果本例中变量 R 没有给定，那么将会有无穷多个解，因此需要一些附加的假设以限制解的范围。

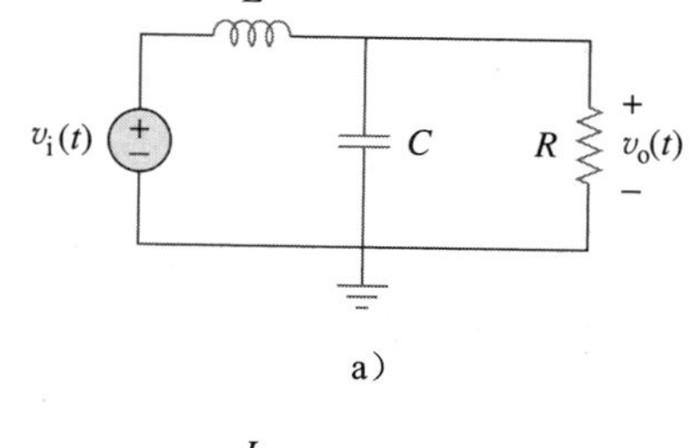

a）

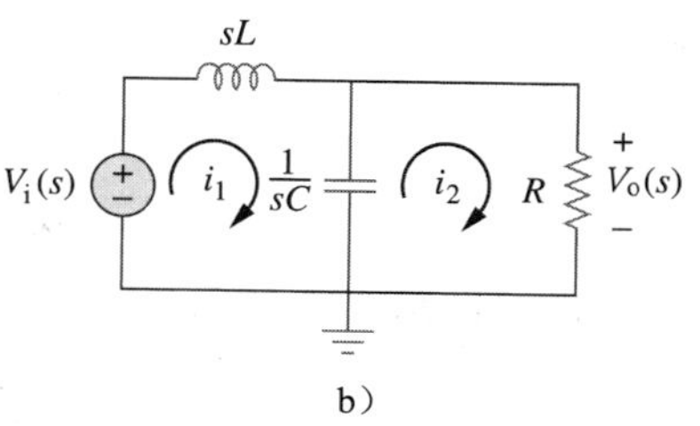

b）

图 16-30 例 16-15 图

2. 列出已知条件。 表示输出电压与输入电压之比的传输函数是 $10/(s^2+3s+10)$。图 16-30 所示电路能够实现期望的传输函数。两个不同的 R 值(5Ω 和 1Ω)用来计算产生给定传输函数的 L 和 C 值。

3. 确定备选方案。 所有求解方案都要先确定图 16-30 所示的传输函数，然后匹配传输函数的各项。可用网孔或节点分析法完成该任务。因为求电压比，所以节点分析法最方便。

4. 尝试求解。 使用节点分析，得

$$\frac{V_o(s)-V_i(s)}{sL}+\frac{V_o(s)-0}{1/(sC)}+\frac{V_o(s)-0}{R}=0$$

两边同乘以 sLR，有

$$RV_o(s)-RV_i(s)+s^2RLCV_o(s)+sLV_o(s)=0$$

合并同类项，得

$$(s^2RLC+sL+R)V_o(s)=RV_i(s)$$

即

$$\frac{V_o(s)}{V_i(s)}=\frac{1/(LC)}{s^2+[1/(RC)]s+1/(LC)}$$

匹配两个传输函数，产生两个方程，有三个未知数。

$$LC=0.1,\quad L=\frac{0.1}{C}$$

和

$$RC=\frac{1}{3},\quad C=\frac{1}{3R}$$

利用约束方程，$R=5\Omega$；$R=1\Omega$，可求得

(a) $C=1/(3\times5)=66.67(\mathrm{mF})$，$L=1.5\mathrm{H}$。

(b) $C=1/(3\times1)=333.3(\mathrm{mF})$，$L=300\mathrm{mH}$。

5. **评价结果**。有多种检验答案的方法。用网孔分析法求传输函数是最直接的，在此，使用网孔分析法检验答案。但是需要指出，该方法在数学上更复杂，且比节点分析法花费的时间更长。当然，也有其他方法。可以假设输入为 $v_i(t)$，$v_i(t)=u(t)\mathrm{V}$，用网孔分析法或节点分析法，验证用之前的传输函数能否得到相同的结果。下面用网孔分析法求解上述问题。

设 $v_i(t)=u(t)$ 或 $V_i(s)=1/s$。得

$$V_o(s)=10/(s^3+3s^2+10s)$$

由图 16-30，用网孔分析法可得

(a) 对回路 1，

$$-(1/s)+1.5sI_1+[1/(0.06667s)](I_1-I_2)=0$$

即

$$(1.5s^2+15)I_1-15I_2=1$$

对回路 2，

$$(15/s)(I_2-I_1)+5I_2=0$$

即

$$-15I_1+(5s+15)I_2=0\quad 或\quad I_1=(0.3333s+1)I_2$$

代入第一个回路方程，得

$$(0.5s^3+1.5s^2+5s+15)I_2-15I_2=1$$

即

$$I_2=2/(s^3+3s^2+10s)$$

所以

$$V_o(s)=5I_2=10/(s^3+3s^2+10s)$$

答案得到检验。

(b) 对回路 1，

$$-(1/s)+0.3sI_1+[1/(0.3333s)](I_1-I_2)=0$$

即

$$(0.3s^2+3)I_1-3I_2=1$$

对回路 2，

$$(3/s)(I_2-I_1)+I_2=0$$

即

$$-3I_1+(s+3)I_2=0 \quad 或 \quad I_1=(0.3333s+1)I_2$$

代入第一个回路方程，得

$$(0.09999s^3+0.3s^2+s+3)I_2-3I_2=1$$

即

$$I_2=10/(s^3+3s^2+10s)$$

所以：

$$V_o(s)=1\times I_2=10/(s^3+3s^2+10s)$$

答案得到验证。

6. **是否满意**？对于每一种情况，明确地给出了 L 和 C 的值。此外，对结果的正确性进行了认真的检查。这个问题已经被充分地解决，结果可以作为问题的解提交。◀

练习 16-15 用图 16-31 所示电路。实现如下函数：

$$G(s)=\frac{V_o(s)}{V_i(s)}=\frac{4s}{s^2+4s+20}$$

设 $R=2\Omega$，确定 L 和 C。

答案：500mH，100mF。

例 16-16 用图 16-32 所示的拓扑结构，综合函数

$$T(s)=\frac{V_o(s)}{V_s(s)}=\frac{10^6}{s^2+100s+10^6}$$

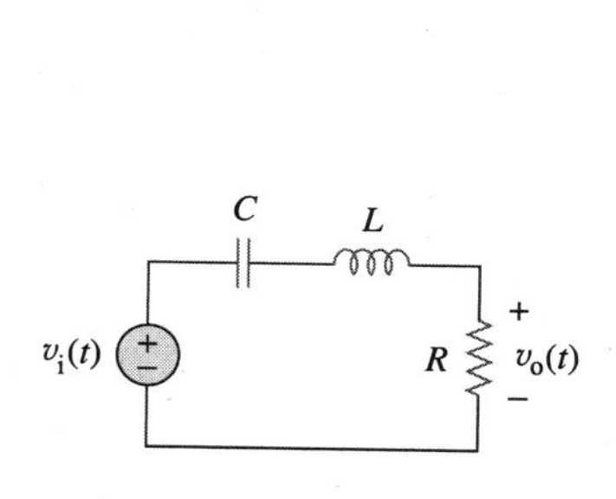

图 16-31 练习 16-15 图

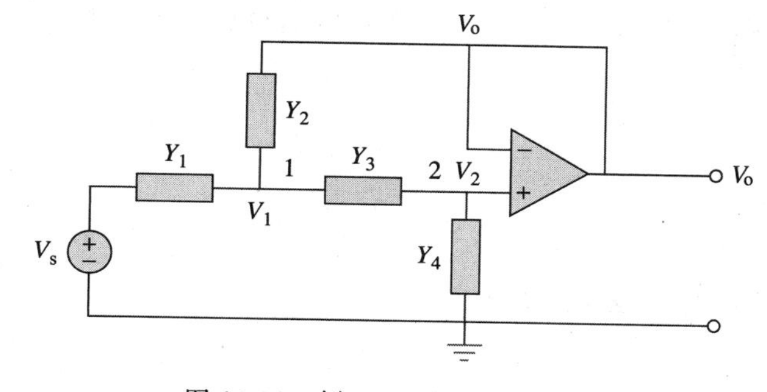

图 16-32 例 16-16 的拓扑结构图

解：对节点 1 和节点 2 应用节点电压分析法，对节点 1，

$$(V_s-V_1)Y_1=(V_1-V_o)Y_2+(V_1-V_2)Y_3 \tag{16.16.1}$$

对节点 2，

$$(V_1-V_2)Y_3=(V_2-0)Y_4 \tag{16.16.2}$$

$V_2=V_o$，因此，式(16.16.1)变为

$$Y_1V_s=(Y_1+Y_2+Y_3)V_1-(Y_2+Y_3)V_o \tag{16.16.3}$$

式(16.16.2)变为

$$V_1=\frac{1}{Y_3}(Y_3+Y_4)V_o \tag{16.16.4}$$

将式(16.16.4)代入式(16.16.3)得

$$Y_1V_s=(Y_1+Y_2+Y_3)\frac{1}{Y_3}(Y_3+Y_4)V_o-(Y_2+Y_3)V_o$$

即

$$Y_1Y_3V_s=[Y_1Y_3+Y_4(Y_1+Y_2+Y_3)]V_o$$

因此，

$$\frac{V_o}{V_s}=\frac{Y_1Y_3}{Y_1Y_3+Y_4(Y_1+Y_2+Y_3)} \tag{16.16.5}$$

为了综合给定的传输函数 $T(s)$，将它和式(16.16.5)比较。注意两点：(1) Y_1Y_3 必须不能涉及 s，因为 $T(s)$的分子是常数；(2) 给定的传输函数是二阶的，这隐含了必须有两个电容。因此，Y_1 和 Y_3 是电阻，而 Y_2 和 Y_4 是电容。因此，选择

$$Y_1=\frac{1}{R_1}, \quad Y_2=sC_1, \quad Y_3=\frac{1}{R_2}, \quad Y_4=sC_2 \tag{16.16.6}$$

将式(16.16.6)代入式(16.16.5)，得

$$\frac{V_o}{V_s}=\frac{1/(R_1R_2)}{1/(R_1R_2)+sC_2(1/R_1+1/R_2+sC_1)}=\frac{1/(R_1R_2C_1C_2)}{s^2+s(R_1+R_2)/(R_1R_2C_1)+1/(R_1R_2C_1C_2)}$$

将它和给定的传输函数 $T(s)$对比，得到

$$\frac{1}{R_1R_2C_1C_2}=10^6, \quad \frac{R_1+R_2}{R_1R_2C_1}=100$$

如果选 $R_1=R_2=10\text{k}\Omega$，则

$$C_1=\frac{R_1+R_2}{100R_1R_2}=\frac{20\times10^3}{100\times100\times10^6}=2(\mu\text{F})$$

$$C_2=\frac{10^{-6}}{R_1R_2C_1}=\frac{10^{-6}}{100\times10^6\times2\times10^{-6}}=5(\text{nF})$$

至此，给定的传输函数已用图 16-33 所示电路得以实现。◀

练习 16-16 用图 16-34 所示的运算放大器电路，综合函数

$$\frac{V_o(s)}{V_{in}}=\frac{-2s}{s^2+6s+10}$$

选择

$$Y_1=\frac{1}{R_1}, \quad Y_2=sC_1, \quad Y_3=sC_2, \quad Y_4=\frac{1}{R_2}$$

设 $R_1=1\text{k}\Omega$，确定 C_1，C_2 和 R_2 的值。 **答案：** 100μF，500μF，2kΩ。

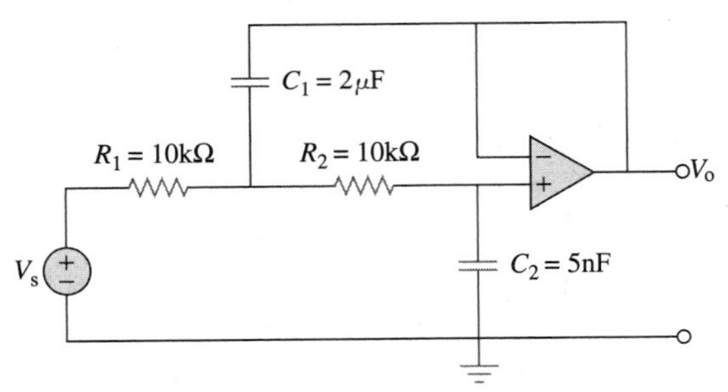

图 16-33 例 16-16 图

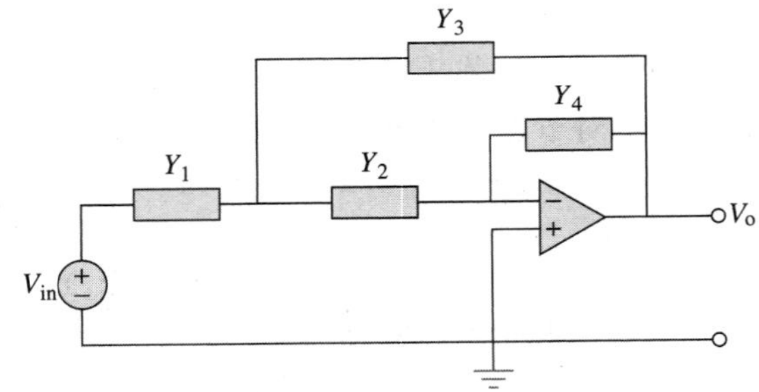

图 16-34 练习 16-16 图

16.7 本章小结

1. 拉普拉斯变换可用来分析电路。将电路元件模型从时域变换到 s 域，使用电路分析方法求解问题，再将结果由 s 域转换回时域。
2. 在 s 域，电路元件用具有 $t=0$ 时刻的初始条件的模型替代如下(注意，下面给出的是电压模型，但同样可以给出相应的电流模型)。

$$\text{电阻：} v_R=Ri\rightarrow V_R=RI$$

$$\text{电感：} v_L=L\frac{di}{dt}\rightarrow V_L=sLI-Li(0^-)$$

$$\text{电容}: v_C=\int i\,\mathrm{d}t \rightarrow V_C=\frac{1}{sC}-\frac{v(0^-)}{s}$$

3. 使用拉普拉斯变换分析电路，其结果是全响应(暂态响应和稳态响应)，因为初始条件包含在变换过程中。
4. 网络的传输函数 $H(s)$ 是冲激响应 $h(t)$ 的拉普拉斯变换。
5. 在 s 域，传输函数 $H(s)$ 将输出响应 $Y(s)$ 与输入激励 $X(s)$ 联系了起来，即 $H(s)=Y(s)/X(s)$。
6. 状态变量模型是分析带有多输入-多输出的复杂系统的有用工具。状态变量分析是一项强有力的技术，它在电路理论和控制系统中应用广泛。系统的状态是为了决定系统对任意给定输入的响应所必须知道的最少物理量(状态变量)的集合。用状态变量表示的状态方程为

$$\dot{\boldsymbol{x}}=\boldsymbol{A}\boldsymbol{x}+\boldsymbol{B}\boldsymbol{z}$$

而其输出方程为

$$\boldsymbol{y}=\boldsymbol{C}\boldsymbol{x}+\boldsymbol{D}\boldsymbol{z}$$

7. 使用状态变量分析法分析电路，首先选择电容电压和电感电流作为状态变量，然后运用KCL和KVL来获得状态方程。
8. 本章讨论的拉普拉斯变换的两个应用领域是电路稳定性分析和网络综合。当电路传输函数的所有极点落在 s 平面的左半平面时，电路是稳定的。网络综合是寻找一个合适的网络来表示给定的传输函数的过程，该过程适于在 s 域进行。

复习题

1 通过电阻的电流为 $i(t)$，它的 s 域电压是 $sRI(s)$。
(a) 正确　(b) 错误

2 RL 串联电路的输入电压为 $v(t)$，则它的 s 域电流为
(a) $V(s)\left[R+\frac{1}{sL}\right]$　(b) $V(s)(R+sL)$
(c) $\frac{V(s)}{R+1/sL}$　(d) $\frac{V(s)}{R+sL}$

3 10F电容的阻抗是：
(a) $10/s$　(b) $s/10$
(c) $1/10s$　(d) $10s$

4 通常在时域求戴维南等效电路。
(a) 正确　(b) 错误

5 仅当所有的初始条件为0时，才能确定传输函数。
(a) 正确　(b) 错误

6 如果线性系统输入是 $\delta(t)$，输出是 $\mathrm{e}^{-2t}u(t)$，系统的传输函数是：
(a) $\frac{1}{s+1}$　(b) $\frac{1}{s-2}$
(c) $\frac{s}{s+2}$　(d) $\frac{s}{s-2}$
(e)以上都不是

7 如果系统的传输函数是

$$H(S)=\frac{s^2+s+2}{s^3+4s^2+5s+1}$$

表明当输出是 $Y(s)=s^2+s+2$ 时，输入是 $X(s)=s^3+4s^2+5s+1$。
(a) 正确　(b) 错误

8 若网络的传输函数如下，则网络是稳定的。

$$H(S)=\frac{s+1}{(s-2)(s+3)}$$

(a) 正确　(b) 错误

9 下面哪一个方程是状态方程？
(a) $\dot{\boldsymbol{x}}=\boldsymbol{A}x+\boldsymbol{B}z$
(b) $\boldsymbol{y}=\boldsymbol{C}x+\boldsymbol{D}z$
(c) $\boldsymbol{H}(s)=\boldsymbol{Y}(s)/\boldsymbol{Z}(s)$
(d) $\boldsymbol{H}(s)=\boldsymbol{C}(s\boldsymbol{I}-\boldsymbol{A})^{-1}\boldsymbol{B}$

10 单输入-单输出系统的状态模型表示如下：

$$\dot{x}_1=2x_1-x_2+3z \quad \dot{x}_2=-4x_2+z$$
$$y=3x_1-2x_2+z$$

下面哪个矩阵是不正确的？
(a) $\boldsymbol{A}=\begin{bmatrix}2 & -1\\0 & -4\end{bmatrix}$　(b) $\boldsymbol{B}=\begin{bmatrix}3\\-1\end{bmatrix}$
(c) $\boldsymbol{C}=[3\quad -2]$　(d) $\boldsymbol{D}=\boldsymbol{0}$

答案：(1) b；(2) d；(3) c；(4) b；(5) b；(6) a；(7) b；(8) b；(9) a；(10) d。

习题

16.2 和 16.3 节

1 RLC 电路中的电流为

$$\frac{d^2 i}{dt^2}+10\frac{di}{dt}+25i=0$$

如果 $i(0)=2\text{A}$ 且$\left.\frac{di}{dt}\right|_{t=0}=0$，求 $t>0$ 时的 $i(t)$。

2 描述 RLC 网络的电压微分方程是

$$\frac{d^2 v}{dt^2}+5\frac{dv}{dt}+4v=0$$

已知 $v(0)=0$ 和 $dv(0)/dt=5\text{V/s}$，求 $i(t)$。

3 RLC 电路的自然响应由如下微分方程确定：

$$\frac{d^2 v}{dt^2}+2\frac{dv}{dt}+v=0$$

初始条件是 $v(0)=20\text{V}$ 和$\left.\frac{dv}{dt}\right|_{t=0}=0$，求 $v(t)$。

4 如果 $R=20\Omega$，$L=0.6\text{H}$，则 C 的值是多少时，将会使 RLC 串联电路：

(a) 过阻尼；

(b) 临界阻尼；

(c) 欠阻尼。

5 串联 RLC 电路的响应是

$v_C(t)=[30-10e^{-20t}+30e^{-10t}]u(t)\text{V}$，

$i_L(t)=[40e^{-20t}-60e^{-10t}]u(t)\text{mA}$

其中 $v_C(t)$ 和 $i_L(t)$ 分别是电容电压和电感电流。求 R、L 和 C 的值。

6 设计一个 RLC 并联电路，其特征方程为 **ED**

$$s^2+100s+10^6=0$$

7 RLC 电路的阶跃响应由如下微分方程确定：

$$\frac{d^2 i}{dt^2}+2\frac{di}{dt}+5i=30$$

若 $i(0)=6\text{A}$，$di(0)/dt=12\text{A/s}$，求 $i(t)$。

8 描述 RLC 电路的支路电压方程为

$$\frac{d^2 v}{dt^2}+4\frac{dv}{dt}+8v=48$$

如果初始条件为 $v(0)=0=\left.\frac{dv}{dt}\right|_{t=0}$，求 $v(t)$。

9 描述串联 RLC 电路的微分方程为

$$L\frac{d^2 i(t)}{dt^2}+R\frac{di(t)}{dt}+\frac{i(t)}{C}=15$$

当 $L=0.5\text{H}$，$R=4\Omega$，$C=0.2\text{F}$ 时求出响应。设 $i(0^-)=7.5\text{A}$，$[di(0^-)/dt]=0$。

10 串联 RLC 电路的阶跃响应是

$V_C=40-10e^{-2000t}-10e^{-4000t}\text{V}$， $t>0$

$i_L(t)=3e^{-2000t}+6e^{-4000t}\text{mA}$， $t>0$

(a) 求 C。

(b) 确定电路是什么阻尼类型。

11 并联 RLC 电路的阶跃响应是

$v=10+20e^{-300t}(\cos400t-2\sin400t)\text{V}$，$t\geqslant0$

电感是 50mH，求出 R 和 C。

12 用拉普拉斯变换求如图 16-35 所示电路的 $i(t)$。

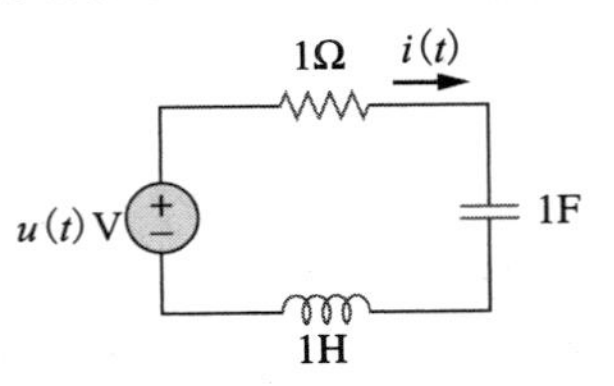

图 16-35 习题 12 图

13 利用图 16-36，设计一个问题，以更好地理解如何用拉普拉斯变换进行电路分析。 **ED**

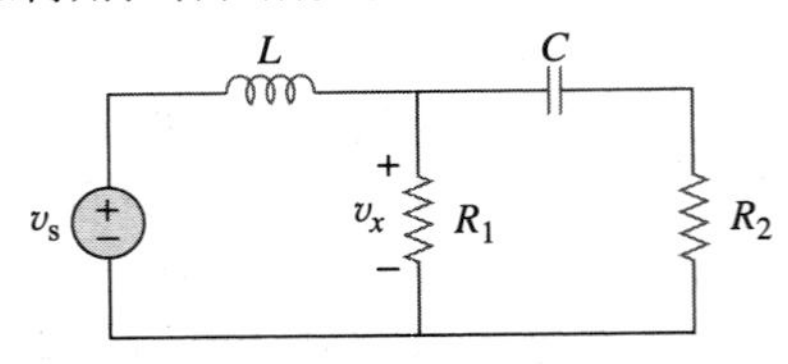

图 16-36 习题 13 图

14 对于图 16-37 所示电路，求 $t>0$ 时的 $i(t)$。假设 $i_s(t)=[4(t)+2\delta(t)]\text{mA}$。

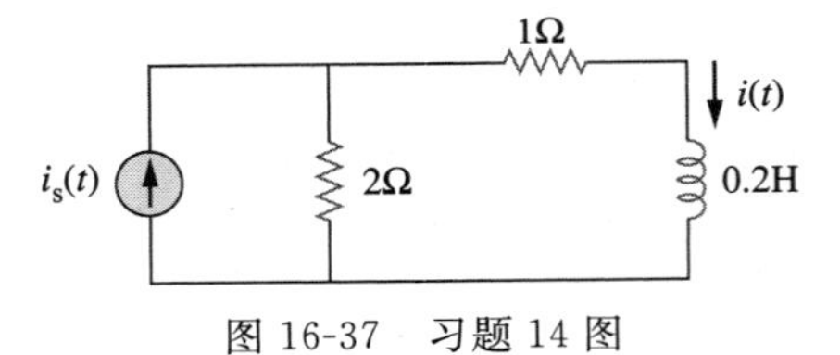

图 16-37 习题 14 图

15 对图 16-38 所示电路，求使电路处于临界阻尼响应的 R 值。

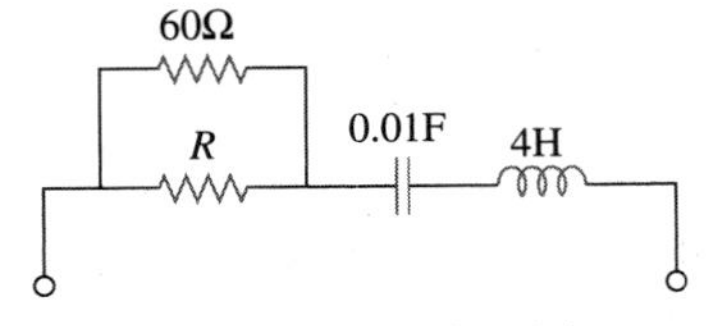

图 16-38 习题 15 图

16 在图 16-39 所示的电路中，电容初始时没充电。求 $t>0$ 时的 $v_o(t)$。

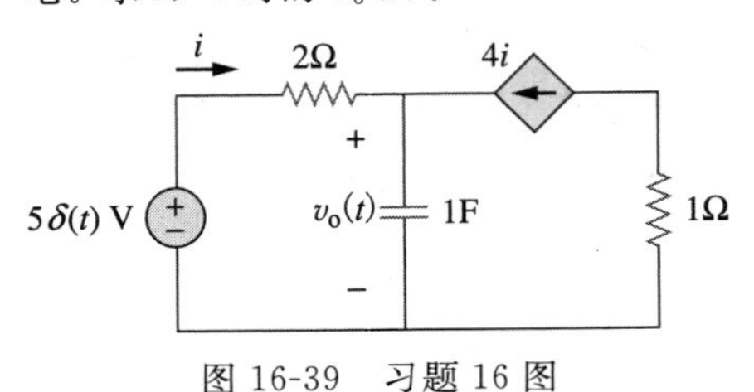

图 16-39 习题 16 图

17 在图 16-40 所示电路中，如果 $i_s(t)=e^{-2t}u(t)$，

求 $i_o(t)$ 的值。

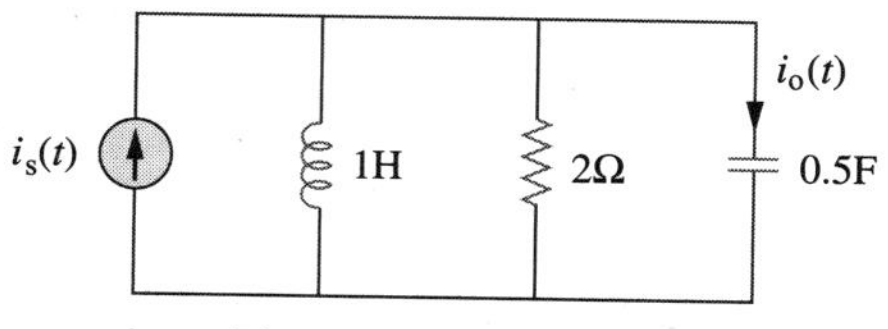

图 16-40　习题 17 图

18　在图 16-41 所示电路中，设 $v_s=20\text{V}$，求 $t>0$ 时的 $v(t)$。

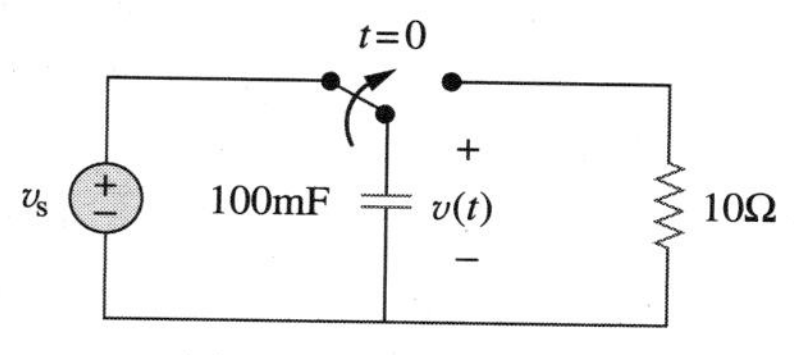

图 16-41　习题 18 图

19　图 16-42 所示电路中，在 $t=0$ 时开关由位置 A 移向位置 B(注意，开关在与 A 点断开之前必须连接到 B 点，即先通后断开关)。求 $t>0$ 时的 $v(t)$。

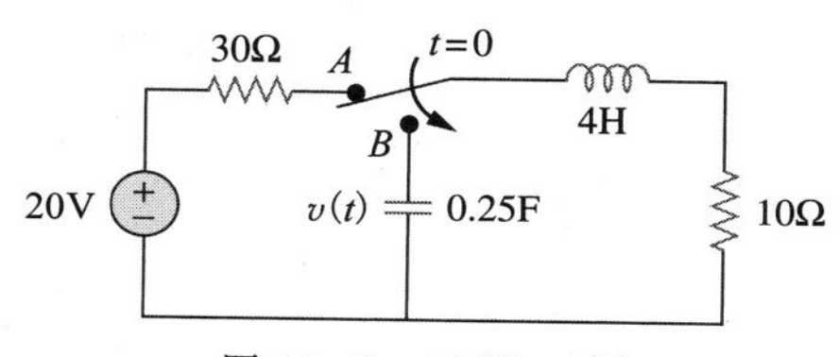

图 16-42　习题 19 图

20　对于图 16-43 所示电路，求 $t>0$ 时的 $i(t)$。

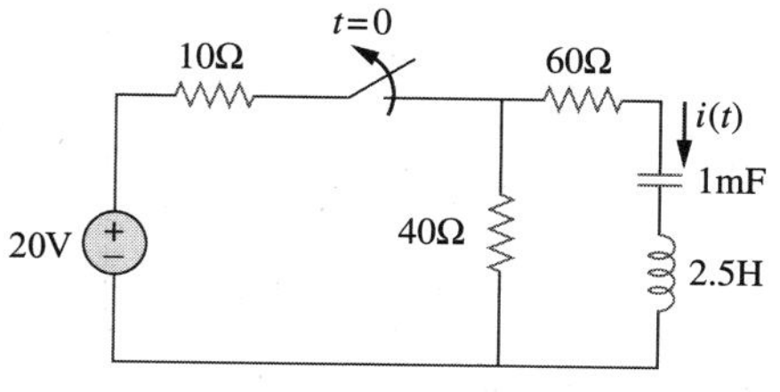

图 16-43　习题 20 图

21　在如图 16-44 所示电路中，开关在 $t=0$ 时刻从位置 A 移动(先通后断开关)到位置 B。求 $t\geqslant0$ 时的 $v(t)$。

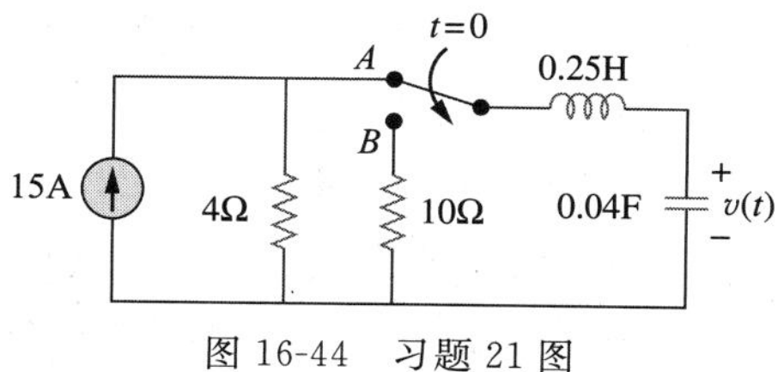

图 16-44　习题 21 图

22　对于图 16-45 所示电路，求 $t>0$ 时电容两端的电压。假定 $t=0^-$ 时电路处于稳态。

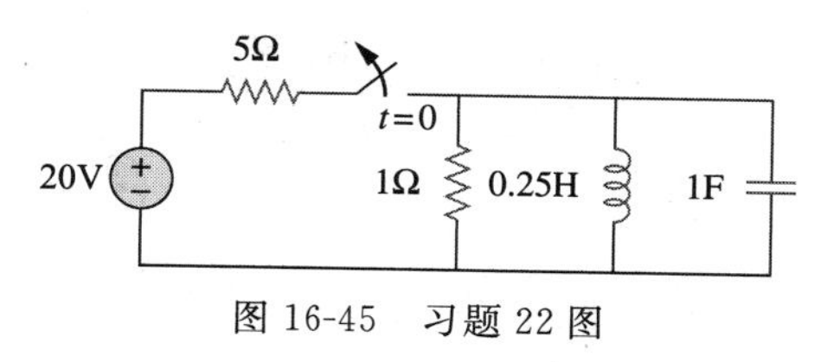

图 16-45　习题 22 图

23　对于图 16-46 所示电路，求 $t>0$ 时的 $v(t)$。

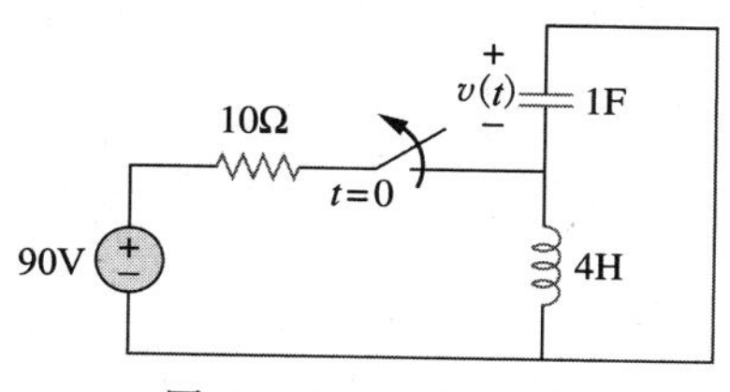

图 16-46　习题 23 图

24　对于图 16-47 所示电路，换路前开关已经闭合很长时间，在 $t=0$ 时开关断开，求 $t>0$ 时的 $i(t)$。

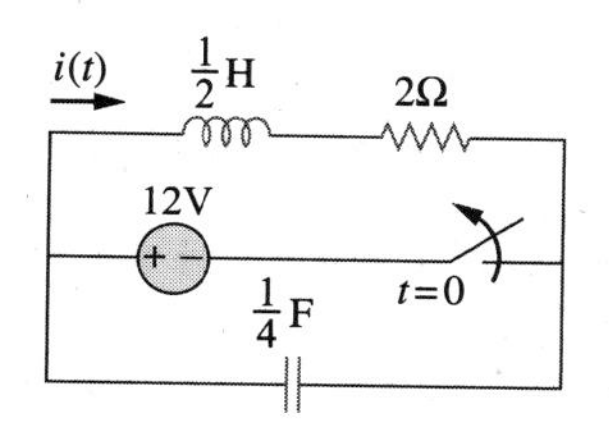

图 16-47　习题 24 图

25　在图 16-48 所示电路中，计算 $t>0$ 时的 $v(t)$。

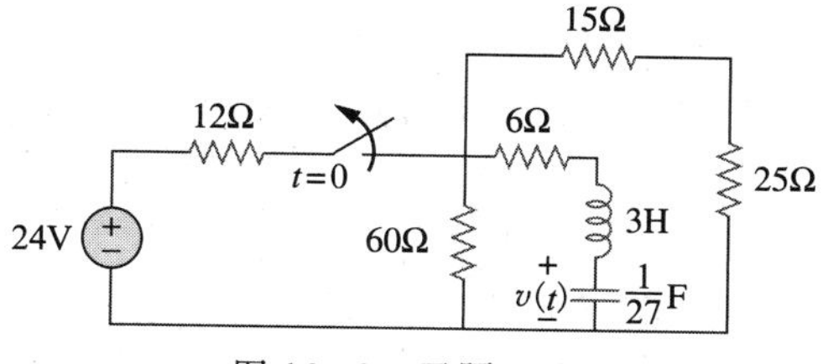

图 16-48　习题 25 图

26　图 16-49 中的开关在 $t=0$ 时从 A 位置移动到 B 位置(注意，开关在和 A 点断开连接之前必须连接到 B 点，即先通后断开关)。求出 $t>0$ 时的 $i(t)$。假设电容的初始电压为零。

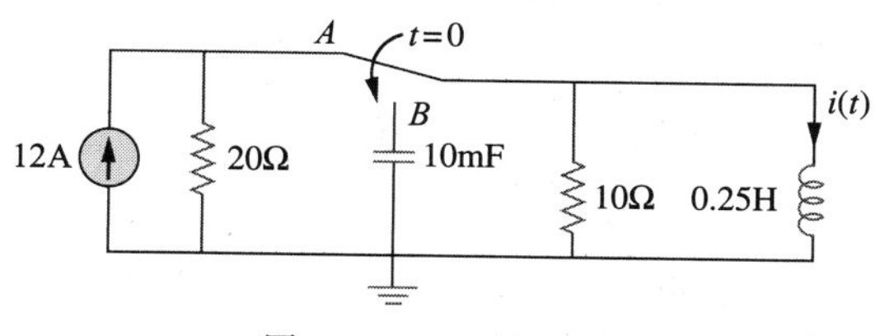

图 16-49　习题 26 图

27　在图 16-50 所示电路中，求 $t>0$ 时的 $v(t)$。

28　对于图 16-51 所示电路，求 $t>0$ 时的 $v(t)$。

29　在图 16-52 所示电路中，计算 $t>0$ 时的 $i(t)$。

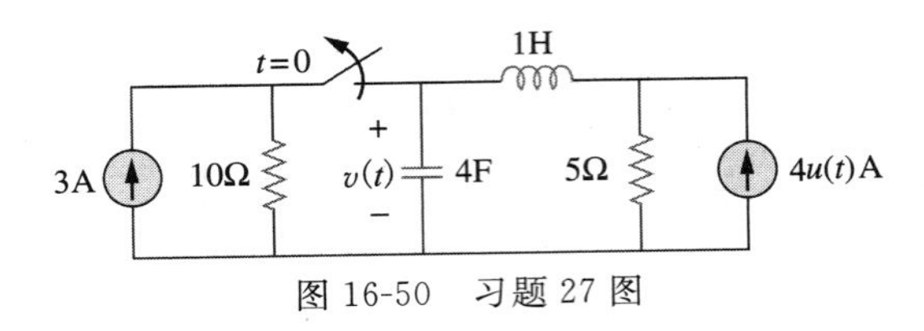

图 16-50　习题 27 图

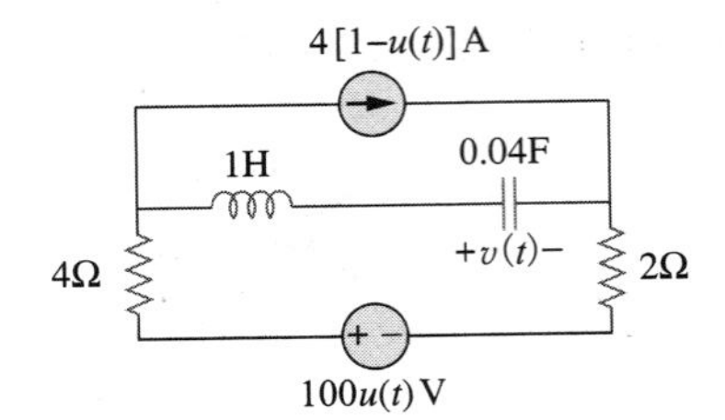

图 16-51　习题 28 图

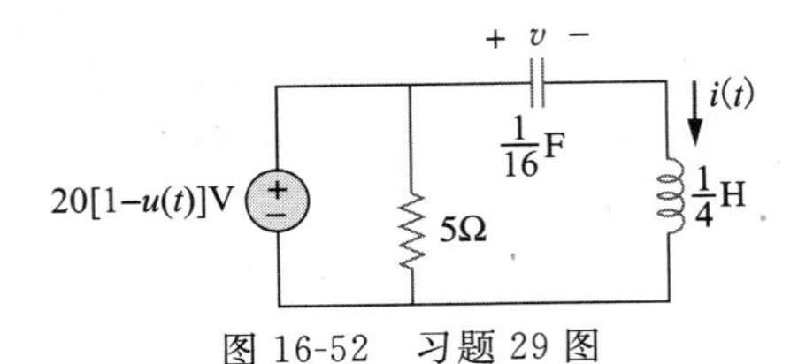

图 16-52　习题 29 图

30　在图 16-53 所示电路中，求 $t>0$ 时的 $v_o(t)$。

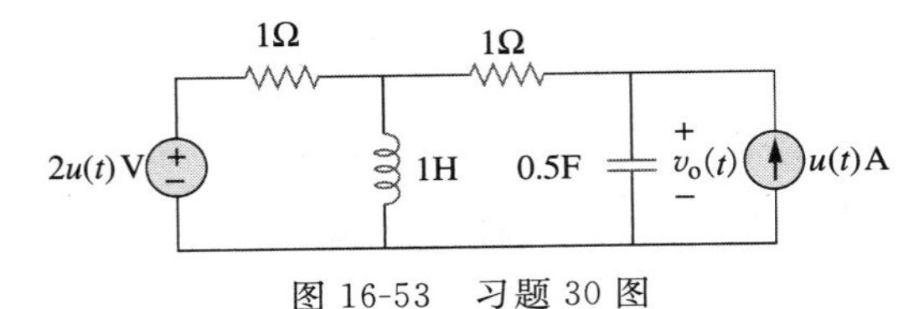

图 16-53　习题 30 图

31　在如图 16-54 所示电路中，求 $t>0$ 时的 $v(t)$ 和 $i(t)$。

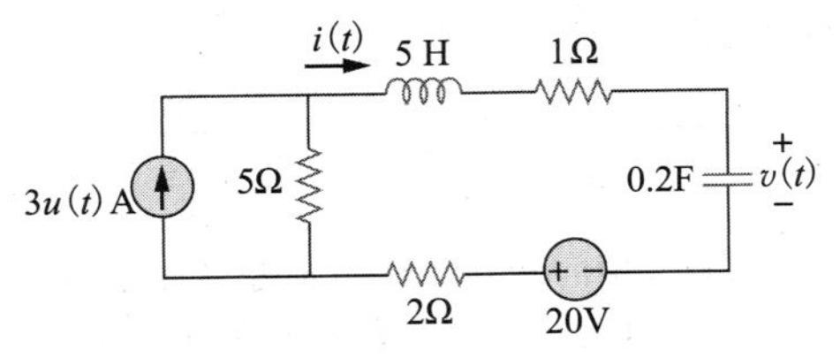

图 16-54　习题 31 图

32　对于图 16-55 所示电路，求 $t>0$ 时的 $i(t)$。

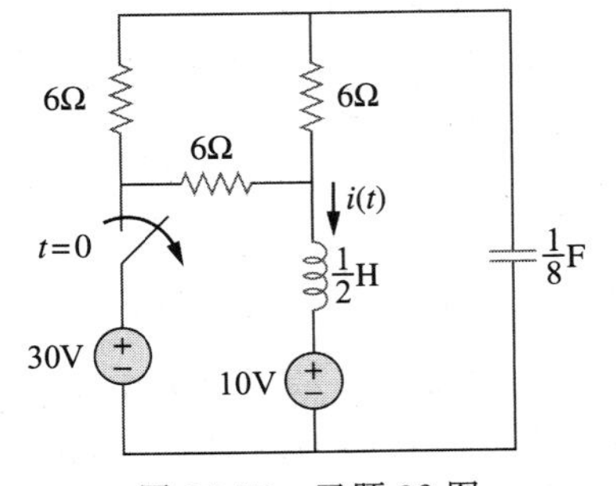

图 16-55　习题 32 图

33　使用图 16-56 设计一个问题，以更好地理解怎样使用戴维南定理(在 s 域)辅助电路分析。

ED

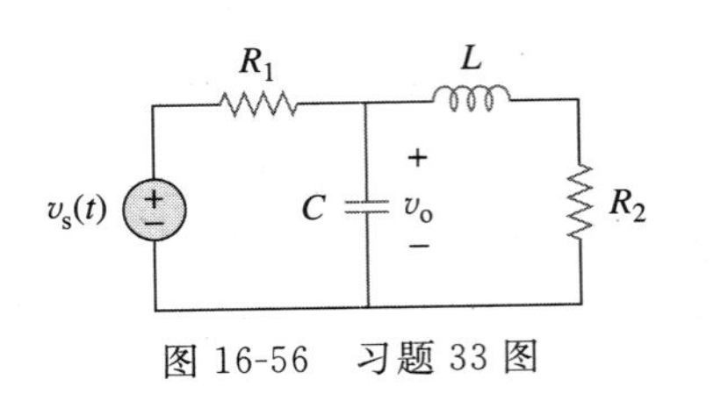

图 16-56　习题 33 图

34　求解图 16-57 所示电路的网孔电流，给出 s 域结果。

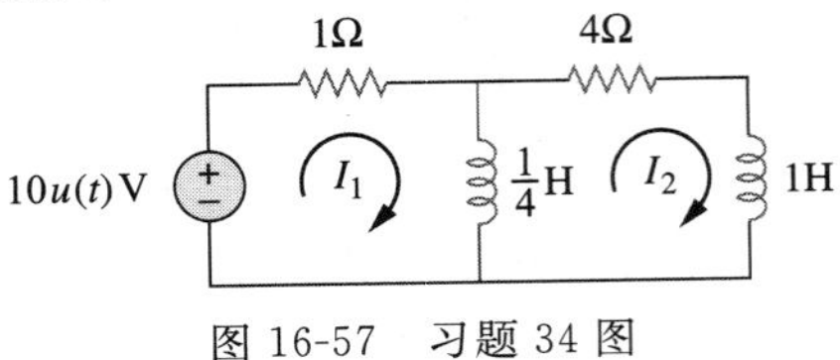

图 16-57　习题 34 图

35　求图 16-58 所示电路的 $v_o(t)$。

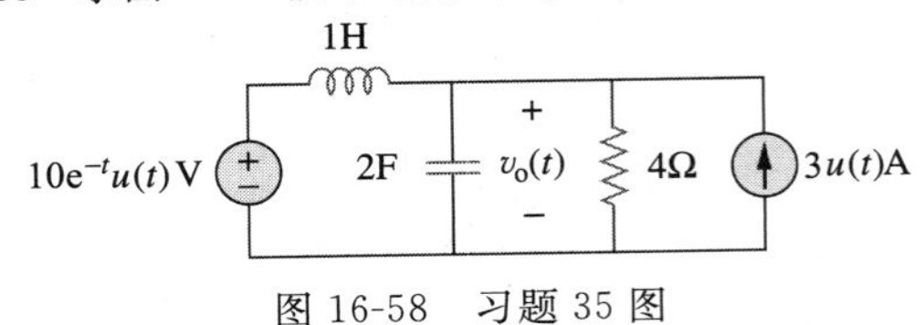

图 16-58　习题 35 图

36　对于图 16-59 所示电路，计算 $t>0$ 时的 $i(t)$。

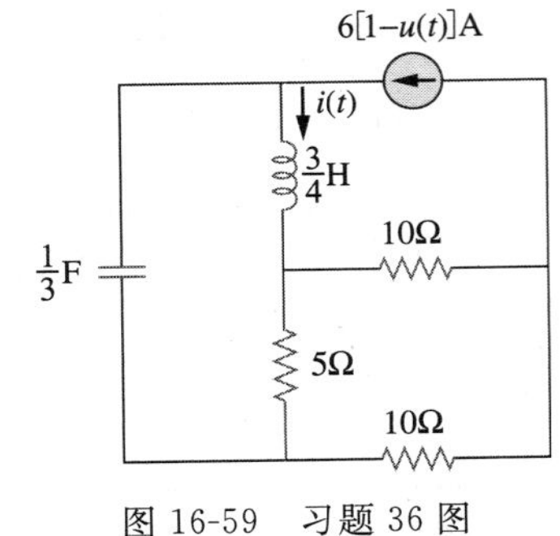

图 16-59　习题 36 图

37　在如图 16-60 所示电路中，求 $t>0$ 时的 v。

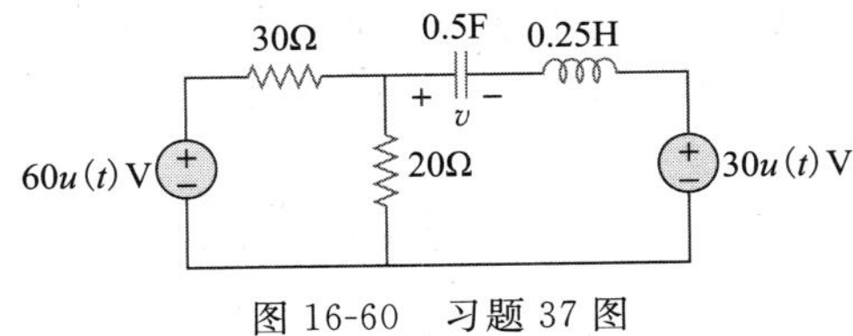

图 16-60　习题 37 图

38　图 16-61 中的电路的开关在 $t=0$ 时从位置 a 移到了 b(先通后断开关)，求 $t>0$ 时的 $i(t)$。

39　对于图 16-62 所示网络，求 $t>0$ 时的 $i(t)$。

40　在图 16-63 所示的电路中，求 $t>0$ 时的 $v(t)$ 和 $i(t)$。假定 $v(0)=0\text{V}$，$i(0)=1\text{A}$。

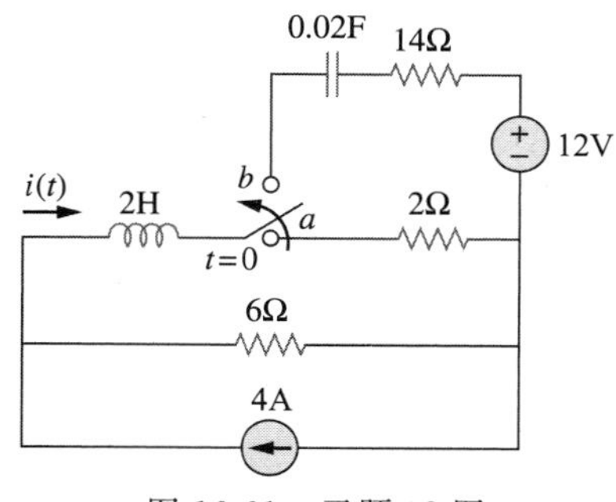

图 16-61　习题 38 图

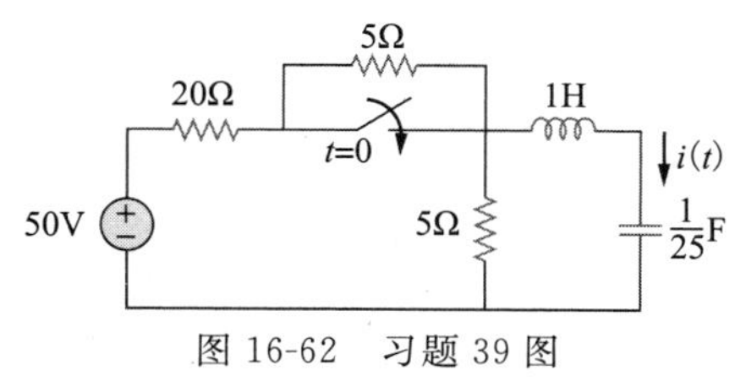

图 16-62　习题 39 图

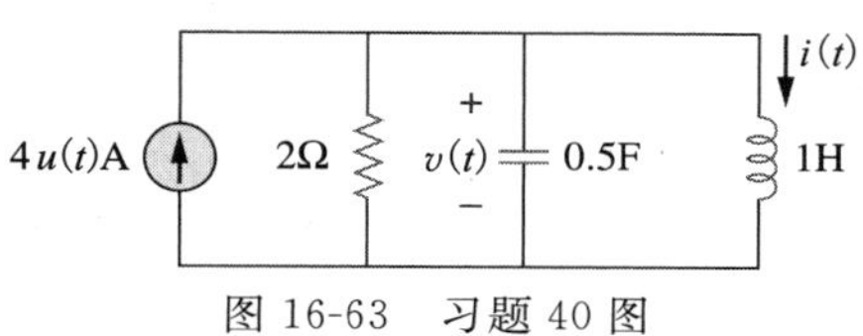

图 16-63　习题 40 图

41　在如图 16-41 所示电路中，求输出电压 $v_o(t)$。

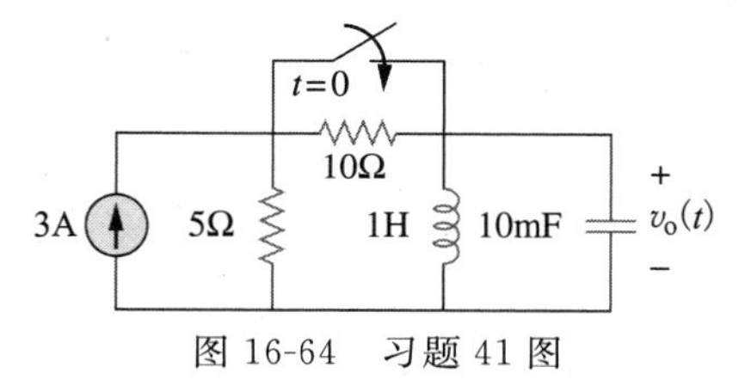

图 16-64　习题 41 图

42　电路如图 16-65 所示，求 $t>0$ 时的 $v(t)$和 $i(t)$。

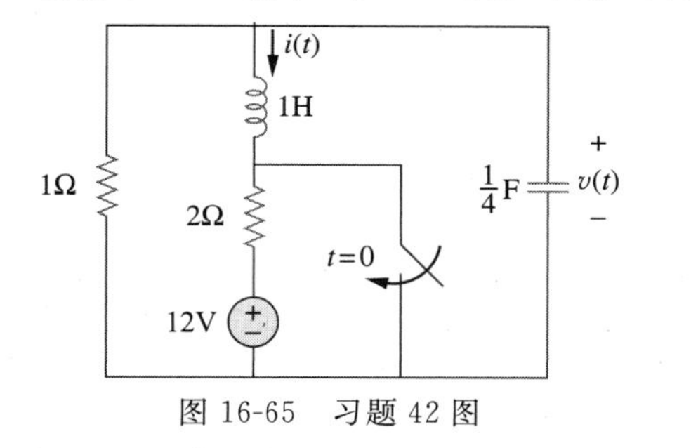

图 16-65　习题 42 图

43　电路如图 16-66 所示，求 $t>0$ 时的 $i(t)$。

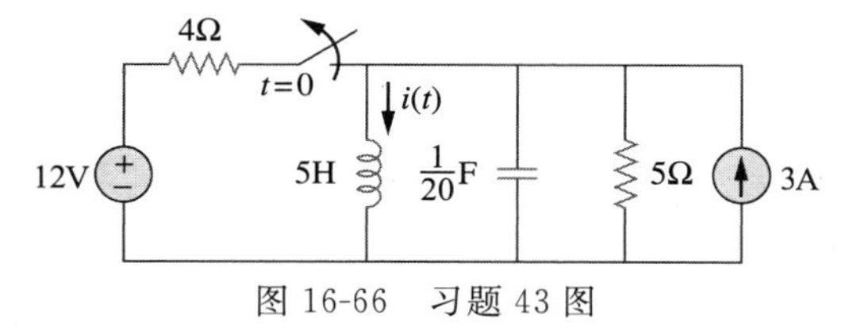

图 16-66　习题 43 图

44　电路如图 16-67 所示，求 $t>0$ 时的 $i(t)$。

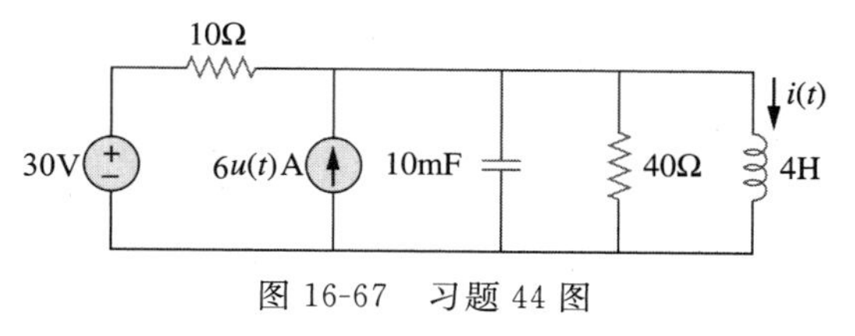

图 16-67　习题 44 图

45　求如图 16-68 所示电路在 $t>0$ 时的 $v(t)$。

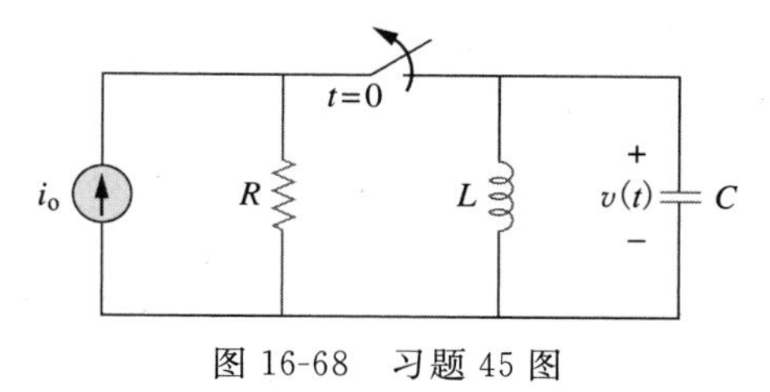

图 16-68　习题 45 图

46　在图 16-69 所示电路中，求 $i_o(t)$。

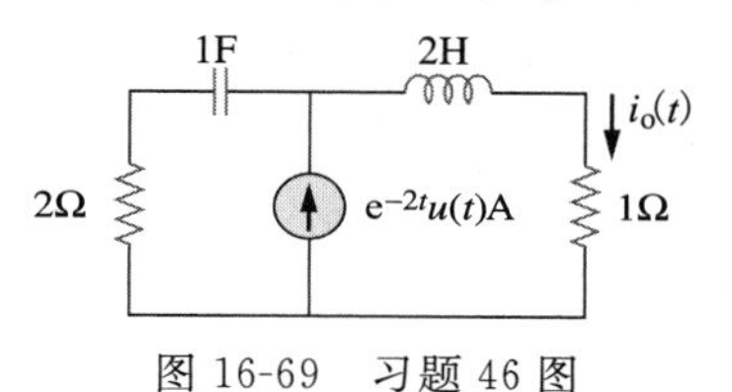

图 16-69　习题 46 图

47　求图 16-70 所示电路的 $i_o(t)$。

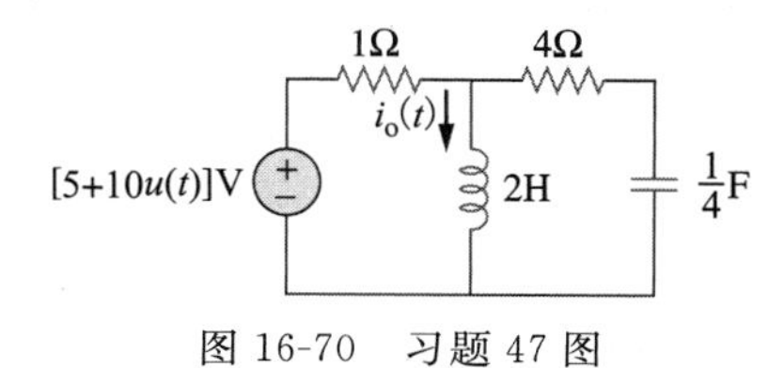

图 16-70　习题 47 图

48　在图 16-71 所示电路中，求 $V_x(s)$。

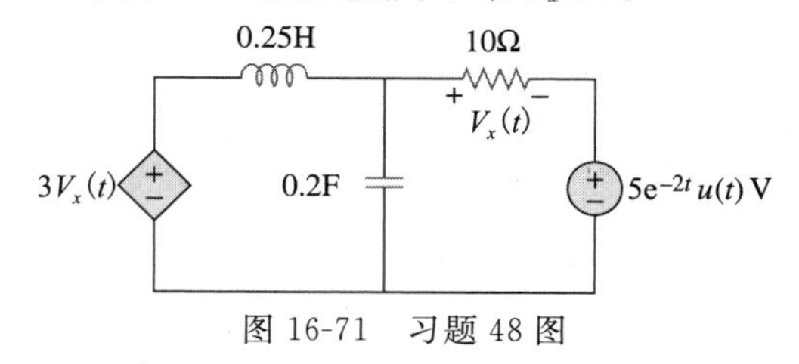

图 16-71　习题 48 图

49　电路如图 16-72 所示，求 $t>0$ 时的 $i_o(t)$。

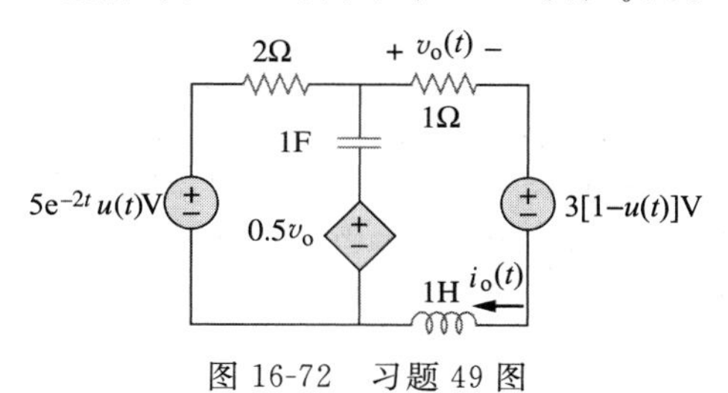

图 16-72　习题 49 图

50　对于图 16-73 所示电路，求 $t>0$ 时的 $v(t)$。假设 $i(0)=2\text{A}$，$v(0^+)=4\text{V}$。

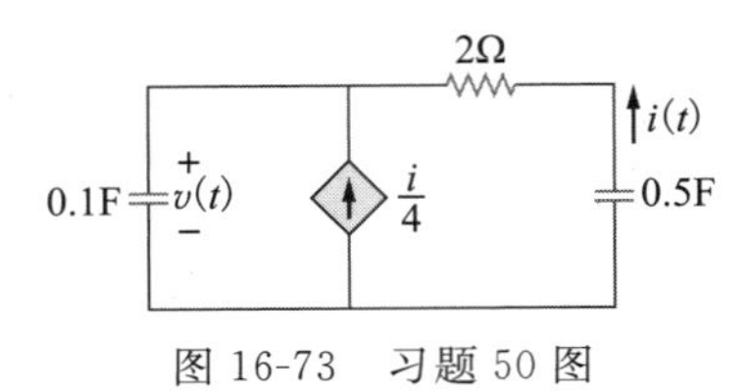

图 16-73　习题 50 图

51　电路如图 16-74 所示，求 $t>0$ 时的 $i(t)$。

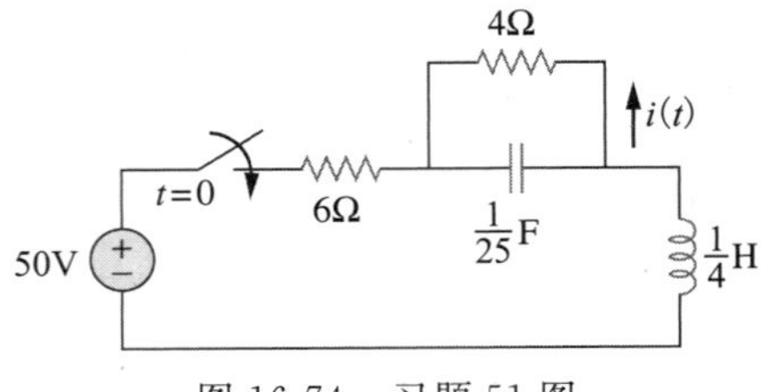

图 16-74　习题 51 图

52　在图 16-75 所示的电路中，开关已经闭合很久，在 $t=0$ 时刻打开开关，求 $t>0$ 时刻 i_x 和 v_R 的值。

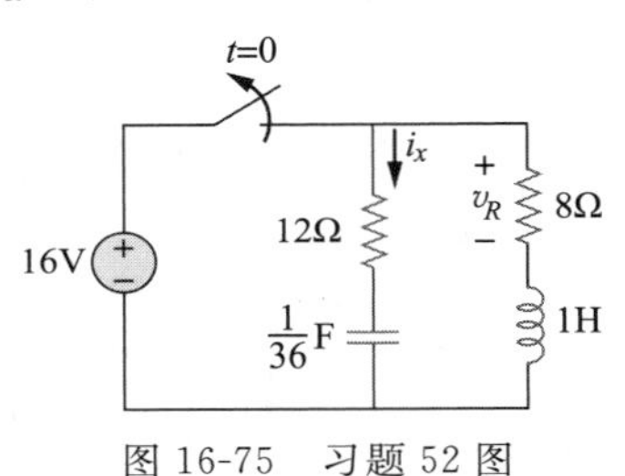

图 16-75　习题 52 图

53　在图 16-76 所示电路中，开关处在位置 1 很长时间，但在 $t=0$ 时刻切换到位置 2，求：(a) $v(0^+)$、$\mathrm{d}v(0^+)/\mathrm{d}t$；(b) $t\geqslant0$ 时的 $v(t)$。

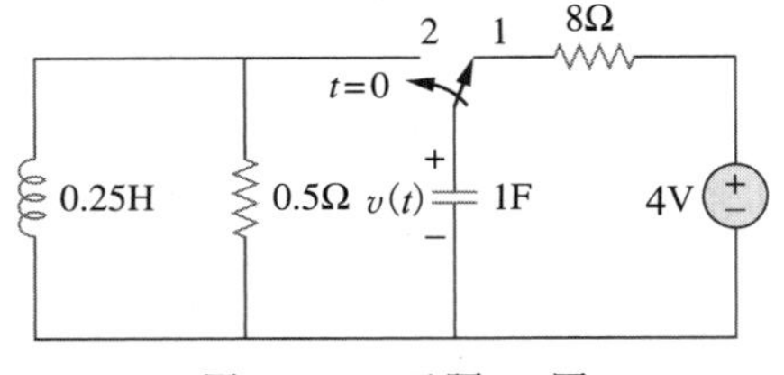

图 16-76　习题 53 图

54　在图 16-77 所示电路中，$t<0$ 时开关一直在位置 1，在 $t=0$ 时开关从位置 1 切换到电容顶端。注意，此开关为先通后断开关，即开关将处在位置 1 直到它连接电容的顶端，然后再断开与位置 1 的连接。求 $v(t)$。

55　在图 16-78 所示电路中，求 $t>0$ 时的 i_1、i_2。

56　在图 16-79 所示电路中，计算 $t>0$ 时的 $i_o(t)$。

57　(a) 求图 16-80a 所示电路中电压的拉普拉斯变换；(b) 在图 16-80b 所示电路中，用给定 $v_s(t)$ 的值求 $v_o(t)$ 的值。

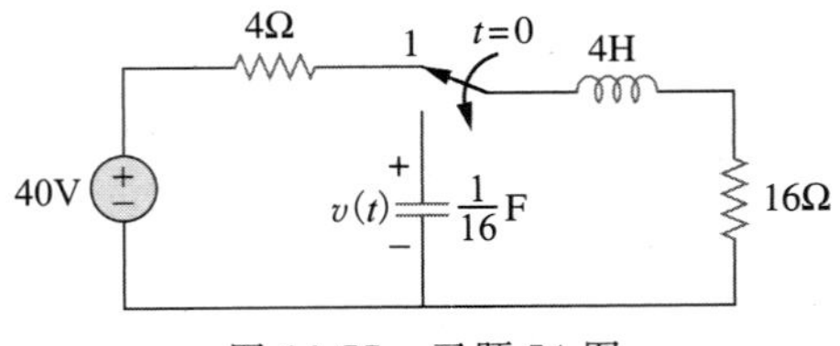

图 16-77　习题 54 图

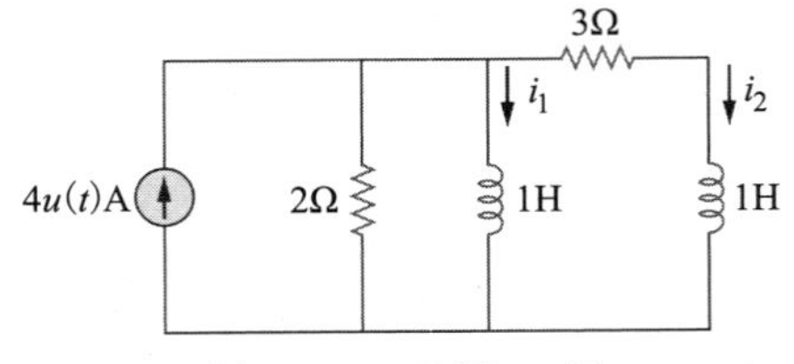

图 16-78　习题 55 图

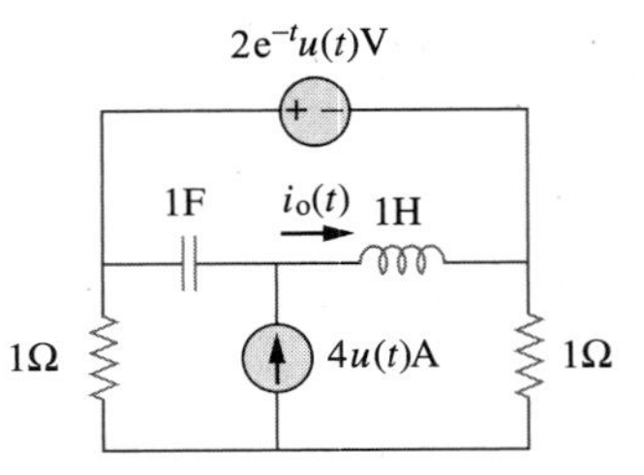

图 16-79　习题 56 图

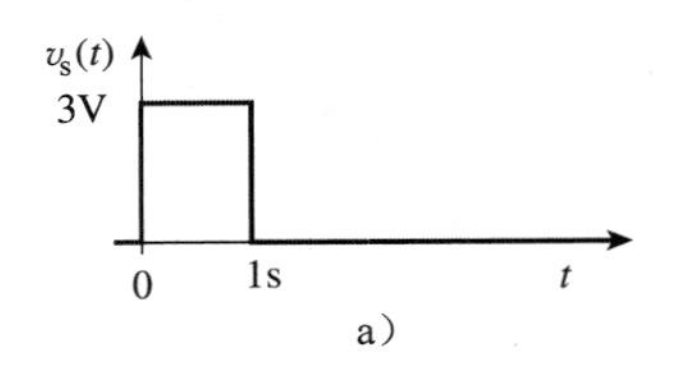

a)

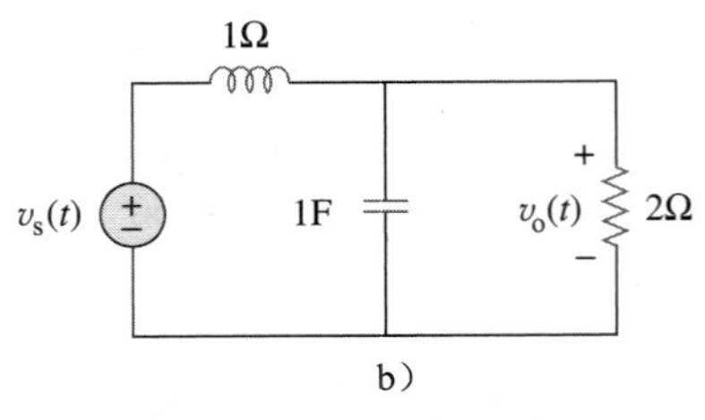

b)

图 16-80　习题 57 图

58　利用图 16-81 设计一个问题，以更好地理解 s 域的带有受控源的电路分析。

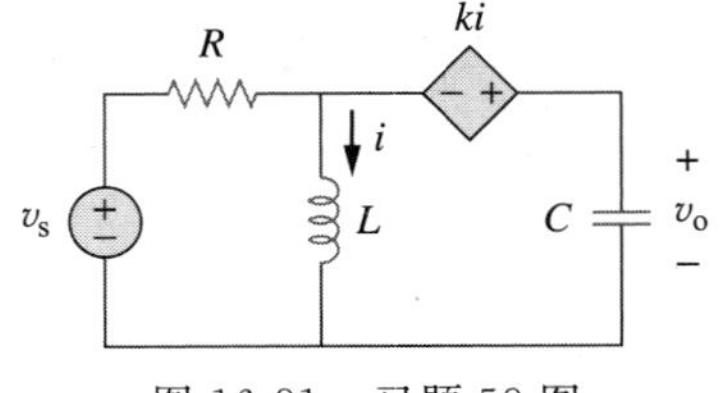

图 16-81　习题 58 图

59　在图 16-82 所示电路中，如果 $v_x(0)=10\text{V}$，$i(0)=5\text{A}$，求 $v_o(t)$。

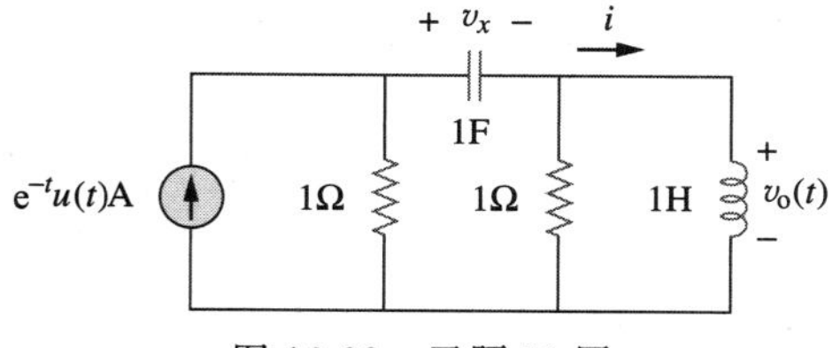

图 16-82　习题 59 图

60　在图 16-83 所示电路中求 $t>0$ 时的响应 $v_R(t)$，设 $R=3\Omega$，$L=2\text{H}$，$C=\frac{1}{18}\text{F}$。

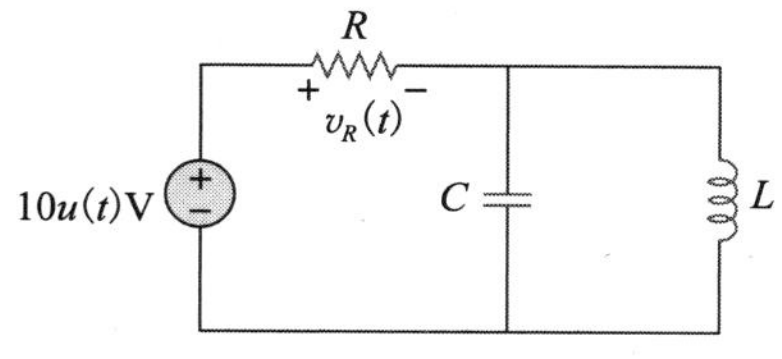

图 16-83　习题 60 图

*61　在图 16-84 所示电路中，用拉普拉斯变换法求电压 $v_o(t)$。

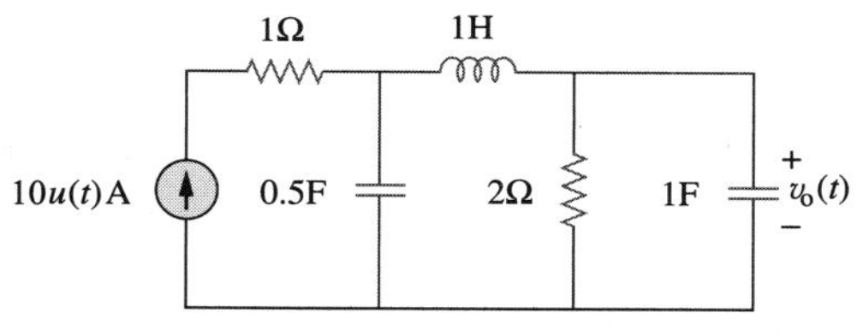

图 16-84　习题 61 图

62　利用图 16-85 设计一个问题，从而更好地理解如何用 s 域方法求节点电压。**ED**

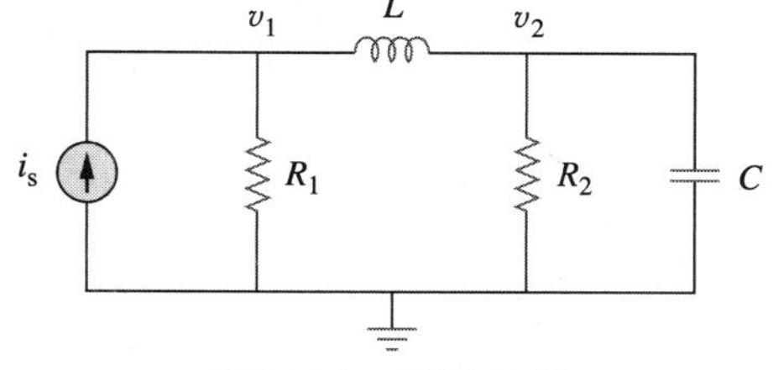

图 16-85　习题 62 图

63　考虑图 16-86 所示的并联 RLC 电路，假设 $v(0)=5\text{V}$，$i(0)=-2\text{A}$，求 $v(t)$和 $i(t)$。

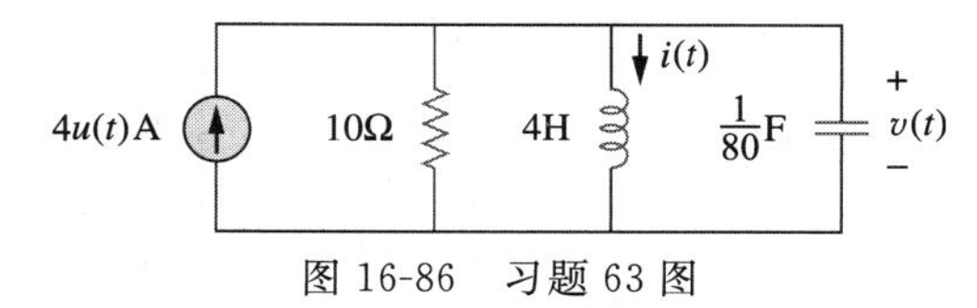

图 16-86　习题 63 图

64　图 16-87 所示电路中，开关在 $t=0$ 时从位置 1 切换到位置 2，求 $t>0$ 时的 $v(t)$。

65　在图 16-88 所示的 RLC 电路中，如果 $v(0)=2\text{V}$，当开关闭合时，求全响应。

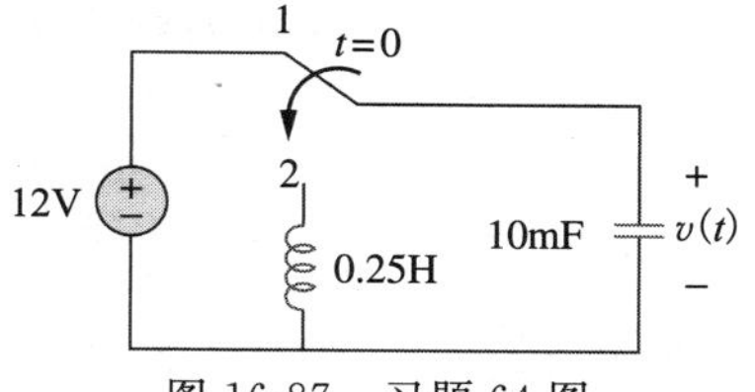

图 16-87　习题 64 图

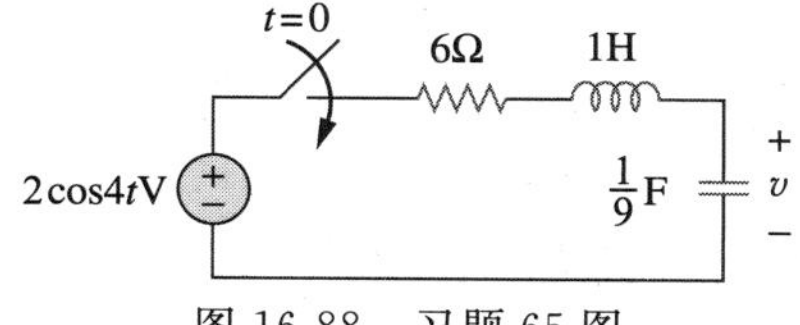

图 16-88　习题 65 图

66　对于图 16-89 所示的运算放大器电路，求 $t>0$ 时的 $v_o(t)$，其中 $v_s=3e^{-5t}u(t)\text{V}$。

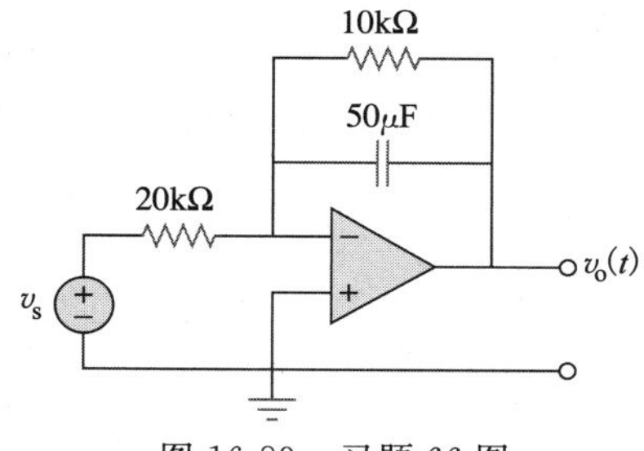

图 16-89　习题 66 图

67　图 16-90 所示的运算放大电路，如果 $v_1(0^+)=2\text{V}$，$v_2(0^+)=0\text{V}$，求 $t>0$ 时的 v_o。设 $R=100\text{k}\Omega$，$C=1\mu\text{F}$。

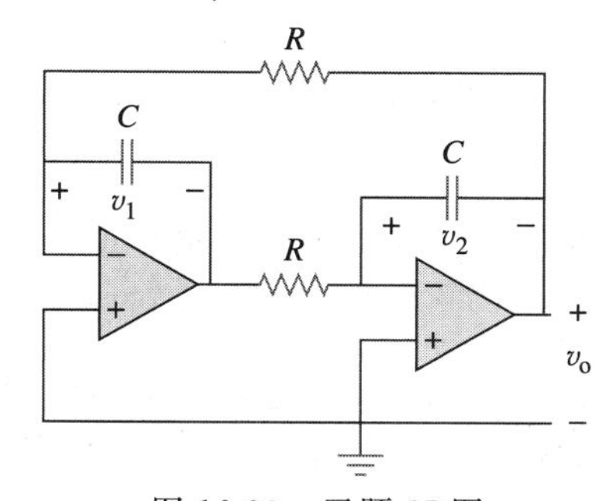

图 16-90　习题 67 图

68　在图 16-91 所示的运算放大电路中，求 $v_o(t)/v_s(t)$。

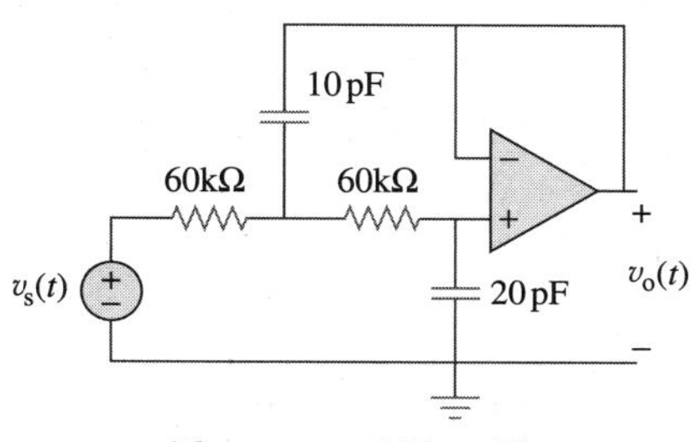

图 16-91　习题 68 图

69　在图 16-92 所示电路中，求 $I_1(s)$和 $I_2(s)$。

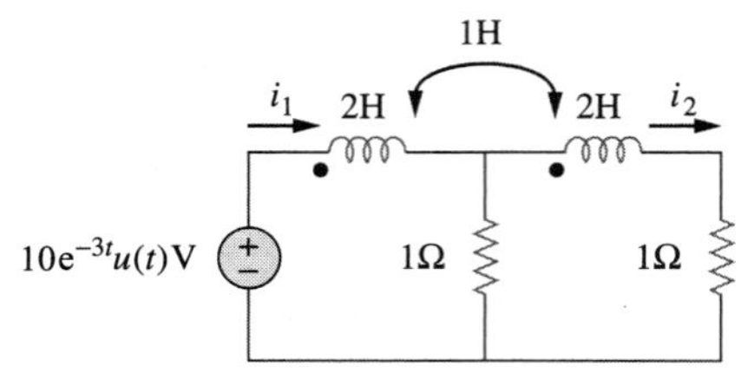

图 16-92　习题 69 图

70　利用图 16-93 设计一个问题，以更好地理解怎样在 s 域分析含有互耦合元件的电路。 **ED**

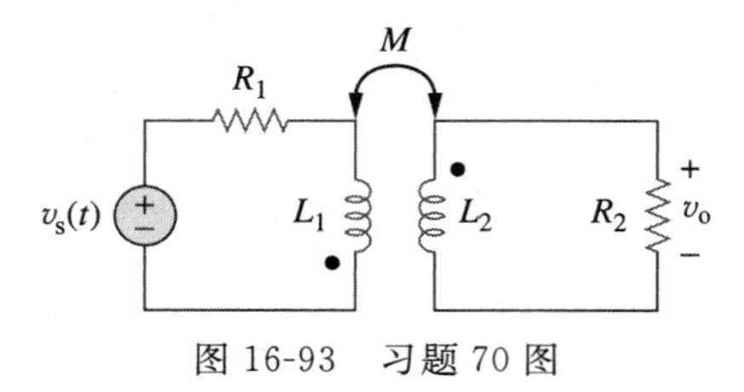

图 16-93　习题 70 图

71　对于如图 16-94 所示含有理想变压器的电路，求 $i_o(t)$。

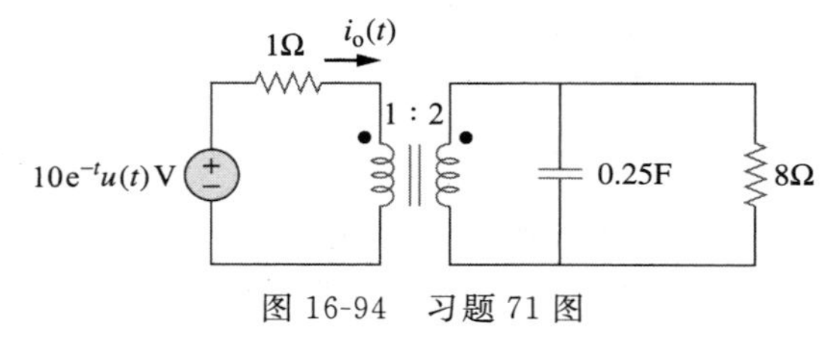

图 16-94　习题 71 图

16.4 节

72　系统的传输函数为

$$H(s)=\frac{s^2}{3s+1}$$

当系统输入为 $4e^{-t/3}u(t)$时求输出。

73　系统的单位阶跃响应为 $10u(t)\cos 2t$，求系统的传输函数。

74　设计一个问题以更好地理解给定传输函数和输入激励时如何求输出。 **ED**

75　系统单位阶跃响应为

$$y(t)=[4+0.5e^{-3t}-e^{-2t}(2\cos 4t+3\sin 4t)]u(t)$$

求系统的传输函数。

76　对于图 16-95 所示电路，假设初始条件为零，求 $H(s)=V_o(s)/V_s(s)$。

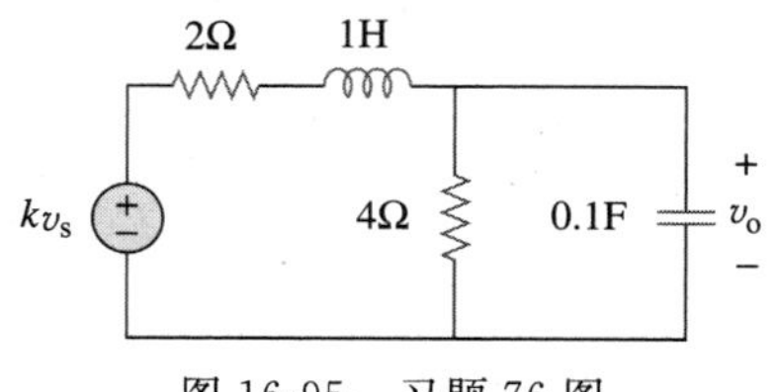

图 16-95　习题 76 图

77　对于图 16-96 所示电路，求传输函数 $H(s)=V_o/V_s$。

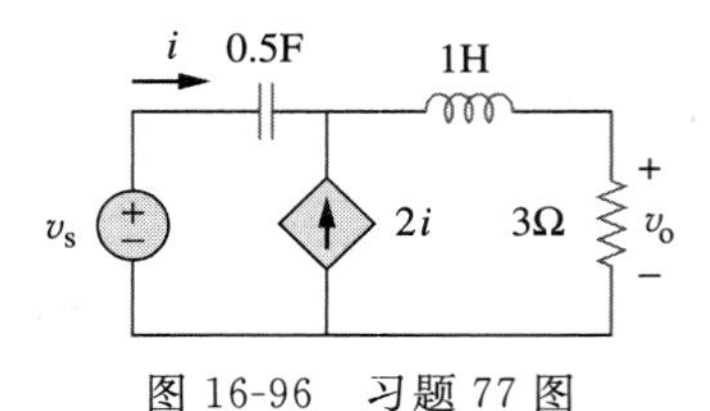

图 16-96　习题 77 图

78　电路的传输函数为

$$H(s)=\frac{5}{s+1}-\frac{3}{s+2}+\frac{6}{s+4}$$

求电路的冲激响应。

79　对于图 16-97 所示电路，求(a) I_1/V_s；(b) I_2/V_x。

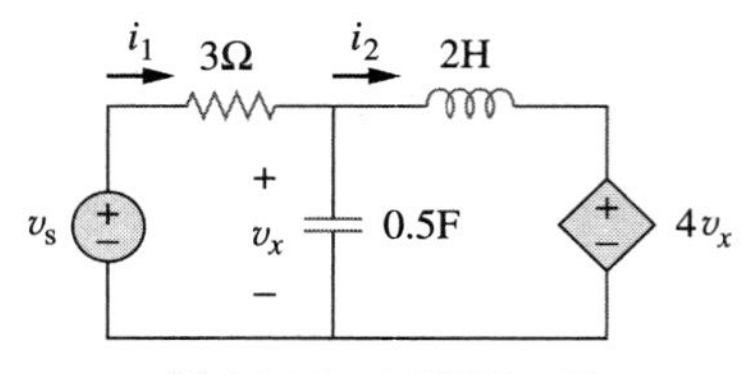

图 16-97　习题 79 图

80　根据图 16-98 所示的网络，求出下面的传输函数：

(a) $H_1(s)=V_o(s)/V_s(s)$

(b) $H_2(s)=V_o(s)/I_s(s)$

(c) $H_3(s)=I_o(s)/I_s(s)$

(d) $H_4(s)=I_o(s)/V_s(s)$

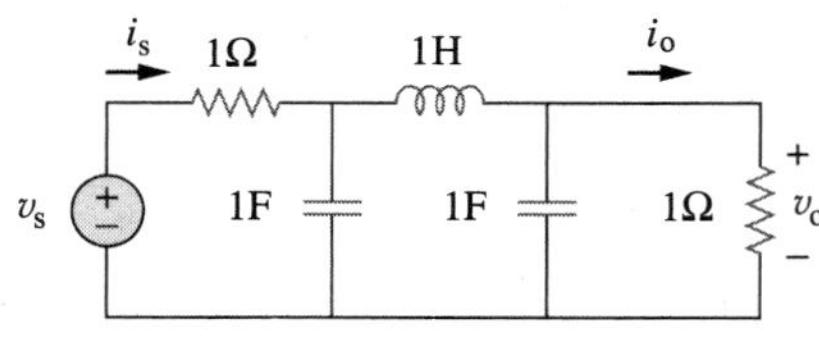

图 16-98　习题 80 图

81　对于图 16-99 所示的运算放大电路，假设所有的初始条件为零，求传输函数 $T(s)=I(s)/V_s(s)$。

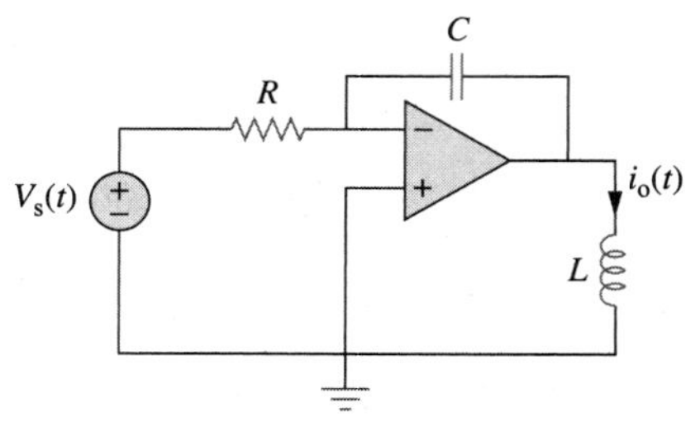

图 16-99　习题 81 图

82　对于图 16-100 所示的运算放大电路，计算增

益 $H(s)=V_o/V_s$。

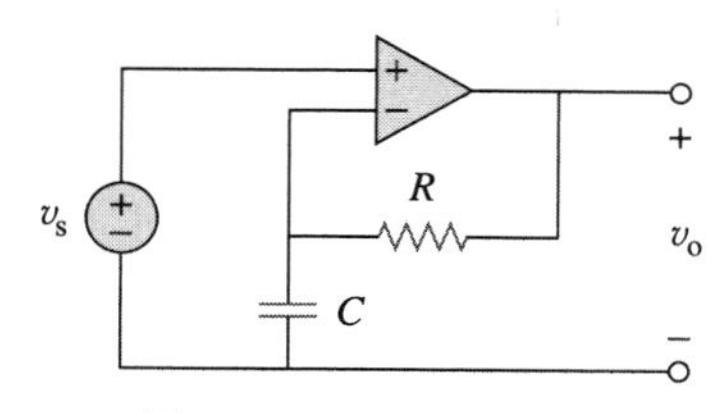

图 16-100 习题 82 图

83 依据图 16-101 所示的 RL 电路，求(a) 电路的冲激响应 $h(t)$；(b) 电路的单位阶跃响应。

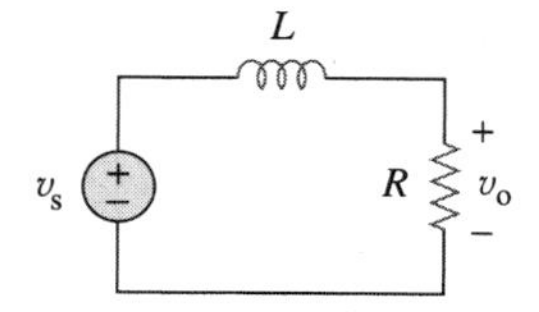

图 16-101 习题 83 图

84 并联 RL 电路 $R=4\Omega$，$L=1\text{H}$，输入是 $i_s(t)=2e^{-t}u(t)\text{A}$。假设 $i_L(0)=-2\text{A}$，求 $t>0$ 时的电感电流 $i_L(t)$。

85 电路的传输函数如下，求冲激响应。

$$H(s)=\frac{s+4}{(s+1)(s+2)^2}$$

16.5 节

86 求习题 12 的状态方程。

87 求习题 13 中你设计的问题的状态方程。

88 求图 16-102 所示电路的状态方程。

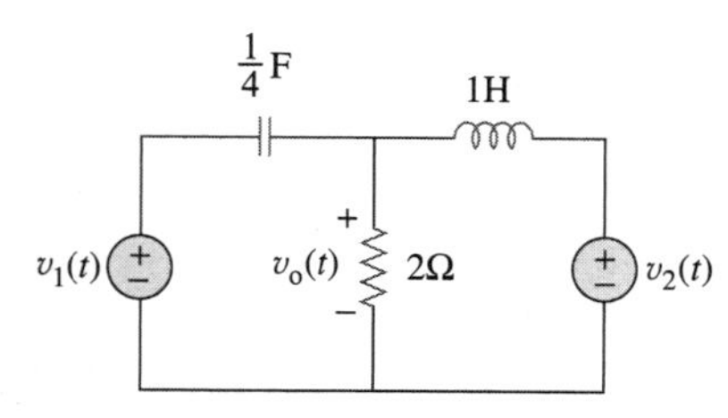

图 16-102 习题 88 图

89 求图 16-103 所示电路的状态方程。

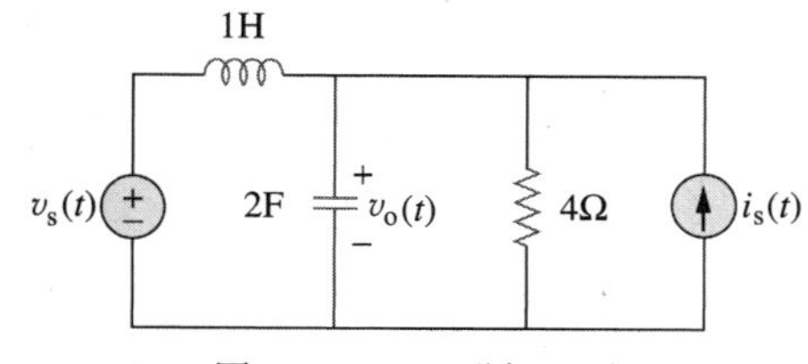

图 16-103 习题 89 图

90 求图 16-104 所示电路的状态方程。

91 求下面微分方程的状态方程。

$$\frac{d^2y(t)}{dt^2}+\frac{6dy(t)}{dt}+7y(t)=z(t)$$

* 92 求下面微分方程的状态方程。

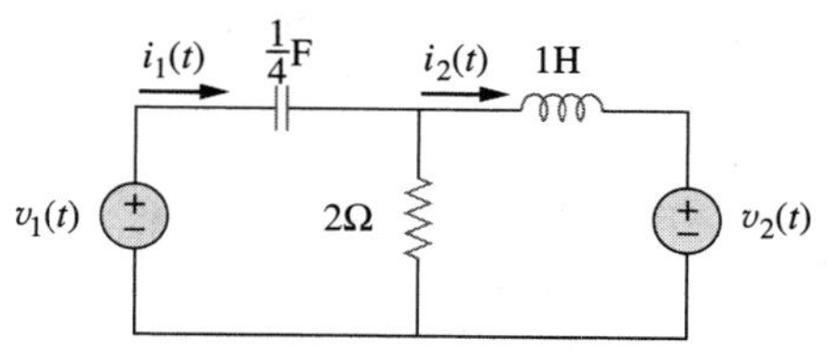

图 16-104 习题 90 图

$$\frac{d^2y(t)}{dt^2}+\frac{7dy(t)}{dt}+9y(t)=\frac{dz(t)}{dt}+z(t)$$

* 93 求下面微分方程的状态方程。

$$\frac{d^3y(t)}{dt^3}+\frac{6d^2y(t)}{dt^2}+\frac{11dy(t)}{dt}+6y(t)=z(t)$$

* 94 给定下面的状态方程，求解 $y(t)$。

$$\dot{\boldsymbol{x}}=\begin{bmatrix}-4 & 4\\ -2 & 0\end{bmatrix}x+\begin{bmatrix}0\\ 2\end{bmatrix}u(t)$$

$$\boldsymbol{y}(t)=[1 \quad 0]x$$

* 95 给定下面的状态方程，求 $y_1(t)$和 $y_2(t)$。

$$\dot{\boldsymbol{x}}=\begin{bmatrix}-2 & -1\\ 2 & -4\end{bmatrix}x+\begin{bmatrix}1 & 1\\ 4 & 0\end{bmatrix}\begin{bmatrix}u(t)\\ 2u(t)\end{bmatrix}$$

$$\boldsymbol{y}=\begin{bmatrix}-2 & -2\\ 1 & 0\end{bmatrix}x+\begin{bmatrix}2 & 0\\ 0 & -1\end{bmatrix}\begin{bmatrix}u(t)\\ 2u(t)\end{bmatrix}$$

16.6 节

96 证明图 16-105 所示并联 RLC 电路是稳定的。

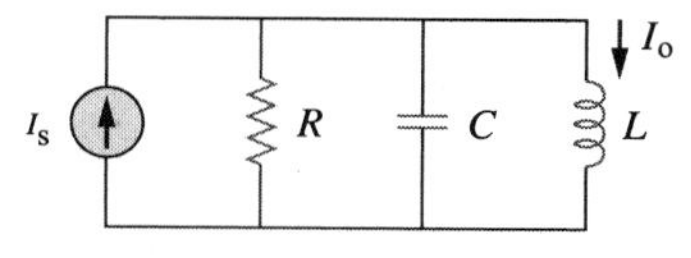

图 16-105 习题 96 图

97 图 16-106 所示系统由两个系统级联而成，假设系统的冲激响应为

$$h_1(t)=3e^{-t}u(t), \quad h_2(t)=e^{-4t}u(t)$$

(a) 求整个系统的冲激响应。

(b) 检查整个系统是否是稳定。

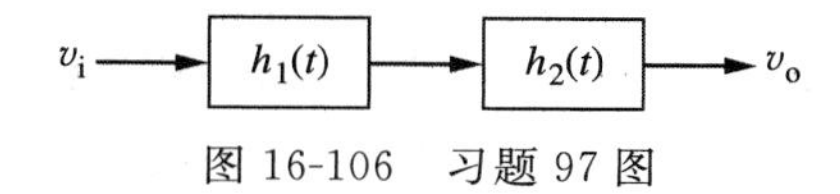

图 16-106 习题 97 图

98 确定图 16-107 所示运算放大电路是否是稳定。

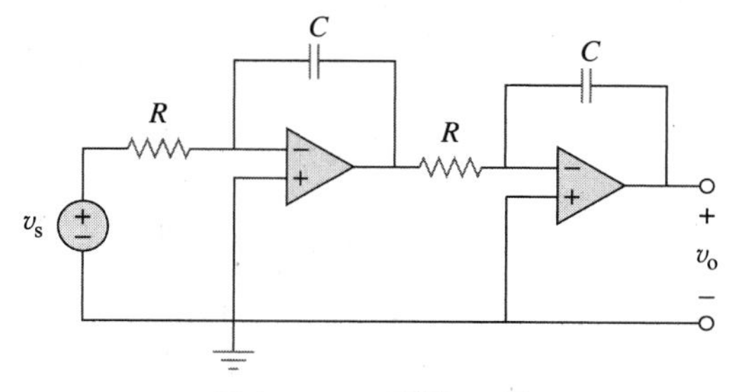

图 16-107 习题 98 图

99　用图 16-108 所示电路实现传输函数

$$\frac{V_2(s)}{V_1(s)}=\frac{2s}{s^2+2s+6}$$

选择 $R=1\text{k}\Omega$，求 L 和 C。

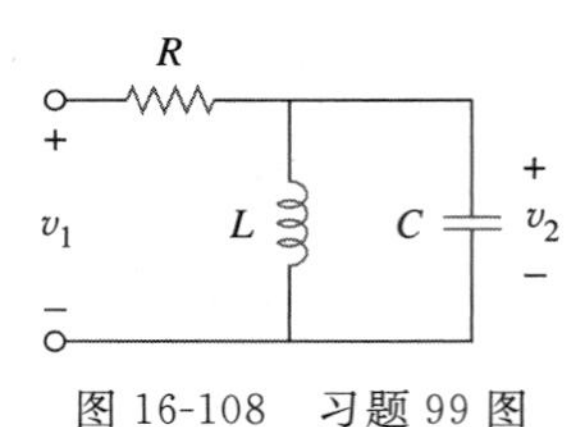

图 16-108　习题 99 图

100　用图 16-109 设计一个运算放大电路，实现下面的传输函数 **ED**

$$\frac{V_o(s)}{V_i(s)}=-\frac{s+1000}{2(s+4000)}$$

选择 $C_1=10\mu\text{F}$，求 R_1、R_2 和 C_2。

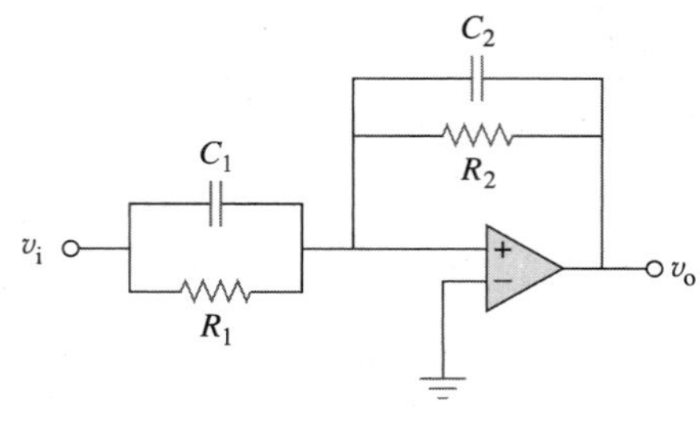

图 16-109　习题 100 图

101　用图 16-110 所示的电路，实现传输函数

$$\frac{V_o(s)}{V_i(s)}=-\frac{s}{s+10}$$

设 $Y_1=sC_1$，$Y_2=1/R_1$，$Y_3=sC_2$。选择 $R_1=1\text{k}\Omega$，求 C_1 和 C_2。

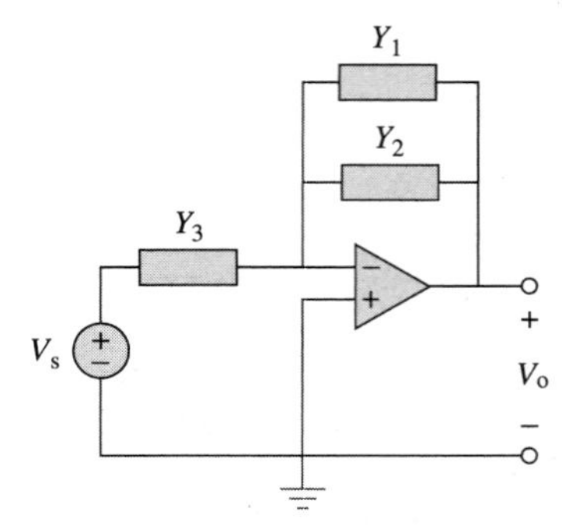

图 16-110　习题 101 图

102　用图 16-111 所示的拓扑结构，综合传输函数。

$$\frac{V_o(s)}{V_i(s)}=\frac{10^6}{s^2+100s+10^6}$$

设 $Y_1=1/R_1$，$Y_2=1/R_2$，$Y_3=sC_1$，$Y_4=sC_2$，选择 $R_1=1\text{k}\Omega$，求 C_1、C_2 和 R_2。

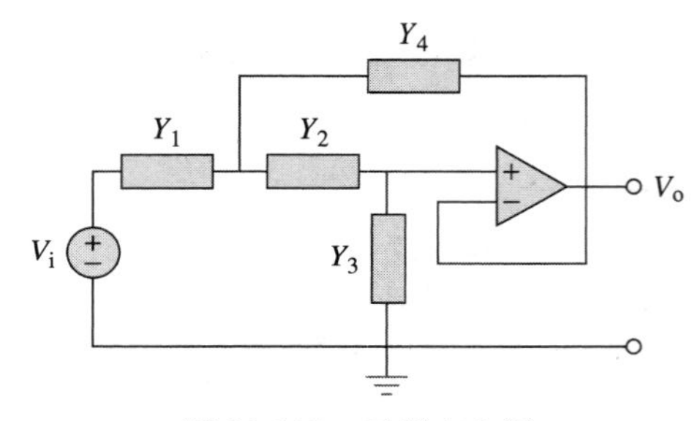

图 16-111　习题 102 图

综合理解题

103　图 16-112 所示运算放大电路的传输函数为

$$\frac{V_o(s)}{V_i(s)}=\frac{as}{s^2+bs+c}$$

其中 a、b 和 c 为常数，确定这些常数。

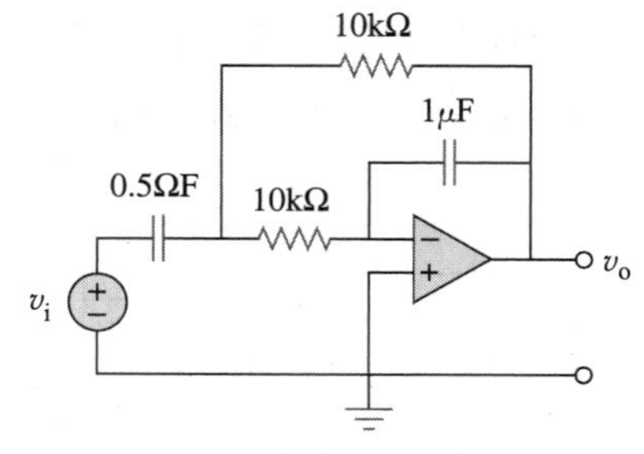

图 16-112　综合理解题 103 图

104　某网络的输入导纳为 $Y(s)$，它在 $s=-3$ 处有一个极点，在 $s=-1$ 处有一个零点，且 $Y(\infty)=0.25\text{S}$。(a) 求 $Y(s)$。(b) 一个端电压为 8V 的电池通过一个开关连接到该网络上，如果开关在 $t=0$ 时刻闭合，用拉普拉斯变换求出通过 $Y(s)$ 的电流 $i(t)$。

105　回转器是一个模拟网络中电感的装置。图 16-113 所示是一个基本的回转器电路，通过求 $V_i(s)/I_o(s)$，证明回转器产生的电感为 $L=CR^2$。 **ED**

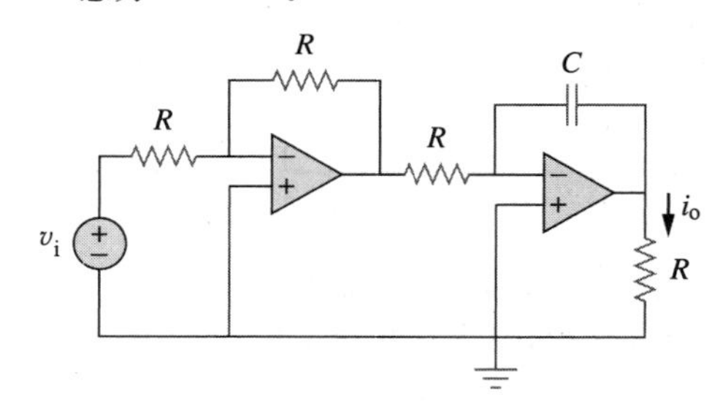

图 16-113　综合理解题 105 图

第 17 章 傅里叶级数

研究就是先了解别人都发现了什么，然后思考还有哪些别人没考虑到的地方。

——Albert Szen-Gyorgyi

增强技能与拓展事业

ABET 工程标准 2000(3. j)，“与当代问题相关的知识。”

为了在21世纪获得真正有意义的职业，工程师必须掌握和当代问题相关的知识，特别是那些可能直接影响工作的知识。实现这一目标的最简单的方法就是大量地阅读相关技术领域的当代书籍和文献。如果你注册了ABET认证项目，可以通过学习相关课程满足这个标准。

ABET 工程标准 2000(3. k)，“工程实践所需的技术、能力和现代工程工具的运用能力”

一名成功的工程师必须具备“工程实践所需的技术、能力和运用现代工程工具的能力”。本书主要目标是帮助大家获取这种能力。能够灵活使用工具来构建“知识获取集成设计环境”(即KCIDE)，是一个现代工程师应具备的最基本素质。在一个现代的KCIDE环境中工作，必须全面地掌握相关的工具。

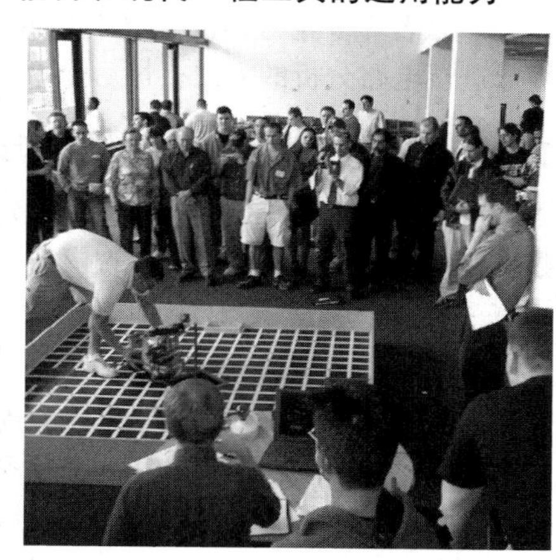

(图片来源：Charles Alexander)

成功的工程师必须掌握设计、分析和仿真工具的最新发展。工程师应该不断使用这些工具直到能灵活运用它们。工程师也必须确保软件结果与实际情况相一致。这个问题困扰着大多数工程师。因此，若要成功地将这些工具应用于你所从事的领域，必须不断地学习新知识，温习旧知识。

历史珍闻

让·巴普蒂斯·约瑟夫·傅里叶(Jean Baptiste Joseph Fourier，1768—1830)，法国数学家，提出了傅里叶级数和傅里叶变换。傅里叶的研究成果起初并未得到科学界接受，甚至未能发表。

(图片来源：Hulton Archive/Getty Images)

傅里叶出生在法国的欧克塞尔(Auxerre)，在8岁时成了孤儿。他加入了由圣本笃会(Benedictine)僧侣开办的军事学院，在那里他展示了非凡的数学才能。像他的大多数同龄人一样，傅里叶被卷入了法国革命的政治运动中。在18世纪90年代后期，傅里叶在拿破仑对埃及的远征中起到了很重要的作用。

学习目标

通过本章内容的学习和练习你将具备以下能力：

1. 理解三角傅里叶级数，并会用一些周期函数求解傅里叶级数。
2. 有效利用傅里叶级数分析一些周期信号的电路响应。
3. 了解为何一些波形的对称特性使得周期函数类的傅里叶级数更容易求解。
4. 掌握如何求解平均功率以及周期函数的有效值。
5. 掌握离散傅里叶变换和快速傅里叶变换的使用。

17.1 引言

前面已经使用相当多的篇幅介绍正弦信号源电路的分析。本章将主要介绍激励源为周期非正弦信号的电路分析方法。第 9 章已经介绍了周期函数的概念，同时指出正弦函数是最简单、同时也是最有用的周期函数。本章将要介绍的傅里叶级数是利用正弦信号表示周期函数的一种方法。一旦激励源被表示成正弦函数之和，就可以应用相量法进行电路分析。

傅里叶级数以傅里叶(1768—1830)的名字命名。1822 年，傅里叶创造性地提出，任何实际的周期函数都可以表示成若干个正弦函数之和。将这种表示方法与叠加定理相结合，就可以利用相量分析法分析任意周期输入信号下的响应函数。

本章首先介绍三角函数形式的傅里叶级数和指数形式的傅里叶级数。然后讨论利用傅里叶级数进行电路分析的方法。最后介绍傅里叶级数的两个实际应用——频谱分析仪和滤波器。

17.2 三角函数形式的傅里叶级数

在研究热流的过程中，傅里叶发现，一个非正弦的周期函数能表示成无限多项正弦函数和的形式。回顾前面学习的内容，周期函数就是每隔 T 重复一次的函数，即一个周期函数 $f(t)$ 满足

$$\boxed{f(t)=f(t+nT)} \tag{17.1}$$

式中，n 是整数，T 是周期函数的周期。

根据傅里叶定理，任何一个频率为 ω_0 的实际周期函数都可以表示成无穷多个频率为 ω_0 的整数倍的正弦或余弦函数之和。因此，$f(t)$ 可以被表示为

$$f(t)=a_0+a_1\cos\omega_0 t+b_1\sin\omega_0 t+a_2\cos 2\omega_0 t+b_2\sin 2\omega_0 t+a_3\cos 3\omega_0 t+b_3\sin 3\omega_0 t+\cdots \tag{17.2}$$

即

$$\boxed{f(t)=\underbrace{a_0}_{\text{直流}}+\underbrace{\sum_{n=1}^{\infty}(a_n\cos n\omega_0 t+b_n\sin n\omega_0 t)}_{\text{交流}}} \tag{17.3}$$

式中，$\omega_0=2\pi/T$ 称为基波频率(fundmental frequency)，单位是 rad/s。$\sin n\omega_0 t$ 或 $\cos n\omega_0 t$ 被称为 $f(t)$ 的第 n 次谐波；如果 n 是奇数，则称其为奇次谐波，如果 n 是偶数，称其为偶次谐波。式(17.3)称为 $f(t)$ 的三角函数形式的傅里叶级数。常数 a_n 和 b_n 是傅里叶系数，系数 a_0 是直流分量或 $f(t)$ 的平均值(正弦函数的平均值为零)。系数 a_n 和 b_n(对于 $n\neq 0$)是正弦交流分量的振幅。因此，

周期函数 $f(t)$ 的傅里叶级数是将 $f(t)$ 分解为直流分量和无穷多个正弦谐波级数组成的交流分量的表示形式。

提示： 谐波频率 ω_n 是基频 ω_0 的整数倍，即 $\omega_n=n\omega_0$。

因为式(17.3)中的无穷级数可能收敛，可能不收敛，所以函数表示成式(17.3)所示的傅里叶级数必须满足一定要求。可以用收敛的傅里叶级数表示的 $f(t)$ 应满足如下条件：

1. $f(t)$处为单值函数。
2. $f(t)$有在任一周期内的有限间断点(第一类间断点)个数有限。
3. $f(t)$在任一周期内的极大值和极小值个数有限。
4. 对于任意 t_0，积分 $\int_{t_0}^{t_0+T} |f(t)| \mathrm{d}t < \infty$ 。

这些条件称为狄利克雷条件，尽管不是必要条件，但它们却是傅里叶级数存在的充分条件。

提示：尽管傅里叶在 1822 年发表了傅里叶定理，却是狄利克雷(1805—1895)后来给出了这个定理令人信服的证明。

傅里叶级数展开的主要任务就是确定傅里叶系数 a_0、a_n、b_n。确定这些系数的过程称为傅里叶分析。在傅里叶分析中，下面的三角函数的积分是非常有用的。对于任意整数 m 和 n 而言：

$$\int_0^T \sin n\omega_0 t \mathrm{d}t = 0 \tag{17.4a}$$

$$\int_0^T \cos n\omega_0 t \mathrm{d}t = 0 \tag{17.4b}$$

$$\int_0^T \sin n\omega_0 t \cos m\omega_0 t \mathrm{d}t = 0 \tag{17.4c}$$

$$\int_0^T \sin n\omega_0 t \sin m\omega_0 t \mathrm{d}t = 0, \quad (m \neq n) \tag{17.4d}$$

$$\int_0^T \cos n\omega_0 t \cos m\omega_0 t \mathrm{d}t = 0, \quad (m \neq n) \tag{17.4e}$$

$$\int_0^T \sin^2 n\omega_0 t \mathrm{d}t = \frac{T}{2} \tag{17.4f}$$

$$\int_0^T \cos^2 n\omega_0 t \mathrm{d}t = \frac{T}{2} \tag{17.4g}$$

提示：Mathcad 或者 Maple 等软件也可以用来求傅里叶级数。

下面利用上述等式求傅里叶系数。

首先求 a_0，在一个周期内，对式(17.3)两边求积分，得

$$\begin{aligned}\int_0^T f(t)\mathrm{d}t &= \int_0^T \left[a_0 + \sum_{n=1}^{\infty}(a_n \cos n\omega_0 t + b_n \sin n\omega_0 t)\right]\mathrm{d}t \\ &= \int_0^T a_0 \mathrm{d}t + \sum_{n=1}^{\infty}\left[\int_0^T a_n \cos n\omega_0 t \mathrm{d}t + \int_0^T b_n \sin n\omega_0 t \mathrm{d}t\right]\mathrm{d}t\end{aligned} \tag{17.5}$$

由式(17.4a)和式(17.4b)可知，包含交流项的两个积分为零，因此，

$$\int_0^T f(t)\mathrm{d}t = \int_0^T a_0 \mathrm{d}t = a_0 T$$

即

$$\boxed{a_0 = \frac{1}{T}\int_0^T f(t)\mathrm{d}t} \tag{17.6}$$

表明 a_0 是函数 $f(t)$的平均值。

为了求 a_n，将式(17.3)两边同乘以 $\cos m\omega_0 t$，然后计算其在一个周期内的积分，得到

$$\begin{aligned}\int_0^T f(t)\cos m\omega_0 t \mathrm{d}t &= \int_0^T \left[a_0 + \sum_{n=1}^{\infty}(a_n \cos n\omega_0 t + b_n \sin n\omega_0 t)\right]\cos m\omega_0 t \mathrm{d}t \\ &= \int_0^T a_0 \cos m\omega_0 t \mathrm{d}t + \sum_{n=1}^{\infty}\left[\int_0^T a_n \cos n\omega_0 t \cos m\omega_0 t \mathrm{d}t + \right. \\ &\quad \left.\int_0^T b_n \sin n\omega_0 t \cos m\omega_0 t \mathrm{d}t\right]\mathrm{d}t\end{aligned} \tag{17.7}$$

由式(17.4b)可知，包含 a_0 的积分为 0，同理根据式(17.4c)包含 b_n 积分也为零。根据式(17.4e)和式(17.4g)，包含 a_n 的积分为零($m \neq n$)；当 $m=n$ 时，积分为 $T/2$，因此，

$$\int_0^T f(t)\cos m\omega_0 t\,dt = a_n \frac{T}{2}, \quad m=n$$

即

$$\boxed{a_n = \frac{2}{T}\int_0^T f(t)\cos n\omega_0 t\,dt} \tag{17.8}$$

同样地，式(17.3)两边同乘以 $\sin m\omega_0 t$，并计算其在一个周期内的积分，即可求得 b_n。其结果为

$$\boxed{b_n = \frac{2}{T}\int_0^T f(t)\sin n\omega_0 t\,dt} \tag{17.9}$$

由于 $f(t)$是周期函数，在 $-T/2 \sim T/2$ 计算积分或者更一般地在 $t_0 \sim t_0+T$ 计算积分比在 $0 \sim T$ 上计算积分更方便，其结果是一样的。

式(17.3)另一种表示形式是振幅－相位(amplitude-phase)形式

$$\boxed{f(t) = a_0 + \sum_{n=1}^{\infty} A_n \cos(n\omega_0 t + \phi_n)} \tag{17.10}$$

用式(9.11)和式(9.12)建立式(17.3)和式(17.10)间的联系，或对式(17.10)中的交流项运用三角恒等式

$$\cos(\alpha+\beta) = \cos\alpha\cos\beta - \sin\alpha\sin\beta \tag{17.11}$$

于是有

$$a_0 + \sum_{n=1}^{\infty} A_n \cos(n\omega_0 t + \phi_n) = a_0 + \sum_{n=1}^{\infty} (A_n\cos\phi_n)\cos n\omega_0 t - (A_n\sin\phi_n)\sin n\omega_0 t \tag{17.12}$$

令式(17.3)和式(17.12)级数展开式中对应项系数相等，则有

$$a_n = A_n\cos\phi_n, \quad b_n = -A_n\sin\phi_n \tag{17.13a}$$

即

$$\boxed{A_n = \sqrt{a_n^2 + b_n^2}, \quad \phi_n = -\arctan\frac{b_n}{a_n}} \tag{17.13b}$$

为了避免在求 ϕ_n 时的产生混淆，最好将其关系表示成式(17.14)所示的复数形式：

$$A_n \angle \phi_n = a_n - jb_n \tag{17.14}$$

在 17.6 节将会看到上述复数表示形式的方便之处。n 次谐波的振幅 A_n 与 $n\omega_0$ 的关系曲线称为 $f(t)$的振幅频谱(amplitude spectrum)；n 次谐波的相位 ϕ_n 与 $n\omega_0$ 的关系曲线称为 $f(t)$的相位频谱(phase spectrum)。幅度谱和相位谱一起组成了 $f(t)$的频率谱。

信号的频率谱由其谐波的幅频特性曲线和相频特性曲线组成。

提示：从离散频率分量的角度来讲，频谱也称线谱。

因此，傅里叶分析也是确定周期信号频谱的一种数学工具。17.6 节将更加详细地阐述信号的频谱。

在计算傅里叶系数 a_0、a_n、b_n 时，经常需要运用如下的积分公式：

$$\int \cos at\,dt = \frac{1}{a}\sin at \tag{17.15a}$$

$$\int \sin at\,dt = -\frac{1}{a}\cos at \tag{17.15b}$$

$$\int t\cos at\,\mathrm{d}t = \frac{1}{a^2}\cos at + \frac{1}{a}t\sin at \tag{17.15c}$$

$$\int t\sin at\,\mathrm{d}t = \frac{1}{a^2}\sin at - \frac{1}{a}t\cos at \tag{17.15d}$$

此外，还要知道余弦、正弦和指数函数在 π 的倍数处的值，这些值见表 17-1，其中 n 是整数。

表 17-1　正弦、余弦、指数函数在 π 的整数倍处的值

函数	值	函数	值
$\cos 2n\pi$	1	$\sin 2n\pi$	0
$\cos n\pi$	$(-1)^n$	$\sin n\pi$	0
$\cos\frac{n\pi}{2}$	$\begin{cases}(-1)^{n/2}, & n=\text{偶数}\\ 0, & n=\text{奇数}\end{cases}$	$\sin\frac{n\pi}{2}$	$\begin{cases}(-1)^{(n-1)/2}, & n=\text{奇数}\\ 0, & n=\text{偶数}\end{cases}$
$\mathrm{e}^{\mathrm{j}2n\pi}$	1	$\mathrm{e}^{\mathrm{j}n\pi}$	$(-1)^n$
$\mathrm{e}^{\frac{\mathrm{j}n\pi}{2}}$	$\begin{cases}(-1)^{n/2}, & n=\text{偶数}\\ \mathrm{j}(-1)^{(n-1)/2}, & n=\text{奇数}\end{cases}$		

例 17-1 求图 17-1 所示方波信号的傅里叶级数，并求出幅度谱和相位谱。

解： 傅里叶级数的表达式由式(17.3)给出，即

$$f(t) = a_0 + \sum_{n=1}^{\infty}(a_n\cos n\omega_0 t + b_n\sin n\omega_0 t) \tag{17.1.1}$$

本例的目的是利用式(17.6)、式(17.8)和式(17.9)确定傅里叶系数 a_0、a_n、b_n。

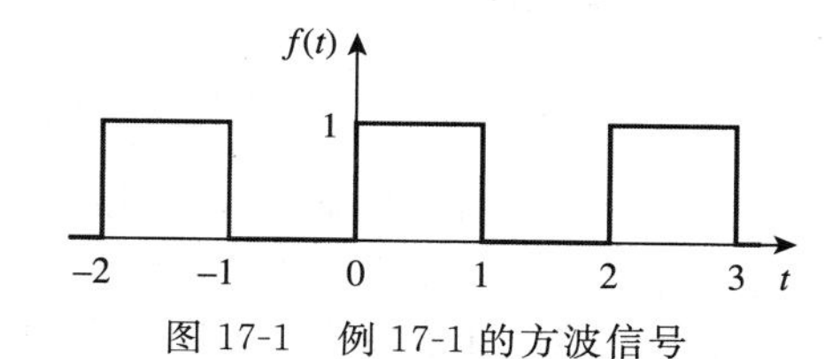

图 17-1　例 17-1 的方波信号

首先，将本例给出的波形表示为如下函数：

$$f(t) = \begin{cases}1, & 0<t<1\\ 0, & 1<t<2\end{cases} \tag{17.1.2}$$

且 $f(t)=f(t+T)$。因为 $T=2$，$\omega_0=2\pi/T=\pi$。因此，

$$a_0 = \frac{1}{T}\int_0^T f(t)\mathrm{d}t = \frac{1}{2}\left[\int_0^1 1\mathrm{d}t + \int_1^2 0\mathrm{d}t\right] = \frac{1}{2}t\Big|_0^1 = \frac{1}{2} \tag{17.1.3}$$

利用式(17.8)和式(17.15a)，可得

$$\begin{aligned}a_n &= \frac{2}{T}\int_n^T f(t)\cos n\omega_0 t\,\mathrm{d}t = \frac{2}{2}\left[\int_0^1 1\cos n\pi t\,\mathrm{d}t + \int_1^2 0\cos n\pi t\,\mathrm{d}t\right]\\ &= \frac{1}{n\pi}\sin n\pi t\Big|_0^1 = \frac{1}{n\pi}\sin n\pi = 0\end{aligned} \tag{17.1.4}$$

由式(17.9)和式(17.15b)得

$$\begin{aligned}b_n &= \frac{2}{T}\int_0^T f(t)\sin n\omega_0 t\,\mathrm{d}t = \frac{2}{2}\left[\int_0^1 1\sin n\pi t\,\mathrm{d}t + \int_1^2 0\sin n\pi t\,\mathrm{d}t\right]\\ &= -\frac{1}{n\pi}\cos n\pi t\Big|_0^1 = -\frac{1}{n\pi}(\cos n\pi - 1),\ [\cos n\pi = (-1)^n]\\ &= \frac{1}{n\pi}[1-(-1)^n] = \begin{cases}\frac{2}{n\pi}, & n=\text{奇数}\\ 0, & n=\text{偶数}\end{cases}\end{aligned} \tag{17.1.5}$$

将式(17.1.3)～式(17.1.5)中的傅里叶系数代入式(17.1.1)，得傅里叶级数为

$$f(t) = \frac{1}{2} + \frac{2}{\pi}\sin\pi t + \frac{2}{3\pi}\sin 3\pi t + \frac{2}{5\pi}\sin 5\pi t + \cdots \tag{17.1.6}$$

由于 $f(t)$ 仅包含直流分量以及基波与奇次谐波的正弦分量，它可以表示为

$$f(t)=\frac{1}{2}+\frac{2}{\pi}\sum_{k=1}^{\infty}\frac{1}{n}\sin n\pi t,\quad n=2k-1 \tag{17.1.7}$$

提示：手工计算傅里叶级数和是非常烦琐的，可以利用计算机计算级数的各项，并画出和的曲线，如图 17-2 所示。

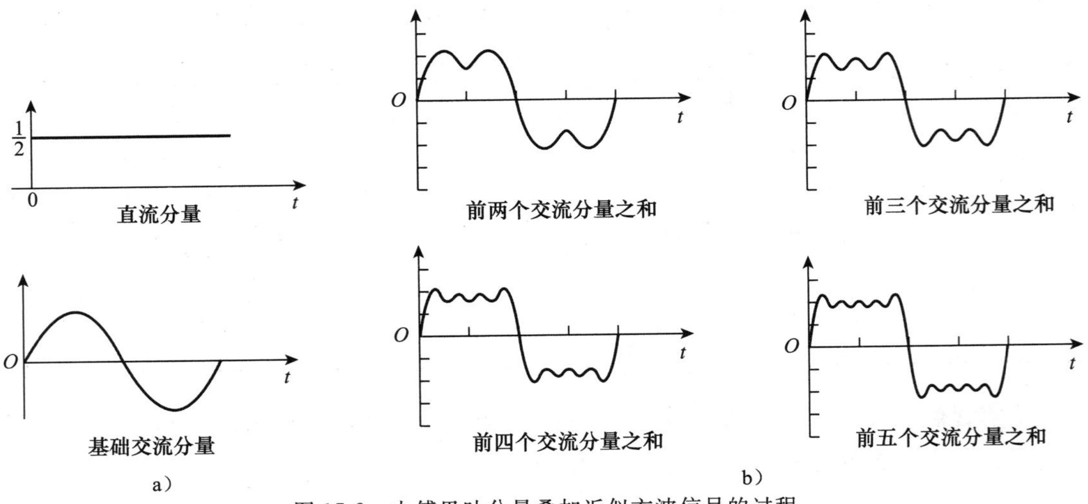

图 17-2　由傅里叶分量叠加近似方波信号的过程

逐项相加的结果如图 17-2 所示，可以看到如何通过逐项叠加形成原始的方波信号。参与叠加的傅里叶分量愈多，其结果就愈接近原来的方波。但是实际上不可能将式(17.1.6)或式(17.1.7)的级数无限求和，仅可以求得有限项的部分和($n=1, 2, 3, \cdots, N$，其中 N 是有限的)。图 17-3 给出了 N 比较大时的一个周期部分和(截断级数)的波形图，注意，这个部分在 $f(t)$的真实值上方和下方振荡。在不连续点的附近($x=0, 1, 2, \cdots$)，有过冲和阻尼振荡。事实上，无论用来近似 $f(t)$的项数有多少，总有大小为峰值 9% 的过冲，这种现象称为吉布斯现象(Gibbs phenomenon)。

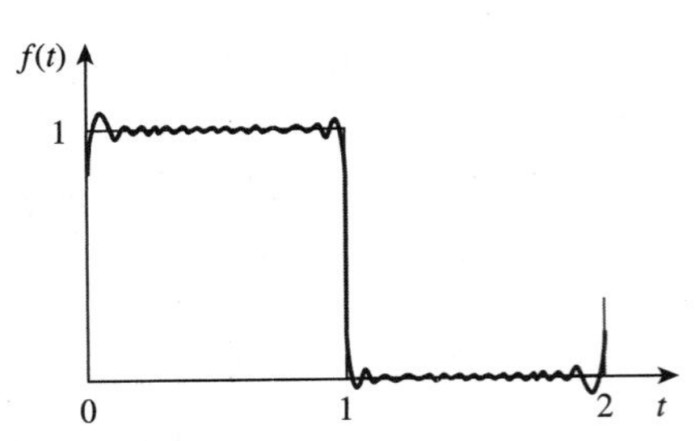

图 17-3　在 $N=11$ 处截断傅里叶级数的波形图，吉布斯现象

提示：吉布斯现象，以数学物理学家约西亚·威拉德·吉布斯命名，他于 1899 年首先观察到了这种现象。

最后，确定图 17-1 所示信号的幅度谱和相位谱。因为 $a_n=0$，故

$$A_n=\sqrt{a_n^2+b_n^2}=|b_n|=\begin{cases}\dfrac{2}{n\pi}, & n=\text{奇数}\\ 0, & n=\text{偶数}\end{cases} \tag{17.1.8}$$

和

$$\phi_n=-\arctan\frac{b_n}{a_n}=\begin{cases}-90^\circ, & n=\text{奇数}\\ 0, & n=\text{偶数}\end{cases} \tag{17.1.9}$$

$n\omega_0=n\pi$ 不同取值时幅度频谱 A_n 和相位频谱 ϕ 如图 17-4 所示。由图可知，谐波的振幅随频率衰减得特别快。◀

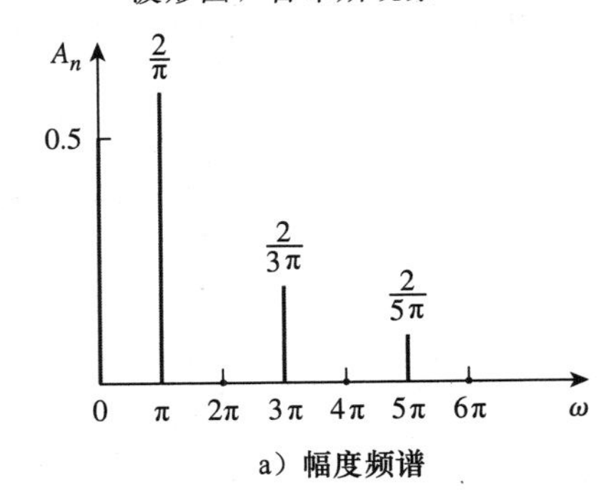

a）幅度频谱

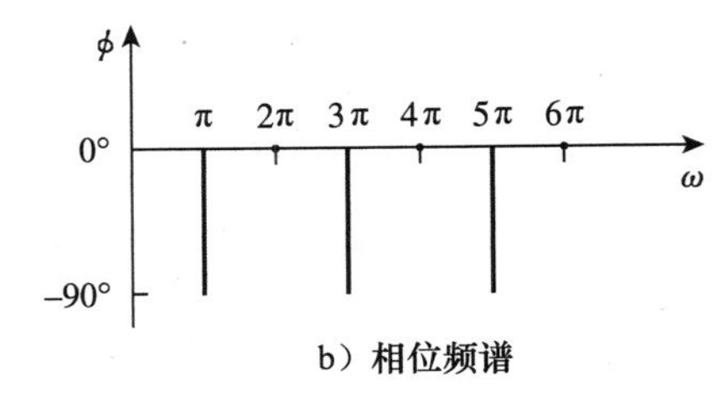

b）相位频谱

图 17-4　图 17-1 所示函数的频谱图

练习 17-1　求图 17-5 所示方波信号的傅里叶级数，并画出其幅度谱和相位谱。

答案： $f(t)=\dfrac{4}{\pi}\sum\limits_{k=1}^{\infty}\dfrac{1}{n}\sin n\pi t$，$n=2k-1$。

频谱图见图 17-6。

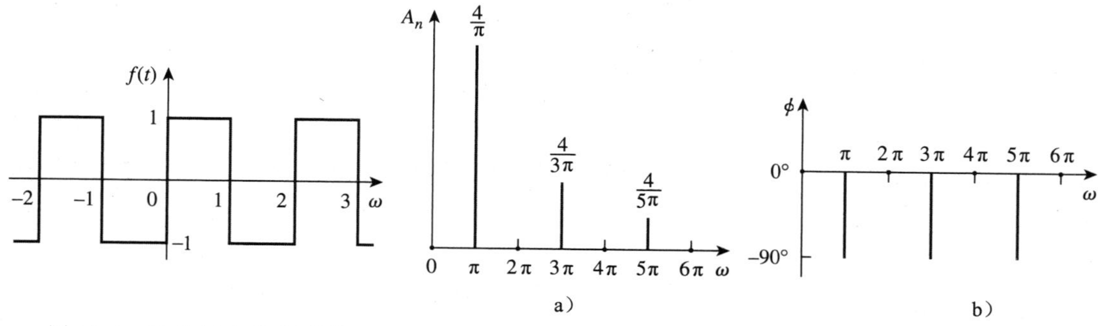

图 17-5　练习 17-1 的波形图

图 17-6　练习 17-1 的幅度谱和相位谱

例 17-2　求图 17-7 所示周期函数的傅里叶级数，并画出幅度谱和相位谱。

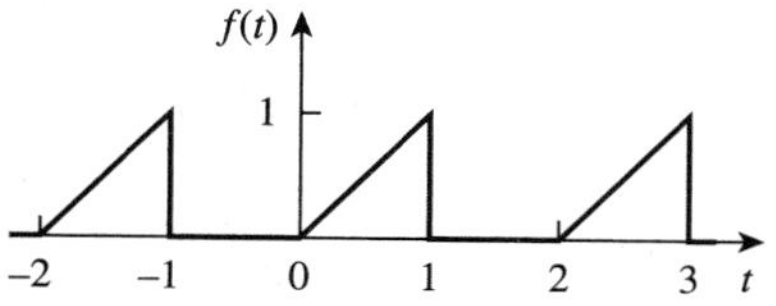

图 17-7　例 17-2 的波形图

解： 图 17-7 所示的周期信号可表示为

$$f(t)=\begin{cases}t, & 0<t<1\\ 0, & 1<t<2\end{cases}$$

因为 $T=2$，$\omega_0=2\pi/T=\pi$，所以

$$a_0=\frac{1}{T}\int_0^T f(t)\mathrm{d}t=\frac{1}{2}\left[\int_0^1 t\mathrm{d}t+\int_1^2 0\mathrm{d}t\right]=\frac{1}{2}\left.\frac{t^2}{2}\right|_0^1=\frac{1}{4} \tag{17.2.1}$$

为了计算 a_n 和 b_n，需要利用式(17.15)所示的积分和关系式 $\cos n\pi=(-1)^n$，得到

$$\begin{aligned}a_n&=\frac{2}{T}\int_0^T f(t)\cos n\omega_0 t\mathrm{d}t=\frac{2}{2}\left[\int_0^1 t\cos n\pi t\mathrm{d}t+\int_1^2 0\cos n\pi t\mathrm{d}t\right]\\&=\left.\left[\frac{1}{n^2\pi^2}\cos n\pi t+\frac{t}{n\pi}\sin n\pi t\right]\right|_0^1=\frac{1}{n^2\pi^2}(\cos n\pi-1)+0=\frac{(-1)^n-1}{n^2\pi^2}\end{aligned} \tag{17.2.2}$$

和

$$\begin{aligned}b_n&=\frac{2}{T}\int_0^T f(t)\sin n\omega_0 t\mathrm{d}t=\frac{2}{2}\left[\int_0^1 t\sin n\pi t\mathrm{d}t+\int_1^2 0\sin n\pi t\mathrm{d}t\right]\\&=\left.\left[\frac{1}{n^2\pi^2}\sin n\pi t-\frac{t}{n\pi}\cos n\pi t\right]\right|_0^1=0-\frac{\cos n\pi}{n\pi}=\frac{(-1)^{n+1}}{n\pi}\end{aligned} \tag{17.2.3}$$

将上述傅里叶系数代入式(17.3)得

$$f(t)=\frac{1}{4}+\sum_{n=1}^{\infty}\left[\frac{[(-1)^n-1]}{(n\pi)^2}\cos n\pi t+\frac{(-1)^{n+1}}{n\pi}\sin n\pi t\right]$$

下面确定幅度谱和相位谱，对于偶次谐波，$a_n=0$，$b_n=-1/n\pi$，故

$$A_n\underline{/\phi_n}=a_n-\mathrm{j}b_n=0+\mathrm{j}\,\frac{1}{n\pi} \tag{17.2.4}$$

因此

$$\begin{aligned}&A_n=|b_n|=\frac{1}{n\pi},\ n=2,\ 4,\ \cdots\\&\phi_n=90^\circ,\ n=2,\ 4,\ \cdots\end{aligned} \tag{17.2.5}$$

对于奇次谐波，$a_n=-2/(n^2\pi^2)$，$b_n=1/(n\pi)$，因此

$$A_n \angle \phi_n = a_n - \mathrm{j}b_n = -\frac{2}{n^2\pi^2} - \mathrm{j}\,\frac{1}{n\pi} \tag{17.2.6}$$

即

$$A_n = \sqrt{a_n^2 + b_n^2} = \sqrt{\frac{4}{n^4\pi^4} + \frac{1}{n^2\pi^2}} = \frac{1}{n^2\pi^2}\sqrt{4 + n^2\pi^2},\ n = 1,\ 3,\ \cdots \tag{17.2.7}$$

由式(17.2.6)可知，Φ 位于第三象限，所以

$$\phi_n = 180° + \arctan\frac{n\pi}{2},\ n = 1,\ 3,\ \cdots \tag{17.2.8}$$

由式(17.2.5)、式(17.2.7)和式(17.2.8)，可以画出不同谐波频率 $\pi\omega_0 = n\pi$ 时的幅度谱和相位谱，如图 17-8 所示。◀

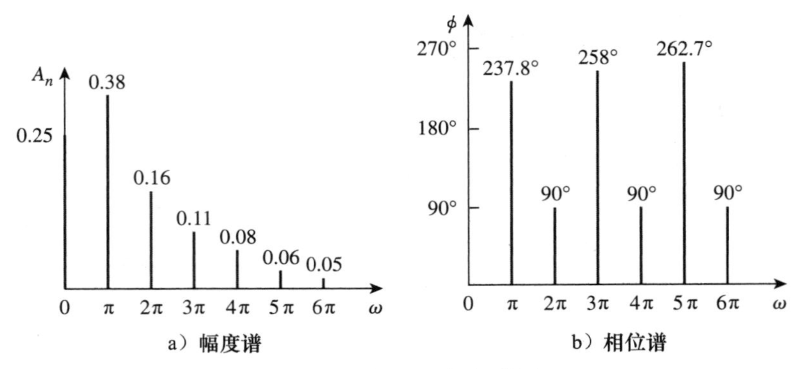

图 17-8　例 17-2 的频谱图

练习 17-2　求图 17-9 所示锯齿波的傅里叶级数。

答案：$f(t) = 3 - \dfrac{6}{\pi}\sum_{n=1}^{\infty}\dfrac{1}{n}\sin 2\pi nt$。

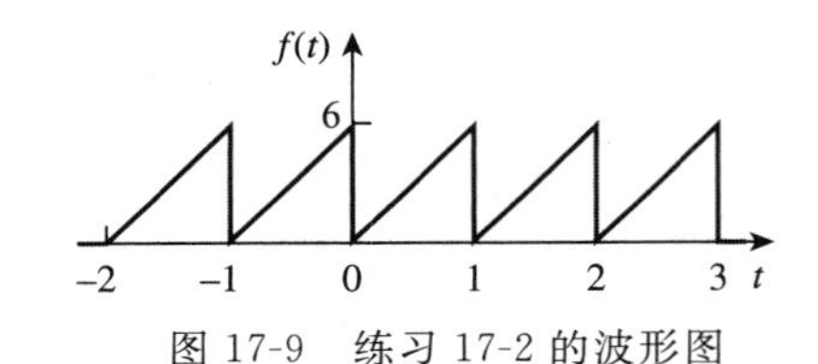

图 17-9　练习 17-2 的波形图

17.3　对称周期函数的频谱分析

例 17-1 中傅里叶级数仅仅包含正弦项。那么是否存在一种方法能够预先知道某些傅里叶级数的系数等于零，这样可以避免不必要的烦琐计算过程。这样的方法是存在的，其基础是信号的对称性。本节讨论三种对称性：(1) 偶对称；(2) 奇对称；(3) 半波对称。

17.3.1　偶对称周期函数的频谱

如果函数 $f(t)$的波形是关于纵坐标对称的，则称 $f(t)$是偶函数，即

$$\boxed{f(t) = f(-t)} \tag{17.16}$$

偶函数的例子有 t^2、t^4、$\cos t$。图 17-10 显示了更多周期偶函数的例子。可以看出图中每个函数均满足式(17.16)的条件。偶函数 $f_e(t)$一个主要的特性是

$$\int_{-T/2}^{T/2} f_e(t)\mathrm{d}t = 2\int_0^{T/2} f_e(t)\mathrm{d}t \tag{17.17}$$

显然，$-T/2 \sim 0$ 的积分等于从 $0 \sim T/2$ 的积分。利用这个性质，可以得到偶函数的傅里叶系数为

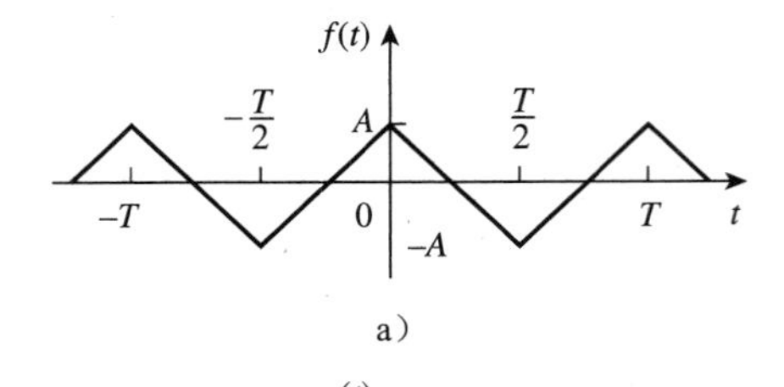

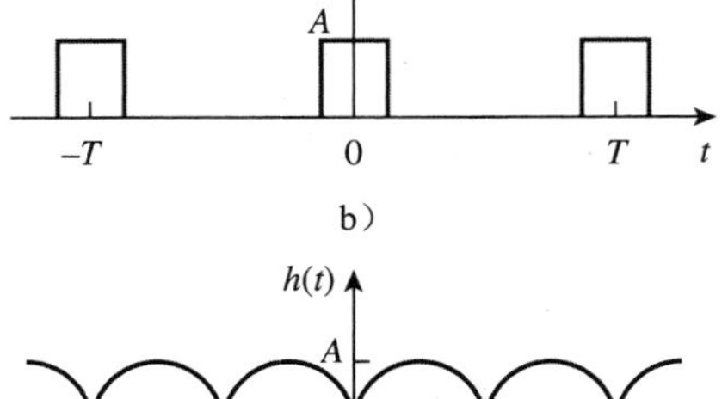

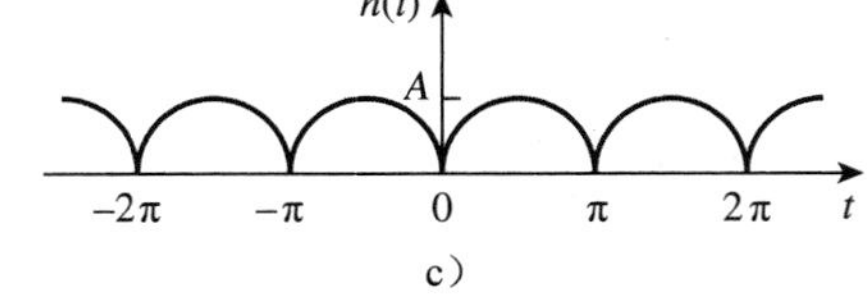

图 17-10　周期偶函数的典型实例

$$\boxed{\begin{aligned} a_0 &= \frac{2}{T}\int_0^{T/2} f(t)\,\mathrm{d}t \\ a_n &= \frac{4}{T}\int_0^{T/2} f(t)\cos n\omega_0 t\,\mathrm{d}t \\ b_n &= 0 \end{aligned}} \tag{17.18}$$

因为 $b_n=0$，式(17.3)变为余弦傅里叶级数(Fourier cosine series)。这也可以从余弦函数自身是偶函数的角度来理解。同时，由于正弦函数为奇函数，所以偶函数中不包含正弦项。

式(17.18)的定量证明需要利用式(17.17)给出的偶函数的性质来求式(17.6)、式(17.8)和式(17.9)的傅里叶系数。在每种情况下，计算 $-T/2<t<T/2$ 时的积分都很方便，因为该积分是关于原点对称的。因此，

$$a_0=\frac{1}{T}\int_{-T/2}^{T/2} f(t)\,\mathrm{d}t=\frac{1}{T}\left[\int_{-T/2}^{0} f(t)\,\mathrm{d}t+\int_0^{T/2} f(t)\,\mathrm{d}t\right] \tag{17.19}$$

对于 $-T/2<t<0$ 区间的积分，进行积分变换替换，令 $t=-x$，则有 $\mathrm{d}t=-\mathrm{d}x$，并且由于 $f(t)$ 是偶函数，所以 $f(t)=f(-t)=f(x)$，当 $t=-T/2$，$x=T/2$。因此，

$$a_0=\frac{1}{T}\left[\int_{T/2}^{0} f(x)(-\mathrm{d}x)+\int_0^{T/2} f(t)\,\mathrm{d}t\right]=\frac{1}{T}\left[\int_0^{T/2} f(x)\,\mathrm{d}x+\int_0^{T/2} f(t)\,\mathrm{d}t\right] \tag{17.20}$$

因为这两个积分是完全相同的。所以

$$a_0=\frac{2}{T}\int_0^{T/2} f(t)\,\mathrm{d}t \tag{17.21}$$

同理，由式(17.8)可得

$$a_n=\frac{2}{T}\left[\int_{-T/2}^{0} f(t)\cos n\omega_0 t\,\mathrm{d}t+\int_0^{T/2} f(t)\cos n\omega_0 t\,\mathrm{d}t\right] \tag{17.22}$$

利用与式(17.20)相同的变换替换，并且注意到 $f(t)$ 和 $\cos n\omega_0 t$ 都是偶函数，即 $f(-t)=f(t)$，$\cos(-n\omega_0 t)=\cos n\omega_0 t$。于是，式(17.22)变为

$$\begin{aligned} a_n &= \frac{2}{T}\left[\int_{T/2}^{0} f(-x)\cos(-n\omega_0 x)(-\mathrm{d}x)+\int_0^{T/2} f(t)\cos n\omega_0 t\,\mathrm{d}t\right] \\ &= \frac{2}{T}\left[\int_{T/2}^{0} f(x)\cos(n\omega_0 x)(-\mathrm{d}x)+\int_0^{T/2} f(t)\cos n\omega_0 t\,\mathrm{d}t\right] \\ &= \frac{2}{T}\left[\int_0^{T/2} f(x)\cos(n\omega_0 x)\,\mathrm{d}x+\int_0^{T/2} f(t)\cos n\omega_0 t\,\mathrm{d}t\right] \end{aligned} \tag{17.23a}$$

即

$$a_n=\frac{4}{T}\int_0^{T/2} f(t)\cos n\omega_0 t\,\mathrm{d}t \tag{17.23b}$$

计算 b_n 时，需利用式(17.9)。

$$b_n=\frac{2}{T}\left[\int_{-T/2}^{0} f(t)\sin n\omega_0 t\,\mathrm{d}t+\int_0^{T/2} f(t)\sin n\omega_0 t\,\mathrm{d}t\right] \tag{17.24}$$

采用同样的积分变换替换，并注意到 $f(-t)=f(t)$，而 $\sin(-n\omega_0 t)=-\sin n\omega_0 t$。于是，式(17.24)变为

$$\begin{aligned} b_n &= \frac{2}{T}\left[\int_{T/2}^{0} f(-x)\sin(-n\omega_0 x)(-\mathrm{d}x)+\int_0^{T/2} f(t)\sin n\omega_0 t\,\mathrm{d}t\right] \\ &= \frac{2}{T}\left[\int_{T/2}^{0} f(x)\sin n\omega_0 x\,\mathrm{d}x+\int_0^{T/2} f(t)\sin n\omega_0 t\,\mathrm{d}t\right] \\ &= \frac{2}{T}\left[-\int_0^{T/2} f(x)\sin(n\omega_0 x)\,\mathrm{d}x+\int_0^{T/2} f(t)\sin n\omega_0 t\,\mathrm{d}t\right] \\ &= 0 \end{aligned} \tag{17.25}$$

从而证明了式(17.18)的正确性。

17.3.2　奇对称周期函数的频谱

如果函数 $f(t)$ 的波形是关于纵坐标反对称的，则 $f(t)$ 为奇函数。

$$\boxed{f(-t)=-f(t)} \tag{17.26}$$

t、t^3 和 $\sin t$ 等均为奇函数。图 17-11 给出了一些周期奇函数的例子。而所有这些例子都满足式(17.26)的条件。奇函数 $f_o(t)$ 的主要性质是

$$\int_{-T/2}^{T/2} f_o(t)\mathrm{d}t=0 \tag{17.27}$$

从 $-T/2\sim0$ 的积分与从 $0\sim T/2$ 的积分互为相反数。利用这一性质，可以得到奇函数的傅里叶系数为

$$\boxed{\begin{aligned}&a_0=0,\quad a_n=0\\&b_n=\frac{4}{T}\int_0^{T/2} f(t)\sin n\omega_0 t\,\mathrm{d}t\end{aligned}} \tag{17.28}$$

奇函数的傅里叶级数称为*正弦傅里叶级数*(Fouier sine series)。从正弦函数本身为奇函数即可理解这一结论。同时应该注意，奇函数的傅里叶级数展开项没有直流项。

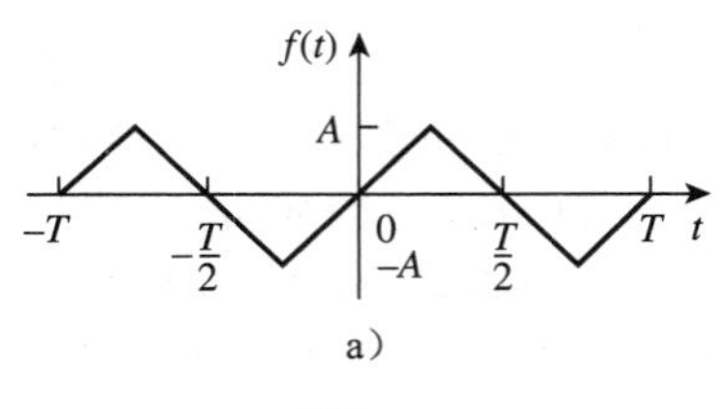

a)

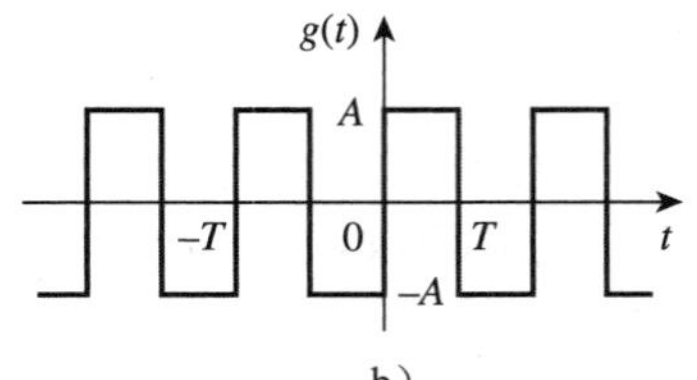

b)

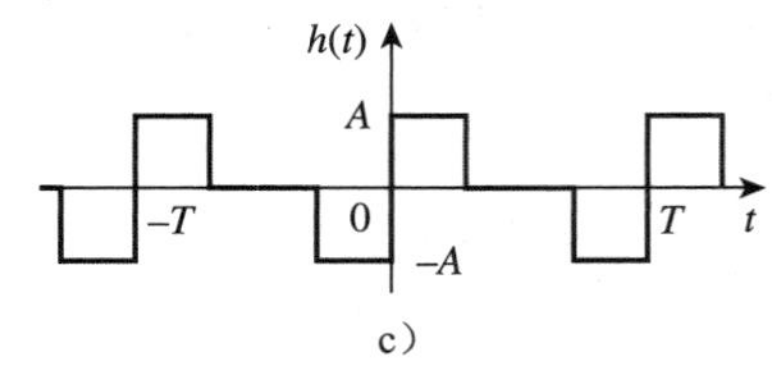

c)

图 17-11　周期奇函数的典型例子

式(17.28)的定量证明与式(17.18)的证明过程相同，由于现在的 $f(t)$ 是奇函数，可得 $f(t)=-f(t)$。注意到这个基本的简单的区别，容易得到式(17.20)中 $a_0=0$，式(17.23a)中 $a_n=0$，式(17.24)中的 b_n 变为

$$\begin{aligned}b_n&=\frac{2}{T}\left[\int_{T/2}^{0} f(-x)\sin(-n\omega_0 x)(-\mathrm{d}x)+\int_0^{T/2} f(t)\sin n\omega_0 t\,\mathrm{d}t\right]\\&=\frac{2}{T}\left[-\int_{T/2}^{0} f(x)\sin n\omega_0 x\,\mathrm{d}x+\int_0^{T/2} f(t)\sin n\omega_0 t\,\mathrm{d}t\right]\\&=\frac{2}{T}\left[\int_0^{T/2} f(x)\sin(n\omega_0 x)\,\mathrm{d}x+\int_0^{T/2} f(t)\sin n\omega_0 t\,\mathrm{d}t\right]\end{aligned} \tag{17.29}$$

$$b_n=\frac{4}{T}\int_0^{T/2} f(t)\sin n\omega_0 t\,\mathrm{d}t$$

式(17.28)得证，有趣的是，任何一个既非奇对称也非偶对称的周期函数 $f(t)$ 可以被分解成偶函数部分和奇函数部分。使用式(17.16)和式(17.26)给出的偶函数和奇函数性质，可以得到

$$f(t)=\underbrace{\frac{1}{2}[f(t)+f(-t)]}_{\text{偶函数}}+\underbrace{\frac{1}{2}[f(t)-f(-t)]}_{\text{奇函数}}=f_e(t)+f_o(t) \tag{17.30}$$

由此可得，$f_e(t)=\frac{1}{2}[f(t)+f(-t)]$ 满足式(17.16)所示的偶函数的性质，然而 $f_o(t)=\frac{1}{2}[f(t)-f(-t)]$ 满足式(17.26)所示的奇函数性质。事实上 $f_e(t)$ 仅仅包括直流分量和余弦项，然而 $f_o(t)$ 仅仅有正弦项，将 $f(t)$ 的傅里叶级数展开式进行分组：

$$f(t)=\underbrace{a_0+\sum_{n=1}^{\infty}a_n\cos n\omega_0 t}_{\text{偶函数}}+\underbrace{\sum_{n=1}^{\infty}b_n\sin n\omega_0 t}_{\text{奇函数}}=f_e(t)+f_o(t) \tag{17.31}$$

从式(17.31)得，当 $f(t)$ 是偶函数时，$b_n=0$，当 $f(t)$ 是奇函数时，$a_0=0=a_n$。

另外，奇函数和偶函数还具有如下性质：

1. 两个偶函数的乘积为偶函数。
2. 两个奇函数的乘积为偶函数。
3. 一个偶函数和一个奇函数的乘积为奇函数。
4. 两个偶函数的和(或差)是仍为偶函数。
5. 两个奇函数的和(或差)是仍为奇函数。
6. 一个偶函数和一个奇函数的和(或差)既不是偶函数也不是奇函数。

以上各性质均可使用式(17.16)～式(17.26)证明。

17.3.3 半波对称周期函数的频谱

满足如下关系的函数 $f(t)$ 称为半波(奇)对称函数。

$$\boxed{f\left(t-\frac{T}{2}\right)=-f(t)} \tag{17.32}$$

即前半周为后半周的镜像。注意，函数 $\cos n\omega_0 t$ 和 $\sin n\omega_0 t$ 在 n 是奇数时满足式(17.32)，因此当 n 是奇数时具有半波对称。图 17-12 显示半波对称函数的另外几个例子。图 17-11a 和图 17-11b 中的函数也是半波对称的。注意，对于图中各函数，其一个半周期是相邻半周期的反转。半波对称函数的傅里叶系数为

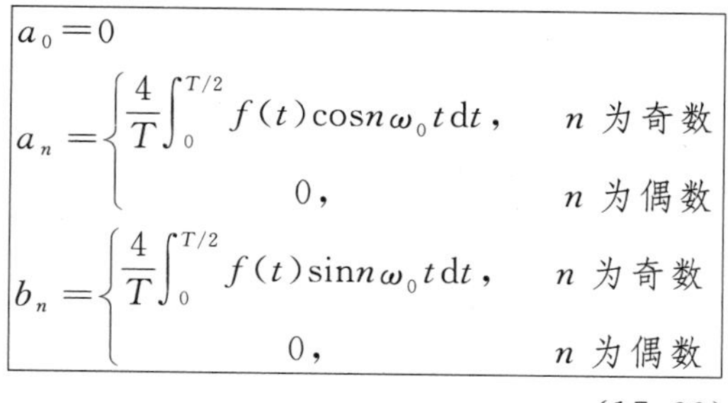

$$\boxed{\begin{aligned} &a_0=0\\ &a_n=\begin{cases}\dfrac{4}{T}\displaystyle\int_0^{T/2} f(t)\cos n\omega_0 t\,\mathrm{d}t, & n\ 为奇数\\ 0, & n\ 为偶数\end{cases}\\ &b_n=\begin{cases}\dfrac{4}{T}\displaystyle\int_0^{T/2} f(t)\sin n\omega_0 t\,\mathrm{d}t, & n\ 为奇数\\ 0, & n\ 为偶数\end{cases}\end{aligned}} \tag{17.33}$$

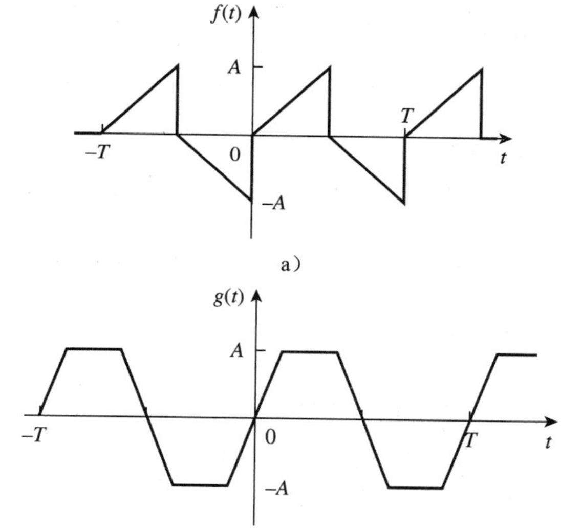

图 17-12　半波对称函数的典型例子

由此可见，半波对称函数的傅里叶级数仅仅包含奇次谐波。

为了推导式(17.33)，我们运用式(17.32)中半波对称函数的性质来求得式(17.6)、式(17.8)和式(17.9)中傅里叶系数。因此，

$$a_0=\frac{1}{T}\int_{-T/2}^{T/2} f(t)\,\mathrm{d}t=\frac{1}{T}\left[\int_{-T/2}^{0} f(t)\,\mathrm{d}t+\int_0^{T/2} f(t)\,\mathrm{d}t\right] \tag{17.34}$$

对于区间 $-T/2<t<0$ 的积分，进行积分变换，令 $x=t+T/2$，则有 $\mathrm{d}x=\mathrm{d}t$；当 $t=-T/2$ 时，$x=0$；当 $t=0$ 时，$x=T/2$。同时，按照式(17.32)，有 $f(x-T/2)=-f(x)$。所以

$$a_0=\frac{1}{T}\left[\int_0^{T/2} f\left(x-\frac{T}{2}\right)\mathrm{d}x+\int_0^{T/2} f(t)\,\mathrm{d}t\right]=\frac{1}{T}\left[-\int_0^{T/2} f(x)\,\mathrm{d}x+\int_0^{T/2} f(t)\,\mathrm{d}t\right]=0 \tag{17.35}$$

从而证明了式(17.33)中 a_0 的表达式。同理可得

$$a_n=\frac{2}{T}\left[\int_{-T/2}^{0} f(t)\cos n\omega_0 t\,\mathrm{d}t+\int_0^{T/2} f(t)\cos n\omega_0 t\,\mathrm{d}t\right] \tag{17.36}$$

利用与推导式(17.35)相同的积分变量替换，式(17.36)变为

$$a_n=\frac{2}{T}\left[\int_0^{T/2} f\left(x-\frac{T}{2}\right)\cos n\omega_0\left(x-\frac{T}{2}\right)\mathrm{d}x+\int_0^{T/2} f(t)\cos n\omega_0 t\,\mathrm{d}t\right] \tag{17.37}$$

由于 $f(x-T/2)=-f(x)$，并且

$$\begin{aligned}\cos n\omega_0\left(x-\frac{T}{2}\right)&=\cos(n\omega_0 t-n\pi)=\cos n\omega_0 t\cos n\pi+\sin n\omega_0 t\sin n\pi \\ &=(-1)^n\cos n\omega_0 t\end{aligned} \tag{17.38}$$

代入式(17.37)得

$$a_n=\frac{2}{T}[1-(-1)^n]\int_0^{T/2} f(t)\cos n\omega_0 t\,\mathrm{d}t=\begin{cases}\dfrac{4}{T}\displaystyle\int_0^{T/2} f(t)\cos n\omega_0 t\,\mathrm{d}t, & n\text{ 为奇数}\\ 0, & n\text{ 为偶数}\end{cases} \tag{17.39}$$

从而证明了式(17.33)中 a_n 的表达式。按照类似的方法，可以证明式(17.33)中的 b_n 的表达式。

表 17-2 总结了上述对称性对傅里叶系数的影响。表 17-3 提供了一些常用普通周期函数的傅里叶级数。

表 17-2 函数的对称性对傅里叶系数的影响

对称性	a_0	a_n	b_n	说 明
偶对称	$a_0\neq0$	$a_n\neq0$	$b_n=0$	对函数在 $T/2$ 内积分并乘以 2，得到系数
奇对称	$a_0=0$	$a_n=0$	$b_n\neq0$	对函数在 $T/2$ 内积分并乘以 2，得到系数
半波对称	$a_0=0$	$a_{2n}=0$ $a_{2n+1}\neq0$	$b_{2n}=0$ $b_{2n+1}\neq0$	对函数在 $T/2$ 内积分并乘以 2，得到系数

表 17-3 常见周期函数的傅里叶级数

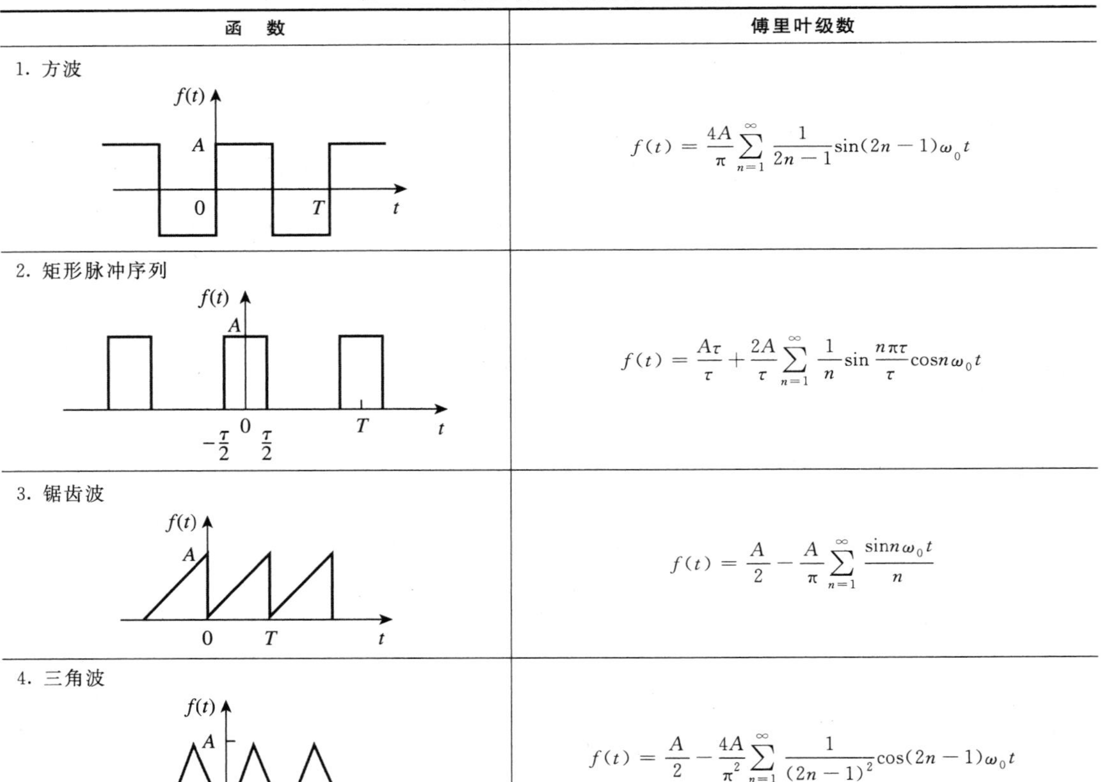

函 数	傅里叶级数
1. 方波	$f(t)=\dfrac{4A}{\pi}\sum_{n=1}^{\infty}\dfrac{1}{2n-1}\sin(2n-1)\omega_0 t$
2. 矩形脉冲序列	$f(t)=\dfrac{A\tau}{\tau}+\dfrac{2A}{\tau}\sum_{n=1}^{\infty}\dfrac{1}{n}\sin\dfrac{n\pi\tau}{\tau}\cos n\omega_0 t$
3. 锯齿波	$f(t)=\dfrac{A}{2}-\dfrac{A}{\pi}\sum_{n=1}^{\infty}\dfrac{\sin n\omega_0 t}{n}$
4. 三角波	$f(t)=\dfrac{A}{2}-\dfrac{4A}{\pi^2}\sum_{n=1}^{\infty}\dfrac{1}{(2n-1)^2}\cos(2n-1)\omega_0 t$

（续）

函　数	傅里叶级数
5. 半波整流正弦函数 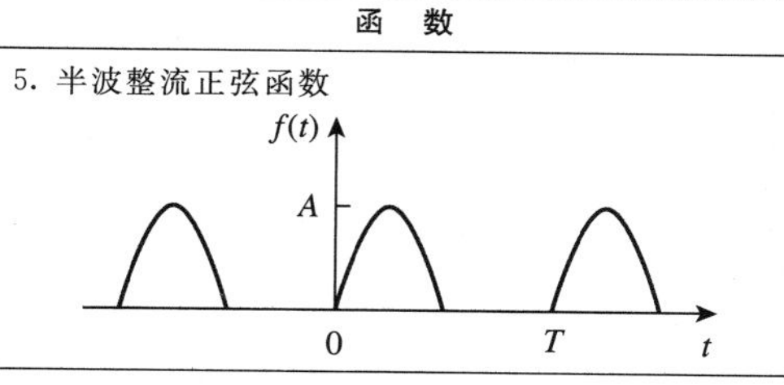	$f(t)=\frac{A}{\pi}+\frac{A}{2}\sin\omega_0 t-\frac{2A}{\pi}\sum_{n=1}^{\infty}\frac{1}{4n^2-1}\cos 2n\omega_0 t$
6. 全波整流正弦函数 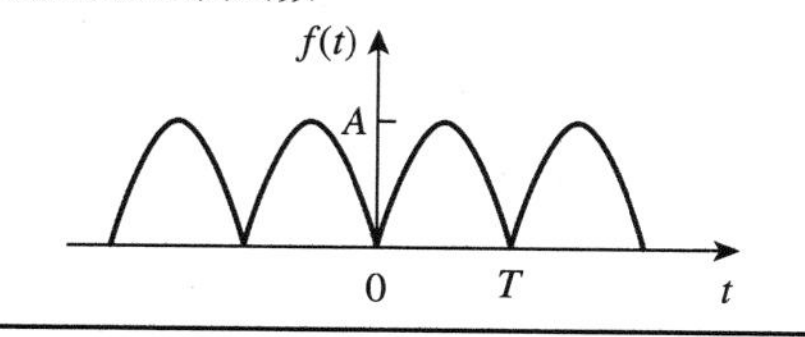	$f(t)=\frac{2A}{\pi}-\frac{4A}{\pi}\sum_{n=1}^{\infty}\frac{1}{4n^2-1}\cos n\omega_0 t$

例 17-3 求图 17-13 所示函数的傅里叶级数展开式。

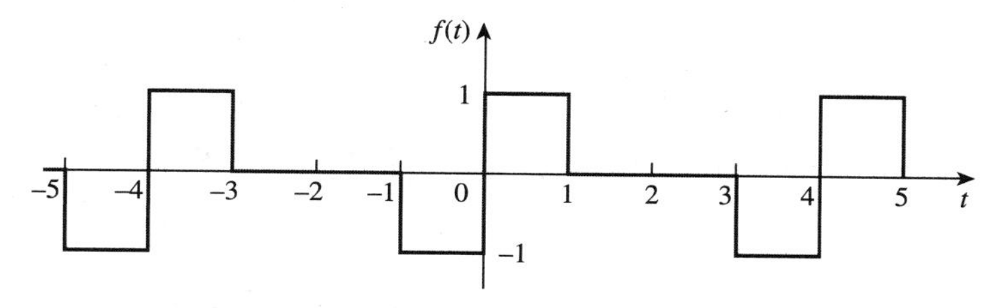

图 17-13　例 17-3 图

解： 函数 $f(t)$为奇函数，所以 $a_0=0=a_n$。周期是 $T=4$，$\omega_0=2\pi/T=\pi/2$，所以

$$b_n=\frac{4}{T}\int_0^{T/2} f(t)\sin n\omega_0 t\,\mathrm{d}t=\frac{4}{4}\left[\int_0^1 1\sin\frac{n\pi}{2}t\,\mathrm{d}t+\int_1^2 0\sin\frac{n\pi}{2}t\,\mathrm{d}t\right]$$

$$=-\frac{2}{n\pi}\cos\frac{n\pi t}{2}\bigg|_0^1=\frac{2}{n\pi}\left(1-\cos\frac{n\pi}{2}\right)$$

因此，

$$f(t)=\frac{2}{\pi}\sum_{n=1}^{\infty}\frac{1}{n}\left(1-\cos\frac{n\pi}{2}\right)\sin\frac{n\pi}{2}t$$

函数 $f(t)$的傅里叶级数为正弦级数。◀

练习 17-3　求图 17-14 所示函数 $f(t)$的傅里叶级数。

答案： $f(t)=-\frac{32}{\pi}\sum_{k=1}^{\infty}\frac{1}{n}\sin nt$，$n=2k-1$。

例 17-4 求图 17-15 所示半波整流余弦函数的傅里叶级数。

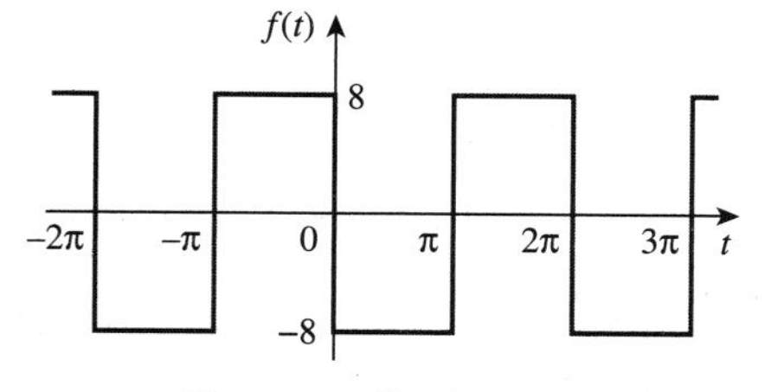

图 17-14　练习 17-3 图

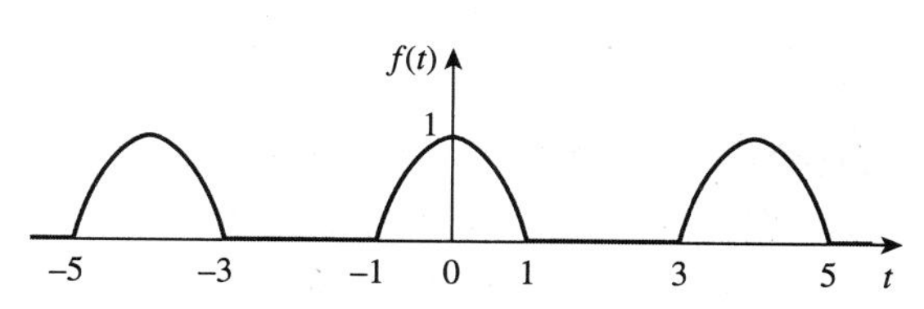

图 17-15　例 17-4 的半波整流余弦函数波形图

解： 这是一个偶函数，因此 $b_n=0$。同时，$T=4$，$\omega_0=2\pi/T=\pi/2$。在一个周期内，

$$f(t)=\begin{cases}0, & -2<t<-1\\ \cos\dfrac{\pi}{2}t, & -1<t<1\\ 0, & 1<t<2\end{cases}$$

$$a_0=\frac{2}{T}\int_0^{T/2}f(t)\mathrm{d}t=\frac{2}{4}\left[\int_0^1\cos\frac{\pi}{2}t\,\mathrm{d}t+\int_1^2 0\,\mathrm{d}t\right]=\frac{1}{2}\,\frac{2}{\pi}\sin\frac{\pi}{2}t\Big|_0^1=\frac{1}{\pi}$$

$$a_n=\frac{4}{T}\int_0^{T/2}f(t)\cos n\omega_0 t\,\mathrm{d}t=\frac{4}{4}\left[\int_0^1\cos\frac{\pi}{2}t\cos\frac{n\pi t}{2}\mathrm{d}t+0\right]$$

由于 $\cos A\cos B=\frac{1}{2}[\cos(A+B)+\cos(A-B)]$，有

$$a_n=\frac{1}{2}\int_0^1\left[\cos\frac{\pi}{2}(n+1)t+\cos\frac{\pi}{2}(n-1)t\right]\mathrm{d}t$$

当 $n=1$ 时，

$$a_1=\frac{1}{2}\int_0^1[\cos\pi t+1]\mathrm{d}t=\frac{1}{2}\left[\frac{\sin\pi t}{\pi}+t\right]\Big|_0^1=\frac{1}{2}$$

当 $n>1$ 时，

$$a_n=\frac{1}{\pi(n+1)}\sin\frac{\pi}{2}(n+1)+\frac{1}{\pi(n-1)}\sin\frac{\pi}{2}(n-1)$$

当 n 为奇数($n=1$，3，5，…)时，$(n+1)$和$(n-1)$都是偶数，则有

$$\sin\frac{\pi}{2}(n+1)=0=\sin\frac{\pi}{2}(n-1),\qquad n=\text{奇数}$$

当 $n=$偶数($n=2$，4，6，…)时，$(n+1)$和$(n-1)$都是奇数，则有

$$\sin\frac{\pi}{2}(n+1)=-\sin\frac{\pi}{2}(n-1)=\cos\frac{n\pi}{2}=(-1)^{n/2},\qquad n=\text{偶数}$$

因此，

$$a_n=\frac{(-1)^{n/2}}{\pi(n+1)}+\frac{-(-1)^{n/2}}{\pi(n-1)}=\frac{-2(-1)^{n/2}}{\pi(n^2-1)},\qquad n=\text{偶数}$$

所以

$$f(t)=\frac{1}{\pi}+\frac{1}{2}\cos\frac{\pi}{2}t-\frac{2}{\pi}\sum_{n=\text{偶数}}^{\infty}\frac{(-1)^{n/2}}{(n^2-1)}\cos\frac{n\pi}{2}t$$

为了避免使用 $n=2$，4，6，…，同时便于计算，可以利用 $2k$ 取代 n，其中 $k=1$，2，3，…从而得到

$$f(t)=\frac{1}{\pi}+\frac{1}{2}\cos\frac{\pi}{2}t-\frac{2}{\pi}\sum_{k=1}^{\infty}\frac{(-1)^k}{(4k^2-1)}\cos k\pi t$$

这是一个余弦傅里叶级数。◀

练习 17-4 求图 17-16 所示函数的傅里叶级数展开式。

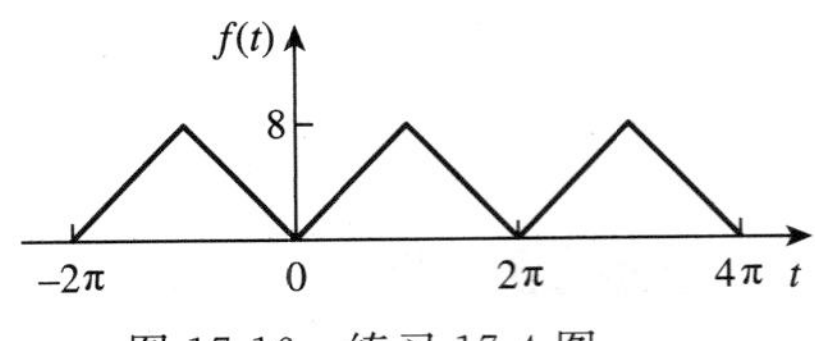

图 17-16 练习 17-4 图

答案：$f(t)=4-\frac{32}{\pi^2}\sum_{k=1}^{\infty}\frac{1}{n^2}\cos nt$，$n=2k-1$。

例 17-5 计算图 17-17 所示函数的傅里叶级数。

解：图 17-17 所示函数为半波奇对称函数，因此，$a_0=0=a_n$。在半个周期内该函数的表达式为

$$f(t)=t,\qquad -1<t<1$$

周期 $T=4$，$\omega_0=2\pi/T=\pi/2$。因此，

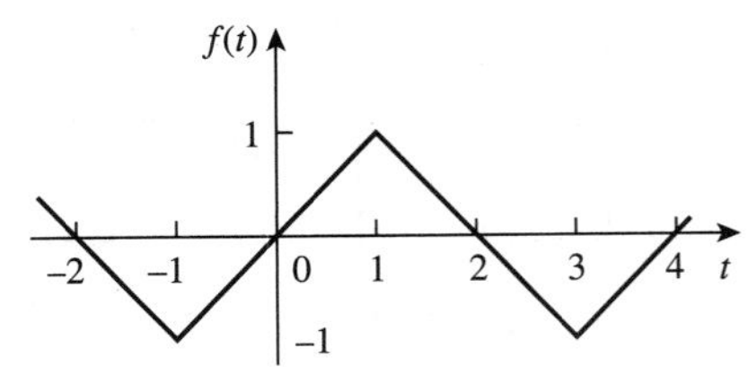

图 17-17 例 17-5 图

$$b_n=\frac{4}{T}\int_0^{T/2} f(t)\sin n\omega_0 t\,\mathrm{d}t$$

计算中将 $f(t)$的积分从 0～2 替换为从－1～1 更方便。利用式(17.15d)可以得到

$$b_n=\frac{4}{4}\int_{-1}^{1} t\sin\frac{n\pi t}{2}\mathrm{d}t=\left[\frac{\sin n\pi t/2}{n^2\pi^2/4}-\frac{t\cos n\pi t/2}{n\pi/2}\right]\Bigg|_{-1}^{1}$$

$$=\frac{4}{n^2\pi^2}\left[\sin\frac{n\pi}{2}-\sin\left(-\frac{n\pi}{2}\right)\right]-\frac{2}{n\pi}\left[\cos\frac{n\pi}{2}+\cos\left(-\frac{n\pi}{2}\right)\right]=\frac{8}{n^2\pi^2}\sin\frac{n\pi}{2}-\frac{4}{n\pi}\cos\frac{n\pi}{2}$$

因为 $\sin(-x)=-\sin x$ 是奇函数，$\cos(-x)=\cos x$ 是偶函数。利用表 17-1 所示的 $\sin(n\pi/2)$的恒等式，可得

$$b_n=\frac{8}{n^2\pi^2}(-1)^{(n-1)/2},\quad n=\text{奇数}=1,3,5,\cdots$$

因此，

$$f(t)=\sum_{n=1,3,5}^{\infty} b_n\sin\frac{n\pi}{2}t$$ ◀

练习 17-5 试求如图 17-12a 所示函数的傅里叶级数。取 $A=5$，$T=2\pi$。

答案： $f(t)=\frac{10}{\pi}\sum_{k=1}^{\infty}\left(\frac{-2}{n^2\pi}\cos nt+\frac{1}{n}\sin nt\right)$，$n=2k-1$。

17.4 傅里叶级数在电路分析中的应用

在工程实践中，许多电路的激励为非正弦的周期函数。为了求解一个有非正弦周期函数激励的电路的稳态响应，需要采用傅里叶级数、交流相位分析和叠加定理。分析过程通常包括四个步骤。

运用傅里叶级数求解电路的步骤：

1. 将激励表示为一个傅里叶级数。
2. 将电路由时域变为频域。
3. 求解傅里叶级数中的直流分量和交流分量响应。
4. 利用叠加定理将直流响应和交流响应相加。

第一步是求出激励的傅里叶级数展开式。例如，对于如图 17-18a 所示的周期电压源，傅里叶级数表示为

$$v(t)=V_0+\sum_{n=1}^{\infty}V_n\cos(n\omega_0 t+\theta_n) \tag{17.40}$$

(对于周期电流源可以进行相同的操作。)式(17.40)表明，$v(t)$包括两部分：直流分量 V_0 和各次谐波的交流分量 $\mathbf{V}_n=V_n\,\underline{/\theta_n}$。这种傅里叶级数表示可以看作是一组串联的正弦电源，各电源有自己的振幅和频率，如图 17-18b 所示。

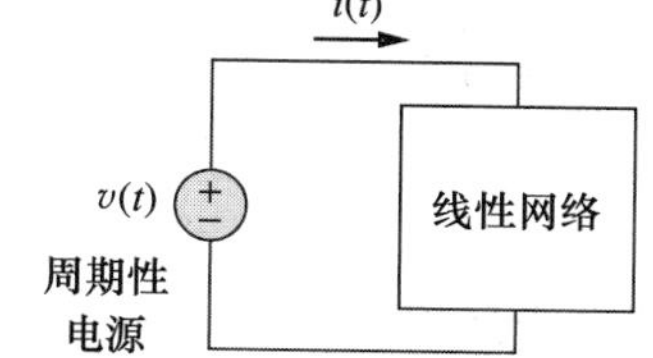

a）由周期性电压源激励的线性网络

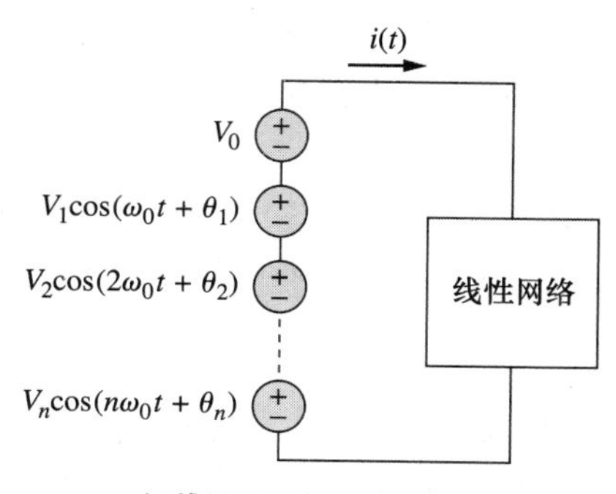

b）傅里叶级数表示(时域)

图 17-18 傅里叶级数电路分析实例

第二步是求出傅里叶级数各项的响应。在频域中设置 $n=0$ 或是 $\omega=0$，如图 17-19a 所示，或在时域中将所有电感短路，将所有电容开路，即可确定电路对直流分量的响应。运用第 9 章所介绍的相量分析法可以确定电路对交流分量的响应，如图 17-19b 所示。电路网络可以利用它的阻抗 $\mathbf{Z}(n\omega_0)$或导纳 $\mathbf{Y}(n\omega_0)$表示。$\mathbf{Z}(n\omega_0)$是指用 $n\omega_0$ 取代 ω 后的电源端的输入阻抗，而 $\mathbf{Y}(n\omega_0)$是 $\mathbf{Z}(n\omega_0)$的倒数。

最后，根据叠加定理，将所有单独求出的电路响应相加。对于如图 17-19 所示情况，有

$$i(t)=i_0(t)+i_1(t)+i_2(t)+\cdots=\boldsymbol{I}_0+\sum_{n=1}^{\infty}|\boldsymbol{I}_n|\cos(n\omega_0 t+\psi_n) \qquad (17.41)$$

式中每一个频率为 $n\omega_0$ 的分量 $\boldsymbol{I}_n$ 已经变换到时域，从而得到 $i_n(t)$，Ψ_n 是 $\boldsymbol{I}_n$ 的辐角。

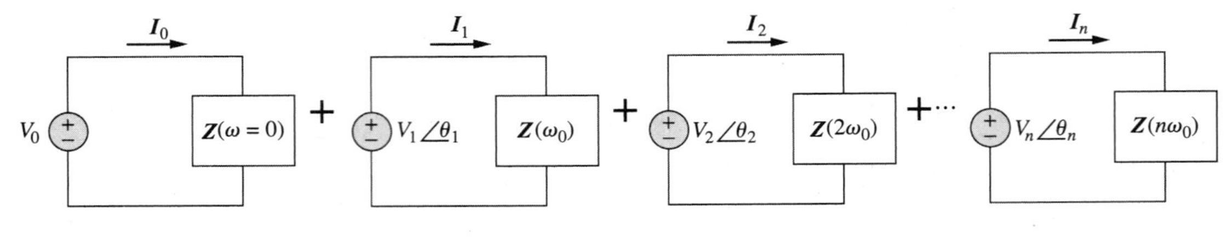

图 17-19 稳态响应

例 17-6 设例 17-1 的函数 $f(t)$为图 17-20 所示电路的电压源 $v_s(t)$。求电路的响应 $v_o(t)$。

解： 由例 17-1 可知

$$v_s(t)=\frac{1}{2}+\frac{2}{\pi}\sum_{k=1}^{\infty}\frac{1}{n}\sin n\pi t, \qquad n=2k-1$$

式中 $\omega_n=n\omega_0=n\pi\text{rad/s}$。使用相量法和分压原理，可以得到图 17-20 所示电路的响应 $\mathbf{V}_o$。

$$\mathbf{V}_o=\frac{\mathrm{j}\omega_n L}{R+\mathrm{j}\omega_n L}\mathbf{V}_s=\frac{\mathrm{j}2n\pi}{5+\mathrm{j}2n\pi}\mathbf{V}_s$$

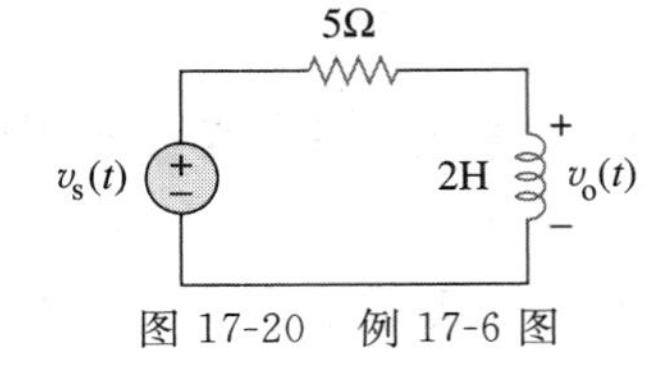

图 17-20 例 17-6 图

对于直流分量($\omega_n=0$ 或 $n=0$)，

$$\mathbf{V}_s=\frac{1}{2} \quad \Rightarrow \quad \mathbf{V}_o=0$$

由于电感对于直流相当于短路，可得上述结果。对于 n 次谐波而言，

$$\mathbf{V}_s=\frac{2}{n\pi}\angle{-90^\circ} \qquad (17.6.1)$$

相应的电路响应为

$$\mathbf{V}_o=\frac{2n\pi\angle{90^\circ}}{\sqrt{25+4n^2\pi^2}\angle{\arctan(2n\pi/5)}}\times\left(\frac{2}{n\pi}\angle{-90^\circ}\right)=\frac{4\angle{-\arctan(2n\pi/5)}}{\sqrt{25+4n^2\pi^2}} \qquad (17.6.2)$$

在时域中的电路响应为

$$v_o(t)=\sum_{k=1}^{\infty}\frac{4}{\sqrt{25+4n^2\pi^2}}\cos\left(n\pi t-\arctan\frac{2n\pi}{5}\right), \qquad n=2k-1$$

以上求和式中奇数次谐波的前 3 项($k=1$，2，3 或 $n=1$，3，5)为

$$v_o(t)=0.4981\cos(\pi t-51.49^\circ)+0.2051\cos(3\pi t-75.14^\circ)+0.1257\cos(5\pi t-80.96^\circ)+\cdots$$

图 17-21 给出了输出电压 $v_o(t)$的振幅频谱，而图 17-4a 给出的则是输入电压源 $v_s(t)$的幅度谱。可以看出，这两个频谱非常接近。原因在于，图 17-20 所示电路是一个截止频率为 $\omega_c=R/L=2.5\text{rad/s}$ 的高通滤波器，其 ω_c 小于信号的基频 $\omega_0=\pi\text{rad/s}$。直流分量不能通过该电路，一次谐波分量稍有衰减，而高次谐波分量则可以通过。事实上，由式(17.6.1)和式(17.6.2)可见，当 n 较大时，$\mathbf{V}_o$ 与 $\mathbf{V}_s$ 基本相

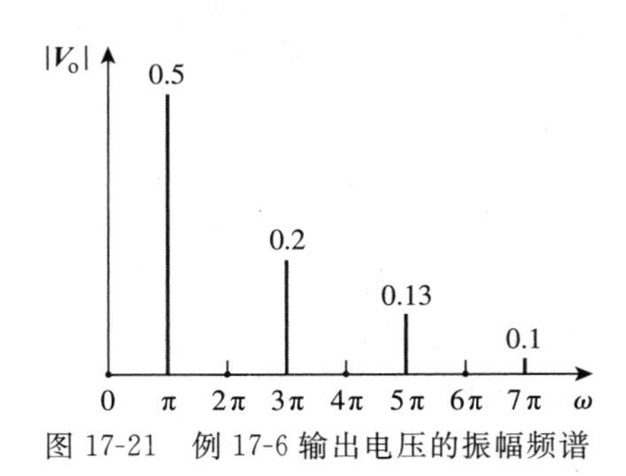

图 17-21 例 17-6 输出电压的振幅频谱

同，这就是高通滤波器的特征。

练习 17-6　图 17-22 的电压源 $v_s(t)$ 为如图 17-9 所示锯齿波形(见练习 17-2)，试求电路响应 $v_o(t)$。

答案：$v_o(t)=\frac{3}{2}-\frac{3}{\pi}\sum_{n=1}^{\infty}\frac{\sin(2\pi nt-\arctan 4n\pi)}{n\sqrt{1+16n^2\pi^2}}(\text{V})$

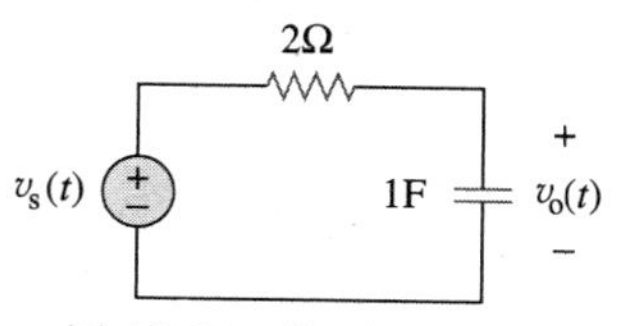

图 17-22　练习 17-6 图

例 17-7　求图 17-23 所示电路的响应 $i_o(t)$，该电路输入电压 $v(t)$ 的傅里叶级数展开式为

$$v(t)=1+\sum_{n=1}^{\infty}\frac{2(-1)^n}{1+n^2}(\cos nt-n\sin nt)$$

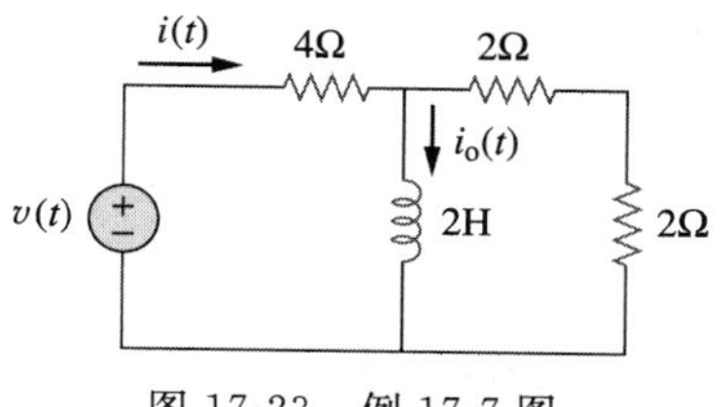

图 17-23　例 17-7 图

解：利用式(17.13)，我们可以将输入电压表示为

$$v(t)=1+\sum_{n=1}^{\infty}\frac{2(-1)^n}{\sqrt{1+n^2}}\cos(nt+\arctan n)$$
$$=1-1.414\cos(t+45°)+0.8944\cos(2t+63.45°)-0.6345\cos(3t+71.56°)-0.4851\cos(4t+78.7°)+\cdots$$

由此可见，$\omega_o=1$，$\omega_n=n\text{rad/s}$。在输入端的阻抗是

$$\boldsymbol{Z}=4+\text{j}\omega_n 2\parallel 4=4+\frac{\text{j}\omega_n 8}{4+\text{j}\omega_n 2}=\frac{8+\text{j}\omega_n 8}{2+\text{j}\omega_n}$$

输入电流为

$$\boldsymbol{I}=\frac{\boldsymbol{V}}{\boldsymbol{Z}}=\frac{2+\text{j}\omega_n}{8+\text{j}\omega_n 8}\boldsymbol{V}$$

式中，$\boldsymbol{V}$ 是电压源 $v(t)$ 的相量形式。根据分流原理，有

$$\boldsymbol{I}_o=\frac{4}{4+\text{j}\omega_n 2}\boldsymbol{I}=\frac{\boldsymbol{V}}{4+\text{j}\omega_n 4}$$

因为 $\omega_n=n$，$\boldsymbol{I}_o$ 可以表达为

$$\boldsymbol{I}_o=\frac{\boldsymbol{V}}{4\sqrt{1+n^2}\angle\arctan n}$$

对于直流分量($\omega_n=0$ 或 $n=0$)而言，

$$\boldsymbol{V}=1\quad\Rightarrow\quad\boldsymbol{I}_o=\frac{\boldsymbol{V}}{4}=\frac{1}{4}$$

对于 n 次谐波而言，

$$\boldsymbol{V}=\frac{2(-1)^n}{\sqrt{1+n^2}}\angle\arctan n$$

所以

$$\boldsymbol{I}_o=\frac{1}{4\sqrt{1+n^2}\angle\arctan n}\frac{2(-1)^n}{\sqrt{1+n^2}}\angle\arctan n=\frac{(-1)^n}{2(1+n^2)}$$

在时域中的表达式为

$$i_o(t)=\frac{1}{4}+\sum_{n=1}^{\infty}\frac{(-1)^n}{2(1+n^2)}\cos nt$$

练习 17-7　如图 17-24 所示电路的输入电压为

$$v(t)=\frac{1}{3}+\frac{1}{\pi^2}\sum_{n=1}^{\infty}\left(\frac{1}{n^2}\cos nt-\frac{\pi}{n}\sin nt\right)$$

试求该电路的响应 $i_o(t)$。

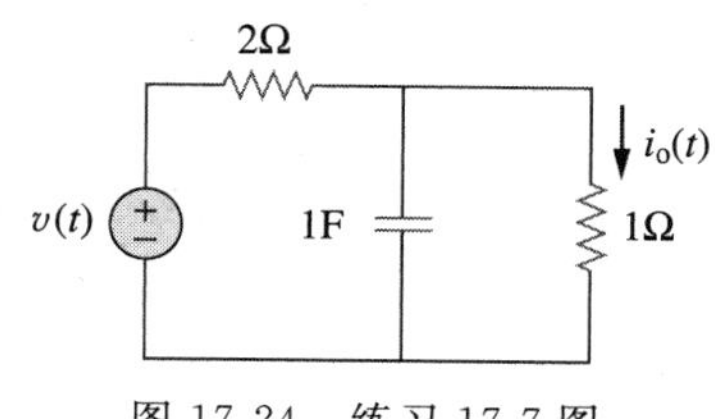

图 17-24　练习 17-7 图

答案：$\frac{1}{9}+\sum_{n=1}^{\infty}\frac{\sqrt{1+n^2\pi^2}}{n^2\pi^2\sqrt{9+4n^2}}\cos\left(nt-\arctan\frac{2n}{3}+\arctan n\pi\right)$(A)。

17.5 平均功率和方均根值

第 11 章曾介绍过周期信号的平均功率和方均根值的概念。为了求出激励为周期函数的电路的平均功率，可以将电压和电流写成振幅-相位形式[见式(17.10)]：

$$v(t)=V_{dc}+\sum_{n=1}^{\infty}V_n\cos(n\omega_0 t-\theta_n) \qquad (17.42)$$

$$i(t)=I_{dc}+\sum_{m=1}^{\infty}I_m\cos(m\omega_0 t-\phi_m) \qquad (17.43)$$

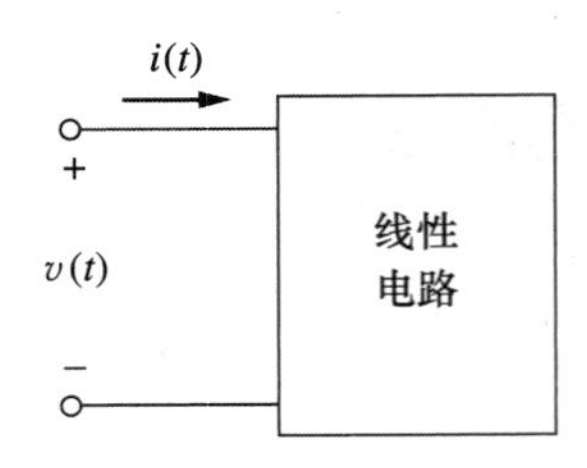

图 17-25 电压参考极性与电流参考方向

按照无源符号约定(见图 17-25)，平均功率为

$$P=\frac{1}{T}\int_0^T vi\,\mathrm{d}t \qquad (17.44)$$

将式(17.42)和式(17.43)代入式(17.44)得

$$P=\frac{1}{T}\int_0^T V_{dc}I_{dc}\mathrm{d}t+\sum_{m=1}^{\infty}\frac{I_mV_{dc}}{T}\int_0^T\cos(m\omega_0 t-\phi_m)\mathrm{d}t+\sum_{n=1}^{\infty}\frac{V_nI_{dc}}{T}\int_n^T\cos(n\omega_0 t-\theta_n)\mathrm{d}t+$$
$$\sum_{m=1}^{\infty}\sum_{n=1}^{\infty}\frac{V_nI_m}{T}\int_0^T\cos(n\omega_0 t-\theta_n)\cos(m\omega_0 t-\phi_m)\mathrm{d}t \qquad (17.45)$$

由于余弦信号在一个周期内的积分为零，所以上式中第二个和第三个积分项均为零。根据式(17.4e)，当 $m\neq n$ 时，第四个积分项的所有项都是 0。求出第一个积分项，并在 $m=n$ 时将式(17.4g)用于第四个积分项，可以得到

$$\boxed{P=V_{dc}I_{dc}+\frac{1}{2}\sum_{n=1}^{\infty}V_nI_n\cos(\theta_n-\phi_n)} \qquad (17.46)$$

上式表明，在包含周期性电压与电路的平均能量的计算中，总的平均功率等于各对应谐波电压和电流所产生的平均功率之和。

给定任一个周期函数 $f(t)$，方均根值(或有效值)定义为

$$F_{rms}=\sqrt{\frac{1}{T}\int_0^T f^2(t)\mathrm{d}t} \qquad (17.47)$$

将式(17.10)中的 $f(t)$ 代入式(17.47)，由 $(a+b)^2=a^2+2ab+b^2$，得

$$\begin{aligned}F_{rms}^2&=\frac{1}{T}\int_0^T\Big[a_0^2+2\sum_{n=1}^{\infty}a_0A_n\cos(n\omega_0 t+\phi_n)+\\&\quad\sum_{n=1}^{\infty}\sum_{m=1}^{\infty}A_nA_m\cos(n\omega_0 t+\phi_n)\cos(m\omega_0 t+\phi_m)\Big]\mathrm{d}t\\&=\frac{1}{T}\int_0^T a_0^2\mathrm{d}t+2\sum_{n=1}^{\infty}a_0A_n\frac{1}{T}\int_0^T\cos(n\omega_0 t+\phi_n)\mathrm{d}t+\\&\quad\sum_{n=1}^{\infty}\sum_{m=1}^{\infty}A_nA_m\frac{1}{T}\int_0^T\cos(n\omega_0 t+\phi_n)\cos(m\omega_0 t+\phi_m)\mathrm{d}t\end{aligned} \qquad (17.48)$$

式中采用不同的整数 m 和 n 来处理两个级数的和。运用相同的推导过程可以得到

$$F_{rms}^2=a_0^2+\frac{1}{2}\sum_{n=1}^{\infty}A_n^2$$

即

$$F_{\mathrm{rms}}=\sqrt{a_0^2+\frac{1}{2}\sum_{n=1}^{\infty}A_n^2} \tag{17.49}$$

利用傅里叶系数 a_n 和 b_n，式(17.49)可以写为

$$F_{\mathrm{rms}}=\sqrt{a_0^2+\frac{1}{2}\sum_{n=1}^{\infty}(a_n^2+b_n^2)} \tag{17.50}$$

如果 $f(t)$是通过电阻 R 的电流，那么电阻消耗的功率为

$$P=RF_{\mathrm{rms}}^2 \tag{17.51}$$

如果 $f(t)$是通过电阻 R 两端的电压，那么电阻上耗散的功率为

$$P=\frac{F_{\mathrm{rms}}^2}{R} \tag{17.52}$$

选择 1Ω 电阻即可避免考虑信号的属性。1Ω 电阻消耗的功率为

$$\boxed{P_{1\Omega}=F_{\mathrm{rms}}^2=a_0^2+\frac{1}{2}\sum_{n=1}^{\infty}(a_n^2+b_n^2)} \tag{17.53}$$

这个结果被称为帕塞瓦尔定理(Parseval's theorem)。注意，a_0^2 是直流分量的功率，而 $\frac{1}{2}(a_n^2+b_n^2)$是 n 次谐波的交流功率。因此，帕塞瓦尔定理表明，任何周期信号的平均功率等于直流分量和谐波的交流分量的平均能量之和。

提示： 帕塞瓦尔定理是以法国数学家安东尼·帕塞瓦尔(1755—1836)的名字命名的。

例 17-8 如果 $i(t)=[2+10\cos(t+10°)+6\cos(3t+35°)]\mathrm{A}$。求图 17-26 所示电路的平均功率。

解： 该电路网络的输入阻抗为

$$\boldsymbol{Z}=10\left\|\frac{1}{\mathrm{j}2\omega}=\frac{10\times(1/\mathrm{j}2\omega)}{10+1/\mathrm{j}2\omega}=\frac{10}{1+\mathrm{j}20\omega}\right.$$

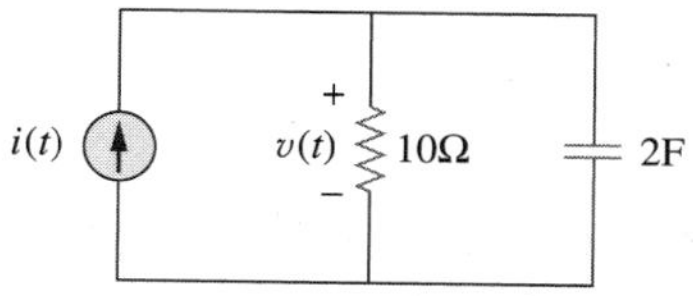

图 17-26　例 17-8 图

所以

$$\boldsymbol{V}=\boldsymbol{IZ}=\frac{10\boldsymbol{I}}{\sqrt{1+400\omega^2}\,\angle\arctan 20\omega}$$

对于直流分量，$\omega=0$，因此

$$\boldsymbol{I}=2\mathrm{A}\quad\Rightarrow\quad\boldsymbol{V}=10\times2=20(\mathrm{V})$$

因为电容对于直流相当于是开路，2A 电流全部流过电阻。如果 $\omega=1\mathrm{rad/s}$，则

$$\boldsymbol{I}=10\,\angle 10°\quad\Rightarrow\quad\boldsymbol{V}=\frac{10(10\,\angle 10°)}{\sqrt{1+400}\,\angle\arctan 20}=5\,\angle -77.14°$$

如果 $\omega=3\mathrm{rad/s}$，则

$$\boldsymbol{I}=6\,\angle 35°\quad\Rightarrow\quad\boldsymbol{V}=\frac{10(6\,\angle 35°)}{\sqrt{1+3600}\,\angle\arctan 60}=1\,\angle -54.04°$$

因此，在时域中有

$$v(t)=20+5\cos(t-77.14°)+\cos(3t-54.04°)(\mathrm{V})$$

通过运用式(17.46)我们求得电路提供的平均功率为

$$P=V_{\mathrm{dc}}I_{\mathrm{dc}}+\frac{1}{2}\sum_{n=1}^{\infty}V_nI_n\cos(\theta_n-\phi_n)$$

将本例中 v 和 i 与使用式(17.42)和式(17.43)相比较，即可确定 θ_n 和 ϕ_n 的符号。从而，

$$P=20\times2+\frac{1}{2}\times5\times10\cos[77.14°-(-10°)]+\frac{1}{2}\times1\times6\cos[54.04°-(-35°)]$$

$$=40+1.247+0.05=41.5(\text{W})$$

另外，还可以求得电阻消耗的平均功率为

$$P=\frac{V_{dc}^2}{R}+\frac{1}{2}\sum_{n=1}^{\infty}\frac{|V_n|^2}{R}=\frac{20^2}{10}+\frac{1}{2}\times\frac{5^2}{10}+\frac{1}{2}\times\frac{1^2}{10}=40+1.25+0.05=41.5(\text{W})$$

与电源提供的功率相等，因为电容不吸收平均功率。 ◀

练习 17-8 某电路终端的电压和电流如下：

$$v(t)=128+192\cos 120\pi t+96\cos(360\pi t-30°)$$
$$i(t)=4\cos(120\pi t-10°)+1.6\cos(360\pi t-60°)$$

试求电路吸收的平均能量。 **答案：** 444.7W。

例 17-9 求例 17-7 中电压方均根值的估计值。

解： 例 17-7 中 $v(t)$ 的表达式为

$$v(t)=1-1.414\cos(t+45°)+0.8944\cos(2t+63.45°)-0.6345\cos(3t+71.56°)-0.4851\cos(4t+78.7°)+\cdots(\text{V})$$

利用式(17.49)，得到

$$V_{rms}=\sqrt{a_0^2+\frac{1}{2}\sum_{n=1}^{\infty}A_n^2}$$
$$=\sqrt{1^2+\frac{1}{2}[(-1.414)^2+(0.8944)^2+(-0.6345)^2+(-0.4851)^2+\cdots]}$$
$$=\sqrt{2.7186}=1.649(\text{V})$$

因为所取的级数项不够多，所以上式仅是方均根的一个估计值。用傅里叶级数表示的实际函数为

$$v(t)=\frac{\pi e^t}{\sinh\pi},\qquad -\pi<t<\pi$$

且 $v(t)=v(t+T)$。其精确的方均根值为 1.776V。 ◀

练习 17-9 求如下周期电流 $i(t)$ 的方均根值。

$$i(t)=8+30\cos 2t-20\sin 2t+15\cos 4t-10\sin 4t(\text{A})$$ **答案：** 29.61A。

17.6 指数形式傅里叶级数

式(17.3)所示傅里叶级数的一种紧凑的方式表达就是将其写为指数形式。这就要求利用欧拉公式将正弦函数和余弦函数表示为指数形式：

$$\cos n\omega_0 t=\frac{1}{2}[e^{jn\omega_0 t}+e^{-jn\omega_0 t}] \tag{17.54a}$$

$$\sin n\omega_0 t=\frac{1}{2j}[e^{jn\omega_0 t}-e^{-jn\omega_0 t}] \tag{17.54b}$$

将式(17.54)代入式(17.3)，合并同类项后，得到

$$f(t)=a_0+\frac{1}{2}\sum_{n=1}^{\infty}[(a_n-jb_n)e^{jn\omega_0 t}+(a_n+jb_n)e^{-jn\omega_0 t}] \tag{17.55}$$

定义一个新的系数 c_n，使得

$$c_0=a_0,\qquad c_n=\frac{(a_n-jb_n)}{2},\qquad c_{-n}=c_n^*=\frac{(a_n+jb_n)}{2} \tag{17.56}$$

于是，$f(t)$变为

$$f(t)=c_0+\sum_{n=1}^{\infty}(c_n e^{jn\omega_0 t}+c_{-n}e^{-jn\omega_0 t}) \tag{17.57}$$

即

$$\boxed{f(t)=\sum_{n=-\infty}^{\infty} c_n \mathrm{e}^{\mathrm{j}n\omega_0 t}} \tag{17.58}$$

这就是 $f(t)$复数或指数傅里叶级数(complex or exponential Fourier series)。注意，指数形式比式(17.3)的正弦-余弦形式更简洁紧凑。尽管指数傅里叶级数系数 c_n 可以使用式(17.56)从 a_n 和b_n 求得，但也可直接由 $f(t)$求得。

$$\boxed{c_n=\frac{1}{T}\int_0^T f(t)\mathrm{e}^{-\mathrm{j}n\omega_0 t}\mathrm{d}t} \tag{17.59}$$

式中，$\omega_0=2\pi/T$，c_n 的振幅和相位与 $n\omega_0$ 的函数曲线分别称为 $f(t)$的复振幅频谱和复相位频谱，这两个频谱构成了 $f(t)$的复频频谱。

周期函数 $f(t)$的指数傅里叶级数通过正负谐波频率交流分量的振幅和相位角描述了 $f(t)$的频谱。

傅里叶级数的三种形式(正弦-余弦形式、幅度-相位形式和指数形式)的系数之间的关系为

$$\boxed{A_n\angle\phi_n=a_n-\mathrm{j}b_n=2c_n} \tag{17.60}$$

即：

$$c_n=|c_n|\angle\theta_n=\frac{\sqrt{a_n^2+b_n^2}}{2}\angle-\arctan(b_n/a_n) \tag{17.61}$$

式中，$a_n>0$。注意，c_n 的相位θ_n 等于 ϕ_n。

周期信号 $f(t)$的方均根值利用傅里叶复系数 c_n 可以表示为

$$\begin{aligned}F_{\mathrm{rms}}^2&=\frac{1}{T}\int_0^T f^2(t)\mathrm{d}t=\frac{1}{T}\int_0^T f(t)\left[\sum_{n=-\infty}^{\infty} c_n \mathrm{e}^{\mathrm{j}n\omega_0 t}\right]\mathrm{d}t\\&=\sum_{n=-\infty}^{\infty} c_n\left[\frac{1}{T}\int_0^T f(t)\mathrm{e}^{\mathrm{j}n\omega_0 t}\right]=\sum_{n=-\infty}^{\infty} c_n c_n^*=\sum_{n=-\infty}^{\infty}|c_n|^2\end{aligned} \tag{17.62}$$

即

$$F_{\mathrm{rms}}=\sqrt{\sum_{n=-\infty}^{\infty}|c_n|^2} \tag{17.63}$$

式(17.62)可以写成

$$F_{\mathrm{rms}}^2=|c_0|^2+2\sum_{n=1}^{\infty}|c_n|^2 \tag{17.64}$$

同样，一个 1Ω 电阻消耗的功率为

$$P_{1\Omega}=F_{\mathrm{rms}}^2=\sum_{n=-\infty}^{\infty}|c_n|^2 \tag{17.65}$$

这是帕塞瓦尔定理的又一种形式。信号 $f(t)$的功率谱是指$|c_n|^2$ 和 $n\omega_0$ 的关系曲线。如果 $f(t)$是电阻 R 两端的电压，则电阻吸收的平均功率为 F_{rms}^2/R；如果 $f(t)$是流过电阻 R 的电流，能量为 $F_{\mathrm{rms}}^2 R$。

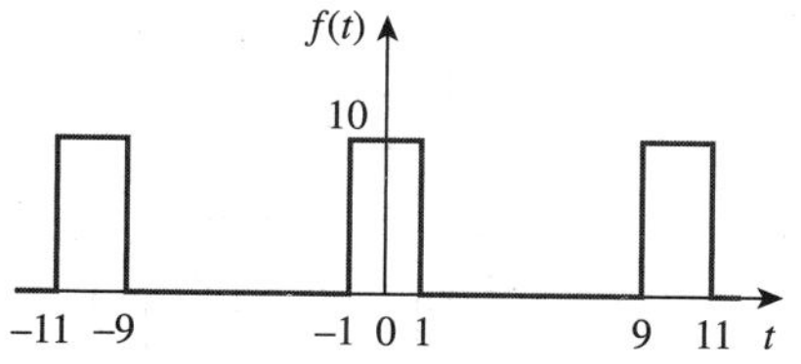

下面通过图 17-27 所示的周期脉冲序列具体说明。目标是求得该脉冲序列的振幅频谱和相位频谱。周期脉冲序列的周期是 $T=10$，于是 $\omega_0=2\pi/T=\pi/5$。利用式(17.59)可得

图 17-27　周期脉冲序列

$$c_n=\frac{1}{T}\int_{-T/2}^{T/2} f(t)\mathrm{e}^{-\mathrm{j}n\omega_0 t}\mathrm{d}t=\frac{1}{10}\int_{-1}^{1}10\mathrm{e}^{-\mathrm{j}n\omega_0 t}\mathrm{d}t=\frac{1}{-\mathrm{j}n\omega_0}\mathrm{e}^{-\mathrm{j}n\omega_0 t}\Big|_{-1}^{1}=\frac{1}{-\mathrm{j}n\omega_0}(\mathrm{e}^{-\mathrm{j}n\omega_0}-\mathrm{e}^{\mathrm{j}n\omega_0})$$

$$=\frac{2}{n\omega_0}\frac{e^{jn\omega_0}-e^{-jn\omega_0}}{2j}=2\frac{\sin n\omega_0}{n\omega_0},\quad \left(\omega_0=\frac{\pi}{5}\right)=2\frac{\sin n\pi/5}{n\pi/5} \tag{17.66}$$

且

$$f(t)=2\sum_{n=-\infty}^{\infty}\frac{\sin n\pi/5}{n\pi/5}e^{jn\pi t/5} \tag{17.67}$$

由式(17.66)可知，c_n 是 2 和一个形式为$\frac{\sin x}{x}$的函数的乘积。这个函数叫作 sinc 函数，即

$$\mathrm{sinc}(x)=\frac{\sin x}{x} \tag{17.68}$$

提示： sinc 函数在通信原理中被称为抽样函数，是非常有用的。

sinc 函数的一些性质对于本章而言是非常重要的。当自变量为零时，sinc 函数的值等于单位 1，即

$$\mathrm{sinc}(0)=1 \tag{17.69}$$

对式(17.68)运用洛必达法则即可获得上述结果。当自变量为 π 的整数倍时，sinc 函数的值是 0，即

$$\mathrm{sinc}(n\pi)=0,\quad n=1,2,3\cdots \tag{17.70}$$

另外，sinc 函数是偶对称函数。利用这些性质，即可求出 $f(t)$的振幅频谱和相位频谱。由式(17.66)可得其振幅为

$$|c_n|=2\left|\frac{\sin n\pi/5}{n\pi/5}\right| \tag{17.71}$$

相位为

$$\theta_n=\begin{cases}0°, & \sin\dfrac{n\pi}{5}>0\\ 180°, & \sin\dfrac{n\pi}{5}<0\end{cases} \tag{17.72}$$

图 17-28 给出了 c_n 从−10～10 变化时，振幅$|c_n|$与 n 函数关系曲线，其中 $n=\omega/\omega_0$ 是归一化频率。图 17-29 给出了 θ_n 和 n 的函数关系曲线。振幅频谱和相位频谱均被称为线谱，因为$|c_n|$和 θ_n 的值仅仅出现在频率的离散点处。相邻谱线之间的间隔为 ω_0。同样，也可画出$|c_n|^2$ 和 $n\omega_0$ 的关系曲线，即功率谱。注意，振幅频谱的包络具有 sinc 函数的形式。

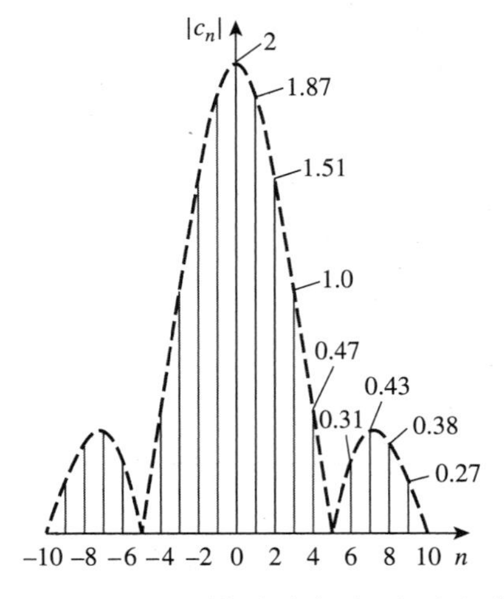

图 17-28　一个周期脉冲序列的幅度频谱

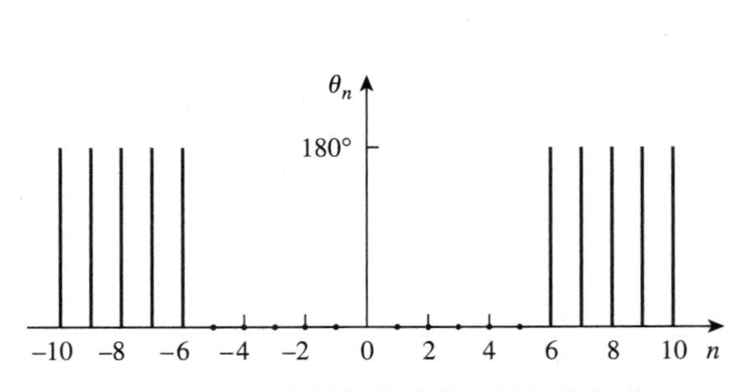

图 17-29　一个周期脉冲序列的相位频谱

提示： 由输入输出频谱可以看出电路对周期信号的作用。

例 17-10 求周期函数 $f(t)=\mathrm{e}^t$，$0<t<2\pi$，且 $f(t+2\pi)=f(t)$ 的指数傅里叶级数展开式。

解： 因为 $T=2\pi$，$\omega_0=2\pi/T=1$，因此

$$c_n=\frac{1}{T}\int_0^T f(t)\mathrm{e}^{-\mathrm{j}n\omega_0 t}\mathrm{d}t=\frac{1}{2\pi}\int_0^{2\pi}\mathrm{e}^t\mathrm{e}^{-\mathrm{j}nt}\mathrm{d}t=\frac{1}{2\pi}\frac{1}{1-\mathrm{j}n}\mathrm{e}^{(1-\mathrm{j}n)t}\Big|_0^{2\pi}=\frac{1}{2\pi(1-\mathrm{j}n)}[\mathrm{e}^{2\pi}\mathrm{e}^{-\mathrm{j}2\pi n}-1]$$

由欧拉公式可知，

$$\mathrm{e}^{-\mathrm{j}2\pi n}=\cos 2\pi n-\mathrm{j}\sin 2\pi n=1-\mathrm{j}0=1$$

因此

$$c_n=\frac{1}{2\pi(1-\mathrm{j}n)}[\mathrm{e}^{2\pi}-1]=\frac{85}{1-\mathrm{j}n}$$

复数傅里叶级数为

$$f(t)=\sum_{n=-\infty}^{\infty}\frac{85}{1-\mathrm{j}n}\mathrm{e}^{\mathrm{j}nt}$$

下面绘制 $f(t)$ 的复数频谱图。如果令 $c_n=|c_n|\underline{/\theta_n}$，那么

$$|c_n|=\frac{85}{\sqrt{1+n^2}},\qquad \theta_n=\arctan n$$

n 取不同的正、负整数值，即可获得 c_n 关于 $n\omega_0=n$ 的关系振幅频谱和相位频谱，如图 17-30 所示。◀

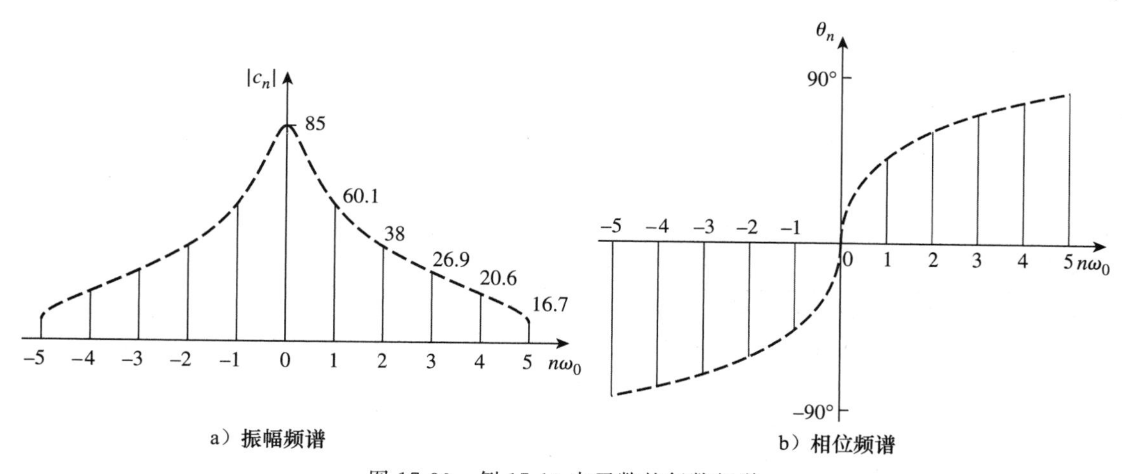

图 17-30　例 17-10 中函数的复数频谱

练习 17-10 求图 17-1 所示函数的复数傅里叶级数。

答案： $f(t)=\dfrac{1}{2}-\sum_{\substack{n=-\infty\\ n\neq 0\\ n=\text{奇数}}}^{\infty}\dfrac{\mathrm{j}}{n\pi}\mathrm{e}^{\mathrm{j}n\pi t}$。

例 17-11 求图 17-9 所示锯齿波的复数傅里叶级数，画出振幅频谱和相位频谱。

解： 由图 17-9 可知，$f(t)=t$，$0<t<1$，$T=1$。则有 $\omega_0=2\pi/T=2\pi$。因此

$$c_n=\frac{1}{T}\int_0^T f(t)\mathrm{e}^{-\mathrm{j}n\omega_0 t}\mathrm{d}t=\frac{1}{1}\int_0^1 t\mathrm{e}^{-\mathrm{j}2n\pi t}\mathrm{d}t \tag{17.11.1}$$

因为

$$\int t\mathrm{e}^{at}\mathrm{d}t=\frac{\mathrm{e}^{at}}{a^2}(ax-1)+C$$

代入式(17.11.1)可得

$$c_n=\frac{e^{-j2n\pi t}}{(-j2n\pi)^2}(-j2n\pi t-1)\Big|_0^1=\frac{e^{-j2n\pi}(-j2n\pi-1)+1}{-4n^2\pi^2} \tag{17.11.2}$$

同理，

$$e^{-j2\pi n}=\cos 2\pi n-j\sin 2\pi n=1-j0=1$$

式(17.11.2)变为

$$c_n=\frac{-j2n\pi}{-4n^2\pi^2}=\frac{j}{2n\pi} \tag{17.11.3}$$

但上式不包含 $n=0$ 的情况，当 $n=0$ 时，有

$$c_0=\frac{1}{T}\int_0^T f(t)\mathrm{d}t=\frac{1}{1}\int_0^1 t\mathrm{d}t=\frac{t^2}{2}\Big|_1^0=0.5 \tag{17.11.4}$$

因此，

$$f(t)=0.5+\sum_{\substack{n=-\infty\\ n\neq 0}}^{\infty}\frac{j}{2n\pi}e^{j2n\pi t} \tag{17.11.5}$$

且

$$|c_n|=\begin{cases}\dfrac{1}{2|n|\pi} & n\neq 0\\ 0.5, & n=0\end{cases},\quad \theta_n=90^\circ,\quad n\neq 0 \tag{17.11.6}$$

对于 n 的不同取值，绘制出 $|c_n|$ 和 θ_n 的曲线，即可得到如图 17-31 所示的振幅频谱和相位频谱。◀

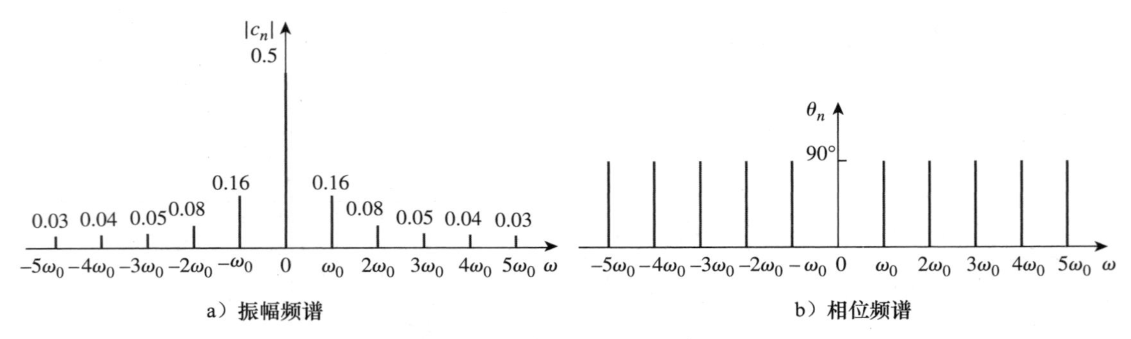

图 17-31　例 17-11 的频谱图

练习 17-11　求图 17-17 所示 $f(t)$的复数傅里叶级数展开式，并画出振幅频谱和相位频谱。

答案：$f(t)=-\sum\limits_{\substack{n=-\infty\\ n\neq 0}}^{\infty}\dfrac{j(-1)^n}{n\pi}e^{jn\pi t}$，频谱图如图 17-32 所示。

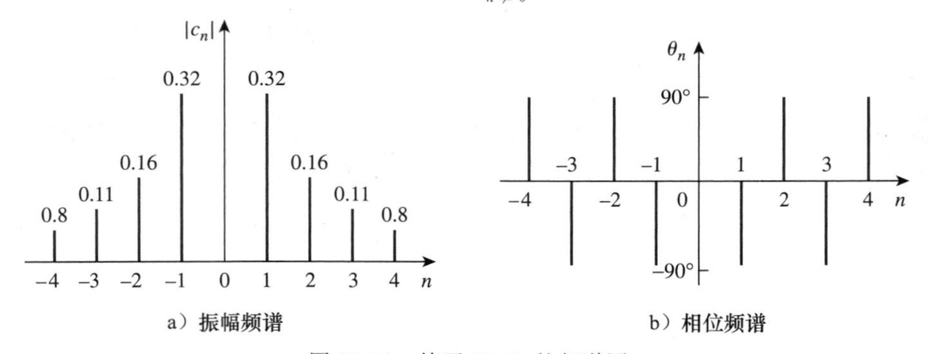

图 17-32　练习 17-11 的频谱图

17.7　基于 PSpice 的傅里叶分析

利用 PSpice 软件进行电路的暂态分析时，通常可以实现傅里叶分析。因此，进行傅里叶分析时必须做暂态分析。

对一个波形进行傅里叶分析时，需要一个输入是波形，输出是傅里叶分解的电路。图 17-33 所示由一个电流(电压)源与一个 1Ω 电阻串联的电路，就是一个适用于傅里叶分析的电路。输入波形为电压源 $v_s(t)$ 时，可以用 VPULSE 来表示脉冲电压，用 VSIN 表示正弦电压，并在周期 T 内设置波形的属性。节点 1 的输出电压 V(1)包含直流电平(a_0)，以及前 9 个谐波(A_n)及其对应相位 Ψ_n，即

$$v_o(t)=a_0+\sum_{n=1}^{9}A_n\sin(n\omega_0 t+\psi_n) \quad (17.73)$$

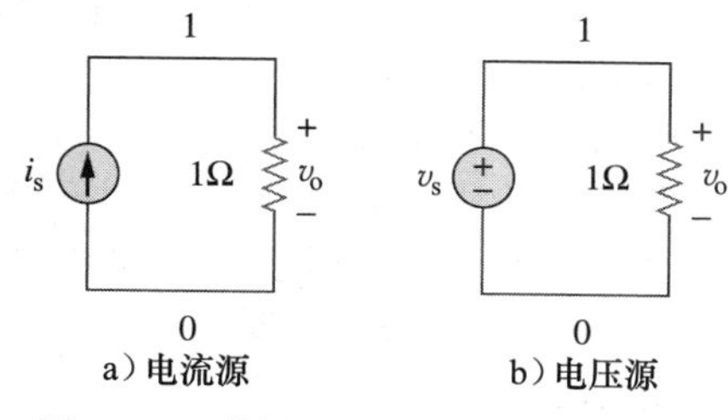

a) 电流源　　b) 电压源

图 17-33　使用 PSpice 实现傅里叶分析

式中

$$A_n=\sqrt{a_n^2+b_n^2},\quad \psi_n=\phi_n-\frac{\pi}{2},\quad \phi_n=\arctan\frac{b_n}{a_n} \quad (17.74)$$

由式(17.74)可以看出，PSpice 输出是正弦函数及其辐角的形式，而不是式(17.10)所示的余弦函数及其辐角的形式。PSpice 输出中还包括归一化傅里叶系数。各系数 a_n 通过除以基本振幅 a_1 可以实现归一化，即归一化分量为 a_n/a_1。相应的相位 Ψ_n 的归一化则是通过减去基本相位 Ψ_1 实现的，因此归一化相位为($\Psi_n-\Psi_1$)。

Windows 版本的 PSpice 提供了两种类型的傅里叶分析：由 PSpice 程序进行的离散傅里叶变换(Discrete Fourier Transform，DFT)和由 PSpiceA/D 程序进行的快速傅里叶变换(Fast Fourier Transform，FFT)。DFT 是指数傅里叶级数的近似，而 FFT 则是 DFT 的一种快速有效的数值算法。DFT 和 FFT 的详尽讨论并不在本书的范围之内。

17.7.1　离散傅里叶变换

PSpice 程序执行离散傅里叶变换(DFT)后，将所得到的谐波信息在输出文件中以表格形式给出。为了进行傅里叶分析，需选择 Analysis/Setup/Transient，出现图 17-34 所示的瞬态分析对话框。其中 Print Step 应该远小于一个周期 T，Final Time 可以设置为 $6T$。Center Frequency 是基频 $f_0=1/T$。将待进行 DFT 的变量输入到 Output Vars 对话框中，例如图 17-34 中的 V(1)。除了填写暂态分析对话框外，还应选中 Enable Fourier。这样，允许进行傅里叶分析并保存电路原理图之后，即可选择 Analysis/Simulate 运行 PSpice 程序。该程序执行谐波分解，得到暂态分析的傅里叶分量。选择 Analysis/Examine Output，即可读取输出文件。输出文件包括直流值和前 9 个谐波分量，当然也可以在 Number of harmonics 对话框(见图 17-34)中规定更多的谐波分量。

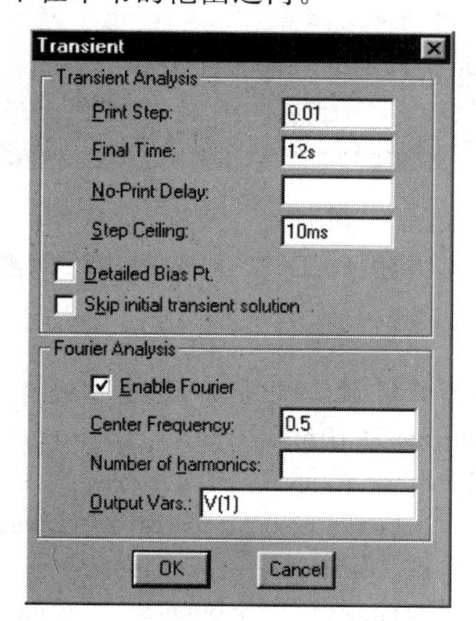

图 17-34　瞬态分析对话框

17.7.2　快速傅里叶变换

快速傅里叶变换(FFT)由 PSpiceA/D 程序执行，并将瞬态分析表达式的整个频谱以 PSpiceA/D 曲线展示。如前所述，我们首先构造图 17-33b 所示的电路原理图，并输入波

形的属性。同时，还要在暂态对话框输入 Print Steo 和 Final Time 的值。完成上述设置后，即可通过两种方法确定波形的 FFT。

一种方法是在图 17-33b 所示的电路的节点 1 插入一个电压探针。保存电路并选择 Analysis/Simulate 后，波形 V(1)将在 PSpiceA/D 窗口显示。双击 PSpiceA/D 窗口中的 FFT 的图标后，就会自动将波形替换为 FFT 波形。从 FFT 图形中即可得到谐波信息。如果 FFT 图形很密集，可以在 User Defined 对话框(见图 17-35)中设置一个较小的数据范围。

另一种确定 V(1)的 FFT 的方法则无须在原理图的节点 1 插入一个电压探针。在选择了 Analysis/Simulate 之后，PSpiceA/D 窗口不会出现任何曲线，之后选择 Trace/Add，并在 Trace Command 框键入 V(1)，再双击 OK 按钮。下面选择 Plot/X-Axis Settings 调出图 17-35 所示的 X 轴设定对话框，并选择 Fourier/OK，就会显示所选迹线的 FFT。第二个方法对于确定任何与电路相关的迹线的 FFT 是非常有用的。

FFT 分析法的主要优点是它可以提供图形输出，但其缺点是一些谐波太小，以至于无法显示出来。

在 DFT 和 FFT 程序运行中，为了保证结果的精度，应该在较长的周期内运行仿真程序，并设置较小的 Step Ceiling(在暂态对话框中)。暂态对话框中的终止时间应该至少是信号周期的 5 倍，这样才能确保仿真达到稳定状态。

例 17-12 利用 PSpice 来求图 17-1 所示信号的傅里叶系数。

解： 图 17-36 所示为确定傅里叶系数的电路原理图。根据如图 17-1 所示的信号，输入电压源 VPULSE 的属性如图 17-36 所示。下面利用 DFT 和 FFT 方法来求解本例。

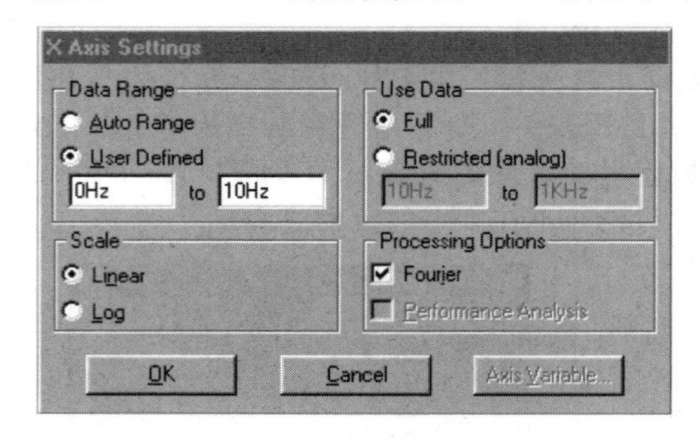

图 17-35 X 轴设定对话框

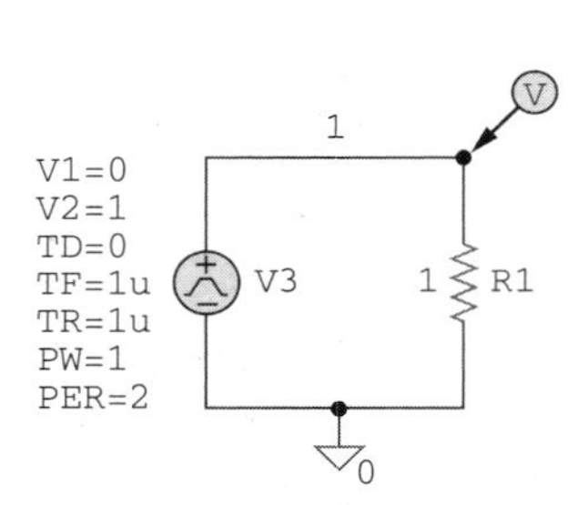

图 17-36 例 17-12 的原理图

方法 1 DFT 法(这种方法不需要图 17-36 的电压标志)由图 17-1 可知，$T=2$s，从而

$$f_0=\frac{1}{T}=\frac{1}{2}=0.5\text{Hz}$$

于是，在瞬态分析对话框中设置 Final Time 为 $6T=12$s，Print Time 为 0.01s，Step Ceiling 为 10ms，Center Frequency 为 0.5Hz，设定输出变量为 V(1)，如图 17-34 所示。当 PSpice 运行时，输出文件包括以下结果：

```
FOURIER COEFFICIENTS OF TRANSIENT RESPONSE V(1)

DC COMPONENT = 4.989950E-01

HARMONIC   FREQUENCY    FOURIER     NORMALIZED     PHASE      NORMALIZED
   NO        (HZ)      COMPONENT    COMPONENT      (DEG)      PHASE (DEG)

   1       5.000E-01   6.366E-01    1.000E+00   -1.809E-01    0.000E+00
   2       1.000E+00   2.012E-03    3.160E-03   -9.226E+01   -9.208E+01
   3       1.500E+00   2.122E-01    3.333E-01   -5.427E-01   -3.619E-01
   4       2.000E+00   2.016E-03    3.167E-03   -9.451E+01   -9.433E+01
   5       2.500E+00   1.273E-01    1.999E-01   -9.048E-01   -7.239E-01
   6       3.000E+00   2.024E-03    3.180E-03   -9.676E+01   -9.658E+01
   7       3.500E+00   9.088E-02    1.427E-01   -1.267E+00   -1.086E+00
```

8	4.000E+00	2.035E-03	3.197E-03	-9.898E+01	-9.880E+01
9	4.500E+00	7.065E-02	1.110E-01	-1.630E+00	-1.449E+00

将上述结果与式(17.1.7)(见例 17-1)进行比较或者与图 17-4 的频谱进行比较，可见结果相当一致。在式(17.1.7)中，直流分量是 0.5，而 PSpice 给出的结果是 0.498 995。并且，该信号仅有相位为 $\Psi_n=-90°$ 的奇次谐波，虽然 PSpice 给出的结果有偶次谐波，但是偶次谐波的振幅很小。

方法 2 FFT 法设置如图 17-36 所示的电压标记，运行 PSpice 后，即可在 PSpiceA/D 窗口得到 V(1)的波形，如图 17-37a 所示。在 PSpiceA/D 菜单上双击 FFT 的图标，并将 X-axis Settings 设置为从 0 到 10Hz，即可得到 V(1)FFT，如图 17-37b 所示。该 FFT 频谱图中包括所选频率范围内的直流分量和谐波分量。注意，各谐波的幅度和频率与 DFT 产生的列表值相一致。

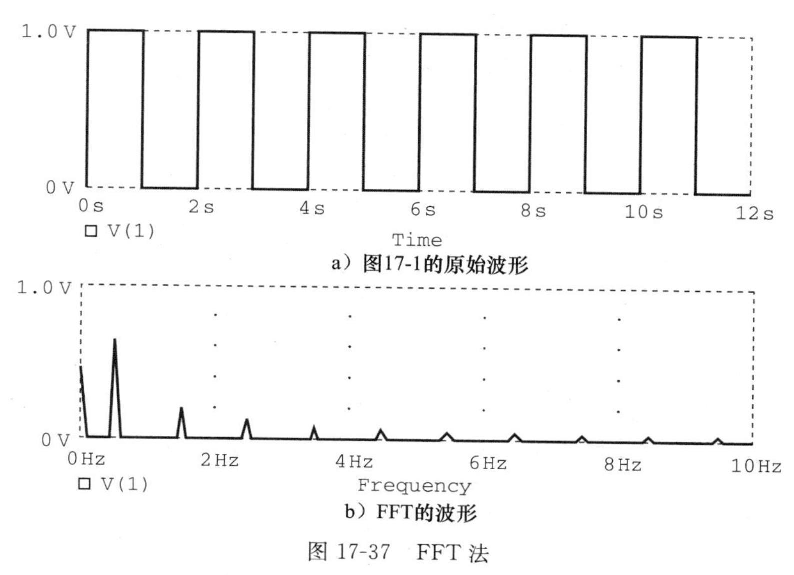

a）图17-1的原始波形

b）FFT的波形

图 17-37 FFT 法

◀

练习 17-12 利用 PSpice 求图 17-7 所示函数的傅里叶系数。

答案： FOURIER COEFFICIENTS OF TRANSIENT RESPONSE V(1)

DC COMPONENT = 4.950000E-01

HARMONIC NO	FREQUENCY (HZ)	FOURIER COMPONENT	NORMALIZED COMPONENT	PHASE (DEG)	NORMALIZED PHASE (DEG)
1	1.000E+00	3.184E-01	1.000E+00	-1.782E+02	0.000E+00
2	2.000E+00	1.593E-01	5.002E-01	-1.764E+02	1.800E+00
3	3.000E+00	1.063E-01	3.338E-01	-1.746E+02	3.600E+00
4	4.000E+00	7.979E-02	2.506E-03	-1.728E+02	5.400E+00
5	5.000E+00	6.392E-01	2.008E-01	-1.710E+02	7.200E+00
6	6.000E+00	5.337E-02	1.676E-03	-1.692E+02	9.000E+00
7	7.000E+00	4.584E-02	1.440E-01	-1.674E+02	1.080E+01
8	8.000E+00	4.021E-02	1.263E-01	-1.656E+02	1.260E+01
9	9.000E+00	3.584E-02	1.126E-01	-1.638E+02	1.440E+01

例 17-13 在图 17-38 所示电路中，$v_s=12\sin(200\pi t)u(t)$，求电流 $i(t)$。

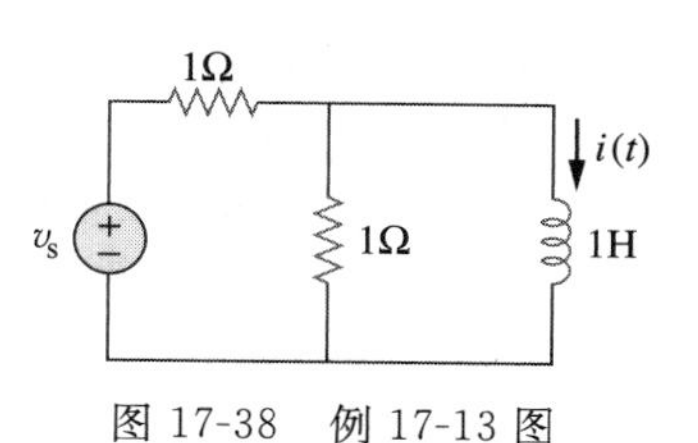

图 17-38 例 17-13 图

解：1. 明确问题。虽然本例题要求解决的问题从表面看已经阐述清楚，但仍然建议读者明确所要求解的是暂态响应，而不是稳态响应。因为在后一种情况下，问题会变得非常容易。

2. **列出已知条件**。本例利用 PSpice 和傅里叶分析，从而确定给定输入 $v_s(t)$ 的响应 $i(t)$。

3. **确定备选方案**。首先利用 DFT 来进行初始分析，然后使用 FFT 法验证答案。

4. **尝试求解**。本例的电路原理如图 17-39 所示。可以使用 DFT 法来确定 $i(t)$ 的傅里叶级数。因为输入波形的周期是 $T=1/100=10\text{ms}$，在暂态对话框中我们选择 Print Step 为 0.1ms，Final Time 为 100ms，Center Frequency 为 100Hz，Number of harmonics 为 4，和 Output 为 I(L1)。电路仿真时，其输出文件的内容如下：

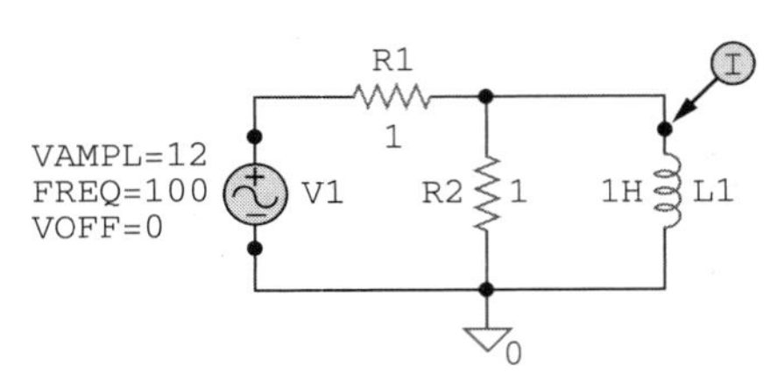

图 17-39 图 17-38 的原理图

```
FOURIER COEFFICIENTS OF TRANSIENT RESPONSE I(VD)

DC COMPONENT = 8.583269E-03
```

HARMONIC NO	FREQUENCY (HZ)	FOURIER COMPONENT	NORMALIZED COMPONENT	PHASE (DEG)	NORMALIZED PHASE (DEG)
1	1.000E+02	8.730E-03	1.000E+00	-8.984E+01	0.000E+00
2	2.000E+02	1.017E-04	1.165E-02	-8.306E+01	6.783E+00
3	3.000E+02	6.811E-05	7.802E-03	-8.235E+01	7.490E+00
4	4.000E+02	4.403E-05	5.044E-03	-8.943E+01	4.054E+00

求出傅里叶系数之后，电流 $i(t)$ 的傅里叶级数可以利用式(17.73)写出，即

$$i(t)=8.5833+8.73\sin(2\pi\cdot 100t-89.84^\circ)+0.1017\sin(2\pi\cdot 200t-83.06^\circ)+0.068\sin(2\pi\cdot 300t-82.35^\circ)+\cdots(\text{mA})$$

5. **评价结果**。还可以通过 FFT 法来验证上述结果的正确性。此时需要在图 17-39 所示电感的节点 1 插入电流探针。运行 PSpice 将自动在 PSpiceA/D 窗口产生 I(L1)的曲线，如图 17-40a 所示。双击 FFT 图标并将 X 轴的范围设置为从 0 到 200Hz，得到 I(L1)的 FFT 如图 17-40b 所示。从 FFT 频谱图中可以很清晰地看到直流分量和第一个谐波，其他高次谐波均很小可以忽略不计。

最后需要考虑这一结果是否与实际情况相符。该电路真实的暂态响应为 $i(t)=(9.549e^{-0.5t}-9.549)\cos(200\pi t)u(t)\text{mA}$。余弦波的周期是 10ms，而指数信号的时间常数为 2000ms(即 2s)。因此，该结果与傅里叶分析得到的结果是一致的。

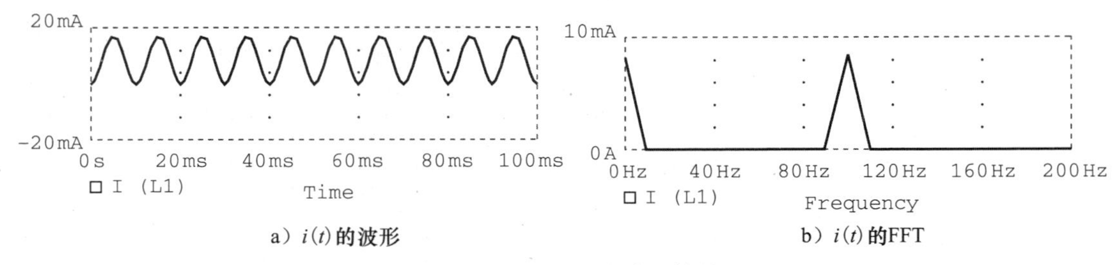

a) $i(t)$ 的波形　　b) $i(t)$ 的FFT

图 17-40 用 FFT 法验证结果

6. **是否满意**？显然，已经利用规定的方法成功地求解了本例。可以将得到的结果作为本题的答案。◀

练习 17-13 某振幅为 4A，频率为 2kHz 的正弦电流源被应用于图 17-41 所示电路中。试利用 PSpice 求得 $v(t)$。

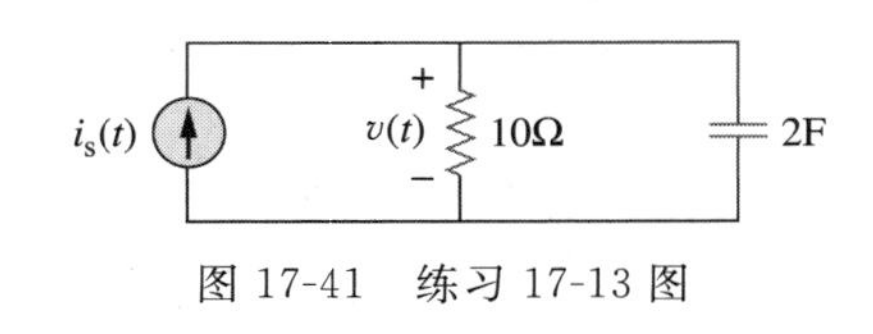

图 17-41 练习 17-13 图

答案：$v(t)=-150.72+145.5\sin(4\pi\cdot 10^3t+90^\circ)+\cdots\mu\text{V}$ 的傅里叶系数如下所示：

```
FOURIER COEFFICIENTS OF TRANSIENT RESPONSE V(R1:1)

DC COMPONENT = -1.507169E-04

HARMONIC   FREQUENCY   FOURIER     NORMALIZED   PHASE       NORMALIZED
   NO        (HZ)      COMPONENT   COMPONENT    (DEG)       PHASE (DEG)

   1       2.000E+03   1.455E-04   1.000E+00    9.006E+01    0.000E+00
   2       4.000E+03   1.851E-06   1.273E-02    9.597E+01    5.910E+00
   3       6.000E+03   1.406E-06   9.662E-03    9.323E+01    3.167E+00
   4       8.000E+03   1.010E-06   6.946E-02    8.077E+01   -9.292E+00
```

†17.8 应用实例

17.4 节已经指出，傅里叶级数展开可以利用向量分析方法，这种方法被用在包含非正弦周期激励的电路的交流分析中。傅里叶级数的实际应用非常广泛，特别是在通信和信号处理领域。典型的应用包括频谱分析，滤波，检波整流和谐波失真等。本章将讨论其中的两个应用：频谱分析仪和滤波。

17.8.1 频谱分析仪

傅里叶级数给出了信号的频谱。信号频谱由各次谐波的振幅和相位与频率的关系组成。通过提供一个信号 $f(t)$ 的频谱，傅里叶级数有助于识别信号的相关特征，即哪些频率成分对输出信号的波形起到主要作用，哪些则不起作用。例如，可听见的声音包含的主要频率成分位于 20Hz～15kHz 的频率范围内，而可见光信号的频率范围则是 10^5GHz～10^6GHz 之间。表 17-4 列出了一些常见信号及其频率范围。如果周期信号的振幅频谱仅仅包含有限个傅里叶系数 A_n 或 C_n，则称为带限周期信号。其傅里叶级数变为

$$f(t)=\sum_{n=-N}^{N} c_n e^{jn\omega_0 t}=a_0+\sum_{n=1}^{N} A_n \cos(n\omega_0 t+\phi_n) \tag{17.75}$$

式(17.75)表明，如果 ω_0 已知，仅需要$(2N+1)$项(即 a_0，A_1，A_2，…，A_N，Φ_1，Φ_2，…，Φ_N)即可完全确定信号 $f(t)$。由这一结果可以得到抽样定理(sampling theorem)：傅里叶级数中含有 N 个谐波的带限周期函数是可以由其一个周期内$(2N+1)$个暂态值唯一确定。

频谱分析仪与显示各频率成分的幅度分布情况的仪器。即可以显示出表示各频率处能量大小的各频率分量(谱线)的分布情况。

频谱分析仪与显示整个信号(所有分量)与时间关系的示波器是不同。滤波器在时域中显示信号，而频谱分析仪则是在频域显示信号。作为一种电路分析仪器，恐怕没有其他设备比频谱分析仪更有用。频谱分析仪可以实现噪声与杂波信号分析、相位检测，电磁干扰和滤波器测量、振动测、雷达测量等功能。商用频谱分析仪具有不同尺度和形状。图 17-42 所示是一个典型的频谱分析仪。

表 17-4　典型信号的频率范围

信　号	频率范围
可听到的声音	20Hz～15kHz
调幅无线电	540～1600kHz
短波无线电	3～36MHz
视频信号(美国标准)	dc(最高为 4.2MHz)
甚高频(VHF)电视，调频无线电	54～216MHz
超高频(UHF)电视	470～806MHz
蜂窝电话	824～891.5MHz
微波	2.4～300GHz
可见光	10^5～10^6GHz
X 射线	10^8～10^9GHz

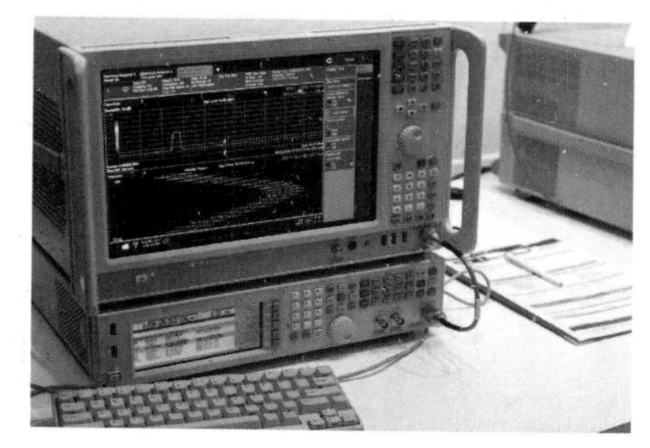

图 17-42　现代频谱分析仪和信号发生器

(图片来源：Aleksey Dmetsov/Alamy Stock Photo)

17.8.2 滤波器

滤波器是电子与通信系统中的一类重要仪器。第 14 章已经全面介绍了有源滤波器和无源滤波器。本节将介绍如何设计用于选择输入信号的基本成分(或任何需要的谐波)且滤除其他谐波的滤波器。需要借助输入信号的傅里叶级数的展开来实现这一滤波过程。为了便于说明，本节将讨论低通滤波器和带通滤波器两种情况。*RL* 高通滤波器的情况在例 17-6 中已经介绍过了。

低通滤波器的输出取决于输入信号，滤波器的传输函数 $H(\omega)$ 和截止频率或半功率点频率 ω_c。对于 RC 无源滤波器，$\omega_c=1/RC$。低通滤波器允许直流分量和低频分量通过，而阻止高频成分通过，如图 17-43a 所示。如果使得 ω_c 足够大($\omega_c \gg \omega_0$，例如使得 C 足够小)，则可使大量的谐波通过滤波器。然而，如果使得 ω_c 足够小($\omega_c \ll \omega_0$)，则将阻止所有的交流分量，而仅允许通过直流分量，如图 17-43b 所示(见图 17-2a 所示的方波的傅里叶级数展开)。

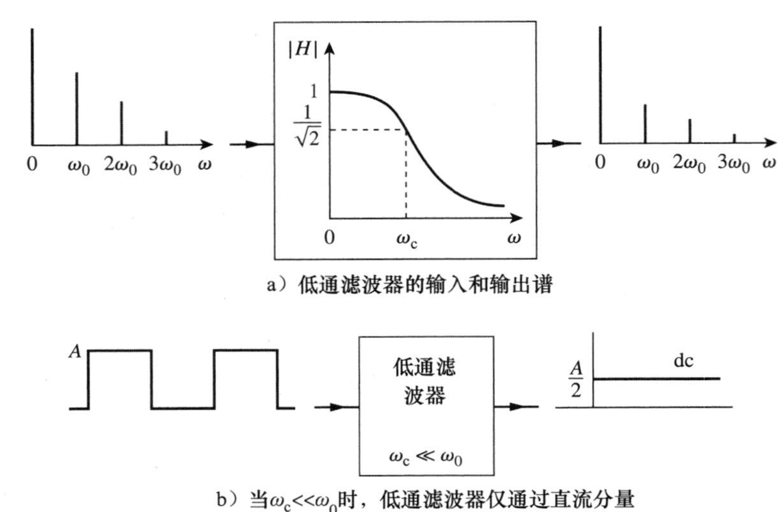

a）低通滤波器的输入和输出谱

b）当 $\omega_c << \omega_0$ 时，低通滤波器仅通过直流分量

图 17-43 低通滤波器

同理，带通滤波器的输出取决于输入信号，滤波器的传输函数 $H(\omega)$、滤波器带宽 B 和中心频率 ω_c 如图 17-44a 所示。低通滤波器允许以频率 ω_c 为中心的有限频带范围($\omega_1 < \omega < \omega_2$)的所有谐波分量通过。假设 ω_0、$2\omega_0$ 和 $3\omega_0$ 均位于带通频带范围内。如果滤波器选择性特别好($B \ll \omega_0$)，且 $\omega_c=\omega_0$，其中 ω_0 是输入信号的基频，则滤波器仅允许输入信号的基本分量($n=1$)通过，而阻止所有其他的高次谐波。如果输入为一个方波，则所得的输出是一个与方波基频相等的正弦波，如图 17-44b 所示。(亦可参见图 17-2a)。

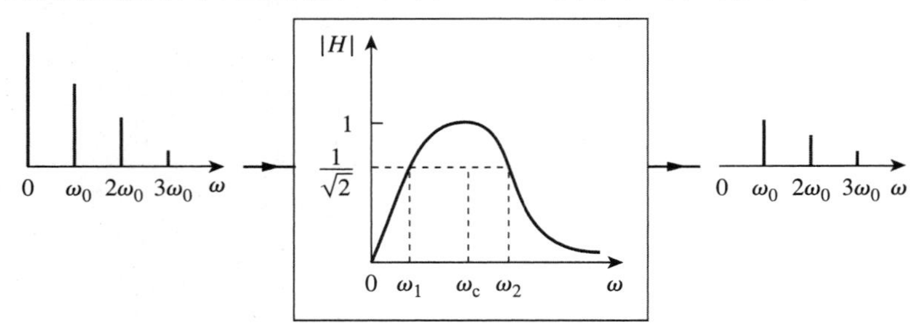

a）带通滤波器的输入和输出频谱

图 17-44 带通滤波器

带通
滤波器
$\omega_c = \omega_0$
$B \ll \omega_0$
T

b）当$B<<\omega_0$时，带通滤波器仅允许基波分量通过

图 17-44　带通滤波器(续)

提示：本节中使用 ω_c 作为带通滤波器的中心频率，而第 14 章则是用 ω_0 表示，这是为了避免将 ω_0 与输入信号的基频混淆。

例 17-14 如果将图 17-45a 中的锯齿波输入理想低通滤波器，其传输函数如图 17-45b 所示，试确定其输出。

解：图 17-45a 所示的输入信号与如图 17-9 所示输入信号相同，由练习 17-2 已知傅里叶级数展开式为

$$x(t)=\frac{1}{2}-\frac{1}{\pi}\sin\omega_0 t-\frac{1}{2\pi}\sin 2\omega_0 t-\frac{1}{3\pi}\sin 3\omega_0 t-\cdots$$

式中，周期 $T=1\text{s}$，基频为 $\omega_0=2\pi\text{rad/s}$。因为滤波器的截止频率为 $\omega_c=10\text{rad/s}$，所以只有直流分量和 $n\omega_0<10$ 的谐波分量可以通过。当 $n=2$，$n\omega_0=4\pi=12.566\text{rad/s}$，大于 10rad，意味着二次谐波与更高次谐波将无法通过该滤波器。因此，仅仅直流分量和基频分量可以通过。因此，滤波器的输出为

$$y(t)=\frac{1}{2}-\frac{1}{\pi}\sin 2\pi t$$

◀

练习 17-14　如果例 17-14 中的低通滤波器被如图 17-46 所示理想带通滤波器代替，尝试重做例 17-14。

答案：$y(t)=-\frac{1}{3\pi}\sin 3\omega_0 t-\frac{1}{4\pi}\sin 4\omega_0 t-\frac{1}{5\pi}\sin 5\omega_0 t$。

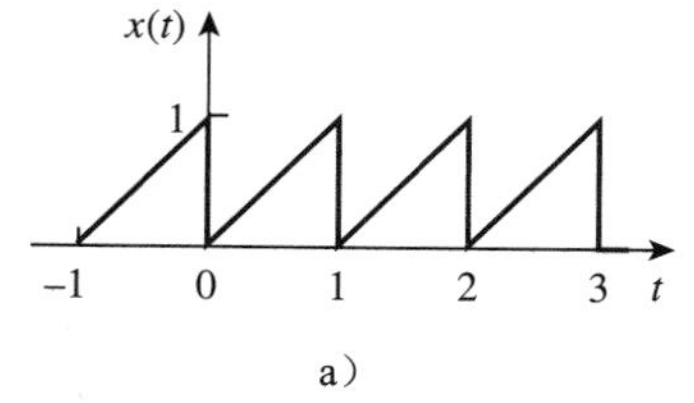

a）

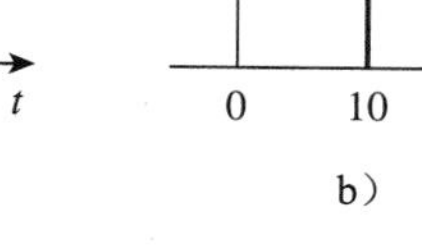

b）

图 17-45　例 17-14 的波形图

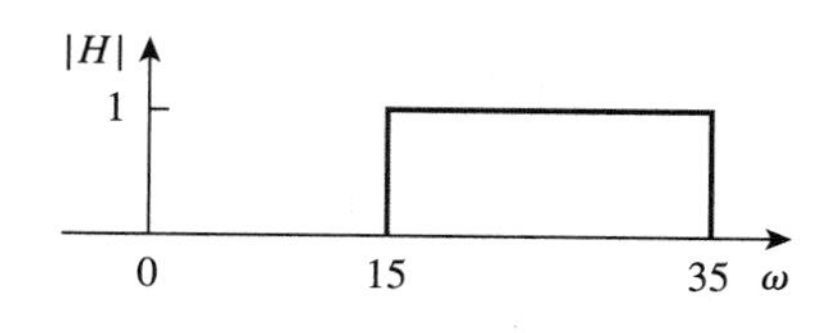

图 17-46　练习 17-14 的波形图

17.9　本章小结

1. 周期函数就是每 T 秒重复自身的函数，$f(t\pm nT)=f(t)$，$n=1,2,3,\cdots$
2. 电子工程中所遇到的任何非正弦周期函数 $f(t)$能可用傅里叶级数表示成正余弦函数之和：

$$f(t)=\underbrace{a_0}_{\text{dc}}+\underbrace{\sum_{n=1}^{\infty}(a_n\cos n\omega_0 t+b_n\sin n\omega_0 t)}_{\text{ac}}$$

式中，$\omega_0=2\pi/T$ 是基频。傅里叶级数将函数分解为直流分量 a_0 和由无穷多个正弦谐波成分构成的交流分量。傅里叶系数由以下各式确定：

$$a_0=\frac{1}{T}\int_0^T f(t)\mathrm{d}t,\quad a_n=\frac{2}{T}\int_0^T f(t)\cos n\omega_0 t\,\mathrm{d}t,\quad b_n=\frac{2}{T}\int_0^T f(t)\sin n\omega_0 t\,\mathrm{d}t$$

如果 $f(t)$是偶函数，则 $b_n=0$，如果 $f(t)$是奇函数，$a_0=0$，$a_n=0$。如果 $f(t)$是半波对称函数，则当 n 取偶数值时，有 $a_0=a_n=b_n=0$。

3. 三角(正弦-余弦)傅里叶级数的另一种表达式是振幅-相位形式

$$f(t)=a_0+\sum_{n=1}^{\infty}A_n\cos(n\omega_0 t+\phi_n)$$

其中

$$A_n=\sqrt{a_n^2+b_n^2}，\ \phi_n=-\arctan\frac{b_n}{a_n}$$

4. 当源函数是非正弦周期函数时，利用傅里叶级数分析电路时可以采用相量方法，即利用相位技术确定傅里叶级数中各谐波的响应，并将其变换到时域中逐个相加，从而得到电路的全响应。
5. 周期电压和电流的平均功率为

$$P=V_{dc}I_{dc}+\frac{1}{2}\sum_{n=1}^{\infty}V_nI_n\cos(\theta_n-\phi_n)$$

即总的平均功率就是各同次谐波电压和电流谐波的平均功率之和。

6. 周期函数也可以被表示成指数(复数)傅里叶级数形式

$$f(t)=\sum_{n=-\infty}^{\infty}c_n e^{jn\omega_0 t}$$

式中

$$c_n=\frac{1}{T}\int_n^T f(t)e^{-jn\omega_0 t}dt$$

$\omega_0=2\pi/T$。指数傅里叶级数通过正负谐波频率处交流分量的振幅和相位描述了 $f(t)$的频谱。因此，傅里叶级数表示法有三种形式：三角形函数形式、振幅-相位形式和指数形式。

7. 频率(线谱)谱是 A_n 和 ϕ_n 或$|c_n|$和 θ_n 随频率的变化曲线。
8. 周期函数的方均根值为

$$F_{rms}=\sqrt{a_0^2+\frac{1}{2}\sum_{n=1}^{\infty}A_n^2}$$

一个 1Ω 电阻消耗的功率为

$$P_{1\Omega}=F_{rms}^2=a_0^2+\frac{1}{2}\sum_{n=1}^{\infty}(a_n^2+b_n^2)=\sum_{n=-\infty}^{\infty}|c_n|^2$$

该关系称为帕塞瓦尔定理。

9. 利用 PSpice 软件可以在电路的暂态分析中，实现该电路的傅里叶分析。
10. 傅里叶级数可以应用于频谱分析仪和滤波器中，频谱分析仪是一个显示输入信号离散傅里叶频谱的仪器，工程分析人员可以利用频谱分析仪确定信号分量的频率和相应的能量。因为傅里叶谱是离散谱，所以可以设计滤波器有效地阻止期望频率范围以外的频率分量通过。

复习题

1 以下哪些表达式不是傅里叶级数？

(a) $t-\frac{t^2}{2}+\frac{t^3}{3}-\frac{t^4}{4}+\frac{t^5}{5}$

(b) $5\sin t+3\sin 2t-2\sin 3t+\sin 4t$

(c) $\sin t-2\cos 3t+4\sin 4t+\cos 4t$

(d) $\sin t+3\sin 2.7t-\cos\pi t+2\tan\pi t$

(e) $1+e^{-j\pi t}+\frac{e^{-j2\pi t}}{2}+\frac{e^{-j3\pi t}}{3}$

2 如果 $f(t)=t$，$0<t<\pi$，$f(t+n\pi)=f(t)$，则 ω_0 的值为

(a) 1 (b) 2 (c) π (d) 2π

3 下面哪些函数是偶函数？

(a) $t+t^2$ (b) $t^2\cos t$

(c) e^{t^2} (d) t^2+t^4

(e) $\sinh t$

4 下面哪些函数是奇函数？

(a) $\sin t+\cos t$ (b) $t\sin t$

(c) $t\ln t$ (d) $t^3\cos t$

(e) $\sinh t$

5 如果 $f(t)=10+8\cos t+4\cos 3t+2\cos 5t+\cdots$，则直流分量的幅度为

(a) 10 (b) 8 (c) 4 (d) 2 (e) 0

6 如果 $f(t)=10+8\cos t+4\cos 3t+2\cos 5t+\cdots$，其六次谐波的角频率为

(a) 12 (b) 11 (c) 9 (d) 6 (e) 1

7 图 17-14 所示函数是半波对称函数？

(a) 正确 (b) 错误

8 $|c_n|$ 和 $n\omega_0$ 的关系曲线为

(a) 复频率谱 (b) 复振幅频谱

(c) 复相位频谱

9 如果将周期电压 $2+6\sin\omega_0 t$ 作用于 1Ω 电阻，则电阻消耗的功率（单位为瓦特）最接近的整数为

(a) 5 (b) 8 (c) 20 (d) 22

(e) 40

10 可以显示信号频谱的仪器称为

(a) 示波器 (b) 光谱图

(c) 谱分析仪 (d) 傅里叶光谱图

答案：(1) a，d；(2) b；(3) b，c，d；(4) d，e；(5) a；(6) d；(7) a；(8) b；(9) d；(10) c。

习题

17.2 节

1 判断以下各函数是否为周期函数，如果是周期函数，试确定其周期。

(a) $f(t)=\cos\pi t+2\cos 3\pi t+3\cos 5\pi t$

(b) $y(t)=\sin t+4\cos 2\pi t$

(c) $g(t)=\sin 3t\cos 4t$

(d) $h(t)=\cos^2 t$

(e) $z(t)=4.2\sin(0.4\pi t+10°)+0.8\sin(0.6\pi t+50°)$

(f) $p(t)=10$

(g) $q(t)=e^{-\pi t}$

2 某周期函数的三角傅里叶级数为 **ML**

$$f(t)=\frac{1}{2}-\frac{4}{\pi^2}\left(\cos t+\frac{1}{9}\cos 3t+\frac{1}{25}\cos 5t+\cdots\right)$$

利用 MATLAB 合成该周期函数的波形。

3 求图 17-47 所示波形的傅里叶系数 a_0、a_n 和 b_n。并画出其幅度谱和相位谱。

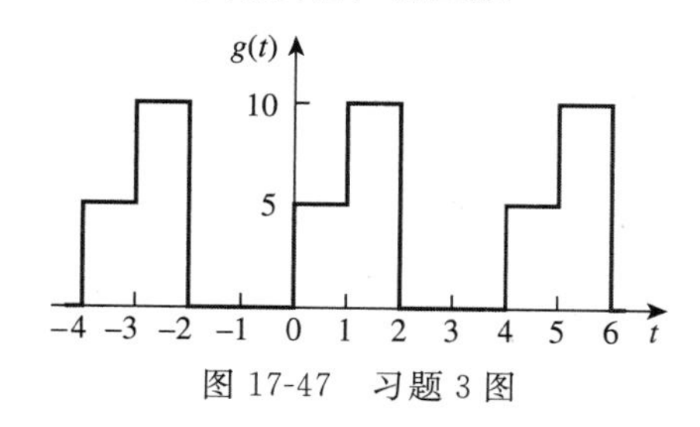

图 17-47 习题 3 图

4 求如图 17-48 所示反向锯齿波的傅里叶级数展开式，并绘制其振幅频谱和相位频谱。

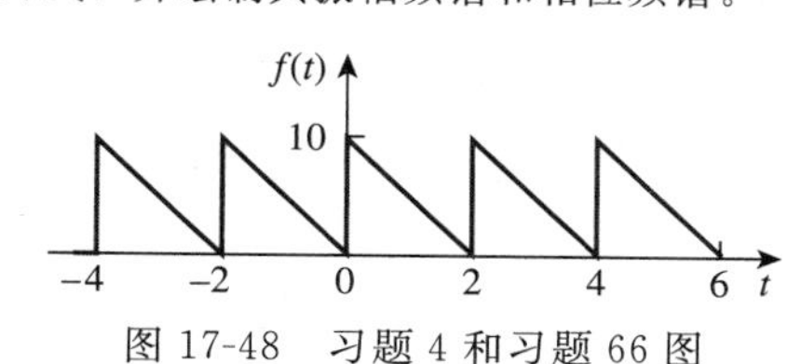

图 17-48 习题 4 和习题 66 图

5 求图 17-49 所示波形的傅里叶级数展开式。

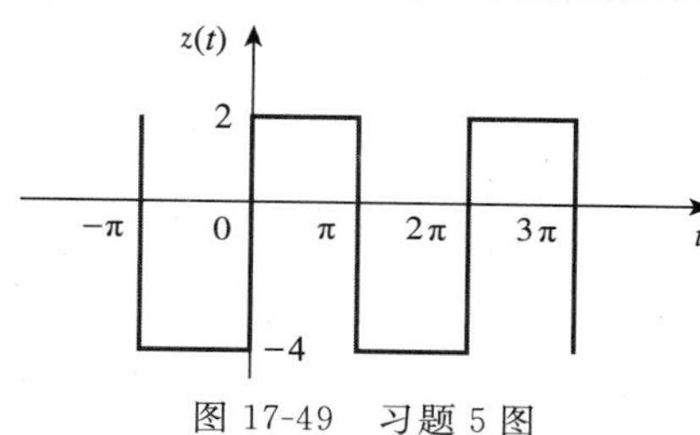

图 17-49 习题 5 图

6 求如下信号的三角傅里叶级数

$$f(t)=\begin{cases}5 & 0<t<\pi\\ 10, & \pi<t<2\pi\end{cases}，\quad 同时\ f(t+2\pi)=f(t)。$$

*7 求如图 17-50 所示周期函数的傅里叶级数。**ML**

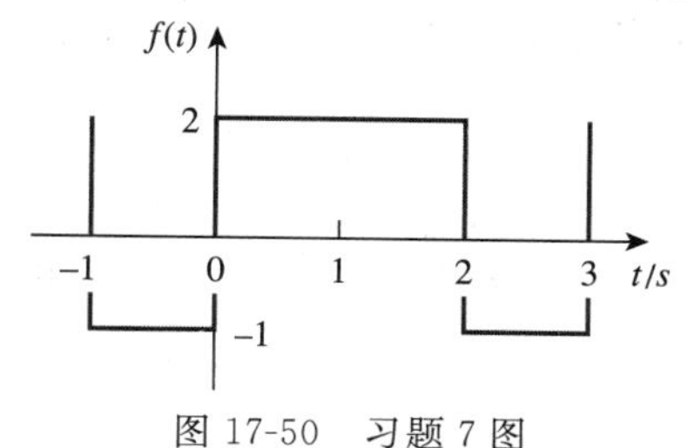

图 17-50 习题 7 图

8 利用如图 17-51 所示信号设计一个问题，以更好地理解如何由周期性波形确定其指数傅里叶级数。 **ED**

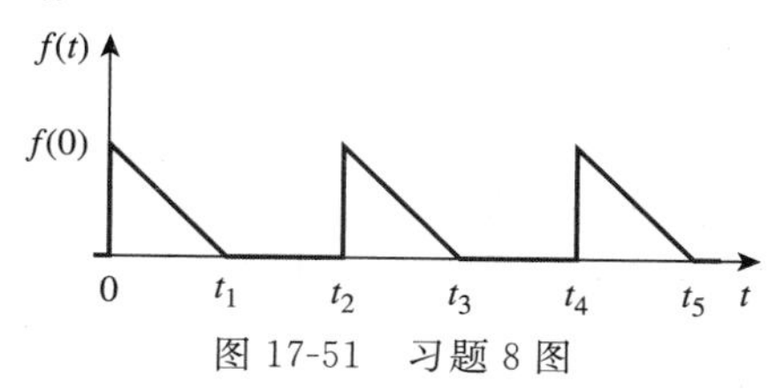

图 17-51 习题 8 图

9 求图 17-52 所示整流余弦波前三个谐波项的傅里叶系数 a_n 和 b_n。

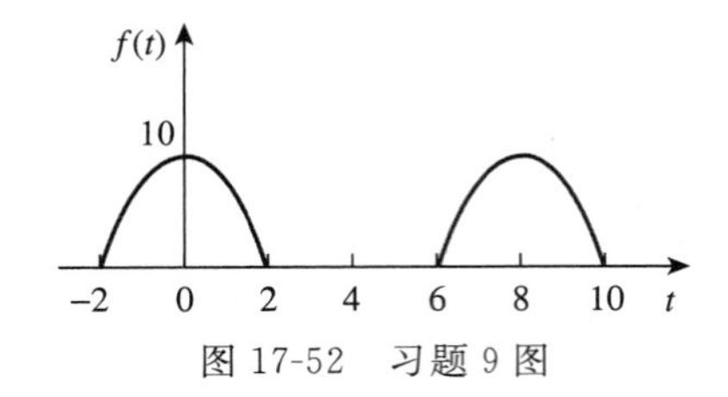

图 17-52 习题 9 图

10 求图 17-53 所示波形的指数傅里叶级数。

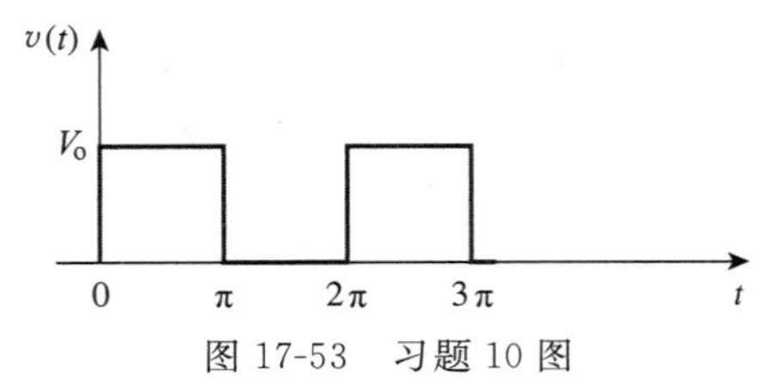

图 17-53 习题 10 图

11 求图 17-54 所示信号的指数傅里叶级数。

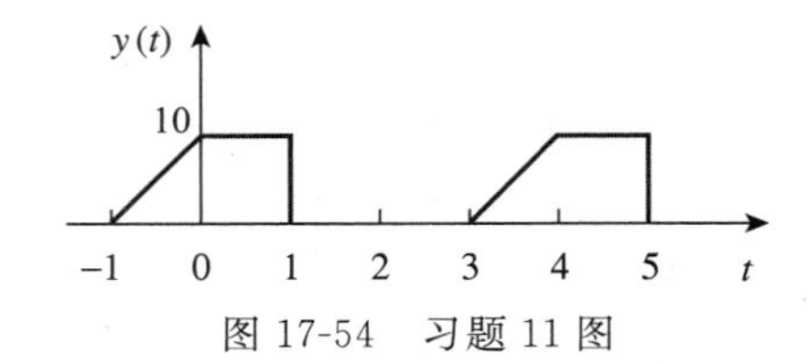

图 17-54 习题 11 图

* 12 某电压源为周期性波形，其一个周期内的表达式为：

$$v(t)=10t(2\pi-t)\,\text{V},\quad 0<t<2\pi$$

求该电压的傅里叶级数。

13 设计一个问题以更好地理解如何由周期函数确定其傅里叶级数。 **ED**

14 求如下傅里叶级数的正交(余弦和正弦)形式：

$$f(t)=5+\sum_{n=1}^{\infty}\frac{25}{n^3+1}\cos\left(2nt+\frac{n\pi}{4}\right)$$

15 将如下傅里叶级数表示为：

(a) 余弦和辐角的形式；(b) 正弦和辐角的形式。

$$f(t)=10+\sum_{n=1}^{\infty}\frac{4}{n^2+1}\cos 10nt+\frac{1}{n^3}\sin 10nt$$

16 如图 17-55a 所示波形的傅里叶级数为

$$v_1(t)=\frac{1}{2}-\frac{4}{\pi^2}\left(\cos\pi t+\frac{1}{9}\cos 3\pi t+\frac{1}{25}\cos 5\pi t+\cdots\right)\text{V}$$

求图 17-55b 所示 $v_2(t)$ 的傅里叶级数。

17.3 节

17 确定下列函数的奇偶性。

(a) $1+t$ (b) t^2-1

(c) $\cos n\pi t\sin n\pi t$ (d) $\sin^2\pi t$

(e) e^{-t}

18 确定图 17-56 所示函数的基频，并指出其对称类型。

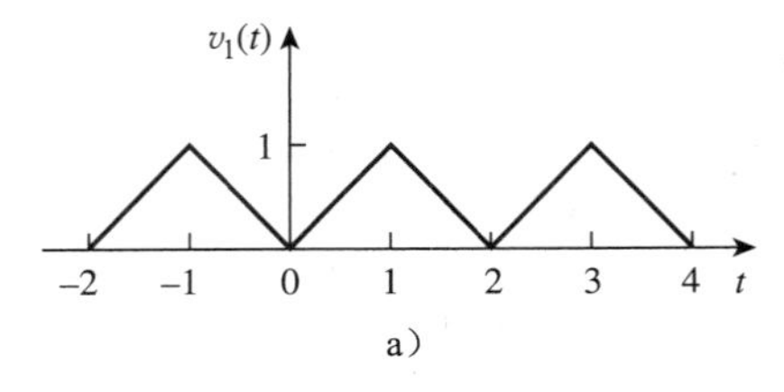

a)

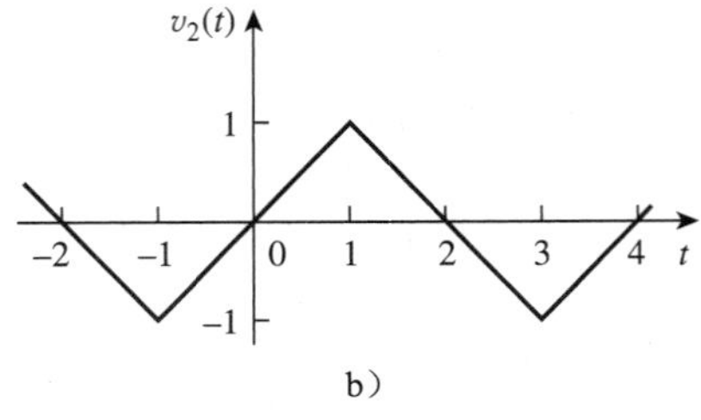

b)

图 17-55 习题 16 和习题 69 的图

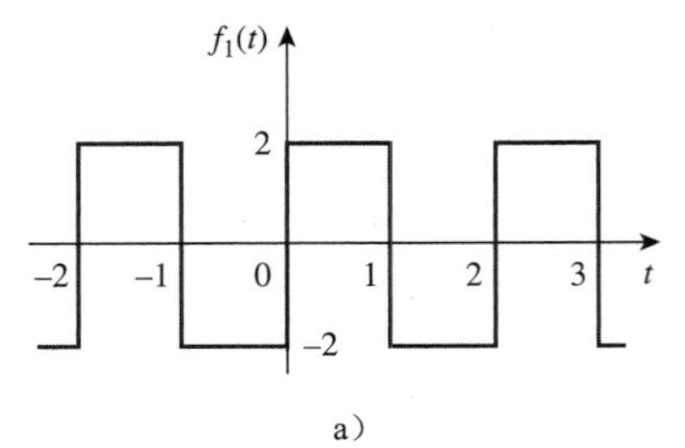

a)

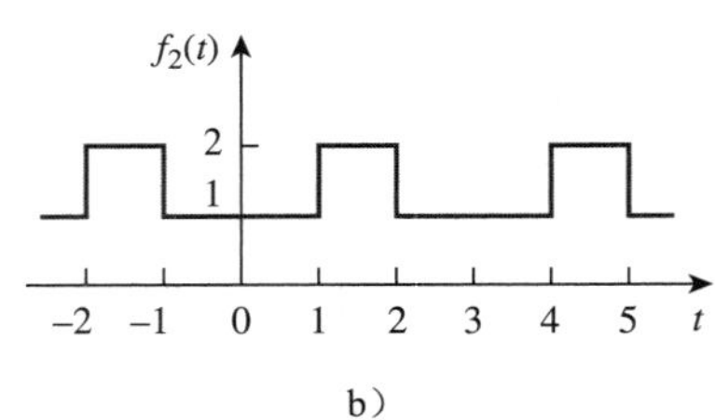

b)

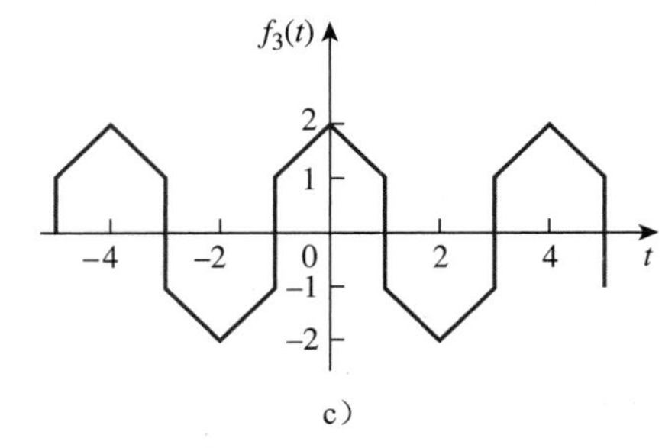

c)

图 17-56 习题 18 和习题 63 图

19 求图 17-57 所示周期波形的傅里叶级数。

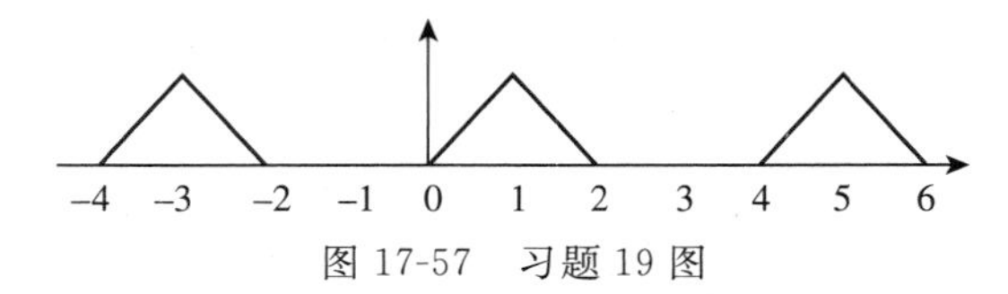

图 17-57 习题 19 图

20 求图 17-58 所示信号的傅里叶级数。并利用前三个非零谐波计算 $t=2$ 时的 $f(t)$。 **ML**

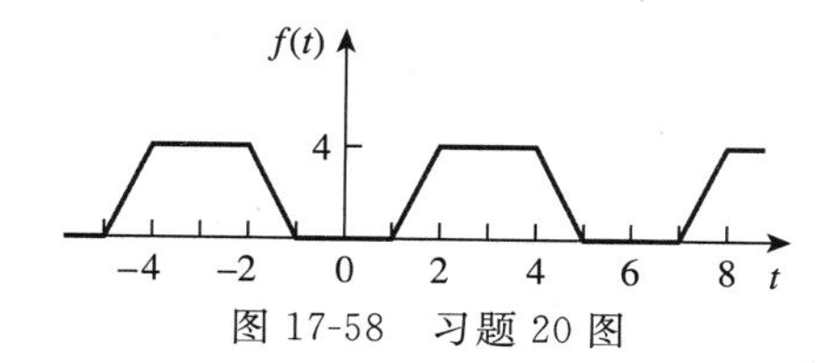

图 17-58　习题 20 图

21　求图 17-59 所示信号的三角傅里叶级数。

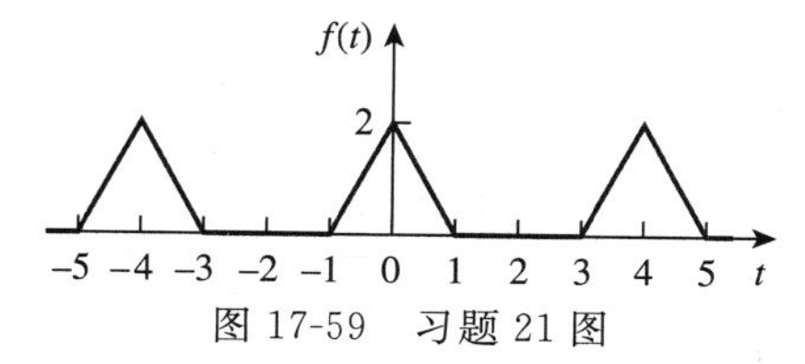

图 17-59　习题 21 图

22　求图 17-60 所示函数的傅里叶系数。

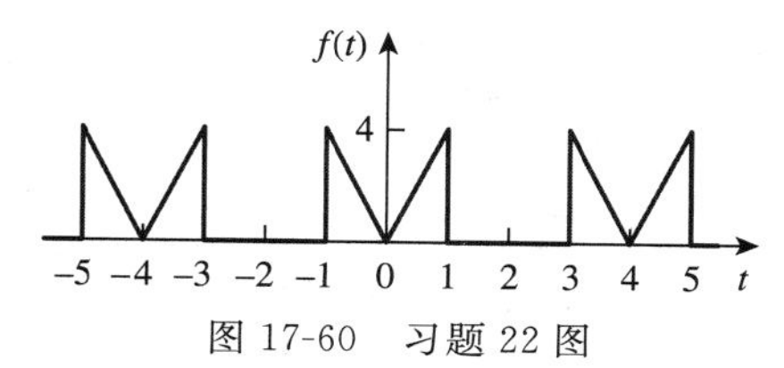

图 17-60　习题 22 图

23　利用如图 17-61 所示信号设计一个问题，以更好地理解如何确定一个周期波形确定傅里叶级数。 **ED**

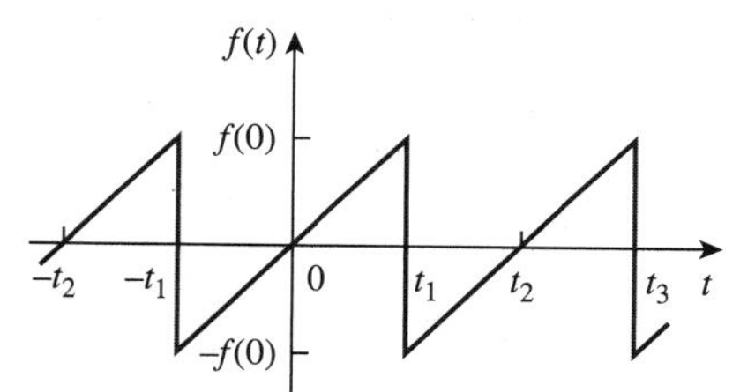

图 17-61　习题 23 图

24　对于图 17-62 所示的周期函数，

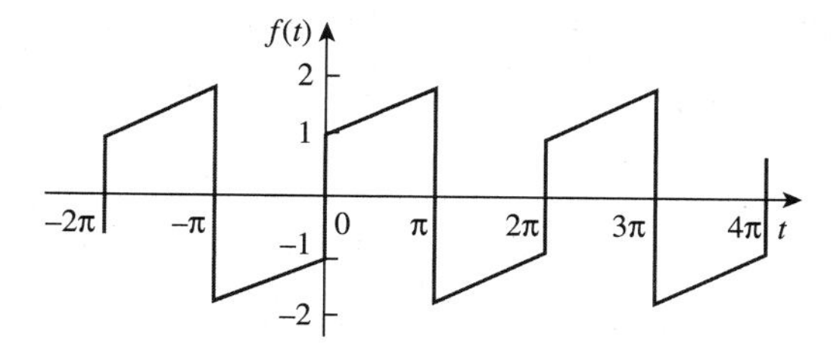

图 17-62　习题 24 和习题 60 图

(a) 求三角傅里叶级数的系数 a_2 和 b_2；

(b) 计算 $\omega_n=10\text{rad/s}$ 的 $f(t)$ 分量的振幅和相位；

(c) 利用前四个非零项来估计 $f(\pi/2)$；

(d) 证明：

$$\frac{\pi}{4}=\frac{1}{1}-\frac{1}{3}+\frac{1}{5}-\frac{1}{7}+\frac{1}{9}-\frac{1}{11}+\cdots$$

25　求图 17-63 所示的函数的傅里叶级数表达式。

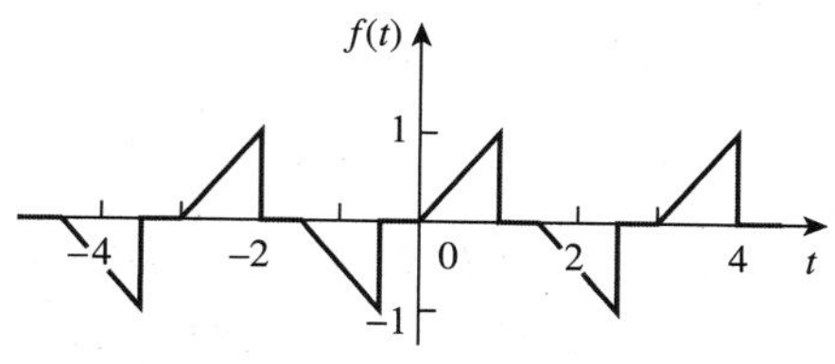

图 17-63　习题 25 图

26　求图 17-64 所示信号的傅里叶级数表达式。

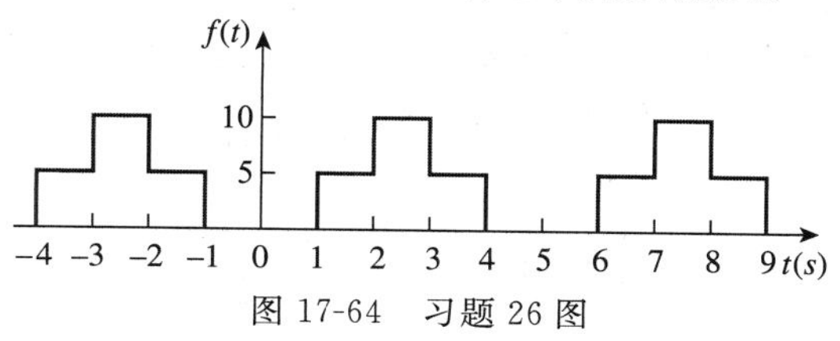

图 17-64　习题 26 图

27　对于如图 17-65 所示波形。

(a) 确定该波形的对称类型；

(b) 计算 a_3 和 b_3；

(c) 利用前 5 项非零谐波确定方均根值。

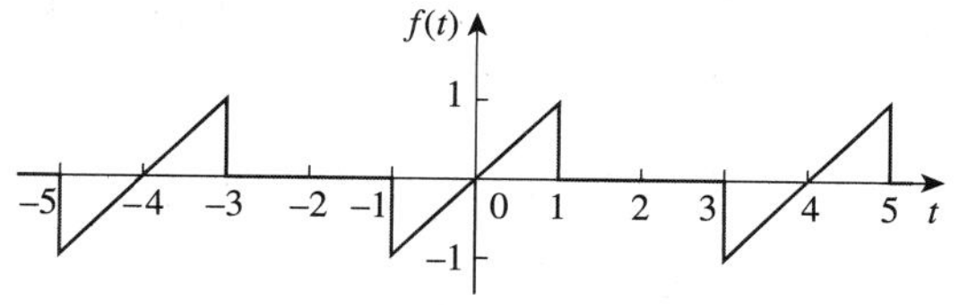

图 17-65　习题 27 图

28　求图 17-66 所示电压波形的三角傅里叶级数。 **ML**

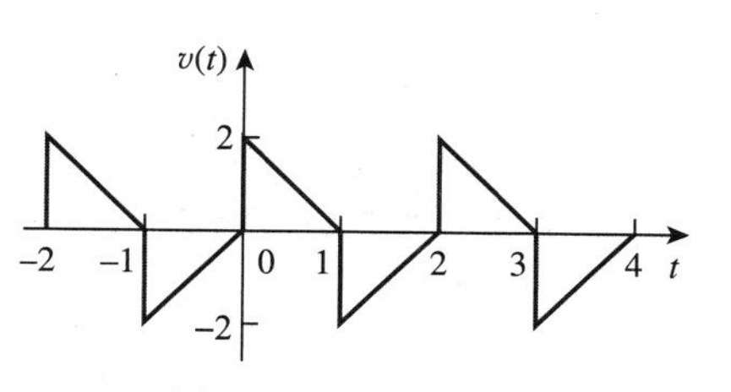

图 17-66　习题 28 图

29　求图 17-67 所示锯齿波函数的傅里叶级数展开式。

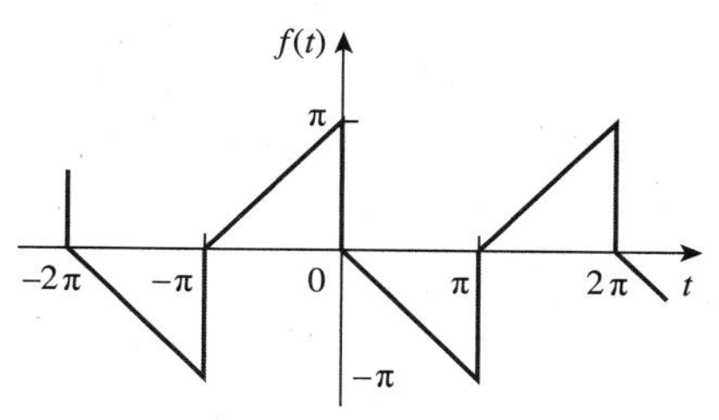

图 17-67　习题 29 图

30　(a) 如果 $f(t)$ 是偶函数，证明

$$c_n=\frac{2}{T}\int_0^{T/2}f(t)\cos n\omega_0 t\,dt$$

(b) 如果 $f(t)$是奇函数，证明

$$c_n=-\frac{j2}{T}\int_0^{T/2}f(t)\sin n\omega_0 t\,dt$$

31 设 a_n 和 b_n 为 $f(t)$的傅里叶级数的系数，ω_0 为基频。对 $f(t)$进行时间尺度变换得到 $h(t)=f(\alpha t)$，利用 $f(t)$的 a_n、b_n 和 ω_0 表示 $h(t)$的 a'_n、b'_n 和 ω'_0。

17.4 节

32 图 17-68 所示电路的 $i(t)$如下，求 $i(t)$。

$$i_s(t)=1+\sum_{n=1}^{\infty}\frac{1}{n^2}\cos 3nt\,\text{A}$$

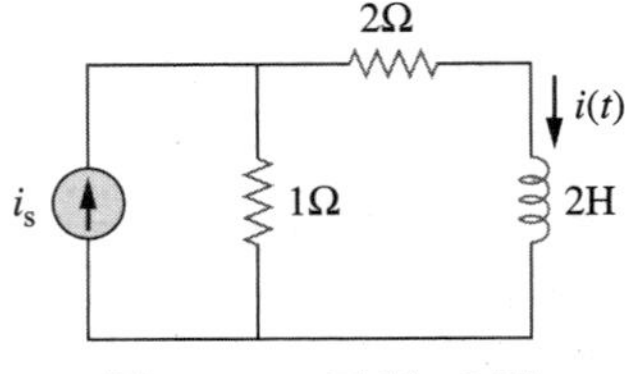

图 17-68 习题 32 图

33 在图 17-69 所示电路中，$v_s(t)$的傅里叶级数展开式如下，求 $v_o(t)$。

$$v_s(t)=3+\frac{4}{\pi}\sum_{n=1}^{\infty}\frac{1}{n}\sin(n\pi t)$$

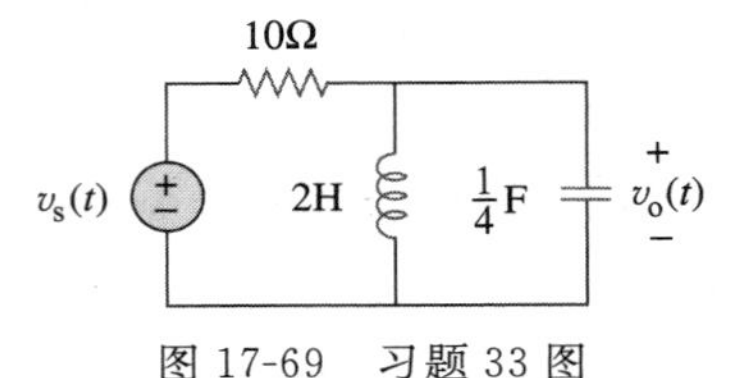

图 17-69 习题 33 图

34 利用图 17-70 所示电路设计一个问题，以更好地理解傅里叶级数的电路响应。 **ED**

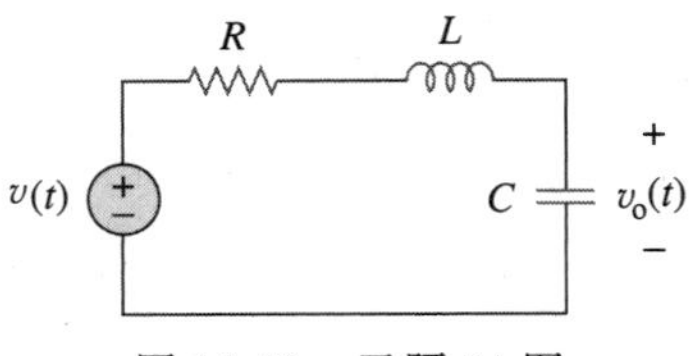

图 17-70 习题 34 图

35 如果图 17-71 所示电路中 v_s 和图 17-56b 所示的函数 $f_2(t)$是一样的，求直流分量和前三个非零谐波分量。

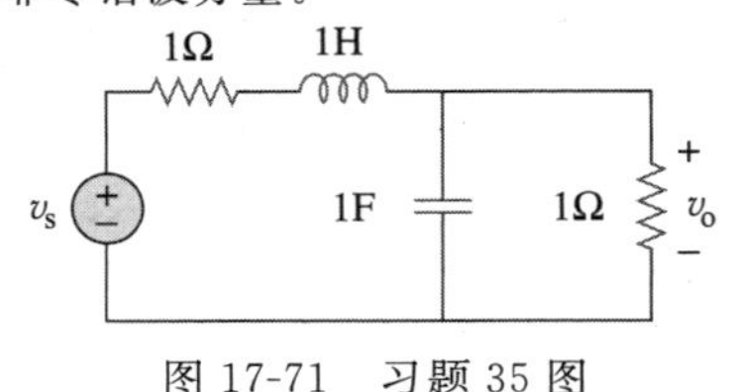

图 17-71 习题 35 图

* 36 求图 17-72a 电路的响应 i_o，其中 $v_s(t)$如图 17-72b 所示。

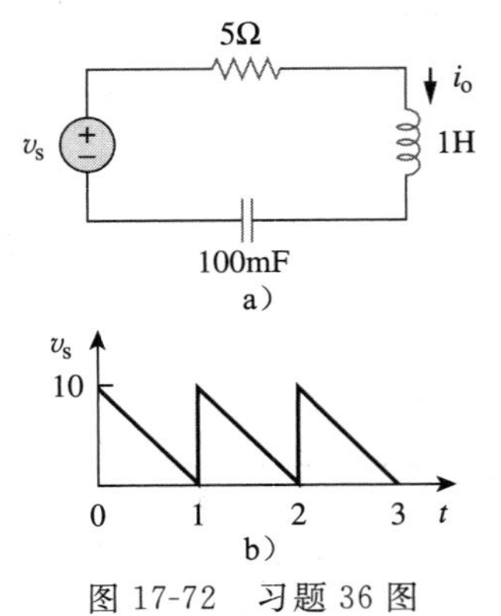

图 17-72 习题 36 图

37 如果图 17-33a 所示的周期电流作用于如图 17-33b 所示的电路中，试求 v_o。

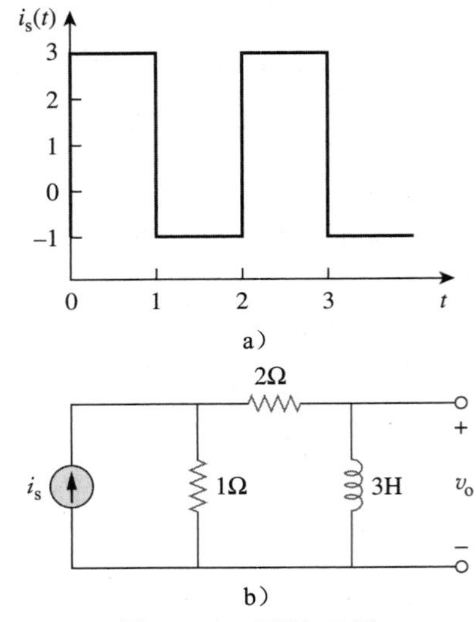

图 17-73 习题 37 图

38 如果图 17-74a 所示的方波作用于图 17-74b 所示的电路中，求 $v_o(t)$的傅里叶级数。

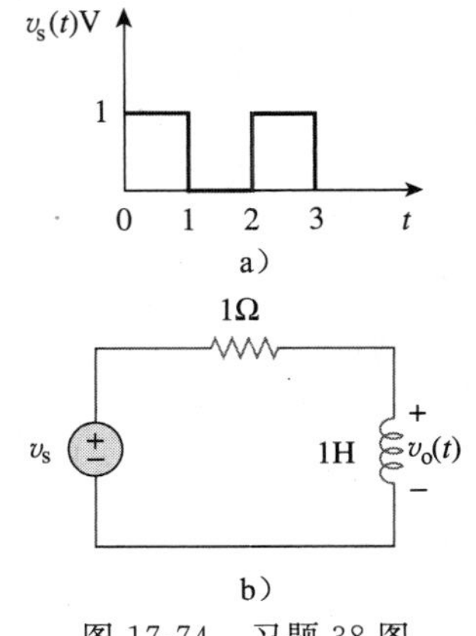

图 17-74 习题 38 图

39　如果图 17-75a 所示的周期电压被作用于图 17-75b 所示的电路中，求 $i_o(t)$。

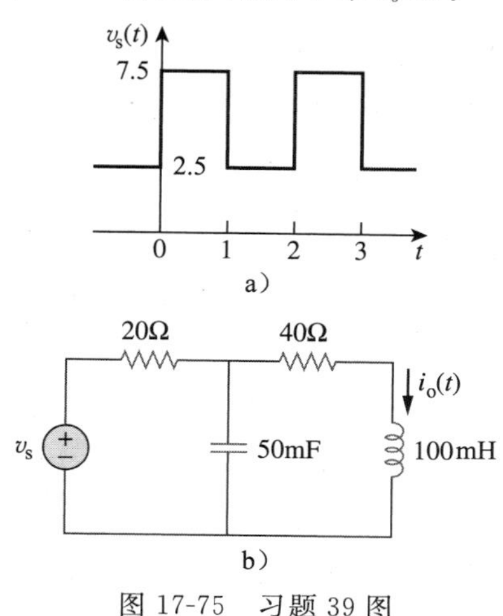

图 17-75　习题 39 图

*40　图 17-76a 所示信号作用于图 17-76b 所示电路中，求 $v_o(t)$。

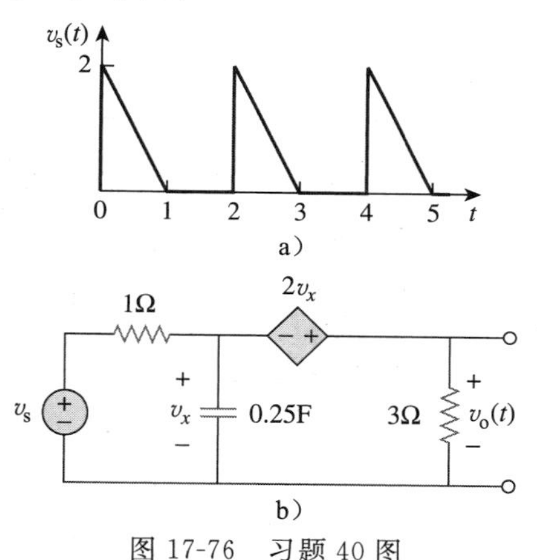

图 17-76　习题 40 图

41　图 17-77a 所示的全波整流正弦电压作用于图 17-77b 中的低通滤波器。求滤波器的输出电压 $v_o(t)$。

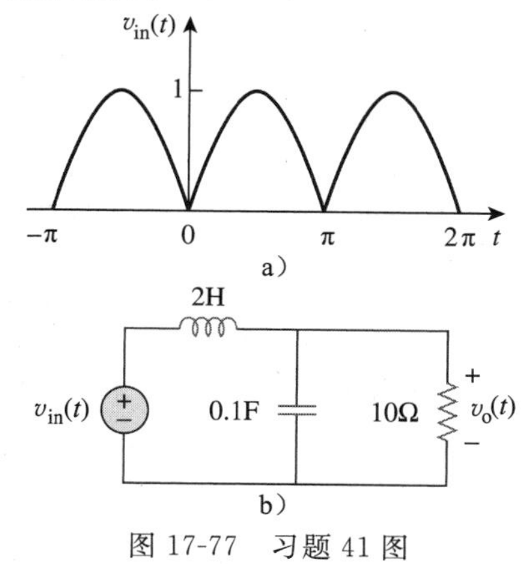

图 17-77　习题 41 图

42　图 17-78a 所示方波作用于图 17-78b 中的电路，求 $v_o(t)$的傅里叶级数。

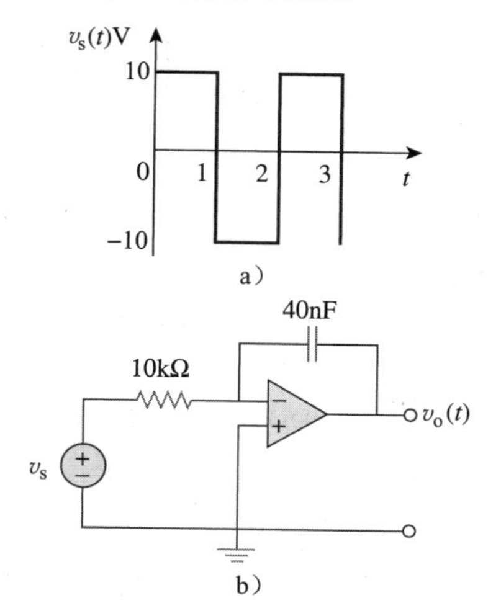

图 17-78　习题 42 图

17.5 节

43　某电路两端的电压为

$$v(t)=30+20\cos(60\pi t+45^\circ)+10\cos(60\pi t-45^\circ)\text{(V)}$$

如果流入高电位端的电流为

$$i(t)=6+4\cos(60\pi t+10^\circ)-2\cos(120\pi t-60^\circ)\text{(A)}$$

求：

(a) 电压的方均根值；

(b) 电流的方均根值；

(c) 该电路吸收的平均功率。

*44　设计一个问题帮助别人更好地理解已知一个电路元件电压和电流的傅里叶级数时，如何求该电压和电流的方均根值。如何计算该元件的平均功率并画出功率谱。　**ED**

45　某串联 RLC 电路，$R=10\Omega$，$L=2\text{mH}$ 和 $C=40\mu\text{F}$。如果作用于该电路的电压为

$$v(t)=100\cos1000t+50\cos2000t+25\cos3000t\text{(V)}$$

求电流的有效值和电路吸收的平均功率。

46　利用 MATLAB 画出如下正弦信号，其中 $0<t<5$。　**ML**

(a) $5\cos3t-2\cos(3t-\pi/3)$；

(b) $8\sin(\pi t+\pi/4)+10\cos(\pi t-\pi/8)$。

47　图 17-79 所示的周期电流波形作用于 2kΩ 的电阻。求直流分量消耗平均功率占总的平均功率的百分比。

48　对于如图 17-80 所示电路，

$$i(t)=[20+16\cos(10t+45^\circ)+12\cos(20t-60^\circ)]\text{mA}$$

图 17-79 习题 47 图

(a) 求 $v(t)$；

(b) 计算电阻消耗的平均能量。

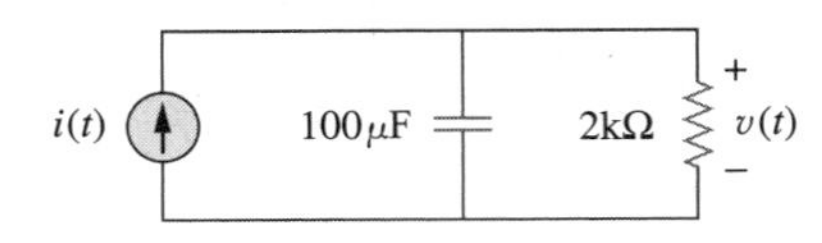

图 17-80 习题 48 图

49 (a) 求习题 17.5 中周期性波形的方均根的值；

(b) 利用图 17-5 中傅里叶级数的前五个谐波项，求信号的有效值；

(c) 计算 $z(t)$ 估计方均根值的百分比误差，其中，

$$误差=\left(\frac{估计值}{真实值}-1\right)\times 100$$

17.6 节

50 如果 $f(t)=t$，$-1<t<1$，并且对于所有的整数 n，有 $f(t+2n)=f(t)$，求该信号的指数傅里叶级数。

51 设计一个问题以更好地理解如何求得给定周期函数的指数傅里叶级数。 **ED**

52 如果 $f(t)=\mathrm{e}^t$，$-\pi<t<\pi$，并且对所有的整数 n 的值，$f(t+2\pi n)=f(t)$，求该信号的复数傅里叶级数。

53 如果 $f(t)=\mathrm{e}^{-t}$，$0<t<1$，并且对所有整数 n 的值，$f(t+n)=f(t)$，求该信号的复数傅里叶级数。

54 求图 17-81 所示函数的指数傅里叶级数。

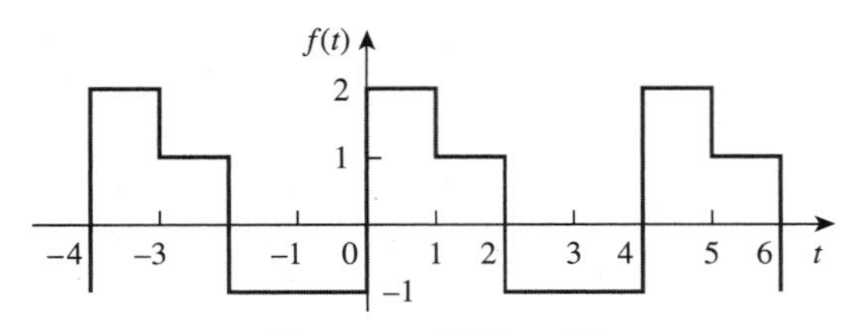

图 17-81 习题 54 图

55 求图 17-82 所示半波整流正弦电流函数指数傅里叶级数展开式。

56 某周期函数的三角傅里叶级数表示为

$$f(t)=10+\sum_{n=1}^{\infty}\left(\frac{1}{n^2+1}\cos n\pi t+\frac{n}{n^2+1}\sin n\pi t\right)$$

求 $f(t)$ 的指数傅里叶级数表达式。

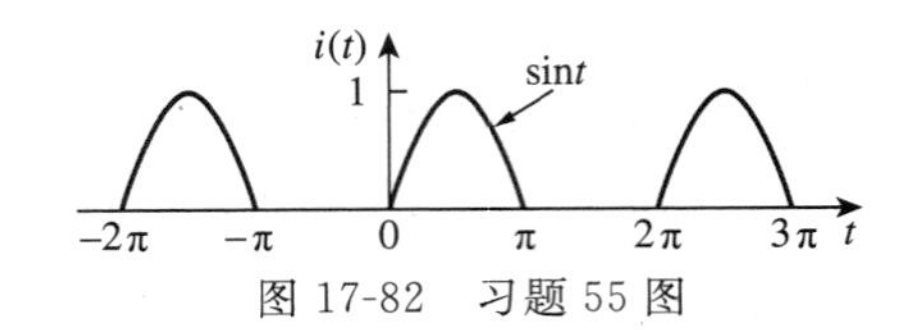

图 17-82 习题 55 图

57 某函数的三角傅里叶级数表达式的系数为：

$$b_n=0,\quad a_n=\frac{6}{n^3-2},\quad n=0,1,2,\cdots$$

如果 $\omega_n=50n$，求这个函数的指数傅里叶级数。

58 某函数的三角傅里叶级数表达式的系数为

$$a_0=\frac{\pi}{4},\quad b_n=\frac{(-1)^n}{n},\quad a_n=\frac{(-1)^n-1}{\pi n^2}$$

求函数的指数傅里叶级数，取 $T=2\pi$。

59 图 17-83(a)所示函数的复数傅里叶级数为

$$f(t)=\frac{1}{2}-\sum_{n=-\infty}^{\infty}\frac{\mathrm{j}\mathrm{e}^{-\mathrm{j}(2n+1)t}}{(2n+1)\pi}$$

求图 17-83(b)所示函数 $h(t)$ 的复数傅里叶级数。

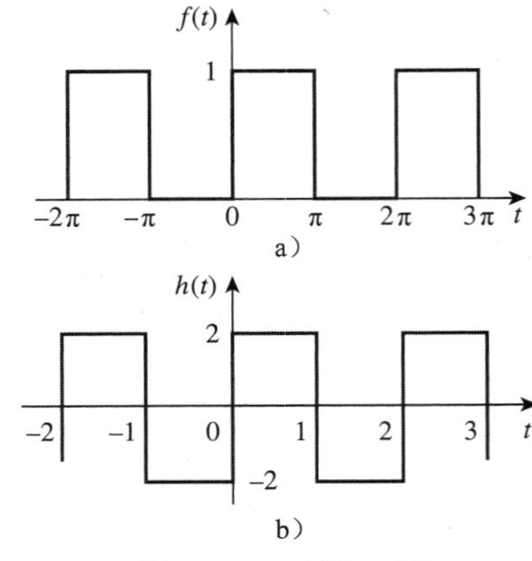

图 17-83 习题 59 图

60 求图 17-62 所示信号的复数傅里叶系数。

61 某函数的傅里叶级数的频谱如图 17-84a 所示。(a) 求其三角傅里叶级数；(b) 计算该函数的方均根值。

62 某截断傅里叶级数的振幅频谱和相位频谱被如图 17-85 所示。

(a) 求该周期信号的振幅-相位表达式。参见式(17.10)。

(b) 该电压是 t 的偶函数还是奇函数?

63 画出图 17-56b 所示信号 $f_2(t)$ 的幅度谱，考虑前五项即可。

64 设计一个问题以更好地理解给定傅里叶级数的振幅频谱和相位频谱。 **ED**

65 已知函数如下，画出振幅频谱和相位频谱的前五项。

$$f(t)=\sum_{\substack{n=1\\ n=奇数}}^{\infty}\left(\frac{20}{n^2\pi^2}\cos 2nt-\frac{3}{n\pi}\sin 2nt\right)$$

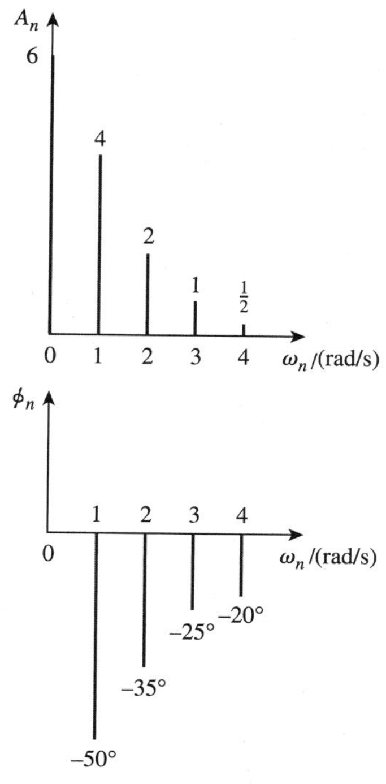

图 17-84　习题 61 图

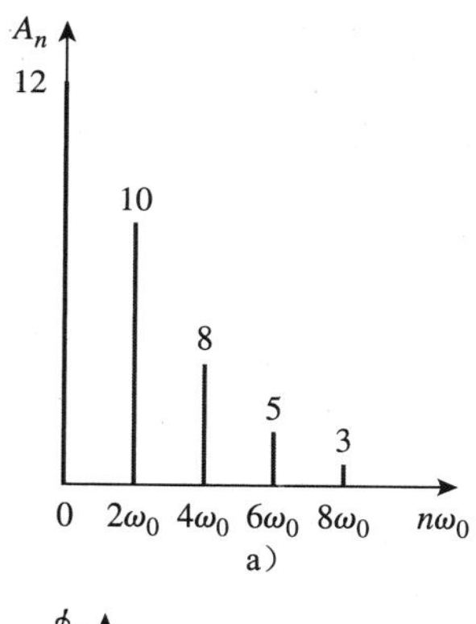

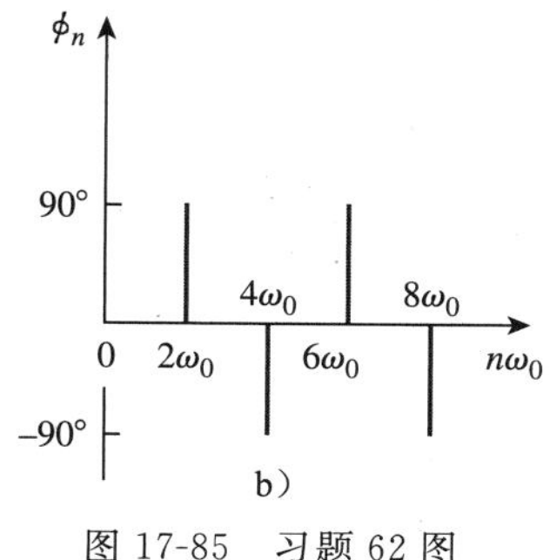

图 17-85　习题 62 图

17.7 节

66 使用 PSpice 或 MultiSim 计算图 17-48 所示波形的傅里叶系数。

67 使用 PSpice 或 MultiSim 计算图 17-58 所示信号的傅里叶系数。

68 使用 PSpice 或 MultiSim 计算练习 17-7 中信号的傅里叶分量。

69 使用 PSpice 或 MultiSim 计算图 17-55a 所示波形的傅里叶系数。

70 设计一个问题以更好地理解如何使用 PSpice 或 MultiSim 解决含有周期输入的电路问题。 **ED**

71 试使用 PSpice 或 MultiSim 求解习题 40。

17.8 节

72 某医疗设备显示的信号可以用如图 17-86 所示波形近似，求该信号的傅里叶级数表达式。

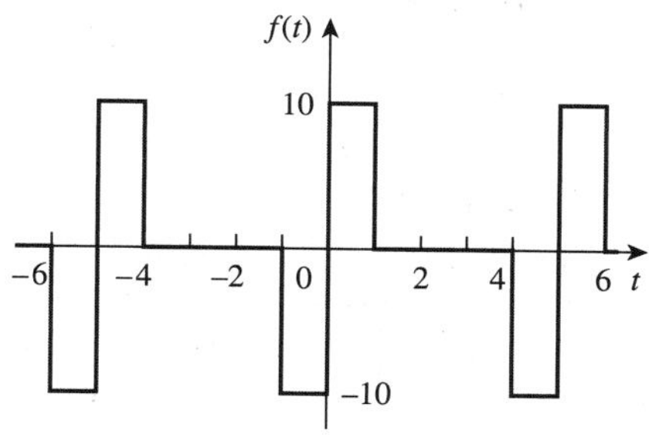

图 17-86　习题 72 图

73 频谱分析仪指示某信号仅仅由三个分量组成：640kHz 时为 2V，644kHz 时为 1V，636kHz 时为 1V，如果将该信号作用于 10Ω 电阻，该电阻吸收的平均功率是多少？

74 某带限周期电流的傅里叶级数展开式中仅有三个频率分量：直流，50Hz 和 100Hz。该电流可以表示成

$$i(t)=(4+6\sin 100\pi t+8\cos 100\pi t-3\sin 200\pi t-4\cos 200\pi t)\mathrm{A}$$

(a) 写出 $i(t)$的振幅-相位表达式。

(b) 如果 $i(t)$流过 2Ω 电阻，该电阻消耗的平均功率为多少瓦？

75 设计一个电阻 $R=2\mathrm{k}\Omega$ 的低通 RC 滤波器。滤波器的输入为周期矩形脉冲序列(见表 17-3)，其中 $A=1\mathrm{V}$，$T=10\mathrm{ms}$，$\tau=1\mathrm{ms}$。确定 C 的值使得输出的直流分量为输出的基波分量的 50 倍。 **ED**

76 某周期信号在 $0<t<1$ 时 $v_s(t)=10\mathrm{V}$，而在 $1<t<2$ 时 $v_s(t)=0\mathrm{V}$，且该信号作用于如图 17-87 所示的高通滤波器。确定 R 的值使得输出信号 $v_o(t)$的平均功率至少是输入信号平均功率的 70%。

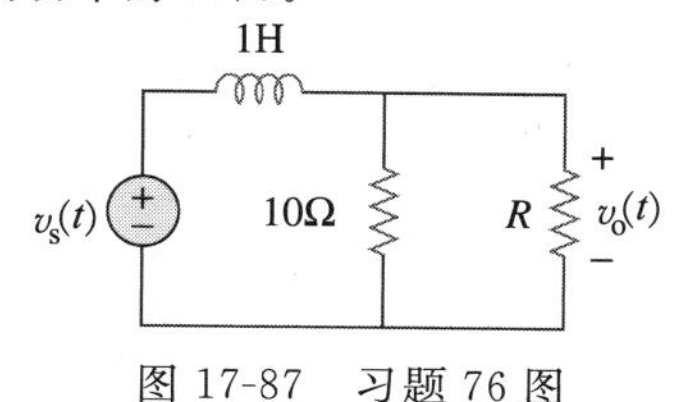

图 17-87　习题 76 图

综合理解题

77 某器件两端的电压为：

$$v(t)=(-2+10\cos 4t+8\cos 6t+6\cos 8t-5\sin 4t-3\sin 6t-\sin 8t)\text{V}$$

试求：

(a) $v(t)$的周期；

(b) $v(t)$的平均值；

(c) $v(t)$的有效值。

78 某带限周期电压在其傅里叶级数表达式中仅有三个谐波。各谐波的方均根值为：基波40V，三次谐波20V和五次谐波10V。

(a) 如果将该电压作用于5Ω的电阻，求电阻消耗的平均功率。

(b) 如果将一个直流分量加到该周期电压上，测量的能量消耗增加5%，确定所增加的直流分量的值。

79 编写程序。计算表17-3中方波的傅里叶系数（计算到十次谐波即可），其中，$A=10$，$T=2$。

80 编写程序，计算图17-82所示半波整流正弦电流的指数傅里叶级数，计算到十次谐波即可。

81 表17-3所示为全波整流正弦电流。假设该电流通过一个1Ω的电阻。

(a) 求电阻吸收的平均功率。

(b) 确定 c_n、$n=1$、2、3和4。

(c) 直流分量的功率占总功率的百分比为多少？

(d) 二次谐波（$n=2$）消耗的功率占总功率的百分比为多少？

82 某带限电压信号的复数傅里叶系数如下表所示。试计算该信号将提供给4Ω电阻的平均功率。

表17-5 综合理解题82的数据

$n\omega_0$	$\lvert c_n \rvert$	θ_n
0	10.0	0°
ω	8.5	15°
2ω	4.2	30°
3ω	2.1	45°
4ω	0.5	60°
5ω	0.2	75°

第18章
傅里叶变换

计划意味着通过今天的努力让明天变得更好，因为未来属于那些在今天努力付出的人。

——*Business week*

增强技能与拓展事业

通信系统领域的职业生涯

通信系统基于电路分析原理。通信系统的功能是通过信道(传播介质)从源端(发送端)到目的端(接收端)传输信息。通信工程师设计各种系统就是为了实现信息的发射和接收，这里的信息指的是声音、数据或视频等。

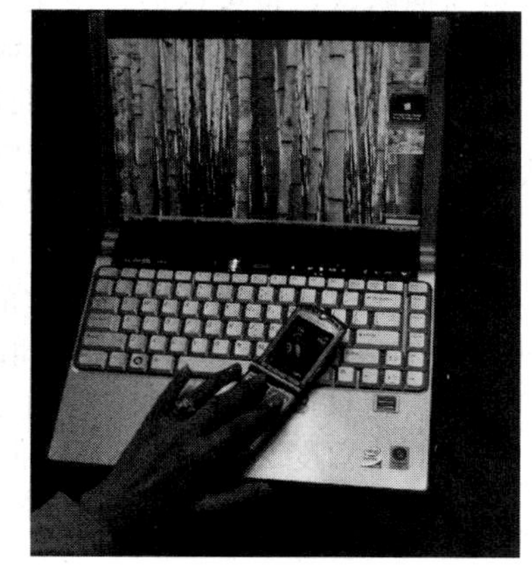

(图片来源：Charles Alexander)

我们生活在一个信息化时代，通过通信系统可以快捷地获取新闻、天气、运动、购物、财经、商业库存及其他信息。常见的通信系统有电话网络、移动蜂窝电话、收音机、有线电视、卫星电视、传真以及雷达等。此外，警察、消防部门、航空器以及各行各业的移动无线通信也是典型的通信系统。

通信领域可能是电气工程增长最快的领域。近年来，通信和电脑技术的融合催生了大量数字通信网络，如局域网、城域网及宽带综合服务数字网。互联网(“信息高速公路”)的出现使得教育工作者、商人等可以通过个人计算机向世界各地发送电子邮件，登陆远程数据库和传输各种文件等。互联网对于整个世界形成了巨大的冲击波，彻底地改变了人们经商，通信和获取信息的方法，而且这种趋势将延续下去。

通信工程师可以设计高质量的信息服务系统。包括产生、传输和接收信息信号的硬件装置。通信工程师可以在许多通信行业和通信部门任职。越来越多的政府机构、学术部门和商业部门需要更快、更多准确的信息传输。因此对通信工程师的需求量很大。未来是通信的时代，每一个电子工程师都必须积极地为此做好准备。

学习目标

通过本章内容的学习和练习你将具备以下能力：

1. 定义傅里叶变换并解释如何使用它。
2. 掌握傅里叶变换的性质。
3. 了解傅里叶变换在电路分析中的使用。
4. 掌握帕斯瓦尔变换。
5. 掌握拉普拉斯变换和傅里叶变换之间的关系。

18.1 引言

利用傅里叶级数可以将周期函数表示为正弦信号之和的形式，同时可以确定信号的频谱。本章介绍的傅里叶变换将频谱的概念延伸到非周期函数。傅里叶变换假定非周期函数是周期为无穷大的周期函数。因此，傅里叶变换是一个非周期函数的积分表达式，与周期函数的傅里叶级数表达式相似。

傅里叶变换是一种与拉普拉斯变换类似的积分变换，它将一个函数由时域变到频域。傅里叶变换在通信系统、数字信号处理以及拉普拉斯变换不适用的场合非常有用。拉普拉斯变换只能处理具有初始条件，在 $t>0$ 时有输入的电路，而傅里叶变换不仅可以处理在 $t<0$ 时有输入的电路，又可以处理在 $t>0$ 时有输入的电路。

本章首先以傅里叶级数作为过渡，来定义傅里叶变换。接着在给出傅里叶变换的一些性质之后，将傅里叶变换应用于电路分析中，讨论帕塞瓦尔定理并比较拉普拉斯和傅里叶变换。最后说明傅里叶变换在振幅调制和信号抽样中的应用。

18.2　傅里叶变换的定义

由第 17 章可知，如果非正弦周期函数满足狄利克雷条件，就可以用傅里叶级数表示。如果函数不是周期性的，会出现什么情况呢？实际上，有许多非常重要的非周期函数——例如单位阶跃函数或指数函数等都不能用傅里叶级数表示。通过本章的学习，即使函数不是周期函数，也可以通过傅里叶变换实现从时域到频域的转换。

假设要确定如图 18-1a 所示非周期函数 $p(t)$的傅里叶变换。考虑图 18-1b 所示周期函数 $f(t)$，该函数一个周期内的形状与 $p(t)$相同。如果令周期 $T\to\infty$，则相邻的脉冲均被移至无穷远处，所以仅剩下单个宽度为 τ（如图 18-1a 的非周期函数）的脉冲。因此，函数 $f(t)$不再是周期函数。即当 $T\to\infty$时 $f(t)=p(t)$。下面讨论 $A=10$，$\tau=0.2$（见 17.6 节）时 $f(t)$的频谱。图 18-2 给出了 T 增大对频谱的影响。首先，可以看出，频谱基本形状保持不变，包络第一个零点对应的频率同样保持不变。然而，频谱的振幅和相邻分量之间的间距均随 T 的增大而减小，同时谐波的数目随之增多。因此，在信号频率范围内，谐波的振幅之和几乎保持不变。由于在一个频带范围内，各分量的总“强度”即能量保持不变，谐波幅度必须随着 T 增加而减小。因为 $f=1/T$，随着 T 增加，f 或 ω 减小，从而使得离散频谱最终成为连续频谱。

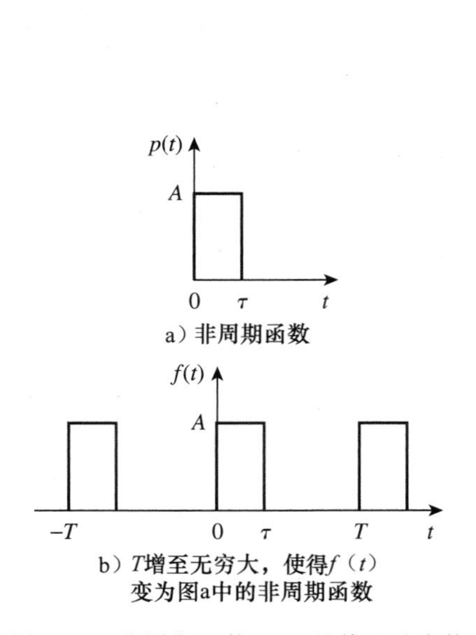

图 18-1　非周期函数 $p(t)$的傅里叶变换

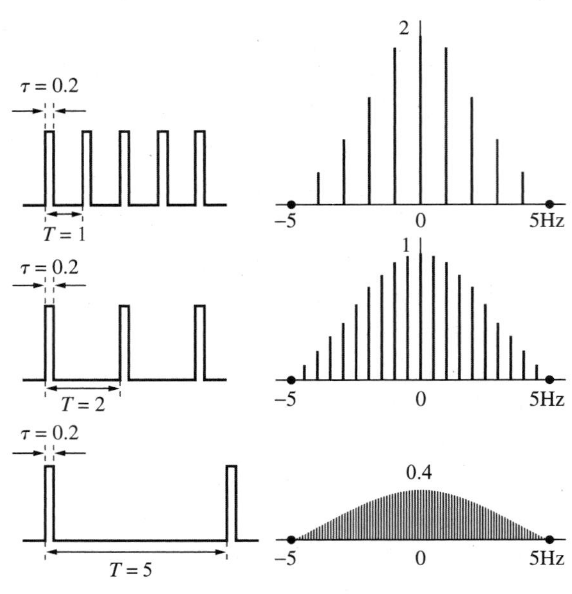

图 18-2　增大 T 对如图 18-1b 所示周期脉冲序列频谱的影响

为了进一步理解非周期函数和它对应周期函数之间的关系，考虑式(17.58)中指数形式的傅里叶级数，即

$$f(t)=\sum_{n=-\infty}^{\infty}c_n e^{jn\omega_0 t} \tag{18.1}$$

式中

$$c_n=\frac{1}{T}\int_{-T/2}^{T/2}f(t)e^{-jn\omega_0 t}dt \tag{18.2}$$

基频是

$$\omega_0=\frac{2\pi}{T} \tag{18.3}$$

相邻谐波频率之间的间隔为

$$\Delta\omega=(n+1)\omega_0-n\omega_0=\omega_0=\frac{2\pi}{T} \tag{18.4}$$

将式(18.2)代入式(18.1)得

$$\begin{aligned}f(t)&=\sum_{n=-\infty}^{\infty}\left[\frac{1}{T}\int_{-T/2}^{T/2}f(t)e^{-jn\omega_0 t}dt\right]e^{jn\omega_0 t}=\sum_{n=-\infty}^{\infty}\left[\frac{\Delta\omega}{2\pi}\int_{-T/2}^{T/2}f(t)e^{-jn\omega_0 t}dt\right]e^{jn\omega_0 t}\\&=\frac{1}{2\pi}\sum_{n=-\infty}^{\infty}\left[\int_{-T/2}^{T/2}f(t)e^{-jn\omega_0 t}dt\right]\Delta\omega e^{jn\omega_0 t}\end{aligned} \tag{18.5}$$

令 $T\to\infty$，求和变成积分，增量间隔 $\Delta\omega$ 变为微分增量 $d\omega$，离散谐波频率 $n\omega_0$ 变为连续频率 ω。因此，当 $T\to\infty$时，

$$\begin{aligned}\sum_{n=-\infty}^{\infty} &\Rightarrow \int_{-\infty}^{\infty}\\ \Delta\omega &\Rightarrow d\omega\\ n\omega_0 &\Rightarrow \omega\end{aligned} \tag{18.6}$$

因此，式(18.5)变为

$$f(t)=\frac{1}{2\pi}\int_{-\infty}^{\infty}\left[\int_{-\infty}^{\infty}f(t)e^{-j\omega t}dt\right]e^{j\omega t}d\omega \tag{18.7}$$

式(18.7)中括号里的项叫作 $f(t)$的傅里叶变换，表示为 $F(\omega)$。因此，

$$\boxed{F(\omega)=\mathcal{F}[f(t)]=\int_{-\infty}^{\infty}f(t)e^{-j\omega t}dt} \tag{18.8}$$

式中 $\mathcal{F}$是傅里叶变换算子。显然，由式(18.8)可知：

傅里叶变换是一个 $f(t)$从时域到频域的积分变换。

提示： 有些学者使用 $F(j\omega)$代替 $F(\omega)$来表示傅里叶变换。

总之，$F(\omega)$是一个复函数。其振幅称为振幅频谱，相位称为相位频谱。$F(\omega)$称为频谱。

式(18.7)可以用 $F(\omega)$来表示，得到傅里叶逆变换(Inverse Fourier Transform)为

$$\boxed{f(t)=\mathcal{F}^{-1}[F(\omega)]=\frac{1}{2\pi}\int_{-\infty}^{\infty}F(\omega)e^{j\omega t}d\omega} \tag{18.9}$$

函数 $f(t)$及其傅里叶变换 $F(\omega)$构成傅里叶变换对：

$$f(t)\quad\Leftrightarrow\quad F(\omega) \tag{18.10}$$

由其中一者可以推出另一者。

如果式(18.8)中的傅里叶积分收敛，则其傅里叶变换 $F(\omega)$存在。$f(t)$存在傅里叶变换的充分但非必要条件是 $f(t)$绝对可积：

$$\int_{-\infty}^{\infty}|f(t)|dt<\infty \tag{18.11}$$

例如，单位斜坡函数 $tu(t)$就不存在傅里叶变换，因为该函数不满足上述条件。

为了避免傅里叶变换中出现复数运算，有时在运算时，可以暂且将 $\mathrm{j}\omega$ 用 s 代替，最终再用 $\mathrm{j}\omega$ 将结果中的 s 换回。

例 18-1 求下面函数的傅里叶变换：(a) $\delta(t-t_0)$；(b) $\mathrm{e}^{\mathrm{j}\omega_0 t}$；(c) $\cos\omega_0 t$。

解：(a) 该函数为冲激函数，其傅里叶变换为

$$F(\omega)=\mathcal{F}[\delta(t-t_0)]=\int_{-\infty}^{\infty}\delta(t-t_0)\mathrm{e}^{-\mathrm{j}\omega t}\mathrm{d}t=\mathrm{e}^{-\mathrm{j}\omega t_0} \tag{18.1.1}$$

上式计算中应用了式(7.32)给出的冲激函数的筛选性质。对于特殊情况 $t_0=0$，有

$$\mathcal{F}[\delta(t)]=1 \tag{18.1.2}$$

这表明冲激函数频谱的振幅是一个常数，即在冲激函数的频谱中，所有频率的振幅均相同。

(b) 可以用两种方法求得傅里叶变换 $\mathrm{e}^{\mathrm{j}\omega_0 t}$。如果令

$$F(\omega)=\delta(\omega-\omega_0)$$

则可以利用式(18.9)求出 $f(t)$，即

$$f(t)=\frac{1}{2\pi}\int_{-\infty}^{\infty}\delta(\omega-\omega_0)\mathrm{e}^{\mathrm{j}\omega t}\mathrm{d}\omega$$

使用冲激函数的筛选性质得

$$f(t)=\frac{1}{2\pi}\mathrm{e}^{\mathrm{j}\omega_0 t}$$

由于 $F(\omega)$ 和 $f(t)$ 组成傅里叶变换对，所以 $2\pi\delta(\omega-\omega_0)$ 和 $\mathrm{e}^{\mathrm{j}\omega_0 t}$ 也是一对傅里叶变换对，即

$$\mathcal{F}[\mathrm{e}^{\mathrm{j}\omega_0 t}]=2\pi\delta(\omega-\omega_0) \tag{18.1.3}$$

另外，由式(18.1.2)可知

$$\delta(t)=\mathcal{F}^{-1}[1]$$

使用式(18.9)傅里叶逆变换公式，可得

$$\delta(t)=\mathcal{F}^{-1}[1]=\frac{1}{2\pi}\int_{-\infty}^{\infty}1\mathrm{e}^{\mathrm{j}\omega t}\mathrm{d}\omega$$

即

$$\int_{-\infty}^{\infty}\mathrm{e}^{\mathrm{j}\omega t}\mathrm{d}\omega=2\pi\delta(t) \tag{18.1.4}$$

交换变量 t 和 ω，得到

$$\int_{-\infty}^{\infty}\mathrm{e}^{\mathrm{j}\omega t}\mathrm{d}t=2\pi\delta(\omega) \tag{18.1.5}$$

利用这个结果，可以得到已知函数的傅里叶变换为

$$\mathcal{F}[\mathrm{e}^{\mathrm{j}\omega_0 t}]=\int_{-\infty}^{\infty}\mathrm{e}^{\mathrm{j}\omega_0 t}\mathrm{e}^{-\mathrm{j}\omega t}\mathrm{d}t=\int_{-\infty}^{\infty}\mathrm{e}^{\mathrm{j}(\omega_0-\omega)}\mathrm{d}t=2\pi\delta(\omega_0-\omega)$$

由于冲激函数是偶函数，即 $\delta(\omega_0-\omega)=\delta(\omega-\omega_0)$，因此

$$\mathcal{F}[\mathrm{e}^{\mathrm{j}\omega_0 t}]=2\pi\delta(\omega-\omega_0) \tag{18.1.6}$$

改变 ω_0 的符号，则有

$$\mathcal{F}[\mathrm{e}^{-\mathrm{j}\omega_0 t}]=2\pi\delta(\omega+\omega_0) \tag{18.1.7}$$

同样，令 $\omega_0=0$，可得

$$\mathcal{F}[1]=2\pi\delta(\omega) \tag{18.1.8}$$

(c) 由式(18.1.6)和式(18.1.7)的结果，可以得到

$$\mathcal{F}[\cos\omega_0 t]=\mathcal{F}\left[\frac{\mathrm{e}^{\mathrm{j}\omega_0 t}+\mathrm{e}^{-\mathrm{j}\omega_0 t}}{2}\right]$$

$$=\frac{1}{2}\mathcal{F}[\mathrm{e}^{\mathrm{j}\omega_0 t}]+\frac{1}{2}\mathcal{F}[\mathrm{e}^{-\mathrm{j}\omega_0 t}]=\pi\delta(\omega-\omega_0)+\pi\delta(\omega+\omega_0) \tag{18.1.9}$$

(d) 该余弦信号的傅里叶变换如图 18-3 所示。

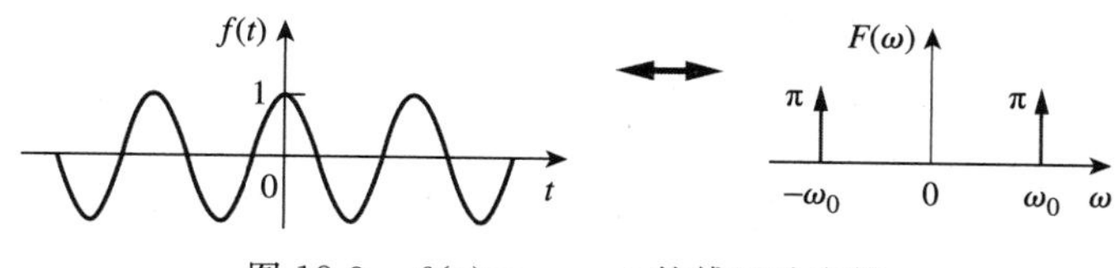

图 18-3　$f(t)=\cos\omega_0 t$ 的傅里叶变换 ◀

练习 18-1　求下面函数的傅里叶变换。(a) 门函数 $g(t)=4u(t+1)-4u(t-2)$；(b) $4\delta(t+2)$；(c) $10\sin\omega_0 t$。

答案：(a) $4(\mathrm{e}^{-\mathrm{j}\omega}-\mathrm{e}^{-\mathrm{j}2\omega})/\mathrm{j}\omega$；(b) $4\mathrm{e}^{\mathrm{j}2\omega}$；(c) $\mathrm{j}10\pi[\delta(\omega+\omega_0)-\delta(\omega-\omega_0)]$。

例 18-2　求图 18-4 所示宽度为 τ，高度为 A 的单矩形脉冲的傅里叶变换。

解：

$$F(\omega)=\int_{-\tau/2}^{\tau/2}A\mathrm{e}^{-\mathrm{j}\omega t}\mathrm{d}t=-\frac{A}{\mathrm{j}\omega}\mathrm{e}^{-\mathrm{j}\omega t}\Big|_{-\tau/2}^{\tau/2}=\frac{2A}{\omega}\left(\frac{\mathrm{e}^{\mathrm{j}\omega\tau/2}-\mathrm{e}^{-\mathrm{j}\omega\tau/2}}{2\mathrm{j}}\right)=A\tau\frac{\sin(\omega\tau/2)}{\omega\tau/2}=A\tau\,\mathrm{sinc}\frac{\omega\tau}{2}$$

如果令 $A=10$，$\tau=2$，如图 17-27 所示(参见 17.6 节)，则有

$$F(\omega)=20\,\mathrm{sinc}\,\omega$$

其振幅频谱如图 18-5 所示。比较图 18-4 和图 17-28 所示的矩形脉冲频谱，可见图 17-28 的频谱是离散的，其包络与单个矩形脉冲的傅里叶变换的形状相同。 ◀

练习 18-2　求图 18-6 所示函数的傅里叶变换。　　**答案**：$\dfrac{20(\cos\omega-1)}{\mathrm{j}\omega}$。

例 18-3　求图 18-7 所示“开启(switched-on)”指数函数的傅里叶变换。

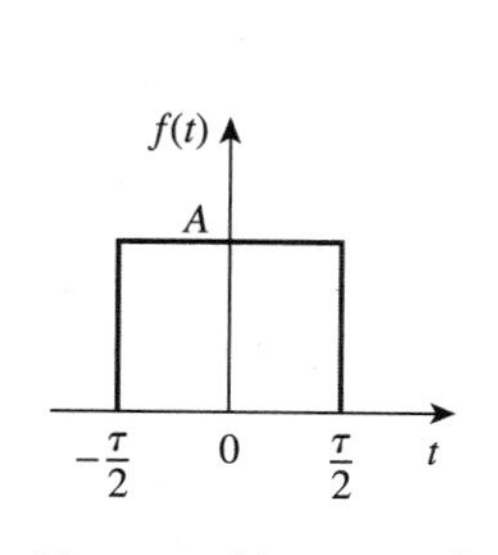

图 18-4　例 18-2 的单矩形脉冲

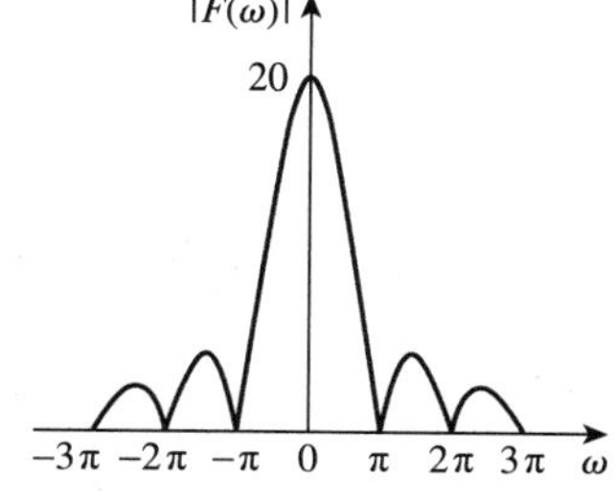

图 18-5　图 18-4 中单矩形脉冲的幅度谱

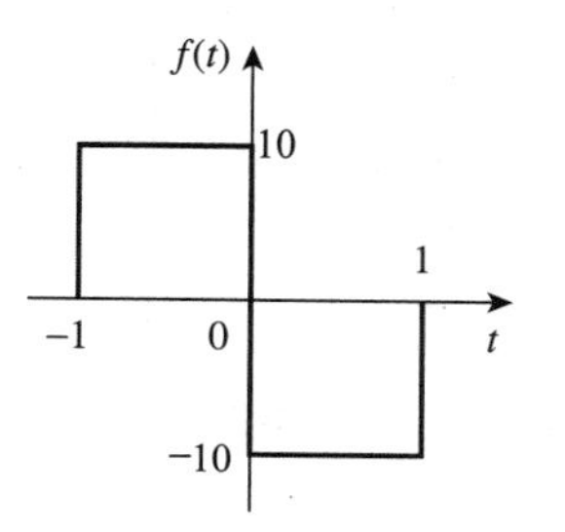

图 18-6　练习 18-2 的波形图

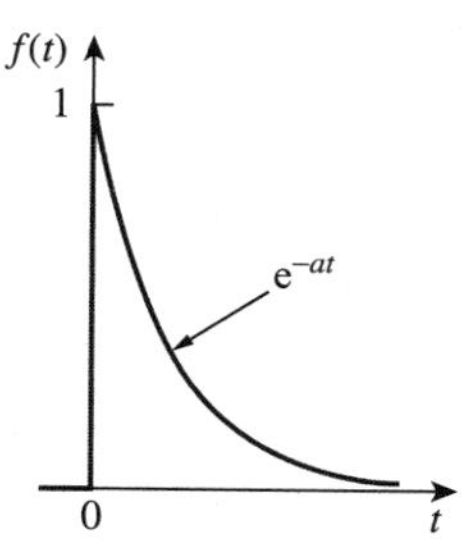

图 18-7　例 18-3 的波形图

解：由图 18-7 可知

$$f(t)=\mathrm{e}^{-at}u(t)=\begin{cases}\mathrm{e}^{-at}, & t>0\\ 0, & t<0\end{cases}$$

因此

$$F(\omega)=\int_{-\infty}^{\infty}f(t)\mathrm{e}^{-\mathrm{j}\omega t}\mathrm{d}t=\int_{0}^{\infty}\mathrm{e}^{-at}\mathrm{e}^{-\mathrm{j}\omega t}\mathrm{d}t=\int_{0}^{\infty}\mathrm{e}^{-(a+\mathrm{j}\omega)t}\mathrm{d}t$$

$$=\frac{-1}{a+\mathrm{j}\omega}\mathrm{e}^{-(a+\mathrm{j}\omega)t}\Big|_{0}^{\infty}=\frac{1}{a+\mathrm{j}\omega}$$ ◀

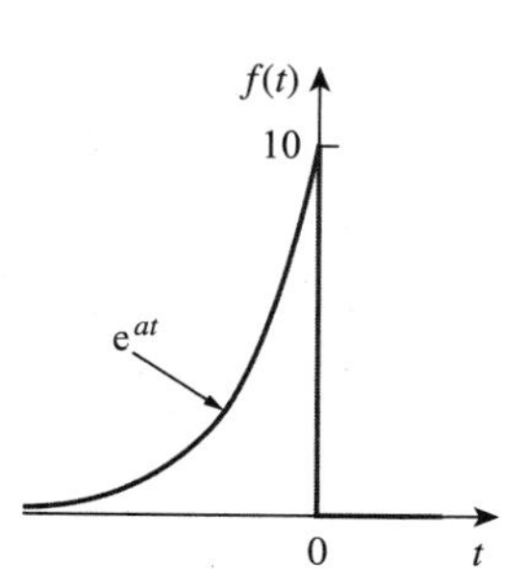

图 18-8　练习 18-3 图

练习 18-3　求图 18-8 所示“闭合(switched-on)”指数函数的傅里叶变换。　　**答案**：$\dfrac{10}{a-\mathrm{j}\omega}$。

18.3　傅里叶变换的性质

本节介绍傅里叶变换的性质，利用这些性质可以由简单函数的傅里叶变换求出复杂函数的傅里叶变换。对于每一个性质，都包含定义、推导以及举例说明等内容。

1. 线性性质　如果 $F_1(\omega)$和 $F_2(\omega)$分别是 $f_1(t)$和 $f_2(t)$的傅里叶变换，则

$$\mathcal{F}[a_1 f_1(t)+a_2 f_2(t)]=a_1 F_1(\omega)+a_2 F_2(\omega) \tag{18.12}$$

式中，a_1 和 a_2 是常数。线性性质表明，若干函数线性组合的傅里叶变换等于各自函数的傅里叶变换的线性组合。式(18.12)的线性性质的证明简单而直观。由定义可得

$$\begin{aligned}\mathcal{F}[a_1 f_1(t)+a_2 f_2(t)]&=\int_{-\infty}^{\infty}[a_1 f_1(t)+a_2 f_2(t)]\mathrm{e}^{-\mathrm{j}\omega t}\mathrm{d}t\\&=\int_{-\infty}^{\infty}a_1 f_1(t)\mathrm{e}^{-\mathrm{j}\omega t}\mathrm{d}t+\int_{-\infty}^{\infty}a_2 f_2(t)\mathrm{e}^{-\mathrm{j}\omega t}\mathrm{d}t\\&=a_1 F_1(\omega)+a_2 F_2(\omega)\end{aligned} \tag{18.13}$$

例如，

$$\sin\omega_0 t=\frac{1}{2\mathrm{j}}(\mathrm{e}^{\mathrm{j}\omega_0 t}-\mathrm{e}^{-\mathrm{j}\omega_0 t})$$

利用线性性质，可以得到

$$F[\sin\omega_0 t]=\frac{1}{2\mathrm{j}}[\mathcal{F}(\mathrm{e}^{\mathrm{j}\omega_0 t})-\mathcal{F}(\mathrm{e}^{-\mathrm{j}\omega_0 t})]=\frac{\pi}{\mathrm{j}}[\delta(\omega-\omega_0)-\delta(\omega+\omega_0)] \tag{18.14}$$

2. 时域变换性质　如果 $F(\omega)=F[f(t)]$，则有

$$\mathcal{F}[f(at)]=\frac{1}{|a|}F\left(\frac{\omega}{a}\right) \tag{18.15}$$

式中，a 是常数，式(18.15)表明，时域的扩展($|a|>1$)对应频域的压缩，反之，时域的压缩($|a|<1$)对应频域的扩展。时域尺度性的证明过程如下：

$$\mathcal{F}[f(at)]=\int_{-\infty}^{\infty}f(at)\mathrm{e}^{-\mathrm{j}\omega t}\mathrm{d}t \tag{18.16}$$

令 $x=at$，则 $\mathrm{d}x=a\mathrm{d}t$，因此

$$\mathcal{F}[f(at)]=\int_{-\infty}^{\infty}f(x)\mathrm{e}^{-\mathrm{j}\omega x/a}\frac{\mathrm{d}x}{a}=\frac{1}{a}F\left(\frac{\omega}{a}\right) \tag{18.17}$$

例如，对于例 18-2 中的矩形脉冲 $p(t)$，有

$$F[p(t)]=A\tau\operatorname{sinc}\frac{\omega\tau}{2} \tag{18.18a}$$

利用式(18.15)，可得

$$\mathcal{F}[p(2t)]=\frac{A\tau}{2}\operatorname{sinc}\frac{\omega\tau}{4} \tag{18.18b}$$

画出 $p(t)$和 $p(2t)$，及其傅里叶变换的图形将有助于读者理解该性质。由于

$$p(t)=\begin{cases}A, & -\dfrac{\tau}{2}<t<\dfrac{\tau}{2}\\0, & 其他\end{cases} \tag{18.19a}$$

用 $2t$ 代替 t，可得

$$p(2t)=\begin{cases}A, & -\dfrac{\tau}{2}<2t<\dfrac{\tau}{2}\\0, & 其他\end{cases}=\begin{cases}A, & -\dfrac{\tau}{4}<t<\dfrac{\tau}{4}\\0, & 其他\end{cases} \tag{18.19b}$$

上式表明 $p(2t)$在时域中被压缩了，如图 18-9b 所示。为了画出式(18.18)所示的

$p(t)$与$p(2t)$的傅里叶变换，需利用 sinc 函数在自变量为 $n\pi$ 时，函数值为零的性质，其中 n 为整数。因此，对于式(18.18a)所示 $p(t)$的傅里叶变换而言，$\omega\tau/2=2\pi f\tau/2=n\pi\rightarrow f=n/\tau$，对于式(18.18b)所示 $p(2t)$的傅里叶变换而言，$\omega\tau/4=2\pi f\tau/4=n\pi\rightarrow f=2n/\tau$。这两个傅里叶变换如图 18-9 所示，表明时域的压缩对应于频域的扩展。从直观角度分析也可得出相同的结论，因为信号时域被压缩，意味着信号变化更快，从而导致更高频分量的出现。

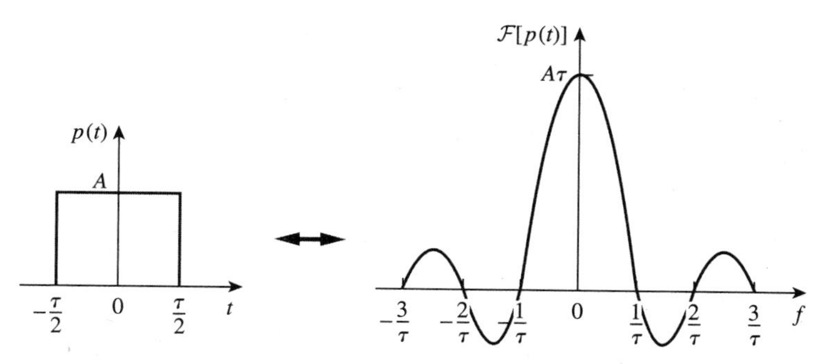

a）脉冲的傅里叶变换

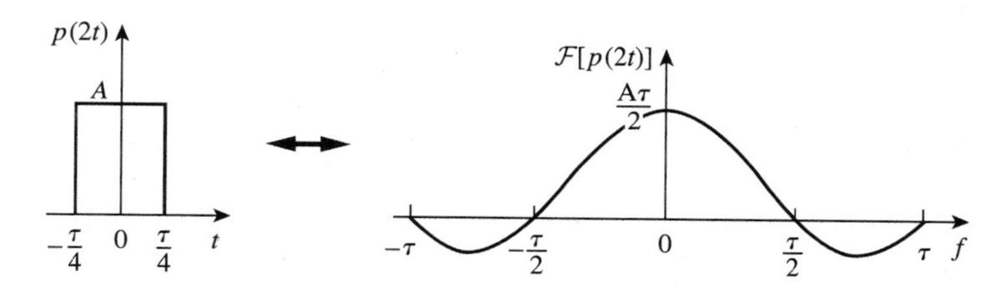

b）脉冲时域的压缩导致频域扩展

图 18-9 时域尺度变换

3. 时移性质 如果 $F(\omega)=F[f(t)]$，则有

$$\boxed{\mathcal{F}[f(t-t_0)]=\mathrm{e}^{-\mathrm{j}\omega t_0}F(\omega)} \tag{18.20}$$

即时域的延迟对应于频域的相移。时域性质可以推导如下

$$\mathcal{F}[f(t-t_0)]=\int_{-\infty}^{\infty}f(t-t_0)\mathrm{e}^{-\mathrm{j}\omega t}\mathrm{d}t \tag{18.21}$$

令 $x=t-t_0$，则有 $\mathrm{d}x=\mathrm{d}t$ 和 $t=x+t_0$，因此

$$\mathcal{F}[f(t-t_0)]=\int_{-\infty}^{\infty}f(x)\mathrm{e}^{-\mathrm{j}\omega(x+t_0)}\mathrm{d}x=\mathrm{e}^{-\mathrm{j}\omega t_0}\int_{-\infty}^{\infty}f(x)\mathrm{e}^{-\mathrm{j}\omega x}\mathrm{d}x=\mathrm{e}^{-\mathrm{j}\omega t_0}F(\omega) \tag{18.22}$$

同理可得

$$\mathcal{F}[f(t+t_0)]=\mathrm{e}^{\mathrm{j}\omega t_0}F(\omega)$$

例如，由例 18-3 得到

$$\mathcal{F}[\mathrm{e}^{-at}u(t)]=\frac{1}{a+\mathrm{j}\omega} \tag{18.23}$$

所以 $f(t)=\mathrm{e}^{-(t-2)}u(t-2)$的傅里叶变换为

$$F(\omega)=\mathcal{F}[\mathrm{e}^{-(t-2)}u(t-2)]=\frac{\mathrm{e}^{-\mathrm{j}2\omega}}{1+\mathrm{j}\omega} \tag{18.24}$$

4. 频移性质(振幅调制) 如果 $F(\omega)=F[f(t)]$，则有

$$\boxed{\mathcal{F}[f(t)\mathrm{e}^{\mathrm{j}\omega_0 t}]=F(\omega-\omega_0)} \tag{18.25}$$

式(18.25)表明，频域的频移对应于时间函数的相移。由定义得

$$\mathcal{F}[f(t)\mathrm{e}^{\mathrm{j}\omega_0 t}]=\int_{-\infty}^{\infty} f(t)\mathrm{e}^{\mathrm{j}\omega_0 t}\mathrm{e}^{-\mathrm{j}\omega t}\mathrm{d}t=\int_{-\infty}^{\infty} f(t)\mathrm{e}^{-\mathrm{j}(\omega-\omega_0)t}\mathrm{d}t=F(\omega-\omega_0) \tag{18.26}$$

例如，$\cos\omega_0 t=\frac{1}{2}(\mathrm{e}^{\mathrm{j}\omega_0 t}+\mathrm{e}^{-\mathrm{j}\omega_0 t})$。利用式(18.25)的性质得

$$\mathcal{F}[f(t)\cos\omega_0 t]=\frac{1}{2}\mathcal{F}[f(t)\mathrm{e}^{\mathrm{j}\omega_0 t}]+\frac{1}{2}\mathcal{F}[f(t)\mathrm{e}^{-\mathrm{j}\omega_0 t}]=\frac{1}{2}F(\omega-\omega_0)+\frac{1}{2}F(\omega+\omega_0) \tag{18.27}$$

这是频率分量发生平移的信号调制方面的一个重要结论。例如，如果 $f(t)$的振幅频谱如图 18-10a 所示，则 $f(t)\cos\omega_0 t$ 的振幅频谱如图 18-10b 所示。18.7.1 节将更加详细地详细讨论振幅调制问题。

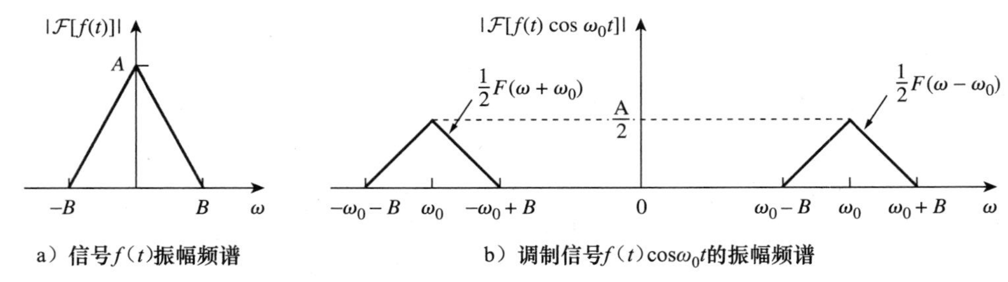

a) 信号$f(t)$振幅频谱　　b) 调制信号$f(t)\cos\omega_0 t$的振幅频谱

图 18-10　$f(t)$与 $f(t)\cos\omega_0 t$ 的振幅频谱

5. 时域微分性质　如果 $F(\omega)=F[f(t)]$，则有

$$\boxed{\mathcal{F}[f'(t)]=\mathrm{j}\omega F(\omega)} \tag{18.28}$$

即 $f(t)$导数的傅里叶变换等于 $f(t)$的傅里叶变换乘与 jω 的乘积。根据定义

$$f(t)=\mathcal{F}^{-1}[F(\omega)]=\frac{1}{2\pi}\int_{-\infty}^{\infty} F(\omega)\mathrm{e}^{\mathrm{j}\omega t}\mathrm{d}\omega \tag{18.29}$$

将式(18.29)两边同时关于 t 求导得

$$f'(t)=\frac{\mathrm{j}\omega}{2\pi}\int_{-\infty}^{\infty} F(\omega)\mathrm{e}^{\mathrm{j}\omega t}\mathrm{d}\omega=\mathrm{j}\omega\mathcal{F}^{-1}[F(\omega)]$$

即

$$\mathcal{F}[f'(t)]=\mathrm{j}\omega F(\omega) \tag{18.30}$$

重复利用式(18.30)，可以得到

$$\boxed{\mathcal{F}[f^{(n)}(t)]=(\mathrm{j}\omega)^n F(\omega)} \tag{18.31}$$

例如，如果 $f(t)=\mathrm{e}^{-at}u(t)$，则有

$$f'(t)=-a\mathrm{e}^{-at}u(t)+\mathrm{e}^{-at}\delta(t)=-af(t)+\mathrm{e}^{-at}\delta(t) \tag{18.32}$$

对式(18.32)取傅里叶变换，得到

$$\mathrm{j}\omega F(\omega)=-aF(\omega)\quad\Rightarrow\quad F(\omega)=\frac{1}{a+\mathrm{j}\omega} \tag{18.33}$$

与例 18-3 的结果相同。

6. 时域积分性质　如果 $F(\omega)=F[f(t)]$，则有

$$\boxed{\mathcal{F}\left[\int_{-\infty}^{t} f(t)\mathrm{d}t\right]=\frac{F(\omega)}{\mathrm{j}\omega}+\pi F(0)\delta(\omega)} \tag{18.34}$$

即 $f(t)$积分的傅里叶变换可以通过将 $f(t)$的傅里叶变换除以 jω 再加上反映直流分量 $F(0)$的冲激项而得到。在求 $f(t)$积分的傅里叶变换时，$f(t)$的积分限是$[-\infty, t]$，而不是$[-\infty, \infty]$。这是因为，如果在区间$[-\infty, \infty]$积分，则其结果不再依赖于时间，而总

是一个常数。当积分限为$[-\infty, t]$时，才能得到函数从过去到时间 t 的积分，从而得到与 t 有关的结果，才能求得傅里叶变换。

如果在式(18.8)中取 $\omega=0$，则有

$$F(0)=\int_{-\infty}^{\infty} f(t)\mathrm{d}t \tag{18.35}$$

上式表明，当 $f(t)$在所有的时间的积分等于零时，直流分量就是零。式(18.34)所示时域积分性质的证明将在稍后介绍卷积性质时给出。

例如，已知 $F[\delta(t)]=1$ 且冲激函数的积分为单位阶跃函数[见式(7.39a)]。利用式(18.34)给出的性质，得到单位阶跃函数的傅里叶变换为

$$\mathcal{F}[u(t)]=\mathcal{F}\left[\int_{-\infty}^{t}\delta(t)\mathrm{d}t\right]=\frac{1}{\mathrm{j}\omega}+\pi\delta(\omega) \tag{18.36}$$

7. 翻转性质 如果 $F(\omega)=F[f(t)]$，则有

$$\boxed{\mathcal{F}[f(-t)]=F(-\omega)=F^{*}(\omega)} \tag{18.37}$$

式中，星号表示复共轭。该性质表明，$f(t)$关于时间轴翻转对应于 $F(\omega)$关于频率轴翻转。翻转性质可以看作是式(18.15)所示时间尺度性质在 $a=1$ 时的特殊情况。

例如，$1=u(t)+u(-t)$。因此

$$F[1]=F[u(t)]+F[u(-t)]=\frac{1}{\mathrm{j}\omega}+\pi\delta(\omega)-\frac{1}{\mathrm{j}\omega}+\pi\delta(-\omega)=2\pi\delta(\omega)$$

8. 对偶性质 对偶性质可以表述为，如果 $F(\omega)$是 $f(t)$的傅里叶变换，那么 $F(t)$的傅里叶变换为 $2\pi f(-\omega)$，即

$$\boxed{\mathcal{F}[f(t)]=F(\omega)\quad\Rightarrow\quad\mathcal{F}[F(t)]=2\pi f(-\omega)} \tag{18.38}$$

式(18.38)表明傅里叶变换具有对称性质。对偶性的推导过程如下：

$$f(t)=\mathcal{F}^{-1}[F(\omega)]=\frac{1}{2\pi}\int_{-\infty}^{\infty}F(\omega)\mathrm{e}^{\mathrm{j}\omega t}\mathrm{d}\omega$$

即

$$2\pi f(t)=\int_{-\infty}^{\infty}F(\omega)\mathrm{e}^{\mathrm{j}\omega t}\mathrm{d}\omega \tag{18.39}$$

将 t 用$-t$ 替换，可得

$$2\pi f(-t)=\int_{-\infty}^{\infty}F(\omega)\mathrm{e}^{-\mathrm{j}\omega t}\mathrm{d}\omega$$

将 t 和 ω 互换，可以得到

$$2\pi f(-\omega)=\int_{-\infty}^{\infty}F(t)\mathrm{e}^{-\mathrm{j}\omega t}\mathrm{d}t=\mathcal{F}[F(t)] \tag{18.40}$$

提示：因为 $f(t)$是图 18-7 和图 18-8 所示两个信号的和，所以 $F(\omega)$是例 18-3 和练习 18-3 中两个结果的和。

例如，如果 $f(t)=\mathrm{e}^{-|t|}$，则

$$F(\omega)=\frac{2}{\omega^{2}+1} \tag{18.41}$$

根据对偶性，可得 $F(t)=2/(t^{2}+1)$的傅里叶变换为

$$2\pi f(\omega)=2\pi\mathrm{e}^{-|\omega|} \tag{18.42}$$

图 18-11 是对偶性的另一个例子。如果 $f(t)=\delta(t)$，则 $F(\omega)=1$，如图 18-11a 所示，于是 $F(t)=1$ 的傅里叶变换为 $2\pi f(\omega)=2\pi\delta(\omega)$，如图 18-11b 所示。

9. 卷积性质 由第 15 章的学习可知，如果 $x(t)$是一个冲激函数为 $h(t)$的电路的输入激励，那么该电路的输出响应 $y(t)$可以由如下卷积积分确定：

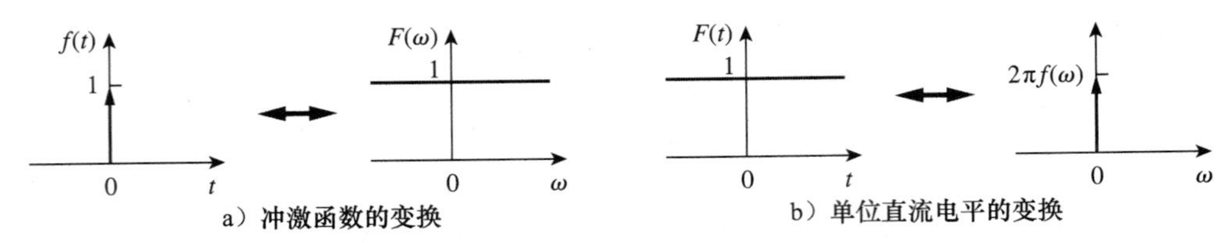

图 18-11　傅里叶变换的对偶性的典型示例

$$y(t)=h(t)*x(t)=\int_{-\infty}^{\infty}h(\lambda)x(t-\lambda)\mathrm{d}\lambda \tag{18.43}$$

如果 $X(\omega)$、$H(\omega)$和 $Y(\omega)$分别是 $x(t)$、$h(t)$和 $y(t)$的傅里叶变换，那么

$$\boxed{Y(\omega)=\mathcal{F}[h(t)*x(t)]=H(\omega)X(\omega)} \tag{18.44}$$

式(18.44)表明，时域卷积对应频域的乘积。

为了推导卷积性质，对式(18.43)两边取傅里叶变换，可以得到

$$Y(\omega)=\int_{-\infty}^{\infty}\left[\int_{-\infty}^{\infty}h(\lambda)x(t-\lambda)\mathrm{d}\lambda\right]\mathrm{e}^{-\mathrm{j}\omega t}\mathrm{d}t \tag{18.45}$$

改变积分次序，并提出与 t 无关的 $h(\lambda)$项，有

$$Y(\omega)=\int_{-\infty}^{\infty}h(\lambda)\left[\int_{-\infty}^{\infty}x(t-\lambda)\mathrm{e}^{-\mathrm{j}\omega t}\mathrm{d}t\right]\mathrm{d}\lambda$$

对于上式括号内的积分，令 $\tau=t-\lambda$，则有 $t=\tau+\lambda$，$\mathrm{d}t=\mathrm{d}\tau$。因此

$$\begin{aligned}Y(\omega)&=\int_{-\infty}^{\infty}h(\lambda)\left[\int_{-\infty}^{\infty}x(\tau)\mathrm{e}^{-\mathrm{j}\omega(\tau+\lambda)}\mathrm{d}\tau\right]\mathrm{d}\lambda=\int_{-\infty}^{\infty}h(\lambda)\mathrm{e}^{-\mathrm{j}\omega\lambda}\mathrm{d}\lambda\int_{-\infty}^{\infty}x(\tau)\mathrm{e}^{-\mathrm{j}\omega\tau}\mathrm{d}\tau\\&=H(\omega)X(\omega)\end{aligned} \tag{18.46}$$

上述傅里叶变换的卷积性质扩展了第 17 章介绍的基于傅里叶级数的相量分析法。

提示：式(18.46)所示的重要关系是在线性系统的电路分析中采用傅里叶变换的关键原因。

为了举例说明卷积的性质，假设 $h(t)$和 $x(t)$都是相同的矩形脉冲，如图 18-12a 和 18-12b 所示。由例 18-2 和图 18-5 已知，矩形脉冲的傅里叶变换为 sinc 函数，如图 18-12c 和 18-12d 所示。根据卷积性质，两个 sinc 函数的乘积应该对应于时域中两个矩形脉冲的卷积。因此，图 18-12e 所示两个矩形脉冲的卷积和如图 18-12f 所示 sinc 函数的乘积组成一个傅里叶变换对。

根据对偶性质，如果时域卷积对应于频域乘积，那么时域乘积应该对应频域卷积。事实正是如此，如果 $f(t)=f_1(t)f_2(t)$，则有

$$F(\omega)=\mathcal{F}[f_1(t)f_2(t)]=\frac{1}{2\pi}F_1(\omega)*F_2(\omega) \tag{18.47}$$

即

$$F(\omega)=\frac{1}{2\pi}\int_{-\infty}^{\infty}F_1(\lambda)F_2(\omega-\lambda)\mathrm{d}\lambda \tag{18.48}$$

这是频域的卷积。式(18.48)的证明容易由式(18.38)的对偶性得到。

下面推导式(18.34)所示的傅里叶变换的时域积分性质。如果利用单位阶跃函数 $u(t)$与 $f(t)$分别代替式(18.43)中的 $x(t)$与 $h(t)$，则有

$$\int_{-\infty}^{\infty}f(\lambda)u(t-\lambda)\mathrm{d}\lambda=f(t)*u(t) \tag{18.49}$$

单位阶跃函数的定义为

$$u(t-\lambda)=\begin{cases}1, & t-\lambda>0\\0, & t-\lambda>0\end{cases}$$

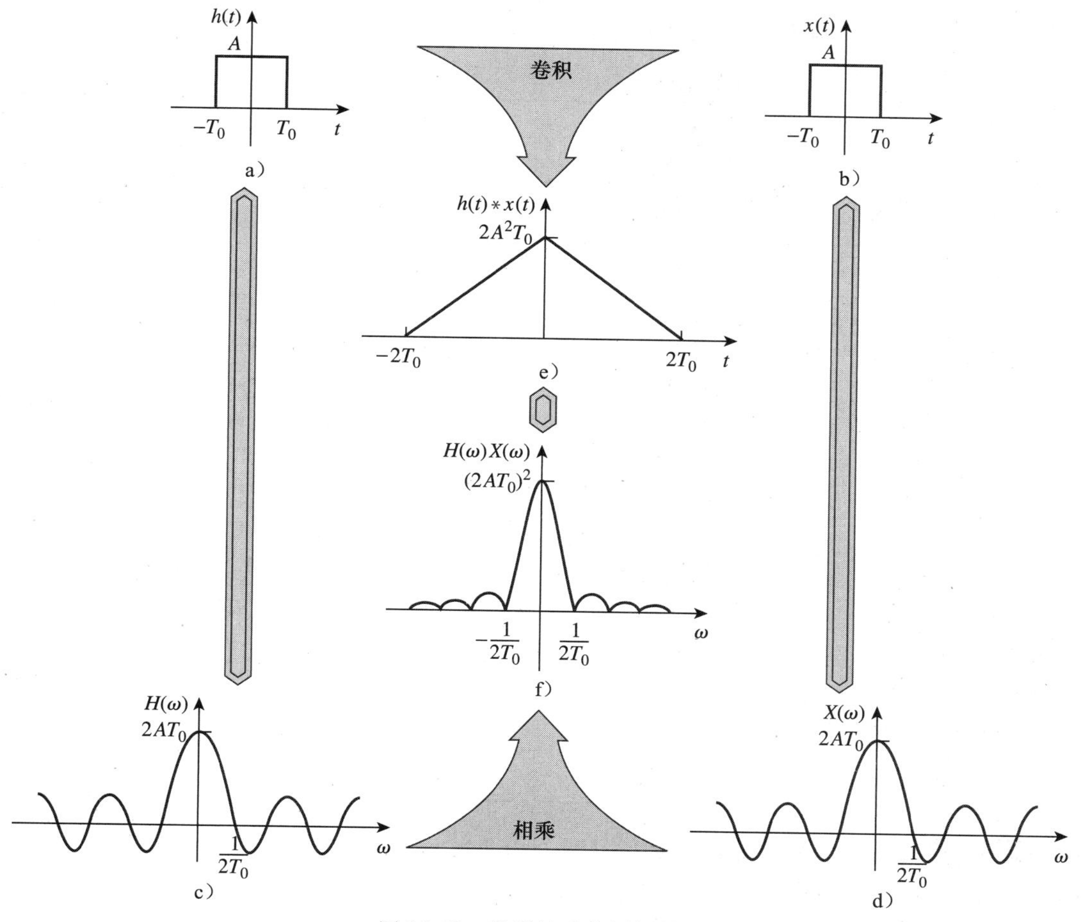

图 18-12　卷积性质的图解说明

也可写为

$$u(t-\lambda)=\begin{cases}1, & \lambda<t\\0, & \lambda>t\end{cases}$$

将上式代入式(18.49)，使得积分区间由$[-\infty, \infty]$变为$[-\infty, t]$，因此，式(18.49)变为

$$\int_{-\infty}^{t} f(\lambda)\mathrm{d}\lambda = u(t) * f(t)$$

将两边同时做傅里叶变换得

$$\mathcal{F}\left[\int_{-\infty}^{t} f(\lambda)\mathrm{d}\lambda\right]=U(\omega)F(\omega) \tag{18.50}$$

但由式(18.36)可知，单位阶跃函数的傅里叶变换为

$$U(\omega)=\frac{1}{\mathrm{j}\omega}+\pi\delta(\omega)$$

代入式(18.50)得

$$\mathcal{F}\left[\int_{-\infty}^{t} f(\lambda)\mathrm{d}\lambda\right]=\left(\frac{1}{\mathrm{j}\omega}+\pi\delta(\omega)\right)F(\omega)=\frac{F(\omega)}{\mathrm{j}\omega}+\pi F(0)\delta(\omega) \tag{18.51}$$

这就是式(18.34)时域积分的性质。由式(18.51)可得，因为$\delta(\omega)$仅仅当$\omega=0$时才非零，所以$F(\omega)\delta(\omega)=F(0)\delta(\omega)$。

表 18-1 列举了傅里叶变换的性质。表 18-2 呈现了一些常用函数的傅里叶变换对。注

意这两个表和表 15-1 与表 15-2 的相似性。

表 18-1　傅里叶变换的性质

性质	$f(t)$	$F(\omega)$
线性性质	$a_1f_1(t)+a_2f_2(t)$	$a_1F_1(\omega)+a_2F_2(\omega)$
尺度变换性质	$f(at)$	$\frac{1}{\|a\|}F\left(\frac{\omega}{a}\right)$
时移性质	$f(t-a)u(t-a)$	$e^{-j\omega a}F(\omega)$
频移性质	$e^{j\omega_0 t}f(t)$	$F(\omega-\omega_0)$
调制性质	$\cos(\omega_0 t)f(t)$	$\frac{1}{2}[F(\omega+\omega_0)+F(\omega-\omega_0)]$
时域微分性质	$\frac{df}{dt}$	$j\omega F(\omega)$
时域积分性质	$\frac{d^nf}{dt^n}$	$(j\omega)^nF(\omega)$
	$\int_{-\infty}^{t}f(t)dt$	$\frac{F(\omega)}{j\omega}+\pi F(0)\delta(\omega)$
频域积分性质	$t^nf(t)$	$(j)^n\frac{d^n}{d\omega^n}F(\omega)$
翻转性质	$f(-t)$	$F(-\omega)$　或　$F^*(\omega)$
对偶性质	$F(t)$	$2\pi f(-\omega)$
时域卷积性质	$f_1(t)*f_1(t)$	$F_1(\omega)F_2(\omega)$
频域卷积性质	$f_1(t)f_1(t)$	$\frac{1}{2\pi}F_1(\omega)*F_2(\omega)$

表 18-2　傅里叶变换对

$f(t)$	$F(\omega)$
$\delta(t)$	1
1	$2\pi\delta(\omega)$
$u(t)$	$\pi\delta(\omega)+\frac{1}{j\omega}$
$u(t+\tau)-u(t-\tau)$	$2\frac{\sin\omega\tau}{\omega}$
$\|t\|$	$\frac{-2}{\omega^2}$
$\mathrm{sgn}(t)$	$\frac{2}{j\omega}$
$e^{-at}u(t)$	$\frac{1}{a+j\omega}$
$e^{at}u(-t)$	$\frac{1}{a-j\omega}$
$t^ne^{-at}u(t)$	$\frac{n!}{(a+j\omega)^{n+1}}$
$e^{-a\|t\|}$	$\frac{2a}{a^2+\omega^2}$
$e^{j\omega_0 t}$	$2\pi\delta(\omega-\omega_0)$
$\sin\omega_0 t$	$j\pi[\delta(\omega+\omega_0)-\delta(\omega-\omega_0)]$
$\cos\omega_0 t$	$\pi[\delta(\omega+\omega_0)+\delta(\omega-\omega_0)]$
$e^{-at}\sin\omega_0 tu(t)$	$\frac{\omega_0}{(a+j\omega)^2+\omega_0^2}$
$e^{-at}\cos\omega_0 tu(t)$	$\frac{a+j\omega}{(a+j\omega)^2+\omega_0^2}$

例 18-4 求如下函数的傅里叶变换。(a) 符号函数 $\mathrm{sgn}(t)$，如图 18-13 所示；(b) 双边指数函数 $e^{-a|t|}$；(c) sinc 函数$(\sin t)/t$。

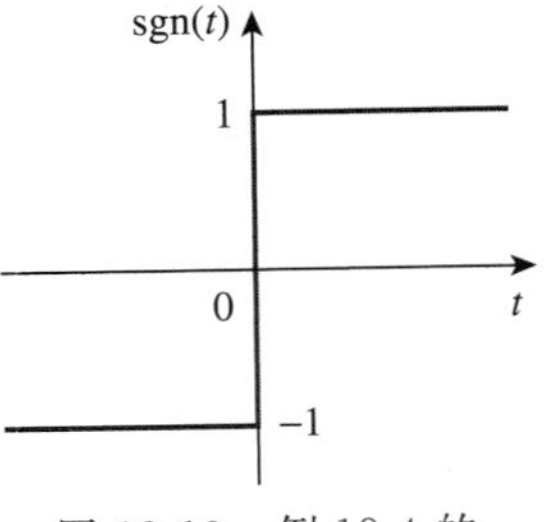

图 18-13　例 18-4 的符号函数

解：(a) 我们可以用三种方法确定符号函数的傅里叶变换。

方法 1　符号函数可以利用单位阶跃函数表示为

$$\mathrm{sgn}(t)=f(t)=u(t)-u(-t)$$

由式(18.36)可知

$$U(\omega)=\mathcal{F}[u(t)]=\pi\delta(\omega)+\frac{1}{j\omega}$$

运用上式及其翻转性质，得到

$$\mathcal{F}[\mathrm{sgn}(t)]=U(\omega)-U(-\omega)=\left(\pi\delta(\omega)+\frac{1}{j\omega}\right)-\left(\pi\delta(-\omega)+\frac{1}{-j\omega}\right)=\frac{2}{j\omega}$$

方法 2　由于 $\delta(\omega)=\delta(-\omega)$，所以利用单位阶跃函数来表示符号函数的另一种方法为

$$f(t)=\mathrm{sgn}(t)=-1+2u(t)$$

对上式各项取傅里叶变换得

$$F(\omega)=-2\pi\delta(\omega)+2\left(\pi\delta(\omega)+\frac{1}{j\omega}\right)=\frac{2}{j\omega}$$

方法 3　对图 18-13 所示符号函数取导数，可以得到

$$f'(t)=2\delta(t)$$

两边取傅里叶变换，得

$$j\omega F(\omega)=2\quad\Rightarrow\quad F(\omega)=\frac{2}{j\omega}$$

(b) 双边指数函数可以表示为

$$f(t)=\mathrm{e}^{-a|t|}=\mathrm{e}^{-at}u(t)+\mathrm{e}^{at}u(-t)=y(t)+y(-t)$$

其中 $y(t)=\mathrm{e}^{-a|t|}u(t)$，所以 $Y(\omega)=1/(a+\mathrm{j}\omega)$，运用翻转性质可得

$$\mathcal{F}[\mathrm{e}^{-a|t|}]=Y(\omega)+Y(-\omega)=\left(\frac{1}{a+\mathrm{j}\omega}+\frac{1}{a-\mathrm{j}\omega}\right)=\frac{2a}{a^2+\omega^2}$$

(c) 由例 18-2 可知

$$\mathcal{F}\left[u\left(t+\frac{\tau}{2}\right)-u\left(t-\frac{\tau}{2}\right)\right]=\tau\frac{\sin(\omega\tau/2)}{\omega\tau/2}=\tau\mathrm{sinc}\frac{\omega\tau}{2}$$

设 $\tau/2=1$，代入上式得到

$$\mathcal{F}[u(t+1)-u(t-1)]=2\frac{\sin\omega}{\omega}$$

运用对偶原理得

$$\mathcal{F}\left[2\frac{\sin t}{t}\right]=2\pi[U(\omega+1)-U(\omega-1)]$$

即

$$\mathcal{F}\left[\frac{\sin t}{t}\right]=\pi[U(\omega+1)-U(\omega-1)]$$

◀

练习 18-4　求如下函数的傅里叶变换：(a) 门函数 $g(t)=u(t)-u(t-1)$；(b) $f(t)=t\mathrm{e}^{-2t}u(t)$；(c) 锯齿脉冲 $50t[u(t)-u(t-2)]$。

答案：(a) $(1-\mathrm{e}^{-\mathrm{j}\omega})\left[\pi\delta(\omega)+\dfrac{1}{\mathrm{j}\omega}\right]$；(b) $\dfrac{1}{(2+\mathrm{j}\omega)^2}$；(c) $\dfrac{50(\mathrm{e}^{-\mathrm{j}2\omega}-1)}{\omega^2}+\dfrac{100\mathrm{j}}{\omega}\mathrm{e}^{-\mathrm{j}2\omega}$。

例 18-5 求图 18-14 所示函数的傅里叶变换。

解：直接利用式(18.8)可以求出该函数的傅里叶变换，但是利用微分性质求解更为容易。图 18-14 所示函数可以表示为

$$f(t)=\begin{cases}1+t, & -1<t<0\\ 1-t, & 0<t<1\end{cases}$$

图 18-14　例 18-5 图

其一阶导数如图 18-15a 所示，可以表示为

$$f'(t)=\begin{cases}1, & -1<t<0\\ -1, & 0<t<1\end{cases}$$

其二阶导数如图 18-15b 所示，可以表示为

$$f''(t)=\delta(t+1)-2\delta(t)+\delta(t-1)$$

两边取傅里叶变换得

$$(\mathrm{j}\omega)^2F(\omega)=\mathrm{e}^{\mathrm{j}\omega}-2+\mathrm{e}^{-\mathrm{j}\omega}=-2+2\cos\omega$$

即

$$F(\omega)=\frac{2(1-\cos\omega)}{\omega^2}$$

◀

练习 18-5　求图 18-16 所示函数的傅里叶变换。

答案：$(20\cos3\omega-10\cos4\omega-10\cos2\omega)/\omega^2$。

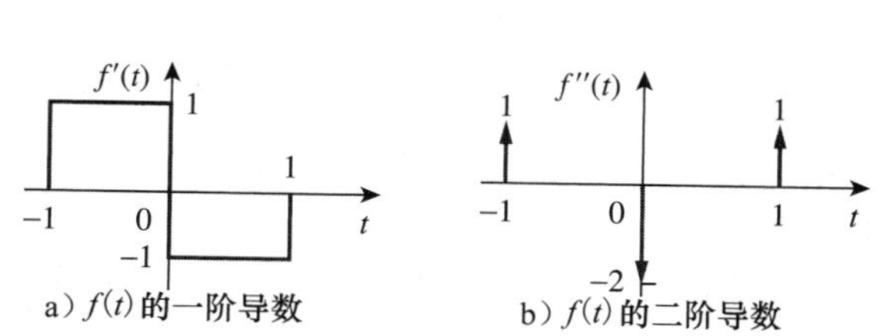

图 18-15　图 18-14 所示 $f(t)$的一阶导数和二阶导数

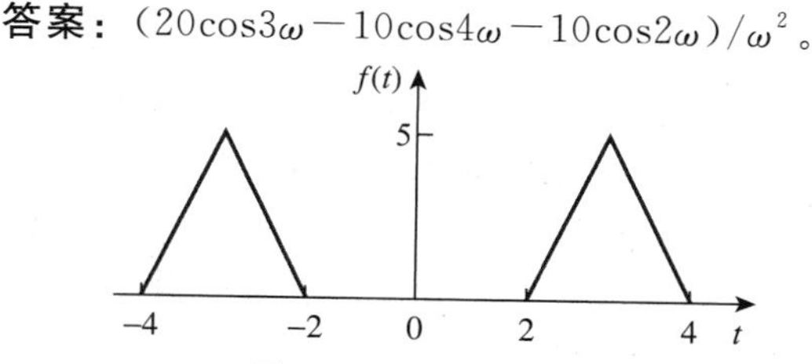

图 18-16　练习 18-5 图

例 18-6 求下列傅里叶变换的逆变换。

(a) $F(\omega)=\dfrac{10\mathrm{j}\omega+4}{(\mathrm{j}\omega)^2+6\mathrm{j}\omega+8}$ (b) $G(\omega)=\dfrac{\omega^2+21}{\omega^2+9}$

解：(a) 为了避免复数运算，暂时用 s 替换 $\mathrm{j}\omega$。利用部分分式展开得到

$$F(s)=\frac{10s+4}{s^2+6s+8}=\frac{10s+4}{(s+4)(s+2)}=\frac{A}{s+4}+\frac{B}{s+2}$$

式中，

$$A=(s+4)F(s)\big|_{s=-4}=\frac{10s+4}{(s+2)}\bigg|_{s=-4}=\frac{-36}{-2}=18$$

$$B=(s+2)F(s)\big|_{s=-2}=\frac{10s+4}{(s+4)}\bigg|_{s=-2}=\frac{-16}{2}=-8$$

将 $A=18$，$B=-8$ 代入 $F(s)$，将 s 替换为 $\mathrm{j}\omega$，可以得到

$$F(\mathrm{j}\omega)=\frac{18}{\mathrm{j}\omega+4}+\frac{-8}{\mathrm{j}\omega+2}$$

查表 18-2，可以确定其傅里叶逆变换为

$$f(t)=(18\mathrm{e}^{-4t}-8\mathrm{e}^{-2t})u(t)$$

(b) 化简 $G(\omega)$得

$$G(\omega)=\frac{\omega^2+21}{\omega^2+9}=1+\frac{12}{\omega^2+9}$$

查表 18-2，可以得到其傅里叶逆变换为

$$g(t)=\delta(t)+2\mathrm{e}^{-3|t|}$$ ◀

练习 18-6 求下列函数的傅里叶逆变换。

(a) $H(\omega)=\dfrac{6(3+\mathrm{j}2\omega)}{(1+\mathrm{j}\omega)(4+\mathrm{j}\omega)(2+\mathrm{j}\omega)}$ (b) $Y(\omega)=\pi\delta(\omega)+\dfrac{1}{\mathrm{j}\omega}+\dfrac{2(1+\mathrm{j}\omega)}{(1+\mathrm{j}\omega)^2+16}$

答案：(a) $h(t)=(2\mathrm{e}^{-t}+3\mathrm{e}^{-2t}-5\mathrm{e}^{-4t})u(t)$；(b) $y(t)=(1+2\mathrm{e}^{-t}\cos4t)u(t)$。

18.4 傅里叶变换在电路分析中的应用

傅里叶变换将相量分析技术扩展到非周期函数的一般情况。因此，运用傅里叶变换分析非正弦激励电路的方法与运用相量技术分析正弦激励电路的方法是完全相同的。因此，欧姆定律仍然有效。

$$V(\omega)=Z(\omega)I(\omega) \tag{18.52}$$

式中 $V(\omega)$和 $I(\omega)$分别是电压和电流的傅里叶变换，$Z(\omega)$是阻抗。电阻，电感及其电容的阻抗表达式与相量分析中的是一样的，即

$$\boxed{\begin{array}{lll} R & \Rightarrow & R \\ L & \Rightarrow & \mathrm{j}\omega L \\ C & \Rightarrow & \dfrac{1}{\mathrm{j}\omega C} \end{array}} \tag{18.53}$$

只要将电路元件函数变换到频域，并取激励的傅里叶变换，就可以使用分压原理、电源转换、网孔分析法、节点电压法以及戴维南定理等电路分析技术求解电路的未知响应(电流或电压)。最后，取傅里叶逆变换即可得到时域的响应函数。

尽管应用傅里叶变换法可以得到 $-\infty<t<\infty$ 时的响应，但是傅里叶分析并不能处理具有初始条件的电路。

传输函数定义为输出响应 $Y(\omega)$和输入激励 $X(\omega)$的比值，即

$$\boxed{H(\omega)=\frac{Y(\omega)}{X(\omega)}} \tag{18.54}$$

变化式子可得

$$Y(\omega)=H(\omega)X(\omega) \tag{18.55}$$

频域的输入-输出关系如图 18-17 所示。式(18.55)表明如果已知传输函数和输入，则可以很方便地求得电路的输出。式(18.54)所示关系正是电路分析中使用傅里叶变换的主要原因。注意到当 $s=\mathrm{j}\omega$ 时，$H(\omega)$ 与 $H(s)$ 相等。并且，如果输入是一个冲激函数[即 $x(t)=\delta(t)$]，那么 $X(\omega)=1$，因此，响应为

$$Y(\omega)=H(\omega)=\mathcal{F}[h(t)] \tag{18.56}$$

表明 $H(\omega)$ 是电路冲激响应 $h(t)$ 的傅里叶变换。

X(ω) → H(ω) → Y(ω)

图 18-17　频域电路的输入-输出关系

例 18-7　求图 18-18 所示电路对于 $v_i(t)=2\mathrm{e}^{-3t}u(t)$ 的输出 $v_o(t)$。

解： 输入电压的傅里叶变换为

$$V_i(\omega)=\frac{2}{3+\mathrm{j}\omega}$$

通过分压原理可得电路传输函数为

$$H(\omega)=\frac{V_o(\omega)}{V_i(\omega)}=\frac{1/\mathrm{j}\omega}{2+1/\mathrm{j}\omega}=\frac{1}{1+\mathrm{j}2\omega}$$

因此，

$$V_o(\omega)=V_i(\omega)H(\omega)=\frac{2}{(3+\mathrm{j}\omega)(1+\mathrm{j}2\omega)}$$

即

$$V_o(\omega)=\frac{1}{(3+\mathrm{j}\omega)(0.5+\mathrm{j}\omega)}$$

由部分分式展开可得

$$V_o(\omega)=\frac{-0.4}{3+\mathrm{j}\omega}+\frac{0.4}{0.5+\mathrm{j}\omega}$$

取傅里叶逆变换，可得

$$v_o(t)=0.4(\mathrm{e}^{-0.5t}-\mathrm{e}^{-3t})u(t)$$

◀

练习 18-7　如果 $v_i(t)=5\mathrm{sgn}(t)=[-5+10u(t)]\mathrm{V}$，求图 18-19 所示电路的 $v_o(t)$。

答案： $[-5+10(1-\mathrm{e}^{-4t})u(t)]\mathrm{V}$

例 18-8　利用傅里叶变换方法，求当 $i_s(t)=10\sin 2t\,\mathrm{A}$ 时，如图 18-20 所示电路的输出 $i_o(t)$。

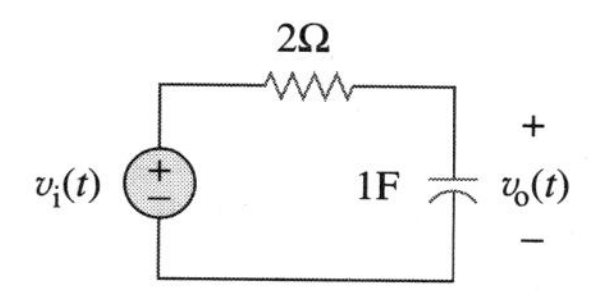

图 18-18　例 18-7 图

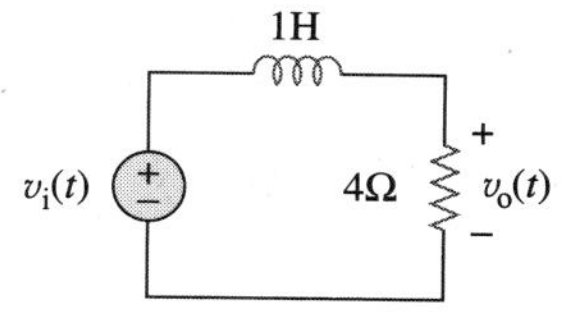

图 18-19　练习 18-7 图

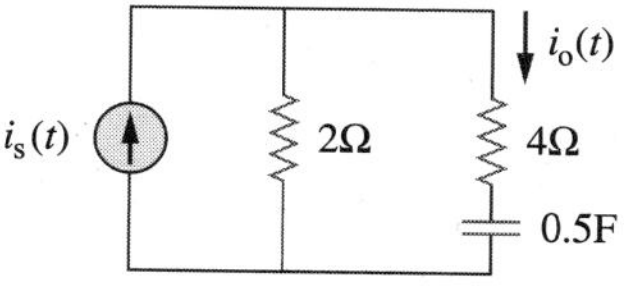

图 18-20　例 18-8 图

解： 由分流原理得

$$H(\omega)=\frac{I_o(\omega)}{I_s(\omega)}=\frac{2}{2+4+2/\mathrm{j}\omega}=\frac{\mathrm{j}\omega}{1+\mathrm{j}\omega 3}$$

如果 $i_s(t)=10\sin 2t\,\mathrm{A}$，则有

$$I_s(\omega)=j\pi 10[\delta(\omega+2)-\delta(\omega-2)]$$

因此

$$I_o(\omega)=H(\omega)I_s(\omega)=\frac{10\pi\omega[\delta(\omega-2)-\delta(\omega+2)]}{1+j\omega 3}$$

$I_o(\omega)$的傅里叶逆变换不能由表 18-2 得到。必须利用式(18.9)给出的傅里叶逆变换公式，可得

$$i_o(t)=\mathcal{F}^{-1}[I_o(\omega)]=\frac{1}{2\pi}\int_{-\infty}^{\infty}\frac{10\pi\omega[\delta(\omega-2)-\delta(\omega+2)]}{1+j\omega 3}e^{j\omega t}d\omega$$

运用冲激函数的筛选性质，得

$$\delta(\omega-\omega_0)f(\omega)=f(\omega_0)$$

即

$$\int_{-\infty}^{\infty}\delta(\omega-\omega_0)f(\omega)d\omega=f(\omega_0)$$

$$i_o(t)=\frac{10\pi}{2\pi}\left[\frac{2}{1+j6}e^{j2t}-\frac{-2}{1-j6}e^{-j2t}\right]=10\left[\frac{e^{j2t}}{6.082e^{j80.54^\circ}}+\frac{e^{-j2t}}{6.082e^{-j80.54^\circ}}\right]$$ ◀

$$=1.644[e^{j(2t-80.54^\circ)}+e^{-j(2t-80.54^\circ)}]=3.288\cos(2t-80.54^\circ)(A)$$

练习 18-8　已知 $i_s(t)=20\cos 4t$ A，求图 18-21 所示电路中的电流 $i_o(t)$。

答案： $11.18\cos(4t+26.57^\circ)$ A。

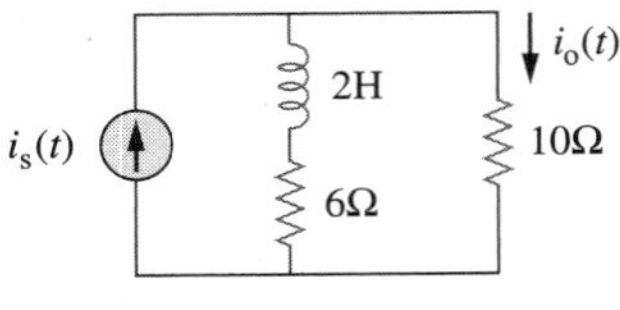

图 18-21　练习 18-8 图

18.5　帕塞瓦尔定理

帕塞瓦尔定理是傅里叶变换的一个应用实例，它将信号携带的能量与其傅里叶变换联系在了一起。如果 $p(t)$是信号的功率，则信号携带的能量为：

$$W=\int_{-\infty}^{\infty}p(t)dt \tag{18.57}$$

为了比较电压信号和电流信号的能量，利用 1Ω 的电阻作为能量计算的基准会更方便。对于 1Ω 的电阻，$p(t)=v^2(t)=i^2(t)=f^2(t)$，其中 $f(t)$可以代表电压或电流。因此，传递给 1Ω 的电阻的能量为

$$W_{1\Omega}=\int_{-\infty}^{\infty}f^2(t)dt \tag{18.58}$$

帕塞瓦尔定理表明，在频域也可以计算出相同的能量：

$$W_{1\Omega}=\int_{-\infty}^{\infty}f^2(t)dt=\frac{1}{2\pi}\int_{-\infty}^{\infty}|F(\omega)|^2d\omega \tag{18.59}$$

帕塞瓦尔定理表明，信号 $f(t)$传递给 1Ω 的电阻总能量等于 $f(t)$平方曲线所覆盖的总面积，也等于 $f(t)$的傅里叶变换的振幅平方曲线所覆盖的总面积的$\frac{1}{2\pi}$倍。

提示： 实际上，有时也将$|F(\omega)|^2$称为信号 $f(t)$的能量谱密度。

帕塞瓦尔定理建立了信号的能量及其傅里叶变换之间的联系，从而提供了 $F(\omega)$的物理意义，即$|F(\omega)|^2$是对应于信号 $f(t)$的能量密度的一个度量(单位为焦耳每赫兹)。

推导式(18.59)时，需利用式(18.58)，并将式(18.9)代入其中一个 $f(t)$，得到

$$W_{1\Omega}=\int_{-\infty}^{\infty}f^2(t)dt=\int_{-\infty}^{\infty}f(t)\left[\frac{1}{2\pi}\int_{-\infty}^{\infty}F(\omega)e^{j\omega t}d\omega\right]dt \tag{18.60}$$

因为上述积分结果中不涉及时间变量，所以可将上式中的 $f(t)$函数移到方括号内的积分中，从而得到

$$W_{1\Omega}=\frac{1}{2\pi}\int_{-\infty}^{\infty}\int_{-\infty}^{\infty}f(t)F(\omega)e^{j\omega t}d\omega dt \tag{18.61}$$

交换积分次序得

$$W_{1\Omega}=\frac{1}{2\pi}\int_{-\infty}^{\infty}F(\omega)\left[\int_{-\infty}^{\infty}f(t)\mathrm{e}^{-\mathrm{j}(-\omega)t}\mathrm{d}t\right]\mathrm{d}\omega$$
$$=\frac{1}{2\pi}\int_{-\infty}^{\infty}F(\omega)F(-\omega)\mathrm{d}\omega=\frac{1}{2\pi}\int_{-\infty}^{\infty}F(\omega)F^{*}(\omega)\mathrm{d}\omega \tag{18.62}$$

如果 $z=x+\mathrm{j}y$，则有 $zz*=(x+\mathrm{j}y)(x-\mathrm{j}y)=x^2+y^2=|z|^2$。因此

$$\boxed{W_{1\Omega}=\int_{-\infty}^{\infty}f^2(t)\mathrm{d}t=\frac{1}{2\pi}\int_{-\infty}^{\infty}|F(\omega)|^2\mathrm{d}\omega} \tag{18.63}$$

式(18.63)表明：信号携带的能量可通过 $f(t)$ 的平方在时域积分或者 $F(\omega)$ 的平方在频域积分再乘以 $\frac{1}{2\pi}$ 求得。

因为 $|F(\omega)|^2$ 是偶函数，因此只需要从 0 到∞积分，再将结果翻倍即可。

$$W_{1\Omega}=\int_{-\infty}^{\infty}f^2(t)\mathrm{d}t=\frac{1}{\pi}\int_{0}^{\infty}|F(\omega)|^2\mathrm{d}\omega \tag{18.64}$$

另外，还可在任何频带 $\omega_1<\omega<\omega_2$ 计算信号能量，即

$$W_{1\Omega}=\frac{1}{\pi}\int_{\omega_1}^{\omega_2}|F(\omega)|^2\mathrm{d}\omega \tag{18.65}$$

注意，本节介绍的帕塞瓦尔定理适用于非周期函数。周期函数的帕塞瓦尔定理已在 17.5 节和 17.6 节介绍过。式(18.63)所示帕塞瓦尔定理表明，非周期函数的能量分布在整个频谱范围内，然而周期函数的能量则主要集中在各个谐波分量的频率处。

例 18-9 10Ω 电阻两端的电压是 $v(t)=5\mathrm{e}^{-3t}u(t)$ V。求电阻上消耗的总能量。

解：1. 明确问题。问题的定义已经阐述得非常清楚。

2. 列出已知条件。已知电阻两端在所有时刻的电压，要求该电阻消耗的能量可以看出，电压在零时刻之前均为零。因此，仅需考虑零时刻以后的情况。

3. 确定备选方案。求解方法主要有两种。第一种是在时域求解。此处采用第二种方法——傅里叶分析法求解。

4. 尝试求解。在时域中，

$$w_{10\Omega}=0.1\int_{-\infty}^{\infty}f^2(t)\mathrm{d}t=0.1\int_{0}^{\infty}25\mathrm{e}^{-6t}\mathrm{d}t=2.5\frac{\mathrm{e}^{-6t}}{-6}\bigg|_0^{\infty}=\frac{2.5}{6}=416.7\ (\mathrm{mJ})$$

5. 评价结果。在频域中，

$$F(\omega)=V(\omega)=\frac{5}{3+\mathrm{j}\omega}$$

所以，

$$|F(\omega)|^2=F(\omega)F^{*}(\omega)=\frac{25}{9+\omega^2}$$

因此，消耗的能量为

$$W_{10\Omega}=\frac{0.1}{2\pi}\int_{-\infty}^{\infty}|F(\omega)|^2\mathrm{d}\omega=\frac{0.1}{\pi}\int_{0}^{\infty}\frac{25}{9+\omega^2}\mathrm{d}\omega=\frac{2.5}{\pi}\left(\frac{1}{3}\arctan\frac{\omega}{3}\right)\bigg|_0^{\infty}$$
$$=\frac{2.5}{\pi}\times\frac{1}{3}\times\frac{\pi}{2}=416.7(\mathrm{mJ})$$

6. 是否满意？对上述问题的求解是满意的，可将所得到的解作为本题的答案。◀

练习 18-9　(a) 在时域中计算 1Ω 电阻从电流 $i(t)=10\mathrm{e}^{-2|t|}$ 中吸收的总能量。(b) 在频域中重做问题(a)。

答案：(a) 50J，(b) 50J。

例 18-10 如果电阻两端电压为 $v(t)=\mathrm{e}^{-2t}u(t)$，计算 1Ω 电阻在频带 $-10\mathrm{rad/s}<\omega<10\mathrm{rad/s}$ 内消耗的能量占总能量的百分比。

解： 已知 $f(t)=v(t)=\mathrm{e}^{-2t}u(t)$，则

$$F(\omega)=\frac{1}{2+\mathrm{j}\omega}\quad\Rightarrow\quad|F(\omega)|^2=\frac{1}{4+\omega^2}$$

该电阻消耗的总能量为

$$W_{1\Omega}=\frac{1}{\pi}\int_0^{\infty}|F(\omega)|^2\mathrm{d}\omega=\frac{1}{\pi}\int_0^{\infty}\frac{\mathrm{d}\omega}{4+\omega^2}=\frac{1}{\pi}\left(\frac{1}{2}\arctan\frac{\omega}{2}\bigg|_0^{\infty}\right)=\frac{1}{\pi}\times\frac{1}{2}\times\frac{\pi}{2}=0.25(\mathrm{J})$$

在频率范围 $-10\mathrm{rad/s}<\omega<10\mathrm{rad/s}$ 内的能量为

$$W=\frac{1}{\pi}\int_0^{10}|F(\omega)|^2\mathrm{d}\omega=\frac{1}{\pi}\int_0^{10}\frac{\mathrm{d}\omega}{4+\omega^2}=\frac{1}{\pi}\left(\frac{1}{2}\arctan\frac{\omega}{2}\bigg|_0^{10}\right)$$

$$=\frac{1}{2\pi}\arctan5=\frac{1}{2\pi}\times\frac{78.69^\circ}{180^\circ}\pi=0.218(\mathrm{J})$$

占总能量的百分比为

$$\frac{W}{W_{1\Omega}}=\frac{0.218}{0.25}=87.4\%$$

◀

练习 18-10 通过 2Ω 电阻的电流为 $i(t)=2\mathrm{e}^{-t}u(t)\mathrm{A}$。求在频带 $-4\mathrm{rad/s}<\omega<4\mathrm{rad/s}$ 内的能量占总能量的百分比。

答案： 84.4%。

18.6 傅里叶变换和拉普拉斯变换的比较

利用一定的篇幅来比较拉普拉斯变换和傅里叶变换是很有价值的。二者具有如下相似之处和不同之处：

1. 第 15 章中定义的拉普拉斯变换是单边变换，因为其积分区间是 $0<t<\infty$。单边拉普拉斯变换仅适用于正时间函数，即 $f(t)$，$t>0$。而傅里叶变换适用于定义在整个时间范围内的函数。

2. 对于正时间非零的函数 $f(t)$[例如 $f(t)=0$，$t<0$]，且 $\int_0^{\infty}|f(t)|\mathrm{d}t<\infty$，则两个变化之间的关系为

$$F(\omega)=F(s)\big|_{s=\mathrm{j}\omega}\tag{18.66}$$

式(18.66)同时表明：傅里叶变换可以视为拉普拉斯变换在 $s=\mathrm{j}\omega$ 的特例。由于 $s=\sigma+\mathrm{j}\omega$，因此，式(18.66)说明拉普拉斯变换与整个 s 平面有关，而傅里叶变换局限于 $\mathrm{j}\omega$ 轴上，参见图 15-1。

提示： 换言之，如果 $F(s)$ 所有的极点落在 s 平面的左半平面，那么只要将拉普拉斯变换 $F(s)$ 中的 s 用 $\mathrm{j}\omega$ 代替，就可得到相应的傅里叶变换 $F(\omega)$。注意：对于 $u(t)$ 或 $\cos at\,u(t)$ 这样的函数，上述结论不成立。

3. 拉普拉斯变换比傅里叶变换适用函数范围更广。例如，函数 $tu(t)$ 存在拉普拉斯变换而不存在傅里叶变换。但是，某些物理不可实现的信号或拉普拉斯不存在的信号，却存在傅里叶变换。

4. 拉普拉斯变换更适用于包含初始条件的暂态问题的分析，因为拉普拉斯变换允许包含初始条件，然而傅里叶变换则不可以。傅里叶变换特别适用于求解稳态电路问题。

5. 与拉普拉斯变换相比，傅里叶变换有助于更全面地了解信号的频率特性。

通过比较表 15-1、表 15-2 与表 18-1、表 18-2，就可以观察到两个变换的某些相似之处与不同之处。

†18.7　应用实例

傅里叶变换除了用于电路分析以外，还广泛应用于光学、光谱学、声学、计算机科学及电子工程等各种不同的应用领域。在电子工程领域，傅里叶变换被广泛应用于通信系统和信号处理中，此时频率响应和频谱是很重要的。本章介绍两个简单应用：调幅(AM)和采样。

18.7.1　调幅

电磁辐射或通过大气空间的信息传输已经变成现代技术社会不可或缺的一部分。但是，空间传输仅仅在高频(大概20kHz以上)才是有效的、经济的。传输50Hz到20kHz低频段的智能信号，诸如话音、音乐等，是非常昂贵的，需要大量的功率设备和大型天线。发送低频音频信息的一种常用方法是发射一个称为载波的高频信号，该载波以某种方式受到相应的音频信号的控制。可以通过控制载波的三个特征值(幅度、频率或相位)来承载智能信号，称为调制信号。本节仅讨论载波幅度的控制，这称为调幅。

调幅(AM)是指载波的幅度受到调制信号控制的过程。

调幅通常用于商业广播频段及商业电视的视频部分。

假设待发射的音频信息，例如话音或音乐(或一般的调制信号)，可以表示为 $m(t)=V_m\cos\omega_m t$，而高频载波可以表示为 $c(t)=V_c\cos\omega_c t$，其中 $\omega_c \gg \omega_m$。那么调幅信号 $f(t)$ 可以表示为

$$f(t)=V_c[1+m(t)]\cos\omega_c t \tag{18.67}$$

图18-22举例说明了调制信号 $m(t)$，载波 $c(t)$ 和幅度调制信号 $f(t)$ 的波形。利用式(18.27)的结果以及余弦函数的傅里叶变换(参见例18-1或表18-1)，可以确定调幅信号的频谱。

$$\begin{aligned}F(\omega)&=\mathcal{F}[V_c\cos\omega_c t]+\mathcal{F}[V_c m(t)\cos\omega_c t]\\&=V_c\pi[\delta(\omega-\omega_c)+\delta(\omega+\omega_c)]+\frac{V_c}{2}[M(\omega-\omega_c)+M(\omega+\omega_c)]\end{aligned} \tag{18.68}$$

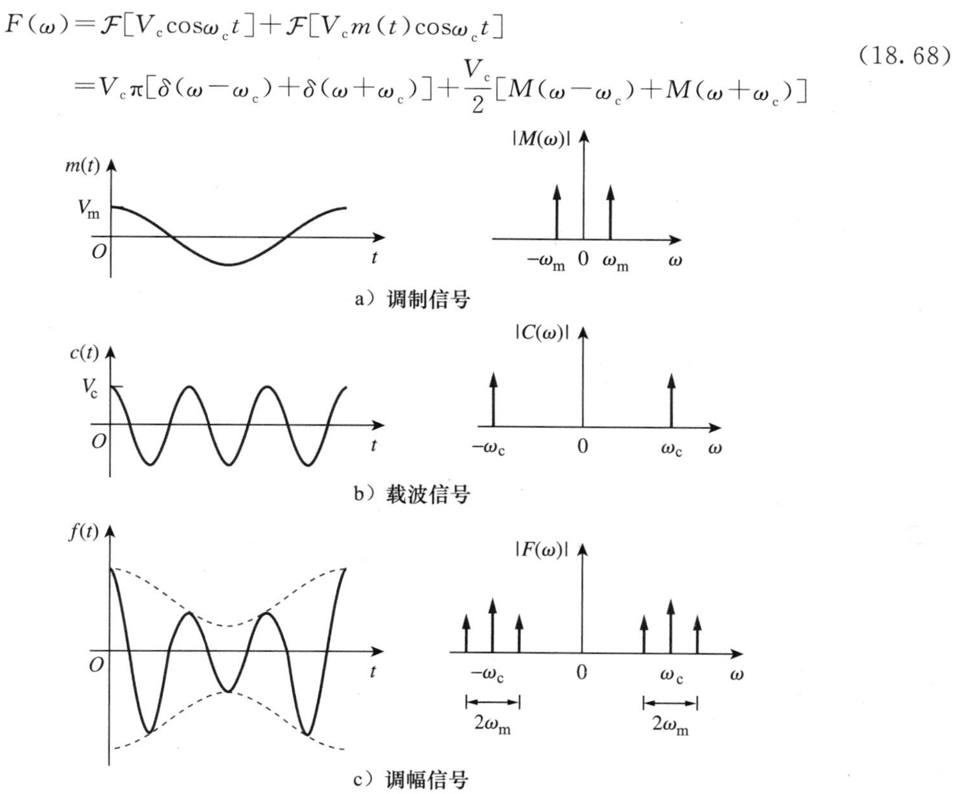

图18-22　调幅的例子

式中，$M(\omega)$是调制信号$m(t)$的傅里叶变换。如图18-23所示是调幅信号的频谱。由图18-23可见，调幅信号包含载波和两个其他的正弦波。频率为$(\omega_c-\omega_m)$的正弦波称为下边带，频率为$(\omega_c+\omega_m)$的正弦波称为上边带。

为了便于分析，上述推导中假设调制信号为正弦波。实际上，$m(t)$是非正弦带限信号，其频谱位于0到$\omega_u=2\pi f_u$之间(也就是说，信号有频率上限)。对于调幅无线电信号而言，$f_u=5$kHz。如果调制信号的频谱如图18-24a所示，那么调幅信号的频谱如图18-24b所示。因此，为了避免出现任何干扰，调幅无线电台的载波间隔应大于10kHz。

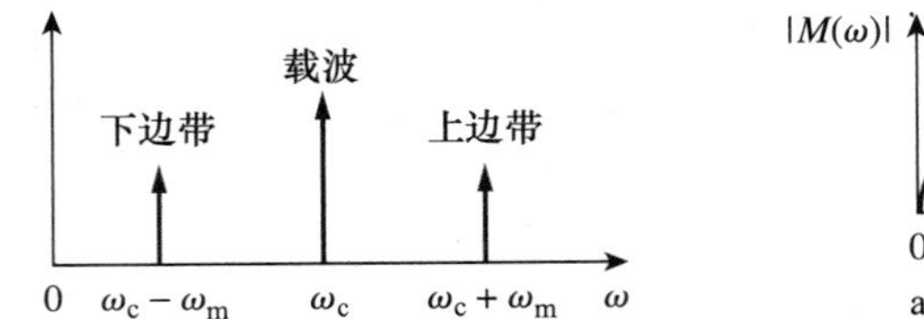

图18-23　调幅信号的频谱

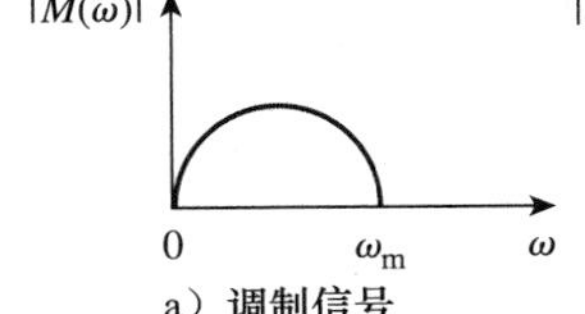

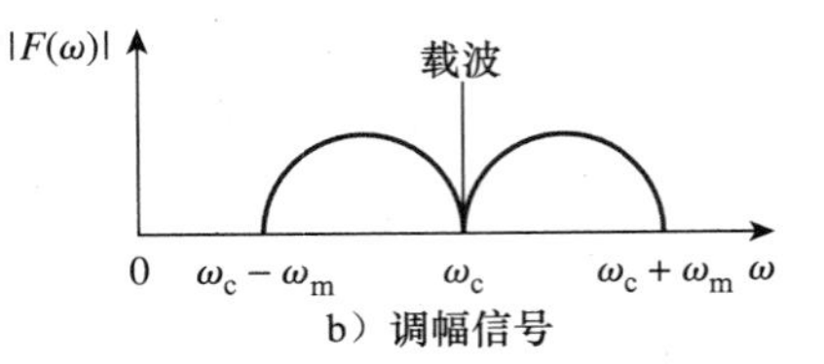

图18-24　频谱

在传输系统的接收端，通过解调的过程将音频信息从调制载波中恢复出来。

例18-11 某音乐信号包含15到30Hz的频率分量。如果利用该信号对一个1.2MHz的载波进行幅度调制，求其下边带和上边带的频率范围。

解：下边带是载波频率和调制频率之差，包含的频率范围从

$$1\,200\,000-30\,000=1\,170\,000(\text{Hz})$$

到

$$1\,200\,000-15=1\,199\,985(\text{Hz})$$

上边带是载波频率和调制频率之和，其所包含的频率范围从

$$1\,200\,000+15=1\,200\,015(\text{Hz})$$

到

$$1\,200\,000+30\,000=1\,230\,000(\text{Hz})$$ ◀

练习18-11　如果某2MHz的载波被一个4KHz的智能信号调制，求所得到调幅信号三种分量的频率。　**答案：**2 004 000Hz，2 000 000Hz，1 996 000Hz。

18.7.2　采样

在模拟系统中，信号是进行整体处理的。但是，在现代数字系统中，仅需对信号样本进行处理。这正是17.8.1节介绍的采样定理的结果。利用脉冲序列或冲激序列即可实现采样，本节采用冲激采样。

考虑图18-25a所示的连续信号$g(t)$，该信号可以乘以如图18-25b所示的冲激序列$\delta(t-nT_s)$，其中T_s是采样间隔，$f_s=1/T$是采样频率或采样速率。因此采样后的信号$g_s(t)$为

$$g_s(t)=g(t)\sum_{n=-\infty}^{\infty}\delta(t-nT_s)|=\sum_{n=-\infty}^{\infty}g(nT_s)\delta(t-nT_s)\tag{18.69}$$

其傅里叶变换为

$$G_s(\omega)=\sum_{n=-\infty}^{\infty}g(nT_s)\mathcal{F}[\delta(t-nT_s)]=\sum_{n=-\infty}^{\infty}g(nT_s)e^{-jn\omega T_s}\tag{18.70}$$

可以证明

$$\sum_{n=-\infty}^{\infty}g(nT_s)e^{-jn\omega T_s}=\frac{1}{T_s}\sum_{n=-\infty}^{\infty}G(\omega+n\omega_s)\tag{18.71}$$

其中，$\omega_s=2\pi/T_s$。因此，式(18.70)变为

$$G_s(\omega)=\frac{1}{T_s}\sum_{n=-\infty}^{\infty}G(\omega+n\omega_s) \tag{18.72}$$

式(18.72)表明：采样信号的傅里叶变换 $G_s(\omega)$ 是速率为 $1/T_s$ 的原始信号傅里叶变换的各平移项之和。

为了确保原始信号的最佳恢复，应考虑采样间隔问题，这可以用采样定理的等效原理解释。

某频率分量不高于 WHz 的带限信号，可以从采样频率至少为 $2W$Hz 进行采样得到的样本中完全恢复。

即对于一个带宽为 WHz 的信号，如果采样频率不低于调制信号最高频率的两倍，则没有信息的丢失或交叠，表达式为

$$\frac{1}{T_s}=f_s\geqslant 2W \tag{18.73}$$

采样频率 $f_s=2W$ 称为奈奎斯特频率或速率，而 $1/f_s$ 则称为奈奎斯特间隔。

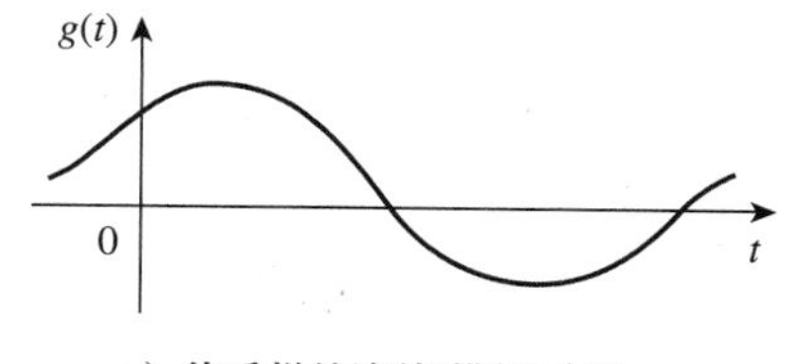

a）待采样的连续(模拟)信号

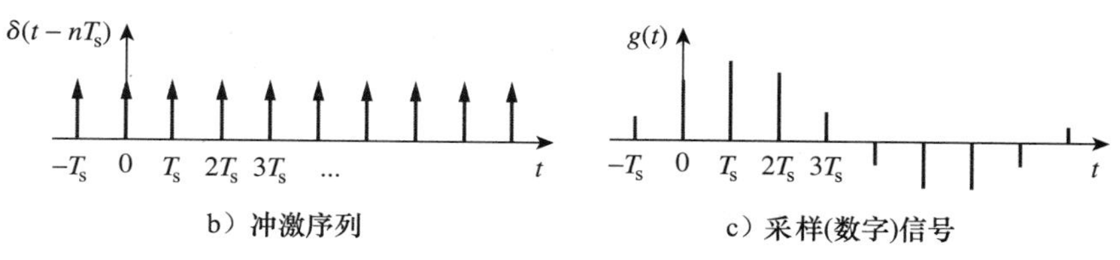

b）冲激序列　　c）采样(数字)信号

图 18-25　连续信号

例 18-12 某截断频率为 5kHz 的电话信号，以高于最小允许速率 60％的速率被采样，求采样速率。

解：最小采样速率为奈奎斯特频率$=2W=2\times5=10$(kHz)。

因此，

$$f_s=1.60\times 2W=16(\text{kHz})$$

◀

练习 18-12 某带宽为 12.5kHz 的音频信号被数字化为 8bit 的样本。为了保证能够完全恢复，可以使用的最大采样间隔是多少？

答案：40μs。

18.8 本章小结

1. 傅里叶变换将非周期函数 $f(t)$ 转换为变换 $F(\omega)$：

$$F(\omega)=\mathcal{F}[f(t)]=\int_{-\infty}^{\infty}f(t)\mathrm{e}^{-\mathrm{j}\omega t}\mathrm{d}t$$

2. $F(\omega)$ 的傅里叶逆变换为

$$f(t)=\mathcal{F}^{-1}[F(\omega)]=\frac{1}{2\pi}\int_{-\infty}^{\infty}F(\omega)\mathrm{e}^{\mathrm{j}\omega t}\mathrm{d}\omega$$

3. 傅里叶变换重要的性质和常用傅里叶变换对分别总结于表 18-1 和表 18-2 中。
4. 利用傅里叶变换方法分析电路的步骤包括：求出激励源的傅里叶变换，将电路元件变换至频域，求解未知响应，利用傅里叶逆变换将响应变换至时域。

5. 如果 $H(\omega)$是网络的传输函数，那么 $H(\omega)$是网络冲激响应的傅里叶变换，即：

$$H(\omega)=\mathcal{F}[h(t)]$$

网络的输出 $V_o(\omega)$可以由其输入 $V_i(\omega)$通过如下关系确定：

$$V_o(\omega)=H(\omega)V_i(\omega)$$

6. 帕塞瓦尔定理给出了函数 $f(t)$和其傅里叶变换 $F(\omega)$之间的能量关系。1Ω 消耗的能量为

$$W_{1\Omega}=\int_{-\infty}^{\infty} f^2(t)\mathrm{d}t=\frac{1}{2\pi}\int_{-\infty}^{\infty}|F(\omega)|^2\mathrm{d}\omega$$

该定理在时域或频域中计算信号携带的能量是非常有用的。

7. 傅里叶变换的典型应用包括调幅(AM)和采样。对于调幅而言，根据傅里叶变换的调制性质可以推导出确定调幅波边带的一种方法。对于采样应用而言，如果采样的频率不低于奈奎斯特频率时，则采样(数字传输所需的)不会导致任何信息的丢失。

复习题

1 下列函数中哪个不存在傅里叶变换？
 (a) $e^t u(-t)$ (b) $te^{-3t}u(t)$
 (c) $1/t$ (d) $|t|u(t)$

2 e^{j2t} 的傅里叶变换为
 (a) $\frac{1}{2+j\omega}$ (b) $\frac{1}{-2+j\omega}$
 (c) $2\pi\delta(\omega-2)$ (d) $2\pi\delta(\omega+2)$

3 $\frac{e^{-j\omega}}{2+j\omega}$的傅里叶逆变换为
 (a) e^{-2t} (b) $e^{-2t}u(t-1)$
 (c) $e^{-2(t-1)}$ (d) $e^{-2(t-1)}u(t-1)$

4 $\delta(\omega)$的傅里叶逆变换为
 (a) $\delta(t)$ (b) $u(t)$
 (c) 1 (d) $\frac{1}{2\pi}$

5 $j\omega$ 的傅里叶逆变换为
 (a) $1/t$ (b) $\delta'(t)$
 (c) $u't$ (d) 未定义

6 积分 $\int_{-\infty}^{\infty}\frac{10\delta(\omega)}{4+\omega^2}\mathrm{d}\omega$ 的计算结果为
 (a) 0 (b) 2
 (c) 2.5 (d) ∞

7 积分 $\int_{-\infty}^{\infty}\frac{10\delta(\omega-1)}{4+\omega^2}\mathrm{d}\omega$ 的计算结果为
 (a) 0 (b) 2
 (c) 2.5 (d) ∞

8 通过无初始充电的 1F 电容的电流为 $\delta(t)$A，则该电容两端的电压为
 (a) $u(t)$ (b) $-1/2+u(t)$
 (c) $e^{-t}u(t)$ (d) $\delta(t)$

9 通过 1H 电感的电流为单位阶跃电流，则电感两端的电压为
 (a) $u(t)$ (b) $\mathrm{sgn}(t)$
 (c) $e^{-t}u(t)$ (d) $\delta(t)$

10 帕塞瓦尔定理仅适用于非周期函数。
 (a) 正确 (b) 错误

答案： (1) c；(2) c；(3) d；(4) d；(5) a；(6) c；(7) b；(8) a；(9) d；(10) b。

习题

18.2 节和 18.3 节

1 求图 18-26 所示函数的傅里叶变换。 **ML**

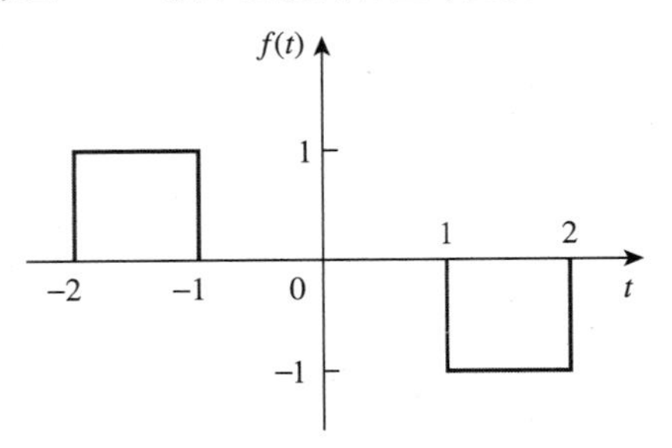

图 18-26 习题 1 图

2 利用图 18-27 设计一个问题，帮助其他同学更好地理解已知波形的傅里叶变换。 **ED**

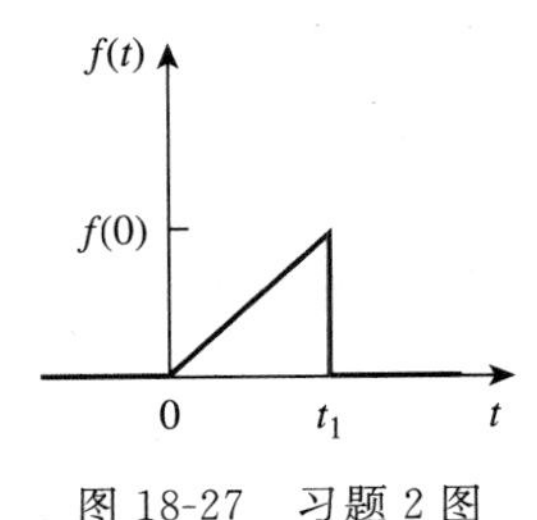

图 18-27 习题 2 图

3 求图 18-28 所示信号的傅里叶变换。 **ML**

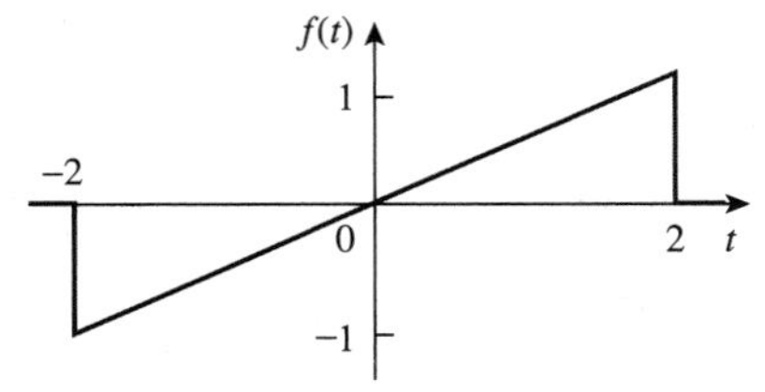

图 18-28　习题 3 图

4　求图 18-29 所示波形的傅里叶变换。　**ML**

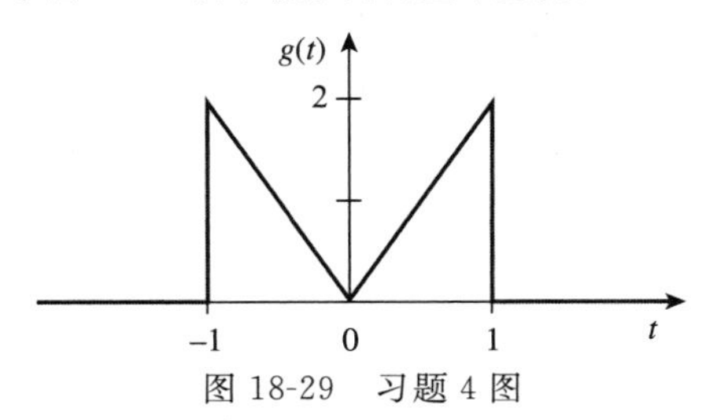

图 18-29　习题 4 图

5　求图 18-30 所示信号的傅里叶变换。　**ML**

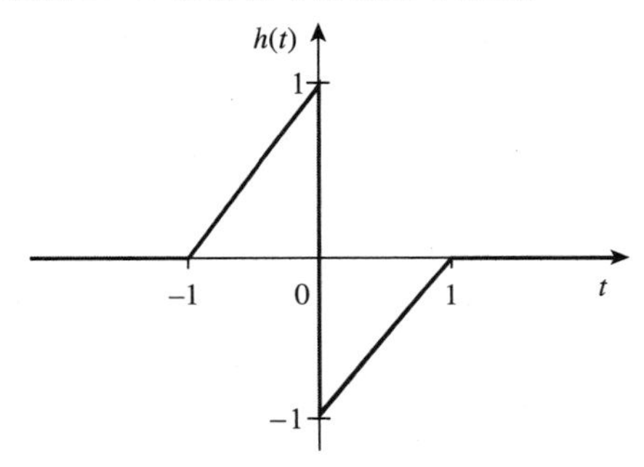

图 18-30　习题 5 图

6　求图 18-31 所示两个函数的傅里叶变换。　**ML**

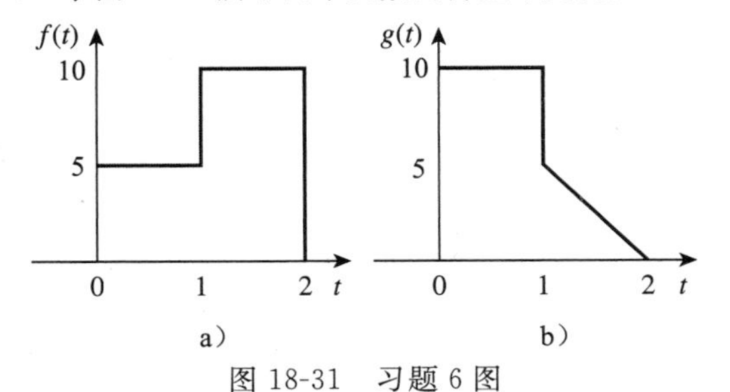

图 18-31　习题 6 图

7　求图 18-32 所示信号的傅里叶变换。　**ML**

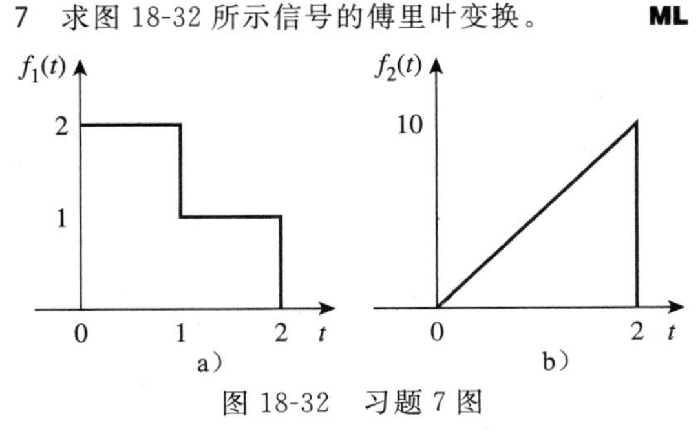

图 18-32　习题 7 图

8　求图 18-33 所示信号的傅里叶变换。　**ML**

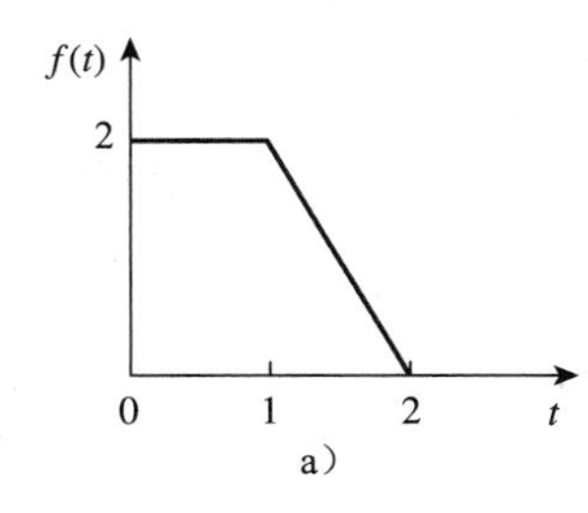

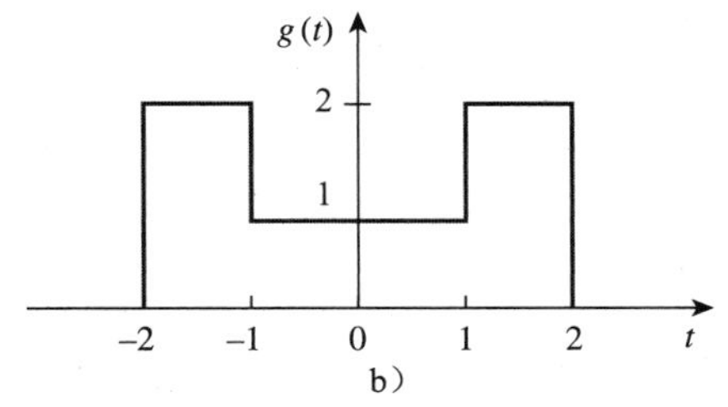

图 18-33　习题 8 图

9　求图 18-34 所示信号的傅里叶变换。　**ML**

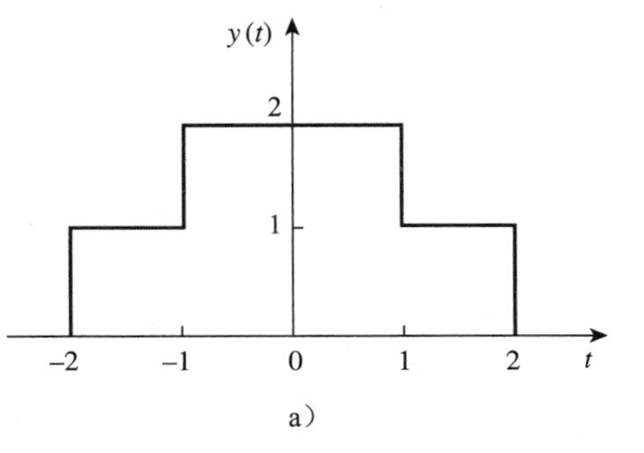

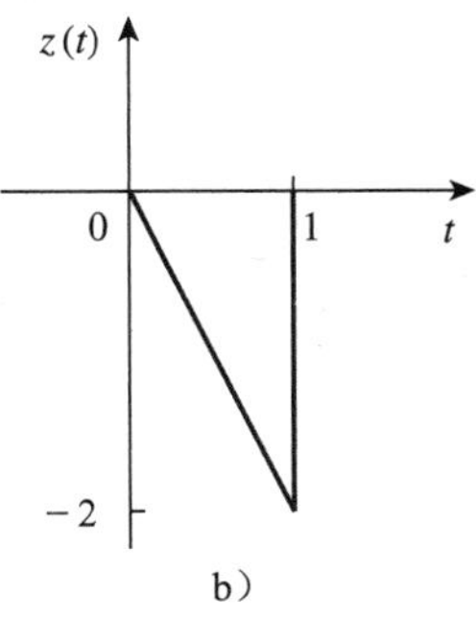

图 18-34　习题 9 图

10　求图 18-35 所示信号的傅里叶变换。　**ML**

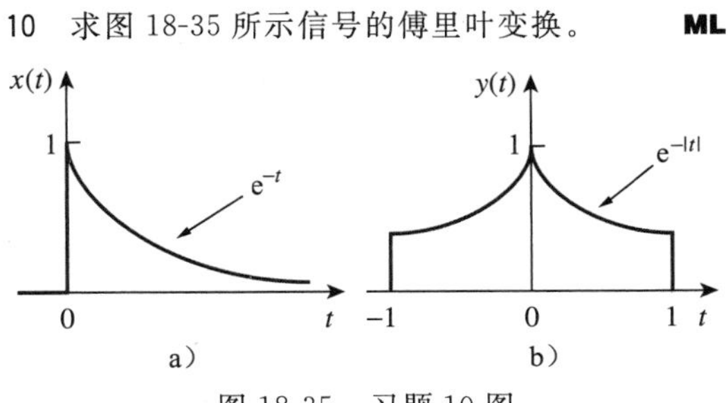

图 18-35　习题 10 图

11 求图 18-36 所示“正弦波脉冲”的傅里叶变换。 **ML**

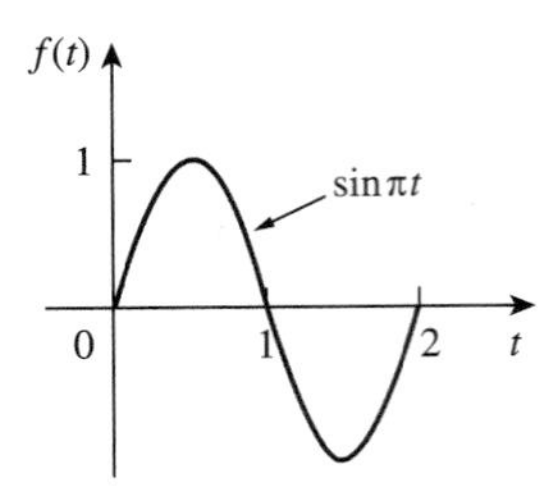

图 18-36 习题 11 图

12 试求下列函数的傅里叶变换。

(a) $f_1(t)=e^{-3t}\sin(10t)u(t)$

(b) $f_2(t)=e^{-4t}\cos(10t)u(t)$

13 试求下列信号的傅里叶变换。

(a) $f(t)=\cos(at-\pi/3)$，$-\infty<t<\infty$

(b) $g(t)=u(t+1)\sin\pi t$，$-\infty<t<\infty$

(c) $h(t)=(1+A\sin at)\cos bt$，$-\infty<t<\infty$，其中 A、a 和 b 为常数

(d) $i(t)=1-t$，$0<t<4$

14 设计一个问题以更好地理解确定各种时变函数的傅里叶变换的方法(至少三种)。 **ML**

15 试求下列函数的傅里叶变换。

(a) $f(t)=\delta(t+3)-\delta(t-3)$

(b) $f(t)=\int_{-\infty}^{\infty}2\delta(t-1)dt$

(c) $f(t)=\delta(3t)-\delta'(2t)$

* 16 试求下列函数的傅里叶变换。

(a) $f(t)=4/t^2$

(b) $g(t)=8/(4+t^2)$

17 试求下列函数的傅里叶变换。

(a) $\cos 2tu(t)$

(b) $\sin 10tu(t)$

18 已知 $F(\omega)=F[f(t)]$，利用傅里叶变换的定义证明如下结论。

(a) $F[f(t-t_0)]=e^{-j\omega t_0}F(\omega)$

(b) $F\left[\frac{df(t)}{dt}\right]=j\omega F(\omega)$

(c) $F[f(-t)]=F(-\omega)$

(d) $F[tf(t)]=j\frac{d}{d\omega}F(\omega)$

19 求函数 $f(t)=\cos 2\pi t[u(t)-u(t-1)]$ 的傅里叶变换

20 (a) 证明具有指数傅里叶级数的周期函数 **ML**

$$f(t)=\sum_{n=-\infty}^{\infty}c_n e^{jn\omega_0 t}$$

的傅里叶变换为 $F(\omega)=\sum_{n=-\infty}^{\infty}c_n\delta(\omega-n\omega_0)$

其中，$\omega_0=2\pi/T$。

(b) 求图 18-37 所示信号的傅里叶变换。

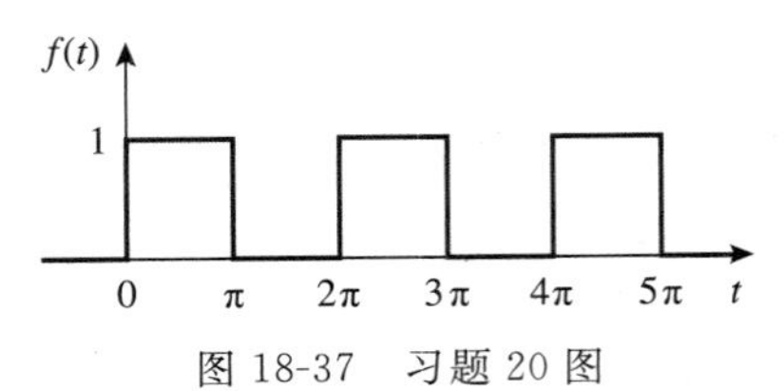

图 18-37 习题 20 图

21 证明 $\int_{-\infty}^{\infty}\left(\frac{\sin a\omega}{a\omega}\right)^2 d\omega=\frac{\pi}{a}$

提示：可使用如下公式。

$$F[u(t+a)-u(t-a)]=2a\left(\frac{\sin a\omega}{a\omega}\right)$$

22 如果 $F(\omega)$ 是 $f(t)$ 的傅里叶变换，证明

$$\mathcal{F}[f(t)\sin\omega_0 t]=\frac{j}{2}[F(\omega+\omega_0)-F(\omega-\omega_0)]$$

23 如果 $f(t)$ 的傅里叶变换为

$$F(\omega)=\frac{10}{(2+j\omega)(5+j\omega)}$$

求下列函数的傅里叶变换。

(a) $f(-3t)$ (b) $f(2t-1)$

(c) $f(t)\cos 2t$ (d) $\frac{d}{dt}f(t)$

(e) $\int_{-\infty}^{t}f(t)dt$

24 已知 $\mathcal{F}[f(t)]=(j/\omega)(e^{-j\omega}-1)$，求下列函数的傅里叶变换。

(a) $x(t)=f(t)+3$

(b) $y(t)=f(t-2)$

(c) $h(t)=f'(t)$

(d) $g(t)=4f\left(\frac{2}{3}t\right)+10f\left(\frac{5}{3}t\right)$

25 求下列信号的傅里叶逆变换。

(a) $G(\omega)=\frac{5}{j\omega-2}$

(b) $H(\omega)=\frac{12}{\omega^2+4}$

(c) $X(\omega)=\frac{10}{(j\omega-1)(j\omega-2)}$

26 求下列信号的傅里叶逆变换。

(a) $F(\omega)=\frac{e^{-j2\omega}}{1+j\omega}$

(b) $H(\omega)=\frac{1}{(j\omega+4)^2}$

(c) $G(\omega)=2u(\omega+1)-2u(\omega-1)$

27 求下列信号的傅里叶逆变换。

(a) $F(\omega)=\frac{100}{j\omega(j\omega+10)}$

(b) $G(\omega)=\frac{10j\omega}{(-j\omega+2)(j\omega+3)}$

(c) $H(\omega)=\dfrac{60}{-\omega_2+\mathrm{j}40\omega+1300}$

(d) $Y(\omega)=\dfrac{\delta(\omega)}{(\mathrm{j}\omega+1)(\mathrm{j}\omega+2)}$

28 试求下列信号的傅里叶逆变换。

(a) $\dfrac{\pi\delta(\omega)}{(5+\mathrm{j}\omega)(2+\mathrm{j}\omega)}$

(b) $\dfrac{10\delta(\omega+2)}{\mathrm{j}\omega(\mathrm{j}\omega+1)}$

(c) $\dfrac{20\delta(\omega-1)}{(2+\mathrm{j}\omega)(3+\mathrm{j}\omega)}$

(d) $\dfrac{5\pi\delta(\omega)}{5+\mathrm{j}\omega}+\dfrac{5}{\mathrm{j}\omega(5+\mathrm{j}\omega)}$

*29 试求下列信号的傅里叶逆变换。

(a) $F(\omega)=4\delta(\omega+3)+\delta(\omega)+4\delta(\omega-3)$

(b) $G(\omega)=4u(\omega+2)-4u(\omega-2)$

(c) $H(\omega)=6\cos2\omega$

30 对于输入为 $x(t)$ 输出为 $y(t)$ 的线性系统，试求以下几种情况下的冲激响应。

(a) $x(t)=\mathrm{e}^{-at}u(t)$，$y(t)=u(t)-u(-t)$

(b) $x(t)=\mathrm{e}^{-t}u(t)$，$y(t)=\mathrm{e}^{-2t}u(t)$

(c) $x(t)=\delta(t)$，$y(t)=\mathrm{e}^{-at}\sin btu(t)$

31 对于输出为 $y(t)$、冲激响应为 $h(t)$ 的线性系统，试求以下几种情况下的输入 $x(t)$。

(a) $y(t)=t\mathrm{e}^{-at}u(t)$，$h(t)=\mathrm{e}^{-at}u(t)$

(b) $y(t)=u(t+1)-u(t-1)$，$h(t)=\delta(t)$

(c) $y(t)=\mathrm{e}^{-at}u(t)$，$h(t)=\mathrm{sgn}(t)$

*32 求下列傅里叶变换所对应的函数。

(a) $F_1(\omega)=\dfrac{\mathrm{e}^{\mathrm{j}\omega}}{-\mathrm{j}\omega+1}$

(b) $F_2(\omega)=2\mathrm{e}^{|\omega|}$

(c) $F_3(\omega)=\dfrac{1}{(1+\omega^2)^2}$

(d) $F_4(\omega)=\dfrac{\delta(\omega)}{1+\mathrm{j}2\omega}$

*33 求下列 $F(w)$ 对应的 $f(t)$。

(a) $F(\omega)=2\sin\pi\omega\,[u(\omega+1)-u(\omega-1)]$

(b) $F(\omega)=\dfrac{1}{\omega}(\sin2\omega-\sin\omega)+\dfrac{\mathrm{j}}{\omega}(\cos2\omega-\cos\omega)$

34 已知傅里叶变换如图 18-38 所示，求相应的信号 $f(t)$。(提示：使用对偶性。) **ML**

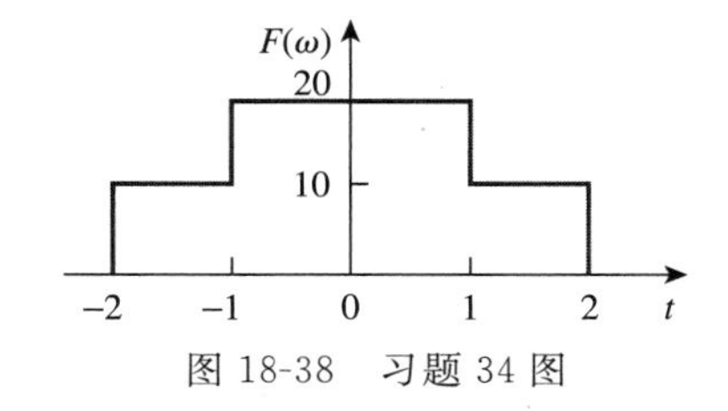

图 18-38 习题 34 图

35 已知信号 $f(t)$ 的傅里叶变换为

$$H(\omega)=\frac{2}{\mathrm{j}\omega+2}$$

求下列信号的傅里叶变换。

(a) $x(t)=f(3t-1)$

(b) $y(t)=f(t)\cos5t$

(c) $z(t)=\dfrac{\mathrm{d}}{\mathrm{d}t}f(t)$

(d) $h(t)=f(t)*f(t)$

(e) $i(t)=tf(t)$

18.4 节

36 某电路的传输函数为 **ED**

$$H(\omega)=\frac{2}{\mathrm{j}\omega+2}$$

如果电路输入信号是 $v_s(t)=\mathrm{e}^{-4t}u(t)\mathrm{V}$，求输出信号。假设所有的初始条件为零。

37 求图 18-39 所示电路的传输函数 $I_o(\omega)/I_s(\omega)$。

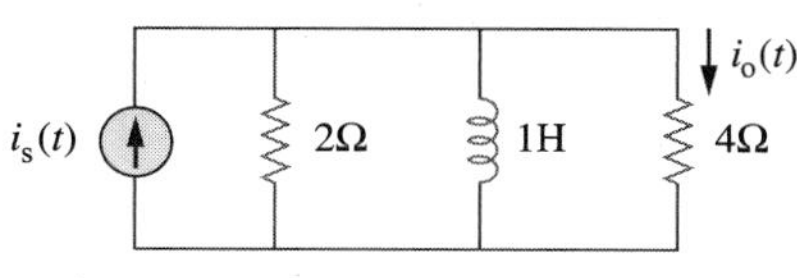

图 18-39 习题 37 图

38 利用图 18-40 设计一个问题以更好地理解如何使用傅里叶变换进行电路分析。 **ED**

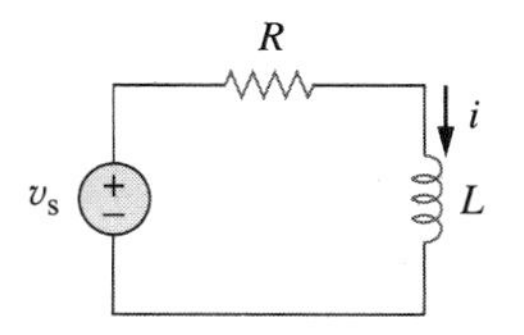

图 18-40 习题 38 图

39 已知图 18-41 所示电路及其激励，求 $i(t)$ 的傅里叶变换。

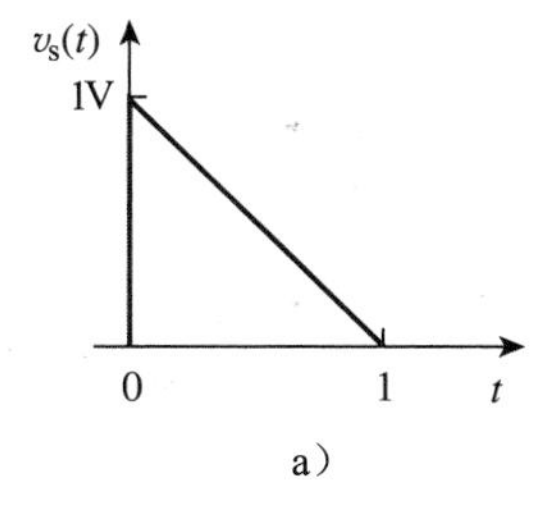

a)

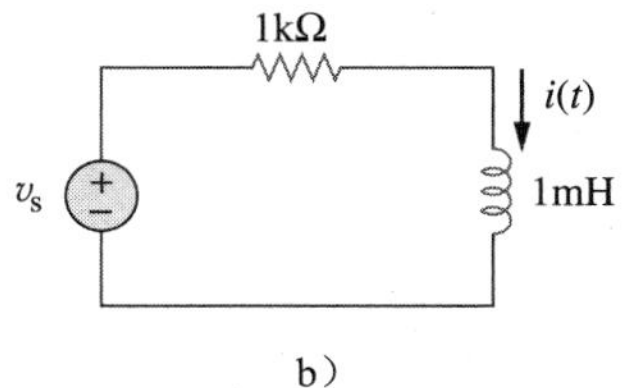

b)

图 18-41 习题 39 图

40　已知电压源如图 18-42a 所示，求图 18-42b 所示电路中的电流 $i(t)$。

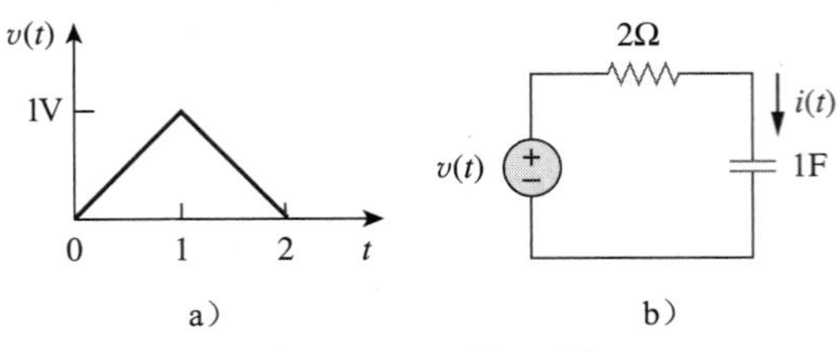

图 18-42　习题 40 图

41　求图 18-43 所示电路中 $v(t)$的傅里叶变换。

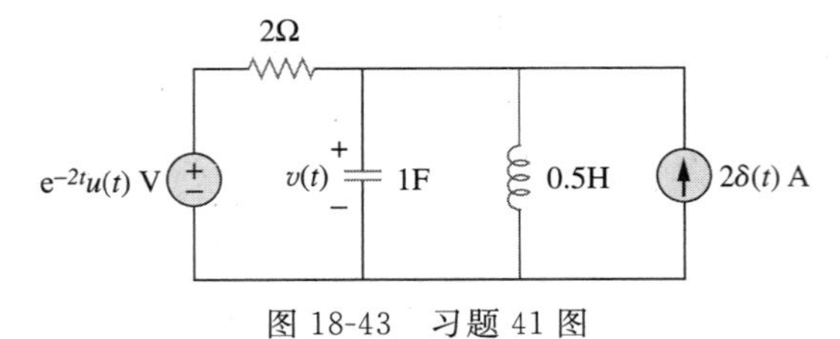

图 18-43　习题 41 图

42　求图 18-44 所示电路中的电流 $i_o(t)$。

(a) $i(t)=\text{sgn}(t)$A。

(b) $i(t)=4[u(t)-u(t-1)]$A。

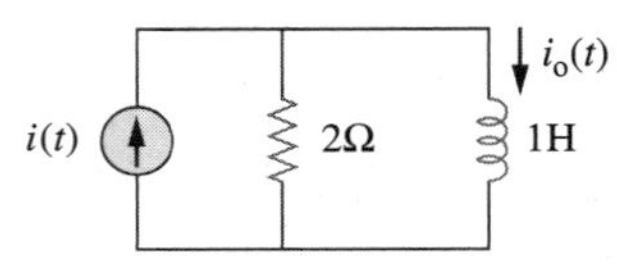

图 18-44　习题 42 图

43　求图 18-45 电路中的 $v_o(t)$，其中 $i_s=5e^{-t}u(t)$A。

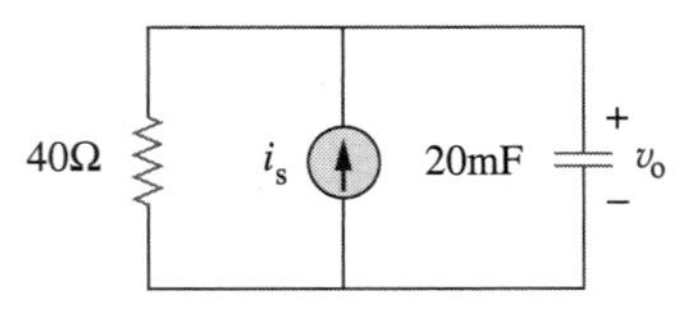

图 18-45　习题 43 图

44　图 18-46a 所示的矩形脉冲作用于图 18-46b 所示电路，求 $t=1$s 时的 v_o。

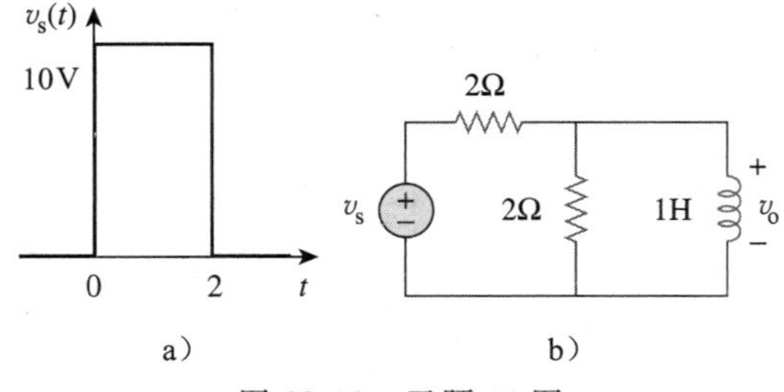

图 18-46　习题 44 图

45　$v_s(t)=10e^{-2t}u(t)$，试利用傅里叶变换求图 18-47 所示电路中的 $i(t)$。

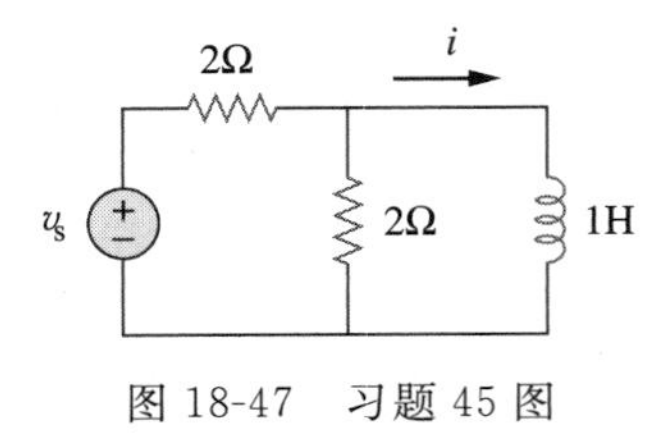

图 18-47　习题 45 图

46　求图 18-48 所示电路中的 $i_o(t)$的傅里叶变换。

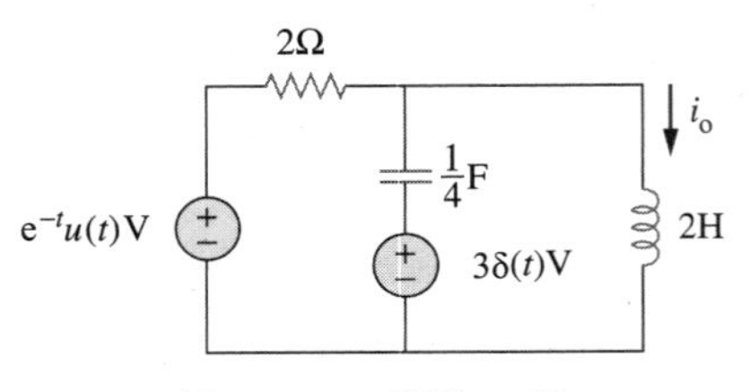

图 18-48　习题 46 图

47　求图 18-49 所示电路的电压 $v_o(t)$。假设 $i_s(t)=8e^{-t}u(t)$A。

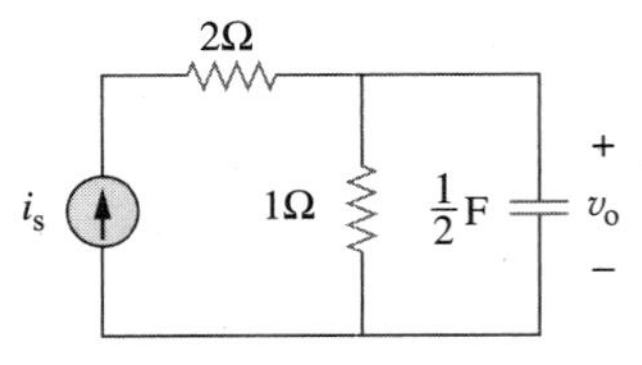

图 18-49　习题 47 图

48　求图 18-50 所示运算放大电路中的 $i_o(t)$。

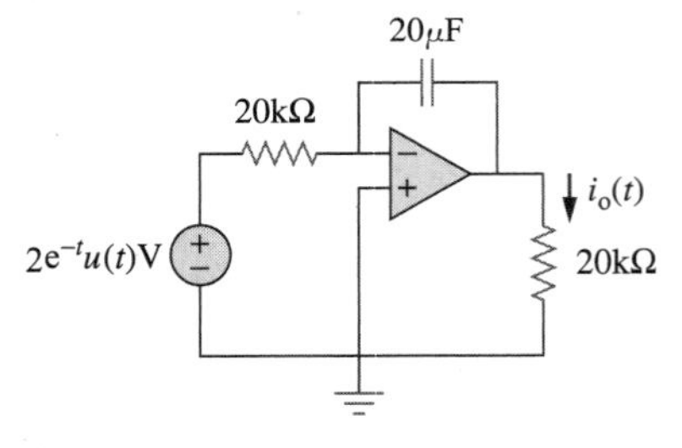

图 18-50　习题 48 图

49　利用傅里叶变换法求图 18-51 所示电路中的 $v_o(t)$。

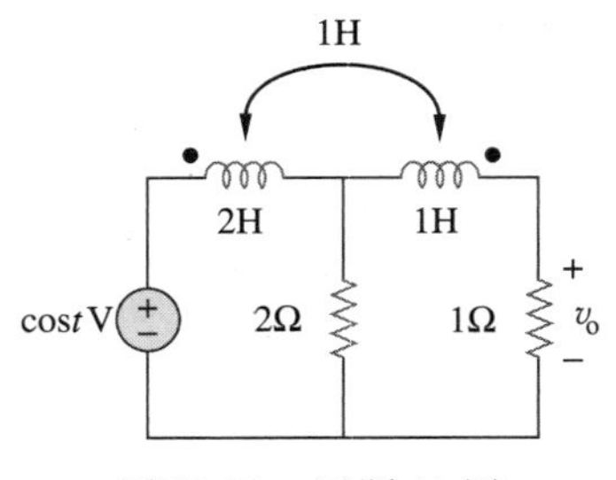

图 18-51　习题 49 图

50　求如图 18-52 所示变压器电路中的 $v_o(t)$。

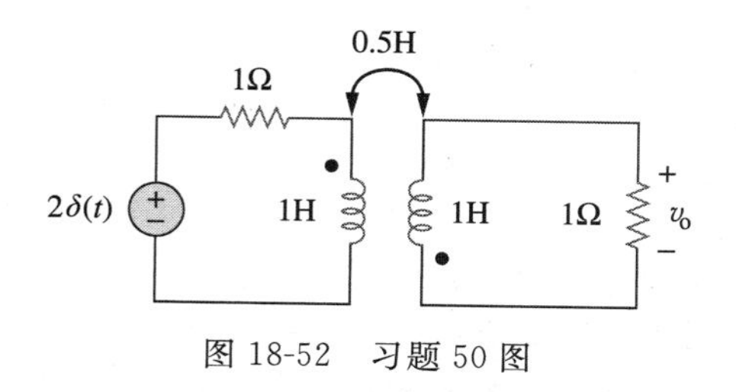

图 18-52　习题 50 图

51　求图 18-53 所示电路中电阻消耗的能量。

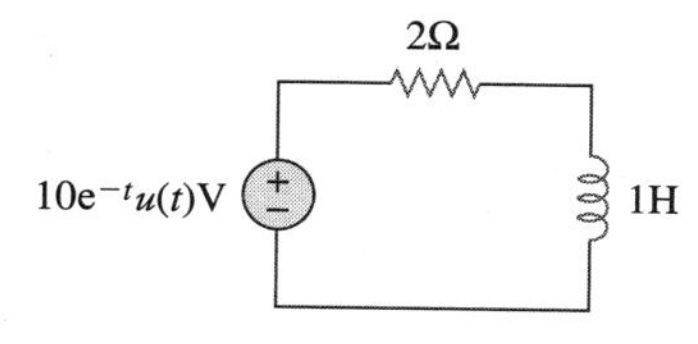

图 18-53　习题 51 图

18.5 节

52　如果 $F(\omega)=\dfrac{1}{3+\mathrm{j}\omega}$，求 $J=\int_{-\infty}^{\infty} f^2(t)\mathrm{d}t$。

53　如果 $f(t)=\mathrm{e}^{-2|t|}$，求 $J=\int_{-\infty}^{\infty}|F(\omega)|^2\mathrm{d}\omega$。

54　设计一个问题以更好地理解如何求解已知信号的总能量。　**ED**

55　假设 $f(t)=5\mathrm{e}^{-(t-2)}u(t)$。求 $F(\omega)$并由此确定 $f(t)$的总能量。

56　某 1Ω 电阻两端的电压为 $v(t)=t\mathrm{e}^{-2t}u(t)$V。(a) 该电阻吸收的总能量为多少？(b) 在频带 $-2\mathrm{rad/s}\leqslant\omega\leqslant 2\mathrm{rad/s}$ 范围内吸收的能量占总能量的百分比？

57　假定 $i(t)=2\mathrm{e}^{t}u(-t)$A。求 $i(t)$传递的总能量，并确定在频带 $-5\mathrm{rad/s}\leqslant\omega\leqslant 5\mathrm{rad/s}$ 范围内 1Ω 电阻吸收能量的百分比。

18.6 节

58　调幅信号为 $f(t)=10(1+4\cos 200\pi t)\cos\pi\times 10^4 t$。试确定下列各项：　**ED**

(a) 载波频率；

(b) 下边带频率；

(c) 上边带频率。

59　对于图 18-54 所示的线性系统，当输入电压为 $v_i(t)=2\delta(t)$V 时，输出电压为 $v_o(t)=(10\mathrm{e}^{-2t}-6\mathrm{e}^{-4t})$V。求当输入电压为 $v_i(t)=4\mathrm{e}^{-t}u(t)$V 时的输出电压。

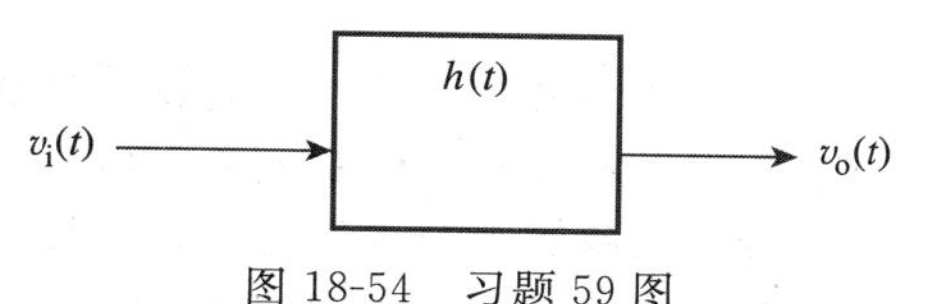

图 18-54　习题 59 图

60　某带限信号的傅里叶级数可以表示为　**ED**

$$i_s(t)=[10+8\cos(2\pi t+30°)+5\cos(4\pi t-150°)]\mathrm{mA}$$

如果该信号作用于图 18-55 所示电路，试求 $v(t)$。

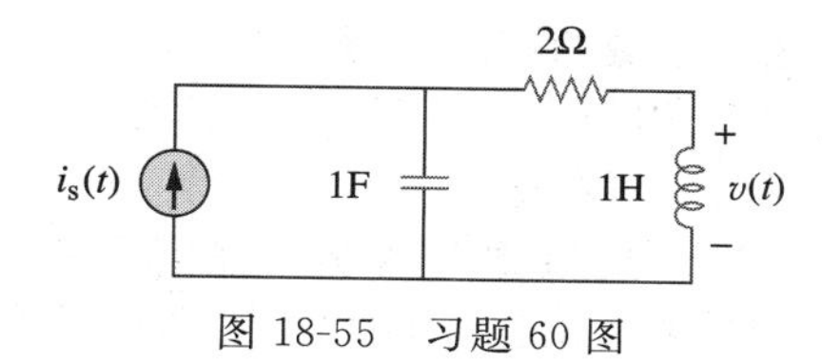

图 18-55　习题 60 图

61　在某系统中，输入信号 $x(t)$受到 $m(t)=2+\cos\omega_0 t$ 幅度调制，响应为 $y(t)=m(t)x(t)$。根据 $X(\omega)$求出 $Y(\omega)$。

62　频带位于 0.4～3.5kHz 的某语音信号对 10MHz 的载波进行幅度调制，求下边带和上边带的频率范围。

63　计算某地区 AM 广播频带(540～1600kHz)内允许的无相互干扰的电台数量。　**ED**

64　对于 FM 广播频带(88～108MHz)，重做上题，假设载波频率间隔为 200kHz。　**ED**

65　语音信号的最高频率成分为 3.4kHz。该语音信号采样器的奈奎斯特频率为多少？

66　某电视信号的带宽限制在 4.5MHz。如果在远处利用样本重建该信号，则允许的最大采样间隔为多少？　**ED**

*67　已知信号 $g(t)=\mathrm{sinc}(200\pi t)$，求该信号的奈奎斯特频率和奈奎斯特间隔。

综合理解题

68　如果某滤波器的输入电压信号为 $v(t)=50\mathrm{e}^{-2|t|}$ V。则在 $1\mathrm{rad/s}\leqslant\omega\leqslant 5\mathrm{rad/s}$ 频率范围内，1Ω 电阻所消耗的能领占总能量的百分比为多少？

69　某傅里叶变换为

$$F(\omega)=\frac{20}{4+\mathrm{j}\omega}$$

的信号通过一个截止频率为 2rad/s 的滤波器(即 $0\leqslant\omega\leqslant 2\mathrm{rad/s}$)。则输出信号能量占输入信号能量的百分比为多少？

第19章

二端口网络

今日事今日毕；自己能完成之事自己做；不要寅时吃卯粮；别因为便宜就花钱；与饥饿、干渴与寒冷相比，骄傲带来的损失更大；我们很少会后悔吃得太少；做乐意做的事就不会带来烦恼；别让不会发生的事给你带来痛苦；只以正当方式获胜；生气时，在说话之前数到10，如果很生气就数到100。

——Thomas Jefferson

拓展事业

教育领域的职业生涯

学习这门电路分析是培养过程中非常重要的环节。如果你喜爱教学，可以考虑成为一个工程教育工作者。

工程教授通常从事前沿的课题研究，为本科生、研究生授课，并且为其所在的专业学会或协会提供服务。他们应该在其擅长的领域有创新贡献。因此，该职业需要广博的电气工程理论基础和将知识传授与他人的沟通能力。

(图片来源：James Watson)

如果乐意做科研工作，或在工程前沿领域工作，为科技进步做贡献，或从事发明、咨询、教学方面的工作，可以考虑把工程教育作为职业。最佳起步方式是与教授进行交谈，并从他们的经验中获益。

要想成功地成为一名工程领域的教授，那么本科学习阶段打下坚实的数学和物理基础至关重要。如果你在求解工程课程的课后习题中遇到困难，那么请找出自己数理基础知识中的不足之处，并加以巩固。

目前，多数的大学都要求工程教授有博士学位。另外，有些大学要求他们能够积极主动地参与研究，并在知名学术期刊上发表论文。因为电子工程学发展迅速，并且已经成为一个多学科交叉的领域，所以要为今后的工程教育职业做好充分的准备，就必须接受尽可能广泛的教育。毫无疑问，工程教育是一份有意义的职业。当教授们看到他们的学生毕业后，在专业领域成为领导者，并为人类社会做出贡献时，他们都会感到无以言表的成就感和满足感。

学习目标

通过本章内容的学习和练习你将具备以下能力：

1. 掌握简化分析电路的二端口参数。
2. 掌握阻抗参数，并且能够在某一类电路分析问题中的有效使用它。
3. 掌握导纳参数，并且能够在某一类电路分析问题中的有效使用它。
4. 掌握混合参数和逆混合参数，并且能够在某一类电路分析问题中的有效使用它们。
5. 掌握传输参数和反向传输参数，并且能够在某一类电路分析问题中的有效使用它们。
6. 掌握所有二端口参数的关系。
7. 掌握使用多种参数关系特性来构建网络。

19.1 引言

电流流入或流出电路网络所通过的一对端子叫作一个**端口**(port)。双端子设备或元件(如电阻、电容及电感)可以构成一个单端口网络。目前所接触的大多数电路都是双端子电路，即单端口网络，如图19-1a所示。前面章节已经介绍了通过一对端子的电压或者电流，比如电阻、电容、电感两端的电压或流过他们的电流；也研究了包括运算放大器、晶体管和变压器在内的四端子电路，即二端口网络，如图19-1b所示。一般情况下，一个网络可以有n个端口，端口是电路网络的介入通道，由一对端子组成；电流从一个端子流入，并从另一个端子流出，所以流入端口的净电流等于零。

本章主要介绍二端口网络的有关问题。

二端口网络是指具有输入与输出两个不同端口的电路网络。

因此，二端口网络具有两对端子作为电路的接入通道。如图19-1b所示，电流从一对端子的其中一个端子流入，并从另外一个端子流出。晶体管等三端子设备可以配置成一个二端口网络。

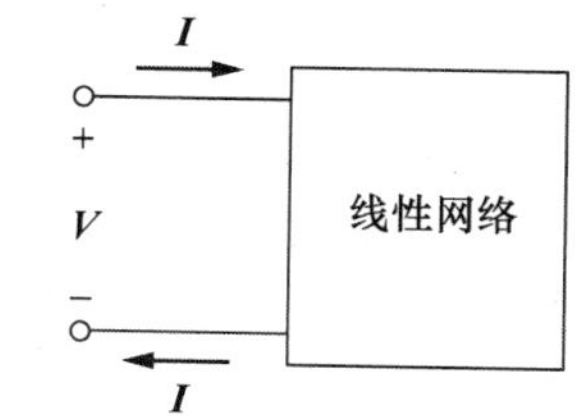

a）单端口网络

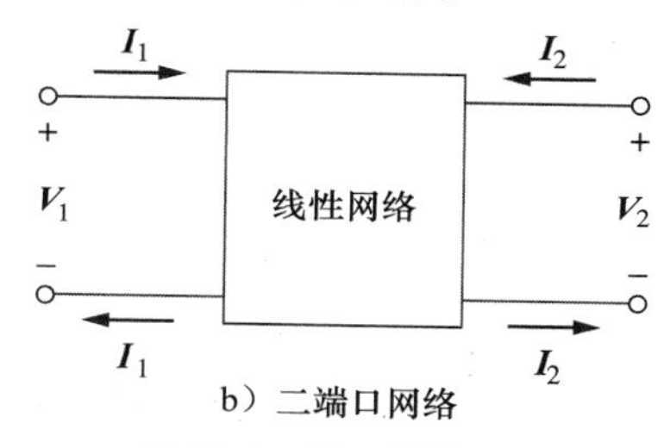

b）二端口网络

图19-1　端口网络

学习二端口网络的主要原因主要有两个。首先，该网络在通信、控制系统、电力系统以及电子学中非常有用。例如，在电子学中二端口网络可以作为晶体管的模型，从而使得这类电路的级联设计变得更为方便。其次，在大型网络应用中，知道二端口网络的参数，就可以将其处理为一个“黑匣子”，无须关注其内部结构。

描述二端口网络的特征就是要确定如图19-1b所示的端子变量$\boldsymbol{V}_1$、$\boldsymbol{V}_2$、$\boldsymbol{I}_1$和$\boldsymbol{I}_2$，这四个变量是独立的。描述电压-电流关系的项称为参数。本章的目的是推导出六组参数，并给出这些参数之间的关系及实现二端口网络的串联、并联或级联的方法。对于运算放大器而言，本章仅分析电路的端口特性，并假设双口电路中不包含独立电源。本章最后运用所介绍的概念来分析晶体管电路和合成阶梯网络。

19.2 阻抗参数

阻抗参数和导纳参数通常用在滤波器综合中，在阻抗匹配网络以及电力配送网络的设计与分析中十分有用。本节介绍阻抗参数，下一节介绍导纳参数。

二端口网络可以由电压源驱动，如图19-2a所示，也可以由电流源驱动，如图19-2b所示。无论是图19-2a或还是图19-2b，端子电压与端子电流之间的关系可以表示为：

$$\boxed{\begin{aligned}\boldsymbol{V}_1&=z_{11}\boldsymbol{I}_1+z_{12}\boldsymbol{I}_2\\ \boldsymbol{V}_2&=z_{21}\boldsymbol{I}_1+z_{22}\boldsymbol{I}_2\end{aligned}} \tag{19.1}$$

提示：四个变量($\boldsymbol{V}_1$、$\boldsymbol{V}_2$、$\boldsymbol{I}_1$和$\boldsymbol{I}_2$)中仅有两个是独立的。另外两个可以由式(19.1)求得。

或者利用矩阵表示为：

$$\begin{bmatrix}\boldsymbol{V}_1\\ \boldsymbol{V}_2\end{bmatrix}=\begin{bmatrix}z_{11} & z_{12}\\ z_{21} & z_{22}\end{bmatrix}\begin{bmatrix}\boldsymbol{I}_1\\ \boldsymbol{I}_2\end{bmatrix}=[z]\begin{bmatrix}\boldsymbol{I}_1\\ \boldsymbol{I}_2\end{bmatrix} \tag{19.2}$$

式中，z称为阻抗参数，或者简称z参数，单位是Ω。

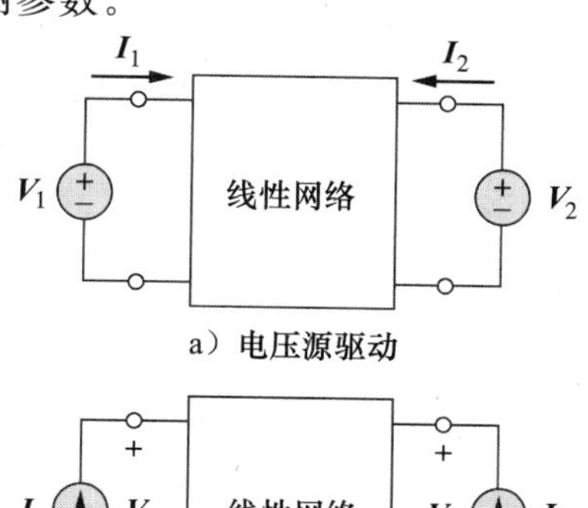

a）电压源驱动

b）电流源驱动

图19-2　线性二端口网络

令$\boldsymbol{I}_1=0$(输入端口开路)或$\boldsymbol{I}_2=0$(输出端口开路)

即可计算出各参数的值。即

由于 $\mathbf{z}$ 参数是通过输入或输出端口开路获得的，所以称为开路阻抗参数。

$$\boxed{\mathbf{z}_{11}=\left.\frac{\mathbf{V}_1}{\mathbf{I}_1}\right|_{\mathbf{I}_2=0},\quad \mathbf{z}_{12}=\left.\frac{\mathbf{V}_1}{\mathbf{I}_2}\right|_{\mathbf{I}_1=0},\quad \mathbf{z}_{21}=\left.\frac{\mathbf{V}_2}{\mathbf{I}_1}\right|_{\mathbf{I}_2=0},\quad \mathbf{z}_{22}=\left.\frac{\mathbf{V}_2}{\mathbf{I}_2}\right|_{\mathbf{I}_1=0}} \tag{19.3}$$

特别地，

$$\begin{aligned}
&\mathbf{z}_{11}=\text{开路输入阻抗}\\
&\mathbf{z}_{12}=\text{从端口 1 到端口 2 的开路转移阻抗}\\
&\mathbf{z}_{21}=\text{从端口 2 到端口 1 的开路转移阻抗}\\
&\mathbf{z}_{22}=\text{开路输出阻抗}
\end{aligned} \tag{19.4}$$

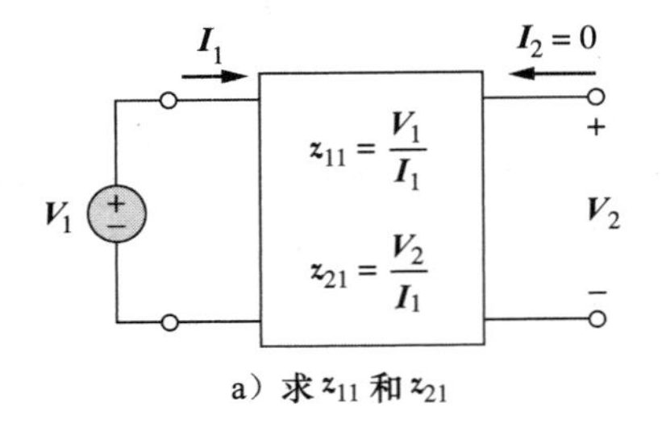

a）求 z_{11} 和 z_{21}

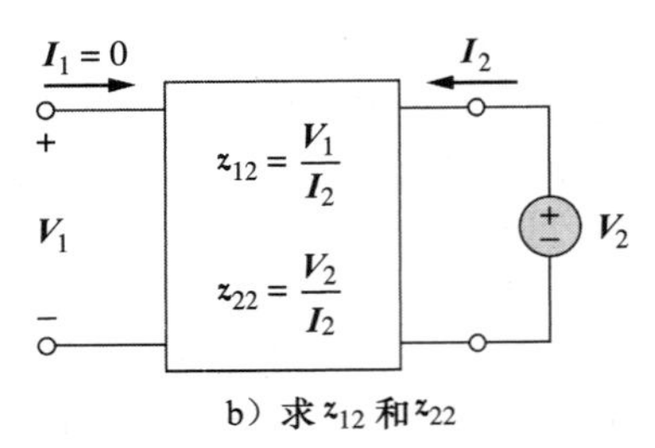

b）求 z_{12} 和 z_{22}

图 19-3　$\mathbf{z}$ 参数的确定

根据式(19.3)，端口 2 开路的情况下，在端口 1 接入电压 $\mathbf{V}_1$（或电流源 $\mathbf{I}_1$），求出 $\mathbf{I}_1$ 和 $\mathbf{V}_2$，如图 19-3a 所示，即可确定 $\mathbf{z}_{11}$ 和 $\mathbf{z}_{21}$，得到：

$$\mathbf{z}_{11}=\frac{\mathbf{V}_1}{\mathbf{I}_1},\quad \mathbf{z}_{21}=\frac{\mathbf{V}_2}{\mathbf{I}_1} \tag{19.5}$$

类似地，在端口 1 开路的情况下，在端口 2 接入电压 $\mathbf{V}_2$（或电流源 $\mathbf{I}_2$），求出 $\mathbf{I}_2$ 和 $\mathbf{V}_1$，如图 19-3b 所示，即可确定 $\mathbf{z}_{12}$ 和 $\mathbf{z}_{22}$，得到：

$$\mathbf{z}_{12}=\frac{\mathbf{V}_1}{\mathbf{I}_2},\quad \mathbf{z}_{22}=\frac{\mathbf{V}_2}{\mathbf{I}_2} \tag{19.6}$$

上述过程提供了一种计算和测量 $\mathbf{z}$ 参数的方法。

$\mathbf{z}_{11}$ 和 $\mathbf{z}_{22}$ 有时也称为策动点阻抗，而 $\mathbf{z}_{21}$ 和 $\mathbf{z}_{12}$ 称为转移阻抗。策动点阻抗是两端子(单端口)器件的输入阻抗。因此，$\mathbf{z}_{11}$ 是输出端口开路时的输入策动点阻抗，而 $\mathbf{z}_{22}$ 是输入端口开路时的输出策动点阻抗。

当 $\mathbf{z}_{11}=\mathbf{z}_{22}$，时，二端口网络是对称的，这意味着网络关于一条中心线呈镜像对称，即能够找到一条能把网络划分为两个相同部分的线。

当二端口网络为线性网络且不包含受控源时，如果转移阻抗是相等的($\mathbf{z}_{12}=\mathbf{z}_{21}$)，则称该二端口网络为互易网络。对于该网络而言，如果网络的激励点和响应点相互交换，其转移阻抗保持不变。如图 19-4 所示，如果把两个端口的理想电压源和理想电流表相互交换，电流表读数保持不变，则该二端口网络就是互易网络。根据式(19.1)，对于图 19-4a 所示的互易网络，可以得到 $\mathbf{V}=\mathbf{z}_{12}\mathbf{I}$，对于如图 19-4b 所示的互易网络，可得到 $\mathbf{V}=\mathbf{z}_{21}\mathbf{I}$。而这种结果仅仅在 $\mathbf{z}_{12}=\mathbf{z}_{21}$ 时才成立。任何全部由电阻、电容、电感组成的二端口网络都必须是互易网络。互易网络可以用如图 19-5a 的 T 形电路来等效。对于非互易二端口网络而言，更常用的等效电路如图 19-5b 所示，注意，该等效电路可由式(19.1)直接得出。

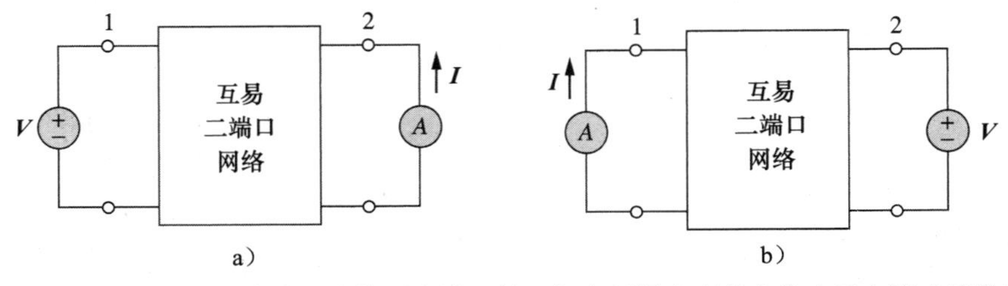

图 19-4　互易二端口网络中，交换两个端口的理想电压源和理想电流表后电流表读数不变

应当指出，某些二端口网络不存在 $\mathbf{z}$ 参数，因为这类网络不能由式(19.1)描述。例如，对于图 19-6 所示理想变压器，其二端口网络的定义方程为

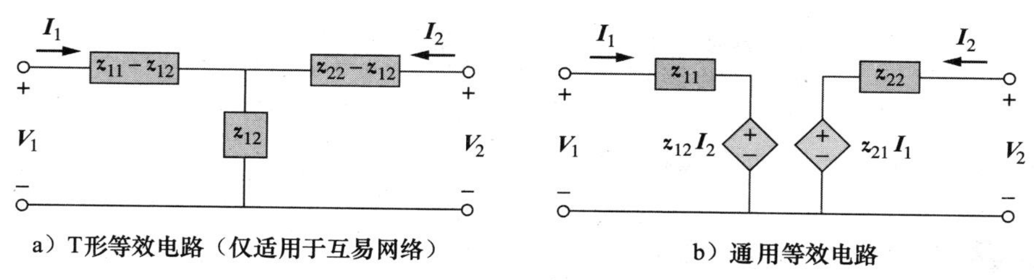

图 19-5　网络等效电路

$$\boldsymbol{V}_1=\frac{1}{n}\boldsymbol{V}_2,\qquad \boldsymbol{I}_1=-n\boldsymbol{I}_2 \tag{19.7}$$

可见，不可能像式(19.1)那样利用电流来表示电压，反之亦然。因此，理想变压器不存在 z 参数。然而，它存在混合参数，具体内容将在 19.4 节详细介绍。

例 19-1 求图 19-7 所示电路的 z 参数。

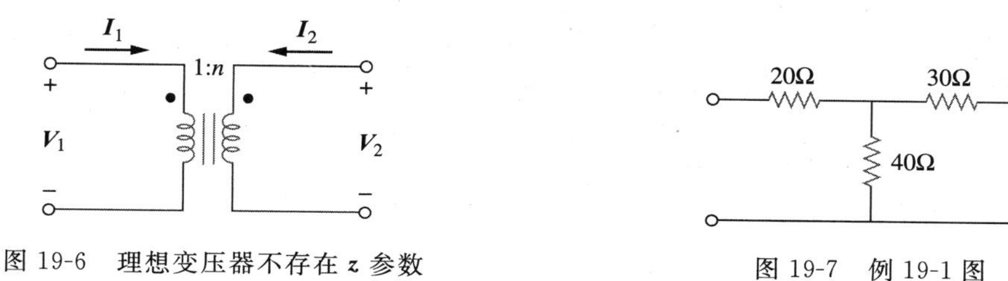

图 19-6　理想变压器不存在 z 参数

图 19-7　例 19-1 图

解：方法 1　为了计算 z_{11} 和 z_{21}，在输入端口加上电压源 $\boldsymbol{V}_1$，保持输出端口开路，如图 19-8a 所示，得到

$$z_{11}=\frac{\boldsymbol{V}_1}{\boldsymbol{I}_1}=\frac{(20+40)\boldsymbol{I}_1}{\boldsymbol{I}_1}=60\Omega$$

即 z_{11} 是端口 1 的输入阻抗。

$$z_{21}=\frac{\boldsymbol{V}_2}{\boldsymbol{I}_1}=\frac{40\boldsymbol{I}_1}{\boldsymbol{I}_1}=40\Omega$$

为了确定 z_{12} 和 z_{22}，在输出端口加上电压源 $\boldsymbol{V}_2$，保持输入端口开路，如图 19-8b 所示，得到

$$z_{12}=\frac{\boldsymbol{V}_1}{\boldsymbol{I}_2}=\frac{40\boldsymbol{I}_2}{\boldsymbol{I}_2}=40\Omega,\qquad z_{22}=\frac{\boldsymbol{V}_2}{\boldsymbol{I}_2}=\frac{(30+40)\boldsymbol{I}_2}{\boldsymbol{I}_2}=70\Omega$$

因此，

$$[\boldsymbol{z}]=\begin{bmatrix}60\Omega & 40\Omega\\ 40\Omega & 70\Omega\end{bmatrix}$$

a）求解 z_{11} 和 z_{21}　　b）求解 z_{12} 和 z_{22}

图 19-8　求解例 19-1 图

方法 2　由于已知电路中没有受控源，因此 $z_{12}=z_{21}$，并且可以利用如图 19-5a 所示的 T 形电路。比较图 19-7 和图 19-5a，可以得到

$$z_{12}=40\Omega=z_{21}$$
$$z_{11}-z_{12}=20 \quad \Rightarrow \quad z_{11}=20+z_{12}=60(\Omega)$$
$$z_{22}-z_{12}=30 \quad \Rightarrow \quad z_{22}=30+z_{12}=70(\Omega)$$ ◀

练习 19-1　求图 19-9 所示二端口网络的 z 参数。

答案： $z_{11}=7\Omega$，$z_{12}=z_{21}=z_{22}=3\Omega$。

例 19-2 求图 19-10 所示电路的 I_1 和 I_2。

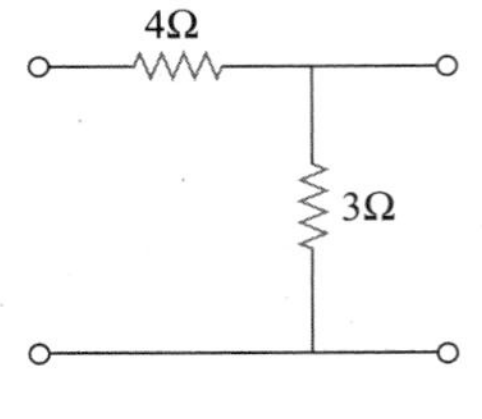

图 19-9　练习 19-1 图

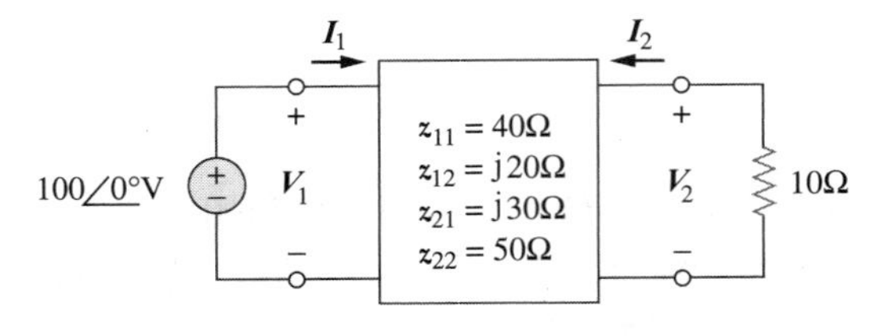

图 19-10　例 19-2 图

解： 该网络不是互易网络。可利用如图 19-5b 所示等效电路计算，也可以直接用式(19.1)计算。将已知 z 参数代入式(19.1)得

$$V_1=40I_1+j20I_2 \tag{19.2.1}$$
$$V_2=j30I_1+50I_2 \tag{19.2.2}$$

因为 I_1 和 I_2 为待求量，所以将如下电压

$$V_1=100\angle 0^\circ,\quad V_2=-10I_2$$

代入式(19.2.1)和式(19.2.2)中，可得

$$100=40I_1+j20I_2 \tag{19.2.3}$$
$$-10I_2=j30I_1+50I_2 \quad \Rightarrow \quad I_1=j2I_2 \tag{19.2.4}$$

将式(19.2.4)代入式(19.2.3)得

$$100=j80I_2+j20I_2 \quad \Rightarrow \quad I_2=\frac{100}{j100}=-j$$

由式(19.2.4)可得，$I_1=j2(-j)=2\text{A}$，因此，

$$I_1=2\angle 0^\circ\ \text{A},\quad I_2=1\angle -90^\circ\ \text{A}$$ ◀

练习 19-2　求图 19-11 所示二端口网络中的 I_1 和 I_2。

答案： $200\angle 30^\circ$ mA，$100\angle 120^\circ$ mA。

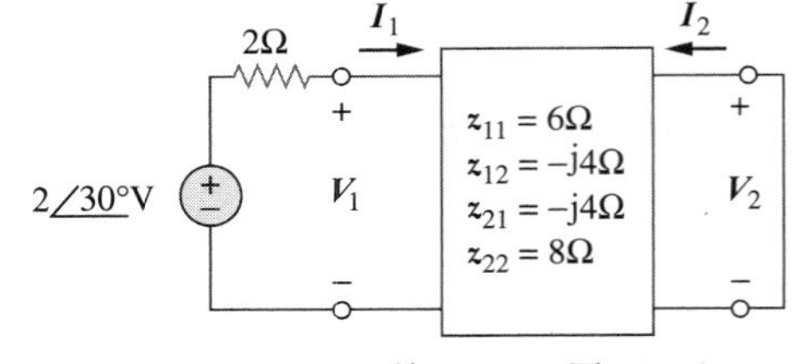

图 19-11　练习 19-2 图

19.3　导纳参数

通过前一节的学习可知，某些二端口网络可能不存在阻抗参数，因此需要采用另一种方式来描述这类网络。利用网络的端子电压表示端子电流可以得到另一组网络参数。对于图 19-12a 或图 19-12b 所示电路，端子电流可以由端子电压表示为

$$\boxed{\begin{aligned}I_1&=y_{11}V_1+y_{12}V_2\\I_2&=y_{21}V_1+y_{22}V_2\end{aligned}} \tag{19.8}$$

或利用矩阵表示为

$$\begin{bmatrix}I_1\\I_2\end{bmatrix}=\begin{bmatrix}y_{11}&y_{12}\\y_{21}&y_{22}\end{bmatrix}\begin{bmatrix}V_1\\V_2\end{bmatrix}=[y]\begin{bmatrix}V_1\\V_2\end{bmatrix} \tag{19.9}$$

式中，y 称为导纳参数(或简称 y 参数)，其单位是西门子。

令 $V_1=0$(输入端口短路)或 $V_2=0$(输出端口短路)，即可得到导纳参数的值，因此，

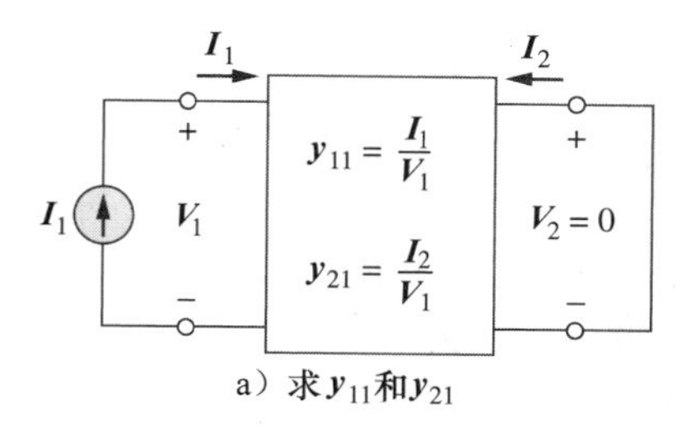

a）求 y_{11} 和 y_{21}

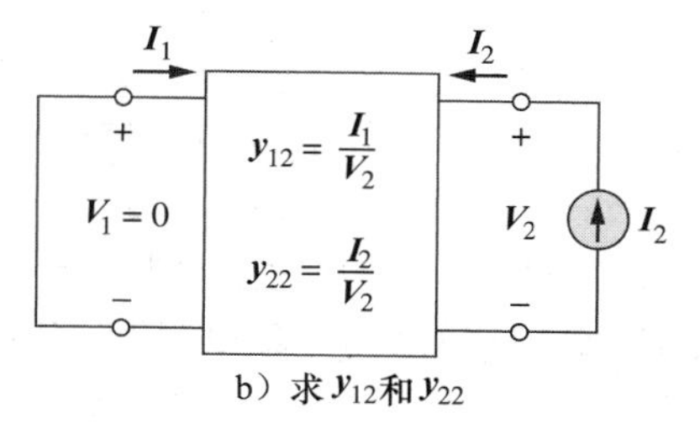

b）求 y_{12} 和 y_{22}

图 19-12　y 参数的测定

$$\boxed{\mathbf{y}_{11}=\left.\frac{\mathbf{I}_1}{\mathbf{V}_1}\right|_{\mathbf{V}_2=0},\quad \mathbf{y}_{12}=\left.\frac{\mathbf{I}_1}{\mathbf{V}_2}\right|_{\mathbf{V}_1=0},\quad \mathbf{y}_{21}=\left.\frac{\mathbf{I}_2}{\mathbf{V}_1}\right|_{\mathbf{V}_2=0},\quad \mathbf{y}_{22}=\left.\frac{\mathbf{I}_2}{\mathbf{V}_2}\right|_{\mathbf{V}_1=0}}\tag{19.10}$$

由于 y 参数通过输入端口断路和输出端口短路获得，所以也称为短路导纳参数。

$$\begin{aligned}\mathbf{y}_{11}&=\text{短路输入导纳}\\ \mathbf{y}_{12}&=\text{从端口 2 到端口 1 短路转移导纳}\\ \mathbf{y}_{21}&=\text{从端口 1 到端口 2 短路转移导纳}\\ \mathbf{y}_{22}&=\text{短路输出导纳}\end{aligned}\tag{19.11}$$

由式(19.10)可知，在端口 2 短路的情况下，端口 1 连接电流源 $\mathbf{I}_1$，如图 19-12a 所示，求出 $\mathbf{V}_1$ 和 $\mathbf{I}_2$，即可确定 $\mathbf{y}_{11}$ 和 $\mathbf{y}_{21}$：

$$\mathbf{y}_{11}=\frac{\mathbf{I}_1}{\mathbf{V}_1},\quad \mathbf{y}_{21}=\frac{\mathbf{I}_2}{\mathbf{V}_1}\tag{19.12}$$

同理，在端口 1 短路的情况下，端口 2 连接电流源 $\mathbf{I}_2$，如图 19-12a 所示，求出 $\mathbf{V}_1$ 和 $\mathbf{I}_2$，即可确定 $\mathbf{y}_{12}$ 和 $\mathbf{y}_{21}$：

$$\mathbf{y}_{12}=\frac{\mathbf{I}_1}{\mathbf{V}_2},\quad \mathbf{y}_{22}=\frac{\mathbf{I}_2}{\mathbf{V}_2}\tag{19.13}$$

上述过程提供了一种计算或测量 y 参数的方法。阻抗和导纳参数统称为导抗参数。

对于不包含受控源的线性二端口网络，转移导纳是相等的(即 $\mathbf{y}_{12}=\mathbf{y}_{21}$)，其证明方法与 z 参数的证明方法相同。互易网络($\mathbf{y}_{12}=\mathbf{y}_{21}$)能够被建模成图 19-13a 中 π 形等效电路。如果网络不是互易的，通常等效网络如图 19-13b 所示。

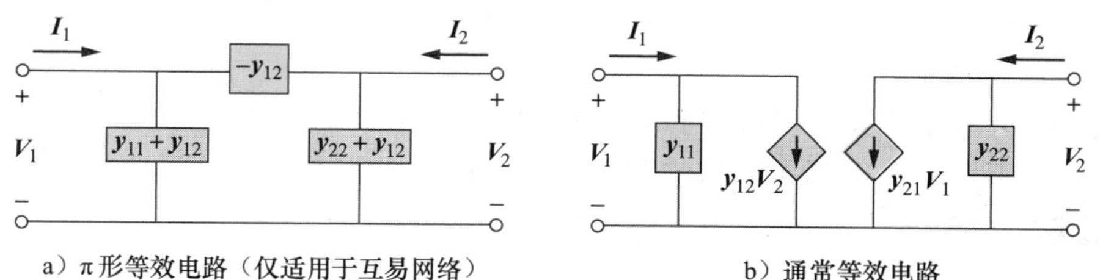

a）π 形等效电路（仅适用于互易网络）　　b）通常等效电路

图 19-13　网络等效电路

例 19-3　求图 19-14 所示的 π 网络的 y 参数。

解：方法 1　令输出端口短路，并在输入端口连接一个电流源 $\mathbf{I}_1$，即可求得 $\mathbf{y}_{11}$ 和 $\mathbf{y}_{21}$，如图 19-15a 所示。此时 8Ω 电阻是短路的，2Ω 电阻和 4Ω 是并联的，因此

$$\mathbf{V}_1=\mathbf{I}_1(4\|2)=\frac{4}{3}\mathbf{I}_1,\quad \mathbf{y}_{11}=\frac{\mathbf{I}_1}{\mathbf{V}_1}=\frac{\mathbf{I}_1}{\frac{4}{3}\mathbf{I}_1}=0.75\text{S}$$

2Ω　4Ω　8Ω

图 19-14　例 19-3 图

由分流原理得

$$-\boldsymbol{I}_2=\frac{4}{4+2}\boldsymbol{I}_1=\frac{2}{3}\boldsymbol{I}_1,\qquad \boldsymbol{y}_{21}=\frac{\boldsymbol{I}_2}{\boldsymbol{V}_1}=\frac{-\frac{2}{3}\boldsymbol{I}_1}{\frac{4}{3}\boldsymbol{I}_1}=-0.5\mathrm{S}$$

令输入端口短路，并在输出端口连接一个电流源 $\boldsymbol{I}_2$，即可求得 $\boldsymbol{y}_{12}$ 和 $\boldsymbol{y}_{22}$，如图 19-15b 所示。此时 4Ω 电阻短路，2Ω 电阻和 8Ω 电阻是并联的，因此

$$\boldsymbol{V}_2=\boldsymbol{I}_2(8\parallel 2)=\frac{8}{5}\boldsymbol{I}_2,\qquad \boldsymbol{y}_{22}=\frac{\boldsymbol{I}_2}{\boldsymbol{V}_2}=\frac{\boldsymbol{I}_2}{\frac{8}{5}\boldsymbol{I}_2}=\frac{5}{8}=0.625(\mathrm{S})$$

由分流原理得

$$-\boldsymbol{I}_1=\frac{8}{8+2}\boldsymbol{I}_2=\frac{4}{5}\boldsymbol{I}_2,\qquad \boldsymbol{y}_{12}=\frac{\boldsymbol{I}_1}{\boldsymbol{V}_2}=\frac{-\frac{4}{5}\boldsymbol{I}_2}{\frac{8}{5}\boldsymbol{I}_2}=-0.5\mathrm{S}$$

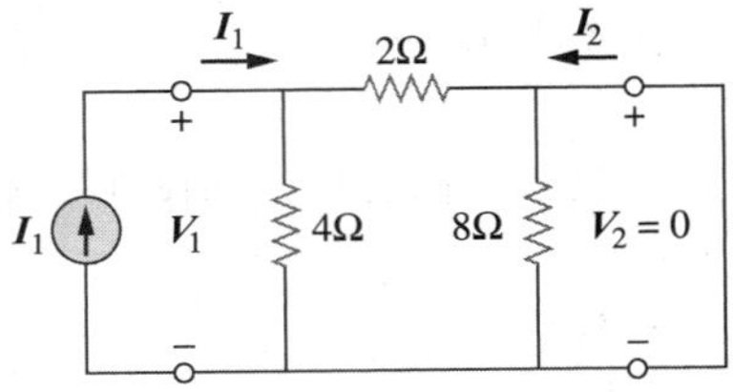

a）求解 y_{11} 和 y_{21} 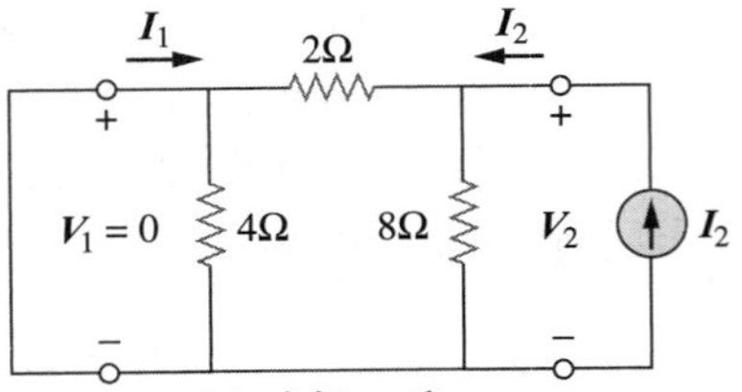　　b）求解 y_{12} 和 y_{22}

图 19-15　求解例 19-3 图

方法 2　比较图 19-14 和图 19-13a 可以得到

$$\boldsymbol{y}_{12}=-\frac{1}{2}\mathrm{S}=\boldsymbol{y}_{21}$$

$$\boldsymbol{y}_{11}+\boldsymbol{y}_{12}=\frac{1}{4}\quad\Rightarrow\quad \boldsymbol{y}_{11}=\frac{1}{4}-\boldsymbol{y}_{12}=0.75\mathrm{S}$$

$$\boldsymbol{y}_{22}+\boldsymbol{y}_{12}=\frac{1}{8}\quad\Rightarrow\quad \boldsymbol{y}_{22}=\frac{1}{8}-\boldsymbol{y}_{12}=0.625\mathrm{S}$$

与之前获得的结果一样。◀

练习 19-3　试确定如图 19-16 所示 T 形网络的 y 参数。

答案： $\boldsymbol{y}_{11}=227.3\mathrm{mS}$，$\boldsymbol{y}_{12}=\boldsymbol{y}_{21}=-90.91\mathrm{mS}$，$\boldsymbol{y}_{22}=136.36\mathrm{mS}$。

例 19-4 求图 19-17 所示二端口网络的 y 参数。

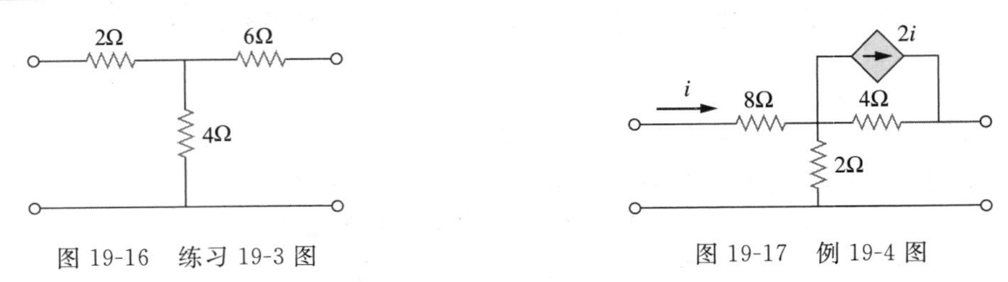

图 19-16　练习 19-3 图　　　图 19-17　例 19-4 图

解： 本题的求解过程与例 19-3 中方法 1 的求解过程相同。为了确定 $\boldsymbol{y}_{11}$ 和 $\boldsymbol{y}_{21}$，需利用如图 19-18a 所示电路，即将端口 2 短路，在端口 1 加以电流源。于是，在节点 1 处有

$$\frac{\boldsymbol{V}_1-\boldsymbol{V}_o}{8}=2\boldsymbol{I}_1+\frac{\boldsymbol{V}_o}{2}+\frac{\boldsymbol{V}_o-0}{4}$$

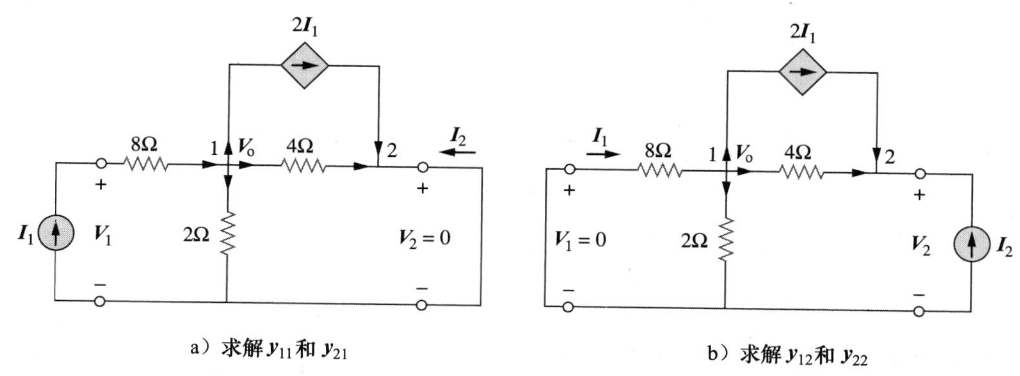

图 19-18　求解例 19-4 图

因为 $\boldsymbol{I}_1=\dfrac{\boldsymbol{V}_1-\boldsymbol{V}_o}{8}$，所以

$$0=\frac{\boldsymbol{V}_1-\boldsymbol{V}_o}{8}+\frac{3\boldsymbol{V}_o}{4}$$

$$0=\boldsymbol{V}_1-\boldsymbol{V}_o+6\boldsymbol{V}_o \quad\Rightarrow\quad \boldsymbol{V}_1=-5\boldsymbol{V}_o$$

因此

$$\boldsymbol{I}_1=\frac{-5\boldsymbol{V}_o-\boldsymbol{V}_o}{8}=-0.75\boldsymbol{V}_o$$

且

$$\boldsymbol{y}_{11}=\frac{\boldsymbol{I}_1}{\boldsymbol{V}_1}=\frac{-0.75\boldsymbol{V}_o}{-5\boldsymbol{V}_o}=0.15\text{S}$$

在节点 2 处，有

$$\frac{\boldsymbol{V}_o-0}{4}+2\boldsymbol{I}_1+\boldsymbol{I}_2=0$$

即

$$-\boldsymbol{I}_2=0.25\boldsymbol{V}_o-1.5\boldsymbol{V}_o=-1.25\boldsymbol{V}_o$$

因此

$$\boldsymbol{y}_{21}=\frac{\boldsymbol{I}_2}{\boldsymbol{V}_1}=\frac{1.25\boldsymbol{V}_o}{-5\boldsymbol{V}_o}=-0.25\text{S}$$

同理，可以利用图 19-18b 求出 $\boldsymbol{y}_{12}$ 和 $\boldsymbol{y}_{22}$。在节点 1 处，有

$$\frac{0-\boldsymbol{V}_o}{8}=2\boldsymbol{I}_1+\frac{\boldsymbol{V}_o}{2}+\frac{\boldsymbol{V}_o-\boldsymbol{V}_2}{4}$$

因为 $\boldsymbol{I}_1=\dfrac{0-\boldsymbol{V}_o}{8}$，所以

$$0=-\frac{\boldsymbol{V}_o}{8}+\frac{\boldsymbol{V}_o}{2}+\frac{\boldsymbol{V}_o-\boldsymbol{V}_2}{4}$$

即

$$0=-\boldsymbol{V}_o+4\boldsymbol{V}_o+2\boldsymbol{V}_o-2\boldsymbol{V}_2 \quad\Rightarrow\quad \boldsymbol{V}_2=2.5\boldsymbol{V}_o$$

因此

$$\boldsymbol{y}_{12}=\frac{\boldsymbol{I}_1}{\boldsymbol{V}_2}=\frac{-\boldsymbol{V}_o/8}{2.5\boldsymbol{V}_o}=-0.05\text{S}$$

在节点 2 处，有

$$\frac{\boldsymbol{V}_o-\boldsymbol{V}_2}{4}+2\boldsymbol{I}_1+\boldsymbol{I}_2=0$$

即

$$-\boldsymbol{I}_2=0.25\boldsymbol{V}_o-\frac{1}{4}\times 2.5\boldsymbol{V}_o-\frac{2\boldsymbol{V}_o}{8}=-0.625\boldsymbol{V}_o$$

所以：

$$\boldsymbol{y}_{22}=\frac{\boldsymbol{I}_2}{\boldsymbol{V}_2}=\frac{0.625\boldsymbol{V}_o}{2.5\boldsymbol{V}_o}=0.25\mathrm{S}$$

注意，本例中 $\boldsymbol{y}_{12}$ 不等于 $\boldsymbol{y}_{21}$，因此网络不是互易网络。 ◀

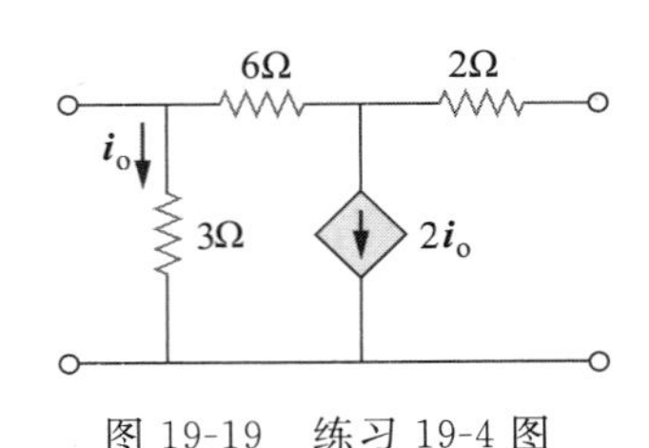

图 19-19 练习 19-4 图

练习 19-4 求图 19-19 所示电路中的 y 参数。

答案： $\boldsymbol{y}_{11}=625\mathrm{mS}$，$\boldsymbol{y}_{12}=-125\mathrm{mS}$，$\boldsymbol{y}_{21}=375\mathrm{mS}$，$\boldsymbol{y}_{22}=125\mathrm{mS}$。

19.4 混合参数和逆混合参数

二端口网络的 z 参数和 y 参数并不是总存在。所以有必要建立另外一组参数来描述二端口网络。第三组参数是以 $\boldsymbol{V}_1$ 与 $\boldsymbol{I}_2$ 作为独立变量而得到的，即

$$\boldsymbol{V}_1=\boldsymbol{h}_{11}\boldsymbol{I}_1+\boldsymbol{h}_{12}\boldsymbol{V}_2, \quad \boldsymbol{I}_2=\boldsymbol{h}_{21}\boldsymbol{I}_1+\boldsymbol{h}_{22}\boldsymbol{V}_2 \tag{19.14}$$

其矩阵形式为

$$\begin{bmatrix}\boldsymbol{V}_1\\ \boldsymbol{I}_2\end{bmatrix}=\begin{bmatrix}\boldsymbol{h}_{11} & \boldsymbol{h}_{12}\\ \boldsymbol{h}_{21} & \boldsymbol{h}_{22}\end{bmatrix}\begin{bmatrix}\boldsymbol{I}_1\\ \boldsymbol{V}_2\end{bmatrix}=[\boldsymbol{h}]\begin{bmatrix}\boldsymbol{I}_1\\ \boldsymbol{V}_2\end{bmatrix} \tag{19.15}$$

式中，$\boldsymbol{h}$ 称为混合参数(或简称 h 参数)，因为这组参数是由电压与电流之间的混合比构成的。h 参数在描述晶体管之类的电子器件时非常有用(参见 19.1 节)，对于这类器件而言，采用实验方法测量 h 参数要比测量 z 参数或 y 参数容易得多。实际上，式(19.7)描述的如图 19-6 所示的理想变压器不存在 z 参数，但是由于式(19.7)与式(19.17)形式一致，所以可以用混合参数描述理想变压器。

h 参数的值可以按下式确定：

$$\boldsymbol{h}_{11}=\left.\frac{\boldsymbol{V}_1}{\boldsymbol{I}_1}\right|_{\boldsymbol{V}_2=0}, \quad \boldsymbol{h}_{12}=\left.\frac{\boldsymbol{V}_1}{\boldsymbol{V}_2}\right|_{\boldsymbol{I}_1=0}, \quad \boldsymbol{h}_{21}=\left.\frac{\boldsymbol{I}_2}{\boldsymbol{I}_1}\right|_{\boldsymbol{V}_2=0}, \quad \boldsymbol{h}_{22}=\left.\frac{\boldsymbol{I}_2}{\boldsymbol{V}_2}\right|_{\boldsymbol{I}_1=0} \tag{19.16}$$

由式(19.16)显然可见，参数 $\boldsymbol{h}_{11}$、$\boldsymbol{h}_{12}$、$\boldsymbol{h}_{21}$、$\boldsymbol{h}_{22}$ 分别代表阻抗、电压增益、电流增益和导纳，因而称为混合参数。

$$\begin{aligned}\boldsymbol{h}_{11}&=\text{短路输入阻抗}\\ \boldsymbol{h}_{12}&=\text{开路逆电压增益}\\ \boldsymbol{h}_{21}&=\text{短路正电压增益}\\ \boldsymbol{h}_{22}&=\text{开路输出导纳}\end{aligned} \tag{19.17}$$

计算 h 参数的过程和计算 z 参数和 y 参数的过程相似。根据所要计算的参数，在适当的端口加电压源或电流源，将另一个端口短路或开路，并进行电路分析即可。对于互易网络，$h_{12}=-h_{21}$，其证明过程与证明 $z_{12}=z_{21}$ 的证明过程相同。图 19-20 给出了二端口网络的混合模型。

与 h 参数密切相关的另一组参数为是 g 参数或逆混合参数。利用 g 参数描述的端子电流与端子电压方程为：

$$\boldsymbol{I}_1=\boldsymbol{g}_{11}\boldsymbol{V}_1+\boldsymbol{g}_{12}\boldsymbol{I}_2, \quad \boldsymbol{V}_2=\boldsymbol{g}_{21}\boldsymbol{V}_1+\boldsymbol{g}_{22}\boldsymbol{I}_2 \tag{19.18}$$

图 19-20 二端口网络的 h 参数的等效网络

即

$$\begin{bmatrix} \boldsymbol{I}_1 \\ \boldsymbol{V}_2 \end{bmatrix} = \begin{bmatrix} \boldsymbol{g}_{11} & \boldsymbol{g}_{12} \\ \boldsymbol{g}_{21} & \boldsymbol{g}_{22} \end{bmatrix} \begin{bmatrix} \boldsymbol{V}_1 \\ \boldsymbol{I}_2 \end{bmatrix} = [\boldsymbol{g}] \begin{bmatrix} \boldsymbol{V}_1 \\ \boldsymbol{I}_2 \end{bmatrix} \tag{19.19}$$

g 参数的值可以由下式确定：

$$\boxed{\boldsymbol{g}_{11} = \frac{\boldsymbol{I}_1}{\boldsymbol{V}_1}\bigg|_{\boldsymbol{I}_2=0}, \quad \boldsymbol{g}_{12} = \frac{\boldsymbol{I}_1}{\boldsymbol{I}_2}\bigg|_{\boldsymbol{V}_1=0}, \quad \boldsymbol{g}_{21} = \frac{\boldsymbol{V}_2}{\boldsymbol{V}_1}\bigg|_{\boldsymbol{I}_2=0}, \quad \boldsymbol{g}_{22} = \frac{\boldsymbol{V}_2}{\boldsymbol{I}_2}\bigg|_{\boldsymbol{V}_1=0}} \tag{19.20}$$

因此，逆混合参数分别为：

$$\begin{aligned} \boldsymbol{g}_{11} &= \text{开路输入导纳} \\ \boldsymbol{g}_{12} &= \text{短路逆电流增益} \\ \boldsymbol{g}_{21} &= \text{开路正电压增益} \\ \boldsymbol{g}_{22} &= \text{短路输出阻抗} \end{aligned} \tag{19.21}$$

图 19-21 给出了二端口网络的 g 参数模型。g 参数通常用于场效应晶体管的建模。

例 19-5 求图 19-22 所示二端口网络的混合参数。

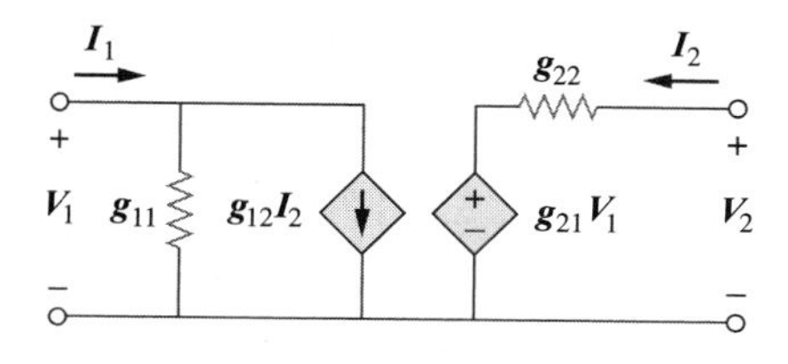

图 19-21 二端口网络 g 参数模型

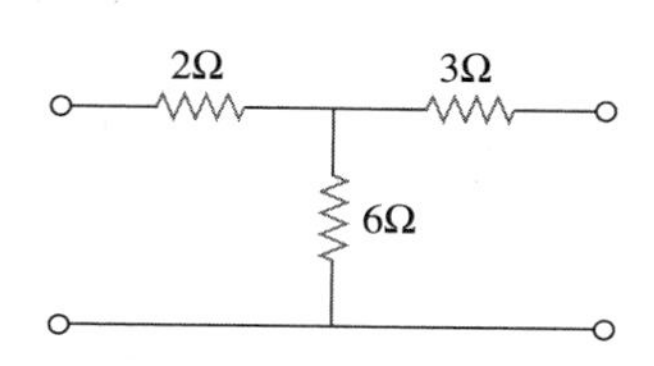

图 19-22 例 19-5 图

解： 为了确定 $\boldsymbol{h}_{11}$ 和 $\boldsymbol{h}_{21}$，需将输出端口短路，并且在输入端口连接一个电流源 $\boldsymbol{I}_1$ 如图 19-23a 所示，由图可知

$$\boldsymbol{V}_1 = \boldsymbol{I}_1(2 + 3 \| 6) = 4\boldsymbol{I}_1$$

因此，

$$\boldsymbol{h}_{11} = \frac{\boldsymbol{V}_1}{\boldsymbol{I}_1} = 4\Omega$$

并且，利用分流原理，由图 19-23a 可知

$$-\boldsymbol{I}_2 = \frac{6}{6+3}\boldsymbol{I}_1 = \frac{2}{3}\boldsymbol{I}_1$$

因此，

$$\boldsymbol{h}_{21} = \frac{\boldsymbol{I}_2}{\boldsymbol{I}_1} = -\frac{2}{3}$$

为了求得 $\boldsymbol{h}_{12}$ 和 $\boldsymbol{h}_{21}$，需将输入端口开路，并在输出端口加上电压源 $\boldsymbol{V}_2$，如图 19-23b 所示，根据分压原理得

$$\boldsymbol{V}_1 = \frac{6}{6+3}\boldsymbol{V}_2 = \frac{2}{3}\boldsymbol{V}_2$$

因此，

$$\boldsymbol{h}_{12} = \frac{\boldsymbol{V}_1}{\boldsymbol{V}_2} = \frac{2}{3}$$

另外，

$$\boldsymbol{V}_2 = (3+6)\boldsymbol{I}_2 = 9\boldsymbol{I}_2$$

因此，

$$\boldsymbol{h}_{22} = \frac{\boldsymbol{I}_2}{\boldsymbol{V}_2} = \frac{1}{9}\text{S}$$

◀

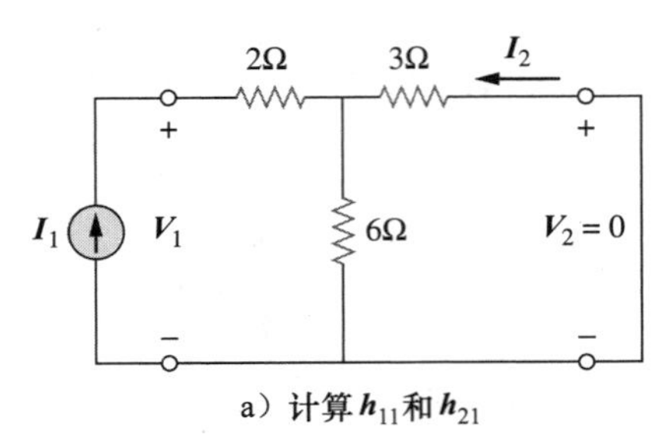

a）计算 h_{11} 和 h_{21}

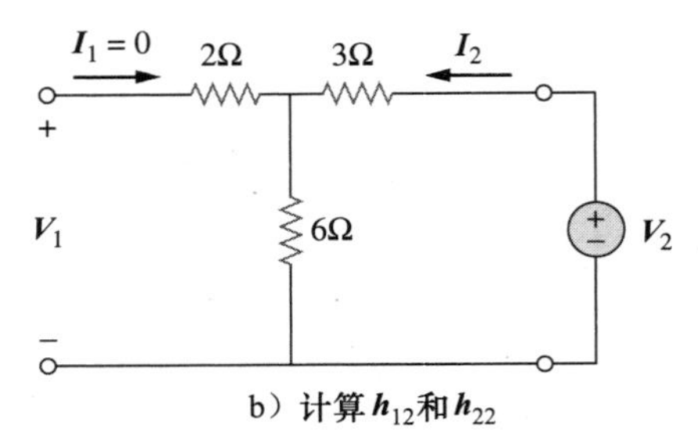

b）计算 h_{12} 和 h_{22}

图 19-23　求解例 19-5 图

练习 19-5　求图 19-24 所示电路的 h 参数。

答案：$h_{11}=1.2\Omega$，$h_{12}=0.4$，$h_{21}=-0.4$，$h_{22}=400\text{mS}$。

例 19-6 求图 19-25 所示电路从输出端口看进去的戴维南等效电路。

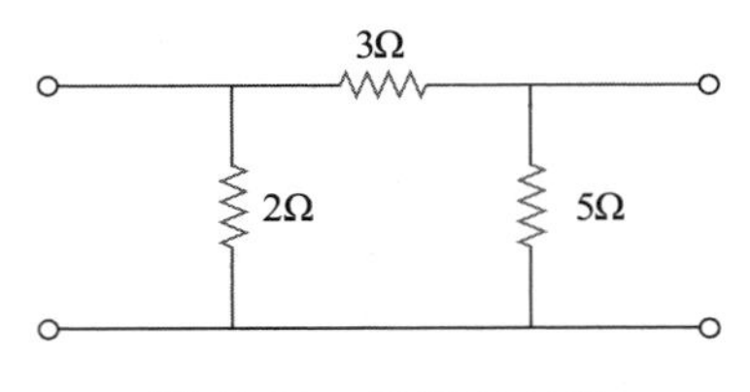

图 19-24　练习 19-5 图

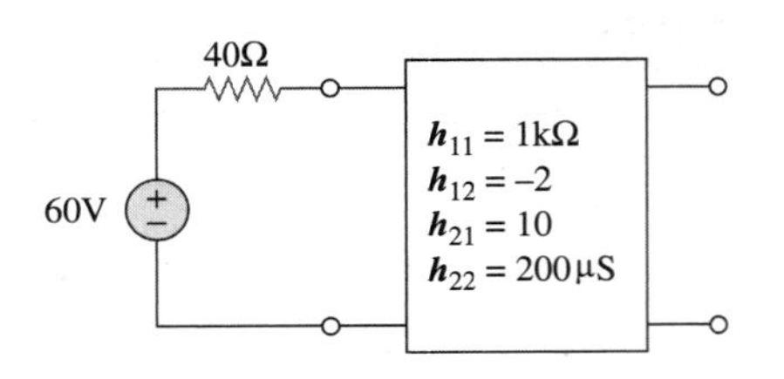

图 19-25　例 19-6 图

解：采用确定戴维南等效 Z_{Th} 和 V_{Th} 的通用过程求解本例，其间会用到 h 参数模型中描述输入端口与输出端口关系的公式。确定 Z_{Th} 时，需将输入端的 60V 的电压源短路，并在输出端加上一个 1V 的电压源，如图 19-26a 所示。由式(19.14)得

$$V_1=h_{11}I_1+h_{12}V_2 \tag{19.6.1}$$

$$I_2=h_{21}I_1+h_{22}V_2 \tag{19.6.2}$$

$V_2=1\text{V}$，$V_1=-40I_1$。将其代入式 19.6.1 和 19.6.2 中，可以得到

$$-40I_1=h_{11}I_1+h_{12}\quad\Rightarrow\quad I_1=-\frac{h_{12}}{40+h_{11}} \tag{19.6.3}$$

$$I_2=h_{21}I_1+h_{22} \tag{19.6.4}$$

将式(19.6.3)代入式(19.6.4)中得

$$I_2=h_{22}-\frac{h_{21}h_{12}}{h_{11}+40}=\frac{h_{11}h_{22}-h_{21}h_{12}+h_{22}\times 40}{h_{11}+40}$$

因此，

$$Z_{Th}=\frac{V_2}{I_2}=\frac{1}{I_2}=\frac{h_{11}+40}{h_{11}h_{22}-h_{21}h_{12}+h_{22}\times 40}$$

代入 h 参数的值，可得

$$Z_{Th}=\frac{1000+40}{10^3\times 200\times 10^{-6}+20+40\times 200\times 10^{-6}}=\frac{1040}{20.21}=51.46(\Omega)$$

为了求出 V_{Th}，需确定图 19-26b 所示开路电压 V_2。在输入端，有

$$-60+40I_1+V_1=0\quad\Rightarrow\quad V_1=60-40I_1 \tag{19.6.5}$$

在输出端，有

$$I_2=0 \tag{19.6.6}$$

将式(19.6.5)和式(19.6.6)代入式(19.6.1)和式(19.6.2)中，可以得到

$$60-40I_1=h_{11}I_1+h_{12}V_2$$

即

$$60=(\boldsymbol{h}_{11}+40)\boldsymbol{I}_1+\boldsymbol{h}_{12}\boldsymbol{V}_2 \tag{19.6.7}$$

并且

$$0=\boldsymbol{h}_{21}\boldsymbol{I}_1+\boldsymbol{h}_{22}\boldsymbol{V}_2 \quad \Rightarrow \quad \boldsymbol{I}_1=-\frac{\boldsymbol{h}_{22}}{\boldsymbol{h}_{21}}\boldsymbol{V}_2 \tag{19.6.8}$$

将式(19.6.8)代入式(19.6.7)中得到

$$60=\left[-(\boldsymbol{h}_{11}+40)\frac{\boldsymbol{h}_{22}}{\boldsymbol{h}_{21}}+\boldsymbol{h}_{12}\right]\boldsymbol{V}_2$$

即

$$\boldsymbol{V}_{\mathrm{Th}}=\boldsymbol{V}_2=\frac{60}{-(\boldsymbol{h}_{11}+40)\boldsymbol{h}_{22}/\boldsymbol{h}_{21}+\boldsymbol{h}_{12}}=\frac{60\boldsymbol{h}_{21}}{\boldsymbol{h}_{12}\boldsymbol{h}_{21}-\boldsymbol{h}_{11}\boldsymbol{h}_{22}-40\boldsymbol{h}_{22}}$$

把 h 参数的值代入，得

$$\boldsymbol{V}_{\mathrm{Th}}=\frac{60\times 10}{-20.21}=-29.69(\mathrm{V})$$

◀

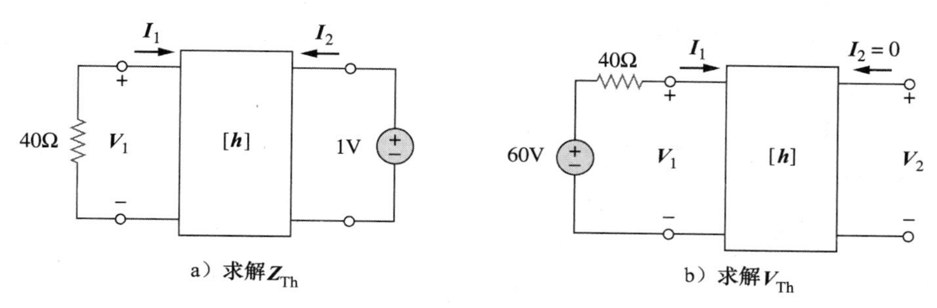

图 19-26　求解例 19-6 图

练习 19-6　求图 19-27 所示电路的输入阻抗。　**答案：** 1.6667kΩ。

例 19-7　求图 19-28 所示电路 s 域的 g 参数。

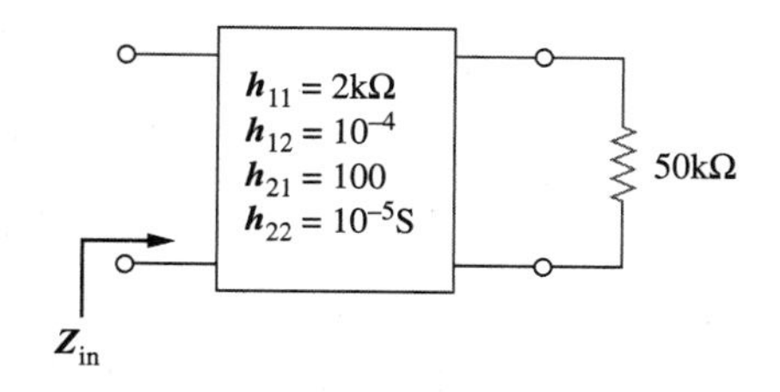

图 19-27　练习 19-6 图

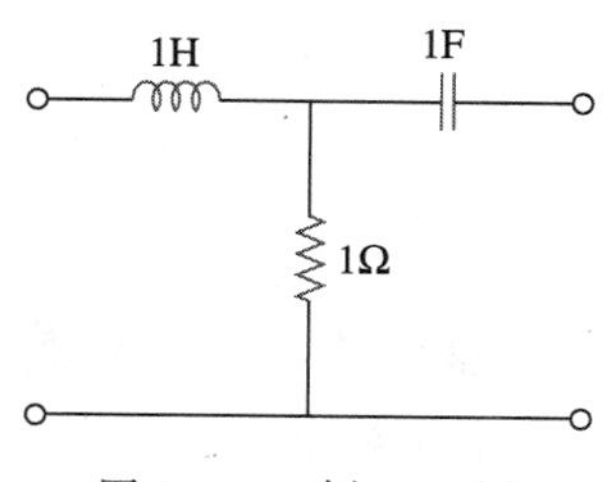

图 19-28　例 19-7 图

解： 在 s 域中，

$$1\mathrm{H} \quad \Rightarrow \quad sL=s, \qquad 1\mathrm{F} \quad \Rightarrow \quad \frac{1}{sC}=\frac{1}{s}$$

为了确定 $\boldsymbol{g}_{11}$ 和 $\boldsymbol{g}_{21}$，需将输出端开路，并且在输入端连接电压源 $\boldsymbol{V}_1$。如图 19-29a 所示，由图可知

$$\boldsymbol{I}_1=\frac{\boldsymbol{V}_1}{s+1}$$

即

$$\boldsymbol{g}_{11}=\frac{\boldsymbol{I}_1}{\boldsymbol{V}_1}=\frac{1}{s+1}$$

根据分压原理可得

$$\mathbf{V}_2=\frac{1}{s+1}\mathbf{V}_1$$

即

$$\boldsymbol{g}_{21}=\frac{\mathbf{V}_2}{\mathbf{V}_1}=\frac{1}{s+1}$$

为了确定 $\boldsymbol{g}_{12}$ 和 $\boldsymbol{g}_{22}$，需将输入端短路，并且在输出端连接一个电流源 $\boldsymbol{I}_2$。如图 19-29a 所示，由图可知

$$\boldsymbol{I}_1=-\frac{1}{s+1}\boldsymbol{I}_2$$

即：

$$\boldsymbol{g}_{12}=\frac{\boldsymbol{I}_1}{\boldsymbol{I}_2}=-\frac{1}{s+1}$$

且

$$\mathbf{V}_2=\boldsymbol{I}_2\left(\frac{1}{s}+s\parallel 1\right)$$

即

$$\boldsymbol{g}_{22}=\frac{\mathbf{V}_2}{\boldsymbol{I}_2}=\frac{1}{s}+\frac{s}{s+1}=\frac{s^2+s+1}{s(s+1)}$$

因此，

$$[\boldsymbol{g}]=\begin{bmatrix}\dfrac{1}{s+1} & -\dfrac{1}{s+1}\\ \dfrac{1}{s+1} & \dfrac{s^2+s+1}{s(s+1)}\end{bmatrix}$$ ◀

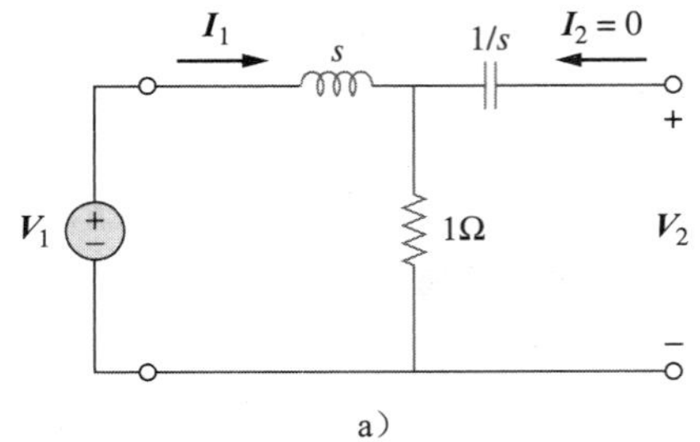

a)

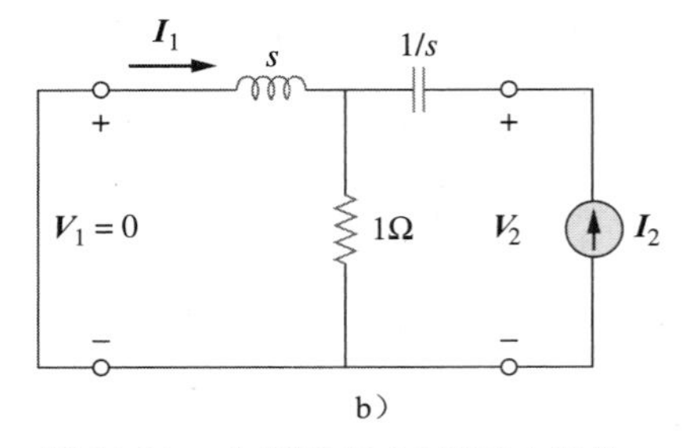

b)

图 19-29 求解图 19-28 所示电路的 s 域的 g 参数

练习 19-7 求图 19-30 所示梯形网络中 s 域的 g 参数。

答案： $[\boldsymbol{g}]=\begin{bmatrix}\dfrac{s+2}{s^2+3s+1} & -\dfrac{1}{s^2+3s+1}\\ \dfrac{1}{s^2+3s+1} & \dfrac{s(s+2)}{s^2+3s+1}\end{bmatrix}$。

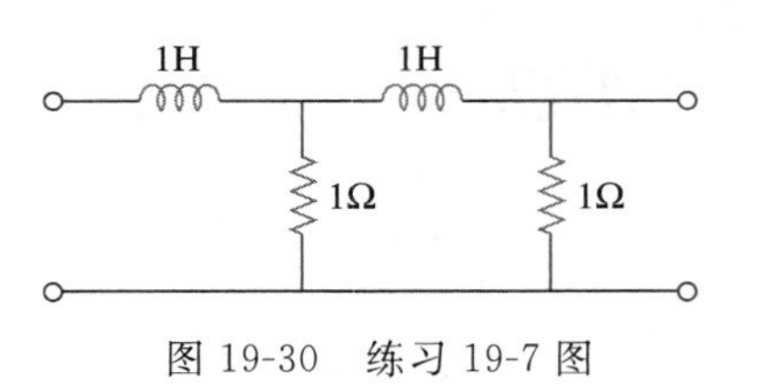

图 19-30 练习 19-7 图

19.5 传输参数和反向传输参数

对于端子电压和电流，哪个作为独立变量或哪个作为受控变量没有限制，所以，可以产生很多组不同的参数。其中一组参数表示了输入端口变量和输出端口变量之间关系，因此，

$$\boxed{\mathbf{V}_1=\boldsymbol{A}\mathbf{V}_2-\boldsymbol{B}\boldsymbol{I}_2,\quad \boldsymbol{I}_1=\boldsymbol{C}\mathbf{V}_2-\boldsymbol{D}\boldsymbol{I}_2} \tag{19.22}$$

即

$$\begin{bmatrix}\mathbf{V}_1\\ \boldsymbol{I}_1\end{bmatrix}=\begin{bmatrix}\boldsymbol{A} & \boldsymbol{B}\\ \boldsymbol{C} & \boldsymbol{D}\end{bmatrix}\begin{bmatrix}\mathbf{V}_2\\ -\boldsymbol{I}_2\end{bmatrix}=[\boldsymbol{T}]\begin{bmatrix}\mathbf{V}_2\\ -\boldsymbol{I}_2\end{bmatrix} \tag{19.23}$$

式(19.22)和式(19.23)给出了输入变量($\mathbf{V}_1$ 和 $\boldsymbol{I}_1$)和输出变量($\mathbf{V}_2$ 和 $-\boldsymbol{I}_2$)之间的关系。注意，在计算传输参数时，用的是 $-\boldsymbol{I}_2$ 而不是 $\boldsymbol{I}_2$，因为电流是流出网络的，如图 19-31 所示，与图 19-1b 所示的流入网络的电流方向相反。这种方向的规定是符合常理的，

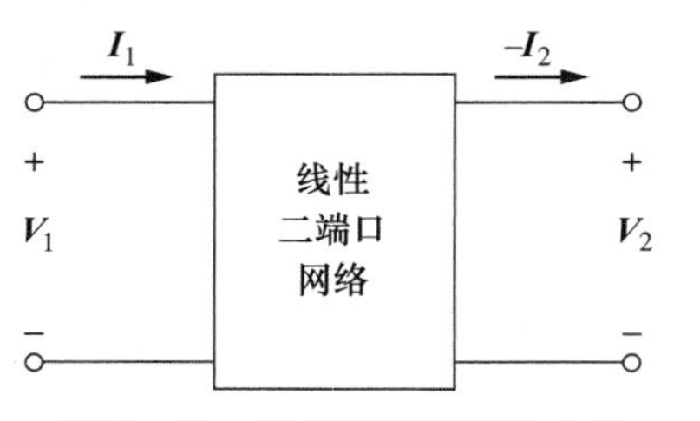

图 19-31 终端变量被用来定义 ***ABCD*** 参数

如果将两个二端口网络级联(输出端到输入端)，通常认为 $\boldsymbol{I}_2$ 是从二端口网络流出的。同时在电力工业中，认为 $\boldsymbol{I}_2$ 从双口网络流出也是合理的。

式(19.22)和式(19.23)中的二端口参数提供了电路如何从电源向负载传输电压和电流的一种度量方法。因为这种参数表达的是接收端变量($\boldsymbol{V}_2$ 和 $-\boldsymbol{I}_2$)与发送端变量($\boldsymbol{V}_1$ 和 $\boldsymbol{I}_1$)之间的关系，所以它们在传输线(如电缆、光缆等)分析中是非常有用。因此，通常称其为传输参数，或者称其为 ***ABCD*** 参数或 ***T*** 参数。传输参数可以用在电话系统、微波网络和雷达系统的设计中。

传输参数可以通过下式确定：

$$\boxed{\boldsymbol{A}=\left.\frac{\boldsymbol{V}_1}{\boldsymbol{V}_2}\right|_{\boldsymbol{I}_2=0},\quad \boldsymbol{B}=-\left.\frac{\boldsymbol{V}_1}{\boldsymbol{I}_2}\right|_{\boldsymbol{V}_2=0},\quad \boldsymbol{C}=\left.\frac{\boldsymbol{I}_1}{\boldsymbol{V}_2}\right|_{\boldsymbol{I}_2=0},\quad \boldsymbol{D}=-\left.\frac{\boldsymbol{I}_1}{\boldsymbol{I}_2}\right|_{\boldsymbol{V}_2=0}} \tag{19.24}$$

因此，传输参数分别为：

$$\begin{aligned}\boldsymbol{A}&=\text{开路电压比}\\ \boldsymbol{B}&=\text{负短路转移阻抗}\\ \boldsymbol{C}&=\text{开路转移导纳}\\ \boldsymbol{D}&=\text{负短路电流比}\end{aligned} \tag{19.25}$$

参数 $\boldsymbol{A}$ 和 $\boldsymbol{D}$ 没有量纲，参数 $\boldsymbol{B}$ 的单位为欧姆，参数 $\boldsymbol{C}$ 的单位为西门子。因为传输参数提供了输入变量和输出变量的直接关系，因此在级联网络的分析中非常有用。

本节要介绍的二端口网络的最后一组参数是将输入端的变量作为自变量，将输出端的变量作为因变量，其方程为：

$$\boxed{\boldsymbol{V}_2=\boldsymbol{a}\boldsymbol{V}_1-\boldsymbol{b}\boldsymbol{I}_1,\quad \boldsymbol{I}_2=\boldsymbol{c}\boldsymbol{V}_1-\boldsymbol{d}\boldsymbol{I}_1} \tag{19.26}$$

即

$$\begin{bmatrix}\boldsymbol{V}_2\\ \boldsymbol{I}_2\end{bmatrix}=\begin{bmatrix}\boldsymbol{a} & \boldsymbol{b}\\ \boldsymbol{c} & \boldsymbol{d}\end{bmatrix}\begin{bmatrix}\boldsymbol{V}_1\\ -\boldsymbol{I}_1\end{bmatrix}=[\boldsymbol{t}]\begin{bmatrix}\boldsymbol{V}_1\\ -\boldsymbol{I}_1\end{bmatrix} \tag{19.27}$$

参数 a、b、c 和 d 称为反向传输参数，或者称为 t 参数。其定义如下：

$$\boxed{\boldsymbol{a}=\left.\frac{\boldsymbol{V}_2}{\boldsymbol{V}_1}\right|_{\boldsymbol{I}_1=0},\quad \boldsymbol{b}=-\left.\frac{\boldsymbol{V}_2}{\boldsymbol{I}_1}\right|_{\boldsymbol{V}_1=0},\quad \boldsymbol{c}=\left.\frac{\boldsymbol{I}_2}{\boldsymbol{V}_1}\right|_{\boldsymbol{I}_1=0},\quad \boldsymbol{d}=-\left.\frac{\boldsymbol{I}_2}{\boldsymbol{I}_1}\right|_{\boldsymbol{V}_1=0}} \tag{19.28}$$

由式(19.28)可得，这组参数分别为：

$$\begin{aligned}\boldsymbol{a}&=\text{开路电压增益}\\ \boldsymbol{b}&=\text{负短路转移阻抗}\\ \boldsymbol{c}&=\text{开路转移导纳}\\ \boldsymbol{d}&=\text{负短路电流增益}\end{aligned} \tag{19.29}$$

参数 $\boldsymbol{a}$ 和 $\boldsymbol{d}$ 没有量纲，参数 $\boldsymbol{b}$ 和 $\boldsymbol{c}$ 的单位分别是欧姆和西门子。

如果二端口网络的传输参数或反向传输参数满足

$$\boxed{\boldsymbol{AD}-\boldsymbol{BC}=1,\quad \boldsymbol{ad}-\boldsymbol{bc}=1} \tag{19.30}$$

则该网络为互易网络。

这组关系式的证明方法与 z 参数转移阻抗的证明方法相同。另外，稍后还可以利用表 19-1，从互易网络 $\boldsymbol{z}_{12}=\boldsymbol{z}_{21}$ 的性质来推导式(19.30)。

例 19-8 求图 19-32 所示二端口网络的传输参数。

解： 为了确定参数 $\boldsymbol{A}$ 和 $\boldsymbol{C}$，需将输出端开路，如图 19-33a 所示，即 $\boldsymbol{I}_2=0$，并在输入端加上电压源 $\boldsymbol{V}_1$，则有

$$\boldsymbol{V}_1=(10+20)\boldsymbol{I}_1=30\boldsymbol{I}_1,\quad \boldsymbol{V}_2=20\boldsymbol{I}_1-3\boldsymbol{I}_1=17\boldsymbol{I}_1$$

因此，

$$\mathbf{A}=\frac{\mathbf{V}_1}{\mathbf{V}_2}=\frac{30\mathbf{I}_1}{17\mathbf{I}_1}=1.765,\quad \mathbf{C}=\frac{\mathbf{I}_1}{\mathbf{V}_2}=\frac{\mathbf{I}_1}{17\mathbf{I}_1}=0.0588\mathrm{S}$$

为了确定参数 $\mathbf{B}$ 和 $\mathbf{D}$，需将输出端口短路，使得 $\mathbf{V}_2=0$，如图 19-33b 所示，并且在输入端加上电压源 $\mathbf{V}_1$。在图 19-33b 电路的节点 a 处，由 KCL 可以得到

$$\frac{\mathbf{V}_1-\mathbf{V}_a}{10}-\frac{\mathbf{V}_a}{20}+\mathbf{I}_2=0 \tag{19.8.1}$$

由 $\mathbf{V}_a=3\mathbf{I}_1$ 和 $\mathbf{I}_1=(\mathbf{V}_1-\mathbf{V}_a)/10$，合并得到

$$\mathbf{V}_a=3\mathbf{I}_1\quad \mathbf{V}_1=13\mathbf{I}_1 \tag{19.8.2}$$

把式(19.8.2)代入式(19.8.1)，并用 $\mathbf{I}_1$ 替换第一项，得到

$$\mathbf{I}_1-\frac{3\mathbf{I}_1}{20}+\mathbf{I}_2=0\quad\Rightarrow\quad\frac{17}{20}\mathbf{I}_1=-\mathbf{I}_2$$

因此，

$$\mathbf{D}=-\frac{\mathbf{I}_1}{\mathbf{I}_2}=\frac{20}{17}=1.176,\quad \mathbf{B}=-\frac{\mathbf{V}_1}{\mathbf{I}_2}=\frac{-13\mathbf{I}_1}{(-17/20)\mathbf{I}_1}=15.29\Omega$$

◀

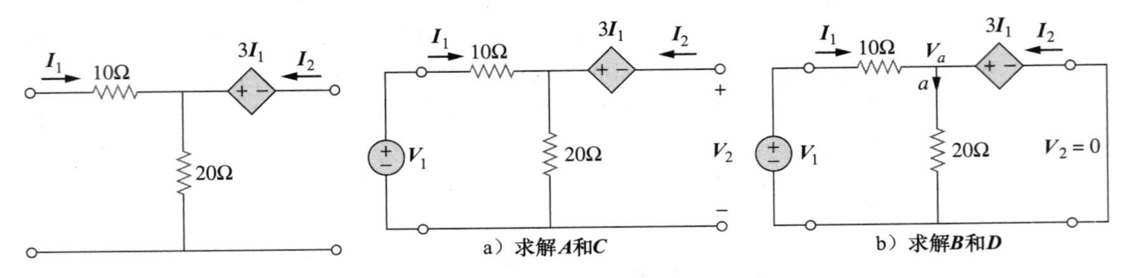

图 19-32　例 19-8 图①

图 19-33　例 19-8 图②

练习 19-8　求图 19-16 所示电路(参见练习 19-3)的传输参数。

答案：$\mathbf{A}=1.5$，$\mathbf{B}=11\Omega$，$\mathbf{C}=0.25\mathrm{S}$，$\mathbf{D}=2.5$。

例 19-9　图 19-34 中的二端口网络的 $\mathbf{ABCD}$ 参数是

$$\begin{bmatrix}4 & 20\Omega\\ 0.1\mathrm{S} & 2\end{bmatrix}$$

为了实现最大功率传输，将一可变负载与输出端口相连接，试求 R_L 和传输的最大功率。

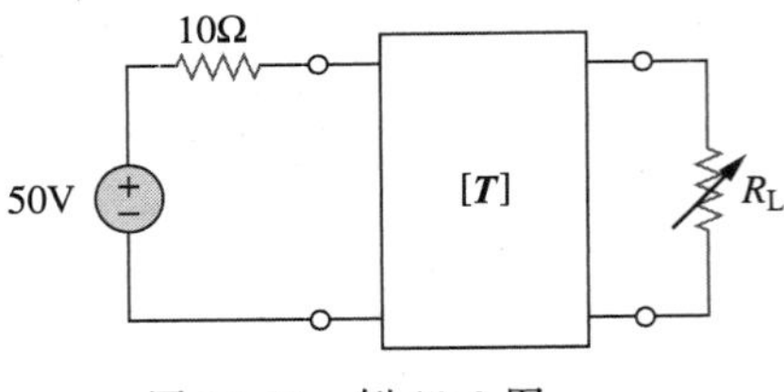

图 19-34　例 19-9 图

解：本题需求负载端或输出端的戴维南等效参数($\mathbf{Z}_{Th}$ 和 $\mathbf{V}_{Th}$)。下面利用图 19-35a 电路来求 $\mathbf{Z}_{Th}$，目的是得到 $\mathbf{Z}_{Th}=\mathbf{V}_2/\mathbf{I}_2$。把已知参数 $\mathbf{ABCD}$ 代入式(19.22)，可以得到

$$\mathbf{V}_1=4\mathbf{V}_2-20\mathbf{I}_2 \tag{19.9.1}$$

$$\mathbf{I}_1=0.1\mathbf{V}_2-2\mathbf{I}_2 \tag{19.9.2}$$

在输入端口，$\mathbf{V}_1=-10\mathbf{I}_1$，将其代入式(19.9.1)可以得到

$$-10\mathbf{I}_1=4\mathbf{V}_2-20\mathbf{I}_2$$

即

$$\mathbf{I}_1=-0.4\mathbf{V}_2+2\mathbf{I}_2 \tag{19.9.3}$$

令式(19.9.2)和式(19.9.3)的右边相等，可以得到

$$0.1\mathbf{V}_2-2\mathbf{I}_2=-0.4\mathbf{V}_2+2\mathbf{I}_2\quad\Rightarrow\quad 0.5\mathbf{V}_2=4\mathbf{I}_2$$

因此，

$$\mathbf{Z}_{\mathrm{Th}}=\frac{\mathbf{V}_2}{\mathbf{I}_2}=\frac{4}{0.5}=8(\Omega)$$

下面利用图 19-35(b)所示电路求解 $\mathbf{V}_{\mathrm{Th}}$。在输出端处，$\mathbf{I}_2=0$，而在输入端处，$\mathbf{V}_1=50-10\mathbf{I}_1$。把这些代入式(19.9.1)和式(19.9.2)中，得到

$$50-10\mathbf{I}_1=4\mathbf{V}_2 \tag{19.9.4}$$

$$\mathbf{I}_1=0.1\mathbf{V}_2 \tag{19.9.5}$$

把式(19.9.5)代入式(19.9.4)中，

$$50-\mathbf{V}_2=4\mathbf{V}_2 \quad \Rightarrow \quad \mathbf{V}_2=10$$

因此，

$$\mathbf{V}_{\mathrm{Th}}=\mathbf{V}_2=10\mathrm{V}$$

戴维南等效电路如图 19-35c 所示，实现最大功率传输时，有

$$\mathbf{R}_{\mathrm{L}}=\mathbf{Z}_{\mathrm{Th}}=8\Omega$$

由式(4.24)可知，传输的最大功率为

$$P=I^2R_{\mathrm{L}}=\left(\frac{\mathbf{V}_{\mathrm{Th}}}{2R_{\mathrm{L}}}\right)^2R_{\mathrm{L}}=\frac{\mathbf{V}_{\mathrm{Th}}^2}{4R_{\mathrm{L}}}=\frac{100}{4\times 8}=3.125(\mathrm{W})$$ ◀

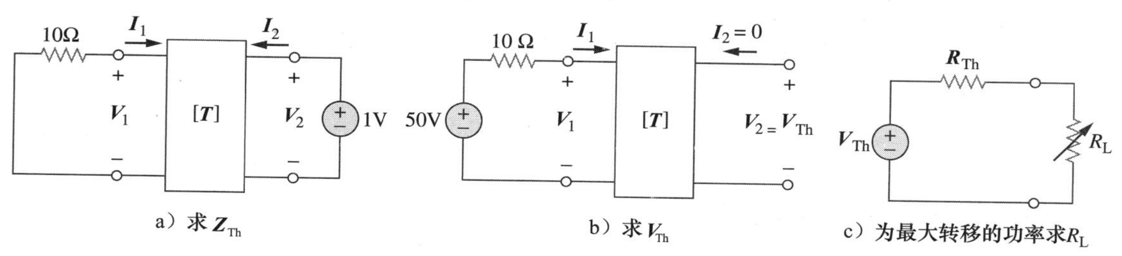

a) 求 $\mathbf{Z}_{\mathrm{Th}}$　　b) 求 $\mathbf{V}_{\mathrm{Th}}$　　c) 为最大转移的功率求 R_{L}

图 19-35　求解例 19-9 图

练习 19-9　如果如图 19-36 所示二端口网络传输参数为

$$\begin{bmatrix} 5 & 10\Omega \\ 0.4\mathrm{S} & 1 \end{bmatrix}$$

求 $\mathbf{I}_1$ 和 $\mathbf{I}_2$。　　**答案：** 1A，−0.2A。

图 19-36　练习 19-9 图

† 19.6　六组参数之间的关系

由于前几节介绍的六组参数描述的是同一二端口网络的相同输入端和输出端变量之间的关系，所以，它们彼此之间是可以相互换算的。如果两组参数存在，则可以建立这两组参数之间的关系。下面通过两个例子说明这一过程。

已知 z 参数，要确定 y 参数，由式(19.2)可以得到

$$\begin{bmatrix} \mathbf{V}_1 \\ \mathbf{V}_2 \end{bmatrix}=\begin{bmatrix} \mathbf{z}_{11} & \mathbf{z}_{12} \\ \mathbf{z}_{21} & \mathbf{z}_{22} \end{bmatrix}\begin{bmatrix} \mathbf{I}_1 \\ \mathbf{I}_2 \end{bmatrix}=[\mathbf{z}]\begin{bmatrix} \mathbf{I}_1 \\ \mathbf{I}_2 \end{bmatrix} \tag{19.31}$$

即

$$\begin{bmatrix} \mathbf{I}_1 \\ \mathbf{I}_2 \end{bmatrix}=[\mathbf{z}]^{-1}\begin{bmatrix} \mathbf{V}_1 \\ \mathbf{V}_2 \end{bmatrix} \tag{19.32}$$

同样，由式(19.9)可以得到

$$\begin{bmatrix} \mathbf{I}_1 \\ \mathbf{I}_2 \end{bmatrix}\begin{bmatrix} \mathbf{y}_{11} & \mathbf{y}_{12} \\ \mathbf{y}_{21} & \mathbf{y}_{22} \end{bmatrix}\begin{bmatrix} \mathbf{V}_1 \\ \mathbf{V}_2 \end{bmatrix}=[\mathbf{y}]\begin{bmatrix} \mathbf{V}_1 \\ \mathbf{V}_2 \end{bmatrix} \tag{19.33}$$

比较式(19.32)和式(19.33)，可知

$$[\boldsymbol{y}]=[\boldsymbol{z}]^{-1} \tag{19.34}$$

矩阵[$\boldsymbol{z}$]的伴随矩阵是

$$\begin{bmatrix} \boldsymbol{z}_{22} & -\boldsymbol{z}_{12} \\ -\boldsymbol{z}_{21} & \boldsymbol{z}_{11} \end{bmatrix}$$

其行列式是

$$\Delta_z=\boldsymbol{z}_{11}\boldsymbol{z}_{22}-\boldsymbol{z}_{12}\boldsymbol{z}_{21}$$

代入式(19.34)，可以得到

$$\begin{bmatrix} \boldsymbol{y}_{11} & \boldsymbol{y}_{12} \\ \boldsymbol{y}_{21} & \boldsymbol{y}_{22} \end{bmatrix}=\frac{\begin{bmatrix} \boldsymbol{z}_{22} & -\boldsymbol{z}_{12} \\ -\boldsymbol{z}_{21} & \boldsymbol{z}_{11} \end{bmatrix}}{\Delta_z} \tag{19.35}$$

令对应项相等，可得

$$\boldsymbol{y}_{11}=\frac{\boldsymbol{z}_{22}}{\Delta_z},\quad \boldsymbol{y}_{12}=-\frac{\boldsymbol{z}_{12}}{\Delta_z},\quad \boldsymbol{y}_{21}=-\frac{\boldsymbol{z}_{21}}{\Delta_z},\quad \boldsymbol{y}_{22}=\frac{\boldsymbol{z}_{11}}{\Delta_z} \tag{19.36}$$

第二个例子是已知 z 参数，要确定 h 参数。由式(19.1)可得

$$\boldsymbol{V}_1=\boldsymbol{z}_{11}\boldsymbol{I}_1+\boldsymbol{z}_{12}\boldsymbol{I}_2 \tag{19.37a}$$

$$\boldsymbol{V}_2=\boldsymbol{z}_{21}\boldsymbol{I}_1+\boldsymbol{z}_{22}\boldsymbol{I}_2 \tag{19.37b}$$

由式(19.37b)得到 $\boldsymbol{I}_2$ 为

$$\boldsymbol{I}_2=-\frac{\boldsymbol{z}_{21}}{\boldsymbol{z}_{22}}\boldsymbol{I}_1+\frac{1}{\boldsymbol{z}_{22}}\boldsymbol{V}_2 \tag{19.38}$$

把其代入式(19.37a)得到

$$\boldsymbol{V}_1=\frac{\boldsymbol{z}_{11}\boldsymbol{z}_{22}-\boldsymbol{z}_{12}\boldsymbol{z}_{21}}{\boldsymbol{z}_{22}}\boldsymbol{I}_1+\frac{\boldsymbol{z}_{12}}{\boldsymbol{z}_{22}}\boldsymbol{V}_2 \tag{19.39}$$

将式(19.38)和式(19.39)表示成矩阵形式，即

$$\begin{bmatrix} \boldsymbol{V}_1 \\ \boldsymbol{I}_2 \end{bmatrix}=\begin{bmatrix} \dfrac{\Delta_z}{\boldsymbol{z}_{22}} & \dfrac{\boldsymbol{z}_{12}}{\boldsymbol{z}_{22}} \\ -\dfrac{\boldsymbol{z}_{21}}{\boldsymbol{z}_{22}} & \dfrac{1}{\boldsymbol{z}_{22}} \end{bmatrix}\begin{bmatrix} \boldsymbol{I}_1 \\ \boldsymbol{V}_2 \end{bmatrix} \tag{19.40}$$

由式(19.15)可知

$$\begin{bmatrix} \boldsymbol{V}_1 \\ \boldsymbol{I}_2 \end{bmatrix}=\begin{bmatrix} \boldsymbol{h}_{11} & \boldsymbol{h}_{12} \\ \boldsymbol{h}_{21} & \boldsymbol{h}_{22} \end{bmatrix}\begin{bmatrix} \boldsymbol{I}_1 \\ \boldsymbol{V}_2 \end{bmatrix}$$

把它与式(19.40)相比较，可以得到

$$\boldsymbol{h}_{11}=\frac{\Delta_z}{\boldsymbol{z}_{22}},\quad \boldsymbol{h}_{12}=\frac{\boldsymbol{z}_{12}}{\boldsymbol{z}_{22}},\quad \boldsymbol{h}_{21}=-\frac{\boldsymbol{z}_{21}}{\boldsymbol{z}_{22}},\quad \boldsymbol{h}_{22}=\frac{1}{\boldsymbol{z}_{22}} \tag{19.41}$$

表 19-1 提供了六组二端口参数之间转换公式。已知其中一组参数，可以利用表 19-1 求出其他参数。例如，已知 T 参数，可以利用第三行第五列公式来求相应的 h 参数。

表 19-1　二端口参数之间的转换

	$\boldsymbol{z}$		$\boldsymbol{y}$		$\boldsymbol{h}$		$\boldsymbol{g}$		$\boldsymbol{T}$		$\boldsymbol{t}$	
$\boldsymbol{z}$	$\boldsymbol{z}_{11}$	$\boldsymbol{z}_{12}$	$\frac{\boldsymbol{y}_{22}}{\Delta_y}$	$-\frac{\boldsymbol{y}_{12}}{\Delta_y}$	$\frac{\Delta_h}{\boldsymbol{h}_{22}}$	$\frac{\boldsymbol{h}_{12}}{\boldsymbol{h}_{22}}$	$\frac{1}{\boldsymbol{g}_{11}}$	$-\frac{\boldsymbol{g}_{12}}{\boldsymbol{g}_{11}}$	$\frac{\boldsymbol{A}}{\boldsymbol{C}}$	$\frac{\Delta_T}{\boldsymbol{C}}$	$\frac{\boldsymbol{d}}{\boldsymbol{c}}$	$\frac{1}{\boldsymbol{c}}$
	$\boldsymbol{z}_{21}$	$\boldsymbol{z}_{22}$	$-\frac{\boldsymbol{y}_{21}}{\Delta_y}$	$\frac{\boldsymbol{y}_{11}}{\Delta_y}$	$-\frac{\boldsymbol{h}_{21}}{\boldsymbol{h}_{22}}$	$\frac{1}{\boldsymbol{h}_{22}}$	$\frac{\boldsymbol{g}_{21}}{\boldsymbol{g}_{11}}$	$\frac{\Delta_g}{\boldsymbol{g}_{11}}$	$\frac{1}{\boldsymbol{C}}$	$\frac{\boldsymbol{D}}{\boldsymbol{C}}$	$\frac{\Delta_t}{\boldsymbol{c}}$	$\frac{\boldsymbol{a}}{\boldsymbol{c}}$

（续）

	z		y		h		g		T		t	
y	$\frac{z_{22}}{\Delta_z}$	$-\frac{z_{12}}{\Delta_z}$	y_{11}	y_{12}	$\frac{1}{h_{11}}$	$-\frac{h_{12}}{h_{11}}$	$\frac{\Delta_g}{g_{22}}$	$\frac{g_{12}}{g_{22}}$	$\frac{D}{B}$	$-\frac{\Delta_T}{B}$	$\frac{a}{b}$	$-\frac{1}{b}$
	$-\frac{z_{21}}{\Delta_z}$	$\frac{z_{11}}{\Delta_z}$	y_{21}	y_{22}	$\frac{h_{21}}{h_{11}}$	$\frac{\Delta_h}{h_{11}}$	$-\frac{g_{21}}{g_{22}}$	$\frac{1}{g_{22}}$	$-\frac{1}{B}$	$\frac{A}{B}$	$-\frac{\Delta_t}{b}$	$\frac{d}{b}$
h	$\frac{\Delta_z}{z_{22}}$	$\frac{z_{12}}{z_{22}}$	$\frac{1}{y_{11}}$	$-\frac{y_{12}}{y_{11}}$	h_{11}	h_{12}	$\frac{g_{22}}{\Delta_g}$	$-\frac{g_{12}}{\Delta_g}$	$\frac{B}{D}$	$\frac{\Delta_T}{D}$	$\frac{b}{a}$	$\frac{1}{a}$
	$-\frac{z_{21}}{z_{22}}$	$\frac{1}{z_{22}}$	$\frac{y_{21}}{y_{11}}$	$\frac{\Delta_y}{y_{11}}$	h_{21}	h_{22}	$-\frac{g_{21}}{\Delta_g}$	$\frac{g_{11}}{\Delta_g}$	$-\frac{1}{D}$	$\frac{C}{D}$	$\frac{\Delta_t}{a}$	$\frac{c}{a}$
g	$\frac{1}{z_{11}}$	$-\frac{z_{12}}{z_{11}}$	$\frac{\Delta_y}{y_{22}}$	$\frac{y_{12}}{y_{22}}$	$\frac{h_{22}}{\Delta_h}$	$-\frac{h_{12}}{\Delta_h}$	g_{11}	g_{12}	$\frac{C}{A}$	$-\frac{\Delta_T}{A}$	$\frac{c}{d}$	$-\frac{1}{d}$
	$\frac{z_{21}}{z_{11}}$	$\frac{\Delta_z}{z_{11}}$	$-\frac{y_{21}}{y_{22}}$	$\frac{1}{y_{22}}$	$-\frac{h_{21}}{\Delta_h}$	$\frac{h_{11}}{\Delta_h}$	g_{21}	g_{22}	$\frac{1}{A}$	$\frac{B}{A}$	$\frac{\Delta_t}{d}$	$-\frac{b}{d}$
T	$\frac{z_{11}}{z_{21}}$	$\frac{\Delta_z}{z_{21}}$	$-\frac{y_{22}}{y_{21}}$	$-\frac{1}{y_{21}}$	$-\frac{\Delta_h}{h_{21}}$	$-\frac{h_{11}}{h_{21}}$	$\frac{1}{g_{21}}$	$\frac{g_{22}}{g_{21}}$	A	B	$\frac{d}{\Delta_t}$	$\frac{b}{\Delta_t}$
	$\frac{1}{z_{21}}$	$\frac{z_{22}}{z_{21}}$	$-\frac{\Delta_y}{y_{21}}$	$-\frac{y_{11}}{y_{21}}$	$-\frac{h_{22}}{h_{21}}$	$-\frac{1}{h_{21}}$	$\frac{g_{11}}{g_{21}}$	$\frac{\Delta_g}{g_{21}}$	C	D	$\frac{c}{\Delta_t}$	$\frac{a}{\Delta_t}$
t	$\frac{z_{22}}{z_{12}}$	$\frac{\Delta_z}{z_{12}}$	$-\frac{y_{11}}{y_{12}}$	$-\frac{1}{y_{12}}$	$\frac{1}{h_{12}}$	$\frac{h_{11}}{h_{12}}$	$-\frac{\Delta_g}{g_{12}}$	$-\frac{g_{22}}{g_{12}}$	$\frac{D}{\Delta_T}$	$\frac{B}{\Delta_T}$	a	b
	$\frac{1}{z_{12}}$	$\frac{z_{11}}{z_{12}}$	$-\frac{\Delta_y}{y_{12}}$	$-\frac{y_{22}}{y_{12}}$	$\frac{h_{22}}{h_{12}}$	$\frac{\Delta_h}{h_{12}}$	$-\frac{g_{11}}{g_{12}}$	$-\frac{1}{g_{12}}$	$\frac{C}{\Delta_T}$	$\frac{A}{\Delta_T}$	c	d

注：$\Delta_z = z_{11}z_{22} - z_{12}z_{21}$，$\Delta_h = h_{11}h_{22} - h_{12}h_{21}$，$\Delta_T = AD - BC$

$\Delta_y = y_{11}y_{22} - y_{12}y_{21}$，$\Delta_g = g_{11}g_{22} - g_{12}g_{21}$，$\Delta_t = ad - bc$

对于互易网络而言，$z_{21} = z_{12}$，则同样可以借助该表确定由其他参数表示的互易网络条件。另外，还可以证明

$$[g] = [h]^{-1} \tag{19.42}$$

但

$$[t] \neq [T]^{-1} \tag{19.43}$$

例 19-10 如果 T 参数如下，求该二端口网络的$[z]$和$[g]$。

$$[T] = \begin{bmatrix} 10 & 1.5\Omega \\ 2\text{S} & 4 \end{bmatrix}$$

解： 如果 $A=10$，$B=1.5$，$C=2$，$D=4$，则矩阵行列式的值为

$$\Delta_T = AD - BC = 40 - 3 = 37$$

从表 19-1 可得

$$z_{11} = \frac{A}{C} = \frac{10}{2} = 5, \quad z_{12} = \frac{\Delta_T}{C} = \frac{37}{2} = 18.5$$

$$z_{21} = \frac{1}{C} = \frac{1}{2} = 0.5, \quad z_{22} = \frac{D}{C} = \frac{4}{2} = 2$$

$$g_{11} = \frac{C}{A} = \frac{2}{10} = 0.2, \quad g_{12} = -\frac{\Delta_T}{A} = -\frac{37}{10} = -3.7$$

$$g_{21} = \frac{1}{A} = \frac{1}{10} = 0.1, \quad g_{22} = \frac{B}{A} = \frac{1.5}{10} = 0.15$$

因此，

$$[z] = \begin{bmatrix} 5 & 18.5 \\ 0.5 & 2 \end{bmatrix}\Omega, \quad [g] = \begin{bmatrix} 0.2\text{S} & -3.7 \\ 0.1 & 0.15\Omega \end{bmatrix}$$

◀

练习 19-10　已知某二端口网络 z 参数如下，求该网络的$[\boldsymbol{y}]$和$[\boldsymbol{T}]$。

$$[\boldsymbol{z}]=\begin{bmatrix}6 & 4\\4 & 6\end{bmatrix}\Omega$$

答案： $[\boldsymbol{y}]=\begin{bmatrix}0.3 & -0.2\\-0.2 & 0.3\end{bmatrix}\mathrm{S}$，$[\boldsymbol{T}]=\begin{bmatrix}1.5 & 5\Omega\\0.25\mathrm{S} & 1.5\end{bmatrix}$。

例 19-11　求图 19-37 所示运算放大电路的 y 参数，并证明该电路没有 z 参数。

图 19-37　例 19-11 图

解： 因为运算放大器的输入端没有电流流入，则 $\boldsymbol{I}_1=0$，利用 $\boldsymbol{V}_1$ 和 $\boldsymbol{V}_2$ 表示为

$$\boldsymbol{I}_1=0\times\boldsymbol{V}_1+0\times\boldsymbol{V}_2 \tag{19.11}$$

将式(19.11.1)与式(19.8)比较得出

$$\boldsymbol{y}_{11}=0=\boldsymbol{y}_{12}$$

另外，

$$\boldsymbol{V}_2=R_3\boldsymbol{I}_2+\boldsymbol{I}_o(R_1+R_2)$$

式中，$\boldsymbol{I}_o$ 是流过 R_1 和 R_2 的电流。由于 $\boldsymbol{I}_o=\boldsymbol{V}_1/R_1$。因此，

$$\boldsymbol{V}_2=R_3\boldsymbol{I}_2+\frac{\boldsymbol{V}_1(R_1+R_2)}{R_1}$$

也可以写成

$$\boldsymbol{I}_2=-\frac{(R_1+R_2)}{R_1R_3}\boldsymbol{V}_1+\frac{\boldsymbol{V}_2}{R_3}$$

将其和式(19.8)比较得出

$$\boldsymbol{y}_{21}=-\frac{(R_1+R_2)}{R_1R_3},\qquad \boldsymbol{y}_{22}=\frac{1}{R_3}$$

矩阵$[\boldsymbol{y}]$的行列式为

$$\Delta_y=\boldsymbol{y}_{11}\boldsymbol{y}_{22}-\boldsymbol{y}_{12}\boldsymbol{y}_{21}=0$$

因为矩阵$[\boldsymbol{y}]$不存在逆矩阵。于是，由式(19.34)可知，矩阵$[\boldsymbol{z}]$不存在。由于运算放大器是有源器件，因而该电路不是互易的。◀

练习 19-11　求图 19-38 所示运算放大电路的 z 参数，并证明该电路不存在 y 参数。

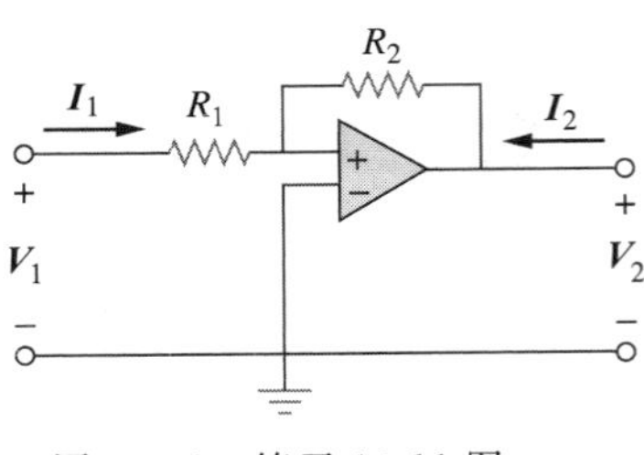

图 19-38　练习 19-11 图

答案： $[\boldsymbol{z}]=\begin{bmatrix}R_1 & 0\\-R_2 & 0\end{bmatrix}$

由于$[\boldsymbol{z}]-1$ 不存在，因此$[\boldsymbol{y}]$也不存在。

19.7　二端口网络的互联

为了便于分析和设计，大型的复杂网络可以划分为若干各子网络，并可以将这些子网络建模成二端口网络，相互连接后构成原来的网络。因此，二端口网络可以看作是组成复杂网络的基本模块。二端口网络的相互连接可以是串联、并联或者级联。虽然相互连接的二端口网络可以由上述六组参数中任一组描述，但是，其中某一种参数可能具有明显的优势。例如，当网络是相互串联的，各个网络的 z 参数相加即可得到较大网络的 z 参数。当网络是相互并联的，各个网络的 y 参数相加即可得到较大网络的 y 参数。当网络是级联的，各传输参数相乘即可得到级联网络的传输参数。

相互串联的二端口网络如图 19-39 所示。之所以认为该网络是串联的，是因为两个网

络的输入电流相同，端口电压相加。另外，每个网络有一个公共参考点，对于串联电路而言，电路的两个公共参考点是连接在一起的。对于网络 N_a，有

$$\begin{aligned}\boldsymbol{V}_{1a}&=\boldsymbol{z}_{11a}\boldsymbol{I}_{1a}+\boldsymbol{z}_{12a}\boldsymbol{I}_{2a}\\ \boldsymbol{V}_{2a}&=\boldsymbol{z}_{21a}\boldsymbol{I}_{1a}+\boldsymbol{z}_{22a}\boldsymbol{I}_{2a}\end{aligned}\tag{19.44}$$

对于网络 N_b，有

$$\begin{aligned}\boldsymbol{V}_{1b}&=\boldsymbol{z}_{11b}\boldsymbol{I}_{1b}+\boldsymbol{z}_{12b}\boldsymbol{I}_{2b}\\ \boldsymbol{V}_{2b}&=\boldsymbol{z}_{21b}\boldsymbol{I}_{1b}+\boldsymbol{z}_{22b}\boldsymbol{I}_{2b}\end{aligned}\tag{19.45}$$

由图 19-39 可以得到

$$\boldsymbol{I}_1=\boldsymbol{I}_{1a}=\boldsymbol{I}_{1b}，\ \boldsymbol{I}_2=\boldsymbol{I}_{2a}=\boldsymbol{I}_{2b}\tag{19.46}$$

并且，

$$\begin{aligned}\boldsymbol{V}_1&=\boldsymbol{V}_{1a}+\boldsymbol{V}_{1b}=(\boldsymbol{z}_{11a}+\boldsymbol{z}_{11b})\boldsymbol{I}_1+(\boldsymbol{z}_{12a}+\boldsymbol{z}_{12b})\boldsymbol{I}_2\\ \boldsymbol{V}_2&=\boldsymbol{V}_{2a}+\boldsymbol{V}_{2b}=(\boldsymbol{z}_{21a}+\boldsymbol{z}_{21b})\boldsymbol{I}_1+(\boldsymbol{z}_{22a}+\boldsymbol{z}_{22b})\boldsymbol{I}_2\end{aligned}\tag{19.47}$$

因此，整个网络的 z 参数为

$$\begin{bmatrix}\boldsymbol{z}_{11} & \boldsymbol{z}_{12}\\ \boldsymbol{z}_{21} & \boldsymbol{z}_{22}\end{bmatrix}=\begin{bmatrix}\boldsymbol{z}_{11a}+\boldsymbol{z}_{11b} & \boldsymbol{z}_{12a}+\boldsymbol{z}_{12b}\\ \boldsymbol{z}_{21a}+\boldsymbol{z}_{21b} & \boldsymbol{z}_{22a}+\boldsymbol{z}_{22b}\end{bmatrix}\tag{19.48}$$

即

$$\boxed{[\boldsymbol{z}]=[\boldsymbol{z}_a]+[\boldsymbol{z}_b]}\tag{19.49}$$

式(19.49)表明，整个网络的 z 参数为单个网络 z 参数之和，该结论也可以推广到 n 个网络的串联。如果采用[$\boldsymbol{h}$]模型描述的两个二端口网络相互串联，则可以利用表 19-1 将 h 参数转换为 z 参数，之后利用式(19.49)得到串联网络的 z 参数，最后再利用表 19-1 把结果转换回 h 参数。

两个二端口网络的端口电压是相等的，且较大网络的端口电流为各个端口电流之和时，这两个二端口网络是并联的。另外，每个电路都必须有一个公共参考点，当两个网络相互连接起来时，必须将各自的公共参考点连接在一起，两个二端口网络的并联连接如图 19-40 所示。对于两个网络而言，有

$$\begin{aligned}\boldsymbol{I}_{1a}&=\boldsymbol{y}_{11a}\boldsymbol{V}_{1a}+\boldsymbol{y}_{12a}\boldsymbol{V}_{2a}\\ \boldsymbol{I}_{2a}&=\boldsymbol{y}_{21a}\boldsymbol{V}_{1a}+\boldsymbol{y}_{22a}\boldsymbol{V}_{2a}\end{aligned}\tag{19.50}$$

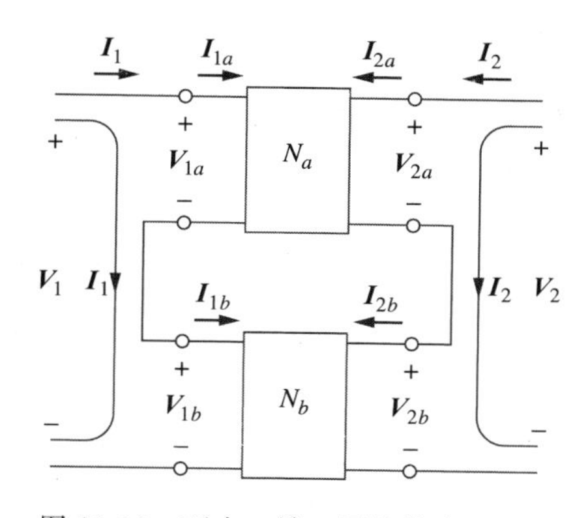

图 19-39　两个二端口网络的串联连接

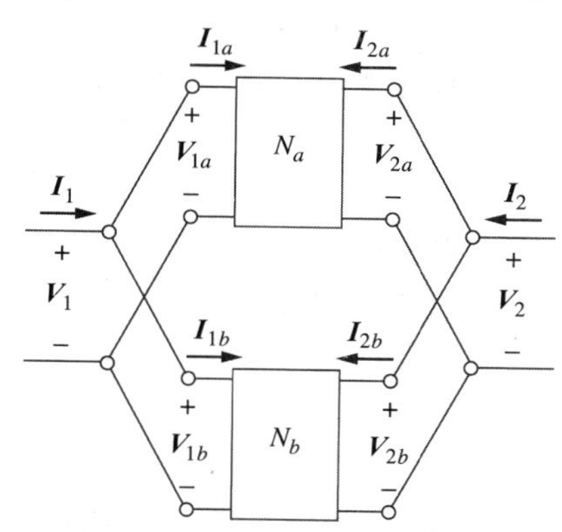

图 19-40　两个二端口网络的并联连接

并且

$$\begin{aligned}\boldsymbol{I}_{1b}&=\boldsymbol{y}_{11b}\boldsymbol{V}_{1b}+\boldsymbol{y}_{12b}\boldsymbol{V}_{2b}\\ \boldsymbol{I}_{2a}&=\boldsymbol{y}_{21b}\boldsymbol{V}_{1b}+\boldsymbol{y}_{22b}\boldsymbol{V}_{2b}\end{aligned}\tag{19.51}$$

由图 19-40 得

$$\boldsymbol{V}_1=\boldsymbol{V}_{1a}=\boldsymbol{V}_{1b}, \quad \boldsymbol{V}_2=\boldsymbol{V}_{2a}=\boldsymbol{V}_{2b} \tag{19.52a}$$

$$\boldsymbol{I}_1=\boldsymbol{I}_{1a}+\boldsymbol{I}_{1b}, \quad \boldsymbol{I}_2=\boldsymbol{I}_{2a}+\boldsymbol{I}_{2b} \tag{19.52b}$$

将式(19.50)和式(19.51)代入式(19.52a)中，得到

$$\begin{aligned}\boldsymbol{I}_1&=(\boldsymbol{y}_{11a}+\boldsymbol{y}_{11b})\boldsymbol{V}_1+(\boldsymbol{y}_{12a}+\boldsymbol{y}_{12b})\boldsymbol{V}_2\\ \boldsymbol{I}_2&=(\boldsymbol{y}_{21a}+\boldsymbol{y}_{21b})\boldsymbol{V}_1+(\boldsymbol{y}_{22a}+\boldsymbol{y}_{22b})\boldsymbol{V}_2\end{aligned} \tag{19.53}$$

因此，整个网络的 y 参数是

$$\begin{bmatrix}\boldsymbol{y}_{11} & \boldsymbol{y}_{12}\\ \boldsymbol{y}_{21} & \boldsymbol{y}_{22}\end{bmatrix}=\begin{bmatrix}\boldsymbol{y}_{11a}+\boldsymbol{y}_{11b} & \boldsymbol{y}_{12a}+\boldsymbol{y}_{12b}\\ \boldsymbol{y}_{21a}+\boldsymbol{y}_{21b} & \boldsymbol{y}_{22a}+\boldsymbol{y}_{22b}\end{bmatrix} \tag{19.54}$$

即

$$\boxed{[\boldsymbol{y}]=[\boldsymbol{y}_a]+[\boldsymbol{y}_b]} \tag{19.55}$$

式(19.55)表明，整个网络的 y 参数是各个网络 y 参数之和。该结论可以扩展到 n 个二端口网络的并联。

当一个网络的输出端是另一个网络的输入端时，则称这两个二端口网络是级联的。相互级联的两个二端口网络如图 19-41 所示。对于这两个网络而言，有

$$\begin{bmatrix}\boldsymbol{V}_{1a}\\ \boldsymbol{I}_{1a}\end{bmatrix}=\begin{bmatrix}\boldsymbol{A}_a & \boldsymbol{B}_a\\ \boldsymbol{C}_a & \boldsymbol{D}_a\end{bmatrix}\begin{bmatrix}\boldsymbol{V}_{2a}\\ -\boldsymbol{I}_{2a}\end{bmatrix} \tag{19.56}$$

$$\begin{bmatrix}\boldsymbol{V}_{1b}\\ \boldsymbol{I}_{1b}\end{bmatrix}=\begin{bmatrix}\boldsymbol{A}_b & \boldsymbol{B}_b\\ \boldsymbol{C}_b & \boldsymbol{D}_b\end{bmatrix}\begin{bmatrix}\boldsymbol{V}_{2b}\\ -\boldsymbol{I}_{2b}\end{bmatrix} \tag{19.57}$$

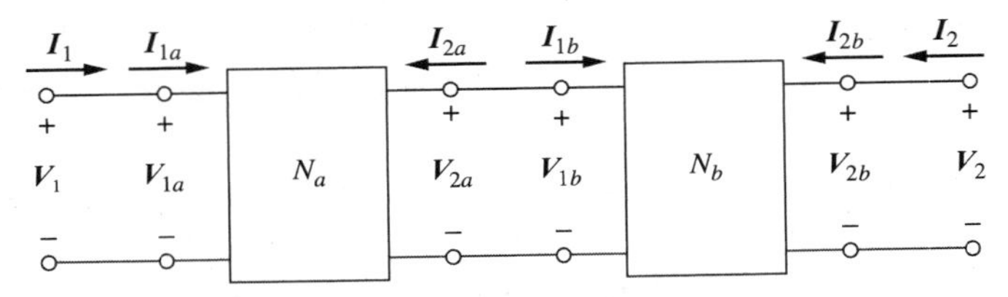

图 19-41　两个二端口网络的级联连接

由图 19-41 可得

$$\begin{bmatrix}\boldsymbol{V}_1\\ \boldsymbol{I}_1\end{bmatrix}=\begin{bmatrix}\boldsymbol{V}_{1a}\\ \boldsymbol{I}_{1a}\end{bmatrix}, \quad \begin{bmatrix}\boldsymbol{V}_{2a}\\ -\boldsymbol{I}_{2a}\end{bmatrix}=\begin{bmatrix}\boldsymbol{V}_{1b}\\ \boldsymbol{I}_{1b}\end{bmatrix}, \quad \begin{bmatrix}\boldsymbol{V}_{2b}\\ -\boldsymbol{I}_{2b}\end{bmatrix}=\begin{bmatrix}\boldsymbol{V}_2\\ -\boldsymbol{I}_2\end{bmatrix} \tag{19.58}$$

把上述各式代入式(19.56)和式(19.57)中，得到

$$\begin{bmatrix}\boldsymbol{V}_1\\ \boldsymbol{I}_1\end{bmatrix}=\begin{bmatrix}\boldsymbol{A}_a & \boldsymbol{B}_a\\ \boldsymbol{C}_a & \boldsymbol{D}_a\end{bmatrix}\begin{bmatrix}\boldsymbol{A}_b & \boldsymbol{B}_b\\ \boldsymbol{C}_b & \boldsymbol{D}_b\end{bmatrix}\begin{bmatrix}\boldsymbol{V}_2\\ -\boldsymbol{I}_2\end{bmatrix} \tag{19.59}$$

因此，整个网络的传输参数是各个传输参数的乘积：

$$\begin{bmatrix}\boldsymbol{A} & \boldsymbol{B}\\ \boldsymbol{C} & \boldsymbol{D}\end{bmatrix}=\begin{bmatrix}\boldsymbol{A}_a & \boldsymbol{B}_a\\ \boldsymbol{C}_a & \boldsymbol{D}_a\end{bmatrix}\begin{bmatrix}\boldsymbol{A}_b & \boldsymbol{B}_b\\ \boldsymbol{C}_b & \boldsymbol{D}_b\end{bmatrix} \tag{19.60}$$

即

$$\boxed{[\boldsymbol{T}]=[\boldsymbol{T}_a][\boldsymbol{T}_b]} \tag{19.61}$$

正是因为这个性质，使得网络的传输参数非常有用。应该注意，矩阵的相乘必须同二端口网络 N_a 与 N_b 的级联次序相一致。

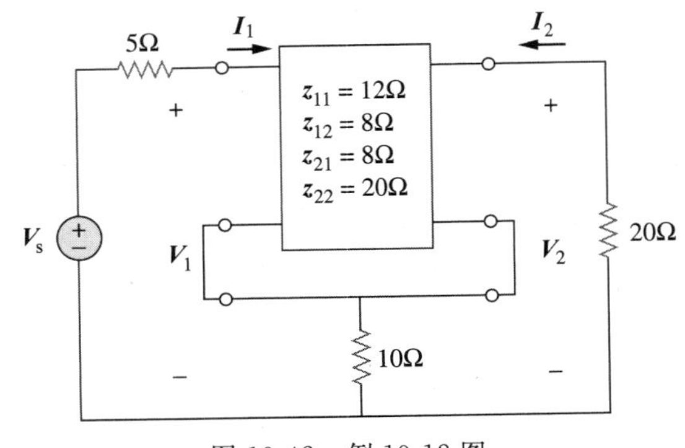

图 19-42　例 19-12 图

例 19-12 计算如图 19-42 所示电路的 $\boldsymbol{V}_2/\boldsymbol{V}_s$。

解： 本例电路可以看作是两个二端口网

络的串联。对于网络 N_b 而言，其 z 参数为

$$\mathbf{z}_{12b}=\mathbf{z}_{21b}=10=\mathbf{z}_{11b}=\mathbf{z}_{22b}$$

因此，

$$[\mathbf{z}]=[\mathbf{z}_a]+[\mathbf{z}_b]=\begin{bmatrix}12 & 8\\ 8 & 20\end{bmatrix}+\begin{bmatrix}10 & 10\\ 10 & 10\end{bmatrix}=\begin{bmatrix}22 & 18\\ 18 & 30\end{bmatrix}$$

但是，

$$\mathbf{V}_1=\mathbf{z}_{11}\mathbf{I}_1+\mathbf{z}_{12}\mathbf{I}_2=22\mathbf{I}_1+18\mathbf{I}_2 \tag{19.12.1}$$

$$\mathbf{V}_2=\mathbf{z}_{21}\mathbf{I}_1+\mathbf{z}_{22}\mathbf{I}_2=18\mathbf{I}_1+30\mathbf{I}_2 \tag{19.12.2}$$

另外，在输入端口处有

$$\mathbf{V}_1=\mathbf{V}_s-5\mathbf{I}_1 \tag{19.12.3}$$

在输出端口处有

$$\mathbf{V}_2=-20\mathbf{I}_2 \quad\Rightarrow\quad \mathbf{I}_2=-\frac{\mathbf{V}_2}{20} \tag{19.12.4}$$

将式(19.12.3)和式(19.12.3)代入式(19.12.1)，可以得到

$$\mathbf{V}_s-5\mathbf{I}_1=22\mathbf{I}_1-\frac{18}{20}\mathbf{V}_2 \quad\Rightarrow\quad \mathbf{V}_s=27\mathbf{I}_1-0.9\mathbf{V}_2 \tag{19.12.5}$$

再将式(19.12.4)代入式(19.12.2)得到

$$\mathbf{V}_2=18\mathbf{I}_1-\frac{30}{20}\mathbf{V}_2 \quad\Rightarrow\quad \mathbf{I}_1=\frac{2.5}{18}\mathbf{V}_2 \tag{19.12.6}$$

将式(19.12.6)代入式(19.12.5)，可以得到

$$\mathbf{V}_s=27\times\frac{2.5}{18}\mathbf{V}_2-0.9\mathbf{V}_2=2.85\mathbf{V}_2$$

因此

$$\frac{\mathbf{V}_2}{\mathbf{V}_s}=\frac{1}{2.85}=0.3509$$

◀

练习 19-12 求图 19-43 所示电路的 $\mathbf{V}_2/\mathbf{V}_s$。 **答案**：$0.6799\underline{/-29.05^\circ}$。

例 19-13 求图 19-44 所示二端口网络的 y 参数。

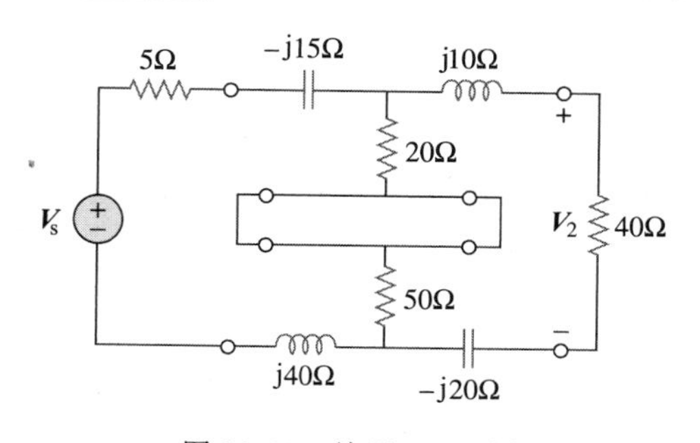

图 19-43 练习 19-12 图

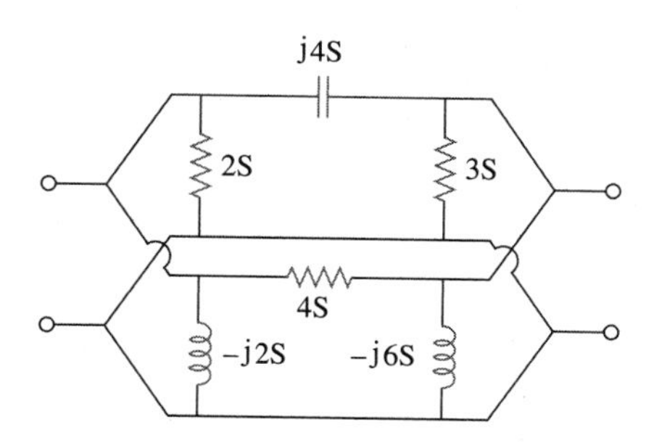

图 19-44 例 19-13 图

解：将图 19-44 中上面的网络称为 N_a，下面的网络称为 N_b，则这两个网络是并联连接的。将 N_a 和 N_b 电路与如图 19-13a 所示进行比较，可以得到

$$\mathbf{y}_{12a}=-\mathrm{j}4=\mathbf{y}_{21a}, \qquad \mathbf{y}_{11a}=2+\mathrm{j}4, \qquad \mathbf{y}_{22a}=3+\mathrm{j}4$$

即

$$[\mathbf{y}_a]=\begin{bmatrix}2+\mathrm{j}4 & -\mathrm{j}4\\ -\mathrm{j}4 & 3+\mathrm{j}4\end{bmatrix}\mathrm{S}$$

且

$$\boldsymbol{y}_{12b}=-4=\boldsymbol{y}_{21b},\quad \boldsymbol{y}_{11b}=4-\mathrm{j}2,\quad \boldsymbol{y}_{22b}=4-\mathrm{j}6$$

即

$$[\boldsymbol{y}_b]=\begin{bmatrix}4-\mathrm{j}2 & -4\\ -4 & 4-\mathrm{j}6\end{bmatrix}\mathrm{S}$$

于是，整个网络的 y 参数为

$$[\boldsymbol{y}]=[\boldsymbol{y}_a]+[\boldsymbol{y}_b]=\begin{bmatrix}6+\mathrm{j}2 & -4-\mathrm{j}4\\ -4-\mathrm{j}4 & 7-\mathrm{j}2\end{bmatrix}\mathrm{S}$$ ◀

练习 19-13　求图 19-45 所示网络的 y 参数。

答案： $\begin{bmatrix}27-\mathrm{j}15 & -25+\mathrm{j}10\\ -25+\mathrm{j}10 & 27-\mathrm{j}5\end{bmatrix}\mathrm{S}$。

图 19-45　练习 19-13 图

例 19-14　求图 19-46 所示电路的传输参数。

解： 可以将如图 19-46 所示电路看成是两个 T 形网络的级联，如图 19-47a 所示。可以证明如图 19-47b 所示的 T 形网络的传输参数(参见 19-42b)

$$\boldsymbol{A}=1+\frac{R_1}{R_2},\quad \boldsymbol{B}=R_3+\frac{R_1(R_2+R_3)}{R_2}$$

$$\boldsymbol{C}=\frac{1}{R_2},\quad \boldsymbol{D}=1+\frac{R_3}{R_2}$$

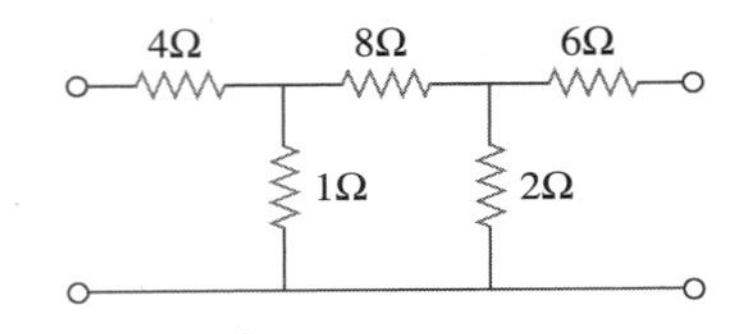

图 19-46　例 19-14 图

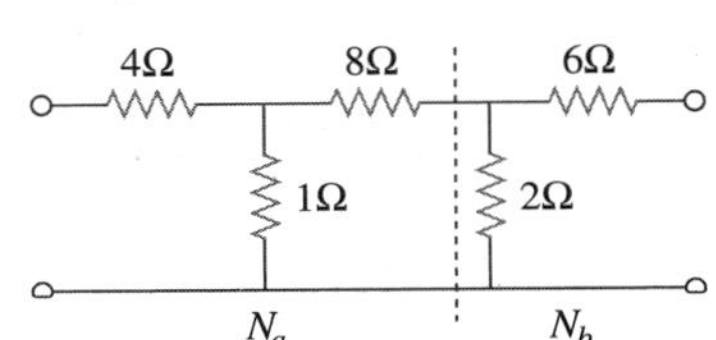

a) 将如图 19-46所示电路分割成两个二端口网络

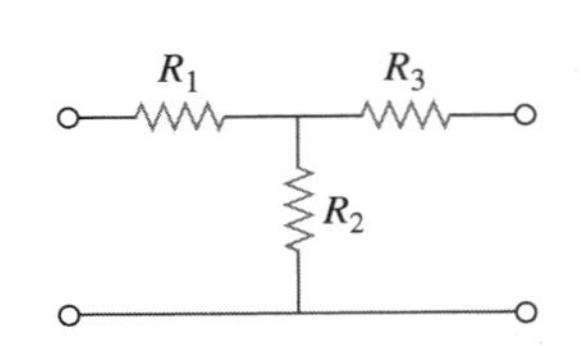

b) 一般的T形二端口网络

图 19-47　求解例 19-14 图

把其应用于如图 19-47a 所示的级联网络 N_a 和 N_b 中，得到

$$\boldsymbol{A}_a=1+4=5,\quad \boldsymbol{B}_a=8+4\times9=44\Omega$$

$$\boldsymbol{C}_a=1\mathrm{S},\quad \boldsymbol{D}_a=1+8=9$$

或者写为矩阵形式，

$$[\boldsymbol{T}_a]=\begin{bmatrix}5 & 44\Omega\\ 1\mathrm{S} & 9\end{bmatrix}$$

同理，

$$\boldsymbol{A}_b=1,\quad \boldsymbol{B}_b=6\Omega,\quad \boldsymbol{C}_b=0.5\mathrm{S},\quad \boldsymbol{D}_b=1+\frac{6}{2}=4$$

即

$$[\boldsymbol{T}_b]=\begin{bmatrix}1 & 6\Omega\\ 0.5\mathrm{S} & 4\end{bmatrix}$$

因此，对于图 19-46 的整个网络，T 参数为

$$[\boldsymbol{T}]=[\boldsymbol{T}_a][\boldsymbol{T}_b]=\begin{bmatrix}5 & 44\\ 1 & 9\end{bmatrix}\begin{bmatrix}1 & 6\\ 0.5 & 4\end{bmatrix}$$

$$=\begin{bmatrix}5\times1+44\times0.5 & 5\times6+44\times4\\ 1\times1+9\times0.5 & 1\times6+9\times4\end{bmatrix}=\begin{bmatrix}27 & 206\Omega\\ 5.5\mathrm{S} & 42\end{bmatrix}$$

注意：

$$\Delta_{T_a}=\Delta_{T_b}=\Delta_T=1$$

表明该网络是互易的。◀

练习 19-14　求图 19-48 所示的电路的 ***ABCD*** 参数。

答案：$[\boldsymbol{T}]=\begin{bmatrix}6.3 & 472\Omega \\ 0.425\text{S} & 32\end{bmatrix}$。

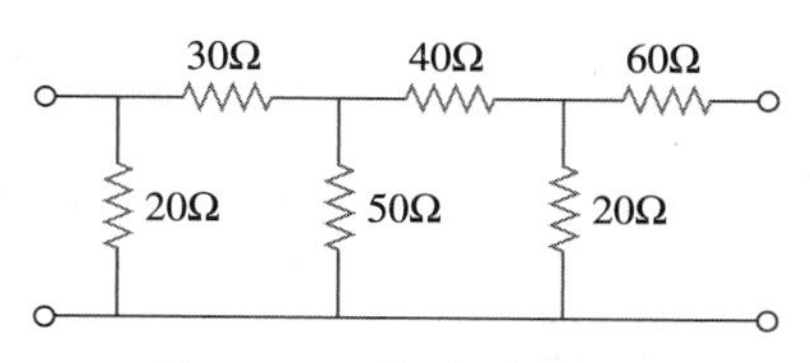

图 19-48　练习 19-14 图

19.8　基于 PSpice 二端口网络参数计算

当二端口网络比较复杂时，手工计算二端口网络参数就会变得较为困难。这种情况下，可以利用 PSpice 来解决这种情况。如果是纯电阻电路，则可以用 PSpice 的直流分析进行计算；否则，需在指定频率处利用 PSpice 进行交流分析。利用 PSpice 计算二端口网络某个特定参数的关键是：牢记参数的定义，将适当的端口变量设置为 1A 或 1V 的电源，同时将其他必要的端口设置为开路或短路。下面通过两个例子说明上述过程。

例 19-15　试求如图 19-49 所示网络的 h 参数。

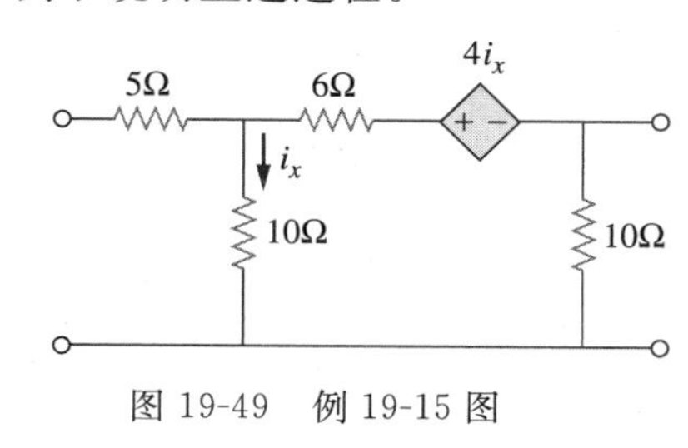

图 19-49　例 19-15 图

解： 由式(19.16)可得

$$\boldsymbol{h}_{11}=\left.\frac{\boldsymbol{V}_1}{\boldsymbol{I}_1}\right|_{\boldsymbol{V}_2=0},\quad \boldsymbol{h}_{21}=\left.\frac{\boldsymbol{I}_2}{\boldsymbol{I}_1}\right|_{\boldsymbol{V}_2=0}$$

上式表明，通过设置 $\boldsymbol{V}_2=0$，可以确定 $\boldsymbol{h}_{11}$ 和 $\boldsymbol{h}_{21}$，同时设定 $\boldsymbol{I}_1=1\text{A}$，则 $\boldsymbol{h}_{11}$ 为 $\boldsymbol{V}_1/1$，$\boldsymbol{h}_{21}$ 变为 $\boldsymbol{I}_2/1$。据此可以画出如图 19-50a 所示的电路原理图，图中插入一个 1A 的直流电流源 IDC，使得 $\boldsymbol{I}_1=1\text{A}$，插入两个伪元件 VIEWPOINT 和 IPROBE 分别用于显示 $\boldsymbol{V}_1$ 和 $\boldsymbol{I}_2$。保存原理图之后，选择 Analysis/Simlate 运行 PSpice 程序，并观测其伪元件的显示值，得到

$$\boldsymbol{h}_{11}=\frac{\boldsymbol{V}_1}{1}=10\Omega,\quad \boldsymbol{h}_{21}=\frac{\boldsymbol{I}_2}{1}=-0.5$$

同理，由式(19.16)可得

$$\boldsymbol{h}_{12}=\left.\frac{\boldsymbol{V}_1}{\boldsymbol{V}_2}\right|_{\boldsymbol{I}_1=0},\quad \boldsymbol{h}_{22}=\left.\frac{\boldsymbol{I}_2}{\boldsymbol{V}_2}\right|_{\boldsymbol{I}_1=0}$$

由此可见，将电路的输入端口开路($\boldsymbol{I}_1=0$)，可以确定 $\boldsymbol{h}_{12}$ 和 $\boldsymbol{h}_{22}$。令 $\boldsymbol{V}_2=1\text{V}$，$\boldsymbol{h}_{12}$ 为 $\boldsymbol{V}_1/1$，同时 $\boldsymbol{h}_{22}$ 变为 $\boldsymbol{I}_2/1$。因此，可以利用如图 19-50b 所示的电路原理图，图中在输出端口处插入 1V 直流电压源 VDC，作为 $\boldsymbol{V}_2=1\text{V}$。插入两个伪元件 VIEWPOINT 和 IPROBE 分别用于显示 $\boldsymbol{V}_1$ 和 $\boldsymbol{I}_2$ 的值。(注意，在如图 19-50b 所示电路中，输入端口是开路的，而这是 PSpice 所不允许的，因此可将 5Ω 电阻忽略。如果用一个非常大的电阻，比

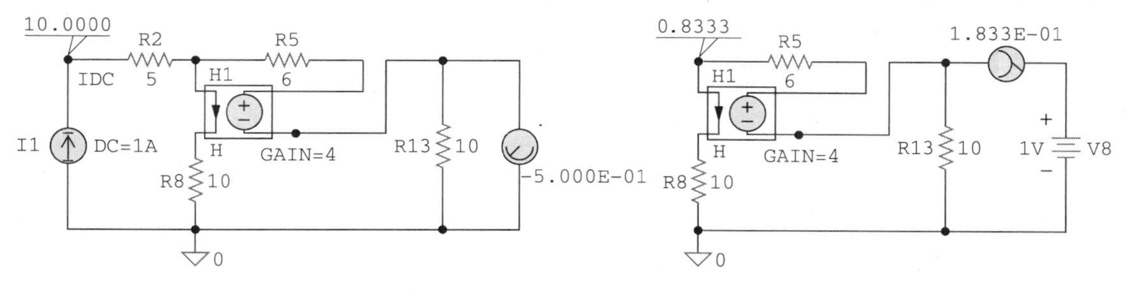

a）计算 $\boldsymbol{h}_{11}$ 和 $\boldsymbol{h}_{21}$　　b）计算 $\boldsymbol{h}_{12}$ 和 $\boldsymbol{h}_{22}$

图 19-50　求解例 19-15 图

如 10MΩ 电阻取代开路，则可以包括这个 5Ω 电阻）。对该电路原理图进行模拟后，即可得到如图 19-50b 所示伪元件显示的值。因此，

$$\boldsymbol{h}_{12}=\frac{\boldsymbol{V}_1}{1}=0.8333,\quad \boldsymbol{h}_{22}=\frac{\boldsymbol{I}_2}{1}=0.1833\mathrm{S}$$ ◀

练习 19-15　试利用 PSpice 确定如图 19-51 所示网络的 h 参数。

答案： $\boldsymbol{h}_{11}=4.238\Omega$，$\boldsymbol{h}_{21}=-0.6190$，$\boldsymbol{h}_{12}=-0.7143$，$\boldsymbol{h}_{22}=-0.1429\mathrm{S}$

例 19-16　求图 19-52 中电路在 $\omega=10^6\mathrm{rad/s}$ 的 z 参数。

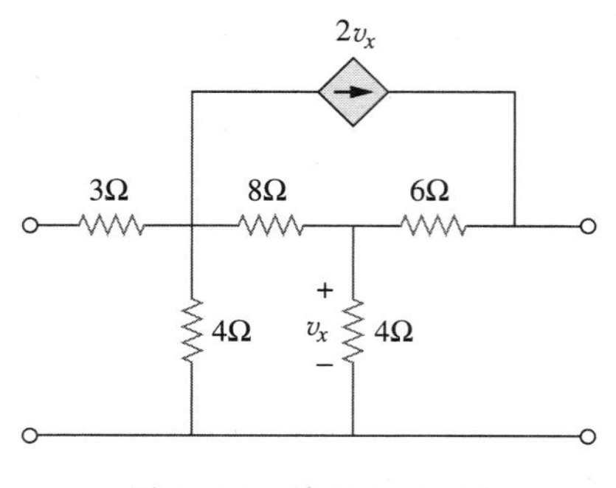

图 19-51　练习 19-15 图

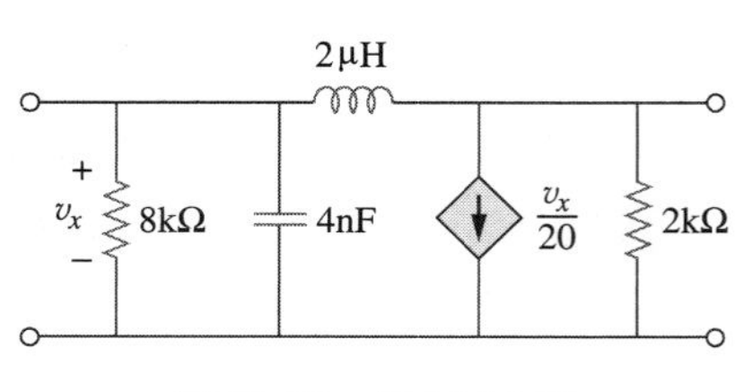

图 19-52　例 19-16 图

解： 因为如图 19-49 所示电路为纯电阻电路，所以在例 19-15 中采用直流分析。本例中因为 $\boldsymbol{L}$ 和 $\boldsymbol{C}$ 与频率有关，所以采用频率为 $f=\omega/2\pi=0.15915\mathrm{MHz}$ 的交流分析。

在式(19.3)中，定义 z 参数为

$$\boldsymbol{z}_{11}=\left.\frac{\boldsymbol{V}_1}{\boldsymbol{I}_1}\right|_{\boldsymbol{I}_2=0},\quad \boldsymbol{z}_{21}=\left.\frac{\boldsymbol{V}_2}{\boldsymbol{I}_1}\right|_{\boldsymbol{I}_2=0}$$

如果令 $\boldsymbol{I}_1=1\mathrm{A}$，并使输出端断开，即 $\boldsymbol{I}_2=0$，则可得到

$$\boldsymbol{z}_{11}=\frac{\boldsymbol{V}_1}{1},\quad \boldsymbol{z}_{21}=\frac{\boldsymbol{V}_2}{1}$$

由如图 19-53a 所示电路原理图即可确定上述参数。在该电路的输入端口插入一个 1A 交流电流源 IAC，同时插入两个伪元件 VPRINT1 确定 $\boldsymbol{V}_1$ 和 $\boldsymbol{V}_2$。每 VPRINT1 属性均设置为 AC=yes，MAG=yes，PHASE=yes，以便打印电压的幅度和相位。运行 Analysis/Setup/AC Sweep 程序，并在 AC Sweep and Noise Analysis 对话框中键入“Total Pts=1，Start Freq=0.1519MEG，Final Freq=0.1519MEG”。保存电路原理图后，选择 Analysis/Simulate 对电路进行模拟。由输出文件即可确定 $\boldsymbol{V}_1$ 和 $\boldsymbol{V}_2$。因此，

$$\boldsymbol{z}_{11}=\frac{\boldsymbol{V}_1}{1}=19.70\underline{/175.7^\circ}\,\Omega,\quad \boldsymbol{z}_{21}=\frac{\boldsymbol{V}_2}{1}=19.79\underline{/170.2^\circ}\,\Omega$$

类似地，由式(19.3)中可得

$$\boldsymbol{z}_{12}=\left.\frac{\boldsymbol{V}_1}{\boldsymbol{I}_2}\right|_{\boldsymbol{I}_1=0},\quad \boldsymbol{z}_{22}=\left.\frac{\boldsymbol{V}_2}{\boldsymbol{I}_2}\right|_{\boldsymbol{I}_1=0}$$

表明如果令 $\boldsymbol{I}_2=1\mathrm{A}$，并使输入端开路，则有

$$\boldsymbol{z}_{12}=\frac{\boldsymbol{V}_1}{1},\quad \boldsymbol{z}_{22}=\frac{\boldsymbol{V}_2}{1}$$

从而得到如图 19-53b 所示的电路原理图，该原理图与图 19-53a 所示原理图唯一的区别在于现在的 1A 电流源 IAC 插入电路的输出端。对如图 19-53b 所示电路进行模拟，即可由输出文件确定 $\boldsymbol{V}_1$ 和 $\boldsymbol{V}_2$。于是

$$z_{12}=\frac{V_1}{1}=19.70\angle 175.7^\circ\ \Omega,\qquad z_{22}=\frac{V_2}{1}=19.56\angle 175.7^\circ\ \Omega$$ ◀

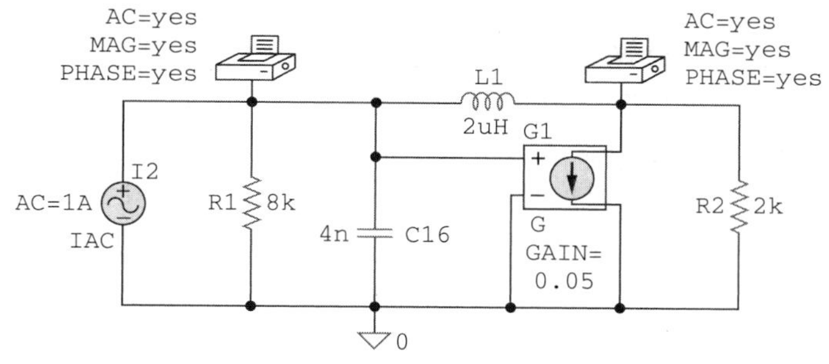

a）求 z_{11} 和 z_{21} 的电路

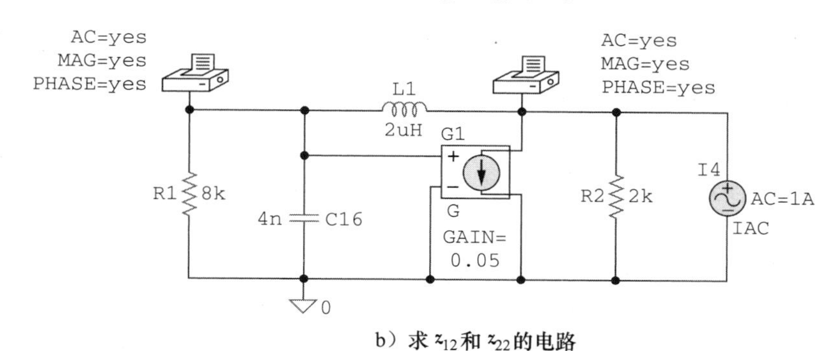

b）求 z_{12} 和 z_{22} 的电路

图 19-53　例 19-16 电路原理图

练习 19-16　求图 19-54 所示电路的在 $f=60\text{Hz}$ 时的 z 参数。

答案： $z_{11}=3.987\angle 175.5^\circ$，$z_{21}=0.0175\angle -2.65^\circ$，$z_{12}=0$，$z_{22}=0.2651\angle 91.9^\circ\ \Omega$。

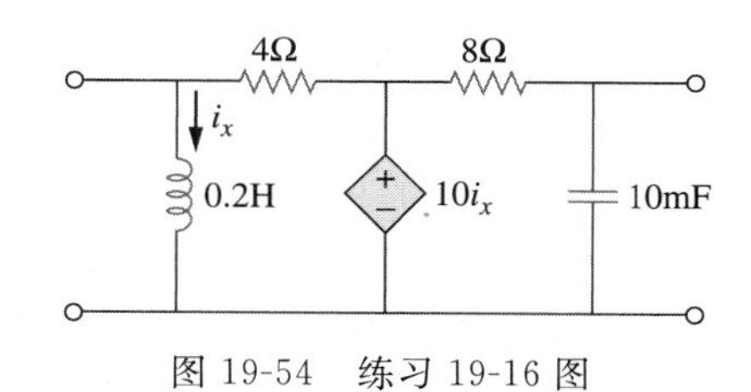

图 19-54　练习 19-16 图

† 19.9　应用实例

前面已经学习了如何利用六组网络参数来描述各类二端口网络的特性。根据大型网络中二端口网络的不同连接方式，某一特定的参数比起其他参数具有明显的优势，正如 19.7 节所述本节将讨论二端口网络参数的两个重要的应用领域：晶体管电路和阶梯网络的综合。

19.9.1　晶体管电路

通常可以采用二端口网络将负载与电路的激励相互隔离。例如，如图 19-55 所示的二端口网络可以表示放大器、滤波器或其他的电路网络。如果二端口表示的是放大器，则容易推导出电压增益 A_v，电流增益 A_i，输入阻抗 Z_{in}，以及输出阻抗 Z_{out} 的表达式，分别定义如下：

$$A_v=\frac{V_2(s)}{V_1(s)}\tag{19.62}$$

$$A_i=\frac{I_2(s)}{I_1(s)}\tag{19.63}$$

$$Z_{in}=\frac{V_1(s)}{I_1(s)}\tag{19.64}$$

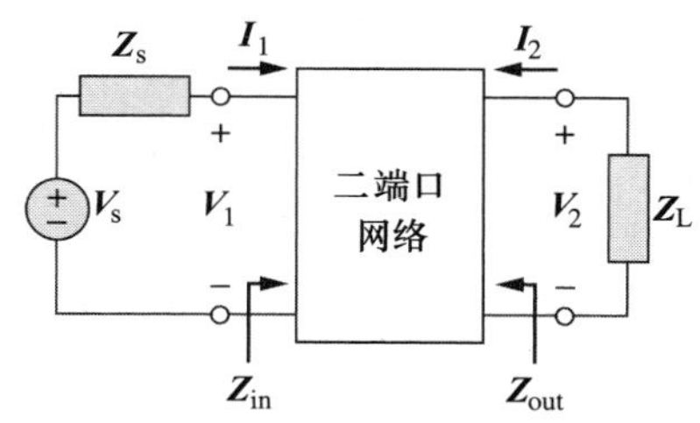

图 19-55　隔离电源和负载的二端口网络

$$Z_{\text{out}}=\left.\frac{V_2(s)}{I_2(s)}\right|_{V_s=0} \tag{19.65}$$

六组二端口网络参数中任何一组都能可以用于推导式(19.62)到式(19.65)中的表达式。但是，对于晶体管来说，混合参数(h 参数)是最有用的，这些参数很容易测量，通常可以由制造商的数据手册或说明书中获得。参数 h 提供了晶体管电路性能的快速估计，可以用于确定晶体管的准确电压增益，输入阻抗以及输出阻抗。

晶体管的 h 参数的下标表示具有特定含义，第一个下标与一般参数 h 之间的关系如下：

$$h_i=h_{11},\quad h_r=h_{12},\quad h_f=h_{21},\quad h_o=h_{22} \tag{19.66}$$

下标 i，r，f 和 o 分别表示输入、反向、前向和输出之意。晶体管 h 参数的第二个下标字母表示晶体管的连接类型：e 是共发射极(CE)，c 是共集电极(CC)，b 是共基极(CB)。本节主要讨论共发射极连接。于是，共发射极放大器四个 h 参数分别为

$$\begin{aligned}&h_{ie}=\text{基极输入阻抗}\\&h_{re}=\text{反向电压反馈比}\\&h_{fe}=\text{基极-集电极电流增益}\\&h_{oe}=\text{输出导纳}\end{aligned} \tag{19.67}$$

上述参数的计算或测量方法和一般 h 参数的计算或测量方法相同。其典型值为：$h_{ie}=6\text{k}\Omega$，$h_{re}=1.5\times10^{-4}$，$h_{fe}=200$，$h_{oe}=8\mu\text{S}$。这些参数值是在特定条件下测量的表示晶体管交流特性的值。

图 19-56 给出了共发射极放大器的电路原理图及其等效的混合参数模型。由图可知

$$\boldsymbol{V}_b=h_{ie}\boldsymbol{I}_b+h_{re}\boldsymbol{V}_c \tag{19.68a}$$

$$\boldsymbol{I}_c=h_{fe}\boldsymbol{I}_b+h_{oe}\boldsymbol{V}_c \tag{19.68b}$$

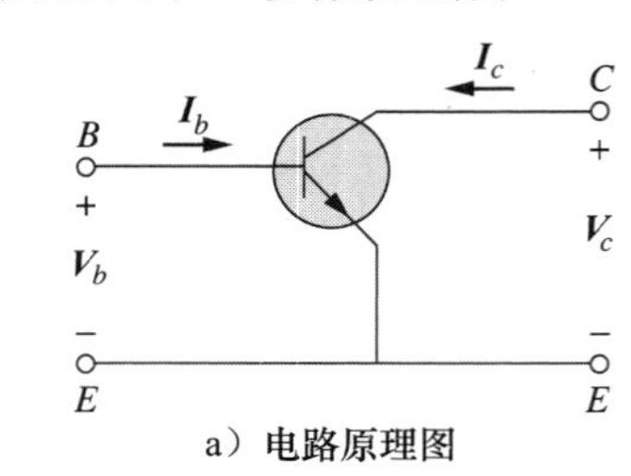

a）电路原理图

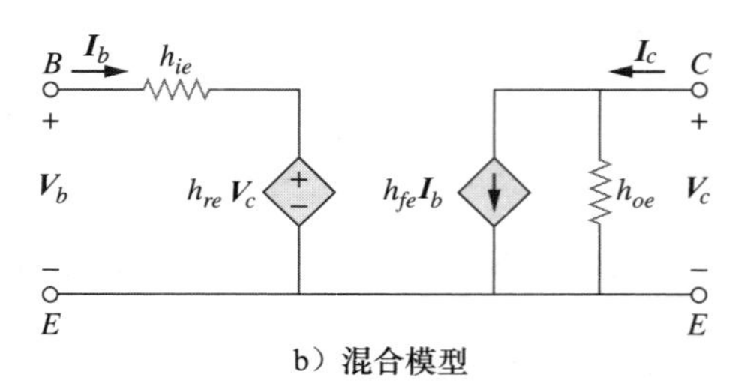

b）混合模型

图 19-56　共发射级放大器

考虑如图 19-57 所示的与交流电源和负载相连接的晶体管放大器。这是二端口网络嵌入到大型网络的一个实例。利用式(19.68)分析该混合等效电路(参见例 19-6)。由图 19-57 可知，$\boldsymbol{V}_c=-R_L\boldsymbol{I}_c$，将其代入式(19.68b)得到

$$\boldsymbol{I}_c=h_{fe}\boldsymbol{I}_b-h_{oe}R_L\boldsymbol{I}_c$$

即

$$(1+h_{oe}R_L)\boldsymbol{I}_c=h_{fe}\boldsymbol{I}_b \tag{19.69}$$

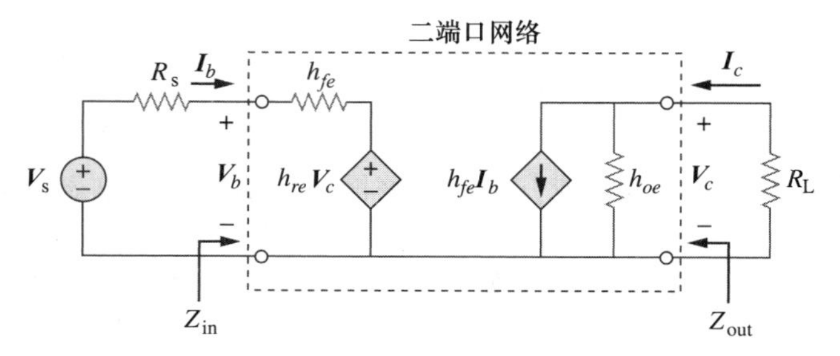

图 19-57　具有电源和负载电阻的晶体管放大器

据此，可以确定电流增益为

$$\boxed{A_i=\frac{\boldsymbol{I}_c}{\boldsymbol{I}_b}=\frac{h_{fe}}{1+h_{oe}R_L}} \tag{19.70}$$

由式(19.68b)和式(19.70)可得，用 $\mathbf{V}_c$ 表示 $\mathbf{I}_b$ 为

$$\mathbf{I}_c=\frac{h_{fe}}{1+h_{oe}R_L}\mathbf{I}_b=h_{fe}\mathbf{I}_b+h_{oe}\mathbf{V}_c$$

即

$$\mathbf{I}_b=\frac{h_{oe}\mathbf{V}_c}{\dfrac{h_{fe}}{1+h_{oe}R_L}-h_{fe}} \tag{19.71}$$

把式(19.71)代入式(19.68a)中并除以 $\mathbf{V}_c$，得到

$$\begin{aligned}\frac{\mathbf{V}_b}{\mathbf{V}_c}&=\frac{h_{oe}h_{ie}}{\dfrac{h_{fe}}{1+h_{oe}R_L}-h_{fe}}+h_{re}\\&=\frac{h_{ie}+h_{ie}h_{oe}R_L-h_{re}h_{fe}R_L}{-h_{fe}R_L}\end{aligned} \tag{19.72}$$

因此，电压增益为

$$\boxed{A_v=\frac{\mathbf{V}_c}{\mathbf{V}_b}=\frac{-h_{fe}R_L}{h_{ie}+(h_{ie}h_{oe}-h_{re}h_{fe})R_L}} \tag{19.73}$$

将 $\mathbf{V}_c=-R_L\mathbf{I}_c$ 代入式(19.68a)中得

$$\mathbf{V}_b=h_{ie}\mathbf{I}_b-h_{re}R_L\mathbf{I}_c$$

即

$$\frac{\mathbf{V}_b}{\mathbf{I}_b}=h_{ie}-h_{re}R_L\frac{\mathbf{I}_c}{\mathbf{I}_b} \tag{19.74}$$

利用式(19.70)中的电流增益替换 $\mathbf{I}_c/\mathbf{I}_b$，输入阻抗为

$$\boxed{Z_{in}=\frac{\mathbf{V}_b}{\mathbf{I}_b}=h_{ie}-\frac{h_{re}h_{fe}R_L}{1+h_{oe}R_L}} \tag{19.75}$$

输出阻抗 Z_{out} 就是输出终端的戴维南等效电阻，按照常规方法，将电压源短路，并在输出端设置一个1V电压源，得到如图19-58所示电路，于是输出阻抗 Z_{out} 为 $1/\mathbf{I}_c$。由于 $\mathbf{V}_c=1\text{V}$，对于输入回路有

$$h_{re}(1)=-\mathbf{I}_b(R_s+h_{ie})\quad\Rightarrow\quad\mathbf{I}_b=-\frac{h_{re}}{R_s+h_{ie}} \tag{19.76}$$

对于输出回路，有

$$\mathbf{I}_c=h_{oe}(1)+h_{fe}\mathbf{I}_b \tag{19.77}$$

将式(19.76)代入式(19.77)中，可以得到

$$\mathbf{I}_c=\frac{(R_s+h_{ie})h_{oe}-h_{re}h_{fe}}{R_s+h_{ie}} \tag{19.78}$$

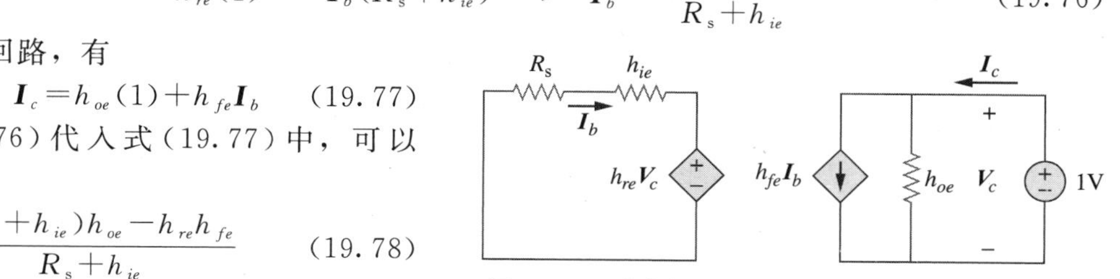

图19-58 确定如图19-57所示放大电路的输出阻抗

由此可以确定输出阻抗 Z_{out} 为 $1/\mathbf{I}_c$，即

$$\boxed{Z_{out}=\frac{R_s+h_{ie}}{(R_s+h_{ie})h_{oe}-h_{re}h_{fe}}} \tag{19.79}$$

例19-17 对于图19-59所示共射极放大器电路，试利用如下 h 参数：

$$h_{ie}=1\text{k}\Omega,\quad h_{re}=2.5\times10^{-4},\quad h_{fe}=50,\quad h_{oe}=20\mu\text{S}$$

测定电压增益，电流增益，输入阻抗以及输出阻抗。再求输出电压 $\mathbf{V}_o$。

解：1. 明确问题。初看时，这个问题表面上似乎描述得很清楚。但是，当需要求输入阻抗和电压增益时，它并未指出是晶体管的还是整个电路的。就电流增益和输出阻抗而言，两种情况下的这两个参数是相同的。

必须明确，所要求计算的输入阻抗、输出阻抗以及电压增益是指电路的参数，而不是晶体管的参数。有趣的是，重新叙述该问题即可将其变为一个设计问题：已知 h 参数，试设计一个增益为 -60 的基本放大器。

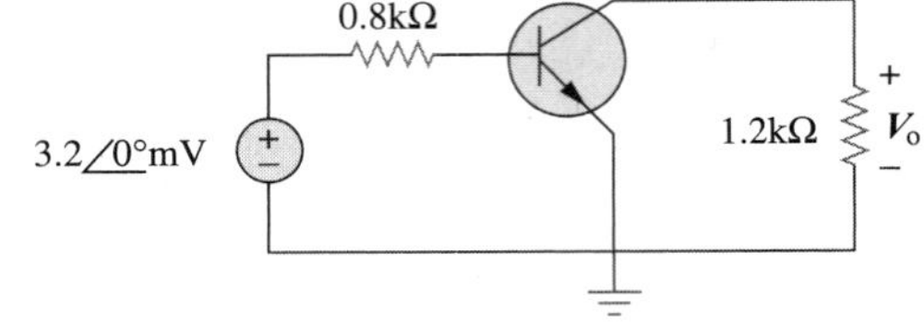

图 19-59　例 19-17 图

2. 列出已知条件。给定基本晶体管电路，其输入电压为 3.2mV，已知其 h 参数，要求计算输出电压。

3. 确定备选方案。求解本例的方法很多，其中最直接的方法就是利用如图 19-57 所示的等效电路。一旦得到等效电路，就可以利用电路分析来得到答案。求得答案后，可将结果插入到电路方程中，检验其正确性。另一种方法是简化等效电路的右侧，并进行倒推，看是否可以得到近似相等的解，下面就采用这种方法进行求解。

4. 尝试求解。由图可见 $R_s=0.8\text{k}\Omega$ 和 $R_L=1.2\text{k}\Omega$。将如图 19-59 中所示晶体管视为二端口网络，并由式(19.70)～式(19.79)可以得到

$$h_{ie}h_{oe}-h_{re}h_{fe}=10^3\times20\times10^{-6}-2.5\times10^{-4}\times50=7.5\times10^{-3}$$

$$A_v=\frac{-h_{fe}R_L}{h_{ie}+(h_{ie}h_{oe}-h_{re}h_{fe})R_L}=\frac{-50\times1200}{1000+7.5\times10^{-3}\times1200}=-59.46$$

$A_v=V_o/V_b$ 是放大器的电压增益。为了计算该电路增益，需要求得 V_o/V_s。利用左侧电路的网孔方程以及式(19.71)～式(19.73)可以得到

$$-V_s+R_sI_b+V_b=0$$

即

$$V_s=800\frac{20\times10^{-6}}{\dfrac{50}{1+20\times10^{-6}\times1.2\times10^3}-50}-\frac{1}{59.46}V_o=-0.03047V_o$$

因此，电路增益为 -32.82。下面计算输出电压。

$$V_o=\text{增益}\times V_s=-105.09\angle0°(\text{mV})$$

$$A_i=\frac{h_{fe}}{1+h_{oe}R_L}=\frac{50}{1+20\times10^{-6}\times1200}=48.83$$

$$Z_{in}=h_{ie}-\frac{h_{re}h_{fe}R_L}{1+h_{oe}R_L}=1000-\frac{2.5\times10^{-4}\times50\times1200}{1+20\times10^{-6}\times1200}=985.4(\Omega)$$

改变 Z_{in} 即可包括 800Ω 电阻，因此，电路输入阻抗＝800Ω＋985.4Ω＝1758.4Ω。

$$(R_s+h_{ie})h_{oe}-h_{re}h_{fe}=(800+1000)\times20\times10^{-6}-2.5\times10^{-4}\times50=23.5\times10^{-3}$$

$$Z_{out}=\frac{R_s+h_{ie}}{(R_s+h_{ie})h_{oe}-h_{re}h_{fe}}=\frac{800+1000}{23.5\times10^{-3}}=76.6(\text{k}\Omega)$$

5. 评价结果。在等效电路中，h_{oe} 代表 50 000Ω 的电阻，与 1.2kΩ 的负载电阻并联。负载电阻的阻值相对于 h_{oe} 电阻小得多，因而 h_{oe} 可以忽略。于是得到

$$I_c=h_{fe}I_b=50I_b,\qquad V_c=-1200I_c$$

以及左边电路的回路方程为

$$-0.0032+(800+1000)I_b+0.000\,25\times(-1200)\times50I_b=0$$

$$I_b=0.0032/1785=1.7927(\mu\text{A})$$

$$I_c=50\times1.7927=89.64(\mu\text{A}),\qquad V_c=-1200\times89.64\times10^{-6}=-107.57(\text{mV})$$

这是-105.09mV的良好近似。

$$电压增益=-107.57/3.2=-33.62$$

同样，这也是对32.83的良好近似。

$$电路输入阻抗=0.032/1.7927\times10^{-6}=1785\Omega$$

显然，与前面确定的1785.4Ω是一致的。

上述计算均假定$Z_{out}=\infty\Omega$。计算结果为76.6kΩ。计算该电阻与负载电阻的等效电阻即可验证上述假设。

$$76\,600\times1200/(76\,600+1200)=1180.5=1.1805\text{k}\Omega$$

同样得到较好的近似。

6. **满意程度**。上述过程很满意地解决了这个问题并验证了结果。可以将所得到的结果作为本题的答案。◀

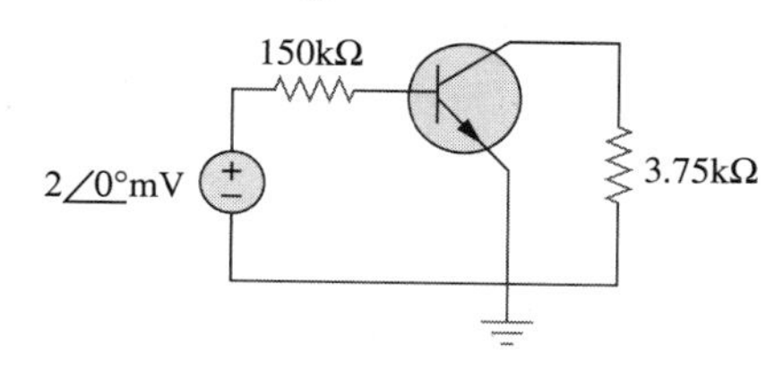

图19-60 练习19-17图

练习19-17 对于图19-60所示的晶体管放大器，试求电压增益、电流增益、输入阻抗以及输出阻抗。假定

$$h_{ie}=6\text{k}\Omega,\quad h_{re}=1.5\times10^{-4},\quad h_{fe}=200,\quad h_{oe}=8\mu\text{S}$$

答案：-123.61(晶体管)，-4.753(电路)，194.17，6kΩ(晶体管)，156kΩ(电路)，128.08kΩ。

19.9.2 梯形网络综合

二端口参数的另一个应用是梯形网络综合(构建)，梯形网络在实际电路中经常出现，特别是在无源低通滤波器的设计中更为有用。根据第8章中关于二阶电路的讨论可知，滤波器的阶数是描述该滤波器特征方程的阶数，并且由不能合并的电抗元件(即不能通过串联或并联合并的元件)的数目决定。图19-61a给出了一个具有奇数个元件的LC梯形网络(即奇次滤波器)，而图19-61b给出一个具有偶数个元件的LC梯形网络(即偶次滤波器)。无论哪种网络，如果其负载阻抗为Z_L，源阻抗为Z_s，即可得到如图19-62所示的网络结构。为了使设计不至于复杂，假设$Z_s=0$，目的是综合出LC梯形网络的传输函数。首先利用导纳参数来刻画阶梯网络的特征，即

$$\boldsymbol{I}_1=\boldsymbol{y}_{11}\boldsymbol{V}_1+\boldsymbol{y}_{12}\boldsymbol{V}_2 \tag{19.80a}$$

$$\boldsymbol{I}_2=\boldsymbol{y}_{21}\boldsymbol{V}_1+\boldsymbol{y}_{22}\boldsymbol{V}_2 \tag{19.80b}$$

(当然，也可以利用阻抗参数取代导纳参数。)在输入端口处，因为$\boldsymbol{Z}_s=0$，所以$\boldsymbol{V}_1=\boldsymbol{V}_s$。在输出端口处，$\boldsymbol{V}_2=\boldsymbol{V}_o$，并且$\boldsymbol{I}_2=-\boldsymbol{V}_2/\boldsymbol{Z}_L=\boldsymbol{V}_o\boldsymbol{Y}_L$。于是，式(19.80b)变为

$$-\boldsymbol{V}_o\boldsymbol{Y}_L=\boldsymbol{y}_{21}\boldsymbol{V}_s+\boldsymbol{y}_{22}\boldsymbol{V}_o$$

即

$$\boldsymbol{H}(s)=\frac{\boldsymbol{V}_o}{\boldsymbol{V}_s}=\frac{-\boldsymbol{y}_{21}}{\boldsymbol{Y}_L+\boldsymbol{y}_{22}} \tag{19.81}$$

也可将其写为

$$\boxed{\boldsymbol{H}(s)=-\frac{\boldsymbol{y}_{21}/\boldsymbol{Y}_L}{1+\boldsymbol{y}_{22}/\boldsymbol{Y}_L}} \tag{19.82}$$

因为滤波器通常利用传输函数的幅度表示，所以式(19.82)中的符号可以忽略不计。滤波器设计的

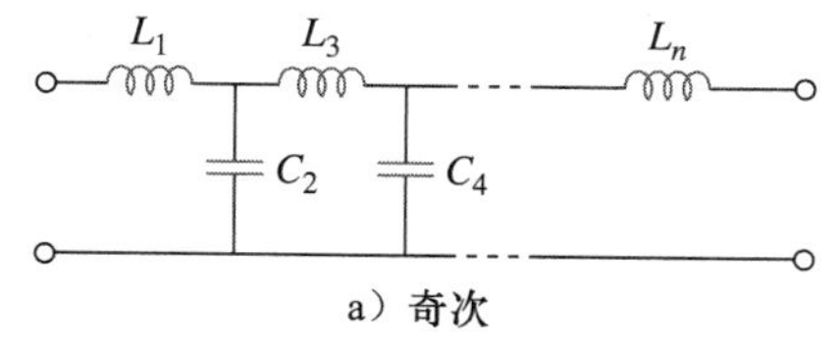

a) 奇次

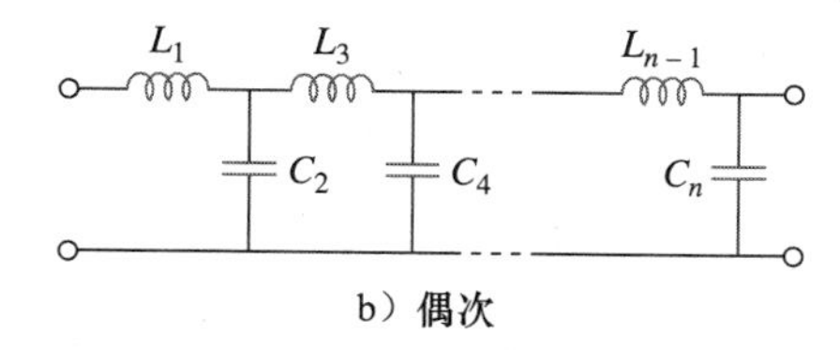

b) 偶次

图19-61 低通滤波器的LC梯形网络

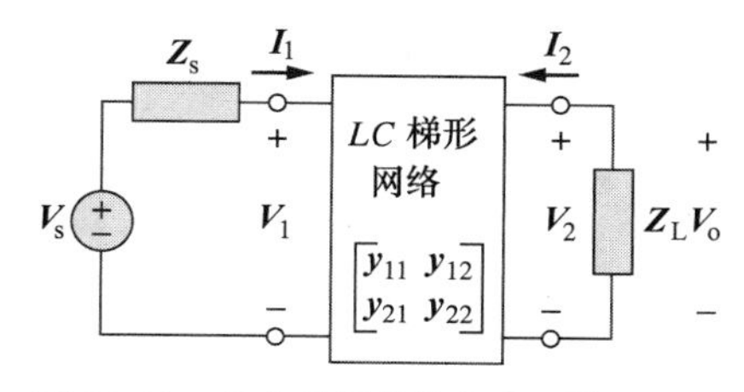

图19-62 具有终端阻抗的LC梯形网络

主要任务是选择电容与电感，从而综合出参数 $\boldsymbol{y}_{21}$ 和 $\boldsymbol{y}_{22}$，由此实现所期望的传输函数。为了实现上述目标，需要利用 LC 梯形网络的重要性质：梯形网络所有 z 参数和 y 参数均为仅包含 s 偶数幂或 s 奇数幂的多项式之比，也就是说，z 参数和 y 参数可以表示为 $Od(s)/Ev(s)$ 或者 $Ev(s)/Od(s)$，其中 Od 和 Ev 分别是奇函数和偶函数。令

$$\boldsymbol{H}(s)=\frac{\boldsymbol{N}(s)}{\boldsymbol{D}(s)}=\frac{\boldsymbol{N}_o+\boldsymbol{N}_e}{\boldsymbol{D}_o+\boldsymbol{D}_e} \tag{19.83}$$

其中，$\boldsymbol{N}(s)$ 和 $\boldsymbol{D}(s)$ 是传输函数 $\boldsymbol{H}(s)$ 的分子和分母；$\boldsymbol{N}_o$ 和 $\boldsymbol{N}_e$ 分别为 $\boldsymbol{N}$ 的奇次部分和偶次部分；$\boldsymbol{D}_o$ 和 $\boldsymbol{D}_e$ 是 $\boldsymbol{D}$ 的奇次部分和偶次部分。由于 $\boldsymbol{N}(s)$ 或者为奇函数，或者为偶函数，所以式(19-83)可以写为

$$\boldsymbol{H}(s)=\begin{cases}\dfrac{\boldsymbol{N}_o}{\boldsymbol{D}_o+\boldsymbol{D}_e}, & (\boldsymbol{N}_e=0)\\[2ex] \dfrac{\boldsymbol{N}_e}{\boldsymbol{D}_o+\boldsymbol{D}_e}, & (\boldsymbol{N}_o=0)\end{cases} \tag{19.84}$$

或者将其重新写为

$$\boldsymbol{H}(s)=\begin{cases}\dfrac{\boldsymbol{N}_o/\boldsymbol{D}_e}{1+\boldsymbol{D}_o/\boldsymbol{D}_e}, & (\boldsymbol{N}_e=0)\\[2ex] \dfrac{\boldsymbol{N}_e/\boldsymbol{D}_o}{1+\boldsymbol{D}_e/\boldsymbol{D}_o}, & (\boldsymbol{N}_o=0)\end{cases} \tag{19.85}$$

将其与式(19.82)进行比较，可以确定网络的 y 参数为

$$\frac{\boldsymbol{y}_{21}}{\boldsymbol{Y}_L}=\begin{cases}\dfrac{\boldsymbol{N}_o}{\boldsymbol{D}_e}, & (\boldsymbol{N}_e=0)\\[2ex] \dfrac{\boldsymbol{N}_e}{\boldsymbol{D}_o}, & (\boldsymbol{N}_o=0)\end{cases} \tag{19.86}$$

以及

$$\frac{\boldsymbol{y}_{22}}{\boldsymbol{Y}_L}=\begin{cases}\dfrac{\boldsymbol{D}_o}{\boldsymbol{D}_e}, & (\boldsymbol{N}_e=0)\\[2ex] \dfrac{\boldsymbol{D}_e}{\boldsymbol{D}_o}, & (\boldsymbol{N}_o=0)\end{cases} \tag{19.87}$$

下面通过例题说明上述过程。

例 19-18 试设计一个终端为 1Ω 电阻的 LC 梯形网络，其归一化的传输函数为：

$$\boldsymbol{H}(s)=\frac{1}{s^3+2s^2+2s+1}$$

(这是巴特沃斯低通滤波器的传输函数。)

解： 传输函数的分母表明这是一个三阶网络，因此其 LC 梯形网络如图 19-63a 所示，包括两个电感和一个电容。为了确定电感和电容的值，将分母各项划分为奇次项和偶次项两部分。

$$\boldsymbol{D}(s)=(s^3+2s)+(2s^2+1)$$

于是

$$\boldsymbol{H}(s)=\frac{1}{(s^3+2s)+(2s^2+1)}$$

分子和分母同时除以分母的奇数部分得到

$$\boldsymbol{H}(s)=\frac{\dfrac{1}{s^3+2s}}{1+\dfrac{2s^2+1}{s^3+2s}} \tag{19.18.1}$$

由式(19.82)可知，当 $Y_L=1$ 时，

$$\boldsymbol{H}(s)=\frac{-\boldsymbol{y}_{21}}{1+\boldsymbol{y}_{22}} \tag{19.18.2}$$

比较式(19.18.1)和式(19.18.2)，可以得到

$$\boldsymbol{y}_{21}=-\frac{1}{s^3+2s},\quad \boldsymbol{y}_{22}=\frac{2s^2+1}{s^3+2s}$$

由于 $\boldsymbol{y}_{22}$ 是输出端驱动点导纳，即输入端短路时，网络的输出导纳，所以求出 $\boldsymbol{y}_{22}$ 也意味着求出了 $\boldsymbol{y}_{21}$。确定如图 19-63a 所示网络的 L 和 C 的值，即可得到 $\boldsymbol{y}_{22}$。由于 $\boldsymbol{y}_{22}$ 为短路输出导纳，所以应将输入端口短路，如图 19-63b 所示。首先确定 L_3，令

$$Z_A=\frac{1}{\boldsymbol{y}_{22}}=\frac{s^3+2s}{2s^2+1}=sL_3+\boldsymbol{Z}_B \tag{19.18.3}$$

通过长除法，可得

$$Z_A=0.5s+\frac{1.5s}{2s^2+1} \tag{19.18.4}$$

比较式(19.18.3)和式(19.18.4)，可以得到

$$L_3=0.5\mathrm{H},\quad Z_B=\frac{1.5s}{2s^2+1}$$

下面确定图 19-63c 所示网络中的 C_2，令

$$Y_B=\frac{1}{Z_B}=\frac{2s^2+1}{1.5s}=1.333s+\frac{1}{1.5s}=sC_2+Y_C$$

由此可得 $C_2=1.33(\mathrm{F})$，且

$$Y_C=\frac{1}{1.5s}=\frac{1}{sL_1}\quad\Rightarrow\quad L_1=1.5(\mathrm{H})$$

因此，综合结果如图 19-63a 所示，LC 梯形网络中，$L_1=1.5\mathrm{H}$，$C_2=1.333\mathrm{F}$，$L_3=0.5\mathrm{H}$，从而得到给定的传输函数 $\boldsymbol{H}(s)$。求出图 18-63a 中的 $\boldsymbol{H}(s)=\boldsymbol{V}_2/\boldsymbol{V}_1$，或者求出 $\boldsymbol{y}_{21}$ 的值，即可验证上述结果的正确性。◀

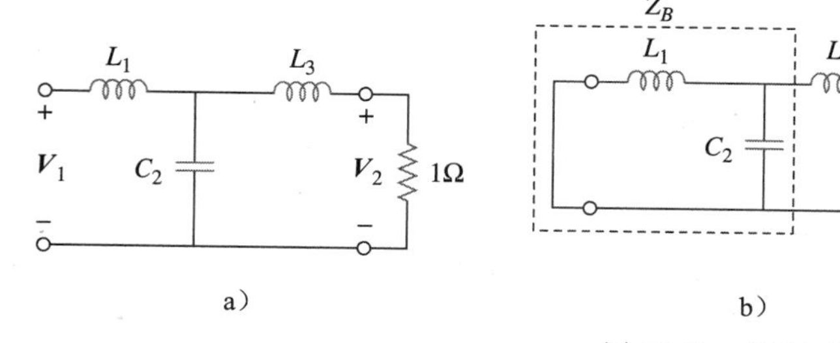

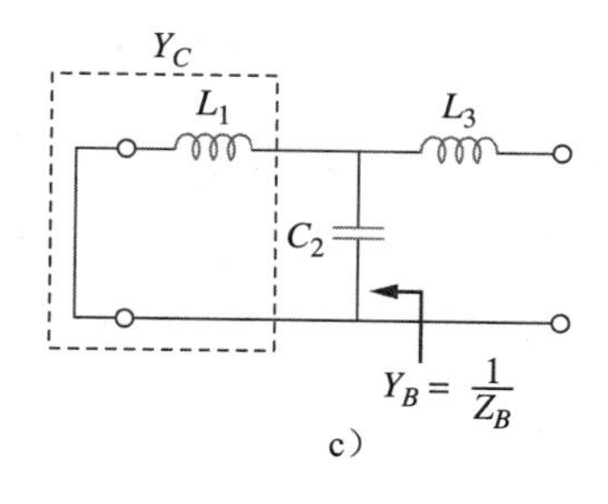

图 19-63　例 19-18 图

练习 19-18　试利用终端连接 1Ω 的电阻的 LC 梯形网络，实现如下转移函数。

$$\boldsymbol{H}(s)=\frac{2}{s^3+s^2+4s+2}$$

答案：梯形网络如图 19-63a 所示，$L_1=L_3=1.0\mathrm{H}$，$C_2=500\mathrm{mH}$。

19.10　本章小结

1. 二端口网络是具有两个端口(或者两对接入通道)，也称为输入端口和输出端口。
2. 用于二端口网络的建模的六组参数包括阻抗参数[$\boldsymbol{z}$]、导纳参数[$\boldsymbol{y}$]、混合参数[$\boldsymbol{h}$]、逆混合参数[$\boldsymbol{g}$]、传输参数[$\boldsymbol{T}$]以及反向传输参数[$\boldsymbol{t}$]。

3. 描述输入端口变量与输出端变量之间关系的参数为：

$$\begin{bmatrix}\boldsymbol{V}_1\\\boldsymbol{V}_2\end{bmatrix}=[\boldsymbol{z}]\begin{bmatrix}\boldsymbol{I}_1\\\boldsymbol{I}_2\end{bmatrix},\quad\begin{bmatrix}\boldsymbol{I}_1\\\boldsymbol{I}_2\end{bmatrix}=[\boldsymbol{y}]\begin{bmatrix}\boldsymbol{V}_1\\\boldsymbol{V}_2\end{bmatrix},\quad\begin{bmatrix}\boldsymbol{V}_1\\\boldsymbol{I}_2\end{bmatrix}=[\boldsymbol{h}]\begin{bmatrix}\boldsymbol{I}_1\\\boldsymbol{V}_2\end{bmatrix}$$

$$\begin{bmatrix}\boldsymbol{I}_1\\\boldsymbol{V}_2\end{bmatrix}=[\boldsymbol{g}]\begin{bmatrix}\boldsymbol{V}_1\\\boldsymbol{I}_2\end{bmatrix},\quad\begin{bmatrix}\boldsymbol{V}_1\\\boldsymbol{I}_1\end{bmatrix}=[\boldsymbol{T}]\begin{bmatrix}\boldsymbol{V}_2\\-\boldsymbol{I}_2\end{bmatrix},\quad\begin{bmatrix}\boldsymbol{V}_2\\\boldsymbol{I}_2\end{bmatrix}=[\boldsymbol{t}]\begin{bmatrix}\boldsymbol{V}_1\\-\boldsymbol{I}_1\end{bmatrix}$$

4. 将适当的输入端口或输出端口短路或开路即可计算出或测量出网络的参数。
5. 如果 $\boldsymbol{z}_{12}=\boldsymbol{z}_{21}$，$\boldsymbol{y}_{12}=\boldsymbol{y}_{21}$，$\boldsymbol{h}_{12}=-\boldsymbol{h}_{21}$，$\boldsymbol{g}_{12}=-\boldsymbol{g}_{21}$，$\Delta_T=1$ 或 $\Delta_t=1$，则该二端口网络是互易网络。包含受控源的网络不是互易网络。
6. 表 19-1 表述了六组参数之间的换算关系，其中三个重要的关系为

$$[\boldsymbol{y}]=[\boldsymbol{z}]^{-1},\quad[\boldsymbol{g}]=[\boldsymbol{h}]^{-1},\quad[\boldsymbol{t}]\neq[\boldsymbol{T}]^{-1}$$

7. 二端口网络的连接方式包括串联、并联与级联。在串联连接时，z 参数是相加的；在并联连接时，y 参数是相加的；而在级联时，传输参数是依次相乘的。
8. 把适当的端口变量定为 1A 或 1V 电源，并将其他端口开路或短路后，可以利用 PSpice 来计算二端口网络的参数。
9. 在晶体管电路的分析和 LC 梯形网络的综合中，都会用到网络参数。因为晶体管电路很容易建模为一个二端口网络，所以网络参数在晶体管电路分析中尤为重要。无源低通滤波器设计中重要模块——LC 阶梯网络，与级联 T 形网络非常相似，所以可以看作二端口网络进行分析。

复习题

1 在如图 19-64a 所示的单个元件的二端口网络，$\boldsymbol{z}_{11}$ 是

(a) 0　(b) 5　(c) 10

(d) 20　(e) 不存在

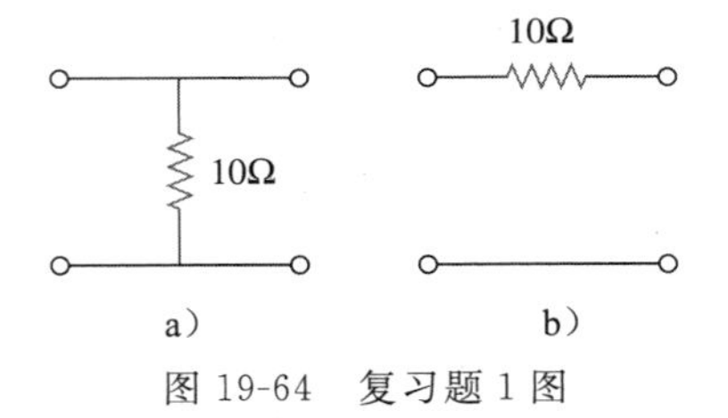

图 19-64　复习题 1 图

2 在图 19-64b 所示的单个元件的二端口网络，$\boldsymbol{z}_{11}$ 是：

(a) 0　(b) 5　(c) 10

(d) 20　(e) 不存在

3 在图 19-64a 所示的单个元件的二端口网络，$\boldsymbol{y}_{11}$ 是：

(a) 0　(b) 5　(c) 10

(d) 20　(e)不存在

4 在图 19-64b 所示的单个元件的二端口网络，$\boldsymbol{h}_{21}$ 是：

(a) −0.1　(b) −1　(c) 0

(d) 10　(e) 不存在

5 在图 19-64a 所示的单个元件的二端口网络，$\boldsymbol{B}$ 是：

(a) 0　(b) 5　(c) 10

(d) 20　(e) 不存在

6 在图 19-64b 所示的单个元件的二端口网络，$\boldsymbol{B}$ 是：

(a) 0　(b) 5　(c) 10

(d) 20　(e) 不存在

7 当某二端口电路的端口 1 短路时，$\boldsymbol{I}_1=4\boldsymbol{I}_2$，$\boldsymbol{V}_2=0.25\boldsymbol{I}_2$，下述哪个结论是正确的？

(a) $y_{11}=4$　(b) $y_{12}=16$

(c) $y_{21}=16$　(d) $y_{22}=0.25$

8 某二端口网络可以用如下方程描述：

$$\boldsymbol{V}_1=50\boldsymbol{I}_1+10\boldsymbol{I}_2$$
$$\boldsymbol{V}_2=30\boldsymbol{I}_1+20\boldsymbol{I}_2$$

以下哪个结论是不正确的？

(a) $\boldsymbol{z}_{12}=10$　(b) $\boldsymbol{y}_{12}=-0.0143$

(c) $\boldsymbol{h}_{12}=0.5$　(d) $\boldsymbol{A}=50$

9 如果二端口网络为互易网络，以下哪个结论是不正确的？

(a) $\boldsymbol{z}_{21}=\boldsymbol{z}_{12}$　(b) $\boldsymbol{y}_{21}=\boldsymbol{y}_{12}$

(c) $\boldsymbol{h}_{21}=\boldsymbol{h}_{21}$　(d) $\boldsymbol{AD}=\boldsymbol{BC}+1$

10 如果将图 19-64 所示两个单个元件的二端口网络级联，则 $\boldsymbol{D}$ 为：

(a) 0　(b) 0.1　(c) 2

(d) 10　(e) 不存在

答案：(1) c；(2) e；(3) e；(4) b；(5) a；(6) c；(7) b；(8) d；(9) c；(10) c。

习题

19.2 节

1　求图 19-65 所示网络的 z 参数。

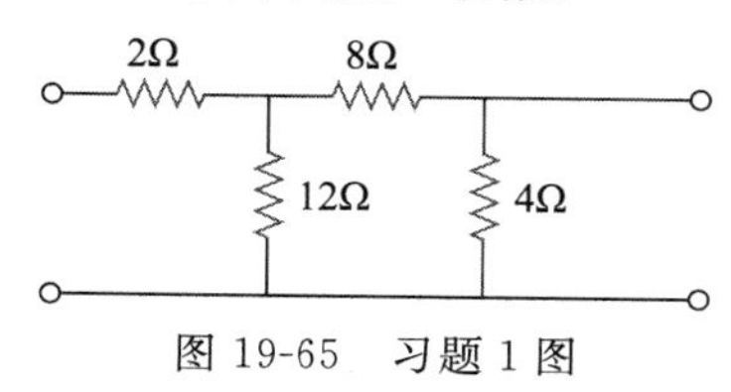

图 19-65　习题 1 图

* 2　求图 19-66 所示网络的等效阻抗参数。

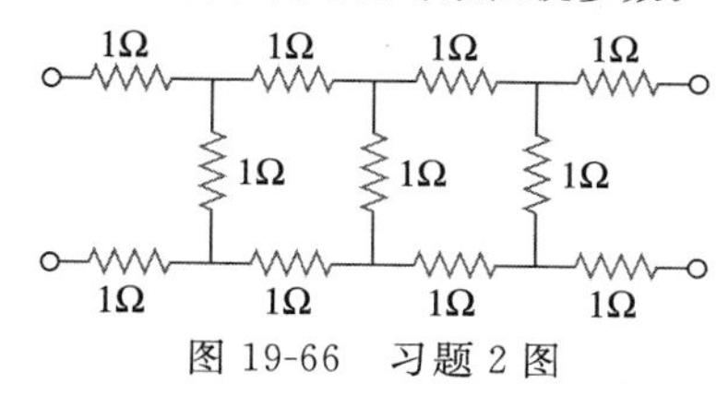

图 19-66　习题 2 图

3　求图 19-67 所示电路的 z 参数。

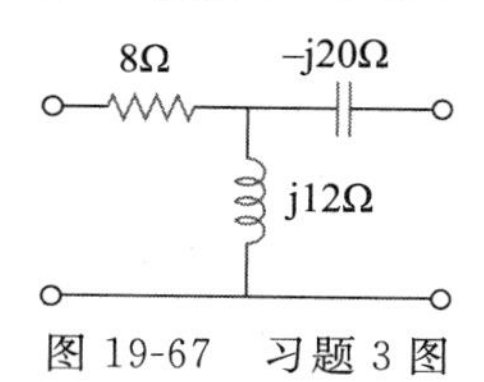

图 19-67　习题 3 图

4　用图 19-68 设计一个问题，帮助其他同学更好地理解如何由一个电子线路求出 z 参数。 **ED**

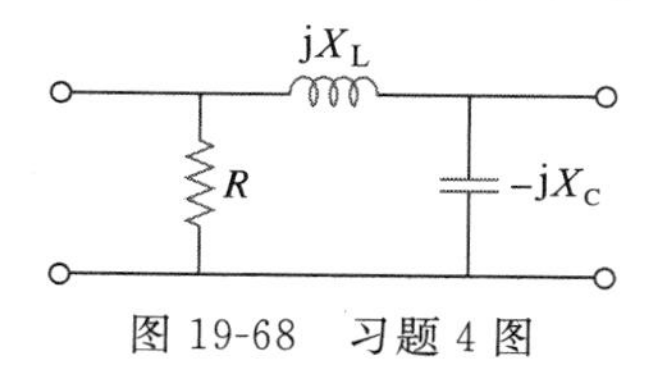

图 19-68　习题 4 图

5　求图 19-69 所示网络 s 域 z 参数。

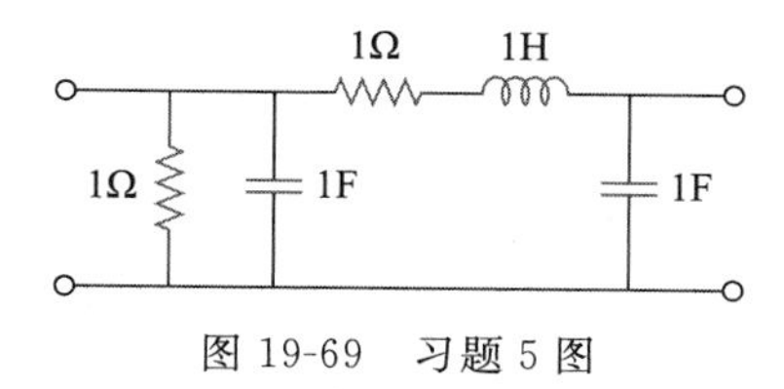

图 19-69　习题 5 图

6　求图 19-70 所示电路的 z 参数。

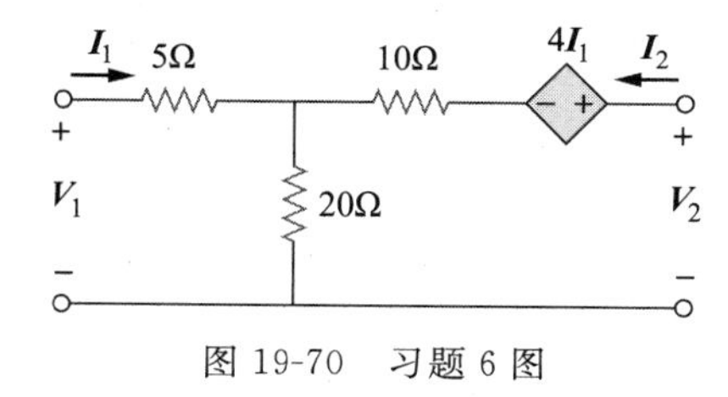

图 19-70　习题 6 图

7　求图 19-71 所示的电路 s 域的 z 参数。

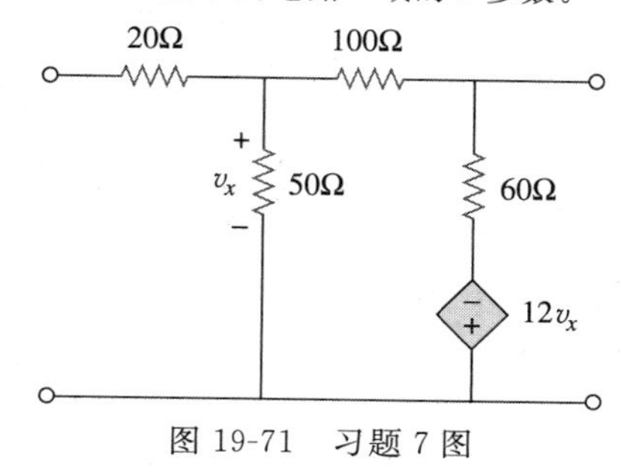

图 19-71　习题 7 图

8　求图 19-72 所示二端口网络的 z 参数。

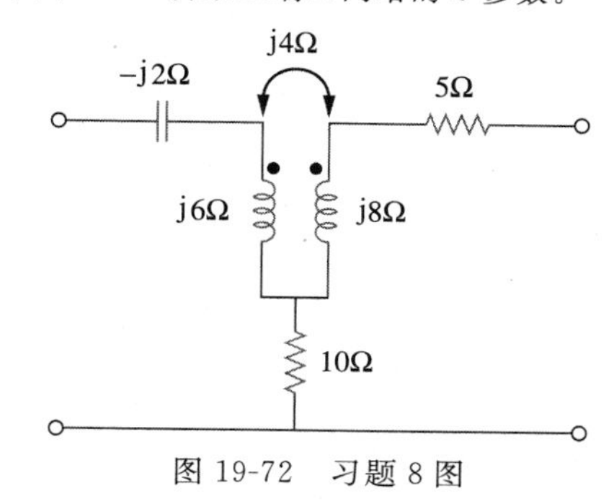

图 19-72　习题 8 图

9　某网络的 y 参数为

$$Y=[\boldsymbol{y}]=\begin{bmatrix}0.5 & -0.2\\ -0.2 & 0.4\end{bmatrix}\mathrm{S}$$

求该网络的 z 参数。

10　构建可实现如下 z 参数的二端口网络。

(a)
$$[\boldsymbol{z}]=\begin{bmatrix}25 & 20\\ 5 & 10\end{bmatrix}\Omega$$

(b)
$$[\boldsymbol{z}]=\begin{bmatrix}1+\dfrac{3}{s} & \dfrac{1}{s}\\ \dfrac{1}{s} & 2s+\dfrac{1}{s}\end{bmatrix}\Omega$$

11　构建可以用如下 z 参数表示的二端口网络。

$$[\boldsymbol{z}]=\begin{bmatrix}6+j3 & 5-j2\\ 5-j2 & 8-j\end{bmatrix}\Omega$$

12　对于图 19-73 所示电路，令

$$[\boldsymbol{z}]=\begin{bmatrix}10 & -6\\ -4 & 12\end{bmatrix}\Omega$$

求出 $\boldsymbol{I}_1$、$\boldsymbol{I}_2$、$\boldsymbol{V}_1$ 和 $\boldsymbol{V}_2$。

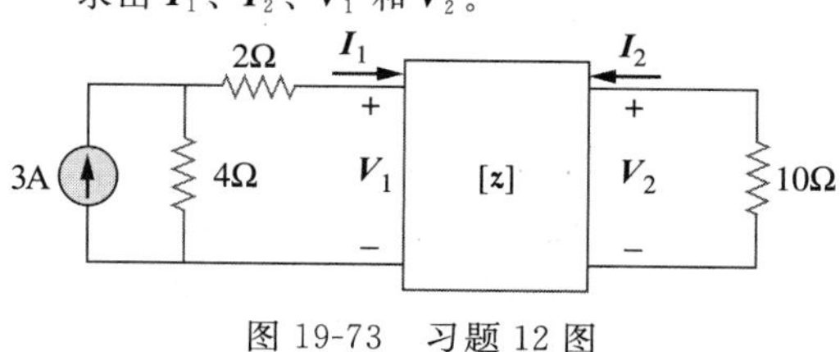

图 19-73　习题 12 图

13　求图 19-74 所示网络中传递给 $\mathbf{Z}_L=(5+\mathrm{j}4)\Omega$ 的平均功率。注意：电压为方均根电压。

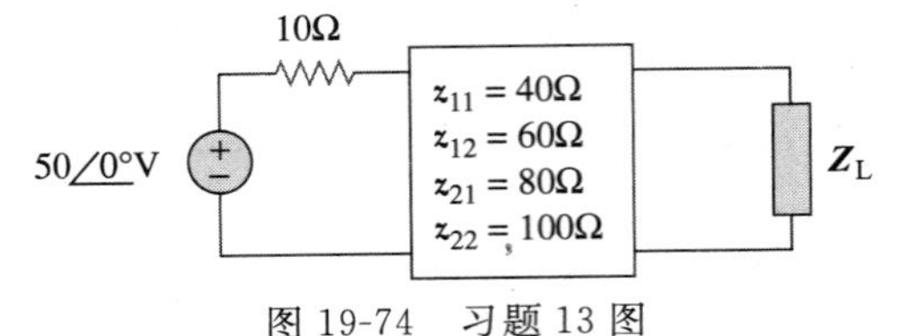

图 19-74　习题 13 图

14　对于图 19-75 所示的二端口网络，证明在输出端，有

$$\mathbf{Z}_{\mathrm{Th}}=\mathbf{z}_{22}-\frac{\mathbf{z}_{12}\mathbf{z}_{21}}{\mathbf{z}_{11}+\mathbf{Z}_s}$$

$$\mathbf{V}_{\mathrm{Th}}=\frac{\mathbf{z}_{21}}{\mathbf{z}_{11}+\mathbf{Z}_s}\mathbf{V}_s$$

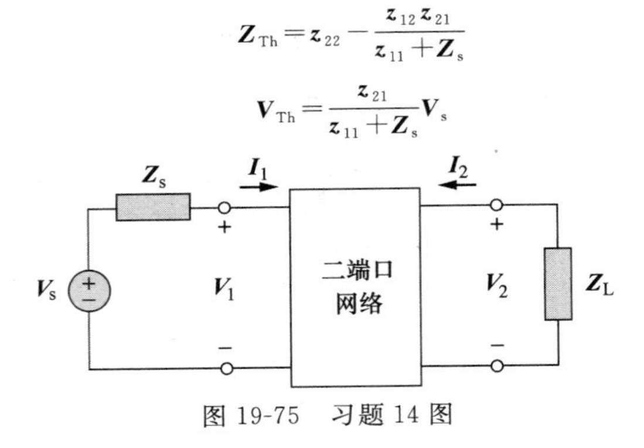

图 19-75　习题 14 图

15　对于图 19-76 所示的二端口电路，有

$$[\mathbf{z}]=\begin{bmatrix}40 & 60\\ 80 & 120\end{bmatrix}\Omega$$

(a) 求实现负载最大功率传输时的 $\mathbf{Z}_L$。

(b) 计算传递给负载的最大功率。

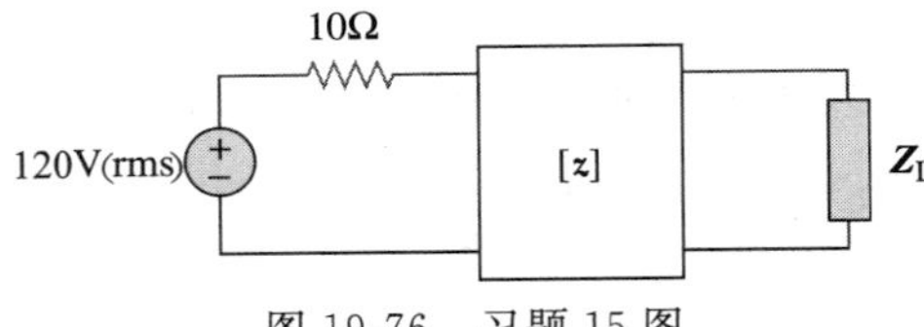

图 19-76　习题 15 图

16　对于如图 19-77 所示电路，当 $\omega=2\mathrm{rad/s}$ 时，$\mathbf{z}_{11}=10\Omega$，$\mathbf{z}_{12}=\mathbf{z}_{21}=\mathrm{j}6\Omega$，$\mathbf{z}_{22}=4\Omega$，求终端 a-b 处的戴维南等效电路，并计算 v_o。

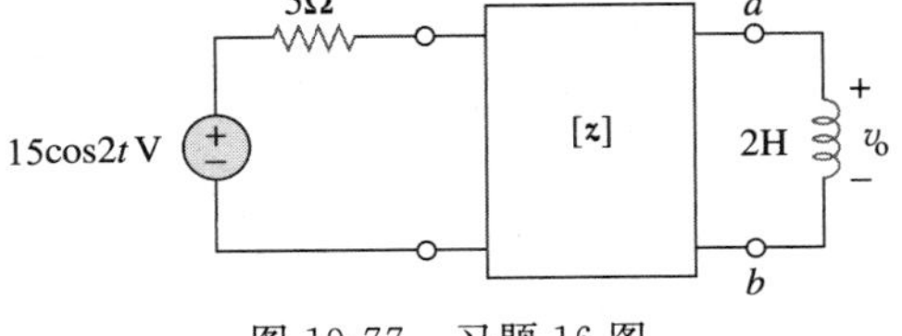

图 19-77　习题 16 图

19.3 节

* 17　求图 19-78 所示电路的 z 参数和 y 参数。

18　求图 19-79 所示二端口电路的 y 参数。

19　利用图 19-80 设计一个问题，以更好地理解如何在 s 域确定 y 参数。**ED**

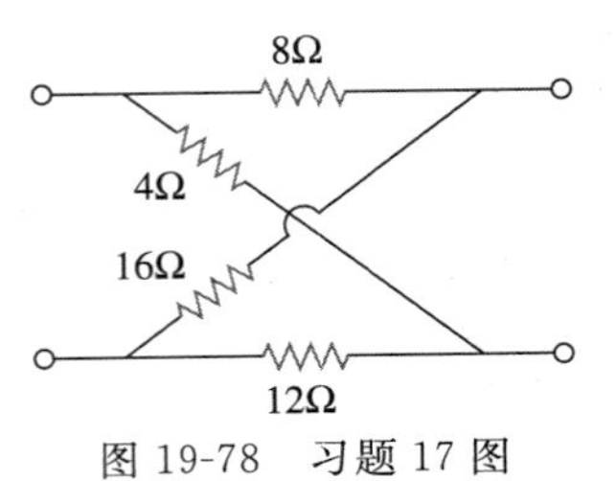

图 19-78　习题 17 图

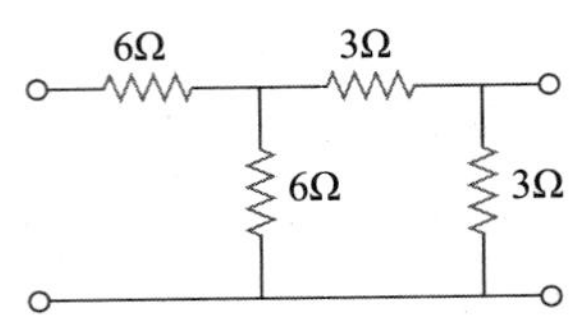

图 19-79　习题 18 和习题 37 图

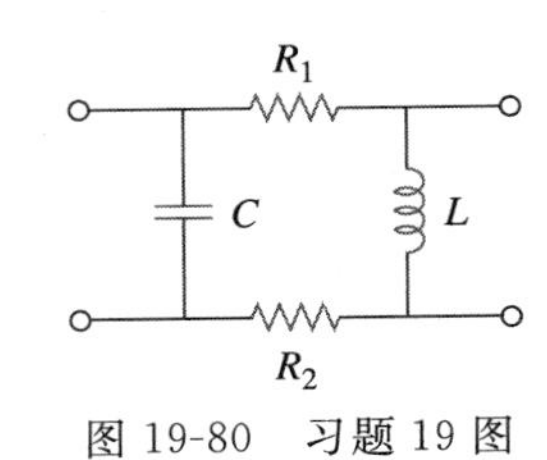

图 19-80　习题 19 图

20　求图 19-81 所示电路的 y 参数。

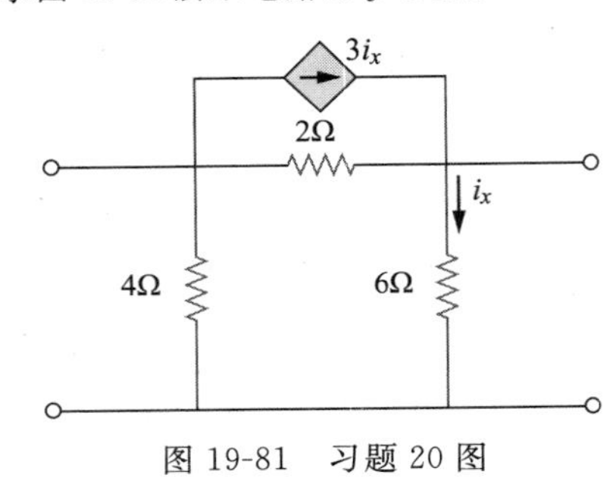

图 19-81　习题 20 图

21　求图 19-82 所示二端口网络的等效导纳参数。

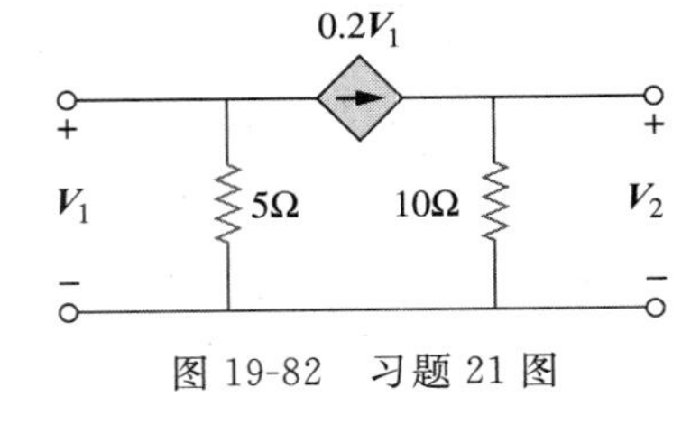

图 19-82　习题 21 图

22　求图 19-83 所示二端口网络的 y 参数。

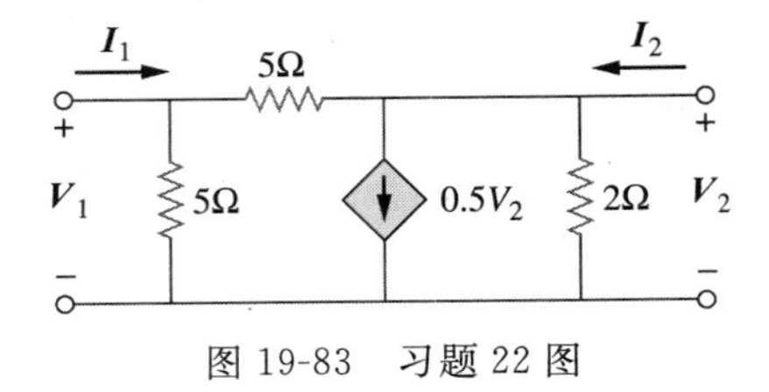

图 19-83　习题 22 图

23　(a) 求图 19-84 所示二端口网络的 y 参数。
(b) 求 $v_s = 2u(t)$V 时的 $\mathbf{V}_2(s)$。

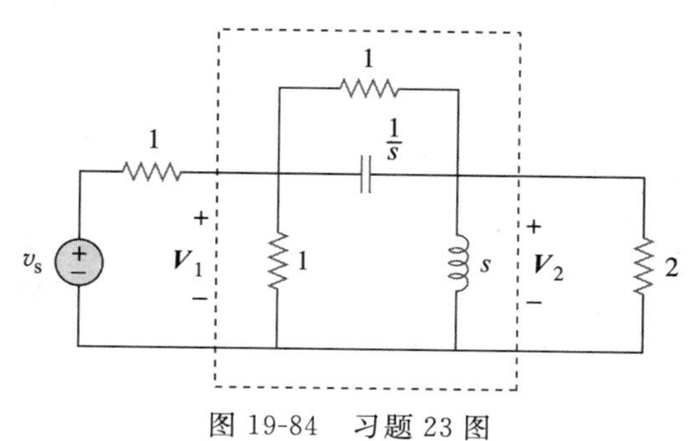

图 19-84　习题 23 图

24　求表示如下 y 参数的电阻电路。

$$[\mathbf{y}] = \begin{bmatrix} \frac{1}{2} & -\frac{1}{4} \\ -\frac{1}{4} & \frac{3}{8} \end{bmatrix}$$

25　画出具有如下 y 参数的二端口网络。

$$[\mathbf{y}] = \begin{bmatrix} 1 & 0.5 \\ -0.5 & 1.5 \end{bmatrix} S$$

26　求图 19-85 所示二端口电路的 $[\mathbf{y}]$。

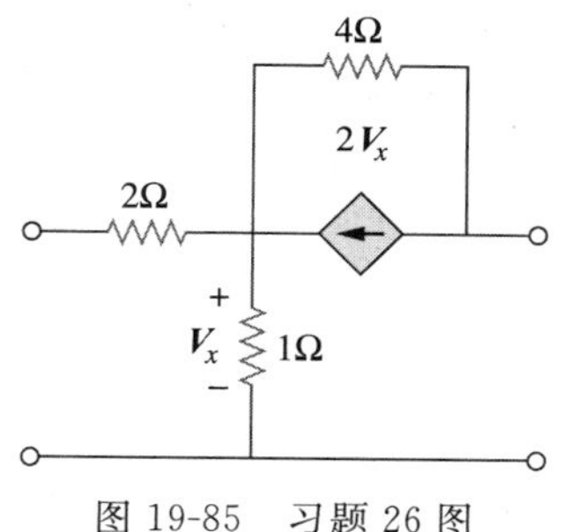

图 19-85　习题 26 图

27　求图 19-86 所示电路的 y 参数。

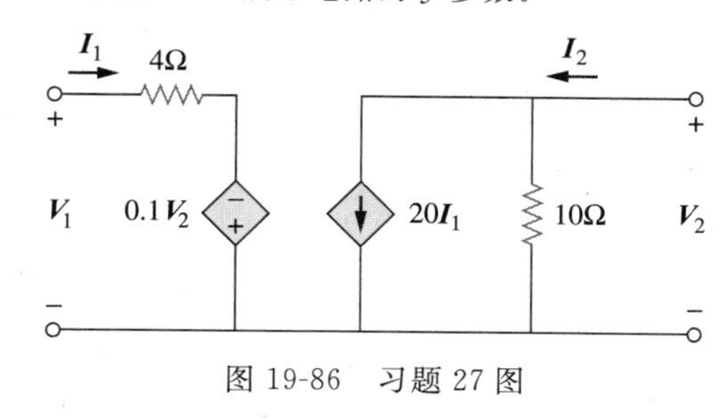

图 19-86　习题 27 图

28　在图 19-65 所示电路中，输入端口连接一个 1A 直流电流源。利用 y 参数计算 2Ω 电阻消耗的功率，并通过直接电路分析验证计算结果。

29　在图 19-87 所示桥电路中，$I_1 = 10$A 且 $I_2 = -4$A。
(a) 利用 y 参数求 V_1 和 V_2。
(b) 通过直接电路分析验证 a 中的结果。

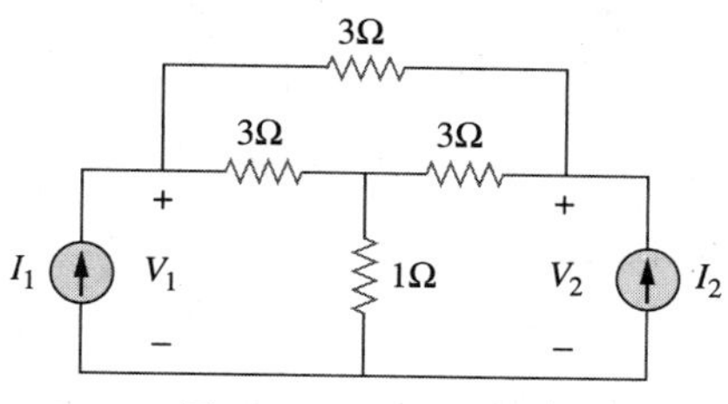

图 19-87　习题 29 图

19.4 节

30　求图 19-88 所示网络的 h 参数。

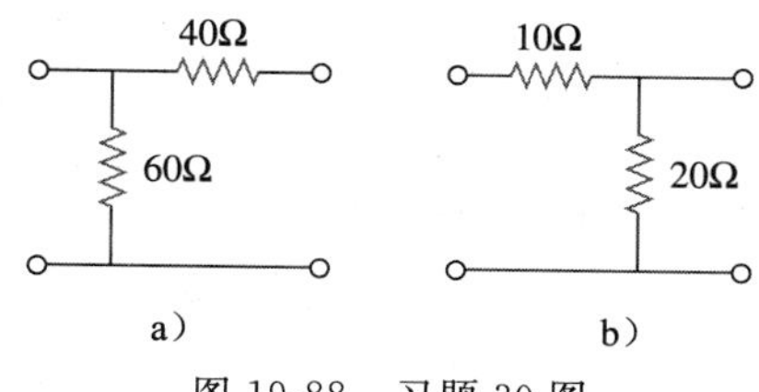

图 19-88　习题 30 图

31　求图 19-89 所示电路的混合参数。

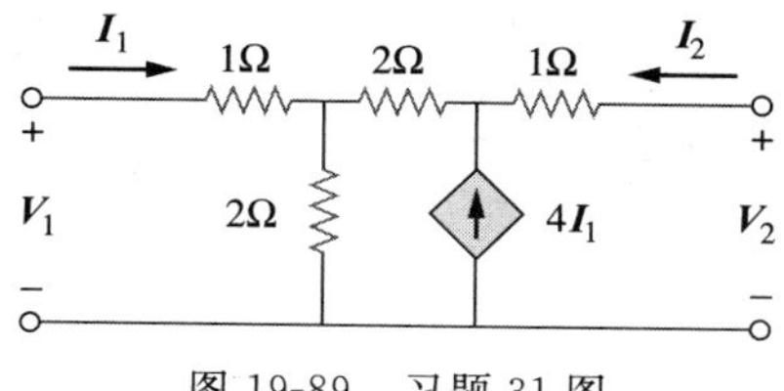

图 19-89　习题 31 图

32　利用图 19-90 设计一个问题，以更好地理解如何求出电路 s 域的 h 参数和 g 参数。　**ED**

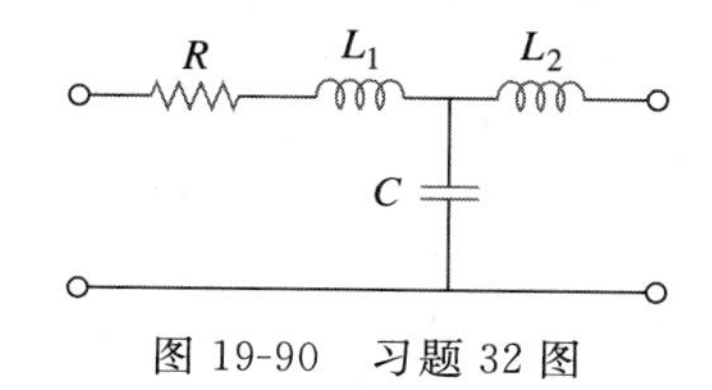

图 19-90　习题 32 图

33　求图 19-91 所示二端口电路的 h 参数。

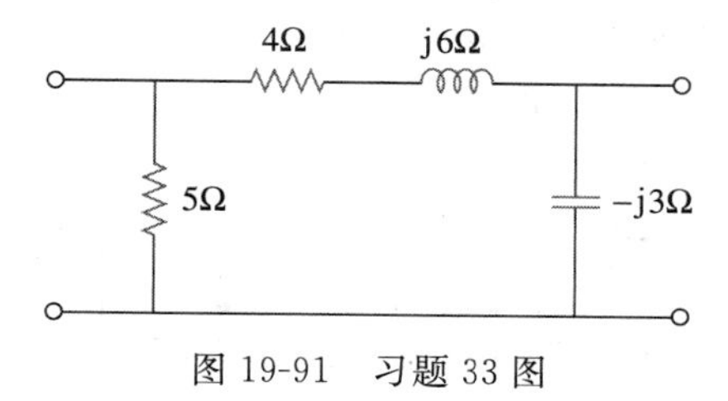

图 19-91　习题 33 图

34　求图 19-92 所示二端口电路的 h 参数和 g 参数。

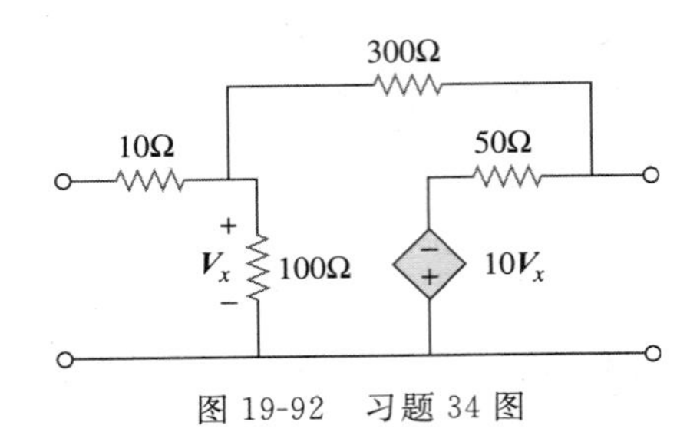

图 19-92　习题 34 图

35　求图 19-93 所示网络的 h 参数。

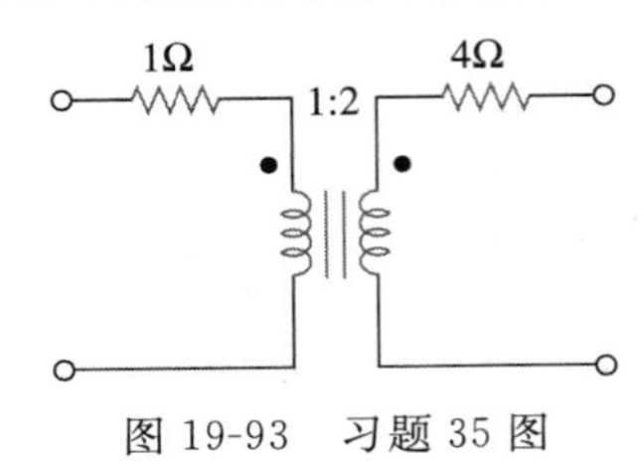

图 19-93　习题 35 图

36　对于图 19-94 所示的二端口网络，有

$$[\boldsymbol{h}]=\begin{bmatrix}16\Omega & 3\\ -2 & 0.01\mathrm{S}\end{bmatrix}$$

求：

(a) V_2/V_1 (b) I_2/I_1 (c) I_1/V_1 (d) V_2/I_1

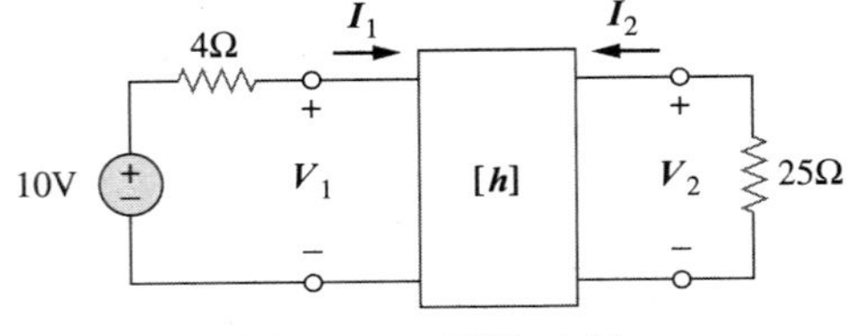

图 19-94　习题 36 图

37　图 19-79 所示电路的输入端与一个 10V 直流电压源相连接，同时输出端与一个 5Ω 电阻相连接。试利用该电路的 h 参数求 5Ω 电阻两端的电压，并通过直接电路分析验证计算结果。

38　图 19-95 所示二端口网络的 h 参数为

$$[\boldsymbol{h}]=\begin{bmatrix}600\Omega & 0.04\\ 30 & 2\mathrm{mS}\end{bmatrix}$$

如果 $Z_s=2\mathrm{k}\Omega$，$Z_L=400\Omega$，求 Z_{in} 和 Z_{out}。

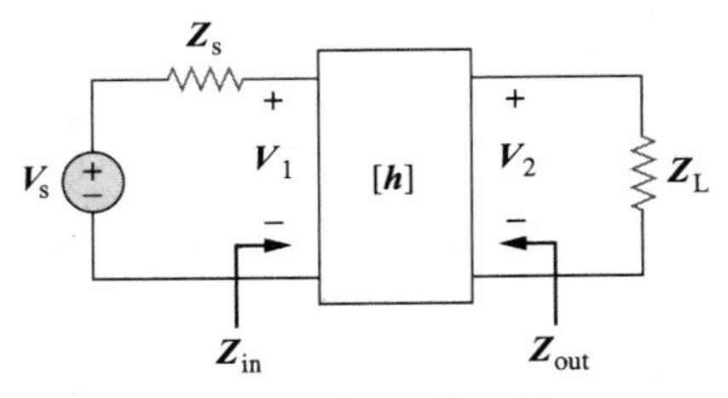

图 19-95　习题 38 图

39　求图 19-96 所示 Y 形电路的 g 参数。

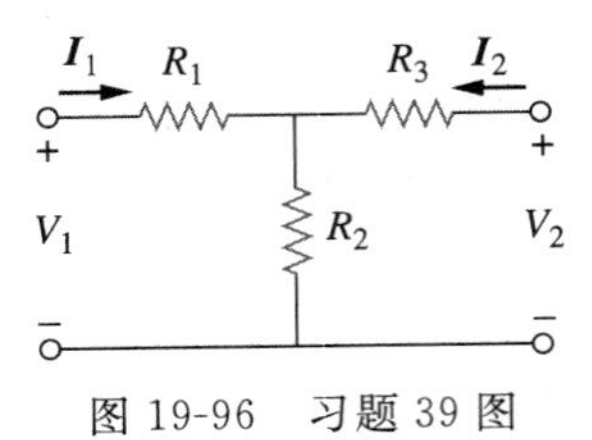

图 19-96　习题 39 图

40　利用图 19-97 设计一个问题，以更好地理解如何确定交流电路的 g 参数。 **ED**

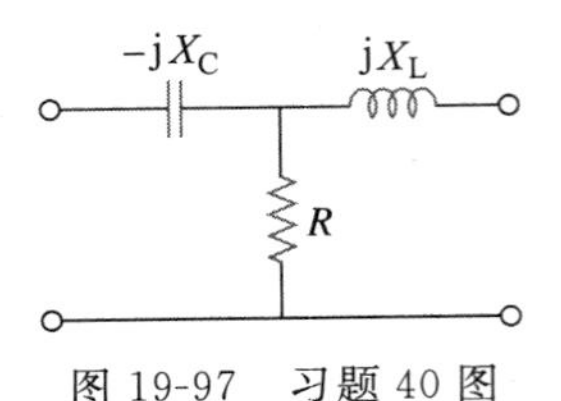

图 19-97　习题 40 图

41　对于图 19-75 所示二端口网络，证明

$$\frac{\boldsymbol{I}_2}{\boldsymbol{I}_1}=\frac{-\boldsymbol{g}_{21}}{\boldsymbol{g}_{11}\boldsymbol{Z}_L+\Delta_g}$$

$$\frac{\boldsymbol{V}_2}{\boldsymbol{V}_s}=\frac{\boldsymbol{g}_{21}\boldsymbol{Z}_L}{(1+\boldsymbol{g}_{11}\boldsymbol{Z}_s)(\boldsymbol{g}_{22}+\boldsymbol{Z}_L)-\boldsymbol{g}_{21}\boldsymbol{g}_{12}\boldsymbol{Z}_s}$$

其中 Δ_g 是矩阵[$\boldsymbol{g}$]的行列式。

42　某二端口器件的 h 参数如下：

$\boldsymbol{h}_{11}=600\Omega$，　$\boldsymbol{h}_{12}=1\times10^{-3}\Omega$，

$\boldsymbol{h}_{21}=120(\mathrm{S})$，　$\boldsymbol{h}_{22}=2\times10^{-6}(\mathrm{S})$

画出包括各元件值在内的器件电路模型。

19.5 节

43　求图 19-98 所示单个元件二端口网络的传输参数。

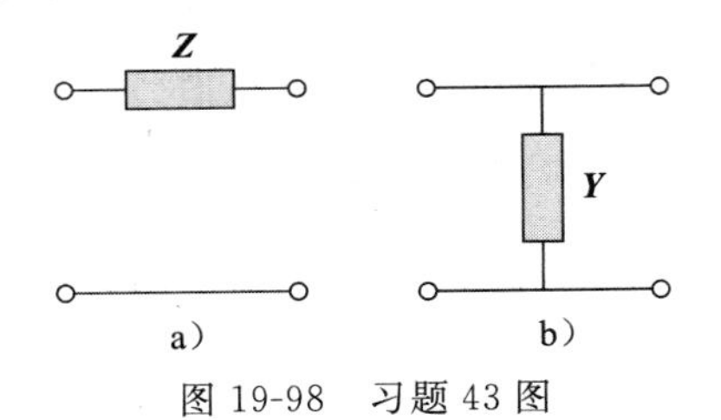

图 19-98　习题 43 图

44　利用图 19-99 设计一个问题，以更好地理解如何确定一个交流电路的传输函数。 **ED**

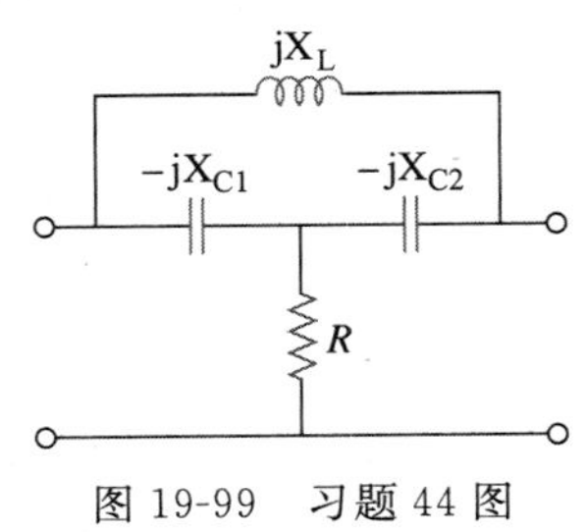

图 19-99　习题 44 图

45　求图 19-100 所示电路的 ***ABCD*** 参数。

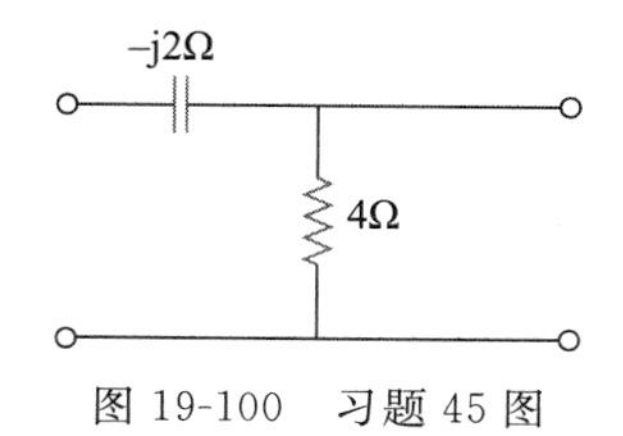

图 19-100　习题45图

46　求图19-101所示电路的传输函数。

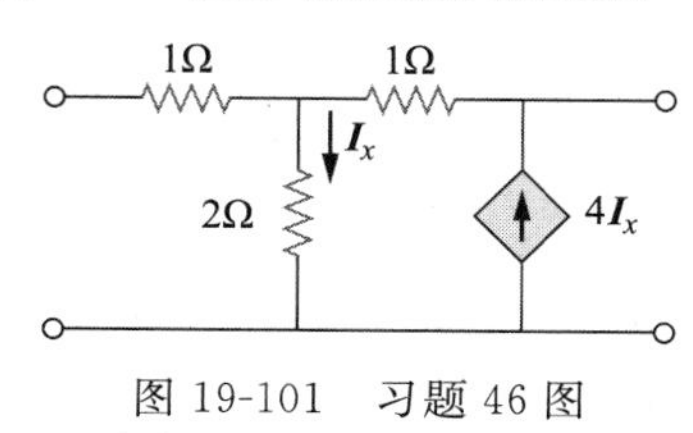

图 19-101　习题46图

47　求图19-102所示网络的 $\boldsymbol{ABCD}$ 参数。

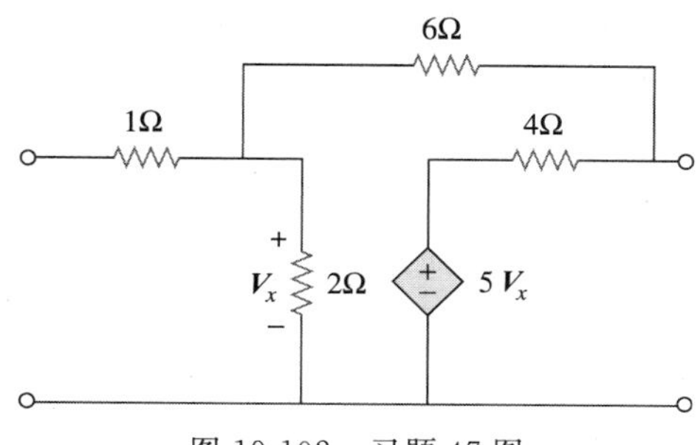

图 19-102　习题47图

48　对于某二端口网络，令 $\boldsymbol{A}=4$，$\boldsymbol{B}=30\Omega$，$\boldsymbol{C}=0.1\text{S}$，$\boldsymbol{D}=1.5$。计算下列几种情况下的输入阻抗 $\boldsymbol{Z}_{\text{in}}=\boldsymbol{V}_1/\boldsymbol{I}_1$。

(a) 输出端短路；

(b) 输出端开路；

(c) 输出端连接一个10Ω的负载。

49　利用 s 域阻抗，确定如图19-103所示电路的传输参数。

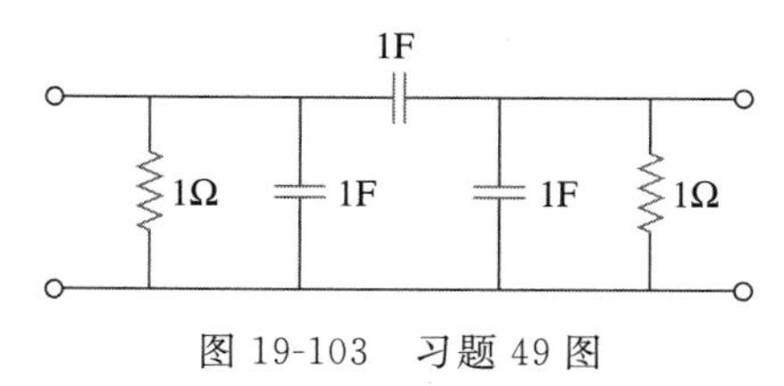

图 19-103　习题49图

50　求图19-104所示电路的 t 参数的 s 域表示式。

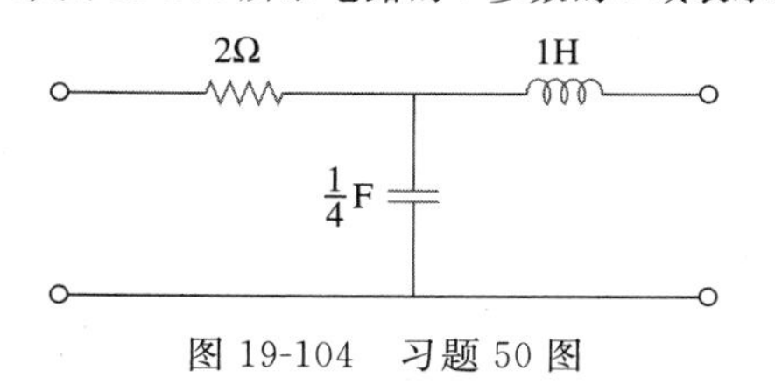

图 19-104　习题50图

51　求图19-105所示电路的 t 参数。

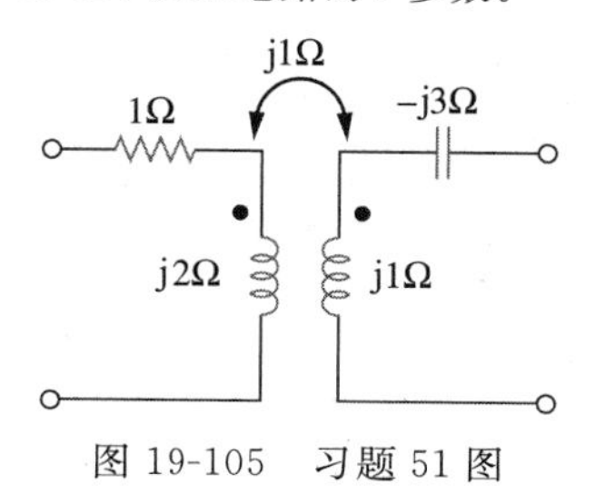

图 19-105　习题51图

19.6节

52　(a) 对于图19-106所示T形网络，证明 h 参数为

$$\boldsymbol{h}_{11}=R_1+\frac{R_2R_3}{R_1+R_3},\quad \boldsymbol{h}_{12}=\frac{R_2}{R_2+R_3}$$

$$\boldsymbol{h}_{21}=-\frac{R_2}{R_2+R_3},\quad \boldsymbol{h}_{22}=\frac{1}{R_2+R_3}$$

(b) 对于同一网络，证明其传输参数为：

$$\boldsymbol{A}=1+\frac{R_1}{R_2},\quad \boldsymbol{B}=R_3+\frac{R_1}{R_2}(R_2+R_3)$$

$$\boldsymbol{C}=\frac{1}{R_2},\quad \boldsymbol{D}=1+\frac{R_3}{R_2}$$

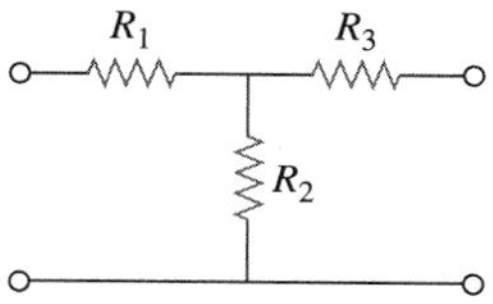

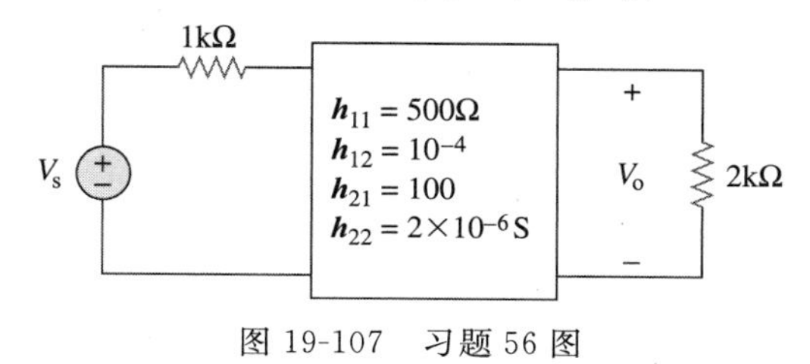

图 19-106　习题52图

53　推导出利用 $\boldsymbol{ABCD}$ 参数表示的 z 参数表达式。

54　证明由 y 参数确定的二端口网络的传输参数为

$$\boldsymbol{A}=-\frac{\boldsymbol{y}_{22}}{\boldsymbol{y}_{21}},\quad \boldsymbol{B}=-\frac{1}{\boldsymbol{y}_{21}}$$

$$\boldsymbol{C}=-\frac{\Delta_y}{\boldsymbol{y}_{21}},\quad \boldsymbol{D}=-\frac{\boldsymbol{y}_{11}}{\boldsymbol{y}_{21}}$$

55　证明由 z 参数确定的 g 参数可以表达为

$$\boldsymbol{g}_{11}=\frac{1}{\boldsymbol{z}_{11}},\quad \boldsymbol{g}_{12}=-\frac{\boldsymbol{z}_{12}}{\boldsymbol{z}_{11}}$$

$$\boldsymbol{g}_{21}=\frac{\boldsymbol{z}_{21}}{\boldsymbol{z}_{11}},\quad \boldsymbol{g}_{22}=\frac{\Delta_z}{\boldsymbol{z}_{11}}$$

56　对于图19-107所示网络，求 $\boldsymbol{V}_o/\boldsymbol{V}_s$。

图中：1kΩ，V_s，$\boldsymbol{h}_{11}=500\Omega$，$\boldsymbol{h}_{12}=10^{-4}$，$\boldsymbol{h}_{21}=100$，$\boldsymbol{h}_{22}=2\times10^{-6}\text{S}$，$V_o$，2kΩ

图 19-107　习题56图

57　已知传输参数为

$$[T]=\begin{bmatrix}3 & 20\\1 & 7\end{bmatrix}$$

求其他五组二端口网络参数。

58 设计一个问题以更好地理解在已知有关混合参数的方程时，如何求得二端口网络的 y 参数和传输函数。**ED**

59 已知

$$[g]=\begin{bmatrix}0.06\text{S} & -0.4\\0.2 & 2\Omega\end{bmatrix}$$

求：(a) $[z]$；(b) $[y]$；(c) $[h]$；(d) $[T]$。

60 设计一个在 $\omega=10^6$ rad/s 时实现如下 z 参数的 T 网络。**ED**

$$[z]=\begin{bmatrix}4+3\text{j} & 2\\2 & 5-\text{j}\end{bmatrix}\text{k}\Omega$$

61 对于图 19-108 所示桥式电路，求：

(a) z 参数；

(b) h 参数；

(c) 传输参数。

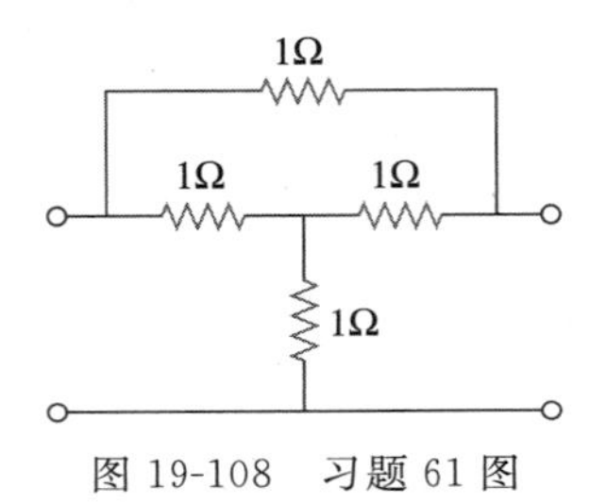

图 19-108 习题 61 图

62 求图 19-109 所示运算放大电路的 z 参数，并确定其传输参数。

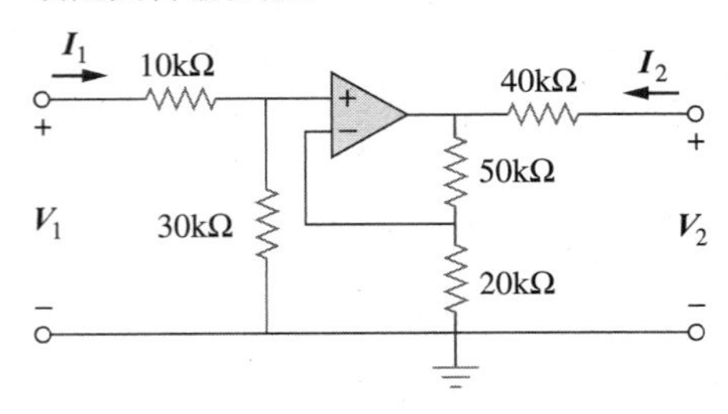

图 19-109 习题 62 图

63 求图 19-110 所示二端口的 z 参数。

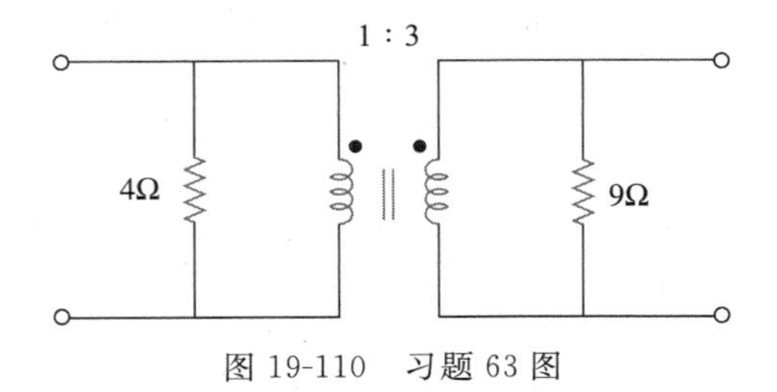

图 19-110 习题 63 图

64 求图 19-111 所示运算放大电路在 $\omega=1000$rad/s 时的 y 参数，并求出对应的 h 参数。

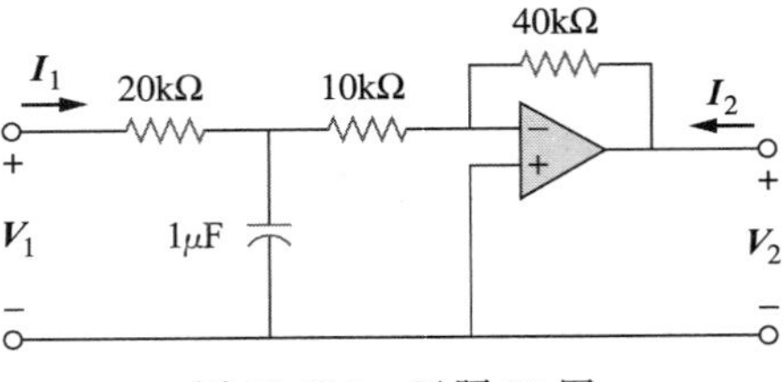

图 19-111 习题 64 图

19.7 节

65 如图 19-112 所示电路的 y 参数表示的是什么？

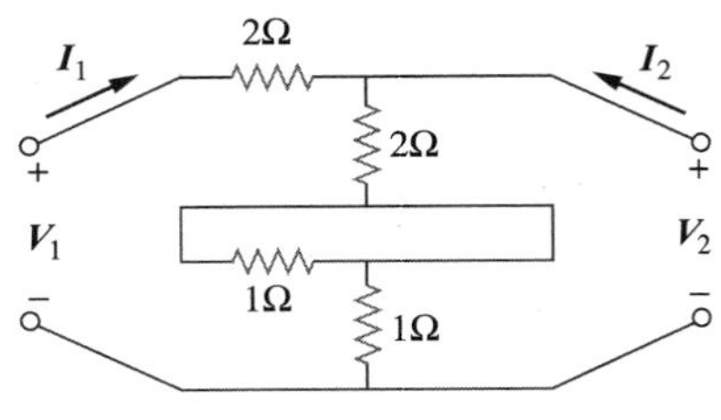

图 19-112 习题 65 图

66 在图 19-113 所示的二端口电路中，令 $\boldsymbol{y}_{12}=\boldsymbol{y}_{21}=0$，$\boldsymbol{y}_{11}=2\text{mS}$，$\boldsymbol{y}_{22}=10\text{mS}$，试求 $\mathbf{V}_o/\mathbf{V}_s$。

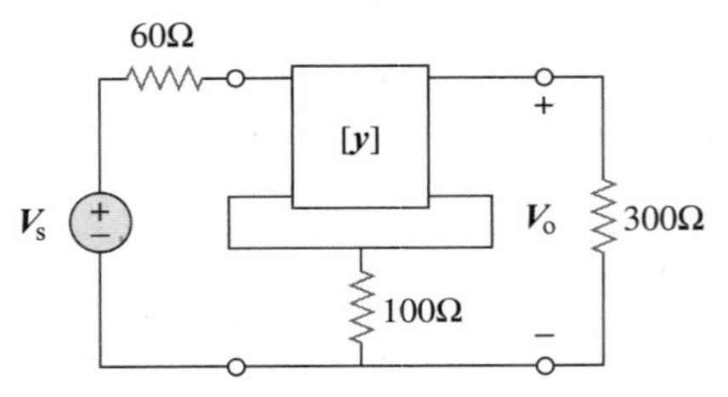

图 19-113 习题 66 图

67 如果将三个如图 19-114 所示电路相互并联，求整个电路的传输函数。**ML**

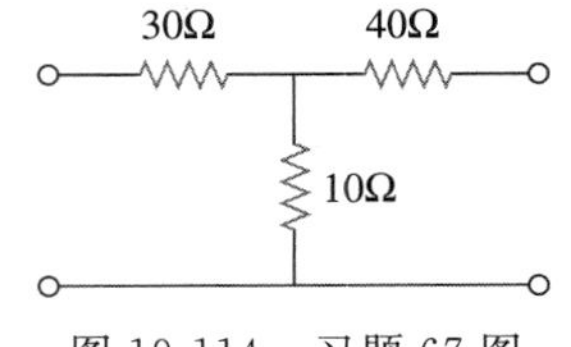

图 19-114 习题 67 图

68 求图 19-115 所示网络的 h 参数。

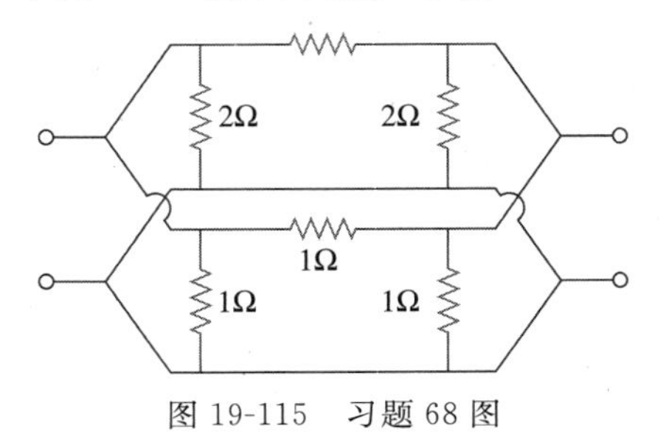

图 19-115 习题 68 图

*69　图 19-116 所示电路可以看作两个并联的二端口电路，求 s 域的 y 参数。

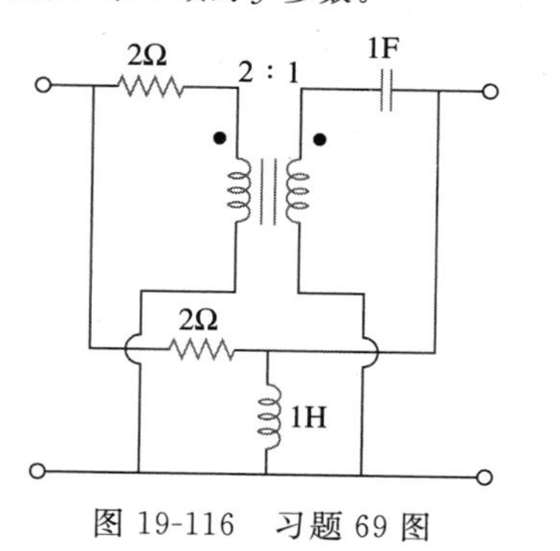

图 19-116　习题 69 图

*70　对于图 19-117 所示的两个二端口网络的并-串联电路，求其 g 参数。

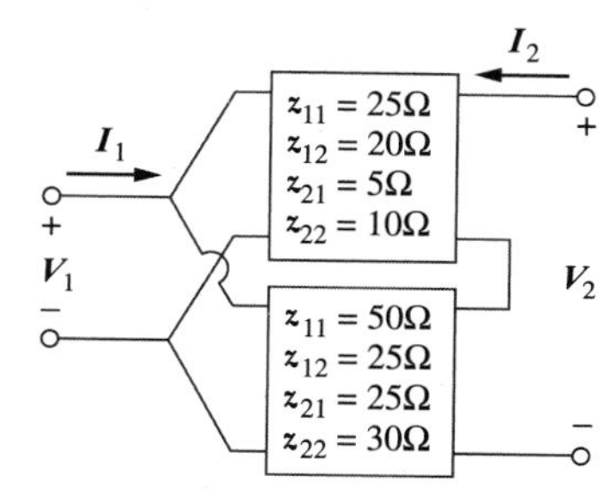

图 19-117　习题 70 图

*71　求图 19-118 所示网络的 z 参数。

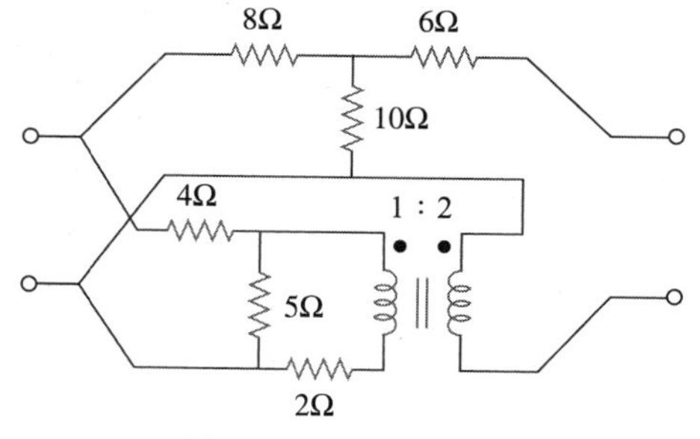

图 19-118　习题 71 图

*72　两个串一并连接的二端口电路如图 19-119 所示，求该网络的 z 参数。

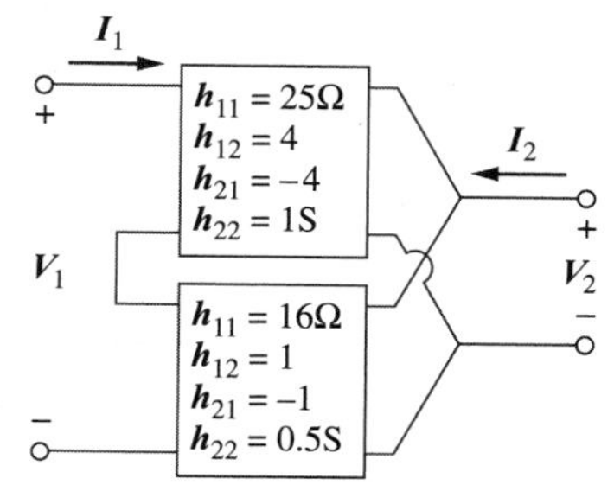

图 19-119　习题 72 图

73　如果将三个如图 19-70 所示电路的相互级联。求整个电路的 z 参数。　**ML**

*74　求图 19-120 所示电路的 s 域 ***ABCD*** 参数(提示：可以将电路划分成若干个子电路，并利用习题 19-43 的结果将其级联起来)。　**ML**

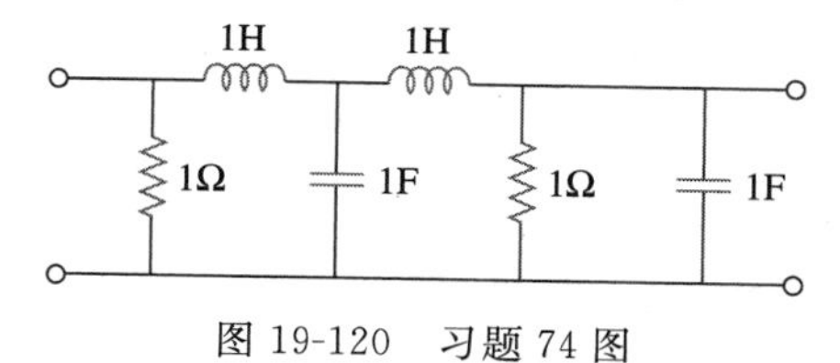

图 19-120　习题 74 图

75　对于图 19-121 所示各二端口网络，其中

$$[\boldsymbol{z}_a]=\begin{bmatrix}8 & 6\\4 & 5\end{bmatrix}\Omega,\quad [\boldsymbol{y}_b]=\begin{bmatrix}8 & -4\\2 & 10\end{bmatrix}S$$

(a) 求整个二端口网络的 y 参数。

(b) 求 $\boldsymbol{Z}_L=2\Omega$ 时的电压比 $\boldsymbol{V}_o/\boldsymbol{V}_i$。

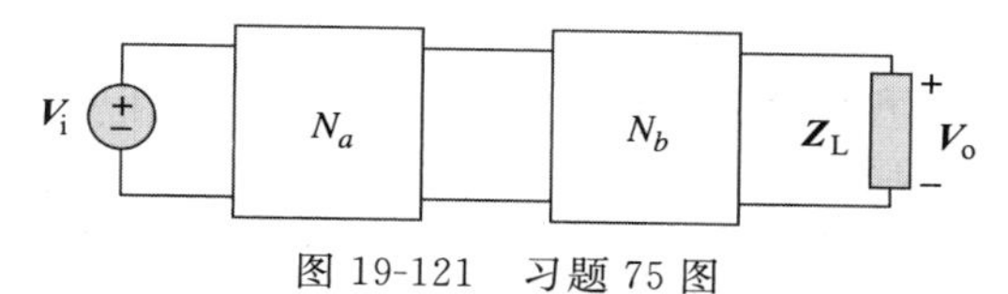

图 19-121　习题 75 图

19.8 节

76　利用 PSpice 或 MultiSim 求图 19-122 所示网络的 z 参数。

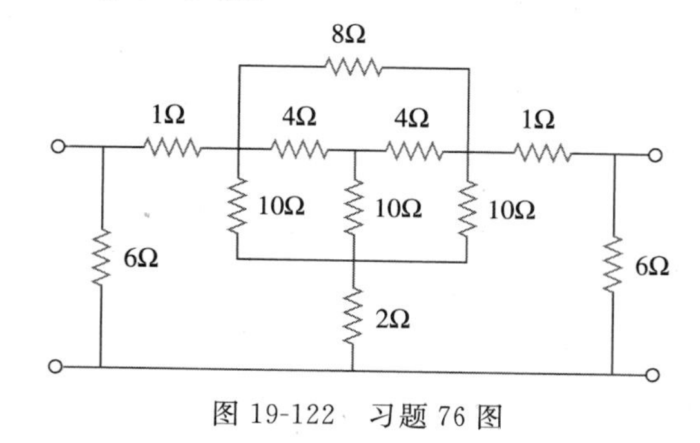

图 19-122　习题 76 图

77　试利用 PSpice 或 MultiSim 求图 19-123 所示电路的 h 参数，其中 $\omega=1\text{rad/s}$。

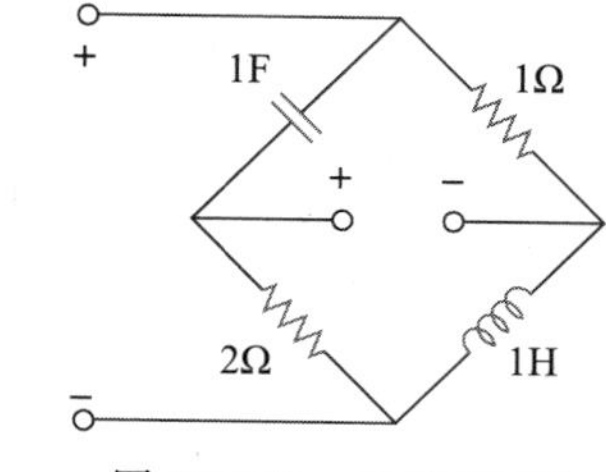

图 19-123　习题 77 图

78　试利用 PSpice 或 MultiSim 求图 19-124 所示电路的 h 参数，其中 $\omega=4\text{rad/s}$。

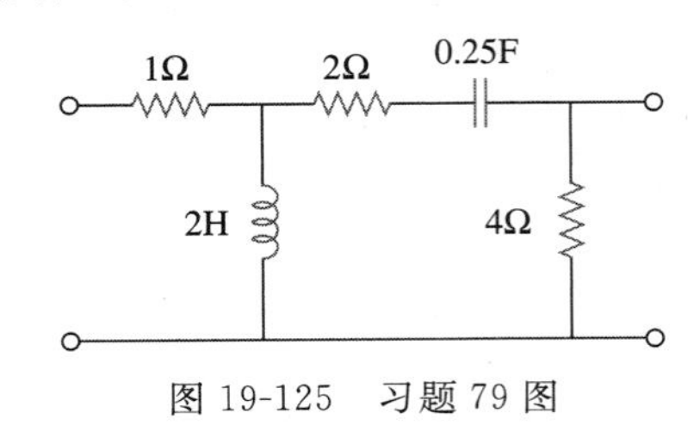

图 19-124　习题 78 图

79　利用 PSpice 或 MultiSim 求图 19-125 中的 z 参数，其中 $\omega=2\text{rad/s}$。

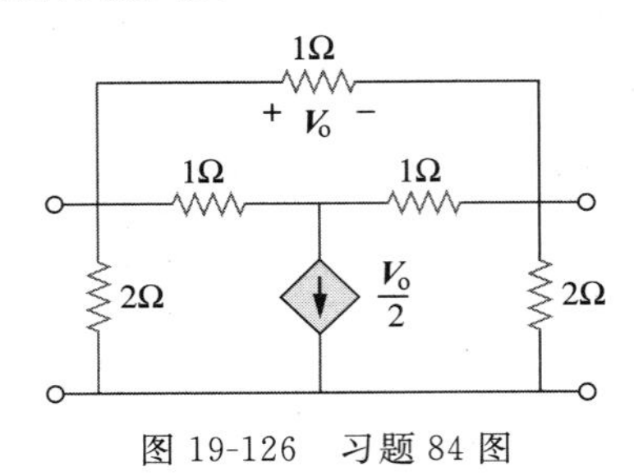

图 19-125　习题 79 图

80　利用 PSpice 或 MultiSim 求图 19-71 所示电路的 z 参数。

81　利用 PSpice 或 MultiSim 重做习题 26。

82　利用 PSpice 或 MultiSim 重做习题 31。

83　利用 PSpice 或 MultiSim 重做习题 47。

84　利用 PSpice 或 MultiSim 求图 19-126 所示网络的传输参数。

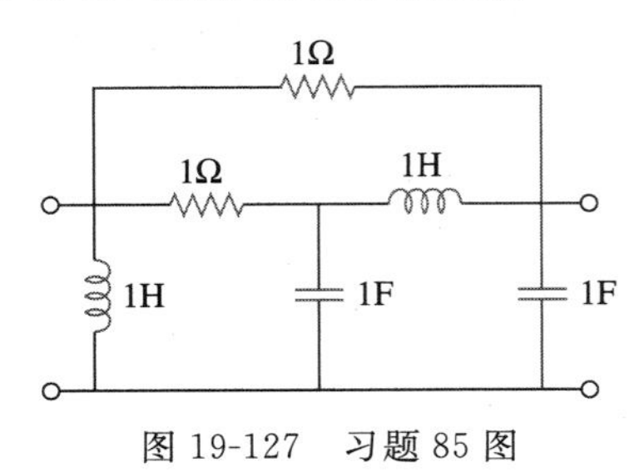

图 19-126　习题 84 图

85　当 $\omega=1\text{rad/s}$ 时，利用 PSpice 或 MultiSim 求图 19-127 所示网络的传输参数。

图 19-127　习题 85 图

86　利用 PSpice 或 MultiSim 求图 19-128 所示电路的 g 参数。

87　对于图 19-129 所示电路，利用 PSpice 或 MultiSim 确定 t 参数，假设 $\omega=1\text{rad/s}$。

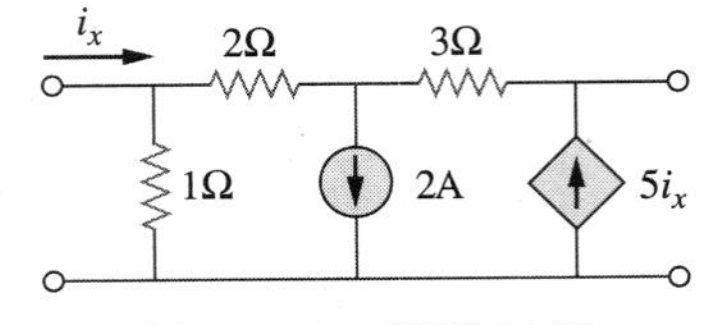

图 19-128　习题 86 图

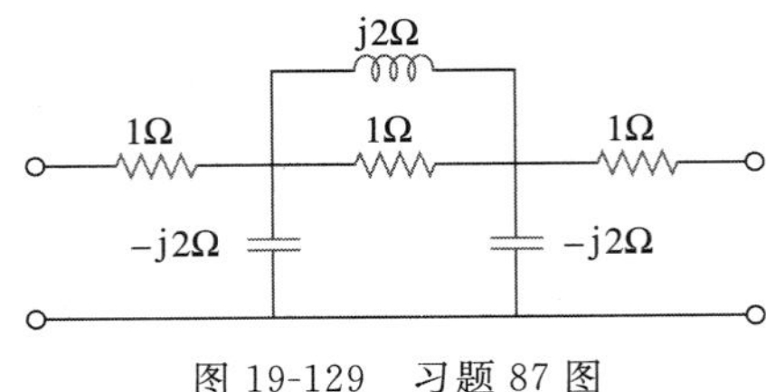

图 19-129　习题 87 图

19.9 节

88　利用 y 参数推导共射极晶体管电路的 Z_{in}、Z_{out}、A_i、A_v 的公式。

89　共射极电路中的晶体管的参数如下：

$$h_{ie}=2640\Omega,\quad h_{re}=2.6\times10^{-4}$$
$$h_{fe}=72,\quad h_{oe}=16\mu\text{S},\quad R_L=100\text{k}\Omega$$

该晶体管的电压放大倍数为多少？该放大倍数用分贝表示的增益是多少？

90　某晶体管具有如下参数：　**ED**

$$h_{fe}=120,\quad h_{ie}=2\text{k}\Omega$$
$$h_{re}=10^{-4},\quad h_{oe}=20\mu\text{S}$$

将其用在 CE 放大器中，提供 1.5kΩ 的输入电阻。

(a) 确定负载电阻 R_L。

(b) 如果放大器是被内阻 600Ω 的 4mV 电源驱动，计算 A_v、A_i 与 Z_{out}。

(c) 求负载两端的电压。

91　对于图 19-130 所示的晶体管网络，有

$$h_{fe}=80,\quad h_{ie}=1.2\text{k}\Omega$$
$$h_{re}=1.5\times10^{-4},\quad h_{oe}=20\mu\text{S}$$

求

(a) 电压增益 $A_v=V_o/V_s$；

(b) 电流增益 $A_i=I_o/I_i$；

(c) 输入阻抗 Z_{in}；

(d) 输出阻抗 Z_{out}。

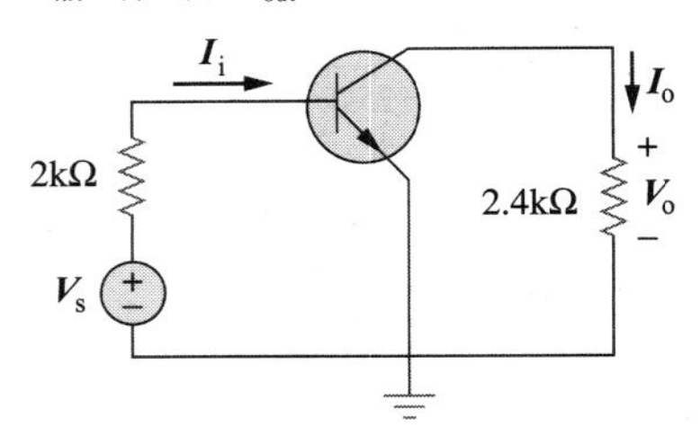

图 19-130　习题 91 图

*92　求图 19-131 所示的运算放大器的 A_v、A_i、

Z_{in} 和 Z_{out}。假设：

$$h_{ie}=4\text{k}\Omega,\quad h_{re}=10^{-4}$$
$$h_{fe}=100,\quad h_{oe}=30\mu\text{S}$$

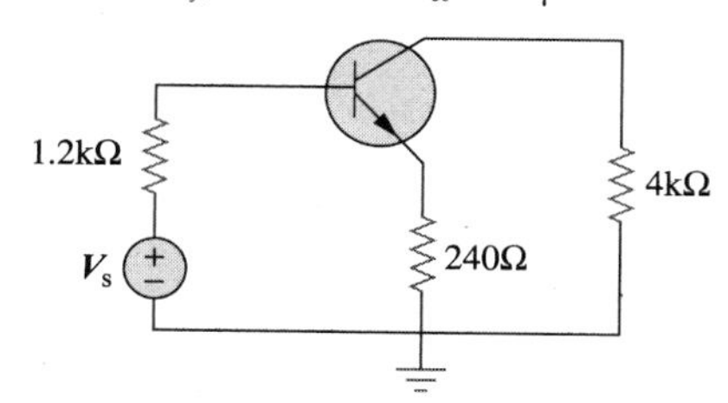

图 19-131 习题 92 图

* 93 求图 19-132 所示晶体管电路的 A_v、A_i、Z_{in}、Z_{out}。假设：

$$h_{ie}=2\text{k}\Omega,\quad h_{re}=2.5\times10^{-4}$$
$$h_{fe}=150,\quad h_{oe}=10\mu\text{S}$$

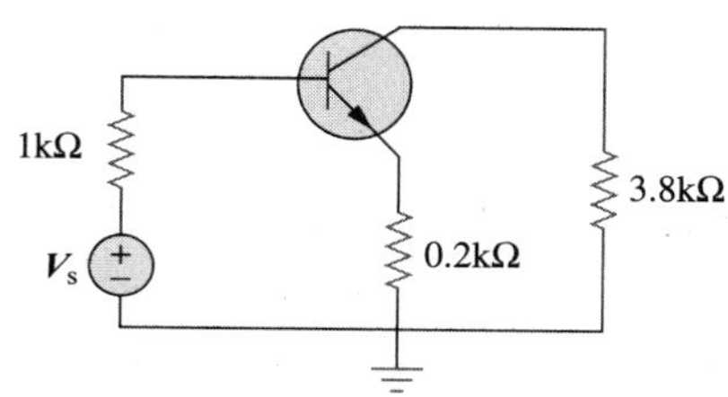

图 19-132 习题 93 图

94 某共发射级电路中的晶体管参数为 **ED**

$$[\boldsymbol{h}]=\begin{bmatrix}200\Omega & 0\\ 100 & 10^{-6}\text{S}\end{bmatrix}$$

将这样两个完全相同的晶体管级联构成一个两级音频放大器。如果该放大器终端连接一个 4kΩ 的电阻，计算整体的 A_v 和 Z_{in}。

综合理解题

99 假设图 19-135 所示的两个电路是等效的，那么这两个电路的参数必须是相等的。试利用这一事实和 z 参数，推导式(9.67)和式(9.68)。

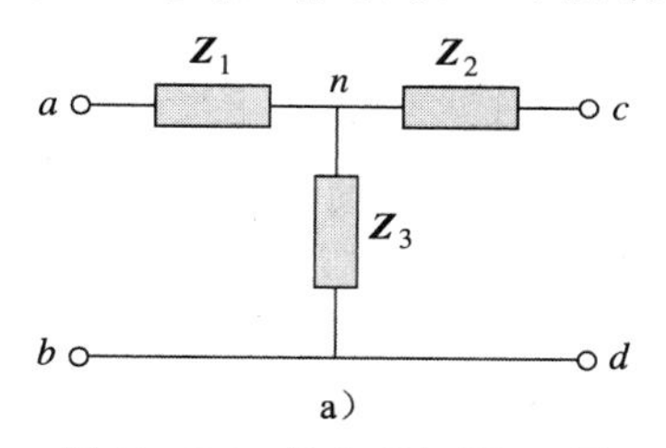

图 19-135 综合理解题 99 图

95 设计一个 LC 阶梯网络，使得：

$$\boldsymbol{y}_{22}=\frac{s^3+5s}{s^4+10s^2+8}$$

96 设计一个 LC 梯形网络具有如下转移函数的低通滤波器。 **ED**

$$H(s)=\frac{1}{s^4+2.613s^2+3.414s^2+2.613s+1}$$

97 利用图 19-133 所示的 LC 梯形电路综合如下转移函数。 **ED**

$$H(s)=\frac{V_o}{V_s}=\frac{s^3}{s^3+6s+12s+24}$$

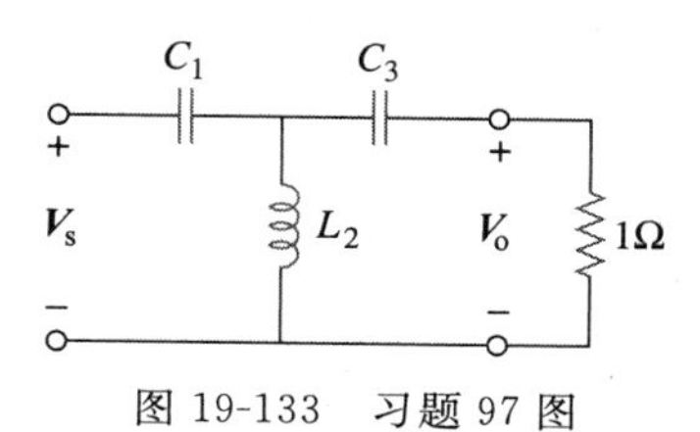

图 19-133 习题 97 图

98 图 19-134 所示两级放大器由两个完全相同的级构成，各级的 h 参数为：

$$[\boldsymbol{h}]=\begin{bmatrix}2\text{k}\Omega & 0.004\\ 200 & 500\mu\text{S}\end{bmatrix}$$

如果 $\boldsymbol{Z}_L=20\text{k}\Omega$，求使得输出为 $\boldsymbol{V}_o=16\text{V}$ 所需要的 $\boldsymbol{V}_s$。

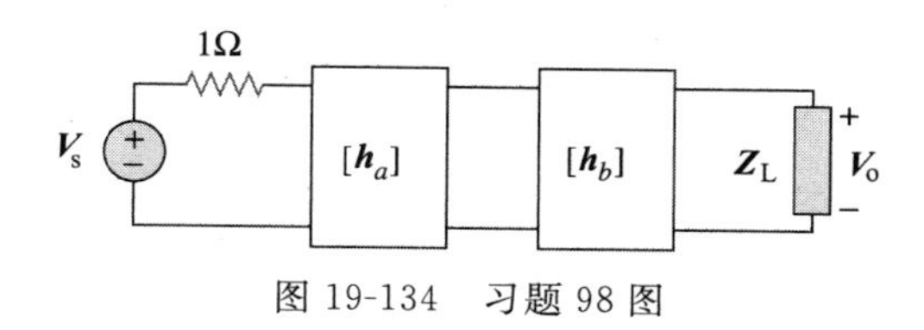

图 19-134 习题 98 图

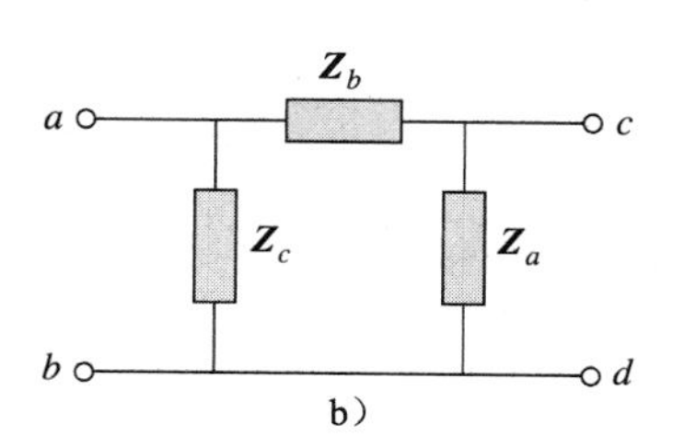

图 19-135 综合理解题 99 图(续)

附录 A

奇数编号习题答案

第 1 章

1 (a) -103.84mC，(b) -198.65mC，
(c) -3.941C，(d) -26.08C

3 (a) $(3t+1)\text{C}$，(b) $(t^2+5t)\text{mC}$，
(c) $[2\sin(10t+\pi/6)+1]\mu\text{C}$，
(d) $-e^{-30t}[0.16\cos 40t+0.12\sin 40t]\text{C}$

5 25C

7 $i=\frac{dq}{dt}=\begin{cases}25\text{A}, & 0<t<2\text{s}\\ -25\text{A}, & 2\text{s}<t<6\text{s}\\ 25\text{A}, & 6\text{s}<t<8\text{s}\end{cases}$

电流波形图如图 A-1 所示

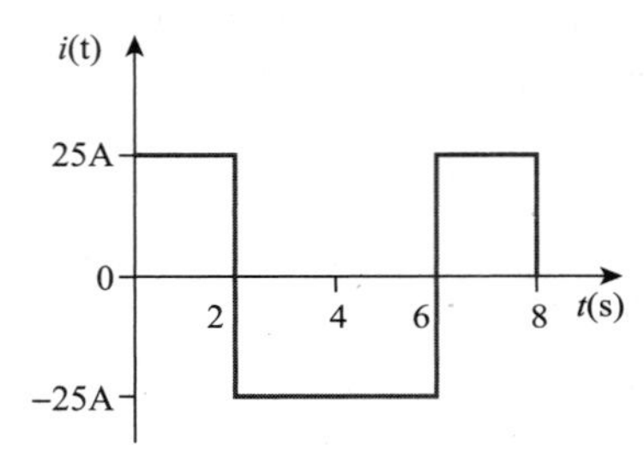

图 A-1

9 (a) 10C，(b) 22.5C，(c) 30C

11 3.888kC，5.832kJ

13 123.37mW，58.76mJ

15 (a) 2.945mC，(b) $-720e^{-4t}\mu\text{W}$，
(c) $-180\mu\text{J}$

17 吸收了 70W

19 6A，−72W，18W，18W，36W

21 电子量为 2.696×10^{23}，电荷量 43 200C

23 1.35 美元

25 21.52 美分

27 (a) 43.2kC，(b) 475.2kJ，(c) 1.188 美分

29 29.6 美分

31 42.05 美元

33 6C

35 2.333MW·h

37 1.728MJ

39 24 美分

第 2 章

1 答案略(不唯一)

3 184.3mm

5 $n=9$，$b=15$，$l=7$

7 共有六个支路和四个节点

9 −7A，−1A，5A

11 6V，3V

13 12A，−10A，5A，−2A

15 6V，−4A

17 2V，−22V，10V

19 −2A，12W，−24W，20W，16W

21 4.167V

23 6.667V，21.33W

25 0.1A，2kV，0.2kW

27 1A

29 8.125Ω

31 56A，8A，48A，32A，16A

33 3V，6A

35 32V，800mA

37 2.5Ω

39 (a) 727.3Ω，(b) 3kΩ

41 16Ω

43 (a) 12Ω，(b) 16Ω

45 (a) 59.8Ω，(b) 32.5Ω

47 24Ω

49 (a) 4Ω，(b) $R_{an}=18\Omega$，$R_{bn}=6\Omega$，$R_{cn}=3\Omega$

51 (a) 9.231Ω，(b) 36.25Ω

53 (a) 142.32Ω，(b) 33.33Ω

55 997.4mA

57 12.21Ω，1.64A

59 $P_{30}=5.432\text{W}$
$P_{40}=4.074\text{W}$
$P_{50}=3.259\text{W}$
显然这些值远低于每个灯泡的额定功率，所以会产生较暗的光

61 选择 R_1 和 R_3

63 0.4Ω，≈1W

65 4kΩ

67 (a) 4V，(b) 2.857V，(c) 28.57%，
(d) 6.25%

69 (a) 有电压表时 1.278V，无电压表时 1.29V
(b) 有电压表时 9.30V，无电压表时 10V
(c) 有电压表时 25V，无电压表时 30.77V

71 10Ω

73　45Ω

75　2Ω

77　(a) 四个 20Ω 的电阻并联

(b) 1.8Ω 电阻和两个 20Ω 电阻并联，再串联 300Ω 电阻

(c) 并联两个 56kΩ 电阻，再和 20Ω 电阻和 300Ω 电阻以及 24kΩ 电阻串联

79　75Ω

81　38kΩ，3.333kΩ

83　3kΩ，∞Ω

第 3 章

1　答案略(不唯一)，合理即可

3　−6A，−3A，−2A，1A，−60V

5　20V

7　5.714V

9　79.34mA

11　3V，293.9W，750mW，121.5W

13　40V，40V

15　29.45A，144.6W，129.6W，12W

17　1.73A

19　10V，4.933V，12.267V

21　1V，3V

23　22.34V

25　25.52V，22.05V，14.842V，15.055V

27　625mV，375mV，1.625V

29　−0.7708V，1.209V，2.309V，0.7076V

31　4.97V，4.85V，−0.12V

33　图 a 和图 b 都可以重画电路图，如图 A-2 所示

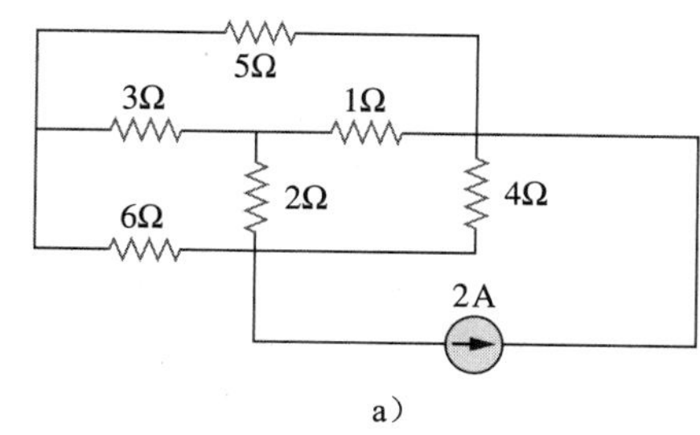

a)

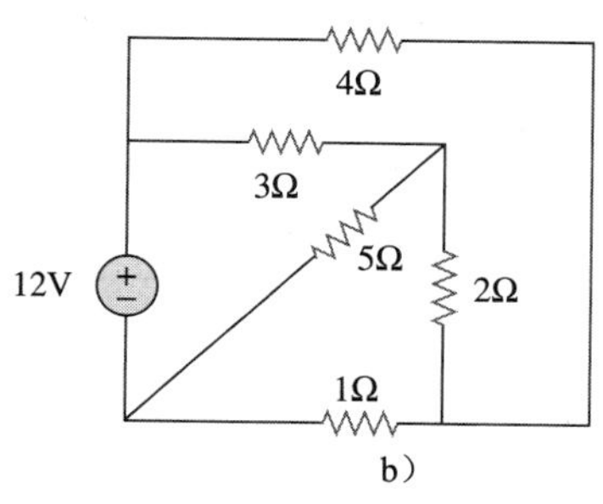

b)

图　A-2

35　20V

37　12V

39　答案略(不唯一)

41　1.188A

43　1.7778A，53.33V

45　8.561A

47　10V，4.933V，12.267V

49　57V，18A

51　20V

53　1.6196mA，−1.0202mA，−2.461mA，3m −2.423mA

55　−1A，0A，2A

57　6kΩ，60V，30V

59　−4.48A，−1.0752kV

61　−0.3

63　−4V，2.105A

65　2.17A，1.9912A，1.8119A，2.094A，2.249A

67　−30V

69　$\begin{bmatrix} 1.75 & -0.25 & -1 \\ -0.25 & 1 & -0.25 \\ -1 & -0.25 & 1.25 \end{bmatrix}\begin{bmatrix} v_1 \\ v_2 \\ v_3 \end{bmatrix} = \begin{bmatrix} 20 \\ 5 \\ 5 \end{bmatrix}$

71　6.255A，1.9599A，3.694A

73　$\begin{bmatrix} 9 & -3 & -4 & 0 \\ -3 & 8 & 0 & 0 \\ -4 & 0 & 6 & -1 \\ 0 & 0 & -1 & 2 \end{bmatrix}\begin{bmatrix} i_1 \\ i_2 \\ i_3 \\ i_4 \end{bmatrix} = \begin{bmatrix} 6 \\ 4 \\ 2 \\ -3 \end{bmatrix}$

75　−3A，0A，3A

77　3.111V，1.4444V

79　−10.556V，20.56V，1.3889V，−43.75V

81　26.67V，6.667V，173.33V，−46.67V

83　如图 A-3 所示，节点 2 的电压为−12.5V

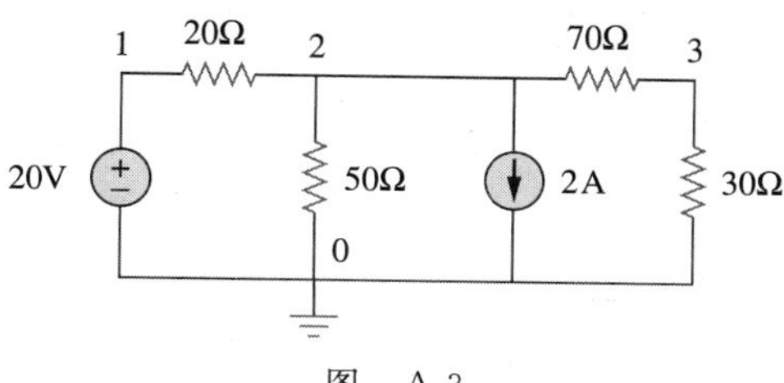

图　A-3

85　9Ω

87　−8

89　22.5μA，12.75V

91　0.61μA，8.641V，49mV

93　1.333A，1.333A，2.6667A

第 4 章

1　600mA，250V

3　(a) 0.5V，0.5A，(b) 5V，5A，(c) 5V，500mA

5 4.5V
7 888.9mV
9 2A
11 17.99V，1.799A
13 8.696V
15 1.875A，10.55W
17 −8.571V
19 −26.67V
21 答案略(不唯一)
23 1A，8W
25 −6.6V
27 −48V
29 3V
31 3.652V
33 40V，20Ω，1.6A
35 −125mV
37 10Ω，666.7mA
39 20Ω，−49.2V
41 4Ω，−8V，−2A
43 10Ω，0V，0A
45 3Ω，6V
47 1.1905V，476.2mΩ，2.5A
49 28Ω，3.286V
51 (a) 2Ω，7A，(b) 1.5Ω，12.667A
53 3Ω，1A
55 100kΩ，−20mA
57 10Ω，166.67V，16.667A
59 22.5Ω，40V，1.7778A
61 1.2Ω，9.6V，8A
63 −3.333Ω，0A
65 $V_o=24-5I_o$
67 25Ω，7.84W
69 ∞(理论值)
71 8kΩ，1.152W
73 20.77W
75 1kΩ，3mW
77 (a) 3.8Ω，4V，(b) 3.2Ω，15V
79 10Ω，167V
81 3.3Ω，10V
83 8Ω，12V
85 (a) 24V，30kΩ，(b) 9.6V
87 (a) 10mA，8kΩ，(b) 9.926mA
89 (a) 99.99μA，(b) 99.99μA
91 (a) 100Ω，20Ω，(b) 100Ω，200Ω
93 $\dfrac{V_s}{R_s+(1+\beta)R_o}$
95 5.333V，66.67kΩ
97 2.4kΩ，4.8V

第5章

1 60μV
3 10V
5 0.999 990
7 −100nV，−10mV
9 2V，2V
11 答案略(不唯一)
13 2.7V，288μA
15 (a) $-\left(R_1+R_3+\dfrac{R_1R_3}{R_2}\right)$，(b) −92kΩ
17 (a) −2.4，(b) −16，(c) −400
19 −562.5μA
21 −4V
23 $-\dfrac{R_f}{R_1}$
25 2.312V
27 2.7V
29 $\dfrac{R_2}{R_1}$
31 727.2μA
33 12mW，−2mA
35 如果 $R_i=60\text{k}\Omega$，则 $R_f=390\text{k}\Omega$
37 1.5V
39 3V
41 参见图A-4。

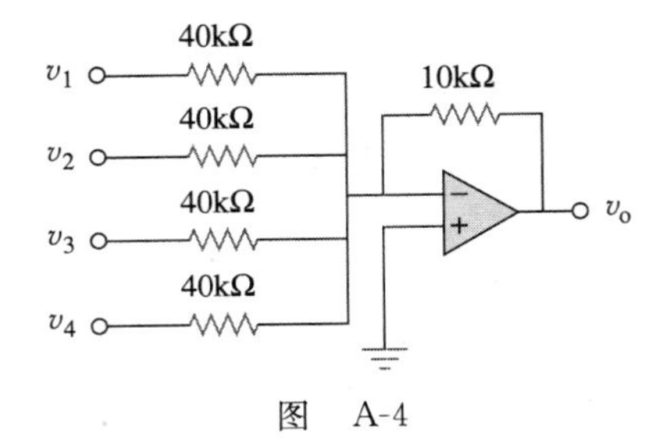

图 A-4

43 20kΩ
45 答案不唯一，图A-5可供参考

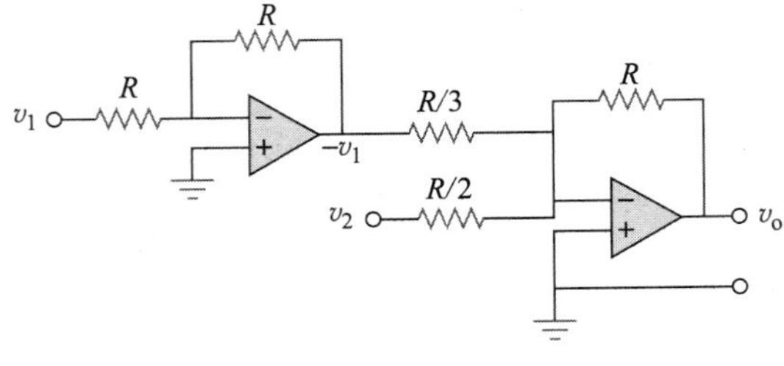

图 A-5

47 14.09V
49 $R_1=R_3=20\text{k}\Omega$，$R_2=R_4=80\text{k}\Omega$
51 参见图A-6

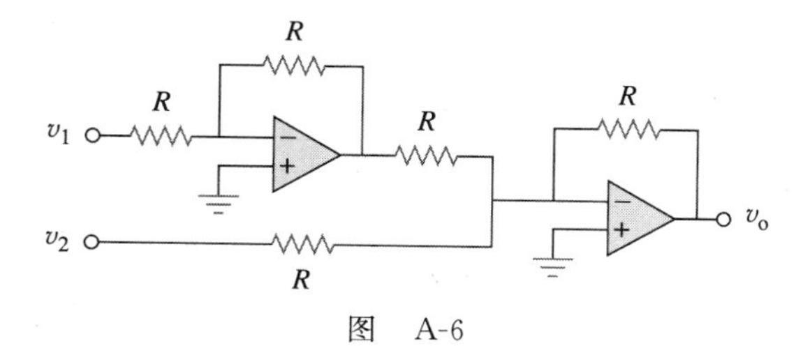

图 A-6

53 证明略

55 7.956，7.956，1.989

57 $6v_{s1}-6v_{s2}$

59 -12

61 2.4V

63 $\dfrac{R_2R_4/R_1R_5-R_4/R_6}{1-R_2R_4/R_3R_5}$

65 -21.6mV

67 -400mV

69 -25.71mV

71 7.5V

73 10.8V

75 -2，200μA

77 -6.686mV

79 -4.992V

81 343.4mV，24.51μA

83 结果取决于自己的设计。若 $R_G=10\text{k}\Omega$，$R_1=10\text{k}\Omega$，$R_2=20\text{k}\Omega$，$R_3=40\text{k}\Omega$，$R_4=80\text{k}\Omega$，$R_5=160\text{k}\Omega$，$R_6=320\text{k}\Omega$，则

$$-v_o=(R_f/R_1)v_1+\cdots+(R_f/R_6)v_6$$
$$=v_1+0.5v_2+0.25v_3+0.125v_4+0.0625v_5+0.03125v_6$$

(a) [100110]

(b) 843.75mV

(c) 1.968 75V

85 160kΩ

87 $\left(1+\dfrac{R_4}{R_3}\right)v_2-\left[\left(\dfrac{R_4}{R_3}\right)+\left(\dfrac{R_2R_4}{R_1R_3}\right)\right]v_1$

让 $R_4=R_1$、$R_3=R_2$ 即得到一个增益为 $1+R_4/R_3$ 的减法器

89 设计加法器，其 $v_0=-v_1-(5/3)v_2$，v_2 是6V电源，另加一个 $v_1=-12v_s$ 的反向放大器

91 9

93 $A=\dfrac{1}{\left(1+\dfrac{R_1}{R_3}\right)R_L-R_1\left(\dfrac{R_2+R_L}{R_2R_3}\right)\left(R_4+\dfrac{R_2R_L}{R_2+R_L}\right)}$

第6章

1 $15(1-3t)e^{-3t}$A，$30t(1-3t)e^{6t}$W

3 答案略(不唯一)

5 $i_c(t)=\begin{cases}50\text{mA}, & 0\text{s}<t<2\text{ms}\\ -50\text{mA}, & 2\text{s}<t<6\text{ms}\\ 50\text{mA}, & 6\text{s}<t<8\text{ms}\end{cases}$

7 $[0.1t^2+10]$V

9 13.624V，70.66W

11 $v(t)=\begin{cases}(10+3.75t)\text{V}, & 0\text{s}<t<2\text{s}\\ (22.5-2.5t)\text{V}, & 2\text{s}<t<4\text{s}\\ 12.5\text{V}, & 4\text{s}<t<6\text{s}\\ (2.5t-2.5)\text{V}, & 6\text{s}<t<8\text{s}\end{cases}$

13 $v_1=42$V，$v_2=48$V

15 (a) 125 mJ，375 mJ，

(b) 70.31 mJ，23.44 mJ

17 (a) 3F，(b) 8F，(c) 1F

19 10μF

21 2.5μF

23 答案略(不唯一)

25 (a) 对于串联的电容

$$Q_1=Q_2\rightarrow C_1v_1=C_2v_2\rightarrow\frac{v_1}{v_2}=\frac{C_2}{C_1}$$
$$v_s=v_1+v_2=\frac{C_2}{C_1}v_2+v_2=\frac{C_1+C_2}{C_1}v_2$$
$$\rightarrow v_2=\frac{C_1}{C_1+C_2}v_s$$

同理，$v_1=\dfrac{C_2}{C_1+C_2}v_s$

(b) 对于并联的电容

$$v_1=v_2=\frac{Q_1}{C_1}=\frac{Q_2}{C_2}$$
$$Q_s=Q_1+Q_2=\frac{C_1}{C_2}Q_2+Q_2=\frac{C_1+C_2}{C_2}Q_2$$

即

$$Q_2=\frac{C_2}{C_1+C_2}$$
$$Q_1=\frac{C_1}{C_1+C_2}Q_s$$
$$i=\frac{dQ}{dt}\rightarrow i_1=\frac{C_1}{C_1+C_2}i_s$$
$$i_2=\frac{C_2}{C_1+C_2}i_s$$

27 1μF，16μF

29 (a) 1.6C，(b) 1C

31 $v(t)=\begin{cases}1.5t^2\text{kV}, & 0<t<1\text{s}\\ (3t-1.5)\text{kV}, & 1\text{s}<t<3\text{s}\\ (0.75t^2-7.5t+23.25)\text{kV}, & 3\text{s}<t<5\text{s}\end{cases}$

$i_1=\begin{cases}18t\text{mA}, & 0<t<1\text{s}\\ 18\text{mA}, & 1\text{s}<t<3\text{s}\\ (9t-45)\text{mA}, & 3\text{s}<t<5\text{s}\end{cases}$

$i_2=\begin{cases}12t\text{mA}, & 0<t<1\text{s}\\ 12\text{mA}, & 1\text{s}<t<3\text{s}\\ (6t-30)\text{mA}, & 3\text{s}<t<5\text{s}\end{cases}$

33 15V，10F

35 6.4mH

37 $4.8\cos100t$V，96 mJ

39　$5t^3+5t^2+20t+1$

41　5.977A，35.72J

43　144μJ

45　$i(t)=\begin{cases}250t^2\,\text{A}, & 0<t<1\text{s}\\ (1-t+0.25t^2)\,\text{kA}, & 1\text{s}<t<2\text{s}\end{cases}$

47　5Ω

49　3.75mH

51　7.778mH

53　20mH

55　(a) 1.4L，(b) 500mL

57　6.625H

59　证明略

61　(a) 6.667mH，e^{-t}mA，$2e^{-t}$mA
(b) $-20e^{-t}$μV(c) 1.3534nJ

63　参见图 A-7

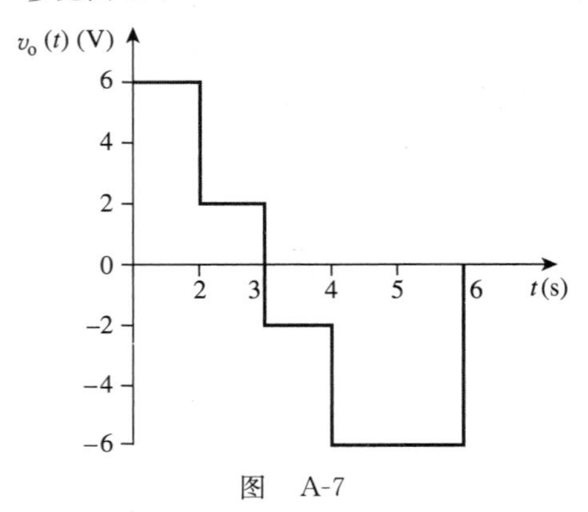

图　A-7

65　(a) 40J，40J，(b) 80J，
(c) $[5\times10^{-5}(e^{-200t}-1)+4]A[1.25\times10^{-5}(e^{-200t}-1)-2]$A
(d) $[6.25\times10^{-5}(e^{-200t}-1)+2]$A

67　100cos(50t)mV

69　参见图 A-8

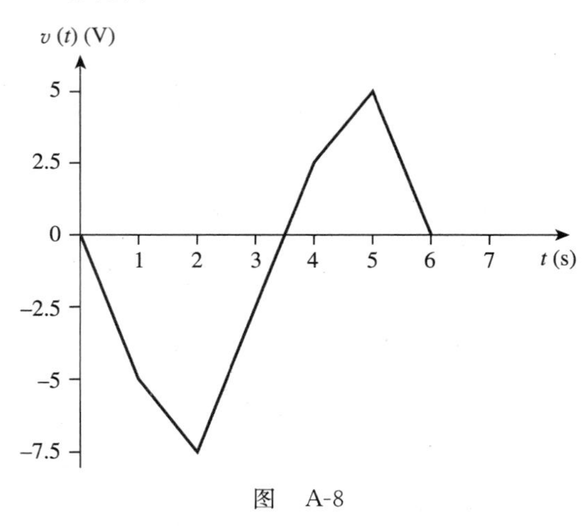

图　A-8

71　将加法器和积分器组合，如图 A-9 所示。其中 $C=2\mu\text{F}$，$R_1=500\text{k}\Omega$，$R_2=125\text{k}\Omega$，$R_3=50\text{k}\Omega$

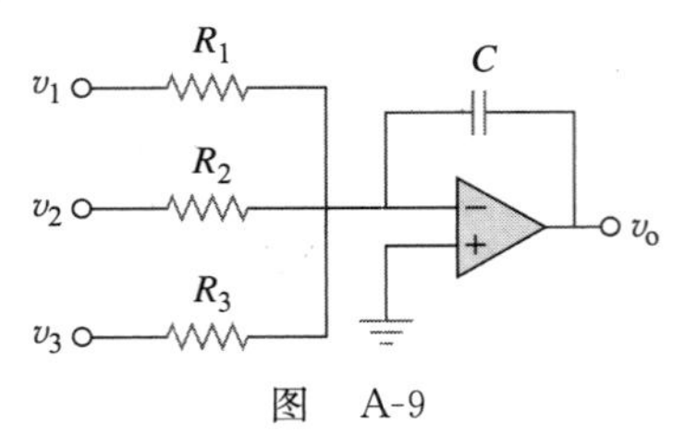

图　A-9

$$v_o=-\frac{1}{R_1C}\int v_1\,dt-\frac{1}{R_2C}\int v_2\,dt-\frac{1}{R_2C}\int v_2\,dt$$

73　参见图 A-10

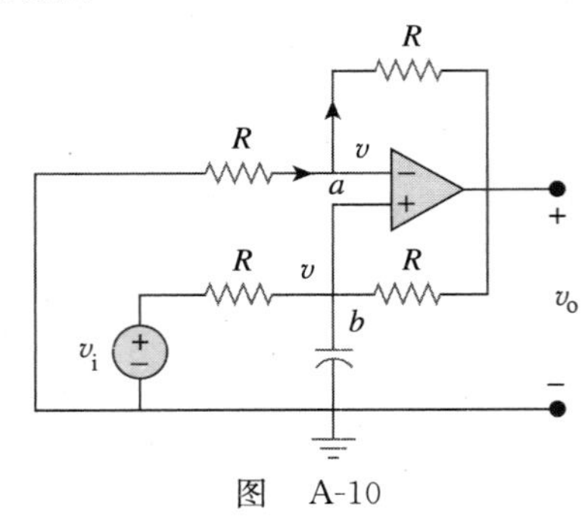

图　A-10

设 $v_a=v_b=v_o$，在节点 a 处，

$$\frac{0-v}{R}=\frac{v-v_o}{R}\rightarrow 2v-v_o=0$$

在节点 b 处，

$$\frac{v_i-v}{R}=\frac{v-v_o}{R}+C\frac{dv}{dt}$$

$$v_i=2v-v_o+RC\frac{dv}{dt}$$

结合上述式子可得

$$v_i=v_o-v_o+\frac{RC}{2}\frac{dv_o}{dt}$$

即

$$v_o=\frac{2}{RC}\int v_i\,dt$$

因此此电路为同相积分器

75　−30mV

77　参见图 A-11

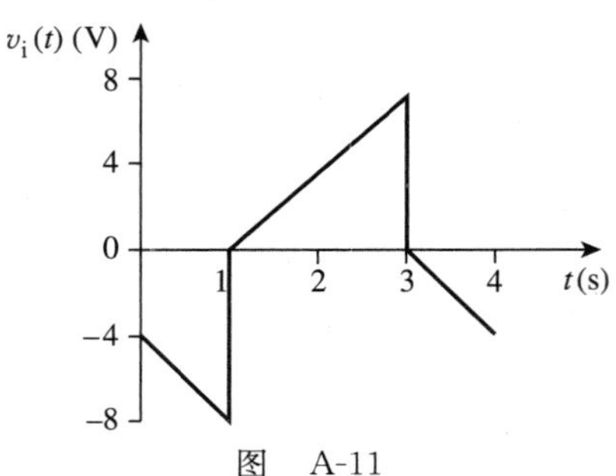

图　A-11

79 参见图 A-12

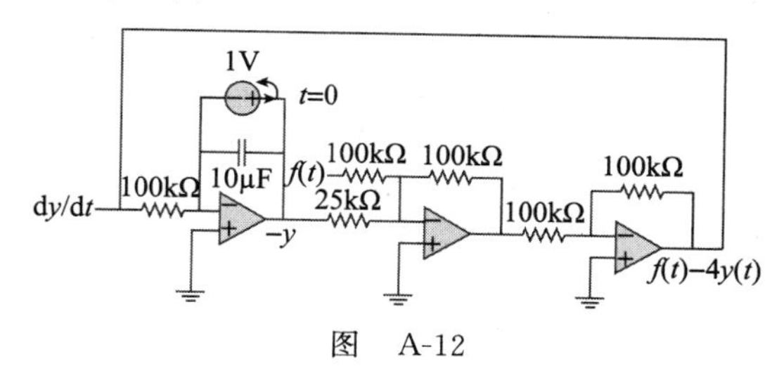

图 A-12

81 参见图 A-13

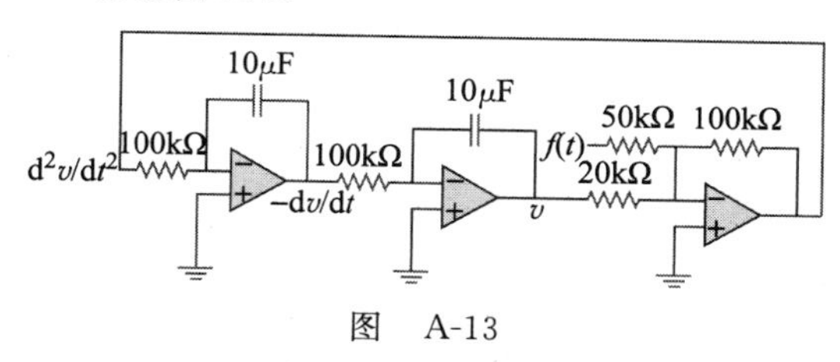

图 A-13

83 由八条支路并联组成，每支路为两个串联的电容

85 1.25mH 电感

第7章

1 (a) $0.7143\mu F$，(b) 5ms，(c) 3.466ms

3 $3.222\mu s$

5 答案略(不唯一)

7 $12e^{-t}$V，$0<t<1s$，
$4.415e^{-2(t-1)}$V，$1s<t<\infty$

9 $4e^{-t/12}$V

11 $1.2e^{-3t}$A

13 (a) 16kΩ，16H，1ms，(b) $126.42\mu J$

15 (a) 10Ω，500ms，(b) 40Ω，$250\mu s$

17 $[-6e^{-16t}u(t)]$V，$t>0$.

19 $6e^{-5t}u(t)$A

21 13.333Ω

23 $10e^{-4t}$V，$t>0$，$2.5e^{-4t}$V，$t>0$

25 答案略(不唯一)

27 $[5u(t+1)+10u(t)-25u(t-1)+15u(t-2)]$V

29 $z(t)=\cos 4t\delta(t-1)=\cos 4\delta(t-1)=-0.6536\delta(t-1)$，如图 A-14 所示

31 (a) 112×10^{-9}，(b) 7

33 $1.5u(t-2)$A

35 (a) $-e^{-2t}u(t)$V，(b) $2e^{1.5t}u(t)$A

37 (a) 4s，(b) 10V，(c) $(10-8e^{-t/4})u(t)$V

39 (a) 4V，$t<0$，$20-16e^{-t/8}$，$t>0$
(b) 4V，$t<0$，$12-8e^{-t/6}$V，$t>0$

41 答案略(不唯一)

43 0.8A，$0.8e^{-t/480}u(t)$A

45 $[20-15e^{-14.286t}]u(t)$V

47 $\begin{cases}24(1-e^{-t})\text{V}, & 0<t<1\text{s}\\ 30-14.83e^{-(t-1)}\text{V}, & t>1\text{s}\end{cases}$

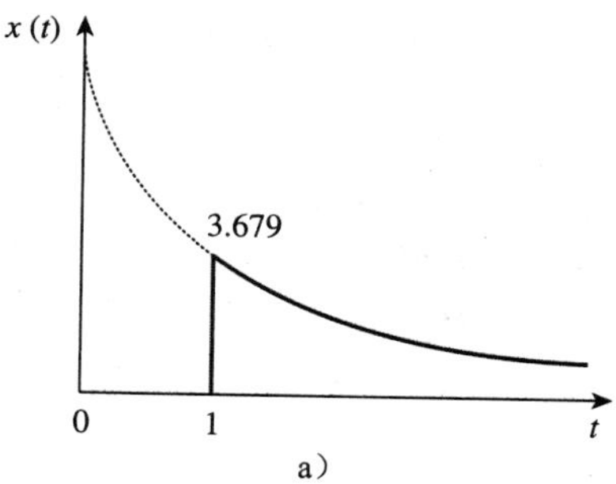

a)

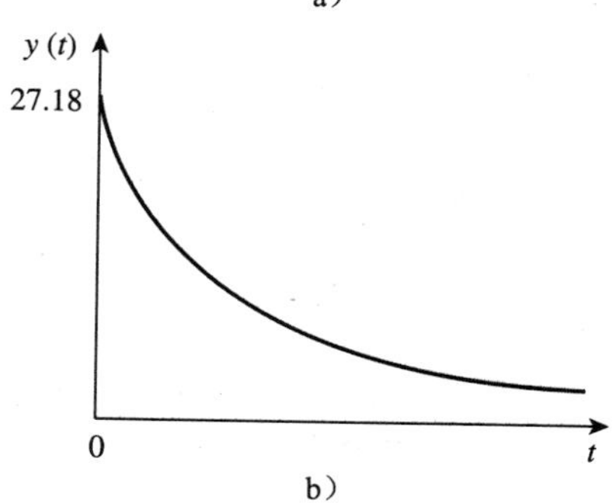

b)

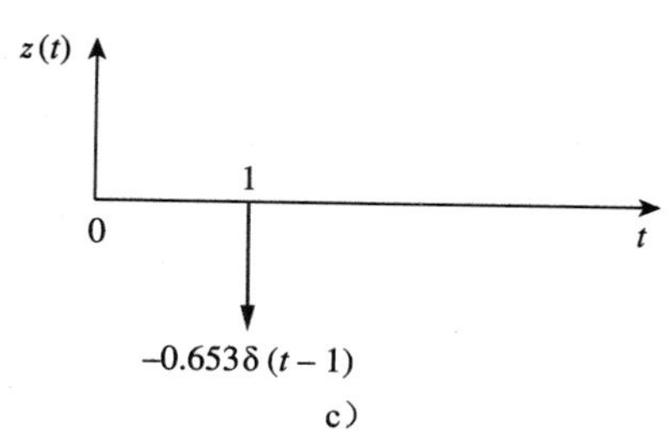

c)

图 A-14

49 $\begin{cases}8(1-e^{-t/5})\text{V}, & 0<t<1\text{s}\\ [-16+31.17e^{-(t-1)}]\text{V}, & t>1\text{s}\end{cases}$

51 $V_s=Ri+L\dfrac{di}{dt}$

$L\dfrac{di}{dt}=-R\left(i-\dfrac{V_s}{R}\right)$，$\dfrac{di}{i-V_s/R}=\dfrac{-R}{L}dt$

即

对两边积分可得

$$\ln\left(i-\frac{V_s}{R}\right)\Big|_{i_o}^{i(t)}=\frac{-R}{L}t$$

$$\ln\left(\frac{i-V_s/R}{I_o-V_s/R}\right)=\frac{-t}{\tau}$$

即

$\dfrac{i-V_s/R}{I_o-V_s/R}=e^{-t/\tau}$ $\quad i(t)=\dfrac{V_s}{R}+\left(I_o-\dfrac{V_s}{R}\right)e^{-t/\tau}$

53 (a) 5A，$5e^{-t/2}u(t)$A，(b) 6A，$6e^{-2t/3}u(t)$A

55 96V，$96e^{-4t}u(t)$V

57 $2.4e^{-2t}u(t)$A，$600e^{-5t}u(t)$mA

59 $6e^{-4t}u(t)$V

61 $20e^{-8t}u(t)$V，$(10-5e^{-8t})u(t)$A

63 $2e^{-8t}u(t)$A，$-8e^{-8t}u(t)$V

65 $\begin{cases} 2(1-e^{-2t})\text{A}, & 0<t<1\text{s} \\ 1.729e^{-2(t-1)}\text{A}, & t>1\text{s} \end{cases}$

67 $5e^{-100t/3}u(t)\text{V}$

69 $48(e^{-t/3000}-1)u(t)\text{V}$

71 $[6(1-e^{-5t})]u(t)\text{V}$

73 $-6e^{-5t}u(t)\text{V}$

75 $(6-3e^{-50t})u(t)\text{V}$，$-200\mu\text{A}$

77 参见图 A-15

79 $[-0.5+4.5e^{-2t}]u(t)\text{A}$

81 参见图 A-16

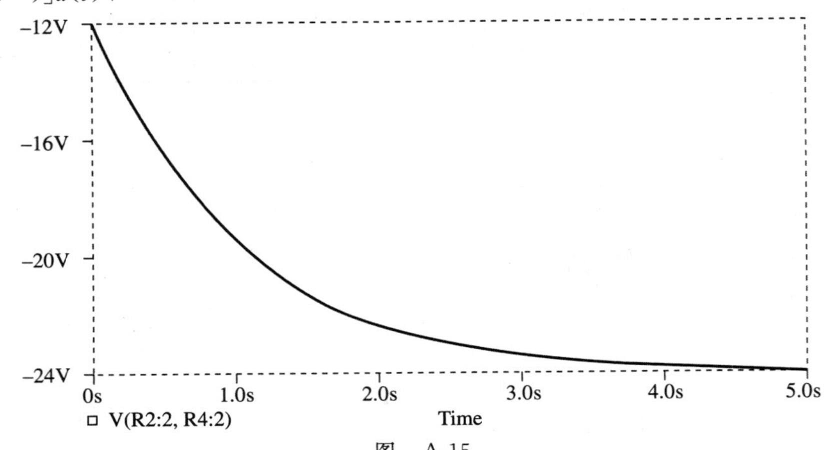

图 A-15

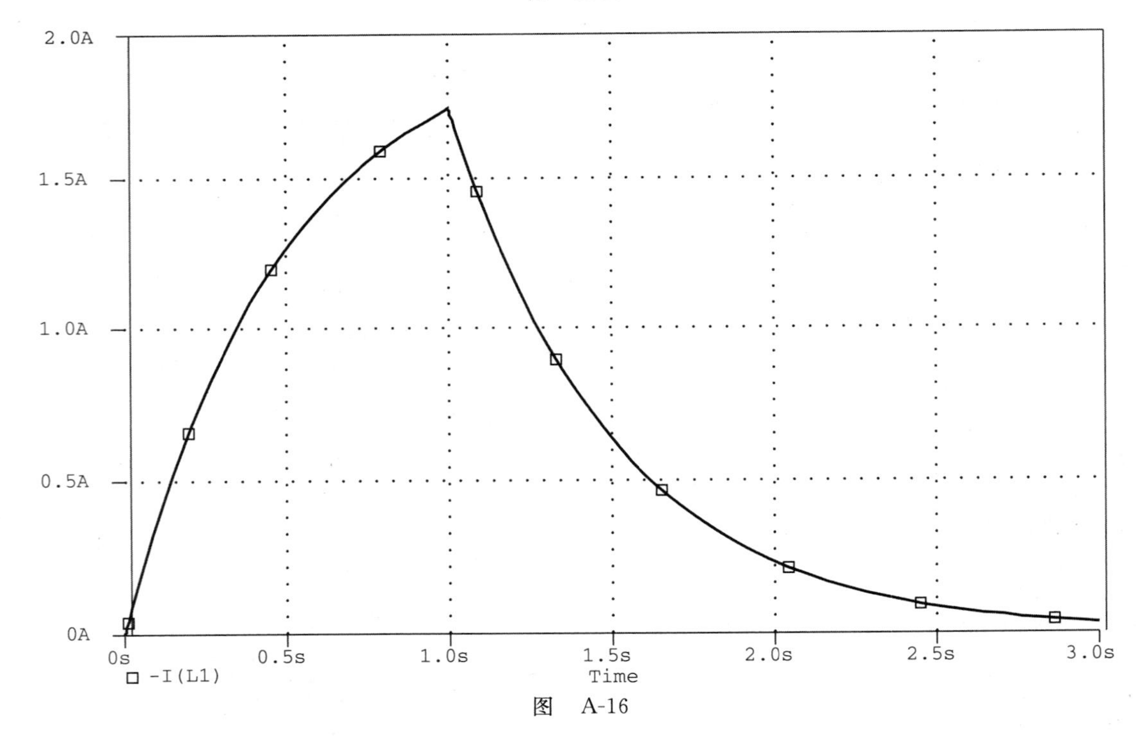

图 A-16

83 6.278m/s

85 (a) 659.7μs，(b) 16.636s

87 441mA

89 $L<200\text{mH}$

91 1.271Ω

第 8 章

1 (a) 2A，12V，(b) −4A/s，−5V/s，(c) 0A，0V

3 (a) 0A，−10V，0V，(b) 0A/s，8V/s，8V/s，(c) 400mA，6V，16V

5 (a) 0A，0V，(b) 4A/s，0V/s，(c) 2.4A，9.6V

7 过阻尼

9 $[(10+50t)e^{-5t}]\text{A}$

11 $[(10+10t)e^{-t}]\text{V}$

13 120Ω

15 750Ω，200μF，25H

17 $(21.55e^{-2.679t}-1.55e^{-37.32t})$V

19 $24\sin(0.5t)$V

21 $(18e^{-t}-2e^{-9t})$V

23 40mF

25 答案略(不唯一)

27 $\{3-3[\cos(2t)+\sin(2t)]e^{-2t}\}$V

29 (a) $(3-3\cos 2t+\sin 2t)$V，

(b) $(2-4e^{-t}+e^{-4t})$A，

(c) $[3+(2+3t)e^{-t}]$V，

(d) $[2+2\cos 2t e^{-t}]$A

31 80V，40V

33 $(20+0.2052e^{-4.95t}-10.205e^{-0.05t})$V

35 答案略(不唯一)

37 $7.5e^{-4t}$A

39 $[-6+(-0.021e^{-47.83t}+6.02e^{-0.167t})]$V

41 $[727.5\sin(4.583t)e^{-2t}]u(t)$mA

43 8Ω，2.075mF

45 $\{4-[3\cos(1.3229t)+1.1339\sin(1.3229t)]e^{-t/2}\}$A，$[4.536\sin(1.3229t)e^{-t/2}]$V

47 $(200te^{-10t})$V

49 $\{3+[(3+6t)e^{-2t}]\}u(t)$A

51 $\left[-\frac{i_0}{\omega_o C}\sin(\omega_o t)\right]$V，其中 $\omega_o=1/\sqrt{LC}$

53 $(d^2i/dt^2)+0.125(di/dt)+400i=600$

55 $(7.448-3.448e^{-7.25t})$V，$t>0$

57 (a) $s^2+20s+36=0$，

(b) $(-0.75e^{-2t}-1.25e^{-18t})u(t)$A，$(6e^{-2t}+10e^{-18t})u(t)$V

59 $-32te^{-2t}$V

61 $(2.4-2.667e^{-2t}+0.2667e^{-5t})$A，$(9.6-16e^{-2t}+6.4e^{-5t})$V

63 $\frac{d^2i(t)}{dt^2}=-\frac{v_s}{RCL}$

65 $\frac{d^2v_o}{dt^2}-\frac{v_o}{R^2C^2}=0$，$(e^{10t}-e^{-10t})$V

该电路不稳定

67 $-te^{-t}u(t)$V

69 参见图A-17

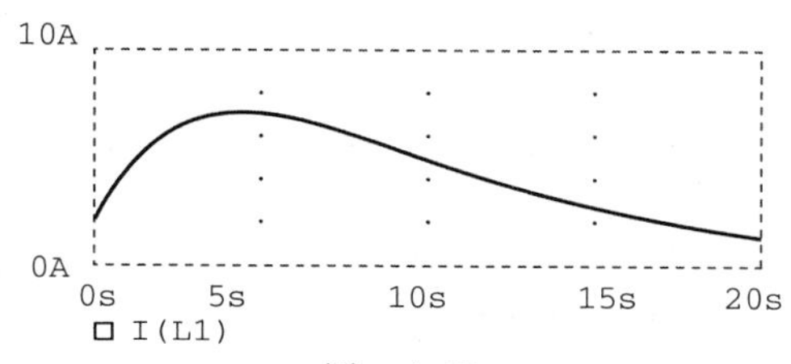

图 A-17

71 参见图A-18

73 答案略(不唯一)

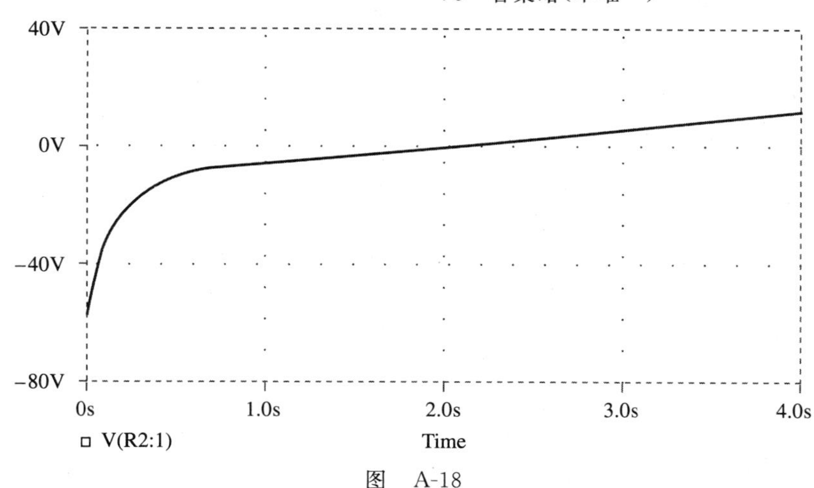

图 A-18

75 参见图A-19

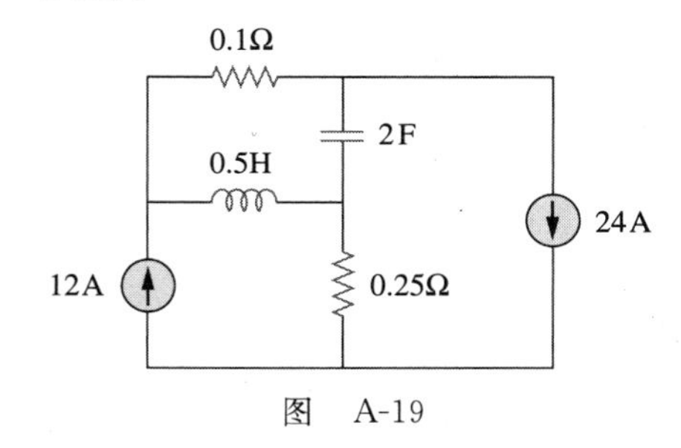

图 A-19

77 参见图A-20

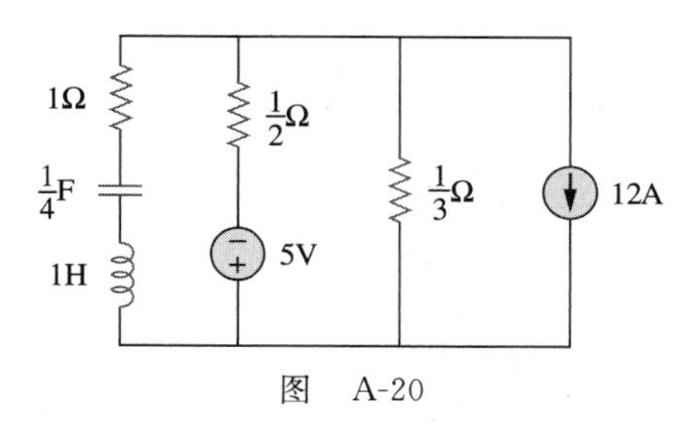

图 A-20

79 434μF

81 2.533μH，625μF

83 $\frac{d^2 v}{dt^2}+\frac{R}{L}\frac{dv}{dt}+\frac{R}{LC}i_D+\frac{1}{C}\frac{di_D}{dt}=\frac{v_s}{LC}$

第9章

1 (a) 50V，(b) 209.4ms，(c) 4.775Hz，
(d) 44.48V，0.3rad

3 (a) $10\cos(\omega t-60^\circ)$，(b) $9\cos(8t+90^\circ)$，
(c) $20\cos(\omega t+135^\circ)$

5 30°，v_1 滞后于 v_2

7 证明略

9 (a) $50.88\angle -15.52^\circ$，(b) $60.02\angle -110.96^\circ$

11 (a) $21\angle -15^\circ$ V，(b) $8\angle 160^\circ$ mA，
(c) $120\angle -140^\circ$ V，(d) $60\angle -170^\circ$ mA

13 (a) −1.2749+j0.1520，(b) −2.083，
(c) 35+j14

15 (a) −6−j11，(b) 120.99+j4.415，(c) −1

17 $15.62\cos(50t-9.8^\circ)$V

19 (a) $3.32\cos(20t+114.49^\circ)$，
(b) $64.78\cos(50t-70.89^\circ)$，
(c) $9.44\cos(400t-44.7^\circ)$

21 (a) $f(t)=8.324\cos(30t+34.86^\circ)$，
(b) $g(t)=5.565\cos(t-62.49^\circ)$，
(c) $h(t)=1.2748\cos(40t-168.69^\circ)$

23 (a) $320.1\cos(20t-80.11^\circ)$A，
(b) $36.05\cos(5t+93.69^\circ)$A

25 (a) $0.8\cos(2t-98.13^\circ)$A，
(b) $0.745\cos(5t-4.56^\circ)$A

27 $0.289\cos(377t-92.45^\circ)$V

29 $2\sin(10^6 t-65^\circ)$

31 $78.3\cos(2t+51.21^\circ)$mA

33 69.82V

35 $4.789\cos(200t-16.7^\circ)$A

37 (250−j25)mS

39 9.135+j27.47Ω，
$414.5\cos(10t-71.6^\circ)$mA

41 $6.325\cos(t-18.43^\circ)$V

43 $4.997\angle -28.85^\circ$ mA

45 −5A

47 $460.7\cos(2000t+52.63^\circ)$mA

49 $1.4142\sin(200t-45^\circ)$V

51 $25\cos(2t-53.13^\circ)$A

53 $8.873\angle -21.67^\circ$ A

55 (2.798−j16.403)Ω

57 0.3171−j0.1463S

59 (2.707+j2.509)Ω

61 (1+j0.5)Ω

63 (34.69−j6.93)Ω

65 ($17.35\angle 0.9^\circ$ A，6.83+j1.094)Ω

67 (a) $14.8\angle -20.22^\circ$ mS，
(b) $19.704\angle 74.56^\circ$ mS

69 (1.661+j0.6647)S

71 (1.058−j2.235)Ω

73 (0.3796+j1.46)Ω

75 可以用图A-21所示的 RL 电路实现

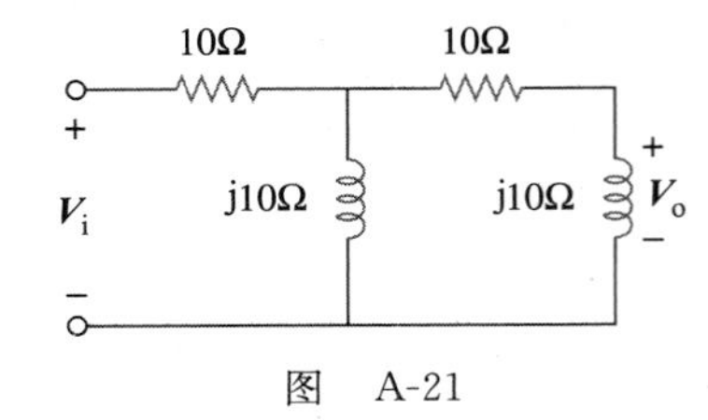

图 A-21

77 (a) 滞后 51.49，(b) 1.5915MHz

79 (a) 140.2，(b) 超前，(c) 18.43V

81 1.8kΩ，0.1μF

83 104.17mH

85 证明略

87 $38.21\angle -8.97^\circ$ Ω

89 25μF

91 235pF

93 $3.592\angle -38.66^\circ$ A

第10章

1 $1.9704\cos(10t+5.65^\circ)$A

3 $3.835\cos(4t-35.02^\circ)$V

5 $12.398\cos(4\times 10^3 t+4.06^\circ)$mA

7 $124.08\angle -154^\circ$ V

9 $6.154\cos(10^3 t+70.26^\circ)$V

11 $199.5\angle 86.89^\circ$ mA

13 $29.36\angle 62.88^\circ$ A

15 $7.906\angle 43.49^\circ$ A

17 $9.25\angle -162.12^\circ$ A

19 $7.682\angle 50.19^\circ$ V

21 (a) 1，0，$-\frac{j}{R}\sqrt{\frac{L}{C}}$，(b) 0，1，$\frac{j}{R}\sqrt{\frac{L}{C}}$

23 $\frac{(1-\omega^2 LC)V_s}{1-\omega^2 LC+j\omega RC(2-\omega^2 LC)}$

25 $1.4142\cos(2t+45^\circ)$A

27 $4.698\angle 95.24^\circ$ A，$992.8\angle 37.71^\circ$ mA

29 答案略(不唯一)

31 $2.179\angle 61.44^\circ$ A

33 $7.906\angle 43.49^\circ$ A

35 $1.971\angle -2.1^\circ$ A

37 $2.38\angle -96.37^\circ$ A，$2.38\angle 143.63^\circ$ A，
$2.38\angle 23.63^\circ$ A

39　381.4 $\angle 109.6^\circ$ mA，344.3 $\angle 124.4^\circ$ mA，145.5 $\angle 60.42^\circ$ mA，100.5 $\angle 48.5^\circ$ mA

41　$[4.243\cos(2t+45^\circ)+3.578\sin(4t+26.57^\circ)]$V

43　$9.902\cos(2t-129.17^\circ)$A

45　$791.1\cos(10t+21.47^\circ)+299.5\sin(4t+176.57^\circ)$mA

47　$[4+0.504\sin(t+19.1^\circ)+0.3352\cos(3t-76.43^\circ)]$A

49　$4.472\sin(200t+56.56^\circ)$A

51　109.3 $\angle 30^\circ$ mA

53　6.86 $\angle -59.04^\circ$ V

55　(a) $\boldsymbol{Z}_N=\boldsymbol{Z}_{\mathrm{Th}}=22.63\angle -63.43^\circ\ \Omega$，
　　$\boldsymbol{V}_{\mathrm{Th}}=50\angle -150^\circ$ V，$\boldsymbol{I}_N=2.236\angle -86.6^\circ$ A，
　　(b) $\boldsymbol{Z}_N=\boldsymbol{Z}_{\mathrm{Th}}=10\angle 26^\circ\ \Omega$，
　　$\boldsymbol{V}_{\mathrm{Th}}=33.92\angle 58^\circ$ V，$\boldsymbol{I}_N=3.392\angle 32^\circ$ A

57　答案略(不唯一)

59　$(-6+\mathrm{j}38)\Omega$

61　$(-24+\mathrm{j}12)$V，$(-8+\mathrm{j}6)\Omega$

63　5.657 $\angle 75^\circ$ A，1kΩ

65　答案略(不唯一)

67　4.945 $\angle -69.76^\circ$ V，437.8 $\angle -75.24^\circ$ mA，$(11.243+\mathrm{j}1.079)\Omega$

69　$-\mathrm{j}\omega RC$，$V_{\mathrm{m}}\sin(\omega t-90^\circ)$V

71　$48\cos(2t+29.52^\circ)$V

73　21.21 $\angle -45^\circ$ kΩ

75　0.124 99 $\angle 180^\circ$

77　$\dfrac{R_2+R_3+\mathrm{j}\omega C_2R_2R_3}{(1+\mathrm{j}\omega R_1C_1)(R_3+\mathrm{j}\omega C_2R_2R_3)}$

79　$3.578\cos(1000t+26.56^\circ)$V

81　11.27 $\angle 128.1$ V

83　$6.611\cos(1.000t-159.2^\circ)$V

85　答案略(不唯一)

87　15.91 $\angle 169.6^\circ$ V，5.172 $\angle -138.6^\circ$ V，2.27 $\angle -152.4^\circ$ V

89　证明略

91　(a) 180kHz，(b) 40kΩ

93　证明略

95　证明略

第 11 章

(除非特殊说明，所有的电流和电压值均指有效值)

1　$[1.320+2.640\cos(100t+60^\circ)]$kW，1.320kW

3　213.4W

5　$P_{1\Omega}=1.4159$W，$P_{2\Omega}=5.097$W，
　$P_{3\mathrm{H}}=P_{0.25\mathrm{F}}=0$W

7　160W

9　22.42mW

11　3.472W

13　28.36W

15　90W

17　20Ω，31.25W

19　2.567Ω，258.5W

21　19.58Ω

23　答案略(不唯一)

25　3.266

27　2.887A

29　17.321A，3.6kW

31　2.944V

33　3.332A

35　21.6V

37　答案略(不唯一)

39　(a) 0.7592，6.643kW，5.695kvar，
　　(b) 312μF

41　(a) 0.5547(超前)　(b) 0.9304(滞后)

43　答案略(不唯一)

45　(a) 46.9V，1.061A，(b) 20W

47　(a) S＝(112＋j194)V·A，平均功率为112W，无功功率为194var
　　(b) S＝(226.3－j226.3)V·A，平均功率为226.3W，无功功率为－226.3var
　　(c) S＝(110.85＋j64)kV·A，平均功率为110.85W，无功功率为64var
　　(d) S＝(7.071＋j7.071)kV·A，平均功率为7.071kW，无功功率为7.071kvar

49　(a) (4＋j2.373)kV·A，
　　(b) (1.6－j1.2)kV·A，
　　(c) (0.4624＋j1.2705)kV·A，
　　(d) (110.77＋j166.16)V·A

51　(a) 0.9956(滞后)，
　　(b) 31.12W，
　　(c) 2.932var，
　　(d) 31.26V·A，
　　(e) (31.12＋j2.932)V·A

53　(a) 47 $\angle 29.8^\circ$ A，(b) 1.0(滞后)

55　答案略(不唯一)

57　(50.45－j33.64)V·A

59　j339.3var，－j1.4146kvar

61　66.2 $\angle 92.4^\circ$ A，6.62 $\angle -2.4^\circ$ kV·A

63　221.6 $\angle -28.13^\circ$ A

65　80μW

67　(a) 18 $\angle 36.86^\circ$ mV·A，(b) 2.904mW；

69　(a) 0.6402(滞后)；
　　(b) 295.1W；
　　(c) 130.4μF

71 (a) 50.14+j1.7509mΩ，
(b) 0.9994(滞后)，
(c) $2.392\angle -2^\circ$ kA

73 (a) 12.21kV·A，(b) $50.86\angle -35^\circ$ A，
(c) 4.083kvar，188.03μF，(d) $43.4\angle -16.26^\circ$ A

75 (a) (1.8359−j0.114 68)kV·A，
(b) 0.998(超前)，
(c) 由于电路已经有一个超前的功率因数，不需要补偿

77 157.69W

79 50mW

81 答案略(不唯一)

83 (a) 688.1W，(b) 840V·A，
(c) 481.8var，(d) 0.8191(滞后)

85 (a) 20A，$17.85\angle 163.26^\circ$ A，
$5.907\angle -119.5^\circ$ A，
(b) (4.451+j0.617)kV·A，
(c) 0.9904(滞后)

87 0.5333

89 (a) 12kV·A，9.36+j7.51kV·A，
(b) (2.866+j2.3)Ω

91 0.8182(滞后)，1.398μF

93 (a) 7.328kW，1.196kvar，(b) 0.987

95 (a) 2.814kHz，(b) 431.8mW

97 547.3W

第12章

(除非特殊说明，所有电流电压值均指有效值)

1 (a) $231\angle -30^\circ$，$231\angle -150^\circ$，$231\angle 90^\circ$ V，
(b) $231\angle 30^\circ$，$231\angle 150^\circ$，$231\angle -90^\circ$ V

3 相序为 $a-b-c$，$440\angle -110^\circ$ V

5 $207.8\cos(\omega t+62^\circ)$ V，$207.8\cos(\omega t-58^\circ)$ V，
$207.8\cos(\omega t-178^\circ)$ V

7 $44\angle 53.13^\circ$ A，$44\angle -66.87^\circ$ A，
$44\angle 173.13^\circ$ A

9 $4.8\angle -36.87^\circ$ A，$4.8\angle -156.87^\circ$ A，
$4.8\angle 83.13^\circ$ A

11 415.7V，199.69A

13 20.43A，3.744kW

15 13.66A

17 $2.887\angle 5^\circ$ A，$2.887\angle -115^\circ$ A，$2.887\angle 125^\circ$ A

19 $5.47\angle -18.43^\circ$ A，$5.47\angle -138.43^\circ$ A，
$5.47\angle 101.57^\circ$ A，$9.474\angle -48.43^\circ$ A，
$9.474\angle -168.43^\circ$ A，$9.474\angle 71.57^\circ$ A

21 $17.96\angle -98.66^\circ$ A，$31.1\angle 171.34^\circ$ A

23 13.995A，2.448kW

25 $17.742\angle 4.78^\circ$ A，$17.742\angle -115.22^\circ$ A，
$17.742\angle 124.78^\circ$ A

27 91.79V

29 (5.197+j4.586)kV·A

31 (a) (6.144+j4.608)Ω，(b) 18.04A，
(c) 207.2μF

33 7.69A，360.3V

35 (a) (14.61−j5.953)A，
(b) (10.081+j4.108)kV·A，
(c) 0.9261

37 55.51A，(1.298−j1.731)Ω

39 431.1W

41 9.021A

43 (4.373−j1.145)kV·A

45 $2.109\angle 24.83^\circ$ kV

47 39.19A(有效值)0.9982(滞后)

49 (a) 5.808kW，(b) 1.9356kW

51 $24\angle -36.87^\circ$ A，$50.62\angle 147.65^\circ$ A，
$24\angle -120^\circ$ A，$31.85\angle 11.56^\circ$ A，
$74.56\angle 146.2^\circ$ A，$56.89\angle -57.27^\circ$ A

53 答案略(不唯一)

55 $9.6\angle -90^\circ$ A，$6\angle 120^\circ$ A，$8\angle -150^\circ$ A，
(3.103+j3.264)kVA

57 $I_a=1.9585\angle -18.1^\circ$ A，
$I_b=1.4656\angle -130.55^\circ$ A，
$I_c=1.947\angle 117.82^\circ$ A

59 $220.6\angle -34.56^\circ$，$214.1\angle -81.49^\circ$，
$49.91\angle -50.59^\circ$ V，假设N接地

61 $11.15\angle 37^\circ$ A，$230.8\angle -133.4^\circ$ V，假设N接地

63 $18.67\angle 158.9^\circ$ A，$12.38\angle 144.1^\circ$ A

65 $11.02\angle 12^\circ$ A，$11.02\angle -108^\circ$ A，
$11.02\angle 132^\circ$ A

67 (a) 97.67kW，88.67kW，82.67kW，
(b) 108.97A

69 $I_a=94.32\angle -62.05^\circ$ A，$I_b=94.32\angle 177.95^\circ$ A，
$I_c=94.32\angle 57.95^\circ$ A，28.8+j18.03kVA

71 (a) 2590W，4808W，
(b) 8335VA

73 2360W，−632.8W

75 (a) 20mA，(b) 200mA

77 320W

79 $17.15\angle -19.65^\circ$，$17.15\angle -139.65^\circ$，
$17.15\angle 100.3$，$223\angle 2.97^\circ$，
$223\angle -117.03^\circ$，$223\angle 122.97^\circ$ V

81 516V

83 183.42A

85　$Z_Y=2.133\Omega$

87　$1.448\angle -176.6^\circ$ A，$(1.252+\mathrm{j}0.7116)$kV·A，$(1.085+\mathrm{j}0.7212)$kV·A

第 13 章

（除非特殊说明，所有的电流和电压值均指有效值）

1　20H

3　300mH，100mH，50mH，0.2887

5　(a) 247.4mH，(b) 48.62mH

7　$1.081\angle 144.16^\circ$ V

9　$2.074\angle 21.12^\circ$ V

11　$461.9\cos(600t-80.26^\circ)$mA

13　$(4.308+\mathrm{j}4.538)\Omega$

15　$(1.0014+\mathrm{j}19.498)\Omega$，$1.1452\angle 6.37^\circ$ A

17　$(25.07+\mathrm{j}25.86)\Omega$

19　参见图 A-22

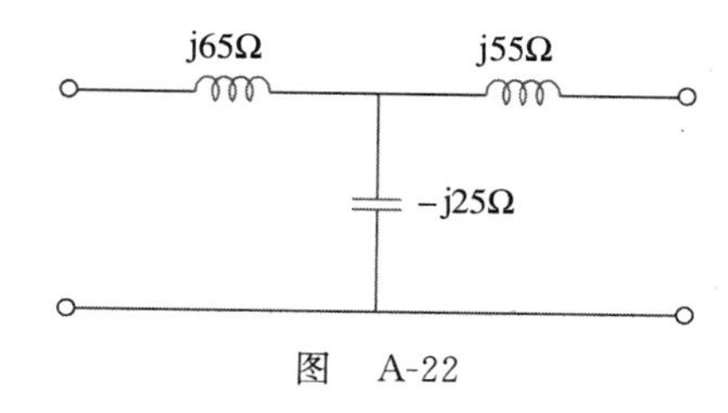

图　A-22

21　答案略(不唯一)

23　$3.081\cos(10t+40.74^\circ)$ A，$2.367\cos(10t-99.46^\circ)$A，10.094J.

25　$2.2\sin(2t-4.88^\circ)$A，$1.5085\angle 17.9^\circ\ \Omega$

27　11.608W

29　0.984，130.51mJ

31　答案略(不唯一)

33　$(12.769+\mathrm{j}7.154)\Omega$

35　$1.4754\angle -21.41^\circ$ A，$77.5\angle -134.85^\circ$ mA，$77\angle -110.41^\circ$ mA

37　(a) 5，(b) 104.17A，(c) 20.83A

39　$15.7\angle 20.31^\circ$ A，$78.5\angle 20.31^\circ$ A

41　500mA，−1.5A

43　4.186V，16.744V

45　36.71mW

47　$2.656\cos(3t+5.48^\circ)$V

49　$0.937\cos(2t+51.34^\circ)$A

51　$(8-\mathrm{j}1.5)\Omega$，$8.95\angle 10.62^\circ$ A

53　(a) 5，(b) 8W

55　1.6669Ω

57　(a) $25.9\angle 69.96^\circ$，$12.95\angle 69.96^\circ$ A(rms)，
(b) $21.06\angle 147.4^\circ$，$42.12\angle 147.4^\circ$，
$42.12\angle 147.4^\circ$ V(rms)，
(c) $1554\angle 20.04^\circ$ V·A

59　24.69W，16.661W，3.087W

61　6A，0.36A，−60V

63　$3.795\angle 18.43^\circ$ A，$1.8975\angle 18.43^\circ$ A，$632.5\angle 161.57^\circ$

65　11.05W

67　(a) 160V，(b) 31.25A，(c) 12.5A

69　$(1.2-\mathrm{j}2)$kΩ，5.333W

71　$[1+(N_1/N_2)]^2 Z_L$

73　(a) 三相△-Y 变压器，
(b) $8.66\angle 156.87^\circ$ A，$5\angle -83.13^\circ$ A
(c) 1.8kW

75　(a) 0.11547(b) 76.98A，15.395A

77　(a) 单相变压器，1：n，$n=1/110$，
(b) 7.576mA

79　$1.306\angle -68.01^\circ$ A，$406.8\angle -77.86^\circ$ mA，$1.336\angle -54.92^\circ$ A

81　$104.5\angle 13.96^\circ$ mA，$29.54\angle -143.8^\circ$ mA，208.824.4°mA

83　$1.08\angle 33.91^\circ$ A，$15.14\angle -34.21^\circ$ V

85　100 匝

87　0.5

89　0.5，41.67A，83.33A

91　(a) 1875kV·A，(b) 7812A

93　(a) 参见图 A-23a；(b) 参见图 A-23b

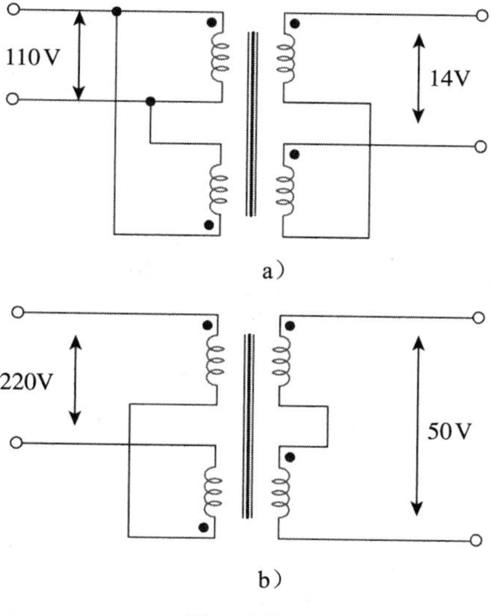

图　A-23

95　(a) 1/60，(b) 139mA

第 14 章

1　$\dfrac{\mathrm{j}\omega/\omega_o}{1+\mathrm{j}\omega/\omega_o}$，$\omega_o=\dfrac{1}{RC}$

3　$5s/(s^2+8s+5)$

5　$sRL/[RR_s+s(R+R_s)L]$，

$R/(s^2LRC+sL+R)$

7　(a) 1.0058，(b) 0.4898，(c) 1.718×10^5

9　参见图 A-24

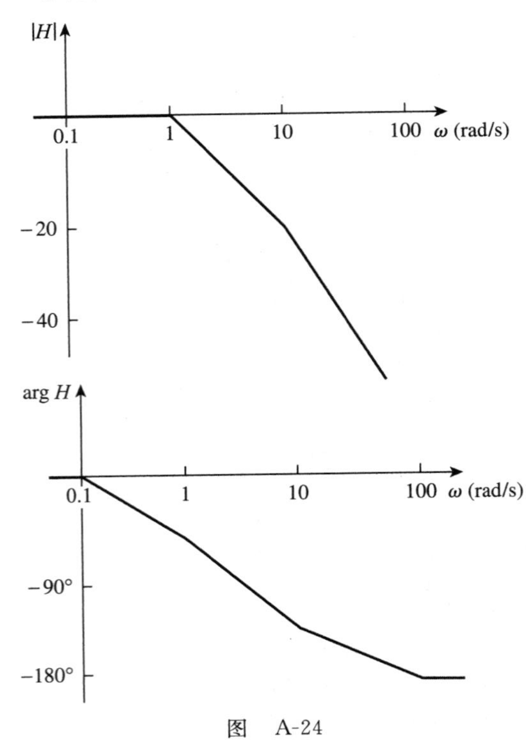

图　A-24

11　参见图 A-25

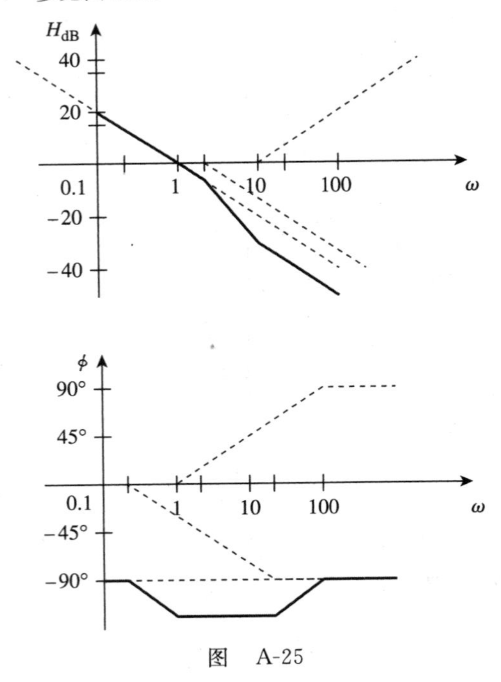

图　A-25

13　参见图 A-26

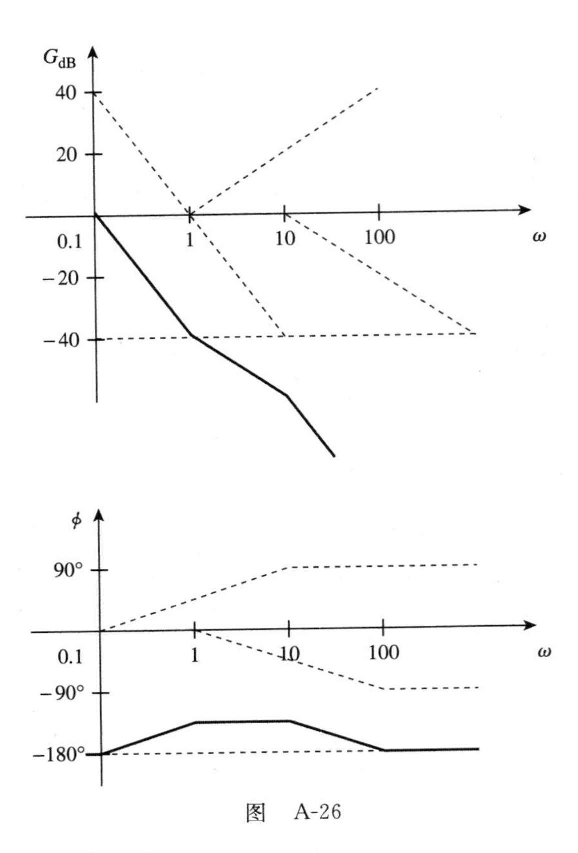

图　A-26

15　参见图 A-27

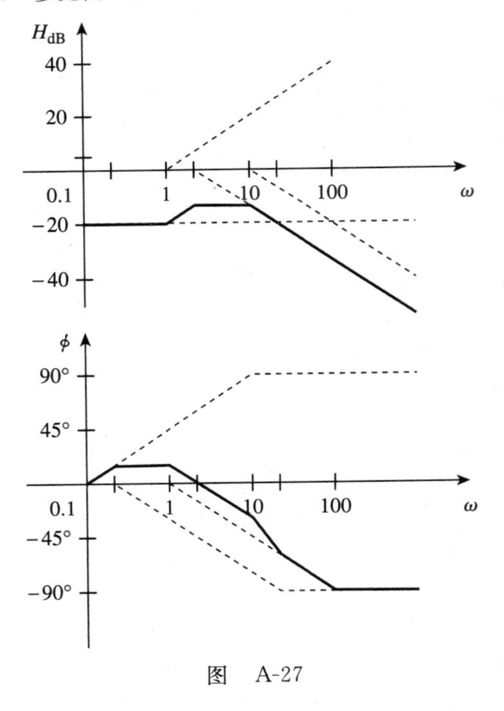

图　A-27

17　参见图 A-28

19　参见图 A-29

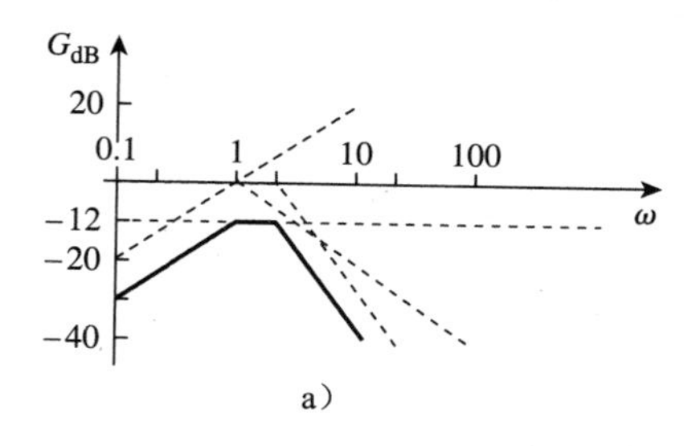

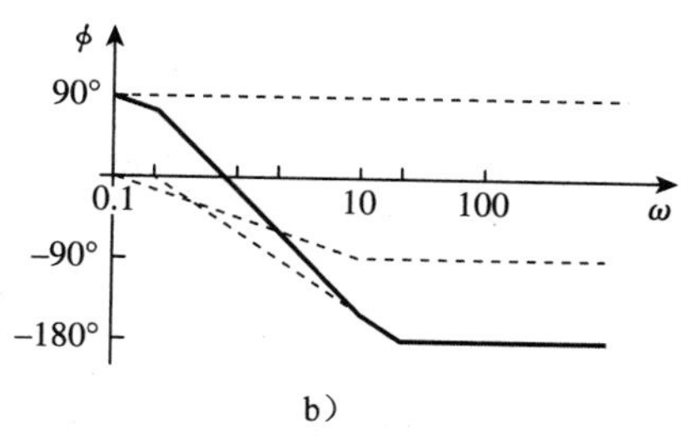

图　A-28

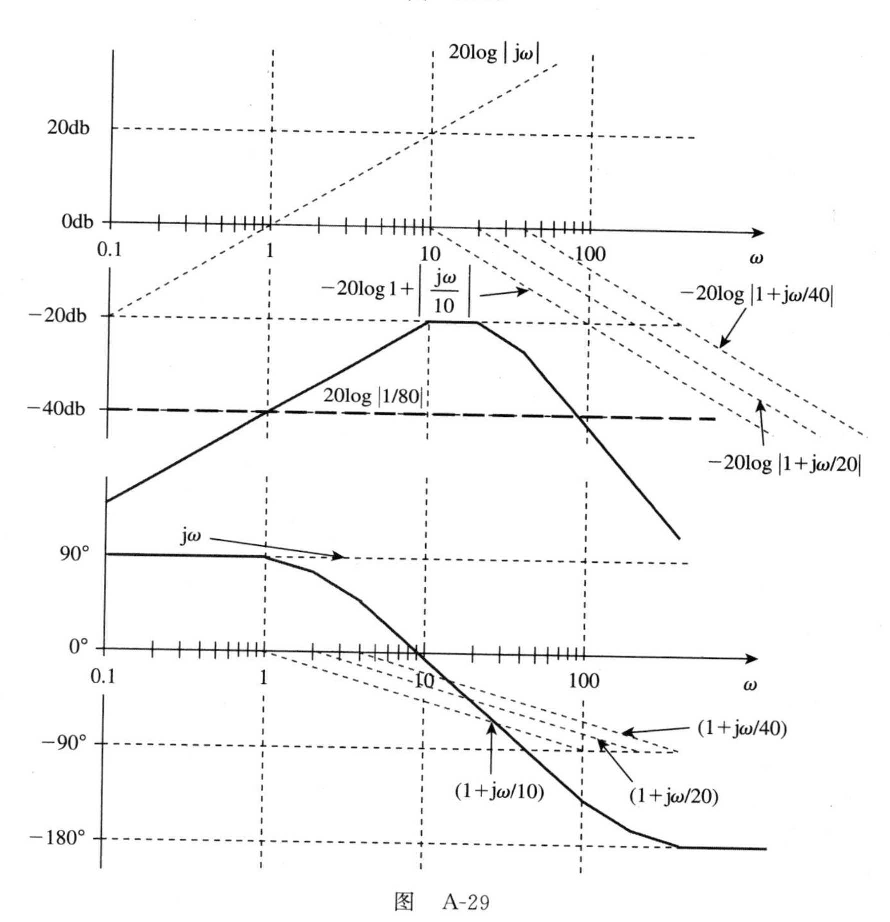

图　A-29

21　参见图 A-30

23　$\dfrac{100j\omega}{(1+j\omega)(10+j\omega)^2}$

(答案也可以在前面有一个负号，仍是正确的。幅度图中不包含这些信息，它只能从相位图中得到。)

25　2kΩ，(2−j0.75)kΩ，(2−j0.3)kΩ，(2+j0.3)kΩ，(2+j0.75)kΩ

27　$R=1\Omega$，$L=0.1\text{H}$，$C=25\text{mF}$

29　4.082krad/s，105.55rad/s，38.67

31　0.5rad/s

33　50krad/s，5.975×10^6 rad/s，6.025×10^6

35　1.443krad/s，3.33rad/s，432.9

37　2kΩ，(1.4212+j53.3)Ω，(8.85+j132.74)Ω，(8.85−j132.74)Ω，(1.4212−j53.3)Ω

39　4.841krad/s

41　答案略(不唯一)

43　$\sqrt{\dfrac{1}{LC}-\dfrac{R^2}{L^2}}$，$\dfrac{1}{\sqrt{LC}}$

45　447.2rad/s，1.067rad/s，419.1

47　796kHz

49　答案略(不唯一)

51　1.256kΩ

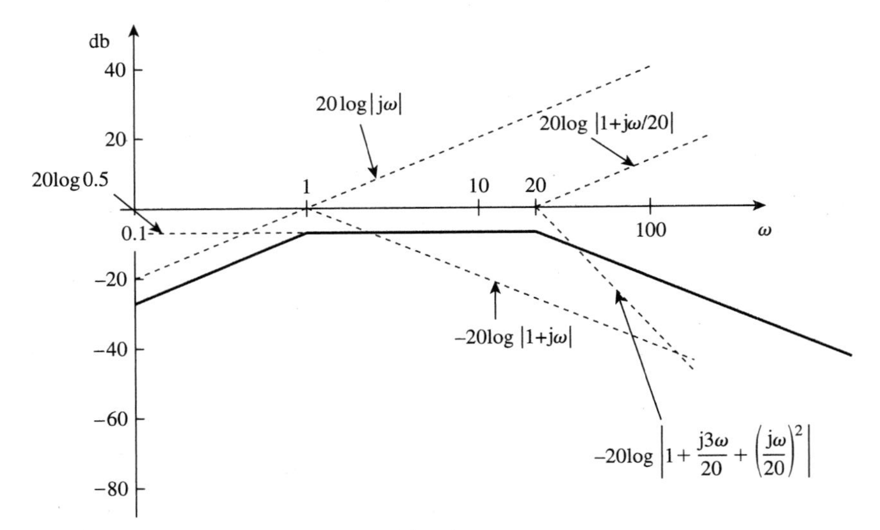

图　A-30

53　18.045kΩ，2.872H，10.5

55　1.56kHz<f<1.62kHz，25

57　(a) 1rad/s，3rad/s，(b) 1rad/s，3rad/s

59　2.408krad/s，15.811krad/s

61　(a) $\frac{1}{1+j\omega RC}$　(b) $\frac{j\omega RC}{1+j\omega RC}$

63　10MΩ，100kΩ

65　证明略

67　如果 $R_f=20\text{k}\Omega$，则 $R_i=80\text{k}\Omega$，$C=15.915\text{nF}$

69　令 $R=10\text{k}\Omega$，则 $R_f=25\text{k}\Omega$，$C=7.96\text{nF}$

71　$K_f=2\times10^{-4}$，$K_m=5\times10^{-3}$

73　9.6MΩ，32μH，0.375pF

75　200Ω，400μH，1μF

77　(a) 1200H，0.5208μF，
(b) 2mH，312.5nF，
(c) 8mH. 7.81pF

79　(a) $8s+5+\frac{10}{s}$，
(b) $0.8s+50+\frac{10^4}{s}$，111.8rad/s

81　(a) 0.4Ω，0.4H，1mF，1mS，
(b) 0.4Ω，0.4mH，1μF，1mS

83　0.1pF，0.5pF，1MΩ，2MΩ

85　参见图 A-31

87　高通滤波器 $f_0=1.2\text{Hz}$，参见图 A-32

89　参见图 A-33

91　$f_0=800\text{Hz}$，参见图 A-34

93　$\frac{-RCs+1}{RCs+1}$

95　(a) 0.541MHz<f_0<1.624MHz，
(b) 67.98，204.1

97　$\frac{s^3LR_LC_1C_2}{(sR_iC_1+1)(s^2LC_2+sR_LC_2+1)+s^2LC_1(sR_LC_2+1)}$

99　8.165MHz，4.188×10^6 rad/s

101　1.061kΩ

103　$\frac{R_2(1+sCR_1)}{R_1+R_2+sCR_1R_2}$

第 15 章

1　$s/(s^2-a^2)$，$a/(s^2-a^2)$

2　(a) $\frac{s+2}{(s+2)^2+9}$，(b) $\frac{4}{(s+2)^2+16}$，
(c) $\frac{s+3}{(s+3)^2-4}$　(d) $\frac{1}{(s+4)^2-1}$，
(e) $\frac{4(s+1)}{[(s+1)^2+4]^2}$

5　(a) $\frac{8-12\sqrt{3s}-6s^2+\sqrt{3}s^3}{(s^2+4)^3}$，
(b) $\frac{72}{(s+2)^5}$，(c) $\frac{2}{s^2}-4s$，
(d) $\frac{2e}{s+1}$，(e) $\frac{5}{s}$，(f) $\frac{18}{3s+1}$，(g) s^n

7　(a) $\frac{2}{s^2}+\frac{4}{s}$，(b) $\frac{4}{s}+\frac{3}{s+2}$，
(c) $\frac{8s+18}{s^2+9}$，(d) $\frac{s+2}{s^2+4s-12}$

9　(a) $\frac{e^{-2s}}{s^2}-\frac{2e^{-2s}}{s^2}$，(b) $\frac{2e^{-s}}{e^4(s+4)}$，
(c) $\frac{2.702s}{s^2+4}+\frac{8.415}{s^2+4}$
(d) $\frac{6}{s}e^{-2s}-\frac{6}{s}e^{-4s}$

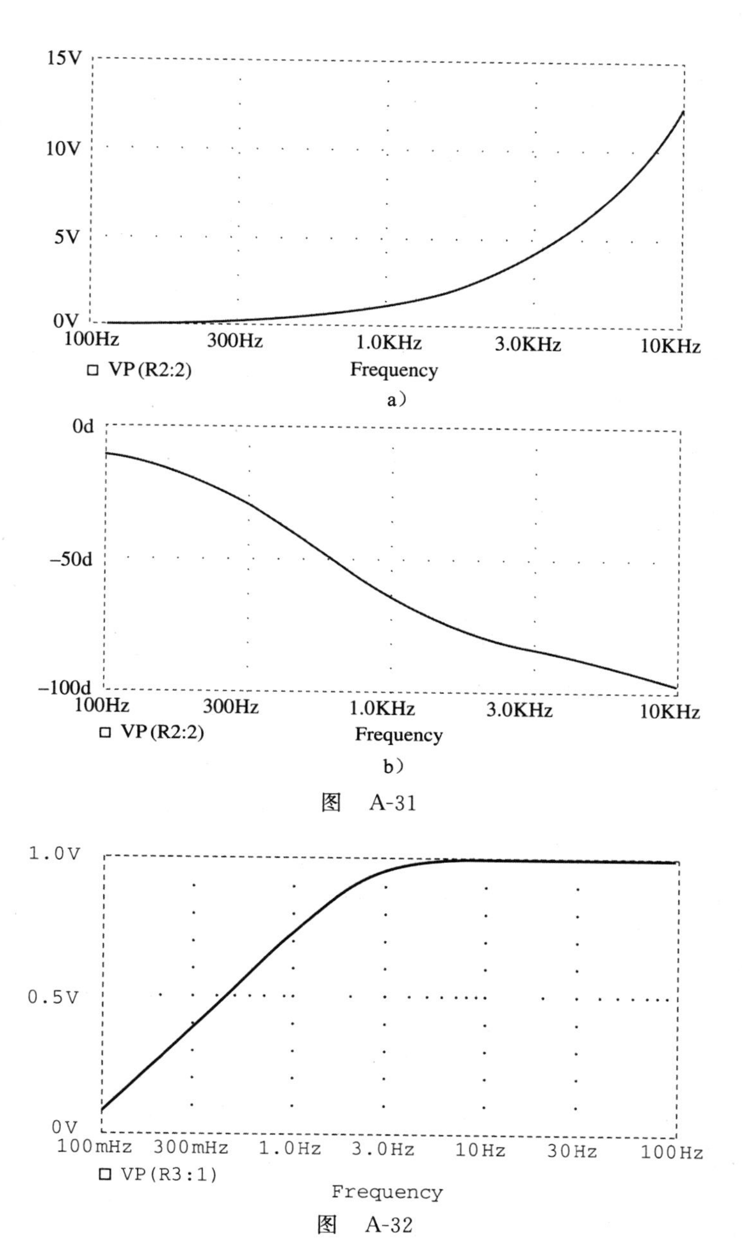

a)

b)

图 A-31

图 A-32

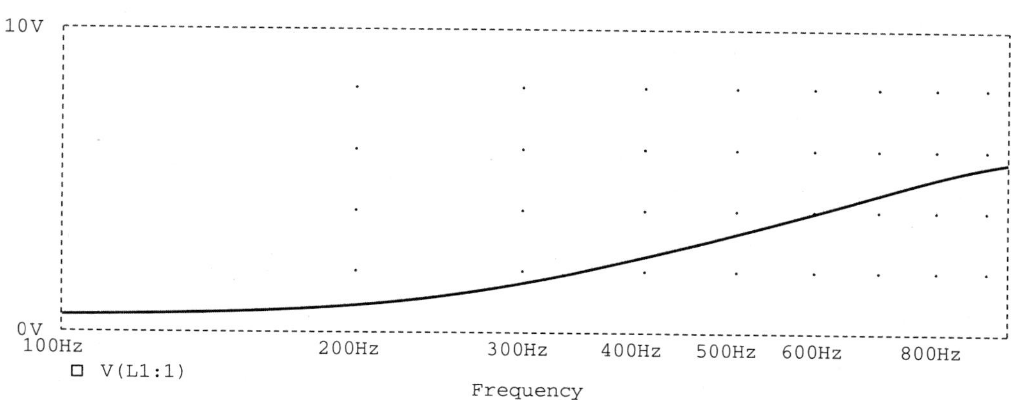

图 A-33

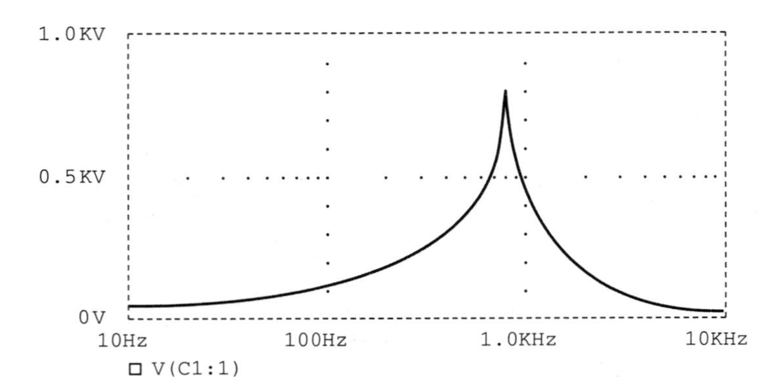

图 A-34

11 (a) $\frac{6(s+1)}{s^2+2s-3}$,

(b) $\frac{24(s+2)}{(s^2+4s-12)^2}$,

(c) $\frac{e^{-(2s+6)}[(4e^2+4e^{-2})s+(16e^2+8e^{-2})]}{s^2+6s+8}$

13 (a) $\frac{s^2-1}{(s^2+1)^2}$,

(b) $\frac{2(s+1)}{(s^2+2s+2)^2}$,

(c) $\arctan\left(\frac{\beta}{s}\right)$

15 $5\frac{1-e^{-s}-se^{-s}}{s^2(1-e^{-3s})}$

17 答案略(不唯一)

19 $\frac{1}{1-e^{-2s}}$

21 $\frac{(2\pi s-1+e^{-2\pi s})}{2\pi s^2(1-e^{-2\pi s})}$

23 (a) $\frac{(1-e^{-s})^2}{s(1-e^{-2s})}$,

(b) $\frac{2(1-e^{-2s})-4se^{-2s}(s+s^2)}{s^3(1-e^{-2s})}$

25 (a) 5 和 0, (b) 5 和 0

27 (a) $u(t)+2e^{-t}u(t)$, (b) $3\delta(t)-11e^{-4t}u(t)$,

(c) $(2e^{-t}-2e^{-3t})u(t)$,

(d) $(3e^{-4t}-3e^{-2t}+6te^{-2t})u(t)$

29 $[2-2e^{-2t}\cos(3t)-(2/3)e^{-2t}\sin(3t)]u(t)$

31 (a) $(-5e^{-t}+20e^{-2t}-15e^{-3t})u(t)$

(b) $\left[-e^{-t}+\left(1+3t-\frac{t^2}{2}\right)e^{-2t}\right]u(t)$,

(c) $[-0.2e^{-2t}+0.2e^{-t}\cos(2t)+$
$0.4e^{-t}\sin(2t)]u(t)$

33 (a) $[3e^{-t}+3\sin(t)-3\cos(t)]u(t)$,

(b) $\cos(t-\pi)u(t-\pi)$,

(c) $8[1-e^{-t}-te^{-t}-0.5t^2e^{-t}]u(t)$

35 (a) $[2e^{-(t-6)}-e^{-2(t-6)}]u(t-6)$,

(b) $\frac{4}{3}u(t)[e^{-t}-e^{-4t}]-\frac{1}{3}$
$u(t-2)[e^{-(t-2)}-e^{-4(t-2)}]$,

(c) $\frac{1}{13}u(t-1)[-3e^{-3(t-1)}+3\cos2(t-1)+$
$2\sin2(t-1)]$

37 (a) $(2-e^{-2t})u(t)$,

(b) $[0.4e^{-3t}+0.6e^{-t}\cos t+0.8e^{-t}\sin t]u(t)$,

(c) $e^{-2(t-4)}u(t-4)$,

(d) $\left(\frac{10}{3}\cos t-\frac{10}{3}\cos2t\right)u(t)$

39 (a) $(-1.6e^{-t}\cos4t-4.05e^{-t}\sin4t+$
$3.6e^{-2t}\cos4t+(3.45e^{-2t}\sin4t)u(t)$,

(b) $[0.08333\cos3t+0.02778\sin3t+$
$0.0944e^{-0.551t}-0.1778e^{-5.449t}]u(t)$

41 $z(t)=\begin{cases}8t, & 0<t<2\text{s}\\ 16-8t, & 2\text{s}<t<6\text{s}\\ -16, & 6\text{s}<t<8\text{s}\\ 8t-80, & 8\text{s}<t<12\text{s}\\ 112-8t, & 12\text{s}<t<14\text{s}\\ 0, & \text{其他}\end{cases}$

43 (a) $y(t)=\begin{cases}\frac{1}{2}t^2, & 0<t<1\text{s}\\ -\frac{1}{2}t^2+2t-1, & 1\text{s}<t<2\text{s}\\ 1, & t>2\text{s}\\ 0, & \text{其他}\end{cases}$

(b) $y(t)=2(1-e^{-t})$, $t>0$,

(c) $y(t)=\begin{cases}\frac{1}{2}t^2+t+\frac{1}{2}, & -1\text{s}<t<0\\ -\frac{1}{2}t^2+t+\frac{1}{2}, & 0<t<2\text{s}\\ \frac{1}{2}t^2-3t+\frac{9}{2}, & 2\text{s}<t<3\text{s}\\ 0, & \text{其他}\end{cases}$

45 $(4e^{-2t}-8te^{-2t})u(t)$

47 (a) $[-1e^{-t}+2e^{-2t}]u(t)$，(b) $[e^{-t}-e^{-2t}]u(t)$

49 (a) $\left[\frac{t}{a}(e^{at}-1)-\frac{1}{a^2}-\frac{e^{at}}{a^2}(at-1)\right]u(t)$，

(b) $[0.5\cos(t)(t+0.5\sin(2t))-0.5\sin(t)(\cos(t)-1)]u(t)$

51 $[5e^{-t}-3e^{-3t}]u(t)$

53 $\cos(t)+\sin(t)$或$1.4142\cos(t-45°)$

55 $\left[\frac{1}{40}+\frac{1}{20}e^{-2t}-\frac{3}{104}e^{-4t}-\frac{3}{65}e^{-t}\cos(2t)-\frac{2}{65}e^{-t}\sin(2t)\right]u(t)$

57 答案略(不唯一)

59 $[-2.5e^{-t}+12e^{-2t}-10.5e^{-3t}]u(t)$

61 (a) $[3+3.162\cos(2t-161.12°)]u(t)$V，

(b) $[2-4e^{-t}+e^{-4t}]u(t)$A，

(c) $[3+2e^{-t}+3te^{-t}]u(t)$V，

(d) $[2+2e^{-t}\cos(2t)]u(t)$A

第16章

1 $[(2+10t)e^{-5t}]u(t)$A

3 $[(20+20t)e^{-t}]u(t)$V

5 750Ω，25H，200μF

7 $[2+8.944e^{-t}\cos(2t-63.44°)]u(t)$A

9 $[3+5.924e^{-1.5505t}-1.4235e^{-6.45t}]u(t)$mA

11 20.83Ω，80μF

13 答案略(不唯一)

15 120Ω

17 $\left[e^{-2t}-\frac{2}{\sqrt{7}}e^{-0.5t}\sin\left(\frac{\sqrt{7}}{2}t\right)\right]u(t)$A

19 $[-1.3333e^{-t/2}+1.3333e^{-2t}]u(t)$V

21 $[64.65e^{-2.679t}-4.65e^{-37.32t}]u(t)$V

23 $18\cos(0.5t-90°)u(t)$V

25 $(18e^{-t}-2e^{-9t})u(t)$V

27 $(20-10.206e^{-0.05051t}+0.2052e^{-4.949t})u(t)$V

29 $10\cos(8t+90°)u(t)$A

31 $[35+25e^{-0.8t}\cos(0.6t+126.87°)]u(t)$V，$5e^{-0.8t}[\cos(0.6t-90°)]u(t)$A

33 答案略(不唯一)

35 $[3.636e^{-t}+7.862e^{-0.0625t}\cos(0.7044t-117.55°)]u(t)$V

37 $[-6+6.021e^{-0.1672t}-0.021e^{-47.84t}]u(t)$V

39 $[363.6e^{-2t}\cos(4.583t-90°)]u(t)$A

41 $[200te^{-10t}]u(t)$V

43 $[3+3e^{-2t}+6te^{-2t}]u(t)$A

45 $[i_o/(\omega C)]\cos(\omega t+90°)u(t)$V

47 $[15-10e^{-0.6t}(\cos0.2t-\sin0.2t)]u(t)$A

49 $[0.7143e^{-2t}-1.7145e^{-0.5t}\cos(1.25t)+3.194e^{-0.5t}\sin(1.25t)]u(t)$A

51 $[-5+17.156e^{-15.125t}\cos(4.608t-73.06°)]u(t)$A

53 $[4.618e^{-t}\cos(1.7321t+30°)]u(t)$V

55 $[4-3.2e^{-t}-0.8e^{-6t}]u(t)$A，$[1.6e^{-t}-1.6e^{-6t}]u(t)$A

57 (a) $(3/s)[1-e^{-t}]$，

(b) $[(2-2e^{-1.5t})u(t)-(2-2e^{-1.5(t-1)})u(t-1)]$V

59 $[e^{-t}-2e^{-t/2}\cos(t/2)]u(t)$V

61 $[6.667-6.8e^{-1.2306t}+5.808e^{-0.6347t}\cos(1.4265t+88.68°)]u(t)$V

63 $[5e^{-4t}\cos(2t)+230e^{-4t}\sin(2t)]u(t)$V，$[6-6e^{-4t}\cos(2t)-11.375e^{-4t}\sin(2t)]u(t)$A

65 $\{2.202e^{-3t}+3.84te^{-3t}-0.202\cos(4t)+0.6915\sin(4t)\}u(t)$V

67 $[e^{10t}-e^{-10t}]u(t)$V，电路不稳定

69 $6.667(s+0.5)/[s(s+2)(s+3)]-3.333(s-1)/[s(s+2)(s+3)]$

71 $10[2e^{-1.5t}-e^{-t}]u(t)$A

73 $\frac{10s^2}{s^2+4}$

75 $4+\frac{s}{2(s+3)}-\frac{2s(s+2)}{s^2+4s+20}-\frac{12s}{s^2+4s+20}$

77 $\frac{9s}{3s^2+9s+2}$

79 (a) $\frac{s^2-3}{3s^2+2s-9}$，(b) $\frac{-3}{2s}$

81 $-1/(RLCs^2)$

83 (a) $\frac{R}{L}e^{-Rt/L}u(t)$，(b) $(1-e^{-Rt/L})u(t)$

85 $[3e^{-t}-3e^{-2t}-2te^{-2t}]u(t)$

87 答案略(不唯一)

89 $\begin{bmatrix}v_C'\\i_L'\end{bmatrix}=\begin{bmatrix}-0.25&1\\-1&0\end{bmatrix}\begin{bmatrix}v_C\\i_L\end{bmatrix}+\begin{bmatrix}0&1\\1&0\end{bmatrix}\begin{bmatrix}v_s\\i_s\end{bmatrix}$；

$v_o(t)=\begin{bmatrix}1\\0\end{bmatrix}\begin{bmatrix}v_C\\i_L\end{bmatrix}+\begin{bmatrix}0&0\\0&0\end{bmatrix}\begin{bmatrix}v_s\\i_s\end{bmatrix}$

91 $\begin{bmatrix}x_1'\\x_2'\end{bmatrix}=\begin{bmatrix}0&1\\-3&-4\end{bmatrix}\begin{bmatrix}x_1\\x_2\end{bmatrix}+\begin{bmatrix}0\\1\end{bmatrix}z(t)$；

$y(t)=[1\quad 0]\begin{bmatrix}x_1\\x_2\end{bmatrix}+[0]z(t)$

93 $\begin{bmatrix}x_1'\\x_2'\\x_3'\end{bmatrix}=\begin{bmatrix}0&1&0\\0&0&1\\-6&-11&-6\end{bmatrix}\begin{bmatrix}x_1\\x_2\\x_3\end{bmatrix}+\begin{bmatrix}0\\0\\1\end{bmatrix}z(t)$；

$y(t)=[1\quad 0\quad 0]\begin{bmatrix}x_1\\x_2\\x_3\end{bmatrix}+[0]z(t)$

95 $[-2.4+4.4e^{-3t}\cos(t)-0.8e^{-3t}\sin(t)]u(t)$，$[-1.2-0.8e^{-3t}\cos(t)+0.6e^{-3t}\sin(t)]u(t)$

97 $[e^{-t}-e^{-4t}]u(t)$V，电路稳定

99 500μF，333.3H

101 100μF

103 -100，400，2×10^4

105 令$L=R^2C$，则$V_o/I_o=sL$

第17章

1 (a) 周期性，2；(b) 非周期性；(c) 周期性，2π；(d) 周期性，π；(e) 周期性，10；(f) 非周期性；(g) 非周期性。

3 参见图 A-35

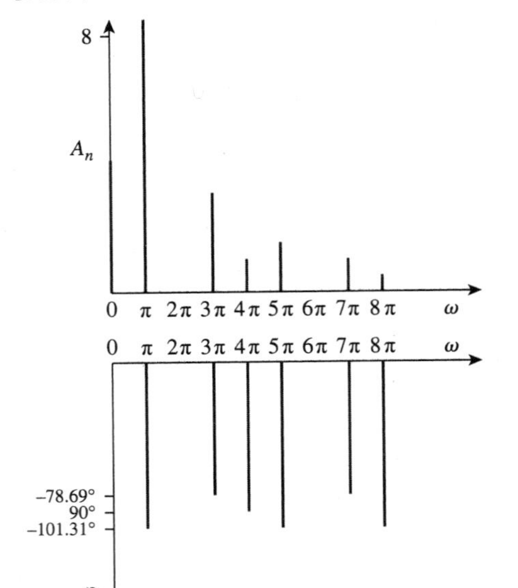

图 A-35

5 $-1+\sum_{\substack{n=1\\ n=\text{奇数}}}^{\infty}\frac{12}{n\pi}\sin nt$

7 $1+\sum_{n=0}^{\infty}\left[\frac{3}{n\pi}\sin\frac{4n\pi}{3}\cos\frac{2n\pi t}{3}+\frac{3}{n\pi}\left(1-\cos\frac{4n\pi}{3}\right)\sin\frac{2n\pi t}{3}\right]$

参见图 A-36

9 $a_0=3.183$，$a_1=10$，$a_2=4.244$，$a_3=0$，$b_1=0=b_2=b_3$

11 $\sum_{n=-\infty}^{\infty}\frac{5}{n^2\pi^2}[2-2\cos(n\pi/2)-2\mathrm{j}\sin(n\pi/2)+\mathrm{j}n\pi\cos(n\pi/2)+n\pi(\sin(n\pi/2))]\mathrm{e}^{\mathrm{j}n\pi t/2}$

13 答案略(不唯一)

15 (a) $10+\sum_{n=1}^{\infty}\sqrt{\frac{16}{(n^2+1)^2}+\frac{1}{n^6}}\cos\left(10nt-\arctan\frac{n^2+1}{4\pi^3}\right)$，

(b) $10+\sum_{n=1}^{\infty}\sqrt{\frac{16}{(n^2+1)}+\frac{1}{n^6}}\sin\left(10nt+\arctan\frac{4n^3}{n^2+1}\right)$

17 (a) 非奇非偶；(b) 偶；(c) 奇；(d) 偶；(e) 非奇非偶

19 $\frac{5}{n^2\omega_o^2}\sin n\pi/2-\frac{10}{n\omega_o}(\cos\pi n-\cos n\pi/2)-\frac{5}{n^2\omega_o^2}(\sin\pi n-\sin n\pi/2)-\frac{2}{n\omega_o}\cos n\pi-\frac{\cos\pi n/2}{n\omega_o}$

21 $\frac{1}{2}+\sum_{n=1}^{\infty}\frac{8}{n^2\pi^2}\left[1-\cos\left(\frac{n\pi}{2}\right)\right]\cos\left(\frac{n\pi t}{2}\right)$

23 答案略(不唯一)

25

$$\sum_{\substack{n=1\\ n=\text{奇数}}}^{\infty}\left\{\begin{aligned}&\left[\frac{3}{\pi^2n^2}\left(\cos\left(\frac{2\pi n}{3}\right)-1\right)+\frac{2}{\pi n}\sin\left(\frac{2\pi n}{3}\right)\right]\cos\left(\frac{2\pi n}{3}\right)+\\&\left[\frac{3}{\pi^2n^2}\sin\left(\frac{2\pi n}{3}\right)-\frac{2}{n\pi}\cos\left(\frac{2\pi n}{3}\right)\right]\sin\left(\frac{2\pi n}{3}\right)\end{aligned}\right.$$

27 (a) 奇数，(b) -0.04503，(c) 0.383

29 $2\sum_{k=1}^{\infty}\left[\frac{2}{n^2\pi}\cos(nt)-\frac{1}{n}\sin(nt)\right]$，$n=2k-1$

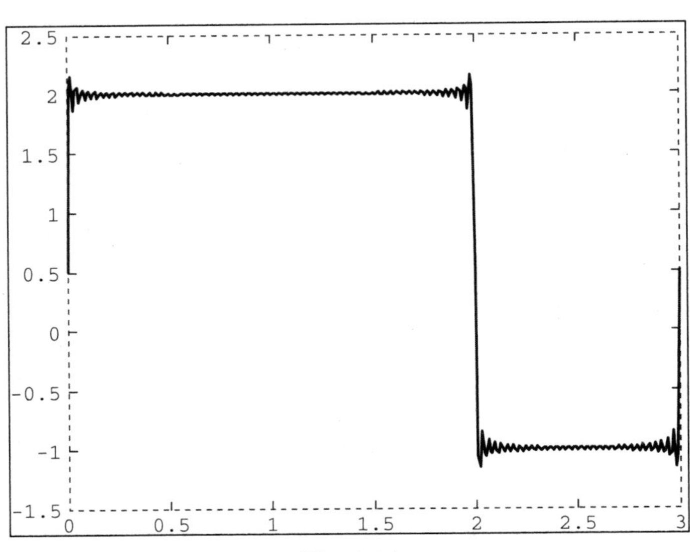

图 A-36

31　$\omega_o' = \frac{2\pi}{T'} = \frac{2\pi}{T/\alpha} = \alpha\omega_o$

$a_n' = \frac{2}{T'}\int_0^T f(\alpha t)\cos n\omega_o' t\,dt$

令 $\alpha t=\lambda$，$dt=d\lambda/\alpha$，$\alpha T'=T$ 则

$a_n' = \frac{2\alpha}{T}\int_0^T f(\lambda)\cos n\omega_o\lambda\,d\lambda/\alpha = a_n$

同理 $b_n'=b_n$

33　$v_o(t) = \sum_{n=1}^{\infty} A_n\sin(n\pi t-\theta_n)\text{V}$，

$A_n = \frac{8(4-2n^2\pi^2)}{\sqrt{(20-10n^2\pi^2)^2-64n^2\pi^2}}$，

$\theta_n = 90°-\arctan\left(\frac{8n\pi}{20-10n^2\pi^2}\right)$

35　$\frac{3}{8}+\sum_{n=1}^{\infty} A_n\cos\left(\frac{2\pi n}{3}+\theta_n\right)$，

$A_n = \frac{\frac{6}{n\pi}\sin\frac{2n\pi}{3}}{\sqrt{9\pi^2n^2+(2\pi^2n^2/3-3)^2}}$，

$\theta_n = \frac{\pi}{2}-\arctan\left(\frac{2n\pi}{9}-\frac{1}{n\pi}\right)$

37　$\sum_{n=1}^{\infty}\frac{2(1-\cos\pi n)}{\sqrt{1+n^2\pi^2}}\cos(n\pi t-\arctan n\pi)$

39　$\frac{1}{20}+\frac{200}{\pi}\sum_{k=1}^{\infty} I_n\sin(n\pi t-\theta_n)$，$n=2k-1$，

$\theta_n = 90°+\arctan\frac{2n^2\pi^2-1200}{802n\pi}$

$I_n = \frac{1}{n\sqrt{(804n\pi)^2+(2n^2\pi^2-1200)}}$

41　$\frac{2}{\pi}+\sum_{n=1}^{\infty} A_n\cos(2nt+\theta_n)$，

$A_n = \frac{20}{\pi(4n^2-1)\sqrt{16n^2-40n+29}}$

$\theta_n = 90°-\arctan(2n-2.5)$

43　(a) 33.91V，(b) 6.782A，(c) 203.1W

45　4.263A，181.7W

47　10%

49　(a) 3.162，(b) 3.065，(c) 3.068%

51　答案略(不唯一)

53　$\sum_{n=-\infty}^{\infty}\frac{0.6321e^{j2n\pi t}}{1+j2n\pi}$

55　$\sum_{n=-\infty}^{\infty}\frac{1+e^{-jn\pi}}{2\pi(1-n^2)}e^{jnt}$

57　$-3+\sum_{n=\infty,\ n\neq 0}^{\infty}\frac{3}{n^3-2}e^{j50nt}$

59　$-\sum_{\substack{n=-\infty\\ n\neq 0}}^{\infty}\frac{j4e^{-j(2n+1)\pi t}}{(2n+1)\pi}$

61　(a) $6+2.571\cos t-3.83\sin t+1.638\cos 2t-1.147\sin 2t+0.906\cos 3t-0.423\sin 3t+0.47\cos 4t-0.171\sin 4t$，(b) 6.828

63　参见图 A-37

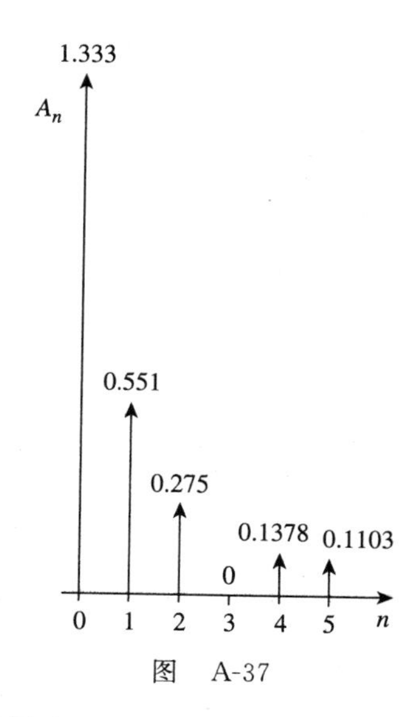

图　A-37

65　参见图 A-38

67　DC COMPONENT = 2.000396E+00

HARMONIC NO	FREQUENCY (HZ)	FOURIER COMPONENT	NORMALIZED COMPONENT	PHASE (DEG)	NORMALIZED PHASE (DEG)
1	1.667E-01	2.432E+00	1.000E+00	-8.996E+01	0.000E+00
2	3.334E-01	6.576E-04	2.705E-04	-8.932E+01	6.467E-01
3	5.001E-01	5.403E-01	2.222E-01	9.011E+01	1.801E+02
4	6.668E+01	3.343E-04	1.375E-04	9.134E+01	1.813E+02
5	8.335E-01	9.716E-02	3.996E-02	-8.982E+01	1.433E-01
6	1.000E+00	7.481E-06	3.076E-06	-9.000E+01	-3.581E-02
7	1.167E+00	4.968E-02	2.043E-01	-8.975E+01	2.173E-01
8	1.334E+00	1.613E-04	6.634E-05	-8.722E+01	2.748E+00
9	1.500E+00	6.002E-02	2.468E-02	-9.032E+01	1.803E+02

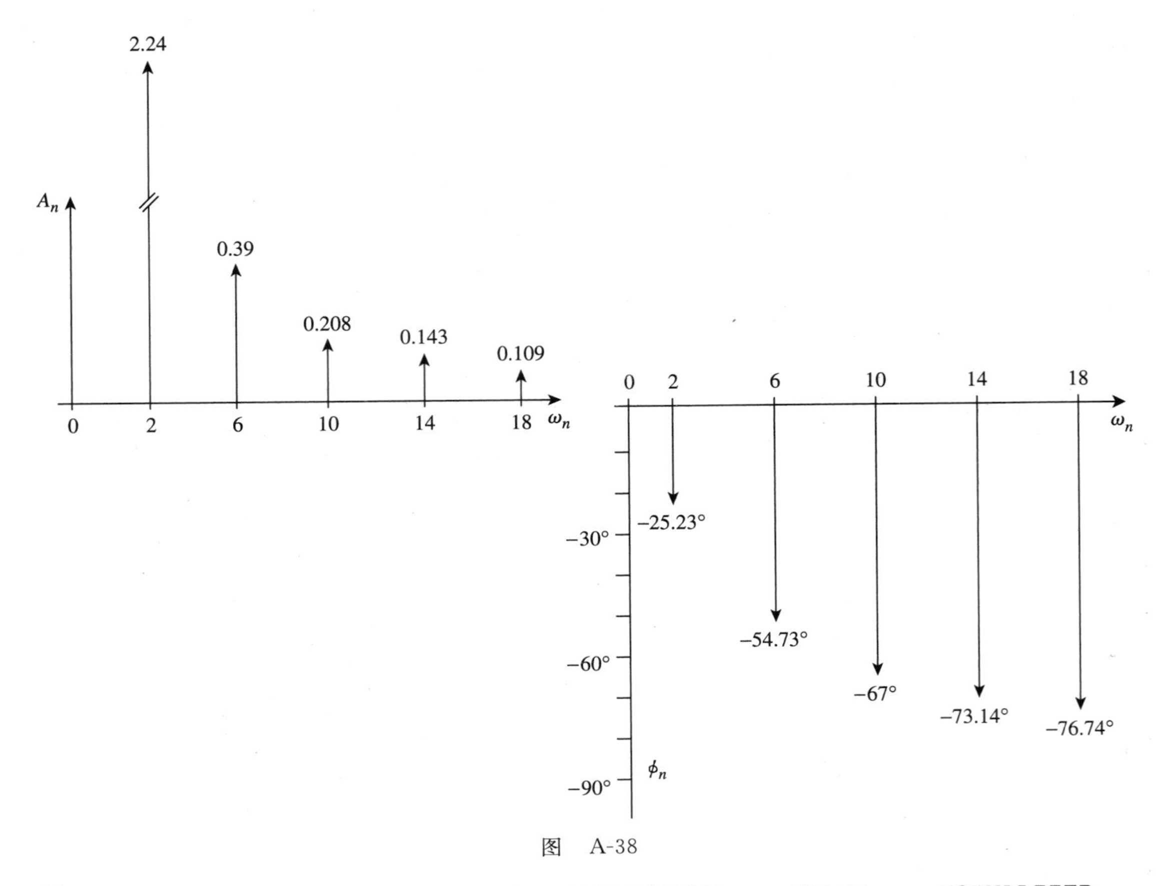

图 A-38

69

HARMONIC NO	FREQUENCY (HZ)	FOURIER COMPONENT	NORMALIZED COMPONENT	PHASE (DEG)	NORMALIZED PHASE (DEG)
1	5.000E-01	4.056E-01	1.000E+00	-9.090E+01	0.000E+00
2	1.000E+00	2.977E-04	7.341E-04	-8.707E+01	3.833E+00
3	1.500E+00	4.531E-02	1.117E-01	-9.266E+01	-1.761E+00
4	2.000E+00	2.969E-04	7.320E-04	-8.414E+01	6.757E+00
5	2.500E+00	1.648E-02	4.064E-02	-9.432E+01	-3.417E+00
6	3.000E+00	2.955E-04	7.285E-04	-8.124E+01	9.659E+00
7	3.500E+00	8.535E-03	2.104E-02	-9.581E+01	-4.911E+00
8	4.000E+00	2.935E-04	7.238E-04	-7.836E+01	1.254E+01
9	4.500E+00	5.258E-03	1.296E-02	-9.710E+01	-6.197E+00

TOTAL HARMONIC DISTORTION = 1.214285+01 PERCENT

71 参见图 A-39

73 300mW

75 24.59mF

77 (a) π, (b) −2V, (c) 11.02V

79 MATLAB代码及结果如下所示：

```
a = 10;
c = 4.*a/pi
for n = 1:10
  b(n)=c/(2*n-1);
end
diary
n, b
diary off
```

表 A-1 输出结果

n	b_n
1	12.7307
2	4.2430
3	2.5461
4	1.8187
5	1.414
6	1.1573
7	0.9793
8	0.8487
9	0.7488
10	0.6700

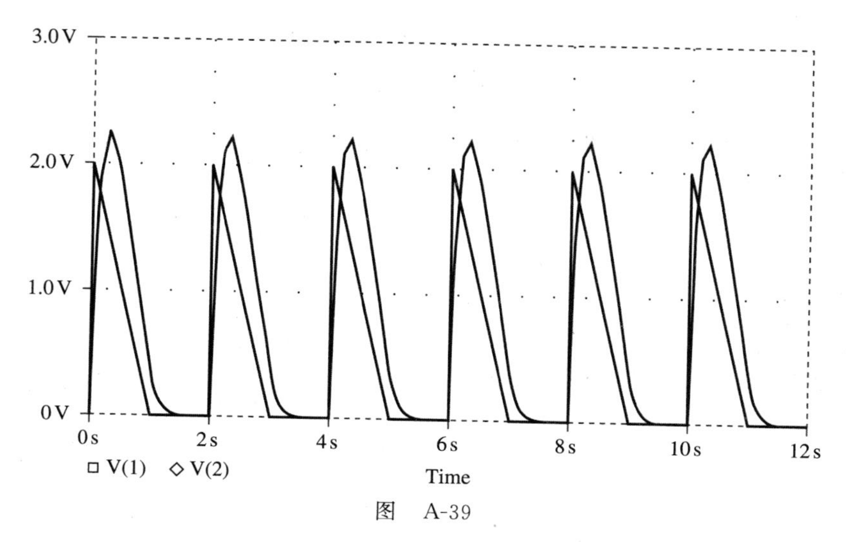

图 A-39

81 (a) $\frac{A^2}{2}$，(b) $|c_1|=2A/(3\pi)$，$|c_2|=2A/(15\pi)$，$|c_3|=2A/(35\pi)$，$|c_4|=2A/(63\pi)$ (c) 81.1%，(d) 0.72%

第18章

1 $\frac{2(\cos 2\omega-\cos\omega)}{\mathrm{j}\omega}$

3 $\frac{\mathrm{j}}{\omega^2}(2\omega\cos 2\omega-\sin 2\omega)$

5 $\frac{2\mathrm{j}}{\omega}-\frac{2\mathrm{j}}{\omega^2}\sin\omega$

7 (a) $\frac{2-\mathrm{e}^{-\mathrm{j}\omega}-\mathrm{e}^{-\mathrm{j}2\omega}}{\mathrm{j}\omega}$，

(b) $\frac{5\mathrm{e}^{-\mathrm{j}2\omega}}{\omega^2}(1+\mathrm{j}\omega 2)-\frac{5}{\omega^2}$

9 (a) $\frac{2}{\omega}\sin 2\omega+\frac{4}{\omega}\sin\omega$，

(b) $\frac{2}{\omega^2}-\frac{2\mathrm{e}^{-\mathrm{j}\omega}}{\omega^2}(1+\mathrm{j}\omega)$

11 $\frac{\pi}{\omega^2-\pi^2}(\mathrm{e}^{-\mathrm{j}\omega 2}-1)$

13 (a) $\pi\mathrm{e}^{-\mathrm{j}\pi/3}\delta(\omega-a)+\pi\mathrm{e}^{\mathrm{j}\pi/3}\delta(\omega+a)$，

(b) $\frac{\mathrm{e}^{\mathrm{j}\omega}}{\omega^2-1}$，(c) $\pi[\delta(\omega+b)+\delta(\omega-b)]+\frac{\mathrm{j}\pi A}{2}[\delta(\omega+a+b)-\delta(\omega-a+b)+\delta(\omega+a-b)-\delta(\omega-a-b)]$，(d) $\frac{1}{\omega^2}-\frac{\mathrm{e}^{-\mathrm{j}4\omega}}{\mathrm{j}\omega}-\frac{\mathrm{e}^{-\mathrm{j}4\omega}}{\omega^2}(\mathrm{j}4\omega+1)$

15 (a) $2\mathrm{j}\sin 3\omega$，(b) $\frac{2\mathrm{e}^{-\mathrm{j}\omega}}{\mathrm{j}\omega}$，(c) $\frac{1}{3}-\frac{\mathrm{j}\omega}{2}$

17 (a) $0.5\pi[\delta(\omega+2)+\delta(\omega-2)]-\frac{\mathrm{j}\omega}{\omega^2-4}$，

(b) $\frac{\mathrm{j}\pi}{2}[\delta(\omega+10)-\delta(\omega-10)]-\frac{10}{\omega^2-100}$

19 $\frac{\mathrm{j}\omega}{\omega^2-4\pi^2}(\mathrm{e}^{-\mathrm{j}\omega}-1)$

21 证明略

23 (a) $\frac{30}{(6-\mathrm{j}\omega)(15-\mathrm{j}\omega)}$，

(b) $\frac{20\mathrm{e}^{-\mathrm{j}\omega/2}}{(4+\mathrm{j}\omega)(10+\mathrm{j}\omega)}$，

(c) $\frac{5}{[2+\mathrm{j}(\omega+2)][5+\mathrm{j}(\omega+2)]}+\frac{5}{[2+\mathrm{j}(\omega-2)][5+\mathrm{j}(\omega-2)]}$，

(d) $\frac{\mathrm{j}\omega 10}{(2+\mathrm{j}\omega)(5+\mathrm{j}\omega)}$，

(e) $\frac{10}{\mathrm{j}\omega(2+\mathrm{j}\omega)(5+\mathrm{j}\omega)}+\pi\delta(\omega)$

25 (a) $5\mathrm{e}^{2t}u(t)$，(b) $6\mathrm{e}^{-2t}$，

(c) $[-10\mathrm{e}^{t}u(t)+10\mathrm{e}^{2t}]u(t)$

27 (a) $5\mathrm{sgn}(t)-10\mathrm{e}^{-10t}u(t)$，

(b) $4\mathrm{e}^{2t}u(-t)-6\mathrm{e}^{-3t}u(t)$，

(c) $2\mathrm{e}^{-20t}\sin(30t)u(t)$，

(d) $\frac{1}{4}\pi$

29 (a) $\frac{1}{2\pi}(1+8\cos 3t)$，(b) $\frac{4\sin 2t}{\pi t}$，

(c) $3\delta(t+2)+3\delta(t-2)$

31 (a) $x(t)=\mathrm{e}^{-at}u(t)$，

(b) $x(t)=u(t+1)-u(t-1)$，

(c) $x(t)=\frac{1}{2}\delta(t)-\frac{a}{2}\mathrm{e}^{-at}u(t)$

33 (a) $\frac{2\mathrm{j}\sin t}{t^2-\pi^2}$，(b) $u(t-1)-u(t-2)$

35 (a) $\frac{\mathrm{e}^{-\mathrm{j}\omega/3}}{6+\mathrm{j}\omega}$，

(b) $\frac{1}{2}\left[\frac{1}{2+\mathrm{j}(\omega+5)}+\frac{1}{2+\mathrm{j}(\omega-5)}\right]$，

(c) $\frac{j\omega}{2+j\omega}$,

(d) $\frac{1}{(2+j\omega)^2}$,

(e) $\frac{1}{(2+j\omega)^2}$

37 $\frac{j\omega}{4+j3\omega}$

39 $\frac{10^3}{10^6+j\omega}\left(\frac{1}{j\omega}+\frac{1}{\omega^2}-\frac{1}{\omega^2}e^{-j\omega}\right)$

41 $\frac{2j\omega(4.5+j2\omega)}{(2+j\omega)(4-2\omega^2+j\omega)}$

43 $1000(e^{-1t}-e^{-1.25t})u(t)$V

45 $5(e^{-t}-e^{-2t})u(t)$A

47 $16(e^{-t}-e^{-2t})u(t)$V

49 $0.542\cos(t+13.64°)$V

51 16.667J

53 π

55 682.5J

57 2J，87.43%

59 $(16e^{-t}-20e^{-2t}+4e^{-4t})u(t)$V

61 $2X(\omega)+0.5X(\omega+\omega_0)+0.5X(\omega-\omega_0)$

63 106

65 6.8kHz

67 200Hz，5ms

69 35.24%

第19章

1 $\begin{bmatrix}8 & 2\\2 & 3.333\end{bmatrix}\Omega$

3 $\begin{bmatrix}(8+j12) & j12\\j12 & -j8\end{bmatrix}\Omega$

5 $\begin{bmatrix}\frac{s^2+s+1}{s^3+2s^2+3s+1} & \frac{1}{s^3+2s^2+3s+1}\\\frac{1}{s^3+2s^2+3s+1} & \frac{s^2+2s+2}{s^3+2s^2+3s+1}\end{bmatrix}$

7 $\begin{bmatrix}29.88 & 3.704\\-70.37 & 11.11\end{bmatrix}\Omega$

9 $\begin{bmatrix}2.5 & 1.25\\1.25 & 3.125\end{bmatrix}\Omega$

11 参见图A-40

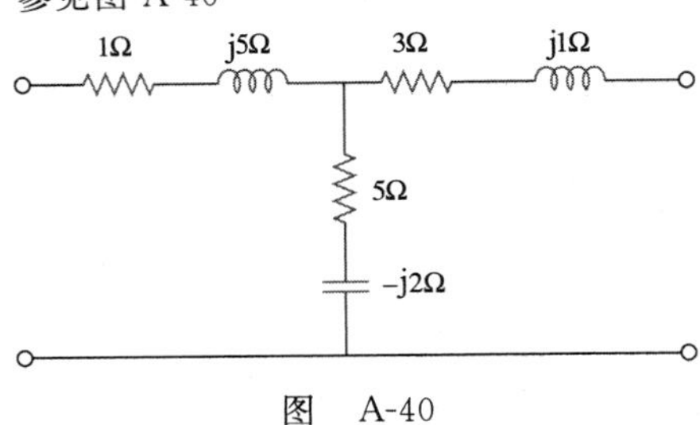

图 A-40

13 329.9W

15 24Ω，384W

17 $\begin{bmatrix}9.6 & -0.8\\-0.8 & 8.4\end{bmatrix}\Omega$

$\begin{bmatrix}0.105 & 0.01\\0.01 & 0.12\end{bmatrix}S$

19 答案略(不唯一)

21 参见图A-41

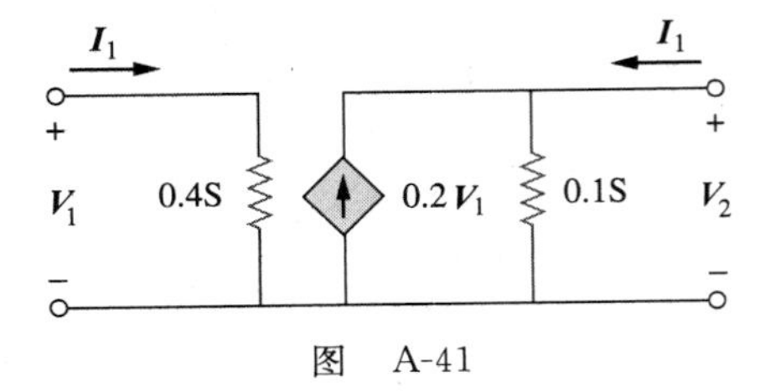

图 A-41

23 $\begin{bmatrix}s+2 & -(s+1)\\-(s+1) & \frac{s^2+s+1}{s}\end{bmatrix}$，$\frac{0.8(s+1)}{s^2+1.8s+1.2}$

25 参见图A-42

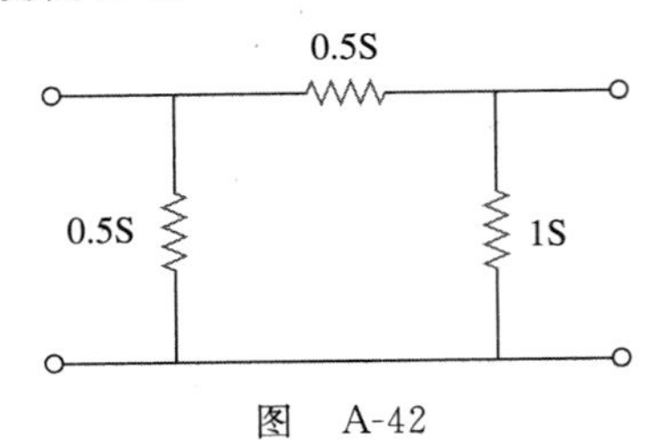

图 A-42

27 $\begin{bmatrix}0.25 & 0.025\\5 & 0.6\end{bmatrix}S$

29 (a) 22V，8V；(b) 相同

31 $\begin{bmatrix}3.8\Omega & 0.4\\-3.6 & 0.2S\end{bmatrix}$

33 $\begin{bmatrix}(3.077+j1.2821)\Omega & 0.3846-j0.2564\\-0.3846+j0.2564 & (76.9+282.1)mS\end{bmatrix}$

35 $\begin{bmatrix}2\Omega & 0.5\\-0.5 & 0\end{bmatrix}$

37 1.19V

39 $g_{11}=\frac{1}{R_1+R_2}$，$g_{12}=-\frac{R_2}{R_1+R_2}$

$g_{21}=\frac{R_2}{R_1+R_2}$，$g_{22}=R_3+\frac{R_1R_2}{R_1+R_2}$

41 证明略

43 (a) $\begin{bmatrix}1 & Z\\0 & 1\end{bmatrix}$，(b) $\begin{bmatrix}1 & 0\\Y & 1\end{bmatrix}$

45 $\begin{bmatrix}(1-j0.5) & -j2\Omega\\0.25S & 1\end{bmatrix}$

47 $\begin{bmatrix}0.3235 & 1.176\Omega\\0.02941S & 0.4706\end{bmatrix}$

49 $\begin{bmatrix} \frac{2s+1}{s} & \frac{1}{s}\Omega \\ \frac{(s+1)(3s+1)}{s}\text{S} & 2+\frac{1}{s} \end{bmatrix}$

51 $\begin{bmatrix} 2 & 2+\text{j}5 \\ \text{j} & -2+\text{j} \end{bmatrix}$

53 $z_{11}=\frac{A}{C}$，$z_{12}=\frac{AD-BC}{C}$，$z_{21}=\frac{1}{C}$，

$z_{22}=\frac{D}{C}$

55 证明略

57 $\begin{bmatrix} 3 & 1 \\ 1 & 7 \end{bmatrix}\Omega$，$\begin{bmatrix} \frac{7}{20} & \frac{-1}{20} \\ \frac{-1}{20} & \frac{3}{20} \end{bmatrix}\text{S}$，$\begin{bmatrix} \frac{20}{7}\Omega & \frac{1}{7} \\ \frac{-1}{7} & \frac{1}{7}\text{S} \end{bmatrix}$，

$\begin{bmatrix} \frac{1}{3}\text{S} & \frac{-1}{3} \\ \frac{1}{3} & \frac{20}{3}\Omega \end{bmatrix}$，$\begin{bmatrix} 7 & 20\Omega \\ 1\text{S} & 3 \end{bmatrix}$

59 $\begin{bmatrix} 16.667 & 6.667 \\ 3.333 & 3.333 \end{bmatrix}\Omega$，$\begin{bmatrix} 0.1 & -0.2 \\ -0.1 & 0.5 \end{bmatrix}\text{S}$，

$\begin{bmatrix} 10\Omega & 2 \\ -1 & 0.3\text{S} \end{bmatrix}$，$\begin{bmatrix} 5\Omega & 10\Omega \\ 0.3\text{S} & 1 \end{bmatrix}$

61 (a) $\begin{bmatrix} \frac{5}{3} & \frac{4}{3} \\ \frac{4}{3} & \frac{5}{3} \end{bmatrix}\Omega$，(b) $\begin{bmatrix} \frac{5}{3}\Omega & \frac{4}{5} \\ \frac{-4}{5} & \frac{3}{5}\text{S} \end{bmatrix}$，

(c) $\begin{bmatrix} \frac{5}{4} & \frac{3}{4}\Omega \\ \frac{3}{4}\text{S} & \frac{5}{4} \end{bmatrix}$

63 $\begin{bmatrix} 0.8 & 2.4 \\ 2.4 & 7.2 \end{bmatrix}\Omega$

65 $\begin{bmatrix} \frac{0.5}{3} & -\frac{1}{-0.5} \\ -\frac{-0.5}{3} & \frac{2}{5/6} \end{bmatrix}\text{S}$

67 $\begin{bmatrix} 4 & 63.29\Omega \\ 0.1576\text{S} & 4.994 \end{bmatrix}$

69 $\begin{bmatrix} \frac{s+1}{s+2} & \frac{-(3s+2)}{2(s+2)} \\ \frac{-(3s+2)}{2(s+2)} & \frac{5s^2+4s+4}{2s(s+2)} \end{bmatrix}$

71 $\begin{bmatrix} 2 & -3.334 \\ 3.334 & 20.22 \end{bmatrix}\Omega$

73 $\begin{bmatrix} 14.628 & 3.141 \\ 5.432 & 19.625 \end{bmatrix}\Omega$

75 (a) $\begin{bmatrix} 0.3015 & -0.1765 \\ 0.0588 & 19.625 \end{bmatrix}\text{S}$，(b) -0.0051

77 $\begin{bmatrix} 0.9488\angle -161.6^\circ \\ 0.3163\angle -161.6^\circ \end{bmatrix}\begin{bmatrix} 0.3163\angle 18.42^\circ \\ 0.9488\angle -161.6^\circ \end{bmatrix}$

79 $\begin{bmatrix} 4.669\angle -136.7^\circ \\ 2.53\angle -108.4^\circ \end{bmatrix}\begin{bmatrix} 2.53\angle -108.4^\circ \\ 1.789\angle -153.4^\circ \end{bmatrix}\Omega$

81 $\begin{bmatrix} 1.5 & -0.5 \\ 3.5 & 1.5 \end{bmatrix}\text{S}$

83 $\begin{bmatrix} 0.3235 & 1.1765\Omega \\ 0.02941\text{S} & 0.4706 \end{bmatrix}$

85 $\begin{bmatrix} 1.581\angle 71.59^\circ & -\text{j}\Omega \\ \text{jS} & 5.661\times 10^{-4} \end{bmatrix}$

87 $\begin{bmatrix} -\text{j}1.765 & -\text{j}1.765\Omega \\ \text{j}888.2\text{S} & \text{j}888.2 \end{bmatrix}$

89 −1.613，64.15dB

91 (a) 晶体管的电压增益为−25.64，电路的电压增益为−9.615；

(b) 74.07；

(c) 1.2kΩ；

(d) 51.28kΩ

93 −17.74，144.5，

31.17Ω，−6.148MΩ

95 参见图 A-43

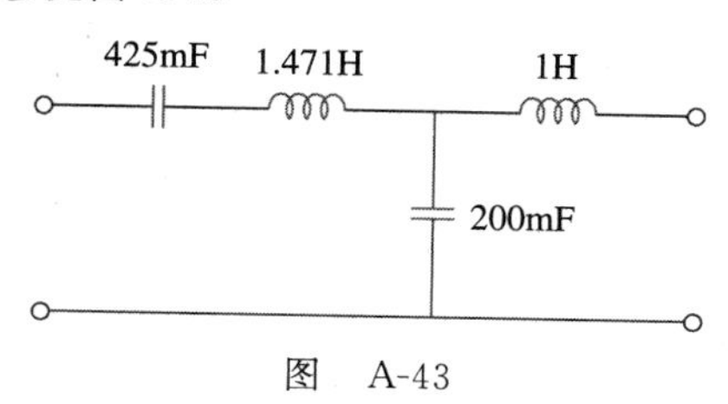

图　A-43

97 250mF，333.3mH，500mF

99 证明略